Gesamtverzeichnis des deutschsprachigen Schrifttums (GV) 1700 – 1910

Bearbeitet unter der Leitung von
Hilmar Schmuck und Willi Gorzny

Bibliographische und redaktionelle Beratung:
Hans Popst und Rainer Schöller

92

Mad - Mari

K · G · Saur München · New York · London · Paris 1983

CIP-Kurztitelaufnahme der Deutschen Bibliothek

Gesamtverzeichnis des deutschsprachigen Schrifttums :
(GV). – München, New York, London, Paris : Saur.
Bd. 1 – 6 bearb. unter d. Leitung von Peter Geils
u. Willi Gorzny.
ISBN 3-598-30000-X

1700 – 1910 / bearb. unter d. Leitung von Hilmar
Schmuck u. Willi Gorzny. Bibliograph. u. red.
Beratung: Hans Popst u. Rainer Schöller

NE: Schmuck, Hilmar [Bearb.]

92. Mad – Mari. – 1983.

Techn. Realisierung und Druck: Norbert Gärtner, Mainz-Kastel
Binden: Karl Schaumann, Darmstadt
Printed in the Federal Republic of Germany
ISBN 3-598-30000-X (Gesamtwerk)

Madách, Emerich: Die T r a g ö d i e des Menschen.

— dasselbe, s.a. Bibliothek der Gesamt-Litteratur d. In- u. Auslandes.

Madách, Emerich, die Tragödie des Menschen. Aus dem Ungar. übertragen von Alex. Dietze. Pest 865. Kugler. 8. (VIII, 244 S.) n. 20 ngr.

—— dass. —s.a. Universal-Bibliothek Nr. 2389 und 2390.

Madách, Emerich, die Tragödie d. Menschen. Dramatische Dichtg. Nach Ed. Paulay's Bühnenbearbeitg. übers. v. Alex. Fischer. 2. Aufl. gr. 8. (192 S.) Leipzig 886. Friedrich. n. 4. —

Madách, Emerich, die Tragödie des Menschen. Dramatisches Gedicht. Aus dem Ungarischen übers. von Jos. Siebenlist. 12. (VIII, 214 S.) Preßburg 886. (Stampfel.) *

Madách, Emerich v., die Tragödie d. Menschen. Dramatisches Gedicht. Aus dem Ungar. übers. von Andor v. Sponer. 8. (XXVI, 181 S.) Leipzig 891. O. Wigand. n. 3. —

Madách, Emerich. Die Tragödie d. Menschen. Dramatisches Gedicht. Aus dem Ungar. übers. v. Ludw. Dóczi. 1. Aufl. (200 S.) 891. * 4 —; geb. * 5 —. 2. Aufl. 8. (162 S.) Stuttg. 892, Cotta Nachf. * 3 —; geb. * 4 —

-- dasselbe. Aus dem Ung. übers. v. Ludw. Dóczi. 2. u. 3. Aufl. 8. (164 S.) Ebd. 893. n. 3. —; geb. n. 4. —

Madách, Emerich v., die Tragödie des Menschen. Dramat. Gedicht. Aus dem Ung. übers. von Andor v. Sponer. 2. [Titel-]Aufl. gr. 8. (XXVI, 181 S.) Leipzig [891.] 899. O. Wigand. n. 3. —

Madagaskar [Schlagwort]

Madagaskar, s.a. Afrika. Karte, neue, von.

Madagaskar. s.a. Hand- u. Reisekarten. 58.

Madagaskar. Herrich, A., neue Special-Karte v. Madagaskar, 1 : 4,000,000, m. polit. Übersichtskarte v. Afrika, 1 : 90,000,000. Nach französ., deutschen u. engl. Quellen bearb. 43×35,5 cm. Farbendr. Glogau 894. C. Flemming. n. — 50

Madagaskar. Herrich, A., neue Specialkarte v. Madagaskar. 1 : 4,000,000. M. polit. Uebersichtskarte v. Afrika. 1 : 90,000,000. Nach französ., deutschen u. engl. Quellen bearb. 2. Aufl. 43,5 × 35,5 cm. Farbendr. Glogau 895. C. Flemming. n. — 50

Madai, David Samuel

Madai, Dav. Sam., Abhandl. von d. sogenannten kalten oder Wechsel-Fiebern. gr. 8. Halle, Waisenh. 747. Rthlr.

— kurze Beschreib. d. Wirkung u. Anwendungsart d. bekannten hallischen Waisenhausarzeneien. Umgearb. v. J. F. G. Düffer. gr. 8. Halle 808. Waisenhausbuchhdl. 18 gr

Μάδαϊ, Δ. Σ., σύντομος διήγησις περὶ φαρμάκων. Ἅλλη 752. 8.

Madai, D. Sm. [Hrsg.], s. L i l i e n t h a l, M.: Vollständiges Thaler-Cabinet.

Madai, Dav. Sam., († d. 2. Juli 1780.) kurze Nachrr. von dem Nutzen u. Gebrauche einiger bewährter Medicamente. 8. Halle ... 5e A. 764. 7e A. 779. Waisenhausbuchh. 3 gr (Dass. auch in griech., polnischer u. latein. Sprache.)

Kurtze Nachricht von dem Nutzen und Gebrauch einiger bewährten Medicamenten, welche zu Halle im Magdeburgischen in dem Waisenhause dispensiret werden, und womit vermöge langer Erfahrung nicht nur geringe, sondern auch schwere Kranckheiten...können curiret werden, hrsg. von David Samuel von Madai. 7. Aufl. Halle: Medicamenten-Expedition im Waisenhause 1779. 166 S. 8°

– s.a. vollständ. Thalercabinet.

Madai, David Samuel: „Vollständiges Thaler-Cabinet", Teil 1 bis 3, Königsberg 1765 bis 1767. — Vorh.: Bibl. des Oberlandesgerichts Celle —

Madai, Karl August

Madai, Carl August (Halle), Anatomen ovi humani foecundati sed deformis trimestri abortu elisi. Präs. Phil. Ad. Boehmer. Halle (Hendel) 4. I. 1763. (3.50) 21962

Madai, Karl Otto von

Madai, Carl Otto v., Beiträge z. Dogmengeschichte d. gem. Civilrechts. 8. (12 B.) Riga 839, Götschel.

— s. Erörterungen aus d. in Liv-, Esth- u. Curländ. Rechten.

Madai, Carl Otto v., theoretisch-prakt. Erörterungen, s. Erörterungen.

—— die Lehre von der Mora. Dargest. nach Grundsätzen d. röm. Rechts. gr. 8. (34½ B.) Halle 837, Schwetschke u. Sohn.

– s. **Mühlenbruch, C. F., Lehrbuch des Pandecten-Rechts.**

v. Madai, Carl Otto, das Obligationenrecht Esth-, Liv- u. Curlands, erörtert an einzelnen Rechtsfällen. 1. Liefg. gr. 8. Dorpat 841. (Reval, Eggers.) n. 1⅓ Thlr

– s. **Sammlung d. Rechtsquellen Liv-, Esth- u. Curlands.**

—— die Statuliberi d. Röm. Rechts. 8. (13½ B.) Halle 834, Schwetschke u. Sohn.

Madai, Carolus Otto de: De stellionatu. Halis Saxonum (1832): Grunert. 33 S. 8°

Halle-Wittenberg, Jur. Hab.-Schr. v. 29. Mai 1832

Madai, Carolus Otto de: De vi publica et privata. Commentatio iuris Romani ab ICtorum Berolinensium ordine praemio Regio ornata. Halis (1832): Orphanotropheum. 112 S. 8°

Halle-Wittenberg, Jur. Diss. v. 18. Febr. 1832

Geb. [Zscherben bei Halle 29. 5. 1809]

Im Buchhandel als Commentatio juris Romani de ... Halle: Waisenhaus 1832.

Madai, Car. Otto de, Commentat. juris rom. de vi publica et privata ab illustri ictorum Berolinens. ord. praem. reg. orn. 8 maj. (7¼ B.) Halae 832, libr. Orphanotrophei.

Madai, Otto Karl von: W a h l oder Nichtwahl? beleuchtet v, –. Hamburg. 1848. 8°

Madalène, Henry de la, les fonds perdus, s. Féval, Paul, le bossu.

Madame Justitia im Guckkasten, oder genaue u. gründl. Untersuchung eines Excesses, welchen eine Gans im Fluge begangen hat, vom Verfass. d. Schulmeisterswahl zu Blindheim. gr. 8. Heilbr. 826, Claß.

Madame la mode, s.: Frau Mode.

Madana, Pârijâtamañjarî or Vijayas'rî, a nâtikâ composed about a. d. 1213 by My., the preceptor of the Paramâra king Arjunavarman, and engraved on stone at Dhârâ. Ed. by E. Hultzsch. (6 u. 30 S.) 8. Leipzig 906. O. Harrassowitz. n. 2. —

Madarassy, Paul von, *k. k. Finanz-Bezirks-Commiss. etc.* Lexicon der Stämpel- und Gebühren-Gesetze vom 9. Febr. und 2. Aug. 1850 und der dazu in den JJ. 1850 - 1858 nachträglich erflossenen Erläuterungen und Verordnungen etc. *Pest* 1858. *Ph. Wodianer.* VI, 519 S. 8°.

Madarász, J. v., Monographie der Pipridae, s.: Pelzeln, A. v.

Madarász, Jul. v., Erläuterungen zu der aus Anlass d. II. internationalen Ornithologen-Congress zu Budapest veranstalteten Ausstellung der ungarischen Vogelfauna. Im Namen d. ungar. Ausstellungs-Comités zusammengestellt. Mit Orig.-Skizzen von Géza v. Vastagh. gr. 8. (124 S.) Budapest 891. (Berlin, R. Friedländer & Sohn.) n. 4. —

Madatdimsch, J. (Pseud.)

s.: Schmidt, J(ohann) Adam

Madaus, Frau, Haussegen!: Ein Kochbuch, od.: Wie man wohlschmeckend, gesund u. sparsam kocht. (109 S. m. Bildnis.) 8. Krefeld 908. Worms & Lüthgen. 1. —

Madaus, H., der Streit in der Hermannsburger Freikirche. Eine Warnungsschrift. gr. 8. (24 S.) Magdeburg 891. (Uelzen, H. Starcke.) n.n. — 30

Madauss, F. L., Inhaltsverzeichniss, s.: Archiv des Vereins der Freunde der Naturgeschichte in Mecklenburg.

Maday, Emmerich, was muss man vom Staatsdienste wissen? Ueber Verfassung u. Verwaltung der österr.-ungar. Monarchie, Rangseinteilg. sämtl. Funktionäre des öffentl. Dienstes, m. allen wicht. Angaben üb. dieselben u. e. Rangs- u. Titelübersicht. Mit e. Anh.: Kurze Uebersicht über die Uniformen der Offiziere, Militärbeamten, Zivilstaatsbeamten u. Staatsbahnbeamten. Für Offiziere, Beamte aller Kategorien, Lehrpersonen u. Laien unter Benutzung amtl. Quellen zusammengestellt. Mit e. Geleitworte v. Eduard Birnögger. (XI, 262 S.) 8. Wien 904. (R. Lechner's Sort.) n. 4. —

Maday, Emmerich, was muss man vom Staatsdienste wissen? III. Tl. Berufswahl. Ratgeber f. den gesamten öffentl. Dienst. 2. Aufl. (II u. S. 113—186.) 8. Wien 907. (R. Coën.) 2. —

Máday, Isidor v.

Die Alkoholfrage in Ungarn von Isidor v. **Máday**, Ministerialr. a. D., Budapest. Budapest: F. Kiliáns Nachf. 1905. (77 S.) 8°.
Aus: Máday: Adatok az alkoholismus kérdésének ismertetéséhez (Beiträge z. Kenntnis d. Frage d. Alkoholismus). [05. 10347

Máday v. Maros, Isidor v., die 25 jährige Tätigkeit des Landes-Tierschutzvereines u. die Tierschutzbewegung in Ungarn. Anlässlich des 25 jähr. Bestandes des Landes-Tierschutzvereins verf. Übersetzung aus dem ungar. Originale. (68 S.) gr. 8. Budapest 908. G. Grimm. 1. —

— Vogelschutz-Bestrebungen in Ungarn. Organisierung der gesellschaftl. Mitarbeit. (116 S.) gr. 8. Budapest 910. „Pátria". 1. 50

Mädchen, Das. Eine Wochenschrift. Bud. 1773. H: *Hering, Carl Wilh. August.* (OL) »1774« H: *Contius, Chn Gotthold.* (KY) (MGT) (ML)

— das, e. Wochenschr. (v. Chr. G. Contius). Budissin 774. Deinzer. 1 ℳ 8 𝔤𝔤

§ **MÄDCHEN,** Das, eine Wochenschrift (hrsg. von Christian Gotthold Contius). Bauzen 1774. 8°. Selten! (In München: Per. 98 h, 2 voll.) **Winkler**
Goedeke IV. p. 108, 5, 4. — „1773" und als Herausgeber „Carl Wilh. Hering" hat das Anon.-Lex. III. p. 100 (nach Kayser u. Meusel).

Mädchen, Das abenteuerliche, eine Nachfolgerin des neuen Proteus. Dresden 1768. V: *Verdion, Otto Bernhard.* (ML) (MGT) »Frankf. u. Leipzig« (KY)

Mädchen, das abentheuerliche, (v. O. B. Verdion). 8. Frankf. u. Leipz. 768. Gerlach. 6 𝔤𝔤

Mädchen. – Das Mädchen von Algier oder: Gott leitet und beschützt Alle wunderbar, die auf ihn vertrauen. Für's Volk erzählt von M. Schick, Lehrer. Zweite Auflage. Reutlingen. Verlag von Enßlin und Laiblin.
Reutlinger Volksbücher, o.Nr..
Kol.: Druck von G. L. Bohm in Reutlingen.
o. J., 48 S., 165 x 107, U.-Fig. wie Titel-Fig.
– Dasselbe, 5. Aufl. (ebenda 3545) trägt die Reihennummer 31.

Mädchen, das, von Algier. Od.: Der Tugend Lohn, d. Lasters Strafe. Eine lehrr. Gesch. f. Alle, vorzügl. f. reif. Mädchen. Vom Verf. der „Eustachia," rc. gr. 12. (7¼ B. u. Titlkpfr.) Wien 835, [Wimmer, Schmidt u. Leo.]

MÄDCHEN, Das, für Alles, ein drastisches Beispiel für die Jagd nach dem Geld auf der einen, und für die Jagd nach sinnlichen Genüssen auf der anderen Seite. (189*.) (2 Mk. E. Demuth, Straßb. i. Els., c. 1900.)

Mädchen, das, seltner Art; od. d. verständige Wahl. Schsp. in 4 A. v. A. K. Walder. 8. Freyb. Craz u. G. 803.

MÄDCHEN, Die beiden ehelustigen. (Zahmer Roman.) Leipzig, bey Franz Platvoet. 1798. 8°. (2 Mk. Lehmann & Lutz, c. 1885.)
Gestoch. Tit. m. Vign. (W. Arndt sc.) u. 214 SS. — A. E. des Inh.-Verz. (S. 205—14): Ende des .... 1. (einz.) Bdchns. Im Anhange: Beitrag zur Theorie vom Kusse. 27 S.

— — Dasselbe Neue Aufl. Münster 1807. 8°. (1 Mk. Scheible; jetzt theurer!)

— die beiden ehelustigen. 8. Münster 798. Coppenrath. 18 𝔤𝔤
8. Leipz. 807. (Nauck). 16 𝔤𝔤

Mädchen, Die beiden ehelustigen. Leipzig 1807. V: *Kleine, Anton Friedrich.* (BGE II², 585)

— die beiden ehelustigen. 8. Leipz. Sommer. 807.

Böse **Mädchen.** Mit zahlr. Orig.-Ill. *Berlin: 'Kleines Witzblatt' [1902].* (63 S.) 8° [F.]
— Kleine Witzblatt-Bibliothek. Bd 12. [03. 10518

Mädchen von Chalbar, die. Roman aus dem Leben Muhammed's von Orientalis. Stuttgart 859. Metzler. 16. (547 S.) 2 ℳ

— das Chantillische, od. Geschichte e. Parisisch. Frauenzimmers; aus d. Französ. 8. Bresl. 754. Pietsch. 6 𝔤𝔤

— — dasselbe. 8. Leipz. Compt. f. Lit. 755.

— Dass. aus d. Französ. 8. Leipz. 753. Hilscher. 8 𝔤𝔤

— f. deutsche, eine Wochenschr. 1r Bd. gr. 8. Dresden. Böhme. 781.

MÄDCHEN, Deutsche, in jüdischen Diensten. (Flugblatt Nr. 11.) Leipzig, Fritsch.
Verboten vom L.-G. Triest, 9. XII. 1895; Kr.-G. Leitmeritz, 22. I. 1900. § 302.

Mädchen, das deutsche, im J. 1813. Schausp. in 3 Akten, von W. Q. 12. Bresl. Max u. Comp. 815. geb.

Mädchen, d. deutschen, im Jahr 1813 Schspl. N. A. 12. Bresl. 817. Max u. C. 8 gl

— das dreißigjährige, s. a. A. G. Meißner.

Mädchen, Das dreissigjährige, ein Lustspiel in Einem Akte. Leipzig 1778. V: *Meissner, Aug. Glieb.* (JL)

— das dreyßigjährige,. Lustsp. 8. Lpz. Dyk. 778.

— d., im Eichthale. Ländl. Hochzeitsp. 8. Lpz. Linke. 784.

— das, im Eichthale. Ländl. Hochzeitsspl. 8. Leipz. 784. Schneider. 4 gl

— das, im Eichthale. Hochzeitsp. v. Bock. gr. 8. Hamb. (Hahn in Hannov. a. Ernst in Quedlinb.) 795.

— das entschlossene,. Drama v. Brühl. 8. Dresd. Walther. 785.

Erstklassige Mädchen. Berlin: Kleines Witzblatt [um 1904]. (63 S.) 8° = Bilderbuch d. Kleinen Witzblatt. Bd 3. [cf. 9380]

Mädchen, Das, von Feldbach. Eine Geschichte aus dem 17. Jahrhundert. Graz 1857. V: *Mitterbacher, Frz.* (JOANStyrA)

— das, von Frascati. Singsp. 8. Frankf. Andreä. 782.

— — dasselbe. 8. Kempten, Kösel. 788.

MÄDCHEN, Das, aus der Fremde. Zur Erinnerung an den 11. Februar 1848. Nach Schiller. O. O. u. Drucker.

Mädchen, das, aus der Fremde. Lieder-Album aus des Auslands Dichtergarten. Sondershausen 857. Neuse. 16. (VIII, 232 S.) n. 22½ ngr.

Mädchen, die gefallenen, und die Sittenpolizei vom Standpunkte des praktischen Lebens. 1.—6. Aufl. gr. 8. (II, 59 S.) Berlin 886,87. Ißleib.

Mädchen, die gefallenen, u. die Sittenpolizei vom Standpunkte d. praktischen Lebens. 5.—15. Aufl. 8. (63 S.) Berlin 887—890. Ißleib. n. 1. 20

Mädchen, die gefallenen, u. die Sittenpolizei, 21. Aufl., s.: Raumer, C. v.

—— das schlecht gehütete. Komisches Ballet in 2 Acten von Jean Dauberval, in Scene gesetzt von Karl Telle. (Erklär. Text.) 8. Wien, Klinast. *

MÄDCHEN, Das Grätzer, oder: die Liebe zwischen Ferdinand und Mariannen, mit ihren Folgen. Etwas mehr als Roman. Mit TKpf. Wien, bey Christoph Peter Rehm. 1797. 8°. (1 Mk. 80 Pfg., geles. Expl., Lehmann & Lutz, 1884; jetzt theurer!)
189 SS. (incl. 14 SS. Vorst.). Einiges etwas frei. Selten! Fehlt bei Schlossar.

— das Grätzer. 8. Wien 797. (Schaumburg u. C.) 12 gl

— das gute,. Schausp. a. d. Ital. 8. Mannh. Löffler. 770.

— — dasselbe. 8. Berlin, Himburg. 778.

Mädchen, Das gute, eine Operette in drei Aufzügen . . . Leipzig 1778. V: *Eschenburg, Joh. Joachim.* (GGr) (Minor, Weisse. Innsbruck 1880. S. 191.)

— das gute,. Operette von Eschenburg. 8. Leipz. Schneider. (a. Linke.) 783.

Mädchen, das gute, ein Bilderbuch mit ill. Kpfrn. Lpz. 810. 3e Aufl. 820. (W. Nauck). 16 gl

Mädchen, das gute, belehrende Unterhaltungen von Krummacher u. andern. 2te Aufl. 16. Leipzig, Sommer. 816.

Mädchen, das gute, ein Bilderbuch, bestehend in angenehmen und belehrenden Unterhaltungen. Mit color. Kpfrn. 3te Aufl. 16. Leipzig, Sommer. 820.

Mädchen, das gute. Ein neues ABC-, Lese- u. Bilderbuch für die früheste Jugend des weibl. Geschlechts. Mit 8 color. Abbild. 16. Berlin 846, Liter.- u. Kunst-Compt. geb. ½ ß

Mädchen, das gute. Ein neues ABC-, Lese- und Bilderbuch für die früheste Jugend des weibl. Geschlechts. 16. (95 S. und 8 ill. Abbild.) Berlin 847, Literatur- und Kunst-Comptoir.

— das, von Harlaching. 8. Regensb. 802. Montag u. W. 12 gl

Mädchen, das hartherzige. Ein Märchen, seinen Kindern erzählt von einem Vater. 12. (32 S. m. 1 Chromolith.) Leipzig 880. Ruhl. cart. n. 1. —

— das heirathsmäßige,. Lustsp. von Garrik. 8. Wien, Trattner. 770.

Mädchen und Hunde, Die betaxten, zu Hamburg und Altona . . . O. O. 1807. V: *Schäffer, Joh. Christian Heinrich.* (Schr) (GGr)

Mädchen, Das, unter den Husaren, oder Heroine Charlotte von Biörnsköld. 2. Auflage. Chemnitz 1802. V: *Seidel, Carl August Gottlieb.* (BGE IV[a], 344)

— das, unter den Husaren, od. Heroine Charlotte v. Biörnsköld, herausg. v. C. A. Seidel. 2te Ausg. m. K. 8. Leipz. Mauke. 802.

* Mädchen, das, unter den Husaren, ist Verlag von Starke in Chemnitz.

— das, v. 30 Jahren. Lustsp. v. Fritte. Brschw. Schröder. 795.

— das, in der Irre. Lustsp. von Stephani. gr. 8. Lpz. Rein. 795.

Mädchen, junge. Ein Almanach, hrsg. v. Frida Schanz. 1.—4. Jahrg. M. farb. Einschaltbild., sow. zahlr. Textabb. u. Vignetten. gr. 8. (IV, 476; VII, 476; VIII, 477 u. VII, 440 S.) Bielefeld 895—898. Velhagen & Klasing. Geb. in Leinw. à Jahrg. 8. —

— junge. Ein Almanach, begründet v. Clementine Helm u. Frida Schanz. Hrsg. v. Frida Schanz. 5.—7. Jahrg. Mit farb. Einschaltbildern, sowie zahlr. Textabbildgn. u. Vignetten. gr. 8. (VIII, 400; VII, 400 u. VII, 400 S.) Bielefeld (899—901). Velhagen & Klasing.
Geb. in Leinw. à 8. —

Mädchen, junge. Ein Almanach, begründet v. Clementine Helm u. Frida Schanz. Hrsg. v. Frida Schanz. 8. Jahrg. Mit 18 farb. Einschaltbildern, sowie zahlreichen Textabbildgn. u. Vignetten. (VII, 400 S.) gr. 8. Bielefeld (903). Velhagen & Klasing. Geb. in Leinw. n. 8. —

Mädchen, das junge. Seine In- u. Umwelt. Ein Zeitbuch. Auf Grund e. Rundfrage gelegentlich des Wohltätigkeitsfestes zu Gunsten e. „Erholungsheims" der Karlsruher Mädchenfürsorge hrsg. v. Alb. Herzog. (68 S.) 8. Karlsruhe 908. (A. Bielefeld.) — 80

Mädchen, Das, auf dem Kalenberg. Eine Erzählung ... Koburg 1856. V: *Edgar*, *Friedrich*. (BMarsch 979)

[F.] Für kleine **Mädchen**. Schöne Märchen u. Erzählgn. M. 3 Farbendruckb. *Mülheim a. d. R.: J. Bagel [1895]*. (79 S., 2 Taf.) 1 Bd 8. [96. 73]

MÄDCHEN, Kleine. Geschichten verbotener Leidenschaften. (Neue erotische Bibliothek, Band III.) London und New York, Freier Verlag (um 1910). 8°.
Verb. d. Ldg. III Berlin A. 4 J. 192/12. [Identisch mit »Nette Geschichten«.]

—— das kleine, das sich in alles einmischt. Der gebesserte Müssiggänger. Die verwaisten Brüder. Drei Erzähln. f. d. liebe Jugend. 1. Aufl. 837. u. 2. Aufl. 12. (à 3½ B. u. 8 ill. Bild.) Wesel 841, Bagel. à

Mädchen, das, von d. Kronenburg, od. unverdiente harte Schicksale e. edlen Seele. Nach d. Wahrheit erzählt v. Verf. d. „Wundergeschichten, abentheuerl. Erzähln. ꝛc." 8. (15 B.) Leipzig 830, Kollmann.

Mädchen, Das liebenswürdige, aus Pesth, eine interessante Geschichte. Mit Titelkpf. Pesth, J. Leyrer, 1804. 8°. 221 S. Rar! (3 Mk. Taussig, Prag, c. 1905.)

— das, von Marienburg. Fürstl. Familiengemälde v. Kratter. 8. Frankf. Eßlinger. 795.

— — Fortsetz. dieses Stücks, s. Verschwörung wider Peter den Großen.

— das, der Neigung. Schausp. v. S. Grüner. 8. Cöln, Kaufmann. (a. Fabricius.) 804.

Mädchen, Das neugierige, ein kleiner Beitrag zu den Galanterien von London. London [Halle] 1789. V: *Mursinna*, *Friedrich Samuel*. (BGE)

— das neugierige, ein kleiner Beytrag zu den Galanterien von London. 8. London, Dost. 789.

— d., v. Orleans, s.a. Voltaire.

— das, von Orleans, Heldengedicht, a. d. Franz. d. Voltaire. 8. Leipz. Linke. 785.

Mädchen, Das, von Orleans. Ein heroisch-komisches Gedicht ... Paris [Berlin] 1787. V: *Bindemann*, *Ernst Chph.* (KY) (WR) (BGE) »Travestirt ... Neugallien [Leipzig] 1793.« (EB)

— — dasselbe, in 16 Ges. 8. Paris. (Franke in Berlin.) 789.

— — dass. 8. Berlin, Litfas.

— — trav. v. Ritter Jaß. 1r Bd. 8. Rom. (Calve in Prag.) 790.

— — dass. travest. und fr. übers. s.a. Voltaire.

— — dass. travest. u. frey übers. 3 Thle. Berl. Himburg. 793.

Mädchen, Das, von Orleans. Nach Voltaire. Erster Gesang ... [Berlin 1802.] V: *Schmidt*, *Eberhard Carl Klamer*. (BGE)

— — dass. in Blumauers Manier travest. 3 Bde. m. K. 8. Leipz. Sommer. 810.

— das, von Orleans, in Blumauers Manier travestirt. 2 Bde. N. Ausg. 8. Neugallien 810. (W. Nauck in Lpz.) 2 ₰ 12 gr

— das, von Orleans, in Blumauers Manier travestirt. 3 Bde. neue wohlf. Ausg. 8. Neugallien. (Ebend.) 813.

— das, unter d. Räubern, u. ihr wunderbarer Retter. 8. Pegau 802. Günther. 20 gr (Centr.-Compt. in Leipz.) Hbg. Pr. 8 gr

MÄDCHEN, Das, unter den Räubern und ihr wunderbarer Retter. Leipzig (Richter), 1805. 8°. 198 S. Zahm.
Zuerst gedr. Pegau, Günter, 1802. (Kayser.)
— — Dasselbe. O. O. u. J. 8°. (2 Mk. Franz Teubner, Bonn, c. 1895.)
— — Dasselbe. Leipzig 1809. 8°.
Behrendt's (Berlin) Leihbibl.-Cat., S. 39.

Mädchen, das reife, ihre Liebe u. Geschlecht, oder der weibliche Busen. Belehrungen über den Zustand des Weibes vor u. nach dem Beischlafe, den Geschlechtsgenuß, Empfängniß u. Schwangerschaft. Ein treuer Rathgeber für Braut u. Bräutigam, für Liebende u. Neuvermählte ꝛc. Mügeln 865. (Leipzig, Senf.) 12. (64 S. mit lith. u. color. Abbildgn.) n. 10 ngr.

Mädchen, das, mit dem Schleier. Wohlfeile Ausg. 8. Pirna, Friese. 817. Rthlr.

Mädchen, das, mit dem Schleier. Novelle von H. Aus dem Schwed. übers. von J. Lorenzen. 8. (212 S.) Bremen 879, [Kühtmann und Comp.] Fischer. *

— das, m. dem Schleier. Novelle v. H. Aus dem Schwed. übers. v. J. Lorenzen. 2. (Titel-)Aufl. 8. (212 S.) Norden 888. Fischer Nachf. n. 3. —

MÄDCHEN, Das, mit dem Schleier im wunderbaren Gemach. Pirna, Friese, 1808. 8°.
207 Seiten. Einiges etwas frei.
— — Dasselbe. Ebd. 1810. 8°. (½ Rthl.)
Citirt Kayser.

— das, mit dem Schleier im wunderbaren Gemach. 8. Pirna 810. Friese. 12 gr

Mädchen, Das, aus dem Schlesier-Thal. Erzählung: Die Biene. Hamburg 1824. Nr. 24/26. V: *Franz*, *Agnes*. Wiederholt in deren »Cyanen«, 1. Bdch. Essen 1833. (DARP)

Mädchen, Das schöne, von Pao. Eine Erzählung aus der Geschichte Chinas im 8ten Jahrhundert v. Chr. (A. d. Chines.) Yokohama o. J. Ü: *Arendt*, *Carl*. (BGE)

Das schöne Mädchen von Pao. Eine Erzählung aus der Geschichte China's im 8ten Jahrhundert v. Chr. Aus dem Chinesischen übersetzt von C. Arendt. Yokohama 1875. II, 34 S. 4°.

— das schwarzbraune v. Schreckhorn. 3 Thle. 8. Leipz. 799 u. 800. (Mittler). 3 ₰ 4 gr

MÄDCHEN, Das schwarzbraune, vom Schreckhorn. 3 Bdchn. Leipzig, b. Fr. Leop. Supprian. 1799—1800. 8°. ($3^1/_6$ Thlr.)
I: Portrait Emilien's, Tit. u. 248 S. II: 384 S. III: 294 S. Selten cplt.! (1 Thlr. Scheible; jetzt theurer!)
— — Dasselbe. Wien 1801. 8°.
Gmähle's (München) Leihbibl.-Cat., no. 6430—32.

Mädchen, Das sechzehnjährige; ein Lustspiel in 3 Aufzügen, a. d. Franz. Berlin u. Stralsund 1787. München 1788. Ü: *Lambrecht, Matthi. Gg.* (Ky) (GGr)

— das sechzehnjährige,. Schausp. 8. Berl. Lange. 788.

— — dasselbe. 8. München, Lindauer. 788.

Mädchen, an die sieben, in Uniform. (Ein Gedicht.) 16. Weimar 826. Hoffmann. 4 gr

Mädchen, der, Sing und Sang, der Buben Kling und Klang. Illustr. von W. Bülow. 4. (16 ill. Stnt. mit Text.) Berlin 855, R. Kühn.

Mädchen. – Die Mädchen als Soldaten, oder die schlechtvertheidigte Citadelle, eine musikal-militär. Posse in 1 Aufzug. Nach dem Französ. Frei bearb. v. H. Meyer. 8. Hamburg: Christiani 1826.

—— das, von der Spree, od.: d. Duell im Dachstübchen. Lustsp. in 2 Akt. Nebst e. Samml. v. Gedichten. gr. 12. ($5^5/_6$ B.) Leipzig 836, [Melzer.]

Mädchen, Das stumme; ein Lustspiel nach d. Engl. des Johnson . . . Erlangen 1781. V: *Schmid, Chn Heinrich.* (Ky) (MGT) (ML)

— das stumme; Lstspl. nach d. Engl. d. Johnson (von Chr. H. Schmid). 8. Erlang. 781. Palm. 8 gr

Mädchen, die tugendhaften, ob. Gott leitet d. Seinen auf sichern Wegen. Drey Erzähln. (Von Frz. Wimmer.) 1. u. 2. Aufl. Mit Ttlkpfr. (à $3^1/_4$ B.) 12. Wien 827, 29, Wimmer. à

Mädchen, Die tugendhaften, oder Gott leitet die Seinen auf sichern Wegen ... 2. Aufl. Wien 1829. V: *Schmid, Christian Friedrich.* (Ky)

Mädchen, die tugendhaften, od.: Gott leitet die Seinen auf sichern Wegen. Vier Erzähln. Vom Verf. der „Eustachia." rc. 3. Aufl. 835. u. 4. Aufl. gr. 12. (à $5^1/_2$ B. u. Ttlkpfr.) Wien 841, [Wimmer, Schmidt u. Leo.]

MÄDCHEN, Das, von U**, oder Begebenheiten der Frau v. R. Leipzig 1773. 8°. Rar!

— das unbesorgte, eine Geschichte für Frauen u. Jungfrauen. 2 Bdchen. 8. Leipz. 819. Baumgärtner. 2 ₰

— das verlobte, an ihren Geliebten, im Kriege gegen die Franzosen. 8. Hannov. u. Leipz. ... Hahn. 3 gr

Mädchen, Das, im Walde; ein Gedicht . . . Fürth 1799. V: *Brückner, Johann Jacob.* (MGT) (Ky)

— das, im Walde; e. Gedicht in 4 Gesängen (v. J. F. Brückner). 8. Leipz. 799.

— das, im Walde rc., ist (von Joh. Brückner).

MÄDCHEN, Das, im Walde. Ein (ziemlich üppiges) Mährchen aus der nordischen Geschichte (in 4 Gesängen). Seitenstück zur Luise von J. G. (!) Voß. Eisenberg u. Leipzig, bey J. W. Schöne u. Comp. 1802. 8°.
Nicht von Voss. VIII (Tit. u. poet. Widm. „an Vater Gleim") u. 80 S.
— — Dasselbe. Neue Auflage. Ebd. 1822. 8°.

— das, im Walde, e. Mährchen aus d. nordischen Geschichte. 8. Eisenberg 803. N. A. 822. Schöne. 8 gr

Mädchen, Das, im Walde. [Leipzig 1824.] V: *Plessen, Maria Soph. v. geb. v. Fick.* (GGr)

— und Weiber, eine Reihe von Beobachtungen, Skizzen, Erzählungen und Fragmenten, herausgegeben von Fr. Walther, gr. 8. Heidelberg, 791. Pfähler. 23 sgl.

Mädchen, Die Wiener. Nach bekannter Melodie. Wien [1885]. V: *Czermak, A. J.* (EB)

MÄDCHEN, Das wunderbare. Vom Verfasser des Schwarzbraunen (s. d. vorigen Titel). Leipzig, bei C. Günter 1800. 8°. ($^1/_3$ Rthl. Scheible; 2 Mk. Franz Teubner, Bonn, c. 1895.)
— — Dasselbe. Leipzig und Pegau 1810. 8°.
Gmähle's (München) Leihbibl.-Cat., no. 6437.

— Wunderhold; eine abentheuerl. Romaneske im neuern Styl, (von A. v. Wallenrodt). Mit 1 Kpf. 8. Berl. 810. Braunes. 1 ₰ 12 gr

— das, Wunderhold. 8. Wien 810. Bauer. 14 gr

— das, von Zante. Ein Schspl. in 4 A. Mit 1 Kpf. 8. Würzb. 822. Etlinger. 1 ₰

— zwei, ohne Gleichen, od. Frankreichs Rettung durch das Mädchen v. Orleans, u. das Mädchen v. Marienburg durch Peter d. Großen. 8. Leipz. 801. Rein. 12 gr

Mädchenbibliothek Freia zur Bildung v Geist u. Gemüt f. Deutschlands Töchter. Mit Orig.-Beiträgen v. G. Ebers, Marie v. Ebner-Eschenbach, Karl Ruß rc. Hrsg. v. Helene Stöfl. 1. Bd. 12. (VIII, 212 S. m. Abbildgn.) Stuttgart 894. Levy & Müller. Geb. in Leinw. n. 2.—

Mädchenbibliothek Freia zur Bildung v. Geist u. Gemüt f. Deutschlands Töchter. Mit Orig.-Beiträgen v. Geo. Ebers, Ernst v. Wildenbruch, Heinr. Seidel rc. Hrsg. v. Helene Stöfl. 2. u. 3. Bd. 12. (IV, 216 u. IV, 220 S. m. Abb.) Stuttgart 895. Levy & Müller.
Geb. in Leinw. à n. 2.—

Mädchenbilder aus dem Alltagsleben, s. a. Unterhaltungs-Bibliothek, christliche.

Mädchenbilder aus dem Alltagsleben, gezeichnet von Frauenhand. 8. (143, 136 u. 80 S.) Halle 877. Fricke's Verl. n. 2. 40

Mädchenbildung auf christlicher Grundlage. Hrsg. v. Mitgliedern der Fachabteilung f. höhere Mädchenbildung des Vereins kathol. deutscher Lehrerinnen. Red.: Marie Landmann. 1. u. 2. Jahrg. Oktbr. 1904 bis Septbr. 1906. à 12 Hefte. (à ca. 56 S.) gr. 8. Coblenz, Görres-Druckerei. à Jhrg. n. 5.—

— dasselbe. Hrsg. v. Mitgliedern des Vereins kathol. deutscher Lehrerinnen. Schriftleitung: Marie Landmann. 3. Jahrg. Oktbr. 1906—Sept. 1907. 12 Hefte. (678 S.) gr. 8. Kempten, J. Kösel. n. 5.—

Mädchenbildung auf christlicher Grundlage. Hrsg. v. Mitgliedern des Vereins kathol. deutscher Lehrerinnen. Schriftleitung: Marie Landmann. 4.–7. Jahrg. Oktbr. 1907—Septbr. 1911. à 12 Hefte. (4.–6. Jahrg. 679, 688 u. 672 S.) gr. 8. Kempten, J. Kösel. à Jahrg. 5. —

— die höhere. Vorträge, geh. auf dem Kongress zu Kassel am 11. u. 12. X. 1907 v. Helene Lange, Paula Schlodtmann, Lina Hilger, Lydia Stöcker, Julie v. Kästner, Marianne Weber, Gertr. Bäumer, Marie Martin. (IV, 97 S.) Lex. 8. Leipzig 908. B. G. Teubner. 1.80; geb. in Leinw. 2. 40

Mädchenbuch, deutsches. Ein Jahrbuch der Unterhaltg., Belehrg. u. Beschäftigg. f. junge Mädchen, hrsg. v. Frida Schanz. Mit Beiträgen v. Emma Biller, Vikt. Blüthgen, Marie v. Ebner-Eschenbach u. a. Mit zahlreichen Text- u. 8 Farbenbildern v. Fr. Bergen, G. Buchner, M. Flashar u. A. I—III. gr. 8. (398, 399, 400 S.) Stuttgart 892—894. K. Thienemann. Geb. in Leinw. à n. 6. 50

Mädchenbuch, deutsches. Ein Jahrbuch d. Unterhaltung, Belehrg. u. Beschäftigg. f. junge Mädchen. M. Beiträgen v. Emma Biller, Vict. Blüthgen, V. Clément rc. Mit zahlr. Text- u. Farbenbild. v. Fr. Bergen, G. Buchner, M. Flashar rc. 4.–6. Bd. gr. 8. (399, 396 u. 392 S.) Stuttgart 895—898. K. Thienemann. Geb. in Leinw. à n. 6. 50

Mädchenbuch, deutsches. Ein Jahrbuch der Unterhaltung, Belehrg. u. Beschäftigg. f. junge Mädchen. Mit Beiträgen v. Hedw. Andrae, Emma Biller, S. Braun u. a. Mit zahlr. Text- u. Farbenbildern v. Fr. Bergen, Joh. Gehrts, W. Hoffmann u. a. 7.—10. Bd. gr. 8. (394, 399, 398 u. 398 S.) Stuttgart (899—902). K. Thienemann. Geb. in Leinw. à n. 6. 50

Mädchenbuch, deutsches. Ein Jahrbuch der Unterhaltg., Belehrg. u. Beschäftigung f. junge Mädchen. Mit Beiträgen v. Emma Biller, F. Bidlingmaier, C. Blümlein u. a. Mit zahlreichen Text- u. Farbendruckbildern v. M. Barascudts, Fr. Bergen, Joh. Gehrts u. a. 11.—14. Bd. (388, 400, 410 u. 414 S.) gr. 8. Stuttgart (903—906). K. Thienemann. Geb. in Leinw. à n. 6. 50; (Bd. 1—12 erm. Pr. à n. 4.—)

Mädchenbuch, deutsches. Ein Jahrbuch der Unterhaltg., Belehrg. u. Beschäftigg. f. junge Mädchen. Mit Beiträgen v. Emma Biller, S. Braun, A. Breitzmann u. a. Mit zahlreichen Text- u. Farbenbildern v. M. Barascudts, Fr. Bergen, Joh. Gehrts u. a. 15.—18. Bd. (411, 410, 410 u. 410 S.) gr. 8. Stuttgart (907—10). K. Thienemann. Geb. in Leinw. à Bd. 6. 50

Mädchenbuch, deutsches. Jetzt: Stuttgart, Ant. Hoffmann.

Goldenes **Mädchenbuch**. Auswahl bester Erzählungen von J. Gotthelf [u. a.] Mit 4 Einschalt-Bild. von G. A. Stroedel. 4. T. in 1 Bd. Berlin: H. J. Meidinger [1905]. (Getr. Pag.) 8° [F.] [04. 9:37

— neues. Eine Sammlg. v. Erzählgn., Gedichten, Unterweisgn. aus der Natur, Anreggn. zur Selbstbeschäftigg., zur Handarbeit, zu Spielen u. anderem mehr. Zur Unterhaltg. u. Belehrg. Hrsg. v. Margarete Promber. 2 Tle. Mit je 4 Buntbildern u. vielen Textillustr. bewährter Künstler. (IV, 144 u. IV, 142 S.) 8. Stuttgart (904). Loewe. Geb. à 2. 50; in 1 Leinw.-Bd. 4. 50

— neues. Eine Sammlg. v. Erzählgn., Gedichten, Unterweisgn. aus der Natur, Anreggn. zur Selbstbeschäftigg.- zur Handarbeit, zu Spielen u. anderem mehr. Zur Unterhaltg. u. Belehrg. Hrsg. v. Margarete Promber. (2 Tle. in 1 Bde.) Mit 8 Buntbildern u. vielen Textillustr. bewährter Künstler. 3. Aufl. (VIII, 144 u. 142 S.) 8. Stuttgart (907). Loewe. Geb. in Leinw. 4.50; in 2 Bde. kart. à 2. 50

Mädchenbühne. Zur Aufführung in Schulen u. Instituten. Bdch. 1. Frankfurt a. M.: W. Rommel 1894. 8° [F.] [06. 10387

— zur Aufführg. in Schulen u. Instituten. 6.—8. Bdchn. 8. Frankfurt a/M., W. Rommel. à — 60 (1.—8.: n. 5. 50)

6. Märchenkranz. Dramat. Scene v. F. Sintenis. (23 S.) 895.
7. Der Blumen Rache. Von Veit Valentin. (22 S.) 896.
8. D. Traum d. alten Tante. E. Stücklein aus d. sogen. guten alten Zeit. Dramat. Scherz in 1 Akt v. Otto Schäfer. (23 S.) 898.

— Zur Aufführg. in Schulen u. Instituten. 9. Bdchn. 8. Frankfurt a/M., W. Rommel. n. 1. —

Der Ring des Glücks m. 3 Reigen nebst e. Prolog zu e. Weihnachtsfestspiel. Von L. Berg. (55 S.) 899.

Mädchen-Bühne. Einaktige Lustspiele m. nur weibl. Rollen, zur Aufführg. bei Schul- u. Familienfesten geeignet. 1.—30. Heft. 8. Berlin, E. Bloch. à n. — 60

1. Ihr erster Ball. Lustspiel v. Olga Steiner. 2. Aufl. (24 S.) 893.
2. Wer hat's gethan? Schwank v. Olga Steiner. 2. Aufl. (31 S.) 893.
3. Zerstreut. Schwank v. Olga Steiner. 2. Aufl. (25 S.) 893.
4. Gespenster. Schwank v. Olga Steiner. 2. Aufl. (76 S.) 893.
5. Fräulein Wildfang. Lustspiel v. Olga Steiner. (32 S.) 891.
6. Bei der Wahrsagerin. Schwank v. Olga Steiner. (32 S.) 891.
7. Kätes Schwärmerei. Lustspiel v. Olga Steiner. 2. Aufl. (27 S.) 893.
8. Folgen e. Lüge. Lustspiel v. Olga Steiner. 2. Aufl. (26 S.) 893.
9. Wir gründen e. Verein. Lustspiel v. Olga Steiner. 2. Aufl. (25 S.) 893.
10. Der Preis-Aufsatz. Lustspiel v. Olga Steiner. 2. Aufl. (21 S.) 893.
11. Wenn die Katze fort ist. Schwank v. Olga Steiner. (26 S.) 893.
12. Eine Theaterprobe. Lustspiel v. Olga Steiner. (31 S.) 893.
13. Der Haupttreffer. Lustspiel v. Olga Steiner. (29 S.) 893.
14. Das Gespenst in der Pension. Lustspiel von A. v. Schwerin. (15 S.) 893.
15. Die Wahl der Gefährtin. Lustspiel von T. v. Heinz. (28 S.) 893.
16. Als der Großvater die Großmutter nahm. Kostüm-Aufführg. m. Tanz u. Gesang. Für 8, 12 od. 16 Damen belieb. Alters. Von Julie Thiel. (9 S.) 893.
17. Frauenideale aus dem Hause Hohenzollern. Ein patriot. Festspiel v. Martha Detloff. (27 S.) 893.
18. Die beiden Tanten. Mädchenkomödie in 1 Aufzuge v. E. Cassau. (16 S.) 894.
19. Eine Badebekanntschaft. Lustspiel in 1 Akt v. Olga Steiner. (21 S.) 894.
20. Schwerhörig. Schwank in 1 Aufzuge v. Olga Steiner. (24 S.) 894.
21. Das Fräulein v. Hohenstein. Lustspiel in 1 Aufzuge v. F. Rüdiger. (26 S.) 894.
22. Germanias Erwachen. Ein patriot. Festspiel v. Martha Detloff. Mit Schluß-Variante zur Aufführg. am Geburtstag des Deutschen Kaisers u. am Sedantage. (26 S.) 894.
23. Frauengestalten aus Schillers Werken. Mit Prolog u. verbind. Worten v. A. Knips-Hasse. (34 S.) 894.
24. Huldigung der Monate f. den deutschen Kaiser. Patriotisches Festspiel v. Martha Detloff. (24 S.) 894.
25. Ausländer-Verkehr gesucht. Plauderei in 1 Akt v. Olga Steiner. (17 S.) 894.
26. Die Prinzessin, od.: 20 Minuten im Wartesaal. Schwank in 1 Akt v. Marie Kalla. (22 S.) 894.
27. In der Johannisnacht. Ein Elfenspiel in 1 Aufzuge v. Martha Detloff. (32 S.) 894.
28. Aus großer Zeit. Ein patriot. Festspiel v. Martha Detloff. (35 S.) 894.
29. Ein Pensionsstreich. Lustspiel in 1 Aufzuge v. M. G. Bischoff. (32 S.) 894.
30. Weihnachtsleid u. Weihnachtsfreud'. Eine Weihnachts-Aufführg. m. eingelegten Liedern in 1 Akt v. Helene Binder. (23 S.) 894.

Mädchen-Bühne. Aufführungen m. nur weibl. Rollen, f. Schul- u. Familienfeste geeignet. 31.—49. Hst. 8. Berlin, E. Bloch. à n. — 60

31. Der Streit d. Jahreszeiten. E. Festspiel f. Mädchenschulen v. Julie Thiel. (35 S.) 895.
32. Acht Reigen. Von Ottilie Fleer. (20 S.) 895.
33. Kräuterliesens Schützling. Spiel in 1 Aufzug (m. Gesangseinlagen ad libitum) v. M. G. Bischoff. (27 S.) 895.
34. Fräulein Hasenfuß. Schwank in 1 Aufz. v. Olga Steiner. (18 S.) 895.
35. Frau Holle. Märchensp. in 4 Bildern v. G. Margot. (25 S.) 895.
36. Grillen sind mir böse Gäste. Ein Geburtstags-Festspiel m. Reigen f. große u. kleine Schülerinnen v. Julie Thiel. Turn-Reigen v. L. Hartung. (21 S. m. Fig.) 895.
37. Rheingold. Vaterländ. Festsp. v. Martha Detloff. (29 S.) 895.
38. D. deutsche Kaiserkrone. Vaterländ. Festsp. v. Marie Luise Kranerz. (39 S. m. 1 Fig.) 896.
39. Der Nornen Glückwunsch f. d. Kaiser. Festspiel v. Martha Detloff. (14 S.) 896.
40. D. Gänschen v. Lande. Lustsp. in 1 Akt v. M. H. Bischoff. (34 S.) 896.
41. Fräulein Gernegroß. Schwank in 1 Akt v. M. H. Bischoff. (30 S.) 896.

42. D. Handarbeits-Nadeln. Dramat. Scherz. Von Fides Dörflinger. (17 S.) 897.
43. Hypnotisiert. Lustspiel in 2 Aufzügen. Von A. Christen. (23 S.) 898.
44. Der Schule Walten. Festspiel zur Aufführg. bei Schulfeiern von Anna Hennig. (14 S.) 898.
45. D. Lebensfrage. E. Traum. Von M. Paar. (18 S.) 898.
46. Des Jahres Kreislauf. Von Emilie Esser. (26 S.) 898.
47. Die Haushaltungsschule. Lustsp. f. 8 Mädchen. Von Olga Steiner. (27 S.) 898.
48. Deutschland zur See. Vaterländ. Festspiel. Von Martha Detloff. (27 S.) 898.
49. Weihnachtsfriede. 3. Weihnachtsfeier f. Oberklassen, Mädchenschulen, Pensionate od. Jungfrauenvereine. Von Helene Binder. (26 S.) 898.

Mädchen-Bühne. Aufführungen m. nur weibl. Rollen, f. Schul- u. Familienfeste geeignet. 50.—69. Hft. 8. Berlin, E. Bloch. à n. — 60

50. Der deutschen Frauen Glückwunsch f. den Kaiser. Patriot. Festspiel in 1 Aufzuge. Von Martha Detloff. (29 S.) 898.
51. Des Reiches Waffenschmied. Patriotisches Festspiel in e. Aufzuge. Von Martha Detloff. (13 S.) 899.
52. Fräulein Pascha. Lustspiel in 2 Aufzügen. Von A. Christen. (23 S.) 899.
53. Die neue Pensionärin vom Lande. Lustspiel in 1 Akt. Von Elisab. Kretschmer. (22 S.) (899.)
54. Zweierlei Mädchen, Lieschen u. Gretchen. Kleines Lustspiel in 2 Akten. Von Marie Ille-Beeg. (24 S.) München 898.
55. Der deutsche Wald. Festdichtung zum Geburtstage Sr. Maj. des Kaisers. Von Hedw. Hoepfner. (19 S.) (900).
56. Winter-Reigen. Von A. Hermann. (21 S.) (901.)
57. Unter dem Hohenzollern-Aar. Vaterländisches Festspiel. Von Martha Detloff. (27 S.) (900.)
58. Die neue Miß. Schwank in 1 Aufzuge. Von Edm. Braune. (14 S.) (901.)
59. Gute Freundschaft. Lustspiel in 1 Aufzuge. Von L. Berg. (28 S.) Frankfurt a/M. 894.
60. Reigenspiele u. Prologe. Von L. Berg. (40 S.) Frankfurt a M. 894.
61. Der Blumen Rache. (Traumbild in 1 Akt.) Von Veit Valentin. (22 S.) Frankfurt a/M. 896.
62. Rheinmärchen in 4 Bildern. Von L. Berg. (54 S.) Frankfurt a. M. 894.
63. Das Mädchen aus der Fremde. Singspiel zu beliebten Operettenmelodien. Von Olga Steiner. (23 S.) (901.)
64. Der Weihnachtsbaum. Weihnachts-Festspiel. Von Ebeling-Grau. (19 S.) (902.)
65. Das Preisrätsel. Lustspiel. Von Olga Steiner. (23 S.) (902.)
66. Rokoko-Tanzstunde. Dramatisch. Scherz m. Tanz. Von Olga Steiner. (18 S.) (902.)
67. Kaisers Geburtstag in Rübezahls Reich. Festspiel m. Gesang u. Reigen. Von Martha Detloff. (37 S.) (902.)
68. Am Rolandbrunnen. Vaterländisches Festspiel. Von Martha Detloff. (21 S.) (902.)
69. Hie gut Zollern alleweg. Festdichtung m. eingelegten Chören u. Reigen nach vaterländ. Melodieen zum Geburtstage Sr. Maj. des Kaisers. Von Hedw. Hoepfner. (16 S.) (902.)

Mädchen-Bühne. Aufführungen m. nur weibl. Rollen, f. Schul- u. Familienfeste geeignet. 70.—78. Heft. 8. Berlin, E. Bloch. à n. — 60

Bischoff, M. G., Geburtstagsüberraschungen. Scherz in 1 Akt. (15 S.) (906.) (Hft. 78.)
Detloff, Martha, unser Schiller. Ein deutsches Festspiel (zur Verherrlichung unseres größten nationalen Dichters). (21 S.) (905.) (Hft. 74.)
Dörflinger, Fides, Christbäumchen's Wahl. Weihnachtsfestspiel in 2 Aufzügen. (15 S.) (903.) (Hft. 70.)
Dörrien, E., ein Pensions-Kommers. Dramatischer Scherz, m. Reigen v. S. Jaffé. (24 S.) (904.) (Hft. 72.)
Hoepfner, Hedw., vom Fels zum Meer! Festdichtung m. eingelegten Chören nach vaterländ. Melodieen zum Geburtstag Sr. Maj. des Kaisers. (12 S.) (904.) (Hft. 73.)
Kuß, Martha, acht Tanzreigen. (24 S.) (905.) (Hft. 75)
Linde, Alice, das neue Dienstmädchen. Schwank. (15 S.) (905.) (Hft. 76.)
Steiner, Olga, Hurra, aufs Land! Komödie m. Chorgesang u. Reigen. (21 S.) (906) (Hft. 77.)
— Wahrheits-Koller. Lustspiel. (15 S.) (903.) (Hft. 71.)

Mädchenbühne. Aufführungen m. nur weibl. Rollen, f. Schul- u. Familienfeste geeignet. 79.—99. Heft. 8. Berlin, E. Bloch. à — 60

Burwig, Gust., die kleinen Gratulanten. Ein Geburtstagszwiegesang f. Papa od. Mama. Ohne Stimmaufwand m. leichter Pianoforte-Begleitg. Wort u. Sang v. B. (12 S.) (908.) (Heft 87.)
Detloff, Martha, Friedensgruß aus Afrika. Kolonial-Festspiel. (35 S.) (908.) (Heft 90.)
— Preußens schönste Königin. Vaterländisches Festspiel in 3 Bildern u. e. Schlußwort. (63 S.) (910.) (Heft 99.)
Gebhardt, F., von deutschen Höhen. Deklamatorische Aufführg. zum Geburtstage des Kaisers. (16 S.) (908.) (Heft 89.)
Höpfner, Hedw., Germanias Kaisertag. Festdichtung m. eingelegten Chören u. Reigen. (22 S.) (906.) (Heft 79.)
— Die beiden Gretchen. Komödie. (17 S.) (909.) (Heft 93.)
— Jungfer Vergeßlich. Lustiges Blumenspiel in 2 Aufzügen. (22 S.) (907.) (Heft 85.)
— Strafe muß sein. Komödie in 2 Aufzügen. (24 S.) (907.) (Heft 84.)
Ille-Beeg, Marie, die Faulkrankheit. Lustspiel in 1 Akt. (23 S.) (907). (Heft 82.)
— Beim Neujahrspunsch. Dramatische Szene. (19 S.) (907.) (Heft 83.)
Kurs, Alice, dem Kaiser zu Ehren. Festspiel f. junge Mädchen zur Feier des Geburtstags Sr. Maj. des Kaisers. (28 S.) (908.) (Heft 88.)
Langen, C. v., in Papas Zimmer. Komödie in 1 Aufzuge. 2. Aufl. (17 S.) (909.) (Heft 96.)
Päslack, Emmy, Deutschland üb. alles! Patriotisches Festspiel m. Reigen. (27 S.) (909.) (Heft 95.)
Rüberg, Agnes, Jung-Preußen gratuliert. Festspiel zur Feier des Geburtstages Sr. Maj. Kaiser Wilhelm II. f. die Unterstufe e. Mädchenschule. (16 S.) (907.) (Heft 86.)
Sieg, Arth., im Schutze des Thrones. Patriotisches Festspiel m. Prolog u. Reigen (in 1 Akt). (19 S.) (906.) (Heft 80.)
Steiner, Olga, sie will imponieren. Schwank. (18 S.) (909.) (Heft 91.)
— Das Komödiantenkind. Lustspiel in 1 Akt. (20 S.) (907.) (Heft 81.)
— Naschkätzchen. Schwank in 1 Aufzug. (19 S.) (910.) (Heft 98.)
— Prinzeßchen. Lustspiel in 1 Akt. (22 S.) (909.) (Heft 92.)
— Ein Tag in der Pension. Schwank m. Gesang. (27 S.) (910.) (Heft 97.)
Thorieth, L., immer hungrig. Schwank. (17 S.) (909.) (Heft 94.)

Mädchenbühne. Nr. 1—12. kl. 8. Leipzig, C. Glaser. à Nr. 2. —

Mathes, Rich., Arm u. Reich beim Kerzenstrahl. Weihnachtsbild in 1 Aufzuge. (19 S.) (909.) (Nr. 9.)
— Der Blumen Rache. Fantastisches Märchenspiel in 1 Aufzuge. (17 S.) (907.) (Nr. 5.)
— Christfest im Walde. Festspiel f. junge Mädchen m. e. leb. Schlußbilde. (18 S.) (907.) (Nr. 4.)
— Glückauf, du neues Jahr! Festspiel in 1 Aufzuge f. 6 junge Damen. (15 S.) (909.) (Nr. 6.)
— Heil, Kaiser, dir! Patriotisches Festspiel in 1 Aufzuge. (16 S.) (907.) (Nr. 2.)
— Heil dir, du junges Paar! Festspiel in 1 Aufzuge zum Hochzeits- od. Polterabend. (17 S.) (910.) (Nr. 12.)
— Die vier Jahreszeiten. Fest-Aufführung in 1 Aufzuge. (16 S.) (907.) (Nr. 3.)
— Johanniszauber. Fantastisches Märchenspiel m. Gesang u. Tanz in 1 Aufzuge. (16 S.) (909.) (Nr. 8.)
— Das versunkene Märchenreich. Lustiges Märchenspiel in 1 Aufzuge. (20 S.) (909). (Nr. 11.)
— Weihnachten im Pensionat. Festaufführung m. Gesang in 1 Aufzuge. (16 S.) (907.) (Nr. 7.)
— Die Weihnachts-Fee. Lebensbild in 1 Aufzuge (m. e. leb. Bilde). (11 S.) (907.) (Nr. 1.)
Otto, Ernst, Aschenbrödel's Weihnachtsfest. Festaufführung m. Gesang in 1 Aufzuge. (24 S.) (909.) (Nr. 10.)

MAEDCHENERZIEHUNG. Über die - ein Gespräch. Kurzbeck, Wien 1781. 1 vol. 60 S.

Mädchenerziehung, über die, ein Gespräch. 8. Wien 783. Holle. 3 K

Mädchen-Erziehung, die. Mängel u. Umgestaltg. der heut. Erziehungsweise. gr. 8. (26 S.) Mainz 885. Diemer. n. — 60

Mädchenerziehung, die, im preußischen Militärwaisenhause, in ihrer Bedeutung f. unser Volk. 8. (37 S.) Wolfenbüttel 898. J. Zwißler. n. — 50

Die **Mädchenerziehung.** Mängel u. Umgestaltung d. heutigen Erziehungsweise. 2. Aufl. — Mainz: Diemer 1885. 26 S. 8°

Mädchenfeier und Jünglingsweihe . . . Leipzig 1786. V: *Geisler, Adam Friedrich.* (Ky) (MGT)

Mädchenfeier u. Jünglingsweihe, Deutschl. Schönen gewidmet (v. A. F. Geisler d. Jüng.). 2 Bde. jed. v. 12 Stück. 8. Leipz. 786. Geisler. 2 ℛ

Mädchenfleiß. Eine Auswahl von Gedichten für die weibliche Jugend, zur Weckung eines häuslichen Sinnes. Mit 12 Bildern in Original-Lith. von J. B. Sonderland. Mit 4 (lith.) Musterblättern zum Sticken. 8. (32 S.) Düsseldorf 849, Schulgen. n. 1/2 ℛ

Mädchenfreund. –

— e. Monatsschr. 1r Bd. 6 Stcke. 8. Berl. 755. Birnstiel. 12 gr

Mädchenfreund, Der. A. d. Franz. . . . Hamburg 1762. V: *Graillard de Graville, Barthélemy Claude.* Ü: *Bode, Johann Joachim Christoph.* (Mn)

Mädchenfreund, der, a. d. Franz. 8. Hamburg, Brand. 762.

— der, 2 Bändchen, (v. Chr. K. André). 8. Leipz. 789—90. (W. Vogel). 18 gr

Mädchenfreund, Der. Leipzig 1789—91. V: *Andre, Christian Carl.* (Ky) (MGT) (ErschDL)

— 2 Bdchen. (von Andre.) 8. Lpz. Crusius. (F. C. W. Vogel.) 789—91. (I. 8 gr. II. 10 gr.)

Mädchenfreund, der, a. d. Französ. 8. Hamb. 792. Brand. 12 gr

MÄDCHENFREUND, Der. Mit Titelkupfer. Berlin und Hamburg 1805. 8°. (2 Mk. G. Priewe, Heringsdorf, 1895.)

— der, ein Lehr- u. Lesebuch f. kleinere Mädchen. 8. München 825. (Lindauer). 3¼ gr

Mädchenfreund, Der vorsichtige, oder die Kunst, sich vor venerischer Ansteckung zu sichern . . . Berlin 1798. 2. Abdr. 1802. 2. Aufl. v. F. W. Jung 1815. 3. Aufl. 1820. V: *Flittner, Christian Gottfried.* (MGT)

— d. vorsichtige, od. die Kunst s. vor vener. Ansteck. zu sichern. 8. Berl. Oehmigke d. j. 802.

— der vorsichtige, oder die Kunst, sich vor vener. Ansteckung zu sichern. 8. Berl. 802. N. A. 807. (Sander). 1 ℛ

Mädchengestalten, moderne u. ideale. 8. (4 Farbdr.) Berlin 899. W. Schultz-Engelhard. 1.50

MÄDCHENGLÜCK und Mädchenunglück zur Beherzigung für Deutschlands edle Töchter, welchen Unschuld, Ehre und Glück werth und theuer ist (von *Wilh. David Fuhrmann*). Hannover, bei den Gebr. Hahn. 1805. 8°. (5 Mk., unbeschn., Adolf Weigel, 1907.)
Enth. sehr verständige, aber hier und da etwas freie Erörterungen. — TKpf., Tit. gestoch., XX u. 540 S., nebst 1 Bl. Druckf.
Anon.-Lex. III. p. 101 (nach Kayser u. Meusel).

Mädchengruppen, moderne, im Empire-Styl. 8. (4 Farbdr.) Ebd. 899. 1.50

Mädchengymnasium, Das geplante Breslauer, und seine Ablehnung durch den Herrn Minister. Breslau 1898. V: *Pfundtner, Otto.* (Kat. d. Druckschr. üb. Breslau. Breslau 1903. S. 313.)

Das Mädchen-Gymnasium in Karlsruhe begründet vom Verein „Frauenbildungs-Reform“, eröffnet am 16. Sept. 1893. Amtl. Bericht üb. Entstehung, Eröffnung u. Organisation d. Schule. (Festschr. z. Erinnerung an d. Eröffnung d. Schule.) — Weimar: Weimarer Verlagsanst. [1894]. 52 S. 8°

Mädchenhandel, der, v. Philos, s.: Zur Psychologie unserer Zeit. 8. Heft.

Der **„Mädchenhandel“** und seine Bekämpfung. Denkschrift m. bes. Berücks. d. Arbeitsjahre 1899 bis 1902 d. deutsch-nationalen Arbeit. Hrsg. v. Deutschen Nationalkomitee zur internat. Bekämpfung d. Mädchenhandels. 2., verm. u. vervollständigte Aufl. — Berlin: Büro d. Komitees 1903. 40 S. 8°

Der '**Mädchenhandel**' und seine Bekämpfung. Denkschrift mit bes. Berücks. d. Arbeitsj. 1899 bis 1902 d. deutsch-nat. Arbeit hrsg. v. Deutschen Nationalkomitee zu internat. Bekämpfung d. Mädchenhandels. 2. verm. u. vervollst. Aufl. *Berlin: Selbstverl. 1903.* (40 S.) 8°
1. Aufl. u. d. T.: Die Bekämpfung d. Mädchenhandels. [04. 4265

Mädchenheim, illustrirtes. Zeitschrift f. erwachsene Damen. Juli 1891—Juni 1892. 24 Nrn. (2 Bog.) gr. 4. Berlin, Verlagshaus „Jedem Etwas“. n. 3. —

Mädchenherz um Mädchenherz. Erzählungen für Gebildete, von Fanny Tarnow. 8. Leipzig, Engelmann. 816.

Mädchenhofmeister; der, od. d. Buchzeichen; e. Seitenstück z. Manne auf Freyersfüßen, v. Fr. Laun. (Fr. A. Schulz.) 8. Freyberg, Craz u. G. 800.
dasselbe wohlfeile Edition. 802.

Mädchenhofmeister, Der, und das Orakel. Freiberg 1802. V: *Laun, Friedrich (= Friedrich August Schulze).* (Ky) »Freyb. 1800« (MGT)

Mädchenhofmeister, der, u. das Orakel, (v. Fr. Laun). 8. Freiberg 802. Craz u. G. 18 gr

Mädchenhüter, Der... Dresden 1807. V: *Schilling, Friedrich Gustav.* (NN) (MGT)

Mädchenhüter, d., (v. Gust. Schilling.) a Thlr. 8. Dresden, Arnold. 808.

Mädchenjahrbuch, deutsches, auf die J. 1881 und 1882. 16. (à Jahrg. ca. 220 S. mit Portr.) Leipzig, Lemme. cart. à Jahrg. * 75 Pf.; geb. *
Fortsetzung u. d. T.: Jahrbuch für deutsche Mädchen.

Mädchen-Jahrbuch, deutsches, f. d. J. 1888. Hrsg. v. M. Vogler. 12. Jahrg. 16. (240 S. m. 1 Bild.) Gera, Th. Hofmann. cart. n. — 75

— dasselbe, f. d. J. 1889. 13. Jahrg. 16. (240 S.) Ebd. cart. n. — 60

— deutsches. Hrsg. unter Mitwirkg. hervorrag. Schriftstellerinnen v. Elise Polko. Jahrg. 1891. Mit 60 Orig.-Illustr. v. F. Jüttner u. A. 8. (186 S.) Berlin, [Fried. & Co.]. Gnadenfeld & Co. geb. n.n. 1. 50

Mädchenjahre, Faith Gartney's. Von der Verfasserin der »Gayworthys«. Deutsch von P. E. B. Leipzig 1878. V: ***Whitney, Adelina D. Train.*** (EB)

Mädchenjahre, d., der Landwirthstochter zu Grünau. Eine moral. Erzählung f. die weibl. Jugend. Mit 1 Kpf. 8. Lpz. 824. C. Fleischer. 1 ℳ 4 gGr Hdgesf. Pr. 16 gGr

MÄDCHENJAHRE, Die, der Landwirthstochter zu Grünau. Leitmeritz 1834. 8°. 152 S. (1 Mk. Taussig, c. 1905.)

Mädcheninsel, Die, eine Elegie. O. O. 1773. V: *Götz, Joh. Nicolaus.* (GGr)

Mädchenkalender, deutscher, f. d. J. 1890. Hrsg. v. Elise Polko. 8. (160 S. m. 4 color. Abbildgn.) Berl. 889, [Fried u. Comp.] Wiener. geb. * 1 —
Neue Titel-Ausg., s. Backfischchen's Schatzkästlein.

Mädchen-Kalender, deutscher, 1911. Das Kränzchen. (Abreißkalender m. 53 z. Tl. farb. Ansichtspostkarten.) 8. Stuttgart, Union. 1.25

Mädchen-Kalender, Fromme's österreichischer, für die Schulj. 1886/87, 1887/88 und 1888/89. 1.—3. Jahrg. Redig. von Gabriele Hillardt. 16. (à Jahrg. ca. 250 S.) Wien, Fromme. geb. in Halbleinw. à Jahrg. geb. in Leinw. à Jahrg.

Mädchen-Kalender, Fromme's österr., für das Schuljahr 1889/90. 4. Jahrgang. Redigirt von Gabriele Hillardt. 16. (85 S. und Notizbuch.) Geb. in Halbleinwand —.50, in Leinwand mit Tasche Wien: Fromme. —.80

— Fromme's österreichischer, f. d. Schulj. 1890/91. 5. Jahrg. Red. v. Gabriele Hillardt 16. (VIII, 135 S. u. Tagebuch.) Wien, Fromme. geb. in Halbleinw. 1. —; in Leinw. 1. 60

Fromme's Oesterr. Mädchen-Kalender f. d. Schuljahr 1891/92. VI. Jahrg. Redigirt von Gabriele Hillardt. Mit 1 Porträt. (VIII, 123 S. und Notizblätter.) Kl.-8. Cart. m. Bleist. Wien: Fromme.
— Derselbe. Leinwdbd. m. Bleist. Wien: Fromme.

Mädchen-Kalender, Fromme's österr., für das Schuljahr 1892/93. 7. Jahrg. Redigirt von Gabriele Hillardt 16. (125 S. u. Tagebuch.) Geb. in Halbleinwd —.50, in Leinwd. —.80 Wien: Fromme.

Mädchen-Kalender, Fromme's österr., für das Schuljahr 1893/94. 8. Jahrg. Redigirt von Johann Dassenbacher. 16. (159 S. u. Tagebuch.) Geb. in Halbleinwd. —.50, in Leinwand Wien: Fromme. —.80

Mädchen-Kalender, Fromme's österreichischer, f. das Schulj. 1894/95. 9. Jahrg. Red. v. Joh. Dassenbacher. 16. (VIII, 143 S. u. Tagebuch.) Wien, C. Fromme. Geb. in Halbleinw. n. 1. —; in Leinw. n. 1. 60

Mädchen-Kalender, Fromme's österreichischer, f. d. Schulj. 1895/96. 10. Jahrg. Red. v. Joh. Dassenbacher. 16. (VIII, 183 S. u. Notizbuch.) Wien, C. Fromme. Geb. in Halbleinw. n. 1. —; in Leinw. n. 1. 60

(F) Katholischer Mädchen-Kalender für das Jahr 1900. Redigirt von Friedrich J. Pesendorfer. Linz-Urfahr. Kathol. Pressverein. 16°. 121 S. mit 1 Tafel. Geb. fl. —.30

Mädchenkenner, Die, oder So ein Gelehrter und nur Famulus? Lustspiel in 3 Akten. München 1792. V: *Senefelder, Johann Alois.* (GGr)

Mädchenkenner, der, oder so ein Gelehrter u. nur Famulus? Lstspl. in 3 A. 8. Münch. 792. Lentner. 4 gGr

Mädchenkenner, der; od. so ein Gelehrter u. nur Famulus. 8. München, Lentner. 794.

Mädchenköpfe, hübsche u. minder hübsche, nach d. Natur gezeichnet v. ***. 2., verm. Aufl. 8. (42 S.) Solothurn 896. Buch- u. Kunstdr. Union. n. — 40

Mädchenköpfe, hübsche u. minder hübsche, nach der Natur gezeichnet v. ***. 4. verm. Aufl. 8. (46 S.) Solothurn 897. Buch- u. Kunstdr. Union. n. — 50

Mädchenliebe, die. Schspl. 8. Leipz. 794. 8. Bern 794. 5 gGr

Mädchenliebe und **Manneslieb**e. Wernigerode [1891.] V: *Rudow, Wilh.* (Berl)

Mädchen-Liederkranz, musikalischer. Enthalt.: Eine Menge beliebter Lieder mit zwei- u. dreistimm. Singweisen, ausgewählt von einem Volksschullehr-Vereine. Besorgt u. hrsg. v. J. C. G. Nitsche. 1. Hft. 3 Stimmen. qu. gr. 8. (à 32 S.) Grünberg 849, Weiß. (1 u. 2. Stimme à n. 2 ngr 3. Stimme n. 1/6 ℳ) n. 9 ngr

Mädchenlust, in d. Erholungsstunden auf d. Schlosse zu Feldbrunn; e. Samml. v. Jugendspielen zur Erheiterung d. Geistes u. zur Uebung d. Körpers f. d. zarte Geschlecht. qu. gr. 8. Wien 823. Müller. 2 ℛ︀ 20 𝔤𝔤

Mädchenmarkt, der,. Komisches Originalsingsp. in 2 A. v. K. Hertlots. 8. Berlin, Voß. 792.

Mädchen-Mittelschulen, die Elberfelder, am Wendepunkte? Denkschrift, hrsg. v. den Lehrerkollegien der Mädchen-Mittelschulen in der Nord- u. Südstadt. (30 S.) gr. 8. Elberfeld 910. A. Martini & Grüttefien. — 40

Mädchenmörder, die, zu Wien. Vollst. Schwurgerichtsverhandlg. gegen das Mörderpaar Franz u. Rosalie Schneider. gr. 8. (32 S. m. 6 Abbildgn.) Dresden 892. (Leipzig, B. Radelli.) — 10

Mädchen-Opferung, die, im modernen Babylon. Enthüllungen der „Pall Mall Gazette" üb. die sittl. Zustände in London. 1.—50. Tausend. gr. 8. (111 S.) Hagen i/W. 885. Risel & Co. n. 1. —
Liefert W. Radestock in Leipzig.

Mädchenpfiffe, s. Theater, das, des Auslandes.

Mädchens, des, Wunderhorn, s.a. Wunderhorn.

Mädchens, des, Wunderhorn. Lieder-Album aus Deutschlands lyr. Dichtern. 6. Aufl. 16. (VIII und 312 S.) Sondershausen 856(57,) Neuse. * –

Mädchens, des, Wunderhorn. Lieder-Album aus Deutschlands lyrischen Dichtern. 7. Aufl. 16. (VIII und 816 S.) Sondershausen 860, Neuse. geb. *

Mädchens, des, Wunderhorn. Hochdeutsche Gedichte der neueren u. neuesten Zeit. 12. Aufl. Gänzlich neu bearb. von G. Emil Barthel. 12. (387 S. m. 1 Lichtdr.) Halle 883. Gesenius. geb. m. Goldschn. n. 4. 50

Mädchens, d., Wunderhorn. Hochdeutsche Gedichte der neueren u. neuesten Zeit. 13. Aufl. Mit 8 Illustr. in Lichtdr. nach J. G. Fuellhaas, H. König, W. Menzler u. A. 8. (VII, 387 S.) Halle a/S. 889. Gesenius. geb. m. Goldschn. n. 6. —

Mädchenschule, die, ein Spiel f. kleine Schönen. 8. Hamb. 777. Reuß. 12 𝔤𝔤

Mädchenschule, Die, s.a. Zeitschrift, Allgemeine, für Lehrerinnen.

Mädchenschule, die. Ein Organ für die gesammten Interessen des Mädchen-Schulwesens und der weibl. Erziehung. Unter Mitwirkung bewährter Kräfte auf dem Gebiete der Mädchenerziehung hrsg. von Hermine Lintemer und F. M. Wendt. 5. Jahrg. 1881. 24 Nrn. (à Nr. 1—1½ Bog.) gr. 4. Klagenfurt, [Bertschinger und Heyn.] Heyn's Buchh. *
Frühere Jahrg. u. d. T.: Zeitschrift, allgemeine, für Lehrerinnen.

—— die. Ein Organ für die gesammten Interessen der weibl. Erziehung. Hrsg. von Anna Wichodil [Maria Theresia May] und F. M. Wendt. 6. Jahrg. 1882. 24 Nrn. (à Nr. 1—1½ Bog.) gr. 4. Klagenfurt, Heyn's Buchh. *

Mädchenschule, die. Ein Organ f. die gesammten Interessen der weibl. Erziehg. Unter Mitwirkg. v. Jos. Ambros, Ferd. Bachmann, W. Buchner ꝛc. Red.: F. M. Wendt. 7. Jahrg. 1883. 24 Nrn. (à 1½—2 B.) gr. 8. Wien, Pichler's Wwe. & Sohn. n. 6. —
Erscheint nicht mehr.

Mädchenschule, die. Zeitschrift f. das gesamte Mädchenschulwesen m. besond. Berücksicht. der höheren Mädchenschule. Hrsg. v. K. Hessel u. F. Dörr. 1.—3. Jahrg. 1888—1890 à 4 Hfte. gr. 8. (à Hft. ca. 100 S.) Bonn, Weber. à Jahrg. n. 10. —

Mädchenschule, die. Zeitschrift f. das gesamte Mädchenschulwesen m. besond. Berücksicht. der höheren Mädchenschule. Hrsg. v. K. Hessel u. F. Dörr. 4. u. 5. Jahrg. 1891. 1892. à 12 Hfte. (à ca. 3 Bog.) gr. 8. Bonn, E. Weber. à Jahrg. n. 10. —

— dasselbe. 6. u. 7. Jahrg. 1893. 1894. à 12 Hfte. (à ca. 3 Bog.) gr. 8. Ebd. à Jahrg. n. 6. —

Mädchenschule, die. Zeitschrift f. d. ges. Mädchenschulwesen m. bes. Berücksicht. d. höh. Mädchenschule. Hrsg. v. K. Hessel. 8.—10. Jahrg. 1895—1897. à 12 Hfte. (à ca. 24 S.) gr. 8. Bonn, A. Marcus & E. Weber's Verlag. à Jahrg. n. 6. —

— dasselbe. Unt. Mitwirkg. v. Elisab. Altmann, Hedwig Bender, Therese Blaschke etc. hrsg. v. K. Hessel. 11. Jahrg. 1898. 12 Hfte. (à ca. 24 S.) gr. 8. Ebd. n. 6. —

Mädchenschule, die. Zeitschrift f. das gesamte Mädchenschulwesen m. besond. Berücksicht. der höheren Mädchenschule. Unter Mitwirkg. v. Elisab. Altmann, Hedwig Bender, Rosalie Büttner etc. hrsg. von K. Hessel. 12.—15. Jahrg. 1899—1902. à 12 Hfte. gr. 8. (à ca. 16 S.) Bonn, A. Marcus u. E. Weber. à Jahrg. n. 6. —

Mädchenschule, die. Hrsg. v. K. Hessel. 16.—19. Jahrg. 1903—1906. à 12 Hefte. (VI, 290; VI, 274; V, 282 u. VI, 282 S) gr. 8. Bonn, A. Marcus u. E. Weber. à Jhrg. n. 6. —

Mädchenschule, die. Zeitschrift f. das gesamte Mädchenschulwesen m. besond. Berücksicht. der höheren Mädchenschule. Hrsg. v. K. Hessel u. Herm. Werth. 20. Jahrg. 1907. 12 Hefte. (à ca. 12 S.) gr. 8. Bonn, A. Marcus u. E. Weber. 6. —
Fortsetzung u. d. T.:

— die höhere. Zeitschrift f. alle Angelegenheiten der höh. Mädchenschule, der Frauenschule, der Studienanstalt u. des höh. Lehrerinnenseminars. Hrsg. v. Karl Hessel u. Hans Güldner. 21.—23. Jahrg. 1908—1910. à 12 Hefte. (à ca. 48 S.) gr. 8. Ebd. à Jahrg. 12. —

—— die höhere, und ihre Bestimmung. Begleitschrift zu einer Petition an das preuß. Unterrichtsministerium und das preuß. Abgeordnetenhaus. gr. 8. (67 S.) Berlin 887, Oehmigke's Verlag. *

Mädchenschule, Die höhere, und ihre Bestimmung. Begleitschreiben zu einer Petition an das preußische Unterrichts-Ministerium und das preußische Abgeordnetenhaus. Berlin 1888. V: *Lange, Helene.* (Russell XVI, I, 2, 1877)

Mädchenschule, Die höhere, zu Freiburg i. B., s. Bauer, Franz

Mädchenschule, Die öffentliche höhere, u. ihre Gegnerinnen, s. Lange, Helene

Städtische höhere Mädchenschule zu Potsdam. (A. Gesamtverfassung. B. Lehrverfassung.) — (Potsdam 1895: Stein.) 11 S. 4°

Mädchenschulen, die höheren, und deren künftige Gestaltung. Wünsche und Vorschläge von einem hannov. Lehrer. 8. (20 S.) Hannover 886, Meyer. *

Mädchen-Schulzeichnen, das. Eine method. Anleitg. 110 Taf. m. 500 Zeichngn. nebst erläut. Text (v. Rud. Bautz). 2 Bde. Leipzig (Frankfurt a. M., C. Blažek). Kart. n. 8. —
I. (30 S.) gr. 8. (891.) 2. —. — II. (30 S.) Lex.-8. (897.) 6. —

Mädchenserail, das, im Inquisitionsgerichte zu Sarragossa. 8. Leipz. Centr.-Compt. 10 gr

MÄDCHEN-SERAIL, Das, in dem Inquisitions-Gerichte zu Saragossa. Nebst einigen andern Erzählungen. Leipzig, o. J. (1819). 8°. Selten! (3 Mk., geles. Expl., Franz Teubner, Bonn, c. 1893; jetzt theurer!)

Mädchensohn, der. Eine Volksgeschichte vom Verf. des „Schulzen v. Ettingrode." 2 Thle. Leipzig 857. Kollmann. 16. (VII, 214; 2 Bl., 236 S.) 25 ngr.

Mädchenspiegel, eine Bildungs- und Unterhaltungsschrift . . . Meissen 1822. V: *Gensicken, Wilhelmine geb. Herz.* (schl)

Mädchenspiegel. Ein Lehrbuch f. Mädchen v. reiferem Alter. 8. München 829. (Landsh., Krüll). 4 gr

Mädchenspiegel. Ein Lesebuch f. Mädchen v. reif. Alter. 8. (12¼ B.) München 829. (Regensburg, Manz.)

— dasselbe, f. jüngere Mädchen. 8. München 829. (Landshut, Krüll). 4 gr

—— dass. f. jüng. Mädchen. 8. (10¼ B.) München 829. (Regensburg, Manz.)

Mädchenspiegel. Stuttgart 865. Chelius. gr. 4. (12 color. Steintaff. mit Text.) cart. 1 th 6 ngr.

Mädchenspiegel. gr. 4. (12 Chromolith. m. Text.) Leipzig 877. Berndt. cart. 4. —

MÄDCHENSPIEGEL, Neuer, oder Der Jungfrauentribut des modernen Babylon, Leipzig, Ph. Hülsmann (um 1900). 8°.
Verb. d. Ldg. Leipzig IV. 11/04.

Mädchenspiegel, Ernst (ps.), Die Walpurgisnacht. Romanze. 1832. Rar!
Weller, Lex. Ps. p. 337.

Mädchenstreiche, Seitenstück zu Studentenstreichen. 8. Leipz. 815. Joachim. 20 gr

Mädchen-Taschenbuch, deutsches, f. d. J. 1910/11. Unter Mitwirkung v. Lehrerinnen bearb. v. Susy Rumpf. 3. Jahrg. (VIII S., Schreibkaldr., 48 S. u. 12 S. m. Abb.) kl. 8. Nürnberg, C. Koch. Geb. in Leinw. — 50

Mädchentausch, Der, oder die Liebe macht sinnreich. Ein Originallustspiel in zwey Aufzügen. Wien 1789. V: *Weidmann, Paul.* (Jahrb. d. Grillp. Ges. 13.)

Mädchentreue. Oper in 2 Aufz. für die k. k. Hoftheater. Wien 1805. 8. Musik von W. A. Mozart. V: *Da Ponte, Lorenzo.* (DARP)

Mädchentreue; Oper. 8. Wien 805. Degen. 3 gr

[F.] Für die Mädchenwelt. Erzählgn u. Märchen f. junge Mädchen. M. 5 feinen Farbendruckbildern. *Mülheim a. d. R.: J. Bagel [1895].* (126 S., 1 Bl., 4 Taf.) 1 Bd 8.

Mädchenwelt, deutsche. Mit Mode u. Handarbeit. Geleitet v. Margarete Palfy-Rentsch. Oktbr. 1890—Septbr. 1891. 48 Nrn. (B. m. Abbildgn.) gr. 4. Erfurt, Frauenschriften-Verlag. n. 4. —

Mädchenwelt, deutsche. Mit 14täg. Mode- u. Handarbeits-Beilage. Jahrg. 1891. 1892. à 52 Nrn. (Bog.) gr. 4. Kindelbrück, K. Naumburg. à Jahrg. n. 4. —

Mädchenwelt, Unsere junge. Eine Galerie lebender Bilder . . . Dresden 1848. V: *Gayette, Jean Marie von.* (Ky)

Mädchenwelt, unsere junge. Eine Galerie lebender Bilder von J. M. (v. Gayette.) 8. (230 S.) Dresden 848, Adler & Dietze. ⅚ th

Mädchenwerber, der; od. der gelehrte Diener. Lustsp. v. Rost. 8. Lpz. Schneider. (a. Linke.) 778.

Mädchenwerth und Mädchenglück. Winterthur 1783. 1791. V: *Sulzer, Johann.* (ErGr) (Ky) (MGT) Winterthur 1792—95. (ErschDL) (Cat. d. Stadtbibl. Zürich. Zürich 1864—97.)

Mädchenwerth u. Mädchenglück; e. Neujahrsgesch. an meine Schülerin (v. Jh. Sulzer). 2 Bde. 8. Winterth. 792—95. Steiner. 3 th 10 gr — Dessen 2r Bd. 1e Abtheilg. 2s Heft (f. d. Besitz. d. alten Aufl.) 8. Ebd. 796. 12 gr

Mädchenwünsche und deren Erfüllung. Stuttgart 860. Belser. 8. (191 S.) n. 12 ngr.

Mädchen-Zeitung. Hrsg. unter Verantwortlichkeit von Loesche. 1.—5. Jahrg. 1869—1873. à Jahrg. 12 Nrn. (à ½ Bog.) gr. 8. Berlin, (Matthies.) 1869—1871 à **
1872 und 1873 à *

Mädchen-Zeitung. Herausg. von Loesche. 2. Jahrg. 1870. 12 Nrn. (½ B.) Berlin. (Matthies.) gr. 8. n. 6½ ngr.

Mädchen-Zeitung. Hrsg. v. Loesche. 3. Jahrg. 1871. 12 Nrn. (½ B.) gr. 8. Berlin, Mathies in Comm. n.n. — 65

— dasselbe. 4—8. Jahrg. 1872—1876 à 12 Nrn. (B.) gr. 8. Ebend. à Jahrg. n 1. —

Mädchen-Zeitung. Hrsg. von Frau Sophie Lösche. 9—14. Jahrg. 1877—1882. à 12 Nrn. (½ B.) gr. 8. Berlin, Deutsche evangel. Buch- u. Tractat-Gesellschaft. à Jahrg. n. 1. —

Mädchen-Zeitung. Organ der Sonntags-Vereine f. junge Mädchen. Hrsg. v. Frau Sophie Loesche. 15—18. Jahrg. 1883—1886. à 12 Nrn. (½ B.) gr. 8. Berlin 883. (Deutsche evangel. Buch- u. Tractatgesellsch.) à Jahrg. n. 1. —

Mädchen-Zeitung. Organ der Sonntags-Vereine f. junge Mädchen. Hrsg. v. Frau Sophie Loesche. 19.—22. Jahrg. 1887—1890. à 12 Nrn. (½ B.) gr. 8. Berlin, (Deutsche evangel. Buch- u. Tractatgesellsch.). à Jahrg. n. 1. —

Mädchen-Zeitung, deutsche. Organ der evang. Jungfrauen-Vereine Deutschlands. Hrsg. i. A. d. Berliner Vorstände-verbandes v. Frau Sophie Loesche u. Burckhardt. 23.—26. Jahrg. 1891—1894. à 12 Nrn. (Bog.) gr. 8. Berlin, (Rehtwisch & Langewort). à Jahrg. n. 1. —

Mädchen-Zeitung, deutsche. Organ d. evang. Jungfrauen-Vereine Deutschlands. Hrsg. i. A. d. Berliner Vorstände-verbandes v. Frau Sophie Loesche u. Burckhardt. 27.-30. Jahrg. 1895—1898. à 12 Nrn. (Bog. m. Abb.) gr. 8. Berlin (N. 28, Invalidenstr. 154) Geschäftsleitg. (Frl. v. Brockhusen). à Jahrg. n. 1. —

Mädchen-Zeitung, deutsche. Organ d. evangel. Jungfrauen-Vereine Deutschlands. Gegründet v. Frau Sophie Lösche. Hrsg. u. red. v. Burckhardt. Schriftleitg.: Frau Burckhardt. 31.—34. Jahrg. 1899—1902. à 12 Nrn. gr. 8. (à ca. 16 S. m. Abb.) Berlin (Buchh. des ostdeutschen Jünglingsbundes). à Jahrg. n. 1. —

Mädchen-Zeitung, deutsche. Organ der evangel. Jungfrauen-Vereine Deutschlands. Gegründet v. Frau Sophie Lösche. Hrsg. v. Burckhardt. Red.: Frau Burckhardt. 35.—38. Jahrg. 1903—1906. à 12 Nrn. (à ca. 16 S. m. Abbildgn.) 8. Berlin (Buchh. des ostdeutschen Jünglingsbundes). à Jhrg. n. 1. —

Mädchen-Zeitung, deutsche. Organ der evangel. Jungfrauen-Vereine Deutschlands. Gegründ. v. Frau Sophie Lösche. Hrsg. v. Burckhardt. Red.: Frau Burckhardt. 39.—42. Jahrg. 1907—1910. à 12 Nrn. (à Jahrg. 192 S. m. Abb.) 8. Berlin, Buchh. des ostdeutschen Jünglingsbundes. à Jahrg. 1. —

— illustrierte. Wochenschrift f. junge Mädchen. Red.: W. C. v. Lütgendorff, Louise Matz. Verantwortlich: Max Schmidt. 1. Jahrg. Oktbr. 1896—Septbr. 1897. 52 Nrn. (à ca. 2 Bog.) gr. 4. Lübeck, M. Schmidt. n. 7. 20

Mädchen-Zeitung, Illustrierte. Monatsschrift. Klgft., St. Josefs-Druck., 1907—. Folio.

— illustrierte. Monatsschrift f. Mädchen u. Mädchenvereine in Stadt u. Land. Red.: Joh. Hiebl. Verantwortlich: Jos. Winkler. Jahrg. 1908—1910. à 12 Nrn. (à Jahrg. 192 S.) Lex. 8. Klagenfurt, Buch- u. Kunsth. des St. Josef-Vereines. à Jahrg. --85

Mädchen-Zeitvertreib. 12 fein color. (lith.) Bilder. Nürnberg 866. Koenecke. qu. 8. cart. 6 ngr; auf Leinw. cart. n. 10 ngr

Maddalena Rosa, s. a. **Radcliffe, die Priorin.**

Maddalena Rosa, oder das Tribunal der Inquisition zu Florenz. Frey nach dem Engl. vom Verf. des Admirals. 3 Thle. 8. Braunschw. Meyer. 818.

Maddalena, das Waldenser-Mädchen, und ihre Familie. Ein kirchengeschichtl. Lebensbild. Mit einem Vorwort von Ernst Stähelin. 8. (VIII, 326 S.) Basel 884, Schneider. * geb. **

Maddalena das Waldensermädchen und ihre Familie. Ein kirchengeschichtliches Lebensbild. Mit Vorwort von *Ernst Stähelin*, Dr. theol. In-8⁰, VIII u. 326 S. Basel, Fel. Schneider. 4 — 1893 Elegant geb. 5 35

Maddalena, E., raccolta di prose e poesie italiane annotate ad uso dei Tedeschi. gr. 8. (XII, 281 S.) Wien 894. W. Braumüller. n. 2. 80

— dasselbe. Ausg. f. höh. commerc. Lehranstalten. Mit: „Letture commerciali" u. „Note". gr. 8. (XVI, 242, 32 u. 37 S.) Ebd. 896. Geb. in Leinw. u. geh. n. 3. 20

Maddalena, E., Raccolta di prose e poesie italiane. Annotate ad uso dei tedeschi. 2. ed. gr. 8. (XVII, 263 u. 68 S.) Wien 903. W. Braumüller. Geb. in Leinw. u. geh. n. 3. 20

Maddalena, E., Raccolta di prose et poesie italiane. Annotate ad uso dei tedeschi. 3. ed. (XIV. 279 u. 69 S.) gr. 8. Wien 909. W. Braumüller. Geb. in Leinw. 3. 20

— uno scenario inedito. Messo in luce da M. gr. 8. (22 S.) Wien 901. (C. Gerold's Sohn.) n. — 60
Sonderabdruck aus: „Sitzungsber. d. k. Akad. d. Wiss."

Maddalena, E., Schlüssel, s.: **Mussafia,** A., italien. Sprachlehre.

Maddalena, E., italienische Sprachlehre, s.: Mussafia, A.

Maddalena Edgardo: Barettis Urteil über Carlo Goldoni.
1890 PN 649 Diss. Wien, Univ. 2222

Maddalena, F., Fritz Friedmann's Erdenwallen in Bild u. Lied. Humorist. Quodlibet. Ergötzlich u. reich illustr. qu. 12. (43 S.) Hamburg 896. G. Fritzsche. n. — 50

— Lies u. Lene, s.: Levetzow, Hulda v.

— die Struwwel-Liese, s.: Lütje, J.

Maddaloni, Francesco Proto v., die Zustände Neapels unter der piemontesischen Herrschaft. Eine Denkschrift. Wien 862. Mayer & Co. gr. 8. (50 S.) 6 ngr

Madden, Charles, sacred melodies. (Part. I.) qu. 4. (8 S.) Bonn 858, (Habicht.) *

Madden, R. R., der Muselmann. A. d. Engl. frei übers. v. L. v. Alvensleben. 3 Bde. gr. 12. (32⅔ B.) Leipzig 833, Hartleben's Vrls.-Expedition.
Vgl. Madden-Esq

Madden, W. J., the reaction from agnostio science. 2. rev. ed. 8. (206 S.) Freiburg i/B. 899. Herder. Geb. in Leinw. n. 3. —

Madden, Will. H., Kommentar u. Wörterbuch zu Rolfs, moderne Handelsbriefe in genauer Wiedergabe d. Originale. II. Tl. Englische Briefe. gr. 8. (50 S.) Köln 896. P. Neubner. n. 1. —

Madden, William H., Kommentar u. Wörterbuch zu Rolfs, moderne Handelsbriefe in genauer Wiedergabe der Originale. II. Tl. Englische Briefe. 2. Aufl., durchgesehen von dem Hrsg. der Briefe. (51 S.) gr. 8. Köln 904. P. Neubner. n. 1. —

Madden-Esq, R. R.: Der Muselmann. Aus d. Engl. frei übersetzt von L. v. Alvensleben. 3 Bde. gr. 12. Leipzig: Hartleben 1833. vgl. Madden.

Maddison, John, the attic story, s. Theatre the modern english, III. No. 9.

Maddock, Alfr. Beaumont, die Inhalationskuren, od. die Heilung der Lungenschwindsucht, der Entzündung der Luftröhrenäste od. des Lungenkatarrhs [Bronchitis], der Engbrüstigkeit od. d. Asthma etc. durch Einathmungen von dampf- u. gasförmigen Arzneistoffen. Durch zahlreiche Krankengeschichten erläutert. Für Aerzte u. das leidende Publicum nach der 4. Engl. Originalaufl. allgemein fasslich bearb. v. Hugo Hartmann. Nebst einem Anhang: Ueber die unmittelbare Anwendung des reinen Jod's zur Behandlung der Lungenschwindsucht von P. Chartroule. Mit 1 Kpfrtaf. gr. 8. (XVI u. 210 S.) Weimar 852, Voigt. 5/6 ℔

Maddock, Alfred Beaumont
Sandte mehrere Aufsätze medizinischen Inhalts aus:
"Lancet" 1836 Jan. 30., 1837 July 15., 1838 Sept. 8.
und "British annals of medicine" 1837 Febr. 3.
Dr. med. Giessen 8.4.1839.   26 Kriegsverlust.

Maddock, Jakob

Maddock, J., Anleit. f. Blumenfreunde, od. Abhandl. von der Cultur der vorzugl. Blumen, a. d. Engl. v. A. W. Manteuffel, mit illum. K. gr. 8. Berlin, Himburg. 798.

Maddock, J., Anleitung f. Blumenfreunde 2c.; ist jetzt Verlag d. Dykschen Buchh. in Leipz.

Maddock, Jak., Anleit. f. Blumenfreunde, od. Abhandl. von der Kultur der vorzügl. Blumen; aus dem Engl. v. A. W. Manteuffel. M. 6 ill. Kpfrn. gr. 8. Berl. 798. (Reimer). 3 ℔

Maddox, Ernest E., die Motilitätsstörungen des Auges auf Grund der physiologischen Optik, nebst einleit. Beschreibg. der Tenon'schen Fascienbildgn. Autoris. deutsche Ausg. u. Bearbeitg. v. W. Asher. Mit üb. 100 Textfig. u. 1 Tangentenskala. gr. 8. (XI, 316 S.) Leipzig 902. A. Deichert Nachf. n. 6. —; geb. n. 7. —

„Made in Germany". Technisch-humorist., beschaul. u. erbaul. Allerlei in Poesie u. Prosa. Gesammelt u. zur Freud' u. zum Nutzen aller Techniker v. Fach hrsg. 12. (VIII, 152 S.) Berlin 896. Polytechn. Buchh. A. Seydel. n. 1. —; geb. in Leinw. n. 1. 50

Made, G(eorg): Das verbum substantivum im Englischen. Darmstadt 1910: Otto. IX, 79 S. 8°
Gießen, Phil. Diss. v. 1. Juni 1910, Ref. Horn
[Geb. 14. Jan. 77 Brensbach; Wohnort: Nauheim; Staatsangeh.: Hessen; Vorbildung: Oberrealsch. Worms Reife M. 04; Studium: Gießen 7 S.; Rig. 7. Nov. 08.] [U 10. 1292

Made, Heinrich, aus Langen: Über Fareysche Doppelreihen. *Darmstadt 1903: H. Unds.* (33 S.) 8°
Gießen, Phil. Diss. v. 1903

Made, Philipp [Reallehrer zu Mainz]: Phaenologische Beobachtungen über Blüte, Ernte und Intervall von Winterroggen (Secale cereale hybernum). . . . Mainz, Ph. v. Zabern's Druckerei, 1890; 87 S., 1 Bl., 3 Taf. 8°
Giessen, Phil. Fak., Inaug.-Diss. v. 1890

Maede, Paul, am Herzen d. Natur. Plaudereien v. Kinderfreude u. Jugendglück. Mit Buchschmuck v. L. Burger. (248 S.) 8. Leipzig 910. E. Wunderlich. 2.40; geb. 3. —

Madeihn. Bericht über das Armenwesen zu Frankfurt an der Oder. *Frankfurt.* 1798

Madein, Hans (Hrsg.), s. Kunstfreund, Der.

Madeira [Schlagwort]

Madeira, s.a. Java.

Madeira — Physical Map of the Island of — by M. Ziegler. Winterthur, bei Wurster. 100,000. 1 Bl. nebst 1 Beiblatt Ansichten.

Madel, f.: Abriß d. deutschen Grammatik.

— f.: Abriß der deutschen Sprachlehre.

— f.: Abriß der deutschen Verslehre u. Poetik.

Madel, f.: Lesebuch f. höhere Lehranstalten.

— f.: Lesebuch, literaturhistorisches.

— f.: Uebungsaufgaben zum Abriß der deutschen Sprachlehre.

Madel H., A., compendieuser Miniatur-Atlas üb. d. uns zunächst wicht. Länder d. Erde, nebst d. Planetensystem u. einigen statist. Tabellen. Enkyprotypisch entworfen. Lithogr. qu. 32. (10 Karten, incl. 9 ill., u. 40 Seit. Text.) Leipzig 838, Polet. Thlr.
Die Tabellen auch einzeln, s. Etui-Tabellen.

Madel, Jos., und Geo. Wiedemann, Anleitung zum Anfertigen von Geschäftsaufsätzen, s. Wiedemann.

Madel, Waldemar, die wichtigeren Dreiecksaufgaben aus der ebenen Trigonometrie. Für den Schulgebrauch u. zum Selbststudium zusammengestellt u. aufgelöst. gr. 8. (IV, 63 S.) Berlin 892. M. Rüger. n. 1. 80

Mädel, fidele. Humorist. Wochenschrift f. alle, die jung sind u. jung bleiben wollen. Nebst: Seifenblasen. Humorist. Zeitungsbeilage. 1.—3. Viertelj. Oktbr. 1908 — Juli 1909. 39 Nrn. (à ca. 8 S. m. Abb.) Lex. 8. Halle, P. Wiebach. à Nr. — 10
Erscheint nicht mehr.

Mädel. – Fidele Mädel. Humorist. Wochenschrift . . . Jg. [1], Nr. 1. Leipzig: Wiebach 1908, 4°

Süsse **Mädel**. Eine Sammlung von Gedichten u. Bildern nach d. Leben. (21.–26. Taus.) Berlin: 'Kleines Witzblatt' [1901]. (64 S.) 8°
= **Kleine Witzblatt Bibliothek**. Bd 2. [06. 14743

Mädel

— s.a. Auszug aus dem neuesten f. preußischen Exercir-Reglement.

Mädel, compendieuser Taschen-Atlas üb. die uns zunächst wichtigen Länder der Erde, mit statist. Tabellen. Enkyprotypisch entworfen u. zusammen getragen. [Mit dem Umschlagstitel: Taschen-Atlas für Zeitungs-Leser m. vielen statist. Tabellen u. andern Nachweisen.] 5. verb. Aufl. 32. (17 in Kpfr. gest. u. color. Bl. m. 56 S. Text.) Jena 848, Frommann. n. 1/3 ℔

Mädel, Taschen-Atlas über alle Theile der Erde, für Zeitungsleser, Geschäftsleute, Reisende und insbesond. für die studirende Jugend, mit statist. Notizen von allen Staaten der Erde, einem alphabet. Verzeichnisse der Einwohnerzahl sämmtl. Städte der Erde welche über 10,000 und in Oesterreich über 5,000 Einwohner zählen etc. 8., gänzlich umgearb. Aufl. qu. 16. (18 ill. Karten in Kpfrst. mit IV und 66 S. Text.) Wien 857, Dirnböck.

Mädel, Taschen-Atlas über alle Theile der Erde für Zeitungsleser, Geschäftsleute, Reisende u. insbesondere für die studirende Jugend. 9. Aufl. Wien 864. Dirnböck's Buchh. qu. 16. (66 S. mit 18 color. Karten.) geb. n. 15 *ngr.*

Mädel, E. Chr.

Mädel, C. C., Anfangsgründe d. Tanzkunst, od. genaueste Angabe z. Erlernung u. Wiederholung aller jetzt üblich. Tänze, ohne Beihülfe e. Tanzmeisters, mit verschied. ausgesucht. Tänzen. 8. Leipz. 801. Joachim. 18 *gl*

— die Tanzkunst f. d. elegante Welt. Mit Kpf. 8. Erfurt 805. Hennings in Gotha. 18 *gl*

Madeleine, s.: Bibliothèque, petite, francaise.

MADELAINE. *Le Curé de Campagne.* 5me éd. Tours, Mame, 1850. 288 S. und 4 schöne Stahlstiche (inkl. Titel m. Vign.). Kl.-8°. Sehr schöner grüner Ganzlederbd. m. reicher Gold- u. Blindpressung im Rocaillestil. BJC. — Reizendes Buch. — M. Communionswidmung. 35.—

de la Madelaine, die Groß-Priorin von Malta 1565. Ein historischer Roman. Deutsch von L. v. Alvensleben. 2 Thle. 8. Leipzig 835. Grayen. 3 *ß*

de la Madelaine, die Groß-Priorin von Malta 1565. Ein histor. Roman. Deutsch von L. v. Alvensleben. 2 Thle. 8. (40½ B.) Leipzig 835, [Frieblein u. Hirsch.]

Madelaine, s.a. *Philipon.*

Madelaine, L. Philipon de la, über deutschen Briefstyl. N. d. Franz. frei bearb. v. A. W. 8. (7½ B.) München 829, (Jaquet.)

Madelung, Aage, Jagd auf Tiere u. Menschen. (Übertragg. aus dem Dän. v. Curt Bading. Umschlag u. Portr. des Verf. v. Edouard Saltoft.) (1.—2. Taus.) (XXII, 278 S.) 8. Berlin 909. S. Fischer, Verl. 4.—; geb. n 5. —

— s.: Pferd, das fahl.

Madelung, Alb., über das Vorkommen des gediegenen Arsens in der Natur nebst den Analysen einiger neueren Meteoriten. Inaugural-Dissertation. gr. 8. (47 S.) Göttingen 862, (Vandenhoeck und Ruprecht's Verlag.) *

Madelung, August (Gotha), De prolapsu ani casu singulari illustrata. Jena (Schlotter) 14. I. 1828. 26 S. (3.—) 21963

Madelung, Aug., Sammlung bewährter Recepte z. Darstell. d. feinsten französ., italien. u. westind. Liqueurs, Ratafia's, Crêmes u. Huiles, theils auf d. warmen, theils auf d. kalten Wege. 8. (3 B.) Quedlinburg 839, Basse.

Madelung, E(rwin), a. Bonn a. Rh.: Über Magnetisierung durch schnellverlaufende Ströme und die Wirkungsweise des Rutherford-Marconischen Magnetdetektors. Leipzig: J. A. Barth 1905. (38 S.) 8°

Göttingen, Phil. Fak., Ref. Simon, Diss. v. 15. Aug. 1905

[Geb. 18. Mai 81 Bonn; Wohnort: Göttingen; Staatsangeh.: Preußen; Vorbildung: Protest. Gymn. Straßburg Reife M. 00; Studium: Kiel 1, Zürich 2, Straßburg 2, Göttingen 3 S.; Rig. 3. März 05.]

Madelung, Franziska, Gedichte. 2., verb. u. verm. Aufl. 8. ... Clausthal 881, Schweiger.

Madelung, O. W., s.: Beiträge mecklenburgischer Aerzte zur Lehre v. der Echinococcen-Krankheit.

Madelung, Otto Wilhelm ⟨geb. am 15 Mai 1846 in Gotha⟩: Ueber die Anwendung der Einreibungen des Unguentum Stibio-Kali tartarici in die Scheitelgegend in bestimmten Psychosen ... Bonn, Druck v. C. Georgi 1869. 34 S., 1 Bl. 8.

Bonn, Med. Fak., Diss. v. 12 März 1869

Madelung, Walter, a. Straßburg i. Els.: Ueber Tetraphenyl-p-xylylen. Beiträge zur Kenntnis des Dimethylenchinons. Straßburg i. E. 1905: C. & J. Goeller. (61 S.) 8°

Straßburg, Math.-naturwiss. Fak., Ref. Thiele, Diss. v. 1905

[Geb. 22. Mai 79 Bonn; Wohnort: Straßburg i. E.; Staatsangeh.: Preußen; Vorbildung: Protest. Gymn. Straßburg Reife S. 98; Studium: Neuchâtel 2, Columbia University New-York 1, Straßburg 1, München 3, Göttingen 1, Straßburg 5 S.]

MADEMOISELLES. — Über die bewussten Mademoiselles in Wien. Wien, bei Hartleben, 1781. 8⁰. 38 S.
Citirt Gräffer in den „Neuen Wiener Lokalfresken" p. 71 irrig unter den Schriften über die Stubenmädchen.

Mader Über das Zeitalter Diocletians. 14 S.
Deutsch-Crone, Progr. 1847

Mader, Andr., Maienblüthen. Eine Sammlung von 31 Marien-Liedern für eine, zwei u. drei Stimmen nebst Orgelbegleitung zum Gebrauche bei den Mai-Andachten, auf jeden Tag des Marien-Monats. Regensburg 867. Manz. Lex.-8. (99 S.) n. 28 *ngr.*

Mader, August: Die meteorologische Station des Gymnasiums. S. 26—28. 8.
Progr. K. k. deutsches Staats-Gymn. *Kremsier* 1910.

Mader, August: Über veränderliche Sterne. S. 9—20. 8.
Progr. K. k. II. deutsches Staats-Gymn. *Brünn* 1907.

Mader, C., Wandtafeln zum Anschauungs-Unterrichte üb. Zucht u. Pflege der Obstbäume, zum Unterrichte an Volksschulen, landw. Fortbildungsschulen, sowie an Lehrer-Bildungs-Anstalten. qu. gr. Fol. (24 Steintaf.) Mit Text. gr. 8. (84 S.) Bozen 874. (Wien, Faesy & Frick.) n. 11. —

Mader, C., Wandtafeln zum Anschauungs-Unterrichte über Zucht und Pflege der Obstbäume, zum Unterrichte an Volksschulen, landwirthschaftl. Fortbildungsschulen, sowie an Lehrer-Bildungs-Anstalten. qu. gr. Fol. (24 Stnt.) Mit Text. gr. 8. (84 S.) Bozen 875. (Wien, Faesy und Frick.) *

Mader, Carl, s. Mader, Karl

Mader, Ed., neue Decorationsmalereien, s.: Lehner, Jos.

— neue Glasmalereien. s.: Lehner. Jos.

— neue Schriften u. Firmenschilder, s.: Lehner, Jos.

— Neue Stuckdekorationen im mod. Stil, s.: Lehner, Jos.

Mader, Evaristus, S. D. S., die Menschenopfer der alten Hebräer u. der benachbarten Völker, s.a. Studien, biblische. XIV, 5. 6.

Mader, P. Evaristus. Die Menschenopfer der alten Hebräer und der benachbarten Völker. Ein Beitrag zur alttestamentlichen Religionsgeschichte. Diss. Theol. Freiburg, Schweiz. XX + 188 S. 8. Freiburg im Breisgau, Herder, 1909. [M. 5. 60]
Biblische Studien.... Hrg. von Prof. Dr. O[tto] Bardenhewer.... Band 14. Heft 5 und 6.

Mader, F., s.: Eichstätts Kunst.

Mader, Felix: Loy Hering. Ein Beitrag zur Geschichte der deutschen Plastik des 16. Jahrhunderts. Mit 70 Abb. München: Gesellsch. f. christl. Kunst 1905. (32 S.) 4° ¶ [Erschien vollst. 1905 ebenda; die auf dem Titelbl. angegebenen 70 Abb. beziehen sich auf das ganze Werk.]

München, Phil. Fak., Ref. Riehl, Diss. v. 13. Febr. 1905

[Geb. 28. Nov. 67 Obermricht, Oberpfalz; Wohnort: Breitenthal, Oberpfalz; Staatsangeh.: Bayern; Vorbildung: Gymn. Eichstätt Reife Juli 87; Studium: Lyzeum Eichstätt 4, München 3 S.; Rig. 13. Febr. 05.]

Loy Hering. Ein Beitrag z. Geschichte d. deutschen Plastik d. 16. Jhs von Dr. Felix **Mader**. Mit 70 Abb. München: Gesellsch. f. christl. Kunst 1905. (122 S.) 4° [05. 11917

Mader, Fel., s.: Kunstdenkmäler, die, d. Königr. Bayern.

Mader, Fr. Karl

Mader, Fr. K. Sichere Nachrichten von der Kaiserl. u. des heil. Reichs Burg Friedberg. 3 Thl. 8 Lauterbach 1760 64.

Mader, Fr. Karl, († d. 28. März 1770.) sichere Nachr. von d. kaiserl. u. des heil. Reichs Burg Friedberg, u. der dazu gehör. Grafschaft u. freien Gericht zu Kinhen ꝛc. 3 Thle. 8. Lauterbach 766—74.

Mader, Fritz, Ausflugsbuch f. Nizza u. Umgebungen. 76 lohn. Touren u. mehrtäg. Ausflüge in die Meer-Alpen m. geschichtl. u. naturgeschichtl. Notizen. Unentbehrliche Ergänzg. zu jedem Rivieraführer. [Aus: „M., Riviera".] (S. 135—456 m. Abb., 4 Vollbildern u. 1 farb. Karte.) 8. Nizza (909). A. Hohberg. 3. —

Mader, Fritz, illustr. Führer durch d. französ. Riviera. Nizza, Cannes, Beaulieu, Monaco, Monte-Carlo, Menton u. Sanremo nebst Spaziergängen u. Ausflügen in den Meeralpen, m. geschichtl. u. naturgeschichtlich. Notizen. 8. (IV, 456 S. m. 1 Plan u. 1 Karte.) Nizza 900. L. Gross. Geb. in Leinw. n. 5. —

Mader, Fritz *Heinrich*: Die höchsten Teile der Seealpen und der ligurischen Alpen in physiographischer Beziehung ... Hierzu 12 Abb. nach Originalaufnahmen d. Vfs. Leipzig, G. Fock, 1897; 235 S., 6 Taf. 8.
Leipzig, Phil. Fak., Inaug.-Diss. v. [14. Juni] 1897

Mader, Fritz, s.: Wozu leben wir?

Mader, Geo., Photographien der Cartone zu den Freskogemälden in der Stadtpfarrkirche zu Bruneck. Photographisch aufgenommen von Jos. Albert in München. Innsbruck 866. (Vereins-Buchh.) qu. 4. (18 Photogr. u. 1 Blatt Text.) In Carton 8 ℳ

Mader, Geo., Volkstümliches v. d. Alpenpflanzen. (48 S. m. Abb.) 8. Würzburg 910. Memminger. — 60

Mader, Gustav, Tierarzt: Aus d. chir. Klinik d. Tierärztl. Hochsch. zu Dresden. Über Anwendung und Wirkung des Eumydrins bei Untersuchung der Augen der Pferde. Dresden-N. 1908: Ulrich. 63 S. 8°
Leipzig, Veterinär-Med. Diss. v. 3. Okt. 1908, Ref. Röder
[Geb. 29. Sept. 69 Lewin; Wohnort: Dresden; Staatsangeh.: Preußen; Vorbildung: Matthias-Gymn. Breslau Reife O. 89; Studium: Zahnheilk. Breslau 2, Vet.-Med. Berlin Tierärztl. Hochsch. 7 S.; Coll. 7. Nov. 08; Approb. 25. März 08.] [U 09. 2828

Mader, Heinrich: Ueber Ermüdungsmessungen an Schülern. Mettmann 1909: Kirchmann. S. 1—14. 4°
Mettmann, R u. RPG P 1909 (692) [S 09. 307

Mader, Hubert [app. Arzt aus Lewin]: Ein Pseudoneurom am Nervus medianus ... München, Buchdr. v. M. Ernst, 1892; 21 S. 8.
München, Med. Fak., Inaug.-Diss. v. [3. März] 1892

Mader, Joachim Johann. De Bibliothecis atque Archivis virorum clarissimorum ... II. ed. ... Helmst. 1702. H: *Schmid, Joh. Andreas.* (AarK) (Ebert) (BrMm)

Mader, J. J., De bibliothecis atque archivis libelli viror. clariss. Ed. secund. curav. J. A. S. (Schmidt.) Helmst. 702-705. 3 Tom. 2 Vol. 4. 1 rthl. 16 gr.

[J.] **Mader**, Johann [Dr. theol., Prof. in Chur]: Der Heilige Cyrillus, Bischof von Jerusalem, in seinem Leben und seinen Schriften nach d. Quellen dargest. ... Einsiedeln '(Schweiz)', Benziger & C. ..., 1891; 204 S. 8.
Freiburg i. B., Theol. Fak., Inaug.-Diss. v. 1891
(Nicht für den Austausch)

Mader, Joh., allgemeine Einleitung in das Alte u. Neue Testament. (V, 146 S.) gr. 8. Münster 908. Aschendorff. 2. 80

Mader, Jh., selecta equestria s. Opuscula, jura et statum nobilitatis Imperii immediatae in Suevia, Franconia etc. edita et inedita, cum animadv. editor. II Tomi. 8. Frankfurt 774, 75. (Felssecker in Nürnb.) 1 ℳ 8 gr

Mader, Joh., Kompendium der biblischen Hermeneutik. gr. 8. (VII, 80 S.) Paderborn 898. F. Schöningh. n. 1. 20

— reichsritterschaftl. Magazin. 13 Bde. 8. Erlang. 781—90. Palm. 17 ℳ 8 gr

Mader, Joa.: Reichsritterschaftl. Magazin. *Erlangen*, Palm's V. H. 790—91. 13 Bde. 8. (17 Thl. 8 Gr.)

— Raupenkalender, oder Verzeichn. aller Monate, in welcher d. von Rösel und Kleemann beschr. und abgebildeten Raupen, nebst ihrem Futter zu finden, herausgegeben von C. F. C. Kleemann. gr. 8. Nrnbg. Raspe. 786.

— Raupenkalender, od. Verzeichniß aller Monate, in welchem d. von Rösel u. Kleemann beschr. u. abgebild. Raupen nebst ihrem Futter zu finden, herausgeg. v. C. F. C. Kleemann. 777. 2e A. 785. 8 gr 3e A. neuer Raupenkalender ꝛc. v. C. Schwarz. 2 Abthlan. gr. 8. Nürnb. 791. Bauer u. Raspe. 2 ℳ

— Samml. reichsgerichtl. Erkenntnisse in reichsritterschaftl. Angelegenheiten. 25 Bde. 8. Tübing. 776—91. (Osiander). 33 ℳ 16 gr

— Samml. reichsgericht. Erkenntnisse in reichsritterschaftl. Angelegenh. 25 Bde. 8. Tübingen, Heerbrand. 780-91.

Mader, Jh. Ed., Reise von Böhmisch-Krumau durch d. Ober-Ennsische Salzkammergut nach Salzburg u. Berchtolsgaden im Herbste 1807. 8. Prag 809. Widtmann. 2 ℳ

Mader, Josef

– s.a. Aufsätze aus d. Moral.

(MADER Josef). Vermischte Aufsätze aus der Moral, Staatskunst und Staatenkunde zum Versuch Lesen und Denken besonders bey der studierenden Jugend zu befördern. (Von –) Widtmann, Prag 1788. 1 vol. 8 Bl. + 239 S.

v. **Mader**, Jos., († d. 25. Dec. 1815.) üb. Begriff u. Lehrart der Statistik. 8. (Prag). 793. Neureutter. 4 gr

— krit. Beitr. z. Münzkunde d. Mittelalters. 6 Thle. mit 29 Kpfrn. gr. 8. Prag 803—15. Widtmann. 9 ℳ

— Versuch üb. die Bracteaten, insbes. üb. die böhmischen. Mit 7 Kpft. 4. Prag 797.

— zweiter Versuch üb. d. Bracteaten. Mit Kupft. gr. 8. Prag 808. Widtmann, 1 ℳ

– s. Beiträge z. Naturrecht.

Mader, Karl

Mader, P. Carl, C.S.S.R.: Die Congregation des allerheiligsten Erlösers in Oesterreich. Chronikalbericht über ihre Einführung, Ausbreitung, Wirksamkeit und ihre verstorbenen Mitglieder als kleine Festgabe zur Centenarfeier ihres heiligen Stifters Alphonsus Maria de Liguori. gr. 8°. (XII, 547 S.) Wien, St. Norbertus-Buchdruckerei. 1887.

Mader, K., Handbuch des Weinbaues u. der Kellerwirtschaft, s.: Babo, A. Frhr. v., u. E. Mach.

Mader, Carl, welche Veredlungsmethoden d. Weinstockes haben sich in der Praxis am besten bewährt? [Aus: „Allgem. Weinzeitg."] (Internationaler land- u. forstwirthschaftl. Congreß zu Wien 1890, Hft. 58.) gr. 8. (20 S.) Wien 890. (W. Frick.) n. 1. —

Mader, Ludwig, a. Obermoschel ⟨Rheinpfalz⟩: Über die hauptsächlichsten Mittel, mit denen Euripides ἔλεος zu erregen sucht. Ein Beitrag zur Technik des Euripides. Erlangen 1907: Junge & Sohn. (68 S.) 8°
Erlangen, Phil. Fak., Ref. Roemer, Diss. v. 22. April 1907
[Geb. 7. März 83 Obermoschel (Rheinpfalz); Wohnort: Bückeburg; Staatsangeh.: Bayern; Vorbildung: St. Anna-Gymn. Augsburg Reife 02; Studium: München 6, Erlangen 1, Berlin 1 S.; Rig. 11. März 07.]

Über Nasen- und Mundatmung mit bes. Berücks. ihrer Beziehungen zur Infektion. Von Dr. L[udwig] Mader, Spezialarzt in München. *Halle a. S.: C. Marhold 1903.* (26 S.) 8° [Umschlagt.] [illegible]

Mader, Ludw., mikrophonische Studien am schalleit. Apparate des menschlichen Gehörorganes. gr. 8. (39 S.) m. 1 Fig.) Wien 900. (C. Gerold's Sohn.) n. — 80
Sonderabdruck aus: „Sitzungsber. d. k. Akad. d. Wiss."

Mader, M., Heilstätten für Tuberculöse u. die Schulmedicin. gr. 8. (53 S.) Wien 902. Stähelin & Lauenstein. n. 1. —

Mader, M., die Kur f. Ungeheilte. Die Schroth-Kur (Lindewiesener Kur). 3. Aufl. (59 S.) gr. 8. Zuckmantel 910. (Leipzig, Röder & Schunke.) 1. —

— dasselbe. Eine Darstellg. der Diätkuren m. besond. Berücksicht. der Schroth-Kur. 5. Aufl. (52 S.) gr. 8. Zuckmantel 911. Nieder-Lindewiese, Kurarzt Dr. Mader. 1. —

— Die Schroth-Kur (Lindewiesener Kur). 2. Aufl. (59 S.) gr. 8. Nieder-Lindewiese 910. (Leipzig, Röder & Schunke.) 1. —
1. Aufl. (20 S.) Freiwaldau 909. — 50.

— Die Ursachen, Behandlung u. Heilg. d. Tuberkulose (Lungenschwindsucht). Gemeinfaßlich dargestellt. (26 S. m. Abb.) 8. Graz 909. Styria. — 50

Mader, Max, die Heilung homosexueller Neigungen. (61 S.) 8. Leipzig (906). M. Spohr. n. 1. —

— medizinische Ketzerbriefe üb. Homöopathie. (81 S.) gr. 8. Wien (XVIII, Kreuzgasse 50) 903. (R. Richter.) n. 1. 20

Mader, Max, Status thymicus u. Chloroformnarkose, s.: Aus d. chirurg. Abtheilung d. bosn.-herceg. Landesspitales in Sarajevo.

Mader, Otto [app. Arzt aus Radolfzell]: Die Idee der Nothogenesis ... Bühl, Druck d. Aktienges. Konkordia, 1896; 29 S. 8.
Freiburg i. B., Med. Fak., Inaug.-Diss. v. 1896

Mader, Otto, Assist. an d. techn. Hochsch. München: Der Resonanz-Undograph. Ein Mittel zur Messung des Ungleichförmigkeitsgrades. Berlin: Dietze 1909. 20 S. 4⁰ ¶ Aus: Dinglers Polytechn. Journal. Jg. 90. Bd 324.
München, Dr.-Ing.-Diss. v. 26. 3. 1909

Mader, Ph. Fr., die Auferstehung Jesu Christi. Betrachtungen. 8. (236 S.) Calw u. Stuttgart 901. Vereinsbuchhandlung. n. 1. —

Mader, Ph. Fr., e. Blick in d. Himmel. Zehn Betrachtgn. üb. Offenbarg. Johannis Kap. 7, 9—17. 8. (124 S.) Calw u. Stuttgart 899. Vereinsbuchh. n. — 60

Mader, Ph. Fr., Emmaus. Betrachtungen üb. Lukas 24, 13—34. 8. (88 S.) Basel 894. R. Reich. n. 1. 20

Mader, P., Ist das Papstthum eine Stiftung Christi? Eine erweiterte Predigt über Matthäi 16, 18. gr. 8. (32 S.) [Basel 880, Bahnmaier's Verlag.] Detloff's Buchh. *

Mader, Ph. Fr., die seufzende und harrende Kreatur. Predigt. St. Gallen 863. Huber & Co. gr. 8. (16 S.) n. 4 ngr.

Mader, Ph. Fr., die Liebe Gottes in ihrer schöpferischen, erlösenden, heiligenden Bethätigung. 28 homiletisch-apologet. Betrachtungen. 8. (IV, 236 S.) Gütersloh 878. Bertelsmann. n. 2. 40

— acht Predigten gehalten in der deutsch-evangelischen Kirche zu Nizza. Basel 862. Bahnmaier. 8. (VIII, 115 S.) n. 12 ngr.

Mader, Ph. Fr., Predigten üb. die 3 Briefe d. Apostels Johannis. gr. 8. (VII, 528 S.) Stuttgart 873. J. F. Steinkopf. n. 4. —

— die heilige Taufe. Leipzig 864. Teubner. 8. (IV, 156 S.) 18 ngr.

— wo ist die Wahrheit? Offenes Sendschreiben an Hrn. v. Egidy. 8. (103 S.) Gütersloh 891. C. Bertelsmann. n. 1. —

Mader, Rud., Gesang-Unterricht für Schulen. 2., verb. u. verm. Aufl. Preßburg 866. Wigand. qu. 8. (48 S.) n. 5 ngr.

Mader, Thdr., s.: Passionswerk, genannt der Oelberg.

Mader, W., die Emanzipierten. Eine dramat. Zukunftsphantasie. 8. (88 S.) Dresden 901. E. Pierson. n. 1. —

— Ernstes u. Heiteres aus dem Burenkriege. gr. 8. (126 S.) Leipzig 901. H. Seemann Nachf. n. 1. 50

Mader, W., ein neues Gesangbuch f. Württemberg. (107 S.) 8. Stuttgart 908. J. F. Steinkopf. 1. 20

— Geschichte der Burenstaaten. gr. 8. (74 S.) Ebd. 901. n. 1. —

— Der König der unnahbaren Berge. Wunderbare Abenteuer auf e. kühnen Automobilfahrt ins innerste Australien. Erzählg. Illustr. v. Willy Planck. (VIII, 290 S.) 8. Stuttgart (909). G. Weise. Geb. in Leinw. 3. 50

Mader, Wilh., El Dorado. Reisen u. Abenteuer zweier deutscher Knaben in den Urwäldern Südamerikas. Erzählung. (387 S. m. Abbildgn. u. 2 Farbdr.) gr. 8. Stuttgart 904. D. Gundert. Geb. in Leinw. n. 4. 50

— Züchtigungspflicht u. Züchtigungsrecht. (54 S.) gr. 8. Neukirchen 903. Buchh. des Erziehungsvereins. n. — 40

Mader, Woldemar [aus Markt-Redwitz]: Beiträge zur Kenntnis reiner Honigsorten. . . . München, Druck v. R. Oldenbourg, 1890; 48 S. 8⁰
Erlangen, Phil. Fak., Inaug.-Diss. v. 1890

Ueber Armenpflege. Auszug aus dem Vortrag von Mäder, gehalten am 12. April 1882 in der Loge zur Hoffnung im Or. Bern. Bern 1882: Haller. 8 S. 8⁰ [Umschlagtit.] 193. 358 a.

Mäder, A., l'ami des écoliers; livre de lecture, à l'usage des écoles primaires. gr. in-12 Strasb 834 Levrault. 7/12 ₰

Maeder, A., l'ami des écoliers; livre de lecture à l'usage des écoles primaires. Nouv. édit. gr. in-12. Strasbourg 841, Ve. Levrault. geb. 7/12 ₰

— Entretiens sur l'Education, s. Maitre Pierre.

— Entretiens sur les Erreurs et les Préjuges populaires, s. Maitre Pierre. No. 14.

— Manuel de l'instituteur primaire, ou principes généraux de Pédagogie, suivis d'un choix de livres à l'usage des maitres et des éléves, et d'un précis historique de l'éducation et de l'instruction primaire. 2de édit. Mit 2 Tabellen. gr. in-12. Paris et Strasbourg 833. Levrault. 3/4 ₰

— Manuel de l'instituteur primaire, ou principes généraux de pédagogie, suivis d'un choix de livres à l'usage des maîtres et des élèves, et d'un précis historique de l'éducation et de l'instruction primaire. 3. édit. Ouvrage approuvé par le Conseil royal de l'instruction publique. gr. in-12. la même 841. 3/4 ₰

Mäder, Abel Theodor Wilhelm

— Predigten. 8. Basel u. Mühlh. 798.

Mäder, Abel Theodor Wilhelm. Drey Predigten bey Gelegenheit einer für die Verunglückten des Kantons Waldstätten gesammelten Collekte gehalten. Zum Vortheile der verunglückten Helvetier dem Drucke überlassen. 8. Basel. Mühlhausen (1799).
(*Darin:* Aufruf zum Erbarmen. [Von] Heinrich Zschokke. — Fürbitte zur Unterstützung.... [Von] Mathias Mieg.)

— Religionsvorträge ꝛc. 8. Wittenb. Kühn. 802.

Mäder, A. T. W., Samml. auserl. Religionsvortr. b. bes. Gelegenh. gr. 8. Basel, Flick. 803.

Mäder, Abel Thdr. Wlh., Samml. auserles. Religionsvorträge bei besond. Gelegenheiten. gr. 8. Basel ... N. A. 803. (Neukirch). 1 ₰

Mäder, Abel Theodor Wilhelm. Tröstung und Lehre bey dem Grabe Joh[ann] Heinrich Benners, welcher den 26sten November 1797 gewaltthätigerweise sein Leben verlohr. Vorgetragen den 28sten N. 8. Basel und Mühlhausen.

Maeder, Alphonse, med. prakt. aus Mühleberg (Bern), Assistenzarzt der psychiatrischen Klinik in Zürich: Die Sexualität der Epileptiker. Leipzig und Wien 1909. 38 S. 8°. S.-A. aus dem Jahrbuch für psychanalytische und psychopathologische Forschungen. Bd. 1. [5. III. 09.]
Zürich. Med. Diss. 1908/09.

Maeder, Alphonse. Die Sexualität der Epileptiker. Diss. Med. Univ. Zürich. 38 S. 8. Leipzig und Wien, Franz Deuticke, 1909.

Maeder, Bruno, Oberarzt im 3. Garde-Ulanen-Reg., komm. zur chirurg. Abteil. d. Krankenh. Moabit: Beitrag zur lokalen Coecumtuberkulose nebst Veröffentlichung von zwei Fällen. *Leipzig 1904: B. Georgi.* (39 S.) 8°
Leipzig, Med. Diss. v. (27. Juli) 1904

Maeder, Carl, s. Maeder, Karl

Maeder, Daniel

Maeder, D., Vitznau am Rigiberge u. seine Alpenbahn. gr. 8. (IV, 80 S. m. e. eingedr. Holzschn.) Aarau 871. Christen. n. — 80

Maeder, D., der Wald in seiner kulturhistorischen und naturgeschichtlichen Bedeutung. 8. (96 S.) Davos 886, Richter. *

Maeder, D., ein Wort über aargauische Ortsnamen. Aarau 867. Christen. 8. (45 S.) 6 ngr

Maeder, E., der deutsche Postüberweisungs- u. Scheckverkehr, s.a. Im Kampf ums Dasein. 9. Bd.

Maeder, E. Der deutsche Postüberweisungs- und Scheckverkehr. Einführung in die Postscheckordnung vom 6. November 1908. 2. Auflage. Pößneck i. Thür. (1909.)

Mäder, Emil. Zur Anatomie der Glans penis der Haustiere. Diss. Vet.-Med. Bern. Mit 4 Textfiguren und 15 Abbildungen auf Tafel I u. II. (Sonderabdruck aus dem Archiv für wissensch. u. prakt. Tierheilkunde. Bd. 33. 1907.) *Kopftitel:* ⟨Aus dem veterinär-anatomischen Institut der Universität Bern. Direktor: Prof. Dr. [Theodor Oscar] Rubeli.⟩ 85 S. 8. Berlin, L. Schumacher, 1907.

Maeder, Aemil. Julius Henr. (geb. Liegnitz 5. 7. 1839): De causis haemorrhagiae cerebralis. Berolini (1862). (32 S.) 8°
Berlin, Med. Diss. v. 8. Apr. 1862

Maeder, Emmanuel Ehrenfried (Grimma), Diss. jur. de senatusconsultis per infrequentiam et furtino. Präs. Aug. v. Leyser. Wittenberg (E. G. Eichsfeld) 28. V. 1745. 20 S. (3.20) 21980

Maeder, Georg. Frid. Rob. (geb. Schwiebus 9. 12. 1839): De meningitide tuberculosa. Berolini (1863). (31 S.) 8°
Berlin, Med. Diss. v. 12. Aug. 1863

Maeder, Georg Heinrich Curt, s. Maeder, Kurt

Mäder, Guido, aus Alt-Dresden. Skizzen. gr. 8. (95 S.) Dresden 895. Breslau, Hönsch & Tiesler. n. 1. 50

Mäder, H., das Beizen u. Färben u. d. gesamte Oberflächenbehandlung des Holzes, s.: Zimmermann, Wilh.

Maeder, Hans, approb. Arzt aus Marburg: Die Geburten in den Entwickelungsjahren bis zum 18. Jahre. *Marburg 1903: (G. Schade, Berlin).* (39 S.) 8°
Marburg, Med. Diss. v. 19. Mai 1903

Maeder, Hans, aus Berlin: Der § 3 des neuen Handelsgesetzbuchs. *Berlin 1903: B. Paul.* (61 S.) 8° [J.]
Rostock, Jur. Diss. v. [12. Juli] 1903

Mäder, Jakob [Assistenzarzt der chirurgisch-gynäkologischen Abteilung des Kantonsspitals zu St. Gallen]: Über die entzündliche Hyper- und Periostose der Rippen bei Pleuritis. Leipzig 1898. 36 S. 8°. Mit 1 Tafel. (S. A. aus „Archiv f. Entwickelungsmechanik", Bd. VI.)
Zürich. Med. Diss. 1897/98.

Mäder, Johann

Mäder, J., Chrüsimüsi. Ernstes u. Schnurriges, unentbehrlich bei Familien- u. Vereins-Anlässen. 8. (IV, 111 S. m. Bildn.) Zürich 896. Th. Schröter. Geb. n. 1. 60

Mäder, J[ohann]. Chrüsimüsi. Eine Sammlung wirkungsvoller und erprobter Schweizer Dialekt-Vorträge für Vereins-, Familien- und Gesellschaft-Abende, nebst einer Anzahl Gedichte ernsten Inhaltes. 2. vielfach vermehrte Aufl. [Umschlag mit Porträt.] VIII + 98 S. 8. Zürich, Justus Hebsacker, [1903]. [cart. fr. 1.—]

Maeder, Karl

Maeder, Carl [cand. med. aus Heinrichau]: Ein Fall von Craniorachischisis ... München, Buchdr. v. M. Ernst, 1892; 17 S. 8.
München, Med. Fak., Inaug.-Diss. v. [3. März] 1892

Maeder, Kurt

Maeder, *Georg Heinrich* Curt [Gerichtsref.]: Die Rechtsstellung des Testamentsexecutors, insbes. seine Aktiv- u. Passivlegitimation in Nachlassprocessen, m. spez. Berücks. d. Bürgerl. Gesetzbuches ... Berlin, Buchdr. v. G. Schade, 1897; 54 S., 1 Bl. 8.
Marburg, Jur. Fak., Inaug.-Diss. v. [3. März] 1897

Beiträge zur Geschichte der sozialen und wirtschaftlichen Lage und Entwicklung der ackerbautreibenden Bevölkerung in den Grafschaften Hoya und Diepholz im Mittelalter. Von Dr. Paul **Maeder**. Hildesheim: Lax 1910. 77 S. 8°
(Beiträge f. d. Geschichte Niedersachsens u. Westfalens. H. 26.) [11. 2001

Mäder, Rudolf *Friedrich*: Die pädagogische Bedeutung Fischarts ... Leipzig-R., Druck v. O. Schmidt, 1893; 43 S. 8.
Leipzig, Phil. Fak., Inaug.-Diss. v. [12. Apr.] 1893

Mäder, Rud., die pädagogische Bedeutung Fischarts. Diss. gr. 8. (44 S.) Leipzig 893. (G. Fock.) n. 1.—

Mäder, Rudolf. Vorspiele zum Gesangbuch für die evangelisch-reformierte Kirche der deutschen Schweiz. Hrg. unter Mitwirkung einer Anzahl schweizer. Organisten von R' M'.... 4 Hefte. quer-4. Zürich und Leipzig, Gebrüder Hug & Co., (1909—1910). *je* fr. 3.50
Heft 1: Choralnummern 1—51. IV + 47 S. (1910.) — Heft 2: Choraln' 68—138. VI + 47 S. (1909.) — Heft 3: Choraln' 142—258. IV + 55 S. [1910.] — Heft 4: Choraln' 261—392. IV + 66 S. [1910.]

Maderaner Thal [Sachliches OW]

Maderanerthal, Das, und der Hüfigletscher 12./14. Juli 1868. O. O. 1868. V: *Zuppinger-Zollinger, Heinrich.* (Cat. d. Stadtbibl. Zürich. Zürich 1864—97.)

Maderaner Thal [Schlagwort]

Maderaner Thal, s.: Westentaschen-Sammlung.

Maderer, Jo. Chrysost., Gnomologia latina etc., s. Gnomologia.

Maderna, A. de, hist. canoniae sanct. Hippolytanae. II P, 4. maj. Vien. Trattner. 780.

Maderner, J.Ch.: Über Zweckmässigkeit, Nutzen und Notwendigkeit der Programme. – Iglau, Progr. 1851.

Maderner, Jo. Chrys., CLV themata oratoria elaborata, seu collectio descript., narrat., locorum commun. et dissertat. diversi generis. Ex philosoph. operibus Ciceronis excerpsit, argumentis et disposit. instruxit. 8. Wien 842, Lechner. (Znaim, Fournier.) 2/3 ß

Maderny, Helene Freifrau v., s.: Götzendorff-Grabowski, H. v.

Madersbach, Gina, Judas. Eine Charakteristik. (136 S.) 8. Dresden 905. E. Pierson. n. 2. —; geb. n. 3.—

Madert, August, aus Bückeburg: Die Sprache der altenglischen Rätsel des Exeterbuches und die Cynewulffrage. *Marburg 1900: H. Bauer.* (130 S.) 8°
Marburg, Phil. Diss. v. [8. Okt.] 1900

Madert, Heinrich, Referendar: Der Einfluß der Todeserklärung auf das Familienrecht. Nach gemeinem Rechte u. dem Rechte d. Bürgerl. Gesetzbuchs f. d. Deutsche Reich. *Greifswald 1904: F. W. Kunike.* (38 S.) 8°
Greifswald, Jur. Diss. v. [9. Juli] 1904

Madeweiß, ..., über die Bildung der Steinkohle, s. Unterhaltungen, Königsberger naturwissenschaftl., 1. Hft.

Madeweiss, Joh. Georg (Kolberg), De jure accrescendi inter coheredes, interdum jure non decrescendi, interdum secus. Halle (Hendel) 18. III. 1761. 86 S. (4.—) 21968
Widm. v.: F. G. Ellenberger, Joh. Chr. Foerster, J. A. B. v. Hoven, A. C. Marck.

Madeyski von Poray, Stanislaus Ritter

Madeyski v. Poray, Stanisl. Ritter, politische Betrachtungen. gr. 8. (22 S.) Wien 900. F. Tempsky. n. —60

— die Nationalitätenfrage in Österreich u. ihre Lösung. gr. 8. (III, 35 S.) Wien 899. F. Tempsky. — Leipzig, G. Freytag. n. — 80

Madeyski, Stanisl. Poray Ritter v., die deutsche Staatssprache od. Oesterreich e. deutscher Staat. gr. 8. (179 S.) Wien 884. (Hölder.) n. 3. 60

Madeyski von Poray, Stanislaus Ritter: Die dt. Staatssprache oder Oesterreich ein dt. Staat. — Wien: Selbstverl. 1884. 179 S.

Studien zur Rechtsprechung des Reichsgerichtes über die Verletzung politischer Rechte von Dr. Stanislaus R' **Madeyski** v. Poray, Prof. in Krakau. *Wien & Prag: F. Tempsky 1900.* (66 S.) 8° [00. 8490

— Studien zur Rechtsprechung des Reichsgerichtes üb. Verletzung politischer Rechte. 1. u. 2. Hft. gr. 8. Wien, F. Tempsky. n. 5. 20
1. (VIII, 66 S.) 900. n. 2.—. — 2. (122 S.) 901. n. 3.20.

Madfeld [Schlagwort]

Madfeld, s.: Preussen. Messtischblätter.

Mädge, *Friedrich* Über den Unterricht in der Insektenkunde in Tertia. 4 (18 S.). **Progr.** Ober-Rsch. *Elberfeld* 1889 für 1890 (473)

Mädge, *Friedrich* [Dr.]: Über den Unterricht in der Insektenkunde in Tertia. Elberfeld, Druck v. A. Martini & Grüttefien (1890); 8. 3—18; 4°
Elberfeld, OR, P 1889 [statt 1890] (478)

MADGEN, Das, in der Jugend. Ein komischer Roman. Altona 1772. 8°.
Sehr selten!

Mädgen, das v. Orleans, s. Mädchen.

Madi, D. S., s. Madai, David Samuel

Madiera: Vergleichende Charakteristik des Achilles aus der Iliade und des Siegfried aus den Nibelungen. 10 S. –Neusohl, Progr. 1858

Madiera, K. A., čítací kniha německá, s. Dívčí škola.

Madiera, K. A., Conversations-Buch der böhmischen u. deutschen Sprache. 4. verb. Aufl. 8. (XI, 272 S.) Prag 876. Kober. n. 1. 80

Madiera, K. A.: Conversationsbuch d. böhm. u. deutsch. Sprache. (Konversačni knižka řeči české německi.) 5. verb. Aufl. 8. (276 S.) Prag: Kober 1883.

Madiera, K. A., Conversations-Buch der böhm. u. deutschen Sprache. 6., verb. Aufl. gr. 8. (IV, 224 S.) Prag 896. J. L. Kober. n. 2.—

Madiera, K. A., Konversationsbuch der deutschen u. böhmischen Sprache. — Konversační knížka řeči české a německé. Prag 866. Kober. 8. (VIII, 251 S.) n. 18 ngr; cart. n. 20 ngr.

—— deutsches Lesebuch für die erste Klasse an Gymnasien und Realschulen zusammengestellt. 2., verm. Aufl. gr. 8. (IV und 224 S.) Prag 867, Kober. * 18 Ngr.; geb. *

Madiera, K. A.: Deutsches Lesebuch für die erste Klasse an Gymnasien und Realschulen. 3. Aufl. 8. (224 S.) Ebds. 1867.

Madiera, K. A., deutsches Lesebuch für die erste Klasse an Gymnasien und Realschulen. 4. Aufl. (157 S.) 1873. *M 1,50., und 5. Aufl. gr. 8. (VI, 234 S.) Prag 875, Kober. *

Madiera, K. A., deutsches Lesebuch für die 1. Klasse an Gymnasien u. Realschulen. 6. Aufl. 8. (V, 234 S.) Prag 879. Kober. n. 1. 84

—— deutsches Lesebuch für die zweite Klasse an Gymnasien und Realschulen zusammengestellt. gr. 8. (IV und 274 S.) Prag 867, Kober. *

—— dass. — für die zweite Klasse. 3. Aufl. gr. 8. (194 S.) Ebendas. 873. *

— dasselbe, für die 2. Klasse an Gymnasien u. Realschulen. 4., durchgeseh. Aufl. gr. 8. (IV, 280 S.) Ebend. 878. n. 2. 40

—— dass. — für die zweite Klasse. 4. Aufl. gr. 8. (IV, 280 S.) Ebendas. 879. * *M* 2,40.; geb. *

—— deutsches Lesebuch für die unteren Klassen an Gymnasien und Realschulen. 2. Aufl. gr. 8. (408 S.) Ebendas. 872. * geb. *

— — für die unteren Klassen an Obergymnasien u. Oberrealschulen. 1. Thl. Ebend. 870. gr. 8. (IV, 430 S.) 1 *ℛ* 6 *ngr*; geb. n. 1 *ℛ* 10 *ngr*

Madjera, Wolfg., Ahasver. Eine Tragödie in 5 Aufzügen. (157 S.) 8. Wien 903. C. Konegen. n. 1. 50

Madjera, W.: A h a s v e r . Tragödie. Gr. 8°. (159 S.) Wien. Österreichische Verlagsanstalt 1903.

Madjera, Wolfg., Briefe üb. das Christentum. (198 S.) 8. Wien 907. Akadem. Verlag. 3. —

— der Hausadministrator, s.: Seltsam, Ferd.

Madjera, Wolfg., Helden der Feder. Schauspiel in 3 Aufzügen. 8. (IV, 82 S.) Wien 902. C. Konegen. n. 1. 40

— der Magistrats-Entwurf e. neuen Bauordnung f. Wien. Vortrag, geh. in der sozialpolit. Sektion der Leo-Gesellschaft. (40 S.) gr. 8. Wien 904. Manz. n. 1. —

— Märtyrer der Krone. Schauspiel in 5 Aufzügen. m. e. Geleitworte üb. das histor. Schauspiel. (97 S.) 8. Ebd. 906. n. 1. 70

— Politik u. Geistesleben in Wien. Ein Mahnruf. (23 S.) 8. Wien 905. C. Konegen. n. — 50

— Schatten u. Sterne. Gedichte. 8. (148 S.) Ebd. 902. n. 2. 50; geb. n. 3. 50

Madjera, Wolfg., moderne Sonette u. Vierzeilen. 12. (63 S.) Wien 893. C. Konegen. n. 1. 20

— wie verrichten die Wiener Theater Kulturarbeit? (39 S.) gr. 8. Wien 907. C. W. Stern. n. 1. —

Madihn, Georg Samuel

Madihn, Ge. Sam.: Tractatio jur. sistens c a u s s a m debitoris circa pecuniae solutionem mutato post contractum nummorum valore. Halae o. J. [Erschien 1762 als Diss.]

— — Commentatio sistens caussam debitoris circa pecuniae solutionam mutato post contractum nummorum valore. Halle (Chr. Hendel) 24. IV. 1762. 62 S. (4.—) 21972

— commentatio sistens causam debitoris circa pecuniae solutionem mutato post contractum nummorum valore. 4. Halle 762. Recusa in forma tractatus. 8. ibid. 764. Iterum excusa et aucta. 8. ibid. 767.

— — Creditorem in pignore media diligentia non semper liberari. Halle (Hendel) (8. X. 1764). 24 S. (3.—) 21974

— — De efficacia pacti familiae illustris agnato remotiori jus succedendi tribuentis. Halle (Hendel) 27. IV. 1754. 70 S. (5.—) 21970
Widm. v.: Carl Abr. L. B. v. Zedlitz.

Madihn, Geo. Sam., († d. 14. Octbr. 1784.) exercitationes acad. Halenses. 4. Halle 777. Hendel. 18 *gl*

MADIHN, Geo. Sam.: Gedanken üb. d. wahren Gränzen d. Rechts d. Natur u. der daher fliessenden Regeln. *Halle.* (*Berlin*, Lane.) 766. 8. (6 Gr.)

Madihn, Ge. Sam.: Gedanken von den wahren Grenzen des Rechts der Natur u. den daher fliessenden Regeln einer brauchbaren Lehrart desselben. Halle 1767.

— Gedanken v. den wahr Gränzen des Rechts der Natur. 8. Halle 767. Curt. (Laue in Berl.) 6 *gl*

— — Gedanken von der wahren Gründlichkeit besonders in der Rechtsgelahrtheit. Halle (Chr. Hendel) (7. X. 1758). 38 S. (5.—) 21971

— Gedanken von d. Verjährung nach d. Recht d. Natur. 4. Halle 764. Curt. (Laue in Berl.) 3 *gl*

— — (Halle), Gedanken von der Verjährung in so fern selbige nach dem Recht der Natur kan erwogen werden. Halle (J. J. Cust) 1764. 46 S. (6.—) 21973

Madihn, Georg Samuel [Praes.], s. H a r t m a n n , Theodor: De cautelis tutelarum.

Madihn, Georg Samuel [Praes.], s. H e e r m a n n , Justus Albert: De jure protimiseos ejusque a jure retractus discrimine.

— institutiones juris civilis ad ductum Justinianaeorum etc. 8. Halle 764. Curt. (Laue in Berl.) 1 *ℛ*

– s. Geo. Casp. Kirchmaier, opuscula.

Madihn, Georg Samuel [Praes.], s. L a u , Gottl. Ernst: De poena capitali in furto haud mitiganda.

– s. G. L. Mencken, introductio et ejusd. opuscula.

Madihn, Georg Samuel (Wolfenbüttel), De imperii sacri statuum protestantium imp. Rom. Germ. vera natura et indole. Präs. Dan. Nettelbladt. Halle (Hendel) 14. IV. 1751. 46 S. (4.—) 21969
Widm. v.: Dan. Nettelbladt.

Madihn, Georg Samuel [Praes.], s. S c h a e f f e r . Johann Friedrich: De effectu legis commissoriae parte pretii soluta.

Madihn, Georg Samuel [Praes.], s. T h e b e s , Georg David: De bonae fidei possessore singulari a restitutione fructuum perceptorum immuni.

Madihn, Georg Samuel [Praes.], s. U b e r , Christian Benjamin: De validitate testamenti non rite oblati.

Madihn, Georg Samuel [Praes.], s. U h l , Tobias Christian: De legitime natorum portione legitima in successione cum legitimatis.

— opusc. I. vicissitudines substitutionis exemplaris etc. 4. Halae, Hendel. 775.

– – s.a. M a d i h n , Ludwig Gottfried

— — Diatribe juris civilis vicissitudines substitutionis impuberum complexa. Halle (Chr. Hendel) 1769. 80 S. (4.—) 21975

Madihn, Georg Samuel [Praes.], s. W e n z e l , Christoph Friedrich: De vera indola litterarum obligationis atque exceptionis non numeratae pecuniae . . .

Madihn, Georg Samuel [Praes.], s. W e n z e l , Johann David: Caussam debitoris circa pecuniae solutionem mutato post contractum nummorum valore.

Madihn, Jul. Jh., († den 22. Oct. 1789,) s. 1) J. Joach. Lange, Einl. z. Mineralogie u. dess. Grundlegung. 2) Jh. G. Voigt, Bergwerksstaat.

Madihn, Ludwig Gottfried

M a d i h n i i , (L. God.,) Bibliotheca juridica, s. a. L i p o n i i Bibliotheca.

MADIHN, L. Gf.: *Lipenii* B. jurid. etc. supplem. et emendatt. Vol. III. et IV. *Vratisl.*, Korn. 817—23. fol. (12 Thl.) — Auch u. d. Tit.: Bibl. jurid. real novior.. Vol. I. II.

— Diss. de emtione sub corona. 4. Frankf. a. d. O. 793.

Madihn, Ludw. Gottfr.: Grundsätze des Naturrechts zum Gebrauch seiner Vorlesungen. Franfurt a. O.
Th. 1. Absolutes Naturrecht. (1789.)
„ 2. Hypothetisches Naturrecht. (1795.) [Unvollst.]

— Grundsätze des Naturrechts. 2 Thle. gr. 8. Frkf. a. d. O. 789 u. 796. Kunze. 22 gr

— Grundsätze des Naturrechts. 2 Thle. gr. 8. Ebend. (a. Maurer, Berl.) 789. 95. (1r 12 gr. 2r 10 gr.)

MADIHN, L. Gf.: Instit. d. gesammten Privatrechts, d. i. encyclopäd.-histor.-dogmat. Einleit. in d. gem. Privatrecht, welches sowohl in Deutschland als in den preuss. Staaten gilt, nebst Vers. einer Literatur d. preuss. gem. Privatrechts. 2e unveränd. Ausg. *Bresl.*, Korn. (814.) 815. gr. 8. (20 Gr.)

— commentatio de jure testandi prodigis frustra vindicato. 4. Halle 771.

Madihn, Ludwig Gottfried [Praes.], s. K i k e b u s c h , Natanael: Varias juris observationes.

— s. M. L i p e n i i bibliothecа.

MADIHN: Ueb. d. Majoratsfolge in d. Lieberosischen Successionsfall. *Frankf. a. d. O.* (783.) 4.

— üb. die Majoratsfolge in dem jetzigen Lieberosischen Successionsfalle. 4. Frankf. a. d. O. 784. Kunze. 10 gr

— Miscellen aus allen Theilen der Rechtsgelahrtheit, mehrentheils durch Facultätsfälle veranlaßt, u. mit Rücksicht auf die neueren Gesetzgebungen herausgeg. 16 Schock. gr. 8. Breslau 814. (J. F. Korn). 1 Rthlr 4 gr

Madihn, Ldw. Gf., Nachricht von den Armenanstalten und milden Stiftungen zu Frankfurt a. d. O. am Ende des J. 1800. 8⁰. Frankfurt a. d. O., 1800.

Madihn, Lud. Godofr.: P r i n c i p i a iuris Romani in usum praelectionum systematice disposita. P. 1–4. Francofurti cis Viadrum [1785]. 2 Bde

MADIHN, L. Gf.: Principia jur. Rom. in us. praelect. systemat. disposita. *Frcf. a. d. O.*, Strauss. (787.) 791. 2 Th. gr. 8. (2 Thl. 12 Gr.)

— princ. juris rom., system. in us. praelection. dipos. V Pts. 8. maj. ibid. 791 - 88.

— principia juris Rom. in us. praelection. disposita. V Pts. 8maj. Frankf. a. d. O. 787—88. Ed. u. 792. Kunze. 3 Rthlr 3 gr

MADIHN, Lud. Gfr.: Principia jur. Rom de successionibus s. de jure hereditario systematice in us. praelect. disposita. *Frcf. ad Viadr.*, Strauss. 787. Edit. repet. praelect. 792. 8. (1 Thl.)

— principia juris Rom. de haereditatib. et successionibus. 8maj. Frkf. a. d. O. 787. Ed. II. 792. Kunze. 1 Rthlr (auch als 2r Thl. der principia juris Romani).

— Ludwig Gottfr., De off. cons. quaedam commentatur simulque lectiones suas. Halle (Hendel) (20. X. 1772). 14 S. (2.—) 21977

— Rechtfertigung des Frankfurt. Urthels in der Rechtssache des Freih. v. Moser. 4. Frankf. a. d. O. 789. Kunze. 6 gr

— — Soldaten haben auch in Friedenszeiten die innere Testamentsform zu beobachten nicht nöthig. Frankfurt / Oder (Joh. Andr. Kunze) 1789. 28 S. (3.—) 21978

MADIHN, L. Gf.: Soldaten haben auch in Friedenszeiten die innere Testamentform zu beobachten nicht nöthig. *Frankf.*, Kunze. (*Berlin*, Maurer.) 789. 4. (4 Gr.)

MADIHN, L. Gf.: Systema jurisprud. crim. ex fontibus jur. comm. et Borusso-Brandenb. adorn. *Frankf. a. d. O.*, Strauss. 783. 8. (1 Thl.)

— systema jurisprud. criminalis jus prael. ed. P. Ima. 8. Frft. (Graeff, L.) 788.

MADIHN, Lud. Gfr.: Systema jurisprud. criminalis in usum praelect. editum. Ps. I. 8. *Francof. ad O.*, Kunze. 784. (1 Thl.)

MADIHN, L. Gf.: Opusc. 1. Vicissitudines substitutionis exemplaris, ejusque verum indolem cont. *Hal.*, Hendel. 775. 4. (9 Gr.)

– – s.a. M a d i h n , Georg Samuel

— — Viri consultissimi et merit. Christiani Hoffmanni promotionem in juris doctorem publ. juris facit. Frankfurt/Oder (Apitz) (30. IX. 1797). 14 S. (4.—) 21979
Gew.: Ph. Ludw. Muzel, L. G. Madihn, Chr. Hoffmann.

Mäding, Alfred, Reden und Ansprachen für turnerische Feste und Angelegenheiten, n. e. Anh. v. Prologen u. Festgedichten, Leipzig, IV u. 117 S., 8°.

Mäding, Frz., eine Reise ins Märchenland, e. Märlein v. e. Frühlingssonnentag in bunten Reimen. Buchschmuck v. S. Tusar. (67 S. m. Abbildgn. u. 2 farb. Taf.) gr. 8. München (907). Münchener Volksbuchh. Kart. 2. —

Mäding, Frz., Schnick—Schnack. Allerhand Verslein f. kleine u. große Kinder. Mit Buchschmuck v. Rud. Winternitz. (47 S.) gr. 8. Leipzig 904. O. Borggold. n. 1. —

Madison County Anzeiger: May 7, 1875—1882?
Weekly. Independent, 1875; Republican, 1876—82?. Sub-title: Ein Organ zur Förderung der Interessen der Deutschen von Edwardsville und Madison County. Circulation: 1850, 550 (est.). Edited & published by C. Lohmann & Son (H. C. Lohmann), 1875—78; by C. Lohmann, 1879—82.
Edwardsville, IL

Madison County Anzeiger: 1881—? Edwardsville, IL
Weekly.

Madison County Bote: 1869—1873.
Democratic weekly. Continued from DER HIGHLAND BOTE (Highland, Ill.). Circulation: 1871, 600. Edited & published by B. F. Hoffman, 1869—70; by E. G. Wolf & Frank Haag, 1870—73.
Edwardsville, IL

Madison Demokrat: Jahrgang 1—3, no. 35, Feb. 2, 1858—Nov. 2, 1860.
Weekly. Democratic, Feb. 1858—Oct. 1860; then Republican under Palme. Merged with WISCONSIN STAATS-ZEITUNG after the election, Nov. 1860. Edited & published by F. A. Pfaff & Simon Sekles, Feb. 2, 1858—Jan. 14, 1859; by Simon Sekles, Jan. 21, 1859—Oct. 12, 1860; by Charles J. Palme, Oct. 19—Nov. 2, 1860.
Madison, WI

Madison Zeitung: 1857—1874?
Weekly. Circulation: 1874, 816. Edited by F. Massing, & published by A. Sitzmann, 1872—74
Madison, WI

Mádl, Karel B., Architektur u. Kunstgewerbe d. Barookzoit etc., s.: Ohmann, Frdr.

Mádl, K. B., s.: Hynais, V., e. Auswahl seiner Werke.

Mádl, Karel B., s.: Jenewein, Fel., die Pest.

— s.: Myslbek, Jos. V., sein Leben u. seine Werke.

Mádl, Karl B., 21 Portrait-Büsten im Triforium des St. Veit-Domes zu Prag. Photogr. u. Lichtdr. v. Karl Bellmann. Fol. (11 S. m. 2 Abbildgn. u. 21 Taf.) Prag 894. C. Bellmann. In Mappe. n. 24. —

— Topographie der histor. u. Kunstdenkmale im polit. Bez. Kolin, s.a. Topographie der histor. u. Kunst-Denkmale im Königr. Böhmen. I.

Mádl, Karel B.: Topographie der historischen und Kunst-Denkmale im politischen Bezirke Kolin. Vf. v. –. M. 7 Beil. u. 162 Textfig. Prag: Archaeol. Comm. b. d. böhm. . . . Akad. 1898. (2 Bl., 134 S., 1 Bl., 7 Taf.) 1 Bd 4. (8.)
Topographie d. histor. u. Kunst-Denkmale im Kgr. Böhmen. [No] 1.

Mädl, Das, aus der Bodenkammer. Wiener Lebensbild. Wien 1864. V: *Scheibe*, *Theodor* (?). (EB)

Mädl, Emil: Die Stoffwechselkrankheiten in den Jahren 1890—1895 in der II. med. Abteilung des Krankenhauses l. d. I. zu München. *München 1898: Kastner & Lossen.* (40 S.) 8°
München, Med. Diss. v. 1898

Mahlé, Ant., das Herzogthum Schlesien unser Heimatland. Mittheilungen aus der Heimatskunde gesammelt und bearb. 12 (VIII und 236 S. mit 1 Kpfr. und 1 lithogr. Karte in qu. 4.) Troppau 858, Schüler's Buchh. Thlr. *

Mädle, Frz., der Obstbau in Niederösterreich. Reisebericht. [Aus „Administrations-Bericht d. Central-Ausschusses der k. k. Wiener Landwirthschafts-Gesellschaft."] gr. 8. (12 S.) Wien 872. Gerold's Sohn. n. — 40

Madlener, Hub., O. M. Cap., gut Tod-Büchlein od.: Die Kunst, gut zu sterben. 35 Erwäggn. üb. die Vorbereitg. zu e. guten Tode m. viel. entsprech. Gebet- u. Andachtsübgn. (158 S. m. Titelbild.) 16. Saarlouis 910. F. Stein Nachf. Geb. in Leinw. — 50

— Der Myrrhengarten des bitt. Leidens Jesu Christi, s.: Cochem, Mart. v.

Madlener, Johannes, s. Blosius, L., Trost des Kleinmüthigen.

Madlener, Johs., das Licht in d. Finsterniß, od.: Das göttl. Christenthum im Kampfe geg. d. Zeitgeist, dargest. in e. Reihe v. Fastenpredigten. 12. (8¼ B.) Wien 837, (Mechitaristen-Congreg.-Buchh.)

— s. Trost des Kleinmüthigen.

Madlener, P. Joh., wer ist wie Gott! Sechs Betrachtungsreden. gr. 12. (8⅓ B.) Wien 881, Mechitaristen-Congreg.-Buchhandlung.

Madlener, Max [app. Arzt aus Kempten]: Die puerperalen Todesfälle der Münchener Frauenklinik 1887/91. '(Casuistisch-Statist. Beiträge.)' ... München, J. F. Lehmann, 1892; 60 S., 1 Tab. 8.
München, Med. Fak., Inaug.-Diss. v. [2. Juni] 1892

Madlener, Max, die puerperalen Todesfälle der Münchener Frauenklinik 1887/91, s.a. Abhandlungen, Münchener medicinische.

Die puerperalen Todesfälle der Münchener Frauenklinik 1887/91. ⟨Casuistisch-statist. Beiträge.⟩ Von Dr. Max **Madlener**. München: Lehmann 1892. 60 S. 8°
(Münchener med. Abhandlungen. Reihe 4, H. 2.) [11.10.96 1]

Madlener, M. Die puerperalen Todesfälle der Münchoner Frauenklinik 1887—1891. In-8°. 60 S. München, J. F. Lehmann (Depot für die Schweiz: E. Speidel in Oberstrass-Zürich). 1892. 1 35
*** Münchner medicinische Abhandlungen. Heft 31.

Madler, (Revierförster Dr.,) das Kloster auf dem Engelberg. Geschichtlich topographisch beschrieben. 8. Amorbach 843. (Aschaffenburg, Pergay.) n. ⅓ Thlr.

Madler, Ph., historische Denkwürdigkeiten d. Gasthauses zum Riesen in Miltenberg am Main. 8. (14 S. m. 1 Holzschntaf.) Miltenberg 872. (Halbig.) n. — 40

Madler, Ph. J., die Sachsengräber bei Miltenberg u. Kleinheubach. Mit 2 lith. Beil. gr. 8. (1 B.) Amorbach 835. (Aschaffenburg, Pergay.)

Mädler: Denkschrift über die Bestimmung der wahren Jahreslänge, in: Sendschreiben. Das Freie Deutsche Hochstift ... 1864.

Maedler, Ant., neuestes Musterbuch f. Tapezirer. 1. Hft., enthalt.: Der geschickte Gardinenstecker. Eine Samml. v. 86 (lith.) Musterbl. 4. Quedlinburg 833, Basse. 1 Thlr. 8 Gr., ill.

Mädler, B: Thüron für Güterschuppen mit Mädlor's Differontial-Schiebethür-Beschlägen. Berlin 1899

Mädler F. H.: Über kosmische Bewegungsgeschwindigkeiten mit Beziehung auf Dopplers Hypothese der Entstehung der Farben. S. 43. II. . . . . . . vgr.
Separatabdruck

Mädler, H.: Das Beizen und Färben und die gesamte Oberflächenbehandlung des Holzes, s. Zimmermann, W.

Mädler, H. v., Geschichte der Himmelskunde. 2 Bände. Braunschweig 1873. 8.

Mädler, Heinrich [aus Naundorf]: Theodora, Michael Stratiotikos, Isaak Komnenos. E. Stück byzantin. Kaisergeschichte ... [= Progr. d. Gymn. zu Plauen i. V. 1894.] Plauen i. V., Druck v. M. Wieprecht, 1894; 1 Bl., 51 S. 4.
Leipzig, Phil. Fak., Inaug.-Diss. v. [26. Febr.] 1894

Mädler, Heinrich [Dr.]: Theodora, Michael Stratiotikos, Isaak Komnenos. E. Stück byzantin. Kaisergeschichte. [= Inaug.-Diss. v. Leipzig 1894.] Plauen i. V., gedr. bei M. Wieprecht, 1894; 1 Bl., 51 S. 4.
Plauen i. V., k. G, OP 1894 (545)

Mädler, Joh. Heinr., kurzer **Abriß** der Astronomie. gr. 8. (148 S. mit 24 in den Text gedr. Holzschn. und 3 Sternkarten in Holzschn. in Fol. und qu. Fol.) Essen 863, Bädeker.

Mädler, Jh. Hnr., populäre **Astronomie.** 6 Hfte. Mit XI. (X.) Taf. gr. 8. Berlin 841, Heymann. n. 2½ Thlr — 2. völlig umgearb. Aufl. Mit 4 Taf. u. 1 Atlas von 12 Taf. gr. 8. Ebend. 846. n. 2⅓ Thlr (Mit dem Umschlagstitel: Der Wunderbau des Weltalls.)

Mädler, Joh. Hnr., populare Astronomie. [Mit d. Umschlagstitel: Der Wunderbau des Weltalls.] 4. völlig umgearb. Aufl. Nebst einem Atlas, 23 Taf. enthaltend. 8 Lfgn. gr. 8. (XIV u. 625 S., 6 Kpfrtaf., 13 lith. Taf. in gr. 4., 16 S. Erläuterungen zu denselben u. 1 Tab. in gr. Fol.) Berlin 849, C. Heymann. (à Lfg. n. 12 Ngr) n. 3 Thlr 6 Ngr — 4. völlig umgearb. u. mit einem Nachtrag versch. Aufl. Nebst einem Atlas, 20 (lith. u. in Kpfr. gest.) Taf. (in 8. u. 4.) enthaltend. gr. 8. (XIV u. 641 S. u. Nachtrag 33 S.) Ebd. 852. n. 3½ Thlr

— dies. 4. Ausg. Supplement f. die Besitzer der früheren Aufl., enthaltend Abschnitt 9 u. 11 der vierten. Ueber die Fixsterne im Allgem. u. die Doppelsterne insbesondere. gr. 8. (VI u. 175 S.) Ebd. 849. n. ⅔ Thlr

– Dasselbe, 5. Aufl. Berlin 1861.

– Dasselbe, 8. Aufl. von Klein. Berlin 1885.

— **Beiträge** zur physischen Kenntniß der himml. Körper im Sonnensystem, s. Beer, Wilh.

Mädler, J. H., Beobachtungen der Universitäts-Sternwarte Dorpat, s.a. **Beobachtungen.**

Mädler, J. H. Beobachtungen der k. Universitätssternwarte Dorpat. Dorpat 1856. 1859—63. 4.

—— kurzgefasste **Beschreibung** d. Mondes. Ein Ausz. aus d. gröss. Selenographie v. W. Beer u. J. H. Mädler. Lex.-8. (8 B. u. 1 Kpfrt.) Berlin 839, Schropp u. Comp.

Mädler, Joh. Heinr., astronomische **Briefe.** (3 Lfgn.) gr. 8. (31¾ B.) Mitau 844—46, Reyher's Verl. (à 22½ Ngr.) Compl. in engl. Einb. :

— graph. <u>Darstellung</u> der **Witterung** ꝛc., s. **Jahrbücher,** Livländ., der Landwirthschaft, 9. Bd.

Mädler, Johann Heinrich, [Graphische Darstellung der Witterung Berlins vom Juni 1829 bis Juni 1842.] Tafeln. [o. O. u. J.]

Mädler, J. H., die **Eigenbewegungen** der Fixsterne etc. s.a. **Beobachtungen** d. k. Univ.-Sternwarte Dorpat.

Mädler, J. H.: Die Eigenbewegung der Fixsterne. Dorpat 1856. 4°

Mädler, J. H.: Ueber den Einfluss des Mondes auf die Witterung. ([S.-A.] Selenographie von Beer und Mädler.) (Berlin 1837.) 16 S. 8°.

Mädler, Joh. Heinr., über die **Fixsterne** im Allgemeinen und die Doppelsterne insbesondere. gr. 8. (VI und 175 S. mit 1 Sternkarte in Kpfrst. und 4.) Berlin 849, C. Heymann. Thlr.
Aus des Verf. populärer Astronomie 4. Aufl., besonders abgedruckt.

—— der **Fixsternhimmel.** Eine gemeinfassl. Darstellung der neuern auf ihn sich beziehenden Forschungen. gr. 8 (IX und 194 S. mit 1 Stnt.) Leipzig 858, Brockhaus. *

— über die **Fixstern-Systeme.** Eine Rede, gehalten bei der 22. Versammlung deutscher Aerzte u. Naturforscher zu Bremen. gr. 8. Berlin 845, Walter. n. ⅙ Thlr

—— die **Fixsternwelt.** 2. Aufl. des Werkes: Ueber die Fixsterne im Allgemeinen und die Doppelsterne insbesond. ergänzt durch einen Nachtrag der neuesten Erforschungen auf diesem Gebiete, nebst (3) Tab. (in Fol. und Imp.-Fol.) und 1 Sternkarte (in Kpfrst. in gr. 4.) gr. 8. (VII und 239 S.) Berlin 861, C. Heymann.

Maedler, Johann Heinrich: Gang der mittleren Temperatur zu St. Petersburg und Archangel. [Bulletin de l'Académie Imperiale des Sciences de St.-Petersbourg. 1842.] St.-Pétersbourg 1812. 6 S. 4°.

Mädler, J. H. v., Geschichte der Himmelskunde nach ihrem gesammten Umfange. (2 Bde.) Lex.-8. (996 u. 528 S.) Braunschweig 873. Westermann. n. 17. —

Mädler, Dr. J. H. v., k. russ. wirklicher Staatsrath, Prof. emeritus der k. Universität und Director a. D. der Sternwarte Dorpat etc. **Geschichte der Himmelskunde** von der ältesten bis auf die neueste Zeit. (2 Bde.) 8. Braunschweig 1873.

—— der **Himmel,** s.a. **Volks-Kosmos.**

Mädler JHv, der Himmel. Gemeinfassliche Sternkunde. 4° Hamburg 1871

— der gestirnte Himmel, siehe: **Belehrungen,** unterhaltende, 2. Bdchn.

Mädler, J. H. Lehrbuch der populären Astronomie. Berlin. 1852.

Mädler, J. H., Lehrbuch d. Schönschreibekunst (Kalligraphie), auch z. Selbstunterricht zu gebrauchen. Mit 6 Kpft. 4. Berlin 826. Burchhardt. 1 Thlr 12 gGr

—— **Lehrbuch** d. Schönschreibekunst. A. z. Selbstunterr. zu gebrauchen. 2., verb. Aufl. gr. 8. (11 B.) Berlin 840, Heymann.

— <u>Leitfaden</u> d. mathemat. u. allgem. physischen **Geographie.** 8. Stuttgart 843, Cotta. 1⅔ Thlr

Mädler, Jo. Henr., Mappa selenographica etc., s. **Beer,** (Wilh.)

—— der **Mond** etc., s. **Beer,** Wilh.

—— **Nachtrag** zu der Abhandlung im XXVIII. Bde. der Verhandlungen: Ueber totale Sonnenfinsternisse mit besond. Berücksichtigung der Finsterniss vom 18. Juli 1860. gr. 4. (36 S. mit 6 chromolithogr. Taf.) Jena 862, Fr. Frommann. *
Aus: Verhandlungen der k. Leop.-Carol. deutschen Akademie, besonders abgedruckt.
Vgl. XIII. Bd. 2. Abthl. S. 68.

— Normal-Schreibe-Buch, lithogr. v. L. Weit. 10 Hfte. (wovon 5 mit latein. Schrift). 4. (18 Blätter). Berlin 828. (Th. Enslin). 20 gGr Die Hefte werden auch einzeln abgelassen.

— das **Planetensystem** der Sonne, s. **Belehrungen,** unterhaltende.

— **Rede,** gehalten am Feste der Thronbesteigung Sr. Kaiserl. Maj. des Selbstherrschers aller Reußen Nicolai Pawlowitsch am 20. Nov. 1840 im großen Hörsaale der Kaiserl. Universität Dorpat. gr. 8. Dorpat 841. (Severin.) ¼ Thlr

Mädler, Johann Heinrich: Rede über die Astronomie des Unsichtbaren, im grossen Hörsaale der Universität am 13. December 1852 gehalten. (Dorpat 1852.) 21 S. 8°.

— Reden u. Abhandlungen über Gegenstände der Himmelskunde. Berlin 870. Oppenheim. gr. 8. (VII, 527 S.) n. 2 ₰ 20 ngr.

— allgem. Schulvorschriften, s. Hennig, J. C.

—— allgem. kalligraph. Schulvorschriften f. geübt. Schüler, so wie f. solche, welche sich selbst fortbilden wollen. Nach streng geprüften Grundsätzen geschrieben. Gest. v. H. Kliewer. IV. Hft. 4. (14 Bl.) Berlin 829, (Enslin'sche Buchh.)
1—3. Hft. Ebendas. 1828. 1 Thlr.

— kalligraph. Schulvorschriften. 4 Lieferr. 4. Berl. 828. Kortmann. 1 ₰ 16 gr

Mädler, Joh. Hnr., Sonne u. Mond, siehe: Belehrungen, unterhaltende, 9. Bdchn.

—— die totale Sonnenfinsterniss am 16/28. Juli 1851. Berechnet und dargestellt. gr. 4. (XIV und 102 S.; russisch und deutsch.) Dorpat 850, (Gläser's Verlag.) *

— über totale Sonnenfinsternisse mit besonderer Berücksichtigung der Finsterniss vom 18. Juli 1860. Mit 9 (lith.) Taf. (in 4. u. Fol.) (Abdr. aus den Verhdlgn. der k. L.-C. D. A.) Jena 861. Frommann. gr. 4. (96 S.) n. 4 ₰ 20 ngr

— — Nachtrag dazu. Mit 6 (lith.) Taf. (Abdr. aus den Verhdlgn. der k. L.-C. D. A.) Ebend. 862. gr. 4. (38 S.) n. 2 ₰ 15 ngr

— Untersuchungen über die Fixstern-Systeme. 2 Thle. gr. Fol. 1. Thl. Die partiellen Systeme. (275 S.) 2. Thl. Das allgem. System. (X u. 242 S.) Mitau 847. 48, Reyher. (I. n. 8 ₰ II. n. 7 ₰) n. 15 ₰

— kalligraphische Wandtafel. 4 Bl. Fol. Berlin, Logier.

Mädler, Joh. Heinr., einige Worte üb. d. bei C. Kühn in Berlin erschien. Normal-Schreibebücher. Ein Beitr. z. Beförderung e. zweckmäß. Unterr. im Schönschreiben. gr. 8. (1 B.) Berlin 829, (Enslin'sche Buchh.) Thlr.

— Einige Worte üb. die bei Kühn in Berlin erschienenen Normal-Schreibebücher. Ein Beitrag zur Beförderung eines zweckmäßigen Unterrichts im Schönschreiben. 8. Berlin 829. Hayn. 2 gr

— der Wunderbau des Weltalls, s.a. Astronomie, populäre.

—— d. Wunderbau des Weltalls od. populaire Astronomie. 2. Aufl. 6 Lfgn. 8. (37 B., 4 Stnt. u. 1 Tab.) Berlin 846, Heymann. à * 10 Ngr. *

—— dass. Atlas. (1 B. Text u. 11 Stnt.) qu. gr. 4. Ebds. 846. *

— der Wunderbau des Weltalls, oder populäre Astronomie. Nebst 20 (lith. u. in Kpfr. gest.) Taf., Abbildgn. u. Sternkarten enthltd. 4., durch Zusätze verm. (Titel-)Aufl. Berlin (852.) 856. G. Heymann. gr. 8. (XIV, 674 S.) n. 3 ₰. 10 ngr.

—— der Wunderbau des Weltalls oder populäre Astronomie. Nebst einem Atlas: Astronomische Taf., Abbildungen und Sternkarten enthaltend. 5., gänzlich neu bearb. Aufl. mit einem Nachtrage: Die totale Sonnenfinsterniss am 18. Juli 1860. 10 Lfgn. gr. 8. (XVI und 667 S. und Erklärungen 16 S. mit 6 Tab., 4 Stnt. und 16 Kpfr. in gr. 4., qu. Fol, und gr. Fol.) Berlin 860. 61, C. Heymann's Verlag. à Lfg. 8 Ngr.

—— Wunderbau des Weltalls oder populäre Astronomie. 6. Aufl. 10 Lfgn. gr. 8. (XVI und 699 S. mit 16 Stnt. und 6 Tab. in gr. 8., qu. 4. und gr. Fol.) Berlin 867, C. Heymann's Verlag. à Lfg. 8 Ngr.

Mädler, J. H. v., der Wunderbau des Weltalls oder populäre Astronomie. 7. Aufl. Neu bearb. und verm. von W. Klinkerfues. Nebst einem Atlas, astronom. Taf., Abbild. und Sternkarten enth., und dem Bildniss des Verf. (in Holzschn.). gr. 8. (VIII, 748 S.) [Berlin 879, Bichteler und Comp.] Strassburg, Schultz und Comp. *
geb. und Atlas broch. *
geb. *

Mädler, J. H. v., der Wunderbau des Weltalls oder populäre Astronomie. 8. Aufl. Verm. und dem gegenwärtigen Standpunkte der Wissenschaft entsprechend umgearb. von Herm. J. Klein. Nebst einem Atlas, 24 astronom. Taf., Abbild. und Sternkarten enthaltend. 12 Lfgn. gr. 8. (XII, 664 S.; Text zum Atlas 77 S.) Strassburg 884,85, Schultz und Comp. à Lfg. * ℳ 1. *

— die Centralsonne. gr. 4. Dorpat 846. (Gläser.) n. 24 ngl

— die Centralsonne. 2. umgearb. Aufl. gr. 8. (78 S.) Mitau 847, Reyher. 3/4 ₰

— die Zukunft der Astronomie. Rede am 20. Nov. 1840 gehalten. gr. 8. Dorpat 840. (Gläser.) 1/4 ₰

Mädler, Minna v., geb. Witte, Anna. 8. (IX und 236 S.) Hannover 858, C. Rümpler.

v. Mädler, Minna, geb. Witte, Gedichte. 8. (X u. 378 S.) Mitau 848, Reyher. 1 1/2 ₰

[F.] Historische Denkwürdigkeiten des Gasthauses zum Riesen in Miltenberg am Main. 3. verb. Aufl. Bearb. v. Dr. Ph. Mädler, Fürstl. Leiningen'scher Forstmstr a. D. *Miltenberg a. M.: G. Volkhardt 1895.* (14 S.) 1 Bd 8. [96. 030]

Madlinger, Jh. Geo., s. *Virgilii* opera.

MADLMAYR Johann Michael. Abhandlung von — . . . über die Art und Weise, wie ein systematischer . . . Registraturplan beschaffen seyn müsse . . . 2. verb. Aufl. Medter, Steyr 1791.
1 vol. 144 S. + 5 Tab.

Madlmayr, Jh. Mich., Versuch e. systemat., in der Haupttheil. allgem. anwendbaren Registraturplans. 8. Wien 789. 2te verb. Aufl. 791. Gräffer. 8 gl

Madlohner, J., s. L. Blosius, Trost.

Madlung, A. (Hrsg.), s. Japan-Post, Deutsche.

Madlung, August: Ueber Complicationen der Schwangerschaft und Geburt mit Lungenkrankheiten. Halle 1875: Lipke. 30 S. 8°
Halle-Wittenberg, Med. Diss. v. 12. Mai 1875
Geb. Bachra bei Kölleda (Kr. Eckartsberga) 27. 2. 1847. V.
Im Diplom fälschlich: Madelung. Verf. erlebte das goldene Dr.-Jubiläum 1925 als Sanitätsrat in Wiehe, vgl. Anh. Nr. 471.

Madoera [Schlagwort]

Madoera, Kaart van, s.: Java.

La Madone de Raphäel, dite del Popolo, au château de Kybourg près de Winterthour. Avec 1 planche et vue. 14 pp. in-16. Zürich, impr. coopérative. 1873

Madonna u. Franciscl, Begebenh. 8. Schwab. 736.

Madonna, Holbeins, in Darmstadt und Dresden. Leipzig 1871. V: *Lampe, C.* (zuwzür 1911)

Madonna, Die Holbeinsche. O. O. u. J. [1890]. V: *Schneider, Friedrich.* (Studien aus Kunst u. Geschichte, F. Schneider zum 70. Geburtstag. Freiburg i. B. 1906, S. XXII) (Hdschr. Mitth. von Otto Kurz, Wien)

Madonna, in Liedern, Legenden u. Sagen gefeiert. Neue marianische Blumenlese für Kirche, Schule u. Haus rc. Herausg. durch Hofrath Dr. J. B. Rousseau. 8. (Mit 1 Stahlst.) Berlin 843, Simion. n. 1 ℛ — geb. n. 1½ ℛ

Madonna, die Sistinische. Original-Gemälde von Rafael Sanzio von Urbino in der königl. Gemälde-Gallerie zu Dresden. Eine kunstgeschichtliche Skizze. Abdr. aus „Die kgl. Gemälde-Gallerie im Neuen Museum zu Dresden.“ Dresden 858. Klemm. 8. (41 S.) 5 *ngr.*

Madonna, die sixtinische, v. Rafael Santi. (25 S. m. 1 Abbildg.) 8. Leipzig (903). Leipziger Schulbilderverlag v. F. E. Wachsmuth. n. —40

Madonnen-Album. Text von Wilh. Lübke. gr. 4. (10 Photogr. mit 86 S. Text.) Berlin 861, Schauer. geb. * *

Madonnenbild, das, ein kleiner Roman unserer Zeit, nebst einem Anhange. 8. Bresl. W. G. Korn. 812.

Madonnen-Blockkalender pro 1899 —.60
Graz: Moser 1898.

Madou: Scène de la vie des Peintres de l'école flamande et hollandaise. Livr. 1 à 6. 1/2 Imp.-Fol. Bruxelles: Muquardt 1839, 40. (Man verbindet sich zur Abnahme des Ganzen in 10 Lieferungen.)

Madou, Scènes de la vie des Peintres de l'école flammande et hollandaise. Livr. 5—10. ½ Imp.-Fol. (13 saubre Lithogr. auf Chines. Pap. u. Text mit 32 Vign.) Bruxelles 841, 42. (Muquardt.) n. 8 ℛ (1—10: n. 28 ℛ)

Ma-Do-Yün, a. Tschau Yan ⟨China⟩: Der Eintritt des Chinesischen Reiches in den völkerrechtlichen Verband. Berlin (1907): E. Ebering. (75 S.) 8°
Berlin, Jur. Fak., Ref. v. Martitz, Diss. v. 18. Juli 1907
Geb. 15. Mai 80 Lianjan-Fu, Tschaujang; Wohnort: Hupeh; Staatsangeb.: China; Vorbildung: Gymn. Tschun-Den-Schu-Tan; Studium: Hupeh, Universität 8, Berlin 6 S.; Rig. 11. Juni 07.]

Madras [Sachliches OW]

Madras, d. a. d. Küste Coromandel befindliche grosse Stadt, in 30 Gespr. beschrieben. 8. Halle, Waisenh. 740.

Madras, die an d. Küste Coromandel befindl. große Stadt, in 30 Gespr. beschrieben. 8. Halle 750. Waisenhausbuchhndlg. In engl. Sprache. 3 *gl*

Madras [Schlagwort]

Madrás. Karte von Madrás u. der Prov. Sengelpat in Südindien, soweit sie v. der Leipziger evang.-luth. Mission besetzt ist. 15 × 10,5 cm. Holzschn. Leipzig (891). Verlag der evangel. luther. Mission. n.n. — 05

Madruzo, D. Petro de, la arquitectura de España, s.: Junghändel, M.

— s.: Baukunst, die, Spaniens.

Madre, la buena, Comedia por la Condesa de Genlis. 8. Hamburg, Nemnich. 815.

Madreiter, Jos., methodische Anleitung zum ersten Unterrichte in der Religionslehre für Schule und Haus. Innsbruck 864. Vereins-Buchhandlung. 12. (XI, 95 S.) nn. 2½ *ngr.*

—— Gebetbüchlein für Schulkinder zum öffentlichen und Privatgebrauche mit einem Anh., welcher den Beicht-, Kommunion-, und Firmungsunterricht enth. 3., verb. Aufl. 16. (IV und 164 mit 1 Stahlst.) Innsbruck 862, (F. Rauch.)

Madreiter, Jos., biblische Geschichte für Kinder. Ein Auszug aus dem größeren Werke des Herrn Ch. Schmid. Neue verm. u. verb. Aufl. Innsbruck 865. Wagner'sche Universitäts-Buchh. 8. (VIII, 232 S.) n. 5 *ngr.*

Madreiter, Jos., Gnadenquelle oder vollständiges Gebetbuch auserlesener Gebete u. Andachtsübungen, für welche von den Päpsten heil. Ablässe verliehen sind. Gesammelt u. geordnet. Innsbruck 854. F. Rauch. 18. (X, 254 S.) 9 *ngr.*

—— Hilfsbuch für die erste Stufe des geografischen Unterrichtes in der II., III. und IV. Klasse der Volksschule. 8. (76 S.) Innsbruck 867, Wagner'sche Universitäts-Buchh. *

Madrid [Sachliches OW]

Madrid wie es ist . . . Aus dem Französ. frei übers. von G. Sellen. Leipzig 1826. V: *Santo Domingo.* [Paris 1825.] Vgl. Hayn ³4 (1913), S. 341. 342 f. (DARP)

Madrid wie es ist, od. Bemerkk. üb. d. Sitten u. Gebräuche der Spanier im Anfange d. 19. Jahrhund.; a. d. Französ. frei übers. v. G. Sellen. (Edw. v. Alvensleben.) 8. Lpz. 826. Magazin f. Industrie. 1 ℛ 8 *gl*

Madrid [Schlagwort]

Madrit — Accurater Grundriss der königl. Spanischen Haupt- und Residenzstadt — mit denen Prospecten des königl Schlosses u. a. Lustgebäuden. Edirt von Joh. Bapt. Homanns seeligen Erben in Nürnberg. 1 : 14,400. 1 Bl.

Madrigal. Magdeburg 1742. V: *Münchhausen, J. F. von.* (BMarsch 470)

Madritum sive Mantua carpetanorum celeberrima Castiliae Novae Civitas etc. Sumtib. et cura Matth. Seutteri Ch. Aug. Ohne M. 1 Bl.

v. Madroux, L. Biographie des kgl. bayerischen Generalmajors u. Commandanten der Bundesfestung Landau Georg von Mölter. (163). 8. München 1847.

Madroux, L. v. Felddienst-Instruktion für Unteroffiziere u. Soldaten der leichten Kavallerie. Neustadt a. A. 1838. 114 S.

Die hundertjaehrige Stiftungsfeier des Chevaulegers-Reg. Fürst von Thurn u. Taxis am 21. Januar 1847. (Von L. v. Madroux.) Mit Abb. München 1847. 45 S.

Madrzejewski, Stanislaus *(geb. Grabow in Pos. 8. 4. 1851)*: Ueber die Einwirkung der kohlensauren alkalischen Erden auf Silicate in hoher Temperatur. (Namslau 1879.) (30 S.) 8°
[Im Buchhandel 1879 bei Koebner in Breslau.]

Breslau, Phil. Diss. v. 11. [vielmehr 12.] Febr. 1879

Madsack, Paul, Referendar: Die parlamentarische Redefreiheit der Reichstagsabgeordneten auf Grund des Art. 30 der Verfassungsurkunde des Deutschen Reichs. Borna-Leipzig 1910: Noske. VIII, 83 S. 8°
Leipzig, Jur. Diss. v. 28. Juni 1910
[Geb. 21. Aug. 81 Reval; Wohnort: Hannover; Staatsangeh.: Preußen; Vorbildung: Lyz. II Hannover Reife O. 01; Studium: München 1, Bonn 1, Heidelberg 2, Göttingen 4 S.; Rig. 24. Juli 06.] [U 10. 2790

Madsen, A. P., Antiquités préhistoriques du Danemark. L'âge de la pierre. Copenhague 869. (Leipzig, T. O. Weigel.) Fol. (10 S. mit 45 Kpfrtaff., wovon 7 color.) cart. n. 14 ₰

Madsen, Joh., vollständige kaufmännische Arithm... s. Braune, Alb.

— Englisch, s.: Wie bestehe ich meine Prüfung? 3. Bd.

Madsen, Johanna, Ida Sofie, autoris. Uebersetzg. aus dem Dän. v. Mathilde Mann. Roman. (194 S.) 8. Breslau 906. Berlin, S. Schottlaender's schles. Verlagsanstalt. n. 2.—; geb. n. 3.—

Ⓑ **Madsen, Johanna, Ida Sofie. 906. (RBL 34.)** Ladenpr. aufgeh.

Ida Sofie. Roman von Johanne **Madsen**. Autor. Übers. aus d. Dän. von Mathilde Mann. Breslau: Schles. Verl.-Anst. 1906. (194 S.) 8° [F.]
(Kollektion Schottlaender.) [06. 10668

Madsen, L., frühzeitige dänische Zementuntersuchgn. u. Versuche, die Eigenschaften u. Verwendbarkeit, besonders in der Kriegsbautechnik, des Portlandzementbetons betr. (4 S.) 82,5×28,5 cm. Stuttgart 905. (Freiburg i/B., J. Bielefeld.) 1. 20
Sonderabdr. aus: „Baumaterialienkde."

Madsen, N. P., Anita. Eine Erzählg. aus Rom. Aus dem Dän. v. C. Axelsen. (160 S.) 8. Wandsbek (910). Hamburg, Verlagsbuchh. „Bethel". 2.—; geb. 3.—

— Auf der Flucht. Autoris. Übersetzg. v. A. Christiansen. (72 S.) kl. 8. Berlin 909. Deutsche ev. Buch- u. Traktat-Gesellschaft. — 50

Madsen, N. P., Ole. Ein Jütländer Fischer u. ehemal. Rettungsbootführer. Uebers. aus dem Dän. v. C. Axelsen. (40 S.) 8. Frankfurt a/M. 905. Verlag Orient. n. — 20

Ole. Erzählung von der Westküste Jütlands. Von N. P. **Madsen**. Uebers. aus d. Dän. von C. Axelsen. 2. Aufl. Frankfurt a. M.: Orient 1906. (40 S.) 8° [Ant. u. F.] [07. 15089

N. P. Madsen. Paul [Povl]. Autor. Übers. von Pastor A. Christiansen. Berlin: Deutsche Evang. Buch- u. Traktat-Ges. 1908. 77 S. 8° [10. 15200

— die Tochter des Strandvogts. Erzählung aus der Gegenwart. Autoris. Uebersetzg. aus dem Dän. v. Pauline Klaiber. (352 S.) 8. Ebd. 906. Kart. n. 2. 50; geb. in Leinw. n. 3.—

Der Weg zum Frieden. Von Pastor N. P. **Madsen** (auf d. Umschl.: Matzen). Aus d. Dän. übers. von Lehrer [Chr.] Petersen in Simmerstedt. 2. Aufl. Breklum: H. Jensen 1907. (112 S.) 8° [F.] [08. 15980 B

— Der Weg zum Frieden. Aus dem Dän. übers. v. Lehr. Petersen. 3. Aufl. (112 S.) 8. Breklum 910. Christl. Buchh. — 60

— Wenn die Sonne aufgeht. Ins Deutsche übertr. v. Christiansen. (156 S.) 8. Mülheim-Ruhr 907. [Buchh. des ev. Vereinshauses.] Chemnitz, G. Koezle. Geb. in Leinw. 2.—

Madsen, Ole. Handbuch für einen Reuter. Altona 1763. V: *Gerstenberg, Hnr. von.* (MGT)

Madsen, Ole, (Hnr. Wilh. v. Gerstenberg,) Handbuch f. e. Reiter. 8. Altenb. 763. (Linke in Leipz.) 3 gl

Madsen, P., das geistliche Priestertum der Christen. In autorisirter deutscher Uebersetzung von **C. Schuhmacher.** gr. 8. (154 S.) **Gütersloh 882. Bertelsmann. n. 2. 40**

Madsen, Peter L.

Der Lehrer im Examen und im Amt. Eine Zsstellung d. wichtigsten amtl. Bestimmungen betr. d. Leitung von Volks- u. Mittelschulen in Schleswig-Holstein von P[eter] L. **Madsen**, Lehrer in Flensburg. *Flensburg: Huwald 1901.* (VIII, 165 S.) 8° [F.] [01. 7933

– (Hrsg.), s. Nachrichten über das Flensburger Volksschulwesen.

– (Red.), s. Schulzeitung, Schleswig-holsteinische. Jg. 59.

Madsen, Rönberg, Grundtvig u. die dänischen Volkshochschulen, s.a. **Magazin, pädagogisches. 253. Heft.**

Grundtvig und die dänischen Volkshochschulen. Von Rønberg **Madsen**. — Langensalza: Beyer 1905. VI, 124 S. 8°
(Pädagogisches Magazin. H. 253.)

Sur l'effet de Danysz. Par Thorvald **Madsen** et Svante Arrhenius. Uppsala & Stockholm 1906: Almqvist & Wiksell; Berlin: R. Friedländer & Sohn. (20 S.) 8°
= **Meddelanden** från K. Vetenskapsakad. Nobelinstitut. Bd 1, No 3. [06. 11638

Mädter, G. D. W., geistl. Himmelsring, od. stettl. Lob- und Ehrenpredigten. 2 Thle. 4. Basel, Turneisen. 712.

Madvig, Johan Nicolai

Madvigii, Jo. Nic., adversaria critica ad scriptores graecos et latinos. Vol. I et II. gr. 8. Hauniae 871. 73. Leipzig, T. O. Weigel. à n. 14. 50
Vol. I. Adversaria critica ad scriptores graecos. Praemittitur artis criticae conjecturalis adumbratio. (IV, 741 S.)
Vol. II. Emendationes latinae. (IV, 682 S.)
Fortsetzung davon: Madvig: Kleine philologische Schriften.

Madvig, Jo. Nic., adversariorum criticorum ad scriptores graecos et latinos vol. III., novas emendationes graecas et latinas continens. gr. 8. (280 S.) Hauniae 884. Leipzig, T. O. Weigel. n.n. 5. — (I—III.: n.n. 34. 20)

Madvig, Joh. Nic., Bemerkungen üb. verschied. Puncte des Systems der latein. Sprachlehre u. einiger Einzelheiten derselben. gr. 8. (5¼ B.) Braunschweig 843, Vieweg u. Sohn.
Bildet eine Beilage zu dess. latein. Sprachlehre.

— Bemerkungen über verschied. Puncte des Systems der latein. Sprachlehre und einiger Einzelnheiten derselben. gr. 8. Ebend. 845. ⅓ ₰

Madvig, Joh. Nic., Bemerkungen über einige Puncte der griech. Wortfügungslehre. gr. 8. (79 S.) Göttingen 848, Dieterichsche Buchh. * -
Hat gleichen Inhalt mit dem Supplement-Hefte zum 2. Jahrg. des Philologus.

— s. Ciceronis orationes selectae.

Madvig, Jo. Nic., de Q. Asconii Pediani et allor. veter. interpretum in Ciceronis orationes commentariis, disputat. critica. Cum Append. 8. (14 B.) Hauniae 828, (Reitzel.)

Madwig, J. N., De emendatione aliquot locorum orationis Tullianae pro M. Caelio I. Hab. 1888. 22 S. 4°. 1.20

— emendationes in Ciceronis libros philosophicos. Part. I. 8. Kopenh. 826. Reitzel. 1 ⁄ß

Madvig, Joh. Nic., emendationes Livianae. Kopenhagen 860. (Leipzig, T. O. Weigel.) gr. 8. (638 S.) n. 3 ⁄ß 10 ngr.

Madvigii, Jo. Nic., emendationes Livianae iterum auctiores editae. gr. 8. (IV, 770 S.) Hauniae 877. (Leipzig, T. O. Weigel.) *

Madvig, S. N., De Livii lib. XLIII initio e codice Vindobonense emendando. Gel. 1852. 17 S. 4°. 1.20

– De interpretatione quarundam verbi latini formarum. Gel. 1844. 20 S. 4°.

—— ad vir. celebr. Jo. Casp. Orellium epistola crit. de orationum Verrinar. lib. II. extremis emendandis. 8 maj. (12 B.) Hauniae 828, Reitzel.

— ad vir. celebr. Joh. Casp. Orellinm epistola critica de orationum Verrinarum libris II extremis emendandis. 8maj. Kopenh. 830. Reitzel. 1 ⁄ß 8 gr

– De locis aliquot Ciceronis orationum Verrinarum I u. II. Hab. u. Gel. 1882, 1888. 24, 80 S. 4°. à 1.20

Madvig, J. N., De formarum quarundam verbi Latini natura et usu disputationis I. u. II. Pr. 1835 u. 1836. 19 u. 89 S 4° 1.20

—— Opuscula academica. Ab ipso collecta, emend., aucta. Lex.-8. (35½ B.) Hauniae 834, Gyldendal.

Madvig, Jo. Nic., opuscula academica altera. Ab ipso collecta emend., aucta. 8 maj. Hauniae 842, Gyldendal. 2 ⁄ß

Madvig, J. N., opuscula academica. Ab ipso iterum collecta, emend., aucta. gr. 8. (XI, 784 S.) Kopenhagen 887. (Leipzig, Brockhaus' Sort. u. Antiqu.) n. 20.—

– De emendandis Ciceronis orationibus pro P. Sestio et in P. Vatininm disput. II. Gel. 1884. 60 S. 4°. 1.—

Madvig, Joh. Nic., s.: Poetarum aliquot latinorum carmina selecta.

—— kleine philologische Schriften. Vom Verf. deutsch bearb. gr. 8. (VIII, 560 S.) Leipzig 875, Teubner. *

Madvig, Johan Nicolai. Lateinische Sprachlehre für Schulen. Braunschweig 1844. Ü: *Oppermann, Ludwig Henrik Ferdinand.* (BrMm)

— latein. Sprachlehre für Schulen. gr. 8. Braunschweig 844, Vieweg u. Sohn. 1⅓ ⁄ß

— Lateinische Sprachlehre für Schulen. 2. verb. Aufl. gr. 8. (XII u. 524 S.) Braunschweig 847, Vieweg & Sohn. 1 ⁄ß

Madvig, J. N., lateinische Sprachlehre für Schulen. 3., verb. Ausg. Braunschweig 857. Vieweg. gr. 8. (XV, 516 S.) 1 ⁄ß.

— lateinische Sprachlehre für Schulen. Für die unteren und mittleren Klassen der Gymnasien bearb. von Gust. Tischer. Ebend. 857. gr. 8. (VI, 298 S.) n. 20 ngr.

Madvig, J. N., lateinische Sprachlehre für Schulen. 4., verb. und abgekürzte Aufl. 8. (VIII und 842 S.) Braunschweig 867, Vieweg und Sohn. *

— — Für die unteren u. mittleren Klassen der Gymnasien bearb. von Gust. Tischer. 2. Aufl., besorgt von Herm. Gentbe. Ebend. 869. gr. 8. (VIII, 303 S.) n. 20 ngr

Madvig's, [Joh. Nik.], lateinische Sprachlehre für Schulen. Nach Gust. Tischer's Bearbeitung für die Gymnasialklassen bis Prima erweitert von Herm. Genthe. 3. verb. und mit einem sprachwissenschaftl. Anhang verm. Aufl. gr. 8. (X, 331 S.) Braunschweig 877, Vieweg und Sohn. *

—— Syntax der griechischen Sprache, besonders der attischen Sprachform, für Schulen. gr. 8. (XVIII und 283 S.) Braunschweig 847, Vieweg und Sohn.

Madvig, Jo. Nic., Syntax der griechischen Sprache, besonders der attischen Sprachform, für Schulen und für jüngere Philologen. 2. verb. Aufl. gr. 8. (X, 301 S.) Braunschweig 884, Vieweg und Sohn. *

Madvig, J. N., De tribunis aerariis. Gel. 1888. 18 S. 4°.

— die Verfassung u. Verwaltung des röm. Staates. 2 Bde. gr. 8. (XIV, 596 u. X, 805 S.) Leipzig 881. 82. Teubner. n. 28.—

— der Verfassungsvorschlag der holsteinischen Stände und Graf Sponneck. Kopenhagen 859. Gyldendal. gr. 8. (73 S.) 12 ngr.

Madytios, A. D., Ἱστορικὸν δοκίμιον τῶν Ἀλεξανδρίνων βιβλιοθηκῶν. 1871. 81 S.

Mãe, a minha. 8 quadros colorados. 4. Stuttgart 867, Gebr. Scheitlin. cart.

Unter schwarzer Flagge von Pierre Maël. Mit 17 Vollbild. u. zahlr. Ill. von Vogel. Elberfeld: S. Lucas [1907]. (319 S.) 4°(8°) [ß.] [ill. ...]

Maël, Pierre, Liebesirrtum. Roman. Autor. Übersetzg. v. S. Lesser. 8. (329 S.) Leipzig 896. A. Schumann's Verl. n. 5.

Maestro, M. d'Is., Guida teorico-pratica alla conoscenza delle merci che formano oggetto di gran commercio e di speculazione. Theoretisch-praktischer Leitfaden der Waarenkunde umfassend alle jene Waaren, die Gegenstand des Großhandels und der Speculation bilden; Angabe des Naturreichs, dem selbe angehören. — Verschiedene Bezugsquellen und Unterscheidungszeichen der betreffenden Produkte — Zeit der Aussaat und Ernte ꝛc. Mit einem Anhang enthaltend die Vergleichung der Münzen, Gewichte und Maße der vorzüglichsten Handelsstädte. Zum Gebrauch der Real- und Handelsschulen. Lex.-8. (XIII und 227 S.) Fiume 857, Rezza. *

Mafeking [Schlagwort]

Mafeking, s.: Kriegsschauplatzkarten.

Maffei, (prakt. Arzt Dr.,) u. Dr. Rösch, neue Untersuchungen über den Kretinismus oder die Entartung des Menschen in ihren verschied. Graden u. Formen. 1. u. 2. Bd. (1. Bd. a. u. d. T.: Untersuchungen über den Kretinismus in Würtemberg von Dr. Rösch. Mit Anmerkungen von Dr. Guggenbühl u. e. Vorworte von Geo. Jäger. — 2. Bd. a. u. d. T.: Der Kretinismus in den norischen Alpen von Dr. Maffei.) Lex.-8. (Mit 1 Tab.) Erlangen 844, Enke. n. 2⅙ ⁄ß

v. Maffei, A. Giuf. C., italien. Anthologie, od. auserlesene u. angenehme Lesefübungen im Italienischen. Ein sehr nützl. Werk zu leicht. Sprachübung für Alle, die italien. od. deutsch lernen. 2 Bde. 12. Leipz. u. Salzb. Mayr. 813. 1 ⁄ß 8 gr

— — ebendass. 2 Thle. Leipz. Köhler. 815.

Maffei, Gius., il vero cristiano o sia raccolta di preghiere. 4. ediz. origin. di molto aumentata. 8. (18½ B. u. 1 Stahlst. Milano ed Venezia 843. (München, Finsterlin.) *

Maffei, Gius. Cavaliere, la famiglia di Erlau, ossia religiose e civili istruzioni per la gioventù. 8. Brescia 841. (München, Finsterlin.) ⅔ ⁄ß

—— la famiglia di Erlau, ossia religiose e civili istruzioni per la gioventù. 8. (14½ B.) Brescia 842. (München, Finsterlin.)

— italien. Lesebuch f. Anfänger. 2 Thle. 8. Münch. ... 2e A. 818. 3e A. 824. J. Lindauer. (a. Mayr in Salzb.) 1 ₰ 4 𝔛

— Scelto di poesie italiane. 8. 818. (Salzb., Mayr). 8 𝔛

— s. Chr. *Schmidt* Eustachio, et ejusd. Genoveffa.

— italien. Sprachlehre, s. *Claude.*

Maffei, Jos. v., theoret.-prakt. italien. Sprach-Lehre f. öffentl., Privat- u. Selbst-Unterricht. 2., ganz umgearb., verb. u. verm. Aufl. gr. 8. (23 B.) München 837, Franz; Finsterlin. •

— Storia della letteratura italiana dell' origine della lingua fino al secolo 19. Vol. 1—3. 8. Milano. (Finsterlin in München.)

Maffei, Angelus Francis Xavier, S. J., a Konkani grammar. gr. 8. (XIV, 439 S.) Mangalore 882. Basel, Missionsbuchh. geb. n. 13. 30

Maffei, Carl, s. Maffei, Karl

Maffei, H. v., Die süddeutsche Eisen- u. Stahl-Berufsgenossenschaft 1885—1910. 4°. Mainz 1910.

Maffei, J. Vorschläge zu einem neuen Finanz- und Schuldentilgungs-System. 8°. Wien 1848.

Maffei, J. A., periodi istorici or topografia delle valli di Non e sole nel Tirole meridionale, con carta topogr. gr. 4. Insbr. 805. Wagner. 1 ₰ 8 𝔛

Maffei, I. H., Periodi istorici e topografia delle Valli di Non e sole nel Tirolo meridionale, con carta topogr. gr. 4. Insbruck, Wagner. 805.

Maffei, Johannes Petrus, Bergomas, e Societate Jesu: Historiarum Indicarum libri XVI. Viennae Austriae 1751. (II), 366, (10) S. 4°.

Maffei, J. Pet., historiar. Indicar. libr. XVI. Fol. Wien. 754. Trattner. (Beck). 2 ₰

Maffei, Karl

MAFFEI, Carl (Hallein): De fexismo specie cretinismi.- Landishuti: Thomann (1813). 48 S. 24.11.1813 - Pe 331; f 57
Diss. Ingolst.-Landsh.-Mchn.

Maffei, Scip., Animadversion. in hist. theol. 4. Erst. v. Düren. 749.

Maffei, March. Sc. Gedanken von den Blitzen: von den Insecten, die sich aus sich selbst wieder erzeugen; von versteinerten Seefischen auf den Bergen; von der Electricität. (Aus einer Sammlung verschiedener Briefe, aus dem Ital. übersetzt. Frankfurt und Leipzig. 1758. 8.

Maffei, Scip., historia theol. dogmatum et opinion. de divina gratia, libero arbitrio et praedestinat. Fol. Frankf. u. Mainz 756. Varrentrapp. 4 ₰

Maffei, Sc. Conte: Die Treue Schäferin Licoris. Ein theatralisches Singspiel des Hern. Grafen Scipio Maffei, aus dem Italienischen übersetzt, von Jacob Stählin. Leipzig: Breitkopf 1734. Kl. 8°. 12 Bl. 80 S.
Mit Titelvignette und Wappenvignette auf dem 3. Blatt von Sysang. Ältere Buntpapierbroschur.

Maffei, S., Merope, s.: Biblioteca italiana.

Maffei, Scipione, Merope, s.: Bibliotheca romanica.

Maffei, S., la Merope, s. Sammlung italien. Schriftsteller.

—— Merope, s. Universal-Bibliothek.

Maffei, Scip., Origines Etruscae et Latinae sive de priscis ac primis Italiae incolis commentatio. Ex Italico vertit Lotterus. Cum figg. Lips. 731. 4.

Maffezzoli, Francesco, aus Edolo (Ital.): **Beiträge** zur Kenntnis des Anthrachinonortho-dicarbonsäureanhydrids. *Freiburg i. B.: Speyer & Kaerner 1904.* (48 S.) 8°
Freiburg i. B., Phil. Diss. v. 1904

Maffucci, A., Beitrag zur Ätiologie der Tuberkulose (Hühnercholera.) S.-A. Jena 90. Fischer.

Mafius, G. H.: Lehrbuch der gerichtl. Arzneikunde für Rechtsgelehrte. *Altona*, II. Ausg. (810.) 812. Hammerich. 2 Bde. gr. 8. (1 Thl. 10 Gr.)

Mafreda, Joh. Zeno, über die Entschädigungen f. Entlastung des unterthän. Grund u. Bodens. Eine versuchsweise Vorarbeit für die nach §. 2 d. Patentes vom 4. März 1849 aufzustellenden Landescommissionen. gr. 8. (13 S.) Gratz 849, Kienreich. 6 ngl

Mag, Jul., Loreley. Dramatisches Gedicht. 16. (40 S.) Wien 872. Rosner. n. 1. 60

Mága, Josef, k. k. Oberlieutenant. Rumänische Militär-Sprache. Ein Handbuch für den Vorgesetzten im Verkehr mit den Untergebenen. 8. Temesvár 1881.

Magaard, Harald, 2 Fälle v. Erythema exsudativum. [Aus: „Beiträge z. wissenschaftl. Med., Th. Thierfelder gewidmet".] gr. 8. (6 S. m. 1 Abb.) Leipzig 895. A. Langkammer. n. — 50

Magad [Schlagwort]

Magad, s.: Kolonialkarten.

Magagna, Paul, der Fahulbua, s.: Schul- u. Vereinsbühne, christliche.

— Für Gott, Kaiser u. Vaterland! Patriotisches Festspiel zum 100jähr. Jubiläum des Tiroler Freiheitskampfes. (12 S.) kl. 8. Meran (909). C. Jandl. p — 30

— Die zwei ungleichen Nachbarn, od.: Was man verredet, zu dem kommt man, s.: Schul- u. Vereinsbühne.

— Die Primiz u. andere Gedichte. (XII, 156 S.) 8. Meran (910). C. Jandl. 2.20; geb. 3.30

Magagna, Paul, Ranken u. Rauten. Gedichte. (210 S.) kl. 8. Bozen 906. A. Auer & Co. n. 2. 20; geb. in Leinw. n. 3. 20; m. Goldschn. n. 3. 50

— Der Tharerwirt od. Ein Held der Kindsliebe, s.a. Schul- u. Vereinsbühne.

(F) **Magagna,** P., Der Tharerwirt oder ein Held der Kindesliebe. Schauspiel. [Christl. Schul- und Vereinsbühne. Bd. 73.] 8°. (33 S.) Linz: Verlagsbuchh. Presseverein 1907. K — .36

Magagnotti, Pet., exercitat. sel. ex theolog. dogm. 4. Patav. Pott. 764.

Magaldi, Vincenzo, die Arbeiterversicherung in Italien, s.: Zacher, die Arbeiter-Versicherung im Auslande.

Magaldi, V., Der Volksbankkredit und der landwirtschaftliche Kredit in Italien. Internat. Kongress d. städt. u. ländl. Mittelstandes, Lüttich, Aug. 1905. Besond. Teil, III. Abt. 4°. Wien 1905.

Magalhaens, João Jacinto de.

[Description of a glass apparatus for making mineral waters. Deutsch:] Beschreibung eines Glasgeräthes, vermittelst dessen man mineralische Wasser in kurzer Zeit und mit geringem Aufwande machen kann; wie auch einiger neuen Eudiometer... in e. Sendschreiben an Doktor Priestley vom J.H. von Magellan [João Jacinto de Magalhaens]. Uebers. aus d. Engl. von G[ottfried] T[raugott] Wenzel, m.e. Zusätzen, bes. im Rücks. der Eudiometer erl. von C[arl] F[riedrich] Wenzel. Dresden: Waltner 1780. 68 S. 8°

Magalhaës, Antonio José da Cruz, s.a. **Cruz Magalhaës, A. J. da.**

MAGALHAES, ANTONIO JOSÉ DA CRUZ. Ueber Cytisin. Göttingen, 1891.

Magalhães, João José Louzada de

Magalhães, J. J. Louzada de, Silvestre Pinheiro Ferreira. Sein Leben u. seine Philosophie. Mit einer Einleitung über die wichtigsten portugies. Philosophen vor ihm. Inaugural-Dissertation. gr. 8. (79 S.) Bonn 881. (Behrendt.) n. 1. —

de Magalhães, J(oão) J(osé) Louzada (geb. am 18 Aug. 1857 in Lissabon): Silvestre Pinheiro Ferreira. Sein Leben und seine Philosophie. Mit einer Einleitung über die wichtigsten portugiesischen Philosophen vor ihm ... Bonn, Univ.-Buchdr. v. C. Georgi 1881. 1 Bl., 79 S., 1 Bl. 8. ¶ In Komm. bei Behrendt in Bonn. Bonn, Phil. Fak., Diss. v. 18 Juni 1881

Magaliff, R[achel]. Klinisch-statistische Untersuchungen über Lungenschwindsucht. Diss. Med. [Univ.] Zürich. *Kopftitel:* Aus der medicinischen Klinik in Zürich. Direktion: Professor H[ermann] Eichhorst. 33 S. 8. Affoltern a. A., J. Weiss, 1907.

Magasanik, Liba. Werden im Bereich des ostium tubæ pharyngeum Geschmacksempfindungen ausgelöst? Diss. Med. Bern. II + 16 S. 8. Bern, J. Fischer-Lehmann, 1908.

Magasin

— des adolescentes. 4 Vols. Wien 783. (Haller in Bern). 1 ℛ

Magasin des jeunes dames qui entrent dans le monde, se marient; leurs devoirs dans cet état et envers leurs enfants. Londres et Francfort: Eslinger [um 1763]. 8°
Hrsg.: Jeanne-Marie Leprince de Beaumont.

Magasin des Fées, ou Contes de Fées de Perrault, de Mde. Leprince de Beaumont, de Fénélon, et de Mde. d'Aulnoy. Avec beaucoup de Vigns. Mit erklär. Noten u. e. Wörterbuche. 4 Hfte. 8. (24¾ B.) Leipzig 837, Baumgärtners Buchh.

Magasin: Le Magasin illustré

① Journal littéraire suisse, publication amusante et instructive pour les différentes classes de la société ② Titre de l'année complète: Magasin illustré ⑤ 1862—1883 ⑥ in-4° ⑦ mensuel ⑧ Bâle: Chr. Krüsi ⑩ fondateurs: Ferd. Flocon, boulanger, Vouga et Daguet. Editeur: Chr. Krüsi ⑪ Berplepsch, Morell et J. Frey ⑭ Lu: Z (années 4, 5, 7); Be: L (1862—1883); Bs: U (1883) ⑮ Edition française des revues «Illustrirter Volks-Novellist» et «Schweizerischer Volksgarten».

Magasin illustré. Journal littéraire suisse. Publication amusante et instructive pour les différentes classes de la société. Avec 24 gravures sur acier et un grand nombre d'illustrations. Vol. 7—13. 1868—1874. à Vol. 12 livrs. gr. 4. (à Heft 32 S. mit eingedr. Holzschn. und Stahlst.) Basel, Krüsi's Buchh. à Heft * 50 Pf.; à Jahrg. *

Magasin illustré. Journal littéraire suisse. Publication amusante et instructive pour les différentes classes de la société. Avec 24 gravures sur acier et un grand nombre d'illustrations. Vol. 14—18. 1875—1879. à Vol. 12 livrs. gr. 4. (à Heft 32 S. mit eingedr. Holzschn.) Basel, Krüsi. à Heft * 50 Pf.; à Jahrg. *

Magasin illustré. Journal littéraire suisse. Publication amusante et instructive pour les différentes classes de la société. Avec 24 gravures sur acier et un grand nombre d'illustrations (xylograph.). Vol. 19—22. Année 1880—1883. à vol. 12 livrs. (à livr. 4 Bog.) gr. 4. Basel, Krüsi. à Heft * 50 Pf.; à Jahrg. *

— de lecture instructive et amusante à l'usage adolescence. II Tomes. conten. conseils à ma fille et Bouilly, avec fig. 8. Pesth 815. Hartleben. 1 ℛ 8 𝔤𝔯

— de modèles à l'usage des fabricants de porcelaines, de fayences et des potiers d'étain, av. pl. obl. Lps. Indust. Comt.

— de modèles à l'usage des orfèvres, III cah. av. pl. 4. Lpz. Ind. Comt. (à 1 Rthlr.)

— de Pauvres, artisans, domestiques etc. 12. Lps. Weidmann. 768.

— petit etc. s.a. Grohmann.

— petit, ou recueil d'idées d'une exécution peu dispendieuse, contenant des planes de petites maisons de campagne, pavillons de jardins, temples, hermitages etc. par Grohmann. 12 Cah. avec 12 pl. Fol. Leipzig. Baumgärtner. 24 ℛ Hbg. Pr. 16 ℛ

— le petit, du Nouvelliste, ou tablettes chronologiq. de tous l. événem. de l'hist., depuis la paix de Carlowitz etc. avec fig. 12. Lps. Hinrichs. 804.

Magasin politique et historique. T. 1–4. Deutz 1780: Impr. electorale.

— typographique, s. a. Spiele u. Schles.

Magasin typographique. Publié par la fonderie Haas à Bâle. Année 1863 et 64. à 4 Nrs. (à 1 Bgn.) Basel, (Balmer & Riehm.) Fol. Jeder Jahrg. 1 ℛ 15 ngr.

— typographique. Publié par la fonderie Haas à Bâle. Année 1865. à 4 Nrs. (1—12.) (Bog.) Basel (Riehm). Fol. 1 ℛ 15 ngr.

Magati, s. Sancassani.

Caesaris Magati [Magati] De rara Medicatione vulnerum seu De vulneribus raro tractandis libri 2 in quibus nova traditur methodus qua... sanantur vulnera... Acc. Joannis Baptistae Magati [vielm. Cesare Magati] Tractatus, quò rara vulnerum curatio contra Sennertum defenditur. Cum triplici ind. ... et cum praef. Friderici Christiani Cregut. ... Liber (1)2. Franc[ofurti], Lips[iae]; Amst[e]lodami]: Schmidt 1733. 8°

Magati, Cesare: De rara medicatione vulnerum, seu de vulneribus raro tractandis libri duo. Accessit Joannis Baptistae Magati tractatus contra Sennertum, quo rara vulnerum curatio defenditur. Tom.1 - 2, gbd.

Francofurti ad Moenum: Varrentrapp 1744

JB 3.214

Magati, Giovanni Battista: Tractatus quo rara vulnerum curatio defenditur contra Sennertum. 152 S.(S.497 - 648)

Francofurti ad Moenum: Varrentrapp 1744
in: Magati, Cesare: De rara medicatione vulnerum...Tom.2. 1744

JB 3.214/2

Magati von Scandiano, Unters. und Zerglieder. d. Wassers, a. d. Ital. mit K. gr. 8. Langens. Schneider. 771.

Magatti, Giuseppe (geb. Varese in Italien 10. 10. 1858): Beitrag zur Kenntniss der Oxydation von Phenolen. Ueber eine Umwandlung des Phenylsenföles. Berlin (1880). (53 S.) 8°
Berlin, Phil. Diss. v. 29. Juli 1880

Magawly, Roland ⟨a. d. H. Graf Magawly de Calry, Irl.⟩ aus St. Petersburg: Das gesetzliche Pfandrecht des Vermieters nach dem Rechte des Bürgerlichen Gesetzbuches für das Deutsche Reich. *Borna-Leipzig 1903: R. Noske.* (X, 67 S.) 8° [F.]
Leipzig, Jur. Diss. v. 1903

Magazin, s.a. Kunstmagazin. – Magasin. – Magazine.

Magazin, das. Monatsschrift f. Literatur u. Kultur, Kunst u. Theater. Hrsg.: Ad. Dressler jun. Schriftleiter: E. B. Gerlach. 78. u. 79. Jahrg. Oktbr. 1909—Septbr. 1911. à 12 Hefte. (à ca. 24 S. m. Abbildgn.) Lex. 8. Leipzig-Möckern, Magazin-Verlag.
à Jahrg. 6. —
Vorh. u.d.T.: Das Magazin für die Literatur des In- und Auslandes.

Magazin von Abbildungen d. Eisengußwaaren aus d. Eisengießerei zu Berlin. 1s Hft. Querfol. Berl. Realschulbuchh. 815.

Magazin von Abbildungen d. Eisengußwaaren aus d. Eisengießerei zu Berlin. 1s—7s Heft. Querfol. Berl. 815—820. (1s—6s 2e A. 823.) Reimer. 13 ℛ 8 ℊ

Magazin von Abbildungen der Eisen-Gußwaaren aus der Königl. Eisengießerei zu Berlin. 8s Heft. (9 Steintaf. u. 1 B. Text.) gr. Fol. Berlin 833. Reimer. n. 1 2/3 ℛ (1s—8s Heft 15 ℛ)

Magazin von Abbildungen d. Gusswaaren aus d. Kgl. Eisengiesserei zu Berlin. 7. u. 8. Hft. Fol. Berlin, Reimer. [7. (12 Stnt. u. 1 Bl. Erkl.) 828. 3 Thlr. 8 Gr., 8. (9 Stnt. u. 1 Bl. Erkl.) 833. 1 Thlr. 16 Gr.]
1—6. Hft. Ebendas. 1828. 10 Thlr.

— vorzügl. schöner Abdrücke v. Kupferstichen u. Vignetten; v. Chodowiecki, Guttenberg, Kohl, Küffner u. a. berühmt. Meistern. 24 Stcke. 4. B. Körner in Frkf. a. M. 2 ℛ 16 ℊ

Magazin, auserl. medicin. Abhandl. der franz. Aerzte, ges. und übers. v. H. W. Lindemann. gr. 8. Berl. Lange. 797.

— auserles. medicin. Abhandll. der französ. Aerzte, gesammelt u. übers. v. H. W. Lindemann. gr. 8. Berl. 797. (Reimer). 1 ℛ 8 ℊ

—— allgem., Blätter z. Belehr. u. Unterhalt. Redig. v. A. M. Colditz. 1. Jahrg. 1834. 52 Nrn. (Bog.) Mit Titlvign. gr. 4. Jüterbog, Colditz.

Magazin. – Allgemeines Magazin für die bürgerliche Baukunst. Bd 1. 2. Weimar 1789–96. 8°
Hrsg.: Gottfr. Huth.

— allgem., z. Beförderung d. Erdbeschreibung. 16 Stück. 8. Götting. 762. Dietrich. 3 ℊ

Magazin. – Allgemeines historisches Magazin. St. 1–6. Halle: Gebauer 1767–70. 8°
Hrsg.: Friedr. Eberhard Boysen.

Magazin. – Allgemeines historisches Magazin zur Beförderung der Erdbeschreibung. St. 1. Gotha 1762. 8°

Magazin, Allgemeines homiletisches, über die Evangelien und Episteln der Sonn-, Fest- und Feyertage ... Hildburghausen 1795—98. V: *Büttner, Johann.* (MGT) (Ky)

— allgem. homilet., üb. die Evangel., Episteln u. and. bibl. Stellen, (v. J. Büttner). 1r Bd. 3 Stcke. u. 2r Bd. 1s Stck. gr. 8. Hildburgh. 795—98. (Taubert in Lpz.) 1 ℛ 16 ℊ

Allgemeines Magazin für Jäger und Jagdfreunde, oder gründliche Anweisung in den edlen Jagdwissenschaften und Künsten, und allen auf die Jagd sich beziehenden Gegenständen für diejenigen, welche an der edlen Jagdbeschäftigung ein Vergnügen finden. - Grätz 1794

MAGAZIN. Allgemeines ... – für Jäger und Jagdfreunde ... Kienreich, Grätz 1794. 1 vol. 5 Bl. + 176 S.

— allgemeines, auf reine Erfahrungen gebautes, für Jäger und Jagdfreunde. 8. Leipz. Reinike. 794.

— allgemeines, für Künstler und Handwerker. 2 Theile. 8. Nrnb. Hause. 776.

„Allgemeines landwirthschaftliches Magazin oder Sammlung nützlicher Beobachtungen, Erfindungen ...., herausgegeben von einer Gesellschaft praktischer Landwirthe", 1 Band, Halle 1805 (Gebauer).

– Jg. 2–4. Ebd. 1806–08.

„Allgemeines Magazin der Natur, Kunst und Wissenschaften", Leipzig 1751 ff.

Magazin, Allgemeines, der Natur, Kunst und Wissenschaft. Leipzig 1753—60. H: *Titius, Joh. Daniel & Andere.* (ErschDL)

— allgem., d. Natur, Kunst u. Wissenschaften. 12 Bde. 8. Lpz. 753—61. (Brockhaus). 8 ℛ

Allgemeines Magazin der Natur, Kunst und Wissenschaften. Th. 1-11. Leipzig: Gleditsch 1753-61. 6 Bde 8°

Th.1.2: 1753.
Th.3.4: 1754.
Th.5.6: 1755.
Th.7.8: 1756.
Th.9: 1757.
Th.10: 1759.
Th.11: 1761.

— allgem., d. Natur, Kunst u. Wissenschaften. 12 Bände. 8. Lpz. Gleditsch. 753—61. (à 16 gr.)

— allgem., d. Naturhist. s. Mag. d. Thiere.

Allgemeines oekonomisches Magazin. Von J. H. Pratje. Jahrg. 1 Bd. 1-2. Hamb. 1782-83.

Pratje, Johann Heinrich (Herausgeber): „Allgemeines ökonomisches Magazin", Band 1—3, Hamburg 1782—1786 (Matthiessen).

Magazin. – A l l g e m e i n e s Magazin für kritische und populäre Philosophie. Bd 1 (= H. 1.2). Bd 2, H. 1. Breslau u. Brieg: Gutsche 1791–94.
Hrsg.: J. W. A. Kosmann.

— allgem., f. Prediger, s. J. R. G. Beyer.

Magazin, Allgemeines, für Prediger, Seelsorger und Katecheten. Wien 1793 bis 1798. H: *Ortmann, Augustin Ferdinand.* (wrztg 1792 [Bd. I], S. 2958; wrztg 1793 [Bd. II u. III], S. 1303) (KY 4/9) (BiblPort)

Allgemeines Magazin für Prediger, Seelsorger und Katecheten. Wien, Doll, 1793—1798, 8°, 12 Bde.

— allgem., für Prediger, Seelsorger und Katechet. 12 Bde. gr. 8. Wien, Anton Doll. (a. Liebeskind in Leipzig.) 795—98. (à 1 Rthlr.)

Magazin. – A l l g e m e i n e s Magazin für Priester nach den Bedürfnissen unsrer Zeit. Bd 1–12 (zu je 6 St.) Leipzig: Crusius 1789–96. 8°
Hrsg.: Joh. Rudolph Gottlieb Beyer.

— allgem. Stuttgarter, (v. J. Eph. Erhard). 2 Jahrgg. 8. Stuttg. 787. Erhard. 1 ℛ 8 gr

— allgem. Stuttgardter und Realzeitung. 4 Jahrg. 8. Stuttg. Erhard. 765—68.

— altes u. neues Hannövrisches, v. 1750—1813. 4. Hannov. Hahn; a. Helwing. 189 ℛ — Dass. Jahrg. 1814, 15 u. 16. 4. Ebd. Helwing. 16 ℛ

L ü d e k e , Joh. Christian (Herausgeber): „Alt-Märkisches ökonomisch-physicalisches Magazin", Berlin 1774. — Vorh.: Preußische Staatsbibliothek Berlin. — Signatur Tc 5916.

— amerikan., von D. H. Hegewisch u. Ch. Dn. Ebeling. 1r Bd. 4 Stücke. gr. 8. Hamb. 795—97. Bohn. (Campe). à 14 gr — 2 ℛ 8 gr

Magazin, amerikanisches, hrsg. v. Karl Neidhard. 1. Hft. gr. 8. (7 B. u. 4 farb. Stndr.) Altona 835, Hammerich. *

Magazin für die pathologische Anatomie und Physiologie. Herausgeg. von Aug. Friedr. Hecker. 1. Heft. Mit 3 Kupfertafeln. Altona: Verlagsges. 1796.

Magazin. – A n h a l t i s c h e s Magazin. Wochenschrift Anhaltischer Länderkunde, Litteratur und Kunst . . . Jg. 1827. Bernburg: Gröning 1827. 4°
Hrsg.: Fr. Gottschalck u. Fr. Hoffmann.

— anhaltisches. Wochenschr. Anhalt. Länderkunde, Litt. u. Kunst. Herausgg. v. Fr. Gottschalk u. Fr. Hoffmann. Jahrg. 1827. gr. 4. Bernburg. (Halle, Schwetschke u. S.) 1 ℛ 16 gr

Magazin f. volkstümliche Apologtik. Hrsg.: Ernst H. Kley. 1.—5. Jahrg. April 1902—März 1907. à 12 Hefte. (420, VIII, 504; VIII, 536; VIII, 488 u. VIII, 480 S.) 8. Ravensburg, F. Alber. à Jhrg n. 3.20

— für volkstümliche Apologetik. Hrsg.: Ernst H. Kley. 6.—9. Jahrg. April 1907—März 1911. à 12 Hefte. (à ca. 40 S.) 8. Ravensburg, F. Alber. à Jahrg. 3.20

MAGAZIN FÜR APOTHEKER, CHEMISTEN UND MATERIALISTEN. Herausgegeben von Joh. Casp. Elwert. 3 parts, 8vo. Nürnberg, 1785–'87.

Magazin für A p o t h e k e r , Materialisten und Chemisten. St. 1–3. Nürnberg: Schmidner 1785–86.
Hrsg.: Joh. Kaspar Philipp Elwert.
Fortges. u.d.T.: Repertorium für Chemie, Pharmazie und Arneimittelkunde.

Magazin, Artistisches, enthaltend das Leben und die Verzeichnisse der Werke hiesiger und anderer Künstler. Frankfurt 1790. V: *Hüsgen, Heinrich Seb.* (Kat. der Bibl. Franz Schnitzer. München 1902. S. 33.)

Magazin für A r z n e y k u n d e . Bd 1, H. 1. Erfurt 1785. 8°
Hrsg.: Joh. Christoph Fahner.

— f. d. gerichtl. Arzneikunde; hrsgg. (v. K. F. Uden). 2 Bde. zu 4 Stck. 8. Stendal 781—84. Franzen u. Gr. 5 ℛ

Magazin für die gerichtliche Arzneikunde und medizinische Polizei. ([Hrsg.:] Konrad Friedrich Uden; Bd 1, St. 4 ff. u. [Johann Theodor] Pyl; Bd 2, St. 3 ff. [Hrsg.:] J[ohann] T[heodor] Pyl.) Bd [1] - 2. Stendal: Franzen & Grosse 1782 - 84. 8°

[Bd 1,] St. 1 - 4: 1782 - 83.
Bd 2 (,St. 1 - 4:) 1784.

Forts. s. Magazin.- Neues Magazin für die gerichtliche Arzneikunde und medizinische Polizei. Bd 1. 1785 ff.

Magazin für die gerichtliche Arzneykunde und medicinische Polizei. Stendal 1783—84. H: *Pyl, Johann Theodor & Conrad Friedrich Uden.* (ML) (BrMm) »1781—84« (Ky) »1782—84« (Ludwig)

Magazin für die gesammte populäre A r z n e y k u n d e bes. für die sog. Hausmittel. Bd 1. 2 (= Heft 1–12). Frankenhausen: Cöler (Bd. 2: Erfurt: Kayser) 1785–86. 8°
Hrsg.: Joh. Christoph Fahner.

Magazin der theoretischen und praktischen A r z n e i k u n s t . für Freunde und Feinde der neuen Lehre. St. 1–4. Heilbronn: Cloß 1796. 8°
Hrsg.: Melchior Adam Weickard.

Magazin für die A r z n e i m i t t e l l e h r e . St. 1. Chemnitz: Mauke 1794. 8°
Hrsg.: K. Gottlob Kühn.

Magazin Arzneimittellehre physiologische
Magazin für die physiologische und klinische Arzneimittellehre und Toxikologie. Hrsg.v. J. Frank. Bd 1-4. gbd.

Leipzig: Baumgärtner 1845-54

JB 6.166

Magazin für physiologische u. klinische Arzneimittellehre u. Toxikologie. In Verbindung mit mehren Gelehrten hrsg. von J. Frank. 2 u. 3. Bd. à 3 Hfte 4. Bd. 1. Hft. gr. 8. (2. Bd. IV u. 934 S. 3. Bd. VI u. 958 S. 4. Bd. VI S. u. S. 1–359.) Leipzig 847—52, Baumgärtner. II, 1. 1 ℛ 6 ngr 2. 1 ℛ 12 ngr 3. 1 ℛ 24 ngr III, 1. 1 ℛ 21 ngr 2. 1 ℛ 18 ngr 3. 1½ ℛ IV, 1. 1 ℛ 24 ngr (I–IV, 1. 14 ℛ 6 ngr)

Magazin für physiologische und klinische Arzneimittellehre und Toxikologie. In Verbindung mit mehren Gelehrten herausg. von J. Frank. 4. Bd. 2. (letztes) Heft. Leipzig 853. Baumgärtner. gr. 8. (S. 361—728.)
1 ℛ. 24 ngr.

— — General-Register. Ebend. 855. gr. 8. (102 S.) 15 ngr.

— f. d. gerichtl. Arzneiwissenschaft; hrsgg. v. C. F. L. Wildberg. 1r u. 2r Bd. à 4 Hefte. gr. 8. Berl. 831 u. 32. Nastorff u. C. (à 2 ℛ 16 ℊ) 5 ℛ 8 ℊ

Magazin vor Aerzte. St. 1–12. [Cleve: Bärstecher: sp.]
Leipzig: Jacobäer 1775–78. 8⁰
Hrsg.: Ernst Gottfried Baldinger.
Fortges. u.d.T.: Neues Magazin für Aerzte.

Magazin Aerzte
Magazin vor Aerzte. Hrsg.v. Ernst Gottfried Baldinger. Stück 7-12, N.F. 1-17, Reg.v. von Halm. gbd.
Leipzig: 1778-95
Titeländerung: Magazin, Neues, für Aerzte. 1-17, Reg. Leipzig: 1779-95

— asiatisches, verf. v. e. Gesellschaft Gelehrten u. herausg. v. H. Jul. Klaproth. Mit Kpf. u. Kart. 1r Jahrg. 1s—12s Stck. gr. 8. Weimar 802. Ind.-Comptr. 3 ℛ

— asiatisches, od. Nachricht von d. Sitten, Gebräuchen rc. in Asien; hrsgg. v. J. A. Bergk, K. Hänsel u. F. G. Baumgärtner. 1r u. 2r Bd. à 4 Hfte. u. 3r Bd. 1s Hft. mit 6 ill. Kpf. 4. Lpz. 806—10. Baumgärtner. 13 ℛ 12 ℊ Hbgef. Pr. 8 ℛ

Magazin zur Aufnahme der prosaischen Literatur. Wien 1787.
[Zit. nach Wiener Zeitung 1787, S. 14.]

Magazin für gemeinnützige Aufsätze und Bemerkungen für Würtembergische Schreiber. Stuttg. 1797—98. H: *Weckherlin, Ferdinand.* (Ky) (MGT)

— f. gemeinnützige Aufsätze u. Bemerkk. f. Würtemb. Schreiber, (v. F. Weckherlin). 3 Hfte. 8. Stuttg. 797—98. Metzler. 1 ℛ 6 ℊ

MAGAZIN des Ausserordentlichen in der Natur, der Kunst u. im Menschenleben, nach J. A. Bergk u. F. G. Baumgärtner, neu hrsg. v. P. Bohmann. 16 Thle. Mit Kpfrn. Prag 1814—15. 8⁰. (6 Mk., Expl. in 4 Bdn., Taussig, Prag, c. 1905.)

– H. 17–24. Prag: Bohmann 1816.

Magazin von und für Baden. Carlsruhe 1802—3. H: *Bommer, Heinrich Wilhelm.* (BrMm)

— für Baden, f. d. Jahre 1802 u. 3 zu 4 Bdn. 8. Kalsruhe. (Braun). 3 ℛ 16 ℊ

— f. Baden, f. d. Jahr 1802 u. 3, zu 2 Bden. 8. Carlsr. Macklot. (à 5 Rthl.)

— von u. für Baden; herausgg. v. H. W. Bommer u. J. M. Holmann. 8. Carlsr. 820.

Magazin. – Badisches Magazin. Jg. 1–3. Mannheim: Kaufmann 1811–13.

Magazin. – Banater Magazin. Temesvár 1787.

Magazin für . . . Beamte . . .

Magazin für deutsche gerichtliche und Polizeibeamte. Bd 1. 2 (zu je 3 Heften). Mainz: Kupferberg 1811–13. 8⁰
Hrsg.: Andr. Georg Fr. Rebmann.

Magazin zur Beförderung der Industrie ... Herausg. von Hempel. Bd. 1. 2. = H. 1—16. Leipzig 1801—2. 4. — Fortges. von Leonhardi, Hermbstädt, Kühn ... Bd. 3 u. Bd. 4. H. 1. = St. 17—25. Mit Kupff. Leipzig 1805—10. 4. . . . . (D.)

Magazin zur Beförderung der Industrie zur Bekanntmachung und Verbreitung nützlicher Vorschläge und Ideen . . . Leipzig 1803. H: *Hempel, Christian Frdr.* (MGT)

— zur Beförderung der Industrie rc. v. Hempel, 1s—16s Heft, oder 1r 2r Bd. jeder zu 8 Stück. 4. Leipz. Indust. C. 801. 2. (à 12 gr.)

— — dasselbe fortgesetzt von Leonhardi, Hermbstädt, Kühn rc. 17—25s Stck. od. 3r Bd. u. 4n Bds 1s Heft, m. K. 4. Ebd. 805—10. (à 16 gr.)

Magazin zur Beförderung der Menschenkunde ... Leipzig 1789. H: *Müller, Ernst.* (MGT) ›1790‹ (Ky)

— zur Beförder. d. Menschenkunde, od. Samml. interessanter Begebenheiten des menschl. Lebens, (v. Er. Müller). 1r Bd. 8. Leipz. 790. Beygang. 1 ℛ

Magazin zur Beförderung des Schulwesens im katholischen Deutschland. Bd 1–3. Würzburg: Rienner 1791–96. 8⁰
Hrsg.: J. M. Feder.

— zur Beförderung des Schulwesens im kathol. Deutschland; hrsgg. v. J. M. Feder. 3 Bde. gr. 8. Würzb. 791—96. Wesché in Frankf. 2 ℛ 16 ℊ

Magazin von Beicht- und Abendmahlsreden. 1. Bd. Herausgeg. von Arndt, Aßmann, Berger, Fischer, Genzken, Girardet, Horn, Lomler, Melcher, Merkel, Schuderoff, Schröder, Siegel, Wallin. gr. 8. Magdeburg 841, Heinrichshofen. 1 ℛ

— dass. 2. Bd. Herausgeg. von Arndt, Couard, Delbrück, Frobenius, Genzken, Hildebrandt, Kämpfe, Lisco, Melcher, Möller, Nebe, Petri, Schatter, Schröder. gr. 8. Ebend. 845. (à) 1 ℛ

Magazin von Beobachtungen und Erfahrungen aus dem Gebiete der Züchtungs-, Gesundheits-, Erhaltungs- u. Heilkunde der Haustiere. Ein Organ zur innigeren Verknüpfung der Interessen der Viehzüchter und Tierärzte, herausgeg. vom Kreistierarzte Dr. F. A. Kuers. 1. u. 2. Jahrg. à 3 Hefte (à ca. 64 S.) gr. 8. Berlin 42/43. Rücker & Püchler. à M. 3. (Nicht mehr erschienen.)

Magazin v. Beobachtungen u. Erfahrungen aus dem Gebiet d. Züchtungs-, Gesundheit-Erhaltungs- u. Heil-Kunde d. Hausthiere ... herausg. v. F. A. Kuers. Jahrg. 1 (H. 1-2), Jahrg. 2 (H. 1-3). (1 Vol.). Berl. 1842-44.

Magazin gemeinnütziger Beobachtungen und interessanter Rechtsfälle in Concurssachen. H. 1. Gmünd: Ritter 1818. 8⁰
Hrsg.: Aug. Hoch.
Fortges. u.d.T.: Neues Magazin...

— für die neuesten Beobachtungen u. Erfahrungen im Gebiete der homöopath. Thierheilkunde. Herausgeg. von Fr. Aug. Günther. 1. Bdchn. 1.—3. Hft. Mit 1 Beilage: Die diesjähr. landwirthschaftl. Thier- u. Produkten-Ausstellung in Sondershausen. gr. 8. Sondershausen 845, 46, Eupel. (à 1/2 ℛ) 1 1/2 ℛ

— für die neuesten Beobachtungen u. Erfahrungen im Gebiete der homöopathischen Thierheilkunde. In Verbindung m. Mehreren hrsg. v. Frdr. Aug. Günther. 1. Bd. 4. Hft. gr. 8. (S. 281—376.) Sondershausen 848, Eupel. 1/2 ℛ (1. Bd. 4 Hfte. 2 ℛ)

Lempe, Johann Friedrich (Herausgeber): „Magazin der (2 ff.: „für die") Bergbaukunde", Teil 1—13, Dresden 1785—1799 (Walther). — Vorh.: Preußische Staatsbibliothek Berlin — Ot 929 und Preuß. Oberbergamt Dortmund — E. f. 10.

Magazin. – Bergisches Magazin. Vierteljahr 1–4, (wöchentlich 2 St.) Elberfeld 1788–89: Eyrichsche Buchdr. 8°

Magazin, Berlinisches, oder gesammelte Schriften und Nachrichten für die Liebhaber der Arzneiwissenschaft, Naturgeschichte ... Berlin 1765—67. H: *Martini, Frdr. Hnr. Wilh.* & *Andere.* (ErschDL)

— **Berlinisches, od. gesammelte Nachr. f. Liebhaber d. Arzneiwissenschaft, Naturgeschichte 2c. 4 Bde. à 6 Stcke. 8. Berlin 765—68. (Sander). 5 ℛ**

– Bd 1–4 (à 6 Stücke). Berlin: Wever 1765–79.

Magazin. – Berlinisches Magazin der Wissenschaften und Künste. Jg. 1 (= St. 1–4); Jg. 2, St. 1. Berlin: Unger 1782–84. 8°
Hrsg.: Wilh. Jakob Wippel.

Magazin, Bernerisches, der Natur, Kunst und Wissenschaften. Bern 1775—80. H: *Wyttenbach, Jacob Samuel.* (MGT) ›1776—80‹ (Ky) (ErschDL)

Bernerisches Magazin der Natur, Kunst und Wissenschaften. (Hrsg.: J[akob] S[amuel] W[yttenbach])
Bd 1.2. Bern: Typograph. Ges. 1775-79. 8
Bd 1,St.1.2: 1775-77.
Bd 2,St.1.2: 1778-79.

— **Bernerisches, d. Natur, Kunst u. Wissenschaften, (v. J. S. Wyttenbach). 5 Stücke. 8. Bern 776—80. Typogr. Soc. 2 ℛ 16 Ngr**

Magazin der Beweisführung für Verurtheilung des Freimaurer-Ordens als Ausgangspunkt aller Zerstörungsthätigkeit ... H. 1. Schaffhausen: Hurter 1855–56. 8°
Hrsg.: Eduard Em. Eckert.

Magazin zur Bildung des Verstandes und Veredelung des Herzens
① In lehrreichen Unterhaltungen für die Jugend Eltern, Lehrern und Erziehern gewidmet (1. 7. 1796, Untertitel der Jahreshefte) ② Magazin für die Jugend (September 1796—Dezember 1797) (alter Titel als Jahrgangstitel beibehalten) ⑤ 1. 7. 1796—Dezember 1797 (?) ⑥ 8° ⑦ Zweimonatsblatt ⑧ Zürich: Johann Caspar Näf ⑩ der Drucker (?) ⑬ BGSZ: 99 (p. 112, Nr. 45) ⑭ Zh: Z.

— **z. Bildung d. Verstandes u. Veredlung d. Herzens. 1s 2s. 12. Zürich 796. 97. (Schmidt in Leipz.) 2 ℛ**

— z. Bildung des. Verstandes und Veredl. d. Herzens. 1stes 2s. 12. Zürich. (Wolf, L.) 796. 97.

— der Biographien v. Nicolai. 4 Bde. 816—19. 12 Rthl. s. a. Lebensbeschr. denkw. Personen v. Nicolai 2c.

Magazin der Biographien denkwürdiger Personen der neuern und neuesten Zeit ... Quedlinb. 1816—19. H: *Nicolai, Carl.* (MGT)

— — der Biographien denkwürdiger Personen der neuern und neuesten Zeit. Ein histor. Journal in zwanglosen Heften. Herausgegeben von einer Gesellsch. von Gelehrten. 4 Bände in 12 Heften. Mit Kupfern. 8. Quedlinburg, Basse. 816 — 819. (à Heft 1 Rthlr.)
(I. Bds 1s Friedr. Wilhelm, Herzog zu Braunschweig. — Luise, Königin von Preußen. — Theodor Körner. — 2s Andr. Hofer. — Iffland — Moreau. — 3s Bülow von Dennewitz. — Nelson. — Wieland. II Bds 1s Josephine, Kaiserin von Frankreich. — Schill. — Klopstock. — 2s Kutusow. — Sheridan. — Joachim Murat. — 3s Friedrich von Schiller. — Paswan Oglu. — Carl Wilhelm Ferdinand, Herzog von Braunschweig-Lüneburg. IIIr Bd. 1s Heft Dalberg. — Reinhard. — Ludwig Ferdinand, Prinz von Preußen. — 2s Heft Beireis. — Leopold Friedrich Franz, Herzog zu Anhalt-Dessau. — Gleim. — 3s Heft Massena. — Berthier. — Mozart. IVr Bd. 1s Heft Johannes von Müller. — Kosziusko. — Seume. — 2s Heft Henke. — Carl XIII., König von Schweden. — Sack. — 3s Heft Woltmann. — Cardinal Maury. — Tychsen. — Prinz Nic. Solntoff.)

— s. Böhmen, s. Dobrowsky.

— f. d. Botanik, s. a. Römer.

Magazin für die Botanik
④ Annalen der Botanik (Hg. Dr. Paul Usteri). Neues Magazin für die Botanik in ihrem ganzen Umfange (Hg. von J. J. Römer) (1794, Zürich, Ziegler und Söhne) ⑤ 1787—1790 ⑥ 8° ⑦ halbjährig (1787—1789); jährlich 6× (1790) ⑧ Zürich: ? (1787—1789); Ziegler & Söhne (1789—1790) ⑩ Johann Jacob Römer und Paul Usteri ⑪ die Herausgeber ⑬ BGSZ: 99 (p. 56, Nr. 23). 885 ⑭ Bs: U: Be: L ⑮ 1787—1789 ist nur der Verleger (Johann Caspar Füeßlin jun.) genannt. — Bandtitel: Botanisches Magazin.

Magazin fuer die Botanik . . . Zuerich, 1785-90. 4 vols. 8°.
Neues Magazin fuer die Botanik . . . Zuerich, 1794. 8°.
Edited by J. J. Roemer and P. Usteri.

Magazin, d. ästhetischen od. Gartenbotanik, s. a. Reichenbach, Heinr. Gl. Ludw.

Magazin f. ästhetische Botanick, od. Abbild. u. Beschreibung der für Gartencultur empfehlungswerthen Gewächse, nebst Anleitung sie zu erziehen. 1s Heft. 4. Leipzig, Baumgärtner. 821. Rthlr.

Magazin der ästhetischen Botanik. H. 1–16. Leipzig: Baumgärtner 1821–24. 8° u. 4°
Hrsg.: Heinr. Gottlieb Ludwig Reichenbach.
H. 13ff. auch u.d.T.: Magazin der Gartenbotanik. H. 1–4.

Magazin: Botanisches Magazin
v. **Magazin** für die Botanik.

— **Braunschweigisches; hrsgg. v. Trapp u. Campe, s. Journal, Braunschweig.**

— **Braunschweigisch., herausgegeb. von Trapp u. Campe. 4 Jahrg. z. 12 Stck. 8. Braunschw. Schulbuchhandl. 788 - 91.**

Magazin. – Braunschweigisches Magazin. [Braunschweig:] Fürstl. Intelligenzkomtoir 1788–91. 4°
Hrsg.: Joh. Joachim Eschenburg.
Vorh. u.d.T.: Gelehrte Beyträge zu den Braunschweigischen Anzeigen.

Braunschweigisches Magazin. Braunschweig. Jgge. 1800—1806.

Magazin, braunschweigisches. Hrsg. unt. d. Red. v. Paul Zimmermann. 1. Bd. Jahrg. 1895. 9 Nrn. hoch 4. (IV, 72 S.) Braunschweig (Wolfenbüttel, J. Zwißler). n. 1. 60

— dasselbe. 2.—4. Bd. Jahrg. 1896—1898. à 26 Nrn. hoch 4. (V, 208; V, 208 u. VI, 208 S.) Ebd. à Jahrg. n. 4. —

Magazin, braunschweigisches. Hrsg. unter der Red. v. Paul Zimmermann. 4.—7. Bd. Jahrg. 1898—1901. à 26 Nrn. hoch 4. (V, 208; V, 216; V, 208 u. V, 208 S.) Braunschweig. (Wolfenbüttel, J. Zwißler.) à Jahrg. n. 4.—

— dasselbe. Im Auftrage des Geschichtsvereins für das Herzogth. Braunschweig hrsg. v. Paul Zimmermann. Jahrg. 1902. 26 Nrn. hoch 4. (V, 152 S. m. 16 Autotyp. u. 4 Taf.) Ebd. n. 3. —

— braunschweigisches. Im Auftrage des Geschichtsvereins f. das Herzogt. Braunschweig hrsg. v. Paul Zimmermann. Jahrg. 1903—1906. à 12 Nrn. (VI, 144; VIII, 152; VIII, 144 u. VIII, 156 S. m. Abb.) gr. 4. Wolfenbüttel, J. Zwißler. à Jhrg. n. 3. —

— braunschweigisches. Im Auftrage des Geschichtsvereins f. d. Herzogt. Braunschweig hrsg. v. Paul Zimmermann. Jahrg. 1907—1910. à 12 Nrn. (VIII, 144 S.; VIII, 170 S. m. 55 Abb.; VIII, 144 S. m. 15 Abb. u. VIII, 148 S. m. 3 Abb.) Lex. 8. Wolfenbüttel, J. Zwißler. à Jahrg. 3. —

— **Bremisches, in Verbindung mit Mehrern herausgg. v. Ferd. Donandt. 1r Jahrg. 1831. 24 Hfte. gr. 8. Bremen. Heyse. 4 ℛ**

— Bremisches. Herausg. von F. Donandt. 1r Jahrg. gr. 8. Bremen, sind nur 12 Hefte erschienen u. d. Jahrg. ist 1831—34.

Magazin. – Bremisches Magazin zur Ausbreitung der Wissenschaften, Künste u. Tugend . . . Hannover: Nic. Förster's Erben (Bd 2, St. 2 ff. Bremen u. Leipzig: G. L. Förster) 1756–65. 8°
Hrsg.: Joh. Phil. Cassel.
2. Aufl. 1763–65.
Fortges. u.d.T.: Neues Bremisches Magazin.

— **Bremisches, zu Ausbreitung d. Wissensch. 7 Bde. 8. Hannov. 760—65. Helwing. 5 ℛ. Neues Bremisches, 3 Bde. u. 4n Bds. 1s Stck. 8. Ebend. 766—72. 2 ℛ 12 ℊ**

— **Bremisch und verdisches, s. a. Velthusen.**

Magazin. – Bremisches und Verdisches theologisches Magazin. Bd 1–4. Bremen: Wilmans 1795–97. 8°
Hrsg.: Joh. Kasp. Velthusen.

— **Bremisches, für evangelische Wahrheit, gegenüber dem modernen Pietismus. Hervorgerufen durch Krummacher's Bremische Verfluchungssache, u. herausgeg. von Dr. Paniel, Dr. Rothe, Dr. Weber, in Verbindung mit Andern. 1. Hft. — A. u. d. T.: Die verschiedenen theolog. Richtungen in der protestant. Kirche unsrer Zeit. Zur Verständigung für denkende Christen, zunächst in den weltl. Ständen. Von Karl Fr. Wlh. Paniel. gr. 8. Bremen 841, Schünemann. n. $1^1/_6$ ℛ**

— **dass. 2. Hft. — A. u. d. T.: Das christliche Bedürfniß der Zeit dem Pietismus u. insonderheit dem Krummacherthum gegenüber. Von Wlh. Er. Weber. gr. 8. Ebend. 841. n. $1^1/_6$ ℛ**

Magazin, Bremisches, für evangel. Wahrheit ꝛc. 3. Hft. — A. u. d. T.: Zur Beleuchtung kirchlich wichtiger Streitfragen unserer Zeit, besond. Versuche von kirchl. Verfluchungen u. gewaltthätiger Kirchenzucht betr. Von H. E. G. Paulus. gr. 8. Bremen 842, Schünemann. n. $^5/_6$ ℛ (1—3: n. $3^1/_6$ ℛ)

Magazin für Briefmarken-Sammler. Ein Organ zur Vermittelung des Briefmarkenverkehrs, behufs der Anlage von Albums für Liebhaber und Händler. Herausg. von Zschiesche & Köder. 1. Jahrg. Mai—Decbr. 1863. 8 Nrn. (à 1 Bgn.) Leipzig, Fries in Komm. 4. n. 20 ngr

— — 2. Jahrg. 1864. 12 Nrn. [Nr. 9—20.] (à 1 Bgn.) Ebend. 4. n. 1 ℛ

Magazin für Briefmarken-Sammler. Ein Organ zur Vermittelung des Briefmarkenverkehrs, behufs der Anlage von Albums für Liebhaber u. Händler. Herausg. von Zschiesche u. Köder. 3 u. 4. Jahrg. Mai 1865 bis April 1867. à Jahrg. 12 Nrn. (Nr. 9 bis 48.) (Bog.) Leipzig (Fries). 4. Jeder Jahrg. n. 1 ℛ

Magazin. – Das brittische Magazin aus einer englischen Monatschrift gleichen Namens, welche Sammlungen der auserlesensten englischen Litteratur sowohl zum Unterricht als Vergnügen liefert, ins Deutsche übersezt. St. 1. Frankfurt 1765. 8°

— **brittisch., für Prediger, herausg. v. Ziegenbein. 1r Bd. 1s und 2s Stck., und 2n Bds 1s Stck. gr. 8. Helmstädt, Fleckeisen. 799. 800. (à 21 gr.)**

— **Britisches, theolog., 16 Stcke. in 4 Bdn. (v. Jh. Pet. Bamberger). gr. 8. Halle. 769—74. (Hahn in Hannov.) (à 1 ℛ 16 ℊ) 6 ℛ 16 ℊ**
Fortges. u.d.T.: Britische theologische Bibliothek.

Magazin für den deutschen Buchhandel. Hrsg. von Aug. Schürmann. 1. Jahrg. 1874. 12 Nrn. (Bog.) gr. 8. Leipzig, Expedition. *

Magazin für den deutschen Buchhandel. Hrsgbr. und Redact.: Aug. Schürmann. 2. und 3. Jahrg. 1875 und 1876. à Jahrg. 12 Nrn. (à 1—$1^1/_2$ Bog.) gr. 8. Leipzig, Exped. à Jahrg. *
Nicht weiter erschienen.

Magazin des Buch- und Kunsthandels . . . Leipzig 1780—82. H: *Breitkopf, Johann Gottlob Immanuel.* (cb)

— **des Buch- u. Kunsthandels. 3 Jahrgg. à 12 Stücke. gr. 8. Leipz. 780—82. Breitkopf u. H. 4 ℛ 12 ℊ (Im Einzelnen das Stück 4 ℊ)**

Magazin für deutsche Bürger und Landleute zu immer weiterer Beförderung wahrer Aufklärung und Wohlfahrt unter denselben. Altenburg: Richter 1799–1800. 8°

Magazin, Christkatholisches, zur Belehrung und Erbauung für alle Stände. Münster 1841/43. III. H & Mitarb.: *Hoxar, August H. v.* Vgl. Rassmann 1866, S. 158. (DARP)

— christkatholisches, zur Belehrung u. Erbauung für alle Stände. 1. Bd. In 2 Abtheil. I.: Predigten, Homilien, Betrachtungen u. Anreden, gehalten von kathol. Geistlichen der Diöcese Münster u. den angrenzenden. — II. Vermischte religiöse Aufsätze, Biographien ausgezeichneter Geistlichen, Diöcesan-Nachrichten ꝛc. gr. 8. Münster 841, 42, Coppenrath'sche Buch- u. Kunsth. 1. Bd. 4 Hfte. (à n. $^7/_{12}$ ℛ) $2^1/_3$ ℛ — 2. Bd. 4 Hfte. gr. 8. Ebend. 842. à $^7/_{12}$ ℛ — 3. Bd. 4 Hfte. gr. 8. Ebend. 843. n. $2^1/_3$ ℛ
Fortges. u.d.T.: Katholisches Magazin für Wissenschaft und Leben.

Magazin: Christliches Magazin

① (Nicht für gelehrte, aber für geübte Leser) (1781—1783) ② Sammlungen zu einem christlichen Magazin (1781—1783) ④ Repertorium für denkende Bibelverehrer aller Konfessionen von Johann Konrad Pfenninger, Pfarrer an der Waisenkirche zu Zürich ⑤ 1779—1783 ⑥ 8° ⑦ Quartalschrift (1781 und 1782 nur 3 Hefte, 1783 nur 2 Hefte erschienen) ⑧ Zürich (?): Geßner, Füßli & Co. (?) ⑩ Pfarrer Johann Konrad Pfenninger ⑪ der Herausgeber ⑬ Paul Wernle: Der schweizerische Protestantismus im 18. Jahrh. Bd. 3, p. 287—288, 299—301 ⑭ Zh: Z; Bs: U ⑮ Von Lang (BGSZ 99, p. 162, Nr. 32—33) nicht als Zeitschrift angesehen. v. jedoch die Vorrede zur ersten Lieferung. Organ des Freundeskreises um Lavater. Enthält Abhandlungen, Rezensionen, Briefe und Gedichte von Pfenninger, Lavater, Joh. Kasp. Häfeli und Joh. Jak. Stolz. Enthält in jedem Hefte eine Notenbeilage («Musiktafel»). Das nachfolgende «Repertorium für denkende Bibelverehrer» dürfte im Auslande gedruckt worden sein (v. die «entschuldigende Anrede» auf der Rückseite des Titelblatts). Seit 1780 im Verlag Heinrich Steiner & Co. in Winterthur und Johann Caspar Füßlin jun. in Zürich, vorher Selbstverlag.

Deutsch-Amerikanisches Magazin : Jahrgang 1, no. 1—4, Oct. 1886—July 1887.

Quarterly. Sub-title: Vierteljahrsschrift für Gedichte, Literatur, Wissenschaft, Kunst, Schule und Volksleben der Deutschen in Amerika, unter Mitwirkung deutsch-amerikanischer Geschichts- und Literaturfreunde. Follows DER DEUTSCHE PIONIER. Quarto, each issue 60—160 pages; illustrated, including portraits & facsimiles; title-page and contents, 8 pages. Edited & published by Heinrich Arminius Rattermann; Druck & Spedition, S. Rosenthal & Co.
Cincinnati, OH

Magazin, deutsch-amerikanisches. Vierteljahrsschaft für Geschichte, Literatur, Wissenschaft, Kunst, Schule und Volksleben der Deutschen in Amerika. Unter Mitwirkung deutsch-amerikan. Geschichts- und Literaturfreunde hrsg. von H. A. Rattermann. 1. Bd. 4 Hefte. gr. 8. (à Heft ca. 160 S.) Cincinnati, O. 888. (New York, International News-Company.) *
Nicht weiter erschienen.

—— Deutsch-Engl., English and German Magazine. (Redig. v. mehr. Freunden d. Deutschen u. Engl. Litteratur u. hrsg. v. J. G. Schencke.) 1. Jahrg. 1838. April—Sept. 26 Nrn. (Bog.) Mit Titvign. gr. Fol. Hamburg, (Herold.)

Magazin, Deutsches. Quedlinburg 1785—86. II: *Meyer, Friedrich Alb. Anton.* (Ky) (MGT)

— deutsches, (v. Fr. Albr. Ant. Meyer). 2 Stcke. gr. 8. Quedlinburg 785, 86. Ernst. 10 ℊ

Magazin. – Deutsches Magazin. Bd 1–20. Hamburg (1792ff: Altona): 1791–1800. 8⁰
Hrsg.: Chr. U. D. v. Eggers.
Vorh. u.d.T.: Deutsches gemeinnütziges Magazin.
Fortges. u.d.T.: Neues deutsches Magazin.

— deutsches, herausg. v. Eggers. 12 Hfte. mit K. 8. Hamburg, Herold. (Sommer in Lpz.) 791.

— — dass. 12 Hfte. mit Mus. f. 792. 8. Altona, Hammerich. 792.

Magazin, deutsches. Hrsg. von Jul. Rodenberg. 1. Bd. 12 Lfgn. (à 4 Bog.) Mit 6 Stn.- und 12 Holzschnt. gr. 8. Berlin 861, Seehagen. à Lfg. 5 Ngr.

—— deutsches. Illustrirte Monatsschrift. Hrsg. von Jul. Rodenberg. 2. und 3. Bd. Jahrg. 1862 und 1863. à Bd. 12 Lfgn. (à 5 Bog. mit eingedr. Holzschn.) gr. 8. Berlin, Seehagen. à Lfg. 5 Ngr. à Jahrg.

Deutsches Magazin : Jahrgang 1—3, no. 24, Mar. 1, 1897—Mar. 15, 1900.

Fortnightly. Contains Erzählungen, Novellen, Feuilleton, Wissenschaftliches, Geschichtliches, Gedichte, usw. Quarto, each issue 16—24 pages, paged continuously; title-page and contents, 4 pages; illustrated. Edited by Karl Claussen, & published by German-American Biographical Publishing Co., 1897—1900.
Cleveland, OH

Deutsches Magazin : Jahrgang 1903/04, no. 1—10, June/July 1903—June 1904.

Monthly, with two joint numbers. Sub-title: Illustrirte Monatsschrift für die deutschen Familien. Quarto, each issue 52 pages; paged continuously; illustrated. Published by Deutsches Magazin Publishing Co., no. 1—5, June—Nov. 1903; by German-American Magazine Co., no. 6—10, Dec. 1903—June 1904.
Cleveland, OH

— Deutsches, für Garten- u. Blumenkunde. Neue Zeitschrift für Garten- u. Blumenfreunde, u. Gärtner. Hrsg. u. red. v. Wilh. Neubert. (1—5.) Jahrg. 1848—1852. à 12 Hfte. gr. 8. (d. Hft. à 32 S. m. 1 schw. u. 1 col. lith. Taf.) Stuttgart, Hoffmann. à Jahrg. 2 ℛ

— deutsches, für Garten- und Blumenkunde. Neue Zeitschrift für Garten- und Blumenfreunde und Gärtner. Herausg. u. redig. von Wilh. Neubert. (6—11.) Jahrg. 853—58. à 12 Hefte (à 2 Bgn. mit 1 schw. u. 1—2 lith. u. color. Taf.). Stuttgart, Hoffmann. gr. 8. Jeder Jahrg. 2 ℛ.

— deutsches, für Garten- und Blumenkunde. Neue Zeitschrift für Garten- u. Blumenfreunde u. Gärtner. Herausg. u. red. von Wilh. Neubert. (12—17.) Jahrg. 1859—64. à 12 Hefte (à 2 Bgn. m. 1 schwarzen u. 1 color. lith. Taf.). Stuttgart, G. Weise. Jeder Jahrg. 2 ℛ

— deutsches, für Garten- u. Blumenkunde. Neue Zeitschrift für Garten- u. Blumenfreunde u. Gärtner. Hersg. u. redig. von Wilh. Neubert. (18—23.) Jahrg. 1865—70. à Jahrg. 12 Hefte. (à 32 S. mit 1 schw. u. 1 color. Steintaf.) Stuttgart, G. Weise. gr. 8. Jeder Jahrg. 2 ℛ

— — Haupt-Register zu den Jahrgängen 1848—69. Ebend. 870. gr. 8. (IV, 27 S.) 5 ngr.

— deutsches, f. Garten- u. Blumen-Kunde. Neue Zeitschrift f. Garten- u. Blumenfreunde u. Gärtner. Hrsg. u. red. v. Wilh. Neubert. 24. Jahrg. 1871. 12 Hfte. (à 32 S. m. 1 schwarzen u. color. Steintaf.) gr. 8. Stuttgart, G. Weise. à Hft. — 50

— dasselbe. 25. u. 26. Jahrg. 1872 u. 1873 à 12 Hfte. (à 32 S. m. 1 Chromolith.) hoch 4. Ebend. à Jahrg. 7. 50
einzelne Hfte. à n. — 70

— dasselbe. 27—29. Jahrg. 1874—1876 à 12 Hfte. (à 32 S. m. 1 Chromolith. u. eingedr. Holzschn.) hoch 4. Ebend. à Jahrg. 9. —

Magazin, deutsches, f. Garten- u. Blumenkunde. Neue Zeitschrift für Garten- u. Blumenfreunde u. Gärtner. Hrsg. v. Wilhelm Neubert. 30—34. Jahrg. 1877—1881. à 12 Hfte. (2 B. mit eingedr. Holzschn. u. je 1 Chromolith.) Lex.-8. Stuttgart, G. Weise. à Jahrg. 9. —
cf.: Neubert's deutsches Garten-Magazin.
Illustrierte Monatshefte für die Gesamtinteressen des Gartenbaues.

— deutsches gemeinnütziges, e. Quartalschrift; herausgg. von Chr. U. D. v. Eggers. 1r, 2r Jahrg. à 4 Quartl. Mit Kpf. gr. 8. Leipz. 787—90. (W. Vogel). 6 ℛ 16 ℊ Dass. hrsgg. v. Eggers. 12 Hfte. M. Kpf. 8. Hamb. 791. Herold. (W. Nauck in Leipzig). 3 ℛ Dass. 12 Hefte, mit Musik. 1792. 8. Altona 792. Hammerich. 4 ℛ

MAGAZIN, Deutsches gemeinnütziges. (Hrsg. von Christian Ulrich Detlev Frhrn. v. Eggers.)
Leipzig: Crusius 1787–90. 8⁰ (In Hamburg, Commerz-Bibl.)
Fortges. u.d.T.: Deutsches Magazin. Hamburg 1791 ff.

— deutsches, weiblich. Kunstarbeiten, als Tapisserie, Mosaik, Stick- u. Strickerei. Ein Geschenk f. Damen. 12. Berl. 817. Lüderitz. 1 ℛ

Magazin von und für Deutschland. Dortmund 1796. II: *Mallinkrodt, Arnold Andr. Frdr. & W. Schmemann.* (Ky)

— für christl. Dogmatik u. Moral, deren Geschichte u. Anwendung, s. J. F. Flatt.

Magazin für christliche Dogmatik und Moral. Tübingen 1796—1810. H: *Flatt, Johann Friedrich von.* H (Heft 13—17): *Süsskind, Friedrich Gottlieb von.* (Ky)

Magazin von und für Dortmund. St. 1–4. Dortmund: Blothe 1796. 8⁰
Hrsg.: A. Mallinckrodt u. W. Schemann.
Fortges. u.d.T.: Magazin für Westphalen.

— von u. für Dortmund; herausgg. (v. A. Mallinkrodt u. W. Schmemann). 1r Bd. 4 Stücke. 8. Dortm. 796. (Schulz in Hamm). 1 ℛ Dass. f. 1797, 98, 99. von Mallinkrodt u. P. F. Weddigen. 8. Ebd. 4 ℛ 8 ℊ (vgl. Mallinkrodt).

— dortmundisches. Mitteilungen der Wilhelm-Auguste Viktoria-Bücherei. Hrsg.: Erich Schulz. April 1909—März 1910. 12 Nrn. (XII, 178 S. m. 14 Abb.) Lex. 8. Dortmund, M. Thomas. 3.—
Fortsetzg. s.: Magazin, westfälisches.

Magazin, Dresdner, oder der Rathgeber und Helfer bey allen häusslichen Vorkommenheiten. Dresden 1794. H: *Mitsching, Ernst Gottlob.* (Adel) (OL)

„Dressdnisches Magazin, oder Ausarbeitungen und Nachrichten zum Behuf der Naturlehre, der Arzneykunst, der Sitten und der schönen Wissenschaften", Dressden 1759.

Magazin, Dresdnisches, oder Ausarbeitungen und Nachrichten zum Behuf der Naturlehre . . . Dresden 1759—65. H: *Gröll, Michael.* (BrMm)

— Dresdner, od. Ausarbeit. z. Behuf d. Naturlehre. 16 Stcke. od. 2 Bde. 8. Dresd. 759—65. Gröll. 1 ℔ 8 gr

— — für die Druck- und Färbekunst etc. s.a. Dingler, J. J.

—— für die Druck-Färbe- u. Bleichkunst, s.a. Journal f. d. Indiennen- u. Baumwollendruckerei.

Magazin für die Druck-, Färbe- und Bleichkunst und die damit verwandten Hülfswissenschaften. Bd. 1—3. Herausg. von I. G. Dingler. Mit Kupff. Augsburg 1815—20. gr. 8.
——, —— 2. unveränderte Ausg. Bd. 1—3. u. u. d. T.: Neues Journal f. d. Indiennen- u. Baumwollendruckerei. Bd. 5—7.

Magazin. – Duisburgisches Magazin. Halbjg. 1. 2. (= Juli bis Dezember 1781 u. Jan.–Juni 1782). Duisburg: Ww. Benthon 1781–82. 8°
Hrsg.: Joh. Friedrich Gildemeister.

Magazin witziger Einfälle. Altona 1800. H: *Renner, Ferdinand.* (Ky)

MAGAZIN wizziger (sic!) Einfälle und Anecdoten. O. O. 1799. 8°.
(In Darmstadt E 5633.) 64 SS. Rar!

— witziger Einfälle u. Anekdoten. 16 Stck. 8. Marburg 799. Krieger. 4 gr

MAGAZIN FÜR EISEN-, BERG- UND HÜTTENKUNDE. Herausgegeben von J. L. Jordan und T. S. Hasse. 1 vol., 8vo. Berlin, 1802–'07.

Magazin für Eisenberg- und Hüttenkunde; herausgegeben von **Jordan** und **Hasse.** Bd. 1. Schöningen 1808. 8.

—— für Elementarlehrer. Eine prakt.-pädagog. Zeitschr. Hrsg. v. J. F. K. A. Rosenthal. 1—3. Bd. à 2 Hfte. Mit Notenbeiln. 8. Osnabrück 832—35, Rackhorst. à H. 12 Gr.

– 4. Bd. 1. Hft. Ebd. 1835. 10 1/2 B. 8°

— für die neuesten Entdeckungen in d. gesammt. Naturkunde, s.a. Magazin, Naturkunde.

D. **Berlinischen Gesellschaft naturforschender Freunde** (fra 1787: Der Ges. n. F. zu Berlin). **Beschäftigungen.** Bd. 1-4. 1775-79. **Schriften.** Bd. 1-11. 1780-94. (7-11 o. m. T.: **Beobachtungen u. Entdeckungen aus d. Naturkunde.** Bd. 1-5. 1787-94). **Neue Schriften.** Bd. 1-4. (2 Vol.). 1795-1803. **Magazin f. die neuesten Entdeckungen in d. gesammten Naturkunde.** Jahrg. 1-8. (5 Vol.). 1807-18. **Verhandlungen.** Bd. 1. 1829. Alle: Berl. Tvl. (23 Vol.). 1795 flg. i 4°.

— d. neuest. Entdeckungen in d. gesammten Naturkunde; hrsgg. von e. Gesellschaft Naturforscher. 1r—8r Jahrg. à 4 Hfte. Mit schw. u. ill. Kpf. 4. Berl. 807—15. Reimer. (à 5 ℔) 40 ℔

— f. d. neuest. Entdeckungen in d. gesammt. Naturkunde; hrsgg. v. d. Gesellsch. naturforschender Freunde zu Berlin. 1r—8r Jahrg. zu 4 Quartalheften. Mit illum. u. schw. Kpf. gr. 4. Berl. 807—18. Reimer. (à 5 ℔) 40 ℔

— d. neuest. Entdeckungen in d. Schrift, Weltweisheit u. Theologie etc. 3 Stcke. 8. Cöthen 789. Glandenberg. 1 ℔ 4 gr

— der Entomologie, s.a. Germar, E. F.

Magazin der Entomologie. Bd 1–4. Halle 1813–21. 8°
Hrsg.: Er. Fr. Germar.

Magazin der Entomologie. Hrsg. von E[rnst] F[riedrich] Germar und J[ulius] L[eopold] T[heodor] F[riedrich] Zincken gen. Sommer. Bd 3. Halle: Hendel 1818. 8°

Bd 3: 1818.

Magazin der Erd- und Völkerkunde. Giessen 1782—83. H: *Ehrmann, Theophilus Frdr.* (MGT) »1783—84« (Ky)

— d. Erd- u. Völkerkunde, (v. Th. Fr. Ehrmann). 2 Stcke. 8. Gießen. 783—84. Krieger. 10 gr

Magazin Ereignisse

Magazin schrecklicher Ereignisse und fürchterlicher Geschichten.
s.a. Kerndörffer, Heinrich August [Verf.]

Magazin schrecklicher Ereignisse und fürchterlicher Geschichten. Leipzig 1803—11. V: *Kerndörffer, Hnr. Aug.* (GGr) (NN)

Magazin schreckl. Ereignisse u. fürchterl. Gesch. m. K. 3 Bde. od. 12 Hefte. 8. Leipz. Baumgärtner. 803—12. (à 12 gr.)

— schrecklicher Ereignisse u. wunderbarer Geschichten, mit Kpf. 2 Bde. od. 8 Hefte. 8. Leipz. 803—10. Magaz. f. Ind. 4 ℔

Magazin für die neuesten Erfahrungen, Entdeckungen . . ., s.a. Blätter, Nordische, für Chemie

— f. d. neuesten Erfahrungen, Entdeckungen u Berichtigg. im Gebiete d. Pharmacie etc. Herausgeg. v. G. Fr. Hänle. 1r Jahrg. 1823. 1s—3s Heft. gr. 8. Karlsr., Braun.

— dass. 4s—12s Heft u. Jahrgg. 1824 u. 25. à 12 Hefte. gr. 8. Karlsr, Müller. 4s—12s H. 4 Rthl. 4 gr. Jahrgg. 824 u. 25. à 5 Rthl.

— dass. Jahrgg. 1826 – 28. Herausgg. v. Ph. Ludw. Geiger. M. Kpf. 8. Eb. gr. 8. à 5 Rthl.

—— 1829—31. Heidelb., Winter. (à 6 ℔) 18 ℔ Jahrg. 1832, s. Annalen d. Pharmacie.

— d. neuesten Erfahrr. in d. gesammt. Naturkunde. In unterhaltenden Aufsätzen f. gebild. Leser aus allen Ständen. 4 Bde. Mit Kpf. gr. 8. Berl. 811—13. Dümmler. (à 3 ℔) 12 ℔ (Ist mit H. G. Flörke's Repertorium d. Neuesten u. Wissenswürdigsten aus d. ges. Naturkunde f. 1811 u. 12. einerlei).

Magazin der allerneuesten und gemeinnützigsten Erfindungen . . . Wien 1804. H: *Schöps, Gotthelf Jos.* (EB)

— der allerneuesten u. gemeinnütz. Erfindungen z. Gebr. f. Jedermann. M. Kpf. v. Schöps. 1s—4s Hft. 8. Wien 804. 5. A, Doll. (a. Gerold). 2 ℛ 16 ℊ Hbg. Pr. 2 ℛ

— aller neuen Erfindungen, Entdeckungen u. Verbesser. f. Fabrikanten, Künstler, Handwerker rc.; hrsgg. v. Hermbstädt, Seebaß u. F. G. Baumgärtner. Mit vielen Kpf. 10 Bde. od. 67 Hefte. gr. 4. Leipzig (797—815). Baumgärtner. 67 ℛ Hbg. Pr. 30 ℛ General-Register üb. die ersten 8 Bde. gr. 4. Ebd. 810. 1 ℛ

Magazin aller neueren Erfahrungen, Entdeckungen u. Verbesserungen für Fabrikanten, Manufacturisten etc. Herausg. von Dr. Hermbstädt, Seebass, Baumgärtner, Kühn, Poppe. 3. Aufl. Leipzig 1806—16. 14 Bände. 4°.

Magazin der neuesten Erfindungen, Entdeckungen und Verbesserungen, für Fabrikanten, herausgegeben von **Poppe**, **Kühn** und **Gärtner**. Neue Folge. Bd. 1—4. Leipzig 1816. 4.

— — der neuesten Erfindungen, Entdeckungen und Verbesserungen. Herausgegeb. von J. H. M. Poppe, Dr. F. G. Kühn und F. G. Baumgärtner. Neue Folge Nro. 1—9. Mit Kupfern. gr. 4. Leipzig, Baumgärtner. 817—821. (à 16 Gr.)

— d. neuesten Erfindungen, Entdeckungen u. Verbesserungen f. Fabrikanten rc. Herausgeg. v. J. H. M. Poppe, C. G. Kühn u. Fr. G. Baumgärtner. Neue Folge. 2r Bd. 9 Hefte u. 3r Bd. 1s—5s H. Mit Kpf. gr. 4. Lpz. 822—27. à 16 gr.

—— der neuesten Erfindungen, Entdeckn. u. Verbessern., f. Fabrikanten, Manufakt., Künstler u. Oekonomen, nebst Abbildn. u. Beschreibn. d. nützl. Maschinen, Geräthschaften, Werkzeuge u. Verfahrungsarten f. Fabriken rc. nach d. neuesten in- u. ausländ. Werken, nebst Originalaufsätzen; hrsg. v. J. H. M. Poppe, D. W. Kühn, G. E. Seidemann u. Fr. G. Baumgärtner. Neue Folge. 3. u. 4. Bd. à 9 Hfte. od. No. 19—36. Mit Ttlkpfr. gr. 4. Leipzig 828—32, Baumgärtner. à H. 16 Gr.,
1. u. 2. Bd. à 9 Hfte. od. No. 1—18. Ebendas. 1816—27. à H. 16 Gr.

—— dess. Neueste Folge. Hrsg. v. F. A. W. Netto, G. E. Seidemann u. Fr. Ed. Thieme. 1. u. 2. Bd. à 12 Hfte. Mit vielen Kpfrt. gr. 4. Ebds. 832—35. à H. 8 Gr.,
Der Titel dieser neuen Folge weicht von dem vorhergehenden unbedeutend ab.
„Magazin aller neuen Erfindungen rc." 10 Bde. od. 67 Hfte. 1797—1815. 67 Thlr., hrbgs. Pr. 30 Thlr. — General-Register üb. d. 1—8. Bd. 1810. 1 Thlr.

—— der neuesten Erfindungen, Entdeckn. u. Verbessern. in d. gesammt. Gewerbkunde. Neueste Folge. 3. u. 4. Bd. à 12 Hfte. u. 5. Bd. 1—6. Hft. Mit viel. Kpfrt. gr. 4. Leipzig 836—42, Baumgärtners Buchh. à H. * ⅓ Thlr. *
3—5. Bd. 1—3. Hft. hrsg. v. Friedr. Ed. Thieme, 4—6. Hft. hrsg. v. C. E. D. Herrmann.

— der neuest. Erfindd. u. Fortschritte in d. vorzügl. technischen Gewerben u. Künsten, besonders in d. Mechanik rc.; hrsgg. v. G. A. Ahner. 1r — 3r Bd. zu 9 Hften. M. Kpf. gr. 8. Leipz. 825—28. Lauffer. (à Hft. 18 ℊ) 6 ℛ 18 ℊ

Magazin der neuesten Erfindungen und Fortschritte in den vorzüglichsten technischen Gewerben und Künsten, besonders in der Mechanik; herausgegeben von Dr. G. A. **Ahner**. Bd. 1—3, letzterer in dublo. Leipzig 1826—28. 8.

Magazin für die Erklärung der Griechen und Römer, zum Gebrauch der Schullehrer. St. 1. 2. Nürnberg: Grattenauer 1784–1785. 8°
Hrsg.: Konr. u. Aug. Chr. Borheck.

— grotesker Erzählungen mit Moral, oder: 93312 Erzählungen. Ein Geschenk für Lachlustige. (72 Blätter auf Kartenpapier.) 32. Wien 833. Müller. In Etuis ½ ℛ

—— grotesker Erzählungen mit Moral: od.: 93312 Erzählungen. Ein Geschenk f. Lachlustige. 32. (72 Bl. auf Kartenpap.) Wien 835, Müller.

Magazin für die Erziehung und Schule in den preussischen Staaten. Halle 1781—83. H: *Sell, Johann Jacob.* (Ky)

— für d. Erziehung u. Schule in d. preuß. Staaten, (v. J. J. Sell). 4 Stcke. 8. Halle 781—83. Gebauer. 2 ℛ

Magazin: Europäisches Magazin, für Geschichte, Politik und Kriegs-Kunst der Vorwelt und Gegenwart (I)
④ Europäisches Magazin, für Geschichte, Politik und Kriegskunst der Vorwelt und Gegenwart (II) ⑤ sollte 1813 erscheinen ⑦ Monatsblatt ⑧ Luzern: Xaver Meyer, sen. ⑬ BGSZ: 1028 ⑮ Die Ankündigung erschien am 27. 11. 1812. Auf das Urteil der Diplomatischen Kammer hin wurde die Herausgabe durch den Kleinen Rat des Kantons Luzern untersagt.

Magazin: Europäisches Magazin, für Geschichte, Politik und Kriegs-Kunst der Vorwelt und Gegenwart (II)
③ Europäisches Magazin, für Geschichte, Politik und Kriegskunst der Vorwelt und Gegenwart (I) ⑤ Januar 1813—Juni 1814 ⑥ 8° ⑦ Monatsblatt ⑧ wahrscheinlich Luzern: Xaver Meyer, sen ⑩ Philipp Joseph von Rehfues; Kommissionsverlag: Riegel & Wießner, Nürnberg ⑫ vertritt deutsche Interessen ⑭ Lu: Z.

Magazin: Europäisches Magazin, für Geschichte, Politik und Kriegs-Kunst der Vorwelt und Gegenwart (I), (II)
Ergänzen: Blaser, F.: Wer druckte die Zeitschrift »Europäisches Magazin« des Politikers Philipp Joseph Rehfues?» Gutenberg-Jahrbuch« (Mainz) 33. 1958.

— Europäisches, f. Geschichte, Politik u. Kriegskunst d. Vorwelt u. Gegenwart. 1r Jahrg. 1813, u. 2r J. 1814. 1s—6s Hft. 8. Nürnb., Riegel u. W. 7 ℛ 6 ℊ

Evangelische Magazin, Das. Cleveland, 1870-72.

Das Evangelische Magazin der Evangelisch-Lutherischen Kirche in den Freistätten von Nordamerika: Jahrgang 1, no. 1–12, Apr. 1829–Mai. 1830.
Monthly. Sub-title: Herausgegeben unter der Aufsicht eines Ausschusses von der West-Pennsylvanischen Synode dazu ernannt. Organ of Evangelisch-Lutherische Synode von West-Pennsylvanien. Octavo, each issue 32 pages, paged continuously; title-page and contents, 4 pages. Edited by the Rev. Johann Herbst, & published by Heinrich C. Neinstedt.
Gettysburg, PA

Das Evangelische Magazin der Hochdeutschen Reformierten Kirche in den Vereinigten Staaten von Nord-Amerika: Band 1, no. 1–12, Jan.–Dec. 1829?
Monthly. Sub-title: Herausgegeben auf Kosten des Missions-Ausschusses, der den daraus entstehenden Gewinn auf Missionszwecke verwenden wird. Organ der Synode der Hoch-Deutsch Reformirten Kirche in den Vereinigten Staaten von Nord-Amerika. Octavo, each issue 24 pages; title-page and contents. Edited by Gossler & Blumer, & published by Samuel Helffenstein.
Philadelphia, PA

Das Evangelische Magazin für die Sonntagsschule und den Familien-Kreis: Band 1–59, 1869,70–1927?
Monthly. Sub-title: Organ der Evangelischen Gemeinschaft. Large quarto, with slight variations; each issue 36–64 pages. Circulation: 1876, 7000; 1880, 8000; 1900, 15,000; 1910, 11,000; 1920, 7000; 1925, 6000. Edited by W. Horn, 1870–80; by C. A. Thomas, 1881–86?; by C. A. Thomas & R. Matt, 1887?–1898; by C. F. Zimmermann, 1899—1902; by W. Horn, 1903; by John Fijen, 1904–06; by C. Stähler, 1907–27. Published by W. F. Schneider, 1870—79; by Lauer & Yost, 1880–87; by Lauer & Mattill, 1888–94; by Thomas & Mattill, 1895—1902; by Mattill & Lamb, 1903–04; by J. H. Lamb, 1905—11; by C. Hauser, 1912—27.
Cleveland, OH

Evangelisches Magazin: Band 1—4, Oct. 1811—1817.
Quarterly, 1811–14; annual, 1815—17. Sub-title: Unter der Aufsicht der Deutschen Evangelisch-Lutherischen Synod. Organ des Deutschen Evangelisch-Lutherischen Ministeriums von Pennsylvanien und den benachbarten Staaten. Octavo, each issue 64 pages; illustrated with steel engravings; title-page and contents, 4 pages. Edited by the Rev. Justus Heinrich Christian Helmuth, & published by the Pennsylvania Ministerium. Printed by Conrad Zentler, 1811–17. Circulation: 1815, 3500.
Philadelphia, PA

Magazin. – Evangelisches Magazin. Eine Wochenschrift zur Beförderung wahrer Gottseligkeit. Bd 1. Basel: Schabelitz 1838–39. 8°
Hrsg.: Johs. Rothen.

— evangelisches. Eine Wochenschrift zur Beförderung wahrer Gottseligkeit. Herausg. von Joh. Rothen. 2 Bde. gr. 8. Basel 840. Schabelitz. 2 ℛ

— evangelisches. Eine Wochenschrift zur Beförderung wahrer Gottseligkeit. Hrsg. v. Johs. Rothen. In Verbindung mit Freunden der Wahrheit. 2 Bde. gr. 8. (1043 S.) Basel 848, Schabelitz. 1⅓ ℛ

— für Exegese u. Theologie des Neuen Test. Herausg. v. L. J. Rückert. 1r Bd. 1e Lfrg. gr. 8. Leipzig 838. Köhler. ⅔ ℛ

—— für Färber, Coloristen, Cattundrucker und Bleicher. Bd. 1—2. Berlin 1820. gr. 8.
(Bd. 1. auch in 2. u. 3., Bd. 2. auch in 2. Aufl.)

— von Fest-, Gelegenheits- u. and. Predigten u. kleinern Amtsreden; hrsgg. v. Hanstein, Rul. Eylert u. Dräseke. 1r—6r Thl. gr. 8. Magdeb. 816—22. Heinrichshofen. 9 ℛ 12 ℊ — Dessen neue Folge. 1r—6r Bd.; hrsgg. v. Röhr, Schleiermacher u. Schuderoff. gr. 8. 823—29. Ebd. (a 1 ℛ 12 ℊ) 9 ℛ

—— von Fest- u. Gelegenheits-Predigten, auch and. Amts-Vorträgen. Neueste Folge. Unter Mitwirk. d. Hrn. Böckel, Hoßbach, Röhr, u. Anderer hrsg. v. Dräseke. 1. Bd. gr. 8. (21⅛ B.) Magdeburg 840, Heinrichshofen.

Magazin für Fest- und Casualpredigten. Hadamar 1798—1807. H: *Buff, Johann Friedrich Christoph.* (Ky)

— f. Fest- u. Casualpredigten, (v. ... Buff). 2 Thle. à 2 Abtheilgn. 8. Hadam. 798—807. (Lanz in Weilb.) 1 ℛ 16 ℊ

Magazin f. den teutschen Flachs- u. Hanf-Bau ... Bearb. u. gesamm. v. J. Rothstein, u. herausg. v. J. F. Bertuch. (Bd. 1) H. 1-3 (alt d. udk., 1 Vol.). Weimar 1819-20. 4°.
(H. 1. o. m. Særtit., se Rothstein).

— für d. deutschen Flachs- u. Hanfbau u. Verbesserung dieser Produkte in allen ihren Zweigen, sowohl der Kultur als Fabrikation. Bearb. u. gesammelt von J. Rothstein u. hrsgg. v. F. J. Bertuch. 1s Hft. mit Kpf. A. u. d. T.: Rothstein, J., verbess. Zubereitung d. Flachses u. Hanfes ohne Röste durch Hülfe der Christianschen Brechmaschine. gr. 4. Weimar 819. Ind.-Compt. 1 ℛ 6 ℊ — Dess. 2s, 3s Heft. gr. 4. Ebd. 819. 20. (à 21 ℊ) 1 ℛ 18 ℊ

— — verschiedener Formen zu Dreharbeiten rc. s. Ebel, M.

Magazin für Forst- und Jagdwesen. H. 1–14. Leipzig: Magazin f. Industrie 1797–1805. 4°
Hrsg.: Fr. Gottlieb Leonhardi.

— Fränkisches, gemeinnütz. aus d. Naturgesch., Naturlehre. 4 Stcke. (In Gesellsch. mit Andern hrsgg. v. J. C. Heppe.) 8. Nürnb. 779—80. Zeh. 16 ℊ

Magazin. – Fränkisches Magazin zum Nutzen, Unterricht und Vergnügen. St. 1–26. Nürnberg: Felssecker 1775. 8°
Mitarb.: J. P. Sattler.

Magazin. – Fränkisches Magazin für Statistik, Naturkunde und Geschichte. H. 1–3. Sonnenberg: Verfasser 1791–92. 4°
Hrsg.: Chr. Fr. Keßler v. Spregseysen.

MAGAZIN für Frauenzimmer. („Jährlich 4 Bde.") Strasburg (!) u. Kehl 1774 ff.
Ehestandsalmanach I. p. 294.

MAGAZIN für Frauenzimmer (hrsg. von David Christoph Seybold). 4 Thle. Mit 2 Titelkpfrn. Halle, Hendel, 1777. 8°. (6 Mk. R. Kaufmann, Stuttg., 1898.)

— f. Frauenzimmer. 2 Bde. 8. Halle 777. Hendel. 1 ℛ 8 ℊ Schrbp. 1 ℛ 12 ℊ

Magazin für Frauenzimmer. Halle 1782—86. H: *Seybold, David Chph.* (Lachmannski, Die deutschen Frauenzeitschriften des 18. Jahrh. Berlin 1900. S. 58.) & *Andere.* (ErschDL)

MAGAZIN für Frauenzimmer (hrsg. v. Dav. Chp. Seybold.) Kehl 1782—91. 8°.
Citirt Ebeling, Gesch. d. kom. Litt.

MAGAZIN für Frauenzimmer. 20 Bde. Strassburg 1782—86. — Neues Magazin für Frauenzimmer. Hrsg. v. (Dav. Chp.) Seybold u. Andern. 6 Bde. Strassburg 1787—88 (bis Juni). Mit 69 fast durchgängig color. Kupfern. 8°. (88 Mk., Hfrzbde., K. W. Hiersemann, 1905; 25 Mk., Jahrg. 1785—86 in 16 Bdn., Scheible, c. 1888.)

— f. Frauenzimmer. 5 Jahrgg. zu 12 Stck. Mit ill. Kpf. 8. Straßb. 782—86. Akad. B. (Hinrichs in Lpz.) (à 4 ℛ) 20 ℛ

Magazin für Frauenzimmer ... Strasburg, gedruckt bei Levrault, und zu finden, Kehl, bei der gelehrten Zeitungs-Expedition ... 1782–1789.
Mit kol. Trachtenbildern. 8°.
1783,s ff.: Kehl, im Druck und Verlag der gelehrten Zeitungs-Expedition ... – 1786 ff.: Strasburg, in der akademischen Buchhandlung. – 1787 ff.: Neues Magazin für Frauenzimmer ... Herausgegeben von ... Seybold ...
Jg. 1789 verloren. Mehr nicht erschienen.

— f. Frauenzimmer, a. d. J. 1783 u. 84. Lpz. W. Fleischer. (à 4 Rthlr.)

— f. junge Frauenzimmer. 2 Thle. 8. Karlsr. 791. Maklot. 1 ℛ 16 ℊ
Hrsg.: Jeanne-Marie Leprince de Beaumont.

— freyes literar. f. das Gemeinwohl der Völker u. Länder, herausg. von Petri u. Stelzer, 1r u. 2r Bd. 8, Erf. Keyser. 804—5. (à 16 gr.)

Magazin für Freimaurer, enthaltend Nachrichten über den Ursprung, Zustand und Fortgang der Freimaurerei im Ausland und vorzüglich in Grosbritanien[!], nebst dahin gehörigen Abhandlungen. [Hrsg. Christian Ludw. Seebass, [Stück 4:] C. J. Kühn.] [Stück 1]—4. Leipzig: Baumgårtner [1805]. 8°
1. VI, 122 S.; 2. 128 S.; 3. 128 S.; 4. 128 S. cf. AJ. 2 (1805—1806) S. 319—326; ALZ. 1807 Nr 113.
Kl. 41. Selten. Nicht mehr erschienen. Samml. v. Aufsätzen; hauptsächl. Uebers. aus „The Free-Mason's Magazine 1793—1795.

— f. Freimaurer, enthaltend Nachrichten über den Ursprung, Zustand u. d. Fortsetzung d. Freimaurerei im Auslande, u. vornehmlich in Großbritannien, (v. Chr. L. Seebaß). 1s—4s Hft. 8. Lpz. 806. Baumgärtner. 3 ℛ Hbg. Pr. 1 ℛ 12 ℊ

Magazin für Freimaurerei, enthaltend Nachrichten über den Ursprung ... der Freimaurerei ... Leipz. 1805. H(St. 1—3): *Seebass, Christian Ludwig.* H (4): *Kühn, C. J.* (SJL) »für Freymaurer« (MGT) (Ky)

— f. Freunde e. geschmackvollen Ameublements. 1s—12s Hft. Mit 68 Kpft. u. 3 Bl. Erkl. Fol. Berl. 827—29. (à 1 ℛ) 12 ℛ ill. (à 1 ℛ 12 ℊ) 18 ℛ

Magazin f. Freunde e. geschmackvollen Ameublements. 15—66 Hft. jedes mit 6 Kupfert. Berlin, Wittich.

—— für Freunde e. geschmackvollen Ameublements. 7—13. Hft. Fol. (26 Kpfrt. u. 5 Bl. Erkl.) Berlin 828—30, Wittich. à 1 Thlr., ill.
1—6. Hft. Ebendas. ... à 1 Thlr., ill. 1 Thlr. 8 Gr.

— f. Freunde d. guten Geschmacks, enth. Ideen z. Zimmer-, Meubles- u. Gartenverzierungen. (Dass. auch französ.) Leipzig, 1802. (H. Fritzsche.) 66. —
— — s.: Ideen f. Gartenfreunde.

— f. Freunde d. guten Geschmacks. 5 Bände, enth. Ideen zu Zimmer-, Meubles- u. Gartenverzierungen. gr. 4. Lpz. 802. Leo. (1r 7 ß 20 gl, 2r 13 ß 12 gl, 3r 14 ß 10 gl, 4r 15 ß 6 gl, 5r 15 ß) 66 ß — Dass. auch mit französ. Text.

Magazin für Freunde des guten Geschmacks der bildenden und mechanischen Künste, Manufacturen und Gewerbe. Erster bis Fünfter Band. Leipzig 1795—1799. Bei Friedrich August Leo.
Mit kol. Kupfern. 4°.
Mehr nicht erschienen.

Weigel, J. E. (Herausgeber): „Magazin für Freunde der Naturlehre und Naturgeschichte, Scheidekunst, Land- und Stadtwirthschaft", 4 Bände, je 2 Stücke, Berlin 1794—1797.

Magazin für Freunde des deutschen Vaterlandes. Monatsschrift für den Bürger und Landmann. St. 1–6. Canburg: Rößler 1803. 8°
Hrsg.: Chrph. Gottl. Steinbeck u. E. Bornschein.

Magazin, Galantes, oder Sammlung der neuesten ergötzlichsten Begebenheiten ausnehmender Liebesgeschichten, listiger Griffe und Ränke, nebst allerhand geheimen Historien. 3 Thle. Frankfurt u. Leipzig 1753—55. 8°.
1 Alph. 2½ Bog. Von grösster Seltenheit! — Cat. Meissner.

— v. Gärten u. Landschaften, bestehend aus e. grossen Anzahl ill. u. ausgeschnittener Theile, als Lusthäuser, Kirchen, Ruinen, Tempel, Hütten, Berge, d. man auf e. dazu eingerichteten Plane anbringen u. wodurch man unzählige Garten- u. Lustparthieen zusammen stellen kann. Wien, 1828. (Müller.) In Etui. 2. —

Magazin für Geburtshelfer. Bd 1 (= St. 1. 2). Frankfurt a.M.: Gebhard 1794. 8°
Hrsg.: Chr. Ludwig Schweickhard.

— das, der Geheimnisse der natürl. Magie u. Sympathie bei verschied. Krankheiten u. Mängeln des Körpers, welche man selbst heilen will. Nebst faßl. Unterricht üb. d. Einfluß d. Planeten u. Himmelszeichen, bei verschied. Verhältnissen, in welche d. Mensch treten will. 8. Stuttg. 832. J. Scheible. 22 gl

—— ökonomischer Geheimnisse. 8. (6¼ B.) Heilbronn 834, Drechsler, Brlsh.

Magazin für katholische Geistliche; herausgeg. von J. G. Köberle. Landshut, Thomann, 1819—1836, 8°, jährlich 2 Bde oder 6 Hefte, 5,25 Mk.
Dazu erschien:
Alphabetisches Realrepertorium samt alphab. Verzeichnisse aller darin während dieses Zeitraumes (1819—1836) recensierten oder angezeigten Schriften. Von J. Hochmeyer. Regensburg, Manz, jetzt Verl.-Anstalt, 1838, 8°, 1,75 Mk.
Vorh. u.d.T.: Kleines Magazin für kath. Religionslehrer.

Magazin f. kathol. Geistliche. Hrsg. v. Joh. Geo. Köberle. Jahrg. 1828—35. à 2 Bde. od. 6 Doppelhfte. 8. Landshut, Thomann. à J. Thlr.
Jahrg. 1819—22. à 2 Thlr. 6 Gr., J. 1823—27. à 1 Thlr. 18 Gr. Ebendas. Schließt sich an das „Magazin f. kathol. Religionslehrer, hrsg. v. F. K. Felder." Jahrg. 1812—18. Ebendas. à 2 Thlr. 6 Gr.

—— für katholische Geistliche. Hrsg. v. Joh. Geo. Köberle. Jahr 1836. 2 Bde. od. 6 Doppelhfte. 8. Landshut, Thomann'sche Buchh.

—— dass., hrsg. v. dems. in d. J. 1819—1836. — Alphabet. Real-Repertorium. Sammt alphabet. Verzeichnisse aller darin, während dies. Zeitraumes, rezensirten od. angezeigten Schriften. Von Jos. Hochmeyer. 8. (8 B.) Regensburg 838, Manz.

Ein Geistliches Magazin: Theil I, no. 1—50; Theil II, no. 1—15, 1764—1770.
Published at irregular intervals between 1764 and 1770. None of issues bears date of publication; but date in imprint: Theil I, title-page, 1764; Theil II, title-page, 1770. First religious journal published in America. Distributed gratis as an appendage to DIE GERMANTAUNER ZEITUNG, and printed in editions of 5000 copies per number. Sub-title [on printed title-pages]: Oder: Aus den Schätzen der Schriffigelehrten zum Himmelreich gelehrt, dargereichtes Altes und Neues. Octavo [5 × 7½ inches]: Theil I, p. 1–406, followed by "Verzeichniss" 4 pages; Theil II, no. 1—13, 15, p. 1–160, no. 14 evidently omitted in numbering; paging is continuous. Edited & published by Christoph Saur II.
Germantown, PA

Magazin, Geistliches, zum nützlichen Gebrauch für Lehrer und andere Christen ... Zelle 1762—63. H: *Steinmetz, Joh. Adam.* (ML) später *Hähn, Joh. Frdr.* (Ky)

— geistliches, z. Gebrauch f. Lehrer u. Andere, (v. Abt Steinmetz, fortges. v. J. F. Hähn). 4 Bde. 8. Magdeb. 762—73. Scheidhauer. 4 ß

Magazin, Gemeinnütziges Fränkisches, oder Sammlung merkwürdiger nützlicher Grundsätze und Erfahrungen ... Nürnberg 1779—80. H: *Heppe, Johann Christoph.* (BB) (Ky) (MGT) (Gatterer, Repert. der mineral. Litt. Giessen 1798—99. I, 307.) & *Andere.* (will)

Magazin. – Gemeinnütziges fränkisches Magazin, od. Sammlung merkwürdiger nützlicher Grundsätze und Erfahrungen aus der Naturlehre, Naturgeschichte, Arzneikunde, Moral, Landwirthschaft. St. 1–4. Nürnberg: Zeh 1779–80. 8°

Magazin, Gemeinnütziges, interessanter und unterhaltender Lectüre. Nürnberg 1785—86. H: *Meister, Carl F.* & *Carl L. Graf.* (Ky)

— gemeinn., interessant. u. unterhalt. Lectüre, (v. K. F. Meister u. K. L. Graf). 4 Quartale. 8. Nürnb. 785—86. Monath u. K. 2 ß

— gemeinnütz., d. Natur u. Kunst. 3 Thle. 8. Berl. 763—67. Mever. (Sander). 3 ß 12 gl

Magazin, Gemeinnütziges, für Prediger, s. Dapp, R.

Magazin, Gemeinnütziges, der Sächsischen Schweitz ... Pirna 1805. H: *Götzinger, Wilhelm Leberecht.* (MGT)

— — der Geographie, Geschichte, Statistik überhaupt der genauern Kunde Westphalens. s. Mallintrodt, A.

Magazin der Geographie, Staatenkunde und Geschichte. Bd 1–3. Nürnberg: Bauer 1797. 8°
Hrsg.: Joh. Ernst Ehregott Faber.

Magazin für die Geographie und Statistik des preußischen Staats. H. 1. Braunschweig: Vieweg 1791. 8°
Hrsg.: Dav. Georg Fr. Herzberg.

— f. d. Geographie und Statistik d. preuß. Staaten. 18 Stck. gr. 8. Braunschw. Vieweg. 791.

Magazin. – Geographisches Magazin. Bd 1–4 (= St. 1–16). Dessau u. Leipzig: Buchh. d. Gelehrten 1783 bis 1784. 8°
Hrsg.: Joh. Ernst E. Fabri.
Fortges. u.d.T.: Neues geographisches Magazin.

Magazin für die G e r e c h t s a m e des Adels und der Rittergüter in Deutschland.

Magazin für die Gerechtsame des Adels. Halle 1800. H: *Nehmitz, Peter Friedrich.* (Ky)

— für die Gerechtsame des Adels; hrsgg. (v. P. F. Nehmitz). 1r Bd. 1s Stck. 8. Halle 800. Franke. 12 gr

—— der G e s c h ä f t s = u. G e s e t z e s k u n d e f. Staatsschreiber, Gemeindebeamte u. Bürger. Hrsg. von d. allgem. Verein der Theilungskommissäre im Großherzogthum Baden. 1. Jahrg. 1840. 24 Nrn. (Bogen.) gr. 4. Freiburg, Wagner'sche Buchh. *

— der G e s c h ä f t s = u. G e s e t z e s k u n d e für Staatsschreiber, Gemeindebeamte u. Bürger. Herausgeg. von dem allgem. Verein d. Theilungskommissäre im Großh. Baden. 2. Jahrg. gr. 4. Freiburg 841, Wagner. n. $1^3/_4$ Thlr

— f. d. Gesch. u. Beschr. d. Residenzstadt Dresden u. der umliegenden Gegend. 1s Stck. 8. Dessau 782. Gel.-Handl. 8 gr

Magazin für die Brandenburgisch-Bayreuthische G e s c h i c h t e .
St. 1–3. Bayreuth 1789–90: Grau. 8°
Hrsg.: Gottfr. Ludw. Beer.

Magazin für deutsche Geschichte und Statistik ... Leipzig 1784. H: *Wald, Samuel Gottlieb.* (Ky)

— f. deutsche Geschichte u. Statistik, Deutschlands Geschichtsforschern gewidmet. 1r Thl. (v. S. G. Wald). gr. 8. Leipzig 784. Weidmann. 22 gr

Magazin zur Geschichte der Jesuiten. Erfurt 1787. H: *André, Christian Carl.* (MGT) (Ky)

Magazin zur Geschichte der Jesuiten. H. 1—3. Erfurt: Schlegel, [H. 2ff:] Keyser 1787. 8°
1. 100 S.; 2. 96 S.; 3. 118 S.
An verschiedenen Stellen wird des Zshangs der Jesuiten mit der Frmrei u. der Verfolgung der Illuminaten in Baiern gedacht.

—— für j ü d i s c h e Geschichte und Literatur. Hrsg. unter Mitwirkung namhafter Gelehrten von A. Berliner. 1. und 2. Jahrg. 1874 und 1875. à Jahrg. 24 Nrn. (à ½ Bog.) gr. 8. Berlin, Benzian. à Jahrg. *
Die Fortsetzung bildet: Magazin für die Wissenschaft des Judentums.

— für G e s c h i c h t e, Literatur u. alte Denk- u. Merkwürdigkeiten Siebenbürgens. Im Verein mit mehrern Vaterlandsfreunden herausgeg. v. Ant. Kurz. 1. Bd. 4 Hfte. u. 2. Bd. 4 Hfte. Mit 4 Steintaf. gr. 8. Kronstadt 844—46. (Nemeth.) à Hft. n. ½ Thlr

– 3. Bd (1 Heft). Hrsg.: Jos. Trausch. Kronstadt: Gött 1852. 8°

— für G e s c h i c h t e, Literatur und alle Denk- und Merkwürdigkeiten Siebenbürgens. Im Verein mit mehreren Vaterlandsfreunden herausg. von Eug. v. T r a u s c h e n f e l s. Neue Folge. 1. u. 2. Bd. à 4 Hefte (à 4 Bgn.). Kronstadt 859—61. (Wien, Leben & Mundt.) gr. 8. Jedes Heft n. 12 ngr.

Magazin f. Geschichte, Literatur u. alle Denk- und Merkwürdigkeiten Siebenbürgens. Im Vereine mit mehreren Vaterlandsfreunden herausgegeben von E. v. T r a u s c h e n f e l s. Neue Folge I. 4. (S. 195 bis 258.) II 1. 2. (S. 1—128.) 8. Kronstadt. (Wien, Greß.) à 60 kr.

— f. d. Geschichte d. Menschenrechte. 1s Stck. gr. 8. Lpz. 797. Heinsius. (Brockhaus). 14 gr

— für die neueste Geschichte der evangel. M i s s i o n s- und B i b e l - G e s e l l s c h a f t e n bis 1839, herausg. von M. Blumhardt, jetzt von W. Hoffmann, 1.—24. Jahrg. 1817—1840. à 4 Hfte. mit Kart. u. Kupf. (Herausgeg. von der brittischen u. ausländ. Bibelgesellschaft. 26.—30. Jahrg. 1841—1846. à 4 Hfte. Mit der Beilage: Monatliche Auszüge aus dem Briefwechsel u. den Berichten der britt. u. ausländ. Bibelgesellschaft. Mit Titelbild.) gr. 8. Basel 841—46. (Schneider.) (1.—24. J. herabges. Pr. à n. $^2/_3$ Thlr) 25.—30. J. à n. $2^1/_{12}$ Thlr

— für die neueste Geschichte der evangelischen M i s s i o n s- u. B i b e l - G e s e l l s c h a f t e n. (Hrsgb.: W. H o f f m a n n u. J. J o s e n h a n s.) Jahrg. 1847—1852. à 4 Hfte. Mit Abbild. u. Karten. gr. 8. Basel. (Bahnmaier. — Neukirch. — Schneider.) 1847 u. 48 à n. 2 Thlr 2 ngr 1849—52 à n. n. 2 Thlr

— für die neueste Geschichte der evangelischen M i s s i o n s- und B i b e l - G e s e l l s c h a f t e n. Jahrg. 1853—56. à 4 Hefte (à 12 Bgn.). Mit Abbildungen und Karten. Nebst Beiblatt: Bibelblätter, herausg. von der Bibelgesellschaft in Basel. Herausgbr.: A. O s t e r t a g. (à 4 Nrn. à 1 Bgn.) Basel. (Bahnmaier. — Neukirch. — Schneider.) gr. 8. Jeder Jahrg. nn. 2 Thlr.

Magazin für die neueste Geschichte der protestantischen Missions- und Bibelgesellschaften
① Neue Folge (Januar 1857 cont.) ② Magazin für die neueste Geschichte der evangelischen Missions- und Bibelgesellschaften (1818—1856). Evangelisches Missions-Magazin (Januar 1857 cont.) ⑤ Juli 1816—Juni 1939; Januar 1940 (cont.) ⑥ 8° (vergrößert Januar 1857) ⑦ Quartalschrift (1816—1856); Monatsschrift (Januar 1857—Juni 1939); 2-Monatsschrift (Januar 1940 cont.) ⑧ Basel: Felix Schneider (Juli 1816—1856), C. Schultze (1857—1878), Schultzesche Buchdruckerei (L. Reinhardt) (1879—1889), L. Reinhardt (1890—1894), Reinhardt & Sohn (1895), Friedrich Reinhard (1896—1920); Stuttgart: J. F. Steinkopf (1921—1926, 1927—1931, um 1939); Basel: Friedrich Reinhardt AG (1927, 1931—um 1939, 1940 cont.) ⑨ Monatliche Auszüge aus dem Briefwechsel und den Berichten der brit[t]ischen und anderen Bibelgesellschaft[en] (Jan. 1819—Dez. 1851; 8°; Monatsschrift; Drucker: Basel: Schweighauser v. 1819—1827 und Felix Schneider v. 1828—1851). Bibelblätter (1853—1914; 8°; Quartalschrift; Red.: Dr. Albert Ostertag v. 1853—1865 und Th. Weitbrecht 1866; nach 1914 als selbständige Zeitschrift erscheinend). Literarische Beilage zum Missions-Magazin (1908—1910; 8°; Quartalschrift). Mission und lebendige Kirche (Beiblatt zum Evangelischen Missions-Magazin; Aug. 1925—Anfang 1927; 8°; Quartalschrift; Red.: Pfr. Walter Brandl). Missions-Bücherwart (Organ der Zentralstelle für Missionsliteratur; Jan. 1925—Dez. 1935; 8°; Quartalschrift; Drucker: Stuttgart: J. F. Steinkopf; Red.: Martin Schlunk, unter Mitwirkung von Julius Richter und Friedrich Würz). Religionskundliches Beiblatt (Jan. 1931—Dez. 1935; 8°; Quartalschrift; Red.: Prof. Dr. Heinrich Frick) ⑩ Missions-Institut zu Basel (1828—1838). Evangelische Missions-Gesellschaft in Basel (1839 cont.) ⑪ 1. Redaktor M. Christian Gottlieb Blumhardt (Juli 1816—1836); heute: Hans Dürr, Bern (Januar 1948 cont.) ⑫ Basler Mission ⑬ Vorwort. «Evangelisches Missions-Magazin» 1857, N. F. 1, p. 1—6; Zum 50. Jahrgang. «Evangelisches Missions-Magazin» 1906, N. F. 50, p. 1—7; Pfr. W. Schlatter: Die Entstehung des Evangel. Missions-Magazin. «Evangelisches Missions-Magazin», N. F. 60, p. 21—31; Was die Bibelblätter wollen. «Bibelblätter» N. F. Nr. 1, Februar 1916; Fritz Grieder: Ein Basler Drucker und Verleger, Felix Schneider. «Basler Jahrbuch» 1946, p. 124—153 ⑭ Bs: U; Be: L ⑮ Ursprünglich geplanter Titel: Memorabilien für die neueste Geschichte sämtlicher protestantischer Missions- und Bibelgesellschaften des 19. Jahrhunderts.

Magazin für die neueste Geschichte der protestantischen Missions- und Bibelgesellschaften ... Basel 1816—40. H: *Blumhardt, Christian Gottlieb.* (winer) (Ky) H (1847ff): *Hoffmann, Wilhelm & Friedrich Joseph Josenhans.* (Ky)

— f. d. neueste Geschichte d. protestant. Missions- u. Bibelgesellschaften. Eine Zeitschrift f. Freunde d. Christenthums u. d. Menschheit. 1r — 17r Jahrg., jeder von 4 Heften. gr. 8. Basel 816—32. (Neukirch). (1r — 5r J. à 2 Thlr 16 gr, 6r J. à 1 Thlr 16 gr, 7r — 17r à 2 Thlr 6 gr) 39 Thlr 18 gr

— für Rußlands G e s c h i c h t e, Länder- u. Völkerkunde; zusammengetragen v. B. Bergmann. 1r Bd. 1s—3s H. u. 2r Bd. 1s—3s Heft. gr. 8. Mitau 825 — 27. (Riga, Hartmann.) à 12 gr. Rthlr.

Magazin für Rußlands G e s c h i c h t e , Länder- und Völkerkunde. Bd 1. 2 (zu je 3 Hftn). Mitau: Steffenhagen 1825–26. 8°
Hrsg.: Benjamin Bergmann.

Magazin der Sächsischen Geschichte. Dresden 1784—89. H: *Hasche, Johann Chn.* (MGT) (Ky) (MS) »1784—92« (BrMm) (Kat. d. stat. Bureaus. Dresden 1890.)

Vorh. u.d.T.: Neu-eröffnete Historische Correspondenz von Alten und Neuen Miscellaneis Saxonicis.

— d. Sächs. Geschichte, (v. Jh. Chr. Hasche). 6 Jahrgg. oder 6 Thle. 8. Dresd. 784—89. Gerlach. 6 Rthl. 16 Gr.

— f. Geschichte, Statistik, Literatur u. Topographie d. sämmtl. deutschen geistl. Staaten, s. Winkopp.

Magazin für Geschichte, Statistick, Litteratur und Topographie der sämtlichen deutschen geistlichen Staaten

⑤ 1790—1791 ⑥ 8° ⑦ vorgesehen: jährlich 3—4× ⑧ Zürich: Orell, Geßner, Füßli & Cie ⑩ Peter Adolf Winkopp und Johann Dan. Albrecht Höck (letzterer nur für den 1. Bd.) ⑬ BGSZ: 99; Salomon: Geschichte des Deutschen Zeitungswesens 2. p. 258 ⑭ Zh: Z (1. Bd. mit 416 Seiten; 2. Bd. mit 376 Seiten) ⑮ Von Lang (BGSZ 99) und Salomon als Zeitschrift aufgeführt. Auch der Herausgeber schreibt in der »Ankündigung«, daß ein Journal, eine periodische Schrift, fehle und daß er deswegen ein Magazin (das jährlich 3—4× erscheinen solle) herausgebe. Der Zeitschriftencharakter fehlt aber.

Magazin für Geschichte, Statistik und Staatsrecht der österreichischen Monarchie. Herausgegeben von einer Gesellschaft österreichischer Gelehrten. (2 Bde.) 8. Göttingen 1806—1808.

— f. Geschichte, Statistik und Staatsrecht der österreich. Monarchie. 2 Bde. gr. 8. Götting. Vandenhök. 807. 808. (I. 1 Rthlr. II. 1 Rthlr. 14 gr.)

Magazin für die Geschichte, die Statistik und das Territorialstaatsrecht Niedersachsens. Lemgo 1787. H: *Schmalz, Theod. Ant. Hnr.* (Hauptkat. d. Univ.-Bibl. Tübingen. F. S. 315.)

— f. d. Geschichte d. Statistik, u. d. Territorial-Staatsr. v. Niedersachsen. 1n Bds. 1s Stck gr. 8. Lemgo 787. Meyer. 6 Gr.

Magazin zur Geschichte des deutschen Theaters. St. 1. Halle: Curt 1773. 8°
Hrsg.: Joh. Jost Anton vom Hagen.

— wichtiger Geschichtswerke des Auslandes älterer u. neuester Zeit. In guten Uebersetzungen. 1r u. 2r Bd. Auch u. d. T.: Geschichte Rußlands unter Peter d. Großen, vom Grafen v. Ségür. Aus d. Französ. v. C. D. H. Grimm. gr. 16. Halberst. 831. 32. Brüggemann. (à 8 Gr.) 16 Gr.

— wichtiger Geschichtswerke des Auslandes älterer u. neuerer Zeit. In guten Uebersetzungen. 1r Bd. (3s Bdchen.) A. u. d. T.: Geschichte Rußlands und Peters des Großen; vom General, Grafen von Ségür. Aus d. Franz. von C. D. H. Grimm. 3s Bdchen. gr. 16. Leipzig 833. (Schreck.) 2/3 Rthl. — Alle 3 Bdchen. 1 Rthl. — N. Ausg. s. Ségür, Gesch. Rußlands.

Magazin des neuesten Geschmackes in Kunst und Mode ... herausgegeben von M. A. Berrin ... Leipzig, im Industrie-Comptoir (1801).
Mit kol. Modekupfern. 8°.
1. Jg. 1799.
Fortgesetzt u. d. T.: **Charis**. Ein Magazin für das Neueste in Kunst, Geschmack und Mode ... Herausgegeben von J. G. Gruber und M. A. Berrin ... Leipzig 1802—1804, im Industrie-Comptoir.
Mit kol. Modekupfern. 8°.
1804 ff.: Herausgegeben von F. G. Baumgärtner, Kerndörffer und M. A. Berrin.
Erschienen bis 1806.
Fortgesetzt u. d. T.: **Allgemeine Moden-Zeitung**. Jahrgang 1806—1814, 1817, 1820—1822, 1823, 1824—1894. Leipzig, im Verlage des Industrie-Comptoirs.
Mit Abb. u. kol. Modekupfern. 8° und 4°
1810 ff.: Herausgegeben von J. A. Bergk. — 1835 ff.: Herausgegeben von Dr A. Diezmann. — 1839 ff.: Baumgärtners Buchhandlung. — 1866 ff.: Leipzig, Verlag der Dürr'schen Buchhandlung.
Von 1806 nur Oktoberheft. 1827, 1 fehlt. Erschienen bis 1903.

DER GESELLSCHAFT NATURFORSCHENDER FREUNDE ZU BERLIN MAGAZIN FÜR DIE NEUESTEN ENTDECKUNGEN IN DER GESAMMTEN NATURKUNDE.
Jahrg. 1—8. 1807—(1818). Berlin (1807)—1818. In der Realschulbuchhandlung. 4°.

— — d. Gesellsch. naturforsch. Freunde z. Berlin f. d. neuesten Entdeckungen in der gesammten Naturkunde. 8r Jahrg. 3s bis 4s Quart. gr. 4. Berlin, Reimer. 816.

Magazin. Hrsg. von der Lettisch-Literärischen Ges. Bd 1—20. — Mitau: Lettisch-Literärische Ges. 1828—1913.

Magazin hrsg. v. d. Lettisch-Litterärischen Gesellschaft. Bd 1—20. Mitau (7: Riga) 1829—1913.

— herausg. von der Lettisch-Literarischen Gesellschaft. 4 Bde. gr. 4. Mitau ... n. 7 1/3 Rthl. u. 5r Bd. 3 Stücke. Mit 4 Tabellen. 8. Ebd. 835, 36. (Riga, Deubner. n. 1 3/4 Rthl. — 6r Bd. Ueber d. Ursprung d. lettischen Sprache, von B. Bergmann. 8. Ebd. 838. (Leipzig, Steinacker.) 1 2/3 Rthl. — 7r Bd. 1s Stck. 8. Ebd. 839. 1/3 Rthl.

— hrsg. v. der lettisch-literärischen Gesellschaft. 17. Bd. 2. Stück. 8. (341 S.) Mitau 885. (Besthorn.) n. 6. —

— hrsg. v. der lettisch-litterärischen Gesellschaft. 18. Bd. 8. (288 S.) Mitau 887. (Besthorn.) n. 6. —

— hrsg. v. der lettisch-litterarischen Gesellschaft. 19. Bd. 1. u. 2. Stück. gr. 8. Mitau, (F. Besthorn). n. 9. —
1. (204 S.) 891. n. 6. —. — 2. (II, 93 S. m. 1 Taf.) 898. n. 3. —

— hrsg. v. d. lettisch-litterärischen Gesellschaft. 19. Bd. 3. Stück. gr. 8. (III, 154 S.) Mitau 894. (F. Besthorn.) n. 3. — (1.—3.: n. 12. —)

Magazin der Gesetzgebung, besonders in den Preussischen Staaten. Liegnitz 1780—81. H: *Paalzow, Christian Ludwig.* (MGT) »1781—82« (Ky)

Paalzow, Chr. L. (Herausgeber): „Magazin der Gesetzgebung, besonders in den Königlich Preußischen Staaten", Band 1 und 2, Liegnitz und Leipzig 1781—1782 (Daniel Siegert). — Vorh. UB Göttingen.

„Magazin der Gewerbskunde zum Gebrauch für Fabrikanten, Künstler etc.", 1. Band, 1. Heft, Leipzig 1809 (Herzog).

Magazin, Gothaisches, der Künste und Wissenschaften. Gotha 1776—79. H: *Ewald, Schack Hermann.* (BrMm) (Ky) & *Andere.* (ErschDL)

— Gothaisches, d. Künste u. Wissenschaften; hrsgg. (v. S. H. Ewald). 2 Bde. 8. Gotha 776—79. Ettinger. 2 Rthl. 16 Gr.

— Götting., histor., hrsgg. v. Chr. Meiners u. L. T. Spittler. 4 Jahrgg. in 8 Bdn. zu 4 Stck. gr. 8. Hannov. 787—90. Helwing. 16 Rthl. — Fortgesetzt u. d. T.: Neues Götting., histor., 1r — 3r Bd. gr. 8. Ebd. 791—94. 6 Rthl.

— Göttingisch., für Industrie, s. Industrie.

Magazin, Göttingisches, für Industrie und Armenpflege. Göttingen 1788—1802. H: *Wagemann, Ludwig Gerhard.* (EngMt) (MGT) »1788—1805« (Ky)

Wagemann, L. G. (Herausgeber): „Göttingisches Magazin für Industrie und Armenpflege", 5 Bände, Göttingen 1789 bis 1802 (Vandenhoeck & R.). — Vorh.: Com. Bibl. Hamburg.

Wagemann, L. G. (Herausgeber): „Göttingisches Magazin für Industrie und Armenpflege", 5 Bände (je 4 Stücke) und 6. Bandes 1. Stück, Göttingen 1788—1805 (Vandenhöck & R.). — Vorh.: Preußische Staatsbibliothek Berlin. — Signatur Fd. 4925.

Magazin, Göttingisches, der Wissenschaften und Literatur. Göttingen 1780—85. H: *Lichtenberg, Georg Christoph & Johann Georg Adam Forster.* (Ky)

— Göttingisches, d. Wissensch. u. Literat.; hrsgg. (v. G. Cph. Lichtenberg u. Förster). 3 Jahrgg. à 6 Stcke. u. 4n Jahrgs. 1s, 2s Stck. 8. Götting. 780—85. Dieterich. (à Stck. 12 gl) 10 rß

— Grätzer, gemeinnütz., üb. verschied. Gegenstände d. Literatur u. Oekonomie, (v. Patr. Dtngg). 2 Bde. 8. Grätz 787. Ferstl. 1 rß 16 gl

Magazin, Hamburgisches, oder gesammlete Schriften zum Unterricht und zum Vergnügen ... Hamburg 1745—63. H: ***Kästner, Abrah. Gotthelf, Joh. Aug. Unzer & Andere.*** **(ErschDL) (Gatterer, Repert. d. mineral. Litt. Giessen 1798—99. I, 291.)**

* Hamburgische Magazin oder gesammelte Schriften zum Unterrichte und zum Vergnügen aus der Naturforschung und den angenehmen Wissenschaften überhaupt. Hamb. 1747-1763. 8. 24 B.

„Hamburgisches Magazin, oder gesammlete Schriften zum Unterricht und Vergnügen aus der Naturforschung und den angenehmen Wissenschaften überhaupt", Band 1—26 und Universal-Register, Hamburg (Grund) und Leipzig (Holle) 1747—1767. — Vorh.: Preußische Staatsbibliothek Berlin — Ac 5805 und Com. Bibl. Hamburg. Fortsetzung u. d. T.: „Neues Hamburgisches Magazin, oder Fortsetzung gesammleter Schriften . . . . aus der Naturforschung", Stück 1—120. Hamburg und Leipzig (1769 ff. Leipzig: Holle) 1767—1781. — Vorh.: Preußische Staatsbibliothek Berlin — Ac 5807 — und Com. Bibl. Hamburg.

Hamburgisches Magazin oder gesammlete Schriften (1-10 z. Unterricht u. Vergnügen) **aus der Naturforschung u. den angenehmen Wissenschaften überhaupt.** Bd. 1-28. Hamb. u. Leipz. 1748-62.
— Dreyfaches Universalregister ... Sst. 1767.

Magazin, Hamburgisches, oder gesammelte Schriften zum Unterricht und Vergnügen aus der Naturforschung und den angenehmen Wissenschaften überhaupt. 2. Aufl. Bd. 1—26 nebst Register. Hamburg 1748—63. 8.

„Hamburgisches Magazin, oder gesammelte Schriften aus der Natur, Vorsehung und gesammten Wissenschaft", 26 Bände, Hamburg 1748—1763 (Holle), Dessen dreif. Universalregister, ebenda 1767. — „Neues Hamburgisches Magazin . . .", 20 Bände oder 120 Stücke, Hamburg 1767—1781 (Holle; Leipzig, Barth). „Hamburgisches Magazin" herausgegeben von J. C. M. Steineck, 1.—4. Stück, Hamburg 1787.

— Hamburgisches; hrsgg. v. J. C. M. Steineck. 1s—4s Stck. 8. Hamb. 787.

— Hamburgisches, f. d. Geburtshülfe, s. J. J. Gumprecht.

HAMBURGISCHES MAGAZIN FÜR DIE AUSLÄNDISCHE LITERATUR DER GESAMMTEN HEILKUNDE. Herausgegeben von J. J. GUMPRECHT, und G. H. GERSON, in Verbindung mit mehreren Mitgliedern des ärztlichen Vereins in Hamburg.
Bd. 1—3. Mit Kupfertafeln. Berlin 1817—1819. Schlesingersche Buch- und Musikhandlung. 8°.
Fortges. u.d.T.: Magazin der ausländischen Literatur der gesamten Heilkunde.

Magazin, Hanauisches. Hanau 1777ff. H: *Stockhausen, Johann Christoph & Andere.* (ErschDL)

Magazin. – Hanauisches Magazin. Bd 1–8. Hanau: Waisenhaus 1778–85. 8°

— **Hanauisch., mit K. u. Chart. 7 Bde. 8. Dessau, Gel. Handl. 781-83.**

— d. Handels- u. Gewerbskunde; hrsgg. v. J. G. Hildt. 1r Jahrg. zu 12 Stck. Mit ausgemalt. u. schw. Kpf. u. Karten. gr. 8. Weimar 803. Ind.-Compt. 6 rß — Dass. hrsgg. v. e. Gesellsch. v. Gelehrten u. Geschäftsmännern. Jahrgang 1804, 5. Mit Kpf. gr. 8. Ebd. (à 6 rß) 12 rß

Schedel, Johann Christian (Herausgeber): „Magazin für die Handlung, oder Nachrichten und Versuche, die den Handel der Völker und Länder betreffen", Leipzig 1783 (Vogel). — Vorh.: LB Dresden und Com. Bibl. Hamburg.

— **f. die Handlung ꝛc. von Fahnenberg u. Georgius, s.a. Fahnenberg.**

— für d. Handlung, Handlungsgesetzgebung u. Finanzverwaltung Frankreichs u. der Bundesstaaten; hrsgg. v. K. H. v. Fahnenberg. 1r Bd. gr. 8. Heidelb. 810. Mohr. 1 rß 12 gl 2r u. 3r Bd. gr. 8. Karlsr. 811 u. 12. Braun. 4 rß 4r—6r Bd. mit Georgius (d. h. C. G. Otto). gr. 8. Nürnb. 813 u. 14. Schrag. 6 rß 12 gl Hbg. Pr. 4 rß 8 gl

„Das Hannöverische Magazin, worin kleine Abhandlungen einzelner Gedanken, Nachrichten, Vorschläge und Erfahrungen, so die Verbesserung des Nahrungsstandes, die Land- und Stadtwirthschaft, Handlung, Manufacturen, Künste und Wissenschaften betreffen, gesammelt sind", Hannover seit 1750 (Führte diesen Titel erst seit 1763). Erschien zuerst u. d. T.: „Sammlungen kleiner Ausführungen"; 1755: „Hannöverische nützliche Sammlungen"; 1759: „Hannöverische Beyträge zum Nutzen und Vergnügen"; seit 1790: „Neues Hannöverisches Magazin", bis 1816 (Hannover, Helwing). — „Hannöverisches Magazin", Jahrgang 1830, Hannover (Hahn).

— **Hannöv., wor. kl. Abhandl., Nachr. ꝛc. v. Verbesser. d. Nahrungsstandes, Landwirthsch. ꝛc. enth. 35 Jahrg. von 1763-797. (von 1790 an ab.: Neues Hann. Mag.) 4. Hann. Helwing.**

Hannoversches Magazin. Hannover, Jgge. 1763—1790 und 1844—1849.

— Hannoversches, Jahrg. 1830. 120 Nrn. (Bog.) 4. Hannover, Hahn.

— Hannoversches, für 1841, 1843, 1844. à 104 Numm. (Bog.) 4. (Hannover, Hahn'sche Hofbuchh.) à n. $3^1/_2$ rß

Hannoversches Magazin und Hannoversche Anzeigen. Hannover, Jgge. 1763—1772 und 1814.

„Hanseatisches Magazin", herausgegeben von Johann Smid. 6 Bände in 12 Heften, Bremen 1799—1804 (Perthes & B. in Hamburg).

— **hanseatisch., herausg. v. J. Schmidt. 6 Bde. à 2 Stck. 799—801. 8. Bremen, Seyffert. (Müller.) (à Stck. 16 gr.)**

— d. Haushaltungskunst, s. Sammlung v. Erfahrr. 4 Thle.

„Magazin der Haushaltungskunst für Hausväter, Hausmütter, Liebhaber der Oekonomie und Freunde der Gesundheit". Eine Sammlung gemeinnütziger Erfahrungen für alle Stände aus den besten Werken gezogen", Coburg 1796.

— **d. Haushaltungskunst. 1r. (a. unt. d. Tit.: kl. Kochbuch für bürgerliche Haushaltung) und 2r Band (auch unter dem Tit.: neues Kochbuch ꝛc. — od. ökon. Kunstst. 96.) 8. Cob. Ahl. 796. (à 18 gr.)**

— der gemeinnützigsten Hausmittel f. Stadt u. Land. — A. u. d. T.: Des Hauses bester Freund, der es aufrichtig meint, giebt hier, durch Jahre langen Fleiß u. Kunst zu ein. kleinen Preis, e. wahres Noth- u. Hülfsbüchlein; um nützl. Jedermann zu sein. 32. (88 Seit.) Erfurt 840, Hennings u. Hopf.

— der gemeinnützigsten Hausmittel für Stadt und Land. 2. Aufl. 24. Erfurt 843, Hennings u. Hopf. $^1/_{12}$ rß

— für die gesammte Heilkunde, s. a. Rust, J. N.

Magazin für die gesammte H e i l k u n d e mit bes. Beziehung auf das allgemeine Sanitätswesen im Kgl. preußischen Staate. Hrsg. von Johann Nep. Rust. Bd 1–66. Berlin: Realschulbuchh. (sp. Reimer) 1816–48.
Bd 57. 1841 ff. fortges. vom Verein für Heilkunde in Preussen.

MAGAZIN FÜR DIE GESAMMTE HEILKUNDE, mit besonderer Rücksicht auf das allgemeine Sanitäts-Wesen im Königl. Preuss. Staate. Unter Mitwirkung des Vereins für Heilkunde in Preussen herausgegeben von ... JOHANN NEP. RUST.
Bd. 1—14.*) Mit Tafeln. Berlin 1835—1840. G. Reimer. 8°.

MAGAZIN FÜR DIE GESAMMTE HEILKUNDE, mit besonderer Rücksicht auf das allgemeine Sanitäts-Wesen im Königl. Preuss. Staate. Gegründet von Johann Nep. Rust, fortgesetzt vom Verein(e) für Heilkunde in Preussen. (Redacteur: W. ECK.)
Bd. 57—66, seit Mitwirkung des Vereins: Bd. 15–24. Mit Tafeln. ib. 1841—1848. —

In Bd. 6, resp. Bd. 48: Register zum 43. bis einschliesslich 48. Bde. dieses Magazins.
In Bd. 12, resp. Bd. 54: Register zum 49. (7.) bis einschliesslich 54. (12.) Bde dieses Magazins.
In Bd. 60, resp. Bd. 18: Register zum 55. bis einschliesslich 60. (seit Mitwirkung des Vereins für Heilkunde in Preussen 13.–18.) Bde dieses Magazins.
In Bd. 66, resp. Bd. 24: Register zum 61. bis einschliesslich 66. (seit Mitwirkung des Vereins für Heilkunde in Preussen 19.—24.) Bde dieses Magazins.

—— für **Heilkunde u. Naturwissenschaft in Pohlen.** In Verbind. mit e. Vereine v. Aerzten hrsg. v. L. Leo. 1. Jahrg. 1828. 4 Hfte. gr. 12. Warschau. (Berlin, Laue.)

— für die physische Heilkunde, herausg. v. Reil u. Kepßler. 1r Bd. in 4 Hften. 8. Berl. Lange. 805.

— — für die psychische Heilkunde, von Reil und Kayßler. 3 Hefte. gr. 8. Berlin. 805. Jetzt Reimer.

Magazin: Helvetisches Magazin
③ Magazin für die Naturkunde Helvetiens ⑪ Albrecht Höpfner ⑬ BGSZ: 675 (p. 60—61) ⑮ Als Fortsetzung des »Magazin für die Naturkunde Helvetiens« geplante Zeitschrift.

„Hessendarmstädtisches Magazin, worin kleine ökonomische Abhandlungen und Nachrichten, die Verbesserung des Nahrungsstandes und andere nutzbare Sachen betreffend enthalten", vier Bände, Frankfurt 1772—1775 (Fleischer).

— hessendarmstädtisches, worin kleine ökonomische Abhandlungen befindl. v. d. J. 1772–75, 4 Bde., 8. Frft. Fleischer. 778.

Magazin. – H i l d e s h e i m i s c h e s Magazin [Stückt.]. Jg. 1–7 (wöchentl. 2 St.). Hildesheim: Schlegel 1786–92. 4°

Magazin für die neue H i s t o r i e und Geographie. T. 1–23. Hamburg: Ritter (2 ff: Buchenröder; 7 ff: Halle: Curt) 1767 – 88 u. [T. 23:] 1793. 4°
Hrsg.: Anton Friedr. Büsching: T. 23: Benj. Gottfr. Weinart.
Fortges. u.d.T.: Neues Magazin für die neuere Geschichte.

Magasin historique pour l'esprit et le coeur. (p. Pfeffel.) II Tomes. 8. Strasb. Treuttel et W. Rthlr.

Magazin, Historisch-diplomatisches, für das Vaterland und angrenzende Gegenden. Nürnberg 1780—84. H: *Will, Georg Andreas.* (ML) (BB) (Ky) (BrMm) »1781—85« (EB)

Magazin, historischdiplomatisches (sic), f. das Vaterland (Nürnberg) u. angrenzende Gegenden (hrsg. von *Geo. Andr. Will*, Prof. in Altdorf, geb. 1727, † 1798). 4 Stücke (in 1 Bde.). Mit 4 TKpfrn. (Siegelabbildungen). Nürnberg, Jac. Mart. Bauer, 1780—81. 8°. Hpgmtb. Einige Bll. feuchtfl. u. ausgebessert.

— hist. diplomat., f. das Vaterland und angränz. Gegenden. 8 Stck in 2 Bdn. m. K. gr. 8. Nürnberg, Bauer. (Schmidmer.) 780. 84.

Magazin. – H i s t o r i s c h e s Magazin. St. 1. Rostock u. Greifswald: Röse 1762. 8°
Hrsg.: Thom. Heinr. Gadebusch.

— historisches, moralisches und physikal., für Kinder beyd. Geschlechts. 2 Theile. 8. Heilbr. Eckebrecht. (Claß.) 782.

Magazin, Historisches und statistisches, vornehmlich von Oberdeutschland ... Kempten 1785—86. H: *Moritz, Johann Friedrich.* (MS) (ML) H: *Abele, Johann Martin von.* (MGT) (BB) (Ky) (Gradmann, Gel. Schwaben 1802.)

— histor., statist., vornehmlich v. Oberdeutschland, gesammelt durch einige Gelehrte; (hrsgg. v. J. M. Abele). 2 Hfte. 8. Kempten 785 u. 86. Dannheimer. 1 ℛ

— hist. und statistisch., vornehmlich von Oberdeutschland. 2 Stck. 4. Kempten, Typogr. 786.

Magazin, Historisches, für den Verstand und das Herz. Strassburg 176? N. A. 1792. H: *Pfeffel, Gottlieb Conr.* (JL)

– Straßburg 1771.

— hist., f. d. Verstand u. d. Herz. 2 Thle. 8. Strasburg, Treuttel. 792.

— — dasselbe, m. einem deutsch-französischen Wörterbuch.

— histor., für Verstand u. Herz, in 269 Erzählgn. v. Gli. Konr. Pfeffel, nebst e. deutsch-französ. Wörterb. 6e Aufl. 8. Leipz. 808. Hinrichs. 1 ℛ 8 gr

— — historisches, für Verstand und Herz, nebst einem deutsch-französischen Wörterbuche zum Gebrauch in Schulen. 7te Aufl. 8. Strasburg, Treuttel und Würtz. 819.

— historisches, f. Verstand u. Herz, z. Uebersetzen ins Französische. Nebst deutsch-französ. Wörterbuche. 2 Abthlg. 8e Aufl. 8. Straßburg 823, Treuttel u. W.

—— historisches, f. Verstand u. Herz. 3 Abthln. (incl. deutsch-französ. Wörterbuch.) 9. Aufl. 8. (36 B.) Straßburg 829, Treuttel u. Würtz.

Magazin. – H i s t o r i s c h - g e n e a l o g i s c h e s Magazin für den deutschen Adel, vorzüglich in Niedersachsen und Westphalen. Quart. 1. Frankfurt u. Leipzig 1798. 8°

— historisch. literar. biographisches, s. a. Meusel.

Magazin: Historisch-Litterarisch-Bibliographisches Magazin
① Errichtet von einer Gesellschaft litterarischer Freunde in und außer Deutschland ③ Historisch-Litterarisches Magazin (Bayreuth und Leipzig, Lübecks sel. Erben, 1785—1786) ⑤ 1788, 1790—1792, 1794 ⑥ 8° ⑦ Jahrbuch (1788, 1790); halbjährig (1791—1792, 1794) ⑧ Zürich: Ziegler & Söhne (1790?—1791); Chemnitz: Hofmann & Fiedler (1792), Carl Gottlieb Hoffmann (1792—1794) ⑩ Prof. Johann Georg Meusel, Erlangen ⑪ J. G. Meusel ⑭ Bs: U; Zh: Z ⑮ Von Lang (BGSZ 99, p. 162, Nr. 31) nicht als Zeitschrift anerkannt, 1788 in Zürich bei Johann Caspar Füßli verlegt, ohne Angabe des Druckortes.

Magazin. – H i s t o r i s c h - l i t t e r a r i s c h e s Magazin. T. 1–4. Bayreuth u. Leipzig: Lübecks seel. Erben 1785–86. 8°
Hrsg.: Joh. Georg Meusel.
Fortges. u.d.T.: Historisch-litterarisch-bibliographisches Magazin.

Magazin, histor.-literar., für Pfalz-Baiern und angränzende Gegenden. Hrsg. u. grösstentheils verfertiget von *Peter Paul Finauer.* Bd. I, Heft 1—3 (in 1 Bde.). München, mit thuillischen Schriften, 1782. 8°. Hfrzb.
6 Bll. Vorst. u. 288 fortl. S. Mit d. Portr. von Kurfürst Karl Theodor v. d. Pfalz (1724—99), Joh. Adlzreitter v. Tettenweis (1596—1662) u. Fidr. Staphylus (1512—64), gest. v. J. A. Zimmermann; nebst d. Biographieen der beiden Letzteren, S. 50—64 u. S. 228—273.

Magazin. – H i s t o r i s c h - l i t t e r a r i s c h - s t a t i s t i s c h e s Magazin. T. 1. Zürich: Gessner 1802. 8°
Hrsg.: Joh. Georg Meusel.

Magazin, Hohnsteinisches.

[Nordhausen] 1788—91. H: *Schmahling, Gottlieb Christoph.* (ML)

Magazin. – H o l l ä n d i s c h e s Magazin der Naturkunde. St. 1. 2. Frankfurt a.M.: Andreä 1802. 8°
Hrsg.: Joh. August Schmidt.

Magazin für Evangelisch-Lutherische Homiletik: Jahrgang 1—62, 1877—1934.
Monthly. Organ of Die Deutsche Evangelisch-Lutherische Synode von Missouri, Ohio u. a. Staaten. Title varies: MAGAZIN FÜR EVANGELISCH-LUTHERISCHE HOMILETIK UND PASTORAL-THEOLOGIE. Merged with LEHRE UND WEHRE and THEOLOGICAL MONTHLY, to form CONCORDIA THEOLOGICAL MONTHLY. Volumes 51—54 also as New Series, Band 1—4. Octavo, each issue 32 pages; each vol. has title-page & contents, 6 pages. Edited by the Rev. Georg Leonard Peter Mezger; by Theo. Gräbner; by Otto C. A. Boecler; managing editor, Martin Günther, 1877—93. Published by Concordia Publishing House.
St. Louis, MO

— für evang.-lutherische Homiletik. Hrsg. von einigen Pastoralconferenzen der deutschen ev.-luth. Synode von Missouri &c. In Verbindung mit einer dazu bestellten Commission red. von Martin Günther. 1—6. Jahrg. 1877—1882. à 12 Hfte. (2 B.) gr. 8. St. Louis, Mo. (Dresden, H. J. Naumann.) à Jahrg. n. 10. —

— für ev.-lutherische Homiletik. Hrsg. v. der deutschen ev.-luth. Synode v. Missouri, Ohio u. a. St. Red. vom Lehrercollegium d. Seminars zu St. Louis. 7—9. Jahrg. 1883—1885. à 12 Hfte. (2 B.) gr. 8. St. Louis, Mo., (Dresden, H. J. Naumann). à Jahrg. n. 10. —

— dasselbe. 10. Jahrg. 1886. 12 Hfte. (2 B.) gr. 8. Ebend. n. 7. —

Magazin für ev.-lutherische Homiletik. Hrsg. v. der deutschen ev.-luth. Synode v. Missouri, Ohio u. a. St. Red. vom Lehrercollegium d. Seminars zu St. Louis. 11.—14. Jahrg. 1887—1890. à 12 Hfte. (2 B.) gr. 8. St. Louis, Mo. (Dresden, H. J. Naumann.) à Jahrg. n. 7. —

Magazin f. ev.-lutherische Homiletik. Hrsg. v. der deutschen ev.-luth. Synode v. Missouri, Ohio u. a. St. Red. v. Lehrercollegium d. Seminars zu St. Louis. 15.—17. Jahrg. 1891—1893. à 12 Hfte. (2 Bog.) gr. 8. St. Louis, Mo. (Zwickau, Schriftenverein.) à Jahrg. n. 7. —

— f. ev.-lutherische Homiletik. Hrsg. von der deutschen ev.-luth. Synode v. Missouri, Ohio u. a. St. Red. v. Lehrercollegium d. Seminars zu St. Louis. 19.—22. Jahrg. 1895—1898. à 12 Hfte. (à ca. 2 Bog.) gr. 8. St. Louis, Mo. (Zwickau, Schriftenverein.) à Jahrg. n. 7. —

— für ev.-lutherische Homiletik u. Pastoraltheologie. Hrsg. v. der deutschen ev.-luth. Synode v. Missouri, Ohio u. a. St. Red. vom Lehrercollegium des Seminars zu St. Louis. 23.—26. Jahrg. 1899—1902. à 12 Nrn. gr. 8. (à ca. 32 S.) St. Louis, Mo. (Zwickau, Schriften-Verein). à Jahrg. n. 7. —

— für ev.-lutherische Homiletik u. Pastoraltheologie. Hrsg. v. der deutschen ev.-luth. Synode v. Missouri, Ohio u. a. St. Red. vom Lehrerkollegium des Seminars zu St. Louis. 27.—30. Jahrg. 1903—1906. à 12 Nrn. (à ca. 32 u. 16 S.) gr. 8. St. Louis, Mo. (Zwickau, Schriften-Verein.) à Jhrg. n. 8. —

— für ev.-lutherische Homiletik u. Pastoraltheologie. Hrsg. v. der deutschen ev.-luth. Synode v. Missouri, Ohio u. a. St. Red. vom Lehrerkollegium des Seminars zu St. Louis. 31.—34. Jahrg. 1907—1910. à 12 Nrn. (à Jahrg. IV, 384 u. 192 S.) gr. 8. St. Louis, Mo. (Zwickau, Schriften-Verein.) à Jahrg. 8. —

Das Homiletische Magazin: 1901—1906. St.Louis. MO
Published by Concordia Publishing House for the Lutheran clergy.

Magazin, H o m i l e t i s c h e s, s.a. D i e t z s c h, Karl Friedrich

—— homiletisches, hrsg. v. Carl Friedr. Dietzsch. 1. Bd. 1. Hft. gr. 8. ($1\frac{1}{8}$ B.) Leipzig 838, L. Schumann.

Magazin. – H u m a n i s t i s c h e s zur gemeinnützlichen Unterhaltung und insonderheit in Beziehung auf akademische Studien. Helmstädt: Hrsg.; Leipzig: Kummer in Komm. 1787–90. 8°
Hrsg.: Friedr. Aug. Wiedeburg.

— f. d. Jagd- und Forstw. s. Leonhardt.

— für Jäger u. Jagdfreunde. Herausg. v. Wilh. Neuhof. 2 u. 3. Bd. à 6 Hfte. 4. Bd. 3 Hfte. 5. Bd. 6 Hfte. (Jahrg. 1848—1851.) (2: VI u. 282 S. m. 1 Lith. 3: VI u. 284 S. 4: IV u. 120 S. 5: VI u. 240 S.) Erfurt, Müllersche Sort.-Buchhandlung. à Hft. n. $^{1}/_{12}$ ℛ
1. Jg. ebd. 1847 u.d.T.: Neuhof: Plauderstübchen für Jäger.

—— für Jäger und Jagdfreunde. Hrsg. von Wilh. Neuhof. 6. Bd. 6 Hefte. 8. (1. Heft 40 S. mit 1 Stnt. in qu. 4.) Erfurt 854, Müller'sche Buchh. (à Heft * $2\frac{1}{2}$ Ngr.) *

— für Jäger und Jagdfreunde. Herausg. von Wilh. Neuhof. 6. Bd. 6 Hefte (à 2—3 Bgn. mit lith. Abbildgn.) Erfurt, (855.) Müller. 8 Jedes Heft n. $2\frac{1}{4}$ ngr.

— im Gebiete d. Jägerei. (Deutsches Sporting-Magazine.) Redacteur: v. Warburg. 1.—3. Jahrg. 1841—1843. à 52 Numm. (Bog.) Lex.-8. Berlin, Hayn; Leipzig, Hartknoch. 1. J. n. $4\frac{2}{3}$ ℛ 2. J. n. $4\frac{2}{3}$ ℛ u. 1 Supplement-Quartal dazu n. $^{5}/_{6}$ ℛ 3 J. u. $4\frac{2}{3}$ ℛ

— im Gebiete der Jägerei. (Deutsches Sporting-Magazine.) Redact.: v. Warburg. 4—7. Jahrg. 1844—1847. à 52 Nrn. gr. 8. (Bog.) Berlin, Hayn. à Jahrg. n. $4\frac{2}{3}$ ℛ

— illustrirtes, (Neueste Folge des Heller-Magazin) begleitet v. d. Schnellpost für Moden. Eine Zeitschrift zur Unterhaltung u. Belehrung. Unter besond. Rücksicht auf d. Interessen der Gegenwart, redigirt von F. A. Wiese. 1. Jahrg. 1846. 52 Numm. (Bog.) Mit Holzschnitten u. 1 Titel-Stahlst. 4. Leipzig, Baumgärtner. n. $1\frac{1}{2}$ ℛ — Mit 52 color. Modekupfern. n. 3 ℛ

— illustrirtes, begleitet von der Schnellpost für Moden. Eine Zeitschrift zur Unterhaltung u. Belehrung. Unter besonderer Rücksicht auf die Interessen der Gegenwart, red. v. F. A. Wiese. Neue Folge. 2—6. Jahrg. 1847—1851. à 52 Nrn. 4. (1847—49 à Nr. 1 Bog. 1850—51 à Nr. 2 Bog. Mit Holzschn.) Leipzig, Baumgärtner. à Jahrg. $1\frac{1}{2}$ ℛ Mit 52 color. Modekpfrn. n. 3 ℛ

Magazin für Ingenieure u. Artilleristen. Hrsg. von A. Böhm. Mit Kpf. Bd 1—12. Gießen 1777—1795.

Magazin für Ingenieurs und

Artilleristen. Marburg 1777—94. V (Th. 12): *Hauff, Johann Carl Friedrich.* (KY)

Magazin polytechnischen, architektonischen und ökonomischen Inhalts, s. M a g a z i n, P o l y t e c h n i s c h e s, mathematischen, architektonischen und ökonomischen Inhalts.

Magazin der neuesten ausländischen

Insekten. Erlangen 1794. H: *Esper, Eugen Johann Christoph.* (MGT)

— d. neuest. ausländ. Insekten. 16 Hft. Mit Kpf. gr. 4. Erl. 794. (Heyder). 1 ℛ 8 gr

Magazin für I n s e k t e n k u n d e. Bd 1–6. Braunschweig 1801–07. 8°
Hrsg.: Karl Illiger.

— v. mathemat. Instrumenten rc., s. a. Breithaupt, Fr. W.

—— von den neuesten gemeinnütz. grösstentheils verbess. u. zweckmäss. eingericht. mathemat. Instrumenten, deren man sich in der Geometrie, bei der Civil- u. Militärmesskunst, dem Nivelliren, Auftragen u. Zeichnen bedient. Nebst e. kurzen Beschreibg. u. Erklärg., auch e. Anweisung, wie jedes Instrument auf die leicht. Art grprüft, justirt u. angewendet werden kann, v. Fr. Wilh. Breithaupt. III. Hft. A. u. d. Ttl.: Der Repetitions-Theodolit, neu construirt v. F. W. Breithaupt. Der Transporteur, neu constr. v. J. W. Gattermann. Der Dosensextant u. zwei Nivellir-Instrumente, neu constr. von F. W. Breithaupt. Roy.-4. (7 B. u. 3 Kpfrt.) Cassel 846, (Krieger'sche Buchh.) *
Hft. 1. u. 2. Ebendas. 1835. * 1 Thlr. 22 Ngr.

— für biblische Interpretation, s. a. J. L. H. v. Zobel.

— f. biblische Interpretation, angelegt v. J. C. H. v. Zobel. 1r Bd. 1s u. 2s Hft. gr. 8. Leipzig 805 u. 6. (W. Vogel). (à 20 gGr) 1 ℛ 16 gGr

Magazin für die Jugend
s. a. Magazin zur Bildung des Verstandes und Veredelung des Herzens.

Magazin für die Jugend. Bremen 1801. 8°
Hrsg.: Herm. Reiterberg.

—— für d. Jugend. Eine Monatschr. z. nützl. u. unterhalt. Selbstbeschäftigung d. Jugend außer d. Schule, redig. v. J. W. Schmachtenberg. 1—4. Jahrg. 1831—34. à 12 Hfte. (à 2 Bog.) Mit Titvign. u. Musikbeil. 8. M. Gladbach, [Schmachtenberg.] [831. 6 Hfte., 32—34. à 12 Hfte. à J. 20 Gr.]

—— dass. 2. Aufl. 8. (46¼ B., Musikbeiln. u. Abbildn.) Ebds. 835. à J. 12 Gr.

Magazin für die Jugend, zur nützlichen und angenehmen Unterhaltung. Leipz. 1827. H: *Kerndörffer, Hnr. August.* (Ky)

— f. die Jugend, z. nützl. u. angenehm. Unterhaltung, (v. H. A. Kerndörfer). 8. Leipzig 827. Fest: 12 gGr

Magazin für Jünglinge. T. 1. 2. Berlin 1780–85. 8°
Hrsg.: Johann Peter Willenbücher.
2. Aufl.: T. 1. Berlin 1783; T. 2. Berlin 1786.

Magazin für positive Jurisprudenz. St. 1. Jena: Schmid 1803. 8°
Hrsg.. Joh. Chr. Daniel Salchow.

Magazin. – Juristisches Magazin. Bd. 1. 2. Jena 1782–83. 8°
Hrsg.: Joh. Christian Siebenkees.
Fortges. u.d.T.: Neues juristisches Magazin.

Magazin. – Juristisches Magazin. St. 1. 2. Rostock: Stiller 1793–94.
Hrsg.: Joh. Chr. Koppe.

Magazin. – Juristisches Magazin. H. 1. Altona: Hammerich 1818. 8°
Hrsg.: Albrecht Schweppe.

— juristisches, besond. für d. herzogl. braunschw. Lande; hrsgg. v. J. Scholz d. Dritten. 1r Bd. 1s—4s Hft. u. 2r Bd. 1s Hft. gr. 8. Wolfenbüttel 814—32. (Albrecht). 1 ℛ 16 gGr

Jurist. Magazin, besond. f. d. Herz. Braunschw. Lande, hrsg. v. J. Scholz d. Dritten. *Wolfenb.* (Albrecht.) 830. 32. 1. Bd. 4 Hfte. u. 2. Bd. 1. Hft. gr. 8. (à Hft. 8 Gr. — Schreibp. 10 Gr.)
Dass., neue Folge, f. d. bürgerl. u. Strafrecht, mit besond. Rücks. auf d. Bauernrecht. Hrsg. v. J. Scholz d. Dritten, Gans, Liebe, Zachariä. *Braunschw*, G. C. E. Meyer. 835—38. 1. Bd. 4 Hfte., u. 2. Bd. Hft. 1. 2. (à Hft. 16 Gr. — 4 Thl.)

Magazin, Juristisches, für das bürgerliche und Strafrecht, s. Magazin, Juristisches, besonders für die herzogl. braunschweigischen Lande.

Magazin. – Juristisches Magazin für die deutschen Reichsstädte. Bdch 1–6. Ulm 1790–97. 8°
Hrsg.: Tobias Ludwig Ulrich Jäger.

Magazin. – Juristisch-mathematisches Magazin. H. 1. Würzburg: Köl 1798. 8°
Hrsg.: Jos. Joh. Ign. Max Schneid.

—— von Casual-, besond. kleineren geistl. Amtsreden, als: Abendmahls-, Beicht-, Confirmations-, Einführungs-, Einweihungs-, Grab-, Tauf-, Trau- u. Verlobungsreden. 1—4. Thl. Hrsg. v. Aßmann. Bäumler. Böckel. Couard. Dennhardt. Dräseke. Eylert. Fischer. Girardet. Horn. Hoßbach. Lomler. Nebe. Röhr. Schleiermacher. Schmaltz. Schwabe. Siegel. Spieker. Westermeier u. A. gr. 8. Magdeburg, Heinrichshofen. [1. (24½ B.) 829., 2. (25 B.) 831., 3. (24 B.) 832., 4. (23½ B.) 834. à 1 Thlr. 12 Gr.]

– 5. Thl. Ebd. 1836.

– 6. Thl. Ebd. 1838.

– 7. Thl. Ebd. 1840.

— von Casual-, besonders kleinren geistlichen Amtsreden. 8. Thl. Herausgeg. von Arndt. Böckel. Couard. Eylert. Frobenius. Hoßbach. Kämpfe. Lisco. Marheineke. Marks. Melcher. Merkel. Nebe. Petri. Schatter. Schröder. Schwarz. de Wette. gr. 8. Magdeburg 842, Heinrichshofen. 1½ ℛ (1—8: 12 ℛ)

Magazin. – Katechetisches Magazin. T. 1–3. Nördlingen: Beck 1781–84. 8°
Hrsg.: Georg Heinr. Lang.
Fortges. u.d.T.: Neues katechetisches Magazin.

Katholisches Magazin für Wissenschaft und Leben. Münster, Coppenrath, gr. 8°, 1845—1848, 4 Jahrgänge, je 6 Hefte ,8,50 Mk.
Wurde redigiert von August Bisping und Fr. Felix Menke zu Münster.

— katholisches, für Wissenschaft und Leben. 1. u. 2. Bd. à 6 Hfte. Als Fortsetzung des christkathol. Magazins. gr. 8. Münster 844, 45, Coppenrath'sche Buchh. à Bd. n. 2⅚ ℛ

—— dass. 3. Bd. 6 Hfte. gr. 8. Ebds. 846, 47. *
Bildet die Fortsetzung des christkathol. Magazins.

—— katholisches, für Wissenschaft und Leben. 4. Bd. 6 Hefte. gr. 8. Münster 848, Coppenrathsche Buchh. *
1—3. Bd. Ebendas. 1845—47. à Bd. * 2 Thlr. 25 Ngr.

— für Kaufleute. Darstellungen und Abhandlungen aus dem Gesammtgebiete der Handelsthätigkeit zur Unterhaltung und Fortbildung. Unter Mitwirkung namhafter Geschäftsmänner und Gelehrten herausg. von Ed. Amthor. 1. Bd. 5 Hefte (à 5 Bgn.). Magdeburg 858. Creutz. gr. 8. Jedes Heft 6 ngr.

— für Kaufleute. Darstellungen u. Abhandlungen aus dem Gesammtgebiete der Handelsthätigkeit zur Unterhaltung u. Fortbildung. Unter Mitwirkung namhafter Geschäftsmänner u. Gelehrten herausg. von Ed. Amthor. (Jahrg. 1859.) 2. u. 3. Bd. und Jahrg. 1860. 2 Bde. [Der ganzen Reihe 4. u. 5. Bd.] à 5 Hefte (à 5 Bgn.). Magdeburg, Creutz. gr. 8. Jeder Bd. 1 ℛ
Fortsetzung dazu, s. Vorwärts! Magazin für Kaufleute.

„Kaufmännisches Magazin. Blätter für Handel und Industrie", redigiert von J. Ohnsorg, Oktober 1845 bis März 1847, Hamburg 1845—1847. — Vorh.: Com. Bibl. Hamburg.

— kaufmännisches. Blätter für Handel und Industrie. Verantw. Redact.: Jh. Ohnsorg. (1. Jahrg.) 1845. 13 Nrn. schm. 4. Hamburg, Tramburg's Erben. n. ¾ ℛ

— dass. Redact.: Jh. Ohnsorg. (2. Jahrg.) 1846. 52 Nrn. Mit dem Beiblatt: Der Buchhalter. schm. 4. Ebend. n. 3 ß

— kaufmännisches. Blätter f. Handel u. Industrie. 2. Jahrg. 1847. Red.: Johs. Ohnsorg. 72 Nrn. Lex. 8. (1/2 B.) Hamburg, Tramburg's Erben. n. 3 ß

— für junge Cavaliers, od. Schule des Edelmanns. 8. Berlin 759. 10 gl

Magazin zur näheren Kenntniß des physischen und politischen Zustandes von Europa und dessen auswärtigen Kolonien. Bd 1–3. Berlin: Akad. Buchh. 1792–94. 8°
Hrsg.: Fr. Leop. Brunn.

Magazin, Kielisches, — auch neues Kielisches Magazin f. Geschichte, Staatsklugheit rc. — s. a. B. A. Heinze.

Kielisches Magazin vor die Geschichte, Statsklugheit und Statenkunde hrgg. v. Valentin August Heinze.
Bd. 1. (Hamburg.) 1783–84.
Bd. 2. Kiel und Leipzig. 1784–86.
Fortges. u.d.T.: Neues Kielisches Magazin.

Heinze, V. A. (Herausgeber): „Kielsches Magazin vor (für) die Geschichte, Staatsklugheit und Staatenkunde", 2 Bände, Kiel und Leipzig 1783, 1784. — Vorh.: Com. Bibl. Hamburg.

— Kielisches, für Gesch., Staatsklugh. und Staatenkunde. 4. Dess. Gel. Hdl. 784.

— für Kinder oder Unterhaltungen einer Erzieherin mit ihren Zöglingen. Aus dem Französ. der Frau v. Beaumont nach der neuesten Ausg. übers. von C. v. O. 1.—4. Bdchen. in 1 Bde. 12. Coblenz 846, Hölscher. n. 16 ngl

— f. Kinder Gottes, 1r Bd. in 6 Quartl. u. 2r Bd. 18 Stck. 8. Halle 783—86. (Laue in Berl.) 1 ß 12 gl

Magazin für die Kinder Gottes ... Leipz. 1783 ff. H: *Lynar, Heinrich Casimir Gottlob Graf zu.* (ML)

—— für die Neue Kirche, s. a. Tafel, J. F. J.

—— für die Neue Kirche, v. Joh. Fr. Imm. Tafel. 1. Bd. 2 Hfte. gr. 8. (6 B.) Tübingen 829, (Buchh. Zu-Guttenberg.) 8 Gr., Schrbp.

—— dass. 2. Bd. 1. Hft. — A. u. d. T.: Religionssystem d. neuen Kirche, aus d. Quellen dargest. 1. Bd. 1. Hft.: Ueber Religion u. Offenbarung u. deren Verhältniß z. Vernunft. Hrsg. v. Joh. Fr. Imm. Tafel. gr. 8. (5 B.) Ebds. 832. 7 Gr., Schrbp.
Als Beilage zu den „Göttl. Offenbarungen bekannt gemacht durch Imm. v. Swedenborg."

Magazin für die Kirchen- und Gelehrten-Geschichte des Kurfürstenthums Pfalz. Bd 1–3. Heidelberg: Pfähler 1789–93. 8°
Hrsg.: Dan. Ludw. Wundt; Bd 3: in Verb. mit Joh. Ludwig Christian Rheinwald.

Magazin für Kirchengeschichte und Kirchenrecht des Nordens. Bd 1. 2 (zu je 4 St.) Altona: Hammerich 1792–96. 8°
Hrsg.: Fr. Münter.

Magazin für Kirchenrecht und Kirchengeschichte. Leipzig 1778—79. H: *Abele, Joh. Martin von.* (BB) (Ky) (Pütter, Litt. d. Teutsch. Staatsr. Göttingen 1773—91. IV, 513.) (Schletter, Handb. d. jurist. Litt. Grimma 1843. S. 99.)

— f. Kirchenrecht u. Kirchengeschichte, (v. Joh. Mt. v. Abele). 2 Stcke. 8. Ulm 778. 79. Wohler. 1 ß 2 gl

Magazin für das Kirchenrecht, die Kirchen- und Gelehrten-Geschichte nebst Beyträgen zur Menschenkenntnis überhaupt. Bd. 1. 2 (= St. 1–6). Göttingen: Vandenhoeck 1787–93. 8°
Hrsg.: Georg Wilh. Böhmer.

— f. d. Kirchen- u. Schulwesen; hrsgg. v. Münscher. 4 Stcke. gr. 8. Marb. 802—3. Krieger. (à 8 gl) 1 ß 8 gl

Kleine Geistliche Magazin: 1849?—? Chambersburg, PA
A religious journal.

— kleines, von ökonomischen Gegenständen, 3 Bdchen. 8. Augsb. (Haßlinger in Linz.) 796.

Magazin, Kleines, von ökonomischen Gegenständen und bewährten Hausmitteln ... Augsburg 1796—1801. H: *Cobres, Joseph Paul Edler von.* (MGT) (Ky)

Cobres, J. P. von (anonym herausgegeben): „Kleines Magazin von ökonomischen Gegenständen und bewährten Hausmitteln", 11 Bändchen, Augsburg 1796—1801 (Hasslinger in Linz).

-- kl. gemeinnütz., unterhaltender Reisebeschreibungen. 2 Bde. 8. Görlitz 794. 95. Anton in Halle. 1 ß 18 gl

— kleines, zu weiblichen Kunstarbeiten, (od. Arbeitsbuch f. Damen. 3r Thl.). Mit 24 Kupfer- u. Steintafeln, (wovon 2 illum.), welche die neuesten Dessins zu allen weibl. Kunstarb. enth. u. mit 30 probaten Hausrecepten. 2e verm. Aufl. 16. Dresd. 832. Friese. In Etuis. 20 gl (vgl. Arbeitsbuch).

Magazin, Kleines, von Mustern z. weibl. Kunstarbeiten, s. Arbeitsbuch, Kleines, für Damen.

— kleines, von Mustern rc., s. Etui von Mustern.

— kleines, d. neuesten u. geschmackvollsten Original-Muster zum Stricken u. Nähen mit bunten Perlen. 16, 26 Hft. qu. 4. Nürnb. 817. 18. Zeh. 1 ß 8 gl

Magazin, Kleines, für Prediger hsg. von einer Gesellschaft protestantischer Gottesgelehrten. Berlin 1796. H: *Kinderling, Johann Friedrich August.* (Adel)

— kl., f. Prediger, od. Samml. v. bisher ungedr. Predigtentwürfen üb. Evangel. u. Episteln, (v. J. F. A. Kindlinger). 6 Hefte. 8. Rost. 796—801. Stiller. (à 8 gl) 2 ß

Kleines Magazin für katholische Religionslehrer, bearbeitet von einer Gesellschaft. (Herausgeber Lorenz Kappler und Franz Karl Felder.) Ingolstadt, später Mörsburg u. Landshut, 1800—1808, 8°, 1.—7. Jahrg., à 8 Mk.

— kleines, für kathol. Religionslehrer. 1r—4r Jahrg.; hrsgg. v. L. Kapler. 5r—7r Jahrg. v. F. K. Felder. 8. Landsh. u. Meersburg 800—808. Weber. 15 ß 18 gl — Neues Magazin rc. fortges. v. F. K. Felder. 1r—3r Jahrg. 1809—11. 8. Gmünd. Ritter. 6 ß 18 gl 4r—10r Jahrg. 1812—18. 8. Landsh. Thomann. (à 2 ß 6 gl) 15 ß 18 gl — Dass. fortgesetzt v. J. G. Köberle, Jahrg. 1819—32. (1819—22. à Jahrg. 2 ß 6 gl 1823—32. Ebd. à 1 ß 18 gl) 26 ß 12 gl

— kleines, f. Stickerei, od. 42 neugezeichn. Muster zum weibl. Arbeiten in dies. Kunst. Berl., Stuhr. 12 gr

— der Klugheit u. Weisheit, od. Sammlung v. Kriegslisten u. Staatsstreichen. 1n Bds. 1s—4s Stck. 8. Leipz. 809, 10. Baumgärtner. (à 12 gr) 2 ß Hbg. Pr. 1 ß

— Koburgisches, z. Nutzen u. Vergnügen. 1r Bd. u. 2n Bds. 1s Stck. 8. Koburg 770—71. Ahl. (Riemann). 1 ß 12 gr

— von Confirmations-Reden. 1. Thl. Herausgeg. von Arndt, Berger, Couard, Genzken, Heydenreich, Lisco, Marheineke, Merkel, Petri, Rübel, Schatter, Schröder, Schuderoff, Siegel, Jahn. gr. 8. Magdeburg 842, Heinrichshofen. 1 ß

— von Confirmations-Reden. 2. Thl. Hrsg. v. Ahlfeld. Arndt. Genzken. Hildebrandt. Krummacher. Möller. Petri. Schröder. A. u. d. T.: Confirmations-Reden. gr. 8. (IV u. 254 S.) Magdeburg 850, Heinrichshofen. 1 ß (1 u. 2: 2 ß)

— Kopenhagner, von Oekonomie-, Polizei- u. Cameralsachen. 3 Bde. Jeder v. 11 Theilen. gr. 8. Kopenh. 759—68. Pelt. 4 ß 16 gr

— kosmetisches. Ein Vorrath geprüfter u. bewährter Schönheits- u. Gesundheitsmittel. 8. Rostock 815. Stiller. 6 gr

— des Kriegs. 2 Hfte. (1s Hft. die Schlacht v. Friedland. Mit 1 Pl. 16 gr 2s Hft. die Belagerung v. Neiße. Mit 1 Pl. 1 ß 8 gr). gr. 4. Leipz. 807. 8. Cr. Fleischer. 2 ß

Magazin der neuesten merkwürdigen Kriegsbegebenheiten ... Frankfurt a. M. 1794—96. H: *Leipziger*, *August Wilhelm von.* (MGT) (Ky)

— der neuesten und merkwürdigsten Kriegsbegebenheiten, mit Beyspielen aus der ältern Geschichte. 7 Bände. gr. 8. Frfr. Eßlinger. 795—96. (à 1 Rthlr. 8 gr.)

Magazin der neuesten merkwürdigen Kriegsbegebenheiten mit Beispielen aus der älteren Geschichte. Neue verbess. Aufl. (7 Bde.) 8. Frankfurt 1795–1796.

— der neuest. u. merkwürdigsten Kriegsbegebenheiten. Mit Beispielen aus d. ält. Gesch. (v. A. W. v. Leipziger). 7 Bde. Mit 1 Kpf. gr. 8. Frkf. a. M. 795. 97. (Schäfer). 9 ß 8 gr

— f. das Criminalrecht, herausgegeb. von Grohe. 1s St. 8. Marbg. Krieger. 804.

— für das Criminalrecht, herausg. von Müller und Spangenberg. 1s Hft. gr. 8. Hamburg, Perthes und Besser. 812.

Magazin der deutschen Critic. Bd 1–4, 1. Halle: Gebauer 1772–76. 8°
Hrsg.: Gottlob Ben. v. Schirach.

— f. d. Kunde u. neueste Geschichte ꝛc., s. Eph. D. Ebeling.

Magazin für die Kunde des geistigen und sittl. Lebens in Rußland. Wissenschaftl. Mittheilungen aus den Beilagen der St. Petersburger Zeitung. Hrsg. von Clemens Friedrich Meyer. Jg 1—3. — St. Petersburg: Kaiserl. Akademie der Wissenschaften; Eggers i. Komm. 1853—1855.

— für die Kunde des geistigen und sittlichen Lebens in Rußland. Wissenschaftliche Mittheilungen aus den Beilagen der St. Petersburger Zeitung. Herausg. von Clem. Friedr. Meyer. 1—3. Jahrg. St. Petersburg 853—55. (Leipzig, Voß.) Lex.-8. (1. Jahrg.: XIII, 695 S.; 2.: VII, 750 S.; 3.: VII, 723 S.) Jeder Jahrg. nn. 1 ß. 20 ngr.

Magazin der Kunst und Litteratur vom Jahr 1794. Wien 1794. H: *Hofstätter*, *Felix Franz.* (MGT) »Wien 1793—96« (Ky)

— d. Kunst u. Literatur. 4 Jahrgg. zu 4 Bden. od. 12 Mon. (v. J. 1794 v. F. Frz. Hoffstäter). 8. Wien 793—96. (Doll in Augsb.) (à 4 ß) 16 ß Hbg. Pr. 8 ß 1r Jahrg. 1r—4r Bd. u. 2r Jahrg. 1r Bd. 793 u. 94. (bei Heubner in Wien). 3 ß

Magazin der bildenden Künste. München 1791. H: *Aretin*, *Adam Freih. v.* (MGT) (Ky)

— d. bildenden Künste, (v. Ad. v. Aretin). 1s Bdchen. Mit Kpf. 8. Münch. 791. Lentner. 12 gr

— natürl., ökonom. u. kuriöser Künste, 1s. 8. Franfurt u. Leipz. 793. (Mauke in Chemnitz). 4 gr

— von Kunststücken, zum Nutzen u. Vergnügen f. Jedermann. 8. Chemnitz, W. Starke. 813.

— — von Kunststücken, zum Nutzen und Vergnügen für Jedermann. N. A. 8. Chemnitz, Starke. 819.

MAGAZIN für Lachlustige. Enthaltend: Erheiternde Erzählungen, locale Lebensbeschreibungen, Novelletten, Schwänke, Anekdoten, komische Gedichte, Parodien, Correspondenz der Wiener Vorstädte, Witzfunken, Reflexionen, Charaden etc. Hrsg. v. Fr. Hopp, 2 Bde. Wien 1840—41. Gr. 8°. 384 + 384 S. (5 Mk. Jos. Jolowicz, Posen, 1908; 9 Kr., 2 Bde. m. d. Jahrz. „1842", Halm & Goldmann, Wien, 1904.)

MAGAZIN für Lachlustige. Enthaltend erheiternde Erzählungen, lokale Lebensbilder, Noveletten, Schwänke, Anekdoten, komische Gedichte, Parodien, Correspondenz der Wiener Vorstädte, Witzfunken, Reflexionen, Charaden etc. Hrsg. von Fr. Hopp. 9 Bde. Wien 1840—44. Gr. 8°. (20 Kr., 9 in 7 Bdn., Lwd., Josef Grünfeld, Wien, 1906; 4. Folge. ebd. 1844, 2 Thle. in 1 Lwdbde.: 5 Kr. Carl Greif, 1914.) Cplt. rar!

Magazin für die Landes- und Geschichtskunde der Mark Brandenburg. H. 1. Berlin: Mylius 1798. 8°
Hrsg.: Fr. Wilh. August Bratring.

— f. Landprediger, insbes. für die, so sich im Gedränge d. Geschäfte befinden. 1r Bd. zu 6 Hftn. u. 2n Bds. 1s Hft. gr. 8. Leipz. 797—803. Graffé. 3 ß 12 gr

Magazin für Landschullehrer. Bd 1–4 (zu je 3 St.) m. Gen.-Reg. Striegau (2ff: Liegnitz) 1799–1804.

— für Landwirthe, Forstmänner, Künstler, Handwerker ꝛc., s. Magazin, vaterländ.

Landwirthschaftliches Magazin. Herausg. v. G. S. F. Mund. Jahrg. (1)-2 à 4 Quartalstücke (2 Vol.). Leipz. [1] 1788, [2] 1790-91.

Lausitzisches Magazin oder Sammlung verschiedener Abhandlungen u. Nachrichten z. Behuf d. Natur-, Kunst-, Welt- u. Vaterlandsgeschichte, der Sitten u. d. schönen Wissenschaften, v. K. G. Dietmann. Görlitz 1768 ff. 4.

— Lausitzisches, od. Sammlung verschied. Abhandl. d. Natur-, Kunst- u. Vaterlandsgeschichte. 18 Jahrgge. v. 1768—85. 4. Görlitz. Deinzer. 36 ℛ

– Jg. 1–25 (zu je 24 Stücken). Görlitz: Fickelscherer 1768–92. 4°

—— für Lehr- und Lernmittel. Unter Mitwirkung von Schulmännern hrsg. von C. Schröder. 1. Jahrg. 1877. 12 Nrn. (à 2 Bog.) gr. 4. Magdeburg, (Creutz'sche Buchh.) *
—— dass. — und Wegweiser durch die pädagog. Literatur. Unter Mitwirkung von Schulmännern hrsg. von C. Schröder. 2. Jahrg. 1878. 12 Nrn. (à 2 Bog.) gr. 4. (Ebendas.) *
—— dass. — 3. Jahrg. 1879. 24 Nrn. (Bog.) gr. 4. Magdeburg, (Graefe.) *

—— für Lehr- und Lernmittel. Unter Mitwirkung von Schulmännern hrsg. von Conr. Schröder. 4. Jahrg. 1880. 24 Nrn. (Bog.) gr. 4. Magdeburg, Friese. *

—— dass. — 5. Jahrg. 1881. 24 Nrn. (Bog.) gr. 4. Magdeburg, Expedition. *

— dasselbe. 5. Jahrg. 1881. 24 Nrn. (B.) gr. 4. Magdeburg, Magazin f. Lehr- u. Lernmittel. n. 4 —

— dasselbe. 6. Jahrg. 1882. 24 Nrn. (B.) gr. 4. Leipzig, Dietz & Zieger. n. 4. —

—— dass. — 6. Jahrg. 1882. 24 Nrn. (Bog.) gr. 4. Leipzig, Heitmann. *

Magazin für Lehr- u. Lernmittel aller Länder. Unter Mitwirkg. v. Schulmännern hrsg. v. Conr. Schröder. Mit der Gratisbeilage: Schulpraxis. 7—10. Jahrg. 1883—1886. à 24 Nrn. (2 B.) gr. 4. Leipzig, Dietz & Zieger. à Jahrg. n. 4. —

— für Lehrmittel aller Länder. Unter Mitwirkg. v. Schulmännern hrsg. v. C. Schröder. Mit der Gratisbeilage: Schulpraxis. 11. Jahrg. 1887. 24 Nrn. (B.) gr. 4. Leipzig, [Dietz & Zieger]. n. 2. —
Fortsetzg. s.: Lehrmittel-Magazin, deutsches.

—— von Leichen-Reden. Hrsg. von e. Gesellschaft evangel. Prediger. Zugleich auch z. Gebr. bei Leseleichen bestimmt. 1—4. Bd. gr. 8. Bayreuth, Grau'sche Buchh. [1. 1. u. 2., unveränd. Aufl. (à 22 B.) 835, 40., 2. (21 B.) 837., 3. (20½ B.) 838., 4. (19½ B.) 841. à * 1 Thlr.] *

— von Leichen-Reden. Herausgeg. von einer Gesellschaft evangel. Prediger. Zugleich auch zum Gebrauch bei Leseleichen bestimmt. 2. Bd. 2. veränd. Aufl. 843. n. 1 ℛ — 4. Bd. gr. 8. Bayreuth 841, Grau'sche Buchh. n. 1 ℛ

Magazin von Leichen-Reden. Hrsg. von einer Gesellschaft evangel. Prediger. Zugleich auch zum Gebrauch bei Leseleichen bestimmt. 5 u. 6. Bd. gr. 8. (5: IV u. 290 S. 6: IV u. 300 S.) Bayreuth 844. 49, Grau. à 1 ℛ (1—6: 6 ℛ)

— Leipziger, z. reinen u. angewandten Mathematik; hrsgg. v. Joh. Bernoulli u. K. F. Hindenburg. Mit Kupf. f. d. J. 1786—88. 1r, 2r J. a 4 Stcke. 3r J. 16, 26 Stck. gr. 8. Leipz. Müller. 6 ℛ
Fortges. u.d.T.: Archiv der reinen und angewandten Mathematik.

Funk, Chr. B., Leske, Nathanael Gottfried, Hindenburg, K. F. (Herausgeber): „Leipziger Magazin zur Naturkunde, Mathematik und Oekonomie", Jahrgang 1781—1784 (je 4 Stücke), Leipzig und Dessau 1781—1784 (Hersg. und Buchh. der Gelehrten). — Vorh.: UB Göttingen. — Fortsetzung: Leske, Nathanael Gottfried (Herausgeber): „Leipziger Magazin zur Naturgeschichte und Oekonomie" (Stücktitel), Jahrgang 1786 (= Stück 1—4), Jahrgang 1787 (= Stück 1—4), Jahrgang 1788 (= Stück 1 u. 2). Bandtitel jedes Jahrgangs noch: „Leipziger Magazin zur Naturkunde, Mathematik und Oekonomie", Leipzig 1786—1788 (J. G. Müller). — Vorh.: UB Göttingen.

— Leipziger, zur Naturkunde, Mathematik, Oekonomie; hrsgg. v. Funk, Leske u. A. f. d. J. 1781—88. Mit Kpf. gr. 8. Leipz. Müller. (Jahrg. à 1 ℛ 8 gℛ) 10 ℛ 16 gℛ Schreibp. (à 1 ℛ 16 gℛ) 13 ℛ 8 gℛ

Magazin, Leipziger, für Rechtsgelehrte, s. Günther, Christian August

Magazin gemeinnütziger, interessanter und unterhaltender Lectüre; eine Quartalschrift. Quartal 1–4. Nürnberg: Monath 1785–86. 8°
Hrsg.: K. F. Meister u. K. L. Graf.

Magazin nützlicher und angenehmer Lektüre, s. Hoff, Heinrich Georg

—— das, der Liebe f. Damen u. Herren, od. nützl. Unterr. f. alle, welche sich d. Liebe weihen, um in d. Liebe glücklich u. in d. Ehe zufrieden leben zu können, u. d. Kunst zu fesseln u. stets neue Reize zu entwickeln. Mit e. Anh.: Mittel z. Pflege einiger Körpertheile, schöne u. verständ. Kinder zu zeugen u. d. Geschlecht d. Kinder vor d. Geburt bestimmen zu können. Frei a. d. Franz. übers. gr. 12. (7 B.) Ulm 834. (München, Jaquet.)

—— das, der Liebe f. Damen u. Herren, od. nützl. Unterr. f. Alle, welche sich d. Liebe weihen, um in der Liebe glücklich u. in d. Ehe zufrieden leben zu können, u. d. Kunst zu fesseln u. stets neue Reize zu entwickeln. Mit ein. Anhange. (Frei a. d. Franz. übers.) 3. Aufl. 8. (10½ B.) Ulm 838. (Leipzig, E. Klein.)

Magazin für Liebhaber der Entomologie. Bd 1. 2. (zu je 2 St.) Zürich u. Winterthur: Ziegler 1778–79. 8°
Hrsg.: Joh. Kaspar Fuessli.
Fortges. u.d.T.: Neues Magazin f. d. Liebhaber der Entomologie.

Magazin für die Liebhaber der Entomologie
Ⓑ Jahrbuch (bei BGSZ: 99, p. 55, Nr. 20 irrtümlich als halbjährig erscheinend angenommen).

Magazin geistlicher Lieder zum allgemeinen Gebrauch. Nördlingen 1780—81. H: *Tröltsch, Wallfried Daniel von.* (MGT) »1780—83« (Ky)

— geistl. Lieder, (v. W. Dn. v. Tröltzsch). 4 Thle. 8. Nördl. 780—83. Beck. 1 ℛ 16 gℛ

—— lippisches, f. vaterländ. Cultur u. Gemeinwohl. Hrsg. v. R. Brandes, M. L. Petri, H. Schierenberg. 1. u. 2. Jahrg. 1835 u. 36. gr. 4. (à 52 B.) Lemgo, Meyersche Hofbuchh. à *

— Lippisches, für vaterländische Kultur u. Gemeinwohl. 3.—7. Jahrg. 1837—1841. gr. 4. Lemgo, Meyer'sche Buchh. à n. 2½ ℛ

Magazin, Litterarisches, von Böhmen und Mähren für die Jahre 1781—1783. Prag 1786—1787. H: *Dobrowsky, Joseph.* (GGR VI/697/11) (WRZTG 1787, S. 2825) (WRZTG 1788, Nr. 79, S. 2424) (PK 2/640) (BIBLPORT)
Prag: Schönfeld.

Magazin. – Literarisches Magazin für Buchhändler, Schriftsteller und Künstler. St. 1. 2. Berlin: Franke 1792 bis 93. 8°
Hrsg.: Erdm. Jul. Koch.

Magazin, Litterarisches, für Katholiken und deren Freunde. Coburg 1792—98. H: *Sprenger, Placidus.* (MGT) V (2. Bd., 1—3): *Flieger, Columban.* (MGT) (KY)
Vorh. u.d.T.: Fortgesetzte auserlesene Literatur des katholischen Deutschlands.

— literarisches, f. Katholiken u. deren Freunde; (hrsgg. v. Pl. Sprenger u. C. Flieger). 1r Bd. zu 6 Stck. 2n Bds. 1s—3s Stck. 8. Coburg 792—98. (Riemann). 3 ℛ𝓉

Magazin, literarisches, des Neuesten u. Wissenswürdigsten aus deutscher u. aus fremder Zunge. Herausgeg. u. redig. von F. Niebour. 104 Numm. (Bog.) gr. 4. Hamburg 842. (Kittler.) n. 8 ℛ𝓉

— das, f. Litteratur. Begründet v. Jos. Lehmann. Hrsg. von Willy Frhr. v. Reiswitz. Red.: Otto Neumann-Hofer. 59. Jahrg. Oktbr.—Dezbr. 1890. 13 Nrn. (2 B.) gr. 4. Berlin, F. & P. Lehmann. n. 4.—
Vorh. u.d.T.: Magazin für die Literatur des In- und Auslandes.

— das, f. Litteratur. 1832 begründet v. Jos. Lehmann. Hrsg. v. Fritz Mauthner u. Otto Neumann-Hofer. 60. u. 61. Jahrg. 1891. 1892. à 52 Nrn. (2 Bog.) gr. 4. Berlin, Union. à Jahrg. n. 16.—

— dasselbe. Hrsg. v. Otto Neumann-Hofer. 62. u. 63. Jahrg. 1893. 1894. à 52 Nrn. (2 Bog.) gr. 4. Ebd. à Jahrg. n. 16.—

— d. f. Litteratur. 1832 begründ. v. Jos. Lehmann. Hrsg. v. Otto Neumann-Hofer. 64. Jahrg. 1895. 52 Nrn. (à ca. 32 Sp.) gr. 4. Berlin, Union. n. 16.—
Erschien v. 1. X. 95 im Verlage von C. Skopnik, Berlin.

— dasselbe. Red.: Paul Schettler. 65. Jahrg. 1896. 52 Nrn. (à ca. 32 Sp.) gr. 4. Berlin, C. Skopnik. n. 16.—

— dasselbe. 66. Jahrg. 1. Sem. Jan.—Juni 1897. 26 Nrn. gr. 4. (782 Sp.) Berlin, A. Deubner. n. 8.—

— dasselbe. Hrsg. v. Rud. Steiner u. Otto Erich Hartleben. 66. Jahrg. 2. Sem. Juli—Dezbr. 1897. 26 Nrn. (à ca. 32 Sp.) gr. 4. Weimar. Berlin, E. Felber. n. 8.—; einz. Nrn. n. —40

— dasselbe. 67. Jahrg. 1.—3. Quart. Jan.—Septbr. 1898. 39 Nrn. (à ca. 24 Sp.) Nebst Beilage: Dramaturg. Blätter. Red.: Rud. Steiner. 1. Jahrg. 1898. 39 Nrn. (à ca. 4 S.) gr. 4. Ebd. n. 12.—

— dasselbe. Hrsg. v. Rud. Steiner, Otto Erich Hartleben u. Mor. Zitter. 67. Jahrg. 4. Quartal. Oktbr.—Dezbr. 1898. 13 Nrn. (à ca. 24 u. 8 Sp.) gr. 4. Berlin, S. Cronbach. n. 4.—
Kann auch vierteljährlich bezogen werden.

— das, f. Litteratur. Begründet v. Jos. Lehmann im J. 1832. Hrsg. v. Rud. Steiner, Otto Erich Hartleben u. Mor. Zitter. Red.: Rud. Steiner. 68. Jahrg. 1899. 52 Nrn. Nebst Beilage: Dramaturgische Blätter. Organ des deutschen Bühnen-Vereins. Hrsg. v. Rud. Steiner. gr. 4. (à ca. 24 u. 8 Sp.) Berlin, S. Cronbach. n. 16.—

— dasselbe. Hrsg. v. Rud. Steiner u. Otto Erich Hartleben. Red.: Rud. Steiner. 69. Jahrg. 1900. 52 Nrn. gr. 4. (à ca. 30 Sp.) Ebd. n. 16.—

Magazin, das, f. Litteratur. Hrsg.: Johs. Gaulke u. Frz. Philips. Red.: Johs. Gaulke. 70. Jahrg. 1901. 52 Nrn. gr. 4. (à ca. 32 Sp.) Berlin, S. Cronbach. n. 16.—

— dasselbe. Vereinsorgan der freien litterar. Gesellschaft zu Berlin. Hrsg. u. Red.: Frz. Philips. 71. Jahrg. 1902. 52 Nrn. gr. 4. (à ca. 8 S.) Berlin (A. W. Hayn's Erben.) n. 16.—

— das, f. Litteratur. Vereinsorgan der freien litterar. Gesellschaft zu Berlin. Hrsg. u. Red.: Frz. Philips. 72. Jahrg. 1. Viertelj. Jan.—März 1903. 13 Nrn. (à ca. 8 S.) gr. 4. Berlin-Schöneberg (Vorbergstr. 4), Frz. Philips. n. 4.—

— dasselbe. Hrsg.: Frz. Philips. Red.: C. Gomoll u. J. Hegner. 72. Jahrg. 1903. 2.—4. Viertelj. 18 Hefte. (à ca. 32 S.) 4. Leipzig [Magazin-Verlag], F. Rothbarth. n. 9.—

— dasselbe. 73. Jahrg. 1. Halbj. Jan.—Juni 1904. 12 Hefte. (826 S. m. Abbildgn. u. XII, 146 S. in kl. 8.) Lex.-8. Ebd. n. 6.—
Fortsetzung u. d. T.:
Magazin für die Literatur des In- und Auslandes.

Magazin für alte, besonders morgenländische und biblische Litteratur. Cassel 1787—90. H: *Wahl, Samuel Frdr. Günther.* (MGT) (NN) (WINER) (KY)

— für alte, besonders morgenländ. u. bibl. Literatur, (v. S. F. G. Wahl). 1e—3e Lfrg. gr. 8. Cassel 787—90. (Berl., Laue). 1 ℛ𝓉 12 g𝓇 Hbg. Pr. 16 g𝓇

—— für d. Literatur d. Auslandes. Hrsg. v. d. Redaction d. Allg. Preuß. Staats-Zeitung. Jahrg. 1832—35. à 156 Nrn. (Bog.) Fol. Berlin, (Dümmler.) à J.

—— für d. Literatur d. Auslandes. Hrsg. von d. Redact. d. allg. preuß. Staats-Zeitung. Jahrg. 1836—41. à 156 Nrn. (Bog.) Fol. Berlin, (Dümmler). à J. *

—— f. die Literatur des Auslandes. Hrsg. u. redig. v. J. Lehmann. Jahrg. 1844—47. à 156 Nrn. (Bog.) Fol. Berlin, Veit u. Comp. à J. *

—— für die Literatur des Auslandes. Redig. von J. Lehmann. Jahrg. 1848—52. à Jahrg. 156 Nrn. (Bog.) Fol. Berlin, Veit und Comp. à Jahrg. *

— für die Literatur des Auslandes. Herausg. u. redig. von J. Lehmann. Jahrg. 1853—58. à 156 Nrn. (à 1 Bgn.) Berlin, (Leipzig,) Veit u. Co. Fol. Jeder Jahrgang n. 3 ℛ. 10 ngr.

— für die Literatur des Auslandes. Herausg. von Jos. Lehmann. 28. Jahrg. 1859. 156 Nrn. (à 1 Bgn.) Leipzig, Veit & Co. Fol. n. 3 ℛ 10 ngr.

— — 29—32. Jahrg. 1860—63. à 52 Nrn. (à 3 Bgn.) Ebend. Fol. Jeder Jahrg. n. 4 ℛ

— — 33. Jahrg. 1864. 52 Nrn. (à 2 Bgn.) Berlin, Dümmler's Verlhdlg. gr. 4. n. 4 ℛ

— für die Literatur des Auslandes. Hersg. von Jos. Lehmann. 34—39. Jahrg. 1865—70. à Jahrg. 52 Nrn. (à 2 Bog.) Berlin, Dümmler's Verlag. gr. 4. Jeder Jahrgang n. 4 ℛ

– für die Literatur d. Auslandes. Hrsg. v. Jos. Lehmann. 40. u. 41. Jahrg. 1871 u. 1872 à 52 Nrn. (à 2 B.) gr. 4. Berlin, Dümmler's Verl. à Jahrg. n. 12.

— dasselbe. 42. Jahrg. 1873. 52 Nrn. (à 1—2 B.) hoch 4. Ebend. n. 16. —

— dasselbe. Red.: Harrwitz. 43. u. 44. Jahrg. 1874 u. 1875 à 52 Nrn. (à 1 2 B.) hoch 4. Ebend. à Jahrg. n. 16. —

— dasselbe. Red.: Jul. Goßmann. 45. Jahrg. 1876. 52 Nrn. (à 1—2 B.) hoch 4. Ebend. n. 16. —

— für die Literatur des Auslandes. Begründet v. Jos. Lehmann. Red.: Jul. Gossmann. 46—49. Jahrgang. 1877—1880. à 52 Nrn. (à 1—2 B.) gr. 4. Leipzig, Friedrich. à Jahrg. n. 16. —
Fortsetzung davon:
Magazin für die Literatur des In- und Auslandes.

MAGAZIN DER AUSLÄNDISCHEN LITERATUR DER GESAMMTEN HEILKUNDE, UND ARBEITEN DES AERZTLICHEN VEREINS ZU HAMBURG. Herausgegeben von G. H. GERSON und NIKOL. HEINR. JULIUS.
Bd. 1—20. (Mit Tafeln.) Hamburg 1821—1830. Perthes und Besser. 8°.
Bd. 21—30. Neue Folge Bd. 1—10. (Mit Tafeln.) ib. 1831—1835. —

Bd 1. 2: 1821.
Bd 3. 4: 1822.
Bd 5. 6: 1823.
Bd 7. 8: 1824
Bd 9.10: 1825
Bd 11.12: 1826.
Bd 13.14: 1827.
Bd 15.16: 1828.
Bd 17.18: 1829.
Bd 19.20: 1830.
Bd 21.22 = N.F. Bd 1-2: 1831.
Bd 23.24 = N.F. Bd 3-4: 1832.
Bd 25.26 = N.F. Bd 5-6: 1833.
Bd 27.28 = N.F. Bd 7-8: 1834.
Bd 29.30 = N.F. Bd 9-10: 1835.

Register des 1. bis 10. Bandes des Magazins der ausländischen Literatur der gesammten Heilkunde und Arbeiten des Aerztlichen Vereins zu Hamburg. Herausgegeben von G. H. GERSON und NIKOL. HEINR. JULIUS. ib. 1826. —
Register des 11. bis 20. Bandes des Magazins ... ib. 1831. —
Register des 21. bis 30. Bandes des Magazins ... ib. 1836. —

– Vorh. u.d.T.: Hamburgisches Magazin für die ausländische Literatur der gesamten Heilkunde.

—— der ausländ. Literatur d. gesammt Heilkunde. — Fortsetz., s. Zeitschrift f. d. gesammte Medicin.

— f. d. bibl. oriental. Literatur, s. Hasse.

Magazin für die biblisch-orientalische Litteratur und gesammte Philologie. Königsberg 1789. H: *Hasse, Johann Gottfried.* (winer)

— für hebräische Litteratur u. Wissenschaft, Poesie u. Belletristik; edirt v. Eisig Gräber. I. II. Jahrg. gr. 8. (I. Jahrg. 400 S. — II. Jahrg. IV, 204; 39, 470 u. 54 S.) Jaroslau 887. 888. (Wien, Lippe.) à Jahrg. n. 6. —

Magazin für hebräische Literatur u. Wissenschaft, Poesie u. Belletristik, edirt v. Eisig Gräber. III. Jahrg. 1890. gr. 8. (IV, 158; 174; 152; 112; 68; 32; 88; 74; 60 S. m. vielen Portr.) Jaroslau. (Wien, Lippe.) * 7 —
Fortges. u.d.T.: Magazin für hebräische Sprache und Literatur und Wissenschaft . . .

Magazin, das, f. die Literatur des In- u. Auslandes. Kritisches Organ der Weltliteratur. Gegründet im J. 1832 v. Jos. Lehmann. Red.: Ed. Engel. 50. u. 51. Jahrg. 1881 u. 1882. à 52 Nrn. (2 B.) gr. 4. Leipzig, Friedrich. à Jahrg. n. 16. —

— für die Literatur d. In- u. Auslandes. Organ d. Allgemeinen Deutschen Schriftstellerverbandes. Gegründet im J. 1832 v. Jos. Lehmann. Red.: Ed. Engel, Herm. Friedrichs u. K. Bleibtreu. 52—55. Jahrg. 1883—1886. à 52 Nrn. (2 B.) gr. 4. Leipzig, Friedrich. à Jahrg. n. 16. —

— für die Litteratur d. In- u. Auslandes. Wochenschrift der Weltlitteratur. Gegründet 1832 v. Jos. Lehmann. Hrsg. v. K. Bleibtreu. 56. Jahrg. 1887. 52 Nrn. (2 B.) gr. 4 Leipzig, Friedrich. n. 16. —

— dasselbe. 57. Jahrg. 1888. 1. Quartal. 13 Nrn. (2 B.) gr. 4. Ebd. n. 4. —

— dasselbe. Red.: W. Kirchbach. 57. Jahrg. 1888. 2.—4. Quartal. 39 Nrn. (2 B.) gr. 4. Dresden, Verlag d. Magazin. n. 12. —

— dasselbe. 58. Jahrg. 1889. 52 Nrn. (2 B.) gr. 4. Ebd. n. 16. —

— dasselbe. Wochenblatt der Weltlitteratur. Hrsg.: K. v. Schlieben. 59. Jahrg. Jan.—März 1890. 13 Nrn. (2 B.) gr. 4. Ebd. n. 4. —

— dasselbe. Hrsg. v. A. Stössel u. W. v. Reiswitz. 59. Jahrg. April—Septbr. 1890. 26 Nrn. (2 B.) gr. 4. Ebd. n. 8. —
Fortges. u.d.T.: Das Magazin für Litteratur.

— für Literatur des In- u. Auslandes. (Zugleich Fortsetzg. der Monatsblätter f. deutsche Literatur.) Red. v. Eduard Loewenthal. 76. Jahrg. Neue Folge. Juli—Septbr. 1906. 3 Nrn. (42 S.) Lex.-8. Berlin, O. Dreyer. n. 1. 50

— dasselbe. Gegründet v. Jos. Lehmann 1831. 77. Jahrg. Neue Folge. Oktbr. 1906—Septbr. 1907. 12 Nrn. (à ca. 16 S.) Lex.-8. Ebd. n. 6. —

— f. Literatur d. In- u. Auslandes, Fortsetzg., s.: Magazin, das.

Magazin der italienischen Literatur, s. Jagemann, Christoph Joseph

— d. medicinisch. holländ. Literatur rc. s. Jones.

Magazin der neuern französischen Literatur. Leipzig 1780—82. H: *Becker, Wilhelm Gottfried.* (Ky)

— der neuern französ. Literatur. 12 Stcke. (v. W. G. Becker). 8. Leipz. 780—82. Breitkopf u. H. (einzeln à Stück 4 gf) 1 rf 12 gf

Magazin für die neueste Litteratur, Kenntnis Bayerscher Schriftsteller, Diplomatik, Genealogie und Heraldik, Topographie, dann überhaupts für die alt- und neuere Geschichte in Baiern.

Magazin für die neueste Literatur, Kenntniss baierischer Schriftsteller, Diplomatik . . . München 1775—76. H: *Finauer, Peter Paul.* (HThPP)

— der spanischen u. portugies. Literatur; in Verbindung mit v. Seckendorf u. Zanthier herausgg. von Frdr. Just. Bertuch. 2 Bde. gr. 8. Weimar 780—82. Indust.-Compt. 2 rf 18 gf

Liturgisches Magazin. [Hrsg.: Georg Friedr. Seiler.] Bd 1. 2.
Erlangen 1784–86. 8° 29

— liturgisches u. kirchengeschichtliches, f. Freunde d. Religion u. Kirchlichkeit. 1r Thl. — A. u. d. T.: K. A. Böhmel, Antiphonien zc. gr. 8. Lpz. 825, Reclam.

Magazin. – Liefländisches Magazin der Lektüre. Jg. 1. 2. Mitau: Joh. Friedr. Steffenhagen 1782–83. 8°

— du luxe et du plus nouv. goût adapté au beau monde. Livraison 1—6. av. pl. enlum. fol. Lpz. Ind. Comt. 806.

Magazin des Luxus und des neuesten Geschmacks der vornehmen und feinen Welt, französisch und deutsch. 1r und 2r Bd. à 4 Hefte und 3r Bd. 1s Heft. Mit color. Kupf. 4. Leipzig, Mag. f. Ind. (1r Bd. 1s H. 3 Rthlr. 2s u. folg. à 1 Rthlr. 12 Gr.) Rthlr.

— — dessen 3r Bd. 2s und 3s Heft. 4. Ebend. à 1 Rthlr. 12 Gr.

Auch unter dem Titel:

Sammlung von Rosetten, Hohlkehlen, Bordüren und Zimmer, für Decorationsmaler. 1s 2s Heft.

MAGAZIN des Luxus und des neuesten Geschmacks der vornehmen und feinen Welt. Heft 1—8 (soviel ersch.?). Mit illum. Kpfrn. Leipzig 1804—10. Quer-Fol. Sehr selten!
Heinsius, B.-Lex.

— des Luxus u. d. neuesten Geschmacks d. vornehmen u. feinen Welt. 9 Hfte. Mit Kpf. 4. Lpz. 804 u. ff. Magazin f. Ind. (à 1 rf) 9 rf

Magazin. – Magdeburgisches Magazin v. J. 1786. St. 1. Magdeburg 1786: Pansaische Buchdr. 8°

— magnetistisches, f. Niederdeutschland. 8 Stcke. 8. Bremen 787. 88. (Rabenhorst in Leipz.) 1 rf 14 gf

– Bremen: Cramer 1787–90. 8°

Magazin (magnetisches) für Niederteutschland. Bremen. 8°. 1789
A. D. B. LXXVIII. LXXXIV, 421.

Magazin, Maehrisches. Erster Band, Heft 1—3. April—Juni (einz.) Brünn 1789. H: *Riecke, Victor Heinrich, Emanuel Dietmann Ritter von Traubenburg, Heinrich Friedrich Hopf & Ignaz Edler von Mehofer.* (GGr VII/4k) (Trautenberger, Chronik von Brünn 4/177) (BiblPort)

Mährisches **Magazin** oder Beiträge zur Geschichte, Statistik, Naturgeschichte und Litteratur; zur Kenntnis der Beschaffenheit und Verfassung der natürlichen u. künstlichen Produkten: endlich der Merkwürdigkeiten u. Seltenheiten des Markgrafenthums Mähren.

— Mährisches, 1r Bd. 8. Brünn 792. Gastl. 16 gf hbg. Pr. 3 gf

Mährisches **Magazin** für Biographie und Kulturgeschichte. Hrsg. von Dr. Wilhelm Schram. Bd 1. Brünn: Hrsg. 1908. 8° [S.] [08. 12(4)]

Magazin für reine und angewandte Mathematik, s. Kretschmar, Chr. Fr.

Magazin. – Mathematisches Magazin, eine gemeinschaftliche Zeitschrift. H. 1–4. Hersfeld 1802–04. 8°
Hrsg.: Heinr. Wilh. Kraushaar.

Magazin. – Medicinisches Magazin der Holländischen Litteratur. Leyden: Hornkoop; Marburg: Neue acad. Buchhdlg. 1790. 8°
St. 1 [mehr nicht erschienen].
Umschlagt.: Magazin der medicinischen Literatur.

Magazin f. die gesammte Mineralogie, Geognosie u. mineralogische Erdbeschreibung. Herausg. v. K. E. A. v. Hoff. Bd. 1. Leipz. 1801. Tvl.

— f. d. gesammte Mineralogie, Geognosie u. mineralog. Erdbeschreibung, verf. v. e. Gesellsch. Gelehrten u. hrsgg. v. C. E. A. v. Hoff. 1r Bd. 4 Hfte. gr. 8. Leipz. 802. (Brockhaus). 3 ß 8 gf

— f. d. gesammte Mineralogie, Geognosie u. mineralog. Erdbeschr. verf. v. e. Gesellsch, Gel. u. herausg. v. C. E. A. v. Hoff. 1r Bd. 4 Hfte. gr. 8. Lpz. Hempel. (a. Gleditsch.) 802. (à 20 gr.)

Pfingsten, Johann Hermann (Herausgeber): „Magazin für die Mineralogie und mineralogische Technologie", Teil 1, 2, Halle 1789—1790 (Gebauer). — Vorh.: Preußische Staatsbibliothek Berlin — Mf. 1640.

— von Meublen, nach d. neuest. Geschmack. 1s Hft. 4. Nürnb. 802. Felssecker. 1 rf

Magazin d. Moden, od. Darstell. d. Kopfputzes alt. u. n. Zeit. m. 138 Abbild. 8. Berl. Belitz. 789. Rthlr. — 8

MAGAZIN der Moden. Erstes Heft. (Auszug aus *Krünitz'* Encyklopädie. Th. 44: Kopfputz.) Mit Kupfern. Berlin, 1789. bey Carl Wilhelm Meyer, Buchhändler. Kl. 8°. (Bibl. Lipperheide no. 1683m:)
72 S.; 5 Taf. (bez. 3—7) in Kpfst.

— d. Moden, od. Darstell. d. Kopfputzes alt. u. neuerer Zeit. Mit 138 Abbildd. 8. Berl. 789. (Leipz., Wienbrack). 16 gf

— — dasselbe 1s Heft. m. K. 8. Lpz. Gräff. 789.

— d. neuest. Moden, m. K. 2 Jahrg. à 24 Stck. gr. 8. Lpz. Baumgärtner. 793. 94. (à 5 Rthlr.)

Magazin der neuesten Moden aus England, Frankreich und Teutschland. 1793 und 1794. Stuttgart, Ebner'sche Kunsthandlung. Mit kol. Modekupfern. 8°. *Mehr nicht erschienen.*

MAGAZIN der neuesten englischen und deutschen Moden. 3 Bde. Leipzig 1793–94.

Fortges. u.d.T.: Journal des dames et des modes.

War in e. Dresdener Leihbibl.-Cat. — Rar!

§ **MAGAZIN** für Mönche u. Nonnen. 2 Stücke (soviel ersch.). Mit 2 typ. Ornam.-Vignetten. O. O. (Ulm, Stettin'sche Buchh.) Gedr. im J. 1782. 8⁰. (5 Mk., unbeschn. schönes Expl., G. Priewe, 1895.) (In München: H. mon. 272, 1; nur Stück 1?) I: Tit., 2 Bll. Vorber. (dat. O. d. 15. Jun. 1782), 112 S.

— f. Mönche und Nonnen, b. Aufheb. ders. betr. 2 Stck. 8. Ulm, Stettin. 783.

Magazin der Musik. Herausgeg. von CARL FRIEDR. CRAMER. 1. Jahrg. 1—2. Hälfte. 1783. Hamburg. — 2. Jahrg. 1784. Sm. St. — 2. Jahrg. 2. Hälfte. 1786. Sm. St. (jf. B.D. I. 1093).

Magazin der Musik. Hamburg 1783—96. H: *Cramer, Carl Friedrich.* (GGr)

Magazin, Musikalisches. Gesammelt und hsg. von mehreren Freunden der Tonkunst. Hamburg 1829. H: *Kayser, Johann Friedrich Christoph.* (schr)

— musikalisches, gesammelt u. herausgg. v. mehreren Freunden d. Tonkunst. 1s Hft. gr. 8. Hamb. 829. (Herold). 10 gl

— **musikalisches.** Abhandlungen üb. Musik u. ihre Geschichte, üb. Musiker u. ihre Werke. Hrsg. v. Ernst Rabich. 1.—6. Hft. gr. 8. Langensalza, H. Beyer & Söhne. n. 3. 40

1. Das deutsche Weihnachtsspiel u. seine Wiedergeburt aus dem Geiste der Musik. Zur Einführg. in Ph. Wolfrum's Weihnachtsmysterium. Von Edg. Istel. (27 S.) 901. n. — 40
2. Zur Choralkenntnis. Von W. Steinhäuser. (38 S.) 901. — 50
3. Ludwig van Beethoven u. die Variationenform. Von Otto Klauwell. (31 S.) 901. n. — 50
4. Franz Schuberts Wirken u. Erdenwallen. Von M. Zenger. (43 S.) 902. n. — 60
5. Kurzgefasste Darstellung der Passion, des Oratoriums u. modernen Konzertwerkes f. Chor, Soli u. Orchester. Von Emil Krause. (V, 78 S.) 902. n. 1. —
6. Goethe u. Beethoven. Vortrag, geh. in der Aula der grossherzogl. techn. Hochschule zu Darmstadt. Von Willib. Nagel. (25 S.) 902. n. — 40

— **musikalisches.** Abhandlungen üb. Musik u. ihre Geschichte, üb. Musiker u. ihre Werke. Hrsg. v. Ernst Rabich. 7.—14. u. 16. Heft. 8. Langensalza, H. Beyer & Söhne. n. 4. 85

Draheim, H., Goethes Balladen in Loewes Komposition. Eine Erklärg. des Tonsatzes. (III, 39 S.) 905. (Hft. 10.) n. — 75
Klauwell, Otto, Komponist u. Dichter. (36 S.) 903. (Hft. 7.) n. — 50
König, A., die Ballade in der Musik. (47 S.) 904. (Hft. 9.) n. — 75
Nagel, Willibald, Gluck u. Mozart. Ein Vortrag. (36 S.) 905. (Hft. 11.) n. — 50
— Goethe u. Mozart. Vortrag, geh. im hess. Goethe-Bund zu Darmstadt. (34 S.) 904. (Hft. 8.) n. — 50
Schmid, Otto, das geistige Band in Mozarts Schaffen. (20 S.) 906. (Hft. 14.) n. — 25
Schmid, Otto, Johann Michael Haydn. (1737—1806.) Sein Leben und Wirken. (19 S.) 906. (Hft. 16.) n. — 30
Zenger, Max, Entstehung u. Entwicklung der Instrumentalmusik. I. Tl. Von den ältesten Zeiten bis inkl. Beethoveu. (60 S.) 906. (Hft. 12.) n. — 80
— dasselbe. II. Tl. Von Beethoven bis inkl. Johannes Brahms. (39 S.) 906. (Hft. 13.) n. — 50
Hft. 15 ist noch nicht erschieuen.

— **musikalisches.** Abhandlungen üb. Musik u. ihre Geschichte, üb. Musiker u. ihre Werke. Hrsg. v. Ernst Rabich. 17.—34. Heft. 8. Langensalza, H. Beyer & Söhne. 8. 25

Dubitzky, Frz., kühne Harmonien aus neuer u. alter Zeit. (35 S.) 910. (Heft 32.) — 45
— Religionsbekenntnisse unserer Tonmeister. (27 S.) 908. (Heft 24.) — 35
Friedrichs, Elsb., der erste Musikunterricht in Form v. Kinderchören. (68 S.) 909. (Heft 22.) — 90
Klauwell, Otto, Theodor Kirchner. Ein Grossmeister musikal. Kleinkunst. (37 S.) 909. (Heft 29.) — 50
Krehl, Steph., Kompositionsunterricht u. moderne Musik. (23 S.) 909. (Heft 25.) — 30
[Mendelssohn-Bartholdy.] Von Mendelssohn-Bartholdys Beziehungen zu England. 5 englische Briefe des Meisters, mitgeteilt, ins Deutsche übers. u. besprochen. Von Max Unger. (29 S.) 909. (Heft 30.) — 40
Nagel, Wilib., die Musik im täglichen Leben. Ein Beitrag zur Geschichte der musikal. Kultur unserer Tage. (33 S.) 907. (Heft 18.) — 50
— Studien zur Geschichte der Meistersänger. (VIII, 216 S.) 909. (Heft 27.) 3. —
Noatzsch, Rich., die musikal. Form der deutschen Volkslieder. (32 S.) 910. (Heft 33.) — 40
— Zur Geschichte des Klaviers. (20 S.) 907. (Heft 19.) — 30
Prümers, Adf., berühmte Thomaskantoren u. ihre Schüler. (23 S.) 908. (Heft 20.) — 30
Puttmann, Max, Franz Grillparzer u. die Musik. (23 S.) 910. (Heft 31.) — 30
— Joseph Haydn als Vokalkomponist. Zum 100 jähr. Todestage des Meisters. (27 S.) 909. (Heft 28.) — 35
Rabich, Ernst, der evangel. Kirchenmusikstil. (18 S.) 909. (Heft 26.) — 25
Riemann, Hugo, verloren gegangene Selbstverständlichkeiten in der Musik des 15.—16. Jahrh. Die Musica ficta. Eine Ehrenrettg. (26 S.) 907. (Heft 17.) — 40
Segnitz, Eug., Goethe u. die Oper in Weimar. (24 S.) 908. (Heft 21.) — 30
Tottmann, Alb., Mozarts Zauberflöte. (20 S.) 908. (Heft 23.) — 30
Weigl, Bruno, die Geschichte des Walzers nebst e. Anh. üb. die moderne Operette. (19 S.) 910. (Heft 34.) — 30
Heft 15 ist noch nicht erschienen.

Magazin. – Musikalisches Magazin in Sonaten, Sinfonien, Trios und andern Stücken für das Clavier bestehend. Samml. 1–8. Leipzig: Breitkopf 1765.

— religiöser Muster-Katechisationen, herausgeg. von Karl Hermann Fischer. 1. Bd. 1.—3. Hft. Grimma 845, 46, Verl.-Compt. 1. u. 2. à 6 ngl 3. n. 4 ngl

— religiöser Muster-Katechisationen, hrsg. von Carl Herrm. Fischer. 1. Bd. 4. Hft. 8. (62 S.) Grimma 847, Verlags-Comptoir. 1/4 rf (1. Bd.: 24 ngl)

Magazin für allgemeine Natur- und Tiergeschichte, s.a. Müller, Karl Friedrich August

— f. allgem. Natur- u. Thiergeschichte; hrsgg. v. C. F. A. Müller. 6 Stücke. 8. Göttingen 790 — 96. Brose. 1 rf 20 gl Hbg. Pr. 18 gl

Magazin für die Naturgeschichte des Menschen. Zittau u. Leipzig 1788—91. H: *Grosse, Carl.* (EBHN) (KY) (MGT)

— f. d. Naturgeschichte des Menschen, (v. K. Grosse). 3 Bde. à 2 Stcke. Mit Kpf. 8. Zittau 788—91. Schöps. 2 rf 20 gl Mit illum. Kpf. 3 rf 20 gl

Magazin für die Naturkunde Helvetiens
① Herausgegeben von Albrecht Höpfner ④ Helvetisches Magazin (geplant) ⑤ 1787—1789 ⑥ 8° ⑦ Jahrbuch (1787, 1789); Halbjahresschrift (1788) ⑧ Zürich: Orell, Geßner, Füßli & Comp. ⑩ die Drs Hans Caspar Hirzel der ältere (1725—1803) und Hans Caspar Hirzel der jüngere (1751—1815), die Naturforschende Gesellschaft in Zürich, die physikalisch-ökonomische Gesellschaft in Bern und die physikalisch-medizinisch-botanische Gesellschaft in Basel unterstützen die Zeitschrift ⑪ Albrecht Höpfner ⑫ der Landeskunde der Schweiz gewidmet ⑭ Be: L; Bs: U ⑮ Von BGSZ 99 (p. 160, Nr. 17) nicht als Zeitschrift anerkannt; BGSZ: 675 (p. 51—61). Eine französische Ausgabe erschien unter dem Titel: Mémoires pour servir à l'histoire physique et naturelle de la Suisse (Lausanne et Paris 1788), herausgegeben von Jean-Louis Antoine Reynier. Vorreden zu den einzelnen Bänden.

Magazin für N a t u r k u n d e und Ökonomie Mecklenburgs.
Bd 1. 2. Schwerin: Bödner 1791–92. 8°
Hrsg.: Ad. Chr. Siemssen.

— f. d. höhere Naturwissensch. u. Chemie. 2 Theile. 8. Tüb. Heerbrand. 784. 87.

— f. d. höhere Naturwissenschaft u. Chemie. 2 Thle. 8. Tübing. 784—87. (J. Osiander). 1 ß 12 gr

Magazin, das n e u e, f. Literatur, Kunst u. soziales Leben. Red.: René Schickele. 73. Jahrg. 2. Halbj. Juli—Dezbr. 1904. 26 Hefte. (820 S. m. Abbildgn.) gr. 8. Berlin [Magazin-Verlag]. Leipzig, F. Rothbarth. n. 6. —

— dasselbe. 74. Jahrg. 1. Viertelj. Jan.—März 1905. 13 Hefte. (à ca. 30 S.) gr. 8. Berlin, Verlag des neuen Magazins. n. 3. —
Mit den „M o n a t s b l ä t t e r n f. deutsche Litteratur" vereinigt.

Magazin. – N e u - e r ö f f n e t e s Magazin, bestehend in einer Versammlung allerhand raren Künsten und besonderen Wissenschafften . . . T. 1. 2. Bamberg: Göbhardt 1756. 8°
Hrsg.: Frdr. Gottlob Eissvogel.

— neues, f. d. gerichtl. Arzneikunde; hrsgg. von J. Th. Pyl. 2 Bde. 8. Stendal 781—88. Franzen u. Gr. 4 ß

Magazin für die gerichtl. Arzneikunde u. medizin. Polizei. Hrsg. v. K. Uden. Bd. 1. u. 2. Stendal 1782—84. 2 Bde.
Forts.: Neues Magazin f. d. gerichtl. Arzneik. u. med. Polizei. Bd. 1 u. 2. Stendal 1786—88. 2 Bde.
Forts.: Repertor. für d. öffentl. u. gerichtl. Arzneiwissenschaft. Bd. 1—8. Berlin 1789—93. 8 Bde.

Magazin, Neues, für die gerichtliche Arzneywissenschaft . . . Stendal 1785—88. H: *Pyl, Joh. Theod.* (Ludwig) (BrMm)

Neues Magazin für Aerzte. Hrsg. von Ernst Gottfried Baldinger. Bd (1)-16 [nebst] Reg. Leipzig: Jacobäer 1779-94. 8°

(Bd 1:)	1779.	Bd 9:	1787.
Bd 2:	1780.	Bd 10:	1788.
Bd 3:	1781.	Bd 11:	1789.
Bd 4:	1782.	Bd 12:	1790.
Bd 5:	1783.	Bd 13:	1791.
Bd 6:	1784.	Bd 14:	1792.
Bd 7:	1785.	Bd 15:	1793.
Bd 8:	1786.	Bd 16:	1794.

Allgemeines Reg. über das Magazin f. Aerzte. Altes Magazin 12 Stücke. Neues Magazin 5 Bde: 1783.
Dreyfaches Reg. über das Magazin f. Aerzte u. die 10 Bde d. Neuen Magazins ... [Bearb.] von [Friedrich Wilhelm] von Halem.: 1790.

Anf. s. Magazin für Aerzte. Bd 1.2: 1778.

Magazin. – N e u e s Magazin für Befestigungskunst und Artillerie. H. 1–3. Berlin: Reimer 1820–22. 4°
Hrsg.: Joh. Gottfr. v. Hoyer.

Magazin. – N e u e s Magazin, enthaltend merkwürdige Begebenheiten, vaterländische Ereignisse, nützliche Erfindungen nebst interessanten Erzählungen. Schweidnitz: Stuckart 1811–13.
Vorh. u.d.T.: Die Zeitgeschichte.
Fortges. u.d.T.: Die Zeitgeschichte.

Magazin. – N e u e s Magazin gemeinnütziger Beobachtungen und interessanter Rechtsfälle in Concurssachen. H. 1. 2. Rottenburg/Neckar 1820–21. 8°
Hrsg.: August Hoch.
Vorh. u.d.T.: Magazin gemeinnütziger Beobachtungen...

Magazin. – N e u e s Magazin für die Botanik. Bd 1. Zürich: Ziegler 1794. 8°
Hrsg.: Joh. Jak. Römer.
Vorh. u.d.T.: Magazin für die Botanik.

Magazin. – N e u e s Bremisches Magazin zur Ausbreitung der Wissenschaften, Künste und Tugend . . . Bd 1–4 (je 3 St., Bd 4 nur 1 St.) Bremen: Förster 1766–72. 8°
Vorh. u.d.T.: Bremisches Magazin.

Magazin, neues deutsches, f. d. Jahre 1793—1803. 8. Kopenhagen. Arntzen u. H. (Barth in Leipz.) (à 4 ß) 44 ß
Vorh. u.d.T.: Deutsches Magazin.

— neues, aller neuen E r f i n d u n g e n, Entdeckung. ꝛc. für Fabrikanten, Manufaktur. ꝛc. herausgegeb. von Hermbstädt, Kühn, und Baumgärtner. 1n Bd. 1s - 6s Hft. mit K. 4. Lpz. Baumgärtner. 807-10. (à 1 Rthlr.)

— neues, aller neuen E r f i n d u n g e n, Entdeckungen und Verbesserungen ꝛc. für Fabrikanten, Manufakturisten ꝛc. herausg. von Hermbstädt, Kühn u. Baumgärtner. IIr 1s —6s. IIIr 1s u. 2s. m. K. Leipz. Baumgärtner. 811—815. (à 1 Rthlr.)

Neues Magazin aller Erfindungen und Entdeckungen, herausgegeben von H e r m b s t ä d t. I. II. Leipzig. 1829/30.

Magazin. – N e u e s fortgesetztes Westfälisches Magazin zur Geographie, Historie und Statistik. Bd 1. 2. Wesel 1798–99.
Hrsg.: P. F. Weddigen.
Vorh. u.d.T.: Neues Westfälisches Magazin.

Magazin, Neues, für Frauenzimmer. Strassburg und Basel 1786—91. H: *Seybold, David Christoph.* (Lachmannski, Die deutschen Frauenzeitschr. des 18. Jahrh. Berlin 1900. S. 59.)
Vorh. u.d.T.: Magazin für Frauenzimmer.

— neues, f. Frauenzimmer; herausgeg. v. D. C. Seybold. 2 Jahrgg. zu 12 Stck. Mit ill. Kupf. 8. Straßburg 787. 88. Akad. B. (Hinrichs in Lpz.) (à 4 ß) 8 ß

Magazin, neues, f. Frauenzimmer; hrsgg. v. D. C. Seybold f. 1789—91. Jahrg. zu 4 Quartl. Mit ill. Kpf. 8. Straßb. Akad. B. (Hinrichs in Leipz.) 10 ß 12 gr

N e u e s gemeinnütziges **Magazin** für die Freunde der nützlichen und schönen Wissenschaften und Künste.
Hrsg.: J. D. Leyding.

— neues gemeinnütziges, f. Freunde d. Wissenschaften u. Künste. 4 Bde. 8. Hamb. 760—61. Brand. 4 ß

Magazin. – N e u e s geographisches Magazin. Bd 1–4 (zu je 3 St.) Halle: Waisenhaus 1785–89. 8°
Hrsg.. Joh. Ernst Fabri.
Vorh. u.d.T.: Geographisches Magazin.

Magazin. – N e u e s Magazin für die neuere Geschichte, Erd- und Völkerkunde, als eine Fortsetzung des Büschingschen. Bd 1. Leipzig: Jacobäer 1790. 4°
Hrsg.: Friedr. Gottlieb Canzler.
Vorh. u.d.T.: Magazin für die neue Historie und Geographie.

Magazin. – N e u e s Göttingisches historisches Magazin. Bd 1–3. Hannover: Helwing 1791–94. 8°
Vorh. u.d.T.: Götting. histor. Magazin.

Magazin, neues Hamburgisches, oder Fortsetzung gesammelter Schriften aus der Naturforschung der allgem. Stadt- und Land-Oekonomie, und der angenehmen Wissensch. überhaupt. 20 Vol. Hannover und Leipzig. 1767–1781
Vorh. u.d.T.: Hamburgisches Magazin.

Magazin, Neues Hamburgisches, oder Fortsetzung gesammelter **Schriften aus der Naturforschung ... Hamb.** 1767–84. H: *Kästner, Abraham Gotthelf, Joh. August Unzer & Andere.* (ErschDL)

— neues, Hamburg., 20 Bde. od. 120 Stcke. 8. Hamb. 767—81. Holle. (Leipz., Barth). 15 ℔

„Das Hannöverische Magazin, worin kleine Abhandlungen einzelner Gedanken, Nachrichten, Vorschläge und Erfahrungen, so die Verbesserung des Nahrungsstandes, die Land- und Stadtwirthschaft, Handlung, Manufacturen, Künste und Wissenschaften betreffen, gesammelt sind", Hannover seit 1750. Führte diesen Titel erst seit 1763 (Erschien von 1750—1755 u. d. T.: „Sammlungen kleiner Ausführungen"; von 1755—1759: „Hannöverische nützliche Sammlungen"; von 1759—1763: „Hannöverische Beyträge zum Nutzen und Vergnügen"). Seit 1790: „N e u e s Hannöverisches Magazin.

— neues Hannöv., Jahrg. 802—5. 4. Ebend. (à 4 Rthlr.) 1

— neues Hannöverisches, v. Jahrg. 1806—12 u. 14, 15, u. 1816. 4. Hannov. Helwing. (à 4 Rthlr.) 4

—— neues homiletisches, in besond. Rücksicht auf die innere Mission der Gegenwart. Hrsg. von J. A. G. Steuber und J. F. Th. Wohlfahrt. 1. Bd. 1. und 2. Heft. gr. 8. (S. 1 —382.) Quedlinburg 850, Basse. à Heft 25 Ngr.

„Neues Magazin für Industrie, oder Bekanntmachung neuer Erfindungen, Einrichtungen, Mechanismen, Werkzeuge etc.", bearbeitet von einer Gesellschaft sachkundiger Männer, 1. Band, 1. und 2. Lieferung, Leipzig 1823 und 1826 (Mag. für Ind.).

Magazin. – N e u e s juristisches Magazin. Bd. 1. Anspach 1784. 8°
Hrsg.: Joh. Christian Siebenkees.
Vorh. u.d.T.: Juristisches Magazin.

Magazin. – N e u e s katechetisches Magazin. T. 1–4. Erlangen: Palm 1785–91. 8°
Hrsg.: Georg Heinr. Lang.
Vorh. u.d.T.: Katechetisches Magazin.

Magazin. – N e u e s Kielisches Magazin für die Geschichte, Staatsklugheit und Staatenkunde. Bd 1. 2 (zu je 3 St.). Kopenhagen: Proft 1786–88. 8°
Hrsg.: Valentin Aug. Heinze.
Vorh. u.d.T.: Kielisches Magazin.

Magazin, Neues, des neuesten Kirchenrechts und der Kirchengeschichte in katholischen Staaten. Frankenhausen 1789. H: *Schalk, Carl Siegmund Ludwig (Bonif.).* (MGT) (EngJ) (Ky) (Schletter, Handb. der jurist. Litt. Grimma 1843.)

— neues, des neuesten Kirchenrechts in der Kirchengesch. kathol. Staat. 16 Heft. 8. Frankenh. Typ. (Crüff in Leipz.) 789.

— neues, des neuesten Kirchenrechts in d. Kirchengesch. kathol. Staaten, (v. B. Schalk). 16 Hft. 8. Weissenb. 789. (Wienbrack in Leipz.) 10 ℔

„Neues Magazin der Künste und Wissenschaften, für Gelehrte, Künstler, Oekonomen etc.", herausgegeben von C. S., 3 Stücke, Leipzig 1805 (Joachim).

NEUES LAUSITZISCHES MAGAZIN.
Unter Mitwirkung der Oberlausitzischen Gesellschaft der Wissenschaften, herausgegeben und verlegt von JOHANN GOTTHELF NEUMANN.:
Bd. 1—7. Mit Steindrücken, Steintafeln, Tabellen ... Görlitz 1822—1828. Beim Herausgeber und in Comm. bei C. G. Zobel. 8°.
Bd. 8. Nebst 4 Steintafeln und 1 Kupfer. ib. 1830. Beim Herausgeber und in Comm. bei Edwin Schmidt.
Bd. 9. Nebst 3 Steintafeln. ib. 1831. In Comm. bei Edwin Schmidt.
Unter Mitwirkung der Oberlausitzischen Gesellschaft der Wissenschaften heraus gegeben von C.(HRISTIAN) A.(DOLPH) PESCHEK.
(Bd. 10—11.) Jahrg. 1832—1833. (Mit Tafeln.) ib. 1832—1833. In Comm. bei Edwin Schmidt.
(Bd. 12.) Jahrg. 1834. (Mit 1 Tafel.) ib. 1834.
Herausgegeben von der Oberlausitzischen Gesellschaft der Wissenschaften durch J. LEOPOLD HAUPT.:
Bd. 13. Mit 2 Steindrucktafeln und mehreren Tabellen. ib. 1835. Bei dem Herausgeber und in Comm. in der Heyn'schen Buch- und Kunsthandlung.
Bd. 14—16. Neuer Folge Bd. 1—3. Mit Tafeln, meteorologischen Tabellen ... ib. 1836—1838. — —
Bd. 17—18. Neuer Folge Bd. 4—5. Mit meteorologischen Tabellen, eingedruckten Abbildungen ... ib. 1839—1840. In der Heyn'schen Buch- und Kunsthandlung.
Bd. 19—22. Neuer Folge Bd. 6—9. Mit Zeichnungen, meteorologischen Tabellen ... ib. 1841—1844. Verlag von G. Heinze & Comp.
Im Auftrage der Oberlausitzischen Gesellschaft der Wissenschaften herausgegeben durch ERNST TILLICH.:
Bd. 23—24. (Mit meteorologischen Tabellen.) ib. 1846—1848. —
Im Auftrage der Oberlausitzischen Gesellschaft der Wissenschaften besorgt durch JOH. KARL OTTO JANCKE.:
Bd. 25—27. (Mit Tafeln.) ib. 1849—1850. —
Im Auftrage der Oberlausitzischen Gesellschaft der Wissenschaften besorgt durch C. G. TH. NEUMANN.:
Bd. 28—33. (Mit Tafeln und meteorologischen Tabellen.) ib. 1851—1857. Im Selbstverlage der Gesellschaft und in Komm. der Buchhandlung von G. Heinze & Comp.
Im Auftrage der Oberlausitzischen Gesellschaft der Wissenschaften herausgegeben von GUSTAV KÖHLER.:
Bd. 34—35. (Mit Tafeln.) ib. 1858—1859. Im Selbstverlage der Gesellschaft und in Komm. der Buchhandlung von Gustav Köhler.
Im Auftrage der Oberlausitzischen Gesellschaft der Wissenschaften herausgegeben von GOTTLOB TRAUGOTT LEBERECHT HIRCHE.:
Bd. 36—40. Mit Tabellen. ib. 1860—1863. — —
Im Auftrage der Oberlausitzischen Gesellschaft der Wissenschaften herausgegeben von TITUS WILDE.:
Bd. 41—42. Mit 1 lithographirten Tafel. ib. 1864—1865. — —
Im Auftrage der Oberlausitzischen Gesellschaft der Wissenschaften herausgegeben von E. E. STRUVE.:
Bd. 43—45. (Mit Tafeln.) ib. 1866—1869. — —
Bd. 46. Abth. I. II. — Bd. 51. (Mit 1 Tafel.) ib. 1869—1874. Im Selbstverlage der Gesellschaft und in Komm. der Buchhandlung von E. Remer.
Im Auftrage der Oberlausitzischen Gesellschaft der Wissenschaften herausgegeben von SCHÖNWÄLDER.:
Bd. 52—59. (Mit Tafeln.) ib. 1876—1883. — —

Bd. 46. Abth. II. 1869. enthält: Register über die Abhandlungen und wesentlichsten Miscellen, gleichwie über die Necrologe und sonstige Nachrichten, welche in den bis anher erschienenen 44 Bänden, des Neuen lausitzischen Magazins enthalten sind. Im Auftrage der Oberlausitzischen Gesellschaft der Wissenschaften ausgefertiget, von O. JANCKE.

NEUES LAUSITZISCHES MAGAZIN. Im Auftrage der Oberlausitzischen Gesellschaft der Wissenschaften
herausgegeben von SCHÖNWÄLDER.:
Bd. 60—62. Heft 1. Görlitz. 1884—1886. Im Selbstverlage der Oberlausitzischen Gesellschaft der Wissenschaften und in Komm. der Buchhandlung von E. Remer. 8°.

NEUES LAUSITZISCHES MAGAZIN.
Im Auftrage der Oberlausitzischen Gesellschaft der Wissenschaften herausgegeben von SCHÖNWÄLDER.
Bd. 63. Görlitz 1888. Im Selbstverlage der Oberlausitzischen Gesellschaft der Wissenschaften und in Kommission der Buchhandlung von E. Remer. 8°.
Bd. 64. ib. 1888. —

Im Auftrage der Oberlausitzischen Gesellschaft der Wissenschaften herausgegeben von RICHARD JECHT.
Bd. 65. ib. 1889 [3]). — Bd. 66. (Mit 1 Tafel.) ib. 1890. — Bd. 67. (Mit Tafeln.) ib. 1891. Im Selbstverlage der Oberlausitzischen Gesellschaft der Wissenschaften und in Kommission der Buchhandlung von Tzschaschel. — Bd. 68. (Mit Tafeln.) ib. 1892. — Bd. 69. (Mit genealogischen Beilagen.) ib. 1893. — Bd. 70. (Mit Tafeln.) ib. 1894. — Bd. 71—77. ib. 1895—1901. [1]) — Bd. 78. (Mit 1 Tafel.) ib. 1902. — Bd 79. (Mit Tafeln.) ib. 1903. — Bd. 80. (Mit Tafeln.) ib. 1904 [2]). — Bd. 81. (Mit Tafeln.) ib. 1905. — Bd. 82. (Mit Tafeln.) ib. 1906. — Bd. 83. (Mit 1 Tafel.) ib. 1907. — Bd. 84. (Mit Tafeln und Karten.) ib. 1908. — Bd. 85. ib. 1909. —

[1]) In Bd. 76. 1900: REGISTER zum Neuen Lausitzischen Magazin Bd. 1—LXXV. 1822—1899.

[2]) In Bd. 80 mit besonderem Titelblatt: Kurzer Wegweiser durch die Geschichte der Oberlausitzischen Gesellschaft der Wissenschaften zu Görlitz von 1779—1904. Als Festgabe zum 125. Stiftungsfeste verfasst und den Gesellschaftsmitgliedern dargereicht von dem Gesellschaftssekretar Professor Dr. R. JECHT. (Görlitz) 1904. Görlitzer Nachrichten und Anzeiger.

[3]) In Bd. 65 1889: Lucrez und Epikur. Analyse des Lehrgedichts de rerum natura von Lucretius und Darlegung der darin verherrlichten Welt- und Naturanschauung, sowie der auf dieselbe gegründeten Sittenlehre. Von O. WEISSENFELS. (Görlitz.) Druck der Görlitzer Nachrichten und Anzeiger.

NEUES LAUSITZISCHES MAGAZIN. Zeitschrift der Oberlausitzischen Gesellschaft der Wissenschaften
herausgegeben von Prof. Dr. R. JECHT.
Bd. 86. (Mit Tafeln.) ib. 1910. —

— dasselbe, 72. Bd., s. a. Festschrift z. 550. Gedenktage d. Oberlausitzer Sechsstädtebündnisses.

— neues, lehrreiches, f. junge Frauenzimmer, die Kochkunst u. Zuckerbäckereien zu erlernen. 2 Thle. 8. Karlsr. 791. Maklot. 1 ℛ 16 g.

Magazin. – N e u e s Leipziger Magazin für Rechtsgelehrte. St. 1–6. Leipzig 1786. 8°
Hrsg.: Chr. Aug. Günther u. C. F. Otto.
Vorh. u.d.T.: Leipziger Magazin für Rechtsgelehrte.

— neues, f. d. junge Lesewelt, z. edlen u. lehrr. Unterricht. 18 Stck. 8. Lüneb. 787. Lemke. 8 g.

Magazin: Neues Magazin für Liebhaber der Entomologie
③ Magazin für die Liebhaber der Entomologie ⑤ 1781—1782, 1784—1786 ⑥ 8° ⑦ als Quartalschrift geplant; Jahrbuch (1781. 1786); halbjährig (1784—1785); jährlich 3× (1782) ⑧ Zürich: Orell. Geßner. Füßli & Co. (?) ⑩ Johann Caspar Füeßly, Zürich, und Heinrich Steiner & Co., Winterthur, seit 1784 J. C. Füeßly allein ⑪ Johann Caspar Füeßly ⑬ BGSZ: 99 (p. 55—56, Nr. 21) ⑭ Bs: U; Zh: Z.
Fortges. u.d.T.: Neuestes Magazin für die Liebhaber der Entomologie.

Magazin. – N e u e s Magazin für die klinische Medicin. Bd 1 (= St. 1–4). Nürnberg Riegel 1816–17. 8°
Hrsg.: Andr. Röschlaub.

— neues militärisches, histor. u. scientif. Inhalts; hrsgg. von J. G. Hoyer. Mit Pl. u. Kart. 1r—4r Bd. 36 od. 27 Hfte. gr. 4. Leipz. 806—8. Baumgärtner (à 16 g.) 18 ℛ

— neues, f. Philologen. 5 Thle. Bremen, Müller.

Magazin. – N e u e s philosophisches Magazin. Bd 1 (= St. 1–3); Bd 2 (= St. 1–4). Leipzig: Barth 1789–91. 8°
Hrsg.: Joh. Heinr. Abicht u. Fr. Gottlob Born.

N e u e s polytechnisches **Magazin** oder die neuesten Entdeckungen der Naturlehre, Chemie, der Land- und Hauswirtschaft und der nützlichsten Künste und Gewerbe.

— neues polytechnisches, oder d. neuest. Entdeck. d. Naturlehre, Chemie, der Land- und Hauswirthsch. 2 Theile. 8. Winterthur, Steiner. 798—99. (1r 1 Rthlr. 4 gr. 2r 1 Rthlr.)

— neues, f. Prediger; hrsgg. v. W. A. B. Teller u. A. 1r—10r Bd. zu 2 Stcken. gr. 8. Jena 792—802. Frommann. (à Stck. 18 g.) 15 ℛ — Fortsetzung, s. J. F. C. Löffler.
Fortges. u.d.T.: Magazin für Prediger.

—— neues, f. Prediger. Hrsg. v. Friedr. Wilh. Wagner. 1. Hft. (Neue Ausg. der „Früchte aus d. Reiche Gottes.") gr. 8. (15½ B.) Leipzig 838, Kupfer. (?)

— neues, vorzügl. Predigten, s. a. Repertor. v. Kasualpredigten.

Magazin, Neues, vorzüglicher Predigten, welche bei besondern Vorfällen ... sind gehalten worden ... Nürnb. 1786—91. H: *Waldau, Gg Ernst.* (WINER) (MGT)

— neues, vorzügl. Predigten, v. noch lebend. Gottesgel. 8 Bde. gr. 8. Nürnb. Schneider und W. 786—91.
(h. a. d. Tit. Repertorium von Casualpredigten. 13r—20r Thl.)

— neues, für hannoversches Recht. Eine Fortsetzung des von v. Klencke begründeten Magazins für hannoversches Recht. Herausg. unter Mitwirkung ꝛc. von v. Düring u. Wachsmuth. 1—5. Bd. Jahrg. 1860—64. à 3 Hefte (à ca. 10 Bgn.). Ebend. gr. 8. Jeder Jahrg. n. 2 ℛ

— neues, für hannoversches Recht. Eine Fortsetzung des von Klencke begründeten Magazins für hannoversches Recht. Herśg. unter Mitwirkung der HH. Leonhardt u. v. Düring bei der Redaction, von v. Düring u. Wachsmuth. 6—8 Bd. (Jahrg. 1865—67.) à Jahrg. 3 Hefte (à ca. 160 S.) Hannover, Rümpler. gr. 8. Jeder Bd. n. 2 ℛ

— — Sachregister zu Bd. 1—9 des „Magazins" u. Bd. 1—6 des „Neuen Magazins." Ebend. 867. gr. 8. (130 S.) n. 20 ngr.

—— neues, für hannoversches Recht, s. Zeitschrift...

— neues, f. katholische Religionslehrer, siehe a. Felder.

— — neues, für kathol. Religionslehrer. Herausgeg. v. F. K. Felder. Jahrg. 1816 und 1817 in 6 Heften. 8. Landshut, Thomann. à 2 Rthlr. 6 Gr.

— — dasselbe fortgesetzt von J. G. Köberle. Jahrg. 1818 bis 821. Jeder in 6 Heften. 8. Ebend. der Jahrg. 2 Rthl. 6 Gr.

— neues, f. kathol. Religionslehrer, herausgeg. v. F. K. Felder, nach dessen Tode fortgesetzt v. J. G. Köberle. Jahrg. 1822—26. 8. Landshut, Thomann. J. 822, 2 Rthl. 6 gr. 823—27. à 1 Rthl. 18 gr.

— neues, f. öffentl. Schulen, s. Ruperti.

— neues, f. Schullehrer, s. Ruperti.

S c h r e b e r, Johann Christian Daniel (Herausgeber): „Neues Schwedisches Magazin kleiner Abhandlungen, welche in die Natur- und Haushaltungskunde einschlagen", Teil 1, Nürnberg 1783 (Felsecker). — Vorh.: UB Kiel.

Magazin, neues, f. kathol. Seelsorger, Prediger u. Catecheten. Herausg. in Verbind. mit mehr. v. J. G. Köberle. 1r Jahrg. 1838. 4 Quartalhefte. gr. 8. Regensb., Manz. 1⅞ ℛ

Neues staatsbürgerliches Magazin, mit besonderer Rücksicht auf die Herzogthümer Schleswig, Holstein und Lauenburg; herausgeg. von N[IELS NICOLAUS] FALCK. 1—10. Bd. Schleswig. 1833—41. M. Tvl. (fortsat som Archiv f. Geschichte, Statistik, Kunde der Verwaltung und Landesrechte der Herzogthümer Schleswig, Holstein und Lauenburg. (Des staatsbürgerl. Magazins 3. Folge). 1. Jahrg. Kiel. 1842 ff.

— neues staatsbürgerliches, mit besond. Rücksicht auf die Herzogthümer Schleswig, Holstein und Lauenburg. Herausg. von N. Falck. 1r—8r Bd. à 4 Hefte. Mit Tabellen. gr. 8. Schleswig 832—39. Taubstummen-Institut. (Leipzig, Hermann.) (à Bd. $3^2/_3$ ₰) $29^1/_3$ ₰ — Register der ersten 10 Bde. über darin vorkommende: 1) Sachen. 2) Namen. 3) Urkunden nach chronolog. Ordnung. 4) Literar. Recensionen u. Anzeigen. Verfertigt von J. v. Schröder. gr. 8. Ebd. 834. n. $^7/_{12}$ ₰

— neues, d. Statistik, Geogr. und Gesch. 1s Heft. gr. 8 Leipzig, Crusius. (F. C. W. Vogel.) 792.

Magazin. – N e u e s technologisches Magazin. Bd 1. Heidelberg: Braun 1793.
Hrsg.: Christoph Wilh. Jakob Gatterer.
Vorh. u.d.T.: Technologisches Magazin.

Magazin. – N e u e s theologisches Magazin, worin allerhand nützliche, sonderlich aber für einen Gottesgelehrten brauchbare Abhandlungen geliefert werden. Altona u. Lübeck: Iversen 1766–68. 8°
Hrsg.: Joh. Heinr. Pratje.

Magazin, Neues Ungarisches,

oder Beiträge zur Ungarischen Geschichte, Geographie . . . Pressburg 1792—94. H: *Windisch, Carl Glieb v.* (EngG)

Magazin. – N e u e s ungrisches Magazin oder Beyträge zur ungrischen Geschichte, Geographie, Naturwissenschaft und der dahin einschlagenden Literatur. Bd 1. 2 (= H. 1–6). Preßburg 1795–98. 8°
Hrsg.: Karl Gottlieb v. Windheim.
Vorh. u.d.T.: Ungrisches Magazin.

— neues, nützl. und brauchb. Unterhaltung in Erholungsstund. f. alle Stände ꝛc., herausg. v. J. J. Oehm. 8. Elberf. Büschler. 804.

Magazin. – N e u e s Westphälisches Magazin zur Geographie, Historie und Statistik. Bd 1–3 (= H. 1–12). Bielefeld, Lemgo, Leipzig, Bückeburg (2ff: Leipzig, Lemgo, Berlin, Bielefeld): Meyer 1789–94.
Hrsg.: Peter Florenz Weddigen.
Vorh. u.d.T.: Westphälisches Magazin zur Geographie.
Fortges. u.d.T.: Neues fortgesetztes Westfälisches Magazin.

— neues, f. Wochen- u. Leichenpredigten in Entwürfen ꝛc. 1r—4r Bd. in 16 Stücken. gr. 8. Ebend. (à 6 gr.)

BREITHAUPT, Heinrich Karl Wilhelm (Hrsg.): Magazin für das Neueste aus der Mathematik für Forstbediente, besonders über die nützlichsten Maschinen für Forstvermessungen etc. - Leipzig 1805 u. 1806. 1. Bd, 2 H.

— f. d. Neueste a. d. Mathematik f. Ingenieur, Militär ꝛc. Herausgeg. v. H. C. W. Breithaupt. 1r Bd. 1s bis 3s Stck. m. K. 8. Lpz. G. Fleischer. 805. 806. (à Stck. 16 gr.)

— f. d. Neueste a. d. Physik und Naturgesch., s. a. Lichtenberg G. C.

Magazin für das Neueste aus der

Physik und Naturgeschichte . . . Gotha 1781—86. H: *Lichtenberg, Georg Christoph.* (EBHN)

— f. das Neueste aus d. Physik u. Naturgeschichte, angefangen v. Ldw. Chr. Lichtenberg, fortges. v. J. H. Voigt. 1r — 12r Bd. u. Register über alle 12 Bde. 8. Gotha 784—99. Ettinger. 22 ₰ 18 gr Fortsetz., s. Voigt, J. H.

— — neuestes, von Fest-, Gelegenheits- und andern Predigten und kleinen Amtsreden. Herausgeg. von Hanstein, Eylert und Dräseke. 1r bis 4r Thl. gr. 8. Magdeburg, Heinrichshofen. 816 — 20. à 1 Rthlr. 12 Gr.

Magazin. – N e u e s t e s Magazin der Geographie, Geschichte, Statistik, überhaupt der genauen Kunde Westphalens gewidmet. Bd 1 (= H. 1–4). Dortmund (Hamm: Schulz) 1816. 8°
Hrsg.: Am. Andr. Friedr. Mallinkrodt.

Magazin, neuestes, für Leichenpredigten, in welch. auf jeden mögl. Fall passende Leichenpred., Disposit. u. Parentationen enth. sind; hrsgg. v. einig. Landpredigern. 10 Bde. gr. 8. Frankf. a. M. 807—10. (2r Thl. 3e Aufl. 5r—10r Thl. 2e Aufl. 819). Gebhardt u. K. (à 18 gr) 7 ₰ 12 gr

Magazin. – N e u e s t e s Magazin für die Liebhaber der Entomologie. H. 1–5. Stralsund 1791–94. 8°
Hrsg.: Dan. Heinr. Schneider.
Vorh. u.d.T.: Neues Magazin . . .

L ö w e , J. C. C. und Brieger G.: „Neuestes Magazin für Oekonomen und Cameralisten", 2 Bände in 6 Stücken, Berlin 1794—1800.
Vorh. u.d.T.: Neuestes Magazin für Ökonomie.

L ö w e und B r i e g e r : „Neuestes Magazin für Oekonomen und Kameralisten", Berlin 1794—1800. Fortgesetzt u. d. T.: „Annalen der schlesischen Landwirthschaft", von Löwe, Berlin 1802.

L ö w e , J. K. C. und Brieger: „Neuestes Magazin für Oekonomen und Kameralisten", 2 Bände (je 3 Lieferungen), Berlin 1797—1802 (Pauli).

—— für Oekonomen und Cameralisten, Neuestes, herausg. von J. K. C. Löwe und Brieger. Bd. 1. 2. Breslau u. Berlin 1797—1802. gr. 8.

Magazin. – N e u e s t e s Magazin für Ökonomie. Bd 1. 2. Breslau 1794.
Hrsg.: Joh. Carl Chrn Löwe u. Brieger.
Fortges. u.d.T.: Neuestes Magazin für Ökonomen und Cameralisten.

Magazin, Niederelbisches historisch-politisch-litterarisches,

nebst litterarischen Anzeigen. Hamburg 1787—88. H: *Wittenberg, Albrecht.* (MGT) (MS) ›1787—95‹ (Ky)

— Niederelbisches, historisch. polit., (v. A. W. Wittenberg.) 6 Jhge. 8. Hamb. Bohn. 787—92.

— — dess. 7r—9r Jahrg. 8. Hamb. Bachmann. 793—95. (à 3 Rthlr. 6 gr.)

Magazin, Niedersächsisches.

Lemgo 1787. H: *Schmalz, Theodor Anton Heinrich.* (Ky) (MGT)

Schmalz, Ritter Theodor Anton Heinrich (Herausgeber): „Niedersächsisches Magazin", 1. Band 1. Stück, Lemgo: Meyer 1787. 8°

— Niederschlesisches, e. Monatsschrift; hrsgg. v. K. M. Plümicke. 8. Leipz., Liegnitz u. Sagan 789—95. — (Auch u. d. T.: Neues Lesebuch f. alle Stände; Zeitschrift in monatlch. Heften.)

Magazin für Nord-Amerika: Band 1, Apr. 1, 1851—r
Agricultural semi-monthly. Octavo, each issue 16 pages. Edited & published by Dr. Magnus Gross.
Cincinnati, OH

— — Nürnbergisches, zum Nutzen und Vergnügen, herausgegeben von einer Gesellschaft von Gelehrten. 16 Heft. gr. 8. Nürnberg, Schrag. 816.

Magazin für das Nützliche und Schöne. München 1775. 4°
Hrsg.: Joh. Franz Seraph. v. Kohlbrenner; sp. P. P. Finauer.

Magazin des Nützlichsten und Neuesten für Haus- und Landwirtschaft, s. Pfennig-Magazin.

Magazin für junge Offiziere und Kadetten. Wien [um 1784].

—— für die Oryktographie von Sachsen, s. a. Freiesleben, Joh. Carl.

Magazin für die Oryktographie von Sachsen. herausgegeben von J. C. Freiesleben. I–XV. Freiberg. 1828—1848.

Magazin, östreich., für Armenhülfe, Industrie-Anstalten u. Dienstboten-Wesen; herausgg. v. J. W. Klein. 4 Hefte. 8. Wien 804. 5. Geistinger. (Landsh., Krüll). 1 ß

— f. Pädagogik. Katholische Vierteljahrs-Schrift f. Volkserziehung u. Volksunterricht, zugleich Organ f. den katholischen Volksschul-Verein in Württemberg, hrsg. von J. St. Rau. (12 u. 13. od. Neue Folge 5 u. 6.) Jahrg. 1847 u. 1848. à 4 Hfte. gr. 8. — hrsg. von einem Vereine prakt. Lehrer. (14. od. Neue Folge 7. Jahrg.) 1849. 4 Hfte. in 8 Abthlgn. gr. 8. — Katholische Zeitschrift für Volkserziehung u. Volksunterricht. Hrsg. unter Mitwirkung von mehreren Geistlichen u. Schulmännern von M. Lehmann. Neue Folge. 8 — 10. Jahrg. [Der ganzen Reihe 15 — 17. Jahrg.] 1850 — 1852. à 8 Hfte. gr. 8. Rottweil, Setzer. à Jahrg. n. 2 ß
Vorh. u.d.T.: Magazin für Pädagogik und Didaktik.

—— für Pädagogik. Katholische Zeitschrift für Volkserziehung und Volksunterricht. Hrsg. von L. Haug. Neueste Folge. 1—4. Jahrg. (Der ganzen Reihe 18—21. Jahrg.) 1853—56. à Jahrg. 12 Hefte. gr. 8. Ludwigsburg, [Riehm.] à Jahrg. *

—— für Pädagogik. Katholische Zeitschrift für Volkserziehung und Volksunterricht. Hrsg. von J. Haug. Neueste Folge. 5. Jahrg. (Der ganzen Reihe 22. Jahrg.) 1857. 12 Hefte. gr. 8. Ludwigsburg, [Balmer und Riehm.] *

—— dass. — Hrsg. unter Mitwirkung von mehreren Geistlichen und Schulmännern von J. Haug. Neueste Folge. 6—9. Jahrg. (Der ganzen Reihe 23 — 26. Jahrg.) 1858 — 61. à Jahrg. 12 Hefte. Mit Schulnachrichten aus Württemberg. 52 Nrn. (¼ Bog.) gr. 8. Ravensburg, Dorn'sche Buchh. à Jahrg. *

—— für Pädagogik. Katholische Zeitschrift für Volkserziehung und Volksunterricht. Hrsg. unter Mitwirkung von mehreren Geistlichen und Schulmännern von J. Haug. Neueste Folge 10.—15. Jahrg. (Der ganzen Reihe 27.—32. Jahrg.) 1862 —67. à Jahrg. 12 Hefte. (à Heft ca. 64 S.) Mit: Schulnachrichten aus Württemberg. 52 Nrn. (¼ Bog.) gr. 8. Ravensburg, [Ulmer.] à Jahrg. *

—— für Pädagogik. Vormals süddeutsches kathol. Schulwochenblatt. Unter Mitwirkung von Schulmännern geistl. und weltl. Standes hrsg. von A. Pfister, J. Haug, Fr. J. Knecht. Jahrg. 1868—1872. à Jahrg. 52 Nrn. (à 1—1½ Bog.) und 4 Beilagehefte. gr. 8. Spaichingen. (Stuttgart, Lindemann.) à Jahrg. *

—— dass. — Jahrg. 1878. 52 Nrn. (à ½ Bog.) gr. 8. Spaichingen, Kupferschmid. *

—— dass. — Katholische Zeitschrift für Volkserziehung und Volksunterricht. Hrsg. unter Mitwirkung von Geistlichen und Lehrern von F. S. Wöhler, Fr. J. Knecht und J. Haug. Neueste Folge. 37. Jahrg. 1874. 52 Nrn. oder 4 Hefte. gr. 8. (1. Heft 64 S.) Ebendas. *

—— für Pädagogik. Unter Mitwirkung von Schulmännern geistl. und weltl. Standes hrsg. von F. S. Möhler, Fr. J. Knecht, J. Haug. Jahrg. 1875. 52 Nrn. (à ½ Bog.) gr. 8. Spaichingen, Kupferschmid. *

—— dass. — Vormals Süddeutsches kathol. Schulwochenblatt. Unter Mitwirkung von Schulmännern geistl. und weltl. Standes hrsg. von F. S. Möhler, Fr. J. Knecht, F. Schneider. 39.—42. Jahrg. 1876—1879. à Jahrg. 52 Nrn. (à ½ Bog.) und 4 Hefte. (4 Bog.) gr. 8. Ebendas. à Jahrg. *

Magazin für Pädagogik. Vormals Süddeutsches kathol. Schulwochenblatt. Unter Mitwirkung von Schulmännern geistl. und weltl. Standes hrsg. von B. Kaißer, Jos. Ant. Keller und F. Schneider. 43.—47. Jahrg. 1880—1884. à Jahrg. 52 Nrn. (à Nr. ½—1 Bog.) und 4 Hefte (à 4 Bog.) Lex.-8. Spaichingen, Kupferschmid. à Jahrg. *

—— für Pädagogik. Vormals Süddeutsches kathol. Schulwochenblatt. Unter Mitwirkung von Schulmännern geistl. und weltl. Standes hrsg. von B. Kaißer und Jos. Ant. Keller. 48.—51. Jahrg. 1885—1888. à Jahrg. 52 Nrn. (à Nr. ½—1 Bog.) und à Jahrg. 4 Hefte. (à Heft 4 Bog.) Lex.-8. Spaichingen, Kupferschmid. à Jahrg. *

—— für Pädagogik. Vormals Süddeutsches kathol. Schulwochenblatt. Unter Mitwirkg. v. Schulmännern geistl. u. weltl. Standes hrsg. v. B. Kaißer u. Jos. Ant. Keller. [52.—55.] Jahrg. 1889—1892. à Jahrg. 52 Nrn. (à Nr. ½—1 Bog.) u. 4 Hefte. (à 4 Bog.) Lex.-8. Spaichingen, Kupferschmid. à Jahrg. * 6 —

— für Pädagogik. Vormals Süddeutsches kathol. Schulwochenblatt. Unter Mitwirkg. v. Schulmännern geistl. u. weltl. Standes hrsg. v. B. Kaißer u. Jos. Ant. Keller. 54.—57. Jahrg. 1891—1894. à 52 Nrn. (Bog.) u. 4 Hfte. (4 Bog.) Lex.-8. Spaichingen, M. Kupferschmid. à Jahrg. n. 6. —

— für Pädagogik. Vorm. Süddeutsches kathol. Schulwochenblatt. Mit Beilagen: Litteratur u. Anzeigen u. Praxis d. Volksschule. Unt. Mitwirkg. v. Schulmännern geistl. u. weltl. Standes hrsg. v. B. Kaißer u. Jos. Ant. Keller. 58.—61. Jahrg. 1895—1898. à 52 Nrn. (Bog.) u. 4 Hfte. (à ca. 64 S.) Lex.-8. Spaichingen, M. Kupferschmid. à Jahrg. n. 6. —
Kann auch halbjährlich bezogen werden.

— dasselbe, Beilage, s.: Praxis, d., d. Volksschule.

— für Pädagogik. Vorm.: Süddeutsches kath. Schulwochenblatt. Wochen-Ausg. Mit 12 Beilagen: Litteratur u. Anzeigen u. Praxis der Volksschule. Unter Mitwirkg. v. Schulmännern geistl. u. weltl. Standes hrsg. v. Bernh. Kaißer u. Jos. Ant. Keller. 62.—64. Jahrg. 1899—1901. à 52 Nrn. Lex.-8. (à ca. 8 S. u. 16 S. in gr. 8.) Spaichingen, M. Kupferschmid. à Jahrg. n. 6. —

— dasselbe. 65. Jahrg. 1902. 52 Nrn. Lex.-8. (à ca. 12 S.) Ebd. n.n. 7. 65

— f. Pädagogik. Vormals: Süddeutsches kathol. Schulwochenblatt. Organ des „Kathol. Schulvereins f. die Diöcese Rottenburg". Wochen-Ausg. Mit 12 Beilagen: Litteratur. Unter Mitwirkg. v. Schulmännern geistl. u. weltl. Standes hrsg. v. Bernh. Kaißer, Herm. Lauer, Aug. Deiß. 66. u. 67. Jahrg. 1903 u. 1904. Je 52 Nrn. (à ca. 16 S.) Lex.-8. Spaichingen, M. Kupferschmid.
Nicht mehr im Buchhandel. à Jahrg. n.n. 7. 20

— für Pädagogik u. Didaktik, hrsg. v. F. S. Hauschel, A. Engst, W. Holbein, F. Schott, J. Streubenmüller. 1—3. Jahrg. 1836—38. à 4 Hfte. 8. Ulm, Ebner'sche Buchh. à J.

Magazin für Pädagogik u. Didaktik, begründet v. F. S. Hauschel. Fortges. v. A. Engst, C. Geist, W. Holbein u. Alois Knoll. 4. u. 5. Jahrg. 1839 u. 40. à 4 Hfte. gr. 8. Rottenburg a. N., Bäuerle'sche Buchh. [839. * 2 Thlr., 40. * 1⅔ Thlr.] Thlr. *

— dass., gegründet v. F. S. Hauschel; in Verbind. mit C. Geist u. W. Holbein, fortges. v. Alois Knoll. 6. u. 7. Jahrg. 1841 u. 42. à 4 Hfte. gr. 8. Rottweil a. N., [Setzer'sche Buchh.] à J. *

— f. Pädagogik u. Didaktik, im Vereine mit Pädagogen u. Schulmännern hrsg. v. A. Knoll. (8. u. 9. Jahrg. 1843 u. 44.) Neue Folge. 1. u. 2. Jahrg. à 4 Hfte. gr. 8. Stuttgart, Expedition; (Neff.) à *

— dass. Hrsg. v. A. Knoll u. J. St. Rau. (10—12. Jahrg. 1845—47.) Neue Folge. 3—5. Jahrg. à 4 Hfte. gr. 8. Rottweil, Setzer'sche Vrlgsh. à J. *
Fortges. u.d.T.:Magazin für Pädagogik und Didaktik.

Magazin, Pädagogisch-didaktisches — für den Lehrstand des österr. Kaiserstaates. Steyr. Verantwortl. Herausgeber: Josef Gilhofer. In Kommission bei C. Haas' Witwe und F. Campen in Wien. Druck von M. Haas in Steyr. gr. 8. Nr. 1—7. 1857.

— pädagogisch-didactisches, für den Lehrstand des österreich. Kaiserstaates. Herausgbr.: Jos. Gilhofer. Jahrg. 1857 u. 58. à 11 Nrn. (à ½ Bgn.) Steyr, Gilhofer. 4. Jeder Jahrg. n. 7 ngr.

Magazin, pädagogisch-didactisches, für den Lehrstand des österreichischen Kaiserstaates. Herausg.: Jos. Gilhofer. Jahrg. 1859. 11 Nrn. (à ½ Bgn.) Steyr, Gilhofer. 4. n. 7 ngr.

Magazin. – Pädagogisches Magazin. St. 1–4.
Nürnberg: Felsecker 1793. 8°
Hrsg.: G. H. Bestelmeier.

— pädagogisches. Abhandlungen vom Gebiete der Pädagogik u. ihrer Hilfswissenschaften. Hrsg. v. Frdr. Mann. 1.—52. Hft. gr. 8. Langensalza, H. Beyer & Söhne. n. 20. 55

1. Betrachtungen üb. Lehrerbildung u. Lehrerbildungsanstalten. Von Horst Keferstein. [Aus: „Deutsche Blätter f. erzieh. Unterr."] (IV, 86 S.) 892. n. 1. —
2. Über pädagogische Diskussionen u. die Bedingungen, unter denen sie nützen können. Von B. Maennel. (37 S.) 892. n. — 45
3. Friedrich Mykonius, der Reformator Thüringens. Vortrag, geh. zur Säkularfeier am 26. Dezbr. 1891 in e. Vereinigg. Theologie-Studierender v. Wohlrabe. (18 S.) 892. n. — 25
4. Moderne Mädchenerziehung. Ein Vortrag v. Johs. Tews. (24 S.) 892. n. — 30
5. Das Wesen des Schwachsinns. Vortrag, geh. auf der Versammlg. d. Thüring. Vereins f. wissenschaftl. Pädagogik am 8. Novbr. 1891 zu Weissenfels v. Chr. Ufer. [Aus: „Deutsche Blätter f. erzieh. Unterr."] (22 S.) 892. n. — 25
(5.) — dasselbe. 2. Aufl. (Beiträge zur pädagog. Pathopsychologie. hrsg. v. Chr. Ufer, I.) (23 S.) 893. n. — 25
6. O. Frick. Gedächtnisrede, geh. im Halleschen Lehrer-Verein v. Wohlrabe. (29 S.) 892. n. — 40
7. Comenius, der Apostel d. Friedens. Von Hugo Holtsch. (28 S.) 892. n. — 30
8. Baumgarten gegen Diesterweg. Von E. v. Sallwürk. (IV, 20 S.) 892. n. — 25
9. Sozialdemokratische Pädagogik. Von Johs. Tews (24 S.) 892. n. — 30; 2. Aufl. (26 S.) 894. n. — 30
10. Über die Phantasie. Ein Vortrag v. O. Flügel. (24 S.) 892. n. — 30
11. Die Beleuchtung der Schulzimmer. Von O. Janke. (22 S.) 892. n. — 25
12. Die deutsche Mythologie in der Erziehungsschule. Von Adf. Schullerus. (16 S.) 892. n. — 20
13. Eine Herder-Studie m. besond. Beziehung auf Herder als Pädagog. Von Horst Keferstein. [Aus: „Hamburger Korrespondent".] (37 S.) 892. n. — 40
14. Die Überfüllung der gelehrten Berufszweige. Von Alb. Wittstock. (37 S.) 893. n. — 50
15. Comenius u. Pestalozzi. Festrede, geh. v. O. Hunziker. (31 S.) 893. n. — 40
16. Das Recht der Volksschulaufsicht. Nach den Verhandlgn. der württemberg. Kammer im Mai 1891 von E. v. Sallwürk. (23 S.) 893. n. — 35
17. Historische Richtigkeit u. Volkstümlichkeit im Geschichtsunterrichte. Vortrag, geh. auf der Versammlg. d. Vereins f. Herbartische Pädagogik in Thüringen am 8. Nov. 1891 zu Weissenfels v. F. Rossbach. (32 S.) 893. n. — 40
18. Lehrplan der sechsstufigen Volksschule zu Halle a. S. f. den Unterricht in Geschichte, Geographie, Naturlehre, Raumlehre, Deutsch. Aufgestellt v. Wohlrabe. (32 S.) 893. n. — 40
19. Die Bedeutung d. Unbewussten im menschlichen Seelenleben. Von H. Rother. (23 S.) 893. n. — 30
20. Beiträge zur Geschichte d. Unterrichts u. der Zucht in den städtischen Lateinschulen d. 16. Jahrh. Von Ernst Gehmlich. (42 S.) 893. n. — 50
21. Erziehender Unterricht u. Massenunterricht. Von F. Hollkamm. (54 S.) 893. n. — 60
22. Körperhaltung u. Schriftrichtung. Von Otto Janke. (32 S.) 893. n. — 40
23. Die zweckmässige Gestaltung der öffentlichen Schulprüfungen. Von Karl Lange. (23 S.) 893. n. — 30
24. Der bloss darstellende Unterricht Herbarts. Eine Studie. Von A. Gleichmann. (V, 50 S.) 893. n. — 60
25. Grosse od. kleine Schulsysteme? Von Aug. Lomberg. (34 S.) 893. n. — 45
26. Die sozial-ethische Aufgabe der Heimatkunde. Von P. Bergemann. (48 S.) 893. n. — 40
27. Die Etymologie u. ihre Bedeutung f. Schule u. Lehrer. Von Th. Kirchberg. (32 S.) 893. n. — 40
28. Zur Pflege volkstümlicher Bildung u. Gesittung. Von Jul. Honke. (43 S.) 893. n. — 50
29. Abnorme Kinder u. ihre Pflege. Von A. Reukauf. (19 S.) 893. n. — 25
30. Einige Bemerkungen üb. die Ästhetik u. ihr Verhältnis zur Pädagogik. Von O. Foltz. (66 S.) 893. n. — 80
31. Elternabende. (Pädagogische Abende, Schulabende.) Von J. Tews. (20 S.) 893. n. — 25
32. Die bedeutendsten evangelischen Schulordnungen des 16. Jahrh. nach ihrem pädagog. Gehalte. Von Adf. Rude. (60 S.) 893. n. — 75
33. Die Mutter im Arbeiterhause. Eine sozialpädagog. Skizze. Von J. Tews. (14 S.) 893. n. — 20
34. Zur Abrechnung zwischen Erziehung u. Regierung. Von M. Schmidt. (30 S.) 893. n. — 40
35. Geschichtsunterricht im 17. Jahrh. Von Alb. Richter. (27 S.) 893. n. — 35
36. Bernard Pérez: Die Anfänge des kindlichen Seelenlebens. Mit Erlaubnis des Verf. übers. v. Chr. Ufer. (VIII, 48 S.) 894. n. — 60
37. Zur Schulbibelfrage. Eine historisch-krit. Untersuchg. Von P. Bergemann. (44 S.) 894. n. — 50
38. Bemerkungen zur Schweizer Familienbibel. Ein Beitrag zur Schulbibelfrage v. Adf. Schullerus. (16 S.) 894. n. — 20
39. Die Antworten der Schüler im Lichte der Psychologie. Von P. Staude. (19 S.) 894. n. — 25
40. Volksbibliotheken. Von J. Tews. (15 S.) 894. n. — 20
41. Ernst Moritz Arndt als Pädagog. Von Horst Keferstein. (V, 62 S.) 894. n. — 75
42. Erziehung u. Unterricht im 18. Jahrh. nach Salzmanns Roman „Karl v. Karlsberg". Von Ernst Gehmlich. (42 S.) 894. n. — 50
43. Die Behandlung stotternder Schüler. Von M. Fack. (23 S.) 894. n. — 30
44. Wie unterscheiden sich gesunde u. krankhafte Geisteszustände beim Kinde? Vortrag v. Josiah Royce. Aus dem Engl. übers. v. Chr. Ufer. (Beiträge zur pädagog. Pathopsychologie, hrsg. v. Chr. Ufer. 2. Hft.) (24 S.) 894. n. — 35
45. Ein Jahrbuch des französischen Volksschulwesens. Blick auf das französ. Volksschulwesen der Gegenwart. Von Otto W. Beyer. (16 S.) 894. n. — 20
46. Die Vorschule. Von Fritz Lehmhaus. (32 S.) 894. n. — 40
47. Der neusprachliche Unterricht im Lichte der neuen Lehrpläne u. Lehraufgaben f. die höheren Schulen. Von Otto Wendt. (24 S.) 894. n. — 30
48. Rückblicke auf die Stuttgarter Lehrerversammlung. Von Karl Lange. (24 S.) 894. n. — 30
49. Beiträge zur Pflege des ästhetischen Gefühls. Von H. Busse. (28 S.) 894. n. — 40
50. Kirche u. Schule, ihre gemeinsamen Lebensaufgaben, Interessen u. wissenschaftlichen Grundlagen. Von Horst Keferstein. (IV, 31 S.) 894. n. — 40
51. Die Religionsphilosophie in der Schule Herbarts. Von Otto Flügel. (36 S.) 894. n. — 50
52. Zur Behandlung deutscher Gedichte. Von Otto Schulze. (28 S.) 894. n. — 35

— pädagogisches. Abhandlgn. v. Gebiete d. Pädagogik u. ihrer Hilfswissenschaften. Hrsg. von Frdr. Mann. Heft 1, 2, 4, 10, 53—96 u. 98—115. gr. 8. Langensalza, H. Beyer & Söhne. n. 34. 15

Inhaltsübersicht in alphabet. Ordnung:

Andreae, Carl. über d. Faulheit. E. psycholog. Versuch. (42 S.) 896. (Nr. 76.) n. — 60

Bär, Adf., Heeresverfassungen. M. e. Auswahl d. wichtigsten Gesetze üb. Heer u. Marine d. deutschen Reichs. (Hilfsmittel f. d. staats- u. gesellschaftskundl. Unterricht. 1. Hft.) (VII, 98 S.) 895. (Nr. 60.) n. 1. 20

— Kapital. Stoffe aus d. Volkswirtschaftslehre f. Fortbildungsschulen. (Hilfsmittel f. den staats- u. gesellschaftskundl. Unterricht. 2. Hft.) (V, 74 S.) 896. (Nr. 101.) n. 1. —

Bauer, R., üb. e. Wohlanständigkeitslehre an Gewerbe- u. Fortbildungsschulen. (15 S.) 898. (Nr. 107.) n. — 20

Beyer, Otto W., die erziehl. Bedeutung des Schulgartens. (24 S.) 895. (Nr. 68.) n. — 30

— zur Geschichte des Zillerschen Seminars. (Mit e. Anh.: Praktikanten-Verzeichnis des Zillerschen Seminars.) (V, 147 S.) 897. (Nr. 85.) n. 2. —

Bliedner, A., zur Erinnerg. an Karl Volkmar Stoy. (15 S.) 898. (Nr. 112.) n. — 25

— Schiller. E. pädagog. Studie. (66 S.) 896. (Nr. 78.) n. — 80

Fick, W., üb. d. Schlaf. (54 S.) 897. (Nr. 90.) n. — 70

Flügel, O., üb. d. Phantasie. Ein Vortrag. 2. Aufl. (25 S.) 895. (Nr. 10.) n. — 30

— d. Rationalismus in Herbarts Pädagogik. Vortrag, geh. auf d. luther. Pastoren-Konferenz zu Gnadau d. 15. Apr. 1896. (40 S.) 896. (Nr. 82.) n. — 50

— üb. d. Selbstgefühl. Ein Vortrag. (24 S.) 895. (Nr. 67.) n. — 30

Foltz, O., d. Phantasie in ihrem Verhältnis zu den höh. Geistesthätigkeiten. (31 S.) 897. (Nr. 89.) n. — 40

Fritzsche, R., die Gestaltg. d. Systemstufe im Geschichtsunterrichte. (38 S.) 896. (Nr. 77.) n. — 50

— Präparationen zur Geschichte d. grossen Kurfürsten. (51 S.) 897. (Nr. 94.) n. — 60

— die Verwertg. d. Bürgerkunde im Geschichtsunterr. der Volksschule. (38 S.) 898. (Nr. 108.) n. — 50

Gedanken beim Schulanfang. Von K. M. (15 S.) 898. (Nr. 113.) n. — 20

Gille, Bildg. u. Bedeutg. des sittl. Urteils. (19 S.) 898. (Nr. 102.) n. — 30

Göring, Hugo, Bühnentalente unt. den Kindern. (12 S.) 895. (Nr. 54.) n. — 20

Hiemesch, Carl Heinr., die Willensbildg. E. psycholog-pädagog. Betrachtg. (III, 41 S.) 896. (Nr. 81.) n. — 60

Hitschmann, Friedr., üb. d. Prinzipien d. Blindenpädagogik. (12 S.) 895. (Nr. 69.) n. — 20

Hollkamm, F., d. Streitfragen d. Schreiblese-Unterrichts v. Standpunkte d. Herbartschen Psychologie aus betrachtet. (31 S.) 897. (Nr. 99.) n. — 40

Honke, Jul., Friedrich Eduard Beneke. (1798—17. II.—1898.) E. Wort z. Erinnerg. u. Verständigg. (24 S.) 898. (Nr. 110.) n. — 30

Janke, O., d. Gesundheitslehre im Lesebuch. (43 S.) 895. (Nr. 57.) n. — 60

— die Schäden d. gewerbl. u. landwirtschaftl. Kinderarbeit f. d. Jugenderziehg. (44 S.) 897. (Nr. 88.) n. — 60

Keferstein, Horst, Aufgaben d. Schule in Beziehg. auf d. sozial-politische Leben. (32 S.) 891. (Nr. 55.) n. — 40

— Betrachtgn. üb. Lehrerbildg. 2., umgearb. Aufl. (VIII, 51 S.) 898. (Nr. 1.) n. — 75

— zur Erinnerg. an Philipp Melanchthon als Praeceptor Germaniae. (IV, 51 S.) 897. (Nr. 91.) n. — 70

— zur Frage d. Egoismus. (37 S.) 897. (Nr. 93.) n. — 50

— Richard Rothe als Pädagog u. Sozialpolitiker. E. Sammlg. v. Aussprüchen insbes. aus Rothe's „Theolog. Ethik", m. voransteh. biograph. Abriss. (VIII, 75 S.) 896. (Nr. 79.) n. 1. —

Kipping, O., Wort u. Wortinhalt. (22 S.) 896. (Nr. 75.) n. — 30

Kirst, A., d. Lebensbild Jesu auf d. Oberstufe. Konferenzvortrag. (32 S.) 897. (Nr. 72.) n. — 40

Koch, J. L. A., s.: Trüper.

Linz, Frdr., z. Tradition u. Reform d. französ. Unterrichts. E. histor.-krit. Studie. (93 S.) 896. (Nr. 70.) n. 1. 20

Lobsien, Marx, das Censieren. Krit. Anmerkgn. (19 S.) 898. (Nr. 106.) n. — 25

— d. mechan. Leseschwierigkeit d. Schriftzeichen auf psychophys. u. experiment. Grundlage. (63 S.) 898. (Nr. 111.) n. — 80

Mann, Frdr., d. soziale Grundlage v. Pestalozzis Pädagogik. Zur 150. Wiederkehr von Pestalozzis Geburtstag. (18 S.) 896. (Nr. 74.) n. — 25

Maennel, B., üb. pädagog. Diskussionen u. d. Bedinggn. unter denen sie nützen können. 2., verb. u. verm. Aufl. (41 S.) 893. (Nr. 2.) n. — 45

Mittenzwey, L., d. Pflege d. Individualität in d. Schule. (51 S.) 895. (Nr. 61.) n. — 60

Moses, J., vom Seelenbinnenleben d. Kinder. (16 S.) 898. (Nr. 105.) n. — 20

Muthesius, Karl, Schillers Briefe üb. d. ästhet. Erziehg., d. Menschen. Rede, geh. zum Geburtstage S. k. H. des Grossherzogs Karl Alexander im Seminar zu Weimar. (75 S.) 897. (Nr. 100.) n. 1. —

Niehus, P., üb. ein. Mängel in d. Rechenfertigkeit bei d. aus d. Schulpflicht entlass. Jugend. (32 S.) 898. (Nr. 115.) n. — 40

Reukauf, A., Lesebuch im Dienste der Erziehg. (43 S.) 896. (Nr. 84.) n. — 60

Sachse, K., die Lüge u. die sittl. Ideen. (16 S.) 896. (Nr. 83.) n. — 20

Sallwürk, E. v., d. Arbeitskunde im naturwissenschaftl. Unterricht. (VI, 56 S.) 895. (Nr. 66.) n. — 80

— die formalen Aufgaben d. deutschen Unterrichts. (74 S.) 895. (Nr. 58.) n. 1. —

Schlegel, E., Ermittelg. d. Unterrichtsergebnisse. (33 S.) 895. (Nr. 64.) n. — 45

— die Quellen d. Berufsfreudigkeit. Vortrag, geh. auf dem Verbandstage d. Magdeburger Gauverbands in Aken a/E. (17 S.) 897. (Nr. 95.) n. — 20

Schleichert, Frdr., d. volkswirtschaftl. Elementarkenntnisse im Rahmen d. jetz. Lehrpläne d. Volksschule. (56 S.) 897. (Nr. 96.) n. — 70

Schleichert, Frdr., Experiment u. Beobachtg. im botan. Unterricht. (16 S.) 895. (Nr. 65.) n. — 20

Schulze, Otto, Beruf u. Berufswahl. (22 S.) 898. (Nr. 103.) n. — 30

— August Hermann Franckes Pädagogik. Ein Gedenkblatt zur 200jähr. Jubelfeier d. Franckeschen Stiftgn. 1698—1898. (63 S.) 898. (Nr. 114.) n. — 80

Sieler, Albin, die Pädagogik als angew. Ethik u. Psychologie. Vortrag, geh. in d. amtl. Bez.-Lehrerkonferenz zu Altenburg am 25. V. 1897. (46 S.) 898. (Nr. 109.) n. — 60

Staude, Paul, üb. Belehrg. im Anschlusse an d. deutschen Aufsatz. (32 S.) 897. (Nr. 92.) n. — 40

— Lehrbeispiele f. d. Deutschunterricht nach d. Fibel v. Heinemann u. Schröder. (46 S. m. Abb.) 898. (Nr. 98.) n. — 60

Steinmetz, Th., d. Herzogin Dorothea Maria v. Weimar u. ihre Beziehgn. zu Ratke u. zu s. Lehrart. E. Beitrag zur Geschichte d. Ratichianismus. (35 S.) 895. (Nr. 56.) n. — 50

Tews, J., Kinderarbeit. (13 S.) 896. (Nr. 73.) n. — 20

— moderne Mädchenerziehg. E. Vortrag. 2. Aufl. (27 S.) 897. (Nr. 4.) n. — 30

— soziale Streiflichter. (20 S.) 895. (Nr. 53.) n. — 30

— d. Volksschulwesen in d. grossen Städten Deutschlands. (21 S.) 897. (Nr. 87.) n. — 30

Thieme, P., üb. Volksetymologie in d. Volksschule. Nach e. Vortrage. (17 S.) 896. (Nr. 80.) n. — 25

Trüper, J., zur pädagog. Pathologie u. Therapie. Ungelöste Aufgaben der Pädagogik. J. L. A. Koch, Pädagogik u. Medizin. Chr. Ufer, welche Bedeutg. hat d. pädagog. Pathologie u. Therapie f. d. öffentl. Erziehg.? Zimmer, Seelsorge u. Heilerziehung. (44 S.) 896. (Nr. 71.) n. — 60

Ufer, Chr., durch welche Mittel steuert d. Lehrer ausserhalb d. Schulzeit d. sittl. Gefahren d. heranwachs. Jugend? Eine pädagog. Skizze. 5. Aufl. (30 S.) 897. (Nr. 86.) n. — 40

— üb. Sinnestypen u. verw. Erscheingn. (Beiträge zur pädagog. Pathopsychologie, III. Hft.) (29 S.) 895. (Nr. 62.) n. — 40 (I—III.: n. 1. —)

— s. a.: Trüper.

Wilk, E., d. Synthese im naturgeschichtl. Unterricht. (41 S.) 895. (Nr. 63.) n. — 60

Wittmann, H., das Sprechen in d. Schule. (17 S.) 898. (Nr. 104.) n. — 20

Zange, F., d. Leben Jesu im Unterricht d. höh. Schulen. (36 S.) 895. (Nr. 59.) n. — 50

Zimmer, s.: Trüper.

Hft. 97 ist noch nicht erschienen.

— pädagogisches. Abhandlungen vom Gebiete der Pädagogik u. ihrer Hilfswissenschaften. Hrsg. v. Frdr. Mann. 26., 39., 116—141., 143.—145., 147.—156., 158.—161., 163.—191., 193. u. 194. Hft. gr. 8. Langensalza, H. Beyer & Söhne. n. 37. 70

Inhaltsübersicht in alphabetischer Ordnung:

Armstroff, W., Schule u. Haus in ihrem Verhältnis zu einander beim Werke der Jugenderziehung. 4. Aufl. (40 S.) 899. (Hft. 122.) n. — 50

Bergemann, Paul, die sozial-ethische Aufgabe der Heimatkunde. 2. Aufl. (III, 50 S.) 899. (Hft. 26.) n. — 80

Berndt, Johs., zur Reform des evangel. Religionsunterrichtes vom Standpunkte der neueren Theologie. (31 S.) 900. (Hft. 153.) n. — 40

Bliedner, A., das Ju s u. d. Schule. (21 S.) 900. (Hft. 145.) n. — 30

Bodenstein, K., das Ehrgefühl der Kinder. Wie weit darf u. wie muss der Erzieher es anregen? (47 S.) 899. (Hft. 133.) n. — 65

Böringer, Frdr., Frage u. Antwort. Eine psycholog. Betrachtg. (27 S.) 901. (Hft. 158.) n. — 35

Bornemann, L., Dörpfeld u. Albert Lange. Zur Einführg. in ihre Ansichten üb. soziale Frage, Schule, Staat u. Kirche. (37 S.) 902. (Hft. 194.) n. — 45

Bötte, Wern., die Gerechtigkeit des Lehrers gegen seine Schüler. (27 S.) 902. (Hft. 186.) n. — 35

— Wert u. Schranken der Anwendung der Formalstufen. (27 S.) 902. (Hft. 180.) n. — 35

Dost, Max, die psycholog. u. prakt. Bedeutung des Comenius u. Basedow in Didactica magna u. Elementarwerk. Eine krit. Untersuchg. (VI, 28 S.) 899. (Hft. 132.) n. — 50

Dressler, Gedanken üb. das Gleichnis vom reichen Manne u. armen Lazarus. (21 S.) 902. (Hft. 184.) n. — 30

Eismann, Otto, der israelitische Prophetismus in der Volksschule. (23 S.) 902. (Hft. 176.) n. — 30

Flügel, Otto, über das Absolute in den ästhetischen Urteilen. (31 S.) 901. (Hft. 167.) n. — 40

— über die persönliche Unsterblichkeit. Vortrag, geh. im Zweigverein f. wissenschaftl. Pädagogik in Halle a/S. 3. Aufl. (24 S.) 899. (Hft. 125.) n. — 40

Foltz, O., über den Wert des Schönen. (20 S.) 901. (Hft. 163.) n. — 25

Förster, Fr., der Unterricht in d. deutschen Rechtschreibung vom Standpunkte der Herbartschen Psychologie aus betrachtet. (41 S.) 901. (Hft. 172.) n. — 50

Fritzsche, Rich., die neuen Bahnen des erdkundlichen Unterrichts. Streitfragen aus alter u. neuer Zeit. (III, 113 S.) 902. (Hft. 169.) n. 1. 50

Gehmlich, Ernst, der Gefühlsinhalt der Sprache. (84 S.) 899. (Hft. 120.) n. 1. —

Gille, die didaktischen Imperative A. Diesterwegs im Lichte der Herbartschen Psychologie. (33 S.) 899. (Hft. 134.) n. — 50
Grosse, H., Thomas Platter als Schulmann. Ein Gedenkblatt zu dessen 400.Geburtstag. (27 S.) 899. (Hft. 130.) n. — 40
— Chr. Fr. D. Schubart als Schulmann. (100 S.) 899. (Hft. 117.) n. 1. 30
Grosskopf, Alfr., Sagenbildung im Geschichtsunterricht, ausgeführt an den bekanntesten griech. Heldensagen. (22 S.) 899. (Hft. 119.) n. — 30
Grosskopf, Alfr., der letzte Sturm u. Drang der deutschen Litteratur, insbesondere die moderne Lyrik. (34 S.) 901. (Hft. 168.) n. — 40
Groth, H. H., Deutungen naturwissenschaftl. Reformbestrebungen. (30 S.) 900. (Hft. 149.) n. — 40
Honke, Jul., Geschichte u. Ethik in ihrem Verhältnis zu einander. (48 S.) 899. (Hft. 135.) n. — 60
— über die Pflege monarchischer Gesinnung im Unterricht. (27 S.) 900. (Hft. 148.) n. — 40
Horn, kleine Schulgemeinden u. kleine Schulen. (16 S.) 902. (Hft. 179.) n. — 20
Jung, Wilh., der Haushaltungsunterricht in der Mädchen-Volksschule. Von der königl. Regierung zu Wiesbaden m. dem I. Preise der Seebode-Stiftg. gekrönt. (35 S.) 899. (Hft. 123.) n. — 50
Keferstein, Horst, Volksbildung u. Volksbildner. (38 S.) 899. (Hft. 121.) n. — 60
— Ziele u. Aufgaben e. nationalen Kinder- u. Jugendschutz-Vereins. (32 S.) 902. (Hft. 185.) n. — 40
Kirst, A., die Gewinnung des Kupfers u. Silbers im Mansfeldschen. (45 S. m. Abbildgn.) 900. (Hft. 154.) n. — 60
— Präparationen zur Behandlung v. 15 Fabeln v. Hey auf der Unterstufe. 2. Aufl. (55 S.) 900. n. — 70
1. Aufl. (52 S.) 899. n. — 70.
Kohlstock, K., eine Schülerreise. (VIII, 36 S.) 899. (Hft. 131.) n. — 60
Lehmann, O., verlassene Wohnstätten. (27 S.) 900. (Hft. 143.) n. — 40
Lembke, Fr., die Lüge, unter besond. Berücksicht. der Volksschulerziehg. dargest. (52 S.) 901. (Hft. 171.) n. — 65
Lobsien, Marx, Unterricht u. Ermüdung. Experimentelle Untersuchgn. (70 S.) 899. (Hft. 127.) n. 1. —
— über den relativen Wert verschiedener Gedächtnistypen. (22 S. m. Fig.) 902. (Hft. 190.) n. — 30
Mann, Alb., Staat u. Bildungswesen in ihrem Verhältnis zu einander im Lichte der Staatswissenschaft seit Wilhelm v. Humboldt. (V, 82 S.) 901. (Hft. 160.) n. 1. —
Muthesius, Karl, Schulaufsicht u. Lehrerbildung. Vortrag, geh. auf der XI. Hauptversammlg. des Vereins der Freunde Herbartscher Pädagogik in Thüringen. (53 S.) 902. (Hft. 189.) n. — 70
— die Spiele der Menschen. (39 S.) 899. (Hft. 137.) n. — 50
Noth, G., Erweiterung — Beschränkung, Ausdehnung — Vertiefung des Lehrstoffes. Ein Beitrag zu e. noch nicht gelösten Frage. (III, 76 S.) 902. (Hft. 181.) n. 1. —
Okanowitsch, Steph., M., Interesse u. Selbstthätigkeit. (17 S.) 901. (Hft. 159.) n. — 20
Peper, Wilh., über ästhetisches Sehen. (56 S.) 901. (Hft. 174.) n. — 70
Pflugk, Gust., die Übertreibung im sprachlichen Ausdruck. (21 S.) 902. (Hft. 175.) n. — 30
Picker, W., üb. Konzentration. Eine Lehrplanfrage. (34 S.) 902. (Hft. 193.) n. — 40
Regener, Fr., Aristoteles als Psychologe. (64 S.) 901. (Hft. 161.) n. — 80
Rude, Adf., der Hypnotismus u. seine Bedeutung, namentlich die pädagogische. (64 S.) 900. (Hft. 150.) n. — 80
Sachse, K., Einfluss des Gedankenkreises auf d. Charakter. (35 S.) 900. (Hft. 155.) n. — 45
Sallwürk, E. v., Divinität u. Moralität in der Erziehung. (40 S.) 900. (Hft. 151.) n. — 50
— Interesse u. Handeln bei Herbart. (11 S.) 900. (Hft. 147.) n. — 20
— Helene Keller. (12 S.) 901. (Hft. 164.) n. — 20
— Wissenschaft, Kunst u. Praxis des Erziehers. (39 S.) 899. (Hft. 124.) n. — 50
Schab, R., Herbarts Ethik u. das moderne Drama. (16 S.) 899. (Hft. 129.) n. — 25
Schleinitz, Otto, Darstellung der Herbartschen Interessenlehre. (35 S.) 901. (Hft. 170.) n. — 45
Schmidt, M., Sünden unseres Zeichenunterrichts. (17 S.) 900. (Hft. 139.) n. — 30
Schmieder, Arno, Anregungen zur psychologischen Betrachtung der Sprache. (37 S.) 902. (Hft. 178.) n. — 50
Schneyer, Friederike, persönl. Erinnerungen an Heinr. Schaumberger. (19 S.) 899. (Hft. 128.) n. — 30
Schoen, H., traditionelle Lieder u. Spiele der Knaben u. Mädchen zu Nazareth nach den vom Generalvikar zu Chambéry zurückgebrachten Dokumenten. Ein Beitrag zum geschichtl. Verständnis der Kindheit Jesu. (35 S.) 900. (Hft. 138.) n. — 50
Schöne, der Stundenplan u. seine Bedeutung f. Schule u. Haus. (37 S.) 901. (Hft. 165.) n. — 50
Schramm, Paul, Suggestion u. Hypnose nach ihrer Erscheinung, Ursache u. Verwertung. Eine krit. Betrachtg. der besonders auf Unterricht u. Erziehg. Bezug nehmend. einschläg. Litteratur. (62 S.) 902. (Hft. 191.) n. — 80
Schreiber, Heinr., Unnatur im heutigen Gesangunterricht. (24 S.) 902. (Hft. 177.) n. — 30
Schubert, C., die Schülerbibliothek im Lehrplan. (16 S.) 902. (Hft. 187.) n. — 25
Sellmann, Adf., Caspar Dornau, e. pädagog. Neuerer im Anfang des 17. Jahrh. (III, 55 S.) 899. (Hft. 118.) n. — 80
Siebert, O., Anthropologie u. Religion in ihrem Verhältnis zu einander. (14 S.) 902. (Hft. 183.) n. — 20
Sieler, Albin, Persönlichkeit u. Methode in ihrer Bedeutung f. den Gesamterfolg des Unterrichts. (44 S.) 900. (Hft. 141.) n. — 60
Stahl, Verteilung des mathematisch-geogr. Stoffes auf e. 8klassige Schule. (20 S.) 900. (Hft. 156.) n. — 25
Staude, P., das Antworten der Schüler im Lichte der Psychologie. 2. Aufl. (21 S.) 902. (Hft. 39.) n. — 25
Staude, P., über die praktische Bedeutung der alttestamentlichen Quellenschriften. (20 S.) 900. (Hft. 152.) n. — 30
— die einheitliche Gestaltung des kindlichen Gedankenkreises. (52 S.) 899. (Hft. 136.) n. — 75
Tews, J., Konfession, Schulbildung u. Erwerbsthätigkeit. (19 S.) 901. (Hft. 173.) n. — 25
— socialpädagogische Reformen (22 S.) 900. (Hft. 140.) n. — 30
Winter, Paul, die Schadensersatzpflicht, insbesondere die Haftpflicht der Lehrer, nach d. neuen bürgerlichen Recht. (28 S.) 902. (Hft. 188.) n. — 40
Winzer, H., die Bedeutung der Heimat. (12 S.) 900. (Hft. 144.) n. — 20
Wohlleben, das preussische Fürsorge-Erziehungsgesetz unter besond. Berücksicht. der den Lehrerstand interessirenden Gesichtspunkte. Vortrag, geh. in der Sitzg. des Kölner Lehrerverbandes am 13. VII. 1901. (15 S.) 902. (Hft. 182.) n. — 20
Zange, Frdr., das Kreuz im Erlösungsplane Jesu. Ein Beitrag zur Leben Jesu-Frage in der Schule. Zugleich offene Antwort an Herrn Schuldirektor Bang in Schneeberg i. S. (43 S.) 899. (Hft. 126.) n. — 60
Zeissig, E., der Dreibund v. Formenkunde, Zeichnen u. Handfertigkeitsunterricht in der Volksschule. Ein Beitrag zur Durchführg. des Konzentrationsprinzips. Mit e. Vorwort v. O. Willmann. (53 S.) 901. (Hft. 166.) n. — 65
Die Hefte 142, 146, 157, 162 u. 192 sind noch nicht erschienen.

— pädagogisches. Abhandlungen vom Gebiete der Pädagogik u. ihrer Hilfswissenschaften. Hrsg. v. Frdr. Mann. 116. 142. 146. 150. 157. 162. 169. 192. 195—290 u. 292—294. Heft. gr. 8. Langensalza, H. Beyer & Söhne. n. 64. —
Arnold, Otto, Schopenhauer's pädagogische Ansichten im Zusammenhange m. seiner Philosophie. (VI, 129 S.) 906. (Hft. 280.) n. 1. 60
Baentsch, H. St. Chamberlains Vorstellungen üb. die Religion der Semiten spez. der Israeliten. (83 S.) 905. (Hft. 216.) n. 1. —
Bauch, Bruno, Schiller u. seine Kunst in ihrer erzieherischen Bedeutung f. unsere Zeit. Festrede, geh. bei der Schiller-Gedenkfeier der Stadt Halle a. S. am 9. V. 1905. (15 S.) 905. (Hft. 263.) n. — 20
Bauer, Gust., Klagen über die nach der Schulzeit hervortretenden Mängel der Schulunterrichtserfolge. (23 S.) 903. (Hft. 207.) n. — 30
Baumann, die Lehrpläne von 1901, beleuchtet aus ihnen selbst u. aus dem Lexisschen Sammelwerk. (IV, 81 S.) 904. (Hft. 223.) n. 1. 20
Benrubi, J., J. J. Rousseaus ethisches Ideal. (III, 141 S.) 905. (Hft. 258.) n. 1. 80
Benson, Arth. Christopher, der Schulmeister. Eine Studie zur Kenntnis des engl. Bildungswesens u. ein Beitrag zur Lehre v. der Zucht. Aus dem Engl. übers. v. Käthe Rein. (V, 87 S.) 904. (Hft. 226.) n. 1. 20
Bliedner, A., Biologie u. Poesie in der Volksschule. (62 S.) 904. (Hft. 220) n. — 75
Busse, Rud., wer ist mein Führer? Vortrag, geh. in der freien Lehrerkonferenz (k. Schul-Inspektion Bahrendorf) in Magdeburg. (12 S) 903. (Hft. 205.) n. — 20
Cornelius, C., die Universitäten der Vereinigten Staaten v. Nordamerika. (40 S. m. Abbildgn.) 905. (Hft. 252.) n. — 60
Dannmeier, H., die Aufgaben d. Schule im Kampf gegen den Alkoholismus. Vortrag, geh. auf der amtl. Kreislehrerkonferenz des Stadtkreises Kiel, am 16. XII. 1902. (26 S.) 903. (Hft. 211.) n. — 35
Dobenecker, R., über den pädagogischen Grundsatz: „Heimatkunde nicht bloss Disziplin, sondern Prinzip". Vortrag f. die 23. Konferenz der thüring. Schulinspektoren am 15. VI. 1906. (23 S.) 907. (Hft. 293.) n. — 40
Dornheim, O., Volksschäden u. Volksschule. Eine schulpädagog. Skizze. (43 S.) 904. (Hft. 225.) n. — 60
Flügel, O., falsche u. wahre Apologetik. Vortrag, geh. am 6. IV. 1904 in Hagen i. W. bei der Hauptversammlg. der freien kirchlich-sozialen Konferenz. (60 S.) 904. (Hft. 236.) n. — 75
— Herbart u. Strümpell. (50 S.) 904. (Hft. 235.) n. — 65
Förster, Fr., die psychologischen Reihen u. ihre pädagogische Bedeutung. (53 S.) 906. (Hft. 287.) n. — 65
Friedrich, Glieb., die Erzählung im Dienste d. häuslichen Erziehung. (17 S.) 906. (Hft. 271.) n. — 25
Friemel, Rud., Schreiben u. Schreibunterricht. (28 S.) 903. (Hft. 209.) n. — 40
Fritzsche, Rich., die neuen Bahnen des erdkundlichen Unterrichts. Streitfragen aus alter u. neuer Zeit. 2. verb. Aufl. (III, 121 S.) 906. (Hft. 169.) n. 1. 50
— der Stoffwechsel u. seine Werkzeuge. Präparationen zur Menschenkunde u. Gesundheitslehre. (61 S.) 905. (Hft. 244.) n. — 75
Fritzsche, William, die pädagogisch-didaktischen Theorien Charles Bonnets. (V, 120 S.) 905. (Hft. 259.) n. 1. 50

Gille, Gerh., die absolute Gewissheit u. Allgemeingiltigkeit der sittlichen Stammurteile. Vortrag, geh. im Bund für Geistesreform zu Berlin am 24. VI. 1902. (22 S.) 903. (Hft. 204.) n. — 30

Göring, Hugo, Kuno Fischer als Litterarhistoriker. I. (33 S.) 901. (Hft. 162.) n. — 45

Grosse, Hugo, ein Mädchenschul-Lehrplan aus dem 16. Jahrh.: Andr. Muskulus' „Jungfraw Schule" vom J. 1574. (27 S.) 904. (Hft. 222.) n. — 40

Grosse, Hugo, Eduard Mörike als Lehrer. (48 S.) 907. (Hft. 288.) n. — 60

— Ziele u. Wege weiblicher Bildung in Deutschland. Historische Untersuchgn. (108 S.) 903. (Hft. 206.) n. 1. 40

Gründler, E., über nationale Erziehung. Kaisergeburtstagsrede. (15 S.) 904. (Hft. 230.) n. — 20

Haltenhoff, Jul., die Wissenschaft vom alten Orient in ihrem Verhältnis zu Bibelwissenschaft u. Offenbarungsglauben. Ein Beitrag zur Lösg. schweb. Fragen. (VIII, 69 S.) 906. (Hft. 284.) n. 1. —

Haustein, A., der geographische Unterricht im 18. Jahrh. Eine kritisch-histor. Quellenstudie. (III, 58 S.) 906. (Hft. 276.) n. — 80

Heine, Gerh., Unterricht in der Bildersprache. (15 S.) 904. (Hft. 240.) n. — 25

Heine, Heinr., über thüringisch-sächsische Ortsnamen. Ein Beitrag zur Heimatkunde. (21 S.) 906. (Hft. 274.) n. — 25

Horn, über zwei Grundgebrechen der heutigen Volksschule. (47 S.) 903. (Hft. 215.) n. — 60

Junge, Otto, Friedrich Junge. Ein Lebensbild. (16 S.) 905. (Hft. 268.) n. — 20

Keferstein, Horst, die Bildungsbedürfnisse der Jugendlichen. (Beiträge zur Frage der Fortbildungsschule.) (30 S.) 903. (Hft. 210.) n. — 45

— zur Frage der Berufsethik in Familie, Gemeinde, Kirche u. Staat. (IV, 47 S.) 905. (Hft. 267.) n. — 60

Kirst, A., Präparationen zur Behandlung von 20 Fabeln v. Hey auf der Unterstufe. 4. Aufl. (III, 76 S.) 904. (Hft. 116.) n. 1. —

— Rückerts nationale u. pädagogische Bedeutung. (40 S.) 900. (Hft. 146.) n. — 50

Köhler, E. O., die praktische Verwertung heimatkundlicher Stoffe. (75 S.) 906. (Hft. 283.) n. 1. —

Koehler, Joh., das biologische Prinzip im Sachunterricht. (35 S.) 906. (Hft. 273.) n. — 50

— die Veranschaulichung im Kirchenliedunterricht. (16 S.) 904. (Hft. 242.) n. — 20

Kohlhase, Fr., die methodische Gestaltung des erdkundlichen Unterrichts m. besond. Berücksicht. d. Kultur- bezw. Wirtschaftsgeographie. (48 S.) 905. (Hft. 266.) n. — 60

König, Eduard, moderne Anschauungen üb. den Ursprung der israelitischen Religion, in Vorträgen vor Lehrern u. Lehrerinnen erörtert. (63 S.) 906. (Hft. 285.) n. — 80

— der Geschichtsquellenwert des Alten Testaments, in Vorträgen vor Lehrern u. Lehrerinnen erörtert. (86 S.) 905. (Hft. 258.) n. 1. 20

Krusche, Gust., das Atmen beim Sprechen, Lesen u. Singen. Ein Beitrag zu dessen Beachtg., Regelg. u. Uebg. (44 S.) 906. (Hft. 282.) n. — 60

Lehmhaus, F., moderner Zeichenunterricht. (21 S.) 905. (Hft. 251.) n. — 30

Lesser, Ernst, die Schule u. die Fremdwörterfrage. (14 S.) 903. (Hft. 195.) n. — 25

— die Vielseitigkeit des deutschen Unterrichts. (15 S.) 905. (Hft. 264.) n. — 20

Linde, Fr., etwas üb. Lautveränderung in der deutschen Sprache. (25 S.) 904. (Hft. 221.) n. — 30

— die Onomatik, e. notwendiger Zweig des deutschen Sprachunterrichts. (52 S.) 900. (Hft. 142.) n. — 65

— über Phonetik u. ihre Bedeutung f. die Volksschule. (79 S.) 904. (Hft. 233.) n. 1. —

Lobsien, Marx, die Gleichschreibung als Grundlage des deutschen Rechtschreibunterrichts. Ein Versuch. (43 S.) 904. (Hft. 219.) n. — 50

— Kind u. Kunst. Einige experimentelle Untersuchgn. zu einigen Grundfragen der Kunsterziehg. (III, 100 S.) 905. (Hft. 254.) n. 1. 20

Lomberg, Aug., sollen in der Volksschule auch klassische Epen u. Dramen gelesen werden? (15 S.) 903. (Hft. 214.) n. — 20

Madsen, Rönberg, Grundtvig u. die dänischen Volkshochschulen. (VI, 124 S.) 905. (Hft. 253.) n. 1. 60

Mollberg, A., ein Stück Schulleben. (29 S.) 903. (Hft. 202.) n. — 40

Müller, Heinr., Konzentration in konzentrischen Kreisen. Ein Beitrag zur Herbeiführg. e. planmässig durchgeführten Konzentration auf der Grundlage des method. Fortschritts in konzentr. Kreisen. (79 S.) 904. (Hft. 227.) n. 1. —

Muthesius, Karl, Altes u. Neues aus Herders Kinderstube. (35 S.) 905. (Hft. 247.) n. — 45

— der 2. Kunsterziehungstag in Weimar. (27 S.) 904. (Hft. 224.) n. — 35

Niehus, P., Neuerungen in der Methodik des elementaren Geometrieunterrichts. Psychologisch krit. Studie. (16 S.) 903. (Hft. 217.) n. — 25

Noatzsch, Rich., die musikalische Form unserer Choräle. Als Vortrag geh. auf der 4. Hauptversammlg. des Kantoren- u. Organistenvereins der Kreishauptmannschaften Chemnitz u. Zwickau am 18. IV. 1906 in Plauen i. V. (25 S.) 907. (Hft. 289.) n. — 35

Perkmann, Jos., die wissenschaftlichen Grundlagen der Pädagogik. 2., erweit. Aufl. (V, 48 S.) 907. (Hft. 294.) n. — 70

Pfannstiel, G., Leitsätze f. den biologischen Unterricht. (38 S. m. Fig.) 905. (Hft. 265.) n. — 50

Pottag, Alfr., Schule u. Lebensauffassung. (12 S.) 904. (Hft. 234.) n. — 20

Redlich, Jul., ein Blick in das allgemeinste Begriffsnetz der Astronomie. (22 S.) 907. (Hft. 290.) n. — 30

— ein Einblick in das Gebiet der höheren Geodäsie. (23 S.) 905. (Hft. 245.) n. — 30

Rein, W., Stimmen zur Reform des Religions-Unterrichtes, gesammelt u. hrsg. 1. Heft. (III, 54 S.) 904. (Hft. 237.) n. — 75

Rein, W., Stimmen zur Reform des Religions-Unterrichtes, gesammelt u. hrsg. 2. Heft. (VII, 56 S.) 906. (Hft. 269.) n. — 80

Reischke, R., Herbartianismus u. Turnunterricht. (24 S.) 905. (Hft. 270.) n. — 30

— Spiel u. Sport in der Schule. (17 S.) 904. (Hft. 231.) n. — 25

Richter, A., Religionsunterricht od. nicht? Ein pädagog. Gutachten üb. den Antrag der Bremer Lehrerschaft auf Abschaffg. des Religionsunterrichtes. (V, 79 S.) 906. (Hft. 286.) n. 1. —

Richter, Otto, die nationale Bewegung u. das Problem der nationalen Erziehung in der deutschen Gegenwart. (94 S.) 903. (Hft. 203.) n. 1. 30

Ritter, R., eine Schulfeier am Denkmale Friedr. Rückerts. Zugleich e. Beitrag zur Pflege e. gesunden Schullebens. (14 S.) 904. (Hft. 229.) n. — 20

Rubinstein, Susanna, die Energie als Wilhelm v. Humboldts sittliches Grundprinzip. (14 S.) 906. (Hft. 272.) n. — 20

— Schillers Begriffsinventar. (13 S.) 905. (Hft. 255.) n. — 20

— Schillers Stellung zur Religion. (16 S.) 906. (Hft. 275.) n. — 20

Rude, Adf., der Hypnotismus u. seine Bedeutung, namentlich die pädagogische. 2., verm. u. verb. Aufl. (III, 68 S.) 903. (Hft. 150.) n. — 90

Sachse, K., Apperzeption u. Phantasie in ihrem gegenseitigen Verhältnis. (25 S.) 904. (Hft. 243.) n. — 30

Sallwürk, Edm. v., das Gedicht als Kunstwerk. (17 S.) 903. (Hft. 213.) n. — 25

— dasselbe. II. Der Vortrag. (17 S.) 904. (Hft. 228.) n. — 25

— die zeitgemässe Gestaltung des deutschen Unterrichts. (22 S.) 905. (Hft. 248.) n. — 30

— Kunsterziehg. in alter u. neuer Zeit. (12 S.) 907. (Hft. 292.) n. — 20

— ein Lesestück. (25 S.) 905. (Hft. 260.) n. — 30

— Streifzüge zur Jugendgeschichte Joh. Fr. Herbarts. (48 S.) 903. (Hft. 199.) n. — 60

Schaefer, Karl, die Bedeutung der Schülerbibliotheken u. die Verwertung derselben zur Lösung der erziehlichen u. unterrichtlichen Aufgabe der Volksschule. Mit e. Zusammenstellg. empfehlenswerter Jugendschriften f. die einzelnen Schuljahre unter Berücksicht. des Lehrplans u. der Pensenverteilg. Von königl. Regierg. zu Wiesbaden m. d. 1. Preise der „Seebode-Stiftg." gekrönt. (69 S.) 903. (Hft. 198.) n. — 90

Scheller, Arndt, die Schrankenlosigkeit der formalen Stufen. (24 S.) 906. (Hft. 277.) n. — 30

Scheller, E., naturgeschichtl. Lehrausflüge (Exkursionen). (62 S.) 905. (Hft. 250.) n. — 75

Schleichert, F., die Pflege des ästhetischen Interesses in der Schule. Eine Betrachtg. nebst e. Unterrichtsskizze. (16 S.) 903. (Hft. 201.) n. — 25

Schmidt, M., das Prinzip des organischen Zusammenhangs u. die allgemeine Fortbildungsschule. (32 S.) 904. (Hft. 241.) n. — 40

Schmitz, Alb., Zweck u. Einrichtung der Hilfsschulen. (18 S.) 903. (Hft. 205.) n. — 30

Schneider, Gust., Emil Adolf Rossmässler als Pädagog. Aus Anlass der 100. Wiederkehr des Geburtstages v. Rossmässler. (68 S.) 906. (Hft. 279.) n. — 90

Scholz, E., Darstellung u. Beurteilung des Mannheimer Schulsystems. (III, 93 S.) 906. (Hft. 256.) n. 1. 20

Schramm, P., experimentelle Didaktik. Ein Referat über Seminarlehrer Dr. Lay's gleichnam. Werk unter Berücksicht. einiger anderer einschläg. Arbeiten. (50 S.) 905. (Hft. 261.) n. — 60

Siebert, Otto, Entwickelungsgeschichte des Menschengeschlechts, geschichtsphilosoph. Rückblicke u. Ausblicke. (16 S.) 903. (Hft. 200.) n. — 25

— der Mensch in seiner Beziehung auf e. göttliches Prinzip. (21 S.) 905. (Hft. 239.) n. — 25

Sieffert, Frdr., Offenbarung u. hl. Schrift. (VIII, 106 S.) 905. (Hft. 262.) n. 1. 50

Staude, Paul, die Bedeutung der Gleichnisreden Jesu in neuerer Zeit. (18 S.) 903. (Hft. 197.) n. — 25

— zum Jahrestage des Kinderschutzgesetzes. (1. 1. 1904.) (Vortrag zu e. Elternabend.) (25 S.) 905. (Hft. 257.) n. — 30

— Lehrbeispiele f. den Deutschunterricht nach der Fibel v. Heinemann u. Schröder. (2. Heft.) (18 S. m. Abbildgn.) 903. (Hft. 192.) n. — 25

Thieme, P., Gesellschaftswissenschaft u. Erziehung. (25 S.) 903.) (Hft. 212.) n. — 35

— Kulturdenkmäler in der Muttersprache f. den Unterricht in den mittleren Schuljahren. (III, 94 S.) 901. (Hft. 157.) n. 1. 20

Thurmann, E., die Zahlvorstellg. u. das Zahlanschauungsmittel. (26 S.) 905. (Hft. 249.) n. — 45

Troll, M., die Reform des Lehrplans der Elementarklasse. (63 S.) 906. (Hft. 281.) n. — 80

Weber, Ernst, zum Kampf um die allgemeine Volksschule. Ein Versuch zur Klarlegg. der eigentl. Grundfragen u. e. Beitrag zur bevorsteh. deutschen Lehrerversammlg. Pfingsten 1904. (42 S.) 904. (Hft. 232.) n. — 50

Weise, Rich., die Fürsorge der Volksschule f. ihre nicht schwachsinnigen Nachzügler. Vortrag, auf der amtl. Hauptversammlg. der Lehrerschaft des Inspektionsbez. Dresden III 1901 geh. (33 S.) 903. (Hft. 196.) n. — 45

Winzer, H., die Volksschule u. die Kunst. Ein Rück- u. Vorblick. (17 S.) 903. (Hft. 218.) n. — 25
Zeissig, Emil, über das Wort Konzentration, seine Bedeutg. u. Verdeutschung. Ein Vortrag. (17 S.) 903. (Hft. 216.) n. — 25
— Vorbereitung auf den Unterricht. Ein method. Beitrag zu Lehrplan u. Lehrverfahren. (VII, 112 S.) 906. (Hft. 278.) n. 1.50
Die Hefte 97 u. 291 sind noch nicht erschienen.

Magazin, pädagogisches. Abhandlgn. v. Gebiete d. Pädagogik u. ihrer Hilfswissenschaften. Hrsg. v. Frdr. Mann. 19. 81. 86. 104. 116. 144. 291. 295.—371. 373.—416. u. 419.—421. Heft. 8. Langensalza, H. Beyer & Söhne. 88. 40

Arens, wie fördert die Schule die Sprachfähigkeit der Kinder? (80 S.) 909. (Heft 382.) — 40
Barheine, W., visuelle Erinnerungsbilder beim Rechnen. (46 S.) 907. (Heft 319.) — 60
Bauer, J., Schleiermachers Konfirmandenunterricht. (36 S.) 909. (Heft 388.) — 50
Baumann, Jul., für freie Universitäten neben den Staatsuniversitäten. Zugleich m. Ratschlägen f. die letzteren. (VI, 69 S.) 907. (Heft 309.) 1. 20
Baur, A., die Ermüdung im Spiegel des Auges. (88 S. m. Fig. u. 5 z. Tl. farb. Taf.) 910. (Heft 397.) 2. —
Bechler, Otto, heimatkundliche Ausflüge u. ihre unterrichtliche Behandlung. (Anschauungsgebiet: Die Umgebg. Weimars.) (IV, 54 S. m. 7 Fig.) 909. (Heft 384.) — 75
Bliedner, A., einige Gedanken üb. „staatsbürgerliche Erziehung". (16 S.) 910. (Heft 408.) — 20
— Magister Röller. Leben e. Originals. Anh.: Röllers „Abendschule" nebst einigen pädagog. Sentenzen aus seinen übrigen Dichtgn. (69 S.) 908. (Heft 331.) 1. —
Blocher, Eduard, Zweisprachigkeit. Vorteile u. Nachteile. [Aus: „Enzyklop. Hdb. d. Pädagogik".] (15 S.) 909. (Heft 365.) — 20
Böhm, A., Fr. W. Försters moralpädagog. Ansichten. Darstellung u. Kritik. (27 S.) 910. (Heft 406.) — 35
Bornemann, L., vom Einmaleins. (19 S.) 909. (Heft 365.) — 25
Brügel, Friedrich Rückert als Erzieher. Seine pädagog. Winke u. Sprüche zusammengestellt. (VII, 81 S.) 910. (Heft 409.) 1. 20
Clemenz, Bruno, die Beobachtg. u. Berücksichtigung der Eigenart der Schüler. (III, 40 S.) 907. (Heft 307.) — 60
— Der Humor im Deutschunterricht. (13 S.) 908. (Heft 344.) — 20
— Kolonialidee u. Schule. Welche Bedeutg. haben die deutschen Kolonialbestrebgn. f. das Vaterland, u. in welcher Weise sind diese Bestrebgn. auch in der Volksschule zu fördern? 2. Aufl. (44 S.) 907. (Heft 296.) — 60
— Die Realienbuchfrage. (25 S.) 910. (Heft 412.) — 30
Dams, W., zur Erinnerung an Rektor Dietrich Horn. (28 S.) 907. (Heft 299.) — 40
Dietrich, O., wie kann die Schule bei der Fürsorge um die schulentlassene männliche Jugend mitwirken? (31 S.) 907. (Heft 308.) — 40
Döpel, Waldem., Lehrplan im Zeichnen f. die 8 klass. Nordschule zu Jena unter besond. Berücksicht. der modernen Bestrebgn. (31 S.) 910. (Heft 399.) — 40
Drobisch, M. W., Enzyklopädie der Philosophie. Hrsg. v. O. Flügel. (49 S.) 908. (Heft 348.) — 65
Exarchopulos, Nikol., das athenische u. das spartan. Erziehungssystem im 5. u. 6. Jahrh. v. Chr. Ein Vergleich. (IV, 151 S.) 909. (Heft 377.) 2. —
Flügel, O., Herbart üb. Fichte im J. 1806. (20 S.) 907. (Heft 297.) — 25
— Die Idee des Rechts u. der Gerechtigkeit bei Homer u. Hesiod. (66 S.) 909. (Heft 360.) — 80
Foltz, O., Luthers Persönlichkeit. (IV, 27 S.) 907. (Heft 325.) — 40
Förster, Fr., zur Reform der höheren Mädchenschule in Preussen. (15 S.) 908. (Heft 326.) — 20
Franken, Aug., Möglichkeit u. Grundlagen e. allgem. Psychologie, im besondern der Tierpsychologie. (III, 98 S.) 910. (Heft 413.) 1. 20
Friedrich, Willy, die Pädagogik Johann Friedrich Flattichs im Lichte ihrer Zeit u. der modernen Anschauung. (VI, 135 S.) 908. (Heft 341.) 1. 75
Friemel, R., Trennung der Geschlechter od. gemeinschaftliche Beschulung? (21 S.) 908. (Heft 327.) — 25
Fritsch, Thdr., Ernst Tillich. Zur 100. Wiederkehr seines Todestages. (III, 53 S. m. 1 Bildnis.) 908. (Heft 330.) — 75
Georg, Max, gegen die öffentlichen Osterprüfungen an den Volksschulen. (33 S.) 910. (Heft 394.) — 40
Ghibu, Onisifor, der moderne Utraquismus od. Die Zweisprachigkeit in der Volksschule. (III, 128 S.) 910. (Heft 414.) 1. 60
Ghidionescu, Vladimir, moderne pädagogische Strömungen in Frankreich. Versuch e. geschichtl. Darstellg. u. Kritik. (VIII, 193 S.) 910. (Heft 411.) 2. 40
Gizewski, Paul, die bildende Kunst im Deutschunterricht unserer höh. Schulen. (64 S.) 909. (Heft 375.) — 80
Glück, Mart., Lehrerstand u. Pädagogik. Vortrag, geh. im „Verein f. erzieh. Unterricht" zu Stuttgart. (29 S.) 908. (Heft 333.) — 35
Göring, Hugo, von Kuno Fischers Geistesart. Ein Nachruf des Dankes. (25 S.) 907. (Heft 317.) — 30
Groth, (H. H.), Stoff f. den ersten Unterricht in der Tierkunde. (17 S.) 909. (Heft 358.) — 25
— Der biologische Unterricht. (14 S.) 908. (Heft 342.) — 20
Grundmann, Joh., die Bedeutung der Phantasietätigkeit im Geographieunterricht. (43 S.) 909. (Heft 369.) — 60
Hahn, R., Herbarts Ästhetik u. der Kunstanschauungsunterricht in der Volksschule. (24 S.) 908. (Heft 350.) — 30
Hemprich, Karl, Otto Flügels Leben u. Schriften. (V, 60 S. m. 1 Bildnis.) 908. (Heft 354.) — 75
Henkler, Paul, aus dem Physik-Unterricht in der Volksschule. (19 S.) 908. (Heft 347.) — 25
Hermann, Heilerziehungshäuser (Kinderirrenanstalten) als Ergänzung der Rettungshäuser u. Irrenanstalten. (21 S.) 907. (Heft 311.) — 25
Hiemesch, Karl Heinr., die Willensbildung. Eine psycholog.-pädagog. Betrachtg. 2. Aufl. (III, 43 S.) 910. (Heft 81.) — 60
Hofmann, Joh., die Strafen in der Volksschule. Vortrag, geh. zur Generalkonferenz der Volksschullehrer des Herzogt. Coburg. (III, 44 S.) 908. (Heft 328.) — 60
Höhne, Ernst, die vier humanen Sinne. (45 S.) 908. (Heft 336.) — 60
Honke, Jul., Hölderlin. Einige seiner Gedichte erläutert. (24 S.) 909. (Heft 359.) — 30
Hüpeden, Marie, der Kinderglaube. Ein Versuch u. e. Buchbesprechg. (24 S.) 910. (Heft 415.) — 30
Hüttner, Alfr., die Pädagogik Schleiermachers in der Periode seiner Jugendphilosophie. (IV, 85 S.) 907. (Heft 295.) 1. 20
Jungandreas, R., zur Reform des Religionsunterrichts. Ein Vortrag nebst Lehrplanskizze. (33 S.) 907. (Heft 310.) — 40
Kap-herr, Hans v., eine Reise durch die Land-Erziehungsheime. (20 S.) 910. (Heft 396.) — 30
Karstädt, Otto, Mundart u. Schule. (38 S.) 908. (Heft 346.) — 45
Kemény, Fr., eine staatliche Volks- u. Mittelschule f. nervöse Kinder. (15 S.) 910. (Heft 404.) — 25
Kirst, A., Präparationen zur Behandlung v. 20 Fabeln v. Hey auf der Unterstufe. 8. Aufl. (90 S.) 910. (Heft 116.) 1. —
6. Aufl. (III, 76 S.) 907. 1.—
Klempt, wie sind die Leistungen der Volksschule zu heben u. zu befestigen? (Ein erweit. Vortrag.) (44 S.) 910. (Heft 395.) — 60
Klinkhardt, Frdr., praktische Beiträge zum zoolog. Unterrichte in der Realschule. (30 S.) 908. (Heft 356.) — 40
— Die winterliche Vogelwelt. Eine naturkundliche Präparation. (29 S.) 908. (Heft 331.) — 40
Koehler, Johs., Schule u. Kolonialinteresse. (31 S.) 907. (Heft 306.) — 40
Köhler, P., der naturwissenschaftliche Unterricht bei den Philantropen. (III, 39 S.) 910. (Heft 389.) — 60
Kohlhase, Frdr., die methodische Gestaltung des grammatischen Unterrichts m. Rücksicht auf seine psychologisch. u. logischen Grundlagen. (III, 70 S.) 909. (Heft 387.) — 90
Köppler, Rich., die Bestrebungen Kerschensteiners u. das Münchener Volksschulwesen. (41 S.) 910. (Heft 405.) — 50
Kramboer, Karl, das Fragen der Schüler als Forderung e. Pädagogik der Tat. (40 S.) 909. (Heft 362.) — 50
Kühn, Hugo, e. Beitrag zur Behandlung lyrischer Gedichte in der Schule. (41 S.) 909. (Heft 390.) — 50
— Poesie im I. Schulj. (66 S.) 908. (Heft 321.) — 80
Leidolph, Eduard, über Methode u. Technik des Geschichtsunterrichts in der Volksschule. (31 S.) 907. (Heft 305.) — 40
Lembke, Fr., was uns die Fortbildungsschule lehrt. (12 S.) 908. (Heft 345.) — 20
Lobsien, Marx, Beliebtheit u. Unbeliebtheit d. Unterrichtsfächer. Mit 4 Taf. (III, 83 S.) 909. (Heft 361.) 1. 20
— Über die Phantasie des Schulkindes, zugleich e. Aufsatzstudie. (III, 42 S.) 910. (Heft 393.) — 60
— Über Schreiben u. Schreibbewegungen. (III, 64 S.) 907. (Heft 298.) — 90
Lombard, Julian, zweisprachige Schulen im Reichslande. [Aus: „Enzyklop. Hdb. d. Pädagogik".] (45 S.) 909. (Heft 386.) — 50
Marbach, F., vom Religionsunterricht in der Volksschule. (41 S.) 908. (Heft 352.) — 50
Maul, Alfr., das Turnen der Knaben. (III, 62 S.) 908. (Heft 337.) — 75
Meinhold, die Propheten in Israel von Moses bis auf Jesus. (V, 128 S.) 909. (Heft 383.) 1. 60
Meyer, Johs., die Fortbildung der aus der Volksschule entlassenen Mädchen. Ein Beitrag zum gegenwärt. Stand der Mädchenfortbildg. u. Vorschläge zur Errichtg. v. obligator. Mädchenfortbildungsschulen. (VII, 45 S.) 910. (Heft 410.) — 65

Michel, O. H., die Zeugnisfähigkeit der Kinder vor Gericht. Ein Beitrag zur Aussagepsychologie. (V, 68 S.) 907. (Heft 312.) 1. —
Mittenzwey, L., Frauenfrage u. Schule m. besond. Berücksicht. der Gemeinschaftserziehung — Koedukation — beider Geschlechter. (VII, 106 S.) 909. (Heft 357.) 1. 40
— Lernschule od. Arbeitsschule? Eine krit. Betrachtg. (VII, 98 S.) 910. (Heft 420.) 1. 20
— Reformversuche auf dem Gebiete der Schulorganisation. Ungeteilte Schulzeit, Kurzstunden, Förderunterricht, Schule im Freien. Neuzeitliche Bestrebgn., naturgemässe Ausführgn., prakt. Erfahrgn. (VII, 169 S.) 909. (Heft 368.) 2. —
Müller, C., die Apperzeptionstheorie v. W. Wundt u. Th. Lipps u. ihre Weiterführung in der Gegenwart. (81 S.) 910. (Heft 400.) 1. —
Müssler, Fel., Wilhelm v. Humboldts pädagogische Ansichten im Lichte seiner ästhetischen Lebensauffassung. (V, 114 S.) 908. (Heft 340.) 1. 50
Oppermann, Edm., Dr. Horst Keferstein. Gedenkblatt seines Lebens u. Wirkens. (41 S.) 907. (Heft 314.) — 50
Osterheld, Wilh., Bernhard Heinrich Blasche. Sein Leben u. seine Lehre. (VII, 227 S.) 909. (Heft 363.) 2. —
Petersen, J., Schule u. Alkoholfrage. Vortrag, geh. auf dem „12. internationalen Kongress gegen den Alkoholismus" im Juli 1909 zu London. (17 S.) 910. (Heft 392.) — 20
Petzold, Ernst, zur Reform der Methodik d. Physikunterrichts. Ein Beitrag zur Volksschulmethodik. (IV, 50 S.) 909. (Heft 379.) — 65
Pottag, Alfr., zur Mimik der Kinder beim künstler. Geniessen. (17 S.) 907. (Heft 302.) — 25
Prümers, Adf., zwölf Kinderlieder. Eine analyt. Studie. (III, 18 S.) 907. (Heft 313.) — 30
— Die Prinzipien der Kinderlieder im Kunstlied. (III, 23 S.) 908. (Heft 332.) — 35
Rein, W., zur Aufgabe u. Stellung der Pädagogik an unseren Universitäten m. Beziehung auf die Gutachten d. Universitäten Erlangen, München, Würzburg. (15 S.) 909. (Heft 364.) — 20
— Stimmen zur Reform des Religionsunterrichts, gesammelt u. hrsg. III. Heft. (III, 21 S.) 908. (Heft 335.) — 30 (1—3: 1. 85)
Richter, über die Notwendigkeit e. gesetzlichen Schulzwanges f. Taubstumme in Preussen. Ein Vortrag, geh. auf der Taubstummenlehrerversammlg. in Leipzig am 5. X. 1909. Hrsg. v. dem Vorstande des preuss. Taubstummenlehrervereins. (43 S.) 910. (Heft 391.) — 60
Richter, A., die geistige Bewegung der Gegenwart, an dem Begriff der Persönlichkeit dargelegt u. kritisch beleuchtet. (III, 121 S.) 909. (Heft 370.) 1. 50
— dasselbe. II. Die Persönlichkeit als geist. Lebensideal. (III, 123 S.) 910. (Heft 371.) 1. 50
— Prof. Dr. R. Lehmanns Ansicht üb. den Neu-Herbartianismus kritisch beleuchtet. (32 S.) 909. (Heft 378.) — 40
Richter, Edm., Justus Mösers Anschauungen üb. Volks- u. Jugenderziehung im Zusammenhang m. seiner Zeit. (X, 124 S.) 909. (Heft 367.) 1. 60
Rother, H., die Bedeutung des Unbewussten im menschlichen Seelenleben. 2. Aufl. (25 S.) 907. (Heft 19.) — 30
Sachsse, zur Reform des Religionsunterrichts in der evangelischen Volksschule. (50 S.) 909. (Heft 381.) — 40
Säemann, R., Unterrichtsproben zur Konzentration im Deutschunterrichte. (39 S.) 908. (Heft 351.) — 50
Sallwürk, E. v., Friedrich Mann. Ein Blatt d. Erinnerg. (14 S. m. 1 Bildnis.) 909. (Heft 373.) — 20
Schilling, G., u. C. S. Cornelius, das Problem der Materie. Eingeleitet v. O. Flügel. (78 S.) 908. (Heft 323.) 1.—
Schmidt, der sittliche Geschmack als Kristallisationspunkt der sittlichen Erziehung. Ein anschaul. Kapitel Pädagogik. (15 S.) 907. (Heft 304.) — 20
Schoen, H., das Wesen der Sittlichkeit u. die Entwicklung des sittlichen Ideals bei den verschiedenen Völkern nach M. Mauxion. (III, 125 S.) 909. (Heft 380.) 1. 60
Schramm, Paul, sexuelle Aufklärungen u. die Schule. (36 S.) 907. (Heft 315.) — 60
Schreiber, H., f. das Formen in den unteren Klassen an der Hand v. Sätzen wider dasselbe. (23 S.) 908. (Heft 329.) — 30
Schubert, C., die Eigenart d. Kunstunterrichts. Vortrag. (31 S.) 907. (Heft 291.) — 30
Schwarz, Paul, das Wesen der Zahl. Nebst Folgergn. üb. den Zweck u. die Methode d. elementaren Rechnens. (V, 58 S.) 910. (Heft 402.) — 80
Siebert, Otto, Rudolf Eucken u. d. Problem d. Kultur. (16 S.) 907. (Heft 322.) — 20
Simon, Chr. Rud., die Erziehung u. Selbstbeherrschg., e. pädagog. Problem. (III, 85 S.) 908. (Heft 339.) — 50
Skupnik, Vinzenz, Persönlichkeit. Eine theoret. Untersuchg. (22 S.) 910. (Heft 403.) — 80
Spanier, F. J. G., Fichtes Einfluss auf d. Erziehungswesen im 19. Jahrh. (32 S.) 909. (Heft 376.) — 40
Staude, Paul, zur Behandlung der Jugendgeschichte Friedrichs des Grossen. (21 S.) 908. (Heft 343.) — 25
— Jeremia in Malerei u. Dichtkunst. (20 S.) 907. (Heft 316.) — 30
— Vorträge f. Elternabende. (16 S.) 910. (Heft 407.) — 20
Stech, Eug., das Braunschweigische Schuldirektorium. Ein Beitrag zur Geschichte d. Schulaufsicht. (VI, 115 S.) 909. (Heft 355.) 1. 50

Stimmen zur Reform des Religions-Unterrichts, gesammelt u. hrsg. v. W. Rein. IV. Heft. (III, 40 S.) 909. (Heft 374.) — 75
— dasselbe. V. Heft. Leitsätze zur Reform d. Religionsunterrichts, neu bearb. v. W. Rein. (11 S.) 910. (Heft 401.) — 20
— dasselbe, gesammelt u. hrsg. v. W. Rein. VI. Heft. Religion od. Religionskunde v. E. Strauss. (38 S.) 910. (Heft 419.) — 50
Titze, Karl, über die Pflege des Kindes im 1. Lebensjahre. (18 S.) 910. (Heft 421.) — 25
Ufer, Chr., durch welche Mittel steuert der Lehrer ausserhalb der Schulzeit den sittlichen Gefahren der heranwachsenden Jugend? Eine pädagog. Skizze. 6. Aufl. (30 S.) 908. (Heft 86.) — 40
Uhlig, H., die Kunst des Erzählens in d. Volksschule. Ein Konferenzvortrag. (25 S.) 910. (Heft 416.) — 30
Uphues, Goswin, der geschichtliche Sokrates kein Atheist u. kein Sophist. (III, 68 S.) 907. (Heft 324.) 1.—
Vogel, Paul, Fichtes philosophisch pädagogische Ansichten in ihrem Verhältnis zu Pestalozzi. (V, 175 S.) 907. (Heft 300.) 2. —
Vogel, W., Vorschläge zur Reform der Allgemeinen Bestimmungen v. 15. X. 1872. (III, 39 S.) 907. (Heft 318.) — 50
Wagner, Rich., die neueren Bestrebungen auf dem Gebiet des naturgeschichtlichen Unterrichts. (III, 70 S.) 908. (Heft 338.) — 90
Weigl, Frz., Ausbau der Antialkoholbewegung zur Genussgiftbekämpfung in der Jugenderziehung. (30 S.) 908. (Heft 353.) — 40
Weller, zur Methodik des geographischen Unterrichts in der Volksschule. (III, 52 S.) 909. (Heft 366.) — 70
— Die kindlichen Spiele in ihrer pädagogischen Bedeutung bei Locke, Jean Paul u. Herbart. (IV, 199 S.) 908. (Heft 320.) 2. —
Wendt, Herm., wider das deutsche Lesebuch u. die deutschen Aufsätze. Erörterungen u. Vorschläge. (30 S.) 910. (Heft 398.) — 40
Wilhelm, Fr., die Lehre vom Gefühl in der Psychologie der letzten zehn Jahre. (IV, 111 S.) 907. (Heft 303.) 1. 50
Winter, Otto, die Gestaltung des Rechenunterrichtes m. Bezug auf die Anforderungen des prakt. Lebens. (III, 31 S.) 908. (Heft 349.) — 40
Winzer, H., die Bedeutung der Heimat. Gedanken aus e. Elternabende m. Ergänzgn. 2., umgearb. u. erweit. Aufl. (31 S.) 910. (Heft 144.) — 35
— Schulreise u. Charakterbildung. (16 S.) 907. (Heft 301.) — 20
Wittmann, H., das Sprechen in der Schule. 2. Aufl. (17 S.) 907. (Heft 104.) — 20
Die Hefte 372, 417 u. 418 sind noch nicht erschienen.

Magazin: Patriotisches Magazin von und für Bündten, als ein Beytrag zur näheren Kenntnis dieses auswärts noch so unbekannten Landes
Ⓢ 1790 Ⓑ Bern Ⓗ Heinrich Ludwig Lehmann Ⓠ BGSZ: 99. 107. 973
Ⓑ Be: S Ⓢ Von BGSZ 12 als Zeitschrift aufgeführt, bei Lang (BGSZ 99) in der Abteilung «Veröffentlichungen, die als Zeitschriften abgelehnt werden»; man vergleiche jedoch dazu seine Bemerkung p. 158 oben.

— patriotisches, von u. für Bündten rc. 8. Bern 790. Haller. 15 gr

Magazin für Pferdezucht, Veredelung der Pferde und äussere Pferdekenntniss. Hrsg. von G[eorg] G[ottlieb] Ammon. H. 1. Hildburghausen 1826.

— f. Pferdezucht, Veredlung d. Pferde u. äußere Pferdekenntniß; hrsgg. v. G. G. Ammon. 1s Heft. Mit 2 Abbildd. in Steindr. gr. 8. Hildburgh. 826. Kesselring. 16 gr

— f. Planzenliebhaber u. Maler. Hrsg. v. L. Reichenbach, G. Geitner u. Heinr. Vollmar. 2 Bde à 24 col. Taf. Lex.-8. Zwickau, 1848 u. 49. (Leipzig, Abel; Schneeberg, Goedsche.) d. Bd. 2. —

— für Pflanzenliebhaber u. Maler. Hrsg. von (G.) Geitner u. (I, 1—4. II, 1—2.) (Heinr.) Vollmar, (II, 3.) L. Reichenbach. I. Bd. 6 Lfgn. II. Bd. 1—3. Lfg. Lex. 8. (I. Bd. 48 S. m. 24 lith. u. color. Taf. II. Bd. S. 1—24 m. 12 lith. u. color. Taf.) Zwickau 848. 49. (Leipzig, Hofmeister.) (à Hft. n. 1/3 Thlr) n. 3 Thlr

Magazin des Pflanzenreichs. 1. Bd. 1.—3. Abth. Erlangen 1793—96. H: *Reich, Gottfried Christian.* (Koner) (Hitzig) (MGT) (Ky) (Fiker) (NN)

— des Pflanzenreichs, 1e—3e Abth. m. K. gr. 4. Erl. Walther. 793—96. (1e 1 Rthlr. 2e 2 Rthlr. 3e 2 Rthlr. 12 gr.)

Magazin für Pharmazie, Botanik und Materia Medica. Bd 1. 2. Halle: Hendel 1782–83. 8°
Hrsg.: Johann Hermann Pfingsten.

Magazin für Pharmacie und die dahin einschlagenden Wissenschaften. Von Ph. L. Geiger. Jg. 6–9 = Bd 21–36. Karlsruhe (Jg. 7–9: Heidelberg) 1828–31.
Jg. 6 = Bd 21–24. 1828.
Jg. 7 = Bd 25–28. 1829.
Jg. 8 = Bd 29–32. 1830.
Jg. 9 = Bd 33–36 [auch u.d. Tit.:] Magazin für Pharmacie in Verbindung mit einer Experimental-Kritik. Von Ph. L. Geiger u. Justus Liebig. Jg. 1, Bd 1–4. 1831.

—— für Pharmacie u. d. dahin einschlag. Wissenschaften. Von Ph. L. Geiger. 6. Jahrg. 1828. 12 Hfte. mit Stnt. gr. 8. Karlsruhe, Müller.

—— dass., hrsg. v. dems. 7—9. Jahrg. 1829—31. à 12 Hfte. Mit Stnt. gr. 8. Heidelberg, Winter. à J.
1. Jahrg. 1823. Jan.—Jun., hrsg. v. G. F. Hänle. Carlsruhe, Braun. 3 Thlr. 8 Gr., Jul.—Dec. 1823 u. 2. J. 1824. Jan.—Jun., hrsg. v. dems., Jul.—Dec. u. 3—6. J. 1825—27., hrsg. v. Ph. L. Geiger. Carlsruhe, Müller. à J. 5 Thlr. — Fortsetzung des Obigen, vgl. Annalen d. Pharmacie.

Philadelphisches Magazin, oder Unterhaltender Gesellschafter, für die Deutschen in America: Band 1, no. 1—2, May 1, Aug. 1798.
Philadelphia, PA

Magazin der Philologie, Pädagogik und praktischen Philosophie. Stendal 1797. V: *Walther, Friedrich Rudolph, Caspar Christoph Conrad Brohm & Andreas Frdr. Christian Thormayer.* H: *Thormayer, Andreas Frdr. Christian.* (Ky)

— d. Philologie, Pädagogik u. prakt. Philosophie. 8. Stendal, Franzen u. Gr. 797.

Schedel, Johann Christian (Herausgeber): „Magazin für den Philosophen, Naturforscher, Kaufmann und Oekonomen, oder gemeinnützige Abhandlungen und Versuche für Leser aus diesen Klassen", 1. (einziger) Band, Magdeburg 1786 (Creutz). — Vorh.: Com. Bibl. Hamburg.

Magazin für die Philosophie und ihre Geschichte. Aus den Jahrbüchern der Akademien angelegt. Bd 1–7. Göttingen u. Lemgo: Meyer 1778–83. 1789.
Hrsg.: Bd 1–6: Mich. Hissmann; Bd 7: Joh. Herm. Pfingsten.

Magazin für die Philosophie und Geschichte des Rechts und der Gesetzgebung. Giessen 1798. H: *Grolmann, Carl Ludwig Wilhelm von.* (Co)

– Gießen u. Darmstadt: Heyer 1800–07. 8°
Vorh. u.d.T.: Magazin für die Philosophie des Rechts u. der Gesetzgebung.
Fortges. u.d.T.: Magazin für Rechtswissenschaft und Gesetzgebung.

Magazin der Philosophie una schönen Künste. Mainz u. Leipzig 1784—86. H: *Reith, Bernhard von & Michael Engel.* (Ky)

— d. Philosophie u. schönen Künste. (Von B. v. Reith u. Mich. Engel.) 4 Hfte. gr. 8. Mainz u. Leipz. 784—86. Göschen. 1 Rthl.

— f. d. Philosophie d. Lebens, (v. Jh. Lang). 16 Bändchen. 8. Düsseld. 790. Dänzer. 18 gr

Magazin der Philosophie und schönen Litteratur. H. 1–4. Mainz: Varrentrapp 1785–86. 8°
Hrsg.: Bernh. v. Reid u. Mich. Engel.

Magazin für die Philosophie des Rechts und der Gesetzgebung. H. 1. 2. Gießen: Stamm 1798–99. 8°
Hrsg.: Karl Grolman.
Fortges. u.d.T.: Magazin für die Philosophie und Geschichte des Rechts und der Gesetzgebung.

Magazin der Philosophie und schönen Wissenschaften, s. Reichardt

– s. Richard

Magazin. – Philosophisches Magazin. Bd 1–4 (= St. 1–16). Halle: Gebauer 1788–92.
Hrsg.: Joh. Aug. Eberhard.
Fortges. u.d.T.: Philosophisches Archiv.

Weber, Jakob Andreas (Herausgeber): „Physikalisch-Chemisches Magazin für Aerzte, Chemisten und Künstler", Teil 1, 2, Berlin 1780 (A. Wever). — Vorh.: Preußische Staatsbibliothek Berlin — Mt 1061.

Magazin. – Physikalisch-technologisches Magazin. St. 1. Berlin 1793. 8°
Hrsg.: Fr. Franz Dan. Wadzeck.

Magazin Physiologie Medizin

Magazin für die Physiologie und Medizin. Bd 1-3. Frankfurt a.M.: 1803-07

s.: Magazin zur Vervollkommnung der theoretischen und praktischen Heilkunde. Bd 6-10.

Magazin, Physiologisches. Jena 1796—97. H: *Heynig, Joh. Gottlob.* (EngM)

— physiologisches und anthropologisches 1r Bd. 3 Stck. gr. 8. Jena, Academ. Bchhdl. 796. (à 8 gr.)

— physiologisches u. anthropologisches. 1r Bd. 3 Stcke. gr. 8. Jena 796. (Hennings in Neisse.) 1 Rthl.

Magazin. – Poetisches Magazin. Hamburg: Schröder 1776.

Magazin für medizinische Polizei und gemeinnützige Arzneikunde. H. 1. 2. Zürich: Orell 1799–1801. 8°
Hrsg.: Joh. Heinr. Rahn.

— der Polizeigesetze; hrsgg. v. L. Hoffmann. 1r—4r Bd. gr. 8. Berl. 825—27. (L. Oehmigke). (à 1 Rthl. 4 gr). 4 Rthl. 16 gr

— d. Polizey-, Justiz- u. innern Staatswirthsch. überh. v. Hochheim. 9 Hefte. 18. Altona. Vollmer. 804. 5.

Hochhelm, Karl Jos. (Herausgeber): „Magazin der Polizei-, Justiz- und inneren Staatswirthschaft überhaupt", 9 Hefte, Mainz (und Altona) 1804—1805 (Herold jun.).

Polytechnisches Magazin mathematischen, architektonischen und ökonomischen Inhalts zur Belehrung für Gewerbetreibende, Künstler, Forstmänner... Hrsg. J. C. G. Hampel. - Breslau. Bd. 1. 1836. - (M. n. ersch.)

—— polytechnisches, mathemat., architekton. u. ökon. Inhalts. Zur Belehr. f. Gewerbtreibende, Künstler, Forstmänner, ꝛc. im Verein mit mehr. Sachverständigen hrsg. v. J. C. G. Hampel. 1. Hft. 8. (2 B. u. 1 Figtaf.) Breslau 836, [Leipzig,] Henze.

Magazin. – P o m m e r s c h e s Magazin. T. 1–6. Greifswald und Stralsund (3ff: Rostock) 1774–82. 4°
Hrsg.: Christoph Gottfr. Nicol. Gesterding.

Magazin. – P r a g e r Magazin. Eine periodische Schrift mancherley nützlichen Inhalts. Vierteljahr 1 (= St. 1–13). Prag: v. Schönfeld 1780. 8°

Magazin. – P r a k t i s c h - t h e o l o g i s c h e s Magazin für katholische Geistliche. St. 1. Nürnberg u. Würzburg: Grattenauer 1798. 8°
Hrsg.: Michael Feder.

Magazin für Prediger oder Sammlung neuausgearbeiteter Predigt-Entwürfe ... Züllichau 1781. H (Th. 1—5): *Bahrdt, Carl Friedrich.* (Ky) (winer)

— f. Prediger, od. Samml. neu ausgearb. Predigtentw., über d. Sonn= und Festt. Evang. 12 Thle. gr. 8. Züllichau. (Frommann in Jena.) 781—91. (à 20 gr.)

Magazin für P r e d i g e r . Bd 1–8. Jena: Frommann (Bd 8: Hannover: Hahn) 1803–16. 8°
Hrsg.: Josias Friedr. Chr. Löffler.
Vorh. u.d.T.: Neues Magazin für Prediger.
Fortges. u.d.T.: Magazin für christliche Prediger.

Magazin für P r e d i g e r , zur Beförderung des praktischen Christenthumes und der populären Aufklärung. Bd 1–4. Wirzburg: Rienner 1789–93. 8°
Hrsg.: Joh. Bonaventura Andress.

Magazin für christliche P r e d i g e r . Bd 1ff. Hannover: Hahn 1816ff.
Vorh. u.d.T.: Magazin für Prediger. Jena 1803ff.

— f. christl. Prediger. Herausgeg. von C. F. Ammon. 5r Bd. 2s Stck bis 6r Bd. 1s 2s Stck. gr. 8. Hannov. 821—22, Hahn. à 18 gr. 2 Rthl. 6 gr. Alle 6 Bände

— dass. fortges. v. H. G. Tzschirner f. 1823—27. 1r Bd. 1s 2s, bis 5r Bd. 2 Stcke. gr. 8. Eb. à Stück 20 gr.

—— für christl. Prediger. Hrsg. v. Joh. Friedr. Röhr. 1—8. Bd. à 2 Stck. gr. 8. Hannover 828—35, Hahn. [1. (33 B. u. Tzschirner's Bildn.), 2. (33½ B.), 3. (33 B.), 4. (33 B.), 5. (32 B.), 6. (32¼ B.), 7. (32 B.), 8. (32½ B.) à Stck. 20 Gr.]

—— für christl. Prediger. Hrsg. v. Joh. Friedr. Röhr. 9—12. Bd. à 2 Stck. gr. 8. Hannover, Hahn'sche Hofbuchh. [9. (28½ B.) 836., 10. (28¾ B. incl. ein vollständ. Sach= u. Namenregist. d. ersten 10 Bde.) 837., 11. (28¾ B.) 838, 12. (28 B.) 839. à Stck. ⅚ Thlr.]

—— f. christl. Prediger. Hrsg. v. J. Fr. Röhr. 16—20. Bd. à 2 Stück. gr. 8. (à Stück 15—16 B.) Neustadt a. d. O. 842—47, Wagner. à Sck. 25 Ngr.

—— dass. — Hrsg. v. dems. 13—15. Bd. à 2 Stck. gr. 8. Neustadt a. d. O., Wagner. [13. (30¼ B.) 840., 14. (30¼ B.) 841., 15. (30½ B.) 842. à Stck. ⅚ Thlr.]

—— für christliche Prediger. Hrsg. von Joh. Friedr. Röhr und fortgesetzt von Joh. Chrph. Basilius Wilhelm. 21—22. Bd. à 2 Stück und 23. Bd. 1. Stück. gr. 8. Neustadt a. d. Orla 848—51, Wagner. à Stück 25 Ngr.

— protestant. Prediger, vorzügl. im russ. Reiche; hrsgg. v. K. L. Grave. Jahrg. 1816, 17. à 6 Hfte. Jahrg. 1818, 19. à 4 Hfte. 8. Riga 816—19.

— f. Prediger in Städten u. auf d. Lande. Skelete aus Bourdaloue u. Massilon's Predigten. 4 Bde. gr. 8. Augsburg 792. Doll. 2 ℛ

Magazin, Preussisches, zum Unterricht und Vergnügen. Königsberg 1783. H: *Baczko, Ludwig Adph Frz Jos. v.* (Ky)

— preußisches, z. Unterr. u. Vergnügen, (v. Ludw. v. Baczko). 1r Bd. 1s u. 2s Hft. 8. Königsb. 783. Hartung. 20 gr

Magazin für den gemeinen teutsch. bürgerl. Prozess, herausg. v. Cph. Martin u. G. Fr. Walch. 1. Bd. 3 Hfte. *Gött.*, (Schneider), u. *Heidelb.*, Winter. 802. 29. 8. — (1 Thl. 8 Gr.)

— f. d. gem. deutsch. bürgerl. Prozeß, herausg. v. Chph. Martini und G. F. Walch. 1r Bd. 1s—3s Heft. 8. Gött. Schneider. 803—4. (à 10 gr.)

Magazin, Psychologisches. Altenburg 1796—97. H: *Heynig, Johann Gottlob.* (MGT) (Ky)

— psycholog. (u. v. 3ten Stcke an. psych. und anthropolog.) 5 Stck. gr. 8. Altenb. Richter. (Academ. Handl. in Jena.) 796. 97. (à 8 gr.) (Hennings in Neiße.)

Psychologisches Magazin. Hrsg. von Carl Christian Erhard Schmid. Bd 1 - 3. Jena: Cröcker 1796 - 98. 1 Bd 8°

Bd 1: 1796.
Bd 2: 1797.
Bd 3: 1798.

Magazin, Räsonnirendes, der Wichtigsten Zeitgeschichte. Salzburg 1791 bis 1793. V: *Hübner, Lorenz.* (Ky 3/206) (Biblport)

Vorh. u.d.T.: Salzburger monatliche Beiträge.

Magazin, Räsonnirendes, des Wichtigsten aus der Zeitgeschichte. 1792. Salzburg 1792. 8°. 190 S. (3 Mk. Frdr. Klüber, 1904.)
Darin u. a.: Versteigerung der Mademoiselle d'Eon, ehemaligen Dragonerhauptmanns zu London.

Magazin: Rhätisches Magazin zur Belehrung und Unterhaltung
⑤ 1803 ⑩ Christian Bawier, Antistes ⑬ Klages (Zeitschriften), Nr. 50 ⑮ Die Ankündigung dieser Monatsschrift geschieht in einem Flugblatt am 17. 11. 1803. Das Blatt wollte hauptsächlich allem Aberglauben entgegen arbeiten. Ob erschienen?

Readinger Magazin für Freunde der Deutschen Literatur in Amerika: no. 1–12, Jan.–Dec. 1824; [neue Reihe], no. 1–10, Jan.–Oct. 1825.
Monthly. Sub-title: Eine Monatsschrift, enthaltend: Aufsätze aus dem Gebiete der Religion, Natur, Kunst, Laune und Phantasie, no. 1–12; 2) Eine Monatsschrift ernsten und launigen Inhalts [Fortsetzung des Readinger Magazins], Jan.–Oct. 1825. There is also sub-title on front-cover of Jan.–Dec. 1824: Eine Monatsschrift ernsten und launigen Inhalts.
[Neue Reihe] also as "alte Nummer," 13–22. Place of publication varies: Philadelphia, Nov. 1824–Oct. 1825; date-line on title-page of no. 1–12: Reading und Philadelphia. Octavo, each issue 24 pages, paged continuously; title-page and contents for no. 1—12. Edited & published by Johann Carl Gossler, Jan. 1824–Oct. 1825. „Druck und Expedition": Heinrich B. Sage, Jan.—Oct. 1824; by Joh. Georg Ritter, Nov. 1824—Oct. 1825.
Reading, PA

—— für das deutsche Recht der Gegenwart. Unter Mitwirkung von v. Bar, Erythropel, Franke etc. hrsg. von Bödiker. 1. Bd. 3 Hefte. gr. 8. Hannover, Helwing'sche Verlagsh. [1. Heft. (V, S. 1—122.) 880. *ℳ 2,20.; 2. Heft. (S. 123—260.) 881. *ℳ 2,40.; 3. Heft. (IV, S. 261—352.) 882. *ℳ 2.] *

—— dass. — 2. Bd. 3 Hefte. gr. 8. Ebendas. [1. Heft. (S. 1—152.) 882. *ℳ 2,40.; 2. Heft. (S. 153—269.) 882. *ℳ 2,20.; 3. Heft. (IV, S. 271—378.) 883. *ℳ 2.] *

—— dass. — 3. Bd. 3 Hefte. gr. 8. Ebendas. 883. [1. Heft. (S. 1—123.) *M 2,20.; 2. und 3. Heft. (IV, S. 125—360.) *M 4,40.] *

—— dass. — 4. Bd. 3 Hefte. gr. 8. Ebendas. 884. [1. Heft. (S. 1—160.) *M 3.; 2. und 3. Heft. (IV, S. 161—376.) *M 3,60.] *

—— für das deutsche Recht der Gegenwart. Unter Mitwirkung von v. Bar, Erythropel, Francke etc. hrsg. von Bödiker. 5.—8. Bd. à Bd. 3 Hefte. gr. 8. (à Heft 110—120 S.) Hannover 885—88, Helwing's Verlag. à Bd. *

—— für das deutsche Recht der Gegenwart. I.: Verzeichnis der Mitarbeiter u. deren Beiträge, sowie II.: alphabetisches Sachregister zu Bd. I—VIII incl. Jahrg. 1881 bis 1888. gr. 8. (28 S.) Hannov. 889, Helwing's Verlag. * — 80
Das Magazin hat mit dem VIII. Bde. zu erscheinen aufgehört.

—— für hannoversches Recht. Eine Zeitschrift hrsg. unter Mitwirkung der HH. v. Düring, Grefe und v. Klencke. 1. und 2. Bd. gr. 8. (...?) Göttingen 851—52, Dieterichsche Buchh. à Bd. * 2 Thlr. *

—— für hannoversches Recht. Eine Zeitschrift unter Mitwirkung Mehrer. 3—6. Bd. 3 Hefte. gr. 8. Hannover 853—56, Rümpler. à Bd. *
Bd. 3. und 4. wurde von v. Klencke, vom 5. Bd. an von v. Düring und Wachsmuth herausgegeben.
1. und 2. Bd. jetzt Ebendaß. 1851—52. * 4 Thlr.

—— dass. — 4. Bd. Extraheft, s. Rechtsfälle.

—— für hannoversches Recht. Eine Zeitschrift hrsg. von v. Düring und Wachsmuth. 7—9. Bd. (Jahrg. 1857—59.) à Jahrg. 3 Hefte. gr. 8. (à Heft 160—180 S.) Hannover, C. Rümpler. à Bd. *
Fortges. u.d.T.: Neues Magazin für hannoversches Recht.

Magazin für die teutschen Rechte und Geschichte von J. H. Chr. v. Selchow. Bd 1. 2. Göttingen u. Lemgo 1779. 83. 2 Bde

Magazin für die Mittelrheinischen Rechte und Geschichte. H. 1. 2. Frankfurt a.M. 1804. 4°
Hrsg.: Joh. Anton Moritz von Günderode.

Magazin der praktischen Rechtsgelehrsamkeit für die vier Rheindepartemente. H. 1. Berlin. Schöne 1801. 8°
Hrsg.: J. Nikl. Becker.

— der Rechtsgelehrsamkeit in d. Preuß. Staaten, s. C. L. Paalzow.

Magazin für die gesammte Rechtsgelahrtheit. St. 1. 2. Neustrelitz (2: Rostock: Stiller) 1789–90. 8°
Hrsg.. Joh. Chr. Koppe.

— für badische Rechtspflege und Verwaltung, 1. u. 2. Bd. à 3 Hefte (à 10 Bgn.) herausg. von J. Zentner, A. Renaud u. L. Turban. — 3. u. 4. Bd. à 3 Hefte (à 10—12 Bgn.) herausg. von J. Zentner, A. Renaud und G. Spohn. Mannheim 854—58. Löffler. gr. 8. Jeder Bd n. 2 ℛ. 24 ngr.

— für badische Rechtspflege und Verwaltung, unter Mitwirkung anderer badischer Rechtsgelehrten u. Praktiker herausg. von J. Zentner, A. Renaud u. G. Spohn. 4. Bd. 3 Hefte (à 10 Bgn.). Mannheim 859. Löffler. (Segnitz.) gr. 8. n. 2 ℛ 24 ngr.

— — 5. Bd. 3 Hefte (à 20 Bgn.). Ebend. 860. gr. 8. Jedes Heft n. 1 ℛ 4 ngr.

— — für Rechtswissenschaft und Gesetzgebung. s. Grolman, K. von.

— für Rechtswissenschaft u. Gesetzgebung, unter v. Grolman's u. v. Löhr's Redaction begonnen, u. nach v. Grolman's Tode fortges. von Egid v. Löhr. 4. Bd. 4. (letztes) Hft. A. u. d. T.: Neues Magazin rc. 2. Bd. 4. Hft. 8. Gießen 844, Heyer's Verl. n. 2/3 ℛ I—IV. 3. kosten jetzt nur n. 3 ℛ
Vorh. u.d.T.: Magazin für die Philosophie und Geschichte des Rechts und der Gesetzgebung.

—— für Rechts- und Staatswissenschaft mit besond. Rücksicht auf das österreich. Kaiserreich. In Verbindung mit Mehreren hrsg. von Fr. Haimerl. 1—6. Bd. (à 3 Hefte.) oder 1—3. Jahrg. 1850—52. gr. 8. Prag, Heß. [1. und 2. Bd. à 2 Thlr. 15 Ngr., 3—6. Bd. à 2 Thlr. 7½ Ngr.]

Magazin für Rechts- und Staatswissenschaft mit besond. Rücksicht auf das österreich. Kaiserreich. In Verbindung mit Mehreren hrsg. von Friedr. Haimerl. 7—14. Bd. oder (4—7.) Jahrg. 1853—56. à Jahrg. 6 Hefte. gr. 8. Wien, Manz. à Jahrg. Thlr. *
1—6. Bd. Prag 1850—52, Heß. * 14 Thlr.

—— für Rechts- und Staatswissenschaft, mit besond. Rücksicht auf das österreich. Kaiserreich. Hrsg. von Frz. Haimerl und Joh. Passy. XV. und XVI. Bd. oder Neue Folge. 1. Jahrg. 1857. 12 Hefte. (à 96 S.) gr. 8. Wien, F. Manz.
Die Fortsetzung erschien unter dem Titel: Oesterreichische Vierteljahrsschrift für Rechts- und Staatswissenschaft, vgl. diese.

Magazin der Regierungskunst, der Staats- und Landwirthschaft ... Leipz. 1775—79. H: *Dachenröden, Carl Friedrich Freiherr von.* (Ky)

Dachenröden, K. F. von (Herausgeber): „Magazin der Regierungskunst, der Staats- und Landwirthschaft", 3 Stücke, Leipzig 1775—1779 (Weidmann). — Vorh.: UB Göttingen.

Magazin. – Reichsritterschaftliches Magazin. Bd. 1–13. Frankfurt u. Leipzig 1780–90. 8°
Hrsg.: Joh. Mader.

Magazin. – Reichsstädtisches Magazin. T. 1–2. Frankfurt u. Leipzig 1774–75. 8°
Hrsg.: Joh. Jak. Moser.

— von merkwürdig. neuen Reisebeschreibungen, herausgegeb. v. J. R. Forster, u. and. Gelehrten. 31 Bde. m. K. und Landch. gr. 8. Berlin, Voß. 790—810.
(Ir Bd. enth. 1) Philip's Reise n. Neu-Südwallis rc. 2) Schortland's, Watt's und Marschall's Rückreise von Neu-Südwallis, 3) Ausz. a. Gilberts Beschreib. sein. Fahrt v. Neu-Südwallis nach China, 4) William Franklin's Bemerkungen a. ein. Reise von Bengalen n. Persien, 5) Robert Saunder's mineral. und botan. Reise n. Butan und Tibet 1 Rthlr. 20 gr.; IIr Bd. enth. le Vaillants Reise in d. Innere v. Afrika. 1r Thl. 2 Rthlr. IIIr Bd. enth.: Benjowsky Reise, 2 Rthlr.; IVr Bd. enth. Lesseps Reise d. Kamtschatka, 1 Rthlr. 4 gr., u. Sauveboeufs Reise in die Türkei, 18 gr.; Vr Band enth. 1) John White Tagebuch einer Reise nach Neu-Südwallis, 2) William Bligh Reise von Tofra n. Timor, 3) Entdeckungen im Innern von Afrika, und 4) Robert Norris Reise n. d. Hoflager des Königs v. Dahomey — Baßa — Ahadi im J. 1772. 1 Rthlr. 20 gr.; VIr Bd. enth. 1) Anburey Reise im Innern von Nordamerika, 2) Thunbergs Reisen in Afrika und Asien währ. d. J. 1772–1779., 3) Thom. Holwo Tagebuch sein. Reise v. Indien n. Armenien rc. 1 Rthlr. 20 gr.; VIIr Bd. enth. 1) Thunbergs Reise in Afrika und Asien, 2) Brissots Reise in d. vereinigt. Staaten von Nordamerika, 1 Rthlr. 20 gr.; VIIIr Bd. enth. 1) Rochons Reise n. Madagaskar und Ostindien; 2) Lemprieres Reise üb. Gibraltar, 1 Rthlr. 20 gr.; IXr Bd. enth. 1) Blighs Reise in d. Südmeer, und 2) Imlays Nachrichten rc. 1 Rthlr. 20 gr.; Xr Bd. enth. Bartrams Reise in Nordamerika, 1 Rthlr. 20 gr.; XIr Bd. enth. 1) Hunters Reise n. Neu-Südwallis, 2) Hamiltons Reise um die Welt, 1 Rthlr. 20 gr.; XIIr und XIIIr Bd. enth. le Vaillants Reisen in d. Innere von Afrika, 2r und 3r Thl. auch le Vaillants neue Reise rc. 1r und 2r Thl. od. le Vaillants

zweite Reise ꝛc. 4 Rthlr. 8 gr.; XIVr Bd. enth. 1) Sam. Hearne Reise ꝛc., 2) Wansey's Tagebuch ꝛc. 1 Rthl. 20 gr.; XVr Bd. enth. Paolino Fra Bartolomeo Reise n. Ostindien, 1 Rthlr. 16 gr.; XVIr und XVIIr Bd. enth.: la Perousens Entdeckungsreise ꝛc. 2 Thle. 3 Rthl. 16 gr.; XVIIIr und XIXr Bd. enth. Georg Vancouvers Reise n. d. nördl. Theil der Südsee, 2 Thle. 5 Rthlr. 12 gr.; XXr Bd. enth. Welds d. j. Reise d. d. vereinigt. Staaten von Nordamerika, 1 Rthlr. 20 gr.; XXXIr Bd. enth. Wilsons Reise in d. südl. stille Meer, 2 Rthlr.; XXIIr Bd. enth. Charpentier-Cossigny Reise n. China, 1 Rthlr. 20 gr.; XXIIIr Bd. enth. Reise d. Ober-Pensilvanien u. d. Staat Neuyork, 2 Rthlr.; XXIVr Bd. enth. Sonninis Reise n. Griechenland u, der Türkei, 1 Rthlr. 20 gr.; XXVr Bd. enth. Denons Reise d. Ober- u. Nieder-Egypten, 2 Rthlr, 16; XXVIr Bd. enth. Acerbis Reise n. Schweden, Finnland und Lappland, 2 Rthlr. 12 gr.; XXVIIr Bd. enth. Turnbulls Reise um die Welt, 1 Rthlr. 16 gr.; XXVIIIr Bd. enth. Hellcrofts Reise in Frankreich, Holland und Deutschl. 2 Rthlr. 8 gr.; XXIXr Bd. enth. Depons Reise in d. erst. Theil v. Terra Firma in Südamerika, 1 Rthlr. 20 gr.; XXXr Bd. enth.: 1) Castellans Briefe über Morea ꝛc., 2) Reise n. Savoyen und in das südl. Frankreich, 2 Rthlr.; XXXIr Bd. Asaras Reise durch Südamerika, 2 Rthlr. 16 gr.) Rthlr.

— 32r Bd. Renouards Reise nach Ostindien ꝛc. 811. 2 ß 33r Bd. Molliens Reise in das Innere von Afrika. 820. 2 ß 16 gr 34r und 35r Bd. Hendersons Tagebuch des Aufenthalts in Island. 2 Bde. 820, 21. 3 ß 20 gr 36r Bd. Ph. Panantis Reise an d. Küste der Barbarei; im Auszug. aus d. Ital. 822. 2 ß 37r Bd. J. S. Buckinghams Reisen in Mesopotamien, nebst Untersuchungen üb. d. Ruinen v. Babylon, Ninive, Arbela, Ktesiphon u. Seleucia; a. d. Engl. 828. 3 ß)

—— von merkwürd. neuen Reisebeschreibungen. Aus fremden Sprachen übers. u. mit erläut. Anmerkn. begl. v. J. R. Forster u. a. Gelehrten. 38. u. 39. Bd. — A. u. d. Tln.: Neues Magazin etc. 14. u. 15. Bd. — Reise d. kaiserl.-russ. Flotten-Lieutenants Ferd. v. Wrangel längs d. Nordküste v. Sibirien u. auf d. Eismeere, in d. J. 1820—1824. Nach d. handschriftl. Journalen u. Notizen bearb. v. G. Engelhardt. Hrsg. nebst e. Vorw. v. C. Ritter. 2 Thle. gr. 8. (43½ B., 1 Karte u. Tafeln d. Temperatur-Verhältn., Roy.-Fol.) Berlin 839, Vossische Buchh.

Magazin von merkwürdigen neuen Reisebeschreibungen. Wien 1792—95. II: *Förster, Johann Reinhold.* (EB)

Magazin von merkwürdigen neuen Reisebeschreibungen. Aus fremden Sprachen übersetzt. Mit Kupfern und Karten. (22 Bde.) 8. Wien 1792—1795.

— d. neuest. Reisebeschreibungen. 7 Bde. 8. Hamb. 805. Vollmer. (Herold). 7 ß 4 gr

* — der neuesten Reisebeschreibungen in unterhalt. Auszügen mit K. u. Chart. gr. 8. 1808, s. a. Journal der neuesten Land- u. Seereisen.

Magazin der neuesten Reisebeschreibungen ... Berlin 1808—10. H: *Salfeld, C.* (MGT)

Magazin, der neuesten Reisebeschreibungen in unterhaltenden Auszügen. 7 Bde. m. K. und Chart. (ist m. d. Journal d. neuest. Land- und Seereisen einerl. Inhalts.) 8. Berlin, Braunes. 808—10.

— — d. neuesten Reisebeschreibungen, in unterhaltenden Auszügen, herausgeg. von G. H. Spiker. 35r Bd. mit 4 Kupfern. gr. 8. Berlin, Rücker. 820.

— d. neuesten Reisebeschreibb. in unterhaltenden Auszügen. 36r —54r Bd. Mit Kupf. u. Ch. gr. 8. Berlin 821—26, Rücker à 2 Rthl. 12 gr.

— d. neust. vorzügl. Reisebeschr. a. fremd. Spr. üb. v. J. C. Fick. 1r Bd. 1s und 2s. gr. 8. Erf. Hennings. 798.

— d. neuest. vorzügl. Reisebeschr., aus fremd. Sprachen übers. v. J. C. Fick. 1r Bd. 1s, 2s Stck. gr. 8. Gießen 798. Tasché. 1 ß 12 gr

—— der neuesten Reisen u. Länderbeschreibungen. Eine Samml. d. Interessantesten üb. Länder- u. Staatenkunde, Geographie u. Statistik. Unter Mitwirk. v. Freunden d. Geographie hrsg. v. Tr. Bromme. 1. Bd. — A. u. d. T.: Tagebuch ein. Reise üb. d. Felsengebirge nach d. Oregongebiet, v. Sam. Parker. A. d. Engl. gr. 12. (10½ B.) Dresden 840, [Walthersche Vrlsh.]

— f. d. Religion, m. Zus. v. Semler. 3 Thle. 8. Halle, Hemmerde. 780. 81. (à 1 Rthlr. 4 gr.)

— f. d. Religion; mit Zusätzen v. Semmler. 3 Thle. 8. Halle 780, 81. Schwetschke u. S. (à 1 ß 4 gr) 3 ß 12 gr

—— für die wahre christliche Religion, s. a. Tafel, Joh. Friedr. Immanuel.

— für die wahre christliche Religion u. ihre einzige Erkenntnißquelle, die Heilige Schrift. In Verbindung mit mehreren Theologen herausgeg. von Jh. Fr. Imman. Tafel. Bd. I. Liefg. 1. (oder des 1824 angefang. Magazins für die N. K. Bd. III. Hft. 1—3.) gr. 8. Tübingen 841, (Sortiments-)Buchh. Zu-Guttenberg. 4 Liefg.: n. 2⅙ ß — Bd. II. (od. des 1824 angefang. Magazins ꝛc. IV. Bd.) — A. u. d. T.: Swedenborg u. seine Gegner, oder Beleuchtung der Lehren u. Berichte Swedenborg's, gegenüber den Entstellungen u. Angriffen seiner Gegner ꝛc. 3. Thl. — Swedenborg's Lehre mit Rücksicht auf die Einwürfe gegen sie ꝛc. gr. 8. Stuttgart 844, Ebner u. Seubert. n. 2 ß — Bd. IV. (oder des 1824 angef. Magazins ꝛc. VI. Bd. 12 Hfte. Tübingen 845, Verl.-Expedition. n. 2⅙ ß

— für die wahre christliche Religion. In Verbindung mit mehreren Theologen hrsg. v. Joh. Frdr. Imman. Tafel. V. Bd. 12 Hfte. [od. des 1824 angefängenen Magazins für die N. K. VII. Bd.] gr. 8. Tübingen 849. 50, Verlags-Expedition. n. 2⅙ ß

Magazin für katholische Religionslehrer, s. Magazin für katholische Geistliche.

Magazin für Religions-, Moral- und Kirchengeschichte. Jg. 1802–06 (= Bd. 1–4, zu je 2 St.) Hannover: Hahn 1802–06. 8°
Hrsg.: Karl Fr. Stäudlin.

Magazin für Religions- und Sittenlehre und ihre Geschichte. H. 1. Gießen: Heyer 1799. 8°
Hrsg.: Joh. Er. Chr. Schmidt.

Magazin für Religionsphilosophie, Exegese und Kirchengeschichte. Bd 1–12 (zu je 3 St.) Helmstädt: Fleckeisen 1794–1802. 8°
Hrsg.: Heinr. Ph. Konr. Henke.
Bd 7–12 auch u.d.T. Neues Magazin. Bd 1–6.
Fortges. u.d.T.: Museum für Religionswissenschaft.

Magazin. – Rheinisches Magazin zur Erweiterung der Naturkunde. Bd 1. Giessen: Heyer 1793. 8°
Hrsg.: Albr. Balthasar Borkhauser.

Magazin. – Schleswig-Holsteinisches Magazin oder Sammlung vermischter Schriften zur Aufnahme der Wissenschaften und Künste. Bd 1. T. 1. Glückstadt 1757. 8°

Magazin des Schönen und Nützlichen zum Vergnügen und Unterricht. Jg. 1. 2. Linz: Trattner 1798–99. 8°
Hrsg.: Fr. X. Wißhofer.

— des Schrecklichen, herausg. v. Kerndörffer. 1s—5s Heft, oder 1r Bd. und 2n Bds 1s Heft. 8. Leipz. Ind. Comt. 800—805. (à 12 gr.)

Magazin für S c h u l e n und die Erziehung überhaupt. Frankfurt u. Leipzig (sp.: Nördlingen: Beck) 1766–72. 8°
Fortges. u.d.T.: Allgemeine Bibliothek für das Schul- und Erziehungswesen.

Magazin für die Schulen und die Erziehung überhaupt. Nördlingen 1766—72. H: *Schöpperlin, Johann Friedrich* & *Andere.* (ErschDL)

– 2. Aufl. Nördlingen 1772–75.

— f. Schulen u. die Erziehung überhaupt. 6 Bde. 8. Nördling. 781—83. Beck. 4 ℛ

Magazin für die öffentlichen Schulen und Schullehrer. Bremen 1790—91. H: *Schlichthorst, Hermann.* (ErschDL) (Gi)
Fortges. u.d.T.: Neues Magazin für Schullehrer.

– Bremen: Cramer 1790–91.

— f. öffentl. Schulen u. Schullehrer; (hrsgg. v. H. Schlichthorst). 2 Bde. gr. 8. Brem. 790, 91. (Rabenhorst in Leipz.) 2 ℛ 16 ℊ

Magazin für S c h u l l e h r e r , Erzieher und Kinderfreunde, worin verzüglich auf die Bedürfnisse der Lehrer in Bürger- und Landschulen Rücksicht genommen wird. H. 1–11. Leipzig: Nauck 1796–99. 8°
Hrsg.: Erdmann Hannibal Albrecht.

— von u. für Schwaben, bearb. v. schwäb. Patrioten; hrsgg. v. Chr. J. Wagenseil. 6 Hfte. 8. Memming. 788. Seyler. 1 ℛ

Magazin. – S c h w ä b i s c h e s Magazin zur Beförderung der Aufklärung. Bd 1. 2 (zu je 4 St.). Ulm: Wohler 1786 bis 87. 8°
Hrsg.: Joh. Kern.

— Schwäbisches, v. gelehrten Sachen, v. d. J. 1774—80. (von B. Haug). 8. Mannh. Löffler. (Jahrg. à 2 ℛ) 14 ℛ Fortsetzung, s. Zustand d. Künste u. Wissensch. in Schwaben.

Magazin, Schwäbisches, von gelehrten Sachen auf 1775—80. Stuttgart. H: *Haug, Balthasar.* (Ky) (Heyd) & *Andere.* (ErschDL)
Vorh. u.d.T.: Gelehrte Ergötzlichkeiten.

– Stuttgart: Erhard 1775–80.

M a g a z i n, Schwedisches, oder gesammelte S c h r i f t e n der grössten G e l e h r t e n in S c h w e d e n, für die Liebhaber der Arzeney-Wissenschaft, der Naturgeschichte, Chemie und Oekonomie. Aus dem Schwedischen übersetzt von Johann Carl W e b e r.
8. Copenhagen 1768.

— schwedisches, od. Schr. a. Naturforschung, Stadt- und Landwirthsch. 2 Thle. 8. Kopenh. Faber. (Schubothe.) 768–770.

„Schwedisches Magazin, oder Schriften aus der Naturforschung, Stadt- und Landwirthschaft", 2 Theile, Kopenhagen 1788—1790 (Schubothe).

—— für d. philosoph., medicin. u. gerichtl. Seelenkunde. Hrsg. v. J. B. Friedreich. 1—7. Hft. gr. 8. Würzburg, Strecker. [1. (10 B.) 829. 16 Gr., 2. 3. (30 B.) 829, 30. 1 Thlr. 20 Gr., 4. 5. (31¼ B.) 830. 2 Thlr., 6. (18¾ B. u. Groos's Bildn.) 831. 1 Thlr. 8 Gr., 7. (11¼ B.) 831. 1 Thlr.]

—— dass., hrsg. v. dems. 8—10. Hft. — A. u. d. T.: Neues Magazin etc. 1—3. Hft. gr. 8. Würzburg, Stahel. [8. 9. (21 B.) 832. à 18 Gr., 10. (12 B. u. 9 Tab. gr. 4. u. qu. Fol.) 833. 1 Thlr.]

—— dass. IV. Jahrg. — A. u. d. T.: Archiv f. Psychologie f. Aerzte u. Juristen, hrsg. v. Friedreich, unt. Mitwirk. v. C. J. A. Mittermaier, Fr. Groos u. J. Chr. A. Grohmann. 1. Jahrg. 1834. 3 Hfte. gr. 8. (Mit Graf Sellon's Bildn.) Heidelberg, A. Osswald.

—— für d. philosoph., medicin. u. gerichtl. Seelenkunde. Hrsg. v. J. B. Friedreich. Neue wohlf. Ausg. 1. Bd. 1. Lfg. gr. 8. (10 B.) Würzburg 837, Strecker. (?)

— d. berühmt. u. interessant. See- u. Landreisen, Entdekk. u. Schiffbrüche v. Columbus Zeit an. 1s—26s Hft. (od. 6 Bde. zu 4 Heften, u. 7n Bds. 1s u. 2s Hft). Mit Kpf. 8. Leipz. 802—6. (W. Nauck). 8 ℛ 16 ℊ

— d. berühmt. und interess. See- und Landreisen, Entdeck. und Schiffbrüche v. Columbus Zeit an. 1s—26s Heft (od. 6 Bde zu 4 Heft. und 7n Bds 1s und 2s Heft.) m. K. 8. Lpz. Sommer. 802—5. (à 8 gr.)

Magazin für allgemeine S p r a c h e mit besonderer Rücksicht auf die deutsche. Bd 1. 2 (zu je 5 Heften); Bd 3, H. 1. Dillingen 1815–21. 8°
Hrsg.: Joh. Mich. Schmid.

Magazin für die deutsche S p r a c h e . Bd. 1. 2 (zu je 4 St.) Leipzig: Breitkopf 1782–84. 8°
Hrsg.: Joh. Christoph Adelung.

Magazin für hebräische S p r a c h e , Litteratur und Wissenschaft. Jg. 1–(8). Leipzig: W. Kaufmann 1892–(1900). 8°
Hrsg.: E. Gräber.
Vorh. u.d.T.: Magazin für hebräische Literatur u. Wissenschaft.

— für hebräische Sprache u. Litteratur u. Wissenschaft, Poesie u. Belletristik, edirt v. Eisig Gräber. (In hebr. Sprache.) V. Jahrg. gr. 8. (VIII, 400 u. 72 S. m. Bildn.) Jaroslau 896. (Leipzig, M. W. Kaufmann. — Wien, Ch. D. Lippe.) n. 6. —

M a g a z i n Srbsko-dalmatinskii — za ljeto 1852 i 1853. Izdao na swjet Georgii Nikolajewicz. Sedamnaista godina. U Beczu, 1856. U Srbskoi Peczatni Somera. (144 S. 8.) (Serbisch-dalmatinisches Magazin für das Jahr 1852 und 1853. Herausgegeben von Georg Nikolajewicz 17. Jahrgang. Wien, 1856. In der serbischen Druckerei von Sommer.)
I n h a l t: Dalmatien in historischer Hinsicht. — Vortheilhafte Belehrung für unser Volk. — Serbische und andere Schriften. — Unterhaltende und moralische Aufsätze. — Bibliographie. — Dichtungen. — Jahrbuch der rechtgläubigen dalmatinischen Kirche.

Magazin zum Gebrauch der S t a a t e n - und Kirchen-g e s c h i c h t e , vornehmlich des Staatsrechts catholischer Regenten . . . T. 1–10. Ulm: Stettin 1771–88. 8°
Hrsg.: Joh. Friedrich Le Bret.

— d. Europ. Staaten-Verhältnisse. 1r, 2r Bd. oder 12 Hefte. gr. 8. Frkf. u. Lpz. 797. (Grattenauer in Nürnb.) 6 ℛ 16 ℊ

MAGAZIN FÜR DIE STAATSARZNEIKUNDE. Herausgegeben von den Bezirks- und Gerichts-Aerzten des Königreiches Sachsen, redigirt durch FRIEDRICH JULIUS SIEBENHAAR.:
Bd. 1—2. (Mit 1 Tafel.) Leipzig, 1842—1844. Wilhelm Nauck. 8°.
Begründet von den Bezirks- und Gerichts-Aerzten des Königreiches Sachsen, herausgegeben von FRIEDRICH JULIUS SIEBENHAAR, und RUDOLPH JULIUS ALBERT MARTINI.:
Bd. 3—5. ib. 1844—1846. —

Magazin Staatsarzneikunde

Magazin für Staatsarzneikunde. Hrsg.v. den Bezirks- u. Gerichts-Aerzte des Königreiches Sachsen. Red.v. Friedrich Julius Siebenhaar u. Rudolf Julius Martini. Bd 1-5/1. gbd.

Leipzig: Nauck 1842-1846
Ab 1847 mit den Annalen der gesammten Staats=arzneikunde vereint u. fortges.u.d.T.: Ver=einte deutsche Zeitschr.f.Staatsarzneikunde

JB 6.147

Magazin, Staatsbürgerliches. [1. Folge.]

Staatsbürgerl. Magazin, m. besond. Rücks. auf d. Herzogthh. Schleswig, Holstein u. Lauenburg, hrsg. v. C. F. CARSTENS u. N. FALCK. *Schleswig*. 820—31. (Hermann u. Langbein in *Leipz.*) 10 Bde. à 4 Hfte. gr. 8. (à Bd. 3 Thl. 16 Gr.)
Register d. erst. 10 Bde. d. staatsbürgerl. Magazins üb. darin vorkomm.: 1. Sachen, 2. Namen, 3. Urkunden nach chronolog. Ordn, 4. Liter. Recenss. u. Anzeigen. Verfert. v. J. v. SCHRÖDER. *Ebend.* 834. gr. 8.

Staatsbürgerliches Magazin, mit besonderer Rücksicht auf die Herzogthümer Schleswig, Holstein und Lauenburg, herausgeg. von C[ARL] F[RIEDR.] CARSTENS und N[IELS] N[ICOLAUS] FALCK. 1—4. Bd. Schleswig. 1821—24. — Herausgeg. von N. FALCK. 5—10. Bd. Sm. St. 1826—31. (jf. B. D. III. 652).

— staatsbürgerl., mit besond. Rücksicht auf d. Herzogth. Schleswig, Holstein u. Lauenburg; hrsgg. v. K. F. Carstens u. N. Falk. 5 Bde. gr. 8. Schleswig 822—25. Taubstummen=Inst. 10 ₰

– 2. Folge u.d.T.: Neues staatsbürgerliches Magazin.

– 3. Folge u.d.T.: Archiv für Geschichte, Statistik, Kunde der Verwaltung und Landesrechte der Herzogtümer Schleswig-Holstein und Lauenburg.

Magazin des Kgl. Baierischen Staats- und Privatrechts. Bd 1. 2 (zu je 4 Heften). Ulm: Stettin 1808–10. 8°
Hrsg.: Heinr. v. Schelhaß.

Seyfert, Carl Jakob (Herausgeber): „Magazin für das deutsche Staats- und Lehenrecht", Theil 1—4, Wezlar (!) 1785—1791. — Vorh.: UB Göttingen.

Magazin für die Staats- und Gemeinde-Verwaltung im Großherzogth. Oldenburg. Redig. von Becker. 1. und 2. Bd. Jahrg. 1860 und 1861. à Jahrg. 12 Hefte. gr. 8. (à Heft ca. 88 S. mit 1 Stnt. in gr. Fol.) Oldenburg, Stalling. à Jahrg. Thlr. *

—— für die Staats- und Gemeinde-Verwaltung im Großherzogth. Oldenburg. Redact.: Becker. 3.—8. Bd. Jahrg. 1862—67. à Jahrg. 12 Hefte. gr. 8. (à Heft ca. 56—96 S.) Oldenburg, Stalling's Verlag. à Jahrg. *

—— für die Staats- und Gemeinde-Verwaltung im Großherzogth. Oldenburg. Redact.: Becker. 9. Bd. Jahrg. 1868. 12 Hefte. gr. 8. (1. Heft 96 S.) Oldenburg, Stalling's Verlag. *
Fortges. u.d.T.: Zeitschrift für Verwaltung und Rechtspflege im Großherzogtum Oldenburg.

„Magazin der practischen Staatswirthschaft, zum Gebrauch aller Geschäftsmänner und zum Studium derer, die es werden wollen". Erster Band, 3 Hefte, Frankfurt 1800 (ging gleich wieder ein).

Magazin der Staatswirthschaft und Statistik. St. 1–12. Weimar: Industrie-Compt. 1797. 8°
Hrsg.: Joh. Dan. Albr. Höck.

„Staatswirthschaftliches Magazin", 1. bis 4. Heft, Mainz 1800 (Villaumé in Hamburg).
Vorh. u.d.T.: Neueste Staatsanzeigen.

Magazin, Staatswissenschaftliches. Mainz u. Leipzig [Hamb.] 1800. V: *Ehrmann, Theophilus Frdr.* (Wr)

— f. alle Stände. 4 Stcke. 8. Neust. 787. Riedel. 1 ₰

Magazin der Statistik, Geographie und Geschichte. Klagenf. 1793. H: *Röder, Philipp Ludwig Hermann.* (Ky) (MGT)

— d. Statistik, Geographie u. Geschichte, (v. P. L. H. Röder). 1r Bd. 1s u. 2s Hft. Klagenf. 793. (W. Vogel in Lpz.) 6 gr

— für Stenographie. Herausg. vom Gabelsberger-Stenographen-Verein zu Nürnberg. Serie I—III. (Jahrg. 1857—59.) à 12 Nrn. (à ½ lith. Bgn.) Nürnberg, (Korn.) 8. Jeder Jahrg. n. 1 ₰.

—— für Stenographie. Hrsg. und redig. von Thdr. Krafft. Ser. IV—VIII. 1860—66. à 12 Nrn. (lithogr. Bog.) 8. Nürnberg, (J. L. Schmidt's Verlag.) à Serie *

—— für Stenographie. Organ des Stolze'schen Stenographen-Vereins zu Berlin. Redact.: Max Bäckler. 1.—5. Jahrg. 1880—1884. à Jahrg. 24 Nrn. (à Nr. ½ Bog.) Mit der Unterhaltungs-Beilage: Stenographische Lesehalle. à Jahrg. 12 Nrn. (à Nr. ½ Bog.) gr. 8. Berlin, Cronbach. à Jahrg. *

— dasselbe. 6. Jahrg. 1885. 24 Nrn. (à ½—1 B.) Mit der Unterhaltungs-Beilage: Stenographische Lesehalle. 12 Nrn. (½ B.) gr. 8. Ebend. n. 4. —

— für Stenographie. Organ d. Stolze'schen Stenographen-Vereins zu Berlin. Hrsg. v. M. Bäckler. 8.—11. Jahrg. 1887—1890. à 24 Nrn. (à ½—1 B.) Mit der Unterhaltungs-Beilage: Stenographische Lesehalle à 12 Nrn. (½ B.) gr. 8. Berlin, Cronbach. à Jahrg. n. 4. —

Magazin für Stenographie. Red. u. Hrsg.: Max Bäckler. 12.—15. Jahrg. 1891—1894. à 24 Nrn. (Bog.) gr. 8. Berlin, G. Oehmke. à Jahrg. n. 4. —: m. der Stenogr. Lesehalle n. 5. —

Magazin für Stenographie. Organ des Stolzeschen Stenographenvereins (Einigungssystem) zu Berlin. Red. u. Hrsg.: Max Bäckler. 16.—19. Jahrg. 1895—1898. à 52 Nrn. (Bog.) gr. 8. Berlin (G. Oehmke). à Jahrg. n. 4. —; m. d. Stenogr. Lesehalle n. 5. —

Magazin f. Stenographie. Organ d. Stolzeschen Stenographenvereins (Einigungssystem) zu Berlin. Red. u. Hrsg.: Max Bäckler. 20. u. 21. Jahrg. 1899 u. 1900. à 52 Nrn. gr. 8. (à ca. 16 S.) Berlin, Buchh. des Stenograph.-Verbandes Stolze-Schrey. à Jahrg. n. 4. —; m. der stenograph. Lesehalle n. 5. —
Fortsetzung s.: Stenograph, der deutsche.

— f. Stickerei, od. neugezeichnete Muster z. engl. u. französ. Stickerei f. jede Art Arbeit in dieser Kunst. (1s Hft. mit 115 Mustern, 1 ₰ 12 gr 2s Hft. mit 100 Mustern, 1 ₰ 12 gr) gr. 8. Pirna 815 u. 16. Friese. 3 ₰ — Dass. 300 Muster enth. 4 ₰ 12 gr Hbg. Pr. 2 ₰ 6 gr

— f. Stickerei. 300 Muster zu engl. u. französ. Stickerei f. jede Art Arbeit in dieser Kunst. Wohlfeile Ausg. qu. Fol. Pirna 826. Friese. 2 ₰ 6 gr

Magazin, Stockholmisches, darinnen kleine schwedische Schriften mitgetheilt werden. Stockholm 1754—56. H: *Klein, Carl Ernst.* (Cat. d. Stadtbibl. Zürich. Zürich 1864—97.)

— Stockholmisches, od. kl. schwed. Schriften, welche d. Gesch. betr. 3 Bde. gr. 8. Stockh. 754—57. (Brockhaus in Lpz.) 2 ℛ

Magazin, Stockholmisches, der. kl. schwedische Schr., w. d. Gesch. betr. 3 Bde. gr. 8. Stockholm. (Gleditsch in Leipz.) 754—757. Rthlr.

– Stockholm: Kiesewetter 1754–56.

„Stralsundisches Magazin, oder Sammlungen auserlesener Neuigkeiten, zur Aufnahme der Naturlehre, Arzneywissenschaft und Haushaltungskunst", Band 1, 2 (je 6 Stücke), Berlin und Stralsund 1767—1776 (Gottlieb Aug. Lange). — Vorh.: Preußische Staatsbibliothek Berlin — Lc 6665.

— Stralsundisches, od. Neuigkeiten z. Aufnahme der Natural.-Arzneiwissenschaft u. Haushaltungskunst. 2 Bde. Mit Kpf. 8. Berl. 767—76. (Reimer). 2 ℛ Schrbp. 2 ℛ 12 𝒦

Magazin. – S t u t t g a r d e r allgemeines Magazin. Stuttgart: Erhard 1767–68. 8°
Hrsg.: Joh. Chr. Erhard.
Vorh. u.d.T.: Etwas vor alle.

— häuslicher Scenen und Beschäftigungen. m. 24 ill. K. 4. Nürnberg, Campe.

— von Tauf-, Trau- u. Grab-Reden. 1. Thl. Herausg. von Andreae. Arndt. Böckel. Couard. Frobenius. Genzken. Gillet. Hildebrandt. Kümpfe. Lomler. Marheineke. Merkel. Nebe. Schirmer. Schröder. Simon. gr. 8. Magdeburg 843, Heinrichshofen. 1 ℛ

— von Tauf-, Trau- u. Grab-Reden. Hrsg. v. Arndt. Couard. Genzken. Hildebrandt. Lisco. Melcher. Möller. Nebe. Schröder. Wallin. de Wette. 2. Thl. gr. 8. (VI u. 254 S.) Magdeburg 847, Heinrichshofen. 1 ℛ

Magazin für Technik und Industrie-Politik. Hrsg. vom Arbeitsausschuß d. Technischen Komitees E. V. E[rnst] *Kummer*, E[wald] *Kloke* [u. a.]. Jg. 1. 1910/11 ff. (Berlin 1910) ff. 8°

Magazin, technisches. Monatsschrift f. Wirtschaft u. Technik. Hrsg. u. verantwortlich: Rich. Kopsch, unter Mitwirkg. v. P. Mohr u. Mart. H. Blancke. Jahrg. 1910. 12 Hefte. (1. Heft. 80 u. VI S. m. Abb.) gr. 8. Berlin, Magazin-Verlag. 10. —

Technisches **Magazin.** Eine allgemein verständl. Monatsschrift. Unter Mitw. hervorrag. Fachl. hrsg. von Martin H. Blancke, Merseburg. (H. 1.) Berlin: Technik 1908. 8° 08. 18344

Magazin, Technologisches; herausgegeben von **Gatterer.** Bd. 1, 2. Memmingen 1792—93. 8. Bd. 3, oder Neues technologisches Magazin. Heidelberg 1794. 8.

G a t t e r e r, Christoph Wilhelm Jak. (Herausgeber): „Technologisches Magazin", Band 1 (= Stück 1—3) und Band 2, Memmingen 1790—1792 (Andreas Seiler). — Vorh.: UB Breslau. Derselbe: Fortsetzung u. d. T.: „Neues Technologisches Magazin", Band 3, Heidelberg 1794.

— technolog., moral. u. naturhistor. Inhalts. 8. Rudolst. 801. Klüger. (Hildebrandt in Arnst.) 8 𝒦

Magazin für Evangelische Theologie und Kirche: Jahrgang 1—54, 1873—1934.
Monthly. Organ of Der Deutsche Evangelische Kirchenverein des Westens, 1873—98; of Deutsche Evangelische Synode von Nord-Amerika, 1899—1934.
Title varies: THEOLOGISCHE ZEITSCHRIFT, 1873—98.
Editors: Prof. J. Bank; Prof. E. Otto; the Rev. A. Thiele; the Rev. K. Kunsmann; Prof. W. Becker; the Rev. L. H. Haas; Dr. W. Kamphausen.
Published by Wiebusch & Son, 1873—89; by Eden Publishing House, 1889—1934.
St. Louis, MO

Das Theologische Magazin: 1904—1906. St. Louis, MO
Published by Eden Publishing House. Theologische Zeitschrift u. a.

— theologisches. 3 Bde. gr. 8. Gotha, Mevius. (Compt. für Litt. in Leipz.) 761—64.
Hrsg.: Johann Heinrich Pratje.

—— theoret.-pract. katechetisches, hrsg. v. Friedr. Heinr. Gebhard. 1. Bd. 1. Hft. 8. (5½ B.) Leipzig 836, Schreck. *

Magazin für specielle Therapie und Klinik nach den Grundsätzen der Erregungstheorie hrsg. von Adalbert Friedrich Marcus. Bd 1. Jena: Akadem. Buchh. 1802 - 03. 1 Bd 8°

Bd 1, St. 1 - 3: 1802 - 03.
St. 1.2: 1802.
St. 3: 1803.

Magazin Therapie spezielle

Magazin für spezielle Therapie und Klinik nach den Grundsätzen der Erregungstheorie. Hrsg.v. Adalbert Friedrich Marcus. Bd 1, 2/2. gbd.

Jena: 1802-06

JB 6.097

Magazin für die Tierarzneikunde, oder Beobachtungen, Versuche und Erfahrungen über die innerlichen und äusserlichen Krankheiten der Pferde und des Hornviehes. v. J. N. Rohlwes. 1.—4. Jahrg. 1799—1802. Mit Kpfrn. 8. Berlin. (Leipzig, Rödel.)
Schreibpap. à 4.50, kompl. M. 18.—, Druckpap. à 3.50, kompl. M. 14. (Nicht mehr erschienen.)

Magazin für theoretische u. praktische Tierarzneikunde u. tierärztliche Polizei. I. Bd. 3 Hefte. Mit Abbildungen v. S. J. Teuffel. Karlsruhe 11/13. Braun. M. 4.50
II. Bd. 1. Heft. Ebd. 15. (Nicht mehr erschienen.)

– Vgl. M a g a z i n für ... Tierheilkunde ...

Magazin für Thiergeschichte, Thieranatomie u. Thierarzneykunde. Herausg. v. F. A. A. Meyer. Bd. 1 Stück 1-2 (særsk. pag., 1 Vol.). Götting.: Dieterich 1790–94.

Magazin für die gesammte Thierheilkunde. Herausg. v. E. F. Gurlt u. C. H. Hertwig. Jahrg. 1-40. Berl. 1835-74.
Fortges. u.d.T.: Archiv für wissenschaftliche und praktische Tierheilkunde.

– Jg. 1–6. 1835–40. Berlin: Hirschwald.

— für die gesammte Thierheilkunde. Herausgeg. von E. F. Gurlt u. C. H. Hertwig. 7.—12. Jahrg. 1841—1846. à 4 Quartalhefte. Mit Abbild. gr. 8. Berlin 841—46, Hirschwald. à n. $2^2/_3$ ℛ

— für die gesammte Thierheilkunde. Herausg. von E. F. Gurlt u. E. H. Hertwig. 13—18. Jahrg. 1847—1852. à 4 Hfte. Mit Abbildungen. gr. 8. Berlin, A. Hirschwald. à Jahrg. n. $2^2/_3$ ℛ

— für die gesammte Thierheilkunde. Herausg. von E. F. Gurlt und C. H. Hertwig. 19—24. Jahrg. 1853—58. à 4 Hefte (à 8—9 Bgn.). Mit lith. Abbildgn. Berlin, A. Hirschwald. gr. 8. Jeder Jahrg. n. 2 ℛ. 20 ngr.

— — Supplement-Heft zu Jahrg. 1854—57. Mittheilungen aus der thierärztlichen Praxis im Preuss. Staate. Zusammengestellt von Gerlach und Leisering. 1. Jahrg. Bericht 1852/53. (VIII, 120 S.) n. 18 ngr. — 2. Jahrg. Bericht 1853/54. (161 S.) n. 20 ngr. — 3. Jahrg. Bericht 1854/55. (142 S.) n. 18 ngr. — 4. Jahrg. Bericht 1855/56. (160 S.) n. 22 ngr. Ebend. 854—57. gr. 8. n. 2 ℛ. 18 ngr.

— — Supplement-Heft zum Jahrg. 1858. Mittheilungen aus der thierärztlichen Praxis im preussischen Staate. Aus den Veterinär-Sanitäts-Berichten der Königl. Regierungen zusammengestellt von Gerlach. 5. Jahrg. (Bericht 1856/57.) Ebend. gr. 8. (VI, 194 S.) n. 25 ngr.

— für die gesammte Thierheilkunde. Herausg. von E. F. Gurlt u. C. H. Hertwig. 25—30. Jahrg. 1859—64. à 4 Hefte (à 8—9 Bgn.). Mit lith. Abbildgn. Berlin, Hirschwald. gr. 8. Jeder Jahrg. n. 2 ₰ 20 ngr.

— für die gesammte Thierheilkunde. Hersg. von E. F. Gurlt u. C. H. Hertwig. 31—36. Jahrg. 1865—70. à Jahrg. 4 Hefte (à ca. 128 S. mit Steintaff.). Berlin, A. Hirschwald. gr. 8. Jeder Jahrg. n. 2 ₰ 20 ngr.

— für die gesammte Thierheilkunde. Hrsg. v. E. F. Gurlt u. C. H. Hertwig. 37—40. Jahrg. 1871—1874 à 8 Hfte. gr. 8. (à Hft. 64 S. m. e. Steintaf. in qu. 4.) Berlin, Hirschwald. à Jahrg. n. 9. —

— dasselbe. General-Register üb. sämmtl. 40 Jahrgänge [1834—1874] bearb. v. E. F. Gurlt. gr. 8. (126 S.) Ebend. 875. n. 2. 40

Magazin für theoretische u. praktische Thierheilkunde u. thierärztliche Policey. Herausg. v. S. J. Teuffel. Bd. 1. Karlsruhe 1813.

– Vgl. Magazin für theoretische und praktische Tierarzneikunde ...

– s.a. Teuffel, Sigmund Jakob

Magazin des Thierreichs. Bd. I. 1—3. Abth. Erlangen 1793—95. H: *Reich, Gottfried Christian.* (NN) (Koner) (Hitzig) (MGT) (Fiker) (Ky)

— des Thierreichs. 1r Bd. 1e—3e Liefer. (v. G. Chr. Reich). Mit Kpf. gr. 4. Erl. 793—95. (Heyder). 2 ₰ 16 gr.

— d. Thierreichs, 1ste—3te Lief. m. K. gr. 4. Erl. Walther. 793—95. (1ste und 3te à 1 Rthlr. 2te 16 gr.)

Magazin der Tonkunst. H. 1–4. Oschatz: Hering 1797. 4°
Hrsg.: Karl Gottlieb Hering.

Magazin, Ungrisches, oder Beyträge zur ungrischen Geschichte. Pressburg 1781 bis 1787. H: *Windisch, Carl Glieb. v.* Mitarb.: *Keler, Gottfried, Joh. Benczur, S. Hortis, Huszty, Wagner, D. Cornides.* (Friedr. Nicolai, Beschreibung einer Reise 6/376, 12/Beil. 75) (BiblPort)

Magazin, Ungrisches, oder Beyträge zur Ungrischen Geschichte, Geographie, Naturwissenschaft ... Pressburg 1781—88. H: *Windisch, Carl Glieb v.* (BrMm) (EBHN) (Gatterer, Repert. d. mineral. Litt. Giessen 1798—99. I, 200.)

— Ungarisches, od. Beitrr. z. vaterländ. Geschichte, Erdbeschreibung rc. 4 Bde. à 4 Stücke. gr. 8. Preßb. 781—87. Löwe. 5 ₰ 8 gr.
Fortges. u.d.T.: Neues ungrisches Magazin.

— unterh., z. Erweit. d. Natur- u. Weltkenntniß, u. z. Befest. des Glaubens an Gott, herausg. von F. Müller und Baumgärtner, m. K. 2 Bde. oder 8 Hefte. 8. Lpz. Baumgärtner. 805—10. (à 18 gr.)

— unterhaltendes, zur Verbreit. d. Natur- u. Weltkenntniß u. zur Befestig. des Glaubens an Gott; hrsgg. v. Er. Müller, K. G. Baumgärtner u. K. G. Kühn. Mit Kpf. 2 Bde. od. 8 Hfte. 8. Lpz. 805—10. Baumgärtner. 6 ₰ Hbg. Pr. 3 ₰

— für Unterhaltung und Belehrung. Ein Buch für Haus und Leben. 1. Bd. 24 Liefgn. (à 3 Bgn.) Erfurt, (856.) Bartholomäus. 4. Jede Liefg. n. 2 ngr.

Magazin, Vaterländisches, zur Beförderung der Cultur, Industrie, der technischen Gewerbe ... Prag 1813—14. H: *André, Christian Carl.* (MGT)

Magazin, vaterländisches, für Belehrung, Nutzen u. Unterhaltung, insbes. zur Beförderung d. Vaterlandskunde, Kunst u. Industrie. (Redig. von Dr. *Frdr. Mayer.*) Jahrg. 1—3 incl. Suppl.-Quartal (12 Nrn.) zu Jahrg. 1. (Zus. in 3 voll.) Mit *167 schönen Lihographiren* (von *J. N. Ludwig, Gust. Kraus, J. B. Dilger* u. A.), dabei mehrere color. *Kostümbilder.* 1—2: Erlangen, Palm & Enke, 1837—38; 3: München, George Jaquet, 1839. 4°. (Illustr. Umschl. zu 3 fehlt.) Saub. Hpgmtbde., hübsches Expl.

– Jg. 4. München: Jaquet 1840.

— vaterländisches, für Belehrung, Nutzen u. Unterhaltung, insbesondere zur Beförderung der Vaterlandskunde, Kunst u. Industrie. Jahrg. 1841. Redakt.: Fr. Mayer. 52 Numm. (Bog.) Mit 52 Lithogr. gr. 4. München 841, Jaquet. n. 3 ₰

— vaterländisches, f. diejenigen Landwirthe, Forstmänner, Künstler rc. in dem östreich. Staate, welche über ihren Beruf nachdenken u. die neuesten Fortschritte, Einsichten, Erfindungen u. Entdeckungen des Auslandes kennen lernen wollen; hrsgg. v. Chr. Karl André. 1r u. 2r Bd. in 6 Hftn. Mit Kpf. 8. Prag 813—14. Calve. (à 2 ₰) 4 ₰ Hbg. Pr. 2 ₰ 20 gr.

Magazin zum Vergnügen des Verstandes und Witzes. Hamburg 1776. 8°
Hrsg.: Joh. Dietr. Leyding.

— vermischtes, e. Monatsschr. 2 Bde. 8. Leipzig, Büschel. 770—74.

— vermischtes; e. Monatsschrift, (v. Jh. Chr. Hasche). 2 Bde. 8. Leipz. 773—74. Büschel. 1 ₰

MAGAZIN für den Verstand, den Geschmack und das Herz (hrsg. von J. F. Cramer). Altona, Iversen, 1758. Kl. 8°. (In Warmbrunn.)
Anon.-Lex. III. p. 103 (nach Kayser).

Magazin Vervollkommnung Heilkunde

```
Magazin zur Vervollkommnung der theoretischen
und praktischen Heilkunde. Hrsg.v. Andreas
Röschlaub. Bd 1-10, gbd.

Frankfurt a.M.: Andreä 1799-1807
Titeländerung: Bd 8-10: Magazin für Physiolo-
   gie und Medizin. Bd 1-3. 1803-07

                                   JB 6.051
```

Magazin zur Vervollkommnung der theoretischen und praktischen Heilkunde (Bd 6 ff.: der Medizin). Hrsg. von Andreas Röschlaub. Bd 1—10. Frankfurt a. M. 1799—1809.
1—3. 1799. 4. 1800. 5. 6. 1801. 7. 1803. 8. 1805. 9. 1806. 10. 1809.

Magazin zur Vervollkommnung des Registraturwesens. Bd. 1. 2. München: Fleischmann 1806–08. 8°
Hrsg.: Georg Ferd. Döllinger.

Magazin architektonischer Verzierungen ... Berlin 1827—38. H: *Steffen, H. J.* (EngMt) »1827—29« (Ky)

— architektonischer Verzierungen rc. 1s—4s Heft. gr. 4. Berlin 827, (Herbig.) à 1 Rthl.

— architekton. Verzierungen, mit besond. Rücksicht f. Zimmer-Dekorationen etc. (Von Steffen.) 5—7. Hft. (à 8 lith. Bl.) Fol. Berlin 828, 29, (Herbig.) à H.
1—4. Hft. Ebendas. 1827. à 1 Thlr.

— dass. Neue, wohlf. Ausg. gr. 4. (44 lith. Bl.) Berlin 833, (Kecht.)

— architekton. Verzierungen, mit besond. Rücksicht auf Zimmer-Dekoration, sowie auch f. Bronceur, Gürtler, Stukateur, Gold- u. Silberarbeiter, Bildhauer etc. II. Bd. 1. Lfg. in 6 lith. (u. z. Thl. farbig gedr.) Blättern. gr. 4. Berlin 838, Steffen u. Comp. (?) *

— d. Vieharzneykunst. 1r Bd. 8. Wien, Hartmann. (Böhme Leipz.) 784.

Vierteljährliches Magazin der Modernen Literatur: no. 1—30, Jan. 1876—1901?
Literary quarterly. Title varies: MILWAUKEE MAGAZIN. Octavo, each issue 96—100 pages; paged continuously. Circulation: 1878, 2667. Published by The Herold Co.
Milwaukee, WI

— fürs Volk, medicin., ökonom. u. histor. Inhalts. 2 Thle. 8. Weim. 789. Hoffmann. 16 gr

— für deutsche Volksschullehrer. Hrsg. v. Ernst Ludw. Schweitzer. 1—5. Bd. à 2 Hfte. 8. Neustadt a. d. O. 832—35, Wagner. à H.

— für deutsche Volksschullehrer. Hrsg. v. Ernst Ludw. Schweitzer. 6—16. Bd. à 2 Hfte. 8. Neustadt a. d. O. 834—42, Wagner. à Bd.

— f. deutsche Volksschullehrer. Hrsg. v. Ernst Ludwig Schweitzer. 17. u. 18. Bd. à 2 Hfte. 8. Neustadt a. d. O. 1843, 44, Wagner. à Bd.

— calligraphischer Vorlegeblätter, s. G. Peuckert.

Magazin oder Vorrathskammer, darinnen anzutreffen ist, Was zur Einrichtung ordentlicher Wirtschaften zu dieser ihrer Erhaltung in florisanten Zustande, zur Werckstelligmachung deren Wachsthums und Vermehrung des daher erworbenen Vermögens, auch Verbesserung des menschlichen Corpus nebst dem männlichen Geschlechte besonders das Frauenzimmer auf natürliche und sittliche Welt zu beobachten hat. Hienächst zur Abwendung vieles Unglücks und des daher folgenden Schadens besorgen kann. Durch Hülfe gelehrter Männer und wirtschaftlichen Schriften verfertiget von J. K. G. Leipzig 1751. V: *Kiesling, J. Gf.* (HEINSIUS) (Hdschr. Mitth. von Friedrich Müller, München)

— verschiedener Vorstellungen u. Gegenstände f. d. Jugend. Mit Kpf. 4. Nürnb. 785. Felssecker. 16 gr — Dass. mit 24 ill. Kpf. 4. Nürnb. Campe. 1 rf 8 gr

— verschied. Vorstell. u. Gegenst. a. d. Natur u. d. Menschenleben z. belehr. Unterh. m. ill. K. 4. Nrnb. Campe. 805.

Magazin, Weimarisches.
Weimar 1785—86. H: *Hendrich, Friedrich Ludwig von.* (MGT) (MS) (KY)

— Weimarisches, (v. F. L. Hendrich). 8. Weim. 786. Hoffmann. 3 rf 8 gr

— für die elegante Welt. 1r Bd. 1e Abthl. Mit 1 (ill.) Modebild u. viel. eingedr. Abbildd. Aus der Schnellpost für Moden ꝛc. abgedr. gr. 4. Leipzig 834. Allgem. Niederl. Buchh. n. 3/4 rf — Mit 26 ill. Modebildern n. 1 1/2 rf

Magazin für Westphalen. Jg. 1797—99. Dortmund: Blothe (ab 1798 Mallinckrodt) 1797—1799. 8°
Hrsg.: A. Mallinckrodt u. W. Schemann; sp. P. F. Weddigen.
Vorh. u.d.T.: Magazin von und für Dortmund.

— westfälisches. Neue Folge. Hrsg. v. Erich Schulz. 2. Jahrg. April 1910—März 1911. 24 Nrn. (à ca. 12 S.) Lex. 8. Dortmund, M. Thomas. 3. —

— Westphälisches, s. Weddigen.

Weddigen, P. F. von (Herausgeber): „Westphälisches Magazin zur Geographie, Historie und Statistik", 16 Hefte in 4 Bänden, mit Karten, Dessau, Leipzig und Lemgo 1784 bis 1788. — Fortsetzung: Derselbe (Herausgeber), „Neues westphälisches Magazin", 12 Hefte in 3 Bänden, Lemgo, Leipzig, Berlin und Bielefeld 1789 bis 1792. — Alle vorh.: Com. Bibl. Hamburg.

Das Westliche Magazin: 1856—1869. Peoria, IL

Magazin. — Wiener Magazin. Monatsschrift. Wien 1774.

Wiener **Magazin** der Kunst und Literatur. Wien: Alberti 1793—1797. 8°
Kl. 3454. Enth. Aufsätze gegen Frmr. u. Illum.

Magazin, Wiener, der Wissenschaften und Litteratur ... H: *Gemmingen, Otto Hch. Frh. v.* (wrztg 1783, Nr. 14, Anhang) (GGr IV³/648, Nr. 5/8) (BIBlPORT) Vgl. Magazin für Wissenschaften und Literatur.

— für die Wissenschaft d. Judenthums. Hrsg. v. A. Berliner u. D. Hoffmann. 3. Jahrg. 1876. 4 Hfte. gr. 8. (1. Hft. 76 S.) Ebend. n. 12. —

— für die Wissenschaft des Judenthums. Hrsg. von A. Berliner u. D. Hoffmann. 4—8. Jahrg. 1877—1881. à 4 Hfte. gr. 8. (à Hft. ca. 76 S.) Berlin, Benzian. à Jahrg. n. 12. —

— für die Wissenschaft d. Judenthums. Hrsg. v. A. Berliner u. D. Hoffmann. 10—13. Jahrg. 1883—1886. à 4 Hfte. gr. 8. (à Hft. 60 S.) Berlin, Benzian. à Jahrg. n. 12. —

— f. die Wissenschaft d. Judenthums. Hrsg. v. A. Berliner u. D. Hoffmann. 14.—16. Jahrg. 1887—1889. à 4 Hfte. gr. 8. (à Hft. ca. 70 S.) Berlin, Benzian. à Jahrg. n. 12. —

Magazin f. die Wissenschaft d. Judenthums. Hrsg. v. A. Berliner u. D. Hoffmann. 17. Jahrg. 1890. 4 Hfte. gr. 8. (1. Hft. 96 S.) Berlin, (Ed. Rosenstein). n. 8. —; einzelne Hfte. 2. —

— für die Wissenschaft d. Judenthums. Hrsg. v. A. Berliner u. D. Hoffmann. 18.—20. Jahrg. 1891—1893. à 4 Hfte. gr. 8. (à Hft. ca. 90 S.) Berlin, (Ed. Rosenstein). à Jahrg. n. 8. —

— für d. Wissenschaft des Judenthums, hebräische Beilage, s.: Ozar Tob.

Magazin für Wissenschaft und Literatur 1782—1785. H: *Gemmingen, Otto Hch. Freih. von.* (KY 2/235) (GGR IV/245, Nr. 5/8; IV²/648, Nr. 5/7. »Wien 1749 f.«) (zenker 150/218) (Cäsar Flaischlen Otto Heinrich von Gemmingen. Stuttgart 1890, S. 63. 158/9). (WBL IX/182) (BiblPort)

Magazin für Wissenschaften und Litteratur. Bd 1 (= T. 1. 2.) Wien 1784–85: Wappler. Hrsg.: Otto Heinr. Frh. v. Gemmingen.

Magazin. – Wissenschaftliches Magazin für Aufklärung. Bd 1–3. Kehl: Müller (Bd 2f: Leipzig: Jacobäer) 1785–88. 8° Hrsg.: Ernst Ludw. Posselt.

Magazin, Wissenschaftliches, für Aufklärung und Geschichte. Karlsruhe 1787. H: *Düfresne, Jos. Mar. von.* (MGT)

— wissenschaftl. f. Frauenzimmer. 1r, 2r Thl. 8. Wien 794. Alberti. 19 gl

— wissenschaftl., f. Jünglinge. 2 Thle. 8. Hannov. 790. Helwing. (à 18 gl) 1 rf 12 gl

— Wittenbergisches, f. Liebhaber d. Philosophie u. schönen Wissenschaften, (v. J. J. Ebert). 4 Bde. gr. 8. Berl. 780—84. Stahlbaum. 2 rf

Magazin, Wittenbergisches, für Liebhaber der philosophischen, physikalischen und schönen Wissenschaften. Berlin 1781—84. H: *Ebert, Johann Jacob.* (KY) (MGT) (JL)

MAGAZIN für Witz und Laune. 1. (einz.) Theil. Berlin, Bechtold u. Hartche, 1833. 8°. 1½ Bog. (1/12 Rthl.) Citirt Engelmann.

— des Witzes u. Scharfsinns. 8. Brandenb. 795. Leich. (Hessenland in Magdeb.) 16 gl

Magazin für alle Wochen- und Leichenpredigten. Giessen 1795—98. H: *Müller, Just Balthasar.* (MGT)

— f. Wochen- u. Leichenpredigten rc. (fortges. v. Just. Balth. Müller). 6 Bde. in 25 Stck. gr. 8. Marb., Krieger. (à 6 gl excl. 6s 9 gl Auch u. d. T.: Entwürfe zu Wochen- u. Leichenpredigten.) 6 rf 9 gl — Dass. 7r — 10r Bd. od. Magazin rc. 1r—4r Bd. gr. 8. Ebend. 4 rf

Magazin für Wochen- und Leichenpredigten . . . Giessen 1794—1804. H: *Müller, Justus Balthasar & Andere.* (winer)

Magazin für die Wundarzneiwissenschaft. Bd 1–3 (zu je 4 St., Bd 3 zu 3 St.) Göttingen: Vandenhöck 1797–1803. Hrsg.: Just. Arnemann.

— für Zeitungsleser. Mit Kpf. 1r—8r Jahrg. 1810—17. 8. Wien. Schaumburg u. Comp.

Magazin für das Civil- und Criminalrecht des Kaiserreichs Frankreich. Hamburg 1812. H: *Spangenberg, Ernst Peter Johann, Gerhard Anton v. Halem & Demeure.* (MGT) (KY)

— f. das Civil- u. Criminalrecht Frankreichs. 1s Heft. gr. 8. Hamb. 812. Perthes u. B. 1 rf 12 gl

— f. d. Civil- u. Criminalrecht, s. G. H. Oesterley.

Magazin für das Civil- und Criminal-Recht des Königreichs Westphalen. Hrsg. von G. H. Oesterley (Bd 1. 2:) u. E. Spangenberg. Bd 1—5, H. 1. [Mehr nicht ersch.] Göttingen 1810—13. 5 Bde
Bd 5, H. 1 [u. d. Tit.:] Magazin der französischen u. westphälischen Jurisprudenz.

— zoologisches, s. C. R. W. Wiedemann.

Zoologisches Magazin. Herausgeg. von C[HR.] R[UD.] W[ILH.] WIEDEMANN. Bd. I. 1—3 St. Kiel. Altona. 1817—19. — Bd. II. 1. St. Altona (Kiel). 1823. (Mere udkom ikke). (U. B.).

— f. d. neuesten Zust. der Naturkunde, s. J. H. Voigt.

Magazin f. den neuesten Zustand d. Naturkunde, m. Rücks. auf die dazu gehörigen Hülfswissenschaften. Herausg. v. J. H. Voigt. Bd. [1]-12. Weimar ([1] Jena) 1797-1806. Tvl.

Magazine

— **the english, containing many various subjects for the Year 1774—80. gr. 8. Hamb. 778—81. Herold. 7 rf**
Fortges. u.d.T.: A new collection of historical, political . . . pieces. Hamburg.

Das Evangelische Magazine der Evang. Luth. Kirche in den Vereinigten Staaten von Nord-Amerika: 1829-?
Edited by Faculty of Gettysburg Theological Seminary. Printed by Heinrich Neinstedt in Gettysburg.
Gettysburg, PA

Magazine, The family . . ., s. Family Magazine, The, . . .

Hallberger's Illustrated Magazine . . . I. III—V. [1875. 1877—1879.] Stuttgart-Leipzig. Edward Hallberger. Mit Abb. 4°.

Magazine, illustrated, conducted by Ferd. Freiligrath. Vol. I. 1875. hoch 4. (IV, 472 S. m. eingedr. Holzschn.) Stuttgart, Hallberger. n. 4. 50; geb. n. 7. —

— the same. 2. Jahrg. 1876. 18 Hfte. hoch 4. (1. Hft. 52 S.) Ebend. 876. à Hft — 50

Magazine, illustrated. Founded by Ferd. Freiligrath in the year 1875. Conducted by Blanche Willis Howard. 3—6. Jahrg. 1877—1880. à 26 Hfte. (5 B. mit eingedr. Holzschn. u. Holzschntaf.) hoch 4. Stuttgart, Deutsche Verlags-Anstalt. à Hft. n. — 50

Magazine, international, of school hygiene, s.: Archiv, internationales, f. Schulhygiene.

Magazine, monthly, of entertaining Literature. (Vol. I.) No. I—V. gr. 8. (23¼ B.) Leipsic 834, 35, Engelmann. à

Magazine, monthly, of entertaining literature. Vol. I—IV (Mit Stahlstichen.) gr. 8. Leipsic 835—38, Doerffling. [I., II. à 2 Thlr., III. 1⅔ Thlr., IV. 1½ Thlr.] Thlr

Magazine, new, for cabinet-makers and upholsterers, siehe: Möbel-Journal.

Quarterly German Magazine, 1871, 72. Berlin, London, New York, Paris 1871. 72.

Magazine, quarterly german, a series of popular essays on science, history a. art. 1871. Novbr.—Decbr. gr. 8. (121 S.) Berlin, Habel. n. 3. —

— the same. Jahrg. 1872. 4 Hfte. gr. 8. (1. Hft. 122 S.) Ebend. n. 10 —; einzelne Hfte. à n. 3. —

Magazin- und Kassaordnung für die Bauerschaft der Güter Kolzen und Eikasch. Riga 1803. V: *Mellin, Ludwig August Graf.* (R-N)

Magazinschütze, der. Ein Leitfaden f. deutsche Soldaten. Von [— v. d. —]. 12. (8 S.) Minden 887. Köhler. — 15

Magd, die heldenmüthige, die Ueberwinderin von 40 Räubern. Volkserzählung nach einem pers. Sujet von G. u. B. Dvm. 8. (48 S.) Urfahr-Linz 878. Kraußlich. — 20

— die russische. 16. (16 S.) Gernsbach 882. Christl. Colportage-Verein. n. — 4

(**Magda,** Paul.) Neueste statistisch-geographische Beschreibung des Königreichs Ungarn, Kroatien, Slavonien und der ungarischen Militärgrenze. 8. Leipzig 1834.

Magdala [Schlagwort]

Magdala, s.: Preussen. Messtischblätter.

Magdalena. Eine christliche Erzählung. 8. (9¾ B.) Wien 846, Mechitaristen-Congregations-Buchh

Magdalena. Eine christl. Erzählung. (Hrsg. von dem Vereine zur Verbreitung guter kathol. Bücher.) 8. (155 S.) Wien 847, Mechitaristen-Congregations-Buchhandlung. 8¾ ngr

MAGDALENA, die heilige Büsserin oder die büssende Seele der sündenden Seele . . . in einer mit Sing und . . . Zwischen-Rede in der Kirchen des Heil. Joseph . . . von Berg Karmel vorgestellet in Ofen der ersten April 1774. Pest 1774: Druck. Royer. (6 f.) - 8°

Magdalena Sibylla von Württemberg

– GOTTGEWEYHTES ANDACHTSOPFFER. – Stuttgart vor 1690.
– – 2. Ausg. – 1706.

[–] DAS MIT JESU GEKREUZIGTE HERTZ: Oder Andächtige Betrachtungen, Des bittern Leidens und Sterbens unsers Herrn und Heilandes Jesu Christi: Wie auch der Siben Letzten Wort am Kreutz: Samt angefügter Kreutz-Presse der glaubigen Seelen; Mit vielen Sinn-Bildern, geistreichen Gebetten und neuen Liedern vermehret. Alles zu GOttes Ehren, Zu eigner, und des Nechsten Erbauung, verfaßt und zusammen getragen [Von Magdalena Sibylla von Württemberg] (T. 1–3). – Stuttgart: Treu 1698. 540, 733 S.
Sondert.: Das mit Jesu Gekreuzigte Herz Dritter Theil, Oder Der glaubigen Seelen Kreutz-Presse, Vorstellend 23. Geistliche Betrachtungen über verschiedene Kreuz- und Trost-Sprüche Aus H. Schrifft: Wie sich eine Gott-ergebene Seele in ihrem von der Hand des Herrn zukommenden Kreuts- und Verfolgungs-Stündlein recht Christlich fassen, kräfftig trösten, und gedultig wieder aufrichten solle. – Stuttgart: Treu 1698.
– – Ulm 1707.
– – Stuttgart: Metzler & Erhardt 1731. 540, 733 S.

[–] GEISTLICHE KRANCKEN-APOTHECK: Das ist Christliche und Schrifftmässige Unterweisung, Wie Krancke und Sterbende Ihr von Gott zugeschicktes Creutz gedultig tragen, Der Forcht deß Todtes mit kräfftigem Trost begegnen, und In ihrem letzten Stündlein durch Hülff und Beystand ihres Herrn Jesu, seelig hinfahren können. Samt einem Anhang Von vilen Sprüchen, Seufzern und Stoß-Gebettlein, Die Bey denen Patienten und Sterbenden in mancherley Anfechtungen heylsam zugebrauchen seyn. Mit annehmlichen Kupffern gezieret. – Stuttgart: Müller (1703). 632, 93 S.

Magdalene. Von der Verfasserin von »Schloss Gorzyn«. Breslau 1844. V: *Düringsfeld, Ida von.* (Zeitschr. f. Büch. N. F. 15, 1923, S. 115)

Magdalene. Von der Verfasserin von „Schloß Goczyn." 2 Thle. 8. Breslau 844, Kern. 2½ ℛ

Magdalene, Schwester, Koch-Recepte u. kurze Winke z. Bereitg. v. Speisen f. Darm- u. Magenleidende n. Kußmauls Methode, praktisch erprobt im evang. Diakonissenhause zu Heidelberg. 2. Aufl. 12. (23 S.) Heidelberg 898. C. Winter. n.n. — 50

Magdalene, Kochrezepte u. kurze Winke zur Bereitung von Speisen für Darm- u. Magenleidende nach Kußmauls Methode, praktisch erprobt im evangelischen Diakonissenhause zu Heidelberg u. zusammengestellt. 3. durchgeseh. Aufl. 12. (23 S.) Heidelberg 901. C. Winter. n.n. — 50

Magdalene, Kochrezepte u. kurze Winke zur Bereitung v. Speisen f. Darm- u. Magenleidende nach Kußmauls Methode, praktisch erprobt im evangel. Diakonissenhause zu Heidelberg u. zusammengestellt. 4. Aufl. (23 S.) kl. 8. Heidelberg (904). C. Winter, Verl. n.n. — 50

Magdalenen-Kirchhof, Der, nach d. Franz. [des J. J. Regnault-Warin]. Leipzig 1800. V: *Clodius, Christian August Heinrich.* (GGr) (MGT) (Ky)

Magdalenen-Kirchhof, der, a. d. Franz. d. J. J. Regnault-Warin. 4 Thle. 8. Leipzig, Gerh. Fleischer. 800. (à 1 Rthlr.)

MAGDALENENSTIFT, Das, bei Berlin vom 1. April 1872 — bis dahin 1874. Berlin. 8°. 24 S. (50 Pfg. A. Bielefeld.)

MAGDALENENSTIFT: — Nach dem Magdalenenstift. (Geschichte eines gefallenen Mädchens.) Altona, Verlags-Bureau, 1870. Kl. 8°. 188 S. Lithogr. Umschl. (5 Mk. Adolf Weigel, Lpzg., 1907.)
— — Dasselbe. Ebd., A. Prinz. 1873. (Auch titulo: Dunkle Existenzen. IV. Bdchn.) Breit-12°. 188 S. (In Dresden, Bibl. der Gehe-Stiftg.) (2 Mk. J. Taussig, Prag.)

NACH DEM MAGDALENENSTIFT. Die Damen der Demimonde. Mit Abbild. Altona 1873. 8°. (3 M. 50 Pf. A. Bielefeld, 1892.)

Magdalenen-Strom [Schlagwort]

Magdalenen-Strom, s.: Seekarten.

MAGDALENER, Joseph (Eichstätt): De hydrophtalmo.- Monachii: Deschler 1841. 14 S.
6.7.1840 - Urk; P 65
Diss.Ingolst.-Landsh.-Mchn.

Magdalinski, Karl [Referendar aus Stolp in Pomm.]: Die Haftung des Ratgebers ... Göttingen, Druck d. Univ.-Buchdr. v. W. F. Kästner, 1894; 52 S. 8.
Göttingen, Jur. Fak., Inaug.-Diss. v. [7. März] 1894

Magdalinski, Karl, die Haftung des Ratgebers. Diss gr. 8. (52 S.) Göttingen 894. (Vandenhoeck & Ruprecht.) n. 1. 20

Magdeburg [Sachliches OW]

Magdeburg. **Plan der Stadt nebst einem Führer für Fremde,** s. Brockhaus' Reise-Atlas

Magdeburg. privilegirte Zeitung No. 115. Anno 1760 v. 23. Sept. Dienstag 4. 2 Bl.

Magdeburg. Festschrift f. die Mitglieder u. Theilnehmer der 57. Versammlg. deutscher Naturforscher u. Aerzte. Hrsg. v. Rosenthal. Mit mehreren Situationsplänen, Karten u. Abbildgn. gr. 8. (XII, 320 S.) Magdeburg 884. (Faber.) geb. 7. 50

Magdeburg. Festschrift f. d. Theilnehmer d. 19. Versammlg. d. Deutschen Vereins f. öffentl. Gesundheitspflege. Hrsg. im Auftr. der Stadt Magdeburg. hoch 4. (IV, 289 S. m. Plänen u. Abb.) Magdeburg 894. A. Rathke. Geb. in Leinw. n. 12.—

Magdeburg. Ein Erinnerungsblatt. Gewidmet vom Verein zur Hebung des Fremdenverkehrs. (36 S. m. Abbildgn.) schmal 8. Magdeburg (906). (Faber'sche Buchdr.) n. —30

— während d. Blokade 1813 u. 14. 8. Magdeb. 814. Creutz. 16 gr

Magdeburg während der Blockade in den Jahren 1813 und 1814. Ein Beitrag zur Geschichte dieser denkwürdigen Zeit. 8. Magdeburg 1816.

Magdeburg mit seinen neuen Festungswerken. Gezeichnet im J 1813. 1 : 9600. 1 Bl.

Magdeburg, Ganz, und seine Umgebungen. Ein treuer Rathgeber und vollständiger Wegweiser für Fremde und Einheimische. Mit einem ganz neuen Plane und Ansichten in Stahlstich. (10 Ansichten.) Magdeburg (1842 ?)

Magdeburg — Das Herzogthum — nach seiner jetzigen Abtheilung etc Entworfen von F. L. Güssefeld, und herausgegeben durch die Homannischen Erben zu Nürnberg. 1784. 1 : 300,000. 1 Bl.

Magdeburg, d. Herzogthum, d. Fürstenth. Halberstadt, d. Grafsch. Hohenstein u. Werningerode ꝛc. nach Quadratruther ausgemessen v. Glahn; hrsgg. v. Lehmann. 8. Zerbst 803. Füchsel. (Kummer). 8 gr

Magdeburg vor 100 Jahren. Eine Festgabe zur Jahrhundertwende ... [Magdeburg] 1900. V (Text): *Hertel, Gustav.* (Berl)

Magdeburg in Paris. 1:100,000. Fol. Berlin 871, Schropp'sche Landkartenh. *

Pharus-Plan **Magdeburg**. Maßst. 1:9,700. [Nebst] Wissenswerte Angaben f. Einheimische u. Fremde ... Berlin: Pharus-Verl. [1904]. (1 Kartenbl. 94×66 cm, 15 S.) 8° [gestochen] [kol.] [05. 3140

Magdeburg, Der Regierungsbezirk. Geographisches, statistisches und topographisches Handbuch ... Magdeburg 1820. V: *Seidlitz (Seydlitz), Carl von.* (MGT) (Ky) (CBH)

— der Regierungsbezirk, geograph., statist. u. topograph. Handbuch, (v. K. v. Seydlitz). 4. Magdeb. 821. Rubach. 2 ß 20 gr

Magdeburg — Der Regierungs-Bezirk — Anhang zu dem vom Herausgeber verfassten Handbuch gleichen Titels. Nach den vom Verfasser gesammelten amtlichen und andern authentischen Nachrichten entworfen und gezeichnet von J. Blume, Lieutenant im Königl. Preuss. Artillerie-Corps. Herausgegeben von Karl v. Seydlitz. Magdeburg im Verlage von Ferdinand Rubach 1823. 1 : 200,000. 2 Bl.

Magdeburg — Der Regierungsbezirk — Gez. von A. Platt. 200,000 2te i. J. 1848 rev. Auflage. Magdeburg bei Kaegelmann. 1 Bl.

— die Stadt, im Vergleich mit andern Städten. 8. Magdeb. 801. Creutz. 8 gr

Magdeburg und Umgebung. Maßst. 1:125,000. *Magdeburg: K. Goeritz [1903].* (1 Kartenbl. 74×54 cm.) quer-gr. 2° [kol.] [04. 8643] 8

Magdeburg [Schlagwort]

— s. a.: Deutschland. Grundkarte. Übersichtskarte.

— s. a.: Deutschland. Karte. (Abt. Preussen.)

— s. a.: Europa. Liebenow.

– s.a. Europa. Übersichtskarte.

— s. a.: Hand- u. Reisekarten.

– s.a. Pharus Städte-Atlas.

– s.a. Preussen. Messtischblätter.

— s. a.: Radfahrerkarten.

– s.a. Radfahrerkarten. Franke. Karte.

– s.a. Radfahrerkarten. Karte. Radfahrer- und Wanderkarte. Strassenprofilkarte.

– s.a. Westentaschen-Sammlung.

Magdeburg-Berlin, s.: Automobilkarten. Pharus-Auto-Strecke.

Magdeburg-Hannover, s.: Automobilkarten. Pharus-Auto-Strecke.

Magdeburg - Hannover - Göttingen und der Harz. Führer für Reisende im Harz und auf den Eisenbahnen zwischen Magdeburg, Hannover und Göttingen, s. Brockhaus' Reise-Atlas.

Magdeburg-Rostock, s.: Automobilkarten. Automobil-Tourenkarte.

Magdeburg-Wolmirstedt, s.: Magdeburg, Reg.-Bez.

Magdeburgs Bau- u. Kunstdenkmäler. I. Serie. Mittelalterl. Bau- u. Kunstdenkmäler. 40 (Lichtdr.-) Taf. nach photograph. Aufnahmen v. E. v. Flottwell. [Titel-Ausg. v.: „Flottwell, E. v., mittelalterl. Bau- u. Kunstdenkmäler in Magdeburg".] gr. Fol. Berlin (892). Dresden 895. G. Kühtmann. In Mappe n. 32. —

— dasselbe. II. Serie. Bau- u. Kunstdenkmäler der Renaissance u. d. Barock. 40 (Lichtdr.-) Taf. nach photograph. Aufnahmen von E. v. Flottwell. (Neuer Abdr.) gr. Fol. Ebd. 896. In Mappe n. 32. —

Magdeburg. Bebauungsplan des westlichen Stadtfeldes der Stadt Magdeburg. 1 : 8000. Farbendr. 63 × 44,5 cm. Magdeburg 891. (A. Rathke.) n. 2. —

Magdeburg, Reg.-Bez. Bomsdorff's, Th. v., Special-Karte vom Reg.-Bez. Magdeburg, des Herzogth. Anhalt, der hannoverschen u. braunschweig. Landschaften im Unter-Harz, nebst den übrigen angrenz. Landestheilen. Nach amtl. Materialien entw. u. gezeichnet. Unter Mitwirkg. d. Kreisbehörden neu rev. 10. Aufl. 1895. 1 : 200,000. 89,5 × 75 cm. Farbendr. Mit Ortschafts-Verzeichnis. gr. 8. (64 S.) Magdeburg 896. A. Rathke. n. 6.—; auf Leinw. in Leinw.-Mappe od. m. Stäben n. 11.—

Magdburgensis — Ducatus — et Halensis cum finitimis Delineatio geographica curante Matthaeo Seuttero. Aug. Vindel. Tob. Conr. Lotter sc. 1 : 320,000. 1 Bl.

— Entfernungs- u. Reisekarten der Kreise des Reg.-Bez. Magdeburg. 13 Blatt. Farbdr. Magdeburg 898. C. E. Klotz. n. 20. —
I. Aschersleben. 50,5 × 65,5 cm. n. 1. 30. — II. Calbe. 54 × 70,5 cm. n. 1.50. — III. Gardelegen. 68,5 × 90 cm. n. 2. —. — IV. Wernigerode-Halberstadt. 58 × 69,5 cm. n. 1. 30. — V. Jerichow I. 67 × 88 cm. n. 2. —. — VI. Jerichow II. 95,5 × 64 cm. n. 2. —. — VII. Magdeburg-Wolmirstedt. 63 × 68,5 cm. n. 1. 30. — VIII. Neuhaldensleben. 59,5 × 68 cm. n. 1. 50. — IX. Oschersleben. 63,5 × 68 cm. n. 1. 30. — X. Osterburg. 58 × 80 cm. n. 1. 50. — XI. Salzwedel. 63,5 × 80 cm. n. 1. 50. — XII. Stendal. 63,5 × 77,5 cm. n. 1. 60. — XIII. Wanzleben. 52 × 62 cm. n. 1. 30.

Magdeburg. Gaebler, E., Karte von Magdeburg u. Umgegend. Neueste rev. Ausg. 1 : 125,000. Chromolith. gr. 4. Metz 888. Leipzig. Lang. — 25

Magdeburg. Goeritz, Karl, Wanderer- u. Radfahrer-Karte v. Magdeburg u. Umgebung. 1 : 125,000. Neueste Ausg. 52,5×74,5 cm. Autogr. u. kolor. Magdeburg (903). K. Goeritz. n. — 40

Magdeburg, Stadt. Karte d. Umgebg. v. Magdeburg. 1 : 100,000. 37,5×49 cm. Magdeburg (907). J. Neumann. — 80

Magdeburg. Klotz' Wandkarte der Umgebung von Magdeburg m. Berücksicht. d. Radfahrwege. 1 : 200,000. 49,5×56 cm. Farbdr. Magdeburg 900. C. E. Klotz. n. — 80

— Kretschmann's Karte der Umgebung v. Magdeburg. 1 : 100,000. Mit Meilenkreisen. Chromolith. gr. Fol. Nebst Ortschaftsverzeichniss unter Angabe der Poststationen. gr. 8. (4 S.) Magdeburg 888. Creutz. n. 1. —; auf Leinw. m. Stäben n. 2. 50

— Liebenow, W., neue Spezial- u. Verkehrskarte f. den Reg.-Bez. Magdeburg. Neue Bearbeitung der Karte von Mittel-Europa nach amtl. Kartenwerken durch Hans Ravenstein. (Volksausgabe.) 1 : 300,000. 62×56 cm. Farbdr. Frankfurt a/M. (906). L. Ravenstein. n. 1. —

Magdeburg, Reg.-Bez. Liebenow, W., neue Spezial- u. Verkehrskarte f. den Reg.-Bez. Magdeburg. Neue Bearbeitg. nach amtl. Kartenwerken durch Hans Ravenstein. 1 : 300,000. (Volks-Ausg.) 62×56 cm. Farbdr. Frankfurt a/M. (907). L. Ravenstein. 1. —

— Peters, O., u. L. Stendel, Karte vom Stadtkreise Magdeburg. Zusammengetragen aus dem städt. Vermessungsmaterial. 1 : 8000. 4 Blatt. Farbendr. Imp.-Fol. Magdeburg 889. Rathke's Verl. n. 10. —; auf Leinw. m. Stäben n.n. 15. —; Ausg. auf Whatman-Papier n. 14. —

— Pharus-Plan. Magdeburg. 1 : 9,700. 68×95,5 cm. Farbdr. Nebst Text. (15 S.) 8. Berlin (904). Pharus-Verlag. n. 1. —

Magdeburg, Stadt. Plan der Stadt Magdeburg. 1 : 15,000. 18,5 × 28,5 cm. Farbendr. Magdeburg 891. J. Neumann. n. — 25

— Plan von Magdeburg. Nach neuesten Aufnahmen. 1 : 11,000. 53,5×74,5 cm. Autogr. u. kolor. Magdeburg (903). K. Goeritz. n. — 40

— — neuer, von Magdeburg. 1 : 10,000. 49,5 × 69 cm. Farbendr. Nebst e. alphabet. geordn. Verzeichniss sämmtl. Strassen, Plätze u. s. w. schmal Fol. (1 Bl.) Magdeburg 896. C. E. Klotz. n. — 80; in Decke n. 1. —

— Plan, neuester, der Stadt Magdeburg m. den Vorstädten Sudenburg, Neustadt u. Buckau. 1 : 8000. Chromolith. Imp.-Fol. Mit e. Verzeichnis der Strassen u. Plätze etc. gr. 8. (5 S.) Magdeburg 889. Rathke. cart. n. 3. —

— Platt, W., topographische Karte v. Magdeburg u. Umgegend. 1 : 50,000. Lithogr. gr. Fol. Magdeburg 888. Rathke. n. 3. —

Magdeburg, die Haupt-Statt eines Herzogthumss gleiches Nahmens an der Elb, dem König in Preussen zuständig etc. Verfertigt von Matthaeus Seutter, Kupferstecher in Augspurg. Ohne M. 1 Bl.

Magdeburg — Special-Karte vom Herzogthum — der Grafschaft Mannsfeld, den Fürstenthümern Anhalt und Blankenburg, und der Abtey Quedlinburg nebst einem grofsen Theil der Altemark, des Fürstenthums Halberstadt, der Grafschaft Werningerode in II Sectionen, mit Genehmhaltung der Königl. Academie der Wissenschaften, herausgegeben im Jahre 1800 von D. F. Sotzmann. Gestochen von Paulus Schmidt zu Berlin. 1 : 180,000. 2 Bl.

— — Magdeburgs Umgegend entworfen, gezeichnet u. in Stein gravirt. Verbessert 1887. 1 : 100,000. Lithogr. gr. Fol. Ebd. n. 2. —

— Wandkarte v. Magdeburg u. Umgegend. 1:20,000. 4 Blatt à 73×73 cm. Farbdr. Magdeburg (902). Creutz. n. 15. —; auf Leinw. n. 22. —

— Wanderkarte der Umgebung von Magdeburg. Mit Berücksicht. d. Radfahrwege. 1:200,000. 62,5×62,5 cm. Farbdr. Magdeburg 907. C. E. Klotz. 1. —

Magdeburg [Verfasser]

Magdeburg. Ueb. die Bilder u. Gleichnisse bei Eur. I u. II. Pr. 1882, 1884. 18, 16 S. 4°. à 2.—

Magdeburg, das Wasser. Ein Volksheilmittel. Wiesbaden 864. Limbarth. gr. 8. (16 S.) 3 ngr.

Magdeburg, Berth. Herm. Über die Bilder und Gleichnisse bei Euripides. 2 Teile. 18, 16 SS. Progr. St. G. *Danzig* 1882. 1884.

Magdeburg, Fritz *Wilhelm Kurt* [aus Sorau]: Über puerperale Inversio Uteri ... Halle a. S., Hofbuchdr. v. C. A. Kaemmerer & C., 1892; 28 S., 2 Bl. 8.
Halle, Med. Fak., Inaug.-Diss. v. 21. Mai 1892

Magdeburg, Fritz, die Laubmooskapsel als Assimilationsorgan. Diss. Berlin 1886, Mayer & Müller. 8°. 31 S.

Magdeburg, Fritz [aus Landsberg a. W.]: Die Laubmooskapsel als Assimilationsorgan .... Berlin, Buchdr. v. Gustav Schade (Otto Francke) (1886); 31 + 1 S. 8°.
Berlin, Phil. Fak., Inaug.-Diss. v. 10. März 1886.

Magdeburg, H.: Geschichte des Schützenwesens der Königlichen Residenzstadt Hannover. Hannover, 1884. 1273

Magdeburg, H., s.: Lehrgang f. d. element. Zeichenunterr.

Magdeburg, Hans [app. Arzt aus Potsdam]: Zur Kenntnis der Darminvaginationen ... Hagen i. W., Druckerei d. Westfäl. Tagebl., *1897;* 40 S., 2 Bl. 8.
München, Med. Fak., Inaug.-Diss. v. 1897

Magdeburg, Hnr., de Vita Christi sanct. redemptoris, Jesu Nazareni, s. v. Kempen, Th., de imitatione Christi.

Magdeburg, Hermannus Bertholdus: De Polybii re geographica. Halis Saxonum (1873: Paetz in Naumburg). 60 S. 8°
Halle-Wittenberg, Phil. Diss. v. 12. Mai 1873
Geb. Albersroda (Kr. Querfurt) 27. 7. 1848. V.

Magdeburg, Hugo *Ernst Erich* [aus Stettin]: Die in der Greifswalder medicinischen Klinik vom Jahre 1884—1895 behandelten Bleiintoxikationen ... Greifswald, Druck v. J. Abel, 1895; 30 S. 8.
Greifswald, Med. Fak., Inaug.-Diss. v. 3. Aug. 1895

Magdeburg, Johann von [Pseud.], s.a. Zschokke, Heinrich

v. **Magdeburg,** Jh., (H. Zschokke,) Schwärmerei u. Traum in Fragmenten, Romanen u. Dialogen. 2 Thle. 8. Stettin 791—94. Kaffke. 2 ℔

Magdeburg, Wilhelm, approb. Arzt aus Mainz: Diplegia infantilis cerebralis cum athetosi duplici. Ein Beitrag zur Casuistik d. Little'schen Krankheit. *Leipzig 1900: B. Georgi.* (24 S.) 8°
Leipzig, Med. Diss. v. (18. Dez.) 1900

Magdeburg, W., specifische Heilungen durch die Thermalwasser v. Wiesbaden. Indicationen f. Sommer- u. Winterkur. Contraindicationen. Wiesbaden als Trauben-Kurort. 8. (96 S.) Wiesbaden 874. Killinger. n. 1. —

Magdeburg, Wilh., die Homöopathie, ihr Wirken und Streben. gr. 8. (52 S.) Wiesbaden 872, Limbarth. *

— Mittheilungen üb. Wiesbaden u. seine Heilquellen. Allen Besuchern Wiesbadens gewidmet. gr. 16. (IV, 76 S.) Wiesbaden. 876. Ebbecke. n. 1. —

Magdeburg, W., Mittheilungen über Wiesbaden u. seine Heilquellen. 2. (Titel-)Aufl. gr. 16. (VI, 76 S.) Wiesbaden (1876) 879. Ebbecke. n. 1. —

— die Thermen zu Wiesbaden nebst einer Abhandlung über die Wirkung der Mineralquellen im Allgemeinen. 8. (VI, 152 S.) Wiesbaden 873, Limbarth. *

Magdeburg, W., die Thermen zu Wiesbaden, nebst e Abhandlg. üb. die Wirkg. der Mineralquellen im Allgemeinen. 2. (Titel-)Ausg. 8. (VI, 152 S.) Wiesbaden 894. Ch. Limbarth. Kart. n. 2. —

Magdeburg, W., die Traubencur nebst historisch-topograph. Beschreibung St. Goarhausens und seiner Umgebung als einer zur Abhaltung einer solchen Cur besonders geeigneten Gegend. gr. 8. (IX und 90 S.) Wiesbaden 854, Kreidel und Niedner. *

Die Magdeburg-Leipziger-Eisenbahn. Leipzig 1840.

Mägde-Heirat, Die Vertheidigte, das ist: Kurtzer aber bewehrter Trost für alle diejenige, So etwa ihre Mägde zu heyrathen sich resolviren ... Cölln 1717. V: *Rottmann, Friedrich Julius.* (BGE)

MÄGDGEN, Das Chantillysche, oder die Geschichte eines Parisischen Frauenzimmers, in den Briefen des Herrn *** an einen guten Freund. Aus d. Französ. übers. Breßlau und Leipzig, b. Dan. Pietsch. 1755. 8°. 1 Alphab. 1 Bog. (In Stuttgart u. in Stralsund, Rathsbibl.) (6 Mk. W. H. Kühl, Berlin, c. 1882.)
Cat. Meissner II; Bibl. J. J. Schwabii II; Kayser's Roman-Verz. citirt S. 81 Ausgaben von „1753" u. „1754". — Freier Roman mit einigen eingestreuten lockeren Gedichten. (6 Mk. Kühl.)
Orig. ist nach d. Vorrede ein französ. Manuscript: „La Fille de Chantilly ou l'Histoire de Mlle *** dans les lettres de Mons. ***"

MÄGDGEN, Die Gelben, von der Blauen Schale. (Moral. Wochenschrift.) Erstes (einz.?) Stück. Gedruckt zu Coffee-Burg (Stuttgart?) in der Michels-Kirms im J. 1735. 4°. 19 S. (5 Mk. Adolf Weigel, 1908.)
Enth. eine Abhandlung über das Tanzen. — Höchst selten!

Mägdesprung [Schlagwort]

Mägdesprung, s.: Harz.

Mägde-Verfechter, s. weiter unten Marforius.

Magdić, Uebertragung der Gabelsbergerschen Stenographie auf die kroatische Sprache, s.: Stammbuch des Gabelsbergerschen Systems.

Magdić, M. Geschichte und Topographie der Stadt Zengg [Kroatisch]. (160) 12. u Senju 1877.

M(AGDIĆ, MICHAEL): Die Friedenskapelle in Karlovci (Karlowitz). In: Agramer Ztg. Jg. 85. 1910 Nr. 293, S. 11-12.

MAGDICS, Ignatius: Historica ordinum religiosorum a saeculo 6. (s. Benedicto excl.) usque ad saec. 16. (societate Jesu excl.). — (1897) 106 S. 8° (Handschr.) Diss. 477

Diss. Wien, Univ.

Mägdlein's Fragekasten oder Blick in die Zukunft! 16. (28 S.) Magdeburg 889. Achilles Nachf. — 30

Mäge, F., Schemata f. das Rechnungswesen der Kompagnien 2c. gr. 8. (VI, 70 S.) Leipzig 878. Bauer. n. 1. 80

Magellan, Juan Giacinto. Anweisung, Spaaer, Pyrmonter Wasser ... durch Anschwängerung mit fixer Luft zu machen ... Dresden 1779. Ü: *Wenzel, Gottfried Traugott.* (Ky) (MGT)

v. Magellan, J. G., Beschreib. neuer Barometer, nebst Anweisung z. Gebrauch derselb. bei Messung der Höhen 2c. Mit Kpf. gr. 8. Leipz. 782. Barth. 12 gl

— Beschreib. e. Glasgeräthes, vermittelst dessen man mineral. Wasser 2c. machen kann; aus d. Engl. (v. G. Tr. Wenzel). Mit Kpf. gr. 8. Dresd. 780. Walther. 6 gl

Magellanische Straße [Schlagwort]

Magellanischen Strasse — Karte der — von Hrn. Don Juan de la Cruz Canony Olmedillo etc. zu Madrit 1769 an das Licht gestellt, und nach den Beobachtungen der Hrn. Byron, Wallis, Carteret und Bougainville verbessert und vermehrt. Wien, neu herausgegeben von F. A. Schraembl 1787. 1: 900,000. 1 Bl.

Magellan, des ersten Weltumseglers, Entdeckungsreise in den Jahren 519—522, s.a. Arendt.

Magellan, des ersten Weltumseglers, Entdeckungsreise in den Jahren 1519—22, für die Jugend bearbeitet v. H. H. W. Arendt. Mit Kpf. u. Karten. 8. Hamb. 802. 2e Aufl. 810. (Aue in Altona). 16 gl

Magellan's erste Reise um die Welt, s. Bürck, Aug.

Magelona. – Die schöne Magelona, s. Magelone.

Magelone, d. schöne, s.a. Unterhaltungsbibliothek f. Jung u. Alt.

Magelone.

Goed. II, 20.

Die Schön Magelona. Ein fast lustige vñ kurtzweylige Histori, vonn der schönen Magelona, eins Künigs tochter von Neaples, vñ einem Ritter, genannt Peter mit den silberin schlüsseln, eim Graffen son auß Prouincia, durch Magister Veiten Warbeck, auß Frantzösischer sprach in die Teutsche verdolmetscht, mit eynem Sendbrieff Georgij Spalatini.

1725, gedruckt in diesem 1725. Jahr, o. O., 8°.
Göttingen.

1744, Nürnberg, Joh. Andreä Endter Handlung, 8°. 9 Bogen.
Reichhards Bibl. der Rom. Bd. XX, Lit. Anhang S. 288.
Gotha*, München*.

o. J.,* Nürnberg, Im Verlag der Johann Andreä Endterischen Buchhandlung, 8°. 160 S., wobei 49—64 übersprungen sind, im ganzen 9 Bogen.
Berlin, KB. und Göritz-Lübeckstiftung, Gotha, Weimar.

o. J.* (gedruckt in diesem Jahr), o. O. u. Dr. (Nürnberg), 8°. 144 S.
Darmstadt.

o. J.* (gedruckt in diesem Jahr), o. O. u. Dr., 8°. 103 S.
Weimar.

1784,* (gedruckt in diesem Jahr), o. O. u. Dr., 8°.
Berlin.

o. J.* (gedruckt in diesem Jahr), o. O. u. Dr., 8°. 120 S.
Auf S. 117 folgen vier kurze Schwänke.
Berlin.

o. J.* (ganz neu gedruckt), o. O. u. Dr., 8°. 128 S.
Auf S. 126 folgen die nämlichen 4 Schwänke wie in voriger Nummer.
Berlin.

o. J.,* Frankfurt u. Leipzig, o. Dr., 8°. 88 S.
Wolfenbüttel.

o. J.,* Köln am Rhein, Christian Everaerts, 8°. 94 S.
Berlin, Wien.

o. J.,* Köln, in der Everaert'schen Buchdruckerei, 8°.
Jena.

1787,* Riga, Joh. Friedrich Hartknoch, 8°.
Reichhards Bibl. der Romane und Vulpius Bd. XIV, S. 75-94.

1797,* Berlin.
Von Ludwig Tieck (Wundersame Liebesgeschichte der schönen Magelone und des Grafen Peter aus der Provence. [= Volksmärchen von Peter Lebrecht 2, 145. Desgl. = Phantasus 1. 324, Berlin 1812. 1828. 1844. (= Schriften 4, 292/1828).

o. J.* (1805), Leipzig, Solbrig, 8°. 110 S.
Berlin.

1807, Görres, Die deutschen Volksbücher Nr. 21

o. J.,* Erfurt, bei Sauerländers Erben, 8°.
... verbessert von H. R. W .. ss.
Jena.

o. J.,* Reutlingen, Justus Fleischhauer, 8°. 63 S.
München.

o. J.,* Halle, Wilh. Plötz, 8°.
Berlin.

o. J. (um 1824), Linz, 8°.

o. J. (1825), Znaim, 8°.

o. J.,* Nürnberg, in der J. A. Endterschen Buchhandlung, 8°. 128 S. Ohne Spalatins Vorrede.
Nach Bolte: „Vielleicht identisch mit einer in der Breslauer Stadtbibliothek befindlichen Ausgabe von 128 S. ohne Titelblatt."
München.

o. J.* (gedruckt in diesem Jahr), o. O. u. Dr., 8°. 128 S. Mit Spalatins Vorrede.
Breslau, Stadtbibliothek.

1829,* Leipzig, 8°.
„Peter Graf von Provence oder der Ritter mit den silbern Schlüsseln."

o. J.* (1833), Linz, 8°.
Wien.

1836,* Stuttgart, 8°.
Hrsg. von Gustav Schwab (= Buch der schönsten Geschichten und Sagen, Bd. I).
2. Aufl. ebd. 1843 unter dem Titel: Die deutschen Volksbücher.
13. Aufl. Gütersloh 1880.
Seitdem noch öfters gedruckt. Vgl. Bolte Nr. 55, 56, 57, 58, 60, 61.

1894,* Weimar, Verlag von Emil Felber, 8°. LXVII u. 87 S.
Hrsg. von Johannes Bolte nach der Handschrift von 1527 in Bibliothek älterer deutscher Uebersetzungen. Hrsg. von August Sauer. Nr. 1.
Wertvolle Bibliographie in der Einleitung sowie eingehende Angabe der Drucke (Französisch, Spanisch, Catalanisch, Portugiesisch, Italienisch, Suerselvish, Neugriechisch, Niederländisch, Hochdeutsch, Niederdeutsch, Dänisch, Irländisch, Schwedisch, Böhmisch, Polnisch, Russisch).

1911,* Berlin, Neues Leben, 8°.
„Die wundersame Liebesgeschichte der schönen Magelone. Mit Bildern von L. Richter. Hrsg. von L. Hirschberg. 97 S. u. 7 S. Musikbeilage.

Magelone: Die schöne Magelona / und/ der Ritter / mit / den silbernen Schlüsseln. / Eine rührende Geschichte aus der Ritterzeit. / Reutlingen. / Druck und Verlag von Rob. Bardtenschlager.
(Reutlinger Volksschriften, 123).
o. J. (1870), 64 S., 162x106, U.-Fig.: Ritter begrüßt Dame im Torbogen, 84x72.

Magelona, die schöne, u. Graf Peter mit den silbernen Schlüsseln aus der Provence. Eine anmuth. Geschichte aus alter Zeit. Reutlingen 870. Enßlin & Laiblin. gr. 16. (64 S.) 2 ngr.

Magelona, die schöne, u. Graf Peter m. den silbernen Schlüsseln v. der Provence. Eine anmuth. Geschichte aus alter Zeit. 3. Aufl. 8. (64 S.) Reutlingen 875. Enßlin & Laiblin. — 20

Magelone. – Die s c h ö n e Magelona / und / Graf Peter mit den silbernen Schlüsseln / von der Provence. / (Fig.: Magelona und Peter begrüßen einander, 64x75) / Eine anmuthige Geschichte aus alter Zeit, / Reutlingen./ Verlag von Enßlin und Laiblin (Hebsaker.)
(Reutlinger Volksbücher, 12).
Ohne Angabe des Druckers, o. J. (1876), 64 S., 164x10.
U.-Fig.: Flucht zu Pferde, 63x76. Beide Fig. auch im Text

D i e s c h ö n e M a g e l o n e. Aus d. Französ. von Veit W a r b e c k. Nach der Original-Handschrift (von 1527) hrsg. von J. B o l t e. Weimar 1894. 8°. (Mk. 4—.) (2 Mk. 50 Pfg., Hlwdbd., Gust. Fock, Lpz., 1907.)

Magelsen, Hinr., Die ersten Gründe des Buchhaltens sammt Anwendung derselben auf die gewöhnlichsten Vorfälle der Handlung und Wirthschaft. Altona. 1772. Fol.

Magelsen, Hnr., die ersten Gründe d. Buchhaltens. 1r Thl. 4. Altona 770. 2e A. Fol. 772. u. 2r Thl. A. u. d. T.: Anleit. z. kaufmänn. Buchhalten. 779. Fol. Ebd. Iversen. 1 ℛ 16 ℊ

Magelsen, H., die ersten Gründe d. Buchhaltens. 2 Thle. Fol. Altona, Iversen. (Compt. für Litt. in Leipzig.) 772—79. (2r Th. h. a. d. Tit.: Anleit. z. kaufm. Buchhalten.)

Magelssen, A., üb. die Abhängigkeit der Krankheiten v. der Witterung. Autoris. deutsche Ausg. v. W. Berger. gr. 8. (VI, 106 S. m. 10 lith. Taf.) Leipzig 890. Geo. Thieme. n. 4. —

Magelssen, A., genius epidemicus. (15 u. 8 S. m. 1 eingedr. Kurve.) gr. 8. Harlem (907). (Berlin, R. Friedländer & Sohn.) nn — 60
Sonderabdruck aus: „Janus".

Magelssen, A., Wetter u. Krankheit. Specieller Thl 1. Hft. gr. 8. (16 S. m. Fig.) Christiania 894. (Berlin, R. Friedländer & Sohn.) n.n. 1. —

Magelssen, A., Wetter u. Krankheit. Specieller Thl. 2. Hft. gr. 8. (S. 17—48 m. Fig.) Christiania 895. (Berlin, R. Friedländer & Sohn.) n.n. 1. —

Magelssen, A., Wetter u. Krankheit. Specieller Thl. 3. u. 4. Hft. gr. 8. (S. 51—73 u. 75—82 m. Kurven.) Christiania 900. 902. (Berlin, R. Friedländer & Sohn.) à n.n. 1. —

— Wetter u. Krankheit. Specieller Thl. 5. Heft. (S. 83 bis 98 m. Kurven.) gr. 8. Christiania 906. (Berlin, R. Friedländer & Sohn.) nn 1. —

Magen, der, s.a. Robbi.

Magen, der, od. wie kann man, um seine Gesundheit zu bewahren, den Genuß d. Speisen u. Getränke, nach e. richt. Maaßstabe leiten? Von e. pract. Arzte. 8. (8 B.) Berlin 836. [C. G. Lüderitz'sche Vrlsbuchh.]

Magen, Der, oder wie kann man, um seine Gesundheit zu bewahren, den Genuss der Speisen . . . leiten? Berlin 1838. V: *Warburg, Jacob.* (Koner)

Magen, der, und dessen krankhafte Erscheinungen, nach den neuesten naturärztlichen Entdeckungen dargelegt und deren gründliche Heilung durch die Schrot'sche Heil-Cur. In Rücksicht auf häusliche Selbstanwendung nachgewiesen durch einen Naturarzt. Hamburg 864. Nestler & Melle. 8. (40 S.) n. 7½ ngr.

Magen und dessen krankhafte Erscheinungen. Mit Porträt. 8. (40 S.) Freiwaldau: Blazek 1890. —.45

Magen, der, u. dessen krankhafte Erscheinungen sowie deren gründliche Heilung durch die Schroth'sche Heilkur. Nach den neuesten naturärztl. Entdeckgn. dargestellt v. e. Natur-Arzte. 9. Aufl. (39 S. m. 1 Bildnis.) kl. 8. Freiwaldau (906). A. Blažek. — 70

Magen, August Wilhelm (Leipzig), De clausula cum libera in mandatis extrajudicialibus omni jure superflua. Präs. J. B. Wernher. Wittenberg (Gerdes) 12. II. 1705. (5.—) 21982

(Magen, Benjamin), Der // Gläubigen heilige Freude // in Gott // Welche // An dem Exempel des weyland // Hoch-Edlen, Vesten und Rechts-Wohl- //gelahrten // Herrn // Benjamin Magens // Erb- Lehn und Gerichts-Herrn auf Gaschwitz und Döbnitz-Deuben, // Und bey dem Hochlöbl. Ober-Hof-Gerichte zu Leipzig // wohlbestalt gewesenen Protonotarii // Nachdem derselbige den 6. Sept. An. 1722. in Leipzig durch einen seligen // Hintritt der Welt entriessen, und darauf den 9. daselbst in seine Ruhe- //Cammer beygesetzet worden, // Nach Anleitung des von ihm erwehlten Leichen-Textes // Psal. LXXIII. v. 28. // In der // den 2o. Oct. gedachten Jahres in der Kirchen zu Groß-Deuben // gehaltenen // Gedächtniß-Predigt // vorgestellet wurde // von // M. Johann Jacob Fischern, // P. in Groß-Stedlen und Groß-Deuben. // Leipzig, gedruckt mit Zeidlerischen Schrifften. - 56 Seiten.
Angehängt sind:
Denck- und Ehren-Mahl // Herrn // Protonotarii // Benjamin Magens // Aufgerichtet // Von Innenbenannten // Fürnehmen Patronen, Hochwerthen // Freunden und nahen Angehörigen.- - 22 Blatt (nicht paginiert) mit Gedichten von:
Johann Burchard Mencke, Carl Friedrich Trier, D. Lüder Mencke, D. Jacob Born, D. Salomon Deyling, D. Johann Heinrich Konhard, F. M. F. D., D. Johann August Hoelzl, D. Friedrich Friese, D. Joh. Florens Rivinus, D. C. F. R., D. Benjamin Gottlieb Bosseck, D. Andreas Wagner, D. Gustav Heinrich Mylius, D. Johann Friedrich Höckner, D. Gottfried Baudiß, D. Friedrich Heinrich Graff, D. Gottfried Wilhelm Küstner (lateinisch), D. J. H. S., D. Adolph Heinrich Mylius, Thomas Wagner, Dr. Jo. Jacobus Mascou (lateinisch), D. Johann Friedrich Hohmann, D. Christian Michael Adolphi, D. Christian Jacob Seyler, D. August Frid. Walther (lateinisch), Hieronymus Gottlieb Hetzer, Bau-M. Gottfried Wagner, L. Christian Weiß, L. Ludewig Christian Crell, L. Friedrich Wilhelm Schütz, L. Urbanus Gottfried Siber, L. G. B. , M. Johann Friedrich Steinbach, M. Justus Gotthard Rabener, M. Christian Gottlieb Jöcher, M. Johann Caspar Kregel, M. Carl Friedrich Pezoldt, M. Johann Jacob Fischer, M. Christianus David Seyffertus (lateinisch), Johann Gottlieb Tzschirner, C. A. Gribner (lateinisch), M. Johann Georg Rudolph, C. G. P. (lateinisch), Rud. August Schubert, M. Joh. Mich. Teutscher (lateinisch), Joh. Heinrich Otto, M. C. G. Mörlin, C. L., Jean Redlein (französisch), J. N. M. (lateinisch), Johann Christian Magen.
Die beste Sterbens-Art // Wolte // Bey dem seligen Absterben // Des Weylnad // Hoch-Edlen, Vest, und Rechts-Wohlge- //lahrten Herrn,// Herrn // Benjamin Magens // Erb- Lehn- und Gerichts-Herrn auf // Gaschwitz und Döbitz-Deuben, // Des // Chur- und Fürstl. Sächs. hochlöbl. Ober-Hof- //Gerichts zu Leipzig wohlbestallten // Protonotarii // Welches den 6. Sept. 1722 erfolgte, // Zu Bezeugung seines schuldigen Mitleidens // Gegen die

Hochbetrübten Herren Söhne und // sämtliche Vornehme Familie, // Wie auch // Aus unveränderlicher Observantz gegen das Andencken // Seines Hochgeneigten Wohlthäters// und Patroni // In folgendem erwegen // M. Johann August Jahn. - 2 Blatt, ein Gedicht.

Kindliches // Thränen-Opffer, // Welches // Bey dem Grabe// Seines Hochgeliebten Vaters // Herrn // Benjamin Magens // Wehmüthigst abstattet // Dessen // Hinterlassener ältester Sohn // Heinrich Magen, L. L. Stud. - 4 Blatt,(nicht paginiert); ein Gedicht.

B. S. T. Fol. 9.

— **Elias Christoph** (Greussen), Diss. jur. de actionibus utilibus. Präs. J. Chr. Hartung. Jena (J. Z. Nise) Mai 1686. 64 S. (4.—) 21983
Widm. v.: J. C. Hartung.

— — (Arnstadt), De eo, quod justum est circa fiscalem maxime ni processu inquisitorio. Erfurt (J. H. Grosch) 19. XII. 1701. 62 S. (5.—) 21984
Gew.: Benj. Magen. — Widm. v.: J. H. Meier, A. Bohse, Sal. Franck, Joh. Dan. Schultze.

Magen, Er. Cph. Burgh.

— Diss. inaug. de auctoritate apostolorum Jesu Christi in acta Christianorum rite aestimanda. 8, Weissenf. 806.

— Friedrich August, Kurf. v. Sachsen, Wohlthäter seines Volks. gr. 8. Leipz. 800. Graffé. 3 gr

Magen, Er. Cph. Burgh., († d. 27. Juli 1807.) heilige Cantaten u. Gedichte. 8. Leipz. 774. Müller. (Joachim). 5 gr

— **Gabriel Christian** (Langensalza), Theses de summo bono publica disputatione in Gymnas. Gottingensi excussae. Präs. Chr. Aug. Heumann. Göttingen (Woyke) April 1719. 8 S. (4.—) 21985
Gew.: Leo Ad. v. Marechal. — Oppon.: Gg. E. Eccard, J. H. Cherubino, Chr. Schmid, J. G. Steckboetel.

HÖFE, Die beiden, und die Nächte von St. Cloud. Sitten, Ausschweifungen und Verbrechen der Familie Bonaparte. (Aus dem Französ. des *Hippolyte Magen.*) Hamburg 1853. 8°.
Wegen des Verfassers cfr. Barbier, dictionnaire des ouvr. anon., daher Oettinger's Angabe irrig.
Original: Les deux cours et les nuits de St. Cloud. Moeurs, débauches et crimes de la famille Bonaparte. S. l. n. d. 16°; rep. Londres 1852. 16°; rep. Londres et Bruxelles 1865. 16°. 92 pp.

Magen, J. A. praes. **Stock**, C.: De cerevisiae salubritate suspecta. 44. 4°. Jenae. 1756.

Magen, Nik.

— Beitrag z. allgem. Kaufmann, od. Traktat von d. Handlung u. d. Vortheilen, die aus d. Reduction des Geld-Interesse entspringen, nebst einem kl. Traktat wider den Wucher; aus d. Engl. übers. u. als ein 2r Theil des allgem. Kaufm. zu gebrauchen. 4. Potsd. 763. Horvath. 8 gr

Magen, Nik., allgem. Kaufmann, wor. das Theor. u. Prakt. d. Handlung enth. m. Beytr. 4. Berlin, Horvath. 762—764.

— s. Versuch über Assecuranzen.

Magen, Oskar, Arzt a. Hultschin, Kr. Ratibor: Myopie-Operation. Leipzig 1907: Ackermann u. Glaser. (24 S.) 8°
Leipzig, Med. Fak., Ref. Sattler, Diss. v. 3. Jan. 1907
[Geb. 23. Aug. 63 Hultschin; Wohnort: Breslau; Staatsangeh.: Preußen; Vorbildung: Gymn. Ratibor Reife O. 82; Studium: Breslau 10 S.; Coll. 26. Jan. 07; Approb. 12. Dez. 88.]

Magenau, A. C., Eberhardt im Bart; in zwölf Erzählungen für Fürst u. Volk. gr. 8. Stuttg. 822. Brodhag. 6 gr

Magenau, Carl, s. Magenau, Karl

Magenau, Friedrich, Assistenz-Arzt an d. med. Klinik in Tübingen, aus Sersheim: Aus d. Tübinger Universitäts-Frauenklinik. Ein Fall von Geburtserschwerung durch congenitale Hydronephrose nebst einer Zusammenstellung ähnlicher Fälle aus der Litteratur. *Tübingen: F. Pietzcker 1902.* (47 S.) 8°
Tübingen, Med. Diss. v. 1902

Magenau, Jul., Steigerung der Erträge d. nutzbaren Eisenbahnareals, hauptsächlich durch Obst-Cultur, m. spezieller Berücksicht. der württemberg. Verhältnisse. gr. 8. (84 S.) Stuttgart 872. Liesching & Co. 1. 25

Magenau J, Steigerung der Erträge des nutzbaren Eisenbahnareals, hauptsächlich durch Obstkultur, mit Berücksichtigung d. württemb. Verhältnisse. Stuttgart 1873

Magenau, J., Vortrag bei der IV. Versammlung des württembergischen Forst-Vereins in Backnang am 17. Juni 1879 über das Thema: Welche Stellung nimmt der Verein zu der in der Kammer der Abgeordneten in letzter Zeit verhandelten Frage der Verlegung des forstlichen Unterrichts von der Akademie Hohenheim nach der Universität Tübingen ein? gr. 8. (16 S.) Mergentheim 879. Nemnich. n. — 30

Magenau, Karl

Magenau, Carl, approb. Arzt aus Mannheim: Ueber die sogenannte Vertebra prominens im Nasenrachenraum. *Heidelberg 1900: L. Schumacher.* (23 S.) 8° ¶ Aus: Archiv f. Laryngologie, Bd 11, H. 1.
Heidelberg, Med. Diss. v. 1900

Magenau, Rud. Fr. Hnr., neues ABC-, Syllabir- u. Lesebuch nach Funks u. Löhrs Weise. Mit 25 Kpf. 8. Stuttg. 806. 2e Aufl. 820. Löflund 12 gr ill. 20 gr (Vergl. ABC-, Syllabir- u. Lesebuch.)

— und Böbels neues deutsches und lat. ABC-, Syllabir- u. Lesebuch f. Schulen. 8. Ebend. 806.

— s. ABC-, Syllabir- u. Lesebuch f. Würtemberg. Schulen.

— Anekdoten aus dem Leben Luthers u. and. merkwürd. Männer, aus d. Periode d. Kirchenreformation, nebst kurzen Lebensbeschreibb. derselben. 8. Stuttg. 815. Steinkopf. 16 gr

— Anweisung f. deutsche Landschullehrer, welche sich mit den vorzügl. Grundsätzen d. angesehenst. Schriftsteller, d. vernünft. Art, in Landschulen zu katechesiren, bekannt machen wollen. 8. Stuttg. 802. Löflund. 12 gr

Magenau, Rud. Friedr. Heinr., histor.-topograph. Beschreibung d. Stadt Giengen an d. Brenz. Ein Beitr. z. Kenntniß d. Brenzthales, aus sichern Quellen zusammengetr. 8. (11 B.) Stuttgart 830, [Beck u. Fränkel.] Thlr.

— historisch-topograph. Beschreib. d. Stadt Giengen a. d. Brenz. Ein Beitr. zur Kenntn. des Brenzthales, aus sichern Quellen zusammengetragen. 8. Stuttg. 830. Löflund. 16 gr

— Erzählungen, Satyren, Gedichte u. Einfälle. 8. Oehringen 798. Neue Ausg. 8. Eßlingen 812. Fixdorff u. K. 8 gr

— Gedichte. 8. Stuttg. Steinkopf. (Gräff, Leipz.) 795.

— lyrische Gedichte. 8. Ansb. 805. Gassert. 14 gr

— 120 kurze Geschichten z. Uebung u. Unterhaltung. 8. Stuttg. 807. 2e A. 818. Löflund. 10 gr Mit 6 schw. Kpf. 14 gr ill. 20 gr

— 120 kurze Geschichten zur angenehmen Unterhaltung u. z. Uebung im Lesen f. Kinder von 3 — 8 Jahren, mit 6 Kupf. 2te Aufl. Stuttgart, Löfflund. 816.
mit schwarzen K.
m. illum. K.

— Gespräche u. Anekdötchen aus d. nahen Thierwelt; aus d. Thiersprache übersetzt. Mit 1 Kpf. u. 14 Vign. 8. Stuttg. 801. 2e A. 804. Löflund. 12 gl ill. 20 gl 3e Ausg. Mit 1 Kpf. u. 14 Vign. 8. Ebd. 820. 20 gl

— der Güssenberg u. die Güssen. Ein Beitr. zur Kenntniß des Brenzthales u. seiner Umgegend, topograph. u. histor. beschrieben. gr. 8. Ulm 823. Stettin. 12 gl

— (Völter u. Volmer,) kl. Handbibliothek f. die Landschullehrer u. ihre jüngern Gehülfen 2c. (1r Bd. 1s Hft. den Unterricht im ABC-, Buchstabir- u. Lesebuch betr. 6 gl 2s Hft. Unterr. im Schreiben. 6 gl 3s Hft. Vom Rechnen. 6 gl Dieses auch unt. d. T.: Rathgeber f. deutsche Landschullehrer, die sich mit den vorzügl. Grundsätzen 2c. der besten Schriftsteller üb. den Unterr. im Rechnen bekannt machen wollen. 799. 2e A. 802. 6 gl 2r Bd. 1s Hft. Die Schuldisciplin betr. 800. 6 gl 2s Hft. A. u. d. T.: Anweis. f. deutsche Landschullehrer, welche sich mit den vorzügl. Grundsätzen d. angesehenst. Schriftsteller üb. die vernünft. Art, in Landschulen zu katechesiren, bekannt machen wollen. 802. 9 gl 3s Hft. Das Singen u. den Religionsunterr. betreff. 802. 3 gl) 2 Bde. 8. Stuttg. 799—803. Löflund. 1 ß 12 gl

Magenau, Rud. F. Hnr., kurze Lebensbeschreibb. merkw. Männer, aus der Periode d. Kirchen-Reformation, nebst 120 höchst interessanten Anekdoten aus d. Leben derselb. 8. Stuttg. 816. Steinkopf. 16 gl

— Rathgeber f. deutsche Landschullehrer, d. sich mit den vorzügl. Grundsätzen u. Anweisung d. besten Schriftstell. über d. Unterricht im Rechnen bekannt machen wollen. 8. Stuttg. 802. Löflund. 8 gl

— Scenen u. Erzählungen aus d. nahen Menschenwelt. Ein Lesebuch f. Kinder vom 12 — 14 Jahren. 8. Stuttg. 802. Löflund. 9 gl

— Lottchens angenehme Unterhaltungen, ein moral. Lehr- u. Lesebuch f. junge Frauenzimmer von 14—16 Jahren. 8. Stuttg. 816. Löflund. 18 gl

— Versuche in christl. religiösen Gesängen über vorzügl. Sprüche d. heil. Schrift. 8. Stuttg. 798. Steinkopf. 12 gl

Magenau, R. F. H. Poetische Volks-Sagen und Legenden grösstentheils aus Schwaben, nebst andern Erzählungen und einem Gesange an die Najade des Brenzflusses. Stuttgart 1825. 8°. (Martin Breslauer's Berliner Oct.-Auct. 1910. no. 1946.)
Goedeke V, 445, 11. Magenau war ein Freund u. Studiengenosse Hölderlins.

— poetische Volkssagen u. Legenden, größtentheils aus Schwaben, nebst andern Erzählungen u. einem Gesange an die Najade des Brenzflusses. 8. Stuttg. 825. Löflund. 16 gl

— Wend Unmuth, od. Erzähll., Satyren, Gedichte u. Einfälle. 8. Oehringen 798. (Leipz., Joachim.) 8 gl

— — Dasselbe. Neue Auflage. Eßlingen 1812. 8°. (1/3 Rthl.)
Heinsius, B.-Lex.

— Chr. Fr. Wittich, Pfarrer zu Walddorf in Würtemberg, in seinem Leben u. Wirken dargestellt. 8. Stuttg. 819. Steinkopf. 6 gl

—

MAGENAU von SCHWANN, J.: Welche Stellung nimmt der Verein zu der in der Cammer der Abgeordneten in letzter Zeit verhandelten Frage der Verlegung des forstlichen Unterrichts von der Akademie Hohenheim nach der Universität Tübingen ein? - Mergentheim 1879. 15 S. Vortr. b. d. IV. Versammlg. d. württemb. Forst-Ver. i. Backnang a. 17. Juni 1879

vgl. Magenau, Jul.

Magencatarrh, der chronische, u. die nervöse Verdauungsstörung, 2. Aufl., s.: Handbuch f. Magenleidende.

Magendie, François

Magendie, F., zwei Abhandll. üb. das Erbrechen u. d. Nutzen des Kehldeckels; aus d. Französ. v. H. Dittmer. 8. Bremen 814. Heyse. 8 gl

— s. auch: Bibliothek von Vorlesungen 2c. über Medicin. Bd. V. XV. XVII. XIX. XXI.

Magendie, F., üb. d. Blut, s. Bibliothek v. Vorlesungen üb. Medizin, XV. Bd.

— Grundriß d. Physiologie; aus d. Französ. übers. v. Heusinger. 2 Thle. gr. 8. Eisenach 820. Bärecke. 3 ß

Magendie, F(rançois): Handbuch der Physiologie. (Précis élémentaire de physiologie. Troisième édition revue et corrigée. Dt.) Übers. mit Anmerkungen und Zusätzen von (Johann Christian) K(arl) F(riedrich) Heusinger. Bd 1 - 2, gbd., Abb.

Eisenach: Bärecke
Wien: Gerold } 1834 - 1836

JB 1.063

Magendie, Frz., Handbuch d. Physiologie. Nach d. 3., verm. u. verb. Ausg. a. d. Franz. übers. mit Anmerkn. u. Zusätzen v. C. F. Heusinger. 2 Bde. gr. 8. Eisenach 834—36, Bärecke. [1. (24 B. u. 1 Kpfrt.), 2. (34 B., 3 Stn.- u. 1 Kpfrt.)]

— Lehrbuch d. Physiologie. 2e verm. Ausg.; aus d. Französ. v. Dr. D. Hofacker. 2 Bde. Mit 1 Steintaf. gr. 8. Tübing. 826. Osiander. 5 ß

—— Lehrbuch d. Physiologie. A. d. Franz. übers. mit Anmerkn. u. Zusätzen v. C. L. Elsässer. 2 Bde. 3., verb. u. verm. Aufl. gr. 8. Tübingen 834—36, Osiander. [1. (24½ B. u. 5 Tab. 4. u. Fol.), 2. (27¼ B. u. 1 Stnt.)]

—— Untersuchungen über d. Harngries, s. Bibliothek d. ausländ. Lit. f. prakt. Medicin, 14. Bd.

Magendie, F(rançois): Physiologische und klinische Untersuchungen über die Anwendung der Blausäure in den Krankheiten der Brust und besonders in der Lungenschwindsucht. (Recherches physiologiques et cliniques sur l'emploi de l'acide prussique ou hydrocyanique dans le traitement des maladies de poitrine... Dt.) Übers. von (Friedrich Peter) Ludwig Cerutti. 88 S., gbd.

Leipzig: Baumgärtner 1820

JB 1.587

Magendie, F(rançois): Physiologische und klinische Untersuchungen über die Hirn- und Rükkenmarksflüssigkeit. (Recherches physiologiques et cliniques sur le fluide du cerveau et de la moëlle épinière. Dt.) Übers. von Gustav Krupp. 105 S., gbd.

Leipzig: Kollmann 1843

JB 4.554

— — physiol. medizin. Untersuchungen über die Ursachen, Symptome und Behandlung des Grieses und Blasensteines. A. d. Franz. übers. v. J. G. Zöllner. 8. Leipzig, Hartmann. 820.

—· physiol.-medicin. Untersuchungen üb. die Ursachen, Symptome u. Behandl. des Grieses u. Blasensteines; aus d. Französ. übers. v. J. G. Zöllner. 8. Leipz. 820. (Lehnhold). 9 ⁄;

—— Vorlesungen üb. d. epidem. Cholera, s.a. Bibliothek v. Vorlesungen üb. Medizin, XIX. Bd.

— Vorles. über die epidemische Cholera. Deutsch v. G. Hirsch. gr. 8. Leipzig 839. Kollmann. 7/8 ℛ

Magendie, (François): Vorlesungen über die physikalischen Erscheinungen des Lebens. (Leçons sur les phénomènes physiques de la vie. Dt.) Übers. von Baswitz. Bd 1-2, gbd.

Köln: Du Mont-Schauberg 1837

JB 1.064

Magendie, F., Vorlesungen über die Krankheiten des Bluts. Aus d. Franz. von Dr. Krupp. gr. 8. Leipzig 839. Kollmann. 1 1/6 ℛ

—— Vorlesungen üb. d. Nervensystem etc., s.a. Bibliothek v. Vorlesungen üb. Medizin, XXI Bd.

— Vorles. über die Krankheiten des Nervensystems. Aus d. Franz. von Dr. Krupp. gr. 8. Leipzig 840. Kollmann. 2 ℛ

—— Vorlesungen üb. organische Physik, s.a. Bibliothek v. Vorlesungen üb. Medizin, V. u. XVII. Bd.

— Vorles. über organische Physik od. über die physikal. Eigenschaften der Texturen des menschl. Körpers u. über die darauf beruhenden Lebenserscheinungen, mit steter Hinsicht auf die prakt. Medicin rc. Deutsch unter Redaktion des Fr. J. Behrend. gr. 8. Leipzig 836. Kollmann. 1 1/2 ℛ

Magendie, F(rançois): Vorschriften für die Bereitung und Anwendung einiger neuen Arzneimittel als den Krähenaugen, des Morphins, der Blausäure, des Strychnins, des Veratrins, der China-Alkalien, der Jodine u.m.a. (Formulaire pour la préparation et l'emploi de plusieurs nouveaux médicamens... Dt.) 92 S., gbd.

Leipzig: Voß 1822

JB 1.589

[Formulaire pour la preparation et l'emploi de plusieurs nouveaux medicamens. Deutsch:] Vorschriften für die Bereitung und Anwendung einiger neuen Arzneimittel als der Krähenaugen, des Morphins... von F[rançois] Magendie. Aus dem Franz. [Übers.: Gustav Kunze.] 2., nach der 2. Aufl. des Orig. vers.u.verm. Aufl. Leipzig: Voß 1823. XIV,90 S. 8°

Magendie, F(rançois): Vorschriften zur Bereitung und Anwendung einiger neuen Arzneymittel als: der Brechnuß, der Morphinsalze, der Blausäure, des Strychnins, des Veratrins, der Chinaalkalien, des Emetins, des Jodins, des Jodquecksilbers, des Blaustoff-Kaliums, des Krotonöls, der Gold- und Platinsalze u.m.a. (Formulaire pour la préparation et l'emploi de plusieurs nouveaux médicaments... Ed.5. Dt.) Übers. und mit Anmerkungen und Zusätzen versehen von G(ustav) Kunze. 5. verbess. u. verm. Aufl. 152 S., gbd.

Leipzig: Voß 1826

JB 1.590

—— Vorschriften zur Bereitung u. Anwendung einiger neuen Arzneimittel, als: der Brechnuß, Morphinsalze, Blausäure, d. Strychnins, Veratrins rc. A. d. Franz. N. d. 7. Aufl. d. Orig. besorgt u. mit Anmerkn. u. Zusätzen versehen v. G. Kunze. 6., von Neuem verbess. u. verm. Aufl. gr. 8. (13 B.) Leipzig 831, Voß.

Magener, Albert

Magener, Alb., das Klima von Posen. Resultate der meteorolog. Beobachtungen auf der königl. meteorolog. Station zu Posen in den Jahren 1848—65. Mit 1 lith. Isothermenkarte [Farbendr.] u. 1 (lith.) Karte der tägl. Wärmemittel für Posen (in Fol. u. qu. Fol.). Posen 868. Lissner. Lex.-8. (VIII, 128 S.) n. 1 ℛ 10 ngr.

Magener, Alb., das Klima v. Posen. Resultate der meteorolog. Beobachtgn. auf der königl. meteorolog. Station. zu Posen in den J. 1866 bis 1870. gr. 8. (14 S.) Posen 872. Lissner. n. 1. —

Magener, Alb., Kubatur des Fusspunktenkörpers eines Ellipsoides. Posen 858. (Berlin, Mittler u. Sohn.) gr. 4. (1 Bl., 25 S.) n. 15 ngr.

Magener, [Friedrich Wilhelm] Adolf: Anallagmatische Punktkoordinaten im Kugelgebüsch und ihre Anwendung auf die Nichteuklidische Geometrie. Straßburg i. E. 1906: Straßburger Druckerei u. Verlagsanstalt. (56 S.) 8°

Straßburg, Math.-naturw. Fak., Ref. Weber-Reye, Diss. v. 1906

[Geb. 13. Okt. 84 Hochfelden, Landkr. Straßburg; Wohnort: Straßburg i. E.; Staatsangeh.: Elsaß-Lothringen; Vorbildung: Realsch. Markirch i. E., Gymn. Altkirch i. E. Reife Sommer 02; Studium: Straßburg 2, Berlin 3, Straßburg 3 S.]

Daniel Magenise. [The Doctrine of inflammations. Deutsch:] Theorie der Entzündungen aus Gründen und Erfahrungen. Aus d. Engl. übers. von Fridrich August Weber [* 1753]. Göttingen: Dieterich 1776. 136 S. 8°

Angeb. an: Bosch, Hieronymus van den [1786]: Theoretische und praktische Bemerkungen über das Muskelvermögen der Haargefäschen. Münster & Osnabrück 1786.

Magen- u. Darmkrank, s.: Flugschriften, hygienische.

Magenkrankheiten, die, s.: Miniatur-Bibliothek.

Magen- und Unterleibskrankheiten, Die, nebst den Hämorrhoidalleiden und ihre Heilung . . . Leipzig 1881. V: *Schilling, Joh. Aug.* (Ky)

Magens, Nicolaus: „Allgemeiner Kaufmann; worin enthalten das . . . . . . theoretische und praktische der Handlung; eine Untersuchung der Natur und des Wesens der Banken; . . . . . die Errichtung und Würksamkeit der Banken zu London und Amsterdam . . . . .", aus dem Englischen übersetzt, Berlin 1762 (Potsdam, Hervath). — Vorh.: Bücherei der Industrie- und Handelskammer Leipzig und Com. Bibl. Hamburg. — „Beitrag zum allgemeinen Kaufmann, oder Tractat von der Handlung und denen Vortheilen, die aus der Reduction des Geld-Interesse entspringen", ebenda 1763, vorh.: Com. Bibl. Hamburg.

(Magens, N.): „Die gute Nachbarschaft durch die Zunahme von Handlung und Reichthum sowohl in der Nähe als Ferne, erwogen von einem Kaufmann", London 1751. — Vorh.: Com. Bibl. Hamburg.

(Magens, N.): „Versuch über Assecuranzen, Havereyen und Bodmereyen insgemein; und über verschiedene hierbeygefügte wirckliche Vorfälle und deren Berechnungen, insbesondere nebst einer Sammlung der vornehmsten alten und neuen Verordnungen. Von einem Kaufmann in London", Hamburg 1753. — Vorh.: Bibl. des Kammergerichts Berlin — Fh. 2430 — und Com. Bibl. Hamburg. — Dasselbe englisch: „An essay on insurances", 2 vlms., London 1755, vorh.: Com. Bibl. Hamburg.

Magenta und Solferino, s. Lord's Zeithefte.

Magentropfen, Stärkende, für Hypochondristen nebst einer Chronika aller Hagestolzen und Betschwestern . . . Baireuth 1805. V: *Münch*, *Carl*. (Fiker)

Magentropfen, stärkende, für Hypochondristen, nebst einer Chronik, allen Hagestolzen u. Betschw. gew. Mit 1 Musikal. u. Kpf. 8. Bayr. 805. (Grau; a. Fr. Fleischer in Lpz.) 12 gr

Mager, v., k. k. Hauptm. und dirigirender Oberfeuerwerksmeister des k. k. Bombardier-Corps. Abhandlung über die Geschützkunst. I. Th. 1. Bd. (Mit 3 Beilagen und 16 Taf.) (Manuscript.) 8. Wien (1807).

Mager, Hauptm. und Oberfeuerwerksmeister. Tafeln über das Erforderniss des Materials und über die Anstellung der Arbeits-Mannschaft, für die Erzeugung der in der k. k. österreichischen Artillerie eingeführten Munitionssorten und Feuerwerkkörper. (Manuscript.) 4. September 1807.

Mager, v., Hauptm. und Oberfeuerwerksmeister des k. k. Bombardier-Corps. Unterricht in dem Artillerie-Kriegs-Bauwesen oder dem sogenannten Batteriebau. (Manuscript.) 8. (1807?)

Mager, Adf., s.: Choix de nouvelles modernes.

Mager, Adolf. Moderne deutsche Dichter. Für Schule und Haus hrg. von Adolf Mager... in Wien. Mit ([Einleitung:] Biographische Notizen [und]) 35 Bildnissen. 2. verbesserte Aufl. VIII + 334 S. 8. Wien, A. Pichlers Witwe & Sohn, 1902. geb. K. 4. —

Darin S. 11–14. 16. 19 f. 28 über Schweizer. Dichter und S. 74–77. 101–110. 119–130. 294–299. 304–306 aus ihren Werken [mit 3 Porträts].

Mager, Adf., moderne deutsche Dichter. Für Schule u. Haus hrsg. Mit 36 Bildnissen. 3., verb. Aufl. (VI, 291 S.) gr. 8. Wien 904. A. Pichler's Wwe. & Sohn. Geb. in Leinw. n. 4. —

Mager, Adolf: Österreichische Dichter. Ausgewählt, mit biogr. Notizen u. Anm. versehen von Adolf Mager, Prof. 4.-6. Taus. Leipzig: Teubner [1908]. XXI, 281 S., 8° (Graesers Schulausgaben klassischer Werke.)

Mager, Adf., österr. Dichter d. XIX. Jahrh., s.a. Graeser's Schulausgaben class. Werke.

— österreichische Dichter des XIX. Jahrh. Ausgewählt, m. biograph. Notizen u. Anmerkgn. versehen. [Aus: „Graesers Schulausgaben class. Werke."] gr. 8. (XXIX, 283 S.) Wien 899. C. Graeser & Co. Kart. n. 2. 40

Mager, Adolf: Festrede, gehalten anlässlich der Schiller-Feier. S. 116 bis 122. 8. Progr. K. k. I. Staatsrealschule im II. Bezirke *Wien* 1905.

Mager, Ad[olf]: Gedenkrede, gehalten anläßlich der J. G. Seidl-Feier. S. 43—46. 8. K. k. I. Staatsrealschule im II. Bezirke *Wien* 1904. Progr.

Mager, Adf., Geschichte der englischen Litteratur von ihren Anfängen bis zur Gegenwart. Mit e. Anh.: Die amerik. Litteratur. Ein Hilfsbuch f. Schulen u. zum Privat-Gebrauch. gr. 8. (VII, 183 S.) Cöthen 893. O. Schulze, Verl. n. 1. 80

Mager, Adf., Geschichte der französischen Literatur v. ihren Anfängen bis zur Gegenwart. Ein Hilfsbuch f. Schulen u. zum Privatgebrauch. gr. 8. (VII, 199 S.) Wien 890. Graeser. n. 1. 80

Mager, Adf., Grammatik und Wortstellung der Chanson de geste „Amis et Amiles". gr. 8. (50 S.) [Berlin 887, Hettler.] Leipzig, Fock. *

— Grundzüge der deutschen Literaturgeschichte. Für höh. Lehranstalten u. zum Selbststudium bearb. 2., im wesentlichen unveränd. Aufl. (III, 235 S. m. 58 Bildnissen.) gr. 8. Ebd. 906. Geb. n. 3. 20

Mager, A. Is the tragedy of „Gorboduc" one of the sources of Shakespeare's „King Lear". Marburg i./St., G., 1890. 4 S. Progr.

Mager Ad. und Hess Ad. Fr., Deutsches Lehrbuch zum Gebrauche an fachlichen Fortbildungsschulen für Lehrlinge der Hoteliers, Gastwirte und Kaffeesieder sowie an verwandten Lehranstalten. 2., verbesserte Auflage. Wien 1903. Im Verlage der Direktion der fachlichen Fortbildungsschule der Genossenschaft der Gastwirte, Wien, I., Kurrentgasse 5. Preis, gebunden 2 K.

— u. Henri Bornecque, Lehrbuch der französischen Sprache f. Realschulen, Realgymnasien u. verwandte Lehranstalt. (Auch m. französ. Titel.) 1. Stufe. Für die ersten 2 Jahrgänge. Mit 8 Abb. u. 1 farb. Münztaf. (161 S.) 8. Wien 910. F. Tempsky. Geb. in Leinw. 2. 20

— deutsches Lesebuch zum Gebrauche an fachlichen Fortbildungsschulen f. Lehrlinge der Hoteliers, Gastwirte u. Kaffeesieder, sowie an verwandten Lehranstalten unter Mitwirkg. v. Ad. Fr. Heß verf. 2. verb. Aufl. (VII, 243 S.) gr. 8. Wien 903. (F. Deuticke.) Kart. n. 1. 80

— Deutsches Lesebuch zum Gebrauche an fachlichen Fortbildungsschulen f. Lehrlinge der Hoteliers, Gastwirte u. Kaffeesieder, sowie an verwandten Lehranstalten, unter Mitwirkg. v. Ad. Fr. Heß verf. 3., verb. Aufl. (VII, 274 S.) gr. 8. Wien 908. (F. Deuticke.) Kart. 2. 20

Mager Adolf: Deutsche Lyrik des 19. Jahrh. 80. Wien II. (I. St. R.) CO. Progr.

— Wielands „Nachlass des Diogenes von Sinope" und das englische Vorbild. 15. Marburg R. 90. Progr.

Mager, Adolf: Prolog zur Festvorstellung [anläßlich des 50 jähr. Bestandes der Schule] im Deutschen Volkstheater. S. 27—29. 8. Progr. K. k. I. Staatsrealschule im II. Bezirke *Wien* 1906.

— Regeln u. Wörterverzeichnis f. d. deutsche Rechtschreibg. Mit besond. Berücksicht. der in der Küche u. im Gasthofswesen übl. Fremdwörter zum Gebrauche an fachl. Fortbildungsschulen f. Lehrlinge der Hoteliers, Gastwirte u. Kaffeesieder, sowie an verwandten Lehranstalten, unter Mitwirkg. v. Ad. Fr. Heß verf. 2. verb. Aufl. (XVI, 209 S.) 8. Ebd. 904. n. 1. 60

Mager, A. Syntaktische Untersuchungen zu Rabelais. Marburg (Oesterreich), G.. 1891. 27 S. Progr.

Mager, Carl W. E., s. Mager, Karl W. E.

Mager, E., die Assekuranz od. Büchlein der Versicherung f. jedermann, m. autoritativem Nachweise v. der sittl. Grundlage d. Versicherungswesens. gr. 8. (59 S.) Horb 888. Christian. n. — 40

— das rote Kreuz im weißen Felde od. die Genfer Konvention u. ihre Geschichte. Erste Ausführg. d. Antrags VIII der 4. internationalen Konferenz der Vereine vom roten Kreuz in Karlsruhe 1887, wonach auch der Jugend, den die Schule besuch. Kindern die Satzgn. d. Genfer Vertrags bekannt gemacht werden sollen. 1.—5. Aufl. 8. (31 S.) Emmendingen 893. 894. A. Dölter. — 25

Mager, E., d. rote Kreuz im weißen Felde od. d. Genfer Konvention u. ihre Geschichte. Erste Ausführg. d. Antrags VIII d. 4. internat. Konferenz d. Ver. v. roten Kreuz in Karlsruhe 1887, wonach auch d. Jugend, d. d. Schule besuch. Kindern d. Satzgn. d. Genfer Vertrags bekannt gemacht werden sollen. 6. Aufl. 8. (31 S.) Emmendingen 894. Druck- u. Verlagsgesellsch. vorm. A. Dölter. — 25

Mager, Ed., mit Rundreisebillet durch Italien, s.: Woerl's, Leo, Reisehandbücher.

Mager, Eduard, Katechismus der Gesetzkunde f. den Gebrauch an Landwirtschafts- u. landwirtschaftlichen Winter-Schulen u. auf Grundlage des Lehrplanes der letzteren verf. (IV, 112 S.) gr. 8. Eichstätt 903. (Ph. Brönner.) Kart. n.n. 1. —

Mager, Emil

Mager E, Blätter für das Kunstgewerbe. Gefässe in Edelmetall und in Porzellan. (18 T) 4° In Mappe. Gmünd 1882

Mager E, d. Freihandzeichnen in d. Volksschule. 1.2.A. (12 Bl m Text) 4° Gmünd 1878.86

Mager, E., s.: Jahrbuch des Zeichenlehrers.

Mager, E., s.: Jahresheft d. Zeichenunterrichts.

Mager, Emil, Moderne und neueste Current- und Lateinschrift für das kaufmännische Schnellschreiben. 1. Auflage. (Min.-Erl. 25. Februar 1891. Z. 20635 ex 1890.) Heft 1 u. 2 à —.50

Mager's, Emil, Current-Schrift Moderne und neueste für das kaufmännische Schnellschreiben. Herausgegeben für die Akademie für Handel und Industrie in Graz, für andere Mittelschulen und zum Selbststudium. Heft 1 Current-Schrift. Qu.-4. (12 Tafeln) —.50
— — Heft 2. Latein-Schrift Qu.-4. (12 Taf.) —.50
— — Heft 3. Ronde-Schrift. Qu.-4. (9 Taf.) —.65
— — Heft. 4. Vorlageblätter für steile Latein-Schrift. Qu.-4. (10 Tafeln) Wien: Perles 1892.

Mager's, Emil, Schreibvorlagen. 4 Hfte. Hrsg. f. die Akademie f. Handel u. Industrie in Graz, f. andere Mittelschulen u. zum Selbststudium. qu. gr. 4. Wien 892. M. Perles. n. 4. 10
1. Moderne u. neueste Currentschrift f. das kaufmännische Schnellschreiben. (12 autogr. Taf.) n. 1. —
2. Moderne u. neueste Lateinschrift f. das kaufmännische Schnellschreiben. (12 autogr. Taf.) n. 1. —
3. Neueste Rondeschrift ohne Zusammenstoss. (9 autogr. Taf.) n. 1. 30
4. Vorlegeblätter f. steile Lateinschrift f. Volks-, Bürger- u. Mittelschulen. (10 autogr. Taf.) n. — 80

Mager, Emil, Schriften- u. Urkundenfälschung u. deren Erkennung. (59 S.) gr. 8. Wien 905. M. Perles. n. 1. 60

Mager E. Württ. Schulausstellung Stuttgart 1881. Bericht. (128 S) Gmünd 1882

— **Themen u. Thesen üb. Zeichenunterricht.** E. Sammlg. v. Resolutionen u. Kraftsätzen. gr. 8. (IV, 57 S.) Stuttgart 896. Süddeutsche Verlagsbuchh. n.n. 1. 50

Mager's Emil Vorlageblätter für steile Lateinschrift für Volks-, Bürger- und Mittelschulen. Heft 4. Quer-4. (10 Taf.) In Comm. * —.40
Graz: Cieslar 1892.

Mager, Engelbrecht

Mager, E.: Karl M a u c h , d. berühmte Afrikareisende. (100 S 1K) Gmünd 1886.

Mager, E.: Karl Mauch. Lebensbild eines Afrikareisenden. 3 in 1 Bde. Stuttgart: Kohlhammer 1889[—1892].

Mager, E., Karl Mauch. Lebensbild e. Afrikareisenden. 1. u. 2. Hft. gr. 8. (VIII u. S. 1—128 m. e. Karte.) Stuttgart 890. Kohlhammer. à — 70

— Karl Mauch. Lebensbild e. Afrikareisenden. III.—V. Hft. gr. 8. (S. 129—320.) Stuttgart 892. 893. W. Kohlhammer. à — 70

— Karl Mauch. Lebensbild e. Afrikareisenden. M. e. Vorwort v. Leuze, 2 Kartenskizzen u. Mauchs Brustbild. VI. (Schluß-) Hft. gr. 8. (S. 321 - 442.) Stuttgart 895. W. Kohlhammer. — 70 (kplt.: n. 4. —; geb. n. 5. —)

Mager, Ernst, Beiträge zur Entscheidung der Stellungsfrage in der aromatischen Gruppe. Inaugural-Dissertation. gr. 8. (28 S.) Tübingen 872. Fues. n. — 40

Mager, Ernst, Beiträge zur Entscheidung der Stellungsfrage in der aromatischen Gruppe. Inaugural-Dissertation. gr. 8. (28 S.) Tübingen 875, Fues'sche Sortimentsh. *

Mager, Fritz: Herzog Ernst II. und die schleswig-holsteinische Frage 1863—1866. E. historiograph. Studie. Greifswald 1910. 8°
Greifswald, Phil. Diss. v. (1910).

Mager, G.: Anleitung zur Errichtung sowie zur Buch- und Geschäftsführung der Spar- und Darlehnskassen. Breslau: Provinzialverband der Spar- und Darlehnskassen Schlesiens 1899.

Mager, G., Anleitung zur Errichtung sowie zur Buch- und Geschäftsführung der Spar- und Darlehnskassen. Selbstverlag d. Verfassers, Breslau, Neudorferstrasse 13. 1901. 6. —

Mager, Gust., Brief an den Herrn G. v. C. über dessen „der Bischof Dräseke u. sein achtjähriges Wirken im Preußischen Staate." gr. 8. Magdeburg 841, Rubach'sche Buchh. (Fabricius u. Sch.) 1/12 Rthlr

Mager, Hans, Beiträge zur Anatomie der physiologischen Scheiden der Pteridophyten, s. a. **Bibliotheca botanica.**

Mager, Hans, a. Lauban in Schlesien: Beiträge zur Anatomie der physiologischen Scheiden der Pteridophyten. Marburg 1907: (Chr. Belser, Stuttgart). (55 S.) 4° ¶ (Erschien m. 4 Taf. in der „Bibliotheca botanica".)
Marburg, Phil. Fak., Ref. Meyer, Diss. v. 11. Juli 1907
[Geb. 11. Nov. 81 Lauban i. Schl.; Wohnort: Lauban; Staatsangeh. Preußen; Vorbildung: Gymn. Lauban Reife O. 01; Studium: Innsbruck 1, Marburg 12 S.; Rig. 30. Jan. 07.]

Beiträge zur Anatomie der physiologischen Scheiden der Pteridophyten. Von Dr. Hans **Mager**. Mit 4 Taf. Stuttgart: E. Schweizerbart 1907. (58 S.) 4°
— **Bibliotheca** botanica. H. 66. [07. 15327

Mager, Hugo [aus Jauer i. Schl.]: Ueber das Pimelin- und Azelaïnketon. . . . Leipzig-Reudnitz, Druck v. M. Hoffmann, 1890; 29 S., 1 Bl. 8°
Leipzig, Phil. Fak., Inaug.-Diss. v. [23. Sept.] 1890

Mager, Johann Friedrich

— — **(Inest: de assignationibus.)** Lpz. (Staritz) 7. XI. 1829. 16 S. (3.—) 21998

— **Memoriam Joh. Friedr. Mager** resp. jur. 148: de justis ordinariam furti poenam minuendi causis a Friedr. A. Biener. (Leipzig, Saalbach, 1803.) 8 S. (2.—) 21990

— — Diss. jur. eccl. de exarchis. Lpz. (Langenheim) 18. X. 1731. 74 S. (5.—) 21988
Gew.: Friedr. Aug. v. Kühlwein (Raschwitz).

— — Inest: resp. 178: Exemplum interpretationis valde dubiae. (Leipzig, Walmon, 1808.) 8 S. (2.—) 21992

Mager, Jo. Friedrich [Praes.], s. G r a u n , Karl Gottlieb: De candidatis principis.

— — Inest: meditatio III circa ordin. recogn. monendor. Lpz. (Saalbach) 6. XI. 1805. 8 Seiten. (2.50) 21991

Mager, Joh. Friedr. (Leipzig), Diss. jur. eccl. de primatibus, metropolitanis, et reliquis episcopis eccles. Germanicae. Präs. J. Jac. Mascov. Lpz. (Roth) 23. VI. 1729. 88 S. (5.—) 21987
Gew.: Friedr. Aug. v. Kühlwein.

— — (Leipzig), De primatibus metropolitanis et reliquis episcopis ecclesiae Germanicae. Präs. J. J. Mascov. Ed. III. Lpz. (Langenheim) 23. VI. 1741. (4.—) 21989

— — Inest: Quaestio 15. Lpz. (Sommer) 6. XI. 1809. 8 S. (2.—) 21993

— — Inest: Quaestio 30 et 31. Lpz. (Dürr) 6. XI. 1811. 12 S. (3.—) 21994

— — Inest: Quaestio 36 u. 37. Lpz. (Dürr) 6. XI. 1812. 12 S. (3.—) 21995

— — Inest: Quaestio 61. Lpz. (Dürr) 6. XI. 1816. 12 S. (3.—) 21996

— — Praem. quaesto 72 (de cambial.) Lpz. (Dürr) 6. XI. 1819. 12 S. (3.—) 21997

— — Inest: Quaestionum de sponsionibus earumque jure spec. II. (Leipzig, Staritz, 1847.) 12 S. (2.20) 21999

Mager, Joh. N., Lohn-Berechnungs-Schlüssel. (In deutscher, ungar. u. tschech. Sprache.) (II, 9 S. auf Karton.) 14×34,5 cm. Wien 903. (G. Szelinski.) Geb. n. 4. 20

Mager, Jos., Froschlinchens Abenteuer, s.: Fabiani, Guido.

Mager, Jos., span. Gedichte, s.: Campoamor, Ramon.

Mager, Jos., Reiseskizzen. Dalmatien. — Ein Tag in Montenegro. — Wolgafahrt u. Nischnij-Nowgoroder Messe. — London. — Aus Italien. Eine Erinnerungsgabe. (III, 107 S.) 8. München 903. E. Scherzer. n. 1.—

Mager, Karl W. E., Brief an eine Dame über die Hegelsche Philosophie. gr. 8. Berlin 837. Morin. 5/12 Thlr.

Mager, K., Bürgerschule, s.: Bibliothek pädagog. Klassiker.

— die deutsche Bürgerschule. Sendschreiben an e. Staatsmann. gr 8. Stuttgart 840. Sonnewald'sche Buchh.

Mager's, K. W., deutsche Bürgerschule. Mit Magers Biographie hrsg. von K. Eberhardt. gr. 8. (LIX, 164 S.) Langensalza 888, Beyer und Söhne. *ℳ 1.80.; geb. *
—— dass. — s.a. Bibliothek pädagogischer Klassiker.

Mager, Karl W. E., französ. Chrestomathie. In sechs Büchern: Episch, lyrisch, dramatisch, historisch, rhetorisch, didaktisch. (In 2 Abtheil.) Lex.-8. Stuttgart u. Tübingen 842, Cotta'sche Buchh. 1 5/6 Thlr.

— Einrichtung u. Unterrichtsplan eines Bürger-Gymnasiums. (Real- oder h. Bürgerschule.) Aus d. X. Bde. der Pädagog. Revue abgedr. Lex.-8. (Mit 1 Tabelle.) Belle-Vue 845, Verlags- u. Sort.-Buchh. 1/2 Thlr.

— deutsches Elementarwerk. (Lese- u. Sprachbuch.) Für untere Gymnasial-Classen, höh. Bürger(Real)schulen, Cadettenhäuser. Institute u. Privatunterricht. 1r Thl. 1r u. 2r Bd. A. u. d. T.: Deutsches Lesebuch für untere Classen. 1r u. 2r Cursus. größtes 12. Stuttgart 841. Cast. I. 1/2 Thlr. II. 2/3 Thlr.

— deutsches Elementarwerk (Lese- u. Sprachbuch) für untere Gymnasial-Classen, h. Bürger(Real)schulen, Cadettenhäuser und Privatunterricht. 1. Thl. 1. u. 2. Bd. Neue Aufl. A. u. d. T.: Deutsches Lesebuch für untere u. mittlere Classen. 1. u. 2. Bd. 843, 44. 1. Bd. n. 1/2 Thlr. 2. Bd. n. 2/3 Thlr. — 2. Thl. A. u. d. T.: Deutsches Sprachbuch. Anfänge der Grammatik, Onomatik und Sprachkunst. gr. 8. Stuttgart 842, Cast'sche Buchh. n. 2/3 Thlr. — 1. Thl. 3. Bd. A. u. d. T.: Deutsches Lesebuch für untere u. mittlere Classen. 3. Bd. gr. 8. Ebend. 844. n. 1 1/3 Thlr. — I. 1—3. u. II. n. 3 1/6 Thlr.

Mager, (Karl W. E.), Deutsches Elementarwerk. Lese- u. Lehrbuch f. Gymnasien u. höh. Bürger-[Real-]schulen, Cadettenhäuser, Institute u. Privatunterricht. 1. Thl. 1. Bd. 4. Aufl. A. u. d. T.: Deutsches Lesebuch. 1. Bd. 4. Aufl. gr. 8. (XII u. 361 S.) Stuttgart 849, Cotta. — 5. Aufl. gr. 8. Ebd. 850. — 6. Aufl. gr. 8. (XVI u. 349 S.) Ebd. 852. n. 16 ngr — 1. Thl. 2. Bd. 4. Aufl. A. u. d. T.: Deutsches Lesebuch. 2. Bd. 4. Aufl. gr. 8. (X u. 400 S.) Ebd. 849. — 5. Aufl. gr. 8. (XVI u. 386 S.) Ebd. 851. n. 2/3 Thlr. — 1. Thl. 3. Bd. A. u. d. T.: Deutsches Lesebuch f. untere u. mittlere Classen. 3. Bd. 2. unveränd. Aufl. gr. 8. (XXIV u. 756 S.) Stuttgart 847, Cast. n. 1 1/3 Thlr. — 1. Thl. 3. Bd. 3. Aufl. A. u. d. T.: Deutsches Lesebuch. 3. Bd. 3. Aufl. gr. 8. (XVIII u. 832 S.) Stuttgart 850, Cotta. n. 1 Thlr. 18 ngr (I, 1—3: n. 2 Thlr. 24 ngr)

a

Mager, (C. W. E.), deutsches Elementarwerk. Lese- u. Lehrbuch für Gymnasien u. h. Bürger- (Real-) schulen, Cadettenhäuser, Institute und Privatunterricht. Stuttgart, Cotta. Lex.-8.
1. Thl. 1. Bd. Deutsches Lesebuch. 1. Bd. 7. Aufl. 853. — 8. Aufl. 855. — 9. Aufl. 857. (XX, 349 S.) n. 16 ngr.
1. Thl. 2. Bd. Deutsches Lesebuch. 2. Bd. 6. Aufl. 854. (X, 386 S.) — 7. Aufl. 857. (XVIII, 410 S.) n. 20 ngr.
1. Thl. 3. Bd. Deutsches Lesebuch. 3. Bd. 4. Aufl. 855. (XXIV, 832 S.) n. 1 Thlr. 18 ngr.

Mager, (C. W. E.), deutsches Elementarwerk. Lese- und Lehrbuch für Gymnasien u. höhere Bürger [Real-]schulen, Cadettenhäuser, Institute u. Privatunterricht. Stuttgart 863. Cotta.
2. Thl. 1. Bd.: Deutsches Sprachbuch. Anfänge der Laut-, Wort-, Satz-, Stil- u. Litteraturlehre. 1. Bd. Für untere u. mittlere Klassen. 2. Aufl. Nach dem Tode des Verf. neu bearb. von K. Schlegel. (X, 181 S.) n. 12 ngr.

Mager, deutsches Elementarwerk. Lese- u. Lehrbuch für Gymnasien u. höhere Bürger(Real-)schulen, Cadettenhäuser, Institute u. Privatunterricht. 2. Thl. 2. Bd. Deutsches Sprachbuch. Anfänge der Laut-, Wort-, Satz-, Styl- u. Literaturlehre. Für obere Klassen. Nach dem Tode des Verf. neu bearb. von K. Schlegel. 2. Aufl. Stuttgart 866. Cotta'sche Buchh. gr. 8. (X, 366 S.) n. 24 ngr.

Mager, deutsches Elementarwerk. Lese- u. Lehrbuch f. Gymnasien u. h. Bürger- [Real-]schulen, Kadettenhäuser, Institute u. Privatunterricht. 1. Thl. Deutsches Lesebuch. 3. Bd. 6. Aufl. gr. 8. (XXIV, 788 S.) Stuttgart 876. Cotta. n. 5. —

Mager, deutsches Elementarwerk. Lehr- u. Lesebuch f. Gymnasien u. höhere Bürger-[Real-]schulen, Kadettenhäuser, Institute u. Privatunterricht. 1. Thl. 1. Bd. A. u. d. T.: Deutsches Lesebuch. 1. Bd. 15. Aufl. Nach dem Tode hrsg. v. K. Schlegel. gr. 8. (XX, 306 S.) Stuttgart 878. Cotta. n. 2. 50

Mager, deutsches Elementarwerk. Lehr- und Lesebuch für Gymnasien und höhere Bürger-[Real-]Schulen, Kadettenhäuser, Institute und Privatunterricht. 1. Thl.: Deutsches Lesebuch. 2. Bd. Hrsg. von E. Denzel. 11. Aufl. gr. 8. (XVIII, 378 S.) Stuttgart 880, Cotta'sche Buchh. *
1. und 3. Bd. Ebendas. 1876,78. * ℳ 7,50.

— franz. Elementarwerk. (Sprach-, Lese- u. Wörterbuch u. Fibel.) Für untere Gymnasial-Classen, Bürgerschulen, Cadettenhäuser, Institute u. Privatunterricht. A. u. d. T.: Franz. Sprachbuch. Elementarmethodische Anweisung zur französ. Sprache und Grammatik. (3 Abthl.) gr. 8. Stuttgart u. Tübingen 840. Cotta. $1^2/_3$ ₰

— französ. Elementarwerk. Lehr- u. Lesebuch für untere Gymnasial-Classen, h. Bürger(Real)schulen, Cadettenhäuser, Institute u. Privatunterricht. 1. Thl. — A. u. d. T.: Französ. Sprachbuch. Elementarmethodische Unterweisung in den Anfängen der Grammatik, Onomatik u. Technik der französ. Sprache. Neue Aufl. gr. 8. Stuttgart u. Tübingen 842, Cotta'sche Buchh. $^{11}/_{12}$ ₰ — 3. Aufl. Ebd. 845. $^{11}/_{12}$ ₰

— dass. 2. Thl. 1. u. 2. Bd. — A. u. d. T.: Französ. Lesebuch für untere Classen. 1. u. 2. Bd. Neue Aufl. gr. 8. Ebend. 842. $1^3/_8$ ₰ — 3. Aufl. Ebend. 845. $1^3/_8$ ₰

— (Fortsetzung der „modernen Philologie") unt. d. T.: Die modernen Humanitätsstudien. 2. Heft. A. u. d. T.: Ueber Wesen, Einrichtung u. pädagog. Bedeutung des schulmäßigen Studiums der neuern Sprachen u. Literaturen u. die Mittel ihm aufzuhelfen. gr. 8. Zürich 843, Meyer u. Zeller. $^5/_8$ ₰ — 3. Heft. A. u. d. T.: Die genetische Methode des schulmäß. Unterrichts in fremden Sprachen u. Literaturen rc. 3. Bearbeitung. gr. 8. Ebend. 846. 2 ₰

— Französisches Elementarwerk. Lehr- u. Lesebuch für Gymnasien u. höh. Bürger-[Real-]schulen, Cadettenhäuser, Institute u. Privatunterricht. 1. Thl. 6. Aufl. A. u. d. T.: Französisches Sprachbuch. Elementarmethodische Unterweisung in den Anfängen der Grammatik, Onomatik u. Technik der französ. Sprache. 6. Aufl. gr. 8. (XIV u. 342 S.) Stuttgart 850, Cotta. 24 ngr

— Französisches Elementarwerk. Lehr- und Lesebuch für Gymnasien und h. Bürger-(Real-)schulen, Cadettenhäuser, Institute und Privatunterricht. Stuttgart, Cotta. Lex.-8.
1. Thl. Französisches Sprachbuch. Elementarmethodische Unterweisung in den Anfängen der Grammatik, Onomatik u. Technik d. französ. Sprache. 7. Aufl. 854. (XVI, 342 S.) n. 24 ngr
2. Thl. 1. Bd. Französisches Lesebuch. 1. Bd. 7. umgearb. u. verm. Aufl. 856. (XIX, 246 S.) n. 12 ngr
2. Thl. 2. Bd. Französisches Lesebuch. 2. Bd. 5., umgearb. u. verm. Aufl. 853. (XXXII, 414 S.) n. 24 ngr

— französisches Elementarwerk. Lehr- u. Lesebuch für Gymnasien u. höhere Bürger-[Real-]schulen, Cadettenhäuser, Institute u. Privatunterricht. Ebend. 862. gr. 8.
2. Thl. 3. Bd.: Französisches Lesebuch. 3. Thl. [Neue Bearbeitung der französischen Chrestomathie.] 2. Aufl. Nach dem Tode des Verf. neu bearb. von K. Schlegel. (XII, 708 S.) n. 1 ₰ 25 ngr

— französisches Elementarwerk. Lehr- u. Lesebuch für Gymnasien u. h. Bürger-[Real-]schulen, Kadettenhäuser, Institute u. Privatunterricht. 2. Thl. Französisches Lesebuch. 1. Bd. 9., durchgeseh. u. verm. Aufl. von A. Peschier. gr. 8. (XIX, 254 S.) Ebend. 877. n. 2. —

— die Encyclopädie oder die Philosophie d. Wissenschaften als Propädeutik u. Hodegetik für abgehende Schüler der gelehrten u. Bürger-Gymnasien u. angehende Studirende auf Hoch- u. Fachschulen, so wie für andere Liebhaber wissenschaftl. Bildung. 1. Liefg. hoch 4. Zürich 846, Meyer u. Zeller. 1 ₰ 21 ngr

— die Encyclopädie oder die Philosophie der Wissenschaften als Propädeutik u. Hodegetik für abgehende Schüler der gelehrten u. der Bürger-Gymnasien u. angehende Studirende auf Hoch- u. Fachschulen so wie f. and. Liebhaber wissenschaftlicher Bildung. 2 Lfg. Schluss des Lesebuches. hoch 4. (XXII S. u. S. 305 — 731.) Zürich 847, Meyer & Zeller. $2^3/_4$ ₰ (1. u. 2.: 4 ₰ $13^1/_2$ ngr)

— politische Flüchtlinge, Demagogen u. Sykophanten in der heutigen Schweiz. 1. Schub. Das Kleeblatt der HH. Rochholz, Dr. Bolley u. Dr. Kurz, Professoren in Aarau, u. ihre Praktiken. gr. 8. Aarau 843, Christen. $^1/_6$ ₰

—— die modernen Humanitätsstudien. 2. Hft. A. u. d. Ttl.: Ueber Wesen, Einrichtung u. pädagog. Bedeutung des schulmäßigen Studiums der neueren Sprachen u. Literaturen u. die Mittel ihm aufzuhelfen. gr. 8. (9 B.) Zürich 843, Meyer u. Zeller.

—— dass. 3. Hft. A. u. d. Ttl.: Die genetische Methode des schulmäßigen Unterrichts in fremden Sprachen u. Literaturen nebst Darstellung u. Beurtheilung der analyt. u. d. synthetischen Methoden. 3. Bearbeitung. gr. 8. (28 B.) Ebds. 846. Thlr.
Hft. 1. erschien 1840 Ebds. u. d. Ttl.: Die moderne Philologie u. kostet 15 Ngr.

Mager, Dr. Lesebuch zur Encyklopädie. Zürich 1847.

Mager, Dr. Genetische Methode des Unterrichts in fremden Sprachen. Dritte Bearbeitung. Zürich 1846.

— die moderne Philologie und die deutschen Schulen. Besond. Abdruck aus der Pädagogischen Revue. gr. 8. Stuttgart 840. Cast. $^1/_2$ ₰

— s. Revue, pädagogische.

Mager, Dr. Über schulmässiges Studium in neuern Sprachen. Zürich 1843.

— über den Unterricht in fremden Sprachen. Besond. Abdruck aus Diesterweg's Wegweiser für deutsche Lehrer. gr. 8. Essen 838. Bädeker. $^1/_4$ ₰

— Versuch einer Geschichte u. Charakteristik der franz. National-Literatur; nebst zahlreichen Schriftproben. Ein Lehr- u. Lesebuch für den öffentl. u. häusl. Unterricht rc. 1r Bd. Die franz. Literatur vom Anfange des 12. Jahrh. bis gegen das Ende des 18. Jahrh. gr. 8. Wismar. (Hamburg) 834. Perthes, Besser u. Mauke. 2 ₰ (Erschien ohne d. Verf. Namen.)

— dass. 2r u. 3r Bd. 1e—3e Abthl. A. u. d. T.: Geschichte der franz. National-Literatur neuerer und neuester Zeit. (1789—1837.) 1r u. 2r Bd. 1e—3e A. Berlin 837—39. Heymann. 6 ₰

— dass. 4r u. 5r Bd. Aussi s. le tit.: Tableau anthologique de la Litérature française contemporaine. (1789—1837.) En Six Livres: Ecole classique. — Ecole romantique. — Orateurs. — Histoire. — Philosophie. — Sciences exactes. Tom. I. et II. 1e et 2e Partie. Ebd. 837, 38. (T. I. $1^5/_6$ ₰ T. II. $1^1/_2$ ₰) $3^1/_3$ ₰

Mager, Carl W. E., üb. eine unzweckmässige Weise deutsche Grammatik u. fremde Sprachen zu lehren. Oder Beurtheilung der R. J. Wurst'schen Sprachdenklehre u. einiger verwandten Lehrbücher v. Hoegg, Bär, Richon u. Steinmetz. gr. 8. (5 B.) Stuttgart 842, Cast'sche Buchh. *
Aus: Pädagogische Revue etc., besond. abgedruckt.

Mager, Karl W. E., Wissenschaft d. Mathematik nach heuristisch-genetischer Methode. Leitfaden beim Schulunterrichte. 1s Heft: Theorie der sieben Operationen mit wirkl. Zahlen. Nebst e. prakt. Beil. A. u. d. T.: Ueber d. Methode d. Mathematik als Lehrobjekt u. als Wissenschaft. Einleit. zum Leitfaden. Mit 1 Tabelle. gr. 8. Berlin 837. Förstner. 2/3 ℔

Mager, Th., die Zweiteilg. der Stolze-Schreyschen Debattenschrift, s.: Schriften der stenograph. Gesellschaft zu Köln. Nr. 1.

Mager, W. E.: Wissenschaft der Mathematik, s. Mager, Karl W. E.

Mager, Wilh., s.: Archiv f. Stenographie.

Mager, Wilh., Beiträge zur Kurzschriftlehre. I. Buchstabe u. Symbol. (XVI, 327 S.) 8. Berlin 906. F. Schrey. n. 5. —; geb. n. 6. —

Mager, Wilh., Beobachtgn. üb. physiolog. Verändergn. d. Stimme etc., s.: Heller, Rich.

— Deutlichkeit u. Deutlichkeitsuntersuchungen auf dem Gebiete der Kurzschrift. Ein Rückblick. (40 S.) Lex. 8. Berlin (909). Gerdes & Hödel. — 80

Erläuterungen zur Systemurkunde der Vereinfachten deutschen Stenographie ⟨Einigungssystem Stolze-Schrey⟩ von Wilhelm **Mager**. [Nebst] Anh. Berlin: F. Schrey 1899–1906. 2 Bde 8° [Text autogr.]
Erläut. 1899.
Anh. enth. d. Anwendungsbeispiele. Alphab. geordnet v. M. Haberey. 1906. [07. 1130

— Erläuterungen zur Systemurkunde der vereinfachten deutschen Stenographie (Einigungssystem Stolze-Schrey). 2. Aufl. (VIII S. u. 96 autogr. S.) 8. Berlin 907. F. Schrey. Kart. 2. 50

— Geschichte der stenographischen Einheitsbestrebungen. (31 S.) gr. 8. Berlin 908. Gerdes & Hödel. — 60

Mager, Lehrbuch d. Debattenschrift, s.: Schrey, Ferd.

Lesebuch zu Ferdinand Schreys Lehrmitteln der Vereinfachten deutschen Stenographie '(Einigungssystem Stolze-Schrey)' v. Wilhelm **Mager**. *Berlin: F. Schrey 1898.* (32 S.) 1 Bd 8. [98. 5844

Lesebuch zu Ferdinand Schreys Lehrmitteln der Vereinfachten deutschen Stenographie ⟨Einigungssystem Stolze-Schrey⟩ von Wilhelm **Mager**. (2. Aufl.) *Berlin: F. Schrey 1900.* (32 S.) 8° [Text lith.] [00. 4187

Mager, Wilhelm: Lesebuch zu Ferdinand Schreys Lehrmitteln der vereinfachten deutschen Stenographie (Einigungssystem Stolze-Schrey) von Dr. Wilh. Mager. (6. Aufl.) Berlin: Schrey 1909. 30 S. 8° [Text stenogr.]

— Lesebuch zu Ferdinand Schreys Lehrmitteln der vereinfachten deutschen Stenographie (Einigungssystem Stolze-Schrey). 46.—55. Taus. (7. Aufl.) (32 S.) 8. Berlin 910. F. Schrey. — 60

Mager, Wilh., Luftdruck-Erkrankungen, s.: Heller, R.

Die Stolzesche und die Vereinfachte Stenographie '(System Schrey-Johnen-Socin)'. Im Anschl. an d. Aufsatz v. Dr. A. Mantzel verglichen v. Wilhelm **Mager**. *(Berlin: F. Schrey 1897.)* (108 S.) 1 Bd 8. [97. 6134

Mager, Wilhelm, aus Cassel, Gerichtsass. bei d. Kgl. Staatsanwaltschaft zu Cöln: Der Tod des Gemeinschuldners im anhängigen Konkursverfahren. Dargestellt nach bisherigem Rechte f. d. Rhein-preuss. Rechtsgebiet u. nach d. Rechte d. Jahres 1900. *Cöln 1901: W. Zörnsch.* (V, 64 S.) 8° [F.]
Erlangen, Jur. Diss. v. 2. Mai 1900

— hygien. Vorschriften f. Arbeiten in comprimirter Luft, s. Heller, Rich.

— über die Wirkung der Digitaliskörper auf das isolirte Säugethierherz, s.: Braun, Ludw.

— über die Wirkung der Galle u. der gallensauren Salze auf das isolirte Säugethierherz, s.: Braun, L.

Mager, Wilhelm Alwin, Ref. in Leipzig: Das Blanco-Akzept. Eisleben 1906: E. Schneider. (48 S.) 8° [F.]
Leipzig, Jur. Fak., Diss. v. 15. März 1906
[Geb. 24. Febr. 79 Nieder-Putzkau i. Sa.; Wohnort: Leipzig; Staatsangeh.: Sachsen; Vorbildung: Gymn. Bautzen Reife O. 99; Studium: Freiburg i. B. 1, Leipzig 6 S.; Rig. 22. Jan. 04.]

Mäger, Jh. Bapt., s. Osorio, die Herrlichkeit des Christenthums.

Mägerkingen [Schlagwort]

Mägerkingen, s.: Württemberg. Höhenkurvenkarte.

Magerl, Ant., erlaubte Arbeit an den Feyertagen, d. i. Verehrung Mariä, best. in 99 Feyert.-Predigten. Fol. Augsb. Wolf. 746.

Mager's Bibliothek der Praxis. 1.—7. u. 9. Bd. Donauwörth, E. Mager. n. 2. 90
Birnbaum, Max, die Genickstarre. Ihr Wesen u. ihre Behandlg. nebst Angaben, wie man sich gegen sie zu schützen hat. (32 S.) kl. 8. (905.) (Hft. 9.) n. — 30
— der Körper des Menschen in Bild u. Wort. Ein vielfarb., aufklappbares Modell des menschl. Körpers m. erläut. Text. Mit 15 Illustr. (16 S.) schmal Lex.-8. (905.) (Hft. 2.) n. — 50
Ehrmann, Alfr., Tennis. Ein Vademecum f. Tennisspieler u. solche, die es werden wollen. Mit 16 Illustr. 1. u. 2. Aufl. (à 64 S.) kl. 8. (904. 906.) (Hft. 1.) n. — 40
Greither, Heinr., Schweinezucht u. Schweinehaltg. Ein Handbüchlein f. den prakt. Landwirt. Mit 23 Illustr. (45 S.) kl. 8. (905.) (Hft. 4.) n. — 30
Hildebrand, Otto, das Pianino, sein Bau u. seine Behandlg. Ein Vademekum f. Klavierbesitzer. Mit 9 Illustr. (52 S.) kl. 8. (905.) (Hft. 6.) n. — 40
Peschke, Berth., die Feuerversicherung (Mobiliarversicherung.) Was jedermann davon wissen soll, um sich vor Schaden zu bewahren. (48 S.) kl. 8. (904.) (Hft. 3.) n. — 30
Rudolf, G., die Tomate. (Paradiesapfel.) Kultur, Pflege u. Verwendg. Mit 9 Illustr. (32 S.) kl. 8. (905.) (Hft. 5.) n. — 30
Schultze, Otto, die Rose, die Königin der Blumen, ihre Pflanzung, Züchtung u. Pflege. Ein Ratgeber für Rosenfreunde. Mit 10 Illustr. u. 1 Farbendr.-Bilde. (63 S.) kl. 8. (905.) (Hft. 7.) n. — 40
Bd. 8 ist noch nicht erschienen.

Mager's Bibliothek der Praxis. 11. Bd. kl. 8. Donauwörth, E. Mager. — 20
Viehgewährschaft nach dem bürgerlichen Gesetzbuche. Von Carl Hirsch. (32 S.) (908.)

Magers, Johannes, aus Hamburg: Aus d. Augenklinik zu Jena. Ueber hereditäre Sehnervenatrophie und hereditäre Chorioiditis. *Weimar 1899: R. Wagner Sohn.* (20 S.) 8°
Jena, Med. Diss. v. (7. Jan.) 1899

Magerstädt, F., s.: Blätter, fliegende.

Magerstädt, F. Führer durch den technischen Übungsstoff d. Gesangunterrichts m. e. Vorkursus, in welchem der Anschluß der Singübgn. an den Rechenunterricht dargelegt ist. gr. 8. (VI, 103 S.) Bielef. 889, Velhagen u. Klasing. * 1 50

Magerstädt JJFerd, der Geigenlehrer. Gründliche Anleitung im Geigenspiel. 4 Kurse in 1 Bd Köln

Magerstedt, Adph. Frdr., die genetische Bedeutung der Einzelnamen innerhalb der Flurmark Großen-Ehrich im Fürstenth. Schwarzburg-Sondershausen. Ein Beitrag zu e. thüring. Toponomastik. gr. 8. (VI, 88 S.) Sondershausen 876. Eupel. — 75

Magerstedt, Ad. Friedr., Bericht üb. d. Versammlg. thüring. Landwirthe, s. Bericht.

— der prakt. Bienenvater, od. Anleitung zur Kenntniß u. Behandlung der Bienen, besond. in honigarmen Gegenden. 1. Aufl. (15 B.) 842 u. 2., verm. u. verb. Aufl. gr. 8. (21 B.) Sondershausen 845, Eupel.

Magerstedt, Adf. Friedr., der praktische Bienenvater, oder Anleitung zur Kenntniß u. Behandlung der Bienen, besonders in honigarmen Gegenden. 3., verm., verb. u. mit vielen Illustr. (Holzschn. im Text) versehene Aufl. Sondershausen 856. Eupel. gr. 8. (XV, 520 S.) 1 ₰. 15 ngr.

Magerstedt, Adf. Frdr., die Bienenzucht der Völker des Alterthums; insbesondere der Römer. Ein Hülfsbuch für Archäologen, Naturhistoriker u. Bienenzüchter. gr. 8. (VI u. 128 S.) Sondershausen 851, Eupel. ²/₃ ₰

— Bilder aus der römischen Landwirthschaft. Für Archäologen und wissenschaftlich gebildete Landwirthe nach den Quellen bearb. u. herausg. 1. (Bd.) A. u. d. T.: Der Weinbau der Römer. Sondershausen 858. Eupel. gr. 8. (224 S.) 24 ngr.

Magerstedt, Adph. Frdr., Bilder aus der römischen Landwirthschaft. Für Archäologen u. wissenschaftlich gebildete Landwirthe nach den Quellen bearb. u. herausg. 2—6. Heft. Sondershausen 859—62. Eupel. gr. 8. 8 ₰ 5 ngr.
2. Heft: Die Viehzucht der Römer. 1. Abth.: Das Rind, das Schaf, die Ziege, der Hund. (XV, 280 S.) 1 ₰ 15 ngr.
3. Heft: Die Viehzucht der Römer. 2. Abth.: Das Pferd, der Esel, der Halbesel, das Schwein. (VII, 228 S.) 1 ₰ 10 ngr.
4. Heft: Die Obstbaumzucht der Römer. (VII, 290 S.) 1 ₰ 10 ngr.
5. Heft. 1. u. 2. Liefg.: Der Feld-, Garten- u. Wiesenbau der Römer. (XIV, 459 S. u. 2 lith. Taf.) 2 ₰ 20 ngr.
6. Heft: Die Bienenzucht und die Bienenpflanzen der Römer. (VI, 338 S.) 1 ₰ 10 ngr.

Magerstedt, Ad. Fr., Geschichte u. Kultur der Georginen. Ein Handbuch für Blumisten. gr. 8. Sondershausen 843, Eupel. ⁵/₁₂ ₰

— der prakt. Gutsverwalter. 26 Bücher aus d. technischen Landwirthschaft. Ein Handb. f. d., welche Landwirthschaft lernen, lehren u. treiben. Lex.-8. (44 B.) Sondershausen 846, Eupel.

— die zween Jünger Jesu auf ihrem Wege am Auferstehungstage. Letzte Predigt in d. alten Kirche z. Gr.-Ehrich, am zweiten heil. Ostertage 1846 gehalt. gr. 8. (1 B.) Sondershausen, Eupel.

— das letzte Testament unseres Heilandes für alle Völker. Predigt am Missionsfeste zu Greußen, den 12. Aug. 1852. gr. 8. (14 S.) Sondershausen 852, Eupel's Verlag.

— s. Verhandlungen des Vereins zur Beförd. der Landwirthschaft zu Sondershausen.

Magerstedt, Adolf Friedrich: Der Weinbau der Römer. Sondershausen: Eupel 1858. 224 S. (Magerstedt: Bilder aus der römischen Landwirthschaft. 1.) -- 43. 98*. Gei 1

— Wie feiert eine lebendige Christengemeinde den Tag ihrer Kirchweih? Predigt am Tage der Einweihung der neuen Kirche zu Großen-Ehrich, am 2. Decbr. 1851 gehalten. gr. 8. (16 S.) Sondershausen 852, Eupel's Verlag.

Magerstedt, Curt, appr. Arzt: **Untersuchungen zur normalen und pathologischen Anatomie des Wurmfortsatzes. Berlin** (1908): G. Schade. 36 S. 8°
Berlin, Med. Diss. v. 29. Sept. 1908, Ref. Orth
[Geb. 5. Aug. 81 Berlin; Wohnort: Berlin; Staatsangeh.: Preußen; Vorbildung: Leibniz-Gymn. Berlin Reife O. 02; Studium: Berlin 10 S.; Coll. 15. Dez. 07; Approb. 17. Juli 07.] [U 09. 74

Magerstein, Vinc. Th., der österreichische Brennerei-Verwalter, s.a. Bücherei, österreichische landwirthschaftliche.

Magerstein, V. T: Der österreichische Brennerei-Verwalter. Wien 1891

Magerstein, V. Th.: Einfluss des Humus unter gleichzeitiger Mitwirkung einer Stickstoffnahrung auf die Entwicklung des Samens von Cruciferen, erbaut in verschiedenen Bodenarten. 9 S. – Ober-Hermsdorf, Progr.

Magerstein V. Th.: Entwicklung der Erbse in verschiedenen Stickstoffverbindungen. 4. Ober-Hermsdorf L.-A. 84. Progr.

Magerstein, V. Th.: In welche Vegetationsperiode fällt die größte Wirkung des Kaliums im Pflanzenkörper? 4 S. – Ober-Hermsdorf, Progr.

Magerstein V. Th.: Die Kalksteine im nordwestlichen österr. Schlesien. 7. Ober-Hermsdorf, Landw. A. 83. Progr.

Magerstein, V. Th.: Geologische Verhältnisse des nordwestl. Schlesiens. 56 S. – Ober-Hermsdorf, Landw., Progr. 1888.

Magerstein, Vinc. Th., geolog. Verhältnisse d. nordwestl. Schlesien. M. Karte. gr. 8. (56 S.) Freiwaldau 890. (B. Titze.) n.n. 1. —

Magert: Hippologische Studien, s. Arbeiten d. dt. Gesellschaft f. Züchtungskunde.

Magerus a Schönberg, M., de advocatia armata etc. fol. Francof. Andreae. 719.

Mages, Alois, die Gesammtschuldverhältnisse d. österreichischen Rechtes. gr. 8. (202 S.) Wien 872. Manz. n. 4. —

Mages, Alois, Freiherr v. Kompillan: Die Justizverwaltung in Tirol und Vorarlberg in den letzten 100 Jahren. Festschrift zur Eröffnung des neuen Justizgebäudes in Innsbruck. 8°, (V, 247 S.) Innsbruck, Wagner. fl. 2. 1887.

— über Nachbarrecht. Studie. [Aus „allgemeine österreichische Gerichtszeitg."] gr. 8. (66 S.) Ebend. 871. n. 1. 20

Mages, Alois, Verfachbuch oder Grundbuch? Ein Votum zur Frage der Hypothekenregulirung in Tirol. Innsbruck 862. Wagner. gr. 8. (72 S. u. 1 Tab. in 4.) n. 10 ngr.

Mages v. Kompillan, A. Frhr., die Justizverwaltung in Tirol u. Vorarlberg in den letzten 100 Jahren. Festschrift zur Eröffng. d. neuen Justizgebäudes in Innsbruck. gr. 8. (V, 247 S.) Innsbruck 887. Wagner. n. 4. —

Magewirth, J., Deutschlands Trauer. Betrachtungen bei der Todtenfeier unserer hochseligen Kaiser Wilhelm I. u. Friedrich III. (VIII, 64 S.) Hamburg 888. Schick's Buchh. 1. 20

Magewirth, Jul., Glockentöne. Geistliche Dichtgn. 12. (XI, 136 S.) Frankfurt a/M. 883. Gebr. Knauer. geb. m. Goldschn. n. 5. —

Magg: Zur Lehre von den Ordrepapieren. 50 S. 8° –Wien H., Progr. 1867

Magg: Ueber handelsrechtliche Vorsichten bei Kauf und Verkauf von Waaren. 31 S. 8°–Wien H., Progr. 1866

Magg, A., Ariadne salutis, s. tractatus de sacramentis omnibus etc. 4. ibid.

Magg, C., Kriegs-Kalender d. deutsch-französischen Feldzuges 1870—1871. 29 Hfte. gr. 8. (928 S.) Karlsruhe 871. 72. Macklot. à — 25

Magg, Franz, appr. Arzt aus Ummenhofen: Ueber einen seltenen Fall von traumatischer Septikämie, kompliziert mit Perforationsperitonitis. *München 1900: M. Ernst.* (36 S.) 8°
München, Med. Diss. v. 1900

Magg, Fritz, Medizinalpraktikant a. Starnberg: Zur Operabilität des Uterus-Carcinoms. München 1907: C. Wolf & Sohn. (36 S.) 8°
München, Med. Fak., Ref. Döderlein, Diss. v. 7. Febr. 1908
[Geb. 14. Mai 81 Starnberg; Wohnort: München; Staatsangeh.: Bayern; Vorbildung: Gymn. Passau Reife Juli 01; Studium: München 4, Erlangen 1, Kiel 1, München 4 S.; Coll. 7. Febr. 08; Approb. 15. Jan. 08.]

Magg, J.: Zur Lehre von den Ordrepapieren. Wien. 50 p. 1867.
Schul-/Univ.-Schrift

Magg, Julius: Die indirekte Regulierung der Turbinen mit Berücks. der Massenträgheit des Einflußwassers. – 1907. 34,2 Bl.
Diss. Graz, TH

MAGG, Rudolf (München): Ueber einen Fall von Ileus.- München: Mühlthaler 1871. 14 S.
28.7.1869 - Urk (Titel: De ileo.); P 72; Chr 1869/70,12
Diss.Ingolst.-Landsh.-Mchn.

Maggia, das tessinische Thal. und seine Verzweigungen. ca. 1870.

Maggiatal, Das, und seine Bahn. [Luzern] 1907. V: *Schnyder, Michael.* (BBullschw 17, S. 174)

Maggid, David: Zur Geschichte und Genealogie der Günzburge. Von d. ältesten Stämmen dieser Familie in Deutschland ... bis zum Tode d. ber. Jacob-Gabriel Günzburg aus Kamenetz in Russland ... von David Maggid ... S. Petersburg: Verl. d. Autors 1899. (A.T.:) (Hebr.) Sêfer tôledôt mišpâḥôt Günsburg ... (XIV, 306 S., 1 Bl.) 1 Bd. 8.

מַגִּיד אֱמֶת, (Maggid Emeth.) gr. 8. Leipzig 843, C. L. Fritzsche. n. 1/6 Thlr

Maggil, G., neue Reise nach Tunis, s. neue Bibliothek der Reisebeschreibb. 7r Bd.

Maggini, G. Carte du chemin de fer du Mont Cenis. 1 : 120,000. Farbendr. 25,5×126 cm. Mit Text. gr. 8. (6 S. m. Karten.) Zür. 891, Art. Institut Orell Füssli Verlag. In Carton * 3 —

Maggini, G., s.a. *Volksatlas.*

Maggini, G. Volks-Atlas der Schweiz in 28 Vogelschaublättern. N° 3: Der Bodensee. Farbendruck. Gr. in-fol. Zürich, Art. Institut Orell Füssli. 1892.

Maggini. Volksatlas der Schweiz in 28 Vogelschaublätter. Bl. 9. Neuchâtel-Fribourg-Bienne. In-8°. Zürich, Art. Institut Orell Füssli. 1892. 1 50

Magglingen

Curhaus. K' Magglingen, eine Stunde ob Biel, am Fusse des Chasseral.... Klimatischer Luftkurort.... (**Nachtitel:* M' und seine Umgebungen). [Mit Illustrationen, 1 Tafel und 1 Karte.] 8. (Biel) *o. J.* [1876/80].
Ausg. A. ... Eigenthümer: Albert Waelly ... Biel.
Ausg. B. Eigenthümer: Albert Waelly.

Maggy, die kleine, und ihre Kinder. Eine Erzählung für Jung und Alt von der Verf. von „Jessica's erstes Gebet". Frei nach dem Engl. von M. K.-G. Autoris. Ausg. mit 11 Holzschn. (7 eingedr. und 4 Holzschntaf.). 1. Aufl. 1871, und 2. Aufl. 16. (136 S.) Basel 873, Spittler. cart. *

Maggy, die kleine, u. ihre Kinder. Eine Erzählg. v. der Verfasserin v. „Jessika's erstes Gebet." Frei nach dem Engl. v. M. K.-G. Autoris. Ausg. m. 11 Holzschn. gr. 16. (136 S.) Basel 874. Spittler. n. — 70

Maggy, die kleine, u. ihre Kinder. Eine Erzählung v. der Verf. v. Jessika's erstes Gebet 2c. Frei nach dem Engl. v. M. K.-G. Autoris. Ausg. mit 11 Holzschn. 4. Aufl. gr. 16. (128 S.) Basel 878. Spittler. n. — 75

Maggy, die kleine, und ihre Kinder. Eine Erzählung von der Verf. von Jessika's erstes Gebet 2c. Frei nach dem Engl. von M. K.-G. Autoris. Ausg. mit 11 Holzschn. 5. Aufl. gr. 16. (128 S.) Basel 880, Spittler. * 70 Pf.; geb. *

Magha's Tod des Çiçupala. Ein sanskritisches Kunstepos übers. u. erläutert von C. Schütz. 1. Abthl. Uebersetzung, Gesang I—XI. Lex.-8. Bielefeld 843, Velhagen u. Klasing. n. 1⅓ Thlr

Maghețiu, Coriolan, Stud. phil.: Dr. Cyrill Horváth's Philosophisches System. (Darstellung u. Kritik.) *Bukarest (1898): Buchdr. Gutenberg.* (63 S.) 8°
Leipzig, Phil. Diss. v. [13. Nov.] 1898

Magi, Die, aus dem Morgenlande zu Bethlehem. Königsberg 1760. V: *Hamann, Johann Georg.* (Ky) (R-N)

Magi, die, aus dem Morgenlande zu Bethlehem, (v. J. G. Hamann). 4. Königsb. 760.... Nachschrift: An den Magum in Norden zu Königsberg in Pr. 4. 773.

Magia adamica, oder Alterthum der Magie. 8. Leipzig. 735.

Magia alba, oder die Kunst zu hexen. Eine Auswahl unentdeckter Kunststücke in Zahlen, Karten, Würfeln u. andern Dingen; von Albertus parvus. Mit 1 Kupf. u. Holzschn 8. Merseb. 825, Sonntag.

Magia alba, od. d. Kunst zu hexen. Eine Auswahl neuentdeckter Kunststücke in Zahlen, Karten, Würfeln u. and. Dingen 2c. Von Albertus parvus. Mit Ttlkpfr. u. erklär. Holzschnitten. Neue Ausg. gr. 12. (6½ B.) Merseburg 830, [Weidemann.]

Magia Amatoria, i. e. natürliche und übernatürliche Geheimnüsse und Experimente die Liebe zu erwecken. s. l. et a. 4.

Magia divina, Unterricht von den fürnehmsten Cabalistischen Kunst-Stücken der alten Israeliten, Weltweisen und ersten Christen. Frkf. 745. 8.

— **divina,** oder Unterr. v. d. kabbalist. Kunstst. d. alt. Israelit. 2c. 8. Leipz. Comt. f. Lit. 745.

Magia militaris, i. e. natürliche und übernatürliche Geheimnüsse sich feste zu machen, die rechte Passauer Kunst, feste wiederum aufzuthun, Reuter ins Feld zu machen, Kugeln abzuweisen, Stücke zu versagen, daß wenn du mit deiner Klinge deines Gegners anrührst, solche muß zerspringen, nebst unterschiedenen Cabbalistischen Geheimnüssen vor alle Feinde, eine belagerte Stadt vor seinen Feinden zu beschützen, daß er solche nicht kann bestürmen noch einnehmen, seine Feinde in der Schlacht zu überwinden, daß ein Kriegs-Heer sich in die Flucht zertrenne, eine belagerte Stadt zu infortuniren 2c. s. l. et a. 8.

Von der **Magia Naturali** geheime Unterredung. Cosmopoli 702. 8.

Magia Naturalis: Ganz neues Kunst-Buch W. M. G. Schwabach 713. 8.

Magia Odii, i. e. Geheimnüsse unter 2 liebenden Personen Feindschaft zu erwecken: item unterschiedene Secreta, daß einem die Feinde nicht schaden können, item Feinde wie sie zu erkennen, und wie solche magischer Weise zu lädiren. s. l. et a. 8.

Magia Venatoria i. e. Geheimnüsse der Jäger, gewiß zu schiessen, item einem einen Weydemann zu machen, solchen wiederum zu helffen, gewisse freye Schüsse zu haben, das Wild zu bannen, nebst unterschiedenen andern Geheimnüssen. s. l. et a. 8.

Magica, das ist: Wunderbarliche Historien von Gespenstern und mancherley Erscheinungen der Geister, von zauberischen Beschwerungen, Beleidigungen, Verblendungen und dergleichen Gaukelwerk. Item, von Oraculis, Verkündigungen und Weissagungen zukünftiger Dinge, von Träumen, Gesichten und Offenbahrungen. Hiernechst auch von allerley Betrug der bösen Geister, dadurch sie die Menschen zur Anruffung der verstorbenen Heiligen, Anbätung der Bilder, und Bestättigung des Gedichts vom Feg-Feuer und sonsten allerley Aberglauben verführet haben. Aus bewährten und glaubwürdigen Historicis und andern Scribenten mit besonderm Fleiß in lateinischer Sprache zusammengetragen, itzo aber allererst gemeinem Vaterlande, Teutscher Nation, zu Nutz in die Teutsche Sprache treulich gebracht, und in Druck verfertiget. Cum Privilegio. Eißleben. Typis Grosianis. 2 Thle. 4.

Magicon oder das geheime System einer Gesellschaft unbekannter Philosophen. Frankfurt a. M. u. Leipzig 1784. V: *Kleuker, Joh. Frdr.* (MGT) (ADB) (Ky) (Kl) (LS) (SJL)

Magicus der Prophet oder Anleitung aus den Karten wahrzusagen. 2. Aufl. Magdeb. o. J. (839) 32.

Magie. – Die Magie. Ein Volksblatt für Jung und Alt im deutschen Vaterlande. Hrsgeg. v. Horn. Jg. 1-8 . Wiesbaden: Viedner 1858-65.

Magie blanche dévoilée, avec les aventures de Jérôme Scharp. V Vol. gr. 8. Mayns, Kupferberg.

—in den Fächern d. Oekonomie, Baukunst u. Chemie. Nützl. Aufsätzen solcher Erfindd. ꝛc., welche f. bürgerl. Stände brauchbar, vorzügl. f. Oekonomen ꝛc. 8. Frankf. a. M. 805. Jäger. 1 ℛ

Magie der Natur. Eine Revolutionsgeschichte, v. Karol. Baronin de la Motte Fouque', s. Bibliothek der Romane von u. für Damen. 5te Liefer.

Magie, die natürliche, s.: Wochenbände.

— die natürl. u. teuflische, v. Verf. der Erfahrr. des Lebens. 8. Hamb. 798. (Aue in Altona). 6 g

— d. natürl. u. teuflische, v. Verf. d. Erfahr. des Lebens. 8. Hamb. Bachmann u. G. 798.

— ökonom., f. Frauenzimmer, z. Nutz. und Vergnüg. in der Hauswirthsch. 3 Bde. gr. 8. Berlin, Sander. 796-99. (1r 10 gr. 2r 3r à 12 gr.)

Magie, d. spielende. 5 Stück m. Kupf. gr. 8. Berlin, Maurer. 790—93. (à 10 gr.) Rthlr.

Magie, Die teuflische, existirt nicht. Donauwörth 1791. V: *Bauer, Frdr.* (Ky)

— die teuflische, existirt nicht, (v. Fr. Bauer). 8. Donauwörth 791.

— f. gesellschaftliche Vergnügen. 4 Thle. 8. Gotha 800—804 Ettinger. 2 ℛ 16 g Hbg. Pr. 2 ℛ

Magie, David, Neoeboracensis: De Romanorum juris publici sacrique vocabulis sollemnibus in graecum sermonem conversis. P. 1. *Halis Sax. 1904: (B. G. Teubner, Lipsiae).* (VI, 41 S.) 8° ¶ (Erscheint vollst. bei B. G. Teubner in Leipzig.)
Halle, Phil. Diss. v. 1904

Magie, Dav., de Romanorum iuris publici sacrique vocabulis sollemnibus in graecum sermonem conversis. (VI, 183 S.) gr. 8. Leipzig 905. B. G. Teubner. n. 6. —; geb. n. 6. 60

Magie, William Francis (geb. Elizabeth. N.-J. 14. 12. 1858): Capillaritäts-Constanten. Berlin (1885). (38 S.) 8°
Berlin, Phil. Diss. v. 25. März 1885

Magiker, der kleine, oder Anweis., eine ganze Gesellsch. d. eine Menge ganz neuer chem., leicht, ohne Gefahr und mit wenig Kosten anzustellender Kunststücke, auf e. angen. Weise zu unterhalten ꝛc. 8. Lpz. Joachim.

Μαγικόν, s.a. Kleuker, Joh. Friedr. 1784.

Magikon, od. das geh. System e. Gesellsch. unbek. Philosophen. 2 Thle. 8. Hannov. Helwing. 784.

Magikon, od. d. vorzüglichsten Zauberkünste d. berühmtesten Taschenspieler Pinetti, Philadelphia, Enslin u. Eckartshausen. Eine ausgewählte Samml. überrasch. u. sehr leicht auszuführ. chem., elektr., galvan., magnet., opt., sympathet. u. Karten-Kunststücke ꝛc. 1. Aufl. gr. 12. ($14\frac{1}{2}$ B.) Kaschau 830. 1 Thlr., 2. A. ?, 3. u. 4. A. 8. (à 10 B.) Leipzig 834, G. Wigand. à

— oder die vorzügl. Zauberkünste der berühmtest. Taschenspieler: Pinetti, Philadelphia, Enslin u. Eckartshausen. Eine ausgewählte Sammlung überraschender u. sehr leicht auszuführ. chemischer, elektr., galvan., magnet., opt., sympathet. u. Karten-Kunststücke ꝛc. 3e Aufl. 8. Leipzig 834. Georg Wigand. $1/2$ ℛ
— 4e Aufl. 8. Ebd. 835. $1/2$ ℛ

Magikon. Archiv für Beobachtungen aus d. Gebiete d. Geisterkunde u. des magnet. u. magischen Lebens, nebst and. Zugaben für Freunde des Innern, als Fortsetzung der Blätter aus Prevorst. Herausg. v. Justinus Kerner. 1r Jahrg. 1s — 3s Hft. gr. 8. Stuttgart 840. Ebner u. Seubert. (à $1/2$ ℛ) $1\frac{1}{2}$ ℛ

Magikon. Archiv für Beobachtungen aus dem Gebiete der Geisterkunde u. des magnetischen u. magischen Lebens, nebst andern Zugaben für Freunde des Innern. Herausgeg. von Justinus Kerner. 2. u. 3. Jahrg. à 4 Hfte. (Mit Dr. Kerner's Bildniß.) gr. 8. Stuttgart 841—46, Ebner u. Seubert. à n. $1/2$ ℛ

Magikon. Archiv für Beobachtungen aus dem Gebiete der Geisterkunde u. des magnetischen u. magischen Lebens ꝛc. Hrsg. v. Justinus Kerner. 4. Bd. [4. Jahrg.] 4 Hfte. 5. Bd. [5. Jahrg.] 1—3. Hft. gr. 8. (4: XIV u. 494 S. 5: XII S. u. S. 1—382.) Stuttgart 847—52, Ebner & Seubert. à Hft. n. $1/2$ ℛ

Magikon. Archiv für Beobachtungen aus dem Gebiete der Geisterkunde und des magnetischen und magischen Lebens ꝛc. Herausg. von Justinus Kerner. 5. Bd. 4. Heft. Stuttgart 853. Ebner u. Seubert. gr. 8. (2 Bl., S. 383—506.) n. 15 ngr.

Magill, Robert, aus Belfast in Irland: Der rationale Utilitarismus Sidgwicks oder seine Vereinigung des Intuitionismus und des Utilitarismus. *Jena 1899: A. Kämpfe.* (73 S.) 8°
Jena, Phil. Diss. v. (6. März) 1899

Magin, Ernst, optische Untersuchung üb. den Ausfluss v. Luft durch e. Lavaldüse, s.a. Mitteilungen üb. Forschungsarbeiten auf dem Gebiete des Ingenieurwesens.

Magin, Ernst, a. Hamburg: Optische Untersuchung über den Ausfluß von Luft durch eine Laval-Düse. Berlin 1908 (A. W. Schade). (38 S.) 8° ¶ (Aus: Mitteilungen über Forschungsarbeiten auf dem Gebiete d. Ingenieurwesens.)
Göttingen, Phil. Fak., Ref. Prandtl, Diss. v. 29. Jan. 1908
[Geb. 26. Sept. 84 Altona; Wohnort: Hamburg; Staatsangeh.: Hamburg; Vorbildung: Realgymn. d. Johanneums Hamburg Reife M. 02; Studium: Techn. Hochsch. Berlin 3, Univ. Leipzig 1, Göttingen 5 S.; Rig. 5. Dez. 06.]

Magine Rèim. Ein Rückblick auf 100 Jahre. [Berlin 1904.] V: *Heinemann, Jerem.* & *Gg Minden.* (Berl)

Maginot, Herm., Jubiläums-Büchlein. Anleitung u. Gebete zur Gewinnung des von unserem heil. Vater Leo XIII. ausgeschriebenen allgemeinen Jubiläums-Ablasses. 16. (48 S.) Speyer 879. Kleeberger. n. — 20

Magir: De meninge arachnoidea, s. Goelicke, Andreas Ottomar [Präs.]

Magirus [Pseud.], s. Koch, Matthaeus

[F.] Herzog Wilhelm von Württemberg, k. u. k. Feldzeugmeister. E. Lebensbild v. Adolf **Magirus,** Hauptm. im Grenadierreg. ... Nr. 123 ... M. Ill., Portr., Kartensk. u. 1 Stammbaum. *Stuttgart: W. Kohlhammer 1897.* (XII, 378 S., 1 Tab.) 1 Bd 8. [97. 5576

Magirus A, Herzog Wilhelm von Württemberg. Lebensbild. (378 S 1 T) Stuttgart 1898

Magirus, C. D., Anleitung zur Gründung v. Feuerwehren in Landstädten u. Dörfern. 16. (114 S.) Ulm 872. (Ebner.) n. 1. —

Magirus, C. D., das Feuerlöschwesen in allen seinen Theilen nach seiner geschichtlichen Entwicklung von den frühesten Zeiten bis zur Gegenwart dargestellt. Mit 280 in den Text gedr. Holzschn. hoch 4. (VIII, 812 S.) Ulm 877. (Ebner.) n. 8. —

Magirus, C. D: Magirus-Drehleiter, Konstr. Dv. Ulm a. D. (1903?)

Magirus, C. D: Magirus-Patent-Leiter D. R.-P. 116816, Konstruktion Eo. Ulm a. D. 1903

Magirus, C. D: Jll. Preisliste über Feuerwehr-Geräthe. Ulm a. D. 1890. 1899

Magirus, C. D., alle Theile des Feuerlöschwesens. Mit 100 lithogr. Abbildungen. 1. Aufl. (VI und 67 S.) Ulm 1850. und 2. Aufl. gr. 8. (VIII und 72 S. mit 10 Stnt. in Fol.) Stuttgart 851, Metzler'sche Buchh. *

— Uebungs- u. Feuerlösch-Regeln. gr. 16. (52 S.) Ebend. 872. n.n. — 30

Magirus, K. Griechische Papyri, s. XVIII. Bd. 2. Abthl. S. 664 Studien, Wiener, 8. Jahrg.

Mägis, A., Beitrag zur Dynamik der Wirbelstürme. (56 S.) gr. 8. Solothurn 907. (A. Lüthy.) 2. —

Mägis, Conrad, s. Mägis, Konrad

Maegis, Ed., Ueber die allgemeinste eindeutige Correlation der räumlichen Gebilde. (Inaug.-Dissert.) Königsberg 1868. 4°. brosch. (31 S.)

Mägis, Konrad

M[ägis], C[onrad]. Die Schaffhauser Schriftsteller von der Reformation bis zur Gegenwart, biographisch-bibliographisch dargestellt von C. M. ⟨Probe eines biogr'-bibliographischen Lexikons der Schweizer Schriftsteller.⟩ 8. Schaffhausen 1869.

Magister, J., zeitgemäße Güter-Organisirung mehrseitig mit dem besten Erfolg durchgeführt zum Behufe der Begründung einer den Zeitverhältnissen angemessenen Güter-Bewirthschaftung und sicheren Erzielung des größtmöglichsten Ertrages, zugleich der Schlüssel zur Abfassung landwirthschaftl. Ertrags-Präliminare. gr. 8. (VIII und 273 S.) Wien 855, Mechitaristen-Congregations-Buchh. *

Magisterbuch. 22. Folge. Hrsg. im 4. Jubeljahre der Universität Tübingen von K. Helfferich. 1877. gr. 8. (VI, 180 S. m. 1 lith. u. color. Karte in gr. Fol.) Tübingen 877. Osiander. cart. n. 2. —

Magisterbuch. 23. Folge. Hrsg. von K. Helfferich. 1879. gr. 8. (VI, 182 S. mit 1 Lichtdr.) Tübingen, Osiander'sche Buchh. cart. *

Magisterbuch. 24. Folge. Hrsg. von K. Helfferich. 1881. gr. 8. (VIII, 189 S.) Tübingen 882, Osiander'sche Buchh. cart. *

—— dass. — 25. Folge. 1884. gr. 8. (VIII, 191 S.) Ebendas. 884. cart. *

Magisterbuch. 26. Folge. Hrsg. von K. Helfferich. 1887 gr. 8. (VI, 192 S.) Tübingen 887, Osiander'sche Buchh. cart. *

Magisterbuch. (Verzeichniß der evangel. Geistlichkeit Württembergs.) 27. Folge. Hrsg. v. W. Breuninger. 1889. gr. 8. (VI, 199 S.) Tübingen 890, Osiander. geb. * 2 —

—— dass. — 28. Folge. 1892. Hrsg. v. W. Breuninger. Mit Anh., die Einkommensbeschreibgn. der evangel. Kirchenstellen nach d. Stand vom 1. März 1892. Bearb. v. Riehm. gr. 8. (VI, 203; 74 S.) Ebd. 892. cart. ** 3 —

Magisterbuch. (Verzeichnis der evangel. Geistlichkeit Württembergs.) 29. Folge. 1894. Hrsg. v. W. Breuninger. Mit Anh., die Einkommensbeschreibungen der evangel. Kirchenstellen nach dem Stand vom 1. Oktbr. 1894. Bearb. v. Riehm. gr. 8. (VIII, 188 u. 90 S.) Tübingen 894. Osiander. Kart. n.n. 3. —

Magisterbuch. (Verzeichnis d. evang. Geistlichkeit Württembergs.) 30. Folge. 1897. Hrsg. v. W. Breuninger. gr. 8. (XII, 208 S.) Tübingen, Osiander's Verl. Kart. n.n. 2. 50

Magisterbuch. (Verzeichnis der ev. Geistlichkeit Württembergs.) 32. Folge 1902. Hrsg. v. W. Breuninger. gr. 8. (VI, 218 S. m. 1. Karte.) Tübingen (902). Osiander. Kart. n.n. 3. —

Magisterbuch. (Verzeichnis der evang. Geistlichkeit Württembergs.) 33. Folge 1904. Hrsg. v. W. Breuninger. (VI, 217 S.) 8. Tübingen, Osiander. Kart. n.n. 2. 50

Magisterbuch. (Verzeichnis d. evang. Geistlichkeit Württembergs.) 35. Folge. 1909. Hrsg. v. W. Breuninger. (VIII, 211 S.) 8. Tübingen, Osiander. Kart. nn 3. —

Magisterbuch, Vollständiges Würtembergisches. Grösstentheils nach dem Plan des ... Magister Zettels eingerichtet. 3. ... Ausg. [Stuttgart] 1772. V: *Autenrieth, Ernst G.* (Heyd)

Magistrat, der, von Berlin, vor seinem Könige. Urtheil des Journal des Débats v. 23. Oct. 1845. Französisch m. deutscher Uebersetzung. 8. (1 B.) Berlin 845. [Adolf u. Comp.] *

Magistrat, der, von Berlin, vor seinem Könige. Urtheil des Journal des Débats vom 23. Oct. 1845. Französisch mit deutscher Uebersetzung. fl. 8. Berlin 845, Buchhdlg. des Berliner Lesecabinets. n. 1/12 ₰

Magistrat, Einem Hochedlen und Hochweisen, der . . . Reichsstadt Hamburg zu Ehre . . . wurde . . . 1742 folgendes Schäferspiel . . . aufgeführet, genannt: Das Fest. V: *Uhlich, Adam Gottfried.* (Heitmüller, Ferdinand, Uhlich. Hamburg u. Leipzig 1894.)

Magistrat, Einem Hochedlen und Hochweisen, der . . . Reichsstadt Hamburg zur Ehre . . . wurde . . . 1742 folgendes Vorspiel aufgeführet, genannt: Das von der Weisheit vereinigte Trauer- und Lustspiel . . . V: *Uhlich, Adam Gfr.* (Litzmann, Schröder. Hamburg u. Leipzig 1890. I, 32.) (Heitmüller, Uhlich. Hamb. u. Leipz. 1894.)

Der Magistrat muß abdanken! Druck von W. Fähndrich. 1 Bl. Fol.
Flugblatt. Berlin, 27. Juni 1848.

Magistrat, Der neue ungerechte, oder Klagen eines Patrioten. O. O. 176? H: *Lavater, Johann Caspar & Johann Heinrich Füssli.* (MGT)

Magistrat, der, u. die Stadtverordneten-Versammlung Breslau's in ihrem Verhalten zu dem Antrag auf Errichtung einer katholischen Realschule erster Ordnung. Aktenmäßige Mittheilung. Breslau 865. Aderholz' Buchh. gr. 8. (38 S.) n. 5 *ngr.*

Magistrat, Der ungerechte, oder Klagen eines Patrioten. O. O. 176? V: *Füssli, Johann Heinrich & Johann Caspar Lavater.* (MGT)

Magistrat, Der, Die Verschönerungscommission und das deutsche Theater in Pesth . . . Wien 1848. V: *Frank.* (Pk) (KU)

Magistrate, Dem, und der Bürgerschaft der Stadt Leipzig beym Jubelfest der Universität . . . Leipzig 1809. V: *Erhard, Christian Daniel.* (MGT) (GGr)

Magistrats-Entwurf des Statuts für die Berliner Bürgerwehr und Vorschläge der Commission des Bürgerwehr-Clubs. Druck von J. Sittenfeld. 1 Bl. 4.
Flugblatt. Berlin, 18. Juli 1848.

Magistretti, Marc., monumenta vetoris liturgiae Ambrosianae. Pontificale, in usum ecclesiae Mediolanensis necnon ordines Ambrosiani ex codicibus saecc. IX—XV collegit, ed. et notis illustravit M. Praefatus est Antonius M. Ceriani. Lex.-8. (XXXVIII, 147 S.) Mailand 897. U. Hoepli. n. 10. —

Magistretti, Marc., Monumenta veteris liturgiae Ambrosianae. Vol. II et III. Manuale Ambrosianum. Ex codice saec. XI olim in usum canonicae Vallis Travaliae in duas partes distinctum ed. M. (202 u. 503 S.) Lex.-8. Mailand 904. 905. U. Hoepli. n.n. 32. —
Vol. I. Ebd. 897. n. 10. —.

Magistrini, J. B., delineatio geometrica umbrarum, quae corpora rotonda praesertim architectonica vel in sematipsis patiuntur, vel sibi invicem inferunt, vel aliunde mutuantur. 4. Bononiae. (Zürich, Orell et Soc. in comm.) 818.

Magitot, E., die Cysten des Oberkiefers in ihren Beziehungen zum Sinus, s. Abhandlungen, zahnärztliche, ausländischer Autoritäten.

v. Magius, J., Bemerk. üb. das Theater zu Lübeck. 8. Lübeck 804.

Magliano, Fr. Panfilo da, Geschichte des heil. Franziskus und der Franziskaner. Aus dem Italien. übers. und bearb. von Fr. Quintianus Müller. 1. Bd.: Von St. Franziskus bis St. Bonaventura 1181—1274, nebst einem kurzen Auszuge aus dem 2. und 3. Orden. gr. 8. (XXVIII, 538 S.) München 883, Stahl. *

MAGLICH, Georg A.: Waldwertberechnung und forstliche Statik des jährlich-nachhaltigen Kahlschlagbetriebes. - Triest 1907. 45 Bl., 9 S. Nachtr. (Maschr.) - Diss. Hochsch. f. Bodenkultur Wien 1907

Magna charta v. Gallizien, od. Untersuchungen der Beschwerden des gallizischen Adels poln. Nation über d. östreich. Regierung, (v. Er. Tr. v. Kortum). gr. 8. Jassy. (Lemberg.) 790. (Kummer in Leipz. u. v. Mößle in Wien.) 20 *gr* (vgl. *Charta* magna.)

Magna Charta v. Gallizien, oder Unters. der Beschwerden des galliz. Adels poln. Nation, über d. österr. Regierung. gr. 8. Jassy. (Kummer in Leipzig und Mößle in Wien.) 791.

Magnan, V., psychiatrische Vorlesungen. Deutsch von P. J. Möbius. 1.—6. Hft. gr. 8. Leipzig, G. Thieme. n. 8. 20

1. Ueber das „Délire chronique à évolution systématique". [Paranoia chronica m. systemat. Entwickelg. od. Paranoia completa.] (VIII, 63 S.) 891. n. 1. 20
2. 3. Ueber die Geistesstörungen der Entarteten. (XV, 123 S.) 892. n. 2. 50
4. 5. Ueber die Geistesstörungen der Entarteten. (Fortsetzung), üb. das intermittirende Irresein u. A. (III, 112 S.) 893. n. 2. 50
6. Ueber Manie. Ueber Alkoholismus. Ueber Simulation u. Verkennung des Irrsinns. (III, 54 S.) 894. n. 2. —

Magnant, L. G., s. Denkwürdigkeiten aus d. Leben der Herzogin von Berry.

Magnaron, Ant., Metodo teorico-pratico di stenografia. 2. edizione migliorata, ampliata e semplificata dall' autore con 16 tavole dallo stesso incise. 8. (99 S.) Triest 862, Coen. *

Magnay, Sir William, die Männerfalle, s.: Enßlin's Roman- u. Novellenschatz.

Magne, Jean Henri

Magne, J. H., die Grundlehren der Veterinär-Hygiene, od. die Regeln f. die Gesundheitspflege der Hausthiere m. Rücks. auf den einschlägigen landwirthschaftl. Betrieb. Nach d. Französ. bearb. v. C. J. Fuchs. gr. 8. (43 B.) Berlin 844, Amelang, Verl.

Magne, J. H., Handbuch der gesammten Landwirthschaftlichen Viehzucht. Ein Lehrbuch zum Selbstunterricht in der Züchtung, Wartung, Veredlung rc. aller landwirthschaftlichen Hausthiere, mit Berücksichtigung der Vortheile beim Ein- und Verkauf derselben. Nach den neuesten Erfahrungen und den Grundsätzen von: Thaer, Schwerz, Pabst rc. bearb. und herausg. Mit zahlreichen in den Text eingedr. Abbildgn. (Holzschn.) 1. Heft. Berlin 855. Preuß. Literatur-Comptoir. 4. (2 Bl., S. 1—32.) n. 7⅓ *ngr.*

Magne, J. H., die Wahl der Milchkühe oder Beschreibung aller Kennzeichen mit deren Hülfe sich die Milchergiebigkeit der Kühe beurtheilen und ermitteln läßt. Mit Abbildungen. In's Deutsche übertr. und mit einem Anhange von Mor. Beyer. 2., unveränd. Aufl. br. 8. (IV und 61 S. mit 7 Stnt.) Leipzig 850, Matthes. *

Magne, Jean Henri. Die Wahl des Pferdes . . . Leipzig 1856. Ü: *Werneburg, S. v.* (Ky)

Magne, J. H., die Wahl des Pferdes. Würdigung aller Kennzeichen zur Ermittelung der Tüchtigkeit der Pferde zum Reiten wie zum Fahren, zum Kriegsdienst, zur Landwirthschaft, zum Post- und Fahrwesen rc. Ein Hand- und Hülfsbuch für Pferdebesitzer im Allgemeinen, sowie für Cavallerieofficiere, Pferdekäufer und Verkäufer rc. Nebst einem Anhange: Die Kunst des Hufbeschlages. Nach Anleitung des M. Brogniez. br. 8. (VIII und 102 S. mit 30 in den Text gedruckten Abbildgn. in Holzschn.) Leipzig 855(56,) Spamer. Thlr. *

Magne, J. H., die Wahl des Pferdes. Würdigung aller Kennzeichen zur Ermittlung der Tüchtigkeit der Pferde zum Reiten wie zum Fahren, zum Kriegsdienst, zur Landwirthschaft, zum Post- und Fahrwesen u. s. w. Ein Hand- und Hülfsbuch für Pferdebesitzer im Allgemeinen, sowie für Cavalerieoffiziere, Pferdekäufer und Verkäufer rc. 2., unveränd. (Titel-)Aufl. Nebst einem Anhang: Die Kunst des Hufbeschlags. Nach Anleitung des Ritters M. Brogniez. br. 8. (VIII und 102 S. mit 30 in den Text gedr. Abbild. in Holzschn.) Leipzig (856)59. [Hamm, Grote'sche Buchh.] *

— — Die Wahl des Pferdes. Würdigung aller Kennzeichen zur Ermittlung der Tüchtigkeit der Pferde zum Reiten wie zum Fahren, zum Kriegsdienst, zur Landwirtschaft, zum Post- und Fahrwesen etc. etc. (II.) Nebst einem Anhang: Die Kunst des Hufbeschlags. Nach Anleitung des Prof. Brogniez. Mit 30 in den Text gedr. Abbildgn. (in Holzschn.) br. 8. (VIII. u. 102 S.) Leipzig 59. (Stuttgart, Cohen & Risch.) n. M. 1.50

Magneff, Nicolaus. Die Bedingungen des dauernden Behaltens. Diss. Phil. I. Univ. Zürich. [Mit 9 Figuren, wovon 8 auf vier Tafeln.] II + 40 S. 8. Zürich, Berichthaus, 1903.

Magnenat, J., französisches Lesebuch aus der Geschichte des Alterthums, s. Jesionek, H.

Magner, S. J., der Sport ums Dasein. Entwurf e. neuen biolog. Weltanschaug. 2. neubearb. Aufl. (VII, 96 S.) gr. 8. Leipzig 909. H. Dege. 2.—

Magner, Siegfr., der Sport um's Dasein. Entwurf einer neuen biolog. Weltanschauung. (85 S.) gr. 8. München (905). Seitz & Schauer. n. 2.—

Magnes, J(ulian) L(eon) (auf d. hebr. Tit.: Jehûdâ Lēbûš): A Treatise as to 1) Necessary Existence, 2) The Procedure of Things from the Necessary Existence, 3) The Creation of the World by Joseph ibn Aknin. Edited a. transl. into English. *Berlin 1904: H. Itzkowski.* (46, 21 S.) 8° ¶(Auch mit hebr. Tit.)
Heidelberg, Phil. Diss. v. 1904

Magnesitwerke, Veitscher, A.-G: Veitscher Magnesit. Coblenz 1900

Magnetenkuren, üb. d. neuern, an e. Arzt von e. Naturforscher. 8. Bützow. (Bödner, Schwerin.) 775.

Magnetica, rara, v. P. de Maricourt, F. Falero, P. Nunes, J. de Castro, G. Hartmann, M. Cortés, G. Mercator, R. Normann, W. Borough, S. Stevin, s.: Neudrucke von Schriften u. Karten über Meteorologie u. Erdmagnetismus.

Magnetiseur, der erweckte, 8. Berlin, Maurer. 797.

Magnetismus, Der; ein Originallustspiel in fünf Aufzügen. Prag 1789. V: *Thiard, Johann.* (Ky) (MGT)

Magnetismus, der,. Lustsp. 8. Prag, Diesbach. (Hinrichs in Lpz.) 789.

— der,. Nachsp. in 1 A. v. A. W. Iffland. gr. 8. Mannheim, Schwan u. G. 793.

— — dasselbe. neue Aufl. 8. Lpz. Göschen. 799.

Magnetismus, der. Eine Anleitg. zum Studium der magnet. Erscheingn., sowie zum Experimentierkasten „Magnetismus". Mit 45 Versuchen u. 12 Abbildgn. im Text. gr. 8. (27 S.) Leipzig 901. Leipziger Lehrmittel-Anstalt. n. — 75

Magnetismus, der animalische, vor Gericht! oder: Vollständiger Bericht über die am 8. Juli 1851 in Berlin vor der II. Abthl. des Kriminalgerichts verhandelte höchst interessante Anklage gegen den Hühneraugen-Operateur Zincke wegen wiederholten unbefugten gewerbsmäß. Kurirens. Stenographisch aufgenommen von F. Radmacher und G. Rahn. 1—3. Aufl. 8. (37 S.) Berlin 851, Schulbuchhandlung. *

—— der animalische, vor Gericht! oder: Der Zincke'sche Prozeß in zweiter Instanz. Stenographisch aufgenommen von F. Radmacher und G. Rahn. 8. (11 S.) Berlin 851, Schulbuchhandlung. *

Magnetismus, der animalische, in seinem Verhältnisse zu den Wundern des Christenthums. Nach einer Reihe von Artikeln der civiltà cattolica übersetzt. Regensburg 853. Manz. 8. (236 S.) 22½ ngr.

Magnetismus, Der, und meine Fortdauer . . . Elberfeld 1819. V: *Voss, Joh. Heinrich & Rudolph Voss.* (EngM) (Ky)

Magnetismus, der, und meine Fortdauer, nebst Angabe der Dispositionen, welche vorzüglich zum psychischen Magnetismus führen rc. (von J. H. und R. Voß.) 8. Elberfeld, Büschler. 819.

Magnetismus, der, u. meine Fortdauer, nebst Angabe der Dispositionen, welche vorzügl. zum psychischen Magnetismus führen rc. (v. J. H. u. R. Voß). 8. Elberf. 819. (Schönian.) 8 gl

Magnetismus, Der, in Hannover . . . Berlin 1818. V: *Ziermann, Johann Christian Ludwig.* (Call) (Ky) (MGT)

— der, in Hannover, e. Beitr. z. Geschichte d. Aufklärung. 8. Berl. 819. Rücker. 8 gl

Magnetismus und Hypnotismus und ihre Gefahren. Von einem Arzte. [Basel] 1901. V: *Zangger, Theodor.* (Büchermarkt 1916, Nr. 10) (Hdschr. Mitth. von Friedrich Müller, München) (BBullschw 16, S. 336)

— u. Hypnotismus u. ihre Gefahren. Von e. Arzte. gr. 8. (16 S.) Basel 901. (Basler Buch- u. Antiquariatshandlg. vorm. A. Geering.) n. — 40

Magnetismus et Sympathia rerum seu Experientiae quaedam physicae ... Graecii 1711. V: *Perbegg, Joseph.* (JES)

Magnetismus, Der thierische, wie er in einem reichhaltigen grossen Werke dargestellt ist ... Reval u. Wenden 1816. V: *Kosegarten, Friedrich Franz.* (KY) (EngM) (MGT) (R-N)

— der thierische, wie er in einem reichhaltigen großen Werke dargestellt ist, (von Fr. Frz. Kosegarten). 8. Reval 816. (Leipz., Fr. Fleischer.) 12 gr

Magnetismus, der thierische. Eine Zusammenstellung alles dessen, was in Hinsicht auf seine wunderbaren Erscheinungen als begründet u. unleugbar anzusehen ist, mit Berücksichtigung des Schlafwandelns, des alten Orakelwesens, Tempelschlafs, Hexenunfugs rc. 12. Nordhausen 845, Fürst. 1/2 ₰

Magnetisten, die; (od. Vernunft u. Modeschwärmereyn.) Familiengemälde v. A. W. v. Leipziger. 8. Breslau, Gutsch. (Sommer in Lpz.) 806.

Magni, J. Sam., Sorauische Chronik, oder hist. Beschr. der St. Sorau. 4. Lpz. 710.

— literati Soravienses, oder Nachricht von gel. Sorauern. 4. 738.

Magnien, Eduard, Mensch, Engel oder Teufel? Byrons Leben und Abenteuer in England, Italien und Griechenland. 2 Bde. Meißen, bei Fr. W. Goedsche. 1837. 8°. Zahm.
1: 289 S. (incl. Tit. u. 4 Bll. Vorw.). 2: 345 S. (incl. Tit.). (Nebentitel von Abth. II: In Italien. „Cicisbeo e Carbonaro", von Abth. III: In Griechenland. Ἥρως καὶ μάρτυρ.") — Selten u. wenig bekannt!

Magnier, M. D., u. Janvier, siehe: Handbuch, neues u. vollständ., der Uhrmacherkunst.

Magnier-Grandpres, v. Grandpres.

Magnificat. Katholisches Gebet- u. Gesangbuch f. die Erzdiöcese Freiburg. Hrsg. im Auftrag d. hochwürdigsten Herrn Erzbischofs v. Freiburg. 16. (VIII, 738 S. m. 1 Titelbild.) Freiburg i/B. 892. Herder. n.n. 1. 20; geb. in Leinw. n.n. 1. 80; in chagrinirt Schaflbr. m. Goldschn. n.n. 2. 40; in Bocklbr. m. Goldschn. n.n. 2. 80

— dasselbe. (Große Ausg.) 12. (VIII, 692 S. m. Bildern.) Ebd. 892. n.n. 1. 40; geb. in Leinw. n.n. 2. 10; in Halbfrz. n.n. 2. 25; in Schaflbr. m. Goldschn. n.n. 3. —; in Bocklbr. m. Goldschn. n.n. 3. 40

Magnificat. Kathol. Gebet- u. Gesangbuch f. die Erzdiöcese Freiburg. Hrsg. im Auftrag d. hochw. Hrn. Erzbischofs v. Freiburg. Kleine Ausg. gr. 16. (VIII, 746 S. m. Titelbild.) Freiburg i/B. 898. Herder. Geb. in Halbfrz. n.n. 1.75

Magnificat. Katholisches Gebet- u. Gesangbuch f. die Erzdiöcese Freiburg. Hrsg. im Auftrag des hochwürdigsten Hrn. Erzbischofs v. Freiburg. (Neue Ausg. v. 1904.) Kleine Ausg. (VIII, 770 S. m. 2 Abbildgn.) gr. 16. Freiburg i/B., Herder. n.n. 1. 20

— dasselbe. Große Ausg. (VIII, 720 S. m. 2 Abbildgn.) 12. Ebd. n.n. 1. 40

— dasselbe. Beigabe. Enth. Meßgesänge u. Andachten zur neuen Aufl. vom Frühj. 1904. (48 S.) gr. 16. Ebd. — 10

— dasselbe. Ergänzungen. (Ohne die Karwochenandacht.) (8 S.) gr. 16. Ebd. (904). n.n. — 03
Orgelbuch dazu, s.: Mohr, Jos.

— Katholisches Gesangbüchlein m. e. Anh. v. Gebeten zum gottesdienstl. Gebrauche in der Leitmeritzer Diözese. (IX, 808 S. m. Titelbild.) 16. Regensburg 905. F. Pustet. Geb in Leinw n. — 85

Magnificat. Katholisches Gebet- u. Gesangbuch f. die Erzdiöcese Freiburg. Hrsg. im Auftrag des Erzbischofs v. Freiburg. Kleine Ausg. (Neue Aufl.) (X, 770 S. m. Titelbild.) 16. Freiburg i/B. (909). Herder. 1. 20; geb. in Halbldr. n 1. 80

— dasselbe. Kleine feine Ausg. (VIII, 770 S. m. Abb.) 16. Ebd. (910). 1.80; geb. in Kunstldr. 8. 20

Magnificat, das, in Predigten behandelt für die Mai-Andacht von einem Priester der Erzdiöcese Freiburg. gr. 8. (108 S.) Regensburg 880. Manz. 1. 35

Magnin, J. P. Charlotte Corday par François Ponsard. Étude littéraire. Wiesbaden, H. B., 1868. 25 S. 4.
Progr.

Magnin, Ant. Les lacs du Jura. Genève et Bâle, Georg & Co. N° 1. Généralités sur la limnologie jurasienne. In-8°. 96 p. avec 1 carte et 17 fig. dans le texte. 2 50

— N° 2. Végétation des lacs du Jura suisse. Gr. in-8°. 23 pages avec 2 pl. et 5 fig. 1 75
1895.

Magnin, Ant., Dr. La végétation de la région lyonnaise et de la partie moyenne du bassin du Rhône, ou description topographique, géologique et botanique des régions du Lyonnais, du Beaujolais, de la Dombes et du Bas-Dauphiné; caractères de leurs flores étudiées dans leurs rapports avec le climat et la nature du sol et comparées avec celles des régions voisines du Forez, de la Bresse, du Jura méridional et des Terres-froides. Avec 7 cartes, dont 6 coloriées. Gr. in-8°, XVI et 513 p. Bâle, Lyon, Genève, H. Georg. 1886. 20 —

Magnin, A. Claret de la Tourrette, sa vie, ses travaux, ses recherches sur les Lichens du Lyonnais, d'après ses ouvrages et les notes inédites de son herbier. Av. 2 plchs. Gr. in-8°, 236 p. Lyon et Bâle, H. Georg. 1885. 6 —

Magnin, Charles, les origines du Théâtre moderne, ou Histoire du génie dramat. depuis le Ier jusqu'au XVIe siècle, précédé d'une introduction, cont. les études sur les origines du Théâtre antique. (IV Tomes.) Tome I. gr. in-8. Leipzig et Paris 838. Brockhaus et Avenarius. 2 1/2 ₰

Magnin, J. P., Chrestomathie du vieux français ou choix de morceaux tirés des prosateurs antérieurs au XVII. siècle. Berlin 863. Herbig. gr. 8. (XXIV, 188 S.) n. 1 ₰ 12 1/2 ngr.

— et A. Dillmann, compendium de grammaire française rédigé au point, de vue spécial de l'enseignement de la langue française en Allemagne et destiné aux classes supérieures des établissements d'instruction publics et particuliers. gr. 8. (IV, 112 S.) Ebend. 872. n. 1. 25

Magnin, J. P., u. A. Dillmann, Elementarbuch der französischen Sprache für höhere Lehranstalten. gr. 8. (VII, 187 S.) Wiesbaden 877. Bischkopff. n. 1. 20

Magnin, J. P., u. A. Dillmann, Elementarbuch der französischen Sprache f. höhere Lehranstalten. 2. Aufl. gr. 8. (VII, 188 S.) Wiesbaden 888. Bischkopff. n. 1. 20

Magnin, J. P., u. A. Dillmann, französische Fibel. Stufenweise Anleitung zum richtigen Erlernen der französischen Aussprache u. Orthographie. Wiesbaden 870. Niedner. 8. (IV, 102 S.) geb. n. 10 ngr.

Magnin, J. P., und Dillmann, A., französische Fibel. 2. Aufl. 8. Wiesbaden 882. Stuttgart, Greiner und Pfeiffer. geb. * 1 —

Magnin, J. P., und A. Dillmann, französische Fibel. Stufenweise Anleitung zum richt. Erlernen der französ. Aussprache und Orthographie. 2. verb. Aufl. 8. (IV, 104 S.) Wiesbaden 882, Niedner. geb. *

—— —— kurzgefaßte systematische Grammatik der französischen Sprache für höhere Lehranstalten. gr. 8. (IV, 130 S.) Wiesbaden 872, Bischkopff. *

— — praktischer Lehrgang zur Erlernung der französischen Sprache. Für Bürger-, Real- u. Töchterschulen. (4 Abtheilungen.) Wiesbaden, Kreidel's Verlag. gr. 8. n. 1 ℳ 18 ngr.
1. Abthlg. Regelmäßige Formenlehre. 866. (IV, 140 S.) n. 10 ngr.
2. Abthlg. Unregelmäßige Formenlehre. 867. (IV, 144 S.) n. 10 ngr.
3. Abthlg. Syntax I. 868. (184 S.) n. 12 ngr.
4. Abthlg. Syntax II. 869. (IV, 180 S.) n. 16 ngr.

— — praktischer Lehrgang zur Erlernung der französischen Sprache. Für Bürger-, Real- u. Töchterschulen. 1. u. 2. Abth. gr. 8. Wiesbaden 876. Bischkopff. n. 2. 20
1. Regelmäßige Formenlehre. 4. verb. Aufl. (IV, 153 S.) n. 1. —
2. Unregelmäßige Formenlehre. 3. verb. Aufl. (IV, 151 S.) n. 1. 20

— — praktischer Lehrgang zur Erlernung der französischen Sprache für Bürger-, Real- u. Töchterschulen. 1. Abth.: Regelmäßige Formenlehre. 5., verb. Aufl. gr. 8. (IV, 155 S.) Wiesbaden 878. Bischkopff. n. 1. —

— — dasselbe. Schlüssel zur 1. u. 2. Abth. Hrsg. von den Verfassern. gr. 8. (57 S.) Ebend. 878. n.n. 1. 20

— — dasselbe. 3. Abth. Syntax I. 2., verb. Aufl. gr. 8. (IV, 160 S.) Ebend. 879. n. 1. 20

— — dasselbe. Schlüssel. 3. Abth. gr. 8. (55 S.) Ebend. 879. n.n. 1. —

Magnin, J. P., u. A. Dillmann, praktischer Lehrgang zur Erlernung der französischen Sprache f. Bürger-, Real- u. Töchterschulen. 1. u. 2. Abtlg. gr. 8. Wiesbaden, Bischkopff. n. 2. 20
1. Regelmäßige Formenlehre. 6. Aufl. (VI, 182 S.) 884. n. 1. —. — 2. Unregelmäßige Formenlehre. 4. Aufl. (IV, 190 S.) 888. n. 1. 20

Magnin, J. P. u. A. Dillmann. Praktischer Lehrgang zur Erlernung der französischen Sprache f. Bürger-, Real- u. Töchterschulen. 1. Abtl.: Regelmäßige Formenlehre. 7. Aufl. gr. 8. (VIII, 182 S.) Wiesb. 889, Bischkopff. * 1 —
2.—4. Abtl. Ebd. 1871—83. * 4 —.

—— Manuel pour l'enseignement pratique de la langue française. I et II. gr. 8. Wiesbaden 865, Kreidel's Verlag. *
Inhalt:
Thl. 1. Französisches Lesebuch als Grundlage der französischen Conversation für Bürger-, Real- und Töchterschulen. Mit einem vollständ. Wörterbuche. (VIII und 155 S.) * 14 Ngr.
» 2. Gespräche zu dem französischen Lesebuche als Grundlage der französischen Conversation. (XII und 313 S.) * 28 Ngr.

Magnin, J. P., manuel pour l'enseignement pratique de la langue française. I. Livre de lecture. A. u. d. T.: Französiches Lesebuch als Grundlage der französ. Conversation f. Bürger-, Real- u. Töchterschulen. Mit e. vollständ. Wörterbuche. 2. verb. Aufl. gr. 8. (VIII, 154 S.) Wiesbaden 873. Bischkopff. n. 1. 40

Magnin, *Jean Pierre* Calvin et Servet (1509—1511—1553—1564) Esquisse biographique. (Umschlagtitel: Servet et Calvin.) 4 (32 S.). Progr. Rsch. *Wiesbaden* 1886 (381).

Magnin, J. P. Servet et Calvin. Wissenschaftliche Beilage zu dem Programm der städtischen Realschule zu Wiesbaden. In-4⁰, 32 S. Wiesbaden, Buchdruckerei von Carl Ritter, 1886.

Magnin, Jeanne A. Contribution à l'étude des rapports entre la menstruation, certaines métrorragies et le tissu lutéinique de l'ovaire. Etude clinique et histologique. 8e série ⟨cas 106–120⟩. Thèse Méd. Genève. 28 p. 8. Genève, Impr. du Commerce, 1926.

Magnitudo angelici ecclesiae doctoris ... Breslau 1717. V: *Heilmann, Johann.* (Kat. d. Druckschr. üb. Breslau. Breslau 1903. S. 261.)

Magnitudo oder die ungekannte Grösse ... Wien 1876. V: *Donin, Ludw.* (EB)

Magnitudo Sapientiae ex Immensitate Mercedis aestimata ... Breslau 1725. V: *Hayk, Matthi.* (Kat. d. Druckschr. üb. Breslau. Breslau 1903. S. 262.)

Magnol, Cholera u. ihre physikalisch-diätetische Behandlung, s.: Bücherei, freie medizinische. (Ducamp.)

Magnottus, Anton Comb. (Piemont), Systhematis physici, disp. viges. sec. quam favente deo. Präs. J. P. v. Crosa. Bern (typ. reip. Bern.) 1714. 18 S. (5.—) 22000

Maǧnūn Lailā

— — Zwei Gedichte aus der Geschichte Maguun [sic] und Leela; aus dem Arabischen übersetzt von M. H[abicht] in Breslau. [A. a. „Breslauisches Abendblatt", Nro. 10, den 7. März 1811.]

Magnus. Der erste brandenburgische Feldmarschall Sparr. 4. Berlin 1869.

Magnus, A., Gehör u. Sprache, s.a. Sammlung gemeinverständl. wissenschaftl. Vorträge.

Magnus A, Gehör und Sprache. (Slg wissenschaftl. Vorträge 281) Berlin 1877

Magnus, A., üb. die Gestalt d. Gehörorganes, s.a. Sammlung gemeinverständl. wissenschaftl. Vorträge.

— Über die Gestalt des Gehörorgans bei Tieren und Menschen. (Sammlung gemeinverständlicher wissenschaftlicher Vorträge 130) Berlin 1871

-- die Nasendouche, ihre Anwendung u. ihre Gefahren. gr.8. (14S.) Königsberg 882. Hartung. n. — 30

Magnus, A., die Nasendouche, ihre Anwendung und ihre Gefahren. 2. Aufl. gr. 8. (14 S.) Königsberg 885, Hartung'sche Verlagsdr. *

— s. Tagblatt der 19. Versamml. der Gesellschaft deutscher Naturforscher u. Aerzte.

Magnus, Albert

Magnus, A., über das Flußwasser und die Cloaquen größerer Städte. In medicinisch-polizeilicher Hinsicht. 8. Berlin 840. Hirschwald. n. 1/3 ₰

Magnus, Alb., über das Flußwasser u. die Cloaquen größerer Städte. In medicinisch-polizeilicher Hinsicht. gr.8. Berlin 841, Hirschwald. n. 1/3 ₰

Magnus, Albert, Kammergerichtsreferendar in Angermünde U./M.: Die Verurteilung zur Duldung der Zwangsvollstreckung unter besonderer Berücksichtigung des § 739 Z.P.O. Berlin 1908: W. Pilz. (73 S.) 8°
Jena, Jur. Fak., Ref. Danz, Diss. v. 29. Febr. 1908
[Geb. 17. Juli 85 Berlin; Wohnort: Angermünde; Staatsangeh.: Preußen; Vorbildung: Wilhelms-Gymn. Berlin Reife M. 03; Studium: Berlin 1, Genf 1, München 1, Berlin 4 S.; Rig. 4. Febr. 08.]

Magnus, Alfred, Dr. phil.: Eine Prüfung der Grundhypothese des Nernstschen Wärmetheorems. Tübingen 1910: Laupp. 27 S. 8°
Tübingen, Naturwiss. Hab.-Schr. v. 1910 [U 10. 4265
(Nicht für den Austausch)

Magnus, Alfred Wilhelm, aus Ramle (Ägypten): Über die durch elektrische Entladungen hervorgerufene Gasabsorption in Geisslerschen Röhren. Leipzig: J. A. Barth 1905. (36 S.) 8°
München, Phil. Fak., Ref. Roentgen, Diss. v. 19. Juli 1905
[Geb. 12. Aug. 80 Ramle b. Alexandrien; Wohnort: Wiesbaden; Staatsangeh.: Preußen; Vorbildung: Gymn. Wiesbaden Reife O. 98; Studium: München 14 S.; Rig. 19. Juli 05.]

Magnus, Arthur von, Assistenzarzt an d. Kgl. Univ.-Frauenklinik zu Königsberg i. Pr.: Aus d. Kgl. Universitäts-Frauenklinik zu Königsberg i. Pr. Ein Beitrag zur Therapie des engen Beckens. *Königsberg i. Pr. 1902: O. Kümmel.* (120 S.) 8°
Königsberg, Med. Diss. v. 7. März 1902

Magnus, Arthur Gustav: Inhalt und staatsrechtliche Schranken des Reichsindigenats nach Art. 3 der Reichsverfassung. Greifswald 1904: J. Abel. (54 S.) 8°
Greifswald, Jur. Fak., Ref. Sartorius, Diss. v. 26. Nov. 1904
Geb. 23. Okt. 81 Berlin; Wohnort: Berlin; Staatsangeh.: Preußen; Vorbildung: Französ. Gymn. Berlin Reife M. 99; Studium: Oxford 2, Bonn 2, Leipzig 1, Berlin 3 S.; Rig. 29. Juli 04.]

Magnus, Carl, s. Magnus, Karl

Magnus, Carl Gottl., s. Magnus, Karl Gottl.

Magnus, Carl Gottlieb, s. Magnus, Karl Gottlieb

Magnus, Cäs., s. a.: Dickhuth, Gust.

Magnus, Cäs., d. Letzte d. Regiments Gensdarmes. E. Erzählg. aus d. J. 1806. 8. (278 S.) Breslau 898. E. Trewendt. n. 4. —

— Venus als Siegerin, s.: Auswahl v. Werken zeitgenössischer Schriftsteller. 2. Bd.

Magnus, Ed., über Einrichtung und Beleuchtung von Räumen zur Aufstellung von Gemälden und Sculpturen. Ein Vortrag, gehalten in der königlichen Akademie der Künste am 27. Novbr. 1863. Mit 2 Kpfrtaf. Berlin 864. Ernst & Korn. Fol. (12 S.) n. 15 ngr.

Magnus, Ed., Entwurf zu dem Bau eines Kunst-Museums. Als Nachtrag zu dem Schriftchen über Einrichtung u. Beleuchtung von Räumen zur Aufstellung von Gemälden u. Sculpturen. Berlin 866. (Ernst & Korn.) gr. Fol. (12 S. mit 2 lith. Blättern in qu. gr. Fol.) n. 1 ₰

Magnus, Ed. Isidor, kritische Bearbeitung u. Erklärung des Hohen Liedes Salomo's. gr. 8. Halle 842, Lippert. 1 ₰

Magnus, Ed. Isidor, kritische Bearbeitung u. Erklärung des Hohen Liedes Salomo's. gr. 8. (16 B.) Halle 842. [Schmidt's Verl.]

Magnus, Ed. Isidor, philologisch-historischer Kommentar zum Buche Hiob. 1. Buch: Das echte Gedicht. gr. 8. (S. 1—448.) Halle 851, Buchhandlung des Waisenhauses. 2 ₰

Magnus, Eduard, Referendar: Die Ausgleichungspflicht nach dem Bürgerlichen Gesetzbuch. *Breslau 1901: Grass, Barth & Co.* (IX, 120 S.) 8°
Breslau, Jur. Diss. v. 26. Juli 1901

Magnus, Ed., die Ausgleichungspflicht nach d. bürgerl. Gesetzbuch. gr.8. (XI, 120 S.) Breslau 901. J. U. Kern. n. 2. 50

Magnus, Eduard. Die Polychromie vom künstlerischen Standpunkte. Ein Vortrag für eine Anzahl befreundeter Künstler und Kunstverständiger aufgezeichnet. Als Manuscript gedruckt. Berlin 1871. 8°.

Magnus, Ed., die Polychromie vom künstlerischen Standpunkte. Ein Vortrag f. e. Anzahl befreundeter Künstler u. Kunstverständiger. gr. 8. (90 S.) Bonn 872. Marcus' Sort. 1. 80

Magnus, Eduardus: • Dissertatio de Ecclesiastae XII. I.—VI. Libelli Pars 1. De Abu Ferasi vita et carminibus. Libelli Pars 2. 34, 15 S. 4° (2°)
Halle-Wittenberg, Phil. Diss. v. 13. Aug. 1835
Geb. [Berlin 17. 6. 1810]
Verf. erlebte die Diplomerneuerung 1885 als ordentlicher Professor der orientalischen Sprachen in Breslau, vgl. Anh. Nr. 586.

Magnus, Emanuel Gottfried Alexis, s. Magnus, Emil Gottfried Alexis

Fehmarn. Seine wirtschaftliche Entwickelung, seine Sitten und Gebräuche v. Emil Magnus. Burg a. F. o. J. 8°

Magnus, Emil, 28 Vorspiele zu den gebräuchlichsten Choralen f. gottesdienstliche Zwecke. gr. 8. (55 S.) Flensburg (899). A. Westphalen. n. 1. 20

— Emil Gottfr. Alex., De intumescentia prostatae. Diss. med. Halle (Heynemann) 1847. 30 S. mit 1 Tafel u. Biogr. (3.—) 22003
Gew.: J. H. Meckel. — Oppon.: C. Lerche, A. Hüttenheim.

Magnus, Ernst Adf. Ludw., de evictione in legatis et in donatione praestanda. Dissertatio inauguralis. gr. 8. (69 S.) Regimonti Pr. 873. (Leipzig, Kessler.) n. 2. —

Magnus, F., die Bibel Gottes Wort. 8. (32 S.) Barmen 896, Wupperthaler Traktat-Gesellschaft. n. — 30

Magnus, F., d. Ideale d. Kriegervereins. Festspiel zu Stiftungsfesten in Kriegervereinen. gr. 8. (14 S.) Pr. Stargard 896. E. Schultz. — 75

Magnus, Friedrich

—— Erläuterungen zu deutschen Lesebüchern. Ein Handbuch für Lehrer und Seminaristen. 1. Tl.: Ein Frühlingsgang durch den deutschen Dichterhain. [1280—1880.] Erläuterungen zu 80 lyrischen Gedichten zum Gebrauch beim Unterricht in Volks- und Mittelschulen nach psychologisch-method. Grundsätzen und im Rahmen der Entwickelung unserer National-Litteratur bearb. 8. (IV, 165 S.) Hannover 884, Meyer. *

Magnus, Friedr., Erläuterungen zu deutschen Lesebüchern. Ein Handbuch für Lehrer und Seminaristen. 2. Tl.: Natur- und Menschenleben im deutschen Dichterhain. Erläuterungen zu 80 lyr. Gedichten, zum Gebrauch beim Unterrichte in Volks- und Mittelschulen ꝛc. nach psychologisch-method. Grundsätzen bearb. gr. 8. (VIII, 214 S.) Hannover 888, C. Meyer. *
Den 1. Tl. bildet: Magnus, F., ein Frühlingsgang durch den deutschen Dichterhain. Ebendas. 1884. * ℳ 2.—.

Magnus, Friedr. Erläuterungen zu deutschen Lesebüchern. Ein Handbuch f. Lehrer u. Seminaristen. 3. Tl.: Menschen- u. Völkerleben im deutschen Dichterhain. 8. Hannov. 889, Meyer. * 4 —
1. u. 2. Tl. Ebd. 1884,88. * 4 50.

Magnus, Friedr., ein Frühlingsgang durch den deutschen Dichterhain. [1280—1880.] Erläuterungen zu 80 lyrischen Gedichten, zum Gebrauch in Volks- und Mittelschulen nach psychologisch-method. Grundsätzen und im Rahmen der Entwickelung unserer National-Litteratur bearb. gr. 8. (IV, 168 S.) Berlin 884, Keller. *

— deutsche Geschäfts-Aufsätze u. -Briefe im Zusammenhange, s.: Schroedel's, H., Hefte f. den schriftlichen Verkehr.

—— Geschichte der Stadt Schönebeck an der Elbe. 8. (114 S.) [Berlin 880.] Brandenburg a. d. H., Keller. *

Q. D. B. V. Seren . . . Fridericus Magnus . . . Omnibus Omnia Unus. Cni discursum panegyricum D. XIIX Aug. 1751 d. d. d. Elius Mascov. Hamburgi 4. (71 S.)

Magnus, Friedrich [aus Hangweiler '(Lothr.)']: Über das Sarkom des Uterus ... Erlangen, Druck v. A. Vollrath's k. b. Hofbuchdr., 1892; 50 S. 8.
Erlangen, Med. Fak., Inaug.-Diss. v. 18. Juli 1892

— das Turnen in der Volksschule f. Knaben u. Mädchen. Zwei ausführl. Stoffverteilungspläne im Anschluß an den „Neuen Leitfaden" u. auf Grund amtl. Auftrages f. Lehrer u. Vorturner bearb. 8. (64 S.) Berlin 886. Oehmigke's Verl. n. — 60

Magnus, Frdr., das Turnen in der Volksschule f. Knaben u. Mädchen. 2 ausführl. Stoffverteilungspläne, im Anschluß an den „Neuen Leitfaden" u. auf Grund amtl. Auftrages f. Lehrer u. Vorturner bearb. (Neue [Titel-] Ausg.) 8. (64 S.) Berlin 895. L. Oehmigke's Verl. n. — 60

Magnus, Fritz, approb. Arzt aus Halberstadt: Ueber Schleimhauterysipele der Luftwege. *Leipzig 1901: B. Georgi.* (60 S.) 8°
Leipzig, Med. Diss. v. (8. Nov.) 1901

Magnus, G., über die Abweichung der Geschosse nebst einem Anhang: Ueber eine auffallende Erscheinung bei rotirenden Körpern. Gelesen in der Königl. Akademie der Wissenschaften am 7. Aug. 1851 u. 17. Juni 1852. gr. 4. (23 S. m. 2 Kpfrtaf.) Berlin 852, Dümmler's Verlag. n. 12 ngr

Magnus, G., über die Abweichung der Geschosse. 2. verb. u. verm. Aufl. Mit 2 (Kpfr.-)Taf. (in 4.) Berlin 860. Dümmler's Verlhdlg. gr. 8. (VIII, 55 S.) n. 24 ngr

Magnus, G., über Emission, Absorption und Reflexion der bei niederer Temperatur ausgestrahlten Wärmearten. gr. 4. (34 S. mit 1 lithogr. Taf.) Berlin 870, (Dümmler's Verlag.) *
Aus: Abhandlungen der k. Akademie der Wissenschaften, besonders abgedruckt.

Magnus, G., hydraulische Untersuchungen. Mit 2 lith. Taf. (in 4.) Aus Poggendorff's Annalen d. Physik u. Chemie abgedr. Leipzig 855. Barth. gr. 8. (2 Bl., 59 S.) 12 ngr

— hydraulische Untersuchungen. 2. Thl. Mit 2 (lith.) Taf. (in 4.) Aus Poggendorff's Annalen abgedr. Leipzig 859. J. A. Barth. gr. 8. (IV, 32 S.) 9 ngr

Magnus, Georg: Zur pathologischen Anatomie des kongenitalen Totalstars. Stuttgart 1907: Hoffmann. (13 S.) 8°
Greifswald, Med. Fak., Ref. Schirmer, Diss. v. 1. Jan. 1908
[Geb. 28. Juli 83 Pankow b. Berlin; Wohnort: Görlitz; Staatsangeh.: Preußen; Vorbildung: Sophien-Gymn. Berlin Reife M. 01; Studium: Berlin 1, Kiel 1, Berlin 3, München 1, Berlin 2, Greifswald 2 S.; Coll. 8. Dez. 06; Approb. 1. Jan. 08.]

v. *Magnus*, Gf. Hnr., Diss. inaug. med. de pulsatione abdominali. 8maj. Dorpat 827.

Magnus, Gust., s.: Aus Jac. Berzelius' u. Gust. Magnus' Briefwechsel.

Magnus, Gust., das Ausdehnungsgesetz der Gase, s.: Ostwald's, W., Klassiker der exakten Wissenschaften.

Magnus, Gustav: Beiträge zur Anatomie der Tropaeolaceen. *Heidelberg 1898: J. Hörning.* (50 S.) 8°
Heidelberg, Naturw.-math. Diss. v. [10. Febr.] 1898

Festrede auf der Universität zu Berlin am 3. Aug. 1862 gehalten von G[ustav] **Magnus**. [Über die Fortschritte auf dem Gebiete der Naturwissenschaften.] Berlin 1862. (24 S.) 4°

Magnus, Gust.: De vi ancorae in electromagnetes et chalybomagnetes. Berolini 1836. (28 S.) 8°
Berlin, Phil. Fak., Antrittsprogr. v. (15. Okt.) 1836

Magnus, Gustav, Ueber die Wirkung des Ankers auf Elektromagnete und Stahlmagnete. (Aus Poggendorff's Ann., Bd. XXXVIII.)

Magnus, H.: Statistik und Behandlung des Typhus und des Typhoidfiebers. Übers. aus d. Schwed. v. Gerhard v. d. Busch. 175. Bremen. 1856.

Magnus, H. C., Reinigt das Blut! Ein Aufruf an alle Menschen, namentlich an diejenigen, welche an Schwäche des Magens, Kopfschmerz, übelriechendem Athem ꝛc. leiden, durch Blutreinigung ohne jede andere Kur ihre Gesundheit vollkommen wieder herzustellen. 16. (127 S.) Hamburg 852, Berendsohn. — 2. Aufl. 16. (127 S.) Ebd. 852. 6 ngr

Magnus, H. C., Reinigt das Blut! Ein Aufruf an alle Menschen, namentlich an diejenigen, welche an Schwäche des Magens, Kopfschmerz, übelriechendem Athem, Mattigkeit u. s. w. leiden, durch Blutreinigung ohne jede andere Kur ihre Gesundheit vollkommen wieder herzustellen. 3—8. Aufl. Hamburg 853—55. Berendsohn. (112 S.) 6 ngr

Magnus, Heinr., Härter u. Horning. Beitrag zur Geschichte d. Unionspietismus in Straßburg. gr. 8. (19 S.) Straßburg i/E. 892. (C. A. Bomhoff.) n.n. — 25

Magnus, Henr. Gust.: De respiratione. Berolini (1845). (24 S.) 4°
Berlin, Phil. Fak., Antrittsprogr. v. 9. Aug. 1845

— **Heinr. Gustav** (Berlin), De tellurio. Diss. philos. Berlin (A. W. Schade) 16. IX. 1827. 34 S. mit Biogr. (3.—) 22004
Oppon.: A. Seebeck, F. Herter, A. Erman.

Magnus, Hugo, der Aberglauben in der Medizin, s.a. Abhandlungen zur Geschichte der Medizin. 6. Hft.

Der Aberglauben in der Medicin. Von Prof. Dr. Hugo Magnus. Mit 5 Abb. *Breslau: J. U. Kern 1903.* (VIII, 112 S.) 8°
— Abhandlungen z. Geschichte d. Medicin. H. 6.

Magnus, Hugo (Hrsg.), s. Abhandlungen zur Geschichte d. Medicin.

Magnus, Hugo, die Albuminurie in ihren ophthalmoskopischen Erscheinungen, Mit 9 Abbildgn. auf 4 (chromolith.) Taf. Lex.-8. (VI, 46 S.) Leipzig 874. Engelmann. n. 7. —

— die Anatomie des Auges in ihrer geschichtl. Entwicklung, s.a. Unterrichtstafeln, augenärztl. XX.

Die Anatomie des Auges in ihrer geschichtlichen Entwickelung von Dr. H[ugo] Magnus, Prof. in Breslau. 13 Taf. mit Text. *Breslau: J. U. Kern 1900.* (28 S.) 4°(8°)
— Unterrichtstafeln, Augenärztliche. H. 20.

Magnus, Hugo, die Anatomie des Auges bei den Griechen u. Römern. gr. 8. (III, 68 S.) Leipzig 878. Veit & Co. n. 2. 40

— Anleitung zur Diagnostik der centralen Störungen des optischen Apparates, s.a. Unterrichtstafeln, augenärztliche. I.

Anleitung zur Diagnostik der centralen Störungen des optischen Apparates. Von Dr. H[ugo] Magnus, Prof. in Breslau. 2. Aufl. (Farbige Taf. mit Text.) *Breslau: J. U. Kern 1902.* (12 S.) 8°
— Unterrichtstafeln, Augenärztliche. H. 1.

Magnus, Hugo, s.: Archiv f. Augenheilkunde. 31. Bd. Ergänzungsheft.

— ophthalmoscopischer Atlas. 14 chromolith. Taf. Die physiol. u. pathol. Formen d. Augenhintergrundes. Für prakt. Aerzte u. Studirende nach der Natur dargestellt. Fol. geb. Nebst Tafelerklärung hierzu m. 5 (chromolith.) Gesichtsfeld-Taf. hoch 4. (VIII, 88 S.) Leipzig 872. Engelmann. n. 20. —

— das Auge in seinen ästhetischen u. culturgeschichtlichen Beziehungen. 5 Vorlesgn. gr. 8. (VII, 158 S.) Breslau 876. Kern's Verl. 3. —

Magnus, Hugo, die Augenheilkunde der Alten. gr. 8. (XVIII, 691 S. m. 23 Abbildgn., 7 Taf. u. 1 Bl. Erklärgn.) Breslau 901. J. U. Kern. n. 24. —

— die Bedeutung d. farbigen Lichtes f. das gesunde u. kranke Auge. Ein Beitrag zu e. rationellen Lichtdiät. gr. 8. (IV, 46 S.) Leipzig 875. Engelmann. n. 1. —

Magnus, Hugo, 1. Bericht der augenärztlichen Klinik in Breslau. gr. 8. (8 S) Breslau 885. (Wiesbaden, Bergmann.) n.n. — 20

Magnus, H., Bericht über die Litteratur zu Catull und Tibull für die Jahre 1877—1886. S.-A. 1887. 228 S. 1.50
— — zu Catull für die Jahre 1887—1896. S.-A. 1898. 80 S. —.75

Magnus, H., Bericht üb. die Litt. zu Ovid f. d. J. 1885—1888. S.-A. 1889. 61 S.

Magnus, H., culturgeschichtliche Bilder aus der Entwickelung des ärztlichen Standes. gr. 8. (64 S.) Breslau 890. Kern's Verl. n. 1. —

Magnus, Hugo, die Blindheit, ihre Entstehung und ihre Verhütung. gr. 8. (XVI, 337 S. mit 1 Taf.) Breslau 883, Kern's Verlag. *

— die Blindheit u. ihre Verhütung, s.: Sonderabdrücke der Deutschen Medizinal-Zeitung.

— d. antiken Büsten d. Homer. E. augenärztlichästhet. Studie. M. e. Abb. des Homerkopfes aus der Galleria Doria Pamphilj zu Rom in Heliograv. gr. 8. (70 S.) Breslau 896. J. U. Kern's Verl. Kart. n. 2. 50

Magnus, H., die Darstellung des Auges in der antiken Plastik, s.: Beiträge zur Kunstgeschichte.

— d. Einäugigkeit in ihren Beziehgn. zur Erwerbsfähigkeit. gr. 8. (76 S.) Ebd. 895. n. 2. —

— die Entstehung der reflectorischen Pupillenbewegungen. Für den akadem. und Selbstunterricht. Farbige Taf. (in Fol.) u. Text. 8. (20 S.) Ebd. 889. In Futteral. n. 1. 60

— die Entwickelung des Farbensinnes, s.a. Sammlung physiologischer Abhandlungen.

— die geschichtliche Entwickelung des Farbensinnes. gr. 8. (56 S.) Leipzig 877. Veit & Co. n. 1. 40

Magnus, Hugo, die Entwickelung der Heilkunde, in ihren Hauptzügen zur Darstellung gebracht. Aus dem Nachlasse hrsg. (VIII, 120 S. m. Bildnis.) gr. 8. Breslau 907. J. U. Kern. 4. —

— die methodische Erziehung des Farbensinnes. Mit einer Farbentaf. (in qu. gr. Fol.) u. 72 Farbenkärtchen (in Futteral). gr. 8. (16 S.) Breslau 879. Kern's Verl. n. 6. —; die 72 Farbenkärtchen ap. n. 2. 50

Die methodische Erziehung des Farbensinnes. Von Dr. Hugo Magnus, Prof. zu Breslau. 2. Aufl. Mit 1 Farbentaf. u. e. Kästchen mit 72 Farbenkärtchen. *Breslau: J. U. Kern 1902.* 2 Bde 8°, 1 Bd 2°.

— Farben u. Schöpfung. Acht Vorlesungen über die Beziehungen der Farben zum Menschen u. zur Natur. Mit einer (chromolith.) Taf. gr. 8. (XII, 290 S.) Ebend. 881. n. 5. —; geb. n. 6. —

— die Farbenblindheit, ihr Wesen u. ihre Bedeutung, dargestellt für Behörden, prakt. Aerzte, Bahnärzte, Lehrer etc. gr. 8. (64 S.) Ebend. 878. n. 1. 20

Magnus, Hugo: Die makroskopischen Gefässe der Menschlichen Netzhaut. Versuch einer Schematisirung und Nomenclatur des Netzhautgefässsystems. Leipzig: W. Engelmann (1873). (32 S., 2 Taf.) 8° *[Buchausg. ebenda.]*
Breslau, Med. Fak., Hab.-Schr. v. 24. Mai 1873

— Geschichte d. grauen Staares. Mit e. lith. Taf. gr. 8. (XII, 315 S.) Leipzig 876. Veit & Co. n. 8. —

— sechs Jahrtausende im Dienst des Aeskulap. (XI, 228 S. m. 18 Abbildgn.) gr. 8. Breslau 905. J. U. Kern. Geb. in Leinw. n. 5. —

— die Jugend-Blindheit. Klinisch-statist. Studien über die in den ersten 20 Lebensjahren auftretenden Blindheitsformen. gr. 8. (X, 148 S. mit 12 Farben-Taf. und 10 Abbild. im Text.) Wiesbaden 886, Bergmann. *

Metaphysische Krankenbehandlung. Medizingeschichtl. Studien über Gesundbeten u. verwandte Bestrebungen von Prof. Dr. H[ugo] Magnus. *Breslau: J. U. Kern 1902.* (20 S.) 8° [F.]

— Kritik der medicinischen Erkenntnis, s.a. Abhandlungen zur Geschichte der Medizin. 10. Hft.

Magnus, Hugo: Kritik der medicinischen Erkenntnis. Eine medicin-geschichtl. Untersuchung von Prof. Dr. Hugo Magnus. Breslau: J. U. Kern 1904. (XI, 145 S.) 8°
= Abhandlungen z. Geschichte d. Medizin. H. 10.

— die Kurierfreiheit u. das Recht auf den eigenen Körper. Ein geschichtl. Beitrag zum Kampf gegen das Kurpfuschertum. (III, 24 S.) gr. 8. Breslau 905. J. U. Kern. n. — 75

Das Kurpfuscherthum. Eine Medicin-geschichtl. Studie von Prof. Dr. H[ugo] Magnus. *Breslau: J. U. Kern 1903.* (31 S.) 8° [F.]

— Leitfaden f. Begutachtung u. Berechnung v. Unfallsbeschädigungen der Augen. gr. 8. (XX, 176 S. m. 4 Taf.) Breslau 894. J. U. Kern's Verl. n. 6. —

— Leitfaden f. Begutachtg. u. Berechng. v. Unfallsbeschädiggn. d. Augen. 2., umgearb. Aufl. gr. 8. (XVI, 180 S. m. 3 Taf.) Ebd. 897. n. 6. —

— Medicin u. Religion in ihren gegenseit. Beziehungen, s.a. Abhandlungen zur Geschichte der Medicin. 1.

Medicin und Religion in ihren gegenseitigen Beziehungen. Geschichtl. Untersuchungen von Hugo Magnus. *Breslau: J. U. Kern 1902.* (VIII, 68 S.) 8°
= Abhandlungen z. Geschichte d. Medicin. H. 1.

— Ovids Metamorphosen in doppelter Fassung? S.-A. 1901. 49 S.

— s.: Neisser, A., stereoscop. medicin. Atlas.

— die Organ- u. Blut-Therapie, s.a. Abhandlungen zur Geschichte der Medizin. 17. Hft.

Die Organ- und Blut-Therapie. Ein Kapitel aus d. Geschichte d. Arzneimittellehre von Prof. Dr. Hugo Magnus. Breslau: J. U. Kern 1906. (70 S.) 8°
= Abhandlungen z. Geschichte d. Medizin. H. 17.

— Paracelsus, der Ueberarzt, s.a. Abhandlungen zur Geschichte der Medizin. 16. Hft.

Magnus, Hugo. (Theophrastus) Paracelsus, der Überarzt. Eine kritische Studie. VIII + 15 S. 8. Breslau, J. U. Kern, 1906. (M. —. 60)
Abhandlungen zur Geschichte der Medizin. Hrg. von Professor Dr. Hugo Magnus, Prof Dr. Max Neuburger und Prof Dr. Karl Sudhoff. Heft 16....

[Magnus, Hugo]: • Poesis Catulliana qualis sit exponitur ita, ut, quibus rebus differre videatur ab Augusteae aetatis poesi maxime Horatiana. appareat. 41 Bl. 4° (2°)
Halle-Wittenberg, Phil. Diss. v. 4. Juli 1873
Geb. [Göhren (Kr. Krossen, Niederlausitz) 16. 8. 1851]

Schiller als Arzt. Ein mediz.-geschichtl. Gedenkblatt an d. 100jähr. Todestag Schillers. Von Prof. Dr. H[ugo] Magnus in Breslau. Leipzig: G. Thieme 1905. (16 S.) 8° [Umschlagt.]
Aus: Deutsche Med. Wochenschrift. 1905, No 18.

— die Sehnerven-Blutungen. Mit 2 nach der Natur entworfenen Abbildgn. Lex.-8. (74 S. m. chromolith. Taf.) Ebend. 874. n. 7. —

Magnus, Hugo, die Sprache der Augen. Vortrag. gr. 8. (III, 50 S.) Wiesbaden 885. Bergmann. n. n. 1. 30

Magnus, Hugo (H.), Studien zu Ovids Metamorphosen. gr. 4. (31 S.) Berlin 887, Gaertner's Verlag. *

Magnus, Hugo, Studien zur Überlieferung u. Kritik der Metamorphosen Ovids. 5. Tl.: Liber XV. Progr. 4. (29 S.) Berlin 893. R. Gaertner. n. 1. —
Der 1. Tl. befindet sich in den Jahrbb. f. Philologie, der 2.—4. Tl. sollen in Fachzeitschriften veröffentlicht werden.

Magnus, Hugo, (Prof. Dr.): Studien zur Überlieferung und Kritik der Metamorphosen Ovids. 6. Noch einmal Marcianus und Neapolitanus. *Berlin: R. Gaertner 1902.* (66 S.) 4° ¶(1—4 in: N. Jahrb. f. Phil. 1891, 1893, 1894; 5: P-Beil. 1893.)
Berlin, Sophien-G, OP 1902 (66)

Magnus, Hugo, Studien zur Überlieferung u. Kritik der Metamorphosen Ovids. VI. Noch einmal Marcianus u. Neapolitanus. Progr. gr. 4. (66 S.) Berlin 902. Weidmann. n. 1. —

Neue Studien zur Ueberlieferung und Kritik der Metamorphosen Ovids. 8. 1904. 82 S. 1

— s.a. Unterrichtstafeln, augenärztliche.

— augenärztliche Unterrichtstafeln. Für den akadem. u. Selbstunterricht. 1.—6. Hft. Ebd. In Futteral. n. 24. 90

1. Anleitung zur Diagnostik der centralen Störungen des optischen Apparates. 1 Farbendr.-Taf. 70×48 cm. m. Text. Lex.-8. (II, 8 Bl.) 892. n. 3. —
2. Die Entwicklg. d. Altersstaares. gr. 8. (11 Taf. m. 12 S. Text.) 892. n. 4.
3. Uebersichtliche Zusammenstellung der Augenbewegungen im physiologischen u. pathologischen Zustande. Von E. Landolt. Aus dem Franz. deutsch bearb. von H. Magnus. Tabelle 69×82 cm. Mit 2 Fig. u. farb. Strichen. 893. n. 2. 40
4. Die Haupttypen der ophthalmoskopischen Veränderungen des Augengrundes bei Allgemein-Erkrankgn. Von H. M. gr. 8. (8 farb. Taf. m. 12 S. Text.) 893. n. 6. —
5. Die wichtigsten Störungen des Gesichtsfeldes, f. Kliniker, Aerzte u. Studirende übersichtlich zusammengestellt von O. Haab. 2 farb. Taf. à 89×50 cm. Mit Text. gr. 8. (21 S.) 893. n. 4. 50
6. Die verschiedenen Formen von frischen u. alten Hornhauttrübungen. Von Max Knies. 4 farb. Tab. gr. 8. Mit Text. (23 S.) 894. n. 5. —

Magnus, Hugo, Untersuchungen über den Bau des knöchernen Vogelkopfes. Mit 6 (lith.) Taff. (in gr. 8. u. qu. 4.) [Aus der Zeitschrift für wiss. Zoologie.] Leipzig 870. Engelmann. gr. 8. (III, 108 S.) n. 2

— die Untersuchg. d. optischen Dienstfähigkeit d. Eisenbahn-Personals. Leitfaden f. Aerzte u. Verwaltungsbeamte. gr. 8. (VIII, 116 S. m. 1 Abb.) Breslau 898. J. U. Kern's Verl. n. 3. —

— über ethnologische Untersuchungen d. Farbensinnes, s.a. Sammlung gemeinverständlicher wissenschaftlicher Vorträge.

— über ethnologische Untersuchungen des Farbensinnes. (Sammlung gemeinverständlicher wissenschaftlicher Vorträge 420) Berlin 1883

— Untersuchungen über den Farbensinn der Naturvölker, s.a. Sammlung physiolog. Abhandlungen.

Magnus, Hugo: Untersuchungen über den Farbensinn der Naturvölker. Mit einem chromo-lithographischen Fragebogen. Jena 1880. (II), 50 S. 8°.

— die Verhütung der Blennorrhoea neonatorum u. der sich daraus entwickelnden Blindheit. Vortrag. gr. 8. (20 S.) Breslau 884. Wiesbaden, Bergmann. n. — 60

— die Volksmedizin, s.a. Abhandlungen zur Geschichte der Medizin. 15. Hft.

Magnus, Hugo: Die Volksmedizin, ihre geschichtl. Entwickelung u. ihre Beziehungen z. Kultur. Von Prof. Dr. Hugo Magnus. Mit 5 Abb. Breslau: J. U. Kern 1905. (112 S.) 8°
= Abhandlungen z. Geschichte d. Medizin. H. 15.

— der Wert der Geschichte f. die mod. induktive Naturbetrachtg. u. Medizin, s.a. Abhandlungen zur Geschichte der Medicin.

Der Wert der Geschichte für die moderne induktive Naturbetrachtung und Medizin. Von Prof. Dr. Hugo Magnus. *Breslau: J. U. Kern 190?.* (24 S.) 8°
— Abhandlungen z. Geschichte d. Medicin. H. 11. [04. ...

Magnus, Hugo Frifdericus[!] *(geb. Neumarkt in Schles. 31. 5. 1842)*: De musculis costarum sternique avium. Vratislaviae (1867). (34 S., 1 Taf.) 8°

Breslau, Med. Diss. v. 11. Mai 1867

Magnus, J., Betriebsverhältnisse der deutschen Landwirtschaft, s.: Arbeiten der deutschen Landwirtschafts-Gesellschaft.

Magnus, J., gewerbl. Schutzrechte, siehe Veröffentlichgn. d. Anwalt-Vereins.

Magnus, J. H., offener Brief an Herrn Lobstein, Professor an der theolog. Fakultät Straßburg. gr. 8. (20 S.) Straßburg 894. (C. A. Bomhoff.) n. — 40

Magnus, J. S.

— Histor. Beschreibung der Hoch-Reichs-Gräflichen Promnitzschen Residenz-Stadt Sorau in der Niederlausitz und deroselben Regenten. Leipzig 1710 (am Schluss: Jena 1610). 4.

~~ — Jacob (Braunschweig), De humorum excretione morbosa. Diss. med. Berlin (A. Petsch) 18. IX. 1826. 31 S. mit Biogr. (M.: Bella Helfft.) (3.50) 22005

Gew.: Ludw. Helfft. — Oppon.: M. Troschel. W. Grattenauer, J. Henschel.

Magnus, Josef: Untersuchungen über die landwirtschaftlichen Betriebsverhältnisse im Ried. Berlin 1909: [Unger]. 51 S. 8°
¶(Aus: Arbeiten d. dtsch. Landwirtschafts-Ges. H. 164.)
Gießen, Phil. Diss. v. 22. Sept. 1909, Ref. Gisevius
[Geb. 30. Mai 84 Mainz; Wohnort: Gießen; Staatsangeh.: Hessen; Vorbildung: Realgymn. Mainz Reife O. 03; Studium: München Techn. Hochsch. 3, Gießen 4 S.; Rig. 6. März 07.] [U 10. 1293

Magnus, Jul(ius): Das Einbalsamieren der Leichen in alter und neuer Zeit. Ein Beitrag zur Geschichte der Medicin. 128 S., gbd.

Braunschweig: Westermann 1839

JB 5.722

Magnus, Jul., Gesetz zum Schutz der Warenbezeichnungen v. 12. V. 1894, s.: Guttentag's Sammlung deutscher Reichsgesetze.

Magnus, Jul., Reformbestrebungen auf dem Gebiete der gewerbl. Schutzrechte, s.a. Veröffentlichungen des Berliner Anwalts-Vereins. 13. Hft.

Reformbestrebungen auf dem Gebiete der gewerblichen Schutzrechte. Vortrag, geh. zu Berlin von Rechtsanw. Julius Magnus zu Berlin. *Berlin: Siemenroth & Troschel 1900.* (55 S.) 8°
— Veröffentlichungen d. Berliner Anwalt-Vereins. H. 13. [00. 1996]

Magnus, K. H. L., Regierungs- u. Schulrat Albert Hechtenberg. Das Leben u. Streben e. Meisters der Schule. 8. (VII, 136 S. m. 2 Abbildgn.) Gütersloh 899. C. Bertelsmann. n. 1. 50; geb. n. 2. —

Magnus, K. H. L., praktische Kopfrechenschule, s.: Happich, Chr.

Magnus, K. H. L., der praktische Lehrer. Übungen in der Handfertigkeit f. den Unterricht in Physik, Raumlehre, Rechnen u. Zeichnen, unter Mitarbeit v. K. Sumpf bearb. gr. 8. (XII, 151 S. m. 317 Fig.) Hildesheim 886. Lax. n. 2. 50

— der praktische Lehrer. Uebungen in der Handfertigkeit f. den Unterricht, unter Mitarbeit des K. Sumpf verf. 2. Aufl. (XII, 210 S. m. 346 Fig.) 8. Hildesheim 906. A. Lax. n. 3. —; geb. n. 3. 60

Magnus, K. H. L. Lehrerheft zu F. Heuers Rechenbuch f. mehrklassige Schulen u. f. ein- bis dreiklassige Volksschulen. 1. Tl.: Das Zahlengebiet v. 1—100. Ausg. A. u. B. gr. 8. (IV, 199 S.) Hannov. 889, Meyer. * 1 60
2. u. 3. Tl. Ebd. 1886—88. * 3 55; geb. * 4 30.

—— Lehrerheft zu Ferd. Heuers Rechenbuch für Stadt- und Landschulen zu Ausgabe A und B. Zum Gebrauch beim Kopf- und Tafelrechnen bearb. 2. Tl. in 2 Heften und 3 Tl. gr. 8. Hannover, [Helwing's Verlag.] Carl Meyer. [2 Tl. 1. Abschn. (VIII, 104 S.) 886. * 75 Pf.; geb. *M 1.—; 2. Abschn. (VI, 166 S.) 887. *M 1.20.; geb. *M 1.45.; 3. Tl. 3.—6. Abschn. (IV, 20 S.) 888. *M 1.60.; geb. *M 1.85.] * geb. *
1. Tl. noch nicht erschienen.

— Lehrerheft zu Ferd. Heuer's Rechenbuch f. Stadt- u. Landschulen. Ausg. A u. B, 3. Tl. gr. 8. (S. 201—220.) Hannover 895. C. Meyer. n. — 30
(Lehrerheft u. Anh.: n. 1. 90)

Magnus, K. H. L., s.: Lehrerkalender.

— Merkbuch f. Wetterbeobachter. qu. gr. 8. (48 S.) Hannover 902. C. Meyer. Geb. in Leinw. n. — 80

— Merkbuch f. Wetterbeobachter. 2. Aufl. (54 S.) 14×22,5 cm. Hannover 910. C. Meyer. Geb. in Lw. 1. —

— Die Praxis des ersten Rechenunterrichtes, im Anschluß an die Rechenbücher v. Heuer-Magnus Ausg. A, 1. Tl., Ausg. B, 1. Tl., Ausg. C, 1. u. 2. Heft, Ausg. D, 1. u. 2. Heft (Zahlenreihe von 1—100) verf. (188 S. m. Abb.) gr. 8. Ebd. 910. 2.40; geb. n 2. 80

— Raumberechnungen f. Volksschulen. Unter Mitwirkg. der Kommissionsmitglieder Peper, Feldmann u. Schmalgemeyer bearb. (36 S. m. Abb.) 8. Ebd. 910. nn — 25

Magnus, K. H. L., Raumlehre f. Volksschulen. Hannover 894. C. Meyer.
Angekündigt, wird aber nicht erscheinen.

— Rechenaufgaben zur Einführung in die Arbeiter-Versicherungsgesetze. Ein Ergänzungsheft zu den Rechenbüchern f. Volks-, Mittel- u. Fortbildungsschulen. gr. 8. (24 S.) Hannover 891. C. Meyer. n. — 20

— Rechenaufgaben zur Einführung in das Invalidenversicherungsgesetz v. 13. VII. 1899. gr. 8. (11 S.) Ebd. 900. n. — 10

— geometrische Rechenaufgaben f. den Gebrauch in Volksschulen. gr. 8. (24 S.) Ebd. 893. n. — 20

— Rechenbuch, s.: Heuer, Ferd.

— Rechenbuch f. Fortbildungsschulen, s.: Wenzel, K.

—— u. K. Wenzel. Rechenbuch für Handwerker u. gewerbl. Fortbildungsschulen. Mit gleichmäß. Berücksichtigung d. Kopf- u. Tafelrechnens. Ausg. A. 2 Tle. gr. 8. Hannov. 891, Meyer. * — 90
1. Die Grundrechnungsarten m. ganzen u. gebroch. Zahlen. Schlußrechnung. (32 S.) * — 40; 2. Aufgaben aus d. gewerbl. Leben u. d. Gemeinde- u. Staatswesen. (36 S.) * — 50.

—— dass. — Auflösungen. 2 Tle. gr. 8. Ebd. 891. [1. Tl. (32 S.) * — 40; 2. Tl. (36 S.) * — 50.] * — 90

— — dasselbe. Ausg. B. 2 Tle. gr. 8. Ebd. n. — 75
1. Die Grundrechnungsarten m. ganzen u. gebrochenen Zahlen. Schlußrechnung. (56 S.) 891. n. — 35
2. Aufgaben aus den Gewerben u. der Landwirthschaft, dem Haushalte u. dem Gemeinde- u. Staatswesen. (64 S.) 891. n. — 40

— — dasselbe. Auflösungen zum 1. Tl. gr. 8. (24 S.) Ebd. 891. n. — 35

— — dasselbe. Auflösungen zum 2. Tl. gr. 8. (37 S.) Ebd. 891. n. — 50

— u. K. Wenzel, Rechenbuch f. Handwerker u. gewerbl. Fortbildungsschulen. Mit gleichmäß. Berücksicht. d Kopf- u. Tafelrechnens. Ausg. A. 2 Tle. gr. 8. Hannover, C. Meyer. n. 1. 10
1. Die Grundrechnungsarten m. ganzen u. gebrochenen Zahlen. Schlußrechnung. 4. Aufl. (IV, 71 S.) 894. n. — 50
2. Aufgabe aus dem gewerblichen Leben u. dem Gemeinde- u. Staatswesen. 3. Aufl. (96 S.) 894. n. — 60

— — dasselbe. Auflösungen zum 1. Tl. 2. Aufl. gr. 8. (28 S.) Ebd. 894. n. — 40

— — dasselbe. Auflösungen zum 2. Tl. 2. Aufl. gr. 8. (47 S.) Ebd. 894. n. — 60

— u. K. Wenzel, Rechenbuch f. Handwerker- u. gewerbl. Fortbildungsschulen. Nach den minister. Bestimmgn. v. 5. VII. 1897 bearb. Ausg. A. 7. Aufl. 1.—4. Stufe. gr. 8. Hannover 898. C. Meyer. n.n. 1. 50
1. Wiederholungsaufgaben; Ergänzungsaufgaben; schwierige Aufgaben aus d. Körperberechng.; Kosten- u. Ertragsberechnungen; Aufgaben aus d. Kranken-, Unfall-, Invaliditäts- u. Altersversicherg. (66 S. m. Fig.) n.n. — 40
2. D. Prozent- u. Zinsrechng.; Aufgaben aus d. Flächen- u. Körperberechnung; die Gesellschafts- u. Mischungsrechnung. (63 S.) n. — 40
3. D. Bruchrechng. u. d. Schlußrechng. (52 S.) n.n. — 35
4. Die Grundrechnungsarten m. unbenannten u. benannten ganzen Zahlen. (IV, 50 S.) n.n. — 35

Magnus, K. H. L.: Rechenbuch für Handwerker- und gewerbliche Fortbildungsschulen. Nach d. ministeriellen Vorschriften vom 5. Juli 1897 bearb. von K.-H. L. Magnus, Seminarl. u. K[arl] Wenzel, Lehrer in Hildesheim. Stufe 1. 8. u. 9. Aufl. Hannover, Berlin: C. Meyer 1900. 8° [F.]

— — dasselbe. Ausg. A. 1. u. 2. Stufe. Lehrerheft. 8. Ebd. n 1. 20
1. Wiederholungsaufgaben; Ergänzungsaufgaben; schwierigere Aufgaben aus der Körperberechnung; Aufgaben aus der Kranken-, Unfall- u. Invalidenversicherg.; Kosten- u. Ertragsberechngn. 12. u. 13. Aufl. (63 S.) 904. n. — 80
2. Die Prozent- u. Zinsrechng.; Aufgaben aus der Flächen- u. Körperberechng.; die Gesellschafts- u. Mischungsrechng. (42 S.) 905. n. — 40

— u. K. Wenzel, Rechenbuch f. Handwerker- u. gewerbl. Fortbildungsschulen. Nach den ministeriellen Bestimmgn. v. 5. VII. 1897 bearb. Ausg. A. 1.—4. Stufe. gr. 8. Hannover, C. Meyer. n. 1. 50
1. Wiederholungsaufgaben; Ergänzungsaufgaben; schwierigere Aufgaben aus der Körperberechng.; Aufgaben aus der Kranken-, Unfall- u. Invalidenversicherg.; Kosten- u. Ertragsberechngn. 10. u. 11. Aufl. (66 S.) 902. n. — 40
2. Die Prozent- u. Zinsrechnung; Aufgaben aus der Flächen- u. Körperberechng.; die Gesellschafts- u. Mischungsrechng. 14. u. 15. Ster.-Aufl. (63 S.) 902. n. — 40
3. Die Bruchrechnung u. die Schlußrechnung. 16. u. 17. Ster.-Aufl. (52 S.) 902. n. — 35
4. Die Grundrechnungsarten mit unbenannten u. benannten ganzen Zahlen. 14. u. 15. Ster.-Aufl. (IV, 50 S.) 902. n. — 35

— — dasselbe. Lehrerhft. Ausg. A. 1. u. 2. Stufe. gr. 8. Ebd. n. 1. 20
1. Wiederholungsaufgaben; Ergänzungsaufgaben; schwierigere Aufgaben aus der Körperberechng.; Aufgaben aus der Kranken-, Unfall- u. Invalidenversicherg.; Kosten- u. Ertragsberechngn. 8. u. 9. Aufl. (64 S.) 901. n. — 80
2. Die Prozent- u. Zinsrechnung; Aufgaben aus der Flächen- u. Körperberechng.; die Gesellschafts- u. Mischungsrechng. (42 S.) 902. n. — 40

— u. K. Wenzel, Rechenbuch f. Handwerker- u. gewerbl. Fortbildungsschulen. Nach den ministeriellen Vorschriften vom 5. VII. 1897 bearb. Ausg. A. I.—IV. Stufe. 8. Hannover, C. Meyer. n.n. 1. 50
I. Wiederholungsaufgaben; Ergänzungsaufgaben; schwierigere Aufgaben aus der Körperberechnung; Aufgaben aus der Kranken-, Unfall- u. Invalidenversicherg.; Kosten- u. Ertragsberechngn. 16. u. 17. Ster.-Aufl. (65 S.) 905. — 40
II. Die Prozent- u. Zinsrechng.; Aufgaben aus der Flächen- u. Körperberechng.; die Gesellschafts- u. Mischungsrechng. 25. u. 26. Ster.-Aufl. (63 S.) 906. — 40
III. Die Bruchrechng. u. die Schlußrechng. 26.—28. Ster.-Aufl. (52 S.) 905. n.n. — 35
IV. Die Grundrechnungsarten mit unbenannten u. benannten ganzen Zahlen. 20. u. 21. Ster.-Aufl. (IV, 50 S.) 905. n.n. — 35

— u. K. Wenzel, Rechenbuch f. Handwerker u. gewerbliche Fortbildungsschulen. Nach den ministeriellen Vorschriften vom 5. VII. 1897 bearb. Ausg. A. I.—IV. Stufe. 8. Hannover, C. Meyer. 1. 50
I. Wiederholungsaufgaben; Ergänzungsaufgaben; schwierigere Aufgaben aus der Körperberechng.; Aufgaben aus d. Kranken-, Unfall- u. Invalidenversicherg.; Kosten- u. Ertragsberechng. 21. (Ster.-)Aufl. (65 S.) 910. — 40
II. Die Prozent- u. Zinsrechnung; Aufgaben aus der Flächen- u. Körperberechnung; die Gesellschafts- u. Mischungsberechng. 34.—36. (Ster.-)Aufl. (64 S.) 910. — 40
III. Die Bruchrechnung u. die Schlußrechnung. 33. u. 34. Ster.-Aufl. (52 S.) 909. nn — 35
IV. Die Grundrechnungsarten m. unbenannten u. benannten ganzen Zahlen. 23. (Ster.-)Aufl. (IV, 50 S.) 908. nn — 35

— Rechenbuch f. Präparandenanstalten. 1. Tl. Das Pensum der 3. Klasse. Nach d. ministeriellen Vorschriften vom 1. VII. 1901 bearb. gr. 8. (96 S. m. 1 Karte.) Hannover 902. C. Meyer. n. — 80

— dasselbe. Lehrerheft, s.: Klingemann, O.

— Rechenbuch für Präparandenanstalten. 2. Tl. Das Pensum der 2. Klasse. Nach den ministeriellen Vorschriften vom 1. VII. 1901 bearb. (104 S.) gr. 8. Hannover 903. C. Meyer. n. — 80

— Rechenbuch f. mehrklass. Schulen,
— Rechenbuch f. Stadt- u. Landschulen,
— Rechenbuch f. ein- bis dreiklass. Volksschulen,
} s.: Heuer, Ferd.

— tägliche Rechenübungen. 10 Wandtafeln zur Einübg. u. Wiederholg. der grundleg. Lehrstoffe u. zur gleichzeit. Beschäftigg. mehrerer Rechenabteilgn. Imp.-Fol. Nebst: Auflösungen u. Lehranweisg. 8. (63 S.) Hannover 889. Carl Meyer. In Mappe. n. 4. —

— Übungsbuch f. den Rechenunterricht, s.: Heuer, Ferd.

— Übungsbuch f. den Rechenunterricht in Mädchenschulen, s.: Heuer, Ferd.

— Vortrag, s. Götze, Wold. Aus der Lehrerbildungsanstalt des deutschen Vereins f. Knabenhandarbeit.

Magnus, K. H. L., 24 Wandtafeln zur Veranschaulichung, Einübung und Wiederholung der Elemente des Rechnens im Zahlenkreise von 1—100. Für Unterricht und Selbstbeschäftigung der Kinder hrsg. Imp.-Fol. Nebst: Begleitwort. Zugleich ein Wort zur Methodik des Rechnens in jenem Zahlenkreise. gr. 8. (16 S.) Hannover 883, Helwing'sche Verlagsh. *
Wandtafeln allein *
Begleitwort allein **

Magnus, Karl

Magnus, Carl, die Geschäftsordng. f. d. Gerichtsschreibereien der Amtsgerichte v. 26. XI. 1899 m. Erläuterungen u. Musterausfüllungen in den Formularen, nebst e. Examinatorium f. Justiz- u. Militär-Anwärter. gr. 8. (176 S.) Berlin 901. J. Guttentag. n. 2. 70; geb. in Leinw. n. 3. —

Magnus, Karl, der Handel, s.a. **Verdeutschungsbücher des allgem. deutschen Sprachvereins. II.**

Der Handel, Geldverkehr, Buchhaltung, Briefwechsel, Warenverkehr und Versicherungswesen. Verdeutschung d. entbehrlichen Fremdwörter d. Handelssprache nebst 4 Vorlagen f. deutsche Wechselvordrucke. 3. verm. Aufl. bearb. von **Karl Magnus**, Bankherr in Braunschweig. *Berlin: Allg. Deutscher Sprachverein 1902.* (84 S.) 8° [F]
— **Verdeutschungsbücher** des Allgem. Deutschen Sprachvereins. 2. [o3. [illegible]

Magnus, Karl, Nauticon. **Characteristische Abbildungen der vorzüglichsten neueren Schiffsgattungen. 1. Heft. Stettin, (854.) Müller. qu. gr. 4. (6 lith. u. color. Bl.) n. 1 ß. 20 ngr.**

Magnus, Karl Gottl.

Magnus, Carl Gottl. (Torgau), Nonnullae ad Livii historiam Romanam observationes. Torgau (J. M. Kurz) 3. VI. 1807. 16 S. (4.—) 22001

Magnus, Karl Gottlieb

— Carl Gottlieb (Jüterbog), De morbis sexus sequioris ex nimio perversoque pulchritudinis studio oriundis. Präs. Georg Aug. Langguth. Wittenberg (Gerdes) 3. VI. 1757, 28 S. (4.—) 22002

Magnus, L. A., s. M. Mortonval, Fray Eugenio.

Magnus, Ldw. Imm., Aufgaben u. Lehrsätze aus der analyt. Geometrie, s. Hirsch, Meier, Sammlung rc. 3r u. 4r Thl.

Magnus, L. J., Samml. v. Aufgaben u. Lehrsätzen aus d. analyt. Geometrie, s.a. **Hirsch, M., geometr. Aufgaben, 3. Thl.**

Magnus, L. J., Sammlung von Aufgaben u. Lehrsätzen aus der analyt. Geometrie der Ebene. Mit 4 Kpfrtfln. Berlin 1833. 8°.

— — Sammlung von Aufgaben u. Lehrsätzen aus der analyt. Geometrie des Raums. 1. Abth. Berlin 1837. 4°.

Magnus, Martin: Aus d. pathol. Inst. d. Univ. zu Königsberg. Über Pankreas- und Fettgewebsnekrose mit Durchbruch in den Magendarmtraktus. Danzig 1909: Kafemann. 32 S. 8°
Königsberg, Med. Diss. v. 23. Juni 1910, Ref. Henke
[Geb. 20. April 84 Tuchel; Wohnort: Danzig; Staatsangeh.: Preußen; Vorbildung: Realgymn. Danzig Reife O. 04; Studium: Berlin 2, Freiburg i. B. 2, Berlin 2, Königsberg 5 S.; Coll. 9. Juni 09; Approb. 1. Juni 10.] [U 10. 2576

Magnus, Martin, aus Königsberg: **Experimentelle Untersuchungen über das Verhalten der Eidechsen gegen eine künstliche Infektion mit 1. Milzbrand. 2. Tetragenus. 3. Maeusesepticaemie.** *Heidelberg 1904: J. Hörning.* (24 S.) 8°
Heidelberg, Med. Diss. v. 1904

Magnus, Max [aus Groeningen '(Preussen)']: Ueber Wangenplastik ... Freiburg i. B., Buchdr. H. Epstein, 1894; 39 S., 4 Taf. 8.
Freiburg i. B., Med. Fak., Inaug.-Diss. v. 1894

Magnus

— Ol., De VI litterarum artiumque in mores et civitatis tranquillitatem. Präs. J. A. Duse. Gryphiae (J. H. Eckhardt) 15. V. 1800. 8 S. (3.—) 22006

Magnus, Otto, Gesetz die Einführung eines Mahnverfahrens für Schuldsachen betreffend d. d. Braunschweig, am 7. April 1864 für Nicht-Juristen mitgetheilt. Braunschweig 864. Leibrock. 8. (34 S.) 6 ngr.

MAGNUS, P.: Rede auf das hochfeyerliche Freudenfest, da die neue Grosswardeiner Dom- und Kapitularkirche den 25. Brachmonat 1780. am Krönungstage des 39. Jahres glücklichster Regierung ... Marien Theresiens, angesalbet wurde, verfasset, vorgetragen ... von P. Magnus Capucinerordens, Sonntagsprediger. Grosswardein 1780. Gedr. mit L. S. Schriften durch Ign. Joh. Balent. 8 f. - 2°

Magnus, Paul

Magnus P.: [Afhandlinger]. [Rostr. Saml.].
(Kurze Bemerkung üb. die Silberweide am Schöneberger Ufer in Berlin. (1879). — Beobachtungen üb. Blitzschläge an Bäumen. (1881)).

Magnus P.: [Tre Afhandlinger]. [Rostr. Saml.].
(Ueber die Gattung *Najas*. 1894. — Eine kleine Beobachtung üb. den Besuch d. Blüthen d. Löwenmauls (*Antirrhinum majus L.*) durch die Hummeln. U. A. — Eine weisse *Neottia nidus avis*. U. A.).

Magnus P.: Ein bemerkenswerthes Auftreten d. Hausschwammes *Merulius lacrimans* (*Wulf.*) *Schum.* im Freien. (Dresd. 1896). 2 S. (Særtr.) P.

Magnus, P., Beiträge zur Kenntniss der Gattung Najas L. Mit 8 lith. Taff. (wovon 5 color.). Berlin 870. G. Reimer. gr. 4. (VIII, 64 S.) geb. n. 2 ß 10 ngr.

— — Botanische Inaugural-Dissertation. Berlin 870. (Calvary & Co.) gr. 4. (III, 20 S. mit 1 Steintaf.) n. 15 ngr.

Magnus, P., s.: **Berichte, amtliche, über die internationale Fischerei-Ausstellung zu Berlin 1880.**

Magnus, P., das Bündniß Gustav Adolfs mit dem Kurfürsten Georg Wilhelm von Brandenburg, sowie die heimliche Verlobung König Gustav Adolf's von Schweden mit der Prinzessin Marie Eleonora von Brandenburg. 2 Vorträge, gehalten am 26. Octbr. 1867 u. 4. Novbr. 1866 in Berlin. Mit 1 Photogr. (in qu. 4.) Berlin 868. Quaas. gr. 8. (35 S.) n. 20 ngr.; größere Ausg. n. 1 ß

— Die verderblichste Champignonkrankheit in Europa. [Braunschw. 1906]. 3 S. (Særtr.). 4.°

Magnus, P., s. Engler und Prantl, die natürliche Pflanzenfamilie.

Magnus, P., die botanischen Ergebnisse der Nordseefahrt vom 21. Juli bis 9. Septbr. 1872. [Aus „Jahresber. der Kommission zur Untersuchg. der deutschen Meere in Kiel"] Fol. (19 S. m. 2 Kpfrtaf.) Berlin 874. Wiegandt, Hempel & Parey. n. 4. —

— Eine epidemische Erkrankung d. Gartennelken. (1888). (6) S. (Særtr.). P.

Johannes **Groenland.** Nachruf v. Paul Magnus. 4°.
Aus: „Leopoldina", Bd. 27, [Leipzig. 1891].

Magnus, Paul: Die weiße Heidelbeere, s. A s c h e r s o n , Paul

Magnus P.: Ist die Änderung d. v. den Autoren f. die Namen angewandten Schreibweise zulässig? 1905. [Rostr. Saml.].

Magnus P.: W. Krieger. Schädliche Pilze unserer Culturgewächse ... 1896. [Rostr. Saml.].

Magnus P.: Botanische Mitteilungen. 1885. [Rostr. Saml.].

— zur Morphologie der Sphacelarieen nebst Bemerkgn. üb. die Ablenkg. d. Vegetationspunktes der Hauptachsen durch den nahe am Scheitel angelegt werdenden Tochterspross. [Aus: Festschrift zur Feier d. 100jähr. Bestehens d. Gesellsch. naturforsch. Freunde zu Berlin.] Mit 4 Taf. in Steindr. Fol. (28 S.) Berlin 878. Dümmler's Verl. n. 4. —

Magnus, P., Najadaceae, s.: Engler, A., u. K. Prantl, die natürlichen Pflanzenfamilien.

Magnus, Paul, die Pilze v. Tirol usw., s.a. Dalla Torre, K. W. v., u. Ludw. Graf v. Sarnthein, Flora.

Die Pilze (Fungi) von Tirol, Vorarlberg und Liechtenstein. Unter Beistand von K[arl] W[ilh.] v. Dalla Torre u. Ludwig Grafen v. Sarnthein, bearb. von Dr. Paul **Magnus,** Prof. in Berlin. Innsbruck: Wagner 1905. (LIV, 716 S.) 8°
— **Dalla Torre:** Flora d. Grafschaft Tirol. Bd 3. (05. 870)

Magnus P.: Ein neues Unkraut auf den Weinbergen bei Meran. 1890. [Rostr. Saml.].

Magnus (P.). Botan. Unters. bei der Pommerania-Exped. . . . 1871. Kiel, 1871. 4°.

Magnus, Paul: Die Verbreitung der hellfrüchtigen Spielarten der europäischen Vaccinien, s. A s c h e r s o n , Paul

Magnus P.: Zur weiteren Verbreitung zweier eingewanderter Pflanzen in Südtirol. 1895. [Rostr. Saml.].

— Philipp (Mitau), De impossibilitate mundi aeterni. Präs. Joh. Ernst Schubert. Jena (Schill) 15. IV. 1741. 32 S. (5.—) 22007
Gew.: Joh. Chr. v. Osten-Sacken, H. Chr. Finck v. Finckenstein, Carl v. Fircks, Ulr. v. Behr. — Widm. v.: J. E. Schubert.

Magnus, Richard [Arzt]: Ueber das anatomische Verhalten der Nebennieren, der Thyreoidea und Thymus und des Sympathicus bei Hemicephalen. . . . Königsberg i. Pr., Hartungsche Buchdr. (1889); 37 + 1 S. + 1 Bl. u. 3 Taf. 8°
Königsberg, Med. Fak., Inaug.-Diss. v. 22. März 1889

Magnus, Rich. Ueber das anatomische Verhalten der Nebennieren, der Thyreoidea u. Thymus u. d. Sympathicus bei Hemicephalen. Diss. gr. 8. (37 S. m. 3 Taf.) Königsb. 889, (Koch). * 1 20

Magnus (Rigmor v.): Undersøgelser over en Gruppe Actinomyceter isolerede fra Menneskets Svælg. (With an English summary.) København 1936. 132 pages. 8°.
Copenhague. — Th. méd.

Magnus, Rud., Wilhelm Bölsche. Ein biographisch-krit. Beitrag zur modernen Weltanschauug. (166 S. m. 1 Bildnis.) 8. Berlin 909. E. Staube. 2.—; geb. 3. 50

Magnus, R[udolf], Dr., Assist. am Pharmakol. Institut: Aus d. pharmakol. Institut zu Heidelberg. Über **Diurese.** Mittheilung 2: Vergleich der diuretischen Wirksamkeit isotonischer Salzlösungen. *Leipzig 1900: J. B. Hirschfeld.* (40 S.) 8° ¶(1 in: Archiv f. experiment. Pathol. u. Pharmakol., Bd 54. 1900.)
Heidelberg, Med. Hab.-Schr. v. 1900

Einladung zu der öffentlichen **Probe-Vorlesung,** welche Dr. med. Rudolf **Magnus** zur Erlangung der Venia legendi bei der medicinischen Facultät der Ruprecht-Carls-Universität zu Heidelberg Montag, den 23. Juli 1900 ... abhalten wird. Thema: Die physiologische Wirkung des kalten Bades. *(Heidelberg 1900): J. Hörning.* (1 Bl.) 8°

Magnus, Rud., Goethe als Naturforscher. Vorlesungen, geh. im Sommer-Semester 1906 an der Universität Heidelberg. (VIII, 336 S. m. Abbildgn. u. 8 Taf.) 8. Leipzig 906. J. A. Barth. Geb. in Leinw. n. 7. —

Magnus, Rud., Liederbuch f. höhere Schulen. 70 Chorlieder f. gemischte Stimmen. 8. (128 S.) Berlin 876. Götz. n. — 80; cart. n. 1. —

Magnus, Rudolf: Ueber die **Messung des Blutdrucks mit dem Sphygmographen.** *München 1898: R. Oldenbourg.* (VI, 12 S. mit Taf.) 8° ¶(Aus: Zeitschrift für Biologie, Jg. 1896.)
Heidelberg, Med. Diss. v. [14. Jan.] 1898

Magnus, Rudolf, a. Hamburg: **Die Schutzmittel des falsus heres gegen die Zwangsvollstreckung aus einem gegen den Erblasser ergangenen Urteile.** Borna-Leipzig 1907: R. Noske. (VIII, 49 S.) 8°
Erlangen, Jur. Fak., Ref. Sehling, Diss. v. 17. Juni 1907
[Geb. 17. Okt. 84 Hamburg; Wohnort: Hamburg; Staatsangeh.: Hamburg; Vorbildung: Wilhelms-Gymn. Hamburg Reife M. 02; Studium: Berlin 3, Genf 2, München 2 S.; Rig. 11. Mai 07.]

— Vom U r t i e r zum Menschen. Gemeinverständl. Darstellg. des gegenwärt. Standes der gesamt. Entwicklungslehre. Mit e. Stammbaum der Tiere, 14 Taf. u. 11 Abbildgn. im Text. (VIII, 127 S.) gr. 8. Halle 908. C. Marhold. 2.—; geb. 3. —

Vom Urtier zum Menschen. Gemeinverständl. Darstellung d. gegenwärtigen Standes d. gesamten Entwicklungslehre. Mit e. Stammbaum d. Tiere, 14 Taf. u. 11 Abb. Von Dr. Rudolf **Magnus.** 2. Taus. Halle: C. Marhold 1908. (VIII, 126 S.) 8° [F.] (08. 1749 3

Magnus, Rudolf: Vom U r t i e r zum Menschen. Gemeinverständl. Darstellung d. gegenwärt. Standes d. gesamten Entwickelungslehre. Mit e. Stammbaum d. Tiere, 14 Taf. u. 11 Abb. Von Dr. Rudolf Magnus. 3. Taus. Halle a. S.: Marhold 1908. VII, 126 S. 8°.

— Rud. Albert (Berlin), Observationes in methodum endermaticam. Diss. med. Berlin (A. Petsch) 4. VII. 1831. 28 S. mit Biogr. (3.—) 22008
Gew.: L. E. Magnus (Vater). — Oppon.: E. Meyer, St. Andrejewskiy, E. Rummel.

Briefe aus Aegypten. (Verf.: [Samuel] **Magnus.**) [Als Ms. gedr.] (Königsberg i. Pr.) 1892: (R. Leupold). (71 S.) 8° [F.] (06. 1304 10

Magnus, Vict., der Siegfried des Geistes. Ein neues Menschheitsideal. 8. (III, 304 S.) Dresden 899. E. Pierson. n. 4. —

Magnus, W. (Red.), s. S c h n e i d e r , Der.

Magnus, Walter, Referendar aus Hamburg: Die **Dividende** bei der Aktien-Gesellschaft. *Hamburg 1903: H. Carly.* (70 S.) 8°
Jena, Jur. Diss. v. (30. Dez.) 1902

Magnus, Werner, über die Formbildung der Hutpilze. (S. 81—161 m. 6 Taf.) Lex. 8. Berlin 906. (R. Friedländer & Sohn.) nn 5. —
Sonderabdr. aus: „Archiv f. Biontologie".

Magnus, Werner: Über die F o r m b i l d u n g der Hutpilze. Von Werner Magnus. Hierzu Taf. 8-13. Berlin: R. Friedländer & Sohn in Komm. 1908. (S. 85-161.) 4°
= Archiv f. Biontologie. Bd. 1, H. 1,4.

Magnus, Werner, aus Berlin: **Studien an der endotrophen Mycorrhiza von Neottia Nidus avis L.** *Leipzig: Gebr. Borntraeger 1900.* (68 S.) 8° ¶(Aus: Jahrbücher f. wiss. Botanik, Bd 35.)
Bonn, Phil. Diss. v. 25. Juni 1900

Magnus-Alsleben, Ernst, aus Berlin: **Adenomyome des Pylorus.** *Berlin 1903: G. Reimer.* (22 S.) 8° ¶(Aus: Virchow's Archiv, Bd 173.)
Straßburg, Med. Diss. v. 1903

Magnus-Alsleben, Ernst. Ueber die Ausscheidung des Kohlenstoffs im Harn. Aus der medizinischen Klinik in Basel. [Habilitationsschr. Med. Basel.] (Mit 5 Kurven im Text.) Sonder-Abdruck aus der Zeitschrift für klinische Medizin. Band 68. Heft 5 und 6. 44 S. 8. Berlin, L. Schumacher, 1909.

Magnus-Levy, A., das Koma diabeticum u. seine Behandlung, s.a. Sammlung zwanglos. Abhandlgn. aus dem Gebiete d. Verdauungs- u. Stoffwechsel-Krankheiten. I, 7.

Magnus-Levy, Adolf: Das Koma diabeticum und seine Behandlung. Von Dr. A[dolf] Magnus-Levy. Halle: Marhold 1909. 54 S. 8°.
(Sammlung zwangloser Abhandlungen aus d. Geb. d. Verdauungs- u. Stoffwechselkrankheiten. Bd. 1. H. 7.)

Magnus-Levy, A., Organtherapie u. innere Secretion, s.a. Bibliothek, moderne ärztliche. 28. Hft.

Organtherapie und Innere Secretion. Von Prof. A[dolf] **Magnus-Levy**. Berlin: L. Simion Nf. 1906. (40 S.) 8°
— **Bibliothek**, Moderne ärztliche. H. 28. [o6. 1016]

Magnus-Levy, A., die Oxy-Buttersäure u. ihre Beziehgn. zum Coma diabeticum. gr. 8. (VI, 89 S.) Leipzig 899. F. C. W. Vogel. n. 2. —
Sonderabdruck aus: „Archiv f. experim. Pathol."

Magnus-Matzdorf, Frhr. v., zur Beseitigung der landwirthschaftlichen Nothlage. Fingerzeige f. jeden Landwirth, vor Allem aber f. die Herren Landräthe, Vorsitzenden landwirthschaftl. Vereine, Amtsvorsteher, Geistlichen u. Lehrer. gr. 8. (95 S.) Berlin 890. A.-G. Pionier. n. 1. —

Magnussen, F., s. Magnusson, Finnur

Magnussen, Friedrich, appr. Tierarzt: Untersuchungen über Echinokokken und Echinokokkenflüssigkeit. Sonderburg 1909: Sonderburger Zeitung. 26 S. 8°
Gießen, Veterinär-Med. Diss. v. 31. Aug. 1909, Ref. Olt
[Geb. 2. Sept. 81 Addebüll; Wohnort: Langdeel; Staatsangeh.: Preußen; Vorbildung: Wilhelms-Gymn. Hamburg Reife M. 03; Studium: Hannover Tierärztl. Hochsch. 7 S.; Rig. 28. Juli 09.] [U 10. 1229

Magnussen, Harro: Chrstian Karl Magnussen . Ausschnitt aus: Zeitschrift für bildende Kunst, Jg. 41, N.F. 17, H. 5. Febr. 1906. Leipzig. 1906. Fol.

Magnussen, Johs., s.: Ekko af engelsk talesprog.

Magnussen, Jul., u. P. **Sarauw**, der grosse Tote. Ein lust. Trauersp. in 3 Akten u. e. Präludium. (Autoris. Übersetzg. aus dem Dän. v. Josephsohn.) (98 S.) kl. 8. Berlin 909. Oesterheld & Co. 2. —

Magnussen L.: Beiträge z. Diagnostik u. Casuistik d. Actinomycose. Inaug.-Diss. Kiel 1885. 19 S. 4°.

Magnussen, Peter, Beiträge zur Casuistik der Bauch-, Blasen-Schambeinspalten mit Eventration. Diss. Berlin 1886, Mayer & Müller. 8°. 43 S.

Magnussen, Peter [aus Bredstedt]: Beiträge zur Casuistik der Bauch-, Blasen-Schambeinspalten mit Eventration .... Berlin, Buchdr. v. M. Niethe (1886); 43 S. 8°.
Berlin, Med. Fak., Inaug.-Diss. v. 1. März 1886.

Magnusson, neues prakt. Taschenwörterbuch der englischen u. deutschen Sprache, s.: Thieme.

Magnusson, Bern., Nonnulla de methodo endermetica. Diss. inaug. Kiliæ. 1832. P.

Magnusson, Finnur

Magnussen, F., carmen runicum in coronationem Daniae regis, Friderici VI. ac Reginae Mariae Sophiae Fridericae, lingua et metro atavorum exaratum, eller Kvad i Runer i Anledning af Kroningen i 1815. latine, islandice, danice. 4maj. Hafn. Gyldendal. 815.
Charta script.

Magnussen, ..., s. Edda den aeldre.

Magnus(s)en, Finni, priscae veterum Borealium mytholog. Lexicon, cuncta illius Cosmologica, Theosophica et Daemonica numina, entia et loca ordine alphabet. indicans, illustrans et e magna parte cum exteris, ista contingentibus, comparans. Accedit septentrional. Gothor., Scandinavor. aut Danor. gentile Calendar., ex Asia oriundum, jam primum expositum et cum variis cognatar. gentium fastis, festis et solennibus ritibus vel superstitionibus collatum. 4 maj. (110¼ B.) Hauniae 828, Gyldendal.
Besonderer Abdruck aus „Edda Saemundar hins Fróda." P. III.

— — Udsigt over den kaukasiske Folkestammes ældste Hjemsted og Udvandringer. (Ueber die früheste Heimath und die Auswanderungen des kaukasischen Menschenstammes.) 8. Ebend. 819.

Magold, Maurus, Abhandl. von d. Epicycloide, als auch d. höhern Geometrie. Mit 3 Kpft. gr. 8. Landsh. 813. Weber in Münch. 20 gr Als Anhang zum mathemat. Lehrbuche III. 2. Für d. Besitzer d. 1n Ausg.

— Auflösung e. kubischen u. biquadrat. Gleichung. gr. 8. Landsh. 808. Weber in Münch. 4 gr

Magold, M., Beiträge z. höhern Geometrie, f. die Besitzer d. ersten Ausgabe besonders ausgeg. gr. 8. Landshut, Weber. 813.

Magold, Lehrbuch der Arithmetik. 4. Ausgabe. Mit 9 Tab. München 1830. 8.

Magold, Maurus, Lehrbuch d. Chronologie. M. 22 lith. Tab. (auf 5 Bog. Fol.) gr. 8. (23¼ B.) München 829, Weber. 2 Thlr., Postv.

— Lehrbuch d. Chronologie. Mit 22 lith. Tabb. gr. 8. Münch. 830. Weber. 2 rthl Postp. 3 rthl

Magold, M.: Lehrbuch der Elementargeometrie und Trigonometrie. Landshut 1803.

Magold, M. Lehrbuch der Polygonometrie und Markscheidekunst. Landshut 1804.

— mathemat. Lehrbuch z. Gebr. öffentl. Vorlesungen. 1r Thl. Arithmetik u. Algebra. gr. 8. Landsh. 804. 2e A. 809. 3e A. 813. 4e A. 830. Weber in Münch. 2 rthl 2r Thl. Elementar-Geometrie u. Trigonometrie. Mit 11 Kpf. gr. 8. Landsh. 803. 2e A. 814. Weber. 2 rthl 12 gr 3r Thl. 1e Abthlg. Poligonometrie u. Markscheidekunst. Mit 6 Kpf. u. 4 Tabb. gr. 8. Ebd. 804. 2e A. 813. 2 rthl 3r Thl. 2e Abthlg. Die höhere Geometrie; nebst v. Voith's Vorschlägen z. Vervollkommnung d. Markscheidekunst rc. Mit 3 Kpft. gr. 8. Ebd. 805. 2e A. 813. 2 rthl 14 gr 4r Thl. enth. Lehrbuch der Mechanik fester Körper. 1r Bd. Mit 4 Kpft. gr. 8. Münch. 810. Lindauer. 2 rthl 12 gr 5r Thl. od. Lehrbuch d. Mechanik fester Körper. 2r Bd. Mit Kpft. gr. 8. Landsh. 813. Krüll. 2 rthl 16 gr

—— mathemat. Lehrbuch z. Gebr. öffentl. Vorlesn. 1. Thl. — A. u. d. T.: Lehrbuch d. Arithmetik. M. 9 Tab. (Fol.) 4., verm. Ausg. gr. 8. (33 B.) München 830, Weber.
2. Thl. 2. Aufl. 1814. 2 Thlr. 12 Gr., 3. Thl. 1. Abthl. 2. A. 1813. 2 Thlr., 3. Thl. 2. Abthl. 2. Aufl. 1813. 2 Thlr. 14 Gr. Ebendas.

Magon, Fr. Carl, Handbuch der Patrologie und der kirchlichen Litteraturgeschichte. 2 Bde. Regensburg 864. Manz. gr. 8. (VI, 1014 S.) 4 rthl

Magon, Fr. Carl, Sabina. Ein Lebensbild aus den ersten Zeiten der christl. Kirche. 8. (VIII und 588 S.) Regensburg 861, Manz.

Magophilos, s.a. Gallerie, neue, des Uebernatürlichen.

MAGOPHILOS (ps.), Neue Gallerie des Uebernatürlichen, Wunderbaren und Geheimnissvollen. 1849.
— — Dasselbe. 1860.
Weller, Lex. Ps. p. 338.

Magos, Hermine, Poste restante! Humoresken u. Novellen. 8. (VII, 217 S.) Dresden 895. E. Pierson. n. 3. —; geb. in Halbleinw. n. 4. —

Magoun, H. W., Some problems in prosody. S.-A. 1903. 60 S. 1.25

Magrath, Jos. Walker, das Handels-, Wechsel-, Konkurs- u. See-Recht der Verein. Staaten v. Amerika, s.: Handelsgesetze, die, des Erdballs. (Clark, William Lawrence.)

Magrebi s.: Samuel el-Magrebi.

Maguhn, Walter, Referendar aus Königsberg i. Pr.: Die rechtliche Stellung des Konkursverwalters nach der Reichskonkursordnung. *Königsberg i. Pr. 1901: R. Leupold.* (40 S.) 8° Rostock, Jur. Diss. v. [1. Febr.] 1901

Maguire, Grf. von, Diarium, was sich vom 12. bis 30. Juli 1760 in Dressden während der Preuss. Belagerung zugetragen. (Nebst Prospect der Stadt Dresden.) (Dresden.) 4.

Maguire, A., nouveaux panneaux décoratifs. schmal gr. Fol. (4 Farbdr.) Berlin 898. W. Schultz-Engelhard. n. 3. —

Maguire, Bertha, Blumen u. Blätter. Studien. 2 Lfgn. gr. 4. (à 6 Chromolith.) Leipzig 884. (Baldamus Sep.-Cto.) à n. 6 — ; einzelne Blätter à n. 1. 50

Maguire, Bertha, Blumen u. Blätter. Studien. 3. u. 4. Lfg. gr. 4. (à 6 Chromolith.) Leipzig 887. Baldamus' Sep.-Cto. à n. 6. —; einzelne Blätter à 1. 50 (1—4.: n. 24. —)

— dasselbe in Tuschmanier. gr. 4. (6 Bl.) Ebd. 887. n. 4. —; einzelne Blätter à — 90

Maguire, Bertha, neue Blumen-Studien. gr. Fol. (4 Farbdr.) Ebd. 898. n. 4. 50

Maguire, Bertha, 6 (farb.) Blumenstudien. schmal gr. Fol. Leipzig 893. E. Baldamus, Sep.-Cto. n. 12. —; einzelne Blätter n. 2. —; Fol.-Ausg. n. 6. — ; einzelne Blätter 1. 50

— 6 (farb.) Chrysanthemum-Studien. schmal gr. Fol. Ebd. 893. n. 12. —; einzelne Blätter n. 2. —

— Früchte. Studien. gr. 4. (6 Bl.) Ebd. 887. n. 6. —; einzelne Blätter à 1. 50

— Orchideen. Chromolithographie. Fol. (4 Blatt.) Ebd. 887. n. 10. —; einzelne Blätter à n. 3. 50

— 4 panel studies of Marguerites, ferns and meadow grass. 105×26 cm. Farbdr. Ebd. (896). n. 11. 25

— 4 panel studies of growing Orchids. 105×26 cm. Farbdr. Ebd. (896). n. 11. 25

— Sonnenblumen. schmal gr. Fol. (6 farb. Taf.) Ebd. 893. n. 12. —; einzelne Blätter n. 2. —

— four studies of Clematis. Chromolith. Fol. Ebd. 887. n. 15. —; einzelne Blätter à 4. —

— four studies of flowers for panels. schmal gr. Fol. (4 Farbdr.) Ebd. 898. n. 3. —

—— four studies of Lilies. Chromolithographie. Fol. Ebendas. 887. *
Einzeln à Bl.

— 6 floral studies. Farbdr. Fol. Leipzig (896). Wezel & Naumann. n. 7. 50

— 6 studies of floral sprays and ferns. Farbdr. Fol. Ebd. (896). n. 7. 50

— Wasserlilien. 4 (chromolith.) Studienblätter. Fol. Ebd. 887. n. 10. —; einzelne Blätter à 3. 50

Maguire, Helena, Hunde-Studien, — Katzen-Studien, } s.a. Universal-Malvorlagen Nr. 67 u. 68.

Maguire, Helena, 6 Hunde-Studien. Fol. (6 Bl. in Farbendr.) Leipzig 892. E. Baldamus, Sep.-Cto. n. 7. 50; einzelne Blätter à 1. 80

— 6 Katzen-Studien. Fol. (6 Bl. in Farbendr.) Ebd. 892. n. 7. 50; einzelne Blätter à 1. 80

Maguire, Helena, Thier-Studien. 1. u. 2. Lfg. gr. 4. (à 6 Chromolith.) Leipzig 886. (Baldamus Sep.-Cto.) à n. 6. —
1. Hundeköpfe. — 2. Hausthiere.

Maguire, Helene, Thier-Studien. Chromolithographie. 1. und 2. Lfg. gr. 4. (à Lfg. 6 Chromolithogr.) Leipzig 887, (Baldamus.) à Lfg. *
Inhalt:
Lfg. 1. Hundeköpfe.
» 2. Hausthiere.

—— dass. — in Tuschmanier. Hundeköpfe. gr. 4. (6 Bl.) Leipzig 887, Baldamus' Sep.-Cto. *
Einzeln à Bl.

Maguire, Helena, Thier-Studien. 3.—6. Lfg. Fol. Leipzig 889. 890. Baldamus' Sep.-Cto. n. 22. —; einzelne Blätter à 1. 50 (1—6.: n. 34. —)
3. Hunde. (6 Chromolith.) n. 6. —. — 4. Katzen. (4 Chromolith.) n. 4. —. — 5. Geflügel. (6 Chromolith.) n. 6. —. — 6. Thiergrupppen. (6 Chromolith.) n. 6. —.

— dasselbe. 1. u. 3. Lfg. qu. Fol. u. Fol. (à 6 Farbendr.-Taf.) Ebd. 890. à n. 7. 50; einzelne Blätter à n. 1. 80
1. Sporthunde. — 3. Weidende Thiere.

— Thier-Studien. Studienblätter. 4. Lfg. Hausthiere. qu. Fol. (6 Farbendr.-Taf.) Ebd. 891. n. 7. 50; einzelne Blätter à 1. 80

—— aus der Vogelwelt. Studien in Tuschmanier. gr. 4. (6 Bl.) Ebendas. 887. *
Einzeln à Bl.

—— Wasserlilien. 4 (chromolithogr.) Studienblätter. Fol. Ebendas. 887. *
Einzeln à Bl.

Maguire, John Francis, Rom: Sein Regent und seine Institute. Aus dem Engl. von Carl B. Reiching. Mit 1 Stahlst. Regensburg 858. Manz. 8. (XX, 464 S.) 27 ngr.

— — übers. von Rose, s. Sammlung von klass. Werken der neuern katholischen Literatur Englands.

Maguire, John Francis, Rom: Sein Regent und seine Institute. Aus dem Engl. von Carl B. Reiching. 2. verb. Aufl. Mit 1 Stahlst. Regensburg 860. Manz. 8. (XX, 464 S.) 27 ngr.

— Rom und sein Beherrscher, s. Sammlung von klassischen Werken der neueren kathol. Literatur Englands.

Magunna, Register, s.: Rehbein, H., d. Entscheidgn. d. vormal. preuß. Ober-Tribunals.

Magunna, O., das Kaiser-Denkmal am deutschen Eck in Coblenz, s.: Laué, W.

Magunna, Paul

Magunna, P., der preußische Gerichtsschreiber, seine Dienstverhältnisse u. seine Dienstgeschäfte. Ein Handbuch zum Gebrauch f. den prakt. Dienst bei den Gerichten u. Staatsanwaltschaften und zum Studium für die Justizanwärter, nebst e. Anh. über das Stempelwesen u. e. Stempeltarif. gr. 8. (XVIII, 725 S.) Berlin 888. H. W. Müller. n. 18. —

Katalog der Bibliothek der Loge zu den drei Zirkeln in Stettin. Nach der Neu-Einteilung von P[aul] Magunna. Stettin 1904: Susenbeth. 56 S. 8^0 [Umschlagtit.]

— der aufsichtführende Richter bei den preußischen Amtsgerichten, seine Rechte u. seine Pflichten. Eine systemat. Darstellung der f. den aufsichtführ. Amtsrichter wissenswerthen Vorschriften der Justizaufsicht u. Justizverwaltg. gr. 8. (XIV, 192 S.) Ebd. 887. n. 4. —; geb. n.n. 5. —

Magunna, P. Der aufsichtführende Richter bei den preußischen Amtsgerichten, seine Rechte u. seine Pflichten. Eine systemat. Darstellg. der f. den aufsichtführ. Amtsrichter wissenswerthen Vorschriften der Justizaufsicht u. Justizverwaltg. 2. verb. Aufl. gr. 8. (XII, 207 S.) Berl. 890, H. W. Müller. * 4 —; geb. ** 5 —

Magunna, P., der aufsichtführende Richter bei den preuß. Amtsgerichten, seine Rechte u. Pflichten. Eine systemat. Darstellg. der f. den aufsichtführ. Amtsrichter wissenswerthen Vorschriften der Justizaufsicht u. Justizverwaltg. 3., verb. Aufl. gr. 8. (XII, 250 S.) Berlin 902. H. W. Müller. n. 5. —; geb. n.n. 6. —

— Sachregister, s.: Mugdan, B., die gesammten Materialien zum bürgerl. Gesetzbuch.

Aus vergangenen Tagen. Fünf Vorträge aus der Geschichte der Loge „Zu den drei Zirkeln" im Or. Stettin von Paul Magunna. Ms. f. Brr. Stettin 1907: Susenbeth. 94 S. 8^0

de Magy, Louis, cent lettres familières sur différents sujets. A l'usage de la jeunesse. gr. 16. (IV u. 178 S.) Leipzig 850, Michelsen. 1/2 ℛ

A magyar Francziaországban. Uj, könnyű módszer a franczia nyelvnek tanár nélkül való azonnali megtanulására, a kiejtés pontos meghatározásával. Bonn: K. Georgi [1900]. (32 S.) 8° [Umschlagt.] [Der Ungar in Frankreich.]
— Kuntzé, Méthode Polyglotte. [33.]

Magyar hajdan és jelen. Ungarns Vergangenheit u. Gegenwart in getreuen Abbildungen mit erklär. Texte. In Verbindung mit G. v. Döbrentey, J. Häufler, M. Horváth u. a. vaterländ. Gelehrten u. Kunst-Freunden hrsg. in ungar. u. deutscher Sprache v. Nic. Szerelmey. Imp. 4. (IV u. 40 S. m. 30 lith. Taf., wovon 12 lithochrom. u. color., u. lithochrom. Titel.) Pesth 847. (Edelmann.) n. 2 ℛ

Magyar hajdan és jelen. Ungarns Vergangenheit und Gegenwart in getreuen Abbildungen mit erklär. Texte. In Verbindung mit G. v. Döbrentey, J. Häufler, M. Horváth u. a. vaterländ. Gelehrten und Kunst-Freunden hrsg. in ungar. und deutscher Sprache von Nic. Szerelmey. Imp. 4. (IV und 40 S. mit 30 Stnt., wovon 12 lithochrom. und ill., nebst lithochrom. Titel.) Pesth 847, [Lauffer und Stolp.] *

A magyar Németországban. Uj, könnyű módszer a német nyelvnek tanár nélkül való azonnali megtanulására, a kiejtés pontos meghatározásával. Bonn: K. Georgi [1900]. (31 S.) 8° [Umschlagt.] [Der Ungar in Deutschland.]
— Kuntzé, Méthode Polyglotte. [32.]

Magyar, Ladisl., Reisen in Süd-Afrika in den J. 1849 bis 1857. Aus dem Ungar. von Joh. Hunfalvy. (In 3 Bdn.) 1. Bd. Lex.-8. (XII und 450 S. mit 1 lithogr. Landkarte in qu. gr. Fol. und 8 Stnt., wovon 4 in Tondr.) Pest 859, Lauffer und Stolp. *

Magyaren, Die. Historisch-romantische Erzählungen ... Leipzig 1847. V: *Hickel, J. Carl.* (Ky)

Magyaren, die. Historisch-romant. Erzählungen aus Ungarns Vorzeit. Vom Verf. der Slaven und Magyaren ꝛc. 2 Bde. 8. (450 S.) Leipzig 847. (Preßburg, Schaiba.)

Magyaren-Spiegel oder wahre Schilderung der Völker-Verfassung und Richtung des ungrischen Reiches. Leipzig 1844. V: *Müller, Gottfried.* (KU) (Trausch)

Magyaren-Spiegel od. wahre Schilderung der Völker-Verfassung u. Richtung des ungarischen Reiches neuester Zeit. Von ein. Magyaren. gr. 8. (14 3/8 B. u. 1 Stnt.) Leipzig 844. [Renger'sche Buchh.]

Magyaren-Spiegel oder wahre Schilderung der Völker-Verfassung u. Richtung des ungarischen Reiches neuester Zeit. Von einem Magyaren. gr. 8. (Mit 1 lith. Taf.) Leipzig 844, Volckmar. 1 1/3 ℛ

Magyaren-Sprache, Die, in ihren Grundzügen ... Wien 1833. V: *Piringer, Martin von.* (Gi) (KU) (Vater)

Magyaren-Sprache, die, in ihren Grundzügen beleuchtet von P. gr. 8. Wien 833. (Güns, Reichard; Leipz., Volckmar.) n. 1 ℛ

— dess. ungarisch. gr. 8. ... Ebds. 833.

Magyarisirung in Ungarn. [Nach den Debatten des ungar. Reichstages über den obligaten Unterricht der magyar. Sprache in sämmtlichen Volksschulen.] 8. (VII, XXVI, 486 S.) München 879. Th. Ackermann. n. 3. —

Magyarisirungs-Versuche, ältere u. neuere, in Ungarn m. besond. Rücksicht auf die Slovaken. 8. (113 S.) Prag, Urbánek. n. — 80

Magyarismus, Der, in Ungarn ... Leipzig 1834. V: *Schuhayda, Ludw.* (Pk)

Magyarismus, der, in Ungarn, in rechtl., geschichtl. u. sprachl. Hinsicht, mit Berichtigung d. Vorurtheile, aus denen seine Anmassungen entsprungen. Von L. M. Sch....... 8. ... Leipzig 834. [Pesth, Heckenast.]

Magyarország és Erdély eredeti képekben etc. Rajzolta Rohbock Lajos. Aczelba metszették korunk legjelesebb művészei. A történelmi és helyirati szöveget irta Hunfalvy János. 1. szakasz: Magyarország. 1. 2. kötet. Darmstadt 856, 57. Lange. gr. 8. Jede Liefg. von 3 Stahlst. u. 8 S. Text n. 10 ngr; chines. Pap. in gr. 4. n. 24 ngr

Magyarországot illető Országos Kormánylap. (Landes-Regierungsblatt für das Königreich Ungarn.) Zwei Abtheilungen. Universitäts-Buchdruckerei in Ofen. 4. Zwangloses Erscheinen. (Ungarisch u. deutsch.) 1855.

Mitteleuropäischer Wirtschaftsverein in Ungarn. Die Vollstreckungsrechtshilfe zwischen Ungarn, Österreich und Deutschland. Bericht z. Vorbereitung e. Vertrages zwischen d. obengenannten Staaten. Von Dr. Géza v. **Magyary**, Prof. Budapest 1909: Hörnyánszky. 103 S. 4° [10. 4674 11

MAGYARY, PAUL: Maria Patrona Hungariae. Festrede zu der ... feierlichen Einweihung der Temesvár Fabriker röm. kath. Milleniums-Pfarrkirche. Temesvár (Temeswar) 1901: Diöc. Buchdruck. 12 S. - 240 mm

Maha-bak, das grosse Wort der Geheimlehre der Brahmanen oder die Unifikation des Welt-Ganzen . . . München 1869. V: *Krempelhuber, Max Carl v.* (Ky) *Herchenbach, Wilh.* (UBTüb A, Erg.-Heft 1)

Maha-bak, das grosse Wort der Geheimlehre der Brahmanen oder die Unifikation des Welt-Ganzen. Grundgedanken über das Wesen der Weltsubstanz im Allgemeinen u. des Menschengeschlechtes insbesondere. Reflexionen aus dem berühmten Oupnek'hat [Auszüge aus den Veden] für gebildete denk. Leser von dem Verf. des Buches „Für stille Stunden." [Krempelhuber.] München 869. Franz gr. 8. (XXI, 68 S.) 15 ngr

Mahâbhârata s. a. **Amba.**

Mahâ-Bhârata, Bhagavad-Gita, s. Bhagavad-Gita.

—— Diluvium cum tribus praestantiss. episodiis,
—— die Sündflut etc.,
—— Nalus,
} s. Bopp, Frz.

Mahâbhârata, इन्द्रविजय: Indravitschaja. Eine Episode, herausgeg. von Adolf Holzmann. breitgr. 8. Karlsruhe 841, Holzmann. 1 ℛ.

Mahâ-Bharata, s. a. Frz. *Bopp.*

Maha-Bharata. — Ardschuna's Reise zu Indra's Himmel nebst anderen Episoden. In der Ursprache zum erstenmal herausg., metrisch übers. u. mit krit. Anmerkungen versehen von Frz. Bopp. 2. durchgesehene Aufl. Berlin 868. Nicolai's Verl. 4. (V, 140 S.) n. 4 ℛ

—— dass. — Aus dem Sanskrit im Versmasse übers. von Frz. Bopp. 2. durchgeseh. Aufl. 4. (45 S.) Ebendas. 868. *

Mahâbhârata. Einige Uebersetzgn. Frdr. Rückert's aus demselben, hrsg. v. Boxberger. gr. 4. (32 S.) Erfurt 876. (Villaret.) n. 1. —

Vier philosophische Texte des **Mahâbhâratam**: Sanatsujâta-Parvan – Bhagavadgîtâ – Mokshadharma [Mokṣadharma] – Anugîtâ In Gemeinschaft mit Dr. Otto Strauss aus d. Sanskrit übers. von Dr. Paul Deussen, Prof. Leipzig: F. A. Brockhaus 1906. (XVIII, 1010 S.) 8° [06. 14744

Mahâbhâṣya zu P. VI, 4, 22 und 132 nebst Kaiyaṭa's Kommentar. Übers., erl. u. mit e. Anh. von Dr. Bernhard Geiger. Wien: Hölder in Komm. 1908. 70 S. 8°
(Sitzungsberichte d. Kais. Akademie d. Wiss. in Wien. Phil.-hist. Kl. Bd 160, Abh. 8.) [10. 863

Mahaffy, J. P., über den Ursprung der homerischen Gedichte. — Ueber die Sprache der homerischen Gedichte von A. H. Sayce. Autoris. Uebersetzung von J. Imelmann. gr. 8. (IV, 68 S.) Hannover 881. Helwing's Verl. n. 1. 50

Mahâjânasutra, Das ehrwürdige, mit Namen: »das unermessliche Lebensalter und die unermessliche Erkenntniss.« St. Petersburg 1845. H: *Schilling von Canstadt, Baron von.* (Ky)

Mahâjânasutra, das ehrwürdige, mit Namen: „das unermeßliche Lebensalter u. die unermeßliche Erkenntniß." (Lithogr. Abdruck, besorgt durch den verstorb. Baron Schilling von Canstadt) herausgeg. von der Kaiserl. Akademie der Wissenschaften. ½ Fol. St. Petersburg 845. (Leipzig, Voß.) baar 22 ngl

Mahaim, A., Verbrechen u. konstitutionelle Seelenabnormitäten, s.: Forel, A.

Mahâkâtjâjana und König Tshanda-Pradjota. Ein Cyklus buddhistischer Erzählungen. Mitgetheilt von A. Schiefner. [= MAP. VIIe Serie. Tome XXII, No. 7.] St. Petersbourg 1875.

Mahan, Alfred Thayer

[ɔ̃.] A[lfred] T[hayer] **Mahan.** Der Einfluss der Seemacht auf die Geschichte. In Übs. hsg. v. d. Red. d. Marine-Rundschau. (In 12 Lfgn.) *Berlin: E. S. Mittler & Sohn 18(95.)9?.* (XVII, 634 S., 1 Portr., 1 Kt.) 1 Bd 8. [96. 1679

[ɔ̃.] A[lfred] T[hayer] **Mahan,** Der Einfluss der Seemacht auf die Geschichte. 1783—1812. Die Zeit d. franz. Revol. u. d. Kaiserreichs. Auf Veranl. d. Kais. Ob.-Kommandos d. Marine übs. v. Batsch, Vize-Admiral ... Lfg 1. *Berlin: E. S. Mittler & Sohn 1897.* 8. [97. [illegible]

A[lfred] T[hayer] **Mahan,** Der Einfluss der Seemacht auf die Geschichte. (2: ... übers. von den Vize-Admiralen [Karl Ferd.] Batsch u. [Karl] Paschen.) Bd 1. 2. *Berlin: E. S. Mittler & Sohn 18(97–)99.* 2 Bde 8°
1. 1660—1783. 2. Aufl. 1898.
2. 1783—1812. Die Zeit d. franz. Revol. u. d. Kaiserreichs. (In 12 Lfgn.) 18(97—)99. [00. 8243

— dasselbe. 2. Aufl. 1. Bd. 1660—1783. In Uebersetzg. hrsg. auf Veranlassg. d. Red. d. Marine-Rundschau. gr. 8. (XIX, 544 S. m. 1 Bildn. u. 1 Karte. Ebd. 898. n. 10. —; geb. in Leinw. n.n. 11. 50

Mahan, A. T., der Einfluß der Seemacht auf die Geschichte. (2. Bd.) 1783—1812. Die Zeit der französ. Revolution u. des Kaiserreichs. Auf Veranlassg. des kaiserl. Ober-Kommandos der Marine übers. v. Batsch. 10.—12. Lfg. gr. 8. (XXX u. S. 481—704.) Berlin 899. E. S. Mittler & Sohn. n. 2. 80; (kplt. n. 10. —; geb. in Leinw. n n. 12.—)

Mahan, A. T., die weisse Rasse u. die Seeherrschaft. Aus dem engl. übers. v. Jul. Sachs. (Bibliothek des Imperialismus.) (258 S. m. 2 Karten.) 8. Wien 909. M. Braunschweig. 5. —

Mahan's, D. H., Grundzüge des Ingenieurwesens. Deutsch bearb. von Friedr. Schubert. 2. wesentlich verb. u. umgearb. Aufl. Mit 197 Holzschn. im Text. Stuttgart 853. J. B. Müller. (Leipzig, C. F. Winter.) Lex.-8. (XII, 300 S.) 1 ℛ. 15 ngr

Mahan's, D. H., Lehrbuch der Wissenschaft u. Kunst d. Civil-Ingenieurs, besonders des Straßen- u. Brückenbaues. Für polytechnische Schulen, Militär-, Ingenieur-, Bau- u. Berg-Akademien u. den Selbstunterricht (nach d. Engl.) frei bearb. v. Fr. Schubert. Mit 176 Holzschn. im Texte. gr. 8. (XII u. 264 S.) Stuttgart 850, J. B. Müller. 1½ ₰

Mahendra, Commentar, Auszüge, s.: Quellenwerke der altindischen Lexikographie.

Mahias, J. M., Nachr. an alle Podagristen; aus d. Französ. 8. Leipz. 797. Leo. 3 gl

Mahir, Ed., s. Mahir, Eduard. – Mahir, Julius Ed.

Mahir, Eduard

Mahir, Ed., Handbuch f. bayer. Staatsbürger, od. d. Unentbehrlichste aus d. gesammten Gesetzgeb. u. Administration d. Königr. Bayern. Ein Rathgeber f. alle Stände. gr. 8. (25½ B.) Aschaffenburg 835, Pergay. *

Mahir's, Ed., Handbuch f. bayerische Staats-Bürger, od. das Unentbehrlichste aus der gesammten Gesetzgebung u. Administration d. Königr. Bayern. Ein Rathgeber f. alle Stände. Unter Berücksichtig. der neuesten Gesetzgebung umgearb. u. vielfach verm. v. Mayersohn. gr. 8. (28 B.) Aschaffenburg 844, Pergay. *

MAHIR, Eduard (München): Ueber die Natur und Wesenheit der donatio remuneratoria. Ein civilistischer Versuch.- München: Weber 1828. 2 Bl.,38 S.
1827 - F 48
Diss. Ingolst.-Landsh.-Mchn.

— üb. das Recht zur Strafe u. das Strafe-Maaß. gr. 8. Münch. 830. Weber. 4 gl

Mahir, Gust., der Tannhäuser. Drama in 3 Aufzügen. (Den Bühnen gegenüber Mscr.) Bamberg 866. (Augsburg, Lampart & Co.) gr. 8. (VI, 89 S.) n. 8 *ngr.*

MAHIR, Gustav Adolf (Dillingen): Additamenta pathologico-therapeutica ad cognitiones morborum apparatus nervosi visus, eorumque signi dignissimi amauroseos.- Monachii 1829. 144 S.
18.8.1829 - Urk (Titel: De hyoscismo.); F 59
Diss. Ingolst.-Landsh.-Mchn.

Mahir, Jul. Ed., das Buch d. Erinnerungen. 8. (18 B.) Kempten 830, Dannheimer.

— das Buch der Erinnerungen, 5 Erzählt., 1 Lustspiel, 1 Mährchen u. Gedichte. 8. Kempt. 831. Dannheimer. 20 gl

Mahir, Jul. Ed., der Graf v. Mirabeau. gr. 8. Kempt. 832. Kösel. 1 ₰ 12 gl

—— (?) über d. Natur u. Wesenheit d. Donatio remuneratoria. Ein civilist. Versuch. gr. 8. (3 B.) München 828, Weber.

—— (?) über d. Recht zur Strafe u. d. Strafe-Maas. gr. 8. (2¼ B.) München 830, Weber.

Mahir, Jul. Ed., die Tage der Liebe. 8. (9¼ B.) Kempten 829, Dannheimer. Thlr.

Mahir, Oskar

Mahir, Osc., die Cholera in München 1854. Deren Entstehung, Verbreitung, Verhütung u. homöopath. Behandlung. München 854. Franz. 8. (32 S.) 4 *ngr.*

Mahir, Oscar, de curatione morborum artificiali et ejus limitibus. 8maj. (3 B.) Monachii 843. (Franz.) Thlr. *

Mahir, Oscar, üb. Irrenheilanstalten, Pflege u. Behandlung d. Geisteskranken, nach den Principien d. bewährtesten Irren-Aerzte Belgiens, Englands, Frankreichs u. Deutschlands. gr. 8. Stuttgart 846, Cotta'sche Buchh. n. 1 ₰ 6 ngl

Mahir, Oscar, über d. Natur u. Behandlung d. Cholera. Eine Abhandlung in physiolog., patholog. und therapeut. Hinsicht. gr. 8. Würzburg 836. Etlinger. 5 gl

Mahir, Oscar, über d. Natur u. Behandl. d. Cholera. Eine Abhandl. in physiolog., patholog. u. therapeut. Hinsicht. gr. 8. (2¼ B.) Würzburg 836. [Regensburg, Manz.]

MAHIR, Oscar (München): Ueber das Verhältniß des Nervensystemes zum Blute und dessen Erscheinungen im gesunden und kranken thierischen Organismus.- München: Literar.-artist.Anstalt 1836. XII S., 1 Bl.,90 S.,1 Bl.
4.7.1835 - Urk; F 62
Diss. Ingolst.-Landsh.-Mchn.

* Mahis, de, la vérité de la religion catholique. 8. Augsb. Wolf. 711.

des Mahis, ..., die aus d. heil. Schrift erwiesene Wahrheit der kathol. Religion; aus d. Französ. übers. v. F. K. v. Hägelin. gr. 8. Wien 768, Gräffer; (auch Wolf in Augsburg.) 1 ₰ 4 gl

Mahistre, A., Lehrbuch der vergleichenden Geometrie od. neue bewährte Methode, die Lehren der Stereometrie in natürlicher Ordnung mit denen der Planimetrie, zugleich in paralleler Weise, darzustellen. Aus dem Französischen übersetzt u. mit Aufgaben vermehrt von A. Lorey. Mit 8 lith. Foliotaf. gr. 8. Weimar 845, Voigt. 1½ ₰

Mahl, das, des Herrn. Ein Andachtsbuch für Communicanten u. Confirmanden evangel. Glaubens. gr. 12. Chur 843, Grubenmann. ⅓ ₰ In Lederband mit Goldschn. n. 1 ₰

Mahl, das, des Herrn. Ein Andachtsbuch für Communikanten u. Confirmanden evangel. Glaubens. Von Arndt, Ehrenberg, Förster etc. 2. Aufl. Chur 866. Gsell. gr. 16. (80 S.) geb. mit Goldschn. n. 16 *ngr.*

Mahl des Herrn (das). Ein Andachtsbuch für Confirmanden und Communikanten evang. Glaubens. Von Arndt, Ehrenberg, Förster, Geiser, Glatz, Spieker, Theremin etc. 2. Aufl. In-12⁰. Chur, Fr. Gsell. Geb. 1 50

Mahl, unser heiliges. Eine Studie zur Feststellung seiner Bedeutung durch Ermittelung der wirklichen Stiftungsgedanken. Für die Wahrheitliebenden in allen Konfessionen. gr. 8. (VIII, 80 S.) Leipzig 882. Langewiesche. 1. —

* De Iride Lunari Exercit. Praes. J. *Lud. Alefeld*, Resp. *Ge. Guil. Mahl.* Giessae. 4 Bogen. 1750.

Mahl, Georg, neues Maschinen-System. Mit 6 Kpf. u. 1 Tab. 8. Pesth 808. Eggenberger. 2 ₰

Mahl, J., treue Liebe. Novelle. 8. (114 S.) Innsbruck 874. Wagner. n. 1. 60

Mahl, J. G. Über Feuerlöschwesen. Brunack 1875.

Mahl, Th., Mch. Fr., s. Unterhaltungen, monatl.

Mahl-Schedl, Gesetze u. Verordngn. in Sanitätssachen, s.: Gesetze, die österr., Bd. 30.

Mahl-Schedl, Index, s.: Mayrhofer, Ernst, Handbuch f. den politischen Verwaltungsdienst.

v. Mahl-Schedl, österreich. Sanitätsgesetze, erläut. Wien 898.

— d. **Verwaltungsgerichtshof.** D. diesbezügl. Gesetze u. Verordngn., erläut. durch d. Motivenbericht, bezw. d. erläut. Bemerkgn. der k. k. Regierg. u. durch die Commissionsberichte d. Herren- u. Abgeordnetenhauses, sow. durch d. einschläg. Erkenntnisse u. Beschlüsse d. Verwaltungsgerichtshofes. 12. (152 S.) Wien 895. Manz. n. 2.—

Mahl-Schedl, F. J. v., s.: Archiv f. Chemie u. Mikroskopie.

Mahl-Schedl-Alpenburg, Frz. Jos., Grundriss des kathol. Kirchenrechtes, mit Berücksicht. der österr. Gesetzgebg. gr. 8. (XII, 232 S.) Wien 890. Hölder. n. 4. 50

Mahl-Schedl-Alpenburg, Frz. Jos., Grundriss des katholischen Kirchenrechtes m. Berücksicht. der österreichischen Gesetzgebung. 2. verb. Aufl. (XII, 280 S) gr. 8. Wien 905. A. Hölder. n. 4. 80

Mahl-Schedl v. Alpenburg, Frz. Jos. Ritter. Vorschriften über Unterrichts-Stiftungen und Stipendien. Nach amtl. Quellen gesammelt. Lex.-8. (IV, 114 S.) Wien 885, (Manz'sche Hof-Verlags- und Universitäts-Buchh.) **

Mähl, Christoph, Ernst Salomon Utbund. Nedderdütsche Gedichte, Upsätz un Vertellen. (IV, III, 188 S.) 8. Kiel 910. R. Cordes. 2.—; geb. in Leinw. 3.—

Mähl, Hans: Die Überleitung Preußens in das konstitutionelle System durch den zweiten Vereinigten Landtag. T. 1. Vorgeschichte. München 1909: Oldenbourg. IX, 122 S. 8° ¶(Ersch. vollst. als Buch ebd.)
Greifswald, Phil. Diss. v. 22. Juli 1909, Ref. Ulmann
[Geb. 17. Jan. 84 Segeberg; Wohnort: Segeberg; Staatsangeh.: Preußen; Vorbildung: Friedrichs-Werdersche Oberrealsch. Berlin Reife O. 03; Studium: Berlin 6, Kiel 1, Greifswald 4 S.; Rig. 5. März 09.] [U 09. 1542

Mähl, Hans, die Uberleitung Preussens in das konstitutionelle System durch den 2. vereinigten Landtag. (XII, 268 S.) gr. 8. München 909. R. Oldenbourg. 6.—
Historische Bibliothek Bd. 23

Mähl, Joachim

Mähl, Joachim: Lütj Anna oder: En Stückschen von „Em" un „Ehr", plattdütsch un eegenmakt. Geschrieben im höheren Auftrage v. –. (Nebst Glossar.) Hamburg. 1871. 8°

Mähl, Joach., holsteinisches Bauernleben, s. a. **Schildt, Carl.**

Mähl, Joachim: Holsteinisches Bauernleben. Zeichnungen v. Carl Schildt. Text v. Joachim Mähl. Hamburg. 1894. Lichtdruck. 12 Bl. Fol. und 1 Titelbl.

Mähl, Joach., Geschichten frisch ut Leben un deep ut Hart. 8. (III, 194 S.) Hamburg 896. O. Meißner's Verl. 1. 50; geb. n. 2.—

Mähl, Joach., Don Quixote. En plattdütsch Volksbook. Ut friee Hand na den „Don Quixote" v. Cervantes öwersett. Rutgewen in'n Updrag v. den plattdütschen Prov.-Verband v. Sleswig-Holsteen un Lübeck v. Fritz Wischer. (VII, 301 S.) 8. Garding (910). H. Lühr & Dircks. 1.80; geb. in Leinw. 2. 50

Mähl, Joach., Reincke Voß. Ut frier Hand. 8. (XII, 272 S.) Stuttgart 878. Cotta. n. 3.—; geb. n. 4. 20

Mähl, Joach., Stückschen ut de Mus'kist. 1—3. Thl. Altona 868,69. Hamburg, Mentzel. 8. n. 2 ₰ 2 ngr.; in engl. Einb. n. 3 ₰ 2 ngr.
1. Theater-Mariken. Ein Bild aus dem Volksleben. Nebst Glossar. 2. Aufl. (139 S.) n. 12 ngr.; in engl. Einb. n. 22 ngr.
2. Jean. Lütje Denkmal. Eine Theodicee in Form eines Cultur- u. Liebeslebens. Nebst Glossar. (IV, 311 S.) n. 1 ₰; geb. n. 1 ₰ 10 ngr.
3. Fanny oder Wat sik hebben schall, dat kriggt sik doch. Nebst Glossar. (179 S.) n. 20 ngr.; in engl. Einb. n. 1 ₰

Mähl, Joach., Stückchen ut de Mus' kist. 1—4. Thl. 8. Hamburg 871—73. O. Meißner. geb. à n. 1. 50
1. Tater Mariken. 2. Aufl. (138 S.)
2. Jean. 2. Ausg. (311 S.)
3. Fanny. 2. Ausg. (179 S.)
4. Lütj Anna, od.: en Stückschen v. „Em" un „Er," plattdütsch un eegenmakt. Geschrieben im höheren Auftrage. (196 S.)

Mähl, Joach., Tater-Mariken. Ein Bild aus dem Volksleben. Altona 868. Hamburg, Mentzel. gr. 16. (126 S.) n. 12 ngr.

Mahla, F. Ueber das Silbersuperoxyd, und über die Bildung von Schwefelsäure aus schweflicher Säure und Sauerstoffgas. Göttingen, 1852.

Mahlau, A., üb. Preisberechnung der Buchdruckarbeiten. Vortrag, geh. am 29. Oct. 1871 zu Frankfurt a. M. bei der Gründg. d. Mainkreises d. deutschen Buchdrucker-Vereins. Unveränd. Neudr. gr. 8. (27 S.) Frankfurt a/M. 892. Mahlau & Waldschmidt. n. — 50

Geschichte der Loge Eugenia zum gekrönten Löwen im Or. Danzig nebst einer Vorgeschichte der Freimaurerei in hiesiger Stadt nach den im Archiv der Loge Eugenia befindlichen Protokollbüchern zsgest. von Hans **Mahlau.** Aus dem Nachlasse des Verf. hrsg. zum **125 jährigen Stiftungsfest der Loge Eugenia z. gekr. Löwen in Danzig, 24 Juni 1902.** Danzig [1902]: Sauer. 213 S. 8°
cf. Bbl. 19 (1905) S. 594 (G. Diercks); L. 28 (1905) S. 200 (P. Fischer).
Mahlau hat die Festschr. bis 1899 fertiggest., der Zeitraum bis 1902 ist nach dem Tode des Verf. von J. Mielke hinzugefügt. Nachruf von H. Loebner. Verzeichn. der Beamten.

Mahlau, L., s.: Erzählungen aus der Ostmark.

— Kirchengeschichte Westpreußens. Für evangel. Schulen u. Familien bearb. (VIII, 51 S.) 8. Danzig-Langfuhr 909. M. Spendig. — 80

Mahlau, Reinhold

Mahlau, R., s. a. Kurz u. bündig.

Kurz und Bündig. Freim. Ansprachen, Anreden u. Denksprüche. Zsgest. von R[einhold] M[ahlau]. Frankfurt a. M.: Mahlau & Waldschmidt [1900]. 77 S. 8°

Mahlau's Frankfurter Adressbuch 1898. 30. Jahrg. Frankfurt am Main nebst Anh.: Bergen, Berkersheim, Bonames etc. M. 1 f. d. Adressbuch angefert. u. erweit. Plan der Stadt Frankfurt, d. Plänen d. Schauspielhauses, Opernhauses, d. grossen Saalbau-Saales u. d. Orpheums. Nach Orig.-Aufzeichngn. u. amtl. Mittheilgn. bearb. 4. (IV, 736, 32 u. 4 S.) Frankfurt a/M., Mahlau & Waldschmidt. Kart. n.n. 10. — ; geb. n.n. 12. —

Mahlau's Frankfurter Adressbuch 1902. 34. Jahrg. Frankfurt am Main einschliesslich der neu eingemeindeten Ortschaften Niederrad, Oberrad u. Seckbach, nebst Anh. v. 30 Orten der Umgegend: Bergen, Berkersheim, Bommersheim etc. Mit e. geometr. Plan d. Stadt Frankfurt (1:12,500), den Plänen des Opernhauses, Schauspielhauses, des grossen Saalbau-Saales u. des Orpheums. Nach Orig.-Aufzeichngn. u. amtl. Mittheilgn. bearb. 4. (VI, 784, 32 u. 3 S.) Frankfurt a/M., Mahlau & Waldschmidt. Kart. n.n. 10. —; geb. n.n. 12. —

Mahlau's Frankfurter Adressbuch 1903. 35. Jahrg. Frankfurt am Main einschliesslich der neu eingemeindeten Ortschaften Niederrad, Oberrad u. Seckbach, nebst Anh. v. 29 Orten der Umgegend: Bergen, Berkersheim, Bommersheim usw. Mit e. geometr. Plan der Stadt Frankfurt (1 : 12,500), den Plänen des Opernhauses, Schauspielhauses, des grossen Saalbau-Saales u. des Orpheums. Nach Orig.-Aufzeichngn. u. amtl. Mittheilgn. bearb. (VI, 800, 32 u. 5 S.) 4. Frankfurt a/M., Mahlau & Waldschmidt. Kart. n.n. 10. —; geb. n.n. 12. —

Fortsetzung, s.: Adreßbuch, neues, f. Frankfurt.

— Bücherei. Verzeichnis all. erschein. Städte-, Länder-, Welt- u. Fach-Adressbücher sow. sonst. Nachschlagewerke. Hrsg. v. Mahlau's Frankfurter Adressbuch-Verlag. 5. Aufl. Juli 1897. Nebst e. Anh.: D. erste Nachschlage-Bücherei. 12. (II, 94 S.) Ebd. — 75

— Bücherei. Verzeichnis aller erschein. Städte-, Länder-, Welt- u. Fach-Adressbücher sowie sonst. Nachschlagewerke. Nebst e. Anh.: Die erste Nachschlage-Bücherei. (Adressbuch der Adressbücher.) (Neue Aufl.) 12. (II, 69 S.) Ebd. (901). — 75

Mahlau's Fernsprech-Verzeichniss f. die m. einander verbundenen Städte Frankfurt a/M., Bockenheim, Darmstadt, Hanau, Heidelberg, Mainz (Kastel), Mannheim, Offenbach a/M. u. Wiesbaden. 1. Ausg. in Buchformat. Febr. 1891. 12. (100 S.) Frankfurt a/M., Mahlau & Waldschmidt. n. 1. —

Mahlau's Reise-Unterhaltung. 1. 8. Frankfurt a/M. 890. Mahlau & Waldschmidt. n. 1. —
Von Station zu Station. Heiteres von J. B. Müller-Herfurth. I. (VII, 208 S.)

— Reise-Unterhaltung. Von Station zu Station. II. 8. Ebd. 891. n. 1. — (I. II.: n. 2. —)
Heiteres u. Ernstes v. Osterberg-Verakoff. (187 S.)

Mahlau's Zonen-Tarif zur Berechnung sämmtlicher Brief- und Fahrpost-Portosätze ab Berlin und Umgegend. Verzeichniss sämmtl. Postanstalten im Deutschen Reich und Oesterreich-Ungarn mit beigedruckten Zonen. Tab. in Imp.-Fol. Berlin 882, v. Decker's Verlag. *
—— dass. — ab Frankfurt a. M. Tab. in Imp.-Fol. Frankfurt a. M. 882, Mahlau und Waldschmidt. *
—— dass. — ab Leipzig und Umgegend. Tab. in Imp.-Fol. Leipzig 882, Reichenbach'sche Buchh. *

Mahlbeck, Wlh. Fr., neue Entdeckung, d. Fluß-Spat u. Steingalle, so wie den Dampf, Husten, Darmgicht rc. der Pferde zu kuriren. Nebst Anleitung, wie man sich beim Einkauf d. Pferde zu verhalten hat, auch dieselb. bei starken Strapazen immer gesund zu erhalten. 8. Elberf. 815. Mannes. (Centr.-Compt. in Leipz.) 8 gr

Mahlbeck, W. Fr., neue Entdeckung die Fluß-, Spat- und Steingalle der Pferde zu kuriren rc. 8. Elberfeld, Mannes. (Leipzig, Engelmann in C.) 817.

Mahlberg, Carl, 24 zweistimmige Lieder zum Schulgebrauch componirt. gr. 16. (31 S.) Breslau 875. Leuckart. n. — 40

Mahlberg (Walt.), Das Museum für Handel und Industrie zu Köln. M. 11 Abb. 4°
Aus: Technische Monatshefte. H. 4, 8, 12. 1910.

Mahlcke, W(alther), appr. Arzt: **Aus der Kieler chirurgischen Universitätsklinik. Beitrag zur Casuistik der Lehre von den Sehnentransplantationen. Zusammenstellung der von 1899—1905 in der Kieler chirurgischen Klinik operierten Fälle.** Kiel 1905: H. Krause. (53 S.) 8°
Kiel, Med. Fak., Ref. Helferich, Diss. v. 30. Okt. 1905
[Geb. 16. Jan. 80 Tangeln, Kr. Salzwedel; Wohnort: Tangeln; Staatsangeh.: Preußen; Vorbildung: Gymn. Salzwedel Reife M. 00; Studium: Berlin 4, Kiel 5 S.; Coll. 29. Sept. 05; Approb. 4. Aug. 05.]

Mahle, Deutschland, hoch in Ehren, Marsch, Urach, Württembg., 2°.

Mahleiche, Die, oder die Schuld . . . Braunschweig 1824. V: *Mursinna, Friedrich Samuel.* (Ky) (GGr)

Mahleiche, die, od. die Schuld. Vom Verf. der natürl. Tochter. (F. S. Mursinna). 2 Bde. 8. Braunschw. 824. Meyer. 2 ₰ 12 gr

Mahleiche, die, oder die Schuld. Vom Verf. d. natürl. Tochter rc. 2 Thle. 8. Leipz. 824, Hartknoch.

Mahlenbrey, Joseph: Über den Nachweis tryptischer Fermente im Mageninhalte. Weimar 1909: Wagner. 19 S. 8° ¶ (Aus: Centralblatt f. d. ges. Physiol. u. Pathol. d. Stoffwechs. N. F. Bd 4.)
Erlangen, Med. Diss. v. 25. Juni 1910, Ref. Jamin
[Geb. 23. April 81 Riedlingen a. D.; Wohnort: Saarbrücken; Staatsangeh.: Württemberg; Vorbildung: Gymn. Ravensburg Reife Sommer 01; Studium: Würzburg 5, Tübingen 2, Erlangen 8 S.; Coll. 2. Aug. 09; Approb. 31. Mai 10.]
[U 10. 812

Mahlendorff, Joh. Friedr. Heinrich, De ictero. Berlin (Maurer) 1818. 24 S. (3.—) 22010

Mahlendorff, R[ichard] (geb. Wittenberg a. E. 6. 7. 1843): Die Embolie der Lungenarterie. Berolini (1867). (32 S.) 8°
Berlin, Med. Diss. v. 14. Okt. 1867

Mahler: Die Mahler. Oder Discourse Von den Sitten Der Menschen
v. Die Discourse der Mahlern.

Mahler, Friedrich, ein Beytrag zur Menschenkunde . . . Leipzig 1781. V: *Hase, Frdr. Traugott.* (MGT) (Ky) (GGr) (Kläbe, Neuestes Gel. Dresden. Leipz. 1796.)

Mahler, Friedrich; e. Beitrag zur Menschenkunde, (von Fr. Tr. Hase). 2 Thle. 8. Leipz. 781. Weygand. 1 ₰

Mahler, Gustav. Ein Bild seiner Persönlichkeit in Widmungen. (VIII, 95 S. m. 2 Taf. u. 2 Fksms.) gr. 8. München 910. R. Piper & Co. 2.—; Luxus-Ausg. geb. in Seide 20.—

Mahler, Josua s. Maler, Josua.

— der kleine, od. Anweis. zum Zeichnen u. Malen mit Wasserfarben. Mit 1 großen Farbentabelle. 8. Leipz., Klein. 6 gr

— — der kleine, oder nützliche und angenehme Beschäftigung für die Jugend ꝛc. Neue Aufl. gr. quer 8. Meissen, Gödsche.

Mahler, der kleine, od. nützl. u. angenehme Beschäftigung f. d. Jugend, mit 24 Blätt. zum Illuminiren ꝛc. quer 8. Meißen, Gödsche. 815.

Mahler, der kleine, od. mannichfaltige Abbildd. zum Illuminiren f. junge Leute. Mit 18 Kpft. Berl. 818. Lüderitz. 12 gr

— der kleine, od. Bilder zum Ausmalen f. Kinder. 12. München 831. Jaquet. 8 gr

Mahler: Der Mahler Der Sitten
① Von neuen übersehen und starck vermehret ⑤ 1746 ⑥ 8° ⑦ Zeitschriftencharakter verloren (2 Bände) ⑧ Zürich: Conr. Orell & Comp. ⑩ J. J. Bodmer und J. J. Breitinger ⑪ Bodmer und Breitinger ⑫ literarisch ⑬ BGSZ: 230 (besonders Arbeit von Hildebrand) ⑭ Zh: Z; Lu: Z ⑮ Neuausgabe (z. T. vermehrt und umgearbeitet) der «Discourse der Mahlern».

Mahler, s.a. Maler.

Mahler, Einleitung in die abzählende Geometrie. [Aus: „Korrespondenzbl. für die württ. Gelehrten- u. Realschulen".) gr. 8. (15 S.) Tübingen 888. Fues' Verl. n. — 60

Mahler, A., De pronominum personalium apud Plautum collocatione. Diss. 1876. 61 S.

Mahler, Adalbert, aus St. Petersburg: Über die Einwirkung von Butyrylchlorid auf Toluol und m-Xylol in Gegenwart von Chloraluminium. *Rostock 1903: C. Boldt.* (31 S.) 8°
Rostock, Phil. Diss. v. [12. Jan.] 1903

Mahler, Andreas [app. Arzt aus Oster-Hoist]: Aus d. Laborat. d. pharmakognost. Sammlung in Kiel. Beitrag zur Kenntniss der Wirkung des chlorsauren Natriums. . . . Kiel, Druck v. Carl Böckel, 1889; 21 + 1 S. + 1 Bl. 8°
Kiel, Med. Fak., Inaug.-Diss. v. 21. März 1889

Mahler, Andr. Beitrag zur Kenntniss der Wirkung d. chlorsauren Natriums. Diss. gr. 8. (21 S.) Kiel 889, (Gnevkow u. v. Gellhorn). * 1 20

Mahler, Anton [ↄ: Joh. Gottlieb Rhode], Reisen durch einen Theil Ruszlands und Deutschlands in den Jahren 1797 und 1798. Bd. I. Altona. 1798.

Mahler, Arth., s.: **Museum, das stereoskopische.**

Polyklet und seine Schule. Ein Beitrag z. Gesch. d. griech. Plastik. Von Arthur Mahler. Mit 51 Ill. *Athen & Leipzig: W. Barth 1902.* (VII, 159 S.) 8° [03. 705

Mahler, Arth., Polyklet u. seine Schule. Ein Beitrag zur Geschichte der griech. Plastik. gr. 8. (IX, 159 S. m. 51 Abbildgn.) Athen 902. Beck & Barth. n. 9. —

Mahler, Eduard

Mahler, Ed., die Apisperiode der alten Ägypter. [Aus: „Sitzungsber. d. k. Akad. d. Wiss."] Lex.-8. (13 S.) Wien 894. (F. Tempsky.) n. — 40

— die Berechnung der Jahrpunkte [Thekuphenrechnung] im Kalender der Juden. [Aus: „Sitzungsber. d. k. Akad. d. Wiss."] Lex.-8. (26 S.) Ebd. 891. n. — 50

— Zur Chronologie der Babylonier. Vergleichungstabellen der babylonischen und christlichen Zeitrechung von Nabonassar (747 v. Ch. G.) bis 100 v. Ch. G. D 62. 641 . . . . 1.60
Separatabdruck

Mahler, Ed., zur Chronologie der Babylonier. Vergleichungstabellen d. babylon. u. christl. Zeitrechng. v. Nabonassar (747 v. Chr.) bis 100 v. Chr. [Aus: „Denkschr. d. k. Akad. d. Wiss."] Imp.-4. (24 S.) Wien 895. (C. Gerold's Sohn.) n. 1. 60

Mahler, Ed., biblische Chronologie und Zeitrechnung der Hebräer. gr. 8. (XIV, 204 S.) Wien 887, Konegen. *

—— Fortsetzung der Wüstenfeld'schen Vergleichungs-Tabellen der muhammedanischen und christlichen Zeitrechnung [von 1300 bis 1500 der Hedschra]. Im Auftrage und auf Kosten der Deutschen Morgenländ. Gesellschaft hrsg. gr. 4. (13 S.) Leipzig 887, (Brockhaus' Sortiment und Antiqu.) *
Vgl.: Wüstenfeld, Ed., Vergleichungs-Tabellen. (Ebendas.) 1884 *ℳ 2.—.

Mahler, Ed., die Fundamentalsätze der allgemeinen Flächentheorie. Eine neue, selbständige, leichtfassliche Bearbeitung der wichtigsten Sätze der allgemeinen Flächentheorie. Mit 5 (eingedr.) Fig. in Holzschn. gr. 8. (V, 28 S.) Wien 880. Seidel & Sohn. n. 1. —

— dasselbe. 2. Hft. gr. 8. (IV, 82 S.) Ebend. 881. n. 1. —

— über eine in e. syrischen Grabinschrift erwähnte Sonnenfinsterniss. [Aus: „Sitzungsber. d. k. Akad. d. Wiss."] Lex.-8. (8 S.) Wien 887. (Tempsky.) n. — 20

Mahler, Eduard: Der Kakkab misri'. [A.] o.O. u. J.

— der Kalender der Babylonier. [Aus: „Sitzungsber. d. k. Akad. d. Wiss."] Lex.-8. (17 S.) Ebd. 892. n. — 60

— dasselbe. (II. Mittheilg.) [Aus: „Sitzungsber. d. k. Akad. d. Wiss."] Lex.-8. (9 S.) Ebd. 892. n. — 30

Mahler, Dr. Eduard, Maimonides' Kiddusch Hachodesch. Uebersetzt und erläutert. Gr.-8. (1 5 S.) Wien: Fanto 1889. 1.

— s.a. **Maimonides, Kiddusch Hachodesch.**

Mahler, Eduard: Zur talmudischen Mathematik. [A. aus der Zeitschrift für Math. u. Phys. XXXI, 4.]

—— über den Stern mîsrî der Assyrer. Lex.-8. (10 S.) (Ebendas.) 887. *
Vorstehende zwei Schriften sind aus: Sitzungsberichte der k. Akademie der Wissenschaften, besonders abgedruckt.

—— über eine in einer syrischen Grabinschrift erwähnte Sonnenfinsterniss. Lex.-8. (8 S.) Wien 887, (Tempsky.) *

— die centralen Sonnenfinsternisse d. XX. Jahrh. Imp.-4. (40 S.) Wien 885. Gerold's Sohn. n. 2. —

Mahler, Ed., astronomische Untersuchung üb. die in der Bibel erwähnte ägyptische Finsterniss. Lex.-8. (15 S. m. 1 lith. Karte.) Wien 885. (Gerold's Sohn.) n.n. — 50

—— astronomische Untersuchung über die angebliche Finsterniss unter Thakelath II. von Aegypten. Imp.-4. (14 S.) (Ebendas.) 888. *
Vorstehende zwei Schriften sind aus: Denkschriften der k. Akademie der Wissenschaften, besonders abgedruckt.

—— Untersuchung einer im Buche „Nahum" auf den Untergang Ninive's bezogenen Finsterniss. [Zusatz zur Abhandlung: „Astronomische Untersuchungen über in hebräischen Schriften erwähnte Finsternisse. 2. Thl."] Lex.-8. (15 S. mit 2 Karten.) (Ebendas.) 886. *

Mahler, Ed., astronomische Untersuchungen über in hebräischen Schriften erwähnte Finsternisse. 1. und 2. Thl. Lex.-8. Wien 885, (Tempsky.) *

Inhalt:
Thl. 1. Die biblischen Finsternisse. Ein Beitrag zur bibl. Chronologie. (29 S.) * 60 Pf.
» 2. Die prophetischen Finsternisse. (20 S.) * 40 Pf.
Vorstehende drei Schriften sind aus: Sitzungsberichte der k. Akademie der Wissenschaften, besonders abgedruckt.

—— chronologische Vergleichungs-Tabellen, nebst einer Anleitung zu den Grundzügen der Chronologie. 1. Heft: Die ägyptische, die alexandrinische, die seleucidische und die griechische Zeitrechnung. Imp.-4. (66 S.) Wien 888, (Lippe.) *

Mahler, Dr. Eduard, Chronologische Vergleichungstavellen nebst einer Anleitung zu den Grundzügen der Chronologie. I. Heft. Inh.: Die egyptische, Die alexandrinische, Die seleucidische und die griechische Zeitrechnung. 4. (66 S.) 1.50
— — II. Heft. Inh.: Die Zeit- u. Festrechnung der Juden. 4. (74 S.) Wien: Fanto 1889. 2.—

Mahler, Emil, approb. Arzt aus Leutenbach b. Waiblingen: Ein Beitrag zur Theorie der Hemicephalie. *Rudolstadt [1898]: F. Mitzlaff.* (11 S.) 8°
Tübingen, Med. Diss. v. 1896

Mahler, Emil, heiteres vom Flügelrade, s.: Sattler's interess. Bibl.

Mahler, Erasmus [Pseud.], s.a. Hastenpflug, Wilhelm von

Mahler, Erasm., (Wlh. v. Hastenpflug), Abendzeitvertreib f. Bürger u. Landleute, die Spaß verstehen u. Kurzweil lieben. 8. Leipz. 811. Beygang. N. A. 817. Joachim. 12 gr

Mahler, E., Zeitvertreib für Bürger und Landleute, die Spaß verstehen und Kurzweil lieben. Neue Aufl. 8. Leipzig, Joachim. 817.

Mahler, Fr., gemeinnütz. Beitrag z. Menschenkunde. 2 Thle. 8. Leipz. 781. Weygand. 1 Rthlr

Mahler, Frz., das Alräunchen. Eine Dichtg. aus dem 16. Jahrh. gr. 16. (VII, 184 S.) Wien (899). A. Hartleben. Geb. in Leinw. n. 2.—

Mahler, Frz., Bumm, s.: Bruck, W. van den.

— u. Otto Gebhardt, das macht Spaß. Ein Bilderbuch m. Versen v. M. u. (farb.) Zeichngn. v. G. Aus der Sammlung „Das deutsche Bilderbuch". (15 S.) Lex. 8. Mainz (907). J. Scholz. Kart. 2.—; auf Pappe (12 S.) 2.50

— Gute Freunde. Tierbilder. Mit Versen. (8 farb. S. auf Pappe.) 16×21 cm. Wesel (910). W. Düms. Geb. — 40

— dasselbe. (Malbuch.) 2 Sorten. (Je 8 [4 farb.] Bl. m. untergedr. Text.) 16×21,5 cm. Ebd. (910). à — 25

Mahler, Frz., der Kindertausch. Ein lustig Buch für groß u. klein, m. (farb.) Bildern v. Max Brinkmann. (Einbd.: Paul u. Christian od. der Kindertausch.) (21 Bl.) gr. 8. Mainz (903). J. Scholz. Geb. n. 1.50

— neue Postkarten-Grüsse. Epigramme. (32 S.) 8. Berlin (903). Berolina, F. Cronmeyer & Co. n. — 50

— die Reise der Tiere. Ein Bilderbuch. Mit (farb.) Bildern v. W. Schäfer. gr. 8. (6 S. auf Pappe.) Wesel (902). W. Düms. Geb. — 50

— die Reise der Tiere. Ein Bilderbuch. Mit Bildern v. W. Schäfer. (6 S. m. farb. Abbildgn. auf Pappe.) gr. 8. Wesel (903). W. Düms. Geb. — 50

— Würzewein. Gesammelte Schelmenlieder u. andere Scherzdichtgn. (158 S.) 8. Berlin 903. Berolina (F. Cronmeyer & Co.). n. 2.—; geb. in Leinw. n. 3.—

Mahler, Fr[itz], approb. Arzt aus Mannheim: Über die in der Heidelberger Klinik 1887—1897 behandelten Fälle von Carcinoma mammae. *Tübingen: H. Laupp 1900.* (34 S.) 8°
¶(Aus: Beiträge zur klinischen Chirurgie, Bd 26, H. 3.)
Heidelberg, Med. Diss. v. 1900

Mahler, Gottfried

Mahler, G., physikalische Aufgabensammlung, s.: Sammlung Göschen.

Mahler, Gottfried Einleitung in die Grassmannsche Ausdehnungslehre. 14 S. u. Taf. Progr. G. *Ulm* 1884.

Mahler, G., physikalische Formelsammlung, s.a. Sammlung Göschen.

Mahler, Gottfried: Physikalische Formelsammlung von —. Mit 65 Fig. 3. verb. Aufl. Neudr. Leipzig: Göschen 1910. 182 S. 8°
Sammlung Göschen. 136.

Mahler, G., ebene Geometrie, s.a. Sammlung Göschen.

Ebene Geometrie. Von G[ottfried] **Mahler**, Prof. Mit 110 Fig. 4., verb. Aufl. Neudr. Leipzig: Göschen 1910. 166 S. 8°
(Sammlung Göschen. 41.) [11. 14297 II

— Über Ionen u. Elektronen. (32 S. m. Fig.) gr. 8. Stuttgart 909. W. Kohlhammer. nn — 70
Sonderabdruck aus: „Neues Korrespondenzbl. f. d. höh. Schulen Württ."

— Leitfaden f. d. Anfangsunterr. in d. Algebra, s.a. Sammlung v. Lehrmitteln f. höhere Unterrichtsanst.

— Leitfaden f. den Anfangs-Unterricht in der Algebra. Resultate. gr. 8. (37 autogr. S.) Stuttgart (896). A. Bonz & Co. n.n. 1.20

— Leitfaden f. den Anfangs-Unterricht in der Planimetrie an höh. Lehranstalten, s.: Sammlung v. Lehrmitteln f. höh. Unterrichtsanstalten. III.

Mahler, G[ottfried]: Uebersicht über die in der Umgebung von Ulm wildwachsenden Phanerogamen. *Ulm 1898: Wagner.* (1—39 S.) 4°
Ulm, k. G, P 1898 (623)

Symphonie in C-moll No 2 von Gustav **Mahler**. Für 2 Claviere zu 4 Händen gesetzt von Hermann Behn. Leipzig: F. Hofmeister in Komm. 1896. (153 S.) 4° [F. u. Ant.] [06. 14409

Symphonie No 1 in D-dur von Gustav **Mahler**. Partitur. Wien, Leipzig, Paris: J. Weinberger [1899]. (171 S.) 4° [05. 5546

Symphonie No 5 für großes Orchester von Gustav **Mahler**. Partitur. *Leipzig: C. F. Peters (1904).* (251 S.) 4° [F. u. Ant.]
(Edition Peters. No 3087.) [04. 13981

Mahler, Hans. Ein Beitrag zur Kenntnis der Neuritis Tuberkulöser. Diss. Med. Univ. Zürich. *Kopftitel:* Aus der medizinischen Universitäts-Klinik Zürich. Direktor: Prof. Dr. H[ermann] Eichhorst. 40 S. 8. Zürich, F. Lohbauer, 1902.

Mahler, Heinr. G. F. (H. Lenz), Arabesken und Fresken. Naturgeschichtliche Skizzen. 1.—3. Bdchn. 16. Wriezen 862, Röder's Verlag. à Bdchn. * 5 Ngr. *

Inhalt:

Bdchn. 1. Der Roué. (43 S.)
" 2. Der Blasé von heute. (42 S.)
" 3. Moderne Sünden und die alten Sünder. (44 S.)

Mahler, Heinr. G. F., [† H. Lenz], militärisches Bilderbuch. Erinnerungen und Zeichnungen. 8. (XI und 255 S.) Glogau 860, Flemming's Verlag.

Mahler, Heinr., zerstreute Blätter. Gesammelte Novellen. 2 Bde. 8. (VI, 196 u. 242 S.) Berlin 875. Wedekind & Schwieger. 7. 50

—— Britannia und Borussia. Allegorisch-dramatisches Gedicht zum 25. Januar 1858. gr. 8. (19 S.) Posen 858, (Merzbach.) *

Mahler, Heinrich, Dr., Denkschrift über die submarine Telegraphen-Verbindung Europa-Afrika-Südamerika nebst Insel-Stationen. (Mit 1 Kabelkarte) Als Manuskript gedruckt.) Berlin 1869.

Mahler, Heinr. G. F. (H. Lenz), über die Eider an den Alsensund. Blätter aus meinem Kriegstagebuche vom 1. Febr. bis zum 20. April 1864. Nebst einer Beilage. 8. (VII und 279 S. mit 1 Tab. in Fol.) Berlin 864, Frank.

—— wieder in den Krieg. Blätter aus meinem Kriegstagebuche vom 29. Juni bis zum 1. Aug. 1864. Nebst 4 Beilagen. Fortsetzung von „Ueber die Eider an den Alsensund". 8. (XV und 224 S. mit 1 Tab. und 3 Stnt. in qu. 4. und Fol.) Berlin 864, Frank.

Mahler, Heinr. G. F., Im Oberthale. Ein schles. Waldroman in 4 Büchern. 2 Bde. Berlin 866. Liebrecht. 8. (IX, 706 S.) 3 ℳ

— Picta et Scripta. Heitere Studien. 2 Bde. 861. — Neue (Titel-)Ausg. Berlin 862. Kastner & Co. (Prausnitz.) 8. (XIV, 402 S.) 1 ℳ 15 ngr.

— unser Schiller. Nachklänge. Herausg. u. mit einem einleitenden Vorworte versehen von Herm. Marggraff. Magdeburg 860. Baensch. 16. (84 S.) n. 20 ngr.

—— und Mor. Arndt, zwei deutsche Siegeslieder des Jahres Dreizehn. Nach einem halben Jahrh. vereint ans Licht gestellt von einem Augenzeugen des verwüsteten Völkerschlachtfeldes. Zum Gedächtniß des in den Feldern und Schlachten bei Leipzig heldenmüthig errung. und von Gott uns geschenkten Sieges vom 18. Octbr. 1813. gr. 8. (7 S.) Berlin 863, (Stuhr'sche Buchh.)

— zwölf Sonette für den „verlassenen Bruderstamm." Berlin 862. Vogel & Co. 16. (16 S.) 6 ngr.

—— Xenion. Sieben Festgesänge zur goldenen Jubel-Feier der berliner Hochschule. Lex.-8. (87 S.) Glogau 860, Flemming's Verlag.

Mahler, Johannes Andreas (Dresden), Praxin clinicam et compendiosam febrium cum cautelis. Präs. Friedr. Hoffmann. Halle (Joh. Grunert) 18. I. 1705. (5.—) 22011

Mahler, Julius

Mahler, Jul., therapeutisches Lexikon. Für prakt. Aerzte u. Studierende der Medicin. 8. (438 S.) Leipzig 899. J. A. Barth. n. 5. —; geb. in Leinw. n. 6. —

Mahler, Julius. Die Sprengtechnik im Dienste der Land-, Forst- und Gartenwirthschaft, nebst einem Anhange über Sprengungen bei industriellen Arbeiten. Kurze Anleitung für praktische Ausführungen. Mit 23 in den Text eingedruckten Abbildungen. 8. Wien 1877.

Mahler, Jul., die Sprengtechnik im Dienste des Bau- und Bergwesens, der Land- und Forstwirthschaft mit ihren wesentlichen Hilfsmitteln: Bohr-Maschinen, Schrämm-Maschinen, Dynamite, Zeit- und elektr. Zündung. 8. Aufl. des Handbuches: „Die moderne Sprengtechnik". gr. 8. (VI, 111 S. mit 73 in den Text gedr. Abbild.) Wien 878, Lehmann und Wentzel. *

Mahler, Jul., die Sprengtechnik im Dienste des Bau- u. Bergwesens, der Land- u. Forstwirthschaft m. ihren wesentlichsten Hilfsmitteln: Bohr-Maschinen, Schrämm-Maschinen, Dynamite, Zeit- u. elektrische Zündung. 8. Aufl. des Handbuches: „Die moderne Sprengtechnik" mit 73 in den Text gedr. Abbildungen. gr. 8. (VI, 111 S.) Wien 878. Spielhagen & Schurich. n. 3. —

Mahler, Jul., und Eschenbacher, die Sprengtechnik im Dienste der Civiltechnik mit ihren wesentlichsten Hilfsmitteln: Dynamite, Zeit- und elektr. Zündung, Bohr-Maschinen und Bohrwerkzeuge. Hrsg. vom conc. Bureau für Sprengtechnik von M. und E. gr. 8. (V, 141 S. mit 134 Fig. auf 10 lithogr. Taf.) Wien 881. (Freiberg, Craz und Gerlach.) *

Mahler, Jul., die moderne Sprengtechnik dargestellt durch Bohrmaschinen, Luftkompressoren, Dynamit u. verschiedene Zündgn. f. die Gesteingewinng. im Steinbruche. dem Berg- u. Eisenbahnbaue etc. gr. 8. (43 S. m. eingedr. Holzschn.) Wien 873. (Lehmann & Wentzel.) n. — 80

Mahler, Jul., die moderne Sprengtechnik mit ihren wesentlichen Hilfsmitteln, Bohr- und Schrämm-Maschinen, Dynamit und electr. Zündung im Steinbruche, dem Berg-, Eisenbahn- und submarinen Baue, sowie für Culturzwecke. 7. durch die neuesten Erfahrungen verm. Aufl. gr. 8. (58 S. mit 41 in den Text eingedr. Holzschn.-Abbild.) Wien 876, (Lehmann und Wentzel.) *
Die früheren Auflagen waren nicht im Handel.

—— la Technique de sautage à l'usage du constructeur et du mineur, de l'agriculture et de l'économie forestière avec ses ressources essentielles: Les machines perforatrices, les machines d'entaillage, les dynamites, la détonation électrique et à temps. Traduit de l'allemand. 8me édit. du manuel „la Technique moderne de sautage". Avec 73 planches intercalées dans le texte. gr. 8. (VI, 105 S.) Ebendas. 878. *

Mahler, K., s.: Bericht der akadem.-wissenschaftl. Vereinigung „Gabelsberger" an der Universität Leipzig.

Mahler, Karl, cand. phil.: Die Entstehung des Irrtums bei Descartes und bei Spinoza. Leipzig 1910: Heller. 41 S. 8°
Leipzig, Phil. Diss. v. 14. Juni 1910, Ref. Barth, Lipps
[Geb. 25. Jan. 87 Gera R.; Wohnort: Leipzig; Staatsangeh.: Sachsen; Vorbildung: Nikolaisch. Leipzig Reife O. 06; Studium: Leipzig 7 S.; Rig. 15. Febr. 10.] [U 10. 3193

Mahler, Karl, die Programme der politischen Parteien in Deutschland. (78 S.) 8. Leipzig 909. O. Gracklauer. — 75

Mahler, Leonh., Marxismus u. soziale Entwicklung. (Drei Fehler der neueren Marxkritik.) (16 S.) Lex. 8. Berlin 907. Puttkammer & Mühlbrecht. — 35
Sonderabdr. a.: „Ztschr. f. ung. öffentl. u. Privatrecht".

Mahler, Ludw., praktische Grammatik der amharischen (abessinischen) Sprache. (VIII, 223 S.) Lex.-8. Wien 906. G. Szelinski. n. 12. —

Mahler, M. E., Toldoth Ha-Chessidim. Beiträge zur Geschichte der Kabbalisten (Hassidim) d. Mittelalters. (In hebr. Sprache.) 1. Lfg. gr. 8. (32 u. 8 S.) Krakau 890. (Wien, Ch. D. Lippe.) n. 1. —

Mahler, Max, Rechtsprakt. aus Bamberg: Die natürlichen Verbindlichkeiten im Bürgerlichen Gesetzbuch. Bamberg 1904: J. Nagengast. (VIII, 85 S.) 8° [F.]
Erlangen, Jur. Fak., Diss. v. 24. Juni 1904
[Geb. Bamberg; Staatsangeh.: Bayern; Rig. 24. Juni 04.]

Mahler, Max, die natürlichen Verbindlichkeiten im bürgerlichen Gesetzbuch. (Diss.) (VIII, 85 S.) 8. Berlin 904. Struppe & Winckler. n. 2. —

Mahler, Otto, a. Heidelberg: Über das chemische Verhalten von Dolomit und Kalkspat. Freiburg i. B.: Speyer & Kaerner 1906. (56 S.) 8°
Freiburg i. B., Phil. Fak., Ref. Gattermann, Diss. v. 1906
[Geb. 16. Febr. 74 Heidelberg; Wohnort: Freiburg i. B.; Staatsangeh.: Baden; Vorbildung: Oberrealsch. Mannheim Reife M. 03; Studium: Freiburg i. B. 9 S.; Rig. 25. Mai 06.]

Mahler, Phil., Enthüllungen über die ekstatische Jungfrau Juliana Weiskircher aus Ulrichskirchen-Schleinbach. Eine ernste Sprachlehre f. ihre Freunde u. Feinde. gr. 8. (VIII u. 179 S.) Wien 851, Mayer & Co. 1/2 Rthlr.

Mahler, Ph(ilipp) E(rnst) (Übers.):

s.: Fuller, Thomas: Pharmacopoeia extemporanea oder die sichere, vollständige und auserlesene Apotheke... (Pharmacopoeia extemporanea... Dt.) Basel: 1750

JB 1.602

Mahler, Richard

Mahler, Rich., Länderkunde auf heuristischer Grundlage. 2. gänzl. umgearb. Aufl. v. E. Hözels Übgn. im Kartenlesen. 1. u. 2. Heft. gr. 8. Leipzig, H. Wagner & E. Debes. 1. 75
1. Die Erdteile außer Europa. (VIII, 104 S.) 908. — 85
2. Europa ohne die german. Mitte. (IV, 94 S.) 909. — 90

Mahler, R., u. Max **Kästner,** das Mittelgebirge, s.a. Landschaftsbilder aus dem Königr. Sachsen.

Das Mittelgebirge. Von R[ichard] **Mahler,** Sem.Oberl., [u.] Max Kästner, Sem.Oberl. Mit 13 Abb., 4 Fig., 1 Karte im Text, 1 Profiltaf., 1 topogr. u. 1 orohydrogr. Karte. Meißen: H. W. Schlimpert 1906. (107 S.) 8° [F.]
— **Landschaftsbilder** aus d. Königr. Sachsen. [4.] [06. 6830 B

Mahler, Rich., Siedelungsgebiet u. Siedelungslage in Oceanien, unt. Berücksicht. d. Siedelgn. in Indonesien, s.a. Archiv, internat. f. Ethnographie.

Siedelungsgebiet und Siedelungslage in Oceanien unter Berücks. d. Siedelgn in Indonesien v. Richard **Mahler.** Hrsg. m. Unterst. d. Kgl. Niederl. Kolonial-Ministeriums. *Leiden: E. J. Brill 1898.* (3 Bl., 72 S., 1 kl. Bl.) 4.
= **Archiv,** Internationales, f. Ethnographie. Bd XI. Suppl. [98. 8030

Mahler, Theodor: Aus d. Kgl. Psychiatr. u. Nervenklinik zu Kiel. Casuistischer Beitrag zur Paranoia chronica. Eifersuchtswahn auf nicht alkoholischer Basis. Kiel 1908: Fiencke. 16 S. 8°
Kiel, Med. Diss. v. 28. Juni 1909, Ref. Siemerling
[Geb. 13. Dez. 81 Hohenlucht; Wohnort: Hohenlucht; Staatsangeh.: Preußen; Vorbildung: Gymn. Stade Reife O. 03; Studium: Tübingen 3, Kiel 1, Tübingen 1, Leipzig 1, Kiel 5 S.; Coll. 26. Mai 08; Approb. 13. Juni 09.]
[U 09. 2278

MAHLER, Valentin (Pfaffenhofen): Dissertatio inauguralis exhibens historiam atque descriptionem catarrhi epidemici s. d. influenziae tempore vernali anni 1837 in oppidulo Weissenhorn grassati.- Monachii: Poessenbacher 1838. 16 S.
2.7.1836 - Urk (Titel: De influenza.); F 63
Diss. Ingolst.-Landsh.-Mchn.

Mahler-Bloch, Francisca, Liebesnacht. Dramatisches Märchen. (31 S.) 8. Leipzig-Gohlis 909. B. Volger. — 75

Mähler, s.a. Mäler.

Mähler, Pastor, neue Fastenandacht, s. Betrachtungen über das Leiden u. Sterben unsers Erlösers.

Mähler, A., alphabetisches Sachregister zum Polizeistrafgesetzbuche für das Königreich Bayern. München 862. Gummi. gr. 8. (2 Bl., 116 S.) n. 15 ngr.

Mähler, Cph. Wlh., reichsgerichtl. Controversen, od. nähere theoret.-prakt. Untersuchung verschied. in d. reichskammergerichtl. Proc ß vorkomm. streitigen Rechtsfragen. 1e Samml. 1s Hft. 8. Coblenz 802. Lassaulx. 8 gr.

Mähler, C. W., reichsgerichtl. Controversen, od. nähere theoret.-prakt. Unters. versch. in d. Reichs-Cammergerichtl. Prozeß vorkomm. streitig. Rechtsfragen. 1e Samml. 1s Heft. 8. Pirna, Pinther. 802.

Maehler, Dora, die Erbin. Schauspiel in 4 Akten. (195 S.) 8. Strassburg 905. J. Singer. n. 3. —

— Schnuller-Peter. Schnuller-Liese. Schneider Ziegenböck, der unfolgsame Peter. Der Jägersmann. Die unfolgsame Liese. Onkel List. Tante Muller. Nikolaus. Lustige Erzählgn. m. droll. Bildern. Illustriert nach Zeichng. v. Fr. Endreß. (32 S.) 4. Nürnberg (905). (Leipzig, A. Cavael.) Geb. n. 2. 50

Maehler, Franc. Jos., enumeratio Coleopterorum circa Heidelbergam indigenarum adjectis synonymis locisque natalibus. gr. 8. (VIII u. 116 S.) Heidelbergae 850, E. Mohr. n. 3/4 Rthlr.

(**Mähler,** J.,) Betrachtungen üb. d. Leiden u. Sterben uns. göttl. Erlös. Jesu Chr., s.a. **Betrachtungen** etc.

Mähler, J., Betrachtungen über das Leiden u. Sterben unsers göttlichen Erlösers Jesu Christi, oder: neue Fastenandacht auf die 7 Wochen der heil. Fastenzeit. Meppen 869. Münster, Russell. 16. (III, 123 S.) n. 4½ ngr.

Mähler, O. F. C.

— s. Bergwerksverfassung, kursächsische.

Mähler, O. F. C., Versuch e. jurist.-log.-statist. Abhandl. üb. die Fragen: 1) Ob der bisher in d. Lehnrecht üblich gewesene Sprachgebrauch des Dominii directi et utilis richtig etc.? 2) Ob den Bergwerksverwandten an ihren Bergwerken e. sogen. Dominium utile etc. zustehe. 8. Hagen 785.

Mahlerbuch

Mahler-, Farb-, Illuminir- u. Firniß-Buch, neues u. vollständiges. 8. Cöln 790. Imhof. 1 Rthlr.

Mähler's Humoresken- & Novellen-Schatz. Bdchn. Nr. 1—4. kl. 8. Stuttgart, P. Mähler. 1.20
Camill, C., eine Erholungsreise. (104 S.) (907.) (Nr. 3.) — 50
Gerstäcker, Frdr., das Luftbad. (40 S.) (907.) (Nr. 1.) — 25
Otto, A., vier lustige G'schichtln a. d. bayer. Bergen. (32 S.) (907.) (Nr. 2.) — 20
Reuter, Fritz, Abendteuer des Entspekter Bräsig. (67 S.) (907.) (Nr. 4.) — 25

Mahlert, Adolf [aus Halberstadt]: Beiträge zur Kenntniss d. Anatomie d. Laubblätter der Coniferen .... Cassel, Theod. Fischer, 1885; 8 + 86 S. u. 2 Taf. 8°.
Leipzig, Phil. Fak., Inaug.-Diss. v. 15. Dez. 1885.

— Mathemat. Lehr- u. Übungsbuch f. das Lyzeum bezw. f. höhere Mädchenschulen. s.: Müller, Heinr.

Mahlert, Adf., Lehrbuch der Planimetrie f. höh. Mädchenschulen. Als Abschluß des Rechenbuches f. höh. Mädchenschulen v. H. Müller u. O. Schmidt nach dem Lehrbuch v. H. Müller bearb. (VIII, 86 S. m. 107 Fig.) gr. 8. Leipzig 906. B. G. Teubner. Geb. n. 1. 20

Mahlert, A., Lehr- u. Übungsbuch der Arithmetik u. Algebra bezw. der Geometrie f. Studienanstalten, s.: Müller, Heinr.

Mähli, J. Ein Beitrag zur Weltlitteratur (Blätter für litterarische Unterhaltung N° 48). 1883.

Mahlich, Paul

Mahlich, P., s.: Kaninchen, unsere.

— Kaninchenzucht s.: Bibliothek f. Sport u. Naturliebhaberei. 6.

— Kaninchenzucht u. Kaninchenhaltung, s.a. Bibliothek d. gesamten Landwirtschaft.

Kaninchenzucht und Kaninchenhaltung. Bearb. von P. **Mahlich.** Hannover: M. Jänecke 1908. (68 S.) 8° [F.]
— **Bibliothek** d. gesamten Landwirtschaft. Bd 49. [08. 11008 7

Mahlich, Paul: Kaninchenzucht als Liebhaberei und Einnahmequelle. Ein Wegweiser f. d. Anfänger in d. Kaninchenzucht von —. Mit zahlr. Abb. Berlin: F. Pfenningstorff [1904]. (71 S.) 8°
Bibliothek f. Sport u. Naturliebhaberei. Bd 6.

Mahlich, P., die rationelle u. einträgliche Kaninchenzucht, s.: Hasbach, D. H.

— Leitfaden d. Physik f. höh. Mädchenschulen, s.: Briede, W.

— Nutztaubenzucht, s.a. Bibliothek f. Sport u. Naturliebhaberei. 4.

Mahlich, Paul: Nutztaubenzucht. Leitfaden f. Anfänger u. erfahrene Züchter. Von —. Mit vielen Abb. Berlin: F. Pfenningstorff [1903]. (72 S.) 8°
Bibliothek f. Sport u. Naturliebhaberei. Bd 4.

Mahling, Benno, aus Dittersbach: Die Ansichten der Oceanier und Indianer über die Erde. *Leipzig 1902: E. Freter.* (86 S.) 8°
Leipzig, Phil. Diss. v. [12. Jan.] 1903

Mahling, Friedrich August

Mahling, Aufruf zur Beteiligung an der weiblichen Rettungsarbeit im Zusammenhange m. dem Bericht üb. die Hamburger Zufluchtsstätte, gerichtet an Hamburgs christl. Frauen u. Jungfrauen. gr. 8. (24 S. m. 2 Abbildgn.) Hamburg 893. Herold'S Verl. — 30

Mahling, Frdr., die soziale Bedeutung der christl. Gemeinde u. die daraus sich ergebenden Folgerungen f. ihre Arbeit, s.a. Hefte der freien kirchlich-sozialen Konferenz. 44. Heft.

Die soziale Bedeutung der christlichen Gemeinde und die daraus sich ergebenden Folgerungen für ihre Arbeit. Von D. Friedrich **Mahling,** Prof. Referat geh. auf d. 15. Kirchl.-sozialen Kongreß in Hannover. Berlin: Vaterl. Verl.- u. Kunstanst. 1910. 90 S. 8°
(Hefte d. Freien Kirchl.-sozialen Konferenz. H. 44.) [10. 10835

Mahling, Beiträge zur Geschichte d. Entwicklg. d. inneren Mission m. bes. Beziehg. auf Hamburg. Festschrift z. 50jähr. Jubiläumsfeier d. Hamburger Vereins f. inn. Mission. gr. 8. (XI, 237 S. m. Abbildgn. u. 1 Bildnis.) Hamburg 898. (L. Gräfe.) n. 1. —

— s.: Heil, das christliche.

— Ist das Ziel, welches Wichern der Volkskirche steckte, erreicht?, s.a. Hefte der freien kirchlich-sozial. Konferenz.

Mahling, Friedrich August: Ist das Ziel, welches Wichern der Volkskirche steckte erreicht? Aus d. Verhandlungen d. 4. Hauptversamml. d. freien kirchl.-soz. Konferenz zu Berlin 1899. Referat von Pastor [Friedrich August] Mahling, u. Diskussion. Berlin: Berl. Stadtmiss. 1899. (S. 55–94.) 8°
Hefte d. freien kirchl.-sozialen Konferenz. H. 2.

Ist das Ziel, welches Wichern der Volkskirche steckte, erreicht? Referat von Pastor [Friedrich August] **Mahling** u. Diskussion. Berlin: Berliner Stadtmiss. 1899. (S. 55–94.) 8° [F. u. Ant.]
— **Verhandlungen** d. Haupt-Versammlung d. freien kirchl.-soz. Konferenz. 4. [2.] [07. 8611

Mahling. Der Kampf um die christliche Weltanschauung. Vortrag, geh. im evangelisch-socialen Arbeiterverein zu Hamburg am 8. Dezbr. 1891. gr. 8. (29 S.) Hamb. 892, Herold's Verlag. * — 50

— aus dem Leben u. der Arbeit d. verstorbenen Stadtmissionars Heinrich Irwahn. 8. (23 S.) Ebd. 893. — 30

Mahling, die innere Mission in den großen Städten m. besond. Berücksicht. der Wohnungsnot. Vortrag, geh. auf dem 30. Congreß f. innere Mission zu Straßburg i. E. den 4. X. 1899. [Aus: „Congreßverhandlgn."] gr. 8. (31 S.) Straßburg (900). Buchh. der ev. Gesellschaft. n. — 20

— Probleme der modernen Frauenfrage. (Vorlesungen, geh. auf dem 2. apologet. Instruktionskursus zu Berlin am 10.—12. X. 1906.) (83 S.) 8. Hamburg (907). Agentur des Rauhen Hauses. Kart. 1. —
Sonderabdruck aus: „Die Reformation".

— die Reform der Konfirmations-Praxis, s.a. Flugschrift, kirchlich-soziale. Nr. 1.

Die Reform der Konfirmations-Praxis. Vortrag geh. in Barmen 1901 von Pastor [Friedrich August] **Mahling.** Vorst. d. Hamburger Stadtmission. *Berlin: Berliner Stadtmission [1902].* (17 S.) 8° [F.]
Aus: Deutsche Evangelische Kirchenzeitung.
— **Flugschrift,** Kirchlich-soziale. No 1. [03. 11776

— u. Frz. Behrens, welche Aufgaben erwachsen d. inneren Mission aus der gegenwärtig. Entwicklung der Arbeiterbewegung? (48 S.) 8. Hamburg 908. Agentur d. Rauhen Hauses. — 50
Sonderabdr. a.: „Verhandlgn. d. 34. Kongr. f. inn. Miss. in Essen".

— s.: Wichern-Feiern, die.

Mählitz, Frdr., neue Einteilung des Jahres u. Geschichte des Kalenders. (32 S.) 8. Dresden 906. (Leipzig, O. Weber.) n. — 80

Mähliss, J. Frdr., s. a.: Friedrich, J.

— die Schrecken der deutschen Sprache. Vorschläge zur vernünft. Umgestaltg. u. Vereinfachg. d. Deutschen zum Zweck seiner leichteren Erlerng. u. Ausbreitg., nebst e. Probe d. vereinfachten Deutsch. gr. 8. (23 S.) Halle a/S. 892. C. A. Kaemmerer & Co. n. — 50

Mühliss, J. Frdr., französ. Vokabel-Schatz. Geordnet nach d. Accenten u. d. Geschlecht d. Hauptwörter. gr. 8. (34 S.) Halle 896. C. A. Kaemmerer & Co. n. -- 60

Mahlitz, Rich., das Reichsgesetz, betr. die Krankenversicherung der Arbeiter vom 15. Juni 1883. Text-Ausg. m. Anmerkgn., unter besond. Berücksicht. der Ausführg. d. Gesetzes in der Freien u. Hansestadt Hamburg. 12. (VIII, 72 S.) Hamburg 884. O. Meißner's Verl. n. 1.20

Mahlke, A. (Hrsg.), s. G e d e n k b l ä t t e r aus der Geschichte Schleswig-Holsteins.

Mahlke, Alfons

Mahlke, A: Ueber die Bestimmung der Skale von hochgradigen Quecksilber-Thermometern aus Jenaer Borosilikatglas 59III. Berlin 1895 (Mittheil. a. d. Physik.-Techn. Reichsanst.)

— Dr., Ueber die Bestimmung der Skala von hochgradigen Quecksilber-Thermometern aus Jenaer Borosilikatglas 59III. (Sonder-Abdruck aus der Zeit schrift für Instrumentenkunde 1895, Heft 5.)

Mahlke, Alfons [aus Hamburg]: Ueber die Beziehung hochgradiger Quecksilberthermometer aus Jenaer Glas 59III auf das Luftthermometer zwischen 300 und 500 Grad ... M. e. Fig. Leipzig, J. A. Barth, 1894; 37 S. 8.
Göttingen, Phil. Fak., Inaug.-Diss. v. [9. Okt.] 1894

Mahlke, A: Ueber einen Thermometer-Vergleichungsapparat für Temperaturen zwischen 250° und 600°. (Berlin) 1894 (Mittheil. a. d. Physik.-Techn. Reichsanst.)

Mahlke, A: Ein Thermostat für Temperaturen zwischen 50 und 300 Grad. Berlin 1893

Mahlke, A: Verwendung der flüssigen Kohlensäure zur Herstellung hochgradiger Quecksilberthermometer. Berlin (1892) (Mittheil. a. d. Physik.-Techn. Reichsanst.)

Mahlke, Joan. Dan. (geb. Bialla in Ostpr. 7. 5. 1838): De coxarthrocace. Berolini (1863). (31 S.) 8°
Berlin, Med. Diss. v. 13. Juni 1863

Mahlke, Karl, Anna G r o s s i. Novelle. 8. (142 S.) Jena 878. Costenoble. n. 2. 50

— Anna G r o s s i. Ein Berliner Sittenbild. 3. Aufl. 8. (142 S.) Ebend. 882. n. 1. —

Mahlke, Carl, s.: Industrie-Bibliothek, deutsche.

— moderne T r a g i k o m ö d i e. Ernste u. heitere Zeitbilder. Mit 83 (eingedr. chemigr.) Illustr. von Henry Albrecht. gr. 8. (IV, 144 S.) Berlin 882. Auerbach. n. 1. 50

Der Kirchhof zu Ottensen, eine elegische Phantasie (v. **Mahlmann**). o. O. u. J. 2 Bl. Fol. Manuskript.

Mahlmann, August, s. M a h l m a n n , Siegfried August

Mahlmann, C. H. Wilhelm, s. M a h l m a n n , Wilhelm

Mahlmann, H.: A l g e r i e n und dessen Hauptstadt, mit besonderer Rücksicht auf die Gesundheits- und Sterblichkeits-Verhältnisse. (Beilage 8 und 9 zur „Deutschen Klinik. Monatsblatt für medicinische Statistik und öffentliche Gesundheitspflege". Herausgegeben von Dr. Göschen und Dr. S. Neumann.) (Berlin 1856.) 12 S. 4°

— s. A t l a s von Asien.

Mahlmann, H.: Zur B e v ö l k e r u n g s - S t a t i s t i k von Schweden seit der Mitte des 18. Jahrhunderts, unter Vergleichung mit verschiedenen anderen Ländern Europa's. (Monatsblatt für medicinische Statistik und öffentliche Gesundheitspflege. 1859. No. 12. 1860. No. 2, 4, 5, 7, 8, 11, 12. 1861. No. 2, 3, 4, 8.) Berlin 1859–1861. [Getr. Pag.] 4°

Mahlmann, H., Die Cholera zu Berlin in den zehn Jahren 1831, 32, 37, 48, 49, 50, 52, 53, 54 und 55, mit besonderer Rücksicht auf ihre räumliche Ausschreitung. 1856.

Mahlmann, H., Hand-Atlas des Preuß. Staates, s. Nowack.

— der Harz. (Reisekarte.) qu. 4. Lith. Berlin 850, Th. Grieben. 1/6 Rt

— Karte von Amerika, zum Gebrauch in höheren Lehranstalten u. zum Selbstunterricht. Gez. u. in Stein gest. vom Herausgeber. Imp.-Fol. Berlin 838. Schropp u. Comp. Ill. 1/2 Rt

Mahlmann, H., Karte von Amerika zum Gebrauch in höheren Lehranstalten u. zum Selbstunterricht. Berichtigt bis z. J. 1843. Lith. u. col. gr. Fol. Berlin 844, Schropp u. Co. 1/2 Rt

Mahlmann, H. Karte von Britisch-Indien diesseits des Ganges. Geographisch. historisch und statistisch. 1 : 8 000 000. Berlin 1857. 1 Bl. c. I.. Ff.

Mahlmann, H. Karte von Europa, zugleich als besondere Karte von Russland und Skandinavien Berlin 1841. 1 Bl. c. L. Ff.

— Karte von Europa, zugleich als besondere Karte von Rußland u. Skandinavien, zum Gebrauch in höheren Lehranstalten u. zum Selbstunterricht. Imp.-Fol. Ebd. 842. Kupferstich u. illum. 1/2 Rt

Mahlmann, H. Karte des Kaukasus. Nach den neuesten Aufnahmen des Kaiserlich Russischen Generalstabes entworfen. Berlin 1838. 1 Bl. c. K. Ff.

Mahlmann, H., Politisch-Statistische Karte von Deutschland, mit Ausschluss des Oesterreichischen Antheils, den Preussischen Provinzen Preussen u. Posen, u. den Königreichen der Niederlande u. Belgien. M. 1:2000000. Berlin, D. Reimer, 1850. Imp. Fol. . . . . (Br. Mus.)
—— —— Neue berichtigte Ausg. Ebda 1853. Imp. Fol. Lith. u. kol. (5/6 Rt., mit Flächenkolorit 1 Rt.)

Mahlmann, H., politisch-statistische Karte von Deutschland, m. Ausschluss d. österreich. Antheils, u. den Königreichen d. Niederlande u. Belgien, begleitet von einem statist. Commentar. Imp. Fol. Lith. Berlin 851, D. Reimer. Die Karte allein mit Grenzen-Colorit n. 5/6 Rt; mit Flachen-Colorit n. 1 Rt

— Post- u. Reisekarte v. Deutschland, den Königreichen der Niederlande, Belgien, der Schweiz u. einem grossen Theile von Polen, Italien, Frankreich, England u. Danemark. Mit Angabe sämmtlicher Eisenbahnen, Schnell- u. Fahrposten, der wichtigsten Extraposten, der Dampf- u. Packetboote etc., u. aller durch Natur- u. Geschichte, Kunst u. Industrie merkwürdiger Ortschaften. Nach den neuesten u. vorzüglichsten, insbesondere nach officiellen Quellen bearb. Imp. Fol. Lith. u. color. Berlin 850, D. Reimer. n. 1 Rt; auf Leinw. n. 1 1/2 Rt

Mahlmann, H.: P o s t - , Reise- und Eisenbahn- K a r t e von Deutschland, Holland, Belgien, der Schweiz, nebst Theilen der angrenzenden Länder bis London, le Havre, Lyon, Turin, Venedig, Agram, Debreczin, Lublin, Memel und Kopenhagen. Mit besonderer Berücksichtigung der Eisenbahn- und Dampfboot-Course. Neueste revid. Ausg. Berlin, Th. Grieben (1846) 1852. Roy.-Fol. Lith. u. kolor.

— Karte der Provinz Rio de Janeiro. Vornehmlich nach den Karten v. Freycinet, v. Spix u. v. Martius, der 1830 in Mannheim erschienenen, u. d. Karte v. P. Taulois [Rio de Jan. 1839, 4 Bl.], sowie nach den Reisebeschreibungen von v. Eschwege, Prz. Max. v. Neuwied, v. Spix u. v. Martius, Pohl, A. St. Hilaire, u. dem Diccionario geographico v. Milliet St. Adolphe [Paris 1845] bearb. qu. Imp. 4. Lith. u. color. Ebd. 848. n. 1/3 Rt

— Register-Karte zu Carl Ritter's Erdkunde. II. Buch, Theil II.—VI. Ost-Asien. Lithogr. u. illum. kl. Fol. Berlin 844. (Reimer.) 1/4 ℛ

— Reise-Karte v. Deutschland u. den angrenzenden Ländern bis London, Havre, Lyon, Turin, Venedig, Agram 2c. m. besond. Berücksichtigung der Eisenbahn- und Dampfboot-Course. Roy.-Fol. Berlin 846, Morin. 2/3 ℛ

Mahlmann, H., Reise-Karte von Deutschland bis Paris, Kopenhagen, Warschau und Mailand reichend. Mit den neuesten Eisenbahnen. Berlin, Th. Grieben, 1852. gr. Fol. Lith. (1/6 ℛ.)

— das Salzkammergut, m. der Gegend um Salzburg u. Berchtesgaden. (Reisekarte.) qu. 4. Lith. Berlin 850, Th. Grieben. 1/6 ℛ

—— Neue Wand-Karte von Deutschland, den Königreichen Holland u. Belgien u. der Schweiz sammt den angrenzenden Gebieten von Dänemark, England, Frankreich, den Oesterreichischen u. Preussischen Ländern u. Polen im 1 Millionenmal verkleinerten Massstabe nach den neuesten Materialien gezeichnet u. bearbeitet. 4 lith. u. kolor. Blätter. München, Literarisch-artistische Anstalt. 1850. Imp. Fol.
——, —— Ebenda 1857.
——, —— Ebenda 1859.
——, —— Ebenda 1867.

Mahlmann, H., statistisches Wörterbuch von Deutschland, mit Ausschluss des österreichischen Antheils, den preussischen Provinzen Preussen und Posen, und den Königreichen der Niederlande und Belgien, mit besonderer Rücksicht auf Gewerbe, Handel und Schifffahrt. Berlin 853. D. Reimer. 4. (VIII, 88, 28 S.) n. 20 ngr.; mit 1 (lith. u. color.) Karte n. 1 ℛ. 15 ngr.

Mahlmann, Louise, s. Federström, die Familie.

Mahlmann, Max, Magister Andreas Reyher, der treue Mitarbeiter Herzog Ernst des Frommen. Ein Gedenkblatt zu Reyhers 300jähr. Geburtstag. 8. (III, 56 S. m. 1 Bildnis.) Gotha 901. E. F. Thienemann. n. 1.—

Mahlmann, Rob., per Dampf od.: Eisenbahner, s.a. Volger's Vereins-Bühne.

Per Dampf! oder Eisenbahner. Schwank mit Gesang in 1 Akt von Robert **Mahlmann**. Landsberg a. W.: Volger & Klein [1906]. (32 S.) 8° [J.]
— **Vereins-Bühne**, Volger's. No 9.

Mahlmann, Siegfr. Aug. [wirkl. Name], s.a. B i t t e r m a n n [Pseud.].

ALBANO der Lautenspieler, vom Verfasser der Maske *(Aug. Mahlmann)*. 2 Bde. Mit TKpfrn. u. Musik f. d. Guitarre v. Bornhard. Leipzig, b. Wilh. Rein, 1806. 8°.
Phantast. Roman, stellenw. etwas frei. Manches in Versen. 300 u. 324 SS.

Bittermann (d. i. *Siegfr. Aug. Mahlmann*, nach Dr. Deneke), Eitelkeit, dein Name ist Poet. oder das (so!) travestirte Menschenhaß und Reue, eine Posse zur Verdauung in drey Aufzügen. In schlechten zwanglosen Versen. Mit dem illum. Kpf. des Verfassers, worunter gestochen: „Bitt: Herr Lessing und Herr Schiller sind doch gegen mich nur Stümper." Wintersee, im Verlage des Herrn Adjunktus Peter Bittermann. (Hamburg.) 1806. 8°. VIII—216 S. (In Berlin, Magistratsbibl., aus der Bibl. der Göritz-Lübeck-Stiftg.)
Unfläthige u. obscöne Farce, die an Gemeinheit Kotzebue's „Dr. Bahrdt m. d. eisernen Stirn" womöglich überbietet. Gehört zu dem Tollsten, was auf satyr. Gebiet in deutschen „Versen" geleistet worden.
Nach einer hs. Notiz in einem mir vorgelegenen Expl. wäre *Chrn. Aug. Vulpius*, Goethe's Schwager, der Verfasser des Buches. (??)

Mahlmann, A., Erzählungen. 1s u. 2s Bdch. 8. Leipz. Junius. (Gleditsch.) 802—3. (1r 1 Rthlr. 12 gr. 2r 1 Rthlr. 8 gr.)

Mahlmann, Aug., Erzählungen u. Mährchen. 2 Bde. 2te wohlf. Ausg. 8. Leipz. Gleditsch. 811.

Mahlmann, Aug., Erzähll. u. Mährchen. 2 Bde. 8. Leipz. 802 u. 3. 2e A. 812. Gleditsch. (Brockhaus). 1 ℛ 16 gr

Mahlmann, A., Festspiel, mit Gesang u. Tanz. Zur Sekularfeier von Weißens Geburtstag. Zum Besten d. Weißeschen Stiftung in Annaberg. gr. 8. Leipz. 826. Er. Fleischer. 4 gr

– s. Geburtstag, der.

[Gedicht.] Dem Durchlauchtigsten Protektor. [Unterz.:] [Aug.] **Mahlmann**. o. O. u. J. 1 Bl. 8° [Kopftit.]
„Gott segne Weimars Land, . . ."

[Gedicht. Von Aug. **Mahlmann**.] Zerbst o. J.: Schnee. 1 Bl. 8°
„Freude, holdes Götterkind, . . ."

Mahlmann, A., Gedichte, s.a. Universal-Bibliothek.

Gedichte von Aug. **Mahlmann**. Halle: Renger 1825. 192 S. 8°
Enth. S. 171—172: „Bundes-Lied. An den Gräbern der Brüder."

[3. Aufl. u. d. Tit.:]
° Aug. Mahlmann's gesammelte Gedichte. 3. Aufl. Halle: Renger, [Leipzig: Volkmar] 1837. 8°
[Kayser: Vollst. Bücher-Lexicon. 8, 2 (1842) S. 63.]

[4. Aufl. u. d. Tit.:]
Aug. Mahlmann's sämmtliche Gedichte. 4. Aufl. Prachtausg. mit vielen Ill., Mahlmann's Biographie u. Portr. Bdch. 1. 2. Leipzig: Renger [1845]. 8°
1. XXXVIII, 158 S.; 2. VI, 134 S.

[Andere Ausg. u. d. Tit.:]
Gedichte. [Von Aug. Mahlmann.] Bd 1. Leipzig: Volckmar 1839. XL, 128 S. 8°
(Mahlmann, A.: Sämmtl. Schriften. Leipzig. 1.)
Enth. auch einige frmrische Gedichte.

— sämmtliche Gedichte. Miniatur-Ausg. 16. (M. 1 Stahlst.) Ebend. 845. In engl. Leinwand geb. mit Goldschn. n. 1 1/2 ℛ

Mahlmann's, Aug., sämmtliche Gedichte. Miniat.-Ausg. Leipzig 863. Fries. 16. (X, 314 S. u. Portr. in Stahlst.) 1 ℛ 15 ngr.

– s. Hausbau, der.

— Herodes vor Bethlehem, s.a. Universal-Bibliothek.

HERODES vor Bethlehem oder der triumphierende Viertelsmeiſter. Ein Schau-, Trauer- und Thränenſpiel in drey Aufzügen. Als Pendant zu den vielbeweinten Huſſiten vor Naumburg. 2. Auflage. Cöln, Peter Hammer (Leipzig 1803). Kl. 8⁰. Mit einer Titelvignette von Böttger.
Derbe Satire auf Kotzebues Huſſitendrama.
(Verfaſſer iſt S. A. Mahlmann.)

LAZARONI, Die. Vom Verf. des Romans: Albano, der Lautenspieler (von *Siegfr. August Mahlmann*). 2 Thle. Leipzig, Gräff, 1803. 8⁰. (8 Kr. Halm & Goldmann, Wien, 1907.)
Pikanter Roman, meist in Dialogform, mit einigen Gedichten. 244 u. 212 SS. Mit 2 TKpfrn. von Penzel u. 1 Beilage Musik f. Guitarre u. Pfte. (welche gewöhnlich fehlt). Selten u. gesucht!

Lieder zur Trauerloge am 30. Jan. 1818. [Unterz.: Aug.] Mahlmann. [Leipzig 1818.] 2 Bl. 8⁰ [Kopftit.]
3 Lieder ohne Noten.

Liederbuch der Freimaurer-Loge Minerva zu den drei Palmen in Leipzig. [Zsgest. von Aug. Mahlmann.] [Leipzig 1822]: Vogel. XII, 195 S. 8⁰
134 Lieder ohne Noten.

— s. Marionettentheater.

— s. Maske, die, Nr. 1. ꝛc.

— s.a. Narrheit u. Vernunft.

NARRHEIT UND VERNUNFT. Jedem das Seine. Ein moralisches Bilderbuch für alte Kinder. Frey aus d. Französ. übersetzt und hin und wieder auf Deutschen Meridian gerichtet von Julius Heiter (d. i. *Siegfried Aug. Mahlmann*). Leipzig 1802. 8⁰. XIV u. 236 S.
Dr. Franz Schnitzers Bibl. München. 1902. No. 540; Anon.-Lex. III. p. 201 (nach Engelmann).

HEITER, Julius (d. i. *Siegfr. Aug. Mahlmann*), Narrheit und Verstand. Jedem das Seine; ein moralisches Bilderbuch für alte Kinder; frey aus d. Französ. Berlin, Voß & Co., 1802. Kl. 8⁰. (In Warmbrunn.)
Weller, Lex. Ps. p. 249.

— s. Original-Lustspiele.

Mahlmann, August: Rede gesprochen am 19. October (1814) in Gegenwart Sr. Durchlaucht des Herrn Fürsten Repnin, Gen.-Gouv. von Sachsen, bei der Stiftung der zur Feyer der Rettung von Leipzig vereinigten Gesellschaft. Von –. Leipzig: gedruckt bei Karl Tauchnitz. [Neudr.] (Hrsg.. Ernst Wiegandt.) (Leipzig 1910: Drugulin.) 8 S. 4⁰
[Umschlagt.:] Die erste Jahresfeier d. Leipziger Völkerschlacht in zeitgenössischer Beleuchtung.

— sämmtl. Schriften. Nebst Mahlmann's Biographie. 1r — 8r Bd. Gedichte. I u. II. — Mährchen u. Erzählungen. 1r — 3r Bd. — Dramat. Schriften. I. u. II. — Verm. Schriften. (Mit Bildn.) kl. 8. Leipzig 839, 40. Volckmar. (à n. 1/3 ₰) 2 2/3 ₰

Mahlmann's Aug., sämmtliche Schriften. Nebst Mahlmann's Biographie und Portr. (in Stahlst.) 8 Bde. gr. 16. Leipzig 859, Fries. [1. und 2. Bd. (XVI und 632 S.) 8. (VI und 390 S.) à Bd. * 15 Ngr.] *

— und Mor. **Arndt**, zwei deutsche Siegeslieder des Jahres Dreizehn. Nach einem halben Jahrhundert vereint ans Licht gestellt von einem Augenzeugen des verwüsteten Völkerschlachtfeldes. Zum Gedächtniß des in den Feldern u. Schlachten bei Leipzig heldenmüthig errungenen u. von Gott uns geschenkten Sieges vom 18. Octbr. 1813. Berlin 863. (Stuhr.) gr. 8. (7 S.) 1½ ngr

Mahlmann, Aug., das Vater-Unser. 4. (9 Steintaf.) Leipzig 885. Schlag. In Leinw.-Mappe. n. 9. —

Mahlmann, S. A., das Vaterunser. Gedicht, m. Illustr. v. Helene Schendler. (Ausgestanzt.) 16. (20 S. m. z. Tl. farb. Illustr.) Leipzig 895. Meissner & Buch. n. — 75

Mahlmann, Theodorus: De matrimonii veterum Romanorum ineundi et maxime dissolvendi causis atque solemnibus. Halis 1845: Gebauer. 34 S. 8⁰
Halle-Wittenberg, Jur. Diss. v. [31. Okt.] 1845
Geb. [Halberstadt 19. 1. 1817]
Verf. erlebte das Jubeldiplom 1895 als Particulier in Halberstadt, vgl. Anh. Nr. 265.

Mahlmann, Wlh., s. Blanc, L. G., Handbuch des Wissenswürdigsten.

Mahlmann, W., s. Forbes, Abriß einer Geschichte der neuern Fortschritte.

— s. v. Humboldt, Alex., Central-Asien.

Mahlmann. C. H. Wilhelm: Der Indianer Sommer in Nord-Amerika, verglichen mit gewissen Witterungserscheinungen Mittel-Europas. (Poggendorff's Annalen der Physik und Chemie. Bd. 44. S. 176—189.) Leipzig 1838. 14 S.
in: Sammelband: Kleinere Schriften zur Klimatologie und physischen Geographie. No. 4. 8⁰.

Mahlmann, C. H. W., Der Indianer-Sommer in Nord-Amerika, verglichen mit gewissen Witterungs-Erscheinungen Mittel-Europas. (Aus Poggendorffs Ann., Bd. XXXXIV.)

Mahlmann, Wilh., Dr., Ueber das Klima von Peking. (Aus: Poggendorff's Ann. Bd. LX.)

Mahlmann, Wilh., **Monatsberichte üb. d. Verhandl. d. Gesellsch. d. Erdkunde, s. Monatsberichte etc.**

Mahlmann, W.: Kleinere Schriften zur Klimatologie... s. Schriften

— Ueber die Temperatur-Verhältnisse der Sandwichs-Inseln und an den Grenzen der heissen Zone überhaupt. (Aus Poggendorff's Annalen, Bd. LVIII.)

Mahlmann, Wilhelm, Ueber die Temperatur-Vertheilung auf der südlichen Hemisphaere, und die klimatischen Verhältnisse von Süd-Neuholland und Van-Diemens-Land. (Aus Poggendorff's Ann., Bd. LI.)

Mahlmann. Wilhelm: Ueber die Temperaturvertheilung auf der südlichen Hemisphäre, und die klimatischen Verhältnisse von Süd-Neuholland und Van-Diemens-Land. (Poggendorff's Annalen der Physik und Chemie. Bd. 51. S. 543—555.) Leipzig 1840. 13 S., 2 Tf.
in: Sammelband: Kleinere Schriften zur Klimatologie und physischen Geographie. No. 3. 8⁰.

Mahlmann, Wilhelm, Mittlere Vertheilung der Wärme auf der Erdoberfläche, nebst Bemerkungen über die Bestimmung der mittleren Temperatur. (Aus dem Repertorium der Physik, herausgegeben von H. W. Dove, Band IV, besonders abgedruckt.) Berlin 1840.

Mahlmann, Wilhelm, Mittlere Vertheilung der Wärme auf der Erdoberfläche. (Elfter Abschnitt.) (Fortsetzung.)

Mahlo, ein neues, höchst überraschendes Kunststück, zur belustigenden Unterhaltung für Gesellschaftskreise. 16. (8 Bl. auf Pappe.) Berlin 853, (Abelsdorff.) **

Mahlo, ein neues, höchst überraschendes Kunststück zur belustigenden Unterhaltung für Gesellschaftskreise. Berlin 854. (Abelsdorff.) 16. (8 Bl.) n. 5 ngr

Mahlo, Frid. (Ern. Adolf.) (geb. Berlin 19. 9. 1828): De colica saturnina. (Ex libro meo: De intoxicatione saturnina chronica.) Berolini (1853). (34 S.) 8°
Berlin. Med. Diss. v. 14. Okt. 1853

Mahlo, Paul, a. Coswig i. Anh.: Topologische Untersuchungen über Zerlegung in ebene und sphaerische Polygone. Halle a. S. 1908: C. A. Kaemmerer & Co. (98 S., 8 Taf.) 8°
Halle, Phil. Fak., Ref. Gutzmer, Diss. v. 13. Juni 1908
[Geb. 28. Juli 83 Coswig; Wohnort: Halle a. S.; Staatsangeh.: Anhalt; Vorbildung: Friedrichs-Gymn. Dessau Reife O. 02; Studium: Jena 2, Greifswald 2, Göttingen 1, München 2, Halle 6 S.; Rig. 17. Febr. 08.]

Mahlo, Rich. Otto, Adria! (nach J. Dornis), s.: Eckstein's Miniaturbibliothek.

Mahlow, Fredi, a. Königsberg i. P.: Ueber Thioderivate des Chinolins und Chinaldins. Rostock 1909: Hinstorff. 37 S. 8°
Rostock, Phil. Diss. v. 1. März 1909, Ref. Michaelis
[Geb. 18. Juni 79 Pöltz, Kr. Randow; Wohnort: Rostock; Staatsangeh.: Preußen; Vorbildung: Wilhelms-Gymn. Königsberg i. P. Reife O. 97; Studium: Freiburg i. B. 5, Königsberg 2, Rostock 8 S.; Rig. 25. Febr. 09.]
[U 09. 3700

Mahlow, Geo. Heinr., die langen Vocale a e o in den europäischen Sprachen. Ein Beitrag zur vergleichenden Lautlehre der indogermanischen Sprachen. gr. 8. (166 S.) Berlin 879. Hermann. n. 3. —

Mahlow, Geo., die langen Vocale a e o in den europäischen Sprachen. Ein Beitrag zur vergleichenden Lautlehre der indogerman. Sprachen. 2. unveränd. Aufl. gr. 8. (168 S.) Berlin 888, Mayer und Müller. *

Festschrift zur 150jährigen Jubelfeier der Loge zum goldenen Hirsch Or. Oldenburg. Geschichte der Loge von 1752 bis 1902 verf. von Emil Mahlstedt. Oldenburg: Selbstverl. d. Loge 1902. X, 58 S. 8°
Recens: Bbl. 17 (1903) S. 133 (G. Diercks). cf. Bh. 46 (1903) S. 56 (R. Mosen).

Mahlstedt, G., die landwirthschaftlichen Genossenschaften u. deren Vereinigung zu Verbänden, ihr Nutzen, ihre Errichtung u. ihr Betrieb. Ein Rathgeber bei der Errichtg. landwirthschaftl. Genossenschaften u. Verbände. Im Anh.: 1. das Gesetz, betr. die Erwerbs- u. Wirthschaftsgenossenschaften vom 1. Mai 1889. 2. e. Anzahl Statuten verschiedener landwirthschaftl. Genossenschaften u. Verbände. gr. 8. (IV, 121 S.) Oldenburg 889. Stalling's Verlag. n. — 80

Mahlstedt, Geo., die landwirthschaftl. Genossenschaften u. deren Vereinigung zu Verbänden, ihr Nutzen, ihre Errichtung u. ihr Betrieb. Ein Rathgeber bei der Errichtg. landwirthschaftl. Genossenschaften u. Verbände. Im Anh.: 1. das Gesetz, betr. die Erwerbs- u. Wirthschaftsgenossenschaften vom 1. Mai 1889. 2. Eine Anzahl Statuten verschiedener landwirthschaftl. Genossenschaften u. Verbände. 2., verb. Aufl. gr. 8. (IV, 143 S.) Oldenburg 891. Stalling's Verl. n. 1. 20

Mahlstedt, Heinrich. Sehnenscheiden und Schleimbeutel des Hundes. Diss. Vet.-Med. Bern. Mit 8 Tafeln und 13 Zeichnungen. 66 S. 8. Königsberg i. Pr., Hartung, (1908).

Mahl- und Schlachtsteuer (Die) in Berlin, von S. F. 8°. Berlin 1863.

Mahl- u. Schlachtsteuer, die, m. ihren Gebrechen u. Mängeln. 6., verb. u. umgearb. Aufl. gr. 8. (1 B.) Minden 846, Eßmann. -

Mahl- u. Schlachtsteuer, die, mit ihren Gebrechen u. Mängeln. Ein Wort für Jedermann, der darüber Aufklärung wünscht. 6. verb. u. umgearb. Aufl. 8. (15 S.) Minden 847, Eßmann. 1/24 ₰

Mahl- u. Schlachtsteuer, die, in Vergleich zu d. Klassensteuer m. Rücksicht auf die verheißene Erleichterung d. Ersteren. 1. u. 2. Aufl. gr. 8. Halle 846, Schwetschke u. S. 3 ngl

Mahl- u. Schlachtsteuer-Gesetz, das Preußische, s. Rhens.

Mahl- und Schlachtsteuer-Gesetz, das preußische, vom 30. Mai 1820 und die dasselbe erläuternden, ergänzenden und abändernden Bestimmungen nebst Erhebungs-Tabellen rc. Zum Gebrauch für Steuer-Behörden, und Steuer-Beamte, sowie Juristen, Staats- und Polizei-Anwälte rc. von Rob. Rhens. gr. 8. (VI und 178 S.) Berlin 853, Stuhr'sche Buchh. *

Mahl- u. Schlachtsteuer-Regulativ f. d. Städte Magdeburg, Burg, Halberstadt, Quedlinburg, Aschersleben, Salzwedel u. Stendal. 8. (2 B.) Quedlinburg 834, Basse.

Mahl-Tabelle zur Weizen- u. Roggen-Müllerei für den Bürger u. Landmann. 2 Blatt. Wittenberg 865. Herrosé. Fol. 5 ngr.

Mahlum [Schlagwort]

Mahlum, s.: Braunschweig. Landeskarte.

Mähly, Ernst

Mähly, E., Beiträge zur Anatomie, Physiologie und Pathologie der Cilien, s.a. klinische Monatsblätter für Augenheilkunde.

Mähly, Ernst: Beiträge z. Anatomie, Physiologie u. Pathologie der Cilien. Rostock 1879.

(Mähly, J[acob].) Die Alpenpässe von ehedem. [A.] 4. (Berlin 1895.)

Mähly, Jakob (Bearb.), s. Aeschylus: Werke.

Mähly, Jacob. Beatus Rhenanus von Schlettstadt (1485[–1547]), dargestellt von Dr. J' M'.... (SA.) 8. Mülhausen 1857.

Maehly, Jac., Richard Bentley. Eine Biographie. Mit einem Anhang Bentley'scher Anecdota zu Homer. Leipzig 868. Teubner. gr. 8. (IV, 179 S.) n. 1 ₰ 6 ngr.

Mähly, Jacob. Sebastian Castellio (1515–1563). Ein biographischer Versuch nach den Quellen von Jakob Mæhly.... ([Mit] Beilagen.) 8. Basel 1862 (°Umschlag: 1863).

Maehly, Jak., Sebastian Castellio. Ein biograph. Versuch nach den Quellen. 8. (152 S.) Basel 862, Bahnmaier's Verlag. *

Mähly, Jacob. Ueber Dinitrozimmtsäure. München, 1883.

Mähly, J.: Bonifacii Basiliique Amerbachiorum et Varnbueleri epistolae mutuae. Basileae 1877. 4°

Maehly, Jac. (A.), das Erdbeben zu Basel. Eine Dichtung. Basel 856. Schweighauser'sche Sortbdlg. 16. (2 Bl., 71 S.) 10 ngr.

— die Frauen des griechischen Alterthums. Eine Vorlesung. Basel 853. (Schweighauser'sche Sortbdlg.) gr. 8. (2 Bl., 36 S.) 7½ ngr.

— Frieden. Idyll aus der Schweiz in sechs Gesängen. Basel 862. Georg. 16. (84 S.) n. 15 ngr.

Mähly, J., aus der Gegenwart. Bilder u. Bildchen. gr. 16. (132 S.) Basel 874. Meyri. n. 1. 60

Mähly, Jak., Geschichte der antiken Literatur. 2 Thle. in 1 Bd. 8. (280 u. 276 S.) Leipzig 880. Bibliograph. Institut. geb. n. 4. 50

Mähly, J., Frau Drubel's Hündlein. Eine tendenziöse Humoreske contra Kurpfuscher u. Geheimmittelschwindel. gr. 8. (20 S.) Zürich 889. Schröter & Meyer. n. — 50

— das XXX. Idyll d. Theocrit. gr. 4. (40 S.) Basel 872. (Berlin, Ebeling & Plahn). (?) n. 1. 50

—— das XXX. Idyll des Theocrit. gr. 4. (40 S.) Basel 872, (Schneider.) *

Mähly, J., Zur Kritik des Lehrgedichtes Aetna. Basel, Pädagogium 1862. Progr.

Maehly, Jak., zur Kritik lateinischer Texte. — Zur Frage nach e. mittelhochdeutschen Schriftsprache v. Otto Behaghel. gr. 4. (60 S.) Basel 886. (Jenke.) n. 1.60

— Leid u. Lied. Gedichte. Bern 865. Haller'sche Verlagsh. gr. 16. (V, 172 S.) n. 16 ngr.

—— s.a. Lyriker, griechische und römische.

— griechische Lyriker, s.a. Meyer's Volksbücher.

— — Griechische Lyriker. Uebersetzt von Jakob Mähly. In-12°, 143 S. Leipzig, Bibl. Institut. Geb. 1880

— römische Lyriker, s.a. Meyer's Volksbücher.

— — Römische Lyriker. Uebersetzt von Jakob Mähly. In-12°, 156 S. Ebendaselbst. Geb. 1880

— Mathilde. Ein Gedicht. Basel 854. Schweighauser'sche Sortbhdlg. 8. (50 S.) n. 8 ngr.

Mähly, Jakob, Mensch und Tier. Eine Erzählung für die Jugend. Basel, Realgymnasium 1857. Progr.

— Mosaik in gebundener u. ungebundener Rede f. die Jugend. 16. (IV, 70 S.) Zürich 871. Verlags-Magazin. n. — 80

— über vergleichende Mythologie, s.a. Sammlung v. Vorträgen.

Mähly, J. Ueber vergleichende Mythologie. Sammlung von Vorträgen, hrsg. von W. Frommel u. Fr. Pfaff. XIV, 4. 1885

Mähly, J[acob]. ... Observationes de Drusi atque Mæcenatis epicediis deque Taciteo Dialogo Criticæ. Scripsit J. Mæhly. 8. ([Basileæ] 1873.)
Duumviris ... C. R. Hagenbachio, J. J. Staehelino ... congratulantur Universitatis Basiliensis collegæ philosophi V Idus Septembres 1873.

—— Observationes de Drusi atque Maecenatis Epicediis deque Taciteo dialogo criticae. gr. 4. (26 S.) Basel 874, (Schneider.) *

—— der Oedipus Coloneus des Sophocles. Beiträge zur inneren und äusseren Kritik des Stückes nebst einem Anh. philolog. Miscellen [zur Anthologia graeca, zu Calpurnius und Nemesianus]. gr. 8. (VIII, 123 S.) Basel 868, Richter. (*M 2,50.)

— Pendragon, s.a. Assolant, A.

—— Pendragon. Geschichtliche Erzählung aus der Zeit Alexanders des Großen. Aus A. Assollants gleichnam. französ. Orig. übers. und mit Einleitung versehen. Mit 42 Text-Abbild. und 1 Titelbilde in Holzschn. nach Zeichnungen von E. Gilbert. gr. 8. (VI, 192 S.) Leipzig 883, Spamer. *
geb. *

Mähly, Jac., Angelus Politianus. Ein Culturbild aus der Renaissance. Leipzig 864. Teubner. 8. (173 S.) 24 ngr.

Maehly, Jac., Rhigmurmel. Gedichte in basler Mundart. 8 (IV und 199 S.) Basel 856,57, [Bahnmaier's Verlag.]

Maehly, Jac. (A.), Rhigmurmel. Gedichte in Basler Mundart. Basel 856. Schweighauser'sche Sortbhdlg. 8. (2 Bl., 199 S.) 24 ngr.

— der Roman d. 19. Jahrh., s.a. Zeit- u. Streit-Fragen, deutsche.

Mähly J. der Roman des XIX. Jahrhunderts. (Zeit- u Streitfragen 10) Berlin 1872

Mähly, J., Friedrich Rückert. Basel, Realgymnasium 1869. Progr.

— die Sängerfahrt. Novelle. St. Gallen 857. Scheitlin u. Zollikofer. 16. (3 Bl., 71 S.) 7½ ngr.

— Satura. gr. 4. (38 S.) Basel 886. Jenke. n. 1. 60

— die Schlange im Mythus u. Cultus der classischen Völker. Basel 867. (Leipzig, Teubner.) hoch 4, (44 S.) n. 10 ngr.

— die Sonnenhelden d. Mythologie. Sophokleïsches. gr. 4. (44 S.) Basel 889. (Jenke.) n. 1. 20

—— Varroniana. gr. 4. (39 S.) Basel 865. (Leipzig, Teubner.) *

—— Wesen und Geschichte des Lustspiels. Vorlesungen. 8. (VII und 144 S.) Leipzig 862, Weber. *

Maehly, Paul [aus Basel]: Beiträge zur Kenntnis der Diphenylaether und einiger Analoga. Basel 1898. 44 S. 8°.
Basel. Phil. Diss. 1897/98.

M'AHMED ben Chérif Effendi, Die Sklavenhändlerin. Zum erstenmal (aus d. Französ.) ins Deutsche übertragen von Otto Frhrn. v. Brockendorff. O. O. 1908. 4°. 197 S. Privatdruck des „Neuen Vereins der Bibliophilen Deutschlands u. Oesterreichs". (Nur in 500 in der Presse numer. Expll. hergestellt.) In Seide gebd. (Mk. 20—.) (30 Mk. Oscar Rauthe, Friedenau-Berlin, 1908; 20 Mk., Origbd., Adolf Weigel, 1909.)

M'AHMED ben Chérif Effendi. Die Sklavenhändlerin. Zum erstenmal ins Deutsche übertragen von Otto Freiherrn von Brockendorff. 1908. Privatdruck (= Der verschlossene Garten. Eine Sammlung von erotischen Meisterwerken der Weltliteratur. 1. Band). 8°. 197 S. 1 S. leer.

MAHMED ben Chérif Effendi, Die Sklavenhändlerin. Zum erstenmal ins Deutsche übertragen von Otto Frhrn. von Brockendorff. Wien, Karl Bauer, 1908. 8°. 197 S. Privatdruck. Seiden-Einband. Nur in 500 Expll. hergestellt (in der Maschine numerirt), unbeschn. (20 Mk., Origbd., Adolf Weigel, 1908; 25 Mk. E. Frensdorff, 1909; 30 Mk. Oskar Rauthe, 1908.)
Bildet Bd. I der angekündigten Serie: „Der verschlossene Garten. Eine Sammlung von erotischen Meisterwerken der Weltliteratur."

Mahmoud-Rays-Effendi. Tableau des nouveaux règlements de l'empire Ottoman. Imprimé dans la nouvelle imprimerie du génie, sous la direction d'Abdurhaman-Effendi. fol. Constantinople 1798. — av. de remarques de Menu de Minutoli. 12. Berlin 1802

Mahmud II., der gegenwärtig regierende Sultan der Türkei. (58) 8. Leipzig 1829.

Mahmud Labib Bei: Der Berliner Vertrag von 1878, s. Entstehung, Bedeutung u. s. Konsequenzen. Von Dr. –. Berlin: Walther 1908. 39 S. 8°

Mahn, die Pflege der Entlassenen, s.: Bibliothek, kleine, für innere Mission.

Mahn, A., s. Mahn, Karl August Friedrich

Mahn, Adam

— Lieder-Manna, oder Real-Lieder-Concordanz. 4. Ebend. 721.

Mahn, Adam, bibl. Manna, oder Gleichniß-Realconcordanz der ganzen heil. Schrift. 4. Leipzig, Junius. 725.

Mahn, Anny, s.a. Wothe, Anny.

Sündige Mütter. Roman von Anny Wothe [d. i. Anny Mahn]. Berlin: Goldschmidt 1910. 322 S. 8° [11. 1847]

Mahn, Arno [Saxo-Altenburgensis]: De Dionis Chrysostomi codicibus. . . . Halis Saxonum, form. descr. E. Karras, 1889; 81 + 1 S. 8°
Halle, Phil. Fak., Inaug.-Diss. v. [21. Sept.] 1889

Mahn, Arno. De Dionis Chrysostomi codicibus. gr. 8. (90 S.) Lpz. 890, Fock. * 2 —

Mahn, C. A. F., s. Mahn, Karl August Friedrich

Mahn, Ed., Warnemünde. Fremdenführer speciell für Badegäste. Mit (lith. u. color.) Plan u. vollständigem Adreßbuch. 16. (V, 82 S. m. 2 Holzschntaf.) Wismar 880. Hinstorff's Verl. cart. 1. 25

Mahn, Ed., Warnemünde. Fremdenführer speziell für Badegäste. Mit vollständ. Adreßbuch. [Neue Ausg.] 16. (102 S. mit color. Plan und 7 lithogr. Ansichten.) Rostock 886, Hinstorff'sche Hofbuchh. cart. *

Mahn, Erich, wiss. Hülfslehrer: **Darstellung** der Syntax in dem sogenannten angelsächsischen Physiologus. *Neubrandenburg 1903: (B. Ahrendt.)* (64 S.) 4° ¶ [= Progr. Neubrandenburg, Gymn. 1904.]
Rostock, Phil. Diss. v. [1. Aug.] 1903

Mahn, Erich, Darstellung der Syntax in dem sogenannten angelsächsischen Physiologus. Diss. (65 S.) gr. 4. Neubrandenburg 903. (Rostock; H. Warkentien.) n. 2. —

Mahn, Erich, Dr.: Darstellung der Syntax in dem sogenannten angelsächsischen Physiologus. Neubrandenburg 1904: B. Ahrendt. (28 S.) 4° [J.]
Neubrandenburg, G u. lateinlose R P 1904 (775)

Mahn, E[rich], Dr.: Darstellung der Syntax in dem sogenannten angelsächsichen Physiologus. T. 2. Neubrandenburg 1905: B. Ahrendt. (S. 29—64.) 4° [J] ¶ [Forts. d. P-Beil. 1904.]
Neubrandenburg, G u. lateinlose R P 1905 (801)

Mahn, Ernst August Philipp

Mahn, Er. Aug. Ph., Bemerkk. u. Erklärr. zu schwierigen Stellen d. A. T., nebst zwei andern, philol. u. artist. Inhalts. gr. 8. Götting. 817.

Mahn, Er. Aug. Ph., Berichtigungen zu den vorhandenen Wörterbüchern u. Commentaren über die hebräischen Schriften des A. T. gr. 8. Götting. 817. Dieterich. 1 ₰

Mahn, Ernst August Philipp (Wildungen), Commentatio in qua ducibus quatuor evangeliis apostolorumque scriptis distinguuntur tempora et notantur viae, quibus apostoli Jesu doctrinam divinam sensim sensimque melius perspexerint. Göttingen (Heinr. Dieterich) 15. XI. 1809 (1811). (5.—) 22013

Mahn, E. A. P., Commentatio, in qua ducibus quatuor Evangeliis, Apostolorumque scriptis distinguuntur tempora et notautur viae, quibus Apostoli Jesu doctrinam div. sensim sensimque melius perspexeriat etc. 4maj. Gotting. Dieterich. 812..

— Darstellung d. Lexicographie nach allen ihren Seiten. 2 Bde. gr. 8. Rudolst. 817. Krieger in Cassel. 3 ₰ 12 gl

— Diss. inaug. de fontibus, quibus Eusebius usus est in scribenda historia sacra. 4. Rost. 819.

Mahn, E. A. P., über die Modalität des orientalischen Studiums nach den Forderniſſen der gegenwärtigen Zeit, ein Sendschreiben an geh. Kirchenrath Dr. Paulus in Heidelberg. Sulzbach, Seidel. 821. Rthlr.

— observationes exegeticae ad difficiliora quaedam Vet. Test. loca, quae partim illustrantur, partim nova explicantur. 8maj. Götting. 812. Dieterich. 6 gl

Mahn, H., Fürsorge f. Hinterbliebene ehemaliger Soldaten, f. Veteranen u. f. Familien der zu Friedensübungen od. zum Kriegsdienst einberufenen Mannschaften. Erläuterungen zur Ausführung der Gesetze. (VIII, 110 S.) 8. Berlin 906. C. Heymann. Kart. n. 3. —

Mahn, Hermann

Mahn, H., die Leistgn. f. die bewaffnete Macht in Krieg u. Frieden, s.a. Handbibliothek, juristische.

Mahn, Hermann: Die Leistungen für die bewaffnete Macht im Krieg und Frieden. Eine Zsstellung u. Erläuterung der reichsrechtl. Bestimmungen von H[ermann] Mahn, Hamm i.W. Leipzig: Roßberg 1908. (VII, 199 S.) 8°
Handbibliothek, Juristische. Bd 280.

Mahn, Johann Friedrich August

Mahn, J. F. A. Beiträge zur Geschichte des alten wendischen Rostock. 4. Rostock 1854.

– Elementorum artis histor., s. Bachmann, Ludwig: Quaestio.

Mahn, Joh. Friedr. Aug.: Uebersicht d. alten Geschichte u. Geographie. Ein Leitfaden beim Unterrichte in mittleren Gymnasialklassen. 8. Rostock u. Schwerin: Stiller 1840. (Eberstein u. Otto.)

Mahn, Karl August Friedrich

Mahn, C. A. F., neue theoret.-prakt. Anweis. z. richtigen Aussprache d. Englischen, als Leitfaden bei d. ersten Unterricht in dieser Sprache. gr. 8. Braunschw. 825. Pluchart. 6 gr

Mahn, C. A. F., Beauties of classical English Poetry, od. Blumenlese aus d. klass. Dichtern d. Engländer, nebst gelungenen Engl. metr. Uebersetzn. Deutscher Gedichte v. Schiller, Göthe, Jacobi, Klopstock, Körner rc., Orig.-Uebersetz. u. philolog.-krit. Anmerkn. 1. u. 2. Bdchn. 8. (4 u. 5¼ B.) Berlin 828, 31, Laue. à

Mahn, C. A. F., über die Bedeutung des Namens der Städte Berlin u. Köln. 8. (16 S.) Berlin 848. (Dümmler's Verl.) n. ⅙ ₰

Mahn, C. A. F., die Biographieen der Troubadours, s.a. Biographieen, die.

Mahn, C. A. F., die Biographien der Troubadours in provenzalischer Sprache. 2., neu bearb. u. verm. Aufl. 8. (66 S.) Berlin 878. Dümmler's Verl. n. 2. —

Mahn, C. A. F., Darlegung der Kunst, Sprachen auf die schnellste und leichteste Art sprechen zu lernen, in besonderer Anwendung auf das Französische u. Englische. Berlin 854. (Dümmler's Verlhdlg.) 8. (VIII, 32, 16, 24 S. und: Die Kunst, das Italienische, Spanische, Portugiesische und Russische auf die leichteste und schnellste Art sprechen zu lernen. Spec. I. 8, 8 S.; Die Kunst, das Deutsche rc. zu erlernen, für Ausländer, welche Französisch oder Englisch verstehen. 8 S.) nn. 13 ngr

—— Darlegung der Kunst, Sprachen auf die schnellste und leichteste Art sprechen zu lernen, in besond. Anwendung auf das Französische und Englische. 8. (VIII und 96 S.) (Berlin 855, Dümmler's Verlag.) **

Mahn, C. A. F., Denkmäler der baskischen Sprache. Mit einer Einleitung, welche von dem Studium der baskischen Sprache handelt und zugleich eine Beschreibung und Charakteristik derselben enthaelt. 8. (LVI und 80 S.) Berlin 857, Dümmler's Verlagsh. **

Mahn, K. A. F., über die Entstehung, Bedeutung, Zwecke u. Ziele der romanischen Philologie. Ein Vortrag in der germanistisch-romanistischen Section der in Meiszen tagenden Versammlung deutscher Philologen u. Schulmänner am 1. Octbr. 1863 gehalten. Berlin 863. Dümmler's Verlhdlg. 8. (24 S.) n. 6 ngr

Mahn, A., über die Entstehung der italiänischen Sprache aus den lateinischen, griechischen, deutschen und celtischen Elementen und über die dabei wirkenden Principien und Ursachen. 8. (40 S.) Berlin 880, Dümmler's Verlagsh. *

— über die Entstehung der italiänischen Sprache aus den lateinischen, griechischen, deutschen u. celtischen Elementen u. über die dabei wirkenden Principien u. Ursachen. 8. (40 S.) Ebend. 881. n. 1. —

—— Gedichte der Troubadours, s. Gedichte.

— Grammatik u. Wörterbuch der altprovenzalischen Sprache. 1. Abth.: Lautlehre u. Wortbiegungslehre. gr. 8. (VIII, 315 S.) Köthen 885. Schettler's Verl. n. 6. —

Mahn, C. A. F.: Handbuch der Engl., Italien., Span., Portugies., Provenzal., Latein. u. Griech. Sprache u. Literatur. 1e Abthl. Handbuch der Engl. Sprache u. Literatur. 1r Bd. 1s Hft. 8. Berlin: C. F. Plahn 1836.

Mahn, C. A. F., Handbuch d. engl., italien., span., portugies., provenzal., latein. u. griech. Sprache u. Literatur. 1. Abthl. Handb. d. engl. Sprache u. Liter. 1. Bd. 1. Hft. 8. (8½ B.) Berlin 836, [Schultze.] *

Mahn, A., Commentar zu Girartz de Rossilho. 1. Lfg. 8. (32 S.) Berlin 886. Dümmler's Verl. n. 1. —

—— Lehrbuch d. Engl. Sprache. Nach d. v. Verf. entdeckten u. bearb. System, Sprachen rc. auf e. leichte Art zu erlernen. 1. Thl. 8. (5½ B.) Berlin 829, Laue.

—— dass. 2. Thl. Die Aussprache u. Formenlehre. 2. Aufl. 8. (10¼ B.) Berlin 834, Plahn.

— Lehrbuch d. französ. Sprache. Nach dem von dem Verf. entdeckten System, Sprachen (die engl., französ., italien., span., latein., griech. u. deutsche, letztere für Ausländer) auf e. leichte Art zu erlernen. 8. Berl. 830. Laue. 15 gr

— Lehrbuch der Franz. Sprache. Nach dem von dem Verf. (seit 1829) entdeckten u. bearb. System, Sprachen auf eine leichtere, schnellere u. gründl. Art zu erlernen. 1r Thl. 2s Hft. 8. Berlin 834. Logier. ¼ ₰ — 3r Thl. 1s u. 2s Hft. Don Quichotte de la Manche, trad. par Florian. Chapitre I—XXXIV. 8. Berlin 835. C. F. Plahn. n. ½ ₰

— Lehrbuch der Griech. Sprache. Nach des Verf. System, Sprachen auf eine leichtere, schnellere u. gründl. Art zu erlernen. 1s Hft. 8. Berlin 836. Plahn. n. ⅓ ₰

—— Lehrbuch d. griech. Sprache. Nach d. Verf. System, Sprachen auf e. leichtere, schnellere u. gründlichere Art zu erlernen. 1. Hft. 8. (6¾ B.) Berlin 836, [Schultze.]

—— Lehrb. d. Italien. Sprache. Nach d. v. d. Verf. entdeckten u. bearbeit. System, Sprachen rc. auf e. leichte Art zu erlernen. (1. Thl.) 8. (6 B.) Berlin 831, Laue.

—— dass. 2. Thl. 1. Hft. 8. (4 B.) Berlin 834, Plahn.

—— Lehrb. d. Latein. Sprache. Nach d. v. d. Verf. entdeckten u. bearb. System, Sprachen rc. auf e. leicht., schnell. u. gründl. Art zu erlernen. 8. (8¾ B.) Berlin 832, Laue.

—— Lehrb. d. Span. Sprache. 1. Hft. 8. (4 B.) Berlin 834, Plahn.

Mahn, A., üb. die epische Poesie der Provenzalen besonders üb. die beiden vorzüglichsten Epen Jaufre u. Girartz de Rossilho, so wie üb. die Ausgaben u. Handschriften, worin sich dieselben befinden. 8. (24 S.) Berlin 874. Dümmler's Verl. n. — 75

— die epische Poesie der Provenzalen. 1. Bd. Einleitung Girartz de Rossilho. 1—3. Lfg. 8. (I—XXXII u. S. 1—112.) Berlin 883—86. (Dümmler's Verl.) à n. 1. 50

— über das Studium der provenzalischen Sprache u. Literatur. 8. (24 S.) Ebend. 874. n. — 75

— über das Studium der neueren Sprachen auf Hochschulen. gr. 8. (8 S.) Ebend. 880. n.n. — 50

— s. Tasso, Torq., la Gerusalemma liberata.

— Etymologische Untersuchungen über geographische Namen. 1—8. Liefg. Ebend. 856—64. 8. Jede Liefg. (16 S.) n. 5 ngr.
1. Liefg. Einleitung. Bedeutung des Flussnamens Spree.
2. Liefg. Ueber die Bedeutung des Namens der Städte Berlin u. Cöln.
3. Liefg. Ueber den Ursprung u. die Bedeutung des Namens Preussen.
4. Liefg. Havel; Elbe; Tiber; Rhein; Braunschweig, die Oker u. der Klint; der Brocken; Paris u. Lutetia Parisiorum; Weichsel; Hamburg.
5—7. Liefg. Berlin; Köln an der Spree; Spandau; der Müggelsee u. die Müggelberge: Köpenick; Stolp; Stolpe; der Schlachtensee.
8. Liefg. Ueber den Ursprung u. die Bedeutung des Namens Preussen.

— Etymologische Untersuchungen auf dem Gebiete der romanischen Sprachen. Specimen 13—20. Berlin, Dümmler's Verlag. 8. [Specimen 13—16. (32 S.) 861. n. 8 ngr, Specimen 17. u. 18. (16 S.) 863. n. 4 ngr, Specimen 19. u. 20. (16 S.) 864. n. 4 ngr.] n. 16 ngr.

—— etymologische Untersuchungen auf dem Gebiete der romanischen Sprachen. Specimen 9—12. 8. (32 S.) Berlin 858, Dümmler's Verlagsh. *
Specimen 1—8. Ebendas. 1854—56. * 16 Ngr.

Mahn, A., etymologische Untersuchungen über geographische Namen. 9. Lfg. 8. (S. 129—144.) Berlin 884, (Dümmler's Verlagsh.) *
1.—8. Lfg. Ebendas. 1849—73. *M 4.

—— über den Ursprung und die Bedeutung des Namens Preußen. 8. (16 S.) Berlin 850, (Dümmler's Verlag.) *

—— über den Ursprung und die Bedeutung des Namens Germanen. Ein Vortrag in der germanistisch-romanist. Section der in Hannover tagenden Versammlung deutscher Philologen und Schulmänner am 29. Septbr. 1864 gehalten. 8. (32 S.) Berlin 864, Dümmler's Verlag. *

—— s. Werke, die, der Troubadours in provenzalischer Sprache.

— Wesen und Geschichte des Lustspiels. Vorlesungen. Leipzig 862. Weber. 8. (VII, 144 S.) n. 20 ngr.

— über das Wesen u. den Ursprung der Sprache, sowie auch über den Ursprung des Menschengeschlechts. gr. 8. (12 S.) Berlin 881. Dümmler's Verl. — 60

– Wörterbuch zum Vicar of Wakefield by O. Goldsmith. 8. Braunschweig: Leibrock 1825.

— Wörterbuch z. Vicar of Wakefield, v. O. Goldsmith. 8. Braunschw. 825. Plüchart. 12 gr

Mahn, Louis Der Gebrauch der Kasus in Xenophons Anabasis und Hellenika. 4 (XXXVI S.). Progr. G. *Lissa* 1888 (145)

Mahn, Ludwig: Aus dem pharmakologischen Institute zu Breslau. Die Löslichkeit fester und flüssiger medikamentöser Substanzen in Lanolin. *Breslau 1897: Bresl. Gen.-Buchdr.* (22 S.) 8°
Breslau, Med. Diss. v. 17. Dez. 1897

Mahn, Ludw., die Löslichkeit fester u. flüss. medikamentöser Substanzen in Lanolin. Diss. gr. 8. (22 S.) Breslau 897. (Schletter.) n. — 80

[Ant. u. F.] **Mahn,** Paul [Dir.]: *Ansprache an Bürgermeister von Borcke bei seinem 25jährigen Amtsjubiläum.* Kempen, gedr. in P. Amulongs Buchdr., *1897;* 16—17 S. 4.
Kempen (Posen), st. PG, OP 1897 (162)

Mahn, Paul, Dir.: Sechs Ansprachen. *(Kempen 1899: P. Amulong.)* (18 S.) 4° [Kopft.] [F.] ¶ (Forts. d. P-Beil. 1898.)
Kempen i. P., st. PG, OP 1899 (165)

Mahn, Paul: Vier Ansprachen, ein Einblick in das innere Leben eines Schuljahres. *Kempen (1898): P. Amulong.* (16—28 S.) 4° [F.]
Kempen (Posen), st. PG, OP 1898 (165)

Mahn, Paul, Dir.: Die in den Jahren 1890—1902 für die schriftliche Entlassungsprüfung zur Auswahl gestellten Aufgaben im Latein, mit Abdruck guter Schülerarbeiten. *Kempen (1902): P. Amulong.* (62 S.) 8°
Kempen i. P., k. PG, OP 1902 (175)

Mahn, Paul [Rekt.]: Kurzer Bericht über die Feierlichkeit bei Einführung des neuen Rektors und Antrittsrede desselben gehalten am 7. Januar 1890 im Rathaussaale. Kempen, gedr. in P. Amulong's Buchdr. (1890); S. 8–12; 4°
Kempen, Reg.-Bez. Posen, st. PG, OP 1890

Mahn, Paul, der kranke Fritz. Novelle. (116 S.) 8. Berlin 903. F. Fontane & Co. n. 2. —; geb. n. 3. —

Mahn, Paul, Gerhart Hauptmann u. der moderne Realismus. gr. 8. (68 S.) Berlin 895. R. Neumeister. n. 1. —

Mahn, Paul, Kreuzfahrt. Glossen an den Rand e. Lebens. Aus den Aufzeichngn. e. Freundes. 8. (214 S.) Berlin 902. Grunewald, F. Fontane & Co. n. 3. —; geb. n. 4. —

Mahn, Paul, Lieben u. Leben. Interieurs. 8. (199 S.) Berlin 898. F. Fontane & Co. n. 2. —; geb. n. 3. —

Mahn, Paul, Guy de Maupassant. Sein Leben u. seine Werke. (XVI, 564 S. m. 5 Taf. u. 1 Fksm.) gr. 8. Berlin 908. E. Fleischel & Co. 8. —; geb. 10. —

Mahn, Paul [aus Malchin]: Die Mystik des Angelus Silesius Paderborn, Druck v. F. Schöningh, 1892; 62 S. 8.
Rostock, Phil. Fak., Inaug.-Diss. v. [14. Mai] 1891

— Die Orgie des Lebens u. andere Novellen. (V, 311 S.) 8. Berlin (909). F. Fontane & Co. 4. —; geb. 5. —

[F. u. Ant.] **Mahn,** Paul [Rekt.]: Schulrede zur Erinnerung an den 300jährigen Geburtstag des Joh. Amos Comenius geh. am 28. März. Kempen, gedr. in P. Amulongs Buchdr., *1892;* 1—7 S. 4.
Kempen (Posen), st. PG, OP 1892 (154)

[Ant. u. F.] **Mahn,** Paul [Dir.]: Die Sedanfeier in der Stadt Kempen 1895. Kempen, gedr. in P. Amulongs Buchdr., *1896;* 16—26 S. 4.
Kempen (Posen), st. PG, OP 1896 (159)

Mahn, Paul, Dir.: A. Die Um- und Neubauten am Anstaltsgebäude. B. Beschreibung der Turnhalle. *Kempen (1901): P. Amulong.* (S. 9—15.) 4°
Kempen i. P., k. PG, OP 1901 (170)

Mahn, Rich., der Ball. Etwas Heiteres. gr. 4. (11 Farbdr. m. eingedr. Text.) Dresden 897. C. C. Meinhold & Söhne. Kart. 1.50

Mahn, Robert [app. Zahnarzt aus Berssel]: Bau und Entwicklung der Molaren bei Mus und Arvicola. . . . (Aus: Morphol. Jahrb. XVI. H. 4. M. 1 Taf.) Leipzig, W. Engelmann, 1890; 85 S. 8⁰
Erlangen, Phil. Fak., Inaug.-Diss. v. 1890

Mahn, Rudolf, approb. Arzt aus Neubrandenburg: ⟨Aus d. physiol. Institut d. Universität Rostock.⟩ **Untersuchungen über** das physiologische Verhalten des Schleiendarms. ⟨Mit 18 Textfig.⟩ *Bonn: E. Strauss 1900.* (33 S.) 8° [Umschlagt.]
Rostock, Med. Diss. v. [10. Aug.] 1900

Mahnbrief an alle Beamten besonders an Geistliche u. Schullehrer. Auch ein Beitrag zur Lösung der sozialen Frage. Von einem Unbekannten. 8. (28 S.) Berlin 850, Brandis. 3 ngr

Mahnbrief an alle Beamten besonders an Geistliche und Schullehrer. Auch ein Beitrag zur Lösung der sozialen Frage. Von einem Unbekannten. 8. (28 S.) Berlin 851, Brandis.

— praktischer. Oder: 50 auserlesene Mahn- u. Erinnerungs-Briefe zum Gebrauch für Jedermann. 16. (47 S.) Quedlinburg 847, Ernst. 1/6 ℛ

Mahnbriefsteller, praktischer. Zum Gebrauch für Jedermann. 16. (47 S.) Leipzig 848, Köhler.

Mahnbriefsteller, praktischer. Zum Gebrauch für Jedermann. 16. (47 S.) Leipzig 848, Winter. 3 ngr

Mahnbriefsteller, praktischer. Oder: 50 auserlesene Mahn- und Erinnerungsbriefe zum Gebrauche für Jedermann. 16. (47 S.) Quedlinburg 852, Ernst'sche Buchh.

Mahncke, Georg Heinrich

Gesangbuch für Freymaurer und alle Verehrer der Religion, Tugend und Wahrheit. Eine Sammlung von 700 Maurer-Gesängen. Gesamm. und hrsg. von Georg Heinr. **Mahncke.** Hamburg: Selbstverl. [1804]. getr. Pag. 5 Kupferst. 8⁰
[Vortit.:] Maurer-Gesangbuch.
Kl. 1639. Gebete, Lieder, darunter 18 franz. Gesänge.

Mahne, Wilhelm, appr. Arzt aus Wesel: Aus d. chirurg. Klinik d. Universität Bonn. **Über Hernien unter besonderer Berücksichtigung der Radikaloperation derselben.** *Wesel (1902): C. Kühler.* (50 S.) 8°
Bonn, Med. Diss. v. [20.] Dez. 1902

Mahne, Wlh. Leon., s. **Epistolae** viri clariss. D. Ruhnkenii ad D. Wyttenbachium.

Mahne, Guil. Leon., Miscellanea Latinitatis. 8maj. Lugduni Batavorum 845, Hazenberg et Socii. 1 ℛ 8 ngr

Mahne, Guil. Leonard., miscellanea latinitatis. Pars II. gr. 8. (98 S.) Lugduni Bat. 852, Brill. n. 2/3 ℛ

– s. D. **Ruhnken**, Epistolae.

— siehe: Supplementa ad epistolas D. Ruhnkenii et D. Wyttenbachii.

Mahne, Wlh. Leonh., Vita Dan. Wittenbachii. 8maj. Leyden 823.

— dass. ed. Friedemann, s. *Vitae*.

Mahner, (Pastor), Albert von Hochfelden oder Militair und Kirche. Roman. 8. Grimma 843, Gebhardt. 1¼ ℛ

Mahner, A., Leitfaden f. den Unterricht in der Warenkunde an kaufmännischen Fortbildungsschulen. gr 8. (VIII, 139 S. m. 23 Fig.) Wien 891. A. Hölder. Kart. n n. 1. 20

Mahner, A., Leitfaden f. den Unterricht in der Warenkunde an kaufmännischen Fortbildungsschulen. 2., verb. Aufl. In neuer Rechtschreibg. (VI, 146 S. m. Abbildgn.) gr. 8. Wien 902. A. Hölder. Kart. n. 1. 30

Mahner's, Ernst, Gesundheits-Evangelium, s.: **Gleich, Lor.**

Mahner, Johann Paul

Mahner, J. P.: Comment. de M. Aurelio Antonino, constitutionis de civitate universo orbi rom. data auct.; cum praefat. J. F. Eisenharti. *Halle*, Hemmerde. 772. 4. (4 Gr.)

Mahner, Jh. Paul, († d. 9. Febr. 1805.) comment. de Marco Aurelio Antonino, constitutionis de civitate universo orbi Rom. data, auctore cum praef. J. F. Eisenharti. 8. Halle 772. Schwetschke u. S. 4 gr

— commentatio de statu hominum et de vero auctore constitution. iuris civitatis universo orbi romano datae. 8. ibid. 772.

Mahner, Jul., Handbuch für Kaufleute, vorzüglich zum Gebrauch im hiesigen Manufacturwaarenhandel. 1r Theil. 8. (Leipzig, Franz in Comm.) 817.

Mahner, Jul., Handbuch f. Kaufleute. vorzügl. zum Gebrauch im hiesigen Manufacturwaarenhandel. 1r Thl. Leipz. 817. (Taubert.) 1 ℛ 12 gr

Mahner, Paul. Vergleichende psycho-physiologische Versuche über die Unterscheidungsfähigkeit im Gebiete des inneren und äusseren Tastsinnes, des Geschmacks- und Geruchssinnes an taubstummen, blinden, normalsinnigen, schwachsinnigen und taubstumm-blinden Kindern. Diss. Phil. Bern. [Mit Figuren.] 60 S. 8. Leipzig, Otto Wigand, 1909.

Mahnert, vier Jahre evangelischer Arbeit in Steiermark. Ansprache, geh. bei der XVI. Generalversammlg. des evangel. Bundes zu Ulm a. D. am 28. IX. 1903. (22 S.) gr. 8. Leipzig 903. C. Braun. n.n. — 10

Mahnert, Frz., klin. Studien üb. d. Quecksilberbehandlg. d. Hydropsien verschiedenen Ursprungs, s.a. **Klinik**, Wiener, 24. Jahrg.

Klinische Studien über die Quecksilberbehandlung der Hydropsien verschiedenen Ursprungs. Von Dr. Franz **Mahnert** in Graz. M. 23 Holzschn. *Wien: Urban & Schwarzenberg 1898.* (43—84 S.) 8.
= Klinik, Wiener. 1898. H. 2. {98. 2155

Mahnert, Ludw., „Ich muß das Evangelium predigen". Ordinations- u. Einführungspredigt über 1. Kor. 9, 16—19, geh. am ersten Adventssonntage (1. XII.) 1901 in Mahrenberg in Steiermark. gr. 8. (14 S.) Hamm 902. (E. Griebsch.) n. — 25

MAHNIČ, Antonius: De inferno. — (1881) 187 S. 8° (Handschr.) Diss. 438
Diss. Wien, Univ.

Mahnke, C., Einfluß der Körpergröße u. Schwere auf den Nahrungsbedarf u. der der Körperformen auf die Ernährungsfähigkeit landwirthschaftlicher Hausthiere. Stettin 868. Dannenberg & Dühr. 8. (IV, 90 S.) 15 ngr.

Mahnke, C., das Gesetzliche in dem Auftreten der Drehkrankheit der Schafe u. die Mittel zu ihrer Beseitigung. Stettin 864. (v. der Nahmer.) gr. 8. (88 S.) n. 15 ngr.

Mahnke, C., die Seeschifffahrt Preußens, eine systematisch geordnete Sammlung aller auf dieselbe Bezug habenden gesetzlichen Bestimmungen u. Erlasse. 854. — 2. Aufl. Stettin 855. Graßmann in Comm. gr. 8. (X, 416 S.) n. 1 ₰. 10 ngr.

Mahnke, C., erster Versuch einer naturwissenschaftlichen Begründung der Lehre von der landwirthschaftlichen Thierzucht. gr. 8. (50 S.) Stettin 860, (Waldow.) *

Mahnke, G. H., Gesangbuch f. Freimaurer u. alle Verehrer der Religion, Wahrheit u. Tugend. Eine Sammlung v. 700 Gesängen. 8. Hamb. 805. Kratzsch. 3 ₰

— Johannes v. Guttenberg, Erfinder der Buchdruckerkunst, u. Joh. D. Faust, od. das Zeichen d. Zeit. Dramatisch erzählt. 8. Leipz., Centr.-Compt. 1 ₰

Mahnke, G. L., epierisis censurarum bibliothecae criticae. Vol. I—III. P. III. 8maj. Utrecht 808. (Weidmann in Leipz.) 10 ₰

Mahnke, Hans, Referendar in Dramburg: Die völkerrechtliche Rechtshilfe durch Zusendung von Beweismitteln in den Auslieferungsverträgen des Deutschen Reiches. *Greifswald 1902: J. Abel.* (51 S.) 8° [F.]
Greifswald, Jur. Diss. v. [17. Jan.] 1902

Mahnke, Viktor, Referendar: Der Schatzerwerb nach dem Bürgerlichen Gesetzbuche im Vergleiche mit dem römischen Rechte und Preussischen Landrechte. *Greifswald 1900: J. Abel.* (64 S.) 8°
Greifswald, Jur. Diss. v. [5. Dez.] 1900

Mahnkopf, Arthur, aus Berlin: Die Rechtsverhältnisse zwischen der offenen Handelsgesellschaft und dem einzelnen Gesellschafter nach dem geltenden und dem neuen Handelsgesetzbuch. *Berlin 1898: Feldmann.* (81 S.) 8°
Erlangen, Jur. Diss. v. 18. März 1898

Mahnkopf, Ernst, aus der Praxis der Binnensee- u. Flußfischerei, s.: Struck, Herm.

Mahnruf! An alle Arbeiter der Vereinigten Staaten Nord-Amerikas. Flugblatt der sozialrevolutionären Clubs. 8°. New York s. a.

Mahnruf, ein, an den preußischen Adel von einem Standesgenossen. Nebst einem Anhang: Der Sport. 8. (29 S.) Leipzig 878. A. Krüger. n. — 50

Mahnruf an die dten Adoptiv-Bürger d VS. Cincinnati, 1884.

Mahnruf an die noch Blinden und Tauben: „Helft, ehe es zu spät wird, mit zur Rettung des ganzen theuren Vaterlandes!" Von einem Schleswiger. o. O. u. J. 8°

Mahnruf an Christen u. Juden, von einem christlichen Philanthropen. gr. 8. (23 S.) Wien 890. (Lippe.) n. — 40

Mahnruf an die Franzosen. Dresden [1907]. V: *Aichholz, Carl.* (Verlzu 1916, I, 493)

Mahnruf an die Franzosen. (70 S.) 8. Dresden (907). E. Pierson. — 50

Mahnruf, ein, aus Jungdeutschland an Jungdeutschland. Von G. B . . . stud. med. gr. 8. (14 S.) Leipzig 881, Stauffer.

Mahnruf an alle Katholiken z. fleißigen Besuche d. sonn- u. festtägl. Gottesdienstes, s.: Schutzengelbrief.

Mahnruf an die Landwirthe in den westlichen Gouvernements von Russland von einem deutschen Landmanne. Wilna 868. (M. Orgelbrand.) 8. (VI, 38 S.) 10 ngr.

Lassalle's Mahnruf oder: Ein Sonnenstrahl der Freiheit (Festgedicht) von H. W. 8°. Hamburg, s. a.

Mahnruf des Märzvereins in München an den deutschen Volksstamm der Bayern. Mit einem Anhange: Die Grundrechte des deutschen Volkes, nebst dem dazu gehörigen Einführungs-Gesetze. München 1849. 36 S. 8°.

— an d. Mütter v. e. Mutter, nebst Briefen an e. Sohn. Beitrag z. Bunde d. Weißen Kreuzes. Aus d. Engl. übertr. gr. 8. (27 S.) Berlin 896. (G. Nauck.) n. — 20

Mahnruf an die Mütter v. e. Mutter, nebst Briefen a. e. Sohn, aus dem Engl. übertr. (16 S.) gr. 8. Berlin (C. 2, Kaiser Wilhelmstr. 39, II) 896. Verein „Jugendschutz". n.n. — 20

— an die deutschen Offiziere. Brief e. deutschen Edelmannes an seinen Sohn. 8. (31 S.) Freiburg i/Br. 890. Fehsenfeld, Verl. cart. n. 1. —

Mahnruf an die deutschen Offiziere. Brief e. deutschen Edelmanns an seinen Sohn. 8. (31 S.) Freiburg i/B. 891. Fehsenfeld. Kart. n. 1. —

Mahnruf, e., zur Reform d. Actienrechts. Von e. prakt. Juristen. gr. 8. (II, 52 S.) Berlin 876. Kortkampf n. 1. —

Mahnruf. Ein M' an das Schweizervolk. Hrg. von Freunden des Lebensmittelgesetzes. Zur Volksabstimmung vom 10. Juni 1906. 32 S. 8. (Bern, Haller, 1906.)
Ausg. A: Beilage zu Nr. 41 [des Jahrg. 60, 1906] des «Schweizer Bauer».
Ausg. B, sep.

Mahnruf. Ein M' an das Schweizervolk. Hrg. von Freunden des neuen Wehrgesetzes. Zur Volksabstimmung vom 3. November 1907. 47 S. 8. (Bern, Haller, [1907].)

Mahnruf zum Turnen aus dem Plauenschen Grunde, T. V. im Plauenschen Grunde, 24 S., M.-8°.

Mahnruf an der Wende des Jahrhunderts von Alfr. Germanus. 1.—4. Tausend 8. (à III, 61 S.) Gotha 900. F. A. Perthes. — 60

Mahnruf (Ein) in ernster Zeit an die Metallarbeiter Oesterreichs. 8°. Wien, Verl. des Metallarbeiterverb., 1901.

Mahn- u. Weckrufe, aerztliche, an das kranke Volk. Berlin 868. (Grieben.) hoch 4. (4 S.) 1 ngr.

Mahnrufe eines Deutschkonservativen zur Bildung einer selbständigen Konservativen Partei. Wien 1887. V: *Lienbacher, Gg.* (charmweg 110)

Mahnrufe e. Deutsch-Conservativen zur Bildung e. selbstständigen conservativen Partei. 8. (IV, 91 S.) Wien 887. Manz. n. 1. 20

— von Oben. 8. (78 S.) Bietigheim 887. Neu-theosoph. Verlag (C. F. Landbeck & G.) cart. — 50

—— an die deutschen Offiziere. Brief e. deutschen Edelmanns an seinen Sohn. 8. (31 S.) Freib. i. Br. 891, Fehsenfeld. cart. * 1 —

Mahnrufe eines christlichen Streiters. Erlangen 1845. V (Vorrede): *Ulmer, Karl.* (Bll. f. liter. Unterh. 1845, 1197 f.) (Zeitschr. f. Büch. N. F. 15, 1923, S. 115)

Mahnrufe eines christl. Streiters. (Gedichte.) 8. Erlangen 845, Heyder. 1/3 ℛ

Mahnschreiben, offenes, an Heinr. v. Hammer in Sachen seiner beiden Sendschr. an Ed. Hülsmann zu Dahl. 2. Aufl. gr. 8. (2 B.) Elberfeld 836, Hassel.

Mahnsfeld [Schlagwort]

Mahnsfeld, s.: Preussen. Messtischblätter.

Mahnstimmen eines Jugendfreundes. 2 Bde. gr. 16. (à 192 S. mit eingedr. Holzschn.) Cincinnati 860. (Bremen, Verlag des Tractathauses.) geb. *

Mahnung, e. ernste, an Eltern u. Schüler. Von e. Gymnasiallehrer. Hrsg. vom deutschen Verein gegen den Mißbrauch geist. Getränke. (E. V.) (7 S.) gr. 8. Berlin (904). Mäßigkeits-Verlag. 100 Stück nn 1. 50
Sonderabdruck aus: „Mäßigkeits-Blätter".

— ernste, zu politischer Umkehr. Ein Wegweiser zur endgilt. Behebg. der ewigen Parlaments- u. Staatskrisen in Oesterreich. Von Austriacus. gr. 8. (32 S.) Wien 902. Huber & Lahme. n. — 80

Arkolay's, (W. Streubel), Über, falsche „Mahnung" an alle falschen „Patrioten". Eine gründliche Widerlegung dieser vaterlandsverrätherischen Schrift von einem Süddeutschen. kl. 8. München 1869.

Mahnung, eine freundliche, zur Vermehrung der Bienenzucht in den meisten Gegenden Deutschlands überhaupt u. Preußens ins Besondere. Aus der „Deutschen Reform" abgedr. u. mit vielen Zusätzen vermehrt. gr. 8. (32 S.) Berlin 850, Decker. 1/12 ℛ

Mahnung eines Katholiken an seine christl. Mitbrüder. 8. Minden u. Münster 845, Wundermann. n. 4 ngl

Mahnung an die Mörder Michelsen's. (Gedicht.) gr. 8. (4 S.) Rendsburg 848, Oberreich's Witwe.

Mahnung, prophetische, an die Gegenwart. 1. u. 2. Aufl. München 859. Franz. 8. (16 S.) 1 ngr.

Mahnung, prophetische, an die Gegenwart für jene Seelen, welche nach Wahrheit suchend sie finden werden in dieser mystischen Perlenmuschel, schwimmend im Ozean des göttl. Herzens. 3., verm. Aufl. München 866. Franz'sche Buchh. gr. 8. (24 S.) 2½ ngr.

Mahnung, e., an Deutschlands Söhne, von L. v. B. gr. 8. (16 S.) Mexiko 901. (Ruhland & Ahlschier.) n. — 50

Mahnung an die sogenannten Volksvertreter aus dem Friedrichshaine. O. O. u. D. Flugblatt. Berlin, 1848/49.

Mahnung der Zeit an die protestantische Kirche bei der Wiederkehr ihres Jubelfestes. Germanien [Leipzig] 1817. V: *Krug, Wilh. Traugott.* (NN) (Ky) (Brvv) (Wr)

Mahnung der Zeit an die protestantische Kirche bei der Wiederkehr ihres Jubelfestes, (v. Prof. Krug). gr. 8. Leipz. 817. Brockhaus. 8 gl

Mahnungen zur würdigen Feier der Sonn- und Festtage sowie zur Gründung gemeinnütziger Bürgerbündnisse. Nothwendigste u. heilsamste Missionsfrucht. Würzburg 855. Kellner. gr. 8. (46 S. u. 2 Bl. in Fol.) n. 6 ngr.

Mahnungen, sociale. Hrsg. v. F. Ronnemann. [Titel-Ausg. v. „Was ihr wollt".] gr. 8. (IV, 180 S.) Leipzig 890. Werther. n. 1. 35

Mahnverfahren, das. Erläuterung der einschlag. gesetzl. Bestimmgn., nebst einigen Entwürfen zu Formularen. Bearb. v. E. G. gr. 8. (16 S.) Neugersdorf 892. Teller & Roßberg. — 30

Mahnverfahren, das, vor den deutschen Amtsgerichten oder: Anleitung für Jedermann zur Einziehung von Forderungen im Zwangswege ohne vorhergehende Klage, nach den Vorschriften der neuen „Deutschen Civilprozeß-Ordnung". Mit Beispielen, dem Wortlaut der einschlägigen Gesetzesstellen u. Tarif der Gerichtskosten. Als Anhang: Die neue „Deutsche Wechselstempel-Tabelle". 3., unveränd. Aufl. 8. (50 S.) Elberfeld 879. Born. — 50

Mahnverfahren, das, für geringe Schuldsachen [Gesetz vom 27. Juli 1852] mit den Abänderungen durch die Gesetze vom 31. März 1859 u. 1. Mai 1860, nebst Verjährung persönlicher Klagen u. die Einführung kurzer Verjährungsfristen für dieselben. Gesetz vom 22. Septbr. 1852. Zum Gebrauch für Handel- u. Gewerbtreibende. Hannover 860. Meyer. gr. 8. (16 S.) 3 ngr.

Mahnwort (Ein). Flugblatt mit den Eingangsworten: „Wenn Unverstand im Schoosse der Gesellschaft herrscht" und der Unterschrift: „Hoch die Sozialdemokratie!" 8°

Mahnwort, ein, an die Deutsch-Oesterreicher! Von einem Deutsch-Oesterreicher. Prag 866. Steinhauser's Buchh. 8. (24 S.) 4 ngr.

Mahnwort. – Mahnwort an christliche Eheleute. (Text). (= Schutzengelbrief, 116).
Kol.: Druck und Verlag der Buchhandlung L. Auer in Donauwörth. Agentur in New York bei Joseph Schaefer, 60 Barclay Street 60. o. J. (um 1890), 8 S., 120x80. Diöz.-B. Rottenburg.

Mahnwort, e., an Deutschlands Katholiken. Von e. kathol. Reichstags-Abgeordneten. gr. 8. (23 S.) Berlin 872. Stilke. n. — 50

Mahnwort. – Ein Mahnwort an die arbeitenden Klassen, s. Bebel, August

Mahnwort an die mecklenburgische Landeskirche. Von einem Laien. 8. (III, 64 S.) Bonn 888, Schergens. *

Mahnwort, e., zur eifrigen Pflege des kirchlichen Volksgesanges. Von e. Priester der Diözese Regensburg. (8 S.) kl. 8. Regensburg 910. F. Pustet. p nn — 05

Mahnwort. – Ein Mahnwort an den intelligenten Theil der landsturmpflichtigen Bevölkerung. 8°. (18 S.) Prag: Neugebauer 1886.

Mahnwort, Ein, an alle Vaterlandsfreunde . . . Wien 1905. V: *Kuk, Wladimir.* (EB)

Mahnwort, e. väterliches, an Eltern. Hütet die Unschuld eurer Kinder. 24. (12 S.) Augsburg 890. Literar. Institut von Dr. M. Huttler. Für 100 Explre. n. 1.60

Maehnz, Eduard

— u. R. Maehnz, d. Apfel- u. Birnbäumchen im Topfe, in Busch- u. Spindelform. Für Garten- u. Nichtgartenbesitzer bearb. 8. (32 S. m. 5 Abb.) Schönebeck 896. (Halle, J. Krause.) n. — 50

Das Apfel- und Birnbäumchen im Topfe in Busch- und Spindelform. F. Garten- und Nichtgartenbesitzer bearb. . . . v. E. & R. Maehnz. Mit 5 Abb. *Schönebeck a/E.: Maehnz [1897].* (II, 30 S.) 1 Bd 8. [97. 6153 H2

Maehnz, E., Schnitt der Obstbäume auf Form u. Frucht. Praktische, nach Monaten abgefasste Anleitung zur freude- u. nutzbring. Kultur der Obstbäume. Nach den neuesten Erfahrgn. u. unter Mitwirkg. mehrerer Fachmänner bearb. u. m. Abbildgn. versehen. 2. verb. Aufl. der Zwergbaumzucht, erweitert um Erziehung, Schnitt u. Pflege der Nieder-, Halb- u. Hochstämme. 8. (VII, 103 S. m. Abb.) Erfurt (901). Leipzig, Amthor. Kart. n. 2. —

Maehnz, E., reiche Weinernten. Kleines Taschenbuch f. alle, die d. Schnitt u. d. Behandlung d. Weinstockes richtig, schnell u. sicher erlernen wollen. 2., erweit. Aufl. 12. (VI, 56 S. m. Abb.) Aschersleben (894). (K. Kinzenbach.) Kart. n.n. — 90

Maehnz, E., reiche Weinernten. Kleines Taschenbuch f. alle, die den Schnitt u. die Behandlg. des Weinstockes richtig, schnell u. sicher erlernen wollen, bearb. u. m. Abbildgn. versehen. 4. Aufl. (66 S.) kl. 8. Berlin-Karlshorst (906). H. Friedrich. n. — 80

Maehnz, E., wie erzielt man reiche Weinernten? Kleines Taschenbuch f. alle, die den Schnitt u. die Behandlg. d. Weinstockes richtig, schnell u. sicher erlernen wollen. 12. (V, 24 S. m. Abbildgn.) Aschersleben 894. (K. Kinzenbach.) n. — 50

Mähnz, G., Gesang- u. Erbauungsbuch f. Gefängniß- u. Zucht-Anstalten. 8. Magdeb. 827. (Heinrichshofen). 10 gr

Mähnz, G. Gesang- und Erbauungsbuch für Gefängniß- und Zucht-Anstalten. 8. *Magdeburg, Pansasche Buchdruckerey.* 1 8 2 7.

Mähnz, Robert: Aus der Univ.-Frauenklin. zu Breslau. Beitrag zur Kasuistik der typischen Bauchdeckendesmoide. München 1910: Wolf. 55 S. 8°
Breslau, Med. Diss. v. 15. März 1910, Ref. Küstner
[Geb. 11. April 83 Hiogo-Kobe, Japan; Wohnort: München; Staatsangeh.: Preußen; Vorbildung: Gymn. Görlitz Reife O. 03; Studium: Würzburg 2, Innsbruck 1, München 7, Breslau 2 S.; Coll. 22. Dez. 09; Approb. 23. Sept. 09.]
[U 10. 580

Mahokian, Petrus A. [aus Trapezunt '(Türkei)']: Neuritis optica bei Myelitis acuta . . . Berlin, Buchdr. v. G. Schade, *1893;* 30 S., 1 Bl. 8.
Berlin, Med. Fak., Inaug.-Diss. v. 10. Febr. 1893

Mahomed, s.a. Koran. – Mahomet. – Mochammed. – Mohamed. –

Mahomed. Tragédie par Voltaire. 8. Amsterd. et Basle, Flick. 747.

— Trauersp. nach Voltaire, v. J. W. v. Göthe. 8. Tübing. Cotta. 802.

— der Andere. Trauersp. in Versen. 8. Gotha. (Dieterich.) 751.

— der Prophet u. die Scythen. Trauersp. v. Voltaire. 8. Copenhagen, Faber. 768.

Mahomed d. größte Seelenverführer. 8. Erfurt. 750.

Mahomed IV. Trauerspiel. Wien 1751. V: *Krüger, Ephraim Benjamin.* (Bresl 31, S. 168)

Mahomed u. sein Werk, siehe: Daumer, G. Fr.

Mahomed, Reis-Effendi, s.a. Darstellung der Verordnn. im türk. Reiche.

Mahomed, R. E., Darstell. der neuest. Verordn. im türk. Reiche, a. d. Franz. v. J. H. v. Menü. 8. Berl. Himburg. 802.

Mahomed, Reis-Effendi, Tableau du nouveau Réglement de l'empire Ottoman, av. 3 planch. 8. ibid. (Hinrichs, Lips. 802.

Mahomet oder die Belagerung von Mecca. Ein historisches Schauspiel. Berlin 1823. V: *Hammer-Purgstall, Joseph Freih. von.* (Ky)

Mahomet, oder d. Belagerung von Mecca. Ein histor. Schspl. (von Jos. v. Hammer). 8. Berl. 823. Schlesinger. 20 gr

Mahomet der Andere; ein Trauerspiel in Versen. Gotha 1751. V: *Lenz, Ludwig Friedrich.* (ML) (Ky)

— der Andere. Trspl. in Versen (v. Ldw. Fr. Lenz). 8. Gotha 751. (Götting., Dieterich). 3 gr

Mahomet II. Tragédie en 5 Actes et en Vers, par M. Baour de Lormain. gr. 8. Rudolstadt, Hofbuchhandl. 812.

Mahomet's Tod, ein Trauerspiel in 5 Aufz. v. G. E. Braun. 8. Wiesbaden. Schellenberg. 815.

Mahon [Schlagwort]

Mahon — Plan de la Ville et du Port — et du Fort St. Philippe. Tel qu'il etoit fortifié en 1706 par les Espagnols. Communiquée du Public par les Heritiers du Homann. 1756. y joint Profil du Fort St. Philippe. Plan du Fort St. Philippe. 1: 6000 circa. 2 Bl.

Mahon [Verfasser]

Mahon, Lord, s.a. Stanhope, Earl.

Mahon's Geschichte von England. Vom Frieden von Utrecht bis zum Frieden von Versailles 1713—1783. Deutsch von Fr. Steger. 8 Bde. Braunschweig 855, 56. Westermann. gr. 16. (1. Bd.: VIII, 420 S.; 2. Bd.: XII. 339 S.; 3. Bd.: XIII, 433 S.; 4. Bd.: X, 412 S.; 5. Bd.: IX, 393 S.; 6. Bd.: IX, 386 S.; 7. Bd.: X, 410 S.; 8. Bd.: X, 427 S.) n. 6 ₰. 20 ngr.
Gleichzeitig auch in einer Ausgabe auf größerem Papier (gr. 8.) zu gleichem Preise und in gleichem Umfange erschienen.

Mahon, Lord, (Stanhope,) Grundsätze der Elektricität; aus d. Engl. übers., mit Anmerkk. v. J. F. Seeger. Mit 6 Kpf. 8. Leipz. 789. (W. Vogel). 20 gl

Mahon, Grundf. der Elektricität, a. d. Engl. übers. mit Anmerk. von Seeger, m. K. gr. 8. Leipz. Crusius. (F. C. W. Vogel.) 789.

—— History of England, s.a. Collection of british authors.

— — History of England from the peace of Utrecht to the peace of Versailles. 1713—1783. Copyright edition. In seven volumes. (7 Bde.) 8. Leipzig 1853—1854.

Mahon, Paul Augustin Olivier. Ueber die syphilitische Krankheiten der Schwangern . . . A. d. Franz. . . . Hildesh. 1807. H: *Henke, Hnr. Ludw.* (MGT)

Mahon, P. A. O., üb. die syphilitisch. Krankheiten d. Schwangern rc.; aus d. Französ., mit Anmerkk. 8. Hildesh. 807. Gerstenberg. 18 gl

Mahon, P. A. O., Medicina legale e Polizia medica tradotto dal francese da Gius. Chiappari. 3a Ediz. 4 Vol. in 12. Milano. 820. (Vienna, Volke.)

Mahon, Silvester (Ed.):

s.a.: Arzt für das schöne Geschlecht. (Every Lady her own physician, or the closet companion..., corrected and revised by S.Mahon. Dt.) Übers.und mit praktischen Anmerkungen...begleitet von Christian Friedrich Michaelis. Leipzig: 1790

JB 3.918

Mahon, Silv., Arzt f. d. schöne Geschlecht; aus d. Engl., mit e. Register v. Chr. Fr. Michaelis II. gr. 8. Leipz. 790. (Brockhaus). 14 gl

Mahon de Monaghan, Eug., l'Église, la réforme, la philosophie et le socialisme, au point de vue de la civilisation moderne. 12. (433 S.) Luxemburg 864, Brück.

— — 2. édit. Ebend. 864. 12. (433 S.) Schreibp. 1 ₰ 18 ngr.

O'Mahony. Trauerrede auf Claudius Bertrand du Coin, Hauptmann der Königl. Französ. Garde. 8. (2 B.) Augsburg 1829. 0,25.

Mahorcig, J., Der Hausbesitzer. Praktisches, unentbehrliches Hand- und Nachschlagebuch für Hausbesitzer etc. Gr.-8°. (VIII, 185 S.) Graz: Styria 1905. K 3.—

Mahr, (Hofinstrumentenmacher), über die gewerblichen Verhältnisse unserer Zeit, den beklagenswerthen Zustand der besitzlosen Volksklassen u. die Mittel zur Abhülfe des Uebels. Vortrag, gehalten in der Darmstädter Localsection des Großherz. Hess. Gewerbe-Vereins. gr. 8. Darmst. 845, Pabst. 1/8 ₰

Mahr A, Erhebung über die Wirkung des Handwerkergesetzes. Zusammenstellung der Erhebungen bei den Innungen usw. (14 S 7 Tab.) 4° Darmstadt 1906

Mahr A, Untersuchung über die Durchführung des Handwerkergesetzes. Herausgegeben vom Verband deutscher Gewerbevereine. (33 S 19 T) fol Darmstadt 1906

Mahr, C. C., Denkschrift zur Jubelfeier des 50jähr. Doctorats des Königl. Dän. Staatsraths rc. Franz Hermann Hegewisch. Begleitet von einigen Erinnerungsworten an den schwarzen Tod in den Herzogth. Schleswig u. Holstein vor nunmehr 500 Jahren. Hamburg 855. Hoffmann u. Campe. gr. 8. (61 S. u. 1 Lithogr.) 12 ngr.

— Paragramme und Beiträge zur theoretischen und practischen Medicin. Ausstellungen und Verhandlungen nach einer 25jährigen Praxis entworfen. 1. Abth. Zur allgemeinen Pathologie und Therapie. Braunschweig 854. Schwetschke. gr. 8. (X, 272 S.) 1 ₰. 15 ngr.

Mahr, C. C., der Seeschrecken auf den Auswandererschiffen. Unter Beistand eines obergerichtl. Erkenntnisses besprochen. Oldenburg i. H. 869. Fränckel. gr. 8. (24 S.) n. 4½ ngr.

Mahr, Carl Heinrich Christian, s. Mahr, Karl Heinrich Christian

Mahr, Christian

Mahr, C., die Pest in Glückstadt im Jahre 1712. Ein Bau- u. Bruchstück zur Geschichte der Medizin. gr. 8. (VI, 50 S.) Kiel 879. Lipsius & Tischer. n. 1. —

Mahr, Christian Heinrich Karl

Denkschrift zur Feier des funfzigjährigen Doctorats des Staatsraths Franz Hermann Hegewisch. Begleitet von einigen Erinnerungsworten an den schwarzen Tod in den Herzogthümern Schleswig und Holstein vor nunmehr fünfhundert Jahren v. Christian Heinrich Carl Mahr. Hamburg. 1855. 8°.

Mahr, Christian Heinrich Karl: Historischer Ueberblick über die Pest in Schleswig-Holstein im Jahre 1711 v. –. Separatabdruck aus dem Deutschen Archiv für Geschichte der Medicin etc., red. v. H. und G. Rohlfs. Bd. 2, Heft 3. Leipzig. [1879.] 8°

Mahr, Em., Vorschule der Mathematik für Jedermann. Eisenach 853. Baerecke. Lex.-8. (VI, 280 S.) 20 ngr.

Mahr, F. J., in der Frohnveste (sic). München 1874. 8°. 45 S. Beibd.

Mahr, Frz. Jos., offener Brief an den Herrn Erzbischof v. München-Freising. 2. Aufl. gr. 8. (16 S.) München 872. Stahl. n. — 20

Mahr, Frz. Jos., Hirt u. Heerde. Predigt, gehalt. am 2. Sonnt. nach Ostern. 2. Aufl. gr. 8. (IV u. 15 S.) Bamberg 851, Züberlein. n. n. 3 ngr.

Mahr, Heinrich (geb. am 19 Juni 1845 in Diez Rgbz. Wiesbaden): Fracturen in der Diaphyse des Oberschenkelknochens ... Bonn, gedr. bei J. F. Carthaus (1870). 27 S., 1 Bl. 8.
Bonn, Med. Fak., Diss. v. 27 Jan. 1870

Mahr, Heinr., gegen Gicht u. harnsaure Diathese. Bad Assmannshausen. IV. Saison-Bericht. 8. (24 S.) Wiesbaden 881. (Limbarth.) n. — 50

Mahr, H., die Lithionquelle zu Bad Assmannshausen am Rhein m. besond. Berücksicht. der daselbst zur Behandlung kommenden Krankheiten. gr. 8. (46 S.) Wiesbaden 883. (Jurany & Henzel.). n.n. — 75

Mahr, Heinrich. Plan der k. k. Provinzial-Hauptstadt Graz mit allen bis jetzt neu bewirkten oder noch in Kürze zur Ausführung kommenden Bauten, dann mit Bezeichnung der neuen Hausnummern. Von ... Druck und Verlag von J. F. Kaiser. gr. 4. 4 Blätter.

MAHR, Heinrich (Gunzendorf): Ueber die einfache und complicirte Ruhrkrankheit.- München: Deschler 1841. 23 S.
14.8.1840 - Urk (Titel: De dysenteria.); F 65
Diss.Ingolst.-Landsh.-Mchn.

Mahr jun., Heinr., diätetischer Wegweiser beim Gebrauche der Wiesbadener Quellen. gr. 8. (43 S.) Wiesbaden 876, Rodrian. *

— diätetischer Wegweiser beim Gebrauche der Wiesbadener Thermal-Quellen u. Anleitung zu Milch-, Molken-, Kumys- u. Trauben-Curen. 2., verm. u. vorb. Aufl. 8. (75S.) Wiesbaden 877. Rodrian. n. 1. 25

Mahr, Josef, approb. Arzt aus Bamberg: Aus d. kgl. chirurg. Klinik zu Kiel. Über Verkrümmung des Beines nach Resektion des Kniegelenkes im Kindesalter. ⟨Mit 2 Abb.⟩ *Kiel 1903; H. Fiencke.* (18 S.) 8°
Kiel, Med. Diss. v. [14. Apr.] 1903

Mahr, Karl, bacc. iur.: Die Haftung der Forderung gegen den Gebäudeversicherer für die Hypothek gemäß §§ 1127 und 1128 BGB. Borna-Leipzig 1910: Noske. IX, 57 S. 8°
Leipzig, Jur. Diss. v. 15. Febr. 1910
[Geb. 15. Juni 83 Weimar; Wohnort: Stuttgart; Staatsangeh.: Sachsen-Weimar; Vorbildung: König-Albert-Gymn. Leipzig Reife O. 02; Studium: Leipzig 8 S.; Rig. 21. Juni 06.] [U 10. 2791

Mahr, Karl Heinrich Christian

Mahr, Carol. Henr. Christ., Diss. inaug. sistens morbi, qui in prædiis ill. comitis de Hardenberg autumno anni 1827 grassatus est, historiam. Kiliæ Hols. 1828.

Mahr, Ludwig [pr. Arzt]: Ein Beitrag zur Behandlung der Patellafractur mittelst blutiger Knochennaht ... München, Druck v. Seitz & Schauer, 1894; 21 S., 1 Bl. 8.
München, Med. Fak., Inaug.-Diss. v. 1894

MAHR, Max (Würzburg): Zur Interpositio uteri vesico-vaginalis bei Scheidenvorfall.- Burg b.M.: Hopfer 1910. 28 S.
18.9.1911 - Chr 1911/12,25; U 12.3734
Diss. Ingolst.-Landsh.-Mchn.

Mähr, die, von den drei Inseln. Ein Gedicht v. † Ludwig v. Erfurt. 2. Aufl. 16. (2 B.) Erfurt 840. [Leipzig, Hartung.] *

Mähr. – Die Mähr von den drei Inseln. Ein Gedicht von Ldw. v. Erfurt. 2e Aufl. 16. Erfurt: Hilsenberg 1840.

Mähr, schöne, neue, v. einer Kirch- u. Wärmpfanne. 8. Hamburg 794. Bachmann. 4 gr.

Mähr und Sage, Thüringer. Den lieben Badegästen auf dem Walde dargereicht von Silvanus. 2. Aufl. 16. (75 S.) Bleicherode 877, [Busch.] Niehoff. *

Mähr, Fidel Können die klassischen Sprachen vor den neueren als Mittel des Jugendunterrichtes bestehen? 43 S. 8. Staatsg. *Triest* 1877. **Progr.**

Mähr, Fidel, Lehrerfehler — Schülerfehler. gr. 8. (IV, 34 S.) Wien 885. Pichler's Wwe. & Sohn. n. — 60

Mähr, F., meine Schule d. Lebens. gr. 8. (112 S.) Wien 888. Pichler's Wwe. & Sohn. n. 1. 30

Mähr, Fidel, Schülerfehler — Lebensfehler u. ihre Heilung. gr. 8. (48 S.) Wien 875. Pichler's Wwe. & Sohn. — 60

Mähr, Fidel, Schülerfehler — Lebensfehler u. ihre Heilung. 2. Aufl. gr. 8. (47 S.) Wien 881. Pichler's Wwe. & Sohn. — 60

— Schülerfehler — Lebensfehler u. ihre Heilung. 3. Aufl. gr. 8. (45 S.) Ebend. 885. n — 60

Mähr, Fidel, Schülerfehler — Lebensfehler u. ihre Heilg. 4. Aufl. gr. 8. (46 S.) Wien 897. A. Pichler's Wwe. & Sohn. n. — 60

Mähr, Fidel Welche Eigenschaften verhelfen dem Lehrer am ehesten zu Erfolgen? 24 S. 8. **Progr.** Staatsg. *Triest* 1883.

Mähr, F.: Typische Zeichnungen in Platons Dialog Gorgias. 72 S. 8°. – Triest d. OG., Progr. 1872.

Mähr jr., H., diätetischer Wegweiser beim Gebrauche der Wiesbadener Quellen. gr. 8. (43 S.) Wiesbaden 876. Rodrian. n. 1. 25

Mahraun, Hans

Mahraun, H., die Gemeinheitstheilungsordnung f. den Reg.-Bez. Cassel. Verordng., betr. die Ablösg. der Servituten, die Theilg. der Gemeinschaften u. die Zusammenlegg. der Grundstücke f. das vormal. Kurfürstenth. Hessen. Vom 13. V. 1867. Erläutert v. M. gr. 8. (VIII, 122 S.) Marburg 899. N. G. Elwert's Verl. n. 3. —; geb. n. 3. 60

Mahraun, Hans, Gesetz betr. die Befugnisse der Strombau-Verwaltung gegenüber den Uferbesitzern an öffentlichen Flüssen vom 20. Aug. 1883. Mit Anmerkgn. versehen. 8. (88 S.) Berlin 886. C. Heymann's Verl. n. 1. —

Mahraun, H., volkswirthschaftliches Lesebuch zum Unterrichtsgebrauch. gr. 8. (VII, 96 S.) Berlin 893. C. Heymanns Verl. Kart. n. 1 —

— volkswirtschaftliches Lesebuch zum Unterrichtsgebrauch. 2. Aufl. gr. 8. (XI, 102 S.) Berlin 902. C. Heymann. Geb. in Leinw. n. 1. 25

Mahraun, Luther als Pädagoge. Vortrag, auf Veranlassung des Comités für die Hamburger Volks-Lutherfeier gehalten am 15. Septbr. 1883. gr. 8. (9 S.) Hamburg 883, Seelig und Ohmann.

—— der landwirthschaftliche Nothstand, seine Gründe und seine Heilung. gr. 8. (VII, 134 S.) Ebendas. 888. *

Mahraun, H., der landwirthschaftliche Nothstand, seine Gründe u. seine Heilung. gr. 8. (VII, 134 S.) Berlin 889. C. Heymann's Verl. n. 2. 50

—— die Ordnung der Arbeiterwohnungsfrage. gr. 8. (18 S.) Ebendas. 888. *

Mahraun, H., die Rechtskunde in den Prüfungen des preussischen Landmessers. (59 S.) 8. Berlin 907. P. Parey. Kart. 1. 50

Mahraun, H., die preußischen Rentengutsgesetze. gr. 8. (III, 120 S.) Berlin 892. C. Heymanns Verl. n. 2. 40

— das Strombauverwaltungsgesetz. Gesetz, betr. die Befugnisse der Strombauverwaltg. gegenüber den Uferbesitzern an öffentl. Flüssen. Vom 20. Aug. 1883. Erläutert. Mit 1 Karte. gr. 8. (III, 80 S.) Berlin, Heymann's Verl. n. 2. —

Mahraun, H., die Vertheilung v. Nothstandsgeldern. gr. 8. (13 S.) Berlin 888. Heymann's Verl. n. — 40

Mährchen, s. Märchen.

Mähren [Sachliches OW]

Mähren. *Herausgeg. v. k. k. Militär geogr. Inst. zu Wien im J. 1849. 1 Bl. 20¼" H., 27" Br. Massstab: 1 Wr. Zoll = 6,000 Wr. Klftr. Verhältn. 1:432.000.* Aus den vorhandenen Militär-Aufnahmen mit besonderer Rücksicht auf die Strassen zusammengestellt. Auf Stein gravirt.

Die Kronländer Mähren und Schlesien nach ihrer neuesten gerichtlichen und politischen Eintheilung. Querfol. (1 Bl.) Wien, Verl. Jos. Bermann, Lith. Grundig 1850.

Kronländer, die . . . Mähren und Schlesien nach der neuesten politischen und gerichtlichen Eintheilung. Prag 1854 bei Marco Berra. 1 Bl. 11 Z. hoch, 14½ Z. br. Lith. Gravirt. Längen- und Breitengrade 12theilig. In den beiden rechtseitigen Ecken befindet sich in der oberen eine Tabelle der politischen und gerichtlichen Eintheilung nebst den Zahlen der Flächenräume und der Einwohner, in der unteren eine Erklärung der Zeichen.

Mähren, die Markgrafschaft, und das Herzogthum Schlesien. Wandkarte, entw. u. gez. von B. Kozenn, in 4 gr. Quer-Folio-Blättern. Olmütz, Ed. Hölzel. 3 fl.

Mähren und Schlesien, s.a. Böhmen, Verkehrskarte.

Mähren u. Schlesien. Uebersichtskarte v. Fried. Massstab 1:445.000. Ausg. 1885. Gr.-Qu.-Fol. Wien, Artaria & Co. Cart. in gr. 8. 1 fl. S. 311

Mähren und österreichisches Schlesien. *Herausg. vom k. k. Militär geograph. Inst. zu Wien im J. 1844. 19 Bl. 10" H. 14½" Br. Massstab: 1 Wr. Zoll = 2,000 Wr. Klftr. Verhältn. 1:44,000.* Basirt auf die Militär-Aufnahme vom J. 1838—1842, im Masse 1 Wr. Zoll gleich 400 Wr. Klftr., welcher der Kataster zu Grunde lag. Blatt Nr. 2 enthält die statistische Uebersicht beider Provinzen, so auch die politische Eintheilung; Blatt Nr. 19 die Erhöhung über das Meer in Wr. Klftrn. der trigonometrisch bestimmten vorzüglichsten Puncte; Blatt Nr. 20 ist das Skelett.

Mähren u. österreich. Schlesien. *Herausgeg. v. k. k. General-Stab im J. 1846. 4 Bl., 20" H., 18" Br. Massstab: 1 Wr. Zoll = 4,000 Wr. Klftr. Verhältn. 1:288,000.* Blatt Nr. 1 Titel. Blatt Nr. 4 Zeichen-Erklärung. Blatt Nr. 2 politische Eintheilung.

Mähren in Wort und Bild. Ein Gedenk-Album für Einheimische und Fremde. Herausgegeben von Julius Laurenčič. Unter Mitwirkung des Herrn Prof. O. Stoklaska, Brünn. (Separat-Abdruck aus dem Prachtwerke „Unsere Monarchie)". Brünn. [1899.] Karafiat & Sohn Quer-Fol. 26 S. fl. —.90

Mähren [Schlagwort]

— s. a.: Böhmen.

— s. a.: Eisenbahnkarten.

– s.a. Hand- u. Reisekarten. 27.

– s.a. Oesterreich-Ungarn. Artaria.

– s.a. Oesterreich-Ungarn. Schulz, R. A.

— s. a.: Reichsratswahlkarte.

– s.a. Sprachenkarten.

– s.a. Sudeten.

Mähren — General-Karte — etc., gef. im K. K. milit.-geogr. Inst. 288,000. Revidirt 1856. 4 Bl. (Vergl. II. Band „G. G. K.")

– Generalkarte der Markgrafschaft Mähren mit den Antheilen des Herzogthums Schlesien, Herausg. v. k. k. milit.-geogr. Inst. Wien. 1846.

Mähren, Generalkarte d. Markgrafschaft, u. d. Herzogthums Schlesien mit Benützung d. neuesten u. besten Aufnahmen u. Messungen, entworfen u. gez. v. Ad. Sommer, Ingenieur u. Geogr., u. revidirt v. K. Kořistka, Prof. in Prag. 1860
Pr. 3 fl., auf Lwd. gesp. u. in Futteral 4 fl.

Mähren — Generalkarte der Markgrafsch. — und des Herzogth. Schlesien etc., entw. u. gez. von Ad. Sommer u. rev. von Carl Koristka. Olmütz u. Wien 1861 bei Hölzel. 432,000. 1 Bl.

Mähren und Schlesien, Generalkarte von. Von Jos. Sommer & Carl Kořistka. 2. billigere Auflage 2 fl., auf Leinwand gespannt mit Deckel 3 fl., Situationskarte allein 1 fl. 50 kr., Terrainkarte 1865 1 fl. 50 kr.

Mähren u. Schlesien, Generalkarte von, v. Fried. 1:445.000. Neue Ausg. 1884. Wien. Artaria & Co. 1 fl. S. 269

– Generalkarte von Mähren und Schlesien. Von Steinhauser. 1:432.000. Neue Auflage. 1884. a) mit Terrain; b) nach Bezirkshauptmannsch. und mit Bezirksgerichts-Grenzen. Ebds.

Mähren. Generalkarte von Mähren u. Schlesien. 1:200,000. 10 Blatt. gr. Fol. Wien 894. R. Lechner's Sort. Auf Leinw. m. schwarzen Stäben n.n. 30. —; m. Eichenholzstäben n.n. 36. —

Mähren — Neueste General-Post- und Strassenkarte etc. Gez. von F. Fried. Wien, Artaria. Ber. 1851. 452,000. 1 Bl.

Mähren, General-, Post- und Strassenkarte der Markgrafschaft und des Herzogthums Schlesien. Gezeichnet von F. Fried. Revidirt 1864. Massstab 1:445.000. gr. Folio. Wien, Artaria & Comp. 2 fl.

– Generalkarte, Post- und Straßenkarte der Markgrafschaft Mähren und des Herzogthums Schlesien. Gezeichnet von F. Fried. Massstab 1:445.000. 1 gr. Blatt. Ebds. 1867.

Mähren. Haardt, Vinz. v., Hand-Karte der Markgrafsch. Mähren u. d. Herzogth. Schlesien. 1 : 500,000. Chromolith. qu. gr. Fol. Wien 887. Hölzel. n. 3. —; auf Leinw. n. 5. —

— Haardt, Vinz. v., Hand-Karte der Markgrafsch. Mähren u. des Herzogth. Schlesien, unter Anleitg. von V. v. H. ausgeführt in Ed. Hölzel's geograph. Institut. 1:500,000. 59×44 cm. Farbendr. Wien 893. E. Hölzel. n. 1. 80; auf Leinw. in Decke n. 3. 60

– Geologische Karte der Markgrafschaft Mähren u. d. Herzogthums Schlesien. Nach den im Auftrag des Werner Vereins zur geolog. Durchforschung v. Mähren u. Schlesien u. den von L. Hohenegger ausgeführten Aufnahmen bearbeitet von Franz Foetterle, k.k. Bergrath. Herausgegeben v. d. Werner Verein etc. 2 Bl. Hoch-Folio in lithogr. Farbendruck. Wien, Beck'sche Univ.-Buchhandlung (Alfred Hölder). In Commission. 1866.

Mähr. Schles. Gouvernements — Karte des — nach den neuesten astronomischen Beobachtungen und geometrischen Vermessungen verzeichnet und ehrfurchtsvoll gewidmet Seiner Excellenz dem Hoch- und Wohlgebohrnen Herrn H. Prokop des h. r. R. Grafen v. Lazansky etc. gewidmet von Joseph Bayer etc. Gestochen v. F. R. Reisser in Wien 1818. 1: 190,000. 4 Bl.

– Karte der Markgrafschaft Mähren und des Herzogthums Schlesien mit der neuesten politischen Eintheilung und einem Plane von Brünn. Bearbeitet von A. Steinhauser. 1 gr. Blatt mit ausführlichem Terrain. Massstab 1:432.000 oder 1 W.Z. = 6000 W. Kl. 1868. Wien. Artaria.

– – Dieselbe Karte, ohne Terrain, nach Bezirken colorirt.

Maehren — Karte des Markgrafthum — Entworfen nach jener von G. Müller, und nach den besten Hülfsquellen berichtiget von J. C. S. Dem Hochwürdigsten Fürsten und Herrn Herrn Anton Theodor Grafen Colloredo Waldsee, Erzbischof zu Olmütz des H. R. R. Fürsten etc. gewidmet von Tranquillo Mollo und Comp. in Wien 1804. Gestochen v. F. Reisser. 1 : 540,000. 2 Bl.

Maehren — Charte von — und Oesterreich. Schlesien, nach etc. entworfen von Conrad Mannert. Nürnberg bey Homanns Erben 1805. Gestochen von Joh. Georg Götz. 1: 440,000. 1 Bl.

Mähren — Marschrouten-Karte der etc., ausgef. im milit.-geogr. Inst. in Wien 1868. 288,000. 4 Bl.

— — Aloisa V. Šembera Mapa země Moravské. A. A. Šembera's Orts- und Sprachenkarte von Mähren und Schlesien. 4 Blätter in Kupfer gestochen, von 38" Länge und 30" Breite. Wien, Artaria & Comp. in Comm. colorirt 8 fl.

Mähren. Perko, Frz., Sprach- u. Schulkarte v. Mähren u. Schlesien. Entworfen v. P. Ausgeführt m. Unterstützg. d. Gesellschaft z. Förderg. deutscher Wissenschaft, Kunst u. Literatur in Böhmen. Gezeichnet v. Otto Perko. [Aus: „Deutsche Erde".] 1:375,000. 61,5× 81,5 cm. Farbdr. Prag 910. G. Neugebauer. 2. 20

– Specialkarte der Markgrafschaft Mähren mit den Antheilen des Herzogth. Schlesien. Heraug. v. k. k. milit.-geogr. Inst. Wien. 1844. Fol.

— Specialkarte, neueste, der Markgrafsch. Mähren u. d. Herzogth. Ober- u. Nieder-Schlesien. Mit den Bezirksgrenzen, sämmtl. Eisenbahnen, Hauptstrassen u. Flüssen, Städten, Märkten etc. 1 : 545,000. Farbendr. qu. gr. Fol. Brünn 890. Winiker. n. — 40

Mähren. Stelzig, Heinr., Heimatskarte v. Mähren u. Schlesien. 1:750,000. 31,5×51 cm. Farbdr. Trautenau (900). G. Lorenz. n. — 20

Mähren — Strassen-Karte der Markgrafschaft — und des Herzogthums Schlesien (Herausg. v. d. K. K. Oesterr. General-Quartiermeisterstab.) 1 : 432,000. 1 Bl.

– Uebersichtskarte nach der neuesten politischen und gerichtlichen Landes-Eintheilung v. Jahre 1868. Lithogr. mit colorirt. Grenzen. Gr. Q. Folio. Brünn: Hauptmann 1868.

– Vaterlandskunde von Mähren und Schlesien. Von Franz Wanell. 6. revid. Aufl. gr. 8. (73 S.) Ebds. 1883.

Mähren. Wagner, J. E., Generalkarte der Bezirkshauptmannschaften v. Mähren u. Schlesien. 1 : 225,000. Nr. 1, 1a, 2, 3, 3a, 4, 4a, 5, 5a u. b, 6—8, 8a, 9, 10, 10a, 11, 11a, 12, 13, 13a, 14, 14a, 15, 15a, 16, 17, 17a, 18, 18a, 19, 20, 20a, 21, 22, 22a, 23, 24, 24a, 25, 25a, 26, 27, 27a, 28, 29, 29a, 30, 30a, 31, 31a u. b, 32—36, 36a, 37, 37a, 38 u. 38a. à 27× 20 cm. Lith. u. kolor. Prag 895. 896. J. Kytka. à n. — 24

— — General-Karte der Markgrafsch. Mähren u. des Herzogth. Schlesien. 1 : 225,000. 4 Blatt à 48,5× 66,5 cm. Steindr. Ebd. 895. n. 4. —; in Farbendr. n. 8. —; f. Zusammenkleben auf 1 Blatt n.n. 1. 20; Aufzug auf Leinw. n.n. 4. 80; in Mappe n.n. 5. 60; m. Stäben n.n. 7. —; in Taschenformat 16theilig n.n. 6. —

— Wagner, J. E., Hand-Karte v. Mähren u. Schlesien m. der politischen Eintheilung. 1 : 450,000. Chromolith. qu. gr. Fol. Prag 888. Kytka. n. 1. 20

— — Handkarte v. Mähren u. Schlesien. 1 : 450,000. 2., ergänzte Aufl. 48,5 × 64 cm. Farbendr. Ebd. 897. n. 1. —

Mähren. Wagner, J. E., Handkarte von Mähren u. Schlesien. Enth. sämtl. Städte, Märkte, landtäfl. Güter, Badeorte, Eisenbahn-Stationen u. Haltestellen, Postämter, Post- u. Telegrafen-Stationen, Bierbrauereien, Zuckerfabriken etc. Neue Aufl. bearb. v. F. Mareš. 1 : 450,000. 4. ergänzte Ausg. 49×65 cm. Farbdr. Prag 906 F. Kytka. n. 1. —

— — Reisekarte v. Mähren u. Schlesien m. der Gerichtseintheilung. 1 : 450,000. 49 × 64,5 cm. Farbdr. Ebd. 897. n. — 72

Mahrenholtz, Adolph. Ueber eine Azosulfobenzolsäure und einige ihrer Derivate. Greifswald, 1878.

Mahrenholtz, Adf., Grundriß d. Naturgeschichte, s.: Schilling, S.

Mahrenholtz, Adf., d. Mineralreich, s.: Schilling, Sam.

Mahrenholtz, Adf., die agrikulturchemischen Übungen an Landwirtschaftsschulen. Zum Gebrauch bei den prakt. Arbeiten der Schüler im Laboratorium zusammengestellt. 2. verm. u. verb. Aufl. gr. 8. (V, 68 S. m. Abb.) Liegnitz 901. Reisner. Kart. n. 1. 40

— die agrikulturchemischen Uebungen an Landwirtschaftsschulen. Zum Gebrauch bei den prakt. Arbeiten der Schüler im Laboratorium zusammengestellt. 3., verm. u. verb. Aufl. (80 S. m. Abbildgn.) 8. Liegnitz 906. Reisner. n. 1. 80

Mahrenholz, Adf., die agrikulturchemischen Übungen an Landwirtschaftsschulen. Zum Gebrauch bei den prakt. Arbeiten der Schüler im Laboratorium zusammengestellt. 4. verm. u. verb. Aufl. (80 S. m. Abbildgn.) 8. Liegnitz 910. Reisner. 1. 80

Mahrenholtz, Adf., die praktisch-chemischen Übungen an Landwirtschaftsschulen. Zum Gebrauch bei den analyt. Arbeiten im Laboratorium zusammengestellt. gr. 8. (66 S.) Liegnitz 886. (Reisner.) n. — 90

Mahrenholtz, Richard

— Jeanne Darc in Geschichte, Legende, Dichtung, auf Grund neuerer Forschg. hrsg. gr. 8. (IV, 175 S. m. 1 Kärtchen.) Leipzig 890. Renger. n. 4. —; geb. n. 5. —

—— und A. Wünsche, deutsche Dichter von Gottsched bis auf unsere Tage in Urtheilen zeitgenössischer und späterer deutscher Dichter. gr. 8. (VII, 399 S.) Leipzig 888, Brandstetter. *

Mahrenholtz, Rich., Fénelon, Erzbischof v. Cambrai. Ein Lebensbild. gr. 8. (VIII, 188 S.) Leipzig 896. Renger. n. 4. —

— Frankreich, s.a. Sarrazin, Jos.

Mahrenholtz R, Frankreich. Seine Geschichte, Verfassung und staatlichen Einrichtungen. Aus Sarrazin's Nachlass. (348 S) Leipzig 1897

Mahrenholtz, R. Zur Geschichte der Holsteinischen Expedition des Generals Torstenson 1644. (19.) 4. Stendal 1874

Mahrenholtz, Rich., Geschichte der ersten französischen Revolution. Ihre Entwickelung bis zur Auflösung des Convents. [1789—1795.] Im Hinblick auf ihre 100jähr. Feier. gr. 8. (VII, 254 S.) Leipzig 888, O. Wigand. *

— Franz Grillparzer. Sein Leben u. Schaffen. Im Hinblick auf den 100. Geburtstag des Dichters. gr. 8. (V, 199 S. m. Portr. u. Fksm.) Leipzig 890. Renger. n. 4. 50; geb. n. 6. —

—— u. Wünsche.

—— —— Grundzüge der staatlichen und geistigen Entwickelung der europäischen Völker. gr. 8. (VII, 427 S.) Oppeln 888, Franck's Buchh. *

—— Gymnasium, Realschule, Einheitsschule. Vortrag. gr. 8. (12 S.) Oppeln 887, Franck's Buchh. *

—— Gymnasium, Realschule, Einheitsschule. Vortrag. 8. Oppeln 887. Berl., Gronau. * — 40

Mahrenholz, Richard: Zur Kritik von Johann von Victring's liber certarum historiarum. 23 S.
Progr. Rg. Halle 1878.

— Voltaire's Leben u. Werke. 1. u. 2. Tl. gr. 8. Oppeln 885. Franck. à n. 5. —
1. Voltaire in seinem Vaterlande [1697—1750]. (VIII, 256 S.)
2. Voltaire im Auslande [1750—1788]. (208 S.)

Mahrenholtz, Rich., Molière's Leben u. Werke vom Standpunkte der heutigen Forschung, s.a. Studien, französische.

Mahrenholtz, Richard: Molière's Leben und Werke vom Standpunkt der heutigen Forschung von –. Heilbronn: Gebr. Henninger 1881. (VII, 398 S.) 8°
Studien, Französische. Bd 2.

Mahrenholtz, Rich., Molière. Einführung in das Leben u. die Werke d. Dichters. Kleinere Ausg. v. d. Verf.: „Molière's Leben u. Werke". gr. 8. (VII, 266 S.) Heilbronn 883. Henninger. n. 4. —

Mahrenholtz, Rich. Molière. Einführung in das Leben und die Werke d. Dichters. 8. Heilbronn 883. Lpz., Reisland. * 4 —
geb. * 5 —

— die deutschen Neuphilologentage. Rückblicke u. Wünsche. 8. (42 S.) Heilbronn 888. [Gebr. Henninger.] Leipzig, Reisland. n. — 60

—— Jean François Regnard. Eine Lebensskizze. gr. 8. (25 S.) Oppeln 887, Franck's Buchh. *

Mahrenholtz, Richard: Ueber die Relation des Nicolaus von Butrinto ⟨Relatio de itinere Italico Henrici VII⟩. Halle (1872): Ploetz. 51 S. 8°
Halle-Wittenberg, Phil. Diss. v. 26. Juni 1872
Geb. Etgersleben a. d. Bode (Kr. Wanzleben) 22. 4. 1849. V. S. 3—4 fehlt in der Paginierung.

— Jean Jacques Rousseau. Leben, Geistesentwickelg. u. Hauptwerke. gr. 8. (VII, 176 S.) Leipzig 889. Renger. n. 4. —

—— s. Taschenbuch, historisches.

— Voltaire im Urteile der Zeitgenossen. gr. 8. (V, 95 S.) Oppeln 883. Franck. n. 3. —

— Voltaire-Studien. Beiträge zur Kritik des Historikers u. des Dichters. gr. 8. (VIII, 196 S.) Oppeln 882. Franck. n. 6. —

Mahrenholtz, Rich., Wandlungen der Geschichtsauffassung u. d. Geschichtsunterrichts, besonders in Deutschland, s.a. Zeit- u. Streitfragen, deutsche.

Mahrenholtz, Richard, in Dresden. Wandlungen der Geschichtsauffassung und des Geschichtsunterrichtes, besonders in Deutschland. Nr. 84/85 aus: „Deutsche Zeit- und Streit-Fragen". Flugschriften zur Kenntniss der Gegenwart. 8. Hamburg 1891.

Mahrenholz, A. C. von, Anmerk. über allerh. Materien. 4. Braunschw. Schröder. 720.

Mahrenholz, Adolf, s. Mahrenholtz.

Mahrenholz, Richard, s. Mahrenholtz.

Mährenschutz, Friedrich von: Der Congreß zu Tümpelhausen oder was ist in musikalischer, poetischer, philosophischer und diplomatischer Hinsicht über das berühmte Rheinland endlich beschlossen worden? Aus den Akten buchstäblich excerpirt und mit Anmerkungen versehen. (Leipzig) 1842. 48 S. 8°

Mährenschutz, Frdr. vom, Die Wuchergesetze sind ebenso „demoralisirend, gemeinschädlich u. verwerflich," als eines mündigen Volkes unwürdig. Deutschen Landtagsabgeordneten, Zeitungsredacteuren, Handels- u. Gewerbvereinen gewidmet. Frankfurt a. M. 861. Sauerländer's Verlag. gr. 8. (35 S.) 6 ngr.

Mährenschütz, Frdr., wo stehen wir? Erste patriot. Schrift f. alle preußischen Provinzial-Einwohner u. Landes-Deputirten, welche nicht zum Spielball der anmaßenden Hauptstädte werden wollen 2c. gr. 8. (15 S.) Glogau 848. (Flemming's Verl.) 1½ ngr

Mahrer, F., Die Rosshaarspinnerei Deutschlands u. ihre Lage. Eine Vorlage an den Bundesrath u. Reichstag bezüglich des neuen Zolltarifs. Im Auftrage der vereinigten deutschen Rosshaarspinner. Berlin 1879. gr. 8.

Mährisches Gesenke. Kiepert, Rich., Reise-Karte vom Mährischen Gesenke [östliche Sudeten]. 1 : 200,000. 7. Aufl. Farbendr. gr. Fol. Freiburg i/Br. 890. Kiepert. n. 1. 50

Mähr.-Ostrau. Hölzel's Plan v. Mähr.-Ostrau u. Umgebung. 1 : 9090. Farbendr. 68×54,5 cm. Mähr.-Ostrau 891. Olmütz, E. Hölzel. In Karton. n. — 60

Mährisch-ostrau-karwiner Industriebezirk, s.: Industriekarten.

Mähr.-polnisches Kohlenrevier, s.: Geognostische Karten. Bartonec, Frz.

Mähr.-ungar. Grenzgebirge, s.: Hand- u. Reisekarten. 27.

Mahrholz, Henr. August. Ludov. (geb. Wernigerode 12. 8. 1841): De chlorosi. Berolini (1867). (34 S.) 8°
Berlin, Med. Diss. v. 16. März 1867

Maehrken, Een eenfeldig, un dabie Hartlike Wunsik, ass Hanss mit sine Greeten, ick meehne, ass de Wollvörnehme Gesell Hr. Hanss Christopher Baartich mit dem dägtsahmen Mädlen Junffer Wendel Greet Petersen Hochtiedt mnakte. O. O. u. J. V: *Petersen, Johann Christian.* (BGE III[s], 300)

Mährlein, s. Märlein

Mährleinbuch, s. Märleinbuch

Mährlen, die Darstellung und Verarbeitung der Gespinnste und die Papierfabrikation im Königreich Württemberg. Statistische Notizen im Auftrage der Königl. Centralstelle für Gewerbe u. Handel erhoben durch die vier Handels- u. Gewerbekammern Heilbronn, Reutlingen, Stuttgart u. Ulm. Stuttgart 861. (Neff.) gr. 8. (X, 230 S.) n. 15 ngr.

Mährlen, J., der Bahnhof von Stuttgart, nebst e. Anhange: die Steigungsverhältnisse auf Eisenbahnen betreff. gr. 8. (7 B. u. 2 Stnt.) Stuttgart 842, Schweizerbart'sche Buchh.

Mährlen, J., der Bahnhof von Stuttgart, nebst e. Anhange: die Steigungsverhältnisse auf Eisenbahnen betreffend. Mit 2 lith. Taf. gr. 8. Stuttgart 843, Schweizerbart. 1/2 ℛ

— die Bedeutung der Eisenbahnen für den deutschen Zollverein, mit besond. Rücksicht auf Württemberg. gr. 8. Stuttgart 842, Metzler'sche Buchh. 1 ℛ

Mährlen, J.: Die Bedeutung der Eisenbahnen für den deutschen Zollverein, mit besonderer Rücksicht auf Württemberg. Stuttgart. 1843. 8°

— Beleuchtung des Stuttgarter Bahnhof-Projektes nebst einem technischen Gutachten des Civilingenieur C. Fr. Zimpel. gr. 8. Stuttgart 844, Köhler. n. 5/12 ℛ

Mährlen, Dr., s. Frankreich in d. letzten Tagen d. Juli.

Mährlen, J., Geschichte Griechenlands s.a. Geschichte

Mährlen, J. Geschichte Griechenlands, von der Ankunft König Otto's in Nauplia bis zu seiner Thronbesteigung. (Vom 6. Februar 1833 bis 1. Juni 1835.) Mit 4 Portraits, einer Ansicht und einem Stadtplan von Athen. 8. Stuttgart 1839.

Mährlen, J., die Geschichte unserer Tage, s. Geschichte etc., 3—5. Jahrg.

Mährlen, J.: Landwirthschaftliches Kreditwesen. 1853. 4°

— s. Polens Kampf u. seine Wiedergeburt.

Maehrlen J. Rapport sur l'économie, politique et sociale du royaume de Württemberg. Stuttgart 1868

— s. Revolution in Belgien.

Mährlen, J.: Die Schwarzwaldbahn über Böblingen und die Station am Feuersee zu Stuttgart. Beleuchtung der Vorschläge etc. durch Zeller. Stuttgart 1865.

— s. Unsre Zeit.

Maehrlen, Joh., die Besteuerung des Tabaks im Zollverein. Stuttgart 868. E. Hallberger. Lex.-8. (VII, 108 S.) n. 20 ngr.

Mahrt, Gustav, approb. Arzt aus Erndtebrück i. Westf.: Ueber die Behandlung der Chlorose mit paranucleinsaurem Eisen ⟨Nucleineisen⟩. *Göttingen 1901: Dieterich.* (31 S.) 8°
Göttingen, Med. Diss. v. [22. Jan.] 1901

Mahrt, Gust., über die Behandlung der Chlorose m. paranucleinsaurem Eisen (Nucleineisen). Diss. gr. 8. (81 S.) Göttingen 901. (Vandenhoeck & Ruprecht.) n. — 80

Mabse Haschem. מעשיה Erläuterungen und Erklärungen über die Thora. *Lemberg* 1858. Gedruckt bei *Michael Franz Poremba*. 462 S. 8°.

Mah-topa, der Häuptling der Comanchen. 1. Bd. (32 S.) gr. 8. Berlin (910). Verlagshaus für Volksliteratur u. Kunst. — 10

Maḥzor I: Bønnebog med Kommentar »Pardes«. Vol. II. Altona ([5]532 i Kronogr. (ↄ: 1772).) : I (Hebr.) Fol.

Maḥzor mikkol ha-šānā [Bønnebog efter »polsk« Ritus med Kommentar. Udg. af ZANWEL HANNOVER. Vol. I—II. Altona [5]564 (ↄ: 1803)] (Hebr.) Fol.

Mai, s.a. May.

Máj. Jarní almanah na rok 1858. Red.: Jos. Barák. (S podobiznou Karla Hynka Máchy.) Prag 858. Dominicus. 16. (4 Bl., 320 S.) n. 20 ngr.

Máj. Almanah na rok 1860—1862. Ročník II—IV. Redigoval Vítězslav Hálek. S podobiznou Jan Kollára a Adama Mickiewicze. Prag, Kober. 16. Jeder Jahrg. n. 1 ℛ 6 ngr.

Mai und Beaflor, s. Dichtungen des deutschen Mittelalters.

Mai, 1., 1898. (Festschrift.) Fol. (8 S. m. 2 farb. Abbildgn. u. 1 farb. Taf.) Wien (898). Wiener Volksbuchhandlung. n. — 20
Vergl.: Mai-Festschrift.

(F) 1. Mai 1899. Wien. 1899. Volksbuchhandlung Brand. Fol. 8 S. mit 1 Tafel. fl. —.10
Maifestschrift.

Mai. 1. Mai 1903. (Mailied der Arbeiter — Erster Mai! Redaktion: E[mil] Walter.) 4 S. 8. (Zürich, Vertrieb: Grütli-Buchh.)

Mai: Erster Mai 1905
s.a. Der Weckruf (sub 15).

Mai (1.) 1905. Red.: Dr. Wilh. Ellenbogen. 4⁰. Wien, Wiener Volksbuchhdlg., 1905.
— 1906. 4⁰. Ebd. 1906.
— 1907. 4⁰. Ebd. 1907.
— 1908. 4⁰. Ebd. 1908.

— 1., 1909. Red.: Stef. Grossmann. (12 S. m. 8 farb. Vollbildern.) 36×27 cm. Ebd. (909). — 20

Mai, e. 1., auf d. Lande, s.a. Vorwärts.

Mai (Der 1.) auf dem Lande. Maifestspiel in 1 Bild (mit lebendem Bilde: Maifestzug). Von F. R. 8⁰. A. Hoffmann, 1895.

— d. geistliche, u. geistliche Herbst. Ausgelegt auf d. auswend. u. inwend. bittere Leiden uns. allerliebsten Herrn u. Seligmachers Jesu Christi. Zwei uralte, schöne, auserles. Büchlein, d. gutherz. u. andächt. Christen zu Gutem m. bes. Fleiße wiederum erneuert u. in Druck gegeben durch Frz. Ser. Hattler, S. J. M. 19 Bild. nach A. u. L. Seitz. 16. (XII, 324 S.) Freiburg i/B. 897. Herder. n. 1. 80; geb. in Leinw. n. 2. 50

Mai, der Monat, in der Schule. (31 Zettel zu je 2 S.) 16. Hamm (906). Breer & Thiemann. n. — 20

Mai. – Zum 9. [neunten] Mai 1905. [Friedrich v. Schiller:] Die Huldigung d. Künste. Demetrius, Marfa's Monolog. [Johann Wolfgang v. Goethe:] Der Epilog zu Schillers Glocke. In hs. Gestalt mit e. Einl. hrsg. von Bernhard Suphan. Weimar: Goethe-Gesellsch. 1905. (34 S., 16 Bl. Facs.) 8⁰ (4⁰)
Schriften d. Goethe-Gesellschaft. Bd 20.

— sein erster. Erzählg. aus d. Leben. [Aus: „Unter d. roten Zwang!" v. Verf. d. Zeitromans „Und Bebel sprach!" (C. Crome-Schwiening).] 8. (28 S.) Leipzig 895. A. Bergmann. n. — 20

Mai, Alfred: Über die Darstellung von metallischem Molybdän. 1906. 40 S. 8⁰
¶ Ausz. in: J. Liebig's Annalen d. Chemie. Bd 355. 1907.
München, Dr.-Ing.-Diss. v. 21. 3. 1906

Mai, Angelo

Mai, Angelo, s. Auctorum classicorum.

— s. 1) Cicero trium orationum et de re publica. 2) Dio Cassius, Fragment.

Majus, Angel., Excerpta e Julii Paridis epitoma eorundem librorum. Ed. in Germania prima. Celle (E. H. C. Schulze) 1831. 36 S. (3.—) 22037

— Fragmenta inedit. iuris Rom. Antejustin., s. Juris.

– s. Locorum ex jure Romano, Antejustiniano.

Maius, A., Aurelii Symmachi V. C. VIII orationum ineditarum partes. 1816. 90 S.

Mai, A., die ägypt. Papyrus der Vatican. Bibliothek; aus d. Italien. v. L. Bachmann. Mit 3 lith. Tafeln. gr. 4. Leipz. 826. Hinrichs. 1 ß Velinp. 1 ß 12 gr

– (Hrsg.), s. Symmachus, Quintus Aurelius: VIII orationes.

Mai, Bruno, Homburg. Eine deutsche Spielhölle. Berlin 864. Mylius. 12. (VII, 231 S.) 1 ß 15 ngr.

Mai, Bruno, Homburg. Eine deutsche Spielhölle. 12. (VII und 231 S.) Berlin 864, [Schweigger'sche Hofbuchh.]

Mai, Bruno, Carl Wauer. Eine Biographie, aus den hinterlassenen Tagebüchern, Schriften und Briefschaften des Künstler's zusammengestellt. gr. 8. (182 S. mit 1 Tab. in Fol.) Berlin 858, Abelsdorff. *

Mai, Bruno, Carl Wauer. Eine Biographie, aus den hinterlassenen Tagebüchern, Schriften u. Briefschaften des Künstlers zusammengestellt. Berlin 858. Stuhr. gr. 8. (132 S. u. 1 Tab. in Fol.) n. 20 ngr.

Mai, C., s.: Bericht über die Hauptversammlung d. freien Vereinigung deutscher Nahrungsmittelchemiker.

Mai, C.: Ist die Forderung eines Mindestfettgehaltes der Marktmilch berechtigt? Berlin 1910.

Mai, Carl, s. Mai, Karl.

Mai, Erich, aus Berlin: **Das mittelhochdeutsche Gedicht vom Mönch Felix.** Kap. 1—3 A 2. *Berlin 1903: A. Hopfer, Burg b. M.* (39 S.) 8⁰ ¶ (Erscheint vollst. in: Acta Germanica.)
Berlin, Phil. Diss. v. 25. März 1903

Mai, Ernst, aus Hanau a. M.: **Untersuchungen über den Zuckungsablauf bei Änderung des Wassergehaltes des Muskels.** *Würzburg 1903.* (13 S.) 8⁰
Würzburg, Med. Diss. v. 1903

Mai, Ernst, Untersuchungen üb. den Zuckungsablauf bei Aenderung des Wassergehaltes des Muskels. Diss. (13 S. m. 1 Taf.) gr. 8. Würzburg 903. (F. Freudenberger.) n. 1. 60

Mai, F. A., s. May.

Mai J, die Radierung und das Ätzen in Kupfer und Stahl. (50 S) Dresden 1909

Mai, Ignatz *(geb. Kosten in Pos. 30. 12. 1834)*: Thesen . . . behufs Erlangung der medicinischen Doctorwürde. Breslau (1870). (1 Bl.) 2⁰
Breslau, Med. Thesen v. 22. Juli 1870

Mai, Johann Burchard

— Ad orationem solemnem de provecta divinitus per imperatores Maximilianum I et Carolum V sacrorum instauratione, sub anni sæcularis 2di exitum a Joh. Petro Kohlio habendam invitat. Kiliæ. 1717. 4. P.

— Ad Theod. Wolfium, summi tribunalis Vismar. advocatum, cum pro summis in jure honoribus consequendis disputaret. (Kilonii. 1702). 4. P.

— Gründliche Anleitung zur Deutschen Staatskunst. 1. Th. Kiel. 1710.

— Elegantioris litteraturæ ex omni ordine fautoribus ac aestimatoribus s. p. d. d. 22. Dec. 1716. [De imperatore Carolo V.]. U. St. 4. P.

— De civitatibus imperialibus ab Imperio Romano avulsis disp. Kilonii. 1707. 4. [Resp. Henr. Wilh. Schroeder].

— De conversionibus imperii Romani ab Augusto usqve ad Constantinum M. Kilonii. 1714. 4. [Resp. Jo. Frid. Neumann].

Prorector et senatus academiae Kiloniensis . . . [Einladung d. Prorektors u. Senats d. Universität Kiel zur Beisetzung des Johann Burchard Mai, Prof. d. Geschichte, † 6. Nov. 1726.] — Kilonii (1726): Reuther. 4 Bl. 4°

Maius, Jo[hann] Burchardus: Prorector et senatus academiae Kiloniensis ad orationem panegyricam in funere viri . . . [Einladung zur Trauerfeier auf Magnus Wedderkop, Geh. Rats-Präsident, † 16. Jan. 1721, beigesetzt am 28. Febr. 1721.] — Kiloni [1721]: Reuther. 4 Bl. 4°

— De augustæ domus Austriacæ fatis diss. Kilonii. 1711. 4. [Resp. Car. Paul. Joach. Carmon].

Majus [May], Joh[ann] Burchardus: De augustae domus Austriacae fatis. Commentatio historica. — Kilonii: Riechel 1711. 136 S. 8° (4°)
Kiel, Zur Kaiser- u. Königswahl Karls VI., 12. Okt. 1711.

— Diss. Imp. Fridericum Ænobarbum ab Alexandro III Pontifici pede non esse concultatum. Kilonii. 1701. 4. [Resp. And. Lud. Koenigsmann].

Majus, Jo. Burkhard: Gratulatio ad principem Fridericum, Heredem Norvagiae etc. etc. ob pacem Cimbriae restitutam, Nomine Universitatis Kiloniensis ante quinquennium ipso die Principis natali 18. Oct. Ann. 1700. solemniter facta. Kilonii. 1705. Fol.

— Historia augusta a Carolo M. usqve ad nostra tempora per seriem Germanorum Cæsarum deducta. Kilonii. 1708. 4. P.

— De humaniorum elegantiorumque literarum instauratoribus diss. Kilonii. (1712). 4. P. (Indbydelse til at høre en Tale af Bernh. Raupach: De præsenti religionis et eruditionis in Dania statu).

Majus, Jo. Burkhard: Oratio panegyrica memoriae Friderici Quarti, Heredis Norvagiae etc. etc. tertio post funerationem die 22. Dec. A. 1702. publico totius Academiae nomine habita. Kilonii. o. J. Fol.

Als der weyland hoch-edelgebohrne und hochgelahrte Herr . . . [Trauergedicht der gesammten Tisch Gesellschaft auf Johann Burchard May, Prof. d. Geschichte, † 6. Nov. 1726.] — Kiel (1726): Reuther. 2 Bl. 2°

Maius, Jo[hann] Burchardus: Ad amplissimum nobilissimumque virum, . . . [Trauerrede auf Johann Werner Fürsen, Student, † 22. Okt. 1712.] — Kiloni 1712: Reuther. 6 Bl. 2°

Maius, Jo[hann] Burchardus: Ultimum honoris monumentum, iuvenis ingenio . . . [Trauerrede auf Otto Bernhardus Lutherus, Student, † 16. Febr. 1710.] — Kiliae [1710]: B. Reuter. 2 Bl. 4°

Maius, Jo[hann] Burchardus: Panegyricus funebris . . . [Trauerrede auf Friedrich Rantzau, Geheimrat, † 8. Febr. 1723, am Tage d. Beisetzung, 6. April 1723.] — Kilonii (1723): Reuther. 28 S. 4° (2°)

Maius, Jo[hann] Burchardus: Monumentum supremo honori . . . [Trauerrede auf Gabriel Schreiber, Etatsrat, † 4. Jan. 1722.] — Kiliae (1722): Reuther. 8 S. 4°

Mai, Johann Friedrich, s. May

Maj, Johann Heinrich

May, Joh. Heinr. d. Ä. [Präs.] u. Joh. Nicol. Langsdorff (Weilburg) [Autor et Resp.]
Dissertatio inauguralis de Adamo inter mortales homine primo.
Giessae Hass. Dez. 1707: Joh. Reinh. Vulpius. 28 S. 4°
pro lauru magisteriali rite . . . obtin.

May, Joh. Heinr. d. Ä. [Präs.] u. Joh. Philipp Ostertag (Epstein) [Resp.]
Exercitatio theologica ex theologiae evangelicae parte tertia, exhibens analysin et exegesin pericopae fest. visitationis Mariae Luc. I, 39 - 57.
Gissae [6.] Juli 1715: J. Müller. (2), 28 S. 4°

May (Majus), Johann Heinrich d. Jüng. [Präs.] u. Joh. Ludov. Schlosser (Goar) [Resp.]
Ad gesta Paulli in urbe Atheniensium, quae S. Lucas consignavit Act. XVII, cap. com. 15. cum seqq. annotata quaedam philologica.
Giessae 3. Quinctil. 1727: haer. Vulpii. (2), 22 S. 4°
pro accessu ad honores philosophorum academicos sibi parando

May, Joh. Heinr. d. Ä. [Präs.] u. Ant. Daniel Stockhausen [Resp.]
Dissertatio de consuetudinis antiquae antiqvatione, I Sam. II, 3.
Giessae 10. Jan. 1706: 22 S.
auch in: May, J.H.: Select. exerc. philol. et exeg. Francof. 1711. Tom. 1. S. 617-644.

May, Joh. Heinr. d. Ä. [Präs.] u. Joh. Conr. Marquard [Autor et Resp.]
Exercitatio philologica Ex Proverb. VIII, 30. De archisophia.
Giessae Aug. 1707: Joh. Reinh. Vulpius 20 S. 4°
pro doctoratus in philosophia sive magisterii gradu legitime consequendo
auch in: May, H. J.: Select. exercit. philol. et exeg. Francof. 1711. Tom. 1. S. 333 - 354.

Majus, Johann Heinrich (Hrsg.), s. Arnd, Johann: Vier Bücher vom wahren Christenthum.

May, Joh. Heinr. d. Ä. [Präs.] u. Joh. Friedr. Hess (Butzbach)
Ex theologia evangelica . . . de ascensione fidelium spirituali.
Giessae Juli 1710: Müller. S. 271 - 308. 4°

Majus, Joh. Heinr. d. Ä.
Ex theologia Lutheri disputatio II de attributis divinis.
Giessae 1708.

May, Joh. Heinr. d. Jüng. [Präs.] u. Joh. Friedr. Buhl (Wimpfen) [Resp.]
Exercitatio philologica de auspiciis anni civilis Hebraeorum ejusdemque solennitatibus.
Gissae Hass. Kalendis Oct. 1707: J.R. Vulpius. 16 S. 4°
placidae commilitonum disquisitioni

May, Joh. Heinr. d. Ä. [Präs.] u. Tobias Leun (Langengoens) [Resp.]
Ex theologiae evangelicae parte III. disputationem III. pericopae dom. II. P. Trinit. de beatitudine capientium cibum in regno Dei, et locum inde erutum de regno gratiae.
Gissae Nov. [29. Oct.] 1714: Joh. Müller. (2), 34 S. 4°

May, Joh. Heinr. d. Ä. [Präs.] u. Joh. Conr. Stein [Resp.]
Disputatio de benedictione Christi in omnibus laboribus et operibus vocationis impetranda.
Gissae 1715. 4°

Maj, Johann Heinrich [Praes.], s. B u h l, Johann Friedrich: De auspiciis anni civilis Hebraeorum ejusdemque solennitatibus.

May, Joh. Heinr. d.Ä. [Präs.] u. Johann Ludw. Stumpff (Romrod) [Resp.]
Dissertatio philologico historica de calculo albo, victoriae contra Nicolaitas tessera, ad Apocal. II, 14. 15.
Gissae 21. Aug. 1705: Vulpius. (2), 28 S. 4°
pro magisterii gradu ... consequendo
auch in: May, J.H.: Select. exerc. philol. et exeg. Francof. 1711. Tom. 2. S. 571 - 602.

Majus, Joh. Heinr. d. Ä.
Diss. sacra ex theologia evangelica super evangelium dominicae misericordias domini, De Christo bono pastore, et idea boni past.
Gissae 1701.

May, Joh. Heinr. d. Ä. [Präs.] u. Georg Phil. Krug [Resp.]
Compendium theologiae Lutheri, ex ejus scriptis concinnatum, cujus disputatio I., de reformatione Megalandri.
Gissae Hass. 12. Jan. 1707: Joh. R. Vulpius. (8), 16 (4) S. 4°

May (Majus), Joh. Heinr. d. J. [Präs.] u. Constantin Kempfer [Resp.]
Dissertatio philologica de corona justitiae.
Giessae 1712: Haer. Vulpii. (4) 16 S, 4°

May (Majus), Joh. Heinr. d. J. [Präs.] u. Joh. Chph. Eckhard (Großen-Linden) [Autor et Resp.]
De corona sapientiae, ex utraque antiquitate.
Giessae "Sextil." [August] 1712: Vulpius. 36 S. 4°
pro consequendis summis philosophiae honoribus.

May, Joh. Heinr. d. Ä. [Präs.] u. Joh. Chrn. Eckhard (Großen Linden) [Resp.]
Dissertatio philologico-philosophica de custodia cordis, ex Proverb. IV, vers. 23.
Giessae Sept. 1707: Joh. Reinh. Vulpius. 39 S. 4°
pro summis in philos. honoribus obtinendis.
auch in: May, Joh. H.: Select. exerc. philol. et exeg. Francofurti 1711. Tom. 1. S. 721 - 762.

May, Joh. Heinr. d. J. [Präs.] u. Justus Helfr. Happel (Offleida-Hassus) (Stipend. Major) [Resp.]
Exercitatio inauguralis qua decus terrae sanctae, occasione Ezech. XX, 6 ... adumbrat.
Giessae 9. Jan. 1711: Vulpius. (8), 43 S. 4°
pro summis in philosophia consequendis honoribus.

May, Joh. Heinr. d. Ä. [Präs.] u. Georg-Philipp Gorrius (Darmstadt)
Descensus Christi in inferum victoriosus et resurrectio e mortuis gloriosa publica dissertatione ex Evang. Fest. Marc. 16.
Gissae Hassorum 3. Dez. 1701: Henning Müller. (8), 32 S. 4°

May, Joh. Heinr. d. Ä. [Präs.] u. Sebastian Fels (Lindau) [Autor]
Disharmonia doctrinae protestantium et romano-catholicorum in articulo de iustificatione contra anonymum Thimotheum Philaletham evidenter monstrata.
Giessae Aug. 1719: Vidua J.R. Vulpii. (8), 52 S. 4°

Majus, Joh. Heinr. d. Ä. [Präs.] u. Joh. Leonhard Froereisen [Resp.]
Ex theologiae evangelicae Parte III. Dissertatio primam pericopae Dom. I post Trinit. partem priorem ... examini subjicet.
Gissae 1714.

Majus, Joh. Heinr. d. Ä. [Präs.] u. Benedict Heinr. Thering
Dodekapropheton sive theologia prophetica.
Giessae 1703: Müller. (8), 104 S. 4°
recusa, in: Majus, Joh. Heinr.: Theologia prophetica. Francofurti 1710. S. 257 - 346.

May, Joh. Heinr. [Präs.] u. Anton Dan. Stockhausen (Dauernh.) [Resp.]
Partis IV. Harmoniae evangelicae Cap. IV Peric. V. de veris et falsis eleemosynis ut et Peric. VI. de vera et falsa oratione.
Gissae-Hass. 18. u. 22. Dez. 1703: J. R. Vulpius. (2) S. u. S. 539-568 und (2) S.

Majus, Joh. Heinr., Epistola ad virum J. Fried. Mayerum qua calumnia crimen, inique sibi impactum, modeste abstergit, ac suam pariter famam et officium ab obstrectationibus aliis vindicat. (Giessen) (Joh. H. Vulpius) (16. XII.) 1705. 22 S. (4.—) 22053

Maius, Joh. Heinr. (Giessen), Epistola qua summorum theologorum aliorumque illustrium virorum ad Balth. Meisner. (Theol. Prof. Wittenb.) Frankfurt/Main (Sand) 1712. (Giessen, 13. IV. 1712.) (4.—) 22054

May, Joh. Heinr. d. Ä. [Präs.] u. Wolfg. Joh. Groeper [Autor et Resp.]
Dissertatio inauguralis theologica de erroribus fanaticorum quorundam, circa lumen naturae hoc tempore exortis.
Gissae-Hass. [12.] Febr. 1709: Joh. Reinh. Vulpius. (4), 48 S. 4°
pro licentia summos in theologia honores ac privilegia doctoralia rite consequendi.

May, Joh. Heinr. d. Ä. [Präs.] u. Petrus Zorn (Hamburg) [Autor et Resp.]
Dissertatio academica de eunuchismo Origenis Adamantii.
Gissae Hassorum 29. Juni 1708: Henning Müller. (2), 24 S. 4°

Maj, Johann Heinrich [Praes.], s. F a b r i c i u s, Johann Philipp Jakob: De aris et altaribus veterum.

M a j u s, J. H., ad gesta Pauli Atheniensia. Giess. 1727. 4; rep. in Ikenii thes. diss. 2. p. 669 ss.

May, Joh. Heinr. d. Ä. [Präs.] u. Joh. Martin Schad [Resp.]
Dissertatio philosophica de ψευδωνυμω γνωσει seu de falsa eruditione ad I. Tim. VI. v. 20.
Giessae 8. Okt. 1707: Joh. Reinh. Vulpius. 36 S. 4°
pro magisterii gradu legitime consequendo
auch in: May, J.H.: Select. exercitationum philol. et exeg. Francof. 1711. Tom. 1. S. 293 - 332.

M a j u s, J. H., de ψευδωνύμῳ γνώσει. Giess. 1717. 4.

M a j i, Ioh. H., Grammatica Aethiopica. 4. Frft. Andreae. 707.

May, Joh. Heinr. d. Ä. [Präs.] u. Joh. Heinr. May d. J.
Halīkot semitta sive exercitatio philologica de jure anni septimi secundum disciplinam Ebraeorum ad diversa Codicis Sacri loca illustranda.
Giessae 4. Juli 1707: Vulpius. 24 S. 4°
pro summis in philos. honoribus

May, Joh. Heinr. [Präs.] u. Joh. Martin Sigwart
Dissertatio de haeresi practica, quae per praecipuos fidei christianae articulos monstrata, nunc ab autore denuo revisa et gemina appendice aucta. I. Defenditur tum Epistola Dn. Praesidis, tum ipsa Dissertatio, adversus Anonymi insultus. II. Vindicatur Dn. D. Jaegeri judicium, quod de B. Spenero tulit, ab iniqua Censura L. Georg. Friedr. Niehenck, et CL. Auctoris der Unschuldigen Nachrichten.
o.O. 1719. 120 S. 4°
auch in: May, J.H.: Select. exerc. philol. et exeg. Francof. 1711. Tom. 2. S. 81 -190.

Majus, Joh. Heinr. d. Ä.
Harmonia evangelica omnium dictorum et factorum Jesu Cristi usque ad pascha Staurosimon, ita concinnata ut monotessaron sive unum continuum evangelium perpetua paraphrasi sistatur ac illustratur.
Francofurti ad Moenum: Maximilianus a Sande 1707. 1472 S.
(Umfaßt Pars 1-5.
Pars 1: Cap. 1-14.
Pars 2: Cap. 1-8.
Pars 3: Cap. 1-19.
Davon ist auch als separat erschienene Disp. nachweisbar: Kap. 16 [= theol. Disp. v.A. D.Stockhausen 1701].
Pars 4: Cap. 1-24.
Davon sind auch als separat erschienene Disp. nachweisbar: Kap. 4, Sect.2[= theol. Disp. v. 10.3.1703]. Kap.4, Sect. 5 u.6 [= theol. Disp. v. 18. u. 22.12.1703].
Pars 5: Cap. 1-50.

May, Joh. Heinr. d. J. [Präs.] u. Georg Clem. Draud (Dauernh., Paed. Giess. Coll.) [Resp.]
Historia nativitatis Christi, philologicis quibusdam observationibus illustrata.
Giessae 7. Dez. 1717: Vulpius. 16 S. 4°

Majus, Joh. Heinr. d.Ä.
Historia reformationis per Veteris et Novi Testamenti libros secundum seriem seculorum digesta et ad reformationem D. Lutheri adplicata.
Giessae et Francofurti: Vulpius et Lammers 1718.
(24), 463 S. 4° (Vorwort datiert: 26. April 1718).
(Umfaßt Prolegomena und 26 Kapitel. Davon sind auch als separat erschienene Disp. nachweisbar: Kap. 2 [= theol. Disp. v. 1717], Kap. 4[= theol. Disp. v. 1717], Kap. 16 u. 17 [= theol. Disp. v. 1718].

May, Joh. Heinr. d.Ä. [Präs.] u. Jo. Casp. Theop. Stier [Resp.]
Dissertatio de felici pauperis infelicitate et loco de vita aeterna.
Giss ae 1714. 4°

May, Joh. Heinr. d.Ä. [Präs.] u. Joh. Hess [Resp.]
Dissertatio de judicio Dei in angelos lapsos.
Gissae 1711. 4°

auch in: May, Joh. Heinr.: Oeconomia judiciorum divinorum. Francof. 1712. S. 25 - 64

May, Joh. Heinr. d.Ä. [Präs.] u. Philipp Jacob Bürcklin (Durlach) [Resp.]
Disputatio theologica de iudicio Dei in eos, quos Satan obsidet, cui inseruntur nonnulla de modernis inspiratis.
Giessae Hassorum 27.Juni 1715: vidua J.R. Vulpii. (4), 24 S. 4°

Majus, Joh. Heinr. d.Ä. [Präs.] u. Joh. Heinr. Gebhardi [Resp.]
Ex oeconomiae judiciorum divinorum in novo testamento parte I. caput III. et IV. de judicio dei in Herodem magnum et in Archelaum.
Giessae 1715.

May, Joh. Heinr. d.Ä. [Präs.] u. Tobias Leun (Lang-Goens)
Disputatio theologica de judicio Dei in temere judicantes, ex iure Talionis, cui inseruntur quaestiones de processibus iniuriarum, et provocatione in vallem Iosaphat.
Giessae Hass. 6. Nov. 1715: Vidua J.R. Vulpii. (4), 32 S.

May, Joh. Heinr. d.Ä. [Präs.] u. Salomon Pfister (Heydenheim)
De judicio dei in Moabitas, ex oeconomia judiciorum divinorum.
Giessae Hass. [9.] März 1713: vidua J.R. Vulpii.Titelbl. u. S. 521-562, 4°

Majus, Joh. Heinr. d.Ä.
Ex oeconomiae judiciorum divinorum in novo testamento parte I. caput I et II de judicio dei in Zachariam sacerdotem et in puerulos Bethlehemiticos ...
Gissae 1714.

May, Joh. Heinr. d.Ä. [Präs.] u. Joh. Heinr. Stockhausen (Dauernh. - Wetteravus) [Resp.]
Disputatio theologica de judicio divino per ventos et tempestates, nec non in porcos et alia animalia, ad Matth. VIII. 34. seqq.
Giessae-Hass. 21. Nov. 1715: vid. J.R. Vulpii. (4), 30 S. 4°

May, Joh. Heinr. d.Ä. [Präs.] u. Joh. Daniel Sartorius (Biebesheim)
Dissertatio historico-philologica de Kijun et Remphan vocibus veratissimis Amosi V et Actor VII.
Gissae Hassorum Aug. 1707: Joh. Reinh. Vulpius. 21 S. 4°
pro summis in philos. honoribus impetrandis
auch in: May, J. H.: Select. exerc. philol.et exeg. Francof. 1711. Tom.1. S. 763 - 787.

May, Joh. Heinr. der Jüngere
Manipulus positionum et problematum ex philologia et philosophia collectorum.
Giessae 24. Sept. 1707: Vulpius.8 S. 4°
pro licentia publice praesidendi et Collegia aperiendi

May, Joh. Heinr. d.Ä. [Präs.] u. Joh. Friedr. Mickel [Resp.]
Dissertatio de manna triplici ex scripturae et naturae libro, occasione loci Apoc. II, vers. 17.
Giessae [27. Febr.] 1706: 34 S. 4°
pro gradu et honore magisteriali consequendo.
auch in: May, J.H.: Select. exerc. philol. et exeg. Francof. 1711. Tom.2. S. 603-642.

Majus, Joh. Heinr. d.Ä.
Disputatio sacra misericordiam divinam humanae exemplar sistens ex verbis Christi.
Gissae 1714.

May, Joh. Heinr. d.Ä. [Präs.] u. Joh. Conr. Arnoldi [Resp.]
Μνημόσυνον τῆς χάριτος καὶ εὐχαριστίας sive monumentum gratiae et gratiarum actionis, quod in liberatione ex potestate tenebrarum a S. Paulo Col.I, 12. 13. 14. positum.
Giessae 2. 12. 1717: Vulpius. 24 S. 4°
in memoriam Jubilei secundi Reform. Luth. loco disputat. inaug. pro obtinendis juribus ac privilegiis Doctoratus theologici 1717.

May, Joh. Heinr. d.Ä. [Präs.] u. Christoph Theophil Raabe (Niedergemünd) [Resp.]
Dissertatio theologica de mysterio conversionis judaicae gentis ante mundi finem adhuc certo sperandae. Von der Juden Bekehrung Ex Oraculo Paulino Rom. XI, 25.
Gissae 22. Juni 1716: Joh. Müller. 40 S. 4°

Majus, Joh. Heinr. d.Ä.
Ex theologia Lutheri de mysterio S.S. Trinitatis.
Gissae 1708.

May, Joh. Heinr. d.Ä. [Präs.] u. Joh. Daniel Vietor
Dissertatio philologica de nomine Jehovah.
Gissae 5. Oct. 1707: Henning Müller. 16 S. 4°
pro summis in philos. honoribus consequendis.

May, Joh. Heinr. d. Ä. [Präs.] u. Wolfg. Jac. Praun
Theologiae evangelicae, ex pericopis evangeliorum ordinariorum disputatio XXI ... locus de notis filiorum dei et diaboli.
Giessae-Hass. 19. Aug. 1701: Henning Müller. 2 S., S. 677-706, 2 S. 4°

May, Joh. Heinr. d.Ä. [Präs.] u. Joh. Nic. Sybel (Soest)
Ex oeconomia judiciorum Dei cap. 1. De oeconomia judiciorum dei in genere.
Gissae März 1711: Vulpius. 24 S. 4°

auch in: May, Joh. Heinr,: Oeconomia judiciorum divinorum. Francof. 1712. S. 1 - 24

Majus, Joh. Heinr. d.Ä.
Oeconomia judiciorum divinorum per omnes Sacri Codicis libros secundum seriem saeculorum et similitudinem rerum adornata atque digesta. P. 1-4.
Francofurti : a Sande 1712-17.
(P.I.1712. II.1713. III. 1714. IV.1717.)
(P.1 umfaßt 54 Kapitel.
Davon sind auch als separat erschienene Disp. nachweisbar: Kap. 1 [= theol. Disp. v. März 1711], Kap.2 [= theol. Disp. v. Joh. Hess 1711].
P.2 umfaßt 78 Kapitel
Davon sind auch als separat erschienene Disp. nachweisbar: Kap.64 [= theol. Disp. v.[9.] März 1713].
P.3 umfaßt 23 Kapitel und Suppl. mit 3 Kap.
P.[4], 1 umfaßt 25 Kapitel und Appendix.
Davon sind auch als separat erschienene Disputationen nachweisbar: Kap. 1 und 2 [= theol. Disp. v. 1714], Kap.3 und 4 [= theol. Disp. v. 1715 , Resp. J.H. Gebhardi], Kap. 6 [= theol. Disp. v. 27. Juni 1715], Kap. 7 [= theol. Disp. v. 6. Nov. 1715], Kap. 8 und 9 [= theol. Disp.v. 21. Nov. 1715].
P[4], 2 umfaßt 10 Kapitel.

May, Joh. Heinr. d.Ä. [Präs.] u. Olaus Aurivillius (Gevalia-Suecus) [Resp.]
Harmoniae evangelicae Part. IV. cap. IV. Sect. II. De officio et vita christianorum legi a Christo vindicatae conformi.
Giessae-Hass. 10. März 1703: J.R. Vulpius. (2) S. u. S. 497 - 516, und (2), 3 S. 4°

May, Joh. Heinr. d.Ä. [Präs.] u. Joh. Leonh. Andreae (Henfenfeld) [Autor et Resp.]
Paradoxa Lutheri orthodoxa, per praecipuos fidei articulos.
Giessae 4. Dez. 1711: Henning Müller. (4), 35, (1) S. 4°

May, Joh. Heinr. d.Ä. [Präs.] u. Joh. Caspar Lanius (Steinfordia, Wetteravus)
Ex theologia evangelica pericopen dom. exaudi, et locum inde erutum, de persecutionibus testium veritatis.
Giessae 23. Aug. 1710: Henning Müller, (6), 37 S. 4°

May, Joh. Heinr. d.Ä. [Präs.] u. Joh. Justus Losius (Hildesiensis) [Autor et Resp.]
Dissertatio philologica de philosophia Jobi Arabica.
Giessae Hass. [21.] Mai 1707: Joh. Reinh. Vulpius. 28 S. 4°
pro summis in philos. honoribus

auch in: May, H.J.: Select. exerc. philol.et exeg. Francofurti 1711. Tom.1. S. 369-400.

May, Joh. Heinr. d.Ä. [Präs.] u. Joh. Georg Rüdiger [Resp.]
Specimen philosophiae Mosaicae, thesibus quibusdam subitariis comprehensum.
Giessae 11. Oct. 1707: Henning Müller. 12 S. 4°
pro summis in philos. honoribus ... rite impetrandis.
auch in: May, J.H.: Select. exerc. philol. et exeg. Francof. 1711. Tom.1. S. 401 -408.

May, Joh. Heinr. d.Ä. [Präs.] u. Nicol. Kuhlmann (Nauheim)
Dissertatio academica de pietate Cyri, regis Persarum, ad Jesa. XLV, v. 1 seqq.
Giessae Hassorum 15. Aug. 1707: Joh. Reinh. Vulpius. (2) 34 S. 4°
pro magisterii gradu legitime consequendo

auch in: May, J.H.: Select. exerc. philol. et exeg. Francof. 1711. Tom. 2. S. 793 - 832.

May (Majus), Johann Heinrich d. Jüng. u. Joh. Reinh. Junck (Rector Lycei Wezlar) [Resp.]
Disputatio inauguralis pleonasmos linguae graecae in N.T. occurrentes sistens.
Giessae Juli [21. Oct.] 1728: vidua J.R. Vulpii. (4), 75 (1) S. 4°
pro summis in Philosophia honoribus

May, Joh. Heinr. d.Ä. [Präs.] u. Joh. Conrad Creuzer (Marburg) [Autor et R.]
Dissertatio theologica de unico SS. theologiae principio, quod est s. Scriptura canonica.
Giessae-Hass. Nov. 1706: J.R. Vulpius. 36 S. 4°

May, Joh. Heinr. d.Ä. [Präs.] u. Joh. Conrad Creuzer (Marburg) [Resp.]
Dissertatio theologica de unico SS. theologiae principio, quod est S. Scriptura canonica. [Diss. v. Nov. 1706]
Gissae Hass. Nov. 1710: J.R. Vulpius. (24) S. 4°

May, Joh. Heinr. d.Ä. [Präs.] u. Andreas Ludwig Hepplen (Gussenstadt) [Autor]
Disputatio theologica: Quaestiones selectae controversae de justificatione hominis forensi quae his etiam temporibus potissimum sunt motae.
Giessae 25. Oct. 1708: Henning Müller. (8) 56 S. 4°
auch in: May, J.H.: Select. exerc. philol. et exeg. Francof. 1711. Tom. 2. S. 313 - 414.

Majus, Joh. Heinrich d.Ä.
Historiae reformationis per omnes veteris et novi testamenti libros secundum seriem seculorum digestae atque adornatae ... cap. II de reform. secunda.
Giessae 1717.

Majus, Joh. Heinr. d.Ä.
Historiae reformationis per omnes veteris et novi Testamenti secundum seriem saeculorum digestae atque adornatae ... caput IV. de reformatione quarta.
Gissae 1717.

Majus, Joh. Heinr. d.Ä.
Historiae reformationis per omnes veteris et novi Testam. libros secundum seriem saeculorum digestae atque adornatae. in memoriam secundi saecularis anni reformationis Lutheri caput XVI. et XVII. de reformatione Asae et Josaphati, Judae regum ...
Giessae 1718.

May (Majus), Johann Heinrich d. Jüngere [Präs.] u. Geo. Henr. Münster (Heilbronn) [Resp. et Auctor]
Dissertatio inauguralis de Schechinah.
Giessae 11. Nov. 1723: Witwe Joh. Reinh. Vulpius. 46 S. 4°
pro summis in philosophia honoribus rite consequendis.

May, Joh. Heinr. d.Ä. [Präs.] u. Joh. Georg Nebel [Resp.]
Sciagraphia philosophiae Abrahami.
Gissae Hass. [12. Oct.] 1707: Vulpius. 8 S. 4°
pro summis in philosophia honoribus rite impetrandis
auch in: May, J.H.: Select. exerc. philol. et exeg. Francof. 1711. Tom. 1. S. 364 - 368.

May, Joh. Heinr. d.Ä. [Präs.] u. Joh. Heinr. Trost (Frankenberg)
Sciagraphia philosophiae Adami ejusque posterorum antediluvianorum.
Giessae 27. Sept. 1707.
pro summis in philosophia honoribus impetrandis
auch in: May, J.H.: Select. exerc. philol. et exeg. Francof. 1711. Tom. 1. S. 355 - 363.

May, Joh. Heinr. d.Ä. [Präs.] u. Mauritius Daniel Soldan [Auctor et Resp.]
Sciagraphia scholarum propheticarum.
Gissae [10.] Okt. 1707: H. Müller. 12 S. 4°
pro summis in philos. honoribus obtinendis
auch in: May, J.H.: Select. exerc. philol. et exeg. Francof. 1711. Tom. 1. S. 645 - 658.

Majus, Joh. Heinr. d.Ä.
Theologia Lutheri Disp. II. De scriptura sacra.
Gissae 1708.

Majus, Joh. Heinr. d.Ä.
Theologia Lutheri Disp. III. De scriptura sacra.
Gissae 1708.

Majus, Joh. Heinr. d.Ä.
Theologia Lutheri Disputatio IV. De scriptura sacra.
Gissae 1708.

Maj, Johann Heinrich [Praes.], s. S i g w a r t, Johann Martin: De haeresi practica, quae per praecipuos fidei Christianae articulos monstrata.

May, Joh. Heinr. d.Ä. [Präs.] u. Gerhard Zange [Resp.]
Dissertatio de pietatis specie et virtute, ad 2 Tim. III, 5.
Gissae 7. März 1715: Vulpius. 46 S. 4°

May, Joh. Heinr. d.Ä. [Präs.] u. Fried. Phil. Joh. Müller [Auctor et Resp.]
Dissertatio theologica de summa theologiae christianae, sive mysterio magno Christo et pro nobis et in nobis.
Gissae 5. Sept. 1714: vidua Joh. R. Vulpii. 48 S. 4°

May (Majus), Joh. Heinr. d. J. [Präs.] u. Guil. Adam Goebel (Laubach) [Resp.]
Tempus pascha Christi ultimi.
Giessae 5. Febr. 1712: Vulpius. (2), 44 S. 4°
pro summis in philosophia honoribus rite consequendis.

Majus, Joh. Heinr. d. Ä.
Theologia evangelica ex pericopis evangeliorum dominicalium et festivalium eruta, et ita comparata, ut post analysin, harmoniam et exegesin, locus theologicus theoretice et practice pertractatur. P. 1-4.
Giessae et Francofurti 1701-1719
(Pars I. 1701. II. 1711. III.IV. 1719.)
17 (V 2333): Pars 1.2.

Majus, Joh. Heinr. d.Ä.
Theologia evangelica, ex pericopis evangeliorum dominicalium et festivalium multis vigiliis et meditationibus eruta ... 2.ed. Pars 1-4.
Giessae et Marburgi: Müller 1725-30.
P.1. umfaßt 27 Kap.
Davon ist Kap. 25 auch als separat erschienene theol. Disp. vom 19. Aug. 1701 erhalten.
P.2. umfaßt 14 Kap.
Davon sind auch als separat erschienene Disp. nachweisbar: Kap.1, Teil 1 [=theol. Disp. v.3. Dez.1701], Kap.5 [= theol. Disp. De Christo bono pastore, 1701], Kap.9 [= theol. Disp. v. Juli 1710], Kap. 10 [= theol. Disp.v. 23. Aug. 1710].
P.3. umfaßt 14 Kap.
Davon sind auch als separat erschienene Disp. nachweisbar: Kap. 1, Teil 1[= theol. Disp. J.L.Froereisen], Kap 1, Teil 2[= theol. Disp. v. J.C.T. Stier 1714], Kap 2[= theol. Disp. v. Nov.[29.Oct.] 1714], Kap.5 [= theol. Disp. v. J. C. Stein 1715], Kap.8 [= theol. Disp. v. [6.]Juli 1715], Kap. 9 [= theol. Disp. v. 21.8.1715].
P.4. umfaßt 14 Kap.

May, Joh. Heinr. d.Ä. [Präs.] u. Chrph. Heinr. Dornemann (Hamburg) [Resp.]
Theologia Jesaiana, e toto volumine Jesaiae vatis, secundum seriem locorum theologicorum omnium breviter delineata.
Gissae 7. Aug. 1704: H. Müller (8), 126 S. 4°

May, Joh. Heinr. d.Ä. [Präs.] u. Chrph. Heinr. Dornemann (Hamburg) [Resp.]
Theologia Jesaiana e toto volumine Jesaiae vatis, secundum seriem locorum theologicorum omnium breviter delineata. [Diss. v. 7. Aug. 1704]
in: May, Joh. H. d.Ä.: Theologia prophetica.
Francofurti a.M. 1710. [in Anhang] S. 85 ff.

Majus, Joh. Heinr. d.Ä.
Theologia D. Mart. Lutheri pura et sincera ex viri divini scriptis universis maxime tamen latinis per omnes articulos fidei digesta et concinnata.
Francofurti a. M: a Sande 1709.
(Umfaßt Prolegomena 1 und 2 und 30 Kap. Davon sind als separat erschienene Disp. nachweisbar: Kap. 1 [= drei theol. Disp. v. 1708], Kap.2 [= zwei theol. Disp. v. 1708], Kap. 17 [= theol. Disp. v. 1709].

Maj, Johann Heinrich [Praes.], s. T h e r i n g, Benedikt Heinrich: Dodekapropheton, sive theologia prophetica ex vatibus XII, minoribus secundum seriem articulorum fidei.

May, Joh. Heinr. d.Ä. [Präs.] u. Joh. Heinr. Trost (Frankenberg) [Resp.]
Theses selectae ex antiqua et recentiore philosophia depromtae.
Gissae Hass. 28. Sept. 1707: Joh. Reinh. Vulpius. 8 S. 4°
pro summis in philosophia honoribus impetrandis.

May, Joh. Heinr. d. Ä. [Präs.] u. Balthasar Schmidt (Schotten) [Resp.]
Dissertatio theologica de thesauris omnium bonorum a Christo apertis, ac de usu miraculorum in artic. de provid. divina ex pericop. evangel. dom. VII. p. trinit. delineata.
Gissae 21 Aug. 1715: Joh. Müller. (2), 26 S. 4°
pro more respondentium publice defend.

May (Majus), Johann Heinrich d. Jüng. [Präs.] u. Joh. Georg Funcke (Marcanus) [Resp.]
Dissertatio inauguralis de tiara Pontificis Ebraeorum maximi.
Giessae Sept. [Oct.] 1723: vid. Vulpii. (2), 32, (6) S. 4°
pro obtinendis honoribus Philosophorum Academicis

May (Majus), Johann Heinrich d. Jüng. [Präs.] u. Joh. Hermann Benner [Resp.]
Dissertatio inauguralis qua Luciani Tractatum de Longaevis nova versione latina notisque philologicis instructum exponit.
Giessae 16. März 1724: vidua Joh. Reinh. Vulpii. (4), 64 S. 4°
pro summis in philos. honoribus

May, Joh. Heinr. d. Ä.
R. Mosis filii Maimon Tractatus de juribus anni septimi et jubilaei. Textum Hebraeum addidit, in sermonem Latinum vertit, notisque illustravit Joh. Heinr. Maius, filius. Accessit, Appendicis loco, Dissertatio de jure anni septimi.
Francofurti a. M.: Joh. Max. a Sande 1708. 4°

May, Joh. Heinr. d. Ä. [Präs.] u. Joh. Heinr. May (Sohn) [Resp.]
Orientalium linguarum usus catholicus.
Giessae Aug. 1704: Vulpius. 32. S. 4°

May (Majus), Johann Heinrich d. Jüngere [Präs.] u. Joh. Chph. Bergen (Allendorf a. d. Lumda) [Resp.]
Graecae veritatis stilique apostolici vindiciae adversus recentissimi Critici Anglicani [Zachar. Pierce] censuram.
Giessae 27. Juli 1724: vidua J. R. Vulpii. 32 S. 4°
pro consequendis summis in philos. honoribus

May, Joh. Heinr. d. Ä. [Präs.] u. Anton Daniel Stockhausen
De vocatione Matthaei.
Giessae 1701.
(in: May, J. H.: Harmonia evangelica. Frf. 1707.)

Maj, Johann Heinrich [Praes.], s. W a l t h e r, Heinrich Andreas: Ex antiquitate orientali de Zabiis.

May, Joh. Heinr. d. J. [Präs.] u. Heinr. Andreas Walther [Autor et Resp.]
Ex antiquitate orientali, de Zabiis.
Giessae 20. Aug. 1716: vidua J. R. Vulpii. (4), 20 S. 4°
"pro summis in philosophia honoribus consequendis."

May, Joh. Heinr. [Präs.] u. Chrph. Ludw. Runckel (Gießen) [Resp.]
Dissertatio publica loco circa criticae et philologiae sacrae ζητήματα nonnulla, positiones subitariae.
Giessae 12. Oct. 1707: H. Müller. 12 S. 4°
pro magisterii gradu legitime impetrando

M a i, Julius. Die Braut von Messina. Bern 1910 s. a. S c h i l l e r, [Friedrich von].

M a i, Julius. Die Braut von Messina. Oper in 3 Akten. Nach den Worten der [Friedrich von] Schiller'schen Dichtung. [Textheft.] 46 S. 8. Bern, Buchdr. Berner Tagblatt, 1904. [fr. —. 40]

M a i, Julius. Kassandra. Gedicht von Friedrich von Schiller. componirt für Männerchor, Sopransolo und Orchester von Julius Mai. Klavier Auszug. 37 S. 4. Bern & Fribourg, Otto Kirchhoff, [1901]. Klavier Auszug M. 6. —, Chorstimmen (je M. —. 75) M. 3. —

Mai, Jul., Vademecum der Chemie. Repetitorium der anorgan., organ. u. analyt. Chemie. Bearb. f. Studierende, denen die Chemie als Hülfswissenschaft dient, speziell für Mediziner, Tierärzte u. Schüler höherer Lehranstalten. 8. (VII, 127 S.) Mannheim 890. Bensheimer's Verl. geb. n. 3. —

MAI, J.
Vademecum der Chemie. Repetitorium der anorganischen, organischen und analytischen Chemie. Zweite volkommen veränderte Auflage. Mannheim, 1899. 8vo.

Mai, Jul., Vademecum der Chemie. Repetitorium der anorgan., organ. u. analyt. Chemie. Bearb. f. Studierende, denen die Chemie als Hülfswissenschaft dient, speciell f. Mediziner, Thierärzte u. Schüler höh. Lehranstalten. 2., vollkommen veränd. Aufl. 12. (III, 160 S.) Mannheim (900). J. Bensheimer's Verlag. Kart. n. 2. —

Mai, Karl

Mai, Carl, das Geheimnis des Stollens, s.: Weber's moderne Bibliothek.

M a i, Carl, ist dies Ihr Erinnerungsheft? Eine Vorstell. d. ernsten Seyn u. d. Verkehr d. Weltleute entnommen. Ein Erweis, Teutoniens Zunge sey vermögend, ohne ABC, eine Komödie zu liefern. gr. 12. (6 B.) Wien 832, (Mayer u. Comp.)
Vgl. M a y.

Mai, Carl [aus Darmstadt]: Ueber Condensationen von Phenolen mit ungesättigten Kohlenwasserstoffen ... München, kgl. Hof- u. Univ.-Buchdr. v. Dr. C. Wolf & Sohn, 1892; 48 S. 8.
München, Phil. Fak., Inaug.-Diss. v. 1893

Mai, Karl, Liewesfreid un Liewesleid od.: Verhängnißvoll ferwohr sin Blatt' un fuchsig Hoor. Orig.-Lokalposse in 4 Akten in Dammschdädter Schbroch. 8. (VII, 48 S.) Darmstadt 892. H. L. Schlapp. n. — 50

Maj, Kazimierz, pr. Arzt: Aus d. Univ.-Ohrenpoliklinik München. ⟨Vorstand: Haug.⟩ Über die Chondrome des äusseren Ohres nebst einem casuistischen Beitrag. Posen 1908: Verlagsdr. Praca. 14 S. 8°
München, Med. Diss. v. 5. Nov. 1908, Ref. v. Angerer
[Geb. 3. März 83 Pr. Stargard; Wohnort: Schmiegel; Staatsangeh.: Preußen; Vorbildung: Gymn. Pr. Stargard Reife Aug. 01; Studium: Breslau 7, München 3 S.; Coll. 5. Nov. 08; Approb. 21. März 08.] [U 09. 3359

Mai, L., Erzählungen. s.: Jugendbibliothek, neue deutsche.

Mai, L., zu früh, s.: Jugend-Bibliothek, neue deutsche.

M a i Leo — Die beiden Grafel. Volks-Schauspiel mit Gesang und Tanz in drei Abtheilungen und einem Vorspiele nach Ed. Breier's gleichnahmigem Roman bearbeitet von — —. Musik vom Kapellmeister Stolz. Manuskript. Im Auftrage des Verfassers auf rechtmäßigem Wege nur zu beziehen durch E. Nonne in Wien. Josefstadt Nr. 128. Wien, 1855. Aus J. B. Wallishaussers k. k. Hoftheater-Druckerei. (45 S. 8.)

M a i, Ludw., der Gegensatz und die Controversen der Sabinianer und Proculianer im Anschluß an die Berichte der Gaianischen und Justinianischen Institutionen. Inaugural-Dissertationen. gr. 8. (55 S.) Ludwigshafen 885. (Heidelberg, Burow's Verlag.) *

Mai, Ludwig [aus Ludwigshafen a/Rh.]: Der Gegensatz und die Controversen der Sabinianer und Proculianer im Anschluß an die Berichte der Gaianischen und Justinianischen Institutionen .... Ludwigshafen a/Rh., Buchdr. v. Wilhelm Wörle (1886); 55 + 1 S. 8°.
(Nur in beschränkter Zahl für den Austausch.)
Freiburg i. B., Jur. Fak., Inaug.-Diss. v. 1886.

M a i, Ludw. Der Gegensatz u. die Controversen der Sabinianer u. Proculianer im Anschluß an die Berichte der Gaianischen u. Justinianischen Institutionen. gr. 8. (55 S.) Mannh. 889, Bensheimer. * 1 50

— — Die Havarie-Grosse nach der lex Rhodia de jactu, dem deutschen Handelsgesetzbuch u. der deutschen Rechtsprechung. gr. 8. (60 S.) Ebd. 889. * 1 50

Mai, Ludwig [aus Hanau a/M.]: Über Imidokohlensäurederivate und die sogenannten normalen Cyansäureaether ... Würzburg, Becker's Univ.-Buchdr., 1896; 60 S., 2 Bl. 8.
Würzburg, Phil. Fak., Inaug.-Diss. v. 1896

Mai, Moritz (Pseud.), s.a. Baumgarten, Paul Maria

Mai, Mor., „Voraussetzungslosigkeit" in Theorie u. Praxis. Kritische Beleuchtung des „Falles Lenz" u. des Falles „Lehmann". gr. 8. (54 S.) München 902. Literar-artist. Anstalt. n. 1. —
Sonderabdruck aus: „Histor.-polit. Blätter".

Maja. Bibliothek neuer Originalnovellen. 1. u. 2. Bd. Novellen u. Erzähln. v. W. Zimmermann. — A. u. d. T.: Amor's u. Satyr's. 2 Bde. gr. 16. (25 B.) Stuttgart 834, Hallberger.

—— dass. 3. Bd. — A. u. d. T.: Erzähln. u. Novellen v. Fr. Seybold. gr. 16. (13 B.) Ebds. 834.

—— dass. 4. Bd. — A. u. d. T.: Das Historienbuch d. Jongleurs. Altfranz. Novellen. Hrsg. v. O. L. B. Wolff. gr. 16. (17½ B.) Ebds. 834.

—— dass. 5. Bd. — A. u. d. T.: Die Freundinnen. Eine Erzähl. aus d. poln. Revolutionszeiten v. Charlotte v. Glümer, geb. Spohr. gr. 16. (15½ B.) Ebds. 834.

—— dass. 6. Bd. — A. u. d. Ttln.: Die Wege d. Vorsehung. — Glanz u. Glück. Von Charlotte v. Glümer, geb. Spohr. gr. 16. (18 B.) Ebds. 834.

Maja der Wildfang. 85 kleine Geschichten für Kinder von 5—7 Jahren. Von der Verf. von „Klein-Lieschen." br. 8. (60 S. mit 8 lithogr. und ill. Zeichnungen in Tondr. von G. Bartsch.) Berlin (861)62, Springer's Verlag.

Maja, Vigil v., die kleine Bühne. Nr. 1—3. Innsbruck, F. Rauch. n. 2. 20
1. S. Agnes. Schauspiel in 5 Acten. 12. (II, 47 S.) 899. n. — 60
2. König Saul. Beigabe: In der Redaction des Pfendax. Schwank in 1 Aufzuge. 12. (IV, 55 S.) 900. n. — 60
3. Der Tharer-Wirt. Ein Volksschauspiel in 4 Acten. 8. (II, 73 S.) 901. n. 1. —

Mai-Andacht, d. i.: Die Verehrung der allerseligsten Himmelskönigin u. jungfräulichen Mutter Maria im Maimonate, für Kirche u. Haus eingerichtet. Herausg. von einem kathol. Priester. 6. verb. u. verm. Aufl. Dülmen 856. (Münster, Aschendorff.) 8. (80 S. u. 1 Holzschn.) nn. 2¼ ngr.

— — (Ausg. in grobem Druck.) Ebend. 855. 8. (80 S. u. 1 Holzschn.) nn. 4 ngr.

Mai-Andacht. 15. Aufl. Dülmen 1865. V: *Eming, Johann Heinrich.* (Rass)

— d. i.: die Verehrg. der allerseligsten Himmelskönigin u. jungfräul. Mutter Maria im Maimote, f. Kirche u. Haus eingerichtet. Hrsg. v. e. kathol. Priester, J. E. 22. verb. Aufl. 8. (80 S.) Dülmen 872. Laumann n. — 25

Mai-Andacht, das ist: Die Verehrung der allerseligsten Himmelskönigin und jungfräul. Mutter Maria im Maimonate, für Kirche und Haus eingerichtet. Hrsg. von einem kathol. Priester. Ausg. Nr. 2. Mit feinem Druck. 29. verb. Aufl. 8. (78 S. mit 1 Holzschntaf.) Dülmen 879, Laumann'sche Verlagsh. *

Mai-Andacht, d. i.: Die Verehrung der allerseligsten Himmelskönigin u. jungfräulichen Mutter Maria im Maimonate, für Kirche u. Haus eingerichtet. Hrsg. von einem katholischen Priester. Ausg. Nr. 2 in feinem Druck. 32., verb. Aufl. 8. (80 S. m. 1 eingedr. Holzschn.) Dülmen 882. Laumann. n. — 25

— dasselbe. Ausg. Nr. 1 in grobem Druck. 10., verb. Aufl. 8. (160 S.) Ebend. 882. n. — 40

Mai-Andacht, d. i.: Die Verehrung der allerseligsten Himmelskönigin u. jungfräulichen Mutter Maria im Maimonate, f. Kirche u. Haus eingerichtet. Hrsg. v. e. kathol. Priester. 11. Aufl. Ausg. Nr. 1. in grobem Druck. 8. (160 S.) Dülmen 884. Laumann. n. — 40; Nr. 2. 38. Aufl. (80 S.) 885. n. — 25

—— dass. — Ausg. Nr. 2 in feinem Druck. 30. verb. und verm. Aufl. (78 S.) 1880; 31.—35. verb. Aufl. 8. (80 S. mit 1 Holzschn.) Ebendas. 881—84. *

Mai-Andacht, d. i.: Die Verehrung der allerseligsten Himmelskönigin und jungfräulichen Mutter Maria im Maimonat, f. Kirche u. Haus eingerichtet. Hrsg. von e. kathol. Priester. 40. Aufl. Ausg. in feinem Druck. 8. (80 S.) Dülmen 887. Laumann. n. — 25

— dasselbe. 18. Aufl. Ausg. Nr. 1 in grobem Druck. 8. (160 S.) Ebd. 888. n. — 40

Maiandacht. Ein Frühlingsmärchen f. fromme Kinder. gr. 16. (36 S.) Paderborn 897. Bonifacius-Druckerei. n. — 10

Maiandacht. – Maiandacht in einunddreißig Betrachtungen, nebst einem Anhange v. Gebeten zu Ehren unserer lieben Frau v. Lourdes. 16. (101 S.) Brünn: Benedict.-Buchdruckerei 1885.

Mai-Andacht, die, in Betrachtungen über das Leben Mariä. Für Kirche u. Haus. Von einem Priester der Erzdiöcese Freiburg. 859. (XII, 282 S. u. 1 Stahlst.) 9 ngr. — 2. verm. Aufl. Freiburg im Br. 862. Herder. 16. (IV, 391 S. u. 1 Stahlst.) 12 ngr.

Mai-Andacht, die, in Betrachtungen über das Leben Mariä. Für Kirche u. Haus. Von einem Priester der Erzdiöcese Freiburg. 3. u. 4., unveränd. Aufl. Freiburg i. Br. 866,70. Herder'sche Verlagsh. 12. (VII, 312 S. mit 1 chromolith. Titel u. Titelbild in Stahlst.) n. 12 ngr.

Mai-Andacht, die, in Betrachtungen üb. das Leben Mariä. Für Kirche u. Haus. 5. unveränd. Aufl. Mit Stahlst. u. color. Titel. gr. 16. (VII, 366 S.) Freiburg i/B. 874. Herder. 1. 50

— die, in Betrachtungen üb. das Leben Mariä. Für Kirche u. Haus. (Von e. Priester der Erzdiöcese Freiburg. 6. Aufl., m. c. Farbentitel. 16. (VII, 401 S. m. 1 Stahlst.) Freiburg i/Br. 885. Herder. 1. 50

Mai-Andacht in Betrachtungen über die nothwendigsten Wahrheiten der heiligen Religion. Brixen 1881. V: *Zöggeler, Alois.* (Mitth. d. Verlagsbuchh.)

— in Betrachtungen über die nothwendigsten Wahrheiten der Religion, mit Beispielen u. Gebeten zu Ehren der seligsten Jungfrau Maria. 16. (312 S. m. 1 Stahlst.) Brixen 881. Weger. n. 1. 20

— für Kinder. Aus dem Engl. 32. (96 S. m. 1 Stahlst.) Ebend. 873. — 30

— für Kinder. Aus dem Engl. v. M. F. Cusack, Schwester Mary Francis Clare. 2. unveränd. Aufl. mit 1 Titelbild (Stahlst.) 32. (98 S.) Ebend. 874. — 35

— für Kinder. Aus dem Englischen von M. F. Cusack, Schwester Mary Francis Clare. 3., unveränd. Aufl. Mit einem Titelbilde (in Stahlst.). 24. (98 S.) Freiburg i/Br. 882. Herder. n. — 35; geb. n.n. — 40

Mai-Andacht f. Kinder. Aus dem Engl. 4. Aufl. Mit c. (farb.) Titelbild u. 34 Vignetten. 16. (VI, 105 S.) Freiburg i/B. 899. Herder. Geb. n. — 50

— in Liedern. Von Frauenhand gesammelt. Oberhausen 870. Spaarmann. gr. 16. (79 S.) In engl. Einb. mit Goldschn. 22½ ngr.

Mai-Andacht, die — zu Ehren der seligsten Jungfrau Maria in der bischöfl. Kathedrale zu St. Pölten. 8. (36 S.) St. Pölten, bei Frz. Hofmann, Druck Franz Lorenz. 1853.

— die, als Mittel, verirrte Christen auf d. rechten Weg z. Himmel zurückzubringen u. gute Christen darauf zu erhalten. Zusammengest. in 31 Betrachtgn. v. e. Seelsorgs-Priester d. Diözese Augsburg. gr. 16. (244 S.) Donauwörth 895. L. Auer. Geb. in Leinw. n. — 75

Maiandacht, neuntägige, zu Ehren der unbefleckten Empfängniß Mariä. Nebst einigen Worten über den Ursprung und Zweck der Maiandacht. Passau 857. Elsäßer u. Waldbauer. 18. (36 S.) n. 2 ngr.

[F.] Mai-Andacht, wie sie in der Stadtpfarrkirche zu Fulda gehalten wird. 2. veränd. Aufl. ... Fulda: Fuldaer Actiendr. 1898. (47, 22 a — h S.) 1 Bd 8.

— f. Verehrer Mariens in kurzen Betrachtungen v. einem Marienkinde. 16. (148 S. m. 1 Stahlst.) Graz 887. Moser. geb. n. — 80

Maiandacht f. Verehrer Mariens in kurzen Betrachtungen v. e. Marienkinde. 2., verm. Aufl. 16. (153 S. m. 1 Stahlst.) Graz 891. Moser. Geb. in Leinw. n. — 80

Maiandacht zur Verehrung der allerseligsten Jungfrau Maria. Gebete, Litaneien u. Lieder. Breslau: F. Goerlich (1903). (46 S.) 8° [F.]

Maiandacht zur Verehrung der allerseligsten Jungfrau Maria. Gebete, Litaneien u. Lieder. Ster.-Aufl. (48 S. m. Titelbild.) gr. 16. Breslau (904). F. Goerlich. n. — 10

Maiandacht zur Verehrung der allerseligsten Jungfrau Maria. Gebete, Litaneien u. Lieder. Ster.-Aufl. (48 S. m. Titelbild.) kl. 8. Breslau (910). F. Goerlich. — 10

Mai-Andacht in Wechselgebeten für katholische Schulen. Coesfeld 1863. V: *Hüsing*, *Engelbert*. (Rass I, 162)

—— in Wechselgebeten für katholische Schulen. Zugleich zum Gebrauche beim öffentl. Gottesdienste und bei häusl. Andachten im h. Marien-Monate. Geordnet nach den Wochentagen und hrsg. von einem kathol. Schulvikar. 16. (75 S. mit 1 Stnt.) Coesfeld 863, Wittneven Sohn. *

Majans, Gregor., specimen Bibliothecae Hispano-majansianae, s. idea Catal. crit. scriptor. Hispan. 4. Hannov. Schmid. 753.

— lat. Chrestomathie f. Anfäng. 8. Hamb. Buchenröder. 775.

— Valentini epistolarum libri VI. ex Musaeo Glob. Aug. Jenichen. 4. Lips. 757.

— — id. lib. 4. Valentiae editanor. 752.

— institut. logicae methodo eclectica ordinatae. 8. ibid. 759.

Majar, Matija. Sveta brata Ciril in Metod slovanska apostola. V Celoveu, St. Hermagoras-Druck., 1885. 80 S.

Majar, Matia, Spisovnik za Slovence. 8. (70 S.) Klagenfurt 850, Leon. 6 ngr.

Der Maiausflug des Gymnasiums. (Aus der Hagenauer Zeitung.) 4 (S. 25—26). Progr. G. u. Rsch. *Hagenau* 1890 (502).

Maiausstellung, die, im Augar. zu Wien 1857. (24 S. 4 Bl. 4.) (Mit vielen in den Text eingedruckten Figuren.)

Majba, Wilh., s.: Predigten, evangelische, hrsg. durch d. Luthergesellschaft in Budapest (Doleschall, E. A., Reformationspredigt).

Maibaum, Wilh., Mensch und Schicksal. Ein Roman. 2 Thle. Leipzig 857. Kollmann. 8. (391; 360 S.) 2 ℛ.

Maiberger, Max, aus Kleinostheim: Studien über den Einfluß Frankreichs auf die Elisabethanische Literatur. T. 1: Die Lyrik in d. 2. Hälfte d. 16. Jhs. *Frankfurt a. M. 1903: Gebr. Knauer.* (54 S.) 8° ¶(T. 2 soll als Schulprogr. erscheinen.)
München, Phil. Diss. v. 1903

Maiblümchen. Erzählungen von Kindern für Kinder. Gesammelt u. in einen Strauß gebunden von A. R. u. G. S. Breslau 857. Dülfer. 8. (2 Bl., 76 S.) n. 5 ngr.

Maiblume, zu Ehren der unbefleckten Braut d. hl. Geistes, des Gottes der schönen Liebe. Ein Maibüchlein f. das kathol. Volk. Hrsg. v. e. kathol. Priester. 8. (155 S. m 1 Bild.) Steyl 887. Missionsdruckerei. n. — 40

Maiblumen. Erzählungen ... Görlitz 1817. V: *Lindau*, *Wilhelm Adolph*. (Ky) (EE)

Maiblumen. Erzählungen von d. Verf. des Romans: Heliodora (W. A. Lindau). 8. Görlitz 817. Anton in Halle. 1 ℛ

— von H. Fischer. gr. 8. Neustrelitz, Violet. 819.

Maiblumen. Taschenbuch f. d. heranwachs. Jugend. Ein Angebinde f. d. Kreis d. Häuslichkeit u. Liebe. 1. Jahrg. (1830) Hrsg. v. Henr. v. Hohenhausen. 12. (13 B. u. 5 Stnt.) Rinteln, Osterwald.

Maiblumen. Taschenbuch für das Jahr 1836. Herausg. v. C. Novis. (1r Jahrg. Enthält: Isabella von Arneville, oder die Belagerung von Calais. – Die Geschwister. – Die Bettlerin der Frauenkirche. Mit 1 Portr.) 8. Berlin. Plahn'sche Buchh. 1835 (Nitze)

Maiblumen. Lieder einer Stillen im Lande dargereicht von G. Knak. 863. n. 17½ ngr. — 2. Aufl. Berlin 864. Beck in Comm. 16. (VII, 168 S.) n. 15 ngr.

Maiblumen. Lieder einer Stillen im Lande. 3. Aufl. Berlin 1865. V: *Hausmann*, *Julie von*. H: *Knak*, *Gustav*. (Biogr. Jahrb. VI, 227)

Maiblumen. Lieder einer Stillen im Lande dargereicht von G. Knak. (1. Bdchn.) 3. u. 4. Aufl. Berlin 865—68. (E. Beck.) 16. (VI, 168 S.) n. 15 ngr.

— — 2. u. 3. Bdchn. 16. (V, 134 S. u. V, 150 S.) Ebend. 866,70. Jedes Bdchn. n. 15 ngr.

Maiblumen. Lieder e. Stillen im Lande, dargereicht v. G. Knak. 1. Abth. 5. Aufl. u. 2. Bdchn. 2. Aufl. 16. (IV, 168 u. VII, 134 S.) Berlin 872. 73. Beck in Comm. à n. 1. 50

Maiblumen. Lieder einer Stillen im Lande, dargereicht von G. Knak. 1. Bdchn. 6. Aufl. 16. (VI, 168 S.) Berlin 881. Deutsche evangel. Buch- u. Tractat-Gesellschaft in Comm. n. 1. 50

— dasselbe. 2. Bdchn. 3. Aufl. 16. (V, 184 S.) Ebend. 882. n. 1. 50

— dasselbe. 4. Bdchn. 16. (V, 96 S.) Ebend. 880. n. — 80

Maiblumen, Raudener. Heut und immer. Breslau [1861]. V: *Hoffmann gen. von Fallersleben, August Heinrich.* (GGr)

Maiblumen des jungen Skandinaviens. Aus d. Schwed. übers. von U. W. Dieterich. 12. Stockholm 843. (Bonnier.) n. 1/6 ß

Maiblüthen. Ein vollständiges Andachtsbuch in täglichen Gebeten und Gesängen nebst Beicht- u. Communiongebeten zur Feier des Marienmonats. Graz 857. Ferstl in Comm. 8. (2 Bl., 120 S.) n. 10 ngr.

[F.] **Maiblütenstrauss** zu Ehren der Himmelskönigin. Hrsg. z. Besten d. Mission in Brasilien. Von e. Ordensschwester. *Münster i. W.: Alphonsus-Buchh. [1897].* (64 S.) 1 Bd 8. [98. 3854

Maiböll, Christian, Blätter u. Blüten. Gedichte. (76 S.) 8. Heidelberg 907. Berlin, E. Philipp. 1. —

Maiborn, Alfred [aus Elberfeld]: Zur Kenntnis der Molekulargrösse anorganischer Salze in organischen Lösungsmitteln. Zürich 1898. 28 S. 8°.
Zürich. Phil. Diss. II. S. 1897/98.

MAI-BÖCHLEIN zum Gebrauche der Mai-Andacht in der Pfarrkirche zur heiligen Elisabeth (bei den P. P. Capucinern). Budapest 1903: Martin Bagó u. Sohn. 15 S. - 190 mm

Maibüchlein. Das „Maibüchlein" der ultramontanen Partei. Früher erschienen unter dem Titel: Die Maiwahlen. Ein ernstes Wort an das katholische St. Galler Volk, von einem aufrichtigen Freunde desselben. Neuer, buchstäblicher Abdruck, mit einer Einleitung begleitet von einem freisinnigen St. Galler. 8. *o. O.* 1845.

Majcen, Davorin: Simon Gregorčič-pesnik najplementitšejega domoljubja. (Na slavostnem večeru Gregorčičevem v „Narodnem domu" v Novem mestu dne 2. vel travna l 1908 predaval prof. D. M.) (Umschlagtitel: . . . domoljubja). S. 3 bis 11. 8. **Progr.** K. k. Obergymn. *Rudolfswert* 1908.
S. Gregorčič. Ein Dichter edelster Vaterlandsliebe . . .

Majcen, Gabrijel, Školske pesmi. Marburg. Th. Kaltenbrunner.
I. Stopnja (I. Stufe). Marburg 1888. Broschirt —.15
II. Stopnja (II. Stufe). Marburg 1888. Broschirt .20
III. Stopnja (III. Stufe). Marburg 1890. Broschirt —.35

Majcen Georg: Über eine Abbildung der allgemeinen Fläche 3. Ordnung und einige daraus abgeleitete Eigenschaften der rationalen ebenen Kurven 3. und 4. Ordnung. S. 117. IIa. 631 . . . . —.50
Separatabdruck

Majcen, Geo., über e. Abbildung der allgemeinen Fläche 3. Ordnung u. einige daraus abgeleitete Eigenschaften der rationalen ebenen Kurven 3. u. 4. Ordnung. (15 S.) gr. 8. Wien 908. A. Hölder — 50

— Die Fläche 4. Ordnung mit einer Doppelgeraden und eine besondere lineare Mannigfaltigkeit von Flächen 2. Ordnung. S. 121. IIa 1069 . . . . —.50
Separatabdruck

— Über die rationale Kurve 4. Ordnung mit Spitzen von der 1. und 2. Art. S. 119. IIa. 1755 . . . . —.50
Separatabdruck

— Ein Satz üb. die ebene Kurve 4. Ordnung m. e. Spitze 2. Art. (8 S.) gr. 8. Ebd. 910. — 30
Sonderabdruck aus: „Sitzungsber. d. k. Akad. d. Wiss."

MAJCEN, Martin: Der Dialekt von Bratonečici in seinen phonologischen, morphologischen und accentologischen Grundzügen. — 1900. 102 S.
Enthält. Diss. Graz, Univ.

Maichel, Daniel [Praes.], s. Faber, Christoph Friedrich: De usu moralitatis objectivae per universam philosophiam practicam, ipsamque theologiam revelatam latissime patente juvante deo triuno.

Maichel, Daniel [Praes.], s. Haas, Johann Konrad: Idea viri boni ex lumine naturae repraesentata.

Maichel, Dan., introductio ad historiam liter. de praecip. bibliothecis Parisiens. 8. Lpz. Gleditsch. 721.

Maichel, Daniel [Praes.], s. Lang, Ph. Heinrich: De corruptione mentis.

— lucubrationes Lambertanae, queis sistuntur monumenta literaria. 8. Tub. 739.

Maichel, Daniel, Oratio inauguralis de periodis mentis humanae. Tübingen (Cotta) 10. IV. 1724. 22 S. (4.50) **22017**

Maichel, Daniel [Praes.], s. Spittler, Ludwig Friedrich: De natura atque indole studii metaphysici.

Maichel, Daniel [Praes.], s. Tafinger, Johann Andreas: Positiones morales de amore dei puro.

Maidânî. Selecta quaedam Arabum Adagia, e Meidanensis Proverbiorum Syntagmate nunc primum Arabice edita, latine versa . . . Lipsiae 1796. H & Ü: *Rosenmüller, Ernst Frdr. Carl.* (KatDMG)

Maiden, a, all forlorn, s.: Collection of British authors.

Maiden sisters, s. Collection of British authors.

Maidl Franz, Dr.: Ergebnisse der mit Subvention aus der Erbschaft Treitl unternommenen zoologischen Forschungsreise Dr. Franz Werners nach dem ägyptischen Sudan und nach Nord-Uganda. 23. Verzeichnis der von Prof. Dr. Franz Werner gesammelten Hymenopteren mit Ausnahme der Formiciden (mit 1 Textfigur). S. 122. I. 367 . . . . —.40
Separatabdruck

Maidl, Josef. Das ehemalige Kloster Ossiach u. der stumme Büßer Boleslaus. Villach, Hoffmann, 1867. — 2. verm. Aufl. Villach, Muhr, 1883. 46 S. — 1902. 45 S.

Maidl, Josef. Kurzer Unterricht für die Jugend sowie auch für Erwachsene zur Warnung vor der Thierquälerei. Klgft., Leon, 1882. 14 S.

MAJDON, ANTON: Zwey Reden in der Pfarrkirche zu Kirchdrauf an ersten und vierten Sonntage in der Fasten: 1. Kampf mit der Versuchung und Sieg. 2. Gott und Mitmenschen Helfer in der Noth. Leutschau 1821: J. Werthmüller. 48 S. - gr. 8°

Maidorf, Marianne [Autorname] = Matthey, Frau Maria.

Maidorf, Marianne (Frau Maria Matthey), s.: Bachem's Jugend-Erzählungen.

— Die guten Willens sind. Tessiner Roman. (239 S.) 8. Bern 910. A. Francke. 3.—; geb. 4.—

— Lotty Freiberg, s.a. Wildrosenzeit. 1. Bd.

Maidorf, Marianne. Lotty Freiberg. Erzählung. Mit Einschaltbildern [4 Tafeln] von M[elchior] Annen und Buchschmuck von F[ritz] Mock. 222 S. 8. Einsiedeln *etc.*, Benziger & Co. A. G., 1908. [geb. fr. 3. 75]
(Wildrosenzeit. Bücherei für erwachsene Töchter. Band 1....)

Freud' und Leid im kleinen Kreise. Mariechens Brief. 2 Erzählungen f. d. Jugend. Von Marianne **Maidorf.** Mit 4 Kunstdr.-Bild. von H. C. Brockmann. *Köln: J. P. Bachem [1903].* (122 S.) 8° [F.]
— **Jugend-Erzählungen,** Bachems. Bd 23. [04. 9861 5

Maidorf, Marianne (Frau Maria Matthey), die Hexe vom Triesnerberg. Eine Erzählg. aus Liechtensteins dunklen Tagen. Mit 9 Illustr. nach Entwürfen v. P. Balzer u. M. Annen. (270 S.) 8. Zürich (908). Art. Institut Orell Füßli. 4.50; geb. in Leinw. 5. 50

— s.: Kind hüte dich vor Feuer u. Licht!

— Künstlerkind. Der tapfere Italienerjunge, s.: Jugendschriften, Münchener.

Licht und Schatten. 2 Erzählungen f. d. Jugend von M[arianne] **Maidorf.** Mit 4 Kunstdruckbild. von F. B. Doubek. Cöln: J. P. Bachem [1904]. (158 S.) 8° [F.]
— **Jugend-Erzählungen,** Bachems. Bd 28. [06. 833

— Nur ein Jahr, s.a. Wildrosenzeit. 2. Bd.

Maidorf, Marianne. Nur ein Jahr! Erzählung. Mit Einschaltbildern [4 Tafeln] von M[elchior] Annen und Buchschmuck von F[ritz] Mock. 262 S. 8. Einsiedeln *etc.*, Benziger & Co. A. G., 1908. [geb. fr. 3. 75]
(Wildrosenzeit. Bücherei für erwachsene Töchter. Band 2....)

Mutters Romreise. Eine Erzählung f. d. Jugend von M[arianne] **Maidorf.** Mit 8 Kunstdruckbild. Cöln: J. P. Bachem [1905]. (141 S.) 8° [F.]
— **Jugend-Erzählungen,** Bachem's. Bd 30. [06. 5900 5

— Schuld. Roman. (858 S. m. Bildnis.) 8. Zürich (910). Art. Institut Orell Füßli. 3.50; geb. in Leinw. 4. 50

— Auf der Sonnenseite des Lebens, s.a. Wildrosenzeit. 3. Bd.

Maidorf, Marianne. Auf der Sonnenseite des Lebens. Erzählung. Mit Einschaltbildern [4 Tafeln] von M[elchior] Annen und Buchschmuck von F[ritz] Mock. 250 S. 8. Einsiedeln *etc.*, Benziger & Co. A. G., 1909. [geb. fr. 3. 75]
(Wildrosenzeit. Bücherei für erwachsene Töchter. Band 3....)

Maidorf, Marianne: Der verhängnisvolle Steinwurf. Erzählung f. d. Jugend von —. Mit 4 Bild. von H. W. Brockmann. Köln: J. B. Bachem [1903]. (142 S.) 8°
Jugend-Erzählungen, Bachem's. Bd 21.

Maidorf, Marianne, Rudolfs Stiefmutter. Eine böse Schuld, s.a. **Bachem's Jugend-Erzählungen. 18.**

Rudolfs Stiefmutter. Eine böse Schuld. 2 Erzählungen f. d. Jugend von Marianne **Maidorf.** Mit 4 Bildern nach Orig.Zeichn. von Fr Schuhwerk. *Köln: J. P. Bachem [1902].* (170 S.) 8° [F.]
— **Jugend-Erzählungen,** Bachems. Bd 18. [03. 9728

Am schönen Strand der Mosel. Erzählung von M(arianne) **Maidorf.** Mit 4 Bild. von W. Rohm. Cöln: J. P. Bachem [1905]. (157 S.) 8° [F.]
— **Jugend-Erzählungen,** Bachem's. Bd 32. [06. 6068 5

— Wege des Glücks, s.a. Wildrosenzeit. 5. Bd.

Maidorf, Marianne. Wege des Glücks. Erzählung. Mit Einschaltbildern [4 Tafeln] von M[elchior] Annen und Buchschmuck von G[adso] Weiland. 218 S. 8. Einsiedeln..., Benziger & Co. A. G., 1910. [geb. fr. 3. 75]
(Wildrosenzeit. Bücherei für erwachsene Töchter. Band 5....)

Majdracoff, Antoine, de Tirnovo (Bulgarie): Clinique médicale de l'Université de Genève. Sur un cas de doigts hippocratiques unilatéraux. [Avec une planche.] Genève 1905. 43 p. 8°. [13. VII. 05.]
Genève. Thèse méd. 1904/1905.

Maje

Die Maje. Volksblatt für Alt und Jung im deutschen Vaterlande. Hrsg. von W.O. von Horn [d.i. Friedrich Wilhelm Philipp Oertel]. Jg. ...
Wiesbaden: Kreidler & Niedner 1858- 8°

1 (1858), Bd 1.2.

Maje, die. Ein Volksblatt für Alt und Jung im deutschen Vaterlande. Herausg. von W. O. v. Horn. 1. Jahrg. 1858. 12 Hefte (à 4 Bgn.). Wiesbaden, Kreidel u. Niedner. Lex.-8. Jedes Heft n. 4 *ngr.*

Maje, die. Ein Volksblatt für Alt u. Jung im deutschen Vaterlande. Herausg. von W. O. v. Horn. 2. Jahrg. 1859. 12 Hefte (à 4 Bgn.). Mit Abbildgn. (Holzschn.) Wiesbaden, Niedner. Lex.-8. Jedes Heft n. 4 *ngr.*

— — 3—7. Jahrg. 1860—64. à 12 Hefte (à 4 Bgn. u. 1 Stahlst.) Ebend. Lex.-8. Jedes Heft n. 5 *ngr.*

Maje, die. Ein Volksblatt für Jung u. Alt im deutschen Vaterlande. Mit Illustr. Hersg. von W. O. v. Horn. 8. Jahrg. 1865. 12 Hefte. Wiesbaden Niedner. Lex.-8. Jedes Heft (ca. 64 S. mit Stahlst.) n. 5 *ngr.* der Jahrg. cplt. n. 2 ℳ

Maje. Aus der M' [Ein Volksblatt für Alt und Jung im deutschen Vaterlande. Hrg.] von W. O. von Horn. ⟨[Philipp Friedrich] W[ilhelm] Oertel.⟩ Erzählungen. Band 5. 2. Aufl. 320 S. 8. Altenburg, S.-A., Stephan Geibel, 1904. [geb. M. 1.60]
Darin S. 255—320: Das Gleichgewicht und die Polizei in der Natur. Von Dr. [Theodor] Meyer-Merian.
Die Zeitschrift Die Maje... *erschien 1858—1865 in Wiesbaden.*

Májekov oder das geheime System einer Gesellschaft unbekannter Philosophen. 2 Bde. Frankfurt 1784.

Majella, d. hl. Gerhard, Laienbruder aus der Congregation des allerheiligsten Erlösers. Ein Lebensbild, entworfen v. e. Verehrer des Heiligen. (80 S.) 16. St. Louis, Mo. 906. Freiburg i/B., Herder. —50

Majellus, Carl, Oratio habita in sacello pontificio. (Rom 1711). S. 51—70.) (3.—) 22018

Maien, Carl, s. Maien, Karl

Maien, Johann Burchard

Ehren-Gedächtniß, dem Herrn Zacharias Wolffen zu wohlverdientem Nachruhm v. Johann Burchard Maien. Kiel. 1726. Fol.

Maien, Karl

— s.a. Wolffsohn, C. Wlh.

—— und Siegm. Frankenberg, Jeschurun etc., s. Jeschurun.

Maien, Carl, Sternbilder. Dichtungen. 8. Leipzig 841, Fort. 1¼ ℳ

Maien, Carl, Sternbilder. Dichtungen. 8. (13 B.) Leipzig 841, [Melzer.]

Maien, Karl, Veilchen. Für seine Freunde nah und fern. (Gedichte.) 8. Leipzig 840. Lehnhold. n. 1/2 ℔

—— Veilchen. Für seine Freunde nah u. fern. (Gedichte.) 8. (6 3/4 B.) Leipzig 840, [Wöller.] *

Maienblümlein, der Mutter Gottes geweiht. Enthält nebst d. Marienmonat die gewöhnl. Andachtsübungen e. kathol. Christen ꝛc. 18. Einsiedeln 842, Gebr. Benziger. 4 1/2 ngr

Maienblümlein der Mutter Gottes geweiht. Enthaltend nebst dem Marienmonat, Morgen-, Abend-, Beicht-, Kommunion-, Vesper- u. sechs sonntägl. Aloysiandachten. [3. Aufl.] 24. (144 S. m. 1 Lith.) Einsiedeln 849, Gebr. Benziger. 4 ngr

Maienblüthen oder Betrachtungen, Gebete und Lieder der hohen Himmelskönigin Maria zur Feier der Mai-Andacht geweiht. Nebst einem Anhange, die gewöhnlichen Andachtsübungen eines kathol. Christen u. fünf Novenen auf die vornehmsten Marienfeste enthaltend, von e. Priester der Diöz. Regensburg. Regensburg 853. Pustet. 8. (320 S. u. 1 Stahlst.) 12 ngr

Maienblüthen u. Märzglöcklein. Gebete u. Betrachtungen zur Verehrung Mariä u. Joseph's. Für den Maimonat u. den Monat März. Autoris. Uebersetzung. 16. (377 S. mit 1 Stahlst.) Einsiedeln 879. Benziger. — 70

Majendie, M., Dita, s.: Britannia-Bibliothek.

Majendie, Vizian Dering, die englischen Kanonen u. ihre ausländischen Beurtheiler. Aus dem Engl. übers. gr. 8. (115 S.) Frankfurt a. M. 872. (Wien, Seidel & Sohn.) n. 1. 50

Maienfest. – Maien-Fest in Kösen den 26. Mai 1861. Leipzig. 8. 14 S.
Zehn Lieder von Schiller, Goethe, Herder, Marbach und Lucius.

Maienfisch, Ernst, pract. Arzt in Zürich [von Kaiserstuhl, Kt. Aargau]: Beiträge zur multiplen Sklerose des Gehirns und Rückenmarks. Zür. D. Bürkli Dr. 1877. 64 S., 1 Bl. Thesen. 8°.
Zürich, Med. Diss. [v. 14. März 1877].

Maienfisch, E., die Kaltwasserbehandlung zu Hause und in der Anstalt. Mit einem Anhang: Electrotherapie. Eine gemeinverständliche Abhandlung. 1. und 2. Aufl. gr. 8. (72 S.) Basel 883, Schwabe. *

Maienfisch, E., Dr. Die Kaltwasserbehandlung zu Hause und in der Anstalt. Mit einem Anhang: Elektrotherapie. Eine gemeinverständliche Abhandlung. 3., neu bearb. Aufl. In-8°, 70 S. Basel, Benno Schwabe. 1886. 1 60

Maienfisch, E[rnst]. Wasserheilanstalt Mammern am Untersee ‹Bodensee›. Schweiz. Anstalt für elektrische und diätetische Behandlung. [Prospect mit 1 Ansicht.] 8. Zürich *o. J.* [ca. 1890].

Maienfisch, Ernst, Nervosität u. Nervenschwäche. Eine gemeinverständliche Abhandlung für Gebildete aller Stände. 2. Aufl. gr. 8. (IV, 47 S.) Basel 883. Schwabe. n. 1. —
1. Aufl. Ebd. 1882.

— Nervosität u. Nervenschwäche. Eine gemeinverständl. Abhandlg. f. Gebildete aller Stände. 3. Aufl. gr. 8. (41 S.) Ebend. 886. n. 1. —

— Dio Wasserkur, das Vorhalten boi derselbon und dio Krankhciton, für die sich eine solcho cignet. Eine gemeinverständliche Abhandlung. In-8°, 72 S. Basel, Benno Schwabe. 1886. 1 60

Maienfisch, Ernst Rob., drei Erzählungen. 12. (264 S.) Zürich 892. A. Müller's Verl. n. 3. —; geb. n. 4. —

Maienkönigin, die. Schäferspiel mit Tanz in 1 Aufzuge frei nach dem Französischen des Favart, s. Kalbeck, Max.

Maienlust. gr. 8. (12 S. m. 1 Tl. farb. Bild.) Konstanz (894). C. Hirsch. — 40

Malentanz, der, oder die Gründung von Würzburg. s. im Alphabet: Adrian.

Maienthal, Wilhelm, u. Karoline Gilbing; e. Gesch. in Briefen v. Morus. 8. Coburg, Sinner. 800.

Maienzeit. Album der Mädchenwelt. Mit Beiträgen von Frdr. v. Bodenstedt, Vict. Blüthgen, Fel. Dahn u. a. (1. Jahrg.) Lex.-8. (192 S. m. Bildern.) Stuttgart 891. Union. Geb. in Leinw. n. 6. 75

— dasselbe. Mit Beiträgen v. Ernst Eckstein, Jak. v. Falke, A. Godin. (2. Jahrg.) Lex.-8. (192 S. m. Text-Bildern, 24 Taf. u. 1 Farbendr.) Ebd. 892. Geb. in Leinw. n. 6. 75

— dasselbe. Mit Beiträgen v. Vict. Blüthgen, Mart. Greif, Carl Hecker ꝛc. (3. Jahrg.) Lex.-8. (192 S. m. Text-Bildern u. 25 Taf.) Ebd. 893. Geb. in Leinw. n. 6. 75

— dasselbe. Mit Beiträgen von Gerh. v. Amyntor, Vict. Blüthgen, Rud. v. Gottschall u. a. (4. Jahrg.) Lex.-8. (192 S. m. Abbildgn.) Ebd. 894. Geb. in Leinw. n. 6. 75

Maier, s.a. Mair. – Mayer – Meier, – Meyer

Majer, Bist du ein Geistlicher? Eine Pastoralfrage über Predigt und Seelsorge. 2 Tle. 8. Gotha 884, Schloeßmann. [1. Tl. 1. und 2. verm. Aufl. (VII, 142 S.) *ℳ 1,80.; 2. Tl. (III, 227 S.) *ℳ 2,40.] *

Maier, (Kreis Assess.,) General-Instruktion zur Untersuchung der allgemeinen Beschwerden gegen die Steuerperäquation im Großherzogth. Baden. 8. Freiburg 825, Fr. Wagner.

Maier, u. Louis Rothschild

Maier-Rothschild. Handbuch der gesammten Handelswissenschaften für ältere und jüngere Kaufleute, sowie für Fabrikanten, Gewerbetreibende, Verkehrsbeamte, Anwälte und Richter. Bearb. von M. Haushofer, J. Landgraf, H. Gießler und L. F. Huber. 2. neu bearb. Aufl. 2 Bde. gr. 8. (XVI, 660; XI, 712 S.) [Stuttgart 879, Maier.] Frankfurt a. M., Schwelm. (*ℳ 10.) *
Die 1. Aufl. vgl.: Handbuch der gesammten Handelswissenschaften.

Maier-Rothschild. Handbuch der gesammten Handelswissenschaften für ältere u. jüngere Kaufleute, sowie für Fabrikanten, Gewerbetreibende, Verkehrsbeamte, Anwälte u. Richter. Bearb. von M. Haushofer, J. Landgraf, H. Gießler u. L. F. Huber. 2., neu bearb. Aufl. 2. Abdr. 2 Bde. in 21 Lfgn. gr. 8. (XVI, 660 u. XI, 712 S.) Stuttgart 881. Maier. à Lfg. — 50 (cplt.: n. 10. —)

—— dass. — 3. neu bearb. Aufl. 21 Lfgn. oder 2 Bde. gr. 8. (XIV, 658; XI, 700 S.) Ebendas. 883.
à Lfg. 50 Pf.: compl. ℳ 10.; geb. *

Maier-Rothschild, Handbuch d. gesammten Handelswissenschaften für ältere u. jüngere Kaufleute, sowie für Fabrikanten, Gewerbetreibende, Verkehrsbeamte, Anwälte u. Richter. 3.. neu bearb. Aufl. 2 Bände. gr. 8. (I. Bd. XIV u. 658 S., II. Bd. XI u. 700 S.) Wien, A. Hartleben. 6 fl. Dass. 2 Bde. eleg. geb. 7 fl. 50 kr.
1884.

Maier-Rothschild, Handbuch der gesamten Handelswissenschaften für ältere und jüngere Kaufleute, sowie für Fabrikanten, Gewerbetreibende, Verkehrsbeamte, Anwälte und Richter. Bearb. von M. Haushofer, J. Landgraf, H. Gießler und L. F. Huber. 3. neu bearb. Aufl. 2. Abdr. 21 Lfgn. gr. 8. (XIV, 658; XI, 700 S.) [Stuttgart 885, Maier.] Berlin, Verlag für Sprach- und Handelswissenschaft. à Lfg. 50 Pf.; compl. geb.

—— dass. — 4. neu bearb. Aufl. (In 21 Lfgn.) 1.—17. Lfg. gr. 8. (1. Bd. XIV, S. 1—682; 2. Bd. S. 1—400.) Ebendas. 888. à Lfg. 50 Pf.

Maier-Rothschild. Handbuch der gesamten Handelswissenschaften f. ältere u. jüngere Kaufleute rc. Bearb. v. Haushofer, J. Landgraf, H. Gießler u. L. F. Huber. 4. neu bearb. Aufl. 18.—21. (Schluß-)Lfg. gr. 8. (2. Bd. XI, S. 401—748.) Berl. 889,90, Verlag f. Sprach- u. Handelswissenschaft. à Lfg. — 50; 2 —
1.—17. Lfg. Ebd. 1888. à — 50.

Maier-Rothschild, Handbuch der gesamten Handelswissenschaften f. ältere u. jüngere Kaufleute sowie f. Fabrikanten, Gewerbetreibende, Verkehrsbeamte, Anwälte u. Richter. Bearb. v. M. Haushofer, J. Fr. Schär, J. Landgraf, H. Gießler, L. F. Huber u. a. 5., gänzlich neu bearb. u. erweit. Aufl. 22 Lfgn. gr. 8. 2 Bde. (1. Bd. VIII, 415 S.; 2. Bd. VIII, 603 S.) Berlin 893. 894. Verlag f. Sprach- u. Handelswissenschaft. à Lfg. n. — 50

— dasselbe. 6., gänzlich neu bearb. u. erweit. Aufl. 2 Bde. gr. 8. (VIII, 415 u. VIII, 603 S.) Ebd. 895. n. 10. —; in 1 Leinwbd. n.n. 12. —

Maier-Rothschild. Handbuch der gesamten Handelswissenschaften für ältere und jüngere Kaufleute, sowie für Fabrikanten, Gewerbetreibende, Verkehrsbeamte, Anwälte und Richter. Unter Berücksichtigung des Neuen Handelsgesetzbuches und Bürgerlichen Gesetzbuches bearb. von Prof. Dr. M[ax] Haushofer, Prof. J[ohann] Fr[iedrich] Schär (in Basel), Dr. P[aul] Langenscheidt, Rechtsanwalt Dr. J[oseph] Landgraf, Prof. H Giessler u. a. 71. bis 80. Tausend. 2 Bände. VIII + 416 u. VIII + 606 S. 8. Berlin, S. Simon, 1901. [geb. in 1 Bande M. 12. —]

Maier-Rothschild, Handbuch der gesamten Handelswissenschaften f. ältere u. jüngere Kaufleute, sowie f. Fabrikanten, Gewerbetreibende, Verkehrsbeamte, Anwälte u. Richter. Unter Berücksicht. des neuen Handelsgesetzbuches u. bürgerl. Gesetzbuches bearb. v. M. Haushofer, J. Fr. Schär, P. Langenscheidt u. a. 71.—80. Tausend. 2 Tle. in 1 Bd. gr. 8. (VIII, 415 u. VIII, 603 S.) Berlin 901. Verlag f. Sprach- u. Handelswissenschaft. n. 10. —; geb. in Leinw. n.n. 12. —; auch in 22 Lfgn. à — 50

– – 81.–84. Taus. Berlin: Simon 1903. 8°

Maier-Rothschild, Handbuch der gesamten Handelswissenschaften f. ältere u. jüngere Kaufleute, sowie f. Fabrikanten, Gewerbetreibende, Verkehrsbeamte, Anwälte u. Richter. Bis auf die neueste Zeit bearb. von M. Haushofer, J. F. Schär, J. Landgraf u. A. 84.—87. Tausend. 2 Tle in 1 Bd. (VIII, 415 u. VIII, 603 S.) Lex.-8. Berlin 905. Verlag f. Sprach- u. Handelswissenschaft. Geb. in Leinw. n.n. 12. —

Maier-Rothschild. Handbuch der gesamten Handelswissenschaften für ältere und jüngere Kaufleute, sowie für Fabrikanten, Gewerbetreibende, Verkehrsbeamte, Anwälte und Richter. Bis auf die neueste Zeit bearb. von Prof. Dr. M[ax] Haushofer, Univ.-Prof. Dr. J[ohann] F(r[iedrich]) Schär, Syndikus Dr. J[oseph] Landgraf, Prof. H Giessler, Dr. P[aul] Langenscheidt, Dr. A Donig u. A. 2 Bände. 92. bis 96. Tausend. VIII + 416 u. VIII + 604 S. 8. Berlin, S. Simon, 1906. [geb. in 1 Bande M. 12. —]
Darin Band 1, (Handelsgeschichte) *S. 51 f. u.* (Handelsgeographie) *S. 98 f.:* Die Schweiz; *Band 2, S. 1—218:* Abteilung 6. Die Buchhaltung. Von Prof. Dr. J[ohann] Fr[iedrich] Schär.

Maier-Rothschild. Handbuch der gesammten Handelswissenschaften, bearbeitet von M. Haushofer, J. Landgraf, H. Giessler, F. Huber. 2 Bände. Stuttgart 1879.
Jubiläums-Ausgabe. Berlin 1907.

Jubil.-Ausg. **Maier-** [Louis] Rothschild. Handbuch der gesamten Handelswissenschaften f. ältere u. jüngere Kaufleute ... Bis auf d. neueste Zeit bearb. von Prof. Dr. M[ax] Haushofer [u. a.] ... 100. bis 110. Taus. Bd 1. 2 (in 1 Bde). Berlin: S. Simon 1908. (415, 604 S.) 8° [F.] 08. 1750

Maier-Rothschild, Handbuch der gesamten Handelswissenschaften f. ältere u. jüngere Kaufleute sowie f. Fabrikanten, Gewerbetreibende, Verkehrsbeamte, Anwälte u. Richter. Bis auf die neueste Zeit bearb. v. M. Haushofer, H. Gießler, J. Landgraf u. a. 111.—120. Taus. Neue rev. Jubiläums-Ausg. 2 Bde. (VIII, 415 u. VIII, 604 S.) gr. 8. Berlin 909. Verlag f. Sprach- u. Handelswissensch. In 1 Leinw.-Bd. nn 12. —; in 2 Halbfrzbdn. 20. —

– – 112.–120. Taus. Bd 1. 2. Berlin: Simon 1909. 8°

– – Bd 1. 2. Berlin: Simon 1910. 8°

Maier, v., Predigt am Friedensfeste üb. Psalm 89, 16—18. Gehalten in der Synagoge zu Stuttgart am 7. März 1871. 8. (16 S.) Stuttgart 871. Metzler in Comm. n. — 40

Maier, Rede am Schlusse d. Lehrkursus zu Wald. gr. 8. (1 B.) Sigmaringen 838, Beck u. Fränkel.

Maier, ..., der deutsche Rhein. 4. Erlangen 841, Bläsing. $^1/_8$ ß

Maier's Schriftenmagazin. 80 Taf. moderner Alphabete f. Schriften u. Schildermaler, Graveure, Steinmetze, Bildhauer u. andere Berufe. 81,5×23,5 cm. Ravensburg (909). O. Maier. In Mappe 11. —

Maier, d. Staatssozialismus u. d. persönl. Freiheit. Beleuchtg. d. Rechtsbegriffe. Amberg 884.

Maier, A., Klänge von der Sommerau. Volksgesänge in des Schwarzwaldes alemann. Mundart. 16. (41 S.) Karlsruhe 876, Braun'sche Hofbuchh. *

Maier, A., und W. F. A. Geß, Verwaltungs-Edikt für die Gemeinden rc., s. Verwaltungs-Edikt.

Maier, A. und W. F. A. Gess: Verwaltungs-Edikt für die Gemeinden, Oberämter und Stiftungen vom 1. März 1822 mit den darauf sich beziehenden Gesetzen etc. Stuttgart: Metzler 1850.

Maier, A. F. Geognostische Untersuchungen zur Bestimmung des Alters und der Bildungsart der Silber- und Kobalt-Gänge zu Joachimsthal im Erzgebirge. (Aus den Abhandlungen d. k. böhm. Gesellschaft d. Wissensch.) Prag. 1830. 8.

Maier, A. F., geognost. Untersuchungen z. Bestimmung d. Alters u. d. Bildungsart d. Silber- u. Kobalt-Gänge zu Joachimsthal im Erzgebirge. M. 1 geognost. Karte (Fol.). gr. 8. ($1^1/_4$ B.) Prag 830, (Calve.) Thlr.

Maier, A. F., geognost. Untersuchungen zur Bestimmung des Alters u. der Bildungsart der Silber- u. Kobalt-Gänge zu Joachimsthal im Erzgebirge. Mit 1 Karte, gr. 8. Prag 831. Haase. (Calve.) 7 ß

Maier, A. G., de raptu et cruce Pauli. Hal. 1751. 4.

Maier, Adalbert, Einleitung in die Schriften des Neuen Testamentes. Freiburg, Herder, 1852, gr. 8°, XI u. 575 S., 6 Mk.

Maier, Adalb., Einleitung in die Schriften des neuen Testaments. gr. 8. (X und 604 S.) Freiburg im Br. 852, Herder'sche Vrlgsh.

Maier, Adalb., exeget.-dogmat. Entwicklung d. neutestamentl. Begriffe von Ζωή, Ἀνάστασις und Κρίσις. gr. 8. (6 B.) Freiburg 840, Wagner'sche Buchh.
Aus: Zeitschrift f. Theologie, 2. Bd., besond. abgedruckt.

—— Gedächtnißrede auf Johann Leonhard Hug, Dr. th., Prof. und geh. Rath. ꝛc. bei dessen akadem. Todtenfeier zu Freiburg am 11. März 1847 gehalten. 2. Druck. 8. (49 S.) Freiburg im Br. 847, Wagner'sche Vrlgsh.

— Gedächtnißrede auf Johann Leonhard Hug, Dr. th., Prof. u. Geh. Rath ꝛc., bei dessen akadem. Todtenfeier zu Freiburg am 11. März 1847 gehalt. 2. Druck. 8. (49 S.) Freiburg i. Br. 852, Wagner. 8 ngr

Maier, Adalb., Commentar über den ersten Brief Pauli an die Korinther. Freiburg im Br. 857. Wagner. gr. 8. (VI, 385 S.) n. 1 ℛ. 25 ngr.

—— Commentar über den Brief an die Hebräer. gr. 8. (VI und 406 S.) Freiburg im Br. 861, Wagner'sche Buchh. *

Maier, Adalbert, Kommentar über den Brief Pauli an die Römer. Freiburg, Herder, 1847, gr. 8°, 436 S., 4,85 Mk.
Recens. v. Schwarz, (Tüb.) Theol. Quartalschr. 1848, S. 129—155. Vgl. dazu das Urteil Werners über M.'s exeg. Arbeiten, oben S. 333.

Maier, Adalb., Commentar über den zweiten Brief Pauli an die Korinther. gr. 8. (IV und 248 S.) Freiburg im Br. 865, Wagner'sche Buchh. *

Maier, Adalb., Commentar über das Evangelium des Johannes. 1. Bd. Histor.-krit. Einleitung und Auslegung von Kap. I—IV. gr. 8. Carlsruhe u. Freiburg 843, Herder'sche Verlagsb. $1^{5}/_{12}$ ℛ

— dass. 2. Bd. Auslegung von Kap. V—XXI. Ebd. 845. $1^{2}/_{3}$ ℛ

— s. Zeitschrift f. Theologie.

Maier, Adam Karl: Das Unterstützungswesen des Verbandes der Glacéhandschuhmacher und seine Geschichte. *Naumburg a. S. 1901: Lippert & Co.* (85 S.) 8° [Fk.] ¶[Erschien vollst. 1901 u. d. T.: 'Der Verband d. Glacéhandschuhmacher u. verw. Arbeiter Deutschlands 1869—1900' als: Wirtschafts- u. Verwaltungsstudien mit besond. Berücks. Bayerns, No 12.]
Würzburg, Jur. Diss. v. 1901

Maier, Adam Carl, der Verband der Glacéhandschuhmacher u. verwandten Arbeiter Deutschlands, s. a. Wirtschafts- u. Verwaltungsstudien. XII.

Der Verband der Glacéhandschuhmacher und verwandten Arbeiter Deutschlands. 1869-1900. Von Dr. Adam Carl **Maier**. *Leipzig: A. Deichert 1901.* (VIII, 392 S.) 8° [F.]
= **Wirtschafts**- u. **Verwaltungsstudien** mit bes. Berücks. Bayerns. 12. [01. 10150

Maier, Adolf: ⟨Aus d. med. Univ.-Poliklin. zu Heidelberg.⟩ Über die Autolyse von Nahrungsmitteln. Berlin: Karger 1909. 15 S. 8° ¶(Aus: Archiv f. Verdauungskrankh. Bd 15.)
Heidelberg, Med. Diss. v. 1909, Ref. W. Fleiner
[Geb. 12. Dez. 82 Mannheim; Wohnort: Mannheim; Staatsangeh.: Baden; Vorbildung: Gymn. Mannheim Reife M. 02; Studium: Heidelberg 6, Berlin 1, Heidelberg 3 S.; Coll. 15. Dez. 08; Approb. 3. März 09.] [U 09. 1965

Maier, Adolf [Kammerger.-Ref.]: Der Bote ... *Berlin, W. Issleib, 1897;* 34 S., 1 Bl. 8.
Göttingen, Jur. Fak., Inaug.-Diss. v. [26. Apr.] 1897

Maier, Adolph (I.), über Medicinal-Wesen. Eine zeitgemäße Kritik. 12. (34 S.) Heilbronn 847, (Drechsler.)

Majer, Adolph. Nachklänge vom Hohen-Asberg. Sozial-politische Stimme. 8. Zürich 1849.

Majer, Adolph, Würtemberg's Verhalten zur südwestteutschen Revolution. Eine Critik. St. Gallen, Scheitlin und Zollikofer, 1849. 31 S. 8°.

Maier, Albert, Gymn.-Oberl.: **Das Glossar zu den Märlein** des Mylius ⟨1777⟩. Ein wortgeschichtl. Kommentar. Bonn: Georgi 1900. 301 S. 8°
Freiburg i. B., Phil. Diss. v. 1909, Ref. Kluge
[Geb. 22. März 73 Weil (Kr. Konstanz); Wohnort: Cöln; Staatsangeh.: Preußen; Vorbildung: Gymn. Konstanz Reife Juli 93; Studium: Freiburg i. B. 6, Heidelberg 1 S.; Rig. 5. Jan. 09.] [U 09. 1031

Maier, Albert: Italienische Reiseskizzen (Venedig, Florenz, Rom). Cöln-Ehrenfeld: Münch 1908. S. 9—24. 4°
Cöln-Nippes, st. RG i. E., in Festschr. z. Einweihung d. Neubaues, P 1908 (636) [S 08. 293

Maier, Alfred, a. Reutlingen: Die Silberprägung von Apollonia und Dyrrhachion, e. Beitrag z. antiken Münzgesch. Wien 1907: Hof- u. Staatsdruckerei. (33 S.) 4°(8°) ¶(Aus: Numismatische Zeitschrift Bd. 51, N. F. Bd. 1.)
Tübingen, Phil. Fak., Ref. v. Schwabe, Diss. v. 15. Aug. 1907
[Geb. 5. Aug. 83 Reutlingen; Wohnort: Reutlingen; Staatsangeh.: Württemberg; Vorbildung: Sem. Blaubeuren Reife M. 01; Studium: Tübingen 10 S.; Coll. 26. Juli 06.]

Maier, auch Mayr, Aloys, zum Denkmal, dem Maximilian, Reichsgrafen v. Taufkirch, u. Philipp, Reichsgrafen v. Lerchenfeld ꝛc. gewidmet. gr. 8. Münch. 805.

Freuden
——, Die, der Studierenden in den Herbst-Ferien (von *Alois Maier*). Salzburg (1816).
Anon.-Lex. II. p. 123 (nach Hittmair, Ant., Die Verfasser anonymer Salisburgensia). — Sehr selten!

Maier, Al., die Freuden d. Studirenden in den Herbstferien. 8. Salzburg, Mayr. 817.

— die Gesundheitsgefahren d. Handwerker. Ein nothwendiger Anhang zu den Lehren ꝛc. 8. Salzb. 811. Mayr. 4 xr

— der Kalender, od. faßl. Erklärung der in demselben vorkomm. merkwürdigst. Begebenheiten. Salzb. 807. 2e verm. u. verb. Aufl. 815. Mayr. 10 xr

— Lehr- u. Lesebuch f. die obere Schulerklasse d. Volksschulen. gr. 8. Salzb. 814. Mayr. 8 xr

— die Lehre v. den Künsten u. Handwerken, Für die Jugend in Bürger- u. Landschulen bearb. 8. Salzb. 811. Mayr. 8 xr

— üb. den guten Lesevortrag. Ein Versuch eines Lehr- u. Lesebuchs f. Präparanden in Schullehrer-Seminarien. 8. Salzb. 806. Mayr. 12 xr Schrbp. 16 xr

— das Schlittschuhlaufen. Ein Taschenbuch f. Freunde d. edlen Vergnügens. 8. Salzb. 814. Mayr. 6 xr

— die Sittenlehre in Vorschriften f. die reifere Schuljugend. 2e Aufl. gr. 8. Salzb. 823. Mayr. 16 xr Engl. Druckp. 18 xr

Mayer, Aloys, deutsche Sprach- und Rechtschreibelehre f. d. deutsche Schuljug. 8. Salzb. Duyle. 810.

— deutsche Sprech- u. Rechtschreiblehre f. d. Jugend. 8. Salzb. 810. 2e A. 819. 3e A. 821. Mayr. 5 xr

— —. deutsche Sprech- u. Rechtschreiblehre f. die deutsche Schuljugend. 2te Aufl. 8. Ebend. 819.

Maier's, A., Sprüche, Lehren und Meinungen berühmter Weisen des Alterthums. Salzb. 816. 8. 6 gr.

— nützl. Unterricht in kürzern u. längern Vorschriften. 8. Salzb. 809. Mayr. 1 ꝑ

— Versuch eines Wörterbuchs der Seelenlehre, f. Ungelehrte u. Freunde der Wissenschaft. 1r Thl. A bis J. gr. 8. Gmünd 817. Ritter. 2 ꝑ

Alo. Mayer's Vers. e. Wörterbuchs d. Seelenlehre f. Ungelehrte u. Freunde dieser Wissenschaft. 1r Bd. *Salzb.*, Mayr. B. 817. gr8° 2 ꝑ

— Winke zur Beförderung in e. Bildungsinstitute; eine Rede. gr. 8. Münch. 806.

— Winke, zur Beförderung d. sittl. Kultur in den Schulen; eine Rede. 8. Detting. 802.

Majer, Andr., Discours sur l'origine, les progrès, les revolutions et l'état actuel de la musique italienne. Trad. de l'Italien par J. de Valeriani. 8. Augsb. 827. Wirth. (Rein in Leipz.) 1 ꝑ

Maier, Andreas

A. Maier. Aufgaben der praktischen Geometrie. I. Abt. 22 S. Mit einer Figurentafel.
Derselbe. Aufgaben der praktischen Geometrie. II. Abt. 22 S. Mit einer Figurentafel.
Karlsruhe, P 1878. 1879

Maier, A., die ebene Geometrie und deren Anwendungen. Für erweit. Volksschulen, Bürger-, Gewerbe- und landwirthschaftl. Schulen, sowie zum Selbstunterricht bearb. gr. 8. (IV, 76 S. mit 4 Stnt. in qu. 4.) Karlsruhe 869, Braun'sche Hofbuchh. *

A. Maier. Neuere Geometrie, für höhere Lehranstalten bearbeitet. 79 S. mit 3 Figurentafeln. Karlsruhe, P 1873

Prof. Andreas Maier, † 17. Febr. 1891. Ein Lebensbild, zum Teil nach seinen eigenen Aufzeichnungen. 4 (S. 22—23).
Progr. Rg. *Karlsruhe* 1891 (612).

Prof. Andreas Maier, † 17. Febr. 1891. Ein Lebensbild, nach seinen eigenen Aufzeichnungen. Karlsruhe, Buchdr. v. Malsch & Vogel, 1891; S. 22; 4°
Karlsruhe, RG, MP 1891 (612)

Maier, *Andreas* Die in einer Ebene darstellbaren Richtungszahlen. Ein Beitrag zur allgemeinen Zahlenlehre. 8 (56 S., 1 Taf.).
Progr. Rg. *Karlsruhe* 1888 (zu 585)

Maier, A., die in einer Ebene darstellbaren Richtungszahlen. 8. (56 S. mit 1 Taf.) Karlsruhe 888, Bielefeld's Hofbuchh. *

Maier, A. Vorschule der Mathematik. 8. (32 S.) Karlsr. 889, Bielefeld's Hofbuchh. * 1 —

MAIER, ANDREAS D. Ä.: Wallfahrts-Lieder-Buch. Zusammengestellt und herausgegeben von Andreas Maier, Prozessionsführer. Ungarisch Weißkirchen 1900. Druck v. Peter Kuhn. 115, 3 S. - 160 mm

Maier, Anna, neues illustrirtes Kochbuch für die gewöhnliche und feinere Küche. 12 Lfgn. gr. 8. (475 S. mit Stnt.) München 879,80, Killinger. à Lfg. 45 Pf.; compl. * geb. *

— vollständiges Lehr- u. Hilfsbuch zum Selbstunterricht für Damen im Schnittzeichnen u. Kleidermachen, mit illustrirten Schnittmustern in Orig.-Größe. gr. 8. (36 S. mit 12 Schnittmustern.) München 878. (J. A. Finsterlin.) n. 6. —

Maier, Ant., das musikalische A-B-C für den Männer-Chorgesang. Ein kurzer, leichtfaßl. Leitfaden zur Erwerbung derjenigen musikal. Kenntnisse, die jedem brauchbaren Sänger eigen sein müssen. Op. 34. 12. (20 S.) Nürnberg 886, Büching. *

Maier, Ant., das musikalische A-B-C f. den Männer-Chorgesang. Ein kurzer, leichtfaßl. Leitfaden zur Erwerbg. derjenigen musikal. Kenntnisse, die jedem brauchbaren Sänger eigen sein müssen. 5., wesentlich verb. u. verm. Aufl. 12. (27 S.) Nürnberg (902). C. Koch. —30

Maier, Ant. Auf zur Maifahrt, s. Dittmar, Frz.

Maier, Ant., Christose, lies: Christrose.

Maier, Ant., Christose. Weihnachtsfestspiel in 8 Bildern v. P. Ulsch. Musik v. M. Op. 97. Text- u. Regiebuch. (36 S.) kl. 8. Regensburg (907). A. Coppenrath's Verl. — 30

Maier Anton: De poetico sermonis Platonici colore. H. 1899 PN 1241 Diss. Wien, Univ. 1557

Maier, Anton: Über das Dichterische bei Plato. S. 3—19. 8.
Progr. K. k. Staats-Gymn. *Krems* 1904.

Maier, Ant., sechs Lieder zum Gebrauch während der heil. Fastenzeit, insbesondere bei Oelberg-Andachten, für Sopran, Alt, Tenor u. Bass mit Orgelbegleitung. Op. 3. Partitur u. Stimmen. hoch 4. (61 S.) Regensburg 878. Coppenrath. n. 2. 20; Partitur ap. u. 1. 20; Stimmen ap. à n. — 25

Majer, Ant., nauky technické. I. O spojivosti. — II. O rovnovaze. Prag 855, 57. (Rziwnatz.) gr. 8. (4 Bl., 215; 4 Bl., 280 S. mit Holzschn. im Text.) I.: n. 1 ꝑ. 6 *ngr.*; II.: n. 1 ꝑ. 18 *ngr.*

Majer, Ant., řemeslník Český. Rozjímání pro učeníka, tovaryše i mistra k uvědomění sebe samého. Prag 863. (Rziwnatz.) 8. (71 S.) n. $7\frac{1}{2}$ *ngr.*

— Die Fee Rosa u. der Graf v. Pradir. (Aus den Fl. Blättern, Bd. LXXV.) Komische Operette in 2 Akten für Männergesangvereine. Text von Frz. v. Kobell, Musik v. M. Opus 15. Regie- u. Soufflirbuch. (21 S.) kl. 8. Ebd. (883). — 15

Maier, Ant., Sangesblüten. Ausgewählte Lieder u. Gesänge in zwei- u. dreistimm. Bearbeitg. ohne Begleitg., sowie ein- u. zweistimm. Lieder m. Klavierbegleitg. Zunächst f. den Gebrauch in Töchterinstituten, Bildungsanstalten, f. Lehrerinnen etc. etc. gesammelt, teilweise bearb. u. hrsg. 3. Aufl. (VI, 81 S.) Lex.-8. Nürnberg (905). F. Korn. Kart. n. 1. 80

— Die Schneekönigin. Ein Winter- u. Weihnachtsfestspiel f. die Jugend. Dichtung von A. Dreyer. Musik v. M. Op. 99. Text- u. Spielleitungsbuch. (17 S.) kl. 8. Ebd. (908). — 20

— technické tabulky. Sešit I. II. Ebend. 858. 16. (64 S. m. Holzschn. im Text.) n. 8 *ngr.*

— technické tabulky. Sešit III—V. Ebend. 859. 16. (S. 65 192 m. Holzschn.) III.: n. 4 *ngr.*; IV. u. V.: à n. 6 *ngr.*

Maier, Anton [Veterinär im kgl. bayr. 8. Feldartillerie-Regiment in Nürnberg]: Aus dem anatomischen Institut der Tierärztlichen Hochschule zu Dresden. (Prof. Dr. Baum.) Vergleichende Untersuchungen über die elastischen Fasern des Herzens von Hund und Pferd. Mit 12 Abbildungen. Nürnberg 1904. 87 S. 8°. [10. VI. 04.]
Bern. Vet.-med. Diss. 1903/1904.

Maier, Anton. Vergleichende Untersuchungen über die elastischen Fasern des Herzens von Hund und Pferd. Diss. Vet.-Med. Bern. Mit 12 Abbildungen [auf 3 Tafeln]. *Kopftitel:* Aus dem Anatomischen Institut der Tierärztlichen Hochschule zu Dresden. ⟨Prof. Dr. [Hermann] Baum.⟩ 87 S. 8. Nürnberg, U. E. Sebald, (1904).

— Weihnachts-Festspiel. „Weihnachtszeit, frohe Zeit". Melodramatischer Prolog m. Reigen, leb. Bildern u. Gesang. Dichtung v. P. Ulsch. Musik v. M. Opus 87. (Textbuch.) (16 S.) 8. Regensburg (904). A. Coppenrath's Verl. n. — 20

Maier, Aug., großes Leben u. Leiden unseres Herrn u. Heilandes Jesu Christi, s.: Cochem, Mart. v.

Maier, Aug., volkswirtschaftliches Rechnen. Rechenbuch f. Lehrerbildungsanstalten, sowie f. Lehrer zum Gebrauch beim Unterricht. (III, 154 S.) 8. Bühl 910. Konkordia. 1. 60

Maier, August Ferdinand

Maier, A. F., die Schwetzinger Altertumsfunde, s.: Stöckle, J., Grundriß der Geschichte der Stadt, des Schlosses u. d. Gartens v. Schwetzingen.

Maier, Aug. Ferd., Prof., Vorst.: [Gedicht zur Begrüssung Ihrer Kgl. Hoheit der Frau Grossherzogin von Baden anlässlich ihrer Anwesenheit in Schwetzingen.] *Schwetzingen 1900: R. Küenzlen.* (S. 5.) 8°
Schwetzingen, HT m. Knaben-VS, MP 1900**

Maier, Aug. Ferd., Prof., Vorst.: [Gedicht zur Begrüssung Sr. Kgl. Hoheit des Grossherzogs von Baden anlässlich seiner Anwesenheit in Schwetzingen.] *Schwetzingen 1901: A. Moch.* (S. 4.) 8°
Schwetzingen, HT m. Knaben-VS, MP 1901**

Maier, A[ugust] F[erdinand]: [Reallehrer a. D. Christian Geilsdörfer † am 2. Januar 1905.] S. 4. 4.
Gr. Realprogymn. (In Umwandlung zu 6klass. Realschule
Progr. mit wahlfreiem Lat.) *Schwetzingen* 1905 (757).

[F.] **Maier,** August Ferdinand [Prof., derz. Vorstand]: Geschichte der Gr. Höh. Bürgerschule Schwetzingen. E. Festschr. z. Feier d. 25j. Bestehens d. Neueren Höh. Bürgerschule; zugl. e. Beitr. z. Gesch. d. städt. Schulwesens. M. e. Abb. d. Schulgebäudes ... Schwetzingen, M. Pichler, 1893; 3 Bl., 90 S., 1 Taf. 8.
Schwetzingen, grossh. HB m. d. Lehrpl. d. RG, Festschr. 1893**

Maier, Aug[ust] Ferd.: [Lehramtspraktikant Otto Mechling, gestorben am 28. April 1898.] *Schwetzingen 1898: A. Moch.* (4—5 S.) 4°
Schwetzingen, grossh. HB, MP 1898**

Maier, Aug. Ferd. [derz. Vorstand, Prof.]: *Professor Joseph Stöckle, gest. am 27. Mai 1893.* Schwetzingen, R. Küenzlen, Buchdr., 1893; 3—4 S. 4.
Schwetzingen, grossh. HB m. d. Lehrpl. d. RG, MP 1893**

Maier, August Richard: Niclaus Gerhaert von Leiden, ein Niederländer Plastiker des 15. Jahrhunderts. Seine Werke am Oberrhein und in Österreich. Strassburg 1910: Heitz. 103 S. 8° ¶(Auch m. Taf. als: Studien z. dtsch. Kunstgesch. H. 131.)
Heidelberg, Phil. Diss. v. 22. Sept. 1910, Ref. Thode
[Geb. 6. Nov. 78 Rastatt; Wohnort: Karlsruhe i. B.; Staatsangeh.: Baden; Vorbildung: Gymn. Freiburg i. B. Reife Juli 98; Studium: Freiburg i. B. 15, Heidelberg 1 S.; Rig. 14. Dez. 09.] [U 11. 2284

Maier, Aug. Rich., Niclaus Gerhaert v. Leiden, s.a. Studien zur deutschen Kunstgeschichte. 131. Heft.

Niclaus Gerhaert von Leiden. Ein Niederländer Plastiker d. 15. Jh. Seine Werke am Oberrhein u. in Österreich. Von Dr. August Richard **Maier**. Mit 20 Lichtdr.Taf. Strassburg: Heitz 1910. 103 S. 8°
(Studien z. Deutschen Kunstgeschichte. H. 131.) [10. 16061

Maier, Benno Ludw. [Lehramtspraktikant aus Ettenheim]: Beiträge zur Kenntniss des Hirudineen-Auges ... (Aus: Zool. Jahrb. Abth. f. Anat. u. Ontog. d. Thiere, Bd 5.) *Jena, Frommannsche Buchdr., 1892;* 1 Bl., 552—580 S., 1 Bl., 1 Taf. 8.
Heidelberg, Naturw.-math. Fak., Inaug.-Diss. v. [1. Dez.] 1892

Maier, C., s. Maier, Karl

Maier, C. Dan., conspectus ichnographicus. fol. Nrnb. (Stago. Augsb.) 771. Rthlr.

Maier, C. F., s. Maier, Karl Friedrich

Maier, Carl, s. Maier, Karl

Maier, Carl Friedrich, s. Maier, Karl Friedrich

Maier, Carola, s. Maier, Karola

Maier, Chrn., die Bezirkskörperschaften und Amtsversammlungen in Württemberg, mit Andeutungen und Vorschlägen für ihre zeitgemäße Neugestaltung und volksthüml. Erweiterung. 8. (VIII und 68 S.) Stuttgart 848, Metzler'sche Buchh.

— siehe: Gesetz vom 19. Mai 1852 über die polizeilichen Beschränkungen der Versicherung des beweglichen Eigenthums in Württemberg.

Maier, Chrstph., Geschichte d. Landgrafen u. Herzoge v. Leuchtenberg. gr. 8. (4¾ B. u. 1 Bildn.) München 841, [Augsburg,] Jaquet.

Maier, Elisa, Georg Forster. Lichtstrahlen aus seinen Briefen an Reinhold Forster, F. H. Jacobi, Lichtenberg, Heyne, Merck, Huber, Johs. v. Müller, seine Gattin Therese und aus seinen Werken. Mit einer Biographie Forster's. Leipzig 856. Brockhaus. 8. (XIX, 268 S.) n. 1 ₰.

Maier, Elisa, s. Humboldt, Wilh. v., Lichtstrahlen aus seinen Briefen an eine Freundin.

— Wilhelm v. Humboldt. Lichtstrahlen aus seinen Briefen an eine Freundin, an Frau v. Wolzogen, Schiller, G. Forster u. F. A. Wolf. Mit einer Biographie Humboldts. 8. (VIII u. 222 S.) Leipzig 850, Brockhaus. n. 1 ₰ — 2. Aufl. 8. (X u. 222 S.) Ebd. 852. n. 1 ₰; in Engl. Einb. n. 1½ ₰

— Wilhelm v. Humboldt. Lichtstrahlen aus seinen Briefen an eine Freundin, Frau v. Wolzogen, Schiller, G. Forster u. F. A. Wolf. Mit einer Biographie Humboldt's. 3. Aufl. Ebend. 855. 8. (X, 269 S.) n. 1 ₰.

Maier, Elisa, Wilhelm v. Humboldt. Lichtstrahlen aus seinen Briefen an eine Freundin, an Frau v. Wolzogen, Schiller, G. Forster und F. A. Wolf. Mit einer Biographie Humboldt's. 4. Aufl. 8. (IX und 265 S.) Leipzig 859, Brockhaus. *
geb. *

Maier, Elisa, Wilh. v. Humboldt. Lichtstrahlen aus seinen Briefen an eine Freundin, an Frau v. Wolzogen, Schiller, G. Forster u. F. A. Wolf. Mit einer Biographie Humboldt's. 5. Aufl. Leipzig 865. Brockhaus. 8. (IX, 265 S.) n. 1 ₰;
geb. mit Goldschn. n. 1 ₰ 10 ngr.

Maier, Elisa, drei Jahre. Gedichte. 8. (VIII u. 144 S.) Winterthur 851, Steiner. n. 16 ngr

Maier, E., Leitfaden zur Geschichte der deutschen Literatur, bearb. für höhere Töchterschulen, weibliche Erziehungsanstalten u. zum Selbstunterrichte. gr. 8. (VIII u. 102 S.) Hannover 852, Ehlermann. n. 1/4 ₰

— Leitfaden zur Geschichte der deutschen Literatur, bearb. für höhere Töchterschulen, weibliche Erziehungsanstalten und zum Selbstunterrichte. 2. Aufl. Hannover 854. Ehlermann. gr. 8. (X, 150 S.) n. 8¾ ngr.

— Leitfaden zur Geschichte der deutschen Literatur, bearb. für höhere Töchterschulen, weibliche Erziehungsanstalten u. zum Selbstunterrichte. 3. verm. Aufl. Dresden 863. Ehlermann. gr. 8. (XVI, 158 S.) n. 10 ngr.

Maier, E., Leitfaden zur Geschichte der deutschen Literatur, bearb. für höhere Töchterschulen, weibliche Erziehungsanstalten u. zum Selbstunterrichte. 4. verm. Aufl. Dresden 867. Ehlermann. gr. 8. (X, 166 S.) n. 10 ngr.

Maier, E., Leitfaden zur Geschichte der deutschen Literatur, bearb. für höhere Töchterschulen, weibl. Erziehungs-Anstalten und zum Selbstunterrichte. 5. verm. Aufl. gr. 8. (XIV, 173 S.) Dresden 874, Ehlermann. *

Maier, Elisa, Leitfaden zur Geschichte der deutschen Litteratur, bearb. für höhere Töchterschulen, weibl. Erziehungsanstalten und zum Selbstunterrichte. 6. verm. Aufl. gr. 8. (VI, 186 S.) Dresden 881. Ehlermann. *

— Mythologie der Griechen und Römer, bearb. für höhere Töchterschulen, weibliche Erziehungsanstalten und zum Selbstunterrichte. Hannover 853. Ehlermann. gr. 8. (4 Bl., 181 S.) n. 12 ngr.

Maier, Elisa, Friedrich Schleiermacher. Lichtstrahlen aus seinen Briefen und sämmtl. Werken. Mit einer Biographie Schleiermacher's. 8. (IX und 273 S.) Leipzig 863, Brockhaus. * geb. *

— Friedrich Schleiermacher, Lichtstrahlen aus seinen Briefen u. sämmtl. Werken. Mit e. Biographie Schleiermacher's 2. Aufl. 8. (VIII, 211 S.) Leipzig 875. Brockhaus. n. 3. —; geb. n. 4. —

Maier, Emil, Abwasserreinigung, s.: Dobel, E., Kanalisation.

Maier, Emil, appr. Arzt a. Untertürkheim, früh. Assistent d. Frauenklinik: Der gegenwärtige Stand der Hebotomie bearbeitet auf Grund sämtlicher bis jetzt veröffentlichten Fälle. Tübingen 1907: G. Schnürlen. (75 S.) 8°
Tübingen, Med. Fak., Ref. Döderlein, Diss. v. 30. März 1907
[Geb. 9. Mai 82 Untertürkheim b. Stuttgart; Wohnort: Untertürkheim; Staatsangeh.: Württemberg; Vorbildung: Karls-Gymn. Stuttgart Reife Sommer 00; Studium: Tübingen 4, München 3, Tübingen 3 S.; Coll. 29. Dez. 06; Approb. 5. Jan. 07.]

Maier, Ernst, aus Ulm a. D.: **Beiträge** zur Geologie des Bockswieser Ganggebietes ⟨Oberharz⟩. Mit 2 Fig. im Text u. 3 Taf. *Freiburg i. B. 1900: C. A. Wagner.* (31 S.) 8° [Umschlagt.] ¶ (Aus: Berichte d. Naturf. Gesellsch. zu Freiburg i. B., 11, 2.)
Freiburg i. B., Phil. Diss. v. 1900

Maier, Ernst: Weitere Beiträge zur Kenntnis des Stoffwechsels thyreoidectomirter Kaninchen. *Würzburg 1897: Becker.* (27 S.) 8°
Würzburg, Med. Diss. v. 1897

Maier, Ernst, 200 Postkartengrüße, s.: Miniatur-Bibliothek.

Maier, Ernst [app. Arzt aus Menzenschwand (Baden)]: Zur bacteriologischen Untersuchung keimarmer Nutzwässer ... Freiburg i. B., F. Wagner'sche Buchdr., 1896; 29 S. 8.
Freiburg i. B., Med. Fak., Inaug.-Diss. v. 1896

Maier, Ernst Theophil

MAIER, Er. Theophilus: Tractatus juridicus de iure venandi Rom. Germanico, vulgo: Jagd-Gerechtigkeit. - Tübingen 1722. - ebd. 1726

Majerus, Er. Theophilus: „Tractatus juridicus de iure venandi Rom. Germanico, vulgo: Jagd-Gerechtigkeit", Tubingae 1726. — Vorh.: Bibl. des Kammergerichts Berlin — Ec. 2875 — und des Oberlandesgerichts Celle — Mf. 225.

Maier, Erwin, approb. Arzt aus Neustadt i. Schw.: Über cystische Degeneration der Uterusfibromyome. *Freiburg i. B: Speyer & Kaerner 1903.* (42 S.) 8°
Freiburg i. B., Med. Diss. v. 1903

Majer, F., die evangelische Diaspora, ihre Leiden u. ihre Freuden. 8. (132 S.) Stuttgart 891. Buchh. d. Evangel. Gesellschaft. n. 1. —

Maier, F., Entwurf e. auf d. Gesetz d. Zufalls begründ. Systems d. Natur, s.: Revel, P. C.

Majer, F., zehn Festpredigten üb. d. Evangelien. Vom 1. Advent bis z. Fest d. hl. Dreieinigkeit. 5 Hfte. gr. 8. Biberach 895. Dorn. à Hft. n. — 20
(kplt. geb. in Leinw.: n. 1. 50)
I. 1. Predigt am 1. Advent. 2. Predigt am hl. Christfeste. (16 S.)
II. 3. Predigt am Neujahrsfeste. 4. Predigt am Feste d. Erscheinung Christi. (S. 17—32.)
III. 5. Predigt am Palmsonntag. 6. Predigt am hl. Karfreitag. (S. 33—47.)
IV. 7. Predigt am hl. Osterfest. 8. Predigt am Fest d. Himmelfahrt Christi. (S. 49—64.)
V. 9. Predigt am Pfingstfeste. 10. Predigt am Feste d. hl. Dreieinigkeit. (S. 65—79.)

Maier, F., de vera exceptionis non numeratae pecuniae indole. 8maj. Würzb. 818. (Stahel.) 8 gr.

— d. Magie d. XIX. Jahrh., s.: Uriarte.

Majer, F.: Stoff und Methode des konfessionsfreien Unterrichtes in Religion, Sittlichkeit und Recht ..., s. Mayer

Maier, Dr. F., Versuch einer monistischen Begründung der Sittlichkeitsidee. Ein Beitrag zum Culturkampf. Stuttgart. Wittwer, 1876. gr. 8. 22. S.
Die hier gesammelten philosophischen Artikel sind vorher in der „Bauhutte", in der „Waage" (Berlin) und in mehreren anderen Zeitschriften erschienen.

Maier, F. F., Was hast du wider das Alte Testament, s. Was ꝛc.

Majer, Fd., Anleitung zu e. geschmackvollen Anlegung v. Gärten, s.a. unten Gartenkunst.

Majer, Ferd., Anleit. zu e. geschmackv. Anlegung u. Behandl. v. Gärten. 8. Gießen, Müller, 804. — 12

— Belehrung üb. prakt. Gartenarbeiten, s.a. unt. Gartenkunst.

— Belehrung. üb. prakt. Gartenarbeiten. 8. Ebendas. 805.

— Gartenkunst u. Botanik im Kleinen. 2 Theile. 8. Gießen 804, 5. 1 ₰ 1r Thl. Auch u. d. T.: Anleit. f. Gartenfreunde, zu e. geschmackvoll. Anlegung v. Gärten. (Ferber; a. Leske in Darmst.) 12 gr — 2r Thl. Auch u. d. T.: Belehr. f. prakt. Gartenarbeiter. 805. (Ferber; a. Leske in Darmst.) 12 gr

Majer, Ferd., Gartenkunst u. Botanik im Kleinen, f. Liebhaber u. junge Gartenkünstler. 2 Thle. 1. Thl.: Anleit. z. e. geschmackvollen Behandlung u. Anlegung v. Gärten. 2. Thl.: Belehr. üb. prakt. Gartenarbeiten. 8. Giessen, 1804 u. 5. (Leipzig, Fleischer). 1. 10

— Gartenkunst und Botanik in Kleinen. 2 Thle. 8. Gießen, Tasché. 804.

Maier, Ferdinand: Zur Gastrostomie nach Marwedel. ⟨45 Fälle aus der chir. Univ.-Klinik Heidelberg.⟩ Heidelberg 1909: Rössler & Herbert. 40 S. 8°
Heidelberg, Med. Diss. v. 1909, Ref. Narath
[Geb. 27. Nov. 81 Weißenburg i. B.; Wohnort: Ludwigshafen a. Rh.; Staatsangeh.: Bayern; Vorbildung: Altes Gymn. Nürnberg Reife 00; Studium: Erlangen 4, Leipzig 2, Erlangen 4 S.; Coll. 8. Dez. 08.] [U 09. 1966

— kleiner Monatsgärtner f. Gartenliebhaber, nebst d. monatl. Verrichtungen in Holzpflanzungen u. e. kurzen Uebersicht d. nöthigen Gartengeräthe. 8. Giessen, 1804. (Ferber.) — 5

— d. kleine Monatsgärtner, n. d. monatl. Verricht. in d. Holzpflanzen. 8. Gießen, Müller. 804.

Maier, Ferd. De anonymi physiognomonia Apuleio falso adindicata. 24 S. Progr. *Bruchsal* 1880.

Maier, F., De Anonymi physiognomonia Apuleio falso adjud. Pr. 1890. 25 S. 4°. 1.—

Maier, Frz. Geschichtliche Darstellung des Staatsschuldenwesens des Kgr. Bayern, mit Rücksicht auf dessen Kurrent-Finanzverwaltung. Nebst einer rechtlichen Erörterung der neueren Gesetze über die Erlöschung von Forderungen an das bayerische Aerar. gr. 8°. Erlangen, Palm u. Enke, 1839.

Maier, Frz., geschichtl. Darstellung d. Staatsschuldenwesens d. Kgrs. Bayern. Erlangen 1839. 8. Hfrzbd. XII–168 S.

– Deutsches Lesebuch, s. Mair, Franz

– Liederstrauß, s. Mair, Franz

Maier Franz: Ueber Joachim Christian Blums Spaziergänge, Berlin 1774/75.
H. 1908 PN 2596 Diss. Wien, Univ. 278

Maier, Franz Aloys, s. Mayer

Maier, Friedrich

— Brahma od. die Religion der Indier als Brahmaismus. 8. Leipz. 818. Reclam. 1 ℛ 12 gℓ

— Briefe üb. d. Ideal der Gesch. 8. Lübeck, Bohn. (Niemann u. N.) 796.

Maier, Fr., Briefe üb. das Ideal d. Geschichte. Neue unveränd. Ausg. 8. Leipz. Hinrichs. 813.

Maier, Frdr., die Briefe Pauli, s.a. Zeitfragen, biblische. II, 5. 6.

Die Briefe Pauli. Ihre Chronologie, Entstehung u. Echtheit. Von Dr. Friedrich **Maier**, Sasbach. 1. u. 2. Aufl. Münster i.W. Aschendorff 1909. 77 S. 8°
(Biblische Zeitfragen. Folge 2, H. 5/6.)

— Chronik des fürstl. Hauses Reußen u. Plauen. gr. 8. Weim. 811. (Leipz., Märker). 1 ℛ Hbg. Pr. 16 gℓ

Chronik des Fürstlichen Hauses der Reussen von Plauen. Von Friedrich Majer. Weimar. Leipzig. 1881. 8°.

— s. Dichtungen, mytholog., u. Lieder.

Majer, Frdr., Allgemeine Geschichte des Faustrechts in Deutschland. Bd. 1. Abth. 1. 2. [Nicht mehr ersch.] Berlin 1799. 8. . . . . (D.)

— allgem. Geschichte des Faustrechts in Deutschland. 2 Abthll. gr. 8. Berl. 799. Duncker u. H. 1 ℛ 12 gℓ

Mayer, Fr.: Geschichte der Ordalien, insbes. der gerichtlichen Zweikämpfe in Deutschland. Ein Bruchstück aus der Geschichte und den Alterthümern der deutschen Gerichtsverfassung. *Jena.* 795. 8.

— Gesch. d. Ordalien, insbes. der gerichtl. Zweikämpfe in Deutschl. 8. Jena, Akadem. Buchh. 795. 319 S.

— Gesch. d. Ordalien, insbesondre der gerichtl. Zweikämpfe in Deutschland. 8. Jena 795. (Hennings in Neisse). 20 gℓ

— Geschichten aller Religionen, od. Darstell. u. Schilderung d. Mythen, religiösen Ideen u. Gebräuche aller Völker. 2 Bde. (1r Bd. als mytholog. Taschenbuch f. d. J. 1811 hrsgg. 2e A. Mit 12 Kpf. kl. 8. 2 ℛ 2r Bd. Auch u. d. T.: Mythol. Taschenbuch, od. Darstell. u. Schilderung d. Mythen rc. 2r Jahrg. f. 1813. Mit 6 Kpf. 12. 2 ℛ) Weim., Landes-Ind.-Compt. 4 ℛ

Majer, Fr., († d. 15. Mai 1818.) Bertrand du Guesclin, romant. Biographie. 2 Bde. 8. Brem. 801, 2. Fr. Wilmanns in Frkf. 3 ℛ

Die Hauptprobleme der Pastoralbriefe Pauli. Von Dr. Friedr. **Maier.** Privatd. 1. u. 2. Aufl. Münster: Aschendorff 1910. 56 S. 8°
(Biblische Zeitfragen. Folge 3, H. 12.) [11. 3550

Maier, Frdr., der Judasbrief, s.a. Studien, biblische. XI. 1. 2.

Maier, Friedrich: Der Judasbrief. Seine Echtheit, Abfassungszeit und Leser. Ein Beitrag zur Einleitung in die katholischen Briefe. Freiburg i. Br.: Herder 1906. (XV, 188 S.) 8° ¶ (Aus Biblische Studien, Bd 11, Heft 1/2.)
Freiburg i. B., Theol. Fak., Ref. Rückert, Diss. v. 1906
(Nicht für den Austausch)
[Geb. 11. März 83 Müllheim, Baden; Wohnort: St. Peter; Staatsangeh.: Baden; Vorbildung: Gymn. Freiburg i. B.; Studium: Freiburg i. B. 8 S.; Rig. 18. Dez. 05.]

— zur Kulturgeschichte d. Völker: Histor. Untersuchungen. Mit e. Vorrede v. J. G. v. Herder. gr. 8. Leipz. 798. Hartknoch. 2 ℛ 16 gℓ

Maier, Frdr., Lehrgang der Redeschrift des Gabelsbergerschen Systems. (45 S.) 8. Wolfenbüttel 904. (Heckner.) n.n. 1. 10

— (u. K. A. Böttiger,) mytholog. Lexicon. 1e u. 2e Abthlg. Mit Kpft. gr. 8. Weim. 803 u. 4. Indust.-Compt. 6 ℛ 18 gℓ

Ethische Probleme von Prof. Dr. Friedrich **Maier**, [Stuttgart]. Frankfurt a. M. 1892: Mahlau & Waldschmidt. (96 S.) 8° [07. 4240

Maier, Frdr., s.: Studien, psychische.

Majer, F., Mythologisches Taschenbuch oder Darstellung u. Schilderung d. Mythen, religiösen Ideen u. Gebräuche aller Völker.
1811 u. 1813. (Jg. I u. II.) M. 18 Kpf.
Weimar.

Maier, Fr., Historische Untersuchungen zur Kulturgeschichte der Völker. Leipzig 798. 8. 2 rthl. 16 gr.

Maier, Friedr. Franc. Erasm. (Schwäbisch Hall), De effectu metus in pactis et contractibus. Präs. J. Chr. Rudolph. Erlangen (J. D. M. Camerarius) März 1762. 62 S. (5.—) 22022
Gew.: J. E. Maier (Vater).

Maier, Friedrich Jakob, approb. Arzt aus Vöhringen, OA. Sulz a. N.: Aus d. Tübinger Universitäts-Augenklinik. Zur Aetiologie der Chorioiditis disseminata. *Tübingen: F. Pietzcker 1902.* (23 S.) 8°
Tübingen, Med. Diss. v. 1902

Maier, Fritz, des Landwirts Schriftenverkehr, s.: Krausbauer, Thdr.

Maier, G., das Kind im Gebet. Ein Andachtsbüchlein in der Kirche, zu Hause u. in der Schule. Mit einem kleinen Katechismus der christkathol. Religion nebst Meß-Erklärung. 10. verb. Aufl. 24. (104 S. m. 1 Holzschn.) Wiesensteig 850, Schmid.
— 11. Aufl. 24. (104 S.) Ebd. 852. 2 ngℓ

Maier, G., das Kind im Gebet. Ein Andachtsbüchlein in der Kirche, zu Hause und in der Schule. Mit einem kleinen Katechismus der christkatholischen Religion nebst Meß-Erklärung. 12. Aufl. Wiesensteig 853. Schmid. 24. (104 S. u. 1 Holzschn.) 2 ngr.

Maier, G. Adalbert, exegetisch-dogmat. Entwicklung der neu-testamentl. Begriffe von Ζωή, Ἀνάστασις u. Κρίσις. Besond. abgedruckt aus dem 2n Bde. der Zeitschrift für Theologie. gr. 8. Freiburg 840. Fr. Wagner. 5/12 ₰

Maier, Geo., ein Blütenstrauß. Gedichte. (36 S.) kl. 8. Leipzig 906. Verlag f. Literatur, Kunst u. Musik. 1.—; geb. n 1.50

Maier, Geo., Gedichte. (XVI, 428 S.) 8. Dresden 905. E. Pierson. n. 3.50; geb. n. 4.50

Maier, Geo., Kalkulation u. Buchführung, s.: Weiß, Christ., u. Konr. Weiß, Gesetzes- u. Bürgerkunde.

Maier, Georg Heinrich

— — Affectum dominantem. Präs. J. Adam Mayer. Wittenberg (Chr. Gerdes) 4. XI. 1709. (4.—) 22024

— Georg Heinr. (Steinsfeld/Schwaben), De emendatione intellectus ante voluntatis emendationem ponenda. Präs. J. Gg. Wolf. Wittenberg (Chr. Gerdes) Juli 1709. (4.—) 22023

Maier, Georg Karl, s. Mayer

Maier, Georg Wilhelm

— s. Cicero, d. Traum.

— Gedichte. Mit Kpf. 8. Nürnb. 791. Schneider u. W. 16 gr.

— Gedichte, m. K. 8. Nürnb. Weigel. 791.

Maier, G. W., Vers. üb. die erste Bildung d. Erde nach Moses Ber. in physikal. chem. Rücks. gr. 8. Basel, Flick. 795.

Maier, Gfr., pädagogische Psychologie f. Schule u. Haus, auf Grund der Erfahrg. u. neueren Forschg. dargestellt. gr. 8. (XII, 316 S.) Gotha 894. F. A. Perthes. n. 5.—

Maier, Geo. Wlh., († d. 17. Mai 1802.) Versuch über die erste Bildung der Erde nach Moses Bericht, in physikal. u. chem. Hinsicht. gr. 8. Basel 795. (Neukirch.) 14 gr.

Maier, Gottfried, aus Freiburg i. B.: Ein Beitrag zur Casuistik des männlichen Brustdrüsenkrebses. *Freiburg i. B. 1902: G. Veith.* (35 S.) 8°
Freiburg i. B., Med. Diss. v. 1902

Maier, Gfr., Predigt zum Gedächtnis des Kaisers Friedrich III., gehalten am 3. Sonntag nach Trinitatis den 17. Juni 1888 in Hofrat Dr. Flamm's Heilanstalt für psychisch Kranke zu Pfullingen in Württemberg. gr. 8. (11 S.) Reutlingen 888, Kocher. *

Maier, Gottfr., pädagogische Psychologie auf Grund von Erfahrung, Experiment u. Kinderforschung. 2., gänzlich umgearb. Aufl. (XII, 328 S.) 8. Gotha 909. F. A. Perthes. 5.—

Maier, die Musenstadt Tübingen. Bilder aus Vergangenheit u. Gegenwart. (VI, 219 S. m. 25 Lichtdr.-Taf.) 8. Tübingen 904. (Osiander.) Geb. in Leinw. n. 3.50

Die Musenstadt Tübingen. Bilder aus Vergangenheit u. Gegenwart, gesammelt von Dr. Maier-Pfullingen. Mit vielen Lichtdruckbildern. Tübingen: O. Riecker 1904. (IV, 219 S.) 8° [F.] 105. 363

— Gottfr. Heinr. (Crailsheim/Frankfurt), Vetus dictum teutonicum Dem Mann ein Ey / dem frommen Schweppermann zwey. Präs. J. Georg Fichtner. Altdorf (D. Meyer) (30.) VI. 1729. 32 S. (5.—) 22025

Ansprache des Br Gust. Maier an seinen Sohn Ernst bei dessen Aufnahme am 27. Sept. 1891 in der Loge Friedrich zur ernsten Arbeit in Jena. Frankfurt a. M. 1891: Mahlau & Waldschmidt. 10 S. 8⁰ [Umschlagtit.]
Aus: Bh 34 (1891) S. 347—349.
Üb. die Aufgabe des Menschengeschlechts.

Maier, Gust., s.: Ausblicke u. Hoffnungen, ethische.

— soziale Beweggn. u. Theorien bis z. modernen Arbeiterbewegung, s. a. Aus Natur u. Geisteswelt.

Maier G, soziale Bewegungen und Theorien bis zur modernen Arbeiterbewegung. (172 S) (Aus Natur- und Geisteswelt 2) Leipzig 1898

Soziale Bewegungen und Theorien bis zur modernen Arbeiterbewegung von Gustav Maier. 2. Aufl. Leipzig: B. G. Teubner 1902. (IV, 160 S.) 8° [F.]
— Natur, Aus, u. Geisteswelt. Bdch. 2. [08. 1800] 3

Soziale Bewegungen und Theorien bis zur modernen Arbeiterbewegung. Von Gustav Maier. 3. Aufl. Leipzig: B. G. Teubner 1906. (IV, 162 S.) 8° [F.]
— Natur, Aus, u. Geisteswelt. Bdch. 2. [07. 9036

Maier, G., Soziale Bewegungen u. Theorien bis zur modernen Arbeiterbewegung. 4. Aufl. (IV, 157 S.) 8. Leipzig, B. G. Teubner. 1940.
Aus Natur u. Geisteswelt.

Weltliche Freimaurerei. Ein Beitrag zur humanistischen Bewegung innerhalb des deutschen Maurerthums. Gesammelte Arbeiten von Gust. Maier. Leipzig: Findel 1888. XVI, 323 S. 8⁰
Auszug in: Bh. 32 (1889) S. 353—355.
Recens: FZ. 42 (1888) S. 389—390; DrL. 18 (1888—1889) S. 1424 (J. H. Roitzsch); BrL. 6 (1888—1889) S. 55; Bh. 32 (1889) S. 5 bis 6 (J. P. Glökler); "Gesellschaft. 7 (1890) S. ?, abgedr. in: Bh. 33 (1890) S. 229—230.
cf. Bh. 31 (1888) S. 337—338 (J. G. Findel); HL. 21 (1888) S. 1683—1684; Al. 15 (1889) S. 109—111 (H. Hagen), abgedr. in: Bh. 22 (1889) S. 198.

Maier, Gust. Weltliche Freimaurerei. 8. Lpz. 888. Frankf. a. M., Mahlau u. Waldschmidt. * 4 50; geb. * 5 50

Röder, Isaak: Ein Gedenkblatt an Dr. med. Isaac Röder. Seinen Freunden gewidmet von Gust. Maier. Frankfurt a. M. 1883: [Mahlau & Waldschmidt]. 4 Bl. 8⁰ [Umschlagtit.]
Abgedr. in: Bh. 28 (1885) S. 149—150.
Tt. 2110. Grabrede.

Maier, Gustav, aus Zell i. W.: Das Ge-Partizip im Neuhochdeutschen. *Strassburg: K. J. Trübner 1901.* (38 S.) 8° [F. u. Ant.] ¶[Aus: Ztschr. f. deutsche Wortforschung.]
Freiburg i. B., Phil. Diss. v. 1901

Maier. Als Ms. gedr. Ulm [1877]: Nübling. 39 S. 4⁰
Abgedr. in: Maier, G.: Weltliche Frmrei. 1888 S. 219—225.
cf. Bh. 20 (1877) S. 284—285 (J. Ph. Glökler).
Tt. 546. Gesch. der Logen Asträa u. Karl zu den drei Ulmen.

Geschichte der Freimaurerei in Ulm. Festschrift zu dem aus Anlass des 500jährigen Münster-Jubiläums am 1. Juli 1877 in Ulm gemeinsam abgehaltenen Johannisfeste der schwäbischen Logen. Im Auftr. der ▭ Carl zu den drei Ulmen bearb. von Gust.

Majer, Gust., die Geschichte des Fürstenthums Neuenburg, mit besonderer Rücksicht auf die neuesten Vorgänge u. Verhandlungen chronologisch dargestellt und genealogisch erläutert. Tübingen 857. Laupp. gr. 4. (44 S.) 15 ngr.

Maier, Gust., s. Gilon, E. Der Kampf um die Wohlfahrt.

— d. Kampf um Arbeit. Eine Reform-Studie. 3. u. 4. Tausd. gr. 8. (57 S.) Berlin 896. F. Dümmler's Verl. n. — 60

Maier Gust, der internat. Kongr. f. Arbeiterschutz in Zürich 1897. (48 S) Bern 1897

Mehr Licht! Ein Wort zur „Judenfrage" an unsere christlichen Mitbürger von Gust. **Maier.** Ulm: Kerler 1881. 23 S. 8⁰
Recens: Z. 11 (1881) S. 23—24.
Tt. 1675. Umarb. des u. d. Tit.: Offener Brief an einen süddeutschen Logenbeamten in: Bh. 23 1880 S. 401—408 erschienenen Artikels. Abdr. aus Bh. in: Maier, G.: Weltliche Frmrei. 1888 S. 112—145. Widerlegung des Aufsatzes „Gedanken üb. Frmrei, Christenthum u. Judenthum" des Br. Franz Lang.

Maier, Gust., die Organisation der ethischen Bewegung gemäss den Lehren der Geschichte, unter besond. Bezug auf die Freimaurerei, s.a. Zusammenkunft, die Eisenacher, etc.

Die Organisation der ethischen Bewegung gemäss den Lehren der Geschichte, unter besonderem Bezug auf die Freimaurerei. Vortrag, gehalten in der „Zusammenkunft zur Förderung und Ausbreitung der Ethischen Bewegung" in Eisenach am 7. Aug. 1893. Von Gust. **Maier.** Berlin: Deutsche Gesellsch. f. Ethische Kultur 1893. 34 S. 8⁰
Abgedr. in: Bh. 36 (1893) S. 284—287, 289 bis 292, 299—302, 305—307.

Maier, Gustav. Aus Syrien. Reise-Skizzen. [Mit Vignetten.] 8. Bamberg (1897).
(Für Sommer und Winter. [Band] 4.)

Maier, Gust., aus Syrien. Reise-Skizzen. schmal 8. (180 S.) Bamberg 897. Handelsdruckerei u. Verlagsh. Geb. 1. —

— s.a. Verhandlungen u. Beschlüsse, die, d. internat. Kongresses f. Arbeiterschutz.

Maier, Gustav: Verhandlungen und Beschlüsse des internationalen Kongresses für Arbeiterschutz in Zürich ⟨23.-28. Aug. 1897⟩. Bericht.—Bern: Steiger 1897. 48 S. 8⁰
1. Carton de Wiart (belg. Abg. der demokratisch-christlich-sozialen Arbeiterpartei) bringt d. Antrag ein, d. Frauenarbeit in d. Bergwerken, Steinbrüchen und in der Großindustrie ganz abzuschaffen.
2. Diskussion: Lily Braun, Clara Zetkin, österr. Reichsratsabg. Scheicher, Pernerstorfer (Wien), Aug. Bebel.
3. Ablehnung des Antrags.
4. Resolutionen; Arbeiterinnen-Schutzbestimmungen.

Majer, Gust., die dänisch-deutsche Verwicklung nach ihren Entstehungsgründen und ihrem Verlaufe dargestellt nebst einer genealog. Beleuchtung der dän. Erbfolgefrage. gr. 8. (VI und 230 S. mit 7 genealog. Taf. in qu. gr. 4. und qu. Fol.) Stuttgart 864, Cotta'sche Buchh. *

Maier, Gustav. Worte des Nachrufs an Helene Tafel, geboren zu Stuttgart am 25. Dezember 1847, gestorben zu Florenz am 13. März 1903, gesprochen bei ihrer Feuerbestattung ... 16. März 1903 auf dem Friedhofe zu Trespiano bei Florenz, gewidmet ihrer Familie und ihren Freunden von G' M' [Zürich]. 10 S. 8. Florenz, G. Obsner.

Maier, Gustav. Der Prozess Zola vor dem Schwurgerichte zu Paris im Februar 1898. Kritischer Bericht eines Augenzeugen. (Illustriert. [Mit 1 Tafel.]) 8. Bamberg (1898). 175 S. m. Abb.

Majer, Gust. Emil, Beiträge zur Lehre von den wahren Ankylosen des Hüftgelenkes. Eine Inaugural-Abhandlung. gr. 4. (III und 27 S. mit 2 Stnt. Abbildungen.) Tübingen 860, (Moser.) *

Maier, Hans, die Antisemiten, s.: Parteiwesen, deutsches, 2. Heft.

— Die Konservativen, s.: Parteiwesen, deutsches, 1. Heft.

Maier, Hans Wolfgang, med. prakt.. von Zürich, I. Assistenzarzt der psychiatrischen Klinik: Über moralische Idiotie. ⟨Aus der psychiatrischen Universitätsklinik in Zürich.⟩ Leipzig 1908. 29 S. 8⁰. [29. VII. 08.]
Zürich. Med. Diss. 1907/08.

Maier, Hans Wolfgang. Über moralische Idiotie. Diss. Med. Univ. Zürich. [Mit Figuren. Sep.-Abdr. aus: Journal für Psychologie und Neurologie. Band 12.] *Kopftitel:* Aus der psychiatrischen Universitätsklinik in Zürich. 29 S. gr.-8. Leipzig, Johann Ambrosius Barth, 1908.

Maier, Heinrich

— Die Echtheit der Aristotelischen Hermeneutik. S.-A. 1899. 50 S.

Maier, Heinr., an der Grenze der Philosophie. Melanchthon—Lavater—David Friedrich Strauss. (VIII, 405 S.) gr. 8. Tübingen 909. J. C. B. Mohr. 7.60; geb. 9. —

Maier, Heinr., Logik u. Erkenntnistheorie, s.: Abhandlungen, philosophische.

Maier, Heinrich, appr. Arzt a. Herzogenaurach: Ueber ein Myxo-Gliosarkom des Großhirns. München 1905: Kastner & Callwey. (13 S.) 8°
München, Med. Fak., Ref. v. Bollinger, Diss. v. 2. Juni 1905
[Geb. 20. Jan. 78 Herzogenaurach; Wohnort: Herzogenaurach; Staatsangeh.: Bayern; Vorbildung: Neues Gymn. Bamberg Reife Juli 97; Studium: München 2, Erlangen 10 S.; Coll. 2. Juni 05; Approb. Erlangen 4. März 03.]

Maier, Heinr., Psychologie des emotialen Denkens. (XXVI, 826 S.) Lex. 8. Tübingen 908. J. C. B. Mohr. 18. —

Maier, Heinrich [Dr. Repetent am ev.-theol. Sem. zu Tübingen]: Die Syllogistik des Aristoteles. Tl 1. Die logische Theorie d. Urteils bei Aristoteles. Tübingen, H. Laupp, 1896; IV, 214 S, 8.
Tübingen, Phil. Fak., Hab.-Schr. v. 1896
(Nicht für den Austausch)

Maier, Heinr., die Syllogistik d. Aristoteles. 1. Tl. D. log. Theorie d. Urteils bei Aristoteles. gr. 8. (X, 214 S.) Tübingen 896. H. Laupp. n. 4. 60

— die Syllogistik des Aristoteles. 2. Tl. Die log. Theorie des Syllogismus u. die Entstehg. der aristotel. Logik. 1. u. 2. Hälfte. gr. 8. Tübingen 900. H. Laupp. n. 23. 40
1. Formenlehre u. Technik d. Syllogismus. (VII, 501 S.) n. 12.80
2. Die Entstehg. der aristotel. Logik. (VII, 408 S.) 900. n. 10.60

Maier, Herm., die Austragungen u. Schiftungen des Zimmermanns in der Theorie u. Praxis. Ein Lehr- u. Uebungsbuch f. Zimmerleute, zur Vorbereitg. auf die Meisterprüfg., sowie f. den Fachzeichen- u. Modellierunterricht an Fachschulen u. gewerbl. Unterrichts-Anstalten. (V, 58 S. m. 106 Abbildgn.) 4. Leipzig 905. C. Scholtze. n. 5. —

Majer, Hermann, appr. Arzt: Beitrag zur Lehre vom induzierten Irresein. Tübingen 1909: Laupp. 35 S. 8°
Tübingen, Med. Diss. v. 15. Febr. 1909, Ref. Gaupp
[Geb. 19. Okt. 83 Stuttgart; Wohnort: Tübingen; Staatsangeh.: Württemberg; Vorbildung: Gymn. Schw.-Hall. Reife Juli 01; Studium: Tübingen 3, Kiel 1, Tübingen 2, München 2, Tübingen 3 S.; Coll. 30. Jan. 09; Approb. 1. Juli 08.] [U 09. 3936

Maier, Herm., Darstellung d. cranio-cerebralen Topographie in stereograph. Projection, s.: Froriep, Aug., zur Kenntniss d. Lagebeziehgn. zwischen Grosshirn u. Schädeldach.

Maier, Herm., u. Karl Wöhr, neue Formen der Friedhof-Architektur. Eine Reihe v. Grabmonumenten, Grabkreuzen, Platten u. Aschenurnen. 5 Lfgn. (41 Taf. m. 5 Blatt Text.) hoch 4. München (903. 904.) (E. Pohl.) à n. 1. 50; Mappe dazu n. 1. —

(B) — u. K. **Wöhr,** neue Formen d. Friedhofarchitektur. 903. 904. (KBL 34.) Ern. Pr. 6. —

MAIER (Mayr), Hermann (Dinkelsbühl; Schweinfurt): Über den Vermögenserwerb des Cridars während des Conkurses nach gemeinem Rechte.- München: Wolf 1854. 38 S.,1 Bl.
16.8.1854 - Urk (Titel: De bonis durante concursu creditorum a cridario aquirendis.); F 49
Diss. Ingolst.-Landsh.-Mchn.

Maier, Herm., Vorbilder zur Schildermalerei. Muster-Blätter moderner Firmenschilder, Etiquetten u. Kartuschen. Nebst e. Schriftensammlg. (24 z. Tl. farb. Taf.) 23×30,5 cm. Ravensburg (907). O. Maier. In Mappe 7. —

— Das fachliche gebundene u. freihändige Zeichnen f. Schriftsetzer, s.: Gestaltung, die fachliche, des Zeichenunterrichts an gewerbl. Fortbildungs- u. Handwerkerschulen.

— Hermann Jos. (Hassfurt/Main), De probatione judiciali in processu ord. civile. Germ. Würzburg (Fr. E. Nitribitt) 10. I. 1815. 46 S. (3.—) 22026

Maier, Hermann Nicolaus, aus Stuttgart: Ueber den feineren Bau der Wimperapparate der Infusorien. *Jena: G. Fischer 1902.* (109 S.) 8°
Tübingen, Naturw. Diss. v. 1902

Maier, Hirsch, s. Hirsch, Meier

Maier, J., Auswahl v. Bibelsprüchen u. Liederversen üb. d. mosaische Glaubens- u. Sittenlehre. Zum Gebr. bei d. Religionsunterr. in israelit. Schulen. gr. 12. (5 B.) Frankfurt a. M. 830, Jäger.

Maier, ..., Zur Erklärung von Gen. 1, 6–8 u. 20–25. Hedingen. 1869, 18 S., Gymnas.-Progr.

Maier, J., Erwiederung auf das vom Oberrabbiner Dr. Frankel an mich gerichtete Schreiben. gr. 8. (2 B.) Stuttgart 845, Beck u. Fränkel.

——, J. N. Mannheimer u. G. Salomon, israelit. Festpredigten u. Casualreden, s. Festpredigten.

—— u. G. Salomon, israelitische Festpredigten u. Casualreden. I. Bd. 2. Hft. 8. (10½ B.) Stuttgart 842, Metzler'sche Bh. –
1. Bd. 1. Hft. Ebendas. 1840. 22½ Ngr.

—— israelitisches Gebet- und Andachtsbuch, zum Gebrauche bei der häusl. und öffentl. Gottesverehrung. gr. 8. (X und 460 S.) Stuttgart 848, Hofbuchdruckerei Zu-Guttenberg.
Blnp.

Maier, J., das neue Grund-, Gebäude- und Gewerbe-Steuer-Gesetz für das Königr. Württemberg vom 28. April 1873. Reg.-Bl. No. 13. S. 127. Zum prakt. Gebrauch im Wortlaut des Gesetzes zusammengestellt, mit einem Abriß der Geschichte des württemberg. Steuerwesens, einem Auszug aus den Motiven, den Verhandlungen der Ständekammern und sonst. Erläuterungen unter Mitwirkung von Sachverständigen hrsg. 1. und 2. unveränd. Aufl. 8. (XII, 164 S.) Stuttgart 873, Neff. *

—— Handelslexikon. Handlexikon des ganzen kaufmänn. Wissens, hrsg. von M. Haushofer, Feichtinger, J. Landgraf u. A. 2. Aufl. 21 Lfgn. oder 2 Bde. gr. 8. (622; VI, 702 S.) Ebendas. 881. à Lfg. 50 Pf.; compl. ℳ 10.; geb. *

Maier's Handelslexikon. Handlexikon d. ganzen kaufmänn. Wissens v. M. Haushofer, Feichtinger, J. Landgraf u. A. 3. Aufl. Mit Nachträgen u. Ergänzgn. (In 21 Lfgn.) 1. Lfg. gr. 8. (64 S.) Stuttgart 883. Maier. — 50

—— dass. — Hrsg. von M. Haushofer, Feichtinger, J. Landgraf u. A. 3. Aufl. Mit Nachträgen und Ergänzungen. 21 Lfgn. oder 2 Bde. gr. 8. (VI, 622; 702 S.) Ebendas. 884. à Lfg. 50 Pf.; compl. ℳ 10.; geb. *

Maier's Handlexikon des ganzen kaufmännischen Wissens. Hrsg. von M. Haushofer, Feichtinger, J. Landgraf u. A. 2 Bde. gr. 8. (622 u. VI, 702 S.) Stuttgart 880. Maier. 12. —

— dasselbe. 2. Aufl. 2 Bde. in 21 Lfgn. gr. 8. (622 u. VI, 702 S.) Ebend. 881. à Lfg. — 50

Maier, über den Judeneid. gr. 8. (22 S.) Stuttgart 852, Hofbuchdr. zu Guttenberg.

Maier, (J.), Confirmanden-Unterricht für die israelitische Jugend. 2., mit den hebr. Belegstellen vers. Aufl. 8. (IV und 20 S.) Stuttgart 851, Hofbuchdruckerei Zu-Guttenberg.

Maier, v., Confirmanden-Unterricht für die israelitische Jugend. 3. Ausg. 8. (16 S.) Stuttgart 885, Levi. geb. **

Maier, J., Confirmations-Handlung nebst d. Confirmanden-Unterricht. gr. 8. (3¼ B.) Stuttgart 836, Beck u. Fränkel.
Der Confirmanden-Unterricht einzeln 1½ Gr.

—— Lehrbuch d. bibl. Geschichte, als Einleit. z. Religionsunterr. in israelit. Schulen. Nebst e. Anh.: Die Schicksale d. Israeliten während d. Dauer d. zweiten Tempels. gr. 8. (23½ B.) Frankfurt a. M. 828, Jäger.

—— die erste Rabbiner-Versammlung u. ihre Gegner. gr. 8. (3¼ B.) Stuttgart 845, Hallbergersche Vrlgsh.

—— Rede, bei dem Antritt seines Amtes als Rabbiner zu Stuttgart, am 2. Sabbath Chanucca 5595 (3. Jan. 1835) gehalten. gr. 8. (1½ B.) Stuttgart, Hallbergersche Vrlsbuchh. *

(J.) **Maier's** Spezialkarten der bayer. Alpen mit markirten Wegen. 1:40,000. Sektion Rotwand-Schinder. *München: M. Kellerer [1900].* 8° [Umschlagt.] [∞. 11419

—— Israels Vergangenheit, Gegenwart u. Zukunft. Ein relig. Vortrag. gr. 8. (1¾ B.) Stuttgart 841, Hallbergersche Vrlsbuchh. *

— Welche Hindernisse haben wir aus dem Wege zu räumen? Eine Predigt. 8. Stuttgart 835. Brodhag. 1/6 ß

—— welche Hindernisse haben wir aus dem Wege zu räumen? Eine Pred. am Versöhnungstage 5596 (3. Okt. 1835.) beim Frühgottesdienste gehalten. 8. (3 B.) Stuttgart, [Scheible, Rieger u. Sattler.]

Maier, J. G., der Hauskeller, s. Hausbücher.

Maier JG, der Hauskeller. (Hausbücher 4) Stuttgart 1881

Maier, J. G., historia diaboli. Tubing. 1780. 8.

Maier, J. G., Kopfrechenbüchlein, Ersatz, s.: Schwarzmaier, Christian Frdr., Sammlung, v. Kopfrechenaufgaben.

Maier, J. G., Lehrbuch der Elementar-Arithmetik zum Gebrauch in Schulen, Lehrerbildungsanstalten u. beim Selbstunterricht. 1. u. 2. Tl. gr. 8. Stuttgart, D. Gundert. n. 8. 80
1. Das Rechnen m. absoluten Zahlengrößen. 2., verm. u. verb. Aufl. (VIII, 264 S.) 892. n. 4. —
2. Das Rechnen m. algebr. Zahlengrößen. 2., verm. u. verb. Aufl. (IV, 307 S.) 893. n. 4. 80

— Lehrbuch der Elementar-Arithmetik. 2 Tle. 8. Stuttgart, D. Gundert. 9.40; geb. 10. 40
I. Das Rechnen mit absoluten Zahlen zum Gebrauch in Lehrerbildungsanstalten u. beim Selbstunterricht. 3. Aufl., umgearb. u. verm. v. Chr. Fr. Schwarzmaier. (VIII, 293 S.) 904. 4.—; geb. 4. 50
II. Lehrbuch der allgemeinen Arithmetik u. Algebra zum Gebruch in Lehrerbildungsanstalten u. f. Lehrer, in vollständig neuer Bearbeitg. v. Christian Frdr. Schwarzmaier. (374 S.) 906. 5.40; geb. 5. 90

—— Lehrbuch der Elementar-Mathematik zum Gebrauch in Schulen, Lehrerbildungsanstalten und beim Selbstunterricht. 2 Thle. 8. Stuttgart 882, Gundert. *
Inhalt:
Thl. 1. Das Rechnen mit absoluten Zahlengrößen. (VIII, 256 S.) *ℳ 3,60.
» 2. Das Rechnen mit algebraischen Zahlengrößen. (IV, 330 S.) *ℳ 4,50.

— Lehrbuch der Grundrechnungsarten. 3. Buch: Das Rechnen m. unbenannten gebrochenen Zahlen [die gemeinen Brüche u. die Dezimalbrüche] m. 260 Erklärungen u. e. Sammlg. v. 309 gelösten u. ungelösten Aufgaben, nebst den Resultaten der ungelösten Aufgaben. Zum Schulgebrauch sowie zum Selbststudium bearb. nach System Kleyer. gr. 8. (VIII, 165 S.) Stuttgart 891. J. Maier. n. 3. — ; (1—3: n. 9. —)
1. Buch s. Frömter, Aug.; 2. Buch s. Frömter u. Neubüser.

Maier, J. G., Register und sachliche Uebersichten zum Lesebuch für die evangel. Volksschulen Württembergs. gr. 8. (VI und 144 S.) Stuttgart 859, Aue. *

Maier, J. G., Sammlung v. Kopfrechnungs-Aufgaben aus dem Gebiete der Elementar-Arithmetik zum Gebrauch in Schulen, Lehrerbildungsanstalten u. beim Selbstunterricht. 2 Tle. 8. (120 u. 96 S.) Stuttgart 884. Gundert. à n. 1. 20

Maier, J. G., Sammlung v. Kopfrechnungs-Aufgaben aus d. Gebiete d. Elementar-Arithmetik z. Gebrauch in Schulen, Lehrerbildungsanst. u. beim Selbstunter. 1. u. 2. Tl. 2., verb. Aufl. 8. (108 u. Resultate S. 109—128 u. 96 S. u. Resultate S. 97—112.) Stuttgart 894. 97. D. Gundert. Geb. u. geh. à n. 1. 50

Maier, J. G., vollst. Unterr. im Scheibenschießen, m. K. gr. 8. Mannh. Schwan. (Liebeskind in Leipzig) 805.

—— Verstehst Du den Kalender?, s. Hausbücher.

Maier, J. G., 328 Wiederholungsfragen aus dem Gebiete der Elementar-Aritbmetik. 8. (55 S.) Stuttgart 885, Gundert. *

Maier, J. G., die ländlichen Winterabendschulen. gr. 8. (IV, 171 S.) Stuttgart 873. Lindemann. n. 1. 80

Maier, J. G.: Die ländlichen Winterabendschulen. 2. Aufl. Stuttgart: Lindemann 1874.

(Maier, J. J.), Bericht über die im Auftrage des Kurvereins zu Wiesbaden in den Jahren 1881—83 gemachten meteorologischen Beobachtungen. Wiesbaden 1883.

Wiesbaden, Meteorologische Station des Kurvereins (Maier, J. J.), Bericht der — für die Jahre 1887—91.

Maier, J. J., Futter u. rationelle Fütterung. Drei Vorträge. gr. 8. (70 S.) Wiesbaden 882. Limbarth. n. — 80

Wiesbaden [Maier, J. J.], Jahresbericht über die im Auftrage des Kurvereins zu Wiesbaden gemachten meteorolog. Beobachtungen im Jahre 1883/84. Wiesbaden 1884. 4°.

Maier, J. M., die Noth der untersten Volksklassen und ihre Abhilfe. Ein Versuch zur Lösung der von Sr. M. dem Könige von Bayern, gestellten Preisfrage. gr. 8. (VIII und 183 S.) Erlangen 849, Palm's Vrlgsh.

—— woran sollen wir erkennen, ob eine Bewegung aus Gott sei? Predigt über Apost. Gesch. II, 1—13 am Pfingstfeste 1849 vor einer Landgemeinde gehalten. gr. 8. (16 S.) Erlangen 849, Bläsing.

Maier, J. M. M.: „Die Noth der untersten Volksklassen und ihre Abhülfe", Erlangen 1849. — Vorh.: Com. Bibl. Hamburg.

Maier, Jakob

– s.a. Fust von Stromberg.

MAIER, Jakob (geb. 1739 in Mannheim, Hofgerichtsrath, † das. als Kammerrath 2. Oktob. 1784 = Goedeke V, 366, 2), Fust von Stromberg. Ein Schauspiel in 5 Aufzügen. Mit den Sitten, Gebräuchen und Rechten seines Jahrhunderts. Mannheim 1782. 8°. (3 Mk. Heinr. Kerler, Ulm, 1892.)

— — Dasselbe. Ebd. 1785. 8°.

— — Dasselbe. (Nachdruck.) Prag 1785. 8°. 7 Bll., 162 S.

— — Dasselbe. Neue Auflage. Ebd., Schwan u. Götz, 1787. 8°. (3 Mk. Völcker.)

— — Dasselbe. (Nachdruck?) Mainz, im Verlage bei Sartorius u. Cie. Gedruckt in der kurfürstlich priv. Buchdrukkerei, bei Joh. Benj. Wailandt. 1788. Gr. 8°. 256 S.
Nicht bei Goedeke.

— — Dasselbe. Leipzig 1807. 8°.

Maier, Jak., († d. 2. Oct. 1784.) zwei Schauspiele aus d. pfälzischen Geschichte. gr. 8. Manh. 785. Schwan u. G. 1 rß

– s. Sturm, Der, von Boxberg.

– s. Weinlese, Die.

Majer, Johann (Kreussen/Oberfranken), De executione sententiae in causa civili. Präs. Ernst Theoph. Majer. Tübingen (J. Conr. Reis) Mai 1703. 40 S. (5.—) 22027
Gew.: Burckh. Bardilus.

Maier, Joh., Hand- u. Lehrbuch der Zuschneidekunst. schmal Fol. (8 S. m. 15 Taf. in gr. Fol.) Schweidnitz 900. (G. Brieger.) n. 10. —

Hand- und Lehrbuch der Zuschneidekunst von Johann Maier. Schweidnitz. *Schweidnitz: Selbstverl. 1900.* (8 S., 15 Taf.) 2° [illegible]

Maier, Johann: Studien über Ringcondensationen. 1901. 42 S. 8° ¶ Vgl. J. Liebig's Annalen d. Chemie. Bd 327. 1903. S. 17 ff.
Braunschweig, Dr.-Ing.-Diss. v. 23. 7. 1901

Maier, Joh. Bapt., die Meßgebete der Kirche. Eine Beigabe u. Ergänzg. zu den liturg. Andachtsbüchern v. Anselm Schott, O. S. B. 2. Aufl. (VII, 49 S.) 16. Freiburg i/B. (909). Herder. — 30

Majer, Johann Christian von

Majer, J. Chph., Autonomie, vornehml. des Fürst. u. übrig. unmittelb. Adelstandes im Röm. deutsch. Reiche. 2 Stck. 8. Tüb. Heerbrand. 781. 82.

Majer, Jh. Chr., Autonomie des Fürsten u. übrigen unmittelb. Adelstandes im röm. deutschen Reiche. 2 Stücke. 8. Tübing. 781, 82. (Osiander). 12 gl

Majer, Joh. Chr.: Ueber das Eigenthum an den geistl. Gütern u. deren Heimfall b. vorgehend. Stiftsrenovationen a. d. gem. Reichsrechten. *Ulm*, Wohler. 786. 8. (12 Gr.)

Majer, J. Ch.: Allgem. Einleit. in d. Privat-Fürstenrecht überh. *Tüb.*, Heerbrandt. 783. 8. (12 Gr.)

— allgem. Einleitung ins Privatfürstenrecht überhaupt. 8. Tübingen 783. (Osiander). 12 gl

Majer, J. Cp.: Deutsche Erbfolge, sowohl überhaupt, als auch insbes. in Lehn- u. Stammgütern, vornehml. d. weibl. Nachkommen nach Erlösch. d. Mannsstamms. *Tübingen*, Reuss u. Schmidt. 803. 8. (16 Gr.)

Majer, J. Chr.: Ueb. deutsche Erbfolge, sowohl überhaupt, als insbes. in Lehen u. Stammgütern, vornehml. d. weibl. Nachkommen nach Erlöschung d. Mannsstammes. *Stuttg.*, Beck u. Fränkel. 804. gr. 8. (16 Gr.)

Maier, J. C.: „Deutsche Erbfolge überhaupt und insbesondere in Lehn- und Stammgütern", Stuttgart 1804 (Löffler). Dazu 3 Fortsetzungen, ebenda 1805 und Hamburg 1806 (Bohn).

— deutsche Erbfolge, sowohl überhaupt, als insbesond. in Lehen- u. Stammgütern ꝛc. gr. 8. Tübing. u. Stuttg. 804. Löflund. 16 gl

Eb.: — — erste Fortsetzung; a. u. d. T.: Gemein-rechtl. Erbfolge in sogen. Stammleben, nach d. Rechtslehre d. Feudisten. II. F. 11. u. II. F. 37. *Stuttg.*, Löfflund. 805. 8. (2 Thl. 16 Gr.)

— deutsche Erbfolge, sowohl überhaupt, als insbesond. in Lehen- u. Stammgütern. 2e Forts. gr. 8. Hamb. (Bohn). 7 gl
Auch u. d. T.: Begriff u. Natur der Lehens-Succession im Verhältn. gegen die Investitur des ersten Erwerbers u. deren Renovation.

— deutsche Erbfolge. 3e Fortsetz. gr. 8. Hamb. (Bohn). 1 ß
Auch u. d. T.: Zulässigkeit der Ascendenten-Folge u. Lehen gewisser Gattungen im sogenannten gradu successionis.

Eb.: 2te Forts.; a. u. d. T.: Begriff u. Natur d. Lehenssuccession im Verhältn. gegen d. Investitur d. ersten Erwerbers u. deren Renovation. *Tübingen*, Reuss u. Schmidt. 806. 8.

Eb.: 3te Forts.; a. u. d. T.: Zulässigk. d. Ascendentenfolge in Lehen gewisser Gattungen im sogenannten zweyten gradu successionis a. d. Principien u. posit. Gesetzen d. gemeinrechtl. Erbfolge-Ordn. *Eb.* 806. 8. (2e u. 3e Fortsetz. 1 Thl. 7 Gr.)

Majer, J. Cp.: 4e Forts.; a. u. d. Tit.: d. Ganze d. Rechtslehre v. Erbfolge-Linealismus in Lehen u. Familien-Fideicommissen. *Tüb.*, Reuss u. Schmidt. 809. 8. (20 Gr.)

— gemeinrechtl. Erbfolgeordnung in Stammlehen ꝛc. gr. 8. Stuttg. 805. Löflund. 2 ß 6 gl

— Erläut. des westphäl. Friedens üb. d. geistl. Mediatstifter ꝛc. 8. Tüb. Heerbrand. 785.

— Erläuterung des westphäl. Friedens üb. geistl. Mediatstifter, Güter in- u. ausländ. Renten ꝛc. 8. Tübing. 785. (Osiander). 1 ß

Majer, Joh. Chr.: „Das Ganze der Rechtslehre vom Erbfolge-Linealismus in Lehen und Familien-Fideicommissen", Tübingen 1808. — Vorh.: Bibl. des German. Museums Nürnberg.

Majer, J. Ch.: Von d. evangel. Geistlichk. Gerichtsstand in zeitl. Sachen, besond. in d. gemischten Reichsständen. *Tüb.*, Heerbrandt. 781. 8. (6 Gr.)

— von d. evangel. Geistlichkeit, Gerichtsstand in geistl. Sachen. 8. Tübing. 781. (Osiander). 6 gl

Maier, J. Chph, praes., C. L. G. de **Woellwarth**, resp., Historia juris Germanici antiquissimi circa homicidium. Diss. acad. ... Jenae 1770. 4. . . . . (BRU.)

Maier, Joh. Christ., De statuum imperii Romani Germanici jure reformandi. Präs. Joach. Erdm. Schmidt. Jena (Kirchner) 11. V. 1771. 62 Seiten. (4.—) 22028
Widm. v.: J. E. Schmidt.

– s. Karl der Große und Joseph II.

– s. Oertel, Christoph Gottfried: Vollständiges corpus gravaminum Evangelicorum.

Majer, Jh. Chr. Ueber das Princip der französischen Brandschatzungsrepartition und Recension derselben. A. u. d. T.: Vertheilungsprincip von Brandschatzung und Kriegsschäden aus 20 Flugschriften vorgelegt und geprüft. 8°. Tübingen, Fues, 1796.

Eb.: Principien z. Bestimm. d. Unterschieds zwischen d. gemeinrechtl. u. nicht gemeinrechtl. Erbf. u. z. Entscheid. merkwürd. wirkl. Success.-Fälle. *Heidelb.*, Mohr u. Zimmer. 810. gr. 8. (2 Thl. 8 Gr.)

Sick, Ch. F., auctor, J. Ch. Majer, praeses, Diss. inaug. de consanguinitatis ratione ac indole ad eruendas notiones vocum juris Germanici: Sippe Sippzahl Sippzahlrecht. Tubingae 1802. 8. . . . . (1886.)

— deutsche Staatsconstitution. 2 Bde. gr. 8. Hamb. Bohn. 800.

— deutsche Staatsconstitution. 2 Bde. gr. 8. Nürnb. 800. (Lauffer in Leipz.) 2 ℛ 12 gr

Majer, J. Ch.: „Die deutsche Staats-Constitution", Hamburg 1810 (Bohn).

Majer, J. Chr.: Deutsches geistl. Staatsrecht, abgetheilt in Reichs- u. Landrecht. 2 Thle. *Lemgo*, Meyer. 773. gr. 8. (1 Thl. 8 Gr.)

Majer, Joh. Chr.: „Teutsches weltliches Staatsrecht, abgetheilt in Reichs- und Landrecht", 3 Teile in 3 Bänden, Leipzig 1775, 1776 (Weygand). — Vorh.: Bibl. des German. Museums Nürnberg.

— deutsches weltl. Staatsrecht. 3 Bde. gr. 8. Leipz. 776, 77. Weygand. 3 ℛ 4 gr

Majer, J. Chrph.: „Die deutsche Staatsregierung im Grundrisse", Hof 1803 (Grau).

— die Succession des Fiskus u. der Unanwendbarkeit auf die Güter aufgehob. Orden 2c. erläutert. 8. Ulm 786. Wohler. 12 gr

— System d. Staatsregierung im Grundrisse 2c. gr. 8. Hof 803. Grau. 20 gr

Majer, J. Ch.: „Allgemeine Theorie der Staats-Constitution", Hamburg 1799 (Bohn).

Majer, J. C.: Allgem. Theorie der Staatsconstitution. *Hamb.* 799. (Lauffer in *Leipz.*) gr. 8. (18 Gr.)

— allgem. Theorie d. Staatsconstitution. 2 Bde. gr. 8. Nürnb. 800. (Lauffer in Leipz.) 18 gr

Majer, Johann Christian: „Allgemeine Theorie der Staatskonstitutionen", Hamburg 1799 (Bohn). — Vorh.: Bibl. des Kammergerichts Berlin — Ja 3338. — 2. Teil u. d. T.: „System der Staatsregierung im Grundrisse", Hof 1803 (Grau). — Vorh.: Bibl. des Kammergerichts Berlin — Je 825.

Majer, Johann Christian: „Germaniens Urverfassung", mit einer Vorrede über den akademischen Vortrag der deutschen Reichsgeschichte, Hamburg 1798. — Vorh.: Bibl. des Kammergerichts Berlin — Bc. 1975.

— Germaniens Urverfassung. gr. 8. Hamb. Bohn. 798.

— Germaniens Urverfassung. gr. 8. Hamburg u. Nürnb. 798. (Campe; a. Lauffer in Leipz.) 18 gr

— Vertheil.: Princip. v. Brandschatz. u. Kriegsschäden a. 20 Flugschr. vorgel. und geprüft. 8. Tüb. Fues. 796.

Majer, Joh. Chr.: Ueber die beyden höchsten Würden des heil. römischen Reichs, das römische Papst- und Kaiserthum. Hamburg u. Kiel 1798.

Majer, J. Chr.: Ueb. d. beiden höchsten Würden des heil. röm. Reichs. *Hamburg*, Bohn. (Lauffer in *Leipzig.*) 798. 8. (8 Gr.)

Maier, Johann Christoph, 1741–1821, s. Majer, Johann Christian von

Majer, Jh. Cph., Abhandl. üb. den Cypernwein, s. a. Abhandlung, u. setze hinzu: (v. Jh. Cph. Majer.)

Majer, Johann Christoph: Abhandlung über den Cypern-Wein. Frankfurt a. M.: Eßlinger 1791. 56 S. -- 16.21°. Frei 100°
BJ: Abhandlung über den Cypernwein . . . . -- Bibliotheca oenologica: Abhandlung über den Cyperwein . . . . -- Dochnahl: Abhandlung üb. d. Cypernwein. -- Heinsius: Abhandlung üb. den Cyper-Wein. -- Kayser: Abhandlung über d. Cypern-Wein. -- Simon: Bibliotheca vinaria: Ueber d. Cypernwein.

— Beschreib. v. Venedig. 1r—3r Thl. 1e u. 2e Abthlg. 8. Frankf. u. Leipz. 787—89. (anonym.) 2e verb. A. 4 Thle. mit s. Namen. gr. 8. Lpz. 795, 96. Barth. 5 ℛ 4 gr 4r Thl. Auch u. d. T.: Denkwürdigkeiten aus d. Staatsverfass. d. Republik Venedig; aus d. Französ. übers., geordnet u. mit Anmerkk. versehen v. Jh. Cph. Majer II. gr. 8. Ebd. 796. 15 gr

— Denkwürdigkeiten aus d. Staatsverfassung Venedigs, s. oben Beschreibung, 4r Thl.

– s.a. Geographie von Frankreich.

— Geographie v. Frankr., n. d. neuest. Eintheil. 8. Frankf. Hermann. 792.

Majer, Jh. Cph. II., s. Gertrude.

Maier, Johann Christoph. Stadtpfarrer zu Neuenburg. Geschichte des Französischen Revolutions-Kriegs (1792—1796). (7 Bde.) 8. Leipzig 1804—1809.

— Gesch. des franz. Revolutionskriegs. 7 Thle. gr. 8. Lpz. Barth. 804–9. (1r und 2r à 1 Rthlr. 12 gr. 3r und 4r 2 Rthlr. 16 gr. 5r 1 Rthlr. 12 gr. 6r 1 Rthlr. 8 gr. 7r 2 Rthlr.)

– (Übers.), s. Mariti: Reise nach Jerusalem durch Syrien.

— fünf Predigten zur Beförderung d. Tugend u. Gottseligkeit. 8. . . . 783.

– (Übers.), s. Spallanzani, Laz.: Abriß einer Reise nach den phlegräischen Gefilden . . . – Physikalische Beobachtungen auf der Insel Cythera.

— Versuch e. Geschichte d. Kreuzzüge u. ihrer Folgen. 2 Thle. 8. Berl. 780, 81, 97. Nicolai. 1 ℛ

– s.a. Weltgeschichte, Allgemeine, zur Unterhaltung für Liebhaber und Ungelehrte.

Maier, J. C., Allgemeine Weltgeschichte zur Unterhaltung für Liebhaber. Frankf. 793. 4 Bde. 8. 5 rthl. 16 gr. Ebend. 812. 4 Thle. 8. 4 rthl.

Majer, Jh. Fr., Abkürzung u. Vereinfachung u. dadurch erhaltene Verbesserung des engl. Systems, die Handlungsbücher zu führen rc. aufs Deutlichste erwiesen. gr. 4. Stuttg. 804; auch 808. (Steinkopf). 1 ℛ 16 g𝔯

Maier, J. F., Abkürzung und Vereinfachung und dadurch erhaltene große Verbess. des engl. Systems d. Handlungsbücher zu führen rc. gr. 4. Stuttg. Loflund. 807.

Maler, Joh. Heinr. (Praeses): „Dissertatio inauguralis juridica de votorum in collegiis praerogativa, Vom Vorzug Collegialischer Stimmen . . . .", Resp.: Geo. Christph. Arnschwanger, Erfurtl, typ. Groschianis, [1707]. — Vorh.: StB Nürnberg.

Maier, Jos., israelitische Gebetordnung für Synagoge und Schule, wie zur häuslichen Gottesverehrung. Bearb. und aus Auftrag der königl. württemberg. Oberkirchenbehörde hrsg. 2 Bde. gr. 8. Stuttgart 861. 62, Metzler'sche Buchh. Verlags-Conto. *

Inhalt:

Bd. 1. Gottesdienst für Werktage, Sabbathe und drei Feste. (VIII und 468 S.) ** 1 Thlr. 3 Ngr.; feine Ausg. ** 1 Thlr. 16 Ngr.

" 2. Bußtage, Neujahrsfest und Versöhnungstag. (582 S.) * 1 Thlr. 18 Ngr.

Maier, Josef [pr. Arzt Auerbach bei Mosbach '(Baden)']: Über Ischias scoliotica ... Würzburg, Druck v. F. Fromme, 1894; 30 S. 8.
Würzburg, Med. Fak., Inaug.-Diss. v. 1894

Maier, Jos., die Synagoge. Drei Reden zum Abschiede aus der alten und zur Einweihung der neuen Synagoge in Stuttgart gehalten. gr. 8. (30 S.) Stuttgart 861, Metzler'sche Buchh. Verlags-Conto. Thlr.

Majer, Joseph, Commentatio med. exh. synopsim methodorum tractandae syphilidis ope hydrargyri. Krakau (D. E. Friedlein) 1833. 188 S. (4.—) 22029

Gew.: J. M. Brodowicz.

MAJER, Iosephus: De vita monastica. — (1837) 70 S. 4° (Handschr.)
Diss. Wien, Univ. Diss. 48

Joseph Anton Maier. Über höhere Bildung an Lyceen und Gymnasien im ersten gedruckten Schulprogramm, das von der Anstalt ausging. Rastatt, P 1809

Maier, Jos. Geo., Bauernehre u. andere soziale Geschichten. (82 S.) 8. Salzburg 904. (E. Höllrigl.) n. — 80

Maier, Jul., Leitfaden zur Färberei, enthaltend die Beschreibung der in der Technik gebräuchlichen Farbstoffe, nebst ihrer Anwendung für Chemiker, Fabrikanten und insbesondere für Färber, die sich unterrichten wollen. 8. (100 S.) Stuttgart 861, Metzler'sche Buchh. Verlags-Conto.

Maier, Jul., die aetherischen Oele. Ihre Gewinnung, chem. u. physikal. Eigenschaften, Zusammensetzung u. Anwendung. Zum Gebrauche für Aerzte, Chemiker, Droguisten u. Pharmaceuten. Neue (Titel-)Ausg. Stuttgart (861) 867. Neff. gr. 8. (IX, 201 S. mit 1 Tab. in qu. gr. Fol.) 1 ℛ 12 ngr.

Maier, Jul., die aetherischen Oele. Ihre Gewinnung, chem. und physikal. Eigenschaften, Zusammensetzung und Anwendung. Zum Gebrauche für Aerzte, Chemiker, Droguisten und Pharmaceuten. 1. Aufl. 1862. und Neue (Titel-)Ausg. gr. 8. (IX und 201 S. mit 1 Tab. in qu. gr. Fol.) Stuttgart 867, Neff.

Maier, Jul., u. W. H. Preece, das Telephon u. dessen praktische Verwendung. Mit 304 in den Text gedr. Holzschn. gr. 8. (VI, 391 S.) Stuttgart 889. Enke. n. 9. —

Maier, Julius Josef

Maier, J. J., die musikalischen Handschriften der k. Hof- u. Staatsbibliothek in München, s. a. Catalogus codicum manuscriptorum bibliothecae regiae Monacensis.

Maier, Jul. Jos. Die musikalischen Handschriften der K. Hof- und Staatsbibliothek in Muenchen. (Theil 1.) Muenchen 1879.

Maier, Julius Michael [app. Arzt u. Unterarzt im kgl. bayer. 2. Pionier-Bat.]: Casuistisch-kritischer Beitrag zur Kenntnis der perforierenden Augenverletzungen durch Zündhütchensplitter ... München, Buchdr. Kastner & Lossen, 1896; 130 S. 8.
München, Med. Fak., Inaug.-Diss. v. 1896

Programm der Aargauischen Kantonsschule pro 1886—87. Ausgegeben von K. Maier, Prof., d. Z. Rektor. Gr. in-4°, 30 S. Aarau, H. R. Sauerländer.

— — Vgl. Meier

Maier, Karl, die Ausbrüche, Secte und Südweine. Vollständige Anleitung zur Herstellung aller Gattungen Ausbrüche, Secte, span., französ., italien., griech., ungar., afrikan. und asiat. Weine und Ausbruchweine, nebst einem Anhang, enth. die Bereitung der Strohweine, Rosinen-, Hefe-, Kunst- und Obstweine. Auf Grundlage langjähr. Erfahrungen ausführlich und leichtfaßlich geschildert. Mit erläut. Abbild. (in eingedr. Holzschn.). 8. (IV, 156 S.) Wien 875, Hartleben's Verlag. *

Maier, Karl, die Ausbrüche, Secte und Südweine. Vollständige Anleitung zur Bereitung des Weines im Allgemeinen, zur Herstellung aller Gattungen Ausbrüche, Secte, span., französ., italien., griech., ungar., afrikan. und asiat. Weine und Ausbruchweine, nebst einem Anhang, enthaltend die Bereitung der Strohweine, Rosinen-, Hefe-, Kunst-, Beeren- und Kernobstweine. Auf Grundlage langjähr. Erfahrungen ausführlich und leichtfaßlich geschildert. 2. sehr verm. und verb. Aufl. 8. (IV, 212 S. mit 14 eingedr. Holzschn.-Abbild.) Wien 881, Hartleben's Verlag.
(Chem.-techn. Bibliothek. Bd. I. 2. Aufl.)

Maier, Karl, die Ausbrüche, Secte u. Südweine. Vollständige Anleitg. zur Bereitung d. Weines im Allgemeinen, zur Herstellg. aller Gattgn. Ausbrüche, Secte, span., französ., italien., griech., ungar., afrikan. u. asiat. Weine u. Ausbruchweine, nebst e. Anh., enth. d. Bereitg. der Strohweine, Rosinen-, Hefe-, Kunst-, Beeren- u. Kernobstweine. 3., verm. Aufl. Mit 15 Abbildgn. 8. (VIII, 219 S.) Wien 889. Hartleben. n. 2. 25; geb. n. 3. 5

Maier, Karl, d. Ausbrüche, Secte u. Südweine. Vollst. Anleitg. zur Bereitg. d. Weines im Allgemeinen, z. Herstellg. aller Gattgn. Ausbrüche, Secte, span., französ., italien., griech., ungar., afrikan. u. asiat. Weine u. Ausbruchweine, nebst e. Anh., enth. d. Bereitung d. Strohweine, Rosinen-, Hefe-, Kunst-, Beeren- u. Kernobstweine. Auf Grundlage langjähr. Erfahrgn. ausführl. u. leichtfaßl. geschild. 4., sehr verm. u. verb. Aufl. 8. (VIII, 200 S. m. 15 Abb.) Wien 895. A. Hartleben. n. 2. 25; geb. n. 3. 05

[Chem.-techn. Bibliothek. Bd. 1. 4. Aufl.]

Maier, Karl, die Ausbrüche, Sekte u. Südweine. Vollständige Anleitg. zur Bereitg. des Weines im allgemeinen, zur Herstellg. aller Gattungen Ausbrüche, Sekte, span., französ., italien., griech., ungar., afrikan. u. asiat. Weine u. Ausbruchweine, nebst e. Anh., enth. die Bereitg. der Strohweine, Rosinen-, Hefe-, Malz-, Kunst-, Beeren- u. Kernobstweine. Auf Grundlage langjähr. Erfahrgn. ausführlich u. leichtfaßlich geschildert. 5., sehr verm. u. verb. Aufl. (VIII, 195 S. m. 15 Abbildgn.) 8. Wien (906). A. Hartleben. n. 2. 25; geb. n. 3. 05

Maier, Karl Darstellung des philosophischen Standpunktes des Horaz. 8 (S. 3—33). Progr. Deutsches Staats-G. *Kremsier* 1888.

Maier, Karl [Rechtspraktikant aus Regensburg]: Der Erbverzicht der adeligen Töchter ... München, Druck d. Akad. Buchdr. v. F. Straub, 1893; 36 S. 8.
Erlangen, Jur. Fak., Inaug.-Diss. v. 1893

Geschichte der ersten 40 Jahre des Gabelsberger Stenographen-Vereins Würzburg in chronol. Reihenfolge bearb. nach d. Vereinsakten . . . f. 1854–1894 v. Carl **Maier**, Lehrer d. Stenogr. am neuen Gymn. in Würzburg . . . Festschrift. Würzburg: Stahel'sche Hofbuchdr. (1894). (2 Bl., 44 S., 1 Portr.) 1 Bd 8°

Maier, C., stenographische Lese- u. Schreib-Uebungen zum kurzgefaßten Lehrbuche der Gabelsberger'schen Stenographie [Preisschrift.] gr. 16. (34 lith. S.) Würzburg 874. (Stuber.) n. 1. —

Maier, C., stenographische Lese- und Schreib-Uebungen zum kurzgefaßten Lehrbuche der Gabelsberger'schen Stenographie [Preisschrift]. 2. Aufl. 8. (III, 38 lithogr. S.) Würzburg 877, Stuber. *

— dass. — Uebertragungen [Schlüssel]. 8. (52 S.) Ebendas. 877. *

Maier, C., stenographische Lese- und Schreib-Uebungen zum kurzgefaßten Lehrbuche der Gabelsberger'schen Stenographie [Preisschrift]. 3. Aufl. 8. (III, 38 S.) Würzburg 885, Stuber's Verlag. *

Maier, C., stenographische Lese- u. Schreib-Uebungen zum kurzgefaßten Lehrbuche der Gabelsberger'schen Stenographie [Preisschrift]. 4., verm. Aufl. gr. 8. (III u. 40 autogr. S.) Würzburg 892. A. Stuber's Verl. n. — 80

Maier, Carl, Skizze einer allgemeinen Geschichte der Stenographie. In möglichster Kürze ausgeführt nach Gabelsberger und Anders. 8. (27 S.) Würzburg 857, (Stahel'sche Buchh.) *

— Skizze der Geschichte, Organisation u. Statistik des unterfränkischen polytechnischen Zentralvereins u. seiner Schulen, s.: Fortbildungsschule, die unterfränkische.

Maier, Karl Friedrich

Maier, Carl Friedr., Antritts-Predigt, gehalten zu Holzkirchen im Ries, Sonntags d. 5. Dez. 1841. 8. (1 B.) Nördlingen 842, Beck'sche Buchh.

Majer, Carl Frdr., General-Bericht über die Cholera-Epidemieen im Königr. Bayern während der Jahre 1873 u. 1874. Im Auftrage des k. Staatsministeriums des Innern nach den Berichten der amtl. Aerzte bearb. Mit Schluss-Bemerkung von Klinger. Mit 4 Tab. u. 1 graph. Karte. Imp.-4. (IV, 88 S.) München 877. Literar-artist. Anstalt. n. 6. —

Majer, C. F., s. **General-Bericht über die Sanitäts-Verwaltung im Königreich Bayern.**

Majer. General-Bericht üb. d. Sanitäts-Verwaltg. i. Königreich Bayern. Amtlich. Band I–XVI. München bis 885.

Majer, Carl Friedr., General-Bericht über die Sanitäts-Verwaltung im Königr. Bayern. Im Auftrage des k. bayerischen Staatsministeriums des Innern aus amtl. Quellen bearb. 4 Bde., die J. 1857–1865 umfassend. Mit 132 Tabb. (in qu. 4.) München 866. literar.-artist. Anstalt. Lex.-8. (XXVIII, 1238 S.) n. 1 ℛ 10 ngr.

Majer, Carl Friedr., General-Bericht über die Sanitäts-Verwaltung im Königr. Bayern. Im Auftrage des k. b. Staatsministeriums des Innern aus amtl. Quellen bearb. 1.–4. Bd., die J. 1857–1865 umfassend. Lex.-8. (XXVIII, 1238 S. mit 132 Tab. in qu. 4.) München 868, Literarisch-artistische Anstalt. à Bd. * ℳ 4. *

Majer, Karl Frdr., General-Bericht üb. die Sanitäts-Verwaltung im Königr. Bayern. Im Auftrage d. k. b. Staatsministeriums d. Innern aus amtl. Quellen bearb. 5–9. Bd. gr. 8. München 869–74. Literar.-artist. Anstalt. n. 19. 50 (1–9.: n. 35. 50)

5. Bd. das J. 1865/66 umfassend. Mit 34 Tab. (in qu. 4., Fol. u. gr. Fol.) u. e. lith. Taf. (in qu. Fol.) (VIII, 248 S.) n. 4. —

6. Bd. das J. 1866/67 [die Periode vom 1. Oktbr. 1866 bis 31. Decbr. 1867] umfassend. Mit 21 Tabellen (in qu. Fol.) (VI, 180 S.) n. 3. 50

7. Bd. das J. 1868/69 umfassend. Mit 23 Tab. (in qu. Fol.) (VI, 189 S.) n. 4. —

8. Bd. die J. 1870, 1871 u. 1872 umfassend. Mit 12 Tab. (in qu. Fol.) (VI, 174 S.) n. 4. —

9. Bd. das J. 1873 umfassend. Mit 11 Tab. (in Fol.) (VI, 123 S.) n. 4. —

— dass. — 5. Bd., das J. 1865/66 umfassend. Lex.-8. (VIII, 248 S. mit 34 Tab. in qu. 4., Fol. und gr. Fol. und 1 lithogr. Taf. in qu. Fol.) Ebendas. 873. *

— dass. — 6. Bd., das J. 1866/67 [die Periode vom 1. Octbr. 1866 bis 31. Decbr. 1867] umfassend. gr. 8. (VI, 180 S. mit 21 Tab. in qu. Fol.) Ebendas. 871. *

— dass. — 7. Bd., das J. 1868/69 umfassend. gr. 8. (VI, 189 S. mit 23 Tab. in qu. Fol.) Ebendas. 873. *

— dass. — 8. Bd., die J. 1870, 1871 und 1872 umfassend. gr. 8. (VI, 174 S. mit 12 Tab. in qu. Fol.) Ebendas. 874. *

— dass. — 9. Bd., das J. 1873 umfassend. gr. 8. (VI, 123 S. mit 11 Tab. in Fol.) Ebendas. 875. *

— General-Bericht über die Sanitäts-Verwaltung im Königr. Bayern. Im Auftrage des k. bayer. Staatsministeriums des Innern aus amtl. Quellen bearb. 10. Bd., die J. 1874 und 1875 umfassend. gr. 8. (VI, 176 S. mit 11 Tab.) Ebendas. 878. *

Majer, Carl Friedr., General-Bericht über die Sanitäts-Verwaltung im Königr. Bayern. Im Auftrage des k. bayer. Staatsministeriums des Innern aus amtl. Quellen bearb. 11. Bd., die J. 1876 und 1877 umfassend. gr. 8. (VII, 208 S. mit 18 Tab.) München 880, Literarisch-artist. Anstalt. *

— dass. — 12. Bd. (Neue Folge 1. Bd.), das J. 1878 umfassend. gr. 8. (VII, 269 S. mit 22 Tab. und 1 lithogr. und color. Kartogramm.) Ebendas. 881. *

— dasselbe. XIII. Bd. (Neue Folge 2. Bd.), das Jahr 1879 umfassend. Mit 25 Tab. gr. 8. (VII, 246 S.) Ebend. 882. n. 6. — (1–13.: n. 57. 10)

Majer, Carl Frdr., General-Bericht üb. die Sanitäts-Verwaltung im Königr. Bayern. Im Auftrage d. k. b. Staatsministeriums d. Innern aus amtl. Quellen bearb. XIV–XVI. Bd. (Neue Folge 3–5. Bd.), die J. 1880, 1881 u. 1882 umfassend. Mit 22 Tab. gr. 8. (à ca. VII, 239 S.) München 883–86. Literar.-artist. Anstalt. à n. 6. —

— dass. — 15. Bd. (Neue Folge 4. Bd.), das J. 1881 umfassend. gr. 8. (VII, 244 S. mit 22 Tab.) Ebendas. 884. *

— dass. — 16. Bd. (Neue Folge 5. Bd.), das J. 1882 umfassend. gr. 8. (IX, 237 S. mit 22 Tab.) Ebendas. 885. *

MAJER, Karl Friedrich (Weiltingen): De morte contemplationes quaedam physiologicae.- Monachii: Wolf 1834. 15 S.
12.12.1834 - Urk; F 61
Diss. Ingolst.-Landsh.-Mchn.

Majer, C. Fr., Predigt am 3. Säkular-Feste zum Andenken an die Uebergabe d. Augsburg. Confession. 8. (1 B.) Nördlingen 830, Beck.

Maier, Karl Hermann, Rechtspraktikant in Waldshut: Die Verantwortlichkeit des Gerichts und der Parteien für die Stoffsammlung nach deutschem und schweiz. Zivilprozeßrecht. Eine rechtsvergleichende Studie. Borna-Leipzig 1907: R. Noske. (88 S.) 8°
Freiburg i. B., Rechts- u. staatsw. Fak., Ref. Schmidt, Diss. v. 1907
[Geb. 15. März 81 Hondinger (Amt Donaueschingen); Wohnort: Waldshut; Staatsangeh.: Baden; Vorbildung: Gymn. Freiburg i. B. Reife 01; Studium: Freiburg i. B. 6, Berlin 1, Freiburg i. B. 1 S.; Rig. 29. Juli 07.]

Maier, Karl O., Schriften-Sammlung f. Techniker aller Art. 50 Taf. nebst Beiheft m. verkleinerten Schriften. (5 S. Text.) qu. 8. Ravensburg (903). O. Maier. n. 1. 50

Maier, Karola

Maier, Carola [prakt. Arzt aus Obermögersheim (Bayern)]: Ein primäres myelogenes Plattenepithelcarcinom der Ulna. Tübingen 1900. 1 Bl. 14 S. 3 Taf. 8°. (S.-A. aus Beiträge zur klinischen Chirurgie, XXVI. Bd.)
Zürich. Med. Diss. 1899/1900.

Maier, Kurt, Ref. in Schmiedeberg (Bez. Halle): Die staatliche Aufsicht über die Kommunalverbände. Leipzig 1905: C. G. Naumann. (VI, 110 S.) 8°
Leipzig, Jur. Fak., Diss. v. 8. Nov. 1905
[Geb. 10. Dez. 82 Krossen a. O.; Wohnort: Leipzig; Staatsangeh.: Preußen; Vorbildung: Nikolai-Gymn. Leipzig Reife O. 01; Studium: Freiburg i. B. 1, München 1, Leipzig 2, Halle 2 S.; Rig. 17. Dez. 04.]

Maier, Kurt, die staatliche Aufsicht üb. d. Kommunalverbände. Diss. (VII, 110 S.) 8. Leipzig 905. O. Maier. n. 1. —

Maier, Leop., über d. Nachtheil d. Schaafpockenimpfung f. d. Staats-Oekonomie. gr. 8. (2 B.) Braunsberg 837, Rautenberg. (¼)

Maier, L., über d. Varioloiden, od. d. modificirten Pocken. gr. 8. (6½ B.) Berlin 829, Fincke.

Majer, Ludw. Proklos über die Definitionen bei Euklid. I. Teil. Definition 1—7. 30 S. u. 2 Taf. *Progr.* EbL. G. *Stuttgart* 1881.

Majer, L., Proklos üb. die Petita u. Axiomata bei Euklid. gr. 4. (32 S. m. eingedr. Holzschn.) Tübingen 875. (Fues.) n. 1. 20

Maier, M. Der Kampf zwischen der deutschen Fremden-Legion und den Garibaldianern im Königreich beider Sizilien vom 6. April bis 28. Oktober 1860. Karlsruhe 1861. 30 S.

Maier, M. Denkwürdige Kriegsereignisse im K. baier. Landgerichte Eggenfelden im Unterdonaukreise von d. Jhr. 1632—1648, 1701—1714, 1741—1745. München 1820. 176 S.

Maier, M. Denkwürdige Kriegsereignisse im Kön. Baierischen Landgerichte Eggenfelden 1632—48, 1701—14, 1741 45. 8. München 1821.

— — Vgl. Mayer

Maier, Martin. Die «gelbe Gefahr» und ihre Abwehr. Von (Miss.) M' M'. [Mit illustriertem Umschlag.] 55 S. 8. Basel, Missionsbuchh., 1905. [fr. —. 80]

Maier, Mart., Heidentum. Bilder aus China. (56 S. m. Abb.) 8. **Basel 910. Basler Missionsbuchh.** — 20

MAIER Mathias Michel. Das Einmaleins für Jedermann. Kein Buchstabier, sondern Leß- und Rechenbüchlein, nützlich und unterhältlich . . . Von –. Erstes (einz.) Heft. Zentz, Wien 1782. 1 vol. 49 S.

Majer, Matia, Pesmarica cerkevna, ali swete pesme, ki jih pojó Ilirski Slovenci na Stajerskim, Krajnskim, Koroskim, Goriskim in Benatskim in nektere molitvice, litanije in svet krizoven pot, zbral in na svet izdal. 12. V Celovcu 846, Leon. 12 *ngl*
(10½ B.)

Maier, Max: Beugungsversuche und Wellenlängenbestimmung der Röntgenstrahlen. *Leipzig: J. A. Barth 1899.* (18 S.) 8° ¶ [Grösstenteils wieder abgedr. in: Annalen d. Physik, Bd 304.]
München, Phil. Diss. v. 1899

Maier, Max, cand. med. aus Bodenwöhr: Ueber Darmblutung bei Abdominaltyphus. Eine Statistik der in d. J. 1886—96 auf d. I. med. Klinik beobachteten Fälle. *München 1901: Kastner & Lossen.* (21 S.) 8° ¶ [Aus: Annalen d. städt. allgem. Krankenhäuser zu München, Bd 11.]
München, Med. Diss. v. 1901

MAIER, Max (Fischach): Ueber Pagetsche Erkrankung.- München: Wolf 1910. 31 S., 1 Taf.
17.6.1911 _ Chr 1910/11,27; U 11.5686
Diss. Ingolst.-Landsh.-Mchn.

Maier, Mechtilde, die wohlberathene Hausfrau in Stadt und Land, s. **Kranich,** Margarethe.

Maier, Michael, s. Mayer, Michael von

Maier, Otto

Maier, O. Alpenpanorama v. Kressbon am Bodensee. 2 autogr. Blatt. Schmal in-fol. Ravensburg, Dorn'sche Buchh. *1892.* Mk. — 50

Maier, Otto, Alpenpanorama v. Kressborn am Bodensee. 2 autogr. Blatt. schmal Fol. Ravensburg 892. Otto Maier. n. — 50

Majer, Otto, Justiz-Referendär a. Reutlingen: Ein Beitrag zur Lehre von der mittelbaren Täterschaft. Tübingen 1905: H. Laupp jr. (43 S.) 8°
Heidelberg, Jur. Fak., Ref. v. Lilienthal, Diss. v. 6. Jan. 1906
[Geb. 20. Febr. 78 Reutlingen; Wohnort: Reutlingen; Staatsangeh.: Württemberg; Vorbildung: Gymn. Reutlingen Reife M. 96; Studium: Tübingen 4, Berlin 1, München 2, Leipzig 1, Tübingen 3 S.; Rig. 14. Dez. 05.]

Maier, Otto: De L. 15. § 4. D. de precario. Lipsiae (1833): Giesecke & Devrient. 30 S. 8°
Halle-Wittenberg, Jur. Diss. v. 16. Nov. 1833
Geb. [Danzig 1. 4. 1831]

Majer, Paul, Referendar: Anfechtung und Nichtigkeit von Generalversammlungsbeschlüssen der Aktiengesellschaft. Borna-Leipzig 1909: Noske. VI, 61 S. 8°
Heidelberg, Jur. Diss. v. 30. Aug. 1909, Ref. Heinsheimer
[Geb. 14. Febr. 87 Frankfurt a. M.; Wohnort: Frankfurt; Staatsangeh.: Preußen; Vorbildung: Goethe-Gymn. Frankfurt Reife O. 05; Studium: Lausanne 1, Straßburg 1, München 2, Berlin 1, Marburg 1 S.; Rig. 14. Juli 09.]
[U 10. 1935

Maier, Pauline

Maier P, leichtfassliches Lehrbuch zum Unterricht im Musterzeichnen und Anfertigen der Damen- und Kinderkleider mit 32 Tafeln. Reutlingen 1873

Maier, Pauline, leichtfaßliches Lehrbuch zum gründlichen Unterricht im Musterzeichnen und Anfertigen der Damen- und Kinderkleider. In 2 Abthlgn., mit 2 Titelbildern und 40 Taf. mit Zeichnungen. 4. umgearb. und verm. Aufl. gr. 8. (XVI, 99 S., Maßnotizbuch 92 S.) Reutlingen 879. (Nördlingen, Reischle.) cart. *

Maier, Pet., die Sendung d. Priesters. Worte an neugeweihte Söhne d. Kirche. gr. 8. (1½ B.) Tübingen 841, [Laupp'sche Bh.]

Maier, Quirin, Wallfahrtsbüchlein f. Birkenstein, auch f. Altötting u. Tuntenhausen u. andere Marianische Gnadenorte, sowie f. alle Verehrer Mariens gut zu gebrauchen. 16. (224 S. m. 1 Holzschntaf.) Altötting 872. Lutzenberger. n. — 40

Maier, Rosa, Immortellen. Trostlieder, beim Tode ihres Kindes gesammelt. 12. (VIII, 72 S.) Stuttgart 898. Greiner & Pfeiffer. n. — 80

Maier, Rudolf: Über einen Apparat zur Messung der Dampfspannungen verdünnter wässeriger Lösungen. Leipzig: J. A. Barth 1909. 23 S. 8° ¶ (Aus: Annalen d. Physik. F. 4, Bd 31, H. 2.)
Tübingen, Naturwiss. Diss. v. 30. Juni 1909, Ref. Paschen
[Geb. 12. Dez. 86 Schorndorf; Wohnort: Stuttgart; Staatsangeh.: Württemberg; Vorbildung: Oberrealsch. Göppingen Reife M. 04; Studium: Stuttgart Techn. Hochsch. 4, Tübingen 4 S.; Coll. 30. Juni 09.] [U 10. 4247

Maier, Rud., über den Bau der Thränenorgane insbesondere der thränenleitenden Wege. (1. Thl.) Thränenorgane des Menschen. gr. 8. (V und 54 S. mit 2 Stnt. in qu. gr. 4.) Freiburg im Br. 859, Wagner'sche Buchh. *

Maier, Rud., Haftpflichtrecht, s.: Laß, Ludw.

Maier, Rud., Lehrbuch der allgemeinen pathologischen Anatomie für Studirende und Aerzte. gr. 8. (XV, 692 S.) Leipzig 871, O. Wigand. *

Maier, Rud., Nekrolog, s. Beiträge zur pathologischen Anatomie und zur allgemeinen Pathologie.

Maier, Rud., pathologisch-anatomische Notizen. Zusammengestellt und veröffentlicht als Festschrift. gr. 8. (60 S. mit 2 Stnt. Abbild.) Freiburg 867, [Trömer's Universitäts-Buchh.] *

Maier, Rud., unser Heimatland Steiermark. Bilder aus der Sage, Geschichte u. Erdkunde. Heimatkundliche Beigaben zu dem deutschen Lesebuche f. allgemeine österreich. Volksschulen v. Frz. Frisch u. Frz. Rudolf. 2. Aufl. (48 S. m. 24 Abbildgn.) 8. Wien 910. A. Pichler's Wwe. & Sohn. — 30

Maier, Rud., das Wachsthum der Knochen nach der Dicke. Freiburg im Br. 856. Wagner. 8. (51 S. u. 2 lith. Taf.) n. 9 ngr.

Maier, Tobias, s. Mayer

Maier, Valentin

Andeutungen zur Herstellung einer gleichförmigen Aussprache und Rechtschreibung der deutschen Sprache. Von Dr. Val. Maier, G. P. — 1834. Ebend. — S. 3—24.
Progr. Würzburg.

Ueber den Unterricht in der Muttersprache. Von Dr. Valentin Maier, P. — 1843. Ebend. — S. 3—30.
Progr. Würzburg.

Maier, W.: Der Flachsbau im südöstlichen Oberbayern. München 1905.

Maier, W., die Hebezeuge, s.: Ernst, Ad.

Maier, W. A. (Hrsg.), s. Passaglia, Karl: Katholische Lehrvorträge.

Maier, Wilh., Gedenkblätter und Culturbilder aus der Geschichte von Altötting. Großentheils nach archival. Quellen bearb. gr. 8. (IV, 286 S.) Augsburg 885, Literar. Institut von Dr. M. Huttler. *

Maier, Wilh., praktische Geflügelfütterung. Ein Hilfsbuch f. Geflügelzüchter u. Geflügelzuchtvereine. (VI, 120 S. m. 31 Abbildgn.) 8. Stuttgart 908. E. Ulmer. Geb. in Leinw. 2.—

Maier, Wilh., Grundlinien e. Lehrplanes f. landwirtschaftl. Winterschulen. gr. 8. (I, 27 S.) Leipzig 897. H. Voigt. n. — 80

Karte des Kreises Fulda gez. v. Wilh. **Maier**. [1:100000] Fulda: A. Maier 1899. 1 Bl.

Karte des Kreises Fulda nebst Plan d. Stadt Fulda. (Gez. von Wilh. **Maier**.) Maassst. 1:100,000. Fulda: A. Maier 1902. (1 Kartenbl. 43x39 cm.) 8° [Umschlagt.]

Maier, Wilhelm, appr. Arzt aus Augsburg: Zur Kasuistik der Polyneuritis. *München 1903: Kastner & Callwey.* (40 S.) 8°
München, Med. Diss. v. 1903

Maier, Wilhelm: Die Kontaktzone des Mt. Tibidabo bei Barcelona. Freiburg i. B. 1908: Wagner. 66 S. 8° ¶ (Aus: Berichte d. naturf. Gesellsch. zu Freiburg. Bd 17.)
Freiburg i. B., Phil. Diss. v. 1908, Ref. Osann
[Geb. 13. Apr. 83 Aalen; Wohnort: Aalen; Staatsangeh.: Württemberg; Vorbildung: Realanst. Schwäbisch-Hall Reife Juli 02; Studium: Stuttgart Techn. Hochsch. 3, Freiburg i. B. 4, Tübingen 1 S.; Rig. 20. Aug. 08.] [U 09. 1032

Maier, Wilh., Moses. Ein biblisches Epos. 8. (III, 522 S.) Augsburg 889. Literar. Institut v. Dr. M. Huttler. n. 4.50; geb. n. 6.50

Maier, Wilh., Moses und Christus oder das göttliche Programm der Weltgeschichte. Nach der Bibel bearbeitet. Passau, Bucher in Komm., 1876, 8°, 180 S., 1,80 Mk.
Recens. (Linzer) Theol. prakt. Quartalschr. 1877, S. 677.

Maier, Wilh., der Staatssozialismus und die persönliche Freiheit. Eine Beleuchtung der modernen Rechtsbegriffe. gr. 8. (XV, 383 S.) Amberg 884, Habbel. *

Maier, Wilh., Wärmekraftmaschinen. Ein Rückblick auf deren Entwicklg. seit Anfang der neunziger Jahre. Antrittsrede. (31 S.) gr. 8. Stuttgart 908. K. Wittwer. 1.—

Maier, Willib. Apollinar, die liturgische Behandlung des Allerheiligsten außer dem Opfer der heil. Messe. gr. 8. (VIII und 580 S.) Regensburg 860, Manz. *

— **Wolfgang Andreas** (Nürnberg), De vexationis odio in jure Wie verhast es im Rechten sey, wenn man dem andern zum Verdruss was vornimmt. Präs. Wilh. Hieronymus Bruckner. Jena (Müller) 10. VII. 1720. 41 S. (5.—) 22032
Gew.: Wolf. Jac. Nuzel, Christ. Furer v. Heimendorff in Wolckersdorff, G. G. Tezel, Chr. v. Imhoff in Merlach u. Stephans-Mühlen. — Widm. v.: H. C. Koenig, C. A. Fabarius, P. Anton Bechmann, J. Reinbath, Jerem. Rössler, Zach. Haendler, J. H. Wiesener, J. G. Gerckenrod, S. G. Deutschmann, G. F. Jäckel, C. C. Schüller, M. C. Rehberg.

Maier-Maier, Kaufmann. Kleiner Scherz für Familien-Abende. (6 S.) 8. Stuttgart (903). Holland & Josenhans. n. — 15

Maier-Rothschild

— der kleine. Ein prakt. Führer durch das Wissenswürdigste aus dem Gesamtgebiet der Handelswissenschaften. Für Zöglinge des Handels- und Gewerbestandes, welche im Geschäftsleben stehen oder in dasselbe eintreten wollen. Bearb. von der Redaktion d. [großen] Maier-Rothschild. gr. 8. (VIII, 527 S.) Ebd. 889. geb. n. 6.—

Maier-Rothschild, d. kleine. E. prakt. Führer durch d. Wissenswürdigste aus d. Gebiete d. Handelswissenschaften. Für Zöglinge d. Handelsstandes, Geschäftsleute u. Gewerbetreibende. Bearb. v. d. Red. d. Großen Maier-Rothschild. 2., gänzl. neubearb. Aufl. gr. 8. (VIII, 532 S.) Berlin 896. Verlag f. Sprach- u. Handelswissenschaft. Geb. in Leinw. n. 6. —

Maier-Rothschild, der kleine. Ein prakt. Führer durch das Wissenswürdigste aus dem Gebiet der Handelswissenschaften. Für Zöglinge des Handelsstandes, Geschäftsleute u. Gewerbetreibende. Bearb. v. der Red. des großen Maier-Rothschild. 5., vollständig neu bearb. Aufl. (VIII, 529 S.) gr. 8. Berlin 910. Verlag f. Sprach- u. Handelswissenschaft. 5.—; geb. in Leinw. 6. —

Maier-Bode, Frdr., Ackerbau, s.: Natur, die deutsche, in Monatsbildern.

Maier-Bode, Fr., der Anbau der Halmfrüchte, s.: Böll.

Maier-Bode, Fr., Anleitung zur Buchführung für bayerische Landwirte, s.: Dürig, Ferd.

— Die Bekämpfung der Acker-Unkräuter. (IV, 146 S. m. 64 Abb.) 8. Stuttgart 908. E. Ulmer. Kart. 1. 80

— Buchführung f. bayer. Landwirte, s.: Dürig, Ferd.

— Die Erteilung v. landwirtschaftlichem Unterricht an Soldaten. (9 S.) gr. 8. Ebd. (908). — 25
Sonderabdr. aus: „Frühlings landw. Zeitg."

— u. E. **Neumann**, die Getreideverkaufsgenossenschaften, ihr Nutzen, ihre Gründung u. ihre Einrichtungen, nebst Beschreibgn. üb. den Betrieb u. die geschäftl. Resultate einzelner besteh. Getreideabsatz- u. Kornhausgenossenschaften in Deutschland. Ein Ratgeber bei der Errichtg. v. Lagerhäusern u. Kornhausgenossenschaften. gr. 8. (XII, 354 u. XXVII S. m. 29 Abbildgn.) Stuttgart 902. E. Ulmer. n. 6. 80; geb. n.n. 7. 80

— der prakt. Landwirt. Handbuch f. Landwirte, Haustierbesitzer, Gärtner, Winzer. Unter Mitwirkg. hervorrag. Fachmänner bearb. u. hrsg. Mit vielen 100 Abbildgn. u. 18 Farbendr.-Taf. gr. 8. (XVI, 820 S.) Ulm (902). J. Ebner. Geb. in Leinw. n. 7. —

Maier-Bode, Fritz, u. **Joh. Rinker**, prakt. Leitfaden f. d. Religions-Unterricht an landwirtschaftl. Lehranst., auf Grund ausgew. Stücke aus d. Bibel method. bearb. u. erklärt. gr. 8. (IV, 108 S.) Leipzig 898. Landwirtschaftl. Schulbuchh. Kart. od. geb. n. 1. —

— Lesebuch f. landwirtschaftl. Winterschulen u. ähnliche Anstalten im Königreich Bayern. Unter Mittwirkung mehrerer Schulmänner bearb. u. hrsg. gr. 8. (VII, 210 S. m. 36 Abbildgn.) Ebd. 900. Geb. n.n. 1. 30

— Lesebuch f. landwirtschaftliche Winterschulen u. ähnliche Anstalten im Königr. Bayern. Unter Mitwirkg. mehrerer Schulmänner bearb. u. hrsg. 2. Aufl. (VII, 224 S. m. 44 Abbildgn.) 8. Stuttgart 907. E. Ulmer. Geb. 1. 30

– (Hrsg.), s. Merkblätter, Landwirtschaftliche.

Zur Methodik des landwirtschaftlichen Heeresunterrichts. Von Oekonomierat FR. MAIER-BODE, Augsburg. Herausgegeben von der Deutschen Landwirtschafts-Gesellschaft und dem Deutschen Verein für ländliche Wohlfahrts- und Heimatpflege. Berlin 1909. Deutsche Landbuchhandlung. 8°.

— Die Organisation u. die Erfolge des landwirtschaftlichen Wanderunterrichts im Königr. Bayern. Auf Veranlassg. u. unter Mitwirkg. des Landesverbandes bayer. Landwirtschaftslehrer hrsg. (VI, 375 S.) gr. 8. Landsberg a/L. (910). G. Verza. 7. 60

— des Landwirts Schriftverkehr, s.: Kraußbauer, Thdr.

— Schriftverkehr f. bayerische Landwirte. Mustermappe m. Briefen u. Geschäfts-Aufsätzen f. den Unterricht an den landwirtschaftl. Schulen im Königr. Bayern, sowie zum Selbstgebrauch f. Landwirte. Fol. (VI S. m. 69 Formularen.) Ebd. 900. Kart. n. 4. —; Übungsheft A. n.n. — 90; B. n.n. 1. 10

— s.: Taschen- u. Schreibkalender, bayerischer landwirtschaftl.

— s.: Taschenkalender, landwirtschaftlicher.

— s.: Taschen- u. Schreibkalender, landwirtschaftl.

— s.: Taschen- u. Schreibkalender, württembergischer landwirtschaftlicher.

— Wehrkraft u. Landwirtschaft, s.: Merkblätter, landwirtschaftliche.

Maier-Crossen, Fel., was aus deutschen Wörtern im Esperanto geworden ist, s.: Kollektion Esperanto. I.

Maier v. Flüe, Johs., Auf! Nach Rom! Meine Rom-Reise zur Krönungs-Jubel-Feier des glorreich. regier. Papstes Leo XIII. 4. u. 5. Aufl. m. Abbildgn. 8. (100 S.) München 900. (Kempten, J. Kösel.) n. — 50

Maier-Hirsch, s. Hirsch, Meier

Maier-Pfullingen, s. Maier, Gottfried

Maier-Rothschild, s. Maier, und Louis Rothschild

Maier-Streib, Sophie

Maier-Streib, S., praktische Anleitung f. den Hausgebrauch, Bettfedern zu waschen, entfetten, bleichen, desinfizieren u. geruchlos zuzubereiten. 8. (21 S.) Schw.-Hall 885. (German.) n. 1. 35

Maier-Streib, S., praktische Anleitung f. d. Hausgebrauch, Bettfedern zu waschen, entfetten, bleichen, desinfizieren u. geruchlos zu machen. Anleitung zur Behandlung des Roßhaares. 2. u. 3., verb. Aufl. 8. (31 S.) Schw.-Hall 888. (German.) n. 1. —

Maier-Streib, Sophie. Praktische Anleitung, f. den Hausgebrauch Bettfedern zu waschen, entfetten, bleichen, desinfizieren u. geruchlos zu machen. — Anleitung zur Behandlg. d. Roßhaares. 4. verb. u. verm. Aufl. gr. 8. (II, 30, 6 S.) Schw.-Hall 890, German. ** 1 —

Maier-Streib, Sophie, prakt. Anleitg. f. d. Hausgebrauch Bettfedern zu waschen, entfetten, bleichen, desinfizieren u. geruchlos zu machen. Nebst Anleitg. z. Behandlg. d. Roßhaares. 5., verb. u. verm. Aufl. gr. 8. (II, 35 S.) Schw. Hall 895. W. German's Verl. n. 1. —

Maier-Streib, Sophie, prakt. Anleitung. f. den Hausgebrauch Bettfedern zu waschen, entfetten, bleichen, desinfizieren u. geruchlos zu machen. Nebst Anleitg. zur Behandlg. des Roßhaares. 6. verb. u. verm. Aufl. gr. 8. (II, 35 u. 7 S.) Schw. Hall (899). W. German's Verl. n. 1. —

Maieron, Z.: Jahresbericht der kommunalen Volksschule in Czernowitz über die Schuljahre 1881/82 – 1883/84. Czernowitz: Selbstverl. d. Anstalt 1884. (Betrifft die Volksschule Czernowitz, Wassergasse.)

Majeran, Z.: Jahresbericht der kommunalen Volksschule in Manasteryska . . . Czernowitz: Selbstverl. d. Anstalt 1880/83. *(Erschienen für die Schuljahre 1879/80 – 1882/83.)*

Majerczik, Wilhelm: Die Berechnung elektrischer Freileitungen nach wirtschaftlichen Gesichtspunkten. Berlin: Springer [1910]. 59 S. 8° ¶ Auch als Buch. Berlin, Dr.-Ing.-Diss. v. 8. 4. 1910

Majerczik, W., die Berechnung elektrischer Freileitungen nach wirtschaftlichen Gesichtspunkten. (59 S. m. 10 Fig.) 8. Berlin 910. J. Springer. 2. —

Maierhofer, Th., Pusterthals alte Adelsgeschlechter; histor.-geneal. Versuch. Brixen 1863. 8.

Maierhöfer, A., der Drachen-Ritter, oder Denkwürdigkeiten der Wiesensteiger Alp. Wiesensteig 854. Schmid. 16. (68 S.) 9 ngr.

Maierl, Eduard, kleine Erdkunde. (Mit Anschluß der Österr.-ungar. Monarchie.) Für die häusl. Wiederholg. bearb. 8. (36 S.) Leoben 902. M. Enserer. n. — 40

— kleine Heimatkunde v. Steiermark nach Landschaftsgebieten. Für die häusl. Wiederholg. bearb. 2., verb. Aufl. 6.—10. Tauf. 8. (26 S.) Ebd. 902. n. — 30

(F) **Maierl, E.**, Kleine Heimatkunde von Steiermark nach Landschaftsgebieten. 3. Aufl. 8°. (27 S.) • K —.30
Ebd. 1904.

Maierl, Eduard, kleine Heimatkunde v. Steiermark nach Landschaftsgebieten. Für die häusl. Wiederholg. bearb. 4. verb. Aufl. 16.—20. Tauf. (27 S.) 8. Leoben 906. M. Enserer. n. — 30

(F) **Maierl, E.**, Kleine Heimatkunde von Steiermark nach Landschaftsgebieten. 5. Aufl. 8°. (27 S.) K —.30
Ebd. 1907.

(F) **Maierl, E.** und **Hyden, E.**, Kleine Heimatkunde von Steiermark nach Landschaftsgebieten. 6. Aufl. Gr.-8°. (ill. 32 S.) K —.40
Ebd. 1908.

Maierl's, Edward, kleine Heimatkunde v. Steiermark nach Landschaftsgebieten. Für die häusl. Wiederholg. 7. Aufl., bearb. v. Emmerich Hyden. (39 S. m. 24 Abb.) 8. Leoben 910. M. Enserer. — 40

MAIERL, Eduard
(F) Präparationen zur unterrichtlichen Behandlung des Heimatlandes Steiermark. Von Eduard Maierl. Mit einem Geleitworte von Franz Frisch. Leoben. 1901. Enserer. Gr.-8°. XVI, 181 S. K 3.—

— Präparationen zur unterrichtlichen Behandlung des Heimatlandes Steiermark. Mit e. Geleitworte v. Frz. Frisch. Für die 2. Aufl. durchgesehen u. ergänzt v. Emmerich Hyden. (XIX, 189 S.) gr. 8. Ebd. 907. Geb. 4. —

— unser Vaterland, die österreich.-ungarische Monarchie. Geographische Präparationen. Mit e. Begleitworte von Franz Frisch. gr. 8. (XVII, 273 S.) Ebd. 902. n. 3. 50; geb. n. 4. —

— Unser Vaterland, die Österreichisch-ungarische Monarchie. Geographische Präparationen. Mit e. Begleitworte v. Frz. Frisch. Für die 2. Aufl. durchgesehen u. ergänzt v. Emmerich Hyden. (XVI, 272 S.) gr. 8. Ebd. 909. Geb. 4. 60

— kleine Vaterlandskunde der österreich-ungarischen Monarchie. Für die häusl. Wiederholg. bearb. 8. (39 S.) Ebd. 902. n. — 40

(F) **Maierl, E.**, Kleine Vaterlandskunde der öster.-ungar. Monarchie. 2. Aufl. 8°. (38 S.) K —.40
Leoben: Enserer 1904.

— kleine Vaterlandskunde der österreichisch-ungarischen Monarchie. Für die häusl. Wiederholg. bearb. 3. verm. Aufl. 11.—15. Tauf. (38 S.) 8. Ebd 907. n. — 40

— Kleine Vaterlandskunde der österreich.-ungarischen Monarchie. Für die häusl. Wiederholg. bearb. 5., verm. Aufl. (46 S.) 8. Ebd. 910. — 40

Maier-Rothschild-Bibliothek. 1.—7. Bd. gr. 8. Berlin 894. Verlag f. Sprach- u. Handelswissenschaft. à n. 2. —; geb. à n. 3. —
1. Abriß der Handelsgeographie, f. Handelsschulen u. verwandte Lehranstalten, sowie zum Selbstunterricht bearb. v. M. Haushofer. 3., neu bearb. u. verm. Aufl. (IV, 83 S.)
2. Abriß der Handelsgeschichte, f. Handelsschulen u. verwandte Lehranstalten, sowie zum Selbstunterricht bearb. v. M. Haushofer. 3., neu bearb. u. verm. Aufl. (III, 66 S.)
3. Grundzüge der politischen Ökonomie. (In 3 Abtlgn.) Von M. Haushofer. 1. Abtlg. Grundzüge der Nationalökonomie. 3., vollständig neu bearb. Aufl. (IV, 119 S.)
4. — dasselbe. 2. Abtlg. Wirtschaftslehre der Haupterwerbszweige. 3., vollständig neu bearb. Aufl. (IV, 125 S.)
5. — dasselbe. 3. Abtlg. Finanzwissenschaft. (IV, 71 S.)
6. 7. Einfache u. doppelte Buchhaltung v. J. Fr. Schär. (VI, 318 S.)

Maier-Rothschild-Bibliothek. 8.—25. Bd. gr. 8. Ebd. à n. 2. —; geb. à n. 3. —; Doppelbde. geb. à n. 5. —
8. Method. geordn. Aufgaben f. d. Selbststudium u. d. Unterr. in d. Buchhaltung, nebst Lösgn. u. Musterdarstellgn. Von J. Fr. Schär. 1. Abtlg.: Aufgaben. (VII, 108 S.) 895.
9. Dasselbe. 2. Abtlg.: Lösgn. u. Musterdarstellgn. (VII, 108 S.) 895.
10. 12. Kaufmänn. Rechnen nebst Münz-, Maß- u. Gewichtskunde. Systemat. Darstellg. d. Elemente u. Methoden d. Rechnens u. ihrer stufenmäß. Anwendg. auf alle Gebiete d. Warenhandels, Verkehrs, Bankwesens u. d. Industrie. Von J. Fr. Schär. 2 Tle. in 1 Bd. (IV, 156 u. 177 S.) 898.
11. 13. Handelskorrespondenz u. Formalien, nebst Aufgaben u. Lösgn. Zugl. Darstellg. d. kaufmänn. Betriebslehre. Von J. Fr. Schär. 2 Tle. in 1 Bd. (IV, 128 u. 146 S.) 898.
14. Handels- u. Industrierecht m. bes. Rücksicht auf d. deutsche u. österr. Gesetzgebung v. J. Landgraf. 3., neubearb. Aufl. (128 S.) 894.
15. Abriß d. allgem. Warenkunde v. H. Gießler. 3. Aufl. (116 S.) 895.
16. 17. Technik d. Bankgeschäftes. Darstellg. d. Bankbuchhaltg., d. Kontokorrents m. Zinsen, sow. d. Wechselrechng., Wechselarbitrage u. Effektenrechng. Von J. Fr. Schär. (230 S. m. 1 Tab.) 898.
18. Handelskorrespondenz. Deutscher Tl. 8. Aufl. (95 S.) 897.
19. Dasselbe. Französ. Tl. 7. Aufl. (95 S.) 897.
20. Dasselbe. Englischer Tl. 8. Aufl. (95 S.) 897.
21. Dasselbe. Spanischer Tl. 7. Aufl. (95 S.) 897.
22. Dasselbe. Portugies. Tl. 2. Aufl. (95 S.) 897.
23. Dasselbe. Italien. Tl. 7. Aufl. (95 S.) 897.
24. Dasselbe. Russischer Tl. 7. Aufl. (95 S.) 897.
25. Rund- u. Schönschriften in kaufmänn. Musterformularen. Auszug aus Müller, Rundschrift u. Müller-Röhrich, Kaufmänn. Formulare u. Briefe. (III S. u. 48 Bl.) 897.

Maier-Rothschild-Bibliothek. 6.—8., 18., 19. u. 24. Bd. gr. 8. Ebd. 12. —; geb. n. 17. —
6. 7. Einfache u. doppelte Buchhaltung. Von J. Fr. Schär. 2. verb. Aufl. (VI, 318 S.) 901. n. 4. —; geb. n. 5. —
8. Methodisch geordnete Aufgaben f. das Selbststudium u. den Unterricht in der Buchhaltung, nebst Lösgn. u. Musterdarstellgn. Von J. Fr. Schär. 1. Abtlg.: Aufgaben. (VII, 108 S.) 901. n. 2. —; geb. n. 3. —
18. Handelskorrespondenz. Deutscher Tl. 9. Aufl. (95 S.) (900.)
19. Dasselbe. Französischer Tl. 9. Aufl. (95 S.) (900.)
24. Dasselbe. Russischer Tl. 8. Aufl. (94 S.) (900.)

Maier-Rothschild-Bibliothek. 4. 5. 11. 13. 20. u. 26.— 30. Bd. Lex.-8. Ebd. n. 18.—; geb. in Leinw. n. 25.—

4. Grundzüge der politischen Oekonomie. Von M. Haushofer. (In 3 Abtlgn.). 2. Abtlg. Wirtschaftslehre der Haupterwerbszweige. 4. vollständig neu bearb. Aufl. (IV, 125 S.) (904.) n. 2.—; geb. n. 3.—

5. Dasselbe. 3. Abtl. Finanzwissenschaft. 2. verb. Aufl. (III, 74 S.) (904.) n. 2.—; geb. n. 3.—

11. 13. Handelskorrespondenz u. Wechsellehre in Verbindung m. der kaufmännischen Betriebslehre. Von J. Fr. Schär. 2 Tle. in 1 Bde. 2., vollständig neu bearb. Aufl. (IV, 128 u. 146 S.) 903. n. 4.—; geb. n. 5.—

20. Handelskorrespondenz. Englischer Tl. 9. Aufl. (95 S.) (903.) n. 2.—; geb. n. 3.—

26. 27. Prakt. Lehrgang der englischen Sprache als Vorbereitung auf die englische Handelskorrespondenz, zum Gebrauch an Handels- u. Realschulen, kaufmänn. u. gewerbl. Fortbildungsschulen, sowie zum Selbstunterricht f. Kaufleute. Von Erwin Hönncher. 2., vollständig neu bearb. Aufl. (VIII, 468 S.) 901. n. 3.—; geb. n. 4.—

28. 29. Prakt. Lehrgang der französischen Sprache als Vorbereitung auf die französische Handelskorrespondenz, zum Gebrauch an Handels- u. Realschulen, kaufmänn. u. gewerbl. Fortbildungsschulen, sowie zum Selbstunterricht f. Kaufleute. Von Erwin Hönncher. 3. verb. Aufl. (VIII, 543 S.) (904.) n. 3.—; geb. n. 4.—

30. Einführung in die Weltwirtschaft. Von Rich. Calwer. (III, 95 S.) 906. n. 2.—; geb. n. 3.—

Maier-Rothschild-Bibliothek. Berlin.

Band 1: Abriß der Handelsgeographie für Handelsschulen und verwandte Lehranstalten sowie zum Selbstunterricht, bearbeitet von M. Haushofer. 5. Auflage. 1907.

" 2: Abriß der Handelsgeschichte für Handelsschulen und verwandte Lehranstalten sowie zum Selbstunterricht, bearbeitet von M. Haushofer. 5. Auflage. 1909.

" 3/5: Grundzüge der politischen Ökonomie. In drei Abteilungen. Von M. Haushofer.

1. Abteilung: Grundzüge der Nationalökonomie. 5. Auflage. (1908?).

" 6/7: Einfache und doppelte Buchhaltung von J. F. Schär. 4. Auflage. 1909.

" 8/9: Methodisch geordnete Aufgaben für das Selbststudium und den Unterricht in der Buchhaltung nebst Lösungen und Musterdarstellungen. Von J. F. Schär.

1. Abteilung: Aufgaben. 4. Auflage. 1908.
2. " : Lösungen und Musterdarstellungen. 1895.

" 10 u. 12: Kaufmännisches Rechnen nebst Münz-, Maß- und Gewichtskunde. Von J. F. Schär. 4. Auflage. 1909.

" 11 u. 13: Handelskorrespondenz und Handelsbetriebslehre in Verbindung mit der Wechsel- und Schecklehre. Bearbeitet von J. F. Schär. 4. Auflage. 1909.

Band 14: Handels- und Industrierecht mit besonderer Rücksicht auf die deutsche und österreichische Gesetzgebung von J. Landgraf. 5. Auflage (von A. Donig). 1909.

" 15: Abriß der allgemeinen Warenkunde von H. Giessler. 5. Auflage (von A. Striegel). 1905.

" 16/17: Technik des Bankgeschäfts. Darstellung der Bankbuchhaltung, des Kontokorrents mit Zinsen sowie der Wechselrechnung, Wechselarbitrage und Effektenrechnung von J. F. Schär. 2. Auflage. 1903. — 3. Auflage. 1908.

Maier-Rothschild-Bibliothek. 2., 6., 7. u. 10.—14. Bd. Lex. 8. Berlin, Verlag f. Sprach- u. Handelswissenschaft. 16.—; geb. in Leinw. 21.—

Haushofer, M., Abriß der Handelsgeschichte, f. Handelsschulen u. verwandte Lehranstalten sowie zum Selbstunterricht bearb. 5. vollst. neubearb. Aufl. (III, 68 S.) 909. (Bd. 2.) 2.—; geb. 3.—

Landgraf, J., Handels- u. Industrierecht m. besond. Rücksicht auf die deutsche u. österreich. Gesetzgebung. 5. vollst. neubearb. Aufl. v. Arth. Donig. (141 S.) 909. (Bd. 14.) 2.—; geb. 3.—

Schär, J. Fr., einfache u. doppelte Buchhaltung. 4. neubearb. Aufl. (318 S.) 908. (Bd. 6 u. 7.) 4.—; geb. 5.—

— Handelskorrespondenz u. Handelsbetriebslehre in Verbindg. m. der Wechsel- u. Schecklehre. 4., neubearb. Aufl. (IV, 136 u. 153 S.) 909. (Bd. 11 u. 13.) 4.—; geb. 5.—

— Kaufmännisches Rechnen nebst Münz-, Maß- u. Gewichtskunde. Systematische Darstellg. der Elemente u. Methoden des Rechnens u. ihrer stufenmäß. Anwendg. auf alle Gebiete des Warenhandels, Verkehrs, Bankwesens u. der Industrie. 4. vollst. neu bearb. Aufl. (IV, 156 u. 179 S.) 909. (Bd. 10 u. 12.) 4.—; geb. 5.—

Majersky, Adb. v., e. Frühlingsfahrt durch Italien nach Tunis, Algerien u. Paris. M. 4 chromolith. u. 15 Crayondr.-Taf., 22 Vollbild. u. 12 Textabb. nach photograph. Orig.-Aufnahmen. 4. (IX, 230 S.) Frankfurt a/M. 897. Gebr. Knauer. Geb. in Leinw. n. 15.—

Majersky, Adb. v., der Taugenichts. Ein Schauspiel. 12. (X, 192 S.) Dresden 891. E. Pierson. n. 2.50

Majert, Emil: Spiel und Glücksspiel in der Theorie und Praxis des heutigen deutschen Rechts. *Berlin 1904: Mesch & Lichtenfeld.* (52 S.) 8°
Heidelberg, Jur. Diss. v. 1904

MAJERT, WILHELM. Ueber Ortho- und Parachlortoluol und einige Abkömmlinge derselben. Göttingen, 1873.

Majerus, Jean: B e r i c h t über Leben und Wirken des Luxemburger Gesellen-Vereins, sowie des von den Gesellen patronirten Lehrlings-Vereins. Von Juli 1882 bis Juli 1883. [Luxemburg 1883.] – 24 S. 12°

– Dass. Von Juli 1883 bis Juli 1884. [Luxemburg 1884.] – 24 S. 12°

– Dass. Von Juli 1884 bis Juli 1885. [Luxemburg 1885.] – 24 S. 12°

– Dass. Von Juli 1885 bis Juli 1886. [Luxemburg 1886.] – 24 S. 12°

– Dass. Von Juli 1886 bis Juli 1887. [Luxemburg 1887.] – 28 S. 12°

– Dass. Von Juli 1887 bis Juli 1888. Luxemburg: St. Paul Ges. [1888]. – 24 S. 12°

– Dass. Von Juli 1888 bis Juli 1889. Ebd. [1889]. – 24 S. 12°

Majerus, Jean: G e b e t e und Gesänge bei der Feier der ersten heiligen Kommunion, welche auch bei der monatlichen Kommunion der Kinder gebraucht werden. Dem Druck übergeben zum Gebrauche der Jugend der Pfarrei Mersch. Luxemburg: Pet. Brück 1861. – 29 S. 16°

Majerus, Jean: Die G e s c h i c h t e der Pfarrei und Herrschaft Mersch . . . , s. G r o b , Jacques-Willibrord

Majerus, Jean: Wahre G r u n d r e g e l n des Gregorianischen Gesanges. [Luxemburg: J. Lamort 1851.] – 63 S. 8°

Majerus, Jean: L e b e n s g e s c h i c h t e des H. Clemens-Willibrord, ersten Bischofs von Utrecht, und Stifters der ehemaligen Abtei Echternach. Lützemburg: Schmit-Brück [1834]. – 15 S. 8°

– Dass. Zweite vermehrte Auflage. Ebd. 1840. – 23 S. 8°

Majerus, Jean: L e b e n s g e s c h i c h t e des h. Clemens-Willibrord, ersten Bischofs zu Utrecht. Echternach: F. Schömann 1847. – 15 S. 8°

– – Nach Beda, Alkuin und andern Urkunden bearbeitet. Echternach: Dominik Burg 1853. – 16 S. 8°

– Dass. Ebd. 1863. – 15 S. 8°

– Dass. Ebd. 1864. – 15 S. 8°

– Dass. Ebd. 1868. – 15 S. 8°

– Dass. Echternach: Wittwe D. Burg 1871. – 14 S. 8°

Majerus, Jean: L e b e n s g e s c h i c h t e des heiligen Willibrord, ersten Bischofs von Utrecht und Gründers der Abtei Echternach. Nach Beda, Alkuin und anderen Urkunden bearbeitet. Ebd. 1878. – 22 S. 12°

Majerus, Jean: Mittheilungen aus der Geschichte des Erziehungs- und Unterrichtswesens, nebst einer kurzgefassten Unterrichtslehre, als Leitfaden, für angehende Lehrer und die Zöglinge unserer Normalschule. Luxemburg: J. Lamort 1851. – IV, 452 S. 8°

Majestät a. D. Psychol. Romanstudie aus d. fürstl. Frauenleben zu Beginn d. 20. Jhs. [Verf.: **Truth** d. i. Gertrud Pinkus.] 1. bis 3. Taus. Berlin: R. Eckstein Nachf. [1903]. (192 S.) 8° (o8. 4183

Ew. Majestät! Die gewaltigen Schwingungen der Zeit — Druck von Marquardt u. Steinthal. 1 Bl. Fol.
Flugblatt. Berlin, 18. Sept. 1848.

Majestät, Die, in der Klemme. Original-Trauerspiel. München 1780. V: *Törring-Seefeld, Anton Graf von.* (GGr)

Majestät, die, in der Klemme. Originaltrauersp. 8. München, Strobl. 786. Rthlr.

Majestaet, Seiner, dem Könige. Am Felixtage des Maurerjahres 5867. »O schöner Tag, wo leuchtend aufgegangen ...« Hannover 1857. V: *Voigts, Friedrich.* (wolfstieg I, 798)

Ueber die Majestät des Volkes. Ein Vortrag, gehalten im Volksvereine zu Nürnberg, d. 12. Juni 1849. Nürnberg, Druck der Wilh. Tümmel'schen Officin. 8°. 12 S. Cart.

Alpine Majestäten und ihr Gefolge. Die Gebirgswelt der Erde in Bildern. Band 1. (12 Hefte.) 280 Ansichten aus der Gebirgswelt, mit einleitendem Text und einer Einteilungskarte der Alpen von Prof. Dr. A[ugust] Rothpletz. IV S. + 14 Spalten + 137 Tafeln. fol. München, Vereinigte Kunstanstalten A.-G., 1901.

— dasselbe. II. Bd. 272 Ansichten aus der Gebirgswelt m. einleit. Text v. Ernst Platz, nebst e. Gliederungskarte der Alpen v. A. Rothpletz. 12 Hfte. Fol. (135 Bl. m. 12 Sp. Text.) Ebd. 902. n. 12.—; geb. n. 18.—

Majestäten, alpine, u. ihr Gefolge. Die Gebirgswelt der Erde in Bildern. III. u. IV. (Schluss-)Bd. Fol. München, Vereinigte Kunstanstalten. à n. 12.—; geb. à n. 18.—; ermäss. Pr. kart. à n. 10.—
III. 268 Ansichten aus der Gebirgswelt m. einleit. Text von Ernst Platz, nebst 1 Gliederungskarte der Alpen von A. Rothpletz. 12 Hefte. (118 Bl. m. VIII, 14 Sp. Text.) 903.
IV. 292 Ansichten aus der Gebirgswelt m. einleit. Text von Walth. Bauer nebst 1 Gliederungskarte der Alpen von A. Rothpletz. 12 Hefte. (116 Bl. m. VIII, 14 Sp. Text.) 904.

Majestätsbeleidigungen. Randglossen zu der v. Sr. Maj. Kaiser Wilhelm am 4. IX. 1902 im Ständehaus zu Posen geh. Ansprache. gr. 8. (32 S.) Wien 902. J. Eisenstein & Co. n. — 60

Majestäts-Beleidigungen, die, vor d. Reichstage. Stenograph. Bericht d. Verhandlgn. d. deutschen Reichstages am Mittwoch, d. 12. V. 1897. gr. 8. (47 S.) Berlin 897. Buchh. Vorwärts. — 15

Majestätsgesuch des bukowiner griechisch-orientalischen Curat-Clerus um Erhöhung der Dotation desselben aus dem Bukowiner gr.or. Religionsfond. Czernowitz: Metr. Silvester 1895.

Majestätsrecht,

— über das, in kirchlichen, besond. in liturg. Dingen. 8. Braunschweig 826. Vieweg. 12 gr.

Ueber d. Majestätsrecht in kirchlichen, besond. liturg. Dingen. Zur nähern Erklärung des Hrn. Dr. *Augusti* über diesen Gegenstand. *Braunschweig*, Vieweg u. Sohn. 827. 8. (12 Gr.)

Majestätsrecht, Das, die Bischöffe zu ernennen. Frankf. u. Leipzig [Kempten] 1784. V: *Brentano, Dominik von.* (Ky) (MGT) (ML)

Majestätsrecht, das, die Bischöfe zu ernennen, (v. D. v. Brentano). 8. (Kempt.) 784. Dannheimer. 5 gr.

Das Majestätsrecht, die Bischöfe zu ernennen, m. e. Vorr. von Jo. Geo. Schellhorn. *Kempten.* 784. 8.

Majestätswappen, neues königl. sächsisches. Grosse Ausg. 61 × 48 cm. Chromolith. Mit Beschreibg. 8. (1 Bl.) Leipzig 889. Giesecke & Devrient (F. E. Fischer). n. 5.—; in Rahmen 10.—; kleine Ausg., 35 × 30 cm, n. 1.60; in Rahmen 3.—

Der Majestrat ooch jutsch? Na, so mußt kommen, sagt Neumann! Selbstgespräch des Rentier Zumpelbacher. Druck von W. Fähndrich. 1 Bl. Fol.
Flugblatt. Berlin, 1848/49.

Majet, P., Landwirthschaftliche Versicherung in organischer Verbindung mit Sparanstalten, Bodencredit u. Schuldenablösung. Vorschläge zur Verbesserung der Lage des japanischen Landmanns, im Auftrage des kais. japan. Ministeriums des Innern abgefasst. 8°. Tokyo 1888. Berlin, R. L. Prager.

(Majeux, Aug[uste].) Souvenirs de la Gruyère (recueillis et mis en ordre par Aug. M'). [Avec 5 planches.] 8. Fribourg [1856].

Majewski, Ignaz Julius, aus Sandomierz ⟨Gouv. Radom, Russ.-Polen⟩: **Über Oxydation mittels Kaliumpermanganat einiger Verbindungen der Campher-Reihe sowie Ein Beitrag zur Constitution des Camphens, Camphers und der Camphersäure.** *Leipzig 1898: O. Schmidt.* (54 S.) 8°
Leipzig, Phil. Diss. v. [17. Febr.] 1899

Majewski, Dr. K. Sanitätstechnische Experimentalstudien im Terrain. Wien 1901. 1 Bl. 4°

Majewski, Karl von [Warschau]: Beitrag zur Kenntnis der Diazoimidobenzolderivate. Basel 1898. 52 + 1 S. 8°.
Basel. Phil. Diss. 1897/98.

Majewski, O., d. graue u. grüne Papagei. Ankauf, Behandlg., Krankheit u. Heilg. nach 20jähr. Erfahrg. 8. (93 S. m. Abb. u. Titelbild.) Berlin 898. Hans Hildebrandt, Verlag. n. 2.—

(B) **Majewski, O.,** d. graue u. grüne Papagei. 898. (KBB 30.) Jetzt: Magdeburg, Creutz. Erm. Pr. 1.—

Majewski, Reinhard De subiectionis et occupationis formis, quae inveniuntur apud Demosthenem. 8 (S. 107—118).
In: II. Teil der Festschrift z. Feier des 300jähr. Bestehens des G. *Lyck* 1887 (zu 131.
Progr.

Majewski, Rhard., de subiectionis et occupationis formis, quae inveniuntur apud Demosthenem. gr. 8. (12 S.) Königsberg 887, Hartung'sche Verlagsdr. *

Majewski, Samuel Ludwig

Majewski, Sam. Ldw., († d. 26. Oct. 1801.) animadversionum ad varia loca N. T. Decas I. 8maj. Utrecht 762.

— s. 1) Gesangbuch, reform., s. Danzig. 2) Psalmen.

— Reden bei außerordentl. feierl. Veranlassungen üb. bibl. Texte; hrsgg. (v. K. B. Lengnich). gr. 8. Lpz. 775. (Aue in Alt.) 6 gr.

Majewski, Samuel Ludwig. Reden bey feyerlichen und ausserordentlichen Veranlassungen . . . Leipzig 1775. H: *Lengnich, Carl Benjamin.* (Ky) (ML)

Maifahrt, Eine, an die Gotthard-Trace. Wien 1882. V: *Doblhoff, Joseph Freih. v.* (EB)

Maifahrt, die verunglückte, od. Der Spuk auf der Hexenburg, s.: Theater, kleines.

Mai-Feier. 8°. Gedruckt in Berlin 1893.

Mai-Feier 1898. Red.: Th. Glocke. gr. 4. (8 S. m. 2 Abb.) Berlin 898. Buchh. Vorwärts. — 10

Maifeier 1902. Red.: Wilh. Ellenbogen. Fol. (8 S. m. 2 farb. Abbildgn. u. 1 farb. Taf.) Wien 902. Wiener Volksbuchh. n. — 20

— 1903—1906. Red.: Wilh. Ellenbogen. (à 8 S. m. Abbildgn. u. je 1 Taf.) Fol. Wien, Wiener Volksbuchh. à n. — 20

Maifeier 1904—1906. (à 8 S. m. Abbildgn.) gr. 4. Berlin, Buchh. Vorwärts. à — 10

Maifeier 1904. Red.: Wilh. Paetzel. gr. 4°. Berlin, Buchh. Vorwarts, 1904.

Mai-Feier 1906. (Berlin: Vorwärts 1906.) (7 S.) 4° [Bildert.] 04. 8831

Maifeier 1907. (8 S. m. Abbildgn.) 34,5×26 cm. Berlin, Buchh. Vorwärts. — 10

Maifeld, das, von St. Helena. Entdeckte Verschwörung Napoleons mit dem Rattenmarschall, Herzog v. Schinkenklauber, Abgesandten sämmtl. Geschmeißvölker der Nage- u. Kerbthiere v. St. Helena 2c. Mit e. Vision auf d. Maifelde 2c. 8. Berl. 816. (Sander). 8 gr. Die Vision apart. 4 gr.

Maifeld, Carl, 30 geheime Mittel, die Attribute der Schönheit u. der Jugend des weiblichen Geschlechts zu erhöhen u. sie noch lange über die gewöhnliche Zeit zu erhalten. Eine Toilettengabe f. Damen. gr. 12. (IV u. 144 S.) Wien 849, Tendler & Co. Leipzig, Spamer in Comm. n. ⅓ ₰

Das Maifest des Gymnasiums. (Aus der Hagenauer Zeitung.) 4 (S. 29—31 der Schuln.). **Progr.** G. u. Rsch. *Hagenau* 1889 (482).

Mai-Fest, zum, in Kösen den 30. Mai 1875. (Sieben Lieder) Halle. 8°. 8 S.

Maifestschrift. Braunschweig s. a.

Maifestschrift. 9 Nrn. Wien, 1. Mai 1890 — 1. Mai 1898.

Maifestschrift. Graz, zum 1. Mai 1891.

Maifestschrift. Berlin, 1. Mai 1891 ff.; ebenda 1. Mai 1898.

Maifestschrift. Unter dem Titel: Gedenkblatt an die Maifeier der oppositionellen österr. Sozialisten im Jahre 1892. Wien.

Mai-Festschrift 1896. Red. v. Wilh. Ellenbogen. gr. 4. (8 S. m. 1 Abb.) Wien, Wiener Volksbuchh. — 10

— 1897. Fol. (8 S. m. z. Tl. farb. Abb. u. 1 Bildnistaf.) Ebd. n. — 20

Maifestschrift 1899. Red.: Wilh. Ellenbogen. Fol. (8 S. m. 2 farb. Illustr. u. 1 farb. Taf.) Ebd. n. — 20

— 1900. Red.: Th. Glocke. Fol. (8 S. m. Abbildgn.) Berlin, Buchh. Vorwärts. — 10

— 1900. Red.: Wilh. Ellenbogen. Fol. (8 S. m. 2 farb. Taf.) Wien, Wiener Volksbuchh. n. — 20
Vergl.: Mai, 1.

Mai-Festschrift der österreichischen Sozialdemokratie 1894. Hrsg.: J. Popp u. F. Schuhmeier. Red.: L. A. Bretschneider. Nach der Konfiskation 2. Ausg. Fol. (12 S. m. 2 farb. Abbildgn.) Wien 894. (1. Wiener Volksbuchh., J. Brand.) n. — 20

Maifestschrift der oppositionellen sog. unabhängigen österr. Sozialisten. Wien, zum 1. Mai 1892.

Maigatter, F.

— Geschichte des Altertums, s.: Schenk, K.

Maigatter, F., deutsche Geschichte bis zum westfäl. Frieden, s.: Schenk, K.

— dasselbe, vom Ausgange des 30jähr. Krieges bis 1815, s.: Wolff, E.

— dasselbe v. 1815 bis zur Gegenwart, s.: Wolff, E.

Maigatter, F., Lehrbuch der Geschichte, s.: Schenk, K.

Maigesetze, Die, und die Auffassung des Obertribunals. Münster 1878. V: *Sprickmann-Kerkerink, Heinrich.* (RASS)

Maigesetze, die preußischen, u. die katholische Kirche. Ein Mahnruf an das deutsche Volk. 16. (32 S.) Bonn 874. Neusser. — 15

Maigesetze, Die preussischen und österreichischen, in Bezug auf Glauben und Gewissen... Amberg 1875. V: *Schneemann, Gerhard.* (Jes) (ADB)

— die preußischen u. österreichischen, in Bezug auf Glauben u. Gewissen. Gegen Bischofs-Absetzer. Vom Verf. d. „Non possumus." gr. 8. (59 S.) Amberg 875. Habbel. — 50

Maigesetze, die, über die Vorbildung und Anstellung der Geistlichen vom 11. Mai 1873 und 21. Mai 1874 in der Auffassung des Obertribunals. gr. 8. (104 S.) Münster 876, Theissing'sche Buchh.

Maiglöckchen. Geschichten und Märchen für Kinder von 6—9 Jahren. 16. (64 S. mit 6 lithogr. und ill. Bildern.) Berlin 862, Riese. cart.

Maigne, P.

— Anekdoten-Tagebuch der Frau v. Campan. Aus d. Franz. von Fr. Ritter. gr. 8. Stuttgart 825, ist Verlag von Brodhag

Maigne, P., lectures sur les principales inventions industrielles et les principales industries, s.: Schulbibliothek französischer u. englischer Prosaschriften aus der neueren Zeit.

Maigne, P., der Rathgeber bei d. Wahl e. Amme. Eine sehr beherzigungswerthe Schrift f. Eltern. A. d. Franz. 8. (7 1/2 B.) Quedlinburg 838, Basse.

Maihak, H., Crosby-Waaren-Haus: Preisverzeichnisse. Hamburg (1893?)

Maihak, H., die Vervielfältigung von Zeichnungen, insbesondere von technischen Zeichnungen. gr. 8. (62 S. mit 10 in den Text gedr. Abbild.) Berlin 887, Springer. *
Aus: Zeitschrift des Vereins deutscher Ingenieure, besonders abgedruckt.

Die Reden Gotamo Buddho's aus der mittleren Sammlung Majjhimanikayo des Pali Kanons zum ersten Mal uebers. von Karl Eugen Neumann. Bd 1–3. *Leipzig: W. Friedrich 1896–1902.* 3 Bde 8°
1. Erstes Halbhundert. 1896. 2. Mittleres Halbhundert. 1900.
3. Oberes Halbhundert. 1902.

Maikäfer. Die M. Ein offener Brief an's Berner Volk s. [Henne, Anton].

Maikäfer, Jos. Beichtspiegel f. Schulkinder, besonders f. Erstbeichtende, nebst kurzen Anweisgn. u. Gebeten. 3. verb. Aufl. 32. (14 S.) Passau 890, Abt. — 5; 100 Explre. 4 —

Silberer, Viktor, Mai-Kalender 1898. 16. (100 S.) —.30
Wien: Silberer 1898.

Mai-Kalender von Viktor Silberer. 1902. 16°. (128 S.)
Wien: Silberer.

Mai-Kalender von Viktor Silberer. 1903. 16°. (141 S.) K 1.—
Wien: "Allgem. Sportzeitung" (Silberer)

Maikalender von Viktor Silberer 1904. 16°. (130 S.) K 1.—
Ebda.

Maikalender 1905 von V. Silberer. 16°. (1_8 S.) K 1.—
Ebda.

Maikalender von Viktor Silberer. 1906. 16°. (126 S.) K 1.—
Ebda.

Maikalender von Viktor Silberer. 1907. 8°. (78 S.) K —.60
Ebda.

Maikalender von Viktor Silberer. 1908. 16°. (130 S.) K 1.—
Ebda.

Mai-Kalender von Viktor Silberer. 1909 8°. (128 S.) K 1.—
Ebda.

Maikalender von Victor Silberer. 1910. 8°. K 1.—
Graz: "Allgem. Sportzeitung" (Silberer).

Maikapar, Theodor, a. Charkow: Staphylokokken-Allgemeininfektion nach den in den Jahren 1903—1906 in der Leipziger Medizinischen Klinik vorgekommenen Fällen. Leipzig [1908]: A. Edelmann. (40 S.) 8°
Leipzig, Med. Fak., Ref. Curschmann, Diss. v. 19. Nov. 1907
[Geb. 9. Febr. 78 Charkow; Wohnort: Leipzig; Staatsangeh.: Rußland; Vorbildung: Alexander-Gymn. Riga Reife Juni 98; Studium: Kiew 3, Leipzig 8 S.; Rig. 25. Jan. 08.]

Dichtungen von A[pollon] N[ikolaevič] Majkow [Majkov]. Übers. aus d. Russ. von Dr. Hermann Roskoschny. Leipzig: Slav. Buchh. [1893]. 78 S. 8° [11. 1317]

Maikow, A. N., Gedichte, s.: Universal-Bibliothek.

Maikow, M., Russisch für das Militär. 12. (95 S. mit 1 Schreibschrifttaf.) Brünn 888, Winkler. *

Majkowski, Alexander, appr. Arzt a. Berent: Zur Frage nach der klinischen Bedeutung der punktierten Erythrocyten bei chronischem Saturnismus. München 1904: C. Wolf & Sohn. (23 S.) 8°
München, Med. Fak., Ref. v. Bauer, Diss. v. 10. Nov. 1904
[Geb. 17. Juli 70 Berent, Westpreußen; Wohnort: Berent; Staatsangeh.: Preußen; Vorbildung: Gymn. Konitz Reife M. 95; Studium: Berlin 6, Greifswald 2, München 3 S.; Coll. 21. Sept. 04; Approb. 26. März 04.]

Mall, the English. A weekly journal devoted to home, foreign, social, artistic, literary and dramatic news. Editor: Heinr. Felbermann. Vol. I—III. June 1895 bis May 1898. à 52 nrs. (à ca. 8 S.) gr. Fol. Frankfurt a/M. (Gebr. Knauer.) à Jahrg. n. 16. —

Mailand [Sachl. OW]

Mailand und der lombardische Aufstand März 1848. Frankfurt, Prag 1856. V: *Schweinitz, Joh. Graf.* (PR) (KA) V: *Helfert, Jos. Alex. Freih. v.* (Keiter, Kath. Litt.-Kal. IX, 146.)

Mailand und der lombardische Aufstand. März 1848. Prag, 1856. Druck und Papier des artistisch-typogr. Instituts von Karl Bellmann. Frankfurt am Main. J. Ch. Herrmann'sche Buchhandlung. Prag J. G. Calve'sche Buchhandlung. Wien Karl Gerolds Sohn. (VI. 309 S. 8.)

Mailand und der lombardische Aufstand. März 1848. Prag 856. Tempsky. gr. 8. (VII, 309 S.) 2 ₰.

Mailand und Umgebung. Prakt. Reiseführer von W. Schultz-Riesenberg. Mit 2 Karten u. 1 Grundr. Berlin: A. Goldschmidt 1906-07. (VIII, 62 S.) 8°
— Reiseführer, Griebens. Bd 105. [07. 8530]

Mailand [Schlagwort]

Mailand, s.: Europa. Generalkarte.

Mailand, s.: Westentaschen-Sammlung.

Mailand—München, s.: Radfahrerkarten.

Mailand — Panorama von — auf dem Dom gezeichnet von Heinrich Keller etc. Zürich radirt v. F. Schmid. Zürich bey Keller und Füssli 1817. Ansicht. 1 Bl.

Mailand [Verfasser]

Mailand, E., das wiederentdeckte Geheimnis des altitalienischen Geigenlackes. Nach dem vergriffenen franz. Orig.-Werke „Découverte des anciens vernis italiens". Ins Deutsche übertr. u. auf Grund der neuesten Forschgn. ergänzt v. der Red. der „Zeitschrift f. Instrumentenbau". gr. 8. (74 S.) Leipzig 903. P. de Wit. n. 2. 50

Mailänder, J. G., einfache Buchführung f. Fortbildungs- u. Frauenarbeitsschulen. gr. 8. (40 S.) Schw.-Hall 884. Staib. n. — 55

Mailänder JG, einfache Buchführg f. Fortbildungs- u Frauenarbeitsschulen. Hall 1885

Mailänder. Buchführung f. Fortbildungs- u. Frauenarbeits-Schulen. 2. umgearb. u. verm. Aufl. 8. (IV, 75 S.) [Lpz. 890, C. Braun.] Schwäb.-Hall, German. * — 90

Mailänder, Buchführung f. Fortbildungs- u. Frauenarbeits-Schulen. 3., durch mehrere Geschäftsgänge verm. Aufl. gr. 8. (IV, 91 S.) Schwäb.-Hall 893. W. German. n. 1. —

Mailänder's, J. G., Buchführung, 4. Aufl. s.: Bandtel, J., einfache Buchführung.

Mailänder, J. G., deutsches Lesebuch für höhere Mädchenschulen. 4 Bde. gr. 8. Stuttgart 886, Krabbe. *M 8.—.; geb. **

Inhalt:

Bd. 1. Für das 2. und 3. Schuljahr. (X, 238 S.) *M 1.20.; geb. **M 1.50.
" 2. Für das 4. und 5. Schuljahr. (X, 338 S.) *M 1.80.; geb. **M 2.10.
" 3. Für das 6. und 7. resp. 8. Schuljahr. (VIII, 376 S.) *M 2.—.; geb. **M 2.40.
" 4. Für das 8. und 9. resp. 10. Schuljahr. (VIII, 487 S.) *M 3.—.; geb. **M 3.40.

Mailänder, J. G. Deutsches Lesebuch. 4 Bde. gr. 8. Stuttg. 886, Bonz u. Comp. * 8 —; geb. ** 9 40

Mailänder, J. G., deutsches Lesebuch f. höhere Mädchenschulen. 1.—3. Bd. 2. Aufl. gr. 8. Stuttgart, A. Bonz & Co. n. 5. —; geb. n.n. 6. —
1. (Für das 2. u. 3. Schulj.) (X, 230 S.) 900. n. 1. 20; geb. n.n. 1. 50
2. (Für das 4. u. 5. Schulj.) (VIII, 342 S.) 900. n. 1. 80; geb. n.n. 2. 10
3. (Für das 6. u. 7. resp. 8. Schulj.) (VIII, 391 S.) 902. n. 2. —; geb. n.n. 2. 40

— deutsches Lesebuch für höhere Mädchenschulen. 1. u. 2. Bd. gr. 8. Stuttgart, A. Bonz & Co. n. 3. —; geb. in Halbldr. n.n. 3. 60
1. (Für das 2. u. 3. Schulj.) 3. Aufl. (X, 230 S.) 903. n. 1. 20; geb. n.n. 1. 50
2. (Für das 4. u. 5. Schulj.) 3. Aufl. (VIII, 342 S.) 903. n. 1. 80; geb. n.n. 2. 10

Mailänder, J. G., Lesebuch für Klasse I. der Elementaranstalten und höheren Mädchenschulen. Enthaltend die Fibel für evangel. Volksschulen [in Württemberg amtl. eingeführt] und einen Anhang weiterer Lesestücke. 8. (156 S.) Stuttgart 886, Deutsche Verlags-Anstalt. * 55 Pf.; geb. **

— Lesebuch f. Klasse I der Elementaranstalten u. höh. Mädchenschulen. Enth. die Fibel f. evangel. Volksschulen (in Württemberg amtlich eingeführt) u. e. Anh. weiterer Lesestücke. (Ausg. in neuer Rechtschreibg.) (156 S.) 8. Stuttgart (903). Deutsche Verlags-Anstalt. n. — 55; geb. n.n. — 80

—— Lese- und Sprachbuch für Klasse II. der Elementarschulen. gr. 8. (X, 215 S.) Stuttgart 886, Krabbe. * geb. **

—— Lese- u. Sprachbuch..gr. 8. * 1 20; geb. ** 1 50
Stuttg.: Bonz & Co. 1886.

— Muster der im Gewerbeleben vorkommenden Geschäftsaufsätze u. Geschäftsbriefe. Für die Schüler u. Schülerinnen v. Volks-, Mittel-, Fortbildungs- u. Frauenarbeitsschulen. Mit vielen Aufgaben. 2. Aufl. gr. 4. (52 S.) Schwäb.-Hall 885. German. n. — 90

Mailänder, J. G., Muster v. Geschäftsaufsätzen u. Geschäftsbriefen f. männl. u. weibl. Fortbildungsschulen m. vielen Aufgaben. 8., verm. u. verb. Aufl. 4. (I, 30 u. VII S.) Schwäb. Hall 895. W. German's Verl. n. — 75

— Muster v. Geschäftsaufsätzen u. Geschäftsbriefen mit vielen Aufgaben f. männliche u. weibliche Fortbildungsschulen. 4. verm. u. verb. Aufl. 4. (III, 30 autogr. S. u. VII S.) Schw. Hall (899). W. German's Verl. n. — 75

Mailaender, W., Ortskrankenkassen und Gemeindekrankenversicherung im Krankenversicherungsgesetz und im Entwurf der Reichsversicherungsordnung. Ein Beitrag zur Frage der socialen Versicherung. 8°. Heidelberg, Weiss, 1910. 67 S.

Mailand's Bedrängnisse im J. 1576. 8. (8 B.) Wien 835, Mechitaristen-Congregat.-Buchh.

Mailáth, Geo. v., Denkrede auf ihn, s. Szécsen, A. Graf.

Mailáth, Johann, Graf

— s. v. Eötvös, Jos. Frhr., der Dorfnotair. —

Mailath, (Graf Joh.,) Gedichte. 16. Wien 824, Tendler u. v. Manstein.

v. Mailáth, Joh. Nep. Graf, altdeutsche Gedichte, s. Codex Kolczer

Mailath, Joh. Graf von, altdeutsche Gedichte, s. Gedichte.

Mailáth, Johann, Graf, s. Gedichte, Magyarische.

— gedrängte Geschichte des östreichischen Kaiserstaates bis auf die neueste Zeit. 4 Lfgn. gr. 8. (344 S.) Wien 851, Mayer & Co. 2 Thlr

Mailáth, Joh., gedrängte Geschichte des österreichischen Kaiserstaates bis auf die neueste Zeit. Zum Gebrauche für Realschulen und Gymnasien. 2., umgearb. Aufl. gr. 8. (IV und 245 S.) Wien 854, Mayer und Comp. *

Mailáth, Joh. Graf, gedrängte Geschichte des östreichischen Kaiserstaates bis auf die neueste Zeit. Zum Gebrauche für Realschulen und Gymnasien. 3., umgearb. Aufl. gr. 8. (IV und 240 S.) Wien 858, Mayer und Comp. *

— Geschichte der Magyaren. 5 Bde. Mit Pl. u. Kart. gr. 8. Wien 828—30. Tendler. 11 Thlr 16 Gr

Mailáth, Joh. Graf, Geschichte d. Magyaren. 1—5. Bd. gr. 8. Wien, Tendler. [1—3. (62 B. u. 3 Pläne.) 828, 29. 7 Thlr., 4. 5. (49½ B. u. 2 lith. Karten, qu. Fol.) 831. 4 Thlr. 16 Gr.]

Mailáth, Johann Graf, auswärt. Mitglied der k. bayer. Akademie der Wissenschaft. Geschichte der Magyaren. (889—1849.) (7 Bde.) 8. Wien, Regensburg 1828—1853.
— — 2. sehr verm. und verbess. Aufl. (Aus: „Heeren und Ukert. Geschichte der europäischen Staaten".) (4 Bde.) 8. Regensburg 1852—1854.

Mailáth, Joh. Graf, Geschichte der Magyaren. 2 Bde. 2. sehr verm. u. verb. Aufl. gr. 8. 1. Bd. Mit dem Plane der Mongolenschlacht u. d. Stammbaume der Arpáden (auf 2 lith. Taf. in gr. 8.) (XII u. 328 S.) 2. Bd. Mit den Planen d. Schlachten v. Varna u. Mohács (lith. in gr. 4.) (XII u. 404 S.) Regensburg 852, Manz. (1 : 1½ Thlr 2 : 1⅚ Thlr) 3⅓ Thlr

Mailáth, Joh., Geschichte der Magyaren. 2. sehr verm. u. verb. Aufl. 3. Bd. Regensburg 853. Manz. gr. 8. (XII, 500 S. u. 2 lith. Karten in Fol.) 2 Thlr. 15 ngr.

— — 4. 5. Bd. (6. 7. Bd. zur 1. Aufl.) A. u. d. T.: Neuere Geschichte der Magyaren von Maria Theresia bis zum Ende der Revolution. 1. Bd. Von Maria Theresia bis 1848. — 2. Bd. Die Revolution 1848 u. 1849. Ebend. 853. gr. 8. (XVI, 324; 1 Bl., XII, 462 S.) 3 Thlr. 25 ngr.

Mailáth, Joh. Graf. Geschichte von Oesterreich. Mit einem Register im 5. Bd. von J. H. Möller. (Aus „Geschichte der europäischen Staaten von Heeren und Ukert".) (5 Bde.)
8. Hamburg 1834—1850.

—— Geschichte v. Oestreich. 1. Bd. (Vom J. 1218—1526.) gr. 8. ($33\frac{1}{2}$ B.) Hamburg 834, Fr. Perthes.
Vgl. Geschichte d. europ. Staaten, 10. Lfg.

Mailáth, Joh. Graf, Geschichte d. österr. Kaiserstaates. 2. u. 3. Bd. gr. 8. Hamburg, [Fr. u. Andr. Perthes.] [2. ($26\frac{3}{4}$ B.) 837. * $1\frac{5}{6}$ Thlr., 3. (34 B.) 842. * $2\frac{1}{2}$ Thlr.] *
1. Bd. Ebendas. 1834. * 2 Thlr.
Vgl. Geschichte d. europ. Staaten, 12. u. 19. Lfg.

— Geschichte des östreichischen Kaiserstaates, siehe u. Geschichte der europäischen Staaten, 23 u. 25. Lfg.

—— Geschichte d. Stadt Wien. Von d. Gründung ders. bis 1830. 12. ($12\frac{3}{4}$ B.) Wien 832, Tendler.

Mailáth, Johann, Graf, s. Himfy: Liebeslieder.

Mailáth, Joh., Iris. Taschenbuch, s. Iris.

— üb. die Krönung der Könige v. Ungarn. (Geschichtl. Ueberblick, Reichsinsignien, Krönungs-Ceremonien.) gr. 8. Wien 830. Tendler. 3 gl.

—— Leben d. Sophie Müller, weil. k. k. Hofschauspielerinn, u. nachgelass. Papiere. Mit d. Bildn. d. Verewigten u. e. Abbild. d. ders. zu erricht. Monuments. gr. 8. ($17\frac{1}{4}$ B.) Wien 832, (Gerold.)

— der animalische Magnetismus als Heilkraft. Mit 3 Lith. (in qu. Fol.) gr. 8. (VIII u. 299 S.) Regensburg 852, Manz. $1\frac{2}{3}$ ℛ

— Mnemonik, oder Kunst, das Gedächtniß nach Regeln zu stärken, und dessen Kraft außerordentlich zu erhöhen. Mit 2 lithogr. (Folio-)Tafeln, welche den Mnemon. Zahlentypus, und die Mnemon. Buchstaben bildlich darstellen. 8. (Mit 1 Tabelle.) Wien 842, Mörschner's Wwe u. Greß. $1\frac{1}{6}$ ℛ

— der ungarische Reichstag im Jahre 1830. 8. Pesth 831, Verlag von Heckenast. $1\frac{1}{2}$ ℛ

MAILATH, Joh. Nep.: Der ungarische Reichstag im J. 1830. *Pesth*, (O. Wigand in *Leipzig*.) 831. gr. 8. (1 Thl. 12 Gr.)

MAILÁTH, JOHANN: Die Religionswirren in Ungarn von Johann Grafen Mailáth. Regensburg 1845. Verlag von G. Joseph Manz. - 218 mm
I. Bd. Vom Beginn der Reformation bis zum Anfang des Reichstages 1843. 580, 4 S.
II. Bd. Der Reichstag 1843-1844. 604, 2 S.

— die Religionswirren in Ungarn. 2 Bde. — 1. Bd. Vom Beginn der Reformation bis zum Anfang des Reichstags 1843. — 2. Bd. Der Reichstag 1843/44. gr. 8. Regensburg 845, 46, Manz. $3\frac{2}{3}$ ℛ — Nachtrag. Berichtigungen u. Zusätze. gr. 8. Ebend. 846. $\frac{1}{6}$ ℛ

— Magyarische Sagen u. Mährchen. 12. Brünn 825. Traßler. 1 ℛ 8 gr.

—— magyar. Sagen, Mährchen u. Erzähln. 2 Bde. 2. Aufl. 8. ($30\frac{3}{4}$ B.) Stuttgart u. Tübingen 837, Cotta'sche Buchh.

—— prakt. ungarische Sprachlehre f. Deutsche, in Fragen u. Antworten. Nebst e. Auswahl deutsch-ungar. Gespräche f. d. gesellschaftl. Leben. 2. Ausg. 8. (10 B.) Pesth 832, Hartleben.

—— prakt.-ungrische Sprachlehre, z. Selbstunterr. in Fragen u. Antworten, in vierzig Lectionen eingetheilt, m. d. erforderl. Uebungen u. e. Auswahl deutsch-ungr. Gespräche. 3., ganz umgearb. Aufl. 8. ($10\frac{1}{2}$ B.) Pesth 838, [Hartleben's Vrls.-Expedit.] (Lpz.: Frohberger)

— Ungarn u. die Centralisation. Beleuchtet. gr. 8. (VIII u. 102 S.) Leipzig 850, O. Wigand. n. $\frac{2}{3}$ ℛ

Mailáth, Joh. Graf, das ungrische Urbarialsystem, od. d. Grundherrn u. d. Bauers Wechselverhältniß in Ungern. gr. 8. ($9\frac{1}{2}$ B.) Pesth 838, [Hartleben's Vrls.-Expedit.] Thlr.

Mailáth, Josef, Graf: Kreditgenossenschaft in Ungarn. Darmstadt 1903. Aus. Deutsche landwirtschaftliche Genossenschaftspresse.

Mailáth J, die Monographie der Bodrogközer Theissregulierungs-Genossenschaft 1846-96. (156 S, T u Beil.) Budapest, 1897

Mailáth, Jos. Graf, Hungaricae res. I. Die Nationalitäten in Ungarn. II. Ungarn u. Oesterreich. III. Ungarn u. Kroatien. (XII, 95 S.) gr. 8. Berlin 908. Herm. Walther. 1.50

Mailáth, Jos. Graf, Studien üb. die Landarbeiterfrage in Ungarn, s.a. Studien, Wiener staatswissenschaftliche. VI. 2.

— Studien über die Landarbeiterfrage in Ungarn. gr. 8°. Wien, F. Deuticke, 1904. (Wiener staatswiss. Studien, Bd. 6, Heft 2.)

Mailáth J, Studien über die Landarbeiterfrage in Ungarn. (157 S) (Studien, Wiener staatsw. VI, 2) Wien 1905

Mailáth, Graf Colomann, Antwort auf die Broschüre Laguerronnière's: Der Papst und der Congreß. 8. (... S.) Wien 860, Klang.

Majláth, Koloman Graf, der 16. Artikel vom J. 1536 und der letzte Artikel vom J. 1563. Ein Mittel zur gesetzl. friedl. Ausgleichung zwischen Ungarn und der Krone und die Kritik der Gesetze vom J. 1848. Lex.-8. (32 S.) Wien 863, (Manz' Verlag.) *

—— fünf Bücher vom Staate. Ein Beitrag zur Organisirung der österreich. Monarchie. Mit besonderem Rückblick auf Ungarn. gr. 8. (188 S.) Leipzig 860, O. Wigand.

—— nyilt szózat a hazához. gr. 8. (18 S.) Leipzig 861, O. Wigand. *

Mailath, Koloman, Ungarn und die Centralisation. Beleuchtet. gr. 8. (VIII und 102 S.) Leipzig 850, O. Wigand. *

— ein freies Wort an das Vaterland. Ebend. 861. gr. 8. (18 S.) n. 4 ngr.

Majláth, Coloman Jos. Graf v., Gott oder die Berechtigung des persönlichen geistigen Principes in der Schöpfung gegenüber der materialistischen Anschauung. Wien, Kirsch, 1877, gr. 8°. III. 144 S., 2 Mk.

Majláth, Coloman Jos. Graf, Heldenthaten der österreichisch-ungarischen Armee. 1. Abth. gr. 8. (55 S.) Wien 891. (Pressburg, G. Heckenasts Nachf.) n. 1.20

—— historische Spaziergänge auf dem Felde moskowitischer Cultur-Bestrebungen. 1.—3. Aufl. 8. (95 S.) Wien 877, Gresser. *

Majláth, Coloman Jos. Graf, die Tragödie der Familie Majláth. gr. 8. (60 S.) München 883, (Merhoff's Verlag.) *

Majlath, Graf Kol. Jos., Der Wucher eine Bedrohung der Gesellschaft. Wiedereinführung der Wuchergesetze und energischer Massregeln zur Verhinderung des Wuchers. 8⁰. Wien, Selbstverlag, s. a.

Mailehen, Das. Aus dem Leben eines Vogelsbergers in Krieg und Frieden . . . Zürich 1901. V: *Oertel, Phil. Frdr. Wilh.* (Zuwachsverz. d. Bibliotheken in Zürich 1898 ff.)

Mailert, Karl Lucius, bibl. Geschichten nach Chr. v. Schmid. Zum Gebrauche f. israelitische Kinder in Schulen u. Familien bearb. gr. 8. (VIII u. 159 S.) Kassel 851, Luckhardt. 12 ngr

Mailert, K. L., מורה לקריאה od. erstes Elementarbuch d. hebrä. Sprache, nach d. Lautirmethode. gr. 12. (2⅓ B.) Cassel 838, Fischer.

Mailhet, E. André. Jacques Basnage, théologien, controversiste, diplomate et historien. Sa vie et ses écrits. In-8⁰, 88 p. Genève, impr. Schuchardt (Bâle, H. Georg). 1881.
*** Thèse présentée à la Faculté de théologie de Genève.

Maillard, A., Grammaire de la langue française à l'usage des classes supérieures. 8. (VI und 104 S.) Dresden 866, Wolf's Buchh. cart. *

Maillard, A, grammaire de la langue française à l'usage des classes supérieures. 2. éd. revue et augmentée. 8. (VIII, 192 S.) Dresden 872. Schönfeld. geb. n. 2. —

Maillard, A., Grammaire de la langue française à l'usage des classes supérieures. 3e édit. revue et augmentée. 8. (IV, 178 S.) Dresden 875, Schönfeld's Verlag. geb. *

— histoire de la littérature française depuis ses origines jusqu'au 19. siècle. 8. (VII, 189 S.) Ebend. 872. n. 3. —; geb. n. 3. 40

— dasselbe. 3. éd. revue et corrigée. gr. 8. (187 S.) Ebend. 874. n. 2. —

Maillard, A., histoire de la littérature française. Depuis ses origines jusqu'au dix-neuvième siècle. 3. éd. revue et corrigée. 8. (VII, 187 S.) Dresden 879. Schönfeld. n. 2. –

Maillard, A., neue Methode, die französische Sprache leicht u. praktisch zu erlernen. 1. Tl. 8. (VIII, 76 S.) Dresden 886. G. Schönfeld's Verl. cart. n. 1. —

Maillard, Albert. Die Praktische Küche, enthält ungefähr 1050 klar auseinandergesetzte und zur allgemeinen Verständlichkeit für Hausfrauen ausgelegte Rezepte. 1. Aufl. [Mit Porträt-Tafel.] II + XX + 440 S. 8. Lausanne, Albert Maillard (**Umschlag:* Payot & Cie.), 1901. [geb. fr. 3. 50]

Maillard, Albert. Von den Speisezetteln. Der Ratgeber der Hotelmeister und Speisewirte. [Mit Porträt, Vignetten und 5 Tafeln.] 222 [+4] S. 8. Lausanne, Albert Maillard (Druck Georges Bridel & Cie.), 1905. [geb. fr. 7. 50]

Maillard, Felix, approb. Arzt: Aus d. Kgl. Universitäts-Frauenklinik zu Marburg. Die Kraniotomie an der Marburger Entbindungsanstalt 1886—1902. *Marburg 1903: K. Friedrich.* (50 S.) 8⁰
Marburg, Med. Diss. v. 1. Apr. 1903

Maillard, Gustave, considérations sur les fossiles décrits comme algues. gr. 4. (40 S. mit 5 Lichtdr.-Taf.) Genève 887. (Berlin, Friedländer und Sohn.) **

Maillard, G., Dr. Considérations sur les fossiles décrits comme Algues. Gr.-in-4⁰, 40 p. et 5 pl. Genève, Bâle, Lyon, H. Georg. 1887.
*** Extrait des „Mémoires de la Société paléontologique suisse". Vol. XIV.

Maillard, G[ustave], de Lausanne [Kt. Waadt]: Etude sur l'étage purbeckien dans le Jura. Zur. Zurcher et Furrer Impr. 1883. 2 Bl., 77 S., 2 Taf. 8⁰.
Zürich, Phil. Diss. [v. 1. März 1884]

Maillard, Gustave, Invertébrés du Purbeckien du Jura. Monographie. gr. 4. (159 S. mit 3 Stnt. und 1 lithogr. Karte.) Genève 884. (Basel, Georg. — Berlin, Friedländer und Sohn.) **
Aus: Mémoires de la Société paléontologique suisse, besonders abgedruckt.

—— invertébrés du Purbeckien du Jura. Monographie. Suppl. gr. 4. (24 S. mit 1 Stnt.) Genève 886. (Basel, Georg. — Berlin, Friedländer und Sohn.) **
Vorstehende zwei Schriften sind aus: Mémoires de la société paléontologique suisse, besonders abgedruckt.
Hauptwerk. (Ebendas.) 1884. **M 11.—.

Maillard, G., et **A. Locard**, monographie des mollusques tertiaires terrestres et fluviatiles de la Suisse. [Aus: „Mémoires de la société paléontolog. suisse".] gr. 4. (XXV, 275 S. m. 12 Taf.) Genève 891. 892. (Berlin, R. Friedländer & Sohn.) n.n. 12. —

Maillard, Louis

Maillard, L. La cuisine des familles, pâtisserie — conserves — glaces. 2e éd. In-8⁰. 464 p. Genève, Bâle, Lyon, H. Georg, 1892. Toile 4 —

Maillard, Louis. La cuisine des familles. Patisserie, conserves glaces. Avec des fig. 3e édition revue et augmentée. In-8⁰. 495 p. Genève, Bâle et Lyon. Georg & Co., 1893. Toile 4 —

Maillard, Louis. La cuisine des familles. Patisserie, conserves, glaces. Avec des figures, 6e édition revue et augmentée. In-8⁰. 499 p. Genève, Bâle et Lyon, Georg & Co. 1895. Toile 4 —

Maillard, Sebastian v., k. k. österr. FML. im Ingenieur-Corps. Anleitung zu dem Entwurfe und der Ausführung schiffbarer Canäle. Mit 12 Plänen. 8⁰.
Pesth: Hartleben 1817.

— Mechanik der Gewölbe in ihrem ganzen Umfange behandelt, begreifend die Brückenbögen und einfachen Gewölbe jeder üblichen Gestalt, aus Stein und Ziegeln sowohl, als aus Gußeisen rc, Mit 9 Planen. gr. 8. Ebend. 817.

Maillard, S., Mémoire sur la théorie des machines à feu. Avec 1 Planche. gr. in-4. St. Petersburg 783. (Leipzig, Voss.) n. 5/12 ℔

v. *Maillard*, Seb., mémoires sur la théorie des machines à feu etc. 4. St. Petersb. 784. Acad. B. 1 ℔ 8 gr

— nouv. méthode de traiter la méchanique. gr. 8. Wien 800. Trattner. 18 gr

— Samml. v. Versuchen üb. die Eigenschaft u. Zubereitung der verschied. Cemente u. Cementmörtel. Mit 1 Kpf. gr. 8. Pesth ... 2e Aufl. 820. Hartleben. 15 gr (Haase in Wien). 8 gr

Theorie des Machines mûes par la force de la vapeur de l'eau. Ouvrage qui a remporté le prix proposé par l'Acad. imper. des Scienc. de St. Petersburg pour l'année 1783. Par Mr. de *Maillard*. Wien u. Strasburg, Gebr. Gay, u. Paris, Cellot u. Gombert. 139 S. m. 2 Kupft. 8. (4 livr.) 1784.

Maillard de Chambure, C., règle et statuts secrets des templiers, précédés de l'histoire de l'établissement, de la destruction et de la continuation moderne de l'ordre du temple, publiés sur les manuscrits inédits des archives de Dijon, de la bibliothèque Corsini à Rome, de la bibliothèque royale à Paris, et des archives de l'ordre. Avec 2 planches. 8. Paris 840. (Leipzig, Brockhaus.) n. 3 ℛ

Maillardoz, [Philippe] de. Mémoire sur ma participation aux événements de Fribourg en 1847. 8. Fribourg en Suisse 1850.

Das Glöckchen des Eremiten. Kom. Oper in 3 Akten. Nach d. Franz. d. Lockroy [d. i. Joseph Philippe Simon] u. [Eugène] Cormon. Deutsche Bearb. von Ferdinand Gumbert. Musik von Aimé **Maillart**. *Berlin: E. Bote & G. Bock 1899.* (63 S.) 8° [F.] (oo. 4827

de Maillebois, Comte, mémoire justificatif. 12. Braunschw. 751. Schulbuchhandl. 3 gl.

Maillefer, Paul. Le doyen (Jean-Louis) Muret (1715–1796). Communication présentée [à l'Assemblée annuelle des statisticiens officiels et de la Société suisse de statistique, tenue à Lausanne en 1898. [Avec portrait hors texte. E.] 4. Berne 1898.

Maillefert, Ernst: Die mechanische Behandlung der tuberkulösen Spondylitis mit besonderer Berücksichtigung der Methoden von Sayre und Calot. *Leipzig (1898): A. Edelmann.* (33 S.) 8°
Leipzig, Med. Diss. v. 5. Juli 1898

Maillefert, Georg *Otto Hermann* [aus Strassburg[!] i. d. Uckermark]: Zur Lehre vom Carcinoma ventriculi ex Ulcere rotundo ... Greifswald, Buchdr. C. Sell, 1896; 37 S., 1 Bl. 8.
Greifswald, Med. Fak., Inaug.-Diss. v. 21. Mai 1896

Mailliet, Pierre: Zur theoretisch-praktischen Behandlung der dramischen Lektüre in den oberen Klassen unserer Gymnasien. S. 3–55. Diekirch, Gymn., Progr. 1895/96

(Maillinger.) Geschichts- u. Kriegskalender des kgl. bayerischen 1. Linien-Infanterie-Regiments König. 8. München 1828.

Maillinger, Fridolin, Taschenbuch für die Garnison und den Marsch. Mit Tab. und Notizen. 16. (XII und 354 S.) Passau 864, (Elsässer und Waldbauer.) *

Maillinger, J. M., Felddienst, insbesondere f. Infanterie u. Cavalerie. 1. Hft. Dienst des Soldaten. Neu bearb. 3. Aufl. 16. (IV u 76 S.) München 848, Kaiser. n. 2 ngr — 2. Hft. Dienst des Unteroffiziers. 2. Aufl. m. den neuesten Abändergn. u. Zusätzen. 16. (78 S.) Ebd. 848. n. 4 ngr — 2. Hft. Dienst des Unteroffiziers. 1. Abthl. Felddienst-Vorschriften. 3. umgearb. u. verm. Aufl. 16. (72 S. m. 1 lith. Taf.) Ebd. 850. 4 ngr — 2. Hft. Dienst des Unteroffiziers. 2. Abthl. Erläuterungen zur 1. Abthl. od.: Terrain-, Kriegsbau- u. Gefechtslehre. 3. umgearb. u. verm. Aufl. 16. (VIII u. 88 S. m. 1 lith. Taf.) Ebd. 850. 1/6 ℛ — 3. Hft. Dienst des Offiziers. 1. Abthl. Marsch-, Vorposten-, Gefechts-Dienst; Kriegsgefangenschaft, Feldbefestigung rc. 16. Ebd. 849. n. 8 ngr — 3. Hft. Dienst des Offiziers. 2. Abthl. Kriegsrüstung, innerer Dienst im Felde, Lager, Angriff u. Vertheidigung von Festungen rc. 16. Ebd. 849. n. 1/3 ℛ

Maillinger, J. M., Feldtaschenbuch zunächst für Königlich Bayerische Militärs. Der Felddienst in kriegsgeschichtlichen Beispielen nebst wissenschaftlichen Notizen. Mit Karten und Plänen (auf 24 lith. Taf.). München 854. Kaiser. 12. (XXVIII, 894 S. u. 4 Tab. in 4. u. Fol.) n. 2 ℛ. 10 ngr.

— der Garnisonsdienst. 1. Hft.: Dienst des Soldaten. 1. Abth.: Rekruten-Unterricht. 2. ganz neu bearb. Aufl., v. H. Mallet's Obliegenheiten des Soldaten. 16. (IV u. 168 S.) Ebd. 851. n. 1/6 ℛ

— der Garnisonsdienst. I. Heft: Dienst des Soldaten. 2. Abth.: Unterricht für ältere Soldaten. Zugleich als 2. Aufl. von Major H. Mallet's Obliegenheiten des Soldaten. Ebend. 854. 16. (VI, S. 169—257.) n. 4 ngr.

Maillinger, Jos. (Kunsthändler, geb. 15. Mai 1831 in Fürth, † zu München d. 19. Septbr. 1884), Bilder-Chronik d. Kgl. Haupt- u. Residenzstadt München. Verzeichniss einer Sammlung von Erzeugnissen der graphischen Künste zur Orts-, Cultur- u. Kunst-Geschichte der bayerischen Capitale vom 15. bis in das 19. Jahrhundert. 4 Bde. (in 2). Mit Portr. u. Facsim. Jos. Maillinger's. München, Montmorillon'sche Kunsthandlung. 1876—86. 8⁰. Eleg. Hschwsldrbde. (Bd. 4, v. 1886, m. Orig.-Umschl.)
1: VIII—253 S. 2: VIII—266 S. 3: VIII—265 S. 4: (neue Folge): Augsb. 1886: VIII—305 S.
Umfassendstes Werk dieser Art. Die in Bd. 1—3 beschrieb. Sammlung befindet sich im Besitze der Stadtgemeinde München, die in Bd. 4 verzeichnete Sammlung im Besitze des Herausg. u. Verlegers August Maillinger in Augsburg.

—— Gutachten der königl. bayerischen Akademie der bildenden Künste in München, betr. Maillinger's Sammlung zur Lokal-, Cultur- und Kunstgeschichte Münchens. Mit einer Einleitung veröffentlicht. gr. 8. (10 S.) München 877, Fritsch. *

—— das Nationalmuseum in München, dessen hohe Bedeutung und seine derzeit. Verwaltung. Federskizze mit Arabesken. gr. 8. (21 S.) Ebendas. 877. *

— Sendschreiben an die königlich bayerische Akademie der bildenden Künste in München. gr. 8. (12 S.) Ebend. 877. n. — 80

(Mailly.) Ausführliche Geschichte der Kreuzzüge oder der zur Wiedereroberung des gelobten Landes geführten Kriege. Aus dem Franz. 2 Bd. 8. Leipzig 1782. 9.50.

(Mailly.) Geschichte der Staatsveränderungen in Frankreich zur Zeit der Minderjährigkeit Ludwigs XIV. A d. Frz. 1. Bd. 8. Leipzig 1777.

SCHIFFBRUCH, Der glückliche, Eine Curieuse Bretannisch- und Englische Liebes-Geschichte aus d. Französ. (des Chev. *de Mailly*) übersetzet. Mit Titelkpfr. Cölln, Auf Kosten des Autoris (Altenburg, Richter) Anno 1719. Kl. 8⁰. (In Berlin: Yv 1202.)
4 Bl. u. 184 S. Theilweise freien Inhalts. Styl leicht u. fließend.
Orig.: L'heureux naufrage, ou Suite des aventures et lettres galantes. Paris 1699. 12⁰. — Aventures et lettres galantes, avec la promenade des Tuileries. Contenant plusieurs histoires et plusieurs particularitez agréables, par M. L. C. D. M. Paris, Cavelier. 1700. II. 12⁰. — Amsterd., N. Et. Lucas, 1718. II. 12⁰. Avec 2 frontisp. (In Dresden u. Wolfenb.) (Tome. 2 sous le titre: L'heureux naufrage.)

Mailly, F. L., die christliche Einfalt. Autoris. Uebersetzg. nach der 2. verm. u. verb Aufl. gr. 16. (VIII, 184 S. m. 1 Stahlst.) Mainz 892. F. Kirchheim. 1. 50

Maimbourg, Louis

Maimbourg, L., Geschichte des Abfalls der griechischen von der lateinischen Kirche. Von dessen Anfange bis zur Eroberung Constantinopels durch die Türken. Nach dem Französ. von F. X. Meuser. gr. 8. Aachen 841, Hensen u. Co. 1 ℛ — 2. verm. Ausg. bis auf die neueste Zeit fortgesetzt. gr. 8. Ebend. 844. 2/3 ℛ

Maimbourg, Ludw., Gesch. d. Kreuzzüge. 2 Thl. a. d. Frz. 8. Augsb. 776.

Maimbourg, Ldw., Gesch. v. d. Verfalle des röm. Reichs nach Karl d. Großen; aus d. Französ., mit Anmerkk. v. J. D. Bartholomäi. Mit Kpf. 4. Ulm 768. Bartholomäi. (J. F. Korn in Bresl.) 2 ℛ 8 gl.

Maimieux, J. v., Pasigraphie. 4. Paris, Levrault. (a. Treuttel u. W. in Strasb.) 797.

Maimin, Hanna, Postaky (Wilna): Die laterale Korrespondenz der Lungenkehlkopftuberkulose. Bern 1907. 14 S. 8⁰. [17. VII. 07.]
Bern. Med. Diss. 1907/08.

Maimin, Hanna. Die laterale Korrespondenz der Lungenkehlkopftuberkulose. Diss. Med. Bern. 14 S. 8. Bern, Unionsdruckerei, 1907.

Majmon, Heinrich [aus Sieradz '(Russ. Polen)' dipl. Chem.]: Ueber das α-Aethoxyacetonaphton ... Karlsruhe, Druck d. G. Braun'schen Hofbuchdr., 1891; 43 S. 8.
Würzburg, Phil. Fak., Inaug.-Diss. v. 1891

Majmon, Heinrich, Assist. am chem. Labor. d. Techn. Hochsch. Karlsruhe: Ueber das α-Propylpyridylketon. 1890. 38 S. 8°
Karlsruhe, Dipl.-Diss. v. 10. 6. 1890

Maimon, Moses John, acht Abschnitte aus seinen Werken. Eine theologisch-moralisch-psycholog. Abhandlung; aus d. Arab. gr. 8. Braunschw. 824. Schulbuchh. 8 g.

Maimon's, Salomon, merkwürdige Schicksale u. wissenschaftliche Bedeutung, s.: Witte, J. H.

Maimon, Salomon (Bearb.), s. Aristoteles: Die Kathegorien.

Maimon, Salomon, s. Baco v. Verulam: Neues Organon.

Maimon, Salomon (Hrsg.), s. Gnothi seauton.

Sal. **Maimon's** Lebensgesch. v. ihm selbst geschr. u. h. v. K. Ph. Moritz. *Berl.*, Vieweg. 792. 2 Thle. 8° 1 ß 16 gl

— Lebensgeschichte, v. ihm selbst geschrieben, u. hrsgg. v. K. P. Moritz. 2 Bde. 8. Berl. 792, 93. Vieweg in Braunschw. 1 ℛ 16 g.

Maimon's, Salomon, Lebensgeschichte. Von ihm selbst geschrieben u. hrsg. von K. P. Moritz. 2 Thle. in 1 Bde. Berlin 1792. (Anastat. Neudr.) (VI, 292 u. XII, 284 S.) 8. Berlin (906). (L. Lamm.) n. 10. —; geb. in Halbleinw. n. 11. —

Maimon, Salomon [Komm.], s. Maimonides, Moses: More nebuchim.

Maimon, Salomon, s. Pemberton: Anfangsgründe d. Newton'schen Philosophie.

Maimon, Salomon, Probe rabbinischer Philosophie. Aus der Berlin. Monatsschrift 1789. Anastat. Neudr. (9 S.) kl. 8. Berlin 909. L. Lamm. — 75

Sal. **Maimon** über d. Progressen d. Philos., veranlasst durch d. Preisfrage d. kgl. Akad. zu Berlin etc. *Berl.*, Vieweg. 793. 8° 4 gl

— Streifereien im Gebiete d. Philosophie. 1r Thl. gr. 8. Berl. 793. W. Vieweg. 1 ℛ Daraus apart: über Progressen der Philosophie. 4 g.

Sal. **Maimon's** krit. Untersuchungen üb. d. menschl. Geist, od. das höh. Erkenntn.- u. Willensvermögen. *Lpz.*, Fleischer. 797. 8° 1 ß 8 gl

— Vers. e. neuern Logik, od. Theorie des Denkens. gr. 8. Berl. Felisch. (Belitz.) 792.

Sal. **Maimon's** Versuch einer neuen Logik od. Theorie d. Denkens. *Berl.*, Felisch. 794. gr 8° 1 ß 8 gl

Sal. **Maimon's** Versuch üb. d. Transcendental-Philos. *Berl.*, Voss. 790. 8° 1 ß 8 gl

— philosoph. Wörterbuch, od. Beleuchtung d. wichtigst. Gegenstände d. Philosophie. 1s Stck. 8. Berl. 791. Unger. 16 g

Maimon, Wolf, Apologie. (Ueber Talmud u. Rabbinismus.) 8. (1 B.) Cassel 830, (Krieger.)

—— Prodromus (einer Uebersetzung d. Talmuds). gr. 8. (1¼ B.) Cassel 831, (Krieger.)

Mai-Monat, der. Gebete u. Lieder f. d. Mai-Andachten zur Ehre d. Gottesmutter. 16. (16 S.) Warnsdorf 891. A. Opitz. n. — 08

Maimoniana, od. Rhapsodien z. Charakteristik Salomon Maimons. Aus sein. Privatleben gesammelt von S. J. Wolff. 8. Berl. 814. (Maurers B.) 21 g

Maimonides, Moses, s.a. Mose ben Maimûn.

Maimonides (Maimûni), Moses. Sein Leben, seine Werke u. sein Einfluss, hrsg. v. W. Bacher, M. Braun, Simonsen unter Mitwirkg. v. J. Guttmann, s.: Schriften, hrsg. v. der Gesellschaft zur Förderung der Wissenschaft des Judentums.

Maimonide, Mosis Ben., tract. de cibis vititis, in lat. vers. a. Mar. Woeldicke. 8. Coph. Pauli. 734.

— Commentarius in Mischnam ad tractatum Joma (Cap. I—IV). Textum arabicum ed. adnotationibusque illustravit Eman. Hirschfeld. gr. 8. (XIV, 18 S.) Budapestini 902. Berlin, S. Calvary & Co. n. 1. —

— Commentarius in Mišnam ad tractatum Sabbat (Cap. VIII—XII). Textum arabicum ed. adnotationibusque illustravit Martin. Katz. (XII, 20 S.) 8. Ebd. 903. n. 1. 50

— commentarius in Mischnam ad tractatum Sabbath (cap. XIX—XXIV). Textum arabicum ed. adnotationibusque illustravit Ludov. Kohn. (XII, 20 S.) gr. 8. Budapestini 903. (Berlin, S. Calvary & Co.) n. 1. 50

— Commentarius in Mischnam ad tractatum Taanith. Textum arabicum cum versione hebraica adnotationibusque ed. Bernardus Sík. gr. 8. (VIII, 24 S.) Ebd. 902. n. 1. —

— — Dalalat al Haiirin, Zurechtweisung der Verirrten, von Rabbi Moses ben Maimon. [Der Text der hebräischen Übersetzung des R. Samuel Ibn Tibbon.] Ins Deutsche übersetzt ... und mit Anmerkungen begleitet von Simon Scheyer. Theil III. Frankfurt am Main 1838.

Maimonides, Moses, Die Kommentare von Joseph Kaspi zu Dalalat al Haiirin von Moses Maimuni ... Herausgegeben von Salomon Werbluner. Frankfurt am Main 1848.

— Einleitung in die Mišna. Arabischer Text, m. umgearb. hebr. Uebersetzg. des Charizi u. Anmerkgn. hrsg. v. Bernh. Hamburger. (17 u. 73 S.) gr. 8. Frankfurt a/M. 902. J. Kauffmann. n. 3. —

Maimonides, Moses, epistolae, s. Kobez teschubot Ha-Rambam.

Die Ethik d. Maimonides, od. Schemonah Perakim; a. d. Arab. d. Ra Mba M u. nach d. Hebräischen deutsch bearb. v. Sim. **Falkenheim,** nebst e. Vorw. z. Beherzig. f. uns. Zeit (v. L. A. **Kähler**). *Königsb.*, (Bon in C.) 832. 8° 1 ℔

Maimonides, Moses. Die Ethik oder Schemonah Perakim, a. d. Arab. ... Königsberg 1832. H: *Kähler, Ludwig August.* (ErGr)

— Die in einer Münchener Handschrift aufgefundene erste lateinische Uebersetzung des Maimonidischen „Führers" von Joseph Perles. [Sonderabdruck aus der Frankel-Graetz'schen Monatsschrift für Geschichte und Wissenschaft des Judenthums. Jahrgang XXIV.] Breslau 1875.

Maimonides, Moses, Jad hachasakah oder Mischna Thorah in 14 Büchern. Das gesammte jüdisch-theologische — philosophische, ethische und rituelle — Gesetzesgebiet umfassend, in rein deutscher Uebersetzung. A. u. d. T.: Moses Maimonides Jad hachasakah oder Mischna Thorah. 1. Buch. Maddah, oder: von der Erkenntniß. Zum ersten Male herausgegeben von Elias Soloweiczyk, aus Slutzk in Rußland. 8. Königsberg 846. (Bornträger's Sort.-B.) n. 1/2 ℔ — 2. Heft. 8. Berlin 846. (Heymann.) n. 1/3 ℔

— Iggeret Teman oder Sendschreiben ... an die jüdische Gemeinde Jemens. Verfasst in arabischer Sprache im Jahre 1172 und übersetzt in's Hebräische 1210 von Samuel Ibn Tabon ... Kritisch beleuchtet und mit Anmerkennungen (so!) nebst Einleitung versehen von David Holub. Wien 1873.

— de juribus anni septimi et Jubilaei, c. not. I. H. Maji. 4. Frft. 708.

— ... Mose ben Maimûn's (Maimonides) Acht Capitel. Arabisch und deutsch mit Anmerkungen von M. Wolff. Leipzig 1863.

Maimonides, (Maimûnî, Mûsâ) acht Capitel. Arabisch u. deutsch m. Anmerkgn. v. M. Wolff. 2., verm. u. vorb. Ausg. (XV, 96 u. 40 S.) gr. 8. Leiden 903. Buchh. u. Druckerei vorm. E. J. Brill. n.n. 5. —

Maimonides' Kiddusch Hachodesch, übers. u. erläutert v. Ed. Mahler. gr. 8. (IV, 115 S.) Wien 889. (Lippe). * 2 --

Maimonides' Commentar zum Tractat 'Aboda zara. Zum ersten Male im arab. Urtexte m. d. hebr. Uebersetzg. d. Ibn Ja qûb hrsg. u. m. Anmerkgn. vers. v. Jos. Wiener. gr. 8. (21 u. 43 S.) Berlin 895. S. Calvary & Co. n. 2. —

— Commentar zum Tractat Bezah. Zum ersten Male im arab. Urtext hrsg., m. verb. hebr. Übersetzg. u. m. Anmerkgn. versehen v. Herm. Kroner. Diss. gr. 8. (28 u. 39 S.) München 898. (Stuttgart, R. Kaufmann.) n. 2. —

— Commentar zum Tractat Challah. Zum 1. Male im arab. Urtext hrsg., m. verbess. hebr. Uebersetzg., deutscher Uebersetzg., Einleitg. u. Anmerkgn. vers. Von Selig Bamberger. gr. 8. (57 u. 28 S.) Frankfurt a/M. 896. J. Kauffmann. n. 2. 50

— Commentar zum Tractat Edujoth Abschnitt I, 1—12. Zum ersten Male im arab. Urtext hrsg., m. verbess. hebr. Uebersetzg., deutscher Uebersetzg., Einleitg. u. Anmerkgn. vers. v. M. Beermann. gr. 8. (37 u. 10 S.) Berlin 897. (M. Poppelauer.) n. 2. —

— Kommentar zum Traktat Edujoth, Abschn. V u. VI. Zum ersten Male im arab. Urtext hrsg., m. verb. hebr. Uebersetzg., Einleitg., deutscher Uebersetzg., nebst krit. u. erläut. Anmerkgn. Von A. Garbatti. (40 u. 19 S.) gr. 8. Berlin 906. M. Poppelauer. n. 2. —

— Commentar zum Tractat Kethuboth, Abschnitt VI, VII, VIII. Arabischer Urtext, nebst hebr. Uebersetzg. auf Grund von vier Handschriften zum ersten Male hrsg., ins Deutsche übers. u. m. krit. Anmerkgn. versehen v. G. Freudmann. (43 u. 20 S.) gr. 8. Berlin 904. (L. Lamm). n. 2. —

— Commentar zum Tractat Kidduschin. Kritische Edition des arab. Urtextes m. verbesserter hebr. Uebersetzg., Einleitg. u. Anmerkgn. Von A. B. Nurock. gr. 8. (X, 44 S.) Berlin 902. M. Poppelauer. n. 2. —

Maimonides' Commentar zum Tractat Kilajim. Zum 1. Male im arab. Urtext hrsg., m. verb. hebr. Uebersetzg. u. m. Anmerkgn. versehen. Von Salom. Bamberger. gr. 8. (28 u. 58 S. m. 1 Taf.) Frankfurt a/M. 891. J. Kauffmann. n. 2. 50

Maimonides' Commentar zum Tractat Makkoth, im arabischen Urtext u. verbesserter hebräischer Übersetzung hrsg. von J. Barth. gr. 8. (28 S.) Berlin 881. (Leipzig, Hinrichs' Verl.) n. 1. 50

— Commentar zur Mischnah, Tractat Makkoth u. Tractat Schebuoth, in neuer hebr. Uebersetzg. aus dem arab. Urtext m. prüf. u. erläut. Anmerkgn. v. Manuel (Manni) Gottlieb. (74 S.) 8. Hannover (Bergstrasse 8) 909. Manuel Gottlieb. 2. —

Maimonides' Commentar z. Tractat Middoth m. d. hebr. Uebers. des Natanel Almoli. Krit. Ausg. m. Anmerkgn. u. Zeichngn. v. Jac. Frommer. Diss. gr. 8. (15 u. 30 S. m. 1 Taf.) Breslau 898. (Frankfurt a/M., J. Kauffmann.) n. 3. —

— Kommentar zum Mischnah-Traktat Nazir (Abschn. I—IV). Arabischer Text, nach zwei Handschriften zum ersten Mal hrsg. unter Beifügg. der verb. hebr. Übersetzg. des Jakob ibn Abbâs. Von F. Weiss. (22 u. 26 S.) gr. 8. Berlin 906. (L. Lamm.) 2. —

— Commentar zum Tractat Peah. Zum 1. Male im arab. Urtext hrsg., m. verb. hebr. Uebersetzg. u. m. Anmerkgn. versehen v. Dav. Herzog. gr. 8. (48 u. 43 S.) Berlin 894. S. Calvary & Co. n. 2. 20

[Hebr.] Masseket Pesāḥim ma' šarḥ [Pêrûš ham-mišnā] hā-rab Rabbēnû Mōše Ben R[abbi] Maimon [Maimonides] ... jōšē rišōnā lā-ōr belāšōn 'arbi mē-ēt Ḥajjim Ben ... Jehōšu'a Qroner. *Berlin 1901: Itzkowski.* (37, 27 S.) 8°

[Nebent.:] Maimonides' Commentar zum Tractat Pesachim z. 1. Male im arab. Urtext auf Grund von 4 Hs. hrsg. u. mit Text wie hebr. Übers. klarstellenden Anm. vers. von Dr. Herm. Kroner, Rabbiner in Oberdorf.

Maimonides, Commentar zum Tractat Pesachim, zum ersten Male im arab. Urtext a. Grund v. vier Handschriften hrsg. u. m. Text wie hebr. Übersetzg. klarstell. Anmerkgn. versehen v. Herm. Kroner. gr. 8. (27 u. 37 S.) Berlin 901. (Frankfurt a/M., J. Kauffmann.) n. 2. —

— Maimonides' Commentar zum Tractat Sanhedrin. Zum ersten Male im arabischen Urtext herausgegeben, mit verbesserter hebräischer Uebersetzung und erläuternden Anmerkungen versehen. Teil I. Inaugural-Dissertation ... von Moritz Weisz. Halle 1893.

— dasselbe zum Tractat Sanhedrin. Abschn. IV—V. Arabischer Urtext m. verb. hebr. Uebersetzg., deutscher Uebersetzg. u. Anmerkgn. Von I. Bleichrode. (26 u. 11 S.) gr. 8. Berlin 904. L. Bleichrode. n. 1. 50

[Hebr. u. Ant.] Pērūš ham-mišna [Ausz. arab. u. hebr.] le-R. Mōše B(en)-Maimûn [**Maimonides**], masseket Sanhedrin. Mose ben Maimun's Commentar z. Mischnah, Tractat Sanhedrin, in neuer hebr. Übers. aus dem arab. Urtext mit Anm. von Manuel ⟨Manni⟩ Gottlieb, Stiftsgelehrter. Hannover: (M. Berliner in Komm.) 1906. (X, 103 S.) 8°

Maimonides' Commentar zum Tractate Tamid [Pērūš ham-mišnā, Ausz.]. Arab. Text mit verbess. hebr. Uebers. nebst Anm. Hrsg. von Dr. phil. Moses Fried. *Frankfurt a/M.: J. Kauffmann 1903.* (15, 36 S.) 8°
[Nebent.:] Massecket Tamid 'im pērūš rabbenū Mōše Ben-Maimūn. [04. 36. 4

— **Maamar** ha-Jichud. Abhandlung über die Einheit. Aus dem Arabischen ... hebräisch v. Isaak B. Natan ... Zum ersten Mal herausgegeben ... von M. Steinschneider. Nebst einem Sendschreiben an den Herausgeber von ... S. L. Rapoport. Berlin 1846.

— **Mischnah-Kommentar zum Traktat Arachin. Arabischer Urtext, auf Grund v. zwei Handschriften zum ersten Male hrsg. u. m. krit. u. erläut. Anmerkgn. versehen v. Isr. Schapiro. (VIII, 39 S.) gr. 8. Jerusalem 910. (Leipzig, Buchh. G. Fock.) 3. —**

— **dasselbe, zum Traktat Baba Bathra. (Kpp. V—X.) Arabischer Urtext m. hebr. Uebersetzg., Einleitg., deutscher Uebersetzg., nebst krit. u. erläut. Anmerkgn. Von Imman. Lewy. (67 u. 37 S.) gr. 8. Berlin 907. M. Poppelauer. 2. 50**

— **Mischna-Kommentar zum Traktat Kethuboth (Abschn. I u. II). Arabischer Urtext auf Grund von zwei Handschr. zum ersten Male hrsg. m. verb. hebr. Uebersetzg. des Jacob ibn Abbasi, Einleitg., deutscher Uebersetzg., nebst krit. u. erläut. Anmerkgn. Von Salomon Frankfurter. (40 u. 16 S.) gr. 8. Berlin 903. L. Lamm. n. 2. —**

— **dasselbe (Abschn. III, IV u. V). (36 u. 20 S.) gr. 8. Ebd 903. n. 2. —**

Maimonides (Maimûni), Moses. Mischnah-Kommentar zum Traktat Kethuboth (Abschn. IX—XI). Arabischer Urtext, auf Grund v. zwei Handschriften zum ersten Male hrsg. m. verb. hebr. Uebersetzg., Einleitg., deutscher Uebersetzg., nebst krit. u. erläut. Anmerkgn. Von Leop. Nebenzahl. (35 u. 20 S.) 8. Berlin 905. (Frankfurt a/M., J. Kauffmann.) 1. 80

— **Mischnah-Commentar zum Tractat Megillah, nebst der hebr. Übersetzg. des Josef ibn Al-Fawwal. Kritische Edition m. Anmerkgn. Hrsg. v. Siegfried Behrens. gr. 8. (19 u. 26 S.) Frankfurt a/M. 901. J. Kauffmann. n. 1. 50**

— **der Mischnah-Commentar zum Tractat Mo'ed katan u. zum Tractat Sabbath, V, VI, VII. Nach den Handschriften zu Berlin, Budapest u. London zum ersten Male im arab. Urtext nebst verbesserter hebr. Uebersetzg. hrsg. v. J. Simon. gr. 8. (VIII, 33 S.) Berlin 902. (Frankfurt a/M., J. Kauffmann.) n. 2. —**

— **Mischnah-Commentar zum Traktat Taanith I. II. Im Urtext m. hebr. Uebersetzg. des El-Fawwal m. Einleitg. u. Anmerkgn. zum ersten Male hrsg. v. Adf. Kallner. Diss. gr. 8. (42 u. XIII S.) Leipzig 902. (M. W. Kaufmann.) n. 1. 50**

Maimonides, Moses: M i s c h n ē Tōrā hū haj-jād ha-chazāqā. 4 voll. Dyhernfurth 1809–1814.

Maimonides, Moses, Sefer Ha-Mizwoth. Liber praeceptorum. Ex arabico hebraicum fecit Moses Ibn Tibbon. Cum III commentariis. gr. 8. (396 S.) Berlin 863, Cohn. *

— More Nebuchim sive Doctor perplexorum, arabico idiomate conscriptus a R. Sam. Abben Thibbone in ling. hebr. transl. novis comment. una R. Mosis Narbonensis, altero anonymi cujusd. sub nomine Gibeath Hammore adauctus; nunc in luc. ed. cur. et impens. Isaak Eucheli. 4. Berl. 791.

Maimonides, M. More nebuchim sive Doctor perplexorum . . . Berolini 1791. V (Comment.): *Maimon, Salomon.* (MGT)

— **More** nebuchim sive liber doctor perplexorum ... Arabico idiomate conscriptus, a Samuele Abben Thibbone in linguam Hebraeam translatus, novis commentariis uno Mosis Narbonensis ... altero anonymi cujusdam, sub nomine Gibeath hamore adauctus, nunc in lucem editus cura et impensis Isaaci Eucheli. Solisbaci 1800.

Maimonidis, R. Mosis, liber More Nebuchim [Doctor Perplexorum] ex versione Samuelis Tibbonidae cum commentariis Ephodaei, Schemtob, Ibn Crescas, nec non Don Isaci Abravanel adjectis summariis et indicibus. 3 Voll. 4. (266, 194 u. 168 S) Berlin 875. Adf. Cohn. n. 12. —

Maimonides, Moses: S c h e m ō n ā peräqīm . . . Mit der daitschen Ibersezung. Naie ganz verbesserte Ausgabe. Basel 1804.

Maimonides, (Rambam,) s. Sendschreiben.

Maimonides, medici, qui saeculo florebat XII. specimen diaeteticum; alter. ex hebr. textu vertit notisque adject. ed. E. L. S. Kirschbaum. 8maj. Berl. 822. Maurers B. 4 g?

— Arabic writings, ed. by Israel Friedlaender, s.: Study-series Semitic. XII.

Main u. **Brawn**, Die Schiffsdampfmaschine. Für den Gebrauch von Offizieren der Handels- u. Kriegsschiffe unter Berücksichtigung der neuesten Fortschritte der Technik bearb. von C. Marchetti. Mit 2 Tfln. u. vielen Holzschn. Wien 1868. 8°.

Main, Mrs. Elizabeth = Burnaby, Mrs. Frederick = Le Blond, Mrs. Aubrey.

Mainau, K. v., Komus, s. Komus.

Mainberg, Das alte Schloss, bei Schweinfurt und seine früheren Bewohner. Historische Skizze mit Abbildungen. O. O. [Schweinfurt] 1836. V: *Sattler, W.* (Hdschr. Mitth. von Friedrich Müller, München)

Das alte Schloss Mainberg bei Schweinfurt und seine früheren Bewohner (die Grafen von Henneberg). Mit 12 color. Tfln. Schweinfurt 1836. 8.

Mainberg, Schloss, bei Schweinfurt. Historische Skizze. (Von Jens Sattler.) gr. 8. (37 S. m. 2 Holzschntaf. in 8. u. 4.) Nördlingen 871. Beck. n. — 80

Mainberger, Carl, neues Adreßbuch von Nürnberg, s. Adreßbuch.

Mainberger, Carl, Adreßbuch von Nürnberg, s. Adreßbuch.

— **Nürnberg nach Vollendung der Nord-Eisenbahn. Ein Beitrag zum Eröffnungsfest. Mit 1 Ansicht. kl. 8. Ebend. 844. 1/2 ₰**

— s. Scharrer, Jh., Deutschlands erste Eisenbahn.

—— une semaine à Nuremberg. Descript. précise de la ville de Nuremberg et de ses environs. Guide des étrangers. Précédé d'une introduct. histor. p. Jean Scharrer. Traduite de l'Allemand. 8. (8½ B. u. 1 Plan, Fol.) Nuremberg 838, Riegel et Wiessner.

— Uebersicht u. Personalbestand der Kgl. u. städtischen Civil- u. Militairbehörden, der öffentl. Anstalten, sowie der geselligen Vereine &c. in Nürnberg. Ein Nachtrag zu obiger Schrift. 12. Ebend. 843. ¼ ₰

Mainberger, Carl, eine Woche in Nürnberg. Kurzgefaßte Beschreib. d. Stadt Nürnberg u. ihrer Umgebungen. Ein Wegweiser f. Fremde. Mit e. histor. Vorw. v. Johs. Scharrer. gr. 16. (9 B. u. 1 Grundriß, Fol.) Nürnberg 837, Riegel u. Wießner.

Mainberger, Carl, Eine Woche in Nürnberg. Kurzgefaßte Beschreibung der Stadt Nürnberg und ihrer Umgebungen. Ein Wegweiser für Fremde. Mit einem historischen Vorworte von Jh. Scharrer. Nebst Grundriß. Neue Ausg. mit Nachträgen zur 3. Aufl. verm. kl. 8. Nürnberg 844, Riegel u. Wießner. ½ ₰

Mainberger, Carl, eine Woche in Nürnberg. Kurzgefaßte Beschreibung der Stadt Nürnberg und ihrer Umgebungen. Ein Wegweiser für Fremde. Mit einem historischen Vorw. von Johs. Scharrer. 6. verb. u. verm. Aufl. Nürnberg 856. Riegel u. Wießner. 12. (VIII, 176 S.) 10 ngr.; mit lith. Plan (in 4.) 15 ngr.

Mainberger, Theod., die verkehrten Alphabeten mit ihren Principien. Imp.-4. (11 lith. Taf. u. 2 Bl. Text.) Straßburg 840. (Heidelberg, C. F. Winter.) *

Main-Bote. Hauskalender für Stadt und Land auf die J. 1881 und 1882. (1. und 2. Jahrg.) 4. (à Jahrg. 35 S.) Lichtenfels, Ehrhard. à Jahrg. *
Nicht weiter erschienen.

Mainbote v. Oberfranken. 1895. 4. (80 u. 16 S. m. Abbildgn., 1 Farbendr. u. Wandkalender.) Lichtenfels, H. O. Schulze. — 30

Mainbote v. Oberfranken. 1899. 4. (74 S. m. Abb., 1 Titelbild, Wand- u. Portemonnaiekal.) Lichtenfels, H. O. Schulze. — 30

Mainbote v. Oberfranken. Haus- u. Familien-Kalender f. d. J. 1903. 4. (95 S. m. Abb., 1 Titelbild, Wand- u. Portem.-Kalender.) Lichtenfels, H. O. Schulze. — 30
In katholischer u. protestantischer Ausgabe erschienen.

Mainbote von Oberfranken. Haus- u. Familienkalender f. d. J. 1907. (90 S. m. Abbildgn., 2 farb. Taf., Wand- u. Portemonnaie-Kalender.) Lex.-8. Lichtenfels, H. O. Schulze. — 30
In katholischer u. protestantischer Ausg.

Mainbote v. Oberfranken. Haus- u. Familien-Kalender f. d. J. 1910. (84 S. m. Abbildgn., 2 farb. Taf., Wand- u. Portemonnaie-Kalender.) Lex. 8. Lichtenfels, H. O. Schulze. — 30
In katholischer u. protestantischer Ausg.

Main- u. Tauberbote, der. Ein Kalender für das Schaltjahr 1880. 4. (60 S. m. eingedr. Holzschn.) Mergentheim, Nemnich. n.n. — 30

Mainbrücke, die. Frankfurter Wochenblatt. Hrsg. u. Red.: Max Fleischer. Jahrg. 1909. 52 Nrn. (à ca. 16 S. m. Abbildgn.) 31×22,5 cm. Frankfurt a/M., Verlag der Mainbrücke. 6. —

— die alte, in Frankfurt. Ein Beitrag zu ihrer Erhaltg. Die alte Brücke vom künstler. Standpunkt, v. Jul. Hülsen. — Die alte Mainbrücke in Geschichte u. Literatur, v. Veit Valentin. — Die alte Brücke u. der Verkehr, v. Rud. Lion. (45 S. m. 7 Abbildgn.) 8. Ebd. 909. 1. 20

Maine, E. S., Scarscliff Rocks, s.: Collection of brit. authors.

Maine, Sir Henry Sumner, die volksthümliche Regierung. Autoris. deutsche Ausg. gr. 8. (VIII, 164 S.) Berlin 887, Springer. *

Mainer, Benedikt

Mainer, (B.,) Aemuna omen. Gott der wahrhafte Erzieher. Eine Confirmationsrede. 8. München 824, Finsterlin.

Mainer, Bened., Predigt bei der religiösen Feyer der israelit. Gemeinde zu *München*, am Vorabende des 16. Febr. 1824. des 25jähr. Regierungs-Jubiläums Sr. Maj. des Königs .... Maximilian Josephs, gehalten. München. gedr. mit Lindauer'schen Schriften. 4°. Cart.

Mainer, Otto [wirkl. Name], s.a. Amicus, Ernst [Pseud.]

Mainer, Otto, Bunte Blüten Eine Gedichtsammlung. (48 S.) 12. Erlangen 903. (Th. Krische) n.n. 1. —

Mainer, Otto, a. Tettau, Rechtsprakt. am k. Bezirksamt Bamberg II: Geisteskrankheit als Ehescheidungsgrund mit besonderer Berücksichtigung der von den antiken Kulturvölkern und den beiden christlichen Kirchen des Abendlandes vertretenen Anschauungen über die Ehescheidung, sowie den Voraussetzungen des § 1569 B.G.B. Bamberg (1908): W. Gärtner. (VIII, 99 S.) 8°
Erlangen, Jur. Fak., Ref. Oertmann, Diss. v. 25. April 1908
[Geb. 3. Juni 81 Tettau; Wohnort: Bamberg; Staatsangeh.: Bayern; Vorbildung: Gymn. St. Anna Augsburg Reife 01; Studium: Erlangen 8 S.; Rig. 3. März 08.]

— nach Italien auf dem Rad. Eine Studie. (75 S.) gr. 8. Ebd. 905. n. 1. 20

Mainfels, Emil, die Lösung der lippischen Frage nach dem Willen des lippischen Volkes. Nach authent. Quellen. gr. 8. (32 S.) Hameln 899. Th. Fuendeling. n. — 75

Maingie, Louis, die Versicherung der Mutterschaft, s.: Frank, Louis.

Mainhard, Ludwig: Die Gewährleistung beim Tierhandel nach dem deutschen Bürgerlichen Gesetzbuche. Gemeinverständl., f. Nichtjuristen dargest. Karlsruhe: G. Braun 1899. (IV, 51 S.) 8°

Mainhard, L., Die Gewährleistung beim Tierhandel nach dem deutschen bürgerlichen Gesetzbuche. Gemeinverständlich, f. Nichtjuristen dargestellt. 2. u. 3. Aufl. (6. bis 15. Taus.) gr. 8. (IV, 52 S.) Karlsruhe, G. Braun'sche Hofbuchdr. 1900. —. 60.

Mainhard, Bäuerliche Grenzverhältnisse. [Aus: „Landw. Wochenbl."] (16 S.) 8. Karlruhe, G. Braun'sche Hofbuchdr. 1902. —. 20.

Mainhard, Ludw., das formelle Grundbuchrecht im Großherzogtum Baden, s.: Lang's Sammlung deutscher u. badischer Gesetze. 12. Bd.

Mainhard, Ludw., Das formelle Grundbuchrecht im Grossherzogtum Baden. (Die Reichsgrundbuchordnung mit d. bad. Ausführungs- u. Vollzugsvorschriften.) Textausg. mit Anmerk., Einl. u. Sachreg., bearb. Karlsruhe 1904. 8°.
(Lang's Sammlung deutscher u. badischer Gesetze. Nr. 12.)

Mainhard, L., Handbuch der Liegenschaftsvollstreckung f. das Großherzogt. Baden, s.: Betzinger, B.

Mainhard, L., Muster 36. Eine Anleitg. f. die Hilfsbeamten der Grundbuchämter. Nach seinen Vorträgen bearb. (V, 122 S.) gr. 8. Karlsruhe, G. Braun'sche Hofbuchdr. 1902. In Leinw. kart. 2. —

Mainhardt (Meinhardt), Thom., die nervösen Angstgefühle. Ihre Beherrschg. u. Beseitigg. durch e. einfaches psycholog. Verfahren. Unter Mitwirkg. namhafter Kapazitäten hrsg. (117 S.) gr. 8. Leipzig (908). M. Wendel. 3. —

— Der persönliche Einfluß od. die Gesetze der geist. Beherrsch. Fünf Kapitel prakt. Philosophie f. moderne Erwerbsmenschen. Eine Anleitg. zur Erwedg. u. Benutzg. geheimer Seelenkräfte nach den Forschgn. des weltberühmten Hypnotiseurs Prof. X. La Motte Sage. (Neue Aufl.) (108 S. m. Abb. u. Taf.) 8. Ebd. (909). 4. —

— Falschspieler-Geheimnisse. Verschiedene Tricks u. Kniffe, die es ermöglichen, jedes Spiel unfehlbar zu gewinnen. Zur Warng. u. zur Belehrg. hrsg. (89 S. m. Abbildgn.) 8. Ebd. (909). 1. 50

— Die Gesetze des Zufalls u. die Magie der Zahlen. Ein unentbehrl. Handbuch f. alle Lotteriespieler, unter besond. Berücksicht. der deutschen Klassenlotterien u. des österreich. kleinen Lottos. (176 S.) 8. Ebd. (910). 3. —

— Geheimer Liebeszauber u. Liebeszwang. Aus geheimen Schriften u. verborgenen Papieren gezogene Anleitgn., wie man Liebe einflößen u. vernichten u. das and. Geschlecht besiegen kann. (62 S.) 8. Ebd. (908). 1. 20

— Die Ursachen v. Glück u. Zufall im Menschenleben, Liebe u. Spiel, sowie die geheime Kunst, diese Faktoren sich dienstbar zu machen u. bewußt zu regeln, s.: Ostris-Bücher.

Mainka, Karl

Mainka, C., kurze Uebersicht üb. die modernen Erdbeben-Instrumente u. einige Winke f. die Konstruktion solcher. (32 S. m. 38 Fig.) Lex. 8. Berlin-Nikolassee 907. Administration der Fachzeitschrift „Der Mechaniker". 2. —
Sonderabdruck aus: „Der Mechaniker".

Mainka, Carl, Assist. an d. Kgl. Univ.-Sternwarte: Untersuchung über die Verlängerung des Mondkörpers nach der Erde zu. *Breslau (1900): Grass, Barth & Co.* (19 S.) 4°
Breslau, Phil. Diss. v. 30. Aug. 1900

Main-Lahn-Sieg-Eisenbahn, die, (kürzeste Linie zwischen Frankfurt a. M. und Köln) projectirt von dem von den Local-Comités in Preussen und Nassau hiermit beauftragten Central-Comité. Imp.-4. (30 S. mit 3 Stnt. in qu. Fol. und Imp.-Fol.) Wiesbaden 864, (Limbarth.) *

Mainländer, P. M., die letzten Hohenstaufen. Ein dramat. Gedicht in 3 Thln.: Enzo — Manfred — Conradino. 8. (327 S.) Leipzig 876. Schmidt & Günther. n. 4. —; geb. n. 5. —

Mainländer, P. M., die letzten Hohenstaufen. Ein dramatisches Gedicht in 3 Thln.: Enzo — Manfred — Conradino. 2. (Titel-)Ausg. 8. (327 S.) Leipzig (1876) 878. Schmidt & Günther. n. 2. 40

Mainländer, Phpp., die Philosophie der Erlösung. gr. 8. (VIII, 623 S.) Berlin 876. Grieben. n. 10. —

Mainländer, Phpp., die Philosophie der Erlösung. 2. (Titel-)Aufl. gr. 8. (VIII, 623 S.) Berlin (1876) 879. Th. Hofmann. n. 7. 50

Mainländer, Phpp., die Philosophie der Erlösung. 2. Aufl. gr. 8. Berlin 879. Frankfurt a. M., Koenitzer. * 7 50

Mainländer, Phpp., die Philosophie der Erlösung. 2. Bd.: Zwölf philosoph. Essays. (In 6 Lfgn.) 1.—4. Lfg. gr. 8. (S. 1—528.) Frankfurt a. M. 882,83, Koenitzer's Verlag. à Lfg. * ℳ 2,40. *
1. Bd. [Berlin 1879, Th. Hofmann.] Frankfurt a. M., Koenitzer's Verlag. (* ℳ 7,50.) * ℳ 10.

Mainländer, Phpp., die Philosophie der Erlösung. 2. Bd. 12 philosoph. Essays. 5. (Schluß-)Lfg.: Kritik der Hartmann'schen Philosophie des Unbewußten. gr. 8. (VIII, S. 529—653.) Frankfurt a. M. 886, Koenitzer's Verlag. *
[1. Bd.] und 2. Bd. 1.—4. Lfg. Ebendas. 1879—83. * ℳ 19.60.
Vgl.: Müller sen., Mor., drei Abhandlungen.

Mainländer, Phpp., d. Philosophie d. Erlösung. 2 Bde. gr. 8. Frankfurt a/M. 894. Köln, Hübscher & Teufel. n. 22. 50; ermäß. Pr. n. 12. –
1. 3. Aufl. (VIII, 623 S.)
2. 2. Aufl. (VIII, 655 S.)

Mainof, A., les restes de la mythologie Mordvine, s.: Journal de la société finno-ougrienne.

Mainone, Frc. C.. Sensus ecclesiae de juribus et officiis clericorum. 8° maj. Augsburg 1781 (Göbhard in Bamberg).

Mainone, Fr., sensus ecclesiae de juribus et officiis clericor. 8maj. Augsb. 783. Wolf; (a. List in Berl.) 9 gl (Wesché in Frankf.) 6 gl

Mainone, Fr., de juribus et officiis Clericorum, intuitu bonorum ecclesiasticorum etc. 8maj. Viennae. (Lips. Sommer.) 783.

Mainone, Frc. C.: Sensus ecclesiae de juribus et officiis clericorum intuitu bonorum ecclesiasticorum. *Aug. Vind.* 789. 8.

Mainrath, G., der Entwurf einer Verfassung f. den Freistaat Frankfurt. Beleuchtet. gr. 8. (24 S.) Frankfurt a. M. 849, Brönner. n. 4 ngl

[F.] **Mains**, William Curtis [aus New-York, Ver. Staat.]: Die soziale Thätigkeit der Heilsarmee im „dunkelsten England" ... (Erscheint vollst. 1897 in engl. Sprache in Amerika.) Halle a. S., Druck v. Wischan & Wettengel, 1896; v, 41 S. 8.
Halle, Phil. Fak., In aug.-Diss. v. [21. Juli] 1896

Mainsagen. Gesammelt und hrsg. von Alex. Kaufmann. 16. (XX und 276 S. mit einem Ttlkpfr. von Aug. Lucas.) Aschaffenburg 853, [Krebs.]

Maintal, s.: Odenwald.

Mainthal, s.: Woerl's Reisehandbücher.

Main- u. Rheinthal-Waldungen, s.: Radfahrerkarten, Ravenstein.

Maintenon

— et de Sévigne, nouv. manuel épistolaire franç. et allem. 8. Strassb., König. 1 ß

MAINTENON, Mme de, Françoise d'Aubigné, marquise de (1635—1719). — Briefe, welche der Herr von Beaumelle herausgegeben nebst dem Leben derselben von der Frau von C*** beschrieben. Aus d. Französ. von J. Chr. Fischer. Frankfurt und Leipzig 1755. 8°. 352 S. (1 fl. 80 xr., Gilhofer & Ranschburg, Wien, c. 1888; 2 Mk. 50 Pfg. Jul. Neumann, Magdeb., 1907.)

v. Maintenon, der Frau, Briefe; hrsgg. nebst deren Leben v. Beauville; aus d. Französ. 8. Frankf. (Nürnb.) 755. Riegel u. W. 8 gl

Madame (Françoise [m^me]) de **Maintenon**. Extraits relatifs à l'éducation, choisis et ann. par MM. Henri Bornecque et Georges Lefèvre, Prof., Lille. Berlin: Weidmann 1907. (VI, 152 S.) 8°
(Collection pédagogique à l'usage des Séminaires de jeunes filles.) [07. 12713

Maintenon, Madame de, extraits relatifs à l'éducation, s. a. Collection pédagogique à l'usage des seminaires de jeunes filles.

MAINTENON. Gefpräche in dem Reiche der Todten zwifchen Madame de Maintenon und ihrem gewefenen Ehemann dem Poeten Scarron. Mit 2 Kpfrn. 2 Theile. Leipzig 1721. 4°.

Maintenon, pour servir de suite à l'histoire de la Duchesse de la Valière, p. Mad. Genlis. 8. Lpz. G. Fleischer. 806.

— — dasselbe deutsch, m. K. 8. Leipz. Hinrichs. 807.
Velinpap.

MAINTENON, Der Welt-bekannten MADAME de, Liebes- u. Lebens-Avanturen, aus d. Französ. ins Teutsche übersetzet von FERNANDO. Freyburg (fing.), Anno 1710. 4°. (In München: Biogr. 159d; in Dresden fehlen die Seiten 1—6: Hist. Gall. biogr. 195.) (6 Mk., cplt., E. Frensdorff, c. 1906.)

Mainufer, die, u. ihre nächsten Umgebungen, s. Braunfels, L.

Mainville

— des Fräuleins v., Gesch., a. d. Franz. des d'Argens. 8. Hamb. Herold. (Ernst in Quedlinburg.) 776.

Mainville, Fräulein von, eine wahre Geschichte, aus dem Franz. 8. Hamburg, 777. Herold. 10 fgl.

— des Fräuleins von, Geständnisse, 3 Theile, 8. Leipzig, 776. Heinsius. 1 Rthl. 25 fgl.

v. Mainville, das Fräulein, nachmal. vermählte Herzogin v. ***, Geständnisse. 3 Thle. 8. Leipz. 776, 777. (Brockhaus). 2 ₰ 20 gr

Main—Waldungen, s.: Forstkarten.

Mainwaring, G. B., dictionary of the Lepcha-language, revised and completed by Alb. Grünwedel. Printed and published by order of Her Majesty's secretary of State for India in Counsil. Lex.-8. (XVI, 552 S.) Berlin 898. (Leipzig, O. Harrassowitz.)
Geb. in Leinw. n.n. 25.—

[Mainwaring, John.] Georg Fridrich (!) Händels Lebensbeschreibung ..... übersetzet .... vom Legations-Rath Mattheson. Hamburg 1761.

Mainx, Georg, s. Aloisius. Verus contemtor mundi S.

Mainyo-i-khard, the book of the, the pazand a. sanskrit texts [in roman-characters] as arranged by Nerios engh D'haval, in the 15. century. With an english translation, a glossary of the pazand text, containing the sanskrit, persian a. pahlavi equivalents, a sketch of pazand grammar, a. an introductin by E. W. West. Lex.-8. (XXXII, 452 S.) Stuttgart 871. Grüninger. n. 15. —

Mainyo-i-Khard, The Book of the, also an Old Fragment of the Bundehesh both in the Original Pahlavi . . . edited by Frederic Charles Andreas. Kiel 1882.

Mainz [Sachl. OW]

Mainz, s.: Woerl's Reisehandbücher.

Mainz. Militärisch politisch u. rein militärisch. Mit 1 Krt. Berlin 1861. 150 S.

Mainz. Berlin 861. J. Springer. gr. 8. (VIII, 150 S.) n. 20 ngr.

Mainz, das alte. Photographien von C. Hertel. 1.—4. Lfg. qu. gr. 4. (à Lfg. 8 Bl.) Mainz 878,79, Diemer.
à Lfg. * ℳ 4,20. *

Mainz, das alte. Photographien von C. Hertel. 5.—7. (Schluß-) Lfg. qu. gr. 4. Mainz, Diemer. [5. und 6. Lfg. (à 3 Bl.) 880. à * ℳ 4,20.; 7. Lfg. (4 Bl.) 881. * ℳ 8.] *
1.—4. Lfg. Ebendas. 1878,79. à * ℳ 4,20.

— das Bollwerk Deutschlands und die französische Invasion. Zwei militärische Gutachten. Mainz 860. v. Zabern. gr. 8. (27 S.) n. 5 ngr.

— das Bollwerk Deutschlands noch einmal und die französische Invasion. Ebend. 860. gr. 8. (30 S.) n. 5 ngr.

Mainz, über, in Briefen, (v. J. N. Becker). 8. Frankf. 792. (Fr. Fleischer in Leipz.) 10 gr

—— die Bundesfestung. Eine Beleuchtung der Schrift: Mainz das Bollwerk Deutschlands und die französische Invasion. 1. und 2., unveränd. Aufl. gr. 8. (19 S.) Darmstadt 860, Zernin. *

Mainz, seine bemerkenswerthen Gebäude, Monumente u. Sehenswürdigkeiten, m. e. (chromolith.) Plane d. Stadt u. 24 Ansichten nach Zeichngn. v. C. Sutter. Ein Spaziergang durch die Stadt. 16. (16 S.) Mainz 889. Diemer. n. — 50

Mainz im Genusse der durch die Franzosen errungenen Freiheit und Gleichheit. Leiden der treuen Mainzer Bürger unter d. Joche d. Franzosen u. Klubbisten. 8. Deutschland 1793. 2,00.

— im Genuß d. durch die Franzosen errung. Frei- u. Gleichheit. 8. Frankf. a. M. 793. Hermann. 16 gr

Mainz im J. 1863. Ein Bild öffentl. Lebens. In Briefen skizzirt von E. P. 1.—3. Aufl. 8. (144 S.) Aachen 863. (Frankfurt a. M., Verlag für Kunst und Wissenschaft. — Leipzig, Wengler.) *
Aus: Echo der Gegenwart, besonders abgedruckt.

Mainz-Koblenz. Führer für Reisende auf dem Rhein zwischen Mainz und Koblenz, sowie nach Wiesbaden und Kreuznach, s. Brockhaus' Reise-Atlas.

Mainz nach den Reichstagswahlen 1907. Krit. Betrachtgn. v. e. Zentrumsmann. (VIII, 71 S.) 8. Mainz 907. Kirchheim & Co. — 60

Mainz und seine Umgegend . . . Darmstadt u. Wiesbaden 1843. V: *Malten, Heinrich Carl Gottl. Müller.* (EngG) (HS)

Mainz und seine Umgegend. Mit näherer Berücksichtigung d. örtl. Zustände in früheren Zeiten und in der Gegenwart. 12. Darmstadt 843, Lange. n. 1/2 ₰

— dass. Lex.-8. (Mit 7 Stahlst.) Ebend. 843. n. 1 1/6 ₰

—— und die deutsche Westgrenze. gr. 8. (31 S.) Mainz, 861, v. Zabern. *

Mainz nach der Wiedereroberung . . . im Jahre 1793. Hamburg 1793. V: *Meyer, Frdr. Joh. Lorenz.* (schr) (Pr) (Ky) (MGT)

— nach der Wiedereinnahme durch die Deutschen im J. 1793, (v. F. J. L. Meyer). 8. Hamb. 793. (Schnuphase in Altenb.) 8 gr.

Mainz und Wiesbaden im Portemonnaie und Eisenbahn-Kursbuch für Mittel- und West-Deutschland. Winter 1876/77. 128. (X, 192 S.) Kassel 876, Grobel. *

—— —— **dass. — Sommer 1877. 128. (X, 216 S. mit lithogr. Eisenbahnkarte in 8.) Ebendas.** *

—— —— **dass. — 1878. 6 Nrn. 128. (à Nr. ca. 236 S. mit lithogr. Karte.) Ebendas.** à Nr. *

Mainz [Schlagwort]

— s. a.: Deutschland. Karte (Abt. Preussen).

— s. a.: Deutschland. Kürschner-Pelp. Uebersichtskarte. — Europa. Generalkarte. — Radfahrerkarten. Strassenprofilkarte.

— s.: Radfahrerkarten. — Westentaschen-Sammlung.

— s. a.: Wiesbaden.

Mainz-Basel, s.: Automobilkarten. Mittelbach.

Mainz-Düsseldorf, s.: Automobilkarten. Pharus-Auto-Strecke.

Mainz-Strassburg, s.: Automobilkarten. Automobil-Tourenkarte.

Mainz. Beckmann-Plan, neuester, von Mainz mit Kastel. 1:7,500. 51×58 cm. Farbdr. Mit Strassenverzeichnis an den Seiten. Stuttgart (906). W. Seifert. n. — 50

Mainz. Beckmann-Plan, neuester, v. Mainz m. Kastel. 1:7,500. (Neue Ausg.) 51×58 cm. Farbdr. Mit Strassenverzeichnis an den Seiten. Stuttgart (908). W. Seifert. — 50

Mainz. Gaebler, Ed., Specialkarte v. Mainz u. Umgegend. 1:125,000. Chromolith. qu. gr. 4. Metz 888. Leipzig, Lang. — 25

— Happersberger, K., u. H. Schirmund, Plan der Stadt Mainz. Nach officiellem Material gezeichnet u. hrsg. 1:4000. Ausgabe von 1905. 55,5×94,5 cm. Farbdr. Mainz, J. Diemer. n.n. 6. —

Mainz — Karte der Umgegend von — in das trigon. Netz der allgemeinen Landesvermessung aufgen. von dem Grossh. Hess. Generalquartiermeisterstabe. 25,000. In 4 Blättern. Im Erscheinen. Bisher 3 Bl.

— Meyer, Karte der Umgegend v. Mainz. 1:25,000. Ausg. 1889. Chromolith. Imp.-Fol. Mainz 889. v. Zabern. Auf Leinw. n.n. 5. 50

— Meyer, Karte der Umgegend v. Mainz, aufgenommen u. gezeichnet von M. 1:25,000. Neue rev. Aufl. 56×81,5 cm. Farbdr. Mainz 906. V. v. Zabern. n. 3. —; auf Leinw. n. 4. 50

— Pharus-Plan Mainz, Mombach-Biebrich. 1:11,000. (Kleine Ausg.) 38×50 cm. Farbdr. Nebst: Wissenswerte Angaben f. Einheimische u. Fremde m. Hinweis auf den Pharus-Plan Mainz. (14 S.) 18×10 cm. Berlin (908). Pharus-Verlag. — 75

Mainz. Plan von Mainz. 1:10,000. 25×41,5 cm. Farbdr. Nebst Verzeichnis der Strassen u. Plätze, Gebäude u. Denkmäler. schmal 8. (4 S.) Mainz (902). V. v. Zabern. — 40

Mainz — Topographische Karte der Umgegend von —. 25,000. Herausg. von F. v. Rappard. (Mainz 1852). 2 Bl. nebst Uebersicht.

Mainz. Wamser, A., Plan der Provinzialhauptstadt Mainz u. der Stadt Kastel. 1:2000. 6 Blatt à 81,5×61 cm. Farbendr. Giessen 895. E. Roth. n. 24. —; auf Leinw. m. Stäben n.n. 30. —

Mainz. Wamser, A., Plan der Prov.-Hauptstadt Mainz u. der Stadt Kastel. 1:10,000. 32,5×38 cm. Farbendr. Nebst: Kurzer Führer u. Strassenverzeichnis. 12. (8 S.) Giessen 896. E. Roth. n. — 50

Mainz [Verfasser]

Mainz, Bertha, das Haushaltungs-Buch d. ökonomischen Hausfrau. Hauswirtschaftliches Einnahme- u. Ausgabebuch f. jeden Tag des Jahres. (76 S.) 4. München 904. (Leipzig, P. Stiehl.) Geb. n. 1. 50

Mainz, Isaac Moses, die Bedeutung der Sochor-Feier (bei Geburt e. Knaben). Ein Beitrag zur Erklärung alt-jüd. Bräuche. (15 S.) 8. Frankfurt a/M. 908. Sänger & Friedberg. — 80

Mainz, Leonhard, Referendar: Das Fehlen zugesicherter Eigenschaften beim Kauf einer Sache in seinen Voraussetzungen und besonderen Wirkungen nach gemeinem Recht und bürgerlichem Gesetzbuche. Hamburg 1909: Berngruber & Henning. XII, 131 S. 8°

Leipzig, Jur. Diss. v. 4. Febr. 1909

[Geb. 22. Dez. 83 Hamburg; Wohnort: Hamburg; Staatsangeh.: Hamburg; Vorbildung: Wilhelm-Gymn. Hamburg Reife O. 03; Studium: Berlin 2, München 2, Kiel 3 S.; Rig. 26. Nov. 06.] [U 09. 2603

Mainzer-Carnevalzug am 11. Febr. 1839. 17 lith. Bl., qu. ¼ Fol. u.: Progr. d. ewig denkwürd. Festlichkeiten im zweiten Jahre d. Narrheit, am 10., 11. u. 12. Febr. bei d. beispiellosen Vermähl. Sr. Allernärrischsten Majestät: König Carneval mit d. sympathisir. Jungfrau Moguntia. gr. 4. (1 B.) Mainz 839, [Faber'sche Buchh.] *

Mainzer Centralmuseum, s. Alterthümer.

[F.] **Mainzer,** August [Dr. jur. Rechtspraktikant]: Die Ehe im deutschen Reichsstrafrecht ... Würzburg, J. Steib'sche Buchdr., 1894; 56 S. 8.
Erlangen, Jur. Fak., Inaug.-Diss. v. 1894

Mainzer, Aug., die Ehe im deutschen Reichsstrafrecht. gr. 8. (56 S.) Würzburg 894. Gnad & Co. n. 1. —

MAINZER, Ferdinand, (Stuttgart): Wanderniltz und Splenektomie.- München: Lehmann 1892. 25 S.
6.3.1893 - Chr1892/93,17; Jv 1894/95,205 (Prom.-Datum: 1894)
Diss. Ingolst.-Landsh.-Mchn.

Mainzer, Gustav

Der Anschauungsunterricht und die Sprechübungen in den beiden ersten Schuljahren. Von G. **Mainzer.** Bielefeld: A. Helmich [1904]. (15 S.) 8° [F.]
— **Abhandlungen,** Pädagogische. H. 86. [05. 14471

Zweck, Ziel und Behandlung der Heimatkunde in der Volksschule. Wichtigkeit, Anlage u. Behandlung d. Gliederungen im Unterricht. Von Gustav **Mainzer,** Lehrer. Bielefeld: A. Helmich [1908]. (56 S.) 8° [Umschlagt. F.]
— **Abhandlungen,** Pädagogische. N. F. Bd 13, H. 3. [08. 4843

Mainzer, J., die kritische Epoche in der Lehre von der Einbildungskraft aus Humes und Kants theoretischer Philosophie nachgewiesen. gr. 8. (IV, 86 S.) [Jena 881, E. Frommann's Verlag.] Leipzig, Reichardt Verlag. *

Mainzer, Josef

Mainzer, Singschule, od. prakt. Anweis. z. Gesange, verbunden mit e. allgem. Musiklehre. gr. 4. (23 B.) Trier 831, (Lins.) *

Mainzer, Singschule, od. prakt. Anweis. z. Gesange, verbunden mit e. allgem. Musiklehre. kl. Fol. (46 B.) Mainz (834), Schott's Söhne.

Mainzer, Jos., Singschule für Kinder. 2. wohlf. Ausg. zum Gebrauch in Volksschulen. gr. 8. Mainz 844, Schott's Söhne. 1/4 ₰

Mainzer, Julius, approb. Arzt aus Tübingen: Beitrag zur Kenntnis der Ätiologie der Keratitis parenchymatosa. *Tübingen: F. Pietzcker 1901.* (29 S.) 8°
Tübingen, Med. Diss. v. 1901

MAINZER, Julius (Mannheim): Ein Fall von tuberculöser Convexitätsmeningitis.- München: Kastner & Lossen 1898. 28 S.
22.12.1898 - Chr 1898/99,13; Jv 1898/99,218 (Prom.-Datum: 1899)
Diss.Ingolst.-Landsh.-Mchn.

Mainzer, Karl, von Mannheim: Ueber die Spaltungsverhältnisse gemischter aromatischer Schwefelharnstoffe durch Säuren. Zür. Genossenschafts-Buchdr. Dr. 1883. 53 S. 8°.
Zürich, Phil. Diss. [v. 14. Juni 1883].

Mainzer, Ludwig

— Kad vu parolas la linguo internaciona Ido? Lektolibro kun konversi e la necesa vortaro internaciona, angla, franca e germana por Angli, Franci e Germani. Linguo internaciona di la delegitaro. (121 S.) 8. Ebd. 909. Geb. in Leinw. 1.20

Mainzer, Ludw., ausführl. Lehrbuch der internat. Hilfssprache Esperanto unter besond. Berücksicht. derjenigen, welche e. fremden Sprache nicht kundig sind, f. d. Schul-, Privat- u. Selbstunterricht bearb. (VIII, 244 S.) 8. Leipzig 907. O. Nemnich. Geb. in Leinw. 2.60; Schlüssel (79 S.) — 80

Mainzer, Ludw., vollständiges Lehrbuch der internat. Sprache (Reform-Esperanto) unter besond. Berücksicht. derjenigen, welche e. fremden Sprache nicht kundig sind. (Linguo internaciona di la delegitaro [Sistemo Ido].) Kleine Ausg. (XII, 168 S.) 8. Leipzig 909. O. Nemnich. Geb. in Leinw. 1,50; Schlüssel (52 S.) — 60

Mainzer, Ludw., über Schülerausflüge, s. Abhandlungen, pädagogische. N. F. IV. 7.

Mainzer, Ludwig: Über Schülerausflüge. Bielefeld: A. Helmich [1898]. (35 S.) 8°
= Abhandlungen, Pädagogische. N.F. Bd 4, H. 7.

Mainzer, L.: Über Schülerausflüge. Bielefeld 1899. S. 127—161. (Pädagog. Abhandl. 4, 7.)

Mainzer, Maier [aus Lorsch (Hessen)]: Über Aprosexia nasalis.... Würzburg, P. Scheiner's Buchdr., 1891; 34 S. 8°
Würzburg, Med. Fak., Inaug.-Diss. v. 1891

Mainzer, Martin (geb. am 25 Nov. 1845 in Saarburg): Ueber die Wirkung des Alkohols auf die Temperatur des gesunden Menschen ... Bonn, Druck v. J. F. Carthaus (1871). 30 S., 1 Bl. 8.
Bonn, Med. Fak., nachträgl. erschienene Diss. v. 22 Juli 1870

Mainzer, Max [aus Heppenheim a/B., Hessen]: Histologische Beiträge zur Entstehung und Struktur der Hämorrhoidalknoten ... Würzburg, P. Scheiner's Buchdr., 1894; 30 S., 1 Bl. 8.
Würzburg, Med. Fak., Inaug.-Diss. v. 1894

Mainzer, Moritz: Über Jagd, Fischfang und Bienenzucht bei den Juden in der tannäischen Zeit. Pressburg 1910: (Alkalay). 78 S. 8° ¶(Aus: Monatsschrift f. Gesch. u. Wissensch. d. Judentums. Jg. 1909.)
Gießen, Phil. Diss. v. 9. Febr. 1910, Ref. Schwally
[Geb. 11. Dez. 78 Lorsch; Wohnort: Frankfurt a. M.; Staatsangeh.: Hessen; Vorbildung: Gymn. Offenbach Reife O. 98; Studium: Berlin 6, Gießen 2 S.; Rig. 6. Juni 05.] [U 10. 1294

Mainzer, Mor., über Jagd, Fischfang u. Bienenzucht bei den Juden in der tannäischen Zeit. (78 S.) gr. 8. Frankfurt a/M. 910. (J. Kauffmann.) 3. —
Sonderabdr. aus: „Monatsschr. f. Geschichte u. Wissenschaft d. Judent."

Mainzer, Robert, Rechtsanw.: Die ästimatorische Injurienklage in ihrer geschichtlichen Entwicklung. Stuttgart 1908: Strecker & Schröder. 109 S. 8°
Tübingen, Jur. Diss. v. 27. Okt. 1908, Ref. Beling
[Geb. 4. Nov. 64 Weinsberg; Wohnort: Stuttgart; Staatsangeh.: Württemberg; Vorbildung: Gymn. Stuttgart Reife M. 83; Studium: Tübingen 2, Leipzig 3, Berlin 1, Tübingen 2 S.] [U 09. 3910

Mainzhausen, C., die Gesetze des elektrischen Stromes. Erläutert an zahlreichen Uebungsbeispielen. (Das Studium der Elektrotechnik in Theorie u. Praxis. Zum Gebrauch an techn. Fachschulen u. zum Selbstunterricht. Hrsg. v. A. Kraetzer.) (V, 92 S. m. 52 Abbildgn.) gr. 8. Steglitz b. Berlin 903. Berlin, C. Malcomes. Geb. in Leinw. n. 2. —

Die Gesetze des Elektrischen Stromes. Erl. an zahlr. Übungsbeispielen. Von C. Mainzhausen, Ingen. Mit 52 Abb. *Berlin-Steglitz: Buchh. d. Litt. Monatsberichte 1903.* (92 S.) 8°
— Studium, Das, d. Elektrotechnik. [5.] [04. 1047

Majo, eine Nichte Oncle Tom's. Nach J. Romer's Denkwürdigkeiten erzählt. Stuttgart 854. Literar.-artist. Anstalt. 16. (192 S.) 10 ngr.

Majo, Beno de: Die Chanukalichter, s. Chanukalichter, Die.

Majo, C., (Eisenburg. Skizze aus dem Leben einer kleinen Stadt. 8. (186 S.) Waldenburg i/Schl. 883. Georgi. n. 3. —; geb. n. 4. —

Majo, Mony de, aus Serbien: Über Sulfone der cyklischen Ketone. *Greifswald 1904: H. Adler.* (47 S.) 8°
Greifswald, Med. Diss. v. 19. März 1904

Majober, N.

— ausführliche lateinische Sprachlehre mit prakt. Uebungen. 8. Prag 811. Haase in Wien. 18 gr. Hbg. Pr. 10 gr.

Majober, N., neue prakt. italienische Sprachlehre. 2 Bde. (Auch u. d. T.: 1) prakt. Einleit. z. italien. Sprache, die für Jeden sehr faßlich ist. 18 gr. 2) Uebersetzungsübungen f. diejenigen, welche die italien. Sprache gründlich erlernen wollen. 12 gr.) 8. Prag 799. Neureutter. (Joachim in Leipz.) 1 ₰ 6 gr.

Majober, N., Uebersetzungsübungen f. diejenigen, welche die italien. Sprache gründl. erlernen wollen. 8. Prag 799. Neureutter. 12 gr. (Leipz., Joachim). 6 gr.

Majolika-Fliesen aus Siena 1500—1550. Nach Orig.-Zeichnungen von G. Brenci. Text von Jul. Lessing. 30 Taf. Fol. (2 S.) Berlin 884, Wasmuth. In Mappe *

Majoliken u. Faiencen, italienische. 1. Thl.: Moderne Vasen. 45 (Lichtdr.-)Taf. 3 Serien. Fol. (à Serie 15 Taf.) Berlin 886. Claesen & Co. In Mappe. à Serie n. 36.—

— — dasselbe. 2. Thl.: Decorative Faience-Schüsseln. 20 (Lichtdr.-)Taf. 2 Serien. Fol. (à Serie 10 Taf.) Ebd. 886. In Mappe. à Serie n. 24. —

Majolino. Ein Roman aus dem sechzehnten Jahrhundert. Leipzig 1796. II. V: *Vulpius, Chn. Aug.* Vgl. Jb. d. Samml. Kippenberg 6 (1926), S. 88 f. Vgl. III, 3474; dort nur Henselers Dramatisierung verzeichnet. (DARP)

MAJOLINO. Ein Roman aus dem sechzehnten Jahrhundert. 2 Thle. Mit 2 Titelvign. (nach Schubert von O. Schule gest.). Leipzig, 1796. bei Joh. Benj. Geo. Fleischer. 8°.
Roman in 6 Büchern, mit Versen. Angebl. Umarbeitg. einer ital. Novelle. I: Tit., 1 Bl. Vorr. u. 234 S.. II: Tit. u. 254 S. — Mit verfänglichen Situationen.

Majolino der Abenteurer. Schausp. in 5 Aufz. in 2 Thlen. 8. Wien, Wallishaußer. 801.

Majolino der Abentheurer. Erster Theil. Ein Schauspiel in fünf Aufzügen. Nach der Geschichte gleichen Namens bearbietet. (Aufgeführt 3/6 1802 im Leopoldstädter Theater.) Wien 1802. Zweiter und letzter Teil. Wien 1802. V: *Hensler, Carl Fch.* (GGr V/329, Nr. 99/60) (biblPort)

Majolino, Der Abentheurer, (zwei) Schausp. in 5 Aufz. (und 3 Aufz.). Wien 1802. (Wien 1804.) V: *Hensler (Henseler), Carl Friedrich.* (GGr)

Malonica, E., Mithras Felsengeburt. S.-A. O. J. 12 S. m. 1 Taf.

Maionica, Heinr. Aquileia zur Römerzeit. 30 S. u. Taf. 8. G. *Görz* 1881. Progr.

Maionica, Heinr. Epigraphisches aus Aquileia. 31 S. 8. G. *Görz* 1885. Progr.

Maionica, Heinr., Epigraphisches aus Aquileja. gr. 8. (31 S.) Wien 885, (Pichler's Wwe. und Sohn.) *

Majonica, Heinrich Fundkarte von Aquileia. 8 (58 S., 1 Karte). Progr. K. k. Staatsg. *Görz* 1893.
Auch in Xenia Austriaca I (1893) S. 273—332.

— Triest-Pola-Aquileja. S.-A. 1877. 27 S.

Major, Schulwitz. gr. 16. (VIII, 112 S.) Wien 872. Pichler's Wwe. & Sohn. 1. 20

Major, C. F., Gedichte. 8. (6¼ B.) Leipzig 846, Carl Tauchnitz. Thlr.

Major, C. F., das Gesetz Gottes, erklärt in d. evangel. Kapelle zu Straßburg. gr. 8. (14 B.) Leipzig 837, Karl Tauchnitz.

— der Kern des Christenglaubens. Vier Predigten gehalten in Constantinopel. Nebst einer Zuschrift an den Verf. von Dr. Nitzsch in Bonn. gr. 8. Ebend. 846. ⅓ ₰

—— das Lamm Gottes. Pred. gr. 8. (1 B.) Straßburg 837, (Scheurer. ?)

— die Lehre von d. Kirche in Dr. Mart. Luthers Worten. gr. 8. Frankfurt a. M. 840. Schmerber'sche Buchh. n. 7 gl.

—— die Lehre v. d. Kirche in Dr. M. Luthers Worten. gr. 8. (6⅛ B.) Frankfurt a. M. 840. [Leipzig, Kersten.] *

Major, C. F., Reden aus d. Wahrheit. gr. 8. (8½ B.) Straßburg 834, Scheurer.

—— eine Stimme aus d. Kirchengeschichte aller Jahrhunderte. gr. 8. (8¾ B.) Straßburg 835, Scheurer. (?)

—— die Waldblumen, e. Erzählung, s. Waldblumen.

—— was dient zum Frieden? Pred. gr. 8. (1 B.) Straßburg 837, Scheurer. (?)

—— was hast du hier zu thun? Eine Rede gehalten bei Eröffnung d. evangel. Kapelle in Straßburg, d. 14. Sept. 1834. gr. 8. (2 B.) Straßburg, Scheurer.

—— Worte d. Ermahnung an Kranke u. Sterbende. gr. 8. (1¼ B.) Straßburg 834, Scheurer.

Major, C. Forsyth, die Buße der evangelischen Kirche. Eine Predigt üb. Micha 7, 9. gehalt. am Reformationsfest 1848 zu Bonn. gr. 8. (15 S.) Bonn 848, Marcus. 3 ngl

— Christus unser König. Zwei Passionspredigten üb. Luc. 22, 70. u. Math. 21, 5. gehalt. an den Sonnt. Laetare u. Palmarum den 18. März u. 1. April 1849 zu Bonn. gr. 8. (23 S.) Ebd. 849. ⅙ ₰

— Festrede gehalt. am 18. Jan. 1851, zur Feier des Krönungsfestes. gr. 8. (13 S.) Halberstadt 851, Helm in Comm. n. 2 ngl

—— die christliche Kinderzucht. Eine Predigt über Ps. 127, 3. 4. gehalten am 19. Sonnt. nach Trin. 1847 zu Bonn. gr. 8. (16 S.) Bonn 847, Marcus.

—— Lebenserfahrungen eines Wanderers in Gedichten. 8. (VIII und 100 S.) Leipzig 847, Karl Tauchnitz.

—— die Noth und Rettung dieser Zeit. Predigten über Joh. 5, 44. und Math. 6, 24. gehalten an den Sonnt. Septuagesima und Estomihi den 4. und 8. Febr. 1849 zu Bonn. gr. 8. (23 S.) Bonn 849, Marcus.

— Paulus in Corinth der Prediger an unsere Zeit. gr. 8. (34 S.) Halberstadt 850, Helm in Comm. n. ⅙ ₰

— die Urwahlen. Eine Predigt üb. 1. Tim. 4, 8. gehalten am 3. Sonnt. p. Epiph. den 21. Jan. 1849 zu Bonn. gr. 8. (16 S.) Bonn 849, Marcus. 3 ngl

Major, C. J. Forsyth, Beiträge zur Geschichte der fossilen Pferde insbesondere Italiens. 2 Thle. Mit 8 (lith.) Doppeltaf. [Aus: „Abhandlgn. der schweiz. paläontol. Gesellsch."] gr. 4. (152 S.) Zürich 877—80. (Basel, Georg. — Berlin, Friedländer & Sohn.) n.n. 16. —

Als das Rittertum in Blüte war [When knighthood was in flower]. Roman von Charles **Major**. Autor. Übers. von A. Wirth. Stuttgart, Berlin, Leipzig: Union [1905]. (222 S.) 8° [Z.] 1905. 1034

Major, E. Beitrag zur Kenntniss der Radicaloperation der nicht eingeklemmten Hernien. Bearbeitung der an der Bernischen chirurg. Klinik gemachten Erfahrungen. Dissertation. Gr. in-8°. 54 S. (Lausanne) Bern, Huber & Cie, 1889. 1 50

Major, Emil, die Entstehung des Amerbach'schen Kunstkabinets, s.: Ganz, Paul.

Major, Emil. Urs Graf. Ein Beitrag zur Geschichte der Goldschmiedekunst im 16. Jahrhundert. 8. Strassburg, J. H. Ed. Heitz, 1907.
Ausg. A: Diss. Phil. Basel. [Mit 10 Textabbildungen.] VIII + 104 S.

Ausg. B: Mit 25 Tafeln und 18 Abbildungen im Text ([sowie] Titelumrahmung [auf dem] Umschlag). XIV + 189 S. [M. 15. —.] — Studien zur Deutschen Kunstgeschichte. Heft 77.

Major, Emil. Holzschnitte des fünfzehnten Jahrhunderts in der öffentlichen Kunstsammlung zu Basel. Text von E' M'. Mit [3 Vignetten und] 20 Tafeln in Hochätzung wovon 13 handkoloriert. 17 S. fol. Strassburg, J. H. Ed. Heitz, 1908. ([in Pgt. geh.] M. 40. —)
Einblattdrucke des fünfzehnten Jahrhunderts. Hrg. von Paul Heitz.

Major, Emil. Das Fäschische Museum und die Fäschischen Inventare. 4.
Oeffentliche Kunst-Sammlung in Basel. 60. Jahres-Bericht (1907). Neue Folge. 4. ... Mit einer Beilage [sowie 2 Illustrationen] und einer Tafel: Dr. E' M': Das F' Museum.... Basel, Emil Birkhäuser, 1908. *Beilage:* 69 S.

Wie man vor Hohenküngsperg gezogen ist und wie es gewunnen wart. Zuo nutz und fromm all derer, so der altten vesten u. purgen liebhabere sint, ans liecht gestellet u. mitt figürlin gezieret, von eim truckerherren (d. i. P[aul] Heitz) u. eim magistro artium (d. i. Dr. E[mil] Major). (Straßburg) 1909: (Heitz). 53 S. 8° [U. 7459

Major, Fr. Wlh. Benj., Beobachtt. üb. Kenntniß, Pflege u. Fütterung d. Pferde; nebst e. alphabet. Verzeichn. v. den Kunstwörtern in d. Reitkunst rc.; hrsgg. v. F. W. v. B. 8. Weißenf. 803. Böse. 6 gr. (vergl. Beobachtt.)

Maior, George [aus Romänien]: Die Tzigaja-Race, ihre Eigenschaften und ihre wirthschaftliche Nutzbarkeit .... Halle a. S., Hofbuchdr. v. C. A. Kaemmerer & Co., 1887; 103 + 1 S. 8°.
Halle, Phil. Fak., Inaug.-Diss. v. [3. Aug.] 1887.

Maior, George, die Tzigaja-Race, ihre Eigenschaften und ihre wirthschaftliche Nutzbarkeit. Diss. Halle 1887, Lippertsche Buchh. 8°. 103 S.

Major, Gust., zur Erkennung des jugendl. Schwachsinns. — Die heilpädagog. Behandlung gelähmter Kinder. (78 u. 58 S. m. 1 farb. Taf.) gr. 8. Leipzig 909. O. Nemnich. 1.80; geb. 2.50
Sonderabdr. a.: „Ztschr. f. experimentelle Päd."

Unser Sorgenkind, s. Pflege u. Erziehung. Von Gustav Major. Mit Abb. u. 13 Taf. Leipzig: Nemnich 1910. XI, 428 S. 8° [U. 9169

Major, G., neue Wege f. den Religions- u. Konfirmanden-Unterricht Abnormer. (X, 85 S.) gr. 8. Jena 905. H. Costenoble. n. 1. 50

Maior, J. D., Epistola de jotorum subscriptione suspecta eorumque praesertim ex nummis veterum Graece inscriptis. irrefragabili perpetuoque exsilio. O. O. u. J. 32 S. (4.—) 22034
Gew.: Joh. Hudemann.

Major, Klemens: Der Herzoglich Sachsen-Meiningsche Kreis Sonneberg und seine Nachbargebiete. 1:100 000. Sonneberg 1894. 1 Bl.

Major, L., d. ehrliche Franz, s.: Perlen.

Major, Matthias, die Medizin und Chirurgie für das Volk, mit Rücksicht auf den gegenwärt. Stand beider Wissenschaften und der Civilisation. Aus dem Französ. übersetzt und mit Zusätzen verm. von Jak. Rob. Steiger. 8. Winterthur 846, Liter. Comptoir, v. Hegener, älter. 27 ngl

Major, Moriz: Zur Kenntnis der phosphorigen und unterphosphorigen Säure. Weida i. Th. 1908: Thomas & Hubert. 72 S. 8°
Leipzig, Phil. Diss. v. 19. Jan. 1909, Ref. Beckmann, Le Blanc
[Geb. 3. Mai 82 Eger; Wohnort: Eger; Staatsangeh.: Österreich; Vorbildung: Staats-Ober-Gymn. Eger Reife Juli 01; Studium: München 3, Leipzig 11 S.; Rig. 26. Nov. 08.] [U 09. 3016

Major, Nicolaus, Der Zugs-Commandant für die k. k. Infanterie- und Jägertruppe. Zum Gebrauche für alle Chargen und Aspiranten im Wirkungskreise des Zugs- und Compagnie-Commandanten. 4. verbesserte und vermehrte Auflage. 12. (211 S.) In Comm. .90
Temesvár: Polatsek 1889.

Major, Paul, statistische Tafel der landwirthschaftlichen Verhältnisse d. Königr. Ungarn. Mit Hinweisung auf die parallelen Daten anderer Länder. Imp.-Fol. Wien 871. Faesy & Frick. n. 1. 20

Major, Rich. Henry, the life of Prince Henry Portugal, surnamed the Navigator; and its results: comprising the discovery, within one century, of half the world. From authentic cotemporary documents. Illustrated with portraits, maps, etc. gr. 8. (LII, 487 S. mit 1 Chromolithogr., 5 Holzschntaf. und 7 lithogr. und color. Karten in 8., qu. 4. und gr. Fol.) London 868. Berlin, Asher und Comp. geb. *

[Major des Planches, Ed.:] Crispi bei Bismarck (1887). Uebers. von Lilli Lauser. Stuttgart: D. Verl.-Anstalt 1894.

Maioragii, Graevii et aliorum Epistolae. Lips. 731. 8. 10gr.

Majoragi, Graevii et alior. delic. epist. 8. Lps. 731.

Majoratserbe, Der, Lustspiel. — Der Pflegevater, Schauspiel . . . Dresden u. Leipzig 1839. V: *Amalia, Prinzessin von Sachsen.* (Ky)

Maiorescu, T[itus] L.: Einiges Philosophische in gemeinfasslicher Form. — Berlin: Nicolai 1861. VII, 248 S. 8°

Majoris, I., magnum speculum exemplorum. 4. Colon. 701.

Majorität, Die, im gegenwärtigen Wiener Gemeinderathe. Wien 1849. V: *Häusle, Johann Michael.* (EB)

Majorität, die, im gegenwärt. Wiener Gemeinderathe. 8. (31 S.) Wien 849, Gerold. n. n. 1/6 ♯

Majoritätsbericht in Angelegenheiten des St. Gall. Direktoriums, erstattet in der Sitzung des Gr. Rathes v. 17. Nov. 1840. gr. 8. St. Gallen 841, Huber u. Comp. n. 1/8 ♯

Majorque artistique, archéologique, monumentale. Nouvelle édition de l'album de phototypies publié en 1892. Enrichi de nombreux détails architectoniques, avec texte historique et descriptif, rédigé par M. P. S. D'après les meilleurs auteurs connus. Traduction de l'Espagnol par Antoine de Nait. Illustrations de Fabrés, Riquer, Pascó, Casanovas, Fabré, Campá etc. Fol. (175 S. m. 89 Taf. i. Lichtdr.) Barcelona 899. (Leipzig, K. W. Hiersemann.) Geb. n. 55. —

Maipredigt u. Festspiel zum Mai-Fest der Künstler 1847. Seinen Freunden u. Kunstgenossen als Erinnerungsgabe gewidmet von A. Teichlein. 2. Aufl. 8. (16 S.) München 847, Kaiser. 3 ngr

Maipredigten, sieben, Erinnerungsgabe an die Künstler-Maifeste zu München in d. J. 1839—45 gehalt. v. Frater Hilarius. 2. u. 3. Aufl. Lex.-8. (à 1⅙ B.) Darmstadt 845, 47, Lange. à *

Maipredigten, neun. Erinnerungsgabe an die Künstler-Maifeste zu München in den J. 1839 -1847 gehalten von Frater Hilarius. 3. Aufl. gr. 16. Darmstadt 847, Lange. n. ⅙ ℳ

Maipredigten, neun. Erinnerungsgabe an den Wonnemonat gehalten vom Frater Hilarius. (Gedichte.) 3. Aufl. gr. 16. (52 S.) Darmstadt 849, Lange. *

Mai-Predigten v. Frater Hilarius. (Ed. Fentsch.) 4. Aufl. 16. (VIII, 108 S.) München 867. Grabinger. 1. —

Maipredigten von Frater †Hilarius [Ed. Fentsch]. 6. (Titel-) Aufl. Eingeleitet von Ludw. Steub. 8. (XVI, 108 S.) Oldenburg (878)885, Schulze'sche Hofbuchh. *
geb. *

Mair, Adolf

Mair, A., das Bier und dessen Untersuchungen auf Gehalt und Fälschungen. Ein ärztl. Beitrag zur Lösung der „Bierfrage". gr. 4. (21 S. mit 1 Tab. in gr. Fol.) München 864, Lentner'sche Buchh.

Mair, Adf., die Frage der Besteuerung des Haltens von Hunden in ihrer Beziehung zur Sanitätspolizei erörtert. gr. 8. (35 S.) Ansbach 870, Junge.

—— das Hopfen-Schwefeln und die Hopfenschwefel-Dörren beurtheilt vom sanitätspolizeil. Standpunkte. gr. 8. (35 S. mit 1 Chromolithogr. in gr. 4.) Nürnberg 869, Schmid's Verlag.

—— Ideen über Reform des bayerischen Medicinal-Wesens. Lex.-8. (III, 48 S.) Ebendas. 869. *

MAIR, Adolf Gustav Arnold (München; Bamberg): De morbis oculi scrofulosis.- Monachii 1835. 27.11.1835 - Urk; F 61
Diss. Ingolst.-Landsh.-Mchn.

Mair, Al. Aufi g'schaut, nit obi soll'n! Humoristische Gedichte in oberbayer. Mundart. 8. (XII, 111 S.) [Lpz. 890, Teich.] Chemnitz, B. Richter. * 2 —; geb. * 2 75

Mair, A., s.: Aus'm Rucksack.

MAIR, Al. (sol), Heitere und ernste Bilder. Historische, poetische und satyrische Schilderungen. Weiden, Ed. Straub, 1865. 24°. 151 S. (80 Pfg. Taussig, 1906.)

Mair, Al., Funken aus der Esse des Witzes, des Humors und der Satire in Poesie und Prosa. Nordhausen 862. Büchting. (Leipzig, Wilfferodt.) 8. (2 Bl., 159 S.) 10 ngr

— — 2. Sammlung. Leipzig 863. Wilfferodt. 8. (VI, 134 S.) n. 10 ngr

Mair, Al., Halt! nimm mich mit! Humoristisch-pikanter, origineller u. urfideler Haus- u. Reisefreund f. Lachende u. Weinende beiderlei Geschlechts. 12. (X, 237 S.) Chemnitz 892. B. Richter's Verl. n. 2. —

—— die Hexenküche. Humoristisch-satir. Originalspeisen für verschmachtete Seelen, und zur Beköstigung phlegmat., melanchol., hypochondr., hyster. und superfentimentaler Trauerweidengemüther. 8. (VI und 135 S.) Leipzig 864, Wilfferodt. *

—— Humor u. Liebe. Schelmen- u. Liebeslieder f. deutsche Herzen. 8. (VIII, 96 S.) [Berl. 891, Teich.] Chemnitz, B. Richter. * 1 80
geb. 2 75

— der Humorist u. Spaßvogel auf der Reise u. Daheim. Original-Sammlg. v. lust. u. pikanten Geschichten, laun. Vorträgen, Schwänken u. Witzen f. Gesunde u. Kranke, Heitere u. Betrübte, Reisende u. Zuhausebleibende beiderlei Geschlechts. 4 Bdchn. 12. Ebd. Kart. n. 2. 30
(kplt. in 1 Bd. geh.: n. 2. —)

1. Purzelberger's Ehrentag, od. Pech üb. Pech u. Anderes. (IV, 71 S.) 891. n. — 60; kart. n. — 60
2. Fest gesattelt — gut geritten. Der verhängnißvolle Krapfen u. Anderes. (71 S.) 891. n. — 50; kart. n. — 60
3. Ein Mörder ohne Mord. — Wer ist da besser gefahren? Eine moderne Stadtgeschichte. — Studentenstreiche u. Anderes. (95 S.) 892. Kart. n. — 60
4. Nicht gewettet u. doch gewonnen. Heiteres Zeit u. Genre-Bild. — Cordula. Ein Lebensbild f. die reifeste Jugend. — Jagd-Fatalitäten u. Anderes. (88 S.) 892. Kart. n. — 50

— gute Laune. Lustige Philosophie u. heitere Geschichten. 12. (III, 234 S.) Leipzig 890. Danz. n. 1. —

— humorist. Original-Mischmasch. Scherz, Witz u. heit. Laune auf Reisen u. Daheim, bei Tagesschein u. Lampenlicht, an Sommermorgen u. Winterabenden. 8. (XV, 191 S.) Ebd. 895. n. 2. —; geb. n. 3. —;
erm. Pr.: 1. 50; geb. 2. 50

—— Pfefferblüthen. Humoristisch-satyr. Gedichte. 8. (VIII, 87 S.) [Berl. 891, Teich.] Chemnitz, B. Richter. * 2 —

Mair, Al., der letzte Postillon. Humoristisch-dramatisches Zeitbild mit Musik, Gesang, u. Tanz. 8. (35 S.) Chemnitz 880. Hager. — 25

Mair, Al., origineller u. kreuzfideler Reisebegleiter im Schiff u. Waggon. Lustiger u. pikanter Original-Witzmischmasch für jede Laune des Wetters und des Herzens. 2 Bdchn. 8. Zürich, Schabelitz'sche Buchhdlg. 1875. à 1. 25

Mair, Al., origineller u. kreuzfideler Reisebegleiter im Schiff u. Waggon. Lustiger u. pikanter Witzmischmasch f. jede Laune d. Wetters, der Natur u. d. Herzens. 1. u. 2. Bdchn. gr. 16. (159 u. 158 S.) Zürich 875. Schmidt.
à n. 1. —

Mair, Al., Reise-Lektüre. Heitere und ernste Bilder in bunter Reihe. Historische, poet. und satyr. Schilderungen, Novellen, Knallbonbons und Stern-Raketen. 32. (IV und 251 S.) Weiden 865, Straub.

— lustiges Reise-Taschenbuch [humoristische Original-Klystir-Spritze] für verstopfte Melancholiker, hypersentimentale Choleriker, für Spaßvögel u. Trauerweidenseelen, für Gesunde u. Kranke, auf dem Sopha u. auf Reisen. Mit (eingedr. Holzschn.-)Orig.-Illustr. von S. 8. (133 S.) Ebend. 880. — 50

—— Anna Rembot. Eine augsburg. Stadtgeschichte. 32. (58 S.) Weiden 865, Straub.

Mair, Al., san mers? oda san mers nit? Humoristische Gedichte in oberbayer. Mundart. 1. u. 2. Aufl. 8. (XII, 112 S.) Chemnitz 891. B. Richter's Verl. n. 2. —;
geb. n. 2. 75

—— Schattenbilder aus der Gesellschaft. 8. (V und 130 S.) Leipzig 864, Wilfferodt. *

Mair, Al., Schnackerl fidel! Lustige Gedichte in oberbair. Mundart. 8. (XIII, 96 S.) Regensburg 899. W. Wunderling. n. 2. —; geb. n. 3. —

— Spaziergänge durch die moderne Gesellschaft. Heitere Lektüre in gebundener u. freier Form. 2. (Titel-)Ausg. v. „Halt, nimm mich mit!" 12. (X, 237 S.) Ebd. 893. n. 2. —; geb. n. 3. —

—— des Teufels Toilette vor dem Spiegel der Welt. Humoristisch-satir. Originalien. 8. (III und 155 S.) Nordhausen 864, Büchting.

— — Dasselbe. Langensalza, o. J. 8⁰. (1 Mk. Jul. Neumann, Magdeb., 1906.)

—— humoristisch-satyrischer Vergnügungszug durch Liebe und Leben mit Orig.-Lokomotiven und doppelter Dampfkraft. 32. (IV und 251 S.) Weiden 865, Straub.

—— bunte Vögel. Aus dem Käfig des Herzens losgelassen. Illustr. von G. Kolb. gr. 16. (VII und 58 S. mit 10 Holzschntaf.) Leipzig 864, Wilfferodt. *

Mair, Al., wollt's a Gaudi? Humorist. Gedichte in oberbayer. Mundart. 8. (XI, 151 S.) Chemnitz 895. B. Richter. n. 2. —; geb. n. 2. 75

Majr, B. E. Josef. Rosen, unserer lieben Frau geweiht. Erzählend-religiöses Gedicht. *Wien* 1858. Druck und Verlag v. *L. Grund.* 128 S., 8°. Mit 1 Titelbilde. 30 kr.

Mair, B. E. J., Waldjasmin. Erzählungen für die christkathol. Jugend. Wien 856. Grund. 8. (VIII, 208 S. u. 1 Lithogr.) 8 ngr.

Mair, C., die Freiheit des Unterrichtes eine Forderung der Vernunft, der Gerechtigkeit u. des Gewissens, s.: Studien, katholische.

Mair, Franz

Mair, Frz., kurzgefaßte Geschichte des Gesanges. Der Gesang in der Schule. Ein Vortrag, gehalten in der Bezirks-Lehrerconferenz am 17. Juni 1880. gr. 8. (26 S.) Wien 881, Pichler's Wwe. und Sohn. *

— u. Fr. Schneider, Handbüchlein zur Wiederholung der Litteraturgeschichte u. der Mythologie f. Schüler an Volks- u. Bürgerschulen. Mit 36 Holzschn. (auf 2 Taf. in gr. Fol.) 8. (III, 40 S.) Ebend. 871. — 70

(Mair, Franz.) Aus meinem Leben. Erinnergn. e. alten Schulmannes u. Tonkünstlers. Nach M.'s Mittheilgn. u. Aufzeichngn. hrsg. v. Schubertbund. gr. 8. (68 S. m. Bildn.) Wien 897. (Sallmayer'sche Buchh.) n. — 60

Maier, Franz, Deutsches Lesebuch. In 7 Theilen. Unter Mitwirkung mehrerer Schulmänner herausgegeben. I. Thl. (Für die II. Schulclasse.) 15. u. 16. Aufl. 8. (124 S.) cart. 32 kr.
— — II. Thl. (Für die III. Schulclasse.) 14. u. 15 Aufl. 8. (141 S.) cart. 40 kr.
— — III. Thl. (Für die IV. Schulclasse.) 12., 13. u. 14. Aufl. 8. (224 S.) cart. 54 kr.
— — IV. Thl. (Für die V. Schulclasse.) 11., 12. u. 13. Aufl. 8. (282 S.) cart. 70 kr.
— — V. Thl. (Für die VI. Schulclasse.) 10. u. 11. Aufl. 8. (266 S.) cart. 70 kr.
— — VI. Thl. (Für die VII. Schulclasse.) 7. Aufl. 8. (264 S.) cart. 70 kr.
— — VII. Thl. (Für die VIII. Schulclasse.) 6. Aufl. 8. (269 S.) cart. 70 kr.

Maier, Franz. Deutsches Lesebuch. In 7 Thl. Unter Mitwirkung mehrerer Schulmänner herausgegeben. 8. Wien, Carl Graeser. Cart. I. Thl. (Für d. II. Schulcl.) 19. (Stereotyp-) Aufl. (124 S.) 32 kr. II. Thl. (Für d. III. Schulcl.) 17. (Ster.-) Aufl. (141 S.) 40 kr. III. Thl. (Für d. IV. Schulcl.) 16. (Ster.-) Aufl. (224 S.) 54 kr. IV. Thl. (Für d. V. Schulcl.) 16. (Ster.-) Aufl. (282 S.) 70 kr. V. Thl. (Für d. VI. Schulcl.) 13. (Ster.-) Aufl. (266 S.) 70 kr. VI. Thl. (Für d. VII. Schulcl.) 9. (Ster.-) Aufl. (264 S.) 70 kr. VII. Thl. (Für d. VIII. Schulcl.) 7. (Ster.-) Aufl. 70 kr.

—— deutsches Lesebuch für die Bürgerschulen Oesterreichs. Unter Mitwirkung mehrerer Schulmänner hrsg. 3 Thle. gr. 8. Ebendas. [1. Thl. 14. (Ster.-)Aufl. (271 S.) 884; 2. Thl. 10. (Ster.-)Aufl. (264 S.) 884; 3. Thl. 9. (Ster.-)Aufl. (269 S.) 885.] geb. à Thl. ** ℳ 1,20. *

Mair, Franz, Deutsches Lesebuch f. d. Bürgerschulen Oesterreichs. In 3 Theilen. 8. Wien, Carl Graeser. Geb. à 60 kr. I. Theil. 14. (Stereotyp-) Aufl. (266 S.) II. Thl. 11. (Stereot.-) Aufl. (264 S.) III. Thl. 9. (Stereot.-) Aufl. (269 S.)
1884.

Mair, Frz., deutsches Lesebuch für die Bürgerschulen Österreichs. 3 Thle. Unter Mitwirkung mehrerer Schulmänner hrsg. gr. 8. Wien 885,86, Graeser. [1. Thl. 17. und 18. [Ster.-]Aufl. (271 S.); 2. Thl. 13. [Ster.-]Aufl. (264 S.); 3. Thl. 10. [Ster.-]Aufl. (269 S.)] geb. à Thl. ** ℳ 1.20. **

Diese 3 Thle. bildeten in der frühern Ausgabe den 5., 6. und 7. Thl. von Mair, Frz., Lesebuch für die Volks- und Bürgerschulen Oesterreichs.

Mair, Frz. Deutsches Lesebuch f. die Bürgerschulen Österreichs. Unter Mitwirkg. mehrerer Schulmänner hrsg. 3 Thle. 8. Wien 892, Graeser. [1. Thl. 18. (Ster.-)Aufl. (271 S.); 2. Thl. 13. (Ster.-) Aufl. (264 S.); 3. Thl. 10. (Ster.-)Aufl. (269 S.)] geb. à Thl. * 1 20

Mair, Frz., deutsches Lesebuch f. die Bürgerschulen Österreichs. Unter Mitwirkg. v. Frz. Echsel, Joh. W. Holczabek, Frz. Kopetzky u. a. hrsg. 3 Thle. gr. 8. (224, 252 u. 251 S. m. je 1 Bildnis.) Wien 893. C. Graeser. Geb. in Leinw. à n. 1. 60

Mair, Frz., deutsches Lesebuch f. d. Bürgerschulen Oesterreichs. Unt. Mitwirkg. v. Frz. Echsel, Joh. W. Holczabek, Frz. Kopetzky ꝛc. hrsg. 1.—3. Thl. gr. 8. Wien u. Prag 896. F. Tempsky. — Leipzig, G. Freytag. Geb. in Leinw. à n.n. 1. 50

1. (211 S.) 894.
2. 3. 2. Aufl. (247 u. 230 S.)

Mair, Franz, Deutsches Lesebuch für die Bürgerschulen Oesterreichs. Herausgegeben von Franz Echsel und Genossen. I. Theil. 3. verbesserte Auflage. Wien und Prag. Verlag von F. Tempsky, 1897.

Mair, Frz., deutsches Lesebuch f. die Bürgerschulen Österreichs. Hrsg. v. Frz. Echsel, Joh. W. Holczabek, Frz. Kopetzky ꝛc. 3., verb. Aufl. 3 Thle. gr. 8. Wien, F. Tempsky. Geb. in Leinw. à n.n. 1. 60

1. (205 S.) 898. — 2. (206 S.) 897. — 3. (217 S.) 897.

Mair's, Frz., deutsches Lesebuch f. die Bürgerschulen Österreichs. Hrsg. v. Frz. Echsel, Joh. W. Holczabek, Jos Kraft u. a. I. u. II. Tl. 4., verb. Aufl. (208 u 232 S.) gr. 8. Wien 903. F. Tempsky. Geb. à n.n. 1.60

Mair, Deutsches Lesebuch für die Bürgerschulen Österreichs. Herausgegeben von Franz Echsel, Johann W. Holczabek, Josef Kraft, Karl Rieck, Dr. Friedrich Umlauft, Franz Wichtrei und Ernst Wohlbach. III. Teil. 4., verbesserte Auflage. Wien 1904. F. Tempsky. Preis, gebunden 1 K 60 h.

Mairs Deutsches Lese- und Sprachbuch für vier- und fünfklassige Volksschulen in Niederösterreich. Im Vereine mit Franz Echsel, Konrad Eidam, Johann W. Holczabek, Leopold Lampl, Bernhard Merth, Gottfried Ribing, Joh. Mich. Schuster und Ernst Wohlbach herausgegeben von Josef Kraft und Franz Wichtrei. Wien 1907. F. Tempsky. Mittelstufe (2., 3, 4. und 5. Schuljahr). Mit 46 Abbildungen Geb. K 2.40. Oberstufe (6., 7. und 8. Schuljahr). Mit 47 Abbildungen. Geb. K 2.40.

Mairs Deutsches Lese- und Sprachbuch für vier- und mehrklassige Volksschulen in Niederösterreich. Im Vereine mit Franz Echsel, Konrad Eidam, Johann W. Holczabek, Leopold Lampl, Bernhard Merth, Gottfried Ribing und Ernst Wohlbach herausgegeben von Josef Kraft und Franz Wichtrei. Mittelstufe. Wien 1909. F. Tempsky. I. Teil (2. und 3. Schuljahr). Geb. K 1.60. II. Teil (4. und 5. Schuljahr). Geb. K 1.80.

Mair, Franz, Deutsches Lesebuch für die allgemeinen Volksschulen Niederösterreichs. Herausgegeben von Franz Echsel, Karl Hilber, J. W. Holczabek, Josef Kraft, Leopold Lampl, Bernhard Merth, Gottfried Ribing, J. M. Schuster, Franz Wichtrei, Ernst Wohlbach. I. Teil: Fibel für das I. und 2. Schuljahr. Wien 1902. F. Tempsky. Preis, gebunden 70 h.

— dasselbe f. die allgem. Volksschulen Niederösterreichs. Hrsg. v. Frz. Echsel, Karl Hilber, J. W. Holczabek u. a. 1. Tl.: Fibel. (Für das 1. u. 2. Schulj.) (111 S. m. Abbildgn.) gr. 8. Ebd. 903. Geb. n.n. — 70

Mair, Franz, Deutsches Lesebuch für die ein- bis dreiklassigen Volksschulen Niederösterreichs. Herausgegeben von Franz Echsel, Karl Hilber, J. W. Holczabek, Josef Kraft, Leopold Lampl, Bernhard Merth, Gottfried Ribing, J. M. Schuster, Franz Wichtrei, Ernst Wohlbach. Wien 1903. F. Tempsky.

— dasselbe f. die ein- bis dreiklassigen Volksschulen Niederösterreichs. Hrsg. v. Frz. Echsel, Karl Hilber, Joh. W. Holczabek u. a. II. u. III. Tl. gr. 8. Ebd. 903. Geb. n.n. 3. 60

II. (Mittelstufe.) Mit 1 Karte v. Niederösterreich u. 33 Abbildgn. (VIII, 208 S.) n.n. 1. 50
III. (Oberstufe.) Mit 3 Karten u. 59 Abb. (408 S.) n.n. 2. 10

— Deutsches Lesebuch für die ein- bis dreiklassigen Volksschulen Niederösterreichs. Herausgegeben von Franz Echsel, Karl Hilber, Johann W. Holczabek, Josef Kraft, Leopold Lampl, Johann Lipp, Bernhardt Merth, Gottfried Ribing, Franz Wichtrei und Ernst Wohlbach. II. Teil. (Mittelstufe.) Mit einer Karte von Niederösterreich und 55 Abbildungen. 4., verbesserte Auflage. Wien 1910. F. Tempsky. Geb. K 1.50.

Mair, Deutsches Lesebuch für fünfklassige allgemeine Volksschulen Niederösterreichs, in welchen jeder Klasse ein Schuljahr entspricht. Herausgegeben von Franz Echsel, Johann W. Holczabek, Josef Kraft, Karl Rieck, Dr. Friedrich Umlauft, Franz Wichtrei und Ernst Wohlbach. Wien 1903. F. Tempsky.

I. Teil. 10., verbesserte Auflage. Preis, gebunden 85 h.
II. Teil. 8., verbesserte Auflage. Preis, gebunden 90 h.
III. Teil. 6, verbesserte Auflage. Preis, gebunden 1 K 20 h.
IV. Teil. 8., verbesserte Auflage. Preis, gebunden 1 K 45 h

—— deutsches Lesebuch für die Volksschulen Oesterreichs. Unter Mitwirkung mehrerer Schulmänner hrsg. 4 Thle. gr. 8. Ebendas. 883—85. geb. **

Inhalt:

Thl. 1. [Für die 2. Schulclasse.] 22.—24. Aufl. (128 S.) ** 60 Pf.
" 2. [Für die 3. Schulclasse.] 17.—20. [Ster.-]Aufl. (144 S.) ** 72 Pf.
" 3. [Für die 4. Schulclasse.] 18.—20. Aufl. (224 S.) ** M 1.
" 4. [Für die 5. Schulclasse.] 19.—21. Aufl. (287 S.) ** M 1,20.

—— deutsches Lesebuch für die allgemeinen Volksschulen Österreichs. [In 4 Thln.] Unter Mitwirkung mehrerer Schulmänner hrsg. gr. 8. Ebendas. 885—87. geb. **

Inhalt:

Thl. 1. Für die 2. Schulklasse. 22.—24. Aufl. (128 S.) ** 60 Pf.
" 2. Für die 3. Schulklasse. 17.—19. Aufl. (144 S.) ** 72 Pf.
" 3. Für die 4. Schulklasse. 18.—21. Aufl. (224 S.) ** M 1.—.
" 4. Für die 5. Schulklasse. 19.—21. Aufl. (287 S.) ** M 1.20.
Erschien früher u. d. T.: Lesebuch für die Volks- und Bürgerschulen Oesterreichs, in 7 Thln. (s. oben).

—— Deutsches Lesebuch f. die allgemeinen Volksschulen Österreichs. Ausg. f. 5class. Schulen, in welchen jeder Classe e. Schuljahr entspricht. Unter Mitwirkg. v. Frz. Echsel, Joh. W. Holczabek, Frz. Kopetzky u. A. hrsg. 4 Thle. (m. je 1 Bildnis). gr. 8. Ebd. 892. [1 Thl. (f. die 2. Classe). (91 S.) * — 60; 2. Thl. (f. die 3. Classe). (179 S.) * — 72; 3. Thl. (f. die 4. Classe). (211 S.) * 1 10; 4. Thl. (f. die 5. Classe). (250 S.) * 1 30.] geb. * 3 72

— deutsches Lesebuch f. die allgemeinen Volksschulen Österreichs. Ausg. f. 5class. Volksschulen, in welchen jeder Classe e. Schuljahr entspricht. Unter Mitwirkg. v. Frz. Echsel, Joh. W. Holczabek, Frz. Kopetzky u. a. hrsg. 4 Thle. (m. je 1 Bildnis). 2., verb. Aufl. gr. 8. Ebd. 893. Geb. in Leinw. n.n. 3. 90

1. (f. die 2. Classe). (128 S.) n.n. — 70. — 2. (f. die 3. Classe). (181 S.) n.n. — 80. — 3. (f. die 4. Classe). (225 S.) n.n. 1. 10. — 4. (f. die 5. Classe). (258 S.) n.n. 1. 30.

— dasselbe, f. die allgem. Volksschulen Österreichs für 5class. Volksschulen, in welchen jeder Classe e. Schuljahr entspricht. Unter Mitwirkung v. Frz. Echsel, Joh. W. Holczabek, Frz. Kopetzky 2c. hrsg. 4 Tle. 4. Aufl. gr. 8. (M. je 1 Bildn.) Ebd. 895. Geb. in Halbleinw. n.n. 3. 90

1. F. d. 2. Classe. (119 S.) n.n. — 70
2. F. d. 3. Classe. (180 S.) n.n. — 80
3. F. d. 4. Classe. (224 S.) n.n. 1. 10
4. F. d. 5. Classe. (258 S.) n.n. 1. 30

— deutsches Lesebuch f. die allgem. Volksschulen Österreichs f. 5classige Volksschulen, in welchen jeder Classe e. Schuljahr entspricht. Hrsg. v. Frz. Echsel, Joh. W. Holczabek, Frz. Kopetzky 2c. 3. u. 4. Thl. gr. 8. (Mit je 1 Bildnis.) Ebd. Geb. n.n. 2. 50

3. (Für die 4. Classe.) 5. Aufl. Unveränd. Abdr. der 4. Aufl. (224 S.) 897. n.n. 1. 10
4. (Für die 5. Classe.) Mit e. (farb.) Karte der österreichisch-ungar. Monarchie. 6., verb. Aufl. (268 S.) 900. n.n. 1. 40

Mair, Frz., Lesebuch für die Volks- und Bürgerschulen Oesterreichs. Unter Mitwirkung mehrerer Schulmänner hrsg. 1.—3. Thl. gr. 8. Wien 872—75, Sallmayer und Comp. *

Inhalt:

Thl. 1. [Für die 2. Schulklasse.] 1.—5. verb. Aufl. (IV, 108 S.) * 40 Pf.; geb. ** 54 Pf.
" 2. [Für die 3. Schulklasse.] 1.—4. verb. Aufl. (IV, 164 S.) (* 50 Pf.) * 60 Pf.; geb. ** 76 Pf.
" 3. [Für die 4. Schulklasse.] 1.—4. unveränd. Aufl. (238 S.) * M 1,12.; geb. * M 1,28.

—— dass. — 4.—6. Thl. Für Knaben. gr. 8. Ebendas. 872. *

Inhalt:

Thl. 4. [Für die 5. Schulklasse.] 1.—3. verb. Aufl. (286 S.) * M 1,20.; geb. ** M 1,44.
" 5. [Für die 6. Schulklasse.] 1.—3. verb. Aufl. (244 S.) * M 1,20.; geb. ** M 1,44.
" 6. [Für die 7. Schulklasse.] (310 S.) * M 1,90.

—— dass. — 4.—6. Thl. Für Mädchen. gr. 8. Ebendas. 872. *

Inhalt:

Thl. 4. [Für die 5. Schulklasse.] (239 S.) * M 1,20.; geb. ** M 1,44.
" 5. [Für die 6. Schulklasse.] (238 S.) * M 1,20.; geb. ** M 1,44.
" 6. [Für die 7. Schulklasse.] (310 S.) * M 1,90.

Mair, Frz., Lesebuch f. die Volks- u. Bürgerschulen Oesterreichs. Unter Mitwirkung mehrerer Schulmänner hrsg. 1—5. Thl. 8. Wien 876. Graeser. n. 5. 72; geb. n.n. 6. 90

1. [Für die 2. Schulklasse.] 5. verb. Aufl. (II, 108 S.) n. — 40; geb. n.n. — 51
2. [Für die 3. Schulklasse.] 4. verb. Aufl. (164 S.) n. — 60; geb. n.n. — 76
3. [Für die 4. Schulklasse.] 4. unveränd. Aufl. (240 S.) n. 1. 12; geb. n.n. 1. 28
4. [Für die 5. Schulklasse der Knaben.] 3. verb. Aufl. (286 S.) n. 1. 20; geb. n.n. 1. 44; Ausg. f. Mädchen. n. 1. 20; geb. n.n. 1. 44
5. [Für die 6. Schulklasse der Knaben.] 3. verb. Aufl. (244 S.) n. 1. 20; geb. n.n. 1. 44; Ausg. f. Mädchen. (239 S.) n. 1. 20; geb. n.n. 1. 44

Mair, Frz., Lesebuch für die Volks- und Bürgerschulen Oesterreichs. Unter Mitwirkung mehrerer Schulmänner hrsg. 7 Thle. gr. 8. Wien, Graeser. cart. **

Inhalt:

Thl. 1. [Für die 2. Schulklasse.] 6. und 7. verb. Aufl. (128 S.) 877. cart. ** 64 Pf.
- 2. [Für die 3. Schulklasse.] 6. und 7. verb. Aufl. (191 S.) 877. cart. ** 88 Pf.
- 3. [Für die 4. Schulklasse.] 5. verb. Aufl. (256 S.) 877. cart. ** ℳ 1,8.
- 4. [Für die 5. Schulklasse.] 4. verb. Aufl. (368 S.) 877. cart. ** ℳ 1,52.; 5. verb. Aufl. (287 S.) 878. cart. ** ℳ 1,40.
- 5. [Für die 6. Schulklasse.] 4. verb. Aufl. (352 S.) 877. cart. ** ℳ 1,68.; 5. verb. Aufl. (271 S.) 878. cart. ** ℳ 1,40.
- 6. [Für die 7. Schulklasse.] 2. verb. Aufl. (352 S.) 877. cart. ** ℳ 1,68., 3. verb. Aufl. (263 S.) 878. cart. ** ℳ 1,40.
- 7. [Für die 8. Schulklasse der Knaben.] 1.—3. Aufl. (V, 344 S.) 877,78. cart. ** ℳ 1,40

—— Lesebuch für die Volks- und Bürgerschulen Oesterreichs. Unter Mitwirkung mehrerer Schulmänner hrsg. 7 Thle. gr. 8. Wien 878—85, Graeser. cart. **

Inhalt:

Thl. 1. [Für die 2. Schulklasse.] 8.—21. verb. Aufl. (128 S.) cart. ** 64 Pf.
- 2. [Für die 3. Schulklasse.] 8.—16. verb. Aufl. (144 S.) cart. ** 80 Pf.
- 3. [Für die 4. Schulklasse.] 6.—17. verb. Aufl. (224 S.) cart. ** ℳ 1,8.
- 4. [Für die 5. Schulklasse.] 6.—18. verb. Aufl. (287 S.) cart. ** ℳ 1,40.
- 5. [Für die 6. Schulklasse.] 6.—13. verb. Aufl. (271 S.) cart. ** ℳ 1,40.
- 6. [Für die 7. Schulklasse.] 4.—9. verb. Aufl. (264 S.) cart. ** ℳ 1,40.
- 7. [Für die 8. Schulklasse der Knaben.] 4.—8. Aufl. (269 S.) cart. ** ℳ 1,40.

—— Liederbuch für österreichische Bürgerschulen. Enthaltend ein- und mehrstimm. Lieder, nebst dem Wichtigsten aus der Theorie des Gesanges. 3 Hefte. 8. Wien 884, Pichler's Wwe. und Sohn. *

Inhalt:

Heft 1. 2. [1. und 2. Classe.] (à 44 S.) à * 24 Pf.
- 3. [3. Classe.] (48 S.) * 30 Pf.

—— Liederbuch für österreichische Bürgerschulen. Enthaltend ein- und mehrstimm. Lieder, nebst dem Wichtigsten aus der Theorie des Gesanges. 3 Hefte. 8. Wien 885—88, Pichler's Wwe. und Sohn. *

Inhalt:

Heft 1. [1. Classe.] 2.—7. Aufl. (44 S.) * 24 Pf.
- 2. [2. Classe.] 2.—5. Aufl. (44 S.) * 24 Pf.
- 3. [3. Classe.] 2. Aufl. (48 S.) * 30 Pf.

—— Liederbuch f. österreichische Bürgerschulen. Enth. ein- u. mehrstimm. Lieder, nebst dem Wichtigsten aus der Theorie des Gesanges. I.—III. Heft. 1.—3. Classe. 8. Wien 890, Pichler's Wwe. u. Sohn. [I. Heft. 9. Aufl. Unveränd. Abdr. der 1. Aufl. (44 S.) * — 24; II. Heft. 6. verm. Aufl. (56 S.) * — 30; III. Heft. 6. verm. Aufl. (70 S.) * — 40.] * — 94

Mair, Franz, Liederbuch für österreichische Bürgerschulen. Harmonium- oder Clavierbegleitung. Partitur. 8. (94 S.) 1.—
Ebd. 1891.

— Liederbuch für österr. Bürgerschulen. Enth. ein- u. mehrstimm. Lieder, nebst d. Wichtigsten aus d. Theorie d. Gesanges. 3 Hfte. 3 Classen. 8. Wien 895. A. Pichler's Wwe. & Sohn. n. — 94
1. 15. Aufl. (44 S.) n. — 24
2. 13. Aufl. (56 S.) n. — 30
3. 11. Aufl. (70 S.) n. — 40

Mair, Franz, Liederbuch für österreichische Bürgerschulen. Neu bearbeitet von Adolf Kirchl. Wien, 1897. A. Pichler's Witwe & Sohn. (Min.-Erl. vom 28. Jan. 1897, Z. 1300.) Gebunden -.55

— dasselbe. Neu bearb. v. Adf. Kirchl. 2. Aufl. Unveränd. Abdr. d. 1. Aufl. gr. 8. (144 S.) Ebd. 898.
Geb. in Leinw. n. 1. 10

(F) Franz Mairs Liederbuch für österreichische Bürgerschulen. Neu bearbeitet von Adolf Kirchl. 3. Aufl. Unveränderter Abdruck der mit Erlass des hohen k. k. Ministeriums für Cultus und Unterricht vom 28. Jänner 1897, Z. 1300, zum Unterrichtsgebrauche an Bürgerschulen für zulässig erklärten 1. Auflage. Wien. 1899. Pichlers W. & S. 8°. 144 S. geb. fl. —.55

MAIR, Franz

(F) Franz Mairs Liederbuch für österreichische Bürgerschulen. Neu bearbeitet von Adolf Kirchl. 5. Auflage. Unveränderter Abdruck der mit Erlass des hohen k. k. Ministeriums für Cultus und Unterricht vom 28. Jänner 1897, Z. 1300, zum Unterrichtsgebrauche an Bürgerschulen für zulässig erklärten ersten Auflage. Wien. 1901. Pichler's W. & S. Gr.-8°. 144 S.
Geb. K 1.10

— Liederbuch f. österreichische Bürgerschulen. Neu bearb. v. Adf. Kirchl. 6. Aufl. Nach der neuen Rechtschreibg. bericht., sonst unveränd. Abdr. der 1. Aufl. gr. 8. (144 S.) Wien 902. A. Pichler's Wwe. & Sohn.
Geb. in Leinw. n. 1. 10

Mair, Fr., Liederbuch für österreichische Bürgerschulen. 7. Aufl. Gr.-8°. (144 S) geb. K 1.10
Ebd. 1903.

(F) Mair, Fr., Liederbuch für österr. Bürgerschulen. 8. Aufl. Gr.-8°. (144 S.) geb. K 1.10
Ebd. 1904.

— Liederbuch f. österreichische Bürgerschulen. Neu bearb. v. Adf. Kirchl. 9. Aufl. Unveränd. Abdr. der 8. Aufl. (144 S.) 8. Wien 905. A. Pichler's Wwe. & Sohn.
Geb. n. 1. 10

(F) Mair, F., Liederbuch für österr. Bürgerschulen. 10. Aufl. 8°. (144 S.) geb. K 1.10
Ebd. 1907.

(F) Mair, F., Liederbuch für österr. Bürgerschulen. 11. Aufl. Gr.-8°. (144 S.) geb. K 1.10
Ebd. 1907.

(F) Mair, F., Liederbuch für österreichische Bürgerschulen. 12. Aufl. Gr.-8°. (144 S.) geb. K 1.10
Ebd. 1909.

Mair's, Frz., Liederbuch f. österreichische Bürgerschulen. Neu bearb. v. Adf. Kirchl. 14. u. 15. Aufl. Unveränd. Abdr. der 8. Aufl. (Je 144 S.) 8. Wien 910. A. Pichler's Wwe. & Sohn. Geb. 1. 10

Mair, Franz. Liederstrauss. Ein- und zweistimmige Lieder nebst dem Wichtigsten aus der Gesangslehre für dreiclassige Bürgerschulen. Wien. A. Pichler's Witwe und Sohn. Preis, 25 kr.
Ebd. 1882. 103 S.

—— Liederstrauß. Ein- und zweistimm. Lieder, nebst dem Wichtigsten aus der Gesanglehre, für österreich. Volks- und Bürgerschulen. 4 Hefte. 8. Ebendas. 880—83. *

Inhalt:

Heft 1. [1. und 2. Schuljahr.] 1.—11. Aufl. (32 S.) * 20 Pf.
- 2. [3. und 4. Schuljahr.] 1.—17. Aufl. (40 S.) * 20 Pf.
- 3. [5. und 6. Schuljahr.] 1.—10. Aufl. (56 S.) * 30 Pf.
- 4. [7. und 8. Schuljahr.] 1.—5. Aufl. (64 S.) * 30 Pf.

Mair, Fr., Liederstrauß. Ein- und zweistimm. Lieder, nebst dem Wichtigsten aus der Gesanglehre, für österreich. Volks- und Bürgerschulen. 4 Hefte (davon das 3. in 2 Abthlgn.). 8. Ebendas. 885—88. *

Inhalt:

Heft 1. [1. und 2. Schulj.] 15.—21. Aufl. (32 S.) * 20 Pf.
- 2. [3. und 4. Schulj.] 22.—30. Aufl. (40 S.) * 20 Pf.
- 3a. [5. Schulj.] 14.—17. Aufl. (32 S.) * 18 Pf.
- 3b. [6. Schulj.] 11.—13. Aufl. (32 S.) * 18 Pf.
- 4. [7. und 8. Schulj.] 7. Aufl. (64 S.) * 30 Pf.

— Liederstrauß. 1- u. 2stimm. Lieder, nebst d. Wichtigsten aus d. Gesanglehre f. österr. allgem. Volksschulen. Heft 1, 2, 3a u. 4. 8. Ebd. 895. n. — 88
1. 1. u. 2. Schulj. 32. Aufl. (32 S.) n. — 20
2. 3. u. 4. Schulj. 44. Aufl. (40 S.) n. — 20
3a. 5. Schulj. 26. Aufl. (32 S.) n. — 18
4. 7. u. 8. Schulj. 11. Aufl. (64 S.) n. — 30

Mair, Franz, Liederstrauß. Ein- und zweistimmige Lieder nebst dem Wichtigsten aus der Gesangslehre für österr. allgemeine Volksschulen. Neu bearbeitet von Adolf Kirchl. (Min.-Erl. vom 28. Januar 1897, Z. 1300.) Wien 1897. A. Pichler's Witwe & Sohn. I. Heft, 1. und 2. Schuljahr, geheftet —.10; II. Heft, 3. und 4. Schuljahr, geh. —.15; III. Heft, 5. Schuljahr, geh. —.15

— — Liederstrauß. Ein- und zweistimmige Lieder nebst dem Wichtigsten aus der Gesanglehre für österreichische allgemeine Volksschulen. Neu bearbeitet von Adolf Kirchl. 1. Heft. 1. u. 2. Schuljahr. 2. Auflage. 8. (39 S.) * —.10
Ebd. 1898.

Maier's, Franz, Liederstrauß. Ein- und zweistimmige Lieder nebst dem Wichtigsten aus der Gesanglehre für österreichische allgemeine Volksschulen. Neu bearbeitet von Adolf Kirchl. 2. Heft 3. und 4. Schuljahr. 2. Aufl. 8. (60 S.) —.15
Ebd. 1898.

— — 3. Heft. 5. Schuljahr. 2. Auflage. 8. (63 S.) * —.15
Ebd. 1898.

(F) **Franz Mairs** Liederstrauss. Ein- und zweistimmige Lieder nebst dem Wichtigsten aus der Gesanglehre für österreichische allgemeine Volksschulen. Neu bearbeitet von Adolf Kirchl. I. Heft 1. und 2. Schuljahr. 3. Auflage. Unveränderter Abdruck der mit Erlass des hohen k. k. Ministeriums für Cultus und Unterricht vom 28 Jänner 1897, Z. 13 0, zum Unterrichtsgebrauche an allgemeinen Volksschulen für zulässig erklärten 1. Auflage. Wien. 1899. Pichlers W. & S. 8°. 39 S. fl. —.10

Franz Mairs Liederstrauss. Ein- und zweistimmige Lieder nebst dem Wichtigsten aus der Gesanglehre für österreichische allgemeine Volksschulen. Neu bearbeitet von Adolf Kirchl. II. Heft 3. und 4. Schuljahr. 5. Auflage. Unveränderter Abdruck der mit Erlass des hohen k. k. Ministeriums für Cultus und Unterricht vom 28. Jänner 1897, Z. 1300, zum Unterrichtsgebrauche an allgemeinen Volksschulen für zulässig erklärten 1. Auflage. Wien. 1899. Pichlers W. & S. 8°. 62 S. fl. —.15

(F) **Franz Mairs** Liederstrauss. Ein- und zweistimmige Lieder nebst dem Wichtigsten aus der Gesanglehre für österreichische allgemeine Volksschulen. Neu bearbeitet von Adolf Kirchl. III. Heft. 5. Schuljahr. 4. Auflage. Unveränderter Abdruck der mit Erlass des hohen k. k. Ministeriums für Cultus und Unterricht vom 28. Jänner 1897, Z. 1300, zum Unterrichtsgebrauche an allgemeinen Volksschulen für zulässig erklärten 1. Auflage. Wien. 1899. Pichlers W. & S. 8°. 63 S. fl. —.15

(F) **Franz Mairs** Liederstrauss. Ein- und zweistimmige Lieder nebst dem Wichtigsten aus der Gesanglehre für österreichische allgemeine Volksschulen. Neu bearbeitet von Adolf Kirchl. 1. Heft. 1. und 2. Schuljahr. 4. Auflage. Unveränderter Abdruck der mit Erlass des hohen k. k. Ministeriums für Cultus und Unterricht vom 28. Jänner 1897, Z. 1300, zum Unterrichtsgebrauche an allgemeinen Volksschulen für zulässig erklärten 1. Auflage. Wien. 1900. Pichler's W. & S. Gr.-8°. 39 S. K—.20

(F) **Franz Mairs** Liederstrauss. Ein- und zweistimmige Lieder nebst dem Wichtigsten aus der Gesanglehre für österreichische allgemeine Volksschulen. Neu bearbeitet von Adolf Kirchl. 2. Heft. 3. und 4. Schuljahr. 6. Auflage. Unveränderter Abdruck der mit Erlass des hohen k. k. Ministeriums für Cultus und Unterricht vom 28. Jänner 1897, Z. 1300, zum Unterrichtsgebrauche an allgemeinen Volksschulen für zulässig erklärten 1. Auflage. Wien. 1900. Pichler's W. & S. Gr.-8°. 62 S. K—.30

(F) **Franz Mairs** Liederstraus. Ein- und zweistimmige Lieder nebst dem Wichtigsten aus der Gesanglehre für österreichische allgemeine Volksschulen. Neu bearbeitet von Adolf Kirchl. 3. Heft. 5. Schuljahr. 5. Auflage. Unveränderter Abdruck der mit Erlass des hohen k. k. Ministeriums für Cultus und Unterricht vom 28. Jänner 1897, Z. 1300, zum Unterrichtsgebrauche an allgemeinen Volksschulen für zulässig erklärten 1. Auflage. Wien. 1900. Pichler's W. & S. Gr.-8°. 63 S. K—.30

MAIR, Franz
(F) **Franz Mairs Liederstraus.** Ein- und zweistimmige Lieder nebst dem Wichtigsten aus der Gesanglehre für österreichische allgemeine Volksschulen. Neu bearbeitet von Adolf Kirchl. 1. Heft. 1. und 2. Schuljahr. 5. Auflage. Unveränderter Abdruck der mit Erlass des hohen k. k. Ministeriums für Cultus und Unterricht vom 28. Jänner 1897, Z. 1300, zum Unterrichtsgebrauche an allgemeinen Volksschulen für zulässig erklärten 1. Auflage. Wien. 1901. Pichler's W. & S. Gr.-8°. 39 S. K—.20

MAIR, Franz
(F) **Franz Mairs Liederstrauss.** Ein- und zweistimmige Lieder nebst dem Wichtigsten aus der Gesanglehre für österreichische allgemeine Volksschulen. Neu bearbeitet von Adolf Kirchl. 3. Heft. 5. Schuljahr. 6. Auflage. Unveränderter Abdruck der mit Erlass des hohen k. k. Ministeriums für Cultus und Unterricht vom 28. Jänner 1897, Z. 1300, zum Unterrichtsgebrauche an allgemeinen Volksschulen für zulässig erklärten 1. Auflage. Wien. 1901. Pichler's W. & S. Gr.-8°. 63 S. K—.30

— Liederstrauß. Ein- u. zweistimm. Lieder, nebst dem Wichtigsten aus der Gesanglehre f. österreich. allgemeine Volksschulen. Neu bearb. v. Adf. Kirchl. 3 Hfte. Neue Aufl. Unveränd. Abdr. der 1. Aufl. gr. 8. Ebd. n. — 80
I. 1. u. 2. Schulj. 6. Aufl. Nach der neuen Rechtschreibg. bericht., sonst unveränd. Abdr. der 1. Aufl. (40 S.) 902. n. —20
II. 3. u. 4. Schulj. 7. Aufl. (64 S.) 901. n. —30
III. 5. Schulj. 6. Aufl. (64 S.) 901. n. —30

(F) **Mairs, F.**, Liederstrauß. Ein- und zweistimmige Lieder nebst dem Wichtigsten aus der Gesanglehre für österr. allgem. Volksschulen. 1. Heft. 1. und 2. Schuljahr. 8. Aufl. 8°. (39 S.) K —.20
Ebd. 1904.

(F) **Mairs, F.**, Liederstrauß. Ein- und zweistimmige Lieder nebst dem Wichtigsten aus der Gesanglehre für österr. allgem. Volksschulen. 2. Heft. 3. und 4. Schuljahr. 10. Aufl. 8°. (62 S.) K —.30
Ebd. 1904.

(F) **Mairs, F.**, Liederstrauß. Ein- und zweistimmige Lieder nebst dem Wichtigsten aus der Gesanglehre für österr. allgem. Volksschulen. 3. Heft. 5. Schuljahr. 9. Aufl. 8°. (63 S.) K —.30
Ebd. 1904.

(F) **Mair, F.**, Liederstrauß. 1. Heft. 1. und 2. Schuljahr. 9. Aufl. 8°. (39 S.) K —.20
Ebd. 1905.

(F) **Mair, F.**, Liederstrauß. 2. Heft. 3. u. 4. Schuljahr. 11. Aufl. 8°. (62 S.) K —.30
Ebd. 1905.

(F) **Mair, F.**, Liederstrauß. 3. Heft. 5. Schuljahr. 10. Aufl. 8°. (63 S.) K —.30
Ebd. 1905.

— Liederstrauß. Ein- u. zweistimm. Lieder, nebst dem Wichtigsten aus der Gesanglehre f. österreich. allgemeine Volksschulen. Neu bearb. v. Adf. Kirchl. 3 Hefte. Neue Aufl. 8. Ebd. n. — 80
I. 1. u. 2. Schulj. 10. Aufl. Unveränd. Abdr. der 8. Aufl. (40 S.) 906 — 20. — II. 3. u. 4. Schulj. 12. Aufl. Unveränd. Abdr. der 10. Aufl. (64 S.) 906. — 30. — III. 5 Schulj. 11. Aufl. Unveränd. Abdr. der 9. Aufl. (64 S.) 906. — 30.

(F) Mair, F., Liederstrauß. Ein- und zweistimmige Lieder nebst dem Wichtigsten aus der Gesanglehre für österr. allgemeine Volksschulen. 1. Heft. 1. und 2. Schuljahr. 11. Aufl. 8°. (39 S.) K —.20
Ebd. 1907.

(F) Mair, F., Liederstrauß. Ein- und zweistimmige Lieder nebst dem Wichtigsten aus der Gesanglehre für österr. allgemeine Volksschulen. 2. Heft. 3. und 4. Schuljahr. 13. Aufl. 8°. (64 S.) K —.30
Ebd. 1907.

(F) Mair, Fr., Liederstrauß. Ein- und zweistimmige Lieder nebst dem Wichtigsten aus der Gesanglehre für österr. allgemeine Volksschulen. 3. Heft. 5. Schuljahr. 12. Aufl. 8°. (63 S.)
Ebd. 1907. K —.30

(F) Mair, F., Liederstrauß. Ein- und zweistimmige Lieder nebst dem Wichtigsten aus der Gesanglehre für österr. allgemeine Volksschulen. 1. Heft. 1. u. 2. Schuljahr. 12. Aufl. 8°. (39 S.) K —.20
Ebd. 1908.

(F) Mair, F., Liederstrauß. Ein- und zweistimmige Lieder nebst dem Wichtigsten aus der Gesanglehre für österr. allgemeine Volksschulen. 2. Heft. 3. u. 4. Schuljahr. 14. Aufl. 8°. (64 S.) K —.30
Ebd. 1908.

(F) Mairs, F., Liederstrauß. Ein- und zweistimmige Lieder nebst dem Wichtigsten aus der Gesanglehre für österr. allgemeine Volksschulen. 3. Heft. 5. Schuljahr. 14. Aufl. 8°. (63 S.)
Ebd. 1908. K —.30

(F) Mair, F. Liederstrauß. Ein- und Zweistimmige Lieder nebst dem Wichtigsten aus der Gesanglehre für österr. allgem. Volksschulen. 1. Heft. 1. und 2. Schuljahr. 13. Aufl 8°. (39 S.)
Ebd. 1909. K —.20

(F) Mair, F., Liederstrauß. Ein- und zweistimmige Lieder nebst dem Wichtigsten aus der Gesanglehre für österr. allgem. Volksschulen. 1. Heft. 3. und 4. Schuljahr. 15. Aufl. 8°. (64 S.)
Ebd. 1909. K —.30

— Liederstrauß. Ein- u. zweistimm. Lieder, nebst dem Wichtigsten aus der Gesanglehre f. österreich. allgemeine Volksschulen. Neu bearb. v. Adf. Kirchl. 3 Hefte. Neue Aufl. 8. Ebd. — 80

I. 1. u. 2. Schulj. 14. Aufl. Unveränd. Abdr. der 8. Aufl. (40 S.) 910. — 20
II. 3. u. 4. Schulj. 16. Aufl. Unveränd. Abdr. d. 10. Aufl. (64 S.) 910. — 30
III. 5. Schulj. 15. Aufl. Unveränd. Abdr. der 9. Aufl. (64 S.) 910. — 30

(F) Franz Mairs Liederstrauss. Sammlung von Liedern nebst dem Wichtigsten aus der Gesanglehre für österreichische allgemeine Volksschulen. Neu bearbeitet von Adolf Kirchl. Ausgabe für ein-, zwei- und dreiclassige Volksschulen in einem Hefte. Mit Erlass des hohen k. k. Ministeriums für Cultus und Unterricht vom 22. März 1900, Z. 7021, zum Unterrichtsgebrauche an allgemeinen Volksschulen zulässig erklärt. Wien. 1899. Pichler's W. & S. Gr.-8°. 95 S. Cart. K —.60

— dasselbe. Sammlung v. Liedern, nebst dem Wichtigsten aus der Gesanglehre f. österreich. allgem. Volksschulen. Neu bearb. v. Adf. Kirchl. Ausg. f. 1-, 2- u. 3 klass. Volksschulen in 1 Hfte. 2. Aufl. Nach der neuen Rechtschreibg. bericht., sonst unveränd. Abdr. der 1. Aufl. 8. (96 S.) Ebd. 902. Kart. n. — 60

— dasselbe. Sammlung v. Liedern, nebst dem Wichtigsten aus der Gesanglehre f. österreich. allgemeine Volksschulen. Neu bearb. v. Adf. Kirchl. Ausg. f. 1-, 2- u. 3 klass. Volksschulen in 1 Hefte. 3. Aufl. Unveränd. Abdr. der 2. Aufl. (96 S.) 8. Ebd. 906. Kart. n. — 60

— dasselbe. Sammlung v. Liedern, nebst dem Wichtigsten aus der Gesanglehre f. österreich. allgem. Volksschulen. Neu bearb. v. Adf. Kirchl. Ausg. f. 1-, 2- u. 3 klass. Volksschulen in 1 Hefte. 4. Aufl. Unveränd. Abdr. d. 2. Aufl. (96 S.) 8. Ebd. 909. Kart. — 60

— dasselbe. Ausg. f. 4-, 5- u. 6 klass. Volksschulen. 2 Hfte. 8. Ebd. 899. Kart. à n. — 50

1. Unter- u. Mittelstufe. (80 S.) — 2. Oberstufe. (80 S.)

(F) Franz Mairs Liederstrauss. Sammlung von Liedern nebst dem Wichtigsten aus der Gesanglehre für österreichische allgemeine Volksschulen. Neu bearbeitet von Adolf Kirchl. Ausgabe für vier-, fünf- und sechsclassige Volksschulen. 1. Heft. Unterstufe und Mittelstufe. Mit Erlass des hohen k. k. Ministeriums für Cultus und Unterricht vom 22 März 1900, Z. 7021, zum Unterrichtsgebrauche an allgemeinen Volksschulen zulässig erklärt. Wien. 1900. Pichler's W. & S. Gr.-8°. 79 S. Cart. K —.50

(F) Franz Mairs Liederstrauss. Sammlung von Liedern nebst dem Wichtigsten aus der Gesanglehre für österreichische allgemeine Volksschulen. Neu bearbeitet von Adolf Kirchl. Ausgabe für vier-, fünf- und sechsclassige Volksschulen. 2. Heft. Oberstufe. Mit Erlass des hohen k. k. Ministeriums für Cultus und Unterricht vom 22. März 1900, Z. 7021, zum Unterrichtsgebrauche an allgemeinen Volksschulen zulässig erklärt. Wien. 1899. Pichler's W. & S. Gr.-8°. 79 S. Cart. K —.50

— dasselbe. Ausg. f. 4-, 5- u. 6 klass. Volksschulen. 2 Hefte. 2. Aufl. Nach der neuen Rechtschreibg. bericht., sonst unveränd. Abdr. der 1. Aufl. (à 80 S.) gr. 8. Ebd. 903. Kart. à n. — 50

1. Unterstufe u. Mittelstufe. — 2. Oberstufe.

— dasselbe. Ausg. f. 4-, 5- u. 6 klass. Volksschulen. I. u. II. Heft. 8. Ebd. 909. Kart. à — 50

I. Unterstufe u. Mittelstufe. 3. Aufl. Unveränd. Abdr. der 2. Aufl. (80 S.)
II. Oberstufe. 3. Aufl. Unveränd. Abdr. der 2. Aufl. (80 S.)

—— kleiner Liederstrauß. Ein- und zweistimmige Lieder nebst dem Wichtigsten aus der Gesanglehre für ein- bis dreiklassige Volksschulen. 8. (80 S.) Ebendas. 881. *

Mair, Frz., Schreib- u. Lesefibel für Elementarschulen, in welchen nach der analytisch-synthetischen Lesemethode unterrichtet wird. Wien 870. Sallmayer & Co. 8. (104 S. mit eingedr. Holzschn.) n. 4 ngr.; geb. n.n. 5 ngr.

Mair, Frz., Schreib- u. Lesefibel f. Elementarschulen, in welchen nach der Real-Methode unterrichtet wird. 2., vollst. umgearb. Aufl. 8. (67 S.) Wien 874. Graeser. geb. n. — 50

Mair, Franz, die analytisch-synthetische Schreiblesemethode. Als Anleitung zum „Gebrauche der Schreib- und Lesefibel" desselben Verfassers. 8. (12 S.) Wien. Sallmayer & Comp. 1870. 12 kr.

—— 10 leicht ausführbare Schulfestlieder [mit Begleitung des Pianoforte oder Harmonium] zum Gebrauche bei einer Schluß- oder Schillerfeier in österreich. Volks- und Bürgerschulen. Op. 45. gr. 8. (32 S.) Wien 879, Pichler's Wwe. und Sohn.

— 10 leicht ausführbare Schulfestlieder (m. Begleitg. d. Pianoforte od. Harmonium) z. Gebrauche b. e. Schluß- od. Schillerfeier in österreich. Volks- u. Bürgerschulen. Op. 45. 3. Aufl. gr. 8. (12 S.) Ebd. 896. n. — 12

— praktische Singlehre f. deutsche Bürger- u. Mittelschulen u. f. Lehrerbildungsanstalten. gr. 8. (56 S.) Wien 872. Pichler's Wwe. & Sohn. n. — 50

—— praktische Singlehre für deutsche Volks- und Bürgerschulen. 1.—5. Ster.-Aufl. 8. (31 S.) Wien 870—72, Pichler's Wwe. und Sohn. *

— praktische Singlehre für österreichische Volks- und Bürgerschulen. 3 Hefte. gr. 8. Ebendas. 878. [1. Heft. 14. und 15. Aufl. (36 S.) * 24 Pf.; 2. Heft. 14. und 15. Aufl. (40 S.) * 30 Pf.; 3. Heft. 14. Aufl. (48 S.) * 30 Pf.; 15. Aufl. (32 S.) 878. * 24 Pf.] *

— praktische Singlehre für österreichische Volks- und Bürgerschulen. 3 Hefte. gr. 8. Ebendas. 881,82. [1. Heft. 16.—20. Aufl. (36 S.) * 25 Pf.; 2. Heft. 16. Aufl. (40 S.) * 30 Pf.; 3. Heft. 16. Aufl. (32 S.) * 25 Pf.] *

— praktische Singlehre für österreichische Volks- und Bürgerschulen. 3 Hefte. gr. 8. Ebendas. 885. [1. Heft. 22. Aufl. (36 S.) * 24 Pf.; 2. Heft. 18. Aufl. (40 S.) * 30 Pf.; 3. Heft. 17. Aufl. (32 S.) * 24 Pf.] *

— prakt. Singlehre f. österr. Volks- u. Bürgerschulen. 2. Hft. 20. Aufl. gr. 8. (40 S.) Ebd. 895. n. — 30

— praktische Singlehre f. österreichische Volks- u. Bürgerschulen. 1. Heft. 27. Aufl. Nach der neuen Rechtschreibg. verb., sonst unveränd. Abdr. der 14. Aufl. (36 S.) gr. 8. Ebd. 904. n. — 24

— Praktische Singlehre f. österreich. Volks- u. Bürgerschulen. II. Heft. 22. Aufl. Nach d. neuen Rechtschreibg. verb., sonst unveränd. Abdr. der 14. Aufl. (40 S.) 8. Ebd. 907. — 30

MAIR, Franciscus X.: De unione hypostatica in Christo. — (1890) 335 S. 8° (Handschr.) Diss. 549
Diss. Wien, Univ.

Mair, Georg

— Die Aisten und Neuren und die Hyperboreer-Sage. Ein Beitrag zur Geschichte des Bernsteinhandels. (Umschlagtitel: . . . Sage.) 8 (S. 3—53, 1 S. Corr., 1 S.). K. k. Staats-G. *Pola* 1900.
Progr.

Mair, Georg: Carmen sollemne. S. 3—4. 8.
In: Festprogr. des k. k. Staats-Gymn. Zur Erinnerung an die Feier des 150 jähr. Bestandes der Anstalt. K. k. Staats-Gymn. *Marburg a. D.* 1908.
Progr.

Mair, Georg: Der Feldzug des Dareios gegen die Skythen. 8 (S. 3—30, 1 S. Berichtigungen). **Progr.** Staats-Ober-G. *Saaz* 1886.

Mair, Georg: Auf alten Handelswegen. Die Fahrten des Pytheas ins Zinn- und Bernsteinland. (Mit zwei Karten.) S. 3—66b. 8.
Progr. K. k. Staatsgymn. *Pola* 1903.

Mair, Georg: *Ἑλληνικά*. a) Das Itinerar-Stadium. b) Die praehistorische oder verbrannte Burg auf Hissarlik und die Laomedon-Sage. (Umschlagtitel: *Ἑλληνικά*.) 8 (S. III—XVI).
Progr. K. k. Staats-G. *Villach* 1896.

— Der karthagische Admiral Himilko ein Vorläufer und Wegweiser des Pytheas von Massilien. 52. Pola 99.
Progr.

Mair, Gg. Das Land der Skythen bei Herodot. Eine geographische Untersuchung. 39 S. 8. — Das Land der Skythen bei Herodot und der Feldzug des Dareios in demselben. (Mit einer Karte.) Eine geographische Untersuchung. II. 64 S. u. 1 Taf. 8. **Progr.** *Saaz* 1884. 1885.

— Das L. der Sc. b. Her. u. der Feldzug des Dareios in demselben. 66. 28. ibd. 85, 86.
Progr.

Mair, G., das Land der Skythen bei Herodot. Eine geograph. Untersuchung. 2. Thl. gr. 8. (67 S. mit 1 lithogr. Karte.) Saaz 885. (Wien, Pichler's Wwe. und Sohn.) *

MAIR, Georg (München): Die Lymph-Abscesse in pathologischer Beziehung betrachtet.- München: Giesser 1837. 17 S.
24.8.1835 - Urk (Titel: De tumoribus lymphaticis.); F 62
Diss. Ingolst.-Landsh.-Mchn.

Mair, Geo., *Παντοῖα*. (A. Pytheas' Fahrten in der Ostsee. B. Zu *πλεύμων θαλάσσιος* bei Strabo II, 104. C. Über e. bautechn. Eigentümlichkeit der Mauer der Pergamos des Priamus.) (12 S.) gr. 8. Marburg a. D. 907. (W. Blanke's Nachf.) — 50

—: Pytheas von Massilien und die mathematische Geographie. I. Teil. (Mit einer Tafel den Text erläuternder Figuren.) S. 3 bis 34. 8. II. Teil. (Mit zwei Tafeln den Text erläuternder Figuren.) S. 3—96. 8. **Progr.** K. k. Staats-Gymn. *Marburg a. D.* 1904. 1906.

Mair, Georg Res Raeticae. a) Der Brenner, Pryenn und Herodots *Πυρήνη*. b) Die Wohnsitze der Genauni. Ein Beitrag zur ältesten Geschichte Tirols. 8 (S. III—XXVIII).
Progr. K. k. Staats-G. *Villach* 1892.

Mair, Geo., res Raeticae. a) Der Brenner, Pryenn u. Herodots *Πυρήνη*. b) Die Wohnsitze der Genauni. Ein Beitrag zur ältesten Geschichte Tirols. Progr. gr. 8. (XXVIII S.) Villach 892. (Klagenfurt, F. v. Kleinmayr.) n. 1. —

Pytheas. Mair, Georg Jenseits der Rhipäen. A. Die Fahrten des Pytheas in der Ostsee. (Mit einer Karte.) Ein Beitrag zur Geschichte des Bernsteinhandels. 8 (S. III—XX.) . . . B. Ultima Thule. Ein . . . . 8 (S. III—XXXII).
Progr. K. k. Staats-G. *Villach* 1893. 1894.

— jenseits der Rhipäen. A. Die Fahrten des Pytheas in der Ostsee. Ein Beitrag zur Geschichte des Bernsteinhandels. Progr. gr. 8. (XX S. m. 1 Karte.) Klagenfurt 893. (F. v. Kleinmayr.) 1. —

Mair, Georg: Jenseits der Rhipäen. C. Der karthagische Admiral Himilko ein Vorläufer und Wegweiser des Pytheas von Massilien. Ein Beitrag zur Geschichte des Bernsteinhandels. (Umschlagtitel: . . . Massilien.) 8 (S. 3—54).
Progr. K. k. Staats-G. *Pola* 1899.

Mair, Georg: Pytheas' Tanais und die Insel des Kronos in Plutarchs Schrift „Das Gesicht im Monde". S. 3—22. 8.
Progr. K. k. Staats-Gymn. *Marburg a. D.* 1909.
Darin: Herodots Nachrichten über den skythischen Norden (S. 5—8).

Mair, J., das wahre Christenthum u. s. rechtschaffene Uebung. in 112 Predigt. vorgest. 4. Lpz.

Mair, Ignaz

Mair, Ign., Apophthegmata. Aus der Lebens- u. Wissens-Erfahrg. e. alten Arztes. 12. (III, 128 S.) Ingolstadt 891. (Krüll.) n. 1. 60

Mair, Ign., Apophthegmata. Aus der Lebens- u. Wissenserfahrg. e. alten Arztes. II. Reihe. 8. (80 S.) Ingolstadt 893. (München, L. Finsterlin.) n. 1. —

Mair, Ign., das Apothekenwesen u. der Verkehr mit Arzneimitteln u. Giften im Königreich Bayern. Eine vollständige Sammlung aller gesetzlichen u. verordnungsmäßigen Bestimmungen, Entschließungen, Anordnungen u. oberstrichterlichen Erkenntnisse über das Apothekenwesen u. den Verkehr mit Arzneimitteln u. Giften. [Aus: „Handbuch des ärztl. Dienstes rc."] gr. 8. (62 S.) Würzburg 879. Stahel. n. 1. 40

Mair, J., das Apothekerwesen u. der Verkehr m. Arzneimitteln u. Giften im Königr. Bayern. Eine vollständ. Sammlg. aller gesetzl. u. verordnungsmäß. Bestimmgn., Entschließgn., Anordngn. u. oberstrichterl. Erkenntnisse üb. das Apothekerwesen u. den Verkehr m. Arzneimitteln u. Giften. Ergänzungshft. 1878—85. gr. 8. (80 S.) Würzburg 886. Stahel. n. 1. 80 (Hauptwerk u. Ergänzungshft.: n. 3. 20)

MAIR, Ignaz (Dillingen): Experimenta nova et toxicologica, circa effectus quos connubia cupri cum substantiis pinguibus et oleosis efferunt. (Titel nach der Urkunde)
13.7.1840 – Urk: F 65 (= Mayr)
Diss.Ingolst.-Landsh.-Mchn.

IGN. MAIR, Ueber die Geschichte der Chirurgenschulen in Bayern und der Entwicklung der Medicin im 19. Jahrhunderte. Festrede zu dem 50jährigen ärztlichen Jubiläum des Herrn Stadt- und Krankenhaus-Wundarztes Heinrich Fellermeyer zu Ingolstadt, gehalten am 26. Mai 1884 bei der feierlichen Ueberreichung der silbernen Ehrenmünze des Verdienstordens der bayerischen Krone an denselben. Ingolstadt 1884. A. Ganghofer'sche Buchdruckerei. 8°.

Mair, J., Handbibliothek der practischen Chirurgie in Monographieen nach den einzelnen klinischen Abtheilungen derselben, mit besonderer Berücksichtigung der chirurg. Anatomie u. gerichtlichen Medizin bearb. Ansbach, Gummi. (München, Giel.) 16.
1. Abth.: Die Wunden im Allgemeinen. Nach dem neuesten Standpunkte der Wissenschaft bearb. 858. (XVI, 378 S.) n. 1 Thlr. 20 ngr.
2. Abth.: Die Kopfverletzungen. Nach dem neuesten Standpunkte der Wissenschaft bearb. 855. (X, 185 S.) n. 24 ngr.
4. Abth.: Die Brüche und Vorfälle. Nach dem neuesten Standpunkte der Wissenschaft bearb. 856. (2 Bl., 352 S.) n. 1 Thlr. 15 ngr.
3. Abthl. ist noch nicht erschienen.

Mair, J., Handbibliothek der praktischen Chirurgie in Monographieen nach den einzelnen klinischen Abtheilungen derselben, mit besonderer Berücksichtigung der chirurgischen Anatomie u. gerichtlichen Medizin bearb. München, Giel. 16.
3. Abth.: Die Wunden im Speciellen. Nach dem neuesten Standpunkte der Wissenschaft bearb. 859. (2 Bl., 491 S.) n. 2 Thlr.
5. Abth.: Die Verrenkungen. Nach dem neuesten Standpunkte der Wissenschaft bearb. 860. (308 S.) n. 1 Thlr. 10 ngr.
6. Abth.: Die Knochenbrüche. Nach dem neuesten Standpunkte der Wissenschaft bearb. 860. (361 S.) n. 1 Thlr. 15 ngr.
7. Abth.: Fremde Körper, die von Aussen in den Organismus eingedrungen sind. Verbrennungen. Erfrierungen. Nach dem neuesten Standpunkt der Wissenschaft bearb. 861. (273 S.) n. 1 Thlr. 6 ngr.

—— Handbuch des ärztlichen Dienstes bei den Gerichten und Verwaltungsbehörden. gr. 8. (VII, 208 S.) Würzburg 869, Stahel'sche Buchh. *

— Handbuch des ärztlichen Dienstes bei den Gerichten u. Verwaltungsbehörden. 2., vollständig umgearb. Aufl. gr. 8. (V, 280 S.) Würzburg 879. Stahel. n. 5. 60

—— Handbuch des ärztlichen Dienstes bei den Gerichten und Verwaltungsbehörden. 2. vollständ. umgearb. Aufl. 2. Bd.: Ergänzungen aus den J. 1878—1885. gr. 8. (IV, 350 S.) Ebendas. 885. *
[1. Bd.] Ebendas. 1878,79. *M 5.60.

— gerichtlich-medicinische Casuistik der Körperverletzungen u. Tödtungen durch mechanisch-physische Gewalt. gr. 8. (V, 242 S.) Ingolstadt 881. Ganghofer. n. 4. —

— gerichtlich-medizinische Casuistik der Kunstfehler. Eine Sammlg. der in der deutschen Litteratur veröffentlichten Fälle ärztl. Unglücke u. v. Ärzten m. Übertretg. ihrer Berufspflichten begangener fahrläss. Tötgn. u. Körperverletzgn. Für Ärzte, Staatsanwälte, Richter u. Rechtsanwälte epikritisch bearb. in einzelnen Abteilgn. 1.—3. Abtlg. gr. 8. Neuwied, Heuser's Verl. n. 7. 20
1. Chirurgie. (VIII, 86 S.) 892. n. 2. 20
2. Antiseptik. Narkose. (VI, 109 S.) 893. n. 2. 50
3. Geburtshilfe. (VI, 110 S.) 893. n. 2. 50

— dasselbe. Suppl.-Bd. gr. 8. Ebd. 895. n. 2. 50
Über Kunstfehler im Allgemeinen, fehlerhafte Behandlg. bei innerlichen Krankheiten, Fahrlässigkeit durch Arzneien u. Recepte, Impfschädigungen. (121 S.)

Gerichtlich-medicinische Casuistik der Kunstfehler. E. Sammlg der in d. deutschen Litteratur veröffentl. Fälle ärztl. Unglücke u. von Ärzten m. Übertretg ihrer Berufspflichten begangener fahrlässigen Tötgn u. Körperverletzgn. F. Ärzte, Staatsanwälte, Richter u. Rechtsanw. epikritisch bearb. in einzelnen Abteilgn v. Dr. Ignaz **Mair**, Kgl. bayer. Bezirksarzte I. Kl. Abt. I—III. *Berlin [&] Neuwied: Heuser 1892, 93.* 3 Bde 8.
I. Chirurgie. 1892. (VIII, 86 S.) II. Antiseptik, Narkose. 1893. (VI, 109 S.) III. Geburtshilfe. 1893. (VI, 110 S.) [98. 8388

Mair, Ign., gerichtlich-medicin. Casuistik der Kunstfehler. Eine Sammlg. der in der deutschen Litteratur veröffentl. Fälle ärztl. Unglücke u. v. Aerzten m. Uebertretg. ihrer Berufspflichten begang. fahrläss. Tötgn. u. Körperverletzgn. Für Aerzte, Staatsanwälte, Richter u. Rechtsanwälte epikritisch bearb. in einzelnen Abtlgn. I. Abtlg.: Chirurgie. II Abtlg.: Antiseptik, Narkose. III. Abtlg.: Geburtshilfe. (3 Tle. in 1 Bde.) (Neue [Titel-]Ausg.) (VIII, 86; VI, 109 u. VI, 110 S.) gr. 8. Berlin [892. 893] (903). Berlin. Verlagsanstalt. n. 7. 20

Mair, J., juristisch-medicinischer Commentar der neuen königl. bayerischen, königl. preußischen und kaiserl. königl. österreichischen Strafgesetzgebung für Staatsanwälte, Richter, Vertheidiger und Aerzte. 4 Bde. gr. 8. Augsburg 862,63, Kollmann'sche Buchh. [1. Bd. (X und 432 S.) 2 Thlr. 10 Ngr., 2. Bd. (306 S.) 1 Thlr. 18 Ngr., 3. Bd. (312 S.) 1 Thlr. 21 Ngr., 4. Bd. (226 S.) 1 Thlr. 8 Ngr.]

Mair, Ign., Compendium der Chirurgie. München 865. Gummi. Lex.-8. (XVI, 286 S.) n. 4 Thlr.

Mair, J., Compendium der Chirurgie. 2. Ausg. 1. Lfg. gr. 8. (96 S.) München 869, Beck. *

—— geburtshilflich-praktisches Vademecum für Studirende und Aerzte. Mit besond. Hinsicht auf Scanzoni's Lehrbuch bearb. gr. 16. (VIII und 288 S.) Erlangen 854, Palm und Enke. *

Mair, Ign., die Verpflichtungen der Eltern, Pflegeeltern u. Vormünder, der Distrikts-Polizeibehörden, Standes-Beamten, Ortspolizeibehörden, Impfärzte, prakt. Aerzte, Schulvorstände u. Lehrer gegenüber dem Reichs-Impfgesetze vom 8. April 1874 u. der k. b. Vollzugs-Verordng. vom 24. Febr. 1875. 8. (24 S.) Ingolstadt 875. Ganghofer. — 30

Mair, Jo. Bapt. de: Dissertationes ex quadruplici jure selectae. Viennae Austriae 1710.

Mair, Josef Friedrich

Mair, Jos. Frdr., der Sensenschmied v. Volders, s. a. Erzählungen f. Jugend u. Volk. 2. Bd.

(F) **Mair**, J. F., Der Sensenschmied von Volders. Geschichtliche Erzählung über die Befreiungskämpfe Tirols. 2. Aufl. [Erzählungen für Jugend und Volk. Bd. II.] 8°. (ill. 206 S.) geb. K 2.— Graz: Moser 1905.

Mair, Jos. Frdr., Speckbacher. Eine Tiroler Heldengeschichte. 1. u. 2. Aufl. (à IV, 558 S. m. 8 Taf.) kl. 8. Innsbruck 904. H. Schwick. n. 4. —; geb. in Leinw. n. 5. —

Mair, Richard, s. Mayr

Mair, Severin, ein Stückchen Himmelblau aus den Tiroler Bergen. Gedichte. 8. (VII, 132 S.) Bozen 902. Buchh. „Tyrolia". n. 1, 70

Mair, Viktur., Sonn- u. Feiertagspredigten ... 751.

Mair, W., s. Blätter der Andacht und Erbauung.

Mair, Wilh., Erinnerungen an Heidelberg. (Gedichte.) gr.16. Mannheim 840. Hoff. 3/8 ß

— Rückkehr u. Wiedersehen. Dramat. Kleinigkeit in 1 Akte. gr. 8. (3 B.) München 835, [Augsburg,] Jaquet.

Mair, Wilh., vergleich. Würdigung d. Verdienste J. Th. Desaguliers, W.'s Gravesande's u. P. van Mussenbroek's um d. Experimentalphysik. (Ein Beitr. z. Gesch. d. Physik.) Gekr. Preisschr. gr. 8. (4½ B.) München 834, (Lindauer.)
Vgl. Mahir, Maier, Mayer, Mayr.

Mairan, Jean Jacques Ortous de

v. Mairan, (J. J. d'Ortous,) Abhandlung v. d. Eise. gr. 8. Leipz. 752. (Brockhaus). 20 gr

Mairan, v., Abhandl. v. d. Eise. gr. 8. Lpz. Gleditsch. 752.

Mairan, J. de, s.: Optik, meteorologische.

Maire, s. auch *Lemaire*.

Maire, Bernhard *Robert Wilhelm* [Unterarzt]: Ein Beitrag zur Localisation der Gehirntumoren '(aus d. städt. Krankenhause in Frankfurt a. O.)' ... Jena, Druck v. A. Kämpfe, 1892; 39 S. 8.
Jena, Med. Fak., Inaug.-Diss. v. [30. Mai] 1892

Maire, Bernh., e. Beitrag zur Localisation der Gehirntumoren (aus dem städt. Krankenhause in Frankfurt a/O.). Diss. gr. 8. (36 S.) Jena 892. (Rudolstadt, H. Dabis.) n. — 60

Maire, Christ. Ldw., s. Le Maire.

Maire, Chrstn. Ludw. le, Mairosen. Erzählungen u. Novellen, hrsg. (übers.) v. Friedr. v. Arth. 8. (24 B.) Stuttgart 835, [Stoppani.]

Maire, Chrst. Ludw. le, Verzeichniß d. Gemälde d. kgl. Bildergallerie in Kopenhagen. 8. (5½ B.) Kopenhagen 834, Reitzel.

Maire, Ernst, der Gorilla. 8. (16 S.) Berlin 877, (Peiser.)

Maire, F. J.

— Abhandl. üb. d. innern Kreislauf d. Handlung in den österr. Erbstaat. rc. gr. 8. Wien, Mells. 785.

Maire, F. J., hydraulisch und geogr. Ingenieur. Bemerkungen über den inneren Kreislauf der Handlung in den österreichischen Erbstaaten zur nöthigen Erläuterung der hydrographischen General- und Partikularkarten von diesen Ländern; oder Hauptentwurf der zu eröffnenden schiffbaren Wasserstrassen von allen Meeren Europas an bis nach Wien. (Mit 10 Kartenblättern in Schuber.) Aus dem Französischen. 8. Strassburg 1786.

Maire, F. J., Mémoire raisonné sur la Circulation intérieure du Commerce dans les Etats de la mais. d'Autriche. gr. 8. Vien. Graeffer. 785.

Le Maire, J., s. Rat, Guter, für das kindl. Alter.

le Maire, J., der Zahnarzt f. das weibl. Geschlecht; nach d. Französ. v. G. W. Becker. 8. Lpz. 820. Baumgärtner. 12 gr

Maire, Richard Alex. [app. Arzt aus Kloppits, Prov. Brandenburg]: Ueber die Endresultate der Radikaloperationen tuberkulöser Lymphome. . . . Berlin, C. Feister'sche Buchdr., 1889; 47 S. 8°
Würzburg, Med. Fak., Inaug.-Diss. v. 1889

Maire, Siegfried, Magister superioris ordinis, Marchicus: De Diodoro Siculo Valerii Maximi auctore. *Schoenebergii 1899: Sens.* (26 S.) 4° ¶ [— Progr. Schöneberg, st. Gymn. 1899.]
Rostock, Phil. Diss. v. [1. Aug.] 1899

Maire, Siegfried: Würdigung Kaiser Heinrichs VI. 27 S. 4.
Progr. Königstädtisches Gymn. *Berlin* 1903 (64).

Maire, Siegfr., Würdigung Kaiser Heinrichs VI. Progr. (27 S.) gr. 4. Berlin 903. Weidmann. n. 1. —

Mairet, ..., kurzer Abriß d. Lithographie od. Steindruckerei; aus d. Französ. Mit 1 Abbildung einer vollständ. Presse. 8. Pesth 819. Hartleben. 10 gr

Mairet, kurzer Abriß der Lithographie oder Steindruckerei. Aus dem Franz. Mit 1 Abbildung einer vollständigen Presse. 8. Pesth, Hartleben. 820.

Mairet, Jean de, **Silvanire. Mit Einleitung u. Anmerkgn. hrsg. v. Rich. Otto. 8. (CXVII, 159 S.) Bamberg 890. Buchner's Verl.** n. 3. —

Mairet, J. de, Sophonisbe, s. Sammlung französischer Neudrucke.

Mairet, Jeanne (Pseud.), s.a. Bigot, Mary

Mairet, Jeanne: Der Affenmaler, s. Engelhorn's allgem. Romanbibliothek.

Bigot, Madame (Mary Healy), e. internat. Ehe, s.a. Engelhorn's allgem. Romanbibliothek.

[J.] Eine internationale Ehe. Roman v. Madame (Mary) Bigot '(Mary Healy)'. Autoris. Uebs. a. d. Engl. v. F. Mangold. *Stuttgart: J. Engelhorn 1896.* (160 S.) 1 Bd 8.
= **Romanbibliothek,** Engelhorns Allgemeine. Jg. 13. Bd 8.

Mairet, Jeanne, auf der Höhe, s.: Collection Hartleben. 7. Jahrg. 25. u. 26. Bd.

— In guter Hut, s. Engelhorn's allgemeine Romanbibliothek.

— Eine Künstlerin, s. Engelhorn's allgemeine Romanbibliothek.

Mairet, Jeanne, Marca, s.: Collection Hartleben, 6. Jahrg.

— Meeresblume, s.a. Collection Hartleben, 5. Jahrg.

Mairet, Jeanne, Meeresblume, s.a. Kürschner's, Jos., Bücherschatz.

Meeresblume. Roman von Jeanne **Mairet** (d. i. Mary Bigot). Autor. Bearb. Mit Ill. von W. Roegge. (Vorr.: [Maximiliane] v. Weißenthurn.) Berlin, Eisenach, Leipzig: H. Hillger [1905]. (111 S.) 8° [J.]
= **Bücherschatz,** Kürschners. No 457.

Mairet, Jeanne, la petite princesse. Mit Anmerkgn. v. F. Mersmann, s.a. Schülerbibliothek, französische.

La Petite Princesse par Jeanne **Mairet** (d. i. Mme Charles Bigot). Mit Anm. z. Schulgebr. versehen von F. Mersmann. [Text], Anm. & Wörterbuch. 3. Aufl. Paderborn: F. Schöningh [1908]. 3 Bde 8°
— **Schülerbibliothek,** Französische. Bdch. 1.

— die Studentin, s.: Collection Hartleben. 8. Jahrg.

Mairet, Jeanne, unzertrennlich. Roman. Autor. Bearbeitg. v. Ludw. Wechsler. 8. (306 S.) Leipzig 895. A. Schumann. Geb. in Leinw. n. 4. —

— dasselbe, s.a. Roman-Gallerie f. Salon u. Reise.

— zwiefach besiegt u. andere Novellen, s.a. Kürschner's, Jos., Bücherschatz.

Zwiefach besiegt u. andere Novellen. Von Jeanne Mairet (d. i. Mary Bigot). Mit Ill. von A. Lewin. (Vorr.: [Maximiliane] v. Weißenthurn.) Berlin, Eisenach, Leipzig: H. Hillger [1905]. (110 S.) 8° [F.]
= Bücherschatz, Kürschners. No 436. [05. 10784]

Mairhofer, Bernh., biblische Realkonkordanz, s.: Lueg, Sev.

Mairhofer, Theodor

—— Pusterthal's alte Adelsgeschlechter. Ein historisch-geneaolog. Versuch zur Erinnerungsfeier der Vereinigung Tirols mit Oesterreich am 29. Septbr. 1863. gr. 8. (IV und 124 S.) Brixen 863, Weger's Buchh. *

Mairhofer: Tirols Anteil am Venedigischen Krieg zur Zeit Kaiser Maximilians vom J. 1507–1516. 43 S. 8° –Brixen, Progr. 1852

Mairhofer: Brixen und seine Umgebung in der Reformationsperiode 1520–1525 nach dem ungedruckten Bericht des Augenzeugen Angerer von Angersburg, der Rechte Doctor in Brixen. 24 S. 8°–Brixen, Progr. 1862

Mairhofer, Thdr., Brixen und seine Umgebung in der Reformations-Periode 1520—1525 nach dem ungedr. Bericht des Augenzeugen Angerer von Angersburg. Brixen 862. Weger. gr. 8. (24 S.) n. 4 ngr.

Mairhofer, Theod. Zu Dio Cassius Coccejanus über die Unterjochung Rhaetiens durch die Römer. (Lib. LIV. c. 22. 4.) (64.) 8. Brixen 1870.

Mairhofer, Th.: Zu Dio Cassius Cocceianus über die Unterjochung Rhätiens durch die Römer. 64 S. 8° –Brixen, OG., Progr. 1870.

Mairhofer, Thdr., Pusterthal unter den Gaugrafen bis zum Auftreten der ältesten Adelsgeschlechter (860—1150 n. Chr.) Brixen 865. Weger's Buchh. gr. 8. (124 S.) 12 ngr.

Mairhofer, Th., Urkundenbuch d. Augustiner Chorherren Stiftes Neustift, s.: Fontes rerum Austriacarum.

Mairhofer, Theodor: Die Voitsberger, das älteste Adelsgeschlecht in Brixen. Beitrag zur vaterländischen Geschichte. 28 S. 8°–Brixen, Progr. 1857

Mairich, A., Hilfstabellen zur Berechnung eiserner Baukonstruktionen. 1. Tl. (39 S. m. Fig.) gr. 8. Chemnitz (Nicolaistr. 2), (903). Ingenieur Mairich. Geb. in Leinw. n.n. 3.75

Mairin, M., scènes enfantines à l'usage des jeunes filles pour jouer en famille et à l'école. 3 livrs. 12. Hamburg 895. Verlagsanstalt u. Druckerei. à n. — 40; in 1 Bd. kart. n. 1. —
1. L'anniversaire d'Hélène. (39 S.) — 2. Noël. (35 S.) — 3. Deux heures récréation. (40 S.)

Mairn, Johann Baptist von. Beschreibung Was auf Ableiben Weyland Ihrer Keyserl. Majestat Josephi. Biß nach vorgegangener Erb-Huldigung Welche dem ... Römischen Keyser Carolo Dem Sechsten ... Als Erz-Herzogen zu Oesterreich Die gesamte Nider-Oesterreichische Stande Den 8. Novembris A: 1712 ... abgelegt, Sich Merkwürdiges hat zugetragen Und .. beschriben worden Durch ... Johann Baptist von Mairn . Edlen von Mairsfeld ... Gedruckt zu Wien in Oesterreich Bey Johann Jacob Kürner ... o. J.
Titelkupfer, nach Zeichn. von A. Beduzzi gest. von B. Kenckel. 4 Bl., 76 S.; 11 Taf. in Kupferst. 2°.
Die Taf. entsprechen mit geringen Abänderungen denen des vorigen Werkes
Vinet 877.

Mairon, Emil, Geschäfts-Kalender (f. die Notariate u. Grundbuchämter Badens). (1904.) 65×47 cm. Karlsruhe, G. Braun'sche Hofbuchdr. n. — 30

Mairöschen. Ein Gebetbuch für die lieben Kinder. 32. (286 S.) Luxemburg 859, Gebr. Heintze's Verlag. Thlr.

Mai-Rosen zu Ehren der Mutter Gottes. Nach dem großen Werke des P. Mislei, „la Madre di Dio" u. nach dem röm. Brevier. Mit einer Vorrede von Thdr. Schmude. Wien 865. Mayer & Co. 16. (V, 122 S. mit 1 Stahlst.) 6 ngr.

Mairoser, Georg: Peter Kolbs 'Caput Bonae Spei Hodiernum'. ⟨Zweiter Tl.⟩ *(Nürnberg 1902: J. L. Stich.)* (82 S.) 8° ¶(Über Kolbs Leben u. seine kleineren Schriften vgl. P-Beil. 1901.) — [Siehe d. folg. Nummer.]
Nürnberg, k. Kreis-R, P 1902**

Mairoser, Georg: Geschichte der Expedition Peter Kolbs nach dem Kap der guten Hoffnung 1705. Seine kleineren schriftstellerischen Arbeiten. 81 S. 8. — Peter Kolbs „Caput Bonae Spei hodiernum". (Zweiter Teil.) 82 S. 8.
Kgl. Kreis-Realschule u. verb. gewerbl. Fortbildungsschule *Nürnberg* 1901. 1902.
Progr.

Mairoser, Geo., Geschichte der Expedition Peter Kolbs nach dem Kap der guten Hoffnung 1705. Seine kleineren schriftsteller. Arbeiten. gr. 8. (82 S.) Nürnberg (902). (C. Koch). Kart. n.n. 3. —

Mairoth, Jos. Ferd., Bekanntmachung eines sichern und untrügl. Mittels gegen jede syphilit. Ansteckung, so wie die bereits ausgebrochene Syphilis im Keime zu ersticken. Ein Rathgeber für gebildete Nichtärzte jeden Standes. Nach zahlreichen eigenen und fremden Erfahrungen zum allgem. Besten veröffentlicht. 32. (69 S.) Wien 850, Wallishausser.

Mais, der. Eine kurze Beschreibung, wie man denselben in Amerika baut nebst einer Angabe, wie man ihn hier bauen sollte, um sichere und reiche Ernten zu erzielen. Mit 8 Abbildungen. gr. 8. (25 S. mit 1 Stnt. in qu. gr. 4.) Weimar 856, Böhlau.

Mais, der, sein Anbau und seine Verwendung. Von W. S. gr. 8. (IV und 51 S.) Potsdam 857, [Döring.] *

MAIS, Michael (Unterleinach): Vom eingeschränkten Geständnisse im deutschen Strafverfahren.- München: 1846. 22 S.
14.11.1846 - Urk (Titel: De confessione rei qualificata.); F 49
Diss. Ingolst.-Landsh.-Mchn.

Mais, Rich., Entwurf einer Gemeinde-Ordnung in Bayern. Nördlingen 865. Beck. Lex.-8. (VI, 119 S.) 15 ngr.

— Leitfaden zur Verwaltungspflege in Bayern. (In 3 Büchern.) 2. Buch, u. 3. Buch 1. Liefg. Ebend. gr. 8. 1 rf 18 ngr.
2. Buch. Die Behörden in der Verwaltungspflege, Gliederung, Bestellung u. Zuständigkeit derselben. (XI, 194 S.) 867. 1 rf
3. Buch. 1. Liefg. Das Verfahren in der Verwaltungspflege. (Allgemeiner Theil. X, 127 S.) 866. 18 ngr.

— Unterricht in der Gemeindeschreiberei. Ein Hilfsbuch für Gemeindeschreiber, Gemeindeverwaltungen, Bezirksämter rc. Landshut 862. Krüll. gr. 8. (X, 292 S.) 1 rf

Maisan, Friedr., Bemerkungen üb. d. Klein-Kinder-Warteschulen od. Bewahrungs-Anstalten in Berlin. gr. 8. (1¼ B.) Berlin 835, Bechtold u. Hartje. (?) **

Maisang, Max, Rosen und Dornen. Gedichte. W.-Jena 861. Hochhausen. 16. (120 S.) n. 1 rf

MAISANG, Max (ps.), Rosen und Dornen. (Gedichte.) 1861.
— — Dasselbe. 1864.
Weller, Lex. Ps. p. 239.

Maisch, s. Wilhelmine Müller.

Maisch, das Kindbettfieber u. die Hebammenfrage. gr. 8. (41 S.) Neuwied 893. Heuser's Verl. n. 1. —

Maisch, d. Kindbettfieber u. die Hebammenfrage. gr. 8. (41 S.) Neuwied 893. Leipzig, E. Fiedler. n. 1. —

Maisch, Fr., s. Diktirübungen.

Maisch, G., s.: Hausschatz, schwäbischer.

— Stamm-Tafel d. württembergischen Fürstenhauses. Plakat m. Illustr. Imp.-Fol. Ebd. 890. n. 1. 20

Maisch, G., Vocabulaire français-allemand arrangé par ordre de matières. Stuttgart 865. (Belser'sche Sortimentsh.) gr. 8. (44 S.) n. 6 ngr.

Maisch, Gottlob (W.)

Maisch, G., religiös-soziale Bilder aus der Geschichte des deutschen Bürgertums. 8 Lfgn. gr. 8. (IV, 632 S.) Leipzig 893. R. Werther. à n. 1. —; auch in Abtlgn. 1 u. 2 à n. 3. —; 3. n. 2. — (kplt.: n. 8. —; geb. n. 10. —)

Maisch, G. W., religiös-soziale Bilder aus d. Geschichte des deutschen Bürgertums. Neue [Titel-] Ausg. gr. 8. (IV, 632 S.) Leipzig (892. 893) 896. E. Strauch. n. 5. —

Charakterbilder aus der Deutschen Kulturgeschichte von Prof. Dr. G[ottlob] **Maisch**. Nürnberg: Heerdegen-Barbeck 1901. (632 S.) 8° [F.] (07. 1789)

— das religiöse Gemeinschaftsleben e. Heilmittel f. unsere sozialen Schäden. gr. 8. (136 S.) Ebd. 892. n. 1. 80

— durch eigene Hand. Bilder aus der Geschichte d. Selbstmords. In 5 Vorträgen. gr. 8. (VIII, 160 S.) Gotha 891. F. A. Perthes. n. 3. —

— d. Hausaltar. Evang. Morgen- u. Abend-Andachten f. Fest-, Sonn- u. Werktage u. bes. Verhältnisse d. äuß. u. inn. Lebens, nebst e. Sammlg. geistl. Lieder. gr. 8. (XII, 500 S.) Leipzig 897. G. J. Göschen. n. 6. —; geb. in Leinw. n. 7. 50; m. Goldschn. n. 8. —; in Halbfrz. m. Goldschn. n. 8. 50

Maisch, G. W., der Hausaltar. Evang. Morgen- u. Abend-Andachten f. Fest-, Sonn- u. Werktage u. besond. Verhältnisse des äußeren u. inneren Lebens, nebst e. Sammlg. geistl. Lieder. Neue Volks-[Titel-]Ausg. gr. 8. (XII, 500 S.) Leipzig (897.) 900. G. J. Göschen. n. 2. —; geb. in Leinw. n. 3. —; m. Goldschn. n. 3. 50; in Halbfrz. m. Goldschn. n. 4. —

— Religion u. Revolution nach ihrem gegenseitigen Verhältnis in drei Geschichtsbildern: I. Das Reich der Wiedertäufer zu Münster [16. Jahrh.], II. Die Revolution der Independenten in England [17. Jahrh.], III. Die Revolution der Freidenker in Frankreich [18. Jahrh.] dargestellt. gr. 8. (VIII, 215 S.) Leipzig 892. R. Werther. n. 3. —

Maisch, G., von Nazareth zum Oelberg. Das Leben unseres Herrn Jesu Christi. In Worten der Erzählg., Andacht u. Poesie nach den 4 Evangelien f. das evang. Volk geschildert. Illustrirt von Rud. Yelin. 14 Lfgn. gr. 8. (854 S.) Stuttgart 890. Süddeutsche Verlagsbuchhandlg. (D. Ochs). à — 50 (cplt.: n. 7. —; geb. n. 9. —; m. Goldschn. n. 10. —)

Maisch, Henry C. C. [aus Philadelphia, U. S. A.]: I. Ueber die Einwirkung von Säurechloriden auf Phenolaether. II. Zur Kenntniss des Bors. . . . Göttingen, Druck d. Univ.-Buchdr. v. E. A. Huth, 1889; 42 S. + 1 Bl. 8°
Göttingen, Phil. Fak., Inaug.-Diss. v. 31. Jul. 1889

Maisch, Henry C. C. I. Ueber die Einwirkung v. Säurechloriden auf Phenolaether. II. Zur Kenntniss d. Bors. Diss. gr. 8. (42 S.) Gött. 889, (Vandenhoeck u. Ruprecht). * 1 —

MAISCH, Johann (Burgau): Ueber die Ursachen der Pyämie und deren Verhütung.- München: Stahl 1869. 12 S.
27.2.1869 - Urk (Titel: De pyaemia.); F 72; Chr 1868/69,14
Diss.Ingolst.-Landsh.-Mchn.

MAISCH, Julius (Dörzbach): Pathologisch-histologische Beiträge zur Lehre von der Hypertrophie des Herzens.- Nürnberg: Nürnberger Tageblatt 1880. 44 S.,1 Bl.
17.8.1880 - Urk (Titel: De cordis hypertrophia.); Chr 1880/81,14
Diss.Ingolst.-Landsh.-Mchn.

Maisch, K., sechs Erscheinungen aus dem Gebiete einer andern Naturhülle. 828. 8.

(**Maisch,** K.,) sechs Erscheinungen aus d. Gebiete e. and. Natur. Recht gesehen, recht empfunden u. recht gehört. Auf viele noch lebende Zeugen aus d. gebild. Stande gestützt. 1. Aufl. 828. 5 Gr. Neue A. (à 3 B.) gr. 16. Heilbronn 833, Drechsler.

Maisch, K., üb. den Zustand d. Seele nach dem Tode bis zur Auferweckung ihres Körpers. Nach den Ansichten der verschied. Völker u. Sekten bis zur Aufklärung der Bibel. 8. Heilbronn 828. (Drechsler). 5 gr.

MAISCH, Carl, Kaspar, oder das Diarium der Dorfschenke von Grillenhain. Leipzig u. Pforzheim, bei Chrn. Friedr. Müller, 1801. 8°.
Zahm. TKpf. u. 183 S. incl. 3 Bl. Vorst. — Hat auch d. Titel: Wilhelm Sury. Geschichte eines Unglücklichen. Ibid. eod. a.
— — Dasselbe. Carlsruhe, Müller, 1804. 8°.

Maisch, Karl: Studien über Platinmetalle. Erlangen 1909: Jacob. 38 S. 8°
Erlangen, Phil. Diss. v. 20. Jan. 1910, Ref. Fischer
[Geb. 6. Juni 86 Neu-Ulm; Wohnort: München; Staatsangeh.: Bayern; Vorbildung: Realgymn. Nürnberg Reife 06; Studium: Erlangen 6 S.; Rig. 8. Dez. 09.] [U 10. 880

Maisch, Karl, Wilhelm Sury, Geschichte e. Unglücklichen. 8. Karlsr. 804. Müller. (Sattler in Stuttg.) 18 Kr

Maisch, Louis. Das Recht zum Stenographieren und das Recht am Stenographierten. Zugleich ein Beitrag zur Lehre vom Urheberrecht, unter Berücksichtigung der gesetzlichen Bestimmungen aller Länder. VIII + 112 S. 8. Bern, Stämpfli & Cie., 1904.
Ausg. A: Diss. Jur. Bern.
Ausg. B: (Komm. Hermann Bebie, Wetzikon bei Zürich.) [fr. 2. 40.] — Abhandlungen zum schweizerischen Recht, hrg. von Dr. Max Gmür, Professor.... Heft 3.

Maisch, Rich., griechische Altertumskunde, s.: Sammlung Göschen.

Maisch, Rich., griechische Altertumskunde. 2. Aufl. v. Frz. Pohlhammer, s.: Sammlung Göschen.

Griechische Altertumskunde von Prof. Dr. Richard **Maisch**. Neu bearb. von Dr. Franz Pohlhammer. Mit 9 Vollbild. 3. verb. Aufl. Leipzig: Göschen 1905. 220 S. 8°
(Sammlung Göschen. 16.) [11. 1429] 11

Maischraumsteuer oder Spiritussteuer. Ein Flugblatt für die Brennereibesitzer in Preußen, Sachsen u. Thüringen. Leipzig 856. Spamer. 8. (30 S.) 5 ngr.

Maischsteuer-Tabelle zur Berechnung des Steuersatzes von 20—50,000 Quart Bottigraum, zusammengestellt nach dem Gesetz v. 19. April 1854 u. der Verordnung v. 1. Juni 1854. Stettin 1855. 4. (88 S.)

Maisel, Alex., über Albuminurie nach Injection von Gummilösungen. Inaugural-Dissertation. gr. 8. (25 S.) Jena 882, (Neuenhahn.)

Maisel, Hanns Beiträge zur Würdigung der Handschriften des Cassius Dio. 8 (35 S.).
Progr. Kgl. humanist. G. bei St. Anna *Augsburg* 1894.

Maisel, Hanns, Beiträge zur Würdigung der Handschriften des Cassius Dio. Der „Observationes in Cassium Dionem" 2. Tl. gr. 8. (35 S.) Leipzig 894. G. Fock. n. 1. 50

Maisel, Joannes: Observationes in Cassium Dionem .... Berolini, Berliner Buchdr.-Actien-Ges., 1888; 2 Bl. + 24 S. 8°
Erlangen, Phil. Fak., Inaug.-Diss. v. 1888

Auch im Buchh. als: Berliner Studien für classische Philologie und Archaeologie. Bd. 8, H. 1.

Maisel, J., observationes in Cassium Dionem, s. Studien, Berliner, für classische Philologie und Archäologie.

Maisel, Otto, der Rhein in Bild u. Lied. gr. 8. (42 S. m. z. Tl. farb. Abbildgn.) Boppard 899. O. Maisel. Geb. in Leinw. m. Goldschn. 6. —

Maisel, Sarah, aus Grodna (Russland): Beitrag zur Beurteilung der Lumbago traumatica. Bern 1908. 34 S. 8°. [17. VI. 08.]
Bern. Med. Diss. 1907/08.

Maisel, Sarah. Beitrag zur Beurteilung der Lumbago traumatica. Diss. Med. Bern. 34 S. 8. Bern, H. v. Kamp-Berger, 1908.

Maisel, Wilhelm [aus Bamberg]: Kritische Studien über den Nachweis der Cyanverbindungen in forensen Fällen ... (Aus d. Forschungsber. üb. Lebensmittel u. ihre Bezieh. z. Hyg ...) München, E. Wolff, 1895; 2 Bl., 20 S. 4.
Erlangen, Phil. Fak., Inaug.-Diss. v. 22. Mai 1895

Maiselis, Issai [aus Tultschin (Russl.)]: Ueber die erworbene Immunität nach menschlichen Infectionskrankheiten ... Berlin, Buchdr. v. G. Schade, *1893*; 29 S., 1 Bl. 8.
Berlin, Med. Fak., Inaug.-Diss. v. 11. Aug. 1893

Maison, la, bourgeoise en Suisse, s.: Bürgerhaus, das, in der Schweiz.

Maison à vendre. Coméd. p. Duval. 8. Brschw. Pluchart. 806.

Maison, C. Referat betr. die Errichtung einer staatlichen Mobiliar-Feuerversicherungsanstalt in Bayern für die Handels- und Gewerbekammer von Oberbayern. München 1884.

Maison, Hellm., der gute Doktor, s.: Nassauer, Max.

MAISON, Johann Georg 1730 - 1784
Das den 24 Junii 1777 von neuem feyerlich zu begehende höchst erwünschte Geburts-Fest der Durchlauchtigsten Fürstin und Frauen Frauen Friderica Carolina Marggräfin zu Brandenb ... Welches das Culmbachische Lyseum den 23 Junii unterthänigst feyern wird kündiget an Johann Georg Maison, Conrector nebst vorausgeschichter Allusion auf die Worte Cäsars Transivimus Rubiconem bey Gelegenheit der den Ocean paßirten tetschen Truppen.
Kulmbach: Spindler. [1777]. 12 S. 8°.
Staatsarchiv Bamberg

Maison, Rud., Anleitung zur Bildhauerei f. den kunstliebenden Laien. 12. (VI, 119 S. m. 63 Abbildgn.) Leipzig 894. J. J. Weber. Geb. in Leinw. n. 3. —

Maison. Anleitung zur Bildhauerei. Für den kunstliebenden Laien. (Aus: „J. J. Weber's Illustrierte Katechismen" Nr. 150.)
Leipzig 1894.

Maison, Rud., Anleitung zur Bildhauerei f. den kunstliebenden Laien. 2. Aufl., umgearb. v. Rich. König. (VIII, 117 S. m. 73 Abbildgn.) kl. 8. Leipzig 910. J. J. Weber. Geb. in Leinw. 3. —

Maison, Rudolph, Medizinalprakt.: Die Therapie der Placenta praevia und ihre Erfolge in der Münchener Universitäts-Frauenklinik ⟨1884—1907⟩. München 1908: Wolf. 73 S. 8°
München, Med. Diss. v. 13. Jan. 1910, Ref. Döderlein
[Geb. 21. Mai 82 München; Wohnort: München; Staatsangeh.: Bayern; Vorbildung: Gymn. Burghausen Reife Juli 03; Studium: München 5, Freiburg i. B. 1, Kiel 1, München 3 S.; Coll. 13. Jan. 10; Approb. 31. Dez. 09.]
[U 10. 3543

Maisonabe, C. A., die Verkrümmungen d. Rückgrathes u. deren Heilung. Uebers. v. Ed. Martiny. gr. 8. (5½ B. u. 2 Taf. Abbildn.) Quedlinburg 837, Basse.

Maisonabe, C. A., Die Verkrümmungen des Rückgrates und deren Heilung, übers. v. Ed. Martini, m. Abb., Quedlinburg u. Leipzig 1837, 83 S., 1 Taf., 8°.

de la Maisonfort, Marquis, l'Abeille, ou le Journal littéraire et politique de Bronsvic. 8. Braunschw. 795. ... (vergl. *Abeille.*)

de la Maisonfort, Marquis, s. Etat réel.

— Tableau politique de l'Europe depuis la bataille de Leipsic, gagnée le 18. Octbr. 1813. gr. 8. London 814. (Brockhaus in Leipz.) 9 gr. — Dass. deutsch. Auch u. d. T.: Politisches Gemälde v. Europa nach d. Schlacht bei Leipzig d. 18. Octbr. 1813; aus d. Französ. Mit Anmerkk. u. einer Frage: Was hofft Europa seit dem 3. April 1814? gr. 8. Deutschland. (Ebd.) 814. 12 gr.

Maispflanze, die, in ihrer vollen Verwerthung. 12. (94 S.) Wien, Hof- & Staatsdruckerei. 1863. 40 kr.

Maispflanze, die, in ihrer vollen Verwerthung. Wien 863. (Leipzig, Denicke.) 8. (94 S.) n. 10 *ngr.*

Maiss, Eduard

Maiss Dr. E.: Die Allotropie des Goldes. 11. Prag R. II. 87.
Progr.

Maiss, Ed., Aufgaben üb. Elektricität u. Magnetismus. Für Studierende an Mittel- u. Gewerbeschulen, zum Selbstudium f. angeh. Elektrotechniker, Physiker u. a. gr. 8. (V, 159 S. m. 58 Fig.) Wien 893. A. Pichler's Wwe. & Sohn. n. 2. 40

Maiss, Ed., Aufgaben üb. Wärme einschliesslich der mechan. Wärmetheorie u. d. kinet. Theorie d. Gase. Für Studier. an Mittel- u. Gewerbeschulen, z. Selbststudium f. angeh. Techniker, Physiker u. a. M. 29 Fig. im Text. gr. 8. (V, 118 S.) Wien 898. A. Pichler's Wwe. & Sohn. n. 2. 40

Maiss Dr. E.: Die Entwicklung der Lehre von der Dispersion des Lichtes. 41. Prag R. II. 81. Progr.

Maiss, E., die Entwickelung der Lehre v. der Dispersion d. Lichtes. gr. 8. (41 S. m. eingedr. Fig.) Wien 885. (Pichler's Wwe. & Sohn.) n. — 90

Maiss, Eduard, Hilfsbuch zur Naturlehre, s.: Höfler, Alois.

— Hilfsbuch zur Physik, s.: Höfler, Alois.

Maiſs, Eduard Zur Lehre von den krummlinigen Bewegungen eines materiellen Punktes. 8 (S. 3—24).
Progr. K. k. Oberrsch. in d. II. Bezirke *Wien* 1893.

— Naturlehre, ſ.: Höfler, Alois.

- Physik, s.: Höfler, Alois.

— s.: Vierteljahrsberichte d. Wiener Vereines zur Förderg. d. physikal. u. chem. Unterrichts.

— 2 volksthümliche Vorträge üb. das Telephon. [Aus: „Volksbildungsblätter des Allgem. n.-ö. Volksbildungsvereines".] 8. (32 S. m. 20 Fig.) Wien 894. (G. Szelinski.) n. — 50

Maiss, Edwin *Reinhard* [pr. Arzt aus Schlesien]: Zwanzig Fälle von Placenta praevia aus der Greifswalder geburtshülflichen Klinik und Poliklinik ... Greifswald, Druck v. J. Abel, 1894; 27 S. 8.
Greifswald, Med. Fak., Inaug.-Diss. v. 14. Aug. 1894

Maiſs, K., Muſter-Sammlung alter Leinen-Stickerei, ſ. Schulze, H.

Maiss, Karl [pr. Arzt]: Ueber spastische Bewegungsstörungen bei Microcephalie ... Breslau, Schles. Volkszeitgs-Buchdr., 1896; 23 S., 2 Bl., 1 Taf. 8.
Breslau, Med. Fak., Inaug.-Diss. v. 20. Juni 1896

Maiss, Karl, üb. spastische Bewegungsstörungen bei Microcephalie. Diss. gr. 8. (26 S.) Breslau 896. (Schletter.) n. — 70

Maiss, Reinhard. (geb. Krotfeld in Schles. 5. 4. 1840): De typhlitide stercorali. Berolini (1863). (31 S.) 8°
Berlin, Med. Diss. v. 5. Aug. 1863

Maiſſemy, ſ. Fouquer.

Maiſſemy, Fouquer, de, Vortheile e. ſchwächl. Körperbaues, ſ. Vortheile.

„Maiſſes", ein holbes Hündert Meter. [Jüdiſche Schwänke u. Anekdoten.] Verſchliſſen von Abraham, Jſak u. Jakobſohn. gr. 16. (40 S. m. eingedr. Chemitypien.) Wien 879. Neidl. n. — 40

Maissiat. Tables portatives de projections et de verticales. Aachen (1808). 8°.

Maissiat, Jaques, Annibal en Gaub. gr. 8. (XVI, 418 S.) Paris 874. Didot & Co. n. 8. —

Maiſsim un Schnokes vun e Handelewos. Pinkel. Nr. 1—4. Tiſchre 5606. (Schebat 5606.) Tammus 5606. gr. 8. Leipzig 845, 46, Muſeum. à 1/6 ₰

Maiſſim un Schnokes verzählt vun einem meſchugenen Cochem. Jüdiſche Schnaken und Schnurren von Maier Dav. Purimſpieler. Wien 864. Markgraf. 8. (108 S. m. Holzſchn.) n. 6 ngr.

Maissurianz, Samson, experimentelle Studien über die quantitativen Veränderungen der rothen Blutkörperchen im Fieber. Inaugural-Dissertation. gr. 8. (46 S. mit 17 graph. Stnt.) Dorpat 882, (Schnakenburg's Verlag.) *

Maister, Andr.: Die Vokalverhältnisse der Mundart im Burggrafenamte. – Meran, Progr. 1864.

Maister, G., panegyricus Franc. et M. Theres. August. fol. Vien. Trattner. 756.

Majstorović, Ljubomir T., aus Azanja (Serbien): Tötungsverbrechen des serbischen Strafgesetzbuches im Vergleich mit dem Reichsstrafgesetzbuch. *Freiburg i. B. 1902: H. Epstein.* (106 S.) 8°
Freiburg i. B., Rechts- u. staatswiss. Diss v. 1902

[de **Maistre**:] M a r i e A n t o n i e. Erzherzoginn von Österreich, Königinn von Frankreich; oder Ursachen und Schilderung der Revolution. Aus dem Französischen des Chevalier M. o. O. 1794. 8°

MAISTRE, Anton Joseph (Gebweiler): Ueber den Kropf.- München: Wild 1842. 28 S.,1 Bl.
24.1.1842 - Urk (= Maister; Titel: De struma.); F 66 (= Maister)
Diss. Ingolst.-Landsh.-Mchn.

Maiſtre, B. Le, ſ. Le Maiſtre.

Maistre, J. Dr. „De l'enseignement de la langue française dans les écoles techniques". pg. 3—8. 4°. Dr. C. Wolf & Sohn.
München, Progr. 1861/62

Maistre, Joseph (Marie) de

De Maiſtre, Joſ. Maria Graf, Abendſtunden zu St. Petersburg oder Geſpräche über das Walten der göttlichen Vorſicht in zeitlichen Dingen. Mit einem Anhang über die Opfer. Aus dem Franzöſ. überſetzt von M. Lieber und mit Beilagen begleitet von Dr. C. J. H. Windiſchmann. Zwei Teile. Erſter Teil mit dem Bildniſſe des Verfaſſers. Frankfurt, Andreä, 1824, gr. 8°.

Maiſtre, Graf Joſ. v., Briefe an e. ruſſ. Edelmann üb. d. ſpan. Inquiſition. A. d. Franz. überſ. von M. v. S. gr. 8. (6½ B.) Mainz 836, Kirchheim, Schott u. Thielmann.

Maiſtre, J. de, fünf Briefe an den Grafen von Raſumowsky über den öffentl. Unterricht in Rußland, ſ. Briefe.

De **Maiſtre**, Joſephe. Geſpräch über den Krieg, hrsg. von Eugen von Breza. Berlin 1850. 35 S. 8.

Maistre, Jos. de, Gespräch über den Krieg. Aus den petersburger Abenden. Hrsg. von Eug. v. Breza. gr. 8. (35 S.) Berlin 851, Rocca. *

Maistre, Joseph de: G e s p r ä c h e über den Krieg. Aus den Petersburger Abenden. Hrsg. von E. v. Breza. 8. Berlin 1853.

De Maiſtre, Joſ. Maria Graf v., Von der gallikaniſchen Kirche. Aus dem Franzöſ. überſ. von Moritz Lieber. Frankfurt a. M., Andreä, 1824, gr. 8°, 4 Mk.
De l'Église Gallicane dans son rapport avec le souverain Pontife pour servir de suite à l'ouvrage intitulé: Du Pape. Lyon 1821. Hurter, Nomencl. III, 730 (2. Aufl.): Opus praecellens, in quo (auctor) ostendit, quid clero illi (Gallicano) alioquin generoso et operoso praestandum sit, ut condigne respondeat suo muneri veramque consequatur gloriam et libertatem. Vgl. Katholik 1823, Bd. 10 S. 75–94. Haller, Jahrbb. der Litteratur Bd. 16, S. 38—53. In der deutſchen Übertragung Bd. 3 der „Geſamm. Werke".

De Maiſtre, Graf Joſ. v., Vom Papſte. Aus dem Franzöſ. überſetzt von Moritz Lieber. Frankfurt a. M., Andreä, 1822, gr. 8°, 2 Bde, XLVIII, 405 u. XXVII, 284 S.
Du Pape. Lyon 1818, 8°, 2 Bde: 2. Aufl. 1821; 1830; 8. Aufl. 1845;

Maistre, Joseph de: „Essai sur le principe général des constitutions politiques et des autres institutions humaines", Paris 1814. — Deutsch u. d. T.: „Des Grafen Joseph de Maistre, weiland königlich sardinischen Staatsministers, Versuch über Ursprung und Wachsthum der politischen Konstitutionen und anderen menschlichen Einrichtungen. Aus dem Französischen von Albert von Haza", Naumburg 1822 (Bürger).

— Verſuch üb. Urſprung u. Wachsthum d. polit. Conſtitutionen u. andern menſchl. Einrichtungen; aus d. Franzöſ. v. A. v. Haza. gr. 8. Naumb. 823. Bürger. (Wohlbrecht in Leipz.)

de Maistre, (J. Graf,) Werke. Herausgeg. v. M. Lieber. 1r u. 2r Bd. Vom Papste 2 Thle 822. 2 Rthl. 8 gr. 3r Bd. A. u. d. T.: von d. gallican. Kirche in ihren Verhältnissen zu dem Kirchenoberhaupte, c. Forts. des Werkes v. Papste 823. 1 Rthl. 8 gr. 4r u. 5r Bd. — A. u. d. T.: Abendstunden zu St. Petersburg, oder Gespräche über d. Walten d. göttl. Vorsicht in zeitl. Dingen. Aus d. Französ. übers. v. M. Lieber u. mit Beil. v. Dr. C. J. H. Windischmann. 2 Thle. Mit d. Verf. Bildn. 824. 4 Rthl. 8 gr. gr. 8. Frankfurt, Andreä.

Maistre, Xavier de

—— Sein Leben u. seine Werke, s. Ungewitter, Wilh.

— der Aussätzige von Aosta, s. Aussätzige.

Maistre, Xavier de. Der Aussätzige v. Aosta, s. Meyer's Volksbücher.

v. Maistre, Graf Xav., der Aussätzige von Aosta. Nach dem Französ. Neu übersetzt. 8. Hamburg 841. Lüneburg, Engel. n. 1/6 ₰

Maistre, Xavier Comte de. Der Aussätzige von Aosta. Nach d. Franz. ... Hamb. 1841. V: *Schirges, Georg Gottlieb.* (schr)

Maistre, Xavier de, Erzählungen (Reise um mein Zimmer. Nachtfahrt um mein Zimmer. Der Aussätzige v. Aosta), s.: Bibliothek der Gesammtlitteratur d. In- u. Auslandes.

de Maistre, Graf X., Erzählungen; aus d. Französ. v. Kreisrath Schnetzler. 8. Freiburg 826. Fr. Wagner. 21 gr

— die Gefangenen im Kaukasus, s.: Meyer's Volksbücher.

Maistre, Graf X. de, die Gefangenen im Kaukasus. — Der Aussätzige von Aosta, s. Universal-Bibliothek Nr. 880.

Maistre, Graf X. de, die Gefangenen des Kaukasus, s.: Unterhaltungs-Bibliothek.

Maistre, Graf Xavier de, die Gefangenen im Kaukasus, s.: Zehn-Pfennig-Bibliothek, Frankfurter. Nr. 15.

— le Lépreux de la Cité d'Aoste, s.: Auteurs français.

—— le lépreux de la cité d'Aoste, s. Prosateurs français.

— le même, s.: Sammlung franz. Lesestücke.

— dasselbe, s.: Schulbibliothek, französ. u. engl.

Maistre, X. de, nouvelles, s.: Collection d'auteurs français.

Maistre, X. de, Oeuvres choisies, s. Bibliothèque française, par Ch. Zoller.

de Maistre, Xavier, oeuvres complètes, s.: Bibliothèque choisie de la littérature Française.

Maistre, Xavier de, Oeuvres complètes. Nouv. Édit. 8. (280 S.) Leipzig 847, [Brockhaus.]

—— Prascovie, s. Bibliothèque française.

—— Prascovie ou la jeune Sibérienne, s. Sammlung französischer Lesestücke.

Maistre, Xavier de, Prascovie ou la jeune Sibérienne. Hrsg. mit Vocabulaire, Répétiteur und Questionnaire von F. W. Körbitz. 2. Aufl., revid. von Gust. Jacquin. 8. (IV, 104 S.) Dresden 885, Ehlermann. *

—— dass. — s. Bibliothek gediegener und interessanter französischer Werke.

— les prisonniers du Caucase, s.: Auteurs français.

— les prisonniers du Caucase, s.: Bibliothèque Française, tome 11.

—— les prisonniers du Caucase, s. Prosateurs français.

— les prisonniers du Caucase u. le lépreux de la cité d'Aoste. Erklärt von Dickmann. gr. 8. (80 S.) Berlin 879. Weidmann. — 75

—— Les prisonniers du Caucase. — La jeune Sibérienne. Nouv. édit. 12. (159 S.) Berl. 890, Neufeld u. Henius. 1 20

— die Reise um mein Zimmer, s.: Meyer's Volksbücher.

Maistre, Graf X. de, die Reise um mein Zimmer, s. Universal-Bibliothek Nr. 640.

Maistre, Xavier de, la jeune Sibérienne, hrsg. v. Heinr. Saure, s.: Auteurs français modernes. I.

—— la jeune Sibérienne, s. Collection d'auteurs français.

— la jeune Sibérienne, s.: Prosateurs français.

— la jeune Sibérienne. Erklärt von Otto Dickmann. gr. 8. (84 S.) Ebend. 879. — 75

— la jeune Sibérienne. Zum Schul- u. Privatgebrauch hrsg. v. J. Bauer u. Th. Link. Mit questionnaire u. Karte. gr. 8. (IV, 126 S.) München 890. Lindauer. n. 1.20

— die junge Sibirierin, s.: Meyer's Volksbücher.

Maistre, Xavier de, die junge Sibirierin, s.: Schaffstein's Volksbücher f. die Jugend.

— die junge Sibirierin, s.: Universal-Bibliothek.

— die Sibirierin, s.: Unterhaltungs-Bibliothek.

—— die junge Sibirierin. Aus dem Französ. von Aug. Pinel. gr. 12. (VI und 96 S.) Bonn 856, (Henry und Cohen.) **

Xavier de **Maistre**. Die junge Sibirierin [La jeune Sibérienne]. Die Gefangenen des Kaukasus. Aus d. Franz. übers. von J. Dott. Münster i. W.: Aschendorff [1909]. 102 S. 8°
(Unsere Erzähler. Buch 20.) [10. 3875

— dasselbe. Die Gefangenen des Kaukasus, s.a. Erzähler, unsere.

—— Voyage autour de ma chambre und Expédition nocturne autour de ma chambre. Mit Erläuterungen und einem Wörterbuch für den Schul- und Privatgebrauch hrsg. von C. Th. Lion. 8. (VI, 156 S.) Leipzig 882, Baumgärtner's Buchh. geb.

— Voyage autour de ma chambre. Nouv. édit. 12. (131 S.) Berl. 890. Neufeld u. Henius. 1 20

Maitag, s. Maytag.

Maitag, Der, mit Fanny; eine Rhapsodie. Halberstadt 1795. V: *Rassmann, Christian Friedrich.* (MGT) (Ky)

Maitag, der selige. [Eine wahre Geschichte.] Hrsg. von der Wupperthaler Traktat-Gesellschaft. gr. 16. (32 S.) Barmen 876, Wiemann. *

Maitag, Der verlorene. [Tübingen 1798.] V: *Helwig, Amalie von geb. Freiin von Imhoff.* (NN)

MAJTÉNYI, ANTON VON KESSELÖKEÖ: Empfindungen der hohen Verehrung bei der Consecration des Hochw. Herrn Anton Majthényi von Kesselökeö zum Suffragan in Pontificalibus des Erzbischofs in Gran zum Centaurer Weihbischof . . . den 21. März 1841. Ausgeprochen von C. B. R. Gran 1841: Buchdruck v. Joseph Beimel. 2 f. - 4°

MAJTENYI, Desidér: Die Papstwahl mit besonderem Bezug auf das ius exclusivae von 1700 bis auf die Gegenwart. — (1909) 112 Bl. 4° (Handschr.)
Diss. Wien, Univ. Diss. 763

Maithal, Narcis, Mücken. (Gedichte.) 8. Leipzig 844, Weygand'sche Buchh. (Grätz, Kienreich.) 1 ₰

Maithstein, s. a. Wildner, Edler v. Maithstein.

v. Maithstein, Ign. Wildner, Edler, s. Jurist, der, eine Zeitschrift.

Maittisch, Ferd., Commentar zum österreichischen allgemeinen bürgerlichen Gesetzbuche, s.: Kirchstetter, Ludw. Ritter v.

Maitland, Klara, s: Bachem's Jugend-Erzählungen. Bd. 1.

Maitland, Clara. Aus dem Leben eines Kindes. Köln 860. Bachem. 12. (IV, 156 S.) 10 ngr.

Maitland, Clara. Erzählung aus dem Leben e. jungen Mädchens. 2. u. 3., durchgeseh. Aufl. 12. (V, 152 S.) Köln 891. 894. J. P. Bachem. Kart. n. 1. 20

Maitland, Clara. Erzählung aus dem Leben e. jungen Mädchens. 5. Aufl. M. 4 Bild. v. M. Simrock-Michael. 12. (134 S.) Köln 897. J. P. Bachem. Kart. n. 1. 20

Des [Charles] Maitlands [Maitland: Account of inoculating the small-pox. Deutsch:] bewährte Einpfropfung der Blattern, zu Widerlegung der von d. Doctore Wagstaff u. Herrn Massey wider diese Cuhr verfertigten Schrifft ... hrsg. Nebst des [Charles] Maitlands ersterem Bericht von dieser Cuhr (Erster Bericht von der Einpfropfung der Blattern ... [First Account of inoculating the small-pox. Deutsch:]) Beydes ... aus d. Engl. übers. ([Übers.:] F C Weber.) Bremen: Grimm 1725. 110,54 S. 8°

Maitland, Frances, in der alten Heimat. Erzählung. Berechtigte Übertragg. v. A. Brandt. (472 S.) 8. Graz 909. C. J. Oehninger. 4.—; geb. in Leinw. 5. —

Maitland, Frederick Lewis

Maitland, Capitain F. L., Buonaparte's Ankunft u. Aufenthalt auf dem. k. großbritann. Schiffe Bellerophon; nebst genauen Nachrr. üb. Alles, was sich v. 24. Mai bis zum 8. Aug. 1815 zugetragen hat; aus d. Engl. gr. 8. Hamb. 826. Campe. 20 gr.

— dass. unt. d. T.: Napoleon auf dem Bellerophon; aus d. Engl. übers. u. als Nachtrag zu d. Tagebuche d. Grafen Las Cases hrsgg. v. W. A. Lindau. Mit 1 Karte der Rade des Basques u. der Einfahrten des Hafens v. Rochefort. gr. 8. Dresd. u. Leipz. 826. Arnold. 16 gr.

— Napoleon auf dem Bellerophon; aus d. Engl. übers., mit Anmerkk. u. Erläuterr. v. ****s. gr. 12. Frankf. 826. Wesché. 16 gr.

— dass., s. auch: Unsre Zeit. Außerord. Heft. No. 1.

Maitland, James, Earl of Lauderdale

(Maitland, J.) Earl of Lauderdale: „Ueber Nationalwohlstand", aus dem Englischen übersetzt, Berlin 1808.

Maitland, M., passages in her life, s. Collection of British authors.

Maitland, R. T., descriptio systematica animalium Belgii septentrionalis adjectis synonymis nec non locis in quibus reperiuntur, secundum classificationem Jni. van der Hoeven disposita. Pars I. [Animalia Radiata et Annulata Cuvierii.] A. u. d. T.: Systemat. beschryving der dieren, welke in Noord-Nederland of aan deszelfs kusten vorkomen, mit bijvoeving van derzelver synonymen, benevens der plaatsen waar dezelve gevonden zyn; gerangschikt naar J. van der Hoeven's handboek der dierkunde. (2. uitgave.) gr. 8. (XXXVIII u. 234 S.) Lugduni Bat. 851. (Rotterdam, Baedeker.) n. n. 1 ₰ 26 ngr

Maitland, S. R., das künftige Schicksal Israels; aus d. Engl. gr. 8. Berl. 830. (Logier). 2 gr.

Maitland, S. R., das künftige Schicksal Israels. 8. Berlin... (Wohlgemuth.) 1/6 ₰

Maitrank. Neue Lieder . . . Paris 1844. V: *Hoffmann genannt von Fallersleben, August Heinrich.* (GGr)

Maitrank, der, woraus er gewonnen und wie er zubereitet werden müsse, um seine wunderbare Wirkung zur Belebung der Körper- und Sinnenthätigkeit auszuüben. Als freundliche Frühlingsspende allen Nervenschwachen, Trübsinnigen, Lebensmüden u. Feinschmeckern gewidmet. (853.) — 6. verb. Aufl. Mit 1 naturgetreuen (lith.) u. color. Abbildung der Pflanze „Waldmeister". Wien (854.) Dirnböck. 8. (23 S.) 6 ngr.

Mâitrâyanî Saṃhitâ, hrsg. von Leop. v. Schroeder. Gedr. auf Kosten der deutschen morgenländ. Gesellschaft. 1. und 2. Buch. gr. 8. (XLVI, 173; X, 169 S.) Leipzig 881,83, (Brockhaus' Sortiment und Antiq.) à Buch *M 8. *

Mâitrâyanî Saṃhitâ, hrsg. von Leop. v. Schroeder. 3. und 4. Buch. (Schluss.) Gedr. auf Kosten der deutschen morgenländ. Gesellschaft. gr. 8. Leipzig, (Brockhaus' Sortiment und Antiqu.) [3. Buch. (IV, 192 S.) 885. *M 8.—.; 4. Buch. (VI, 312 S.) 886. *M 12.—.] *
1. und 2. Buch. Ebendas. 1881,83. à *M 8.–.

Maître [Sachl. OW]

MAITRE de Danse oder Tanz-Meister, welcher lehret, wie ein Täntzer, so die Fundamenta gefasset, ohne Hülfe sich selbsten die gebräuchlichen Französischen Täntze beybringen könne. Glückstadt u. Leipzig, Gotthilff Lehmann, 1705. 4°. (25 Mk. Völcker, Frf. a. M., 1891.)
Das Frf. Fast. M. V. 1705, Bl. F 2 b, nennt als Verfasser *J. H. P.* — Sehr rar!

Maître, le, français. — The English teacher. Französisch-engl. Lern- u. Übungsblatt insbesondere f. alle, welche in der Schule Französisch u. Englisch gelernt haben. Hrsg. v. H. P. Junker. 1.—3. Jahrg. Oktbr. 1892—Septbr. 1895. à 24 französ. u. 24 engl. Nrn. (Bog.) gr. 8. Leipzig, Renger. à Jahrg. n. 6. —; franz. od. engl. Thl. allein à Jahrg. n. 4. —

Maître, le, français. — The English teacher, Fortsetzg., s.: Journal english-français f. deutsche Leser.

le Maitre de langue allemande, nouvelle Grammaire allemande, méthodique et raisonnée d'après J. G. Gottsched, J. C. Adelung et aut. grammairiens distingués. 18e édition corr. et augmentée. gr. 12. Strassb. 824. Levrault. 1 ꝑ

Maître, le, de langue allemande. Nouvelle Grammaire allemande, méthodique et raisonnée, à l'usage des collèges de France: d'après J. C. Gottsched, J. C. Adelung et autres gramairiens distingués, 20e édit., corrigée et augmentée. (Mit 1 Blatt Vorschriften.) gr. in-12. Paris et Strasbourg 836. Levrault. 1 ꝑ

Maître, le, de Musique. Coméd. p. Baurans. 8. Dresde, Walther. 765.

— le nouveau allemand, ou Grammaire allemande pratique. 12. Wien 810. (Armbruster). 16 gl

— allemand, le nouveau, ou Grammaire allemande pratique etc. 12. Vien. Degen. 810.

Maître, le nouveau, de langue, ou critique des livres franç. 8. Berl. 796.

Maître Pierre, ou le savant de Village. No. 1. Entretiens sur la physique; par C. P. Brard. 18. Strasbourg 831. Levrault. 1/6 ꝑ

— No. 2. Entretiens sur l'astronomie; p. Lemaire. 831. 1/6 ꝑ

— No. 3. — sur l'industrie; par Brard. 832. 1/6 ꝑ

— No. 4. — sur la mécanique; par A. Penot. 832. 5 gl

— No. 5. — sur l'histoire; par M. L. H. 832. 1/6 ꝑ

— No. 6. Histoire popul. des français; par A. L. Buchon. 832. 5 gl

— No. 7. Entretiens sur la chimie; p. A. Penot. 832. 1/6 ꝑ

— No. 8. — sur le calendrier; par J. Boeckel et A. L. Buchon, avec planches. 833. 1/3 ꝑ

— No. 9. — sur l'éducation; par Maeder, 832. 1/6 ꝑ

— No. 10. — sur la langue franç.; p. L. M. C. 833. 1/6 ꝑ

— No. 11. — sur la géographie; par St. Germain, avec cartes. 834. 3/8 ꝑ

— No. 12. — sur la géographie de la france; par le même, avec cartes. 834. 3/8 ꝑ

— No. 13. — sur la musique; par Le Dhuy. 834. 1/6 ꝑ

— No. 14. — sur les préjugés populaires; par Maeder. 834. 1/6 ꝑ

— No. 15. — avec ses petits amis; par X. Marmier. 834. 1/6 ꝑ

— No. 16. — sur l'art de bâtir à la campagne; par Brard 834. 1/6 ꝑ

Maître Pierre, ou le savant de Village. No. 17. Entretiens sur Franklin; par Saint-Germain. 835. 5 gl

— No. 18. — sur la physiol.; p. le Dr. Cerise. 835. 1/6 ꝑ

— No. 19. — sur la botanique; par le Prof. Fée. avec planches. 835. 1/3 ꝑ

— No. 20. — sur la l'hygène; par Chambeyron. 835. 1/6 ꝑ

— No. 21. — sur la géométr.; p. Sarrus, av. fig. 835. 1/3 ꝑ

— No. 22. — sur les animaux domestiques; p. Lacauchie, 835. 1/6 ꝑ

— No. 23 Notions sur l'agriculture; par V. Rendu. 835. 5 gl

— No. 24 Entretiens sur les inventions utiles; par Saint-Germain. 836. 5 gl

— No. 25. — sur la navigation; par L. M. C., avec fig. 836. 5 gl

— No. 26. Elémens de géologie; par M. 836 5 gl

— No. 27. Entretiens sur les Voyages de découvertes; par Saint-Germain, avec cartes. 836. 3/8 ꝑ

— No. 28. — sur l'histoire de la révolution française; par Saint-Germain. 836. 3/8 ꝑ

— No. 29. — sur la morale; par L. Delcasso. 836. 1/6 ꝑ

— No. 30. — sur la Zoologie; par A. L. Fée. Mit 2 Steintafeln. 836. 1/3 ꝑ

— No. 31. — sur les animaux venimeux et sur les végétaux nuisibles; par H. Quenot. Mit 4 Steintaf. 836. 1/3 ꝑ

— No. 32. — sur l'histoire ancienne; par Saint-Germain. 837. 3/8 ꝑ

— No. 33. — sur la Zoologie. Mammifères; par M. A. Lereboullet. Mit 2 Steintaf. 837. 1/3 ꝑ

— No. 34. — sur la Minéralogie; p. A. Ysabeau 837. 5 gl

— No. 35. — sur les principaux personnages célèbres de la France, depuis les premiers temps de la monarchie jusqu'à la révolution de 1789; par L. M. C***. 837. 5 gl

— No. 36. — sur la Zoologie. Oiseaux; par A. L. A. Fée. Mit 3 Steintaf. 837. 1/3 ꝑ

— No. 37. — sur l'histoire du moyen age; par Saint-Germain-Leduc. 838. 5/12 ꝑ

— No. 38. — sur le système metrique; par M. A. Bonnaire. Mit 1 Steintaf. 838. 1/6 ꝑ

— No. 39. — sur les plantes utiles à l'homme; par D. B. J. L. Millot. 838. 1/4 ₰

— No. 40. — sur l'histoire moderne; par Saint-Germain-Leduc. 839. 3/4 ₰

— de Plaisir, der unerschöpfliche, oder die Kunst, in allen Jahreszeiten im Freyen und zu Hause, so wie an allen nur denkbaren Freudentagen Partieen anzuordnen 2c. 2te Aufl. 8. Sondershausen, Voigt. 820.

Maitre de Plaisir, der unerschöpfliche, enthaltend d. besten Spiele, Lieder, Declamir- u. Kunststücke, Räthsel 2c. 4e Aufl. 12. Ilmenau 824, Voigt.

Maitre de Plaisir, d. unerschöpfl., od. d. Kunst in allen Jahreszeiten im Freien u. zu Hause, so wie an allen nur denkbaren Freudentagen die unterhaltendsten u. belustigendsten Partien anzuordnen. Enthalt. d. besten Spiele, Lieder, Declamir- u. Kunststücke, Räthsel, Charaden 2c. Ein unentbehrl. Haus- u. Handb. f. alle lebensfrohe deutsche Familien. 5. u. 6., mit vielen neuen Spielen u. Kunststücken verm. u. sehr verb. Aufl. (18½ B. u. 1 Tab. 4., u. 19⅙ B.) 12. Ilmenau 832, 34, [Weimar,] Voigt. à

Maitre de Plaisir, der unerschöpfl., od. d. Kunst, in allen Jahreszeiten, im Freien u. zu Hause, so wie an allen nur denkbaren Freudentagen die unterhaltendsten u. belustigendsten Partien anzuordnen. Enthalt. d. besten Spiele, Lieder, Declamir- u. Kunststücke 2c. 7., mit vielen neuen Spielen, Kunststücken u. Liedern verm. u. sehr verb. Aufl. 12. (21½ B.) Weimar 839, Voigt.

— der unerschöpfliche, oder die Kunst, in allen Jahreszeiten, im Freien und zu Hause die unterhaltendsten und belustigendsten Partieen anzuordnen. Enthaltend die besten Spiele, Lieder, Declamir- und Kunststücke 2c. 1. Thl. 8. verm. u. verb. Aufl. 12. Weimar 844, Voigt. 1 ₰

— ders. 2. Thl. A. u. d. T.: Encyclopädie der Gesellschaftsspiele. 2. ganz neu bearb. Aufl. 12. Ebend. 844. 3/4 ₰

Maitre de plaisir, der unerschöpfliche, oder die Kunst, in allen Jahreszeiten, im Freien u. zu Hause, sowie an allen nur denkbaren Freudentagen, die unterhaltendsten u. belustigendsten Partien anzuordnen. Enthltd.: Die besten Spiele, Lieder, Declamir- u. Kunststücke 2c. Ein unentbehrliches Haus- u. Handbuch für alle lebensfrohe Familien. 2. Thl. A. u. d. T.: Encyclopädie der Gesellschaftsspiele. Ein Handbüchlein für lebensfrohe Familien, welche Munterkeit u. Scherz mit Anstand u. Sitte zu verbinden wünschen 2c. 3. ganz neu bearb. Aufl. mit vielen Vermehrungen von Ludw. v. Alvensleben. Weimar 858. Voigt. 12. (XXX, 426 S.) 22½ ngr.

Maitre de plaisir, der unerschöpfliche, oder die Kunst, in allen Jahreszeiten, im Freien und zu Hause, sowie an allen nur denkbaren Freudentagen, die unterhaltendsten und belustigendsten Partieen anzuordnen. Enthaltend die besten Spiele, Lieder, Deklamir- und Kunststücke 2c. Ein unentbehrliches Haus- und Handbuch für alle lebensfrohe deutsche Familien. 1. Thl. 9., umgearb. und mit vielen neuen Spielen, Kunststücken 2c. verm. u. verb. Aufl. Weimar 860. Voigt. 12. (XX, 451 S.) 1 ₰

Maitre de plaisir, der unerschöpfliche, oder die Kunst, in allen Jahreszeiten, im Freien und zu Hause, sowie an allen nur denkbaren Freudentagen die unterhaltendsten und belustigendsten Partieen anzuordnen. Ein unentbehrl. Haus- und Handbuch für alle lebensfrohe deutsche Familien. 9., verm. und verb. Aufl. (2., unveränd. Abdr.) 12. (XX und 451 S.) Weimar 865, Voigt.

—— dass. — 2. Thl.: Encyklopädie der Gesellschafts-Spiele. Ein Handbüchlein für lebensfrohe Familien, welche Munterkeit und Scherz mit Anstand und Sitte zu verbinden wünschen. 4., verm. und verb. Aufl. von Ludw. v. Alvensleben. 12. (XXIV und 369 S.) 12. Ebendas. 865.

Maitre de Plaisir, der unerschöpfliche, od. die Kunst in allen Jahreszeiten, im Freien u. zu Hause, sowie an allen nur denkbaren Freudentagen, die unterhaltendsten und belustigendsten Partien anzuordnen. Enth. die besten Spiele, Lieder, Deklamir- u. Kunststücke 2c. Ein unentbehrl. Handbuch f. alle lebensfrohen deutschen Familien. 9., verm. u. verb. Aufl. 2. Thl. A. u. d. T.: Encyklopädie der Gesellschafts-Spiele. Ein Handbüchlein f. lebensfrohe Familien, welche Munterkeit u. Scherz m. Anstand u. Sitte zu verbinden wünschen. Von Ludw. v. Alvensleben. 10. Aufl. 8. (XX, 376 S.) Weimar 871. B. F. Voigt. 2. 25.

Maitre de plaisir, der unerschöpfliche. 10. Aufl. 8. Weimar 871. Leipzig, Licht und Meyer.

—— dass. — 2. Thl.: Encyclopädie der Gesellschafts-Spiele. Ein Handbüchlein für lebensfrohe Familien, welche Munterkeit und Scherz mit Anstand und Sitte zu verbinden wünschen. Von Ludw. v. Alvensleben. 5. Aufl. 1871. ℳ 2,25., und 6. Aufl. 8. (XXIV, 377 S.) Ebendas. 874.

— dasselbe. 11. Aufl. 8. (XX, 376 S.) Ebend. 874. 3. —

Maitre de plaisir, der unerschöpfliche, oder die Kunst, in allen Jahreszeiten, im Freien und zu Hause, sowie an allen nur denkbaren Freudentagen die unterhaltendsten und belustigendsten Partien anzuordnen. Enth. die besten Spiele-, Lieder-, Deklamir- und Kunststücke 2c. Ein Haus- und Handbuch für alle lebensfrohe deutsche Familien. 2. Thl. A. u. d. T.: Encyclopaedie der Gesellschafts-Spiele. Ein Handbüchlein für alle lebensfrohe Familien, welche Munterkeit und Scherz mit Anstand und Sitte zu verbinden wünschen, von Ludw. v. Alvensleben. 7. Aufl. 8. (XX, 378 S.) Weimar 878, B. F. Voigt.
1. Thl. Ebendas. 1874. ℳ 3.

Maitre de Plaisir, der vollkommene. — A. u. d. T.: Neuestes Taschen-Complimentirbuch. Ein Wegweiser für Personen beiderlei Geschlechts, welche in allen Verhältnissen des Lebens mit Anstand und Würde auftreten und durch ein wohlgefälliges Betragen die Liebe und Achtung der Welt sich erwerben wollen. 16. Magdeburg 842, Baensch. 3/4 ₰

Maître [Verfasser]

Maitre, J., die Schälung aller Arten Rinden, s. Schälung.

Maitre, J. H. le, Sermons sur div. Text. de l'Ecrit. sainte. 8. Lemgo. 737.

Maitre, L. A., vereinfachte Lehr-Methode der französischen Sprache übers. von v. Hoym. Leipzig 853. Herbig. gr. 8. (56 S. u. 5 Tab. in 4.) 20 ngr.

Maitre, R. L. B., pratiques de piété ou entretien spirituel pour tous les jours de l'année. IV Part. 8. Wien 760. Trattner. 1 ₰ 6 ℊ

(Maître de La Tour.) Geschichte Hyder Ally Khans, Nabob von Bahadur. Deutsch mit Anm. von M. Chr. Sprengel. 2 Bde. 8. Halle 1784. 86. — 2 Bde. 8. Weimar 1801.

Maître-Jan, Antoine: Tractat von den Kranckheiten des Auges, nebst den dazu erfoderten Genees-Mitteln... (Traité des maladies de l'oeil et des remèdes propres pour leur guérison. Dt.) Von Hn. Jan Palfyn...ins Holländische gebracht, und sowohl mit den Untersuchungen der Herren von der Königlichen Academie der Wissenschaften zu Paris, von der wahren Beschaffenheit des Staares, als auch einem...Schreiben des...Hn. (John Thomas) de Woolhouse an Hn. Palfyn, von eben dieser Materie...ingleichen mit verschiedenen eigenen Anmerckungen...vermehret. Nunmehr...aus dem Französischen und Niederländischen ins Hoch-Teutsche übersetzt. 516 S., gbd., Abb.
Nürnberg: Wolrab 1725

Maitre-Jan, A., v. Krankh. d. Auges, a. dem Franz. 4. Nrnb. Endter. 725.

Antoine Maitrejean

Des Antoine Maitre- Jan [Maitrejean: Traité des maladies de l'oeil. Deutsch:] Tractat [Traktat] von den Kranckheiten des Auges, nebst den dazu erfoderten Genees- Mitteln; durch viele physicalische Experimenten erl.:... u. sowohl m. d. Untersuchungen der Herren von d. Kgl.Academie der Wissenschafften zu Paris, von der wahren Beschaffenheit des Staares als auch e. ... Schreiben... des Woolhouse an Herrn Palfyn von eben dieser Materie ([John Thomas] Woolhouse Schreiben an den Herrn Johann Palfyn v. 6. Martii anno 1714 über die Cataractam. Aus d. Franz. übers.);... Nunmehr aber... aus d. Franz. u. Niederl. ins Hoch- Teutsche übers. Nürnberg: Wolrab 1725. 489 S. 8°

Maîtres conteurs, Erzählgn. v. Alphonse Daudet, Jules Claretie, Guy de Maupassant, Franç. Coppée, Jules Lemaître, hrsg. v. J. Hengesbach, s.: Schulbibliothek französ. u. engl. Prosaschriften. I, 33.

Maitresse, die,. Lustsp. in 5 A. v. G. E. Lessing. 8. Berl. Voß. 780.

Maitresse, die. 2 Bde. 8. Leipz. 805. Joachim. 1 ℛ 8 gℛ

Maitresse, Die. 2. . . . Aufl. Berlin [Leipz.] 1806. V: *Voss, Julius v.* [?]. (BGE)

MAITRESSE, Die. 2. verbess. Aufl. (Zahmer Roman.) 2 Thle. Berlin (Leipzig, Joachim) 1806. 8°. (4 Mk., geles. Expl., Adolf Weigel, 1905; 3 Mk. 50 Pfg. G. Priewe, 1909.)
Der erste Druck: Leipzig, Joachim, 1805. 8°. II.

Maitresse, Die. Ein tragischer Roman. Berlin 1808. V: *Voss, Julius von.* (BGE IV³, 378)

— ein tragischer Roman. Mit Kupf. 8. Berl. 808. Schmidt. 1 ℛ 12 gℛ

Maitresse, Die glückliche, oder Lebens-Beschreibung und mancherley seltsame Glücksfälle der Mademoiselle de Beleau . . . Cölln 1736. V: *Defoe, Daniel.* (BGE) (Hayn, Vorschl. zu e. Lesebibl. f. Frauenzimmer. Borna-Leipzig 1889.)

MAITRESSEN, Zwei. Budapest, E. Gerö (um 1895). 8°.
Verb. d. Ldg. Potsdam M. J. 61/97.

MAITRESSENWIRTHSCHAFT, Die, in Frankreich, unter Ludwig XIV. u. XV. 6 Abthlgn. in 2 Bdn. Stuttgart, Paul Moser, o. J. (1870). Kl. 8°. (Mk. 10—.) (6 Mk. A. Bielefeld, Carlsruhe; 3 Mk. 50 Pfg., „5 Bde. mit 3 Portraits", Ludolph St. Goar, Cat. 40.)
540 + 704 fortlaufend gez. Seiten.

Maitriya, Ananda, Buddhismus. Gesammelte Aufsätze. Deutsch hrsg. v. Karl B. Seidenstücker. 1.—6. Heft. gr. 8. Leipzig, Buddhist. Verlag. à n. — 30
1. Der Wert des Buddhismus. (19 S.) (905.) — 2. Die vier erhabenen Wahrheiten. Ein Vortrag, geh. in Colombo (Ceylon) i. J. 1901. (27 S.) (905.) — 3. Nibbâna. (28 S.) (905.) — 4. Die Transmigration od. Wiedergeburt. (32 S.) (906.) — 5. Das Gesetz der Gerechtigkeit. (31 S.) (906.) — 6. Animismus u. Gesetz. (31 S.) (906.)
Sonderabdrucke aus: „Der Buddhist".

Maitriya, (Metteyya) Ananda, Buddhismus. Deutsch v. Karl B. Seidenstücker. 7.—9. Heft. gr. 8. Leipzig, Buddhist. Verlag. à — 30
7. Die Aufnahme e. Europäers in die buddhist. Brüderschaft u. die Einführg. des Saugha im Abendlande. [Aus: „Der Buddhist."] (27 S.) 907.
8. Rechte Anstrengung. (27 S.) (910.)
9. Rechtes Leben. Eine buddhist. Laien-Predigt. [Aus: „Der Buddhist".] (22 S.) (909.)

— Im Schatten v. Shwe Dagon, s.: Bilder aus der buddhistischen Kulturwelt. I.

Maittaire, Michel

Maittaire, M., graecae lingue dialecti recognitae opera, post Reiz. aux. F. G. Sturzius. 8maj. Leipz. 807. Weigel. 3 ℛ 8 gℛ Schrbp. 4 ℛ 8 gℛ Velinp. 5 ℛ

Maittaire, M., graecae ling. dialecti recognitae. Tom. IIus, vide Sturzii, F. G., lib. de dialecto Macedonica etc.

— supplem. v. Denis.

Majunke, Herr Kaplan, in Breslau u. der Liberalismus. Von C. Kr. Breslau 869. Heidenfeld. gr. 8. (16 S.) n. 2 ngr.

Majunke, Franciscus (Josephus) *(geb. Gürkwitz in Schles. 19. 3. 1806)*: De tussi convulsiva. Vratislaviae (1832). (36 S.) 8°
Breslau, Med. Diss. v. 19. Dez. 1832

Majunke, G., Entwurf für ein Museum, s. Studien aus der Special-Schule von Th. R. v. Hansen.

Majunke, (Carolus Antonius) Gustavus *(geb. Guhlau bei Schweidnitz 30. 11. 1818)*: De arsenico. Vratislaviae (1840). (34 S.) 8°
Breslau, Med. Diss. v. 5. Dez. 1840

Majunke, Paul, Auferstehung! Eine Osterschrift. Breslau 865. (Aderholz' Buchh.) gr. 8. (13 S.) n. 2⅓ ngr.

Majunke, Paul, der „geweihte Degen Dauns" oder wie man in Deutschland Religionskriege gemacht hat. Eine histor. Untersuchung. 12. (39 S.) Paderborn 883, F. Schöningh. *

Majunke, Paul, der „geweihte Degen Dauns" oder wie man in Deutschland Religionskriege gemacht hat. Eine histor. Untersuchung. 2. mit einem Nachtrag verseh. Aufl. gr. 16. (47 S.) Paderborn 885, F. Schöningh. *

Majunke, Paul, Die päpstliche Encyklika auf der Weltbühne. Ein Zeitbild. Breslau, Aderholz, 1865, gr. 8°, IV, 48 S., 60 Pf.

— Gedanken über die kirchliche Aufgabe der Gegenwart. 2. Aufl. Breslau 869. Görlich & Coch. gr. 8. (30 S.) 4 ngr.

— Geschichte d. Culturkampfes in Preußen-Deutschland. gr. 8. (X, 572 S.) Ebend. 886. n. 6. 75

Majunke, P., Geschichte d. Culturkampfes in Preußen-Deutschland. 10. [Suppl.-]Lfg. gr. 8. (S. 573—684.) Paderborn 887. F. Schöningh. n. 1. 20 (cplt.: n. 7. 95)

Majunke, Paul. Geschichte d. „Kulturkampfes" in Preußen-Deutschland. Wohlf. Volks-Ausg. gr. 8. (IV, 284 S.) Paderb. 890, F. Schöningh. * 1 80

Majunke, Paul, Geschichte des „Kulturkampfes" in Preußen-Deutschland. Wohlf. Volksausg. 2. Aufl. gr. 8. (IV, 283 S.) Paderborn 902. F. Schöningh. n. 1. 80

[F.] Geschichtslügen. E. Widerlegg landläufiger Entstellgn auf d. Gebiete d. Geschichte m. bes. Berücks. d. Kirchengesch. [Vf.: Paul **Majunke.**] Aufs neue bearb. v. Freunden d. Wahrheit ... 14. u. 15. Aufl. '(Der ersten 11 Auflagen 'Neue Folge'.)' *Paderborn: F. Schöningh 1898.* (XVI, 532 S.) 1 Bd 8. (97. 8339

Geschichtslügen. Eine Widerlegung landläufiger Entstellungen auf d. Gebiete d. Geschichte. Aufs neue bearb. von Freunden d. Wahrheit. [Verf.: Paul **Majunke.**] 16. u. 17. Aufl. ⟨Der ersten elf Aufl. 'Neue Folge'.⟩ *Paderborn: F. Schöningh 1902.* (XVI, 489 S.) 8° [F.] [03.1657 6

Majunke, Paul, Das „evangelische Kaisertum". Zur Geschichte des preußischen Kulturkampfes. Berlin, Bidder, 1881, gr. 8°, 66 S., 1.—2. Aufl., 1 Mk.

Majunke, Paul, Confessionell oder confessionslos? Eine Antwort auf die „brennende Frage im Innern". gr. 8. (119 S.) Breslau 869. Görlich und Coch.

— die historische Kritik üb. Luther's Lebensende. gr. 8. (106 S.) Mainz 890. Kupferberg. n. 1. 50

Majunke, Paul, Louise Lateau, ihr Wunderleben u. ihre Bedeutg. im deutschen Kirchenconflicte. 2. m. e. Nachschrift verseh. Aufl. gr. 8. (III, 134 S.) Berlin 875. Verl. der „Germania". 1. 75

—- Luthers Lebensende. Eine histor. Untersuchg. 1.—5. Aufl. gr. 8. (90 S.) Mainz 890. Kupferberg. * 1 20
Vgl.: Blümel, Ernst. — Kawerau, Gust. — Kolde, Th. — Sallmann, Karl.

Majunke, Paul, Luthers Lebensende. Eine histor. Untersuchg. 5., verb. Aufl. gr. 8. (100 S.) Mainz 891. F. Kupferberg. n. 1. 20

Majunke, Paul, Luthers Lebensende nach N. Paulus. 2. Aufl. 8. (35 S.) Erfurt 898. G. A. Brodmann. n. — 60
Sonderabdr. aus: "Ut omnes unum."

Majunke, Paul, Liberalismus. Rede, gehalten im kathol. Volksverein zu Breslau am 8. Dez. 1868. Breslau, Goerlich u. Co., 1.—4. Aufl., 10 Pf. 16 S.

— gesammelte Luther-Schriften. 4 Thle. in 1 Bd. gr. 8. Ebd. Geb. in Leinw. n. 5. —
1. Luthers Lebensende. Eine histor. Untersuchg. 5., verb. Aufl. (100 S. m. Titelbild.) 891.
2. Die historische Kritik üb. Luthers Lebensende. 3. unveränd. Aufl. (106 S.) 890.
3. Ein letztes Wort an die Luther-Dichter. Nebst neuen Nachträgen. 2., verm. Aufl. (52 S.) 890.
4. Luthers Testament an die deutsche Nation. Seine letzten Schriften, seine letzten Worte u. seine letzte — That. 2., verm. u. verb. Aufl. (VIII, 285 S. m. 1 Fksm.) 892.

Majunke, Paul, Die Ohnmacht der modernen naturwissenschaftlichen „Forschung". Studien aus Büchner und Darwin. [Aus der „Germania".] Berlin, Verlag der Germania, 1876, gr. 8°, 25 S., 30 Pf.

— die Parität in Preußen. Zur Aufklärg. f. das kathol. Volk in Nord- u. Süddeutschland. [Aus „Germania."] gr. 8. (34 S.) Berlin 871. Jansen. n. — 50

— Luthers Testament an die deutsche Nation. Seine letzten Schriften, seine letzten Worte u. seine letzte — That. gr. 8. (IV, 272 S. m. 1 Fcsm.) Ebd. 891. n. 5. —

— dasselbe. 2., verm. u. verb. Aufl. gr. 8. (VIII, 284 S. m. 1 Fcsm.) Ebd. 892. n. 5. —

— Johann Tetzel, der Ablaßprediger, nach N. Paulus. gr. 8. (40 S.) Ebd. 899. n. — 40
Sonderabdruck aus: „Ut omnes unum".

—— die confessionslose Volksschule vor dem Richterstuhle der Vernunft, der Geschichte und des Gesetzes. Ein Beitrag zur wahren Volksaufklärung. 1. und 2. durchgeseh. Aufl. 8. (36 S.) Köln 869, Bachem.

— Ludwig Windthorst. Ein Lebensbild. gr. 8. (51 S. m. 1 Bild.) Frankfurt a/M. 891. A. Foesser Nachf. n. — 50

— dasselbe, s.: Broschüren, Frankfurter zeitgemäße.

—— Ein letztes Wort an die Luther-Dichter. Nebst neuen Nachträgen. gr. 8. 1. u. 2. Aufl. (42 S. m. Bild.) Mainz 890, Kupferberg. * — 75

Majuro-Inseln, s.: Seekarten.

Maius, Ang., s. Mai, Angelo

Maius, Carl Andreas, s. Maius, Karl Andreas

— **Gottlob Friedrich** (Oschatz), Theses e diversis juris capitibus selectas. Präs. Gottfr. Reinh. Koesel. Lpz. (Zunkel) 28. X. 1732. (5.—) 22039
Gew.: A. Phil. v. Mergenthal.

Majus, H.: De paschate. – Giess. 1712.

— **J. A.** (Berlin), De legitima nativitate. Präs. August Leyser. Helmstädt (G. W. Hamm) 4. XI. 1713. (3.20) 22040

Maius, J. H., s. Maj, Johann Heinrich

Maius, Johann Burchardus, s. Mai

Maius, Johann Friedrich, s. May

Majus, Johann Heinrich, s. Maj

Maius, Karl Andreas

Maius, Carl Andreas (Freiberg), Quaestionem an philosophus possit esse atheus. Präs. Friedr. Christian Baumeister. Wittenberg (Hake) Juni 1734. (2.50) 22038

Maius, Theodor: Urinbüchlein. 1746, s. Brian, Thomas: Der engl. Wahrsager aus d. Urin ...

Mai-Veranstaltungen der Wandergruppe des O. K. der □ „Hansa" [Unterz.:] J. Poths. [Hamburg o. J.: Bendschneider.] 1 Bl. 4°. [Kopftit.] 21.

Maiwahlen. Die M' und der Radikalismus. 8. [Zürich 1842.]

Maiwald

— Briefe f. Kinder u. deren Freunde, z. Gebrauch in Stadt- u. Landschulen. 8. Hirschb., Krahn. 4 gl.

Maiwald, ..., Gebete f. Erwachsene u. Kinder, zur Morgen- u. Abend-Beichte u. Communion-Andachten. 2e Aufl. Hirschb., Krahn. 6 gl.

Maiwald, Adf., der gesellschaftliche Rathgeber bei Landpartien. Ein Vademekum für fröhliche Gesellschaften, enthaltend die neuesten, interessantesten Gesellschaftslieder im Freien, humorist. Vorträge, Gesänge, Marsch- und Tanzlieder, Vexirfragen ꝛc. 8. (136 S.) Oberhausen 880, Spaarmann. *

Maiwald, Vincenz

Maiwald, V., Geschichte der Botanik in Böhmen. Hrsg. m. Unterstützg. der Gesellschaft zur Förderg. deutscher Wissenschaft, Kunst u. Literatur in Böhmen. (VIII, 297 S.) Lex.-8. Wien 904. C. Fromme. n. 5. 50

Ein Innsbrucker Herbar vom Jahre 1748. ⟨Nebst e. Übersicht über d. ältesten in Österreich angelegten Herbarien.⟩ Von Prof. P. V[incenz] **Maiwald.** Braunau: Selbstverl. 1898. (116 S.) 8°
Aus: Jahresbericht d. Stifts-Gymn. d. Benedictiner zu Braunau. 1898. [04.863 9

Maiwald Vinceuz: Die opizische Periode in der floristischen Erforschung Böhmens. 100. 82. Braunau 01. 02.
Progr.

Maiwald, W., kurzgefaßtes Lehrbuch der Mathematik, s.: **Baltin, R.**

— Sammlung v. Aufgaben aus der Arithmetik usw., s.: **Baltin, R.**

Maiweg, Heinrich: Aus der Bonner chirurg. Klinik. Beitrag zur Statistik der Lippencarcinome .... Bonn, Univ.-Buchdr. v. Carl Georgi, 1887; 45 + 1 S. + 1 Bl. 8°.
Bonn, Med. Fak., Inaug.-Diss. v. 18. Febr. 1887.

Maiweg, Heinrich, aus der Bonner chirurg. Klinik. Beitrag zur Statistik der Lippencarcinome. Diss. Bonn 1887, Emil Strauss. 8°. 45 S.

Maiweg, Paul: Einwilligung und Genehmigung im Bürgerlichen Gesetzbuch. *Langendreer 1898: B. Bley.* (38 S.) 8° [F.]
Erlangen, Jur. Diss. v. 15. Jan. 1898

Maixner, Fr. Ueber den sog. Gebrauch v. unus als unbest. Artikel. s. Studien, Wiener, 10. Jahrg.

Maizeau, Leben des weltber. Pet. Bayle, a. dem Franz. v. Kohl. 8. Hamb. König. 731.

MAJZER, Anton: Die Frage der Einwanderung der Slowenen in ihre gegenwärtigen Wohnsitze. — 1902. 45 Bl. Diss. Graz, Univ.

Maizeroy, Joly de

— Theoretisch-praktische Einleitung in die Taktik. Uebersetzt von Moriz Graf Brühl. (3 Bde.) 8. Strassburg 1771—1772.

v. Maizeroy, Joly, Einleit. in die Taktik; aus d. Französ. v. Graf H. Mor. v. Brühl. 3 Thle. Mit Kpf. gr. 8. Straßb. 771—72. Treuttel u. W. 5 ℛ 8 𝔤𝔤

Maizeroy, Joli v., Einleit. in d. Taktik, a. dem Franz. v. Grf. v. Brühl. 3 Thle. gr. 8. Strasb. Treuttel u. W. (Gerlach, Dresd.) 776–72.

Maizeroy, René, sinnliche Liebe. Roman in 8 Thln. Vollständige Uebersetzg. nach dem Franz. v. Rob. Steindorf. (311 S.) 8. Budapest (904). [J. Pollák.] Leipzig, Bibliogr. Anstalt, A. Schumann. 3.—

Maizeroy, René, Yette, die Probiermamsell. Pariser Roman. Mit e. Vorwort v. Pierre Valdagne. Autoris. Übersetzg. aus dem Franz. (201 S.) 8. Budapest 908. G. Grimm. 2.—

Maizier, Ernst

Maizier, die Prostitution. [Aus: „8. Jahrb. d. Gefängnis-Gesellsch. f. die Prov. Sachsen u. d. Herzogt. Anhalt".] gr. 8. (18 S.) Halle a/S. 893. (A. Kegel.) n. — 25

Maizier, Tagebuch aus d. französ. Kriege f. d. Zeit v. Ausmarsch bis z. Waffenruhe. 8. (V, 268 S.) Magdeburg 896. Heinrichshofen's Sort. n. 2. 50

Maizier, Carl Gustav (Burg), De partu post matris mortem spontaneo. Diss. med. Berlin (Nietack) 24. XI. 1834. 60 S. (3.—) 22056
Oppon.: E. Humbert, G. Kahle, K. Walther.

Maizier, Car. Gust., de partu post matris mortem spontaneo. Accedit appendix exhibens veneficium arsenicale nec non responsum forense. 8. (7 B.) Berolini 835, (A. Hirschwald.) *

Mak, s. **Mack.**

Makame, Die, von El. Buting ... Tübingen 1831. Ü: *Fallati, Johann.* (Heyd)

Makamen, die ersten, aus dem Tachkemoni oder Divan des Charisi nebst dessen Vorrede. Nach e. authent. Manuscript aus dem J. 1281 herausgegeben, vocalisirt, interpungirt und ins Deutsche übertragen, wie auch sprachlich und sachlich erläutert und mit e. umfassenden Einleitung versehen von S. J. Kaempf. gr. 8. Berlin 845, A. Duncker. $1^1/_3$ ℛ

Makanna od. das Land des Wilden. A. d. Engl. übers. v. † Theod. Hell. 2 Thle. gr. 12. ($28^1/_2$ B.) Pesth 835, Hartleben's Vrls.-Expedit. Thlr.

Makar, Steffen, die Gustel v. Blasewitz. Ein Beitrag zur Schillerfeier. (82 S.) 16. Würzburg (905.) N. Philippi. (Nur direkt.) — 85

Makard, ..., Geheimnißpredigten auf alle vornehmen Festtage des Herrn. 2 Bde. 8. Münch. 786. Lentner. 20 𝔤𝔤

Makarewicz, Julius

Makarewicz, J., juristische Abhandlungen. I. (V, 352 S.) gr. 8. Wien 907. F. Deuticke. 7.—

Einführung in die Philosophie des Strafrechts auf entwicklungsgeschichtlicher Grundlage von Prof. J[ulius] **Makarewicz,** Krakau. Stuttgart: F. Enke 1906. (XII, 452 S.) 8° [06. 939

Makarewicz, Jul., das Wesen d. Verbrechens. E. criminal-sociolog. Abhandlg. auf vergleich. u. rechtsgeschichtl. Grundlage. Lex.-8. (XII, 288 S.) Wien 896. Manz. n. 10.—

Makaria. Drama v. Theod. Hell. 8. Lpz. Gräff.

Makaria, Attalanta u. Kassandra; 3 Erzähl. v. Fr. Kind u. A. Lafontaine. 8. Züllichau, Darnmann. 803.

Makarin, Sigowin und Adalbert. Zürich 1776. V: *Bodmer, Joh. Jacob.* (JL)

MAEKARIO, Fleude (ps.), Spiele des Witzes oder 100 der besten Fabeln und Erzaehlungen etc. 1822.
Weller, Lex. Ps. p. 337.

Makarios; e. biograph. Fragment z. Unterhaltung für edle Seelen. 8. Rudolstadt, Klinger. 801.

Makarius, s.a. Macarius

Makarius' des Großen, sämmtliche Schriften, s. Bibliothek der Kirchenväter.

Makarius, des Großen, des Heil., sämmtl. Schriften. Nach der v. J. G. Pritius im J. 1698 gedruckten griech. u. latein. Ausgabe, übers. u. mit Anmerkk. begleitet v. N. Casseder. 1r u. 2r Bd. gr. 8. Bamb. 819 u. 820. Kunz. 2 ℛ 8 𝔤𝔤

— Schriften, nach der von J. G. Pritius im J. 1698 in Leipzig gedr. griech. u. latein. Ausg. übersetzt u. mit e. Vorrede begleitet v. Nicol. Casseder. 2 Bde. gr. 8. Bamb. 820, jetzt Dresch. $2^1/_3$ ℛ

Makarius d. Großen, des heil., sämmtl. Schriften, aus d. griech. Texte übers., mit e. Einleit. u. mit Summarien begleitet, u. hrsg. v. Magnus Jocham. 2 Bde. gr. 8. ($30^1/_2$ B.) Sulzbach 839, v. Seidel'sche Buchh.

Makarius von Magnesia

Μακαρίου Μαγνήτος ἀποκριτικος ἢ μονογενής. — **Macarii Magnetis quae supersunt ex inedito codice edidit C. Blondel. hoch 4. (VII, 232 S.) Paris 876, (Klincksieck.) ***

Der gelehrte, galante und politische Student, oder: Ein heller Spiegel, Worinne sich diejenigen beschauen können, welche sich denen Studien gewidmet, und dahero auf Universitäten einige Jahre sich aufzuhalten, Resolutionen gefasset. Leipzig u. Frankfurt. 1727. (2ter Titel: Christliche Sittenlehre derer Studenten. Aufgesetzet von *Makario.*) 8°. (16 Mk., sehr gut erhalt. Expl., Paul Graupe, Berlin, 1909.)

Fehlt in Weller's Lex. Ps., der S. 339 einen holländ. Schriftsteller mit diesem Ps. citirt. — Seltenes Studenticum, worin auch Lieder enthalten, u. a.: „Schönen, wollt ihr mich noch mehr verhöhnen?" u. „Raus ihr Burschen ins Gewehr!"

Makaroff, Eugenie von Petersburg (Russland): Aus der Klinik des Herrn Prof. Dr. Wyss in Zürich. Ueber Leberabscesse im Kindesalter. Zürich 1906. 64 S. 8°. [2. VIII. 06.]
Zürich. Med. Diss. 1905/1906

Makaroff, Eugenie. Ueber Leberabscesse im Kindesalter. Diss. Med. Univ. Zürich. *Kopftitel:* Aus der Klinik des Herrn Prof. Dr. [Oscar] Wyss in Zürich. 63 S. 8. Zürich, J. Rüegg, 1906.

Makaroff, S. O., Ueber die Bestimmung des spezifischen Gewichtes von Seewasser. St. Petersburg 1891.

Makaroff, S. O.: Ueber die Nothwendigkeit einer internationalen Vereinbarung in Betreff des in den meteorologischen Schiffsjournalen enthaltenen Beobachtungsmaterials. Eine Denkschrift. St. Petersburg 1894. 15 S., 1 Tf. 8°.

Makarow, N., u. W. Scheerer, internation. Wörterbücher, f. mittlere Schulanstalten eingerichtet nach dem Programm des Ministeriums der Volksaufklärg. Deutsch-russ. u. russisch-deutscher Thl. gr. 8. St. Petersburg. (Leipzig, K. F. Koehler.) Geb. in Halbfrz. n. 16.—
Deutsch-russ. Thl. 7. Aufl. v. W. Scheerer. (X, 642 u. 17 S.) 898.
Russ.-deutsch. Thl. 5. Aufl. v. W. Scheerer. (X, 701 S.) 896.

Makarow, N. P., A. N. Engelhardt u. W. W. Scherer, vollständ. deutsch-russisches Wörterbuch. Verb. u. bedeutend verm. Aufl. u. d. neuesten deutsch. Rechtschreibg. angepasst. (Mit russ. Titel.) (VI, 1915 u. VIII S.) Lex. 8. St. Petersburg 909. (Leipzig, K. F. Koehler.) 16.—

Makart, Hans. Ein Beitrag zu seiner Charakteristik, s. Lützow, C. v.

Hans Makart, Einzug Carl V. in Antwerpen. Heliogravure. Folio. Bildgrösse ohne Papierrand 81—57 centim. Wien, H. O. Miethke. Avant la lettre mit Makart's Facsimile 20 fl. Mit Schrift 10 fl. 1881.

Makart's, Hans, Festzug der Stadt Wien am 27. April 1879, als Huldigung zur silbernen Hochzeit des Kaiserpaares, naturgetreu chromolithogr. dargestellt von E. Stadlin. 12 Lfgn. qu. gr. Fol. (46 Chromolithogr. mit 8 S. Text.) Wien 880, Perles. à Lfg. * ℳ 6. *

— Festzug der Stadt Wien am 27. Apr. 1879, als Huldigung zur silbernen Hochzeit d. Kaiserpaares, naturgetreu chromolith. dargestellt v. E. Stadlin. 2. Aufl. 25 Lfgn. qu. gr. Fol. (à 2 Chromolith.) Wien 885. 86. Perles. à n. 2. —

Makart, Hans, Künstlerischer Nachlass u. Antiquitäten-Sammlung. Katalog derselben, herausg. v. d. Vormunde d. Kinder Makart's, A. Streit. (Zugleich Versteigerungs-Katalog.) gr. 4. (95 S.) Mit 39 in Heliogravüre, Lichtdruck, Phototypie u. Klicotopie ausgef. Illustr. Wien, R. v. Waldheim. 6 fl. 1885. S. 97

Professor Hans Makart's Werke in Heliogravüren. Mit Vorwort von E. Ranzoni. Wien 1885—. Fol.

Makart's, Hans, Werke in Heliogravure. (In ca. 40 Hftn.) 1. Hft. Fol. (2 Bl. m. 4 Bl. Text.) Wien 886. Angerer. 2. 50; einzelne Hfte. à 4. —

Makart's, Hans, Werke in Heliogravure. 40 Hefte. Fol. (à Heft 2 Bl. mit 1 Bl. Text.) Wien 887, Angerer. à Heft ℳ 2.50. Einzelne Hefte à

Makart-Album. (In ca. 10 Lfgn.) 1. u. 2. Lfg. Fol. (9 Holzschn.- u. chemigr.-Taf. m. 10 Sp. Text.) Wien 882. Bondy. à n. 1. —

Makart-Album. 3—10. (Schluß-)Lfg. Fol. (31 Holzschntaf. m. 30 Sp. Text.) Wien 883. Bondy. à n. 1. —
(cplt. geb. m. Goldschn.: 18. —)

— dasselbe. 2. verm. u. verb. Aufl. (In 15 Lfgn.) 1—13. Lfg. Fol. (à 4 Holzschntaf. m. Text Sp. 1—52.) Ebend. 884. 85. à n. 1. —

„Makart-Bouquet". Bibliothek interessanter Erzählgn. f. Reise u. Haus. 1.—12. Bd. (Neue Titel-Aufl. der Collection Kikeriki u. Neufeld's Kikeriki-Collection.) 12. Berlin 892. [S. Frankl.] Neufeld & Henius. à n. 1. —

1. Der Herr Gemahl. Der Schiffsarzt. Von Emil Souvestre. Ins Deutsche übertr. v. Fritz Wohlfahrt. (135 S.)
2. Die Frau v. vierzig Jahren. Von Charles de Bernard. Ins Deutsche übertr. v. Fritz Wohlfahrt. (148 S.)
3. Der verliebte Löwe. Von Frederic Soulié. Ins Deutsche übertr. v. M. Roese. (115 S.)
4. Ein Evastöchterlein. Geschichte aus dem Privatleben. Von H. de Balzac. Ins Deutsche übertr. v. Fritz Wohlfahrt. (152 S.)
5. Das Taubenhaus. Mutter u. Tochter. Ein Gewissensfall. Erzählgn. v. Adolphe Belot. Ins Deutsche übertr. v. Fritz Wohlfahrt. (134 S.)
6. Zwei Maitressen. Emmeline. Von Alfr. de Musset. Ins Deutsche übertr. v. Fritz Wohlfahrt. (174 S.)
7. Im Traume geküßt. Von St. Hilaire. Ins Deutsche übertr. v. Fritz Wohlfahrt. (211 S.)
8. Leben u. Lieben. In Liebe u. Pein. Ein Drama im Nebel. Cenerentola mia. Von Guy de Maupassant. Ins Deutsche übertr. v. Fritz Wohlfahrt. (139 S.)
9. Liebeleien im Zickzack. Das blaue Kätzchen. Zwei Erzählgn. f. junge Eheleute. Von Daniel Darc. Ins Deutsche übertr. v. Fritz Wohlfahrt. (153 S.)
10. Ein Kammerkätzchen. Abenteuer e. galanten Katers. Das Maison de santé. Von Frederic Soulié. Ins Deutsche übertr. v. M. Roese. (139 S.)
11. Memoiren e. Kusses. Alt u. doch ewig neu. Von Jules Noriac. Ins Deutsche übertr. v. Fritz Wohlfahrt. (129 S.)
12. Ein schwaches Herz. Die Legende vom heiligen Julien, dem Hospitaliten. Die Rache d. Toten. Von Gust. Flaubert. Ins Deutsche übertr. v. Fritz Wohlfahrt. (136 S.)

Kurdische Studien. 1. Eine Probe des Dialektes von Diarbekir. 2. Ein Gedicht aus Gäwar. 3. Jezidengebete. Von Hugo **Makas**. *Heidelberg: C. Winter 1900.* (VII, 54 S.) 8°
= **Materialien** zu e. Geschichte d. Sprachen u. Litt. d. vord. Orients. H. 1.
[oo. 1115]

de Makay, Jos. C.: Opusculum de sessionibus oralibus s. de methodo assumendorum processuum summariorum. *Leopol.* 826. 8.

***Ders.*: Versuch einer Erörterung über das f. Lemberg erlass. höchste Patent in Ausziehsachen mit einem vorausgehenden Unterrichte von Bestandvermögen für Hauseigenthümer, Inwohner, Pächter, Geschäftsmänner, Juristen u. s. w.** *Lemberg.* 826.

MAKAY, Ludovicus: De amore erga Deum ad mentem s. Augustini. — (1908) 100 S. 4° (Handschr.) Diss. 902
Diss. Wien, Univ.

Make
— **Joh. Christian** (Wismar), De poenis haereticorum cum Stepharo Javorskio archiep. Rezanensi et Muroniensi disputatio. Präs. J. Laur. Mosheim. Helmstädt (P. D. Schnorr) 28. IV. 1731). (5. V. 1731.) 114 S. (5.—) 22058
Widm. v.: J. L. Mosheim.

Makedonien [Schlagwort]

Makedonien, s.: Generalkarten. Flemming.

Makedonien, s. a.: Unterrichtsanstalten.

Makedonien. Peucker, Karl, Karte von Makedonien, Altserbien u. Albanien. 1 : 864,000. 3. Aufl. 66×64 cm. Farbdr. Mit kartograph., histor. u. statist. Beilagen zum Verständnisse der makedon. Frage (am Fusse). Wien 904. Artaria & Co. n. 1.50

Mäkelt, Arthur: Mittelalterliche Landkirchen aus dem Entstehungsgebiete der Gotik. Berlin: Wasmuth 1906. 128 S. 4⁰
¶ Auch als: Beiträge zur Bauwissenschaft. H. 7.
Dresden, Dr.-Ing.-Diss. v. 27. 7. 1905

Dr. Ing. Arthur **Mäkelt**. Mittelalterliche Landkirchen aus dem Entstehungsgebiet der Gotik. Berlin: E. Wasmuth 1906. (128 S.) 4⁰(8⁰)
Von d. Kgl. Techn. Hochschule zu Dresden genehmigte Doktordissertation.
= **Beiträge** z. Bauwissenschaft. H. 7. [06. 7594

Mäkelt, Ehrhart: Die Stromerzeugung durch fallende Teilchen in Flüssigkeiten und der absolute Nullpunkt des Potentials. Leipzig 1909: Brandstätter. 98 S. 8⁰
Leipzig, Phil. Diss. v. 10. Juni 1910, Ref. Le Blanc, Des Coudres

Makens, H. De jure circa Margaritas. Rostock. 1700. 116 S.

Makenzie, s. Mackenzie.

Maeker, Karl [aus Posen]: Die beiden ersten Redactionen des mittelhochdeutschen Gedichtes von der Heidin. . . . Berlin, Druck v. Gebr. Unger, 1890; 34 S. + 1 Bl. 8⁰
Berlin, Phil. Fak., Inaug.-Diss. v. 29. Jul. 1890

Makhahane, Der Häuptling August, ein Lebensbild aus der Bawenda-Mission. Berlin [1892]. V: *Wessmann*. (Berl)

Maki, Rioschiro, über den Einfluss des Camphers, Coffeins und Alkohols auf das Herz. gr. 8. (59 S.) Strassburg 884, (Schultz und Comp.)

Makiewitz, J. v., Anweis. Situationsplane aufzunehmen, z. zeichn. u. z. illum., n. e. Anh. v. Mappiren, m. illum. Plänen. gr. 4. Prag, Barth. 800.

— — d: Anweis. z. Mappiren besond.

Makijewsky, Rachel, aus Nikolaeff (Russland): Aus der medizinischen Klinik Zürich. (Direktor: Herr Professor Dr. H. Eichhorst.) Ueber die Temperaturverhältnisse beim haemoptoischen Lungeninfarct der Herzkranken, beim Bluthusten der Tuberkulösen und bei Magenblutungen. Zürich 1907. 60 S. 8⁰. [18. III. 07.]
Zürich. Med. Diss. 1906/1907.

Makijewsky, Rachel. Ueber die Temperaturverhältnisse beim haemoptoischen Lungeninfarct der Herzkranken, beim Bluthusten der Tuberkulösen und bei Magenblutungen. Diss. Med. Univ. Zürich. *Kopftitel:* Aus der medizinischen Klinik Zürich. ⟨Direktor: ... Professor Dr. H[ermann] Eichhorst⟩. 60 S. 8. Zürich, J, J. Meier, 1907.

Makkabäer, die, Drama, nach d. Französ. metrisch bearbeitet von Th. Hell. 8. Leipzig, Hinrichs. 818.

— die, oder die Eroberung von Jerusalem, Trauerspiel in 5 Aufz. von F. L. Rhode. gr. 8. Frankf. a. M., Sauerländer (in Comm.) 819.

Der Makkabäer : Jahrgang 1, no. 1—3, June 1—Aug. 11, 1876.
Monthly supplement to THE INDEPENDENT HEBREW. Sub-title: Beiblatt zum Independent Hebrew. Large quarto, each issue 4 pages. Edited by S. N. Leo.
New York, NY

Makkabäer, der letzte. Historischer Roman. Aus den Papieren eines Verstorbenen. 3 Bde. gr. 8. (189; 154; 173 S.) Hannover 868, Klindworth.

Maklermerkbuch. Handbuch für den gesamten Bau-, Grundstücks- und Hypothekenverkehr. Herausgegeben im Auftrage des Verbandes Deutscher Grundstücks- und Hypotheken-Makler-Vereine von F. Hoeniger und L. Nast. Berlin und Leipzig 1906.

Maklermerkbuch. Handbuch f. d. gesamten Bau-, Grundstücks- u. Hypothekenverkehr, eingeleitet von K. Stern-Simon, Frankfurt a. M., hrsg. im Auftr. d. Verbandes Deutscher Grundstücks- u. Hypotheken-Makler-Vereine von Dr. Franz **Hoeniger,** Rechtsanw., u. Dr. Leo Nast, Berlin. 4. Aufl. Berlin: H. Seemann Nachf. [1907]. (XII, 273 S.) 8⁰ [ʒ.] [06. 13006

Maklertag, 1 ff. Deutscher. Frankfurt a. M. 1905 ff. 8⁰.
1: zu Köln a. Rh. am 15. u. 16 Okt. 1904. 1905.
2: in Berlin am 2. u. 3. Dez. 1905. 1906.

3. **Deutscher Maklertag** in Frankfurt a. M. am 5. und 6. Juni 1909. Frankfurt a. M. 1909.

MAKLOVIE, oder die schrecklichen Bergwerke Tyrols. Eine wahre Geschichte des Wiener Hofes. Leipzig, Hinrichs, 1804. 8⁰.
Schlesinger's in Berlin Lhbibl.-Cat. 1827. p. 181; Kayser p. 82 mit d. unrichtigen Jahrz. 1805.

Mako de Kerek-Gede, Paul

Mako de Kerek-Gede, P. Physikalische Abhandlung von den Eigenschaften des Donners . . . a. d. Latein. Wien 1772. Ü: *Retzer, Friedrich Joseph von.* (Ky) »1773« (MGT)

Mako de Kerek-Gede, Paul, († d. 19. Aug. 1793.) physikal. Abhandlg. v. den Eigenschaften des Donners u. den Mitteln wider d. Einschlagen; aus d. Latein. (v. F. J. Retzer). gr. 8. Wien 772. 2e Aufl. 773. Trattner. 9 gr

— physikal. Abhl. von dem Eigenschaften des Donners, a. dem Lat. gr. 8. Wien, Trattner. (Tendler) 772.

— physikal. Abhandl. v. Nordlicht. 8. Wien 773.

— Carminum libri tres 8. maj. Budae, Typ. 764.

Mako de Kerek-Gede, Paul. Carminum libri tres . . . Basileae 1783. H: *Weissenbach, Joseph Anton.* (Jes)

— descriptio Moxitarum in regno Peruano, quam e scriptis posthumis Frz. Xav. Eder, annis XV sacri apud eosdem Curionis, digessit, expl. et ad nott. illustr. 8maj. Ofen 791. Typ. (Landes in Pressb.) 1 fl 8 gr

— Dissertationes physicae. 8. Ofen 781.

— elegiacon. 8. Ofen 780. Typ. (Landes in Pressb.) 4 gr

— elementa geometriae purae. 8. Ofen 778.

— elementa matheseos purae. 8. Ofen 778.

Maco de Kerek Gede, P., calculi differentialis et integralis institutio. c. fig. 4. maj. Viennae, Trattner. (Tendler) 768.

— compendiaria logices institutio. 8maj. Wien 765. Ed. IV. 773. Trattner. (Pressb. 796. Landes.) 8 gr

— compendiaria matheseos institut. c. fig. 8maj. Wien 764. Ed. IV. 776. Trattner. 18 gr

— compendiar. matheseos institut. c. fig. 8. maj. Vien. Trattner. (Tendler) 776.

— compendiaria metaphysices institutio. 8maj. Wien 766. Ed. IV. 776. Trattner. (Coppenrath in Münster). 16 gr (Pressb., Landes). 18 gr

— compendiaria physicae institutio. II Ptes. 8. Wien 762, 63. Ed. II. 766. Trattner. 2 ₰

— elegiacus liber unicus. 12. Tyrnau 752. 2e Aufl. unter d. T.: Carminum elegiacorum libri tres. 8maj. Ibid. 764. (Landes in Pressb.) 3 ℛ

— logica. 8. maj. Viennae, Trattner. (Typogr. Budae) 769.

— metaphysica. 8. maj. ibid. (et. Typ. Budae) 769.

— Diss. physica de natura et remediis fulminum. 8. Goritiae 773.

— physica. II T. c. fig. 8. mai. Vien. Trattner.

— Rede auf die Errichtung d. königl. hohen Schulen zu Ofen. 8. Wien 777. Trattner. 3 ℛ Auch lateinisch. 3 ℛ

— Rede auf die Errichtung d. königl. hohen Schulen zu Ofen. 8. Ebend. 777. 79.

— de arithmet. et geometricis aequationum resolutionibus, libri II. c. fig. 4 maj. ibid. (Tendler) 770.

— de arithmeticis et geometricis aequationum resolutionibus libri II. c. fig. 4maj. Wien 770. Trattner. 2 ₰ (Coppenrath in Münster.) 2 ₰ 8 ℛ

— Sätze aus d. Gleichgewichte d. Körper, aus d. Maschinenlehre u. aus d. Wasserbau. 8. Wien 773. Trattner. 1 ℛ

Makovicky, Cyrill [aus L.-Rosenberg (Ungarn)]: Beiträge zu einer Monographie der ungarischen Rindviehrasse. ... Halle a. S., Plötz'sche Buchdr., 1890; 80 S., 1 Bl., 1 Tab. 8°
Halle, Phil. Fak., Inaug.-Diss. v. [24. Jan.] 1891

Makower, Abraham [aus Wilna (Russl.)]: Aus d. medicin. Klinik d. Univ. Würzburg. Ueber die Durchlässigkeit der Niere für Bakterien und über die bakterieide Wirkung des Harnes ... Würzburg, Druck d. Bonitas-Bauer'schen k. b. Hofbuchdr., 1897; 39 S. 8.
Würzburg, Med. Fak., Inaug.-Diss. v. 1897

Verband der Deutschen Juden. — Bericht über die Tätigkeit des Verbandes der Deutschen Juden bei der Vorbereitung des Preussischen Volksschulunterhaltungsgesetzes von 1906, erstattet von FELIX MAKOWER. Berlin 1907. Druck von H. S. Hermann. 4°.

Makower, Fel., gezügelte Kirchen im freien Staat. Welches Verhältnis zu den Kirchen sollen die deutschen Staaten erstreben? (58 S.) gr. 8. Berlin 908. F. Vahlen. 1,20

Makower, Felix [Bearb.], s. Makower, H.: Handelsgesetzbuch mit Kommentar. 12. Aufl. ff.

Makower, Fel., die Verfassung der Kirche v. England. Lex.-8. (VIII, 560 S.) Berlin 894. J. Guttentag. n. 20. —

[S.] Beiträge zur Beurtheilung des Entwurfs eines Handelsgesetzbuchs v. H. Makower, Justizr., u. Dr. H[ermann] Veit Simon, Rechtsanw. ... *Berlin: J. Guttentag 1896.* (93 S.) 1 Bd 8. [96. 7788]

Makower, H., unsere Gemeinde. Vortrag, zum Besten der Hochschule für die Wissenschaft des Judenthums gehalten zu Berlin am 10. Jan. 1881. 1. und 2. Aufl. gr. 8. (19 S.) Posen 881. Jolowicz. *

Makower, H., üb. die Gemeinde-Verhältnisse der Juden in Preußen. gr. 8. (115 S.) Berlin 873. Guttentag. n. 2. 40

— das Gesetz, betr. die Kommanditgesellschaften auf Aktien und die Aktiengesellschaften vom 18. Juli 1884. Nachtrag zur 9. Aufl. des Kommentars zum Handelsgesetzbuch. gr. 8. (III, 113 S.) Berlin 884, Guttentag. *

Makower, H., Gesetze, betr. d. privatrechtl. Verhältnisse d. Binnenschiffahrt u. d. Flößerei, s. Guttentag's Sammlung deutscher Reichsgesetze, Nr. 36.

Makower, H. u. Löwe, E.: Gesetze, betr. die privatrechtlichen Verhältnisse der Binnenschiffahrt und der Flößerei. Nach den Materialien erl. 2. Aufl. Berlin 1898.
(Guttentag'sche Sammlung Dt. Reichsgesetze. Nr 36.)

Gesetze, betreffend die privatrechtlichen Verhältnisse der Binnenschiffahrt und der Flößerei. Nach d. Materialien erl. von H. Makower, Justizrat. 3. verm. Aufl. bearb. von E[ugen] Loewe, Landger.R. Berlin: J. Guttentag 1903. (445 S.) 8° [S.]
= Sammlung, Guttentag'sche, Deutscher Reichsgesetze. No 36. [03. 105]

Makower, H.: Gesetze, betr. d. privatrechtl. Verhältnisse d. Binnenschiffahrt u. d. Flösserei. 4. Aufl. von E. *Loewe*. Berlin 1909. 8°

— und S. Meyer, das allgemeine deutsche Handelsgesetzbuch nebst dem preußischen Einführungsgesetze vom 24. Juni 1861 und der Instruktion vom 12. Dezember 1861. Für den praktischen Gebrauch aus den Quellen erläutert. Berlin 862. Guttentag. gr. 8. (XX, 632 S.) n. 2 ₰ 20 ngr

— 2. vollständig umgearb. u. verm. Aufl. A. u. d. T.: Das allgemeine deutsche Handelsgesetzbuch nebst den dazu in Preußen erlassenen ergänzenden Bestimmungen, insbesondere dem Einführungsgesetze und der Instruktion. Mit Kommentar herausg. von H. Makower. 1. Abth. Ebend. 864. gr. 8. (XXIV, 240 S.) n. 1 ₰ 5 ngr

— u. S. Meyer, das allgemeine deutsche Handelsgesetzbuch nebst dem preuß. Einführungsgesetze vom 24. Juni 1861 u. der Instruktion vom 12. Decbr. 1861. Für den prakt. Gebrauch aus den Quellen erläutert. 2., vollständig umgearb. u. verm. Aufl. A. u. d. T.: Das allgemeine deutsche Handelsgesetzbuch nebst den dazu in Preußen erlass. ergänz. Bestimmungen, insbesondere dem Einführungsgesetze u. der Instruktion. Mit Kommentar hersg. von H. Makower. 2. Abthl. Ebend. 865. gr. 8. (S. 241—642.) n. 1 ₰ 25 ngr

Makower, H., das allgemeine deutsche Handelsgesetzbuch nebst den dazu in Preußen erlassenen ergänz. Bestimmungen. Mit Kommentar. 3., verm. u. verb. Aufl. Berlin 868. Guttentag. gr. 8. (XXIV, 748 S.) n. 3 ₰ 10 ngr

— das allgemeine deutsche Handelsgesetzbuch nebst den in Preußen geltenden ergänzenden Bestimmgn. Mit Kommentar hrsg. 4., verm. u. verb. Aufl. gr. 8. (XXIV, 834 S.) Ebend. 871. n. 11. —

— u. S. Meyer, das allgemeine deutsche Handelsgesetzbuch, nebst dem preuß. Einführungsgesetze vom 24. Juni 1861 u. der Instruction vom 12. Decbr. 1861. Für den prakt. Gebrauch aus den Quellen erläut. 5. verm. u. verb. Aufl. gr. 8. (XI, 823 S.) Ebend. 873. n. 12. —; geb. n.n. 13. —

— — dasselbe. 6., verm. u. verb. Aufl. gr. 8. (XXIV, 903 S.) Ebend. 875. n. 15. —; geb. n.n. 16. 25

Makower, H., und S. Meyer, das allgemeine deutsche Handelsgesetzbuch nebst dem preuß. Einführungsgesetze vom 24. Juni 1861 und der Instruktion vom 12. Dezbr. 1861. Für den prakt. Gebrauch erläutert. 7. verm. und verb. Aufl. Lex.-8. (XXIV, 966 S.) Berlin 877, Guttentag. *ℳ 15.; geb. *

Makower, H., und S. Meyer, das allgemeine deutsche Handelsgesetzbuch. 7. Aufl. Lex.-8. Berlin 877. Trier, Stephanus. * 15 —

—— und S. Meyer, das allgemeine deutsche Handelsgesetzbuch, nebst dem preuß. Einführungsgesetze vom 24. Juni 1861 und der Instruktion vom 12. Dezbr. 1861. Für den prakt. Gebrauch aus den Quellen erläutert. 8. verm. und verb. Aufl. Lex.-8. (XXIV, 1047 S.) Ebendas. 880. * geb. *

—— das allgemeine deutsche Handelsgesetzbuch. Mit Kommentar hrsg. 9. verm. und verb. Aufl. Lex.-8. (XXIV, 1047 S.) Ebendas. 884. *ℳ 15.; geb. *

Makower, H. Das allgemeine deutsche Handelsgesetzbuch. Mit Kommentar hrsg. 10. verm. u. verb. Aufl. gr. 8. (XXIV, 1080 S.) Berl. 890, Guttentag. * 16 —; geb. ** 18 50

Makower, H., das allgemeine deutsche Handelsgesetzbuch, nebst dem preuß. Einführungsgesetze vom 24. Juni 1861 u. der Instruktion vom 12. Dezbr. 1861. Mit Kommentar hrsg. 11., verm. u. verb. Aufl. gr. 8. (XXIV, 1107 S.) Berlin 893. J. Guttentag. n. 16. —; geb. n.n. 18. 50

— Handelsgesetzbuch m. Kommentar. Buch I–III neu bearb. unt. Zugrundelegg. d. Fassg. d. Handelsgesetzbuchs v. 10. V. 1897 u. d. bürgerl. Gesetzbuchs v. F. Makower. 12. (d. neuen Bearbeitg. 1.) Aufl. 1. u. 2. Lfg. gr. 8. (XIII, S. 1–346 u. Aendergn. III S.) Berlin 898. J. Guttentag. à n. 3. —

Makower, H., Handelsgesetzbuch m. Kommentar. 1. Bd. I. Tl.: Buch I u. II (Handelsstand, Gesellschaften), unter Zugrundelegg. der Fassg. des Handelsgesetzbuchs v. 10. V. 1897 u. des bürgerl. Gesetzbuchs neu bearb. v. F. Makower. 12. (der neuen Bearbeitg. 1.) Aufl. 3.—5. Lfg. gr. 8. (S. 347—892.) Berlin 899. 901. J. Guttentag. à n. 3. —; (I. Bd. n. 15.—; geb. in Halbfrz. n.n. 17.—)

— dasselbe. I. Bd. II. Tl.: Buch III (Handelsgeschäfte) unter Zugrundelegg. der Fassg. des Handelsgesetzbuchs vom 10. V. 1897 u. des bürgerl. Gesetzbuchs neu bearb. von F. Makower. 12. (der neuen Bearbeitg. 1.) Aufl. 6. Lfg. gr. 8. (IV u. S. 893—1243.) Ebd. 902. n. 6.—

— Handelsgesetzbuch m. Kommentar. I. Bd. II. Tl.: Buch III (Handelsgeschäfte) unter Zugrundelegg. der Fassg. des Handelsgesetzbuchs vom 10. V. 1897 u. des bürgerl. Gesetzbuchs neu bearb. v. F. Makower. 12. (der neuen Bearbeitg. 1.) Aufl. 7. Lfg. (VII u. S. 1245 bis 1568.) gr. 8. Berlin 904. J. Guttentag. n. 6. —; (I. Bd., 2. Tl. vollständig: 12. —; geb. in Halbfrz. n.n. 14. —; (I—III.: 47. —; geb. n.n. 55. —)

— dasselbe. 2. u. 3. Bd. gr. 8. Ebd. à n. 10.—; geb. in Halbfrz. à n.n. 12. —

2. Buch IV (Seehandel), unter Zugrundelegung der Fassung d. Handelsgesetzbuchs v. 10. V. 1897 u. unter Berücksicht. der seerechtl. Nebengesetze, hrsg. v. E. Loewe. 12. Aufl. (VIII, 550 S.) 900.

3. Handelsrechtliche Nebengesetze. Neu bearb. v. F. Makower. 12. Aufl. (VII, 520 S.) 900.

— dasselbe. 2. Bd. Nachtrag, s.: Loewe, D., die Seemannsordnung.

— dasselbe. 13. Aufl., bearb. v. F. Makower. 1. Bd. Buch I u. II (Handelsstand, Gesellschaften). (XX, 962 S.) gr. 8. Ebd. 906. n. 15. —; geb. in Halbfrz. n. 17. —

Makower, H., Handelsgesetzbuch m. Kommentar. 13. Aufl., bearb. v. F. Makower. II. Bd. Buch III (Handelsgeschäfte). (VI u. S. 963—1675.) gr. 8. Berlin 907. J. Guttentag. 11.60; geb. in Halbfrz. n 13.60 (Vollst. 26.60; geb. n 30.60)

— zur Revision der deutschen Konkursordnung. gr. 8. (35 S.) Ebd. 894. n. 1. —

Makower, H., die Stellung der Vertheidigung im preußischen Strafverfahren. gr. 8. (III und 68 S.) Berlin 857, Wagner. *

Makower, H., Studien zur Concurs-Ordnung vom 8. Mai 1855. Berlin 861. Guttentag. gr. 8. (103 S.) 16 ngr.

Makower, Samuel (geb. Santomischel in Posen 8. 6. 1833): De indicationibus laryngotomiae et tracheotomiae. Berolini (1856). (27 S.) 8°
Berlin, Med. Diss. v. 28. März 1856

Makower, S., § 200 des preußischen Strafgesetzbuches. Preußische u. engl. Medizinalzustände. Berlin 869. Guttentag. gr. 8. (V, 50 S.) 9 ngr.

Makowetzky, Alexander: Über die Bildung von Wasserstoffsuperoxyd, Salpetersäure und Ammoniak bei der Glimmbogenentladung unter Verwendung von Wasser als einer Elektrode. 1911. 19 S. 4° ¶ Aus: Zeitschrift f. Elektrochemie. Jg. 17.
Karlsruhe, Dr.-Ing.-Diss. v. 21. 12. 1910

Makowiczka, Alphons, Oberst Regiments-Commandant. Lesebuch für das k. und k. Infanterie-Regiment Freiherr von König Nr. 92. kl. 8. Theresienstadt 1896.

Makowiczka, Alph., die Mitwirkung der k. k. Genie-Truppe beim Baue der Kaiser Franz Josef-Hochquellenleitung. [Mit 4 lith. Taf. in gr. Fol.] [Aus: „Mittheilgn. üb. Gegenstände d. Artillerie- u. Genie-Wesens“] gr. 8. (62 S.) Wien 874. (Helf's Sort. — v. Waldheim. — Teschen, Prochaska.) n. 3. —

Makowiczka, Fr, die Arbeiterfrage. Ein Vortrag, gehalten in der von den Vertrauensmännern der Fortschrittspartei in Erlangen am 9. Juni 1869 veranstalteten Versammlung. Erlangen 869. (Deichert.) gr. 8. (20 S.) 3 ngr.

(Makowiczka, Fr.:) Über staatswissenschaftliche Seminarien, o. O. (1858?) 8°.

Makowiczka, F. Die Tabaksteuerfrage. 8°. s. l. 1867.

Makowka, Oskar A. W.: Ueber Metallbestimmungen und Metalltrennungen mit Acetylen. Halle a. S. 1905. (35 S.) 8°
Halle, Phil. Fak., Ref. Doebner, Diss. v. 27. Juli 1905
[Geb. 5. Febr. 67 Bromberg; Wohnort: Charlottenburg; Staatsangeh.: Preußen; Vorbildung: Realgymn. Königsberg i. Pr. Reife M. 89; Studium: Königsberg 12 S.; Rig. 19. Juni 05.]

Makowska, Elise v., Gedichte. (32 S.) 8. Wien (904). Verlagsanstalt neuer Literatur u. Kunst. n. 1. 60

Makowski, Ludw., Abschied, s.: Siebenburg's Sammlung von Einaktern. Nr. 6.

Makowski, Ludw., zu Befehl, Herr Rittmeister, s.: Universal-Bibliothek.

Makowski, Ludw., Madame Dutitre, s.: Universal-Bibliothek.

Adolar Eisenbart, Spezial-Reisender für Ehestands-Artikel. Herren-Solo-Scene von Ludwig **Makowski**. Mühlhausen i. Th.: G. Danner [1904]. (12 S.) 8° [ℱ.]
— **Hochzeits-Album.** H. 6. [07. 8186]

— Feuerwehr u. Skat, s.: Sammlung v. Soloscenen.

— der Geburtstagshase, s.: Album f. Liebhaber-Bühnen Nr. 408.

Makowski, Ludwig: Auf Gummi, s. Sammlung von Soloscenen.

[F.] Hausfrauenleiden. (Humor.) Soloscene f. 1 Dame v. Ludwig Makowski. Mühlhausen i. Th.: G. Danner [1898]. (6 S.) 1 Bd 8.
— Damen-Scenen, G. Danner's. No 7.

— Hausfrauenleiden, s. a. Danner's, G., Damen-Scenen.

Die Hausgeister. Polterabend-Spiel in 1 Aufz. von Ludwig Makowski. Mühlhausen i. Th.: G. Danner [1904]. (16 S.) 8° [F.]
— Hochzeits-Album. H. 7.

Hineingefallen oder: Sie vermiethet möblirt. Scherzspiel in 1 Aufz. von Ludwig Makowski. Landsberg a. W: Volger & Klein [1898]. (11 S.) 8° [F.]
— Liebhaber-Bühne, Neue. No 66.

— d. Liebe am Klavier od. das Telephon, s.: Sammlung v. Soloscenen.
— Michel Poguiski od. d. schlaue Offiziersbursche, s.: Sammlung v. Soloscenen.

Eine verunglückte Pfingstpartie. Posse in 1 Akt von Ludwig Makowski. Bearb. von Paul Meinhold. Mühlhausen i. Th.: G. Danner [1903]. (20 S.) 8° [F.]
— Herren-Bühne, G. Danner's. No 41.

— eine verunglückte Pfingstpartie, bearb. von Paul Meinhold, s. a. Danner's, G., Herren-Bühne. Nr. 41.

— der Teufel auf Besuch, s.: Album f. Liebhaber-Bühnen Nr. 419.

Makowski, Ludw., d. Turner od. Seine Schwiegersöhne, s.: Vereinstheater.

Die verunglückte Vereinsgründung. Humorist. Scene f. 2 Damen von Ludwig Makowski. Landsberg a. W.: Volger & Klein 1898. (8 S.) 8° [F.]
— Liebhaber-Bühne, Neue. No 67.

Makowski, M., systematisch geordnete Turn- und Kinderspiele und Kinderkomödien. Gesammelt und ergänzt. 8. (III, 64 S.) [Münster 883, Nasse'sche Verlagsh.] Paderborn und Münster, F. Schöningh. *

Makowsky, Alexander

—— und G. Tschermak, Bericht über den Meteoritenfall bei Tieschitz in Mähren. Imp.-4. (18 S. mit 5 lithogr. Taf. und 2 eingedr. Holzschn.) (Ebendas.) 878. *
Aus: Denkschriften der k. Akademie der Wissenschaften, besonders abgedruckt.

Makowsky, Alex., Denkschrift zur endgiltigen Lösung der Trinkwasserfrage v. Brünn. gr. 4. (18 S.) Brünn 890. (C. Winiker.) n. 1. 60

Makowsky, A., u. A. Rzehak, Führer durch das Höhlengebiet von Brünn. Mit e. Orientierungskarte u. zahlreichen Illustr. im Texte. (IV, 48 S.) 8. Brünn 903. C. Winiker. n. 1, 20

Makowsky, Al., und Ant. Rzehak, geologische Karte der Umgebung von Brünn. Hrsg. vom naturforsch. Vereine in Brünn 1883. 1 : 75,000. Chromolithogr. Imp.-Fol. Mit Erläuterungen. gr. 8. (4 S.) Brünn 884, (Winiker.) * 2 40

Makowsky, Alex., üb. e. neuen Labyrinthodonten: „Archegosaurus austriacus nov. spec." [Aus: „Sitzungsber. d. k. Akad. d. Wiss."] Lex.-8. (12 S.) Wien 876. (Gerold's Sohn.) n. — 20

Makowsky, Alex., der Löss von Brünn und seine Einschlüsse an diluvialen Thieren und Menschen. gr. 8. (40 S. mit 7 Taf.) Brünn 888, (Winiker.) **
Aus: Verhandlungen des naturforschenden Vereines in Brünn, besonders abgedruckt.

Makowsky, Alexander, Lößfunde bei Brünn und der diluviale Mensch. Erwiderung auf die kritische Studie des Herrn Karl Maška. Mit 3 Text-Illustrationen. (Sep.-Abdruck aus Band XIX [der neuen Folge IX. Bd.] der Mittheilungen der anthropologischen Gesellschaft in Wien.) 4. (8 S.) In Comm. —.40
Brünn: Winiker 1889.

— der diluviale Mensch im Löss v. Brünn. Mit Funden aus der Mammuthzeit. [Aus: „Mittheilgn. d. Anthropolog. Gesellsch. in Wien".] gr. 4. (S. 73—84 m. 3 Taf.) Wien 892. (Brünn, C. Winiker.) n.n. 1. 50

Der Mensch der Diluvialzeit Mährens mit besonderer Berücksichtigung der in den mineralogisch-geologischen Sammlungen der k. k. technischen Hochschule in Brünn verwahrten Fundobjecte. Von Professor Alexander Makowsky. Mit 9 Tafeln Abbildungen. Sonderabdruck aus der Festschrift der k. k. technischen Hochschule in Brünn zur Feier ihres fünfzigjährigen Bestehens und der Vollendung des Erweiterungsbaues im October 1899. Brünn. 1899. Verlag der technischen Hochschule. [In Comm. Carl Winiker.] Lex.-8°. 52 S. fl. 2.40

Makowsky, Prof. Alexander, Das Rhinoceros der Diluvialzeit Mährens als Jagdthier des paläolitischen Menschen. Mit einer Tafel. 4. (8 S.) In Comm. —.50
Brünn: Winiker 1897.

Makowsky, Alex., d. Urzeit Mährens auf Grundlage prähistor. Forschgn., s.: Vorträge, geh. im Mähr. Gewerbe-Museum.

—— und Ant. Rzehak, die geologischen Verhältnisse der Umgebung von Brünn als Erläuterung zu der geologischen Karte. gr. 8. (III, 154 S. mit eingedr. Fig.) (Ebendas.) 884. *
aus: Verhandlungen des naturforschenden Vereines in Brünn, besonders abgedruckt.

Makowsky, Alex., die erloschenen Vulkane Nord-Mährens und Oesterreichisch Schlesiens, geschildert. gr. 8. (33 S. mit 1 Ansicht und 1 lithogr. Uebersichtskarte.) Brünn 883, (Winiker.) *
S.-A. aus: Verhandlungen d. naturforsch. Vereines in Brünn.

Makrena, d. Mutter, Erzählungen, s. Erzählungen.

Makrina das Hochgebild einer christlichen Jungfrau aus dem 4. Jahrhundert, gewidmet den Frauen und Jungfrauen der Gegenwart. gr. 16. (43 S.) Hamburg 864, Agentur des Rauhen Hauses. cart. *

Makris, Constantinus [aus Cyzikus in Propontis]: Studien über die Eiweisskörper der Frauen- und Kuhmilch. Strassburg, Buchdruckerei von H. L. Kayser, 1876. 8. 47 S.

Makrizii, Taki-eddini, Historia Coptorum Christianorum in Aegypto Arabice, edita et in linguam latinam translata ab H. J. Wetzer. 8 maj. (15 B.) Solisbaci 828, de Seidel.

— historia monetae Arabicae, ed. O. G. Tychsen. 8. Rostock 797. Stiller. 12 gr

Makrizii, Takieddin Al—, historia regum Islamit. in Abyssinia. Ed. Fr. Th. Rinck. 4. Leyd. 790. 20 gr (Marcus in Bonn). 21 gr

Makrizii, (T. A. Al.,) Narratio de expeditionibus, a Graecis Francisque adversus Dimyatham, ab A. C. 708 ad 1221 susceptis. E. cod. bibl. Lugd. Bat. excerpsit, latine reddidit et annot. illustr. H. A. Hamaker. Mit 2 Kupft. 4 maj. Amstelodami 824, (Lips., Weigel.)

— de legalibus Arabum ponderibus et mensuris. Ex cod. Acad. Lugd. Bat. additis excerptis o scriptoribus Arabibus, nec non var. lect. ad editam Makrizii histor. mon. Arabicae spectant. ed. O. G. Tychsen. 8. Rostock 800. Stiller. 12 Gr

Makrobiotik, od. die Kunst, lange zu leben, im Auszuge nach Hufeland. 8. Leipz. 798. H. Richter. (Lauffer).

Makrobiotik, Neue, oder die Kunst Seuchen zu verhüten und zu heilen. Nebst einer Heilmittel-Liste, für Mediziner und Behörden. Stuttgart 1881. V: *Hensel, Julius.* (EB)

Makrooki, Fritz [cand. med. aus Tilsit, Ostpreussen]: Beitrag zur Pathologie der Bauchdeckenbrüche, mit Einschluss der sogenannten Lumbarhernien. Strassburg, Buchdruckerei von G. Fischbach, 1879. 8. 61 S.

Makrothymia, oder Versuch zur Ausbildung der Menschheit. 1s Stck. 8. Erf. 802. (Otto.) 12 Gr

Maksa, Ida, Feldblumen. gr. 8. (VI, 79 S.) Reichenberg 889. (Fritsche.) n.n. 1. 50; geb. n.n. 2. —

MAKSA-SEGALLA, Ida
(F) Eine Handvoll Märchen-Blüten von Ida Maksa-Segalla. Mit 3 Farbendruckbildern nach Aquarellen der Verfasserin. Wien. 1899. Selbstverlag. [In Comm. Sallmayer'sche Buchhandlung.] 4°. 52 S. Cart. fl. 1.30

Maksimović Johann: Ueber Puškins Anteil bei der Gründung des russischen literarischen Realismus. 1905 PN 1940 Diss. Wien, Univ.

Maksimow, s. a. Maximow.

Maksimow, F. O., unheimliche Geschichten aus Rußland. Dem Russ. nacherzählt. 8. (III, 272 S.) Leipzig 887, Greßner und Schramm. *

Makulatur, s.a. Maculatur.

— od. Zeitung f. Narren u. ihre Freunde, (v. Sessa, K. Müchler u. Contessa). 1s Hft. 8. Bresl. 811. Max u. Comp. 14 Gr

Makulatur, pragmatisches, e. Monatsschrift. 1s Stck. 8. Lpz. 769. Holle. 3 Gr

Le Mal épidémique des francs-maçons. [Augsburg 1748.] 4 Bl. 1 Kpfr. 4° [Kopftit.]
Kl. 325. Selten. Im vorliegenden Exemplar fehlt das Titelbl. Betr. Vorgänge in Polen, in Sonderheit die Abenteuerlichkeiten eines angeblichen Prinzen Ragotzi. 139. 281.

Mal Josef: Die Legationsreise des Kardinals Guido von St. Laurentius in Lucina vom Jahre 1265—1267. II. 1908 PN 2517 Diss. Wien. Univ.

Malá Encyklopedie Nauk. Nákladem Ceského Museum II. Dil.: W. Wlad. Tomka D'eje zeme ceské. gr. 12. (Mit 3 color. Karten.) W. Praze 843. (Kronbergra i Riwnáce.) n. $^{2}/_{3}$ ß

— III. Dil. Dr. W. Stanka Prostonárodni Prirodopis. 12. (Mit 2 Tab. u. 16 Kupfertaf.) Ebend. 843. n. $1^{2}/_{3}$ ß — col. n. $5^{1}/_{2}$ ß

— Dil. IV.: Ferdinanda Hyny Duseslowi Zkusebné. 12 Ebend. 844. n. $^{2}/_{3}$ ß

Malachias, s.: Ende, das, der Welt nahet! — Koniec swiata się przybliża!

Der Prophet **Malachias.** Einl., Übers. u. Auslegung. Von Dr. Octavian Isopescul. Czernowitz 1908: K. k. Hof- u. Staatsdr. in Wien. V, 163 S. 4° (8°).

(**Malachowski, v.**) Ansichten und Erfahrungen eines Füsilier-Officiers. H. 1—3. Berlin u. Spandau 1852—53. 8°.

Malachowski, D. v., die Aufgaben des Bataillons im Gefechtsexerzieren. Eine takt. Studie über die Anwendung der reglementar. Gefechtsformen. 2. erweit. Aufl. gr. 8. (48 S.) Hannover 882, Helwing'sche Verlagsh. *
1. Aufl. erschien 1881 ohne Angabe des Verfassers.

Malachowski, D. v. Über die Entwickelung der leitenden Gedanken zur ersten Campagne Bonapartes. Berlin 1883. 8°.
Dass. 2. Ausg. 1884.

—— über die Entwickelung der leitenden Gedanken zur ersten Campagne Bonapartes. Ein Vortrag, gehalten in der „Militär. Gesellschaft" am 28. Novbr. 1883. gr. 8. (36 S.) Berlin 884, Mittler und Sohn. *

Malachowski, D. v., Frontalschlacht u. Flügelschlacht. Betrachtungen üb. die deutsche Gefechtsführung in den Schlachten bei Amiens u. an der Hallue. gr. 8. (36 S. m. 2 Plänen.) Berlin 893. R. Eisenschmidt. n. 1. —

Malachowski, D. von [Bearb.], s. Malachowski, Karl von: Erinnerungen aus dem alten Preußen.

— e. scharfe Taktik u. Revuetaktik im 18. u. 19. Jahrh. 10 geschichtlich-takt. Abhandlgn. Mit Skizzen im Text. gr. 8. (V, 364 S.) Berlin 892. E. S. Mittler & Sohn. n. 6. —

Malachowski, E., Versuch einer Darstellung unserer heutigen Kenntnisse in der Lehre von der Aphasie, s. Sammlung klinischer Vorträge.

Das Gerichtswesen und die Advocatur in Deutschland. Reise-Aufzeichngn v. Dr. Godzimir **Malachowski,** Advocat in Lemberg. *Wien: Manz 1896.* (115 S.) 1 Bd 8. [97. 1978

Malachowski, Hermann

Malachowski, H., Anlage, Einrichtung u. Bauausführung ländlicher Arbeiterwohnungen. Nach Bauplänen d. königl. preuß. Ministeriums f. Landwirtschaft, Domänen u. Forsten u. der Deutschen Landwirtschaftsgesellschaft dargestellt. Mit 21 Taf. u. e. ausführl. Kostenanschlage. 4. (III, 71 S.) Berlin 894. P. Parey. n. 4. —

Malachowski, Herm. Zur Berliner Arbeiterwohnungsfrage, s. Freund, Rich.

[J.] Erinnerungen aus dem alten Preussen. Nach e. hinterlass. Autobiographie (v. Generallt. Carl v. **Malachowski**) bearb. v. D. v. Malachowski, Oberstlt. *Leipzig: F. W. Grunow 1897.* (VIII, 232 S.) 1 Bd 8. [97. 3228

—

Malacrida, Giovanni

Malacrida, G., Handbuch der italien., französ. u. engl. Conversation. (X, 120 S.) 11,5×17,5 cm. Luzern (910). (Räber & Co.) Geb. in Leinw. 2. 50

Malacrida, G[iovanni]. Nozioni grammaticali per il perfezionamento nella lingua italiana ad uso degli stranieri. 96 p. 8. Zurigo, Meyer & Hendess, 1903. [leg. fr. 2.50]

Malacrida, G[iovanni]. Die regelmässigen und unregelmässigen Verben der italienischen Sprache in ihrer Flexion und Anwendung. 38 S. 8. Luzern, Buchdr. J. Burkhardt (*Umschlag:* Komm. E. Haag), 1909. [fr. —. 80]

Malade, Theo, Geschichten v. der Scholle. 8. (III, 148 S.) Braunschweig 901. R. Sattler. n. 1. 80; geb. n. 2. 60

Malade, Theo., Geschichten v. der Scholle. 2., verm. Aufl. (221 S.) 8. Berlin 905. Gebr. Paetel. n. 3. —; geb. in Leinw. n. 4. —

— der Hilfsprediger. Ein Roman. gr. 8. (164 S.) Berlin 902. Herm. Walther. n. 3. —

— Lebenskünstler. Schauspiel in 5 Akten. (VII, 115 S.) 8. Braunschweig 905. Leipzig, R. Sattler. n. 2. —

Schatten. Schauspiel in 3 Akten von Theo Malade. Als Ms. vervielfältigt. Berlin 1910: (Franke in Dessau). 46 S. 8° (11. 17065 9

Malade, *Friedrich Wilhelm* Theodor [aus Spremberg '(Lausitz)']: Aus d. patholog. Institute d. Univ. Greifswald. Ein Fall von Endothelsarkom, ausgehend vom Peritoneum ... Greifswald, Druck v. J. Abel, 1895; 37 S. 8.
Greifswald, Med. Fak., Inaug.-Diss. v. 30. Okt. 1895

Maladinski-Schramm, Marie, Techniker. Festspiel. — Irrsteine am Ostseestrande. Erzählung. (51 S.) gr. 8. Stettin (Preußischestr. 23 I) 905. Selbstverlag. n. 1. —

Malafisida, Joh. G., Karte des ganzen Rheinstroms von seinem doppelten Ursprung bis zu seinem Ausfluss. Nach ... Sandrart neu herausg. Wien, Krill, 1794. Fol. 2 Bll. Kupf. . . . . (D)

Malagrida u. Pombal ob. e. Opfer d. Jesuitenhasses. Eine histor. Erzählg. aus den J. 1750—1761. gr. 16. (VIII, 117 S.) Regensburg 872. Pustet. — 75

Malaguti u. Durocher, üb. d. Vorkommen u. die Gewinnung des Silbers. Nebst vielen neuen Versuchen üb. die Natur, die Verbindungen, die Amalgamation u. mehrere andere Zugutemachungs-Methoden dieses wichtigen Metalles. Deutsch von Carl Hartmann. gr. 8. (VIII u. 244 S.) Quedlinburg 851, Basse. 1 1/6 ℛ

(Malaisé, E.,) das Exerzier-Reglement in der geschlossenen Gefechtsordnung für die k. bayer. Infanterie. München 1868. 8.

MALAISÉ, Eugen von (Landshut): Zur Kenntnis der spontanen Ruptur des Herzens und der Coronargefässe.- München: Kastner & Lossen 1900. 25 S.
25.7.1900 - Chr 1900/01,19; Jv 1900/01,241
Diss.Ingolst.-Landsh.-Mchn.

Malaisé, E. v., die Prognose v. Tabes dorsalis. (51 S.) Lex.-8. Berlin 906. S. Karger. n. 1. —
Sonderabdruck aus: „Monatsschr. f. Psychiatr. u. Neurol."

Malaisé, E[ugen] v., Dr.: Aus d. Hospice von Bicêtre ⟨Prof. P. Marie⟩ u. d. Labor. d. psychiatr. Univ.-Klinik München ⟨Dr. Alzheimer⟩. Studien über Wesen und Grundlagen seniler Gehstörungen. ⟨Mit 36 Abb. im Text.⟩ Berlin: Hirschwald (1909). 108 S. 8° [Umschlagt.] ¶(Aus: Archiv f. Psychiatrie. Bd 46, H. 3.)
München, Med. Hab.-Schr. v. 1909

Malaisé, Ferd., theoretisch-practischer Unterricht im Rechnen zunächst f. die Schulen der k. Bayer. Armee u. zum Gebrauche Jener, die sich über die Gründe beim Rechnen selbst unterrichten wollen. 2. durchgesehene u. verm. Aufl. Mit 4 Anhängen. Nebst 2 (lith.) Figurentaf. (in 4.) gr. 8. (XII u. 466 S. m. 1 Tab. in qu. Fol.) München 847. (Kaiser.) n. 1 1/2 ℛ

Malaisé, Ferd. v., theoretisch-praktischer Unterricht im Rechnen zunächst für die Schulen des Königl. Bayerischen Heeres und zum Gebrauche Jener, die über die Gründe beim Rechnen sich selbst unterrichten wollen. 3. durchgeseh. Aufl. München 863. Kaiser. gr. 8. (XV, 488 S., 2 lith. Taf. u. 1 Tab. in 4. u. Fol.) n. 1 ℛ 12 ngr.

Malakka, Strasse von, s.: Erdkarten, Herrich, A.

Malalas, Johannes

Malalae, Jo., Chronographia, s.a.Corpus scriptor. histor. Byzant.

Malalae, Jo., chronographia ex recens. Lud. Dindorfii. Acced: Chilmeadii Hodiique annotationes et Rich. Bentleii epistola ad Jo. Millium. 8maj. Bonn 831. Weber. 4 ℛ Schrbp. 5 ℛ 8 ℊ. Velinp. 6 ℛ 8 ℊ.

Malan, Cäsar, der wahre Kinderfreund. Eine Reihe christlicher Erzählungen. Nach der 2. Aufl. aus dem Französ. ins Deutsche übertragen. 3 Bdchen., enthaltend: Erzählungen für Kinder von 6—8, 8—10, 10—12 Jahren. Jedes mit 4 Kupfern. 8. Reutlingen 841, Fleischhauer u. Spohn. (à 1/3 ℛ) 1 ℛ

— dass. mit gemalten Kupfern und in verz. farb. Umschlag cart. 1 1/2 ℛ

Malan, Cäsar, das wahre Kreuz. Eine Schrift f. alle Confessionen. A. d. Franz. übers. v. Fr. W. Krug. gr. 8. (3 1/4 B.) Elberfeld 832, Hassel.

Malan, Cäsar, Predigt über Evang. 6, 56. Gehalten am 31. Juli 1856 in der Aula des Elberfelder Gymnasiums. Elberfeld, Hassel in Comm. gr. 8. (21 S.) n. 2 1/2 ngr.

Malan, Cäsar, der Sieg der Gnade. Eine Erzählung in Briefen. Aus d. Franz. übers. 8. (126 S.) New-York 852. (Bremen, Heyse.) In Engl. Einb. n. n. 5 1/2 ngr

Malan, Cäsar, der Sieg der Gnade. Eine Erzählung in Briefen. Barmen 866. (Berlin, E. Beck.) 8. (68 S.) n. 2 1/2 ngr.

Malan, Cäsar, der Sieg der Gnade. Eine Erzählung in Briefen. Ster.-Ausg. Hrsg. von der Wupperthaler Tractat-Gesellschaft. gr. 16. (86 S.) Barmen 876. Wiemann. n. — 40

— der Tod des ältesten Sohnes; aus d. Französ. 12. Erf. 831. (Otto.) 6 ℊ.

— **die Walliserin. Aus dem Franz. Bremen 869.** (Rolteniu s.) 8. (22 S.) 1 1/4 ngr.

Malan, Emil Chavin v., Geschichte der heiligen Katharina v. Siena, [1347—1380]. Aus dem Franz. 2 Thle. 2. verb. Aufl. Mit dem Bildnisse der Heiligen (Stahlst.) gr. 8. (XX, 352 u. 388 S.) Regensburg 874. Manz. 6. 75

Leonhardi, Joh. Peter Frh. v.: Die getroffene Wahl. Wollte dem Hw. O. Br. Joh. Peter Leonhardi, als derselbe zum Provinzial-Grossmeister im Oct. 1786 in Frankfurt am Main gewählt worden, seine Freude an den Tag legen ein ergebenster O. Br. W. v. M[alapert]. Offenbach: Bertholdt. 2°
Kl. 1761.

Malapert-Neufville, Marie Constanze Frfr. v., s. a.: Heisterbergk, Constanze.

Malapert-Neufville, M. C. Frfr. v. (Constanze Heisterbergk), schlichte Geschichten aus dem Volke u. für das Volk. 8. (VII, 200 S.) Dresden 903. E. Pierson. n. 2. —; geb. in Leinw. n. 3. —

— Schottische Landschafts-Bilder in Verbindung m. Geschichte u. Sage. Blätter aus e. Reisetagebuche. 2. verb. Aufl. (VII, 96 S.) 8. Leipzig-Gohlis 908. B. Volger. 2. —

— Malergeschichten. Neun Novellen. 8. (236 S. m. Bildnis u. 8 Taf.) Ebd. 902. n. 4. —; geb. n. 5. —

Maria und Magdalena. Erzählung von Constanze Hoch [d. i.: Marie Konstanze Freifrau v. Malapert-Neufville]. *Leipzig: E. Ungleich 1895.* (173 S.) 8° [F.] [93. 5448]

— aus Nord u. Süd. Neun Novellen. 8. (VIII, 247 S.) Ebd. 901. n. 3. —; geb. n. 4. —

— aus Nord u. Süd. Neue Folge v. Novellen u. Skizzen nach dem Leben. (VII, 213 S.) 8. Dresden 905. E. Pierson. n. 3. —; geb. n 4. —

Malapert-Neufville, Rob. Frhr. v., bakteriologische Untersuchung der wichtigsten Quellen der städt. Wasserleitung Wiesbadens, sowie einer Anzahl Mineralquellen zu Schlangenbad, Schwalbach, Soden i. T. und Bad Weilbach. Ein Beitrag zur bakteriolog. Untersuchung natürl. Gewässer. gr. 8. (51 S. mit 32 Holzschn.) Wiesbaden 886, Kreidel. *
Aus: Zeitschrift für analytische Chemie, besonders abgedruckt.

Malarce, A. de, die Schul-Sparkassen, s.: Zeit- u. Streit-Fragen, deutsche.

Malaria. International archives under the direction of Ronald Ross and of W. G. Mac Callum; archives internationales sous la direction d'Edmond Sergent; internationales Archiv unter der Leitg. v. B. Nocht; archivi internazionali sotto la direzione die Angelo Celli, hrsg. v. C. Mense. 1. u. 2. Bd. à 4 Hefte. (IV, 282 S. m. 5 Taf. u. IV, 216 S. m. Abb.) Lex. 8. Leipzig 908—10. J. A. Barth. à Bd. 20. —

Malarme, Charlotte de Bournon. Eugenie Bedford, oder die unmöglich geglaubte Heurath; a. d. Franz. Berlin 1788. Ü: *Mylius, Wilhelm Christhelf Siegmund.* (Ky) (MGT)

v. Malarme, Frau, Eugenie Bedford, oder die unmögl. geglaubte Heirath; aus d. Französ. (v. W. C. S. Mylius). 8. Berl. 788. Schöne. 1 ₰ 16 ℊ

— Richard Bodley, od. die unglückl. Vorsicht. 2 Thle. 8. Liebau 788. Friedrich. (Leipz., Rein). 1 ₰ 16 ℊ

Malaspina di Sannazaro. Bemerkgn üb. d. Hospitäler, besond. deren innere Einrichtg z. Verpflegg u. Wartg d. Kranken. A. d. Ital. Leipzig 1798.

Malaspina di Sanazaro, Bemerkung üb. Hospitäler etc.; aus d. Italien. v. S. K. Titius. gr. 8. Lpz. 798. (Brockhaus). 14 ℊ

Malaspina, M., Bemerk. üb. Hospitäler etc. a. d. Ital. v. S. C. Titius. gr. 8. Lpz. Gleditsch. 798.

Malassez, Mme. J., Histoire du petit Paul, hrsg. von F. Lotsch, s.: Schulbibliothek, französische u. englische, C. 40.

Malát, Jan, Zpěvnik pro školy obecné a měšťanské. Wien und Prag 1895. K. k. Schulbücher-Verlag. (Min.-Erl. vom 12. Juni 1895, Z. 13667.) 1. Theil —.20. 2. Theil .20. 3. Theil —.20. 4. Theil —.20. 5. Theil —.25. 6. Theil (für die Bürgerschulen und 6.—8. Classe der Volksschulen), a) Ausgabe mit Begleitstimmen: 1. Heft (Einstimmige Gesangstücke) —.55, 2. Heft (Zweistimmige Gesangstücke) —.55, 3. Heft (Drei- und vierstimmige Gesangstücke) —.35, b) Ausgabe ohne Begleitstimmen: 1. Heft (Einstimmige Gesangstücke) —.30, 2. Heft (Zweistimmige Gesangstücke) —.30, 3. Heft (Drei- und vierstimmige Gesangstücke)

Mälat, ..., s. Nachrichtsblatt für Deutschlands Turnanstalten.

Malatides, D., tractatus de otalgia, singula dolorum aurium genera, species et varietates, methodo pathol. therapeut. exponens. 8. Wien 821. Schaumburg. 16 ℊ

Malatimadhavae Fabulae Bhavabhutis actus primus. Ex recens. Chr. Lassen. (Fasc. I.) Lex.-8. (3 B.) Bonnae 832. (Weber.)

Malau, s.: Deutschland. Karte. (Abt. Preussen).

Malavašič, Fr., Slovenska slovnica za perve slovenske šole v mestih in na deželi. Po nar boljših dosadanjih slovnicah zdělana. 8. (VIII und 176 S.) Laibach 849, Giontini. *

Malavika et Agnimitra, Drama indicum, Kalidasae adscriptum. Text. primus ed., in lat. convertit, varietat. script. et annotationes adjecit Otto Friedr. Tullberg. Lex.-8. (7½ B.) Bonnae 840, Koenig. *

Malayola, K., der Aufenthalt des Coppernicus in Bologna, s. Mittheilungen des Coppernicus-Vereins.

Malberg. Schausp. d. Vorzeit v. J. W. Tlüp. 8. Berlin, Maurer. 798.

Malberg, s.: Kalender f. d. höh. Schulwesen Preußens, V. Jahrg., 2 Tl.

Malberg, A., über Construction von Laschenverbindungen der Eisenbahnschienen in den Stössen und Verwendung von Stahl zu denselben, nebst einem Anhange, enth.: Beschreibung einer neuen Methode der Regeneration des verbrannten Stahls. Fol. (18 S. mit 2 Kpfrtf. und mehreren eingedr. Holzschn.) Berlin 853, Ernst und Korn. Thlr. *

—— die Literatur des Bau- und Ingenieur-Wesens der letzten 30 Jahre, oder Verzeichniss der vornehmlichsten Werke in deutscher, französ., engl., italien., holländ. etc. Sprache, welche die genannten Fächer betreffen. gr. 8. (VIII und 211 S.) Berlin 852, Ernst und Korn.

Malberg, Anna, aus dem Bilderbuch e. reichen Kindheit. (VII, 174 S.) 8. Dresden 906. C. Reißner. n. 2. —; geb. n. 3. —

Malberg, Anna, Wunderdinge v. dazumal u. andere Geschichten. (VII, 171 S.) 8. Dresden 907. C. Reißner. 2.50; geb. 3.50

Malbilder, neue. (8 [4 farb.] Bl.) 8. Eßlingen (907). J. F. Schreiber. — 30

Malblanc, Julius Friedrich
Malblank, Jul. F., Abhandlungen a. d. Reichsstädt. Staatsrechte. gr. 8. Erl. Palm. 793.

— Ankündigung prakt. Vorles. üb. die Reichs- u. Territorial-Gerichts- u. Kanzlei-Verfassung 2c. 8. Erlang. 783.

Malblank [Malblanc], Jul. Friedr.: Anleitung zur Kenntniß der deutschen Reichs- und Provinzial-Gerichts- und Kanzleyverfassung und Praxis. Nürnberg und Altorf.

Th. 1. 2. Anleitung zur Kenntniß der Verfassung des Höchstpreißlichen Kaiserlichen und Reichskammergerichts. 1791.
„ 3. Anleitung zur Kenntniß der Verfassung des Höchstpreißlichen Kaiserlichen Reichshofraths. 1792.
„ 4. (Von der Gerichtsbarkeit der höchsten Reichsgerichte.) 1795.

— Anleit. z. deutschen Reichs- u. Provinzial-Gerichts- u. Kanzleiverfassung u. Praxis. 5 Thle. 8. Nürnb. 791.—804. Monath u. K. 9 ℛ 8 𝔤𝔤 (2r Thl. Auch u. d. T.: Anleitung z. Kenntn. d. Verfassung d. Kammergerichts 2c. 792. 1 ℛ 16 𝔤𝔤.)

— unpartheiische Bemerkk. üb. das 4e Edict v. 31. Dec. 1818, die Organisation d. Rechtspflege. gr. 8. Stuttg. 820. Metzler. 6 𝔤𝔤

MALBLANC, J. F.: Unpart. Bemerkk. üb. d. Kgl. Edikt v. 31. Dec. 1818, d. Organis. d. Rechtspflege betr. *Stuttgart*, Metzler. 821. gr. 8. (6 Gr.)

Malblanc, Julius Friedrich [Praes.], s. Bertschinger, Carl Emanuel. De collatione bonorum.

(MALBLANC, Jul. F., u. SIEBENKEES, J. Ch.): Allg. jurist. Bibliothek, herausgeg. von zwei Altdorf. Proff. *Nürnb.*, Grattenauer. 781—86. 6 Bde. gr 8. (5 Thl. 16 Gr.) (Dieselben): Allgem. jurist. B. *Tüb.*, Cotta. 8. 1—4r B. 796—98. (à 1 Thl.)

– [Praes.], s. Carrard, Carl: De auctoricate hypothecarum generalium . . .

— conspect. rei judiciariae Romano-Germanicae tam communis tam territorialis, in us. praelect. 8maj. Nürnb. 797. Monath u. K. 1 ℛ 20 𝔤𝔤

MALBLANK, J. F.: Conspectus rei judiciariae roman.-germanicae tam communis tam territorialis, in usum praelect. *Norimbergae*, (Recknagel.) 797. 8maj. (1 Thl. 20 Gr.)

— Deduction od. Ausführ. der Gerechtsame der Grafen u. Gräfinnen v. Pückler, v. Wertheim u. Limburg gegen d. Ansprüche der Grafen Fridr. Karl v. Pückler u. Limburg. Fol. Nürnb. 791. Monath u. K. 20 𝔤𝔤

MALBLANC, Jul. Fr.: Deduction od. Ausführ. der Gerechtsame d. Grafen u. Gräfinnen v. Pückler u. Limburg. *Nürnberg*, Recknagel. 791. fol. (20 Gr.)

MALBLANC, Jul. F.: Doctr. de jurejur. e genuinis legum et antiquis fontibus illustr. *Nürnb.*, Grattenauer. 781. 8.

— doctrina de jure jurando e genuinis legum et antiquitatum fontibus illustrata. 8maj. Nürnb. 781. Ed. nova emend. et aucta. 8maj. Tübing. 820. Osiander. 1 ℛ 14 𝔤𝔤

– [Praes.], s. Du Four, Spencer Carl: De formis procedendi diversis in causis civilibus.

– [Praes.], s. Durheim, Theophil: De diversis legislationibus circa litis contestationem ob contumaciam rei . . .

– [Praes.], s. Fehr, Heinrich Ferdinand: De causis summariis.

– [Praes.], s. Fresenius, Jakob Heinrich Samuel: De interventione in judicio . . .

MALBLANC, Jul. F.: Gesch. d. peinl. Gerichtsordnung Kaiser *Karls* V. von ihrer Entstehung u. ihren weitern Schicksalen bis auf unsere Zeit. *Nürnb.*, Grattenauer. 783. N. Tit. *Lpz.* 820. gr. 8. (20 Gr.)

— Geschichte d. peinl. Gerichtsordn. K. Karls V. v. ihrer Entstehung bis auf unsere Zeit. gr. 8. Nürnb. 783. Mit n. T. Leipz. 820. Lauffer. 20 𝔤𝔤

– [Praes.], s. Harpe, Emanuel de la: De jure aquaeductus.

– [Praes.], s. Hoff, Friedrich Karl: Observationes quasdam de transmissione hereditatum.

Malblanc, Jul. Friedr. (Vinimont.), De judiciis **quae Rüge-Gerichte vocantur.** Präs. Sixt. Jac. **Kapff. Tübingen (Reis) Dec. 1773. 52 Seiten. (4.—)** 22059

Malblanc, Julius Friedrich, s. Literatur, n. juristische.

– [Praes.], s. Muret, Johann Ludwig: Differentias praecipuas juris Romani et Helveto-Waldensis circa jus pignorum et hypothecarum in rebus mobilibus et immobilibus.

— — Observationes quaedam ad delicta universitatum. Erlangen (Hilpert) 19. XII. 1792. 30 S. (4.—) 22063

MALBLANC, Jul. F.: Opuscula ad jus criminale spectantia. *Erl.*, Palm. 793. 8. (12 Gr.)

Malblanc, Jul. Frid.: Opuscula ad ius criminale spectantia. Erlangae 1793.

[Inhalt:]

1. Observationes quaedam ad delicta universitatum. [Erlangen 1792.]
2. De iudiciis quae Rüge-Gerichte vocantur. [Tübingen 1773.]
3. De poenis ab effectibus defensionis naturalis etiam in statu civili probe distinguendis. [Altdorf 1779.]

— — Oratio quam pro auspicando rectoratu academico. Altdorf, 29. VI. 1785. (4.—) 22061

— — De poenis ab effectibus defensionis naturalis. Altdorf (Joh. Ad. Hessel) (19. IX. 1779). 38 S. (5.—) 22060

MALBLANC, Jul. F.: Principia Juris rom. sec. ord. digestorum. *Tubing.*, Heerbrandt. 801—2. P. I. II. Sect. 1—2. gr. 8. (7 Thl. 8 Gr.)

— principia juris romani secundum ord. Digestor. II Partes. 8maj. Tübing. 801—2. (Osiander.) 1 ℛ 8 𝔤𝔤 Index rer. et verborum a F. J. Buzorini. 8maj. Ibid. 820. 6 𝔤𝔤

Index rer. et verbor. ad h. opus, edit. a. Mar. Fr. J. BUZORINI. *Tüb.*, Osiander. 821. gr. 8. (6 Gr.)

MALBLANC, Jul. F.: D. gem. u. reichsgerichtl. Process m. ihren Eigenhh. u. Abweichn. *Nürnb.*, Monath und Kussler. 805. gr. 8.

– [Praes.], s. Rheinwald, Karl Heinrich: De causis improbati pacti hereditarii ex jure Romano.

Malblanc, Julius Friedrich, s. J. W. Roppelt, Entwurf.

Malbranc, E., Fräulein Müller,
— Mutterchens Geburtstag,
— die arme Näherin,
— der reiche Onkel aus Amerika,
— der Zauberspiegel,
} s. Jugendbühne, die.

Malbranche, Abrégé des premiers principes de la langue françoise, à l'usage des anglois qui veuillent apprendre etc. 12. Lond. (Kupferberg, Mayence) 781.
Dass.s.a.:Mallebranche.

Malbuch. 1. u. 2. Hft. 4. (à 12 zur Hälfte color. Taf.) Eßlingen 886. Schreiber. cart. à n. 1.—

Malbuch. 2 Sorten. qu. 8. (à 4 kolor. u. 4 schwarze Bl.) Wesel 895. W. Düms. à — 25

Mal-Buch f. Blumen-Freunde. (24 [12 farb.] S.) Lex. 8. Nürnberg (907). Th. Stroefer. 1. 50

Malbuch der Botanik. qu. gr. 4. (8 farb. u. 8 schwarze Taf.) Nürnberg (899). Th. Stroefer. 1. 50

— für kleine Händchen. 6 Sorten. (à 8 [4 farb.] Bl.) 17×22 cm. Ebd. (907). à — 30

— f. die Jugend. 2 Sorten. (à 12 [6 farb.] Bl.) gr. 8. Ebd. (910). à — 75

Malbuch f. kleine Künstler. 2 Sorten. gr. 8. (à 6 z. Tl. farb. Taf.) Leipzig 889. Fr. Pfau. à n. — 20

Malbuch f. kleine Künstler. 4. (22 z. Tl. farb. Blatt.) Nürnberg 893. Th. Stroefer. n. 1. —

— f. kleine Künstler. 6 Sorten. 4. (à 8 [4 farb.] Bl.) Nürnberg 897. Th. Stroefer. à — 30

— f. kleine Künstler. 2 Sorten. (à 12 [6 farb.] Bl.) gr. 8. Ebd. (908). à — 75

— das leichte. (6 farb. u. 6 schwarze Bl.) gr. 8. Eßlingen (905). J. F. Schreiber. — 80

— f. kleine Leute. (Ausgestanzt.) 12. (10 S. m. z. Tl. farb. Abbildgn.) Stuttgart 893. W. Nitzschke. — 25

— f. kleine Leute. gr. 8. (4 farb. u. 6 schwarze S.) Ebd. (900). — 75

Malbuch, mein erstes. 4 Sorten. (Je 4 farb. u. 4 schwarze Bl.) qu. kl. 8. Mainz (905). J. Scholz. à — 40

— mein liebstes. 1. u. 2. Hft. gr. 4. (à 14 [7 farb.] S.) Eßlingen 897. J. F. Schreiber. à n. 1. —

— das, des kleinen Moritz. 4. (16 S. m. z. Tl. farb. Abbildgn.) Eßlingen (890). J. F. Schreiber. n. — 50

— neues. gr. 4. (8 z. Tl. farb. Taf. m. 1 Bl. Anleitg.) Wesel 889. Düms. cart. — 50

— neues. Für kleine Leute. 12. (8 farb. u. 8 schwarze Taf.) Stuttgart 895. G. Weise. — 25

— neues. hoch 4. (32 z. Tl. farb. S.) Ebd. 896. Kart. n. 2. —

— ein neues. gr. 4. (16 [8 farb.] Bl.) Nürnberg 897. Th. Stroefer. 1. 50

— neues, m. Malkasten u. Palette. gr. 8. (42 S. m. z. Tl. farb. Abb.) Nürnberg 901. Th. Stroefer. Geb. 1. 50

Mal- u. Zeichenbuch, neues. (In Palettenform ausgestanzt.) 4. (12 z. Tl. farb. Bl.) Eßlingen (894). J. F. Schreiber. Kart. — 50

— das praktische. Nr. 1 u. 2. gr. 8. (à 8 farb. u. 8 schwarze Bl. ohne Text.) Ebd. (901). à — 75

— e., aus der Puppenstadt. (4 farb. u. 16 schwarze S.) qu. kl. 8. Nürnberg (906). Th. Stroefer. — 75

— unser. 3 Sorten. (à 16 [8 farb.] Bl.) 17×22 cm. Ebd. (907). à — 60

— f. das junge Volk. (Ausgestanzt.) qu. 12. (10 S. m. z. Tl. farb. Abbildgn.) Ebd. 893. — 25

Mal- u. Zeichenbuch, ein. qu. gr. 8. (4 farb. u. 6 schwarze Taf.) Ebd. (899). — 75

Mal- u. Zeichenbuch, e., m. Glückwunsch-Karten. (10 Bl. m. z. Tl. farb. Abb.) qu. kl. 8. Ebd. (904). — 75

Malbücher, neue, hrsg. v. C. Werner. Blumenmalen f. Kinder. 1. u. 2. Heft v. Lena Baurnfeind bezw. Berta Baurnfeind. (à 8 [4 farb.] Bl.) 18×24 cm. Ravensburg (908). O. Maier. à — 40

Malbücher, neue, hrsg. v. C. Werner. Für die ganz Kleinen. Leichtes Malheft. 1.—4. Heft. (à 8 [4 farb.] Bl.) 17,5×23,5 cm. Ravensburg (910). O. Maier. à — 40

— dasselbe. Figurenmalen f. Kinder. 1.—4. Heft. (à 8 [4 farb.] Bl.) 17,5×23,5 cm. Ebd. (909. 10). à — 40

— dasselbe. Landschaftsmalen f. Kinder. 1. u. 2. Heft. (à 8 [4 farb.] Bl.) 18×24 cm. Ebd. (908). à — 40

— dasselbe. Lustige Malerei f. Kinder. 1. Heft. (8 [4 farb.] Bl.) 17,5×23,5 cm. Ebd. (909). — 40

— dasselbe. Tiermalen f. Kinder. 1.—3. Heft. (à 8 [4 farb.] Bl.) 18×24 cm. Ebd. (908. 10). à — 40

Malbüchlein, mein. schmal gr. 8. (10 schwarze u. 2 farb. S.) Nürnberg (900). Th. Stroefer. — 30

— mein erstes. schmal gr. 8. (10 schwarze u. 2 farb. S.) Ebd. (900). — 30

Malbüchlein f. Herzblättchens Mußestunden. qu. 12. (8 S. m. z. Tl. farb. Abbildgn.) Konstanz (901). C. Hirsch. n. — 10

Malcev, Aleksej, s. Maltzew, Alexios von

Malchens Blumenkörbchen, enth. neue Lieder, Gedichte, Stammbuchsaufs. etc. 8. Halle, Dietlein. 804.

Malchers Betrachtungen üb. die Jetztzeit. Als Festscherz zum 2. Septbr. In Altenburger Mundart erzählt v. P. S. 8. (8 S.) Altenburg 872. (Schnupphase.) — 15

Malcher, F. X., Herzog Albrecht zu Sachsen-Teschen bis zu seinem Antritt der Statthalterschaft in Ungarn. 1738—1766. Eine biograph. Skizze. gr. 8. (X, 204 S. m. 4 Illustr. u. 1 Photograv.) Wien 894. W. Braumüller. n. 4. —

Malcher, H., die Reinigung und Entwässerung der Stadt Riga. Denkschrift einem wohledlen Rath der kaiserl. Stadt Riga überreicht. hoch 4. (59 S. mit 7 Chromolithogr. in gr. und qu. Fol.) Riga 877, Deubner. *

Malcher, Joh., wie spreche ich mit meinen polnischen Landarbeitern? Deutsch-poln. Sprachführer. (67 S.) 12. Berlin (903). [Illustr. landwirtschaftl. Zeitg.] Deutsche Tages-Zeitg.] n. 1. —

Malcher, Joh., wie spreche ich m. meinen polnischen Landarbeitern? Deutsch-polnischer Sprachführer. (68 S.) kl. 8. Berlin (909). Illustr. landwirtschaftl. Zeitung. 1. —

Malcherek, A., der klassische Skatspieler. gr. 16. (43 S.) Breslau 899. (Striegau, A. Hoffmann.) n. — 50

Der klassische Skatspieler von A. **Malcherek**. *Breslau (1900): Th. Schatzky.* (43 S.) 8° [F.] [oa. 6979 2

Mälchers, Wilhelm, approb. Arzt aus Essen-Ruhr: Ueber Sclerodermie und Sclerodactylie. *Leipzig 1904: B. Georgi.* (56 S.) 8°
Leipzig, Med. Diss. v. (10. Mai) 1904

Malchin [Schlagwort]

Malchin, s.: Deutschland. Kürschner-Pelp.

Malchin [Verfasser]

Malchin, Franciscvs [Megalopolitanvs]: De avctoribvs qvibvsdam, qvi Posidonii libros meteorologicos adhibvervnt ... Rostochii, typ. C. Boldtii, 1893; 57 S. 8.
Rostock, Phil. Fak., Inaug.-Diss. v. [29. Juli] 1893

Malchin, J., De Chorisii Gazaei veterum scriptorum studiis. Diss. 1884. 63 S.

Malchow [Schlagwort]

Malchow, s.: Deutschland. Kürschner-Pelp. — Radfahrerkarten. Strassenprofilkarte.

Malchow, s.: Mark.

Malchow [Verfasser]

Malchow. Beispiele für Operationen auf der inneren Linie. — 1. Die Ereignisse vor der Schlacht bei Custozza. 1866. (Berlin 1901.) 8°. (Bh. z. M. W. B.)

Malchow, v., die Ereignisse vor der Schlacht bei Custozza 1866, s. a. Beiheft zum Militär-Wochenblatt. 1901. Hft. 5.

Malchow, Alexander [aus Stassfurt]: Ueber im Kern gebromte Derivate des Meta-Xylols.... Freiburg i. B., Buchdr. v. Chr. Ströcker, 1889; 52 S. + 1 Bl. 8°
Freiburg i. B., Phil. Fak., Inaug.-Diss. v. 1889

Malchow, F.: Bauer und Edelmann. Eine Erzählung au aus Vettin u. Krams vor 100 Jahren. Pritzwalk: Tienken [1909]. 16 S. 8°.
(Prignitzer Volksbücher. H. 14.)

Malchow, F., Bauer u. Edelmann, s. a. Volksbücher, Prignitzer.

[**Malchus**, Karl Aug. Frh. v.:] Darstellung des Organismus der innern Staatsverwaltung und der Formen für die Geschäftsbehandlung in derselben. Heidelberg: Gros 1820.

v. **Malchus**, (K. A.,) Darstell. des Organismus der innern Staatsverwaltung u. der Geschäftsbehandlung in derselben. Wohlfeile Ausg. Mit Beilagen. 8. Heidelb. 823, Groos.

Malchus, Karl August Frhr. von, s. a. Darstellung des Organismus d. innern Staatsverwaltung ...

Malchus, C. A. Ueber Domänen und deren Verwaltung. gr. 8° Breslau 1835.

Malchus, K. A. Frhr. v. Etwas über die Accise. gr. 8°. Hildesheim 1799.

Malchus, Carl Aug. Frh. v., Handbuch d. Finanzwissenschaft u. Finanzverwaltung. 2 Thle. gr. 8. (44¼ B. u. 8½ B. Tab. gr. 4.) Stuttgart 830, Cotta.

—— Handbuch d. Militär-Geographie v. Europa. (2 Abthln.) M. 1 Oro-Hydrograph. Karte v. Europa. gr. 8. (61 B.) Heidelberg 832, Groos.

Malchus, C. A., Freiherr v., k. württemb. Finanz-Präsident a. D. Handbuch der Militär-Geographie, oder Erd- und Staaten-Kunde von Europa. Mit 1 Karte. (2 Bde.)
8. Heidelberg und Leipzig 1832—1833.

—— dass. Ausg. in 6 Lfgn. gr. 8. (61 B.) Ebds. 834, 35.

Malchus, K. Aug. Frhr. v. Ueber das Matrikularwesen des niederrheinisch-westphälischen Kreises. gr. 8°. Trier 1793.

Malchus, Karl Aug. Graf v. Marienrode. Der Organismus der Behörden für die Staatsverwaltung, mit Andeutungen von Formen für die Geschäftsbehandlung in derselben, vorzüglich in den Departements des Innern und der Finanzen. 2 Thle. gr. 8° u. gr. 4°. Heidelberg, Groos, 1820.

Malchus, C. A. von, der Organismus der Behörden für die Staatsverwaltung, mit Andeutungen von Formen für die Geschäftsbehandlung in derselben, vorzüglich in den Departements des Innern und der Finanzen. 2 Theile. gr. 8. und gr. 4. Heidelberg, Groos. 821.

— der Organismus der Behörden f. d. Staatsverwaltung; mit Andeutungen von Formen f. die Geschäftsbehandlung in derselben etc. 2 Theile, wohlfeile Ausgabe. 8. Heidelberg 823, Groos. Rthlr.

Malchus, Carl August Graf von Marienrode: „Politik der inneren Staatsverwaltung oder Darstellung des Organismus' der Behörden für dieselbe, mit Andeutungen der Formen für die Behandlung und für die Einkleidung der Geschäfte, vorzüglich jener in dem Gebiete der inneren Staatsverwaltung", 3 Bände. Heidelberg 1823 (Mohr). — Vorh.: Bibl. des Kammergerichts Berlin — Je. 1900 — des Oberlandesgerichts Celle — Qa. 178 — Preuß. Staatsbibl. Berlin und Com. Bibl. Hamburg.

Malchus, C. A. v., Politik der inneren Staatsverwaltung oder Darstellung des Organismus der Behörden für dieselbe, mit Andeutungen von Formeln für die Behandlung und für die Einkleidung der Geschäfte vorzüglich jener in dem Gebiete der inneren Staatsverwaltung. Heidelberg 1823. 3 Theile. 8°. 4. Theil: Formulare für die formelle Behandlung und Einkleidung einzelner Geschäftszweige etc. q. Form.

Malchus, Carl Aug. Frhr. v., die Sparcassen in Europa. Darstellung d. statutenmäss. Einrichtn. d. grossen Mehrzahl von solchen in Europa, mit ein. Nachweise d. Betrages der in dens. aufgesammelten Ersparnisse. Nebst Ansichten üb. d. sach- u. zweckmäss. Bildung d. Einrichtn. f. d. Verwalt. solcher Anstalten. gr. 8. (29⅛ B. u. 1 Tab.) Heidelberg 838, Groos.

Malchus, C. A., üb. d. Hochstift-Hildesheimische Staatsverwalt. ꝛc. gr. 8. Hildesh. Gerstenberg. 800.

Malchus, Graf v. M., Karl Aug., Statistik u. Staatenkunde Ein Beitrag z. Staatenkunde v. Europa. gr. 8. Stuttg. 826 v. Cotta. 3 ℛ

Malchus, K. A. Frhr. v. Ueber die von Frankreich verlangte Uebertragung der Schulden der Länder auf dem linken Rheinufer auf das rechte Ufer. gr. 8°. Hildesheim 1798.

Malchus, Graf von Marienrode, Carl August: „Ueber die Verwaltung der Finanzen des Königreichs Westphalen, besonders seit April 1811", Stuttgart und Tübingen 1814. Cotta.

Malchus, Porphyrius
s. **Porphyrius** Malchus. [10. 2036

Mälcke, H. A., et G. E. **Hambergeri**, Quadriga disputt. magico-theurgicarum de conciliatione spirituum (praes. D. Richtero). Jen. 716. 4.

Malcolm, Henry, a. Aberdeen: Ueber den Einfluß der elektrischen Fortführung auf die Doppelbrechung der Gallerte. Göttingen 1906: L. Hofer. (42 S.) 8°
Heidelberg, Naturw.-math. Fak., Ref. Quincke, Diss. v. 1. Aug. 1906
[Geb. 23. April 81 Aberdeen, Schottland; Staatsangeh.: England; Vorbildung: Robert Gordon's College Aberdeen Reife 98; Studium: Aberdeen 7, Bristol 2, Aberdeen 2, Heidelberg 3 S.; Rig. 26. April 06.]

Malcolm, John, († d. .. Juni 1833.) Geschichte Persiens, von der frühesten Periode an, bis zur jetzigen Zeit; aus dem Engl. v. G. W. Becker. 2 Bde. gr. 8. Leipz. 830. Hartleben.

Malcolm, John, Statthalter in Bombay. Geschichte Persiens von der frühesten Periode an bis zur jetzigen Zeit. Aus dem Englischen von Dr. G. W. Becker. (Aus: „Geschichte der aussereuropäischen Staaten".) (2 Bde.) 8. Leipzig **1830**.

Malcolm, J., Geschichte Persiens, übers. v. G. W. Becker, s. Bibliothek d. wicht. neuern Geschichtswerke d. Auslandes, 1. u. 2. Thl.

—— dass., übers. v. K. O. Spazier. 2 Thle., s. Bibliothek ausführl. Völker- u. Staatengeschichten d. Auslandes, 1. u. 2. Bd.

Malcomes' internationale russische Unterhaltungsbibliothek. Sammlg. v. Romanen, Novellen u. Erzählgn. moderner Schriftsteller aller Länder in russ. Sprache. 1. Serie. 1.—7. Bd. 12. Stuttgart 894. C. Malcomes. à n. 2.—
1. 2. J. Jassinski, Petersburger Nebel. 2 Bde. — J. Jassinski, e. Mann der Gegenwart. (188, 129, 84 S.)
3. P. Boborykin, am Scheidewege. — Die Leiche. (165 u. 67 S.)
4. Vom Sumpf auf den Weg. Roman v. A. Michailow. (272 S.)
5. Ein Stern. Roman v. A. N. Potapenko. — Die Gattin v. A. Tschechow. (171 u. 84 S.)
6. 7. Fr. Spielhagen, die Stumme des Himmels. Einzige vom Verf. autoris. russ. Ausg. 2 Bde. (134, 146 u. 185, 166 S.)

Malcomes, Carl, s.: **Deutschland's Fachschulwesen.**

Die deutschen technischen Fachschulen Deutschlands, Oesterreichs und der Schweiz. Maschinenbauschulen. Ingenieurschulen ... u. a. m. Zsstellung d. Lehrziele, Aufnahmebestimmungen, Unterrichtskosten usw. Hrsg. von Carl **Malcomes**. 7. verm. Aufl. Mit e. Verz. d. Fachliteratur. Berlin: O. Dreyer 1909. 91 S. 8°
(Deutsches Fachschulwesen. 1.) [10. 10381

Die deutschen Fachschulen für Textilindustrie in Deutschland, Oesterreich und der Schweiz ... Hrsg. von Carl **Malcomes**. Zusammenstellung d. Lehrziele, Aufnahmebestimmungen ... Mit e. Beitrag: Der Musterwebstuhl u. d. Dessinieren auf demselben von E. Bittner. 7. verm. Aufl. Berlin: Dreyer 1910. 76 S. 8°
(Deutsches Fachschulwesen. 2.) [11. 4489

Malcomes, Carl: Die Fachschulen für Textilindustrie Deutschlands. Web-, Spinnerei-, Färberei-, Stickerei- u. Wirkerschulen. Zusammenstellung d. Lehrziele, Aufnahmebestimmungen, Unterrichtskosten usw. 6. verm. Aufl. (Mit e. Verzeichnis d. Fachlitteratur.) Berlin: Dreyer 1908. 45 S. 8°
(Deutschlands Fachschulwesen. 2.)

— s.: **Fachschulwesen, deutsches.**

Malcus, Georg, approb. Arzt aus Cassel: **Aus d. Königl. Frauenklinik zu Marburg. Der Einfluss der subjektiven Antisepsis auf das Wochenbett.** *Marburg 1898: R. Friedrich.* (23 S.) 8°
Marburg, Med. Diss. v. 19. Dez. 1898

Malcus, Theodor, appr. Arzt a. Cassel: **Aus d. chirurg. Klinik zu Marburg. Zwei Beiträge zur Bruchsacktuberkulose.** Cassel 1908: Weber & Weidemeyer. (48 S.) 8°
Marburg, Med. Fak., Ref. Küster, Diss. v. 11. April 1908
[Geb. 7. Sept. 81 Cassel; Wohnort: Cassel-Wehlheiden; Staatsangeh.: Preußen; Vorbildung: Wilhelms-Gymn. Cassel Reife M. 01; Studium: Marburg 5, Göttingen 1, Marburg 4 S.; Coll. 15. Aug. 07; Approb. 1. April 08.]

Malczewski, Antoni

Malczewski, Ant., Marja powieść ukraińska. Lex.-8. (1 B.) Londyńe 836. Lipsku, Brockhaus et Avenarius. *

Malczeskiego, A., Marja, powieść ukraińska, tudzież drobne pisma. Zebrał dokumenta wyjaśniające osnowę Marji przyłączył i życiorys pisarza skreślił A. Bielowski. Wydanie poprawne. 12. Lemberg 838. Millikowsky. ⅚ ℛ

—— Marja Powieść Ukraińska. br. 8. (9 B.) Lipsk 844, Brockhaus et Avenarius. 22½ Ngr. In engl. Einbd. 1 Thlr. Prachtbd. m. Goldschn.

Malczeski, Ant., Maria. Ukrainische Erzählung, übers. v. Conr. Roman Vogel. br. 8. (9¾ B.) Leipzig 845, Brockhaus u. Avenarius. *

— Marja. Powieść Ukraińska. 16. (88 S.) Leipzig 848, Brockhaus. ½ ℛ Cart. ⅔ ℛ In Engl. Einb. m. Goldschn. n. ⅚ ℛ

— Marja. Powieść Ukraińska. 16. (66 S.) Posen 850, Merzbach. ⅙ ℛ In Engl. Einb. m. Goldschn. ½ ℛ

Malczewski, Ant., Marja. Powieść Ukraińska. 8. (VI u. 68 S. m. 1 Lith.) Breslau 851, Schletter. ⅓ ℛ

Malczewski, Ant., Maria. Ukrainische Erzählung in 2 Gesängen. Aus dem Poln. ins Deutsche metrisch — sammt den Anmerkungen des Dichters — übertr. und mit sprachl. und sachlichen Zusätzen erläutert von Ernst Schroll. 16. (XXIV und 135 S.) Krakau 856, Budweiser und Comp.

Malczeski, Ant., Marja. Powieść ukraińska. (Maria. Ukrainische Erzählung.) 16. (88 S.) Leipzig 857, Brockhaus. *
geb. *

Malczewski, Ant., Marja. Powieść ukraińska. Wydanie nowe. 16. (88 S.) Leipzig 867, Brockhaus. * geb. * -

Malczewski, Ant., Maria. Erzählende Dichtung. Deutsch von Alb. Zipper. gr. 16. (88 S.) Hamburg 878. Grüning. geb. m. Goldschn. 1. 80

Malczewski, Ant., Marja. Powieść ukraińska. Wydanie nowe. 16. (88 S.) Leipzig 885. Brockhaus. n. 1. —; geb. m. Goldschn. n. 1. 80

Malczewski, A., Maria, s. a. Universal-Bibliothek.

Malczewski v. Tarnawa, Jul. Ritter, Beiträge zum Studium der Befestigungsfrage. Mit 8 Textskizzen u. 2 Fig.-Taf. (46 S.) Lex.-8. Wien 906. (L. W. Seidel & Sohn.) n. 1. 40

— Kriegserfahrungen aus dem russisch-japanischen Kriege üb. die drei Hauptwaffen. Mit 30 Textskizzen. (60 S.) Lex.-8. Ebd. 905. n. 1. 80

Malczewski v. Tarnawa, J. Ritter. Bisherige Kriegserfahrungen aus dem russ.-japan. Kriege über die drei Hauptwaffen. Wien 1905. 8°.

— die Schlachtfeldbefestigung nach den Erfahrgn. des russisch-japanischen Krieges, den einschlägigen Veröffentlichungen, Reglements u. der Kriegsgeschichte. Mit 68 Skizzen im Text u. auf 8 Taf. (70 S.) Lex.-8. Ebd. 905. n. 3. 20

Studie über Ljaojan und Mukden. Von Hauptm. Julius R' **Malczewski** von Tarnawa. Mit 8 Beil. Wien: L. W. Seidel & Sohn in Komm. 1906. (67 S.) 8° [06. 14089

Maldeghem, Ottmar Graf v., Gedichte. Ausgewählt v. J. C. Günthert. 32. (VIII und 72 S.) Stuttgart 862, Fischhaber.

Malden, Alb. (Alb. Mandl), heitere Bilder. Humoresken. (III, 164 S.) 8. Oranienburg (906). W. Möller. n. 1. —; geb. n. 1. 75

Ein Freundschaftsdienst. Die Empfehlung. Felsmayer's Absturz. Heitere Skizzen von Albert **Malden** [d. i. Mandl]. Oranienburg: W. Möller [1907]. (32 S.) 8° [F.]
— **Bibliothek**, Möller's, f. Gesundheitspflege, Erziehung u. Volksaufklärung. H. 59. [08. 2081

Malden, Alb. (Alb. Mandl), ein Freundschaftsdienst. Die Empfehlg. Felsmayers Absturz, s. a. Möller's, Wilh., Bibliothek f. Gesundheitspflege u. Volksaufklärung.

Irrwege. Novellen von Albert **Malden** [d. i. Mandl]. *Berlin: W. Möller [1903].* (272 S.) 8° [F.] [04. 116

Der Kuckuck. Seine Schwester. Herrn Waldaus Neujahrs-Glück. Heitere Skizzen von Albert **Malden** [d. i. Mandl]. Oranienburg bei Berlin: W. Möller [1907]. (32 S.) 8° [F.]
— **Bibliothek**, Möller's, f. Gesundheitspflege, Erziehung u. Volksaufklärung. H. 58. [07. 11328

— Der Kuckuck. Seine Schwester. Herrn Waldaus Neujahrs-Glück, s. a. Möllers, Wilh., Bibliothek f. Gesundheitspflege u. Volksaufklärg.

Der Lehrer. Weihnachts-Bilder. Brieflich. Momentbilder u. Skizzen von Albert **Malden** [d. i. Mandl]. Oranienburg bei Berlin: W. Möller [1908]. (30 S.) 8° [F.]
— **Bibliothek**, Möller's, f. Gesundheitspflege, Erziehung u. Volksaufklärung. H. 62. [08. 6670

— Der Lehrer. Weihnachts-Bilder. Brieflich, s. a. Möller's, Wilh., Bibliothek f. Gesundheitspflege u. Volksaufklärung.

Die Mutter seiner Kinder und Anderes. Von Albert **Malden** [d. i. Mandl]. Oranienburg bei Berlin: W. Möller [1905]. (156 S.) 8° [F.] [06. 2034

Othello am Telephon und andere Humoresken. Von Albert **Malden**, [d. i. Mandl]. Oranienburg bei Berlin: W. Möller [1908]. (32 S.) 8° [F.]
— **Bibliothek**, Möller's, f. Gesundheitspflege, Erziehung u. Volksaufklärung. H. 63. [08. 6671

— Othello am Telephon u. andere Humoresken, s. a. Möller's, Wilh., Bibliothek f. Gesundheitspflege u. Volksaufklärung.

— In Stadt u. Land, s.: Greßler's, F. G. L., neue Jugendbücherei.

Die schönste Tat und andere Skizzen. Von Albert **Malden** [d. i. Mandl]. Oranienburg: W. Möller [1907]. (28 S.) 8° [F.]
— **Bibliothek**, Möller's, f. Gesundheitspflege, Erziehung u. Volksaufklärung. H. 56. [08. 9916

— Die schönste Tat u. andere Skizzen, s. a. Möller's, Wilh., Bibliothek f. Gesundheitspflege u. Volksaufklärung.

Die zerbrochene Vase. Der Staatsanwalt. Das vergessene Bleichgesicht. Novellette u. Skizzen von Albert **Malden** [d. i. Mandl]. Oranienburg bei Berlin: W. Möller [1908]. (30 S.) 8° [F.]
— **Bibliothek**, Möller's, f. Gesundheitspflege, Erziehung u. Volksaufklärung. H. 60. [08. 6668

— Die zerbrochene Vase. Der Staatsanwalt. Das vergessene Bleichgesicht, s. a. Möller's, Wilh., Bibliothek f. Gesundheitspflege u. Volksaufklärung.

Malden, Alb. (Alb. Mandl), an der Wende des Jahrhunderts. Festspiel. 8. (III, 13 S.) Wien 900. M. Breitenstein. n. — 35

Wie der Waldmüller Umkehr hielt. Ein Lebenskünstler. Werkmeister Kiesel. Skizzen von Albert **Malden** [d. i. Mandl]. Oranienburg: W. Möller [1907]. (30 S.) 8° [F.]
— **Bibliothek**, Möller's, f. Gesundheitspflege, Erziehung u. Volksaufklärung. H. 57. [08. 1050

— Wie der Waldmüller Umkehr hielt. Ein Lebenskünstler. Werkmeister Kiesel, s. a. Möller's, Wilh., Bibliothek f. Gesundheitspflege u. Volksaufklärung.

Malden, Lucy, Gedichte. (80 S.) 8. München (908). R. Piper & Co. 2.50; geb. in Leinw. 4. —

Die ländliche Fortbildungsschule. Nach Wesen, Ziel, Notwendigkeit, Aufgabe u. Einrichtung dargest. von Georg **Maldfeld**, Rektor. Fechenheim: H. Ch. Schack 1905. (110 S.) 8° [F.] [06. 4043 4

Maldfeld, Geo., aus den Frühlingstagen der preuß. Volksschule. Eine Hundertjahrerinnerg. Mit e. Anh.: „Der Unterrichtsbetrieb in e. Pestalozzischen Volksschule". (61 S.) 8. Leipzig 909. Teutonia-Verlag. 1. 50

Die deutsche Interpunktion u. ihre Behandlung in d. Schule von Georg **Maldfeld**, Rektor. Eschwege: J. Braun 1905. (63 S.) 8° [F.] [06. 7303 4

— Deutsche Satzzeichenlehre, s.: Gemß.

Maldfeld, Georg: W a r u m muß im geographischen Unterrichte der Volksschule den deutschen überseeischen Besitzungen eine eingehendere Behandlung zuteil werden? Langensalza: Beltz 1909 (1910.) 49 S. 8°
(Zur Volksschulpädagogik. H. 4.)

— Warum muß im geographischen Unterrichte der Volksschule der deutschen überseeischen Besitzungen e. eingehendere Behandlg. zuteil werden?, s. a. Zur Volksschulpädagogik. 4. Heft.

Maldini, I. Iac. de, mirabilia mundi de origine et progressu scientiar. 8. Braunschw. 726.

***de Maldini,* J. Jak. mirabilia mundi de origine et progressu scientiar. ed. a Villanova. 8. Augsb. 754. Bürglen. 5 ℊ**

Maldonatus, Joannes

Maldonati, Jo., Commentarii in quatuor Evangelistas. Ad optim. libror. fid. accuratiss. recudi cur. Franc. Sausen. Tom. I—III. 8maj. Moguntiae, Kirchheim, Schott et Thielmann. à 1 1/3 Thlr.

Tom. I. Evangelium Matthaei a Cap. I. usque ad Cap. XVII. (31 3/4 B.) 840.
II. Evangelium Matthaei a Cap. XVII. usque ad finem. (30 1/2 B.) 841.
III. Evangelium Marci integrum, et Lucae Cap. priora XII. (30 1/2 B.) 842.

Maldonati, Joan., Commentarii in quatuor Evangelistas. Ad optim. libr. fidem accurat. recudi cur. Franc. Sausen. Tom. IV. et V. (Schluss.) 8maj. Moguntiae, Kirchheim, Schott et Thielmann.

Tom. IV. Qui complectitur Evangelium Lucae a Cap. XIII. usque ad XXIV. et Joannis Cap. priora V. (31 B.) 843. 1 Thlr. 10 Ngr.
V. Qui complectitur Evangelium Joannis a Cap. VI. usque ad finem. (39 B.) 844. 1 Thlr. 20 Ngr.
Tom. I—III. Ibid. 1840—42. 4 Thlr.

Maldonati, Joh., commentarii in quatuor Evangelistas. Ad optimorum librorum fidem accuratissime recudi curavit Conr. Martin. Tom. I. Qui complectitur Evangel. Matthaei et Marci integrum. — Tom. II. Qui complectitur Evang. Lucae et Joannis integrum. Edit. II. emendatissima. Moguntiae 853, 54. Kirchheim. gr. 8. (XVI, 630; 950 S.) 4 ₰.

Maldonati, Jos., commentarii in quatuor evangelistas. Ad optimorum librorum fidem accuratissime recudi curavit Conr. Martin. 2 Tomi. Editio III. emendatissima. Lex.-8. Mainz, Kirchheim.

Inhalt:
Tom. 1, Qui complectitur evangelium Matthaei et Marci integrum, (XV und 630 S.) 862. 2 Thlr. 15 Ngr.
» 2, Qui complectitur evangelium Lucae et Joannis integrum. (951 S.) 863. 2 Thlr. 10 Ngr.

Maldonati, Joh., commentarii in quatuor evangelistas. Quos pristinae integritati restitutos, novisque studiis auctors denuo ed. J. M. Reich. 2 Tomi. Lex.-8. (XXXI, 826 u. 1051 S.) Mainz 874. Kirchheim. n. 21. 60

Maldoner,) homilet. Erklärung d. feiertägl. Evangelien, s. Erklärung.

(Maldoner,) Handbuch z. großen Katechismus d. Diözese Augsburg ꝛc., s. Handbuch ꝛc.

(——) Handb. zum k. k. österr. Normal-Katechismus ꝛc., s. Handbuch ꝛc.

—— Unterricht üb. d. h. Sakrament d. Ehe, s. Unterricht.

Maldoner, Johann Franz

Maldonerus, Joannes, Franciscus, J. U. L. Der Röm. Kayserl. Majest. u. u. V. O. Regierung und Cammer: auch Hof-Gerichts-Secretario und General-Auditor-Lieutenant. Synopsis militaris oder Kurtzer Begriff über die Kayserliche Kriegs-Articul,
Editio secunda.
4. Freiburgi Brisgoiae 1702.

— Synopsis militaris; oder kurzer Begriff über die Kayserliche Kriegs-Articul, mit ihren neu verbesserten sonderbahren, sowohl Hoch, als Niedere Kriegs-Officiren: und denen Gemeinen Knechten sehr nutz- und dienlichen Anmerkungen und Frag-Stucken etc. Editio tertia. 4. Nürnberg und Frankfurt 1724.

Maldonerus, J. F. Synopsis militaris, oder: Kurtzer Begriff über die Kayserl. Kriegs-Artikul (vom 12. X. 1642). Mit 1 Portr. 3. Aufl. Nürnberg 1724. 620 S. — 4. Aufl. 1733.

Maldoner, Jos., kathol. Gebetbuch, vorzügl. für die erwachsene Jugend. 12. Einsiedeln 841, Gebr. Benziger. 7 ngl

Maldos Rytmetinės, Vakarinės ir Nekálto Šv. Marijos Panos Prasidėjimo Adynos. Tilžėje 1004: J. Schoenke. (32 S.) 8°
[Gebete f. Morgen, Abend u. f. d. Fest d. unbefleckten Empfängnis d. hl. Jungfrau Maria.]

Maldsinewitz, Stanisl., Behandlung der Tollwuth mit der Wurzel von Spiraea Ulmaria nach Vorschrift von St. M. 8. (16 S. mit 1 Abbild.) Riga 886, Stieda. *

Die kirchliche Kunst des XIII. Jahrhunderts in Frankreich [L'art réligieux du XIIIe siècle en France]. Studie über d. Ikonogr. d. Mittelalters u. ihre Quellen von Emile **Mâle**. Mit 127 Abb. u. 1 Lichtdrucktaf. Deutsch von L. Zuckermandel. Strassburg: J.H.E.Heitz 1907. (XIII, 441 S.) 4°(8°)
— **Kunstgeschichte**, Zur, d. Auslandes. H. 52. 07. 9924

Mâle, Emile, die **kirchliche Kunst des XIII. Jahrh. in Frankreich**, s. Zur **Kunstgeschichte des Auslandes.** 52.

van Male, Guill., lettres sur la vie intérieure de l'empereur Charles-Quint. Publiées pour la première fois par le baron de Reiffenberg. gr. Lex.-8. Bruxelles 843. (Muquardt.) n. 3 2/3 ₰

MALEBRANCHE. — List- und Liebes-Begebenheiten des Gross-Sultanischen Pallasts, eine Türckische Geschichte in zwo Abtheilungen. Aus d. Frantzös. des Hern. *Malebranche* übers. von D. G. T. Dressden u. Leipzig, b. J. W. Harpeter. 1749. 8°. 7 Bogen.
M. M. V. 1749; D 3 b; Cat. Meissner II.
Original: Les intrigues du sérail, histoire turque. 2 part. La Haye, aux dépens de la Compagnie, 1739. 12°. (3 Mk. Scheible; jetzt theurer!)

Malebranche, Nicolas. Christlich-metaphysische Betrachtungen. Aus dem Französ. Münster 1842. V: *Lombard, Karoline.* (RASS I, 203) (Zeitschr. f. Büch. N. F. 15, 1923, S. 115)

Malebranche, Nikol., Christlich-metaphysische Betrachtungen. Aus dem Französ. Münster, Theissing, 1842, gr. 8°, 284 S., 3 Mk.
Méditations chrétiennes et métaphysiques. Köln u. Paris 1683. Vgl. die Besprechung des Buches Hist.-pol. Blätt. Bd. 16, S. 458—63.

Malebranche's Geist im Verhältniss zu d. philos. Geiste d. Gegenwart, od. pragmat. Auszug d. originellsten u. interess. Ideen dies. Philosophen; mit sorgfältigster Erwäg. a. sn. philos. Schrr. gewählt. *Lpz.*, Weygand. 800. gr 8° 2 ₰

Mallebranche, R. P. Nic., tract. de inquisitione veritatis. II Tmi. 4. maj. Genève, Tournes, 755.

Malebranche, über d. Moral. N. d. Franz. v. K. Ph. Reidel. gr. 8. (17 B.) Heidelberg 831, Winter.

Mallebranche, ..., sechs Bücher von der Wahrheit od. von der Natur des menschl. Geistes ꝛc.; aus d. Französ. (v. J. H. F. Ulrich u. C. L. Paalzow). Mit Anmerkk. v. Jh. Ph. Müller. 3 Bde. gr. 8. Halle 776—80. Hendel. 4 ₰

N. **Malebranche** von d. Wahrheit, od. v. d. Natur d. menschl. Geistes u. dem Gebrauch sr. Fähigkeiten, m. Anmerkk. (v. J. Ph. **Müller,** Ch. L. **Paalzow** u. J. H. F. **Ulrich.**) *Halle*, Hendel. 776-80. 4 Bde. gr 8° 4 ₰

Malebranche, Nicolas. Von der Wahrheit oder von der Natur des menschlichen Geistes ... a. d. Franz. ... Halle 1776—80. Ü: *Ulrich, Joh. Hnr. Friedrich.* (ML) & *Christian Ludwig Paalzow.* (Ky)

Malecek, Jos., Die katholische Apologetik für Mittelschulen. Prag, Dominikus, 1883. 8°. 109 S., 1.20 Mk.
Recens. (Linzer) Theol.-pr. Quartalschr. 1885, S. 423 (W. Klein).

Malech, Frz., Ursachen, Verhütung u. naturgemässe arzneilose Selbstbehandlung v. Schwächezuständen u. Geschlechtskrankheiten. (109 S.) 8. Stuttgart 907. Dresden, Welt-Reform-Verlag. 3.—; erm. Pr. 2.50

Maleck, Emir, der Assassinenfürst; aus d. Engl.; nebst e. Abhandl. üb. die Assassinen, von *r. (G. W. Becker). 3 Thle. 8. Leipz. 828. Wienbrack. 3 ₰

Maleck, Emir, der Assassinenfürst. A. d. Engl. Nebst e. Abhandl. üb. d. Assassinen v. *r. (G. W. Becker.) 3 Thle. 8. (40½ B.) Leipzig 828, 29, Wienbrack.
Vgl. M a l e k .

Malecka, Frau Marie, s. a. Stahl, Marie.

Anonym. Roman von Marie Stahl [d. i. Marie **Malecka**]. *Berlin: R. Mosse 1900.* (374 S.) 8° [F.]

[F.] Frauenehre. Roman v. Marie Stahl [d. i. Marie **Malecka**]. (2 Tle in 1 Bde) ... Tl 1. 2. *Berlin: O. Janke (1896).* 1 Bd 8.
1. (2 Bl., 157 S.) 2. (2 Bl., 186 S., 1 Bl.)

[F.] Aus der Gründerzeit. Roman v. Marie Stahl [d. i. Marie **Malecka**] ... *Berlin: O. Janke (1896).* (2 Bl., 318 S., 1 Bl.) 1 Bd 8.

Höhenluft. Roman von Marie Stahl [d. i. **Malecka**]. 2 T. in 1 Bde. T. 1. 2. *Breslau: S. Schottlaender 1904.* (215, 152 S.) 8° [F.]

[F.] Ich will. Roman v. Marie Stahl [d. i. Marie **Malecka**]. *Berlin, Leipzig, Wien, Stuttgart: Bong & C. [1897].* (2 Bl., 427 S.) 1 Bd 8.

Die Mittagsfee. Skizze von Marie Stahl [d. i. **Malecka**]. (Berlin: F. Schulze [1907].) (9 S.) 8° [Umschlagt. Text stenogr.]
— **Zehnpfennigbücher**, Schulzes. No 56, [1.]

Zauberkreise. Roman von Marie Stahl [d. i. **Malecka**]. Berlin: Continent [1905]. (399 S.) 8° [F.]

Malecki, Anton. (geb. Obiezierze in Posen 1821): De Academia vetere. Berolini (1844). (102 S.) 8°
Berlin, Phil. Diss. v. 21. Dez 1844

Die Insel **Maledikta**. Ein Adventsmärchen f. verständige Kinder. *Paderborn: Bonifacius-Dr. [1896].* (32 S.) 8° [F.]
— [**Märchenbücher** f. Kinder.] No 11.

Malek, Emir, der Assasinenfürst. A. d. Engl. ... Leipzig 1825. V: *Barrow, John Henry.* Ü: *Becker, Gottfried Wilhelm.* (Ky) (GGr)
Vgl. M a l e c k .

Malencon, F. P. A., Zoe, oder Pariser Sitten. 2 Thle. 8. Leipz. 799. Hinrichs. 18 gr

MALENCON, F. P. A., Zoe, oder Pariser Sitten. (Etwas freier Roman.) Aus d. Französ. 2 Thle. Goslar, bei E. W. G. Kircher, 1799. 8⁰. 301 fortlauf. pag. S. (2 Mk. 20 Pfg. Kühl, Berlin, c. 1882.)

— — Dasselbe, tit.: Pariser Sittengemälde und Liebschaften, oder Geschichte der schönen Zoe. 2 Thle. Ibid. 1810. 8⁰.
Orig.: Zoé, ou les moeurs de Paris. 2 pts. à Paris chez Leroux .... an VI (1798). 12⁰.
Das Buch ist ein freches Plagiat oder eine Buchhändler-Speculation, und mit Aenderung des Titels und der Namen Wort für Wort identisch mit: Lucile, ou le progrès de la vertu, — par un mousquetaire *(Nic. Edme. Restif de la Bretonne).* Quebec et Paris, Delalain, 1768. 12⁰. XIV—198 pp.

Malende, Eugen Über Benennung und Einteilung der Sudeten in früheren Zeiten. 8 (38 S.).
Progr. Kath. höh. Bürgersch. *Breslau* 1888 (210).

Malende, Eugen [aus Frankenstein i. Schl.]: Ueber Benennung und Einteilung der Sudeten in früheren Zeiten. ... Halle a. S., Hofbuchdr. v. C. A. Kaemmerer & Co., 1890; 85 + 1 S. 8⁰
Halle, Phil. Fak., Inaug.-Diss. v. [24. Febr.] 1890

Mallende, Eug., alte und neue Irrthümer über die Oderquelle. Eine historisch-geograph. Studie. gr. 8. (8 S.) Freiwaldau 888, Blažek. *
Aus: Altvater, besonders abgedruckt.

Malenkovic, Basil., die Asphaltfrage, insbesondere die Nomenklaturfrage vom Standpunkte des Hochbau- u. Strassenbau-Ingenieurs. (7 S.) 31,5×23,5 cm. Stuttgart (906). Freiburg i/B., J. Bielefeld. 1.—
Sonderabdruck aus: „Baumaterialienkunde".

Malenković, Basilius, die Holzkonservierung im Hochbaue m. besond. Rücksichtnahme auf die Bekämpfung des Hausschwammes. (XV, 301 S. m. 39 Abbildgn.) gr. 8. Wien 907. A. Hartleben. n. 6.—; geb. n. 7.20

Malepeyre, nuovo manuale completo del birrajo, s. Riffault.

Malepeyre, Friedr., Handbuch der Fabrikation der Stearinkerzen, sowie der Margarin-, Elaidin-, Palmitin- u. Cocinin-Kerzen. Eine vollständ. u. auf die neuesten Erfahrungen in der Chemie begründete, theoretisch-prakt. Anweisung zur zweckmäßigsten Gewinnung d. Stearins ꝛc., sowie zur Anfertigung d. vorzügl. Arten von Kerzen ꝛc. In Verbindung mit Mehreren herausg. Nach der neuesten Aufl. aus d. Franzöſ. Mit 2 (lith.) Taf. Abbildgn. (in Fol.) Quedlinburg 853. Basse. 8. (2 Bl., 252 S.) 25 ngr.

Maler [Sachl. OW]

Maler — **Malerey**, s. a. **Mahler** — **Mahlerey**.

Maler, Die; ein Lustspiel. München 1783. V: *Babo, Jos. Mar.* (CLZür Forts. I)

Maler, die. Lstspl. gr. 8. Münch. 783. (Fleischmann).

Maler, die, Lustsp. 8. München, Strobl. 783.

— die, Lustsp. v. Babo. 8. Berlin, Voß. 793.

Maler, Der.

Illustrierte prakt. Fachzeitschrift f. die gesamten Interessen der Dekorations- u. Zimmermaler, Anstreicher, Lackierer, sowie der verwandten Geschäftszweige. Unter Mitwirkg. v. R. Rochger hrsg. v. Hugo Matthäs. 2. u. 3. Jahrg. 1907 u. 1908. à 12 Hefte. (IV, 396 u. II, 148 S. m. 48 u. 48 farb. Taf. u. Pausen.) 36,5×26,5 cm. Ebd. à Jahrg. 10.—
Vgl. M a l e r , Der süddeutsche.

— dasselbe. 4. Jahrg. 1909. Jan.—Juni. 6 Hefte. (72 S. m. 24 farb. Taf. u. Pausen.) 36,5×26,5 cm. Ebd. 5.—
Diese Ausg. ist am 1. VII. 09. eingegangen.

Maler, der. Organ zur Förderg. der Arbeitgeber-Interessen im Maler-, Lackierer-, Anstreicher-, Tüncher- u. Weißbindergewerbe. Offizielles Organ d. Gauverbände Mittel- u. Ostdeutschland des deutschen Arbeitgeberverbandes im Malergewerbe u. offizielles Organ des deutschen Malerbundes. Hrsg. v. Hugo Matthäs. 3.—5. Jahrg. 1908—1910. à 52 Nrn. (640, 624 u. 644 S.) 36,5×26 cm. Stuttgart, J. F. Steinkopf. à Jahrg. 3. —

— Altwiener. 40 farb. Fksm.-Reproduktionen nach Altwiener Meisterwerken aus öffentl. u. privatem Besitz. 1. u. 2. Lfg. (8 farb. Taf. m. III S. Text.) 40,5×34 cm. Wien 908. 09. C. W. Stern. à Lfg. 18. —

Maler, Die armen. Lustspiel in einem Act. [Berlin 1820.] V: *Stein, Carl.* (GGr)

Baltische Maler und Bildhauer des 19. Jh. Biographische Skizzen mit den Bildn. der Künstler und Reproduktionen nach ihren Werken. Bearb. von Wilh[elm] Neumann. — Riga: Deutsch; Jonck & Poliewsky in Komm. 1902. 179 S. mit Abb. 4°

— berühmte. 1.—10. Heft. (à 8 Taf.) Lex.8. Leipzig (908). Berlin, W. Weicher. à Heft 1. 50
1. Greuze. — 2. Watteau. — 3. Fragonard. — 4. Boucher. — 5. Gainsborough. — 6. Memling. — 7. Israëls. — 8. Ostade. — 9. Steen. — 10. Ruysdael.

Deutsche Maler. [Jg. 1, Nr] 1. (Düsseldorf: Rheinlande 1908.) 4°

Maler, deutsche, 1909. Eine Folge v. Mappen. I—XII. 30,5×24 cm. Düsseldorf. [Verlag der „Rheinlande".] A. Bagel. 5.—; Einzelpr. à 1. —
Daubner, Georg. (5 [1 farb.] Taf. m. 4 S. illustr. Text.) (V.)
Fischer, Otto. (5 [1 farb.] Taf. m. 4 S. illustr. Text.) (VIII.)
Georgi, Walter. (5 [1 farb.] Taf. m. 4 S. illustr. Text.) (VII.)
Hoffmann, Robert. (5 [1 farb.] Taf. m. 4 S. illustr. Text.) (XI.)
Hofmann, Ludw. v. (5 [1 farb.] Taf. m. 4 S. illustr. Text.) (IV.)
Kampmann, Gust. (5 [1 farb.] Taf. m. 4 S. illustr. Text.) (II.)
Keller, Friedrich. (5 [1 farb.] Taf. m. 4 S. illustr. Text.) (VI.)
Kreidolf, Ernst. (5 [2 farb.] Taf. m. 4 S. illustr. Text.) (XII.)
Meyer, Claus. (5 [1 farb.] Taf. m. 4 S. illustr. Text.) (I.)
Oberländer, Adolf. (5 [1 farb.] Taf. m. 4 S. illustr. Text.) (III.)
Thoma, Hans. (5 [1 farb.] Taf. m. 4 S. illustr. Text.) (X.)
Würtenberger, Ernst. (5 Taf. m. 4 S. illustr. Text.) (IX.)

— dasselbe. 1910. I. 30,5×23,5 cm. Ebd. 1. —
Trübner, Wilhelm. (5 [1 farb.] Taf. m. 4 S. illustr. Text.)

Maler, die französischen, des 18. Jahrh. Eine Sammlung ihrer bedeutendsten Werke, hrsg. und mit erläut. Text begleitet von Alfr. v. Wurzbach. Photogr.-Druck von M. Rommel. (In 30 Lfgn.) 1.—18. Lfg. Fol. (IV, S. 1—28 mit eingedr. Holzschn. und 36 Bl. in Lichtdr.) Stuttgart 879, Neff. à Lfg. *ℳ 2,50. *

Maler, die französischen, des 18. Jahrh. Hrsg. von Alfr. v. Wurzbach. 19.—30. (Schluss-)Lfg. Fol. (24 Bl. in Lichtdr. mit Text S. 29—44.) Stuttgart 880, Neff. à Lfg. *ℳ 2,50. * compl. geb. * 1

1.—18. Lfg. Ebendas. 1879. à *ℳ 2,50.

—— die, der Gegenwart. 1.—14. Lfg. Fol. (70 Holzschntaf. mit 36 Sp. Text.) Wien 883,84, Bondy. à Lfg. *ℳ 1. *

Maler, die, d. Gegenwart. 15.—27. (Schluß-) Lfg. Fol. (68 Holzschn.-Taf. m. Text Sp. 47—194.) Wien 884. F. Bondy. à n. 1. — (kplt. geb.: n. 36. —)

Maler, der, Hans Holbein. gr. 16. (96 S. mit eingedr. Holzschn. und 2 Holzschnt.) Basel 856(57,) Fischer und Comp. *

(Maler. Josua Mahler 1529-1591.) Njbl. [Vögelin, Salomon].

Mahler, Josua. [Zürich] 1804. V: *Voegelin, Salomon.* (ZÜRKL)

Maler, der junge, am Hofe, eine deutsche Geschichte für Denker und Gefühlvolle, 3 Theile, mit Kupf. 8. Wien, 785. Beer. (Wucherer)

Maler, der junge, am Hofe, (v. Franz Kratter). 3 Thle. 8. Wien 785. R. A. 811. v. Mösle. 3 ℳ Hbg. Pr. 1 ℳ 8 ₰

Maler, der junge, am Hofe, eine romantische Geschichte, neue veränderte Ausgabe. 3 Thle. m. K. 8. Wien, v. Mösle. 812.

Maler, Der kleine; ein Schauspiel in drei Aufzügen. [Wien 1786.] V: *Heydenreich, Carl Heinrich.* (MGT)

Maler, der kleine, oder erster Unterricht im Malen, zur angenehmen u. nützl. Beschäftigung für Kinder in 12 color. Vorlegeblätt. u. 24 schw. Blätt. z. Nachmalen. Nebst 1 Farbentaf. u. kurz. Anleit. z. Farbenmischung u. z. Malen. qu. 16. Meißen 846, Goedsche. 16 ngl

Maler, der kleine. Allerlei in Bildern zum Nachzeichnen u Illuminiren f. Kinder. Hft. 1—18. qu. 16. (à 4 color. u. 4 schw. Bl.) Berlin 849, Hermes. (à 1/6 ℳ) 4 1/2 ℳ

— der kleine. 20 (lith.) Blätter zum Ausmalen für fleißige Kinder. 4. Neusalza 852, Oeser. 1/6 ℳ; Ausg. in gr. 4. 1/4 ℳ

— der kleine. 4 Hfte. 4. (à 8 Holzschntaf., wovon je 4 in Buntdr.) Stuttgart 871. G. Weise. à — 40

—— der kleine. 1.—20. Heft. qu. 8. (à 12 lithogr. S., wovon 6 color.) Leipzig 871—73, Verlagsbuchh. für Jugendliteratur. à Heft 25 Pf.

—— der kleine. — Le petit peintre. — The little artist. — De kleine schilder. qu. 4. (4 color. und 4 schwarze Sint.) Stuttgart 873, Risch. [Eger und Diesteler.] cart.

Maler, der kleine. 4 Sorten. gr. 12. (à 6 schwarze u. 6 farb. Taf.) Leipzig 889. Fr. Pfau. à — 20

Maler, der kleine. 2 Hfte. qu. 12. (à 8 [4 farb.] Bl.) Eßlingen (891). J. F. Schreiber. à n. — 20

Maler, der kleine. 4. (9 S. m. z. Tl. farb. Bildern.) Wesel 894. W. Düms. — 15

Maler, der kleine. 2 Sorten. (Je 10 z. Tl. farb. S.) 8. Stuttgart (904). G. Weise. à — 15

— der lustige. 4. (8 [4 farb.] Bl.) Ebd. (892). n. — 30

MALER, Der, und sein Modell. Erinnerungen eines Künstlers. Amsterdam 1893. (3 Mk., eine böhm. Firma, 1901; 20 „feine" Photos dazu Mk. 12—.)
Sotadisches Machwerk. Verboten v. L.-G. Wien, 21. IV. 1896. § 516.

— der närrische, s.: Gabelsberger-Bibliothek.

— die reisenden, e. Roman v. Ernst Wagner. 2. Thle. 8. Leipz. Göschen. 806.

Maler, die reisenden, v. E. Wagner. 2 Thle. Neue Aufl. 8. Leipzig, Göschen. 820.

— 60 schwedische, aus der I. bezw. II. Hälfte d. 19. Jahrh., s.: Kunstbücher, schwedische. I u. II.

Maler, Der, der Sitten. Von Neuem übersehen und stark vermehret. Zürich 1746. H: *Bodmer, Johann Jacob.* (GGr) (BGE) (Cat. d. Stadtbibl. Zürich. Zürich 1864—97.) & *Johann Jacob Breitinger.* (Bächtold, Litt. d. Schweiz. Frauenf. 1892. S. 172.)

— der süddeutsche. Illustrierte prakt. Fachzeitschrift für die gesamten Interessen der Dekorations- u. Zimmermaler, Anstreicher, Lackierer, sowie der verwandten Geschäftszweige. Unter Mitwirkg. hervorrag. Fachmänner hrsg. v. Hugo Matthäs. April—Dezbr. 1906. 18 Hefte. (à ca. 12 S. m. farb. Taf. u. Pausen.) gr. 4. Stuttgart, J. F. Steinkopf. n. 7. 50

— der süddeutsche, Fortsetzg., s.: Maler, der.

- unsere kleinen. 8 Sorten. 4. (à 16 [8 farb.] Bl.) Nürnberg 897. Th. Stroefer. à — 60

Maler, Der verliebte, ein Singspiel a. d. Franz. Frankfurt a. M. 1774. Ü: *Faber, Johann Heinrich.* (ML)

— der verliebte,. Singsp. a. d. Franz. 8. Frkf. Andreä. 774.

Maler [Verfasser]

Maler, Ant., (A. U. Mayer,) Beitrr. zu den Wahlkapitulationsschriften der deutschen Hochstifter. 1s Stck. 8. Leipz. (Regensburg). 790. Montag u. W. 6 gr.

Maler, Anton, s. Responsum juris.

Maler, B., Lausitzer Geheimnisse. Lebensbilder. Mit Abbildungen. 9 Lfgn. 8. (280 S. m. 10 color. Lith.) Löbau 852. 53, Breyer. (à 1/12 Thlr) 3/4 Thlr

Maler, Friedrich Wilhelm

Maler, Fr. Wlh., Geschichte, Bestandtheile u. Wirkungen des Hambacher u. Schwollener Sauerbrunnens. 8. Karlsr. 784. Macklot. (Gebhard u. K. in Frankf. a. M.) 6 gr.

—, Geschichte der Kuhpocken-Impfungen in d. Kurfürstenthum Baden. 8. Karlsr. 804. Braun. 6 gr.

Friedr. Wilh. Maler Geschichte der Kuhpockenimpfungen in dem Churfürstenthume Baden. Carlsruhe 1804. 8. (Cfr. Badische Ann. d. Heilkunde 1827. S. 12. sq.)

Maler, F. W., Histor.-geneal. Nachrichten von der Familie Maler. Mit Wappen, Tfln. etc. Karlsruhe 1819. 8.

Maler, F. W., histor.-genealog. Nachrichten von der Familie Maler, einem der ältesten Alt-Badisch. bürgerl. Geschlechter, mit Hinsicht auf d. vaterl. Zeitgeschichte rc. 8. Karlsruhe. Marx. 820.

Maler, H., Emma v. Hohenhausen, oder die Bestimmungen. Ein Roman. 8. Berl. 826. L. Oehmigke. 18 gr.

Maler, Hans, ein Brief an Anna v. Ungarn, mitgeteilt von Gust. Glück, s.: Jahrbuch der kunsthistor. Sammlungen des allerhöchsten Kaiserhauses. 26, VI.

Maler, J., und W. H. Preece: Das Telephon und dessen praktische Verwendung. Stuttgart 1889

Jacob Friedrich Malers, Fürstl. Markgräflich Baden-Durlachischen Kirchenraths und Rectors des Gymnasii zu Carlsruhe, Algebra zum Gebrauch hoher und niederer Schulen. Frankf. und Leipzig, verlegts Michael Maklot, Markgräfl. Baden-Durlachischer Hofbuchhändler. 8. 142 Seit. (8 gr.) 1761.

— neue Auflage, 8. 15 Bog. Carlsruhe, bey Maklot. 1769.

Maler, Jak. Fr., († im Mai 1764.) Algebra. gr. 8. Karlsr. 761. Neue verb. u. verm. Aufl.; hrsgg. v. W. F. Wucherer. Mit e. Vorrede v. A. G. Kästner. gr. 8. Ebd. 769. Mit e. Anh. verm. 796. 6e Aufl. 821. Ebd. Braun. 1 Thlr 4 gr.

Maler, Jac. F., Algebra, herausgegeb. v. Wucherer. gr. 8. Carlsr. Macklot. 810.

Jacobus Fridericus Malerus. Opitulante summo numine, de Barometris publice disserent praeses, Jacobus Fridericus Malerus, in illustri Gymnasio math. et phys. professor, et respondens. Carolus Fridericus Wielandus, phil. et math. cultor, tertio non. Aug. anni MDCCXXXIX. hor. locoq. consuet.

In Caroli-Hesycheo typis Andreae Jacobi Maschenbaueri, typogr. aul.

Die Dissertationsschrift ist, gemeinsam von dem Verfasser und Verteidiger, der Markgräfin Wilhelmina Magdalena und dem Markgrafen Karl August, Vormündern Karl Friedrichs, gewidmet. 4°. 38 nicht nummerierte Seiten.

Karlsruhe, P 1739

— elementa etymologica linguae graecae. 8maj. Karlsr. 750. (revisa, aucta et emend. a. W. F. W(ucherer.) Ebd. 796. Macklot; (auch G. Braun).

Maler, Jacob Friedrich. Elementa etymologica linguae graecae... Karlsruhe 1796. H: *Wucherer, Wilh. Frdr.* (Ky)

Jacob Friedrich Malers Geometrie und Markscheidekunst. Mit Kupfern. Carlsruhe, druckts und verlegts Michael Macklot, Markgräfl. Baden-Durlachischer Hofbuchhändler. In 8. 1 u. e. halber Bogeu Titel und Vorber. 248 Seiten, 9 Kupfertaf. 1762.

— Geometrie u. Markscheidekunst. Mit 9 Kpft. gr. 8. Karlsr. 762. 2e A. verm. u. verb. v. A. G. Kästner. gr. 8. Ebd. 767. Aufs Neue verm. u. verb. v. W. F. Wucherer. Mit 9 Kpft. gr. 8. 795. 5e Aufl. Ebd. 811. Braun. 1 Thlr 14 gr.

Jacob Friedrich Maler's, weil. Hochf. Markgräfl. Bad. Kirchenr. und Rectors, Geometrie und Markscheidekunst, durchgesehen, verbessert und vermehrt, und mit einer neuen Vorrede begleitet von *Abrah. Gotthelf Kästner*, Kön. Grofsbrit. Hofr. u. Prof. der Phys. u. Math. zu Göttingen. Aufs neue vermehrt und verbessert von *W. F. Wucherer,* Hochf. Bad. Rath und Prof. der Math. 256 S. 9 Kupft. 8. (1 Rthl.) 1795.

Maler, Jacob Friedrich: „Geometrie und Markscheide-Kunst", 5. verb. und verm. und in einigen Kapiteln gänzlich umgearbeitete Auflage von Gustav Friedrich Wucherer, Carlsruhe 1811. — Vorh.: Preuß. Oberbergamt Dortmund — N. a. 63.

— Physik, od. Naturlehre z. Gebrauch auf Schulen. Mit 3 Kpft. gr. 8. Karlsr. 767. Neue gänzl. umgearb. Aufl. v. J. L. Böckmann. Mit 6 Kpft. gr 8. Ebd. 775. Macklot. 1 Thlr 14 gr. (Auch u. d. T.: J. L. Böckmann, Naturlehre.)

Jacob Friedrich Maler's Kurzer und deutlicher Unterricht zum Rechnen für Lehrende und Lernende in denen Schulen. 2te Aufl. Carlsruhe. 8. 14 Bog. 1765.

— kurzer u. deutl. Unterricht zum Rechnen. 8. Karlsr. 765. 5e Aufl. 795. Macklot. 9 ℛ

Maler, Jos. Bolm., Atlas d. Pferdes, s. Fr. Gerber.

Maler, Josua. Josua Maler. Selbstbiographie eines Zürcherischen Pfarrers aus der zweiten Hälfte des 16. Jahrhunderts. [SA.] 8. [Zürich 1885–1886.]

(Maler, Teobert): Teobert Maler und seine Erforschung der Ruinen Yukatans. (Globus ... Bd. 68. No. 16. S. 245—259 und No. 18. S. 277—292.) (Braunschweig 1895.) 1 Bd. 15: 16 S. 4º.

Maler, Teobert, u. s. Erforschg. d. Ruinen Yukatans. M. 20 Ruinen-Abb. [Aus: „Globus".] gr. 4. (82 S.) Braunschweig 895. F. Vieweg & Sohn. n. 1. —

Maler, W., die Stellung der höheren Schulen zu der Fremdwörterfrage. gr. 8. (61 S.) Stuttgart 888, F. Frommann. *

Maler, W: Wärmekraftmaschinen. Stuttgart 1908 ---

Maler, Wilh., Geschichte des Bach-Vereins Heidelberg 1885—1910. (V, 122 S. m. 3 Bildnistaf.) gr. 8. Heidelberg 910. Carl Winter. 1. —

Mäler, C. W., s. Mähler.

Mäler, Johann Chr.

Mäler, J. Ch.: Geschichte u. Verfass. d. Rechtspflege u. Processform in bürgerl. Sachen b. den alten Deutschen u. Sachsen, und der daher üblichen Vorbescheide b. d. kursächs. Obergerichtshöfen mit Beschreib. der heutigen Praxis. *Leipz.*, (Brockhaus.) 790. gr. 8. (20 Gr.)

Maler-Academie, kleine. Anatomie d. Menschen. 839. 12 Bl. n. $^{1}/_{2}$ ℛ — Baumstudien. 12 Bl. 887. n. $^{1}/_{2}$ ℛ — Blumen. 12 Bl. 835. n. $^{1}/_{2}$ ℛ — Figuren. 4 Hfte. 839. n. 2 ℛ — Landschaften. 2 Hfte. 24 Bl. 839. n. 1 ℛ — Portraits. 12 Bl. 835. n. $^{1}/_{2}$ ℛ — Seestücke. 12 Bl. 839. n. $^{1}/_{2}$ ℛ kl. qu. 4. Carlsruhe, Wagner. (Braun.) n. $3^{1}/_{2}$ ℛ

Maler-Akademie kleine 1—21. Hft. (à 12 lith. Bl.) 4. Carlsruhe 843—46. (Braun'sche Hof-Bh.) à Hft. * 15 Ngr.
Hrbges. Pr. à Hft. * -

Inhalt:

Hft. 1. Anatomie des Menschen.
- 2. Baumstämme.
- 3. Baumstudien.
- 4. Blumenmalerei.
- 5—8. Vorlagen zum Figurenzeichnen. 1—4. Hft.
- 9. Landschaften.
- 10—13. Landschaftsstudien. 1—4. Hft.
- 14. Portraitmalerei.
- 15. Vorlagen zu Seestücken.
- 16—18. Thierstudien. 1—3. Hft.
- 19—21. Zeichnungen nach Körpern. 1—3. Hft.

Malerbuch, Das. Geschichte desselben und Beschreibung des 1. Bandes. Hans Konrad Stadler von Zürich, Architekt. [Zürich 1847.] V (Malerbuch): *Hess, Jac.* (Stadler): *Bluntschli, Joh. Caspar.* Malerbuch, Das. Bd. 2—4. [Zürich 1849.] (Cat. d. Stadtbibl. Zürich. Zürich 1864—97.)

Maler-Bundes-Zeitung. Illustriertes Fachblatt f. Dekorationsmaler, Lackierer, Anstreicher u. Gewerbetreibende verwandter Gebiete. Officielles Organ des deutschen Maler-Bundes. Red.: R. Schultz. Jahrg. 1905. 12 Hefte. (à ca. 24 S. m. Abbildgn. u. Taf.) gr. 4. Leipzig (F. E. Fischer.) 6. —
Nicht mehr im Buchhandel.

Malerei, die, s.: Meister, alte.

Mahlerei, über, (v. Th. F. K. Arnold). 8. Altenb. 804.

Mahlerey, über die, der Alten. Ein wieder entdeckt. Geheimniß, m. K. herausgeg. von Rode u. Riem. gr. 4. Berl. Maurer. 787.

Malerei mit näherer Berücksichtigung der diesjährigen Kunstausstellung. Allen Künstlern gewidmet von C..* und O..* Dresden u. Leipzig 1843. V: *Banck, Carl.* (ADB 46. 201)

— dekorative, u. Flächen-Verzierung. Ein Verzeichnis von Vorlage-Werken, Lehr- u. Handbüchern aus folg. Gebieten: Wand- u. Deckenmalerei im Allgem., Theatermalerei, kirchl. Malerei, Glasmalerei u. Kunstverglasung, Holz- u. Marmormalerei, Sgraffito- u. Fassaden-Malerei, Firmenschildermalerei u. Schriftenvorlagen, figürl. Malerei u. Aktstudien, Flachornamentik in histor. u. modernen Stilarten, Malvorlagen u. Naturstudien, Trachten, Heraldik u. Monogramme, Motive f. Zeichner u. Lithographen, Vorlage-Werke f. Textil-Zeichner, theoret. Werke, Verschiedenes. (VIII, 146 S. m. Abbildgn. u. 4 farb. Taf.) 4. Berlin (903). B. Hessling. n. — 60

Malerei, die deutsche, der Gegenwart 1886. 14 Lfgn. gr. 4. (196 S. mit Photogravüren im Text und auf Taf.) München 887, Hanfstaengl. à Lfg. ℳ 6.—. *
compl. geb. mit Goldschn. *

Malerei, deutsche, des 19. Jahrh. 100 Farbendr.-Taf. Mit e. Einleitg. v. Frz. Dülberg u. begleit. Texten. 20 Hefte. (100 Bl. u. IV, 88 S. Text.) 37,5×29,5 cm. Leipzig (908. 09.) E. A. Seemann. Subskr.-Pr. à Heft 2.—;
Einzelpr. à 3.—; Sammelmappe 4. —

Malerei, die, der Gegenwart. 145 Photograv. nach Originalen zeitgenöss. Maler. Begleitender Text v. Ludw. Pietsch. gr. 4. (182 S.) München 892. F. Hanfstaengl. Geb. in Halbldr. n. 60. —

— die, auf der 1. Jahres-Ausstellung 1889 zu München. Ein Rundgang durch den Glaspalast. 16. (57 S.) München 889. (Leipzig, Literar. Anstalt, A. Schulze.) n. 1. —

— die, auf der Münchener Jubiläums-Kunst-Ausstellung 1888. Photogravüre-Ausg. Mit begleitendem Text von Ludw. Pietsch. 1.—12. Lfg. Imp.-4. (S. 1—150 mit eingedr. Illustr. und 52 Taf.) Ebendas. 888. à Lfg. ℳ 6.—. *
Luxusausg. à Lfg. * ℳ 12.—. *]

— die, auf der Münchener Jubiläums-Kunst-Ausstellung 1888. Photogravüre-Ausg. Mit begleit. Text v. Ludw. Pietsch. 13. u. 14. (Schluss-)Lfg. Imp.-4. (S. 151—182 m. eingedr. Illustr. u. 14 Taf.) Münch. 889, Hanfstaengl. à Lfg. 6 —; 12 —
Luxusausg. à Lfg. * 12 —; * 24 —
1.—12. Lfg. Ebd. 1888. à Lfg. 6 —; Luxusausg. à Lfg. * 12 —; compl. geb. m. Goldschn. * 110 —; Luxusausg. * 200 —.

— die keramische. Illustr. Anleitung zur selbständ. Erlerng. der Porzellan-Malerei u. Überblick über die Glas- u. Unterglasur-Malerei u. die sonst. wicht. Arten keram. Malerei f. Dilettanten, Kunstgewerbetreibende u. Techniker. Hrsg. v. der Schriftleitg. der „Kunstmaterialien- u. Luxuspapier-Ztg.“ (Verf. v. M. Mayr.) 8. (104 S.) München VII, Münchener Geschäftsstelle der „Kunstmaterialien- u. Luxuspapier-Zeitg.“ (Nur direkt.) 1. 50

— komische, auf 15 Platten. qu. 8. Leipz. 816. Magazin f. Ind. 18 gr.

— lustige. Große u. leichte Malvorlagen. (12 [6 farb.] Bl.) 80×44 cm. Mainz (910). J. Scholz. 1. 25

Malerei, die, der alten Meister, s.: Meister, alte.

Malerei und Tonkunst, ein Dialog. [Berlin 1798.] V: *Bertrand, Frdr. Anton Franz.* (MGT)

Malereien, chinesische, auf Papier u. Seide aus d. Sammlg. d. Hrn. Prof. F. Hirth. Sonderausstellg. im kgl. zoolog. u. anthropologisch-ethnograph. Museum z. Dresden. 8. (20 S.) Dresden 897. H. Burdach. — 30

Japanesische Malereien aus dem Besitze des Professors H. Gierke zu Breslau. 2. Sonderausstellung vom 24. October bis 15. December 1882 im Kunst-Gewerbe-Museum zu Berlin. Berlin 1882. 8.

Malereien, neue, s. Wasmuth.

Malereien, neue. Sammlung prakt. Vorbilder f. die Werkstatt u. Schule, ausgeführt v. hervorrag. Meistern unserer Tage, hrsg. v. E. Wasmuth. (In 10 Lfgn.) 1. Lfg. gr. Fol. (8 Taf.) Berlin 890. Wasmuth. In Mappe. n. 10. —

Malereien, neue. 2. Folge. Dekorative Arbeiten des Malers Albert Maennchen. Berlin. Hrsg. von Ernst Wasmuth. (Mappentitel: Neue Malereien. 2. Folge. Sammlung prakt. Vorbilder f. die Werkstatt u. Schule, entworfen u. ausgeführt von Albert Maennchen.) (In 10 Lfg.) 1.—4. Lfg. (32 Taf. in Farben- u. Lichtdr. m. III S. Text.) gr. Fol. Berlin (903. 904.) E. Wasmuth. Mit Mappe à n. 10. —

Malereien, neue. III. Folge. Sammlung prakt. Vorbilder f. die Werkstatt u. Schule, ausgeführt v. hervorrag. Meistern unserer Tage, hrsg. v. Ernst Wasmuth. 1.—3. Lfg. (à 8 farb. Taf.) 49,5×32,5 cm. Berlin (907—10). E. Wasmuth. à Lfg. 10. —

Maler-Gewerbe, unser. Red.: F. Laesecke. 1. Jahrg. Juli 1899—Juni 1900. 12 Nrn. m. je 4 z. Tl. bunten Beilagen. gr. 4. (96 S. m. Abbildgn.) Leipzig, A. Bergmann. n. 12. —

— dasselbe. Illustr. Fachblatt f. Dekorationsmaler u. verwandte Berufe. Red.: F. Laesecke. 2.—4. Jahrg. Juli 1900—Juni 1903. à 24 Nrn. hoch 4. (à ca. 8 S. m. Abbildgn. u. Taf.) Ebd. à Jahrg. n. 12. —

Maler-Gewerbe, unser. Fachblatt f. Maler. Red.: F. Laesecke. 5.—7. Jahrg. Juli 1903—Juni 1906. à 24 Nrn. (à ca. 8 S. m. z. Tl. farb. Taf.) hoch 4. Leipzig, A. Bergmann. à Jhrg. n. 12. —

Maler-Journal, deutsches. Plafonds, Vestibule, Treppenhäuser ꝛc. Für den prakt. Gebrauch der Zimmer- und Decorationsmaler, Lakirer, Architekten, Zeichenschulen ꝛc. unter Mitwirkung von H. Ende, C. Graff, H. Köhler ꝛc. hrsg. von A. Gnauth und L. Lesker. 1. und 2. Bd. à 6 Hefte. Fol. (à Heft 4 S. mit 4 Chromolithogr. und 6 lithogr. Schablonen-Taf. in Imp.-Fol.) Stuttgart 876,77, Spemann. In Mappe à Heft * à Bd. *

— dass. — unter Mitwirkung von H. Ende, A. Gnauth, C. Graff ꝛc. hrsg. von Fr. Thiersch und L. Lesker. 3. und 4. Bd. à 4 Hefte. Fol. (à Heft 4 S. mit 4 lithogr. und chromolithogr. Taf. und 6 lithogr. Schablonen-Taf. im Imp.-Fol.) Ebendas. 878,79. In Mappe à Heft * à Bd. *

Maler-Journal, deutsches. Plafonds, Vestibule, Treppenhäuser ꝛc. Für den prakt. Gebrauch der Zimmer- und Decorationsmaler, Lackirer ꝛc. unter Mitwirkung von H. Ende, A. Gnauth, C. Graff ꝛc. hrsg. von Fr. Thiersch und L. Lesker. 5.—7. Bd. à 4 Hefte. Fol. (à Heft 4 S. mit 4 lithogr. und chromolithogr. Taf. und 6 lithogr. Schablonentaf. in Imp.-Fol.) Stuttgart 880—83, Spemann. à Heft *M 6.: à Bd. *

— dass. — Mit Beiträgen von L. Neher, P. Eichholz, K. Schaper ꝛc. hrsg. von Friedr. Thiersch. 8. Bd. 4 Hefte. Fol. (à Heft 4 S. mit 4 lithogr. und chromolithogr. Taf. und 5 lithogr. Schablonentaf. in Imp.-Fol.) Ebendas. 884. à Heft *M 6. *

Maler-Journal, deutsches. Plafonds, Vestibule, Treppenhäuser ꝛc. Für den prakt. Gebrauch der Zimmer- und Dekorationsmaler, Lackirer ꝛc. mit Beiträgen von L. Neher, P. Eichholz, K. Schaper ꝛc. hrsg. von Friedr. Thiersch. 9. und 10. Bd. à Bd. 4 Hefte. Fol. (à Heft 4 S. mit 4 chromolithogr. Taf. und 6 lithogr. Schablonentaf. in Imp.-Fol.) Stuttgart 885—87, Spemann. à Heft *M 6.—; à Bd. *

Maler-Journal, deutsches. Plafonds, Vestibyle, Treppenhäuser ꝛc. Für den prakt. Gebrauch der Zimmer- u. Dekorationsmaler, Lackierer ꝛc. m. Beiträgen v. F. Thiersch, L. Neher, P. Eichholz ꝛc. 11.—13. Bd. à 4 Hfte. Fol. (à Hft. ca. 4 S. m. 4 chromolith. Taf. u. 6 lith. Schablonentaf. in Imp.-Fol.) Stuttgart 888—890. [Spemann.] Union. à Hft. n. 6. —

Maler-Journal, deutsches. Plafonds, Vestibüle, Treppenhäuser ꝛc. Für den prakt. Gebrauch der Zimmer- u. Dekorationsmaler, Lackierer ꝛc. Unter Mitwirkg. hervorragender Fachmänner hrsg. v. Eisenlohr u. Weigle. 14.—16. Bd. à 4 Hfte. Fol. (à Hft. 4 S. m. 4 farb. Taf. u. 6 lith. Schablonentaf. in Imp.-Fol.) Stuttgart 891—893. Union. In Mappe. à Hft. n. 6. —

Maler-Journal, deutsches. Plafonds, Vestibüle, Treppenhäuser ꝛc. Für d. prakt. Gebrauch d. Zimmer- u. Dekorationsmaler, Lackierer ꝛc. Unt. Mitwirkg. hervorrag. Fachmänner hrsg. v. Eisenlohr u. Weigle. 17. Bd. 4 Hfte. Fol. (à 4 S. m. 4 farb. Taf. u. 6 lithogr. Schablonentaf. in Imp.-Fol.) Stuttgart (894). Union. In Mappe à Hft. n. 6. —; ermäß. Pr. à 2. —
Weiter nicht erschienen.

Malerisches u. Architektonisches. Kunstblätter in Lichtdr. Orig.-Aufnahmen aus Nürnberg 1896. qu. gr. 4. (48 Bl.) Charlottenburg 896. H. Schneider. In Leinw.-Mappe 20. —

— — dasselbe aus Rothenburg a. d. T. 1896. qu. gr. 4. (31 Bl.) Ebd. 896. In Leinw.-Mappe 14. —

Maler-Kalender f. d. J. 1892 u. 1893. Hrsg. v. Friedr. Nauert. gr. 16. (XII S.; Schreibkalender u. 103 S.; 130, 146 S.) Münch., Callwey. geb. à Jahrg. * 2 50

Maler-Kalender f. d. J. 1894. Hrsg. v. Frdr. Nauert. gr. 16. (X S., Schreibkalender u. 132 S. m. Abbildgn. u. farb. Karte.) München, G. D. W. Callwey. Geb. in Segeltuch. n. 2. —

— f. d. J. 1895. Hrsg. v. H. Weischedel. gr. 16. (XII S., Schreibkalender u. 134 S. m. Abbildgn. u. 1 farb. Karte.) Ebd. Geb. in Segeltuch. n. 2. —

Maler-Kalender f. d. J. 1899. Hrsg. v. Ludw. Reisberger. 12. (XII S., Schreibkalender u. 95 S. m. Abb u. 1 Karte.) München, G. D. W. Callwey.
Geb. in Segeltuch n. 2. —

Maler-Kalender, f. d. J. 1901. Hrsg. von Ludw. Reisberger. 12. (XII S., Schreibkalender u. 96 S. m. Abbildgn.) München, G. D. W. Callwey. Geb. n. 2.—
Fortsetzung unter d. Titel:
Malerkalender, Illustrierter deutsch.

Maler-Kalender, deutscher. Taschenbuch für Zimmer- und Dekorationsmaler, Anstreicher, Lackirer, Vergolder, Glaser ꝛc. auf die J. 1880—1884. 1.—5. Jahrg. Hrsg. von Aug. König. gr. 16. (...; 144; 152; 160; 200 S.) Stuttgart, Spemann. geh. à Jahrg. **

Maler-Kalender, deutscher. Taschenbuch für Zimmer- und Dekorationsmaler, Anstreicher, Lackirer, Vergolder, Glaser ꝛc. auf die J. 1886—1889. 7.—10. Jahrg. Hrsg. von Aug. König. 2 Thle. gr. 16. (à Jahrg. 210—220 S. mit 1 Tab.) Stuttgart, Spemann. geb. und geh. à Jahrg. **

—— deutscher. Taschenbuch f. Zimmer- u. Dekorationsmaler, Anstreicher, Lackirer, Vergolder, Glaser ꝛc. auf d. J. 1890—1893. XI.—XIV. Jahrg. Hrsg. v. Aug. Koenig. à Jahrg. 2 Thle. gr. 16. (à Jahrg. ca. 150, 65 S. m. 1 Tab.) Stuttg., Union. geb. u. geh. à Jahrg. ** 3 —

— deutscher. Taschenbuch f. Zimmer- u. Dekorationsmaler, Anstreicher, Lackierer, Vergolder, Glaser ꝛc. auf d. J. 1898. XIX. Jahrg. Hrsg. v. Aug. Koenig. 2 Tle. gr. 16. (160 u. 65 S. m. Fig. u. 1 Tab.) Stuttgart, Union. Geb. in Ldr. u. geh. n.n. 3. —

Deutscher Maler-Kalender ... Prakt. Geschäftstaschenbuch f. Maler, Lackierer u. verwandte Gewerbe hrsg. von Emil Kruse, Malermeister. [1.] Berlin: J. Hillmann 1906. 8° (O. 1375)

Maler-Kalender, deutscher, 1907. Praktisches Geschäftstaschenbuch f. Maler, Lackierer u. verwandte Gewerbe, hrsg. v. Emil Kruse. (278 S.) kl. 8. Berlin, J. Hillmann. Geb. in Leinw. n. 1. 50

Maler-Kalender, deutscher. 1911. Prakt. Geschäftstaschenbuch f. Maler, Lackierer u. verwandte Gewerbe, bearb. v. Emil Kruse. (328 S. m. Abb.) kl. 8. Berlin (W. 57, Alvenslebenstr. 9), J. Hillmann.
Geb. in Leinw. 1. 50

—— illustrirter, für Decorationsmaler, Lackirer etc. Hrsg. von Ferd. Rham. Jahrg. 1882—1888. [Bonn, Selbstverlag.] Leipzig, Jüstel und Göttel. à Jahrg. *

— illustrirter, f. Decorationsmaler, Anstreicher, Lackirer u. verw. Gewerbe. 1890. 10. Jahrg. Bearb. v. R. Hesse, Anh. v. L. E. Andés. gr. 16. (XVI, 102 u. 44 S. m. Illustr. u. Notizkalender.) Leipzig, Jüstel & Göttel. geb. n. 2. 50

—— illustrirter, f. Dekorationsmaler, Anstreicher, Lackirer u. verwandte Gewerbe 1890—1893. 10.—13. Jahrg. gr. 16. (XVI, 102, 44; XVI, 29, 15, 44; XVI, 29, 48; VIII, 64 S. m. Abbildgn. u. je 1 Notizkalender.) Lpz., Jüstel u. Göttel. geb. à Jahrg. * 2 50

— illustr., f. Dekorationsmaler, Lackirer, Anstreicher u. verwandte Gewerbe 1895. XV. Jahrg. Bearb. v. Geo. Weber. Nebst e. Anh. gr. 16. (VIII S., Schreibkalender, 17 u. Anh. 125 S. m. Abbildgn.) Leipzig, Jüstel & Göttel. Geb. in Leinw. n. 2. 50;
in Ldr. n. 3. —

— illustrirter, f. 1899. Taschenbuch f. Dekorationsmaler, Lackirer, Anstreicher u. verw. Gewerbe 1899. XIX. Jahrg. Bearb. v. Geo. Weber. Nebst e. Anh. 12. (X S., Schreibkalender, 69 u. Anh. 142 S.) Leipzig, Jüstel & Göttel. Geb. in Leinw. u. geh. n. 2. 50;
in Ldr. u. geh. n. 3. —

— illustrirter, f. 1903. Taschenbuch f. Dekorationsmaler, Lackirer, Anstreicher u. verwandte Gewerbe. XXIII. Jahrg. Bearb. v. Geo. Weber. Nebst e. Anh. 12. (X, 216 u. Anh. 150 S.) Leipzig, Jüstel & Göttel. Geb. in Leinw. u. geh. n. 2. 50; in Ldr. u. geh. n. 3. —

— illustrierter, f. 1907. Taschenbuch f. Dekorationsmaler, Lackierer, Anstreicher u. verwandte Gewerbe nebst e. Anh. 27. Jahrg. Bearb. v. Geo. Weber. 2 Tle. (X S., Schreibkalender, 64 u. 172 S. m. Abbildgn.) kl. 8. Leipzig, Jüstel & Göttel.
Geb. in Leinw. u. geh. n. 2. 50; in Ldr. u. geh. n. 3. —

— illustrierter, f. 1911. Taschenbuch f. Dekorationsmaler, Lackierer, Anstreicher u. verwandte Gewerbe nebst e. Anh. 31. Jahrg. Bearb. v. F. Wenzel. 2 Tle. (XII, 216 u. 200 S. m. Abbild.) kl. 8. Leipzig, Jüstel & Göttel. Geb. in Leinw. u. geh. 2.50;
in Ldr. u. geh. 3. —

Malerkalender,

— illustrierter deutscher, f. d. J. 1903. Hrsg. v. Ludw. Reisberger. 12. (XII S., Schreibkalender u. 95 S.) Ebd. Geb. in Leinw. n. 2. —
Vorh.unt.d.T.:Malerkalender.

— illustrierter deutscher, f. d. J. 1907, nebst Beiheft: Preisliste f. Maler-, Lackierer- u. Anstreicherarbeiten u. Stundenlöhnungstabelle. Hrsg. von Ludw. Reisberger. (XIV S., Schreibkalender, 106 u. 45 S.) kl. 8. München, G. D. W. Callwey. Geb. in Leinw. n. 2. —

— illustrierter deutscher, f. d. J. 1911, nebst Beiheft: Preisliste f. Maler, Lackierer- u. Anstreicherarbeiten u. Stundenlöhnungstabelle. Hrsg. v. Cornel. Hebing. (XIV, 186, 156 u. 36 S.) kl. 8. München, G. D. W. Callwey. Geb. in Leinw. u. geh. 2. —

Malerkalender. Illustrierter M'-K' der ersten schweizerischen Malerschule von H[ermann] Schmid-Engweiler, Spezialist und Fachlehrer, Zürich-Oberstrass. 1905. Jahrg. 1. [Mit 8 Tafeln.] (zus. 239 S.) 8. (Zürich-Oberstrass,) H. Schmid-Engweiler. (Gratis-Ausgabe.)

Malerkalender. Illustrierter M'-K' der ersten schweizerischen Malerschule von H[ermann] Schmid-Engweiler, Spezialist und Fachlehrer, Zürich-Oberstrass. 1906. Jahrg. 2. [Mit 6 Tafeln.] (zus. 176 S.) 8. (Zürich-Oberstrass,) H. Schmid-Engweiler. (Gratis-Ausgabe.)

Malerkalender. Illustrierter Schweiz. M'-K' für 1904. Praktisches Taschen- und Notizbuch für Dekorations- und Schriftenmaler, Lakierer, Anstreicher und verwandte Gewerbe. Jahrg. 1. Bearb. und hrg. von Hermann Surber, Spezialist, in Zürich.... [Mit 25 Tafeln.] 332 S. 8. Zürich, Verlag des Herausgebers. [geb. fr. 5. —]

Malerkunst, Die wiederhergestellte, der Alten. Berlin 1817. V: *Walter, Friedrich August.* (Ky)

Malerkünste, auserwählte, zu Begründung ergieb. Erwerbs f. Zeichner, Maler, Lackirer, Papp- u. Blecharbeiter, sowie zum Nutzen u. Vergnügen f. Damen. Durch eigene Erfahrungen erprobt u. mitgetheilt von e. prakt. Künstler. 8. (5 B. u. 12 col. Taf.) Leipzig 837, Eisenach.

Malerlexicon zur nähern Kenntniss alter und neuer guter Gemälde. Augsb. 1779. N. Ausg. 1796. V: *Winkelmann, Ludwig von.* H: *Christoph, Gottlieb Chph.* (Gradmann, Gel. Schwaben 1802.)

Malerlexicon, Kurzes, gefertiget durch L. v. W. Regensburg 1779. V: *Winkelmann, Ludwig von.* (Cat. d. Stadtbibl. Zürich. Zürich 1864—97.)

Maler-Lexicon, neues, zum Handgebr. f. Kunstfreunde. Nebst Monogrammen. gr. 12. (16½ B.) Nürnberg 833, Campe.

Malerlexicon, Neues... Nebst Monogrammen. Nürnb. 1833. H: *Campe, Friedrich.* (BrMm)

Maler-Lieder, Vier schöne neue; das erste: Frizens Berufswahl ... O. O. 18?? V: *Usteri, Johann Martin.* (Cat. d. Stadtbibl. Zürich. Zürich 1864—97.)

Malerrevue, ungrische. Beiträge zu näherem Verständniß der bildenden Künste in Ungarn. Herausg. u. redig. von K. M. Kertbeny. 1. Heft. Pest 855. Lampel. gr. 8. (2 Bl., S. 1—81.) n. 15 ngr.

Malerstochter, die listige, s.: Volkstheater, schweizer.

Maler-Vorlagen. Vorbilder für die Praxis. Zusammengestellt aus der illustr. Fachzeitschrift „Die Mappe" von Fr. Nauert. 1.—14. Serie. gr. 4. Leipzig 885, (Scholtze.) [1. Serie. (63 Taf.) *M 6.—.; 2. Serie. (59 Taf.) *M 6.—.; 3. Serie. (51 Taf.) *M 5.—.; 4. Serie. (45 Taf.) *M 4.40.; 5. Serie. (41 Taf.) *M 4.—.; 6. Serie. (39 Taf.) *M 4.—.; 7. Serie. (37 Taf.) *M 3.—.; 8. Serie. (27 Taf.) *M 2.40.; 9. Serie. (20 Taf.) *M 2.—.; 10. Serie. (17 Taf.) *M 1.60.; 11. Serie. (13 Taf.) *M 1.20.; 12. Serie. (10 Taf.) *M 1.—.; 13. Serie. (9 Taf.) *80 Pf.; 14. Serie. (5 Taf.) *50 Pf.] * Vergriffen.

Maler-Vorlagen. Eine Sammlung stylvoller Skizzen u. Entwürfe nebst Detail-Pausebögen f. die prakt. Zwecke aller Zimmer- u. Decorationsmaler, Anstreicher, Schriftenmaler, Vergolder etc. Zusammengestellt u. hrsg. v. der Redaction d. „Colorist". 1.—3. Serie. gr. 4. Wien, Administration d. Colorist. [1. Serie. (24 Taf. u. 6 Pausebögen.) 888. 5 —; 2. Serie. (14 Taf. u. 16 Pausebögen.) 889. 5 —; 3. Serie. (18 Taf. u. 12 Pausebög.) 890. 6 —.] 16 —

Maler-Zeitung. Organ für Decorationsmaler, Lackirer etc. Mit Beilagen, enthaltend: Holz-, Marmor-, Decken- oder Wandzeichnungen, und 4 Jahres-Beilagen von naturgetreuen, color. Marmor-Taf. Redact.: F. Rham. 1.—5. Jahrg. 1880—1884. à Jahrg. 52 Nrn. (à Nr. ca. ¾ Bog.) gr. 4. Bonn, Expedition. à Jahrg. *

Maler-Zeitung. Organ für Decorationsmaler, Lackirer etc. Redact.: F. Rham. Jahrg. 1885—1888. à Jahrg. 52 Nrn. (Bog. mit Zeichnen-Beilagen.) 4. [Bonn, Selbstverlag des Herausgebers.] Leipzig, Jüstel und Göttel. à Jahrg. *

Maler-Zeitung. Illustrirte Zeitschrift f. Decorationsmaler, Anstreicher, Lackirer. Correspond. u. officielles Organ d. Central-Vorstandes d. deutschen Maler-Bundes u. d. Unterverbandes der Prov. Sachsen, Thüringen etc. Redact.: Rich. Hesse. 10.—13. Jahrg. 1889—1892. à Jahrg. 52 Nrn. (à Nr. 2—2¼ Bog.) Fol. Lpz., Jüstel u. Göttel. à Jahrg. * 8 —
Mit der Sep.-Beig.: Decorations-Motive der Maler-Zeitg. 8 Nrn. (à Nr. 4 z. Thl. farb. Taf. u. 3 Bog. Details.) à Jahrg. * 12 —
Decorations-Motive allein à Heft 2 —

Maler-Zeitung. Illustrirtes Fachblatt f. Dekorationsmaler, Lackirer, Anstreicher u. verw. Gew. m. vierteljährl. 2 Hftn. Dekorations-Motive der Maler-Zeitung (à 4 Taf. m. 3 Bog. Details). Offizielles Organ d. deutschen Maler-Bundes. Red.: Rich. Hesse. 12.—15. Jahrg. 1891—1894. à 52 Nrn. (2 Bog.) Fol. Leipzig, Jüstel & Göttel. à Jahrg. n. 12. —; ohne Dekorations-Motive n. 8. —; Dekorations-Motive allein à Hft. 2. —

Maler-Zeitung. Illustr. Fachblatt f. Dekorationsmaler, Lackirer, Anstreicher u. verw. Gewerbe m. vierteljährl. 2 Hftn. Dekorations-Motive d. Maler-Zeitung (à 4 Taf. m. 3 Bog. Details). Offizielles Organ d. deutschen Maler-Bundes. Red.: Rich. Hesse. 16.—19. Jahrg. 1895—1898. à 52 Nrn. (à ca. 12 S.) Fol. Leipzig, Jüstel & Göttel. à Jahrg. n. 12. —; ohne Dekorations-Motive n. 8. —; Dekorations-Motive allein à Hft. 2. —

Maler-Zeitung, Illustr. Fachblatt f. Dekorationsmaler, Lackirer, Anstreicher u. verwandte Gewerbe m. vierteljährlich 2 Hftn. Dekorations-Motive der Maler-Zeitg. (à 4 Taf. m. 3 Bog. Details). Offizielles Organ des deutschen Maler-Bundes. Red.: Hugo Hillig. Chefred.: Rich. Hesse. 20.—23. Jahrg. 1899—1902. à 52 Nrn. Fol. (à ca. 16 S.) Leipzig, Jüstel & Göttel. à Jahrg. n. 12. —; ohne Dekorations-Motive n. 8.—; Dekorations-Motive allein à Jahrg. 12. —

Maler-Zeitung. Illustriertes Fachblatt f. Dekorationsmaler, Lackirer, Anstreicher u. Gewerbetreibende verwandter Gebiete. Nebst der Unterhaltungsbeilage: „Malerblätter". Vierteljährl. Beigabe: 2 Hefte Dekorations-Motive. (Je 4 Taf. m. 3 Bog. Details.) Hrsg. v. Richard Hesse. Red.: Ernst Thomas, vom Juli 1906 ab: F. J. Wenzel. 24.—27. Jahrg. 1903—1906. à 52 Nrn. (376, 394, 397 u. 373 S. m. Abb. u. 40, 56, 56 u. 56 Taf.) Fol. Leipzig, Jüstel & Göttel. à Jhrg. n. 12. —; ohne Dekorations-Motive n. 8. —; Dekorations-Motive allein n. 12. —

Maler-Zeitung. Illustriertes Fachblatt f. Dekorationsmaler, Lackierer, Anstreicher u. Gewerbetreibende verwandter Gebiete. Nebst der Unterhaltungsbeilage: „Maler-Blätter". Vierteljährl. Beilage: 2 Hefte Dekorations-Motive. (Je 4 Taf. m. 3 Bog. Details.) Hrsg. v. Rich. Hesse. Red.: F. J. Wenzel. 28.—31. Jahrg. 1907—1910. à 52 Nrn. (à ca. 8 u. 4 S.) 37,5×27 cm. Leipzig, Jüstel & Göttel. à Jahrg. 12.—; ohne Dekorations-Motive 8. —; Dekorations-Motive 12. —

— **allgemeine.** Fachzeitschrift f. die selbständ. Maler, Lackierer, Anstreicher u. verwandten Gewerbe. Amtliches Organ des Hauptverband deutscher Arbeitgeberverbände im Malergewerbe, Gau Norddeutschland, e. V. (Sitz Hamburg.) Red.: Hansen. 6.—9. Jahrg. Oktbr. 1907—Septbr. 1911. à 24, 52, 52 u. 52 Nrn. (6.—8. Jahrg. 404, 632 u. 676 S. m. Abb.) 31,5×23,5 cm. Berlin (SW. 47. Yorckstr. 3). J. Hillmann. à Jahrg. 6. —

— **Berliner.** Fachzeitschrift f. das gesamte Malergewerbe. Offizielles Organ der „Maler-Inng. zu Berlin", der „Maler-Inng. zu Rixdorf" u. s. w. Red.: F. Schnare u. Emil Kruse. Aug. 1900—Juli 1903. à Jahrg. 24 Nrn. gr. 4. (à ca. 16 S. m. Abbildgn.) Berlin, Verlag der Berliner Maler-Zeitg. à Jahrg. n. 6. —

— Berliner. Fachzeitschrift f. das gesamte Malergewerbe. Offizielles Organ der „Maler-Inng. zu Berlin", der Maler-Innung zu Rixdorf" usw. Red. F. Schnare u. Emil Kruse. Aug. 1903—Juli 1907. à 24 Nrn. (396, 420, 416 u. 504 S. m. Abb. u. 33, 36, 49 u. 57 Taf.) 4. Berlin [Verlag der Berliner Maler-Zeitg.] J. Hillmann. à Jahrg. n. 6. —

— Berliner. Fachzeitschrift f. das gesamte Malergewerbe. Offizielles Organ der Maler-Innungen zu Berlin, Rixdorf, Charlottenburg usw. Red.: Emil Kruse. Jahrg. 1909 u. 1910. à 52 Nrn. (836 u. 936 S. m. Abb.) 31,5×23,5 cm. Ebd. à Jahrg. 6. —

Malerzeitung

— deutsche. Der Dekorationsmaler. Fachzeitschrift f. Dekorationsmaler, Anstreicher, Lackierer u. verwandte Gewerbe. Central-Organ f. die Farben-, Lack- u. Firniß-Industrie. Textbeilage zur „Mappe". Red.: Fr. Nauert. Juli 1893—Juni 1894. 52 Nrn. (2 Bog.) Fol. München, G. D. W. Callwey. n. 6. —
s.: Dekorationsmaler, der.

— dasselbe. Red.: Herm. Weischedel. Juli 1894—Juni 1895. 52 Nrn. (2 Bog.) Fol. Ebd. n. 6. —

Maler-Zeitung, deutsche. D. Dekorationsmaler. Fachzeitschrift f. Dekorationsmaler, Anstreicher, Lackierer u. verw. Gewerbe. Zentral-Organ f. d. Farben-, Lack- u. Firniß-Industrie. Textbeilage zur „Mappe". Red.: Herm. Weischedel. Juli 1895—Juni 1899. à 52 Nrn. (à ca. 12 S.) Fol. München, G. D. W. Callwey. à Jahrg. n. 6. —
Kann auch vierteljährlich bezogen werden. — Seit Juli 1897 war Ludw. Reisberger Redakteur.

— deutsche. Fach-Zeitschrift f. Dekorationsmaler, Tüncher, Anstreicher u. Lackirer etc. Offizielles Organ des Verbandes der Maler-, Tüncher- u. Lackierermeister Süddeutschlands. Textbeilage zur „Mappe". Red.: Ludw. Reisberger. Juli 1899—Juni 1903. à 52 Nrn. Fol. (à ca. 16 S.) München, G. D. W. Callwey. à Jahrg. n. 6. —

— deutsche. Die Mappe. Fachzeitschrift f. Dekorationsmaler, Tüncher, Anstreicher, Lackierer u. einschläg. Gewerbe. Technische Wochenschrift. Textbeilage zur „Mappe". Red. v. Ludw. Reisberger u. Cornel. Hebing. 23. bis 25. Bd. April 1903—März 1906. à 52 Nrn. (836, 416 u. 416 S.) gr. 4. München, G. D. W. Callwey. à Jhrg. n. 6. —

— dasselbe. 26. Bd. April 1906—März 1907. 104 Nrn. (840 S.) gr. 4. Ebd. n. 8. —

— deutsche. Die Mappe. Fachzeitschrift f. Dekorationsmaler, Tüncher, Anstreicher, Lackierer u. einschläg. Gewerbe. Textbeilage zur „Mappe". Red. v. Ludw. Reisberger u. Cornel. Hebing. 27. u. 28. Bd. April 1907—März 1909. à 104 Nrn. (832 u. 824 S.) 36×26 cm. München, G. D. W. Callwey. à Jahrg. 8. —

Maler-Zeitung, deutsche. Die Mappe. Maltechnische Wochenschrift. (Textbeilage zur Mappe.) Red.: Cornel. Hebing. 29. u. 30. Bd. April 1909—März 1911. à 52 Nrn. (29. Bd. 416 S.) 35,5×26 cm. München, G. D. W. Callwey. à Jahrg. 8. —

— neue deutsche. Organ des Untersuchungsamtes des deutschen Malerbundes. Offizielles Organ des Unter-Verbandes Schleswig-Holstein. Red.: P. Tank. 12. Jahrg. 1906. 24 Nrn. (à ca. 16 S. m. Abb.) 4. Kiel (Jägersberg 14), Maler-Untersuchungsamt. Für Mitglieder unentgeltlich.

— süddeutsche. Schriftleitung: Heinr. Steinbach. 9. Jahrg. 1910. 52 Nrn. (à ca. 12 S. m. Abb.) 31,5×23 cm. München (Schellingstr. 109), Süddeutscher Maler- u. Tünchermeister-Verband. 12. —

Males, Edith: Brief der Frau Martinett,
s. Brief d. Frau Martinett.

Malesherbes, s. Lamoignon.

Malesherbes, Lamoignon, Bemerk. üb. d. Naturgesch. Büffons u. Daubentons. 2 Thle. a. d. Franz. gr. 8. Berl. Pauli. 800.

— Poésies. 1 Vol. in-18. (Didot.) (Leipzig, Barth, auch Fr. Fleischer.) pap. ord.

— u. Barthelemy, zwey histor. Versuche, a. d. Frz. 12. Berl. Decker. (a. Treuttel u. W. a. Levrault in Strasb.) 796.

Malessa, Gustav, a. Saarbrücken: Fokale Eigenschaften korrelativer Grundgebilde. Strassburg 1909: Müh. 35 S. 8°
Straßburg, Math.-naturwiss. Diss. v. 1908, Ref. Reye
[Geb. 15. April 86 Bingen; Wohnort: Straßburg; Staatsangeh.: Hessen; Vorbildung: Oberrealsch. Saarbrücken Reife O. 06; Studium: Straßburg 7 S.] [U 09. 3870

Maleszewski, Pet. von, s. a. Maliszewski (Maliszewsky), Pet. von.

Maleszewski, Pet., Essai historique et politique sur la Pologne, depuis son origine jusqu'en 1788, écrit en français; publié par sa Veuve. gr. in-8. (24 B.) Berlin 833, Schlesinger.

Maleszewski, Pet. von, s. Volkskalender, Neuer gemeinnütziger.

Wie man Geisteskranke fabriziert. Aktenmäßig zsgest. u. hrsg. von Anton **Maleszka**, (Lehrer). Berlin: Selbstverl.; H. A. Weber in Komm. [1905]. (80 S.) 8° [J.] [05. 19954

Malet, Sir Edward, Diplomatenleben. Bunte Bilder aus meiner Thätigkeit in 4 Welttheilen. Einzig autoris. deutsche Übersetzg. v. Heinr. Conrad. gr. 8. (VIII, 223 S.) Frankfurt a/M. 901. Neuer Frankfurter Verlag. n. 6. —; geb. 7. 50

Shifting Scenes, or memories of many men and many lands. By the Right Honourable Sir Edward **Malet**. Copyright ed. Leipzig: Tauchnitz 1902. 278 S. 8°
(Collection of British authors. Tauchnitz Ed. Vol. 3568.) [11. 8429

— Shifting scenes, s. a. Collection of British authors.

Malet, Lucas, Oberst Enderby's Frau. Roman. Aus dem Engl. von Arth. Roehl. Autoris. deutsche Ausg. 2 Bde. 8. (298; 320 S.) Jena 887, Costenoble. *

The History of Sir Richard Calmady. A romance. By Lucas **Malet** [d. i. Mrs. Mary St. Leger Harrison]. Copyright ed. In 3 vol. Vol. 1-3. Leipzig: Tauchnitz 1901. 8°
(Collection of British authors. Tauchnitz Ed. Vol. 3538-40.) [11. 8408

Malet, Lucas, the history of Sir Richard Calmady, s. a. Collection of British authors.

The far Horizon. By Lucas **Malet** (Mrs. Mary St. Leger Harrison). Copyright ed. In 2 vol. Vol. 1. 2. Leipzig: Tauchnitz 1907. 8°
(Collection of British authors. Tauchnitz Ed. Vol. 3943/4.) [11. 8703

Malet, Lucas (Mrs. Mary St. Leger Harrison), the far horizon, s.a.Collection of British authors.

The Score. By Lucas **Malet** (Mrs. Mary St. Leger Harrison). Copyright ed. Leipzig: Tauchnitz 1909. 287 S. 8°
(Collection of British authors. Tauchnitz Ed. Vol. 4136.) [11. 8855

— The score, s.a.Collection of British authors.

Malet, Lucas, the wages of sin, s.: Library, the English.

Malet, L., Colonel Enderby's wife, s.: Collection of British authors.

Maletschek, Rudolf: Beiträge zur Privatlectüre. 8 (S. 3—35).
Progr. K. k. Staats-G. *Mähr. Weifskirchen* 1896.

Maletzke, Wilh., gereimtes Zwickauer Allerlei, besonders Bismarckgedichte. 2. verm. Aufl. v. „Ein deutscher Liederstrauß". Eine Festgabe zum 70. Geburtstage des Fürsten Bismarck. gr. 8. (84 S.) Zwickau 902. E. W. Marx. n. 1.20

Maletzke, Wilhelm Die Verfassungskämpfe des grofsen Kurfürsten mit den Ständen von Kleve und Preussen. 4 (27 S.).
Progr. Rg. *Zwickau* 1887 (520).

v. **Maleville**, J., Commentar üb. das Gesetzbuch Napoleons; aus d. Französ., mit prakt. Erläuterr. v. W. A. Blanchard, 4 Bde. gr. 8. Cöln 809, 10. (Du Mont-Schauburg). 10 ß 3 gr
Vgl.Malleville,J.v.

Malowitsch, Marc. Die verschiedenen Formen der Sehnennaht. Prüfung der Zugfestigkeit derselben am Leichenmaterial. Diss. Med. Basel. [Mit 1 Figur.] *Kopftitel:* Aus der Basler Chirurgischen Klinik ⟨Vorsteher: Prof. M[ax] Wilms⟩. 30 S. 8. Basel, Brin & Cie., 1908.

MALEY, Adolf (Reichelsheim): Zur Kenntniss der markhaltigen Nervenfasern.- München: Gredinger 1883. 1 Bl.,23 S.,Taf.
16.8.1883 - Urk (Titel: De fibrarum nervorum vaginis.); Chr 1883/84,13
Diss.Ingolst.-Landsh.-Mchn.

Malfa, M., s. Ramin, das, od. die Phantasie e. Russin.

Malfatti, Hans, d. Alchemie u. ihre Stellg. z. Chemie. [Aus: „Jahrb. d. Leo-Gesellsch."] gr. 8. (29 S.) Wien 896. (St. Norbertus.) n. — 54

Malfatti, Hans, über die Ausnützung einiger Nahrungsmittel im Darmcanal des Menschen. [Aus dem Laboratorium für angewandte medicin. Chemie der Universität in Innsbruck.] Lex.-8. (28 S.) Wien 885, (Tempsky.) **
Aus: Sitzungsberichte der k. Akademie der Wissenschaften, besonders abgedruckt.

Malfatti, J., Berichte über die zweijährigen günstigen Versuche zur Ergründung und Beseitigung der Kartoffel-Krankheit, wie sie auf der Villa Malfatti bei Hietzing gemacht wurden. Wien 853. Gerold. 8. (15 S.) 6 ngr.

Malfatti, Josef (Hrsg.), s. Sendbote, Der, des göttl. Herzens Jesu.

Malfatti di Montereggio, Giovanni: Entwurf einer Pathogenie aus der Evolution und Revolution des Lebens. 223 S., gbd.

Wien: Wappler & Beck 1809

Malfatti (di Montereggio, Giovanni): Neue Heilversuche. I.Gelungene Vertilgung des grauen Staares durch eine neue äussere Heilmethode. II.Häufige Entstehung des schwarzen Staares aus dem Raphagra. Erkenntniss und Behandlung dieser, so wie anderer (eben so oft verkannter) Krankheiten der Schedel-Suturen. 71 S., gbd.

Wien: Mechitaristen-Congregations-Buchhandlung 1847

(Malfatti di Montereggio, Giovanni): Rede bei Gelegenheit der feierlichen Eröffnung des Stiftungstages der Gesellschaft der Ärzte in Wien, gehalten von dem Präsidenten derselben, im Consistorialsaale der k.k.Universität den 24.März 1838. 11 S., gbd.

Wien: typ.P.P.Mechitaristen (1838)

— s. A. Scarpa, Abhandlung üb. die krummen Füße.

Malfatti di Montereg(g)io, Giovanni: Studien über Anarchie und Hierarchie des Wissens. Mit besonderer Beziehung auf die Medicin. 204 S., gbd., 2 Taf.

Leipzig: Brockhaus 1845

Malfatti di Monte Tretto, Josef Ritter v., k. und k. Hof- und Ministerial-Concipist 1. Cl. im k. und k. Ministerium des kais. Hauses und des Aeussern etc. Handbuch des österreichisch-ungarischen Consularwesens. Mit einer Sammlung von Normalien und einem Anhange über die Stellung der fremden Consular-Functionäre in Oesterreich-Ungarn. Nach amtlichen Quellen. Mit 3 Taf. (Und 1 Tabelle.) Supplementband. (Mit 2 Taf.) (Und 1 Tabelle.) (2 Bde.) Wien 1879—1883.

Malfatti di Monte Tretto, Jos. Ritter v., Handbuch des österreichisch-ungarischen Consularwesens, mit einer Sammlung von Normalien u. einem Anh. über die Stellung der fremden Consular-Functionäre in Oesterreich-Ungarn. Nach amtlichen Quellen. Mit 3 (chromolith.) Taf. gr. 8. (XVI, 750 S.) Wien 879. Braumüller. n. 16. —

Malfatti di Monte Tretto, J. Ritter v., Handbuch des österreichisch-ungarischen Consularwesens. gr. 8. Wien 879, Manz'sche Hofverlagsh. * 16 —

Malfatti di Monte Tretto, Jos. Ritter v., Handbuch des österreichisch-ungarischen Consularwesens, nebst einem Anhang. Nach amtl. Quellen. Suppl.-Bd. gr. 8. (XI, 321 S. mit 2 Taf., wovon 1 lithogr. und 1 chromolithogr.) Wien 882, Braumüller. *
Hauptwerk. Ebendas. 1879. *M 16.

Malfatti di Monte Tretto, Jos. Frhr. v., Handbuch des österreich.-ungar. Konsularwesens, nebst e. Anh. Nach amtl. Quellen. 2., vollst. umgearb., verm. u. verb. Aufl. Mit 30 (z. Tl. farb.) Taf. u. e. alphabet. Sachregister. 2 Bde. (XXIX, 797 u. XLIII, 1235 S.) gr. 8. Wien 904. Manz. n. 38. —; geb. n. 43. —

Malfertheiner, Ant., methodische Anleitung zur Erlernung d. Orgelspieles, verbunden m. e. leichtfassl. Unterweisg. in den Elementen der Harmonielehre. Zunächst zum Gebrauche an den österreich. Lehrerbildungsanstalten verf. gr. 8. (IV, 91 S.) Wien 892. C. Graeser. n. 4. —

— auf, zum Spielplatz! 50 Marschlieder zum Gebrauche bei Jugendspielen, Ausmärschen, Schulfesten, sammt e. Anh., enth. 15 dreistimm. Lieder v. berühmten Meistern, gesammelt, bearb. u. hrsg. 8. (V, 75 S.) Wien 894. A. Pichler's Wwe. & Sohn. n. — 50; kart. n. — 70

Malfertheiner, Ant., auf zum Spielplatz! 50 Marschlieder z. Gebrauche b. Jugendspielen, Ausmärschen, Schulfesten, sammt e. Anh., enth. 15 3stimm. Lieder v. berühmten Meistern, ges., bearb. u. hrsg. 2. [Umschlag-] Aufl. 8. (V, 74 S.) Wien (894) 897. A. Pichler's Wwe. & Sohn. n. — 50; kart. n. — 70

Malfertheiner, Anton (Hrsg.), s. C a e s a r , C. J.: De bello gallico comm. VII.

Malfertheiner, Ant., Gedanken u. Vorschläge zu e. zeitgemäßen Reform des humanistischen Gymnasiums. (75 S.) 8. Brünn 906. F. Irrgang. n. 1. 30

Malfertheiner, Anton: Der moderne Hauslehrer. 8 (S. 17—30). Progr. Staats-Oberg. *Mähr.-Trübau* 1899.

Malfertheiner, Anton Zur Methode des Musikunterrichtes. Über Umfang und Art der harmonischen Unterweisung mit besonderer Rücksichtnahme auf das Orgelspiel. 8 (S. 3—26). Progr. Staats-Oberg. *Mähr.-Trübau* 1893.

Malfertheiner, Ant., Realerklärung u. Anschauungs-Unterricht bei der Lectüre der griechischen Classiker. I. Thl. Xenophon, Homer, Herodot. gr. 8. (VII, 97 S.) Wien 899. A. Pichler's Wwe. & Sohn. n. 2. —

— vergleich. Statistik d. Unterrichtserfolges der österr. Gymnasien. gr. 8. (69 S.) Ebd. 897. n. 1. 20

— statist. Tabellen als Ergänzg. d. vergleich. Statistik d. Unterrichtserfolges d. österreichischen Gymnasien. gr. 8. (20 S.) Ebd. 897. n. — 60

Malfertheiner, Anton: Welche Aufgaben sind noch zu erfüllen, um die antiken Denkmäler der Schule dienstbar zu machen? 8 (S. 3—16). Progr. Staats-Oberg. *Mähr.-Trübau* 1899.

Malfertheiner, Anton: Ein Wort an die Eltern. S. 3—20. 8. Progr. K. k. Staats-Gymn. *Krems* 1903.

Malfertheiner, J.: Zum Unterrichte in den alten classischen Sprachen an den österr. Gymnasien. 14 S. 4°. – Innsbruck OG., Progr. 1872.

Malga. s: Geologische Karten. Preussen. 104.

Malgaigne, Joseph François

Malgaigne, J. F., Abhandlung der chirurgischen Anatomie u. experimentalen Chirurgie. Aus d. Franz. v. Franz Reiss u. Jos. Liebmann. 2 Bde. gr. 8. Prag 842, Calve'sche Vrlgsh. [1. (25¾ B.) 2. (34¼ B.)] *

Malgaigne, über d. Eingeweidebrüche, s. Bibliothek von Vorlesungen üb. Medizin, XXV. Bd.

— über die Eingeweidebrüche, s. Kirby.

Malgaigne, J. F., die Knochenbrüche und Verrenkungen für prakt. Aerzte, Wundärzte und Studirende geschrieben. 1. Bd.: Knochenbrüche. Deutsch bearb. von C. G. Burger. 1—5. Lfg. gr. 8. (S. 1—820. mit eingedr. Abbildungen in Holzschn.) Stuttgart 850, Rieger'sche Vrlgsh. à Lfg. 21 Ngr.

Malgaigne, J. F., die Knochenbrüche und Verrenkungen. 2. Bd.: Verrenkungen. Mit vielen in den Text eingedr. Abbildungen (in Holzschn.) Deutsch bearb. von C. G. Burger. gr. 8. (1029 S.) Stuttgart 856, Rieger'sche Vrlgsh. 1. Bd. Ebendas. 1850. 3 Thlr. 15 Ngr.

— Lehrbuch der operativen Medicin, begründet auf normale u. patholog. Anatomie. 4. Aufl., aus d. Franz. übers. von Heinr. Ehrenberg. 4 Lfgn. gr. 8. (42 B.) Leipzig 843, Friedlein u. Hirsch.

Malgat, Sonnenstrahlen als Heil- u. Vorbeugungsmittel gegen Tuberkulose, s.: Graff, W.

Malguth, Rudolf: Aus d. Kgl. botan. Garten zu Breslau. Biologische Eigentümlichkeiten der Früchte epiphytischer Orchideen. *Breslau 1901: R. Galle.* (58 S.) 8°
Breslau, Phil. Diss. v. 12. Apr. 1901

Malherbe, Comédie en 1 Acte; mêlée de Vandevilles; par M. M. G. Duval et V***. gr. 8. Rudolst. Hofbuchh. 811. — 4

Malherbe, Charles (Hrsg.), s. W e r k e , Hector Berlioz.

Malherbe, Daniel François

Malherbe, Daniel F., a. Paarl, Kapland: Das Fremdwort im Reformationszeitalter. Freiburg i. Br. 1906: C. A. Wagner. (90 S.) 8°
Freiburg i. B., Phil. Fak., Ref. Kluge, Diss. v. 10. Juni 1906
[Geb. 28. Mai 81 Kleinbosch, Bezirk Paarl; Wohnort: Freiburg i. B.: Staatsangeh.: Kapkolonie; Vorbildung: Bachelor of Arts University of Cape of Good Hope Dez. 02; Studium: Halle 2, Freiburg i. B. 4 S.; Rig. 12. Mai 06.]

Malherbe, Daniel du T(oit), a. Malmesbury ⟨Capland⟩: Zur Kenntnis des Tertiärbutylbenzols. Halle a. S. 1905: Wischan & Burkhardt. (33 S.) 8°
Halle, Phil. Fak., Ref. Volhard, Diss. v. 8. März 1905
[Geb. 1. Okt. 79 Paardenberg, Bez. Malmesbury i. Capland; Wohnort: Halle a. S.; Staatsangeh.: Großbritannien; Vorbildung: Gymn. Paarl Reife M. 99; Studium: Victoria College Stellenbosch 5, Halle 6 S.; Rig. 17. Febr. 05.]

Malherbe, Isaak Hnr., († 1807.) s. 1) d'Antoni Papac. Abhandl. 2) Duteil, Unterricht. 3) v. Mauvillon, Grundsätze. 4) Urtubi, Handbuch.

Malheur, le, et la pitié, poëme, voy. Delille.

Malibran, Madame, biograph. Skizze. N. d. Engl. v. A. v. Treskow. gr. 12. (5½ B.) Quedlinburg 837, Basse.

Malibran, Alex., Louis Spohr. Sein Leben und Wirken. Nebst einem Verzeichnisse seiner Schüler vom Jahre 1805 bis 1856. Mit Portr. u. Facsim. (in Kpfrst.) Frankfurt a. M. 860. Sauerländer's Verlag. 8. (VII, 248 S.) 26 ngr.

Malicke G.: Studien üb. Rassenmerkmale beim Pferde. Diss. (Bern). Berl. 1910. 78 S.

Malicki, Clemens, Conicensis: De πάλιν particula. Gryphiae 1907: H. Adler. (51 S.) 8°
Greifswald, Phil. Fak., Ref. Gercke, Diss. v. 22. Aug. 1907
[Geb. 2. Juli 82 Swiniarz, Kr. Löbau (Westpr.); Wohnort: Konitz; Staatsangeh.: Preußen; Vorbildung: Gymn. Konitz Reife O. 03; Studium: Breslau 2, Berlin 2, Greifswald 4 S.; Rig. 1. Juli 07.]

Malik, A. A., Abhandlung üb. d. Ruhr, u. ihre vereinfachte Therapie, nebst Beschreib. d. Ruhrepidemie, welche im J. 1827 auf d. Gütern Nawarow u. Jesseney geherrscht hat. gr. 8. (8 B.) Prag 828, (Kronberger u. Weber.)

Malik, A. A., die Stahlquellen zu Karlsbrunn in k. k. Schlesien, naturhistorisch und medicinisch beschrieben, nebst einer Anleitung die dortige Schafmolkenkur zu gebrauchen. 8. Troppau 837, Ad. Traßler. geb. 1¾ ß

Málik, Vincenz

Málik, V.: De proverbiis et adagiis latinis. 18 S. – Schemnitz, Progr. 1858.

Malin, (Car. Frid.) Bernard. (geb. Lübbenau 12. 12. 1830): De struma cystica. Berolini (1855). (28 S.) 8°
Berlin, Med. Diss. v. 6. Aug. 1855

Malin, G., über das **Carthamin.** [Aus den Sitzungsber. der k. Akad. der Wiss.] Wien 865. (Gerold's Sohn.) Lex.-8. (3 S.) 1½ ngr.

— über ein **Derivat** der Rufigallussäure. [Aus den Sitzungsber. der k. Akad. der Wiss.] Ebend. 867. Lex.-8. (4 S.) 1½ ngr.

— Mitteilungen aus dem chemischen Laboratorium in Innsbruck. Filixgerbsäure. S. 55. II. 564 . . . . . . vgr.
— — 11. Über die Isodulcitsäure. S. 56. II. 395 . . . . . . vgr.
— — 12. Zur Kenntnis des Kampfers. S. 56. II. 398 . . . . . . vgr.
— — 6. Notiz über eine neue Bildungsweise der Protocatechusäure. S. 60. II. 23 vgr.
Separatabdruck

Malin, G., Notiz über eine neue Bildungsweise der Protocatechusäure, s. **Mittheilungen** aus dem chem. Laboratorium der Universität Innsbruck.

—— über das **Resorcin.** Lex.-8. (7 S.) Wien 866, (Gerold's Sohn.)
aus: Sitzungsberichte der k. Akademie der Wissenschaften, besonders abgedruckt.

Malin, Henri, un collégien de Paris en 1870. Für den Schulgebrauch hrsg. v. Bernh. Lade. (IV, 95 S.) 8. Leipzig 903. G. Freytag. Geb. in Leinw. n. 1. 25; Wörterbuch. (40 S.) n. — 50

Malin, Carol(us) Eduard(us) Ferd(inandus): De encephalitide. [Praeses:] Ioannes Fridericus **Meckel.** Halae (1817): Schimmelpfennig. 24 S. 8°
Halle-Wittenberg, Med. Diss. v. 22. Aug. 1817
Geb. Vetschau (Nieder-Lausitz) [6. 6.] 1795. V.

Malin, Car. Fried. Eduard. (geb. Lübbenau 19. 7. 1797): De gastritide. Berolini (1819). (20 S.) 8°
Berlin, Med. Diss. v. 14. Apr. 1819

Malina, Frz., über Sternbahnen u. Kurven m. mehreren Brennpunkten. (15 S. m. 13 Fig.) gr. 8. Wien 907. (L. W. Seidel & Sohn.) 1. —

Malina, Theod.: De consilio, quale Tacitus in scribendo de Germania libro secutus esse videatur. 18 S. – Progr. Deutsch-Crone 1860.

Malina, (Julius Anastasius) Theod. (geb. Schweidnitz 20. 1. 1816): De dictione Polyaenea. Berolini (1854). (123 S.) 8°
Berlin, Phil. Diss. v. 28. März 1854

Malina: De fide Polyaeno, Strategematum scriptori, habenda lucubrationes. 32 S.– Braunsberg, Progr. 1869.

Maline, Charles, le commençant. Ein Lehrbuch d. französ. Sprache zur schnellen Erlernung derselben durch Selbstunterricht. System: Répétiteur. 8. (VIII, 200 S.) Berlin (902). Rosenbaum & Hart. Geb. in Leinw. n. 2. —

Malinink Wladislaus, Dr.: Andreas Fricius Modrevius. Ein Beitrag zur Geschichte der Staats- und Völkerrechtstheorien. S. 170'10 . . . . . . 5.50
Separatabdruck

Hat Dörpfeld die Enneakrunos-Episode bei Pausanias tatsächlich gelöst oder auf welchem Wege kann diese gelöst werden? Einige Bemerkungen zu Judeichs Topographie von Athen. Von Alexander **Malinin.** Wien: A. Hölder 1906. (35 S.) 8° [06. 1368r

Malinin, Alex., zwei Streitfragen der Topographie von Athen. gr. 8. (43 S.) Berlin 901. G. Reimer. n. 1. —

Malinkovski, Dr. Aug. v. Handbuch zunächst f. k. k. Kameralbeamte. Enthaltend eine Darstellung der Finanzverfassung Oesterreichs, dann des österreichischen Gewerbs- und Kameral-Beamtenwesens. 2 Bde. gr. 8°. Wien, Mössle's Wittwe u. Braumüller, 1840.

Malinkovski, Aug. v., Handbuch, zunächst f. k. k. österr. Kameralbeamte. Enth.: Eine Darstellung d. Finanzverfassung Oesterreichs, dann d. österreich. Gewerbs- u. Kameral-Beamtenwesens. 3 Bde. gr. 8. (47¾ B.) Wien 836—40, [Braumüller u. Seidel.]
3. Thl. a. u. d. T.:
Verfassung d. österr. Kameral-Beamtenwesens. Nach d. neuesten gesetzl. Bestimmn. u. Vorschriften systemat. bearb. (8½ B.) 836. * 22 Gr.

— Verfassung des österreich. Kameral-Beamtenwesens, s. Handbuch, zunächst für k. k. Kameral-Beamte. 3r Thl.

v. Malinkowski, A.: Die allgemeine Verzehrungssteuer Oesterreichs in ihrem ganzen Umfange z. Gebr. für k. k. Beamte, Gewerbsleute, Dominien, Steuerbezirks-Obrigkeiten, Aemter u. s. w. *Eb.* 839. (1 Thl.)

Malinkowski, Victor Ritter v., die Schätzung von Landgütern mit besonderer Berücksichtigung ihrer Anwendung auf Landgüter Oesterreich-Ungarns. 8. (VI, 218 S.) Wien 886, (Gerold's Sohn.) geb. *

Malinowska, Wanda, aus Wilna, Russ.-Polen: Die Ursachen des Todes der Neugeborenen. Bern 1910. 21 S. 8°. [18. VII. 10.]
Bern. Med. Diss. 1909/10.

Malinowska, Wanda. Die Ursachen des Todes der Neugeborenen. Diss. Med. Bern. [Mit Figuren.] 21 S. 8. Bern, Max Drechsel, 1910.

Malinowski, Emil: Die Kirchen- und Staatssatzungen bezüglich des griech.-kath. Ritus der Ruthenen in Galizien. Lemberg 1861.

Malinowski, K. F. K., krytyczná gramatyka języka polskiego. 4 Hefte. Posen 869. Merzbach. gr. 8. (1. Heft. IX, 79 S. mit 3 lith. Tabb. in gr. Fol.) n.n. 4 Thlr.; Velinpap. n.n. 5 Thlr.

Malinowski, L. v., das Mädchen vom Libanon. Eine romant. Erzählung nach wirkl. Begebenheiten. gr. 8. (458 S.) Berlin 867, Oehmigke's Verlag. 1 Thlr. 15 Ngr.; geb.

Malinowski, L. v., das Mädchen vom Libanon. Eine romant. Erzählung nach wirkl. Begebenheiten. 2. Aufl. mit 8 Abbildungen nach Orig.-Aufnahmen. Berlin 869. Oehmigke's Verl. gr. 8. (453 S.) 1 Thlr. 15 ngr.; geb. 1 Thlr. 22½ ngr.

Malinowski, Lucian, Beiträge zur slavischen dialectologie. I. Ueber die Oppelnsche mundart in Oberschlesien. [1. Hft.: Laut- u. Formenlehre.] Inaugural-Dissertation. gr. 8. (VII, 56 S.) Leipzig 873. (Warschau, Wende & Co.) n. 1. —

Malinowski, Miecyslaus *(geb. Wozniki in Pos. [13. 10. 1843])*; Ueber Thyreotomie zur Entfernung intralaryngealer Neubildungen. (Namslau 1878). (28 S.) 8° *[Im Buchhandel 1878 bei Koebner in Breslau.]*
Breslau, Med. Diss. v. 14. Dez. 1878

Malinowsky, . . ., Elementarbuch der Insektenkunde, vorzügl. der Käfer; nebst e. Anweis., die Insekten zu erkennen, zu bestimmen, zu finden, aufzuspießen, zu sammeln rc. 8. Quedlinburg 816. Basse. 1 Thlr.

— Geschlechtskennzeichen einiger Käfergattungen, s. Schriften d. naturforsch. Gesellschaft. 6s Heft.

Malinowsky, Louis v., der Führer auf Deutschlands Eisenbahnen. Nebst d. neuesten Post- u. Reise-Karte der wichtigsten u. besuchtesten Theile Europa's etc. Mit den Eisenbahnen bis auf die Gegenwart vervollständigt von F. W. Kliewer. gr. 8. (7⅓ B. u. 1 Karte.) Berlin 845, Heymann. *

— der Führer auf Deutschlands Eisenbahnen, s. **Kliewer.**

—— und Rob. v. Bonin, Geschichte d. brandenburg.-preuß. Artillerie. 3 Thle. (od. 12 Lfgn.) Lex.-8. (140½ B. u. 4 ill. Stnt.) Berlin 840, 41, Duncker u. Humblot. [1. * 3 Thlr., 2. * 2⅔ Thlr., 3. * 3⅓ Thlr.] *

— und Rob. v. Bonin, Geschichte der brandenburgisch-preußischen Artillerie. 5.—12. (letzte) Liefg. gr. 8. Berlin 841, 42, Duncker u. Humblot. à n. ¾ ß

v. Malinowsky, Louis, Hera, oder: Systematische Abhandlungen über die wichtigsten Angelegenheiten des bürgerl. und häusl. Lebens. Bearbeitet unter Mitwirkung seiner Frau Therese v. Malinowsky, geb. Boygues. gr. 8. Berlin 842, Schultze. n. 1½ ß

v. Malinowsky, Louis, und Therese v. Malinowsky geb. Boygues, die erfahrene Hausfrau. Ein unentbehrliches Handbuch für Frauen und Mütter. Enthaltend: die Auferziehung der Kinder, sowie das Verhalten in allen Angelegenheiten des menschlichen Lebens, ferner die Einrichtung und Instandhaltung des Hauswesens, Besorgung der Küche, Aufbewahrung der Vorräthe und vieles Andere. 2. wohlf. Ausg. der Hera. gr. 8. Berlin 845, Schultze. 1 ß

—— die 17 Kohlen-Eisenbahnen an der Ruhr (nebst Karte) u. die Luisenthaler Kohlen-Eisenbahn an der Saar v. Phil. Ant. Dethier (nebst Karte.) gr. 8. (1 B.) Berlin 844, Eyssenhardt'sche Buchh.? *
Aus: Der Dampfer, Zeitschrift etc., besond. abgedruckt.

—— Neue Post- und Reisekarte von Deutschland und den angränzenden Ländern, unter vorzugsweiser Berücksichtigung der Eisenbahnen. Kupferst. u. kolor. Imp.-Fol. Mit einem genauen Eisenbahnwegweiser. Berlin, C. Heymann, 1845. gr. 8. 1⅓ ß.)

Malinowsky, Louis von. Neueste Post- und Reise-Karte der wichtigsten und besuchtesten Theile Europa's. [Mit:] Die befahrenen Eisenbahnen Deutschlands, zusammengestellt . . . . . . 1845. . . . . (Gr. Max.)

—— Taschenbuch f. preuß. Artilleristen, zum Gebrauch bei dem prakt. Dienst. 16. (20⅜ B.) Berlin 844, Heymann. *

Malinowsky L., L. v. Taschenbuch für preuß. Artilleristen, zum Gebrauch bei dem prakt. Dienst. Berlin 1844. 312 S.

Malinowsky, Therese von: Hera, s. Malinowsky, Louis von.

Die **Maljowantzi**. ⟨Eine ruß. Sekte.⟩ Von St. Mit 6 Ill. *Berlin: Deutsche Orient-Mission 1904.* (24 S.) 8°
— Hefte z. Christlichen Orient. No 5. [03. 1499]

Malis, Julius. Kutandiagnose der Tuberkulose bei chirurgischen Leiden. ⟨Klinische Studie aus der chirurgischen Klinik in Basel.⟩ Diss. Med. Basel. [Sep.-Abdr. aus: Deutsche Zeitschrift für Chirurgie. Band 93, Heft 3.] 34 S. 8. Leipzig, F. C. W. Vogel, 1908

Malisch, C., Fibel f. den ersten Schreibleseunterricht an Sprachganzen. I. Tl., Schreibheft. Im Verein m. A. Ganitta u. J. Hein hrsg. (48 S. m. Abbildgn.) gr. 8. Breslau (910). F. Goerlich. Geb. nn — 50

— Der erste Lese- u. Schreibunterricht an Sprachganzen. Mit e. Vorwort v. F. Rzesnitzek. Im Verein m. Ad. Ganitta u. J. Hein hrsg. (80 S.) gr. 8. Ebd. (909). —75; geb. 1.—

Malisch, Victor [pr. Arzt aus Schlesien]: Über Lues hereditaria als Aetiologie der Kerato-Iritis serosa. . . . Greifswald, Druck v. Julius Abel, 1889; 38 S. 8°
Greifswald, Med. Fak., Inaug.-Diss. v. 17. Mai 1889

Malischeff, Sergius. Ueber den Ursprung der Glycerinphosphorsäure des Harnes. (Bern) Basel, 1885.

Maliske, Amand

Maliske, A., die letzten Dinge des Menschen. Sieben Fastenpredigten. gr. 8. (62 S.) Breslau 882, Goerlich's Verlag.
Aus: St. Hedwigsblatt, besonders abgedruckt.

Maliske, Amand, die katholische Glaubens- u. Sittenlehre. Für die mittleren Klassen der Gymnasien u. Realgymnasien, nebst e. Abriß der Kirchengeschichte. 8. (XIII, 286 S.) Freiburg i/Br. 885. Herder. n. 2. 50

Maliske, Amand Die Lehre von der heiligen Eucharistie und ihre Bedeutung in der katholischen Kirche. (Eine Studie für den Religionsunterricht in den oberen Gymnasialklassen.) 24 S.
Progr. *Patschkau* 1885.

Maliske, Amand, Geistl. Rat. Prof.: Der Zusammenhang des Religionsunterrichtes mit dem übrigen Stoffe der höheren Lehranstalten. *Patschkau 1903: F. Bär, Neisse.* (25 S.) 4°
Patschkau, k. G, OP 1903 (238)

Malisz, Dr. Carl, Mitglied des Slaven-Kongresses, Der Slaven-Kongreß und die neuesten Ereignisse in Prag. Ein Beitrag zur Verständigung der Völker und zum ewigen Frieden. Zunächst dem deutschen Volk und Parlament gewidmet. Mannheim, J. P. Grohe, 1848. 20 S. 8°.

Zweite Auflage. Ebenda. 16 S. 8°. 1848.

Maliszewski (Maliszewsky), Pet. von, s. Maleszewski, Pet. von.

Maliszewsky, v., Militair-Literatur-Zeitung, s. Militair-Literatur-Zeitung.

Malkasten, der. Ratgeber f. die gesamte mal. Welt. Fachbl. f. Kunsttechnik u. Innendekoration. Jahrg. 1903. 12 Nrn. gr. 8. (à ca. 8 S.) Leipzig, W. Möschke. n. 2.—

Malkasten, der. Zeitschrift f. die gesamte Malerei u. alle Liebhaberkünste. Centralblatt f. den Malvorlagen-Markt. Organ des Vereins der Malerinnen u. Kunstfreundinnen zu Chemnitz. Jahrg. 1904. 12 Nrn. (100 S.) gr. 8. Leipzig, W. Möschke. n. 2. 40

— dasselbe. Gratis-Beilage der Liebhaber-Künste. Zeitschrift f. häusl. Kunst u. Correspondenzblatt f. Dilettanten. 3. Jahrg. 1905. 12 Nrn. (48 S.) gr. 8. Ebd. n. 2. 40
Erscheint nicht mehr.

— mein erster Malbuch. (24 S. m. z. Tl. farb. Abbildgn. ohne Text.) qu. 16. Hannover (901). A. Molling & Co. n. — 15

Malkasten-Album. qu. gr. 4. (10 Lichtdr.) Düsseldorf 898. (Schmitz & Olbertz.) In Umschlag n.n. 5.—

Malkewitz, Ernst [pr. Arzt aus Wollin]: Über Krankheiten der Respirationsorgane nach Diphtherie . . . Greifswald, Druck v. J. Abel, 1893; 29 S. 8.
Greifswald, Med. Fak., Inaug.-Diss. v. 29. Juli 1893

Malkiel, E., grammaire francaise à l'usage des Russes. (In russ. Sprache.) (Méthode Gaspey-Otto-Sauer.) (XII, 481 S. m. 1 Karte u. 1 Plan.) 8. Heidelberg 908. J. Groos. Geb. in Leinw. 3,60; corrigé. (70 S.) Kart. 2.—

— Russische Konversations-Grammatik, s.: Fuchs, Paul.

Malkin, Scheps [aus Russland]: Ueber perniciöse Anämie Berlin, Buchdr. v. G. Schade, *1895;* 29 S., 1 Bl. 8.
Berlin, Med. Fak., Inaug.-Diss. v. 14. Mai 1895

Malkmus, Bernard [Repetitor a. d. K. thierärztlichen Hochschule in Berlin]: Die rudimentäre Beuteltasche der Schafe.... Berlin, Druck v. L. Schumacher, 1887; 26 S. u. 2 Taf. 8°.
Erlangen, Phil. Fak., Inaug.-Diss. v. 1887.

Malkmus, Bernard, die rudimentäre Beuteltasche der Schafe. Diss. Erlangen 1887, Th. Blaesing. 8°. 26 S. mit 2 Taf.

Malkmus, Bernard: Grundriss der klinischen Diagnostik der inneren Krankheiten der Hausthiere. Hannover 1899. VII, 192 S.
— 2. verb. Aufl. 1902. VII, 215 S.
— 4. verm. u. verb. Aufl. 1910. VII, 216 S.

Malkmus, B., Grundriss der klinischen Diagnostik der inneren Krankheiten der Haustiere. 2. verb. Aufl. gr. 8. (VII, 215 S. m. 50 Abbildgn.) Hannover 902. Gebr. Jänecke. Geb. in Leinw. n. 4. 50
1. Aufl. (VII, 192 S.) 899. Geb. n. 4. —.

Malkmus B.: Grundriss d. klinischen Diagnostik d. inneren Krankheiten d. Hausthiere. 3. verm. u. verb. Aufl. Hann. 1906. 224 S. Fig. 1 kol. Tvl.

Malkmus, B., Handbuch der gerichtlichen Tierheilkunde. (XV, 687 S.) Lex.-8. Hannover 906. M. & H. Schaper. n. 17. —; geb. n. 19. —

Handbuch der gerichtlichen Tierheilkunde von Dr. B[ernard] **Malkmus**, Prof. Mit pathol.-anat. Beiträgen von Dr. [Adam] Olt, Prof. 2., verm. u. verb. Aufl. Hannover: Schaper 1910. XIX, 844 S. 8°
(10. 2150

Malkmus, s.: Wochenschrift, deutsche, thierärztl.

Malkmus, Ferdinand: Chronik der Stadt Neustadt, Main-Weser-Bahn. Kirchhain: Schröder 1904. 218 S. 8°

Malkmus, Franz [Gerichtsass.]: Klagänderung und Parteirolle ... Erlangen, k. b. Hofbuchdr. v. A. Vollrath, 1896; 31 S. 8.
Erlangen, Jur. Fak., Inaug.-Diss. v. 1896

Malkmus, Geo. Jos., Fuldaer Anekdotenbüchlein. gr. 16. (VIII, 151 S.) Fulda 875. (Maier.) 1. —; herabgef. Preis n. — 50

Malkmus, Geo. Jos., das christl. Kirchenjahr. Zunächst f. d. Religions-Unterr. auf kathol. Gymnasien bearb. 8. (5½ B.) Fulda 840, (Müllersche Buchh.)

Malkmus, Geo. Jos., das christliche Kirchenjahr. Zunächst für den Religionsunterricht auf kathol. Gymnasien bearb. 2., verm. und verb. Aufl. 8. (95 S.) Fulda 848, Müller'sche Buchh.

Malkmus, Geo. Jos., das christliche Kirchenjahr. Zunächst für den Religionsunterricht auf kathol. Gymnasien bearb. 3., verm. und verb. Aufl. 8. (96 S.) Fulda 856, Müller'sche Buchh.

— das katholische Kirchenjahr. Für den kathol. Religionsunterricht auf höheren Lehranstalten bearb. Neu hrsg. und verb. von J. Hollinger. 8. (XI, 99 S.) Freiburg i. Br. 878, Herder'sche Verlagsh. * 50 Pf.; geb. *

Malkmus, G. J., das katholische Kirchenjahr. Für den kathol. Religionsunterricht auf höheren Lehranstalten bearb. Neu hrsg. u. verbessert v. e. Priester der Erzdiöcese Freiburg. 2. Aufl. 8. (XI, 89 S.) Freiburg i/Br. 890. Herder. n. — 60; Cartonnage n.n. — 25

— **Lehr- und Lesebuch für die oberen Klassen katholischer Volksschulen. 856. (VI, 266 S.) — 2. durchges. Aufl. Fulda 857. Maier. gr. 8. (VI, 282 S.)** n. 10 ngr.

Malkmus, Geo. Jos., Lehr- und Lesebuch für die oberen Klassen katholischer Volksschulen. 3., durchgeseh. Aufl. Fulda 863. Maier. gr. 8. (XIII, 280 S.) n. 11 ngr.

Malkomesius, Philipp, aus Wiesbaden: Über die Einwirkung von conc. Salpetersäure auf 2,5-Toluidinsulfosäure. *Marburg 1902: R. Friedrich.* (53 S.) 8°
Marburg, Phil. Diss. v. [18. Dez.] 1902

Malkowsky, F.H.De libris duobus manu scriptis ad res Maximiliani I et Caroli V aetate gestis pertinentibus. 11 S.
Deutsch-Crone, Progr. 1842
Vgl.Malkowsky,H.F.

Malkowsky, Geo., Ernst Herter. Beitrag zur Geschichte der Berliner Bildhauerschule. Mit 86 Text-, 8 Vollbildern u. 1 farb. Kunstbeilage. (VIII, 146 S.) Lex.-8. Berlin 906. H. J. Meidinger. n. 4. —; geb. n. 5. —

Ostseebäder an der pommerschen Küste. Ein Album mit 29 Ansichten in Autotypie u. 1 Grav. (Verf.: Dr. Georg **Malkowsky.**) Berlin: Gesellsch. z. Verbreitung klass. Kunst [1907]. (32 S.) 8° [J.] (07. 13452 9

Insel Rügen. Ein Album mit 29 Ansichten in Autotypie u. 1 Grav. (Verf.: Dr. Georg **Malkowsky.**) Berlin: Gesellsch. z. Verbreitung klass. Kunst [1907]. (32 S.) 8° [J.] (07. 13453 9

Malkowsky, Geo., die Secession auf der Berliner Kunst-Ausstellung. gr. 8. (32 S.) Berlin 893. Deutsche Schriftsteller-Genossenschaft. n. — 60

Malkowsky, Geo., s.: **Weltausstellung,** die Pariser, in Wort u. Bild.

Malkowsky, H. F. Ueber den gegenwärtigen Standpunkt des Progymnasii in Deutsch-Crone. 11 S.
Deutsch-Crone, Progr. 1844
Vgl.Malkowsky,F.H.

Mall, Eduardus: De aetate rebusque Mariae Francicae nova quaestio instituitur. Halis Saxonum (1867: Paetz in Naumburg). 58 S. 8°
Halle-Wittenberg, Phil. Diss. v. 7. Juni 1867
Geb. St. Wendel 27. 8. 1843. V.

Mall, Eduard: The Harrowing of Hell. Das altenglische Spiel von Christi Höllenfahrt. Neue Bearbeitung. Berlin 1871. (55 S.) 8° *[Im Buchhandel 1871 bei Maruschke & Berendt in Breslau]*
Breslau, Phil. Fak., Hab.-Schr. v. 31. Okt. [vielmehr 4. Nov.] 1871

Mall, F., das reticulirte Gewebe u. seine Beziehungen zu den Bindegewebsfibrillen. [Aus: „Abhandlgn. d. kgl. sächs. Gesellsch. d. Wiss."] Lex.-8. (44 S. m. 11 Taf.) Leipzig 891. S. Hirzel. n. 5. —

Mall, Franklin P., s.: **Handbuch der Entwicklungsgeschichte des Menschen.**

Mall, J., Handbuch f. alle großherzogl. badesche Staatsbehörden, worin enthalten sind: sämmtl. Städte, Dörfer, Weiler u. Höfe in alphabet. Ordnung mit Seelenzahl, sodann deren Eintheilung in Kreisdirectorien, Aemter, Decanate, Obereinnehmereien, Accisstationen rc. 8. Karlsr. 831. Müller. 1 ß 12 kr

Mall, J., neues Handbuch f. d. Großh. Badischen Staatsbehörden, enth. in alphabet. Ordnung sämmtl. Städte, Dörfer, Weiler rc. Bearb. nach d. neuesten u. zuverläss. Quellen. Mit 1 die vier neuen Kreise darstell. ill. Karte. 8. ... Carlsruhe 832, Müller.

Mall, J. P., die Blut- und Lymphwege im Dünndarm des Hundes. Lex.-8. (39 S. mit 6 Taf. und 6 Bl. Erklärungen.) Leipzig 887, Hirzel. *
Aus: Abhandlungen der k. sächs. Gesellschaft der Wissenschaften, besonders abgedruckt.

Mall, Sebast., Positiones selectae ex hermeneutica sacra et ex exegesi psalmorum, Isaiae epistolarumque ad Galatas et Ephesios. München, 1798.

Mall, Seb., Psalmi Hebraici cum lectionibus variantibus ex versionibus Graeca et Latina collectis. München, 1828, 8°.

Mall, Sebast., Rede auf Bened. Holzinger. Landsh. 822. Thomann. 2 gr.

— הַשְּׁבָרִי דִּקְדּוּק הָלָּשׁוֹן, das ist: hebräische Sprachlehre. gr. 8. Landsh. 808. Krüll. 1 ß 4 gr.

Mall, Sebast., Hebräische Sprachlehre. Krüll, Landshut, 1808, 8°.
2. Aufl. München, 1827; 3. Aufl. daselbst 1834.

Mallachow, Carl, der erste Blick. Dramatisches Gedicht. 12. (IV, 108 S.) Posen 888, (Merzbach.)

—— das Chamäleon. Lustspiel in 4 Akten. 8. (86 S.) Posen 885, (Türk.) *

Mallachow, Carl, der Herzogsmüller. Volksdrama in 4 Akten. 8. (48 S.) Posen 892. (J. Jolowicz.) 1. 50

—— und O. Elsner, Papa's Liebschaft, } s. Universal-Bibliothek Nr. 2266

Mallachow, Carl, der Chevalier de Liriac. Intriguen-Lustspiel in 2 Aufzügen. Nach e. Anekdote aus Rousseau's Leben. Den Bühnen gegenüber als Mscr. gedr. 8. (30 S.) Münster 874. Coppenrath. n. — 60

— List gegen Vorurtheil. Lustspiel in 1 Act. Den Bühnen gegenüber als Mscr. gedr. 8. (26 S.) Ebend. 875. n. — 60

Mallachow, C., und O. Elsner, wenn man im Dunkeln küßt, s. Kühling's, A., Volksschaubühne.

Zahnpflege und Schule. Vortrag geh. im Posener Lehrerver. v. Zahnarzt [Karl] Mallachow, Posen. Lissa i. P.: F. Ebbecke 1907. (11 S.) 8° (07. [illegible]

Mallachow, Zahnpflege u. Schule. Vortrag, geh. im Posener Lehrerverein. (11 S.) 8. Lissa 907. O. Eulitz. — 20

— das Zahnsystem, seine Stellung zum Organismus, Pflege u. Erhaltung. Für Laien. 8. (32 S.) Münster 872. Russell. — 40

Mallachow, Karl u. O. Elsner: Gute Zeugnisse, s. Universal-Bibliothek, Nr. 2060.

Mallan, John, prakt. Bemerkungen üb. d. Natur u. Krankheiten d. Zähne. Als Grundlage zu e. Pflege gesunder u. kranker Zähne, f. gebild. Nichtärzte. A. d. Engl. mit Anmerkn. v. B. Stilling. gr. 8. (7¼ B.) Eisenach 830, Bärecke. Thlr.

Mallan, John (Edward): Hülfreicher Zahnarzt, eine deutliche und praktische Belehrung, die Zähne bis ins hohe Alter gesund und schön zu erhalten. (Treatise on the structure and diseases of the teeth. Dt.) Übers. von B(enedikt) Stilling. 100 S., gbd.

Eisenach: Bärecke
Wien: v. Mösle & Braumüller } 1840

Malle, M., die Narben in gerichtlich-medicinischer Beziehung. Eine gekrönte Preisschrift. Ins Deutsche übertragen u. mit Zusätzen versehen von A. Drey. 8. Augsburg 843, v. Jenisch u. Stage. 3/8 ß

Mallebranche, ..., Abrégé des premiers principes de la langue française à l'usage des Anglais qui veuillent apprendre etc. 12. Lond. (Mainz) 781. Kupferberg. 6 gr.
Dass. s. a.: Malbranche.

Mallebranche, Nicolas, s. Malebranche, Nicolas.

Mallebrein, Frz., Mären und Märlein aus Baden-Baden. 8. (109 S.) Rastatt 881, Hanemann. cart. *
geb. mit Goldschn. *

Mallebrein, Frz., Mären u. Märlein aus Baden, dem Murgthale u. Umgebung. Erweit. u. verm. Aufl. 12. (V, 266 S.) Baden-Baden 896. (F. Spies.) n. 4. —; geb. n. n. 5. —

Mallebrein, Frz., Murgthal-Sagen u. Geschichten. In Reim gebracht. 16. (78 S.) Rastatt 874. Hanemann. n. 2. —

Mallebrein, Carl [aus Gernsbach bei Baden-Baden]: Über den Zeitpunkt der Wendung bei Querlagen. . . . Berlin, Buchdr. v. Gustav Schade (Otto Francke) (1890); 30 S. + 1 Bl. 8°
Berlin, Med. Fak., Inaug.-Diss. v. 30. Jan. 1890

Mallefille, Felicien, der Capitain La Rose. Deutsch von Ferd. Fließbach. gr. 16. (256 S.) Leipzig 849, Kollmann.

Mallefille, Félicien, Don Juan's Memoiren. Roman. Deutsch v. Frdr. Wilh. Brückbräu. 1. Bd. 1. Hälfte. 8. (126 S.) Augsburg 847, v. Jenisch u. Stage. 9 ngr.

— Memoiren Don Juans. Deutsche Originalausg. 11 Bde. [1—4. Bd. in 12 Bdchn.] gr. 16. (1: 248 S. 2: 284 S. 3: 238 S. 4: 228 S. 5: 224 S. 6: 256 S. 7: 255 S. 8: 256 S. 9: 200 S. 10: 200 S. 11: 222 S.) Leipzig 848—53, Kollmann. (1—4. Bd. in 12 Bdchn. à 1/6 ß 5—11. Bd. à 1/2 ß) 5 1/2 ß

Angeblich nach Aktenstücken aus dem XVI. Jahrhundert entworfen, deren Aufsuchung und Zusammenstellung ein spanischer Mönch 20 Jahre seines Lebens gewidmet hat.
Französ. Orig.: Mémoires de Don Juan, par *Félicien Mallefille.* 4 vols. Paris 1848 sq. 8°, (vorher in „La Presse"); rep. ibid. 1852. 8°. (Gay V. p. 5.)
Die unvollendet hinterlassenen Memoiren beendete *August Schrader* (nach Brümmer, Nachtr., 135—136).

MALLEFILLE, Félicien, und Fernando de Castillo, Memoiren Don Juans. Deutsche Originalausgabe. 11 (nicht 12) Bde. Leipzig, Kollmann, 1848—53. Kl. 8°. (5 1/2 Rthl.) (8 Mk. S. Calvary & Co., Berlin, ca. 1900; 12 Mk., schönes Expl., Adolf Weigel, 1907; 85 Mk. (so!) C. G. Boerner, Lpz., 1908.)
— — Dasselbe. 12 Bde. Mit (freien) Kpfrn. Leipzig u. Madrid, o. J. (c. 1860). 12°. (4 Rthl. Scheible, vor 1885.)
— — Dasselbe. Deutsch von G. v. Joanelli. Mit über 100 Illustrationen von Coeurdame. (Prag 190*.) (Br. Kr. 26, 40 H., gebd. 39,60.) In 5 Bdn.

(F) Mallefille, F., Die Memoiren des Don Juan. 1. Bd. Gr.-8°. (304 S.) geb. K 7.20
Prag: Hynek 1903.

Mallefille, Félicien, Mémoires de Don Juan. Edition orig. pour toute l'Allemagne. 2 voll. gr. 16. (219 u. 252 S.) Leipzig 848, Kollmann. (à 1/2 ß) 1 ß

Mallefille, Felicien, ein Sonntagskind, s. Both's, L. W., Bühnen-Repertoir.

Mallefille, F., zwei Wittwen, s. Theater-Repertoir, Wiener.

Bernardo **Mallén**. Mexiko gestern und heute. 1876–1904. Deutsche Ausg. Mexiko 1904: (Müller H^nos^). (80 S.) 8° (ob. 175) 10

Mallende, Eugen, s. M a l e n d e , Eugen.

Mallener, Theodor, Reise- und Festbericht über das 9. Deutsche Turnfest in Hamburg 1898, 70 S., Kl.-8°.

Mallery, Garrick, Forschungen und Anregungen über die Zeichensprache der Indianer Nord-Amerikas. Uebers. von Agnes Brauer. Mit Anmerkungen von Wilh. Keil. gr. 8. (88 S.) Halle 882, Buchh. des Waisenhauses. *
Aus: Mittheilungen des Vereins für Erdkunde zu Halle a. S., besonders abgedruckt.

Mallery, Garrick, Israeliten u. Indianer. Eine ethnograph. Parallele. Aus dem Engl. v. Frdr. S. Krauss. Vom Verf. berecht. Uebersetzg. gr. 8. (VIII, 106 S.) Leipzig 891. Th. Grieben. n. 1. 50

Mallès v. Beaulieu, der zwölfjähr. Robinson. Lehrreiche u. unterhalt. Gesch. e. auf eine unbewohnte Insel verschlag. franz. Schiffsjungen. A. d. Franz. n. d. 13. paris. Ausg. 16. (14 B. u. 6 Kpfrt.) Stuttgart 836, Erhard.

Mallet

— Beschr. des ganzen Weltkreises, mit 650 Kpf. 5 Thle. 4. Frkf. 719.

Mallet, Edda, ou monumens de la Mythologie et de la Poésie des anciens peuples du Nord. 12. Paris. (Sommer à Lpz.)

Mallet, observations du passage de Vénus etc. voyez Observations etc.

Mallet, Ant. Man., vgl. M a l l e t , Paul Henri.

Mallet, Ant., Man., Geschichte v. Dänemark; aus d. Französ. 3 Theile. 4. Greifsw. 765—69. Röse. (Gnobloch in Leipz.) 7 ₰ 12 gr.

Mallet, Ant. Man. Geschichte des Hauses Hessen. A. d. Französ. 4 Bde. 8. Kopenhagen 1767—77.

— histoire de Danemark. IX Vol. 12. Génève. (Kupferberg, Mayence.) 787.

— histoire de la maison et des états de Mecklenbourg. T. I. et II. 4. Schwerin 796. Bödner. 1 ₰ Holl. Schrbp. 1 ₰ 8 gr.

— histoire des Suisses ou Helvétiens depuis les temps les plus reculés jusqu'à nos jours. IV Vol. 8. Braunschw. Pluchart.

Mallet, C., le conteur Genevois, s. Bibliothèque franç. etc., par Zoller.

Mallet, Fr. Allgemeine oder mathematische Beschreibung der Erdkugel, auf Veranlassung der kosmographischen Gesellschaft verfasst. Aus dem Schwed. übers. von L. H. Röhl. Greifswald. 1774. 8.

— allgem. od. mathemat. Beschreib. d. Erdkugel; aus d. Schwedischen v. L. H. Röhl. 4. Greifsw. 774. Röse. (Gnobloch in Leipz.) 1 ₰ 12 gr.

Mallet, Fr., theoremata pro integrandis functionibus differentiis linearum a circulo pendentium. 4. Upsal. 765. Junius. 8 gr.

Mallet, F., Weltbeschreib, oder Bergmans Beschreibung der Erdkugel. 2r Thl. 4. Ebend. 773.

— Weltbeschreib., als 2r Thl. v. Bergmanns Erdkugel, a. d. Schwed. 4. Greifsw. Röse. 774.

Mallet, Friedrich

Mallet, Friedr., Altes und Neues. gr. 8. (VIII und 400 S.) Bremen 865, Müller. 1 Thlr. 18 Ngr.; geb.
geb. mit Goldschn.
Ausg. mit Portr. 1 Thlr. 24 Ngr.; geb.
geb. mit Goldschn.

—— dass. — 2. Bd. A. u. d. T.: Neues und Altes. Gesammelt und hrsg. von H. Mallet. gr. 8. (VIII und 438 S.) Ebendas. 868.
geb. 1 Thlr. 28 Ngr.; geb. mit Goldschn.

Mallet, Friedr., Altes und Neues. 1. Bd.: Altes und Neues. 3. Aufl. gr. 8. (XI, 400 S.) Bremen 869, Müller's Verlag. (ℳ 4,80.)
geb. *ℳ 6,20.; mit Goldschn. *

—— dass. — 2. Bd. A. u. d. T.: Neues und Altes. Gesammelt und hrsg. von H. Mallet. 2. Aufl. gr. 8. (VIII, 438 S.) Ebendas. 869. (ℳ 4,80.)
geb. *ℳ 6,20.; mit Goldschn. *

Mallet, Frdr., Altes u. Neues. Mit (lith.) Portr. d. Verf. 4. Aufl. gr. 8. (VIII, 347 S.) Bremen 876. Müller. n. 5. —

Mallet, Friedr., Altes und Neues. 1. Bd.: Altes und Neues. 5. (Titel-)Aufl. gr. 8. (VIII, 347 S. mit lithogr. Portr.) Bremen 884, Müller's Verlagsh. *

Mallet, Frdr., Bethanien. Betrachtgn. üb. Ev. Johannis 11. 12. (173 S.) Herborn 896. Buchh. d. Nassauischen Colportage-Vereins. n. — 60; geb. n. 1. —;
m. Goldschn. n. 1. 25

Mallet, Friedr., Bremen u. die Schulfrage. Ein Vortrag im patriot. Verein am 18. Febr. gehalten. [Aus Nr. 6 des Bremer Schlüssels abgedr.] gr. 8. (22 S.) Bremen 850, Heyse. 1/8 ₰

— Das hat Gott gethan. Eine Predigt, veranlaßt durch die Nachricht von dem Hamburger Brande, über Evang. Luc. XIII, v. 1—5. gehalten am 8. Mai d. J. 2. Aufl. gr. 8. Ebend. 842. n. 1/6 ₰

— Du sollst kein falsches Zeugniß reden wider deinen Nächsten. Ein Wort über Adolf Stahr's Wort. Lex.-8. Ebend. 842. n. 1/4 ₰

Mallet, Frdr., Eben-Ezer. Ein Denkmal der Hülfe. Predigt üb. 1. Samuelis 7, Vers 10—14. Bremen 864. Müller. gr. 8. (19 S.) 5 ngr.

Mallet, Friedr., zwei (Fahnenweih-)Reden. Zum Andenken an d. Feststunde auf d. Rathhaus am 17. Oct. 1838. gr. 8. (1 B.) Bremen 839, Kaiser.

Mallet, Friedr., Festpredigten, s. Festpredigten.

Mallet, Friedr., F. A. G. Tholuck u. Benno Bruno Brückner, drei Festpredigten, gehalten während der 16. Hauptversammlung des Evangel. Vereins der Gustav-Adolf-Stiftung zu Leipzig am 24., 25. u. 26. Aug. 1858. Leipzig, (Breitkopf u. Härtel.) gr. 8. (50 S.) 7½ ngr.

—— Festrede gehalten am 18. Octbr. 1863 in der Domkirche zu Bremen. 2. Aufl. gr. 8. (24 S.) Bremen 863, Müller. *

—— für St. Stephani Gemeinde. Abwehr und Angriff. 8. (V und 72 S.) Bremen 851, Kaiser. *

—— ein Geständniß. Ein Wort üb. Pastor Nagel's „Rechtfertigung." gr. 8. (½ B.) Bremen 845, Kaiser.
Aus: Der bremer Kirchenbote besond. abgedruckt.

Mallet, Fr., ein Geständniß. Ein Wort über Pastor Nagel's „Rechtfertigung." (Aus dem Kirchenboten abgedruckt.) gr. 8. Bremen 846, Kaiser. 1¾ ngr

Mallet, Friedr., Gustav Adolf. Rede gehalten am Standbild Gustav Adolfs zu Bremen. Am 4. September 1856. gr. 8. (16 S. mit 1 Hlzschnt.) Bremen 856, Strack. **.

Mallet, Friedr., über den Heiligen- u. Bilderdienst in der röm. Kirche, als Antwort auf die „Entgegnung" des Hrn. Pastor Probst. gr. 8. (3½ B.) Bremen 842, Kaiser. Thlr. *

Mallet, Friedr., Bremer Kirchen-Bote, e. Zeitschrift, s. Kirchen-Bote.

— u. Herm. Hupfeld, die Krisis des Gustav-Adolph-Vereins u. die Noth der protestant. Kirche Deutschlands. Worte der Verständigung. gr. 8. (VI u. 64 S.) Halle 847, Anton. n. 8 ngr

—— Monatsblatt der norddeutschen Missions-Gesellschaft, s. Monatsblatt.

— Passions- und Festpredigten. Frankfurt a. M. 859. Heyder & Zimmer. gr. 8. (VII, 368 S.) n. 1 Thlr 10 ngr.

—— Passions- und Festpredigten. 2. Aufl. gr. 8. (V, 301 S.) Ebendas. 870. *ℳ 4.; geb.
Vgl.: Wilkens, C. A.

—— Predigten und Reden. Gesammelt und hrsg. von H. Mallet. gr. 8. (VIII und 420 S.) Bremen 867, Müller. *
geb. *

—— das Priesterthum des Herrn und seiner Gemeinde. Ein Vortrag gehalten am evangel. Bundestage zu Berlin. gr. 8. (47 S.) Frankfurt a. M. 858, Heyder und Zimmer.

Mallet, Frdr., quaestiones Propertianae. gr. 8. (68 S.) Göttingen 882. Akadem. Buchh. n. 1. 20

—— Rede, bei d. Einweihung d. Zufluchtsstätte im Hause Concordia am 7. Nov. 1841 gehalten. gr. 8. (1 B.) Bremen, Kaiser.

—— s. Rede, die, womit am 13. Nov. 1844 die Sitzung des Ministeriums eröffnet ward. — Smend, Rud., Nothwendigkeit einer Kirchenreform. — dess. die Zukunft der evangel. Kirche.

(——) merkwürd. Vorfälle in Hamburg, s. Vorfälle.

— die Weisen aus dem Morgenlande. Eine Weihnachtsgabe. 8. (IV u. 84 S.) Bremen 852, Heyse. In Engl. Einb. m. Goldschnitt. ⅔ Thlr

— die Weisen aus dem Morgenlande. Eine Weihnachtsgabe. 2. Aufl. (Abdr. aus dem „Neuen u. Alten.") Ebend. 868. gr. 8. (III, 52 S.) 7½ ngr;
cart. mit Goldschn. n. 10 ngr

— die Weissagungen d. Propheten Jesaias. Fragmente. 1r Thl. 8. Brem. 831. W. Kaiser.

—— wer gehört zum Reiche Gottes? — Eine Pfingstpredigt üb. 1. Corinther 12, v. 3. 8. (1½ B.) Bremen 831, Kaiser.

—— Zeugnisse. 1. u. 2. Heft. gr. 8. (4¼ B.) Bremen 845, Kaiser. à *

Mallet, H. Taschenbuch des Waffen-Unterrichts der bayer. Infanterie. 4. Aufl. Bd 1—4. Regensburg 1847.

Mallet, Herm., das Gleichniß vom Feigenbaum. Predigt. gr. 8. Bremen 846. (Kaiser.) n. 4 ngr

Mallet, J[ean-]L[ouis]. Tableau historique des dissentions de la République de Genève Et de la perte de son indépendance. 8. *s. l.* 1803.

Mallet, M. A.

Mallets Bericht üb. die atmosphärische Eisenbahn von Dublin nach Dalkey in Irland, ausgeführt von den Herren Clegg u. Samuda. Mit 1 Stahlstich: Ansicht der atmosphärischen Eisenbahn von Dublin nach Dalkey. Lex.-8. Darmstadt 844, Lange. ¼ Thlr

Mallet, Paul Henri, vgl. Mallet, Ant. Man.

Mallet, Paul Henri. Geschichte der Hessen, a. d. Franz. . . . 1. Theil. Koppenh. u. Leipz. 1767. Ü: *Geiger, Chph Friedrich.* (stri) (will) (ML)

— Geschichte d. Hessen. 1r Thl. Aus d. Französ. übersetzt v. C. F. Geiger. 8. Kopenh. 767. Proft. 10 gr

Mallet, Paul-Henri s. Müller, Johannes [von]. Histoire des Suisses..

Mallet, Rob., üb. vulkanische Kraft. Ein Versuch, ihre wirkl. Ursache u. ihre kosm. Beziehgn. zu entwickeln. Aus dem Engl. übertr. u. m. einigen Anmerkgn. begleitet von A. v. Lasaulx. [Aus: „Verhandlgn. d. naturhistor. Ver. der preuss. Rheinlande u. Westfalens."] gr. 8. (145 S. m. eingedr. Holzschn. u. 1 Tab. in qu. Fol.) Bonn 875. (Strauss.) n. 2. 50

Mallet du Pan, Jacques

— über das Charakteristische u. die lange Dauer der französ. Revolution; aus d. Französ., mit e. Vorrede v. Fr. Gentz. 8. Berl. 794. (Vieweg in Braunschw.) 14 gr

— dasselbe, übers. v. G. Schatz, mit Anmerkk. u. Zusätzen v. J. G. Dyck. 8. Lpz. 794. Dyck. 14 gr

— considérations sur la nature de la revolution de France et sur les causes, qui en prolongent la durée. 8. Bruxelles. 793. (Walther, Dresd.) 8 gr

Mallet du Pan, correspondance politique. gr. 8. Hamb. 796. Fauche. 16 gr

— Dangers, qui menacent l'Europe. Causes du peu de Succès de la dernière Campagne. 8. Dresden, Walther. 794.

Mallet du Pan, Jacques, s. Dumouriez: Über den Krieg.

— üb. d. Gefahren, d. Europa bedrohen, a. dem Franz. gr. 8. Leipz. Grieshammer. 794.

Mallet du Pan, Jacques. Über die Gefahren, welche Europa bedrohen . . . a. d. Franz. Leipzig 1795. V: *Grieshammer, Georg August.* (Ky) (MGT)

— über die französ. Revolution u. ihre Dauer. 8. Wien 794. Wallishausser. 12 gr Hdg. Pr. 8 gr

Mallet Du Pan, J[acques]. Zerstörung des Schweitzer-Bundes und der Schweitzer-Freyheit; ein historischer Versuch von J. M' du Pan. Aus dem Französischen. Mit einigen erläuternden Anmerkungen. (2. Hälfte: Nebst einigen neuen Erörterungen und einem Briefe der Frau (Emilie) von Berlepsch über dieses Werk.) 2 Hälften. 8. Leipzig 1799. Dyck.

Mallet du Pan, J. Zerstöhrung des Schweitzerbundes und der Schweitzerfreyheit . . . a. d. Franz. . . . Leipz. 1799. Ü: *Dyk, Johann Gottfried.* (MGT)

Malleus ferreus etc. oder verbindl. Antwort auf das höfliche Schreiben des Anonymus an Franz v. Spaun, wegen dessen Abhandl. über Eigenthum rc. (v. Frz. v. Spaun). 8. Passau 822. (Pustet). 6 gr

Malleus haereticorum, das ist: Römisch-katholische Briefe zu gründlicher Abfertigung der schrecklich um sich greifenden altkatholischen Ketzerei. Prag 1872. V: *Knauer, Vincenz.* (ADB 27, 454)

Malleus haereticorum das ist: Römisch-kathol. Briefe zur gründl. Abfertigg. der schrecklich um sich greif. altkathol. Ketzerei. gr. 8. (16 S.) Prag 872. Tempsky. n. -- 20

Malleville, Jacob v., Comentar üb. das Gesetzbuch Napoleons übers. v. Blanchard. 4 Bände. gr. 8. Cöln, Kellisch. 810. Vgl.Maleville,J.v.

Mallian, Marianne, ein Weib aus dem Volke, s. Universal-Bibliothek.

Mallian, Marie-Jeanne, s. Répertoire du Théâtre franç.

—— u. Dennery, ein Weib, s. Weib.

Mallinckrodt, Arnold. (geb. Elberfeld 20. 11. 1815): Observatio casus rarioris morbi medullae spinalis adiecta symptomatum epicrisi. Berolini (1838). (46 S.) 8°
Berlin, Med. Diss. v. 13. Juli 1838

Mallinckrodt (Mallinkrodt), Arnold Andreas Friedrich.

Mallinckrodt, Arn. Andr. Fr.: „Ueber die rechte Abhandlung des deutschen Privatrechts", Jena 1819 (Cröker)(Bran)

Mallinckrodt, Arn. Andr. Fr.: „Ein Angriff der preussischen Staatszeitung und eine Vertheidigung in Aktenstücken. Ein Beitrag zur Geschichte der Zeit. Insbesondere zur Verwaltung in derselben", Jena 1819 Bran.

Mallinkrodt, A. (Hrsg.), s. Anzeiger, D. Westphälische, od. vaterländ. Archiv zur Beförderung u. Verbreitung d. Guten u. Nützlichen.

Mallinkrodt, Arn. Andr. Fr., allgem. Bauernkalender, oder Handbuch f. den Bauernstand. 3 Liefer. 1811—13. 8. Dortm. Mallinkrodt. (à 3 gr) 9 gr

(Mallinckrodt, Arn. Andr. Fr.): „Der Bauernstand an seinen gerechten König, Friedrich Wilhelm III., über die gutherrlichen und bäuerlichen Rechts-Verhältnisse; mit besonderer Hinsicht auf die Grafschaft Mark und die Provinz Westphalen", Dortmund 1816 (Mallinckrodt). — Vorh.: Preuß. Staatsbibliothek Berlin.

— kleine Beiträge fürs prakt. Leben. 8. Dortm. 811. (Wundermann in Hamm). 18 gr Hdg. Pr. 12 gr

Mallinckrodt, Arn. Andr. Fr.: „Belehrung des Bauernstandes über die demselben von Sr. K. K. Majestät durch die beiden Verordnungen vom 12ten December 1808 und 13ten September 1811 verliehenen Rechte und über dessen Pflichten gegen die bisherigen Hofherren", Dortmund 1812 (Mallinckrodt). — 2. Auflage ebenda 1813.

— Belehrung d. Bauernstandes üb. die demselben v. Sr. kaiserl. Maj. durch die beiden Verordnn. v. 12. Dec. 1808. u. v. 13. Sept. 1811 verlieh. Rechte, u. üb. dessen Pflichten gegen die bisherigen Hofesherren. gr. 8. Dortm. 812. (Wundermann in Hamm). 6 gr

— Bemerkk. üb. Deutschlands Literatur u. Buchhandel. 8. Dortm. 815. (Schultz in Hamm). 4 gr

Mallinckrodt, Arn. Andr. Fr.: „Beredsamkeit, ein Bedürfnis unserer Zeit", Weimar 1818 (Ind. Compt.).

Mallinckrodt, Arn. Andr. Fr.: „Über Beredsamkeit überhaupt, und über geistliche, Staats- und gerichtliche Beredsamkeit insbesondere", Schwelm 1821 (Scherz).

Mallinckrodt, Arn. Andr. Fr.: „Berufung der Oeffentlichkeit an die Oeffentlichkeit", Dortmund 1817 (Wundermann in Hamm).

MALLINKRODT, Arn.: Beruf. an's Publ. gegen e. öffentl. Angriff in Bezieh. auf d. Rechtsverhältnn. d. Bauernstandes. *Dortm.*, Mallinkrodt. 806. 8. (8 Gr.)

(Mallinckrodt, Arn. Andr. Fr.): „Versuchter Entwurf einer Landesgrundverfassung für die Staaten deutschen Stamms", Leipzig 1814 (Gleditsch).

— versuchter Entwurf einer Landesgrundverfassung f. Deutschland. gr. 8. Leipz. 814. (Brockhaus). 10 gr

— Vater Jacob, der reich gewordene Bauer, ein Hausbuch f. den Bauernstand. 8. Dortm. 814. Mallinkrodt. 6 gr

Mallinckrodt, Arn. Andr. Fr.: „Ist der aufgehobene Besitz über das aufhebende Gesetz und über den Kaiser?" Dortmund 1812. (Mallinckrodt).

Mallinckrodt, Arn.: Leitfaden zu Vorlesungen über das deutsche Privatrecht. E. Uebersicht natürl. Folgeordnung der Materien unter beständiger Hinweisung auf die Paragraphen im Runde'schen Lehrbuche. Jena 1818.

Mallinckrodt, Arn. Andr. Fr.: „Leitfaden zu Vorlesungen über das deutsche Privatrecht", Jena 1819 (Cröker).

(**Mallinkrodt,** Arn. And. Frdr.,) Über Deutschlands Literatur und Buchhandel; allen Gelehrten u. Buchhändlern aus Herz gelegt. Dortmund 1800. 8.

Mallinckrodt, Arnold Andreas Friedrich, s. Magazin für Dortmund.

— neuestes Magazin d. Geographie, Geschichte, Statistik, überhaupt der genauern Kunde Westphalens gewidmet. Ir Bd. in 4 Heften. 8. Dortm. 816. Hamm, Schultz. 1 ß (vergl. Magazin für Westphalen.)

— Magazin f. Westphalen, d. Gesch., Statistik und allem Nützlichen gewidmet. Jahrg. 1797 u. 98. d. Jahrg. 6 Hefte. Dortm. Mallinkrodt. (à 2 Rthlr.)

Mallinckrodt, Arnold Andreas Friedrich, s. J. F. Möller, der Pfarrer v. Elsey.

Mallinkrott, Arn. And. Friedr. (Dortmund), De praescriptione servitutum extinctiva inprimis. O. O. (Strauss) 26. VII. 1788. 44 S. (5.—) 22069

— Diss. de praescriptione servitutum extinctiva. 4. Jena 788.

.Mallinckrodt, Am. Andr. Fr.: „Pressfreiheit, Preussens Grundton", Dortmund 1817 (Schultz in Hamm).

— ein merkwürdiger Proceß in zwei Proceßarten. gr. 8. Hamm 818. Schulz. 6 gr Hbg. Pr. 4 gr

Mallinckrodt, Arn.: Ein merkwürdiger Prozeß, in zwey Proceßarten. Leipzig 1818.

[Betr. den Prozeß des Prof. Haulnoy c/a Gebr. Mallinckrodt.]

— üb. die gutsherrl. u. bäuerl. Rechtsverhältnisse, mit besond. Rücksicht auf die Grafschaft Mark u. d. Provinz Westphalen überh. gr. 8. Hamm 816. (Wundermann). 1 rl Hbg. Pr. 12 gr

Mallinckrodt, Arn. Andr. Fr.: „Zwei Reclamationen auf Grund des kaiserlichen Decrets vom 28. März 1812, für einen Leibgewinner und einen Zeitgewinner", Dortmund 1812 (Mallinkrodt).

Mallinckrodt, Arnold Andreas Friedrich, s. J. H. P. Seidenstückers Nachlaß.

Mallinckrodt, (A.,) landwirthschaftl. Taschenbuch zu leichter, zweckmäß. Notizführung, zunächst für Westphalen u. d. Rheinlande, auf 1824. 12. Hamm, Wundermann.

—— „Landwirthschaftliches Taschenbuch zu leichter und zweckmässiger Notizführung, zunächst für Westphalen und die Rheinlande", Hamm 1824 (Schulz).

Mallinckrodt, Arn. Andr. Fr.: „Thue recht und scheue niemand. Berufung an das Publicum gegen einen öffentlichen Angriff in Beziehung auf die Rechtsverhältnisse des Bauernstandes", Dortmund 1816 (Wundermann in Hamm).

— Umriß meiner Vorlesungen über das prakt. Geschäftsleben. gr. 8. Jena 819. Cröker. 3 gr

MALLINKRODT, Arn.: Kurzer Unterr. üb. Testamente u. deren Aufnahme, f. Nichtjuristen, nach den Grundsätzen d. preuss. Rechts. *Dortmund*, Blothe u. C. 798. 8. (4 Gr)

— kurzer Unterricht üb. Testamente u. d. Aufnahme, f. Nicht-Juristen, nach Grundsätzen d. preuß. Rechts. gr. 8. Dortm. 798. Mallinkrodt. 4 gr

Mallinckrodt, Arn. Andr. Fr.: „Über die neuen Urkunden, welche die Besitzer von Bauerngüter aufzustellen haben", Dortmund 1812 (Mallinckrodt).

Mallinckrodt, Arn. Andr. Fr.: „Die Veranlassungen in Beziehung auf die Verfügung vom 30sten August 1813 rücksichtlich eines Schreibens an den Herrn Minister Röderer", Dortmund 1813 (Mallinckrodt).

Mallinckrodt, Arn., üb. d. Verfass. d. St. Dortmund. 1s. 2s. 8. Dortm. Blothe. (Mallinkrodt.) 795.

— üb. d. Verfassung d. Stadt Dortmund. 1s, 2s Stck. 8. Dortm. 795. (Wundermann in Hamm). 1 rl 8 gr Hbg. Pr. 1 rl

(Mallinckrodt, Arn. Andr. Fr.): „Was thun wir bei Deutschlands, bei Europas Wiedergeburth?", 2 Bändchen, Dortmund 1814 (Mallinckrodt).

— was thun wir bei Deutschlands, bei Europas Wiedergeburt rc.? 2 Bdchen. 8. Dortm. 814. (Wundermann). 1 rl 12 gr Hbg. Pr. 18 gr

.Mallinckrodt, Am. Andr. Fr.: „Zeitgegenstände, kleine Beiträge über Staatsverfassung und Staatsverwaltung", 1. und 2. Heft, Dortmund 1818 (Schultz in Hamm).

(Mallinckrodt, Chr): „Allgemeines Handlungsrecht für die preussischen Staaten. Ein geordneter Auszug aus dem allgemeinen Landrecht und der allgemeinen Gerichtsordnung für die preussischen Staaten", Dortmund 1796 (Blothe). — 2. Auflage, ebenda 1800, vorh.: Com. Bibl. Hamburg und Bücherei der Handelskammer Magdeburg. — 3., mit den durch die neuere Gesetzgebung veranlaßten Veränderungen vermehrte Auflage, Hamm 1825, vorh.: Com. Bibl. Hamburg.

Mallinckrodt, (Chr.,) allgemeines Handlungsrecht für die Preuß. Staaten. 3e, mit den durch die neuere Gesetzgebung veranlaßten Veränderungen verm. Ausg.; von e. Preuß. Justizbeamten. gr. 8. Hamm 825, Schulz.

Mallinckrodt, Ernst ⟨geb. am 21 Juni 1847 in Wesel⟩: Ueber Ruptur der Chorioidea ... Wesel, Voss & Fincke'sche Buchdr. 1872. 30 S., 1 Bl. 8.

Bonn, Med. Fak., Diss. v. 20 Juni 1872

Mallinckrodt, Erwin: Aus d. städt. Krankenanst. zu Kiel. Zur Kenntnis des Infantilismus und des Zwergwuchses. Kiel 1910: Schmidt & Klaunig. 47 S. 8°

Kiel, Med. Diss. v. 7. April 1910, Ref. Lüthje

[Geb. 30. März 84 Wesel; Wohnort: Kiel; Staatsangeh.: Preußen; Vorbildung: Gymn. Wesel Reife O. 03; Studium: Tübingen 2, Kiel 1, München 4, Berlin 2, Kiel 2 S.; Coll. 29. Dez. 09; Approb. 1. Okt. 09.] [U 10. 2454

[J.] Die Dortmunder Rathslinie seit dem Jahre 1500. Von Dr. jur. G. **Mallinckrodt**. *Dortmund: Köppen 1895.* (XXIII, 147 S.) 1 Bd 8.

— **Beiträge** z. Geschichte Dortmunds u. d. Grafschaft Mark. (Bd) VI.

Mallinckrodt, Gustav Emil, Referendar a. Wesel: Über Unentgeltlichkeit. Borna-Leipzig 1905: R. Noske. (VIII, 41 S.) 8° [J.]

Leipzig, Jur. Fak., Diss. v. 14. Aug. 1905

[Geb. 11. Dez. 78 Amsterdam; Wohnort: Wesel; Staatsangeh.: Preußen; Vorbildung: Gymn. Wesel Reife O. 98; Studium: Edinburgh 1, München 3, Marburg 1, Bonn 2 S.; Rig. 15. Febr. 02.]

Mallinckrodt, Herm. v., vgl. Berger, W. T.

Mallinckrodt, Herm. v. Geschichte seines Lebens, s. Pfülf, Otto.

Mallinckrodt, Herm. v., Todtenklage um denselben, s. Mertens, C.

Roll, Reinhard Heinrich [Präs.] u. Joh. Chph. Mallinckrodt (Dortmund) (post. Past. Rodheim. in Conventu Giess.) [Resp.]
De erroribus Augustanae Confessioni recentiori aetate temere adflictis.
Dissertatio secunda.
Giessae 18. Dez. 1734. 40 S. 4°

Mallinckrodt, Konrad Gustav, approb. Arzt aus Wesel: Über Sarkome der weichen Rückenmarkshäute. *Tübingen 1902: (Fincke & Mallinckrodt, Wesel).* (28 S.) 8°

Tübingen, Med. Diss. v. 1902

Mallinckrodt, Max v., das Prinzip der Fürsorge als die der Natur entstammte Grundlage christlicher Moral. (45 S.) 8. Bonn 908. C. Georgi. 1.—

Mallinckrot, Bernh. v. (Münster), De archicancellariis S. Rom. imperii ac cancellariis imperialis aulae. Jena (J. F. Bielcke) 1715. 286 S. u. Index (bis Tri). (8.—) 22067

Mallinckrot, Bern. a: De archicancellariis S. Rom. imperii ac cancellariis imperialis aulae. Ed. 3., cum praef. Burc. Gotth. Struvii. Jenae 1715.

Malling, Ludw., die mechanischen Momente bei der Entstehung v. Myopie. Inaugural-Dissertation. 4. (31 S. m. 1 Steintaf.) Kiel 874. v. Wechmar. n. 1. 60

Malling, Mathilda, d. Eremitagenidylle. Sittenbild aus d. Mitte d. 18. Jahrh. Übers. v. Margarethe Langfeldt. 8. (VIII, 201 S.) Leipzig 897. G. H. Meyer. n. 2.—; geb. in Leinw. n. 3. —

Ⓑ Malling, M., d. Eremitagenidylle. 897. (KBB 80.) Jetzt: Berlin, F. Wunder.

— d. Frau Gouverneurin v. Paris. Bilder v. französ. Kaiserhofe 1807. gr. 8. (194 S. m. farb. Bildnis.) Kopenhagen 896. A. F. Høst & Søn. n. 5. —

— d. alte Herrenhof, s.: Engelhorn's allgem. Romanbibliothek, 15. Jahrg.

[F.] Ein Roman vom ersten Konsul. Von Mathilde Malling. Nach d. Schwed. v. E. Walde. *Halle a. d. S.: O. Hendel (1895).* (1 Bl., 184 S., 1 Portr.) 1 Bd 8.
— Bibliothek d. Gesamtlitteratur d. In- u. Auslandes. No 886—888.

— s.a. Roman, e., v. ersten Konsul.

Malling, Mathilde, Donna Ysabel. Roman. Autoris. Uebersetzg. aus dem Schwed. von Pauline Klaiber. 8. (XIII, 870 S.) Berlin 902. S. Fischer, Verlag. n. 4. —; geb. n.n. 5. —

Instrumentationslære til Brug ved Undervisning og til Selvstudium af Otto Malling. Med 197 Partiturexempler. Kjøbenhavn & Leipzig: W. Hansen (1894). (112 S.) 4°
(Wilhelm Hansen Edition. No 148.) [n4. 1;n49]

Malling, Ove. Beytrag zu einem Exempelbuch; a. d. Dän. Straßburg 1780.
Ü: *Blessig, Johann Lorenz.* (MGT)
Vgl. Beiträge zu einem Exempelbuch.

— Gedächtnißrede auf Geus; aus d. Dän. übersetzt u. mit Zusätzen begl. (v. Fr. Ekkard). gr. 8. Kopenh. 788. Vandenhöck in Götting. 5 gl

Malling, O. Gedächtnissrede auf Gauss; a. d. Dän. ... Kopenhagen 1788.
Ü: *Ekkard, Friedrich.* (Ky)

Malling, Ove, große u. gute Handlungen einiger Dänen, Normänner; aus d. Dän. v. W. H. F. Abrahamson. 2 Theile. gr. 8. Kopenh. 779, 80. (Brummer). 2 rß

— — dass. in e. and. Uebers. 8. Flensb. Korte. 779.

Grosse und gute Handlungen der Dänen, Norweger und Holsteiner. Aus dem Dänischen des Owe Malling. Flensburg und Leipzig. 1779. 8.

— recueil de traits mémorables, tirés de l'histoire de Danemark, de Norveg. etc. trad. pr. Maurier, av. fig. gr. 8. Kopenh. 793. (Brummer). 1 rß 20 gl

Mallinkrodt, Wilh. (Dortmund)
Dissertatio inauguralis medica exhibens veterum quorundam et recentiorum opiniones et placita, de miro artificio naturae in opere generationis.
Giessae [4.] Jan. 1758: Braun. 32 S. 4°
pro summis in arte medica honoribus consequendis.

Mallinkro(d)t, s. a. Mallinckrodt.

Mallinkrot, Arnold Florens Theodor (Tremoniensis)
Dissertatio inauguralis juridica de statu nondum natorum indeque dependentibus juribus et obligationibus.
Giessae 8. März 1759: Braun. (4), 28 S. 4°
pro summis in utroque jure honoribus et privilegiis doctoralibus rite consequendis.

MALLINKRODT: De statu nondum natorum. *Giess.* 782.

Mallinkrott, Heinrich Rüdiger

— Heinr. Rüdiger (Dortmund), Expositio ritus capitis velandi apud veteres. Lpz. (Langenheim) 1735. 32 S. (5.50) 22070
Gew.: Adam Joh. Maxim. v. Klepping (Westf. Adliger).

Mallinkrott, Jo(hann) Fried(ich) Theod(or): De temperamento, quod medicorum est. 130 S., gbd.
Marburgi: Nova typographia academica 1789

Mallinkrott, I. F. Th., de temperamento, quod medicor. est. 8. Marb. Krieger. 789.

Malliot, Jean u. A. P. Martin

— Gallerie der Sitten, Geräthschaften, religiösen, bürgerlichen und kriegerischen Gebräuche der vornehmsten Völker des Alterthums und der Franzosen bis in das 17te Jahrhundert. Nach dem französischen der Herren Malliot und Martin; für Deutsche bearbeitet, und mit den nothwendigsten Vorerinnerungen versehen von B*** ... Strasburg und Paris, bey Treuttel und Würtz 1812.
Tit., 2 Bl., Zwischentit., XVIII + 40 S.; 104 Taf., Zwischentit., XX + 41—86 S.; 80 Taf., Zwischentit., XVIII + 87—144 S.; 112 Taf. in Kupferst.

Mallison, E., s. Wochenschrift f. dt. Handels- u. Wechselrecht ...

Mallison, Georg [pr. Arzt]: Ein Fall von traumatischer Reflexpsychose. ... Königsberg i. Pr., Druck v. M. Liedtke, 1891; 26 S., 2 Bl. 8°
Königsberg, Med. Fak., Inaug.-Diss. v. 27. Apr. 1891

Mallison, Geo. Ein Fall v. traumatischer Reflexpsychose. Diss. gr. 8. (25 S.) Königsb. i. Pr. 891, (Koch). * — 80

Mallison, Heinrich, a. Königsberg ⟨Ostpreußen⟩: Über die Kondensation von Cyklohexanon und seinen Homologen mit Aldehyden. Anhang: Einwirkung von Schwefelwasserstoff auf einige α-β-ungesättigte Ketone. Göttingen 1908: Dieterich. (54 S.) 8°
Göttingen, Phil. Fak., Ref. Wallach, Diss. v. 30. Jan. 1908
[Geb. 29. Sept. 86 Königsberg; Wohnort: Königsberg; Staatsangeh.: Preußen; Vorbildung: Gymn. Elberfeld Reife O. 04; Studium: Göttingen 2, Heidelberg 1, Göttingen 4 S.; Rig. 27. Nov. 07.]

Mallius, Theodorus, de metris, s. Grammatici latini.

Zur Feier des Fünfzigjährigen Bestehens des Königlichen Landgerichts zu Bonn. Im Auftr. d. Festausschusses von Dr. [Emil] Mallmann, Landger.R. *Bonn 1900: C. Georgi.* (47 S.) 8° [... 6

MALLMANN, FEDERICO. Beiträge zur Kenntniss des Chinin's. Freiburg i. B., 1880.

Mallmann, Karl, aus Baden b. Wien, Referendar am kgl. Amtsgericht zu Trier: Der § 1244 des Bürgerlichen Gesetzbuchs nach Inhalt und Bedeutung. *Metz 1901: Lothringer Zeitung.* (56 S.) 8° [F.]
Erlangen, Jur. Diss. v. 18. Dez. 1900

Mallmitz, s.: Preussen. Messtischblätter.

Mallner, Wilh., Los-Tabelle für das J. 1885, berechnet zu den Coursen vom 5. Novbr. 1884. gr. 4. (3 S.) Wien 885, (Szelinski.) *

Mallner, Wilh., Los-Tabelle f. d. J. 1886, berechnet zu den Coursen vom 28. Septbr. 1885. qu. gr. Fol. Wien 885. Szelinski. n. — 50

—— dass. — für das J. 1887, berechnet zu den Coursen vom 12. Octbr. 1886. Fol. Wien 886. Huber und Lahme. *

Mallner, Wilhelm. wahrer Werth aller im Wiener Coursblatte notirten Lose für das Jahr 1888. Berechnet zu den Coursen vom 3. November 1887. 8". Kl.-Quer-Folio. Wien, Huber & Lahme. Unaufgezogen. fl. —.30. 1887

Mallner, Wilh. Wahrer Werth aller im Wiener Coursblatte notirten Lose f. d. J. 1889—1892, berechnet zu den Coursen vom 3. Nov. 1888; 28. Sept. 1889; 7. Octbr. 1890; 24. Octbr. 1891. Fol. (à Jahrg. 4 S.) Wien, Huber u. Lahme.
Jahrg. 1889 * — 60; Jahrg. 1890—92 à * — 80

Mallner, Wilhelm, Wahrer Werth aller im Wiener-Coursblatte notirten Lose. Berechnet zu den Coursen vom 6. October 1893. XI. Jahrg. 1894. Gr.-8. (24 S.) —.40
Wien: Huber & Lahme

Mallner, Wilhelm, Wahrer Werth aller im Wiener Coursblatte notirten Lose berechnet zu d. Coursen v. 8. October 1894. Zwölfter Jahrgang, 1895. Gr.-8. (24 S.) —.40
Wien: Huber & Lahme.

Mallner, Wilh., wahrer Werth aller im Wiener Coursblatte notirten Lose f. d. J. 1896, berechnet zu den Coursen v. 21. Octbr. 1895. 13. Jahrg. gr. 8. (24 S.) Wien 896. Huber & Lahme. n. — 80

Mallner, Wilhelm, Wahrer Werth aller im Wiener Coursblatte notirten Lose. XIV. Jahrgang. 1897. Gr.-8. (24 S.) —.40
Wien: Huber & Lahme.

Mallner, Wilhelm, Wahrer Werth aller im Wiener Coursblatte notirten Lose, berechnet zu den Coursen vom 28. September 1897. XV. Jahrg. 1898. Gr.-8. (24 S.) —.40
Wien: Huber & Lahme(Turba).

Wahrer Wert aller im Wiener Coursblatte notirten Lose für das Jahr 1899 berechnet zu den Coursen vom 28. September 1898 von Wilhelm **Mallner**. XVI. Jahrgang. Wien. Huber & Lahme. Gr.-8°. 23 S. fl. —.40

Mallner, Wilh., wahrer Wert aller im Wiener Kursblatte notierten Lose, berechnet zu den Kursen vom 31. X. 1902. 20. Jahrg. 1903. gr. 8. (24 S.) Wien, Huber & Lahme. n. — 80

Mallner, W., Wahrer Wert aller im Wiener Kursblatte notierten Lose für das Jahr 1904, berechnet zu den Kursen vom 26. Oktober 1903. 21. Jahrg. 8°. (23 S.) K —.80
Wien: Huber & Lahme.

Mallner, W., Wahrer Wert aller im Wiener Kursblatte notierten Lose für das Jahr 1905. 22. Jahrg. 8°. (21 S.) K —.80
Wien: Huber & Lahme.

Mallner, Wilh., wahrer Wert aller im Wiener Kursblatte notierten Lose f. d. J. 1906, berechnet zu den Kursen vom 25. X. 1905. 23. Jahrg. (24 S.) 8. Wien, Huber & Lahme Nachf. n. — 80

Mallner, W., die wahren Werte aller österreichischen Lose und ihrer Promessen, s. Kraupa, A.

Mallner, Wilh., wie sollte das Türken-Los bewerthet werden? Eine unparteiische Studie. 2. Aufl. gr. 8. (6 S.) Wien 892. Huber & Lahme. n. — 60

Mallock, W., a Romance of the nineteenth Century, s. Asher's Continental Library.

Malloizel, Godefroy, Oswald Heer. Bibliographie et tables iconographiques. Précédé d'une notice biographique par R. Zeiller. Avec un portrait d'Oswald Heer. gr. 8. (IV, 176 S.) Stockholm 888. (Berlin, Friedländer und Sohn.) *

Mallot, Felix, s.: Biedenfeld, Ferd. Frhr. v., d. neue Spalierzucht.

Methode Rustin. Die Kaufmännische Briefstilkunde ⟨Handelskorrespondenz⟩ von Handelsschul-Oberl. A. **Mallwitz.** Lfg 1. Potsdam & Leipzig: Bonneß & Hachfeld [um 1905]. 4°(8°) [F.]
= **Selbst-Unterrichts-Briefe.** [32.] [08. 332

Methode Rustin. Höheres kaufmännisches Rechnen von Handelsschuloberl. A. **Mallwitz.** Lfg 1. Potsdam & Leipzig: Bonneß & Hachfeld [1905]. 4°(8°) [F.]
= **Selbst-Unterrichts-Briefe.** [31.] [08. 331

Methode Rustin. Kaufmännische Rechtskunde von Handelsschul-Oberl. A. **Mallwitz.** Lfg 1. Potsdam & Leipzig: Bonneß & Hachfeld [1905]. 4°(8°) [F.]
= **Selbst-Unterrichts-Briefe.** [29.] [08. 329

Mallwitz, A.: Methode Rustin. Unterrichtsbriefe für das Selbststudium der kaufmännischen Buchführung ... Hrsg. vom Rustinschen Lehrinstitut...
Lfg. 1. Potsdam & Leipzig: Bonness & Hachfeld (1902). 4° (8°),
= Selbst-Unterrichts-Briefe. (10.) Lfg. 1.

Mallwitz, Arthur, appr. Arzt a. Berlin: Aus d. hygien. Institut d. Kgl. Univ. Berlin. Körperliche Höchstleistungen mit besonderer Berücksichtigung des olympischen Sportes. Halle a. S. 1908: C. A. Kaemmerer & Co. (53 S., 2 Taf.) 8°
Halle, Med. Fak., Ref. Fraenkel, Diss. v. 27. Mai 1908
[Geb. 15. Juni 80 Berlin; Wohnort: Hermsdorf-Berlin; Staatsangeh.: Preußen; Vorbildung: Gymn. Frankfurt a. O. Reife O. 02; Studium: Halle 2, Freiburg i. B. 1, Halle 3, München 1, Halle 3 S.; Coll. 14. Mai 08; Approb. 15. Mai 08.]

Mallwitz, Arthur: Sporthygiene, Fussball-Jahrbuch 1910. Deutscher Fussballbund. Dortmund.

Mallwitz, A., das deutsche Stadion im Grunewald. Mit e. Vorwort von v. Podbielski. (40 S. m. Abb.) gr. 8. Berlin 909. Verlag f. Volkshygiene u. Medizin. — 50

System Else. Schwank mit Gesang in 1 Akt von F. **Mallwitz.** Musik von Richard Thiele. *Berlin: Kühling & Güttner [1897].* (41 S.) 8° [F.]
= Album f. Liebhaber-Bühnen. No 316. [oc. 13095

Mally: Warum studiert der Jüngling Naturgeschichte? Marburg, Progr. 1851.

(F) **Mally,** A., Gassen-, Straßen- und Plätzebuch der Stadt Marburg a. d. Drau. Gr.-8°. (184 S.) † K 1.50
Marburg a.d.Drau: Scheidbach 1907.

Mally, Adam, das Leben des heil. Fulgentius, Bischofs von Ruspe, von seinem Schüler, und der fortgesetzte Kulturkampf der Vandalen bis zu ihrem Untergange. Aus dem Latein. Mit Vorrede, Einleitung, Erklärungen, Anhang und einem Verzeichnisse der Schriften des Heiligen. 8. (XII, 120 S.) Wien 885, Mayer und Comp. *

Mally, Em., Reisekarte des Salzkammergutes und der angrenzenden Gebiete, hrsg. von der Section „Austria" des deutschen und österreich. Alpenvereins; nach den Orig.-Aufnahmen des k. k. militär-geograf. Institutes gezeichnet, revid. von Friedr. Simony. 1 : 100,000. Photolithogr. und chromolithogr. Imp.-Fol. Wien 877, (Artaria und Comp.) ** 7 —

MALLY, Ernst: Untersuchungen zur Gegenstandstheorie des Messens. 1903. S. 121-262. In: Untersuchungen zur Gegenstandstheorie und Psychologie. - Hrsg. v. A. Meinong. Leipzig 1904. Diss. Graz, Univ.

Mally, Fr. Karl, s. Plautus, der prahl. Krieger.

Mally, Geo., Andeutungen üb. Mathematik u. Philosophie u. ihr Verhältniß zu einander. 8. (20¾ B.) Grätz 834, Damian u. Sorge.

MALLY, Johannes: De conciliis ecclesiae Hungariae inde a temporibus s. Stephani usque Colomani regis obitum, i. e. ab anno 1000—1114. — (1858) 141 S. 4° (Handschr.) Diss. 179
Diss. Wien, Univ.

Mally. Joannes, Historia sacra antiqui testamenti cum introductione in ejusdem testamenti libros sacros cum approbatione ord. Gr.-8. (293 und V S.) Strigonii sumptibus auctoris. In Comm. 1.80
Gran: Buzárovits 1890.

Mally, Karl

Mally, C., die neuen Behörden und ihr Wirkungskreis, oder: Der Wegweiser, wohin und an welche Aemter wir uns in unsern Angelegenheiten wenden sollen. 8. (100 S.) Wien 851, [Pichler's Witwe und Sohn.]

Mally, C. Die neuen Behörden und ihr Wirkungskreis oder der Wegweiser wohin und an welche Aemter wir uns in unseren Angelegenheiten wenden sollen. 2. Aufl. 8. (218 S.), Wien, A. Pichler's Witwe und Sohn, 1853.

Mally, C. — Volksthümliche Erläuterung des kaiserl. Patentes vom 5. Juli 1853 betreffend die Regulirung und Ablösung der Holz-, Weide- und Forstprodukten-Bezugsrechte, dann einiger Servituts- und gemeinschaftlichen Besitz- und Benützungsrechte für das Erzherzogthum Oesterreich ob und unter der Enns — — zum Gebrauche für alle Landleute und Grundbesitzer volksthümlich erläutert von — —. 8. (92 S.) Wien. Gedruckt bei A. Pichlers Witwe und Sohn. Verlag von Jakob Dirnböck. 1854.

Mally, Karl — Die Feier des Tages. Ein Gebet- und Erbauungsbuch für kathol. Christen von — — Wien, Jakob Wallners Verlag. Buchdruckerei von Karl Gerolds Sohn. (396 S. 8.) (Ohne A. d. J.) 1857.

Mally, Carl, der neueste und vollständigste Haus-Sekretär und Haus-Advokat. Ein unentbehrliches, nach den neuesten Gesetzen und Verordnungen verfaßtes Haus- u. Familien-Buch, Privat-Geschäfts-Sekretär, Universal-Muster-Briefsteller rc. 3 Thle. Wien 856—58. Dirnböck. gr. 8. 1 ₰. 15 ngr.

1. Thl.: Die Briefschreibekunst, neuester Universal-Muster-Briefsteller. Eine leichtfaßliche Anleitung, gute correkte Briefe zu schreiben, mit ausgewählten modernen Formularien u. Musterbriefen rc. Mit einer genauen Anweisung, die richtigen Titulaturen zu entwerfen. 856. (XV, 194 S.) 15 ngr.
2. Thl.: Die Geschäfts- u. Handels-Korrespondenz, oder Haus-Sekretär für Handels-, Gewerbs- u. Geschäfts-Angelegenheiten. 857. (XV, 235 S.) 18 ngr.
3. Thl.: Der Haus-Advokat für alle Verhältnisse der bürgerlichen Gesellschaft im österreich. Kaiserstaate, nach den neuesten Gesetzen bearb. zum Gebrauche für jeden Staatsbürger, insbesondere für Jene, deren Berufsgeschäfte ein gründliches Studium der Rechtsverhältnisse nicht zulassen. 858. (XIII, 226 S.) 18 ngr.

Mally, Carl, der neueste u. vollständigste Haus-Secretär u. Haus-Advokat. Ein unentbehrl., nach den neuesten Gesetzen u. Verordnungen verfaßtes Haus- u. Familien-Handbuch. 3 Thle. in 1 Bde. Wien 864. Dirnböck's Buchh. 8. geb. n. 1 ₰ 12 ngr.

1. Thl. Die Briefschreibekunst; neuester Universal-Muster-Briefsteller. (XV, 14 S.)
2. Thl. Die Geschäfts- u. Handels-Correspondenz, oder Haus-Secretär für Handels-, Gewerbs- u. Geschäfts-Angelegenheiten. (XV, 235 S.)
3. Thl. Der Haus-Advokat für alle Verhältnisse der bürgerlichen Gesellschaft im österreich. Kaiserstaate, nach den neuesten Gesetzen bearb. (XIII, 226 S.)

—— die Volkswahlen und das Geschwornen-Gericht, oder: Welche Männer sollen wir als Abgeordnete in den Gemeinden-, Bezirks- und Kreisrath zum Land- und Reichstage wählen. Ein unentbehrl. Rathgeber für den Bürger und Landmann. 8. (VIII und 108 S.) Wien 850, Dirnböck.

Malm A. W.: Gothenburgs naturhistorisches Museum. I. Catalog, enthaltend das Verzeichniss üb. die Sammlung d. Seethiere aus Bohuslän ... Gothenb. 1880. 23 S. P.

Malm, Jac. Joh., die Oberpahlsche Freundschaft. Ein Gedicht in deutsch-estn. Mundart. Mit einer linguistisch- u. literar.-histor. Einleitung zum ersten Male hrsg. von Paul Thdr. Falck. 8. (65 S.) Leipzig 881. Friedrich. n. 2. —

Malm, Jac. Joh., die oberpahlsche Freundschaft. Deutsch-ehstnisches Gedicht. 4. Orig.-Aufl. gr. 8. (26 S.) Reval 884, Wassermann.

Malm, J. J., die oberpahlsche Freundschaft. Deutsch-ehstn. Gedicht. 5. Orig.-Aufl. gr. 8. (26 S.) Reval 885, Wassermann.

Malm, J. J., die Oberpahlsche Freundschaft. Deutsch-ehstn. Gedicht. 7. Orig.-Aufl. gr. 8. (28 S. m. Bildnis.) Reval 900. F. Wassermann. — 45

Malm, J. J., die Oberpahlsche Freundschaft. Deutsch-estnisches Gedicht. Mit dem Lebensbild des Verf. 8. Orig.-Aufl. (28 S.) 8. Reval 905. F. Wassermann. n. — 45

Malm, K., Debatte im norwegischen Storting üb. die Stellung der klassischen Sprachen an den höheren Schulen. Referat v. K. M., veröffentlicht v. Sohmeding. [Aus: „Zeitg. f. das höh. Unterrichtswesen Deutschlands".] 8. (24 S.) Leipzig 890. (Siegismund & Volkening.) n. — 40

Malm O.: Feststellung einheitlicher Grundsätze f. die Beurteilung d. Tuberkulin- u. Mallein-Reaktion. (Budap.) 1905. 36 S. P.

Malmaren, S., s. Orationum scholasticarum.

Malme, Gust. O. A. N., über die Asclepiadaceen-Gattgn. Araujа Brotero u. Morrenia Lindley. (30 S. m. 2 Fig. n. 1 Taf.) 8. Uppsala 908. (Berlin, R. Friedländer & Sohn.) nn 1. 25
Sonderabdruck aus: „Arkiv för botanik".

Die Asclepiadaceen des Regnell'schen Herbars von Gust. O. A:n **Malme.** Mit 8 Taf. *Stockholm: P. A. Norstedt & söner.* (101 S.) 4°
— **Handlingar,** K. Svenska Vetenskaps-Akademiens. N. F. Bd 34, No 7.

— Beiträge zur Kenntnis der südamerikanischen Aristolochiaceen. (S. 521—551 m. 4 Fig. u. 3. Taf.) gr. 8. Ebd. 904. n. 1. 60
S.-A. aus: Arkiv f. botanik.

Beiträge zur Kenntnis der südamerikanischen Arten der Gattung Pterocaulon Ell. von Gust. O. A:n Malme. *Stockholm 1901: P. A. Norstedt & Söner.* (25 S.) 8°
= Handlingar. Svenska Vetenskaps-Akademiens. Bihang. Bd 27, Afd. 3, No 12.
[02. 11338 9

Beiträge zur Stictaceen-Flora Feuerlands und Patagoniens von Gust. O. A:n Malme. *Stockholm 1899: P. A. Norstedt & söner.* (39 S.) 8°
= Handlingar, K. Svenska Vetenskaps-Akademiens. Bihang. Bd 25, Afd. 3, No 5.
[02. 16701 11

Beiträge zur Xyridaceen-Flora Südamerikas von Gust. O. A:n Malme. Mit 1 Taf. *Stockholm 1901: P. A. Norstedt & söner.* (18 S.) 8°
= Handlingar, K. Svenska Vetenskaps-Akademiens. Bihang. Bd 26, Afd. 3, No 19.

Die Flechten der ersten Regnell'schen Expedition. Von Gust. O. A:n Malme ... [Th.] 1. *Stockholm: Kgl. Boktr. P. A. Norstedt & söner 1897.* 8.
= Bihang till K. Svenska Vet.-Akad. Handlingar. Bd 23. Afd. III. No 13.
[99. 4119

— die Gentianaceen der zweiten Regnell'schen Reise. (23 S. m. 2 Taf.) gr. 8. Ebd. 904. n n. 1. 25
S.-A. aus: Arkiv f. botanik.

Malme, Gust. O. A. N., die Compositen der ersten Regnell'schen Expedition. gr. 8. (90 S. m. 7 Taf.) Stockholm 899. (Berlin, R. Friedländer & Sohn.) n.n. 7.50
Sonderabdruck aus: „Vetenskaps-akademiens handlingar".

Malme, Gust. O. A. N., über die Asclepiadaceen-Gattungen Mitostigma Decaisne u. Amblystigma Bentham. (24 S. m. 2 Fig. u. 1 Taf.) gr. 8. Stockholm 904. (Berlin, R. Friedländer & Sohn.) n. 1. 20
S.-A. aus: Arkiv för botanik.

— Oxypetali species novae vel ab auctoribus saepe confusae. (19 S. m. 2 Fig. u. 1 Taf.) gr. 8. Ebd. 904. n.n. 1.—
S.-A. aus: Arkiv för botanik.

Ueber Triuris lutea (Gardn.) Beuth. et Hook. Von Gust. O. A:N Malme. M. 2 Taf. ... *Stockholm: Boktr. P. A. Norstedt & söner 1896.* (16 S., 2 Taf.) 8.
= Bihang till K. Svenska Vet.-Akad. Handlingar. Bd 21. Afd. III. No 14.
[97. 3655

— die Umbelliferen der zweiten Regnell'schen Reise. (22 S. m. 3 Taf.) gr. 8. Ebd. 904. n.n. 1. 20
Sonderabdruck aus: „Arkiv f. botanik".

Malmedy [Schlagwort]

Malmedy, s.: Deutschland, Uebersichtskarte. — Rheinprovinz. Liebenow.

Malmedy, Kreis, s.: Aachen, Reg.-Bez.

Malmedy. Wandkarte des Kreises Malmedy, Reg.-Bez. Aachen. Bearb. nach den neuen Messtischblättern der königl. preuss. Landes-Aufnahme. 1 : 35,000. 2 Bl. à 70×108 cm. Farbdr. Berlin (903). D. Reimer. n. 10.—

Malmén, Per., Marmormalereien. 1. Serie. 10 Grossfoliotaf. nebst erläut. Text. gr. Fol. (2 S.) Stockholm 896. G. Chelius. In Mappe n. 25.—

(B) Malmén, P., Marmormalereien. 896. (KBL 80.) Jetzt: Berlin, Ornament-Verlag. Erm. Pr. 12.—

Malmène, Carl, An meine Mitbürger. Ein Wort zu meiner Rechtfertigung. 1. u. 2. Aufl. Berlin 854. Mai in Comm. gr. 8. (39 S.) n. 3 ngr.

Malmène. Geehrte Mitbürger, lieben Bewohner Berlins ohne Unterschied des Standes. — Druck von E. Litfaß. 1 Bl. Fol.
Flugblatt. Berlin, 12. Aug. 1848.

Malmer, Mart., und Hugo Krüger, Liederbuch für Schule und Haus. 1. Heft: 75 zweistimmige Lieder für die Volksschulen Siebenbürgens. gr. 16. (XIII und 48 S.) Hermannstadt 860, Steinhaußen. Thlr.

Malmer, Mart., zwei Pilger im Osten. Schauspiel in 5 Acten. 8. (IV, 128 S.) Wien 886, Graeser. *
cart. *M 2.40.; geb. **

Malmer, Martin, zwei Pilger im Osten. Schauspiel in 5 Akten. 8. (128 S.) Wien 896. Hermannstadt, W. Krafft. n. — 68; geb. n. 1. 36

Malmesbury, James Harris, Earl of

Malmesbury, Lord, Tagebücher u. diplomat. Briefwechsel siehe: Bibliothek, historische, 13—15. Bd. — Bibliothek ausgewählter Memoiren, I. Bd.

Malmesbury, James Howard Harris, Earl of

Malmesbury, Earl of, memoirs of an ex-minister, s. Collection of British Authors.

Malmgren, A. J. Beobachtungen über die Säugethierfauna Finmarkens und Spitzbergens. 1863.

Malmgren, A. J. Kritische Uebersicht der Fisch-Fauna Finlands. Aus dem Schwed. von C. F. Frisch. 1864.

Malmgren, Sim. Magn., Anleit. zum Lateinischschreiben, nebst vorangeschickten syntakt. Uebungen. 1r Cursus. 1r, 2r Abschnitt f. Kreisschulen, Gymnasien. 8. Dorpat 810. 2e Aufl. 819. 2r Curs. für höhere Klassen gel. Schulen rc. 8. Ebd. 815. (Riga, Frantzen). 3 ß 4 gr.

Malmgren, S., Anleitung z. Lateinschreiben, nebst vorangeschickten syntact. Uebungen. 1. Curs. in 2 Abschn. 2., verm. u. verb. Aufl., u. 2. Curs., mit e. deutsch-latein. Wortregister. Für Kreisschulen, Gymnasien, f. d. höh. Klassen gelehrter Schulen u. z. Privatgebr. 8. (40¼ B.) Dorpat 819, 15. (Riga, Frantzen.) Thlr.

— einige Gedanken üb. die Erlernung d. latein. Sprache; hrsgg. v. Fr. Rambach. 8. Dorpat 805. (Kummer in Leipz.) 3 gr.

— einige Gesichtspunkte zur Würdigung des Werths öffentl. Schulanstalten; hrsgg. v. Gli. B. Jäsche. 8. Dorpat 810.

Malmros, Gustav

Malmros, G., der Entwurf e. Gesetzes betr. die Ablösg. der Reallasten in der Provinz Schleswig-Holstein. gr. 8. (40 S.) Kiel 871. Schwers. — 75

Malmsten, C. J. Zur Theorie der Leibrenten. S. A. Stockholm 1882.

Malmstén P H. Karl von Linné. (Samml. wiss. Vortr. 329) Berlin 1879

Malmsten, P. H., Karl v. Linné, s. a. Sammlung gemeinverständl. wissenschaftl. Vorträge.

Malmsten, Pt. H., über die Bright'sche Nierenkrankheit. Eine akadem. Abhandlung. Aus dem Schwed. mit Anmerk. von Gerh. v. dem Busch. gr. 8. Bremen 846, Heyse. 1 ß

Malmström, Bernhard Elis, s. G e d i c h t e , Einige.

Malmström, R[urile]: Die T h e o r i e des Schlick'schen Schiffskreisels. 1. (Helsingfors: Finn. Lit.-Gesellschf. 1909.) 4°
(Acta societatis scientiarum Fennicae. T. 35, Nr. 2.)

Malmström, Rurik, a. Abo (Finnland): **Versuch einer Theorie der elektrolytischen Dissociation unter Berücksichtigung der elektrischen Energie.** Berlin 1905: E. Ebering. (55 S.) 8°
Leipzig, Phil. Fak., Ref. Ostwald, Des Coudres, Diss. v. 22. Aug. 1905
[Geb. 1. Jan. 72 Abo; Wohnort: Charlottenburg; Staatsangeh.: Rußland; Vorbildung: Gymn. Abo Reife O. 89; Studium: Helsingfors 10, Göttingen 3, Karlsruhe T.H. 2 S.; Rig. 1. Aug. 05.]

MALNER, Josef: Quo tempore quaque ratione usus Cicero tres de officiis libros conscripserit. — 1908. 117 S. Diss. Graz, Univ.

M a l n i e r , G., les principes de la langue française extraits de Grammairiens franç. etc. 8. Berlin, Dunker et Humblott, 805.

Malo, Elisab., der Kossätensohn, s.: D o r f b ü h n e , die. 9. Heft.

Malo, Elisabeth: Das Recht der Frau in der christlichen Kirche. — Züllsdorf: Selbstverl.; Dessau u. Leipzig: Kahle in Komm. [1896]. 66 S. 8°

Malo, Elisabeth, d. Recht d. Frau in d. christl. Kirche. gr. 8. (66 S.) Züllsdorf 896. (Dessau, Anhalt. Verlagsanstalt). n. 1. 20

M á l o , Friedr., geograph.-statist. Uebersichts-Tabelle d. Königr. Bayern 1837. Imp.-Fol. Nürnberg, Stein.

—— dies. nach d. neuesten Bestimmungen 1838. Imp.-Fol. Nürnberg, Stein.

Malo, H., **zur K a t e c h i s m u s f r a g e.** Besprechung der Schrift d. Pfarrers G. v. Rohden in Helsingfors: Ein Wort zur Katechismusfrage, nebst positiven Gegenvorschlägen. gr. 8. (54 S.) Gotha 892. E. F. Thienemann. n. — 80

— **40 K o n f i r m a n d e n s t u n d e n.** Im Anschluß an die Verfügg. d. königl. Consistoriums der Prov. Sachsen v. 29. Juni 1892 bearb. 8. (103 S.) Dessau 892. R. Kahle. n. 1. 25

Maloët, Pet. Lud. Mac., Beob. e. Steifigkeit, die mit besonderen Umständen begleitet war. A. d. Franz. Brsl. 1755. 8°.

Malograjski, F r. Za srečo! Povest. Celovec, St. Hermagoras-Druck., 1901. 192 S.

M a l o n e , Account of the Rise and Progress etc. I Vol. gr. 8. Basel, Turneisen. (Turneisen, Cassel, a. Levrault à Strasb.) 800.

Über die Kerne des menschlichen Diencephalon von Edward **Malone.** Mit 9 Taf. Berlin: Kgl. Akad. d. Wiss.; G. Reimer in Komm. 1910. 32 S. 4°
Aus: Anh. zu d. Abhandl. d. Kgl. Preuss. Akad. d. Wiss. v. J. 1910. (10. 11803

v. Malorti, A. Die Attribute der Heiligen, alphabetisch geordnet Nebst einem Anhange über die Kleidung der katholischen Welt- und Ordensgeistlichen. Hannover 1843. 8°.

M a l o r t i e , C. E. v., Beiträge zur Geschichte des braunschweig-lüneburgischen Hauses und Hofes. 1. und 2. Heft. gr. 8. (VIII und 339 S.) Hannover 860, Hahn'sche Hofbuchh. *

M a l o r t i e , C. E. v., Beiträge zur Geschichte des Braunschweig-Lüneburgischen Hauses und Hofes. 3.—5. Heft. gr. 8. Hannover, Hahn'sche Hofbuchh. [3. Heft. (III und 215 S.) 862. * 24 Ngr., 4. Heft. (III und 188 S. mit 1 Stmt. und 1 Tab. in gr. 4. und gr. Fol.) 864. * 1 Thlr. 5 Ngr., 5. Heft. (III und 186 S.) 866. * 1 Thlr. 5 Ngr.] *
1. und 2. Heft. Ebendas. 1860. * 1 Thlr. 15 Ngr.

M a l o r t i e , C. E. v., Beiträge zur Geschichte des braunschweig-lüneburgischen Hauses und Hofes. 6. Heft. gr. 8. (V, 199 S.) Hannover 872, Hahn'sche Buchh. *
1.—5. Heft. Ebendas. 1860—66. * ℳ 13,90.

M a l o r t i e , C. E. v., Beiträge zur Geschichte des Braunschweig-Lüneburgischen Hauses und Hofes. 7. Heft. gr. 8. (III, 187 S.) Hannover 884, Hahn'sche Buchh. *
1.—6. Heft. Ebendas. 1860—72. * ℳ 17,40.

—— König Ernst August. gr. 8. (392 S. mit 2 Portr. in Holzschn.) Hannover 861, Hahn'sche Hofbuchh. *

v. Malortie, C. E., der Hannoversche Hof unter dem Kurf. Ernst August u. der Kurfürstin Sophie. gr. 8. (IV u. 241 S. m. 1 Portrait u. 1 Tabelle in Fol.) Hannover 847, Hahn. 1½ ₰

M a l o r t i e , C. E. v., der Hof-Marschall. Handbuch z. Einrichtung u. Führung e. Hofhaltes. 1. Aufl. (15 B.) 842. 1 Thlr. 20 Ngr. u. 2., verm. Aufl. gr. 8. (30 B. u. 2 Pläne.) Hannover 846, Hahn'sche Hofbuchh.

Malortie, C. E. **von.** Der Hof-Marschall. Handbuch zur Einrichtung und Fuhrung eines Hofhaltes ... Dritte, sehr vermehrte Aufl. Hannover, Hahn'sche Hof-Buchhdlg. 1866
2 Bde. 8°
1. 1866. VIII + 469 S., 1 Taf
2. 1867. IV + 562 S
1 *Aufl. 1842.*

M a l o r t i e , C. E. v., die Verwaltung herrschaftlicher Bauten und Gärten. gr. 8. (VIII und 218 S.) Hannover 853, Hahn'sche Hofbuchh. Thlr.

Malortie, Ernst v., Beiträge zur Braunschweig-Lüneburgischen Geschichte. Neue Folge. 1. Bd. A. u. d. T.: Hannoverscher Geschichts-Kalender. Mit der Stammtafel des Welfenhauses (in gr. Fol.). gr. 8. (128 S.) Hannover 879. Klindworth. cart. n.n. 3. —

HAGESTOLZE, Der. Eine Studie seines 80 jährigen Collegen „Unico" (von *E. v. Malortie*). Hannover 1885. (In Hannover, Stadtbibl.)
Anon.-Lex. V p. 149 (nach d. Cat. genannter Bibl.)

—— **feine Küche. Anweisung zur Bereitung der vorzüglichsten Gerichte für die Gesellschaftstafel. 3. bedeutend erweit. Ausg. Enthält 1511 Rezepte und 281 Abbild. auf 29 Taf.** gr. 8. (480 S.) Ebendas. 887. geb. *

M a l o r t i e , E. von. Das Menu, s. T a s c h e n - W ö r t e r b u c h f. Tafel u. Küche.

—— **das Menu. Eine culinarische Studie.** gr. 8. (248 S. mit 1 Chromolithogr.) Ebendas. 879. cart. **

— **das Menu.** 2 Thle. 2. Ausg. Mit 18 (lith.) Taf. Abbildgn. gr. 8. (284 u. 352 S.) Hannover 881. Klindworth. geb. n. 14. —

Malortie, Ernst v., das Menu. 2 Thle. 2. Ausg. Mit 18 (lithogr.) Taf. Abbild. gr. 8. (284; 352 S.) Hannover 883, Klindworth. geb. *

Malortie, Ernst v., das Menu. 3. bedeutend erweit. Ausg. 2 Thle. gr. 8. (468; 480 S. mit 29 Taf.) Hannover 887, Klindworth. geb. *

Daraus einzeln:

Malortie:Feine Küche.

Malortie, E. v., Histor. Nachrichten der Familie von Malortie von 1132–1872. Hannover 1872. 8. Als Mscrpt. gedruckt.

Malortie, Carl Baron, ein Blick in die mexikanischen Wirren vom demokratischen und sittlichen Standpunkt. gr. 8. (22 S.) Mannheim 867, (Schneider.)

— zur Eidesfrage. Von der Neuen Preußischen Zeitung verweigerte „Bemerkungen vom religiösen Standpunkte" zu dem in der Beilage zu Nr. 29 der neuen Preußischen Zeitung enthaltenen Artikel: „Ein Altpreuße an die Hannoveraner u. ihre Freunde." Hannover 867. (Leipzig, G. E. Schulze.) gr. 8. (16 S.) 3 ngr.

— dem Recht die Ehre. Ein Blick nach rückwärts u. ein deutsches Wort für die gekränkten Rechte Schleswig-Holsteins u. des Herzogs Friedrich. Halle 864. Anton. gr. 8. (IV, 51 S. mit 1 Tab. in 4.) n. 5 ngr.

Malortie, Karl Baron v., mexikanische Skizzen. Erinnerungen an Kaiser Max. gr. 8. (61 S.) Leipzig 882, Greßner und Schramm. *

Malot, Hector

Malot, Hect., allein in d. Welt, s.: Stökl, Helene.

Malot, H., Baccarat, s. Engelhorn's allgemeine Roman-Bibliothek.

—— im Banne der Versuchung, s. Universal-Bibliothek Nr. 2158—2160.

—— Lieutenant Bonnet, s. Engelhorn's allgemeine Roman-Bibliothek.

Malot, Hect., Cara, s.: Reclam's Unterhaltungs-Bibliothek.

Malot, Hect., Cara. Roman. Aus dem Französ. 8. (457 S.) Basel 883, Bernheim. *
—— dass. — s. Universal-Bibliothek Nr. 1946 und 1947.

— Daheim, s.: Engelhorn's allgem. Romanbibliothek.

Malot, Hect., daheim. Nach M.'s „En famille" f. die Jugend bearb. Autoris. Uebersetzg. Mit 100 Text- u. 16 Einschaltbildern. gr. 8. (III, 319 S.) Stuttgart 894. K. Thienemann. Geb. in Leinw. n. 6. —

— Roberts Erlebnisse, s.: Stökl, Helene.

—— ohne Familie. Roman. Aus dem Französ. übertr. von Mary Muchall. Autoris. Uebersetzung. 2 Bde. 8. (391; 467 S. mit 4 S. Musikbeilage.) Hamburg 880, Grädener. * geb. *

— en famille. Für d. Schulgebrauch hrsg. v. Eug. Pariselle. I. Tl.: Einleitg. u. Text. II. Tl.: Anmerkgn. u. Wörterverzeichnis. 8. (VI, 225 S.) Leipzig 897. G. Freytag. Geb. in Leinw. u. kart. n. 1. 80; Ausg. f. Mädchenschulen n. 1. 80

Malot, Hect., en famille. Für den Schulgebrauch hrsg. v. Eug. Pariselle. I. Tl.: Einleitung u. Text. II. Tl.: Anmerkungen u. Wörterverzeichnis. 2. Abdr. der 1. Aufl. in neuer Rechtschreibg. (VI, 225 S.) 8. Leipzig 904. G. Freytag. — Wien. F. Tempsky. Geb. in Leinw. n. 1.80

Malot, Hect., en famille. Für den Schulgebrauch hrsg. v. Eug. Pariselle. 3. Abdr. der 1. Aufl. (157 S.) 8. Leipzig 907. G. Freytag. — Wien, F. Tempsky. Geb. 1.60; Wörterbuch (68 S.) kart. —70

— dasselbe, s.: Bibliothèque française.

— sans famille, s.: Bibliothèque française.

— dasselbe, s.: Schulbibliothek, französ. u. englische.

— dasselbe, hrsg. v. G. Herberich, s.: Prosateurs français.

— dasselbe, hrsg. v. Max Benecke, s.a. Prosateurs français.

Malot, Hector: Sans famille, Vitalis et Remi. In Auszügen m. Anm. z. Schulgebr. hrsg. v. Dr. Max Benecke. (Nebst) Anhang (&) Wörterbuch. Bielefeld & Leipzig: Velhagen & Klasing 1896. 3 Bde 8.
(Text) v. 168 S. Anh. Anmerkgn. ... (26 S.) Wörterb. (41 S.) = Sammlung, Velhagen & Klasings, französ. u.engl. Schulausgaben. Prosateurs franc. Lfg. 106. Ausg. B.

Malot, Hect., sans famille. F. d. Schulgebrauch hrsg. v. Bernh. Lade. I. Tl.: Einleitg. u. Text. II. Tl.: Anmerkgn. u. Wörterverzeichnis. 8. (VII, 232 S.) Leipzig 897. G. Freytag. Geb. in Leinw. n. 1. 60; Ausg. f. Mädchenschulen n. 1. 60

— sans famille. Für den Schulgebrauch hrsg. v. Bernh. Lade. I. Tl.: Einleitung u. Text. II. Tl.: Anmerkungen. 1. Aufl. (3. Abdr.) (VII, 169 S.) 8. Ebd. 905. Geb. n. 1. 60; Wörterbuch (64 S.) n. — 60

— Sans famille. Für den Schulgebrauch hrsg. v. Bernh. Lade. I. Tl.: Einleitung u. Text. II. Tl.: Anmerkgn. 1. Aufl. (3. Abdr.) (V, 167 S.) 8. Ebd. 908. Geb. 1.60

— eine geldgierige Frau. Kriminal-Roman. Aus dem Franz. 8. (207 S.) Berlin (899). J. Gnadenfeld & Co. n. 1. 50

— Heimatlos (Sans famille), s.: Engelhorn's allgemeine Romanbibliothek.

—— heimatlos. Nach dem preisgekrönten Roman für die Jugend bearb. Autoris. Uebersetzung. gr. 8. (IV, 331 S. mit 50 Text- und 16 ganzseit. Tondr.-Bildern.) Stuttgart 885, Thienemann. cart. *

Malot, Hector. Heimatlos. Nach dem preisgekrönten Roman f. die Jugend bearb. Autoris. Uebersetzg. 2. Aufl. gr. 8. (III, 331 S. m. 50 Illustr. u. 16 Tonbildern.) Stuttg. 889, Thienemann. geb. * 6 —

— dasselbe. Nach H. M.'s preisgekröntem Roman „Sans famille" f. die Jugend bearb. Autoris. Uebersetzg. 3. Aufl. gr. 8. (III, 331 S. m. 50 Text-Illustr. u. 16 Tonbildern.) Stuttgart 892. K. Thienemann's Verl. Kart. n. 6. —

— Heimatlos. Nach dem preisgekrönten Roman „Sans Famille" f. d. Jugend bearb. Autor. Uebersetzung. Mit 50 Text-Illustr. u. 16 Tonbildern. 4. Aufl. gr. 8. (III, 331 S.) Stuttgart 897. K. Thienemann.
Geb. in Leinw. n. 6. —

— Heimatlos. Nach M.s preisgekröntem Roman „Sans Famille". Autoris. Uebersetzg. Mit 50 Text-Illustr. u. 16 Tonbildern. 5. Aufl. (404 S.) 8. Stuttgart (905). K. Thienemann. Geb. in Leinw. n. 6. —

— Heimatlos. Nach M.'s preisgekröntem Roman „Sans famille". Autoris. Übersetzg. 2. Aufl. (404 S. m. 66 Abb.) 8. Stuttgart (910). K. Thienemann.
Geb. in Leinw. 4.—; Prachtausg. 6. Aufl., m. 50 Text- u. 16 Einschaltbildern, geb. in Leinw. 6. —

Malot, Hect., Heimatlos. Jetzt: Stuttgart, Ant. Hoffmann.

— Romain Kalbris, s.: Schulbibliothek, französische u. englische.

—— Seine Mutter [Mère]. Roman. Einzige f. die deutsche Sprache autoris. Uebersetzg. v. Ludw. Wechsler. 8. (423 S.) Grünb. i. Schl. 891, Söderström Verlag. * 5 —; geb. ** 6 —

— Doktor Saniel, s.: Weber's moderne Bibliothek.

— Vergeltung. Roman. Autor. Übertragg. v. Ludw. Wechsler. 8. (220 S.) Leipzig 896. A. Schumann. n. 3. —

— dasselbe, s.: Roman-Gallerie f. Salon u. Reise.

—— Zita, s. Engelhorn's allgemeine Roman-Bibliothek.

Malotka, Jos., Beiträge zur Geschichte Preussens im 15. Jahrh. Inaugural-Dissertation. gr. 8. (56 S.) Königsberg 882. (Beyer.) n. 1. 20

Malou, Jean Bapt.

Malou, Joannes Baptista (Hrsg.), s. Anselmus Cantuariensis: Meditationes XXI.

—— Das Bibellesen in der Volkssprache, beurteilt nach der heil. Schrift, der Tradition und der gesunden Vernunft. Eine Streitschrift wider die Principien, Bestrebungen u. neusten Verteidiger der Bibelgesellschaften; zugleich eine kritische Geschichte des Kanons der heil. Bücher des A. Testam., der protestant. Missionen unter den Heiden; nebst den Urkunden des hl. apostol. Stuhles in betreff des Bibellesens in der Volkssprache von Innocenz III. an bis auf Pius IX. Unter Mitwirkung des Verfassers und nach dessen vielfachen Verbesserungen des Originals aus dem Franz. übersetzt von Hermann Stoeveken, Pfarrer an der Straf- und Korrektionsanstalt zu Köln. Schaffhausen, Hurter, jetzt Regensburg, Verl.-Anst., 1849, 8°, 2 Bde., XVI, 364 u. VIII, 542 S., 7,25 Mk.

Malou, Jh. Bapt., fromme Erklärung der vorzüglichsten Gebete des Christen. Zunächst der reiferen Jugend gewidmet. Nach dem Französ. von Wlh. Smets. 8. (Mit 1 Lithogr.) Neuß 843, Schwann. 1/3 ℛ

— la Lecture de la sainte Bible en langue vulgaire, jugée d'après l'écriture, la tradition et la saine raison etc. 2 Vol. gr. in-8. (Mit 1 Tabelle.) Louvain 846. Bonn, Marcus. n. 2⅚ ℛ

— das Lesen der Bibel in den Landessprachen, beurtheilt nach d. Schrift, der Ueberlieferung u. der gesunden Vernunft. Eine Abwehr der Grundsätze, Bestrebungen u. neuesten Vertheidigungen der Bibelgesellschaften &c. Nebst Urkunden welche auf das Lesen der Bibel in den Landessprachen Bezug haben u. vom heil. Stuhle seit Innocenz III. bis auf Gregor XVI. erlassen sind. Uebers. v. Ludw. Clarus. 2 Bde. gr. 8. (1: XXII u. 338 S. 2: VI u. 538 S.) Regensburg 848, Manz. 3 ℛ

Malou, J. B., Regeln für die Wahl eines Lebensstandes. Der christl. Jugend vorgelegt. Aus dem Französ. übers. von J. B. Jungmann. 8. (VIII und 262 S.) Mainz 863, Kirchheim.

Malouet, s.: Correspondance de Malouet.

Malouet, V. P., Beschreibung v. San-Domingo &c., s. n. Bibliothek d. Reisebeschreibb. 35r Bd.

— Briefe über die Revolution; aus d. Französ. v. Mauvillon, (nebst e. Vorlesung üb. die Kennzeichen d. Freiheit, v. J. G. Dyck). gr. 8. Leipz. 793. Dyck. 16 gr

Malouet, V. P.: Reisen nach dem Französischen Guiana und nach Surinam. Auszugsweise aus dem Französischen übersetzt von T. F. Ehrmann. Mit einer neuen Charte von Guiana.
in: Bibliothek der neuesten und wichtigsten Reisebeschreibungen. Bd. 15. Weimar 1805. X, 208 S., 1 Krt. 8°.

Malouin, ..., Beschreib. der Müller-, Nudelm.- u. Bäckerkunst; aus d. Französ. Mit Kpf. gr. 4. Königsb. 769. Kanter. 3 ℛ 8 gr

Paul Jacques Malouin

[Chimie medicinale. Deutsch:] Die medicinische Chimie [Chemie] welche in sich enthält die Weise, wie man die gewöhnlichsten Arztneyen bereiten u. sie zu Heilung der Kranken anwenden soll. Verfertiget von [Paul Jacques] Malouin. Nach der neuesten Ausg. aus d. Franz. übers. von George Heinrich Königsdörfer [Königsdörffer]. Bd 1.2. Altenburg: Richter 1763 - 64. 1 Bd 8°

— medicin. Chemie, die Arzneien zu bereiten. 2 Thle. gr. 8. Altenb. 768. (Hennings in Neisse). 1 ℛ 16 gr

Malowec v. Malowic & Kosoř, Ludw. Bar., d. Blindenzögling, s.: Heredität der Kleinen unt. d. Schutze d. hl. Carl Borromäus in Königingrätz.

Malowsky, od. die verschworenen Räuber in d. poln. Wäldern, s. Bibliothek v. Ritter- &c. Geschichten, II. Suite, 10. Bd.

Malpaga, Bart., della forma interna delle parole. Monografia. gr. 8. Salisburgo 843. (Mayr.) n. 2/3 ℛ

— das Gesammtgebiet der italienischen Sprache aus einem wissenschaftl. und zugleich prakt. Standpunkte für gebildete Leser in kurzen Umrissen bearb. 2 Hefte. gr. 8. Wien 844, Wimmer. n. 2⅔ ℛ

— die italienische Sprache und ihr Geschäftsstil. Ein zunächst prakt. u. kurzgefaßtes Handbuch f. Nichtstudirende. 2 Hefte. gr. 8. Ebend. 844. n. 1⅔ ℛ

Malpas. Ein historischer Roman ... Nach dem Verf. des Cavaliers, von G. Lotz. Braunschweig 1824. V: *Gibbons, Lee.* (GGr X, 385) (Zeitschr. f. Büch. N. F. 15, 1923, S. 115)

Malpas; ein histor. Roman, aus dem Anfange d. 14ten Jahrh., nach dem Verf. d. Cavaliers v. G. Loß. 3 Bde. 8. Braunschw. 824, Meyer.

Marcellus Malpighi. Die Anatomie der Pflanzen. Th. 1 u. 2. London 1675 u. 1679. Bearb. von M[artin] Möbius. Mit 50 Abb. *Leipzig: W. Engelmann 1901.* (163 S.) 8°
— Klassiker. Ostwald's, d. exakten Wissenschaften. No 120.

Malpighi, Marcellus, die Anatomie der Pflanzen, s. a., Ostwald's, W., Klassiker d. exakten Wissenschaften.

Malsburg, Ernst Friedrich Georg Otto, Frhr. von der

v. d. Malsburg, E. F. G. O., s. Calderon: Schauspiele. — Dess. Verwickelungen.

v. der Malsburg, Er. Fr. Geo. O. Frhrr., Gedichte. gr. 8. Marb. 818. N. Aufl. gr. 8. (Leipz. 821. Brockhaus). 2 ℳ

— poetischer Nachlaß u. Umrisse aus seinem innern Leben. Von P. C. (Philipp v. Calenberg.) Mit 1 Steindr. u. 1 Musikbeil. gr. 8. Cassel 825. Bohné. 2 ℳ

Malsburg, Friedrich Ernst Georg Otto von. Poetischer Nachlass und Umrisse aus seinem innern Leben ... Kassel 1825. H: *Calenberg (Callenberg), Philippine Sophie von.* (BrMm) (Gd) (GGr)

v. d. Malsburg, Er. Otto Frhr., s. Lope de Vega, Stern, Zepter-Blumen.

Malsburg, Karl von der, Die Zellengröße ... s. Arbeiten d. dt. Gesellschaft f. Züchtungskunde.

Malsburg, Otto von der: Untersuchungen über den Einfluß der Fütterung roher, gedämpfter, und getrockneter Kartoffeln auf die Milchproduktion bei Kühen. *Halle a. S. 1903: Wischan & Burkhardt.* (61 S.) 8°
Halle, Phil. Diss. v. 1903

Malsch [Schlagwort]

Malsch, s.: Baden. Karte.

Malsch [Verfasser]

A. Malsch, Preuß. Kassen- u. Rechnungskalender Berlin.

Malsch, Friedr. Christ. (Durlach) u. **Joh. Baumann** u. **Joh. Gg. Belser,** Disput. theol. dogm. seu judaismus christianismo sublatus. Präs. Joh. Chr. Klemm. Tübingen (Schramm) Sept. 1742. 48 S. (4.—) 22075

Malsch, J. C., s. M. *Corderi* colloquia.

Malsch, I. C., tripartitus, i. e. sententiae morales A. Mureti, D. Catonis, acc. Flores Tibulli etc. 8. Marburg. 749.

Malsch, Julius [app. Arzt aus Meiningen]: Über Diagnose und Lösung peritonealer Adhaesionen des retroflectirten Uterus und der entsprechend verlagerten Ovarien. ... Jena, Frommannsche Buchdr. (Hermann Pohle), 1888; 2 Bl. + 88 S. 8°
Jena, Med. Fak., Inaug.-Diss. v. [5. Nov.] 1888

Malsch, Karl Fr., s. Chrestomathie, russische.

Malsch, M. v., Doctor Löwenthal, s.: Novellen, baltische.

Malsch, R., der Weimarische Lehrerverein in d. ersten 25 Jahren s. Bestehens. 1872—1897. Jubiläumsschrift, im Auftrage d. Gesamtvorstandes hrsg. gr. 8. (64 S.) Weimar 897. (Leipzig, H. Haacke.) n. 1. —

Malsch, Rudolf

Hypsometrische Schulhandkarte von Niederösterreich. Maßstab 1 : 600.000. Wien. Ed. Hölzel —.10
(Min. Erl. v. 10. Mai 1893, Z. 9233.)

Guilelmus Malsch [Wilhelm Malsch]: De spinae dorsi Distorsionibus novaque ad eas sanandas machina Graefii. Berolini (1818:) Unger. 28 S. 8°
Berlin, Med. Diss. v. 24. Juli 1818

Malsch, G., de nova machina Graefiana distorsiones spinae dorsi ad sanandas, nec non disquisitio deformitatum istarum. Accedit tabula aenea. 4maj. Berl. 819. Dümmler. 10 gr.

Malschule, die kleine. 6 Hfte. qu. 8. (à 12 Holzschntaf., wovon je 6 in Buntdr.) Stuttgart 872. G. Weise. — 30

Malschule, kleine. 4. (16 zum Theil color. Stut.) Eßlingen 880, Schreiber. geb. *

Malschule, die kleine. 16. (12 z. Thl. farb. Taf.) Stuttgart 889. G. Weise. n. — 15

— dasselbe. 16. (32 z. Thl. farb. Taf.) Ebd. 889. n. — 40

— die neue. — La petite école de peinture. — The new paintingschool. — De kleine schilder. 8. (16 zum Theil color. Bilder.) Stuttgart 873. Eger & Distler. — 25

Malsen, Hans Freiherr von: Geschlechtsbestimmende Einflüsse und Eibildung des Dinophilus apatris. Hierzu 1 Taf. Bonn: F. Cohen 1906. (37 S.) 8° [Umschlagt.] ¶(Aus: Archiv f. mikroskop. Anatomie u. Entwicklungsgeschichte Bd 69. 1906.)
München, Phil. Fak., Ref. Hertwig, Diss. v. 13. März 1906
[Geb. 2. Juni 70 Traunstein; Wohnort: München; Staatsangeh.: Bayern; Vorbildung: Wilhelms-Gymn. München Reife Aug. 89; Studium: München 2, Würzburg 1, München 4 S.; Rig. 13. März 06.]

Malsen, Th. Frhr. v., Handbuch f. den Einjährig-Freiwilligen, s.: Müller, C. Th.

Malsen, Th. Frh. v., Leitfaden f. den Unterricht des Infanteristen, s.: Parseval, Otto v.

Malsen-Waldkirch, Conr. Frh. v., u. Bruno Hofer, das bayer. Fischereirecht auf Grund 1. des Wassergesetzes vom 23. III. 1907, 2. des Fischereigesetzes vom 15. VIII. 1908, 3. der Landesfischereiordnung vom 23. III. 1909 nebst den Vollzugsvorschriften erläutert. (XII, 627 S.) 8. München 910. C. H. Beck. Geb. in Leinw. 8. 50

Malser, Hans, vom Kreuzweg des Lebens. Novellistische Studien. Hrsg. von P. K. Rosegger. 8. (VII, 279 S.) Stuttgart 881, Levy und Müller. *

Malser, Hans, vom Kreuzweg des Lebens. Novellistische Studien, hrsg. v. P. K. Rosegger. 2.—4. Aufl. (VII, 286 S.) kl. 8. Stuttgart 908. Levy & Müller. 3.—; geb. 4.—

Malsiner, Jos., († d. 25. Dec. 1809.) Abhandlung von d. ausführl. Rede, besonders für angehende Prediger. Brixen 783.

— von der Action, besonders f. angehende Prediger. Brix. 797.

— Diss. de casibus reservatis. 8maj. Brix. 782. Ed. II. aucta 802. Weger. 4 gr

— Erinnerungen üb. die Abhandlung: Das Allerwichtigste u. einzig Nothwendige (v. Herkulan Oberrauch). 8. Augsb. 801.

Malsiner, Jos., Erste Gründe der natürlichen und geoffenbarten Religion für aufrichtige und nachdenkende Liebhaber der Wahrheit. Augsburg, Doll, 1788. 8°.
Recens. Oberdeutsche Littztg. Bd. 1 (1788), S. 7.

— üb. die Grundsätze des Hrn. P. Herkulan von d. gesetzgebenden Macht. 8. Augsb. 804.

— Idea examinis matrimonialis secundum leges ecclesiasticas et politicas. Brix. 794. Ed. II. aucta 802.

— üb. die Pracht beim kathol. Gottesdienste. 8. Augsb. 791.

— Predigten auf die vornehmsten Festtage des Herrn, der Mutter Maria u. einiger Heiligen, auch auf die gewöhnl. Gelegenheiten. 3 Thle. 8. Augsb. 791. Doll. (Landsh., Krüll). 1 ℛ 16 gr

— Predigten a. d. Festtage des Herrn, sein. seligst. Mutter und einiger Heiligen. 3 Thle. 8. Ebend. 794.

— Predigten üb. die ersten Gründe der kathol. Sittenlehre. 3 Thle. 8. Augsb. 794. Doll. 1 ℛ 16 gr

— Rhetorica generalis et principiis philosophicis explicata. 8. Oenip. 777. 2e Ausg. Brixen 798.

Malß, Karl

die Entführung od. d. alte Bürger-Capitain, s. Entführung.

(——) Herr Hampelmann im Eilwagen ꝛc., s. Herr ꝛc.

(——) Herr Hampelmann sucht e. Logis, s. Herr ꝛc.

JUNGFERN Köchinnen, Die. Lokalposse in 1 Act. Vom Verf. des Bürgercapitains u. der Hampelmanniaden *(Carl Malss)*. Mit 1 Abbild. (illum. Titel-Steindr.). 2. Aufl. Frankfurt a. M. In Commiss. bei Frz. Varrentrapp. 1837. 8°.
Titelbild, XII—80 S. — Ed. I. ib. 1836. (7 Mk. Emil Hirsch, München, 1909.) Im Frankfurter Dialekt. — Anon.-Lex. II. p. 367 (nach Engelmann u. Goedeke).

(——) die Landparthie nach Königstein, s. Landparthie.

(——) das Stelldichein in Tivoli, s. Stelldichein.

Malß, Carl, Volkstheater in Frankfurter Mundart. gr. 16. (VIII u. 322 S. m. 2 Holzschnitttaf.) Frankfurt a. M. 849, Sauerländer. 1 ℛ — 2. stark verm. Aufl. gr. 16. (X u. 547 S. m. 2 Holzschn.) Ebd. 850. 1⅙ ℛ In Engl. Einb. n. 1⅓ ℛ

Malß, Carl, Volkstheater in Frankfurter Mundart. 3. Aufl. 8. (VIII, 304 S.) Frankfurt a/M. 884. Sauerländer. n. 2.—

Malß, Carl, Volkstheater in Frankfurter Mundart. 4. Aufl. 8. (VIII, 304 S. m. Titelbild.) Frankfurt a/M. 897. J. D. Sauerländer. n. 2.—; geb. n. 2.50

Malß, Konr., Betrachtungen über einige Fragen des Versicherungs-Rechtes insbesondere der Feuer- und Lebens-Versicherung. Frankfurt a. M. 862. Sauerländer's Verlag. gr. 8. (87 S.) 12 ngr

Malß, C., ausgewählte Gutachten der Handelskammer zu Frankfurt a. M., s. Gutachten.

Malss K, ausgewählte Gutachten der Handelskammer zu Frankfurt a. M. Eine Quelle des Handelsrechts. Frankfurt a. M. 1854

Malta. Vortrag zu einer Serie von 32 Laternenbildern. Düsseldorf 1897. V: *Jost, H. E. Walter.* (Berl)

Malta, Das gerettete: Ein episches Gedicht . . . Altona 1829. V: *Lindenhan, Andreas Christoph.* (GGr)

Malta und Gozzo — Die Inseln — Verbessert herausgegeben von Homanns Erben. Nürnberg. 1808. 1:100,000. 1 Bl.

Malta's vorige u. jetzige Lage in polit. Hinsicht. 8. Cöln. (Imhof-Schwarz). 15 gr

Malta's vorige u. jetzige Lage in polit. Hinsicht. 8. Cöln [1800]. 1,85.

Maltaverne, L. de, le Guide de Lernieux. 12. Strasb. König. 803.

Maltby, Margaret Eliza

Maltby, M. E., das elektr. Leitvermögen wässriger Lösungen v. Alkali-Chloriden u. Nitraten, s.: Kohlrausch, F.

Maltby, Margaret *Eliza* [aus Boston, U. S. A.]: Methode zur Bestimmung grosser elektrolytischer Widerstände ... (Aus: Zeitschr. f. physik. Chem., Bd XVIII Heft 1.) Leipzig, W. Engelmann, 1895; 30 S., 1 Bl. 8.
Göttingen, Phil. Fak., Inaug.-Diss. v. [7. Nov.] 1895

Malté. Enthaltend die Geschichte v. Malta in französ. Sprache. 8. Leipz. 797. Fr. Fleischer. 16 gr

— Corse, Minorque et Gibraltar. 8. Wien 797. Sammer. 16 gr

Malte, Fürst zu Putbus. Ein Lebensbild, s. Spreer, L.

Malté, F. und F. Krauß, Handbuch für Lithographen und Steindrucker, s. Krauß.

Untersuchungen über eigenartige Inhaltskörper bei den Orchideen. Von M. O. Malte. *Stockholm 1902: P. A. Norstedt & Söner.* (40 S.) 8°
= Handlingar, Svenska Vetenskaps-Akademiens. Bihang. Bd 27, Afd. 3, No 15. [03. 1131 B]

Malte-Brun, Konrad

Malte-Brun, Abriß d. allgemeinen Geographie, od. Beschreibung aller Theile d. Erde nach e. neuen Plane u. den großen natürl. Abtheil. gemäß entworfen, aus dem Franz. herausg. von E. A. W. Zimmermann. 1r Bd. 1ste u. 2te Abtheil. Geschichte d. Erdkunde.
Auch unt. d. Titel:
Malte-Bruns Geschichte d. Erdkunde. 8. Leipz. Engelmann. 812. (1ste Abthl. 1 Rthlr. 15 gr. 2te Abthl. 2 Rthlr. 15 gr.)

Malte-Brun, Abriß d. mathemat. u. physischen Geographie n. den Grundlehren der polit. Erdkunde; nach d. Französ. hrsgg. u. mit Erläuterr. begleitet von E. A. W. v. Zimmermann. 1e Abthl. Mit Kpf. gr. 8. Lemgo 815. Meyer. 1 ℛ 20 ℊ

Malte-Brun, (eigentl. Malthe Bruun,) Konr., kurzer Abriß d. Geschichte Polens bis auf d. neueste Zeit; a. d. Franz. nach dess. „Tableau de la Pologne ancienne et moderne, nouv. Edit. par L. Chodzko." Paris 830. 8. (14 B.) Stuttgart 831, [Beck u. Fränkel.]

— kurzer Abriß der Geschichte Polens bis auf die neueste Zeit; aus d. Französ. nach dessen Tableau de la Pologne ancienne et moderne, nouv. Edit. par L. Chodzko. Paris 830. 8. Stuttg. 831. Löflund u. S. 20 ℊ

— neuestes Gemälde v. Amerika u. seinen Bewohnern; aus d. Französ. übersetzt von E. W. v. Greipel. gr. 8. Pesth 819. Hartleben. 2 ℛ 18 ℊ Hbg. Pr. 823. 1 ℛ 12 ℊ Abermals hbg. Pr. 1 ℛ

Malte-Brun, Geschichte der Erdkunde. Aus dem Franz. von E. A. W. Zimmermann. Leipzig 812. 2 Theile. 8. 4 rthl. 6 gr. (I. 1 rthl. 15 gr. II. 2 rthl. 15 gr.)

— Geschichte der Erdkunde v. den ältesten bis auf die neuest. Zeiten nach den gültigsten Angaben; aus d. Französ. übersetzt. 2 Thle. Mit 6 Karten. 8. Leipz. 816. Barth. 4 ℛ 6 ℊ Die 6 Karten apart. 12 ℊ

— Geschichte der Erdkunde von den ältesten bis auf die neuesten Zeiten nach den gültigsten Angaben. Aus dem Französischen. Mit Zusätzen von E. A. W. v. Zimmermann. (2 Bde. Text und 1 Bd. mit 6 Karten.) 8. Leipzig 1816.

— Polen in geograph. 2c. Hinsicht, s. Karl Andree.

Malten, der Denkprozeß v. Mensch u. Tier, s.: Huber.

Malten, B. H., praktischer Führer f. Südbayern u. Nordtirol. Mit besond. Berücksicht. der m. dem Besuche d. Oberammergauer Passionsspieles u. der Königsschlösser zu verbind. Gebirgstouren. Mit 12 Vollillustr. u. 1 Uebersichtskarte. 12. (IV, 91 S.) München 890. Stücker. cart. 2. —

—— Praktischer Führer f. Südbayern u. Nordtirol. Mit besond. Berücksicht. der m. dem Besuche der bayer. Königsschlösser zu verbind. Gebirgstouren. Neue Ausg. 8. (III, 91 S. m. 11 Illustr. u. 1 farb. Karte.) Münch. 892, Stücker. cart. 1 50
1. Ausg. Ebd. 1890. cart. 2 —.

Malten, [B] H . Meran. Mit 13 Illustrationen von J[ohaun] Weber [wovon 5 Tafeln] nebst einer Karte. (Europäische Wanderbilder. Nº 152.) 8. Zürich ([18]89). 36 S.

— **Meran**, s.a. **Wanderbilder**, europäische.

— m. Rundreise-Billet. Reise-Abenteuer d. Hrn. Partikulier Schmälzle aus München in Tirol. Humoreske, nach der Natur gezeichnet. gr. 8. (62 S.) Mainz 892. H. Quasthoff. n. — 50

— Tiroler Sommerfrischen. Mit 59 Illustr. 4. Aufl. gr. 8. (VII, 291 S.) München 889. (Lindauer.) n. 2. 50

Malten, Fr. E., der magnetische Schlaf. Ueber die hypnot. Zustände und ihre Ursachen, nach den wissenschaftl. Erörterungen und Demonstrationen der Breslauer Aerzte Heidenhain, Berger, Gscheidlen, Neumann, Grützner u. A. hrsg. Mit einem Anhang: Der Prozeß des Magnetiseurs Hansen in Wien. gr. 8. (53 S.) Berlin 880, Stein's literar. Bureau. *

Malten, H., aus dem Leben e. großen Dichters,
— Monsieur u. Madame,
— die Rache e. Spaniers,
s.: Familien-Bibliothek.

Malten, H. Mr., Bibliothek der neuesten Weltkunde, s. Bibliothek.

Malten, H. M., Ergebnisse der neuesten Ausgrabungen römischer Alterthümer in u. bei Mainz. (Besonders abgedr. aus dem 2. Bde. für 1842 der „Bibliothek der Weltkunde.") gr. 8. Mainz 842, v. Zabern. 1/4 ℛ

— Handbuch f. Rheinreisende, auf der Strecke zwischen Mainz u. Köln. Mit (5) Stahlstichen. 12. Darmstadt 844, Lange. n. 2 ℛ — Mit 43 Stahlst. gr. 8. Ebend. 844. n. 4 ℛ

(——) Mainz u. seine Umgebung, s. Mainz.

— Schloß Stolzenfels am Rhein. gr. Lex.-8. (Mit 4 Stahlst., 1 Grundriß u. 1 Situationsplan des Schlosses.) Frankfurt a. M. 844, Brönner. n. 2½ ℛ

—— neueste Weltkunde, s. Weltkunde.

Malten, Dr. H. M., Neueste Weltkunde. Frankfurt a/M. 1844—47. 16 Bände 8°. Hiezu Germania: Archiv zur Kenntniss des deutschen Elements in allen Ländern der Erde. Herausgegeben von Dr. W. Stricker. Frankfurt a/M. 1847. 8°.

— Wiesbaden und seine Umgegend, geschildert. Lex.-8. Darmstadt u. Wiesbaden 842, Lange. n. ½ ℛ

— dass. mit (18) nach der Natur aufgenomm. Ansichten, in Stahl gestochen von J. Poppel, F. Abresch u. E. Willmann. n. 2 ℛ

Malten, Heinrich von [Autorname] = Müller, Carl Heinrich Gottlob.

[Malten, Heinrich von.] Beschreibung aller berühmten Bäder in der Schweiz. Nebst einer allgemeinen Uebersicht... der unbenutzten Heilquellen. Ein Handbuch... für Reisende. 8. Aarau 1830.

Malten's, Frau Clara, vegetarisches Kochbuch m. reichhaltigen täglichen Speisezetteln f. vier Sommer- u. vier Winter-Wochen. Für Freunde e. naturgemässen Lebensweise verf. u. hrsg. 8. (VIII, 136 S.) Leipzig 893. Th. Grieben. n. 2. —

Malten, Clara, Naturheilmethode. Anleitg. zur Selbstbehandlg. (33 S.) 8. Baden-Baden 909. F. Spies. 1. —

Malten, L. 1909. [Pseud.]
s. Pütz, Liddy. (10. 318)

Malten, L. (Frau Liddy Pütz), nur e. Magd, s.: Reclam's Novellen-Bibliothek.

— dasselbe, s.: Universal-Bibliothek.

Malten, Ludolfus, Berolinensis: Cyrenarum origines. Cap. 1. *(Berolini 1904: G. Schade.)* (35 S.) 8° ¶ (Soll vollst. erscheinen in deutscher Sprache.)
Berlin, Phil. Diss. v. 27. Febr. 1904

Malten, Max. A. Anwendungsformen der Wasserkur nach den Grundsätzen v. Pfarrer Kneipp. 16. (16 S. m. 15 Abbildgn. auf 1 Taf.) Baden-Baden 891, (Spies). * — 50

— Anwendungsformen der Wasserkur im Hause nach den Grundsätzen v. Pfarrer Seb. Kneipp u. anderen Vertretern der Naturheilmethode. 2., verb. Aufl. 8. (22 S. m. 16 Abbildgn.) Ebd. 894. n. — 60

— Medicin u. Natur-Heilmethode. Allgemeine Betrachtgn. u. Belehrgn. 12. (31 S. m. Bildnis.) Ebd. 894. n. — 60

Malten, M. A., Medicin u. Natur-Heilmethode. Allgemeine Betrachtgn. u. Belehrgn. 2. Aufl. 8. (43 S. m. Bildn.) Leipzig 895. (Th. Grieben.) n. — 60

Malter, A., *Dr., Advokat.* Handbuch der Gebührengesetze vom 9. Febr., 2. Aug. u. 6. Sept. 1850. Alphabetisch geordnete Darstellung der gesetzlichen Vorschriften über Stempel- und unmittelbare Gebühren für Rechtsgeschäfte, Urkunden, Amtshandlungen, Spielkarten, Kalender etc. Zum Gebrauche für Parteien und Rechtsfreunde, für Notare, Gemeindevorstände etc. etc. *Wien* 1858. Verlag von *Friedr. Manz.* Druck von Dems. VIII, 452 S. 8°. 3 fl.

Malter, Henryk *'(alias Hirsch)'* [aus Żabno '(Galiz.)']: Die Abhandlung des Abu Hâmid al-Gazzâli. Antworten auf Fragen, die an ihn gerichtet wurden ... Berlin, Druck v. J. Fischer in Krakau, 1894; L S., 1 Bl. 8.
Heidelberg, Phil. Fak., Inaug.-Diss. v. [12. Jan.] 1895

Malter, Heinr., s.a. Abû Hâmid al-Gazzâlî, d. Abhandlg.

Malter, Jos., Leitfaden auf Märschen, Vorposten, Patrouillen, u. zur Orientirung, f. d. Unterr. in d. k. k. Compagnie-Schulen. 1. Aufl. Wien 830, Heubner. 2. Ausg. (à 11 B.) 8. Leipzig 834, O. Wigand. à

Malthan, Fr., Kindergrüße an die Eltern zum Neujahrsfeste, zu Geburts- und Namenstagen. Räthsel. 8. (79 S.) Deutz 875. (Köln, Roemke und Comp.) *

Malthan, Fr., Kindergrüße an die Eltern zum Neujahrsfeste, zu Geburts- und Namenstagen. Nebst einem Anhang von Rätseln und Charaden. 8. (79 S.) Erfurt 888, Bartholomäus.

[F.] Kindergrüsse an die Eltern v. Fr. **Malthan.** Nebst e. Anh. v. Rätseln u. Charaden. 2. (a. d. Umschl.: 3.) Aufl. *Erfurt: F. Bartholomäus [1895].* (1 Bl., 79 S.) 1 Bd 8. [96. 540

Malthan, Fr., Kindergrüße an die Eltern zum Neujahrsfeste, zu Geburts- u. Namenstagen. Nebst e. Anh. von Rätseln u. Charaden. 3. Aufl. 12. (79 S.) Erfurt (901). F. Bartholomäus. — 75

Malthan, Friedrich (Red.), s. Schach-Kongress, Der Internat., d. Barmer Schach-Vereins 1905.

Malthe-Bruun, V., et **C. Crone,** quatre modèles représentant des surfaces développables avec des renseignements sur la construction des modèles et sur les singularités, qu'ils représentent. Avec quelques remarques sur les surfaces développables et sur l'utilité des modèles par H. G. Zeuthen. 4. (15 S. m. 4 Modellen auf Carton.) Leipzig 877. Hermann in Comm. In Mappe. n. 5. —

Maltheser, der, s. **Bloch's, E.,** Theater-Gartenlaube.

Maltheser, Der. Ein historischer Roman. Leipz. 1804. V: *Vulpius, Christian August.* (EE) (Ky)

Maltheser, der, vom Verf. des Rinaldo (Chr. A. Vulpius). 8. Leipz. 804. (Wienbrack). 1 ₰

MALTHESER, Die. Eine überaus interessante (zahme) Erzählung aus der letzten Hälfte des 17ten Jahrhunderts. 1821. Adv. (so!) K. A. A. Riemer, Redacteur und Verleger. Zittau, gedruckt bei J. G. Seyfert. 8°. (8 Mk. Friedr. Klüber's Nachf., München, 1908.)
224 S. (incl. Tit. u. Einf.), enth. 5 Lfrgn. in 1 Bde. — Selten!

Malteser, die, dramatisches Gedicht in 5 Aufzügen. 8. (III und 134 S.) Posen 864, Merzbach.

MALTHESERIN, Die schöne, oder Abentheuer in der Türkischen Sklaverei. 2 Bde. 2. verbesserte Aufl. Leipzig, literar. Museum, 1845. 8°. (2 Rthl.) (1 Mk. M. Hauptvogel, Gotha, 1907.)
156 u. 192 SS. Zahm. — 3. verbess. Aufl. Ebd. 1866. Kl. 8°. 152 + 141 S., 1 weisses Bl.

Maltheserorden, über den, u. sein gegenwärt. Verhältn. zu Deutschland überhaupt u. zum Breisgau insbesond ꝛc., (v. Jos. A. Sauter). 8. Basel 804. (Neukirch). 16 gr. Ebner in Ulm. 18 gr.

Maltheser-Orden, Ueber den, und seine gegenwärtigen Verhältnisse zu Deutschland überhaupt und zum Breisgau insbesondere. (Mit 1 Abbild.) 8. Frankfurt a. M. und Leipzig 1804.

Maltheserritter, die tapfern, oder die Bestürmung Maltas durch die Türken; e. histor.-romant. Gemälde aus dem 16n Jahrhund. 3 Thle. 8. Quedlinb. 826. Basse. 3 ₰

Eine Abhandlung über das Bevölkerungsgesetz [An essay on the principle of population], oder e. Untersuchung s. Bedeutung f. d. menschl. Wohlfahrt in Vergangenheit u. Zukunft, nebst e. Prüfung unserer Ansichten auf e. künft. Beseitigung oder Linderung d. Übel, die es verursacht, von Thomas Robert **Malthus**. Aus d. engl. Orig., u. zwar nach d. Ausg. letzter Hand (6. Aufl. 1826), ins Deutsche übertr. von Valentine Dorn u. eingeleitet von Prof. Dr. Heinrich Waentig. Bd 1. 2. Jena: G. Fischer 1905. 2 Bde 8°
= **Sammlung** sozialwissenschaftl. Meister. Bd 6. 7. [06. 518 4

Grundsätze der politischen Ökonomie [Principles of political economy] mit Rücksicht auf ihre praktische Anwendung von T(homas) R(obert) **Malthus**. Nach d. 2. sehr verm. Aufl. d. engl. Orig. übers. von V. Marinoff. Berlin: Prager 1910. XVI, 578 S. 8°
(Bibliothek d. Volkswirtschaftslehre u. Gesellschaftswissenschaft. 19.) [10. 1495

Malthus, T. R., Grundsätze der politischen Ökonomie, s.a. Bibliothek der Volkswirtschaftslehre u. Gesellschaftswissenschaft. XIX.

(Thomas) Robert **Malthus**. Drei Schriften über Getreidezölle aus d. Jahren 1814 u. 1815. Übs. u. hrsg. v. Emanuel Leser. [M. Sondert.] *Leipzig: Duncker & Humblot 1896.* (XXIV, 129 S.) 1 Bd 8.
= Malthus, Th. R.: Kleine Schriften. [Bd] 1.
= **Sammlung** älterer u. neuerer staatswiss. Schriften d. In- u. Auslandes. No 6. [96. 734

(Thomas) Robert **Malthus**. Kleine Schriften. Übs. u. hrsg. v. Emanuel Leser. [Bd] 1. *Leipzig: Duncker & Humblot 1896.* 8.
= **Sammlung** älterer u. neuerer staatswiss. Schriften d. In- u. Auslandes. No 6 [96. 734

Malthus, T. R., u. Say, über die Ursachen der jetzigen Handelsstockung; aus d. Engl. u. Französ. übersetzt von K. G. Rau. 8. Hamb. 821. Perthes u. B. 1 ₰ 4 gr.

Malthus, T. R. und Say, J. B.: „Ueber die Ursachen der jetzigen Handelsstockung; aus dem Englischen und Französischen, mit einem Anhang von C. H. Rau", Hamburg 1821. — Vorhanden: Com. Bibl. Hamburg, Preuß. Staatsbibliothek Berlin.

MALTHUS, T. R., Versuch über die Bedingung und die Folgen der Volksvermehrung. Aus dem Englischen von F[RANTZ] H[ERM.] HEGEWISCH. 1—2. Th. Altona. 1807. Hammerich.

Malthus, T. R., über die Bedingungen u. Folgen der Volksvermehrung; aus d. Engl. v. F. H. Hegewisch. 2 Thle. gr. 8. Altona 807. Hammerich. 2 ℛ 16 g

Malthus, T. R. (1776—1834), Versuch über das *Bevölkerungsgesetz*. Nach d. 7. Ausgabe d. engl. Orig. übers. von *F. Stöpel*. (Auch m. d. Tit.: Bibliothek d. Volkswirthschaftslehre u. Gesellschaftswissenschaft, hrsg. v. *F. Stöpel*.) Berlin 1879. 8°. Hfrzb.
XVI—866 S. — Orig.: Malthus, T. R., an essay on the principle of population etc. 6. ed. 2 vols. London 1826. gr. 8°. Ein Aufsatz über Malthus steht im Freihafen, Jahrg. II., 3. Altona 1839, S. 1—22: Baltisch, Frz., Armuth u. Volksvermehrung. Eine Erinnerung an Malthus.

Malthus, Thomas Robert: Versuch über das Bevölkerungsgesetz oder eine Betrachtung über seine Folgen für das menschliche Glück ... Nach d. 7. Ausg. d. engl. Orig. übers. von F(ranz) Stöpel. 2. Aufl. durchges. u. verb. von Robert Prager. Berlin: R. L. Prager 1900. (XVI, 863 S.) 8°
= Bibliothek d. Volkswirtschaftslehre u. Gesellschaftswiss. 2.

Malthus, T. R., Versuch üb. das Bevölkerungsgesetz,
— Versuch über das Princip der Volksvermehrung,
s.: Bibliothek der Volkswirthschaftslehre u. Gesellschaftswissenschaft.

Malthusius, Ferd., s. v. Weib, das, in der Ehe u. die sociale Frage.

Malthusius, F., Das Weib in der Ehe und die soziale Frage. 8°. Frankfurt 1891.

Maltis, in elfter Stunde, e. letztes Wort zur Personalreform bei d. Reichspost- u. Telegraphen-Verwaltg. gr. 8. (24 S. m. 1 Tab.) Berlin 898. E. Remmers. n. — 20

Maltitz, d. Dienst d. Waffenoffiziers bei d. Infanterie. 8. (VI, 58 S.) Berlin 897. E. S. Mittler & Sohn. n. — 80

Maltitz, A. v., Erika. Erzählung. (156 S.) 8. Würzburg 910. Memminger. 1.50

— Humoresken. (87 S.) 8. Leipzig-Gohlis 909. 10. B. Volger. 1.50

Maltitz, Apollonius, Frhr. von

Maltitz, A. v., Anna Boleyn. Trauerspiel in 6 Aufzügen. Weimar 860. (Kühn.) 8. (2 Bl., 126 S.) n. 12½ *ngr.*

Maltitz, Apollon Frhr. v., Bothwell an Maria u. Maria an Bothwell. Zwei Heroiden. gr. 8. (2¾ B.) München 838, Franz. *

—— dramat. Einfälle. (1. Bd.) 8. (23½ B.) München 838, Franz. *
Inh.: Der Korb u. d. Porträts. Lustsp. in 1 Act. — Der Dichter u. d. Mädchen. Lustsp. in 1 Act. — Die beiden Philoktete. — Der Botschafter u. d. Courrier. — Deß häusl. Zwistes Jahrestag. Lustsp. — Silentium. Lustsp. — Dampfmaschine u. Ehrenwort. Posse in 2 Act.

v. Maltitz, A., dramatische Einfälle. 2. Thl. Der Nachlaß. Lustspiel in 4 Aufzügen. Friederike und Gretchen. Lustspiel in 5 Aufzügen. Sprung und Ruf. Lustspiel in 3 Aufzügen. Taube, Rabe, Geist. Lustspiel in 1 Aufzuge und in Versen. München 843, Franz. (à) n. 1⅓ ℛ

Maltitz, A. v., das unhistorische Fenster. Lustspiel in 1 Aufzuge. (Mscr. für die Bühnen.) 8. (19 S.) Weimar 863, Kühn. *

—— die Gedächtnißkur oder die drei Knoten im Schnupftuche oder auch das Weib wird durch Liebe nicht klüger. Lustspiel in 3 Aufzügen. gr. 8. (58 S.) Weimar 862, Kühn. *

—— Gedichte. 2 Bde. gr. 8. (42⅙ B. u. 4 Musikbeil.) München 838, Franz. *

Maltitz, Apollonius v., ausgewählte Gedichte. Mit Biographie d. Dichters hrsg. von Carl Freih. v. Beaulieu-Marconnay. gr. 16. (XXXII, 272 S.) Weimar 873. Böhlau. n. 4. —; geb. m. Goldschn. n. 5. 50

Maltitz, A. v., Noch ein Blatt in Lethe! Weimar 857. Kühn. 16. (VIII, 309 S.) n. 1 *ℳ*.

Maltitz, A. v., Photographie u. Vergeltung. Lustspiel in 1 Aufzuge. (Den Bühnen gegenüber Mscr.) Weimar 865. Kühn. 8. (25 S.) n. 6 *ngr.*

— die Selbstbiographie. Lustspiel in 1 Aufzuge. (Den Bühnen gegenüber Mscr.) Ebend. 863. 8. (15 S.) n. 4 *ngr.*

—— drei Fähnlein Sinngedichte. Ein Fähnlein Sonette. Ein Fähnlein Fabeln. Ein Fähnlein Humor. Anhang. 8. (13 B.) Berlin 844, Vereins-Buchh.

— Spartacus. Trauerspiel in 5 Aufzügen. Ebend. 861. 8. (111 S.) n. 15 *ngr.*

— s. Tageblätter, deutsche.

—— vor dem Verstummen. 16. (V und 406 S.) Weimar 858, Kühn. *

—— Virginia. Trauerspiel in 5 Aufzügen. (Den Bühnen gegenüber als Mscr.) 8. (96 S.) Weimar 858, Kühn. *

—— die Wunderkur der Hölle. Ein Nachtstück. gr. 16. (20 S.) Weimar 868, Kühn. *

Maltitz, E. G. v., Vorschläge zur Gefängnißreform, auf Erfahrungen gegründet. gr. 8. (IV und 80 S.) Aachen 848, ter Meer.

Geschichte der Familie von Wrangel v. J. 1250 bis auf d. Gegenwart. Nach Urkunden u. Tagebüchern bearb. (Verf.: Emil v. **Maltitz**) [Bd 1]. Hälfte [1.] 2; [Bd 2]. Hälfte [1.] 2. [Nebst] Nachtrag. Berlin & Dresden: Baensch (Nachtr.: Görlitz: gedr. bei Starke) 1887—1909. 4°
Nachtr. [u. d. T.:] Die Familie v. Wrangel 1887—1908 ... von Robert Frh. v. Wrangel. [10. 5011

Maltitz, E. v., Hand- u. Adressbuch der Geschlechtsverbände u. adligen Stiftungen, s.: Eberstein, v., Handbuch f. den deutschen Adel.

Maltitz, E. v., Lebensgeschichte des königl. preußischen General-Feldmarschalls Grafen Friedrich Heinrich Ernst v. Wrangel. Zur Erinnerung an dessen 100jähr. Geburtstag am 13. April 1884. Nach Familien-Papieren und authent. Quellen bearb. gr. 8. (III, 136 S.) Berlin 884, Baensch. *

Maltitz, Franz Friedrich, Frhr. von

— Fr. v. Schiller's Briefe an v. Dalberg u.: Demetrius, s. Schiller, sämmtl. Werke. 8r Suplementbd.

Maltiß, F. v., Gedichte. 8. Ebend. 816.

v. Maltitz, Frhr. Frz. Fr., Gedichte. 8. Karlsr. 817. Marx. 1 ℛ 6 g

v. Maltitz, Frz. Fr., die Geister auf Yburg. Rittersage. 12. Karlsr. 817. Marr. 6 gr.

v. Maltitz, Frhr. Frz., s. Racine, Athalia. – s. Fr. v. Schiller, Demetrius. – s. Voltaire. Alzire.

Maltitz, Gotthilf August, Frhr. von: Malerische Ansichten verschiedener Gegenden ..., s. Schoppe, J.
Dass. s. a. Ansichten, Malerische, ...

Maltitz, Gthl. Aug. Frh. v., Balladen u. Romanzen. 8. (6 B. u. Titvign.) Paris 832, Heideloff u. Campe.

—— Biographieen ausgez. Componisten, Virtuosen etc. 1—3. Hft., enth.: Mozart, Beethoven, Hummel, Kalkbrenner, Field, Weber, Ries, Moscheles, Czerny. Lex.-8. ... Hamburg 831 ..., Schuberth u. Niemeyer. à 4 Gr.

—— dass. m. 9 Portr. in Stahlst.
Ist auch unt. d. T.: Denkmal d. berühmten musikal. Künstlern: Mozart etc. geweiht, erschienen.
Vgl. Portrait-Sammlung.

—— und F. Aug. v. Zu-Rhein, deutsche Blätter für Litteratur u. Leben, s. Blätter.

— Briefwechsel aus dem Narrenhause, od. Ansichten eines armen, für verrückt erklärten, Unterförsterleins üb. Forst- u. Jagdwesen, wie auch üb. verschied. andere angenehme Dinge der Zeit. Mit 1 Kpf. u. 1 Vign. 8. Berl. 824, Christiani. (Krause). 18 gr. Neue Aufl., s. unten Pläntershiebe.

MALTITZ, Gotthilf August Frhr. v.: Briefwechsel aus dem Narrenhause oder Ansichten eines armen für verrückt erklärten Unterförsterleins über Forst- und Jagdwesen... zur Belustigung für Forst- und Nichtforstmänner. - Berlin 1824. 136 S.

v. Maltitz, G. A., Frhr., Briefwechsel aus dem Narrenhause oder Wartebrod's Ansichten über Forst- u. Jagdwesen nebst dessen Testament und Nachlaß an Deutschlands Forstwelt. 3. Ausg. 8. 839. Halle, Coldiz'sche Buchh. 5/6 Thlr.

—— Norddeutscher Courir, s. Courir.

——, Olivier Cromwell, od. d. Republicaner. Histor. Drama in 4 Act. 8. (14¼ B.) Hamburg 831, Hoffmann u. Campe.

—— Denkmal, den Künstlern Mozart, Beethoven, etc., geweiht, s. a. Denkmal.

—— Denkmal den berühmten musikal. Künstlern: Mozart etc. geweiht, s. a. oben dess Biographieen.

—— der Dichter u. d. Uebersetzer. Schausp. in 5 Aufz. 8. (7 B.) Berlin 829, Dümmler.

v. Maltitz, G. A. Frhr., Fürst, Minister u. Bürger oder das Pasquill. Schauspiel in 4 Akten. Für die Hamburger Bühne gedichtet. 2. Aufl. 8. (160 S.) Hamburg 849, Hoffmann & Campe. n. 24 gr.

—— an Deutschlands Fürsten, Adel, Wehrstand, Schriftsteller u. Volk. 5 Reden. Neue, wohlf. Ausg. 8. (4½ B.) Hamburg 832, Schuberth u. Niemeyer.

v. Maltitz, Frhr. G. A., Gelasius der Deutsche, od. Leben u. Schicksale e. Geheim-Sekretairs im 19n Jahrhund. 8. Leipz. 825, Indust.-Compt. 1 Thlr.

— Gelasius, d. graue Wanderer im 19. Jahrh. Ein Spiegelbild unserer Zeit. 16 Bdchen. Mit 2 Kpf. 8. Leipz. 826. Ind.-Compt. 1 Thlr. Hbg. Pr. 18 gr.

— vier glückliche Jahre auf Reisen zur Aufheiterung u. Nachahmung beschrieben. 8. Berl. 823. Krause. 18 gr.

—— Jahresfrüchte d. ernsten u. heitern Muse. 1. u. 2. Bdchn. gr. 12. Leipzig, Friese.
Bdchn. 1. Der Stelzfuß. Erzähl. Gedicht. — Der Inquisit. Erzählung. (7¼ B.) 834. 20 Gr.
" 2. Die Irrlichter. Eine Erzähl. — Ritter Roßstaub. Schwank in 1 Act. (7½ B.) 835. 20 Gr.

v. Maltitz, G. A., Jahresfrüchte der ernsten u. heitern Muse. 2 Bdchn. 2. billige Ausg. gr. 12. Leipz. 843, Friese. n. ¾ Thlr.

— Joko am Styr, s. A. v. Kotzebue, Almanach, 27r J.

v. Maltitz, Frhr. G. A., der Kloster-Kirchhof, od. die Erbleiden der Familie von S... Mit 1 Vign. 8. Berl. 825. (Curths).

v. Maltitz, (G. A., Freihr.,) der Kloster-Kirchhof; oder die Erbleiden d. Familie v. S... Mit 1 Vign. 8. Berlin 825, Schmidt.

Maltitz, G. A. Frhr. v., Hans Kohlhas, s. Universal-Bibliothek Nr. 1338.

——, Hans Kohlhas, histor.-vaterländ. Trauersp. in 5 Akt. M. 1 Kpfr. 8. (12 B.) Berlin 828, Th. Enslin.

—— das Pasquill. Schausp. in 4 Akt. Für d. Hamburger Bühne gedichtet. Mit Titkpfr. 8. (10½ B.) Hamburg 829, (Hoffmann u. Campe.)

—— Pfefferkörner. Im Geschmack d. Zeit ernster u. satyr. Gattung. 4 Hftl. 12. (10½, 10, 10⅓ u. 8½ B.) Hamburg 831—34, Hoffmann u. Campe. à 16 Gr.

MALTITZ, Gotthilf August Frhr. v.: Humoristisch-satyrische Plänterhiebe in den Revieren unserer Forstzeit zur Belustigung für Deutschlands edle Waldbrüder aufgestellt in drei vollen Klaftern. - 3. völlig umgearb. Aufl. von des Verf. "Humoristischen Raupen..." (1. Klafter), "Briefwechsel aus dem Narrenhause..." (2. Klafter). 3. Klafter: Hans Gottwald Wartebrods, des armen, für verrückt erklärten Unterförsterleins Testament und Nachlaß an Deutschlands Forstwelt. - Berlin 1828. - 4. Aufl. ebd. 1839. - Neu hrsg. u. eingel. v. Wilhelm Keßler. Neudamm 1911. 317 S., 2 Abb.

—— humorist.-satyr. Plänterhiebe in d. Revieren uns. Forstzeit, z. Belustigung f. Deutschlands edle Waldbrüder aufgestellt in drei vollen Klaftern. 3., völlig umgearb. u. bedeut. verm. Aufl. (von dess. „Humorist. Raupen," u. „Briefwechsel aus d. Narrenhause.") M. 1 Kpfr. u. 2 Vign. 8. (17 B.) Berlin 828, Krause.

— humoristisch-satyrische Plänterhiebe in den Revieren unserer Forstzeit, zur Belustigung für Deutschlands edle Waldbrüder aufgestellt in 3 Klaftern; 3e verm. Aufl. (v. dessen: humorist. Raupen u. Briefwechsel aus dem Narrenhause). Mit 1 Kpf. u. 2 Vign. 8. Berl. 830. Krause. 1 Thlr. 8 gr.

—— Polonia. Gedicht. 8. (2¼ B.) Paris 831, [Heideloff u. Campe.]

— Ränzel u. Wanderstab. 1e Samml. 8. Berl. 819. (Curths).

— humorist. Raupen, oder Späßchen f. Forstmänner u. Jäger. 2e Aufl. Mit Kupf. 8. Berl. 822, Krause.

MALTITZ, Gotthilf August Frhr. v.: Humoristische Raupen oder Späßchen für Forstmänner und Jäger. - Berlin 1824. 112 S. 2. unveränd. Aufl.

— humorist. Raupen, oder Späßchen f. Forstmänner u. Jäger. 2e Aufl. Mit Kpf. 8. Berl. 824. Krause. 16 gr. 3e Aufl. s. oben Plänterhiebe.

Maltitz, G. A. Freiherr von: „Humoristische Raupen, oder Späßchen für Jäger und Forstmänner", (= 2. Auflage) Berlin 1825 (Christiani in Komm.).

—— humorist. Raupen od. Späßchen f. Forstmänner u. Jäger. 1. Ausg. 8. (5 B. u. Titbild.) Berlin 839. [Halle, Coldiz.] *

— humorist. Raupen oder Späßchen f. Forstmänner u. Jäger. 4e Ausg. (Mit Titelb.) kl.8. Berl.839. Stackebrandt. n. ½ ₰

—— Rede an d. deutschen Adel jetziger Zeit. 8. (1 B.) Hamburg 830, Schuberth u. Niemeyer.

— Rede an d. deutschen Adel jetziger Zeit. 8. Hamb. 831. Schubert u. N. 3 gr

—— Rede an d. deutschen Dichter u. Schriftsteller jetziger Zeit. 2. Aufl. 8. (1 B.) Hamburg 831, Schuberth u. Niemeyer.

—— Rede an mein deutsches Volk. 1., u. 2. Aufl. (à 1 B.) gr. 8. Hamburg 831, Schuberth u. Niemeyer. à

—— Rede an d. deutschen Wehrstand jetziger Zeit. 1—3. Aufl. (à 1 B.) 8. Hamburg 831, Schuberth u. Niemeyer.

— Hans Kix Reise ins Pomeranzenland. Ein Gedicht in 6 Gesängen. gr. 8. Berl. 827. Pauli. 1 ₰ 4 gr

v. Maltitz, Frhr. Gotth. Aug., Ritter Rostftaub, s. v. Kotzebue, Almanach. 26r J.

— vermischte Schriften, siehe: Bibliothek, klassische, des In- u. Auslandes, 3. Bd.

— Schwur u. Rache. Trspl. in 4 A. Mit 1 Kpf. 8. Berl. 826. Christiani. 1 ₰

— Sonnenblicke am Wolkenhimmel d. Lebens, od. Betrachtt. üb. sich selbst, Natur u. Gott, in d. Stunden stiller Aufheiterung u. Ruhe. Als Fortsetzung d. Witschel'schen Morgen- u. Abendopfer 4e verb. Aufl. Mit 1 Kpfr. u. 1 Vign. 8. Berl. 826, (Christiani.)

—— Sonnenblicke am Wolkenhimmel d. Lebens, od. Betrachtn. üb. sich selbst, Natur u. Gott in d. Stunden stiller Aufheiterung u. Ruhe. (Gedichte. — Als Fortsetz. d. Witschel'schen „Morgen- u. Abendopfer.") 5., verb. Aufl. 8. (10 B.) Berlin 830, Krause.

Maltitz, Gthl. Aug. Frh. v., Sonnenblicke. Gesänge relig. Inhalts. Als Fortsetz. d. Witschel'schen „Morgen- u. Abendopfer." Neue, völlig umgearb. u. verb. Ausg. 8. (8 B. u. Titvign.) Zittau 834, [Birr.] 16 Gr., Pracht-Ausg. Thlr. Hat mit vorhergeh. Schrift gleichen Inhalt.

—— Sonnenblicke am Wolkenhimmel d. Lebens, od. Betrachtn. üb. sich selbst, Natur u. Gott in d. Stunden stiller Aufheiterung u. Ruhe. (Als Fortsetz. d. Witschel'schen Morgen- u. Abendopfer.) 6., rechtmäß., verb. u. verm. Aufl. 8. (9¼ B. u. Titkpfr.) Berlin 838. [Leipzig, Schaefer.]

— Sonnenblicke. Gesänge religiösen Inhalts. Als Fortsetzung der Witschel'schen Morgen- u. Abendopfer. Neue Ausg. 16. (IV u. 120 S.) Dresden 850, Birr. u. ½ ₰

Maltitz, G. A. v., Sonnenblicke. Gesänge religiösen Inhalts. Als Fortsetzung der Witschel'schen Morgen- und Abendopfer. Neue (Titel-)Ausg. 16. (IV und 120 S.) Camenz (850)65, Krausche. *

— Streifzüge durch d. Felder d. Satyre u. Romantik. 8. Berl. 824, Christiani in Hamburg.

Maltitz, G. A. v., der alte Student, s. Universal-Bibliothek Nr. 632.

—— der alte Student. Dramat. Kleinigkeit in 2 Akten. 8. (6 B.) Hamburg 828, Hoffmann u. Campe.

— poetische Versuche. 8. Karlsr. 816. Marx. 1 ₰ 3 gr

—— Volks-Stimmen a. d. Zeit. 1. u. 2. Aufl. (à 3 B.) 12. Hamburg 831, Schuberth u. Niemeyer.

Maltitz, G. A. Freiherr von: „Ein herzliches Wort zum Herzen deutscher Fürsten", 2. Auflage, Hamburg und Itzehoe 1830. — Vorh.: Com. Bibl. Hamburg.

—— ein herzliches Wort zum Herzen deutscher Fürsten. 8. (1 B.) Hamburg 831, Schuberth u. Niemeyer.

Maltitz, Hermann von [d. i. Hermann Klenke]

—— Lucas Cranach. Historischer Roman. 3 Bde. 8. (1077 S.) Berlin 860, Janke.

—— dass. — 2. Abthl. A. u. d. T.: Luther und Lucas Cranach. 4 Bde. 8. (1182 S.) Berlin. 861, Janke.

Maltitz, Hermann von

Altadlige Haus-, Hof- und Familiengeschichten. Von Hermann von Maltitz [d.i. Hermann Klenke]. Abt.1.
Berlin: Janke 1865. 8°

1. Die von Bahsel. Bd 1-4. (919 S)

Maltitz, Herm. v., altadeliche Haus-, Hof- u. Familiengeschichten. 2. u. 3. Abthl. Berlin, Janke. 8. Jede Abthl. 5 ₰
2. Abthl. Das gräfliche Haus Rottorff. Roman in 4 Bdn. (1164 S.) 865.
3. Abthl. Der Hof zu Dalwitz u. seine Leute. Roman. 4 Bde. (958 S.) 866.

— der Herzog an der Leine, s. Unterhaltungs-Bibliothek, deutsche.

Maltitz, Hermann von

Der Herzog an der Leine. Von Hermann von Maltitz [d.i. Hermann Klenke]. Abt. 1.2.
Berlin: Janke 1860. 8°

1. Das Turnier in Göttingen. Th. 1.2.
Titelbl. v. Th. 2. fehlt.
2. Schloß Hardegsen. Th. 1.2.
Titelbl. v. Th. 1. fehlt.

Maltitz, Herm. v., der Braunschweig'sche Hof und der Abt Jerusalem. Culturhistorischer Roman. 3 Bde. 8. (974 S.) Leipzig 868, O. Wigand.

— Leibnitz und die beiden Kurfürstinnen. Historischer Roman. 3 Bde. Berlin 863. Janke. 8. (914 S.) 4 ₰

Maltitz, Herm. v., die Politik des Herzens oder die Annectirten. Komisch-politischer Roman aus dem Winter 1866—1867. 4 Bde. 8. (280; 244; 215; 209 S.) Leipzig 869, Grunow.

v. Maltitz, R., Hand- u. Reisebuch für Auswanderer nach den Vereinigten Staaten von Nord-Amerika. 8. Bremen 843, Schünemann. ⅝ ₰

Maltitz, Rudolf von (Hrsg.), s. Ohio Volksfreund.

Maltiz, Hugo v., u. Kunigunde v. Weißenau. Eine Rittergesch., s. Hugo.

v. Maltiz, ..., Hugo u. Kunigunde v. Weißenau. Eine Rittergeschichte. 8. Sondershausen 836. Eupel. 1 ₰

Malton, Jam., Architecture anglaise dans le genre champêtre. Trad. de l'allem. p. de Lestiboudois, ornée de 21 dessins. fol. oblong. Leipz. Baumgärtner. 805.

— architecture anglaise dans le goût champêtre, ornée de 21 planches. 4. Leipz. Industr. Comt.

Malton J.: Die englische ländliche Baukunst. Leipz. [1805]. 18 S. 21 Tvl. Tv.-Fol.

— engl. ländl. Baukunst, m. 21 K. Qu.Fol. Lpz. Baumgärt 805.

Maltos, Alcibiades, appr. Arzt aus Monastir: Über die **Verletzung** der Scheide durch Fremdkörper. *Würzburg 1903: F. Scheiner.* (32 S.) 8°
Würzburg, Med. Diss. v. 1903

Μαλτος, *Ἀναστάσιος Ν., γερμανικοὶ διάλογοι. Νέος μεθοδικὸς ὁδηγὸς πρὸς ἐκμάθησιν τῆς γερμανικῆς γλώσσης διασκευασθεὶς πρὸς χρῆσιν τῶν Ἑλλήνωνν.* (Deutsche Gespräche f. Griechen.) gr. 8. (II, 166 S.) Heidelberg 892. J. Groos. Geb. n. 2. —

— *ἐπίτομος γραμματικὴ τῆς γερμανικῆς γλώσσης θεωρητικὴ ἅμα καὶ πρακτική. Μετὰ πολλῶν ἀσκήσεων διαλόγων καὶ ἀναγνωσμάτων διασκευασθεῖσα προς χρησὶν τῶν Ἑλλήνων.* gr. 8. (XI, 216 S. m. 1 Schrifttaf.) Ebd. 891. Geb. in Leinw. n. 2. 40

Maltos, Anastasios N., *ἐκ Μεγαροβου της Μακεδονιας: Περι των στρατιωτων των παλαιων Ελληνων.* Athen P. A. Sakellarios Dr. 1880. 2 Bl., 132 S., 1 Bl. 8°.
Zürich, Phil. Diss. v. 19. Juni 1879.

Maltz, Dem Br. J. G. B., und Br. J. H. Meiners und Br. J. H. P. Koetheke in dankbarer Liebe gewidmet. »Die Lieb' umschlingt den Kreis der treuen Brüder ...« Johannisfest 1845. Hamburg 1845. V: *Ney, Heinrich.* (wolfstieg I, 867)

Maltz, Dem Br. Joh. Georg, dem Br. Jac. Herm. Meiners und dem Br. Johann Heinr. Peter Koethcke brüderlichst zum Johannis-Feste gewidmet, den 24. Juni 1846. »Am heut'gen Tage wallen ...« Hamburg [1846]. V: *Ney, Heinrich.* (wolfstieg I, 867)

Malzahn, Anna; Trspl. in 5 A. 8. Berl. 814. Sander. 9 gr

Maltzahn, Frhr. v., welche Mittel u. Erfahrungen bietet die Neuzeit dem Jäger u. Heger zur Hebung der Niederjagd? Vortrag in der Versammlg. der Sektion Ludwigslust des allgem. deutschen Jagdschutz-Vereins am 18. III. 1908. (19 S.) 8. Ludwigslust (908). (Hinstorff.) — 50

Maltzahn, Ada Freiin von [Späterer Frauenname]
s.a. Gersdorff, Ada von [Früherer Frauenname]

Blumen im Schutt. Roman von Ada v. Gersdorff (Baronin v. **Maltzahn**). T. 1. 2. (in 1 Bde). *Berlin: O. Janke (1900).* 8° [F.] [01. 334

Unser gnäd'ger Herr! Roman von A. v. Gersdorff [d. i. Ada B^nin v. **Maltzahn**]. *Berlin: A. Goldschmidt [1901].* (233 S.) 8° [F.]
— **Bibliothek**, Goldschmidts, f. Haus u. Reise. Bd 98. [02. 13333

Der Noth gehorchend. Roman von A. v. Gersdorff [d. i. Ada B^nin v. **Maltzahn**.] *Berlin: R. Taendler [1900].* (290 S.) 8° [F.] [00. 7242

Irdische Vorsehung. Roman von Ada v. Gersdorff (B^nin v. **Maltzahn**). T. 1. 2 (in 1 Bde). *Berlin: O. Janke (1901).* 8° [F.] [02. 3011

Ein Wille – ein Weg. Roman von Ada v. Gersdorff (Baronin **Maltzahn**). *Stuttgart, Berlin, Leipzig: Union [1903].* (302 S.) 8° [F.] [04. 1148

Erlösende Worte. Roman von A[da] v. Gersdorff [d. i. Baronin von **Maltzahn**]. Bd 1. 2 (in 1 Bde). *Berlin: O. Janke 1900.* 8° [F.] [01. 335

v. Maltzahn, Albr., Reichsfrhr., Beitrag zur Geschichte der Osten'schen Güter in Vorpommern, aus Urkunden zusammengestellt. Mit 3 Stammtafeln. gr. 8. Schwerin 843. (Rostock, Leopold.) 1/2 ₰
Vgl. Maltzan, Albr.

Maltzahn, Axel, Frhr. von

Maltzahn, Frhr. v., die Eskadron im Felddienst. Winke f. die Ausbildg. nebst Beispielen f. Anlage v. Uebungsritten u. Felddienstübgn. Mit 3 Skizzen im Text u. 1 Karte in Steindr. (IV, 106 S.) 8. Berlin 906. E. S. Mittler & Sohn. n. 2. 25

— **Handbuch** f. den Einjährig-Freiwilligen sowie f. den Reserve- u. Landwehr-Offizier der Kavallerie. Begründet von v. Poten, fortgeführt von v. Glasenapp. 10. Aufl. Neu bearb. Mit 1 Bildnis Sr. Maj. des Kaisers u. Königs u. zahlr. Abbildgn. im Text. (XX, 506 S.) gr. 8. Ebd. 905. 6. —; geb. 6. 50

— Handbuch für den Einjährig-Freiwilligen, sowie für den Reserve- u. Landwehr-Offizier der Kavallerie. 11. neu bearb. Aufl. Von A.-A. Frh. v. Maltzahn. Mit 1 Bldn. u. Abb. Berlin 1908. 572 S.

Handbuch für den Einjährig-Freiwilligen sowie für den Reserve- und Landwehr-Offizier der Kavallerie, begründet von [Bernhard] v. Poten, Oberst z. D., [Militär. Dienstunterr. ...], fortgef. von [Wedig] v. Glasenapp, Major. 11., auf Grund d. Kavallerie-Pionier-Vorschrift v. 24. Okt. 1907 u. d. Felddienst-Ordnung v. 22. März 1908 neu bearb. Aufl. von [Axel-Albrecht] Frh. v. **Maltzahn**, Hauptm. Mit 2 Bldn. Sr. Maj. u. zahlr. Abb. Berlin: Mittler 1909. XXIV, 572 S. 8° [09. 6117

Handbuch für den Einjährig-Freiwilligen sowie für den Reserve- und Landwehr-Offizier der Kavallerie. Begründet von [Bernhard] v. Poten, Oberst z. D., fortgeführt von [Wedig] v. Glasenapp. Major. 12., ... neu bearb. Aufl. Von [Axel Albrecht] Frh. v. **Maltzahn**. Mit zahlr. Abb. Berlin: Mittler 1910. XXIV. 572 S. 8°

Maltzahn, Frhr. v., Handbuch f. den Einjährig-Freiwilligen sowie f. den Reserve- u. Landwehr-Offizier der Kavallerie. Begründet von v. Poten, fortgeführt von v. Glasenapp. 13., unter Berücksicht. der neuesten Vorschriften neu bearb. Aufl. (XXIV, 599 S. m. Abbildgn. u. 1 Bildnis.) gr. 8. Berlin 911. E. S. Mittler & Sohn. 6.—; geb. 6. 50

— **Handbuch** f. den Unteroffizier der Kavallerie im Felddienst. (V, 65 S. m. 1 Skizze.) kl. 8. Ebd. 906. n. — 70

Maltzahn, Axel Frhr. v., Leistungen v. Reiter u. Pferd, s.: Haeseler, Glieb. Graf v.

Maltzahn, Curt, Frhr. von, s. Maltzahn, Kurt, Frhr. von.

Maltzahn, E. v., Doktor Bernhardus. Erzählg. aus d. Reformationszeit. 8. (VII, 127 S.) Schwerin 900. F. Bahn. n. 2. —; geb. in Leinw. n. 2. 50

Maltzahn, E. v., Doktor Bernhardus. Erzählung aus der Reformationszeit. 2. Aufl. (133 S.) 8. Schwerin 905. F. Bahn. n. 2. —; geb. n. 2. 50

— das heilige Blut. Erzählg. aus der Reformationszeit Mecklenburgs. 8. (VIII, 268 S.) Ebd. 901. n. 3. —; geb. n. 4. 20

— das heilige Blut. Erzählung aus der Reformationszeit Mecklenburgs. 3. Aufl. (276 S.) 8. Ebd. 907. n. 3. —; geb. n. 4. 20

— Der Heilige Damm. Erzählung vom Oststrande. 1. u. 2. Aufl. (199 S.) 8. Ebd. 909. 2.50; geb. 3. —

Maltzahn, E. v., das ist gewißlich wahr! Roman. 1.—5. Aufl. (352 S.) 8. Schwerin 910. 11. F. Bahn. 4.—; geb. n 5.

— Meiner Seele Feiertag. Betrachtungen u. Lieder f. den Abendmahlstag. Mit Vorwort v. O. Weber. 2. Aufl. (VIII, 101 S.) 8. Ebd. 907. 1.—; geb. in Leinw. 1. 60

— Die weiße Frau. Roman aus dem 14. Jahrh. 1. u. 2. Aufl. (VIII, 317 S.) 8. Ebd. 908. 3.50; geb. in Leinw. 4. 50

— Hochwaldzauber. Sang u. Sage aus deutschen Bergen. Buchschmuck v. Frieda Opdenhoff. 1. u. 2. Aufl. (à 220 S. m. Titelbild.) 8. Ebd. 907. n. 3. 20; geb. n. 4. 20

Maltzahn, E. v., der Hofprediger Ihrer Durchlaucht. Erzählung aus der Reformationszeit Mecklenburgs. 8. (VIII, 294 S.) Schwerin 899. F. Bahn. n. 3. 50; geb. n. 4. 50

— der Hofprediger Ihrer Durchlaucht. Erzählung aus der Reformationszeit Mecklenburgs. 2. Aufl. 8. (VIII, 294 S.) Ebd. 902. n. 3. 50; geb. n. 4. 50

— der Hofprediger Ihrer Durchlaucht. Erzählung aus d. Reformationszeit Mecklenburgs. 5. Aufl. (VIII, 294 S.) 8. Ebd. 907. n. 3. 50; geb. in Leinw. n. 4. 50

— Ilsabe. Erzählung aus d. Reformationszeit Mecklenburgs. 2. Aufl. 8. (VI, 272 S. m. Titelbild.) Ebd. 899. n. 3. —; geb. n. 4. —

— Ilsabe. Erzählung aus der Reformationszeit Mecklenburgs. 3. Aufl. (VIII, 272 S. m. Titelbild.) Ebd. 904. n. 3. —; geb. n. 4. —

— Ilsabe. Erzählung aus der Reformationszeit Mecklenburgs. 4. u. 5. Aufl. (VI, 272 S. m. Titelbild.) 8. Ebd. 909. 3.—; geb. 4. —

— eine Königin v. Frankreich u. Navarra. Erzählung aus d. Revolutionszeit. Mit Titelbild der Königin Marie Antoinette v. Frankreich. 8. (VIII, 349 S.) Ebd. 903. n. 3. 50; geb. n. 4. 50

— Eine Königin v. Frankreich u. Navarra. Erzählung aus der Revolutionszeit. Mit Titelbild der Königin Marie Antoinette v. Frankreich. 3. Aufl. (VIII, 349 S.) 8. Ebd. 911. 3.50; geb. 4. 50

— die Linden v. Pyrmont. Bilder u. Skizzen aus dem Emmertal. (165 S. m. Abbildgn.) 8. Ebd. 905. n. 2. —; geb. n. 2. 50

Maltzahn, E. v., Luginsland. Gedichte. 8. (VIII, 128 S.) Schwerin 900. F. Bahn. n. 2.—; geb. in Leinw. n. 2. 50

— Osanna in excelsis! Erzählung aus der Revolutionszeit. 1. u. 2. Aufl. (à VIII, 338 S.) 8. Ebd. 905. n. 3. 50; geb. n. 4. 50

— Osanna in excelsis! Erzählung aus der Revolutionszeit. 3. Aufl. (VIII, 338 S.) 8. Ebd. 908. 3.50; geb. 4. 50

— getraute Treue. Erzählg. aus Thüringens Vergangenheit. 1. u. 2. Aufl. 8. (à V, 189 S.) Ebd. 902. n. 2. —; geb. in Leinw. n. 3. —

— Getraute Treue. Erzählung aus Thüringens Vergangenheit. 3. u. 4. Aufl. (192 S.) 8. Ebd. 909. 2.—; geb. 3. —

Maltzahn, Friedrich von (vgl. Maltzan, Frdr. von)

v. Maltzahn, Fr., die Abenddämmerung. Eine nordische Sage. Zur Neujahrsgabe. (Gedicht.) gr. 8. Güstrow 839. (Parchim, Hinstorff) n. 1/3 ℳ

—— Conradin. Trauersp. in 5 Act. gr. 8. (4¾ B.) Güstrow 835, [Opitz u. Comp.]

Maltzahn, Friedr. v., Mecklenburg in allgemeinen deutschen Beziehungen. 8. (2¼ B.) Rostock 842, Leopold.

— einige Worte an meine Landsleute. gr. 8. Ebend. 843. 3 ngl

Maltzahn, Helmut, Frhr. von

Ueber den Einfluss des Krankenkassen-Gesetzes vom 15. Juni 1883 auf die ländlichen Verhältnisse. Zwei Vorträge, gehalten in der IX. Generalversammlung der Vereinigung der Steuer- und Wirthschafts-Reformer zu Berlin am 20. Februar 1884 von H. FREIHERRN von MALTZAHN-Gültz u. Kammerherrn von HÜLSEN-Hemsendorf. Als Anhang: Schema eines Orts-Krankenkassen-Statuts. Berlin. Verlag des Büreaus der Steuer- und Wirthschafts-Reformer. 8°.

Der Seekrieg. Seine geschichtl. Entwickelung v. Zeitalter d. Entdeckungen bis z. Gegenwart. Von Curt Frh. v. Maltzahn, Vize-Adm. a. D. Leipzig: B. G. Teubner 1906. (120 S.) 8°
= Natur, Aus, u. Geisteswelt. Bdch. 99. [06. 7104 4

Maltzahn, Curt Frhr. v., der Seekrieg, s. Aus Natur u. Geisteswelt.

[Deckelt.:] [J.] Taktisches Notizbuch. Von Frh. [Ulrich] v. Maltzahn, Premierlt. im Inf.-Reg. ... No 15. [Mit Kalender u. and. Beil.] *Berlin: E. S. Mittler & S. 1896.* (41 Bl.) 1 Bd 8. [96. 5577

v. Maltzahn, W., das Gustav-Adolphs-Lied von 1633. Mit einer literar. Einleitung und historischen Anmerkungen zum Ersten Mal wieder bekannt gemacht und herausgeg. gr. 8. Berlin 846, Adolf u. Comp. n. 1/3 ℳ feine Ausg. n. 12 ngl

Maltzahn, W. v., s. Schiller's und Göthe's Xenien-Manuscript.

Maltzahn, Wendelin v. deutscher Bücherschatz d. 16., 17. u. 18. bis um die Mitte d. 19. Jahrhunderts. Gesammelt u. m. bibliograph. Erläutergn. hrsg. 3 Abthlgn. gr. 8. (VIII, 572 S.) Jena 874. Dufft. à n. 4. —

Maltzahn's, Wendelin v., deutscher Bücherschatz des 16., 17. u. 18., bis um die Mitte des 19. Jahrh. Register, verf. von Geo. Völcker. gr. 8. (IV, 55 S.) Frankfurt 882. Völcker. n. 2. 40
(Hauptwerk u. Reg.: n. 14. 40)

Maltzan, Frhr. von

Maltzahn, Frhr. v., kurzer Abriß der Geschichte des 1. Garde-Regiments zu Fuß. Auf Befehl zusammengestellt. gr. 8. (III, 48 S. mit 3 eingedr. Skizzen und 3 Bildnissen.) Potsdam 886, Döring.

Maltzan, Frhr. v., kurzer Abriß der Geschichte des 1. Garde-Regiments zu Fuß. Auf Befehl zusammengestellt. Neubearb. von Otto v. Roeder. gr. 8. (III, 72 S. m. Abb. u. 1 Karte.) Berlin 899. R. Schröder. n. 1. —; geb. in Leinw. n. 2. —

Maltzan, Frhr. v., kurzer Abriß der Geschichte des 1. Garde-Regiments zu Fuß. Auf Befehl zusammengestellt. Neu bearb. von v. Roeder. (84 S. m. Abb. u. 1 Karte.) gr. 8. Berlin 907. H. Muskalla. 1.—; geb. 2.—

Maltzan, Albrecht, Beitrag z. Geschichte d. Ostenschen Güter in Vorpommern, aus Urkunden zusammengestellt. gr. 8. (1⅞ B. u. 3 Stammtaf.) Schwerin 843. (Rostock, Leopold.)
Vgl. Maltzahn, Albr. v.

Maltzan, Amelie Freifrau v., die Offenbarung St. Johannis nach Fr. Ad. Philippi's kirchlicher Glaubenslehre, dem deutschen Christenvolke dargeboten. gr. 8. (70 S.) Güstrow 882. Opitz & Co. n. 1. 20

Maltzan, F. u. A. v., u. G. C. F. Lisch, Lebensbilder aus dem Geschlechte Maltzan. Mit Stammtfl. Rostock 1871. 8. Nicht im Handel.

Maltzan, Friedrich von (vgl. Maltzahn, Friedrich von)

v. Maltzan, Frdr., Umriß einer christlichen Weltgeschichte. gr. 8. (IV u. 472 S.) Rostock 850. (Schmidtchen.) n. 5/6 Rthlr

Maltzan, Friedr. v., Umriß einer christlichen Weltgeschichte. 2. Aufl. Hamburg 853. Agentur des Rauhen Hauses. gr. 8. (VIII, 390 S.) 22½ ngr.

—— einige Worte an meine Landsleute. gr. 8. (1 B.) Rostock 843, Leopold.

Maltzan, Heinr. Frhr. v., das Grab der Christin. Eine Legende. Leipzig 865. Dürr'sche Buchh. 8. (VII, 249 S. mit 1 Holzschntaf.) 27 ngr.

von Maltzan, Heinrich Freiherr: Drei Jahre im Nordwesten von Afrika. Reisen in Algerien und Marokko. Bd. 1, 2 3, 4. Leipzig 1863. 2 Bde. X, 285. VI, 314; VI, 314; VIII, 304 S. 8°.

—— drei Jahre im Nordwesten von Afrika. Reisen in Algerien und Marokko. 4 Bde. 1. Aufl. 1863. und 2. Aufl. 8. (XXX und 1217 S. mit 4 Stahlst. und 1 chromolithogr. Karte in qu. Fol.) Leipzig 868, Dürr'sche Buchh. cart.

—— Pilgermuscheln. Gedichte eines Touristen. 8. (VI und 282 S.) Leipzig 863, Dürr'sche Buchh. geb. mit Goldschn.

—— Reise auf der Insel Sardinien. Nebst einem Anh.: über die phönicischen Inschriften Sardiniens. 8. (VI, 586 S. mit eingebr. Holzschn. und 3 Stnt. in 8. und 4.) Leipzig 869, Dyk'sche Buchh.

von Maltzan, Frhr. Heinrich: Reise nach Südarabien und geographische Forschungen im und über den sudwestlichsten Theil Arabiens. (Reisen in Arabien. Bd 1.) Braunschweig 1873. XVI, 422 S., 1 Krt. 8°.

— Reise in den Regentschaften Tunis u. Tripolis. 3 Bde. Ebend. 870. 8. (XVI, 404; VIII, 436 u. V, 386 S. mit 3 Steintaff., 7 lith. Schrifttaff. in qu. 4. u. 2 lith. Karten in qu. 4.) 4 Rthlr

von Maltzan, Heinrich Freiherr: Reise in den Regentschaften Tunis und Tripolis. Bd. 1. Nebst einem Anhang: Ueber die neuentdeckten phönizischen Inschriften von Karthago. Mit Titelkupfer, Plan von Tunis und 59 lithographirten Inschriften. Bd. 2. Nebst einem Anhang, enthaltend consularische Actenstücke und Liste der Stämme Tunisiens. Mit Titelkupfer und Karte. Bd. 3. Mit Titelkupfer und einem Register über das ganze Werk. Leipzig 1870. 1 Bd. XVI, 404; VIII, 436; V, 386 S. 8°.

Maltzan, Heinrich Freiherr von, Adolph v. Wrede's Reise in Hadhramaut. I—IV. [SA.] o. O. u. J. 4°.

Maltzan, Heinr. Frhr. v., Reisen in Arabien. 2 Bde. gr. 8. Braunschweig 873, Vieweg und Sohn. *

Inhalt:

Bd. 1. Reise nach Südarabien und geographische Forschungen im und über den südwestlichen Theil Arabiens. (XVI, 407 S. mit 1 chromolithogr. Karte in qu. 4.) *M 12.

2. Adolph v. Wrede's Reise in Hadhramaut, Beled Beny 'Yssà und Beled el Hadschar. Hrsg. mit einer Einleitung, Anmerkungen und Erklärung der Inschriften von 'Obne versehen von Heinr. Frhr. v. Maltzan. 1. und 2. Abdr. (VIII, 375 S. mit 1 lithogr. Karte, qu. 4., und Facs. der Inschrift von 'Obne, Stnt.) *M 6.

Bd. 2. s. a. Wrede, Ad. v.

Maltzan, Heinrich Freiherr von, Sittenbilder aus Tunis und Algerien. Nebst einer Tafel (mit zwei) Abbildungen. Leipzig 1869. Dyk'sche Buchhandlung. 8°. 452 S. (1 Mk. 50 Pfg., stockfl., Mayer & Müller, Berlin, 1910.)

Maltzan, Heinr. v., meine Wallfahrt nach Mekka, s.: Volksbücher, wissenschaftliche, f. Haus u. Schule.

— meine Wallfahrt nach Mekka. Reise in der Küstengegend u. im Innern von Hedschas. 2 Bde. Ebend. 865. 8. (VI, 750 S.) 2 Rthlr 15 ngr.

Maltzan, Hermann Frhr. von

—— Die Errichtung deutscher Volksbühnen, e. nationale Aufgabe. Vortrag. gr. 8. (21 S.) Berl. 889, Walther. * — 50

Maltzan, Herm. Frhr. v. Der Lohnkampf. Volksschauspiel in 5 Aufzügen. gr. 8. (III, 87 S.) Oldenb. 890, Schulze. * 1 60

—— Der Messias der Juden. Roman aus der Geschichte d. Orients im 17. Jahrh. Aus dem Nachlasse d. Autors. 8. (167 S.) Oldenb. 892, Landsberg. * 3 —

Maltzan, Herm. Frhr. v., zum Cap S. Vincent. Reise durch das Königr. Algarve geschildert. 8. (VII, 154 S.) Frankfurt a. M. 880, Kumpf und Reis. *

Maltzan, Herm. Frhr. v., Volk und Schauspiel. gr. 8. (30 S.) Berlin 888, Walther und Apolant. *

Maltzan, J. C. Eugen, Graf von

MALTZAN, J.C.E. Graf v.: Handbuch für Förster als Inbegriff der zur Forst- und Holz-Wirtschaft erforderlichen Kenntnisse, aus den Schriften allgemein geschätzter und erfahrener Männer geschöpft. - Berlin 1805. 440 S., 4 Abb.

v. Maltzan, Graf, Eugen, Handbuch für Förster. Mit 12 Kpfr. gr. 8. Berl. 805. Sparthen. 2 Rthlr 8 gr.

— Versuch e. gründl. Anleitung zum Bau hölzerner Brücken. Mit Kpft. 4. Berl. 805. (Dümmler). 3 Rthlr

Maltzan, Joachim, oder Urkunden-Sammlung zur Geschichte Deutschlands während der ersten Hälfte des 16. Jahrh., hrsg. von G. C. F. Lisch. gr. 8. (VIII und 352 S.) Schwerin 853, (Stiller'sche Hofbuchh.) *
Aus der Maltzanschen Urkunden-Sammlung besonders abgedruckt.

Maltzan, Frhr. Jul. v., die ständische Basis. gr. 8. (42 S.) Rostock 874. Stiller. — 75

Maltzan, Jul. v. Die ständische Basis. 2. Abdr. Rostock 1874. 8°.

Maltzan, Jul. Frhr. v. Zur Erinnerung an den Vicelandmarschall v. Dewitz auf Cölpin. 8. (17 S.) Ludwigslust 889, (Hinstorff). * — 40

Maltzan, Frhr. Jul., Erinnerungen u. Gedanken e. alten Doberaner Badegastes. gr. 8. (38 S.) Rostock 893. C. Meyer. n. 1.—

Maltzan, Frhr. Jul., alte Landtagserinnerungen. gr. 8. (31 S.) Ludwigslust 896. Hinstorff. n. — 60

Maltzan, Jul. Frhr. v., einige gute mecklenburgische Männer. Lebensbilder, gesammelt von J. v. M. Lex.-8. (VIII, 301 S.) Wismar 882. Hinstorff's Verl. n. 18. —; geb. m. Goldschn. n. 15. —

Maltzan, Frhr. Jul. v., feudale Repliken. gr. 8. (95 S.) Rostock 878, (Stiller'sche Hofbuchh.) *

Maltzan, M. Frhr. v., Düngerwirthschaft. Ein Wegweiser f. Mittel- u. Kleinbetrieb. 8. (III, 64 S.) [Berlin 893. B. Grundmann.] Neudamm, J. Neumann. n. 1. —; geb. in Leinw. n. 1. 40

Maltzan, M. Frhr. v., die Melassefütterung in Verbindg. m. d. Lupinen-Entbitterg., e. gewiesener Weg zur Verbilligg. d. landwirthschaftl. Produktion u. zur prakt. Lösg. d. Kaufwerthfrage. gr. 8. (74 S.) Berlin 896. Schöneberg, F. Telge. n. 1. 50

— landwirthschaftliche Tabellen. 4 Thle. Im Auftrage des Hauptdirektoriums des landwirthschaftl. Provinzialvereins f. die Mark Brandenburg u. die Niederlausitz bearb. gr. 8. Berlin 894. F. Telge. à n. — 50
1. Maßnahmen u. Rathschläge zu gewinnbringenderer Fütterung der landwirthschaftlichen Nutzthiere. (16 S.)
2. Praktische Bilanz der Ausgabe u. Einnahme des Bodens. (14 S.)
3. Zur Festlegung der Futternormen f. Mastthiere. (16 S.)
4. Die Berechnung der Futtermischungen. (16 S.)

— welche Mittel sind anzuwenden, um der Magermilch bessere Verwerthung u. als Volksnahrungsmittel weiteren Absatz zu verschaffen? gr. 8. (III, 34 S.) Berlin 893. Trowitzsch & Sohn. n. — 80

Maeltzer, Theodor *(geb. Schlabitz in Schles. 26. 9. 1858)*: Ueber Pseudoapoplexieen des Gehirns. (Aus der Krankenabtheilung des Breslauer städtischen Armenhauses.) Breslau 1881. (32 S.) 8° *[Im Buchhandel 1881 bei Köhler in Breslau.]*

Breslau, Med. Diss. v. 1. Aug. 1881

Maltzew, Alexios v., Andachtsbuch der orthodox-kathol. Kirche d. Morgenlandes. Deutsch u. slavisch unt. Berücksicht. d. griech. Urtextes. 8. (CXII, 880 S.) Berlin 895. K. Siegismund. n. 12. —

Antwort auf die Schrift des hochwürdigen Herrn Domcapitulars Röhm: 'Sendschreiben eines katholischen an einen orthodoxen Theologen' u. auf d. Abhandlg d. hochw. Herrn Consistorialrathes Fl. Gruber im 5. Heft d. 'Pastor bonus' von 1895: 'Zur Rückkehr vom Schisma'. Von A. v. Maltzew [Aleksèj **Mal'cev**], ... Propst an d. Kirche d. K. Russ. Botschaft zu Berlin. *Berlin: C. Siegismund 1896.* (1 Bl., 80 S., 1 Bl.) 1 Bd 8. [96. 2087

Begräbniss-Ritus und einige specielle und alterthümliche Gottesdienste der Orthodox-Katholischen Kirche d. Morgenlandes. Deutsch u. slavisch unt. Berücks. d. griech. Urtextes v. Alexios v. Maltzew, ... Propst ... zu Berlin. *Berlin: K. Siegismund 1898.* [A. T.:] [Russ.] Činy pogrebenija i nèkotoryja osobennyja i drevnija cerkovnyja služby Pravoslavn. Kafolič. Vostočnoj Cerkvi. Nèmeckij perevod ... Aleksèja **Mal'ceva** ... (CXXII S., 4 Bl., 444, 471 S.) 1 Bd 8. [98. 8394

Bitt-, Dank- u. Weihe-Gottesdienste der Orthodox-Katholischen Kirche des Morgenlandes. Deutsch u. slavisch u. Berücks. d. griech. Urtextes v. Alexios v. Maltzew... *Berlin: K. Siegismund 1897.* [A. T.:] [Russ.] Kniga molebnych pènij Pravoslavnoj Kafoličeskoj Vostočnoj Cerkvi. Nèmeckij perevod s parallel'nym slavjanskim tekstom provèrennym po grečeskim originalam ... Aleksèja **Mal'ceva** ... (CLII, 1135 S.) 1 Bd 8. [98. 3600

Maltzew, Alexios, der grosse Buss-Kanon des hl. Andreas v. Kreta. Deutsch u. slavisch unter Berücksicht. des griech. Urtextes. 12. (108 S.) Berlin 894. (K. Siegismund.) n. 3. —

Maltzew, Alexios v., Fasten- u. Blumen-Triodion nebst Sonntagsliedern des Oktoichos der orthodox-katholischen Kirche des Morgenlandes. Deutsch u. slawisch unter Berücksicht. der griech. Urtexte. 8. (CXCVI, 1223 S.) Berlin 899. K. Siegismund. 15. —

— die russische Kirche. Widerlegung der Abhandlg. v. Paul Irgen in den Preuß. Jahrbüchern (Febr. 1893). gr. 8. (10 S.) Ebd. 893. n. — 20

— dasselbe. 2. Widerlegg. der Polemik des Hrn. Paul Irgen. gr. 8. (16 S.) Ebd. 893. n. — 20

— die russische Kirche u. Dr. Knie. [Aus: „Internat. theolog. Zeitschr."] gr. 8. (22 S.) Bern 894. Ebd. n. — 50

Die heilige Krönung nach dem Ritus der Orthodox-Katholischen Kirche des Morgenlandes, verb. m. e. geschichtl. u. liturgiolog. Betrachtg d. verschied. Kröngsriten. Von Alexios v. Maltzew, ... Propst ... zu Berlin. *Berlin: K. Siegismund 1896.* [A. T.:] [Russ.] Svjaščennoe koronovanie po ustavu Pravoslavnoj Kafoličeskoj Vostočnoj Cerkvi ... Protoiereja Aleksèja Mal'ceva ... (2 Bl., 303 S.) 1 Bd 8. [96. 8386

Maltzew, Alexios. Die göttlichen Liturgieen unserer heiligen Väter Johannes Chrysostomos, Basilios d. Grossen u. Gregorios Dialogos. Deutsch u. slawisch unter Berücksicht. der griech. Urtexte. 8. (XXXIV, 568 S.) Berl. 890, Siegismund. * 6 —

— die Liturgien der orthodox-katholischen Kirche des Morgenlandes unter Berücksicht. des bischöflichen Ritus, nebst e. vergleich. Betrachtg. der hauptsächlichsten übr. Liturgien des Orients u. Occidents. gr. 8. (IX, 344 S.) Berlin 894. Ebd. n. 6. —

— Liturgikon. („Sluschebnik".) Die Liturgien der orthodox-kathol. Kirche des Morgenlandes unter Berücksicht. des bischöfl. Ritus (deutsch u. slavisch), nebst e. historisch-vergleich. Betrachtung der hauptsächlichsten Liturgien des Orients u. Occidents. gr. 8. (CVIII, 462 S.) Ebd. 902. n. 9. —

— Menologion der orthodox-katholischen Kirche des Morgenlandes. 2 Thle. Deutsch u. slavisch unter Berücksicht. der griech. Urtexte. 8. Ebd. à n. 10. —
I. (September—Februar.) (XCVI, 1060 S.) 900.
II. (März—August.) (LXXX, 896 S.) 901.

— Die Nachtwache od. Abend- u. Morgengottesdienst der orthodox-kathol. Kirche d. Morgenlandes. Deutsch u. slavisch unter Berücksicht. der griech. Urtexte. 8. (LXXXIX, 827 S.) Ebd. 892, * 10 —

Maltzew, Alexios v., Oktoichos od. Parakletike der orthodox-katholischen Kirche des Morgenlandes. I. u. II. Thl. (Ton I—IV u. V—XIII.) Deutsch u. slawisch m. Berücksicht. der griech. Urtexte. (XV, 1270 u. LXXXVI, 1194 S.) 8. Berlin 903. 904. K. Siegismund. à n. 14. —

Ritus der Vereinigung mit der orthodoxen Kirche. Deutsch u. slawisch v. Alexios v. Maltzew, ... Propst ... zu Berlin. *Berlin: K. Siegismund 1897.* [A. T.:] [Russ.] Kniga Činov Prisoedinenija k Pravoslaviju. Nèmeckij perevod s parallel'nym slavjanskim tekstom ... Aleksèja **Mal'ceva** ... (95 S., 1 Bl.) 1 Bd 8. [98. 3601

Die Sacramente der Orthodox-Katholischen Kirche des Morgenlandes. Deutsch u. slawisch u. Berücks. d. griech. Urtextes v. Alexios v. Maltzew, Propst ... zu Berlin. *Berlin: K. Siegismund 1898.* [A. T.:] [Russ.] Tainstva Pravoslavnoj Kafoličeskoj Vostočnoj Cerkvi. Nèmeckij perevod s parallel'nym slavjanskim tekstom, provèrennym po grečeskim originalam ... Aleksèja **Mal'ceva** ... (CCCXXXIX, 570, 77 S., 1 Bl.) 1 Bd 8. [98. 3602

Mal-Übungen. 2 Hfte. qu. gr. 8. (à 8 z. Tl. farb. Blatt.) Eßlingen 896. J. F. Schreiber. à n. — 30

Mal-Uebungen f. kleine Hände. 3 Sorten. (à 16 Bl. m. z. Tl. farb. Abb.) 4. Nürnberg (903). Th. Stroefer. à — 60

Malübungen f. die Jugend. 3 Sorten. (Je 8 [4 farb.] Bl.) gr. 8. Nürnberg (908). Th. Stroefer. à — 50

— leichte. 8. (12 [5 farb.] S.) Wesel 898. W. Düms. — 25

— leichte. 6 Sorten. (à 8 Bl. m. z. Tl. farb. Abbildgn.) kl. 4. Ebd. (903). à — 30

Mal-Übungen, neue. 2 Sorten. qu. gr. 8. (à Sorte 12 zur Hälfte color. Taf. mit 1 Bl. Text.) Wesel 887, Düms. cart. à Sorte

— neue. 3 Sorten. qu. gr. 8. (à 4 farb. u. 4 schwarze Taf.) Wesel 896. W. Düms. à — 30

— neue. 2 Sorten. gr. 4. (à 8 [4 farb.] Taf.) Stuttgart 897. G. Weise. à — 40

Maluschka Alfons: Die romantische Kunstbetrachtung bei E. T. A. Hoffmann.
1906 PN 1986 Diss. Wien, Univ.

Malven. V. Fr. Kind. 2 Thle. Züllichau. Darnmann. 1805.

Malven, Ferd. Maria, Bilder-Magazin f. allgem. Weltkunde, f. Bilder-Magazin.

Malven, Fd. Maria, über die Quellen einer möglichen Wiederauffindung der verloren gegang. griech. u. römischen klassischen Schriftsteller oder einzelner Schriften u. Schriftbruchstücke derselben. Nach den in einer engl. Collectiv-Recension aufgestellt. Bemerkk. bearb. u. mit Zusätzen u. Anmerkk. verm. gr. 8. Wien 838. Pichler's sel. Wittwe. 1/4 ℛ

Malven, Ferd. Maria. Die Rettung der Bajadere. Wien 1858. Druck u. Verl. v. *A. Pichler's Wtw. & S.* VIII S. 60 S. 2 Bl. 12°.

Francisci de Vargas, Petri de Malvenda veterumque quorundam Hispaniae episcoporum de concilio Tridentino epistolae et observationes, quas ex Hispanico in Gallicum sermonem trad. Mich. Vassorius. Brunsvigae 1704.

Malven-Sträusschen ... Von ... E. B. geb. L. Einsiedeln 1828. V: *Bodenmüller, Elisabeth geb. Lavater.* (Kat. d. Stadtbibl. Zürich III, 269) (Zeitschr. f. Büch. N. F. 15, 1923, S. 115)

Malvers, Ernst, ein geopfertes Herz. Roman. 8. (291 S.) Breslau 888, Schottländer. *ℳ 4.50.; geb. *

Malvert, A., Wissenschaft u. Religion. Nach dem 25. Taus. der französ. Ausg. ins Deutsche übertr. (IV, 124 S. m. Abbildgn.) gr. 8. Frankfurt a/M. 904. Neuer Frankfurter Verlag. n. 2.—

Malvery, Olive Christian

Malvery, Olive Chr., vom Markte der Seelen. Entdeckungsfahrten e. sozialen Frau im Lande Armut. Aus dem Engl. v. Martha Sommer. (240 S. m. Bildnis.) 8. Leipzig 907. R. Voigtländer. 2.—

— Im Sumpf der Weltstadt. Entdeckungsfahrten im Lande der Armut. Aus dem Engl. v. Martha Sommer. (240 S. m. Bildnis.) 8. Berlin 910. Herm. Walther. 1. 20

Malvieux, Die Familie, dankbar geehrt bei Ihrem Abschiede von Kleinhonth ... Neusohl 1810. V: *Fejes, Johann von.* (GGr) (SZMJ)

Malvieux, Paul Ludwig: Propositiones aliquot staticae, s. Poezinger, Gg. Wilh. [Praes.]

Malvina. Von der Verfasserinn der Amalia Mannsfield. Aus d. Franz. frey übers. Leipz. o. J. V: *Cottin.* (EB)

Malvina oder der Kampf der Liebe und Pflicht. Nach d. Franz. ... Frankf. a. M. 1802. V: *Cottin, Sophie.* (GGr)

Malvina. Nach dem Franz v. Stampeel. 5 Thle. 8°. Frankf.: Eßlinger 1802. - 3.

Malvina, par Mad. Cottin, nouv. edit. III Vol. 12. Pesth, Hartleben. 815.

— — czyli domyślność serca. 2 Tomy. Edycya druga, poprawna i 6. rycinami ozdobiana. w Warszawie, Glücksberg i Komp. (w Lipsku, Cnobloch w Kommissyi.) 817.

Malvine. Ein Buch für gebildete Mütter. Neust. 1818. N. A. 1820. 2. Aufl. 1824. V: *Dinter, Gustav Frdr.* (Ky) (MGT)

Malvina, ein Buch für gebildete Mütter. (v. Dinter.) 8. Neustadt, Wagner. 818.
weiß Druckpap.
Schreibpap. mit ill. Kpfrn.
Velinpap.

Malvina, ein Buch für gebildete Mütter, (v. G. F. Dinter). 8. Neust. 820. 2e Aufl. 824. 3e A. gr. 16. 829. 4e A. 833. Wagner. 1 ℛ 12 𝔤

Malvina. Lehrreiche und unterhaltende Erzählungen für die Jugend von einem Jugendfreunde. Frankfurt a. M. 856. Krebs-Schmitt. 8. (99 S. u. 8 color. Lithogr.) n. 20 ngr

Mal-Vorlagen. Landschaften. qu. gr. 8. (12 [6 farb.] Bl.) Eßlingen (900). J. F. Schreiber. n. — 60

Malvorlagen. (6 farb. u. 6 schwarze Bl.) 4. Mainz (905). J. Scholz. Kart. 1.—

— dasselbe. Tiere. (6 farb. u. 6 schwarze Bl.) 4. Ebd. (905). Kart. 1.—

Mal- u. Zeichen-Vorlagen, allerlei. 4. (30 z. Tl. farb. Blatt.) Nürnberg 898. Th. Stroefer. Kart. 1. 50

Malvorlagen in Delfter Blau. Fol. (5 Taf.) Leipzig 896. E. Haberland. n. 3.—; einz. Bl. n. — 75

Mal-Vorlagen in Friesen v. W. Friedrich, C. u. J. Gehrts, A. v. Grundherr, J. Kleinmichel, C. Röhling, F. Simm, H. Vogel. schmal gr. 8. (48 Farbendr.) Stuttgart 890. G. Weise. In Leinw.-Mappe. n. 5. —

— neue. 8. (12 farb. u. 12 schwarze S.) Stuttgart 898. G. Weise. — 30

— neue. 2 Hfte. 4. (à 12 z. Tl. farb. Bl.) Ebd. (900). Kart. à n. — 80

— neue, f. meine Lieblinge. qu. gr. 4. (8 farb. u. 8 schwarze Taf.) Ebd. (899). n. 1.20

— vom Rhein. gr. 8. (12 Farbdr.) Boppard 899. O. Maisel. 2.50
Sonderabdruck aus: „Der Rhein in Bild u. Lied".

Malvus, Frz., die Gebräuche beim Zweikampf. gr. 8. (42 S.) Berlin 887, Mayer und Müller. *

Malvus, Frz. Gründet e. allgemeines studentisches Ehrengericht! 8. (28 S.) Berl. 889, Mayer u. Müller. * — 60

— das heutige Studium u. das Studierten-Proletariat! Auch e. Beitrag zur sozialen Frage. gr. 8. (62 S.) Berlin 889. Wiegandt & Schotte. n. 1. —

Malwina, od. Geschichte e. interessanten Mädchens. 8⁰. Berl. 1797. (Halle, Dreyßig).

Malwina oder merkwürdige Begebenheiten eines interessanten Mädchen a. d. Franz. [der Marguerite de Lussan] frey nachgebildet. Berlin 1797. B: *Heidemann, Theoph. Albrecht.* (GGr) *Hagemann.* (MGT)

Malwina, oder merkwürdige Begebenheiten eines interessanten Mädchens, dem Franz. frey nachgebildet, von T. Heidemann, mit 1 Kupf. 8. Berlin, 797. Hartmann. 1 Rthl.

Malwine, eine Gesch. f. d. Alter d. Entwickel. des Geistes, insbes. f. Töchter. 1s Bdch. 8. Jena, Etzdorf. (Fr. Bruder, Leipz.) 805.

Maly Uczen Czytania i myślenia Polsko-Niemiecki dla Szkoł narodowych. — Der kleine Deutsch-Polnische Lese- u. Denkschüler für Volksschulen. 5. verb. u. verm. Aufl. 8. Graudenz 844, Röthe. 6¼ ngr

Maly, A. v., k. k. Hauptm. Adjustirungsbilder des k. k. Heeres und der österreichisch-ungarischen Landwehren. (24 Taf.) Fol. Wiener-Neustadt (1883).

Maly, Ant., ein fahrender Sänger, v. Niemand gekannt. Gedichte. (90 S.) kl. 8. Buenos Aires 908. L. Mirau. 1.50

Maly, Arthur: Marburg, s. Städtebuch separate.

Malý, Cassius Der arianische Streit (bis zur Kirchenversammlung zu Nicäa). 8 (S. 3—22). Progr. K. k. G. *Mähr.-Weißkirchen* 1890.

Malý, Franz

Malý, F., Grundriss der Mediations-Rechnung. (XII, 174 S.) Lex.-8. Graz 904. Styria. n. 10. —

Maly, Frz., Vortheile der künstlichen Brut und Aufzucht des Geflügels im Allgemeinen, sowie des von mir angewendeten Verfahrens insbesondere. gr. 8. (30 S.) Wien 882, (Gerold's Sohn.) *

Maly, Günth. Walth., Untersuchgn. üb. Verwachsgn. u. Spaltungen v. Blumenblättern. [Aus: „Sitzungsber. d. k. Akad. d. Wiss."] gr. 8. (12 S. m. 2 Taf.) Wien 896. (C. Gerold's Sohn.) n. — 90

Malý, J., uvahy Čecha o novém zřízení Rakouska. Prag 861. Kober. 8. (16 S.) n. 2 ngr

Maly, J. B., krátká mluwnice česká pro Cechy. Sepsal obzwláště ku prospěchu studujícé mládeže. 12. (4 B.) Prag 845, Haase Söhne, Verlags-Exped.

—— prikladowé ceské mluwy. — Beispiele čechischer Redeweise. (Der kurzen čech. Sprachlehre für Čechen. 2. Thl.) gr. 8. (9¾ B.) Prag 846. [Kronberger'sche Buchh.] *

Maly, Jakob

Maly, Jak., Gedanken üb. die Lösung der socialen Frage. gr. 8. (XII, 76 S.) Prag 873. Mercy. n. 1. 20

Maly, Josef

Maly, Jos., die Fortschritte des bekehrten Sünders zur Vollkommenheit u. die Fortschritte des unbußfertigen Sünders zum Verderben. Dargestellt in 6 Passionspredigten. gr. 8. Wien 839. Braumüller u Seidel. ⅔ ₰

J. Maly (Dr. der Theologie u. Prof.) die Kunst, auf der Kanzel die Menschen zu rühren. gr. 8. Olmütz 1846, Hölzel. 1 1/4 Thlr. — 2 fl. 15 kr.

Maly, Jos., die Kunst, auf der Kanzel die Menschen zu rühren und zu bewegen. Ein Beitrag zur Homiletik. gr. 8. (XVI und 267 S.) Olmütz 847, Hölzel.
Eine 2., billigere Ausg. erschien unter dem Titel:
— homiletische Studien od.: das Wichtigste aus der Homiletik. 2. billigere Ausg. der „Kunst auf der Kanzel die Menschen zu rühren u. zu bewegen." gr. 8. (XVI u. 267 S.) Ebd. 850. 18 ngr

Maly, Josef Karl

Maly, J. C., Anleitung zur Bestimmung der Gattungen der in Deutschland wildwachsenden und allgemein kultivirten Pflanzen nach der sehr leichten und sicheren analyt. Methode. Zum Gebrauche für die Besitzer von Koch's und Kittel's Taschenbüchern der deutschen Flora. 12. Wien 846, Braumüller u. Seidel. ⅔ ₰

Maly, Jos. Carl, Anleitung zur Bestimmung der Gattungen der in Deutschland wildwachsenden u. allgemein kultivirten Pflanzen, nach der analyt. Methode. Zum Gebrauch fur die Besitzer von Koch's u. Kittel's Taschenbüchern der deutschen Flora bearb. 2. (Titel-) Aufl. gr. 12. (XII u. 164 S.) Wien (846) 848, Braumüller. ⅔ ₰

Maly, Jos. Karl, *Dr., Mitgl. mehr. medic. u. botan. Gesellsch. d. In- u. Ausl.* Anleitung zur Bestimmung der Gattungen der in Deutschland wildwachsenden u. allgem. kultivirten phanerogamischen Pflanzen nach der sehr leichten und sicheren analitischen Methode. Zum Gebrauche für die Besitzer von Koch's Synopsis und Taschenbuch und von Kittels Taschenbuch der deutschen Flora. II. verm. Aufl. *Wien* 1858. *W. Braumüller.* Gedruckt bei *Jos. Stöckholzer v. Hirschfeld.* XII. 170 S. 8⁰.

Maly, Jos. Karl, systemat. Beschreibung d. gebräuchlichsten in Deutschland wildwachs. od. kultiv. Arzneigewächse, z. Gebr. f. studier. Aerzte, Wundärzte u. Apotheker. gr. 8. (9½ B.) Grätz 837, Ludewig.

Maly, Jos. Karl, systematische Beschreibung der in Österreich wildwachsenden und kultivirten Medicinal-Pflanzen. Für Ärzte und Apotheker. gr. 8. (XIII und 190 S.) Wien 868. Braumüller. *

—— Botanik für Damen. Enthaltend die Anfangsgründe und Systemkunde nebst der systemat. Beschreibung der in der Hauswirthschaft gebräuchl. Gewächse und der in Gärten allgemein cultivirten Zierpflanzen. 8. (X und 322 S.) Wien 862, Gerold's Sohn.

— enumeratio plantarum phanerogamicarum imperii Austriaci universi. gr. 8. (XVI u. 423 S.) Vindobonae 848, Seidel. n. 2 ℛ

Maly (J. C.). Enum. pl. phan. imperii austriaci universi. Vindob. 1848. 8°.
Nachtraege (by A. Neilreich), Wien, 1861. 8°.

—— Flora von Deutschland. Nach der analytischen Methode bearb. gr. 8. (XCV und 587 S.) Wien 860, Braumüller's Verlags-Conto.

Maly, Jos. Karl, Flora von Steiermark. Systematische Uebersicht der in Steiermark wildwachs. u. allgemein gebauten blüh. Gewächse u. Farne mit Angabe der Standorte, der Blütezeit u. Dauer. Aus dem Nachlasse. Wien 868. Braumüller. gr. 8. (XII, 303 S.) n. 1 ℛ 10 ngr

Maly, Jos. Karl, Flora Styriaca, od. nach natürl. Familien geord. Uebersicht der im Hrzgth. Steyermark wildwachs. u. allgem. gebauten, sichtbar blühenden Gewächse u. Farrn, mit Angabe d. Standorte, d. Blüthezeit u. d. Dauer. gr. 12. (7⅓ B.) Grätz 838, Ludewig. Thlr.
Suppl. 1848.

——— Nachtraege zur Flora von Steiermark. [Graz, 1864.] 8°.

— ökonomisch-technische Pflanzenkunde. Systematische Beschreibung der in der Garten- und Landwirthschaft, in Künsten und Gewerben und im Forstwesen gebräuchlichen kultivirten und wildwachsenden Pflanzen mit Angabe der Benützung. Ebend. 863. gr. 8. (XVI, 221 S.) n. 1 ℛ

—— ökonomisch-technische Pflanzenkunde. Systematische Beschreibung der in der Garten- und Landwirthschaft, in Künsten und Gewerben und im Forstwesen gebräuchl. kultivirten und wildwachs. Pflanzen mit Angabe der Benützung. gr. 8. (XVI und 221 S.) Wien 864, Braumüller. *

MALÝ, Karl (F. J.)
Floristische Beiträge. Von Karl F. J. Malý. (Separat-Abdruck aus „Wissenschaftliche Mittheilungen aus Bosnien und der Hercegovina", VII. Bd. 1900.) Wien. 1900. In Comm. Gerold's Sohn. Lex.-8°. 27 S. K —.60

Maly, Karl, Beiträge zur Kenntnis der Flora Bosniens u. der Herzegowina. (S. 165—309.) gr. 8. Wien 904. (A. Hölder.) n. 4. 20
Sonderabdruck aus: „Verhandlgn. d. k. zoologisch-botan. Gesellsch. in Wien".

Maly, Karl: Früchte u. Samen aus dem Pfahlbaue von Donja Dolina in Bosnien, s. Truhelka, Ciro: D. vorgeschichtl. Pfahlbau ...

Maly, Karl Uber einige, in der Elektrotechnik gebräuchliche, Messapparate und deren Verwendung in der Mittelschule. (Umschlagtitel: ... Mit 17 Figuren im Texte). 8 (S. 3—32).
Progr. K. k. Staats-G. im XII. Bezirke (Unter-Meidling) *Wien* 1894.

Maly, Richard L.

— Über die Ammoniumverbindungen der Harnsäure. S. 47. II. 322 . . . . vgr.
Separatabdruck

— Analyse des Andesins von Trifail in Steiermark. S. 91. II. 65 . . . . vgr.
Separatabdruck

— u. K. Brunner, Anleitung zu pharmaceutisch-medicinisch-chemischen Übungen. gr. 8. (VIII, 179 S. m. Abbildgn. u. Tab.) Wiesbaden 891. J. F. Bergmann. n. 2. 50

Maly, Rich. L., über einen Aether der Wolframsäure. [Aus den Sitzungsber. der k. Akad. der Wiss.] Wien 866. (Gerold's Sohn.) Lex.-8. (4 S.) 1½ ngr

— Über das Basensäureverhältnis im Blutserum und anderen tierischen Flüssigkeiten. Ein Beitrag zur Lehre von der Sekretbildung. S. 85. III. 318 . . . . vgr.
Separatabdruck

— u. Jul. Donath, Beiträge zur Chemie der Knochen. [Aus: „Sitzungsber. d. k. Akad. d. Wiss."] Lex.-8. (28 S.) Wien 873. (Gerold's Sohn.) n. — 40

Maly, Dr. Richard L., Beiträge zur Kenntniss der Abietinsäure. (Sonder-Abdr. a. d. Sitzungsber. d. k. Akad. d. Wiss.) gr. 8. (5 S.) Wien, Gerold in Comm. 1864. 5 kr.

— Beiträge zur Kenntnis der Abietinsäure. 2. Mitteilung. S. 48. II. 25 . . . . —.20
Separatabdruck

— Beiträge zur Kenntnis der Abietinsäure. 3. Mitteilung. S. 50. II. 130 . . . . . —.10
Separatabdruck

Maly, Rich., Chemie der Verdauungssäfte und Verdauung, s. Handbuch der Physiologie.

Maly, Rich. L., einfache Darstellung von salzsaurem Kreatinin aus Harn, s. Untersuchungen aus dem chemischen Laboratorium.

— Über Darstellung und Konstitution der kristallisierbaren Säure im Harze von *Pinus abies*. 1. Mitteilung zur Kenntnis der Abietinsäure. S. 44. II. 121 . . vgr.
Separatabdruck

— über ein neues Derivat des Sulfoharnstoffes: die Sulfhydantoinsäure [Sulfocarbamidessigsäure]. [Aus: „Sitzungsber. d. k. Akad. d. Wiss."] Lex.-8. (7 S.) Wien 877. (Gerold's Sohn.) n. — 20

— über einige Derivate des Thiosinnamins. [Aus den Sitzungsber. der k. Akad. der Wiss.] Lex.-8. (10 S.) Wien: Gerold 1867. n. 2 ngr

— Über einige Derivate des Thiosinnamins. 1. Einwirkung von Brom auf Thiosinnamin. S. 54. II. 580 . . . . —.20
Separatabdruck

Maly, Richrd L.: Über einige neue Derivate des Thiosinnamius. II. Abhandlung. Einwirkung von Jod auf Thiosinnamin: Thiosinnamindijodür. (Sonder-Abdr. a. d. Sitzungsber. d. k. Akad. d. Wiss.) gr. 8. (12 S.) Wien, Gerold in Comm. 1868.

— — (II.) [Aus den Sitzungsber. der k. Akad. d. Wiss.] Ebend. 869. Lex.-8. (12 S.) n. 3 ngr

— Neue Derivate des Thiosinnamins. 3. Abhandlung: Phenyl- und tolylhältige Abkömmlinge. S. 58. II 411 . . . . —.30
Separatabdruck

—— neue Derivate des Thiosinnamins. III. Lex.-8. (8 S.) Wien 869, (Gerold's Sohn.) *
Aus: Abhandlungen der k. Akademie der Wissenschaften, besonders abgedruckt.

— Über Ditolyl- und Ditolylsulfoharnstoff. S. 59. II. 607 . . . . vgr.
Separatabdruck

Maly, Richard L.: Über die D o t t e r p i g m e n t e .
Separatabdruck aus: Sitzungsber. d. k. Akademie d. Wiss.
Bd. 83. II. S. 1126.

— **Grundzüge der modernen Chemie für Mediciner, Pharmaceuten u. Chemiker. Mit 26 (eingedr.) Holzschn. Wien 868. Braumüller. gr. 8. (XIV, 562 S.) n. 3 ℛ**

Maly, Richard (Hrsg.), s. J a h r e s b e r i c h t e über die Fortschritte der Tierchemie.

— Über die bei der Oxydation von Leim mit Kaliumpermanganat entstehenden Körper und über die Stellung von Leim zu Eiweiß. S. 98. IIb. 7 . . . . . vgr.
Separatabdruck

— **chemische Miscellen. [Aus den Sitzungsber. der k. Akad. der Wiss.] Wien 869. (Gerold's Sohn.) Lex.-8. (4 S.) 1½ ngr.**

— Vorläufige Mitteilungen über die chemische Natur der Gallenfarbstoffe. S. 49. II. 498 . . . . vgr.
Separatabdruck

— M o n o c h l o r a c e t y l s u l f o h a r n s t o f f u. Sulfhydantoin. [Aus: „Sitzungsber. d. k. Akad. d. Wiss."] Lex.-8. (5 S.) Wien 873. (Gerold's Sohn.) — 15

— über N i t r o s o s u l f h y d a n t o i n. [Aus: „Sitzungsber. d. k. Akad. d. Wiss."] Lex.-8. (9 S.) Ebend. 879. n. — 20

Maly Richard L., Dr.: Notiz über das vierfach molybdänsaure Ammon. S. 37. 25 . . . vgr.
Separatabdruck

— Notizen über die Bildung freier Schwefelsäure und einige andere chemische Verhältnisse der Gastropoden, besonders von *Dolium galea*. S. 81. II. 376 . . . vgr.
Separatabdruck

— über die Q u e l l e der Magensaftsäure, e. Capitel aus e. längeren, die chemischen Verhältnisse der Verdauung betreffenden Untersuchung. [Vorläufige Mittheilgn. 1 u. 2.] [Aus: „Sitzungsber. d. k. Akad. d. Wiss."] Lex.-8. (5 u. 6 S.) Ebend. 874. à — 15

—— und Karl F. P e t e r s, über den Staurolith, s. P e t e r s, Karl F.

— u. Fr. **Hinteregger**, Studien über Caffeïn u. Theobromin. 1—3. Abhandlung. [Mit je 1 (eingedr.) Holzschn.] [Aus: „Sitzungsber. d. k. Akad. d. Wiss."] Lex.-8. Ebend. 881. 82. n.n. — 75
1. (11 S.) n.n. — 25. — 2. (13 S.) n.n. — 30. — 3. (7 S.) n. — 20

Maly, Rich., u. Rud. **Andreasch**, Studien üb. Caffeïn u. Theobromin. [V. Abhandlg.] Lex.-8. (19 S.) Wien 883. (Gerold's Sohn.) n. — 40 (I—III. u. V.: n. 1. 15)
Die IV. Abhandlung ist als Sep.-Abdr. nicht in den Buchhandel gelangt.

— — — 5. Abhandlung: Einwirkung verdünnter Alkalien auf das Kaffein: Kaffeïdinkarbonsäure. S. 87. II. 848 . . . . —.40
Separatabdruck

— Studien zur Physiologie des Herzens und der Blutgefäße. 4. Abhandlung: Über die Veränderungen des arteriellen Blutdruckes nach Verschluß sämtlicher Hirnarterien (mit 2 Taf.). S. 73. III. 85 . . . . „ 1.60
— — 5. Abhandlung: Über spontane Blutdruckschwankungen (mit 4 Taf.). S. 74. III. 881 „ 2.50
Separatabdruck

—— neue S y n t h e s e n der Ameisensäure. Lex.-8. (3 S.) Wien 865, (Gerold's Sohn.)
aus: Sitzungsberichte der k. Akademie der Wissenschaften, besonders abgedruckt.

— Einfache Umwandlung von Thioharnstoff in Harnstoff. S. 99. IIb. 303 . . . . . vgr.
Separatabdruck

—— U n t e r s u c h u n g e n über die Gallenfarbstoffe. [1., 2., 4. und 5. Abhandlung.] Lex.-8. Wien, (Gerold's Sohn.) [I. (14 S.) 868. 30 Pf.; II. (13 S.) 869. 30 Pf.; IV. (11 S. mit 1 eingedr. Holzschn.) 874. * 20 Pf.; V. Ueber die Einwirkung von Brom auf Bilirubin. (18 S.) 875. * 40 Pf.] *
Die 3. Abhandlung ist in Liebig's Annalen Bd. 163 abgedruckt.

— Untersuchungen über die Gallenfarbstoffe. 1. Abhandlung. S. 57. II. 95 . . . . . . —.30
Separatabdruck

— Untersuchungen über die Gallenfarbstoffe. 2. Abhandlung. Einige Details über die G m e l i n sche Gallenfarbstoffreaktion. S. 59. II. 507 . . . . —.30
Separatabdruck

— Untersuchungen über die Gallenfarbstoffe. 4. Abhandlung (mit 1 Textfigur). S. 70. III. 72 . . . . „ —.20
— — 5. Abhandlung: Über die Einwirkung von Brom auf Bilirubin. S. 72. II. 517 . . —.40
Separatabdruck

—— U n t e r s u c h u n g e n über die Mittel zur Säurebildung im Organismus und über einige Verhältnisse des Blutserums. Lex.-8. (30 S.) (Ebendas.) 877. **
aus: Sitzungsberichte der k. Akademie der Wissenschaften, besonders abgedruckt.

— Untersuchungen über die Oxydation des Eiweißes mittelst Kaliumpermanganat. (Preisgekrönte Abhandlung.) 1. Mitteilung. S. 91. II. 157 . . . . vgr.
— — 2. Mitteilung. S. 97. IIb. 190 . . . . vgr.
Separatabdruck

— und Emich Friedrich: Über das Verhalten der Gallensäuren zu Eiweiß und Peptonen und über deren antiseptische Wirkungen. S. 87. III. 10 . . . . vgr.
Separatabdruck

— über das V e r h a l t e n der Oxybenzoësäure u. Paraoxybenzoësäure in der Blutbahn. [Aus: „Sitzungsber. d. k. Akad. d Wiss."] Lex.-8. (6 S.) Ebend. 872. n. — 20

— über die Trommer'sche Z u c k e r r e a c t i o n im Harn, s.: U n t e r s u c h u n g e n aus dem chem. Laboratorium.

Maly-Motta, G., italienische Grammatik für öffentlichen und Privat-Unterricht. 2 Kurse. 8. München 884, Lindauer'sche Buchh. *
Inhalt:
Kursus 1. Formenlehre. (VI, 192 S.) 883. * ℳ 2,50.
„ 2. Syntax, Stilistik und Poesie [in italien. Sprache]. (XIV, 224 S.) 884. * ℳ 2,80.

Maly-Motta, G., italienische Grammatik f. öffentl. u. Privat-Unterr. 1. Kurs.: Formenlehre. 2., verb. u. erleicht. Aufl. gr. 8. (VIII, 196 S.) München 898. J. Lindauer. n. 2. 50; Einbd. n.n. — 30

Malybrok-Stieler, O., lyrische Gedichte und Uebertragungen nach böhmischer Kunst- und Volks-Poesie. 8. (198 S.) Prag 887. Otto. *

Malybrok-Stieler, O. (Frau Ottilie Kleinschrod), M i n n e. Ein Cyklus v. Liedern u. kleinen Dichtungen. 12. (III, 136 S.) Berlin 898. C. Regenhardt. Geb. in Leinw. n. 2. 50

Malybrok-Stieler, O., Seerosen. Neue Dichtgn. 12. (XII, 220 S.) Stuttgart 891. Bonz & Co. n. 2. 40; geb. m. Goldschn. n. 3. 60

M a l y n i c z, Jakob. Ueber die Häufigkeit der Postdiphtherischen Lähmungen vor und nach der Serumbehandlung. 8. Zürich... 1908.
Ausg. A: Diss. Med. Univ. Zürich ... von Jakob M' aus Kiew. *Kopftitel:* Aus dem Kinderspital Zürich. 59 S. Z', Buchdr. Gebr. Leemann & Co.
Ausg. B: Von Dr. med. Jakob M'. 58 S. Z', Verlag E. Speidel, Druck Gebr. L' & Cie. [fr. 1. 20]

Malyscheff, F. W., russ. Sprachführer, s.: Neufeld's Sprachführer.

Malz u. Hopfen. Centralblatt f. d. ges. Brau-Industrie. 2. Jahrg. 1896. 24 Nrn. (à ca. 10 S.) gr. 4. Berlin (sw., Friedrichstr. 42), B. Lüdecke. n. 4. —

— — Fortsetzung, s.: Central-Brauer-Zeitung.

Malz, Karl, s. Malß, Karl.

Malzacher, Arnold, Alamanniens Heldensaal u. Ehrentempel. Geschichte der Alemannen bis zum Abgang des Herzogth. Schwaben. 1. Bd. gr. 8. (159 S.) Stuttgart 894. J. B. Metzler's Verl. n. 2. —

Malzacher, Karl, Barbarossas Erwachen. Nationalfestspiel. 12. (78 S.) Wolfenbüttel 895. J. Zwißler. n. 1. —

— furchtlos u. trew. Festspiel. 8. (55 S.) Stuttgart 895. A. Bonz & Co. n. — 50

Malzahn, Emil, Adreß-Buch Berliner Buchhändler und Colporteure mit einem Anhang: Geschäfts-Anzeiger für Buchhändler und verwandte Geschäftszweige. gr. 8. (45 S.) Berlin 881, Malzahn. **

Malzahn's [Emil] Adreßbuch für den deutschen Kolportage- und Eisenbahn-Buchhandel, der Buchbindereien, Papier- und Schreibmaterialien-Handlungen und verwandte Berufszweige. Ausg. A.: für Komptoire. 3. Aufl. 1888—1889. Bearb. und hrsg. von Emil Malzahn. gr. 8. (III, 106, 57 S.) Berlin 888. Malzahn. geb. **

—— dass. — Ausg. B.: für die Reise. 12. (III, 146, 84 S.) Ebendas. 888. geb. **

Malzahn's, Emil, Adreßbuch f. den deutschen Kolportage- u. Eisenbahn-Buchhandel, der Buchbindereien, Papier- u. Schreibmaterialienhandlungen u. verwandte Berufszweige. 4. Aufl. 1893. gr. 8. (V, 162 S.) Berlin 892. E. Malzahn. Geb. in Leinw. n.n.n. 6. —

—— illustrirte humoristische Criminal-Bibliothek. Sammlung ausgewählter Gerichts-Verhandlungen. 1.—3. Heft. 8. (S. 1—96 mit Illustr.) Ebendas. 883,84. à Heft 25 Pf.

Malzahn, Emil, Die Wohnungsfrage. Ein Vorschlag zur Erwerbung von Wohnungen als Eigenthum für sich u. seine Nachkommen. Beitrag zur Lösung der sozialen Frage. gr. 8°. Berlin, Malzahn, 1887. (15 S.)

Malzahn, Herm., die ländliche Arbeiternoth u. ihre Ueberwindung v. Seiten der Arbeitgeber. Ein Beitrag zur Lösg. der Arbeiterfrage. 8. (X, 199 S.) Norden 876. Soltau. n. 2. 50

Malzaire, ein Bild in drei Rahmen. Aus dem Franz. übertr. vom Grafen Antonio C..... gr. 16. (IV u. 60 S.) Berlin 851. Stuhr'sche Sort.-Buchhandlung. n. ½ ℳ

Malz-Aufschlag, der. Gesetz vom 16. Mai 1868. Einzige, mit den ministeriellen Instructiv-Bestimmungen, sowie der Beschreibung und einer lithogr. Abbild. (in Imp.-4.) des vom kgl. Finanz-Ministerium z. Z. allein genehmigten Bolzano-Riedinger'schen Malz-Meßapparates und einem vollständ. Sachregister versehene Ausg. 1. und 2. Aufl. Lex.-8. (62 S.) München 868, Fleischmann'sche Buchh.

—— dass. — Gesetz vom 16. Mai 1868 mit den ministeriellen Instructivbestimmungen vom 10. Juni 1868. 8. (69 S.) Bamberg 868, Buchner'sche Buchh.

—— dass. — Gesetz vom 16. Mai 1868 mit Erläuterungen aus den Motiven zum Gesetzentwurf, den Vorträgen des Ausschuß-Referenten, den Sitzungs-Protokollen der beiden Kammern und ausführl. Sachregister hrsg. von einem rechtskund. Beamten. 3. Aufl. 8. (58 S.) Würzburg 868, Stahel'sche Buchh.

Malzaufschlag, der, im Königr. Baiern, od. Sammlung der hierüber bestehenden Verordnungen u. Anleit. z. Geschäftsführung. 8. Münch. 821. Fleischmann. 12 gr

Malzaufschlag, der, in Bayern. 2. Lfg. 8. (S. 64—76.) Würzburg 878, Stahel'sche Buchh.
1. Lfg. Ebendas. 1868. 45 Pf.

Malzaufschlag, der, im Königr. Bayern. Gesetz vom 16. Mai 1868 und 31. Oktbr. 1879, nebst allen übrigen hierauf bezügl. Gesetzen, Verordnungen, Bekanntmachungen 2c., sowie einem ausführl. Sachregister. 4. Aufl. 8. (VII, 147 S.) Würzburg 883, Stahel'sche Universitäts-Buchh. ℳ 1,80.; cart.

Malzaufschlag, der, im Königr. Bayern. Gesetz vom 16. Mai 1868, nebst den bis zum Schluß d. J. 1889 erfolgten Abänderungen u. allen übrigen hierauf bezügl. Gesetzen, Verordngn. u. Bekanntmachgn. Mit Anmerkgn. unter Benutzg. d. vorhandenen Quellenmaterials u. e. ausführl. Sach- u. Wortregister. 5., v. e. Fachmann bearb. Aufl. 8. (VII, 172 S.) Würzburg 890. Stahel. 1. 80; cart. 2. —

Malzaufschlaggesetz, das bayerische, vom 18. III. 1910, m. den Ausführungsbestimmungen, Formularen u. e. alphabetischen Sachregister. (Schweitzer's Textausgaben.) (VIII, 237 S.) kl. 8. München 910. J. Schweitzer Verl. Geb. in Leinw. 2. —

Mälzer und Brauer, der kunsterfahrene. 8. Sorau 772. Hebold.

Mälzer, Oswald: Die Landwirtschaft im Herzogtum Sachsen-Altenburg. Karlsruhe i. B.: G. Braun 1907. (127 S.) 8° ¶ (= Volkswirtschaftliche Abhandlungen der Badischen Hochschulen Bd 9 Erg.-H. 3.)
Freiburg i. B., rechts- u. staatsw. Fak., Ref. Fuchs, Diss. v. 1906
(Nicht für den Austausch)
[Geb. 9. Nov. 81 Nobitz, S.-A.; Wohnort: Nobitz; Staatsangeh.: Sachsen-Altenburg; Vorbildung: Ernst-Realgymn. Altenburg Reife 02; Studium: Freiburg i. B. 3, Berlin 2, Freiburg i. B. 5 S.; Rig. 10. Nov. 06.]

[F.] Die Württembergischen **Malzsteuervorschriften** nach d. Stand v. 1. März 1896 zsgest. v. Obersteuerr. G. Schubert. M. e. Abdr. des Ges. v. 8. April 1850 ... *Stuttgart: W. Kohlhammer 1896.* (VII, 233 S.) 1 Bd 8. [96. 570]

Mama, Die, will ich soll ins Kloster gehen. Eine Reihe Antwortschreiben. O. O. [Linz] 1783. V: *Cremeri, Bened. Dom. Anton.* (BGE ²IV/382) (wrztg 1783, Nr. 29, Anhang) (BIBLPORT)

Mamachi, Tommaso-Maria

Mamachi, Thom. M., Epistolae de dignitate et auctoritate Summorum Pontificum occasione libelli ab anonymo editi sub titulo: Quid est Papa? concinnatae et iuris publici factae. Partes II. Augsburg, Veith, 1788. 8°.
Gegen Eybel. Zuerst Rom 1787.

Mamachii, Th. M., de beatissimi Petri apostolorum principis primatu, Romano itinere, et episcopatu dissertatio, s. Zaccaria, F. A.

— d. Sitten der ersten Christen, a. d. Ital. 3 Bde. gr. 4. Augsb. Rieger. 796.

Mamelok, Arth., das Handelsrecht, Wechselrecht u. Konkursrecht der Schweiz, s.: Handelsgesetze, die, des Erdballs. (Salis, Ludw. Rud. v.)

Mamelok, Arth., das Handelsrecht usw. der Schweiz, s.: Salis, Ludw. Rud. v.

Die juristische Person im internationalen Privatrecht. Von Dr. jur. Arthur **Mamelok**. *Zürich: E. Rascher 1900.* (VII, 351 S.) 8° [00. 11480

Mamers, Guerin de, neue Toxicologie, od. d. Lehre v. d. Giften u. Vergiftungen in chem., physiolog., patholog. u. therapeut. Beziehung. A. d. Franz. v. A. H. L. Westrumb. 8. (15 B.) Lemgo 829, Meyer.

Mamertus, C., Warum geben unsere Bischöfe nicht nach? s. Compaß für das kathol. Volk.

Fröhliche Weihnachten. Weihnachtsspiel in 2 Aufz. f. christl. Vereine von M. **Mamertus**. Berlin: Vaterländ. Verl.- u. Kunstanst. 1903. (24 S.) 8° [F.] [03. 6660

Mamiami, Grammatik der Kiriri-Sprache, s.: v. d. Gabelentz, H. C., Beiträge zur Sprachenkunde, 3. Hft.

Mamie, Joseph, de Bonfol (Berne): Etude sur les relations entre les maladies des yeux et du nez. Lausanne 1909. 31 S. 8°. [I. 09.]
Bern. Med. Diss. 1909/10.

Mamie, [Pierre]. Saint Himier ermite et premier apôtre de la vallée de la Suze. Etude historique et religieuse. [E.] 8. [Saint-Imier 1882.]

Mamin-Sibirjak, Rusaj rakontoj, s.: Esperanta biblioteko internacia. Nr. 4.

Mamlock, Gotthold Ludwig

Mamlock, Gthold. Ludw., Friedrichs d. Großen Beziehungen zur Medizin. 8. (91 S.) Berlin 902. A. Duncker. n. 2.—

Mamlock, Gotthold Ludwig: approb. Arzt aus Berlin: Ueber aussergewöhnliches Fortbestehen, Mangeln oder Wiederauftreten des Kniesehnenreflexes bei Rückenmarkskrankheiten, besonders Tabes, Myelitis transversa und gummosa. ⟨Als Preisschrift von d. med. Facultät Berlin gekrönt.⟩ *Berlin 1901: L. Schumacher.* (26 S.) 8°
Leipzig, Med. Diss. v. (14. Mai) 1901

Mamlock, G. L., s.: Friedrichs des Grossen Korrespondenz m. Ärzten.

— Wegweiser f. Arzte u. Medizinstudierende in Berlin zur Benutzung v. Unterstützungseinrichtungen, Stipendien, Wohlfahrtsanstalten usw. (IV, 107 S.) 8. Berlin 910. J. Springer. Geb. 2. 40

Mamlock, Leonhard, aus Berlin: Ueber alkylierte Hydroxylamine. *Berlin 1901: A. W. Schade.* (43 S.) 8°
Berlin, Phil. Diss. v. 1. Juni 1901

Stereochemie. Die Lehre von d. räuml. Anordnung d. Atome im Molekül von Dr. L[eonhard] **Mamlock**, Berlin. Mit 58 Fig. Leipzig: B. G. Teubner 1907. (VI, 152 S.) 8° [07. 17783

Mamlok, Alfred, Vol.-Assist. am Augusta-Hosp. d. Vaterl. Frauen-Vereins zu Breslau: Aus d. Kgl. Universitäts-Poliklinik für Hals-, Nasen- u. Ohren-Krankheiten ⟨Prof. Dr. Kümmel⟩. Über Elephantiasis laryngis und Laryngocele im Anschluss an einen Krankheitsfall mit Combination dieser beiden Zustände. *Breslau 1899: Th. Schatzky.* (29 S.) 8°
Breslau, Med. Diss. v. 23. Juni 1899

Mamlok, Hans Jacques

Mamlok, H. J., die Porzellanfüllung. Leitfaden f. das Füllen der Zähne m. Porzellan u. dessen Anwendg. in einigen besond. Fällen. gr. 8. (52 S. m. Abbildgn.) Berlin (901). Berlinische Verlagsanst. n. 2.75; geb. n. 3.50

Mamlok, H. J., die Porzellan-Füllung. Leitfaden f. das Füllen der Zähne m. Porzellan u. dessen Anwendung in einigen besonderen Fällen. 2. verb. Aufl. (87 S. m. Abbildgn.) gr. 8. Berlin (910). Berlinische Verlagsanstalt. 3.—; geb. in Leinw. 3. 75

Mamlok, Hugo, pract. Arzt in Berlin: Ueber die Entwicklung maligner Lymphome von den Rachentonsillen aus, mit Beschreibung eines solchen Falles. *Berlin (1899): E. Ebering.* (27 S.) 8°
Breslau, Med. Diss. v. 26. Juli 1899

Mamlok, Leontine, aus Plock (Russ.-Polen): Beiträge zur Normalagglutination. ⟨Aus dem Institut für Pharmakologie und medizinische Chemie an der Universität. Direktor: Prof. Bürgi.⟩ München 1908. 23 S. 8°.
Bern. Med. Diss. 1908/09.

Mamlok, Leontine. Beiträge zur Normalagglutination. Diss. Med. Bern. 23 S. 8. München, R. Oldenbourg, 1908.

Mammel, Friedr., auf Studium u. vieljähr. Beobachtung gegründ. sichere Regel den Temperatur-Wechsel u. Witterungsgang jed. Jahres von d. Frühlings- bis zur Herbst-Sonnenwende mit Sicherheit voraus bestimmen zu können. Ein unentbehrl. Rathgeber f. jed. Oekonomen u. Landwirth. gr. 8. (1½ B.) Stuttgart 836, Belser'sche Buchh.

Mammelis, Apostolus G., aus Sygi: Syphilis des Mediastinums. *Jena 1903: Frommann.* (45 S.) 8°
Jena, Med. Diss. v. (20. Juli) 1903

Mammen, Franz

Mammen, die Arbeitsteilung in der Volkswirtschaft. Vortrag, geh. im evangel. Arbeiterverein Dresden. Südgruppe, 2. III. 1906. (16 S.) 8. Hattingen (906). (Tharandt, Akadem. Buchh.) n. —30
Sonderabdruck aus: „Ev. Arbeiterbote".

Mammen, die volkswirtschaftliche Ausbildung des Forstwirtes. Antrittsvorlesung als Privatdozent f. Volkswirtschaftslehre u. Forstpolitik an d. königl. sächs. Forstakademie zu Tharandt am 23. X. 1905. (13 S.) schmal 8. Tharandt (905). (Akadem. Buchh.) n.n. —20

Mammen, [Franz], Die Bedeutung des Waldes. Vortr. 3 Abdr. Kulmbach (1903) 8°
Aus: Anzeiger f. Tharandt, Rabenau . . . Nr 143—147 (1903).

— die Bedeutung des Waldes. Vortrag, geh. im Bürgerverein Tharandt am 23. XI. 1903. 2. Abdr. (17 S.) 8. Ebd. (906). n. — 30
2 Sonderabdrucke aus: „Anzeiger f. Tharandt, Rabenau etc."

Mammen, Frz., die Bedeutung des Waldes. Vortrag, geh. im Bürgerverein Tharandt am 25. XI. 1903. 3. erweit. Abdr. (VI, 24 S.) 8. Kulmbach (909). (Tharandt, Akadem. Buchh.) nn — 50
Sonderabdruck aus: „Anzeiger f. Tharandt ꝛc."

MAMMEN, Franz (Brandstein): Preussens Eisenbahntarife für Holz.- München: Ernst 1900. 129 S.
14.12.1900 - Chr 1900/01,17; Jv 1900/01,232 (Prom.-Datum 1901)
Diss. Ingolst.-Landsh.-Mchn.

— Preussens Eisenbahntarife f. Holz. Diss. (183 S. m. 4 Tab.) gr. 8. München 900. (Tharandt, Akadem. Buchh.) n.n. 4. 50

Mammen, F., Volkswirtschaftliche Grundbegriffe. Hamburg, 1907. 16 S.

— Die Haupterwerbszweige im deutschen Wirtschaftsleben in ihren gegenseitigen Wechselbeziehungen. Vortrag. Geh. im evangel. Arbeiterverein Dresden, Südgruppe, 10. I. 1907. (18 S.) 8. Tharandt (907). (Akadem. Buchh.) — 30
Sonderabdruck aus: „Ev. Arbeiterbote".

— s.: Heimatschutz in Sachsen.

— Sachsens Holzverkehr u. Holzhandel in Einzeldarstellungen. I. Der Holzverkehr auf den sächs. Eisenbahnen in den J. 1883—1907. (IV, 228 S. m. Fig.) Lex. 8. Leipzig 909. B. G. Teubner. 15.—

— Der niedrige Kursstand unserer Staatsanleihen. (199 S.) gr. 8. Tharandt (908). (Akadem. Buchh.) nn 1. 50
Sonderabdr. aus: „Das Vaterland". Wochenbl. f. d. sächs. Volk".

MAMMEN, Franz v.: Leitfaden zu dem vom Verein für volkstümliche Hochschulkurse zu Dresden im November 1910 zu Tharandt veranstalteten Vortragszyklus über "Die Produktionsfaktoren". - Tharandt 1910. 64 S.

— Nutzen des Waldes f. Kranke, insonderheit f. Tuberkulöse. (18 S.) 8. Chemnitz 910. Tharandt, Akadem. Buchh. — 40
Sonderabdruck aus: „Mittign. d. Ver. z. Bekämpfg. d. Schwindsucht in Chemnitz u. Umgebg. (E. V.)"

— die Selbständigkeit des Deutschen Reiches, s.: Langsdorff, v.

Mammen, F., Die Urproduktion im deutschen Wirtschaftsleben. Hamburg, 1907. 15 S.

— Vogelschutz im Walde u. Garten. Vortrag. Geh. in der Südgruppe des evang. Arbeitervereins Dresden. (17 S.) 8. Duisburg 908. (Tharandt, Akadem. Buchh.) — 30
Sonderabdruck aus: „Rheinisch-westfäl. Arbeiterbote".

— Volkswirtschaft f. jedermann, s.: Langsdorff, Karl v.

— Die Vorteile des Genossenschaftswesens insbesondere f. den Landwirt. Vortrag, geh. im „Landwirtsch. Hilfsverein Zug u. Umgebg." am 8. III. 1908. (28 S.) 8. Kulmbach (908). (Tharandt, Akadem. Buchh.) nn — 25
Sonderabdruck aus: „Bayer. Rundschau".

Die Waldungen des Königreichs Sachsen inbezug auf Boden, Bestand und Besitz nach dem Stande des Jahres 1900. Zur Habilitation ... an d. Forstakad. zu Tharandt vorgelegt von Franz Mammen. Dresden 1905: B. G. Teubner. (331 S.) 4° [F. u. Ant.] [04. 519 10]

— warum muß sich auch der Arbeiter f. die Fragen der Volkswirtschaft interessieren? Vortrag, geh. zur Hauptversammlg. der Südgruppe des evangel. Arbeitervereins zu Dresden. (12 S.) 8. Dresden (905). (Tharandt, Akadem. Buchh.) n.n. — 20
Sonderabdruck aus: „Sächs. ev. Arbeiterbl."

— Was ist gegenüber den zunehmenden Waldbverboten zu tun? Vortrag, auf der Hauptversammlg. der sächs. evang.-sozialen Vereinigg. in Plauen i. V. am 27. IX. 1909. (36 S.) kl. 8. Tharandt 910. Akadem. Buchh. — 40
Sonderabdruck aus: „Die Dorfheimat".

— Wechseldiskont u. Wirtschaftsleben. (96 S.) gr. 8. Leipzig 907. (Tharandt, Akadem. Buchh.) 1. 50
Sonderabdr. aus: „Das Vaterland", Wochenbl. f. das sächs. Volk.

Julius Adolph Stöckhardts Werke. Von Forstass. Dr. Franz Mammen in Tharandt. *Dresden: J. Päßler 1903.* (52 S.) 8° [F.]
= Jahrbuch, Tharander Forstliches. Bd 53, Beih. [04. 363]

— Julius Adolph Stöckhardts Werke. (Schriften-Verzeichnis.) (52 S.) gr. 8. Dresden 903. (Berlin, R. C. Schmidt & Co.) n. 1. 50
Sonderabdruck aus: „Tharandter forstl. Jahrb."

Mammersreuth, s.: Deutschland. Grundkarte.

Mammersreuth, s.: Deutschland. Karte. (Abt. Sachsen.)

Maemmingen, F. von

Abhandlungen am festlichen Neujahrstage 5.˙. 7.˙. 81.˙. in der ger. und vollk. Loge zu den dreien Schlüsseln in Regensburg abgelesen von dem Mstr. v. St. [unterz.:] V[ischer?] und dem Ceremonienmstr. [unterz.: F.] v. M[aemmingen]. [Regensburg]: Selbstverl. d. Loge [1781]. 16 S. 8° [Umschlagtit.] (Sammlung von Frmrreden d. L. in Regensburg. 35.)
Selten. Vischer: Gelegenheitsworte, v. Maemmingen: Üb. die Verschwiegenheit. 341.

Die sicherste Ehrenrettung wahrer Freymåurer in einer Rede abgehandelt und bei feierlicher Begehung des Johannisfestes 5.˙. 7.˙. 72 in der ger. und vollk. Loge, der wachsenden zu den dreien Schlüsseln in Regensburg in Abwesenheit des Br. Redners abgelesen von dem Br. Vorsteher. [Unterz.: F.] v. Maemmingen. [Regensburg]: Selbstverl. d. Loge [1772]. 20 S. 4°
14. in: Sammlung einiger Frmrreden d. L. in Regensburg. 1773.
Selten.

Freimaurer-Rede, gehalten an einem Versammlungstage in der Loge zu den dreien Schlüsseln in Regensburg. 5. 7. 68. [Unterz.: F.] v. M[aemmingen]. [Regensburg]: Selbstverl. d. Loge [1768]. 15 S. 4⁰
2. in: Sammlung einiger Frmrreden d. L. in Regensburg. 1773.
Selten. Üb. den wahren Wert der Dinge. Widerlegung einiger dem Bunde gemachten Vorwürfe.

Die Gesellschaft der Freimäurer aus historischen, politischen und moralischen Gründen vertheidiget und empfohlen. In einer Rede fürgetragen und bei feierlicher Begehung des Johannisfestes 5. 7. 68 in der Loge zu den dreien Schlüsseln in Regensburg abgelesen. [Unterz.: F.] v. M[aemmingen]. [Regensburg]: Selbstverl. d. Loge [1768]. 24 S. 4⁰
4. in: Sammlung einiger Frmrreden d. L. in Regensburg. 1773.
Sehr selten.

Der Nuzen[!] der Uebereinstimmung der Mitglieder einer abgesonderten Gesellschaft, freimäurerisch betrachtet und in einer Abhandlung fürgetragen von einem Mitgliede der wachsenden Loge zu den dreien Schlüsseln in Regensburg 5. 7. 69. [Unterz.:] F. v. M[aemmingen]. [Regensburg 1769.] 22 S. 4⁰

Das Unvergängliche eines wahren Freimaurers, an einem Versammlungstage in der ger. u. vollk. Loge, der wachsenden zu den dreien Schlüsseln in Regensburg, fürgetragen. [Unterz.:] [F.] v. M[aemmingen]. [Regensburg]: Selbstverl. d. Loge 1774. 8 S. 4⁰
20 in: Sammlung einiger Frmrreden d. L. in Regensburg. 1773.
Selten. In Versen: „Des grossen Meisters Wort, der Allmachts Spruch: Es werde!"

Der würdigsten Schwester; Der theuersten Gemahlin, Unsers Sehr Ehrwürdigsten Meisters von Schkler etc. etc. widmet diese wenigen Blätter der Bruder Redner. [Unterz.:] [Paul Hieronymus] von Maemmingen. [Dat.:] [Regensburg] 28. IV. 1768. 2 Bl. 8⁰. [Umschlagtit.] Huldigungsworte. — Sehr selten. 21.

Mämminger, C. A., Don Fernando, Infant v. Portugal. 8. Sulzb. 820. v. Seibel. 12 gr.

—das Horoscop. Romant. Schspl. in 5 A. nach Calderon. 8. Ebd. 818. 12 gr.

Mammon, s. J. Harris.

Mammon, der,. Schausp. v. Piper. 8. Jena, Gabler. 796.

MAMMUTH oder Darstellung der menschlichen Natur nach unverjüngtem Maassstabe in einer Reise mit Kessel-Flickern nach den innern Gegenden von Africa. Von dem Mann im Monde. 2 Bde. Mit 1 curiosen TKpfr. Leipzig 1792. 8⁰.
R. Zinke's Dresdner Novbr.-Auct. 1905, no. 1250.
— — Dasselbe (ohne Theilesangabe). Aus d. Englischen von M. C. A. Wichmann. Mit 1 Kpfr. Ebd. 1795. 8⁰. (In Warmbrunn.)

Mammuth, od. Darstell. d. menschl. Natur, nach unverjüngtem Maaßstabe, in e. Reise mit Kesselflickern n. Afrika; aus d. Engl. von Chr. A. Wichmann. 2 Bde. 8. Halle 795. Fr. Ruff. 1 rthl. 12 gr.

Mammuth, oder Darstellung der menschl. Natur nach verjüngt. Maßstabe ꝛc. Aus d. Engl. von C. A. Wichmann. 2 Bde, 2e Aufl. 8. Halle, jetzt Grunert. 1½ rthl.

Mammuth, oder Darstellung der menschlichen Natur nach unverjüngtem Maaßstabe in einer Reise mit Kessel-Flickern nach den innern Gegenden von Afrika, von dem Manne im Monde, aus dem Engl. übersetzt, von M. Wichmann, 2 Thle. mit 1 Kupfer, zweyte Auflage, 8. Leipzig, 795. Pott. 1 Rthl. 15 sgl.

Mamonismus und Socialismus, oder die Reformation des Eigenthumsrechtes zur Lösung der socialen Frage. 8⁰. Berlin 1866.

Mamoris, P., Flagellum maleficorum. s. l. et a. 4.

(U.-Titel:) Ruth Mampatsche. | (Fig.: *Negerkind*, 75 × 58) / Das betende Kind. | Berlin N. O. 43. | Buchhandlung der Berliner evangelischen Missionsgesellschaft. | Friedenstraße 9. | Preis 5 Pfennig. (= *Missionsschriften für Kinder*, 21). Kol.: Druck von Carl Hermann Müller in Berlin, Münzstr. 3.
o. J. (um 1895). 16 S., 130 × 100, Fig. letzte U.-Seite: *Menschenfresser*, 130 × 84.
UB Tü Gk II, 16 i.

Mampe, Carolus Fridericus: De partus humani mechanismo. Halae (1821): Schimmelpfennig. 39 [vielmehr: 77] S. 8⁰
Halle-Wittenberg, Med. Diss. v. 5. Apr. 1821
Geb. Stojentin (Kr. Stolp; Pommern) 14. 3. 1793. V. vorh. Rostock UB
Im Buchhandel 1822 bei Anton in Halle.
Verf. erlebte die Diplomerneuerung 1871 als Sanitätsrat in Stargard.

Mampe, Paulus: De aortae aneurysmatibus et exemplis quibusdam in quibus aneurysmata in hominibus vivis non cognita erant. Halis Saxonum (1866): Gebauer-Schwetschke. 30 S. 8⁰
Halle-Wittenberg, Med. Diss. v. 21. März 1866
Geb. Stolp (Pommern) 28. 9. 1842. V.

Mampe, Paul Carl (Pommern), De corporibus alienis in appendice vermiculari nonnulla. Berlin (Schade) 30. III. 1847. 40 S. mit Biogr. (M.: Bertha Gützlaff). (4.—) 22076
Gew.: E. Hofrichter. — Oppon.: Br. Ficinus, R. Niesemann, R. Vogel.

Mampe, Ulrich, Referendar: **Formen und Bedingungen der völkerrechtlichen Verbürgung der Gegenseitigkeit.** *Greifswald 1903: J. Abel.* (56 S.) 8° [F.]
Greifswald, Jur. Diss. v. [21. März] 1903

Mampe, Walter, Referendar in Treptow (Toll.): Gibt es gegen die Immissionen einer öffentlichen Abwässerleitung zivilrechtlichen Schutz für die Anlieger? Greifswald 1904: J. Abel. (52 S.) 8°
Greifswald, Jur. Fak., Ref. Stampe, Diss. v. 5. Dez. 1904
[Geb. 6. Jan. 81 Stargard i. P., Wohnort: Groß-Lichterfelde; Staatsangeh.: Preußen; Vorbildung: Gymn. Stargard i. Pom. Reife O. 00; Studium: Heidelberg 2, Berlin 1, München 1, Greifswald 2 S.; Rig. 22. Juni 04.]

[F.] Erlebnisse eines badischen Kriegsfuhrmanns im Feldzuge 1870/71. Von Friedrich **Mampel**, Landwirt. *Karlsruhe: J. J. Reiff 1895.* (VII, 114 S., 1 Bl.) 1 Bd 8.
= Badener im Feldzug 1870,71. Bd 9. [96. 3

Mampel, Julius, a. Kirchheim: **Ueber die Gewinnung von Azoverbindungen aus sekundären Hydraziden.** Heidelberg 1907: K. Rössler. (54 S.) 8°
Heidelberg, Naturw.-math. Fak., Ref. Curtius, Diss. v. 3. Juni 1907
[Geb. 22. März 83 Kirchheim b. Heidelberg; Wohnort: Kirchheim; Staatsangeh.: Baden; Vorbildung: Oberrealsch. Heidelberg Reife M. 01; Studium: Berlin 1, Heidelberg 9 S.; Rig. 19. Dez. 06.]

Durch Leid zur Seligkeit. Ein Werkstück zum Tempelbau d. Erlösung von Friedrich Benjamin Hermann [d. i. Friedrich Benjamin Hermann **Maempel**]. Buch 1–5. Braunschweig: J. H. Meyer (2ff: Berlin: G. Minuth) 1893[–96]. 5 Bde 8° [F.]
1 = Ringen u. Werden. 1893. 2 = Lieben u. Hoffen. [1894.]
3 = Welt u. Gotteswissen. [1894.] 4 = Suchen u. Finden. [1896.]
5 = Tod u. Leben. [1896.] [95. 7393 4

Lieben und Hoffen. Von Friedrich Benjamin Hermann [d. i. Friedrich Benjamin Hermann **Maempel**]. Berlin: G. Minuth [1894]. (154 S.) 8° [F.]
= **Maempel**: Durch Leid z. Seligkeit. Buch 2.

Ringen und Werden. Von Friedrich Benjamin Hermann [d. i. Friedrich Benjamin Hermann **Maempel**]. Braunschweig: J. H. Meyer 1893. (XII, 224 S.) 8° [F.]
= **Maempel**: Durch Leid z. Seligkeit. Buch 1.

Suchen und Finden. Von Friedrich Benjamin Hermann [d. i. Friedrich Benjamin Hermann **Maempel**]. Berlin: G. Minuth [1896]. (168 S.) 8° [F.]
= **Maempel**: Durch Leid z. Seligkeit. Buch 4.

Tod und Leben. Von Friedrich Benjamin Hermann [d. i. Friedrich Benjamin Hermann **Maempel**]. Berlin: G. Minuth [1896]. (182 S.) 8° [F.]
= **Maempel**: Durch Leid z. Seligkeit. Buch 5.

Welt und Gotteswissen. Von Friedrich Benjamin Hermann [d. i. Friedrich Benjamin Hermann **Maempel**]. Berlin: G. Minuth [1894]. (171 S.) 8° [F.]
= **Maempel**: Durch Leid z. Seligkeit. Buch 3.

Mämpel, Karl, Predigt zur Feier d. 80. Geburtstages d. Großherzogs Carl Alexander am 24. VI. 1898 in d. Wartburg-Kapelle geh. gr. 8. (14 S. m. Umschlagbildn.) Eisenach 898. (H. Kahle.) n.n. — 30

Mampell, Frdr. Jak., die Heidenmauer auf dem Odilienberg im Elsass. Ein Beitrag zur Veranschaulichg. altgerman. u. gall. Sitten u. Verhältnisse am Oberrhein. 8. (109 S.) Strassburg 886. (Heitz.) n. 2. —

— histoire des anciens Germains d'après les récits des auteurs latins et grecs, racontée à la jeunesse et suivie d'un vocabulaire. I. partie. Dès les temps les plus reculés jusqu'à la mort d'Arminius. 8. (97 S.) (Ebendas.) 888. cart. *

Mampell, Hermann: Zur Theorie des räumlichen Sehens. Eine kritische Untersuchung. Straßburg 1909: DuMont Schauberg. VIII, 156 S. 8°
Straßburg, Phil. Diss. v. 22. Mai 1909, Ref. Ziegler, Baeumker
[Geb. 2. Sept. 81 Rheinbischofsheim; Wohnort: Rheinbischofsheim; Staatsangeh.: Baden; Vorbildung: Oberrealsch. Heidelberg Reife Juli 01; Erg.-Prüf. Gymn. Wertheim Juli 04; Studium: Heidelberg 6, Berlin 2, Straßburg 6 S.] [U 09. 3842

Mampell, Otfried, approb. Arzt aus Bühl i. Baden: **Über den Speiseröhrenkrebs.** Mitteilungen aus d. Med. Klinik zu Halle a. S. *Halle a. S: 1904: C. A. Kaemmerer & Co.* (45 S.) 8°
Halle, Med. Diss. v. 21. Mai 1904

Mamroth, Ernst, die Gefahren der neuen Novelle zum Gerichtsverfassungs-Gesetz u. zur Strafprozess-Ordnung, s.: Abhandlungen, strafrechtliche, des juristischen Seminars der Universität Breslau.

Mamroth, Ernst, die Strafprozeßordnung nebst dem Gerichtsverfassungsgesetz u. den Einführungsgesetzen zu beiden Gesetzen in d. Fassung vom 20. V. 1898, nebst Anh., enth. 1. Gesetz betr. die Entschädigg. der im Wiederaufnahmeverfahren freigesproch. Personen. — 2. Gerichtskostengesetz (Auszug). — 3. Gebührenordnung f. Rechtsanwälte (Auszug). — 4. Gebührenordnung f. Zeugen u. Sachverständige. — 5. Preuß. Schiedmannsordng. 8. (VIII, 510 S.) Berlin 900. F. Vahlen. n. 7. —; geb. n. 8. —

Mamroth, F., s. a. Egon.

Mamroth, F., Betrachtungen üb. Oesterreichs wirthschaftliche Wiedergeburt gr. 8. (23 S.) Wien 875. Bermann & Altmann. n. — 80

Mamroth, F. [†Egon], Meilensteine, s. Bibliothek für Ost und West.

Mamroth, F., unter der Schellenkappe. Empfindsame Geschichte. 8. (354 S.) Breslau 890. [Schottländer.] Schlesische Verlagsanstalt. n. 4. 50; geb. n. 5. 50

Mamroth, Fedor, Geoffrey Chaucer, seine Zeit und seine Abhängigkeit von Boccaccio. Promotionsschrift. gr. 8. (60 S.) Berlin 872, Mayer und Müller. *

Mamroth, F. Geoffrey Chaucer seine Zeit und seine Abhängigkeit von Boccaccio. Diss. Rostock 1873. 60 S.

Mamroth, Fedor: Die Frau auf dem Gebiete des modernen deutschen Romans. Literar-historische Contouren. — Breslau: Schletter 1871. 55 S. 8°

Mamroth, Fedor, die Frau auf dem Gebiete des modernen deutschen Romans. Literar-histor. Contouren. 8. (55 S.) Breslau 871, Skutsch. *

Aus dem Leben eines fahrenden Journalisten von Fedor **Mamroth**. (Hrsg.: Johanna Mamroth.) Berlin: E. Fleischel & Co. [1907]. (246 S.) 8° [F.] [07. 17784

Mamroth, Fed., aus der Frankfurter Theaterchronik (1889—1907). 2 Bde. (346 u. 378 S.) 8. Berlin 908. E. Fleischel & Co. 10.—; geb. 12. —

Aus der Frankfurter Theaterchronik (1889–1907) von Fedor **Mamroth**. (Hrsg.: Johanna Mamroth.) Bd 1. 2. Berlin: E. Fleischel & Co. 1908. 2 Bde 8° [F.]
1. 1889–1899. 2. 1900–1907. [08. 17615

Mamroth, Karl [aus Posen]: Die Entwickelung der Oesterreichisch-Deutschen Handelsbeziehungen vom Entstehen der Zolleinigungsbestrebungen bis zum Ende der ausschliesslichen Zollbegünstigungen (1849—1865) .... Berlin, Carl Heymanns Verl., 1887; 3 Bl. + 196 + 1 S. + 1 Bl. 8°.
Berlin, Phil. Fak., Inaug.-Diss. v. 8. Jan. 1887.

— Geschichte der preußischen Staats-Besteuerung im 19. Jahrh. Mit Rücksicht auf Volks- u. Staatswirtschaft, Finanzverfassg. u. Finanzverwaltg. dargestellt. 1. Tl. A. u. d. T.: Geschichte der preuß. Staats-Besteuerung 1806—1816. gr. 8. (XIX, 788 S.) Leipzig 890. Duncker & Humblot. n. 18.—

Mamroth, Dr. Karl. Der Kriegsimpost des Befreiungskrieges und die Bestrebungen zur Herbeiführung eines allgemeinen deutschen See-Zoll-Systems. gr. 8°. Berlin, Schwerin's Verl. A.-G., 1888. 32 S.

Mamroth, Richard, a. Wien: Über den Einfluß klimatischer Faktoren auf den Anbau von Brotgetreide. Frankfurt a. M. 1904: Schmidt. & Kobisch. (VIII, 52 S.) 8°
Heidelberg, Phil. Fak., Ref. Rathgen, Diss. v. 21. Juni 1905
[Geb. 17. Apr. 81 Wien; Wohnort: Frankfurt a./M.; Staatsangeh.: Österreich; Vorbildung: Lessing-Gymn. Frankfurt Reife O. 01; Studium: Heidelberg 1, Berlin 2, München 2, Heidelberg 1 S.; Rig. 25. Juni 04.]

Mamroth, Robert [aus Breslau]: Über die Ätiologie der Eclampsia puerperalis .... Würzburg, Becker's Univ.-Buchdr., 1888; 24 S. + 1 Bl. 8°
Würzburg, Med. Fak., Inaug.-Diss. v. 1888

Mamroth, Robert, über die Aetiologie des Eclampsia puerperalis. Diss. Würzburg 1888, Stahelsche Univ.-Buchh. 8°. 24 S.

Mamroth-Brokman, Melanie, aus Kalisch (Polen): Das Dictionnaire universel de commerce der Gebrüder Savary als Spiegelbild des Übergangs der ökonomischen Theorien vom Merkantilismus zum physiokratischen System. Wittenberg. II + 97 S. 8°. [28. II. 08.]
Bern. Phil. Diss. 1908/09.

Mamroth-Brokman, Melanie. Das Dictionnaire universel de Commerce der Gebrüder Savary als Spiegelbild des Übergangs der ökonomischen Theorien vom Merkantilismus zum physiokratischen System. Diss. Phil. Bern. II + 97 S. 8. Wittenberg, Herrosé & Ziemsen, [1909].

Man denke! Der Schneider behielt den Hut auf dem Kopfe ... [Schleswig 1793.] V: *Schmettow, Wold. Frdr. Graf von.* (ML)

Man, the, of Feeling, s.a. **Pocket-Edition.**

Man, The, of feeling. A new edition. Hambourgh 1794. V: *Mackenzie, Heinrich.* (Hdschr. Mitth. von Friedrich Müller, München)

Man, The, of Feeling: Hannover: Hoffmann (Campe) 1794. 8°

Man, the, of feeling. 18. Vienna. (Levrault in Strasb.) 797.

Man, the, of Feeling. (New edit.) 16. (12 B.) Leipzig 841, [Renger.]

Man, the, of Feeling. (New edit.) 16. Leipzig 841, Volckmar. 1/3 ₰

Man hat die Beispiele. Schauspiel. Frankf. 1785. V: *Zimdar, Carl Frdr.* (Ky)

Man hat d. Beispiele. Schspl. (von K. F. Zimdar). 8. Frankf. 785. Andreä. 2 ggr

Man, The, of fortune's faithful monitor, translated ... by Phil. Pepin. Göttingen 1775. V: *Callières, Franç. de.* (Ky)

Man muss auch dem Teufel nicht zu viel aufbürden ... Bremen 1776. V: *Runge, Conrad Heinrich.* (Mp) (Winer) (ML)

— muß d. Teufel nicht zu viel aufbürden. 8. Dresd. 776. Hilscher. 1 ₰

Man muß nicht glauben, was man sieht; Eine spanische Geschichte. 8°. Coburg 1751.

Man muß nichts übertreiben, Lustspiel von C. Lebrün. 8. Mainz, Kupferberg. 820.

Man sage, was man will, die Klöster haben doch viel Gutes. Von ein. protest. Beamten. 8. (...) Augsburg ..., Rieger'sche Buchh.

— The same. 12. Wien: Sammer 1797.

MAN schreyt nun einem allgemach, — Wie einer Frau zu ... nach: Hu! hu! (Satirisches Lied auf die Franzosen.) 8°. O. O. u. J. 8°. 4 Bll.
So in Haydinger's Bibl. I. 1. No. 2008. — Sehr rar!

Man sieht niemals alles voraus; ein Singspiel nach d. Franz. [des Michel Jean Sedain]. Frankfurt a. M. 1772. Ü: *Faber, Johann Heinrich.* (Ky) (GGr) (ML)

Man sollte doch wissen, wovon die Rede ist ... [Erlangen 1802.] V: *Krause, Christian Sigmund.* (MGT)

Man spricht nicht gern davon. Verderbniss unserer Zeiten. Paderborn 1792. V: *Elverfeldt, Franz Alexander von.* (Ky)

Man stille, lieber Ludewig, Luxemburg, das kriegst Du nicht! Ein Niederländer componirt von einem Nordländer. Herg. von M. J. R. Selber. Berlin 867. (Mecklenburg.) gr. 8. (8 S.) 1½ ngr

Man streitet so lange vergeblich, als man sich nicht versteht ... [Dorpat 1818.] V: *Bock, Heinrich August v.* (R-N)

Man suche den Dritten. Vexierbuch. 12. (4 farb. Falte-Bilder m. Text.) Stuttgart 898. F. Loewe. — 15

Man wird's nicht glauben; eine Geschichte, welche die Jungfer Susanna Elmersheim ... zu lesen pflegt. [Frankfurt 1781.] V: *Engelschall, Joseph Frdr.* (MGT)

— The, of the World. By Henry Mackenzie. 2 Vol. 8. Dresden: Walther 1792.

Ma'n ibn Aus, Gedichte. Arabischer Text u. Commentar, hrsg. v. Paul Schwarz. (22 u. 38 S.) gr. 8. Leipzig 903. O. Harrassowitz. n. 3. 20

de **Man,** Cornelis [pr. Arzt zu Amsterdam]: Ueber die Einwirkung von hohen Temperaturen auf Tuberkelbacillen ... München, Druck v. R. Oldenbourg, 1893; 51 S. 8.
Jena, Med. Fak., Inaug.-Diss. v. [29. März] 1893

Man, Engelbert v. (Nimwegen), De thesauro. O. O. u. J. (1740). S. 305—386.) (4.—) 22077

[F.] Harro der Lotse (v. G. **Man**). Wieder daheim (v. H. v. Osten [d. i. Else v. Dequede]). *Berlin: Christl. Zeitschriftenver. 1897.* (120 S., 4 Taf.) 1 Bd 8. [97. 6972

Man, G., Harro d. Lotse. — Wieder daheim! Erzählg. von H. v. Osten. 8. (120 S. m. 4 Farbendr.) Berlin 897. Schriftenvertriebsanstalt. Kart. 1. 20

Man, J. G. de, üb. neue u. wenig bekannte Brachyuren d. Hamburger u. Pariser Museums, s.: Mitteilungen aus d. naturhistor. Museum in Hamburg.

Man, J. G. de, Bericht über die im indischen Archipel von J. Brock gesammelten Decapoden und Stomatopoden. gr. 8. (388 S. mit 17 Taf.) Berlin 888, Nicolai's Verlag. *
Aus: Archiv für Naturgeschichte, besonders abgedruckt.

Man, Johannes Govertus de: Die von Herrn Professor Kükenthal im Indischen Archipel gesammelten Dekapoden und Stomatopoden. Von Dr. J[ohannes] G[overtus] de Man in Jerseke. Mit 9 Taf. (Frankfurt a. M.: M. Diesterweg in Komm. 1902.) (S. 467–929.) 4°
= Ergebnisse e. zool. Forschungsreise in d. Molukken u. Borneo. T. 2, Bd 3, H. 3.
= Abhandlungen hrsg. v. d. Senckenbergischen naturforschenden Gesellschaft, Bd 25, H. 3.

(B) **Man, J. G. de,** die v. Kükenthal ges. Dekapoden. 902. (KBL 32.) Jetzt: **Frankfurt a/M.** (Viktoria-Allee 7), Senckenberg. naturforsch. Gesellsch. Erm. Pr. nn 25. —

Man, J. G. de, die frei in der reinen Erde u. im süssen Wasser lebenden Nematoden der niederländischen Fauna. Eine systematisch-faunist. Monographie. Mit 34 lith. Taf. Imp.-4. (VIII, 206 S.) Leiden 884. Brill. cart. n.n. 40. —

—— anatomische Untersuchungen über freilebende Nordsee-Nematoden. Fol. (VII, 82 S. mit 13 lithogr. Taf.) Leipzig 886, [Frohberg.] Baldamus. cart. *

Man, Maximiliaan Jacob de: Abhandlung über das bösartige Faulfieber oder Beschreibung einer epidemischen Konstitution in den Jahren 1770 und 1771. (Verhandeling over de kwaadaartige rot-koorts... Dt.) Übers.von Daniel Collenbusch. 158 S., gbd.

Leipzig: Grieshammer 1794
(Merkwürdige Abhandlungen holländischer Aerzte... Bd 1, St.1)

JB 2.324/1,1

de **Man, M. J.,** Abhandl. üb. das bösartige Faulfieber; aus d. Holländ. v. Collenbusch. gr. 8. Leipz. 800. Grieshammer. 12 gr (Bildet auch d. 1e Hft. der Abhandll. holländ. Aerzte.)

Manacéine, Marie v., die geistige Ueberbürdung in der modernen Kultur, s: Bibliothek, natur- u. kulturphilosophische 2. Bd.

Manadschal, F. (Reg.-Rath). Socialpolitische Streiflichter. Ein Beitrag zur Kenntniss vom Wesen des Staates und der Gesellschaft. In-12°, 32 S. Chur, Kellenberger'sche Buchhandlung. 1882.

Managetta, G. R. **Beck** v., s.: Beck R. v. Managetta, G.

Manahan, Ambros, der Triumph der katholischen Kirche in den ersten Jahrhunderten. Aus dem Engl. von Carl B. Reiching. gr. 8. (XII und 420 S.) Regensburg 861, Manz.

Manajlovic, Svetozar, Guzla und Leier. 12. (124 S.) Wien: Seidel 1898. 1.50

Manandian, Agop: **Beiträge zur albanischen Geschichte.** *Leipzig 1897: Breitkopf & Härtel.* (48 S.) 8°
Jena, Phil. Diss. v. [28. Juli] 1897

Manandian, Agop, (Nonnos.) Die Scholien zu fünf Reden des Gregor v. Nazianz. Hrsg. v. M. (81 S.) gr. 8. Marburg 903. N. G. Elwert's Verl. n. 2. 50
Sonderabdruck aus: „Ztschr. f. armen. Philologie".

— s.: Zeitschrift f. armen. Philologie.

Manaraki, Antonio, neugriechischer Parnass oder Sammlung der ausgezeichneten Werke der neueren Dichter Griechenlands. Original und Uebersetzung. 6 Hefte. gr. 8. (48; 48; 51; 47; 48; 48 S.) Athen 877—79. (Berlin, Calvary und Comp. Leipzig, F. A. Brockhaus' Sortiment und Antiquarium.) à Heft * ℳ 1. *

Manaraki, Antonio, neugriechischer Parnass oder Sammlung der ausgezeichneten Werke der neueren Dichter Griechenlands. Original und Uebersetzung. 2. Bd. 1. und 2. Heft. gr. 8. Athen. (Berlin, Calvary und Comp. — Leipzig, Brockhaus' Sortiment und Antiq.) [1. Heft. (47 S.) 880. * ℳ 1.; 2. Heft. (142 S.) 881. * ℳ 3.] *
1. Bd. 6 Hefte. (Ebendas.) 1877—79. à * ℳ 1.

MANARAKIS, Andreas (Athen): Operative Behandlung des Magenkrebses.- München: Wolf 1879. 19 S. 29.5.1979 - Urk (Titel: De chirurgica stomachi carcinomatum operatione.); Chr 1878/79,12
Diss.Ingolst.-Landsh.-Mchn.

Manasse ben Israel. Rettung der Juden [die Blutbeschuldigung], s. Mendelssohn-Bibliothek.

Manasse, Adolf (geb. Brallenthin in Pomm. 21.7.1863): Die Sectio Caesarea in der Agone. Berlin (1885). (34 S.) 8°
Berlin, Med. Diss. v. 5. Aug. 1885.

Manasse, Alfred, a. Obersitzko, Referendar am Kgl. Landgericht zu Lissa i/P.: Die Besonderheiten der Wertpapierhypothek. Posen (1905): H. Busch. (VIII, 45 S.) 8°
Erlangen, Jur. Fak., Ref. Sehling, Diss. v. 5. Dez. 1905
[Geb. 28. Okt. 81 Obersitzko, Kr. Samter; Wohnort: Lissa i. P.; Staatsangeh.: Preußen; Vorbildung: Gymn. Stargard Reife O. 00; Studium: Berlin 2, Breslau 4 S.; Rig. 24. Febr. 05.]

Manasse, Armand, aus Charlottenburg: **Beiträge zur elektrolytischen Bildung von Uebermangansäure.** *Berlin 1903: E. Ebering.* (33 S.) 8°
Heidelberg, Naturw.-math. Diss. v. 1903

Manasse, Berth., das Gebiet des Spiritismus. Aufklärende Darstellg. gr. 8. (39 S.) Berlin 901. B. Manasse. n. — 50

Manasse, Karl, prakt. Arzt aus Posen: **Therapeutisches über Aspirin.** *Heilbronn a. N. [1900]: C. Wulle.* (30 S.) 8°
Würzburg, Med. Diss. v. 1900

Manasse, L., Lebensversicherungs-Gesellschaften u. Aerzte. (4 S.) Lex. 8. Berlin 907. J. Goldschmidt. — 60
Sonderabdruck aus: „Deut. medizin. Presse".

Manasse, Ludwig, Referendar beim kgl. Amtsgericht zu Cammin i. P.: Die Dividende im Aktiengesellschaftsrecht. Greifswald 1906: J. Abel. (79 S.) 8°
Greifswald, Jur. Fak., Ref. Frommhold, Diss. v. 31. Jan. 1906
[Geb. 1. Juni 84 Stettin; Wohnort: Stettin; Staatsangeh.: Preußen; Vorbildung: Marienstifts-Gymn. Stettin Reife O. 02; Studium: München 2, Freiburg i. B. 1, Leipzig 1, Greifswald 2 S.; Rig. 3. Juli 05.]

Manasse, Ludw., zur Geschichte der Kystoskopie. (12 S.) 8. Berlin 904. J. Goldschmidt. n. 1. —
Sonderabdruck aus: „Deut. medizin. Presse".

Manasse, Martin, Referendar: Die Anfechtung wegen Irrtums bei Geschäften des Vermögensrechtes nach dem Bürgerlichen Gesetzbuche. Breslau 1906: Th. Schatzky. (110 S.) 8°
Breslau, Jur. Fak., Ref. Leonhard-Fischer, Diss. v. 15. Jan. 1906
[Geb. 9. Nov. 81 Breslau; Wohnort: Breslau; Staatsangeh.: Preußen; Vorbildung: Magdalenen-Gymn. Breslau Reife O. 01; Studium: Breslau 4, Heidelberg 1, München 1 S.; Rig. 15. Juli 04.]

Manasse, Otto, die Vanadate der Erdalkalien. (Ein Beitrag zur Kenntniss vanadinsaurer Salze.) Diss. Berlin 1886, Mayer & Müller. 8⁰. 57 S.

Manasse, Otto [aus Stettin]: Die Vanadate der Erdalkalien. (Ein Beitrag zur Kenntniss vanadinsaurer Salze) .... Berlin, A. W. Schade's Buchdr. (L. Schade) 1886; 57 S. 8⁰.
Berlin, Phil. Fak., Inaug.-Diss. v. 28. Jul. 1886.

Manasse, Paul, s.: Archiv f. Ohrenheilkunde.

Manasse, Paul [aus Berlin]: Die Heilung der Lungentuberkulose durch diätetisch-hygieinische Behandlung in Anstalten und Kurorten ... Berlin, Buchdr. W. Manasse, *1891*; 35 S. 8.
Freiburg i. B., Med. Fak., Inaug.-Diss. v. 1891

Manasse, Paul [aus Berlin]: Über das Lecithin und Cholesterin der rothen Blutkörperchen. ... Strassburg, Verl. v. Karl J. Trübner, 1890; 20 S. 8⁰
Strassburg, Med. Fak., Inaug.-Diss. v. 1890

— Uber chronische, progressive, labyrinthäre Taubheit. Aus der Universitäts-Klinik f. Ohrenkrankheiten Strassburg. (V, 75 S. m. 7 Taf.) gr. 8. Wiesbaden 906. J. F. Bergmann. 3.60
Sonderabdruck aus: „Ztschr. f. Ohrenheilkde.".

Manasse, Waldeck, Lebens-Fragen. Vom Glauben zum Denken. Vom Staatenstreit zum Völkerfrieden. Von Unkultur zur Menschlichkeit. Von Liebe zu Liebe. Vom Werden zum Sterben. 6. Tausend. (32 S.) gr. 8. Berlin 910. O. Roth. — 20

Manasse, Waldeck, Liebe und Freiheit. Ausgewählte Gedichte. 1. und 2. Aufl. 16. (95 S.) Berlin 888, (Conrad.) geb. *

Gustav Thölde zum Gedächtnis. Bilder aus s. Leben von Waldeck **Manasse**. Berlin: Roth in Komm. (1910). 70 S. 8° [11. 3070

Manasse, Wilhelm, a. Hamburg: Ueber die Isomerie der Carbäthoxyl-glycyl-glycinester. (Berlin 1907: E. Ebering.) (45 S.) 8°
Berlin, Phil. Fak., Ref. Fischer, Diss. v. 11. Jan. 1907
[Geb. 4. Okt. 81 Hamburg; Wohnort: Paris; Staatsangeh.: Preußen; Vorbildung: Dorotheenstädt. Realgymn. Berlin Reife M. 00; Studium: Berlin 4, Paris 4, Berlin 6 S.; Rig. 20. Dez. 06.]

Manasseh, Ben Israel, Rettung der Juden. a. d. Engl. übers. 8. Berlin, Nicolai. 782.

Manassein, M. P., Beiträge zur Geschichte der Dermato- u. Venerologie. Uebers. v. Otto Steinhorn. (75 S.) gr. 8. Leipzig 906. Verlag der Monatsschrift f. Harnkrankh. n. 2.60
Sonderabdruck aus: „Monatsschr. f. Harnkrankh. etc."

Manassein, W., üb. die Dimensionen der rothen Blutkörperchen unter verschiedenen Einflüssen. Histologische Beiträge zur allgemeinen Pathologie. gr. 8. (LXVI, 64 S.) Tübingen 872. (Berlin, Hirschwald.) n. 3. —

Manasseina, Mar'ja Michajlovna: Die geistige Überbürdung in der modernen Kultur von Maria v. Manacéine [Mar'ja Michajlovna Manasseina: O nenormal'nosti mozgovoj žizni sovremennago kul'turnago čelověka]. Übers., Bearb. u. Anh.: Die Überbürdung in d. Schule von Dr. med. Ludwig Wagner, Oberl. Leipzig: J. A. Barth 1905. (V, 200 S.) 8⁰
Bibliothek, Natur- u. kulturphilosophische. Bd 2.

Manassero, Bartholom., Manuale ecclesiasticum seu epitome ex decretis authenticis sacrae rituum congregationis selecta de ipsius consensu selecta ordino alphabetico disposita. Ed. II plurimis aucta additionibus mendisque expoliata. (334 S.) Lex.-8. Taurini 904. (Rom, Desclée, Lefebvre & Co. n. 2.80

— Tabulae synopticae theologiae dogmaticae e probatis auctoribus desumptae. Volumen unicum. (111 S.) Lex.-8. Ebd. 906. n. 2.40

Manassewitsch, Boris

— Praktische Grammatik der polnischen Sprache f. den Selbstunterricht, s.a. Kunst, die, der Polyglottie.

Manassewitsch, B., Praktische Grammatik der polnischen Sprache für den Selbstunterricht. 5. Aufl. [Die Kunst der Polyglottie. 7. Teil.] 8°. (XII, 188 S.) Wien: Hartleben 1908.

Manassewitsch, B., Grammatik der hebräischen Sprache. 3. Aufl. v. Bernh. Templer, s.a. Kunst, die, der Polyglottie.

Manassewitsch, B., Grammatik der hebräischen Sprache für den Selbstunterricht. 3. Aufl. [Die Kunst der Polyglottie. 17. Teil.] 8° (XVI, 166 S.) Wien: Hartleben 1909. geb. K 2.20

Manassewitsch, Boris: Grammatik der Hebräischen Sprache für den Selbstunterricht. Theoret.-prakt. Sprachlehre f. Deutsche, auf grammat. u. phonet. Grundl. mit zahlr. Übersetzungsaufg., sowie e. hebr. Chrestomathie ... Völlig umgearb. von Dr. Bernhard Templer, Rabbiner. 3. Aufl. Wien & Leipzig: Hartleben [1909]. XVI, 106 S. 8⁰
(Die Kunst d. Polyglottie. T. 17.)
(Bibliothek d. Sprachenkunde.)

Manassewitsch, B., russisch-deutsche und deutsch-russische Handels-Korrespondenz, s. Alexejew, P.

— s.: Kollektion Manassewitsch.

Manassewitsch, B., d. Kunst, d. arabische Sprache durch Selbstunterr. schnell u. leicht zu erlernen, s.a. Kunst, die, der Polyglottie.

Manassewitsch, B., Die Kunst, die Arabische Sprache durch Selbstunterricht schnell und leicht zu erlernen. Theoretisch-praktische Sprachlehre für Deutsche. 8. (VII, 184 S.) Geb. Wien: Hartleben 1890. 1.10

Manassewitsch, B., Die Kunst, die arabische Sprache durch Selbstunterricht schnell und leicht zu erlernen. Theoretisch-praktische Sprachlehre für Deutsche auf grammatischer und phonetischer Grundlage unter besonderer Berücksichtigung d. vulgär-arabischen Sprache sammt einer arabischen Chrestomatie mit deutscher Uebersetzung und einem deutsch-arabischen Glossar. Zweite, neubearbeitete Auflage. 8. (VII, 186 S.) Geb. (Bibliothek der Sprachenkunde. 23. Theil, 2. Aufl.) 1.10
Wien: Hartleben 1895.

Manassewitsch, B., Die Kunst, die arabische Sprache durch Selbstunterricht schnell und leicht zu erlernen. 3. Aufl. (Die Kunst der Polyglottie. 23. Teil.) 8°. (VII, 186 S.) geb. K 2.20
Wien: Hartleben 1903.

Manassewitsch, B., die Kunst, die hebräische Sprache durch Selbstunterricht zu erlernen, s.a. Kunst, die, der Polyglottie.

Manassewitsch, B., Die Kunst, die hebräische Sprache durch Selbstunterricht schnell und leicht zu erlernen. Theoretisch-praktische Sprachlehre f. Deutsche, auf grammatischer und phonetischer Grundlage, unter besonderer Berücksichtigung der Bedürfnisse christlicher und jüdischer Studirender; mit Aussprachbezeichnung nach christlicher und jüdischer Leseart, zahlreichen Uebersetzungsaufgaben, sowie einer hebräischen Chrestomathie mit durchgängiger Accentuation und interlinearer deutscher Uebersetzung. 8. (XII, 177 S.) Geb. (Bibliothek der Sprachenkunde. 17. Th.) 1.10
Wien: Hartleben 1889.

MANASSEWITSCH, B.
(F) Die Kunst die Hebräische Sprache durch Selbstunterricht schnell und leicht zu erlernen. Theoretisch-praktische Sprachlehre für Deutsche auf grammatischer und phonetischer Grundlage, unter besonderer Berücksichtigung der Bedürfnisse christlicher und jüdischer Studierender; mit Aussprachbezeichnung nach christlicher und jüdischer Leseart, zahlreichen Uebersetzungsaufgaben, sowie einer hebräischen Chrestomathie mit durchgängiger Accentuation und deutscher Uebersetzung. Von B. Manassewitsch. 2. neu bearbeitete Auflage. Wien. Pest. Leipzig. [1899.] Hartleben. 8°. XIV, 172 S. Geb. fl. 1.10

Manassewitsch, B., die Kunst, die polnische Sprache durch Selbstunterricht schnell und leicht zu erlernen, s.a. Kunst, die, der Polyglottie.

Manassewitsch, B., Die Kunst, die polnische Sprache durch Selbstunterricht schnell und leicht zu erlernen Theorethisch-praktische Sprachlehre für Deutsche auf grammatischer und phonetischer Grundlage; mit zahlreichen Uebersetzungsaufgaben und Lesestücken mit durchgehender interlinearer deutscher Uebersetzung. Gesprächen, Polonismen, Sprichwörtern etc. sammt einem kurzgefassten deutsch-polnischen Wörterbuche. Zweite, umgearbeitete Auflage. 8. (XII. 188 S.) Gebunden [Bibliothek der Sprachenkunde. 7. Theil. Zweite Aufl.] Wien: Hartleben 1893. 1.10

Manassewitsch, B., Die Kunst, die polnische Sprache durch Selbstunterricht schnell und leicht zu erlernen. 4. Aufl. (Die Kunst der Polyglottie. 7. Teil.) 8°. (XII, 188 S.) geb. K 2.20
Wien: Hartleben 1903.

— **die Kunst, die russische Sprache durch Selbstunterricht zu erlernen,** s.a. Kunst, die, der Polyglottie.

Manassewitsch, Boris: Die Kunst, die russische Sprache durch Selbstunterricht schnell u. leicht zu erlernen. Theoretisch-praktische Sprachlehre für Deutsche, auf grammatischer Grundlage und mit phonetischer Aussprachebezeichnung; mit zahlr. Uebungs-Aufgaben, sowie einer Chrestomathie mit durchgängiger Accentuation und interlinearer deutscher Uebersetzung, sammt einem kurzgefassten deutsch-russischen Wörterbuche. (Bibliothek der Sprachenkunde IV.) 8°. (192 S.) Wien. Hartleben. 1886.

Manassewitsch, B., Die Kunst, die russische Sprache durch Selbstunterricht schnell und leicht zu erlernen. Theoretisch-praktische Sprachlehre für Deutsche. Zweite Auflage. 8. (192 S.) Geb. (Bibliothek der Sprachenkunde. Band 4. 2. Auflage.) 1.10
Wien: Hartleben 1889.

MANASSEWITSCH, B.
Die Kunst die Russische Sprache durch Selbstunterricht schnell und leicht zu erlernen. Theoretisch-praktische Sprachlehre für Deutsche auf grammatischer Grundlage und mit phonetischer Aussprachebezeichnung; mit zahlreichen Übungsaufgaben, sowie einer Chrestomatie mit durchgängiger Accentuation und interlinearer deutscher Übersetzung, sammt einem kurzgefassten deutsch-rusischen Wörterbuche. Von B. Manassewitsch. 5. Auflage. Wien. Pest. Leipzig. [1901.] Hartleben. 8°. 192 S. Geb. K 2.20

— Russicismen. Russische Redensarten u. Sprichwörter mit gegenüberstehender deutscher Uebersetzung. 8. (48 S.) Leipzig 881. Gerhard. 1. —

— **russisch-deutsches u. deutsch-russisches militärisches Wörterbuch.** gr. 16. (VIII, 396 S.) [Berlin 892. Stuttgart, C. Malcomes.] Leipzig, Zuckschwerdt & Möschke. Geb. n. 4. —

—— Russisch-deutsches u. deutsch-russisches militärisches Wörterbuch. gr. 16. (VIII, 396 S.) [Berl. 892.] Stuttg.. Malcomes. geb. ' 4

Manasses, Constantinus: Breviarium historiae metricum. – Joelis Chronographia compendiaria. – Georgii Acropolitae Annales. Recogn. Imm. Bekkerus. 8 maj. Bonn: Weber 1837, 36.
(Eine neue Fortsetzung v. Corpus scriptor. histor. Byzantinae.)

Manassewitsch, Efime: Beiträge zur Kenntnis der Molybdate des Zinks und Cadmiums. Bern 1900. 44 S. 1 Tab. 8°.
Bern. Phil. Diss. 1899/1900.

Manastyrski, Alex. Die Rutenen in der Bukowina, s. Buchenwald, der.

Manastyrski, Alexander, Коротка сьвящена історня старого нового завіта, приспособлена до науки релігії православно-восточної церкви, уложена парохом Самуілом Андрієвичем, з волоскої мови переложив архипресвитерставрофор і консторияльний совітник —. Wien 1903. K. k. Schulbücher-Verlag. Preis, halbsteif gebunden 80 h.

Manatschal, F., sozial-politische Streiflichter. Ein Beitrag zur Kenntniß vom Wesen des Staates und der Gesellschaft. In sieben Artikeln. 8. (31 S.) Chur 882, (Kellenberger'sche Buchh.) **
Aus: Bündner Volksblatt, besonders abgedruckt.

Mānava-Gṛhya-Sūtra, das, nebst Commentar in kurzer Fassg. hrsg. v. Frdr. Knauer. gr. Lex.-8. (191 S.) St. Petersburg 897. (Leipzig, Voss' Sort.) n. 5. —

Mânava-Çrauta-Sûtra, das. Hrsg. v. Frdr. Knauer. 1. Buch. Lex.-8. (XVI, 73 S.) St. Petersburg 900. (Leipzig, Voss' Sort.) n. 2. —

Mânava-Çrauta-Sûtra, das. Hrsg. v. Frdr. Knauer. II.—V. Buch. 30,5×21 cm. St. Petersburg. (Leipzig, Voss' Sort.) 4. —
II. (XIII u. S. 75—131.) 901. 2. —
III—V. (X u. S. 133—214.) 903. 2. —
I. Buch. Ebd. 900. 2. —.

Manby, Charles, u. James Forrest, über die Konstruction der Geschützrohre. Aus den „Excerpt minutes of proceedings of the institution of civil engineers." Ins Deutsche übertragen von J. Hartmann. 2., unveränd. Aufl. Hannover 864. Helwing'sche Hofbuch. gr. 8. (IV, 174 S. mit 34 eingedr. Holzschn.) 1 ℳ

Manby, G. W.

— Reise nach Griechenland im J. 1821; aus d. Engl. übers. v. Chr. Fr. Michaelis III. Mit 4 color. u. 2 schw. Kpf. nebst 1 Karte. 8. Lpz. 824. E. Fleischer. 2 ℳ 4 gr Hbg. Pr. 1 ℳ 8 gr

Manby G. W.: Reise nach Grönland im Jahr 1821. Aus d. Engl. übers. v. C. F. Michaelis. Leipz. 1823. 178 S. 6 Tvl. (4 kol.). 1 Kt.

Manby, Capt. G. W., Verfahren zur Rettung v. Schiffbrüchigen. Mitgetheilt vom Prof. Dr. Wagner. Mit 23 Abbildd. gr. 8. Berl. 825. Reimer. 12 gr

MANCE, Franciscus: Historia culturae litteralis ethicae christiano-catholicae inde a primordiis ecclesiae usque ad aevum nostrum. — (1885) 50 S. 8° (Handschr.) Diss. 164
Diss. Wien, Univ.

MANCEK, Franciscus: De consiliis evangelicis. — (1854) 42 S. 8° (Handschr.) Diss. 194
Diss. Wien, Univ.

MANCHARD, Gfr. A.: Ueber d. Rechte d. Menschen vor seiner Geburt. *Frankf. u. Leipz.* 782. 8.

Manché, Ansichten üb. die deutsche Reiterei nach Einführung d. rauchschwachen Pulvers u. der Bewaffnung m. Lanzen. gr. 8. (37 S.) Rathenow 891. M. Babenzien. n. — 50

Manché, die brandenburgisch-preußische Reiterei seit der Zeit d. großen Kurfürsten. gr. 8. (231 S.) Rathenow 889. Babenzien. n. 4. —; geb. n. 5. —

Manché, Eduard, über die das Muskelglykogen betreffenden Angaben von Weiss von Chandelon. Diss. Marburg 1888, N. G. Elwertsche Univ.-Buchh. 8°. 17 S.

Manché, Eduard [aus Berlin]: Ueber die das Muskelglykogen betreffenden Angaben von Weiss und Chandelon .... Marburg, C. L. Pfeil'sche Univ.-Buchdr., 1888; 1 Bl. + 17 S. 8°
Marburg, Med. Fak., Inaug.-Diss. v. [10. Mai] 1888

Manché, Philipp (geb. Berlin 25.2.1859): Ueber einen Fall von Epignathus. Berlin (1882). (33 S.) 8°
Berlin, Med. Diss. v. 24. Nov. 1882.

Manchen, G., Bilder aus der ungarischen Geschichte. Ein Hilfs- u. Lesebuch f. Schule u. Haus. gr. 8. (VIII, 164 S.) Kronstadt 889. Zeidner. cart. n. 1. 35

Manchen, Georg
[J.] Die ev. Kirchengemeinde A. B. zu Karlsburg. Zu ihrer 100-jähr. Gedenkfeier im J. 1893 in Geschichtsbild. dargest. v. ihrem derzeit. Pfarrer Georg Manchen ... *Hermannstadt: Buchdr. W. Krafft 1893.* (86 S.) 1 Bd 8. [97. 97

Mancherlei, Das. Riga 1815.
H: *Sonntag, Carl Gottlob.* (R-N) (Ky)

Mancherlei. (Neue Titel-Ausg. von:) 1. Will das Volk eine Constitution? 2. Lola Montez' Leben u. Thaten. 3. Marat vor den Gerichten des Julikönigthums. 16. (77 S.) Leipzig 849, Weller. 1/4 ℳ

Mancherlei, allgem. nützliches, chemisches u. physikal. 2 Thle. Mit Kpf. 8. Berl. 781, 82. Hesse. (Nauck). 1 ℳ 2r Thl. Auch u. d. T.: Allerlei nützl. aus der Chemie rc. 8. Ebd. 793. Nauck. 12 gr)

Mancherlei, Berlinisches ...
1773. Berlin. V: *Brumbey, Carl Wilh.* (MGT)
Mai–Okt. Berl.: Noack.

— gegen den Branntwein. Central-Enthaltsamkeits-Bericht f. Schlesien. Red.: Maydorn, im Verein m. Vetter. Jahrg. 1852. 10 Nrn. (1/2 B.) Mit dem Beiblatt: Jonadab. 6 Nrn. (1/4 B.) Nebst Beilagen. 8. Jenkau. Breslau, Dülfer & Geiser. n. 1/6 ℳ

Mancherlei gegen den Branntwein. Central-Enthaltsamkeits-Bericht für Schlesien. Red.: A. Maydorn im Verein mit K. W. Vetter. 8—13. Jahrg. 1853—58. à 10 Nrn. (à 1/2 Bgn.). Mit Beiblatt: Jonadab. Kinder-Bericht aus dem Kampfe gegen den Alkohol rc. 2—7. Jahrg. (à 6 Nrn. à 1/4 Bgn.) Jenkau. (Breslau, Dülfer.) 8. Jeder Jahrg. n. 6 ngr; das Beiblatt allein 1 1/2 ngr

Mancherlei gegen den Brandwein. Central-Enthaltsamkeits-Bericht für Schlesien. Red.: Vetter im Verein mit Maydorn. 14—19. Jahrg. 1859—64. à 10 Nrn. (à 1/2 Bgn. und Beiblatt: Jonadab. Kinder-Bericht aus dem Kampfe gegen den Alkohol [Brandwein.] à 6 Nrn. à 1/4 Bgn.) Jenkau. (Breslau, Dülfer.) 8. Jeder Jahrg. n. 5 1/2 ngr

Mancherlei gegen den Brandwein. Central-Enthaltsamkeits-Bericht für Schlesien. Redakt.: Vetter im Verein mit Maydorn. 20—25. Jahrg. 1865—70. à Jahrg. 10 Nrn. (1/2 Bgn.) Mit Beiblatt: Jonadab. Kinder-Bericht aus dem Kampfe gegen den Alkohol (Brandwein.) 15—20. Jahrg. à Jahrg. 6 Nrn. (1/4 Bgn.) Jenkau. Breslau, Dülfer. 8. Jeder Jahrg. n. 5 1/2 ngr

Mancherlei gegen den Brandwein. Central-Enthaltsamkeits-Bericht f. Schlesien. Red.: Vetter. 26. Jahrg. 1871. 10 Nrn. (3/4 B.) Mit Beiblatt. 8. Diesdorf 871. Breslau, Dülfer in Comm. n. — 55

— dasselbe. 27—31. Jahrg. 1872—1876. à 10 Nrn. (3/4 B.) Mit Beilagen. 8. Ebend. à Jahg. n. — 70

Mancherlei gegen den Brandwein. Central-Enthaltsamkeits-Bericht für Schlesien. Red.: Vetter. 32—37. Jahrg. 1877—1882. à 10 Nrn. (3/4 B.) gr. 8. Diesdorf. Breslau, Dülfer in Comm. à Jahrg. n. — 70

Mancherlei gegen den Brandwein. Central-Enthaltsamkeits-Bericht f. Schlesien. Red.: Vetter. 37—40. Jahrg. 1883 - 1886. à 10 Nrn. (3/4 B.) 8. Diesdorf. (Breslau, Dülfer.) à Jahrg. n. — 70

Mancherlei gegen den Brandwein. Zentral-Enthaltsamkeits-Bericht f. Schlesien. Red.: Vetter. 41.—44. Jahrg. 1887—1890. à 10 Nrn. (1/2 B.) 8. Diesdorf. (Breslau, Dülfer.) à Jahrg. n. — 70

Mancherlei gegen den Branntwein. Ein christl. Volksblatt zur Förderg. der Gesundheitspflege. Zentralenthaltsamkeitsbericht f. Schlesien. Red.: Vetter. 45. Jahrg. 1891. 10 Nrn. (1/2 Bog.) 8. Diesdorf. (Breslau, Dülfer.) n. — 70
Erschien nicht weiter.

— brauchbares u. angenehmes, zur Geisteserholung. 8. Frankf. 783. (Wienbrack in Leipz.) 16 gr

— Danziger, eine Monatsschrift. 8. Danz. 786, 87. Flörke. 1 ℛ 12 gr

Mancherlei, und Etwas zur Bolingbroke-Hervey-Hunterschen Uebersetzung . . . O. O. 1774. V: *Hamann, Joh. Georg.* (Hamann, Schriften hsg. Roth. IV.) »Mitau« (ML) (R-N) (Verz. d. v. Meusebach'schen Bibl. Berlin 1855. S. 94.)

— geograph., histor., physikal. u. moral. 2 Thle. 8. Lpz. 773. Böhme. (Knobloch). 20 gr

Mancherlei zur Geschichte der metakritischen Invasion . . . Königsberg 1800. V: *Rinck, Friedrich Theodor & Gottlieb Benjamin Jäsche.* (MGT) (Ky) (Adel)

— zur Geschichte der metakritisch. Invasion. (Von F. T. Rink u. . . . Jäsche.) 8. Königsb. 800. Nicolovius. 18 gr

— histor., in kurzgef. merkwürd. Erzählungen. Mit Kpft. 16. Frankf. a. M. 800. Jäger. 8 gr

—— für Jung und Alt. Ein Buch für Schule und Haus. Eine Sammlung von Lesestücken aus deutschen Dichtern und Schriftstellern der neueren und neuesten Zeit mit besond. Berücksicht. der reiferen Jugend höherer Bildung. gr. 8. (XVI, 512 S.) Freiburg i. Br. 884, Herder'sche Verlagsh. *

Mancherlei für mancherlei christliche Leser. 1. u. 2. Bdchen. Jedes mit 1 Lithogr. 8. Danzig 844, Anhuth. à n. 1/6 ℛ

Mancherlei, Das ökonomische. Leipzig 1762. V: *Münchhausen, Otto von.* (WÖ)

— ökonomisches. 1r Versuch. 8. Bresl. 791. W. G. Korn. 4 gr

Mancherley zur angenehmen und belehrenden Unterhaltung für Kinder. Jahrg. 1819 und 1820. gr. 8. Neuwied, Lichtfers und Faust.

— zur angenehmen u. belehr. Unterhaltung für Kinder. gr. 8. Neuwied 822. Lichtfers u. Faust. (Guilhaumann in Frankf.) 8 gr

Mancherlei zur angenehmen und nützlichen Unterhaltung. Cleve 1789—90. H: *Hüther, Nicolaus.* (MGT)

— zur Unterhaltung für Kinder in Nebenstunden. Neue A. 8. Leipz. (Ohne Jahrz.) Joachim. 16 gr

Mancherley Vernünftiges u. Verrücktes in einer Laterne Magica. s. Biebenfeld, F. v., im Alphabet.

— voigtländisch., monatl., histor. literar., 5 Stck. 4. Dresd. Richter. 788.

– Hrsgeg. v. Gottlob Hacke. 23 St. Leipzig: Breitkopf 1788. 4°

Mancherley, s. Mancherlei.

Manchester, der Lady, Geschichte, aus dem Engl. 8. Daselbst, 780. Hilscher. 18 gl.

Manchester, James Eugene, aus Austin, Minn., U. S. A.: Ueber Singularitäten ebener Kurven. *Tübingen 1899: H. Laupp jr.* (38 S.) 8°
Tübingen, Naturw. Diss. v. 1899

Manchfaltigkeiten. – o.N. Fränkische ökonomisch-Landwirthschaftliche Manchfaltigkeiten, I., VI. Stck.: Ein Mittel, den Fischen den morastigen Geschmack zu nehmen. Schwabach 1777.

Neueste Manchfaltigkeiten. Meist jurist. Inhalts. *Nördlingen.* Becker. 1766. 8.

Manch-Hermaeon, Politisch-kirchliches, von den Reformen Kayser Josephs . . . 1790. Jena. V: *Hajnóczy, Joseph.* (SzMJ) V: *Molnár, Johann.* (BrMm) (MGT) (Ky) V: *Berzeviczy, Gregor.* (Pk)

Manch Hermäon, (v. J. Tim Hermes). 2 Thle. 8. Leipz 788. (Aue in Altona). 2 ℛ s. auch Paysanne.

Manch Hermäon, polit. kirchliches, v. den Reformen Kaiser Josephs II. überh., (v. Jh. Molnár). 8. Jena 790. Stahl. 12 gr

Manch-Hermaeon im eigentlichen Sinne des Worts . . . Wien 1788. V: *Hermes, Johann Timotheus.* (ErschDL) (Ky) »Leipzig« (MGT) »1788—89« (JL)

Manchot, C., üb. e. Fall kryptogenetischer Sepsis m. typhusähnlichem Verlauf. [Aus: „Jahrbb. d. hamburg. Staatskrankenanstalten", 3. Bd.] gr. 8. (5 S. m. 1 eingedr. Kurve.) Hamburg 894. L. Voss. n. — 75

Manchot, C. Die Hautarterien d. menschlichen Körpers. Mit 9 Taf. gr. 4. (IV, 60 S.) Lpz. 889, F. C. W. Vogel. * 12 —

Manchot, Carl Hermann

Manchot, Carl, das Christenthum u. die moderne Weltanschauung. Ein protestant. Bedenken. 1. u. 2. verb. Aufl. gr. 8. (39 S.) Bremen 882. Roussell. n. — 40

Manchot, Carl, d. Christus Michelangelos in S. Maria sopra Minerva in Rom, s.a. Sammlung gemeinverständl. wissenschaftl. Vorträge.

[S.] Der Christus Michelangelos in S. Maria sopra Minerva in Rom. Von Carl Manchot Dr., Pastor in Hamburg. *Hamburg: Verlagsanst. u. Dr. A.-G. 1898.* (38 S.) 8.
=Sammlung gemeinverständl. wiss. Vorträge. N.F. Ser. 13. H. 298. [illegible]

Manchot, Carl Herm., Martin Crugot, der ältere Dichter der unüberwindlichen Flotte Schillers. Urkundlich nachgewiesen. gr. 8. (61 S. mit 1 Bildnisse.) Bremen 886, Roussell. *

Manchot, Carl, das Delirium tremens u. die Anwendung der Bedürfnisfrage bei der Erteilung v. Schankkonzessionen in Hamburg. (30 S.) gr. 8. Hamburg 903. O. Meißner's Verl. n. 1. —

Manchot, Carl [aus Hamburg]: Ueber die Entstehung der wahren Aneurysmen. . . . (Aus: Arch. f. pathol. Anat. u. Physiol. u. f. klin. Med. 121. Bd. 1890.) Berlin, *Druck u. Verl. v. Georg Reimer,* 1890; 53 + 1 S. u. 1 Taf. 8°
Strassburg, Med. Fak., Inaug.-Diss. v. 1890

Manchot, Carl, die Erkenntniß der Herrlichkeit Gottes im Angesichte Jesu Christi. Predigt am 1. Weihnachtsfeiertage 1867 gesprochen. gr. 8. (15 S.) Bremen [Halle] 868, Gesenius. *

Manchot, Carl, zum Gedächtnis unserer Verstorbenen. Predigt, am 26. XI. 1905 geh. 1.—3. Aufl. (à 12 S.) gr. 8. Hamburg 905. C. Boysen. n. — 30

— der Gottesdienst auf dem Bremer Markte am 3. Juni 1878 u. Was sollen wir thun? Pfingstpredigt in St. Rembertikirche am 9. Juni 1878. gr. 8. (21 S.) Bremen 878. Bruns. n. — 30

—— die Heiligen. Ein Beitrag zum geschichtl. Verständniss der Offenbarung Johannis und der altchristl. Verfassung. gr. 8. (VII, 160 S.) Leipzig 887, Veit und Comp. *

—— Martin Luther, ein deutscher Christ. Vortrag, auf Veranlassung des Comités für die Hamburger Volks-Lutherfeier gehalten am 2. Novbr. in Barmbeck. gr. 8. (24 S.) Hamburg 883, Seelig und Ohmann.

— die Milchküche der St. Gertrud-Gemeindepflege in Hamburg 1889—1904. Erfahrungen u. Ergebnisse auf dem Gebiete der Säuglings-Ernährg. Festschrift zur Eröffng. des neuen Hauses der St. Gertrud-Gemeindepflege. (51 S.) gr. 8. Hamburg 905. C. Boysen. n. 1. —

Manchot, Carl. Des Apostels Paulus Missionsruf an die evangel. Deutschen. Festpredigt bei der Jahresfeier d. hamburg. Hauptvereins d. evangelisch-protestant. Missionsvereins am 6. Dezbr. 1888 in der St. Nicolaikirche. gr. 8. (14 S.) Hamb. 889, Seippel. * — 50

—— über den Opfertod Jesu. Vortrag gehalten am 27. Febr. 1868 in der Versammlung des Protestanten-Vereins in Bremen. gr. 16. (51 S.) Ebendas. 868. *

—— die Parteien der christlichen Gemeinde, s. Vorträge, protestantische.

—— Wahlpredigt, am Donnerstag, den 27. Juli 1882, und Antrittspredigt, bei seiner Einführung in das Amt des Pastors an St. Gertrud am Dienstag, den 27. Febr. 1883, in der Kirche zu St. Georg gehalten. gr. 8. (33 S.) Hamburg 883, Seippel. *

— was bedeutet unsere Kirchensteuer? Predigt, geh. am 14. Novbr. 1886. gr. 8. (16 S.) Hamburg 886. Seippel. n. — 50

—— Wie sollen wir jetzt Geduld beweisen? St. Remberti-Gemeinde. 9. Octbr. 1870. Predigt. gr. 8. (16 S.) Bremen [Halle] 870, Gesenius.

Manchot, Carl, wie wir in unserer Noth nach Gottes Willen leiden. Predigt, geh. am 18. Septbr. 1892. gr. 8. (16 S.) Hamburg 892. H. Seippel. n.n. — 50

Manchot, W., Kloster Limburg an der Haardt. Eine bauwissenschaftl. u. geschichtl. Abhandlg. Hrsg. vom Mannheimer Altertums-Verein. Mit 54 Textillustr. u. 7 Taf., wovon 6 doppelte. gr. 4. (IX, 90 S.) Mannheim 892. (Berlin, E. Wasmuth.) n. 12. —

Manchot, Wilh., Lehrbuch d. anorgan. Chemie, s.: Holleman, A. F.

Manchot, Wilh., über freiwillige Oxydation. Beiträge zur Kenntnis der Autoxydation u. Sauerstoffaktivierg. gr. 8. (48 S. m. 3 Fig.) Leipzig 900. Veit & Co. n. 1.50

Manchot, Wilh., über Sauerstoffaktivierung. (25 S.) gr. 8. Würzburg 908. C. Kabitzsch. — 80
Sonderabdruck aus: „Verhandlgn. d. phys.-med. Gesellschaft zu Würzburg".

Manchot, Wilh., das Stereoskop. Seine Anwendung in den techn. Wissenschaften. Über Entstehung u. Konstruktion stereoskop. Bilder. gr. 8. (VII, 68 S. m. 50 Fig.) Leipzig 903. Veit & Co. n. 1.80

Manchot, Wilhelm [aus Hamburg]: Triazolverbindungen aus Amidoguanidin ... München, *Hofbuchdr. v. C. A. Kaemmerer & C., Halle a. S.,* 1895; 1 Bl., 59 S. 8.
München, Phil. Fak., Inaug.-Diss. v. 1895

Mancini, Karl Adm., Passions- u. Charwochen-Predigten. gr. 8. Münch. 780. Lentner. 19 %

Mancini-Pierantoni, Grazia, vom Fenster aus, } s. Collection Spemann.
—— Lydia, }

Mancini's, P. St., Lebensbild, s. Mauro, M.

[S.] Die Passion Christi v. Thomas **Mancinus.** Z. Gebr. f. liturg. Andachten am Karfreitag nach d. Vorschlägen v. Ludwig Schöberlein überarbeitet u. hrsg. v. D. K[arl] Knoke, o. Prof. d. Theol. a. d. Univ. Göttingen ... *Göttingen: Vandenhoeck & Ruprecht 1897.* (15, 16 S.) 1 Bd 4. [98. 3855 Go

Mancinus, Thom., die Passion Christi. Zum Gebrauche f. liturg. Andachten am Karfreitag nach d. Vorschlägen v. Ludw. Schöberlein überarb. u. hrsg. von K. Knoke. (I. Zur Geschichte der „Passion" d. Mancinus u. ihrer Überarbeitg. II. Ein. Winke üb. ihre liturg. Ausführg. III. Text u. Melodieen der „Passion".) Lex.-8. (15 u. 16 S.) Göttingen 898. Vandenhoeck & Ruprecht. n. — 80

Manck: Gutachten und Project, die neue Wasser-Versorgung der Stadt Dresden betreffend. Dresden (1869)

Manek, F., Pekmezi, G. und **Stotz,** A., Albanesische Bibliographie. Gr.-8°. (XII, 147 S.) Wien: Gerold 1910. K 4.—

Manck, Philipp [aus Edenkoben, Assist. an d. kgl. bayer. Akad. f. Landw. u. Brauerei Weihenstephan]: Über die Einwirkung von schwefliger Säure auf Cyankalium ... München, Druck v. V. Höfling, 1895; 39 S. 8.
München, Phil. Fak., Inaug.-Diss. v. 1895

Mancke, Chr. Ludwig (Leipzig), De hernia ventrali laterali. Leipzig (Stange) 7. V. 1844. 35 Seiten. (3.—) 22078
Gew.: Fr. Br. Gunter.

Mancke, Maria
Pseud.: Maria v. Felseneck.

— Als der Flieder blühte, s.a. Jugendbücherei.

(F) Mancke, M., Als der Flieder blühte. Neue Sagen für die Jugend. [Jugendbücherei Nr. 28/30.] 8°. (123 S.) Graz: Styria 1909.

— Fräulein Doktor. Ringen u. Streben e. deutschen Mädchens. Nach Tagebuchblättern bearb. u. erzählt. gr. 8. (IV, 260 S. m. 8 [4 farb.] Bildern.) Elberfeld (898). S. Lucas. Geb. n. 2. —

— Draußen u. Daheim, s.a. Düms' Kinderbibliothek.

Mancke, Maria (William Forster), Draußen u. Daheim. 4 Erzählgn. f. die Jugend von 8—12 Jahren. Mit 5 Farbendr.-Bild. v. W. Schäfer. 12. (71 S.) Wesel 896. W. Düms. Kart. — 50

– s. Forster, W.

— eine unverstandene Frau. s.a. Welt, alle.

Mancke, Maria: Eine unverstandene F r a u . Orig.-Novelle von Maria Mancke. Berlin: A. Weichert [1900]. (48 S.) 8⁰
Welt, Alle. Bd 7.

— Das zweite Gesicht, f.: Weichert's Wochen-Bibliothek.

Mancke, Maria: H e i d e k o m t e ß c h e n . Erzählung von Marie v. Felseneck [d.i. Maria Mancke]. Mit Ill. von Heinrich Susemihl. Berlin: A. Weichert [1905]. (324 S.) 8⁰

Mancke, Maria: H e i m g e f u n d e n . Erzählung nach d. Leben von Marie v. Felseneck [d.i. Maria Mancke]. Mit Ill. von Julius Schlattmann. Berlin: A. Weichert [1905]. (328 S.) 8⁰

Mancke, Maria: Prinzessin H o c h m u t . Erzählung von Marie v. Felseneck [d.i. Maria Mancke]. Mit Ill. von Heinrich Susemihl. Berlin: A. Weichert [1906]. (304 S.) 8⁰

Mancke, Maria: Die J a g d nach dem Glück. Erzählung f. d. reifere Jugend von Marie v. Felseneck [d. i. Maria Mancke]. Berlin: A. Weichert [1895]. (125 S.) 8⁰

— in Untreue treu, s.a. Weichert's Wochen-Bibliothek.

Mancke, Maria: I n Untreue treu. Originalnovelle von M[aria] Mancke (William Forster). Mit 3 Vollbild. Berlin: A. Weichert [1902]. (96 S.) 8⁰
Wochen-Bibliothek, Weichert's. Bd 120.

Mancke, Maria: M a i e n g l ü c k . Erzählung nach d. Leben von Marie v. Felseneck [d.i. Maira Mancke]. Mit Ill. von Heinrich Susemihl. Berlin: A. Weichert [1905]. (323 S.) 8⁰

Mancke, Maria: Ein R e c h t auf Glück. Erzählung von Marie v. Felseneck [d.i. Maria Mancke]. Mit Ill. von Heinrich Susemihl. Berlin: A. Weichert [1905]. (279 S.) 8⁰

Mancke, Maria: R o s e vom Waldsee. Erzählung von Marie v. Felseneck [d.i. Maria Mancke]. Mit Ill. von Heinrich Susemihl. Berlin: A. Weichert [1906]. (310 S.) 8⁰

— die Schriftstellerin, s.a. Frauenberufe. 3.

Mancke, Maria: Die Schriftstellerin. Forderungen, Leistungen, Aussichten in diesem Berufe. — Leipzig: Kempe 1899. 47 S. 8° (Frauen-Berufe. [3.])

Mancke, Maria: Die S c h w e s t e r n . Erzählung von Marie v. Felseneck [d.i. Maria Mancke]. Mit Ill. von Heinrich Susemihl. Berlin: A. Weichert [1905]. (289 S.) 8⁰

Des Hauses Sonnenschein. Erzählung von Marie v. Felseneck [d. i. Maria **Mancke**]. Mit Ill. von Heinrich Susemihl u. d. Portr. d. Verf. Berlin: A. Weichert [1905]. (283 S.) 8° [F.] (08. 13710

— aus verklungenen Tagen, s.a. Weichert's Wochen-Bibliothek.

Aus verklungenen Tagen. Memoiren e. Sonderlings. Novelle von Maria **Mancke**. Mit 3 Vollbild. Berlin: A. Weichert [1903]. (96 S.) 8° [F.]
= Wochen-Bibliothek, A. Weichert's. Bd 150. (03. 5365

Mancke, M., Aus verklungenen Tagen. [Weicherts illustr. Familienschatz. Bd. 150.] 8°. (ill. 96 S.) † K —.50
Wien: Derflinger & Fischer 1903.

— aus Pommerns Vergangenheit. Sagen u. Erzählgn. aus den Ostseebädern Swinemünde, Heringsdorf, Misdroy. 2. verm. Aufl. 8. (III, 112 S.) Swinemünde 901. H. Dehne. n. 1. —

— Aus Pommerns Vergangenheit. Sagen u. Erzählgn. aus den Ostseebädern Swinemünde, Heringsdorf, Misdroy. 3. Aufl. (4. Tauf.) (III, 112 S. m. 6 Vollbildern.) 8. Swinemünde 908. H. Dehne. 1.—; geb. in Halbleinw. 1. 60

— Was die rote Suse erzählt, s.a. Jugendbücherei.

— was die rote Suse erzählt. Neue Märchen f. die heranwachsende Jugend. gr. 8. (157 S.) Berlin 899. J. Harrwitz Nachf. Geb. n. 3.—; erm. Pr. 1.50

Mancke, Maria: W a s die rote Suse erzählt. Graz: Styria 1909. 48 S. 8⁰
Jugendbücherei. Nr. 27

Was Gertrud erlebte. Eine Erzählung f. d. reifere Jugend von Marie v. Felseneck [d. i. Marie **Mancke**]. *Berlin: A. Weichert [1900]*. (248 S.) 8° [F.] (03. 2749

Mancke, Maria: Im W e c h s e l der Tage. Von Marie v. Felseneck [d.i. Maria Mancke]. Berlin: A. Weichert [1895]. (127 S.) 8⁰

— die kleine Wilde. E. Erzählg. f. junge Mädchen. D. Leben nacherz. M. Orig.-Illustr. v. Osc. Detering. gr. 8. (IV, 265 S.) Elberfeld 897. S. Lucas. Geb. 2. —

Der Wildfang von Wulkow. Erzählung von Marie v. Felseneck [d. i. Marie **Mancke**]. *Berlin: A. Weichert [1901]*. (254 S.) 8° [F.] (03. 5730

— Im Zauberwald. Neue Märchen u. Sagen. I. Was die rote Suse erzählt. Mit 3 Illustr. 2., verb. Aufl. — II. Als der Flieder blühte. Mit 2 Einschaltbildern u. 7 Text-Illustr. 2., verb. Aufl. (48 u. 123 S.) kl. 8. Graz (909). Styria. Geb. 1. 80

Mancke, Walther

Die Bewerthung von Weizen und Roggen auf den Weltmärkten im Erntejahre 1901/1902. Paritätisch zsgest. von d. Centralstelle d. Preuß. Landwirthschaftskammer (Notirungsstelle). (Verf.: Dr. W[alther] **Mancke**.) Berlin: Selbstverl. d. Verf. 1902. (32 S.) 8° [Umschlagt.] (03. 5586

Die Bewertung von Weizen und Roggen auf den Weltmärkten in den Erntejahren 1902/1903 und 1903/1904. Paritätisch zsgest. von d. Centralstelle d. Preuß. Landwirtschaftskammern. (Verf.: Dr. Walther **Mancke**.) Berlin: Selbstverl. d. Verf. 1904. (24 S.) 8° [Umschlagt.] (08. 12 26

Mancke, W., im Fluge durch Nordamerika. 8. (128 S. m. Bildern.) Berlin 893. (J. Bohne.) n. 2. —

Mancke, W. Amerikanische Geldauswanderungs-Agenturen. Berlin 1891.

Mancke, W. Der Verein Berliner Getreide- und Produkten-Händler und seine Glaubwürdigkeit. Berlin 1899.

Mancke, Walth., Getreideversorgung u. Großmachtstellung. Eine Darstellg. der fiskal. Getreideversorgg. in Alterthum u. Gegenwart, sowie deren Einfluß auf die Machtstellg. der Staaten. gr.8. (IX, 114 S. m. 1 Tab.) Berlin 899. P. Parey. n. 3. —

— e. Kompromiß des Agrarstaats m. dem Industriestaat. Vorschlag zur befriedig. Lösg. der Getreide- u. Brodfrage in Deutschland. gr. 8. (134 S.) Berlin 894. Trowitzsch & Sohn. n. 2. —

Mancke, Walther, e. Weltmonopol in Petroleum. gr. 8. (244 S. m. 1 Kartenskizze in Chromolith.) Berlin 895. Schöneberg, F. Telge. n. 3. —

Mancke, Walther, Vorsteher d. Central-Notirungs-Stelle d. Preuss. Landwirthschaftskammern: Ein **Weltmonopol** in Petroleum. *(Berlin [1899]: Norddeutsche Buchdr.)* (244 S.) 8°
Tübingen, Staatswiss. Diss. v. 1899

Manconi, Francesco

Manconi, F., neu verbess. u. a. d. Ital. übers. Traumbüchl. 8. Augsb. Stage. 808.

Manconi, neuverbess. und aus dem Italien. übersetztes Traumbüchlein, in welchem man auf verschiedene Art sein Glück in der Lotterie finden kann, mit 360 Kupf. neue Aufl. 8. (Augsburg, Jenisch und Stage.) 819.

Manconi, Franç., neu verbess. u. aus d. Italien. übers. Traumbüchlein, in welchem man auf verschied. Art sein Glück in d. Lotterie finden kann. M. 360 Kpfr. (auf 2 Bog.) 10., verb. Aufl. 8. (1 B. Text.) Augsburg 833, v. Jenisch u. Stage'sche Vrlsh.

Manconi, des berühmten Herrn Francesco, neu verbessertes aus dem Italien. übers. Traumbüchlein, in welchem man auf verschiedene Art sein Glück in der Lotterie finden kann. Mit 360 Bildern. 12. Aufl. 1852. und 13., verb. Aufl. 12. (12 S. und 15 Stnt.) Augsburg 854, v. Jenisch und Stage'sche Buchh.

Manconi, Franc., neu verbessertes und aus dem Italienischen übersetztes Traumbüchlein, in welchem man auf verschiedene Art sein Glück in der Lotterie finden kann. 15., verb. Aufl. 8. (12 S. mit 360 Bildern auf 15 Stnt.) Augsburg 862, v. Jenisch und Stage'sche Buchh.

de Mancy, s.a. Jarry.

Mancy, A. Jarry de, Literatur-Charte (deutsche, griech., oriental., röm. u. span.), s. Literatur-Charte.

Manczka, J., Altes Recht im Volksbewusstsein. [Aus: „Allg. öst. Gerichts-Zeitg."] (21 S.) gr. 8. Wien, Manz. 1907. —. 40.

Mánd, Emilie v., Arm und Reich. Erzählung. 12. (198 S.) Baden 888. (Wien, Schworella und Heick.) *

Mánd, Emilie v., ein Mann von Wort. Roman. 12. (VIII, 300 S.) Wien 881, Schworella und Heick.

Mand, J., die Lösung der Schulfrage. gr. 8. (16 S.) Frankfurt a/M. 891. (Hanau, Alberti.) n. — 30

Mand, J. E., Demoiselle Bock, s. Jahrbuch deutscher Bühnenspiele. 11r Jahrg.

— s.a. Briefe, kavalleristische.

Mand, J. E. Cavalleristische Briefe, die grossen Cavallerie-Uebungen bei Berlin im Herbst 1843 betreffend. Mit 2 Steintafeln. 8. Leipzig 1844.

Mand, J. E.: Dramatisches. 1r Bd., enthält: Der verrückte Professor. Einleitendes Vorspiel. – Sein Onkel u. ihre Tante. Lustspiel in 1 Akt. – Die Räuberbräute. Komödie in 5 Akten. gr. 12. Berlin: Jonas 1833.

Mand, J. E., Dramatisches. 1. Bd. gr. 12. (13¼ B.) Berlin 834, [Jonas's Vrlsbuchh.]
Inh.: Der verrückte Professor. Einleitendes Vorsp. — Sein Onkel u. ihre Tante. Lustsp. in 1 Akt. — Die Räuberbräute. Komödie in 6 Akten.

Mand, J. E., Herz und Kopf. Eine humorist. Vorlesung. 16. Prag 843, Borrosch u. André. n. ¼ ℔

Mand, J. E., das Concordat ist kein Staatsvertrag u. die Civilehe ein Postulat der Sittlichkeit. Wien 868. Pichler's Witwe & Sohn. gr. 8. (26 S.) 6 ngr.

— Lieutenantsleben. Sociale Spiegelbilder unserer Zeit. 8. (268 S.) Berlin 865, Janke.

Mand, J. E., Oesterreich u. Rom. Ein Kampf um die geistige Freiheit. 2., verm. Aufl. der Schrift: „Das Concordat ist kein Staatsvertrag rc." Wien 869. Pichler's Witwe & Sohn, gr. 8. (80 S.) 12 ngr.

— das Räthsel. Lustspiel, s. Jahrbuch deutscher Bühnenspiele von Gubitz, 13r Jahrg.

Mand, Rob., die Aenderungen d. Gerichtsverfassungsgesetzes, der Civilprozeßordnung, des Gerichtskostengesetzes, der Gebührenordnung f. RA. nach der Novelle vom 1. VI. 1909 in Kraft ab 1. IV. 1910. (VII, 72 S.) 8. Tübingen 910. J. C. B. Mohr. 1. —

Mand, R., Repetitorium des deutschen Handels- u. Seerechts. (VIII, 266 S.) gr. 8. Stuttgart, F. Enke. 1909. 4. 40; geb. in Leinw. 5. —

Mandach, v., Bericht üb. e. im April 1874 in Dachsenbüel bei Schaffhausen untersuchte Grabhöhle, s.: Mittheilungen der antiquarischen Gesellschaft in Zürich.

Mandach, [Franz] von. Bericht über eine im April 1874 im Dachsenbüel unweit Schaffhausen untersuchte Grabhöhle. [Mit 3 Tafeln.] (Mittheil. Ant. Ges. Zürich, Band 18, Heft 7.) 4. Zürich 1874.

Mandach, Franz von, Med.-pract. aus Schaffhausen: Entzündungsversuche am Knochen. [S.A. aus: Archiv f. experim. Pathol. u. Pharmakol., Bd 11, S. 184–199]. Leipz. J. B. Hirschfeld Dr. 1879. 2 Bl., 16 S. 8°
Zürich, Med. Diss. [v. 9. Aug. 1879].

a **Mandach,** Franciscus (geb. am 8 Apr. 1821 in Schaffhausen): De meningitide et encephalitide ... Bonnae, litt. F. P. Lechneri 1845. 2 Bl., 54 S., 2 Bl. 8.
Bonn, Med. Fak., Diss. v. 21 Juni 1845

Mandach, Friedrich von: Beiträge zur Anatomie des Uterus von Neugeborenen und Kindern. Berlin 1899. 26 S. und Taf. 8°.
Bern. Med. Diss. 1898/99.

Mandakuni, Johs., heilige Reden. Aus dem Armen. übers. u. m. Einleitg. u. Anmerkg. versehen v. Joh. Mich. Schmid. gr. 8. (246 S.) Regensburg 871. Manz. 2. 50

Mandalinsky, Albertine, oder das Mädchen aus Polen. Prag u. Leipzig 1801. V: *Polt, Johann Joseph.* (GGr)

Mandalinsky, Albertine, od. das Mädchen aus Polen. 8. Prag u. Leipz. 801. Joachim. 16 gl

Mandaras' Wanderungen. 8. Mannheim 843, Schwan u. Goetz. n. 1 1/3 ℛß

... **Mandat** ... wegen Abstellung derer, bey denen Handwerkern eingeschlichenen Mißbräuche, und desselben genauerer Beobachtung, ergangen ... Dresden, den 10. November 1764. Dresden, gedruckt bey ... Stösselin ...
28 S. 8°.
Beigeb.:
1.) ... **Mandat** zu Publicirung und genauen Beobachtung des Kais. Patents vom 23. April 1772 wegen Abstellung einiger Handwerks-Mißbräuche. Ergangen ... Dresden, den 18. Sept. 1772. Gedruckt u. zu finden ... Joh. Carl Krausen.
12 S.
2.) ... **Mandat** die General-Innungs-Articul für Künstler, Professionisten und Handwerker hiesiger Lande betreffend. Ergangen ... Dresden, den 8. Januar 1780. Dresden, gedruckt u. zu finden in der Churf. Sächss. Hof-Buchdruckerey.
38 S.
3.) ... **Mandat** die Abstellung verschiedener Innungsgebrechen betreffend ... Dresden, den 7. December 1810. Gedruckt u. zu finden ... C. C. Meinhold.
24 S.

„Ihrer Chur-Fürstl. Durchlaucht zu Sachssen etc. etc. Mandat, die General-Innungs-Articul für Künstler, Professionisten und Handwercker hiesiger Lande betreffend. Ergangen sub. Dato Dresden, den 8ten Januar 1780", Dresden (1780). — Vorh.: Industrie- und Handelskammer Leipzig.

„Ihrer Chur-Fürstl. Durchl. zu Sachssen etc. etc. Mandat, zu Publicirung und genauer Beobachtung des Kayserlichen Patents vom 23. April 1772 wegen Abstellung einiger Handwerks-Missbräuche. Ergangen, de dato Dresden, den 18. Sept. 1772", Dresden (1772).

„Mandat, die Erhebung der Grenzaccise von ausländischen Waaren betreffend, vom 23sten März 1822". — „Mandat, die Erhebung der Grenzaccise von ausländischen Waaren in der königlich sächsischen Oberlausitz betreffend, vom 15ten April 1826". — Beide vorh.: Büch. der Industrie- und Handelskammer Leipzig.

Mandat. – Sr. Königl. Majestät in Preussen u. Churfl. Durchl. zu Brandenburg, etc. E r k l ä r t e s u. erneuertes Mandat wider die Selbst-Rache, Injurien, Friedens-Stöhrungen u. Duelle. [Dat.] 28 Junii 1713. Halle: Zeitler 1713.

M a n d a t, Erneuertes, und Verordnung wider die Dirnen, so ihre Kinder exponiren und aussetzen, und den K i n d e r - M o r d. Bern 1763. 4°. (1 fr. Schneider, Basel, v o r 1885.)

Mandat, die Errichtung der Communalgarden betreffend. Dresden 1830. 8°.

M a n d a t, die Errichtung d. Communalgarde betreff., v. 29. Nov. 1830, so wie das, die nähern Bestimmungen üb. d. Organisation ders. enthalt., Regulativ. gr. 8. (1 B.) Dresden 831. (Leipzig, Fr. Fleischer.)

Mandat Friedrich Augusts Königs in Pohlen und Sachsen wieder die Selbst-Rache, Injurien, Friedens-Störungen und D u e l l e d. d. 1712. Dresden (1712). 18 Bl. Fol. 12.—

Mandat. – Mandat wegen F ü r k a u f und Handel des Hornviehs. Bern 1770. 4°

Mandat der Fürsten und Stände des Schwäbischen Kreises gegen Jauner, Zigeuner, Landstreicher und W i l d e r e r, dat. Ulm, d. 13. Aug. 1718. 1 Bl. Qu.-Fol. 18.—

Mandat der Fürsten und Stände des Schwäbischen Kreises gegen Jauner, Zigeuner, Landstreicher, nebst Bestimmungen wegen der Handwerksburschen, Deserteure, Bettler, Hausierer, W i l d e r e r usw., dat. Ulm, d. 22. Juni 1734. 1 Bl. Gr.-Qu.-Fol. 18.—

Mandat. – Mandat betr. Kurfürstlich Sächsische G e n e r a l - b r a n d k a s s e vom 5. April 1729.

Mandat des Kantons Glarus
④ Amtsblatt des Kantons Glarus ⑤ 1801—1846 ⑥ 2° ⑦ Wochenblatt ⑧ Glarus: Cosmus Freuler und Fridolin Schmid, älter ⑩ Regierungskanzlei des Kantons Glarus ⑬ BGSZ: 997 ⑭ Gl: L (Jg. 1802, 1809 unvollständig).

Mandat, H u r e r e i, E h e b r u c h und a n d e r e u n k e u s c h e H ä n d e l, V e r h e i m l i c h u n g d e r S c h w a n g e r s c h a f t etc. betreffend. Dat. d. 16. Juni 1753. Einblattdruck. Gr. Qu.-Fol. (3 Mk. 50 Pfg. B. Seligsberg, 1906.) 45 Zeilen. — N i c h t bei Drugulin.

Kayserliches . . . Mandat de dato Wien d. 22. Aug. 1757. 4. (4 Bl.)

Kayserl. Mandat de dato Wien d. 2. Jun. 1758. 4.

M a n d a t w i e d e r d e n K l e i d e r - P r a c h t. Nebst: Erläuterungs-Patent zu dem unterm 25. Aprilis a. c. gedruckten Mandat wider den Kleider-Pracht. Gotha, Druckts Johann Andreas Reyher. 1737. Kl. 4°. (l. c. no. 3337.)
Tit., 3 Bll. — Tit., 2 Bll.

Chursächsisches Mandat, die Errichtung und Bestimmung der neuen Landarbeitshäuser betreffend. *d. d. Dresden* 9. *Juni* 1803.

M a n d a t J. Kön. Maj. in Pohlen, u. Churf. zu Sachsen, Wie es wegen besorgenden gewaltsamen feindl. Einbruchs mit der Stellung des Land-Volcks zu halten. (16.) 4. Dresden 1711.

„Ihro Königl. Majestät zu Sachsen etc. etc. Mandat, die Abstellung verschiedener Innungsgebrechen betreffend. De dat. Dresden, den 7ten December 1810", Dresden (1810). — Vorh.: Industrie- und Handelskammer Leipzig.

Ihro Königl. Majestät von Sachsen . . . Mandat, die Wald-Neben-Nutzungen und die in den Waldungen auszuübende Befugnisse betreffend vom 30. Juli 1813. - Dresden 1813

N ü r n b. M a n d a t, dass bei diesen höchst gefährlichen kriegerischen Zeiten a l l e T ä n z e u n d S p i e l l e u t h a l t e n b e i H a n d s c h l ä g e n, H o c h z e i t e n o d e r N a c h h o c h z e i t e n, G a s t e r e i e n, Z u s a m m e n k ü n f t e n a u f d e n H a n d w e r k s - H e r b e r g e n v e r b o t e n. Dat. d. 15. April 1704. Einblattdr. Gr. Qu.-Fol. (2 Mk. l. c.)

Nürnb. Mandat, eine I n t e r i m s - H o c h z e i t s - V e r o r d n u n g enthaltend; betr. sodann auch die P r a c h t u. U e p p i g k e i t b e i H o c h z e i t e n u. genaueste Beobachtg. der Kindtauf-,Leichen- u. Trauer-Ordnung. Dat. d. 1. Okt. 1773. 1 Bl. Fol. (1 Mk. 25 Pfg. der Vorige, 1906.)

N ü r n b. M a n d a t e i n e K i n d s m ö r d e r i n b e t r e f f e n d. Dat. den 25. Febr. 1715. Einblattdruck. Qu.-Fol. (2 Mk. B. Seligsberg, Bayreuth, 1911.)

N ü r n b e r g e r M a n d a t g e g e n d e n U n f u g b e i F a s t n a c h t s - R e d o u t e n. Dat. 17. Febr. 1806. Einblattdr. 4°. (60 Pfg. B. Seligsberg, Bayreuth, 1911.)

Nürnb. Mandat, das Verbot d. Zechens u. vervielfält. Kostenaufwand unter d. Handwerksgenossen u. bei d. Geschwornenmachen betr. Dat. d. 1. Apr. 1765. Fol. (1 Mk. der Vorige.)

Mandat u. Privilegium, auch Freiheiten der großen u. weltberühmten Ritterschaften de Podagra im Zipperleins-Land, welche auf der nassen Straße od. Feucht-Schule m. Tapferkeit zu Tag u. Nacht erworben, u. v. vielen Wohlmeynend ertheilet u. bekräfftiget worden. Krankenhausen. In Verlegung Stephan Krickenmachers sel. Erben. 8. (16 S.) München 884. Leipzig, Unflad. n. — 50

„Mandat Zu Publicirung des Kayserlichen Patents, Wegen Abstellung derer, bey denen Handwerckern Eingeschlichenen Mißbräuche, Und desselben genauer Beobachtung", Weißenfels (1731). — Vorh.: Industrie- und Handelskammer Leipzig.
(Sammelband, enthaltend):
I. „Ihrer Königl. Hoheit Herrn Xaverii . . . . als Administratoris der Chur-Sachssen etc. etc. Mandat, Zu Erneuerung und Einschärfung des Kayserlichen Patents, vom . . . . . . 1731 wegen Abstellung derer, bey denen Handwerckern eingeschlichenen Missbräuche, und desselben genauerer Beobachtung, Ergangen de dato Dresden, den 10. Nov. 1764", Dresden (1764).

Römisch-Kayserl. Mandat und Avocatorien betreffend die Kayserl. und des Reichs-Achtsankündigung an Ihro Königl. Maj. in Grossbrittanien Als Churfürsten . . . d. dato Wien d. 21. Aug. 1758. 4. (4 Bl.)

M a n d a t, den Straßenbau betreffend. Ergangen Dresden, den 28. April 1781. gr. 4. (III und 16 S.) Dresden 854, Meinhold uud Söhne. *

Mandat, wornach die Wildpretts-Diebe zu bestraffen. Vom 21. Februar 1709. - Heydelberg 1711. 148 S.

Mandata. – K ä y s e r l i c h e Mandata restitutoria (Kaiser Josephs I. vom 4. Juni 1706) in Sachen Rantzau, contra Holstein-Gottorff, nebst Cassirung von denen Unterthanen der Grafschafft Rantzau, an Gottorff geleisteten Huldigung und Wiederanweisung zu ihren rechtmässigen Landes-Herrn den Grafen zu Rantzau. o.O. (1706.) 4°k.

„Mandate, die hohen Heer- und Landstrassen nach und von Leipzigk betreffend. 1341 bis 1708". Mit einem farbigen Kreisplane: „Wie weit sich selbige durch Sr. Churfürstl. Durchl. zu Sachssen und angrentzender Potentaten Lande extendiret. Ingleichen Was vor Hohe- Heer- und Land-Straßen in besagter Stapel vorkommen und freqventiret werden". Handschrift. — Vorh.: Büch. der Industrie- und Handelskammer Leipzig.

Mandate und Patente, sämmtliche, in den churfürstl. sächs. Landen alljährl. von den Kanzeln zu verlesende, nebst d. Kirchen- und Betstundengebete. 4. Dresd. Hofbuchdr. (Dürr in Leipz.)

Mandato, Pío de, el católico armado contra los ataques de los protestantes. Obra traducida, aumentada y adaptada para las naciones de lengua castellana por el Rafael Pijoan. (Dogma y razón.) Manuales de actualidad. (XXI, 355 S.) 8. Freiburg i/B. 910. Herder. 3.20; geb. in Leinw. 3. 80

Mandats-, summarische, und Bagatell-Process, Der Preussische, nach der Verordnung vom 1. Juni 1833 … Breslau 1834. H: *Crelinger, Frdr. Ludw.* (Nowack, Schles. Schriftst.-Lex. Breslau 1836—43. I, 31.]

Mandats-, summar. u. Bagatell-Prozeß, d. Preuß., nach d. Verordn. v. 1. Juni 1833 u. d. Ministerial-Instruction v. 24. Juli 1833, so wie d. später erlass. Gesetzbestimmungen. Erläut. u. hauptsächl. zum Gebr. f. Nicht-Juristen bestimmt, so wie mit Formularen f. d. von d. Parteien einzureich. Schriftsätze versehen. gr. 8. (8 B.) Breslau 834, Aderholz.

Mandauer's unterhaltende Fabeln in Versen. (IV, 164 S.) 8. Warnsdorf (908). Mandauer's Selbstverlag. 1.50

Mandée, Rud., s.: **Jahrbuch f. Aquarien- u. Terrarienfreunde.**

— s.: **Kalender f. Aquarien- u. Terrarienfreunde.**

Mandel. –

PFLICHTEN, Eine gantze Mandel guter —, mit nöthigen Anmerckungen, u. nützlichen Fragen vor solche, die vernünfftig, christlich u. glücklich zu heyrathen gedencken, in besondern Absichten verfertiget u. nebst einem sechsfachen Anhang ans Licht gegeben von einem Freund der Wahrheit, der noch unverheyrathet ist. Leipzig, zu finden bey Wolffgang Deer, 1732. 8°. (3 Mk. Carl Baader, Hamburg, 1888; jetzt theurer!)
Rar! 122 S. u. 7 Bll. Reg.

Mandel, Codex medicamentarius etc. 8. Strasburg, Levrault.

Mandel, das klassische Gymnasium. Eine Studie f. Gebild. unt. seinen Gegnern. [Aus: „Ztschr. f. d. Reform d. höh. Schulen".] hoch 4. (23 S.) Berlin 897. O. Salle. n. 1.—

Mandel Aron: Zur Syntax der Mischnahsprache. H. 1897 PN 1092 Diss.Wien, Univ. 2865

Mandel, Aug., die Ferdinands-Brücke zu Grätz. Erste Kettenbrücke in Steyermark. Gemeinfaßl. beschrieben. Mit Plänen u. Ansichten. gr. 8. (…) Grätz 836, Kienreich.

Mandel, Bernh. (Kl. Wiesewitz), Einiges über Ätiologie, Pathogenese u. Therapie des runden, perforirenden Magengeschwüres. Halle (Plötz) 7. X. 1867. 27 S. mit Biogr. (3.—) **22079**
Oppon.: W. Bertuch u. G. Hellwich.

Mandel, Charles, s. **Charles Mandel.**

Mandel, D. Referat und Vorschläge zur Änderung des Tierseuchengesetzes und Einführung der Allg. Viehvers. Krakau 1901.

Mandel, D. Welcher Versicherungszwang ist im Interesse des Volkswohlstandes dringender, die Brand- oder Viehvers.? Krakau 1897.

Mandel, Edgar, Rechtsprakt.: Die primäre Baulast an den Pfründegebäuden in Altbayern. München: Schweitzer 1908. VI, 93 S. 8° ¶(Ersch. auch als Buch ebd.)
Würzburg, Jur. Diss. v. 24. Aug. 1908, Ref. Meurer
[Geb. 1. Juni 83 Püttlingen; Wohnort: Würzburg; Staatsangeh.: Bayern; Vorbildung: Gymn. Speyer Reife Juli 01; Studium: Erlangen 5, Würzburg 3 S.; Rig. 24. Juli 07.] [U 09. 4067

Mandel, Ernst

Mandel, E., Professor Häckels natürliche Entstehung des Menschen [Anthropogenie], kritisch beleuchtet. Ein Beitrag zur Kenntnis des Christentums gegen die moderne materialist. Weltanschauung. 8. (344 S.) Regensburg 883, Manz. *

MANDEL, Ernst (Neuveistritz/Prag): De Johanne Staupitio monographia. (Titel nach der Urkunde) 27.7.1867 - Urk; F 44; Chr 1867/68,12
Diss.Ingolst.-Landsh.-Mchn.

Mandel, F., Ungarns Bäder und Heilquellen. Nach den besten Quellen bearb. 16. (XII und 244 S.) Pest 862, Lampel. geb. *

Mandel. Dr., d. Heilquellen u. Bäder Ungarns. 12 (244 S.) Pest. 1 fl. 50 kr. 1860.

Mandel, Friedrich: G e s c h i c h t e des k. u. k. Infanterie-Regiments Guidobald Graf von Stahremberg Nr. 13. Im Auftr. d. Regts-Commandos bearb. von Hauptm. Friedrich Mandel. Mit Portr. u. Taf. Bd 1. 2. Krakau: Selbstverl. d. Regts 1893. 2 Bde 8°

Mandel, Georg [aus Hainert '(Bayern)']: Beitrag zur Lehre von den croupösen und diphtherischen Darmerkrankungen … Würzburg, Becker's Univ.-Buchdr., 1893; 28 S. 8.
Würzburg, Med. Fak., Inaug.-Diss. v. 1893

Mandel, Geo., s. Breitschwert, W. v., buntes Bilderbuch für kleine Kinder.

Mandel, G., unsere Hausthiere. Ein Bilderbuch f. Kinder von 4 bis 8 Jahren. 12 (chromolith.) Bilder m. erzähl. Texte. hoch 4. (12 Bl.) Stuttgart 871. Thienemann. geb. 3. —

Mandel, G., unsere Hausthiere. Ein Bilderbuch für Kinder von 4 bis 8 Jahren. 12 (lithogr. und color.) Bilder mit erzählendem (eingedr.) Texte. 2. Aufl. gr. 4. Stuttgart 879, Thienemann's Verlag. geb. *

Mandel, G., von Herzen. Ein Buch für liebe Kinder. 8. (158 S. mit vielen eingedr. Holzschn.) Stuttgart 862, Thienemann. cart.

Mandel, *Georg* [Assistenzarzt aus Ansbach]: Zur Therapie des Furunkels … Würzburg, A. Boegler'sche Buchdr., 1895; 32 S. 8.
Würzburg, Med. Fak., Inaug.-Diss. v. 1895

Mandel, G., Thierbilder. Darstellungen aus dem Leben und für die Kinderwelt erzählt. 16. (108 S. mit ill. Bildern auf 15 Stat. in Tondr.) Stuttgart 861., Thienemann.

—— Thierbilder. Darstellungen aus dem Leben und für die Kinderwelt erzählt. Mit (10) Bildern in Farbendr. nach Aquarellen von C. Offterdinger. Randzeichnungen von Rob. Aßmus. 2. Aufl. 1868, und 3. Aufl. hoch 4. (IV, 136 S. mit eingedr. Holzschn.) Ebendas. 871. geb. (ℳ 4,50.)

— glückliche Zeiten. 12 Schilderungen aus dem Kinderleben. Mit 12 Orig.-Radirungen von Rud. Geißler. Ebend. 869. gr. 4. (24 S. Text.) cart. 1 ₰ 15 ngr.

Mandel, Gust., s.: Delman, Gust.

Vortrag über 1. Joh. 4, 16 und 17. Von H. Mandel, Insp. *Neukirchen, Kr. Moers: H. Mandel sen. [1899?].* (12 S.) 8° [F.]

Mandel, Heinrich: Das Gesetz des Lebens als Grundlage aller Werte. Von –. Dortmund: Krüger 1910. 157 S. 8°

Mandel, Herm., die Erkenntnis des Übersinnlichen. Grundriss der systemat. Theologie. Methodologische Einteilg. I. Hauptt. Glaube u. Religion des Menschen. I. Tl.: Genetische Religionspsychologie. Ein System der natürl. Religionen in den Grundzügen. (X, 279 S.) gr. 8. Leipzig 911. A. Deichert Nachf. 5. 50

Mandel, Hermann: Glaube und Religion des Menschen von Lic. Hermann Mandel, Privatd. T. 1. Leipzig: Deichert 1911. 8°
Mandel: Die Erkenntnis d. Übersinnlichen. Hauptt. 1.)

— Die evangelische Lehre v. der Heiligung besprochen. (24 S.) 8. Gütersloh 908. C. Bertelsmann. — 40

Mandel, Hermann: Die scholastische Rechtfertigungslehre, ihre Bedeutung für Luthers Entwickelung, ihr Grundproblem und dessen Lösung durch Luther. Greifswald 1906: J. Abel. (63 S.) 8°
Greifswald, Theol. Fak., Ref. Stange, Diss. v. 27. Okt. 1906
[Geb. 13. Dez. 82 Holzwickede, Kr. Hörde (Westf.); Wohnort: Greifswald; Staatsangeh.: Preußen; Vorbildung: Gymn. Moers Reife O. 01; Studium: Halle 3, Königsberg 3, Bonn 1, Greifswald 3 S.; Rig. 21. Juli 06.]

Mandel, Herm., die scholastische Rechtfertigungslehre, ihre Bedeutung f. Luthers Entwickelung, ihr Grundproblem u. dessen Lösung durch Luther. (Diss.) (63 S.) gr. 8. Leipzig 906. Dieterich. n. 1. 20

Lic. Hermann Mandel, Privatd. Genetische Religionspsychologie. Ein System d. natürl. Religionen in d. Grundzügen. Leipzig: Deichert 1911. X, 279 S. 8°
(Mandel: Die Erkenntnis des Übersinnlichen. Hauptt. 1, T. 1.)

— s.: Theologia deutsch.

Mandel, J. H.

— Anweis. zum Gebrauch f. etymolog. Lesetafeln. 8. Ebd. 803.

Mandel, J. H., Blumenlese f. Kinder, oder Material. z. Lesen, Memoriren und Declamiren. 1e Liefer. 8. Bresl. Hamberger. 805.

— theoret. Darstell. der Kunst, d. Lesen u. Rechtschreiben zu lehren. 8. Breslau, Barth. 803.

Mandel, J. H., französ. Conjugir-Formen ꝛc. Fol. Breslau, Buchhelster. Rthlr.

— etymologische Lesetafeln, nebst Anh. 4. Ebendas. 803.

— französ. Sprachübungen ꝛc. 8. Leipzig, Dürr. 805.

Mandel, John A., Handbuch f. das physiologisch-chem. Laboratorium, enth. d. Darstellungsmethoden u. d. Reagentien (in alphabet. Reihenfolge.) Einz. autoris. deutsche Übersetzg. 8. (III, 106 S.) Berlin 897. Fischer's technolog. Verl. n. 3. 50; geb. 4. 50

Handbuch für das Physiologisch-Chemische Laboratorium enth. Die Darstellgsmethoden u. Die Reagentien '(in alphabet. Reihenfolge)' v. John A. Mandel, Prof. ... am New-York College of Veterinary Surgeons ... Einzige autoris. deutsche Übs. *Berlin: M. Krayn 1897.* (2 Bl., 105 S.) 1 Bd 8.

Mandel, Jules, üb. Tödtung der Schlachtthiere nach israelitischem Ritus u. üb. Aenderungen, welche diesfalls passend einzuführen wären. 12. (20 S.) Wien 883. (Hölder.) n. — 40

Mandel, Karl, das öffentliche Recht des Reichslandes Elsaß-Lothringen. — Verwaltungsrecht des Reichslandes Elsaß-Lothringen, s.: Leoni, A.

Mandel, Karl, die Verfassung u. Verwaltung v. Elsass-Lothringen. Neubearb. v. Osk. Grünewald. (VII, 138 S.) 8. Strassburg 905. J. H. E. Heitz. n. 2. 50

Mandel, Dr. Max, Die zulässige Sonntag-Arbeit. Nach den einzelnen Productions-Gewerben geordnete alphabetische Uebersicht unter Berücksichtigung sämmtlicher gesetzlicher Bestimmungen über die Sonntagsruhe im Handelsgewerbe, der ministeriellen Verordnungen und Kundmachungen, der politischen Landesbehörden. Gr.-8. (80 S.) --.50
Wien: Perles 1895.

Mandel, Paul, Entwurf zu e. Gesetze über die Kartellverträge. Red. im Auftrage des könig. ungar. Handelsministers Karl Hieronymi. (Mskr., aus dem Ung. übers.) (32 S.) Lex.-8. Budapest 904. (F. Kilián's Nachf.) n. 1. 20

Mandel, Theodor Heinrich

[F.] Vor dem Forum der Augustconferenz. Die Thesen d. Pastor Wetzel-Plathe über d. Gefühlschristenthum, superrevidirt v. Theodor Heinrich Mandel, luth. ev. Pfarrer zu Löbnitz an d. Mulde. *Delitzsch: R. Pabst 1898.* (25 S.) 1 Bd 8.

Mandel, Thdr. Heinr., Geist u. Stoff. Sachliche u. krit. Bemerkgn. zu des Hrn. du Prel „Entdeckung d. Seele". gr. 8. (XI, 100 S.) Leipzig 894. O. Mutze. n. 2 —; geb. n. 3. —

— Geist u. Stoff. 2. Hft. D. Sieg v. Möttlingen, im Lichte des Glaubens u. d. Wissenschaft betrachtet. gr. 8. (XX, 182 S.) Leipzig 896. O. Mutze. n. 3. —; geb. n. 4. — (1 u. 2.: n. 5. —; geb. n. 7. —)

Mandel, Thdr. Heinr. Kephas, der Evangelist. Studien zur Evangelienfrage. 8. (III, 139 S.) Lpz. 889. Dörffling u. Franke. * 2 —

Mandel, Thdr., der Konfirmations-Unterricht. Referiert vor der Diözesan-Konferenz zu Delitzsch, am 8. X. 1901. gr. 8. (43 S.) Gütersloh 902. C. Bertelsmann. n. — 60

Mandel, Theodor: Die evangelische Lehre von der Heiligung besprochen von Theodor Mandel, Pfarrer. Gütersloh: C. Bertelsmann 1908. (24 S.) 8°

— der qualitative Theologenmangel. Studie zur Beurteilg. der jüngsten Bemängelg. des apostol. Glaubensbekenntnisses. gr. 8. (III, 82 S.) Gütersloh 893. C. Bertelsmann. n. 1. —

— die Vorgeschichte der öffentlichen Wirksamkeit Jesu, nach den evangel. Quellen entworfen. gr. 8. (VIII, 358 S.) Berlin 892. Reuther & Reichard. n. 7. 50

— die wunderbare Zeugung. Schriftstudie zu dem 3. Satze des 2. Artikels. gr. 8. (VII, 66 S.) Gütersloh 893. C. Bertelsmann. n. 1. —

Mandel-Forbach, s.: Ausbildung, die, d. Arztes.

MANDELBAUM, Abraham (Konstantinopel): Ueber die radikale Operation der Varicocele.- München: Wolf 1861. 30 S.
7.5.1861 - Urk (Titel: De operatione varicocele radicali.); Chr 1880/81,15
Diss.Ingolst.-Landsh.-Mchn.

Mandelbaum, Alex., Beiträge zur Lehre über die physiologische Bedeutung des Muskelglycogens, seine Verwerthung bei der Contraction. Inaugural-Dissertation. gr. 8. (23 S.) Königsberg 881, (Beyer's Verlag.) ※

Mandelbaum, Hersch: Aus d. dermatol. Universitätsklin. zu Breslau. Hg-Injektionskuren und ihre Einwirkung auf die Nieren. Breslau 1909: Breslauer Genossensch.-Buchdr. 35 S. 8° ¶ (Aus: Virchows Archiv f. pathol. Anat. u. Physiol. Bd 193, H. 3. 1908.)
Breslau, Med. Diss. v. 18. Jan. 1909, Ref. Neißer
[Geb. 17. Juni 82 Lublin; Wohnort: Lublin; Staatsangeh.: Rußland; Vorbildung: Gymn. Lublin Reife O. 03; Studium: Warschau 4, Breslau 4, Wien 1, Breslau 1 S.; Rig. 17. Dez. 08.] [U 09. 564

Mandelbaum, M(aier): Aus d. I. med. Klinik d. Univ. München. Zur Typhusfrage in München. München: Steinicke 1910. 22 S. 8°
München, Med. Diss. v. 8. Aug. 1910, Ref. v. Bauer
[Geb. 2. Dez. 81 Aub, Unterfranken; Wohnort: Aub; Staatsangeh.: Bayern; Vorbildung: Altes Gymn. Würzburg Reife Juli 00; Studium: Würzburg 5, Berlin 3, Würzburg 3, München 4 S.; Coll. 8. Aug. 10; Approb. 31. Mai 10.] [U 10. 3543

Mandelbaum, Robert: Ueber Calciumborat und über die Bestimmung der Borsäure. 1907. 50 S. 8° ¶ Ausz. in: Zeitschrift f. anorgan. Chemie. Bd 62. 1909.
München, Dr.-Ing.-Diss. v. 15. 3. 1907

Mandelbaum, Samuel, aus Platz: Weitere Beiträge zur Kenntnis über den Hämoglobingehalt der Muskeln. *Würzburg 1901: Verlagsdruckerei.* (16 S.) 8°
Würzburg, Med. Diss. v. 1901

Mandelberg, Vikt., Erlebtes. Erinnerungen. (In russ. Sprache.) (145 S.) gr. 8. Davos 910. Administration der Verlagsanstalt Sa. Rubeschóm. 3. —

Mandelblüh, Clem., Leitfaden zur Untersuchung der verschiedenen Zuckerarten sowie der in der Zuckerfabrikation vorkommenden Produkte. Ein Hilfsbuch für Fabriksdirectoren, Techniker und Siedemeister. Lex.-8. (VI und 106 S. mit eingedr. Holzschn.) Brünn 867, Buschak und Irrgang. *

Mandelblüh, C.: Tabellen zur Berechnung der Bodenerschöpfung und des Bodenkraftersatzes für den österreichischen Landwirth. Graphische in Farben ausgeführte Darstellung der Mineralbestandtheile und des Stickstoff's landwirthschaftlicher Culturpflanzen und verschiedener Düngemittel. (Leipzig, Kormann.) gr. 8. Wien: Perles 1869.

Mandelblüh, C., Tabellen zur Berechnung der Bodenerschöpfung und des Bodenkraft-Ersatzes. Graphische in Farben ausgeführte Darstellung der Mineralbestandtheile und des Stickstoffs landwirthschaftl. Culturpflanzen und verschiedener Düngemittel. gr. 8. (2 Stnt. in Buntdr. in Imp.-Fol.) Leipzig 870, Kormann. *

Mandelblüh, C., Tabellen zur Berechnung der Bodenerschöpfung u. d. Bodenkraft-Ersatzes. Graphische in Farben ausgeführte Darstellg. der Mineralbestandtheile u. des Stickstoffgehalts landwirthschaftl. Culturpflanzen u. wicht. Düngemittel. 2. Ausg. gr. Fol. (2 Tab.) Berlin 872. Wiegandt, Hempel & Parey. n. 2. —

Mandelik, M. G., Erlebnisse e. Seele. Stimmungsbilder. (XV, 305 S.) 8. Wien 908. W. Braumüller. 3. 40; geb. in Leinw. n 4. 80

— Seelenprobleme. Ein Skizzenbuch. (XII, 216 S.) 8. Ebd. 910. 3. —; geb. in Leinw. n 4. 20

Mandelin, Karl, Untersuchungen über das Vorkommen u. üb. die Verbreitung der Salicylsäure in der Pflanzengattung Viola. Inaugural-Dissertation. gr. 8. (60 S.) Dorpat 881. (Karow.) n. 1. —

Mandel-Kalender für das Jahr nach der Geburt Jesu Christi 1871. 16. Wien, Gorischek 1870.

Mandelkern, S. B., ausführliches Lehr- und Lesebuch zum fertigen Sprechen und Schreiben der russischen Sprache, s. Bibliothek ausführlicher Lehr- und Lesebücher der modernen Sprachen und Literaturen.

Mandelkern, Šelomoh

[Hebr. u. Ant.] Bat-šeba ô šiggâjôn ledâwid šir-ahâbim bešeš mahlekôt: méitti Šelomoh **Mandelkern** ... Bath-Šeba poëma Solomonis Mandelkern. *(Lipsiae: Ex officina G. Drugulini 1896.)* (67 S.) 1 Bd 8. [96. 4506 Go

Mandelkern, S.: Die neubearbeitete hebräisch-chaldäische Bibel-Concordanz nebst Gutachten von Fachgelehrten. Leipzig 1884.

Mandelkern, S., deutsch-russischer Briefsteller, s.: Fuchs, Paul.

Mandelkern, S., historische Chrestomathie der russischen Litteratur von ihren Anfängen bis auf die neueste Zeit. Mit Einleitungen, Biographien u. bibliograph. Notizen in deutscher Sprache. gr. 8. (XII, 488 S.) Hannover 891. Hahn. n. 6. —

— Veteris Testamenti concordantiae hebraicae atque chaldaicae, quibus continentur cuncta, quae in prioribus concordantiis reperiuntur vocabula lacunis omnibus expletis emendatis cuiusquemodi vitiis locis ubique denuo excerptis atque in meliorem formam redactis vocalibus interdum adscriptis. Particulae omnes adhuc nondum collatae, pronomina omnia hinc primum congesta atque enarrata, nomina propria omnia separatim commemorata. Servato textu masoretico librorumque sacrorum ordine tradito summa cura collegit et concinnavit M. (Auch m. hebr. Titel.) Fol. (XV, 1532 S.) Leipzig 896. Veit & Co. n. 150. —; geb. in Ldr. n. n. 170. —; auch in 2 Halbbdn. à n. 75. —
Erschien auch in 10 Lfgn. à n. 15. —.

— Veteris Testamenti concordantiae hebraicae atque chaldaicae, quibus continentur cuncta, quae in prioribus concordantiis reperiuntur vocabula lacunis omnibus expletis particulae, pronomina, nomina propria separatim commemorata. Servato textu masoretico librorumque sacrorum ordine tradito summa cura collegit et concinnavit M. Ed. minor exemplis omissis. (Auch m. hebr. Titel.) Lex.-8. (IX, 1011 S.) Leipzig (900). Veit & Co. Kart. n. 24. —

Mandelkern, S., Русское Эхо. Russisches Echo. Gespräche, Sprichwörter und Redensarten aus dem russ. Leben. Eine prakt. Anleitung zur Erlernung der Umgangssprache, nebst einem vollständ. Wörterbuch. 8. (160; 84 S.) Leipzig 888, Violet. *

— russisches Elementar-Lesebuch in 4 Abthlgn. Accentuirte Texte nebst vollständ. Wörterbuch. gr. 8. (XVI, 240 u. 130 S.) Leipzig 890. Arnold. n. 5. —

Mandelkern, S., russisches Elementar-Lesebuch in 4 Abtlgn. Accentuirte Texte nebst vollständ. Wörterbuch. 2., unveränd. [Titel-]Ausg. gr. 8. Leipzig [890] 903. E. Haberland. à n. — 75; in 1 Bd. geb. n. 3. —
1. Kleine Erzählungen, Fabeln, Schilderungen u. Gedichte. (S. 1—64.) — 2. Rußland, Land u. Leute in Prosa u. Poesie. (S. 65—132.) — 3. Abriß der wichtigsten Begebenheiten aus der russischen Geschichte. (S. 133—188.) — 4. Biographische Skizzen der bedeutendsten russischen Schriftsteller. (S. 189—240.) — 5. Russisch-deutsches Wörterbuch. (130 S.)

—— Hebräische Gedichte. 1. u. 2. Buch. 8. (112; 116 S.) Lpz. 882,89, (Roßberg). à Buch ** 2 —; ** 4 —
geb. à Buch ** 2 50; ** 5 —

Mandelkern, S., Taschenbuch der Handelskorrespondenz in russischer u. deutscher Sprache, s.: Pfeiffer, Jul.

— russisch-deutsches u. deutsch-russisches Taschenwörterbuch, s.: Schmidt, J. A. E.

—— Thamar. Roman aus dem bibl. Alterthum. 2 Bde. 8. (238; 196 S.) Leipzig 885, Friedrich. *ℳ 8.—.; geb. *

Mandelkern, S., Thamar. Roman aus d. bibl. Alterthum. 2. Aufl. 8. (432 S.) Leipzig 897. M. W. Kaufmann. n. 5. —; geb. in Leinw. n. 6. —

Mandello, Jul.: Internat. statist. Institut. Zweck und Methode der historischen Lohnstatistik von Prof. Dr. Jul. Mandello. Berlin 1903: J. Sittenfeld. (21 S.) 8⁰

Mandelló, Jules, s.a. Bibliographia economia universalis.

Mandelló, J., Bibliographia economica universalis. Lex.-8°. (XXI, 170 S.) † Wien: Hölder 1903. K 5.80

Mandello, J., Bibliographia economica universalis 2. Jahrg. 1903. Gr.-8°. (XIX, 199 S.) † Wien: Hölder 1904. K 5.60

Mandello, J., Bibliographia economica universalis. 3. Jahrg. 1904. Gr.-8°. Nr. 1. † Wien: Hölder 1904. kompl. K 5.60

Mandell, Just., Zweck, Umfang u. Behandlg. d. Arbeiterversicherungsgesetze im Rechenunterr. d. Volks- u. Mittelschulen, s.a. Abhandlungen, pädagog., Nr. 25.

[J.] Zweck, Umfang und Behandlung der Arbeiterversicherungsgesetze im Rechenunterricht der Volks- und Mittelschulen unter bes. Berücks. d. Unfallversichergsgesetzes. Von Justus **Mandell**. *Bielefeld: A. Helmich [1895].* (15 S.) 1 Bd 8.
= Abhandlungen, Pädagogische. H. 25. [96. 1069

Mechwart, Andr.: Ein Charakterbild. [Unterz.:] Karl **Mandello.** (Ms. f. Brr.) Budapest 1899: Pester Lloyd-Gesellschaft. 9 S. 4⁰ [Umschlagtit.]
Lebensbild von A. Mechwart. 193.

Amerikanische Hochgrade: Amerikanische Hochgrade. [Von Karl **Mandello.**] Oct. 1904. Ms. f. Bbdr. [Budapest 1904: Károlyi.] 16 S. 8⁰ [Umschlagtit.]
Abgedr. in: Mandello, K.: Gesammelte frmrische Vorträge. 1905 S. 282—294. 358 a.

Das alte Hüttengeheimniss und die neuzeitliche Freimaurerei. Von Karl **Mandello.** (Vorgetragen in der Loge „Galilei") [in Budapest]. [Budapest 1898: Markus.] 11 S. 4⁰ [Kopftit.] (Beil. zu O. 23 (1898) No 4.)
Abgedr. in: Mandello, K.: Gesamm. frmrische Vorträge. 1905 S. 172—185.

Frmrische Instructionsvorträge mit gesellschaftswissenschaftlicher Deutung. (Loge „Galilei" [in Budapest].) Karl **Mandello.** H. 1. Budapest 1893: Pester Lloyd-Gesellsch. 19 S. 8⁰
Verm. Abdr. in: Mandello, K.: Gesammelte frmrische Vorträge. 1905 S. 40—141.
Auszug in: Führer. 23 (1895—1896) No 26.
Deutung der frmrischen Symbolik. 430.

Freimaurerische Journal-Revue seit 25. Februar bis 7. November 1903. [Von Karl **Mandello.**] Budapest 1903: Pester Buchdr. Akt. Ges. 60 S. 8⁰.
[Ebenso] . . . seit 8. November bis 20. Dezember 1903. 40 S. 8⁰.
cf. W. 423. 21.

Ms. f. Bbdr. Freimaurerische Journal-Revue 1904. [Hrsg. von Karl **Mandello.**] Budapest [1904]: Károlyi. 59 S. 8⁰
cf. Z. 35 (1904—1905) S. 199 (H. Glücksmann). Überblick üb. d. Veröffentl. d. frmr. Zeitschr. i. J. 1904. Einget. i. d. Kapitel: Ideen u. Prinzipien d. Frmrei, Bedeutende Männer i. d. Frmrei., Soziale Fragen i. d. □, Vorgänge i. d. Frmrei., Gesch. u. Ritualistik d. Frmrei., Bedeutendere Vorträge i. d. □, Grössere humanitäre Actionen, Frmr.-Bibliographie. 358 a.

Nachtrag zu H. 6 der Frm. Instructionsvorträge mit gesellschaftswissenschaftlicher Deutung (Loge Galilei) von Karl **Mandello.** [Ms. f. Bbdr.] Budapest 1896: Pester Lloyd. 12 S. 8⁰
Üb. Comenius u. sein Verhältnis zur Frmrei. 25.

Mandello, Karl, Rückblicke auf die Entwickelung der ungarischen Volkswirthschaft im J. 1871. gr. 4. (III, 65 S. mit 1 graph. Tab. in Fol.) Pest 872, Aigner. *

—— dass. — im J. 1872. gr. 4. (68 S. mit 2 graph. Tab. in Fol.) Ebendas. 878. *
Vorstehende zwei Schriften sind aus: Pester Lloyd, besonders abgedruckt.

Mandello, Karl, s.a. Rückblicke auf d. Entwicklg. d. ung. Volkswirthschaft im J. 1894.

Mandello, Rückblicke auf die Entwicklung der ung. Volkswirthschaft im J. 1894. Berlin 895.

Unerledigt. Vortrag in der g. u. v. Loge „Galilei“ [in Budapest] 6. Okt. 1896. [Von Karl **Mandello.** [Ms. f. Brr.] Budapest 1896: Pester Lloyd-Gesellschaft. 12 S. 8⁰ [Umschlagtit.]
Abgedr. in: Mandello, K.: Gesammelte frmrische Vorträge. 1905 S. 152—161.
Zsstellung von frmrischen Themata, die noch der Erledigung harren u. die Stellung der Frmrei zu verschiedenen Fragen betreffen.
193.

Karl **Mandello:** Gesammelte freimaurerische Vorträge. Ms. f. Bbdr. Budapest: Deutsch 1905. 304 S. 8⁰
Recens: Bh. 48 (1905) S. 352; L. 28 (1905) S. 184 (P. Fischer); O. 30 (1905) S. 277 bis 278.
cf. Z. 35 (1904—1905) S. 328 (H. Glücksmann); BrL. 23 (1905—1906) S. 55--56 (F. Holtschmidt); Z. 36 (1905—1906) S. 80 (H. Glücksmann); BstF. 15 (1906) S. 93 bis 94 (A. Feld); R. 33 (1906) S. 16 (G. Schauerhammer); S. 13 (1906) S. 5.

Mandello, Karl, Wirksamkeit d. kön. ung. Handelsministers im J. 1890. [Handel, Industrie, Verkehrswesen.] Amtlich überprüfter Auszug aus dem Jahresberichte d. Handelsministers. Red. v. K. M. Lex.-8. (VIII, 171 S.) Berlin 892. Puttkammer & Mühlbrecht. n. 4. —

Mandello L, Wirksamkeit des Königl. ungar. Handelsministers im Jahre 1890. Budapest 1891

Mandels, Jh. Hnr., Blumenlese f. Kinder, od. Materialien zum Lesen, Memoriren u. Declamiren. 1e Liefer. 8. Bresl. 805. Graß, Barth u. C. 4 gl

— theoret. Darstell. der Kunst, das Lesen u. Rechtschreiben zu lehren. 8. Bresl. 803. Graß, Barth u. C. 8 gl

— Elementarbuch zum Lesenlernen, nach seiner eigenen Leselehrart bearbeitet ꝛc. 8. Mainz 827. Zimmermann.

— Hülfsbüchlein zur Erlernung der französ. Sprache, nebst seinen französ. Conjugir-Formen. Mainz 815. v. Zabern.

— französ. Conjugir-Formen ꝛc. Fol. Bresl. Buchheister. 3 gl

— etymologische Lesetafeln, nebst Anh. 4. Bresl. 803. Graß, Barth u. C. 8 gl Anweisung z. Gebrauch derselben. 8. Ebd. 803. 3 gl

Mandels, Jh. Hnr., Sammlung moral. u. religiöser Sprüche in Versen, nebst Liedern f. Kindern. 8. Mainz 823, Wirth.

— deutsche Schreiblehre in Fragen u. Antworten bearb., nebst 7 Musterblättern in Steindr. Mainz 827. Zimmermann.

— französ. Sprachübungen, vorzügl. für die ersten Anfänger, in eigner Manier. 8. Leipz. 807. Dürr. 5 gl

Mandelslo, And. a, de prosternata c. monitis necessariis. 4. Hamb. Bohn. 706.

Mandelsloh, Dietrich von, und seine Brüder Heineke und Statius in den Wirren des Lüneburger Erbfolgestreites und der »Sate« . . . Berlin 1898. V: *Mandelsloh, W. v.* (Berl) (Löwe, Bibliogr. d. Hann. u. Braunschw. Gesch. Posen 1908. S. 61.)

Mandelsloh, Dietrich v., u. s. Brüder Heineke u. Statius in d. Wirren d. Lüneburger Erbfolgestreites u. d. „Sate“. Ein Gedenkblatt zur 500. Wiederkehr ihrer bezügl. Todesjahre: 1396, 1397 u. 1402. Nach authent. Quellen zusammengest. von W. v. M. gr. 4. (IV, 108 S. m. 2 Lichtdr.-Taf., 2 Karton u. 1 Plan.) Berlin 898. J. A. Stargardt. n. 8. —

Dietrich von Mandelsloh und seine Brüder Heineke und Statius in den Wirren des Lüneburger Erbfolgestreites und der 'Sate'. E. Gedenkbl. z. 500sten Wiederkehr ihrer bezügl. Todesjahre: 1396, 1397 u. 1402. Nach authent. Quellen zsgest. v. W. v. M[andelsloh]. *Berlin: J. A. Stargardt 1898.* (2 Bl., 108 S. einschl. 1 Taf., 1 Taf., 2 Kt., 1 Pl.) 1 Bd 4.
[98. 5356

v. Mandelslohe, Fr. Graf, s. F. A. Schmidt, die wichtigsten Fundorte der Petrefacten Würtembergs.

Mandelstam, L(eonid), aus Odessa: **Bestimmung der Schwingungsdauer der oscillatorischen Condensatoren-Entladung.** *Strassburg i. E. 1902: C. & J. Goeller.* (39 S.) 8°
Strassburg, Math.-naturw. Diss. v. 1901

Mandelstamm, B., Studien über Innervation u. Atrophie der Kehlkopfmuskeln. [Mit 1 (lith.) Taf.] [Aus: „Sitzungsber. d. k. Akad. d. Wiss.“] Lex.-8. (18 S.) Wien 882. (Gerold's Sohn.) n.n. — 50

Mandelstamm, Emil. Über den Einfluss einiger Arzneimittel auf Secretion u. Zusammensetzung der Galle. Diss. gr. 8. (48 S.) Dorpat 890, (Karow). * 1 —

— die Hornhautentzündung (Keratitis) u. ihre Behandlg., vom ätiolog. Standpunkte betrachtet, s.: Sammlung klinischer Vorträge.

Mandelstamm, E., die Lehre vom Glaucom, s.: Sammlung klinischer Vorträge.

Mandelstamm, J., zur Behandlung der Frühstadien der Extrauteringravidität, s.a. Sammlung klinischer Vorträge.

Mandelstamm, J.: Zur Behandlung der Frühstadien der Extrauteringravidität von J. Mandelstamm, Odessa. Leipzig: Breitkopf & Härtel 1907. (17 S.) 8⁰ [Umschlagt.]
Sammlung klinischer Vorträge. No 469.

Mandelstamm, L. J., die Bibel. Neu übers. und erklärt. 1. Bd. und 2. Halbbd. 1. Abthl. Einleitung in den Pentateuch. hoch 4. (III und 318 S.) Berlin 864, Cohn. [1. Bd. * 1 Thlr., 2. Halbbd. 1. Abthl. * 15 Ngr.]

Мандельштамъ, Л. I., еврейская семья. Драма въ трехъ отдѣленiяхъ. (Die hebräische Familie.) gr. 8. (134 S.) Berlin 863, Cohn. *

—— dass. — Драматическая повѣсть въ трехъ отдѣленiяхъ. Изданiе второе. (2. Aufl.) hoch 4. (124 S.) Ebendas. 864. *

—— die Genesis. Neu übersetzt und erklärt. Deutsche Ausg. unter Mitwirkung von M. Kirschstein. hoch 4. (XX S. und 204 Sp.) Berlin 862, (Cohn.) *

—— das Hohelied metrisch übersetzt und neu erklärt. hoch 4. (XLVIII und 34 S.) Berlin 862, (Cohn.) *

[Mandelstamm, J.,] Horae talmudicae. I. II. Berlin o. J.

—— Псалмы. Въ пользу русскихъ евреевъ. (Die Psalmen.) hoch 4. (160 Sp.) Berlin 865, (Cohn.) *

—— biblische Studien, s.a. Studien, biblische.

[Mandelstamm, J.], Biblische Studien. I—III. Berlin o. J.

Mandelstamm, L. J., Tora. (Russisch u. hebräisch.) 3. Ausg. Lex.-8. (IV, 547 S.) Berlin 872. (Adf. Cohn.) n. 12. —

Mandelstamm, Leopold, Beobachtung doppelsinniger Leitung im Ramus lingualis nervi Trigemini. Diss. Dorpat. 8°. 46 pp. 1864.

Mandement ou lettre pastorale . . . Dusseldorff 1787. V: *Feller, Franç. Xav. de.* (Jes)

Mander, Carel van, s. M a n d e r , Karel van

Mander, Ed., aus alter u. neuer Zeit. Novellen. 8. (360 S.) Paderborn 872. Junfermann in Comm. n. 1. 60

Mander, Heinr., Bundeslied des österreich. Bauernbundes, s.: Reitterer, Frz. X., auf zur That!

Mander, Karel van

Mander, Carel van, das Leben der niederländischen u. deutschen Maler, s. Studien, kunstgeschichtliche. IV. 12.

Het Lewen der Doorluchtigte Nederlandtsche en Hooghduytsche Schilders. By een vergadert en beschreven, door Carel van **Mander**, Schilder. (Bd 1. 2.) Amsterdam: J. P. Wachter 1617. (München & Leipzig: G. Müller 1906.) 2 Bde 8°
[Nebent.:] Das Leben d. niederländ. u. deutschen Maler des Carel van Mander. Textabdr. nach d. Ausg. von 1617. Übers. u. Anm. von Hanns F l o e r k e. Bd 1. 2.
— Studien, Kunstgeschichtliche. Bd 1. 2.
= **Frimmel**, Theodor v.: Kleine Galleriestudien. Folge 4. Bd 1. 2. [07. 2567

[F.] Reden und Ansprachen zu Festlichkeiten verschiedener Vereine. Von Th. **Mander**. *Hamm i. W.: Breer & Thiemann (1897).* (2 Bl., 72 S.) 1 Bd 8. [98. 3479 Mr

Mander, Th., Reden u. Ansprachen zu Festlichkeiten verschied. Vereine. 8. (III, 72 S.) Hamm 898. Breer & Thiemann. n. — 80

Manderbach, K. G. D.

Manderbach, das Buch d. Wahrheit, od. die allgem. Reden Jesu. gr. 8. Elberf. Büschler. 813.

Manderbach, K. G. D., das Buch d. Wahrheit, od. die allgem. Reden Jesu. gr. 8. Elberf. 813. (Schönian). 1 ß

— erweit. Entwürfe üb. Leben, Tod u. Unsterblichkeit, zu Vorträgen an den Gräbern. 3 Thle. gr. 8. Marb. 795—99. Krieger. 2 ß 12 gl

— neuausgearb. Entwürfe zu Volkspredigten. 12 Thle. gr. 8. Frankf. a. M. 792—801. Andreä. 14 ß 12 gl (9r u. 10r Thl. Auch u. d. T.: Entwürfe zu Predigten über die Selbstpflichten. 2 Bde. 2 ß 16 gl)

— Lehrbuch der allgem. Menschenwissenschaft f. gebild. Eltern u. Erzieher. 8. Marb. 809. Krieger. 1 ß 8 gl

— Reden üb. die äußerl. Religion. gr. 8. Frankf. a. M. 792. Brönner; (a. Centr.-C. in Leipz.) 1 ß 12 gl

— Vorlesungen üb. die Bestimmung des Menschen zur Sittlichkeit. 1r Bd. gr. 8. Frankf. a. M. 799. (Schäfer). 1 ß 8 gl

Manderbach, K. L. W., Katechismus für die unirte evangelische Kirche. Wiesbaden 862. Kreidel. 8. (IX, 78 S.) n. 6 ngr.

M a n d e r f e l d, Eloge du Jean Banner. gr. 8. Copenhagen, Proft.

Manderfeldt, . . ., éloge de Jean Banner. gr. 8. Kopenh., Brummer. 16 gl

Manderla, H., Die Berechnung der Secundär-Spannungen, welche im einfachen Fachwerk in Folge starrer Knotenverbindungen auftreten. Mit 1 Zeichnungsblatt. (Gekrönte Preisschrift.) Wien 1880. 8°. brosch. (43 S.)

Mandernach, Joh. Matth., Geschichte des Priszillianismus. Ein Versuch. gr. 8. (VIII u. 104 S.) Trier 851, Lintz. ⅔ ß

Manderscheid, Bernh., ein Büchlein f. Alle, od. die Demuth nach ihrem Wesen u. in ihren Uebgn. Nach Gay bearb. Mit Vorwort v. Frz. Seraph. Hattler, S. J. 12. (V, 106 S.) Innsbruck 900. F. Rauch. n. — 80; geb. in Leinw. n. 1. 20

M a n d e r s c h e i d, Bern., Gnadenschatz des hochheil. Rosenkranzes, eröffnet für alle andächt. Verehrer der Himmelskönigin, zum Nutzen der unglückl. Sünder, der armen Sterbenden und der leidenden Seelen im Fegfeuer. 8. (III, 220 S.) Luxemburg 880, Hary.

Manderscheid, Bernard: T r o s t g e d a n k e n in den heutigen Leiden der hl. Kirche. Mit bischöflicher Gutheissung. Luxemburg: P. Brück 1876. – 56 S. 8°

Manderscheid, Henri Marie: G e g e n was protestiren die Protestanten? Luxemburg: Pet. Brück 1867. – 37 S. 8°

Manderscheid, Paul, A b r i ß der Musikgeschichte f. höhere Schulen u. Lehrerbildungsanstalten. (V, 85 S.) 8. Düsseldorf 910. L. Schwann. — 50

Manderscheid, Paul, Frauenchöre f. den Gesangunterricht an Lehrerinnenseminarien u. höh. Mädchenschulen. 8. (XII, 262 S.) Düsseldorf 902. L. Schwann. n. 1. 50; geb. in Leinw. n. 2. —

Manderscheid, Paul, Frauenchöre f. den Gesangunterricht an Lehrerinnenseminaren u. höh. Mädchenschulen. Gesammelt u. hrsg. Ausg. A. 2., verb. u. verm. Aufl. (XII, 270 S.) 8. Düsseldorf 904. L. Schwann. Geb. in Leinw. n. 2. —

— dasselbe. Ausg. B. Für parität. Schulen. (XI, 222 S.) 8. Ebd. 904. Geb. in Leinw. n. 1. 60

— F r a u e n c h ö r e f. den Gesangunterricht an Lehrerinnenseminaren u. höh. Mädchenschulen (Oberstufe). Ausgewählt, bearb. u. hrsg. Ausg. A. 4., den amtl. Bestimmgn. vom 18. VIII. u. vom 12. XII. 1900 entsprechend. Aufl. (XVI, 280 S.) 8. Ebd. 910. Geb. in Leinw. nn 2. —

— M u s i k- u. G e s a n g l e h r e f. höh. Mädchenschulen. Auf Grund der ministeriellen Bestimmgn. vom J. 1908 verf. u. hrsg. (VIII, 95 S.) 8. Ebd. 910. Geb. 1. —

Mandeville Bernard de, s. Goldbach, Paul.

Mandeville, Franz; Drama. 8. Leipz. 785. (Prag, Schönfeld). 5 gr.

Mandeville, Johann von s. Bovenschen, Albert.

Mandeville, der Lady, Liebesgeschichte; aus d. Engl. 2 Thle. 8. Leipz. 764. (Brockhaus). 10 gr.

Mandeville, der Lady, Liebesgesch., a. d. Engl. 2 Thle. 8. Leipz. Junius. 764. Rtblr.

v. Mandeville, B., Fabel v. den Bienen; aus d. Engl. übers. n. mit einem neuen Commentar v. S. Ascher. 8. Berl. 817. Achenwall u. C. 1 Rthlr.

Mandić Michael: Ueber die Wasserstandsschwankungen der Save bei Alt-Gradiska. 1817—1895.
II. 1896 PN 1021 Diss. Wien, Univ. 2355

Mandić, Simo, Methode u. Apparat zur anschaul. Entwicklg. d. pythagoräischen Lehrsatzes. gr. 8. (30 S. m. 2 Taf.) Wien 896. A. Pichler's Wwe. & Sohn. n. — 80

Mandics, Theodorus: De causis connubium discindentibus secundum canones ecclesiae orientalis et leges imperiales Byzantinas. Lipsiae (1849): Staritz. 40 S. 8°
Halle-Wittenberg, Jur. Diss. v. 21. Apr. 1849
Geb. [Neusatz (Ungarn) 1823/24]

Mandien, Chr. Fr., (K. L. Häberlin), Gundobald, oder die Rächer mit d. schwarzen Waffen. Rittergemälde aus d. Zeiten der Kreuzzüge u. des Vehmgerichts. 8. Quedlinb. 825. Basse. 1 Rthlr.

— die Kaisermörder. Histor.-romant. Gemälde aus d. Anfang des 14n Jahrh. 8. Quedlinb. 826. Basse. 1 Rthlr. 4 gr.

— Zilia, die Piruanerinn; nach d. Französ. 8. Quedlinb. 826. Basse. 1 Rthlr. 4 gr.

Mandl, Das schwarze. Oesterreichische Sagen und Geschichten. 2. Aufl. Wien 1841—42. V: *Gross-Hoffinger, Anton Johann.* (EB)

Mandl, Das weisse ... Wien 1842. V: *Gross-Hoffinger, Ant. Joh.* (EB)

Mandl A.: Über das Cyanhydrin des Nitrosodipropylanilins (mit 2 Holzschnitten). S. 93. II. 317 . . . . vgr.
Separatabdruck

Mandl, Alb., s.: Malden, Alb.

Mandl, Armin: Die Peschittha zu Hiob nebst e. Anh. üb. ihr Verhältniss zu LXX u. Targum ... Budapest, Druck v. L. Propper, 1892; 1 Bl., 35 S., 1 Bl. 8.
Leipzig, Phil. Fak., Inaug.-Diss. v. [12. Mai] 1892

Mandl, Aug., die Staatsbahn von Wien bis Triest mit ihren Umgebungen geschildert. Eingeleitet und poetisch begleitet von J. G. Seidl. Mit 30 Orig.-Ansichten in Stahlst. Hrsg. vom österreich. Lloyd in Triest. (In 10 Heften.) 1—8. Heft. Lex.-8. (S. 1—192 mit 24 Stahlst.) Triest 856, Direction des österreich. Lloyd. à Heft * 10 Ngr. *

Mandl, Aug., die Staatsbahn von Wien bis Triest mit ihren Umgebungen geschildert. Eingeleitet und poetisch begleitet von J. G. Seidl. Mit 30 Orig.-Ansichten in Stahlst. hrsg. vom österreich. Lloyd in Triest. 9—12. (Schluß-)Heft. Lex.-8. (XI und S. 193—316 mit 7 Stahlst. und 1 lithogr. Karte in qu. Imp.-Fol.) Triest 857, Direction des österreichischen Lloyd à Heft * 10 Ngr. Thlr.
1—8. Heft. Ebendas. 1856. * 2 Thlr. 20 Ngr.

Mandl, Bernh., das jüdische Schulwesen in Ungarn unter Kaiser Josef II. (1780—1790). (V, 49 S.) gr. 8. Posen (903). (Frankfurt a/M., J. Kauffmann.) n. — 50

Mandl, Carl, s. Mandl, Karl

Mandl Emanuel: Die Tätigkeit Kaiser Julians im Osten.
II. 1893 PN 804 Diss. Wien, Univ. 754

Mandl, Frz., s.: Rundschau, pädagogische.

Mandl, Joh., die kirchlichen Gesänge u. Gebete beim Begräbnisse. Nach dem Rituale romano-seccoviense u. dem Rituale romanum zusammengestellt. 8. (51 S.) Graz 900. Styria. n. — 70

Mandl, Joh., s.: Preces ad repellandam tempestatem.

Mandl, Jos., Gedächtnißübungen z. Erweckung relig. Gefühle in d. zarten Herzen d. Kinder. Entnommen aus d. bibl. Gesch. u. in leichtfaßl. Reime eingekleidet. 12. (2 B.) Salzburg 837, Mayr'sche Buchh.

Mandl, Jos., lebe stets fromm! Abschiedswort und Segenswunsch der Eltern an den scheidenden Sohn bei dem Austritte aus dem Elternhause. 8. (Mit 1 Lithogr.) Salzburg 845, Mayr. 1/12 Rthlr.

Mandl, J(oseph) Franz: Handbuch der pharmaceutischen Chemie in Beziehung der neuen österreichischen Militär- und Civil-Pharmakopöe. 579 S., gbd.

Wien: Gerold 1841

JB 1.514

Mandl, Julius

Mandl, Jul., Darstellg. d. scheinbaren Beleuchtung krummer Flächen (directe Construction d. Isophengen.) [Aus: „Sitzungsber. d. k. Akad. d. Wiss."] gr. 8. (16 S. m. 2 Fig. u. 1 Taf.) Wien 896. (C. Gerold's Sohn.) n. 1. —

— Darstellung der scheinbaren Beleuchtung krummer Flächen (direkte Konstruktion der Isophengen) (mit 1 Taf. und 2 Textfiguren). S. 105. II a. 807 . . . . 1.—
Separatabdruck

Mandl, Jul., graphische Darstellung v. mathematischen Formeln. gr. 8. (65 S. m. Fig. u. 4 Taf.) Wien 902. (L. W. Seidel & Sohn.) n. 6. —
Sonderabdruck aus: „Allg. Bauzeitung".

— Diagramm f. frei aufliegende hölzerne Balken u. gewalzte I- u. [-Träger. [Aus: „Graph. Darstellg. v. mathemat. Formeln".] gr. 4. (2 Bl.) Ebd. (902). n. 1.50

Mandl, Jul., kurzgefasstes Lehrbuch der Mathematik f. Ingenieure. Mit 147 Fig., 346 Beispielen u. 1 Diagramm. (VIII, 327 S.) gr. 8. Wien 906. Lehmann & Wentzel. n. 9.50

Mandl, Jul., der Pohlke'sche Lehrsatz der Axonometrie und eine Verallgemeinerung desselben. Lex.-8. (6 S. mit 1 Taf.) Wien 886, (Tempsky.) *
Aus: Sitzungsberichte der k. Akademie der Wissenschaften, besonders abgedruckt.

Mandl Julius. Der Pohlke'sche Lehrsatz der Axonometrie und eine Verallgemeinerung desselben (mit 1 Taf.). S. 94. II. 60 . . . . vgr.
Separatabdruck

Mandl, Julius: Zur Theorie der Cement-Eisen-Constructionen. – 1896. 8 S.
Aus: Zs. des Oesterr. Ingenieur- u. Archit.-Vereines. 1896. Nr. 45, 46.
Diss. Wien, TH

Mandl, Karl —. Die jodhältige Salzquelle zu Hall in Oberösterreich. Ihr Gebrauch und ihre Wirksamkeit, nebst einer Beschreibung des Ortes und seiner Umgebungen. Von — —. 8. (VI, 124 S.) Linz. Druck von J. Wimmer. Steyr. Verlag von Franz Sandbock. 1854.

Mandl, Carl, die jodhältige Salzquelle zu Hall in Oberösterreich. Ihr Gebrauch und ihre Wirksamkeit, nebst einer Beschreibung des Ortes und seiner Umgebungen. (2., mit einem neuen Anhang verb. Ausg.) 12. (VII und 124 S. mit 1 Tab. in qu. Fol.) Steyr 857, Sandbök.

Mandl, Ludwig

— u. Osk. Bürger, die biologische Bedeutung der Eierstöcke nach Entfernung der Gebärmutter. Experimentelle u. klin. Studien. Mit 6 Abbildgn. u. 14 Kurven im Text sowie 13 Taf. im Anh. (III, 240 S.) gr. 8. Wien 904. F. Deuticke. n. 7.—

Mandl, Ludw., experimentelle Beiträge zu den physiolog. Wechselbeziehungen zwischen Fötus u. Mutter, s.: Kreidl, Alois.

Mandl, Ludw., üb. Brust- u. Kopfstimme. [Aus d. Sitzungsber. d. k. Akad. d. Wiss.] Lex.-8. (7 S.) Wien 871. (Gerold's Sohn.) n. — 20

Mandl Ludwig, Dr.: Über Brust- und Kopfstimme. S. 62. II. 764 vgr.
Separatabdruck

Mandl, Max, österreichische Gesetze üb. Arbeiterversicherung. 1.—3. Tl. 12. Wien, M. Perles. n. 7. 40; geb. n. 9. 80
1. Gesetz vom 28. Decbr. 1887, R. G. Bl. 1888, Nr. 1, betr. die Unfallversicherung der Arbeiter. Mit den einschläg. Verordngn. u. Erläutergn. aus der österreich. u. deutschen Spruchpraxis. (148 S.) 893. n. 1. 80; geb. n. 2. 60
2. Gesetz vom 30. März 1888, R. G. Bl. 33, betr. die Krankenversicherung der Arbeiter. Das Hilfskassengesetz u. die Musterstatuten. Mit den einschläg. Verordngn. u. Erläutergn. aus der österreich. u. deutschen Spruchpraxis. (283 S.) 894. n. 3. —; geb. n. 4. —
3. Gesetz vom 28. Juli 1889, R. G. Bl. 127, betr. die Regelung der Verhältnisse der Bruderladen. Das Musterstatut u. die Durchführungsvorschriften. Mit allen darauf bezügl. Gesetzen u. Verordngn., nebst Erläutergn. aus der Spruchpraxis u. den Materialien. (VII, 215 S.) 895. n. 2. 60; geb. n. 3. 20

Mandl, Max, österreich. Gesetze üb. Arbeiterversicherung. 4. Thl. 8. Wien 894. M. Perles. n. 1. —; geb. n. 1. 80 (1—4.: n. 8. 40; geb. n. 11. 60)
Gesetz v. 20. Juli 1894, R. G. Bl. 168, betr. d. Ausdehng. d. Unfallversicherg. Die revid. Eintheilg. d. Betriebe in Gefahrenclassen u. d. Durchführungsvorschriften. M. Erläutergn. aus d. Materialien. (82 S.)

— die Gesundheitslehre der Stimme in Sprache u. Gesang nebst e. Gebrauchsanweisg. der Mittel zur Behandlg. der Krankheiten der Stimmorgane. Vom Verf. besorgte deutsche Orig.-Ausg. Mit in den Text eingedr. Holzst. gr. 8. (XVIII, 249 S.) Braunschweig 876. Vieweg & Sohn. n. 4. 80

— s.: Kalender d. österreich. Arbeiter-Versicherung.

Mandl, Max (II.), über eine Classe von algebraisch auflösbaren Gleichungen 5., 6. und 7. Grades. Lex.-8. (11 S. mit 2 Holzschn.) Wien 886, (Tempsky.) **

Mandl Max: Über eine Klasse von algebraisch auflösbaren Gleichungen fünften, sechsten und siebenten Grades (mit 2 Holzschnitten). S. 94. II. 846 . . . . vgr.
Separatabdruck

Mandl, Max, Lehrbuch der Geometrie f. die oberen Klassen der Gymnasien u. Realgymnasien. (IV.—VIII. Klasse.) (IV, 364 S. m. 332 ein- u. 3 mehrfarb. Fig.) gr. 8. Wien 910. Manz. Geb. in Leinw. 3. 80

— dasselbe f. die oberen Klassen der Realschulen. (IV.—VII. Klasse.) (IV, 382 S. m. 305 [3 farb.] Fig.) gr. 8. Ebd. 910. Geb. in Leinw. 3. 80

Mandl, Max. Über e. allgemeine Linsengleichung. Lex.-8. (5 S.) Wien 890, (Tempsky). * — 20
Aus: Sitzungsber. d. k. Akad. d. Wissensch., besonders abgedruckt.

— Über eine allgemeine Linsengleichung. S. 99. IIa. 574 . . . . K — 20
Separatabdruck

Mandl Dr. Max: Über einen Satz aus der Theorie der biquadratischen Reste. 4. Proßnitz R. 94.
Progr.

Mandl, Max (I.), klassische Sentenzen. Eine Spruchsammlung aus Goethe und Schiller. 8. (VIII, 365 S.) Leipzig 887, O. Wigand. *ℳ 4.—; geb. *

— das Sklavenrecht des alten Testamentes, s. Sammlung gemeinverständlicher wissenschaftlicher Vorträge.

Mandl M., d. Sklavenrecht d. alten Testaments. (Slg wiss. Vortr. NF I, 23) Hamburg 1886

— die zuläss. Sonntagsarbeit. Nach d. einz. Productionsgewerben geordn. alphabet. Uebersicht unt. Berücksicht. sämmtl. gesetzl. Bestimmgn. üb. d. Sonntagsruhe im Handelsgewerbe, d. minister. Verordngn. u. Kundmachgn. d. polit. Landesbehörden. gr. 8. (80 S.) Wien 895. M. Perles. n. 1. —

— über die Summirung einiger Reihen. Lex.-8. (9 S.) (Ebendas.) 887. *
aus: Sitzungsberichte der k. Akademie der Wissenschaften, besonders abgedruckt.

Mandl Max. Über die Summierung einiger Reihen. S. 94. II. 947 . . . . vgr.
Separatabdruck

— Übungsaufgaben zum Lehrbuch der Geometrie f. die oberen Klassen d. Gymnasien u. Realgymnasien. (IV, 109 S.) gr. 8. Ebd. 910. Geb. 1. 30

— dasselbe f. die oberen Klassen der Realschulen. (IV, 112 S.) gr. 8. Ebd. 910. Geb. 1. 30

Mandl, Mor., Deutschland und der Augenblick! Eine Mahnung an jeden Deutschen. gr. 8. (14 S.) Leipzig 863, (Colditz.) *

Mandl, Mor., das Käthchen v. Heilbronn. Ein deutsches Epos. 8. (VII, 398 S.) Wien 873. Gerold's Sohn. n. 4. 50

Mandl, S., krit. Beiträge zur Metaphysik Lotzes. Diss. gr. 8. (56 S.) Bern 895. (H. Körber.) n. — 80

Mandl, Siegm., Gedanken. (61 S.) kl. 8. Wien 906. J. Eisenstein & Co. n. 1. —

Mandl, Simon

Mandl, Sim., der Bann. E. Beitrag z. mosaisch-rabbin. Strafrecht, dargest. nach d. Bibel u. d. rabbin. Literatur. gr. 8. (51 S.) Brünn 898. B. Epstein & Co. n. — 80

Mandl, Sim., Monotheismus — e. Weltprinzip. Vortrag, geh. in der „Oesterreichisch-israelit. Union" zu Wien am 10. III. 1904. (16 S.) gr. 8. Brünn 904. B. Epstein & Co. n.n. — 75

— das Wesen des Judentums dargestellt in homiletischen Essays, nebst e. Anh.: Die Lehre v. Gott, die Lehre vom Menschen. (VIII, 99 S.) 8. Frankfurt a/M. 904. J. Kauffmann. n. 1. 70

Mändl's Zonen- u. Gepäcks-Tarif nach sämmtl. Stationen der k. k. österr. Staatsbahnen, Buschtěhrader u. Aussig-Teplitzer-Eisenbahn. Nach amtl. Quellen bearb. Gültig f. die Station Komotau. 16. (38 S.) Komotau 890. Mändl. n. — 20

Mändl, Caspar, s. Mändl, Kaspar

MÄNDL, Georg (Haselbach): Historia hydropis anasarcae.- Landishuti 1825. 5.9.1825 - Pe 414; P 58
Diss. Ingolst.-Landsh.-Mchn.

Maendl Josef: Zur Didaktik und Methodik der Algebra in der 4. Realschulclasse. 13. Iglau R. 94.
Progr.

Mändl, Kaspar

Mändl, Casp., Betrachtungen auf alle Tage des Jahres. Deutsch von Jos. Nickel. gr. 16. (VI und 413 S. mit 1 Stahlst.) Mainz 853, Wirth Sohn.

Mändl, Casp., **Christus Dei hominis filius.** 12. Augsb. Wolf. 727.

Mändl, C., Christus der Gottes- und Menschensohn, s. Bibliothek, ascetische.

Mändl, Casp., Christus der Gottes- und Menschensohn. Kurze Betrachtungen auf alle Tage des Jahres. Aus dem Latein. übers. von Jakob Ecker. gr. 16. (VII, 433 S.) Freiburg i. Br. 879, Herder'sche Verlagsh.

Mändl, Casp., Christus, der Gottes- u. Menschensohn. Kurze Betrachtgn. auf alle Tage des Jahres. Aus dem Lat. übers. v. Jak. Ecker. Neue (Titel-)Ausg. 12. (VIII, 433 S. m. Titelbild.) Freiburg i/B. 894. Herder. Geb. in Leinw. 2. —

— **christl. Erinnerungen d. vornehmst. Glaubenswahrh. a. alle Sonn- und Feyert. 2 Jahrg. 4 Thle. Fol. Ebendas. 728.**

— **christkathol. Gast, oder Communionbuch. 8. Ebendas. 716.**

Mändl, Kaspar, Freundliche, doch für die kath. Glaubenswahrheit ernstliche Haimbgarten-Gespräche eines Katholischen u. Lutheraners. Augsburg 1710. 8°.

Mändl, Casp., das Leiden u. Sterben unseres Herrn u. Heilandes Jesu Christi in 52 Betrachtungen dargestellt, erwogen u. beherzigt. Neu bearb. von einem Kinde des heil. Franziskus. Mit einem Anhange von Gebeten. Aachen 865. (Jacobi & Co.) 12. (VII, 310 S.) n. 10 *ngr.*

Mändl, Casp., das Leiden u. Sterben unseres Herrn u. Heilandes Jesu Christi in 52 Betrachtgn. dargestellt, erwogen u. beherzigt. Neu bearb. v. e. Kinde d. heil. Franziskus. Mit e. Anh. v. Gebeten. 2. Aufl. gr. 16. (310 S.) Aachen 875. Jacobi & Co. n. 1. —

Mändl, Casp., **Predigten über die wichtigsten Glaubenswahrheiten auf die Sonn- und Festtage des Kirchenjahres. Neu hrsg. von einem Priester der Diöcese Rottenburg. Mit einem Vorworte von Brischar. 1. Jahrg. 2 Bde. gr. 8. (XX und 754 S.) Regensburg 863, Manz. à Bd. 1 Thlr.**

Mändl, Ksp., Sittenlehre, od. Betracht. üb. die Passion. 8. Augsb. 767. Kranzfelder. 8 *K*

— **Sittenlehre, oder Betracht. üb. die Passion. 8. Ebend. 769.**

Maendl, Maximilian, k. und k. Hauptmann des Regiments. Geschichte des k. und k. Infanterie-Regiments **Nr. 51.** Im Auftrage des Regiments-Commandos nach authentischen Quellen bearbeitet. I. Bd. 1702—1802. (Mit 10 Abbild.) II. Bd. 1802—1898. (Mit 14 Abbild. u. 1 Beilage.) (2. Bde.) 8. Klausenburg 1897—1899

Mändl, Mor. (Grosshdlr. in München), ehrerbietige Vorstellung u. Bitte an die Hohe Deutsche Bundes-Versammlung, als Eigenthümer mehrerer Partial-Obligationen aus den 3 in d. Jahren 1734—37 contrahirten Schlesischen Staatsanlehen, betreffend *Beschwerde gegen die kgl. preuss. Staatsregierung wegen Verweigerung d. Rechtsweges* in vorbezeichneter Schuldforderung. München 1842. Fol. 19 S. Cart.

Mändl, Peter, das deutsche Auswanderungsrecht nach dem Reichsgesetze vom 9. VI. 1897. gr. 8. (XI, 55 S.) München 899. Th. Ackermann. n. 1. —

Mändlen, K., seine Schuld. Novelle. 8. (146 S.) Straßburg 898. Schlesier & Schweikhardt. n. 2. —

Mändler, Friedr., Erinnerungen aus meinen Feldzügen in Oesterreich, Tyrol, Rußland, Sachsen u. Frankreich in den Jahren 1809 bis 1815 und Episoden aus meinem Garnisonsleben. Nach dessen Tode herausg. von Frz. Jos. Adph. Schneidawind. Nürnberg 854. Lotzbeck. 8. (VI, 169 S.) 18 *ngr.*

Mandlick, Aug., s.: Jahr, e., in Bildern.

Mandling [Schlagwort]

Mandling, s.: Wiener Ausflugskarten.

Mandl-Kalender zum Malen pro 1894. (32 S.)
Graz: „Leykam". —.12

Mandl-Kalender zum Malen für 1895 —.12
Ebd.

Mandl-Kalender zum Malen für 1896 Ebd.

Mandl-Kalender zum Malen, für 1897, roth und schwarz Ebd. —.12

Mandl-Kalender zum Malen, für 1898, roth und schwarz Ebd. —.12

Mandl-Kalender zum Malen, für 1899, roth und schwarz Ebd. —.12

MANDOLI, Laura, oder das Muster der Treue, in Freundschaft und Liebe. 2 Thle. Leipzig, Fleischer d. jüng., 1805. 8°. (2½ Rthl.)

Mandoline, die. Fachschrift f. d. Interessen d. Mandolinspiels. 1. Jahrg. Aug. 1895—Juli 1896. 12 Nrn. (Bog. m. Abb.) gr. 4. München, J. Haslwanter. n. 6. — Weiter nicht erschienen.

Mandoline. Internationales Musik-Journal f. das Virtuosentum u. die fachtechn. Entwicklg., Verbesserg. u. Baukunst der Mandoline u. verwandter Instrumente. Chefred. u. Hrsg.: A. Bertinelli. (In deutscher, französ. u. engl. Sprache.) 1. Jahrg. März—Dezbr. 1904. 9 Nrn. (à ca. 8 S.) 4. Leipzig (Göschenstr. 20), A. Bertinelli. n. 4. —

Mandolinen-Ständchen, sowie viele andere neue Couplets u. Lieder. 8. (30 S.) München 892. Münchener Verlags-Institut, F. Braunbeck. — 10

Mandonnet, Pierre [O. P., recteur de l'Université]: La faculté de théologie de l'Université de Fribourg. Discours prononcé le 15 novembre 1902 à l'occasion de l'inauguration des cours de l'année 1902—1903. Fribourg (Suisse) 1903. 36 S. 8°.
Freiburg i. Schw. Univ.-Schr. 1902/1903.

Mandonnet, [Pierre]. La Faculté de Théologie de l'Université de Fribourg. Discours prononcé le 15 novembre 1902 à l'occasion de l'inauguration des cours de l'année 1902–1903 [à l']Université de Fribourg, Suisse. Par le R. P. Mandonnet O. P..... 36 p. 8. Fribourg ‹Suisse›, Impr. de l'Œuvre de Saint-Paul, 1903.

Collectanea Friburgensia. Commentationes academicae Universitatis Friburgensis Helvetiorum. Fasciculus VIII: Siger de Brabant et l'averroïsme latin au XIIIme siècle. Étude critique et documents inédits par Pierre Mandonnet O. P. Fribourg (Suisse) 1899. CCCXX + 127 p. 4°.

Mandonnet, Pierre, O. P., Siger de Brabant et l'Averroïsme latin au XIIIme siècle, s.a. Collectanea Friburgensia. VIII.

Siger de Brabant et l'Averroisme latin au XIIIme siècle. Étude crit. et documents inéd. p. Pierre Mandonnet. Fribourg: Libraire de l'Univ. 1899. (CCCXX, 127 S.) 4⁰ (8⁰)
= Collectanea Friburgensia. Fasc. 8.

Mandonnet, (Pierre), s.: Studien, Freiburger historische.

Mandorpf, Paul, Referendar in Lübeck: Vermächtnis und Auflage nach B.G.B. (Lübeck [1905]: Gebr. Borchers). (VIII, 66 S.) 8° [Ⓕ.]
Rostock, Jur. Fak., Ref. Matthiass, Diss. v. 10. Mai 1905
[Geb. 16. Jan. 79 Lübeck; Wohnort: Lübeck; Staatsangeh.: Lübeck; Vorbildung: Katharineum Lübeck Reife O. 98; Studium: Tübingen 1, Heidelberg 1, Göttingen 2, Leipzig 3 S.; Rig. 16. Dez. 04.]

Mandowski, E., warum müssen wir sterben? Vortrag, geh. im Gewerbeverein zu Greiz. gr. 8. (15 S.) Leipzig 895. Verl. d. akadem. Buchh. n. — 30

Mandowski, Emil: Zur Ergründung des Stotterübels. Halle (1876): Karras. 30 S. 8°
Halle-Wittenberg, Med. Diss. v. 7. Aug. 1876
Geb. Hultschin (Kr. Ratibor) 3. 12. 1853. V.
Verf. erlebte die Diplomerneuerung 1926 in Zoppot bei Danzig.

Mandowski, Oskar

Mandowski, O., hundert Stellen aus dem Corpus juris [Digesten] mit ausführlicher Interpretation. Für Studierende hrsg. gr. 8. (IV, 144 S.) Breslau 885, Koebner. *

Mandowski, O. 100 Stellen aus dem Corpus juris [Digesten] m. ausführlicher Interpretation. Für Studierende hrsg. 2. verb. Aufl. gr. 8. (IV, 144 S.) Bresl. 890, Koebner. * 2 —

Mandowski, O., 100 Stellen aus d. Corpus iuris (Digesten) m. ausführl. Interpretation. F. Studierende hrsg. 3., verb. Aufl. gr. 8. (IV, 146 S.) Breslau 895. M. u. H. Marcus. n. 2. 50; geb. in Leinw. n. 3. —

Mandowski, Osk., hundert Stellen aus dem Corpus iuris (Digesten) m. ausführl. Interpretation, unter Berücksicht. des bürgerl. Gesetzbuchs. Für Studirende hrsg. 4. verm. u. verb. Aufl. gr. 8. (III, 190 S.) Breslau 901. M. & H. Marcus. Geb. in Leinw. n. 3. —

Hundert Stellen aus dem Corpus iuris ‹Digesten›. Ausführl. Interpretation u. Vergleichung mit d. BGB. u. anderen deutschen Reichsgesetzen. Für Studierende hrsg. von Oscar Mandowski. 5. verm. u. verb. Aufl. Breslau. M. & H. Marcus 1905. (IV, 196 S.) 8⁰

Mandowski, Osc., 100 Stellen aus dem Corpus iuris (Digesten). Ausführliche Interpretation u. Vergleichg. m. dem bürgerl. Gesetzbuch u. anderen deutschen Reichsgesetzen. Für Studierende hrsg. 5., verm. u. verb. Aufl. (IV, 196 S.) 8. Breslau 905. M. & H. Martens. Geb. in Leinw. n. 3. —

Mandowsky, Albertus *(geb. Ratibor 13. 10. 1830)*: De casu memorabili resectionis maxillae inferioris dimidii dextri, quae operatio in clinico chirurgico Vratislaviensi peracta est. Vratislaviae (1856). (31 S., 1 Taf.) 8°
Breslau, Med. Diss. v. 21. Mai 1856

Mandowsky, Kurt, a. Breslau, z. Z. Referendar am kgl. Amtsgericht in Beuthen O.Schl.: Grenzscheidung zwischen nichtrechtsfähigem Verein und Gesellschaft. Borna-Leipzig 1907: R. Noske. (X, 60 S.) 8°
Erlangen, Jur. Fak., Ref. Siber, Diss. v. 5. Febr. 1907
[Geb. 4. März 80 Breslau; Wohnort: Beuthen O.-S.; Staatsangeh.: Preußen; Vorbildung: Gymn. Beuthen Reife M. 00; Studium: Berlin 1, Breslau 5 S.; Rig. 7. Dez. 06.]

Mandragora, ein Lustspiel in Jamben. Erlangen 1805. V: *Machiavelli, Nicolo.* (EE)

Mandragora; Lstspl. in Jamben. gr. 8. Erlang. 805. (Heyder). 12 gr.

Mandragoria. gr. 8. Erlangen, Walther. 805.

Mandrea, Nic.: De usufructu quasi parte dominii. Berolini (1864). (81 S.) 8°
Berlin, Jur. Diss. v. 12. Juli 1864

Mandrea, Nicol, de usufructu quasi parte domini. Dissertatio inauguralis. gr. 8. (IV, 81 S.) Berlin 864. (Puttkammer & Mühlbrecht.) n. 1. —

Mândrescu, Simion C., aus Rumänien: Goethes Relativsatz. ‹Die 12 ersten Paragraphen.› *Berlin 1903: R. Kühn.* (VII, 40 S.) 8°
Berlin, Phil. Diss. v. 21. Nov. 1903

Mandrot, col. féd., Carte du canton du Valais. Echelle 1 à 200,000. Sion, A. Galerini. 7. — 1873.

Mandrot, A. de. Abriß des schweizer. Heerwesens. A. d. Franz. Neuenburg 1863. 48 S.

Mandrot, A. v., historischer Atlas der Schweiz, vom Jahre 1300 bis 1798. 2. verb. Aufl. Genf (855.) Kessmann. gr. Fol. (2 Bl. Text u. 7 lith. u. color. Karten.) n. 4 Thlr.

Mandrot, A. v., historischer Atlas der Schweiz vom J. 1800 bis 1798. 2. Aufl. gr. Imp.-Fol. Genf 855, [Müller-Darier.]

—— dass. — in französischer Ausg. Ebendas. 855.

de Mandrot. Essai sur l'organisation militaire de la Suisse. 8. Bâle et Genève 1871.

Mandrot, A. de, résumé d' l'organisation militaire de la Suisse. 2. Ed. gr. 16. (52 S.) Basel 871. Georg. n. — 80

Mandrot, Alphonse de s. Galiffe, John-Barthélemy-Gaïfre, et Mandrot, Alphonse de — Hoch, Charles: Morat et Charles-le-Téméraire. Neuchâtel ... 1876 u. Murten und Karl der Kühne. Basel 1876.

—— Sceaux historiques du canton de Vaud, s.a. Mittheilungen der antiquarischen Gesellschaft in Zürich.

Mandrot, A[lphonse] de. Sceaux historiques du Canton de Vaud (= Die Siegel des Kantons Waadt). [Avec 2 planches.] (Mittheil. Ant. Ges. Zürich. Band 13, Abth. 1, Heft 4.) 4. Zürich 1860.

(Die Städte- und Landessiegel der Schweiz. [Serie B.] Heft 4.)

Mandry, F., s.: Landwirth.

Mandry, G. v., s.: Archiv f. die civilistische Praxis.

Mandry, Gust., über Begriff u. Wesen des Peculium. Tübingen 869. (Fues.) gr. 4. (92 S.) n. 27½ ngr.

—— das gemeine Familiengüterrecht mit Ausschluss des ehelichen Güterrechtes. 1. Bd. gr. 8. (XVII, 524 S.) Tübingen 871, Laupp'sche Buchh. *

Mandry, Gust., das gemeine Familiengüterrecht mit Ausschluss des ehelichen Güterrechtes. 2. Bd. gr. 8. (X, 622 S.) [Tübingen 876, Laupp'sche Buchh.] Freiburg i. Br., Mohr. *
1. Bd. Ebendas. 1871. *M 10.

Mandry, G. v., s.: Festgaben f. Albert Schäffle.

Mandry, Gustav [approb. Arzt aus Tübingen]: Zur Frage der Arthrectomie des Kniegelenkes .... Tübingen, Druck v. H. Laupp jr., 1887; 26 S. 8°
Tübingen, Med. Fak., Inaug.-Diss. v. 1887

Mandry, Gustav, zur Frage der Arthrectomie des Kniegelenkes. Diss. Tübingen 1887, Fues' Sort. 8°. 26 S.

Mandry, G., Gesetz vom 28. Juni 1865 zum Schutze der Urheberrechte an literarischen Erzeugnissen und Werken der Kunst, s. Gesetzgebung, die, des Königr. Bayern.

Das Grundbuchwesen in Württemberg von G[ustav] v. Mandry. Festgabe f. Albert Schäffle z. 70sten Wiederkehr s. Geburtstages. *Tübingen: H. Laupp 1901.* (52 S.) 8° [Umschlagt. F.]
Erw. Abdr. aus: Festgaben f. A. Schäffle. 1901. [03. 1607 6

—— der civilrechtliche Inhalt der Reichsgesetze. Systematisch zusammengestellt und verarb. gr. 8. (XI, 485 S.) [Tübingen 878.] Freiburg i. Br., Mohr. *

Mandry, Gust., der civilrechtliche Inhalt der Reichsgesetze. Systematisch zusammengestellt und verarb. 2. erweit. und durchgearb. Aufl. gr. 8. (XV, 604 S.) Freiburg i. Br. 882, Mohr. *

Mandry, Gust., der civilrechtliche Inhalt der Reichsgesetze. Systematisch zusammengestellt und verarb. 3. ergänzte und durchges. Aufl. gr. 8. (XVI, 548 S.) Freiburg i. Br. 885, Mohr. *

— der civilrechtliche Inhalt d. Reichsgesetze. Systemat. zusammengest. u. verarb. 4., ergänzte u. durchges. Aufl. Besorgt v. Otto Geib. gr. 8. (XVI, 656 S.) Freiburg i/B. 898. Tübingen, J. C. B. Mohr. n. 14. —; geb. n.n. 15. —

— das württembergische Privatrecht. I. Bd. u. II. Bd. 1.—15. Lfg. gr. 8. Tübingen 901. J. C. B. Mohr. n. 21.50
I. Das württemberg. Privatrecht auf Grund des Ausführungsgesetzes vom 28. VII. 1899 u. der neben d. Ausführungsgesetz f. die Zukunft geltenden Rechtsquellen. (XVI, 290 S.) n. 7. —; geb. n.n. 8.25
II. Die Quellen des württembergischen Privatrechts. (In 3 Tln.) 1. Tl. 7 Lfgn. (XX, 499 S.) 902. n. 6.50; geb. n.n. 7.75; 8.—15. Lfg. Von Bog. 21 des 2. Tls. ab hrsg. v. O. Haidlen. 2. Tl. XV, 550 S. 903. n. 7. —; geb. n.n. 8.25; u. 3. Tl. S. 1—80. 903.

Mandry, Gust., das württembergische Privatrecht. II. Bd. 16.—20. Lfg. gr. 8. Tübingen, J. C. B. Mohr. n. 7.50 (Vollständig: n. 26. —; 4 Einbde. je n.n. 1.25)
II. Die Quellen des württemb. Privatrechts. (In 3 Tln.) 16.—20. Lfg. Von Lfg. 12 ab hrsg. v. O. Haidlen. (3. Tl. XII u. S. 81—419.)
Ladenpreis aufgehoben.

Mandry G, das Urheberrecht an litterärischen Erzeugnissen und Werken der Kunst. Ein Kommentar zum Königlich bayerischen Gesetz vom 28. Juni 1865. Erlangen 1867

Mandschurei [Sachliches OW]

Die Mandschurei. Nach dem vom Russ. Großen Generalstabe hrsg. 'Material z. Geogr. Asiens'. Mit 1 Karte. Übers. von R[ichard] Ullrich, Lt. im Inf. Regt. v. Sparr. Berlin: K. Siegismund (1904). (51 S.) 8° [F.] [05. 3,8

Südliche Mandschurei mit Nord-Korea. Auf Grundlage d. offiziellen russ. Kartenmateriales ausgeführt im k. u. k. Militärgeogr. Inst. zu Wien. 1:1,500,000. *(Wien: R. Lechner) 1904.* (1 Kartenbl. 72×48 cm.) 8° [Umschlagt.:] Karte d. südlichen Mandschurei u. Nord-Korea. [04. 9093

Mandschurei [Schlagwort]

— s. a.: China. Scobel. — Kriegsschauplatzkarten.

Mandschurei, s. a. Mongolei.

Mandschurei — Die Aufnahmen an der Südküste der — (Victoria Bai) 930,000. G. M. 1858.

Mandschurei. Hoch, C., General-Karte der nördlichen Mandschurei u. v. Ostsibirien. Nördliches Anschlussblatt zu Flemmings Generalkarte von Ostasien. 1: 4,500,000. 26,5×81 cm. Farbdr. Glogau (904). Berlin, C. Flemming. n. — 50

— Karte der südlichen Mandschurei mit Nord-Korea. Auf Grundlage des offiziellen russ. Kartenmateriales ausgeführt im k. k. militärgeograph. Institute zu Wien. 1:1,500,000. 3., nach Norden erweit. Ausg. von Ende Juli 1904. 67×74,5 cm. Farbdr. Wien. (Budapest, Grill.) n. 2. —

Mandt, M., üb. die Einwirkung der Schwefelsäure auf e. Nitro- u. entsprechende Amido-Verbindung e. trisupstituirten Benzols. Inaugural-Dissertation. gr. 8. (30 S.) Göttingen 875. (Vandenhoeck & Ruprecht's Verl.) n. — 60

Mandt, M., Färbung der Darmschleimhaut in Cholera- und Typhusleichen, dargestellt in 15 (lithogr. und) ill. Taf. (wovon 14 in gr. 4. und 1 in gr. Fol.) nebst erläut. Texte, mit Hinweisung auf die Schrift: Rückenmark und Darmschleimhaut und ihr Verhältniss zur Cholera. gr. 8. (X und 13 S.) St. Petersburg 849, Schmitzdorff. (Leipzig, Thomas.) *

—— Rückenmark und Darmschleimhaut und ihr Verhältniss zur Cholera. Lex.-8. (X und 220 S.) St. Petersburg 849, Schmitzdorff. (Leipzig, Thomas.) *

Mandt, Mart. Wilh.: Practische Darstellung der wichtigsten ansteckenden Epidemieen und Epizootieen in ihrer Bedeutung für die medicinische Polizei. Berlin 1828. XVI, 616 S.

Mandt, M. W., pract. Darstellung d. wichtigsten ansteck. Epidemieen u. Epizootieen in ihrer Bedeutung f. d. medicin. Polizei. 8. (40 B.) Berlin 828, Hirschwald.

Mandt, Mart. Guil. (geb. Beyenburg 1799): Observationes in historiam naturalem et anatomiam comparatam in itinere Groenlandico factae. (Berolini 1822.) (40 S.) 8°
Berlin, Med. Diss. v. 22. Juli 1822

M. W. Mandt kurzer Umriss der Geschichte der Chirurgie bis zu Anfange unsers Jahrhunderts nebst einem Blick auf die Bildung der Wundärzte in England. Programm. Greifswald 1833. 8.

Mandus, Eman., israelitische Glaubens- und Pflichtenlehre in Katechesen bearb. Breslau 860. Schletter. gr. 8. (VIII, 72 S.) 6 ngr.

Mandus, Eman., israelitische Glaubens- und Pflichtenlehre. In Katechesen bearb. 2. verb. Aufl. 8. (VIII, 72 S.) Breslau 870, Skutsch. cart.

Mandus, E., israelitische Glaubens- und Pflichtenlehre. 3. Aufl. Breslau 879, Preuß und Jünger. cart.

Mandus, Eman., israelitische Glaubens- u. Pflichtenlehre. In Katechesen bearb. 4., verb. Aufl. 8. (V, 82 S.) Frankfurt a/M. 891. J. Kauffmann. Geb. n. — 80

Mandus, Eman., Israelit. Glaubens- u. Pflichtenlehre. In Katechesen bearb. 5., verb. Aufl. 8. (IV, 83 S.) Frankfurt a/M. 896. J. Kauffmann. Geb. n. — 80

Mandus, Eman., Grundzüge eines systematischen Unterrichts in den deutschen Stylübungen, mit Rücksicht auf die Oberklasse einer städtischen Elementar- oder die Mittelklassen einer höhern Bürgerschule. Thorn 856. Wallis in Comm. gr. 8. (27 S.) n. 5 ngr.

Mandy, Joseph T., a. Port Elizabeth (Süd-Afrika): Geologische Untersuchungen in der Umgebung des Hauenstein-Tunnels — Schweizer Jura. Freiburg 1907: C. A. Wagner. (44 S., 3 Taf.) 8°
Freiburg i. B., Phil. Fak., Ref. Deecke, Diss. v. 1907
[Geb. 5. Aug. 83 Port Elisabeth (Süd-Afrika); Wohnort: Freiburg i. B.; Staatsangeh.: England; Vorbildung: Seafield Park College, Crofton Reife Febr. 01; Studium: Freiberg i. S. (Bergakademie) 7, Freiburg i. B. 2 S.; Rig. 20. Dez. 06.]

Mandybur Dr. T.: Psychologische Einleitung in den Unterricht der Logik in der VII. Klasse. (ruth. Text). 12. Lemberg Ak. G. 95. Progr.

Mandyczewski C.: Der geographische Einfluss in der altorientalischen Entwicklung. 36. Suczawa 85. Progr.

Mandyczewski, E., Namen- und Sachregister, s. Nottebohm's Beethoveniana und zweite Beethoveniana.

Mandyczewski, Eusebius

Mandyczewski, E., Antonio Caldara-Kirchenwerke. [Publikation der Gesellschaft zur Herausgabe der Denkmäler der Tonkunst in Österreich. XIII. Jahrg. 1. Teil.] Fol. (ill. XII, 163 S.) Wien: Artaria 1906. K 8.—

Mandyczewski, Eusebius (Bearb.), s. Caldara, Antonio: Kirchenwerke.

Mandyczewski, Konstantin

Mandyczewski Constantin: Zur Erinnerung an den zweiten Director dieser Anstalt, Schulrath Dr. Wenzel Korn. 10. Czernowitz R. 96. Progr.

Mandyczewski, C., s.: Jahrbuch d. Bukowiner Landes-Museums.

Mandyczewski Konstantin: Zur Reform der Realschule in der Bukowina. Gesetze und Verordnungen. 55. 17. Czernowitz R. 02. 04. Progr.

Mané, Ph., Zur Frage über die sociale Stellung der Frauen und die weiblichen Bildungsanstalten zur Erwerbsfähigkeit. 8°. Frankfurt a. M. 1872.

Maneck, Frau Ella, s.: Lindner-Maneck, Ella.

Manecke, Joh. Adolph Daniel (Boizenburg/Mecklenburg), De chirographo post XXX. annos adhuc valido. Präs. Joh. Casp. Heimburg. Jena (Fickelscherr) 19. XI. 1740. 53 S. (6.—) 22082
Widm. v.: J. G. Schaumburg, H. Fr. Teichmeyer, J. P. Reusch, J. Rud. Engau, J. Schierschmidt, H. Fr. v. d. Lülle, B. Ad. Ditmar, P. C. Henrici, J. H. Tiling.

— Petrus (Schwerin), De successione creditorum in alterius et suum ipsius locum. Präs. Gustav Bernh. Becmann. Göttingen, 5. VI. 1781. (Erfurt, J. M. Hagen). Ed. II. (4.—) 22083

Manecke, Pet., Diss. inaug. jur. de successione creditoris in alterius et suum ipsius locum. 4. Götting. 781. Dieterich. 3 gr.

Manecke, Urban Friedrich Christoph

Maneke, Ulr. Fr. Chr., kurze Beschreibung u. Geschichte der Stadt Lüneburg. gr. 8. Hannov. 816. Hahn. 15 gr.

Manecke's, U. F. C., topographisch-historische Beschreibung der Städte, Aemter u. adeligen Gerichte d. Herzogth. Lauenburg, d. Fürstenth. Ratzeburg u. d. Landes Hadeln. Hrsg. u. m. e. Anh. nebst Zusätzen versehen v. Dührsen. Mit e. in Lichtdr. ausgeführten Ansicht d. alten Schlosses Lauenburg. gr. 8. (XIV, 396 S.) Mölln 884. (Ratzeburg, Schmidt.) n. 4. —

—— topographisch-historische Beschreibungen der Städte, Aemter und adelichen Gerichte im Fürstenth. Lüneburg. 2 Bde. Lex.-8 (XXIV und 892 S.) Celle 858, Capaun-Karlowa'sche Buchh. *

— biograph. Skizzen v. den Kanzlern d. Herzöge v. Braunschw. u. Lüneburg, die Rechtsgelehrte gewesen sind. gr. 8. Lüneburg 823. Herold u. W. 8 gr.

Manecke, Urb. Frdr. Chrph., Kur- und fürstlich Braunschweig-Lüneburgsches Staatsrecht. Bearb. bis zum Jahre 1800. Celle 859. Capaun-Karlowa. Lex.-8. (XVI, 474 S.) n. 2 Thlr.

Manecke-(Duggenkoppel), kurze populaire Darstellung der alten mecklenburgischen Verfassung und desjenigen, was sie im Wege der sogenannten „historischen Entwicklung" geworden ist. gr. 8. (14 S.) Berlin 861, Springer's Verlag.

—— die Nothwendigkeit einer Prüfung der Vereins-Acte des mecklenburgischen Adels vom J. 1795. gr. 8. (38 S.) Berlin 860, Springer's Verlag.

Manefeld, J., der Mainzer Carnevalszug. qu. gr. 8. (18 Taf.) Mainz 886, (v. Zabern.) *

Manéga, J.: Junius Briefe über das strategische Verhältniss..., s. Nagy, J. v.

Manega, Rud., die Anlage v. Arbeiterwohnungen vom wirthschaftl., sanitären u. techn. Standpunkte, m. e. Sammlg. v. Plänen der besten Arbeiterhäuser Englands, Frankreichs u. Deutschlands. Mit e. Atlas v. 16 (lith.) Taf., enth. 127 Fig. gr. Fol. gr. 8. (XII, 169 S.) Weimar 871. B. F. Voigt. 7. 50

Manega, Rud., die Anlage v. Arbeiterwohnungen vom wirtschaftlichen, sanitären u. technischen Standpunkte, m. e. Sammlg. v. Plänen der besten Arbeiterhäuser Englands, Frankreichs u. Deutschlands. 2. Aufl. Mit e. Atlas v. 16 (lith.) Taf. (in qu. Fol.), enth. 129 Fig. gr. 8. (XVI, 170 S.) Weimar 883. B. F. Voigt. 7. 50

Manega, Rud., Die Anlage von Arbeiterwohnungen vom wirthschaftlichen, sanitären und technischen Standpunkte, mit einer Sammlung von Plänen der besten Arbeiterhäuser Englands, Frankreichs und Deutschlands. 2. Aufl. 8⁰. Weimar 1883 (mit Atlas in fol.). 3. Aufl. hrsg. von Paul Gründling. 8⁰. u. Atlas in fol. Weimar 1885.

Manega, Rud., d. Anlage v. Arbeiterwohnungen v. wirtschaftl. sanitären u techn. Standpunkte, m. e. Sammlg. v. Plänen d. besten Arbeiterhäuser Englands, Frankreichs u. Deutschlands. 3., neubearb. Aufl., hrsg. v. Paul Gründling. M. e. Atlas v. 16 (Fol-)Taf., enth. 176 Fig. (u. 2 S. Text). gr. 8. (XIV, 163 S.) Weimar 894. Leipzig, B. F. Voigt. 7. 50

—— Anleitung zum Tracieren von Eisenbahnlinien für angehende Ingenieure. gr. 8. (VIII, 192 S. mit 3 lithogr. Taf., enthaltend 34 Fig.) Ebendas. 883.

Manega, Rud. Anleitung zum Tracieren der Eisenbahnlinien f. angehende Ingenieure. Mit 3 Taf., enth. 34 Fig. 2. (Titel-)Aufl. gr. 8. (VIII, 192 S.) Weim. 889, Voigt. 4 —

Manegold, die Erbsünde. 8. (V und 38 S.) Glogau 856, Zimmermann. *

Manegold, Carl, Katechismus der christkathol. Religion. 8. (11 B.) Erfurt 842, Hilsenberg. (Leipzig, Hartung.) *

Manegold, Karl, Katechismus der katholischen Religion. 2. veränd. Aufl. Erfurt 869 Otto'sche Buchh. in Comm. 8. (VIII, 264 S.) n. 10 ngr.

Manegold, Carl, Miserere, das ist: der vierte Buß-Psalm in e. deutschen Uebersetz. u. moral. Umschreibung, ob. Gebet e. reumüthigen Sünders nach Anleit. d. 50. Psalms Davids. 8. (2 B.) Erfurt 834, (Otto.)

Manegold, Karl, exegetischer Versuch über Römer V, 11—21. gr. 8. Erfurt 841. (Hilsenberg.) 1/4 ₰

Albanesische Bibliographie. Zsgest. von Ing. F. **Manek**, Dr. G[eorg] Pekmezi, Ob.-Leut. A[lfred] Stotz. Wien: Selbstverl. d. Vereines 'Dija'; [Gerold in Komm.] 1909. XII, 147 S. 8°
[Nebent.:] Bibliographija shqype. E kan mbledhur Ing. F. Manek ... Viene 1909. [10. 554]

Maneke

— **Hermann (Hamburg), De successione conjugum in concursu cum liberis diversi matrimonii speciatim jure Hamburgensi. Göttingen (Schultze) 12. XII. 1758. 36 S. (5.—) 22085**

Maneke, Ulr. Fr. Chr., s. Manecke, Urban Friedrich Christoph

Manel, P. Oswald, Die Occupation der k. Stadt Pilsen durch den Grafen Ernst von Mansfeld 1618—1621. Zumeist nach Paul Skála bearb. 8. (78 S.) Pilsen: Bayer 1889. * —.60

Maneles, H. Die Rechte der Hypothekargläubiger an der Brandentschädigung u. die Verpflichtung d. Vers.-Anstalt. S. A. Wien 1882.

Maneles, Heinr., Verjährung und Schadenandienung in Seeversicherungssachen. gr. 8. (32 S.) Wien 888, **Bretzner und Comp.** *

Manen, den, Bismarck's. Ein Schärflein zur Darmstädter Bismarcksäule. (9 S.) 8. Darmstadt 902. J. Waitz. n. —20

Manen, Den, des unvergesslichen Nicolaus Dumba . . . **Wien 1900.** V: *Libadas, Theagenes.* (EB)

Manen, den, Friedrich August des Zweiten, des Unvergeßlichen, Königs von Sachsen. (1 Bl. in Fol.) Leipzig 854, Naumburg. *

Manen, Den, E. B. G. Hebenstreits. Minerva zu den drey Palmen [in Leipzig]. [Leipzig 1808.] V: *Erhard, Christian Daniel.* (wolfstieg I, 813)

Manen, Klopstock's, geweiht. Lapidar-Inschrift . . . Leipzig 1810. V: *Halem, Gerhard Anton von.* (schr)

Den **Manen** ihres unvergesslichen Lehrers des Herrn Hofrathes [Joh. Ferd. Friedr.] Emperius die sämmtlichen Studirenden des Collegiums. 24. Oct. 1822. [Ode.] 2 Bl. 8⁰ *Wolfenbüttel HzglB*

Manen, Den, G. E. Lessings. Beschreibung der am Secular-Geburtsfeste des Gefeierten in seiner Vaterstadt Camenz veranstalteten Feierlichkeiten, nebst deren Abdrucke der am 21. und 22. Januar 1829 bei dieser Gelegenheit gehaltenen Reden . . . Camenz 1829. V: *Schümberg, Heinrich Adolf.* (Less 145)

Manen, den, des gefallenen Volkes zu Unterwalden; e. Elegie in Musik. Zürich 799. Orell. 6 gr

Den **Manen** des braven Kämpfers Adolf Zeise. Der Freiheit und dem Vaterlande gefallen in der Schlacht von Kolding am 23. April 1849. Altona. o. J. 8⁰

Acté. Musikal. Drama in 4 Aufzügen. Text u. Musik von Joan **Manén**. Deutsche Übers. von E. Schultz-Hencke. [Textbuch]. Leipzig: Cranz copyr. 1908. 48 S. 8⁰

Manen, Johan van, „Forschungen betr. der Okkulten Chemie“ u. „Wie die ‚Okkulte Chemie‘ geschrieben wurde“, s.: Besant, Annie, u. C. W. Leadbeater, okkulte Chemie.

Die Unechtheit des Römerbriefes [De brief aan de Romeinen = Paulus. Bd 2]. Aus d. Holländ. des Dr. W[illem] C[hristiaan] van **Manen**, † Prof. in Leiden. Übers. von Dr. G[ustav] Schläger. Leipzig: G. Strübig 1906. (VIII, 277 S.) 8° [06. 4817]

Manes, Hugonis Grotii, Belgarum Phoenicis, ab iniquis obtrectationibus vindicati . . . Delphis Batavorum [Lipsiae] 1727. V: *Lehmann, Peter Ambros.* (Barbier) (wr)

Manes majorum Carmen autori fastorum Colleg. Eccl. ad S. Floriani ibidemque Canonico Regulari Francisco Kurz dicatum ab ejusdem Collegii Canonici J. R. Lincii 1808. V: *Reiter, Joseph.* (L. Gruppenberger, Bibl. d. Dioecese Linz, S. 172)

Manes, Pinaeani, sive dilucidationes uberiores circa signa virginitatis . . . Rostochii 1763. V: *Geller, Carl Gfr.* (EB)

Manes, Alfr., die Arbeiterversicherung, s.a. Sammlung Göschen.

Die Arbeiterversicherung von Alfred **Manes**. Leipzig: Göschen 1905. 130 S. 8°
(Sammlung Goschen. 267.)

Manes, Alfr., die Arbeiterversicherung in Australien u. Neuseeland, s.: Zacher, die Arbeiterversicherung im Auslande.

Manes, A. Die wirtschaftliche Bedeutung der deutschen Privat-Versicherungsgesetzgebung: Jahrb. f. Nationalök. u. Statistik 23. Berlin 1902.

— s.: Berichte, Denkschriften u. Verhandlungen des 5. internat. Kongresses f. Versicherungs-Wissenschaft.

— s.: Berichte u. Verhandlungen des 4. internationalen Kongresses f. Versicherungs-Medizin.

Manes, A. Betrug in seinem Versicherungslexikon nebst Ergänzungsband. Tübingen 1909 und 1913.

Manes, Alfr., die Diebstahlversicherung. gr. 8. (VII, 46 S.) Berlin 899. F. Siemenroth. n. 1.20

— Einführung in die Praxis der Privat-Versicherung. Eine Sammlung von Formularen und Aktenstücken aus dem Betriebe aller Privat-Versicherungszweige. Tübingen 1908.

— Einführung in die Versicherungspraxis. Eine Sammlg. v. Formularen u. Aktenstücken aus dem Betriebe aller Zweige der Privat- u. der Sozial-Versicherg., in 2 Bdn. zusammengest. Lex. 8. Tübingen. J. C. B. Mohr. 8.—; geb. 10.—
1. Einführung in die Praxis der Privat-Versicherg. Eine Sammlg. v. Formularen u. Aktenstücken aus dem Betriebe aller Privat-Versicherungszweige. (VIII, 283 S.) 908. 6.60; geb. 6.60
2. Einführung in die Praxis der Sozial-Versicherg. Eine Sammlg. v. Formularen u. Aktenstücken aus dem Betriebe der Sozial-Versicherungszweige. (VIII, 108 S.) 908. 2.40; geb. 3.40

Manes, A., Die Einkommensteuer in der englischen Finanz-Politik und -Literatur bis zu William Pitts Tode. Jena, 1907. 124 S.

Manes, A. Die Einkommensteuer in der englischen Finanz-Politik und -Literatur bis zu William Pitts Tode. (Aus den »Festgaben für Wilhelm Lexis«, Jena 1907.)

— s.: Festgaben f. Wilhelm Lexis.

Manes, Alfred, Dr. jur., Referendar in Göttingen: Die Geschichte der deutschen Haftpflichtversicherung. *Leipzig 1902: J. B. Hirschfeld.* (46 S.) 8° ¶ [Erschien vollst. 1902 u. d. T.: Die Haftpflichtversicherung, ihre Gesch., wirtsch. Bedeutung . . .] Heidelberg, Phil. Diss. v. 1902

Manes, A. Geschichte in seinem Versicherungslexikon nebst Ergänzungsband. Tübingen 1909 und 1913.

— Preussisches Gesetz betr. die öffentl. Feuerversicherungsanstalten, s.: Hagen, Otto.

— Grundzüge des Versicherungswesens, s.a. Aus Natur u. Geisteswelt.

Manes A, Grundz. d. Versicherungswes. (130 S) (Aus Nat. u Gw. 105) Leipzig 1906

— die Haftpflichtversicherung. Ihre Geschichte, wirtschaftl. Bedeutung u. Technik, insbesondere in Deutschland. gr. 8. (VIII, 272 S.) Leipzig 902. C. L. Hirschfeld. n. 7.20; geb. n. 8.20

Die Haftpflichtversicherung. Ihre Geschichte, wirtschaftl. Bedeutung u. Technik, insbes. in Deutschland. Von Alfred **Manes**, Dr. Leipzig: C. L. Hirschfeld 1902 [übergekl.: Tübingen: J. C. B. Mohr 1907]. (VIII, 272 S.) 8°

— Die Invaliden- u. Alters-Rentengesetzgebung des australischen Bundes u. Grossbritanniens, s.: Zacher, die Arbeiter-Versicherung im Auslande.

— s.: Kommentar zum deutschen Reichsgesetz üb. den Versicherungs-Vertrag.

Manes, A. Kommentar zum V. A. G. Leipzig 1901. 2. Auflage. Bearbeitet von *O. Hagen.* Tübingen 1909.

— Ins Land der sozialen Wunder. Eine Studienfahrt durch Japan u. die Südsee nach Australien u. Neuseeland. Mit 125 Abb. nach photograph. Aufnahmen v. Verf. u. Anderen sowie 1 Karte. (XII, 312 S.) gr. 8. Berlin 911. E. S. Mittler & Sohn. Geb. in Leinw. 6.—

— s.: Lehrbuch der Handelswissenschaft.

— Mietverlust-Versicherung. Eine wirtschaftl. Studie. (IV, 126 S.) gr. 8. Berlin 908. E. S. Mittler & Sohn. 3.—; geb. 4.—

— Politisches u. Wirtschaftliches aus Australasien, s.a. Zeitfragen, volkswirtschaftliche. 251. Heft.

Politisches und Wirtschaftliches aus Australasien. Von Alfred **Manes**. Berlin: Simion 1910. 32 S. 8°
(Volkswirtschaftliche Zeitfragen. H. 251.)

Manes, Alfred: Das Pseudonym und sein Recht. Ein Beitrag zur Lehre vom Rechte d. Persönlichkeit. *Göttingen 1898: Dieterich.* (84 S.) 8°
Göttingen, Jur. Diss. v. [22. Nov.] 1898

Manes, Alfr., das Recht d. Pseudonyms unt. bes. Beachtung d. bürgerl. Gesetzbuchs u. ausländ. Rechts. gr. 8. (V, 84 S.) Göttingen 899. Vandenhoeck & Ruprecht. n. 1.60

— das Reichsgesetz üb. die privaten Versicherungsunternehmungen, s.a. Hirschfeld's Taschen-Gesetzsammlung.

Manes, Alfr.: Das Reichsgesetz über die privaten Versicherungsunternehmungen vom 12. Mai 1901. Nach den Gesetzesmaterialien erl. Leipzig 1901.
(Hirschfeld's Taschen-Gesetzsammlung f. Justiz u. Verwaltung. Nr 16.)
— 2. Aufl., bearb. von O. Hagen. Tübingen 1909.

— Das Reichsgesetz üb. die privaten Versicherungsunternehmungen vom 12. V. 1901, m. Erläutergn. 2. Aufl., bearb. v. Otto Hagen. (XI, 398 S.) 8. Tübingen 909. J. C. B. Mohr. 5.—; geb. 6.—

— Unfall- und Haftpflichtversicherung in seinem Versicherungslexikon nebst Ergänzungsband. Tübingen 1909 und 1913.

Manes, Alfr., s.: Veröffentlichungen des deutschen Vereins f. Versicherungs-Wissenschaft.

— s.: Versicherungs-Lexikon.

— moderne Versicherungsprobleme, s.a. Zeitfragen, volkswirtschaftliche. Hft. 220. 221.

Moderne Versicherungsprobleme. Vorträge... von Alfred Manes, Dr. Berlin: L. Simion Nf. 1906. (64 S.) 8°
— Zeitfragen, Volkswirtschaftliche. H. 220/1. (c.6. 683) 8

— Versicherungswesen. (Teubners Handbücher f. Handel u. Gewerbe. Hrsg. v. van der Borght, Schumacher u. Stegemann.) (XII, 468 S.) gr. 8. Leipzig 905. B. G. Teubner. n. 9.40; geb. in Leinw. n. 10.—

Manes, A.: Versicherungswesen [für Kaufleute]. Leipzig 1907. 10 S.

— Versicherungs-Wissenschaft auf deutschen Hochschulen. (V, 73 S.) gr. 8. Berlin 903. E. S. Mittler & Sohn. n. 2.—

*Manes, A. Volksversicherung in seinem Versicherungslexikon nebst Ergänzungsband. Tübingen 1909 und 1913.

— s.: Zeitschrift f. die gesamte Versicherungswissenschaft.

Manes, Georg, aus Würzburg: Ueber Aetiologie und Prognose der Herzneurosen bei jugendlichen Frauen. *Würzburg 1898: Becker.* (105 S.) 8°
Würzburg, Med. Diss. v. 1898

Eugenik. Die verantwortliche Wohlzeugung des Menschen. Von Georg Manes. [Hannover: Metz & Marcussen o. J.] 23 S. 8°. [Umschlagtit.] (Aufklärungsschriften des F. Z. A. S. 4.) cf. So. 7 (1913/14) S. 395—415.

Manes, O., Unlaut. Wettbewerb, s. Mittelstandsbibliothek, Heft 5.

Manes, Pet., Ernst Stolz. Tragödie in 3 Aufzügen u. 1 Verwandlg. (111 S.) 8. Strassburg 907. J. Singer. 1.50

Manes, Rüdger. Ein vaterländ. Schauspr. f. die Jugend in 3 Aufz. Und die Ueberraschungen; ein Nachspiel in 1 Aufz. von J. J. Hottinger. 16. Winterthur, Steiner. 811.

Maness, Rüdger, der ältere, ein Rechtskundiger. [Solothurn] 1870. V: *Wyss, Georg v.* (Cat. d. Stadtbibl. Zürich. Zürich 1864—97.)

Maness v. Maneck, Rüdger, Minnesänger aus der Zeit der Hohenstaufen. Im 14. Jahrh. gesammelt. Facs. der Pariser Handschrift von Bern. Carl Mathieu. Paris 850. (Leipzig, Brockhaus' Sort.) gr. Fol. (XV, 9 S. mit 23 Steintaff., wovon 1 in Bunt- u. 9 in Tondr.) n. 10 ℛ

Manesse, Rüdiger v., s. Minnesinger. — s.a. Sammlung von Minnesänger.

Manesse'sche Liederhandschrift, s. Kraus, Frz. X.

Mané-Thécel-Pharès, Histoires d'il y a vingt ans. gr. 12. (284 S.) Leipzig 860, A. Dürr.

Manetho

Manethonis apotelesmaticorum quae feruntur libri, s. Corpus poetarum epicorum Graecorum.

Manethonis apotelesmaticorum libri, ed. Koechly, s. Corpus poetarum epicorum graec.

Μανεθῶνος ἀποτελεσματικῶν βιβ. ἕξ. — Manethonis apotelesmaticorum lib. sex. Recogn. Commentat. de Manethone ejusque carmine brevesque annotationes crit. adjec. C. A. Maur. Axtius et Fr. Ant. Rigler. Additus est index verbor. locuplet. 8 maj. (19½ B.) Coloniae 832, Bachem.

—— libr. apotelesmaticor. secund. ad indicendam novam quam ipse et C. A. M. Axtius curabunt totius operis edit. proponit ac publicis gymnasii Cliviensis examinibus praefatus est Fr. Ant. Rigler. 4 maj. (3½ B.) Coloniae 828, Bachem.
Erschien als Probe d. vorsteh. Bearbeitung.

Manetho, Astrologie. Uebers. u. erläut. durch C. A. Mor. Axt. Schmal gr. 4. (5⅓ B.) Wetzlar 835. [Frankfurt a. M., J. Baer.]

Manetho,..., Astrologie. Uebersetzt u. erläut. durch C. A. Moritz Axt. schmal gr. 4. Wetzlar 835. Wigand. ¼ ℛ

Manetho, G., s.a. Geßmann, Gustav W.

— occultistische Bilderbogen. Nr. 1—20. Fol. Leipzig 898. M. Spohr. à n. —50
1. Handlesekunst I. Die Chirognomie, d. i. die Lehre v. den Handformen. — 2. Die Sonnenätherstrahlapparate. — 3. Automatisches Schreiben. — 4. Handlesekunst II. Die Palmistrie, d. h. die Lehre v. den Figuren der Handfläche. — 5. Die indischen Fakire. — 6. Die Kartenlegekunst (Chartomantie). — 7. Die Geomantie (Punktierkunst). — 8. Das Tischrücken. — 9. Das Hypnotisieren u. Mesmerisieren. — 10. Moderne Magie: Das Gedankenlesen. (Muskellesen.) — 11. Die Wünschelrute. — 12. Die Suggestionen. — 13. Die Geisterphotographie. — 14. Die Psychometrie (seelische Feinsinnigkeit). — 15. Die Telepathie, od. übersinnl. Gedankenübertragg. — 16. Das Magnetisieren (Mesmerisieren). — 17. Spiritistische Knotenexperimente. — 18. Die Emanulektoren. — 19. Die Katalepsie. — 20. Mineralmagnetismus u. Sensitivität.

Manetho, G., occultistische Bilderbogen. Nr. 1—20. Fol. Leipzig 893. [M. Spohr.] E. Fiedler. à n. —50

Manetho's, G., occultistische Bilderbogen. Nr. 9. Das Hypnotisieren u. Mesmerisieren. Mit 8 Abbildgn. (Neue Aufl.) gr. Fol. Leipzig (905). E. Fiedler. n. —50

Manetho, G., aus übersinnlicher Sphäre. Die Wunder der modernen Magie in den Phänomenen d. Gedankenlesens, d. Hypnotismus, Mesmerismus, Somnambulismus; der Sensitivität, der Psychometrie, der Telepathie u. der sogenannten „mediumist. Erscheingn." Mit Titelbild, 98 Text-Illustr. u. 4 Farbentaf. gr. 8. (XVI, 339 S.) Wien 890. Hartleben. n. 6.—

Manetho, G. (Gust. Gessmann), Bismarck's Stirne. Bismarck's Metoposkop. (Ausgestanzt.) 12. (14 S.) Graz 897. (H. Wagner.) n. —80

Mánfai, Eduard

Mánfai, Ed., die Flugmaschine d. dynam. Flugprincipes in ihrer Ausführg. u. Verwendg. M. 10 Fig.-Taf. gr. 8. (VII, 151 S.) Wien 898. W. Braumüller. n. 3.60

— d. gelöste Problem d. Aeronautik. Vergleich. Kritik d. bis heute zur Lösg. d. aeronaut. Aufgabe in Vorschlag gebrachten Projecte, resp. Principien. gr. 8. (III, 52 S. m. 6 Fig.) Wien 895. Spielhagen & Schurich. n. 2.—

Manfred, Trauerspiel von Byron, deutsch v. Ad. Wagner (mit gegenüber gedrucktem englischen Originaltext). 8. Leipzig, Brockhaus. 819.

Manfred, dramat. Dichtung v. Lord Byron, aus ihrem Grundgedanken erklärt. Nebst e. Anh.: Uebersicht üb. Byron's Poesieen. Von e. Theologen. gr. 8. (71 S.) Oldenburg 898. Schulze. n. 1. —

Manfred, der wiedergeborene. (Renaskita Manfred.) Drama in 3 Akten v. K. R. Übers. in die Esperantosprache v. V. V. de Majnov. gr. 8. (18 S.) Nürnberg 891. Fr. Korn. n. — 50

†Manfred, (Karl Ferd. Dräxler,) bunte Bilder in Erzählungen, Novellen u. Balladen. 8. (26 B.) Nürnberg 830, Zeh.

Manfred, ..., (Karl Ferd. Dräxler,) Eßlair in Prag. Eine krit. Beleuchtung seiner Gastdarstellung auf der böhm. ständ. Bühne im April 1826, nebst e. Anhange, des Künstlers Lebensumstände enthaltend. 8. Prag 826. Enders. 8 gr

Manfred, Glockenblumen. Eine Reihe v. Novellen, Erzählungen u. Sagen. 8. Braunschw. 827, (Halberst., Vogler.)

— Glockenblumen. Eine Reihe von Novellen, Erzähll. u. Sagen. 8. Braunschw. 827. Vogler in Potsd. 1 ℔ —. 2r Thl. A. u. d. T.: Neuere Erzähll. u. Novellen. 8. Braunschw. 828. Leer, Vogler. 1 ℔ 6 gr

—— Glokkenblumen. 2. Thl. — A. u. d. T.: Neuere Erzählungen u. Novellen. 8. (20 B.) Braunschweig 828. (Potsdam, Vogler.)
1. Thl. Ebendas. 1827. 1 Thlr.

† Manfred, (Carl Ferd. Dräxler-Manfred,) Gruppen u. Puppen. Erzähln., Novellen, Sagen, Bilder u. Skizzen. 2 Bdchn. 8. (32¾ B.) Leipzig 836, Kollmann.

—— das Pfennig-Magazin, s. Pfennig-Magazin.

— Romanzen, Lieder u. Sonette. 12. Prag 826. Kronberger u. W. 18 gr 2s Bdchen. Auch u. d. T.: Neuere Gedichte. 12. Ebd. 829. 18 gr

†Manfred, (Karl Ferd. Dräxler,) Romanzen, Lieder u. Sonette. 2 Bdchn. — A. u. d. T.: Neuere Gedichte. 12. (6 B.) Prag 829, Kronberger u. Weber. Thlr.
1. Bdchn. Ebendas. 1826. 18 Gr.

Manfred, J., die heilige Elisabeth, Landgräfin v. Thüringen,
— die drei Erbstücke,
— der Photograph als Spion,
— Ritter Edulf v. Quarzfeld,
— der Räuber u. sein Kind,
— der Scharfrichter v. Prag,
— Joseph Schönfelder, wegen Mordes zum Tode verurtheilt,
s.: Volksbibliothek, deutsche.

Weihnachtssymphonie. ⟨Pastorale per il santissimo natale.⟩ Von Francesco Manfredini ⟨1688–17..⟩. Nach d. Originaldr. von 1718 ⟨Hof- u. Staatsbibl. München⟩ hrsg. von A(rnold) Schering. (Für Streichquartett, 2 Soloviolinen u. oblig. Klavier.) [Partitur.] (Leipzig: C. F. Kahnt Nachf. 1904.) (7 S.) 4° [Kopft.]
= Perlen alter Kammermusik deutscher u. italien. Meister. No 2. [07. 13770

Manfried, F., Gedichte. Berlin 869. Mittler & Sohn. 16. (225 S.) 20 ngr.; in engl. Einb. n. 1 ℔

Mang, A., kleine Naturlehre, s.: Riedel.

Mang, Adf., kurzgefaßte Anleitung zur häusl. Buchführung f. deutsche Mädchenvolks- u. Fortbildungs- sowie Haushaltungsschulen. Nach method., in Schule u. Haus bewährten Grundsätzen bearb. 3., verm. u. verb. Aufl. (31 S.) 8. Bonndorf (904). Spachholz & Ehrath. n.n. — 25

— kurzgefaßte Anleitung zur häuslichen Buchführung f. Volks-, Fortbildungs- u. Haushaltungsschulen. Nach method. Grundsätzen bearb. 4. (23 S.) Ebd. 894. n. — 20

Mang, Adf. Praktische Anleitung zur häuslichen Buchführung f. weibliche Schulen u. Familien. Nach bewährten Grundsätzen d. Lebens der Schule bearb. gr. 8. (36 S.) Baden-Baden 889, Sommermeyer. * — 40

—— Praktische Anleitung zur häuslichen Buchführung u. häuslichen Wohlfahrtspflege f. höhere u. erweiterte Mädchenschulen, Familien u. zum Selbstunterrichte. 2. u. 3. bedeutend verm. Aufl. gr. 8. (69 S.) Ebd. 889. * — 75

Mang A, Anleitung z. häusl. Buchführ. u Wohlfahrtspflege. 4. A. Emmendingen 1893

Mang, Ad., praktische Anleitung zur häuslichen Buchführung u. häuslichen Wohlfahrtspflege f. höhere u. mittlere Mädchenschulen u. verwandte Anstalten. Zugleich e. Haushaltungs- u. Aufschreibebuch f. deutsche Hausfrauen. 5. Aufl. 4. (90 S.) Emmendingen 894. A. Dölter. Kart. n. 1. 25

Mang, Ad., prakt. Anleitg. z. häuslichen Buchführung u. häusl. Wohlfahrtspflege f. höh. u. mittl. Mädchenschulen u. verw. Anstalten. Zugl. e. Haushaltungs- u. Aufschreibebuch f. deutsche Hausfrauen. Nach bewährten Grundsätzen d. Schule u. d. Lebens bearb. 6., m. d. 5. übereinstimm. Aufl. 4. (90 S.) Emmendingen 897. Druck- u. Verlagsgesellsch. vorm. A. Dölter. Geb. n. 1. 25

Mang, Adf., prakt. Anleitg. z. häusl. Buchführg. u. häusl. Wohlfahrtspflege f. höhere u. mittlere Mädchenschulen u. verwandte Anstalten. Zugleich e. Haushaltungs- u. Aufschreibebuch f. deutsche Hausfrauen. Nach bewährten Grundsätzen der Schule u. d. Lebens bearb. 7. verm. u. verb. Aufl. (93 S.) 8. Emmendingen 907. Druck- & Verlags-Gesellschaft vorm. Dölter. Geb. 1. 50

Mang, Adf., allereinfachste Armillarsphäre. Zur Veranschaulichung der scheinbaren und tägl. wirkl. Bewegungen der Gestirne nach method. Grundsätzen konstruiert, zum Gebrauche für Schulen und für jeden Laien vereinfacht. 8. (20 S. mit 1 Fig.-Taf.) Weinheim 885, Ackermann. *

—— Elementar-Beobachtungs-Apparate als Grundlage einer richtigen Natur-Auffassung in der astronomischen Geographie. Sowohl für die Bedürfnisse des Unterrichts als für das Verständnis gebildeter Kreise nach method. Grundsätzen konstruiert und erläut. 8. (60 S. mit 1 Fig.-Taf.) Ebendas. 886. *

—— Explication de l'appareil universel destiné à servir de base à un enseignement analytique-synthetique de la géographie astronomique. Construit et publié à l'usage de l'école et de la famille. 4e édit. revue et corrigée, ornée d'une planche de figures. 8. (40 S.) Ebendas. 885. *

—— Explication de la sphère terrestre et de l'appareil lunaire destinée à servir de base à un enseignement analytique-synthétique de la géographie astronomique. Démonstration de l'emploie de la sphère construite et publiée à l'usage de l'école et de la famille. 4e édit., revue et corrigée, ornée d'une planche de figures. 8. (46 S.) Ebendas. 885. *

— die Führung e. Haushaltes in bescheidenen Verhältnissen. Ein treuer Ratgeber f. Arbeiterfamilien u. kleinere Geschäftsleute. Zugleich e. Leitfaden f. Haushaltungsschulen lohnarbeit. Mädchen. 12. (V, 188 S.) Heidelberg 890. G. Weiß' Verl. cart. n.n. 1. —

Mang A, einfachster Gesamtapparat als Grundlage eines anschaulichen Unterrichts in der astronomischen Geographie für Elementarschulen (nur Text) Weinheim 1886

— kurzgefaßte Gesundheitslehre f. Schule u. Haus. Mit e. Anh.: Über die erste Hilfe bei Verunglückten u. bei ansteck. Krankheiten. gr. 8. (32 S. m. Illustr.) Weinheim 888. Ackermann. n. — 25

Mang, Adf., kurzgefaßte Gesundheitslehre f. Schule u. Haus. Mit e. Anh.: Über die erste Hilfe bei Verunglückten u. bei ansteck. Krankheiten. Unter besond. Berücksicht. des prakt. Lebens u. der neuesten Gesundheitsforschg. methodisch bearb. 2. verb. Aufl. gr. 8. (32 S. m. Abbildgn.) Weinheim 901. F. Ackermann. n. — 30

Mang, Adf., Grundzüge der Chemie, Mineralogie u. Geologie f. Mittelschulen, sowie zum Selbstunterricht, unter möglichster Berücksicht. d. prakt. Lebens methodisch bearb. 2. Aufl. Mit 63 in den Text gedr. Abbildgn. gr. 8. (VI, 106 S.) Weinheim 884. Ackermann. n. 1. —

—— Grundzüge der Lehre vom Bau und den Lebensverrichtungen des menschlichen Körpers, sowie insbesondere der Gesundheitspflege für Mittel- und höhere Schulen, sowie zum Selbstunterricht. Mit 3 Anhängen: Über die erste Hilfe bei Verunglückten; über das Verhalten bei Infektionskrankheiten; über Krankenpflege. Unter hervorragender, möglichster Berücksicht. des prakt. Lebens und der neuesten hygiein. Forschungen method. bearb. 2. unveränd. Aufl. gr. 8. (VI, 102 S. mit 21 in den Text gedr. instruktiven Abbild.) Ebendas. 884.

Die 1. Aufl. vorstehender zwei Werke erschien u. d. T.: Mang: Leitfaden der Chemie . . .

— sparsamer Haushalt. Ein Hausbuch f. Arbeiter-, Geschäfts-, sowie Beamten-Familien m. bescheidenem Einkommen. Zugleich e. Leitfaden u. Übungsbuch der häusl. Buchführg. f. Mädchenschulen, Fortbildungs- u. Haushaltungsschulen. 4. (49 S.) Heidelberg 890. G. Weiß' Verl. cart., m. Bleistift. n.n. — 50

— sparsamer Haushalt. Ein Haushaltungsbuch f. Beamte-, Geschäfts- u. Arbeiterfamilien m. bescheidenem Einkommen. 2., verb. Aufl. 4. (49 S.) Ebd. 894. Kart. n. — 50

— praktisches Haushaltbuch f. Arbeiter-, sowie auch Beamten- u. Geschäftsfamilien m. bescheidenem Einkommen. Mit vielen Spar- u. Lebensregeln zu e. besseren Fortkommen u. glücklicheren Dasein. Zugleich e. Leitfaden f. Haushaltschulen lohnarbeit. Mädchen u. e. Volkslesebuch. 2. bedeutend verm. u. verb. Aufl. 12. (VIII, 406 S.) Bonndorf (902). Spachholz & Ehrath. 1. —; geb. in Leinw. 1. 40

— key to the portable Tellurion-Lunarion. For analytic-synthetic instruction in astronomical geography, and for showing the method of teaching with the aid of a Tellurion. For school and family use. 3. ed., with 1 table of illustrations. gr. 8. (48 S.) Ebend. 884. n. 2. —

Mang, Adf., Key to the portable Universal-Apparatus and portable Tellurion-Lunarion for analytic-synthetic instruction in astronomical geography. For school and family use. 3d revised edit., with 2 tables of illustrations. gr. 8. (IV, 39, 48 S.) Weinheim 884, Ackermann.

Mang, Adf., Leitfaden der Chemie, Mineralogie u. Gesundheitslehre für Bürger- u. Realschulen, Seminarien, höhere Mädchenschulen u. verwandte Anstalten, sowie zum Selbstunterricht, unter vorwiegender Berücksichtigung des praktischen Lebens methodisch bearb. Mit 84 in den Text gedr. (Holzschn.-)Abbild. gr. 8. (VIII, 208 S.) Weinheim 883. Ackermann. n. 1. 80

—— Rechenbuch f. Volks- u. Mittelschulen, s. Herrigel, G.

— zerlegbarer u. verstellbarer Reform-Globus als Grundlage e. anschaulichen Unterrichts in der astronomischen Geographie. Nach methodisch bewährten Grundsätzen sowohl f. die Bedürfnisse d. Massenunterrichtes, als auch zum Selbststudium konstruiert. Nebst 1 Fig.-Taf. gr. 8. (IV, 50 S.) Weinheim 888. Ackermann. n. 1. 60

— s.: Schülerinnenkalender.

— das zerlegbare Tellurium-Lunarium als Grundlage e. aufbauenden, zerlegend-entwickelnden Unterrichts in der astronomischen Geographie. Für Schule u. Familie konstruiert u. hrsg. Erläuterungen. 2. Aufl. Mit e. (lith.) Fig.-Taf. 8. (41 S.) Ebend. 883. n. 1. 60

—— zerlegbarer Universal-Apparat als Grundlage eines aufbauenden, zerlegend-entwickelnden Unterrichts in der astronomischen Geographie. Für Schule und Familie konstruiert und hrsg. Erläuterungen. 2. sehr verb. Aufl. 8. (36 S. mit 1 lithogr. Fig.-Taf.) Ebendas. 883.

Die 1. Aufl. war nicht im Handel.

— zerlegbarer Universal-Apparat als Grundlage e. aufbauenden, zerlegend-entwickelnden Unterrichts in der astronomischen Geographie f. Schule u. Familie. Konstruiert u. hrsg. 3., verb. Aufl. Mit 1 Fig.-Taf. 8. (58 S.) Ebd. 886. n. 1. 60

— Volkslesebücher zur Unterhaltung u. Belehrung f. jung u. alt. 1. Bd. gr. 8. (VIII, 192 S.) Emmendingen 895. A. Dölter. Kart. n. 1. —

— Volkslesebücher zur Unterhaltg. u. Belehrg. f. jung u. alt. 2. Bd. gr. 8. (IV, 160 S.) Emmendingen 896. Druck- u. Verlagsgesellsch. vorm. A. Dölter. Kart. n. 1. —

— Wegweiser zum Lebensglück, gestützt auf das Vorbild hochherz., thatkräft. Menschen, sowie auf die Lehren der Weisheit, geschöpft aus dem Sprichwörter- u. Litteraturschatz des Volkes. gr. 8. (X, 277 S. m. 8 Abbildgn.) Ebd. 894. n. 1. 80; geb. in Leinw. n. 2. 80; in Schulbd. 2. 40

Historische Abhandlung über Vindelicien, Raetien und Noricum zur Zeit der Völkerwanderung von Anton Mang, P. — 1846. Ebend. — S. 3—21.
Progr. Neuburg.

Das erste Buch der Aristotelischen Topik erläutert v. Ant. Mang, G. P. — 1854. Ebd. — S. 3—16.
Progr. Neuburg.

Dissertatio de Attica eloquentia. Scrips. Ant. Mang, G. P. — 1841. Neoburgi, typis Griessmayer. — S. 1—16.
Progr. Neuburg.

De Isocratis ingenio atque praestantia commentatio, quam scripsit Ant. Mang, G. P. — 1835. Ibid. — S. III—XV.
Progr. Neuburg.

Q. Horatii Flacci Satira libri primi nona, quam interpretatus est Anton. Mang, G. P. — 1830. Ebend. — S. 3—15.
Progr. Neuburg.

Mang, Erich, aus Hirschberg i. Schl.: Die Anweisung. *Wüstegiersdorf 1902: M. Jacob.* (82 S.) 8°
Erlangen, Jur. Diss. v. 26. Febr. 1902

Mang, Frz., Anleitung zum freien Auffassen u. Zeichnen geometrischer Formen in der Ebene. Verfaßt für Schüler der 4. Klasse an Hauptschulen. Wien 865. Gerold's Sohn. gr. 8. (VII, 31 S. mit 13 Kpfrtaff.) n. 12 ngr.

Mang, Franz: Methodische Anleitung zur geometrischen Anschauungslehre in Verbindung mit dem Unterrichte im elementaren Zeichnen für die Unterklassen der Volks- und Bürgerschulen. Mit 12 lithographischen Tafeln. Wien: Sallmayer & Comp. 1870. 32 S. 8°

le Mang, Greg. Fd., nouvel Abécédaire, s.a. *Abécédaire.*

Mang, G. F. le, nouvel Abécédaire à l'usage de la première instruct. etc. 8. Hannov. Hahn. 808.
énlum.

Mang, Gr. Fr. le, Anleitung zum Uebersetzen und Sprechen d. franz. Sprache. In ein. Auswahl aus deutschen Musterschriftstellern, mit d. nöthigst. Erläuterungen u. einem Wortregister versehen. 2 Bde. 8. Leipz. Benj. Fleischer. 812.

— gründl. Anweisung, recht schnell rein u. richtig französ. zu sprechen 2c. gr. 8. Leipz. 808. Voß. 1 ℛ 4 gr

— prakt. Anweisung z. Sprechen d. französ. Sprache, oder die Kunst, diese Sprache nach e. neuen Methode gründlich verstehen, sprechen u. schreiben zu lernen. Auch u. d. französ. T.: Instruction pratique pour apprendre facilement à expliquer parler etc. 8. Halle 806. (Reinicke u. C.) 16 gr

— l'art de parler et d'écrire correctement la langue allemande etc. 8. Leipz. 810. (W. Nauck). 1 ℛ

— l'art de parler et d'écrire correctement la langue allemande etc. 8. Leips. Sommer. 810.

— französische Briefe, nebst deutschen Nachahmungen z. Bild. des Verstandes und Herzens 2c. 8. Halle, Ruff. 806.

Le Mang, interessante französ. Briefe, nebst deutschen Nachahmungen z. Bildung d. Verstandes u. Herzens, oder d. Kunst mit d. Geiste d. franz. Sprache ganz vertraut zu werden. 8. 809, ist Verl. v. Reinicke u. C. in Halle.

— neue Gespräche, od. Uebungen im Sprechen d. französ. Sprache üb. alle Gegenstände 2c. im gesellschaftl. Leben. (Auch u. d. T.: Encyclopédie ou recueil curieux avec une instruction etc.) 8. Leipz. 807. Barth. 20 gr

— nouvelle Grammaire des Dames, oder: gründl. Methode, die französ. Sprache richtig sprechen u. schreiben zu lernen. 8 Leipz., 807.

– Prakt. Grammatik der französischen Sprache ... Cöthen, Aue 1805. 8°

— Instruction pratique pour apprendre facilement, à expliquer. 8. 805, ist Verl. v. Reinicke u. C. in Halle.

— dasselbe Deutsch. Ebend.

— instruction prat. pour apprendre facilement à expliquer, parler et à écrire l'Allemand. 8. Halle, Ruff. 806.

— s. Kunst der Geheimschreiberei.

— Kunst, rein u. fließend französ. zu sprechen u. zu schreiben. 8. Leipz. 810. 3e Aufl. 817. (W. Nauck). 20 gr

— Kunst, ohne Lehrer rein u. fließend Französisch sprechen u. schreiben zu lernen, mit Anzeige d. Synonymen der Sprache, auch zum Schulgebrauch. 3te Aufl. 8. Leipzig, Sommer. 816.

Mang, le, G. F., Kunst, ohne Lehrer rein und fließend franz. sprechen und schreiben zu lernen. 3te Aufl. 8. Leipzig, Sommer. 817.

— die Kunst, mit d. französ. Sprache u. ihrem Geist ganz vertraut zu werden. 2 Thle. 8. Leipz. 808, 9. Neue A. Auch u. d. T.: Anleit. zum Uebersetzen u. Sprechen d. französ. Sprache in e. Auswahl v. deutschen Musterschriftstellern 2c. 2 Bde. 8. Ebd. 812. Fr. Fleischer. 1 ℛ 12 gr

le Mang, Greg. Fd., neues französ. Lesebuch f. Schulen. gr. 8. Leipz. 808. 2e Aufl. mit e. Wortregister v. E. C. L. Laukhard. 811. Barth. 18 gr

— Französische Sprachlehre f. Anfänger u. auch für Personen, die sich vorzügl. im richtigen Ausdruck u. Uebersetzen aus der deutschen in die französ. Sprache zu vervollkommnen wünschen. 3e Ausg. 8. Leipz. 811. Er. Fleischer. 8 gr

— prakt. französ. Sprachlehre, oder die Kunst, diese Sprache nach e. neuen Methode gründlich verstehen, sprechen u. schreiben zu lernen. 8. Cöthen 805. Aue. 20 gr

• — Unterricht in d. Anfangsgründen d. franz. Sprache f. junge Deutsche, besond. f. Schulen. 8. Leipzig, Solbrig. 809.

— derselbe; in d. Elementen d. franz. Sprache f. Schulen. Neue Ausg. 8. Leipz. Benj. Fleischer. 812.

— elementar. Unterricht im Lesen, Sprechen u. Schreiben der französ. Sprache. 8. Halle 806. Renger. 16 gr

— Unterricht in d. französ. Sprache f. Anfänger. 8. Leipz. 809. Neue Aufl. 812. Fr. Fleischer. 6 gr

Mang Karl: Die Uebersetzungstechnik im Matthäus-Evangelium bei Wulfila und Tatian.
II. 1902 PN 1530 Diss. Wien, Univ. 116

Mang, Michael — Preisverzeichniß anatomischer, chirurgischer und geburtshilflicher Instrumente von — —. Prag, 1855. Druck der k. k. Hofbuchdruckerei von Gottlieb Haase Söhne. (8 S. 8.)

Mang, Richard *(geb. Simbsen bei Glogau 4. 4. 1845)*: Zur Perforation und Extraction. Breslau (1868). (28 S.) 8°
Breslau, Med. Diss. v. 28. Jan. 1868

MANGANELLI, Maria Vincentia (geb. 1721, Skandalprozess 1760). — § Die entlarvte Heilige, oder die neue Katharina von Siena, in der Geschichte einer Nonne und dem wider sie und ihren Gewissens-Rath verhängten Inquisitions-Process. Ein Italiänisches Acten-Stück unsers Jahrhunderts. (Uebers. von Christian August Wichmann.) Leipzig, bey Johann Samuel Heinsius, 1786. Gr. 8°. (3 Mk. W. H. Kühl, Wien, c. 1882; 8 Kr. Halm & Goldmann, Wien, 1907.)

MANGE, Albert Emil (St.Gallen): De gastromalacia.- Monachii: Wolf 1836. 14 S.
26.4.1836 - Urk; P 64
Diss. Ingolst.-Landsh.-Mchn.

Anonym: „Ueber den Mangel an Gesinde und Arbeitsleuten und die wirksamsten Mittel, ihm abzuhelfen. Für Chursachsen", Leipzig 1799 (Supprian).

Mangel, über den, an Kirchenbesuch und Mangel an Aufmerksamkeit während des Gottesdienstes. Reflexionen eines Juristen. 8. Stade 843. (Schaumburg.) n. 1/12 ℛ

Mängel u. Gebrechen, die äußeren, des Pferdes. Ein Taschenbuch f. Pferdekäufer u. Pferdeliebhaber m. einer Abbildung in Stahlst. nach einer Zeichng. des Prof. Baumeister. 16. (8 S.) Stuttgart 850, Metzler. 2 ngr

— der gewöhnl. Fibeln in Niedersachsen u. vielen andern Ländern Deutschlands. 8. Götting. 786. Dieterich. 2 gr

Mängel, Die, unserer Gesetzgebung über die kaufmännische Buchhaltung. Plauen 1891. V: *Braune, Albert.* (KGBerlin I, 710)

Mängel, die heimlichen, der Pferde oder Was ist Rechtens beim Pferdekauf wegen heiml. Mängel? Gesetzliche Bestimmungen, Verordnungen und gerichtl. Entscheidungen in diesen Fällen. gr. 8. (16 S.) Hamburg 865, Jowien. *

Mängel, Die, und die Hilfen. Als Anhang zu den „Worten im Fluge über die Armee-Verpflegung". (Donation Liechtenstein.) 8. Laibach 1860.

– Über die, der Badischen Medizinal-Verfassung; von e. prakt. Arzte. Freiburg: Gebr. Groos 1833. 8°

Mängel, die, der Philosophie 8. Berl. 787. Lange. 8 gl

— u. Schäden, die, des preußischen Anwaltsgebührengesetzes vom 12. Mai 1851, u. der dem Landtage vorgelegt gewesenen Gesetzesnovelle für die Provinz Hessen-Nassau u. Schleswig-Holstein einschließlich der durch die Verordnungen vom 24., 26. u. 27. Juni, sowie 30. Aug. 1867 herbeigeführten Umgestaltung der Anwaltsverhältnisse besprochen von einem hess. Rechtsanwalte. Marburg 869. Elwert. gr. 8. (47 S.) 6 ngr

— über einige, in unserer jetzigen gelehrten Schulbildung, v. einem akadem. Lehrer. gr. 8. Leipz. 824. (Lehnhold). 2 gl

— üb. die, des höhern Unterrichtswesens, besonders im Königr. Hannover. — Vorschläge u. Wünsche zur ernsten Prüfung von Kalokagathophilos. gr. 8. Hamb. 828. Hoffmann u. Campe. 10 gl

Ueber die bei den Civil-Relationen für die dritte jurist. Prüfung häufig wahrgenommenen Mängel. Ein besond. Abdruck aus dem 24. Hfte. d. Jahrbücher für die Preuss. Gesetzgebung u. s. w. *Berlin*, Dümmler. 836. gr. 8. (4 Gr.)

Mängel, über die, bei den Civil-Relationen für die dritte jurist. Prüfung häufig wahrgenommenen. Ein besond. Abdruck aus dem 94n Hefte der Jahrbücher für die Preuß. Gesetzgebung :c. gr. 8. Berlin 836. Dümmler. 1/6 rß

Mangels, Gustav, Referendar aus Pinneberg ⟨Holstein⟩: Die utile Berechnung der Zeit insbesondere bei den ädilitischen Klagen. *Erlangen 1899: E. Th. Jacob.* (60 S.) 8° [F.]
Erlangen, Jur. Diss. v. 16. Okt. 1898

Mangels, H., wirtschaftliche, naturgeschichtliche u. klimatologische Abhandlungen aus Paraguay. (VIII, 364 S. m. 7 Taf.) gr. Fol. Freising 904. Dr. F. P. Datterer & Co. n. 6.—; geb. n.n. 8.60

Mangels, P., letztes Wort an meine Confirmanden, am Tage ihrer Entlassung aus d. Schule. 8. Lübeck 821. v. Rhoden. 2 gl

Die Entwickelung des Kreises Wiedenbrück unter der Herrschaft der Kreisordnung für die Provinz Westfalen vom 31. Juli 1886. Verf. von Mangelsdorf, Bürgermeister a. D. in Gütersloh. Gütersloh: Schmäling & Ohlbrock 1910. 79 S. 8° [10. 8015]

Mangelsdorf, Reduction d. courant. Geldsorten, s. Daehne, A.

Mangelsdorf, Carl Ehregott, s. Mangelsdorf, Karl Ehregott

Mangelsdorf, Erich, appr. Arzt a. Gütersloh, Unterarzt b. 5. Rhein. Inf.-Reg. Nr. 65: Über einen Fall von Hautmelanomen des Oberschenkels bei gleichzeitig bestehendem Cystadenoma sarcomatodes beider Ovarien. Berlin: (1905): G. Schade. (28 S.) 8°
Berlin, Med. Fak., Ref. Bumm, Diss. v. 21. Juni 1905
Geb. 22. Juli 80 Gütersloh; Heimatsort: Gütersloh; Staatsangeh.: Preußen; Vorbildung: Gymn. Gütersloh Reife O. 99; Studium: Göttingen 1, Berlin, K.-Wilh. Akad. 8 S.; Coll. 19. Juni 05; Approb. 7. Juni 05.]

Mangelsdorf, Ernst, a. Karlsruhe ⟨Baden⟩: Eine neue Abbildung des linearen Strahlencomplexes auf dem Punktraum. Straßburg i. E. 1906: C. Müh. (32 S.) 8°
Straßburg, Math.-naturwiss. Fak., Ref. Reye, Diss. v. 1906
[Geb. 27. Juni 82 Karlsruhe; Wohnort: Straßburg i. E.; Staatsangeh.: Preußen; Vorbildung: Gymn. Karlsruhe Reife S. 00; Studium: Karlsruhe T.H. 2, München 2, Straßburg 7 S.]

Mangelsdorf, Friedrich [aus Münster i. W.]: Über Diabetes mellitus und die an einem Falle desselben beobachtete Einwirkung einiger Kohlenhydrate auf die Traubenzuckerausscheidung ... Berlin, Buchdr. v. G. Schade, *1892;* 34 S., 1 Bl. 8.
Berlin, Med. Fak., Inaug.-Diss. v. 5. März 1892

Mangelsdorf, Fritz

Mangelsdorf, F., Reminiscere. Zum 50jähr. Jubiläum des Rettungshauses zu Schildesche, 20. VII. 1902. 8. (96 S. m. Abbildgn.) Gütersloh (902). (C. Bertelsmann.) n.n. —50; kart. n.n. —60

— Gottfr. Traugott Gotthold (Bitterfeld), De quantitate annua, in piae causae favoram legata, certa quamuis simul assignata sorte, immutabili. Präs. Ernst G. Chr. Klügel. Wittenberg (Tzschiedrich) 29. III. 1799. 26 S. (4.50) 22089
Gew.: C. E. v. Lochau. — Widm. v.: Fr. G. Goepfert.

Mangelsdorf, Gottl. August

Mangelsdorf, G. A., de Germano lege sua vivente. 4maj. Leipz. 805. (List in Berl.) 8 gl

— Gottl. August (Leipzig), De Germano lege sua vivente. Präs. Chr. Gottl. Biener. Lpz. (Sommer) 4. IV. 1805. (3.60) 22090

Mangelsdorf, G(ustav), Abteilungsarzt d. Kückenmühler-Anstalten bei Stettin, Abt. Kückenmühle: Aus d. Abt. Kückenmühle ⟨für Idioten⟩ d. Kückenmühler Anstalten b. Stettin. Dirig. Arzt: Oberarzt Dr. Schnitzer. Ueber Isopral. Leipzig 1905: B. Georgi. (29 S.) 8°
Leipzig, Med. Fak., Ref. Boehm, Diss. v. 24. Juni 1905
[Geb. 7. Jan. 77 Stettin; Wohnort: Stettin; Staatsangeh.: Preußen; Vorbildung: Humboldtgymn. Berlin Reife O. 95; Studium: Berlin 4, Greifswald 1, Berlin 4 S.; Coll. 19. Juli 00; Approb. 12. Sept. 00.]

— Herrmann (Crimmitzschau), Ad articulum 183 et qui sequuntur codicis crim. Sax. (de periurio). Lpz. (Staritz) 6. IV. 1843. 24 S. (3.—) 22091
Gew.: F. A. Meissner, L. W. Tischer.

Mangelsdorf, Herm., aus Sonnenlicht u. Dunkelkammer. Gedichte. (104 S.) 8. Leipzig 907. Modernes Verlagsbureau. 2.—

Aus Sonnenlicht und Dunkelkammer. Gedichte von Hermann Mangelsdorf. Berlin-Leipzig: C. Wigand 1907. (103 S.) 8° [F.] [06. 5973]

Mangelsdorf, J., deutscher Multiplicator, umfangreichster und zuverlässigster Rechnenhelfer für die Behörden der Civil- und Militair-Verwaltung des Deutschen Reichs, sowie für den gesammten Kaufmanns-, Handels- und Gewerbe-Stand Deutschlands, verwendbar zu allen auf Multiplication benannter Zahlen beruhenden Berechnungen, bei dem Ein- und Verkauf von Waaren, Zinsrechnungen rc., umfassend die Einheitssätze von 1 Pf. bis 1000 Mk., und zwar bis 10 Mk. von Pfennig zu Pfennig steigend. gr. 4. (188 S.) Berlin 882, (Liebel'sche Buchh.) cart. *

Mangelsdorf, Jh. Traug.

— Etwas zur Beruhigung u. Verwahrung wider d. dreiste Anpreisung u. fälschl. sogenannten Glückseligkeitslehre des Christenthums rc. gr. 8. Leipz. 782. (Cnobloch). 3 gr.

Mangelsdorf, Jh. Traug., († d. 12. Jan. 1795.) Revision der wahren u. scheinbaren Aufklärung. 8. Leipz. 790. Weidmann. 18 gr.

— Stromata, d. i. Lesebuch, die Verbindung zwischen Obrigkeiten u. Unterthanen in Landesunruhen rc. betr. 1r Bd. gr. 8. Leipz. 791. Weidmann. 1 Rthlr. 6 gr.

Mangelsdorf, Karl Ehregott

— Abriß der deutschen Geschichte, z. weit. Erklärung in Schulen. 8. Gera 800. Heinsius. 12 gr.

MANGELSDORF, Karl Ehregott 1748 - 1802
Karl Ehregott Mangelsdorf's ... Abriß der allgemeinen Weltgeschichte.
Ein Lehrbuch für diejenigen Schulen wo das Zopfische bisher noch eingeführt gewesen ist.
Halle: Heller. 1782. 22, 414 S. 8°.
Lippische Landesbibliothek Detmold
Vgl. J. H. Zopf, Erläuterte Grundlegung der Universal-Historie, 16. Aufl. 1773, 17. Aufl. 1779, 18. Aufl. 1782.
Frankfurt-Leipziger Meßkatalog, Ostermesse 1783, S. 569.
Johann Heinrich Zopf, 1691-1774

— Abriß der allgem. Weltgeschichte. 8. Halle 782. Neue Aufl. 802. Ruff. 12 gr.

– s. A n e k d o t e n zur Übung des Witzes.

Mangelsdorf, Karl Ehreg., († d. 28. Aug. 1802.) Anmerkk. üb. das Studium der Geschichte. 1s Blatt. 8. Halle 790.

– s. B a s e d o w , Johann Bernhard: Opus elementare.

— selecta capita ex scriptoribus antiquis lat., in us. scholar., cum indice difficilior. etc. 8. Halle 779. Waisenhausb. 10 gr.

— Entwurf der neuen europ. Staatengeschichte seit d. Entdeckung v. Amerika rc. gr. 8. Halle 780. Waisenhaus-B. 12 gr.

MANGELSDORF, Karl Ehregott 1748 - 1802
M. Karl Ehregott Mangelsdorfs Entwurf der neuen Europäischen Staatengeschichte zum Gebrauch Akademischer Vorlesungen.
Halle: Waisenhaus. 1780. 8, 272 S. 8°.
Stadtbibliothek Trier

— alter Zeit Exempelbuch. 2 Bde. 8. Halle 797 u. 99, ist Verl. v. Reinicke u. C.

— Gedächtnißrede auf Friedrich II. 8. Leipz. 786.

— üb. den Geist der Revolutionen. gr. 8. Königsb. 790. Hartung. 2 gr.

MANGELSDORF, Karl Ehregott 1748 - 1802
Allgemeine Geschichte der europäischen Staaten ein durchaus verständliches Lesebuch zur nützlichen Unterhaltung.
Erster [- Zwölfter und lezter] Heft ...
Herausgegeben von M. K. E. Mangelsdorf ...
Halle: Heller. 1784 [- 1794]. 8°.
Stadtbibliothek Trier: H. 1-6; Universitätsbibliothek Würzburg: H. 7-12.
H. 12: Halle: Ruff.

— allgem. Geschichte der europäischen Staaten. 1s—12s Hft. 784—94. (1s, 2s N. A. 802.) 13s—17s Hft. fortges. v. C. D. Voß. 8. Halle 802—5. Reinicke u. C. 14 Rthlr. 21 gr. (13s bis 16s Hft. Auch u. d. T.: Voß, Geschichte d. deutschen Reichs bis auf die jetzige Zeit. 4 Thle. 804. 4 Rthlr. 16 gr. 17s Auch u. d. T.: Voß, Geschichte Helvetiens bis auf die jetzige Zeit. 805. 1 Rthlr. 6 gr.) (Daraus sind ferner einzeln zu haben: 1) Gesch. v. Portugal. 8. 802. 15 gr. 2) Gesch. v. Spanien. 8. 802. 18 gr. 3) Gesch. v. Frankreich in 2 Theilen. 8. 802. 1 Rthlr. 6 gr. 4) Gesch. v. England. 8. 802. 1 Rthlr. 5) Gesch. v. Holland. 8. 802. 18 gr. 6) Gesch. v. Rußland, Liefland u. Kurland. 2 Thle. 8. 802. 1 Rthlr. 6 gr. 7) Gesch. v. Schweden. 2 Theilen. 8. 802. 1 Rthlr. 16 gr. 8) Gesch. v. Dänemark. 8. 802. 20 gr. 9) Gesch. v. Polen. 8. 802. 20 gr.)

— europ. Geschichte des 18. Jahrh. in ihr. vollständ. Zusammenhange. Mit 1 Kpf. gr. 8. Halle 803. (Reinicke u. C.) 1 Rthlr. 12 gr.

— Geschichte unsers deutsch. Vaterlandes. 1r Bd. 8. Halle 799.

Mangelsdorff, Karl Ehreg.: Über die G l e i c h h e i t der Menschen im Stande der Natur und der Gesellschaft. Eine Rede ... Königsberg: (Leipzig, Künzel.) 1793. 8°

— über Gleichheit der Menschen im Stande der Natur und Gesellsch. gr. 8. Königsb. Nicolovius. 793.

— Hausbedarf aus der allgemeinen Geschichte der alten Welt, im Auszuge. Halle 791. 8. 1 rthl. 4 gr.

Mangelsdorf, K. E., Hausbedarf aus der allgemeinen Geschichte der alten Welt. Halle 793. 5 Thle. (6 Bde.) 8. Ebend. 801. 5 Thle. (6 Bde.) 8. 6 rthl. (Theil 5 hat zwei Abtheilungen). Die übrigen Bände enthalten die neuere Geschichte.

Karl Ehregott **Mangelsdorffs** Hausbedarf aus der allgemeinen Geschichte der alten Welt, für seine Kinder und für Andere von zwölf bis funfzehn Jahren, allenfalls auch etwas darüber.
Th. 1. Neue Aufl. Halle und Leipzig. 1801.
Th. 2. ebd. 1796.
= Karl Ehregott Mangelsdorffs Hausbedarf aus der allgemeinen Geschichte. Th. 1 u. 2. 8°.

— Hausbedarf der allgem. Geschichte der alten u. neuen Welt. 14 Thle. u. Register. 8. Halle. 1r—5r 796, 97. (2e A. 802.) 6r—14r 800—810. Reinicke u. C. 17 Rthlr. 12 gr. (1r—5r Thl. Auch u. d. T.: Hausbedarf aus d. allgem. Geschichte d. alten Welt für seine Kinder. 5 Bde. 8. Neue Aufl. 801—3. 6 Rthlr. 6r—14r Thl. Auch u. d. T.: Hausbedarf aus d. allgem. Geschichte neuerer Zeit. 9 Bde. u. Register. 8. 802—10. 11 Rthlr. 12 gr.) Ferner: 11r—14r Thl. Auch u. d. T.: L. v. Baczko, Geschichte d. 18n Jahrh. 4 Bde. 8. 806—10. 6 Rthlr.

Karl Ehregott **Mangelsdorffs** H a u s b e d a r f aus der allgemeinen Geschichte der alten und neuen Welt für seine Kinder. Ein Buch zur Belehrung und Unterhaltung. 8°
Th. 1. Neue Aufl. Halle und Leipzig. 1801.
Th. 2. ebd. 1796.

— kl. Hausbedarf der allgem. Geschichte d. alten Welt im Auszuge. 8. Halle 797. (Reinicke u. C.) 1 Rthlr. 4 gr.

HERO u n d L e a n d e r. Ein prosaisches Gedicht (von *Karl Ehregott Mangelsdorf*, 1748—1802). Leipzig 1769. 8°.
Alm. d. d. Musen 1771, 130. — Goedeke IV, 129, 9, 1; f e h l t im Anon.-Lex.

— — De jurejurando per gladium disp. histor. Präs. Chr. Ad. Klotz. Halle (Joh. Andr. Stephan) 14. XI. 1770. 28 S. (3.—) 22087
Gew.: Joh. Ad. v. Zehmen.

— Lehrbuch der alten Völkergeschichte zu akadem. Vorlesungen. gr. 8. Halle 779. (Laue in Berl.) 16 gr.

– s. Lesebuch, Histor.-statist.-moralisches, für die erwachsene Jugend.

Mangelsdorfii, C. E., Lexicon latinae linguae nova ratione digestum. Cum praef. F. W. Reizii (der auch an dem Buche selbst vielen Antheil hat). Lips. 777. 8. 2 rthlr. 16 gr.

— Lexicon lat. linguae nova ratione digestum etc. 8maj. Leipz. 777. (Aue in Altona). 2 Thlr. 16 gr.

— scholae philanthropicae liber provocabularis Cellarianus; redactis ad enuntiata latin. primitivis cum derivatis; annexis grammatices rhetoricesque praeceptis ad plerorumque usum sufficientibus. 8. Dessau 776.

— Lobrede auf König Friedrich I. in Preußen. gr. 8. Königsb. 796. Hartung. 4 gr.

Mangelsdorf, Carl Ehregott (Dresden), De magistro memoriae ad illustrandam notitiam dignitatum utriusque imperii. Präs. Chr. Ad. Klotz. Halle (Curtius) 6. IX. 1770. 30 S. (4.—) 22086

– s. Miscellaneen für allerlei Leser.

– s. Musaeus: Hero und Leander.

Mangelsdorf (Hrsg.), s.a. Nationalblätter, Preussische ...

— preuß. Nationalblätter, od. Magazin f. die Erdbeschreibung, Geschichte u. Statistik Preußens. In Bds, 1s u. 2s Stck. gr. 8. Halle 787. (Reinicke u. C.) 1 Thlr. 12 gr.

— preußische Nationalblätter od. Magazin f. d. Erdbeschreib. Geschichte u. Statistik d. Königreichs Preußen. 2 Stücke. gr. 8. Halle 807, ist Verl. v. Reinicke u. C.

— observatiuncularum de statu regnorum Europaeorum pristino Spec. I. 8. Halle 779.

— — u. **Chr. Aug. Craus** (Mansfeld), De consacramentalium origine non Germanica, eorumque indole vera ac natura. Halle (Trampe) 3. V. 1771. 56 S. (5.—) 22088
Gew.: Chr. Bornmann, E. Fr. Bergmann, Fr. Glasewald, G. Fr. Schröer, Chr. Fr. Fleischer, Fr. Benj. Gelen, G. Fr. Hildebrand, G. Fr. Schelcher, Tr. Fr. Langbein, B. S. Seyfrid, G. A. Richter, Chr. B. Thenius, J. G. Petzsch, J. Fr. Voigt, J. G. Raabe, J. W. Axt, J. A. Otto, Chr. H. Weinlig, Fr. A. Ermel.

Mangelsdorf, Karl Ehreg., Rede von der natürl. u. bürgerl. Gleichheit der Menschen. gr. 8. Königsb. 793. (Schumann in Leipz.) 3 gr.

– s.a. Schriften zur Bildung des Herzens und Verstandes.

SCHRIFTEN zur Bildung des Herzens und des Verstandes, als Beyträge zu der Geschichte des Menschen (von *Carl Ehregott Mangelsdorf*). Leipzig, bey Friedrich Gotthold Jacobäern, 1772. 8°.
Tit., 1 Bl. Inh. der XXV Nrn., 188 S. — Hervorzuheben: Von dem Fanaticismus (so!), als einer der ersten Ursachen, der in der Nähe immer mehr und mehr einreissenden Barbarey. — Von der Kinderzucht der Alten. — Von dem Gebrauch und Nutzen der Satyre. — Ueber die natürlichen Gränzen zwischen Tugend und Laster. — Lama und Zenith, e. morgenländ. Erzählung (in Versen).

– Vorbereit. Uebungen zum Aufmerken u. Nachdenken für junge Leute von wenigstens 12 Jahren. Königsberg: (Leipzig, Künzel.) 1798. 8°

— vorbereitende Uebungen z. Aufmerken u. Nachdenken. 8. Königsberg 798. (L. Schumann in Leipz.) 1 Thlr. 8 gr. Schrbp. 1 Thlr. 16 gr. Hbg. Pr. 12 gr. Schrbp. 16 gr.

Mangelsdorf, K. E.: Versuch einer Darstellung dessen, was seit Jahrtausenden im Betreff des Erziehungswesens gesagt u. getan worden ist. Nebst einer freien Beurteilung der Basedowischen Anstalten. Leipzig 1779. 442 S.

— Versuch e. Darstell. dessen, was seit Jahrtausenden in Betreff des Erziehungswesens gethan worden. 8. Leipz. 779. (Aue in Altona). 16 gr.

— Versuch e. kurzen, aber nicht mangelhaften Darstellung d. deutschen Geschichte. 2 Thle. 8. Gera 799, 800. Heinsius. 1 Thlr. 21 gr.

— vita et memoria C. A. Klotzii. 8maj. Halle 772. (Laue in Berl.) 6 gr.

— synchronistische Wiederholungstabellen im Großen. Fol. Halle 784—807. (Reinicke u. C.) 12 gr.

— erstes Wort an d. Publikum üb. d. Prof. Basedow. 8. Leipz. 777. Zweites Wort. 8. Ebd. 777. (Aue in Altona). 16 gr.

Mangelsdorf, K. Ehg., zwey Worte an d. Publik., Basedow betr. Lpz. Jacobäer, 777.

Mangelsdorf, Guilelmvs [Marchicvs]: Anecdota Chisiana de re metrica. Carolsrvhae, typis expressit B. Bravn, 1876. 4. 35 S.

Anecdota chisiana de re metrica edidit et commentario instruxit Guil. Mangelsdorf. Epimetrum I: Aeschyl. Sept. v. 961—966. II. III. Eurip. Bacch. 1. 2. 1051. 35 S. G. *Karlsruhe* 1876.
Progr.

Mangelsdorf, W. Zu Xenophons Bericht über die Schlacht bei Kunaxa. 23 S. u. 1 Taf. Progr. G. *Karlsruhe* 1884.

Mangelsdorff, Aug. Friedr. Carl, die Lehre von dem Dasein Gottes und dem ewigen Leben des Menschen, in äußern und innern Anschauungsbeweisen dargestellt und aus Anlaß der gegenwärt. Zeiterscheinungen herausg. Eine Weihnachts- und Festgabe für das Deutsche Volk. Magdeburg 853. Heinrichshofen. gr. 8. (140 S.) 15 ngr.

Das Zuschneiden moderner Dekorationen. Eine auf Grund langjähr. Erfahrungen zsgest. Anleitung z. Anfertigung d. Schnittmuster f. alle im Tapeziergewerbe vorkommenden Dekorationen. Zum Gebr. f. Fachschulen u. z. Selbstunterr. Von E[mil] **Mangelsdorff**, Frankfurt a.M. Berlin: Berg & Schoch 1907. (63 S.) 4° [F.]
Aus: Deutsche Tapezierer-Zeitung. [illegible]

(**Mangelsdorff**, Friedrich): Ueber **Ovalwerke**. *Berlin 1902: L. Simion.* (23 S.) 4°
Rostock, Phil. Diss. v. [15. Juni] 1902

Mangelsdorff, Karl Ehregott, s. Mangelsdorf

Mangelsdorff, Oskar [aus Posen]: Ueber die elephantiasisartige Form des Lupus an Extremitäten .... Greifswald, Druck v. Julius Abel, 1885; 28 S. u. 1 Taf. 8°.
Greifswald, Med. Fak., Inaug.-Diss. v. 22. Aug. 1885.

Mangelsdorff, Oskar, über die elephantiasisartige Form des Lupus an Extremitäten. Diss. Greifswald 1885, Jul. Bindewald. 8°. 28 S. mit einer Taf.

v. Manger, Ludw., (vormaliger Oberpolizeidirektor des Kurfürstenth. Hessen-Cassel rc.) Ueber ihn u. seine Lage als Festungsgefangener zu Spangenberg. gr. 8. Quedlinburg 827. Basse. 8 gr

v. Manger. Grundriss der Provinzial-Hauptstadt Münster nebst deren Umgebung. 1:5000. Münster 1839. 1 Bl. L.

Manger, Bartholomäus, k. Assistenzarzt in Ingolstadt: Ueber einen Fall von Echinococcus hydatidosus der Leber und Milz. *München 1903: Kastner & Callwey.* (13 S.) 8°
München, Med. Diss. v. 1903

Manger, Carl, s. Manger, Karl

Manger, Chr. Elovius, s. Mangor, Christian Elovius

Silberblicke aus der Werkstätte der St. Johannis Freimaurer-Loge „Zu den 3 Eisernen Bergen" im Gr. Siegen. Ausgebracht von Ed[u.] **Manger.** Siegen [ca 1866]: Buchholz. 38 S. 8°
Enth. Gedichte, Lieder ohne Noten, Ansprachen.

v. Manger, Fr., die Todesstrafe, od. der gesetzliche Tod; einige Betrachtt. 8. Manh. 796. Schwan u. G. 8 kr

Manger, H., Dr. Martin Luther. Ein kurzes Lebensbild, dem deutschen evangel. Volke u. seiner Schule dargereicht. gr. 8. (24 S. m. Holzschn.-Portr.) Gardelegen 883. Manger. n. — 15

-- die Wiederherstellung u. Belebung der kirchlichen Catechisationen m. der confirmirten Jugend. Vortrag, geh. auf der Kreissynode zu Salzwedel am 21. Septbr. 1882. gr. 8. (17 S.) Ebend. 883. — 20

Manger, Heinr. Ludwig

– s. Anleitung, Vollständige, zu einer systematischen Pomologie (und setze hinzu: von H. L. Manger.)

Manger, Heinr. Ludw., vollständ. Anleit. z. e. systemat. Pomologie etc. 1. Bd. Aepfel. 2. Bd. Birnen. Fol. Leipzig, 1780 u. 83. (Junius.) 3. 15

Manger, Hnr. Ldw., († d. 30. April 1790.) Baugeschichte v. Potsdam, besond. unter der Regierung Friedrichs II. 3 Bde. gr. 8. Berl. 789, 90. Nicolai. 2 rf 10 gr

Manger, H. L.: Die ökonomische Bauwissenschaft. Leipzig 1795.

— ökonom. Bauwissenschaft zum Unterricht f. d. Landmann. gr. 8. Leipz. 785. (Knobloch). 1 rf (s. auch: der Hausvater rc.)

Manger H. L.: Die ökonomische Bauwissenschaft z. Unterricht f. den Landmann. Leipz. 1785. 365 S.

Manger, H. L.: Beytrag zur praktischen Baukunst, besond. in Ansehung einiger zu Potsdam vorgefallenen Grund- u. anderer Baue. Potsdam 1786. 8°

Manger, H. L.: Bemerkungen über die Zimmerkunst, besond. über die Anbringung der Bänder u. Spannriegel. Potsdam 1783. 8°

— Bemerkk. üb. die Zimmermannskunst. Mit Kpf. gr. 8. Potsd. 786. Horvath. 4 gr

Manger (H. L.) und Quednow: „Maass- und Gewichts-Vergleichungs-Tabellen oder Vergleichung der berliner .... Maasse und Gewichte mit den alten und neuen französischen", Potsdam 1808. — Vorh.: Com. Bibl. Hamburg.

— u. Quednow, Maaß- u. Gewichts-Vergleichungs-Tabellen rc. qu. Fol. Potsd. 808. Horvath. 8 gr

— Nachricht v. d. neuen Grundbau zu e. Anzahl Häuser in Potsdam im J. 1783. 3 Stücke. Mit 6 Kpft. gr. 8. Potsd. 784—86. Horvath. 1 rf 12 gr 18 Stck. Auch u. d. T.: Beitrag zur prakt. Baukunst.

Manger, Hugo, aus Obernburg: Die **Wahl Amadeo's von** Savoyen zum Papste durch das Basler Konzil ⟨1439⟩. *Marburg 1901: R. Friedrich.* (94 S.) 8°
Marburg, Phil. Diss. v. [28. Sept.] 1901

Manger, J., die Bauconstructionslehre der Treppen in Gußeisen und Eisenblech, in natürlichen und künstlichen Steinen, nebst deren feuersicherem Abschluß gegen das Dach in wissenschaftlichem Zusammenhange als Rathgeber bei praktischen Ausführungen und zum Selbstunterricht dargestellt. Mit 204 in den Text eingedr. Holzschn. Berlin 859. Riegel's Verlag. (Ernst & Korn). gr. 8. (V, 122 S.) n. 1 rf 10 ngr

Manger, J. v., Die Bauconstructionslehre der Treppen in Gusseisen u. Eisenblech. Berlin 1862. 8°.

Manger, J., Blätter für die gewerbliche Baukunde zum Gebrauche für Bauhandwerker, Baumeister, Fabrikanten und Landwirthe, sowie als Zeichnen-Vorlagen in Real- und Gewerbe-Schulen. 1—4. Heft. 4. Berlin, Ernst und Korn. [1. (V und 24 S. mit 6 Kpfrt. in gr. Fol.) 853. * 1 Thlr. 20 Ngr., 2. (III und 31 S. mit 7 Kpfrt. in gr. Fol.) 854. * 1 Thlr. 25 Ngr., 3. (III und 28 S. mit eingedr. Holzschn. und 6 Kpfrt. in gr. Fol.) 855. * 1 Thlr. 20 Ngr. 4. (III und 58 S. mit 6 Kpfrt. in Fol. und eingedr. Holzschn.) 856. * 2 Thlr.] *

—— Blätter für die gewerbliche Baukunde zum Gebrauche für Bauhandwerker, Baumeister, Fabrikanten und Landwirthe, sowie als Zeichnen-Vorlagen in Real- und Gewerbeschulen. 5—7. Heft. gr. 4. Berlin 857,58, Ernst und Korn. [5. Heft. (III und 58 S. mit eingedr. Holzschn. und 6 Kpfrt. in gr. Fol.) * 2 Thlr., 6. Heft. (III und 43 S. mit eingedr. Holzschn. und 7 Kpfrt.) * 2 Thlr., 7. Heft. (III und 35 S. mit eingedr. Holzschn. und 6 Kpfrt.) * 1 Thlr. 20 Ngr.] *
1—4. Heft. Ebendas. 1853—56. * 7 Thlr. 5 Ngr.

Manger, J., die Einrichtung des Bauwesens im preuß. Staate, besprochen von J. Gärtner. Erwiedert. gr. 8. (52 S.) Berlin 850. [Potsdam, Gropius'sche Buchh.]

Zur Erinnerung an den Besuch der Van den Berghs Margarine-Werke in Cleve am 20. Sept. 1904, aus Anlaß des 100jähr. Bestehens der Handelskammer Krefeld. Gewidm. von J. Manger. — (Köln o. J. [um 1905]: Friedrichs.) 6 S. 2° [Umschlagt.] **38 A.**

— Hülfsbuch zur Anfertigung von Bau-Anschlägen und Feststellung von Bau-Rechnungen. 1. Abth. Enthltd.: die Grundsätze zur Berechnung von Baukosten. Mit vielen in den Text eingedr. Holzschn. Berlin 853. Ernst u. Korn. gr. 8. (XI, 420 S.) n. 2 rf.

— — 2. Abth. Enthltd.: Vier Bauanschläge. Mit 5 Kpfrtaf. (in gr. Fol.) Ebend. 853. gr. 8. (2 Bl., 100 S.) n. 1 rf. 10 ngr

— Hülfsbuch zur Anfertigung von Bau-Anschlägen und Feststellung von Bau-Rechnungen. 1. Abthl. Enthaltend: Die Grundsätze zur Berechnung der Baukosten. Mit vielen in den Text gedr. Holzschn. 2., verm. und verb. Aufl. gr. 8. (1. Hälfte. 240 S. mit Anhang 16 S.) Berlin 859, Ernst und Korn. *

— dass. — 2. Abthl. Enthaltend: Vier Bau-Anschläge. 2., nach dem Zoll-Gewicht umgerechnete Aufl. gr. 8. (III und 100 S. mit 5 Kpfrt. in qu. Fol. und qu. gr. Fol.) Ebendas. 860. *

Manger, J., Hülfsbuch zur Anfertigung von Bau-Anschlägen u. Feststellung von Bau-Rechnungen. 1. Abthl. Enthltd. die Grundsätze zur Berechnung von Baukosten. 3., umgearb. u. verm. Aufl. Berlin 866. Ernst & Korn. gr. 8. (XII, 467 S. mit mehreren in den Text eingedr. Holzschn.) n. 2 ℳ

Manger, J., Hülfsbuch zur Anfertigung von Bau-Anschlägen und Feststellung von Bau-Rechnungen. 4. Aufl. Zeitgemäss umgearb. von R. Neumann. 1. Abthl. 2 Hälften. gr. 8. (VII, 401 S. mit in den Text gedr. Holzschn. und 2 Kpfrt.) Berlin 878,79, Ernst und Korn. à Hälfte * ℳ 4. *

Manger, J., Hülfsbuch zur Anfertigung von Bau-Anschlägen und Feststellung von Bau-Rechnungen. 4. Aufl. Zeitgemäss umgearb. von R. Neumann. 2. Abthl.: Vorschriften zur Anfertigung der Bauanschläge. Kostenanschläge. gr. 8. (VI, 194 S. mit 8 Taf.) Berlin 884, Ernst und Korn. *
1. Abthl. Ebendas. 1878,79. * ℳ 8.

— Der Stettiner Portlandzement in Versuchen und Erfahrungen dargestellt. Stettin 1860

— die Portland-Cemente, einige neuere Erfahrungen über deren Verarbeitung und Anwendung. Ein Nachtrag des in der Zeitschrift für Bauwesen mitgetheilten Aufsatzes über die Festigkeit von reinen und gemischten Cementen. gr. 8. (16 S.) Berlin 859, Ernst und Korn. *

Manger, J. M., theoretisch-praktische Anleitung zur Einführung in die Bibel. Für Geistliche und Lehrer an Volksschulen. [Auf Grund der Verordnung: „die Erteilung und Beaufsichtigung evangel. Religionsunterrichtes in den Volksschulen vom J. 1883. § 4."] 12. (36 S.) Emmendingen 887, Dölter. *

Manger, J. M. Beschreibung vom Amtsbez. Emmendingen. Für den Schulgebrauch. 2. verb. u. verm. Aufl. gr. 8. (28 S. m. 1 Karte.) Emmendingen 890, Dölter. cart. * — 35

Manger, J. M., Beschreibung v. Amtsbez. Emmendingen. Für d. Schulgebrauch. (Nach § 94 d. Normallehrplans u. Schulverordnungs-Blattes 1869, No. 8, S. 118—159.) 3., verb. u. verm. Aufl. gr. 8. (36 S. m. Abb. u. 1 Karte.) Ebd. 897. Kart. n. — 40

Manger, J. M., Beschreibung vom Amtsbez. Emmendingen. Für Schule u. Haus. (Nach § 94 des Normallehrplans u. Schulverordnungs-Blattes 1869, Nr. 8, S. 118—159.) 4., verb. u. verm. Aufl. (50 S. m. Abbildgn., Titelbild u. 1 Karte.) 8. Emmendingen 905. Druck- u. Verlagsgesellschaft vorm. Dölter. Kart. n. — 50

Manger, K.

Manger, die oberschlesische Eisenbahn. Zur Vermittl. ein. sichern Urtheils üb. d. Interessen, d. Anlage u. Ausführung derselben. Nebst e. Uebersicht d. Bau- u. Betriebs-Kosten. gr. 8. (4 B.) Breslau 840, [Hirt's Verl.] *

Manger, K., französisches Konjugationsheft. 4. (44 S.) Nürnberg 892. C. Koch. n. — 30

Manger, Carl, approb. Arzt aus Cunau i. Schl., Bez. Liegnitz: Aus d. chirurg. Klinik in Jena. Ueber das Auftreten von Brustdrüsenkrebs beim Manne. *Jena 1901: A. Kämpfe.* (40 S.) 8°
Jena, Med. Diss. v. (9. Apr.) 1901

Manger, Karl, Dr.: Die französischen Bearbeitungen der Legende der h. Katharina von Alexandrien. *Zweibrücken 1901: A. Kranzbühler.* (40 S.) 8°
Zweibrücken, k. humanist. G, P 1901*

Manger, Karl, aus München: Die französischen Bearbeitungen der Legende der h. Katharina von Alexandrien. *Zweibrücken 1901: A. Kranzbühler.* (40 S.) 8°
Erlangen, Phil. Diss. v. 20. Apr. 1898

Manger, Karl: Beiträge zur neufranzösischen Syntax und Lexikographie. Weißenburg i. B.: Rascher 1914. VIII, 38 S. 8°
Weißenburg i. B., k. R m. Ha-Abt. u. FbS P 1914* [S 14. 277

Manger, Karl, Hilfsbüchlein f. den englischen Unterricht. Übungsstücke zum Übersetzen aus dem Deutschen ins Englische samt Wörterverzeichnis. Synonymical remarks. A concise English repetitional grammar. 12. (IV, 203 S.) Nürnberg 902. C. Koch. Kart. n. 1. 60

Manger, Karl, Hilfsbüchlein f. den englischen Unterricht. Uebungsstücke zum Uebersetzen aus dem Deutschen ins Englische samt Wörterverzeichnis. Synonymical remarks. A concise English repetitional grammar. 2., durchgesch. u. ergänzte Aufl. (VI, 212 S.) kl. 8. Nürnberg 907. C. Koch. Kart. n. 1. 60

— Hilfsbüchlein f. den französischen Unterricht. Uebungsstücke zum Uebersetzen aus dem Deutschen ins Französische, nebst e. Wörterverzeichnis, Verbalformen zum Selbstabfragen, petit questionnaire grammatical suivi des réponses. 12. (III, 126 S.) Ebd. 900. n. — 70

Manger, Karl, engl. Lehrgang. Einheitlich f. alle Stufen. Engl. Lehr- u. Übungsbuch. Nach den neuesten Lehrplänen. (XXIV, 433 S.) gr. 8. Bamberg 910. C. C. Buchner's Verl. Geb. in Leinw. 3. 60

— Uebungsstoffe zur Wiederholung der französ. ungleichmäß. Verba. Mit e. Anh.: Einige zusammenhäng. Uebgn. (72 S.) gr. 8. München 904. R. Oldenbourg. Kart. n. 1. —

— französische Verbalformen zum Selbstabfragen. 2. verm. Aufl. 12. (31 S.) Ebd. 901. n. — 30

von Manger, Martin [approb. Arzt aus Oelde in Westfalen]: Ueber Neuralgia nervi trigemini und ihre operative Behandlung, mit Bezugnahme auf einige Fälle aus der Münchener chirurgischen Klinik .... München, akad. Buchdr. v. F. Straub, 1888; 2 Bl. + 42 S. 8°
München, Med. Fak., Inaug.-Diss. v. 1888

Manger, Martin von, über Neuralgia nervi trigemini und ihre operative Behandlung, mit Bezugnahme auf einige Fälle aus der Münchener chirurgischen Klinik. Diss. München 1888, A. Buchholz. 8°. 42 S.

Manger, Rudolf

Manger, Rud., das österreichische Bergrecht nach dem allgemeinen Berggesetze für das Kaiserthum Oesterreich vom 23. Mai 1854. Enthaltend: Das allgemeine Berggesetz nebst den darauf Bezug habenden allgemeinen und Special-Gesetzen und den seitdem erflossenen Ministerialvollzugsvorschriften, Verordnungen und Erläuterungen im vollständigen Urtexte, nebst Auszügen aus den nach amtl. Quellen veröffentlichten „Motiven" zum Berggesetze, mit Bezugnahme der bisherigen Commentatoren des Berggesetzes, einigen Parallelstellen aus den preuss., sächs., französ. und belg. Berggesetzen und endlich mit einer Anleitung zur Beobachtung der gesetzl. Tax- und Stempelvorschriften in montanistischen Angelegenheiten. 2 Lfgn. Lex.-8. (XIII und 340 S. und Anhang XLI S.) Prag 857, Credner's Verlags-Conto. à Lfg. * 1 Thlr. 6 Ngr. Thlr. *

Manger, Rud., das österreichische Bergrecht nach dem allgemeinen Berggesetze für das Kaiserthum Oesterreich vom 23. Mai 1854. Suppl.-Bd. Enthaltend die bis November 1860 nachträglich erflossenen Gesetze und Verordnungen. Im Anhang: Aphorismen über die unmittelbare Erwerbung des Bergwerks-Eigenthumes. Lex.-8. (XII und 283 S.) Prag 861, Credner's Verlags-Conto. *

Manger, Sophie, Koch — gut! 1000 erprobte Rezepte, wie man bei uns zu Haus kocht. (V, 282 S.) 8. Nürnberg 909. C. Koch. Kart. 2.50

Manget, Jean Jacques

Manget, I. Iac., Bibliotheca anatom. c. fig. fol. Genev.

MANGET, JEAN JACQUES. [MANGETUS.]

Bibliotheca chemico-curiosa enucleata ac illustrata. Das ist Kern und Stern der vornehmsten chymisch-philosophischen Schrifften die in Mangeti Bibliotheca chemico-curiosa befindlich seyend. Welche mit sonderbaren Anmerckungen allerseits erläutert daraus auch die vornehmste chymische Denck-Sprüche und bewährteste Experimenta exerpiret oder kürtzlich, jedoch aber mit sonderbaren nutzbringenden Fleiss zusammengetragen, auch also in drey Classes abgetheilet und herausgegeben durch Conrad Horlachern. Franckfurt, zu finden bey Wolffgang Michahelles und Johann Adolph. 1707. pp. [xxxvi]-422-[xxiv], 12mo.

— Bibliotheca chirurg., s. rerum ad artem machaonicam spectant. thesaurus absolut. IV Tom. fol. ibid. 721.

— Bibliothi scriptor. medicor. vet. et recent. c. fig. IV Tmi. fol. ibid. 731.

Prof. Luigi Mangiagalli, Pavia. Die Brom-Jod-Salzbäder in der gynäkologischen Praxis [I bagni salso-bromo-iodici di Salice nella pratica ginecologica]. Vortrag auf d. 7. Nationalkongr. d. Hydrol. u. Climatol. (Mailand 4.–6. Apr. 1902). *Tübingen 1902: H. Laupp jr.* (22 S.) 8°

Mangin, Abt ..., Christenlehrpredigten, od. christl. Unterweisung; a. d. Französ. v. Vit. Mösl. 2 Bde. 8. Augsb. 784, 86. Wolf. 1 ₰ 16 gr.

Mangin, ..., notions mathématiques de chemie et de médicine. 8. Hamb. ... (Campe). 1 ₰

— Pastoralunterricht von d. Pflichten der Beichtväter; aus d. Französ. v. Vit. Mösl. 8. Augsb. 786. Wolf. 14 gr.

— Predigten auf die Festtage des Jahres; aus d. Französ. v. Vit. Mösl. 8. Augsb. 783. Wolf. 20 gr.

— Predigten auf die Sonntage d. Jahres; aus d. Französ. v. Vit. Mösl. 4 Bde. 8. Augsb. 779. 2e Aufl. 785. Wolf. 2 ₰ 16 gr.

Mangin, Abt ..., kurze Unterweisung auf die Feste des Jahres, nebst andern kleinen Schriften; aus d. Französ. v. Vit. Mösl. 8. Augsb. 785. Wolf. 16 gr.

Mangin, A., Abhandlung über Polygonal-Befestigung, welche seit dem J. 1815 in Deutschland angewendet wird. Deutsch von F. Symon de Carneville. gr. 8. (VIII und 211 S. mit 4 lithogr. Plänen in qu. Fol.) München 855. (Augsburg, Pilon und Comp.) *

—— die Polygonal-Befestigung, welche seit dem J. 1815 in Deutschland zur Anwendung gekommen ist. Deutsch und mit einem Anhange von J. Coster. gr. 8. (X und 133 S. mit 4 lithogr. Taf. Plänen in qu. gr. Fol.) Leipzig 855. [Kaiserslautern, Meuth.] *

Mangin, Arth., der Ocean, seine Geheimnisse u. Wunder. (Das Weltall. 2. Thl.) Berlin 866. Schlingmann. gr. 8. (VIII, 303 S. mit 4 farbigen Kpfrn. u. vielen eingedr. Holzschn.) 1 ₰ 15 ngr.

— das Reich der Luft. (Das Weltall. 4. Thl.) Ebend. 866. gr. 8. (VII, 432 S. mit eingedr. Holzschn., 4 Holzschnittaf. u. 1 Chromolith.) 2 ₰

Manglucu, Simeon, daco-romanische Sprach- u. Geschichtsforschung. I. Thl. gr. 8. (238 S.) Oravicza 890. (Leipzig, K. F. Koehler's Antiquarium.) n.n. 3. —

Mangler, G., die Buchführung f. die allgem. Fortbildungsschule. B. Für landwirtschaftl. Verhältnisse. Im Auftrag des württ. ev. Lehrerunterstützungs-Vereins hrsg. Ausg. f. Lehrer, sowie zum Selbstunterricht in der Buchführg. des Landwirts. (56 S.) 8. Stuttgart 905. Holland & Josenhans. n. 1. —

— Buchführungsheft f. die allgemeine Fortbildungsschule. Ausg. f. landwirtschaftl. Verhältnisse. (32 S.) gr. 4. Ebd. (904). n. — 45; m. Geschäftsnotizen (8 S.) gr. 8. n. — 60; Geschäftsnotizen allein n. — 10

— Jahrbuch f. die Buchführung des Landwirts. (84 S.) Lex.-8. Ebd. (905). Kart. n. 1. —

Mangler, G., Rechenbuch f. allgem. Fortbildungsschulen. 12. (64 S.) Stuttgart 896. A. Bonz & Co. n.n. — 25

— dasselbe. Lehrerausg. 12. (96 S. m. Fig.) Ebd. 896. n. 1. —

Mangler, G., Sendschreiben an Dr. W. Körte. gr. 8. Döll. Leipz. 818. (Barth). 2 gr.

Mangler, Georg, aus Oschatz i. Sachs.: Ueber das sogenannte Aethenyltrisulfid (Tetraaethenylhexasulfid) und einige seiner Derivate. *Freiburg i. B.: Speyer & Kaerner 1900.* (38 S.) 8° Freiburg i. B., Phil. Diss. v. 1900

Mangler, Geo., über das sogenannte Aethenyltrisulfid (Tetraaethenylhexasulfid) u. einige seiner Derivate. Diss. gr. 8. (38 S.) Freiburg i/B. 900. Speyer & Kaerner. n. 1. —

Manglović, Svetozar, serbische Frauenlieder. Ausgewählt u. im Versmaße d. Orig. ins Deutsche übertragen. 16. (IV, 43 S.) Eisenstadt 882. (Wien, Gilhofer.) n. 1.20

Mangner, C. F. Eduard, Geschichte der Leipziger Winkelschulen, s.a. Schriften des Vereins f. die Geschichte Leipzigs.

Geschichte der Leipziger Winkelschulen. Nach archival. Quellen bearb. von C. F. Eduard Mangner, Oberl. a. D. Leipzig: F. Hirt & Sohn 1906. (VIII, 232 S.) 8° [F.]
= Schriften d. Vereins f. d. Geschichte Leipzigs. Bd 8.

Mangner, C. F. Eduard (Bearb.), s. Schriften des Vereins für die Geschichte Leipzigs.

Mangner, Eduard

Mangner, E., üb. die Bedeutung der Jugendspiele u. ihre Einführung an Mittel- u. Volksschulen, s.a. Sammlung gemeinnütziger Vorträge.

Mangner, E.: Über die Bedeutung der Jugendspiele und ihre Einführung an Mittel- u. Volksschulen. Prag 1889. 20 S. (Sammlung gemeinnütziger Vorträge. 138.)

Frühlingsfest in Haiger. [Gedicht.] Dem Freimaurer-Kränzchen „Zur Linde Wilhelm's des Verschwiegenen" in Dillenburg am 1. Mai 1870. [Von Ed. **Mangner.**] Siegen [1870]: Vorländer. 1 Bl. 8⁰ [Kopftit.]
„Im jungen Lenz, bei mildem Zephyr, flüstern ..."

[Gedicht.] Zum hundertjährigen Stiftungsfeste der St. Johannis-Loge Ludewig zur Treue, („εὐδοξία") im Or. Giessen, 17. Nov. 1878. [Unterz.:] Ed[u.] **Mangner.** [Siegen 1878: Buchholz.] 2 Bl. 8⁰ [Kopftit.]
Abgedr. in: Mangner, E.: Silberblicke. [ca 1886] S. 27—28.
„Zur Feier schlug die ernste Stunde, ..."

Mangner, Ed., die Inquisition in der Leipziger Ratsfreischule. Ein Beitrag zur deutschen Schulgeschichte. Mit den Bildnissen der Direktoren Plato u. Dolz. Zur Feier d. 100jähr. Bestehens der Anstalt. (Schriften d. Vereins f. die Geschichte Leipzigs, 4. Bd.) 8. (251 S.) Leipzig 892. J. Klinkhardt. n. 3. —

[Lied.] Den Schwestern. Loge Apollo Leipzig. [Unterz.:] Ed[u.] **Mangner.** [Leipzig] o. J.: [Vogel]. 2 Bl. 8⁰ [Umschlagtit.]
Ohne Noten: „Ein jubelnd Hoch lass uns jetzt bringen ..."

Am Vorabend der Hundertjahrfeier der Loge Apollo. [Lied.] Den Schwestern. Leipzig, am 11. Febr. 1905. [Unterz.:] Ed[u.] **Mangner.** [Leipzig 1905: Drugulin.] 2 Bl. 8⁰ [Umschlagtit.]
Ohne Noten: „Ein jubelnd Hoch lass uns jetzt bringen ..."

Mangner, Eduard, Dr. D. G. M. Schreber, ein Kämpfer f. Volkserziehung, Leipzig 1877, 15 S., 8⁰.

Mangner, Ed., Spielplätze und Erziehungsvereine. Praktische Winke zur Förderung harmon. Jugenderziehung nach dem Vorbilde der Leipziger Schrebervereine. Mit dem (Holzschn.-)Portr. Dr. D. G. M. Schrebers. gr. 8. (67 S.) Leipzig 884, F. Fleischer.

Mangold, s.a. Mangoldt

Mangold, Heimatkunde v. Biedenkopf u. Umgebg. Für unsere Schuljugend bearb. (23 S.) 8. Biedenkopf 907. M. Stephani. — 30

Mangold, Karte des Kantons Graubünden. 3. revid. Ausgabe. Chur, L. Hitz. aufgezogen 5. —
1873.

— Sprachheft. I. u. II. 8. Ebd. — 70
I. (Für die Mittelstufe der Volksschulen.) (19 S.) 907. — 20
II. (Für die Oberstufe der Volksschulen.) (63 S.) 907. — 50

Mangold, s.: Wienerstadt.

Mangold, Wohlfahrtseinrichtgn., s. Kalle.

Mangold, A., die alten Neckarbetten in der Rheinebene, s.: Abhandlungen der grossherzogl. hessischen geologischen Landesanstalt zu Darmstadt.

Mangold, Bernhard: Dem Andenken Theodor Maurer's. Ein Freundeswort. *Worms 1898: J. Mayer Söhne.* (3—5 S.) 4° [F.]
Worms, grossh. G u. grossh. R, OP 1898 (671)

[F.] **Mangold,** *Bernhard* [Dir. Dr.]: Nachricht über die Einführung der Steilschrift. Worms, Druck v. A. K. Boeninger, 1894; S. 12. 4.
Worms, grossh. G u. grossh. R, OP 1894 (636)

Mangold, *Bernhard* La ville homérique. 4 (20 S.).
Progr. Collège français *Berlin* 1887 (54).

⟨**Mangold,** Burkh[ard].⟩ 4 offizielle Ansichtspostkarten [zum] Kantonalschützenfest beider Basel 1903 in Liestal. ⟨Nach Zeichnungen von Burkh. Mangold⟩. *in Couvert.* 8. Liestal, Gebr. Lüdin. [fr. —. 60]

Mangold, Burkhard. Basler Bundesfeier 1901, 12.—15. Juli. 4 Offizielle Postkarten, Gruppen aus dem Festzug nach den Zeichnungen von Burkhard Mangold. *In illustriertem Couvert.* 8. [Basel, Lith. Wassermann & Schäublin.] fr. — . 50

Mangold, C., de statu hominis sexuali. 8maj. Marb. 816. Krieger. 3 gr

Mangold, C., Zeichnen u. Zeichenunterricht. Eine theoretisch-prakt. Anleitg. zur Neugestaltg. des Schulzeichenunterrichtes, nach den neuen ministeriellen Bestimmgn. bearb. (VIII, 150 S. m. Abbildgn.) gr. 8. Halle 906. H. Schroedel. n. 2. —

Mangold, C. A., vierzehen Schul-Lieder (ein- u. mehrstimm.) m. Begleit. d. Klaviers. 2. Werk. Lithogr. qu. 4. ($4\frac{1}{2}$ B.) Darmstadt 837, Pabst.

Mangold, C. A., Tanhäuser. Romantische Oper. Dichtung v. E. Duller. Musik v. C. A. M. Für den Bühnengebrauch eingerichtet u. hrsg. v. E. Pasqué. Textbuch. 8. (X, 36 S.) Darmstadt 890. Bergsträßer, Verl. n. 1. —

Mangold, C. A. [1813—1890], Tanhäuser. Romantische Oper in 4 Akten [6 Abtheilgn.]. Dichtung v. Ed. Duller. Für den Bühnengebrauch eingerichtet u. hrsg. v. Ernst Pasqué. gr. 8. (X, 36 S.) Zwingenburg 890. (Darmstadt, Bergstraesser Verl.) n.n. 1. —

Mangold, Carl, s. Mangold, Karl

Mangold, Ch., u. Th. **Walter,** Rechenbuch f. graph. Klassen an gewerbl. Fortbildungs- u. Fachschulen. Unter Mitwirkg. v. H. Neuschaefer. 1. Tl. (87 S. m. Abb.) 8. Frankfurt a/M. 910. F. B. Auffahrt. — 80

Mangold, Christoph Andreas [Praes.], s. Brunnemann, Friedrich Gottlob: De hydrophobia a morsu animalium rabidorum et ab aliis causis.

Mangold, Chr. Andr., Diss. de delirio. Erf. 4°.
1781

Mangold, Christoph Andreas.
Chymische Erfahrungen und Vortheile in Bereitung einiger sehr bewährter Arzeneimittel . . . Erfurt, 1748.
Neue chymische Erfahrungen [etc.]. Erfurt, 1749.

Mangold, Chph. Andr., chymische Erfahrungen und Vortheile wider Ludolfs siegende Chymie. 2 Thle. Arnstadt, Weber. 749.

Mangold, Chr. Andr., Experientiae quaedam phys.-pathologicae decussationem nervorum et fluidi nervei naturam illustrantes. Erf. 4°. *Haller*, Bibl. anat. II, 434.
1766

Mangold, Chr. Andr., praes. F. G. Brunnemann, De hydrophobia a morsu animalium rabidorum et ab aliis causis. 54 pp. Erf. 4°. 1765

— Opuscula medico-physica, collegit et edidit C. G. Baldinger. gr. 8. Altenburg. (Academ. Buchhandl. in Jena.) 769.

Mangold, Cph. Andr., († d. 2. Juli 1767.) opuscula medico-physica, collegit et edidit E. G. Baldinger. gr. 8. Altenburg 789. (Hennings in Neisse). 20 gl

Mangold, Chr. Andr. Schneider, Disp., in qua paucis de aliis epilepsiae speciebus agitur. 8 pp. Erf. 4°. Recus. in Ejus Opusculis I p. 49. Altenb. 1767.
1764

Mangold, C. Andr., Pr. de epilepsiae speciebus nonnullis. 1767. Opusc. med. phys. Altenb. 1769. 4°.

Mangold, Elise, lady's dressmaking-school for all times. Selbst-Unterricht im Damen-Kleidermachen für alle Zeiten. 1. Aufl. 1860. und 2., verm. Aufl. gr. 4. (80 S. mit 15 Stnt. in gr. 4. und gr. Fol.) Harburg 861, (Danckwerts'sche Buchh.) **

Mangold, Emil, Baupolizei-Verordng. f. die Stadt Düsseldorf v. 8. V. 1907, Polizei-Verordnung betr. Anwendg. der Bestimmgn. des IV. Tls. der Baupolizei-Verordng. v. 8. V. 1907 auf die einzelnen Straßen u. Gebiete der Stadt, nebst e. Anh., enth. die neben d. Baupolizei-Verordng. gelt. wichtigsten Gesetze, Ministerialerlasse u. Verordngn. auf dem Gebiete der Baupolizei. Handausg. m. Erläutergn., Abb. im Texte, Straßenverzeichnis, Sachregister u. Stadtplan. (XII, 412 S.) gr. 8. Düsseldorf 907. A. Bagel. Geb. in Leinw. 6. —

Mangold, Emilie, Märchen f. kleine Kinder, s.: Zur Jugendfreude.

Mangold, Erhrd., († d. 26. Mai 1809.) Gebetbuch für junge reisende Künstler ꝛc. 18. Bamb. 810. N. Aufl. 813 u. 817. (Wesché in Frkf.; a. Etlinger in Würzb.) 4 gl Velinp. 6 gl

Mangold, E., Gebetbuch f. junge reisende Künstler ꝛc. 18. Bamberg, Göbhard. 810.
Velinp.

Mangold, E., Gebetbuch f. junge reisende Künstler ꝛc. 18. Bamb. Göbhardt. 813.

Mangold, E., Gebetbuch für junge reisende Künstler und Handwerksgesellen. N. Aufl. Mit Kupf. 18. Bamberg, Göbhardt. 818. Druckpap.
Velinpap.

— Katechismus f. Kinderwärterinnen ꝛc. 8. Ebendas. 809.

Erhard Mangold

Katechismus für Krackenwärterinnen. Von Erhardus Mangold. Bamberg & Würzburg: Göbhardt 1806. 95 S. 8°

— Katechismus, od. leichtfaßl. Unterricht f. Kinderwärterinnen ꝛc. 8. Bamb. u. Würzb. 806. (Wesché in Frkf.; auch Etlinger in Würzb.) 8 gl —. Ders., f. Krankenwärterinnen ꝛc. 8. Ebd. (Wesché in Frkf.; a. Etlinger in Würzb.) 8 gl

— Lesebuch f. Lehrjungen u. Gesellen ꝛc. 8. Bamb. 809. (Wesché in Frankf.; a. Etlinger in Würzb.) 16 gl

— Lesebuch f. Lehrjungen u. Gesellen. Neue Auflage. 8. Ebend. 812.

Mangold, Ernst, Referendar a. Hann.-Münden: Der Begriff der Inkassozession. Borna-Leipzig 1907: R. Noske. (VII, 39 S.) 8° [F.]
Leipzig, Jur. Fak., Diss. v. 9. März 1907
[Geb. 6. Jan. 83 Hann.-Münden; Wohnort: Hann.-Münden; Staatsangeh.: Preußen: Vorbildung: Städt. Gymn. Hann.-Münden Reife O. 01; Studium: München 1, Leipzig 1, Berlin 1, Göttingen 3 S.; Rig. 13. Okt. 05.]

Mangold, Ernst, aus Berlin: Ueber die postmortale Erregbarkeit quergestreifter Warmblütermuskeln. *(Altenburg) 1903: (Pierer).* (17 S.) 8°
Jena, Med. Diss. v. (14. Mai) 1903

Mangold, Ernst, Dr. med. et phil., Volontärassistent am physiologischen Institut: Aus dem physiologischen Institut zu Jena. Der Muskelmagen der körnerfressenden Vögel, seine motorischen Funktionen und ihre Abhängigkeit vom Nervensystem. 1906: (Pierer, Altenburg.) (78 S.) 8°
Jena, Med. Fak., Hab.-Schr. v. 1906

Mangold, Ernst, uns. Sinnesorgane u. ihre Funktion, s. a. Wissenschaft u. Bildung.

Unsere Sinnesorgane und ihre Funktion. Von Ernst Mangold, Greifswald. Leipzig: Quelle & Meyer 1909. VI, 147 S. 8°
- Wissenschaft u. Bildung. 26.

Mangold, Ernst, Dr. med., a. Berlin: Untersuchungen über die Endigung der Nerven in den quergestreiften Muskeln der Arthropoden. Mit 8 Abb. im Text. Jena: G. Fischer 1905. (69 S.) 8°
Jena, Phil. Fak., Ref. Håeckel, Diss. v. 6. Juni 1905
[Geb. 5. Febr. 79 Berlin; Wohnort: Berlin; Staatsangeh.: Preußen; Vorbildung: Askan. Gymn. Berlin Reife M. 97; Studium: Gießen 4, Leipzig 4, Jena 7 S.; Rig. 24. Febr. 05.]

Mangold, F., Major im westfälischen Fuss-Artill.-Reg. Nr. 7. Geschichte des Bürgerkrieges in den Vereinigten Staaten von Amerika 1861 bis 1865. Der Feldzug in Nord-Virginien im August 1862. (Mit 4 Karten.) gr. 8. Hannover 1881. (Gilt als Ergänzung der von F. Mangold bearbeiteten und unbeendet gelassenen 2. Auflage von Sander's Geschichte des Bürgerkrieges etc.; siehe: Sander's.

Mangold, F., Geschichte des Bürgerkrieges in den Vereinigten Staaten v. Amerika 1861 bis 1865. 2. Thl. Der Feldzug in Nordvirginien im Aug. 1862. gr. 8. (XII, 335 S. m. 4 lith. u. chromolith. Karten.) Hannover 881. Helwing's Verl. n. 8. — (1. u. 2. Thl.: n. 20. —)
Der 1. Thl. ist von Const. Sander bearb.

Mangold, F., C. Sander's Geschichte des Bürgerkrieges in den Vereinigten Staaten von Amerika. 1861 — 1865. 1. Band. Mit 4 Karten und 3 Plänen. Frankfurt a/M. 1877. 8.

Mangold, F [Übers.]
s. Ohnet, Georges: Der Pfarrer von Favières. 1897.

Mangold, F., s. Sander's, Const., Geschichte des Bürgerkrieges in den Vereinigten Staaten von Amerika.

Mangold, F. (Bearb.), s. Thiébault de: Memoiren aus der Zeit der franz. Revolution und des Kaiserreiches.

Mangold, Franciscvs ⟨geb. im Nov. 1836 in Köln⟩: De tvssi convvlsiva ... Bonnae, typ. F. Krueger (1862). 31 S. 8.
Bonn, Med. Fak., Diss. v. 16 Aug. 1862

Mangold, Franz Xav. Val., Unumstößliche Widerlegung des Materialismus gegen den Verfasser des „Systems der Natur" gerichtet: oder das Dasein Gottes nach Gründen der Vernunft. Augsburg, Rieger, 1803, 8°.

Mangold, Fritz

Mangold, F., die Arbeitslosigkeit in Basel, s.a. Mitteilungen des statist. Amtes des Kantons Basel-Stadt.

(Mangold, F[ritz].) Die Arbeitslosigkeit in Basel im Winter 1902/03. Bericht des statistischen Amts des Kantons Basel-Stadt. [Mit 3 Tabellen.] VIII + 74 S. 8. Basel, Franz Wittmer, 1903.
[Mitteilungen des Statistischen Amtes des Kantons Basel-Stadt. Nr. 1.]
Zu tilgen ist der Titel: Arbeitslosigkeit ... *im Bulletin 1903, S. 662.*

Mangold, F[ritz]. Die Arbeitslosigkeit in Basel im Winter 1903/04. II + 27 S. 8. Basel, Franz Wittmer, 1904.
Mitteilungen des Statistischen Amtes des Kantons Basel-Stadt. Nº 2.

— Die Arbeitslosigkeit in Basel im Winter 1904/05. 8°. Basel, Lendorff, 1905. (Mittlgen. d. statist. Amtes der Stadt Basel, 6.)

Mangold, F[ritz]. Die Arbeitslosigkeit in Basel im Winter 1904/05. II + 18 S. 8. Basel, Selbstverlag des statist. Amtes (Buchdr. Walz & Miéville), 1905. [fr. —. 60]
Mitteilungen des Statistischen Amtes des Kantons Basel-Stadt. Nr. 6.

Mangold, F[ritz]. Die Bank in Basel, 1844—1907 und die Entwicklung des Konkordats der schweizerischen Emissionsbanken. Denkschrift, verfasst im Auftrage der Vorsteherschaft der Bank in Basel. [Mit 22 Tafeln.] X + 365 S. 4. Basel, (Kreis & Co.,) 1909.

Baselland. B'-L'. [Von] Dr F[ritz] Mangold, Dr F[ranz] Leuthardt und Dr L[udwig] Freivogel. Separatabdruck aus dem Geographischen Lexikon der Schweiz [Bd. 1. Mit Illustrationen und 1 Karte]. II S. + S. 137—151. gr.-8. Neuenburg, Gebr. Attinger, 1901.

Mangold, F., s.a. Bericht üb. d. öffentl. Arbeitsnachweisbureau des Kantons Basel-Stadt.

Mangold, F., 16. Bericht über das öffentliche Arbeitsnachweisbureau des Kantons Basel-Stadt und Bericht über die Vermittlungstätigkeit im Jahre 1905. 8°. Basel 1906.

— Bericht üb. die Bautätigkeit im Kanton Basel-Stadt, s.a. Mitteilungen des statist. Amtes des Kantons Basel-Stadt.

Mangold, F[ritz]. Bericht über die Bautätigkeit im Kanton Basel-Stadt im Jahre 1905. ⟨Mit [Figuren und] 10 Tafeln [wovon 2 auf 1 Blatt ausser Text]: Reproduktionen einiger typischer Bauten von Ein- und Mehrfamilienhäusern.⟩ 48 S. 8. Basel, Komm. C. F. Lendorff, 1906. [fr. 1. —]
Mitteilungen des Statistischen Amtes des Kantons Basel-Stadt. Nº 8.

Mangold, F[ritz]. Denkschrift über die Entwicklung der staatlichen Arbeitslosenfürsorge im Kanton Basel-Stadt. Im Auftrage des Regierungsrates des Kantons B'-St' verfasst. [Mit 1 graphischen Tafel.] 74 S. 8. Basel, Buchdr. Franz Wittmer (**Umschlag:* Komm. C. F. Lendorff), 1906. [fr. 1. 80]
[Hrg. bei Anlass der] Ausstellung in Mailand 1906, Zur Eröffnung des Simplon-Tunnels.

Mangold, F[ritz]. Denkschrift über die Staatlichen Massregeln zur Verbesserung der Wohnungsverhältnisse im Kanton Basel-Stadt. Im Auftrage des Regierungsrates des Kantons B'-St' verfasst. 25 S. 8. Basel, Buchdr. Franz Wittmer (**Umschlag:* Komm. C. F. Lendorff), 1906. [fr. —. 60]
[Hrg. bei Anlass der] Ausstellung in Mailand 1906, Zur Eröffnungsfeier des Simplon-Tunnels.

Mangold, F[ritz]. Die Erhebung von Schulgeld von den auswärts wohnenden Schülern und Schülerinnen. Bericht des statistischen Amtes an das Erziehungsdepartement des Kantons Basel-Stadt. Mit einer Beilage von ... Dr. A[dolf] Im Hof: (Rechtserörterungen). [Mit 4 graphischen Tafeln.] 104 S. 8. Basel, Komm. C. F. Lendorff, 1908. [fr. 1. 60]
Mitteilungen des statistischen Amtes des Kantons Basel-Stadt. No. 15.

Mangold, F., Erhebung von Schulgeld, Statistik der Grossratswahlen, Statistik der Basler Nationalratswahlen, s. Mitteilungen des Statistischen Amtes des Kantons Basel-Stadt. Nr. 13/15.

— Industrie, Handel u. Verkehr, künstlerische u. wissenschaftl. Gewerbe u. Landwirtschaft im Kanton Basel-Stadt nach den Ergebnissen der eidgenössischen Betriebszählung v. 9. VIII. 1905, s.a. Mitteilungen des statist. Amtes des Kantons Basel-Stadt.

Mangold, F[ritz]. Industrie, Handel und Verkehr, Künstlerische und wissenschaftliche Gewerbe und Landwirtschaft im Kanton Basel-Stadt nach den Ergebnissen der eidgenössischen Betriebszählung vom 9. August 1905. [Mit 2 Figuren.] II + 70 S. 4. Basel, Komm. C. F. Lendorff, 1909. [fr. 1. 60]
Mitteilungen des statistischen Amtes des Kantons Basel-Stadt No. 18, Heft 1.

Mangold, Fritz [aus Basel]: Die Basler Mittwoch- und Samstag-Zeitung 1682—1796. Ein Beitrag zur Geschichte des Nachrichtenverkehrs und dessen Organisation im 17. und 18. Jahrh. Basel 1900. IV, 162 S., 1 Tab. 8°.
Basel. Phil. Diss. 1899/1900.

Die Basler Mittwoch- und Samstag-Zeitung 1682–1796. Ein Beitrag z. Gesch. d. Nachrichtenverkehrs u. dessen Organisation im 17. u. 18. Jh. Von Fr. Mangold. Dr. phil. *Basel:* (aufgestemp.: *L. Jenke) 1900.* (v, 162 S.) 8°

Mangold, Fr., die Basler Mittwoch- u. Samstag-Zeitung 1682—1786. Ein Beitrag zur Geschichte des Nachrichtenverkehrs u. dessen Organisation im 17. u. 18. Jahrh. gr. 8. (VI, 163 S. m. 1 Tab.) Basel 900. (B. Wepf & Co.) n. 2. 50

— Die in d. J. 1906, 1907 u. 1908 im Kanton Basel-Stadt erstellten Neubauten, s.a. Mitteilungen des statist. Amtes des Kantons Basel-Stadt.

Mangold, F[ritz]. Die im Jahre 1906 im Kanton Basel-Stadt erstellten Neubauten. 35 S. 8. Basel, Komm. C. F. Lendorff, 1907. [fr. —. 60]
Mitteilungen des Statistischen Amtes des Kantons Basel-Stadt. Nº 10.

Mangold, F[ritz]. Die im Jahre 1907 im Kanton Basel-Stadt erstellten Neubauten. 28 S. 8. Basel, Komm. C. F. Lendorff, 1908. [fr. —. 60]
Mitteilungen des Statistischen Amtes des Kantons Basel-Stadt. Nº 12.

Mangold, F[ritz]. Die im Jahre 1908 im Kanton Basel-Stadt erstellten Neubauten. 21 S. 8. Basel, Komm. C. F. Lendorff, 1909. [fr. —. 60]
Mitteilungen des Statistischen Amtes des Kantons Basel-Stadt. Nº 16.

— Basels Staatseinnahmen u. Steuerverteilung 1888—1903. — Statistik der Grossratswahlen vom 6./7. V. 1905 im Kanton Basel-Stadt, s.a. Mitteilungen des statist. Amtes des Kantons Basel-Stadt.

Mangold, F[ritz]. Basels Staatseinnahmen und Steuerverteilung 1888—1903, tabellarisch dargestellt. 82 + *Tabellen* XXIV [+ *graph. Tafeln* 7] S. 4. Basel, Basler Druck- und Verlags-Anstalt, 1905. [fr. 3. —]
Mitteilungen des statistischen Amtes des Kantons Basel-Stadt. Nr. 3.

Mangold, F[ritz]. Statistik der Grossratswahlen vom 6./7. Mai 1905 im Kanton Basel-Stadt. [Mit 2 Tabellen.] 26 S. 8. Basel, R. Ehrich, 1905. [fr. 1. —]
Mitteilungen des Statistischen Amtes des Kantons Basel-Stadt. No 5.

– Dass., s.a. Mitteilungen des statist. Amtes des Kantons Basel-Stadt.

— Statistik der Grossratswahlen v. 9./10. V. 1908 im Kanton Basel-Stadt, s.a. Mitteilungen d. statist. Amtes des Kantons Basel-Stadt.

Mangold, F[ritz]. Statistik der Grossratswahlen vom 9./10. Mai 1908 im Kanton Basel-Stadt. 17 S. 8. Basel, Buchdr. Gasser & Cie., 1908. [fr. —.50]
Mitteilungen des Statistischen Amtes des Kantons Basel-Stadt. Nr. 13.

— Statistik d. Basler Nationalrathswahlen v. 31. X./1. XI. 1908, s.a. Mitteilungen des statistischen Amtes des Kantons Basel-Stadt.

Mangold, F[ritz]. Statistik der Basler Nationalratswahlen vom 31. Oktober/1. November 1908 (II. Wahlgang). 16 S. 8. Basel, Komm. C. F. Lendorff, 1908. [fr. —. 30]
Mitteilungen des Statistischen Amtes des Kantons Basel-Stadt. Nr. 14.

Mangold, F[ritz]. Untersuchung über die Wohnungsfrage in der deutschen Schweiz. Von Dr. F. Mangold, Basel. [Separatabdruck aus:] Schriften [des Vereins für Socialpolitik. Band] 117 (*d. i.* 97): [Neue Untersuchungen über die] Wohnungsfrage. [Band] 3. 67 S. 8. [Leipzig, Duncker & Humblot, 1901.]

— Die Verlagsbetriebe u. die Heimarbeitsbetriebe in Basel nach den Ergebnissen der eidgenöss. Betriebszählung v. 9. VIII. 1905, s.: Mitteilungen d. statist. Amtes d. Kantons Basel-Stadt.

— die Zählung der leerstehenden Wohnungen u. Geschäftslokale in Basel, s.a. Mitteilungen des statist. Amtes des Kantons Basel-Stadt.

Mangold, F[ritz]. Die Zählung der leerstehenden Wohnungen und Geschäftslokale in Basel im Dezember 1904. [Mit 1 Plan.] 34 S. 8. Basel, R. Ehrich, 1905.
Mitteilungen des Statistischen Amtes des Kantons Basel-Stadt. No 4.

Mangold, F[ritz]. Die Zählung der leerstehenden Wohnungen und Geschäftslokale in Basel im Dezember 1905. 16 S. 8. Basel, Komm. C. F. Lendorff, 1906. [fr. —. 50]
Mitteilungen des Statistischen Amtes des Kantons Basel-Stadt. No 7.

Mangold, F[ritz]. Die Zählung der leerstehenden Wohnungen und Geschäftslokale in Basel im Dezember 1906. 15 S. 8. Basel, Komm. C. F. Lendorff, 1907. [fr. —.50]
Mitteilungen des Statistischen Amtes des Kantons Basel-Stadt. No 9.

Mangold, F[ritz]. Die Zählung der leerstehenden Wohnungen und Geschäftslokale in Basel im Dezember 1907. 23 S. 8. Basel, Komm. C. F. Lendorff, 1908. [fr. —.50]
Mitteilungen des Statistischen Amtes des Kantons Basel-Stadt. Nr. 11.

[Mangold, Fritz.] Die Zählung der leerstehenden Wohnungen und Geschäftslokale in Basel im Dezember 1908. 17 S. 8. Basel, Komm. C. F. Lendorff, 1908 (**Umschlag:* 1909). [fr. —. 50]
Mitteilungen des Statistischen Amtes des Kantons Basel-Stadt. Nr. 17.

(Mangold, F[ritz, und] Jenny, O[scar] H[ugo].) Die Zählung der leerstehenden Wohnungen und Geschäftslokale in Basel im Dezember 1909. 24 S. 8. Basel, Komm. C. F. Lendorff, 1910. [fr. —.50]
Mitteilungen des Statistischen Amtes des Kantons Basel-Stadt. No. 20.

Mangold, G. A. Über die Infection d. Ovarialkystome. In-8°. 98 S. Basel. These. 1835.

Mangold, Georg: Die Regulierfähigkeit der Dampfturbinen bei stoßfreiem Eintritt. 1911. 80 S. 8° ¶ Ausz. in: Zeitschrift f. d. gesamte Turbinenwesen. Jg. 8. Danzig, Dr.-Ing.-Diss. v. 15. 3. 1910

Mangold, Gustav [aus Sömmerda]: Aus d. mineralog. Institut d. Univ. Kiel. Ueber die Altersfolge der vulkanischen Gesteine und der Ablagerungen des Braunkohlengebirges im Siebengebirge.... Kiel, Druck v. Schmidt & Klaunig, 1888; 36 S. + 2 Bl. u. 1 Taf. 8°
Kiel, Phil. Fak., Inaug.-Diss. v. 4. Febr. 1888

Mangold, Gust., über die Altersfolge der vulkanischen Gesteine und der Ablagerungen des Braunkohlengebirges im Siebengebirge. Inaugural-Dissertation. gr. 8. (36 S. mit 1 Taf.) Kiel 888, (Lipsius und Tischer.) *

Mangold, Hans, Referendar in Osnabrück: Der Einfluß der Beendigung des Konkursverfahrens auf schwebende Anfechtungsprozesse. Halle a. S. 1908: Wischan & Burkhardt. (88 S.) 8° [J.]
Leipzig, Jur. Fak., Diss. v. 17. März 1908
[Geb. 15. Mai 84 Braunschweig; Wohnort: Osnabrück; Staatsangeh.: Preußen; Vorbildung: Gymn. Martino-Katharineum Braunschweig Reife O. 02; Studium: Freiburg i. B. 1, München 2, Berlin 1, Halle 2 S.; Rig. 21. Nov. 05.]

Mangold, Heinrich

– Medizinischer Bericht über die Wanderversammlungen der ungarischen Naturforscher und Aerzte in Pest, Maros-Vásárhely und Pressburg. Historisch und kritisch dargestellt. Pest: Lampel in Comm. 1867. 119 S. 8°

Mangold, Heinr., der Kurort Füred am Plattensee (Balaton Füred). In histor., physikal.-chem., medizin., ökonom. u. sozialer Beziehung. Für Aerzte u. Heilsuchende. 2., verm. u. verb. Aufl. Wien 866. Braumüller. 8. (XII, 104 S.) n. 16 *ngr.*

Mangold, Heinr., der Kurort Füred am Plattensee [Balaton-Füred] in historischer, physikalisch-chemischer, medizinischer, ökonomischer u. sozialer Beziehung. Für Aerzte u. Kurbedürftige skizzirt. 3. Aufl. 8. (V, 100 S.) Wien 878. Braumüller. n. 1. 60

Mangold, Heinr., der Kurort Füred am Plattensee [Balaton-Füred] in historischer, physikalisch-chemischer, medizinischer, ökonomischer und sozialer Beziehung. Für Ärzte und Kurbedürftige skizzirt. 4. Aufl. 8. (VI, 102 S.) Wien 885, Braumüller. *

Mangold, Heinr., der Kurort Füred am Plattensee [Balaton-Füred]. Für Kurbedürftige u. Touristen hrsg. 5., umgearb. Aufl. Mit 4 Ansichten in Autotypie u. 1 Umgebungskarte. 8. (V, 72 S.) Wien 892. W. Braumüller. In Leinw. kart. n. 2 —

— allgemeine Kurdiätetik. Leitfaden für Heilsuchende. Ebend. 867. 8. (V, 129 S.) n. 20 *ngr.*

— hygienisch-diätetisches Taschenbuch f. Heilsuchende in Bade- u. Kurorten. Für Gebildete aller Stände. 12. (IX, 101 S.) Wien 892. G. Szelinski. Kart. n. 2. —

Mangold, Hermann (Hemipolens.), De splenitide chronica. Diss. med. Berlin (Nietack) 20. IV. 1836. 26 S. u. Biogr. (M.: Bethmann.) (3.50) 22092
Gew.: Jos. Buettner. — Oppon.: H. Stumpff, O. Messallen, M. Heyland.

Mangold, J., colmererditſchi Gedichtler. 1 Thl. 8. (108 S.) Colmar 875. (Barth.) n. 1. 60

Mangold, J., Colmererditſchi Gedichtler. M. e. Bildniß u. e. Biographie M.'s (in franzöſ. Sprache). 8. (LIII, 818 S.) Colmar (896). H. Hüffel. n.n. 3. 50

Mangold, J., Colmererditſchi Komedi. 8. (128 S.) Colmar 878. Barth. n. 2. —

Johann Kaspar Mangold

Materiae medicae Idea nova tripartita. Exhibens 1. Digestiones officinalium medicamentorum, tàm Galenicorum, quàm chymicorum modernorum... 2. Distinctiones remediorum secundum virtutes communes seu generales... 3. Locos communes, in quibus textura, vires & modus operandi auxiliorum explicantur... Cum ...ind. ...Acc. Tabellae differentiales... à Joh[anne] Casparo Mangold. Francofurti & Lipsiae: Verf. 1720. 362 S. 8°

Mangold, Joh. Casp., Basel: Dissertatio medica inauguralis de morbis epidemiis malignis.
Basel, Med. Diss. 1704

Mangold, Jos., († ...) philosophia rationalis et experimentalis. III Voll. c. fig. 4. Ingolst. 755, 56. Krüll. 4 ꝑ

— systema luminis et colorum, cum praevia dissertatione de sono. 8. Ingolst. 753.

Mangold, Justus Heinrich [Praes.], s. Vasmar, Daniel Philipp: De vulnere lethali.

Mangold, K., der katholiſche Lehrer-Verein in Württemberg im Kampf um die Schulaufſicht. Beitrag zur Begründung der Ravensburger Beſchlüſſe. gr. 8. (40 S.) Ulm (902). Verlag der Ulmer Zeitg. n. — 50

Mangold, Karl

— Einige Beiträge zur Kenntnis der Rizinusöl-, Rizinelaidin- und Rizinstearolsäure. S. 103. II b. 277 . . . . vgr.
Separatabdruck

Mangold, Carl die Dampfdrucke v. Benzolkohlenwasserstoffen der homologen Reihe Cn H2n—6 u. v. Gemischen aus Benzol u. Toluol. [Aus: „Sitzungsber. d. k. Akad. d. Wiss."] Lex.-8. (34 S. m. 1 Taf.) Wien 893. (F. Tempsky.) n. — 80

— Die Dampfdrucke von Benzolkohlenwasserstoffen der homologen Reihe $C_n H_{2n-6}$ und von Gemischen von Benzol und Toluol (mit 1 Taf.). S. 102. II a. 1071 . . . . —.80
Separatabdruck

Mangold, Carl [aus Esslingen]: Ueber den multiloculären Echinococcus und seine Taenie ... Berlin, gedr. bei L. Schumacher, 1892; 31 S. 8.
Tübingen, Med. Fak., Inaug.-Diss. v. 1892

Mangold, Carl, d. Stearinindustrie, s.a. Marazza, Ettore.

MANGOLD, CARL.
Stearinindustrie (Die). Weimar, 1896.

Mangold Karl: Zur Stereochemie der Trioxystearinsäuren aus der Rizinusölsäure und Rizinelaïdinsäure. Vorläufige Mitteilung. S. 101. II b. 343 . . . . vgr.
Separatabdruck

Mangold, Leonhard, Assistenzarzt am Stadtlazarett zu Danzig: Aus d. Patholog. Institut zu Königsberg i. Pr. Über totalen Defekt der Harnblase und Prostata durch Tuberkulose. Danzig 1906: Schwital & Rohrbeck. (45 S.) 8°
Königsberg, Med. Fak., Ref. Beneke, Diss. v. 24. Aug. 1906
[Geb. 19. Jan. 83 Danzig; Wohnort: Danzig; Staatsangeh.: Preußen; Vorbildung: Kgl. Gymn. Danzig Reife O. 01; Studium: Straßburg 4, Königsberg 5 S.; Coll. 31. Mai 06; Approb. 1. Aug. 06.]

(Mangold, Leonh. Gottfr.): Das Rechtsverhältniß zwischen zweien Vorkaufsberechtigten, wegen ihrer, bei einem Hausverkauf abgegebenen, Erklärungen, in nakter Darstellung durch ein Gespräch unter vier erdichteten Personen.
(Berlin) 1822.

Mangold, Ludw., pragmat. Gesch. der Ungarn, Bearbeitg. s.: Briebrecher, Rud., Lehrbuch der ungar. Geschichte.

Mangold, Maximus

— philosophia recentior. praelect. publicis accommodata. II Tmi. 8maj. Ingolst. 763. Krüll. 3 ꝑ 8 ℊ

— philosophia recentior. 2 Tmi. c. fig. 8. maj. Ingolst. Krüll. 764.

Mangold, Maximus, († d. 23. März 1797.) reflexiones in R. P. Alexandri continuationem histor. ecclesiasticae Claud. Fleury. 8maj. Augsb. 783—86. (Rieger). 3 ꝑ

Mangold, Maximus, reflexiones in R. P. Alexandri Carm. excalc. continuat. histor. eccles. C. F. Abbatis. III Tomi. 8. maj. Augsb. Rieger. 783—86.

— — idem lib. Illus Tom. 8. maj. Augsb. Doll.

Mangold, P., u. E. Reichherter, neues illuſtr. Haus-Tierarzneibuch. Eine ausführl. Beſchreibg. der Zucht u. Haltg. ſämtl. Haustiere, der inneren u. äußeren Krankheiten u. deren Behandlg., der Tierſeuchen, der Hauptmängel, einſchließlich der bezügl. Geſetze, ſowie der Geburtshilfe u. des Hufbeſchlags. Ein Handbuch f. Landwirte, Tierärzte u. Hufſchmiede, ſowie e. Lehrbuch zum Gebrauch an landwirtſchaftl. Schulen, nach dem neueſten Stand der Wiſſenſchaft gemeinverſtändlich bearb. Mit vielen Holzſchn. u. Farbdr.-Bildern. 6., vollſt. umgearb. Aufl. des „Illuſtr. Haus-Tierarzneibuches", verf. v. P. Strebel u. E. Reichherter. gr. 8. (902 S. m. 14 Farbdr.-Taf.) Reutlingen (899. 900). Enßlin & Laiblin. 5. 50; geb. in Leinw. 8. —; m. zerlegbarem Modell Pferd u. Rind 9. 50
Erſchien auch in 11 Heften à — 50.

Mangold, Paul von, s.a. Mangoldt

Mangold, Paul v., das Geſetz üb. die Preſſe vom 7. Mai 1874. Mit Anmerkgn. hrsg. 8. (VI, 62 S.) Leipzig 886. Roßberg. cart. n. 1. 30

— das im Königr. Sachſen neben den Strafgeſetzbüchern geltende Reichs- u. Landesſtrafrecht. Für den Handgebrauch zuſammengeſtellt. 1. u. 2. Bd. Mit Sachregiſter. 8. (XX, 774 u. VIII, 394 S.) Ebend. 886. n. 12. —; Einbd. à n.n. — 80

— das deutsche Zoll- u. Steuerstrafrecht. Für den Handgebrauch zusammengestellt. Mit Sachregister. 8. (VI, 220 S.) Ebend. 886. n. 2. — ; Einbd. n.n. — 80

Mangold, Peter, Basel: Dissertatio inauguralis medica de sex r e b u s non naturalibus.
Basel, Med. Diss. 1706

— Petrus (Basel), Theses juridicae ex variis jurium materiis. Präs. Michael Grass. Tübingen (Hiob Francke) 16. XI. 1720. 16 S. (5.—) 22093

Mangold, Peter: T h e s e s (miscell.). (Resp.: Joh.Grynaeus). 6 S.–
Basel, Jur.Diss.v.13.Dez.1720.

(**Mangold**, Theodor.) Bericht über die Entwicklung und Thätigkeit des «Liederkranz Neumünster» 1888—1901. Verfasst im Auftrage der Generalversammlung (von Th. Mangold). [Mit 1 Porträt-Tafel.] 158 S. 8. Zürich, H. Börsig, 1901.
(*Darin S. 56—74:* «Sangeslohn», allegorisches Festspiel zum 25jährigen Jubiläum des «Liederkranz Neumünster», 1894, von Emil A e p p l i.»)

Mangold, Wilhelm

Mangold, W., katechetische Auslegung der Gleichnisse Jesu Christi. 1. Liefg. Kassel 858. Bohné. gr. 8. (XII, 67 S.) n. 5 ngr.

— populäre Auslegung sämmtlicher Gleichnisse Jesu Christi in katechetischer Gedankenfolge. gr. 8. (XVI und 272 S.) Cassel 861, Freyschmidt. *

Mangold, W., populäre Auslegung sämmtlicher Gleichnisse Jesu Christi in katechetischer Gedankenfolge. 2. verm. Ausg. Cassel 870. Freyschmidt. gr. 8. (XXVI, 272 S.) n. 28 ngr.

Mangold, W., populäre Auslegung sämtlicher Gleichnisse Jesu Christi in katechetischer Gedankenfolge. Mit einem Vorwort von C. A. Gerh. v. Zezschwitz. 3., verm. Aufl. gr. 8. (XXII, 304 S.) Leipzig 878. Hinrichs' Verl. geb. n. 2. 50

Bausteine zu einem freimaurerischen Gesangbuche. Das Maurerlied. Vierzig Lieder. Ms. für ⊡ und Brüder. Bearbeitet und hrsg. von Wilhelm Mangold. Darmstadt: von Auw in Komm. 1852. 42 S. Quer-8°.
Partitur zu W. 40149.

Bausteine zu einem freimaurerischen Gesangbuche. Textbuch. Das Maurerlied. Vierzig Lieder. Bearb. und hrsg. von W[ilh.] **Mangold.** Ms. f. ⊡.·. und BBr.·. Darmstadt: v. Auw in Comm. 1852. 53 S. 8° [Umschlagtit.]
Recens: FZ. 6 (1852) S. 148—150 (W. Mann). Tt. 2260. 40 Lieder ohne Noten.

Mangold, Wilh. Jul., die Bibel u. ihre Autorität für den Glauben der christlichen Gemeinde. Ein Vortrag. gr. 8. (25 S.) Berlin 878. Schleiermacher. n. — 80

— Bilder aus Frankreich. Vier kirchengeschichtl. Vorlesungen. Ebend. 869. gr. 8. (VIII, 168 S.) 25 ngr

Mangold, Wilh. Bilder aus Frankreich. Vier kirchengeschichtl. Vorlesgn. 2. (Titel-)Ausg. gr. 8. (VIII, 167 S.) Marb. i. H. 891, Elwert's Verlag. * 1 20

Mangold, Wilh., Jean Calas und Voltaire. Ein Beitrag zur Geschichte des Kampfes um die Toleranz. gr. 8. (IV und 50 S.) Cassel 861, C. Luckhardt.

Sacram Memoriam Regis Serenissimi Divi Friderici Guilelmi III. universitatis Frid. Guil. Rhen. conditoris munificentissimi ab eadem universitate d. III. m. Aug. a. 1886 . . . pie recolendam victorumque renuntiationem e litterarum certaminibus prodeuntium indicit Guilelmus Mangold. — Inest ejusdem de Ev. sec. Matth. c. VI, v. 13b: *ἀλλὰ ῥῦσαι ἡμᾶς ἀπὸ τοῦ πονηροῦ* commentatio exegetica. Bonnae, form. C. Georgi univ. typogr. (1886); 16 S. 4°.

Mangold, Wilh., de ev. sec. Matth. c. VI, v. 13b. *ἀλλὰ ῥῦσαι ἡμᾶς ἀπὸ τοῦ πονηροῦ* commentatio exegetica. gr. 4. (16 S.) Bonn 886. Strauss. n. 1. —

Sacram memoriam ... Friderici Gvilelmi III vniversitatis Fridericiae Gvilelmiae Rhenanae conditoris ... ab eadem vniversitate d. III m. Avg. a. 1881 ... recolendam victorvmqve renvntiationem e litt. certaminibvs prodevntivm indicit Gvilelmvs **Mangold**, ord. theol. ev. h. a. decanvs. — Inest eivsdem de ecclesia primaeva pro Caesaribvs ac magistratibvs Romanis preces fvndente dissertatio. Bonnae, form. C. Georgi (1881). 17 S. 4. ¶ Erschien zugleich selbständig bei Strauss in Bonn.

— de ecclesia primaeva pro caesaribus ac magistratibus romanis preces fundente. gr. 4. (17 S.) Bonn 881. Strauss. n. 1. —

Mangold, W., gelöste u. ungelöste Fragen der Methodik auf dem Gebiete der neueren Fremdsprachen. gr. 8. (21 S.) Berlin 892. J. Springer. n. — 60

Mangold, Wilh., method. Fragen d. englischen Unterrichts, d. Mitgliedern d. engl. Ferienkursus zu Berlin im Oktbr. 1895 vorgetragen. gr. 8. (45 S.) Berlin 896. J. Springer. n. 1. —

Mangold, Wilh., s.: Friedrich der Grosse, einige Gedichte in ursprünglicher Fassung.

Mangold, [Wilhelm]: [Gedenkrede auf den am 18. Juni 1907 verstorbenen Professor Dr. August Prümers.] S. 17—22. 4.
Progr. Askanisches Gymn. *Berlin* 1908 (62).

Mangold, Wilhelm, Prof. Dr.: Einige Gedichte Friedrichs des Grossen in ursprünglicher Fassung nach den Manuskripten der königlichen Archive in Berlin zum ersten Male hrsg. *Berlin: R. Gaertner 1901.* (31 S.) 4° ¶(Vorarbeit zu einer neuen kritischen Ausg. d. Gedichte.)
Berlin, Askanisches G, OP 1901 (50)

Mangold, Wilhelm, Prof. Dr.: Einige Gedichte Friedrichs des Großen in ursprünglicher Fassung nach den Manuskripten der königlichen Archive in Berlin zum ersten Male hrsg. 2. *Berlin: Weidmann 1903.* (24 S.) 4° ¶[Forts. d. P-Beil. 1901.]
Berlin, Askanisches G, OP 1903 (55)

Mangold, Wilh. Jul., Ernst Ludwig Theodor Henke. Ein Gedenkblatt. gr. 8. (43 S.) Marburg 879, Elwert'sche Verlagsb. *

— Humanität u. Christenthum. Rede. gr. 8. (23 S.) Bonn 876. Marcus. n. — 60

— Humanität und Christenthum. Rede, beim Antritt des Rectorats der rhein. Friedrich-Wilhelms-Universität am 18. Oktbr. 1876 gehalten. gr. 8. (23 S.) Bonn 883, Marcus. *

Mangold, Wilh. (I.,) die Irrlehrer der Pastoralbriefe. Eine Studie. gr. 8. (VII und 135 S.) Marburg 856, Elwert'sche Universitäts-Buchh.

— Julian der Abtrünnige, s. Vorträge, öffentliche.

Mangold, Wilh. Julian der Abtrünnige. (27) 8. Stuttgart 1862. 0,80.

Mangold, Wilh.,u. David Coste

—— —— Lehrbuch der französischen Sprache für höhere Lehranstalten. Ausg. A: Für Gymnasien und Realgymnasien. 2. Tl.: Grammatik für die obere Stufe. gr. 8. (XII, 202 S.) Ebendas. 889. *

—— —— dass. — Ausg. B: Für höhere Töchterschulen. 2 Tle. gr. 8. Ebendas. 889. à Tl. *ℳ 1.40. *

Inhalt:

Tl. 1. Lese- und Lehrbuch für die untere Stufe. (VIII, 204 S.)
" 2. Grammatik für die obere Stufe. (XII, 187 S.)

—— u. D. Coste. Lehrbuch d. französ. Sprache f. höh. Lehranstalten. 3 Thle. gr. 8. Ebd. à Thl. * 1 40

1. Lese- u. Lehrbuch f. d. untere Stufe. Ausg. A. Für Gymnasien, Real- u. höh. Bürgerschulen. 2. Aufl. (VIII, 226 S.) 889; Ausg. B. Für höh. Töchterschulen. (VIII, 204 S.) 889.
2. Grammatik f. d. ob. Stufe. Ausg. A. Für Gymnasien u. Realgymnasien. 2. verkürzte Aufl. (X, 137 S.) 892; Ausg. B. Für Real-, höhere Bürger- u. Töchterschulen. (XII, 187 S.) 889.
3. Übungsbuch z. Übersetzen ins Französische. F. d. ob. Stufe. (VIII, 172 S.) 890.

—— dass. — Anhang z. 1. Thle. (d. Ausg. A. u. B.) Wörterverzeichnis von Nr. 1—62. gr. 8. (44 S.) Ebd. 892. — 25

— — dasselbe, französisches Vokabularium f. Quinta dazu, s.: Birkenhoff, R.

— u. D. Coste, Lehrbuch d. französischen Sprache f. höh. Lehranstalten. 1. Tl. Lese- u. Lehrbuch f. d. unt. Stufe. Ausg. A. Für Gymnasien, Real- u. höh. Bürgerschulen. 3. Aufl. gr. 8. (VIII, 268 S.) Ebd. 893. n. 1. 40

— — dasselbe. Ausg. B. Für höh. Töchterschulen. 2., verb. Aufl. gr. 8. (X, 223 u. 37 S.) Ebd. 895. n. 1. 40

— u. D. Coste, Lehrbuch der französischen Sprache f. höh. Lehranstalten. 1. Tl. Lese- u. Lehrbuch f. die untere Stufe. Ausg. A: Für Gymnasien, Realgymnasien u. Realschulen. 4. Aufl. gr. 8. (VIII, 236 u. 37 S.) Berlin 899. J. Springer. n. 1. 40

— u. D. Coste, Lehrbuch der französischen Sprache f. höhere Lehranstalten. 2. Tle. gr. 8. Berlin, J. Springer. à n. 1. 40; Einbde. à n.n.n. — 35

1. Lese- u. Lehrbuch f. die untere Stufe. Ausg. B.: Für höhere Töchterschulen. 3. verb. Aufl. (X, 224 u. 35 S.) 904.
2. Grammatik der französ. Sprache für die obere Stufe höh. Lehranstalten. Von W. Mangold. Ausg. A: Für Gymnasien u. Real-Gymnasien. 3. Aufl. (XII, 144 S.) 902.

Mangold, W., u. D. Coste, Lehrbuch der französ. Sprache f. höh. Lehranstalten. 3. Tl. Übungsb. z. Übersetzen ins französische f. die Oberstufe höh. Lehranstalten. 2. Tl. (VIII, 159 S.) gr. 8. Berlin 908. J. Springer. 1. 40

Mangold, W., und D. Coste, Lese- und Lehrbuch der französischen Sprache für die untere Stufe höherer Lehranstalten. gr. 8. (IV, 218 S.) Berlin 886, Springer. *

2. Tl. u. d. T.:
Mangold: Lehrbuch der französischen Sprache . . .

Mangold, Wilhelm [Dr.]: Archivalische Notizen zur französischen Litteratur- und Kulturgeschichte des siebzehnten Jahrhunderts. Berlin, R. Gaertner, 1893; 25 S. 4.
Berlin, Askanisches G, OP 1893 (51)

Mangold, Guil. Jul., de monachatus originibus et causis. Dissertatio inauguralis historico-ecclesiastica. 8maj. (IV und 75 S.) Marburgi 852, Elwert'sche Universitäts-Buchh.

— drei Predigten über Johanneische Texte. Marburg 864. Elwert. 16. (IX, 51 S.) 5 ngr

— 32 Predigten, geh. in den J. 1846—82. Mit Vorwort v. Polscher. gr. 8. (IV, 255 S.) Ebd. 891. n. 2. 40

— Voltaires Rechtsstreit m. dem königl. Schutzjuden Hirschel 1751. Prozeßakten des königl. preuß. Hausarchivs. Mit e. Anh. ungedruckter Voltaire-Briefe aus der Bibliothek des Verlegers u. m. 3 Fksms. (IV, XXXVII, 138 S.) gr. 8. Berlin 905. E. Frensdorff. n. 5. —

— der Römerbrief u. die Anfänge der römischen Gemeinde. Eine krit. Untersuchung. Marburg 866. Elwert'sche Universitäts-Buchh. gr. 8. (VIII, 184 S.) 25 ngr

— der Römerbrief u. seine geschichtlichen Voraussetzungen. Neu untersucht. gr. 8. (XIII, 368 S.) Marburg 884. Elwert's Verl. n. 7. 20

— s.: Schiller-Reden.

— Wider Strauß. Auch ein Bekenntniß. Rede. gr. 8. (19 S.) Ebend. 877. n. — 50

— wider Strauß. Auch e. Bekenntniß. Rede zur akadem. Feier d. Geburtsfestes Sr. Maj. d. Kaisers u. Königs Wilhelm I., geb. am 22. März 1877. gr. 8. (19 S.) Bonn 877. Marcus. n. — 50

Mangold, Wilh., Molière's Tartuffe. Geschichte u. Kritik. gr. 8. (VIII, 239 S.) Oppoln 881. Franck. n. 5. 60

— ungedruckte Verse von Gresset an Friedrich den Grossen. (16 S.) gr. 8. Braunschweig 905. G. Westermann. n. — 30
Sonderabdruck aus: „Festschrift f. Adf. Tobler".

— s.: Voltairiana inedita.

Mangold, Wilhelm Julius, s. M a n g o l d , Wilhelm

Mangoldt, s.a. M a n g o l d

Mangoldt: Ueber den Wein-Bau in dem Oberamts-Bezirke Oehringen. Festgruß an die in Heilbronn versammelten deutschen Wein- und Obst-Producenten. Oehringen 1846. 16 S. -- 21*

Mangoldt, B., De diectasi Homerica imprimis verborum in — *αω*. Diss. 1878. 78 S.

Mangoldt, F. v., über Hygiene des kindlichen Fußes. Vortrag, geh. b. Gelegenheit d. Ausstellg. v. Erzeugnissen f. Kinderpflege, Ernährg. u. Erziehg. in Dresden Sommer 1895. [Aus: „Für Haus u. Schule."] gr. 8. (12 S.) Dresden 895. A. Köhler. — 50

M a n g o l d t , H. von: „Ueber die Aufgabe, Stellung und Einrichtung der Sparkassen", Tübingen 1847.

Mangoldt, H. v., Beweis der Gleichung $\sum_{k=1}^{\infty} \frac{\mu(k)}{k} = 0$. [Aus: „Sitzungsber. d. k. preuss. Akad. d. Wiss."] gr. 8. (18 S.) Berlin 897. (G. Reimer.) n. 1. —

Mangoldt H. v. Ueber die Darstellung der Wurzeln einer 3 gliedrigen algebraischen Gleichung durch unendliche Reihen. 1878. 4.
Diss. Berlin.

Mangoldt, H. v., Grundriß der Volkswirthschaftslehre. Ein Leitfaden für Vorlesungen an Hochschulen und für das Privatstudium. Lex.-8. (XVI und 228 S.) Stuttgart 863, Engelhorn.

Mangoldt, H. v., Grundriß der Volkswirthschaftslehre. Für das Selbststudium wie f. den Unterricht an Lehranstalten. 2., nach dem Tode d. Verf. veranstalt. Aufl. bearb. v. Frdr. Kleinwächter. [Aus „kaufmännische Unterrichtsstunden".] gr. 8. (XVI, 250 S.) Stuttgart 871. Maier. 3. —

Mangoldt, H. v., die Lehre vom Unternehmergewinn. Ein Beitrag zur Volkswirthschaftslehre. Leipzig 855. Teubner. gr. 8. (VI, 174 S.) 22½ ngr.

Mangoldt H. v. Ueber diej. Punkte auf positiv gekrümmten Flächen, welche die Eigenschaft haben, dass die von ihnen ausgehenden geodätischen Linien nie aufhören, kürzeste Linien zu sein. 1881. 4.
Habil.-Schr. Freiburg i. Breisgau

Mangoldt, H. v., Volkswirthschaftslehre, s. Bibliothek d. Handelswissenschaften.

Neuere Anschauungen über das Wesen der Elektrizität. Festrede z. Vorfeier d. Geburtstages Sr. Maj. d. Kaisers Wilhelm II. geh. 1905 zu Danzig von Prof. Dr. H[ans] v. **Mangoldt**. (Leipzig 1905: Breitkopf & Härtel.) (12 S.) 4° [Umschlagt.]
Aus: Umschau, Wochenschrift über d. Fortschritte in Wiss. u. Technik. [05. 8398

Bilder aus der Entwickelung der reinen und angewandten Mathematik während des neunzehnten Jahrhunderts mit besond. Berücks. d. Einflusses von Carl Friedrich Gauss. Festrede bei der aus Anlaß d. Jahrhundertwende veranst. akad. Feier d. Techn. Hochschule zu Aachen geh. 1900 v. Prof. Dr. H[ans] v. **Mangoldt**. Aachen (1900): La Ruelle. (22 S.) 8° [06. 6069

Denkschrift über die Eröffnungsfeier der Königlichen Technischen Hochschule zu Danzig am 6. Oktober 1904. Zsgest. von d. Rektor Geh. Reg. R. Prof. Dr. Hans v. **Mangoldt**. (Danzig 1904: Schwital & Rohrbeck.) (64 S.) 8° 05. 6723 10

Mangoldt, K. v., Armenpflege u. Wohltätigkeit. Eine kritische Betrachtung. (S.-A. aus der Wochenschrift: Sociale Praxis, Jhrg. 6, Nr. 13, 17 u. 20.) gr. 8⁰. Berlin, Druck v. Jul. Sittenfeld, 1897.

Mangoldt, Karl von

Mangoldt, K. v., die städtische Bodenfrage, s.a. Wohnungsfrage, die, u. das Reich. 8. Heft.

Mangoldt, K., v., die städtische Bodenfrage. Eine Uebersicht. Vortrag, geh. in öffentl. Versammlg. des 4. Verbands-Tages deutscher Mietervereine in Dresden, am 6. IX. 1903. Hrsg. vom „Verein Reichs-Wohnungsgesetz". (30 S.) gr. 8. Göttingen 904. Vandenhoeck & Ruprecht. n. — 50

Die Städtische Bodenfrage. Eine Untersuchung über Tatsachen, Ursachen u. Abhilfe von Dr. K[arl] v. **Mangoldt**. (Hrsg. v. Deutschen Verein f. Wohnungsreform.) Göttingen: Vandenhoeck & Ruprecht 1907. (XXX, 745 S.) 8° [F.]
— **Wohnungsfrage**, Die, u. d. Reich. H. 8. [08. 4649

— Bodenspekulation od. gemeinnützige Bodenpolitik f. Groß-Berlin? Ein Reformvorschlag. (III, 34 S.) gr. 8. Berlin 908. C. Heymann. — 60

Mangoldt, Karl v., die soziale Frage u. die oberen Klassen. Rede, geh. zur Feier des Stiftungsfestes der sozialwissenschaftl. Studenten-Vereinigg. zu Berlin am 2. Novbr. 1894. 1. u. 2., unveränd. Aufl. 1.—3. Tausd. gr. 8. (24 S.) Göttingen 895. Vandenhoeck & Ruprecht. n. — 40

Mangoldt, K. v., kleine Freiheiten, s.a. Flugschrift, 62., des Dürer-Bundes zur ästhetischen Kultur.

Mangoldt, K. v., Kleine Freiheiten. 7 S. München, G. D. W. Callwey. —. 15. 1910.

Mangoldt, Karl v., aus zwei deutschen Kleinstädten. Ein Beitrag zur Arbeiterwohnungsfrage. gr. 8. (IV, 92 S.) Jena 894. G. Fischer. n. 2. —

— d. Verein Reichs-Wohnungsgesetz u. s. Vorschläge, s.a. Schriften zur Wohnungsfrage.

— Der Verein Reichs-Wohnungsgesetz und seine Vorschläge. Schriften zur Wohnungsfrage, Heft 1. gr. 8⁰. Frankfurt a. M. 1898.

Der Verein Reichs-Wohnungsgesetz und seine Vorschläge ... hrsg. von Dr. K[arl] v. **Mangoldt**. Frankfurt a.M.: (Alt [1898].) 35 S. 8° [10, 16961 10

Wie ist die Neugestaltung Groß-Berlins durchzuführen? Von Dr. K[arl] v. **Mangoldt**. Schöneberg: Ansiedlungsverein Groß-Berlin 1910. 19 S. 8°
(Ansiedlungs-Verein Groß-Berlin. Flugschrift. 3.)
(Schriften d. Ansiedlungs-Vereins Groß-Berlin. 6.) A 14. 8377

Mangoldt, Karl von (Hrsg.), s. Wohnungsfrage, Die, und das Reich.

Mangoldt, Paul von, s.a. Mangold

Mangoldt, P, von, Forst- & Feldstrafgesetz, s.a. Handbibliothek, Leipz. jur., No. 505.

MANGOLDT, Paul v.: Das Forst- und Feldstrafgesetz vom April 1873 und 24. April 1894 mit den das Verfahren in Forst- und Feldrügesachen betreffenden Gesetzen. - Leipzig 1895. III, 58 S. - 2. Aufl. neubearb. v. Heinrich von Feilitzsch u. d. T.: Das Königlich Sächsische Forst- und Feldstrafgesetz vom 30. 4. 1873 und 24. 4. 1894 nebst den das Verfahren in Forst- und Feldrügesachen betr. Gesetzen. ebd. 1901. VIII, 100 S. - (Leipziger juristische Handbibliothek Bd. 405)

Mangoldt, Paul v., das Forst- u. Feldstrafgesetz vom 30. Apr. 1873 u. 24. Apr. 1894 m. den das Verfahren in Forst- u. Feldrügesachen betr. Gesetzen. 8. (III, 58 S.) Leipzig 895. Roßberg. n. 1. 20; kart. n. 1. 50

Mangoldt, P. v., das königl. sächs. Forst- u. Feldstrafgesetz, nebst den das Verfahren in Forst- u. Feldrügesachen betr. Gesetzen, 2. Aufl. von Heinr. v. Feilitzsch, s.: Handbibliothek, Leipziger juristische.

Mangoldt, Paul v., das Gesetz über die Presse vom 7. Mai 1874. Mit Anmerkungen hrsg. 8. (VI, 62 S.) Leipzig 886, Roßberg'sche Buchh. cart. *

—— das im Königreich Sachsen neben den Strafgesetzbüchern geltende Reichs- und Landesstrafrecht. Für den Handgebrauch zusammengestellt. 1. und 2. Bd. Mit Sachregister. 8. Ebendas. 886. [1. Bd. (XX, 771 S.) *M 8.—; 2. Bd. (VIII, 394 S.) *M 4.—.] *

—— Strafgesetzbuch für das Deutsche Reich. Textausg. unter Zugrundelegung des Gesetzes in der Fassung vom 26. Febr. 1876 und unter Berücksicht. der erschienenen Nachtragsgesetze. Mit ausführl. Sach- und Wortregister. 8. (VI, 161 S.) Ebendas. 888. * 90 Pf.; cart. *

—— das deutsche Zoll- und Steuerstrafrecht. Für den Handgebrauch zusammengestellt. Mit Sachregister. 8. (VI, 220 S.) Ebendas. 886. *

Mangolf von Rothenburg, oder der Kampf um Mitternacht; Schauergeschichte . . . Wien 1799. V: *Gleich, Joseph Alois.* (MGT) (Ky) (WBL) (NN)

Mangolf v. Rothenburg, od. d. Kampf um Mitternacht; eine Schauergesch. a. d. 11ten Jahrh. m. Titelk. 8. Wien, Ant. Doll. 810

Mangolf v. Rothenburg, od. der Kampf um Mitternacht, (v. Jos. Al. Gleich). 8. Wien 816. Ant. Doll, 20 ℛ (Bauer u. D) 1 ₰

Mangolf von Rothenburg, oder der Kampf um Mitternacht. Eine Schauergeschichte. 8. Wien, Ant. Doll. 817.

Die Lieder des Hugo von Montfort mit den Melodien des Burk **Mangolt** hrsg. von Paul Runge. Mit 1 Facs. Leipzig: Breitkopf & Härtel 1906. (75 S.) 4°(8°) [F.] [of. 13050

Mangolt's, Greg., Fischbuch. Zürich, gedruckt v. Andreas u. Jakob Geßner 1557. Neudruck, besorgt v. Johs. Meyer. (67 S. m. Abb.) gr. 8. Frauenfeld 905. (Huber & Co.) 2.—

Das Einmachen von Früchten und Gemüsen von A[nna] M[aria] **Mangor.** Nach d. 33. Aufl. der dän. Originalausg. übers.... von Therese Lorck. Hannover: O. Tobies 1906. (117 S.) 8° [F.] [o8. 6867 7

Mangor, A. M., das Einmachen v. Früchten u. Gemüsen. 2. Aufl. (117 S.) 8. Leipzig (909). O. Tobies. 1.—; geb. 1.50

— nordisches Kochbuch. Nach der 32. Aufl. des dän. Originals unter Anpassg. an deutsche Verhältnisse übers. v. Agnes Maune. Neue [Titel-]Ausg. (LX, 492 S.) kl. 8. Ebd. [893] (906). Geb. n. 3.—

A[nna] M[aria] **Mangors** Nordisches Kochbuch [Kogebog for smaa Husholdninger]. Nach d. 32. Aufl. d. dän. Orig.... übers. von Agnes Maune. Neue Ausg. Hannover: O. Tobies [1907]. (LIX, 491 S.) 8° [F.] [o8. 6868 7

Mangor's, A. M., praktisches Kochbuch. Aus der 32. Aufl. des Dän. frei übers. u. m. einigen Zusätzen versehen v. Agnes Maune. 8. (LIX, 491 S.) Leipzig 893. C. Jacobsen. n. 3.—; geb. n. 3.50

Mangor, C. E., Krankengeschichte zweier an der Wasserscheu verstorbener Eheleute. Lpz. 8°.
1792

Mangor, C(hristian) E(lovius): Abhandlung von den Kennzeichen, Ursachen und der Heilmethode der Radesyge. Aus dem Dänischen (übers. von Andreas Friedrich Kühnel). 141 S. (S.153 - 295). Altona: 1799

s.: Abhandlungen, Drei, von den Kennzeichen, Ursachen und der Heilmethode der Norwegischen Pest, (oder Radesyge) von (Nicolaus) Arbo, (C.E.) Mangor und (Wilhelm Georg) Pfefferkorn. (Hrsg. und) mit einer Vorrede (versehen) von Philipp Gabriel Hensler.

JB 4.671

Manger, Chr. Elovius, Abhandl. üb. die Kennzeichen der Radesyche, s. Arboe.

Mangor (Mitarb.), s. A b h a n d l u n g e n , Drei, von den Kennzeichen, Ursachen .... d. norweg. Pest.

Mangor, Christian Elovius (Mitarb.), s. A b h a n d l u n g e n , Zwei, von den Kennzeichen, Ursachen u. der Heilmethode der Radesye.

— s. Armenapotheke, u. setze hinzu; Aus d. Dän. (des Chr. Elov. Manger).

Mangor, Ch. E., Armenapotheke od. Anweis. z. d. minderkostbar. Arzneymitt. a. d. Dän. 8. Kopenhagen, Brummer. 799.

Mangourit, M. A. B.

Mangourit. Der hannövrische Staat in allen seinen Beziehungen geschildert in den Jahren 1803 und 1804. Nach dem Französischen. 8. Hamburg 1805.

Mangourit, M. A. B. Der hannövrische Staat in allen seinen Beziehungen, geschildert in d. Jahren 1803 u. 4. Aus dem Franz. gr. 8°. Hamburg, Schmidt, 1806.

Mangubi-Kudrjavtzewa, Anna: Aus d. anat. Inst. d. Univ. Bern. ⟨Labor. von Zimmermann.⟩ Über den Bau der venösen Sinus der Milz des Menschen und Rhesus-Affen. Mit 3 Fig. im Texte u. 15 Fig. auf Taf. A. Wiesbaden: Bergmann 1909. 40 S. 8° ¶ (Aus: Anatom. Hefte. Abt. 1, Bd 39.)
Gießen, Med. Diss. v. 8. Okt. 1909, Ref. Strahl
[Geb. 21. Okt. 74 Charkow; Wohnort: Gießen; Staatsangeh.: Rußland; Vorbildung: Mädchengymn. Charkow Reife M. 91; Studium: Bern 11, Gießen 2 S.; Rig. 23. Juli 09.] [U 10. 1150

Manhalt, s. Mannhalt.

Manhard, s.a. Mannhardt.

– s.a. M a n n h a r t

Manhard, Jh. Wlh., († d. 20. Nov. 1831.) Fragment e. Gesprächs üb. 1 Joh. 3, 1—10. 8. Altona 790.

– s. G e s p r ä c h e zwischen einem Prediger und einem Landmann.

Manhard, Jh. Wlh., s. Christoph Söring.

Manhardt, J. C., Erbaulicher // Kirchen- //Andachten, // Aus // Denen ordentlichen Sonn- // und Fest-Tags // Episteln u. Evangelien, // zum Gebrauch der // Hochfürstl. Schwartsburg- //Sondersh. Hof-Stadt // Aufs Jahr 1736. // Erster Theil. // SONDERSHAUSEN, // Gedruckt bey Jacob Andreas Bocken, // Fürstl. Schwartzb. Hof-Buchdrucker. - 206 S.
Die Widmung ist unterzeichnet:
Ebeleben, den 12. // Octobr. 1735. // J. C. Manhardt.

Angebunden:
Erbaulicher // Kirchen- //Andachten, // Aus // Denen ordentlichen Sonn- // und Fest-Tags // Episteln u. Evangelien, // zum Gebrauch // Der Hochfürstl. Schwartzburg- // Sonderhäusischen Hof-Stadt // Aufs Jahr 1736. // Anderer Theil. // Nebst einem // Anhange // Derer Sonntage, so dieses Jahr der Zeit- // Rechnunge nach, ausgefallen. // SONDERSHAUSEN, // Gedruckt bey Jacob Andreas Bocken, // Fürstl. Schwartzb. Hof-Buchdrucker. - 4 Blatt (nicht paginiert) Titelblatt und Widmung, unterzeichnet: Ebeleben. // Geschrieben am Himelfahrts- //Tage. 1736. // J. C. Manhardt.
232 Seiten.

B. S. T. 8°.435.

Manhardt, I. F. K. von

Christlicher Busz-Monath, Oder: Seelen-erbauliche Betrachtungen Über das bittere Leyden und Sterben Jesu Christi, Eingetheilet auf alle Täge des Monaths, Durch Antoine Montagnon Curé (!) de S Miard, in Französ. Sprach herausgegeben 1693. Darauf aber verteutschet, und zum vierdtenmal zum Druck befördert durch I.F.K. von Manhardt. Welchem auch beygefüget Trostreiche Tag-Zeiten, von der Tods-Angst und Blut-Schweisz Christi am Oelberg, &c. Anjetzo durchgehends mit feinen Kupfferstichen vermehrt von Johann Andreas Pfeffel, Kayserlichen Hof-Kupfferstechern in Augspurg, Augspurg, druckts Christoph Peter Detleffsen. 1739.

Nützlicher Seelen-Schatz Oder Seelen-erbauliche Betrachtungen Uber Das bittere Leyden und Sterben Jesu Christi, In Neun und dreyssig Gebetter Durch Eine Geistreiche andächtige Feder eingetheilet, Auch Mit so viel hierzu dienlich-feinen Kupferstichen gezieret ... Augspurg, Verlegts Johann Andreas Pfeffel ... Anno 1732.

Manhayn, M., üb. den Ursprung u. die Bedeutung d. res mancipi u. nec mancipi im alten röm. Rechte. gr. 8. Frankf. 823. Varrentrapp. 10 Sgr

Manheimer, Adolf, über Cholesteatome des Ohres. Diss. Würzburg 1887, Stahelsche Univ.-Buchh. 8°. 23 S.

Manheimer, Emile, du Cap au Zambèze. Notes de voyage dans l'Afrique du Sud. gr. 4. (XV, 195 S. mit Titel und 1 Karte in Lichtdr.) Genève 884. (Baden-Baden, Marx.) * Ausg. mit 14 Photogr. und 1 Karte *

Manheimer, G. Etwas über die Aerzte im alten Frankreich nach mehreren alt- und mittelfranzösischen Dichtungen. Diss. Berlin 1890. 30 S.

Manheimer, H., s.a. Mannheimer

Manheimer, H., a key to the study of german simplified. gr. 8. (36 S.) Bonn 856, Marcus. *

—— the perfect speaker oder vollständ. Handbuch der Idiotismen und Schwierigkeiten der deutschen und englischen Sprache, mit leichten und modernen englischen und deutschen Gesprächen. Zum Schul- und Privatgebrauche. 1. Thl. 16. (VI und 146 S.) Bonn 852, Henry und Cohen.

—— dass. — Part 2.: Easy and modern german and english dialogues. — Leichte und moderne deutsche und englische Gespräche. 16. (64 S.) Ebds. 853. *

—— dass. — the study of german simplified in a new systematic and practical grammar according to the systems of Ollendorf and Dr. Ahn. The 2. edition carefully revised, greatly enlarged and improved. gr. 8. (X und 270 S. mit 1 Stnt.) Bonn 853, Sulzbach.

Manheimer, Veit Friedr., Rabbiner Abraham Kohn, ein Märtyrer unserer Zeit. Eine biograph. Skizze. Stettin 856. Nagel. gr. 8. (39 S.) 6 ngr.

Manheimer, Vict., die Lyrik des Andreas Gryphius. Studien u. Materialien. (XVII, 386 S.) gr. 8. Berlin 904. Weidmann. n. 8. —

Manheimium, Munitissimum Oppidum et hodierno die Residentia Electoris Palatini, ad Confluentes Rheni et Nicri, juxta recentissimam delineationem edita per Matthaeum Seutter. Aug. Vind. 1728? Ohne M. 1 Bl.

Manhold, Elisabeth, med. pract. von Dresden: Aus dem Kinderspital Zürich. Blutdruckmessungen mit dem Gaertner'schen Tonometer bei Kindern im Verlauf von Scharlach. Berlin 1905. 112 S. 8°. [28. II. 06.]
Zürich. Med. Diss. 1905/1906.

Manhold, Elisabeth. Blutdruckmessungen mit dem Gaertner'schen Tonometer bei Kindern im Verlauf von Scharlach. Diss. Med. [Univ.] Zürich. *Kopftitel:* Aus dem Kinderspital Zürich. 112 S. 8. Berlin, Wilhelm Süsserott, 1905.

Mani, seine Lehre und seine Schriften, s. Flügel, Gust.

Manibus Geo. Johs. Conradi ... Slesv. [ca. 1750]. V: *Dithmer, Georg Wilh.* & *Georg Storm.* (Bruun, Bibl. Danica III, 1064.)

M[anibus], D[ivis], Friderici II sacrum. Gottingae 1787. V: *Birkenstock, Joh. Melch. v.* (WBL. I, 406)

Manibus felicissimis iuvenis illustrissimi Caroli Ludovici S. R. I. comitis de Giech ... III. Idus Ianuar. 1752 praematura acerbissimaque morte exstincti sacram esse hanc tabulam voluit Collegium Carolinum. Ipsis Nonis Febr. 1752. 4 Bl. 2°

Manice, Heaton, die Gemeindejagden Württembergs nebst d. württemberg. Jagdgesetzen. Nach amtl. Quellen bearb. gr. 8. (203 S.) Stuttgart 898. J. B. Metzler's Verl. Geb. n. 3. —

Manick, Gottlob Leonh. (Dresden), Problema an contra stuprum violentum locum habeat moderamen inculpatae tutelae? Präs. Traug. Thomasius. Lpz. (Langenheim) 27. VI. 1737. 50 Seiten. (5.—) 22094
Widm. v.: Traug. Thomasius.

— **Sam. Gottlob** (Dresden), De incommodis quibusdam concursus creditorum in foro Saxonico. Präs. Gg. Beyer. Wittenberg (Gerdes) 20. IV. 1707. (4.—) 22095
Gew.: O. H. v. Friesen. — Widm. v.: Gg. Beyer.

— — Dasselbe. Präs. Georg Beyer. Ed. sec. Wittenberg (Gerdes) 20. IV. 1707 (1721). (5.—) 22096
Widm. v.: Gg. Beyer.

Manicke, Albert: Zur Reform der Branntweinsteuer mit besonderer Berücksichtigung des landwirtschaftlichen Betriebes. *Stuttgart 1902: Union.* (72 S.) 8°
Würzburg, Jur. Diss. v. 1902

Manicke, Paul, aus Magdeburg: Weitere Beiträge zur Kenntnis der Abbauprodukte der Cyklogalliphārsäure, eine in den Galläpfeln vorkommende cyklische Fettsäure. (Aus dem chemischen Institut der Königl. Tierärztlichen Hochschule zu Dresden. Direktor: Professor Kunz-Krause.) Dresden 1910. VIII + 49 S. 8°. Die Dissertation erscheint in erweitertem Umfang im „Archiv der Pharmazie" und im „Journal für praktische Chemie". [4. III. 10.]
Basel. Phil. Diss. 1909/10.

Manicke, Paul. Weitere Beiträge zur Kenntnis der Abbauprodukte der Cykloqallipharsäure, eine in den Galläpfeln vorkommende cyklische Fettsäure. Aus dem chemischen Institut der Königl. Tierärztlichen Hochschule zu Dresden.... Diss. Phil. Basel. Mit einer Tabelle und einer Kurventafel. VIII + 49 S. 8. Dresden, Arthur Schönfeld, 1910.

Manicus, Cl(audius): Annotationes in historiam et aetiologiam morborum quorundam borealium. Halae (1832): Gebauer. 40 S. 8°
Halle-Wittenberg, Med. Diss. v. 4. Okt. 1832
Geb. Sörup bei Flensburg (Schleswig) 12. 9. 1795. V.
Verf. wurde ohne Rigorosum in absentia promoviert.
Auf dem zuerst gedr. Titelblatt stand als Vorname des Verf. nur C., wegen des falschen Wortes „ordine“ mußte ein neues mit „ordinis“ gedruckt werden.

Manicus, Claus, s. Manicus, Klaus

Et Bidrag til den danske Nationalitets Historie i Slesvig. Af E. Manicus. o.O. (1856?). 8°
Separatabdruck. Enthält eine kurze Geschichte der Schleswiger Domschule.

Dissertationis de Civitatis Platonicae arte et consilio part. 1—2 scripsit Emil Manicus. Schleswig. 1854—55. 8°. Gymn.-Progr.

Manicus, E., De civitatis Platonicae arte et consilio pars II. Pr. 1855. 55 S.

Manicus, Klaus

Die Angeln in Cimbrien und England v. Dr. Davidson [d.i.: Claus Manicus]. Flensburg 1846. 8°

Die Germanisten und die Wege der Geschichte v. C. Hinrichsen [d. i. Claus Manicus]. Verfasser der „Historischen Übersicht der Schleswig-Holsteinischen Bewegungen“. Kopenhagen. 1848. 8°

Hinrichsen, C., die Germanisten und die Wege der Geschichte. 8. (VIII und 231 S.) Kopenhagen 848, Höst. *

Historische Übersicht der Schleswig-Holsteinischen Bewegungen [v. C. Hinrichsen d. i.: Claus Manicus], a. d. Dän. bearb. v. E. C[hristiani?]. Mit literarischen Beilagen. Kopenhagen. 1847. 8°.

Manier, Die, höflich und wohl zu reden und zu leben So wohl mit hohen vornehmen Personen seinesgleichen und Frauenzimmer Als auch wie das Frauenzimmer eine geschickte Aufführung gegen uns gebrauchen können. Hamb. 1716. V: *Hunold, Christian Friedrich.* (BGE IV³, 502)

Die MANIER, Wie man sich in der Conversation, sowol mit Hohen, vornehmen Personen, seines Gleichen und Frauenzimmer, bescheiden und kluglich verhalten und zu einer Galanten Conduite gelangen möge. So unlängst, von einem Hochgelehrten Mann, auf einer berühmten Universität, einigen Herren Studiosis in einem Collegio Conversatorio fürgetragen, und ... zum Druck befördert worden. Nürnberg und Leipzig, In dem Felßeckerischen Buch-Laden. 1714. 12°. *Titelkupfer*, Titel in rot und schwarz, 216 S. Handgebundenes Pappbändchen der Z. in Brokatpapierüberzug, Rücken beschädigt.

Manière allemande de parler français, ou recueil d'expressions impropres, inexactes, louches, fausses, inintelligibles, contraires, les unes, aux règles de la grammaire, les autres, aux façons de parler adoptées pour l'usage, toutes un génie de la langue française etc. 8. Mannh. Schwan et G. 813. Rthlr.

Manière, la, d'apprendre de jeu d'échecs. 8. Marb., Krieger. 3 gl.

— d'apprendre à parler bien français. 8. Leipz. 772. Breitkopf u. H. 8 gl.

— d'entendre la S. Messe. 8. Regensb. 764. Montag u. W. 12 gl.

Manière facile, p. apprendre aux Enfans l'A. B. C. françois par des figures enlum. 8. Nürnb. Weigel. 790.

Manière de pratiquer les applications d'eau à Wörishofen sous le contrôle de M. l'Abbé Kneipp. Supplément à l'ouvrage „Comment il faut vivre“. 8. (16 S. m. Abbildgn.) Kempten 892. Kösel. n. — 25

Manifest. [Grätz ca. 1809.] V: *Gentz, Friedrich von.* (EB)

Manifest. Ofen, gedr. m. kgl. hung. Universitäts-Schriften, 1809. 22 S. Fol. Kart. 15.—
Das erste der beiden Manifeste Franz I, Verfasser ist Friedrich v. Gentz.

Manifest. 4. Wien 1809.

Manifest an die socialdemokratischen Abgeordneten des Reichstags. 8°. Hamburg 1890.

Manifest Alexanders I., Kaisers u. Selbstherrschers v. ganz Rußland. gr. 8. Frankf. a. M. 816. B. Körner. 3 gl.

Manifest der schweizerischen Grossloge Alpina, gebildet aus den Abgeordneten sämmtlicher Freimaurerlogen der Schweiz, versammelt am 3. September 1870 zu Lausanne. 4. 4 S.
Friedensmanifest anlässlich des deutsch-französ. Krieges. Abgedruckt Bauh. 1870, S. 326. Frmrztg. 1870, S. 304. Triangel 1870, S. 148. Wegen der das deutsche Nationalgefühl verletzenden Fassung folgten Proteste in Bauh. 1870, S. 307, 369 u. 401. Frmrztg. 1870, S. 313, 329, 355 u. 401. 1871, S. 17, 28 u. 215. Vgl. Handb. d. Frmrei IV, S. 169.

Manifest an die deutschen u. französischen Arbeiter. 1870.

Manifest der socialrevolutionären Arbeiterpartei Oesterreichs an das arbeitende Volk. Flugschrift, beginnend: „Arbeiter! Brüder! ...“, schliessend: „Es lebe die sociale Revolution!“ s. l. s. a.

Manifest oder Eine Summarische Declaration, über Die rechtmässige und hochwichtige Ursachen, welche bewogen und gleichsam gezwungen haben Seine Königl. Majestät (Friedrich IV.) zu Dännemarck und Norwegen etc. etc. dessen Reiche und Länder gegen des Königs (Karl XII) von Schweden vielfältige, eine Zeit nach der andern gegen den Tractaten verübte etc. Gewaltthätigkeiten zu beschirmen etc. Nach dem zu Copenhagen in der Königl. Buchdruckerey gedruckten Original den 28. Octobr. 1709. o. O. 4°.

Manifest der dten Demokratie im Auslande. Beiblatt zur Evolution. Geneva. 1849.

Manifest, Das, Döllingers in der Unfehlbarkeitsfrage und die Zustimmungsadresse der deutschen Gelehrten. Den Aufsätzen in den »Breslauer Hausblättern« vom 13. und 15. Februar d. J. dem Hauptinhalte nach entnommen. Abdruck aus der »Trierischen Zeitung«. Trier [1872]. V: *Bauer, Renward.* (SO)

III. Fernerweitiger Russ.-Kayserl. Manifest gegen Se. Königl. Maj. in Preussen, d. d. Petersburg d. 27. Aug. 1757.

— üb. den Ein- u. Ausfuhrhandel d. russ. Reichs für 1811. 4. Braunschw. 812. Pluchart. 6 gl. — Dass. französisch. 3 gl.

— Sr. Eminenz des Kardinals Wiseman und Hirtenbrief Sr. Hochw. des Erzbischofs (William Bernard) von Birmingham. Zur Beurtheilung der jetzigen antikathol. Bewegung in England. gr. 8. (VI und 52 S.) Wien 851, Beck'sche Universitäts-Buchh.

Manifest Sr. Königl. Majest. (Friedrich August) in Pohlen Und Chur-Fürstl. Durchl. zu Sachsen. Bei Dero angetretenen March In das Schwedische Pommern. o. O. Im Monaht August 1711. 4° k.

Manifest an die Geschichtsschreiber Europas. Verkauft zum Besten einiger hinterlassenen Opfer der militärisch-gemeuchelten Berliner — 63 Berliner Bürger. Leipzig, W. Mori. 1 Bl. Fol.
Flugblatt. Berlin, 20. März 1848.

Manifest der Gründe, welche die Grosse Mutter-Loge des Eklektischen Freimaurer-Bundes zu Frankfurt am Main bewogen haben, ihre seitherige Tochter und Bundes-Loge Carl zum aufgehenden Lichte am 2. Juli 1844 aus dem eklektischen Bunde zu entlassen und die ihr ertheilte Constitution zurückzunehmen. Ms. f. Frmr. (Nebst 2 Anl.) Frankfurt a. M. 1844: [Krebs]. 39 S. 4° [Umschlagtit.]
cf. Mannheimer Abendztg. 1844 No 201, 250, 251; D. Allg. Ztg. (Leipzig) 1844 No 241, 254, 263; L. 6 (1845) S. 161—162.
Dat. 30. VII. 1844. Als Anl. 1 eine Erläuterung des Prinzips der eklekt. Frmrei.

Manifest till innevånarne i Pommern, utfärdadt of Alexander Menczikow. PA tyska. Greiffswald. 11./22. Aug. 1712. fol

Manifest till innevånarne i Pommern, utfärdadt af Graff Magnus Stenbock. PA tyska. fol. Stralsund 1712.

Manifest der am 30. August 1891 erwählten Intendantur an das Volk von Sao Bento:
Aug. 30. 1891
Sao Bento

Manifest, Das kaiserliche, vom 20. September 1848 . . . Prag 1848. V: *Hartig, Franz Graf.* (wa) (Ky) (Cat. d. Stadtbibl. Zürich. Zürich 1864—97.)

— das kaiserliche, vom 20. Septbr. 1848, od.: Freimüthige Bemerkungen über die österreich. Herrschaft im lombardisch-venetianischen Königreich (von Frz. Graf Hartig). gr. 8. (27 S.) Prag 848. (Credner & Kleinbub.) n. 4 ngr.

Manifest, Das kommunistische. O. O. 1848. V: *Marx, Carl & Friedrich Engels.* (stams)

Manifest (Das kommunistische). 1. Ausg. 1848. Neue Ausg. mit einem Vorwort des Verf.'s. 8°. Leipzig, Exped. d. „Volksstaat", 1872. 3. autor. deutsche Ausg. Mit Vorworten der Verfasser (Karl Marx und Fr. Engels). 8°. Hottingen-Zürich, Schweizer. Volksbuchhdl., 1883. 5. autor. deutsche Ausg. Mit Vorreden von K. Marx u. Fr. Engels. 8°. Berlin, Verl. d. „Vorwärts", Berliner Volksblatt, 1891.

Manifest, Das kommunistische. 3. deutsche Ausgabe. Mit Vorworten der Verfasser. Hottingen-Zürich 1883. 5. . . . Ausg. . . . Berlin 1891. V: *Marx, Carl & Frdr. Engels.* (EB) (Stadtbibl. Frankf. a. M. Kat. der Neueren Bestände.)

Manifest, das kommunistische. 5. autoris. deutsche Ausg. Mit Vorreden v. Karl Marx u. Frdr. Engels. 8. (32 S.) Berlin 891. Buchhdlg. d. „Vorwärts". n. — 10

— dasselbe. 6. autoris. deutsche Ausg. Mit Vorreden v. Karl Marx u. Frdr. Engels. gr. 8. (32 S.) Ebd. 894. — 15

Manifest, das kommunistische. 6. autoris. deutsche Ausg. Mit Vorreden v. Karl Marx u. Frdr. Engels. gr. 8. (32 S.) Berlin 901. Buchh. Vorwärts. — 15

Manifest, das kommunistische. 7. autoris. deutsche Ausg. Mit Vorreden v. Karl Marx u. Frdr. Engels u. e. Vorwort v. Karl Kautsky. (46 S.) 8. Berlin (906). Buchh. Vorwärts. n. — 50

— der neuen Conföderation zu Bar, nebst Anmerkk. eines vornehmen Polen. 4. Leipz. 786. Jacobäer. (Aue in Alt.) 2 gr

Manifest des Congresses der sozialistischen Arbeiter-Partei, abgeh. vom 26.—28. Dec. 1883 zu Baltimore, Md.

Manifest, Ausehend Die im Julio 1749. in der Statt Bern Entdeckte Conspiration. 4. Bern 1749.

Manifest der Landesversammlung über die Mittheilung der Statthalterschaft vom 7. Juni 1849 (mit Amendements v. Th. Olshausen. Wichmann, Mommsen). o. O. (1849.) 4°.

Manifest Des Landt-Rahts Beyder (**Ausg. C:* Deß Land-R' beyder) Religionen. Im Toggenburg. 4. *o. O.* 1712.
Ausg. A. Den 12. Aprel. A. 1712.
Ausg. B. Den 12. April Anno 1712.
Ausg. C. Den 12. Tag Aprill Anno 1712.

Manifest der katholischen Stände Luzern, Uri, Schwyz, Unterwalden ..., Zug und Freiburg an sämmtliche eidgenössische Stände. 8. Luzern 1844.

Manifest der Stände Luzern, Ury, Schwyz, Unterwalden .... Zug, Freyburg und Wallis. (Bern, den 29. October 1847.) 8.
Ausg. A. (Basel.)
Ausg. B. (Luzern 1847.)

Manifest Ihro Groß-Czaarischen Majestät etc., welches Sie dem Hochl. Reichs-Collegio zu Regenspurg vor dem Einbruch mit dero Armee in das Schwedische Pommern übergeben lassen. Anno 1711. Nach dem zu Regenspurg gedr. Latein. Ex. übers. o. O. (1711).

Manifest Ihro Czar. Maj. samt umständl. Relation von der zw. den russ. u. schwed. Truppen in Finnland d. 19. Febr. vorgefallenen Action. 8. St. Petersburg u. Riga 1714.

Manifest Seiner Majestaet des Kaisers von Oesterreich, Königs von Ungarn und Boehmen. Erschienen im August 1813. V: *Jentz, Friedrich von.* (HIIBD IX, 27)

Manifest Seiner Majestät des Kaisers von Oesterreich, Königs von Ungarn und Böhmen. Ofen, gedr. m. kgl. hungar. Universitäts-Schriften, 1813. 17 S. 4°. Kart. 15.—
Das zweite Manifest Franz I. gegen Frankreich. Verfasser ist Friedrich v. Gentz.

Manifest Sr. königl. Majestät in Preussen gegen den Sächsischen Hof. Berlin 1745. Ü: *Vockerodt, Joh. Gotthilf.* (BiblPort)

Manifest des Kurfürsten Max Emanuel v. 1. Juni 1703. München 1703. 13 S. 4°

Manifest der unbekannten Ordensobern an die Glieder geheimer Grade und Systeme. [Hannover.] O. O. im Jahre 1793. Wien 1793. V: *Hoffmann, Leopold Alois.* (BiblPort) (Kl 3460) (Wolfstieg II, 525)

An die gesamte Freimaurerei. **Manifest** des Gr. O. in Brasilien zu Lavradio. 1872. Rio de Janeiro 1872: Winter. 12 S. 8°. [Umschlagtit.]
Bericht über Systemstreitigkeiten innerh. der Frmrei Brasiliens.

Manifest der communistischen Partei. Hrsg. vom communistischen Arbeiter-Bildungsverein in London. 8°. London s. a.

Manifest der kommunistischen Partei. Veröffentlicht im Febr. 1848. „Proletarier aller Länder vereinigt Euch!" 8°. London 1866.

Manifest, Ihrer Czaarischen Majestät Herrn Petri Alexiewiz, Warum Sie Dero erstgebohrnen Sohn, Herrn Alexium Petrowiz, der Nachfolge unfähig erkläret u. dero Zweyten Sohn, Herrn Peter Petrowiz, zu ihrem Nachfolger ernennet, d. d. Moscau den 3./14. Febr. 1718. Wobey zugleich die Briefe des der Regierung unfähig erkläreten Czaarovizes. Nach dem zu Riga gedruckten Teutschen Exemplar. Leipzig, zu haben unter dem Rathause, in der Boutique zum Contoir-Calender, 1718. 8 Bl. 4°. Kart. 25.—

— des Frankenkönigs Pipin, z. Rechtfertigung seiner Thronbesteigung, mit d. latein. Original u. Anmerkk. des Herausgebers. 8. Münch. 805. Fleischmann. 5 kr

Manifest gegen die Politik des Ministerii Brandenburg-Manteuffel in Handhabung der Eigenthumsrechte, u. zwar mit besonderer Rücksicht auf den unterm 29. April dieses Jahres im Preuß. Staats-Anzeiger veröffentlichten Entwurf eines Gesetzes, betreff. die Enteignung von Grundrenten. 4. (26 S.) Berlin 849. (Schneider & Co.) n. 6 ngr

Manifest (Sozialdemokratisches), unterzeichnet: Die Vertretung der deutschen Sozialdemokratie. dat. Sept. 1884. Stuttgart, Dietz.

Manifest der unabhängigen Socialisten an das österreichische Proletariat. Berlin, W. Werner, s. a.

Manifest Beyder Lôbl. (**Ausg. B:* Lobl.) Stånden, Zůrich und Bern, Wegen deß (**Ausg. B:* Bern. W' des) Toggenburger-Geschåffts. Den 13. Tag Aprill Anno (**Ausg. B:* Aprel A.) 1712. 4. *o. O.*
Ausg. A. — Ausg. B.

Manifest derer vor Ihro Königl. Majest. in Polen Herrn Augustum II. Confoederirten Stände der Republick Polen wider die von dem Anhang des Cardinal Primas vorgenommene Dethronisation dero rechtmässigen gesalbten Haubtes und geschehene unbillige Wahl eines After- oder neu- vermeinten Königes . . . Leipzig 1704. 8°.

— der Statthalterschaft Schleswig-Holsteins an die Fürsten u. Völker Europa's. Lex. 8. (16 S.) Berlin 850, G. Reimer. baar n. n. 1 ngr

— (der Statthalterschaft des Herzogthums Schleswig-Holstein.) 4. (16 S.) (Kiel 850, Schwers'sche Buchh.)

— der Statthalterschaft der Herzogthümer Schleswig-Holstein vom 22. Juli 1850. gr. 8. (15 S.) Berlin 850, Deckersche geheime Ober-Hofbuchdr.

Manifest (der Statthalterschaft der Herzogthümer Schleswig-Holstein.) 4. (16 S.) (Kiel 850, Schwers.) 2 ngr

Manifest der Statthalterschaft bei Wiederbeginn des Krieges 1850. Kiel den 22. Juli 1850. 16 S. 4°.

Manifest der bayerischen Ultramontanen. München 1848. V: *Ringseis, Joh. Nep.* (ADB)

— der bayer. Ultramontanen. gr. 8. (15 S.) München 848, Kayser. 3 ngr

Manifest von Mauritz Vellinck. (betr. d. Belag. u. Erob. v. Stade 1712). fol.

Manifest einer nicht geheimen, sondern sehr öffentlichen Verbindung echter Freunde der Wahrheit, Rechtschaffenheit und bürgerlichen Ordnung an ihre Zeitgenossen. Wien 1785. V: *Knigge, Adolph Franz Friedrich Ludw. Freih. v.* (Fournier, Knigge u. Blumauer. N. Fr. Presse. Nr. 18712.)

— einer nicht geheimen, sondern sehr öffentl. Verbindung ächter Freunde d. Wahrheit, Rechtschaffenheit u. bürgerl. Ordnung an ihre Zeitgenossen. 8. Braunschw. 795. Schulbuchhdl. 2 gr

— der polnisch-demokratischen Verbindung an die Deutschen. gr. 12. (24 S.) Leipzig 848, Buch- u. Kunst-Verlag. 1/12 rß

Manifest der polnischen demokratischen Verbindung. O. O. 1838. 23 S. 8°

Manifest des Vereins deutscher Freimaurer an alle Grosslogen des Erdenrundes und Allgemeines Grundgesetz des Freimaurerbundes auf der Jahresversammlung des Vereins deutscher Maurer zu Worms berathen und angenommen. Pfingsten 1867. Fol. 1 Bl.
Anlage zum Hamburger Grosslogenprotocoll Nr. 122.

Manifest (des Vereins deutscher Freimaurer) an alle Grosslogen des Erdenrunds. [Hamburg 1867.] 1 Bl. 2°
[Kopftit.]
(Anl. z. PtkH. 122.)
Abgedr. in: MitthVdF. 2 (1868) S. 140—151.
Engl. Übers. d. Einl. in: FMaM. (NS.) 17 (1867) S. 185—186.
Holländ. Übers. d. Einl. in: MW. Ser. 2 Jg. 4 (1867) No 33.
cf. MittS. 82 (1868) S. 11—15.
Tt. 304. Enth. ein allgem. Grundgesetz des Bundes, wie es auf der Jahresversamml. des Vereins deutscher Mr zu Worms 1867 beraten u. angenommen wurde. Nebst Einl. dazu. 193.

Manifest aller Völker gegen die französische Revolution . . . Wien 1792. Ü: *Mumelter von Sebernthal, Franz Joseph.* (GGr)

Manifest des Berliner Volks-Wahlcomités. Druck von C. Krause. 1 Bl. 4.
Flugblatt. Berlin, 11. April 1848.

Manifestation an die Polen. Berolini die 26. Augusti Anno 1744. V: *Vockerodt, Joh. Gotthilf & Heinrich von Podewils.* (Preußische Staatsschriften. I. Berl. 1877. 658 ff.)

Manifestation en l'honneur de M. le professeur Th. Schwann. Liège, 23 juin 1878. Liber memorialis publié par la commission organisatrice. gr. 8. (III, 236 S. mit photogr. Portr.) Düsseldorf 879, (Schwann'sche Verlagsh.) cart. *

Manifeste des Cantons Catholiques de Lucerne, Uri, Schwytz, Unterwalden ..., Zug et Fribourg, à tous les États Confédérés. 8. Fribourg 1844.

Manifeste, au sujet de la conspiration découverte à Berne, en juillet 1749. 4. Berne 1749.

Manifeste Lucifer's an die Rothen, Blauen u. Schwarzen. gr. 8. (VIII u. 140 S.) Augsburg 852, Kollmann. 1/3 ℛ

Manifeste de Sa Majesté le Roy de Prusse Pour faire voir Que son Droit à la Principauté de Neufchâtel est soutenu de l'Interêt public.... 4. *s. l.* [1707].

Manifeste, Proclamationen, Bulletins etc., Kaiserliche österreichische. kl. 8. 1813.

Manifesto of the Stadtholderate of the Duchies of Schleswig-Holstein. Kiel, July 22d, 1850. o.O. u. J. 4°

Manifestum Sacrae Regiae Majestatis Borussorum adversus Aulam Electoralem Saxonicam, Berolini Anno 1745. Typis mandatum. — Nota de hostilitatibus copiarum irregularium a Rege Poloniae, qua Electore Saxoniae, recens conscriptarum, in terris Regio Borussicis Nova-Marchia exercitis. 4. (VIII S. und 2 Blätter.)

Manigk, Alfr., das Anwendungsgebiet der Vorschriften f. die Rechtsgeschäfte, s.a. Studien zur Erläuterung des bürgerl. Rechts. 5. Hft.

Das Anwendungsgebiet der Vorschriften für die Rechtsgeschäfte. Ein Beitrag z. Lehre vom Rechtsgeschäft von Dr. jur. Alfred **Manigk**, Privatd. in Breslau. *Breslau: M. & H. Marcus 1901.* (XIII, 404 S.) 8°
= Studien z. Erläuterung d. bürgerl. Rechts. H. 5. [01. 12549

Zur Geschichte der römischen Hypothek. Von Dr. Alfred **Manigk**. T. 1. *Breslau: M. & H. Marcus 1904.* 8°
= Manigk: Pfandrechtl. Untersuchungen. H. 1. [04. 1894 3

Manigk, Alfr., Gläubigerbefriedigung durch Nutzung, e. Institut d. antiken Rechte. (88 S.) gr. 8. Berlin 910. F. Vahlen. 3. —

Manigk, Alfr.: Antichretische Grundstückshaftung im gräko-ägyptischen Recht. Berlin 1910.
(in: Festgabe f. Güterbock z. 80. Geburtstage.)

Manigk, Alfred: Hat der nachstehende Pfandgläubiger das Recht des Verkaufs der Pfandsache? *Breslau 1897: Bresl. Gen.-Buchdr.* (50 S.) 8°
Breslau, Jur. Diss. v. 1897

Manigk, Alfr., hat d. nachstehende Pfandgläubiger das Recht des Verkaufs d. Pfandsache? Diss. gr. 8. (50 S.) Breslau 897. (Schletter.) n.n. 1. —

Manigk, Alfr., Pfandrechtliche Untersuchungen. 1. Heft. Zur Geschichte der römischen Hypothek. 1. Tl. Die pfandrechtl. Terminologie u. Literatur der Römer. (XII, 136 S.) gr. 8. Breslau 904. M. & H. Marcus. n. 4. —

Manigk, Alfred, Dr. jur.: Das gegenseitige Verhältnis der Begriffe Rechtsgeschäft und Willenserklärung. *Breslau: M. & H. Marcus 1900.* (77 S.) 8°
Breslau, Jur. Hab.-Schr. v. 2. Nov. 1900

Willenserklärung und Willensgeschäft, ihr Begriff u. ihre Behandlung nach BGB. Ein System d. jurist. Handlungen. Von Dr. Alfred **Manigk**, Prof., Königsberg. Berlin: F. Vahlen 1907. (XVI, 742 S.) 8° [07. 8415

Manilius, Mar., Astronomicon ex recens. Bentleii. 8. Basel, Flick.

Manilius, Mar., Astronomicon ex recens. R. Bentleii c. select. var. et propr. notis. Cura et studio Eliae Stoeberi. 8maj. Strassb. 767. König. 1 ℛ 16 gr

— — ex editione Bentleii. 8. maj. Frft. Vandueren. 771.

Manilius. Specimen, quo M. Manilii Astronomicon novam recens. ind. F. Jacob. Pr. 1830. 18 S. 1.—

Manili, M., Astronomicon libri quinque. Recensuit Frider. Jacob. Accedit Index et Diagrammata Astrologica. 8maj. (Mit 4 lith. Taf.) Berolini 846, Reimer. 1 1/3 ℛ

Manilius, M., Astronomica. Hrsg. v. Thdr. Breiter. 2 Tle. gr. 8. Leipzig, Dieterich. 8.—; in 1 Bd. geb. 9. —
I. Carmina. (XI, 149 S.) 907. 3. 80
II. Kommentar. Mit 2 Taf. Zeichngn. (XVII, 196 S. m. 1 Tab.) 908. 4. 20

Manilius, Marcus, Himmelskugel. Lateinisch und Deutsch. Im Versmaße des Originals zum ersten Male übers. u. mit Anmerk. begleitet von Jos. Merkel. gr. 8. Aschaffenburg 844, Pergay. 1/4 ℛ

Manilius, des Marcus, Himmelskugel, oder der als ein Ganzes für sich bestehende astronom. Theil seines Werkes. Im Versmaße des Originals zum ersten Male übers. u. mit Anmerkungen begleitet von Jos. Merkel. 2. verb. Aufl. mit 2 lith. Abbildgn. der Farnesischen Himmelskugel. Aschaffenburg 857. Krebs. 4. (43 S.) n. 10 ngr

Technische Manipulationen, oder Erklärung der sogenannten Fabrikgeheimnisse in Bezug auf Färberei, Malerei, Essigfabrikation und Destillation. Fur Freunde der Technik, insbesondere für Fabrikanten, Färber, Maler, Essigfabrikanten und Destillateure. Herausgegeben von einem praktischen Chemiker. Magdeburg, 1843. 8vo.

Manipulationen, technische, oder Erklärung der sogenannten Fabrikgeheimnisse in Bezug auf Färberei, Malerei, Essigfabrikation und Destillation für Freunde der Technik, insbesond. für Fabrikanten, rc. Herausgeg. von einem prakt. Chemiker. 8. Magdeburg 843, Schmilinsky. 1/2 ℛ

Manipulationen, technische. Erklärung der Fabrikgeheimnisse in Bezug auf Färberei, Malerei, Essigfabrication u. Destillation. Hrsg. von einem prakt. Chemiker. 2. m. einem Anhang über „Stärkefabrication" verm. Aufl. 8. (VIII u. 122 S.) Magdeburg 851, Baensch. 1/2 ℛ

Manipulationsinstruction für die Appellationsgerichte. Wien 1783. H: *Keess, Franz Georg Edler von.* (ML)

Manipulations-Vorschrift f. Hof-, Staats- u. öffentliche Fondscassen, sowie Cassen der k. u. k. Privat- u. Familienfonde hinsichtlich der Personaleinkommensteuer u. Besoldungssteuer v. Dienstbezügen (R.G.Bl. Nr. 209 ex 1899). 2., alle gegenüber der früheren Manipulationsvorschrift durchgeführten Ändergn. berücksicht. u. m. Beispielen verseh. amtl. Ausg. (Erlaß des k. k. Finanzministeriums vom 3. XI. 1899, Z. 59. 826.) Lex.-8. (50 S.) Wien (898). (Hof- u. Staatsdruckerei.) n. — 20

(F) Manipulations-Vorschrift für Hof-, Staats- und öffentliche Fondscassen, sowie Cassen der k. und k. Privat- und Familienfonde hinsichtlich der Personaleinkommensteuer und Besoldungssteuer von Dienstbezügen (R. G. Bl. Nr. 209 ex 1899). 2., alle gegenüber der früheren Manipulationsvorschrift durchgeführten Aenderungen berücksichtigende und mit Beispielen versehene amtliche Ausgabe. (Erlass des k. k. Finanzministeriums vom 3. November 1899, Z. 59826.) Wien. 1899. Hof- und Staatsdruckerei. 4°. 50 S. fl. —.10

Manipulus elegantiar. graecar. 8. Nürnb. 767. Felssecker. 8 gr.

— responsor., votor. ac decidendi rationum juris univers. 4. Ienae. 726.

Manis, Frz. Xav., Rechtschreibungs-Uebungen üb. gleich- u. ähnlichlautende Wörter. 8. Grätz 800. Ferstl. 4 gr.

Manis, S. X., Rechtschreibungs-Uebung. üb. gleich- und ähnlich lautende Wörter. 8. Grätz, Ferstl. 800.

Manissadjian, J. J., Lehrbuch der modernen osmanischen Sprache, s.a. Lehrbücher des Seminars f. orientalische Sprachen zu Berlin.

Manissadjian, J. J.: Muršid-i Lisān-y ʻOsmānī. Lehrbuch der modernen osmanischen Sprache. Stuttgart u. Berlin 1893. XX. 394 S.
= Lehrbücher des Seminars für Orientalische Sprachen zu Berlin. Bd. 11. 8°.

Manitius, A. H., s. Manitius, Heinr. Aug.

Manitius, A. S.: Drei Fragen über die Bildung der weiblichen Jugend in der Schule. Ein Vortrag, am Stiftungsfeste des pädagog. Vereines zu Dresden den 30. Jan. 1838 im Saale der Schule zu Rath und That gehalten. Die beigefügte Nachschrift enthält einen Versuch, drei Quellen für d. allmälige Eröffnung einer beabsicht. Fortbildungsanstalt zu entdecken. Leipzig: (Hermann) 1838. 8°

Manitius, August Basilius (Merseburg), De dicendi genere vere populari quo evatorem cui simul docendi consilium sit oporteat uti comm. prima. Präs. Joh. Christ. Henrici. Wittenberg (Tzschiedrich) 5. IX. 1798. 15 S. (5.—) 22098

Manitius, Aug. Basil., († d. 14. Aug. 1814.) die Gestalt d. Dogmatik in d. luther. Kirche seit Morus. 8. Wittenb. 806. Zimmermann. 1 ß

Manitius, Aug. Siegesm., die Festung Königstein im Königr. Sachsen, nach den vorhandenen Hülfsquellen geographisch, naturgeschichtlich, geschichtlich ꝛc. beschrieben, für Besucher und Bewohner der Festung ein Andenken. gr. 16. (VIII und 145 S. mit 22 lithogr. Abbild.) Dresden 860, (am Ende.) *

Manitius, Aug. Wilh.: Die Einführung der Reformation in Annaberg. Ein Gemälde des kirchl. Lebens zu Luthers Zeit, dargestellt u. durch die Lehre vom Ablasse veranschaulicht. Nebst sechs Ablaßbriefen u. dem Bildnisse des größten Ablaßkrämers, Joh. Tetzel. Mit 3 Steindr. u. 1 Tab. Annaberg: Rudolph u. Dieterici 1840. 8°

Manitius, Carl, s. Manitius, Karl

— Christian Friedrich (Lützen), Quaestio jur. an privilegia non subdito data prosint. Präs. Chr. Heinr. Breuning. Lpz. (Langenheim) 23. VI. 1775. 8 S. (2.60) 22099

MANITIUS, Emanuel (ps.), Fanny, die schöne Putzmacherin in Berlin. Bekenntnisse derselben aus ihrem Leben. Mit (freiem) Titelbild. Leipzig, Verlags-Anstalt (W. Röhl), o. J. (1871). 8°. (1/4 Rthl. Scheible; jetzt theurer!)

— — Kuss, Mein erster und mein letzter. Aus den Papieren einer gefeierten Primadonna. Ibid. (1871). 12°. Zahm.
Mit col. Umschl. (1/4 Rthlr. Scheible &c.)

— — Aus dem Leben einer Hôtel-Nymphe. Ibid. (1871). 12°. Zahm.
Mit col. Umschl. (1/4 Rthlr. Scheible &c.)

— — Minna, das schöne Milchmädchen aus Loschwitz. Bilder aus dem Leben. Ibid. (1871). 12°. Zahm.
Mit col. Umschl. (1/4 Rthlr. Scheible &c.)

Manitius, F., Latein. Uebersetzungen aus der Aratusliteratur. S.-A. 1897. 28 S.

Manitius, Fr. Beitrr. z. Statistik des Saalkreises u. d. Grafschaft Mannsfeld, 8. Halle 801. Hendel. 2 gr.

Manitii, Fr., Collectio tractationum diversi argumenti, quas ex catalogis lectionum Acad. Halens. recepit et in unum corpus redegit F. Man. Hal. 801. 8. 10 gr. Sie sind meistens von F. A. Wolf, und diese stehen besser in Wolf's Vermischten Schriften. S. hernach Wolf.

— collectio tractation. diversi argumenti, quas ex catalogis scholar. acad. Halens. recepit etc. 8maj. Halle 802. Hendel. 10 gr.

— Hallischer Kinderfreund. 2 Thle. Mit 1 Kpf. 8. Halle 801. Hendel. 1 ß

— Versuch e. Leitfadens f. den Lehrer u. Anfänger in der Geographie ꝛc. 8. Halle 800. 4 gr.

— Versuch e. Leitfadens für d. Lehrer u. d. Anfänger in der Naturgeschichte bei d. 2n Vorbereitung u. schriftl. Wiederholung. 8. Halle 801. Hendel. 5 gr.

Manitius, Fr., Versuch e. Sammlung v. Materialien f. Declamation und Gesticulation. 8. Halle 800. Hendel. 6 gr.

Manitius, H. F. Ueber religiöse Bildung im Vaterhause. 50 S.
Progr. Halle W. 1840

Manitius, H. F. Von den Mitteln, neu versetzte, bisher getadelte, Schüler für den guten Ton der höheren Klasse zu gewinnen. 16 S. 8.
Progr. Halle W. 1829

Manitius, H. F., s. Programm.

Manitius, Heinr. Aug.

Manitius, H. A., Auswahl französ. Lesestücke. 1. u. 2. Cursus. Mit einem vollst. Wörterbuche. 2. Ausg. A. u. d. T.: Choix de Lectures françaises. Curs I. II. Seconde édition. gr. 8. Leipzig 846, Arnold'sche Buchh. à 1/2 ₰

Manitius, H. A., Choix de Lectures françaises. Cours I. II. — A. u. d. T.: Auswahl franz. Lesestücke, I. u. II. Curs. gr. 8. Dresden u. Leipzig 838, Arnoldische Bh. à * 1/3 Thlr.*
I. Für untere Gymnasialklassen, Institute u. Privatunterr. (13 B.)
II. Für höhere Gymnasialklassen, Institute u. Privatunterr. (12 B.)

— die Formenlehre d. französ. Sprache in gedrängter Uebersicht, eine Beigabe zu dem grammatischen Lesebuche. gr. 8. Ebend. 846. n. 2 ngl

Manitius, Heinr. Aug., vollständige Formenlehre der englischen Sprache. Ein Hülfsbüchlein bei jeder beliebigen Grammatik und den sogenannten Lehrgängen. Für Gymnasien, Real- und Bürgerschulen sowie zum Privat- und Selbstunterricht systemat. zusammengestellt. gr. 8. (48 S.) Leipzig 857, Arnoldische Buchh. *

Manitius, Heinr. Aug., vollständige Formenlehre der englischen Sprache. Ein Hülfsbüchlein bei jeder beliebigen Grammatik und den sogenannten Lehrgängen. Für Gymnasien, Real- und Bürgerschulen sowie zum Privat- und Selbstunterricht systematisch zusammengestellt. 2. Aufl. Leipzig 862. Arnold. gr. 8. (48 S.) 3 ngr.

—— vollständige Formenlehre der französischen Sprache in gedrängter Uebersicht. Ein Hülfsbüchlein zu jeder beliebigen französischen Grammatik sowie zu den sogenannten Lehrgängen. 2., verb. Aufl. gr. 8. (56 S.) Leipzig 857, Arnoldische Buchh. *

— vollständige Formenlehre der französischen Sprache in gedrängter Uebersicht. Ein Hülfsbüchlein zu jeder beliebigen französischen Grammatik, sowie zu den sogenannten Lehrgängen. Für Gymnasien, Real- und Bürgerschulen sowie zum Privat- und Selbstunterricht systematisch zusammengestellt. 3. Aufl. Ebend. 862. gr. 8. (56 S.) 3 ngr.

Manitius, Heinr. Aug., vollständige Formenlehre der italienischen Sprache. Ein Hülfsbüchlein bei jeder belieb. Grammatik und den sogenannten Lehrgängen. Für Gymnasien, Real- und Bürgerschulen, sowie zum Privat- und Selbstunterricht, systematisch zusammengestellt. gr. 8. (67 S.) Chemnitz 864, Focke. *

Manitius, Henry Aug., german grammar. A new method thoroughly practical a. founded on a simple plan to learn the german language in the easiest a. quickest way. For the use of schools a. private students. gr. 8. (VII, 211 S.) Leipzig 872 Fr. Fleischer. 2. 70

—— praktisches Handwörterbuch der deutschen und französischen Sprache. Nach den besten Quellen und mit besond. Berücksicht. für den Schulgebrauch bearb. 2 Thle. Französisch-deutsch. — Deutsch-französisch. br. 8. (VI und 750 S.) Dresden 859, [Dietze.]

—— praktisches Handwörterbuch der französischen und deutschen Sprache. Nach den besten Quellen und mit besond. Berücksichtigung für den Schulgebrauch bearb. 2 Thle. 2. Aufl. 8. (VI und 750 S.) Dresden 868, Dietze. *

Manitius, Heinr. Aug., praktisches Handwörterbuch der französischen u. deutschen Sprache. Nach den besten Quellen f. den Schul- u. Privatgebrauch bearb. 2 Tle. in 1 Bd. 2. Aufl. Neue (Titel-)Ausg. 8. (III, 315 u. 436 S.) Dresden 893. G. Dietze's Verl. Geb. n. 1. 20

Manitius, H. A., Instruction and recreation, a selection of english literature, collected and arranged under proper heads for the use of schools and privat-study. I. edit. (X und 208 S.) 1849. * 20 Ngr. nnd 2. edit., enlarged with an accurate vocabulary, by the same author. gr. 8. (X und 289 S.) Dresden 852(53,) Adler und Dietze.

— **instruction and recreation, a selection of english literature, collected and arranged under proper heads for the use of schools and private-study.** 3. edit. improved and reviewed with the utmost care by the author. Leipzig 869. Fr. Fleischer. gr. 8. (VIII, 289 S.) 22½ ngr.

Manitius, Heinr. Aug., der kaufmännische Correspondent in deutscher, englischer, französischer, italienischer und spanischer Sprache, oder method. Anweisung sich in genannten Sprachen zum fertigen Correspondenten zu bilden. Für Handelsanstalten und zum Selbstunterricht bearb. 8. (VIII und 344 S.) Leipzig 855, Fr. Fleischer.

Manitius, Heinr. Aug., Fenelon's Leben u. Wirken. Leipzig 867. F. Voigt. 8. (29 S.) n. 8 ngr.

— Lehrbuch der englischen Sprache für den Schul-, Privat- u. Selbstunterricht. gr. 8. (XII u. 292 S.) Ebd. 847. — Nach vereinfachter u. leicht faßlicher Methode bearb. 2. durchaus verb. Aufl. gr. 8. (XII u. 292 S.) Ebd. 852. 1 ₰

—— Lehrbuch der englischen Sprache für den Schul-, Privat- und Selbstunterricht. Nach vereinfachter und leicht faßlicher Methode bearb. 3., durchaus verb. Aufl. gr. 8. (XII und 292 S.) Dresden 863, Dietze.

— grammatisch-praktischer Lehrgang der englischen Sprache, zu deren möglichst leichter, schneller u. gründl. Erlernung. Für den ersten Anfang in Schulen u. andern Bildungsanstalten, sowie zum Privatunterricht, bearb. Eine Vorschule zu des Verf Lehrbuch der englischen Sprache. gr. 8. (VIII u. 192 S.) Ebd. 851. n. 16 ngl

—grammatisch-praktischer Lehrgang der englischen Sprache zu deren möglichst leichter, schneller und gründlicher Erlernung. Für den ersten Anfang in Schulen und andern Bildungsanstalten, sowie zum Privatunterricht bearb. Eine Vorschule zu des Verf. Lehrbuch der engl. Sprache. 2., sorgfältig verb. Aufl. gr. 8. (VIII und 191 S.) Dresden 864, Dietze. *

— grammatisch-praktischer Lehrgang der englischen Sprache zu deren möglichst leichter, schneller u. gründl. Erlerng. Für den ersten Anfang in Schulen u. anderen Bildungs-Anstalten, sowie zum Privatunterricht. Eine Vorschule zu d. Verf. Lehrbuch der engl. Sprache. 3., sorgfältig verb. Aufl. 8. (VIII, 191 S.) Dresden 873. G. Dietze. n. 1. 60

— grammatisch-praktischer Lehrgang der französischen Sprache zu deren möglichst leichter, schneller u. gründlicher Erlernung. Für den Schul-, Privat- u. Selbstunterricht bearb. 8. (VIII u. 188 S.) Ebd. 848. — 2. verb. Aufl. gr. 8. (VIII u. 204 S.) Ebd. 850. n. 5/12 ₰

—— grammatisch-praktischer Lehrgang der französischen Sprache zu deren möglichst leichter, schneller und gründlicher Erlernung. Für Gymnasien, Real- und höhere Bürgerschulen, sowie zum Privat- und Selbstunterricht bearb. 3. Aufl. 854. und 4., verb. und verm. Aufl. gr. 8. (VIII und 216 S.) Dresden 856, Adler und Dietze. *

—— grammatisch-praktischer Lehrgang der französischen Sprache zu deren möglichst leichter, schneller und gründlicher Erlernung. Für Gymnasien, Real- und höhere Bürgerschulen, sowie zum Privat- und Selbstunterricht bearb. 5. Aufl. gr. 8. (VIII und 216 S.) Dresden 858, [Dietze.] * –

—— grammatisch-praktischer Lehrgang der französischen Sprache zu deren möglichst leichter, schneller und gründlicher Erlernung. Für Gymnasien, Real- und höhere Bürgerschulen, sowie zum Privat- und Selbstunterricht bearb. 6. Aufl. gr. 8. (VIII und 216 S.) Dresden 864, Dietze. * –

— grammatisch-praktischer Lehrgang der italienischen Sprache zu deren leichter, schneller u. gründlicher Erlernung. Für den Schul-, Privat- u. Selbstunterricht bearb. 8. (VI u. 242 S.) Ebd. 852. 24 ngl

— grammatisch-praktischer Lehrgang der italienischen Sprache zu deren leichter, schneller u. gründlicher Erlernung. Für den Schul-, Privat- u. Selbstunterricht bearb. 2., sorgfältig verb. Aufl. Dresden 865. Ehlermann. gr. 8. (VI, 232 S.) n. 16 ngr

—— zweiter Lehrgang der französischen Sprache. Syntax, oder method. Anleitung, sich im schriftlichen Ausdrucke des Französischen vollständig auszubilden. Nach den besten französ. und deutschen Quellen bearb. für Gymnasien, Realschulen und andere

Lehranstalten, sowie für den Privat- und Selbstunterricht. gr. 8. (XVIII und 238 S.) Dresden 856, Adler und Dietze. Thlr. *

— Französisches Lesebuch, od. Auswahl französischer Literatur in Prosa u. Dichtung, mit grammatischen Anmerkungen u. einem vollständ. Wörterbuche versehen. Für Gymnasien u. and. Lehranstalten hrsg. gr. 8. (VIII u. 296 S.) Ebd. 850. 2/3 Thlr

—— französisches Lesebuch. Eine Auswahl französ. Literatur in Prosa und Poesie mit grammat. Anmerkungen und einem vollständ. Wörterbuche versehen. Für Gymnasien, Realschulen und andere Lehranstalten, sowie für den Privat- und Selbstunterricht. 2., verb. Aufl. gr. 8. (VIII und 322 S.) Dresden 856, Adler und Dietze.

— französisches Lesebuch. Eine Auswahl französ. Lesestücke in Prosa u. Poesie mit grammat. Anmerkungen u. einem vollständ. Wörterbuche versehen. Für Gymnasien, Realschulen u. andere Lehranstalten, sowie für den Privat- u. Selbstunterricht. 3. verb. Aufl. Dresden 868. G. Dietze. gr. 8. (VIII, 322 S.) 20 ngr

Manitius, H. A., französisches Lesebuch. Eine Auswahl französ. Lesestücke in Prosa und Poesie, mit grammat. Anmerkungen und einem vollständ. Wörterbuche versehen. Für Gymnasien, Realschulen und andere Lehranstalten, sowie für den Privat- und Selbstunterricht. 4. Aufl. gr. 8. (VIII, 322 S.) Dresden 874, G. Dietze.

— grammatisches Lesebuch d. französ. Sprache, oder die Formenlehre in Beispielen f. den ersten Schul- u. Privatunterricht. Eine prakt. Vorschule zu dessen Choix de lectures françaises. gr. 8. Ebend. 846. 1/2 Thlr

— die Provence u. ihre Sänger im Mittelalter. Mit Hinblick auf den Einfluß der provenzal. Dichter in Spanien. Nach den besten Quellen f. gebildete Leser u. die reifere Jugend bearb. gr. 8. (VI, 82 S.) Dresden 872. Leipzig. Jenne.. 1. 20

Manitius, A. H., die Provence und ihre Sänger im Mittelalter. gr. 8. Dresden 872. Leipzig, Leipner. (ℳ 1,20.) *

—— die Sprachenwelt in ihrem geschichtlich literarischen Entwickelungsgange zur Humanität. Für den gebildeten Laien und die gereifte Jugend bearb. 1. Bd.: Asien, Afrika und Australien. gr. 8. (IV, 247 S.) Zofingen 876, Schauenberg-Ott. *

—— dass. — Neue (Titel-)Ausg. gr. 8. (IV, 247 S.) Leipzig 879, C. A. Koch's Verlagsh.

Manitius, H. A., die Sprachenwelt in ihrem geschichtlich-literarischen Entwickelungsgange zur Humanität. 2. Bd.: Europa. Griechenland und die romanischen Völker. gr. 8. (VIII, 370 S.) Leipzig 880, C. A. Koch's Verlagsn.
1. Bd. Ebendas. 1879. ℳ 2,50.

—— Weihe der Poesie auf dem Altare der Religion, s. Weihe.

— Weihe der Poesie auf dem Altare der Religion. Eine Festgabe für denkende Christen. Ebend. (855.) 8. (XV, 256 S.) n. 1 Thlr.

— **Joh. Bogislaus** (Berlin), Idea boni animarum pastoris. Präs. Joach. Lange. Halle (Chr. Henckel) Aug. 1711. 44 S. (4.—) 22100

— **Joh. Gottl.** (Burckhardswald.), Accentuum hebraeorum superanda difficultate. Präs. Joh. Fr. Franck. Wittenberg (Schroeder) Nov. 1720. (3.—) 22101

— **Joseph Gotthelf** (Burckhardswald.), De simulanea investitura foeminis in feudo foeminino ad successionem necessaria. Präs. Gottf. Ludw. Mencke. Wittenberg (Gerdes) Juni 1728. 20 S. (4.—) 22102

Manitius, Karl Des Hypsikles Schrift Anaphorikos nach Überlieferung und Inhalt kritisch behandelt. 4 (S. III —XXXI). Progr. G. z. h. Kreuz *Dresden* 1888 (504).

Manitius, C., De antiquissima Neptuni figura. Diss. 1872. 48 S.

Manitius, Carl, de antiquissima Neptuni figura. gr. 8. (IV, 48 S.) Leipzig 873, Engelmann. *

Manitius, Carl, Gedichte. Hrsg. von Heinr. Aug. Manitius. 16. (XXV und 302 S.) Dresden 855, Adler und Dietze. *

Manitius, Karl, Gedichte. Herausg. v. H. A. Manitius. (Mit einer Lebensskizze des Dichters von Gust. Erhardt.) Ebend. 856. 16. (XXV, 302 S.) n. 1 Thlr.

Manitius, Car. Ern. Gust.: De jurium, quae ex diversorum territoriorum legibus ducuntur, collisione ex jure Germanico communi spectata, habita juris Borussici ratione. Vratislaviae (1833). (39 S.) 8°
Breslau, Jur. Fak., Hab.-Schr. v. 9. Jan. 1833

Manitius, Karl Edw., s. Prüfung d. Ansichten d. Prof. v. Baczko.

(Manitius, C. L.): „Prüfung der Ansichten des Herrn Professor v. Baczko in dessen Schrift: Ueber die unglücklichen Verhältnisse der Grund- und Geldeigenthümer in Ostpreussen", Königsberg 1814 (Nicolovius). — Vorh.: Preuß. Staatsbibliothek Berlin.

Karl Ludwig Manitius

Prüfung der Ansichten des Herrn Professor [Ludwig] v. Baczko in dessen kleiner Schrift: Ueber die unglücklichen Verhältnisse der Grundeigenthümer und Geldeigenthümer in Ostpreussen. Von dem Verf. der Abh.: Was hat der Landwirth in Preussen zu thun, um auch unter den heutigen Umständen zu bestehen und die Zinsen seiner Gläubiger zu berichtigen([d.i.] Carl Ludwig Manitius). Zur Rechtfertigung desselben u. Beruhigung der Geldeigenthümer. - Königsberg [1815]: Daniel Friedr. Schultz. 56 S. 8°

– s.a. Was hat der Landwirth in Preussen zu thun?

(Manitius, C. L.): „Was hat der Landwirth in Preussen zu thun, um auch unter den heutigen Verhältnissen zu bestehen und seine Zinsen dem Gläubiger zu berichtigen?" Königsberg 1814 (Nicolovius).

Manitius, M., zu Aldhelm und Baeda. Lex.-8. (102 S.) Wien 886, (Tempsky.) *
Aus: Sitzungsberichte der k. Akademie der Wissenschaften, besonders abgedruckt.

Manitius M., Dr.: Zu Aldhelm und Baeda. S. 112. 536 . . . . 1.60
Separatabdruck

Manitius, M., Zu Amarcius und Eupolemius. S.-A. s. a. 18 S.

Manitius, M., Analekten zur Geschichte des Horaz im Mittelalter (bis 1300). gr. 8. (XV, 127 S.) Göttingen 893. Dieterich's Verl. n. 2. 80

Manitius, M. Beiträge zur Geschichte frühchristlicher Dichter im Mittelalter. [I.] u. II. Lex.-8. (40 S.) Wien, (Tempsky). [I. (40 S.) 889; II. (30 S.) 890.] à * — 60; * 1 20
Aus: Sitzungsber. d. k. Akad. d. Wissenschaften, besonders abgedruckt.

— Beiträge zur Geschichte frühchristlicher Dichter im Mittelalter. 1. Teil. S. 117/12. . – .60
— — 2. Teil. S. 121/7 . . . . –.50
Separatabdruck

Manitius, M., Beiträge zur Geschichte des Ovidius u. anderer römischer Schriftsteller im Mittelalter. gr. 8. (48 S.) Leipzig 900. Dieterich. n. 1. —
Sonderabdruck aus: „Philologus", 7. Suppl.-Bd.

— Geschichte der christlich-lateinischen Poesie bis zur Mitte d. 8. Jahrh. gr. 8. (X, 518 S.) Stuttg. 891, Cotta Nachf. * 12 —

— Philologisches aus alten Bibliothekskatalogen (bis 1300), s.: Museum, rheinisches, f. Philologie.

Manitius, Max, die Annales Sithienses, Laurissenses minores u. Enharti Fuldenses. Inaugural-Dissertation. gr. 8. (52 S.) Dresden 881. (Göttingen, Peppmüller.) n. 1. 20

Deutsche Geschichte unter den sächsischen und salischen Kaisern ⟨911–1125⟩. Von M[ax] **Manitius**. (In 8 Lfgen.) Stuttgart: Cotta 18[87]–89. XIV, 639 S. 4°(8°)
(Bibliothek deutscher Geschichte. [T. 3.]) A 12.13359

— dasselbe, s.a. Bibliothek deutscher Geschichte.

Manitius, Max, Geschichte der latein. Literatur d. Mittelalters, s.a. Handbuch d. klass. Altertumswissensch. IX, 2.

Geschichte der lateinischen Literatur des Mittelalters von Max **Manitius**. T. 1. München: C. H. Beck 1911. 8°
(Handbuch d. klass. Altertums-Wissenschaft. Bd 9, Abt. 2, T. 1.) 10.17941

Manitius, Max, Mären u. Satiren aus dem Lateinischen s.a. Bücher der Weisheit u. Schönheit.

Mären und Satiren aus dem Lateinischen. In Ausw. von Dr. M[ax] **Manitius**. (Stuttgart: Greiner & Pfeiffer [1905].) 177 S. 8°
(Bücher d. Weisheit u. Schönheit.) A 18.14039 5

— Th. Rudel u. Walth. Schwahn, Illustrierte Weltgeschichte. Auf Grund der neuesten Forschgn. u. eingeh. Berücksicht. der Kulturgeschichte bis zur neuesten Zeit dargestellt. Mit 47 Bildern in Holzschn. u. Farbdr. (Neue [Titel]-Ausg.) 4 Tle. in 2 Bdn. (VII, 536; V, 506; VIII, 586 u. V, 603 S.) gr. 8. Berlin [901] (904). Neufeld & Henius. Geb. in Leinw. n. 30. —

— Weltgeschichte z. Konversations-Lexikon, } s.: Schwahn,
— kurzgefaßte Weltgeschichte, } Walth.

Manitius, Max, Ueber die Wohnsitze der germanischen Marsen. Dresden 1885. 8.
Progr. L.- u. Erz.-Anst. Maller-Gelinek. . . . . (D.)

Manitius, Stefan v.: Aus d. Univ.-Frauen-Klinik zu Breslau. Über den Prolapsus virginalis und die Dauererfolge seiner operativen Behandlung. Breslau 1910: Breslauer Genossensch.-Buchdr. 58 S. 8°
Breslau, Med. Diss. v. 28. Febr. 1910, Ref. Küstner
[Geb. 4. Juni 85 Konstantynow; Wohnort: Lodz; Staatsangeh.: Rußland; Vorbildung: Gymn. Lodz Reife Juni 04; Studium: Breslau 3, Göttingen 3, München 2, Breslau 3 S.; Rig. 12.–22. Febr. 10.] [U 10. 581

Manitius, Walther: Das stehende Heer der Assyrerkönige und seine Organisation. Marburg 1910: (Straub, München). 93 S. 8° ¶(Aus: Zeitschrift f. Assyriol. Bd 24.)
Marburg, Phil. Diss. v. 20. Mai 1910, Ref. Jensen
[Geb. 28. März 86 Görlitz; Wohnort: Görlitz; Staatsangeh.: Preußen; Vorbildung: Gymn. Görlitz Reife O. 04; Studium: Halle 1, Marburg 7 S.; Rig. 7. März 08.] [U 10. 3373

Manitowoc Journal: Oct. 1853—Aug. 1864; Jan. 1866—1877.
Republican weekly. Sub-title: Ein republikanisches Wochen- und Sonntagsblatt: A Semi-weekly Republican paper. For Sunday edition, see SONNTAGSBLATT DES MANITOWOC JOURNAL.
Title varies: WISCONSIN'S DEMOKRAT, 1853—1861; UNION DEMOKRAT, 1861—Aug. 1864; ZEITUNG, Jan. 1866—June 1875. Circulation: 1870, 500 (est.); 1875, 767. Edited & published by Carl Roeser, 1853—Jan. 1861; Adolph Wallich, Jan. 1861—Aug. 1864; Otto Troemel, 1867—Feb. 1873; by Charles Wedelstedt, Feb. 1873—1875; by Friederich Heineman, July 1875—1877.
Manitowoc, WI

Sonntagsblatt des Manitowoc Journal: Jan. 1875?—1877?
Sunday edition of MANITOWOC JOURNAL, which has been cited as a semi-weekly; however, the Sunday edition may be subscribed for separately. Title varies slightly: JOURNAL: SONNTAGS-BLATT. Circulation: 1877, 900 (est.).
Manitowoc, WI

Manitowoc Post: July 1881—Nov. 29, 1924.
Republican weekly [semi-weekly, Apr. 9, 1910—Oct. 19, 1916]. For supplement, see, TWO RIVERS POST. Absorbed DIE WAHRHEIT. Merged with WESTLICHER HEROLD (Winona, Minn.). Circulation: 1890, 650; 1900, 1150; 1910, 1340; 1915, 1300.
Edited & published by Adolph Wittmann, 1881—88; by Adolph Wittmann & ? Brandt, 1888—93; by Adolph Wittmann, 1893—96; by Emil Baensch & ? Gennrich, 1896—Nov. 1909; edited by Walter Wittmann, 1909?—1924; published by Manitowoc Printing Co., 1909—23; by Westlicher Herold, Inc., Winona, Minn., 1923—24.
Manitowoc, WI

Manitz, Ernst [aus Freienwalde a/Oder]: Über Adnexoperationen ... Erlangen, k. b. Hofbuchdr. v. A. Vollrath, 1893; 61 S., 1 Bl. 8.
Erlangen, Med. Fak., Inaug.-Diss. v. [26.] Juli 1893

Manitz, Friedrich [aus Freienwalde a. O.]: Über die secundären Erkrankungen der regionären Lymphdrüsen bei Tuberculose der Knochen und Gelenke ... Erlangen, Druck d. Univ.-Buchdr. v. E. Th. Jacob, 1892; 39 S. 8.
Erlangen, Med. Fak., Inaug.-Diss. v. 18. Juli 1891

Manitz, Friedrich Otto [aus Lichtenwalde]: Zur Kenntnis des Phenyldihydroresorcins und Methyldihydroresorcins ... Heidelberg, Univ.-Buchdr. v. J. Hörning, 1896; 38 S., 1 Bl. 8.
Heidelberg, Naturw.-math. Fak., Inaug.-Diss. v. [9. Mai] 1896

Maniu, V., zur Geschichtsforschung über die Romänen. Historisch-krit. und ethnolog. Studien. Deutsch von P. Brosteanu. 2. Aufl. gr. 8. (IV, 169 S.) Leipzig 885, Pfau. *

Mankato Post: Jahrgang 1—32, no. 36, Sept. 3, 1886—May 16, 1918?
Weekly, Sept. 3, 1886—Jan. 27, 1898?; semi-weekly, Feb.? 1898—1908; weekly, 1909—18. Independent. Has supplement entitled: DIE EXTRA POST, published as "Beilage zur MANKATO POST". Circulation: 1890, 800; 1904, 3387; 1910, 2400; 1915, 2260. Edited & published by George W. Scherer, 1886—89; by Traub & Pusch, 1890—92; by George E. Traub, 1893—1905; by August Blissenbach, 1906—18.
Mankato, MN

Schwestern-Toast. Dargebracht von **Manke** bei dem St. Joh. Feste am 28. Juli 1872 im Or. Kaiserslautern [nebst Antwort darauf von Werner]. 2 Bl. 8°. [Kopftit.]

Manke, Artur

Manke, Art., aus Bruch u. Heide. Geschichten, Bilder, Skizzen u. Gedichte. (92 S.) 8. Lissa (909). O. Eulitz. 1. —

Der Mäuseturm bei Kruschwitz und der Goplosee von Arthur **Manke**. (Mit 6 Bild. u. 3 Kartenskizzen.) Lissa i. P.: F. Ebbecke 1907. (20 S.) 8°
[F.] 07. 9987

Manke, C. F., üb. d. Bildung d. Volsstandes. gr. 8. Lpz. H. Richter. 804.

Manke, J. C. G., 112 einstimmige Choralmelodien in Noten u. Ziffern. Lithogr. 8. Stolp 841, Fritsch. 1/8 ₰

Manke, J. C. G., kleines Schul- und Kirchen-Choral-Melodienbuch. 2., umgearb. und verm. Aufl. 8. (36 S.) Stolp 860. [Wittenberg,] Kölling's Verlag.

Manke, (J. G.,) Weihe des neuen Altars in der Kirche zu Brockwitz am 1sten Pfingstfeiertage 1822, nebst Nachrichten üb. Brockwitz, Clieben u. Sörnewitz, so wie über das alte Geschlecht der Herren v. Miltitz. Mit e. Abbild. des neuen Altars. gr. 8. Meißen 822, Gödsche.

Manke, Paul: Die Familiennamen der Stadt Anklam. Zweiter Teil. Anklam, gedr. bei R. Poettcke (1889); 1 Bl., 20 S. 4°
Anklam, G, OP 1889 (120)

Manke, Paul: Die Familiennamen der Stadt Anklam. Dritter Teil. (Forts. d. P-Beil. 1887. 89.) Anklam, gedr. bei R. Poettcke (1890); 1 Bl., 16 S. 4°
Anklam, G, OP 1890 (123)

Manke, W. Amerikanische Geldauswanderungsagenturen. Berlin o. J.

Mankel, C. W. Das Sinnesleben 38 S. Progr. *Münster i. Els.* 1877.

Mankel, Friedrich, Referendar a. Göttingen: Das kaufmännische Zurückbehaltungsrecht verglichen mit dem Pfandrechte und dem Zurückbehaltungsrechte des bürgerlichen Rechts. Göttingen 1906: Dieterich. (90 S.) 8°
Heidelberg, Jur. Fak., Ref. Schroeder, Diss. v. 18. Okt. 1906
[Geb. 2. März 81 Göttingen; Wohnort: Göttingen; Staatsangeh.: Preußen; Vorbildung: Gymn. Göttingen, Münden Reife O. 02; Studium: Göttingen 6 S.; Rig. 10. März 06.]

Mankel, Wilhelm: Laut- und Flexionslehre der Mundart des Münsterthals im Elsass.... Strassburg, Karl J. Trübner, 1886; 6+54 S. 8°.
Strassburg, Phil. Fak., Inaug.-Diss. v. 1886.

Mankel, W. Die Mundart des Münsterthales, s. Studien, Strassburger, 2. Bd.

(Mankell, J.) Eine schwedische Darstellung der Schlacht bei Fehrbellin. Berlin 1876. 8°. (Aus: Bh. z. M. W. B. 1875.)

Manker, Moriz. Sammlung aller Normalien, Erlässe u. Reskripte des k. u. k. Ministeriums für Landes-Vertheidigung. Klgft., Bertschinger, 1875. Quart. 54 S.

Mańkhakosa, der, hrsg. v. Thdr. Zachariae, s.: Quellenwerke der altindischen Lexikographie. III.

Mankiewicz, Albert Georg: Beiträge zur Lehre von der actio Pauliana. Halle [1874]: Plötz. 59 S. 8°
Halle-Wittenberg, Jur. Diss. v. 29. Juli [1874]
Geb. Alt-Janischau (Kr. Marienwerder) 2. 11. 1850. V.

Mankiewicz, Alfred [Referendar am K. Amtsger. zu Konstadt]: Ueber die Bedeutung des Satzes locus regit actum für das gemeine Recht. . . . Breslau, Druck d. Bresl. Gen.-Buchdr., 1891; 8 Bl., 76 S., 1 Bl. 8°
Breslau, Jur. Fak., Inaug.-Diss. v. 2. Mai 1891

Mankiewicz, Alfr., üb. die Bedeutung d. Satzes locus regit actum f. das gemeine Recht. Diss. gr. 8. (VI, 76 S.) Breslau 891. (L. Köhler.) n. 1. —

Mankiewicz, Hans, Ref. in Niesky (Oberlausitz): Die richterliche Ermäßigung einer im Statut einer Aktiengesellschaft festgesetzten Vertragsstrafe. Borna-Leipzig 1906: R. Noske. (IX, 41 S.) 8° [F.]
Leipzig, Jur. Fak., Diss. v. 8. Juni 1906
[Geb. 23. Jan. 83 Breslau; Wohnort: Niesky; Staatsangeh.: Preußen; Vorbildung: Wilh.-Gymn. Berlin Reife O. 02; Studium: Heidelberg 1, Berlin 5 S.; Rig. 29. Jan. 06.]

Mankiewicz, Hermann Julius: Die Rechte und Pflichten des Aufsichtsraths der Aktiengesellschaft nach dem Handelsgesetzbuch vom 10. Mai 1897. *Greifswald 1899: J. Abel.* (35 S.) 8° [F.]
Greifswald, Jur. Diss. v. 1899

Mankiewicz, Herm. Jul., die Rechte u. Pflichten des Aufsichtsraths der Aktiengesellschaft nach dem Handelsgesetzbuch vom 10. V. 1897. gr. 8. (34 S.) Berlin 899. Struppe & Winckler. n. 1. 20

Mankiewicz, Ludwig (Posen), De methodo adstringente. Berlin (Nietack) 24. XII. 1827. 42 S. mit Biogr. (4.—) 22103
Gew.: J. Fr. C. Hecker, El. Mankiewicz (Vater). — Oppon.: E. Gabler, Ph. Wittig, Fr. Puellenberg.

Mankiewicz, Otto, Kunstbuch, s.: Bartisch, Geo.

Mankiewicz, Otto [aus Dresden]: Ueber die bösartigen Tumoren der Nebenniere . . . . Strassburg i. E., Druck v. M. DuMont-Schauberg, 1887; 32 S. 8°
Strassburg, Med. Fak., Inaug.-Diss. v. 1887

Mankiewicz, Otto, über die bösartigen Tumoren der Nebenniere. Diss. Strassburg i. Els. 1887, Trübners Sort. 8°. 32 S.

Mankiewicz, Otto Hanns [Referendar]: Die Voraussetzungen der Putativehe in den Rechtsquellen des gemeinen Rechts und nach heutiger Doctrin ... Göttingen, Druck d. Univ.-Buchdr. v. E. A. Huth, 1895; 55 S. 8.
Göttingen, Jur. Fak., Inaug.-Diss. v. [15. Nov.] 1895

Mankiewicz, Otto Hanns, die Voraussetzgn. d. Putativehe in d. Rechtsquellen des gemeinen Rechts u. nach heut. Doctrin. Diss. gr. 8. (55 S.) Göttingen 895. (Altona, J. Harder's Sort.) n. 1. —

Mankiewitz. Preußisch-deutsche Einigkeits-Hymne. Verlag von S. Löwenherz. 1 Bl. Fol.
Flugblatt. Berlin, 1848/49.

Mankiewitz, Ratgeber f. d. Tropen, s.: Kohlstock, Paul.

Mankiewitz, (Joseph.) Eman. (geb. Mühlhausen in Thür. 21. 6. 1821): De metastasibus. Berolini (1843). (30 S.) 8°
Berlin, Med. Diss. v. 7. Aug. 1843

Mankiewitz, Leopold [aus Mühlhausen i. Thür.]: Beitrag zur Histologie des Unterkiefer-Gelenkes .... Jena, Druck v. Julius Hossfeld, 1886; 30 S. u. 1 Taf. 8°.
Jena, Med. Fak., Inaug.-Diss. v [Jul.] 1886.

Mankiewitz, Leopold, Beitrag zur Histologie des Unterkiefer-Gelenkes. Diss. Jena 1886, G. Neuenhahn. 8°. 30 S. mit einer Taf.

Mankiewitz, Siegfried [app. Arzt]: Ueber einen radical operierten Fall von Hernia inguinalis. . . . München, k. Hof- u. Universitätsbuchdr. v. Dr. C. Wolf & Sohn, 1889; 25 S. 8°
München, Med. Fak., Inaug.-Diss. v. 1889

Manko, s. Karl Fr. Menke.

Mańkowski, Boleslaus Ueber die absolut-apriorischen Elemente der theoretischen Erkenntnis. 8 (44 S.). K. k. zweit. Oberg. *Lemberg* 1888. Progr.

Mankowski, Frz., kurzgefaßte, schulgemäße Erläuterung v. 21 Kirchenliedern, in Anlehng. an die „einstimm. Kirchenlieder f. kathol. Schulen" bei ganz einfachen Schulverhältnissen hrsg. 8. (III, III, 45 S.) Konitz 891. C. F. Wollsdorf. n. — 50

Mankowski, H., die Belagerung der Marienburg. Histor.-romant. Schauspiel in 4 Aufzügen u. 1 Vorspiel. gr. 8. (75 S.) Leipzig (901). E. Schnurpfeil. n. 1. 20

— die Jungfrau v. Orleans, s.a. Theater, kleines.

Die Jungfrau von Orléans. Ein geschichtl. Trauerspiel in 5 Bildern von H. **Mankowski**. *Paderborn: B. Kleine [1902].* (55 S.) 8° [F.]
= Theater, Kleines. H. 324. [03. 9059

Mańkowski, Heinrich [Doktor der gesammten Heilkunde und Thierarzt, Assistent an der k. k. thierärztlichen Hochschule in Lemberg]: Der histologische Bau des Strichkanals der Kuhzitze. Mit 6 Textbildern. (S.-A. aus dem Polnischen Archiv für biologische und medizinische Wissenschaften. Bd. 2.) Lemberg 1903. 15 S. 8°.
Bern. Vet.-med. Diss. 1902/1903.

Mańkowski, Heinrich. Der histologische Bau des Strichkanals der Kuhzitze. Diss. Vet.-Med. Bern. Mit 6 Textbildern. (Separatabdruck aus dem «Polnischen Archiv für biologische und medizinische Wissenschaften». — Band 2.) 15 S. gr.-8. Lemberg, «Drukarnia Ludowa», 1903.

Mankowski, Herm., s. a.: Justus.

Unter Nordlands Eichen. Hist.-romant. Schauspiel in 5 Aufz. Von H[ermann] **Mankowski**. Berlin: Selbstverl. [1896]. (64 S.) 8° [F.] [07. 4371

Mankowski, H., Führer durch Ermland, s.a. Städte u. Landschaften, nordostdeutsche. Nr. 15.

Mankowski, H[erm.], Führer durch Ermland. Danzig (1905). 8°.
(Nordostdeutsche Städte u. Landschaften Nr 15.)

— die Halbinsel Hela, s.a. Städte u. Landschaften, nordostdeutsche. Nr. 9.

Die Halbinsel Hela. (Illustr. Reiseführer.) Von H[ermann] **Mankowski**. Mit Ill. u. 2 Kartenskizzen. Danzig: A. W. Kafemann [1906]. (69 S.) 8°
= Städte, Nordostdeutsche, u. Landschaften. No 9. [06. 10170

— Der Nibelungen Heunenfahrt, s.: Dilettantenbühne, kathol.

Mankowski, Leo v., der Auszug aus dem Pancatantra in Kshemendras Brihatkathâmanjarî. Einleitung, Text, Uebersetzg. u. Anmerkgn. gr. 8. (V, LV u. 80 S.) Leipzig 892. O. Harrassowitz. n. 6. —

von Mańkowski, Leo [Dr. iur.]: Kritische Bemerkungen zu dem Texte der sogenannten zweiten Uebersetzung des Statuts von Wiślica. . . . Breslau, Schles. Volkszeitungs-Buchdr. (R. Reid), 1889; 3 Bl. + 102 S. + 1 Bl. 8°
Breslau, Phil. Fak., Inaug.-Diss. v. 21. Dez. 1889

Mankowski, M., 40 Tage vor der Todesstrafe. Fragment aus den Memoiren e. Proletariers. Aus dem Poln. Uebersetzung des Autors. (In russ. Sprache.) (71 S.) 8. Berlin (906). H. Steinitz. n. 1. 60

[Russ.] M. Man'kovskij. Sorok dnej pered kaznjami. Otryvok iz vospominanij 'proletariatčika' [Mieczysław **Mańkowski**: Wspomnienia więzienne proletaryatczyka, Ausz.]. S pol'skago. Perevod avtora. Berlin: G. Štejnic (1906). (71 S.) 8°
[Auf d. Umschl.:] Mankowski. Vierzig Tage vor d. Todesstrafe.
(Sobranie lučšich russkich proizvedenij. Č. 113.) [07. 3612

Mankowski, Wacław., w kraju i za granicą. Powieść. Wydanie J. N. Bobrowicza. 2 Tom. 8. (VI und 429 S.) Leipzig 847, Librairie étrangère.

Mankowsky, Abraham. Über die wirksamen Bestandtheile der Radix Bryoniae albae. Diss. gr. 8. (60 S.) Dorpat 889, (Karow). * 1 —

Manlehn, Adalb., Maienblüten. Gedichte. 16. (VI und 138 S.) Leipzig 856, C. L. Fritzsche. *

Manleitner, Carl, Tierarzt in Berlin: (Aus der Universitäts-Augenklinik in Leipzig.) Zur Kenntnis der Augentuberkulose bei Rind und Schwein. Mit 2 Tafeln. Leipzig: W. Engelmann 1905. (71 S.) 8° ¶ Aus: „v. Graefe's Archiv. f. Ophthalmologie" Bd 61, H. 1.
Leipzig, Phil. Fak., Ref. Eber u. Chun, Diss. v. 16. Dez. 1905
[Geb. 12. Jan. 75 Tilsit; Wohnort: Berlin; Staatsangeh.: Preußen; Vorbildung: Gymn. Tilsit bis 1.; Studium: Berlin, Tierärztl. H. u. Univ. 6, Königsberg 2, Leipzig 3 S.; Rig. 20. Juni 05.]

Manley, William

Wilhelm Manly's neu vermehrter Unterricht von Sackuhren. Frankfurt. 12. 3½ Bog. (2 Ggr.) 1728.

* *Wilhelm Manly's* nützlicher Unterricht von Sackuhren. Allen denen, welche Sackuhren haben, zum Besten aus dem Englischen ins Teutsche übersetzet, und mit einer Kupfertabelle versehen von *T. B. D. M.* Wien, unter denen Tuch-Lauben im Pfefferschen Haus, zu finden bey Peter Conrad Monath. 12. 90 S. m. 1 Kupfert. 1751.

William Manley

Wilhelm Manleys [Manley] Nützlicher Unterricht von Sackuhren...aus dem Engl. ins Teutsche übers. Nürnberg:Monath 1761. 63 S. 8°

Angeb.an: Sack-Uhr, Die richtige. Franckfurth a.M.1726.

William Manley

Guilielmi Manleys [William Manley] Unterricht, wie man sich der Sack-Uhren wol gebrauchen solle. Mit nützlichen Anmerckungen...a.d.Frantz. ins Teutsche übers. u.nebst e.Zusatz verm.von T.B. D.M. Franckfurt & Leipzig:Lorber 1715. 66 S. 8°

§ * **MANLEY** de la Rivière, Mrs. (geb. um 1672 zu Guernesey, † zu London 11. Juli 1724). — Die Atlantis der *Madame Manley* Oder eine geheime Nachricht von denen vornehmsten Personen in Engelland und derselben Intriquen(!) Von dem Jahr 1683. bis jetzo. Aus d. Frantzös. accurat übersetzet, und mit einem curieusen Anhang vermehret. Mit TKpf. Haag, bei Hnr. Scheurleer (wirkl. Druckort?), o. J. (c. 1712). 8°.
— — Dasselbe. Haag, in der Geheimen Staats Druckerey, o. J. 8°.
(In Marburg, Univbibl.: XVI C 774.) 188 SS. (incl. Tit., auf d. Rücks. Inhaltsverz., u. 1 Bl. Vorr.). Anhang beginnt S. 182.
— — Dasselbe. Haag 1740. 8°.
Sämmtlich höchst selten!

Manlik, M., kleiner Wegweiser durch d. Schwankgn. rc. d. deutschen Sprachgebrauchs, s.: Matthias, Th.

Manlik, Martin Die volksthümlichen Grundlagen der Dichtung Neidharts von Reuenthal. 8 (31 S.).
II. Theil. 8 (25 S.). Staats-Oberg. *Landskron i. B.* 1889..1890.
Progr.

Manlik, Martin Zum Leben und Treiben der oberdeutschen Bauern im 13., 14. und 15. Jahrhundert. (Umschlagtitel: Das Leben . .) 8 (24 S.).
Progr K. k. Staats-Oberg. *Landskron in Böhm.* 1892.

Manlik, Martin Das Leben und Treiben der Bauern Südostdeutschlands im 13. und 14. Jahrhundert. 8 (53 S.).
Progr. K. k. G. *Mähr. Weisskirchen* 1888.

Manlik, Martin: Über das Leben u. Treiben d. Bauern Südostdeutschlands im 13. und 14. Jahrhundert.
Phil. Diss., Prag 1889/90

Mantlik, Wenzel, Anleitung zur Matrikenführung, nach den kirchl. Vorschriften u. den in Oesterreich geltend. staatl. Normen zusammengestellt. (VII, 465 S. m. 6 Formularen.) 8. Prag 905. Rohlíček & Sievers. n. 5. 70

Manly, George W. [of Louisville, Ky., U. S. A.]: Contradictions in Locke's Theory of Knowledge.... Leipzig, printed by C. G. Röder (1886); 67 + 1 S. 8°.
Leipzig, Phil. Fak., Inaug.-Diss. v. 7. Aug. 1886.

Manly, George W., Contradictions in Locke's Theory of Knowledge. Diss. Leipzig 1886, Gustav Fock. 8°. 67 S.

Manly, Thom., Anleitung zur Ausübung der Ozotypie, e. neuen Pigment- u. Gummidruck-Verfahrens m. sichtbarem Bild u. ohne Uebertragung. Autoris. Uebersetzg. (51 S.) 16. Dresden 903. [Verlag des „Apollo"] Unger & Hoffmann. n. — 90

Manly, Wilhelm, s. Manley, William

Mann, Der, eine wöchentliche Sittenschrift . . . Leipzig [1756—58]. H: *Jacobäer*. (BrMm)

Mann, der, e. sittl. Wochenschrift auf d. J. 1756—58. complet. 8. Leipz., Jacobäer. 3 ℳ

Mann, der arme, im Toggenburg, hrsg. v. Ludw. Hirn, s. a. Bibliothek der Gesamt-Litteratur d. In- u. Auslandes.

Mann, der arme, im Tockenburg, s. a. Universal-Bibliothek.

Mann, Der arme, im Tockenburg. Nach den Originalhandschriften hsg. v. Ed. Bülow. Leipz. 1852. Neue Aufl. Halle a. S. [1892]. V: *Bräker, Ulrich*. (AarK) (Berl)

— der arme, im Tockenburg (Ulrich Bräker). Nach den Originalhandschriften hrsg. von Ed. (v.) Bülow. Mit einem Bilde von L. Richter (in Stahlst.) 16. (X u. 411 S.) Leipzig 852, G. Wigand. 1 ℳ; in Engl. Einb. 1⅓ ℳ

Mann, der, mit d. rothen Ermel, e. Geistergesch. v. J. F. Arnold. 2 Thle. 8. Gotha, Ettinger. 797—99. (à 1 Rtblr.)

Mann, Ein auszeichnungswerther, in Wien . . . Wien 1849. V: *Orosz, Anton von*. (Pk) (KU)

Mann, Der, vom Berge. [Weimar 1790.] V: *Demme, Hermann Christian Gottfried*. (MGT)

Mann, der, vom Berge, od. d. polit. Wetterprophet f. d. J. 1834. gr. 12. (2 B.) Hanau, König.

Mann, der berühmte. Ein Märchen aus d. 20. Jahrh. v. M. v. B. (116 S.) kl. 8. Leipzig 907. Verlag f. Literatur, Kunst u. Musik. 2.50; geb. n 3. 50

Mann, der beste; Lstspl. 8. Leipz. 769. Schwickert. 6 g.

— der beste; Lstspl. 8. Leipz. 778. Hilscher. 4 g.

Mann, der beste, Lustspiel v. Beaumont u. Fletcher, übers. v. Kannegießer. 8. Berlin, Braunes. 808. (Sommerbrodt.)

— der brave, oder d. Gefahr am Donaustrom, s. a. J. A. Gleich.

— der brave; od. d. Gefahr am Donaustrom. Oper in 3 Aufz. 8. Wien, Wallishäußer. 806.

Mann, der, ohne Charakter, s. Vivian.

Der Mann, der die Musik verdarb. *Elberfeld: R. Brockhaus [1900]*. (23 S.) 8° [F.]
= [Schriften z. Erbauung u. Befestigung d. Gläubigen.] No 158.

Mann, Der, der seine Frau nicht kennt. Leipz. 1781. V: *Boissy, L. de*. (EB)

— der, der seine Frau nicht kennt. Lustsp. in 2 A. nach Boissy v. F. W. Gotter. 8. Lpz. Dyk. 781.

Mann, der, der seinen Nachbar unschädlich machte. 7. Aufl. 8. (16 S.) Stuttgart 888, Buchh. der Evangel. Gesellschaft. *

— der deutsche, und die vornehmen Leute, Sittengemälde in 4 Akten, von A. v. Kotzebue. 8. Leipzig, Kummer. 818.

Mann, der deutsche, und der Patriot im Streit, oder: das literarisch-politische Halsgericht, eine dramatische Kunstausstellung für Volksfreunde, oder ein Schicksals-Quodlibet. Nach dem Span. des Don Clavijo Faxar frey bearbeitet. 8. (Leipzig, Hartmann.)

— der deutsche, u. der Patriot im Streite, oder: das literar.-polit. Halsgericht, eine dramat. Kunstausstellung für Volksfreunde, oder ein Schicksals-Quodlibet. Nach d. Span. des Don Clavijo Faxar frei bearb. 8. Reutling., Mäken. 12 g.

Mann, Der deutsche, und der Patriot im Streit, oder das litterar-politische Halsgericht . . . Philadelphia o. J. [1816]. V: *Schlegel, August Wilhelm* [?]. (EB)

Mann, Der edle, in einem Liede . . . Wien 1796. V: *Halitzky, Andreas Friedrich*. (Pk) (GGr)

— der ehrliche; e. Wochenschrift. 3 Stcke. gr. 8. Gotha 764. Mevius. 1 ℳ 6 g.

Mann, Der ehrliche, eine Wochenschrift. Gotha 1765. H: *Stölzel, Wilhelm Friedrich & Jacob Friedrich Schulz*. (ML)

— d. ehrliche, und d. Betrüger. 8. Berlin. 758.

Mann, Der eiserne. Ein Lustspiel in einem Aufzuge . . . Dresden 1786. V: *Brühl, Alois Friedrich Graf v.* (BrMm)

— der eiserne, Lustsp. v. Brühl. 8. Dresd. Walther. 786.

Mann, Der eiserne, oder die Drudenhöhle im Wienerwald, ein österr. Volksmährchen mit Gesang in 3 Akten. 2. Aufl. Wien 1801. V: *Huber, Leopold.* (GGr)

— der eiserne, oder d. Drudenhöhle. Schspl. in 3 A. 8. Wien 801. Wallishausser. 12 gr (Duyle in Salzb.) 2 gr

— d. finstere; e. Pröbchen aus d. Musterkarte d. Liebe, v. C. Hülle. 8. Leipz. Schäfer. (Kühn.) 799.

Mann, Der finstere. [Leipzig 1801.] V: *Schindler, Carl.* (MGT)

Mann, Der, und die Frau im Ehestande . . . A. d. Franz. Leipz. 1772. V: *Lignac, de.* (BGG)

— der, u. die Frau im Ehestande, physikal. Betrachtt. 8. Leipz. 777. 2e Aufl. . . . (Aue in Altona). 21 gr

— u. Frau, Wittwer u. Wittwe. Lstspl. 8. Leipz. 785. Dyck. 6 gr

MANN, Der, von sechs Frauen. Fortsetzung der Probenächte. Hamburg, o. J. (c. 1880). (75 Pfg. Gust. Apitzsch, Lpz., 1885.)

— der freie; Lstspl. 12. Manh. 795. (Hinrichs in Leipz.) 6 gr

— der freye,. Lustsp. 12. Mannh. Kaufmann. 795.

Mann, Freier, freies Gut! oder Vorschlag zu einem Vergleich durch die Verwandlung der Zehnten, überhaupt jeder s. g. Feudalist im Königreich Würtemberg. Stuttg. 1831. V: *Zeller, Joh. Frdr.* (Kat. d. ständ. Bibl. Stuttg. 1907. S. 625.)

— der, auf Freyers-Füßen, v. Fr. Lann. (Fr. A. Schulz.) 8. Freyberg, Craz u. G. 800.

— der gebildete. Ein Welt-Lexikon der Litteratur. Ein Bildungshandbuch f. Jedermann. I. Die Theaterstücke der Weltlitteratur, ihrem Inhalte nach wiedergegeben. Mit e. Brief Max Nordau's als Einleitg. 8. (XVI, 648 S.) Berlin 892. A. H. Fried & Co. Geb. in Leinw. n. 3. —

— dasselbe. 1. Bd. 2. Aufl., s.: Conversations-Lexikon der Weltlitteratur.

— der wissenschaftlich gebildete. Handbuch zur Aneignung e. umfass. universellen Wissens. Methode Rustin. Selbst-Unterrichtsbriefe, hrsg. v. Rustinschen Lehrinstitut. Red. v. C. Ilzig. Bearb. v. Gust. Behrendt, Max Baumann, Fr. Bußler u. v. a. 1.—123. Lfg. Lex.-8. (4193 S. m. Abbildgn., 12 farb. Karten, 38 farb. Kartens. in gr. 4 u. 1 Tab.) Potsdam (900—902). Bonneß & Hachfeld. Subskr.-Pr. à n. — 90; Einzelpr. à n. 1. 25

Mann, der wissenschaftlich gebildete. Handbuch zur Aneigng. e. umfass. universellen Wissens. Methode Rustin. Selbst-Unterrichtsbriefe in Verbindg. m. eingeh. Fernunterricht. Hrsg. vom Rustinschen Lehrinstitut für briefl. Unterricht. Bearb. v. Gust. Behrendt, Max Baumann, Bayer u. v. a. 124.—241. Lfg. (3800 S. m. Abb., 1. farb. Taf. u. 4 farb. Karten.) Lex.-8. Potsdam (903—906.) Bonneß & Hachfeld. Subskr.-Pr. à n. — 90; Einzelpr. à n. 1. 25

— der wissenschaftlich gebildete. Handbuch z. Aneigng. e. umfass. universellen Wissens. Methode Rustin. Selbst-Unterrichtsbriefe in Verbindg. m. eingeh. Fernunterricht. Hrsg. v. Rustinschen Lehrinstitut f. briefl. Unterricht. Bearb. v. Max Baumann, Gust. Behrendt, Bayer u. v. a. 242.—263. Lfg. (724 S. m. Abb. u. 5 Bl. m. 4 farb. Karten.) Lex. 8. Potsdam (907—09). Bonneß & Hachfeld. Subskr.-Pr. à — 90; Einzelpr. à 1. 25

Mann, Der, von Gefühl. Aus dem Englischen. Danzig 1774. V: *Mackenzie, Henry.* Ü: *Lessing, Karl Gotthelf.* (Less 113)

Mann, Der, von Gefühl; a. d. Engl. Danzig 1777. V: *Mackenzie, Henry,* Ü: *Lessing, Carl Gotthelf.* (MGT) (Adel) »2. Aufl. Berlin 1778« Ü: *Selle, Christian Gottlieb.* (MGT) (Ky) (ML) »Neue Aufl. 1783.« V: *Mylius, Wilhelm Christhelf Siegm.* (Ky) (Neuest. Gel. Berlin II, 56.)

Mann, der, von Gefühl; aus d. Engl. (v. K. G. Lessing). 8. Danzig 777. Flörke. 10 gr 2e Ausg. übers. (von Chr. Gli. Selle). 8. Berl. 778.

— Dass. übers. (von W. C. S. Mylius). Mit 5 Kpf. 8. Berl. 783. 4e A. 794. 5e A. 799, a. 803. (Reimer; a. Recht). 1 Rtl.

Mann, der, vom Gefühl, nach der letzten Londner Ausgabe zum viertenmahle neu übersetzt von Mylius, m. 5 Kupf. 8. Berlin, 794. Himburg. 1 Rtl.

— d., von Gefühl, a. d. Engl. 8. Danzig, Flörke. 794.

— Dass. aus d. Engl. neu verdeutscht. 8. Leipz. 802. Junius. (Brockhaus). 20 gr

— — dass. a. d. Engl. neu verdeutscht. 8. Leipz. Junius. (Gleditsch.) 802.

— — dass. nach d. letzten Londner Ausg. z. 5tenmale übers. v. Mylius, m. 5 K. 8. Berlin, Himburg. 803.

Mann, der, von Gefühl. Uebers. von Mylius. M. Kpf. 8. Berlin, Himburg. 803. (Reimer.)

Mann: Der gemeine Mann
(4) Der Volksmann von Luzern (5) 24. 12. 1849 (Probeblatt)—27. 12. 1850 (6) 4° (7) Wochenblatt (8) Luzern: Ulrich Müller (10) Ulrich Müller (11) Jost Müller (12) freisinnig (13) BGSZ: 1028, 1032 (14) Lu: Z (15) An Stelle der beiden Zeitungen »Der gemeine Mann« und »Der Volksfreund« (Lu) erscheint im Jahre 1851 der »Volksmann von Luzern«.

— der, von Geschmack. Lustsp. von Miller. 8. Danzig, Wedel. 777.

MANN, Der, unter vielerlei Gestalten. Eine Geschichte aus unserem Zeitalter. Vom Verfasser der Verwiesenen. Mit Titelvignette. Prag und Leipzig, Kaspar Widtmann, 1794. 8°. (2 Mk. Franz Teubner, Bonn, c. 1892.)

MANN, Der, im natürlichen Gewande. Ein Männerspiegel für das weibliche Geschlecht. Hrsg. von Justina Hilaria (d. i. Sebast. Wilibald Schiessler). Mit Titelbild. Meissen, F. W. Gödsche. Pesth, O. Wigand, o. J. (c. 1830?). Kl. 4⁰. (1 Mk. Beck, Nördl., 1892.)

—— der, im natürl. Gewande. Ein Männerspiegel f. d. weibl. Geschlecht, worin sehr deutl. zu sehen u. zu lesen, wie Männer sind u. wie sie stets gewesen. Als Seitenstück zu „dem Weibe im natürl. Gewande." Zum Theil aus eignen Lebenserfahrn., z. Theil aus d. besten Quellen deutscher, französ., italien. u. engl. Schriftsteller u. Schriftstellerinnen geschöpft u. hrsg. v. Justina Hilaria. M. 1 allegor. Stndr. 16. (12 B.) Meißen 830. [Leipzig, Vetter u. Rostosky.]

— der, aus dem Grabe, od. Lebendigbegrabene rc., (v. Gli. Ant. Chr. Niemeyer). 8. Leipz. 803. Hinrichs. 21 gr

— d., aus dem Grabe, od. d. Lebendigbegrabene u. Wiederauferstandene; e. Gesch. deren Bekanntwerdung Kabale u. Eifersucht bis jetzt verhinderten, m. K. 8. Leipz. Hinrichs. 803.

Mann, Der, aus dem Grabe. Roman a. d. Franz. Leipzig 1804. V: *Niemeyer, Gottlieb Anton Christian.* (Ky) (GGr)

— der graue; e. Volksschrift, s. J. H. Jung.

— der graue; Sittengemälde d. Vorzeit in 5 A. 8. Grätz 799. Tusch. 10 gr

—— der graue, e. ganz unvermuthete Erscheinung im J. 1830. — Als Stillingsche Fortsetz. 39—42. Hft. — Hrsg. v. de Valenti, u. zunächst gewid. allen Großen u. Kleinen, Reichen u. Armen, Christen u. Heiden. 8. (5 B.) Nürnberg 830—33, Raw. à

1—38. Hft. Ebendas. 1795—1826. 6 Thlr. 8 Gr., hrbgs. Pr. 4 Thlr. 18 Gr.

Mann, der graue, und seine Enkel. Ein Evangelium der Welt. Nach uralten Handschriften neu bearb. von Adolphus. 12 Lfgn. 8. (447 S. mit 14 ill. Stnt.) Dresden 857. 58, Breyer. à Lfg. 2½ Ngr.

— der große, auf dem Thurm zu Babel, ein Puppenspiel. 8. Marb. 814. Krieger. 2 gr

Mann, Der gute, als dem Vater des Vaterlandes . . . ein Fest gefeyert wurde. Halberstadt 1775. V: *Gleim, Johann Wilh. Ludwig.* (MGT)

Mann, Der gute alte, in Wiesendorf oder die Kunst reich zu werden. [Hamburg u. Meissen 1805.] V: *Witte, Carl.* (MGT)

— Der Hamburger junge, v. Triton, s.: Großstadt-Dokumente.

Mann, der, und die Hausthiere. Eine Erzählung für die Kinder im Dorfe, wohl auch für Stadtkinder, welche Lust haben, zu hören, was die Thiere in Gesellschaft sprechen und unternehmen, und was die braven und klugen Dorfkinder dazu sagen. Ein Prüfungsgeschenk von einem Kinderfreunde. Wien 853. Mechitharisten-Congreg.-Buchhdlg. 8. (24 S.) 3 ngr.

Mann, der, ohne Herz. Eine Erzählung aus dem Leben. 8. (54 S.) Urfahr-Linz 877. Kraußlich. — 20

Mann, der, ohne Herz. Eine Erzählung aus dem Leben. 8. (54 S.) Urfahr-Linz 878, Kraußlich.

Mann. — Der Mann von warmen Herzen, s.a. Berghofer, Amand

Mann, Der, von warmen Herzen. Es ist gut, dass der Mensch Verfolgung leidet, sonst geht er dem Wohlleben nach und bleibt sich selbst unbekannt. [Prag] 1796. V: *Berghofer, Amand.* (GGr)

— der, von warmen Herzen. 8. Prag, Barth. 796. (Hartmann.)

— der, von warmen Herzen. 8. Prag 796. (Krappe in Lpz.) 10 gr

Mann, Der, von vierzig Jahren. Ein Lustspiel in einem Aufzuge. Leipzig 1795. V: *Kotzebue, August Friedrich Ferdinand von.* (BrMm)

— der, von 40 Jahren. Lustsp. n. d. Franz. v. Kotzebue. 8. Lpz. Kummer. 795.

Mann, Der junge, früher L. V. Enders in Neutitschein, nun Wien, H. Winkler. 16 kr. 1883.

——, der junge feine, v. gutem Betragen, od.: Anweis. z. richt. Benehmen in d. höh. Zirkeln. Ein Handbüchl. d. feinen Lebensart, so wie Unterr. üb. Umgang unt. Verliebten, Höflichkeit, Haltung u. Gang rc. rc. Als Anh.: Das Tagebuch e. alten Junggesellen. Hrsg. v. Gustav Frackrock. gr. 16. (7 B.) Nordhausen 833, Fürst.

Mann, der junge, der Kautschuk-Branche u. seine Ausbildung. Mit e. Anh. Der Reisende in Gummiwaren u. techn. Bedarfs-Artikeln. gr. 8. (III, 34 S.) Dresden 899. Steinkopff & Springer. n. 1. —

Sonderabdruck aus: „Gummi-Zeitung".

Mann, der junge, im Umgange mit dem weiblichen Geschlechte, oder die Kunst, jungen Damen zu gefallen, und auf diese Weise recht bald eine mit den besten Eigenschaften versehene Braut zu bekommen. 8. (27 S.) Neutitschein 866, Enders. *

—— der junge, im Umgange mit dem weiblichen Geschlechte, oder die Kunst jungen Damen zu gefallen, und auf diese Weise recht bald eine mit den besten Eigenschaften versehene Braut zu bekommen. Hrsg. von J. R. Liebesheim. 8. (27 S.) [Teschen 877, Feitzinger.] Neutitschein, Enders. *

Mann, der junge, im Umgange mit dem weibl. Geschlechte oder die Kunst, jungen Damen zu gefallen rc. 2. Aufl. 12. (32 S.) geh. 16 kr. Neutitischein: Enders 1881.

— der junge, im Umgange m. dem weiblichen Geschlechte, oder die Kunst, jungen Damen zu gefallen, u. auf diese Weise recht bald eine mit den besten Eigenschaften versehene Braut zu bekommen. Hrsg. v. J. R. Liebesheim. Ster.-Ausg. 8. (29 S.) Reutlingen 881. Enßlin & Laiblin. — 30

Mann, der junge, im Umgange m. dem weiblichen Geschlechte, od. die Kunst, jungen Damen zu gefallen, u. auf diese Weise recht bald e. m. den besten Eigenschaften versehene Braut zu bekommen. 3. Aufl. 16. (32 S.) Wien 885. Daberkow. n. — 32

MANN, Der, am Kapitol. Besungen von *G. F. J****. („Difficile est Satyram non scribere".) O. O. 1784. 8⁰.

14 S., enth. 41 vierzeil. Stroph. gegen den Papst u. die röm. Klerisei. — Sehr selten! Wohl in Oesterreich während d. Josefinischen Reformperiode gedruckt.

Mann, Der, am Kapitol, besungen. Kempten 1784. V: *Jellenz, Franz Xaver.* (MGT)

— der, ohne Kinder. Lustsp. in Jamben. gr. 8. Erlangen, Breuning. 807.

— der, ohne Kinder; Lstspl. in Jamben. gr. 8. Erlang. 807. (Heyder). 12 gr

Mann, Der kleine, des Palais Royal. Historischer Roman aus der Gegenwart v. dem Verf. des »Unbekannten« oder »Geheimnisse von Wien«. Meissen 1851. V: *Leonhardt-Lyser [später Pierson], Caroline Wilhelmine.* (Mitth. Prof. Dr. Friedrich E. Hirsch-Wien.)

Mann, der kleine, des Palais Royal. Historischer Roman aus der Gegenwart v. dem Verf. „des Unbekannten, der Geheimnisse v. Wien" ꝛc. 2 Thle. 8. (228 u. 160 S.) Meißen 851, Goedsche. 2 ß 12 ngr

Mann, Der kluge . . . Leipzig 1795—97. V: *Cramer, Carl Gottlob.* (MGT) (Ky) (GGr)

— der kluge, vom Verf. des Erasmus Schleicher (K. G. Cramer). 3 Thle. 8. Leipz. 795—97. Voß. 4 ß

— der kluge, in Wiesendorf, s. a. Jakob, der gute, alte.

— d. kluge, in Wiesendorf, genannt d. gute alte Jacob, od. die Kunst reich zu werden; eine Erzähl. f. Volk, v. Karl Witte. 8. Leipz. Joachim.

Mann, Der „kranke —" und die Wiener Börse. Die besondere Haltung der Börse während der orientalischen Verwicklung. Eine bis auf den 1sten Juli 1854 fortgesetzte Chronik der Ereignisse und ihre Wechselwirkung auf den Kours der wichtigsten Staats- und Eisenbahnpapiere. Ein unentbehrliches und unterhaltendes Nachschlagebuch für Zeitungsleser und Staatspapiere-Besitzer. 8. (98 S.) Wien. Druck und Kommissions-Verlag von J. P. Sollinger's Witwe. 1854.

— der kranke, und die Wiener Börse. Die besonnene Haltung der Börse während der oriental. Verwicklung. Eine bis auf den 1. Juli 1854 fortgesetzte Chronik der Ereignisse und ihre Wechselwirkung auf den Cours der wichtigsten Staats- und Eisenbahnpapiere. Ein unentbehrl. u. unterhalt. Nachschlagebuch für Zeitungsleser u. Staatspapier-Besitzer. Wien 855. Sollinger. (Zamarski.) 8. (98 S.) n. 15 ngr

MANN, Der, mit der Larve. Leipzig, Joachim, o. J. (c. 1805). 8°. (1/3 Rthl.)

Mann, der letzte. Apokalypt. Roman v. Eva. 8. (271 S.) Berlin 898. Vita. n. 3.—

— der letzte, 3. Aufl., s.: Kahlenberg, Hans v.

Mann, Der, im Mantel. Leipzig 1809. V: *Kerndörffer, Hnr. Aug.* (GGr) (Ky)

— der, im Mantel, vom Verf. des Lorenzo (H. A. Kerndörfer). 2 Bde. 8. Leipz. 809. Lauffer. 1 ß 18 gr

— d., im Mantel, v. Verf. des Lorenzo. 2 Bde. m. K. 8. Leipz. H. Richter. 809.

Mann, der, m. der eisernen Maske, s. a. Bibliothek interessanter Erzählungen.

— der, mit der eisernen Maske. Vom Verf. des „Magdalenenkirchhofs"; aus d. Französ. v. M. A. F. Marx. 4 Thle. 8. Leipz. 805. Ex. Fleischer. 4 ß

MANN, Der, nach der Mode. 2 Thle. in 1 Bde. Mannheim bey C. F. Schwan. 1778. Kl. 8°. 361 S. (6 Mk. Baer & Co., Frankf. a. M., 1894; 3 Mk. 50 Pfg. Leo Liepmannssohn, Berlin, 1907.)

— der, nach der Mode. 8. Magdeb. 806. v. Schütz. (Lauffer in Leipz.) 2 ß

Mann, Der, im Mond oder der Zug des Herzens ist des Schicksals Stimme. Stuttgart 1826. V: *Hauff, Wilhelm.* (GGr)

Mann im Mond-Kalender f. d. J. 1889 u. 1890. 1. u. 2. Jahrg. (Ausgestanzt.) (32; 50 S. m. Illustr.) Lpz., Grunow. à Jahrg. * 1 — Nicht weiter erschienen.

Mann, Der, mit der rothen Mütze. Schneeberg 1797. V: *Schulze, Frdr. August.* (MGT)

— der, mit der rothen Mütze, 8. Schneeberg, 797. Arnold. 20 sgl.

— d., mit d. rothen Mütze; enth. 2 Erzähl., v. Fr. Laun, (Fr. A. Schulz.) 1) Begebenh. e. Eldevants; 2) das kurze Bein. 8. Pirna. (Arnold in Dresden.) 801.

MANN, Der nackte. (c. 1900.) (Mk. 1—.)

— bei ohle Plattdudsche. 1r Thl. 8. Braunschw. 774. Meißner. 12 gr

Mann, ein räthselhafter, s. Lese-Cabinet, illustrirtes.

— der rechte, s. a. K. Stein.

— der rechte. Originallustsp. in 3 Akten. Berl. Kunst- u. Ind. Compt.

— der rechte, Lustspiel von K. Stein. 8. Berlin. Ist jetzt Verlag von Schlesinger.

Mann, Der redliche, bei Hofe, oder Begebenheiten des Grafen von Rivera. Frankf. 177? V: *Loen, Joh. Michael.* (Ky)

— d. redliche, bey Hofe, od. Begebenh. d. Graf. v. Rivera, (v. J. M. Löen.) m. K. 8. Frankf. Stettin. 771.

Mann, der reiche arme. Eine Volks- u. Jugend-Erzählung, besonders abgedruckt aus der Jugend-Bibliothek von Gust. Nieritz. 8. Berlin 844. Simion. 1/3 ß

Mann, der reiche arme. Eine Volks- und Jugend-Erzählung. Nach dem Engl. (Abdr. aus der Jugend-Bibliothek von Gust. Nieritz.) 3. Aufl. Leipzig 861. Voigt & Günther. (Wesel, Bagel.) 8. (155 S.) 10 ngr.

Mann, Der reiche, und Lazarus, Eine Erzählung . . . Halberstadt, den 24sten Jenner 1771. V: *Gleim, Johann Wilhelm Ludwig.* (Mn)

Mann, Der, aus dem Römer. Eine historische Novelle . . . Frankf. a. M. 1860. V: *Pfeiffer, G. W.* (Ky)

Mann, der, aus dem Römer. Eine historische Novelle aus Frankfurts Vorzeit. (Von G. W. Pfeiffer.) Frankfurt a. M. 860. Hermann'sche Buchhdlg. 8. (IV, 223 S.) n. 18 ngr.

— der schwarze,. Posse v. Gotter. 8. Lpz. Dyk. 784.

Mann, Der schwarze. Eine Posse in zwei Aufz. Leipzig 1785. V: *Gotter, Ferdinand Wilhelm.* (Mn)

— der schwarze, und die weiße Frau, oder Horimir auf Schröckenburg, Geister- und Zaubergeschichte aus der letzten Epoche der Fehdezeiten in Böhmen, mit Kupf. 8. Prag, 797. Neureutter. 1 Rtl.

Mann, Schweizer, s. Schweizermann.

— der seltsame, vom Verf. der 7 wunderbaren Lebensjahre eines Kosmopoliten (K. H. v. Schrader). 8. Glogau, N. Güntersche B. 1 ₰ 12 gr

Mann, Der seltsame . . . Glogau 1808. V: *Schrader, Carl Hnr. v.* (Ky) (BGE)

— d. seltsame, v. Verf. d. 7 wunderb. Lebensjahre e. Cosmopoliten. 8. Glogau, Günter d. jüng. 808.

— d., vom Stande; interessante Scenen, v. Prevot, a. d. Franz. 2 Thle. 8. Leipz. Schneider. (Linke.) 790—91.

— der standhaftige, oder Ehrsucht u. Schwatzhaftigkeit. Schspl. 8. Leipz. 786. Dyck. 8 gr

— d., v. 40 Thalern, a. d. Franz. d. Voltaire. 8. Leipz. Schwickert. 768.

Mann. 1280 M' getötet beim Gruben-Unglück von Courrieres. 16 S. 8. Wytikon-Zürich, G. Schilde, [1906]. fr. —. 20

Mann, Der, nach der Uhr, oder der ordentliche Mann. Ein Lustspiel. [Königsberg] 1765. [Königsberg] 1766. Riga 1771. V: *Hippel, Johann Georg.* (schstr S. 22)

Mann, Der, nach der Uhr, oder der ordentliche Mann, ein Lustspiel in einem Aufz. Leipzig 1771. V: *Hippel, Theodor Gfr. v.* (BrMm) (EE) (Ky) (Mn) »1765« (JL)

— der, nach der Uhr; od. d. ordentliche Mann. Lustsp. v. Hippel. 8. Königsb. Kanter. (Hartknoch in Lpz.) 771.

— der, von Vierzig in Windeln; Operette. 8. Leipz. 793. Gleditsch. (Brockhaus). 7 gr

— der, von Vierzig in Windeln. Operette. 8. Lpz. Heinsius. (Glebitsch.) 793.

Mann, Der, des Volkes, oder Triumph der Tugend. Romantisches Gemälde . . . Leipz. 1847 [1846]. V: *Damitz, Karl von.* (Bl. f. liter. Unterh. 1847, S. 695) (Zeitschr. f. Büch. N. F. 15, 1923, S. 115)

— der, des Volkes, oder Triumph der Tugend. Romant. Gemälde aus d. letzten Hälfte des 17. Jahrh. 3 Thle. 8. Leipzig (846,) 847, Krappe. 3 ₰

— d., ohne Vorurtheil, s. Sonnenfels.

Mann, Der, ohne Vorurtheil. O. O. 1765—67. 69. 75. V: *Sonnenfels, Joseph von.* (ADB) (Ky) (MGT)

— der, ohne Vorurtheil, (v. J. v. Sonnenfels). 3 Thle. 8. Wien 765. N. A. 775. Kurzböck. 3 ₰

Mann, Der, ohne Vorurtheil in der neuen Regierung. Erster Auftritt. Wien 1781. Zweiter Auftritt. Wien 1781. V: *Bessenyei, Georg v.* (Realzeitung 1781, Nr. 33, S. 513 bis 520; Nr. 39, S. 618) (BiblPort) »7 Thle. 1781 Wien« (Kalender der Heiligen 1782, Nr. 33) (wieser 1/3118) (Geissau, Verzeichniss, S. 39) (zenker S. 149, Nr. 199) (wrztg 1781, Nr. 45)

Mann, Der, ohne Vorurteil in der neuen Regierung. Hartl, Wien 1781/82.

— d. wahre, in d. eisernen Maske, s. Mibiel.

Mann und Weib, nach ihren gegenseitigen Verhältnissen . . . Leipzig 1791 [1790]. V: *Mauvillon, Jacob.* (ML) (ErschDL) (Stri) (ErGr) (Ky) (BGG) (BrMm) oder *Mehring, Th.* (Imecourt)

— u. Weib, nach ihren gegens. Verhältn. geschildert. Ein Gegensatz zur Schrift üb. d. Weiber, (v. J. v. Mauvillon). 8. Leipz. 791. Dyck. 1 ₰ 8 gr; Holländ. Pap. 1 ₰ 16 gr

Mann und Weib, ein Beitrag zur Philosophie über die Geschlechter. Leipzig 1797. V: *Heydenreich, Carl Heinrich.* (JL)

MANN und Weib, eine Reihe charakteristischer, intimer Geschichten. (c. 1900.) (E. Demuth, Straßb. i. Els., c. 1902.)

— u. Weib. Ihre Beziehgn. zu einander u. z. Kulturleben d. Gegenwart. Unter Mitwirkg. v. Th. Achelis, J. Bloch, Wilh. Bölsche u. a. Volkstümlich dargestellt u. hrsg. v. R. Koßmann u. Jul. Weiß. 3 Bde. Lex. 8. Stuttgart (908). Union. Geb. in Leinw. à 12.—; auch in 48 Lfgn. à — 60

1. Der Mann. Das Weib. Mit 421 Abb. im Text u. 22 Kunstbeilagen. (XVIII, 484 S.)
2. Mann u. Weib in ihren Beziehgn. zueinander. Mit 273 Abb. im Text u. 13 Kunstbeilagen. (XII, 672 S.)
3. Mann u. Weib in ihren Beziehgn. z. Kultur d. Gegenwart. Mit 285 Abb. im Text u. 13 Kunstbeilagen. (XII, 497 S.)

— — Gegenüberstellung des männl. u. weibl. Körpers in anatomisch zerlegbaren Modellen. (Album zu: Die Frau als Haus-Ärztin v. Anna Fischer-Dückelmann.) (5 farb. Taf. m. 3 S. Text.) gr. 8. Stuttgart (910). Süddeutsches Verlags-Institut. 3. —

— u. Weib, in ehelichen Verhältnissen. 8. Leipz. 801. 2e Aufl. Ebd. 802. (Lauffer). 12 ℊ

— u. Weib in ehelichen Verhältnissen, od. wie sie seyn sollten; e. Seitenstück z. Weibe, wie es ist. 8. Pegau, Günther. (a. H. Richter in Leipz.). 801.

MANN und Weib in ehelichen Verhältnissen, oder: Wie sie seyn sollten. Leipzig 1803. 8°. (75 Pfg. G. Priewe, 1895.)

Kayser's Romanverz. (1827) nennt p. 82 eine Ausgabe: Leipzig, Lauffer, 1801. 8°.

Mann, Der, von Welt, eine Scene des Kummers; nach d. Engl. Leipz. 1800. V: *Braubach, Daniel.* (Ky)

— d., von Welt; eine Scene d. Kummers a. d. wahren Welt, n. d. Engl. 1r Bd. 8. Altona. (B. Fleischer in Leipz.) 800.

Mann, Der, von Welt, eingeweiht in die Geheimnisse der Lebensklugheit . . . Leipzig 1803. V: *Schelle, Carl Glob.* (ErGr)

— der, von Welt, eingeweiht in d. Geheimnisse der Lebensklugh. Ein nach Balth. Gracian freibearb. vollständ. nachgel. Manuscript, v. C. H. Heidenreich. 8. Leipz. 803. Martini. (Cnobloch). 1 ℛ Schrbp. 1 ℛ 8 ℊ

Mann, Der, nach der Welt. Magdeburg 1806. Ü: *Jariges, Carl von* (?). (Schütze, Lebensgesch. 2, 108 f.) (Zeitschr. f. Büch. N. F. 15, 1923, S. 122)

— der, von Welt. 2 Thle. 8. Leipz. 808. Gleditsch. (Brockhaus). 12 ℊ

Mann, Der, von Welt, eingeweiht in die Geheimnisse der Lebensklugheit. Ein nach Balthasar Gracian frey bearbeitetes vollständig nachgelassenes Manuskript von Carl Heinrich Heydenreich. Neueste Aufl. Leipzig 1817. H: *Schelle, Karl Gottlob.*

— d., aus einer andern Welt, a. d. Ital. in 3 Büchern. 8. Leipz. Kummer. 776.

— d., wie er ist, s. a. Moritz od. d. Mann rc.

— der, wie er ist, von G. Schilling. (der sämmtl. Schriften 2te Sammlung 1r Bd.) 3te Aufl. 8. Dresden, Arnold. 819.

— wilde. Illustrirter Volkskalender für 1882. 8. (152 S. mit eingedr. Illustr. u. 1 Chromolith.) Halberstadt, Bange. n. — 50

—— wilde. Illustrirter Volkskalender für 1884—1887. 8. (à Jahrg. ca. 150 S. mit eingedr. Illustr. und 1 Chromolithogr.) Halberstadt, Bange. à Jahrg. *

Der 'Wilde Mann'. Des Trinkers Weib (Gedicht). *Bern [&] Barmen: Blaues Kreuz [1900].* (16 S.) 8° [F.]
= Volksschriften d. Arbeiterfreundes. 2. [00. 10697

— der, von Wort. Schausp. v. A. W. Iffland. 8. Leipz. Göschen. 800.

— der, mit der Zauberlaterne. Ein unterhalt. u. belehr. Bilderbuch f. die Jugend. Mit 43 color. Abbildd. 16. Leipz. 825, Focke.

—— der, mit d. Zauberlaterne. Ein unterhalt. u. belehr. Bilderbuch f. d. Jugend. M. 42 color. Abbild. fremder Völker, u. Titkpfr. 2., verb. Aufl. 16. (2½ B.) Leipzig 830, Focke.

Mann, üb. verschied. Erfind., d. Gebäude gegen Feuersbrünste z. sichern. aus dem Frz. gr. 8. Frkft. Guilhauman. 790.

Mann, Abbé, üb. verschiedene Erfindd., d. Gebäude gegen Feuersbrünste zu sichern; aus d. Französ. gr. 8. Frankf. 799. Guilhaumann. 8 ℊ

Mann, Die Grundlinien der Aristotelischen Erziehungstheorie. Pr. 1878. 15 S. 4°.

Mann, die Grundzüge d. Rechnungswesens der Gemeinden, Stiftungen, Amtskörperschaften u. Landarmenbehörden im Departement des Innern in Württemberg. Für den Unterricht u. prakt. Gebrauch bearb. (VII, 222 S.) gr. 8. Stuttgart 910. W. Kohlhammer. 3.60; geb. 4. 20

Mann, das Herz des Sklaven. Schauspiel in 4 Akten. Braunschweig 862. G. C. E. Meyer sen. in Comm. 8. (148 S.) 24 ngr.

— principes metaphysiques des Etres et des Connoissances. 4. Vien, Degen. 807.

— Principes metaphys. des êtres et de connaissances humaines. 4. Wien 807. (v. Mösle). 20 ℊ (Armbruster). 16 ℊ

— tables chronologiques de l'hist. univers. depuis le commencem. de l'anné 1700 jusqu' à la paix génér. de l'ann. 1802. 4. Dresd. 803. Walther. 1 ℛ 12 ℊ

-- chronolog. Uebersicht der Universalgeschichte des 18. Jahrh.; aus d. Französ. 4. Dresd. 804. Walther. 16 ℊ

—— die Unschuldigen auf dem Schaffote. Schauspiel in 3 Akten. 8. (III und 133 S.) Braunschweig 863, (G. C. E. Meyer sen.)

Mann. Ueber das Unterrichtswesen in Frankreich. Berlin, Friedr.-G. u. R., 1866. 30 S. 4. Progr.

Mann A, Handelsgesetzbuch des französischen Reichs, ins Deutsche übersetzt, nebst Originaltext und mit Bemerkungen. Mainz 1809

Mann, A., die Competenzen der Lehrer-Collegien der höheren Unterrichts-Anstalten in Preußen. Referat erstattet in der General-Versammlung des Vereins der Lehrer höherer Unterrichts-Anstalten in der Prov. Brandenburg. gr. 8. (27 S.) Brandenburg 874, Wiesike. *

Mann, A., Napoleon I. Handels-Gesetzbuch, s. *Napoléon I.* Code de Commerce, deutsch.

Mann, Adb., Thierschutz u. Vivisektion od. das dunkelste Brandmal moderner Gesittg. Eine Charakteristik d. gegenwärt. Standes der Vivisektions- als der brennendsten Frage d. Thierschutzes, auf Grund der einschläg. Litteratur dargestellt. Ein Appell an die Freunde d. Thierschutzes. gr. 8. (66 S.) St. Gallen 891. Busch & Co. n. — 80

Mann, Adam: Festbuch zur 250jährigen Jubelfeier der Schützenbruderschaft „Zum Kreuz". Lüttringhausen am 26., 27. und 28. Juni 1910. Lüttringhausen, 1910, 50 S. 1850

Mann, Adolf, a. Mainz: Zur Kenntnis der wirksamen Bestandteile von Ecballium Elaterium. Gießen 1907: Nitschkowski. (47 S.) 8°
Gießen, Phil. Fak., Ref. Elbs, Diss. v. 7. Aug. 1907
[Geb. 19. April 81 Mainz; Wohnort: Mainz; Staatsangeh.: Hessen; Vorbildung: Gymn. Mainz Reife Juli 99; Studium: Genf 1, Marburg 2, Berlin 4, Gießen 1 S.; Rig. 17. Juli 07.]

Mann, Adf., Lehrbuch der Satzkürzung in der Gabelsbergerschen Kurzschrift nach einfachen Regeln u. teilweise neuen Gesichtspunkten. gr. 8. (IX, 56 S.) Elberfeld 893. (J. Fassbender.) n. 1. 50

Mann, Adf., Lehrbuch d. Satzkürzung in d. Gabelsbergerschen Kurzschrift nach einf. Regeln u. teilweise neuen Gesichtspunkten. 3., vorb. Aufl. (3. u. 4. Taus.) gr. 8 - (III. VI, 55 S.) Lennep 897. (Elberfeld, J. Fassbender.) n.n. 1. 50

Die Wasserleitungs- und Beleuchtungs-Anlagen in Zehdenick. Ein prakt. Wegweiser f. kleine Städte. Zsgef. von Bürgermeister [Adolf] **Mann.** *Berlin: H. Stüwen (1899).* (31 S.) 8° [F.] [01. 5442

Zehdenick sonst und jetzt. Zur Erinnerung an d. Eingemeindung 1900. Verf. von Adolf **Mann,** Bürgermeister. *Zehdenick 1900: M. Karich.* (64 S.) 8° [Ant. u. F.] [01. 5443

Mann, Alb., Staat u. Bildungswesen in ihrem Verhältnis zu einander im Lichte der Staatswissenschaft seit Wilhelm v. Humboldt, s.a. Magazin, pädagog.

Staat und Bildungswesen in ihrem Verhältnis zu einander im Lichte d. Staatswissenschaft seit Wilhelm v. Humboldt. Von Dr. Albert **Mann.** *Langensalza: H. Beyer & Söhne 1901.* (82 S.) 8°
— **Magazin,** Pädagogisches. H. 160. [03-2336

Mann, Albert, aus Langensalza: Das **Verhältnis** des Staates zum Bildungswesen im Lichte der Staatswissenschaft seit Wilhelm von Humboldt. *Langensalza 1900: H. Beyer & Söhne.* (84 S.) 8°
Jena, Phil. Diss. v. (14. Juli) 1900

Mann, Albert [aus East-Orange '(Amerika)']: Was bedeutet „Metamorphose" in der Botanik? ... München, Druck v. V. Höfling, 1894; 40 S. 8.
München, Phil. Fak., Inaug.-Diss. v. 1894

Mann, Alexander, (A. Werden); Paraphrasen. 2 Bde. 8. Halle 800. Ruff. 2 ₰ 8 gr.

MANN, Alex. (sonst *Adolf Werden* ps.), Paraphrasen (hrsg. von Chrn. Julius Ludw. Stelzer). 2 Thle. Halle, Ruff, 1802. 8°. ($2^1/_3$ Rthl.) Selten!
Anon.-Lex. III. p. 255 (nach Hitzig).

Mann, Ambrose Dudley

Mann, A. Dudley, d. nordamerikanischen Freistaaten. (Uebersetzung.) gr. 8. Bremen 845, Schünemann. 1 ₰

Mann, Anka, fünf Uhr-Tee. Eine Anleitg. f. sparsame u. anmut. Geselligkeit. (78 S.) 8. Hamburg 903. A. Janssen. n. 1. —

Mann, Arn., „Liebet eure Feinde!", s.a. Sehmann's jüdische Volksbücherei.

Mann, Arnold, „Liebet eure Feinde!" Eine apologet. Erzählung. gr. 8. (232 S.) Frankfurt a/M. 899. J. Kauffmann. n. 1. 50

Mann, Arthur, aus Brake a. d. Weser: **Mitteilungen** über das Stillgeschäft aus der Universitäts-Frauenklinik zu Straßburg i. Els. *Straßburg i. E. 1904: C. Müh & Co.* (29 S.) 8°
Straßburg, Med. Diss. v. 1904

Mann, *August Neueinrichtung der für den Unterricht in den exakten Naturwissenschaften erforderlichen Räumlichkeiten.* 4 (S. 18—20). v. Saldernsch. Rg. *Brandenburg a. d. H.* 1895 (100).
Progr

[F.] **Mann,** *August* [Prof. Dr.]: *Die neuen Räumlichkeiten für den Unterricht in den exacten Naturwissenschaften.* Brandenburg a. d. H., J. Wiesikes Buchdr., 1895; 18—20 S. 4.
Brandenburg a. d. H., v. Saldernsches RG, OP 1895 (100)

Mann, Bernh., dennoch! Einige Worte gegen das Reichswahlrecht u. gleichzeitig gegen d. preuß. Landtagswahlsystem m. Vorschlägen zur Abänderg. beider. (82 S.) 8. Berlin 907. Herm. Walther. — 60

Mann, Bernh., der Schuldschein. (Kleine Erzählungen). 8. Braunschw. 822. Lucius. 1 ₰ 12 gr.

Mann, Bruno, a. Thurm i. S.: Untersuchungen über Zellhautbildung um plasmolysierte Protoplasten. Borna-Leipzig 1906: R. Noske. (42 S.) 8°
Leipzig, Phil. Fak., Ref. Pfeffer, Chun, Diss. v. 17. Juli 1906
[Geb. 23. Dez. 79 Thurm b. Zwickau; Wohnort: Leipzig; Staatsangeh.: Sachsen; Vorbildung: Realgymn. Zwickau Reife O. 01; Studium: Leipzig 8 S.; Rig. 22. Mai 06.]

Mann jun., C., Adressbuch europäischer Briefmarkenhändler, s. Adressbuch.

Mann, C. C. von, s. Mann, Karl Chr. von

Mann, C. H., s.a. Mann, Karl Heinrich

Mann, C. H., Die Arbeit im Lichte der Bibel. 8°. Bonn 1898.

Mann, C. H. Die Militär-Organisation vom 13. Novbr. 1874, s.a. Sammlung schweizerischer Gesetze m. Erläuterungen.

Mann, C. H., die Militär-Organisation vom 13. Novbr. 1874. Mit e. histor. Einleitg. u. Erläutergn. gr. 8. (III, 223 S.) Bern 890. [Koehler.] Goepper & Lehmann. n. 2. 40

— dasselbe. Suppl.: Bundesgesetze, Bundesbeschlüsse, bundesrätl. Verordngn. u. Departementsverfüggn. bis Ende Septbr. 1893 berücksichtigend. 8. (34 S.) Ebd. 893. n. — 50

— die Totalrevision der Bundesverfassung v. 1874. Mahnung zum Aufsehen. 8. (24 S.) Ebd. 894. n. — 50

Mann, Carl, s. M a n n , Karl

Mann, Charles Riborg [aus Amerika]: Ueber Entmagnetisirungsfactoren kreiscylindrischer Stäbe ... Berlin, Mayer & Müller, 1895; 1 Bl., 35 S., 1 Bl. 8.
Berlin, Phil. Fak., Inaug.-Diss. v. 15. Aug. 1895

Mann, Christian [aus Darmstadt Grossh. Hessen]: Zur Kenntniss der Trisubstitutionsprodukte des Benzols. ... Freiburg i. B., Univ.-Buchdr. v. Chr. Lehmann, 1888; 50 S. + 1 Bl. 8°
Freiburg i. B., Phil. Fak., Inaug.-Diss. v. 1888

Mann, Cph. Dav.

— Nachr. von Einpfropfung d. Kinderblattern in Ober-Schwaben. 8. Ulm 770.

— Nachr. von dem sogenannten Jordanbad d. Stadt Biberach. 8. Biberach 777.

Mann, Christoph David (Reutlingen), Observationes circa enchireses phlebotomiae. Präs. Mich. Alberti. Halle (Chr. P. Franck) Mai 1744. 32 S. (4.—) 22104
Widm. v.: Mich. Alberti.

– Dass., s. a. A l b e r t i, Michael

Mann, Cph. Dav., († d. 19. Febr. 1787.) vier seltene chirurg. Zufälle nebst ihrer Behandlung. 4. Lindau 766. Otto. 3 gl.

Mann, Curt, s. M a n n , Kurt

Mann, E., Jubelgedicht zum 600jähr. Jubiläum der Gründung der Stadt Königsberg gedenkend der Regenten Preußens in den Jubeljahren 1355, 1455, 1555, 1655, 1755 u. 1855. Braunsberg 855. Beyer. gr. 8. (8 S.) 1 ngr.

Mann, E., Schwabenland u. seine Dichter. Vortrag, geh. auf der XX. Hauptversammlg. d. deutschen Vereins f. d. höh. Mädchenschulwesen in Ulm, 3. X. 1907. (29 S.) gr. 8. Bonn 908. A. Marcus & E. Weber. — 60
Sonderabdr. aus: „Die höh. Mädchensch."

Mann, El., a short sketch of english literature from Chaucer to the present time, compiled from english sources. 8. (V, 204 S.) Bonn 883. Weber. geb. n. 3. —

Mann, El., a short sketch of English literature from Chaucer to the present time. Compiled from English sources. 2. ed. 8. (IV, 176 S.) Bonn 893. E. Weber. Geb. in Leinw. n. 2. —

Mann, Erich, approb. Arzt aus Charlottenburg: Das Fortschreiten und die Ausbreitung der Pest in den letzten sieben Jahren. *Leipzig 1901: B. Georgi.* (58 S.) 8°
Leipzig, Med. Diss. v. (20. Juni) 1901

Mann, Ernst *Emil* [app. Arzt aus Weifa, Amts- u. Kreishauptmannsch. Bautzen, Kgr. Sachsen]: Beiträge zur Lehre der künstlichen Verdauung des Eiweisses durch Salzsäure und Pepsin ... Erlangen, kgl. bayer. Hofbuchdr. v. A. Vollrath, 1897; 32 S., 1 Bl. 8.
Erlangen, Med. Fak., Inaug.-Diss. v. 18. Dez. 1896

Mann, Eugen [aus Tübingen]: Über einige Abkömmlinge des Nitroparaphenylendiamins ... Tübingen, F. Pietzcker, 1897; 34 S. 8.
Tübingen, Naturw. Fak., Inaug.-Diss. v. 1897

Mann, Ewald: Über den Sprachgebrauch des Xenophon Ephesius. Kaiserslautern, *Druck v. E. Th. Jacob in Erlangen,* 1896; 41 S. 8.
Kaiserslautern, k. Humanist. G, P 1896*

Mann F.: Die Grundlehren der stereographischen Projectionsmethode und ihre Erweiterung auf Flächen II. Grades. 14. Leitmeritz R. 83. Progr.

Mann, F.: Construction axonometrischer Bilder mit 12 Fig. 12 S. – Leitmeritz, Progr. 1884.

Mann, Florian Eduard, Prof.: Rolandslied und Rolandsäulen. Zur Lösung e. alten Problems auf neuem Wege. Posen 1906: Merzbach. (27 S.) 4°
Posen, k. Friedrich-Wilhelms-G OP 1906 (205)

Mann, Fr., Dankesfeier preuß. Krieger. Eine Predigt am Geburtstage Sr. Maj. des Königs v. Preußen, d. 3. Aug. 1815. vor der Reserve-Cavallerie-Brigade des 3. Armee-Corps gehalten zu Meurs. 8. Essen 815. Bädecker. 4 gl.

— Erinnerungen an d. heil. Aurelius Augustinus, Bischof zu Hippo rc. 4. Berl. 809. (Dümmler). 8 gl.

Mann, Fr., das Augsburg. Glaubensbekenntniß. Zum Andenken an d. Jubelfeier d. evangel. Kirche f. evang. Gemeinden, Schulen u. Familien hrsg. 2. Aufl. 8. (4½ B.) Berlin 830, Logier.

— über die u. für die Berliner Hof- u. Domkirche verordnete Liturgie u. Agende u. deren Annahme von Seiten d. Superindentur Straußberg gehörigen Geistlichkeit. gr. 8. Berl. 822. Mittler. 6 gl.

Mann, Fr., s.: Molkerei-Kalender.

— Siegesfeier preuß. Krieger. Rede bei d. von Sr. Maj. dem Könige von Preußen verordn. Feldandacht; am Siegesfeste zu Berlin d. 24. Octbr. 1813. Hannov. 814. Hahn. 2 gl.

— Traurede b. Verbindung d. ritterlichen Paares Carl Köhler mit d. Jungfr. Aug. Krüger. 8. Berl. 816. Mittler. 3 gl.

—— das Verhalten d. Christen in d. Versuchung. — Von d. Verachtung d. göttl. Gnade. Zwei Predigten rc. Erstere 2. Aufl. gr. 8. (2¼ B.) Berlin 831, (Mittler.)

Mann, Franziska: Frauen-Erzählungen, s. B e r n t h s e n , Maria

Mann, Franziska, Frauen-Erzählungen, s.: Grad, Max.

— Kinder. (Umschlagzeichnung v. Bernhard.) (V, 92 S. m. Bildnis.) kl. 8. Stuttgart (906). A. Juncker. n. 2. —; geb. n. 2. 50

Mann, Franziska, Kinder. 2. Aufl. (127 S. m. Bildnis.) kl. 8. Stuttgart (907). Charlottenburg, A. Juncker Verl. Kart. 2. 50

— Von Kindern. (125 S.) 8. Berlin-Charlottenburg (909). A. Juncker Verl. 2.—; geb. n 3. 50

— Könige ohne Land, s.: Frauen-Bibliothek, mod. Nr. 2.

— alte Mädchen, s.a. Frauen-Bibliothek, mod. Nr. 14.

— Alte Mädchen, s.a. Siesta.

Alte M ä d c h e n . Erzählungen von Franziska Mann. 8. bis 12. Aufl. Berlin & Leipzig: Seemann [1910]. 110 S. 8°
(Siesta. 18.)

— vom Mädchen m. dem singenden Herzen. (157 S.) 8. Berlin (904.) H. Seemann Nachf. n. 3. —

Franziska Mann. Vom Mädchen mit dem singenden Herzen. 3. Aufl. Berlin & Leipzig: H. Seemann Nachf. [1905]. (157 S.) 8° [F.]

Wege hinauf von Franziska Mann. Verse von Heinrich Hart. Berlin: B. Cassirer [1909]. 47 S. 8°

Mann, Franziska, Wege hinauf. Verse v. Heinr. Hart. 2. durchgeseh. Aufl. (51 S.) kl. 8. Berlin (909). B. Cassirer. 1.30
1. Aufl. (48 S.) (909.) 1.30

Mann, Friedrich „Abhandlungen aus dem Gebiete der Mathematik". I. Ueber das Umformen der geometrischen Eigenschaften. (Ein Beitrag zur Philosophie der Mathematik.) II. Die einfachste graphische Lösung der axonometrischen Grundaufgaben. — Festschrift gewidmet der K. Julius-Maximilians-Universität zu ihrem dreihundertjährigen Jubiläum. III—V und pg. 1—43. 8°. Mit Textfiguren. Stahel'sche B.
Würzburg, Progr. 1881/82

Mann, Friedr., Abhandlungen aus dem Gebiete der Mathematik. gr. 8. (V, 43 S.) Würzburg 883, Stahel'sche Universitäts-Buchh. *

Mann, Friedr. (I.), und Carl Bölsche, rheinisches Album, s. Album, rheinisches.

Mann, Frdr., Algebra für Fortbildungsschulen, s.: Fortbildungsschule, die unterfränkische.

– (Übers.), s. Ancillon, Jean Pierre Frédéric: Darstellung der wichtigsten Veränderungen . . .

—— naturwissenschaftlich-pädagogische Aphorismen. Neue, vervollständ. Bearbeitung. Lex.-8. (56 S.) Würzburg 884, Stuber's Verlagsb. *

— der deutsche Aufsatz in der Volksschule. 8. (20 S.) Langensalza 878. Beyer & Söhne. n. — 40

Mann, Friedr., ein Beitrag zur geographischen Lösung der axonometrischen Probleme. Frauenfeld 858. Verlags-Comptoir. gr. 8. (V, 19 S. m. Holzschn. im Text.) n. 7½ ngr.

Mann, Friedrich [aus Hildesheim]: Über die quantitative Bestimmung der aus Pentosen sowie aus Glycuronsäure entstehenden Furfurolmengen, sowie über Glycuronsäure und Euxanthon ... Hildesheim, Druck d. A. Laxschen Buchdr., 1894; 45 S. 8.
Göttingen, Phil. Fak., Inaug.-Diss. v. [18. Juli] 1894

Mann, Frdr., üb. die quantitative Bestimmung der aus Pentosen sowie aus Glycuronsäure entstehenden Furfurolmengen, sowie üb. Glycuronsäure u. Euxanthon. Diss. gr. 8. (44 S.) Hildesheim 894. (Göttingen, Vandenhoeck & Ruprecht.) n. 1.20

– — naturwissenschaftliche Betrachtungen über ein Schiller'sches Wort, s. Fortbildungsschule, die unterfränkische.

Mann, Frdr., s.: Bibliothek pädagogischer Klassiker.

— s.: Blätter, deutsche, f. erziehenden Unterricht.

Mann, Friedr., naturwissenschaftlich pädagogische Briefe. 1. Reihe. Zürich 853. (Kiesling.) 8. (24 S.) n. 6 ngr.

— 2. Reihe. Frauenfeld 855. Verlags-Comptoir. 8. (48 S.) n. 8 ngr.

Mann, Friedr. (I.), die gerichtliche Chemie, s. Müller (v. d. W.), Fr., Compendium der Staatsarzneikunde.

Mann, Friedr., das ebene und das körperliche Dreieck. Eine mathemat. Parallele. 4. (IV und 19 S. mit 1 Stnt.) Frauenfeld 862, Huber. *

Mann, Friedrich (Rektor) „Einiges über mathematische Nebenprodukte". pg. 3—6. 4°. Thein'sche Dr. (Stürtz).
Würzburg, Progr. 1875/76

Mann, Frdr., Einzelnes aus der Undulationstheorie der Wärme. Durch Anwendg. elementarer Mittel dargestellt. 4. (37 S.) Frauenfeld 871. Huber. n. 1. —

Mann, Friedr. „Einzelnes aus der Undulationstheorie der Wärme". Durch Anwendung elementarer Mittel dargestellt. pg. 3—37. 4°. (Ob. O. u. Dr.)
Würzburg, Progr. 1884/85

—— Elementarcurs der Chemie in inductorischer Methode. Für untere Industrieschulen, Sekundarschulen, höhere Bürgerschulen, Lehrerseminarien etc. gr. 8. (IV und 112 S. mit 1 Stnt. in qu. gr. 4.) Frauenfeld 857, [Huber's Buchh.] *

—— die Elemente des geometrischen Zeichnens. Grund- und Aufrisse, verjüngter Maßstab u. dgl. für künftige Bauhandwerker in Volks- und Sonntagsschulen, nebst Erklärungen und Aufgaben. qu. 4. (12 S. mit 12 Stnt.) Langensalza 858, [Schulbuchhandlung von Greßler.]

Mann, Friedr., und Heinr. Grunholzer, das Erziehungswesen der Schweiz, s. Grunholzer.

Mann, Friedrich [app. Arzt, aus Heisede]: Ueber einen Fall von Cheyne-Stockes'schem Athmen mit günstigem Ausgange ... Göttingen, Druck d. Dieterich'schen Univ.-Buchdr., 1893; 19 S. 8.
Göttingen, Med. Fak., Inaug.-Diss. v. [2. März] 1893

—— Georg Forster. Ein deutsches Lebensbild. gr. 8. (IV und 37 S.) Frauenfeld 862, Huber. *

Mann, F., kleine Geographie für die Hand d. Kinder in Volksschulen. 1. u. 2. Aufl. Langensalza 868. Verlags-Comptoir. 8. (64 S.) 4 ngr.

Mann, F., kleine Geographie für die Hand der Kinder in Volksschulen. 1. und 2. Aufl. (64 S.) 1868. 40 Pf., und 3.—11. Aufl. 8. (80 S.) Langensalza 869—75, Beyer und Söhne. *

Mann, F., kleine Geographie f. die Hand der Kinder in Volksschulen. 12. Aufl. 8. (80 S.) Langensalza 876. Beyer & Söhne. n. — 30

—— kleine Geographie für die Hand der Kinder in Volksschulen. 12.—17. Aufl. 8. (80 S.) Ebendas. 876—79. *

—— kleine Geographie für die Hand der Kinder in Volksschulen. 18. Aufl. (80 S.) 1880. * 30 Pf.; 19.—22. neu bearb. Ausg. 8. (76 S. mit eingedr. Holzschn.-Illustr.) Langensalza 881,82, Beyer und Söhne. *

Mann, Friedr., kleine Geographie, für die Hand der Kinder in Volksschulen bearb. 24.—27. Aufl. gr. 8. (76 S. mit eingedr. Holzschn.) Langensalza 885—88, Beyer und Söhne. *

—— Kleine Geographie, f. die Hand der Kinder in Volksschulen bearb. 29. Aufl. gr. 8. (76 S. m. 17 Fig.) Langensalza 891, Beyer u. Söhne. * — 35

— kleine Geographie, f. d. Hand d. Schüler in Volks- u. Mittelschulen bearb. 32. Aufl. gr. 8. (100 S. m. 23 Fig.) Langensalza 898. H. Beyer & Söhne. Kart. n. — 40

— kleine Geographie, f. die Hand der Schüler in Volks- u. Mittelschulen bearb. 33. Aufl. gr. 8. (101 S. m. 23 Fig.) Langensalza 900. H. Beyer & Söhne. Kart. n. — 40

— Kleine Geographie, f. die Hand der Schüler in Volks- u. Mittelschulen bearb. 35. Aufl. (104 S. m. Abbildgn.) 8. Langensalza 910. H. Beyer & Söhne. Geb. — 40

— die Geometrie dargestellt in entwickelnder Methode, für höhere Lehranstalten u. zum Selbstunterricht. 1. Abth. Planimetrie. Mit in den Text gedr. Fig. (Holzschn.) Zürich 856. Meyer u. Zeller. gr. 8. (VII, 184 S.) n. 22 ngr.

— 2. Abth.: Stereometrie, nebst Vorkurs der descriptiven Geometrie. Ebend. 857. gr. 8. (VIII, 104 S.) n. 8 ngr.

Mann, Friedr. „Zur Geschichte und Statistik der mechanisch-technischen Fachschule in Würzburg". Festgabe zur Feier des fünfzigjährigen Bestehens der technischen Lehranstalten in Bayern. pg. 3—32. 8°. Stahel'sche B.
Würzburg, Progr. 1882/83

Mann, Friedr. Das Dulong'sche Gesetz im Lichte der mechanischen Wärmelehre. gr. 8. (12 S.) Würzb. 890, Stahel. * — 80
Aus: Sitzungsber. der phys.-med. Gesellsch. zu Würzburg, besonders abgedruckt.

— die soziale Grundlage v. Pestalozzis Pädagogik, s. a. Magazin, pädagog.

Die soziale Grundlage von Pestalozzis Pädagogik. Z. 150. Wiederkehr v. Pestalozzis Geburtst. Von Friedrich Mann. *Langensalza: H. Beyer & Söhne 1896.* (18 S.) 1 Bd 8.
— Magazin, Pädagogisches. H. 74. [96. 6484

Mann, Frdr., die logischen Grundoperationen der Mathematik. Ein Repetitionsmittel f. obere Gymnasial- u. Realschulklassen. gr. 8. (V, 55 S. m. Fig.) Leipzig 895. A. Deichert Nachf. n. — 80

Mann, Friedr., Grundzüge eines Systems planimetrischer Aufgaben. gr. 8. (4¾ B. u. 1 Stnt.) Nürnberg 846, Schrag, Verl.

— Grundzüge einer Undulationstheorie der Wärme. Durch Anwendung elementarer Mittel dargestellt. Neue Bearbeitung. gr. 8. (44 S.) Würzburg 885, Stahel'sche Universitäts-Buchh. *

Mann, Friedrich. J(ohann) H(einrich) Pestalozzi's Leben und Wirken. ⟨Beigabe zu F. Mann's Ausgewählten Werken Pestalozzi's.⟩ 4. Aufl. 8. Langensalza 1892.

— s.: Magazin, pädagogisches.

— aus der Mathematik in die Logik. Beitrag zur Propädeutik der Philosophie. (35 S.) gr. 8. Leipzig 906. A. Deichert Nachf. n. — 60

— das Messen der geometrischen Eigenschaften nebst einer darauf beruhenden Methode, Aufgaben zu lösen und Lehrsätze zu beweisen, für Lehrer bearb. gr. 8. (IV und 82 S.) Zürich 857, Meyer und Zeller's Verlag. *

Mann, Friedrich (Rektor) „Mathematische Miscellen". pg. 3—12. 4°. Mit einer lithogr. Tafel. E. F. Schubert.
Kitzingen, Progr. 1872/73

— physikalisch-pädagogische Miscellen. gr. 8. (36 S.) Ulm 887, Ebner'sche Buchh. *
Aus: Repertorium der Pädagogik, besonders abgedruckt.

Mann, F.: Über die Naturanschauung verschiedener Völker. Kreuzlingen 1861.

– Über die Naturanschauung verschiedener Zeiten, s. Fortbildungsschule, Die unterfränkische.

— Naturlehre für Mittelschulen in einer Reihe physikalischer Individuen. 3 Hefte. gr. 8. (XI und 216 S. mit eingedr. Holzschn.) Frauenfeld 859, Huber's Buchh. à Heft * 8 Ngr. *

— Naturlehre für Mittelschulen in einer Reihe physikalischer Individuen. Ebend. 860. gr. 8. (VI, 216 S. m. Holzschn.) n. 24 ngr.

Mann, Friedrich „Physikalische Notiz". (Forts. der im Jahresb. pro 1873/74 der Gewerbschule Kitzingen enthaltenen Programmarbeit.) pg. 79—80. 8°. Thein'sche Dr. (Stürtz).
Würzburg, Progr. 1878/79

Mann, Friedrich „Physikalische Notizen". pag. 3—8. 4°. Mit einer lithogr. Tafel. Ed. Fried. Schubert.
Kitzingen, Progr. 1873/74

– Oberthür u. das Gewerbe der Gegenwart, s. Fortbildungsschule, Die unterfränkische.

— Georg Simon Ohm. Beiträge zum Charakterbild d. großen Physikers. 8. (V, 58 S.) Lpz. 890, Deichert Nachf. * — 75

Mann, Friedrich [aus Grünstadt]: Die Osteotomie bei Verkrümmungen der Gliedmassen mit Bericht über 25 Fälle aus der chirurgischen Klinik zu Erlangen. . . . Würzburg, Druck d. Ferdinand Röhrl'schen Buchdr., 1890; 42 S. 8°
Erlangen, Med. Fak., Inaug.-Diss. v. 1890

— das rechtwinkelige Parallelepiped. Eine mathematische Monographie. 4. (24 S. mit 1 Stnt.) Frauenfeld 859, (Huber's Buchh.)

Die Pflege der Wöchnerin und des Säuglings. Ein Handbuch f. d. Unterr. von Dr. [Friedrich] Mann. *Paderborn: Junfermann 1902.* (118 S.) 8° [F.] [03. 8710 6

– Planimetrie v. Fortbildungsschulen, s. Fortbildungsschule, Die unterfränkische.

— s.: Sammlung pädagogischer Klassiker.

— kleiner Schul-Atlas enthltd. das Wesentlichste für Land- u. Bürgerschulen. Nebst einem geograph. Leitfaden. 4. Aufl. Ebend. 868. qu. 4. (32 S. u. 8 chromolith. Karten.) 7½ ngr.

— Schulreden. Nebst Bemerkungen über Entwicklung u. Organisation der thurgauischen Kantonsschule. Frauenfeld 868. (Huber.) gr. 8. (IV, 128 S.) 12 ngr.

— Skizze e. Psychologie u. Geschichte der Naturforschung. [Aus „Verhandlg. der schweizer. naturforsch. Gesellschaft."] gr. 8. (36 S.) Ebend. 871. — 75

Mann, Friedr., Sozialismus, Communismus und Aristokratenthum mit besonderer Rücksicht auf das Associationswesen erläutert. 8°. Wiesbaden, H. W. Ritter, 1850.

Mann, Friedrich (Rektor) „Die optische Tafel". Ein Beitrag zur zeichnenden Optik. pg. 3—8. 4°. Mit einem lithogr. Blatt. E. F. Schubert.
Kitzingen, Progr. 1874/75

– Über den Unterricht in der Algebra an Fortbildungsschulen, s. Fortbildungsschule, Die unterfränkische.

– Der geometrische Unterricht an Fortbildungsschulen, s. Fortbildungsschule, Die unterfränkische.

—— Vorlegeblätter für einen gründlichen Unterricht im Elementar-Zeichnen. 1—4. Heft. qu. 4. Langensalza, [Schulbuchhandlung von Greßler.] *–

Inhalt:

Heft 1, 2. Geradlinige Figuren. 1. und 2. Abthl. (à 8 Stnt.) 857. à Heft 4 Ngr.

„ 3. Ornamente. (16 Stnt.) 858. 12 Ngr.

„ 4. Schattirte geradlinige Figuren. (8 Stnt.) 859. 7½ Ngr.

Mann, Frdr., populäre Vorlesungen über Natur u. Geist, abgehalten vor einem gebildeten Publikum zu Nürnberg im Wintersemester 1847. gr. 8. (117 S.) Nürnberg 847, J. L. Schrag. ½ ℳ

– Aus öffentlichen V o r t r ä g e n, s. F o r t b i l d u n g s s c h u l e, Die unterfränkische.

— kurzes W ö r t e r b u c h der deutschen Sprache. Unter Beiziehung der gebräuchlichsten Fremdwörter, m. Angabe der Abstammung u. Abwandlung, sowie m. Anwendung der neuen Orthographie bearb. gr. 8. (VIII, 270 S.) Langensalza 881. Beyer & Söhne. n. 2. —; geb. n. 2. 75

— dasselbe. 2., erweit. Aufl. gr. 8. (VIII, 293 S.) Ebend. 883. n. 2. 40

— kurzes W ö r t e r b u c h der deutschen Sprache. Unter Beiziehg. der gebräuchlichsten Fremdwörter, m. Angabe der Abstammg. u. Abwandlg., sowie m. Anwendg. der neuen Orthographie. 3., erweit. Aufl. gr. 8. (VIII, 304 S.) Langensalza 888. Beyer & Söhne. n. 2. 40; geb. n. 3. 50

— kurzes W ö r t e r b u c h d. deutschen Sprache. Unt. Beiziehg. d. gebräuchlichsten Fremdwörter m. Angabe d. Abstammg. u. Abwandlg. 4. Aufl. gr. 8. (VIII, 332 S.) Langensalza 895. H. Beyer & Söhne. n. 2. 50; geb. n. 3. 60

Kurzes W ö r t e r b u c h der Deutschen Sprache. Unter Beiziehung d. gebräuchlichsten Fremdwörter . . . bearb. von Friedrich **Mann.** 6. Aufl. Langensalza: H. Beyer & Söhne 1904. (VIII, 340 S.) 8°

— kurzes W ö r t e r b u c h der deutschen Sprache. Unter Beiziehg. der gebräuchlichsten Fremdwörter m. Angabe der Abstammg. u. Abwandlg. bearb. 7. u. 8. Aufl. (VIII, 344 S.) gr. 8. Langensalza 907. H. Beyer & Söhne. n. 3. —; geb. n.n. 4. —

—— Z e i c h e n b l ä t t e r für Gewerbschulen. 1. Heft: Geometrische Constructionen der für das gewerbliche Zeichnen wichtigsten Linien und Figuren. Construction der architekton. Glieder und der fünf Säulenordnungen. qu. 4. (12 Stnt. mit 8 S. Text.) Langensalza 859, [Schulbuchhandlung von Greßler.]

Mann, Fridericus Alexius: De morbillorum epidemia Halis aestate anni 1848 observata. Accedit tabula lithographica. Halis Saxonum (1848): Schmidt. 21 S., 1 Taf. 8° (4°)

Halle-Wittenberg, Med. Diss. v. 9. Sept. 1848

Geb. Laucha bei Naumburg a. d. S. 22. 12. 1822. V.

Mann, Fridericus Alexius: Aretaei Cappadocis therapia. Halis Saxonum (1858): Gebauer-Schwetschke. 34 S. 8° (4°)

Halle-Wittenberg, Med. Hab.-Schr. v. 18. Okt. 1858

— Friedr. Carl Ludw. (Vogtland), De remedio nullitatis commentatio. Tübingen (Reis u. Schmid) Aug. 1798. (3.—) 22105

Mann, Friedrich Theodor (Hrsg.), s. A p o l l o n

— Friedr. Wilh. Carl (Dessau), De neuromate. Lpz. (C. W. Vollrath) 3. IV. 1852. 36 S. mit Biogr. (M.: Friederike Zabel.) (3.—) 22106
Gew.: Carl Schütz, Wilh. Mann.

Mann, Fritz *Alfred Richard Paul* [aus Schlesien]: Aus d. Greifswalder med. Klinik. Über Bronzehaut, ihr Wesen und ihre Beziehung zu Morbus Addisoni unt. Mitteilg e. diesbezügl. Falles ... Greifswald, Druck v. J. Abel, 1893; 30 S. 8.

Greifswald, Med. Fak., Inaug.-Diss. v. 24. Febr. 1893

Mann, Fritz, die Pflege der Wöchnerin u. des Säuglings. Ein Handbuch f. den Unterricht. 2. umgearb. Aufl. (136 S.) 8. Paderborn 904. Junfermann. Geb. in Leinw. n. 2. —

MANN, Fritz (Wonsheim): Untersuchungen über die Entstehung, die anatomische Beschaffenheit und die physiologische Bedeutung des Netzes und der netzartigen Anhänge.- München: Wolf (1912). 32 S., 8 Taf.
12.3.1897 - Chr 1896/97,21; U 12.6429
Diss. Ingolst.-Landsh.-Mchn.

Mann, Fritz Karl, Kammergerichtsreferendar zu Templin: Die Verpfändung eines Wechsels durch Einigung und Übergabe des indossierten Papiers. Ein Beitrag zur Theorie des Wechselaktes. Borna-Leipzig 1906: R. Noske. (VII, 62 S.) 8° [F.]

Göttingen, Jur. Fak., Ref. Beyerle, Diss. v. 28. Aug. 1906

[Geb. 10. Dez. 83 Berlin; Wohnort: Berlin; Staatsangeh.: Preußen; Vorbildung: Joachimsth. Gymn. Berlin Reife O. 02; Studium: Freiburg i. B. 1, Berlin 1, München 2, Berlin 2, München 2 S.; Rig. 13. Juni 06.]

M a n n jun., G., 120 neue Rösselsprünge nebst einer kurzen Anleitung: die Kunst, den Rösselsprung ohne Schwierigkeit zu lernen. 4. (24 lithogr. S.) Nürnberg 859, (Krausser.) *

Mann, G. A., die Gesetze über Erfüllung der Militärpflicht im Königr. Sachsen vom 1. Septbr. 1858 u. 23. Febr. 1864, nebst dazu gehör. Ausführungsverordnungen. Mit erläut. Bemerkungen zum Handgebrauche für die Verwaltungspraxis im Civil u. Militär hrsg. Dresden 865. Höckner. 8. (IV, 168 S.) n. 24 *ngr.*

Mann, G. F., der Kampf des Lichts mit der Finsterniß. Gedicht. gr. 8. Weißensee 845, Großmann. 6 *ngr*

Mann, Georg [aus Langensalza in Thür.]: Lessing's Pädagogik, dargest. auf Grund seiner Philosophie ... Langensalza, Druck v. H. Beyer & Söhne, 1894; 56 S. 8.

Jena, Phil. Fak., Inaug.-Diss. v. 1894

Mann, Georg: Ueber das Wahrheitsbewusstsein. . . . Breslau, Druck d. Bresl. Gen.-Buchdr., E. G., 1888; 2 Bl. + 52 S. + 1 Bl. 8°

Breslau, Phil. Fak., Inaug.-Diss. v. 17. Nov. 1888

Mann, Gottlieb Bernhard Oskar, s. M a n n, Oskar.

Mann, Gustav [aus Stuttgart]: Casuistische Beiträge zur Hysterie beim Manne. . . . Berlin, Buchdr. v. G. Schade, *1891;* 39 S. 8°

Berlin, Med. Fak., Inaug.-Diss. v. 31. Jan. 1891

M a n n, Gust., Kraft und Wärme der Organismen entstammen einer Quelle. Der Respirationsprocess ist die Ursache beständ. Abkühlung. 8. (55 S.) Stuttgart 866, Koch.

M a n n, Gust., Naturgeschichte der reißenden Thiere. Thierschilderungen für Freunde der Natur und die Jugend aller Stände. Gezeichnet und bearb. 1. und 2. Abthl. Lex.-8. Stuttgart 857, Schweizerbart'sche Verlagsh. à Abthl. 27 Ngr.

Inhalt:

Abthl. 1. Katzen. (VII und 66 S. mit 19 theilweise ill. Stnt.)

2. Hunde, Hyänen, Bären. (VI und S. 67—167 mit 17 ill. Stnt. Orig.-Abbildungen.)

Mann, Gustav, aus Finkenheerd in Brandenburg: Die Sprache Froissarts auf Grund seiner Gedichte. *Halle a. S.: M. Niemeyer 1898.* (46 S.) 8° ¶ (Aus: Zeitschr. f. röm. Phil., Bd 23.)
Halle, Phil. Diss. v. 1898

Mann, Gustav, aus Frankenthal (Pfalz): Kryoskopiscne Untersuchungen. *Heidelberg 1901: J. Hörning.* (59 S.) 8°
Heidelberg, Naturw.-math. Diss. v. 1901

Mann, H., C. Ss. R., Comes Polonicus. Ein Hilfsbüchlein f. Priester beim Gebrauche der poln. Sprache im Beichtstuhle u. am Krankenbette. 2., verb. u. erweit. Aufl. (144 S.) 12,2×7,5 cm. Kevelaer(907). Butzon & Bercker. Geb. in Leinw. 1. —

Mann, H., aus dem Dienstbotenleben. Allerlei zur Belehrung, Mahnung und Aufmunterung für Dienstboten. 8. (128 S.) Bremen 883, Verlag des Tractathauses. geb. *

Mann, H., die gerettete Familie. Nach Erlebnissen aus der Innern Mission für Jung und Alt. 12. (48 S.) Bremen 887 Verlag des Tractathauses. *

Mann, H., ideale Gattenwahl. Moderne Kulturprobleme zur Erlangg. e. gesunden Nachkommenschaft u. zur Begründg. dauernden häusl. Glücks. (Neue [Titel-]Ausg. v. „Wen muß ich heiraten".) (III, 146 S.) 8. Leipzig (907). Modern-medizin. Verlag. 1.50

Die Kunst der sexuellen Lebensführung. Ein Leitfaden d. prakt. Geschlechtshygiene f. d. erwachsene Großstadtjugend sowie f. Eltern u. Erzieher. Von Dr. med. H. **Mann**. Oranienburg: Orania-Verl. 1906. (157 S.) 8° [F.] [07. 10831

Dr. med. H. **Mann**. Die Kunst der sexuellen Lebensführung. Ein Leitfaden d. prakt. Geschlechtshygiene f. d. erwachsene Großstadtjugend sowie f. Eltern u. Erzieher. 2. Aufl. Oranienburg: Orania-Verl. 1906. (156 S.) 8° [F.] [07. 10832

— Die Kunst der sexuellen Lebensführung vor der Ehe. Ein Leitfaden der prakt. Geschlechtshygiene f. die erwachsene Großstadt-Jugend sowie f. Eltern u. Erzieher. 3. Aufl. (11.—15. Taus.) (156 S.) 8. Oranienburg (910). F. Koslowsky. 2.—; geb. 3. —

Mann, H., die moderne Parfümerie. Eine Anweisg. u. Sammlg. v. Vorschriften zur Herstellg. sämtl. Parfümerien u. Kosmetika unter besond. Berücksicht. der künstl. Riechstoffe, nebst e. Anh. üb. die Parfümierg. der Toiletteseifen. Unter Mitwirkg. v. Fachkollegen hrsg. (VIII, 525 S.) gr. 8. Augsburg 904. Verlag f. chem. Industrie. Geb. in Leinw. n. 10. —

Mann, H., die moderne Parfümerie. Eine Anweisg. u. Sammlg. v. Vorschriften zur Herstellg. sämtl. Parfümerien u. Kosmetika unter besond. Berücksicht. der künstl. Riechstoffe, nebst e. Anh. üb. die Parfürmierg. der Toiletteseifen. Unter Mitwirkg. v. Fachkollegen hrsg. 2. verb. Aufl. (VIII, 559 S.) gr. 8. Augsburg 909. Verlag f. chem. Industrie. Geb. in Leinw. 12. —

Mann, Heinr., die Bösen. (105 S.) kl. 8. Leipzig 908. Insel-Verlag. 2.50; geb. in Leinw. 3.50

Mann, Heinr., in e. Familie. Roman. 8. (VII, 269 S.) München 894. Dr. E. Albert & Co., Sep.-Cto. n. 3. —; geb. n. 4. —

Mann, Heinr., in e. Familie. Roman. 2. [Titel-] Aufl. 8. (269 S.) Berlin (894). 898. Schuster & Loeffler. 3. —; geb. 4. -

Mann, Heinr., Flöten u. Dolche. Novellen. (143 S.) 8. München 905. A. Langen. n. 2. —; geb. n. 3. —

— Flöten u. Dolche. 905. (KBL 34.) Jetzt: Berlin, P. Cassirer.

— eine Freundschaft, Gustave Flaubert u. George Sand. (52 S.) 8. München-Schwabing 905. 906. E. W. Bonsels & Co. n. 1. 60

MANN, Heinr. (in Polling b./Weilheim, Oberbayern, geb. 27. März 1871 zu Lübeck), Die Göttinnen oder die drei Romane der Herzogin von Assy. 3 Bde. München 1902—3. 8°. (Br. Mk. 12—.) (8 Mk., eleg. Hfrzbde., Adolf Weigel, 1908.)
— — Dasselbe. 4. Aufl. Ebd. 1907.

Mann, Heinr., die Göttinnen od. die drei Romane der Herzogin v. Assy. 3 Tle. 8. München, A. Langen. à n. 3. —; geb. à n. 4. —
I. Diana. (VII, 341 S.) 903. — II. Minerva. (VII, 335 S.) 903. — III. Venus. (VII, 318 S.) 903.

— Die Göttinnen od. die drei Romane der Herzogin v. Assy. Wohlfeile Ausg. in 1 Bde. 3. u. 4. Taus. (1006 S.) 8. München 907. [A. Langen.] Berlin, P. Cassirer. 5.—; geb. 6. 50

— Das Herz. Novellen. (2. Aufl.) (268 S.) 8. Leipzig 911. Insel-Verlag. 4.—; geb. in Leinw. 5. —

Mann, Heinrich, a. Stroppen in Schlesien: Das Hochwasser des August 1813, seine Ursachen und sein Verlauf. (Berlin 1904: E. S. Mittler & Sohn.) (29 S.) 4°
Breslau, Phil. Fak., Ref. Partsch, Diss. v. 30. Sept. 1904
[Geb. 22. Juli 75 Stroppen, Kr. Trebnitz; Heimatsort: Stroppen; Staatsangeh.: Preußen; Vorbildung: Elisabet-Gymn. Breslau Reife M. 96; Studium: Breslau 12 S.; Rig. 8. Juli 04.]

Das Hochwasser vom August/September 1813, s. Ursachen u. s. Verlauf. Von Dr. Heinrich **Mann**. Mit 5 Beil. Berlin: E. S. Mittler & Sohn 1905. (IV, 73 S.) 4°
[Ein Teil erschien als Inaug.-Diss. Breslau 1904.]
— **Jahrbuch** f. d. Gewässerkunde Norddeutschlands. Bd 1, No 2. [07. 111

Mann, H. Ludwig S. Jacoby, der erste Prediger der Bischöfl. Methodistenkirche v. Deutschland u. der Schweiz. Sein Leben u. Wirken nebst e. kurzen Lebensabriß seiner Mitarbeiter. 8. (X, 274 S. m. 7 Text-Illustr.) Bremen 892, (Verlag d. Tractathauses). geb. * 2 40
geb. m. Goldschn. * 2 80

— die Jagd nach Liebe. Roman. (III, 601 S.) 8. München 903. A. Langen. n. 5. —; geb. n. 6. —

— Die Jagd nach Liebe. 903. (KBL 34.) Jetzt: Berlin, P. Cassirer.

— — Die Jagd nach Liebe. 1903. 8°. (6 Mk.)
— — Dasselbe. 3. Aufl. 1908.

— s.: Jahrhundert, das zwanzigste.

— Mnais u. Ginevra. (80 S.) 8. München (906). Piper & Co. n. 2. —; geb. n. 3. —

— stürmische Morgen. Novellen. (150 S.) 8. München 906. A. Langen. n. 2. 50

— Stürmische Morgen. Novellen. 3. Taus. (150 S.) 8. München 907. [A. Langen.] Berlin, P. Cassirer. 2.50; geb. 3. 50

— Zwischen den Rassen. Roman. (577 S.) 8. Ebd. 907. 5.—; geb. 6. 50

— Schauspielerin, s.: Bibliothek moderner deutscher Autoren.

— im Schlaraffenland. Ein Roman unter feinen Leuten. 1.—4. Taus. 8. (à III, 494 S.) Ebd. 900. 901. n. 4. 50; geb. n. 5. 50

— Im Schlaraffenland. 901. (KBL 32.) Jetzt: Berlin, P. Cassirer.

— Die kleine Stadt. Roman. (437 S.) 8. Leipzig 909. Insel-Verlag. 4.—; geb. in Leinw. 5. —

— Professor Unrat od. Das Ende e. Tyrannen. Roman. 1.–4. Tausf. (279 S.) 8. München 905. 906. A. Langen. n. 3. —; geb. n. 4. —

— Professor Unrat. 906. (KBL 84.) Jetzt: Berlin, P. Cassirer.

Heinrich Mann. Variété. 1 Akt. Berlin: P. Cassirer 1910. 96 S. 8°

— e. Verbrechen u. and. Geschichten. 12. (173 S.) Leipzig-Reudnitz 898. R. Baum. n. 3. —

— das Wunderbare u. and. Novellen, s.: Bibliothek, Langen, kleine.

— Heinr. Wilhelm Ernst (Anhalt), De origine et auctoritate juris Saxonici in terris Anhaltinis dissert. Lpz. (Tauchnitz) 8. II. 1816. 32 Seiten. (3.—) 22107

Mann, J. C., s.: Esra, das vierte Buch.

Mann, J. Dan.

— Erklär. d. Proph. Zacharias. 4. Bremen. 734.

Mann, J. Dan., das zu hegende Gericht des Allerhöchst., a. Dan. VII. vorgest. 4. Soest. 720.

MANN, JOHANN AEMILIAN. Betrachtungen und Gebete am Fusse des Kreuzes. Von einem Benediktiner Ordenspriester (P. Johann Aemilian Mann). Pesth: Emil Müller. 34 S. - 175 mm

Mann, Johann Ch.

— rechtl. Anmerkk. von d. peinl. Gerichtsstande eines Verbrechers. 4. Halle 776. Waisenhaus-B. 1 ℛ

Mann, Jh. Ch., comment. juris civilis de obligatione auctorum intuitu evictionis imminentis. 4. Halle 776. Waisenhaus-B. 3 ℛ

Mann, Vertheidigungsschrift d. Hrn. Schüßler und Sinteniß. wid. d. Hrn. Geh. Raths Hase zu Zerbst. 4. Leipzig, C. F. W. Vogel. 790.

Mann, Johann Daniel: Gespräche

— —, Vier verschiedene, zwischen Grobianus Tölpel und Gottlieb etc. von *Gratioso, Justo, in Deo Forti* (d. i. *Johann Daniel Mann*). Cöln, Jan. Wahrmund, 1737.
Weller, fing. Dr. I. p. 79; Anon.-Lex. II. p. 221.

Mann, Joh. Gtli., die ausländ. Arzney-Pflanzen. 1—16. Lfg. gr. Fol. (à 6 lith. u. ill. Taf. u. 6 Bl. deutscher Text.) Stuttgart 830—33, Brodhag. à Lfg.

— Deutschlands wildwachsende Arznei-Pflanzen in naturgetreuen Abbildd. mit vollständ. Text. Ein Handbuch für junge Mediciner u. Pharmaceuten. Mit 12 color. Kpfrn. 16 Hft. gr. 8. Stuttgart 832. Brodhag. 3/4 ℛ

— Deutschlands gefährlichste Giftpflanzen, mit erläut. Texte, worin ihre Wirkungsart u. die wirksamsten Hülfsmittel bei Vergiftungen angegeben sind, nebst e. leichtfaßl. Anleit. z. Pflanzenkunde. Nach d. Natur gezeichnet. Fol. (22 ill. u. 2 schw. Stnt., u. 8½ B. Text.) Stuttgart 829, Brodhag.

Mann, Joh. Gottl., Würtembergs vorzügl. Obstsorten in naturgetreuen Abbild. kl. Fol. Stuttgart, 1834. (Selbstverlag.)

Mann, Jh. Karl Gli., 12 religiöse Friedenslieder, aus dem Jahre 1814. gr. 8. Leipz. 815. Barth. 3 ℊ

— s. Gesangbuch, Naumburger.

— der Jahresmorgen, e. Predigt; nebst e. religiösen Liede. 8. Naumb. 813.

— fromme Lieder. 8. Halle ... 2te A. 817. (Schwetschke u. S.) 10 ℊ

— d. Weinstock u. s. Reben; e. Confirmat.-Act. gr. 8. Leipz. 801. Barth. 4 ℊ

Mann, Johannes [aus Dessau]: Über die Ausscheidung des Stickstoffs bei Nierenkrankheiten im Verhältnis zur Aufnahme desselben ... Berlin, Buchdr. v. G. Schade, 1891. 29 S., 1 Bl. 8.
Berlin, Med. Fak., Inaug.-Diss. v. 13. Okt. 1891

Mann, J., **anhaltische Münzen u. Medaillen vom Ende des XV. Jahrh. bis 1906. (XII, 219 S.) 32×25 cm. Hannover (Georgstr. 12) 907. H. S. Rosenberg. nn 15. —**

Mann, Jos., Dictierübungen u. Aufgaben f. den Rechtschreibunterricht in allgemeinen Volks- u. Bürgerschulen. Methodisch zusammengestellt u. nach Schuljahren gegliedert. gr. 8. (145 S.) Prag 893. H. Dominicus. n. 1.20

Mann, Jos., Gesangbuch f. österr. Bürgerschulen. Im Anschlusse an d. Lesebücher aus d. k. k. Schulbücherverlage f. Bürgerschulen zusammengest. 2., durchgeseh. unveränd. Aufl. der 1. Aufl. 12. (148 S.) Prag 898. G. Neugebauer. Geb. n. — 80

Mann, Josef, Gesangbuch für österreichische allgemeine Volksschulen. I. Theil. (1.—3. Schuljahr.) 8. (56 S.) —.12
— — II. Theil. (4.—5. Schuljahr.) 8. (71 S.) —.18
— — III. Theil. (6.—8. Schuljahr.) 8. (120 S.)
Prag: Neugebauer 1889. —.35

Mann, Jos., Gesangbuch f. österreich. allgem. Volksschulen. Auf Grundlage der Lesebücher aus dem k. k. Schulbücherverlage zusammengestellt. 1. Thl. Für das 1., 2. u. 3. Schulj. 2. durchgeseh., unveränd. Aufl. 12. (V, 58 S.) Prag 897. G. Neugebauer. Geb. n. — 45

— dasselbe, f. österr. allgem. Volksschulen. Auf Grundlage d. Lesebücher aus dem k. k. Schulbücherverlage zusammengest. II. Thl. (4.—5. Schulj.) 2., durchgeseh. unveränd. Aufl. der 1. Aufl. 12. (71 S.) Ebd. 898. Geb. n. — 48

Mann, Jos. Gottesdienstliche Gesänge nebst Beicht-, Communions- u. Meßandacht, f. Volks- u. Bürgerschulen zusammengestellt. 2. Aufl. 12. (48 S.) Prag 890, Neugebauer. geb. ** — 36

Mann, Josef, Gottesdienstliche Gesänge in Volks- und Bürgerschulen. Ausgabe für einstimmigen Notensatz. 8. (28 S.) —.10
— — Ausgabe in zweistimmigen Notensatz. 8. (32 S.) —.12
— — Ausgabe in dreistimmigen Notensatz. 8. (45 S.) Prag: Neugebauer 1889. —.20

— u. N. **Mühlbauer,** Methodik d. Schönschreibunterrichtes, s.: Lehrbuch der speciellen Methodik.

— u. Johanna Czermak, specielle Methodik der Elementarclasse (1. Schulj.), s.a. Handbuch der spec. Methodik. I.

— u. Johanna Czermak, specielle Methodik der Elementarclasse (1. Schuljahr). gr. 8. (IV, 304 S. m. Abbildgn.) Wien 894. A. Pichler's Wwe. & Sohn. u. 3. 60

(F) Mann, J. u. Czermak, J., Spezielle Methodik der Elementarklasse. (1. Schuljahr.) 4. Aufl. (Handbuch der speziellen Methodik. 1. Teil.) 6°. (IV, 316 S.) Wien: Pichler 1906. K 3.80

Mann, Jos., die Microlepidopteren-Fauna der Erzherzogthümer Österreich ob und unter der Enns und Salzburgs. Beiträge zur Kenntniss und Verzeichniss der bisher in diesem Gebiete beobachteten Arten. gr. 8. (62 S.) Wien 886, Hölder. *

Mann, Josef, u. Nicol. Mühlbauer, Der Schreibunterricht in Volks- u. Bürgerschulen, sowie in Lehrer-Bildungsanst. gr. 8. (V u. 72 S. mit 6 lithogr. Taf.) Prag, F. Tempsky. 1 fl. 1883.

— u. Mühlbauer's Schreibunterricht in Volks- u. Bürgerschulen sow. in Lehrerbildungsanst. 2., verm. u. verb. Aufl.. besorgt v. Jos. Mann. gr. 8. (IV, 92 S. m. 6 lith. Taf.) Wien u. Prag 896. F. Tempsky. — Leipzig, G. Freytag. n. 1.60

Mann, Jul., die Ansiedler in Amerika. Eine Erzählung für d. christl. Jugend. kl. 8. Stuttg. 845, J. F. Steinkopf. 1/4 ℛ

Mann, K. G. Rob., Gesellenstück e. Sattlers u. Riemers, s.: Berufsaufsatz, der, in der Fortbildungsschule.

— Gesellenstück e. Schuhmachers. Meisterstück e. Schuhmachers, s.: Berufsaufsatz, der, in der Fortbildungsschule.

— Gesellenstück e. Setlers, s.: Berufsaufsatz, der, in d. Fortbildungsschule.

Mann, K. K. von, s. Mann, Karl Chr. von

Mann, Karl, aus Worms a. Rh.: Ueber quantitative Bestimmung aetherischer Oele in Gewuerzen. *Würzburg 1900: Becker.* (55 S.) 8°
Würzburg, Phil. Diss. v. 1900

Mann, Karl, die Bibel als das Wort des lebendigen Gottes an die Menschheit, betrachtet in Abend-Unterhaltungen eines Vaters mit seinen lieben Kindern. Karlsruhe 855. Groos. 8. (XVI, 219 S.) 15 ngr.

—- und Thdr. Plitt, der evangelische Bund. Die zu Liverpool und London gehaltenen Conferenzen über christl. Vereinigung, nach den Aktenstücken beschrieben. gr. 8. (XVI und 243 S.) Basel 847. Frankfurt a. M., (Völcker.) *-

Mann, K., das alte u. neue u. ewige Evangelium, zum 3. Jubelgedächtniß d. Augsburg. Confession dargelegt in e. Pred. üb. Röm. 1, 16. 17. gr. 8. ... Carlsruhe 830, Braun.

—— die Jahres-Feste der christl. u. menschenfreundl. Gesellschaften in London im Mai d. J. Nach engl. Berichten. gr. 8. (13¾ B.) Karlsruhe 845, Macklot.

Mann, Karl, Jubel-Büchlein (-Denkmal) d. evangel. Reformation in Würtemberg. Mit d. Lebensbeschreibn. u. Bildnn. d. fürstl. u. gelehrt. Wahrheits-Zeugen. 1. u. 2. Hft. 8. Stuttgart 836, (J. F. Steinkopf.) [1. (10 B., 6 Bildn. u. 3 Vign.), 2. (14¼ B. u. 8 Bildn.) à ½ Thlr.]

Mann, Karl, die Augsburgische Confession vollständig erklärt durch ihre Apologie. Mit geschichtl. Einleitung und kirchenhistorischen Erläuterungen. gr. 8. Karlsruhe 842, Holtzmann. 2/3 ℛ

Mann, Karl, evangelischer Confirmations-Unterricht, in einer ausführlichen Erklärung des württemberg. Confirmations-Büchleins. A. u. d. T.: Christliches Haus- u. Gedenkbuch für Confirmanden. Mit einem Vorworte v. Kapff. Neue (Titel-) Ausg. gr. 8. (XIV u. 273 S.) Reutlingen (842) 850, Mäcken. 3/4 ℛ In Engl. Einb. 7/8 ℛ

Mann, *Heinrich* Karl [app. Arzt aus Kirchhain i. d. Nieder-Lausitz]: Über acute Osteomyelitis spongiöser Knochen ... Halle a. S., Hofbuchdr. v. C. A. Kaemmerer & C., 1897; 29 S., 1 Bl. 8.
Halle, Med. Fak., Inaug.-Diss. v. 9. Aug. 1897

— s. Reich Gottes, das.

— was thut unserer Kirche noth? Mit Rücksicht auf die Schrift: „Zustände der evangel.-protestant. Kirche in Baden, vom Pfarrer Karl Zittel." gr. 8. Karlsruhe 843, Holtzmann. 3/8 ℛ

Mann, Karl, wie und wodurch ist Dr. Mart. Luther d. große Bibel-Uebersetzer geworden? Ein Nachruf z. 3. Jubel-Jahre d. luther. Bibel-Verdeutschung an alles Volk, u. besond. d. studier. Jugend. 8. (6½ B.) Stuttgart 835, J. F. Steinkopf. Thlr.

— die Zeitfrage der evangelischen Kirche: ob die Apokryphen aus der heiligen Schrift wegzulassen seien? aufs Neue gegen die Herren Dr. Hengstenberg und Stier beleuchtet. Karlsruhe 853. Groos. gr. 8. (16 S.) n. 2 ngr.

Mann, Car. Augustus (geb. Kemlitz in d. Mark 28. 12. 1832): Quae apud Aristotelem inveniantur officii praeceptorum quasi semina atque initia. Berolini (1867). (64 S.) 8°
Berlin, Phil. Diss. v. 9. März 1867

Mann, Car. Aug., quae apud Aristotelem inveniantur officii praeceptorum quasi semina atque initia. Dissertatio inauguralis philologica. Berlin 867. (Calvary & Co.) 8. (64 S.) n. 12 ngr.

v. Mann, Karl Chr., Archiv f. d. Staatskunde v. Baiern. 1r Bd. 8. Münch. 804. (Finsterlin). 12 gl.

Mann, C. Chr. v., Archiv f. d. Staatskunde von Bayern. 8. Münch. Scherer. 804.

Mann, C. C. von, Cos. s. Cos.

Mann, K. K., v. Kaiser Ludwig IV. u. Maximilian I. eine historische Parallele. gr. 8. München, Lindauer. 806.

— Kaiser Ludwig IV. u. Maximilian I. e. historische Parallele. gr. 8. Münch. 807. Lindauer. 6 gl.

Karl Christian von Mann, Ideen über B. und B.'s Staatsinteressen. I. Heft: Bemerkungen über Un-Werth des Grundeigenthums..., Verfall des Wohlstandes der Güterbesitzer, Sinken des Kredits usw. München 1823
Verf. K. Kämmerer und Staatsrath, Mitglied der b. Akademie der Wiss.

Mann, C[arl] H[einrich]. Einige Andeutungen über Inçallah und die Ermordung des Afrikareisenden Camille Douls. Vortrag des Herrn Redaktor C. H. M'.... SA. 8. [Bern 1890.]

Mann, Carl H., 200 Ausflüge v. Bern. 12. (XIV, 223 S.) Zürich 896. C. Schmidt. Kart. n. 2. —

Mann, Carl H[einrich]. 200 Ausflüge von Bern, bearb. von C. H. M'. Ausgabe 1897. 8. Zürich.

Mann, C. H., Bern, s. Städtebilder und Landschaften aus aller Welt.

Mann, Carl H[einrich]. Bern. Mit 20 Ansichten und 1 Plan. Städtebilder und Landschaften aus aller Welt. No. 25 und 25ª. 8. Zürich *o. J.* [1888/94].

Mann, C. H., Bern und seine Umgebungen. Mit 12 (Holzschn.-) Illustr. und 2 (lithogr. und chromolithogr.) Plänen. 8. (56 S.) Bern 882, Haller. *

—— Bilder aus Nord-Afrika. Vorträge, zu Gunsten der bedrohten Gemeinde Schwanden bei Brienz gehalten in den Monaten April und Mai 1888. 8. (170 S.) Bern 888, P. Haller. *
Aus: Alpenrosen, besonders abgedruckt.

[Mann, Carl Heinrich.] Elsass und Lothringen. Geschichtlicher Rückblick in gemeinfasslicher Darstellung von einem Schweizer. 8. Bern 1871.

Mann, Carl H[einrich]. Zum Gebrauch der Leichbretter. SA. 8. ([Bern] 1895.)

Mann. A. von Haller, s. Haller.

Mann, Carl H., Albrecht v. Haller. Für das Volk und die reifere Jugend geschildert. 8. (32 S.) [Schaffhausen 878, Mann.] Basel, Spittler. *

Mann. siehe: *Hausbibliothek.*

Mann, C. H., s.: Jahresbericht d. geograph. Gesellschaft in Bern.

Mann, Carl H[einrich]. Kreuz und Quer durch den Kanton Bern und angrenzende Kantone. Reiseschilderungen und Momentaufnahmen. Mit zahlreichen Illustrationen. (7 Lieferungen.) 8. Bern (1899–)1900.

Mann, Carl H., kreuz u. quer durch den Kanton Bern u. angrenzende Kantone. Reiseschilderungen u. Momentaufnahmen. Mit zahlr. Illustr. 7 Lfgn. gr. 8. (XIII, 352 S.) Bern 900. (H. Körber.) Subskr.-Pr. à n. — 90; kplt. geb. in Leinw. n.n. 6. 50

Mann, Carl H[einrich]. Kreuz & quer durch Brasilien.... 8. Bern 1898.

[Mann, Carl Heinrich.] Frau (Barbara Juliane) v[on] Krüdener (1764–1824). Ein Zeitgemälde. 8. Bern 1868.

Mann, Carl H[einrich]. Massaua. Bibliotheknotizen. SA. 8. [Bern 1893.]

Mann, Carl H[einrich]. Ueber den Sklavenhandel in Afrika. Kurze Andeutungen. 8. Bern 1893.

Mann, Carl H[einrich]. Spiesse und Nägel eines Friedfertigen. Erinnerungen aus den Jahren 1882–1885. 8. Bern 1885.

—— der Stand der schweizerischen Alkohol-Gesetzgebung, s. Beiträge, wissenschaftliche, zum Kampf gegen den Alkoholismus.

Mann, Karl H. Der Stand der schweizer. Alkohol-Gesetzgebung. Gr. in-8°, 22 S. Bonn, Emil Strauss' Verlag. 1887. 1 10
*** Wissenschaftliche Beiträge zum Kampf gegen den Alkoholismus. I. Band, Heft 5.

Mann, Konrad [aus Würzburg]: Über die Absorption der proteolytischen Enzyme durch die Eiweisskörper ... Würzburg, J. M. Richter's Buch- u. Kunstdr., 1892; 28 S. 8.
Würzburg, Med. Fak., Inaug.-Diss. v. 1892

Mann, Kurt
Mann, Curt, approb. Arzt aus Dresden: Ein Beitrag zur Kenntnis der Seelenblindheit bei Encephalomalacie. *München 1899: Kastner & Lossen.* (28 S.) 8°
München, Med. Diss. v. 1899

Mann, L., der Atomaufbau in den chemischen Verbindungen und sein Einfluß auf die Erscheinungen. gr. 8. (VII, 90 S. mit 1 lithogr. Taf.) Berlin 884, F. Luckhardt. *

—— die Atomgestalt der chemischen Grundstoffe. gr. 8. (43 S. mit 1 lithogr. Taf.) Ebendas. 883. *

Mann, L., Betrachtungen über die Bewegung des Stoffes. 1. Aufl. (96 S. mit 1 Stnt. in qu. 4.) 1874, und 2. verm. Aufl. gr. 8. (146 S. mit 1 Stnt. in qu. Fol.) Naumburg 875, Sieling. *

—— die Entstehungen der Epidemien, besonders der Pest und Cholera. 8. (20 S.) Ebendas. 883. *

Mann, L., der Feuerstoff. Sein Wesen, seine bewegende Kraft und seine Erscheinungen in der unorgan. und organ. Welt. gr. 8. (67 S.) Berlin 888, Steinitz Verlag. *

—— das Wesen der Electricität und die Aetiologie der Pest und der Cholera. gr. 8. (58 S.) Berlin 885, Heinicke. *

Mann, Leop., Untersuchungen über den Begriff der Reallasten im gemeinen Recht. Dessau 869. Barth. gr. 8. (IV, 120 S.) n. 1 ₰

Mann, Leop., Untersuchungen üb. den Begriff der Reallasten im gemeinen Recht. Neue Ausg. gr. 8. (IV, 120 S.) Dessau 873. Barth. n. 1. 50

Mann, Ludw., s.: Abhandlungen, zwanglose, aus dem Gebiete der medizin. Elektrologie u. Röntgenkunde.

Mann, Ludwig [Dr. med.]: '(Aus d. Kgl. Univ.-Poliklinik f. Nervenkranke zu Breslau)'. Klinische und anatomische Beiträge zur Lehre von der spinalen Hemiplegie ... (Aus: Deutsche Zeitschr. f. Nervenheilk., Bd x.) Leipzig, Druck v. J. B. Hirschfeld, 1896; 1 Bl., 66 S. 8.
Breslau, Med. Fak., Hab.-Schr. v. 23. Okt. 1896

Mann, Ludwig: Statische Berechnung steifer Vierecknetze. Berlin: Ernst 1909. 47 S. 4° ¶ Aus: Zeitschrift f. Bauwesen. Jg. 59.
Berlin, Dr.-Ing.-Diss. v. 25. 6. 1909

Mann, Ludw., Elektrodiagnostik u. Elektrotherapie, s. Handbibliothek, medizinische. 9. Bd.

Mann, L., Elektrodiagnostik und Elektrotherapie. [Medizinische Handbibliothek. 9. Bd.] 8°. (ill. XXV, 161 S.) geb. K 3 20
Wien: Hölder 1904.

— s.: Handbuch der gesamten medizin. Anwendungen der Elektrizität.

— üb. d. Lähmungstypus bei d. cerebralen Hemiplegie, s.: Sammlung klin. Vorträge.

Mann, Ludwig [aus Breslau]: Ueber den Leitungswiderstand bei Untersuchungen der faradischen Erregbarkeit. (Aus d. psychiatr. Klinik u. Nervenpoliklinik zu Breslau.) . . . (Aus: Deutsches Arch. f. klin. Med. Bd. 45.) Breslau, *Druck d. Bresl. Gen.-Buchdr., E. G.*, 1889; 3 Bl. + 27 + 1 S. 8°
Breslau, Med. Fak., Inaug.-Diss. v. 7. Okt. 1889

Mann, Ludwig, approb. Arzt aus Ulm a. d. Donau: Ueber Polyneuritis in graviditate und in puerperio im Anschluss an einen in der Nervenklinik von Herrn Professor Mendel in Pankow beobachteten Fall. *Leipzig 1901: B. Georgi.* (41 S.) 8°
Leipzig, Med. Diss. v. (5. Aug.) 1901

Mann, Ludw., üb. d. Wesen u. d. Entstehung d. hemiplegischen Contractur. E. klin. Studie, verbunden m. Untersuchgn. üb. d. Muskeltonus, sow. die antagonist. u. synergist. Innervation. [Aus: „Monatsschr. f. Psychiatrie u. Neurologie".] gr. 8. (37 S.) Berlin 898. S. Karger. n. 1. —

Mann, L(udowicus [!]): Wibald, Abt von Stablo und Corvei nach seiner politischen Thätigkeit. Halle (1875): Plötz. 94 S. 8°
Halle-Wittenberg, Phil. Diss. v. 30. Jan. 1875
Geb. Prötzel (Kr. Oberbarnim) 18. 11. 1848. V.

— s.: Zeitschrift f. medizin. Elektrologie u. Röntgenkunde.

— s: Zeitschrift f. Elektrotherapie u. Elektrodiagnostik.

Mann, Mary E., the cedar star, s.a. Collection of British authors.

The Cedar Star. By Mary E. Mann. Copyright ed. Leipzig: Tauchnitz 1898. 319 S. 8°
(Collection of British authors. Tauchnitz Ed. Vol. 3289.)

Mann, Mary E., a winter's tale, s.: Collection of British authors.

Mann, Math., s.: Constantin's, Frau, Koch- u. Haushaltungsbuch.

Die Schneekönigin. Märchenspiel in 6 Bildern nach H. C. Andersens gleichnamigem Märchen f. d. Bühne bearb. von Mathilde Mann. *Altona [1902]: H. W. Köbner & Co.* (71 S.) 8° [F.]

Mann, Maur., Listy o walném zebraniu delegowanych ligi polskiéj w Kórniku rokie pańskiego 1849. 8. (VII und 132 S.) Lissa 849, Günther.

Mann, Max Frdr., s.: Anglia, Beiblatt.

Mann, M. F., der Bestiaire divin des Guillaume le clerc, s.a. Studien, französische.

Der Bestiaire Divin des Guillaume le Clerc. Von Max Friedrich Mann. Heilbronn: Gebr. Henninger 1888. (IV, 106 S.) 8°
— Studien, Französische. Bd 6, H. 2.

— s.: Diesterweg's neusprachliche Reformausgaben.

— **Max Friedrich** (Nentschau, Bayern), Der physiologus des Philipp von Thaün u. seine Quellen. Halle (Karras) 1884. 53 S. u. Biogr. (3.—) 22109
Gew.: Ad. Ebert.

— s.: Reformbibliothek, neusprachliche.

Mann, Nicolaus

Mann, Nic., Jesus Christus am Kreuze in der bild. Kunst. Ein Beitrag zur Würdigg. d. Christusbildes. M. 10 Abb. berühmter Darstellgn. v. „Christus am Kreuze" alter u. neuer Meister (auf 2 Taf.). gr. 4. (XIV S.) Prag 897. N. Lehmann. n. 2. —

Jesus Christus am Kreuze in der bildenden Kunst. E. Beitr. z. Würdigg d. Christusbildes. Von Nicolaus Mann. M. 10 Abb. ... 2. Aufl. *Prag: N. Lehmann 1897.* (XIV S., 2 Taf.) 1 Bd 4.

Mann, Nic., Gabriel Max' Kunst und seine Werke. Eine kunsthistor. Skizze. gr. 8. (28 S. mit 8 Abbild.) Leipzig 888, (J. J. Weber.)

Mann, Nicol. Gabriel Max. Eine kunsthistor. Skizze. 2. verm. Aufl. m. 21 Abbildgn. gr. 8. (58 S.) Lpz. 890, J. J. Weber. * 2 —

Mann, O., Anthologie aus römischen Dichtern, f. die obersten Klassen der Realgymnasien u. ähnlicher Anstalten zusammengestellt. 8. (VIII, 124 S.) Leipzig 883. Teubner. — 60

Mann, O. Der Prometheusmythus in der modernen Dichtung. Frankfurt a. O., Rg., 1878. 40 S. Progr.

Mann, Osc., s.: Abu-L-Hasan, Ibn Muhammed Emîn aus Gulistâne, das Mujmil et-Târîkh-i Bádnâdirîje.

Bausteine zur Geschichte der Loge zum aufrichtigen Herzen gesamm. von O[sk.] Mann. Frankfurt-Od. 1909. 15 S. 8° [Umschlagtit.]

Mann, Osk., die Erwerbsteuer u. den der öffentl. Rechnungslegung unterworfenen Unternehmgn., s.: Personalsteuern, die direkten.

Mann, Osk., kurdisch-persische Forschungen. Ergebnisse e. von 1901—1903 in Persien ausgeführten Forschungsreise. IV. Abtlg. 3. Bd. I. Tl. Die Mundart der Mukri-Kurden. I. Tl. Grammatische Skizze, Texte in phonet. u. pers. Umschrift. (CVI, 302 u. 62 S.) gr. 8. Berlin 906. G. Reimer. n. 12. —
Die übrigen Teile sind noch nicht erschienen.

Mann, Osk., kurdisch-persische Forschungen. Ergebnisse e. von 1901—1903 u. 1906—1907 in Persien u. der asiat. Türkei ausgeführten Forschungsreise. I. Abtlg. Die Tâjik-Mundarten der Prov. Fârs. (XXXVI, 155 S.) gr. 8. Berlin 909. G. Reimer. 6. —

— dasselbe. II. Abtlg. Die Mundarten der Lur-Stämme im südwestl. Persien. (XXXVIII, 193 S.) gr. 8. Ebd. 910. 7.50

Mann, Osk., kurdisch-persische Forschungen. Ergebnisse e. von 1901—1903 u. 1906—1907 in Persien u. der asiat. Türkei ausgeführten Forschungsreise. IV. Abtlg. 3. Bd. II. Tl. Die Mundart der Mukri-Kurden. II. Tl. Deutsche Übersetzg. der Texte. Mit e. Einleitg. üb. Inhalt u. Form der ostkurd. Volksepik. (LI, 480 S.) gr. 8. Berlin 909. G. Reimer. 15. —
IV, 3. I. Ebd. 906. 12.—.

Mann, *Gottlieb Bernhard* Oskar: Das Mujmil et-Târîkh-i ba'dnâdirîje des Ibn Muhammed Emîn Abu'l-Hasan aus Gulistâne. [Fasc. 1: Geschichte Persiens in den Jahren 1747—1750]. Nach der Berliner Handschrift herausgegeben und mit einer Einleitung versehen. . . . (Vollst. ersch. Leiden, 1891; 47, 72 S.) Leiden, E. J. Brill, 1891; 24, 72 S. 8°
Strassburg, Phil. Fak., Inaug.-Diss. v. 1891

Die Mundart der Mukri-Kurden. Von Oskar Mann. T. 1. Berlin: G. Reimer 1906. 8°
— Mann: Kurdisch-Persische Forschungen. Abt. 4, Bd 3, T. 1.

Die Mundarten der Lur-Stämme im südwestlichen Persien. Von Oskar Mann. Berlin: G. Reimer 1910. XXXVIII, 193 S. 8°
(Mann: Kurdisch-persische Forschungen. Abt. 2.)

Mann, Osk., u. Heinr. Jedlicka, das österreich. Personalsteuergesetz nach dem derzeitigen Stande der Praxis. (IV, 379 S.) 8. Wien 904. A. Hölder. n. 3. 40; geb. n. 4. 40

— **kurze Skizze der Lurdialekte.** (21 S.) Lex.-8. Ebd. 904. n. 1. —
Sonderabdr. aus: „Sitzungsber. d. preuss. Akad. d. Wiss."

Die Tâjik-Mundarten der Provinz Fârs. Von Oskar **Mann.** Berlin: G. Reimer 1909. XXXVI, 155 S. 8°
(Mann: Kurdisch-persische Forschungen. Abt. 1.) [09. 17911

Mann, Otto, aus Magdeburg: **Beiträge zur Kenntnis verschiedener Mineralien.** *Dresden 1904: W. Buensch.* (40 S.) 8°
Leipzig, Phil. Diss. v. 1904

Mann, Otto, approb. Arzt aus Lang-Göns: Aus d. Chirurg. Klinik zu Gießen. Zur **Kasuistik** der irreponibeln Kniegelenksluxationen. *Gießen 1903: v. Münchow.* (24 S.) 8°
Gießen, Med. Diss. v. 1903

Mann, Otto, über Lilien, ihre Cultur und Verwendung, nebst Beschreibung der Haupt-Handels-Sorten. gr. 8. (24 S. mit Illustr.) Leipzig 884, Selbstverlag. *

Mann, P., das Participium praeteriti im Altprovenzalischen, s. Ausgaben und Abhandlungen aus dem Gebiete der romanischen Philologie.

Mann P. Das Participium präteriti im Altprovenzalischen. (Nach den Reimen der Trobadors). Diss. Marburg 1885. 48 S.

Mann, R., das Gemeinde-Rechnungswesen in Württemberg, in Lösungen prakt., zu Prüfungsaufgaben verwendeter Rechnungsfälle dargestellt. Lex.-8. (III, 159 S.) Stuttgart 886, Kohlhammer. *

Mann, R., u. H. Sibert, das württemberg. Gemeinderechnungswesen. Lösungen v. Rechnungsfällen. Lex.-8. (IV, 262 S.) Stuttgart 901. W. Kohlhammer. n. 4. 80; geb. n. 5. 50

Mann, R. J., s.: Meteorologie, die moderne.

Mann, Richard [Rechtspraktikant in Frankenthal]: Die eigentümlichen Endigungsgründe des Mandats bezw. der Vollmacht ... Erlangen, k. b. Hofbuchdr. v. A. Vollrath, 1896; 39 S. 8.
Erlangen, Jur. Fak., Inaug.-Diss. v. 1896

Mann, Richard: Ueber Quellungsfähigkeit einiger Baumrinden. Halle a. S. 1885: Karras. 18 S. 4°
Halle-Wittenberg, Phil. Diss. v. [22. Juli] 1885
Geb. Krossen a. d. Oder 29. 1. 1862. V.
Ersch. auch in: Zeitschrift f. Naturwissenschaften. Bd 58. Halle 1885. S. 348—373.

Mann, Rob. James, s. **Meteorologie,** die moderne.

Mann, Rudolph [app. Arzt]: Drei Fälle von Vitiligo im Zusammenhang mit nervösen Erscheinungen. ... Strassburg, Univ.-Buchdr. v. J. H. Ed. Heitz (Heitz & Mündel), 1889; 31 S. 8°
Strassburg, Med. Fak., Inaug.-Diss. v. 1889

Mann, S. A., die Bacillen-Krankheiten u. ihre Behandlung. Influenza, Bronchitis, Diphtheritis, Pneumonie, Tuberkulose, Malaria, Scharlach, Typhus, Heu- u. gelbes Fieber, Rheumatismus, Masern, Starrkrampf u. Cholera, nebst den hauptsächlichsten Symptomen, Complicationen u. anderen Leiden. Frei nach dem amerikan. Texte bearb., m. Anführg. der im Volke gebräuchl. Hausmittel u. sonst. Belehrgn., nebst e. Anh.: Die prakt. Anwendg. der Elektricität in der Medizin v. G. Lankfeld. 1. u. 2. Lfg. (à 3 Bog.) gr. 8. Leipzig 893. 894. W. Malende. à n. — 75

Mann, Th, s.: Molkerei-Kalender.

Mann, Th. F.

— mémoire sur le changement successif de la température et du terroir des climats, avec des recherches sur les causes de ce changement. gr. 4. Mnch. 786. (Franz). 6 gr.

Mann, Th. F., mémoire sur un nouveau principe d'hygrometrie gr. 4. München 787. (G. Franz). 2 gr.

Mann, Theoph., s.: **Christ, der freie.**

Mann, Theoph., kurzgefaßte Geschichte des Methodismus, s.: **Nuelsen, John L.**

Mann, Thom., Wilse u. ich. 3. Aufl. (39 S.) 8. München-Schwabing 906. E. W. Bonsels & Co. n. — 75

Mann, Thom., Buddenbrooks. Verfall e. Familie. Roman. 2 Bde. 8. (566 u. 539 S.) Berlin 901. S. Fischer, Verl. n. 12. —; geb. n.n. 14. —

— **Buddenbrooks.** Verfall e. Familie. Roman. 2. bis 35. Aufl. 2 Tle. in 1 Bde. (à 566 u. 539 S.) 8. Berlin 903—906. S. Fischer, Verl. n 5. —; geb. in Leinw. n. 6. —

Mann, Thom., Buddenbrooks. Verfall e. Familie. Roman. 36.—44. Aufl. 2 Tle. in 1 Bde. (566 u. 539 S.) 8. Berlin 908—09. S. Fischer, Verl. 5. —

— **dasselbe.** 50. Aufl. (Jubiläumsausg.) (Umschlag u. Einbd. nach e. Entwurf v. Karl Walser.) 2 Bde. (499 u. 477 S.) 8. Ebd. 910. 10. —; geb. n 12. —; in Ldr. n 16. —

— **Fiorenza.** 1. u. 2. Aufl. (170 S.) 8 Ebd. 906. n. 2. 50; geb. n.n. 3. 50; in Perg. n.n. 5. —

— **Fiorenza.** 3. u. 4. Aufl. (170 S.) kl. 8. Ebd. 908. 11. 2. 50

Mann, Thom., d. kleine Herr Friedemann, s. a. Collection Fischer.

Thomas **Mann.** Der kleine Herr Friedemann. Novellen. *Berlin: S. Fischer 1898.* (2 Bl., 198 S., 1 Bl.) 1 Bd 8.
= Collection Fischer. Bd VI. [98. 19047

— **Der kleine Herr Friedemann u. and. Novellen,** s. a. **Fischer's Bibliothek zeitgenössischer Romane.**

Der kleine Herr Friedemann u. andere Novellen von Thomas **Mann.** Berlin: S. Fischer [1909]. 171 S. 8°
(Fischers Bibliothek zeitgenössischer Romane. Jg. 1. Bd 6.)

— **Königliche Hoheit. Roman.** 1.—26. Aufl. (476 S.) 8. Berlin 909—11. S. Fischer. 5. —; geb. in Leinw. n 6. —; in Ldr. 8. —

— s.: **Meister der modernen Erzählungskunst.**

— **Tristan. 6 Novellen.** 1.—6. Aufl. (Je V, 264 S.) 8. Ebd. 903—906. n. 3. 50; geb. n.n. 4. 50

Mann, Traugott, a. Bielefeld: Beiträge zur Kenntnis arabischer Eigennamen. T. 1. Leiden: vormals E. J. Brill 1904. (15, 24 S.) 8° ¶(Der Rest ersch. u. d. T.: „Tuḥfa ḏawi-l-arab" von Ibn Ḫaṭib ad Dahša, hrsg. v. Traugott Mann, im gleichen Verlage.)
Berlin, Phil. Fak., Ref. Sachau, Delitzsch, Diss. v. 22. Okt. 1904
[Geb. 5. Jan. 81 Bielefeld; Heimatsort: Berlin; Staatsangeh.: Preußen; Vorbildung: Gymn. Bielefeld Reife O. 00; Studium: Greifswald 1, Halle 4, Berlin 3 S.; Rig. 29. Febr. 04.]

Mann, Traugott, s.: Ibn Hatib al Dahša, Tuḥfa dawi-l-arab. 1903 u. 1904 ist v. L. Herren, 1905 v. L. Burkard red.

Mann, W., Lichenum in Bohemia observatorum dispositio succinctaque descriptio. 8maj. Prag 825. (Enders). 16 gr.

Mann, W. D., Christentum u. Häckeltum. Eine krit. Studie. (7, 162 S.) gr. 8. Dresden-Blasewitz 907. [R. v. Grumbkow.] E. Leonhardi. 4.—; erm. Pr. 3. —

Mann, W. J., der deutsch-französische Krieg. Eine Zeitbetrachtg. gr. 8. (30 S.) Philadelphia. 871. (Schäfer & Koradi.) n. 1. —

Mann, Wilhelm: Gehört zur Verwirkung der Konventionalstrafe ein Verschulden des Verpflichteten? . . . Göttingen, Druck d. Univ.-Buchdr. v. W. F. Kaestner, 1890; 3 Bl., 51 S. 8°
Göttingen, Jur. Fak., Inaug.-Diss. v. [4. Okt.] 1890

Mann, Wilh., gehört zur Verwirkung der Konventionalstrafe e. Verschulden d. Verpflichteten? Diss. gr. 8. (V, 51 S.) Göttingen 890. (Vandenhoeck & Ruprecht.) n. 1. 20

Mann, Wilhelm: Die Lieder des Dichters Robert de Rains, genannt La Chievre. *Halle a. S. 1898: E. Karras.* (38 S.) 8°
Halle, Phil. Diss. v. 6. Dez. 1898

Mann, Wilhelm, aus Grünstadt (Rheinpfalz): Ueber Paratoluylbenzylketon und einige von ihm sich ableitende Verbindungen. Zür. J. Schabelitz Dr. 1881. 35 S. 8°.
Zürich. Phil. Diss. [v. 29. Juli 1881].

— **Wilhelm Carl** (Dessau), De via ac ratione, qua morbi simulati deprehendi possint. **Präs.** Carl Gottl. Kuehne. Lpz. (Glück) 2. VI. 1820. 31 S. (3.—) **22110**
Gew.: J. Chr. A. Clarus.

Mann, William Julius. Ein Aufgang im Abendbild. Mittlg aus d Gesch der früheren ev Missionsversuche unter d Indianern As. Rdg, 1883.

--and Späth, A. Fest-Gruß z Zions-Jub, Mai 13, 1866. Phila, 1866.

— und **Wischan, F.:** Die lutherische Kirche in Amerika. *Teil I.* Heinr. Melch. Mühlenbergs Leben. *Zum 150. Jahrestag von Mühlenbergs Ankunft in der Neuen Welt. Von W. J. Mann. [Neudruck von Nr. 1225] Teil II.* Kurze Geschichte der deutschen evangel. luther. Gemeinde in und um Philadelphia und der lutherischen Synoden Amerikas. *Von F. Wischan. (1892). 2. Bde. in einem. Leipzig: Theodor Rother 1893. 77 S. ill.; (1), 79—240 S., ill.*

--Christoph Columbus u d Entdeckung Amerikas. Eine Gesch seiner Landsleute, jung und alt, in d neuen Welt. Erzählt v W. J. Mann. Ill. Phila, 1892.

Mann, W. J., Heinr. Melch. Mühlenbergs Leben, s. a. Kirche, die lutherische, in Amerika.

Mann, W. J.: Heinrich Melchior Mühlenbergs Leben und Wirken. *Zum 150. Jahrestag von Mühlenbergs Ankunft in der Neuen Welt. Philadelphia, Pa.: A Hellwege, Roxborough 1891. 77 S., ill.*

Mann, W. J., Leben u. Wirken William Penn's. Gabe zur 200jähr. Gedächtnißfeier seiner ersten Ankunft in Pennsylvanien. 8. (153 S. m. Holzschn.-Portr.) Reading, Pa. 882. Pilger-Buchh. geb. n. 2. —

— Vergangene Tage. Aus den Zeiten des Patriarchen Dr. H. M. Mühlenbergs. *Vortrag, gehalten bei der Reformationsfeier des Theol. Luth. Seminars, am 31. Oktober. 1879, in der Evang. Luth. Zions-Kirche. Reading, Pa.: Pilger Buchhandlung; Allentown, Pa.: Brobst, Diehl & Co. 1879. 23 S.*

Mann-Heimer, Emma (Emma Mannheimer), Prinzeß Sonnenschein. Ein Märchen f. Große u. Kleine. (34 S. m. Abbildgn.) gr. 8. Darmstadt (910). (L. Saeng.) — 50

Mann-Tiechler, K. H. v., Deutschland u. Frankreich, s.: Luckhardt's zeitgeschichtliche Bibliothek. I.

Manna oder Gebetbüchlein für die Katholische Schuljugend ... Regensburg 1850. V: *Deharbe, Joseph.* (Jes)

Manna, oder: Gebetbüchlein für die kathol. Schuljugend. Vom Verf. des „katholischen Katechismus oder Lehrbegriffes." 32. (128 S.) Regensburg 850, Pustet.

—— dass. — Ausg. mit 4 Stahlst. 32. (128 S.) Ebds. 851.

Manna. Gebetbuch zur Verehrung des allerheiligsten Altars-Sacramentes. 32. (XII, 439 S. mit 1 Titelbild in Farbendr.) Freiburg i. Br. 888, Herder'sche Verlagsh.

— (Ziehkästchen m. Sprüchen.) 64. (100 Bl.) Konstanz (901). C. Hirsch. In Kästchen m. Goldschn. n. — 50

Manna. Illustrierte kathol. Jugendschrift. Zugleich Organ des Engelbündnisses. Verantwortl.: L. Herren. 19. Jahrg. 1902. 12 Hfte. 8. (à ca. 32 S.) Herbesthal. (Aachen, J. Schweitzer.) n. 1. —

Manna. Illustr. kathol. Jugendschrift. Zugleich Organ des Engelbündnisses. Verantwortlich: Jak. Geißer. 20. bis 23. Jahrg. 1903—1906. à 12 Hefte. (à Jahrg. VIII, 376 S.) 8. Herbesthal. (Aachen, J. Schweitzer.) à Jhrg. n. 1. —

Manna. Illustrierte kathol. Jugendschrift. Zugleich Organ des Engelbündnisses. Hrsg. v. der Gesellschaft des göttl. Heilandes. Red.: F. Kirmayr. 24.—27. Jahrg. 1907—1910. à 12 Hefte. (à ca. 82 S.) 8. Herbesthal. (Aachen, J. Schweitzer.) à Jahrg. 1. —

— **Perlen der Andacht** (Gebete u. Andachten) f. kathol. Christen. Mit Vorwort v. Irenäus Bernauer, O. F. (224 S. m. farb. Titel u. Titelbild.) 32. Saarlouis 906. F. Stein Nachf. n. — 40

— Perlen der Andacht f. kathol. Christen. Mit Vorwort v. Irenäus Bernauer, O. S. F. 2. Aufl. (224 S. m. farb. Titel u. Titelbild.) 9×6 cm. Saarlouis (910). F. Stein Nachf. Geb. in Ldr. — 70

— **animae.** Preces in usum cotidianum maxime necessariae. 16. (128 S. m. 1 Stahlst.) Paderborn 896. Bonifacius-Druckerei. — 60

—— der Jugend. Ein Lehr- und Gebetbüchlein für schulpflichtige Knaben und Mädchen. Durchges. und bevorwortet von F. J. Knecht. 64. (240 S. mit 22 Holzschn. und 1 Chromobild.) Einsiedeln 888, Benziger und Comp. *
geb. *

—— puerorum in sortem domini vocatorum. Ein vollständ. Gebetbuch zunächst für Studierende an Seminarien. 12. (XX, 592 S. mit 1 Stahlst.) Graz 886, (Styria.)
geb. in Leder mit Goldschn. *M 4.80.; mit Rotschn. *

Manna quotidianum sacerdotum sive precesante et post missae celebrationem cum brevibus meditationum punctis pro singulis anni diebus. Freiburg 1863—64. V: *Schmitt, Jacob.* (Kn)

Manna quotidianum sacerdotum sive preces ante et post missae celebrationem cum brevibus meditationum punctis pro singulis anni diebus. III Tomi. Freiburg im Br. 863, 64. Herder. 12. Jeder Bd. 28 ngr.
Tom. I. Ab Adventu usque ad Dominicam I Quadragesimae. (XI, 575 S.)
Tom. II.: A Dominica I Quadragesimae usque ad Dominicam VIII post Pentecosten. (X, 641 S.)
Tom. III.: A Dominica VIII post Pentecosten usque ad Dominicam I Adventus. (X, 706 S.)

Manna der Seele. Ein vollständ. Gebetbuch für kathol. Christen. 24. (540 S. mit chromolithogr. Titel und 1 Stahlst.) Münster 882, Coppenrath'sche Buchh.

Manna christlicher Seelen. Katholisches Gebetbuch, aus den Gebeten der Kirche und der Heiligen Gottes, und den Schriften gottsel. Männer zusammengestellt und bearb. von einem kathol. Priester. 32. (VIII, 480 S. mit 1 Stahlst.) Regensburg 875, Coppenrath.

—— christlicher Seelen. Ein Gebet- und Erbauungsbuch für kathol. Christen. Zusammengestellt und bearb. von einem kathol. Priester. (Mittelgroßer Druck.) 24. (VIII, 496 S. mit 1 Stahlst.) Dülmen 881, Laumann'sche Verlagsh. *
geb. von *M 2. bis *

—— dass. — 2. Aufl. 24. (XVI, 496 S.) Ebendas. 881.
geb. von *M 2. bis *

Manna in Spruch und Lied gesammelt auf alle Tage des Jahres. 16. (190 S.) Schwerin 867, Stiller'sche Hofbuchh. *
cart. mit Goldschn. *

Manna, das tägl., od. Betrachtungen vor u. nach der heil. Messe, f. jeden Tag des Monats. Nebst Lebensregeln f. Priester. Aus d. Franz. v. L. Jung. 12. (VIII u. 200 S.) Augsburg 852, Rieger. 1/3 ₰

Manna, tägliches. Worte Gottes mit ihrem Wiederhall aus dem Herzen gläub. Sänger. 32. Hamburg 843. (Leipzig, Barth.) cart. 1/4 ₰ In Corduan, mit Goldschn. 1/2 ₰

Manna, Taegliches. Worte Gottes mit ihrem Wiederhall aus dem Herzen gläubiger Sänger. O. O. [1855]. V: *Köbner, Julius Johannes Wilhelm.* (Schr)

Manna, Tägliches. Worte Gottes . . . Hamburg [1855]. V: *Köbner, Julius Johannes Wilhelm.* (Schr)

— tägliches, oder erbauliche Betrachtungen auf alle Tage im Jahre, größtentheils entnommen aus den Schriften von Zinzendorf. 2 Bdchn. 4. Aufl. Leipzig 860. Bredt in Comm. 16. (831 S.) n. 20 ngr.

—— tägliches. Worte Gottes mit ihrem Wiederhall aus dem Herzen gläub. Sänger. 2. Aufl. 1862. und 3. Aufl. 32. (189 S.) Hamburg 865, J. G. Oncken. cart.

— tägliches, für Pilger durch die Wüste. Schatzkästchen, aus den Predigten des sel. Pastor G. D. Krummacher gesammelt u. herausgeg. von einem Freunde des Verewigten. 2. Aufl. gr. 12. Elberfeld 844, Hassel. 2/3 ₰ — 3. Aufl. 12. Ebend. 846. n. 16 ngr. geb. n. 5/6 ₰ geb. mit Goldschn. n. 1 1/6 ₰

— tägliches, in der Wüste des Lebens. Ein Monatsbüchlein für gläubige Pilger nach Kanaan. 16. (67 S.) Hamburg 888. Mitau, E. Behre's Verl. geb. m. Goldschn.
n. 1. 20

— tägliches, i. d. Wüste des Lebens. 16. (67 S.) Hamburg 888. Riga, E. J. Sichmann. geb. n. — 80;
m. Goldschn. n. 1. 20

Mannaberg, Jul., d. Malaria-Krankheiten, s.a. Pathologie u. Therapie, spec.

Mannaberg, Dr. Julius, Die Malaria-Krankheiten. Mit 4 Tafeln und 2 Karten in Farbendruck. (Specielle Pathologie und Therapie. Herausgegeben von Hofrath Prof. Dr. Hermann Nothnagel. II Band. 2. Theil.) Gr.-8. (VII. 452 S.) Wien: Hölder 1898. 7.—

Mannaberg, Jul., die Malaria-Parasiten, auf Grund fremder und eigener Beobachtgn. dargestellt. Mit 4 lith. Taf. u. 6 graph. Darstellgn. im Texte. gr. 8. (VII, 195 S. m. 4 Bl. Erklärgn.) Wien 893. A. Hölder.
n. 6.—

Mannagetta, s.: Beck v. Mannagetta.

Mannagetta, Günther Ritter Beck v., s. Beck Ritter v. Mannagetta, G.

Mannagetta, Johann Wilhelm: Pest-Ordnung, oder der gantzen Gemein nutzlicher Bericht und Gutachten, von der Eigenschafft und Ursachen, der Pestilentz in genere... Durch Paul de Sorbait...revidirt... Theil 1-3, 92 S., gbd.

Viennae: 1679
(Pestbeschreibung... Wien 1727 (Teil 1))

JB 5.394

Mannagetta, Johann Wilhelm: Pestordnung, oder der ganzen Gemeine nützlicher Bericht und Gutachten von der Eigenschaft und Ursachen der Pestilentz in genere... Durch Paul de Sorbait..revidirt... Theil 1-3, 94 S., gbd.

Viennae: 1679
(Pestbeschreibung... Wien 1763 (Teil 1))

JB 5.395

Mannah. Ein vollständiges Gebet- und Andachtsbuch nebst besonderen Andachten zum heil. Altarssakramente für katholische Christen. Bearb. von einem Curatpriester. 12. (VII und 412 S. mit 2 Stahlst. und chromolithogr. Titel.) M.-Gladbach 858, Riffarth.
In 7 diversen geb. Ausg. von * 1 Thlr. 7 1/2 Ngr. bis *

Mannah. Ein vollständiges Gebet- und Andachts-Buch nebst besonderen Andachten zum allerheil. Altarssakramente für katholische Christen. Bearb. von einem Curatpriester. 4. Aufl. 32. (412 S. mit 1 Stahlst. und chromolithogr. Titel.) M.-Gladbach 860, Riffarth. Thlr.

Mannasewitsch, B., Die Kunst, die polnische Sprache durch Selbstunterricht schnell und leicht zu erlernen. Theoretisch-praktische Sprachlehre für Deutsche auf grammatischer und phonetischer Grundlage: mit zahlreichen Uebersetzungsaufgaben und Lesestücken mit durchgehender interlinearer deutscher Uebersetzung, Gesprächen, Polonismen, Sprichwörtern etc. sammt einem kurzgefassten deutsch-polnischen Wörterbuche. Dritte umgearbeitete Auflage. 8. (XII, 188 S.) [Bibliothek der Sprachenkunde, 7. Theil, 3. Aufl.) Gebunden Wien: Hartleben 1897. 1.10

— Die Kunst, die russische Sprache durch Selbstunterricht schnell und leicht zu erlernen. Theoretisch-praktische Sprachlehre für Deutsche auf grammatischer Grundlage und mit phonetischer Aussprachebezeichnung: mit zahlreichen Uebungsaufgaben, sowie einer Chrestomathie mit durchgängiger Accentuation und interlinearer deutscher Uebersetzung, sammt einem kurzgefassten deutsch-russischen Wörterbuche. Vierte Auflage. 8 (192 S.) [Bibliothek der Sprachenkunde, 4. Theil, 4. Aufl.) Gebunden Ebd. 1.10

Mannbach, J. A. [Pseud.], s.a. Bachmann, Josef Adolf

Mannbach, J. A., Adelmar von Rauhenstein, oder: das Blutbad im Helenenthale bei Baden. Schauer-Sage aus der österreich. Vorzeit. (Mit Titelkupfer.) gr. 12. Wien 841, Stöckholzer v. Hirschfeld; (Leipzig, Einhorn.) 1 ℛ

—— die räthselhafte Alte, od. d. Todtenhöhle bei Sievering. Romant. Erzähl. aus d. Zeiten Ludwigs II. König v. Ungarn. 2 Thle. gr. 12. (15½ B. u. 2 Ttlbild.) Wien 840, Stöckholzer v. Hirschfeld.

– Berthold von Aarburg, oder die Schauderthat in der Todtengruft. Romant. Rittergeschichte aus dem 12n Jahrhund. (Mit Titelbild.) Ebd. 1841. 12°

— der schwarze Jan von Tachau, oder: die Räuberhöhle bei Falkenau. Ein Seitenstück zum Jaroslaus von Königsgab, oder die Todesbrüder auf Schreckenstein. 2 Bde. gr. 12. Wien 842, Stöckholzer v. Hirschfeld. 1¾ ℛ

– Jaroslaos v. Königsgab, oder die Todesbrüder auf Schreckenstein. Histor.-romant. Erzählung. Ebd. 1840. 8°

— Jaroslaus von Königsgab, oder die Todtesbrüder auf Schreckenstein. Romant. Rittergeschichte aus den Zeiten Kaiser Karl IV. (Mit Titelbild.) gr. 12. Wien 841; Leipzig, Einhorn. ⅛ ℛ

— Kuno der Wilde oder das rächende Vehmgericht. Eine Rittergeschichte aus d. 12. Jahrh. 2 Thle. in 1 Bde. gr. 12. (Mit 1 Kpfr.) Wien 845, Stöckholzer v. Hirschfeld. ¾ ℛ

Mannbach, Wilhelm [Pseud.], s.a. Bachmann, Wilhelm

Mannbach, Wlh., der heil. Frack, seine Wunder u. Schicksale. Erzählung. 8. Döbeln 845, Lehmann u. Comp. n. ⅙ ℛ

Mannbach, Wilhelm. Schwaben wie es isst und — trinkt. Leipzig, Ignaz Jackowitz 1844—1845.
4 Hefte. 8°.
1. „Das Schlachtfest zu Strümpfelbach". 40 S.; 1 farb. Tafel.
2. „Das Cannstadter Volksfest". 40 S.; 1 farb. Taf.
3. „Schaubuden auf dem Cannstadter Volksfest". 32 S.; 1 farb. Taf.
4. „Die Redoute zu Stuttgart". 39 S.; 1 farb. Taf.

— Schwaben wie es ißt u. — trinkt. 1. Heft: „Das Schlachtfest zu Strümpfelbach." Mit 1 col. Titelkupfer. 8. Leipzig 844, Jackowitz. ¼ ℛ — 2. Heft: „Das Cannstadter Volksfest." Mit 1 col. Kpfr. 8. Ebend. 844. ¼ ℛ — 3. u. 4. Heft: „Schaubuden auf dem Cannstadter Volksfest." „Die Redoute zu Stuttgart." Mit 2 col. Titelkpfrn. 8. Ebend. 844, 45. à ¼ ℛ

Mannbach, Wlh., wie man auf der Leipziger Messe ißt u. trinkt. „Herr Bummel." 2. Aufl. Mit 1 col. Titelkpfr. 8. Leipzig 846. (Schrey.) 6 ngl

Mannborg, Th: Jll. Preisliste der Harmonium-Fabrik. Leipzig-Lindenau (1904?)

Männchen, d. graue. 8. Wien, Haas. 796.

MANNCHEN, Das, im schwarzen Thurme. Eine Geschichte dieser Zeit, höchst wunderbar u. doch natürlich. Wien, Jos. Bart. Wallishausser, 1803. 8°. (2 Mk. Paul Neubner, Cöln, 1892.)
166 S. Stellenweise frei.

Maennchen, Albert, s.: **Malereien, neue.**

Maennchen, Philipp: Die Transformation der trilinearen ternären Form in eine teilweise symmetrische. *Leipzig 1898: B. G. Teubner.* (34 S.) 8°
Giessen, Phil. Diss. v. 1898

Manndorf, Rudolf Freiherr v.: Das Eisenbahnunwesen im Allgemeinen und Ofenheims Unschuld im Besonderen. Wien: Sator 1875.

Manndorff, Rud. Frhr. v., die einheitliche Haus-Einkommensteuer. Versuch eines Gesetzentwurfes sammt Motivenbericht. gr. 8. (63 S.) Graz 888, Styria. *

Manndorff, Rud. Frhr. v., Kulturkampf od. nicht? Ein Wort an die Gebildeten aller Parteien. (51 S.) 8. Klagenfurt 908. Buch- u. Kunsth. des St. Josef-Vereines. — 80

Manneberg, Isidor *(geb. Loslau in Oberschles. 15. 10. 1862)*: Ueber die Stenose und Obliteration der Aorta in der Gegend der Insertion des Ductus arteriosus Botalli. Breslau (1884). (50 S.) 8° *[Im Buchhandel 1884 bei Köhler in Breslau.]*
Breslau, Med. Diss. v. 14. Juni 1884

Manneberg, Ismar, Referendar: Die gesetzliche Bürgschaftshaftung des Vermieters bei Veräußerung und Weiterveräußerung des vermieteten Grundstücks nach §§ 571—579 BGB. Borna-Leipzig 1908: Noske. VIII, 41 S. 8°
Erlangen, Jur. Diss. v. 5. Jan. 1909, Ref. Oertmann
[Geb. 17. Sept. 83 Loslau; Wohnort: Gleiwitz; Staatsangeh.: Preußen; Vorbildung: Gymn. Ratibor Reife M. 02; Studium: München 2, Breslau 4 S.; Rig. 1. Dez. 08.] [U 09. 716

Mannel, Ernst, appr. Arzt a. Arolsen: Aus der Kgl. Psychiatrischen- und Nerven-Klinik zu Kiel. Ein Fall von Myotonia congenita ⟨Thomsen'sche Krankheit⟩, verbunden mit progressiver Muskeldystrophie. Kiel 1905: A. F. Jensen. (24 S.) 8°
Kiel, Med. Fak., Ref. Siemerling, Diss. v. 29. Mai 1905
[Geb. 14. Okt. 79 Arolsen; Wohnort: Arolsen; Staatsangeh: Waldeck; Vorbildung: Gymn. Laubach (Hessen) Reife O. 99; Studium: Kiel 1, Marburg 4, Kiel 1, München 1, Marburg 4 S.; Coll. 12. Mai 05: Approb. 15. Aug. 04.]

Mannel, G.

Mannel, die Tumoren des hintern Beckenraums nebst Beschreibung zweier Fälle von Retroflexio uteri, gelagert in einem Prolapsus recti. gr. 8. (87 S. mit 1 Stnt.) Marburg 864, Elwert'sche Universitäts-Buchh. *

Mannel, G.: Die T u m o r e n des Douglas'schen Raumes.
Marb. 1864.
Schul-/Univ.-Schrift

Mannel, Gottfried, a. Arolsen: Die Eisenhütten und Hämmer des Fürstentums Waldeck. Ein Beitrag zur Wirtschaftsgeschichte der Deutschen Eisenindustrie. Mengeringhausen 1908: Weigel. (IX, 150 S.) 8° [F.]
Leipzig, Phil. Fak., Ref. Lamprecht-Zirkel, Diss. v. 6. Mai 1908
[Geb. 14. Jan. 74 Arolsen; Wohnort: Arolsen; Staatsangeh.: Waldeck; Vorbildung: Gymn. Laubach Reife f. Prima O. 94; Studium: Halle 1, Landw. Akad. Poppelsdorf 3, Univ. Leipzig 4 S.]

Mannel, L., Bundesrevision und Volksschule. Ein Wort an das Schweizervolk. 8. Bern, J. Dalp'sche Buchh. 1871. —. 80

Männel, Albert, die angelsächsische Sprache, das Fundament der englischen. Als Gegenschrift zu: „Das Fundament der englischen Sprache, ihr Ursprung aus der scandinav. Sprache rc. von Smith." 8. (39 S.) Leipzig 848, Schwickert. 1/6 ₰

Maennel, B., Präparationen für das Pensum der Mittelmeer-Zone, s. Wohlrabe, Lehrplan für den naturgeschichtl. Unterricht der sechsstufigen Volksschule zu Halle.

Maennel, Bruno [aus Halle]: Über Abstraktion. Eine psychologisch-pädagogische Monographie. . . . Gütersloh, Druck v. C. Bertelsmann, 1890; 68 + 1 S. 8°
Jena, Phil. Fak., Inaug.-Diss. v. 1890

Maennel, Bruno. Ueber Abstraktion. Eine psychologisch-pädagog. Monographie. Diss. gr. 8. (64 S.) Gütersloh 890. (Rudolst., Dabis.) * 1 —

Maennel, B., üb. pädagogische Diskussionen u. die Bedinggn., unter denen sie nützen können, s.a. Magazin, pädagogisches.

Über pädagogische Diskussionen und die Bedingungen, unter denen sie nützen können. Von Dr. B[runo] **Maennel**, Rektor zu Halle a/S. 2. verb. u. verm. Aufl. *Langensalza: H. Beyer & Söhne 1898.* (1 Bl., 41 S.) 1 Bd 8.
= Magazin, Pädagogisches. H. 2. [98. 8843

Männel, Bruno, s.: Festschrift zum 100jährigen Geburtstage Emil Adolf Rossmässlers.

Zur Geschichte der Freimaurerei in Jena a. Saale. [Von Bruno Maennel.] Halle a. S. 1896: Gebauer-Schwetschke. 41 S. 8°
cf. L. 19 (1876) S. 104; Bbl. 10 (1896) S. 429 bis 431 (A. W. Sellin); BZC. 25 (1896) S. 160—171 (F. Seckt).
Gesch. der Loge zu den drei Rosen, Augusta zur gekrönten Hoffnung u. Karl August zu den drei Rosen; nebst Verzeichn. der Mitgl. seit 1880, aufgest. von R. Gottschaldt.

Vom Hilfsschulwesen. 6 Vorträge von Dr. B[runo] **Maennel**, Rektor. Leipzig: B. G. Teubner 1905. (VIII, 140 S.) 8° [F.]
= Natur, Aus, u. Geisteswelt. Bdch. 73. [05. 12395

Das Neunzehnte Jahrhundert in der Hallischen Schulgeschichte. Ein Beitrag z. Entwicklungsgeschichte d. deutschen Schulwesens von Dr. Bruno **Maennel**, Rektor. Mit 1 Abb. *Halle a. H.: Waisenhaus 1900.* (VIII, 96 S.) 8° [00. 9471 10

Maennel, B., das amerikanische Jugendgericht u. sein Einfluss auf unsere Jugendrettung u. Jugenderziehung, s.a. Beiträge zur Kinderforschung u. Heilerziehung.

Das amerikanische Jugendgericht u. s. Einfluss auf unsere Jugendrettung u. Jugenderziehung. Von Dr. B[runo] **Maennel**, Rektor. Langensalza: Beyer 1909. 34 S. 8°
(Beiträge z. Kinderforschung u. Heilerziehung. H. 59.) [11. 3692

Maennel, Curt, s. M a e n n e l , Kurt

Männel, Friedr. Alb., Charakterbilder englischer Prosa. Ein literaturgeschichtl. Lesebuch für höhere Schulen. 2. (Titel-) Ausg. gr. 8. (VI und 296 S.) Leipzig (859)68, Gräbner.

Männel, Friedr. Alb., Charakterbilder der englischen Sprache und deren Literatur. (In 2 Thln.) 1. Thl.: Englisches Lesebuch enthaltend chronologisch geordnete Musterstücke der Haupt-Repräsentanten der einzelnen Gattungen englischer Prosa, Biographieen, Kritiken und eine kurze Geschichte englischer Prosa. gr. 8. (VIII und 296 S.) Leipzig 859, Gräbner.

Maennel, Fr. Alb., Genesis od. Geschichte d. innern u. äussern Entwickelung d. engl. Sprache. gr. 8. (12⅝ B. u. 2 Stnt.) Leipzig 846, Baumgärtners Buchh. —

—— kaufmännische englische Grammatik mit vielen Beispielen aus dem Geschäftsleben. Ein theoretisch-praktischer Weg zur Erlernung merkantilischer Correspondenz für Handelsschulen und angehende Kaufleute. gr. 8. (VIII und 160 S.) Leipzig 858, Werner.

—— classical letters. Eine Auswahl von Briefen der berühmtesten engl. Briefschreiber, für Schulen und zum Selbstunterrichte hrsg. 2., umgearb. und mit Anmerkungen verm. Aufl. gr. 8. (IV und 126 S.) Leipzig 860, Gräbner. *

Männel, Fr. Albert, classical lettres selected from the most celebrated english authors and arranged in chronological order. 1. edition (VI und 114 S.) 852. * 12 Ngr., new edit., revised and enlarged. gr. 8. (VI und 135 S.) Leipzig 856. [und Magdeburg, Gebr.] Baensch. *

— praktische Englische Sprachlehre für Schulen und zum Selbstunterricht. Mit vielen Uebungsstücken zum Uebersetzen aus dem Englischen ins Deutsche und aus dem Deutschen ins Englische, nebst Aussprache und Wortverzeichniß. 1. Thl. Formenlehre. Leipzig 854. Merseburger. gr. 8. (VII, 148 S.) 15 ngr.

[F.] **Männel,** *Johann Georg* [Forstassessor aus Dresden]: Die Moore des Erzgebirgs und ihre forstwirtschaftliche und nationalökonomische Bedeutung m. bes. Berücks. d. sächs. Anteils ... [Aus: Forstl.-naturw. Zeitschr., Jg. 5.] München, M. Rieger'sche Univ.-Buchh., 1896; 3 Bl., 65 S. 8.
München, Staatswirtsch. Fak., Inaug.-Diss. v. 1896

Maennel, Kurt

Maennel, Curt: Aus der Univ.-Frauenklin. zu Breslau. Anatomische Untersuchungen über den Bau und die Aetiologie der Hämatocelenmembran. Breslau 1908. S. 213—236. 8° ¶ (Aus: Zeitschr. f. Geburtsh. u. Gynäkol. Bd 60, H. 1. 1907.)
Breslau, Med. Diss. v. 16. Sept. 1908, Ref. Küstner
[Geb. 12. Jan. 82 Neutomischel; Wohnort: Breslau; Staatsangeh.: Preußen; Vorbildung: Gymn. Meseritz Reife O. 02; Studium: Breslau 2, Marburg 1, Leipzig 2, Breslau 5 S.; Coll. 11. Juni 07; Approb. 14. Sept. 08.] [U 09. 503

Männel, Lina, s.: Jahrbuch d. k. k. Hof-Burgtheaters.

Männel, R., De parodo Eumenidum Aeschyli. Diss. 1871. 27 S.

Die **Anfänge** der schottischen Maurerei in Halle a. d. Saale. Vortrag, gehalten am 29. März 1898 beim Stiftungsfeste der Schotten-Loge „Wilhelm zu den drei Nelken“ [in Halle] von **Rud. Maennel.** Berlin: Mittler & S. 1898. 18 S. 8⁰ [Umschlagtit.]
Aus: AGr. 9 (1898) S. 292—309.

Sam. v. **Bru[c]kenthal**, der Gubernator von Siebenbürgen und erste Meister v. St. der ältesten Loge [zu den drei goldnen Schlüsseln] im Or. von Halle a/S. Von **Rud. Maennel.** [Leipzig 1884.] 7 S. 4⁰ [Kopftit.]
Aus: L. 7 (1884) S. 9—12, 18—22.
Tt. 922.

Ein **Gedenktag** aus der Hallischen Logengeschichte. Mitgeth. von **Rud. Maennel.** [Berlin 1887: Büxenstein.] 6 S. 8⁰ [Kopftit.]
Aus: Bbl. 1 (1887) S. 258—263.
Üb. die mrische Verbindung zwischen Halle u. Berlin. Veranlasst durch die 100. Wiederkehr des Tages, an dem die Loge zu den drei Degen von der Gr. Nat. Mutterloge ein neues Konstitutions-Patent erhielt.

Vor hundertdreiundvierzig **Jahren.** Ein Beitrag zur Hallischen Logengeschichte. Nach gleichzeitigen Aufzeichnungen zsgest. von **Rud. Maennel.** Leipzig 1887: Vollrath. 91 S. 8⁰ [Umschlagtit.]
Aus: FZ. 40 (1886) S. 209—212, 221—223, 233 bis 237, 268—271, 283—287, 290—294, 323 bis 325, 331—335.
Recens: Bbl. 1 (1887) S. 122—123.
Anfänge der Loge zu den drei goldnen Schlüsseln.

Ewige Freundschaft. Vom Stern: Die Hallische **Loge** der Societät der ewigen Freundschaft und der Studenten-Orden vom Stern. Von **Rud. Maennel.** [Berlin 1888: Büxenstein.] 6 S. 8⁰ [Kopftit.]
Aus: Bbl. 2 (1888) S. 343—349.
Abgedr. in: SL. 8 (1888) S. 139—142.

Ueber den 1759 gestifteten Societäts-Orden der redlichen Freundschaft. Von Rud. Maennel. [Breslau ca 1889: Grass, Barth & Co.] 7 S. 8⁰ [Kopftit.]
Abgedr. in: FZ. 43 (1889) S. 193—197; SL. 9 (1889) S. 81—85, 89—91; Z. 19 (1889) S. 44 bis 46, 53—54.
Recens: AQC. 2 (1889) S. 135—136 (G. W. Greth).

Maennel, Rudolf Veränderungen der Oberfläche Italiens in geschichtlicher Zeit. Erster Abschnitt: Das Gebiet des Arno. 4 (24 S.) **Progr.** Rg. der Franckesch. Stiftungen *Halle a. S.* 1887 (246)

Maennel, Rud., Was ist nach Kant schön? gr. 8. Gera 872. Crossen a. O., Mrose. *

Maennel, Rud., was ist nach Kant schön? Ein Vortrag. gr. 8. (16 S.) Gera 872. Strebel. n. — 50

Männel Wilhelm: Grundriss des geometrischen Calcüls. 87. Prag II. St. R. 00.
Progr.

Mannens, P., Theologiae dogmaticae institutiones. Tom. I. Theologia fundamentalis. Complectens tractatus de vera religione, de fontibus revelationis, de ecclesia Christi, de fide divina. gr. 8. (VIII, 488 S.) Roermond 901. J. J. Romen & Sohn. n.n. 5. —

Manneus, P., Theologiae dogmaticae institutiones. Tom. II et III. gr. 8. Roermond, J. J. Romen & Sohn. n.n. 12. 50 (Vollständig: n.n. 17. 50; Einbde. à n. 1. —)
II. Theologiae specialis pars I. Complectens tractatus de Deo uno, de Deo trino, de Deo creante et elevante, de verbo incarnato. (512 S.) 902. n.n. 5. —
III. Dasselbe pars altera. Complectens tractatus de gratia, de sacramentis in genere, de singulis sacramentis, de novissimis. (779 S.) 903. n.n. 7. 50

Manner, J., u. L. **Damböck,** Bericht über die Gewerbe-Ausstellung des Russischen Reichs, s.: Damböck, L.

Manner, Lor., Lehrgang der Current-, Latein- u. Rundschrift z. Unterrichte im Schön- u. Schnellschreiben an Volks- u. Bürgerschulen, an Handels-, Fortbildungs- u. Mittelschulen, sowie zum Selbstgebrauche. qu. gr. 8. (7 Taf.) Wien 899. (Sallmayer'sche Buchh.) n.n. — 72

Manner, Lor., Lehrgang der Kurrent-, Latein-, Rund- u. Frakturschrift m. e. Begleitworte (auf dem Umschlag) u. e. Anh. Zum Schulunterrichte, sowie zum Selbstgebrauche. 2., verb. u. verm. Aufl. (9 Bl.) qu. gr. 8. Wien 902. (Sallmayer'sche Buchh.) n.n 1. —

MANNER, Die alamodische oder galante, in einem Discours vorgestellet. Aus d. Frantzös. übers. von Araldon (d. i. Arnold). Mit TKpf. Cölln, Pietier (sic!) Marteau, 1700. 12⁰. 302 S. Sehr rar!
Orig. (in Wolfenb.): Les maris à la mode, ou conversations nouvelles et galantes. Avec frontisp. gr. Cologne, J. Hamer, 1700. 12⁰.

Bedeutende **Männer** aus Vergangenheit und Gegenwart. (Hrsg.: H. Fr. v. Ossen [d. i. Hermine Schildberger].) 1. *Berlin: H. Schildberger [1901].* 8° [F.] [02. 7431]

Männer, bedeutende, aus Vergangenheit u. Gegenwart. Hrsg. von H. Fr. v. Ossen. I—XIII. gr. 8. Berlin, H. Schildberger. à n. — 50
I. Rich. Wagner. Von Aug. Reißmann. (2. [Umschlag-]Aufl.) (20 S.) (901.)
II. III. Gerhart Hauptmann. Sein Leben u. seine Werke in e. kurzen Uebersicht dargestellt. Von Max Kirschstein. 1. u. 2. Aufl. (40 S.) (901. 902.)
IV. Friedrich Nietzsche. Von Alfr. Barth. (20 S.) (901.)
V. Heinrich Schliemann. Grundriss der Geschichte seines Lebens u. seiner Ausgrabgn. Von D. Joseph. 2. Aufl. (32 S.) (901.)
VI. Ferdinand Lassalle. Von Adph. Kohut. 2. Aufl. (27 S.) (901.)
VII. Ludwig van Beethoven. Von Aug. Reißmann. (21 S.) (901.)
VIII. Charles Darwin u. d. Darwinismus. Von D. Haek. 2. Aufl. (20 S.) (901.)
IX. Henrik Ibsen. Von Kurt Walt. Goldschmidt. (30 S.) (901.)
X. Nicolaus Lenau. Von Adph. Kohut. (29 S.) (901.)
XI. Franz Stuck. Von Hans Vollmer. (31 S.) (902.)
XII. Voltaire. Von Jul. Reiner. (19 S.) (902.)
XIII. Jean Jacques Rousseau. Von Jul. Reiner. (20 S.) (902.)

Männer Berlins! Ihr habt durch Eure sittlich-muthige Haltung ... den Grundstein zum Gebäude der Volks-Souveränetät gelegt. — Der Volks-Verein zu Stettin. Druck von C. Gentzensohn. Flugblatt. Berlin, 29. Sept. 1848.

Männer, die berühmtesten Deutschlands seit d. Reformation. M. Kpf. 16. Nürnb. 821. Campe. 6 gr.

Männer, die braven, 2 Erzähl.: 1) d. Burg Uferstein, 2) d. Sommerstübchen. 8. Leipz. Joachim.

— — dasselbe. 8. Neustadt, Wagner.

Männer, deutsche. Bilder aus der Geschichte des deutschen Volkes. 20 Lfgn. Lex.-8. (IV, 164 S. mit eingedr. Holzschn.) Teschen 868,69, Prochaska. à Lfg. * 30 Pf. *
— dass. — Bilder aus der Geschichte des deutschen Volkes von Hermann dem Cherusker bis auf unsere Tage. 317 Portr. in Holzschn. Text von Manuel Raschke. 2. Ster.-Aufl. Lex.-8. (164 Bl.) Ebendas. 870. [Leipzig, Zieger.] *M 6.; geb. *

Deutsche Männer! Bewahrt Euch die Freude am Vaterlande. ([Berlin] 1903.) 8°.

Männer, deutsche! Bewahrt Euch die Freude am Vaterlande! (31 S.) gr. 8 Berlin (904). R v. Decker. n. –20

[F.] Deutschlands grosse Männer und Zeiten. Der reiferen Jugend zur Erhöhg d. Nationalgefühles gewidm. *Langensalza: F. G. L. Gressler 1896.* (72 S.) 1 Bd 8.

Männer, Die drei, von Ehre von ***. Dresden 1844. V: *Leonhardt-Lyser* [*später Pierson*], *Caroline Wilhelmine.* (Mitth. Prof. Dr. Friedrich Hirsch-Wien.)

Männer, drei, von Ehre. Eine wahre Begebenheit. Aus d. Engl. übers. 16. Dresden 844, Sillig. n. 1/2 Thlr.

Männer, drei, für einen, f. A. Wichmann.

— drey, für einen. Lustsp. in 5 A. nach Picard v. A. Wichmann. 8. Lpz. Steinacker. 803.

Männer, drei evangelische, aus der katholischen Kirche. Geschichtliche Lebensbilder von P. v. Bl. 12. (42 S.) Barmen 879, Wiemann.

— des Erfolgs. 8. Stuttgart, C. Ulshöfer. n. 1. —
Thomas A. Edison, der amerik. Erfinder. Von Eug. Isolani. (62 S. m. 1 Bildnis.) 906.

Männer des Erfolgs. 8. Stuttgart, C. & A. Ulshöfer.
Seelmann, Theo., Jakob Fugger der König der mittelalterlichen Kaufherren. (164 S. m. 6 Taf.) 909. 1.80; geb. 2.50
Tesch, Alb., Alfred Krupp. (136 S. m. 1 Bildnis.) 910. 1.50; geb. in Leinw. 2. —
Wiese, J., Benjamin Franklin. (139 S. m. 1 Bildnis.) 909. 1.50; geb. in Leinw. 2. —

Männer, Die, der Finsterniss. Roman und kein Roman. Ein modernen Clair-obscure für Scher und Zeichendeuter. Vom Verf. der schwarzen Brüder. Leipzig und Frankreich a. O. 1795. V: *Zschokke, Johann Heinrich Daniel.* (Taute, Ordens- und Bundesromane 119) (wolfstieg II, 882) (GGr X, 69) (BGE IV[2], 356) (Zeitschr. f. Büch. N. F. 15, 1923, S. 115)

— die, d. Finsterniß. 8. Frankf. Apitz. (Gräff in Leipz.) 795.

Männer u. Frauen (Die) des Neuen Testaments u. die schönsten Ansichten des Heil. Landes. In 28 Stahlst. der ersten Meister (nach *Raphael, Rubens, Tizian, L. da Vinci, Carlo Dolce, Phil. de Champagne, Overbeck* u. A. gest. von *Adr. Schleich, A. Volkert, Aug. Spiess, S. Amsler, Ph. Walther, Fr. Lehmann, Petersen, Joh. Serz, Ed. Schuler* u. *Mich. Vogler.* O. O. u. J. (18**). Gr. 4°. Eleg. Lwd.-Carton mit Deckenpressung.

Männer aus den Freiheitskriegen. Portrait-Album zur 50jährigen Gedenk-Feier der Völkerschlacht bei Leipzig. 1. u. 2. Aufl. Leipzig 863. Weber. Fol. (12 Holzschntaf. u. 4 S. Text.) n. 10 ngr.

Maenner aus den Freiheitskriegen. Portrait Album zur fünfzigjaehrigen Gedenk-Feier der Voelkerschlacht bei Leipzig. 3. Aufl. Leipzig, J. J. Weber ... [1863]. Tit., 2 Bl., 12 Taf. in Holzschn. 2°.

— d. 5, Lebensgeschichte d. 5 jetzt in Frankreich regier. Directoren, (aus d. Französ. übers.) v. Rebmann. 8. Hamb. 797. Herold jun. 12 gr.

Männer, die, der Gegenwart. Neue Folge (der Lebensbilder). I.: Joseph v. Radowitz. gr. 8. (32 S. m. 1 Holzschn.) Leipzig 850. (Costenoble.) n. 1/6 Thlr — II.: Dr. Alex. Bach, k. k. österreichischer Minister des Innern. gr. 8. (31 S. m. 1 Holzschn.) Ebd. n. 1/6 Thlr — III.: Heinr. v. Gagern. Eine biographische Skizze von M(ax) Duncker. gr. 8. (48 S. m. 1 Holzschn.) Ebd. 850. n. 1/4 Thlr — IV.: Carl Frhr. v. Bruck. gr. 8. (48 S. m. 1 Holzschn.) Ebd. 850. n. 1/4 Thlr (N. F. I—IV.: n. 5/6 Thlr)

Grosse Männer. Studien z. Biologie d. Genies, hrsg. von Wilhelm Ostwald. Bd 1. Leipzig: Akad. Verlagsgesellsch. 1910. 8° [11.5231 3

Männer, Hamburgs denkwürdige, hsg. von Charles Fuchs. Hamburg 184? V: *Buek, Friedrich Georg.* (Schr)

Männer des Handwerkerstandes! Innungsverbundene und Nichtverbundene, Meister, Gesellen und Arbeiter in Preußen! — Das Comité der hiesigen Gewerke und Innungen. Druck von Marquardt u. Steinthal. 1 Bl. 4.
Flugblatt. Berlin, 6. Jan. 1849.

Männer im Heere! Was? Schon wieder ein Plakat — Der Demokraten-Verein der Königstadt. Druck von J. Pleßner. 1 Bl. Fol.
Flugblatt. Berlin, 3. Okt. 1848.

Männer, Die, im neunzehnten Jahrhundert. Ein Traumgesicht eines Mädchens. Wien 1782. V: *Rautenstrauch, Johann.* (wrztg 1782, Nr. 10,2 Anhang; wrztg 1783, Nr. 2, Anhang) (Bucker, Das Betragen des Herrn Rautenstrauch, S. 5) (Biblport)

— f. junge, beim Eintritt ins eheliche Leben, (v. P. J. Döring). Frankf. a. M. 810. Gebhard u. K. 5 gr.

Männer, Die, vom Leder. Socialer Roman in 6 Bdn. Vom Verf. der Romane: »Die Ritter der Industrie ...« Leipzig 1862. V: *Klencke, Hermann.* (Brü IV, 14) (Zeitschr. f. Büch. N. F. 15, 1923, S. 115)

— die, vom Leder. Socialer Roman in 6 Bdn. Vom Verf. der Romane: „Die Ritter der Industrie." — „Die Leute der Amtsstube" ꝛc. gr. 16. (1184 S.) Leipzig 862, Kollmann. *

MÄNNER, Die, der Nacht oder wundervolle Abenteuer eines Offiziers während seiner Feldzüge in Spanien. Mit Titelkpfr. Erfurt (Hamburg, Herold), o. J. (1811). 8°. (2 Mk. Franz Teubner.)
Jahrzahl nennt Weller, fing. Druckorte.

Männer, die, der Nacht, od. wundervolle Abenteuer ein. Offiziers, während seiner Feldzüge in Spanien. 8. Hamb. Vollmer. 817.

Männer, die, der Reformation. Portraits nach Orig.-Zeichnungen von Hans Holbein u. A. in Stahl gest. von C. Barth. Biographien von Ludw. Bechstein u. A. Autographen facs. nach Orig.-Briefen. 12 Lfgn. Imp.-4. (85 Stahlst., 30 lithogr. Facs. und Text VI und 343 S.) Hildburghausen 857—59, Bibliographisches Institut. à Lfg. 25 Ngr.

Männer, die, der Republik. Lustsp. in 2 A. v. C. A. Vulpius. 8. Weißenfels, Severin. (Baumgärtner in Lpz.) 788.

Männer, treue, s.: Schriften, kleine.

Ungarns Männer der Zeit. Biographien u. Charakteristiken hervorragendster Persönlichkeiten. Erzählende Skizzen nach sichersten, vielfach intimen Mittheilungen u. vieljährigem persönlichen Umgange. Aus der Feder eines Unabhängigen. 8. (XII. 451 S.) Prag. Steinhauser. 1862. 2 fl 16 kr.

— des Verdienstes um Volkswohl in biographischen Skizzen bearb. von verschied. Verfassern. 1. Bdchn. von Rob. Wolfram. Zwickau 864. Buchhdlg. des Volksschriften-Vereins. 8. (108 S.) 6 ngr.

— des Verdienstes um Volkswohl in biographischen Skizzen bearb. von verschied. Verf. 2. Bdchn. von Rob. Wolfram. Zwickau 865. Buchh. des Volksschriften-Vereins. 8. (126 S.) 6 ngr.

Vier Männer des weiland „jungen Deutschlands". Ludolf Wienbarg. Heinrich Laube. Theodor Mundt. Karl Gutzkow. (Leipzig. 1859.) 4° Ausschnitt aus: Europa. Chronik der gebildeten Welt. 1859, Nr. 7.

Männer, die vier größten, der neueren Zeit: Napoleon I., Friedrich der Große, Joseph II. u. Peter der Große in ihrem Leben und Wirken durch Charakterzüge, Anecdoten und Biographien nach den besten Quellen für das Volk bearb. von mehreren Verfassern. Mit vielen interessanten (lith.) Abbildgn. u. Porträts. 2 Bde. Neusalza 854, 55. Oeser. gr. 8. (1. Bd.: 432 S. u. 28 Abbildgn.; 2. Bd.: 480 S. u. 30 Abbildgn.) 2 rthl. 27 ngr.

— die vier größten, der neueren Zeit. Napoleon I., Friedrich der Große, Joseph II. und Peter der Große in ihrem Leben und Wirken 2c. für das Volk bearb. von mehreren Verff. Mit vielen interessanten Abbildungen und Portr. 2. Bd. 15. Heft. gr. 8. (S. 449—480 mit 2 Stnt.) Neusalza 857, Oeser. 1. Bd. und 2. Bd. 1—14. Heft. Ebendas. 1854—56. 2 Thlr. 24 Ngr.

Männer des Volks, hsg. von Eduard Duller. Darmstadt 1847—1849. V (Bd. 1, S. 103—144, 234—292; Bd. 2, S. 315—450; Bd. 7, S. 329—366): *Nodnagel, August.* (Hessische Biographien, hgbn. von Herman Haupt. Darmstadt. II/2 [1921], S. 135)

Duller, Eduard. Die Männer des Volks dargestellt von Freunden des Volks. Unter Mitwirkung von Dr. L[udwig] Braunfels, Karl Buchner.... Dr. G(eorg) Zimmermann u. m. A. Hrg. von Dr. E. D. 8 Bände. 8. Frankfurt am Main 1847–1850.

— die, des Volks dargestellt von Freunden des Volks. Herausg. von Eduard Duller. 1—3. Lfg. od. I. Bd. 1. Ulrich v. Hutten u. Frz. v. Sickingen von E. Duller. Pestalozzi von A. Nodnagel. Lafitte von W. Sauerwein. 2. Moritz Arndt von R. Hadermann. Heinr. Zschokke von A. Nodnagel. Latour d'Auvergne von G. Lommel. 3. Friedr. Spee, Balth. Bekker u. Christ. Thomasius von Ed. Duller. Joach. Lelewel von Müller-Jochmus. Lafayette von W. Sauerwein. 8. (457 S.) Frankfurt 847, Meidinger. (à n. 8 ngr) n. 24 ngr Einzelne Lfgn. à n. 12 ngr

— dass. 4—6. Lfg. od. II. Bd. IV. Charles James Fox von Karl Buchner. Hieron. Savonarola von Ed. Duller. V. Gabriel Riesser von J. Weil. Papst Clemens XIV. (Ganganelli) von W. Hieronymi. Joh. Gottfr. Herder von Bernhard. VI. Gotthold Ephr. Lessing von A. Nodnagel. Hohenheim (Theophrastus Paracelsus) von L. Griesselich. 8. Ebd. 847. (à n. 8 ngr) n. 24 ngr Einzelne Lfgn. à n. 12 ngr

— dass. 7—9. Lfg. od. III. Bd. VII. Joh. Huß von R. Hadermann. Heinr. v. Gagern von Karl Buchner. VIII. Blücher von Ed. Duller. Joh. Geo. Adam Forster von W. Stricker. Joh. Falk von C. F. Lauckhard. Geo. Washington von L. Braunfels. IX. Mart. Luther von Joh. Geo. Aug. Wirth. Karl Freih. vom u. zum Stein von Bernhard. 8. Ebd. 847. (à n. 8 ngr) n. 24 ngr Einzelne Lfgn. à n. 12 ngr

— dass. 10—12. Lfg. od. IV. Bd. 10. Joh. Gieb. Finke von H. L. Egidius. Herm. v. Beckerath von Frdr. v. Schönthal. Uwe Jens Lornsen von Karl Buchner. 11. Friedrich v. Schiller von Geo. Zimmermann. Ludwig v. Vincke u. dessen Sohn Georg Ernst Friedrich v. Vincke von Frdr. v. Schönthal. Lebrecht Uhlich von Frdr. Otto. 12. Arnold v. Brescia, von Ed. Duller. Johannes Wicliffe von H. L. Egidius. Gregor v. Heimburg von J. G. A. Wirth. Ernst Ludwig Heim von L. Griesselich. 8. Ebd. 847. (à n. 8 ngr) n. 24 ngr Einzelne Lfgn. à n. 12 ngr

— dass. 13—15. od. Neue Folge 1—3. Lfg. [V. Bd. 3 Lfgn.] 13. Theodor Körner von R. Hadermann. Adam v. Itzstein von Hoffmann v. Fallersleben. [1. Hälfte.] 14. Adam v. Itzstein von Hoffmann v. Fallersleben. [2. Hälfte.] Heinrich Theodor v. Schön von Frdr. v. Schönthal. Andreas Hofer von Ed. Duller. Georg Wullenweber von W. Stricker. 15. Jean Jacques Rousseau von B. Denhard. Wilh. Joseph Behr von Karl Buchner. Friedrich Adolph Wilhelm Diesterweg von Frdr. v. Schönthal. 8. Ebd. 848. (à n. 8 ngr) n. 24 ngr Einzelne Lfgn. à n. 12 ngr

— dass. 16—18. od. N. F. 4—6. Lfg. [VI. Bd. 3 Lfgn.] 16. Johann Kepler von H. Birnbaum. Johann Bernhard Basedow von C. F. Lauckhard. Ferdinand v. Schill von R. Hadermann. [1. Hälfte.] 17. Ferdinand v. Schill von R. Hadermann. [Letzte Hälfte.] Sylvester Jordan von Ed. Duller. [1. Hälfte.] 18. Sylvester Jordan von Ed. Duller. [Letzte Hälfte.] Ulrich Zwingli von W. Hieronymi. 8. Ebd. 848. (à n. 8 ngr) n. 24 ngr Einzelne Lfgn. à n. 12 ngr

— dass. 19—21. od. N. F. 7—9. Lfg. [VII. Bd. 3 Lfgn.] 19. Friedr. Ludw. Weidig von Karl Buchner. Benjamin Franklin von Karl Krug. 20. Robert Blum von Ed. Duller. Thaddäus Kosciuszko von R. Hadermann. 21. Joh. Frdr. Oberlin von H. L. Egidius. Joach. Nettelbeck von Ed. Duller. Matth. Claudius u. Joh. Pet. Hebel von A. Nodnagel. Hans v. Held von W. Stricker. Aug. Herm. Franke von Ed. Duller. Joseph Maria Jacquard von Ed. Duller. 8. Frankfurt 849, Meidinger. (à n. 8 ngr) n. 24 ngr Einzelne Lfgn. à n. 12 ngr

Männer, die, des Volks dargestellt von Freunden des Volks 2c. 22—24. od. N. F. 10—12. Lfg. [VIII. Bd. 3 Lfgn.] 22. Galileo Galilei von H. Birnbaum. Arnold Struthan v. Winkelried von Ed. Duller. 23. Johannes Ronge u. die freie Kirche von Ed. Duller. 24. Armand Carrel u. Ludwig Börne von Karl Bölsche. 8. Ebd. 849. (à n. 8 ngr) n. 24 ngr Einzelne Lfgn. à n. 12 ngr

Männer, Die, des Volkes. Berlin 1864. V: *Dedenroth, Eugen Hermann von.* (ADB 47, 636)

Männer (An die) des arbeitenden Volkes in Oesterreich! 8°. Wien, im Febr. 1894. Druck von F. Varnai in Budapest.

Männer, die, des deutschen Volks besonders nach Biow's Lichtbildern auf Stein gezeichnet von Schertle und Hickmann, oder: Deutsche National-Gallerie. 1—3. Bd. à 12 Lfgn. und 4. Bd. 6 Lfgn. Imp.-4. Frankfurt a. M, 848—51, Schmerber'sche Buchh. à Lfg. * 15 Ngr. Chines. Pap. à Thlr. * — Einzelne Blätter à * 7½ Ngr. Chines. Pap. à *

Bd. 1. 1848.
Lfg. 1. Blum. Raveaux. v. Soiron.
" 2—4. H. v. Gagern. Jucho. Venedey. Schleiden. Dahlmann. Zitz. Freudentheil. Arndt. Bassermann.
" 5—7. Schuselka. Jacobi. Jahn. Duckwitz. Heckscher. Rüder. Rühl. H. Simon. Welcker.
" 8—10. L. Simon. Fallmerayer. v. Andrian. v. Lichnowsky. Schaffrath. Ruge. v. Radowitz. Wigard. Abegg.
" 11., 12. Mittermayer. v. Neuwall. v. Schmerling. Giskra. Stedmann. Zachariä.
" 2. 1848—49.
Lfg. 1—6. Johann, Erzherzog Reichsverweser. Fürst Leiningen. Vogt. Camphausen. Fallati. Gervinus. v. Beckerath. Mevissen. Rob. Mohl. v. Vincke. Detmold. v. Lindenau. v. Würth. Schilling. Graf Wartensleben. Zimmermann. Claussen. Graf Schwerin.
" 7—12. Albrecht. v. Beisler. v. Bruck. Deetz. Eisenmann. Göden. Wilh. Jordan. M. Mohl. Riesser. Römer. Schoder. Simson. v. Somaruga. Spatz. Stenzel. Vischer. v. Wydenbrugk. Zittel.
" 3. 1849.
Lfg. 1—3. Eisenstuck. Fröbel. Hermann. S. Jordan. Kolb. F. v. Raumer. v. Reden. Schott. Tellkampf.
" 4—6. Graf A. Auersperg. Grumbrecht. Hagen. Löwe. Rösler. v Saucken. v. Trützschler. Wichmann. Widenmann.
" 7—9. Berger. J. Grimm. Haßler. Jürgens. J. F. G. Tafel. Temme. Fürst Waldburg-Zeil. Wesendonck. Wurm.
" 10—12. v. Bally. G. Beseler. v. Beddien. Brunck. v. Meering. Nauwerck. v. Peucker. Stahl. Wippermann.
" 4. 1849—51.
Lfg. 1—3. Biedermann. Buß. M. Hartmann. B. Hildebrand. F. zu Hohenlohe. Kerst. G. C. Schüler. v. Herzog. Ziegert.
" 4., 5. W. H. Beseler. Compes. Christ. C. Fuchs. Schneer. Beda Weber.
" 6. v. Auerswald. Merk. Fürst Wittgenstein.

—— die, des Volks in der Zeit deutschen Elends. 1805—1813. Nach Briefen und Memoiren. Mit Feder-Zeichnungen von Ludw. Burger. gr. 8. (VIII und 664 S. mit 7 Photolithogr.) Berlin 863, Seehagen.

— der Wissenschaft. Eine Sammlung v. Lebensbeschreibgn. zur Geschichte der wissenschaftl. Forschg. u. Praxis. Hrsg. v. Jul. Ziehen. 1.—8. Heft. gr. 8. Leipzig, W. Weicher. à n. 1.—
1. Der Philosoph J. F. Herbart. Von O. Flügel. (V, 47 S. m. 1 Bildnis.) 905.
2. R. W. Bunsen. Von Wilh. Ostwald. (40 S. m. 1 Bildnis) 905.
3. Friedrich Wilhelm Dörpfeld. Ein kurzes Bild seines Lebens u. Wirkens. Von Edm. Oppermann. (III, 44 S. m. 1 Bildnis) 905.
4. Ferdinand Freiherr v. Richthofen. Gedächtnisrede. Von Erich v. Drygalski. [Aus: „Ztschr. d. Gesellsch. zur Erdkde."] Mit e. Anh. v E. Tiessen: Die Schriften Ferdinand Freiherr v. Richthofens. (13 S. m. 1 Bildnis.) 906.
5. Werner v. Siemens. Von Wilh. Jaeger. (52 S. m. 1 Bildnis.) 906.
6. Karl Friedrich Gauss. Von Frz. Mathé. (32 S. m. Titelbild.) 906.
7. Albrecht v. Graefe. Von J. Hirschberg. (72 S. m. 1 Bildnis u. Titelbild.) 906.
8. Rudolf Virchow. Von J. Pagel. (54 S. m. 1 Bildnis.) 906.

— der Wissenschaft. Eine Sammlg. v. Lebensbeschreibgn. zur Geschichte d. wissenschaftl. Forschg. u. Praxis. Hrsg. v. Jul. Ziehen. 9.—11. Heft. gr. 8. Leipzig [W. Weicher], Stuttgart, C. & A. Ulshöfer. à 1.—
Ehlers, Rud., Richard Rothe. (59 S. m. 1 Bildnis.) 906. (Heft 11.)
Jonas, Rich., Karl Rosenkranz. (50 S. m. 1 Bildnis.) 906. (Heft 10.)
Müller, Eduard, Friedrich Karl v. Savigny. (32 S. m. 1 Bildnis.) 906. (Heft 9.)
Heft 1—8 jetzt Ebd. 905. 06. à 1.—

— der Wissenschaft üb. die Friedens-Konferenz m. Vorwort v. Halpert. Gesammelt v. d. Berliner wissenschaftl. Korrespondenz. Hrsg.: Arth. Kirchhoff. gr. 8. (XXXII, 64 S.) Berlin 899. P. Stankiewicz. n. 1.—

Männer, die 10 reichsten, d. Welt, m. 10 Abbildgn. nach photograph. Aufnahmen. 8. (16 S.) Chemnitz (899). C. A. Hager. —10

— der Zeit. Biographisches Lexikon der Gegenwart. 1—3. Liefg. Leipzig 858. Lorck. 4. (Sp. 1—320.) Jede Liefg n. 10 ngr.

— der Zeit. Biographisches Lexikon der Gegenwart. 4—21. Liefg. Leipzig 859—62. Lorck. 4. (1. Bd.: VII S. u. Sp. 321—944; 2. Bd.: VII, 696 Sp.) Jede Liefg. n. 10 ngr.

— — Supplement. 2 Hefte: Frauen der Zeit. — Zusätze und Berichtigungen. Ebend. 862. 4. (182 Sp.) Jedes Heft n. 10 ngr.

Männer der Zeit. Biographisches Lexikon der Gegenwart. 2 Bde. (944, 696 Sp.) 8. Leipzig 1860–62. 21,00.

Männer d. Zeit. Lebensbilder hervorrag. Persönlichkeiten d. Gegenwart u. jüngsten Vergangenheit. Hrsg. v. Gust. Diercks. I.—VI. gr. 8. (Mit je 1 Bildn.) Dresden, C. Reißner. n. 15. 80; Einbde. à n. — 60
I. Heinrich v. Stephan. Ein Lebensbild. Von E. Krickeberg. (V, 320 S.) 897. n. 2. 40
II. Alfried Krupp. Ein Lebensbild. Von Herm. Frobenius. (VII, 231 S.) 898. n. 2. —
III. Fridtjof Nansen. Ein Lebensbild. Von Eug. v. Enzberg. (VII, 263 S.) 898. n. 2. —
IV. Friedrich Nietzsche. Ein Lebensbild. Von Hans Gallwitz. (VII, 274 S.) 898. n. 2, 40
V. Franz Liszt. Ein Lebensbild. Von Ed. Reuß. (325 S.) 898. n. 3. —
VI. Max v. Forckenbeck. Ein Lebensbild. Von Mart. Philippson. (VII, 393 S.) 898. n. 4. —

— der Zeit. Lebensbilder hervorrag. Persönlichkeiten der Gegenwart u. jüngsten Vergangenheit. 7.—10. Bd. u. neue Folge. Hrsg. v. Jul. Zeitler. 11. u. 12. Bd. gr. 8. Leipzig, H. Seemann Nachf. Geb. n. 23. 40
7. Ludwig Windthorst. Ein Lebensbild. Von J. N. Knopp. (Mit 1 Bildnis.) (VII, 293 S.) Dresden 898. n. 3. —; geb. n. 3. 60
8. Ernst Haeckel. Ein Lebensbild. Von Wilh. Bölsche. (Mit 1 Bildnis.) (X, 259 S.) 900. n. 3. —; geb. n. 3. 60
9. Ernest Renan. Ein Lebensbild. Von Ed. Platzhoff. (XIII, 201 S. m. 1 Bildnis.) 900. n. 3. —; geb. n. 3. 60
10. David Friedrich Strauß. Sein Leben u. seine Schriften unt. Heranziehg. seiner Briefe dargestellt. Von Karl Harraeus. (V, 408 S. m. 1 Bildnis.) (901.) geb. n. 4. 60
11. Joseph Arthur Graf v. Gobineau. Sein Leben u. sein Werk. Von Eug. Kretzer. (265 S. m. 1 Bildnis.) 902. n. 3. —; geb. n. 4. —
12. Max Klinger. Von Loth. Brieger-Wasservogel. (VIII, 276 S. m. 1 Bildnis.) 902. n. 3. —; geb. n. 4. —; in Ldr. n. 5. —
I—VI jetzt Ebd. 897. 898. n. 15, 80.

— der Zeit. Lebensbilder hervorrag. Persönlichkeiten der Gegenwart u. jüngsten Vergangenheit. Neue Folge. Hrsg. v. Jul. Zeitler. 13. Bd. gr. 8. Leipzig 903. Berlin, H. Seemann Nachf. n. 3. —; geb. n. 4. —; Liebhaber-Ausg., geb. n. 5. —
Emil Frommel. Ein biograph. Gedenkbuch. Von Thdr. Kappstein. (VIII, 472 S. m. 1 Bildnis.)

Männer, 200 deutsche, in Bildnissen und Lebensbeschreibungen. Herausg. von Ludw. Bechstein. (25 Liefgn. à 8 Bl. m. Holzschn. im Text.) Leipzig 853—55. G. Wigand. gr. 4. Jede Liefg. n. 4 ₰. 5 ngr.

Männer, A., English-Tulu dictionary. gr. 8. (VI, 653 S.) Mangalore 888. (Basel, Missions-Buchhandlg.) geb. n.n. 9. 60

Männer, Carl. s. Männer, Karl

Männer, Hermann, aus Weildorf in Baden: Beiträge zur Entwicklungsgeschichte der Wirbelsäule bei Reptilien. Mit 4 lithogr. Taf. *Leipzig: W. Engelmann 1899.* (28 S.) 8°
¶ (Aus: Zeitschrift f. wiss. Zoologie, Bd 66, H. 1.)
Tübingen, Naturw. Diss. v. 1899

Männer, J. B., die Herrlichkeit d. Herrn in seiner Niedrigkeit, s.: Weidum, Karl, Weihnachtsspiele.

Männer, J. B., Musikbeilage, s.: Schweitzer, J.

Männer, Karl

Maenner, Carl, Forstschutz u. Jagdschutz. E. Zusammenstellg. d. in d. Pfalz gelt. Bestimmgn. 12. (VIII, 117 S.) Kaiserslautern 895. E. Crusius. Kart. n. 1. 60

Maenner, Carl, das Jagdrecht der Pfalz, nebst den Bestimmgn. üb. den Schutz v. Vögeln, erläut. gr. 8. (VI, 346 S.) Kirchheimbolanden 892. C. Thieme. n.n. 6. 50; geb. in Halbfrz. n.n. 8.—

— Jagdrecht d. Pfalz. Ergänzungsheft. gr. 8. (4, 81 S.) Kirchheimbolanden 902. Thieme'sche Druckereien. n. 1.50

Maenner, Karl, das Recht der Grundstücke nach dem bürgerlichen Gesetzbuche u. der Grundbuchordnung f. das Deutsche Reich. gr. 8. (VIII, 408 S.) München 899. J. Schweitzer Verl. n. 9.—; geb. in Halbfrz. n. 11.—

Maenner, Karl, das Sachenrecht nach dem bürgerlichen Gesetzbuche u. der Grundbuchordnung f. das Deutsche Reich. 2. neubearb. Aufl. des „Rechts der Grundstücke". (X, 547 S.) gr. 8. München 906. J. Schweitzer Verl. Geb. in Leinw. n.n. 14.—

Männerabend. Zum M'-A' der Freisinnigen Jungmannschaft der Stadt Luzern (vom) 9. April 1910. (Blätter aus der Luzerner Geschichte.) [Mit Illustrationen und 1 Porträt-Tafel.] 4 S. fol. (Luzern, Keller.)

Männerbibliothek, oder Handbuch aller Kenntnisse, welche der Mann ... zu wissen nöthig hat. Berlin 1838—41. II: *Weyl, L. C.* (BrMm)

Männerbibliothek, oder: Handbuch aller Kenntnisse, welche der Mann in jedem Alter, in jedem Stande und Verhältnisse in Beziehung auf das Geschäft, im gesellschaftlichen wie im häuslichen Leben, als Erzieher seiner Kinder und überhaupt bei allen vorkomm. Fällen und Ereignissen des Lebens zu wissen nöthig hat. Unter Mitwirkung von Männern vom Fache herausgeg. von Gelehrten u. Schriftstellern. 14 Bde. A—3. kl. 8. Berlin 838—41, Lewent's Verl.-B. n. 9⅓ ₰

Männerbildnisse, 100 klassische. Eine Auswahl aus den Meisterwerken der Porträtkunst. Mit e. Einleitg. v. Gust. Keyssner. (100 Bl., S. 101—106 u. XIV S. m. 1 Bildnis.) 8. Stuttgart (908). Deutsche Verlags-Anst. (Urspr. Pr. Geb. in Ldr. 4.50)

Männerchöre

—— geistliche, zum Gebrauche bei Trauerfeierlichkeiten. 8. (16 S.) [Spandau 887.] Leipzig, Oesterwitz Nachf.

Männerchöre, lustige. Partitur. 3 Hefte. 1.—3. Aufl. 12. (84; 80; 88 S.) Leipzig 880—82, Leuckart. à Heft M 1,50.

—— dass. — Stimmen. 3 Hefte. 12. (38, 55; 55, 52; 52, 52 S.) Ebendas. 880—82. à Heft 50 Pf.

Männerchöre zum Gebrauch der evangelischen Missionsanstalt in Basel. Unter Leitung des Gesanglehrers Ernst Hauschild gesammelt von einigen Zöglingen der Anstalt. 4. Aufl. qu. 4. (331 S.) Basel 886, Missionsbuchhandlung. *

Männerchöre zum Gebrauch der evangel. Missionsschule in Basel. Unter Leitung des Gesanglehrers E. Hauschild gesammelt von einigen Zöglingen der Anstalt. Basel 858. (Bahnmaier.) 4. (1 Bl., 272 S.) n. 1 ₰.

Männerchöre zum Gebrauch der evangelischen Missionsschule in Basel. Unter Leitung des Gesanglehrers Ernst Hauschild gesammelt von einigen Zöglingen der Anstalt. 2., verm. u. verb. Aufl. Basel 868. (Bahnmaier.) qu. 4. (320 S.) n. 1 ₰ 10 ngr.

Männerchor Gazette: Band 1, June 9—Sept. 6, 1873: Philadelphia, PA
Edited by P. M. Wolsieffer.

Männerfeindin

— die,. Schausp. in 1 A. v. Koch. 8. Hamb. Kratzsch. 803.

Männerfeindin; Schspl. in 1 A. 8. Wien 806. Wallishausser. 5 K

Männergesang, der, die bisher für ihn erschienenen Compositionen und die allgemeinen Männergesangfeste zu Dresden 1842 u. 43. Blätter der Erinnerung, herausgeg. von M. L. Löwe. 1. Heft. A. u. d. T.: Der deutsche Männergesang, nach seiner Bedeutung für die Gegenwart, von F. Marlow; nebst geschichtl. Andeutungen und Verzeichniß der bisher für ihn erschienenen Compositionen, herausgeg. v. M. L. Löwe. gr. 8. Dresden 844, Bromme. n. 5/12 ₰

Männergesänge von verschied. Componisten, zu Gunsten des Herrn Prof. Baumann in Luzern und des zu errichtenden Denkmals für Herrn Hans Geo. Nägeli. Herausgeg. von Alph. Berkmüller. Heft I. (4 Stimmen.) qu. gr. 8. Zürich 844, Höhr. 1/2 ₰

Männergesänge von verschiedenen Komponisten. Zunächst für die oberen Klassen höherer Lehranstalten, Gymnasien, Seminarien, Real- und Gewerbschulen, sowie für Deutschlands Liedertafeln und Lehrervereine hrsg. von J. M. Anding. hoch 4. (VIII und 100 S.) Schleusingen 859, Glaser. *

Männer-Gesänge hersg. von dem Nieder-Allgäuer Gesangverein. 4 Hefte für 1. u. 2. Tenor u. 1. u. 2. Baß. Augsburg 868. (Schmid's Verl.) 16. (à Heft IV, 103 S.) n. 1 ₰ 10 ngr.

Vierstimmige **Männer-Gesänge** der Loge Eugenia zum gekrönten Löwen [in Danzig]. Danzig 1848: Gerhard. 60 S. 8°
Ohne Noten. KB.

Männer-Gesangs-Zeitung, deutsche. Herausg. vom Märkischen Central-Sängerbunde unter der Red. von Rud. Tschirch. 2. Jahrg. 1861. April—December. 9 Nrn. (à ½ Bgn.) Berlin, Schotte & Co. in Comm. gr. 4. n. 22½ ngr.

— — 3. u. 4. Jahrg. 1862 u. 63. à 12 Nrn. (à ½—1 Bgn.) Ebend. gr. 4. Jeder Jahrg. n. 1 ₰

Männer-Gesangs-Zeitung, deutsche. Hersg. vom Märkischen Central-Sängerbunde unter der Redact.: v. Rud. Tschirch. 5—8. Jahrg. 1864—67. à Jahrg. 12 Nrn. (à ½—1 Bgn.) Berlin, (Schotte & Comp.) gr. 4. Jeder Jahrg. n. 1 ₰

Männer-Gesangs- u. Instrumental-Musik-Zeitung, deutsche, Hersg. vom märk. Central-Sängerbunde Red. v. Rud. Tschirch. 10. Jahrg. 1869. 12 Nrn. (Bgn.) Berlin 869. Expd. gr. 4. n. 1 ₰

Männergesang-Verein, Steinschönauer —, bestehend aus vierzig wirkenden Mitgliedern. Böhmisch-Leippa. 1855. Buch- und Steindruckerei des Philipp Gerzabek. (16 S. 8.) geh.

Männergesang - Verein, Wätzoldscher, Breslau. Ein Erinnerungsblatt . . . Breslau 1898. V: *Biller, G. F.* (Kat. d. Druckschr. üb. Breslau. Breslau 1903. S. 371.)

de Mannerheim, (C. G.,) Eucnemis, insectorum genus monograph. tract. iconibusque illustr. 8 maj. Petropoli 823, (Lips., Cnobloch.)

–– (Leipzig: Voss.)

Mannerheim, le conte, insectes coléoptères de la Sibérie orientale, siehe: Bulletin de la société Imp. des naturalistes de Moscou, tome XXII, 1. partie.

— zweiter Nachtrag zur Kaefer-Fauna der Nordamer. Länder des Russ. Reichs, siehe: Bulletin de la société Impér. des naturalistes de Moscou, tome XXV, 1. partie.

— Necrologie sur M. J. Gebler, siehe: Bulletin de la société Imp. des naturalistes de Moscou, tome XXIII, 2. partie.

— notice biographique sur M. C. J. Schönherr, siehe: Bulletin de la société Imp. des naturalistes de Moscou, tome XXII, 1. partie.

Männerklagen über weibliche Kunstgeschicklichkeit und weibliche Gelehrsamkeit . . . [Magdeburg 1789.] V: *Rötger, Gotthilf Sebastian.* (MGT)

In **Männerkleidern** ums tägliche Brod. (In 80 Lfgen.) *Berlin: Verlagshaus f. Volkslitt. u. Kunst [1899].* (1928 S.) 8° [Umschlagt.]

Männer-Krankenkasse, Die israelitische, in Frankfurt a. M. [Frankfurt a. M. 1868.] V: *Ullmann, Elias.* (stBFrankf I, 257)

* **MANNERLIEB,** Hilarius, Die Frauenzimmer wie sie waren, wie sie sind, wie sie seyn werden; oder vollständiger Catalog aller Neigungen, Gewohnheiten, Schwächen, Sitten, Leidenschaften u. Maximen des weiblichen Geschlechts, so wie sie gegenwärtig allhier u. aller Orten gangbar sind. Für verliebte u. nicht verliebte, für heyrathslustige u. hagestolze Jünglinge, Männer u. Greise geordnet u. mit Anmerkungen, Beyspielen u. Zusätzen versehen von —. Lämmersbiehl u. Mammelshaan, gedr. in diesem Jahr (ca. 1815?) bey Melchior Balthasar Brumhard. Kl. 8°. (18 Sgr. Scheible; jetzt theurer!)

VIII—68 S. Seltene Aphorismen-Sammlung, stellenweise etwas frei. — Weller, fing. Druckorte, ungenau.

— — Dasselbe. 2. Auflage. Frankfurt 1822. 8°. (3 Mk. Schaper, Hannover, 1904; 5 Mk. Max Perl, 1904.)

Männerliebe, Frauenherz. Eine Geschichte, nach dem Engl. . . . Leipzig 1821. V: *Reden, Philippine von.* (MGT)

Männerliebe, Frauenherz. Eine Geschichte nach d. Engl. d. Mrs Opie. 8. Leipzig, Rein. 821.

Männerlieder, alte u. neue, s.a. Greef, Wilh.

Männerlieder, alte und neue. Hrsg. von Wilh. Greef. 1. Heft. 2. Stereot.-Aufl. qu. 8. (32 S.) Essen 847, Bädeker. Thlr. *

2—8. Heft. Ebendas. 1847—52. * 21 Ngr. Vgl.: Greef.

Männerlieder, neue deutsche, f. d. deutsche Volk in Österreich. Unt. Mitwirkg. v. Ernst Schmid hrsg. v. d. Red. d. „Lyra". Beilage d. „Lyra". 8. (III, 92 S.) Wien 895. Leoben, Dr. A. Harpf. n. 1. —

Männer-Quartettgesang, der. (Aus dem „Neuen Dorpater Kalender" abgedr.) Dorpat 862. Gläser. gr. 8. (8 S.) 3 ngr.

Manners, . . ., Postbuch für d. österr. Kaiserstaat, auf d. J. 1829. gr. 4. Wien, Heubner. 1 fl 8 gr.

Manners, Charles T., d. Grabe entblüht, s.: Berlepsch, Lina Freifrau v., Romanbibliothek. 84. Bd.

v. **Manners,** Cajet. Ritter, s. de la Rochefoucauld, Maximes et Réflexions morales.

Männerschule, die; aus dem Engl. 2 Thle. 8. Leipz. 777. (Brockhaus). 10 gr.

Männerschule, die, aus dem Engl. 2 Theile, 8. Leipzig, 777. Feind. 13 sgl.

Männerschule, die, a. d. Eng. 2 Thle. 8. Leipz. Gleditsch. 777. Rthlr.

Männerschwäche und ihre Folgen oder die Kinder. Original-Lustspiel in 3 Aufz. O. O. [17??] V: *Hensler (Henseler), Carl Friedrich.* (GGr)

Männerschwäche u. ihre Folgen, oder d. Krita. Lstspl. in 3 A. 8. Wien, Wallishausser. 6 kr

Männerschwur u. Weibertreue. Schspl. nach Veit Weber. 8. Cilli 793. (Bresl., J. F. Korn).

Männer-Spiegel od. Schönheitspflege gegen die Verunstaltungen d. männl. Körpers. 2. Aufl. 8. Bautzen 846, Reichel. n. 1/3 Thlr.

Männerstolz und Weiberrache. Ritterschauspiel. München 1792. V: *Anton, Adolph.* (GGr)

Männerstolz und Weiberrache. Ritterschausp. v. Adolph Anton. 8. München, Lindauer. 792.

Mannert, Conrad, s. Mannert, Konrad

Mannert, J. L.

Mannert, pract. Rechenbuch z. Gebr. in Schulen u. zum Selbstunterr. M. 134 Exempeltaf. (nur auf e. Seite bedr., qu. gr. 8.) gr. 8. (24½ B.) Nürnberg 832, (Riegel u. Wießner.)

Mannert, J. L., prakt. Rechnenbuch, z. Gebrauche in Schulen u. zum Selbstunterricht. 2. verb. u. verm. Aufl. Mit Auflösungen. gr. 8. Nürnberg 842, Riegel u. Wießner. 5/8 Thlr.

Mannert, Joh. Fr., s. K. H. v. Knebel, bibl. Denksprüche rc.

Mannert, Karl, Entwicklung des Constitutum Possessorium nach röm. u. bair. Recht. 8. Landsh. 816. Thomann. 3 gr.

Mannert, Konrad, s. A v e n t u r e s des Joseph Pignata.

M a n n e r t, Conr., franz. Chrestomathie. 8. Nürnb. Grattenauer. 789.

M a n n e r t, Konr., Einleitung in d. Geographie d. Alten, u. Darstell. ihrer vorzügl. Systeme. M. 2 Karten. gr. 8. (14 B.) Leipzig 829, Hahn.
Aus dess. „Geographie d. Griechen u. Römer, 1. Thl.“ abgedruckt.

MANNERT, K.: Entwick. d. Constitutum possessorium u. d. röm. u. baier. Recht. *Landsh.*, Thomann. 816. 8. (3 Gr.)

Mannert, Konr., Freiheit d. Deutschen, adelige Knechtschaft; Untersuch. über d. Verfassung ꝛc. d. deutschen Völker. gr. 8. Nürnb. 799. Monath u. K. 1 ß 6 gl.

Mannert, Konr., Freyheit der *Franken*. Adel. Sklaverey. Untersuchungen über einen Theil der altdeutschen Verfassung. Nürnberg u. Altdorf, bei J. C. Monath u. J. F. Kussler. 1799. 8⁰. Ppb. m. Pgmteck. (mit Exlibris Geo. Chp. Wilderi, diac. Laur.).
XVI—368 S.

Mannert, Konrad: Geographie von Afrika. Aus den Quellen bearbeitet. Erste Abtheilung: Ostküste von Afrika. Aethiopia, Aegyptus. Zweyte Abtheilung: Marmarika, Kyrene, die Syrten, Karthago, Numidia, Mauritania, die Westküste von Afrika, das innere Afrika, die westlichen Inseln. Leipzig 1825. 2 Bde. XVI, 631 S., 1 Krt.; VIII, 655 S., 4 Krt.
— M a n n e r t: Geographie der Griechen und Römer. Th. 10. Abth. 1. 2. 8⁰.

Mannert, Konrad: Geographie von Arabien, Palästina, Phönicien, Syrien, Cypern. Aus den Quellen bearbeitet. Zweyte, verbesserte und vermehrte Auflage. Leipzig 1831. VI, 466 S., 1 Krt. 8⁰.

— Geographie d. Griechen u. Römer. 1—6r Thl. Mit 6 Kärtchen. gr. 8. Nürnb. 788—1802. (Hannov. Hahn). 19 ß 12 gl. 1r Thl. 2e A. 799. 3e Aufl. A. u. d. T.: Geographie v. Hispanien. Mit 2 Karten. gr. 8. Leipz. 829. Hahn. 2 ß — 2r Thl. in 2 Abthll. 2e Aufl. Das transalpin. Gallien und Britannia. Mit 2 Karten. gr. 8. Nürnb. 804 u. 22. (Ebd.) 2 ß 8 gl. — 3r Thl. 2e Aufl. A. u. d. T.: Germania, Rhätia, Noricum, Pannonia. Mit 2 Karten. gr. 8. Ebd. 820. (Ebd.) 3 ß — 4r Thl. 2e Aufl. Der Norden d. Erde, von d. Weichsel bis nach China. Mit 2 Karten. gr. 8. Ebd. 820. 2 ß 12 gl. — 5r Thl. 2 Abthll. 2e Aufl. Geographie v. Indien u. der Persischen Monarchie bis zum Euphrat. Mit 2 Kart. gr. 8. Leipz. 829. Ebd. 3 ß 8 gl. — 6r Thl. 1r Bd. 2e Aufl. A. u. d. T.: Geographie v. Arabien, Palästina, Syrien u. Cypern. Mit 1 Karte. gr. 8. Ebd. 831. Ebd. 1 ß 20 gl. 6r Thl. 2r 3r Bd. Kleinasien. gr. 8. Nürnb. 801, 2. (Ebd.) 3 ß 20 gl. — 7r Thl. Thracien, Illyrien, Macedonien, Thessalien, Epirus. gr. 8. Landsh. 812. Krüll, 2 ß 20 gl. — 8r Thl. A. u. d. T.: Geographie d. nördl. Griechenlands, des Peloponneses u. d. Inseln d. Archipelagus. Mit 1 Karte. gr. 8. Leipz. 822. Hahn. 3 ß 12 gl. — 9 Thl. in 2 Abthll. A. u. d. T.: Geographie v. Italia, nebst d. Inseln Sicilia, Sardinia, Corsica ꝛc. Mit 1 Karte. gr. 8. Ebd. 824. Ebd. 5 ß — 10r Thl. in 2 Abthl. A. u. d. T.: Geographie von Afrika 1e u. 2e Abthll. Mit 5 Karten. gr. 8. Ebd. 824, 25. Ebd. 5 ß 16 gl. (1r—6r Thl. compl. bei Hahn in Lpz. nur 12 ß — 8r—10r Thl. Ebend. 14 ß 4 gl. 7r Thl. [bei Krüll in Landsh.] 2 ß 20 gl.)

—— Geographie d. Griechen u. Römer, aus ihren Schriften dargest. 1. Thl. Allgem. Einleit. Hispanien. — A. u. d. T.: Geographie v. Hispanien. Aus d. Quellen bearb. 3., verb. u. verm. Aufl. M. 2 Karten. gr. 8. (29½ B.) Leipzig 829, Hahn.

—— dass. 5. Thl. 2 Abthln. — A. u. d. T.: Geographie v. Indien u. d. Persischen Monarchie bis z. Euphrat. 2., verb. u. verm. Aufl. M. 2 Karten (Fol.). gr. 8. (41 B.) Ebds. 829.

—— dass. 6. Thl. 1. Abthl. — A. u. d. T.: Geographie v. Arabien, Palästina, Phönicien, Syrien, Cypern. Aus d. Quellen bearb. 2., verb. u. verm. Aufl. M. 1 Karte (gr. Fol.). gr. 8. (29½ B.) Ebds. 831.
Die früher erschienenen Thle. enthalten:
2. Thl. 1. Abthl. Das transalpin. Gallien. 2. Aufl. Nürnberg 1804. 1 Thlr. 8 Gr.
2. Abthl. Britannia. 2. Aufl. 1822. 1 Thlr.
3. „ Germania, Rhaetia, Noricum, Pannonia. 2. Aufl. 1820. 3 Thlr.

Mannert, Konr., Geographie der Griechen u. Römer ꝛc.
4. Thl. Der Norden d. Erde von d. Weichsel b. nach China. 2. Aufl. 1820. 2 Thlr. 12 Gr.
6. „ 2. u. 3. Abthl. Kleinasien. Nürnberg 1801, 2. 3 Thlr. 20 Gr. 1—6. Thl. ungetrennt, hrbgs. Pr. 12 Thlr.
7. „ Thracien, Illyrien, Macedonien, Thessalien, Epirus. Landshut 1812. 2 Thlr. 20 Gr.
8. „ Geographie d. nördl. Griechenlandes, d. Peloponneses u. d. Inseln d. Archipelagus. 1822. 3 Thlr. 12 Gr.
9. „ 2 Abthln. Geographie v. Italia, nebst d. Inseln Sicilia, Sardinia, Corsica ꝛc. 1823. 5 Thlr.
10. „ 1. Abthl. Geographie v. Afrika. I. Ostküste v. Afrika, Aethiopia, Aegyptus. 1825. 2 Thlr. 12 Gr.
2. Abthl. Geogr. v. Afrika. II. Marmarika, Kyrene, die Syrten, Karthago, Numidia, Mauritania, die Westküste v. Afrika, das innere Afrika, die westlichen Inseln. 1825. 3 Thlr. 4 Gr.
2—4., 6., 8—10. Thl. Leipzig, Hahn; 7. Thl. [Regensburg, Manz.]

Mannert, Konrad: Geographie des nördlichen Griechenlandes, des Peloponneses und der Inseln des Archipelagus. Aus den Quellen bearbeitet. Leipzig 1822. XIV, 884 S.
— M a n n e r t: Geographie der Griechen und Römer. Th. 8. 8⁰.

— G e r m a n i a, Rhätia, Noricum ꝛc. u. d. Begr. d. Gr. Röm. ist d. Geogr. 3r.

— d. älteste G e s c h i c h t e Bojariens u. s. Bewohner, a. d. Quellen entwickelt. gr. 8. Sulzb. Seidel. 807.

Mannert, Konr. (k. b. Hofr., Prof. d. Gesch. zu Landshut, o. Mitgl. d. k. b. Akad. d. Wiss. etc., geb. 1756 zu Altdorf, † 27. Septbr. 1834 zu München), die *Geschichte Bayerns*, aus den Quellen u. andern vorzüglichen Hulfsmitteln bearb. 2 Thle. (in 1 Bde.). Leipzig, Hahn, 1826. Gr. 8⁰. Eleg. blau Hsrsb., schönes Expl.
1: XII—556 S. 2: VI—522 S. (incl. Reg. S. 503 ff.).

—— Geschichte d. alten Deutschen, besond. d. Franken. 2 Thle. gr. 8. Stuttgart, Cotta. [1. (34 B.) 829. 2 Thlr. 12 Gr., 2. (37 B.) 832. 3 Thlr.] Thlr.

— G e s c h i c h t e d. unmittelb. Nachfolger Alexanders d. Groß. gr. 8. Lpz. Dyk. 786.

M a n n e r t, C., Geschichte der unmittelbaren Nachfolger Alexanders des Grossen. Nürnb. und Leipz. 787. 8. 1 rthl.

— G e s c h i c h t e d. Vandalen. gr. 8. Lpz. Schwickert. 785.

— Handbuch d. alten Geschichte, aus d. Quellen bearb. gr. 8. Berl. 818. Nauck. 1 ß 20 gl.

– s. J ä g e r, Wolfgang: Geogr.-hist.-stat. Zeitungslexikon.

Mannert, C. Das Oesterreichische Kaiserthum. Nürnberg 1809. 1 Bl. c. K. v.

H e t r u r i e n — Karte von — und dem Kirchenstaate nach astronomischen Bestimmungen etc. Gezeichnet v. Conrad M a n n e r t. Nürnberg bey Schneider und Weigels 1803. 1: 615,000. 1 Bl.

Mannert, Konr., Charte der Länder am Rhein von Coblenz der Mosel und Lahne südlich bis Mannheim ... Nürnberg, Schneider u. Weigel, 1801. Fol. Kupf. u. kolor. (D.)

Mannert, Konr., Charte der Länder am Rhein von Schaffhausen Basel bis Strassburg ... Nürnberg, A. G. Schneider u. Weigel, 1801. gr. qu.-Fol. . . . . (D.)

Mannert, Konr., Karte des Rheinstroms von Schafhausen bis Coblenz und Neuwied. Nürnberg, Schneider u. Weigel, 1803. 3 Bll. Roy.-Fol.
——. —— Ebenda 1815.

— — Compendium der deutschen G e s c h i c h t e. 3te Aufl. gr. 8. Monath und K. 819.

— Compendium d. deutschen Reichsgeschichte. gr. 8. Nürnb. 803. 2e Aufl. 808. 3e Aufl. 816. Monath u. K. 1 ß 14 gl.

— Compend. d. Statistik d. europ. Staaten. gr. 8. Bamb. 805. N. A. 808. (Wesché in Frkf.) 2 ß 4 gl.

— Französ. Lesebuch. 8. Nürnb. 788. (Eichhorn). 20 gl.

— franz. Lesebuch. 8. Nürnb. Grattenauer. 789.

Mannert, Konr., Kaiser Ludwig IV. oder der Baier. Eine von der kgl. baier. Akad. d. Wissensch. zu München, d. 12. Oktob. 1811, gekrönte Preisschrift. Landshut, bei Phil. Krüll, Universitätsbuchhändler. 1812. 8⁰. Saub. Ppb. m. Rothschnitt.
VIII–540 S.

— Miscellanea, meist diplomat. Inh. m. K. 8. Nürnb. Weigel. 795.

Mannert, Conr., Miscellaneen meist diplomatischen Inhalts. Nürnb. u. Jen. 795. 8. (Hier ist auch Einiges über die Griech. u. Römischen Handschr. der Bibl. Nürnbergs.)

Mannert, C. Die Baierische Monarchie. Nürnberg 1808. 1 Bl. c. K. v.

– s. Nitsch, Paul Fr. Achat: Kurzer Entwurf der griech. Alterthümer.

— de numeror., quos arabicos voc., vera origine pythagorica. 8. maj. Nrnb. Schneider et W. 801.

Mannert, C., Res Trajani Imper. ad Danubium gestae. Cum figg. et mappa geogr. Norimb.: Frauenholz 1793. 8⁰

—— Die Rheinländer, in 3 Bll. Neue Aufl. Ebda 1814.

– s. Seiler, Geo. Fr.: Allgemeines Lesebuch für den Bürger und Landmann ...

— Statistik d. deutschen Reichs. gr. 8. Bamb. 806. (Wesché in Frkf.) 12 gr

Mannert, Konrad: „Statistik der europäischen Staaten", Bamberg und Würzburg 1805. — Vorh.: Com. Bibl. Hamburg.

— Statistik d. europ. Staat. gr. 8. Bamberg, Göbhard. 808.

— Ueberblick von Nürnberg's Aufkeimen, Blüthe u. Sinken. Mit 1 Ansicht u. 1 Kärtchen. 8. Nürnb. 824, Riegel u. W.

Mannert, St., s. Mannert, Konrad

Männertugend und Weibertreue. Schauspiel in drei Akten. Zeitz 1793. V: *Bilderbeck, Ludwig Franz Freiherr von.* (Ky)

Männertugend u. Weibertreue. Schausp. 8. Zeiz, Heinse. (Waibel.) 793. Rthlr.

Männertugend u. Weibertreue. Schspl. in 3 A. (v. Bilderbeck). 8. Zeiz 793. Webel. 6 gr

Der Königsberger **Männer-Turnverein**, eingetr. Ver., in seinem sechsten Jahrzehnt 1892–1902. Festschr. z. Feier d. 60j. Bestehens d. Ver., hrsg. v. Turnrath. *Königsberg i. Pr. 1902: (Hartung).* (34 S.) 8° [F.] [03-5]10

Männerwallfahrt, I. schwäbische, nach Altötting vom 3. bis 5. X. 1903, veranstaltet v. der marian. Bürger-Kongregation Augsburg. Zur Erinnerg. u. Aneiferg. hrsg. v. e. marian. Sodalen. Mit den Portr. der Prediger, der Redner etc. (48 S.) 8. Augsburg 903. (Literar. Institut v. Dr. M. Huttler.) n.n. — 25

Mannes, das Wasserwerk der Stadt Weimar, s. Hermann.

Mannes, Albert [pr. Arzt in St. Goarshausen]: Ueber Hydramnion. Marburg, Univ.-Buchdr. (R. Friedrich), 1891; 1 Bl., 21 S. 8⁰
Marburg, Med. Fak., Inaug.-Diss. v. [11. Aug.] 1891

Mannes, Alexander, Assist. an d. med. Klinik zu Jena: ⟨Aus d. med. Klinik zu Jena.⟩ Ein Fall von posttyphöser Lähmung mit begleitenden psychischen Störungen ⟨Korsakow'sche Psychose⟩. *Jena 1902: G. Neuenhahn.* (37 S.) 8°
Jena, Med. Diss. v. (28. Juni) 1902

Mannes, Aug., Tagebuch üb. d. Vorbereitung ein. Giftmischers zu s. Todesstrafe. 8. Hannov. 807. Hahn 3 gr

Mannes, *Friedrich* [Referendar]: Bestimmt sich die Erbschafts-Verteilung nach dem Zeitpunkte der Acquisition oder der Delation der Erbschaft? ... Hofheim a. T., Buchdr. v. C. Reuter, 1897; 31 S. 8.
Erlangen, Jur. Fak., Inaug.-Diss. v. 1897

Mannes, Hermann: Die Berechnung von Rohrnetzen städtischer Wasserleitungen. 1909. 59 S., 1 Tab. 8⁰ ¶ Auch bei Oldenbourg in München; 2. Aufl. 1912; Ausz. in: Gesundheits-Ingenieur. Jg. 32.
Hannover, Dr.-Ing.-Diss. v. 21. 12. 1908

Mannes, Herm., die Berechnung v. Rohrnetzen städt. Wasserleitungen. (59 S. m. 17 Abb. u. 1 Tab.) gr. 8. München 909. R. Oldenbourg. 1. 60

* Mannes, J. A., Bergisches Handlungs- u. Fabrikwörterbuch, in deutscher, franz. u. engl. Sprache. Neue Aufl. 8. Elberf. Mannes. 810.

Mannes, Osk., das Gesetz gegen den unlauteren Wettbewerb vom 7. VI. 1909, s.: Mittelstands-Bibliothek, gewerbl. 5. Heft.

Mannes, Salomon, aus Wreschen: Ueber den Einfluss des Aramäischen auf den Wortschatz der Mišnah an Nominal- und Verbal-Stämmen, zugleich als Vorstudien zu einem Mišnah-Lexicon. T. 1: א–ב. *Berlin 1897 [*vielm. *1899]: H. Itzkowski.* (55 S.) 8°
Erlangen, Phil. Diss. v. 11. Mai 1897

Mannes, S., über den Einfluss des Aramäischen auf den Wortschatz der Mišnah an Nominal- u. Verbal-Stämmen. 1. Tl. א—ב. gr. 8. (55 S.) Posen (Judenstr.) 899. B. Rzeszewski. n. 1. —
[Mehr nicht erschienen.]

Mannes, Walther, a. Remscheid: Aus dem pathologischen Institut der Universität Bonn. Über die punktförmigen Kalkkörperchen der Nierenrinde und über die Entstehung der Nierenzysten. Bonn 1907: C. Georgi. (35 S.) 8°
Bonn, Med. Fak., Ref. Ribbert, Diss. v. 28. Mai 1907
[Geb. 8. Mai 82 Remscheid; Wohnort: Remscheid; Staatsangeh.: Preußen; Vorbildung: Realgymn. Remscheid Reife O. 01; Studium: Bonn 4, München 1, Berlin 1, Bonn 3 S.; Coll. 12. Dez. 06; Approb. 10. Mai 07.]

Mannes, Wilh., das Bäckergewerbe u. die Konsumvereine. Hrsg. vom Centralverband deutscher Bäcker-Inngn. „Germania". (119 S.) 8. Berlin 904. (F. A. Günther's Zeitungsverlag.) n. 1. —

Mannes, Wilh., ist Ziethen noch zu retten? Neues Thatsachen-Material u. neue Ermittelgn. als Unterlagen f. e. erfolgr. Wiederaufnahme-Verfahren zu Gunsten Albert Ziethens! Zum 15. Jahrestage der Verurteilg. Albert Ziethens zum Tode (2. II. 1884) hrsg. 1.—5. Tauf. gr. 8. (40 S.) Berlin 898. Wilmersdorf, E. Klingebeil. n. — 60

— s.: Mercur.

Mannes, Wilh., von Lassalle bis Dernburg. Eine kolonial-soziale Betrachtg. (22 S.) 8. Braunschweig (907). K. Pfankuch. — 60

Manneskraft. Ein Mahnruf an gesunde u. kranke Jünglinge u. Männer zur Verhütg. u. Heilg. der Impotenz. Von e. Arzt. (28 S.) kl. 8. Leipzig (906). (H. Hedewig's Nachf.) n. — 50

Mannesmann, Friedrich Felix: Das einseitige Versprechen als Verpflichtungsgrund im gemeinen Recht. *St. Johann-Saarbrücken 1897: F. Courths.* (68 S.) 8° [F.]
Erlangen, Jur. Diss. v. 19. Okt. 1897

Mannesmann, Otto: Luftwiderstandsmessungen mit einem neuen Rotationsapparat. *Berlin [1897]: G. Schade.* (49 S.) 8°
Tübingen, Naturw. Diss. v. 1897

Mannesmannröhren-Werke. Dtsch.-Österr. (19 S 5 T) qu4° (Düsseldorf 1902)

Mannfeld, B., Meißen. 24 Skizzen in Federzeichnungen. In Lichtdr. ausgeführt von A. Naumann und Schröder in Leipzig. gr. 4. (4 S. Text.) Dresden 881, Gilbers'sche Hofverlagsh. In Leinw.-Mappe *

Mannfeld, Bernh., aus Alt-Breslau und Schlesien. 14 Kpfr.-Radirgn., nach der Natur aufgenommen. Fol. Oppeln 891. Franck. In Leinw.-Mappe. n. 14. —; Ausg. vor der Schrift n. 20. —

Ausstellung der Radirungen von Bernhard Mannfeld in der Königl. National-Galerie. Erläuterung von Prof. **Dr. Lionel von Donop.** Berlin 1890. 8°.

Katalog der Radirungen Bernhard **Mannfeld's** vollst. bis z. J. 1897 in prachtvollen, fast durchgängig v. Künstler selbst angefert. oder v. ihm ausgew. Abdrücken. Nebst Zeichngn u. Entwürfen zu d. Radirgn. Versteigerg zu Köln . . . d. 6. Juni 1899 . . . Köln: Dr. v. M. Dumont-Schauberg [1899]. (4 Bl., 32 S.) 1 Bd 8°

Mannfeld, B., durch's deutsche Land. Malerische Stätten aus Deutschland u. Oesterreich. In Orig.-Radirgn. Nebst begleit. Text, red. v. Aemil Fendler. 1—6. Lfg. gr. Fol. (à 5 Kpfrst. m. 5 Bl. Text.) Berlin 875. 76. A. Duncker. à n. 4. —; 1. Bd. cplt. cart. n. 26. —; geb. n. 34. —

Mannfeld, B., durch's deutsche Land. Malerische Stätten aus Deutschland u. Oesterreich. In Orig.-Radirungen. Nebst begleit. Text red. v. Aemil Fendler. 2. Bd. 2 Lfgn. Fol. (à 5 Kpfrtaf. m. 5 Bl. Text.) Berlin 877. 78. A. Duncker. à n. 4. —

Mannfeld, B., durch's deutsche Land. Malerische Stätten aus Deutschland, dem Elsaß u. Oesterreich. In Orig.-Radirgn. Nebst begleit. Text v. Aemil Fendler u. A. 2. Aufl. 1. u. 2. Serie. Fol. (à 30 Bl. m. 30 Bl. Text.) Leipzig 886. Barsdorf. geb. m. Goldschn. à n. 18. —

— dasselbe. Auswahl aus beiden Serien. Fol. (25 Bl. m. 25 Bl. Text.) Ebend. 886. In Mappe. 15. —

— Lug in's Land. 24 Radirgn. [Auswahl aus dem Werke: Durch's deutsche Land.] Fol. Berlin 889. A. Duncker. In Leinw.-Mappe. n. 20. —

—— vom Rhein. 15 Orig.-Radirungen. Fol. (1 Bl. Text.) Bonn 885, Strauß.
Epreuve auf ächtem Japanpapier in Cartonpassepartouts, ohne jede Unterschrift mit Bleistiftautograph von Mannfeld, in Mappe
Drucke vor der Schrift mit der facs. Unterschrift Mannfeld's, auf chines. Papier in Mappe
Einzelne Blätter à
Drucke mit der Schrift auf chines. Papier in Mappe

— vom Rhein! 20 Orig.-Radirgn. Künstler-Ausg. gr. Fol. (Mit 2 Bl. Text.) Bonn 890. Strauß. In Mappe. n. 45. —

Mannfeld, Bernh., s.: Rheinlands Sang u. Sage.

Mannfeld, Heinr. Julius (Dresden), De usu actionum aedilitiarum. Dresden (Meinhold u. Söhne) 22. III. 1827. 29 S. (4.—) 22111
Gew.: Joh. Mannfeld (Vater).

Mannfels, Vorschläge zur Hebung der jetzigen wirtschaftlichen Lage in Deutschland. A. Anregung zur Gründg. e. reichsdeutschen landwirtschaftl. Kreditgenossenschaft in Verbindung m. e. Notenbank unter Beihilfe u. Garantie des Reiches, nebst Vorschlägen f. die Verwirklichg. dieser Anregg. gr. 8. (VIII, 214 S.) Dresden 903. E. Pierson. n. 3. —; geb. n. 4. —

Der Fürst von Marokko. Operette in 3 Akten. Nach e. Holberg'schen Lustspiel von E. Schlack. Musik von Heinrich **Mannfred.** [Textbuch.] Breslau: Allegro 1908. 73 S. 8° [11. 4190

Der Fürst von Marokko. Operette in 3 Akten. Nach e. Holberg'schen Lustspiel von E. Schlack. Musik von Heinrich **Mannfred.** Texte d. Gesänge. Breslau: Allegro 1908. 45 S. 8°(4°) [11. 3819

Mannfred, Heinr., Philharmonie-Album. Enth.: Klass. u. moderne Salonstücke, Opern-Musik, Lieder, heitere Gesänge u. Tänze. (320 S.) 34><28,5 cm. Berlin (907). Globus Verl. Geb. in Leinw. 10.—; erm. Pr. 5. —

Mannfried, Rich., Blüte u. Sturm. Rückblicke in e. tieferregte, folgenschwere Zeit. 8. (138 S.) Würzburg 892. L. Kreßner. n. 2. —

Mannfried, Rich., Freud und Leid. Alltägliches im Gewande der Dichtung. 16. (70 S.) Würzburg 886, Kreßner. *

—— Zeitklänge aus Franken. gr. 16. (34 S.) Ebendas. 885. *
geb. *

Mannhalt, Tr., Gesetzbuch f. Spielgesellschaften, od. d. vier interessant. Kartenspiele: das Whist, Solo, Boston u. L'hombre. In allen ihren Umrissen formell u. intellectuell dargest. f. Diejen., welche diese Spiele gründl. erlernen, u. in kürzester Zeit Meister in ihnen werden wollen. Nebst e. Anweis. zum Mariage- u. Piquetspiele. Von e. prakt. Spieler entworfen. 8. (9¼ B. u. 1 Tab.) Berlin 830, Schüppel.

Mannhard, W., Zur Frage der amtlichen Vertretung des Kleinhandelsstandes (Detaillistenkammer). 8°. Hamburg 1899.

– Dass., s.a. Mannhardt

Mannhardt, Ans., Creuzschule Christi, d. i. festtägl. Erinnerung, wie sich e. Christ a. dies. Welt zu verhalten. 2 Thle. Fol. Augsb. 738.

— Predigten auf d. Festtage. Fol. Augsb. Wolf. 739.

Mannhardt, Emil

--Die Deutschen in Amerika. Festschr z Dten Tag in Chi, Okt, 1907. Chicago, 1907.

Deutsche und deutsche Nachkommen in Illinois und den östlichen Nord-Central-Staaten. Hrsg. von d. Deutsch-Amerikan. Hist. Gesellsch. von Illinois u. nach deren Ermittelungen geschrieben von Emil **Mannhardt.** [1.] Chicago: (Deutsch-Amerik. Hist. Ges.) 1907. 8° [F.]
— **Geschichtsblätter**, Deutsch-Amerikanische. Jg. 7, Beil. [08. 4314 D

Mannhardt, Fr., Coloboma Chorioideae, s.: Jahrbücher d. hamburg. Staatskrankenanstalten.

Mannhardt, Frz. Xav., († d. 4. Dec. 1773). de antiquitatibus Christianorum liber singularis. 8. Augsb. 768. M. Rieger. 14 gl Deutsch, s. unten Geschichte.

Mannhart, Franc. Xav., Bibliotheca domestica bonarum artium ac eruditionis studiosorum usui instructa et aperta. Opus saeculi nostri studiis ac moribus accomodatum. Augsburg, Rieger, 1762, 8°, 12 Bde.

— quinque intimi consiliarii hominis etc. c. fig. 8. Augsb. 765. M. Rieger. 8 gl

Mannhardt, Frz. Xav., kurzgefaßte Geschichte d. christl. Alterthümer; aus d. Latein. 2 Thle. 8. Augsb. 779. M. Rieger. 1 ß

Mannhart, Franc., Idea magni Dei. Adversus atheismum hujus aevi. Augustae Vind., Rieger 1765, in 12°, pp. 296.

— Diss. theolog. de indole, ortu ac progressu et fontib. sacrae doctr. 4 maj. Wien 760. Trattner. 14 gl

— ingenua indoles scientiae mediae, probabilismi etc. 4. Augsb. 759. M. Rieger. 10 gl

— Thebais Christo patienti consecrata. 8. Augsb. 755. M. Rieger. 4 gl

Mannhardt, H. G., Festschrift, zu Menno Simons' 400=jähriger Geburtstagsfeier den 6. Novbr. 1892 hrsg. 1. u. 2. Aufl. 1.—5. Tauf. 8. Danzig 892. (L. Saunier.) n. – 50
1. Die ältesten Täufergemeinden. — 2. Menno Simons. — 3. Die Bedeutung unserer Mennofeier. (60 S. m. 1 Bildnis.)

Mannhardt, H. G., drei geistliche Reden, gehalten bei der Taufe der erwachsenen Jugend am Palmsonntag 1881. 82. 83. gr. 8. (34 S.) Danzig 883, (Bertling.) *

Mannhardt, H. J. Jahrbch d Altenglischen Taufgesinnten oder Mennoniter Gemeinden. Danzig, 1888.

Mannhardt, Heinr. Gottlieb

Mannhardt, H. G., Predigten u. Reden aus 25jähriger Amtszeit. (VI, 394 S.) gr. 8. Danzig 905. John & Rosenberg. n. 2. 40; geb. in Leinw. n. 3. —

Mannhardt, J., Stimmen aus der Reformationszeit. Gedenkblätter zum 300jähr. Todestage Menno Symons den 13. Jan. 1861. Aus Menno Symons nachgelassenen Schriften gesammelt und übers. von Th. B. Mit einem Anhang aus Dirk Phillipps Schriften versehen und hrsg. gr. 8. (VIII und 98 S.) Danzig 861, (Blemsfen.) *

Mannhardt, Ig.: Gedanken über die physische, sittliche und wissenschaftliche Bildung der Jugend. 7 S.– Temosvár, Progr. 1853.

Mannhardt, Joan., Lobariæ parietinæ s. Lichenis parietini Linn. analysis chemica denuo instituta. Diss. Kiliæ. 1818. 4. P.

Mannhardt, Joh., Berichtigung des Berichtes über die im J. 1849 auf der Gewerbe-Ausstellung zu Paris u. Gent ausgestellten Maschinen rc. Dem Reichs-Handelsministerium erstattet v. Wilh. Dechelhäuser. 8. (44 S.) München 850. (Franz.) — 2. Aufl. 8. (46 S.) Ebd. 851. gratis.

Mannhardt, Johann Wilhelm

Mannhardt, J. W., über die Nothwendigkeit der Präsentation und Protestirung eigener Wechsel, deren Aussteller gegenüber. Nach der Wechselordnung für das Herzogth. Holstein vom 23. Febr. 1854, unter Berücksichtigung der Allgem. Deutschen Wechselordnung. Schleswig 855. Bruhn. (Lünich.) gr. 8. (16 S.) n. 4 ngr.

Die Prediger nach ihrer Würde und ihrem Werth. Nebst der ersten Bekanntmachung von einer neu entstandenen Kirche. Für Freunde der Religion und der Religiosität [v. Johann Wilhelm Mannhardt]. Itzehoe 1818. 8°

Mannhardt, W., s. a. Mannhart

Mannhardt, W., zur Frage e. amtlichen Vertretung des Kleinhandelsstandes (Detaillistenkammer). Vortrag, im Auftrage der Gewerbekommission d. Eimsbütteler Vereins v. 1866 in der Vereinsversammlg. v. 25. IV. 1899 geh. gr. 8. (32 S.) Hamburg 899. (C. Boysen.) n. — 40

– Dass., s.a. Mannhard

MANNHARDT, W., Zauberglaube u. Geheimwissen im Spiegel der Jahrhunderte. Dritte Auflage. Mit 44 theils farbigen Abbildungen. Berlin (190*). 8°. 284 S. (Br. Mk. 4—.)
Aus dem Inhalt: Zauberglaube. Magie und Zauberkunst bei den Völkern aus alter und neuerer Zeit. Schwarze Magie. Weisse Magie. Theurgie. Das Bestreben der Menschen in alter und neuer Zeit, zwischen sich und der Geisterwelt eine unmittelbare reale Verbindung zu bewirken. Pneumatologia occulta. Verborgene Geisterlehre. Die Lehre vom Schatzgraben (mit Abbildungen). Herpehtil's schwarze Magie (mit Abbildungen). Dr. Faust's Höllenzwang (mit Abbildungen). Hexenprozess und Teufelsglaube (mit Abbildungen). Die Truten-Zeitung (mit Abbildungen). Astrologie und Nativitätsstellen (mit Abbildungen). Nekromantie. Toten- und Geisterbeschwörungen, Geistererscheinungen. Spukgeschichten.

Mannhardt, Waldemar [aus Friedrichstadt in Schlesw.-Holst.]: Trauma als ätiologisches Moment der akuten Nephritis. Ein Fall von medizinisch-forensischer Bedeutung.... Würzburg, J. M. Richter's Buch- u. Kunstdr., 1891; 28 S. 8°
Würzburg, Med. Fak., Inaug.-Diss. v. 1891

Mannhardt, Wilh., Bitte an alle Freunde des Volkslebens, über die alten agrarischen Gebräuche und Erntesitten Erkundigungen einzuziehen. Danzig o. J. [1865.] 8. (D.)

Mannhardt, Wilh., die praktischen Folgen des Aberglaubens, mit besond. Berücksicht. der Prov. Preußen, s.a. Zeit- und Streit-Fragen, deutsche.

Die praktischen Folgen des Aberglaubens mit besonderer Berücksichtigung der Provinz Preussen. v. W[ilhelm] Mannhardt. Berlin. 1878. 8°
(Deutsche Zeit- u. Streitfragen. Jg. 7, H. 97/98.)

Mannhardt, W., mythologische Forschungen, s.a. Quellen und Forschungen zur Sprach- und Culturgeschichte der germanischen Völker.

Mannhardt, Wilh., Mythologische Forschungen a. d. Nachlasse ... herausg. von Herm. Patzig. Mit Vorreden von Karl Müllenhoff u. Wilh. Scherer. Strassburg 1884. 8.
A. u. d. T.: Quellen u. Forsch. H. 51. . . . . (1)

Mannhardt, Wilh., Gedichte. Mit einer Lebensskizze des Dichters. 8. (XXXI, 152 S.) Danzig 881, Saunier's Buchh. * M 2.: geb. *

Mannhardt, Wilh., die Götterwelt der deutschen und nordischen Völker. Eine Darstellung. (In 2 Thln.) 1. Thl. A. u. d. T.: Die Götter der deutschen und nordischen Völker. gr. 8. (VIII und 328 S. mit zahlreichen eingedr. Holzschn. von Ludw. Pietsch.) Berlin 860, Schindler. *

Mannhardt, W., Klytia, s.a. Sammlung gemeinverständl. wissenschaftl. Vorträge.

Mannhardt, W., Klytia. 1875. 52 S.

Mannhardt, Wilh., die Korndämonen. Beitrag zur german. Sittenkunde. Berlin 868. Dümmler's Verlag. gr. 8. (XV, 48 S.) * n. 12 ngr.

—— s. Lasicii Poloni de diis Samagitarum libellus.

—— germanische Mythen. Forschungen. gr. 8. (XXIII und 760 S.) Berlin 858, F. Schneider. *

Mannhardt, Wilh., De nominibus Germanorum propriis quae ad regnum referuntur, observationis specimen. Berolini 1857. 8. . . . . (D.)

Mannhardt, Wilhelm: Roggenwolf und Roggenhund. Beitrag zur germanischen Sittenkunde. Danzig 1865.

Mannhardt, Wilh., Roggenwolf und Roggenhund. Beitrag zur german. Sittenkunde. 2., verm. Aufl. gr. 8. (XIII und 74 S.) Danzig 866, Ziemssen. *

— Wald- u. Feldkulte. 1. u. 2. Thl. gr. 8. Berlin 875. 76. Gebr. Bornträger. n. 24. —
1. Der Baumkultus der Germanen u. ihre Nachbarstämme. Mythologische Untersuchgn (XX, 640 S.) n. 14. —
2. Antike Wald- u. Feldkulte aus nordeuropäischer Ueberlieferung erläutert. (XLVIII, 359 S.) n. 10. —

—— Wald- und Feldkulte. 1. und 2. Thl. gr. 8. Berlin, Bornträger. *
Inhalt:
Thl. 1. Der Baumkultus der Germanen und ihrer Nachbarstämme. Mythologische Untersuchungen. (XX, 646 S.) 875. * M 14.
» 2. Antike Wald- und Feldkulte aus nordeurop. Ueberlieferung erläutert. (XLVIII, 359 S.) 877. * M 10.

Mannhardt, Wilh., Wald- u. Feldkulte. 2. Aufl., besorgt v. W. Heuschkel. 2 Bde. gr. 8. Berlin, Gebr. Borntraeger. n. 24. —
1. Der Baumkultus der Germanen u. ihrer Nachbarstämme. Mytholog. Untersuchgn. (XVIII, 648 S.) 904. n. 14. —
2. Antike Wald- u. Feldkulte aus nordeuropäischer Ueberlieferg. erläutert. (XLVIII, 359 S.) 905. n. 10. —

—— die Wehrfreiheit der altpreußischen Mennoniten. Eine geschichtl. Erörterung. gr. 8. (VI und 300 S.) Marienburg 863, (Hemmpel's Wwe.) cart. *

— Weihnachtsblüthen in Sitte u. Sage. Berlin 864. F. Duncker. 16. (VI, 180 S.) 25 ngr.

Mannhardt, W. (Hrsg.), s. Zeitschrift für deutsche Mythologie und Sittenkunde.

Mannhardt, Wolf, aus dem englischen u. schottischen Rechtsleben. Material z. Beurteilg. d. deutschen Strafprozessreform. (55 S.) 8. Berlin 907. K. Curtius. — 75

— Summarisches Strafverfahren in England u. Strafverfahren in Schottland, s.: Beiträge zur Reform des Strafprozesses. (Liepmann, Paul.)

Mannhart, s.: Klencke, H.

Mannhart, Franz (Xaver), s. Mannhardt, Franz Xaver

Mannhart, J., s. Beilage zu d. Werke: Der Thurmuhrenbau rc.

Mannhart, J. B., Anfangsgründe d. Geographie, mit ausführl. Behandl. d. Geographie v. Deutschland u. vornehml. v. Bayern. Ein Lehrb. f. d. latein. Schulen in Bayern. 2 Thle. Lex.-8. Sulzbach 831, v. Seidel.
Thl. 1. Anfangsgründe d. Geographie. (6 1/2 B. u. 4 lith. Zeichn. gr. 4.) 9 Gr.
» 2. Ausführl. Behandlung d. Geographie v. Deutschland u. vornehmlich v. Bayern. (10 1/2 B.) 9 Gr.

—— Latein. Grammatik. 1. Bd. Die Wortbildung od. Formenlehre. Lex.-8. (16 B.) Sulzbach 830, v. Seidel.

Mannhart, W., s. a. Mannhardt

Mannhart, W., Zauberglaube u. Geheimwissen im Spiegel d. Jahrhunderte. M. 44 theils farb. Abb. 2. Aufl. gr. 8. (III, 284 S.) Leipzig 895. H. Barsdorf. n. 4. —

Zauberglaube und Geheimwissen im Spiegel der Jahrhunderte. Von W. Mannhart. Mit 44 Abb. 3. Aufl. *Leipzig: H. Barsdorf 1897.* (284 S.) 8° [F.] [02. 2149 b

Mannheim [Sachliches OW]

Mannheim, e. geschichtl.-lokal-topograph. Auskunftbüchlein f. Fremde u. Einheimische. Zugleich als Wegweiser zum Plane dieser Hauptstadt dienend. M. 1 Plane. gr. 12. ... Mannheim 830, Schwan u. Götz.
Ohne den Plan, 8 Gr.

Mannheim u. seine Bauten. Hrsg. vom unterrhein. Bezirk des bad. Arch.- u. Ing.-Vereins u. vom Arch.- u. Ing.-Verein Mannheim-Ludwigshafen. (VIII, 675 S. m. Abbildgn., Karten u. Taf.) Lex.-8. Mannheim (906). Tiefbauamt. Geb. n. 27. —

Mannheim seit der Gründung des Reiches 1871–1907. Im Auftr. d. Stadtrates dargest. v. Statist. Amt. (Hrsg.: Sigmund Schott.) Mannheim: Verl. d. Stadtgemeinde 1907. (XIII, 674 S.) 4° [F.]
— **Mannheim** in Vergangenheit u. Gegenwart. Bd 3. [07. 10604

Mannheim, Grossh. Institut.
Mannheim [1899]. V: *Sammet, Anna.* (BaBb)

Mannheim Ihro Churfürstlichen Durchl. zu Pfalz Residenz-Stadt. Jos. Bärtls del. et sculpsit. 1758. Ohne M. 1 Bl.

Mannheim in Vergangenheit und Gegenwart. Jubiläumsgabe d. Stadt. Bd 1–3. Mannheim: Verl. d. Stadtgemeinde 1907. 3 Bde 4° [F.]
1 — Walter, Friedrich: Geschichte Mannheims von d. ersten Anfängen bis z. Übergang an Baden (1802).
2 — Walter: Geschichte Mannheims v. Übergang an Baden (1802) bis z. Gründung d. Reiches.
3 — Mannheim seit d. Gründung d. Reiches 1871–1907. Dargest. v. Statist. Amt. (Hrsg.: Dr. Sigmund Schott.) [07. 10601

Mannheim [Schlagwort]

— s. a.: Deutschland. Kürschner-Peip. — Europa. Liebenow.

— s. a.: Geologische Karten. Spezialkarte (Baden). — Radfahrerkarten. Mittelbach.

Mannheim, s. a. Woerl's Reisehandbücher.

Mannheim-Eisenach, s.: Automobilkarten. Pharus-Auto-Strecke.

Mannheim. Beckmann's neuester Plan v. Mannheim u. Ludwigshafen a/Rh. 1:10,000. 43×57,5 cm. Farbdr. Mit Strassenverzeichnis an der Seite u. am Fusse. Stuttgart (904). W. Seifert. n. — 50

Mannheim. Beckmann-Plan, neuester, v. Mannheim u. Ludwigshafen a. Rh. 1:10,000. 51,5×57,5 cm. Farbdr. Mit Strassenverzeichnis an der Seite u. am Fusse. Stuttgart (907). W. Seifert. — 50

Mannheim — Gegend um — (ohne Titel). Ohne Maasstab. 2 Bl. Handzeichn.

Mannheim. Mayher, W., topographische Karte v. Mannheim u. Umgegend. 1 : 25,000. 3. Aufl. 88,5×66,5 cm. Farbendr. Mannheim 894. J. Hermann. n. 3. —; auf Leinw. in Etui n. 4. 60

— Pharus-Plan Mannheim. 1 : 12,000. 51×68 cm. Farbdr. Nebst: Wissenswerte Angaben f. Einheimische u. Fremde. (7 S.) 8. Berlin (909). (Mannheim, F. Nemnich.) 1. —

Mannheim. Plan, neuer, u. kurzer Führer v. Mannheim-Ludwigshafen. 39×48 cm. Farbdr. Nebst Text. 12. (6 S.) Mannheim (902). A. Bender. n. — 50

Mannheim — Plan der Stadt — Mannheim bey Schwan und Goetz. Aufgenommen und gezeichnet von W. v. Traitteur, Ingenieur. Gestochen von F. Wolff in Mannheim 1813. Gedruckt bei Magdalener. 1 : 2400. 1 Bl.

Manheimium — Hodierna Sedes Electoris Palatini — Ichno - et Scenographice novissime exhibitum. Prostat in Officina Homanniana 1740? Ohne M. 1 Bl.

Mannheim — Specialkarte der Gegend von — auf das genaueste aufgenommen etc. Gezeichnet von Ferd. Denis, kurpfaeltzischem Ingenieur-Hauptmann 1780. Gestochen von Saeckler in München. 1 : 13,800. 1 Bl.

— Uebersichts-Plan der Hafenanlagen in Mannheim u. Ludwigshafen a. Rh. Beilage zum „Führer durch die Industrie u. d. Hafenanlagen in Mannheim, Ludwigshafen u. Rheinau". 1 : 10,000. 82×53 cm. Lith. Nebst Verzeichnis der an den Mannheimer u. Ludwigshafener Hafen- u. Werftanlagen gelegenen industriellen u. gewerbl. Betriebe. (16 S.) 8. Duisburg-Ruhrort 909. Rhein. — 75; m. Stäben n 2. 50; u. lackiert n 3. —

Mannheim [Verfasser]

Mannheim, E., toxikologische Chemie, s.a. Sammlung Göschen.

Toxikologische Chemie von Dr. E. Mannheim. Mit 6 Abb. Leipzig: Göschen 1909. 150 S. 8°
(Sammlung Göschen. 465.) Ma.13:211

Mannheim, Emil, aus Neuwied: Ueber die Einwirkung von Jodalkylen auf Quecksilberantimonid. *Bonn 1900: C. Georgi.* (51 S.) 8°
Bonn, Phil. Diss. v. 6. Juli 1900

Mannheim, Heinr. Ferd., der Herzog v. R....... u. seine Freunde. 2 Thle. 8. (19½ B. u. 1 Portr.) Dresden 833, Arnold.

—— des Schmalkaldischen Bundes Untergang u. Rächer. Eine histor.-romant. Erzählung. 8. (15¾ B.) Dresden 833, Arnold.

Mannheim, J., internationaler Gratulant, s.: Mayer, S.

Mannheim, John, aus Hamburg: Die Widerstandsänderung des Mikrophonkohlenkontaktes während der Bewegung. *Leipzig: J. A. Barth [1903].* (46 S.) 8°
München, Phil. Diss. v. 1899

Mannheim, Isaac. Hirsch (geb. Labischin 1813): De morbo trichomatoso seu plica Polonica. Berolini (1839). (32 S.) 8°
Berlin, Med. Diss. v. 16. Jan. 1839

Mannheim, L. (Louise Devrient), Kalulu, s.: Stanley, H. M.

Mannheim, L., Mali der Schlangenbändiger, s.: Rousselet, L.

Mannheim, M., Lese- u. Lehrbuch f. israelit. Elementarschulen. Mit e. Vorw. v. A. Auerbach jun. gr. 8. (10 B.) Köln 839, Eisen. *

—— leichtfaßl. hebrä. Sprachlehre f. Elementarschulen u. z. Selbstunterricht. Nebst e. Uebungsbuche z. Uebersetzen aus d. Deutschen in's Hebräische. Mit e. Vorw. v. A. Auerbach jun. gr. 8. (4⅛ B.) Köln 839, Eisen. *

— s. Sprüche Salomo's.

Mannheim, M., Sprüche Salomo's, erläutert durch Erzählungen u. Fabeln. 8. Köln 841, Eisen. n. ⅓ ß

Mannheim, Martin, prakt. Arzt aus Spremberg (Prov. Brandenb.): Aus d. Station f. Geschlechtskranke d. Stadt Berlin im städt. Obdach. (Unter Leitung d. Hrn Prof. Dr. G. Behrend.) Über Albuminurie unter der mercuriellen Schmiercur. *Berlin (1900): G. Schade.* (30 S.) 8°
Berlin, Med. Diss. v. 27. Apr. 1900

Mannheim, P., der Morbus Gravesii (sogenannter Morbus Basedowii). Gekrönte Preisschrift. gr. 8. (VII, 157 S.) Berlin 894. A. Hirschwald. n. 4. —

Mannheim, Paul (geb. Berlin Jan. 1862): Ueber den hohen Steinschnitt bei Kindern. Berlin 1884. (28 S.) 8°
Berlin, Med. Diss. v. 17. März 1884

Mannheimer, Antrittsrede, geh. bei der Uebernahme d. großh. Landesrabbinats v. Oldenburg. gr. 8. (16 S.) Oldenburg 891. S. L. Landsberg. n. — 50

Mannheimer, die Bildungsfrage als sociales Problem. gr. 8. (VIII, 156 S.) Jena 901. G. Fischer. n. 1. 50

Mannheimer, Thomas Keller. Schausp. in 4 Aufzgn. gr. 8. (III, 100 S.) Oldenburg 898. (S. L. Landsberg.) n. 1. 25

Mannheimer, Rede z. Gedächtnisfeier d. verewigten Großherzogs Nikolaus Friedrich Peter, geh. in d. Synagoge zu Oldenburg. gr. 8. (14 S.) Oldenburg 900. (S. L. Landsberg.) n. — 50

Mannheimer, Adf., Geschichte der Philosophie in übersichtlicher Darstellung. 1. u. 2. Tl. gr. 8. Frankfurt a/M., Neuer Frankfurter Verlag. à n. 1. 50
1. I. Wesen u. Aufgabe der Philosophie. II. Die Philosophie der Griechen. 2. umgearb. u. erheblich verm. Aufl. v. „Die Philosophie der Griechen in übersichtl. Darstellg." (111 S.) 903.
2. Von der Entstehg. des Christentums bis Kant. (120 S.) 904.

Mannheimer, Adf., Geschichte der Philosophie in übersichtl. Darstellung. 3. (Schluß-)Tl.: Von Kant bis zur Gegenwart. I. Zeit des Idealismus. Von Adf. Mannheimer. II. Zeit des Positivismus v. Frz. Mannheimer. (VIII, 287 S.) gr. 8. Frankfurt a/M. 908. Neuer Frankfurter Verlag. 3.50; geb. 4. 50
1. u. 2. Tl. Ebd. 903. 04. 3. —

Mannheimer, Adf., die Ideenlehre bei den Sokratikern, Xenokrates u. Aristoteles. Dissertatio inauguralis. gr. 8. (57 S.) Darmstadt 875. (Göttingen, Vandenhoeck & Ruprecht's Verl.) n. 1. —

Mannheimer, Adolf Die Lehre vom Gedächtnis mit besonderer Berücksichtigung der kindlichen Entwicklung. 36 S.
Progr. R. isr. G. *Frankfurt a/M.* 1885.

Masonia. Ein dramatisches Gedicht von Adolf Mannheimer. 2. Aufl. Berlin: Siegismund 1896. 48 S. 8°
Zuerst erschienen in: Bh. 36 (1893) S. 369—375.
Recens: FZ. 51 (1897) S. 7 (K. Pilz); L. 19 (1896) S. 192. 6.

— die Philosophie der Griechen in übersichtlicher Darstellung. gr. 8. (IV, 48 S.) Frankfurt a/M. 902. Neuer Frankfurter Verlag. n. — 50

Mannheimer, Albert: Die Quellen zu Hauffs 'Jud Süss'. Giessen 1909: v. Münchow. 81 S. 8°
Gießen, Phil. Diss. v. 9. März 1909, Ref. Behaghel
[Geb. 8. April 87 Wimpfen; Wohnort: Gießen; Staatsangeh.: Hessen; Vorbildung: Realgymn. Darmstadt Reife O. 05; Studium: Heidelberg 2, Kiel 1, Leipzig 1, Heidelberg 2, Gießen 1 S.; Rig. 24. Okt. 08.] [U 09. 1221

Mannheimer, David

Mannheimer, das Gebet. Predigt, geh. am 2. Tage des Neujahrsfestes in der Synagoge zu Oldenburg. (15 S.) 8. Oldenburg 905. (Berlin, L. Lamm.) n. — 50

Das Gebet. Predigt geh. in d. Synagoge zu Oldenburg von Dr. [David] **Mannheimer**, Landesrabbiner. Oldenburg (5666 ⟨1905⟩): A. Littmann. (15 S.) 8° (06. 1184)

Mannheimer, David [cand. phil.]: Die Kosmogonie bei den jüdischen Philosophen des Mittelalters von Saadjah bis Maimonides. . . . Halle, 1888; 35 S. 8°
Halle, Phil. Fak., Inaug.-Diss. v. [21. Jan.] 1889

Mannheimer, Emma, s.: **Mann-Heimer, Emma.**

Mannheimer, Eugen, aus Wimpfen: **Einwirkung hydrolytisch gespaltener Salze auf die Hydrolyse von Natriumphenolat.** *Gießen 1904: Heppeler & Meyer.* (50 S.) 8°
Gießen, Med. Diss. v. 1903

Mannheimer, Georg [aus Miltenberg a. Main]: Ueber einen Fall von Myocarditis nach Coronararterienverschluss. . . . Strassburg, Univ.-Buchdr. v. J. H. Ed. Heitz (Heitz & Mündel), 1889; 32 S. 8°
Strassburg, Med. Fak., Inaug.-Diss. v. 1889

Mannheimer, H., s.a. Manheimer

Mannheimer, H., easy and modern German aud English dialogues. — Leichte und moderne deutsche und englische Gespräche. Bonn 853. (Henry u. Cohen.) 16. (64 S.) n. 6 ngr

— a key to the study of german simplified. Bonn 856. Marcus. gr. 8. (36 S.) n. 10 ngr

Mannheimer, H., the perfect speaker oder vollständ. Handbuch der Idiotismen u. Schwierigkeiten der Deutschen u. Englischen Sprache, mit leichten u. modernen Engl. u. Deutschen Gesprächen. Zum Schul- u. Privatgebrauche. 1. Thl. 16. (VI u. 146 S.) Bonn 852, Henry & Cohen. 12 ngr

Mannheimer, H., the study of German simplified in a new systematic and practical grammar according to the systems of Ollendorf and Ahn. gr. 8. (VI und 244 S. mit 2 lithogr. S.) Bonn 850, Sulzbach.

— the study of German simplified in a new systematic and practical grammar according to the systems of Ollendorf and Dr. Ahn. The 2. edition carefully revised, greatly enlarged and improved. Bonn 853. Sulzbach. gr. 8. (X, 270 S. u. 1 lith. Taf.) 1 ꝛ

Mannheimer, J. N., Gebete der Israeliten. Uebersetzt und mit erklärenden Anmerkungen versehen. Wien 1889. J. Schlesinger. (Min. Erl. 18. Aug. 1891 Z. 15962.)

Mannheimer, J. N., Festgebete d. Israeliten ꝛc., s. Festgebete.

Mannheimer, J. N., deutsche Uebersetzung der Festgebete der Israeliten (מחזור למערי ישראל) nach der gottesdienstlichen Ordnung im israelit. Bethause zu Wien, Prag und Pest. 3 Bde. gr. 8. Wien 860, Knöpflmacher und Söhne. [1. Bd. (212 S.) 2. (388 S.) 3. (288 S.)]
Fein Pap. 4 Thlr.; fein Vlnp.

— s. Festpredigten u. Casualreden, israelitische.

Mannheimer, J. N., Gebete der Israeliten, mit e. neuen deutschen Uebersetzung. gr. 8. Wien 841, Schmid u. B. 7/8 ꝛ

Mannheimer, J. N., *Prediger*. Thephiloth Isroel. תפלות ישראל Gebete der Israeliten. Siebente Auflage. *Wien* 1857. Verlag von *J. Knöpfelmacher's* Buchh. 8°. 432 S.

Mannheimer, J. N., Tâlot Israel, (תפלת ישראל) die Gebete der Israeliten in's Deutsche übersetzt. 8., verm. Aufl. 12. (480 S.) Wien 860, Knöpflmacher und Söhne. Thlr. Bessere Ausg. 1 Thlr.; Vlnp.

—— dass. — Mignon-Ausg. 32. (264 S.) Ebendas. 860.

—— dass. — Ohne Uebersetzung. 32. (180 S.) Ebendas. 860.

—— dass. — Mit Uebersetzung in hebräischen Lettern. 8. (480 S.) Ebendas. 860.
Fein Pap.

Mannheimer, J. N., Gebete der Israeliten mit liturgischen Anmerkungen. 9. Aufl. Wien 865. Knöpflmacher & Sohn. 8. (460 S.) n. 12 ngr; Velin-Ausg. n. 20 ngr; Post-Velin-Ausg. n. 1 ꝛ 10 ngr

Mannheimer, J. N., gottesdienstl. Vorträge. Gehalten im israelit. Bethause zu Wien im Monate Tischri 5594. gr. 8. ($7^{3}/_{4}$ B.) Wien 834, Gerold.

Mannheimer, J. N., gottesdienstliche Vorträge, gehalten im israelit. Bethause in Wien. Aus dessen schriftl. Nachlasse hrsg. 1. Heft. gr. 8. (VIII, 158 S.) Wien 876, [Brüder Winter.] Löwy. *

—— gottesdienstl. Vorträge üb. d. Wochenabschnitte d. Jahres. Gehalten im israelit. Bethause zu Wien. 1. Bd. 1. u. 2. Buch Moses. gr. 8. ($30^{1}/_{2}$ B.) Wien 835, [Gerold's Vrlsh.]

Mannheimer, Ludwig, Referendar: Der Rennsport im Recht. Berlin 1910: Blanke. 68 S. 8°
Erlangen, Jur. Diss. v. 28. Juli 1910, Ref. Binder
[Geb. 27. Aug. 87 Oranienburg; Wohnort: Berlin; Staatsangeh.: Preußen; Vorbildung: Marienstifts-Gymn. Stettin Reife M. 05; Studium: Berlin 6 S.; Rig. 11. Mai 10.] [U 10. 730

MANNHEIMER, Ludwig (Schopfloch): De venositate morbosa acuta.- Monachii 1833.
3.4.1832 - Urk; P 60
Diss. Ingolst.-Landsh.-Mchn.

MANNHEIMER, Moritz (Schopfloch): De febre puerperali.- Monachii: Giesser 1835. 20 S.
6.2.1834 - Urk; P 61
Diss. Ingolst.-Landsh.-Mchn.

Mannheimer, Mauritius *(geb. Beuthen in Oberschles. 12.12.1831)*: De partu praematuro artificiali. Vratislaviae (1855). (34 S.) 8°
Breslau, Med. Diss. v. 10. Sept. 1855

Mannheimer, Moses, das Gebetbuch u. der Religionsunterricht, zwei hochwicht. Fragen im jetz. Judenthume historisch-kritisch beleuchtet. gr. 8. (VI, 133 S.) Darmstadt 881. (Klingelhoeffer.) n. 2. —

— die Judenverfolgungen in Speyer, Worms u. Mainz im Jahre 1096 während des 1. Kreuzzuges. Aus einem in der großherzogl. Hofbibliothek zu Darmstadt befindl. alten hebr. Mscr. übertragen u. m. historisch-krit. Anmerkungen begleitet. gr. 8. (32 S.) Darmstadt 877. Literar.-artist. Anstalt. n. — 50

Mannheimer, N(athan), aus Birkenau ⟨Hessen⟩: Untersuchungen über die Möglichkeit algebraischer Differentialgleichungen für additiv und multiplicatorisch-periodische Functionen zweiter Gattung. *Leipzig 1898: B. G. Teubner.* (30 S.) 8°
Heidelberg, Naturw.-math. Diss. v. [14. Sept.] 1898

Mannheimer, Theo., Ekstasen, Reflexionen. Gedichte. (IV, 66 S.) Dresden 905. E. Pierson. n. 1. 50; geb. n. 2. 50

— in Lust u. Leid. Gesammelte Gedichte. (VII, 128 S.) 8. Ebd. 903. n. 2. —; geb. n. 3. —

Mannheimer, B. F. — Rosch-Amanah. Erster Leitfaden für den israelitischen Religionsunterricht, von — —. Groß-Kanischa, 1856. Druck von J. Markbreiter. (27 S. 8.)

Mannheimer, B. Fr., vier Predigten. gr. 8. Bielitz 840. (Brünn, Winiker.) n. 1/3 ℛ

Mannheimer-Album. Ein Nachhall zur 70jähr. Geburtsfeier Sr. Ehrw. des Herrn Isak Noah Mannheimer, Pred. der israelit. Cultusgemeinde zu Wien. (Mit Beiträgen v. A. Ehrentheil, W. Eichenhein-Dubjanski, Friedr. Hebel ꝛc.) Herausg. von Majer Kohn Bißtritz. Ebend. 864. gr. 8. (XVIII, 203 S.) n. 1 ℛ 10 ngr.

Mannheimer-Feier, Die, in Wien am 17. Oct. 1863. Wien. V: *Szánto, Simon.* (EB

Mannhold, Leberecht [Pseud.], s.a. Henrici, Lebrecht

Mannhold, Leber., Alles gegen die Frauen. 8. Leipzig 846, Pönicke u. Sohn. n. 1/3 ℛ

Manni, J. B., vier Grundsätze christlicher Weisheit, s. Zeit und Ewigkeit.

Manni, J. B., vier Wahrheiten d. christl. Philosophie, s. Liguori, A. M. v., ewige Wahrheiten.

Manni, P. J. B., vier Grundsätze christlicher Weisheit, s. Zeit und Ewigkeit.

Manni, Pietro, prakt. Handbuch z. Behandl. d. Scheintodten. Mit Vorausschickung einiger allgem. Betrachtn. üb. d. Maßregeln, welche von Seiten d. medicin. Polizei zum Schutze d. Lebens bei Scheintodten zu treffen sind. Nach d. 4. Origausg. deutsch bearb. u. mit Anmerkn. vers. v. Aug. Frz. Fischer. 8. (19 B. u. 9 Stnt. auf 1 Bl., 1/2 Fol.) Leipzig 839, Bernh. Tauchnitz jun.

Mannich, Carl [aus Breslau]: Zur Kenntnis des Nonylmethylketons, des Heptylmethylketons und der zugehörigen sekundären Alkohole. Rostock 1903. 56 S. 8°.
Basel. Phil. Diss. 1902/1903.

Mannich, Carl. Zur Kenntnis des Nonylmethylketons, des Heptylmethylketons und der zugehörigen sekundären Alkohole. Diss. Phil. Basel. 57 S. 8. Rostock, H. Winterberg, 1903.

Mannich, V., ausführliche Tabellen zur Berechnung des Gewichts sämmtlicher im Handel vorkommenden Eisensorten und Metallplatten aus ihren Längen, sowie der Längen derselben aus ihrem Gewichte etc. bearb. zum Gebrauch für Maschinenbauer, Schlosser, Schmiede etc. br. 8. (VI und 58 S.) Berlin 866, (Grieben.) *

Männich, Hermann, aus Herrnstadt ⟨Schles.⟩: Beiträge zur Entwickelung der Wirbelsäule von Eudyptes chrysocome. Mit 1 Taf. *Jena: G. Fischer 1902.* (46 S.) 8° ¶[Aus: Jenaische Zeitschrift f. Naturwiss., Bd 37, N. F. Bd 30, H. 1.]
Leipzig, Phil. Diss. v. [17. Febr.] 1902

Mannichfaltigkeiten, s. Mannigfaltigkeiten

Maennicke, Simon Theoph. (geb. Bernburg 22. 3. 1806): De morbo marino. Berolini (1830). (32 S.) 8°
Berlin, Med. Diss. v. 16. März 1830

Männig, Frau M., mein Schwesterchen, s.: Lotosblumen, indische.

Mannigel, Joseph *(geb. Neiße 11.12.1843)*: Das Nosocomial-Gangraen als Complication bei Schusswunden. Breslau (1867). (32 S.) 8°
Breslau, Med. Diss. v. 24. Okt. 1867

Mannigfaltige: Der Mannigfaltige
① Eine republikanische Wochenschrift für Bündten ④ Der Sammler ⑤ 1778 ⑥ 8° ⑦ Wochenblatt ⑧ Chur: Jakob Otto ⑫ gemeinnützige Zeitschrift ⑬ BGSZ: 99, 1023 ⑭ Ch: K.

Mannigfaltigkeiten
s.a. Wöchentliche Mannigfaltigkeiten.

Mannigfaltigkeiten. Eine gemeinnützige Wochenschrift. Berlin 1770—73. H: *Martini, Friedrich Hnr. Wilh.* (EBHN) (Gatterer, Repert. d. mineral. Litt. Giessen 1798—99. I, 303.)

Mannigfaltigkeiten; e. gemeinnützige Wochenschrift. 4 Jahrgg. Mit Kpf. gr. 8. Berl. 770—73. Eisfeld. 8 ℛ 8 gr, Neue Mannigfaltigkeiten. 4 Jahrgg. Mit Kpf. gr. 8. Ebd. 774—77. Ebd. 8 ℛ Dies. fortges. (v. F. W. Otto) unt. d. T.: Neueste Mannigfaltigkeiten. 4 Jahrgg. Mit Kpf. gr. 8. Ebd. 778—80. 8 ℛ u. allerneueste Mannigfaltigkeiten (fortges. v. F. W. Otto). 4 Jahrgg. gr. 8. Ebd. 781—84. Eisfeld. 8 ℛ

Mannichfaltigkeiten; e. angenehme Lectüre zur Unterhaltung. 8. Berl. 801. Schöne. 10 gr

Mannigfaltigkeiten. Eine Monatsschrift zum Nutzen und Vergnügen nicht ungebildeter Leser. Glückstadt 1827. H: *Schneider, Christian Jacob.* (LS)

Mannichfaltigkeiten, e. Unterhaltungs-Monatschr. (1—4.) Jahrg. 1829—32. (à 12 ill. Kpfr. u. 12 B. Text.) gr. 4. Breslau, Buchheister. (?) à

Mannigfaltigkeiten, Allerneueste. Berlin 1781—84. H: *Otto, Joh. Friedrich Wilhelm.* (BrMm) »1782ff« H: *Otto, A.* (Gatterer, Repert. d. mineral. Litt. Giessen 1798—99. I, 303.)

Mannigfaltigkeiten, allerneueste, m. K. 4 Jahrg. gr. 8. Berlin, Eisfeld. 782–85.

— z. Belehrung, Unterhaltung. 2 Thle. (od. Beschäft. f. m. El. a. Drkp.) 8. Quedlb. Ernst. 798.

— Fränkische, ökonom., landwirthschaftl. 3 Bde. z. 6 Stck. Mit Kpf. 4. Schwab. 777—788. Weber. 3 ℛ

Fränkische ökonomisch-landwirthschaftliche Mannichfaltigkeiten", Band 1—3, Schwabach 1778—1788 (Weber). — Vorh.: Preußische Staatsbibliothek Berlin. — Signatur Ou 28 492 (unverl.).

Mannigfaltigkeiten für Freunde der Wahrheit und des Guten. Schweidnitz 1805. H: *Becker, J. Benjamin.* (MGT)

— a. d. Geschichte u. Literatur. 1r Thl. 8. Marb. 793. Krieger. 12 gr.

Mannigfaltigkeiten für Kinder zur Übung im Übersetzen ... ins Französische. Coburg 1783. V: *Ernesti, Johann Heinrich Martin.* (NN) (MGT)

— f. Kinder, z. Uebung im Uebers. a. d. Deutsch. ins Französ. (v. J. H. M. Ernesti). 8. Kob. 783. Ahl. (Riemann). 8 gr.

Mannigfaltigkeiten für Kinder zur Unterhaltung am Sonntage. Berlin 1785. V: *Gürnth, Georg Samuel.* (Ky)

— f. Kinder, z. Unterhalt. am Sonntage. 8. Berl. 785. Rottmann. 14 gr.

Mannichfaltigkeiten, landwirthschaftliche, ein Lehr- u. Lesebuch f. Oekonomen. 2 Bde. 8. Erfurt, Müller. 815.

— landwirthschaftl., ein Lehr- u. Leseb. f. Oekonomen. 2 Bde. 8. Erfurt 815. (Leipz. Weygand). 1 ℛ 12 gr.

Mannigfaltigkeiten, Landwirthschaftliche, und **Ackerbaues-Erfahrungen** ... Prag 1800. V: *Findlater, James Earl.* (Ky) (MGT)

„Landwirthschaftliche Mannigfaltigkeiten und Ackerbauerfahrungen", Aus dem Französischen, Prag 1800 (Calve).

Mannigfaltigkeiten aus dem Gebiete der Literatur und Kunst. Stuttgart 1816. H: *Hanisch, Carl.* (Ky)

Mannichfaltigkeiten aus dem Gebiete der Literatur Kunst und Natur. 1r Jahrg. gr. 4. Stuttgart, Sattler. 816.

— a. d. Natur u. d. Menschleben. 8. Alt. 792. Pinkvoß 12 gr.

— neue, m. K. 4 Jge. gr. 8. Berlin, Eisfeld. 774–77.

— neue. 2 Thle. 8. Lpz. G. Fleischer. 801.

— neue, neueste Mannigfaltigk., allerneueste Mannigfaltigk. 16 Jahrgänge. m. K. Berlin, Späth. (einzeln 2 Rthlr.) compl.

Mannigfaltigkeiten: Neue Oberrheinische Mannigfaltigkeiten

① Freyheit und Gleichheit (Januar-März 1798) ② Oberrheinische Zeitung (April 1798) ④ Basler Weltbote ⑤ Januar 1798—31. 12. 1798 ⑥ 4° ⑦ wöchentlich 3×, Tagblatt (ab April 1798) ⑧ Basel: Samuel Flick ⑨ Extrablatt zu Nr.... der neuen Oberrheinischen Mannigfaltigkeiten ⑩ Samuel Flick ⑪ Johann Caspar Weyß ⑫ »patriotisch« ⑬ BGSZ: 107 ⑭ Lu: Z (unvollständig); Bs: W ⑮ In Nr. 230 vom 27. 12. 1798 schreibt der Verleger u. a.: »Die Oberrheinische Zeitung erscheint daher vom neuen Jahr an (vielleicht unter dem veränderten Titel ‚Basler Weltbote' und auch von einem andern Verfasser redigiert), alle Wochen dreymal; das heißt, Montags, Mittwochs und Samstags ...« Nr. 233 vom 31. 12. 1798 bringt eine Erklärung des Redaktors, daß er an der künftigen Redaktion der Zeitung »erscheine sie nun unter welchem Namen sie wolle«, keinen Anteil mehr habe. Der vollständige Quartalband trägt das folgende Titelblatt: »Oberrheinische Zeitung als Fortsetzung der oberrheinischen Mannigfaltigkeiten. Eine helvetische Zeitschrift historischen, politischen und litterarischen Innhaltes. 1798 ... Quartal. (Vignette) Freyheit. Gleichheit. Basel, verlegt und gedruckt bey S. Flick, und zu haben bey der Zeitungsexpedition des löbl. Postamtes.«

— neueste, meist jurist. Inhalts. 8. Nördl. 776. Beck. 12 gr.

Mannigfaltigkeiten, Neueste. Eine gemeinnützige Wochenschrift. Berlin 1778—80. H: *Otto, Joh. Frdr. Wilhelm.* (Ky) (EBHN) (BrMm) »1778—81« H: *Martini, Friedrich Heinrich Wilhelm.* Dann: *Otto, A.* (Gatterer, Repert. d. min. Litt. Giessen 1798—99. I, 303.)

— neueste, m. K. 4 Jge. gr. 8. Ebend. 778–781.

— z. Nutzen u. Vergnügen, als Fortsetz. d. Merkwürdigkeiten d. Zeit rc. u. des Dobermannischen lehrr. Erzählers, (v. J. G. Dobermann). 4. Freiberg 811.

Mannigfaltigkeiten zum Nutzen und Vergnügen, enthaltend neue Entdeckungen, Erfindungen, Kunstanzeigen ... Freiberg 1811. V: *Dobermann, Johann Gottfried.* (Ky) (MGT)

— — zum Nutzen und Vergnügen für Hausväter und Hausmütter, Jünglinge rc. faßlich eingerichtet. (Aus Eb. C. Andrés neuem National-Kalender für 1820.) Mit Kupf. 4. Prag. Calve. 820.

— z. Nutzen u. Vergnügen f. Jedermann. (Aus C. C. André's neuem National-Kalender für 1821 besond. abgedr.) Mit 3 Kpf. gr. 4 Ebd. 821. 1 ℛ 4 gr.

— z. Nutzen u. Vergnügen nicht ungebildeter Leser. 8. Glückstadt 807. Schneider. 1 ℛ

—— nützliche, enthalt.: Denkwürdigkeiten aus d. Geschichte, Länder-, Völker- u. Staatenkunde. — Zur Sitten- u. Kulturgeschichte. — Histor. Erzähln., Charakterzüge, Anecdoten rc. 8. (11 B.) Nordhausen 831. [Leipzig, Dörffling.]

— nützliche, enthalt.: Denkwürdigkeiten a. d. Geschichte, Länder-, Völker- u. Staatenkunde rc. 8. Nordh. 831. Landgraf. 6 gr.

Mannigfaltigkeiten: Oberrheinische Mannigfaltigkeiten

① Eine gemeinnützige Wochenschrift (nur auf dem Titelblatt der Bandausgabe) ⑤ 28. 5. 1781—24. 5. 1784 ⑥ 8° ⑦ Wochenblatt ⑧ Basel: Johann Jacob Thurneysen ⑩ Johann Caspar Weiß ⑫ gemeinnützig ⑬ BGSZ: 99 ⑭ Zh: Z; Bs: U ⑮ Über eine gleichzeitig in Kehl erschienene Ausgabe v. BGSZ: 99, p. 104.

— Oberrhein., e. Wochenschr. 2 Jahrgg. 8. Dessau 781, 82. Gel. Handl. 3 ℛ 4 gr.

— Oberrhein., 3 Jahrgg. 1781—84. 8. Kehl, Müller. 5 ₰ 6 gl

Mannigfaltigkeiten, Oberrheinische. Basel 1798. V: *Weyss (Weiss), Johann Caspar.* (Ky) (MGT)

Mannigfaltigkeiten aus den drei Reichen der Natur und dem häuslichen Leben ... Wien 1821. N. A. 1824. V: *Vacano, Carl.* (Ky)

— a. d. 3 Reichen der Natur u. d. häusl. Lebens, für alle Tage im Jahre. Mit 1 ill. Kpft. u. 3 Tabellen. gr. 8. Wien 823. N. A. 824. (Mörschner u. J.) 1 ₰ 12 gl Hbg. Pr. 1 ₰

— Rheinische, Jahrg. 1826. 104 Num. gr. 4. Kirchheim-Bolanden. (Manh., Schwan u. G.). 2 ₰ 16 gl

Mannigfaltigkeiten, Speyerische. Speyer 1782—83. H: *Grether, Frdr. Christian.* (Ky) (MGT)

— Speyerische (v. Fr. Chr. Grether.). 1r 2r Jahrg. 8. Speyer 782, 83.

— für d. mittlern Stände 2c. f. C. G. Hering.

Mannigfaltigkeiten für mittlere Stände. Züllichau [18??]. V: *Hering, Carl Gottlieb.* (MGT)

* **MANNIGFALTIGKEITEN** für mittlere Stände .... hrsg. von .... Carl Gli. Hering .... Bdchn. (1) 2 (soviel ersch.). Züllichau 1806—12. 8°. (In Berlin: Yz 6241; 2 voll.)

— z. angenehm. u. nützl. Unterhaltung; e. Zeitschr. in zwanglosen Heften, hrsggb. v. H. W. F. Uelzen u. G. W. F. Beneken. 4 Bdchn. 8. Gera 807. Heinsius. 4 ₰ 12 gl Hbg. Pr. 3 ₰

— zur belehr. Unterhaltung 2c. — s. Beschäftigungen f. meine Eleven.

— aus der Völker- u. Thierkunde, nebst Beschreib. des Leuchtthurms zu Pharos, der Perlenfischerei, u. der Gottheiten der alten Aegypter. Zur angenehmen u. nützl. Unterhaltung d. Jugend, v. Ehregott Campe. Mit 156 ill. Kpfrn. gr. 8. Berl. 825, Flittner.

Mannigfaltigkeiten aus der Völker- und Thierkunde. Berlin 1826. V: *Flittner, Christian Gottfried.* (MGT)

MANNIGFALTIGKEITEN, Wiener, ein wöchentliches Lesebl att für Gelehrte und Ungelehrte. 25 Stücke. Wien 1785. 8°.
Karajan's Bibl. II. no. 5285. — Selten!

Mannigfaltigkeiten: Wöchentliche Mannigfaltigkeiten
⑤ 15. 12. 1812 (1. Probeblatt)—29. 12. 1813 ⑥ 4° ⑦ Wochenblatt ⑧ Basel: Samuel Flick ⑩ Samuel Flick ⑭ Zh: Z: Bs: U ⑮ Monatweise wurde ein blauer Umschlag mit dem Titel »Mannigfaltigkeiten« und dem Inhaltsverzeichnis geliefert.

— wöchentliche, f. das Jahr 1813. 4. Basel, Flick.

Mannigfaltigkeiten, wöchentliche, für das Jahr 1813. 4. Basel. (Neukirch). 2 ₰

Mann im Mond-Kalender f. d. J. 1890. 2. Jahrg. (Ausgestanzt.) (50 S. m. Illustr.) Leipzig 889. Grunow. n. 1. —

Manning, Heinr. Edward

—— Ein Lebensbild, s. Bellesheim, Alph.

Manning, Erholungsstunden. Einzig autoris. Uebersetzung. Von Frz. Steffens. 12. (XV, 112 S. m. Bildnis.) Freiburg i/B. 893. Herder. n. — 80; geb. in Leinw. n. 1. 20

Manning, Erholungsstunden. Einzig autoris. Übersetzung v. Frz. Steffens. Mit d. Bildnis des Kardinals. 2. Aufl. 12. (XV, 117 S.) Freiburg i/B. 901. Herder. n. —80; geb. in Leinw. n. 1. 30

[F.] Margaret Mores Tagebuch. 1522—1535. [Vf.: Anne Manning.] Deutsch v. Dr. Adolf Bacmeister. 5. Ausg., m. Einl. u. Anm. v. F. J. Köhler. *Paderborn: F. Schöningh 1892.* (XLIII, 214 S.) 1 Bd 8.

Manning, E. J., u. Rob. **Hartwig**, in unserm Garten. Ein unzerreißbares Bilderbuch auf Pappe mit (farb.) Illustr. v. M. u. Text v. H. gr. 4. (17 Taf.) Fürth 894. G. Löwensohn. Kart. 2. 50

Manning, E. J., u. Rob. Hertwig, Reise durch d. Kinderstube. E. prachtvoll ausgef. Bilderbuch auf Pappe m. Illustr. v. M. u. Text v. H. qu. gr. 4. (12 S.) Fürth 895. G. Löwensohn. Geb. 4. —

Manning, E. J. u. Rob. Hartwig

— — die kleinen Tausendkünstler. Illustr. v. M., m. Versen v. H. gr. 4. (17 z. Tl. farb. Taf. m. eingedr. Text.) Ebd. 894. Kart. 2. 50

Manning, (F). Abschrifft deß von dem Königlich-Großbrittanischen, bey Lobl. Gmein dreyen Pündten residierenden Ministre, Tit. Herren M', unterm 29. Mertzen st. v. den Tit. Herren Häupteren eingegebnen Memorial, so den Ehrsamen Gmeinden solle communiciert werden. (Chur, den 29. Mertzen st. v. 1711.) 4. *o. O.*

(Manning, F .) [Mémoire adressé] Aux Magnifiques Seigneurs Messieurs les Chefs, Conseils & Communes des trois LL. Ligues Grises assemblés presentement en Congrès à Coire [= Memorial an die Herren Häupter ... der drei Bünde]. (A Coire, ce $\frac{1}{12}$ Fevrier 1711.) 4. *s. l.*

Manning, (F). Deux Mémoires presentés aux Magnifiques Seigneurs Messieurs les Chefs Deputés & Communes des Trois Ligues par Monsieur M', Ministre de la Reine de la Grande Bretagne, residant auprés des dites Ligues = Zwey Memorialia Denen Herren Häupteren ... Gmeiner Dreyer Pündten, von Herren M'.... 4. Chur 1711.

(Manning, [F].) Memorialia, Welche der Königl. Englische Minister Herr de Mannings bey dem Congress zu Chur an die Herren Häubter Räth und Gemeindten der Löbl. Rhaetischen Republic über geben. (Chur den 15. und 26. Febrarij *u.* den 20. Februarij und 3. Mertzen 1711.) 4. *o. O.*

Manning, George Lincoln, aus Fitchburg, Massachusetts: **Beitrag zur Kenntnis der Absorption des Lichtes.** *Berlin (1900): E. Ebering.* (28 S.) 8°
Berlin, Phil. Diss. v. 21. Juli 1900

Manning, G[ustav] R., approb. Arzt aus Lewisham b. London ⟨England⟩: Zur Ätiologie der wahren Aneurysmen. *Freiburg i. B. 1898: H. Epstein.* (79 S.) 8°
Freiburg i. B., Med. Diss. v. 1898

Manning, Heinrich: Die neuen Entdeckungen in der Ausübung der Arzneykunst. Von –. Aus d. Engl. übers. [Übers.: Karl Heinrich Spohr.] Th. 1. 2.
Leipzig: Junius 1786. 8°

Manning, Henry. Die neuern Entdeckungen in der Ausübung der Arzneykunst; a. d. Engl. ... Leipzig 1786. Ü: *Spohr, Carl Heinrich.* (EngM) (MGT)

Manning, Hnr., d. neuesten Entdeckungen in d. Ausüb. d. Arzneikunst. 2 Thle. A. d. Engl. (v. K. H. Spohr). gr. 8. Leipz. 786. (Brockhaus) 1 ß 16 gr

Manning, H., d. neuest. Entdeckungen in d. Ausüb. d. Arzneykunst, a. d. Engl. 2 Thle. gr. 8. Lpz. Gleditsch. 786.

Manning, Henry: Über die Mutterbeschwerung. (A Treatise on female diseases: in which are also comprehended those incident to pregnant and child-bed women. Second London edition. Dt.) Übers., und mit einer Einleitung über die vorzüglichsten Ursachen dieser heut zu Tage herrschenden Krankheit, nebst vielen praktischen Zusätzen und Erläuterungen vermehrt von Fr(anz) Steph(an) Hanke. 304 S., gbd.

Wien: Kaiserer 1790

JB 4.482

— üb. d. Mutterbeschwerungen. A. d. Engl. mit Zusätzen u. Erläuter. v. Frz. St. Hanke. gr. 8. Wien 790. Kaiserer. (Köhler in Leipz.) 1 ß 4 gr Schreibpap. 1 ß 12 gr

Manning, Henry Edward

Manning, Heinr. Ed., die Andacht zum heiligsten Herzen Jesu. Ihre Bedeutg. u. dogmat. Grundlage. Zur Erinnerg. an die 200jähr. Jubelfeier der Andacht am 4. Juni 1875. Autoris. Uebersetzg. 8. (XV, 44 S.) Köln 875. Bachem. — 75

Manning, Heinr. Ed., der Antichrist, oder die gegenwärtige Krisis des heiligen Stuhls, im Lichte der Weissagung betrachtet. Vier Vorträge. Aus dem Engl. von Carl B. Reiching. Regensburg 861. Manz. 8. (113 S.) 10 ngr.

Manning, Heinr. Ed., die Auferweckung durch Christus u. die Kirche. Festpredigt gehalten bei Eröffnung der St. Bonifacius-Kirche zu London am 29. Septbr. 1862. Aus dem Engl. übersetzt. Mainz 865. Kirchheim. gr. 8. (30 S.) 3½ ngr.

Manning, Henry Edward. Cäsarismus und Ultramontanismus. Lintz 1874. Ü: *Kobler, Andreas.* (Tes)

— Cäsarismus u. Ultramontanismus. Aus dem Engl. übersetzt. gr. 8. (30 S.) Linz 874. Ebenhöch. n. — 50

Manning, Henry Edward. Die vatikanischen Dekrete in ihrer Wirkung auf die Pflichten der Unterthanen gegen die Regierungen ... Mainz 1875. Ü: *Hompesch-Bollheim, Alfred Graf.* (Gla I/2, 613)

— die vatikanischen Dekrete in ihrer Wirkung auf die Pflichten der Unterthanen gegen die Regierungen. Autoris. Uebers. gr. 8. (X, 178 S.) Mainz 875. Kirchheim. 1. 50

—— kirchliche Gelegenheitsreden. Mit Genehmigung Sr. Eminenz übersetzt von Chrn. Stamm. 3 Bde. 8. (311; 281; 275 S.) Paderborn 879, Junfermann'sche Buchh. à Bd. ℳ 2,70.

—— die wahre Geschichte des Vaticanischen Concils. Autoris. Uebersetzung von Wilh. Bender. gr. 8. (166 S.) Berlin 877, Germania.

— das Gottvertrauen. 4 Vorträge. Mit Genehmigg. Sr. Eminenz übers. v. Chrn. Stamm. 8. (73 S.) Paderborn 875. Junfermann. — 60

Manning's, d. Erzbischofs v. Westminster, letzte Schrift: Neun Hindernisse f. d. Fortschritt d. Katholicismus in England, geschrieben im Sommer 1890. Einz. autor. Übersetzg. aus Edmund Sheridan Purcell's „Life of Cardinal Manning" (vol. II, chapt. 26 and 27) v. Gerh. Wahrmut. gr. 8. (XXIV, 112 S.) Würzburg 898. A. Göbel. n. 1. 50

Manning, Heinr. Ed., die katholische Kirche und die moderne Gesellschaft. Übersetzt mit Genehmigung des Verf. von einem trier. Priester. gr. 8. (31 S.) Trier 883, Paulinus-Druckerei. *

—— Kirche, Staat, Gesellschaft im Lichte des Christenthums. Vorträge über die vierfache Herrschaft Gottes und die vierfache Auflehnung gegen die Herrschaft Gottes. Autoris. Uebersetzung. gr. 8. (IV, 263 S.) Cöln 873, Bachem. (ℳ 2,40.)

—— die Liebe Jesu zu den Sündern. Fünf Vorträge. Mit Genehmigung Sr. Eminenz übersetzt von Chrn. Stamm. 8. (84 S.) Ebendas. 875.

—— das ewige Priesterthum. Autoris. Uebers. von E. W. Schmitz. 8. (VII, 256 S.) Mainz 884, Kirchheim.

Manning, Heinr. Edward. Das ewige Priestertum. Autoris. Uebersetzg. v. E. W. Schmitz. 2. Aufl. 12. (VII, 256 S.) Mainz 891, Kirchheim. 2 —

Manning, das ewige Priestertum. Autoris. Uebersetzg. v. E. W. Schmitz. 3. Aufl. (VII, 256 S.) kl. 8. Mainz 905. Kirchheim & Co. n. 2. —; geb. in Leinw. n. 3. —

Manning, H. E., Religio viatoris. (London 1887, 2. Aufl.) Die vier Grundsteine meines Glaubens. Autorisierte Übersetzung von Emmy Gordon, geb. Freiin von Beulwitz. Würzburg, Woerl, 1889, gr. 8°, IV, 68 S.

— die innere Sendung des heil. Geistes in ihren Wirkungen. Mit Genehmigung Sr. Eminenz übers. von Chrn. Stamm. gr. 8. (XII, 322 S.) Paderborn 877. Junfermann. 3. —

— die Sünde u. ihre Folgen. 8 Vorträge. Mit Genehmigg. S. Eminenz übers. v. Chrn. Stamm. 8. (206 S.) Ebend. 876. 1. 50

—— die vier großen Uebel unserer Tage. Aus dem Engl. 8. (105 S.) Augsburg 874, Ostertag. *

— die Unabhängigkeit des Heiligen Stuhles. Autoris. Uebersetzung von Wilh. Bender. gr. 8. (127 S.) Berlin 878. Germania. 1. 80

— Vernunft u. Offenbarung, oder: das Wirken des heil. Geistes auf Erden. Deutsch von P. Regensburg 867. Manz. 8. (XX, 284 S.) 27 ngr.

—— Vertrauen auf Gott. Ein Trostbüchlein zur Belehrung und Erbauung für kathol. Christen. Deutsch von Carl B. Reiching. 24. (167 S.) Regensburg 862, Manz.

— warum wir glauben. 4 Vorträge. Mit Genehmigg. S. Eminenz übers. v. Chrn. Stamm. 8. (88 S.) Paderborn 875. Junfermann. — 60

—— das Centenarium des heil. Petrus und das allgemeine Concilium. Aus dem Engl. gr. 8. (III und 98 S.) Mainz 867, Kirchheim. *

Manninger, J., Unterrichts-Briefe f. das Selbst-Studium der Zahlen-Schnellschrift. 3 Briefe. 2. Aufl. 5.—15. Taus. gr. 8. (24, 12 u. 16 S. m. 6 autogr. Taf.) Berlin 894. (Leipzig, J. H. Robolsky.) à n.n. — 50

Manninger, Vilmos, der Entwickelungsgang der Antiseptik u. Aseptik, s.a. Abhandlungen zur Geschichte der Medicin. 12.

Der Entwickelungsgang der Antiseptik und Aseptik. Von Dr. Vilmos **Manninger** (Budapest). Aus d. ungar. Orig. übers. von Dr. Gustav Adolf Manninger. *Breslau: J. U. Kern 1904.* (168 S.) 8°
— Abhandlungen z. Geschichte d. Medicin. H. 12. [illegible]

— die Heilung lokaler Infektionen mittels Hyperämie, s.: Abhandlungen, Würzburger, a. d. Gesamtgebiet der prakt. Medizin. VI. 6.

[Sir] Richard Manningham

[Sir] Richardi Manningham, Artis obstetricariae compendium tam theoriam quam praxin spectans,... in usum medicinae tyronum denuo ed., et novis quibusdam add., videlicet praefamine et duabus Disquisitionibus theoretico- practicis, quarum 1. De Situ uteri gravidi foetusque a sede placentae in utero per regulas mechanismi deducendo, agit, 2. vero Praestantiam et usum forcipis anglicanae in partu difficili,... (De Usu et praestantia forcipis anglicanae in partu difficili,...) commendat, auctum,... autore Philippo Adolpho Boehmero [Boehmer]. Halae Magdeb.: Luderwald 1746. 178 S. 8°

Mannjoung, Françoine, s.a. Schönheits-Pflege, die, der Pariser Schauspielerin.

Mannjoung, F., Die Schönheitspflege der Pariser Schauspielerin. 8°. (31 S.) † Troppa: Otto Gollmann 1907. K 1.—
Troppau: Otto Gollmann 1907.

Manniske, W. A. G., Bericht über das Bad zu Frankenhausen im J. 1820. Als erster Nachtrag zu der Schrift: Frankenhausens Heilquelle. gr. 12. Weimar, Industrie-Compt. 821.

— — Frankenhausens Heilquelle. Mit 2 Kupf. und 1 Karte. 8. Ebend. 820.

Mannkopff, Ad. Jul., Ergänzungen u. Abänderungen d. preuss. Gesetzbücher, od. Samml. aller d. Allgem. Landrecht, die Allgem. Gerichts-, Criminal-, Hypotheken- u. Deposital-Ordn. ergänz., abänd. u. erläut. Gesetze u. kgl. Verordnn., verbunden mit ein. Repertorium d. Justiz-Ministerial-Rescripte u. der in d. Simon- u. v. Strampffschen Samml. v. Rechtssprüchen d. preuss. Gerichtshöfe enthalt. Judicate; nach d. Materien d. Gesetzbücher geordnet. Mit Genehm. Eines Hohen Justiz-Ministerii hrsg. 1—8. Bd. (7. u. 8. Bd. od. 1. u. 2. Supplbd.) gr. 12. (190½ B.) Berlin 835—40, Nauck'sche Bh. [1—6. 7 Thlr., 7., 8. à 2 Thlr.]
Bd. 7. od. 1. Suppl.-Bd., enth. die seit d. Jahre 1835 bis incl. 1836 erschien. Gesetze u. Cabinetsordern u. die in d. Jahren 1834 u. 1835 ergang. Justiz-Ministerial-Rescripte. 2 Abthln. (38⅛ B.)
- 8. od. 2. Suppl.-Bd., umfass. die in d. Jahren 1835 bis incl. 1839 erschien. Gesetze u. Verordnn. u. die in d. Jahren 1834 bis incl. 1838 ergang. Justiz-Ministerial-Rescripte. 2 Abthln. (26 B.)
Vgl. Landrecht.

Mannkopff, A. J., Ergänzungen u. Abänderungen der Preuss. Gesetzbücher. Mit Genehmigung E. Hoh. Justiz-Ministerii. 9. Bd. od. 3. Supplbd., enth. die seit d. J. 1839 bis zum Schlusse d. J. 1846 erschienenen, auf d. Allg. Landrecht sich beziehenden Verordnungen, Justiz-Ministerial-Rescripte u. Entscheidungen. gr. 12. (838 S.) Berlin 847, Nauck. 2⅓ ℛ — 10. Bd. od. 4. Suppl.-Bd., enth. die seit d. J. 1839 bis zum Schlusse d. J. 1846 erschienenen, auf die allgem. Gerichts-, Criminal-, Hypotheken- u. Deposital-Ordnung, das Stempelgesetz u. die Gebührentaxen sich beziehenden Verordnungen, Justiz-Minister.-Rescripte u. Entscheidungen, nebst d. chronolog. Repertorium zum IX. u. X. Bd. gr. 12. (450 S.) Berlin 847, Nauck. 2 ℛ (1—10.: 15½ ℛ)

Mannkopf, A. J.: Ergänzungen u. Abänderungen der Preußischen Gesetzbücher oder Sammlung aller das Allgemeine Landrecht, die Allgem. Gerichts-, Criminal-, Hypotheken- u. Deposital-Ordnung ergänzenden, abändernden u. erl. Gesetze u. Königl. Verordnungen. Berlin 1835—47. 10 Bde
Bd 1. Allgem. Landrecht Th. 1, Tit. 1—23.
„ 2. „ „ „ 2, Tit. 1—8.
„ 3. „ „ „ 2, Tit. 9—12.
„ 4. „ „ „ 2, Tit. 13—20.
„ 5. Allgem. Gerichts-Ordnung Th. 1—3 incl.
„ 6. Criminal-, Hypotheken- u. Deposital-Ordnung, das Stempelgesetz, die Gebühren-Taxen u. das chronol. Repertorium d. Gesetze u. Minist.-Rescripte.
„ 7. oder 1. Suppl.Bd enth. die in den J. 1835 u. 1836 ersch. Gesetze u. Cabinetsordern u. die in d. J. 1834 u. 1835. erg. Justiz-Minist.-Rescripte.
„ 8. oder 2. Suppl.Bd umfassend die in d. J. 1835 bis incl. 1839 ersch. Ges. u. Verordn. u. die in d. J. 1834 bis incl. 1838 erg. Justiz-Minist.-Rescripte.
„ 9. oder 3. Suppl.Bd enth. die seit d. J. 1839 bis zum Schlusse d. J. 1846 ersch., auf d. Allgem. Landrecht sich bez. Verordnungen, Justiz-Minist.-Rescripte u. Entscheidungen.
„ 10. oder 4. Suppl.Bd enth. die seit d. J. 1839 bis zum Schlusse d. J. 1846 ersch., auf d. Allgem. Gerichts-, Criminal-, Hypotheken- u. Deposital-Ordnung, das Stempelgesetz u. d. Gebührentaxen sich bez. Verordn., Justiz-Minist.-Rescripte u. Entscheidungen.

— s.a. Gerichtsordnung, Allgemeine, für die Preuß. Staaten.

Mannkopff, A. J.: Allgemeine Gerichtsordnung für die Preussischen Staaten in Verbindung mit den dieselbe erg., abänd. u. erl. Gesetzen. Bd 1—4. [Nebst] Reg. Berlin 1837—39. 5 Bde

—— Jahrbücher f. die Criminal-Rechtspflege im Königr. Sachsen 2c., s. Jahrbücher.

— s. Jahrbücher für die Criminal-Rechtspflege in den Preuß. Staaten.

Mannkopff, Ad. Jul., preuss. Criminalrecht, s.a. Criminalrecht.

Mannkopff, A. J.: Preußisches Criminalrecht in einer Zusammenstellung der Criminalordnung und des 20. Tit. 2. Th. des ALR. mit den erg., abänd. u. erl. Verordnungen. Berlin. 2 Bde
Th. 1. Preuß. Criminalordnung in e. Zusammenstellung mit den erg. ... Verordnungen. 1839.
„ 2. Preuß. Strafrecht in e. Zusammenstellung des 20. Tit. 2. Th. des ALR. mit den erg. ... Verordnungen. 1838.

— s.a. Landrecht, Allgemeines, für die Preuß. Staaten.

Mannkopf, A. J.: „Allgemeines Landrecht für die Preussischen Staaten in Verbindung mit den dasselbe ergänzenden, abändernden und erläuternden Gesetzen, Verordnungen und Justiz-Ministerial-Rescripten", 7 Bände, Berlin 1837, 1838.

A. J. Mannkopff, Allgem. Landrecht für die Preuß. Staaten, in Verbindung mit den dasselbe ergänzenden, abändernden und erläuternden Gesetzen, Königl. Verordnungen und Justiz-Ministerialreskripten. Unter Benutzung der Akten und mit Genehmigung eines hohen Justiz-Ministerii. Berlin. Nauck. 1837—1838. 5 Bde. Dazu ein Suppl.-Band, enth. die Ergänzgn. seit dem Jahre 1838. Berlin. 1842.

Mannkopff, Ad. Jul., die Verordnung v. 1. Juni 1833 üb. d. Mandats-, summar. u. Bagatell-Prozeß, nebst d. Gebühren-Taxe v. 9. Okt. 1833, in Verbind. mit sämmtl. gesetzl. u. ministeriellen Ergänzn. u. Erläutern. Unter Benutz. d. Akten d. Hoh. Justiz-Ministeriums hrsg. gr. 8. (6 1/3 B.) Berlin 837, Geo. Reimer. Thlr.

Mannkopff, Emil, über Meningitis cerebro-spinalis epidemica auf Grundlage der in der medicinischen, unter Leitung des Geh. Medic.-R. und Prof. Dr. Frerichs stehenden Universitätsklinik zu Berlin gemachten Beobachtungen. gr. 8. (XII und 288 S. mit 1 chromolithogr. Taf. in qu. Fol.) Braunschweig 866, Vieweg und Sohn. *

Mannkopff, Emil, über das Programm zum Neubau der medicinischen Klinik zu Marburg. Rede, beim Antritt des Rectorates am 13. Octbr. 1878 geh. gr. 8. (20 S.) Marburg 879. Elwert's Verl. n. — 40

Mannkopff, Aemil. Guil. (geb. Pasewalk 5. 6. 1836): De olei elemi aetherei natura. Berolini (1858). (47 S.) 8°
Berlin, Med. Diss. v. 16. Aug. 1858

Mannl O.: Aus dem Manuale des Pilsner Bürgermeisteramtes von 1604—10. Mit Ergänzungen aus Tanners Chronik von Pilsen. 23. Pilsen 81. Progr.

Mannl, Osw., die Occupation der königl. Stadt Pilsen durch den Grafen Ernst v. Mansfeld 1618—1621. Zumeist nach Paul Skála bearb. 8. (78 S. mit 1 Ansicht.) Warnsdorf 887, (Pilsen, Maasch' Sortiment.) **

Mannl, Oswald, O. Praem., die Prämonstratenser der Prager Erzdiözese nach den Bestätigungsbüchern. (1354—1436.) Progr. (28 S.) gr. 8. Pilsen 903. (C. Maasch.) n.n. 1.—

Mannl, P. O., Die Prämonstratenser der Prager Erzdiöcese nach den Bestätigungsbüchern (1354—1436). (Sonderabdr. a. d. Jahresberichte d. k. k. deutschen Staatsgymnasiums in Pilsen f. d. Schuljahr 1902/03.) Gr.-8°. (28 S.) † K 1.20

Mannl, Oswald, die Sprache der ehemaligen Herrschaft Theusing. Als Beitrag zu e. Wörterbuche der fränk. Mundart in Böhmen. gr. 8. (32 S.) Pilsen 886. Maasch. n. — 50

Mannl, Rod., Carlsbad and its mineral springs, medically, sociably and locally considered. 1. Edit. 1847, and 2. Edit. 8. (VIII und 140 S.) Leipzig 850, Herbig. *

Mannl, Rud., Erinnerungs-Blätter aus der Geschichte Carlsbads mit 8 (lith.) Illustr. Zur Feier des 500jähr. Jubiläums dieses weitberühmten Curortes herausg. Carlsbad 858. (Prag, Dominicus.) gr. 8. (IV, 56 S.) nn. 1 ß.; Pracht-Ausg. mit 1 lith. Plane (in Fol.) nn. 1 ß. 24 ngr.

Mannl, Rudolf M., *Dr.* Erinnerungs-Blätter aus der Geschichte Carlsbads mit acht Illustrationen. *Carlsbad* 1858. Gebr. *Franieck.* IV. u. 60 S., 8°. Mit den Porträten Peter Bayer's, K. Karls IV., Bohuslaus v. Lobkowitz, Leop. Stöhr's, und mit 1 Situationsplan von Carlsbad.
Zur Feier des 500-jähr. Jubiläums und zum Besten des neu zu errichtenden Carlsbader Siechenhauses.

— Karlsbad in medizinischer, topographischer und geselliger Beziehung dargestellt. Mit 2 (lith.) Plänen u. 1 (lith.) Reisekärtchen (in 4. u. Fol.). Karlsbad 853. Franieck. 8. (X, 252 S.) 1 ß. 15 ngr.

Mannl, Med. Dr. Rudolf — Karlsbad in medizinischer, topographischer und geselliger Beziehung. Dargestellt von — —. 3te Aufl. Karlsbad, 1857. Dr. und Verlag der Gebr. Franiek. (2 Bl. 344 S. 8.) (Mit zwei Plänen und einem Reisekärtchen.)

—— Karlsbad, seine Quellen und deren Versendung. Eine Skizze. (17 S.) Prag 860, (Dominicus.)

Mannl, Rud., Karlsbad, seine Quellen und deren Versendung. Eine Skizze. Karlsbad 862. (Prag, Dominicus.) gr. 8. (XXI, 33 S. u. 2 lith. Taf. in 8. u. Fol.) n. 16 ngr.

Männlein, das heldenmüthige, s. Traum.

Mannlich, Johann Christian

— Beschreib. d. Kurpfalzbaier. Gemäldesammlungen zu München u. zu Schleisheim. 3 Bde. gr. 8. München 805—11. Lentner.

Mannlich, Joh. Christian v., ein deutscher Maler u. Hofmann. Lebenserinnerungen 1741—1822. Nach d. französ. Orig.-Handschrift hrsg. v. Eug. Stollreither. (XLVIII, 568 S. m. 8 Bildnissen.) gr. 8. Berlin 910. E. S. Mittler & Sohn. 10.50; geb. 12. —

Mannlich, Jh. Chr., Versuch über Gebräuche, Kleidung und Waffen d. ältesten Völker bis auf Konstantin d. Großen; nebst e. Anmerkk. üb. d. Schaubühne. Mit 31 Kpft. gr. 4. München 802. Fleischmann. 3 ß 8 gr. Schreibpap. 4 ß

Mannlich, Johann Christian. Versuch über Gebräuche, Kleidung und Waffen der ältesten Völker bis auf Constantin den Grossen, nebst einigen Anmerkungen über die Schaubuhne ... München 1802, auf Kosten des Verfassers, und in Commission der ... Seidelischen Buchhandlung.
117 S. m. 3 Kupferst., 29 Taf. in Kupferst. 4°.

— Zeichenbuch f. Zöglinge d. Kunst. 2 Hfte. Fol. Münch. Fleischmann. 804. (à 3 Rthlr.)

Mannlich, Paul, u. Paul Wolte, Weihnachtsfeier in d. Schule. Ansprachen m. Deklamation u. Gesang. gr. 8. (79 S.) Berlin 898. Hauptverein f. christl. Erbauungsschriften. Geb. in Leinw. n. 1.—

Mannlich, Paul, u. Paul Woite, Weihnachtsfeier in der Schule. Ansprachen m. Deklamation u. Gesang. 2. Aufl. (84 S.) 8. Berlin (906). Hauptverein f. christl. Erbauungsschriften. Geb. in Leinw. 1.—

Männlichen, s.: Westentasche-Panorama-Colleotion.

Mannlicher, F., Pumpen- und Feuerlöschapparate, s.a. Bericht über die Weltausstellung in Philadelphia 1876.

Mannlicher, F., Pumpen und Feuerlöschapparate. (Oesterreichischer Commissionsbericht über die Weltausstellung in Philadelphia 1876. 21. Heft.) Mit 46 Zeichnungen. Wien 1877. 8°.

Mannlicher, Gust., Leitfaden der Verrechnungskunde von Montanwerken nach dem Sisteme der doppelten kaufmännischen Buchhaltung. gr. 8. (VII und 315 S.) Graz 865, (Leuschner und Lubensky.) *

Mannlieb [Pseud.], s. Henrici, Lebrecht

Mannling, J. C., s. Männling, Johann Christoph

Männling, C. Plan zu einer Rentenanstalt für unvermögende Personen. Berlin 1842.

Männling, C., Rechnung üb. Einnahme u. Ausgabe bei der preuss. Renten-Versicherungs-Anstalt zu Berlin, während d. ersten 6 Jahre ihres Bestehens, von 1839 bis incl. 1844. Zusammengest. nach den Rechenschafts-Berichten d. Directorii. (Eine Tabelle in Roy.-Fol.) Berlin 845, Hold. Thlr. *

— Eine projektierte Rentenanstalt unter Garantie. Berlin 1844.

—— Widerlegung der von dem Directorio der preuss. Renten-Versicherungs-Anstalt aufgestellten Berechnung üb. die Ertragsfähigkeit des oben genannten Instituts im Vergleiche mit der Rentabilität der vorgeschlagenen Renten-Anstalt f. unvermögende Personen. gr. 8. (2½ B. u. 3 Tab.) Berlin 844, Stuhr'sche Buchh. *

Männling, Johann Christoph

- - , ARMINIUS ENUCLEATUS. // Das ist: // Des unvergleichlichen // Daniel Caspari // von Lohenstein /// Herrliche Realia, Köstliche Similia, // Vortreffliche Historien / Merckwür- //dige Sententien, und sonderbahre Reden. // Als // Köstliche Perlen und Edelgesteine aus dessen // deutschen Taciti oder Arminii // Ersterem Theile. // Mit fleiß dehnen Liebhabern der Deutschen // Wohl-Redenheit/ // Nebst einem vollkommenen Register zusam- //men getragen // Von // M. Joh. Christoph. Männling. // B. S. P. L. C. P. S. // Mit Königl. Poln. und Chur-Fürstl. Sächsischen Privilegio. // Stargardt und Leipzig /// Bey denen Gebrüdern die Ernsten / und Johann Michael // Jenisch / Buchhändler. 1708. - 39 Blatt (nicht paginiert) Titelkupfer, Titelblatt, Widmung, Vorrede, Register und Druckfehler. - 672 S.
Angebunden:
ARMINIUS ENUCLEATUS, // Das ist: // Des unvergleichlichen // Daniel Caspari // von Lohenstein /// Herrliche Realia, köstliche Similia, // vortreffliche Historien / merckwürdige // Sententien, und sonderbahre Reden /// Als // Köstliche Perlen und Edelgesteine aus dessen // deutschen Taciti oder Arminii // Anderm Theile /// Mit fleiß denen Liebhabern der Deutschen // Wohl-Redenheit /// Nebst einem vollkommenem Register zusam- //men getragen// Von // M. Joh. Christoph Männling /// B. S. P. L. C. P. S. // Mit Königl. Poln. und Chur-Fürstl. Sächsischen Privilegio. // Stargardt und Leipzig / Bey denen Gebrüdern die Ernsten / und Johann Michael // Jenisch / Buchhändler. 1708 - 27 Blatt (nicht paginiert) Titelblatt, Widmung, Vorrede und Register. - 584 S.
Auf dem Einbanddeckel steht in Golddruck:
SOCIET: POET:
GORLIC:
DONAT
D. G. KLETSCHKE
M. C.
1 7 1 9.

B. S. T. 8°.433.

MÄNNLING, Joh. Christoph (geb. 1658 zu Bernstadt in Schlesien, 1700 Prediger in Stargard, das. als Magister und Diaconus † 4. Juli 1723. — Goedeke III, 272, 9). — Blumen-Garten, Poetischer Oder: Teutsche Gedichte, Darinnen anzutreffen: I. Geistliche Gebethe und Lieder auf Sonn- Fest- und Buß-Tage; Wie auch II. Glückwünschungs-Carmina auf allerhand Begebenheiten; Und dann ferner: Hochzeit- und IV. Leichen-Gedichte; Nebst beigefügten Arien und Oden. Breßlau, J. G. Bleßing, 1717. 8°. 16 Bll. u. 816 S. (In Göttingen: P. 3355.)

— poet. Blumengarten, od. Gedichte. 8. Breslau. 738.

— Dapperus exoticus curiosus, od. Dappers afrikan., amerikan., u. asiat. Curiositäten. 2 Thle. 8. Frankf. u. Leipz. 717.

— Grabmal d. Ehre, d. i. Trauerreden. 4. Stettin, 709.

Männling, Johann Christoph. Der // Europaeische Helicon, // Oder // Musen-Berg /// Das ist // Kurtze und deutliche Anweisung // Zu der // Deutschen // Dicht-Kunst /// Da ein Liebhabendes Gemü- //the solcher Wissenschafft // angeführet wird /// Innerhalb wenigen Wochen // Ein zierliches deutsches Ge- //dichte zu machen /// Aufgerichtet // Von // Joh. Christoph Männlingen /// Käyserl. Gekr. Poet. // Alten Stettin /// Gedruckt bey G. Dahlen / Königl. Reg. Buchdr. 1704 - Mit 2 Tabellen zu Seite 130 und 141. - 4 Blatt (nicht paginiert) Titelblatt und Vorrede. - 176 S.

B. S. T. 8°. 431.

Denckwürdige Curiositäten Derer, So wohl Inn- als Ausländischer Abergläubischen Albertäten Als der weiten Welt Allgemeinen Götzens. Welchen ... alle eitele Menschen versehren ... Allen geneigten Gemüthern zur Ergötzung, den Abergläubischen zur Veränderung uñ Beszerung vorgestellet, Von M. Joh. Christoph Männlingen, B.S.P.L.C. ... Franckfurth und Leipzig, Bey Michael Rohrlachs seel. Wittib und Erben, von Liegnitz, 1713.

§ — — Curiositäten-Alphabeth, D. i. Eine angenehme Schau-Bühne Historischer Ergetzlichkeiten, Bestehend aus sowohl einheimischen, als meist auserlesenen fremden Geschichten. 2 Thle. Th. 1 Bresslau, bey Joh. Geo. Blessing 1720. Th. 2. Bresslau u. Leipzig, Dan. Pietsch, 1738. (Andere Ausgabe; s. den folg. Titel.) 8°. (In München: P. o. germ. 892 xm. — Th. 3, der nach Georgi's Europ. B.-Lex. III. S. 16 wirkl. erschienen, fehlt.)
(I:) 10 Bll., 571 SS. u. Reg. II (m. dem Titel-Zusatz: „in 3 Theilen"): 8 Bll., 612 SS. u. Reg. — Nicht bei Goedeke.

— — Dasselbe, titulo: Angenehme Schau-Bühne Historischer Ergetzlichkeiten, bestehend in auserlesenen so wohl einheimischen als frembden Geschichten, zum Nutzen u. Vergnügen allerley Liebhabern ans Licht gegeben .... 3 Thle. Breßlau u. Leipzig, bey Dan. Pietsch, Buchhändlern, 1738. 8°. (15 Mk. Franz Teubner, Bonn, c. 1893.)

— — Deutsch-Poetisches Lexicon der auserlesensten Phrasiologi, aus Opitz, Tscherning, Flemming, Hoffmannswaldau, Lohensteinen, Gryphiis ... u. andern hellen Sternen Schlesiens. Franckfurt und Leipzig 1715. 8°.
12 Bl., 310 S., 1 Bl., sowie Reim-Lexicon, 63 S., als Anhang.
Auf d. letzten Seite befindet sich e. Verzeichnis von 21 Schriften Männlings, nach welchem Goedeke's Angaben sich wesentlich vervollständigen u. berichtigen lassen.

— — Dasselbe, tit.: *Joh. Christoph Männlings* P. L. C. Poetisches Lexicon Darinnen Die Schönsten Realia und auserlesensten Phrases Aus denen berühmtesten Poeten Schlesiens .... Andere Auflage. Ebd. MDCCXIX. (1719.) 8°. 16 Bll., 464 S. u. Reg. (In Göttingen: P. 1645.)
Dazu: Richtiges Deutsches Reim-Register derer Poetischen Endungen. 56 S.

Männling, Johann Christoph, LOHENSTEINIUS SENTENTIOSUS, // Das ist: // Des vortrefflichen // Daniel Caspari // von Lohenstein /// Sonderbahre // Geschichte / curieuse Sachen /// Sinn-reiche Reden / durchdringende // Worte / accurate Sententien, Haupt-kluge // Staats- und Lebens-Regeln/ und andere be-findliche Merckwürdigkeiten/ // Aus dessen Sowohl // Poetischen Schrifften // und Tragoedien, // als auch // Lob-Reden / und andern ihm zuste- //henden gelehrten Büchern /// Wie aus einem verborgenem Schatze // zusammen colligiret /// Und der gelehrten Welt zur Vergnügung /// der Jugend zum nützlichen Gebrauch // Nebst einem vollkommenen Register // ans Tage-Licht gestellet von // M. Johann Christoph Männling /// B. S. P. L. C. P. p. t. S. T. A. // Breßlau/ bey Joh. George Stecks sel. Wittib. 1710. - 16 Blatt (nicht paginiert) Titelkupfer, Titelblatt, Widmung und Vorrede. - 416 S. und noch 24 Blatt (nicht paginiert) Register.
B. S. T. 8°.432.

— expediter Redner. 8. Leipz. Hilscher. 718.

— Ruhe der Alten. 8. Frankf. Braun. 722.

— Schaubühne histor. Ergötzlichkeit. 3 Thle. 8. Breslau. 738.

– Dass., s.a. Männling: Curiositäten-Alphabeth . . .

MÄNNLING, JOH. CHRISTOPH. Außerlesene[r ?] Curiositaeten Merckwürdiger Traum-Tempel nebst seinen denckwürdigen Neben-Zimmern Vnd von allerhand Sonderlichen Träumen . . . Frankfurt & Leipzig 1714, (am Schluß:) Jena, gedruckt bei Paul Ehrichen, 1714. Kl. 8°. 20 Bl. 519 S. 16 Bl. (Register). Etwas gelockerter Buchblock in neuerem Umschlag.
Graeße, Bibl. mag. p. 98. Einzige Ausgabe einer der frühesten größeren Sammlungen dieser Art in deutscher Sprache.

Manno, Karl [Pseud.], s.a. Lemcke, Karl von

Manno, Karl, Beowulf. Ein Sport-Roman. 3 Bde. 8. (242; 254; 299 S.) Berlin 882, Janke. *

Manno, Karl [Karl Lemcke]. Beowulf. Ein Sportroman. 2 Bde. 2. Aufl. 8. (395; 363 S.) Stuttg. 889, Frommann. * 6 —; geb. * 8 —

Manno, Karl (Lemcke), Beowulf. Ein Sportroman. 3. Aufl. 2 Tle. in 1 Bd. 8. (395 u. 363 S.) Stuttgart 899. F. Frommann. n. 3. 50; geb. n. 4. 50

Manno, Karl (Lemcke), Gräfin Gerhild. Eine Erzählg. 8. (VI, 375 S.) Stuttgart 892. F. Frommann. n. 4. 50; geb. n. 5. 50

Manno, Karl (C. v. Lemcke), Jugendgenossen. Roman. 3 Bde. 8. (291, 234 u. 248 S.) Berlin 898. O. Janke. n. 12. —; geb. in Leinw. n. 15. —

Manno, Karl, ein süßer Knabe. Eine unartige Geschichte. 8. (324 S.) Berlin 885, Janke. *
—— dass. — 2. Aufl. 8. (272 S.) Ebendas. 886. *

— ein süßer Knabe. Eine unart. Geschichte. 3. Aufl. 8. (272 S.) Ebd. 898. n. 2. —; geb. n. 3. —

Manno, Richard

Manno, Rich., die thermischen Eigenschaften d. Gase auf Grund e. allgemeinen Theorie der Bewegungsübertragung. Mit e. Anh.: Die Druckzusammensetzg. bei fortschreit. u. dreh. Bewegg. (75 S.) gr. 8. Dortmund 910. F. W. Ruhfus. 2. —

Manno, Rich., Heinrich Hertz — f. d. Willensfreiheit? Eine krit. Studie üb. Mechanismus u. Willensfreiheit. gr. 8. (V, 67 S.) Leipzig 900. W. Engelmann. n. 1. 60

Manno, Richard [aus Dortmund]: Die Stellung des Substanzbegriffes in der Kantischen Erkenntnistheorie . . . . Bonn, Druck u. Verl. v. Dr. Nolte, 1887; 2 Bl. + II + 99 S. + 3 Bl. 8°.
Bonn, Phil. Fak., Inaug.-Diss. v. 7. März 1887.

Manno, Rich., die Stellung des Substanzbegriffes in der Kantischen Erkenntnistheorie. Inaugural-Dissertation. gr. 8. (II, 101 S.) Bonn 887, Rhein. Buch- und Kunst-Antiquariat. *

Manno, Rich., Theorie der Bewegungsübertragung als Versuch e. neuen Grundlegung der Mechanik. (V, 102 S. m. 6 Abbildgn.) gr. 8. Leipzig 903. W. Engelmann. n. 2. 40

Mannoury, G., Methodologisches u. Philosophisches zur Elementar-Mathematik. (VIII, 279 S. m. Fig.) 8. Haarlem 909. P. Visser Azn. 8.50; geb. 9. 50

Mannowsky, Walter, Dr. jur.: Die Gemälde des Michael Pacher. Halle (München: Müller) 1910. 65 S. 8° ¶ (Ersch. vollst. als Buch ebd.)
Halle, Phil. Diss. v. 11. Juli 1910, Ref. Goldschmidt
[Geb. 9. Febr. 81 Frankfurt a. M.; Wohnort: Halle a. S.; Staatsangeh.: Preußen; Vorbildung: Friedrichs-Gymn. Breslau Reife O. 02; Studium: Jura u. Phil. Breslau 5, München 2, Halle 2 S.; Rig. 28. Febr. 10.] [U 10. 1773

Mannowsky, Walt., die Gemälde des Michael Pacher. (120 u. III S. m. 52 Taf.) Lex. 8. München 910. G. Müller. 8.—; geb. 9. 50

Mannowsky, Walter, Referendar: Zur Übertragbarkeit des Urheberrechts. Breslau 1907: Graß, Barth & Co. (XIII, 41 S.) 8°
Breslau, Jur. Fak., Ref. Dahn-Fischer, Diss. v. 4. April 1907
[Geb. 9. Febr. 81 Frankfurt a. M.; Wohnort: Breslau; Staatsangeh.: Preußen; Vorbildung: Friedrichs-Gymn. Breslau Reife O. 02; Studium: Breslau 6, München 2 S.; Rig. 9. Mai 06.]

Manns, Albert [aus Chicago]: Spaltung des Malachitgrüns. Derivate des p-Amidodiphenylmethans . . . . Berlin, Druck v. Julius Feiertag, 1888; 36 S. + 1 Bl. 8°
Berlin, Phil. Fak., Inaug.-Diss. v. 10. Aug. 1888

Manns, Benno, neues Leben. Dichtungen. (147 S.) 8. Rostock 910. Berlin, C. J. E. Volckmann Nachf. 2.25; geb. in Leinw. 3. 25

— Luginsland. Gereimte Satiren. Mit Illustr. v. Julie Werkenthin. (123 S.) gr. 8. Berlin (909). Harmonie. 3.—; geb. 4. —

Manns, Benno, der Pilgrim. Dichtungen. (320 S.) 8. Strassburg 906. J. Singer. Geb. in Leinw. n. 4. —

Deutschland zur See. Deutsches Seeleben in Liedern mit verbindender Dichtung von Fritz Werner, Komposition von Ferdinand Manns. Text d. Gesänge u. Deklamation. Leipzig: Gebr. Hug & Co. [1900?] (20 S.) 8°

Deutschland zur See. Deutsches Seemannsleben in Liedern mit verbindender Dichtung von Fritz Werner, Komposition von Ferdinand Manns. Klavierauszug. Leipzig: Gebr. Hug & Co. [1900?] (23 S.) 4°

Manns, Ferd., v. der Konventionalstrafe. 1. Thl. gr. 8. (XI, 112 S.) Frankfurt a/M. 875. Winter. n. 2. 40

Manns, Ferd., v. der Mora. Ein Fragment. gr. 8. (III, 39 S.) Frankfurt a/M. 878. Winter. n. 1. 50

—— das Poenitenzrecht. Eine byzantin. Kompilation. gr. 8. (VII, 88 S.) Berlin 879, Puttkammer und Mühlbrecht. *

— das Poenitenzrecht. 2., verm. Aufl. gr.8. (VII, 132S.) Berlin 880. Puttkammer & Mühlbrecht. n. 3. —

Manns, Hubert

Manns, Hub., kleiner Anfang und schreckliches Ende. gr. 16. (116 S.) Aachen 887, Cremer'sche Buchh. **

—— Etwas über die Kindheit Mariens. 12. (64 S.) Ebendas. 888.

—— die schönste Familie auf Erden. gr. 16. (90 S.) Ebendas. 886. *

—— Gebete, um christlich zu leben und selig zu sterben. gr. 16. (7 S.) Ebendas. 886. *

—— 14 Gebete, um durch das bittere Leiden unseres Heilands Hilfe zu erlangen in jeder Noth, und besonders die ewige Seligkeit. gr. 16. (32 S.) Ebendas. 886. *

Manns, Hubert, Gold oder Koth. 12. (112 S.) Aachen 884, Cremer'sche Buchh. **

—— Gold oder Koth. gr. 16. (112 S.) Ebendas. 886. **

—— der heil. Joseph als Vorbild für Jünglinge und Jungfrauen. 12. (59 S.) Ebendas. 888.

—— das Kind vor und nach der ersten heil. Kommunion. 2. verm. Aufl. gr. 16. (36 S.) Ebendas. 887. **

—— Vergib uns unsere Schuld, wie auch wir vergeben unseren Schuldigern. 12. (153 S.) Ebendas. 886. *

Manns, Jacob: Zur Kenntnis der Kondensation aromatischer O-Amidoketone. Ueber Normal-Propyl- u. Isopropylanthranil. 1905. 88 S. 8°
Karlsruhe, Dr.-Ing.-Diss. v. 11. 3. 1905

Manns, Otto [Oberl.]: Über die Jagd bei den Griechen. Dritter Teil. (Umschl.-Tit.: Abteilung II.) Cassel, Druck v. Baier & Lewalter, 1889; S. 8–80, 2 Taf. 4°
Cassel, k. Wilhelms-G, OP 1889 (859).

Manns, Otto [Oberl.]: Über die Jagd bei den Griechen. Dritter Teil. Die Ausübung der Jagd. (Forts. u. Schluss d. P-Beil. 1888. 89.) Cassel, Druck v. Baier & Lewalter, 1890; S. 3–21, 1 Taf. 4°
Cassel, k. Wilhelms-G, OP 1890

Manns, P., Die **tragische Katharsis**. Pr. 1877. 21 S. 4°.
— — I. S.-A. 1877. 18 S.

Manns, P., die Lehre d. Aristoteles v. der tragischen Katharsis u. Hamartia, erklärt. gr. 8. (86 S.) Karlsruhe 883. Reuther. n 1. 80

[F.] **Manns**, Peter: Der Bauernkrieg in der Herrschaft Zimmern. Hechingen, Riblersche Hofbuchdr., 1893; 3—18 S. 4.
Hechingen, k. R, P 1893 (500)

Geschichte und Beschreibung der Burg Hohenzollern v. P[eter] **Manns**, Kgl. Oberl. *Hechingen: A. Walther [1898]*. (1 Bl., 31 S., 1 Taf.) 1 Bd 8. [98. 6370

[F.] Geschichte der Grafschaft Hohenzollern im 15. und 16. Jahrhundert '(1401—1605)' v. P[eter] **Manns**, Oberl. ... zu Hechingen. *Hechingen: A. Walther 1897.* (VI, 332 S.) 1 Bd 8. [97. 7861

Mannsbach, Erh. Bernh. Fr. von

v. Mannsbach, Frhr. E. Bernh. Fr., († nach 1809) vollst. Abhandl. v. d. Visitation des kais. Reichskammerger. 8. Jena 777. Cröker. 8 gl.

— was ist Rechtens, wenn nicht alle zur Visitation d. Kammergerichte deputirte Stände erscheinen? rc. 8. .. 774.

Mannsbach, Ehrhardt Friedr. von u. zu, Diss. jur. de condominio successionis fundamento in Germania. Präs. Carl Friedr. Walch. Jena (Felix Fickelscherr) 16. X. 1773. 46 S. (5.—) 22112
Gew.: Joh. Eustach. v. Schlitz-Goerz. — Widm. v.: C. Fr. Walch, J. A. Reichardt, G. Chr. W. Voelker, J. Wilh. Schmid, L. Fr. Cellarius, D. H. Hasentien, R. L. Gottl. Schmid, Chr. A. Fr. Hellfeld, B. G. H. Hellfeld.

Mannsberg, Paul, aus dem Nachlasse eines Kraft-Genies. Eine krit. Studie. 8. (76 S.) [Berlin 885.] Hannover, Ramlah. *
Aus: Deutsche Kunst- und Musik-Zeitung, besonders abgedruckt.

Mannsberg, Paul, allerlei Typen. Federzeichngn. nach d. Leben. 8. (III, 168 S.) Dresden 895. E. Pierson. n. 2. —; geb. in Damast n. 3. —

MANNSBILD, Das gegen das Frauenzimmer offenherzige, in lustigen und satyrischen Briefen entworfen von einem berühmten Verfasser. 2 Thle. Leipzig 1762—63. 8°. (Th. 1 in Stuttgart.)
16 Bog. Von grosser Seltenheit! Cat. Meissner III.
— — Dasselbe. 2 Thle. Nürnberg, b. Jos. Ehrenfried Ammermüllern. 8°. (O. M. V. 1768. S. 950.)

Mannsbild, d. offenherzige, gegen das Frauenzimmer. 2 Thle. 8. Nürnb. 764. Pollmann. 12 gl.

Mannschaft, An die, des Nieder-Oesterreichischen Schüzenkorps. (Anerkennungs-Schreiben des Commandierenden FZM. Prinz Ferdinand, Herzog zu Württemberg bei Gelegenheit der Auflösung dieses Corps. (1 Blatt.) (Donation Liechtenstein.) Fol. Wien am 18. April 1801.

Mannschafts-Unterricht, der, der deutschen Infanterie. Von F. H. 8. (XI, 148 S.) Hannover 886. Helwing's Verl. n.n. — 50

Mannschafts-Unterricht, der, der deutschen Infanterie. Von F. H. 2. u. 3., nach den neuen Vorschriften umgearb. Aufl., m. 28 Abbildgn. 8. (XI, 140 S.) Hannover 888. 889. Helwing's Verl. n.n. — 50

Mannschafts-Versorgungsgesetz, s. Offizier-Pens.-Gesetz.

Vom Mannschießen in Liegnitz. Schlesische Zeitung, 1902, Nr. 472. 1766

Mannschiess-Fest-Zeitung. Officielles Organ des Mannschiessen-Fest-Ausschusses. Liegnitz 1892. Red: *Tholuck, Albert.* (Berl)

Mannsdorf, J. D. F., Acten-Stücke üb. d. aristokrat. Umtriebe d. neuesten Zeit unt. d. Polen, s. Geschichte d. geheim. Verbindungen, 8. Hft.

—— aktenmäß. Bericht üb. d. geheim. deutschen Bund, s. Geschichte d. geheim. Verbindungen, 1. Hft.

Mannsdorf, J. D. F., Geschichte der geheimen Verbindungen der neuesten Zeit. 8 Hefte. 8°. Leipzig 1831—34.

Mannsegg, Ign. Sch. von, s. Geschichte der chines. Mission.

Mannsfeld, s.a. Mansfeld

Mannsfeld, aerztl. Andeutungen zu e. nähern Bestimmung d bürgerl. Standpunctes d. Taubstummen. Eine Abhandl. z. Einweih. d. Taubstummen-Instituts zu Braunschweig. gr. 4. (3½ B.) Helmstädt 828, Fleckeisen.

—— Einleitung zur mediz. Encyklopädie, z. Behufe seiner Vorlesungen. gr. 8. ... Braunschweig 829, [Vieweg.]

Mannsfeld, A., mein Kraftsystem. Eine geheime Anleitg., durch neuart. Lebensführg. zu ungeahnter Körperstärke zu gelangen, gewaltige Muskeln zu erzielen, die geist. Kräfte zu heben u. e. hohes Alter im Fleische zu erreichen. Mit 10 leicht ausführbaren allgemein verständl. Lektionen dargestellt. Mit e. Anh. üb. die Kunst zu imponieren v. Don Vincencio Juan de Lastanota. Ohne alle Kosten u. ohne besondere Apparate überall durchführbar. (78 S.) 8. Leipzig (910). F. Casper & Co. 2.—

— Neue Quellen f. Gelderwerb. Ein Handbuch f. alle, die durch eigene Kraft u. Ausnützg. ihrer Verhältnisse zu Reichtum u. Wohlstand gelangen wollen. Vollkommen neu bearb. u. verm. (94 S.) 8. Ebd. 3.—

— Keine Schüchternheit mehr! Beseitigung u. Heilg. jeder Art v. Schüchternheitszuständen, Angst vor dem anderen Geschlechte, Examenfieber, Ratlosigkeit, Verwirrg., Furcht vor Höherstehenden, Lampenfieber &c. &c. durch die epochemach. Methode „Diplomat". (116 S.) 8. Ebd. 3.—; erm. Pr. 2.—

Mannsfeld, A., te Vageldeputatschon bi Bismarck. Sassenwalt-Idill. To lesen för Kint u. Kinneskinner. 8. (147 S. m. Abb. u. 1 Bildn.) München 896. F. A. Ackermann. n. 2.—

— Der Vollgenuß des Lebens. Eine auf Erfahrg. beruh. Methode zur Erlangg. geist. Frische, gesunden Blutes u. starker Nerven. 2. Aufl. (80 S.) kl. 8. Ebd. 906. —50

Mannsfeld, B., beim blauen Fassel, — ein Geheimniß in der Ehe, — die Raben von Marseille, } s.: Zeitvertreib.

Mannsfeld, C., das neue Eherecht des deutschen bürgerl. Gesetzbuches, s.: Hallbauer, Max.

Mannsfeld, E, Eherecht, siehe Meinhold's Handbibl.

Mannsfeld, Carl, s. Mannsfeld, Karl

Mannsfeld, Ewald, e. feine Schmeichelrede auf Napoleon d. Großen. Zu Frommen sein. treuen Verehrer gehalten. 8. Leipz. 814. Joachim. 10 Gr.

MANNSFELD, F., Napolette der Fürst des Hochlandes, oder: Die Blutrache. (Räubergeschichte aus der neueren Zeit.) 2 Bde. Leipzig, Julius Häfele sen., 1865. 8°. 191 u. 192 S. Einiges anstössig.

— Panther oder die Höhlenbewohner. Eine Räubergeschichte aus den verderblichen Zeiten des 30jährigen Krieges. 2 Bde. Ebend. 865. 8. (375 S.) 1 ℛ

Mannsfeld, G. F., Sanello, der kühne Piraten-Kapitän. Seeräubergeschichte aus der neuern Zeit. 2 Bde. Leipzig 863, 64. Häfele sen. 8. (301 S.) 1 ℛ

Mannsfeld, Karl

Mannsfeld, Carl, die Konkursordnung f. d. Deutsche Reich u. d. Gesetz, betr. d. Anfechtg. v. Rechtshandlungen e. Schuldners außerhalb d. Konkursverfahrens, s.: Meinhold's jurist. Handbibliothek.

Mannsfeld, Carl Ed., Declamations-Abende, ernsten u. launigen Inhalts. Mit genauer Angabe d. nöth. Betonung beim Vortrage u. Bemerkn. üb. Declamation, nebst Hinweis. auf d. Zweck dies. Zusammenstellung. 1—12. Abend. 8. (29 B.) Meißen 838, 39, Goedsche.

—— (dass. unt. d. T.:) zwölf Declamations-Abende in 156 Vorträgen ernsten u. launigen Inhalts. Zur Unterhalt. u. Belustig. in gesellschaftl. Zirkeln, so wie z. Uebung im Declamiren. Nebst genauer Angabe d. nöthigen Betonung beim Vortrage &c. Neue wohlf. Ausg. in 1 Bd. 8. (29 B.) Ebds. 840.

—— Europa's Eisenbahnen, od.: Was geschah in neuester Zeit im Gebiete d. Eisenbahnbauten &c., so wie Andeutungen üb. d. zu beginn. Eisenbahnen v. Leipzig nach Magdeburg, der sächs.-baier. üb. Altenburg u. Hof, u. d. leipzig-chemnitzer, nebst Bemerkn. üb. Englands u. Nordamerikas neueste Eisenbahn-Unternehmungen. gr. 8. (5 B.) Meißen 837, Goedsche.

—— Taschenbuch f. Freunde d. Privattheaters, enth. Andeutungen üb. Bildung e. Theater-Gesellschaft, den Bau e. Privattheaters, üb. d. Erfordernisse z. Aufführung, Deklamation u. Mimik. Nebst e. Wörterbuche d. gebräuchl. theatral. Ausdrücke. gr. 12. (12½ B.) Weimar 839, Voigt.

Mannsfeld, Karl Ed., Taschenbuch für Freunde des Privattheaters. 2. Ausg. 12. Weimar 843, Voigt. 1 ℛ

Mannsfield, s.a. Mansfield

Mannsfield, Amalie, Seitenstück zur Delphine. 2 Bde. 8. Berl. 803, Bos. 3 ℛ 8 Gr

† **Mannsperg**, Sigismunde, (Irene Frieder. Schöpfer, geb. Hotze,) die Kunst, Schönheit u. Jugendfrische zu erlangen u. bis in d. hohe Alter zu erhalten. Allen jungen Leuten, sowie auch Eltern u. Erziehern gewidmet. gr. 16. (5 B.) Sondershausen 836, (Eupel.)

Mannsperson, Die illustrirte. Humor, Satire und — Wahrheit ... Leipz. 1852. V: *Hopf, Albert.* (Ky)

Mannsperson, die illustrirte. Humor, Satire u. — Wahrheit. Mit X Holzschn. [Ein Gegenstück zum „illustrirten Frauenzimmer".] Von einer Dame (A. Hopf). 16. (112 S.) Leipzig 852, Wengler. ¼ ℛ

Mannsperson, die illustrirte. Humor, Satire und — Wahrheit. Mit 17 (eingedr.) Holzschn. Von einem illustrirten Frauenzimmer. 2. verm. Aufl. Leipzig 860. Wengler. 16. (IV, 128 S.) n. 10 ngr.

Mannsperson, die illustrirte. Humor. Satire u. — Wahrheit. Mit 17 (eingedr.) Holzschn. Von e. illustr. Frauenzimmer. 3. verm. Aufl. gr. 16. (IV, 135 S.) Leipzig 875. Verlags-Institut. n. 1. —

Mannsperson, die illustrirte. Humor, Satire u. — Wahrheit. Mit 17 Holzschn. Von e. illustrirten Frauenzimmer. 4. Aufl. 12. (186 S.) Reutlingen 886. Bardtenschlager. 1. —

Mannss, Adam

Mannß, A., Führer durch unsere gesamten Reichs-, Staats- u. Kommunal-Verfassungs- u. Verwaltungs-Gesetze nebst e. auf den Grundlagen des neuen bürg. Gesetzbuchs bearbeit. gemeinverständl. Darstellung des deutschen Privatrechts. Uebersichtl. Handbuch f. Jedermann, insbesondere f. Beamte u. Anwärter der Staats- u. Kommunalverwaltungsbehörden sowie Leitfaden f. den Schul- u. Selbstunterricht. 4. Aufl. 14.—16. Taus. 2 Tle. in 1 Bde. (246 u. IX, 164 S.) 8. Erfurt (Metzerstr. 5) 906. Selbstverlag. Geb. n. 2. 75

Mannß, A., Führer durch unsere gesamten Reichs-, Staats- u. Kommunal-Verfassungs- u. Verwaltungs-Gesetze nebst e. auf den Grundlagen d. neuen bürgerlichen Gesetzbuchs bearbeiteten gemeinverständlichen Darstellung d. deutsch. Privatrechts. Uebersichtliches Handbuch f. Jedermann, insbesondere f. Beamte u. Anwärter der Staats- u. Kommunalverwaltungsbehörden sowie Leitfaden f. den Schul- u. Selbstunterricht. 5. Aufl. 18.—21. Taus. 2 Tle. in 1 Bde. (XXII, 320 u. IX, 168 S.) 8. Erfurt (Gustav Adolfstr. 8) 909. Kreissekretär Mannß. Geb. in Leinw. 3.—

[J.] Führer durch unsere gesamten Verfassungs- und Verwaltungs-Gesetze. E. übersichtl. u. gemeinverstdl. Handb. f. Jedermann u. e. Leitfaden f. d. Verwaltgsunterr. in Fortbildgsschulen u. s. w. Von A. **Mannss**, Kgl. Kreissekret. *Erfurt: Selbstv.; Dr. v. Friedr. Kirchner 1897.* (XVI, 215 S.) 1 Bd 8. [97. 2245

Mannstaedt, A., die Blutopfer der Guillotine. 8. (140 S.) Berlin 894. Wiener. n. 1. —
Früher u. d. T.: Erhardt, Geo., Memoiren Maximilian Robespierres.

Mannstaedt, F. W., gewerbliches Adreßbuch. Führer in die Industrie des Regierungsbezirks Arnsberg. Die wichtigeren gewerblichen Anlagen einschließlich der Steinkohlen- und Erz-Bergwerke zusammengestellt. Nebst einem Anhang: Uebersicht der Werthe der Fabrik-Erzeugnisse von L. Jacobi. Iserlohn 858. Bädeker. gr. 8. (104 S. u. 1 Tab. in Fol.) n. 15 *ngr.*

Mannstaedt, Heinrich, Dr. phil., a. Bonn: **Die kapitalistische Anwendung der Maschinerie.** Bonn a. Rh. 1905: S. Foppen. (54 S.) 8° ¶(Ersch. vollst. im Verlage von G. Fischer, Jena.)
Münster, Jur. Fak., Ref. Wäntig, Diss. v. 26. Sept. 1905
[Geb. 27. Dez. 72 Nachrodt, Kr. Altena; Wohnort: Münster i. W.; Staatsangeh.: Preußen; Vorbildung: Realgymn. Cöln Reife O. 93; Studium: Bonn 9, Berlin 3, Bonn 6 S.]

Mannstaedt, Heinr., die kapitalistische Anwendung der Maschinerie. (VII, 103 S. m. 1 eingedr. Kurve.) gr. 8. Jena 905. G. Fischer. n. 2. —

Mannstaedt, Heinrich: **Beiträge zur Kenntnis der Campholengruppe.** *Bonn 1897: C. Georgi.* (61 S.) 8°
Bonn, Phil. Diss. v. 18. Dez. 1897

Mannstaedt, Heinr., Die Konzentration in der Eisenindustrie und die Lage der reinen Walzwerke. gr. 8⁰. Jena, G. Fischer, 1906. 63 S.

Mannstaedt, L. & Cie., (Mannstaedtwerke) Akt.-Ges., Façoneisen-Walzwerk: Musterbücher und Kataloge. 1904 ff. Kalk (Troisdorf) b. Köln a. Rh.

Mannstaedt L & Cie., Kalk. Ziereisen d. Façoneisen-Walzwerks. fol Kalk 1888

Mannstädt, W., Freiheit u. Gleichheit! Eine Stimme aus d. Preuß. Volke im J. 1833. Lex.-8. (1½ B.) Merseburg 834, Weidemann.

Mannstaedt, W., die Gardinenpredigt, s.: Kühling's, A., Album für Solo-Scenen.

Mannstädt, W., u. A. **Weller,** die wilde Katze, s.: Universal-Bibliothek.

– O Lotte! s. Kühling's, A.: Album für Liebhaberbühnen.

Mannstädt, W., das Milchmädchen von Schöneberg, s. Kühling's, A., Volks-Schaubühne.

—— hinter Schloß und Riegel, s. Kühling's, A., Theater-Specialität.

—— Schwarz-Weiß, s. Kühling's, A., Album für Liebhaber-Bühnen.

– Eine fromme Schwester, s. Kühling's, A.: Album für Liebhaberbühnen.

Mannstädt, W., und A. **Weller,** die schöne Ungarin, s. Universal-Bibliothek, Nr. 2318.

Mannstaedt, Wilh.

Mannstaedt, W., ein reizendes Füßchen, s. a. Striese.

[J.] Ein reizendes Füsschen. Schwank in 1 Akt nach d. Französ. v. W[ilh.] **Mannstädt.** *Charlottenburg: M. Simson [1898].* (40 S.) 8.
= Bibliothek moderner Einakter. H. 2.
= **Striese.** E. lustiges Theaterbuch. Bd 2. Beigabe. [98. 10866

Mannstein, s. a. Manstein.

Mannstein, Theodore von.
Vom Verfasser des Herrmann von Löbeneck. Leipzig 1808. V: *Kähler, Ludwig August.* (MGT)

Mannstein, Theodore v., v. Verf. d. Herrmann v. Löbeneck. 2 Thle. 8. Leipz. Tauchnitz. 808.

Mannstein, Heinr., Denkwürdigkeiten der Churfürstlichen und Königlichen Hofmusik zu Dresden im 18. u. 19. Jahrhundert. Nach geheimen Papieren und Mittheilungen. Leipzig 863. Matthes. 8. (131 S.) 12 *ngr.*

—— Katechismus des Gesanges im Lichte der Naturwissenschaften, der Sprache und Logik. 8. (VI und 80 S.) Leipzig 864, Matthes. *

Mannstein, Heinr. Ferd., ober- u. niedersächsisches Adelslexikon. Ein historisch-genealog.-diplomat.-heraldisch-statistisches Handb. der fürstlichen, gräfl., freiherrl. u. adeligen Geschlechter Ober- u. Nieder-Sachsens der älteren u. neueren Zeit. I. Bd. I. Hft. gr. 8. (11¾ B.) Dresden u. Leipzig 843, Arnoldische Buchh. *

Mannstein, Heinr. Ferd., der Aufstand in Stralsund, geschichtl. Novelle, u. Mirabeau's Tod, Novelette. 8. (13¼ B.) Dresden u. Leipzig 838, Arnoldische Buchh.

Mannstein, Heinr. Ferd., die grosse italien. Gesangschule, nebst prakt. Uebungsstücken, klassischen, bisher ungedr. Singübungen von Meistern aus ders. Schule, u. Arien für den Unterricht. 2., sehr verm., umgearb. u. verb. Aufl. d. Werkes: „Das System der grossen Gesangschule des Bernacchi v. Bologna." gr. 8. (VIII u. 378 S.) Leipzig 848, Arnold. 2 ℛ

—— Geschichte, Geist u. Ausübung des Gesanges von Gregor dem Grossen bis auf unsere Zeit. gr. 8. (12²/₈ B.) Leipzig 845, Teubner.

Mannstein, H. F., der Schwedenkönig Gustav Adolph. Romant.-kriegerisches Gemälde. 2 Thle. 8. (24½ B.) Dresden 834, Arnold.

—— die Mystiker, Novelle, u. der Arzt als Scharfrichter, ein Lebens- u. Reisebild. 8. (9 B.) Dresden u. Leipzig 839, Arnoldische Buchh.

— Marchese Pensorosa, Novelle, und: Die Leiden e. großen Seele, Erzählung. 8. Ebd. 836. 1⅙ ℛ

—— die gesammte Praktik d. klass. Gesangkunst. Ein Handb. f. Componisten, Gesanglehrer, Sänger, Cantoren u. alle Kenner u. Verehrer d. Kunst. Schmal gr. 4. (7¼ B. u. 4½ B. Musikbeil.) Dresden u. Leipzig 839, Arnoldische Buchh.

—— das System d. grossen Gesangschule des Bernacchi v. Bologna, dargest.; nebst klass., bisher ungedr. Singübungen, von Meistern aus ders. Schule. — Système de la grande méthode de chant de Bernacchi de Bologne. Avec des vocalises classiques jusqu'à présent inedites de maitres de chant, formès dans la même ecole. Fol. (38 B.) Dresden u. Leipzig 835, Arnoldische Buchh.

Mannsteinische Familiengesch., s. Familiengeschichte.

Mannteufel, s.a. Manteufel

v. Mannteufel, ..., vom Einfluß d. Religion auf d. Wohlfahrt d. Staats. 8. Magdeb. 784. Creuz. 1 ℊ

v. Mannteufel, Hakenrichter, C. M. Z., üb. das Sinken d. Preise d. Landbauerzeugnisse in Rußland, als Beantwort. der von d. kais. Acad. d. Wissenschaften am 29 Dec. 1826 bekannt gemachten Preisfrage. gr. 8. St. Petersb. 829. (Leipz. Cnobloch). 6 ℊ

Mannteufel, C. M. Z. von: Über das Sinken der Preise der Landbauerzeugnisse in Rußland. St. Petersburg, (Leipzig, Voß) 1829. 8°

Mannteuffel, C. M. Z. v., über d. Sinken d. Preise d. Landbauerzeugnisse in Rußland, als Beantwortung d. von d. Kaiserl. Akademie d. Wissenschn. am 29. Dec. 1826 bekannt gemachten Preisfrage. gr. 8. (2½ B.) St. Petersburg 829. (Leipzig, Voß.)

Mannteuffel, Otto Thdr. von, s. Manteuffel

Mannucci, Ubaldo, s.: Irenaei, Lugdunensis episcopi, adversus Haereses libri V.

MANNUS. ZEITSCHRIFT FÜR VORGESCHICHTE. Organ der Deutschen Gesellschaft für Vorgeschichte, herausgegeben von GUSTAF KOSSINNA.
Bd. I. (Mit Tafeln.) Würzburg 1909. Curt Kabitzsch (A. Stuber's Verlag.) gr. 8°.
Bd. II. (Mit Tafeln und Abbildungen.) ib. 1910. —
Bd. III. (Mit Tafeln und Abbildungen.) ib. 1911. —
Bd. IV. (Mit Tafeln und Abbildungen.) ib. 1912. Verlag von Curt Kabitzsch.

MANNUS. ZEITSCHRIFT FÜR VORGESCHICHTE im Auftrage der Gesellschaft für deutsche Vorgeschichte, herausgegeben von GUSTAF KOSSINNA.
Bd. V. (Mit Tafeln und Abbildungen.) ib. 1913. —
Ergänzungsband I. BERICHT über die I. Hauptversammlung zu Hannover, 6. bis 9. August 1909. ib. 1910. Verlag von Curt Kabitzsch. (A. Stuber's Verlag.)
Ergänzungsband II. BERICHT über die II. Hauptversammlung zu Erfurt, 31. Juli bis 3. August 1910, bearbeitet von Dr. GUSTAV ALBRECHT und Prof. Dr. GUSTAF KOSSINNA. ib. 1911. —

Mannus. Zeitschrift f. Vorgeschichte. Organ der Deutschen Gesellschaft f. Vorgeschichte, hrsg. v. Gust. Kossina. 1. u. 2. Bd. à 4 Hefte. (IV, 350 S. m. 208 Abb. u. 37 Taf. u. IV, 363 S. m. 278 Abb. u. 17 Taf.) Lex. 8. Würzburg 909. 10. C. Kabitzsch. à Bd. 16. —

— dasselbe. 1. Ergänzungsbd. Lex. 8. Ebd. 4. —; f. Abonnenten der Zeitschrift u. Mitglieder 3. —
Bericht üb. die 1. Hauptversammlung zu Hannover, 6.–9. VIII. 1909. (IV, 107 S. m. Abb. u. 2 Taf.) 910.

Reimereien v. C. H. **Mannweiler.** Lütjenburg. o.J. 8°

Mano, G. A., Lettre à S. G. Monseigneur Dupanloup, évêque d'Orléans, au sujet de la grande église d'Orient. gr. 8. (59 S.) Heidelberg 862. (Leipzig, Brockhaus' Sortiment und Antiquarium.) *

Manoco's Ende. Weltgeschichtlicher Schwank in 1 Akt von Vielleicht Später. Lübeck 861. (v. Rohden.) 8. (30 S.) n. 4½ ngr.

Manoff, Wassil A., aus Tultscha: Das Überbürdungsproblem in den höheren Schulen Deutschlands mit besonderer Berücksichtigung des preussischen Gymnasiums. Ein Beitrag zur Lösung d. Überbürdungsfrage. *Jena 1899: B. Vopelius.* (131 S.) 8°
Jena, Phil. Diss. v. (21. Dez.) 1898

Manojlo, Pawle (Hrsg.), s. Abraham a Santa Clara: Heilsame Lehren für das Leben...

Manoiloff, Ewstatie [aus Bulgarien '(gebor. Pirot-Serbien.)']: Aus d. bacteriolog. Institut d. Univ. Bern. Bacteriologische Untersuchungen über Bernische Wasserversorgung ... Würzburg, Druck v. F. Fromme, 1893; 83 S. 8.
Würzburg, Med. Fak., Inaug.-Diss. v. 1893

Manojlović Gabriel: Zur Erklärung der Widerstandskraft des späteren römischen Reiches. 400—800 n. Chr. Das römisch-griechische Volk: Das Volk (Demos) von Konstantinopel.
1896 PN 977 Diss. Wien, Univ. 780

Manojlović, Svetozar, serbisch-croatische Dichtungen. Ausgewählt und im Versmaße der Originale ins Deutsche übertragen. 3. bedeutend verm. Aufl. 12. (V, 308 S.) Wien 888, (Bretzner und Comp.) *ℳ 5.—.; geb. *

Manojlović, Svetozar, serbische Frauenlieder. Ausgewählt u. im Versmaße des Originals ins Deutsche übertr. 16. (VI, 43 S.) Eisenstadt 882. (Wien, Seidel & Sohn.) n. 1.20

Manojlović, Svetozar, Guzla u. Leier. gr. 16. (124 S.) Wien 898. L. W. Seidel & Sohn. n. 3. —

Manojlovits, astronomischer Wandkalender pro 1888. Text von Karl Zelbr. qu. gr. Fol. Wien 888, Gerold's Sohn. *

Manola. Spanischer Nationalcostümtanz f. 8 Paare. (7 S. m. Fig.) kl. 8. Dresden (907). E. Neumann & Co. 1.—

Manolescu, Georges (Fürst Lahovary), Ein Fürst der Diebe, Memoiren. M. Anh. [Vorr.:] (Paul *Langenscheidt*). Berlin-Gross-Lichterfelde-Ost [1905]. 8°.
(Langenscheidt's Bibl. d. Zeit.)

Manolescu, Georges (Fürst Lahovary), ein Fürst der Diebe. Memoiren. Mit Anh. (Umschlag: 3. Aufl.) (276 S. m. Bildnis.) 8. Gross-Lichterfelde-Ost (906). Dr. P. Langenscheidt. n. 3.—; geb. n. 4.50

Manolescu, Georges (Fürst Lahovary), Gescheitert. Aus dem Seelenleben e. Verbrechers. Nach dem im Besitz des Verlags befindl. Original übers. v. Paul Langenscheidt. Mit Bild des Verf. vom Juli 1905. (Dr. P. Langenscheidt's Bibliothek der Zeit.) (274 S.) 8. Gross-Lichterfelde-Ost (905). Dr. P. Langenscheidt. n. 3.—; geb. n. 4.50

Georges **Manolescu** ⟨Fürst Lahovary⟩. Memoiren. 2 Bde in 1 Bde. Wohlfeile Ausg. Gr.-Lichterfelde: P. Langenscheidt [1907]. (276, 267 S.) 8° [ℑ.]
1. Ein Fürst d. Diebe. Erlebtes u. Erlittenes.
2. Gescheitert. Aus d. Seelenleben e. Verbrechers. [07. 11-31

Manoloff, Philipp [aus Debretz, Türkei]: Willensunfreiheit und Erziehungsmöglichkeit (Spinoza, Leibniz, Schopenhauer.) Bern 1904. 74 S. 8°. [4. II. 04.]
Bern. Phil. Diss. 1903/1904.

Manoloff, Philipp, Willensunfreiheit u. Erziehungsmöglichkeit (Spinoza, Leibniz, Schopenhauer), s.a. Studien, Berner, zur Philosophie u. ihrer Geschichte. 38. Bd.

Willensunfreiheit und Erziehungsmöglichkeit. ⟨Spinoza, Leibniz, Schopenhauer.⟩ Von Dr. Philipp **Manoloff.** *Bern 1904: Scheitlin, Spring & Cie 1904.* (74 S.) 8°
— Studien, Berner, z. Philosophie u. ihrer Geschichte. Bd 38. [04. 7377

Manon la Rivière, das Mädchen ohne Zunge. Vom Verfass. der „Lebensjahre e. Kosmopoliten" (K. H. v. Schrader); 8. (Frankf.) 799. Fr. Wilmans. 20 𝔤

Manon, Lieder eines Jungen. 8. (XII, 79 S.) Dresden 900. E. Pierson. n. 1.—; geb. n. 2.—

Manon, s.a. Memoiren e. Freudenmädchens.

MANON, Memoiren eines Freudenmädchen. Interessante Enthüllungen aus dem Leben einer Verlorenen. (Zahmer Roman.) Reich illustriert (Holzschnitte im Text u. solche Vollbilder). 4.—7. Tausend. Berliner Verlags-Institut (ca. 1904). Schmal-hoch-8°. Color. Umschl. (Mk. 2—.) (1 Mk. 50 Pfg. M. Edelmann, Nürnb., c. 1903.)
VIII—130 S. (lat. Typ.).

Memoiren eines Freudenmädchens. Interessante Enthüllungen aus d. Leben einer Verlorenen. Von **Manon.** Reich ill. 8.–10. Taus. Berlin: Berliner Verl.-Inst. [1904]. (130 S.) 8° [05. 5938

Manor, Johs. v., ein neuer franziskanischer Märtyrer P. Victorin, Ord. Fr. M. Gemartert in China den 11. XII. 1898. gr. 8. (40 S. m. 1 Bildnis u. 1 Abbildg.) Wien 900. (Sankt Norbertus.) n.n. —40

Manoukian, Wahan, Dipl. Chemiker: Aus d. chemischen Institut d. Universität Breslau. Ueber die Einwirkung des p-Xylylenbromids auf einige primäre, secundäre, tertiäre Amine und Alkaloide. *Breslau 1901: H. Fleischmann.* (43 S.) 8°
Breslau, Phil. Diss. v. 15. Mai 1901

Manoeuvers, s. Manöver

Manoeuvres, s. Manöver

Das Manöver des XIV. Armeekorps 1889—91. Karlsruhe.

Das Manöver des XIV. Armee-Corps. Karlsruhe 1896.

Manöver. Die M' des II. Armeecorps ⟨Herbstübung vom 1.—18. September 1901⟩. 24 Tafeln in Lichtdruck nach photographischen Momentaufnahmen, Text und eine Karte des Manövergebietes (* *Umschlag:* Erinnerung an die M' des II. A' 1901). [Mit illustriertem Umschlag.] 13 S. quer-8. Zürich, Polygraphisches Institut A. G., [1901]. [geb. fr. 2.—]

Manoeuvers de force oder mechanische Übungen. Coblenz 1828.

Manoeuvres und Gefechte zwischen der Etsch und dem Mincio am 6., 8., 9. und 10. October 1834. (Mit 5 Beilagen und 5 Karten im Schuber.) 8. 1834.

Manoeuvers und Gefechte diess- und jenseits des Mincio am 7., 8. u. 9. October 1833. (Mit 4 Karten, 2 Oleaten und 5 Seiten Text im Schuber.) 8. 1833.

Große **Manöver** in Mähren 1909. [Sonderbeiheft zu Streffleurs militärischer Zeitschrift, zugleich Organ der militärwissenschaftlichen Vereine.] Gr.-8°. (VI, 263 S. mit 11 Beilagen.) Wien: Seidel & Sohn 1910. K 8.—

Manöver, Die grossen, 1895 in Böhmen und Siebenbürgen. Wien 1896. V: *Kurz, Carl Friedrich.* (EB)

Manöver, Die grossen, 1894 in Böhmen und Ungarn. Wien 1894. V: *Kurz, Carl Friedrich.* (EB)

Manöver, die großen, 1894 in Böhmen u. Ungarn. Theilweise umgearb. Sonder-Abdr. der Manöverberichte der „Reichswehr". 8. (XVI, 208 S. m. 2 Karten.) Wien 895. Verlagsanstalt „Reichswehr". n. 1.80

Manöver, Die grossen, der italienischen Armee im Jahre 1872. Beihft. z. „Milit.-Wochenblatt". — Berlin 1873.

— grössere, in Mähren 1909. Bearb. im Operationsbureau des k. u. k. Generalstabes. (Sonderbeiheft zu „Streffleurs militär. Zeitschrift".) (VI, 263 S. m. 11 z. Tl. farb. Beilagen.) Lex. 8. Ebd. 910. 8.—

Manöver, Die grösseren, in Galizien 1900. Nach den Weisungen des k. und k. Chefs des Generalstabes auf Grund der Manöver-Relationen, sowie der Meldungen der Schiedsrichter und Berichterstatter im operativen Bureau des Generalstabes bearbeitet. (1 Bd. Text und 1 Schuber mit 19 Karten.) (2 Bde.) 8. Wien 1900.

Manöver, die grösseren, in Ungarn 1893. Nach den Befehlen der Manöver-Oberleitg. auf Grund der Manöver-Relationen, dann der Meldgn. der Schiedsrichter u. Berichterstatter im operativen Bureau bearb. Lex.-8. (126 S. m. Tab. u. 12 Karten.) Wien 894. (L. W. Seidel & Sohn.) n. 5.40

Manöver, Die grösseren, in West-Ungarn 1902. Nach den Weisungen des k. und k. Chefs des Generalstabes auf Grund der Manöver-Relationen, sowie der Meldungen der Schiedsrichter und Berichterstatter im operativen Bureau des Generalstabes bearbeitet. Hiezu ein Schuber mit 19 Karten. (2 Bde.) 8. Wien 1902.

Manövers f. d. Infant., durch w. s. der Cavallerie nicht n. Widerst. leisten, sond. a. angreifen f. v. Du Teil, m. K. 8. Berlin, Unger. 785.

— — Die, des 8. und 9. Corps bei Reichstadt 1899. Nach den Weisungen des k. und k. Chefs des Generalstabes auf Grund der Manöver-Relationen, sowie der Meldungen der Schiedsrichter und Berichterstatter im operativen Bureau des Generalstabes bearbeitet. (Hiezu ein Schuber mit 16 Karten.) (2 Bde.) 8. Wien 1899.

Manöver, Die, des 3. und 14. Corps in Kärnten 1899. Nach den Weisungen des k. und k. Chefs des Generalstabes auf Grund der Manöver-Relationen, sowie der Meldungen der Schiedsrichter und Berichterstatter im operativen Bureau des Generalstabes bearbeitet. (Hiezu 1 Schuber mit 30 Karten.) (2 Bde.) 8. Wien 1899.

Manöver, die, des 8. u. 14. Korps in Kärnten vom 2. bis 7. IX. 1907. Mit 7 Textskizzen, 1 Ordre de bataille, 10 Kartenbeilagen u. 2 Oleaten. [Sonderbeiheft zu „Streffleurs milit. Ztschr."] (III, 159 S.) Lex. 8. Wien 908. L. W. Seidel & Sohn. 4. —

Manöver, Die, des 1. und 2. Corps bei Bistritz am Hostein 1897. Nach den Weisungen des k. und k. Chefs des Generalstabes auf Grund der Manöver Relationen, sowie der Meldungen der Schiedsrichter und Berichterstatter. Im operativen Bureau bearbeitet. (Hiezu 1 Schuber mit 15 Karten.) (2 Bde.) 8. Wien 1897.

Manöver, die, des 1. u. 2. Korps in Schlesien vom 31. VIII. bis 4. IX. 1906. Mit 8 Beilagen u. 5 Textskizzen. (64 S.) gr. 8. Wien 906. L. W. Seidel & Sohn. n. 3. 20
Sonderabdruck aus: „Streffleurs öst. militär. Ztschr."

— — Die, des 7. und 12. Corps bei Buziás 1898. Nach den Behelfen des k. u. k. Chefs des Generalstabes auf Grund der Manöver-Relationen, sowie der Meldungen der Schiedsrichter und Berichterstatter. Im operativen Bureau des Generalstabes bearbeitet. (Hiezu 1 Schuber mit 14 Karten.) (2 Bde.) 8. Wien 1898.

Manöver, Die, des 7. und 12. Korps in Südungarn 1903. Nach den Weisungen des k. und k. Chefs des Generalstabes auf Grund der Manöverrelationen, sowie der Meldungen der Schiedsrichter und Berichterstatter im operativen Bureau des Generalstabes bearbeitet. (Mit 16 Karten und 2 Beilagen.) 8. Wien 1903.

— — Die, des 4. und 13. Corps in Südwest-Ungarn 1901. Nach den Weisungen des k. und k. Chefs des Generalstabes auf Grund der Manöver-Relationen, sowie der Meldungen der Schiedsrichter und Berichterstatter im operativen Bureau des Generalstabes bearbeitet. (Mit 6 Beilagen.) Hiezu ein Schuber mit 17 Karten. (2 Bde.) 8. Wien 1901.

Manöver, Die, des 4. und 5. Corps bei Totis 1892. Nach den Befehlen des k. und k. Chefs des Generalstabes auf Grund der Manöver-Relationen, sowie der Meldungen der Schiedsrichter und Berichterstatter. Im operativen Bureau des Generalstabes bearbeitet. (Hiezu ein Schuber mit 13 Karten.) (2 Bde.) 8. Wien 1897.

Manöver an der unteren March 1884, Specialkarte zu den Corps-. Gr.-Qu.-Fol. Tonfarbendr. Ebds. 1 fl. 20 kr. S. 334

Manöver, Die österreichisch-ungarischen. 6 Briefe des Militärcorrespondenten der Times . . . Wien 1895. V: *Henderson.* (EB)

Manöver, die österreichisch-ungarischen. 6 Briefe d. Militär-Correspondenten d. „Times", übers. von Herm. Frhr. v. Gemmingen. gr. 8. (61 S. m. 1 Skizze.) Ebd. 896. n. 1. —

Manöver, die, im September 1897 bei Homburg v. d. Höhe, s. a. Beiheft z. Militär-Wochenblatt, 1898.

Die **Manöver** im September 1897 bei Homburg v. d. Höhe. Mit 10 Anlagen. Berlin: E. S. Mittler & Sohn (1898). S. 279–321.) 8°
(Beihefte z. Militär-Wochenblatt. 1898. H. 7.)

Manöver- und Notiz-Buch für den Kompagnie-Chef der Infanterie. 32. (66 S.) Potsdam 878, Döring. geb. *
— dass. — 2. Jahrg. 1879. 24. (36 S. mit lithogr. Formularen.) Ebendas. geb. *

Manöver-Notiz-Buch für den Kompagnie-Chef der Infanterie. 3.—5. Jahrg. 1880—1882. Mit lithogr. Beilagen. 16. (36; 85; 85 S.) Potsdam, Döring. geb. à Jahrg. *
Nicht weiter erschienen.

Manöverinstruktion, japanische, vom J. 1907. Deutsche Übersetzg. von Ritter v. Ursyn-Pruszynski. (III, 52 S. m. 2 farb. Taf.) gr. 8. Teschen 909. K. Prochaska. 1. —

Manöver-Instruktion für den Kavalleristen. Zusammengestellt von einem Offizier der Waffe. 12. (46 S.) Berlin 887, Mittler und Sohn. *

Manöver-Kalender für Infanterie-Unteroffiziere 1867. Burg, Hopfer. 32. (48 S.) geb. n. 5 ngr.

Manöver-Karte für die Gegend Hadersleben-Kolding, hrsg. vom Generalstabe der 18. Division. 1 : 60,000. 4 Bl. Chromolithogr. qu. gr. Fol. Berlin 876, (Goldschmidt.) * 3 —

Manöver-Karte für die Herbstübungen der 18. Division im Jahre 1876. 1:60 000. o.O. u. J. Lithogr. mit braun getönten Hügeln. 4 Bl. Fol., 47,5/48,8 cm.
Umfasst Nordost-Schleswig, westlich bis Rödding, südlich bis Apenrade.

Manöverkarte von Ludwigsburg u. Umgebung. 1 : 100,000. Steindr. 30,5×30 cm. Stuttg. 892, (R. Roth). ** — 25

Manöverkarten [Schlagwort]

Manöverkarten, s.: Militärkarten.

Manöver-Küche, v. Felizitas. Ein Kochbuch, welches auch f. Touristen, Schutzhäuser u. kleinere Alpenhotels sowie f. Personen, welche vormittags beruflich verhindert sind, ihre Mahlzeit zu kochen, gute Dienste leisten wird. (III, 93 S.) gr. 8. Ebd. 905. n. 2. —

Manöver-Notiz-Buch . . . , s. Manöverbuch und Notizbuch . . .

Manöver-Postordnung. Unveränderter Abdr. der im J. 1886 emanirten Ausg. gr. 8. (48 S.) Berlin 890. v. Decker. n. — 40

Manövers, s. Manöver

Manöver-Zeitung, illustr. Zur Erinnerg. an d. Kaiserparade bei Homburg v. d. H. am 4. IX. 1897. Offiz. Programm d. Kurverwaltg. in Homburg. Bearb. nach amtl. Quellen v. W. B. gr. 4. (24 S.) Frankfurt a/M. 897. Mahlau & Waldschmidt. — 30

Manövrir-Instruction für die Infanterie in grösseren Körpern sammt der ihr zugetheilten Artillerie. (Manuscript mit 11 Taf.) 4. (Wien) 1833.

Manövrir-Instruction der Cavallerie für eine oder mehrere in Divisionen und Corps zusammengestellte Cavallerie Reserve-Brigaden und der zugehörigen Artillerie. (Manuskript.) Mit 9 Taf. Wien 1834.

— — sammt der ihr zugetheilten Cavallerie und Artillerie. (Manuscript.) Mit 11 Taf. 4. 1834.

— (Lithogr.) Fol. (Wien) 1835.

Manövrir-Instruction für grössere Truppenkörper vom Regimente aufwärts und der eingetheilten Jäger-Bataillone, Cavallerie und Artillerie. kl. 8. Wien 1867.

Manövrir-Instruktion für größere Truppenkörper vom Regimente aufwärts. Wien 867. Hof- u. Staatsdruckerei. 8. (VI, 124 S. mit eingedr. Holzschn.) n.n. 15 ngr.

Manövrir-Reglement. Wien 1851. 4°. — 1857.

Manövrir-Reglement. Wien 1859.

Manövrir-Reglement, das, in Kürze zusammengefaßt u. durch die Bestimmungen des Exercier- u. Abrichtungs-Reglements ergänzt. Für die Herren Generäle, so wie Stabs- u. Ober-Officiere der drei Hauptwaffen der k. k. österreich. Armee. Brünn 864. Buschak & Irrgang. 8. (123 S. mit 1 Plane.) n. 16 ngr.

Manövrir-Reglement für die k. k. Artillerie. 8. Wien 1859.

Manövrir-Reglement für die k. k. Infanterie (und der zugehörigen Artillerie). (Lithogr.) 4. (Wien) 1851.

— — für die kaiserl. königl. Infanterie (und der ihr zugehörigen Artillerie und Cavallerie). 8. Wien 1853.
— — (Neuauflage.) 8. Wien 1863.

Manöverir-Reglement für die k. k. Infanterie. gr. 8. (96 S. mit in den Text eingedr. Holzschn.) Wien 868, Hof- und Staatsdruckerei. * *

Manövrir-Reglement für die k. k. Cavallerie. (Mit 10 Tafeln.) (Lithographiert.) (Donation Lichtenstein.) 8. (ohne Ort.) 1851.

Manövrir-Reglement für die k. u. k. Kavallerie. Wien 1857. 8°.
Dass. (Ausz.) 1852.

— — für die kaiserl. königl. Cavallerie. (Mit 2 Plänen.) (Donation Liechtenstein.) 8. Wien 1857.

Manövrir-Reglement für die k. k. Kavallerie 1857. Wien, 1857. Aus der k. k. Hof- u. Staatsdruckerei. (51 S. 8.) (Enthält 2 Pläne u. Querf.)

Manövrier- und Gefechtstechnik der selbstständig und in Verbindung mit anderen Waffen auftretenden Cavallerie. Wien 1860. V: *Gallina, Jos. Freih. v.* (Ky) (KA)

Manövrir- und Gefechtstechnik der selbständig und in Verbindung mit den anderen Waffen auftretenden Cavallerie. Von J. G(allina). gr. Lex.-8. (80 S. mit 64 eingedr. Holzschn.) Wien 860, (Gerold's Sohn.) *
Aus: Oesterreichische militärische Zeitschrift, besonders abgedruckt.

Manquest de la Motte, Guillaume. Vollständige Abhandlung von der Chirurgie ... A. d. Franz. ... Nürnberg 1762. Ü: *Huth, Georg Leonhard.* (will)

Manresa, oder die geistl. Uebungen des heil. Ignatius, s.a. Leitsterne, neue, auf der Bahn des Heils.

Manresa oder die geistlichen Uebungen des H. Ignatius, in neuer, leichtfässlicher Darstellung ... Regensburg 1848. V: *Schmid, Franz Anton.* (so)

Manresa od. die geistlichen Uebungen des h. Ignatius in neuer, leichtfaßlicher Darstellung zum Gebrauche aller Gläubigen. Aus dem Franz. gr. 12. (526 S.) Regensburg 848, Pustet. n. 1 ₰ 6 ngr.

Manresa oder die geistlichen Uebungen des hl. Ignatius in neuer, leichtfaßl. Darstellung zum Gebrauche aller Gläubigen. Aus d. Französ. 2. verm. Aufl. Regensburg 853. Pustet. 8. (VII, 568 S.) n. 1 ₰. 6 ngr.

Manresa oder die geistlichen Uebungen des heil. Ignatius in neuer, leichtfaßlicher Darstellung zum Gebrauche aller Gläubigen. Nach dem Französ. frei bearb. von Frz. Ant. Schmid. 3. verm. u. verb. Aufl. Regensburg 861. Pustet. gr. 8. (XVI, 531 S.) n. 1 ₰

Manresa od. die geistlichen Übungen des hl. Ignatius in neuer, leichtfaßlicher Darstellung zum Gebrauche aller Gläubigen. Nach dem Franz. frei bearb. v. Frz. Ant. Schmid, S. J. 6., durch K. Friedrich S. J. verm. u. verb. Aufl. gr. 8. (VIII, 516 S. m. 1 Farbdr.) Regensburg 903. F. Pustet. 3. —; geb. in Halbchagrin n. 4. —

— das, der Kinder. Beherzigungen u. Gebete für die Zeit der Vorbereitung auf den ersten Empfang der heiligen Sacramente der Buße u. des Altars. Von einem Seelsorgsgeistlichen der Diöcese Breslau. Mit einem (lith.) Titelbild in Farbendr. Regensburg 870. Pustet. 16. (264 S.) 5 ngr.

Manresa, das, der Kinder. Beherzigungen u. Gebete für die Zeit der Vorbereitung auf den ersten Empfang der heil. Sacramente der Buße u. des Altars. Von einem Priester der Diöcese Breslau. 3. Aufl. Mit einem (farb.) Titelbild. 16. (304 S.) Regensburg 881. Pustet. — 60; geb. n. 1. —; m. Goldschn. n. 1. 40

Manrique, Alonso, s.a. Sammlung d. Instruction des Span. Inquisitionsgerichts.

Manrique, A.: Sammlung der Instruction des spanischen Inquisitionsger. A. d. Span. v. Reuß. Hannover: Helwing 1788. 8°

Man's, dead, rock by Q., s.: Collection of British authors.

Man's heart, either God's temple or Satan's abode represented in 10 figures. Translated from the Tshi translation into Gā or Akra language. 2. ed., revised. gr. 16. (56 S.) Basel 896. Missionsbuchh. Geb. n. — 90

Mans, G. Th., patholog.-therapeut. Repertorium z. 2. Aufl. d. Handbuchs d. Arzneiverordnungslehre v. Phil. Phoebus. Zur leichtern u. schnellern Uebersicht alphabet. geordnet. gr. 8. (4¾ B.) Loebau 836. (Berlin, A. Hirschwald.) *

Mans, R., die Friedenskirche zu Grabow a/O. Ein Gedenkblatt. gr. 8. (III, 39 S. m. 1 Bilde in Lichtdr.) Stettin 891. (F. Burmeister.) n. 1. —

Mansa, F. J., s. Mansa, Jh. Ldw.

Mansa, F(redericus) G(uilielmus): Dissertatio ... sistens disquisitionem de epidemiis maxime memorabilibus, quae in Dania grassatae sunt, et de medicinae statu. (P. 1: ab anno 1348 ad universitatem Havniensem anno 1478 fundatam.) Halae: Gebauer 1831. 133 S. 8°

Halle-Wittenberg, Med. Diss. v. 26. März 1831

Geb. Marienlyst bei Helsingör 29. 1. 1794. V.

Im Buchhandel 1831 bei Schultz (Gyldendal) in Kopenhagen.

Ob die in Aussicht gestellte baldige Herausgabe der P. 2: usque ad universitatem Havniensem, regnante Christiano III. restauratam (1539) ... erfolgt ist, war nicht feststellbar.

Verf. wurde ohne Rigorosum und Disputation in absentia promoviert.

Mansa, F. G., de epidemiis maxime memorabilibus, quae in Dania grassatae sunt, et de medicinae statu. Disquisitio histor.-med. Partic. I. 8maj. (8¾ B.) Hauniae 831. (Gyldendal.) Thlr

Mansa, J. H.: Karte von den dänischen Inseln und Jütland. Kopenhagen 1837–1848. 16 Bl. c. L. Ff.

Mansa, Jh. Ldw.

— Gartenkatechismus od. Grundregeln z. nützl. Anbau d. Gartengewächse. Mit 2 Kpf. 8. Kopenh. 802. Brummer. 8 g.

Mansa, Jh. Ldw., Pläne zu Gartenanlagen im engl. Geschm. 2 Hefte. Mit Kpf. qu. Fol. Kopenh. 798—800. Brummer. 6 ℛ ill. 8 ℛ (Leipz., Leo). 3 ℛ

Mansa, Joh. Ludw., Pläne z. Gartenanlagen im engl. Geschmack, nebst Anweis., wie man kleinere Parthien eintheilen u. bepflanzen kann, gest. v. G. N. Angelo. 2 Hfte. Mit Kpf. Qu.-Fol. Copenhagen, 1798 u. 1800. Brummer. (Schubothe) 6. — ill. 8. —

— Plans de jardins dans le goût anglais etc. II Vol. av. planch. enl. fol. obl. Copenhagen. (Levrault à Strasb.) 798.

Mansa, Ludw. Christ., Plans z. Anlagen englischer Gärten. Mit 8 Kpf. Quer.-Fol. Leipzig, 1795. Leo. (H. Fritzsche.) 1. 22⅓

— — Dass. 1. Fortsetzung. Ebend. 1797. 2. —

Mansa-Bai [Schlagwort]

Mansa-Bai, s.: Seekarten.

Mansard, G.: Topographische Karte des Fürstenthums Waldeck. Arolsen. 1 Bl. L. Ff.

Aus der Mansarde. Streitschriften, Kritiken, Studien und Gedichte. E. Zeitschr. in zwanglosen Heften hrsg. von G[eorg] Fr[iedr.] Daumer. H. 4. 5. Mainz: Kirchheim 1861—1862. 8°
4. XX, 347 S.; 5. XXIV, 158 S.
cf. Histor.-polit. Blätter f. d. kathol. Deutschl. 49 (1862) S. 185—192; Berliner Revue. 29, 2 (1862) S. 73.

Mansbach, Erh. F. v., s. Mannsbach, E. Bernh. Fr. v.

Gedanken eines norwegischen Officiers [d.i.: Friedrich von **Mansbach**] über die patriotischen Gedanken eines Dänen von den stehenden Heeren ... 1793. Kopenhagen. o.J. 8°

Mansbach, Jak. Glob., der Nießbrauch an Forderungen. Eine von der Juristenfacultät zu Marburg gekrönte Preisschrift. Mit einem Vorwort von Enneccerus. gr. 8. (XII, 87 S.) Marburg 880, Elwert'sche Verlagsh. *

Mansbach, Naftali [app. Arzt aus Karlsruhe]: Über die Behandlung der tuberkulösen Peritonitis durch die Laparotomie ... Karlsruhe, Druck v. F. Gutsch, 1892; 27 S. 8.
Heidelberg, Med. Fak., Inaug.-Diss. v. [29. Febr.] 1892

Mansbach, Sigmund [app. Arzt aus Kassel]: Diagnose, Prognose, Therapie und Aetiologie des Trichterbeckens. ... Karlsruhe, Druck v. F. Gutsch, 1891; 88 S., 1 Bl. 8°
Freiburg i. B., Med. Fak., Inaug.-Diss. v. 1891

[S.] Liederbuch für Stenographen aller Systeme. Hrsg. v. H. **Mansbacher** ... *Berlin: Selbstv.; f. d. Buchhandel (u. Druck) C. Hause 1895.* (4 Bl., 77 S.) 1 Bd 8. [96. 22.]

(**Mansberg**, Carl Wilhelm, Freiherr v., k. sächs. Artill.-Major.) Der Entsatz von Wien am 12. September 1683. Aus einer kriegshistorischen Studie. (Mit 2 Taf.) 8. Berlin 1883.

Mansberg, Rich. Frhr. v., Erbarmanschaft wettinischer Lande. Urkundliche Beiträge zur obersächs. Landes- u. Ortsgeschichte in Regesten vom 12. bis Mitte des 16. Jahrh. I.—III. Bd. Lex.-8. Dresden, W. Baensch. à n.n. 75. —
I. Das Osterland. Mit 6721 Regesten, 22 Taf. (in Mappe) u. 66 Holzschn. (VIII, 676 S.) 903.
II. Die Mark Meissen. Mit 5830 Regesten, 15 Taf. (in Mappe), 43 Holzschn. (VIII, 590 S.) 904.
III. Türingen. Mit 5939 Regesten, 16 Taf. (in Mappe), 60 Holzschn., 6 Zinkdr. (VIII, 616 S.) 905.

Mansberg, Rich. Frhr. v., Erbarmanschaft wettinischer Lande. Urkundliche Beiträge zur obersächs. Landes- u. Ortsgeschichte in Regesten vom 12. bis Mitte des 16. Jahrh. IV. (Schluss-)Bd.: Die Ostmark (Niederlausitz) u. Fürstent. Sachsen. Oberlausitz, Sagan—Nordböhmen. Mit 6657 Regesten, 19 Taf. in Mappe, 62 Abb. (XIV, 735 S.) Lex. 8. Dresden 908. W. Baensch.
Bd. I—III. Ebd. 903—05. nn 225. — nn 75 —

Mansberg, Rich. Frhr. v., daz hohe liet von der magetischen Symbolik der mittelalterlichen Sculpturen der Goldenen Pforte an der Marienkirche zu Freiberg i. S., erläutert. Fol. (XIV, 80 S. mit 7 Lichtdr.-Taf. nach Orig.-Aufnahmen.) Dresden 888, W. Hoffmann. geb.

Mansberg, Rich. Frhr. v., s.a. Turnierzug, mittelalterlicher, zur 800jährigen Jubelfeier des erlauchten Hauses Wettin.

Mansberg, R. Freiherr v. Der mittelalterliche Turnierzug zur 800jährigen Jubelfeier des erlauchten Hauses Wettin. Dresden, W. Hoffmann 1890.
67 S., 80 Bl., 80 Taf. gr 2°

— Wâfen unde Wîcgewaete der deutschen Ritter des Mittelalters. gr. Fol. (68 S. m. 9 Lichtdr.-Taf. u. 9 Bl. Erklärgn.) Dresden 890. (Leipzig, K. W. Hiersemann.) n. 20. —

Mansberg, Richard Frh. von. Wâfen unde Wîcgewaete der deutschen Ritter des Mittelalters. Von Richard Freiherr von Mansberg ... Dresden, Druck und Verlag der Firma Wilhelm Hoffmann 1890. [Umschlagtit.]
67 S. m. 1 Abb., 9 Taf., 9 Bl. gr 2°.

Manschgo, J.: Methode für den Anfang des Freihandzeichnens nach Grundsätzen des Dupuis, um die lernenden auf dem kürzesten Wege zum richtigen Entwerfen und Ausführen von Gegenständen jeder Art nach der Natur in perspektivischer sowohl als optischer Hinsicht in Licht und Schatten zu bringen. 26 S. 8°–Troppau OR., Progr. 1859

Manschgo, Leop.

— u. J. **Manschgo**, der Leib des Menschen. Ein Versuch, sowohl die Bestandtheile u. Werkzeuge als auch die Verrichtungen des Menschenleibes faßlich u. kurz zusammenzustellen. Für Gebildete, vorzugsweise f. Aeltern, Erzieher u. Lehrer. In 2 Thln. 1. Thl. Anatomie. Mit 10 lith. Taf. gr. 8. (X u. 284 S.) Wien 847, Gerold. n. 1 ß 24 ngr

Manschgo, Leop., die Seele des Menschen. Ein Versuch die wichtigern Seelenäußerungen in ihrem Zusammenhange darzustellen u. durch Beispiele zu erläutern. Vorzugsweise für Aeltern, Erzieher u. Lehrer. 12. Wien 845. (Gerold.) n. 2/3 ß

Manschgo, Leop., wie werden unsere Normal- u. Gymnasialschulen wesentlich besser? Den österreich. Schulmännern gewidmet. 2. umgearb. u. erweiterte Ausg. 8. (56 S.) Frankfurt a. M. 850, Hermann. 9 ngr

Manser, F., Versuch, e. freisinniges, christliches Glaubensbekenntnis aufzustellen, im Einklang m. der hl. Schrift (24 S.) gr. 8. Berlin 903. Bruer & Co. n. — 50

Manser, F., I. Was wollte Christus? II. Wer war Christus? III. Die Auferstehung Christi. 3 Abhandlgn. nebst Vorwort u. Nachwort. gr. 8. (20 S.) Berlin 902. Bruer & Co. n. — 50

Manser, G[allus]. De natura philosophiae disceptatio critico-historica, auctore Dre G. M Manser, O. Pr. [2 Tabulis adjectis.] 32 p. 8. Friburgi ⟨Helvetiorum⟩, Consoc. Sancti Pauli, 1903. [fr. —. 50]

Manser, J. A., possibilitas praemotionis physicae thomisticae in actibus liberis, naturalibus juxta mentem divi Aquinatis. Diss. gr. 8. (86 S.) Freiburg (Schweiz) 895. Universitätsbuchh. n. 1. 50

Manservisi, Rosa, die Unerforschliche. 2 Bde. 8. Königsb. 801. (Goedsche in Meißen). 1 ß 6 gr

MANSERWISI, Rosa, die Unerforschliche. (Zieml. freier Roman, mit Gedichten.) Vom —s Assessor—e (so!). 2 Thle. Königsberg 1801—2, bey Friedrich Nicolovius. 8°. (In Elbing, Stadtbibl.) (1 Mk. 20 Pfg. Raabe's Nachf., Königsberg; jetzt theurer!)
1: XXXII—224 S. Die Vorrede ist von literarhistor. u. buchhändlerischem Interesse. 2: VI—103 S.
— — Dasselbe. (Ohne die Bezeichnung: „Vom —s Assessor—e.") Wohlfeilere Ausgabe. Meissen, Goedsche, 1834. 8°. XXXII, 224 u. 103 SS.

Mansfeld [Sachliches OW]

Mansfeld, die Grafen von, und ihre Besitzungen. Zugleich als Erläuterung der histor. Karte der Grafschaft Mansfeld. gr. 8. (VIII, 115 S. mit 1 lithogr. und color. Karte in Imp.-Fol. und 1 Tab. in qu. gr. Fol.) Eisleben 872, (Kuhnt'sche Buchh.) cart. **

Mansfeld, Leopold von. Eine Geschichte in Briefen. Th. 1—4. Hamb. 1787. V: *Hegewisch, Dietz Herm.* (BGE IV³, 391)

Mansfeld, Leopold von, eine Geschichte in Briefen, 2 Theile, 8. Hamburg, 787. Hoffmann. 1 Rthl.

Mansfeld, Leopold von. Hamburg 1796. V: *Hegewisch, Dietrich Hermann.* (ADB)

Mansfeld [Schlagwort]

Mansfeld, s.a. Preussen. Messtischblätter.

Mansfeld. Brathuhn, O., neue Specialkarte v. den beiden Mansfelder Kreisen. 1 : 100,000. Neue Ausg. 1890. Lith. u. color. qu. gr. Fol. Eisleben 890. Mähnert. n. 1. 25

— Schroeter, E., Handkarte vom Mansfelder Gebirgskreis, zum Gebrauch in der Heimatskunde gezeichnet. 1 : 100,000. Farbendr. qu. Fol. Eisleben 890. (Kuhnt.) n. — 70

— — Handkarte vom Mansfelder Seekreis. 1 : 100,000. Farbendr. Fol. Ebd. 890. n.n. — 50

Mansfeld [Verfasser]

– s.a. Mannsfeld

— ärztl. Andeutungen zu ein. nähern Bestimmung d. bürgerl. Standpunktes d. Taubstummen. E. Abhandl. zur Einweihung d. Taubstummen-Instituts zu Braunschweig. gr. 4. Helmst. 828. Fleckeisen. 9 gr

Mansfeld, Dr., s. Bericht über die 19. Versamml. deutscher Naturforscher.

— Einleit. zur medicin. Encyclopädie, z. Behuf s. Vorlesungen. gr. 8. Braunschw. 829. Schulbuchhdl. 4 gr

Mansfeld, Wechselordnung, s.: **Rehbein, H.**

Mansfeld, A. (Hrsg.), s. Album von Genrebildern.

Mansfeld, Albr., Napoleon III. Mit 2 Stahlst. und 86 Holzschn. (In 3 Lfgn.) 1. und 2. Lfg. Imp.-4. (S. 1—344 mit 2 Stahlst. und 16 Holzschnt.) Stuttgart 859, Scheible. à Lfg. 1 Thlr. 6 Ngr.
Feine Ausg. à Lfg. ** 1 Thlr. 24 Ngr. **
Ist nicht fortgesetzt worden.

Mansfeld, Alfred [app. Arzt aus Tetschen in Österr.]: Aus d. medizin. Klinik in Kiel. Über Chorea minor ... Kiel, Druck d. Verl. d. »Nord-Ostsee-Zeitg«, 1897; 35 S. 8.
Kiel, Med. Fak., Inaug.-Diss. v. [20. Juli] 1897

Mansfeld, Alfr., Urwald-Dokumente. Vier Jahre unter den Grossflussnegern Kameruns. Mit 32 Lichtdr.-Taf., 165 Abb. im Text, 2 Karten u. Tab. (XVI, 310 S.) Lex. 8. Berlin 908. D. Reimer. Geb. in Leinw. 12. —

Mansfeld, Alwinus: De enuntiatorum conditionalium apud elegiarum poetas Latinos formatione. Halis Saxonum (1879): (Hottenroth & Schneider in Merseburg). 52 S. 8°
Halle-Wittenberg, Phil. Diss. v. 17. Mai 1879
Geb. Merseburg 18. 9. 1855. V.

Mansfeld, Arnold, die Reise der Familie Eggers nach Poppenbüttel. 12. (78 S.) Hamburg 886, Scharbius.

Mansfeld, Carl Friedr., s. Mansfeld, Karl Friedr.

David Mansfeld

Ueber das Alter des Bauch- und Gebärmutter-Schnitts an Lebenden; e. Beitrag zur Geschichte der Geburtshülfe. Von [David] Mansfeld. Braunschweig: G.C.E. Meyer 1824. VI S., S. 8 - 24. 8°

Mansfeld, Dr. ..., üb. d. Alter d. Bauch- u. Gebärmutter-Schnitts an Lebenden; e. Beitrag z. Geschichte d. Geburtsh. gr. 8. Braunschw. 825. Meyer. 4 ggr.

David Mansfeld

Beurtheilung [Beurteilung] des "geistlichen Raths für Hebammen vom Archidiakonus Harms;" nebst e. kurzen Geschichte der Störung der Arzneiwissenschaft durch geistlichen Mysticismus, dargelegt von [David] Mansfeld. Braunschweig: G.C.E.Meyer 1825. 24 S. 8°

— das Taubstummen-Institut zu Braunschweig von s. Errichtung bis zu Ende d. Jahres 1829 beschrieben. Nebst e. Mittheil. üb. d. Unterricht u. d. Erziehung d. Zöglinge d. Taubstummen-Instituts v. F. A. Westphal. gr. 8. Braunschw. 829. (Vieweg). 8 ggr.

—— das Taubstummen-Institut zu Braunschweig, v. seiner Errichtung bis zu Ende d. J. 1829 beschrieben. Nebst e. Mittheil. üb. d. Unterr. u. d. Erzieh. d. Zöglinge d. Taubstummen-Instituts v. F. A. Westphal. gr. 8. (5½ B.) Braunschweig 830, Vieweg.

David Mansfeld

De Uteri in efforzandis solis vi formatrici dissertatio qua anniversario 50 quo ... Blumenbachius doctoris medicinae titulo ornatus est, ... gratulatur Davides Mansfeld. Brunsvigae : G.C.E. Meyer 1825. 15 S. 4°

David Mansfeld

Ueber das Wesen der Leukopathie oder des Albinoismus nebst Beschreibung eines in Braunschweig lebenden Albinos (Beschreibung eines in Braunschweig lebenden Leucopathen). Von D[avid] Mansfeld. Braunschweig: Lucius 1822. VIII,39 S. 4°

— üb. das Wesen d. Leukophthie, od. d. Albinoismus, nebst Beschreib. eines in Braunschw. lebenden Albinos. Mit 1 ill. Kpf. gr. 4. Braunschw. 823. Lucius. 1 Rthlr.

Mansfeld, Don: Aus d. Universitätspoliklinik f. Hals- u. Nasenkranke zu Königsberg i. P. Dir.: Gerber. Ueber Knorpelgeschwülste des Kehlkopfs nebst Mitteilung eines Falles von Chondroma myxomatodes. Mit 1 Textfig. Berlin 1909: Schumacher. 16 S. 8° ¶(Aus: Archiv f. Laryngol. Bd 22, H. 3.)
Königsberg, Med. Diss. v. 3. März 1910, Ref. Lexer
[Geb. 29. April 81 Libau; Wohnort: Königsberg i. P.; Staatsangeh.: Rußland; Vorbildung: Gymn. Libau Reife O. 02; Studium: Jura Berlin 2, Med. Freiburg i. B. 1, Kiel 2, Rostock 2, Königsberg 6 S.; Rig. 28. Febr. 10.]
[U 10. 2577

Führer durch Eisenach und Umgebung, hrsg. v. Kurbad Eisenach, bearb. von H. **Mansfeld**. (Berlin-Schöneberg [1908]: Meisenbach, Riffarth & C.). (80 S.) 8° [08. 10579 ‡

[**Mansfeld, Heinrich & B. Biller.**] Wien's bewaffnete Bürger im Jahre 1806 in ihren Uniformen dargestellt. La bourgeoisie de Vienne formée en regimens. [Gezeichnet und gestochen von Heinr. Mansfeld und B. Biller.] à Vienne, chez Artaria et Comp: [1806?] Kupfertit.: 26 Taf. in kol. Kupferst. 2°.

Mansfeld, J., der Mainzer Carnevalszug. qu. gr. 8. (18 Taf.) Mainz 886. (v. Zabern.) n. 1. —

Mansfeld, J. G. (Mitarb.), s. Hauptgötter, Die, der Fabel.

Mansfeld, Joh[annes], dipl. Ing., aus Merseburg (Saale), z. Z. Assistent am chemischen Universitätslaboratorium in Zürich: Synthesen von Flavanthren, Dimethylpyranthren und Helianthren. Zürich 1907. 57 S. 8°. [12. II. 07.]
Zürich. Phil. Diss. II. S. 1906/1907.

Mansfeld, Joh[annes]. Synthesen von Flavanthren, Dimethylpyranthren und Helianthren. Diss. Phil. [II.] Univ. Zürich. 57 S. 8. Zürich, Gebr. Leemann & Co., 1907.

(Mansfeld, Jos. Georg und V. G. Kininger.) Abbildung der neuen Adjustirung der k. k. Armee. (1 Portrait des Kronprinzen Erzherzog Ferdinand und 44 Taf. colorirte Abbildungen.)
Fol. Wien (1798).

Mansfeld, Karl Friedr.

Mansfeld, Carl Friedr., Blüchers Geisterstimme. Zuruf des Feldmarschalls „Vorwärts" an Preußens Fürst und Volk und sein Erscheinen vor der Armee in den Schreckensjahren 1848, 1849 u. 1850. (Sondershausen 853. Eupel.) 16. (31 S.) 5 ngr.

Mansfeld, M., die Organisation der Nahrungsmittel Controle auf Grund eigener in Deutschland gemachter Erfahrungen. gr. 8. (31 S.) Wien 887, Deuticke. *

— die Untersuchung u. Beurtheilung der wichtigsten Nahrungs- u. Genussmittel. Grundzüge f. den prakt. Gebrauch. 16. (103 S.) Wien 888. Fromme. geb. 1. 50

MANSFELD, M.
Untersuchung (Die) der Nahrungs- und Genussmittel sowie einiger Gebrauchsgegenstände. Leipzig, 1896. 8vo. Ill.

Mansfeld, M., d. Untersuchg. d. Nahrungs- u. Genussmittel sow. ein. Gebrauchsgegenstände. Leitfaden f. d. Unterricht u. Hilfsbuch f. d. Ausübg. d. Nahrungsmittel-Controlle im Laboratorium. gr. 8. (XIII, 168 S. m. 24 Abb.) Wien 897. F. Deuticke. n. 3. 40; geb. n. 4. —

Mansfeld, M., die Untersuchung der Nahrungs- u. Genussmittel sowie einiger Gebrauchsgegenstände. Leitfaden f. den Unterricht u. Hilfsbuch f. die Ausübg. der Nahrungsmittel-Kontrolle im Laboratorium. 2., vollst. umgearb. u. verm. Aufl. (XVI, 243 S. m. 35 Abb.) 8. Wien 905. F. Deuticke. n. 4. —

Mansfeld, Rich., d. publicist. Reactionsanspruch u. s. Rechtsschutz im Herzogth. Braunschweig. gr. 8. (108 S.) Braunschweig 895. B. Goeritz. n. 2. 80

Mansfeld, Richard [aus Braunschweig]: Die Rechtswohlthat des Inventars und die Stellung der Erbschaftsgläubiger, insbesondere einer Mehrheit von Erben gegenüber .... Göttingen, Druck d. Univ.-Buchdr. v. W. Fr. Kästner, 1888; VIII + 80 S. 8°
Göttingen, Jur. Fak., Inaug.-Diss. v. 26. März 1888

Mansfeld, Rich., die Rechtswohlthat des Inventars und die Stellung der Erbschaftsgläubiger, insbesondere einer Mehrheit von Erben gegenüber. Inaugural-Dissertation. gr. 8. (80 S.) Göttingen 888, (Vandenhoeck und Ruprecht's Verlag.) *

Mansfeld, W., die Braunschweigischen Ausführungsgesetze zu den Reichs-Justizgesetzen. Mit den Regierungsmotiven und einzelnen Erläuterungen hrsg. 2 Lfgn. gr. 8. (XV, 656 S.) Braunschweig 879,80, Vieweg und Sohn.
à Lfg. * M. 3. *

Mansfeld, W., die Braunschweigischen Ausführungsgesetze zu den Reichs-Justizgesetzen. Mit den Regierungsmotiven u. einzelnen Erläuterungen hrsg. gr. 8. (XV, 656 S.) Braunschweig 881. Vieweg & Sohn.
n. 6. —

— die Forst-, Jagd- und Fischerei-Strafgesetze des Herzogthums Braunschweig. Mit Erläuterungen hrsg. 8. (X, 267 S.) Ebendas. 879. cart. *

Mansfeld, W. Die Grundbuchgesetze d. Herzogth. Braunschweig. Mit den Regierungsmotiven u. einzelnen erläut. Anmerkgn. hrsg. 2. verm. u. verb. Aufl. gr. 8. (X, 398 S.) Braunschw. 889, Vieweg u. Sohn. * 5 60

Mansfeld, Wilhelm [aus Rübeland im Harz]: Ueber die Bildung sogenannter geschlossener Moleküle, und über einige Verbindungen des Diäthylendisulfids .... Göttingen, Druck d. Univ.-Buchdr. v. E. A. Huth, 1887; 37 + 1 S. 8°.
Göttingen, Phil. Fak., Inaug.-Diss. v. 2. März 1887.

Mansfeld, Wilh., über die Bildung sogenannter geschlossener Moleküle, und über einige Verbindungen der Diäthylendisulfids. Inaugural-Dissertation. gr. 8. (37 S.) Göttingen 887, (Vandenhoeck und Ruprecht.) *

Mansfelder Gebirgskreis [Schlagwort]

Mansfelder Gebirgskreis, s.: Merseburg.

Mansfelder Mulde [Schlagwort]

Mansfelder Mulde, s.: Geologische Karten. Beyschlag, Frz.

Mansfelder Seekreis [Schlagwort]

Mansfelder Seekreis, s.: Merseburg.

Mansfeldt, J. u. H. Die Militärkostüme der k. k. österreich Armee unter dem Erzherzog Karl und der freiwilligen und städtischen Truppen v. 1800 1812. Hrsg. von T. Mollo u. Artaria. Wien.

Mansfeldt, Jul., Anciennitäts-Liste des Officier-Corps der Königl. Preuß. Armee für das Jahr 1842. Entworfen nach den Rang-Listen u. Militair-Wochenblättern. gr.8. Leipzig 842. (Brockhaus.) n. 2 ₰ — Dies. für d. J. 1843. gr. 8. Leipzig, Verf. (B. Hermann.) n. 1 5/6 ₰

Mansfeldt, Julius: Meine Reise nach Brasilien im Jahre 1826. Th. 1. 2. Magdeburg 1828: Bänsch. XVIII, 202 S., 2 Taf., 1 Kt. und 157 S., 2 Taf.

Mansfeldt, Jul., Sammlung v. Gedichten, Sinnsprüchen 2c. 2 Abthln. gr. 8. (20 B.) Berlin 830, Krause.

— Sammlung von Gedichten, Sinnsprüchen 2c. In 2 Abthl. gr. 8. 830. Halle, Coldig'sche Buchh. 1 1/2 ₰

Mansfield, s.a. M a n n s f i e l d

Mansfield, Amalie, Seitenstück zur Delphine. 2 Bde. 8. Berlin, Voß. 803. (L 1 Rthlr. 12 gr. II. 1 Rthlr. 20 gr.)

Mansfield, Amalie, ein Seitenstück zur Delphine [der Stael-Holstein]. Aus dem Französ. Berlin 1804. II. V: *Cottin, Sophie.* Vgl. N. allg. dtsch. Bibl. 1804, 91, 352 ff.; (GGr VII, 682, 321. 3) (DARP)

Mansfield, Amalie, par Madame Roman. 4 Vols. Nouv. édit. Braunschweig: Leibrock 1804. 12°

— Amélie, par Mad. Cottin. IV Vol. 18. Braunschw. et Petersb. Pluchart.

Mansfield, Amélie, par Mde Cottin. 3 Vol. gr. 12. Pesth, Hartleben. 815.

Mansfield, Ed. D., Ulysses S. Grant u. Schuyler Colfax. Populäre u. authent. Lebensbeschreibungen. Cincinnati 868. (Leipzig, Brockhaus' Sort.) 8. (440 S. mit eingedruckten Karten in Holzschn. u. 1 Stahlst.) In engl. Einb. n. 2 ₰

Mansfield, J C

Das verhängnißvolle Geheimniß. Roman. Nach dem Engl. Berlin 1868.

In: Roman-Magazin des Auslandes. Nr 7-9.

Mansfield, R. B., the log of the Water Lily, s. Collection of british authors.

Mansfield Courier: Oct. 1872—1926?

Democratic weekly. Issued also as DEUTSCHER COURIER (Bucyrus, Ohio), 1881—84? Circulation: 1875, 500 (est.); 1880—1919, ca. 900; 1920, 600. Edited & published by Selbach & Thoma, 1872—83?; by John B. Netscher, 1874—75; by Kübler & Albert Wolf, 1876—84; by Louis S. Kübler, 1885—86; edited by Alois Kessler, & published by Louis S. Kübler, 1887—88; edited & published by Louis S. Kübler, 1889; by Kübler & Kallmerten, 1890—95; by Louis S. Kübler, 1906—1910; edited by C. Hegnauer, & published by Courier Publishing Co., 1911—26. Other editors: Joseph Kilian.
Mansfield, OH

Die Mansfield Post: 1884?—1885?

Weekly. Circulation: 1885, 725. Edited & published by Albert Wolf.
Mansfield, OH

Mansford, G. J., Untersuch. üb. d. Natur u. Ursachen d. Epilepsie, nebst e. glückl. u. neuen Heilmethode derselben; aus d. Engl. übers. v. L. Cerutti. gr.8. Leipz. 822. Ind.-Compt. 18 ₰

Mansford, John G.: Untersuchungen über die Natur und Ursachen der Epilepsie nebst einer neuen und glücklichen Heilmethode derselben. (Researches into the nature and causes of epilepsy, as connected with the physiology of animal life, and muscular motion; with cases illustrative of a new and successful method of treatment. Dt.) Übers.von (Friedrich Peter) Ludwig Cerutti. 151 S., gbd.

Leipzig: Industrie-Comptoir 1822

JB 4.515

Manshardt, Curt: Aus d. Heinrich-Kinder-Hosp. zu Kiel. Kochsalzausscheidung bei Nierenentzündungen und die nephrogenen Oedeme. Stuttgart 1909: Union. 30 S. 8° (Aus: Archiv f. Kinderheilk. Bd 52.)
Kiel, Med. Diss. v. 16. Febr. 1910, Ref. Pfannenstiel
[Geb. 27. März 84 Hamburg; Wohnort: Hamburg; Staatsangeh.: Hamburg; Vorbildung: Realgymn. d. Johanneums Hamburg Reife M. 03; Studium: Greifswald 5, Freiburg i. B. 1, Berlin 1, Kiel 3 S.; Coll. 22. Dez. 08; Approb. 27. Dez. 09.] [U 10. 2455

Mansholt, D. R., u. U. J. Mansholt, d. Stickstoff-ernährung d. landwirtschaftl. Kulturpflanzen. Preisgekrönte Schrift. Deutsche Orig.-Ausg. Aus d. Niederländ. f. nord- u. mitteldeutsche Zustände u. Bodenarten bearb. v. d. Verff. gr. 8. (VI, 92 S. m. 17 Abb.) Bremen 895. Leipzig, M. Heinsius Nachf. n. 2.—

Mansholt, Derk Roelfs, vor e. halben Jahrhundert. Landwirtschaftliche u. andere Erinnergn. aus dem äußersten Nordwesten Deutschlands. (159 S.) 8. Aurich (909). D. Friemann. 2.—

Mansholt, Hopko [Einj.-Freiwill.-Arzt im 2. Hess. Inf.-Reg. No. 82 aus Ditsum]: Zur geburtshülflichen und gerichtsärztlichen Bedeutung der Schultze'schen Schwingungen.... Göttingen, Druck d. Dieterichschen Univ.-Buchdr. W. Fr. Kaestner, 1890; 29 S. 8°
Göttingen, Med. Fak., Inaug.-Diss. v. 20. Dez. 1889

Mansholt, Hopko. Zur geburtshilflichen u. gerichtsärztlichen Bedeutung v. Schultze'schen Schwingungen. Diss. gr. 8. (29 S.) Gött. 890, (Vandenhoeck u. Ruprecht). * — 80

Mansholt, Teiel *Ubben* [aus Ditzum in Ostfriesl.]: Das Künzelsauer Fronleichnamsspiel ... Marburg, Univ.-Buchdr. '(C. L. Pfeil)', 1892; 101 S., 2 Bl. 8.
Marburg, Phil. Fak., Inaug.-Diss. v. [25. Aug.] 1892

Mansi, Johann Dominikus

Mansi, J. D., s.a Conciliorum, sacrorum, nova et amplissima collectio.

Sacrorum conciliorum nova et amplissima collectio, in qua praeter ea quae Phil. Labbeus, et Gabr. Cossartius S.J. et novissime Nicolaus Coleti in lucem edidere, ea omnia insuper suis in locis optime disposita exhibentur, quae Joannes Dominicus Mansi Lucensis evulgavit. Ed. novissima. T. 1. Florentiae: A. Zatta 1759. (Reprod. anastat.) Paris & Leipzig: H. Welter (1901). 2°

Mansi, Jh. Dom., epitome doctrinae moralis et canonicae, ex constitutionibus Benedicti XIV. Pont. max. 8. Augsb. 772. Doll. 5 gr id. lib. 8. Bud. 766. Typ. S. (Pressb., Landes). 9 gr

Mansi, Johann Dominikus. Epitome doctrinae moralis et canonicae ex constitutionibus felicis recordationis Benedicti XIV. pontificis maximi excerptae. Clagenfurti, Kleinmayer, 1779. 291 S.

Mansi, Ios., locuplet. bibliotheca moralis praedicabilis. 4 Tom. fol. Augsb. 732–33.

— verus Ecclesiasticus. 8. ibid. 737.

Mansilla, L. V., una excursion à los Indios Ranqueles, s.: Coleccion de autores españoles.

Mansion, die Miniaturmalerei in allen ihren Theilen, oder deutliche u. unterhalt. Anweis., Portraits mit Sicherheit aufzunehmen rc. In Briefen an eine Dame. A. d. Französ. von Heidemann. gr. 12. Ilmenau 824, Voigt.

Mansion, die Miniaturmalerei in allen ihren Theilen, od. deutl. u. unterhalt. Anweisung: Portraits mit Sicherheit aufzufassen, sprechend ähnlich zu bilden u. mit Geschmack darzustellen. Nebst Bemerkn. üb. Gouache, Aquarell u. Oelmalerei. In Briefen an e. Dame. A. d. Franz. 2., verb. u. verm. Ausg. gr. 12. (9½ B.) Ilmenau 830, [Weimar,] Voigt.]

Mansion, M. Paul, Theorie der partiellen Differentialgleichungen 1. Ordnung. Vom Verfasser durchgeseh. u. verm. deutsche Ausg. Mit Anhängen von S. v. Kowalovsky, Imschenetsky u. Darboux. Hrsg. von H. Maser. gr. 8. (XXI, 489 S.) Berlin 892. J. Springer. n. 12.—

Mansion, Paul

Mansion, P., Einleitung in die Theorie der Determinanten f. Gymnasien u. Realschulen. Aus der 3. französ. Aufl. übers. gr. 8. (40 S.) Leipzig 899. B. G. Teubner. n. 1.—

Mansion, P., Elemente der Theorie der Determinanten. Mit vielen Untersuchungen. gr. 8. (IV, 49 S.) Leipzig 878. Teubner. n. 1. 20

Mansion, P., Elemente der Theorie der Determinanten. Mit vielen Übungsaufgaben. 2. verm. Aufl. gr. 8. (XXIV, 55 S.) Leipzig 886, Teubner. *

— Elemente der Theorie der Determinanten. Mit vielen Uebungsaufgaben. 3. verm. Aufl. gr. 8. (103 S.) Ebd. 899. n. 2. 60

Manske, E., Denkwürdigkeiten der Stadt Strasburg U.-M. 4. (6 S.) Strasburg U.-M. 894. E. Manske. —50

Manske, Wilhelm

Manske, W., Tabelle zur sofortigen Feststellung der Beträge, welche v. beliebigen Summen f. Teile e. Monats, e. Vierteljahrs od. längerer Zeiträume zu berechnen sind, sofern e. jeder Monat — ohne Rücksicht auf die wirkliche Zahl seiner Tage — zu 30 Tagen angenommen wird, z. B. bei Berechng. d. Fernsprech-Pausch- u. Grundgebühren, bei Berechng. der Gebühren f. Neben- u. besond. Telegraphenanlagen, bei Berechng. der Mindesteinnahme an Ortsgesprächgebühren f. Zeiträume v. weniger als e. Jahre, bei Berechng. der Gebühren f. abgekürzte Telegramm-Adressen, bei Berechng. der Gebühren f. Benutzg. verschliessbarer Abholerfächer sowie f. Hergabe, Instandhaltg. u. Leerg. v. Haus-(Privat-)Briefkasten, bei Postfuhrverträgen, ferner bei Pächten u. Mieten, Zinsen, Haftpflichtrenten, vertragsmäß. Entschädiggn. u. anderen im Verkehr m. Privatpersonen od. Behörden vorkomm. terminl. Leistgn., bei den nach dem im öffentl. Verkehr übl. Verfahren jeder Monat zu 30 Tagen anzunehmen ist. (7 S.) 35×26 cm. Berlin (907). Rosenbaum & Hart. 1. 20

Manski, Gotthelf Sebastian

Manski, Gtthlf. Seb., der Feld-, Wiesen- u. Gartenbau, so wie auch Frucht- u. Forstbaumzucht Südpreußens, od. über die Kultur u. Nutzung aller in dieser Provinz vorkommenden Gewächse rc. 8. Posen 805. Kühn. 20 gr

Manski, Gtlf Seb., Naturgeschichte der Hausthiere; nebst einer Technologie, in sofern sie sich auf landwirthschaftliche Gegenstände erstreckt. Posen 1805 (1809). 8.

— Naturgeschichte f. Hausthiere, nebst e. Technologie rc., ein Handbuch f. Oekonomen rc. 8. Posen 809. Kühn; (a. Centr.-Compt. in Leipz.) 14 gr

Manski, J. G., Leben, Reisen u. Schicksale, v. ihm selbst beschrieben. Mit 1 Kpf. 8. Bresl. 803. (Holäufer). 1 rf

Mański, *Karl Joseph* Kasimir [app. Arzt aus Sikorowo '(Posen)']: Aus d. patholog. Institut zu Kiel. Über Cystadenome der Leber ... Kiel, Druck v. L. Handorff, 1895; 24 S. 8.
Kiel, Med. Fak., Inaug.-Diss. v. [13. Juni] 1895

Manskopf, G., thue das, so wirst du leben. Wegweiser zum Glauben. 12. (43 S.) Barmen 879. Wiemann. n. — 40

Manskopf, Johs., Böcklins Kunst u. die Religion. Mit 24 Bildertaf. (56 S.) 8. München 905. Verlagsanstalt F. Bruckmann. n. 2. —; geb. n. 3. —

Manskopf, Johs., der Mann Gottes in der bildenden Kunst. (III, 64 S. m. 8 Abb. u. 15 Taf.) 8. Tübingen 910. J. C. B. Mohr. 2. —

Manskopf, Th., Wanderbuch f. Boppard u. Umgegend. Unt. Berücksicht. d. Rheinthales v. Koblenz bis Bingen, d. unt. Moselthales bis Moselkern u. d. Lahnthales bis Nassau. M. Ansichten nach Orig.-Aufnahmen v. Daiber in Boppard. 12. (IV, 64 S. m. 2 Karten.) Bielefeld 895. Velhagen & Klasing. Kart. n. 1. 40

Mansky, Richard, aus Barmen: Untersuchungen über Alpharts Tod. *Barmen (1904): H. Biermann & Co.* (49 S.) 8°
Göttingen, Phil. Diss. v. [5. Aug.] 1904

Mausky, Rich., Untersuchungen üb. Alpharts Tod. Diss. (49 S.) gr. 8. Barmen (904). (Göttingen, Vandenhoeck & Ruprecht.) n. 1. 20

Mansmann, Emil [app. Art aus Pirmasens]: Über Reflexneurosen, die von der Nase und vom Rachen ausgehen ... Amberg, Druck v. H. Böes, 1891; 44 S. 8.
Heidelberg, Med. Fak., Inaug.-Diss. v. [4. Aug.] 1891

Manso, Carl Jak., s. M a n s o , Karl Jak.

Manso, Ed. Theod., Friedens-Blätter. I. Ueber d. Nothwendigkeit e. veränd. u. friedl. Politik in Europa. gr. 8. (3 B.) Nürnberg 832, Beck u. Comp. (?)

Manso, Joh. Kaspar Friedr.

Manso, Jh. Ksp. Fr., vermischte Abhandll. u. Aufsätze. gr. 8. Breslau 821. W. G. Korn. 1 ℛ 8 gℊ

— Progr. über den Antheil, welchen die Griechen an den olympischen Spielen nahmen. Breslau 792. 4.

— — Ueber die Attalen, ihr staatskluges Benehmen u. ihre anderen Verdienste. Breslau (Barth & Co.) 1815. 32 S. (3.—) 22117

— Progr. Ueb. den Begriff u. Umfang d. griech. Hegemonie. 4. Bresl. 804.

— Progr. Ueb. d. Begründung d. Demokratie in d. griech. Staaten. 4. Bresl. 800. 22 S.

— Progr. Ueb. die Begründung der Mainotten, die vermeintl. Abkömmlinge d. alten Spartaner. 4. Bresl. 800.

Manso, J. C. F., Über Horazens Beurtheilung der ältern Dichter der Römer. Breslau 817. 4.

Manso, J. C. F., Ueber die Bildung der Rhetorik unter den Griechen. Pr. 1820. 27 S. 4°.

— s. Bion u. Moschus, Idyllen, u. dessen Reliquiae.

Manso, J. C. F., Chronica Prosperi Aquitanici, Prosperi Tironis, Idatii, aliorum, qui post Eusebium atque Hieronymum i. e. ab a. 879 universam historiam persecuti sunt, per annos digesta, inter se connexa et in unum corpus redacta. I. Pr. 1825. 58 S. 1.50
— — II. 1826. 88 S. 1.20

Manso, J. C. F. Chronicorum Prosperi Aquitanici, Idatii et alior. part. II. 36 S. 8. . . . .
Breslau, M., Progr. 1826

— — Chronicorum prosperi aquitanici, idatii et aliorum part. II. Breslau (Grass-Barth) 1826. 55 S. (3.—) 22118

Manso, J. C. F., Progr. über die atheniensischen Demagogen. Breslau 794. 4.

Manso, J. C. F., Duo Athalarici edicta e Cassiodori Variis cum adnot. Pr. 1824. 81 S.

— Epistel an Hoch, bei seiner Abreise v. Jena. gr. 8. Jena 782.

— s. G e g e n g e s c h e n k e an die Sudelköche . . .

— Progr. Ueb. die Gemäldesammlung zu Maria Magdalena (in Breslau). 8. Bresl. 819.

— üb. das Gepräge der römisch. Literatur. gr. 4. Bresl. 819. Holäufer. 9 gℊ

— Geschichte des ostgothischen Reiches in Italien. gr. 8. Bresl. 824. Max u. C. 2 ℛ 16 gℊ Velinp. 3 ℛ 16 gℊ

— s.a. G e s c h i c h t e des preuß. Staates.

Manso, J. C. F., Geschichte des Preussischen Staates vom Frieden zu Hubertsburg bis zur zweiten Pariser Abkunft. Bd. I. 1763 bis 1797. Band II. 1797—1807. Bd. III. 1807—1815. Frankfurt a. M. 1819. 20. 8.
— — Dasselbe, Ausgabe 2. ib. 1835. 36. 8.

Manso, J. C. F., Geschichte d. preuß. Staates, vom Frieden zu Hubertusburg bis zur zweiten pariser Abkunft. 1763 — 1815. 3 Bde. 2., bericht. Ausg. 835, 36. * 5 Thlr., 3., unveränd. Ausg. gr. 8. (à 77½ B.) Leipzig 839, Dörffling; Frankfurt a. M., Kettembeil. *

— s. H o r e n , Über die, und Grazien.

Manso, J. Cas. F., d. befreite Jerusalem, ein Ged. nach Tasso. 1r Bd. 8. Lpz. Dyk. 791.

— s.a. K u n s t , Die, zu lieben.

§ * **KUNST**, Die, zu lieben. Ein Lehrgedicht in drey Büchern (von *Joh. Caspar Friedr. Manso*, 1760—1826). (Vign.) Mit 7 hübschen Text-Vignetten (nach S c h u b e r t von G e y s e r gestoch.). Berlin (o. Adresse) 1794. 8°. (In München: P. o. g. 898°; auch im British Museum.) (4 Mk. W. H. Kühl, Berlin, c. 1883; 8 Mk. Adolf Weigel, 1906; 12 Mk. E. Frensdorff, 1904.)
240 S. (incl. S. 201 ff. Anmerkgn.). Dieses Buch des Breslauer Gymnasialdirektors wurde von Goethe und Schiller in den „Xenien" arg verspottet: 35. Die Kunst zu lieben. („Auch zu Lieben bedarfst du der Kunst? Unglücklicher Manso" etc.) 36. Der Schulmeister in Breslau. 37. Amor als Schulkollege. 38. Der zweite Ovid. 39. Das Unverzeihliche. 40. Prosaische Reimer.] — Manso rächte sich durch seine „Gegengeschenke".

— Leben Konstantins d. Großen, nebst einigen Abhandlungen geschichtl. Inhalts. gr. 8. Bresl. 817. W. G. Korn. 2 ℛ

Manso, J. Casp. Frdr. Leben Constantins des Grossen. 8. Breslau 1817. — 8. Wien 1819.

— lehren wir in unsern Schulen auch nicht zu viel? ein Progr. 4. Bresl. 806.

— s. M e l e a g r i reliquiae.

— Progr. I et II. Observationes in loca aliquot difficiliora D. Junii Juvenalis. 4. Bresl. 812, 14.

— **Joh. Casp. Friedr.**, Observationes in loca aliquot difficiliora D. Junii juvenalis. Breslau (Grass-Barth) 1812. 18 S. (3.—) 22116

Manso, J. C. F., Ennodii Panegyricus, regi Ostrogothorum Theoderico dictus, cum animadversionibus. Pr. 1882. 56 S. 1.50

— Progr. Ueb. die Quellen, aus denen die Kenntniß d. Lykurg. Gesetzgebung geschöpft werden muß. 4. Bresl. 798.

— vermischte Schriften. 2 Thle. 8. Leipz. 801. Dyck. 2 ℛ 12 gℊ

— s. S o p h o c l e s : Oedipus.

Manso, J. C. F., Sparta. Ein Versuch zur Aufklärung der Geschichte und Verfassung dieses Staates. Leipz. 800-805. 3 Theile. (5 Bände). 8. 7 rthl. 8 gr. (I. 1. 2. 2 rthl. 12 gr. II. 1 rthl. 20 gr. III. 1. 2. 3 rthl.)

— Sparta; e. Versuch zur Aufklärung d. Geschichte u. Verfass. dieses Staats. 3 Thle. gr. 8. Lpz. 800—805. Dyck. 7 ℛ 8 gℓ

– s. Tasso, Torquato: Das befreite Jerusalem.

Manso, J. C. F., Uebersicht der Staatsämter u. Verwaltungsbehörden unter Theoderich, nach den Bestellungen Diodors. Pr. 1823. 56 S. 1.20

— üb. d. Verfall d. kaiserl. Würde u. Macht, unt. d. Kais. a. d. Fränk. Familie. 4. Oldenb. (Helwing, Hannov.) 795.

— üb. d. Verfall d. kais. Würde ꝛc. unt. d. K. a. d. Schwäb. Familie. 4. Ebend. 796.

– s. Vergilius Maro, Publius: Von der Landwirthschaft.

— Progr. Ueb. das Verhältniß zwischen d. Atheniensern u. ihren Bundesgenossen. 4. Bresl. 802.

— üb. die Verläumdung der Wissenschaften; e. poet. Epistel an Garve. 4. Leipz. 796. Dyck. 8 gℓ

— Versuch über einige Gegenstände aus d. Mythologie d. Griechen u. Römer. gr. 8. Leipz. 794. Dyck. 1 ℛ 12 gℓ

Manso, J. C. F.: Versuche über einige Gegenstände aus der Mythologie der Griechen und Roemer. Leipzig 1794. 8°

— Progr. Wie Rechtsgelehrsamkeit unter uns studirt wird, u. wie sie studirt werden sollte. 4. Bresl. 805.

Manso, Karl Jakob

Manso, Carl Jac., Reus ab editione instrumentorum non immunis, sed perinde ac actor ad eam obligatus est. Jena (Cuno) 1788. (3.—) 22114

Manso, C. J., Reus ab editione instrumentorum non immunis sed perinde ac actor. ad eam obligatus est. 8. Jena 788. Stahl. 3 gℓ

Manson, Madame, Memoiren zur Erläuterung ihres Benehmens in dem Prozesse gegen die Mörder des Herrn Fualdes, von ihr selbst geschrieben. Nebst einem Anhang authentischer Briefe. Aus dem Franz. mit einer Geschichtserzählung des Mordes, aus den gerichtlichen Verhandlungen gezogen von K. Müchler. Mit Mansons Bildnisse. 8. Berlin, Duncker und Humblot. 818.

— — dasselbe, eine andere Uebersetzung. Mit ihrem Bildnisse. 8. Wien, Schaumburg (in Comm.) 818.

Manson, Joh.

J. Mansons gründlicher und ausführlicher Bericht aller und jeder rechten Cursens, Landkennungen, Streckungen, Einläufen oder Einfahrten, Längden und Gründen samt allen blinden und stehenden Klippen der ganzen Oost-See, aus dem Schwedisch. durch *Hans Willenburgk.* Wismar, bey Joch. Rheten. 4. 1669.
(Das schwedische Original erschien in eben diesem Jahre.)

J. Mansons gründlicher und ausführlicher Bericht . . . aus dem Schwed. von neuem übersetzt . . . . Lübeck. 1717.
— — Lübeck. (4te vermehrte und verbess. deutsche Auflage.) 1735.
— — Lübeck. 1745.
— — Ebendas. 1754.
— — Ebendas. 1760.

—— See-Buch, oder grundlich-ausführlicher Bericht, ... [wie oben]. Erstlich in Schwedischer Sprach zusammengetragen anjetzo durch einen erfahrenen See-Mann in Teutscher Sprache beschrieben und herausgegeben. O. O. 1701. kl. 4. . . . . [illegible]

Manson, J., Seebuch, od. Bericht all. u. jed. rechten Coursen, Landkennungen, Einfahrten, Bänken ꝛc. d. ganz. Ostsee. 4. Lüb. Bökmann. 745.

Mänss J, Franz v Sickingen. (Sammlung wissenschaftl. Vortr. 270) Berlin 1877

Mänss, Joh. Die Gefangennehmung des Landgrafen Philipp des Grofsmütigen von Hessen. 20 S. **Progr.** Rg. *Magdeburg* 1877.

Maenss, *Johannes* Kanon zu lernender Geschichtszahlen für das König Wilhelms-Gymnasium zusammengestellt. 4 (15 S.).
Progr. König Wilhelms-Gymnasium *Magdeburg* 1888 (225).

Mänss, Jul.

Mänß, J., über christliche Erziehung. gr. 8. (16 S.) Stendal 859, Franzen und Große. *

Mänß, Jul., vaterländische Gedichte. Tangermünde (857.) Doeger. 16. (1 Bl., 181 S. u. lith. Tit. in Farbendr.) n. 15 ngr.

Mänß, Jul., ich aber u. mein Haus wollen dem Herrn dienen. Predigt bei der Sedanfeier in Hohendodeleben den 2. Septbr. 1875 geh. gr. 8. (28 S.) Magdeburg 875. Heinrichshofen. n. — 40

Mänß, Jul., Jesus weint über Jerusalem. Homilie. gr. 8. (1 B.) Magdeburg 835, Heinrichshofen.

—— Leitfaden für den ersten zusammenhängenden Unterricht in der Geschichte. [Ethnographische Stufe.] 1. und 2. Heft. 8. Magdeburg 878, Friese. *
Inhalt:
Heft 1. Griechische und römische Geschichte. (IV, 54 S.) * 50 Pf.
" 2. Deutsche Geschichte. (IV, 125 S.) * ℳ 1.

Maenß, J., Leitfaden für den ersten zusammenhängenden Unterricht in der Geschichte. [Ethnographische Stufe.] 1. u. 2. Hft. 1. u. 2. Aufl. 8. Leipzig 881. E. Baensch. n. 1. 50
1. Griechische u. römische Geschichte. (IV, 50 S.) n. — 50
2. Deutsche Geschichte. (IV, 125 S.) n. 1. —

Maenß, J. Leitfaden f. den ersten zusammenhängenden Unterricht in der Geschichte. 2 Hefte. 3. Aufl. gr. 8. Lpz. 891, Bredow. * 1 80
1. Griechische u. römische Geschichte. (IV, 53 S.) * — 60.
2. Deutsche Geschichte. (IV, 127 S.) * 1 20.

Maenß, J., Leitfaden f. den ersten zusammenhängenden Unterricht in der Geschichte. 1. u. 2. Hft. 3. Aufl. gr. 8. Leipzig 894. R. Bredow. n. 1. 80
1. Griechische u. römische Geschichte. (IV, 53 S.) n. — 60
2. Deutsche Geschichte. (IV, 127 S.) n. 1. 20

Maenß, J., Leitfaden f. den ersten zusammenhängenden Unterricht in der Geschichte. 1. Heft: Griechische u. röm. Geschichte. 4. Aufl. (IV, 53 S.) gr. 8. Leipzig 903. R. Bredow. Geb. n. — 80

— Leitfaden f. den Unterricht in der Geschichte vom Regierungsantritt Friedrichs d. Großen bis zur Gegenwart. (Untersekunda.) gr. 8. (VI, 105 S.) Ebd. 893. n. 1. —

— Predigt bei der Sedan-Feier in Hohendodeleben den 2. Sept. 1872 geh. gr. 8. (19 S.) Ebend 872. — 30

— Predigt bei der Sedan-Feier in Hohendodeleben den 2. Septbr. 1873 geh. gr. 8. (21 S.) Ebend. 873. — 30

— Sagen u. Geschichten, für den vorbereitenden Unterricht in der Geschichte zusammengestellt. 8. (VI, 106 S.) Ebend. 882. n. — 90

Maenß, J., Sagen und Geschichten, für den vorbereitenden Unterricht in der Geschichte zusammengestellt. 2. Aufl. gr. 8. (VI, 110 S.) Leipzig 886. Bredow. *

— über die Union der Evangelischen Kirche. Stendal 853. Franzen u. Große. 8. (15 S.) n. 2 ngr.

Mänß, Matth.: Altargebet, s. Dräseke, J. H. B.: Bibel-Fest.

Mänss, Rich. Die Präpositionen bei Sophokles. 2 Teile. 16, 24 SS. Progr. *Neuhaldensleben* 1883. 1884.

Manssen, W. J., Adolf Friedrich Graf v. Schack. Ein poet. Charakterbild. Aus dem Holländ. übers. 8. (132 S.) Stuttgart 888, Metzler'sche Buchh., Verlag. *
Aus: Zeitschrift „De Gids", Febr. 1888. Amsterdam, besonders abgedruckt.

Manssúrov, B., russische Ausgrabungen in Jerusalem. Zwei Briefe an Hrn. Prof. Dr. H. Guthe in Leipzig. 2. Aufl. gr. 8. (24 S.) Heidelberg 888, Koester. *

—— die Kirche des Heiligen Grabes zu Jerusalem in ihrer ältesten Gestalt. Aus dem Russ. übers. von A. Boehlendorff. gr. 8. (X, 59 S. mit 4 Taf.) Ebendas. 888. *

Manssurow, N., die tertiäre Syphilis, Gehirnleiden, Geisteskrankheiten [Psychosen], u. deren Behandlung. gr. 8. (VIII, 234 S.) Wien 877. Braumüller. n. 5. —

Manstein, s.a. Mannstein

Manstein, Theodore von. 2 Bde. Leipzig 1808. V: *Kaehler, Ludwig August.* (BGE IV[2], 391)

Manstein, général de. Mémoires historiques, politiques et militaires sur la Russie, depuis l'année 1727 jusqu'à 1744. 8. Leipzig 1771.

Manstein, C. H. v. Briefe; a. d. Engl. Leipzig 178? Ü: *Schreiter, Carl Gottfried.* (Ky) (MGT)

— Briefe; aus d. Engl. (v. K. G. Schreiter). 8. Leipz. 178..

Manstein, C. H. v. Historische, politische und militärische Nachrichten von Russland ... a. d. Franz. ... Leipz. 1771. Ü: *Gellius, Joh. Gottfried.* (ML) Ü: *Huber, Michael.* (Ky)

— historische u. polit. Nachrichten von Rußland, v. den Jahren 1727—44; aus d. Französ. (v. Mich. Huber). Mit 1 Karte. gr. 8. Leipz. 771. Weidmann. 1 ₰ 6 gr

Manstein, Christoph Hermann von. Beitrag zur Geschichte Russlands vom J. 1727—44. Leipzig 1771. Ü: *Gellius, Johann Gottfried.* (Ky)

v. Manstein, General, Beiträge z. Geschichte Rußlands, vom J. 1727—44. Mit Kart. u. Pl. 8. Leipz., Rabenhorst. 2 ₰

Manstein, Ehrenreich v., Chronik des Geschlechts v. Manstein. gr. 8. (III, 101 S. m. 3 Stammtaf.) Wehlau 901. Königsberg, Akadem. Buchh. von Schubert & Seidel. n. 6. —

Chronik des Geschlechts von Manstein. Bearb. von Ehrenreich [später: **Erich**] v. **Manstein**, Kgl. Preuss. Lt. a. D. Wehlau 1901: (C. A. Scheffler). (100 S.) 8° [F.] 108. 12274

Chronik des Geschlechts von Manstein. Bearb. von E(rich) v. **Manstein**. [2. Aufl.] o. O. & Dr. 1907. (147 S.) 8° [F.] 108. 3974

Manstein, Hugo: Die Annalen der Stadt Graudenz von 1563 bis 1660. Graudenz 1904: G. Röthe. (77 S.) 8°
Graudenz, st. OR OP 1904 (52)

Manstein, Hugo: Die **Tilgung der Kriegsschulden der Stadt** Graudenz aus dem Jahre 1807. *Graudenz 1900: G. Röthe.* (39 S.) 8°
Graudenz, st. R, OP 1900 (49)

Manstein, Hugo: Verzeichnis der Schüler-Bibliothek der Städtischen Realschule zu Graudenz. Nach Klassenstufen u. Unterrichtsfächern alphabet. geordn. Graudenz, Druck v. G. Röthe's Buchdr., 1897; 23 S. 8.
Graudenz, st. R, OP 1897 (49)

Manstein, Sergius v., Handbuch der russischen Sprache. Grammatische Übersicht, Text mit phonet. Transscription, Glossar. Zugleich ein prakt. Hülfsbuch zu jeder russ. Grammatik. 8. (LXXIV, 242 S. mit 1 lithogr. Schrifttaf.) Leipzig 884, Brockhaus. *

Mansuetudo concinnitate insignis auspicio doctrinae mansuetioris Academicis juribus innata ... Helmstadii 1716. V: *Hardt, Hermann von der* [?]. (BrMm)

Mansuetus de S. Germanis, David
[d. i. Johann Philipp Odelem]

Mansueti, Dav., de S. germanis, de abusu brachii secularis in foris protestantium. 4. Halae, Renger. 717.

Mansuetus, Dav., De Germanis prodromus comm. de abusu brachii secularis in foris protestantium in duo capita distinctus. O. O. 1743. 114 S. mit Index. (5.—) 22119

Mant, Rober., die Grafen v. d. Glinze. Roman. 8. (242 S.) Leipzig 897. W. Friedrich. n. 3. —; Einbd. n.n.n. — 90

Mantegazza, Paolo

Mantegazza, P., Blumenmärchen. Vom Verf. autoris. deutsche Ausg. Aus dem Ital. v. R. Teuscher. gr. 8. (VIII, 437 S.) Jena 890. Costenoble. n. 4. —; geb. n. 5. 50

Mantegazza, P., die Ekstasen des Menschen. Aus dem Ital. von R. Teuscher. Einzig autoris. deutsche Ausg. gr. 8. (XII, 461 S.) Jena 888. Costenoble. n. 7. —; geb. n. 8. 50

— Epikur. Physiologie d. Schönen. [I.] Einzig autoris. deutsche Ausg. Aus dem Ital. v. R. Teuscher. 8. (VI, 189 S.) Ebd. 891. * 2 — geb. ** 3 —
R. Tl. u. d. T.: Mantegazza: Physiologie d. Schönen.

— Erinnerungen aus Spanien u. Südamerika. Aus dem Ital. v. R. Teuscher. Einzig autoris. deutsche Ausg. 1. u. 2. Aufl. 8. (238 S.) Jena 894. H. Costenoble. n. 3. —; geb. n.n. 4. —

Mantegazza, Paul, Upilio Faimali. Memoiren eines Thierbändigers, gesammelt. Autoris. Uebersetzung. 8. (75 S.) Leipzig 880. C. F. Winter. n. 1. 20

Mantegazza, Paul (Paolo), die Frauen meiner Zeit. Einzig autoris. Übersetzg. aus dem Ital. v. Art. Tulla. 2. Aufl. (268 S.) 8. Berlin 908. Schuster & Loeffler. 3. —

Mantegazza, Paul, die Geschlechtsverhältnisse des Menschen. Anthropologisch-kulturhistor. Studien. 4. Aufl. Aus dem Ital. Einzig autoris. deutsche Ausg. (442 S.) 8. Berlin (903). Neufeld & Henius. 6. —

Mantegazza, Paul (Paolo), die Geschlechtsverhältnisse d. Menschen. Anthropologisch-kulturhistor. Studien. 5. Aufl. 13.—15. Taus. Aus dem Ital. Einzig autoris. deutsche Ausg. (442 S.) 8. Berlin (908). Neufeld & Henius. 6.—; geb. 7. —

— Die drei Grazien. Aus dem Ital. v. R. Teuscher. Einzig autoris. deutsche Ausg. 8. (311 S.) Ebd. 889. * 3 —; geb. * 4 —

— Die Hygiene der Arbeit. Einzig autoris. Uebersetzg. 8. (108 S.) [Königsb. i. Pr. 890, Matz.] Lpz., G. Heyne. * 1 —

— die Hygiene der Bewegung. 8. (84 S.) Leipzig 893. G. Heyne. n. 1. —

— Die Hygiene d. Blutes. 8. (109 S.) Ebd. 890. * 1 —

— Die Hygiene d. Geschmacks. 8. (122 S.) Ebd. 890. * 1 —

— die Hygiene der Haut. 8. (114 S.) Königsberg i/Pr. 891. H. Matz. n. 1. —

— Die Hygiene der Klimate. Einzig rechtmäß. Uebersetzg. 8. (118 S.) Lpz. 889, [Steffens.] G. Heyne. ** 1 —

— Die Hygiene d. Kopfes. 8. (V, 116 S.) [Königsb. i. Pr. 890, Matz.] Lpz., G. Heyne. * 1 —

— Die Hygiene der Lebensalter. 8. (124 S.) Ebd. 889. * 1 —

— die Hygieine der Liebe. Nach der 4. Aufl. aus dem Ital. Einzig autoris. deutsche Ausg. 8. (XIV, 469 S.) Ebendas. 887. *ℳ 4.—; geb. *

— Die Hygieine der Liebe. Aus dem Ital. v. R. Teuscher. Einzig autoris. u. vollständ. deutsche Ausg. 2.—6. Aufl. 8. (XIV, 469 S.) Jena 889—92, Costenoble. 2. Aufl. * 4 —; geb. * 6 — 3.—6. Aufl. * 2 50; geb. * 4 —

— dass. — s. a. Sammlung Fried.

Mantegazza, Paul, d. Hygiene d. Liebe. Aus d. Ital. v. R. Teuscher. Autor. u. vollständ. deutsche Ausg. 8. Aufl. 8. (XIV, 469 S.) Jena 898. H. Costenoble. n. 2. 50; geb. n. 4. —

— die Hygiene der Liebe. Aus dem Ital. v. R. Teuscher. Autoris. u. vollständige deutsche Ausg. 9. u. 10. Aufl. (à XVI, 469 S.) 8. Ebd. (902. 905). 4. —

— dasselbe. Neue deutsche Ausg. nach der 16. Aufl. von Willy Alex. Kastner. (300 S.) 8. Dresden 905. B. Sturm. n. 3. —

— Die Hygiene der Liebe. Aus dem Ital. v. R. Teuscher. Autoris. u. vollständ. deutsche Ausg. 51.—58. Taus. 11. Aufl. (XVI, 469 S.) 8. Ebd. (908). 4. —

— Die Hygiene der Nerven. 8. (96 S.) [Königsb. i. Pr. 889, Matz.] Lpz., G. Heyne. * 1 —

— die Hygiene der inneren Organe. 8. (117 S.) Königsberg i/Pr. 891. H. Matz. n. 1. —

— Die Hygiene der Schönheit. 8. (124 S.) Ebd. 890. * 1 —

— die Hygiene der Sinne. 8. (124 S.) Ebd. 891. n. 1. —

— das Jahr 3000. E. Zukunftstraum. Autor. deutsche Ausg. Aus d. Ital. v. Willy Alex. Kastner. 1. u. 2. Aufl. 1.—7. Taus. 8. (179 S.) Ebd. 897. n. 2. —; geb. n. 2. 60

— das heuchlerische Jahrhundert. Aus dem Ital. von Hulda Meister. Einzig autoris. deutsche Uebersetzg. 8. (VII, 170 S.) Jena 889. Costenoble. n. 2. —; geb. n. 3. 20

— das nervöse Jahrhundert. Einzig rechtmäß. Uebersetzg. 8. (158 S.) Leipzig 888. [Steffens.] Königsberg O/Pr., Matz. n. 2. —; geb. n. 3. —

Mantegazza, Paul, Indien. Aus dem Ital. v. H. Meister. gr. 8. (VIII, 368 S.) Jena 885. Costenoble. n. 8. —

— die Kunst, e. hohes Alter zu erreichen. Autoris. Uebersetzg. 8. (96 S.) Styrum 889. Spaarmann. 1. —

— die Kunst zu heiraten. 1.—4. Aufl. 8. (V, 228 S.) Ebd. 892. n. 2. —; geb. n.n. 3. —

— die Kunst, glücklich zu sein. Aus dem Ital. Einzig autoris. deutsche Ausg. 8. (VIII, 118 S.) Jena 887. Costenoble. n. 2. —; geb. n. 3. 20

— die Kunst glücklich zu sein. Aus d. Ital. Autor. deutsche Ausg. 2. Aufl. 8. (118 S.) Ebd. 897. n. 2. —; geb. n. 3. 20

— die Kunst e. Gatten zu wählen. 8. (188 S.) Stuttgart 894. Deutsche Verlags-Anstalt. n. 2. —; geb. n.n. 3. —

— die Kunst, nicht krank zu werden. Einzig rechtmäß. Uebersetzg. 8. (102 S.) Leipzig 889. [Steffens.] Königsberg O/Pr., Matz. n. 1. 50

— Lebensweisheit f. die Jugend. Aus dem Ital. Einzig autoris. deutsche Bearbeitg. 8. (280 S.) Jena 888. Costenoble. n. 3. —; geb. n. 4. —

— Physiognomik u. Mimik. Vom Verf. genehmigte Uebersetzg. v. R. Löwenfeld. 2 Halbbde. 8. (XI, 485 S. m. mehr als 100 Orig.-Zeichngn. v. Hector u. Ed. Ximenes.) Leipzig 890. Elischer Nachf. n. 10. —; geb. n. 13. —

— die Physiologie d. Genusses, s. a. Sammlung Fried.

—— Physiologie des Genusses. Autoris. Uebersetzung. Nach der 9. Aufl. aus dem Italien. 8 Lfgn. gr. 8. (492 S. mit 1 Tab.) Oberhausen 881, Spaarmann. à Lfg. * 50 Pf. *

— Physiologie d. Genusses. Autoris. Uebersetzg. Nach der 9. Aufl. aus dem Ital. 2. Aufl. gr. 8. (492 S. m. 1 Tab.) Styrum 888. Spaarmann. n. 5. —; geb. 6. —

Die Physiologie des Genusses [Fisiologia del piacere]. Von Paul **Mantegazza**. Aus d. Ital. Neue deutsche Ausg., ausgew. u. übers. von H. Passarge. 13. Aufl Berlin: Jacobsthal [um 1906]. 159 S. 8⁰

— die Physiologie d. Hasses. Einzig autoris. deutsche Ausg. Aus dem Ital. v. R. Teuscher. gr. 8. (VIII, 371 S.) Jena 889. Costenoble. n. 4. —; geb. n. 6. —

— — Die Physiologie der Liebe. Leipzig 1877. 8⁰. (Mk. 7.50, in Prachtbd. Mk. 9—.)
— — Dasselbe. Autorisirte deutsche Ausgabe. 2. Aufl. Aus d. Italien. von Dr. Eduard Engel. Jena, Herm. Costenoble (188*). 8⁰. (Eleg. geb. Mk. 6—.)
— — Dasselbe. 13. Aufl. Berlin, o. J. 8⁰. X u. 404 S. (Mk. 4—.) (2 Mk. 50 Pfg. Adolf Weigel, 1909.)

Mantegazza, Paul, die Physiologie der Liebe. Einzige vom Verf. autoris. deutsche Ausg. Nach der 2. Aufl. aus dem Italien. von Ed. Engel. gr. 8. (XII, 424 S.) Jena 877, Costenoble. * geb. *

Mantegazza, Paul, die Physiologie der Liebe. Einzige vom Verf. autoris. deutsche Ausg. Aus dem Ital. von Ed. Engel. 2. verb. Aufl. (XII, 374 S.) 1885; 3. Aufl. 8. (XII, 392 S.) Jena 888, Costenoble. * ℳ 4.—.; geb. *

— dasselbe. 3. Aufl. 2.—4. Abdr. 8. (XII, 392 S.) Ebd. 890. 1. 80; geb. 3. 30

— dasselbe. Aus dem Ital. Neue deutsche Ausg., übers. u. bevorw. v. K. Kolberg. 1. u. 2. Aufl. 8. (277 S.) Berlin 889. 890. Fried & Co. 4. —

— die Physiologie der Liebe. Aus dem Ital. v. Ed. Engel. 4.—7., einzige vom Verf. autoris. u. wesentlich verm. Aufl. Mit Vollbild in Lichtdr., Amor u. Psyche nach Canova. 8. (XII, 404 S.) Jena 891—893. H. Costenoble. 1. 80; geb. 3. 30

— dasselbe, s. a. Sammlung Fried.

— d. Physiologie d. Liebe. Aus d. Ital. v. Ed. Engel. 10. Aufl. Autor., wesentl. verm. u. einz. vollständ. Ausg. M. Vollbild in Lichtdr. Amor u. Psyche nach Canova. 8. (XII, 404 S.) Ebd. 898. 1. 80; geb. 3. 30

Mantegazza, Paul, die Physiologie der Liebe. Aus dem Ital. v. Eduard Engel. 11. Aufl. Autoris., wesentlich verm. u. einzig vollständ. Ausg. gr. 8. (X, 404 S.) Berlin (902). Neufeld & Henius. 4. —

— die Physiologie der Liebe. Aus dem Ital. v. Eduard Engel. 12. u. 13. Aufl. Autoris., wesentlich verm. u. einzig vollständ. Ausg. (à X, 404 S.) 8. Berlin (904. 906). Neufeld & Henius. 4. —; geb. 5. —

— dasselbe. Neue deutsche Ausg. v. Willy Alex. Kastner. (269 S.) 8. Dresden 905. B. Sturm. n. 3. —

— Physiologie d. Schönen. I. II. 8. Jena, H. Costenoble. n. 7. —; geb. n. 9. 20
I. Epikur. Einzig autoris. deutsche Ausg. Aus dem Ital. v. R. Teuscher. (VI, 189 S.) 891. n. 2. —; geb. n. n. 3. —
II. Wörterbuch d. Schönen. Einzig autoris. deutsche Ausg. Aus dem Ital. v. Willy Alex. Kastner. (VIII, 502 S.) 892. n. 5. —; geb. n. 6. 20

— die Physiologie des Weibes. Aus dem Ital. v. R. Teuscher. Autoris. deutsche Ausg. 1. — 3. Aufl. gr. 8. (XI, 505 S.) Ebd. 893. 894. n. 3. —; geb. n. 4. 50

— d. Physiologie d. Weibes. Aus d. Ital. v. R. Teuscher. Autor. deutsche Ausg. 4. [Titel-] Aufl. 8. (XI, 505 S.) Ebd. (894) 897. n. 3. —; geb. n. 4. 50

— die Physiologie des Weibes. Aus dem Ital. von R. Teuscher. Autoris. deutsche Ausg. 5. Aufl. 8. (XI, 505 S.) Jena 900. [H. Costenoble.] Berlin, Neufeld & Henius. n. 3. —; geb. n. 4. 50
Auch die übrigen Schriften desselben Verf. aus dem Verlage v. H. Costenoble sind an d. Firma Neufeld & Henius übergegangen.

Mantegazza, Paul: Die Physiologie des Weibes. [Fisiologia della donna; 1893.] Aus d. Ital. v. R[einhold] Teuscher. 6. Aufl. — Berlin: Neufeld & Henius 1903. XI, 505 S. 8⁰

— die Physiologie des Weibes. Aus dem Ital. v. R. Teuscher. (Einzig) autoris. deutsche Ausg. 6. u. 7. Aufl. (à XI, 505 S.) 8. Berlin (903. 906.) Neufeld & Henius. 3. —; geb. 4. —

Mantegazza, Paul, die Physiologie der Wonne. Vollständige deutsche Ausg., übers. v. Graf A. Wilding. 8. (532 u. IV S.) Berlin 894. J. Gnadenfeld & Co. n. 3. —

Mantegazza, Paolo. Die Physiologie der Wonne. Von Paolo Mantegazza. Vollständige deutsche Ausgabe, besorgt von Dr. jur. Graf A[ugust] Wilding. 2. Aufl. 532 + IV S. 8. Zürich, Caesar Schmidt, 1901. (M. 3. —)

— Die Physiologie der Wonne. Vollständige deutsche Ausg. 3. [Titel-]Aufl. (532 u. IV S.) 8. Zürich [901] 909. Schweizer Druck- u. Verlagshaus. 3. —

Rätsel der Liebe. Von Paul **Mantegazza**, Prof. . . . in Florenz. Autoris. Ausg. A. d. Ital. v. Willy Alexander Kastner. *Jena: H. Costenoble (1897).* (VIII S., 1 Bl., 301 S.) 1 Bd 8. [98. 778]

— Rätsel d. Liebe. Autor. Ausg. Aus d. Ital. v. Willy Alex. Kastner. 8. (IX, 301 S.) Ebd. 898. n. 3. —; geb. n. 4. 20

Mantegazza's, Paul, gesammelte Schriften. [Physiologie der Liebe — Hygiene der Liebe — Physiologie d. Genusses.] Neue deutsche Ausg., übers. v. Karl Kolberg u. H. Passarge. 8. (VI, 277; VIII, 264 u. 159 S. m. 1 Bildnis.) Berlin 891. A. H. Fried & Co. Geb. in Leinw. n. 5. —

—— anthropologisch-kulturhistorische Studien über die Geschlechtsverhältnisse der Menschen. Aus dem Ital. Einzig autoris. deutsche Ausg. 1. Aufl. (IX, 380 S.) 1886; 2. Aufl. gr. 8. (IX, 384 S.) Ebendas. 888. *ℳ 7.—; geb. *

— anthropologisch-kulturhistorische Studien üb. die Geschlechtsverhältnisse d. Menschen. 3. Aufl. Aus dem Ital. Einzig autoris. deutsche Ausg. gr. 8. (X, 434 S.) Jena 891. H. Costenoble. n. 6.—; geb. n.n. 7. 50

— einen Tag in Madeira. Ein Kapitel aus der Hygiene der Liebe. Nach der 8. italien. Orig.-Aufl. autoris. deutsche Ausg. gr. 8. (III, 117 S.) Leipzig 882. Scholtze. n. 2. 40; geb. n. 3. —

Mantegna's, Andrea, Biographie und Charakteristik, s. Woltmann, A.

Mantegna, Andrea, Darbringung Christi im Tempel, s.: Meisterbilder fürs deutsche Haus.

Mantegna, Andrea, Gemälde u. Kupferstiche, hrsg. v. Fritz Knapp, s.a. Klassiker der Kunst in Gesamtausgaben.

Andrea Mantegna. Des Meisters Gemälde u. Kupferstiche in 200 Abb. Hrsg. von Fritz Knapp. Stuttgart & Leipzig: Deutsche Verl.-Anst. 1910. LIV, 189 S. 4°(8°)
(Klassiker d. Kunst in Gesamtausg. Bd 16.) [10. 1616] 11

— Lodovico Scarampi, s.: Meisterbilder fürs deutsche Haus.

Mantegna's, Andrea, Triumphzug des Julius Cäsar. 12 Blatt Photographieen. gr. Fol. Berlin 861, (Th. Grieben.) **

Mantel, Fr., Kuno v. Hohenfels, s.a. Heidelmann's, A., Theaterbibliothek.

Kuno von Hohenfels. Ritterschauspiel in 5 Akten von Fr. Mantel. Bonn: A. Heidelmann [1904]. (30 S.) 8° [F.]
— Theaterbibliothek, A. Heidelmann's. H. 136. [04. 468]

Mantel, der, 3 Erzählungen von Fr. Laun, C. Streckfuß, G. Schilling. 8. Dresd. 813. Arnold. 1 ₰ 6 gr

Mantel, Der kurze, und Ottilie, zwei Volksmährchen. Wien 1820. V: *Naubert, Christiane Benedicte Eugenia geb. Hebenstreit.* (schl)

Mantel, der kurze, u. Ottilie. Zwey Volksmährchen, von Bened. Naubert. 8. Wien, Armbruster. 820.

Mantel, Der schwarzgraue, ein Zaubermährchen aus der Vorzeit . . . Leipzig 1795—96. V: *Seidel, Carl August Gottlieb.* (Ky) (MGT) (StAt)

— der schwarzgraue, ein Zaubermährchen (v. K. A. Seidel). 2 Thle. 8. Leipz. 795, 96. (Aue, in Altona). 1 ₰ 20 gr

Mantel, der schwarzgraue, e. Zaubermährchen aus der Vorzeit, nach einer alten Handschr., in 2 Thln. 8. Leipzig, Jacobäer. 795—96. (I. 1 Rthlr. II. 20 gr.)

Mantel, Alfred: Ueber die Veranlassung des Zwölfer- oder zweiten Vilmergerkrieges. Die Toggenburger-wirren in den Jahren 1706—12. Zürich 1909. 257 S. 8°. [5. VIII. 09.]
Zürich. Phil. Diss. I. S. 1908/09.

Mantel, Alfr., über die Veranlassung des Zwölfer- od. 2. Vilmergerkrieges. Die Toggenburgerwirren in d. J. 1706—1712, s.a. Studien, schweizer, z. Geschichtswissensch. I, 3.

Mantel, Alfred. Ueber (*Ausg. B: Über) die Veranlassung des Zwölfer- oder zweiten Vilmergerkrieges. Die Toggenburgerwirren in den Jahren 1706—12 (*Ausg. B: 1706 bis 1712). 8. Zürich (*Ausg. B: Z'-Selnau), Gebr. Leemann & Co., 1909.
Ausg. A: Diss. Phil. I. Univ. Zürich. [Mit Vita] 256 + 1 S.
Ausg. B: Von Dr. phil. A' M'. II + 256 S. [fr. 5.50.] — Schweizer Studien zur Geschichtswissenschaft.... Band 1. Heft 3.

Mantel, F., s. Rechtsblätter.

Mantel, G., Ausbildg. d. Infanterie f. d. Gefecht u. im gefechtsmäß. Schießen. Theoretisch-prakt. Unterrichtsgang in d. Ausbildg. d. Infanterie f. d. Feuergefecht u. Anleitg. z. Vorbereitg. u. Durchführg. d. gefechtsmäßigen Einzeln- u. Abteilungsschießens. M. Beispielen u. Skizzen erläut. 8. (VIII, 88 S. m. 1 Taf.) München 895. Th. Ackermann. n. 1. —

Mantel, G., Ausbildung d. einzelnen Infanteristen im Schul- u. gefechtsmäßigen Schießen. Theoretisch-prakt. Unterrichtsgang nach den Grundsätzen u. Regeln der neuen Schieß-Instruktion f. die Infanterie zum unmittelbaren Gebrauche f. den Schießlehrer u. Abrichter. [Mit 41 Fig. bezw. Scheibenbildern.] 8. (VIII, 37 S.) Augsburg 885. Rieger. n. 1. —

—— dass. — 2. Aufl. (VIII, 47 S. mit 12 Fig. bezw. Scheibenbildern.) 887; 3. verb. Aufl. 8. (48 S. mit 14 Fig. bezw. Scheibenbildern.) Ebendas. 888. *

— Ausbildg. d. einz. Infanteristen im Schulschießen. Theoretisch-prakt. Unterrichtsgang in d. vorbereit. Uebgn. u. Anleitg. z. Durchführg. d. schulmäß. Schießens. 4. Aufl. 8. (XIV, 56 S.) München 896. Literarisch-artist. Anstalt. n. 1. —

Mantel, G., u. W. Hinrichs, eiserne Brückenpfeiler. Ausführung u. Unterhaltg. der eisernen Brücken, s.a. Handbuch der Ingenieurwissenschaften. II. 6.

Eiserne Brückenpfeiler. Ausführung und Unterhaltung der eisernen Brücken. Bearb. von G. Mantel u. W[ilhelm] Hinrichs, hrsg. von Th[eodor] Landsberg, Prof. in Darmstadt, in 1. u. 2. Aufl. von Dr. Th[eodor] Schäffer, Geh.R. in Darmstadt u. Ed[uard] Sonne, Prof. in Darmstadt. 3. verm. Aufl. Mit 245 Textfig., Sachreg. u. 13 Taf. *Leipzig: W. Engelmann 1903.* (XV, 371 S.) 4°(8°)
— Brückenbau. Abt. 6.
— Handbuch d. Ingenieurwissenschaften. Bd. 2, Abt. 6. [03. 3063]

—— Frei-, Gewehr- und Anschlag-Uebungen, in sechs Gruppen mit Unterabteilungen zusammengestellt. 8. (31 S.) Ebendas. 885. *

—— dass. — in sechs Gruppen mit Unterabteilungen, zusammengestellt nach den neuen Vorschriften über das Turnen der Infanterie. 2. Aufl. 8. (35 S.) Ebendas. 887. *

Mantel, G. Frei-, Gewehr- u. Anschlag-Uebungen in sechs Gruppen m. Unterabteilungen, zusammengestellt nach den neuen Vorschriften üb. das Turnen der Infanterie. 3. Aufl. 12. (35 S.) Augsb. 890, Rieger. * — 25

—— kleines Schießbuch für die 1.—3. Schießklasse. 16. (16; 16; 18 S. mit je 6 Stnt.) Berlin 885, Mittler und Sohn. à Klasse ** 10 Pf.; in Lederpappen-Envelopve **

—— dass. — Besondere Schießklasse. 16. (16 S. mit 6 Stnt.) Ebendas. 885. **

—— dass. — Ersatzreserve. [I., II. und III. Uebungsperiode.] 16. (20 S. mit 6 Stnt.) Ebendas. 885. **

Mantel, G.: Untersuchung über die räumliche Vertheilung gleichzeitiger Niederschläge in der Schweiz. Zürich 1881. 4°

Mantel, G.: Zusammenhang zwischen der Anzahl heller und trüber Tage einer Periode und deren mittleren Bewölkung. 1883. 4°

Mantel, Georg

Mantel, Geo., ein Lehrgang durch das Bäckergewerbe m. den dazu gehörigen Stoffen aus Gewerbekunde, Volkswirtschaftslehre u. Gesetzeskunde. Ein Hilfsbuch f. den Unterricht in Bäckerfachklassen u. zur Vorbereitung auf die Gesellen- u. Meisterprüfung. (VIII, 130 S.) gr. 8. Breslau 908. Priebatsch. 1.80; geb. n 2. 50

— s.: Rechenwerk f. die Fachklassen der gewerblichen Fortbildungsschulen des Ostens.

— Stoffe aus Volkswirtschaftslehre u. Gesetzeskunde, nebst e. Anh.: Die geschichtl. Entwickelg. des Handwerks. Ein Lehr- u. Lernbuch f. alle Klassen der gewerbl. Fortbildungsschule. (VI, 82 S.) gr. 8. Breslau 908. Priebatsch. — 80

Mantel, G[ustav]. Einladung zu Gewitterbeobachtungen im Gebirge. 8. (Zürich [1885].)

Mantel, H. (Dessinateur in St. Gallen.) La Broderie. „Stickereien." Journal de dessins pour broderie. 72 Blätter in 12 Heften. In-fol. St. Gallen, Selbstverlag des Autors. 1882.

— Broderies (Stickereien). 35/25 cm. 316 p. 1888. per 20 Blätter 10 —

Mantel, H., „Compositions". Musterjournal f. Stickereien, Webereien, Druckereien u. Zeichner. 1. Jahrg. 1894. 12 Hfte. gr. Fol. (à 3 Bl.) St. Gallen, Hasselbrink & Ehrat. n. 40. —; halbjährlich n. 21. —

Mantel, H., „Compositions". Journal f. gewerbl. Zeichnen. 2. Jahrg. 1895. 12 Hfte. (à 3 Taf.) gr. Fol. St. Gallen. (Leipzig, G. Hedeler.) n. 40. —

Mantel H, Compositions. Journal f. gewerbliches Zeichnen. (72 T) 4° St. Gallen 1897

Mautel, H. Compositions. 1ère série. 2ème édition. 35/50 cm. 36 p. St. Gallen, H. Mautel-Gnägi. 48 —

— — 2ème série. 2ème édition. 35/50 cm. 36 p. 1bd. 1898. 48 —

Mantel, H., Stickereien. 12 Hefte. Fol. (à Heft 6 Stnt.) St. Gallen 880, (Scheitlin und Zollikofer.) *

Mantel, H., mechan. Stickereien. Fol. (20 Taf.) St. Gallen 897. (Plauen, Ch. Stoll.) n. 10. —

Mantel, Hans [cand. med. aus Baunach]: Ein Fall von Idiopathischer Hypertrophie und Dilatation des Herzens ... München, Druck v. F. Bickel, 1893; 18 S. 8.
München, Med. Fak., Inaug.-Diss. v. 1893

Mantel, Heinrich Ludwig: Ueber die Osteomyelitis der Kiefer. Bericht über die in den Jahren 1897 bis 1906 an der chirurgischen Klinik in Heidelberg behandelten Kieferknochenentzündungen. Mannheim 1908: Haas. 60 S. 8°
Heidelberg, Med. Diss. v. 1908, Ref. Narath
[Geb. 19 Apr. 73 Rastatt; Wohnort: Mannheim; Staatsangeh.: Baden; Vorbildung: Gymn. Karlsruhe Reife M. 92; Studium: Heidelberg 10 S.; Coll. 26. Mai 08; Approb. 2. Okt. 08.] [U 09. 1967

Mantel, Henri J., a. Elgg (Kanton Zürich): Die Haftung des Einzelerben für die Schulden des Nachlasses nach römischem und gemeinem Recht und den neueren Kodifikationen (unter Berücksichtigung des schweizerischen Rechts). Borna-Leipzig 1905: R. Noske. (VIII, 46 S.) 8°
Leipzig, Jur. Fak., Diss. v. 9. Mai 1906
[Geb. 4. Juli 79 Paris; Wohnort: Basel; Staatsangeh.: Schweiz; Vorbildung: Realsch. Basel Reife M. 97. Ergänzungsprüfung Gymn. Basel O. 03; Studium: Basel 6, Leipzig 1 S.; Rig. 9. Mai 06.]

Mantel, Karl [app. Arzt aus Dahn]: Über Dermoïdkysten des Ovariums ... Heidelberg, Univ.-Buchdr. v. J. Hörning, 1892; 42 S. 8.
Heidelberg, Med. Fak., Inaug.-Diss. v. [30. Mai] 1892

Maentel, die Umsatzsteuer- u. Wertzuwachssteuer-Ordnung der Stadt Wiesbaden. Textausg. m. Anmerkgn. u. Berechnungs-Beispielen. (18 S.) kl. 8. Wiesbaden 908. H. Gieß. — 40

Mantelfahrt, Fausts. Eine kleine Sammlung von Epigrammen. [ca. 1834.] V: *Kurz, Hermann.* (Zeitschr. f. Büch. N. F. 15, 1923, S. 115)

Mantell, Gideon, die Phänomene d. Geologie, leichtfassl. in Vorlesn. entwickelt. Beim Vortrage nachgeschr. v. G. F. Richardson. Deutsch hrsg. v. Jos. Burkart. Mit e. Vorr. v. Jak. Nöggerath. 2 Bde. gr. 12. (16 B., 52 Stnt. u. 2 lith. Tit.) Bonn 839, Henry u. Cohen.

Mantell, G(ideon) A(lgernon), Anleitung zum Studium der Versteinerungskunde als Grundlage der Geologie oder die Denkmünzen der Schöpfung. Deutsch bearb. von C. Hartmann. 2., wohlf. Ausg. 1. Lfg. 8. (1. Bd.: Fossile Pflanzen, Infusorien, Zoophyten, Echinodermen und Mollusken. XVI S. und S. 1—192 mit 24 Stnt., wovon 1 ill.) Freiberg 856, Engelhardt. —
Wurde bereits in den J. 1845 und 1846 u. d. T.: „Die Denkmünzen der Schöpfung" von demselben Verf. ausgegeben.

Mantell, G(ideon) A(lgernon), Anleitung zum Studium der Versteinerungskunde als Grundlage der Geologie oder die Denkmünzen der Schöpfung. Deutsch bearb. von C. Hartmann. 2., wohlf. (Titel-)Ausg. 2—4. (Schluß-)Lfg. 8. (1. Bd. S. 193—448; 2. Bd. VII und 450 S. mit 64 Stnt., wovon 1 ill.) Freiberg (846)56, Engelhardt. à Lfg. 12½ Ngr.
1. Lfg. Ebendas. 1856. 12½ Ngr.

Mantell, Gideon Algernon, die Denkmünzen der Schöpfung, oder erster Unterricht in der Geologie u. in dem Studium der organischen Reste. Deutsch bearb. von Karl Fr. Alex. Hartmann. In 2 Bdn. oder 4 Liefg. Mit 79 Taf. Abbild. kl. 8. Freiberg 845, 46, Engelhardt. (à n. 1 ₰) n. 4 ₰ 2 Bde. in Leinwand geb. n. 4⅓ ₰

Mantell, H. Gedichte, s.: Aus der Günther-Stadt.

MANTELS, Adolf (Lübeck): Ueber Epilepsie durch Grosshirnhemisphärentrauma.- München: Wolf 1877. 35 S.
28.4.1877 - Urk (Titel: De epilepsia traumate hemisphaerii cerebri magni effecta.); Chr 1876/1877,10
Diss. Ingolst.-Landsh.-Mchn.

Mantels, H. C. Beleuchtung der bisherigen Verwaltung der Hamburgischen Versorgungs-Tontine durch *H. Aug. Bertheau* sen., und Vorschläge zu einem verbesserten Plan derselben. Hamburg 1831.

Mantels, W., Ueb. die Fabeln d. Babrios. Pr. 1846. 27 S. 4°.

Mantels, Wilhelm. Beiträge zur lübisch-hansischen Geschichte. Ausgewählte historische Arbeiten. Jena 1881. H: *Koppmann, Carl.* (Kat. d. Bibl. d. dtsch. Reichstages. Berl. 1882.) (Dn)

Mantels, Wilh., Beiträge zur lübisch-hansischen Geschichte. Ausgewählte histor. Arbeiten. gr. 8. (XXXI, 301 S. mit 1 Steintaf. u. 1 Lichtdr.) Jena 881. Fischer. n. 8. —; geb. n. 10. —

Ueber die beiden ältesten lübeckischen Bürgermatrikeln v. Wilhelm **Mantels**. Lübeck 1854. 4⁰

Mantels, Wilh., Lübeck und Marquard v. Westensee. Urkundliche Beiträge zur Geschichte des im 14. Jahrh. erloschenen Geschlechts von Westensee. gr. 4. (58 S. mit 1 Stnt.) Lübeck 856, v. Rohden'sche Buchh. *

Mantels, Wilh., aus dem Memorial oder Geheim-Buche des Lübecker Krämers Hinrich Dunkelgud von 1479 bis 1517. Lübeck, 866. (Aschenfeld.) 4. (23 S.) 7⅓ ngr

Mantels, Wilh., aus dem Memorial oder Geheim-Buche des Lübecker Krämers Hinrich Dunkelgud von 1479 bis 1517. 4. (28 S.) Lübeck 866, (Aschenfeldt.)

—— s. **Milde, C. J.**, der Todtentanz in der Marienkirche zu Lübeck.

— Carl Julius Milde in seiner Wirksamkeit für Lübecks Kunst u. Alterthum kurz geschildert. [Aus: „Zeitschr. d. Vereins für Lübeckische Geschichte u. Alterthumskunde".] gr. 8. (12 S.) Lübeck 876. Grautoff. — 30

Der im Jahre 1367 zu Köln beschlossene zweite hanseatische Pfundzoll v. Wilhelm **Mantels**. Lübeck 1862. 4⁰
Zwei Exemplare: 1) Programm, 2) Separatabdruck mit eigenem Titel.

Mantels, W. Der im Jahre 1367 zu Köln beschlossene zweite hanseatische Pfundzoll. In dessen: Einladung zu den öffentlichen Prüfungen und Redeübungen der Schüler des Catharineums in Lübeck. 4⁰. Lübeck 1862.

Herr Thidemann von Güstrow, Bürgermeister der Stadt Lübeck im vierzehnten Jahrhundert. Nach d. Quellen geschild. von Wilhelm Mantels. — Lübeck 1858: Schmidt. 15 S. 8⁰ (4⁰)

Manternach, Gustave: Differenzial-Nivellirlatte. Luxemburg: Franz Bourg-Bourger [1894]. 7 S. 8⁰

Manternach, Mathias: Einige Worte über die Tonkunst an die Zöglinge des Athenäum's zu Lützemburg bei Gelegenheit des Cäcilienfestes, von einem Kaplan der Pfarrei zum H. Peter. Dringend verlangt und dem Druck übergeben von den Zöglingen. Zum Besten der Musikanstalt des Athenäums. Lützemburg: Schmit-Brück 1833. 11 S. 8⁰

Manternach, Philippe: „Dicks-Lentz". Geschwind-Marsch. „Zinnen-Menager". Geschwind-Marsch. [Leipzig]: Stomps; Luxemburg. 4⁰

Manternach, Philippe: Hommage à Son Excellence Monsieur le baron de Blochausen. Le Drapeau luxembourgeois. Pas redoublé. [Leipzig]: Stomps; Luxemburg. 32 S. 4⁰

Manternach, Philippe: Neue Elementar-Flöten-schule. Leipzig: Stomps; Luxemburg 1897. 26 S. 4⁰

Manternach, Philippe: Son Altesse Royale Monseigneur le Grand-Duc de Luxembourg. Guillaume. Marche nationale. Leipzig: Stomps; Luxemburg. 5 S. 2⁰

Manternach, Philippe: „Hinaus in's Freie!" Geschwind-Marsch. 4⁰

Manternach, Philippe: Liederschatz. Eine Sammlung von Liedern und Gesängen aus alter und neuer Zeit für drei gleiche Männer-, Frauen- oder Kinderstimmen, oder für Sopran. Alt und Bariton. Mit besonderer Rücksicht auf die höheren Volksschulen des Luxemburger Landes. Hamburg: W. Schmitt; Ettelbrück [1896]. 94 S. 8⁰

Manternach, Philippe: Liederschatz und Gesangschule. Eine Sammlung von 79 der schönsten zweistimmigen Schullieder. Mit besonderer Rücksicht auf die Primärschulen des Luxemburger Landes. Trier [1897]. 4, 75 S. 8⁰

Manternach, Philippe: A Son Altesse Royale Monseigneur le Grand-Duc Adolphe de Luxembourg. Luxembourg. Marche patriotique. Leipzig: Stomps; Luxemburg [1897]. 5 S. 4⁰

Manternach, Philippe: Polka fn zwei Pistons. Tilbourg o.J. 4⁰

Manternach, Philippe: Vive le Roi! Vive la Reine! Marche militaire, dédiée à Sa Majesté le Roi Grand-Duc. Leipzig: Stomps; Luxemburg o.J. 4⁰

Manteufel, s.a. Mannteufel

Manteufel, experimentelle Beiträge zur Kenntnis der Rekurrensspirochaeten u. ihrer Immunsera. (87 S. m. 1 Fig.) Lex. 8. Berlin 907. J. Springer. 2. —
Sonderabdr. a.: „Arbeiten a. d. kais. Gesundheitsamte".

Manteufel, Elisabet, Normal-Strick- u. Häkel-Schule. Ein Leitfaden zur leichten Erlerng. dieser Handarbeiten. gr. 8. (44 S. m. Abbildgn.) Berlin 891. Eßlingen, A. Lung. — 75; geb. in Leinw. n. 1. —

Manteufel, Kurt, pract. Arzt aus Berlin: Aus d. Bresl. chirurg. Klinik. Ein Beitrag zur Statistik der Peniscarcinome. *Breslau 1900: Bresl. Genossenschafts-Buchdr.* (30 S.) 8⁰
Breslau, Med. Diss. v. [19. Juni] 1901

Manteufel, P(aul), aus Myslowitz (Oberschl.): **Untersuchungen über Metastasenbildung in den iliakalen Lymphdrüsen bei Carcinoma uteri.** *Leipzig: G. Thieme 1904.* (18 S.) 8⁰
¶ (Aus: Hegars Beiträge zur Geburtshülfe u. Gynäkol., Bd 8.)
Halle, Med. Diss. v. 2. Febr. 1904

v. Manteufel-Szöge, Karl, s. Etwas über Kurland.

Manteuffel, Gen.-Feldmarschall Edwin v., s. **Garlepp, Bruno.** Die Paladine Kaiser Wilhelm I. 7. Bdchn. — **Keck, Karl Heinr.**

Manteuffel, General Freiherr v., u. seine Gegner. Ein deutsches Wort. gr. 8. (52 S.) München 871. Manz. — 75

Manteuffel, s.a. Zöge v. Manteuffel, Herm.

v. **Manteuffel**, Minister des Innern. Rede gehalten in der zweiten Kammer, betreffend den Antrag des Abgeordneten Waldeck wegen Aufhebung des Belagerungszustandes der Stadt Berlin. Deckersche Geheime Ober-Hofbuchdruckerei. 4 Bl. 4.
Flugblatt. Berlin, 25. April 1849.

Manteuffel, Aug. Wlh., s. Maddock, Jak.: Anleitung für Blumenfreunde.

Manteuffel, Aug. Wlh., der deutsche Obst- u. Fruchtgärtner od. Anweis., wie man Obstbäume aus d. Kern erziehen u. in der Folge warten soll. Mit 3 Kpf. 8. Berl. 812. Fr. Maurers B. (Heinemann in Stolp.) 18 gr

Manteuffel, Aug. Wilh., d. deutsche Obst- u. Fruchtgärtner, od. Anweis., wie man Obstbäume aus d. Kern erziehen u. sie in d. Folge warten soll. Mit 5 Kpf. 8. Berlin, 1812. (Reutlingen, 1813.) — 22½

Manteuffel, Carl, s. Manteuffel, Karl

Manteuffel, E. v., gathered leaves. gr. 8. (24 S.) Königsberg Nm. 895. (J. G. Striese.) n. 1. 50

Gathered Leaves. [Hrsg.:] E. v. **Manteuffel**. *Königsberg: J. G. Striese [1896].* (24 S.) 1 Bd 8. [96. 5226

(Manteuffel, Edwin von.) Widerlegung der von dem Hauptmann a. D. von Rahden gegen den verstorbenen Kriegsminister von Witzleben erhobenen Beschuldigungen. Berlin, E. S. Mittler 1843. 14 S. 8.

Manteuffel, Else v., aus Dunkel zum Licht,
— der beste Freund, } s.: **Perlen.**
— in Frühlingssonnenschein,

Manteuffel, Else v., s. Hausbibliothek, deutsche.

Prinzessin Ilse. Erzählung von E[lse v.] **Manteuffel**. Berlin: Christl. Zeitschriftenver. 1896. (16 S.) 8° [F.]
= **Kleinkindergarten.** No 14. [95. 6364

– Dass., s.a. Kleinkindergarten.

— die Nachbarhäuser, s.: Hausbibliothek, deutsche.

— am Ostseestrande, s.: Perlen.

— der brave kleine „Pyfang", s.: Perlen.

— Trudchens Sommerfrische, s.a. Kleinkindergarten.

Trudchens Sommerfrische. Erzählung von E[lse v.] **Manteuffel**. Berlin: Christl. Zeitschriftenver. 1895. (16 S.) 8° [F.]
= **Kleinkindergarten.** No 12. [95. 6360

Die Zigeuner. Erzählung von E[lse v.] **Manteuffel**. Berlin: Christl. Zeitschriftenver. 1895. (16 S.) 8° [F.]
= **Kleinkindergarten.** No 13. [95. 6363

– Dass., s.a. Kleinkindergarten.

Manteuffel, Erna v., Album altdeutscher Leinenstickerei. 5 Hefte. qu. gr. 8. (à Heft 11 Stnt. mit 4 S. Text.) Harburg 883, Elkan. à Heft M 1.; in Leinw.-Mappe

Inhalt:
Heft 1. Kreuzstich.
- 2. Holbein-Technik.
- 3. Wiener Kreuzstich.
- 4. Italienischer Kreuzstich.
- 5. Flechtenstich.

Manteuffel, Erna v., Filet-Guipure-Album. Eine Sammlung stilvoller, praktisch ausgeführter Orig.-Muster. Nebst illustr. Anleitung. 1—4. Hft. gr. 4. (9 S. mit 41 photolith. Taf.) Harburg 881. 82. Elkan. In Mappe. à 3.—

— Himmelsschlüssel, s.: Jugend-Bibliothek, christliche.

— Monogramm-Album. 600 stilvoll verschlungene Buchstaben für Plattstichstickerei in verschiedenen Größen. Nebst vielen Verzierungen. 1—4. Hft. gr. 4. (à 10 photolith. Taf.) Ebend. 881. 82. In Mappe. à 3. —

— Monogramm-Album. 600 stilvoll verschlungene Buchstaben f. Plattstichstickerei in verschiedenen Größen. Nebst vielen Verziergn. 5—7. Hft. gr. 4. (à 10 photolith. Taf.) Harburg 883. Elkan. In Mappe. à 3. —

— Monogramm-Büchlein. Eine Sammlung stilvoll verschlungener Buchstaben für Plattstichstickerei in verschiedenen Größen, nebst vielen Verzierungen. 23 Hefte. 12. (à Heft 7 Stnt.) Ebendas. 882. à Heft 40 Pf.

Manteuffel, Gust. Baron, Darstellung der völkerrechtlichen Grundsätze über die Blokade. gr. 8. (60 S.) Dorpat 860. (Leipzig, Köhler.) *

Manteuffel, Hans v., das Berliner Spielertum, s.: Großstadt-Dokumente. (Ostwald, Hans.)

MANTEUFFEL, Hans Ernst Frhr. v.: Anweisung zum Hügelpflanzen der Nadelhölzer. – Dresden, Leipzig 1846. 92 S.

v. Manteuffel, Hans Er. Frhr., Anweisung z. Hügelpflanzen d. Nadelhölzer. Nebst 1 Steindrucktaf. gr. 8. Leipzig 846. Arnold'sche Buchh. 18 ngr

Manteuffel, Hans Ernst Frhr. v., die Eiche, deren Anzucht, Pflege u. Abnutzung. Ein wohlmein. Rathgeber für Eichenzüchter u. solche, die es werden wollen. Leipzig 869. Arnold. gr. 8. (VIII, 156 S.) 1 ngr

Manteuffel, Hans Ernst Frhr. v., die Eiche, deren Anzucht u. Abnutzung. Ein wohlmeinender Rathgeber f. Eichenzüchter u. solche die es werden wollen. 2. Aufl. gr. 8. (VIII, 156 S.) Leipzig 874. Arnold. n. 2. 50

Manteuffel, Hans Ernst v., die Hügelpflanzung der Laub- und Nadelhölzer. Eine prakt. auf die neueste Erfahrungen gegegründete Anweisung zum Hügeln sämmtl. anbauwürdiger Holzarten. Auf Anordnung des königl. Ministerii der Finanzen hrsg. gr. 8. (VIII und 119 S. mit eingedr. Holzschn.) Leipzig 855, Arnoldische Buchh. Thlr. *

Manteuffel, Hans Ernst Frhr. v., die Hügelpflanzung der Laub- und Nadelhölzer. Eine praktische, auf die neuesten Erfahrungen gegründete Anweisung zum Hügeln sämmtlicher anbauwürdiger Holzarten. 2., verb. und verm. Aufl., mit einem Anhang, das Hügeln der Obstbäume betreffend. gr. 8. (XII und 152 S. mit eingedr. Holzschn.) Leipzig 858, Arnoldische Buchh. Thlr. *

Manteuffel, Hans Ernst v., die Hügelpflanzung der Laub- u. Nadelhölzer. Eine praktische, auf die neuesten Erfahrungen gegründete Anweisung zum Hügeln sämmtlicher anbauwürdiger Holzarten. Mit einem Anhang, das Hügeln der Obstbäume betr. 3., verb. u. verm. Aufl. Leipzig 865. Arnold. gr. 8. (XIV, 152 S. m. Holzschn.) n. 24 ngr

Manteuffel, Hans Ernst Frhr. v., die Hügelpflanzung der Laub- u. Nadelhölzer. Eine prakt. auf die neuesten Erfahrgn. gegründete Anweisg. zum Hügeln sämmtl. anbauwürd. Holzarten. 4. Aufl. gr. 8. (XIV, 152 S.) Leipzig 874. Arnold. n. 2. —

Manteuffel, Karl Frhr. v., sozialaristokratische Ideen. gr. 8. (VI, 60 S.) Berlin 896. O. Liebmann. n. 1. —

Manteuffel gen. Zoege, Carl Frh. von: **Das Sparen**, sein Wesen und seine volkswirtschaftliche Wirkung. *Halle a. S. 1900: (Lippert & Co., Naumburg a. S.).* (53 S.) 8° ¶ [Erschien vollst. 1900 als Bd 26 d. Sammlung nationalökon. u. statist. Abhandlungen d. staatswiss. Seminars zu Halle a. S.]
Halle, Phil. Diss. v. 3. März 1900

Manteuffel gen. Szöge, Carl Frhr. v., das Sparen, s.a. Sammlung nationalökon. u. statist. Abhandlungen.

Das Sparen. Sein Wesen u. seine volkswirtschaftl. Wirkung von Dr. Carl Frh. v. **Manteuffel** gen. Szöge. *Jena: G. Fischer 1900.* (147 S.) 8°
= **Sammlung** nationalökonomischer u. statist. Abhandlungen d. staatswiss. Seminars zu Halle a. S. Bd 26. [00. 6435

Manteuffel, Otto Frh. von: De Caussis et modo restituendi eos, in quos injuste... inquisitum fuit..., s. Gutjahr, Karl Thdr.

Manteuffel, Otto Frhr. v., unter Friedrich Wilhelm IV. Denkwürdigkeiten. Hrsg. von Heinr. v. Poschinger. 3 Bde. Lex.-8. Berlin 901. E. S. Mittler & Sohn. à n. 10.—; geb. in Halbfrz. à n.n. 12. 50
1. 1848—1851. (XVI, 440 S.) — 2. 1851—1854. (XII, 489 S.) 3. 1854—1882. (XII, 407 S.)

— s.a. Preußens auswärtige Politik 1850—1858.

Preussens auswärtige Politik 1850 bis 1858. Unveröff. Dokumente aus d. Nachlasse d. Ministerpräs. Otto Fr. v. **Manteuffel.** Hrsg. von Heinrich v. Poschinger. Bd 1—3. *Berlin: E. S. Mittler & Sohn 1902.* 3 Bde 8° [F.]
1. (Von Olmütz bis z. Errichtung d. zweiten französischen Kaiserreichs. Vom 1. Nov. 1850 bis z. 2. Dez. 1852.)
2. (Die orientalische Frage bis z. Beginn d. Krimkrieges. Vom 2. Dez. 1852 bis z. 14. Dez. 1854.)
3. (Von d. Beendigung d. oriental. Krisis bis z. Beginn d. neuen Aera. Vom 15. Dez. 1854 bis z. 6. Nov. 1858.) (02. 2850

Manteuffel, (Otto Theod.) v., Reden seit dem ersten vereinigten Landtage. Lex.-8. (VI und 119 S.) Berlin 851, Allgemeine deutsche Verlags-Anstalt. *

— siehe: Widerlegung der Beschuldigungen.

Manteuffel, Ursula Zöge v., Mark Albrecht. Roman. 2 Bde. 8. (288; 240 S.) Leipzig 883, Böhme. *
geb. *

Manteuffel, Ursula Zöge v., Mark Albrecht. Roman. 2 Thle. in 1 Bd. 2. durchges. und veränd. Aufl. 8. (180; 152 S.) Leipzig 886, Böhme's Nachf. *ℳ 3.75.; geb. *

Manteuffel, Ursula Zöge v., Mark Albrecht. Roman. 2 Tle. in 1 Bd. 3. Aufl. 8. (180 u. 152 S.) Leipzig 892. E. Ungleich. n. 3. 75; geb. n.n. 4. 75

Manteuffel, Ursula Zöge v., Sybold v. Eck. Roman. 2 Bde. (352 u. 392 S.) 8. Dresden 906. E. Pierson. n. 6.—; geb. n. 8.—

Manteuffel, Ursula Zöge v., Erneste. Roman. 2 Bde. (585 S.) 8. Dresden 909. [E. Pierson.] Berlin, Verlag Berlin-Wien. 6.—; in 1 Bd. geb. n 7.—
Auch die übrigen Manteuffel'schen Schriften aus E. Pierson's Verl. sind an obige Firma übergegangen.

—— Auf dem hohen Fels. Eine Geschichte aus alter Zeit. 2 Tle. in 1 Bd. 8. (208; 254 S.) Berl. 892, Janke. * 7 —; geb. * 8 20

—— Violette Fouquet. Roman. 3 Bde. 8. (238; 234; 268 S.) Berlin 885, Janke. *

— Violette Fouquet. Roman. 2. Aufl. (344 S.) 8. Berlin (909). O. Janke. 4.—

—— Désirées Geheimnis. Novelle aus dem Badeleben. 8. (147 S.) Leipzig 885, Böhme's Nachf. *ℳ 1.80.: geb. *

— Désirées Geheimnis. Novelle aus dem Badeleben. 8. (147 S.) Ebend. 886. n. 1. 80; geb. n. 2. 70

Manteuffel, Ursula Zöge v., zur linken Hand. Roman. 2 Bde. 8. (268 u. 259 S.) Dresden 900. E. Pierson's Verl. n. 6.—; geb. n. 8.—

— zur linken Hand. Roman. 2 Bde. 2. Aufl. (286 u. 275 S.) 8. Ebd. 904. n. 6.—; geb. n. 8.—

— Jone. Eine Herzensgeschichte. 3 Bde. 8. (268, 270 u. 249 S.) Berlin 900. O. Janke. n. 12.—

— Liebesopfer. Roman. (480 S.) 8. Ebd. (909). 4.—; geb. 5.—

—— Lora. Roman. 8. (299 S.) Ebendas. 885. *
geb. *

—— Lora. Roman. 2. Aufl. 8. (209 S.) Lpz. 891, [Böhme Nachf.] Ungleich. * 2 80; geb. ** 3 80

—— Graf Lorenz. Roman. 3 Bde. 8. (226; 240; 259 S.) Berlin 884, Janke. *

—— Graf Lorenz. Roman. 2. Aufl. 8. (276 S.) Berlin 886, Janke. *

Manteuffel, Ursula Zöge v., Graf Lorenz. Roman. 2. Aufl. 8. (276 S.) Berlin 889. Janke. n. 2.—

— Helmuth v. Loysen. Roman. 2 Bde. (656 S.) 8. Ebd. 904. n. 6.—; geb. in Leinw. n. 8.—

—— das Majorat. Roman. 2 Bde. gr. 8. (244; 256 S.) Ebendas. 884. *

—— das Majorat. Roman. 2. Aufl. 8. (275 S.) Ebendas. 885. *

—— il Romano. Roman. 3 Bde. 8. (233; 124; 201 S.) Leipzig 882, Böhme. *

— il Romano. Roman. 2 Thle. in 1 Bd. 2. durchgeseh. u. veränd. Aufl. 8. (147 u. 207 S.) Leipzig 886. Böhme. n. 4.—; geb. n. 5.—

— il Romano. Roman. 3. Aufl. 2 Tle. in 1 Bd. 8. (147 u. 207 S.) Ebd. 893. n. 4.—; geb. n. 5.—

Manteuffel, Ursula Zöge v., am langen See. E. Familiengeschichte. 3 Bde. 8. (256, 275 u. 288 S.) Berlin 898. O. Janke. n. 12.—

— Seraphine. Eine Erzählg. 2. durchgeseh. u. veränd. Aufl. 2 Bde. 8. (253 u. 419 S.) Ebend. 886. n. 6. 75; geb. n. 8. 50

— Seraphine. Eine Erzählg. 2 Bde. 3. Aufl. gr. 8. (253 u. 419 S.) Ebd. 891. n. 6. 75; geb. n. 8. 50

Manteuffel, Werner v. Zoege, experimentelle Studien üb. Geräusche bei Gefässverletzungen. gr. 8. (54 S.) Dorpat 886. (Karow.) n. 1.—

Manteuffel-Zögen, Maria v., ein Strauß unverwelklicher Blüthen am Lebenswege gepflückt. Serie A—E. schmal 8. (à 6 Chromolith.) München 877. Obpacher. à 2. 50

Die Schlacht. (Von v. Mantey.) Berlin 1882. 32 S.

Mantey, Christian Gottlob (Bautzen), De laudemio. Von der Lehn-Waare. Präs. Abr. Kaestner. Lpz. (J. H. Richter) 30. III. 1731. (4.—) 22120

Mantey, E. v., e. Wunsch in Betreff d. Exerzir-Reglements f. die Infanterie. gr. 8. (22 S.) Berlin 892. E. S. Mittler & Sohn. n. — 50

Mantey, Georg [aus Pommern]: Ueber die malignen Tumoren der Karunkelgegend im Anschl. an e. in d. Greifswalder Augenklinik beobacht. Fall ... Greifswald, Druck v. J. Abel, 1897; 32 S. 8.
Greifswald, Med. Fak., Inaug.-Diss. v. 20. März 1897

Mantey, Car. Frid. (geb. Lüttmannshagen in Pomm. 16. 1. 1816): De hydrocele. Berolini (1840). (28 S.) 8°
Berlin, Med. Diss. v. 27. Mai 1840

Mantey, Otto, Distomum haomatobium. Die durch dasselbe hervorgerufenen Krankheiten u. deren Behandlung. Inaugural-Dissertation. gr. 8. (30 S. mit 1 Steintaf.) Jena 880. (Neuenhahn.) n. 1. —

Mantey, Otto: De gradu et statu quaestorum in municipiis coloniisque. Quaestio epigraphica. Halis Saxonum 1882: Ploetz. 50 S. 8°
Halle-Wittenberg, Phil. Diss. v. [16. Mai] 1882
Geb. Neustettin (Pomm.) 5. 10. 1858. V.

Mantey, *Otto Arnold* Welchen Quellen folgte Plutarch in seinem Leben des Artaxerxes? 4 (23 S.). G. *Greifenberg* 1888 (124). Progr.

— Wegweiser f. Herrschaft u. Gesinde durch die seit 1. I. 1900 abgeänderte preuß. Gesindeordnung v. 1810, gemeinverständlich gefaßt. Nebst e. Anh., enth. den Text der preuß. Gesindeordng. in ihrer durch das bürgerl. Gesetzbuch, das Reichs-Einführungsgesetz u. das preuß. Ausführungsgesetz dazu, sowie durch die neueste Novelle zur Reichs-Gewerbeordng. v. 30. VI. 1900 geänderten Gestalt. gr. 8. (87 S.) Breslau (900). (Leipzig, O. Maier.) n. 1. —

Mantey, W., die Wohnungsmiete nach d. bürgerl. Gesetzbuche. Rechte u. Pflichten der Mieter u. Vermieter nach dem 1. I. 1900, gemeinverständlich dargestellt. Nebst Entwurf zum Mietvertrage, sowie e. prakt. Quittungsformular. 12. (32 S.) Leipzig (900). (O. Maier.) n. —30

Mantey, Werner von, Referendar in Berlin: Das Konkurrenzverbot für Handlungsgehilfen nach dem Handelsgesetzbuch vom 10. Mai 1897 unter Berücksichtigung der entsprechenden Bestimmungen des allgemeinen deutschen Handelsgesetzbuches. Borna-Leipzig 1904: R. Noske. (54 S.) 8°
Leipzig, Jur. Fak., Diss. v. 15. Aug. 1904
[Geb. 4. Sept. 79 Berlin; Wohnort: Naumburg a. S.; Staatsangeh.: Preußen; Vorbildung: Pädag. Putbus Reife O. 98; Studium: Tübingen 2, Berlin 5 S.; Rig. 9. Nov. 03.]

Mantey, Wilhelm

Mantey, W., Alimente. Darstellung der Rechte des unehel. Kindes u. seiner Mutter, sowie der Pflichten des unehel. Vaters nach dem deutschen bürgerl. Gesetzbuche, unter Berücksicht. der bisher in Deutschland gült. Vorschriften sowie der in den 26 Bundesstaaten ergangenen Ausführungsbestimmgn., nebst Schwängerungs-Tabelle u. Formularen f. Klagen-Antrag auf Alimentationsvorschuß vor der Entbindg., sowie Gesetzestext. 8. (107 S.) Breslau 900. (Leipzig, O. Maier.) n. 1. —

[F.] Das Eheschliessungsrecht des Deutschen Bürgerlichen Gesetzbuches z. prakt. Gebr. f. Standesbeamte zugl. e. Wegweiser f. Eltern u. Vormünder v. W. **Mantey**, Amtsrichter a. D. *Berlin: H. Liebau 1898.* (VIII, 103 S.) 1 Bd 8. [98. 9096

— gesetzliche Rechte u. Pflichten der Frau als Tochter, Gattin, Mutter u. Dienstherrin, s. a. Frauen-Buch, das praktische. 8. Bd.

Mantey, W[ilhelm]: Gesetzliche Rechte und Pflichten der Frau als Tochter, Gattin, Mutter u. Dienstherrin. Allgemeinverständl. erläutert. — Berlin: Möller [1901]. 151 S. 8°
(Das praktische Frauenbuch. Bd 8.)

— Die Rechte des unehelichen Kindes und seiner Mutter nach d. preuss. Recht im Gebiete d. Allg. Landrechts u. dem Bürgerl. Gesetzbuch f. d. Deutsche Reich. Dargest. in Form e. Kommentars zu d. §§ 1705 bis 1718 BGB. — Königsberg: Hartung 1897. 92 S. 8°

[F.] v. **Mantey-Dittmer,** Arthur Frh. [Prof.]: Angewandte Aufgaben zum Unterricht in der Mathematik. Kempten, Buchdr. d. J. Kösel'schen Buchh., 1891; IV, 44 S. 8°
Kempten, k. StA, P 1891 •

* Manth, J. D., Exemples d'Ecriture française, avec planch. Berl. Lagarde.

Manthei, G. Der herrschaftliche Diener. Lehrbuch zum Selbstunterricht nebst praktischer Anleitung zum Serviettenbrechen. 2. verm. u. verb. Aufl. Berlin, Verlag der Berliner Dienerschulen [um 1897].
77 S. m. 41 Abb. 8°.

Manthei, G., der herrschaftliche Diener. Lehrbuch zum Selbstunterricht, nebst prakt. Anleitg. zum Serviettenbrechen. 2. verm. u. verb. Aufl. gr. 8. (67 S. m. 41 Abbildgn.) Berlin (899). Verlag des Fröbel-Oberlin-Vereins. n. 1. —; geb. n. 1. 60

Der herrschaftliche Diener. Lehrbuch z. Selbstunterr. nebst prakt. Anleitung z. Serviettenbrechen. Hrsg. von G. **Manthei**, Vorst. d. Herrschaftl. Dienerschule. 3. verm. u. verb. Aufl. Mit d. Portr. d. Verf. *Berlin: Herrschaftl. Dienerschule [1903].* (67 S.) 8° [F.]
[Umschlagt.:] Lehrbuch f. d. Herrschaftl. Diener. Von G. Manthei. [04. 1150

Rede zur Geburtstagsfeyer des Durchl. Hochw. Br. Friederich, L[andgrafen] z. H[essen-Kassel], am Schlusse der Arbeiten in der □ F[riedrich] z[ur] g[e-krönten] H[offnung in Kopenhagen] gehalten von Manthey, den 25. May 5809. Als Ms. f. Brr. Copenhagen [1809]: Moller. 14 S. 8° [Umschlagtit.]
Preist den Fürsten als Vorbild für jeden Maurer.

Manthey, Dn., s. Samsoe Dyveke.

Manthey, J. G. L., Gedanken v. d. gegenseitigen Wirkung des Körpers auf die Seele u. der Seele auf d. Körper. Kopenhagen. 12°.
1787

Ist es England gelungen, seinen Raubzug gegen Dännemark zu rechtfertigen? Eine Untersuchung, veranlasst durch die englische Deklaration vom 25. Sept. 1807 [v. Johann Daniel Timotheus **Manthey**]. Kiel. 1807. 8°.

Manthey, W., methodisch geordnete Rechenaufgaben f. Stadtschulen, höhere Töchterschulen u. untere Klassen höherer Lehranstalten. Mit gleichmäß. Berücksicht. d. mündl. u. schriftl. Rechnens. 7 Hfte. gr. 8. Danzig, A. W. Kafemann. n. 1. 60
1. (34 S. m. Zahlenbildern.) 888. n. — 15. — 2. (40 S.) 888. n. — 20. — 3–7. (56, 64, 61, 54 u. 57 S.) 889/890. à n. — 25.

— dasselbe. Anleitung nebst Auflösgn. Hft. 1—5. gr. 8. Ebd. n. 3. 25
1. 2. (32 u. 35 S.) 888. 889. à n. — 50. — 3—5. (54, 60 u. 70 S.) 890. 891. à n. — 75.

Manthey, W. Methodisch geordnete Rechenaufgaben f. Stadtschulen, höhere Töchterschulen u. untere Klassen höherer Lehranstalten. Mit gleichmäß. Berücksicht. d. mündl. u. schriftl. Rechnens. 7 Hefte. 8. Danzig 890, Kafemann. [1. Heft. (34 S.) * — 15; 2. Heft. (40 S.) * — 20; 3.—7. Heft. (56; 64; 61; 54; 57 S.) à * — 25.] * 1 60
—— dass. — Lehrerhefte. 5 Hefte. 8. Ebd. [1. Heft. (32 S.) 890. * — 50; 2. Heft. (35 S.) 890. * — 50; 3. Heft. (54 S.) 891. * — 75; 4. Heft. (60 S.) 891. * — 75; 5. Heft. (70 S.) 891. * — 75.] * 3 25

Manthey, Willy, aus Berlin: Syntaktische Beobachtungen an Notkers Übersetzung des Martianus Capella. *Zossen-Berlin (1903): Deutsche Buch- u. Kunstdr.* (88 S.) 8° [J.]
Berlin, Phil. Diss. v. 16. Dez. 1903

Manthey, Willy, aus Berlin: Ueber die Kondensation von α-Bromallozimmtsäure, sowie über die Konstitution des Truxons und seiner Derivate. *Berlin (1900): E. Ebering.* (50 S.) 8°
Berlin, Phil. Diss. v. 13. Aug. 1900

Manthey-Zorn, s. a. Zorn.

Manthey-Zorn, Carl, s. a. Zorn, Carl Manthey.

Großvaters Jugenderinnerungen wie seinen Kindern und Enkeln erzählt. Von Carl Manthey-Zorn. T. 1. 2. Milwaukee, Wis.: Northwestern Publ. House 1910. 8°
1. Abwärts. 2. Aufwärts.

Manthey-Zorn, Carl, Manna. Betrachtgn. üb. d. Leben u. d. Lehre uns. HErrn JEsu Christi f. d. häusl. Andacht. D. Christenvolke deutscher Zunge dargeboten. gr. 8. (XIII, 960 S.) Zwickau 898. Schriftenverein. n. 5. —

Manthey-Zorn, Otto, a. Cleveland, Ohio: Johann Georg Jacobis Iris. Zwickau i. Sa. 1905: J. Herrmann. (83 S.) 8°
Leipzig, Phil. Fak., Ref. Köster u. Volkelt, Diss. v. 14. Juli 1905
[Geb. 26. Okt. 79 Sheboygan Wisc.; Wohnort: Cleveland, Ohio; Staatsangeh.: Ver. St.; Vorbildung: Öff. Schule Cleveland, Adelbert College der Western Reserve University Baccal. 01; Studium: Erlangen 1, Leipzig 5 S.; Rig. 14. Juli 05.]

Mantica, Fra., de coniecturis ultimar. voluntatum. fol. Colon. Allobr. 737. 2 —

— Vaticanae lucubrat. de tacitis et ambiguis Conventionibus. II Tmi. fol. ibid. 725.

Mantilla, Juan B., das Handelsrecht, Wechselrecht u. Konkursrecht der Republik Argentinien, s.: Handelsgesetze, die, des Erdballs. (Quesada, Ernesto.)

Mantinger, Ign.

— die Christenlehrordnung. 8. Landsh. 778.

— das große Gebet-, Lese- u. Betrachtungsbuch. 2 Theile. 8. Insbr. 779. Fischer. 16 gr.

Mantinger, Ign., das kleine Gebet-, Lese- u. Betrachtungsbuch für kathol. Christen. 8. Brix. u. Bregenz 778. Brentano; (a. Doll in Augsb. 795). 8 gr.

Mantinger, Ign., Gebet-, Lese- und Betrachtungsbuch mit Glaubens- und Sittenlehren für katholische Christen. Neu bearb. von Joh. Pircher. Brixen 854. (Innsbruck, Pfaundler.) 18. (2 Bl., 368 S. u. 1 Lithogr.) n. 7 ngr.

— Instruktion f. Schulvisitatoren. 8. Insbr. 779.

Mantinger's Lehr- Gebet- u. Betrachtungsbuch. Bregenz, Brentano.

— — dass. 8. Insbr. Fischer. 799.

— die uralten Wahrheiten in Rücksicht d. Buße d. Christen, des heil. Altarsakraments u. Meßopfers. 2 Theile. 8. Bregenz 794. Brentano. 10 gr.

Mantinona, Don Vigo de, span. Insurgenten-Hauptmann u. der Nonne Donna Cajetania de San Lucar, romanhafte Abenteuer. Nebst einem Fragment aus d. merkwürd. Begebenheiten des Flibustiers Grandpierre, v. Jul. v. Voß. 8. Berl. Schöne. 812.

Mantis, Göthe im Fegefeuer. Eine materialistisch-poetische Gehirnsecretion. Stuttgart 856. Gebr. Scheitlin. 8. (56 S.) 8 ngr.

Mantissa Aut 'Anatomiae Jesuiticae, opposita famosis contra societatem Jesu libellis. V: *Schoppe, Caspar.* (Plas)

Mantissa, Botanologiae Juvenilis, in qua de necessitate herbaria ... bono publico tradendi ... methodo dilucide agitur. Ulmae 1732. V: *Ehrhart, Balth.* (BrMm)

Mantissa documentorum, od. diplomat. Nachr. v. Adel in Deutschland, s. Scheidt.

Mantissa documentorum, wodurch die historischen und diplomatischen Nachrichten von dem hohen und niederen Adel in Teutschland mit einigen 100 ungedruckten Urkunden von neuem bestärket u. erwiesen werden. Hannover 1755. H: *Scheidt, Christian Ludwig.* (Loewe, Bibliogr. d. Hann. u. Braunschw. Gesch. Hann. 1908. S. 365.)

Mantissa de Georgio Acacio Enenckelio l. b. Hoheneccio. o. O. u. J. [Kopftit.]

Mantissa, meletematum romanorum. Ex codicibus mscr. eruit, rec. prolegomenisque et commentariis instruxit Hugo Laemmer. Lex.-8. (510 S.) Regensburg 875. Manz. n. 10. —

Maentler: Karl der Grosse. Episches Gedicht von Poeta Saxo. 1. Buch, metrisch übersetzt. 18 S. – Liegnitz, G., Progr. 1865.

Mäntler, Ed.: Korinth unter den Kypseliden. 13 S. – Progr. Liegnitz G. 1860.

Manton, Thom.

— Gedank. üb. d. Verklär. Christi a. d. Berge, a. d. Engl. 8. Ebend. 756.

— Gedank. üb. Christi Versuchung in d. Wüsten. 8. Ebd. 756.

Manton, Thom., Glaubensstärkung aus Jesu Christo, Gott u. d. Mensch. in einer Person. 8. Berlin. 757.

Mantovano, Francesco. Lautrecho. eine italienische Dichtung des F' M' aus den Jahren 1521–23. Hrg. von Hermann Varnhagen. Nebst einer Geschichte des französischen Feldzuges gegen Mailand. i. J. 1522. [Mit Figuren.] 4. Erlangen 1896.

Mantua [Sachliches OW]

Mantua M. Aug. A. 1799. O. O. u. J. V: *Denis, Joh. Nep. Cosmas Michael.* (wrztg 1799, S. 4032) (Paul v. Hofmann-Wellenhof, Michael Denis. Innsbruck 1881. S. 288) = P. Virg. Maro Mantuae Patriae Clarissimae (BIBLPORT)

Mantua 28° 45°. [Neue Generalkarte von Mittel-Europa 1 : 200.000. Wien.] 1900. Militär-geographisches Institut. [In Comm. R. Lechner (Wilh. Müller).] 1 Bl. 56·5 × 39 *cm.* K 1.20

Mantua die Haupt-Stadt und unvergleichliche Festung des Herzogthums gleiches Nahmens in Italien, an Tag gegeben von M. Seutter etc. in Augsp. Ohne M. 1 Bl.

Das Herzogthum Mantua mit den umliegenden Bezirken: jezt das Departement des Mincio mit dem grössten Theil der angränzenden Departements, zum Königreich Italien gehörig. Berichtigt herausgegeben von Homanns Erben, Nürnberg 1809. 1 : 270,000. 1 Bl.

Mantua im Jahre 1848. Wien 1849. V: *Stäger Edler von Waldburg, Eduard.* (Sammlung Helfert. Wien 1898. S. 89.)

Mantua 1796. [Berlin 1805.] V: *Müller, Johannes von.* (stri) (MGT) (GGr)

Mantua [Schlagwort]

Mantua, s.a. Europa. Generalkarte.

Mantova — Carta topografica dei Contorni di — Pobeimer sc. Vienna presso Artaria et Comp. 1822. 1 : 90,000. 1 Bl.

Mappa Geographica continens Ducatum Mantuanum, cum partibus finitimorum Ducatuum, Principatuum, Dominorum ex gr. Cremonae etc. opera et Sumtibus Gabriel Bodenehr, Chalcographi Augustani. 1734. 1 : 250,000. 1 Bl.

(F) **Mantuani,** J., P. Hartmanns Oratorium „St. Petrus". Separatabdr. a. d. „Kultur". 5. Jahrg. Heft 2. [Vorträge und Abhandlungen 21.] Gr.-8°. (16 S.) Wien: Mayer 1904. K —.40

Mantuani, Jos., Beethoven u. Max Klinger's Beethovenstatue. Eine Studie. gr. 8. (39 S. m. 1 Taf.) Wien 902. Gerold & Co. n. 1.40

— über den Beginn des Notendruckes, s.a. Vorträge u. Abhandlungen, hrsg. v. der Leo-Gesellschaft. 16.

Über den Beginn des Notendruckes. Von Dr. Josef **Mantuani,** Amanuensis in Wien. Wien: Mayer & Co. 1901. (29 S.) 8° [F.]
= **Vorträge** u. Abhandlungen hrsg. von d. Leo-Gesellschaft. 16. [u6. 439

Prof. Josef Böhm. Abriss s. Lebens u. Wirkens v. Dr. Josef **Mantuani.** *Wien: F. Röffrich 1895.* (2 Bl., 70 S., 1 Portr., 1 Taf.) 1 Bd 8. [u6. 899

Mantuani, Jos., Prof. Josef Böhm. Abriss s. Lebens u. Wirkens. gr. 8. (III, 70 S. m. Bildn. u. 1 Taf.) Wien 895. F. Rörich. n. 1.80

— s.: Dioscurides, codex Aniciae Iulianae.

Mantuani, Josef. Ein unbekanntes Druckwerk. Wien 1902. [Die allererste Ausgabe der Musica des Cochlæus.] (Separatabdruck aus den Mittheilungen des österr. Vereines für Bibliothekswesen. Jahrg. VI, No. 1.)

— Geschichte der Musik in Wien. I. Thl. Von den Römerzeiten bis zum Tode des Kaisers Max I. Mit vielen in den Text gedr. Illustr. u. Notenbeispielen, 2 Taf. u. e. Anh. v. 54 Musikstücken. (IV, 340 S.) Fol. Wien 904. A. Holzhausen. n.n. 50.—
Sonderabdruck aus: „Geschichte der Stadt Wien".

Mantuani, Jos., de codicis Dioscuridei Aniciae Iulianae, nunc Vindobonensis Med. Gr. I historia etc., s.: Premerstein, Anton. de.

[Mantuani, Josef.] Katalog der Ausstellung anlässlich der Centenarfeier Domenico Cimarosa's. Wien 1901.

Mantuani Josef: Ueber die Kleinkunst und das Kunstgewerbe des 10. und Beginn des 11. Jahrhunderts. 1894 PN 857 Diss. Wien, Univ. 1867

— P. Hartmanns Oratorium „St. Petrus", s.: Vorträge u. Abhandlungen, hrsg. v. der Leo-Gesellschaft. 21. Hft.

— das Riesentor zu St. Stephan in Wien u. Fr. v. Schmidt's Projekt f. dessen Wiederherstellung. Randglossen zu Dr. Heinrich Swobodas Schrift: „Zur Lösg. der Riesentorfrage". (58 S. m. 5 Taf.) 4. Wien 903. St. Norbertus. n. 2.40

(Mantuani, Jos.) Tabulae Codicum Manu Scriptorum ... in Bibliotheca Palatina Vindobonensi asservatorum. Vol. IX Codicum Musicorum Pars I. II. Vindobonae 1897. 1899.

— Tuolito u. die Elfenbeinschnitzerei am „Evangelium longum" zu St. Gallen, s.a. Studien zur deutschen Kunstgeschichte. 24. Hft.

Tuotilo und die Elfenbeinschnitzerei am 'Evangelium longum' ⟨= Cod. Nr. 53⟩ zu St. Gallen. Eine Untersuchung von Jos. **Mantuani.** Mit 2 Taf. *Strassburg: J. H. E. Heitz 1900.* (50 S.) 8°
= **Studien** z. deutschen Kunstgeschichte. H. 24. [oo. 10379

Mantz, Josef [aus Ehingen a. d. Donau (Württemberg)]: Ueber Inversion des Uterus.... Würzburg, Druck d. Bonitas-Bauer'schen Buchdr., 1889; 32 S. 8°
Würzburg, Med. Fak., Inaug.-Diss. v. 1889

Mäntzel, Adf., s.: Archiv f. Stenographie.

Mantzel, Adf., über Flecktyphus u. d. z. Verhütg. s. Einschleppg. u. Ausbreitg. geeign. sanitätspolizeil. Massregeln. [Aus: „Deutsche Medizinalzeitg."] gr. 8. (60 S.) Berlin 897. E. Grosser. n. 1.—

Mantzel, Adolf [prakt. Arzt aus Hanshagen bei Greifswald]: Über die Verbreitung des Flecktyphus in Preussen .... Berlin, Buchdr. v. Gustav Schade (Otto Francke) (1887); 30 S. + 1 Bl. 8°
Berlin, Med. Fak., Inaug.-Diss. v. 12. Nov. 1887

Mantzel, Caspar Christian, s. Mantzel, Kaspar Christian

Mantzel, Chr. Gli., († d. 21. Juli 1820.) mecklenburg. Casualbibliothek. 3 Thle, 8, Schwerin, 789—92. Bärensprung. (Bödner). 1 ß

— s. 1) Relation, curiose, 2) Sincerus v. Jüng., Em.

Mantzel

— **Christian Anton** (Mecklenburg), Jus naturae in compendio. Präs. E. Joh. Fr. Mantzel. Rostock (Nic. Schwiegerow) 24. VII. 1723. 36 S. (4.50) 22122

Gew.: Casp. Mantzel.

— — **Positiones ad regulam frustra leges invocat. Präs. Jac. Carmon. Rostock (J. J. Adler) 11. XII. 1731. 32 S. (3.60)** 22123

Mantzel, Chr. Gf., s. Karoline, oder d. Staatsopfer.

Mantzel, Ernst Johann Friedrich [Praes.], s. Baleke, Jacob Heinrich: Assertiones quasdam circa provocationem creditorum, ad demonstrandam bonorum sufficientiam.

Mantzel, Ernst Johann Friedrich [Praes.], s. Benedetti, Jo. Pet. Bertram: Selecta capita, de rerum divisione et adquirendo earundem dominio.

Mantzel, Ernst Johann Friedrich [Praes.], s. Burchard, Julius Ludwig: De sexu masculino feminini tutelari.

Mantzel, Ernst Johann Friedrich [Praes.], s. Ciese, Daniel Christoph: De excubiis.

— — **Deciso Magdeburgensium veterum scabinorum Wer die Witzigsten sind u. heissen. Rostock (Adler) 23. III. 1752. (3.—)** 22127

— — **Explicatio posit. XIII nuperae diss. de filia nobile Mecklenburgensi. Rostock (Adler) 15. V. 1736. (3.60)** 22126

Mantzel, Ernst Johann Friedrich [Praes.], s. Friedrichs, Christoph: De tutore interimistico.

Mantzel, Ernst Johann Friedrich [Praes.], s. Gehren, Johann Friedrich von: De jure patronatus ad creditores et praediorum sub hasta emtores non transeunte.

Mantzel, Ernst Johann Friedrich [Praes.], s. Hartwig, Friedrich Wilhelm: De pulvere pyrio sive fulminari vulgo Schieß=Pulver.

Mantzel, Ernst Johann Friedrich [Praes.], s. Havemann, Jo. Werner: De coactione, ad munera et officia publica, speciatim juxta jus Lubecense.

Mantzel, Ernst Johann Friedrich [Praes.], s. Holm, Johann: De eo, quod justum est, circa ephemerides literarias concinnandas. Was bey Ausfertigung eines Journals in Acht zu nehmen.

Mantzel, E. J. F.: Jus Mecklenburgicum et Lubecense illustratum etc. P. I.—III. *Rost.* **751. Fol.**

Mantzel, Ernst Johann Friedrich [Praes.], s. Keding, Joach. Christian: De limitibus justitiae, aequitatis, juris aggratiandi et arbitrii judicis, vulgo: Auf Rath der Rechts=Gelehrten.

Mantzel, Ernst Johann Friedrich [Praes.], s. Krueger, Karl Dan. Christ.: De respectu personarum in foro criminali.

Mantzel, Ernst Johann Friedrich [Praes.], s. Krumms, Otto Friedrich von: De aquila Sacri Imperii Romano-Germanici bicipiti.

Mantzel, Ernst Johann Friedich [Praes.], s. Kühl, Johann: Usum doctrinae de temperamentis in jurisprudentia.

Mantzel, Ernst Johann Friedrich [Praes.], s. Lange, Joh. Lambertus: Diss. de advocato, fatalia negligente.

Mantzel, Er. Joa. Fr.: De lotteriis etc. *Rostock.* 725. 4.

Mantzel, Ernst Johann Friedrich [Praes.], s. Mantzel, Christian Anton: Jus naturae in compendio.

Mantzel, Ernst Johann Friedrich [Praes.], s. Mantzel, Kaspar Christian: De proposito in mente retento.

Mantzel, Ernst Johann Friedrich [Praes.], s. Martiensen, Julius Anton: De probatione exceptionis non numeratae pecuniae.

— **Ernst Joh. Friedr. (Rostock), Meditationum ad pandectas sacras. Pars prior. Rostock (G. L. Fritsch) 1730. 124 S. (5.—)** 22124

— — **Meditationum ad pandectas sacras. Pars posterior. Rostock (G. L. Fritzsch) 1730. 58 S. (5.—)** 22125

ERNST JOHANN FRIEDRICH MANTZEL, 1699–1768

Der Vortrefflichsten Teutschen Poëten verfertigte Meister-Stücke, Wobey Jedesmahl das Leben eines solchen Tichters, Der den Nahmen eines Vortrefflichen Bey der Galanten Welt Durch seine Geschicklichkeit verdienet. Rostock, Bey Georg Ludwig Fritschen, 1721 [–25].

Mantzel, Ernst Johann Friedrich [Praes.], s. Menge, Georg Otto Benedikt: De libèris, cum parentibus simul in testamento nominatis, non coheredibus, sed substitutis.

Mantzel, Ernst Johann Friedrich [Praes.], s. Möller, Karl Heinrich: De mandato praesumto.

Mantzel, Ernst Johann Friedrich [Praes.], s. Müller, Karl Ludwig: De dissimulatione mandati.

Mantzel, Ernst Johann Friedrich [Praes.], s. Neukrantz, Bernhard Friedrich: De jurisprudentia salutis civium aeternae rationem habente.

MANTZEL, Ernst Joh. Frid.: Dissertatio de providentia publica circa silvas et arbores omnis generis, maxime de jure Mecklenburgico. - Rostock 1759

Mantzel, Ernst Johann Friedrich [Praes.], s. Quistorp, Johann Christian: Utrum unus testis faciat torturae locum.

Mantzel, Ernst Johann Friedrich [Praes.], s. Ranniger, Cajus: De probatione per testes, in fideicommisso nuncupativo, minus solenni, juxta L. fin. C. de fideic. nulla.

Mantzel, Ernst Johann Friedrich [Praes.], s. Rüdemann, Johann Friedrich: De cive involuntario maxime ex delicto, vulgo: Von dem, der wider seinen Willen, irgendwo Bürger werden muste.

Mantzel, Ernst Johann Friedrich [Praes.], s. S c h a c k, Andreas Gottlieb von: De fideicommissi familiae qualitate, feudo superaddita.

Mantzel, Ernst Johann Friedrich [Praes.], s. S c h a u m k e l l, Christian Matth.: De foemina Mecklenburgica, in materia juris civilis et feudalis considerata.

Mantzel, Ernst Johann Friedrich [Praes.], s. S c h u l t z, Burchard Johann: De decisionibus, quae fiunt pro autoritate.

Mantzel, Ernst Johann Friedrich [Praes.], s. S c h w a b e, Gustav Friedrich: De eo quod refert feudum esse vere antiquum vel novum jure antiqui concessum.

Mantzel, Ernst Johann Friedrich [Praes.], s. S e g n i t z, Christian Heinrich: De requisitione consensus, absque formidine denegationis: vulgo Vom Mundgönnen.

Mantzel, Ernst Johann Friedrich [Praes.], s. S i v e r s, Johann Peter: Dissertatio inauguralis juridica, exhibens lineamenta tractationis ingenio Germanorum, qua solennitates juridicas.

Mantzel, Ernst Johann Friedrich [Praes.], s. S p r e n g e l, Johann Jakob: De pretio redemtionis clavium, vulgo: Vom Schlüssel=Gelde.

Mantzel, Er. Jh. Fr., († d. 6. Nov. 1806.) neue mecklenburgische Staatskanzlei. 3 Thle. gr. 8. Rostock 791, 92, 800. Stiller. 3 ℔ 12 gl.

— neue Mecklenb. S t a a t s k a n z l e y. 1r 2r Bd. gr. 8. Rost. Stiller. 800.

— — ders. 3r Bd. gr. 8. Neustrel. Albanus.

Mantzel, Ernst Johann Friedrich [Praes.], s. S t e i n, Joachim Lukas: Pandectarum juris Mecklenburgici exhibens specimen secundum, in lineamentis academicis juris Mecklenburgici privati specialia, ...

Mantzel, Ernst Johann Friedrich [Praes.], s. S t e v e r, Theodor Ernst: De rationibus decidendi a benedictione sacerdotali petitis.

Mantzelius, E. J. F.: Usus regular. juridicar., quas etiam brocardica appellare solemus, ICtis familiarium. *Rost.* 731. 8.

Mantzel, Ernst Johann Friedrich [Praes.], s. W e n d t, Gustav Friedrich: De gradibus homicidiorum.

Mantzel, Ernst Johann Friedrich [Praes.], s. W e s t e r h e i d e, Gottfried Dietrich Johann Heinrich Leonhard: De dissolutione nexus sponsalitii atque conjugalis.

Mantzel, Ernst Johann Friedrich [Praes.], s. W i e d e r h o l d, Jo. Friedrich Christ.: De levamine singulari inopiae debitorum, jure Hamburgensi introducto ...

Mantzel, Ernst Johann Friedrich, [Praes.], s. W o l f r a d t, Christian Daniel: De sagacitate judicis in criminalibus.

Mantzel, I. H., comm. de veteris test. virtutibus et vitiis occasione Chronicorum, vom Mißbrauch 2c. 4. Frankf. u. Lpz. 752.

Mantzel, Joachimus, Spicilegium Historico-Philologicum historiam literariam Alcorani, Sistens ... [Dissert.] Rostochi 1701.

— **Joach.** (Rostock), Praesagia eruditorum de eruditis. Dresden (Joh. Chr. Zimmermann). (Parchim 1709.) (3.—) 22128

Mantzel, Kaspar Christian

Mantzel, Casp. Christian (Rostock), De proposito in mente retento. Präs. E. Joh. Fr. Mantzel. Rostock (Adler) 12. IV. 1741. (4.—) 22121

Mantzke, Otto, Lehr- u. Uebungsbuch des kaufmänn., bezw. volkswirtschaftl. Rechnens, s.: G o l l i n g, Otto.

— Die Verzollung im Post-, Eisenbahn- u. Schiffsverkehr. Ein Handbuch f. Kontore u. kaufmänn. Schulen. (VIII, 260 S. m. 10 Formul.) gr. 8. Berlin 909. G. Reimer. 6.—; geb. 7.—

Manual oder tabellarisches Verzeichniss, sämmtliche Ausgaben nach den Kapiteln und Sätzen des Oeconomie-Plans ... Berlin 1792. 3. Aufl. 1800. V: *Rosenstiel, Friedrich Philipp.* (MGT)

Manual of adoration of the most blessed sacrament. By a Benedictine. 12. (XIV, 629 S. m. 1 Stahlst.) St. Louis, Mo. 898. Freiburg i/B., Herder. Geb. in Leinw. n. 4.—

Manual del c a t e q u i s t a. 2. ed., revisada y aumentada. (XII, 179 S.) kl. 8. Freiburg i/B. (909). Herder. 1.20; geb. in Leinw. 1.60

A manual of the Conference resolutions of the Mennonite Church of the Canada Conference District 1904. *Berlin, Ont.: E. S. Hallman 1904. pp. 15.*

Manual del c o n g r e g a n t e de la santísima virgen. (IV, 256 S. m. 2 Bildern.) 16. Freiburg i/B. 905. Herder. Geb. in Leinw. n. 1.28

— del c o n g r e g a n t e de la santisima virgen. 2. ed. (IV, 256 S. m. 2 Taf.) 16. Ebd. (910). —80; geb. in Kunstldr. 1.28

M a n u a l para la conversacion, s. a. C o n v e r s a t i o n s - T a s c h e n b u c h.

Manual para la Conversacion, contenіendo las expresiones mas utiles en los viages y en diferentes ocurrencias de la vida social. Compuesto secun la obra de la Señora de Genlis y otros. En 6 lenguas: la Inglesa, Alemana, Francesa, Italiana, Castellana (od. Neugriechisch) y Rusa. 6., edic. revista y aument. 16. (27 B.) Leipsique 833, Hinrichs.

M a n u a l, a, of conversation, s. C o n v e r s a t i o n s - T a s c h e n b u c h.

— do d e v o t o de São Bento especialmente dedicado aos oblatos seculares. Compilado de diversas obras por un Benedictino da Congregação Brasileira. (XI, 329 S. m. Titelbild.) 16. Ebd. (909). 2.40; geb. in Kunstldr. 3.—

Manual der Elektro-Homöopathie u. Gesundheitspflege u. f. die Erkennung, Selbstbehandlung u. Heilung der Krankheiten. Hrsg. vom Elektro-Homöopath. Institut Genf. 12. (388 S.) Genf 894. (R. Burkhardt.) Geb. n. 2. 50

— d. Elektro-Homöopathie u. Gesundheitspflege. Leitfaden f. d. Erkenng., Selbstbehandlg. u. Heilg. d. Krankheiten. Hrsg. v. elektro-homöopath. Institut Genf. 2. Aufl. 12. (487 S.) Genf 897. (R. Burkhardt.) Geb. n. 2. 50

Manual der Elektro-Homöopathie u. Gesundheitspflege. Leitfaden f. die Erkenng., Selbstbehandlg. u. Heilg. der Krankheiten. Hrsg. vom elektro-homöopath. Institut Genf. 3. Aufl. 12. (482 S.) Genf (899). (R. Burkhardt.) Geb. n. 2. 50

Manual für (A[lbert]) Sauter's Homöopathie und Gesundheitspflege. Leitfaden für die Erkennung, Selbstbehandlung und Heilung der Krankheiten. 4. Aufl. Hrg. von Sauter's Homöopathischem Institut, Genf. [Mit Figuren.] 485 S. 8. ([Genf, Buchdr. Ch. Zœllner,] 1906.) (geb. fr. 2.50)

Manual de la Lengua española. Leipzig [17??]. V: *Bertuch, Frdr. Justin.* (Schedel, Handbuch d. Litt. f. Kaufleute. Leipzig 1796. S. 29.)

– The mother's, or, Illustrations of Matrimonial Economy. An Essay in Verse. With 20 Plates. London: Treuttel and Würtz and Richter 1833. 8°

— de la pasión. Compilado y arreglado por un padre pasionista. (XXXII, 515 S. m. Titelbild) 16. Ebd. (906). n. — 92; geb. in Leinw. n. 1. 44

— de la pasión. Novísimo devocionario compuesto por un padre pasionista. 2. ed. (XXXI, 466 S. m. Abbildgn. u. 1 Farbdr.) 16. Ebd. (908). — 92; geb. in Leinw. 1.44; in Ldr. m. Goldschn. 2. 40

— pequeño, de piedad. Dedicado á los devotos del sagrado corazón de Jesús. 11. ed., aumentada y mejorada. (X, 435 S. m. Abbildgn. u. 1 Stahlst.) 16. Ebd. 906. Geb. in Leinw. n. 1. 30

— pequeño, di piedad. Dedicado á los devotos del sagrado corazón de Jesús. 12. ed., aumentada y mejorada. (X, 435 S. m. Abb. u. 1 Stahlst.) 16. Ebd. (909). — 80; geb. in Ldr. 1. 30

— pequeño, del terciario Franciscano. 2. ed. (X, 260 S.) gr. 16. Ebd. 908. Geb. in Leinw. n. 1. 44

— de piedad en honor del milagroso niño Jesús de Praga dedicado à la niñez por un sacerdote de los sagrados corazones (Picpus). 16. (XVI, 396 S. m. 1 Farbdr.) Freiburg i/B. 900. Herder. n. 1. 20; geb. 2. 60; 3. — u. 3. 80

– Dass. 2. Aufl., s. Manuel

Manual, the traveller's, s. Traveller's manual, the.

—— the traveller's, of conversations, s. Traveller's manual, the.

Manual the Traveller's, of Conversations in english, german, french and italian etc. — A. u. d. T.: Neues Handb. f. Reisende, enth. Gespräche u. e. Wörterbuch, engl., deutsch, franz. u. italien.; kurze Fragen u. e. Wortverzeichn. in holländ. Sprache, in's Deutsche, Engl. u. Franz. übers.; e. Verzeichn. d. engl., deutschen, franz. u. holländ. Münzsorten u. deren Werth. Nach Boldoni, Mad. de Genlis u. Andern. 1. Aufl. 836. 1 1/3 Thlr., 2. Aufl. 16. (à 23 1/4 B.) Coblenz 840, Baedeker. Thlr.

—— the traveller's, of conversation in English, German, French and Italian; together with a copius vocabulary and short questions in those languages; and tables of the relative value of english, german, french and dutch coins. Founded upon the works of Boldoni, Mad. de Genlis and others. 7. Edit. 1848. und 8. Edit. gr. 16. (XX und 320 S.) Coblenz 851, Bädeker.

Manual, the traveller's, of conversation in English, German, French and Italian; together with a copious vocabulary and short questions in those languages; and tables of the relative value of English, German, French and Dutch coins. Founded upon the works of Boldoni, Mad. de Genlis and others. 9. edit. 853. — 12. edit. Coblenz 857. Baedeker. 8. (XX, 320 S.) n. 1 ℛ.

—— for Travellers to Heidelberg and its environs. 4. edit. of the descript. of Heidelberg, Mannheim etc. by Helmina v. Chezy, worked out and improved after a new plan. A Guide for Foreigners and Natives. With an appendix and the panorama of the Heidelberg castle, maps and plans. gr. 18. (126 Seit.) Heidelberg 839, Engelmann.

Manual, The Travellers, on the Railways of Germany and its neighbouring Countries. 1859. Frankfurt a. M. 8. Sioh: Manuel du voyageur.

Manuale continens benedictionem et aspersionem aquae nec non preces, quae passim a sacerdote ante vel post missam recitari solent. gr. 8. (16 S.) Kempten 872. Kösel. — 45

Manuale Benedictionum. Accedunt processiones variae publicis necessitatibus congruentes. Commodo animarum pastorum usui adaptavit Sever. Lueg. 8. (26 3/4 B. in schwarz. u. rothem Druck.) Passavii 845, libr. Ambrosi.

Manuale catholicum contin. Officium B. M. V. Defunctorum etc. Presb. Belnay. in charta postali.

Manuale chorale. Volksausg. Die gebräuchlichsten Gesänge aus den von der S. Rit. Congregatio edirten Choralbüchern zusammengestellt, und in Violinschlüssel mit weissen Noten übertragen. 12. (XIX, 380 S.) Regensburg 886, Pustet. * geb. **
Ausgaben in engl., französ., holländ. und poln. Sprache zu gleichen Preisen.

Manuale chorale. Handbuch d. gebräuchl. Choralgesänge. Volksausg. in Violinschlüssel m. weissen Noten z. Gebrauche d. kathol. Kirchenchöre, Schulen u. Seminarien. 2., durch sämmtl. Vesperpsalmen verm. Aufl. 12. (VIII, 890 u. VI, 166 S.) Regensburg 895. F. Pustet. n. 1. 50; geb. in Leinw. n. 2. —

— eines frommen Christen, m. K. 8. Augsburg, Rieger. 769.

— Christianorum, in IV libr. divis. opus, tum Christianis omnib. c. max. religios. etc. perutile. 8. Bamb. Goebhard. 779.

Manuale del codice civile generale austriaco, s.: Raccolta di leggi ed ordinanze della monarchia Austriaca. VIII.

Manuale del codice di commercio di terra e di mare colle modificazioni fino ad oggi introdottevi dalla legislazione austriaca e corredato di formale degli atti e convenzioni commerciali di N. Foramiti. 2. ediz. aggiuntevi le nuove leggi etc. con in fine un copioso indice alfabetico. Trieste 854. Coen. 4. (141 S.) 1 ℛ︎. 25 ngr.

— seu compendium ritualis Argentiensis. 12. Strassb. 780. (Lovrault). 18 gr. Neue Aufl. 8. Mainz 821. Müller. 1 ℛ︎

—— seu compendium ritualis Trevirensis, exhibens solam sacramentor. administrationem, et illas benedictiones, quae frequentius occurrunt. In gratiam et commoditatem parochor. ac vicarior. dioecesis Trevirensis de novo editum. 8. ($16\frac{1}{2}$ B.) Treviris 836, Troschel.

— seu compendium ritualis Trevirensis, exhibens solam sacramentorum administrationem, et illas benedictionis, quae frequentius occurrunt. In gratiam et commoditatem parochorum ac vicariorum diöcesis Trevirensis de novo editum. 8. (IV, 232 S.) Trier 873. Braun. n.n. 2. —

— per la conversazione, s. a. Conversations-Taschenbuch.

Manuale per la Conversazione, contenente le espressioni le più utili nei viaggi, ed in differenti circostanze della vita sociale. Composto secondo l'opera della Siga. di Genlis e d'altri. In 6 lingue: nell' Inglese, Tedesca, Francese, Italiana, Spagnuola (od. Neugriechisch) e Russa. 6. ediz. aumentata e migliorata. 16. (27 B.) Lipsia 833, Hinrichs.

—— il medes. opera in 3 lingue: Italiana, Francese, Tedesca. 6. ediz. 16. ($13\frac{1}{2}$ B.) Lipsia 833, Hinrichs.

Manuale Curatorum secundum usum ecclesie Rosckildensis. Katholisches Ritualbuch der dänischen Diözese Roeskilde im Mittelalter. Hrsg. m. histor. Einl. v. Joseph Freisen, ... Prof. ... in Paderborn. *Paderborn: Junfermann 1898.* (XXXV, 68 S.) 1 Bd 8. [98. 7788

Manuale decretorum authenticorum sacrae rituum congregationis quod ex majore Fr. Bartholemaei a Clantio opere in breviorem commodioremque formam redegit Jac. Ant. Eberle. 8. (264 S. und 1 Tab. in hoch 4.) Ratisbonae 851, Manz.

Manuale decretorum sacrae rituum congregationis, quae ex collectione authentica ad ecclesiasticorum utilitatem et opportunitatem deprompta sunt ... Regensburg 1873. H: *Maier, Willibald Apollinar.* (Mitth. d. Verlagsbuchh.)

— decretorum sacrae rituum congregationis, quae ex collectione authentica ad ecclesiasticorum utilitatem et opportunitatem deprompta sunt. Editio post romanam tertiam plurimum aucta aptiorique ordine disposita. gr. 8. (XII, 862 S.) Regensburg 873. Manz. n. 9. —

Manuale ecclesiasticorum s. sacrae rituum congregationis decreta selecta ex collectione authentica ad ecclesiasticorum utilitatem et opportunitatem. Editio III. Romana emendata et auctior. 8maj. (VII und 381 S. mit 1 Tab. in Fol.) Romae 853. (Lipsiae, Gerhard.) *

— ecclesiasticum. 8. Stado. 710.

Manuale Equestre oder Compendium der Reichs-Ritterschaftlichen althergebrachten Rechten ... Ulm 1720—21. V: *Bürgermeister, Johann Stephan.* (EB) H: *Stephanus, Joannes.* (BrMm)

Manuale Ethicum, seu Monita et Exempla Vitae humanae. Viennae 1706. V: *Kogler, Anton.* (Jes)

— fratrum discalceator. ord. S. Trinitat. de redemtione captivor. 4maj. Wien 762. Gerold. 1 ℛ︎ 8 gr.

Manuale di galvanoplastica e della doratura chimica. Aggiuntovi un ricettario per l'argentatura galvanica sul vetro sulle norme di Figuier, Volta, Brugnatelli ecc. 1. ediz. 1862. * 12 Ngr. e 2. ediz. gr. 16. (94 S.) Triest 864, Coen. *

—— dei giuochi contenente il modo pratico e facile per imparare il giuoco di Picchetto, del Tresette, di Trionfo ecc. preceduto da una prefazione istorica anneddotica sui giuochi. 1. ediz. 1862. * 12 Ngr. e 2. ediz. gr. 16. (135 S.) Triest 865, Coen. *

— od. Handb. v. Morg.- Ab.- Meß- u. Communion-Gebeten. 4. Augsb. Wolf. 744.

— od. wohlbewährt. Handbuch auserl. Morgen- Meß- Beicht- u. Comm.-Gebete. gr. 8. Würzb. Stahel. 774.

— — dass. 4. Augsb. Wolf. 744.

Manuale oder Handgriffe der Infanterie Wie solches Aō 1735. nach dem damahlig alt Kayserl: Würtenb: Regiment zu Fuss bey dem Löbl: General Feld-Zeugmeister Landgräffl Fürstenb: Schwäbische Crayß Regiment eingeführet worden, Entworffen von H: A. v. A. ... Jerem. Wachsmuth fecit. Martin Engelbrecht excudit A[ugustae] V[indelicorum 1735(?)]. M. d. Tit. 26 Taf. in Kupferst. 2°.

— hominis Christiani. 18. Vien. Trattner. 764.

— — idem liber. 18. Würzb. Stahel. 789.

Manuale hominis Christiani. Lucern. (Lips., Schmidt in comm.) 818.

Manuale hominis christiani. Edit. 3a. Lucernae 1831. H: *Holl, Philipp Joseph.* (schmal) (Ky)

—— hominis christiani. (Cur. Holt.) Ed. III. 12maj. (6 B.) Lucernae 831, Anich.

—— per gli industriali. Lo stile d'affari, aritmetica e contabilità industriali, e nozioni principali sulla cambiale. 3 parte in 1 vol. gr. 8. (205; 143, 163 S.) Wien 887, Graeser. *
Vgl.: Libri di testo.

—— in usum studiosae juventutis ex variis auctoribus collectum. 12. (337 S. mit 1 Stahlst.) Brixen 865, Weger's Buchh. *

Manuale der Congregation der barmherzigen Schwestern vom heil. Karl Borromäus zu Prag. Prag, 1857. Dr. von Friedrich Rohlíček im fürst-erzbischöfl. Seminar. (358 S. 1 Bl. 8.)

Manuale musico-liturgicum (Chorálna kniha obriadow cirkewných) in usum ecclesiarum cathedralium et ruralium complectens antiphonas, hymnos, et responsoria ad processiones et solennes benedictiones etc. partim cum cantu Gregoriano, partim figurali a quatuor vocibus, partim chorali populari comitante organo juxta rituale, missale et breviarium romanum speciatim pro chori regentibus, organoedis etc. cum adjecta brevi ad cantum Gregorianum instructione elaboravit et edid. Franc. Zsasskovszky. (Editio latino-slavica.) gr. 4. (VIII und 240 S.) Erlau 858(57), (Fraenkel.) *
Ist auch mit lateinisch-ungarischem Text zu gleichem Preise erschienen.

— orationum in us. studiosae juventutis collect. 12. Grätz 800, Tuscli. 4 gr

— orationum in usum Studiosae juventutis collectarum. Ed. III. emend. et aucta. 12. Grätz 816 Kienreich. 5 gr

Manuale ordinandorum. Liber non ordinandis solum, sed et ordinatis sacerdotibus, utilissimus . . . Regenburg 1861. H: *Maier, Willibald Apollinar.* (Mitth. d. Verlagsbuchh.)

—— ordinandorum. Liber non ordinandis solum, sed et ordinatis, praesertim sacerdotibus, utilissimus. Editio Ratisbonensis prima. 16. (XVI und 588 S.) Regensburg (861)62, Manz.

Manuale Parochorum. Sive institutiones, et praxes . . . Augustae 1713. V: *Musart, Charles.* (Jes)

— Parochorum juxta normam ritualis dioecesani reformati instructum. 12. Freiburg, Herder. 3 gr

— parvum, excerptum e collectione rituum pro dioecesi Argentinensi a. s. sede approbata. Ad usum cleri parochialis in administratione quorumdam sacramentorum reverendissimi D. D. episcopi Argentinensis auctoritate editum. 12. (111 S.) Strassburg 898. (F. X. Le Roux & Co.) Geb. in Leinw. n.n. — 70

Manuale parvum ad usum commodiorem ex manuali sacro Brixinensi excerptum. 16. (143 S.) Brixen 887, Weger's Buchh. *

— parvum ex manuali sacro Brixinensi anno 1906 denuo edito. Excerptum et nonnullis additamentis instructum. (158 S.) 16. Brixen 910. A. Weger. 1.50

—— pastorum sive modus administrandi sacramenta aliaque munia parochialis obeundi ad usum sacerdotum archidioecesis Coloniensis. Novam edit. curavit A. Heuser. 8. (IV und 302 S.) Cöln 862, Rommerskirchen's Buchh. * -

—— pastorum sive modus administrandi sacramenta aliaque munia parochialia obeundi ad usum sacerdotum archidioecesis Coloniensis. Novam editionem curavit W. Pingsmann. 8. (III, 254, LXXX S.) Köln 887, Rommerskirchen's Buchh. *
geb. in Leder mit Rothschn. *
geb. in Saffian mit Goldschn. *

Manuale legendis expeditius rerum Romanarum scriptoribus perutile . . . Graecii 1736. 1737. V: *Andrian, Carl.* (Jes)

— pharmaceuticum, in us. minor. urbium, cont, selectum medicamin. 8. maj. Bas. Schweighaeuser. 779.

— dei Pittori, ou Manuel de Peinture av. fig. 16. Florence. (Lagarde, B.) 792. (ital. u. franz.)

Manuale precum. (32 S.) 16. Regensburg 904. Verlagsanstalt vorm. G. J. Manz. n. — 20

—— precum in usum Alumnorum Seminarii episcopalis Trevirensis aliorumque clericorum ac sacerdotum. 12 maj. (15½ B. u. 1 Stahlst.) Augustae Trevirorum 844, libr. Lintz.

—— precum congregationis: Infantium beatae virginis Mariae. 32. (24 S.) München 867, Lentner'sche Buchh.

—— precum in usum juventutis studiosae et congregationum B. M. V. et in honorem Virginis immaculatae editum, quod officium parvum B. M. V., officium defunctorum nec non exercitia pietatis in conventibus etin privata devotione persolvenda complectitur. Ed. II. 16. (IV, 244 S. mit 1 Stahlst.) Dülmen 885, Laumann'sche Verlagsh. *M 1.—; geb. *

— — praecum in usum sacerdotum et clericorum ex pluribus laudatis approbatisque libris collectum. 12. Landishuti, Storno. 820.

Manuale precum in usum Sacerdotum et Clericorum. Edit. II. 12. Landshut 824, Thomann. 12 gr. Schreibp.

— precum selectarum unacum initiis ss. evangeliorum. In usum ecclesiarum curatarum. gr. 4. (33 S.) Oeniponte 849. (Wagner.) n. 12 ngr

—— precum ad usum seminariorum e breviario, missali et pontificali romano decerptum. 12. (VII und 230 S.) Freiburg i. Br. 867, Herder'sche Verlagsh.

— precum sodalitatis majoris. 8. Vien. Gerold. 756.

—— precum in usum theologorum. 12. (XI, 554 S.) Freiburg i. Br. 886, Herder'sche Verlagsh. *

— precum in usum theologorum. Ed. II. 12. (XII, 662 S.) Freiburg i/B. 897. Herder. n. 3.20; geb. in Halbfrz. n. 4.40; in Leder n. 5.—

Manuale della procedura civile contenziosa, s. Raccolta di leggi ed ordinanze.

Manuale, J. F. C., Processus Imperialis sive compendiosa introductio ad Praxin Augustissimi Judicii Caesareo Imperialis aulici. Norimbergae 1704. II: *Cramer, Johann Friedrich.* (Bibliotheca Rinckiana. Lipsiae 1747.)

Manuale professorum Gottingensium. 3. Ausg. *Göttingen 1902: Dieterich.* (IX, 171 S.) 8° [Ant. u. J.]
(Nicht für den Austausch)

—— ritualis Passaviensis. Jussu et auctoritate reverendiss. Dom. Dom. Caroli Josephi, Episcopi Passav. in parochor., vicarior. et cooperator. us. commod. noviter editum. 8maj. (15 B.) Passavii 837, Ambrosi. *

— ritualis Pragensis. Ad usum animarum curatis. gr. 12. (IV u. 320 S.) Pragae 848, filii Hasse. 21 ngr

—— ritualis Romani ad us. parochor. eorumque cooperator. dioeceseos Lincensis, A. S. Ap. sede revisum probatumque. Jussu et auctorit. Reverendiss. ac Illustriss. Dom. Dom. Episcopi etc. Ordin. civ. Bavar. Regni de Meritis Commendatarii Greg. Thomae. 8. (18 B.) Lincii 838, Heuser. *

—— ritualis romani ad faciliorem sacerdotum usum excerptum, ritibus dioecesi Paderbornensi propriis, variis utilibusque in administratione sacramentorum precibus, exhortationibus, declarationibus aliisque refertum et ornatum. 2 Partes. — Handbuch des römischen Rituals zum bequemern Gebrauche für Priester. 2 Thle. 16. Paderborn 862, Schöningh. *
Inhalt:
Pars 1. De sacramentorum administratione. (VIII und 368 S.) * 20 Ngr.
» 2. De sepultura et de benedictionibus. (IX und 474 S.) * 24 Ngr.

Manuale rituum in commodiorem usum cleri archidioecesis Friburgensis ex rituali Friburgensi jussu et auctoritate excellentissimi ac reverendissimi domini domini Joannis Christiani archiepiscopi Friburgensis excerptum. 12. (168 S.) Freiburg i/B. 894. Herder. n.n. 1. 20; geb. in Halbfrz. n.n. 1. 75; in schwarz Bockldr. n.n. 2. 20; m. Goldschn. n.n. 2. 40; in rot Bockldr. m. Goldschn. n.n. 2. 60

— rituum jussu et auctoritate ordinarii ex collectione rituum archidioeceseos Viennensis in commodiorem curatorum usum excerptorum. 2 voll. 4. (76 u. 60 S.) Wien 889. „St. Norbertus." Geb. in Ldr. n. 6. —

— rituum ad usum dioecesis Herbipolensis a sancta sede apostolica approbatorum. 8. (X, 372 S.) Würzburg 902. (V. Bauch.) n.n. 2. —

—— rituum in SS. sacrificio missae et in aliis ecclesiasticis functionibus observandorum, in us. neosacerdotum ex rubricis, S. rit. congr. decretis ac probatiss. rubricistis collectum a Chrstph. Hoeflinger. Edit. I. (7 B. u. 1⅓ B. Musikbeil.) 829. Edit. II. auct. (9½ B. incl. 32 Seit. lith. Musikbeil.) 12maj. Ratisbonae 833, Pustet. à

—— Rituum in S. S. sacrificio missae et in aliis ecclesiasticis functionibus observandorum in usum neosacerdotum ex rubricis, S. rit. congr. decretis ac probatissimis rubricistis coll. a Chr. Höflinger. Ed. 4. paulo auctior. 16. (198 S. und 30 S. Noten.) Augsburg 847, Kollmann'sche Buchh.

—— sacerdotale. Edidit Franc. Xav. Schmitt. Cum tabulis intonationum. 8. (VIII, 264 und 10 lithogr. S. mit 1 Stahlst.) Ratisbonae 851(52,) Manz.

— pii sacerdotis complectens preces et pietatis exercitia, excerpta ex operibus sancti Alphonsi Mariae de Ligorio et latine reddita ab uno ex sacerdotibus congreg. ss. redemptoris. 16. (XIV, 482 S.) Regensburg 887. Pustet. n. 1. 80

— pii sacerdotis complectens preces et pietatis exercitia, excerpta ex operibus sancti Alphonsi Mariae de Ligorio et latine reddita ab uno ex presbyteris, C. Ss. Red. Ed. II, auctior et emendatior. gr. 16. (XIV, 480 S. m. 1 Stahlst.) Regensburg 899. F. Pustet. n. 1,80; geb. in Leinw. n. 2.30; in Chagrin m. Goldschn. n. 3.20

— sacerdotum. 12. Würzburg 765. Rienner. (Wesché in Frankf.) 8 gl

— sacerdotum. 12. Würzb. Rienner. 775.

— ad usum sacerdotum in functionibus sacris passim obviis collectioni rituum pro dioecesi Osnabrugensi et annexis missionibus adaptum. (Von A. Lohmeyer.) (Lateinisch u. Deutsch.) (VIII, 189 S.) 16. Lingen 906. R. van Acken. Geb. m. Goldschn. n.n. 2. 40

—— Sacrum. Ad usum sacerdotum Dioecesis Brixinensis. 8. (16 B.) Brixinae 838. (Innsbruck, Wagner'sche Buchh.) *–

—— sacrum seu compendium ritualis Romano-Salisburgensis in usum commodum animarum pastorum. Emendavit et auxit P. Norbertus Heilmann. 8. (IV und 269 S.) Clagenfurti 850, libr. Leon.

—— sacrum ad usum sacerdotum dioecesis Brixinensis concinnatum jussu et auctoritate episcopi Simonis. 8. (X, 424 S.) Brixen 886, Weger's Buchh. *

— sacrum ad usum sacerdotum dioecesis Brixinensis, denuo ed. jussu et auctoritate celsissimi et reverendissimi episcopi Josephi. (XII, 482 S.) kl. 8. Ebd. 906. 5.50

— sodalis mariani. 12. Brixen 704. Weger. 6 gl

Manuale in usum sodalium B. Mariae Virg. (64 S.) 11,5×7 cm. Kevelaer (908). Butzon & Bercker. Geb. in Leinw. — 40

Manuale. Aggiunta al Manuale dei soldati sanitari dell'armata svizzera. [Con figure.] 58 p. 8. Berna, Gebhardt, Rösch & Schatzmann, 1901.

Manuale — — svizzera. 4a edizione... Berna, Haller, 1889.

— Superiorum pro bono eorum regimine conscriptum. 8. Augsb. M. Rieger. 748.

— moralis theologiae juxta principia S. Alphonsi Ligorii aliorumque probatissimorum auctorum nec non ad normam recentissimi operis Thomae M. J. Gousset, archiepisc. Rhem. etc. Addita recensione huc pertinentium civil. legum cod. CIV. Austr. peculiar. consuetudinem et disciplinar. Mediol. dioec. et casuum in Med. dioec. reservatorum. Tom. I. gr. 8. (661 S.) Mediolani 850. (Oenipónte, Pfaundler.) n. 3 ₰

Manuale Theologiae Polemicae. Clagenfurti, Kleinmayr, 1753. Duodez. 274 S.

— theoretico-practicum ethicae christianae recollectionibus etc. Wien 804. Bauer. 17 gl

— dell' onest' uomo. 8. Augsb. 768. v. Jonisch u. Stage. 8 gl

Manuale di viaggio di Woerl. Guida di Como e del suo lago. gr. 16. (16 S. m. Plan u. 2 Karten.) Würzb. 891, Woerl. * — 50

Manuale vocabulorum exoticorum, obscurorum, Latino-barbarorum ... Wirceburgi 1736. V: *Seyfried, Johann.* (Jes) (so) (ADB) (Bibliotheca Rinckiana. Lipsiae 1747.)

D. M. K.: „Manuale, oder wohlgeschliffener Wirthschaftsspiegel, in einer nachrichtsamen Anleitung zur Hauswirthschaft", Nürnberg 1712, 1723 (Raspe).

D. M. K.: Manuale oder Wirthschaffts-Spiegel, worinnen ... Anleitungen, welche bey der Wirthschafft als im Feld-Bau ... Weingarten ... zu observiren nöthig ..., zu finden. Nürnberg 1723. -- [Zit. nach BJ]

D. M. K.: „Manuale oder Wirthschaftsspiegel", Nürnberg 1724.

Manuale-lessico delle località svizzere. 4a ed. s. Brunner, G[ottlieb].

Manuale-lessico delle località svizzere s. Ortslexicon. Schweizerisches Orts-Lexikon.

Manualetto letterario contenente l'indispensabile a sapersi di letteratura italiana e delle materie ad essa attinenti, compilato da G. B. L. 12. (117 S.) Triest 895. F. H. Schimpff. n. 1. —

Manuali di viaggio, s.: Woerl.

Manucci, R., Geschichte Abd-el-Kaders, s. Lacroix, A. tc.

Manuductio

— ad artem grammaticam. 8. Bamb. Goebhard. 760.

Manuductio ad collegia physico-experimentalia, in Universitate Salisburgensi . . . instituenda. Aug. Vindel. 1753. V: *Thomas, Corbinianus.* (Hr) (ML)

Manuductio, s. Explicatio brevis arboris Consanguinitatis. 4. Frft. 725.

Manuductio ad Lectionem sacrae scripturae. S. l. 17?? V: *Francke, August Hermann.* (Plas)

Manuductio summaria, ad emendat. fororum judiciariorum Hungar. 8. Pesth 790. Eggenberger. 4 gr.

Manuel, Don, span. Geschichte aus dem jetzigen Jahrh.; nach d. französ. Original des Hrn. Mojour; frei bearb. v. C. v. S. 2 Thle. 8. Arnst. 822. Hildebrand. 1 ₰ 12 gr.

Manuel abrégé du voyageur dans l'Oberland Bernois, autour et sur les lacs de Thoune et Brienz, au Brunig, Joch-Berg, Souste, Gruimsel, Guemmi, Ravins, Guelte, Sanetsch, Pillon, Dent de Jaman etc.; par la grande et petite Scheideck; dans les Vallées; à tous les Bains etc. Avec de (IV) nouv. cartes routières. 12. (12 B.) Aarau 829, [Sauerländer, Vrlsh.]

Manuel de tous les ages ou économie de la vie humaine, trad. de l'angl. en franç. et allem. Handbuch f. jedes Alter, od. Haushaltungskunst d. menschl. Lebens etc. Französ. u. deutsch. Neue Aufl. gr. 12. Mainz 812. Kupferberg. 12 gr. Schrbp. 16 gr.
s.a. Handbuch für jedes Alter

— des amateurs de l'art et de curieux, s.a. M. *Huber.*

Manuel des amateurs de l'art et des curieux cont. une notice abrégée des graveurs etc. p. Huber, Rost et Martini. 8 Vol. 8. Zürich, Orell. (à 1 Rthlr. 8 gr.)

— bernois. 8. Berne, Typ. 794.

Manuel, Bläse u. Baber. Operette. 8. Amsterd. 790. (Jülicher in Leipz.) 4 gr.

— des Champs ou Recueil amusant et instructif etc. 8. Münst. Coppenrath. 786.

— du jeune Chirurgien dans lequel on trouve en abrégé toutes les vérités anatomiques etc. 8. Lausanne. (Montag et W. à Ratisb.) 770.

— le chrétien de la jeunesse, ou recueil des prières etc. IIde Edition. gr. 12. la même. 812.
Schreibp.

Manuel, a, for Christians, contain. Prayers and Holy Precepts, selected from catholic authors, confirmed by Examples; to wich are added instructions for youth, and an abridged Catechism. 18. (468 Seit. u. 3 Kpfr.) Vienna 838, Library of the Mechitarists. *

— chronologie et généalogie des Dynasties souveraines de l'Europe, (pr. Vernois). gr. 8. Berl. 797. Lagarde, (Köchly). 2 ₰.

Manuel chronologique et généalogique de Dynasties souveraines . . . Berlin 1797. V: *Verdi du Vernois, Adrien Marie François Chevalier de.* (Ky) (MGT)

— chronologique et génealogique des Dynasties souveraines de l'Europe. Ouvrage élementaire pour servir à l'étude et à la rédaction de l' histoire moderne, par Mr. le Chambellan. Berl.: (Fr. Fleischer in Leipz.) 1798. 8°

Manuel pour la conversation, s.a. Conversations-Taschenbuch.

— pour la Conversation, s.a. de Genlis, Manuel.

Manuel pour la Conversation, cont. les expressions les plus usitées dans les voyages et dans les différentes circonstances de la vie sociale. Composé d'après l'ouvrage de Mad. de Genlis et d'autres. En 6 langues, savoir: l'Anglais, l'Allemande, la Française, l'Italienne, l'Espagnole (ou Grecque moderne) et la Russe. 6. édit. soigneusem. revue et augm. 16. (27 B.) Leipsick 833, Hinrichs.

—— le même en 3 langues: Française, Italienne, Allemande. 6. édit. 16. (13½ B.) Le même 833.

—— pour la Conversation française. — Handbuch d. franz. Umgangssprache. 12. (4½ B.) Mülhausen 838, Rißler. (Leipzig, Fr. Fleischer.)

Manuel pour la Conversation dans les langues étrangères. Leipsic 1812. V: *Ducrest de Sainte Aubin, Stephanie Félicité Gräfin von Genlis.* (BrVV)

Manuel pour la Conversation dans les langues étrangères; savoir dans la langue Allemande, Angloise, Italienne, Espagnole et Portugaise; avec l'explication française; à l'usage des Voyageurs et des Militaires: pour la vie sociale et pour l'instruction, suivi d'un supplément, contenant des modèles de lettres et d'autres petites pièces dans les dites langues. 18. Leipz. 812. Brockhaus. 1 ₰ 12 gr. — Dass. deutsch unt. d. T.: Taschenbuch f. die Conversation etc. 18. Ebd. Neue Aufl. 819. 1 ₰ 8 gr.

Manuel de conversation pour le voyageur en quatre langues, s.a. Conversationsbuch.

Manuel de conversation pour le voyageur, en quatre langues (français, allemand, anglais, italien) avec un vocabulaire, un choix de questions, etc. 17. édit. 8. (IX und 331 S.) Coblenz 864, Baedeker. geb. *

Manuel de conversation pour le voyageur en quatre langues (français, allemand, anglais, italien), avec un vocabulaire, un choix de questions etc. 5. édit. Coblenz 870. Bädeker. 8. (IX, 331 S.) In engl. Einb. n. 1 ₰

Manuel, de correspondance et de conversation commerciales français et allemand, ou guide du négociant en tout ce qui concerne la correspondance, la terminologie et la conversation commerciales dans les deux langues. — Französisch-deutsches Hand- u. Hülfsbuch für d. Kaufmann etc. 8. (19½ B.) Karlsruhe 843, Macklot.

— du Cuisinier amateur, ou l'art de la cuisine etc. 16. Paris. (Simon à Frcf.) 805.

— du Cultivateur, s. Landwirth, d. franz.

Das dänische 'Manuel historique de la question du Slesvig' in anderer Beleuchtung. Flensburg: Grimm 1907. 77 S. 8°
Aus: Flensburger Norddeutsche Zeitung.

Manuel diplomatique. Recueil des traités de paix européens les plus importants, des actes de congrès et autres documents relatifs à la politique internationale, depuis le traité de Westphalie jusqu'à ces derniers temps par F. G. Ghillany. Augmenté de traductions françaises et d'une introduction générale par J.-H. Schnitzler. 2 Vols. gr. 8. (XVI und 894 S.) Nördlingen 856, libr. Beck. *

Manuel diplomatique . . . concernant les droits des neutres sur mer. Leipsic 1844. V: *Biedermann*, *Friedrich Bernhard Franz.* (BrVV) (CBH)

Manuel diplomat. sur le dernier état de la controverse concern. les droits des neutres sur mer. *Leips.* 814.

Manuel du Droit public de la Suisse . . . Aarau 1815—16. V: *Usteri*, *Paul.* (AarK)

— de l'ébéniste, s.: Möbel-Journal.

— de l'économie rurale, voyez Amberg.

— Elémentaire etc. av. les fig. à ce livre.

— des Emigrés et des déportés. gr. 8. Münst. Coppenrath. 803.

—— d'Engelmann et de Reichard pour les voyageurs en Allemagne et dans les pays limitrophes. IV. édit. corr. et augm. Par J. B. Engelmann et trad. par J. Lendroy. 8. (19½ B., 1 Postkarte u. 1 Tab.) Francfort s. le M. 835. [Leipzig, Gebhardt et Reisland.]
Die Karte apart 16 Gr., auf Leinwand gezogen 20 Gr.

—— dass. in deutscher Sprache, s. Engelmann, J. B.

—— pour l'enseignement de la gymnastique aux troupes fédérales. 1. Partie. Exercices libres. 16. (XII und 81 S.) Zürich 862, Schulthess. cart. *

— épistolaire, renferm. par ordre alphab. des modèles de lettres etc. II Tom. 8. Leipz. Schwiekert. 793.

— de l'Etranger, qui voyage en Suisse. 8. Zürich, Orell. 794

Manuel de l'étranger, qui voyage en Suisse. Zuric 1795. V: *Heidegger*, *Hnr.* (EngG)

—— d'exercices intellectuels destiné aux instituteurs et pouvant servir également aux mères de famille. Par un ancien inspecteur des écoles primaires. 12. (9½ B.) Strasbourg 843, libr. Levrault.

Manuel explicatif des phénomènes familiers accompagné de planches et suivi de 727 questions pour en faciliter l'usage aux enfants imité de l'anglais par M. et Mme Rilliet de Constant. Genève 854. (Lauffer et Co.) 12. (2 Bl., 245 S. m. Holzschn. im Text.) n. 24 ngr.

— der falsche Freund. Lstspl. in 5 Akten. 8. Manh. 798. Löffler. 8 gr.

Manuel généalogique pour servir à l'histoire de la Suisse, s.: Handbuch, genealog., zur Schweizer Geschichte.

Manuel d'herborisation en Suisse.... Winterthour 1811 s.a.[Clairville, Joseph-Philippe de].

— d'herborisation en Suisse et en Valais, rédigé selon le système de Linné, corrigé par ses propres principes. Avec d'indication d'un nouveau système derivé également de principes de ce grand maitre. Par l'auteur de l'Entomologie helvétique. 8. Winterthur 811. Steiner. 1 ℛ 8 gr

Manuel historique ... de Lausanne et du Canton de Vaud. Lausanne 1824 s. R[ecordon], Fr[ançoi]s.

— de l'honnête, ou recueil de maximes de sagesse, selon lesquelles on peut régler sa conduite. gr. 12. Passau, Ambrosi. 6 gr

— de l'honnête-homme, ou maximes nécessaires en tous lieux et en tous tems. 8. Augsb. 768. v. Jenisch u. St. 8 gr

— des jardiniers et des cultivateurs. 18. Bern 789. Typ. 5 gr bei Haller das. 4 gr

Manuel de la jeunesse chrétienne par un prêtre du diocèse de Laval. In latein. u. französ. Sprache. 16. (200 S. m. 6 Illustr. u. 1 farb. Titelbild.) Einsiedeln 892, Benziger u. Comp. — 25
geb. * — 40 bis ** — 95

— instructif du Voyageur, ou renseignemens etc., voyez Reichard.

Manuel de Jurisprudence naturelle, ou exposition des loix naturelles etc. 12. Basle, Schweighaeusser. 784. Rthlr.

—— à l'usage du Landsturm suisse. Par des officiers de l'état-major général. gr. 16. (VI, 158 S. m. 1 Tab.) Bern 890, Nydegger u. Baumgart. cart. ** — 70

— de Langue fr. (s. unt. d. Tit. Ausw. frz. Originalstücke.) 3 Vol. 8. Cob. Ahl. 796.

—— de la langue et de la littérature française etc., s. Ideler, (Chr.) Ludw.

— de langue russe. Supplément au guide en Russie par K. Baedeker. 12. (98 S.) Leipzig 893. K. Baedeker. Kart. n. 1. —

Manuel de langue russe. Supplément au guide en Russie par K. Baedeker. 2. éd. revue et augmentée. 12. (108 S.) Leipzig 897. K. Baedeker. Kart. n. 1. —

— de langue russe. Supplément au guide en Russie par K. Baedeker. 3. éd. Revue et augmentée. (110 S.) 12. Leipzig 903. K. Baedeker. Kart. n. 1. —

— de lecture pour les jeunes personnes. gr. 12. Basel 794. Schweighäuser. 10 gr

— lexique, ou nouveau Dictionnaire port. franç. allem. cont. presque tous les mots de la langue français etc. gr. 8. Strassb. 782. König. 2 ℛ 12 gr

Manuel de littérature ancienne . . . traduit . . . par Henri Jouffroy. Leipsic et Paris 1842. V: *Eschenburg*, *Joh. Joach.* (BrVV)

—— de littérature ancienne, ou court aperçu des auteurs classiques, de l'archéologie, de la mythologie, et des antiquités des Grecs et des Romains. Ouvrage trad. de l'Allemand, par Henri Jouffroy. gr. in-8. (46⅙ B.) Leipsic 842, Brockhaus et Avenarius. *

— de littératnre française, ou récueil des plus beaux morceaux de la langue franç. Rédigé d'après Noël et Delaplace. IIde Edit. Kopenh. 817. Bonnier. 1 ℛ

— — le même livre. Nouv. Edit. 8. Leipsic, Sommer, 820.

Manuel maçonnique, ou tableau de tous les rites de Maçonnerie pratiqués en France. Avec 52 planches. in 8. Paris. 820. Rthlr.

— de Médecine pratique milit., voyez Hecker, Fr.

— métrologique ou répertoire général de mesures etc. 4. Braunschw. Pluchart.

Manuel militaire pour l'instruction des officiers suisses . . . Basle 1826. V: *Wieland, Johann.* (PT)

– moral, ou recueil de soixante-sept maximes, accomp. de réflexions à l'usage de la jeunesse; augmenté d'un vocabulaire des mots les plus difficiles en Hollandais, Anglais et Allemand. Nouv. édit. Utrecht: Natan 1836. 12°

— de morale. 12. Berne, Typ.

— de morale ou maximes pour se conduire sagem. dans le monde. 8. Augsb. 769. v. Jenisch u. Stage. 4 gℓ

— de morale. 8. Vien. Kurzböck. (Camesina.) 773.

— du museum français, ou Description analytique et raisonnée de chaque tableau, av. grav. etc. IX Livrais. 8. Strasb. Treuttel et Wurz. 806. (I. Oeuvre du Pussin. 1 Rthlr. 6 gr. II. Oeuvre du Dominiquin. 1 Rthlr. 6 gr. III. Oeuvre de Rubens. 4 Rthlr. 6 gr. IV. Oeuvre de Raphaël. 4 Rthlr. 6 gr. V. Oeuvre de Lebrun. 4 Rthlr. 6 gr. VI. Oeuvre de Van Ostade, de G. Dow et de Van Dyk. 4 Rthlr. 6 gr. VII. Oeuvre de Vernet. 3 Rthlr. VIII. Oeuvres du Titien. 2 Rthlr. 12 gr. IX. Oeuvre de Paul Verones. 2 Rthlr. 12 gr.)

Manuel. Niclaus s.a. Grüneisen, C[arl]. Niclaus Manuel. Stuttgart und Tübingen 1837. [Theil 2.]

Manuel, Nicolaus. Herausgeg. von Dr. *J. Bächtold.* 8°. CCXXIV u. 472 S. Frauenfeld, Huber. 1878.
*** Bd. II der „Bibliothek älterer Schriftwerke der deutschen Schweiz".

— nouv., épistolaire franç. et allem. etc. 8. Strasbourg, König. 802.

— nouv. épistolaire, renfermant par ordre alphabetique des modèles de lettres sur les différens sujets, qui se présentent dans la vie, avec quelques avis sur le ceremoniel, qu'on doit y observer. II Tom. 8. Leipz. ... Nouv. Ed. 793. Schwickert. 1 ℛ 12 gℓ

— nouveau, de l'étranger à Leipzig et dans les environs. 1. edit. (5¼ B.) 839. (Nouv. édit.) 8. (5½ B. u. 2 Pläne.) Leipzig 840, Hinrichs. â

— nouveau, de langue Française. Auch u. d. Tit: Auswahl französ. Originalstücke, (v. J. C. D. Sinner). III Voll. 8. Coburg 795. (Riemann). 1 ℛ

Manuel, Nouveau, de langue françoise pour l'enseignement de la jeunesse . . . Coburg 1796. H: *Sinner, Johann Christoph Daniel.* (Ky) (MGT)

— nouveau, de la langue Française à l'usage des étrangers. Par E. de B. Avantpropos. 1. livr. de la série. 8. (172 S.) Gratz 852. (Dirnböck & Mühlfeith.) ½ ℛ

— nouveau, du voyageur, s.a. Taschenbuch der Conversation.

— nouveau du Voyageur, or the travellers pocket companion; containing copious and familiar conversations in English, German, French and Italien; together with a complete Vocabulary. qu. 12. Heidelb. 826. New Ed. publ. upon the Work of M. Boldoni. 830. Engelmann. 2 ℛ

— nouveau, du voyageur, or the traveller's pocket companion; cont. copious and familiar conversations in English, German, French and Italian; together with a compl. Vocabulary; tables of the relative value of French, English, German and Italian coins and reduction of the same, models of letters, notes etc. Publ. upon the work of Boldoni. 2. Edit. revised as well as corrected. qu. 16. (20½ B.) Heidelberg 830, Engelmann. Thlr.

— nouveau, du voyageur, or the travellers pocket compagnion; cont. copious and familiar conversations in engl., german, french and italian, etc. — A. u. d. Ttln.: Nouveau manuel du voyageur, ou le guide interprète dans les langues angl., allem., franç. et ital., cont. toutes sortes de conversations, tant familières qu'autres, etc. — Taschenbuch d. Conversation in engl., deutsch., französ. u. italien. Sprache. Nach Boldoni etc. Anleitung, die passenden Ausdrücke auf Reisen u. bei d. verschied. Vorfällen im Leben kennen zu lernen. Für Reisende u. als Hülfsmittel d. Erlernung dieser Sprachen. 3., verm. u. verb. Aufl. qu. 16. (21¾ B.) Heidelberg 837, [Engelmann'sche Verlh.] Thlr.

Manuel nouveau, du voyageur, or the Travellers pocket-companion; containing copious and familiar conversation in english, german, french and italien together with a complete vocabulary. A. u. d. Ttl.: Taschenbuch d. Conversation in engl., deutsch., französ. u. italien. Sprache. Nach Boldini etc. Hrsg. v. F. Fabel. — Nouveau manuel du voyageur ou le guide interprète dans les langues angl., allem., français et italienne etc. 4., verb. u. verm. Aufl. qu. 8. (21¾ B.) Heidelberg 840, Engelmann. [Frankfurt a. M., Jos. Baer.] Thlr.

Manuel, Nouveau, du voyageur sur les bords du Rhin depuis Mayence jusqu'à Dusseldorf . . . Coblence 1848. V: *Velte, N.* (Ky) (EngG)

— nouveau, du voyageur sur les bords du Rhin depuis Mayence jusqu'à Dusseldorf, avec excursions à Wiesbade, Francfort, Creutznac etc. par N. V(elte). Orné d'une gravure sur acier, d'un panorama en miniature et de vues depuis Mayence jusqu'à Dusseldorf. 16. (VIII u. 270 S.) Coblence 848, Muller. 16 ngℓ

– nouveau du voyageur et trois langues; or the travellers pocket compagnion; containing copious and familiar conversations in english, french and german; together with a complete vocabulary, by Boldoni. Cöln: Kohnen 1836. qu 16°

— de jeunes Orateurs ou tableau hist. et méth. de l'Eloquence chez les Grecs. II Tom. 12. Basle. Flick. 777.

— de jeunes orateurs ou tableau histor. et méth. de l'éloquence chez les Grecs. II Tomes. 12. Basel 777. (Neukirch). 1 ℛ 18 gℓ

— de la pieuse pensionnaire (le petit), ou recueil de réflexions, prières et pratiques de piété, à l'usage de la jeunesse chrétienne. 32. Louvain 835. Aachen, Cremersche Buchh. (Cazin.) n. 1/2 ℛ

—— du pensionnat. (Pour tous les cours.) 8. (X und 323 S.) München 867, Lentner'sche Buchh.

Manuel du pensionnat en 3 langues. 2. éd. revue, corrigée et augmentée. 8. (VI, 384 S.) München 875. Stahl. 3. —

Manuel de Percepteurs des contributions, voyez Bodmann, Ferd.

— petit, pour la jeunesse. 12. Leipz. 794. Hilscher. 6 gr

Manuel du philosophe, ou dictionnaire des vertus ou des qualités intellectuelles de l'ame dans lequel on en développe la connoissance, l'usage et l'alliance. Ensemble la connoissance des sentimens ou impressions de l'ame, gravés par le créateur, et des sentimens ou impressions des sens qui affectent l'ame, quoiqu'ils lui soient étrangers. 378 pp. Berl. 1769. 8°.

Manuel de pièces choisies servant d'introduction au style français . . . Marb. 1824. V: *Kühne, Friedrich Theodor.* (Gi)

Manuel de Pièces choisees servant d'introduction au style français usité dans les affaires publiques et particulières, avec des formules d'avertissemens, de placets, de reponse etc. par (Fr. Th. Kühne.) Tom. II. 8. Marburg 824, Krieger.

Manuel de piedad en honor del milagroso ... 1. Aufl., s. Manual

Manuel de piedad en honor del milagroso niño Jesús de Praga, dedicado á la niñez por un sacerdote de los sagrados corazones (Picpus). 2. ed. (XVI, 412 S. m. 1 Farbdr.) gr. 16. Freiburg i/B. 903. Herder. Geb. in Leinw. n. 1. 60

— de piété ou livre de prières, de méditations et des offices (en langue chaldéenne.) (Par Bedjan.) 12. (XI, 683 S.) Parisiis 893. Leipzig, O. Harrassowitz. n.n. 16. —

— de poche du voyageur sur le Rhin, depuis ses sources jusqu'à Mayence. En partie extrait du guide du Rhin du A. Schreiber. — Avec la description de l'Alsace par J. Fr. Aufschlager. Trad. p. Henry. — A. s. l. t.: Extrait du guide du Rhin etc. Avec 1 Carte. 12. (16⅔ B.) Heidelberg 829, Engelmann.

— portatif, ou Guide des Voyageurs de toutes les Class. q. parcourent l'Allemagne p. I. C. Flick. 8. Erl. Walther. 803.

— portatif pour servir d'entrétien aux promenades journalières etc. Iro partie. 8. Braunschw. 798. Schulbuchh. 1 ℛ 8 gr

—— des Postes pour l'Allemagne et les routes principales de l'Europe. Avec des notices très-avantageuses pour ceux qui prennent la poste, les voitures accélérées, les bateaux à vapeur etc. Accomp. d'une carte routière et d'une table de plus de 2500 routes de voyage. 4. édit. complètem. revue, augm. et amél. par E. Poppele. Schmal 4. (28¾ B.) Francfort s. l. M. 831, Wilmans.

—— des postes pour l'Allemagne et les routes principales de l'Europe. Avec des notices très-avantageuses, pour ceux qui prennent la poste, les voitures accélérées, les bateaux à vapeur, les chemins de fer; reductions des monnaies etc. 5. édit. complètem. revue, augm. et améliorée par E. Poppele. gr. in-8. (18¼ B. u. 1 Karte, Fol) Francfort s. le M. 840. [Leipzig, Gebhardt et Reisland.] *

— des postes pour l'Allemagne et les routes principales de l'Europe. Avec des notices très-avantageuses, pour ceux qui prennent la poste, les voitures accélérées, les bateaux à vapeur, les chemins de fer; reductions des monnaies etc. Accomp: d'une carte routière et d'une table de plus de 2500 routes de voyage. 5me édit. complètement revue, augmentée et améliorée par E. Poppele. gr. in-8. Francfort s. M. 840. Fr. Wilmans. n. 1⅔ ℛ

— pour les jeunes Princes et pour les jeunes Seigneurs, destinés à les entourer. gr. 12. Basle. Schweighaeuser. 774.

— pour les jeunes Princes et pour les jeunes Seigneurs, destinés à les entourer 8. Münst. 775. Coppenrath. 12 gr

Manuel du Répertoire Bibliographique Universel. (Organisation - État des travaux – Règles - Classifications. 1905. (souscr. relié fr. 30. —)

Institut International de Bibliographie. Publication N° 63. [Indice bibliographique] ⟨011. 1 ⟨021⟩⟩.
s. Classification bibliographique décimale.

— des sociétés anonymes et des banques en Suisse, s.: Handbuch d. Aktiengesellschaften u. Geldinstitute d. Schweiz.

Manuel suisse des denrées alimentaires. Méthodes d'analyse et données pour l'appréciation des denrées alimentaires et objets d'usage domestique. Ouvrage élaboré à la demande du département fédéral de l'intérieur par la société des chimistes analystes suisses. Traduit de l'allemand par A. Steinmann avec la collaboration du E. Ackermann. gr. 8. (VIII, 249 S.) Bern 900. Neukomm & Zimmermann. n. 6.50; geb. n. 7.50

Manuel suisse des Denrées Alimentaires. Méthodes d'analyses et données pour l'appréciation des denrées alimentaires et des objets usuels. Ouvrage élaboré à la demande du Département fédéral de l'Intérieur par la Société des chimistes analystes suisses. 2me éd., revue et corrigée et mise en concordance avec l'ordonnance fédérale du 29 janvier 1909 sur le commerce des denrées alimentaires et des objets usuels. XVI + 344 p. 8. Berne, Neukomm & Zimmermann, 1910. [fr. 8.—, relié 10.—]

—— du tarif des douanes russes de l'année 1850 comparé à celui de 1841. br. 8. (III und 46 S.) St. Pétersbourg 851. (Francfort s. M., Krebs-Schmitt.) **

Manuel de la Toilette et de la Mode . . . Dresde 1770—80. V: *Walther, Conrad Sal.* (Ky) (MGT) (Kläbe, Neuestes Gel. Dresden. Leipzig 1796.)

— de la toilette et de la mode, (par K. S. Walther). XI Parts. 18. Dresd. 770—80. Walther. 2 ℛ 20 gr

Manuel topographique de la Suisse. Berne, Zurich 1851 s. Orts-lexicon. Kurzes Orts- und Bevölkerungs-Lexikon der Schweiz... Bern, Zürich 1851.

Manuel, The traveller's of conversations ..., s. Manual

— universel de la littérature musicale, s.: Universal-Handbuch der Musikliteratur aller Zeiten u. Völker.

— ou variétés amusantes et instructives à l'usage des jeunes allemands qui ont déjà fait quelques progrès dans la langue française. Seconde édit. 8. Liegnitz 813. Kuhlmey. 8 gl

Manuel pour les voyages par la Suisse. Zuric 1787 s.a.[Heidegger, Heinrich].

— pour les Voyages par la Suisse.

— — le même. 8. Paris. (Pott à Lausanne.) 770.

— le même livre. 12. Par. (Kupferberg, Mayence.) 786.

— pour les voyages par la Suisse. II Tom. gr. 8. Zürich 794. 4e Aufl. 819. 5e Aufl. 827. Orell. 1 ℔ 20 gl

—— du voyageur, s. Taschenbuch der Conversation.

— le, du voyageur, sur les chemins de fer de l'Allemagne et des contrées voisines. — The travellers manual on the railways of Germany and its neighbouring countries. — Année 1859 et 60. (à 32 S.) Frankfurt a. M., Exped. des Reise-Manuals. 16. Jeder Jahrg. n. 5 ngr

Manuel, le, du voyageur sur les chemins de fer de l'Allemagne et des contrées voisines. — The travellers manual on the railways of Germany and its neighbouring countries. — Année 1859 et 1860. gr. 4. (à Jahrg. 32 S. mit 1 Karte in qu. 4.) Frankfurt a. M., [Quentin.] à Jahrg. *

—— du voyageur, Le, sur les chemins de fer de l'Allemagne et des contrées voisines. — The Travellers Manual ... Année 1859—60. Frankfurt a. M. 8.

— le, du voyageur sur les chemins de fer et bateaux à vapeur dans le midi de l'Allemagne, sur les bords du Rhin, dans la Hollande et la Belgique. — The travellers manual on the railways and steamers of southern Germany, the Rhine and of Holland and Belgium. IV. edition. Lex. 8. (16 S. m. 1 lith. Karte in 4.) Leipzig 849. (Thomas.) n. 4 ngr

— le, du voyageur sur les chemins de fer et batx. à vapr. dans le midi de l'Allemagne, sur les bords du Rhin dans la Hollande et la Belgique. A. u. d. T.: The traveller's manual on the rail ways and steamers in Southern Germany, the Rhine and of Holland and Belgium. Francfort s. M., 856. (Leipzig, Deckmann.) Lex.-8. (16 S. u. 1 lith. Karte in 4.) n. 4 ngr

— — du voyageur en Italie. Suivi d'une charte rout. in 12. Milan. (Zürich, Orell.) 818.

Manuel du voyageur en Suisse ... Seconde éd. Zürich 1810—11. Ü: *Gaudin, Jean.* (BrMm)

Manuel du voyageur en Suisse. Zurich ... 1819 s.a.[Glutz-Blotzheim, Robert].

— — du Voyageur en Suisse. 4ème édition originale. 8. avec la carte en étuis. le même. 819.

— — en feuille relié dans le livre.

— — sans la carte.

— au Voyageur en Suisse. 5e Aufl. 8. Zürich 827. Orell.

——. du voyageur en Suisse, par R. Glutz-Blotzheim. 3. edit. franç. considérabl. augmentée. Av. 1 carte. 8. ... Zuric 829, (Orell, Füssli et Comp.)
Uebersetzung des v. dems. Verf. hrsg. „Handbuch f. Reisende in d. Schweiz," vgl. dieses.

—— du voyageur par toute la Suisse etc., s. Schreiber, A. W.

Manuel, C., wilde und zahme Xenien. Berlin 859. J. Springer. gr. 16. (3 Bl., 108 S.) n. 15 ngr

Manuel, Carl, s. Manuel, Karl

Manuel, E., die zweite Frau, s.: Daudet, A.

Manuel, E., kein Recht, s.a. Striese.

Kein Recht. Komödie in 1 Aufzuge von E. Manuel. *Charlottenburg: M. Simson (1899).* (27 S.) 8° [F.]
= Bibliothek moderner Einakter. H. 4.
— Striese. Bd 4, Beigabe. [03. 1860

Manuel, E., Weißdorn. Gedichte. 12. (X. 152 S.) Graz. Hesse. 1 fl. 1861.

Manuel, Ernst, Studien über die Verjährungslehre im bernischen Stadtrecht von der Zeit der Handveste bis zur neuesten Gerichtssatzung. Juristische Inaugural-Dissertation. gr. 4. (76 S.) Bern 876. (Jenni.) n. 2. —

Manuel, F., Helvet. Militär-Zeitschr., s. Militär-Zeitschr.

Manuel, G., Tarif des douanes de France applicable aux produits des états qui ont droit, à teneur de leurs traités avec la France, au traitement de la nation la plus favorisée. Dressé d'après l'édition officielle des tarifs des douanes de France. gr. 8. (71 S.) Bern 883, Wyss. cart. *

— Zolltarif v. Frankreich, anwendbar gegenüber denjenigen Staaten, welche, vermöge ihrer Verträge mit Frankreich, Anspruch haben auf Gleichstellung m. der meistbegünstigten Nation. Nach der amtl. Ausg. der Zolltarife v. Frankreich bearb. gr. 8. (71 S.) Ebend. 883. n. 1. —; cart. n. 1. 20

Manuel, Hans Rud. Das Weinspiel, s.a. Neudrucke deutscher Litteraturwerke d. XVI. u. XVII. Jahrh.

Hans Rudolf Manuels Weinspiel oder Fastnachtspiel von der Trunknen Rott (Ein holdsäligs Faßnachtspiel, darinn der edel Wyn von der Truncknen Rott beklagt ... wirt) aus dem Jahre 1548. Zur 1. Aufführung in Bern (1903) eingerichtet u. bedeutend gekürzt von O[tto] v. Greyerz. *Bern: Neukomm & Zimmermann 1903.* (47 S.) 8° [F.] [03. 1604

Manuel, Don Juan, el libro dela caza. Zum erstenmale hrsg. von G. Baist. gr. 8. (VII, 208 S.) Halle 880. Niemeyer. n. 6. —

Manuel, Juan, el libro de los enxiemplos del Conde Lucanor et de patronio. Text u. Anmerkgn. aus dem Nachlasse v. Herm. Knust, hrsg. v. Adf. Birch-Hirschfeld. gr. 8. (XXXVI, 439 S.) Leipzig 900. Dr. Seele & Co. n. 12. —

Manuel, Juan, el Conde Lucanor, s. Biblioteca castellana.

MANUEL, Don Juan (1282—1347), Der Graf von Lucanor. Uebersetzt von Joseph Freiherrn v. Eichendorff. Berlin, Simion, 1840. 8°. VIII u. 180 S. Sehr selten geworden! (25 Mk. Hugo Streisand, Berlin, 1908.)
Hallische Jahrbücher 1841. Nr. 85—86; (K. Stahr.) Lit.-Bl. zum Morgenbl. Nr. 66; Bl. f. lit. Unterh. Nr. 30—81.

— — Dasselbe, titulo: Der Graf Lucanor des Don *Juan Manuel.* Nach dem Alt-Spanischen von Joseph Freiherrn von Eichendorff. Neue [Titel-] Ausgabe, mit Zeichnungen von Th. Hosemann. Ebd. 1843. 8°. 180 S.
— — Dasselbe in Eichendorff's Werken, 1864. VI, 381.

Manuel, Karl

Manuel, C., Albert Bitzius (Jeremias Gotthelf). Sein Leben u. seine Schriften. Mit Jer. Gotthelf's Portr. in Stahlst. u. 1 (lith.) Facsimile. Berlin 857. J. Springer. 8. (307 S.) n. 1 ₰. 10 ngr.

Vgl. auch: Gotthelf's gesammelte Schriften, 12 Bd.

Manuel, L.

— Bemerkk., gerichtet an Herrn C. L. v. Haller, üb. den Brief, durch den er seiner Familie die Rückkehr zur röm. Kirche ankündigt, aus d. Französ. 8. Frankf. 822. (Stuttg., Metzler). 10 gr.

— dasselbe; aus d. Französ. übers. 8. St. Gallen 822. Huber u. Comp. 6 gr.

Manuel, L., Observations adressées à C. L. de Haller sur la lettre par laquelle il annonce à sa famille son retour à l'église de Rome. gr. 8. Lausanne 822. (Jäger in Frkf. a. M.) 8 gr.

Manuel, M., Festzug zum 7. Deutschen Turnfest in München 28. 7. 1889, gez. v. Ph. Zeltner, München 1889, 12 Bl., Quer-8°.

Manuel, N. Todtentanz, gemalt zu Bern um 1515—1520 . . . Bern [1829—31]. H: *Schlotthauer, Joseph.* (BrMm)

Manuel, Niklaus, s.a. Deutsch, Niklaus Manuel

Manuel, Nik., d. Ablaßkrämer, s.: National-Litteratur, deutsche.

Manuel, Niklaus, s. Bibliothek älterer Schriftwerke der deutschen Schweiz und ihres Grenzgebietes.

Manuel, Niclaus. Fastnachtspiele . . . neu abgedruckt. Bern 1836. H: *Schnekenburger, Max.* (GGr)

Manuel, (des Venners der Stadt Bern) Niklaus, Fastnachtsspiele. Nach Handschriften u. der Ausg. von 1540 neu abgedr. gr. 8. Bern 836. Jenni, Sohn. 5/12 ₰

Manuel, Niklaus, die Krankheit der Messe, s.: Rettig, Geo. Ferd.

Zwei Schreibbüchlein des Niklaus **Manuel** [gen.] Deutsch von Bern. Im Auftr. d. Deutschen Vereins f. Kunstwissensch. hrsg. von Paul Ganz. Berlin: Bard in Komm. 1909. 56 S., 23 Taf. 8° (11. 4416

Manuel, Nicol., Werke, s. Grüneisen, C.

Manuel, Octavie, Frühlings-Blumen. Gedichte. München 865. Franz'sche Buchh. gr. 16. (VII, 172 S.) cart. n. 15 ngr.

Manuel, P., s. Mirabeau, Graf v., Originalbriefe.

Manuel, Wilhelm, a. Tann (Rhön): Ein Fall von Haemangioendothelioma perivasculare nasi. Würzburg 1906: F. Scheiner. (30 S.) 8°
Würzburg, Med. Fak., Ref. Schönborn, Diss. v. 12. Febr. 1906
[Geb. 8. Aug. 70 Tann; Wohnort: Würzburg; Staatsangeh.: Sachsen-Weimar; Vorbildung: Gymn. Warburg Reife O. 91; Studium: Innsbruck 1, Jena 4, Würzburg 6 S.; Coll. 24. Jan. 06; Approb. 10. Juli 96.]

Manuela, d. Heldenmädchen, od. d. Schreckenstage v. Cuba. (In 100 Hftn.) 1.—44. Hft. gr. 8. (1. Bd. 800 S. u. 2. Bd. S. 1—256 m. je 1 Bild.) Neusalza 898. H. Oeser. à — 10

Manuela, die Heldin u. Braut des Rebellenführers Alfarez Serilo, od.: Die Schreckenstage v. Cuba. Zeitgeschichtlicher Volksroman. 45.—100. (Schluß-)Hft. gr. 8. (2. Bd. S. 257—770 u. 3. Bd. 826 S. m. je 1 Bild.) Neusalza 899. H. Oeser. à — 10

— dasselbe, neue Ausg., s.: Braut, die, des Rebellen.

Manuela, M., s.a. Haugwitz, Marie v.

— Rudolf v. der Wart. Trauerspiel in 5 Aufzügen. 8. (III, 149 S.) Dresden 892. E. Pierson. n. 2. —

Manuell, Georg (Byzantinus), Libri qui inter Hippocraticos extat censura. Jena (Stranckmann) 24. II. 1797. (4.—) 22129

Manueli, G., Diss. Libri περὶ φύσεως ἀνθρώπου, qui inter Hippocraticos exstat, censura. Jen. 797. 4.

Manuel-lexique des localités suisses. 4° éd. s. Brunner, G[ottlieb].

Manuel-lexique des localités suisses *s.* Ortslexicon. Schweizerisches Orts-Lexikon.

Manuel-Lexique des termes français les plus usuels empruntés à l'allemand et à l'anglais. In-16°, X et 70 p. Bâle, Lyon, Genève, H. Georg. — 75
1893.

Manuels de voyages, s.: Woerl.

Manufactures, des, en Russie et du Tarif. 8. Braunschw. 817. Plüchart. 8 gr.

Manufakturarbeiter

Manufacturarbeiter (An die) von Alt- und Neu-Gersdorf und Umgegend. Von dem Gesammtvorstande des Fachvereins der Fabrikweber und verwandten Berufsgenossen zu Alt- und Neu-Gersdorf im Januar 1888 erlassenes Flugblatt. Neu-Gersdorf in Sachsen, Verl. von Reinh. Lucke.

Manufacturberichte: allgemeine Bemerkungen statt einer Einleitung . . . [Altona 1793.] V: *Niemann, August Chn Heinrich.* (MGT)

Manufakturen u. Fabriken Deutschlands, s.a. Pfeiffer.

Manufacturen und Fabriken, Die, Deutschlands, nach ihrer heutigen Lage . . . Frankfurt a. M. 1780. V: *Pfeiffer, Johann Friedrich von.* (Ky) (EngMt) (BrMm) (Schedel, Handb. d. Litt. f. Kaufleute. Leipz. 1796. S. 39.)

Manufakturen u. Fabriken Deutschlands, nach ihrer heutigen Lage betrachtet u. mit allgem. Vorschlägen zu ihren Verbesserungsmitteln begleitet, (von J. F. v. Pfeiffer). 2 Theile. 8. Frankf. a. M. 780. Varrentrapp. 2 ₰ 12 gr

„Von Manufacturen und Commercien", Frankfurt und Leipzig 1740. — Vorh.: Com. Bibl. Hamburg.

Anonym: „Von Manufacturen und Commercio", Frankfurt und Leipzig 1740. — Vorh.: Bibl. des Oberlandesgerichts Celle — Tc. 666.

Manufacturier, Der wohlthätige. [Nach Falbaire.] Franckf. 1780. V: *Wollstädt, Johann Philipp.* (GGr) »1781« (MGT) (Ky)

Manufacturier, der wohlthätige; Lstspl. (v. J. Ph. Wollstadt). Frankf. 780. Streng. 8 gr

Manufakturier, der wohlthätige,; od. wer Menschen glücklich macht, wird wieder glücklich. Lustspiel. 8. Frankf. Streng. 780.

Manufacturist, der. Herkg. von Franz Katte, Bischoff, Schäbs, } s. Schule, die, des Kaufmanns.

Manufakturist, der. Red.: W. Bernhardt-Schack. 1. Jahrg. 1877. (52 Nr.) Zürich, C. Schmidt.

Manufakturist, Der. Fach-Organ der Seiden-, Wollen- und Baumwollen-Industrie. Red. von W. Bernhardt-Schack. 52 Nrn. 4. Zürich, C. Schmidt. Abonnement f. die Schweiz 20 Fr. fürs Ausland Fr. 25. 1877.

Manufacturist, der. Belehrende u. unterhaltende Wochenschrift für Lieferanten, Inhaber u. Personal deutscher Manufacturwaarenhandlungen u. deren Nebenbranchen. Red.: A. Lippold. 1. Jahrg. 1879. 52 Nrn. (B.) gr. 4. Leipzig, Ackermann & Glaser. n. 8. —

Manufacturwaarengeschäft, Das, s. Schule, Die, des Kaufmanns.

Manufacturwarenhandel, Hamburgs, und seine künftige Entwickelung . . . Hamburg 1848. V: *Alexander, Adolph.* (CBH)

Manufrio, der Räuberhauptmann, u. die schöne Konditorin, v. Verf. d. Gevatter Tod. 12. Leipzig 846, Museum. 1/2 ₰

Manuiloff, A., Die Länderpacht in Irland. gr. 8°. Moskau 1895.

Manuilow, A. A., die Agrarfrage u. ihre ökonomische Lösung, s.: Zur Agrarbewegung in Russland.

Das erste gedruckte Buch Gutenbergs in deutscher Sprache (Eyn manung d cristeheit widd die durkē). Nach d. einzigen Exemplare in München z. ersten Male vollst. hrsg. u. erl. von Johs. Neuhaus. *København: S. Bernsteen 1902.* (7 Bl., 37 S.) 4° [J.]
[Umschlagt.:] Die Mahnung Mainz 1454.

Manus, Gemina, Gemini Thomae . . . Breslau 1748. V: *Gottschlich, Carl.* (Kat. d. Druckschr. üb. Breslau. Breslau 1903. S. 263.)

Manuscript, das., Schausp. v. Ochsenheimer. 8. Frankf. Fleischer. (Sommer in Leipz.) 806.

Manuscript, das. Central-Organ zur Förderg. der gemeinsamen Interessen zwischen Verlagsbuchhändlern, Schriftstellern u. Redacteuren. Red. v Gust. Wolf. 1. u. 2. Jahrg. Juli 1884—Juni 1886. à 24 Nrn. (à 1—2 B.) gr. 4. Leipzig, G. Wolf. à Jahrg. 12. —

Manuscript, das. Central-Organ zur Förderg. der gemeinsamen Interessen zwischen Verlagsbuchhändlern, Schriftstellern u. Redacteuren. Red. v. A. Krüger. 3. Jahrg. 1887. 12 Nrn. (à 1/2—1 B.) gr. 4. Weimar 887. Würzburg-Schenkenschloß, K. W. Krüger's Verl. n. 6. —

—— das. Wahlzettel für Zeitschriften — Zeitungsverleger und Redacteure. Redig. von Alfr. Krüger. 4. Jahrg. 1888. 4 Nrn. (à Nr. 1—2 Bog.) gr. 4. Ebendas. *

Manuscript für die betheiligten Bittsteller. Eutin 1831. V: *Lindemann, Philipp.* (schles)

Manuscript of the queen's court. A collection of old bohemian lyrico-epic songs, with other ancient bohemian poems. Translated by A. H. Wratislaw. Published by Venceslav Hanka. 18. (87 S.) Prague 852. (Hess.) n. 8 ngr

Manuscript eines Deutschen aus Paris. I. Der deutsche Kaiser und Mitkaiser. Gagerns Plan § 5. Republik oder Erbregierung? Das selbständige Gross-Österreich, und die vereinigten Reichstage für Deutschland-Östreich. Königsberg 1849. V: *Knapp, D.* (BMarsch 133)

Manuscript für Freunde. Osnabrück 1781. V: *Struckmann, Eberhard.* H: *Lodtmann, Carl Heinrich Ludw.* (MGT) (Ky)

— f. Freunde. (Sind: Eberh. Struckmanns Werke; herausgg. v. K. H. L. Lodtmann.) 8. Osnabr. 781.

Manuscript für Freunde. Leipz. 1833. V: *Hirzel, Heinrich.* (Cat. d. Stadtbibl. Zürich. Zürich 1864—97.)

Manuscript für Freunde. (Inhalt: 1. Nekrolog ... des Chorherrn Heinrich Hirzel ..., 1766–1833. – 2. Reise auf den Rigi, nach Zug und Adlischweil.... [Von Heinrich Hirzel.]) 8. Leipzig, im Mai 1833.

— f. gute Freunde. 8. Zürich 783. Gel.=B. 6 gr

Manuskript gefunden in der Lüneburger Haide, herausgegeben vom ehrlichen Finder — enthaltend politisch-empfindsame Reise einiger Husaren-Officiere von G...a ins Hanöversche. O. O. (Göttingen, Vandenhoek und Rupprecht). 1806. 8°. 160 S. (Goedeke VII, 854, 14.) Selten!
S. 157—160 Kriegslied in 14 Str., vor dem Octob. 1806 gedichtet:
Auf, teutsche Brüder! auf zum Streit
Das Rächerschwert (!) zur Hand!

— gefunden in der Lüneburger Haide; hrsgg. vom ehrl. Finder, enthalt. politisch=empfindsame Reise einiger Husaren=Officiere von G—a. ins Hannövrische. 8. Götting. 806. Vandenhöck u. R. (Leipz., Wienbrack). 8 gr

Manuscript aus d. J. 1861. Ein kleiner Beitrag zur Säcularfeier der Thronbesteigung Friedrichs d. Großen. 8. Leipzig 841, Volckmar. 12 ngl

Manuscript eines Clausners aus den schwäbischen Alpen. Augsburg 1827—28. V: *Wernek, Carl Freih. von.* (Ky)

Manuscript eines Clausners aus d. schwäbischen Alpen, (von Karl Frhrr. v. Wernek). 2 Thle. gr. 8. Augsb. 827, 28. v. Jenisch u. St. 3 ℔

Manuscript aus Odessa .... s. u.: Taschenbuch ohne Titel.

Manuscript aus Odessa, Miscellen der humoristischen Brüderschaft. 1. Bdch. Leipzig 1822. V: *Hempel, Friedrich Ferdinand.* (Ky) (EE) (MGT)

Manuscript aus St. Helena oder Buonapartes Biographie [nicht] von ihm selbst. Aus dem Französ. getreu übers. usw. Hamburg 1817. — Dass. Übers. von Fr. M. Willmann. Cöln 1817. — Dass. A. d. Franz. Wiesbaden, Schellenberg 1817. V war: *Chateauvieux, Lullin de.* Vgl. Böttiger an Cotta 1817, Mai 17.: Briefe an Cotta 2 (1927) S. 272. Bericht von 4 Übersetzern, darunter *W. T. Krug*; dieser schreibe das Werk *Benj. Constant* zu. Böttiger selbst war »aufs innigste von der Echtheit überzeugt«. Der Hgbr. der Briefe nennt in der Anm. 10 den obigen L. de Ch. als Verf. (DARP)

— von St. Helena, od. Buonapartes Biographie von ihm selbst. Aus d. Französ. getreu übers. Nebst e. kurz. Beschreib. der Insel St. Helena u. 2 Kpf. 8. Hamb. 817. (Altona, Aue). 16 gr

— dass. übers. v. Fr. M. Willmann. 8. Cöln 817. Schmidt. 12 gr

— dass. Aus d. Französ. gr. 8. Wiesb. 817. Schellenberg. 10 gr

— zweites ꝛc., s. Denkwürdigkeiten zur Geschichte Frankreichs ꝛc.

Manuscript aus Süddeutschland ... London [Stuttg.] 1820. 1821. V: *Lindner, Friedrich Georg Ludwig.* (NN) (GGr) nicht: *Fischer, Christian August.* (AarK)

Manuscripte f. gute Freunde. 8. Dess. Gel. Handl. 783.

— zwey antinaturalist., Pendant z. Lessings Fragm. 8. Berl. 792.

Manuscripte, Zwei seltene antisupranaturalistische. Berlin [Giessen] 1792. H: *Schmidt, Eberh. Carl Klamer.* (Wr)

Manuscrit venu de l' Isle d'Elbe. (Publ. p. Bertrand.)

— le même livre. Nouv. edition. gr. 8. Braunschw. 817. Vieweg. 12 gr

— le même livre. 8. Leipz. 817. Grieshammer. 12 gr

— le même livre. 8. Lond. 817. (Frankf. a. M., Brönner). 12 gr

— le même livre. gr. 8. Weimar 817. Indust.-Compt. 18 gr

— le même livre. Ed. II. Zürich 817. Orell. 6 gr

Manuscrit venu de l'Isle d'Elbe. London [Leipzig] 1818. H: *Bertrand, Henri Gratien comte de.* (Ky)

— venu de l'Isle d'Elbe, (publ. p. Bertrand). 8. Lond. 818. (Leipz., Fr. Fleischer). 12 gr

Manuscrit venu de St. Hélène. London 1817 s.a.[Lullin de Chateauvieux, Jacob-Frédéric].

— — de St. Helène d'une maniere inconnue. 8. Londres. (Hambourg. Perthes et B.) 817.

— — le même livre. Nouv. édition. gr. 8. Braunschweig, Vieweg. 817.

— le même livre. 8. Leips., Grieshammer. 817.

— — le même livre. 8. Loud. (Frankf. a. M., Brönner.) 817.

— — le même livre. gr. 8. Weimar, Compt. d'Industrie. 817.

Manuskript, s. Manuscript

Manussi, Ferdinand Karl. — Patriotische und sonst lehrreiche Gedichte und Schriften von verschiedenen Verfassern und dem Gefertigten. Der fleißigen Schuljugend gewidmet von — —. Mit dem Bildnisse Sr. k. k. Apost. Majestät Kaiser Franz Joseph I. 8. (30 S.) Wien. Druck von J. B. Wallishausser. 1853.

Manussi, Ferdinand Karl —. Patriotische und sonst lehrreiche Gedichte und Schriften von verschiedenen Verfassern und dem Gefertigten. Der fleißigen Schuljugend gewidmet von — — 8. (48 S.) Wien Gedruckt bei J. B. Wallishausser. 1854.

Manussi, Ferdinand Karl — Patriotische und sonst lehrreiche Gedichte und Schriften von verschiedenen Verfassern und dem Gefertigten. Der fleißigen Schuljugend gewidmet von — —. Mit den Bildnissen Sr. k. k. apostol. Majestät Kaiser Franz Josef I. und Kaiserin Elisabeth. Wien, 1856. Aus J. B. Wallishaussers k. k. Hoftheater-Druckerei. (55 S. 8.)

Manussi, Ferdinand Karl — Patriotische und sonst lehrreiche Gedichte und Schriften von verschiedenen Verfassern und dem Gefertigten. Der fleißigen Schuljugend gewidmet von — — Mit den Bildnissen Sr. k. k. apostol. Majestäten Kaiser Franz Josef I. und Kaiserin Elisabeth. Wien, 1857. Aus J. B. Wallishaussers k. k. Hoftheaterdr. (12 S. 8. Mit mehreren in den Text gedr. Figuren)

Manussi, Ferdinand Karl —. An Se. k. k. Hoheit den durchlauchtigsten Prinzen und Herrn Erzherzog Franz Karl, als erhabensten Protektor der Versorgungs- und Beschäftigungsanstalt für arme erwachsene Blinde, dargebracht bei Gelegenheit eines in den k. k. Redoutensälen zum Besten der Blinden abgehaltenen großen Ballfestes von — —. 8. (S. 33—48) Wien. Druck von J. B. Wallishausser. 1854.

Manussi-Montesole, Albin Edl. v., s.: Prochaskas Stationen-Verzeichnis des Post- usw. Verkehrs in Österreich-Ungarn.

VOGEL, Ein lockerer. Localer Schwank, in drei Acten (von *Ferdinand Manussi* Edler *von Montesole*). Wien, o. J. (1897).
Anon.-Lex. V. p. 314 (Eigenbericht).

Manutius, Ald., commentarius in M. T. Ciceronis epistolas ad diversos, ad Q. Fratr. et ad Brutum. II Tomi. 8maj. Leipz. 779, 80. Crusius. (W. Vogel). 2 ℔ 20 ℊ

— commentarius in Ciceron. orationes c. C. G. Richteri. 8maj. Leipz. 783. Weidmann. 3 ℔ 8 ℊ Schrbp. 4 ℔ 12 ℊ

Manutii, Aldi, Orthographia ex libris et monumentis. Venet. 561. 8. zu 18 gr. Edit. auct. Ib. 566. 8. und öfter. zu 2 rthl. 4 gr. Ibid. 591. 8. zu 2 rthl. 4 gr. Ibid. 713. 8. Aucta a Casp. Rothio. Lips. 607. 8. Aucta a Valer. Andreas. Duac. 610. 12. — und sonst noch öfter. Norimb. 723. 8. 3 gr.

Manutii, Aldi, Thesaurus elegantiarum. Ed. auct. opera Buchleri. Colon. 694. 12. Ib. 704. 12. 8 gr. Ib. 721. 12. und öfter.

Manutius, Paul., Epistolar. libri, 12. c. auctuario Th. Krausii. 8. Lps. 720.

Manutius, Paul, epistolar. libri XII. 12. Ofen 762. Typ. (Pressb., Landes). 1 ℔

Manutii, Pauli, epistulae selectae, ed. Mart. Fickelscherer. 8. (VIII, 176 S.) Leipzig 892. B. G. Teubner. n. 1. 50

Manz's Rathgeber u. Schnellrechner, e. prakt. Hilfsbuch zum schnellen u. sichern Rechnen m. dem neuen Maaße, Gewichte u. Gelde f. Gewerbtreibende u. Oekonomen. gr. 8. (XVI, 224 S.) Augsburg 875. Schmid's Verl. 3. —; geb. n. 3. 50

— dasselbe f. die Hausfrauen. gr. 8. (XVI, 224 S.) Ebend. 875. 3. —; geb. n. 3. 50

— dasselbe f. Rechnungsbeamte, Kaufleute, Fabrikbesitzer, Bauleute 2c. gr. 8. (XIV, 224 S.) Ebend. 875. 3. —; geb. n. 3. 50

Manz, A., Immergrün. Anspruchslose Blätter, meinen Freunden gewidmet. 52 Stn. 16. St. Gallen, Huber & Co. 1872. 1. 40

Manz, Albert [aus Karlsruhe]: Beiträge zur Entstehung der Reiskörperchen m. bes. Berücks. d. Schleimbeutelhygrome ... Freiburg i. B., Univ.-Buchdr. v. Chr. Lehmann, 1892; 43 S. 8.
Freiburg i. B., Med. Fak., Inaug.-Diss. v. 1892

Manz, C., der Grundbesitz in der Provinz Hannover, s. Danger, L.

Manz, Caspar, s. Manz, Kaspar

Manz, Gb. Frz., Erörterungen über die Kartoffel-Krankheit im J. 1846 u. Rathschläge zu deren Verhütung i. J. 1847. gr. 8. (56 S.) Stuttgart 847, J. F. Steinkopf. ¼ ℔

Manz, E. F.: Versuche und Beobachtungen über den Kartoffelbau und die Krankheiten der Kartoffeln. Stuttgart 1845.

Manz, Frdr., aus der Enge in die Weite, s.: Volksschriften des allgemeinen evang.-protest. Missionsvereins. Nr. 7.

Manz, Frdr., O Herr, hilf! 2 Predigten üb. Lukas 17, 11—19 u. Matthäus 6, 25—33. gr. 8. (18 S.) Erlangen 902. R. Merkel. n. — 40

— Christlich-evangel. Lehrbüchlein f. den Konfirmandenunterricht. Ausg. f. Baden. (III, 54 S.) 8. Tübingen 907. J. C. B. Mohr. — 50

Manz, Frdr., der moderne Mensch u. das Christentum. (81 S.) 8. Lahr 905. [Groß & Schauenburg.] Tübingen, J. C. B. Mohr. — 50; erm. Pr. n. — 30

— Wege nach „Hilligenlei", dem heiligen Lande. Ein Wort an die Leser v. Frenssens Roman „Hilligenlei". (78 S.) 8. Tübingen 906. J. C. B. Mohr. n. — 80

Manz, Georg, aus Regensburg: Li Jus di Saint Nicholai des Arrasers Jean Bodel. Text mit einer Untersuchung d. Sprache u. d. Metrums d. Stückes nebst Anm. u. Glossar. *Erlangen 1904: Junge & Sohn.* (124 S.) 8°
Heidelberg, Phil. Diss. v. 1904

Manz, Geo., das Verbum nach den französ. Grammatiken von 1500—1750. (IX, 208 S.) Lex. 8. Halle 909. M. Niemeyer. 6. —

Manz, Gust., Tagebuch. Gedichte u. Skizzen. 8. (III, 117 S.) Leipzig u. Baden-Baden 892. C. Wild's Verl. n. 2. 75; geb. n. 3. 50

Manz, Gustav Friedrich: Michael Beer's Jugend und dichterische Entwicklung bis zum „Paria". '(Erster Tl einer Biographie d. Dichters)' ... Freiburg i. B., Univ.-Buchdr. v. Chr. Lehmann, 1891; 72 S. 8.
Freiburg i. B., Phil. Fak., Inaug.-Diss. v. 1891

Manz, Heinr., über d. Führung d. Lehramts. Ein kleiner Beitrag z. Erziehungs-Unterr. in Volksschulen. 8. (10 B.) Dortmund 839. (Münster, Deiters.) *

— Geschichte von Volmarstein, nach authentischen Quellen bearbeitet. gr. 8. Dortmund 834. Krüger. 1/2 ℛ

—— die Isenburg, od. Friedrich v. Isenburg u. Engelbert d. Heilige. Eine histor. Skizze. 8. (4¾ B.) Dortmund 836, Krüger.

Manz, Heinr., das Kirchenjahr. Eine erklärende Darstellung der Festzeiten u. Festtage der christl. Kirche. 8. (3½ B. u. 1 Taf.) Hagen 845. [Butz.]

—— der achtzehnte Oktober. Ein episches Gedicht in drei Gesängen. 8. (9 B.) Dortmund 835, Krüger.

Manz, Kaspar

Manz, Casp., de advocatis, procuratoribus etc. 8. Nordl. Beck. 742.

Manzius, Casp.: Bibliotheca aurea, juridico-politico-theoretico-practica: In qua variae utilissimae materiae ex jure divino, naturali, canonico, Caesareo, feudali, Bavarico . . . per varias quaestiones, observationes . . . explicantur. Francofurti ad M. 2 Bde fol

Vol. [1.] decem tractatibus juris constans. Quibus acc. collegii jurisconsultorum in academia Ingolstadiana consilia et responsa. 1695.

[2.] novum, novem tractatibus juris constans. Quibus acc. Ferd. Weizeneggeri quaestiones monetariae. 1701.

— bibliotheca aurea, Vol. novum. fol. Francf. Genschel. 704.

— Centur. decisionum Palatinar. 4. Frcf.

Manzius, Casp.: Commentarius ratio-regularis in quatuor libros Institutionum imperialium, quo omnium . . . rationes redduntur, et in breves regulas resolvuntur. Ed. 3. Noribergae 1701. fol.

— Comment. ad IV libr. institutionum. fol. Nrnb. 724.

Manz, Ksp., tract. de fidejussoribus. 8. Nördl. 773. Beck. 18 gr

— opus absolut. de eo, quod interest etc. 4. Ingolst. Krüll. 705.

Manzius, Casp.: De testamento valido et invalido. *August.* 661. 687. fol. C. ind. Jac. Otto. *Frcf.* 680. fol. *Ulm.* 726. 4.

Manz, Otto, Ermenrich. Ein romant. Drama in 5 Akten. (III, 155 S.) 8. Berlin 909. Zehlendorf, B. Behr's Verl. 3. —

— Gedichte. (100 S.) 8. Freiburg i/B. 910. J. Bielefeld. 2.—; geb. 3.—

Manz, Otto [aus Freiburg i. B.]: Über Riesenzellensarkome der weiblichen Brustdrüse ... (Aus: Beitr. z. klin. Chir., Bd XIII Heft 1.) Tübingen, H. Laupp, 1894; 31 S., 1 Taf. 8.
Freiburg i. B., Med. Fak., Inaug.-Diss. v. 1894

— Römer. 3 einakt. Dramen. (Der Schwertkämpfer. Der Cäsar. Der Gönner.) (107 S.) 8. Berlin 907. Zehlendorf, B. Behr's Verl. 2. —

Manz, Otto, die chirurgischen Untersuchungsarten. Einführende Vorlesgn. üb. allgemeine chirurg. Diagnostik. 2 Tle. (VI, 322 S. m. 20 Abbildgn. u. VII, 257 S. m. 38 Abbildgn.) gr. 8. Jena 904. 906. G. Fischer. n. 11. —; geb. n. 13. —

Manz, O[tto], Dr., Assistenzarzt d. chirurg. Klinik in Freiburg i. B.: Die Ursachen der statischen Schenkelhalsverbiegung. Mit 2 Fig. *Tübingen: H. Laupp 1900.* (68 S.) 8° ¶(Aus: Beiträge zur klinischen Chirurgie, Bd 28, H. 1.)
Freiburg i. B., Med. Hab.-Schr. v. 1901
(Nicht für den Austausch)

Manz, Peter Kaspar (Mogonus)
Dissertatio inauguralis juridica, sistens quaestiones, ex diverso jure desumptas.
Giessae 20. Nov. 1738: Eb. Henr. Lammers. (2), 46 S. 4°
pro licentia summos in utroque jure honores ac privilegia doctoralia rite consequendi.

Manz, Philipp [app. Arzt aus Pfeddersheim]: Ueber einen Geburtsfall bei lumbosacralkyphotischquerverengtem Becken ... Heidelberg, Univ.-Buchdr. v. J. Hörning, 1895; 36 S., 3 Taf. 8.
Heidelberg, Med. Fak., Inaug.-Diss. v. [22. Mai] 1895

Manz, Rich., s. a.: Felsinger, Hans.

Manz, Rich., der rothe Hannickel. Volksstück in 4 Akten. (Frei nach e. Erzählg. v. Herm. v. Schmid.) 16. (96 S.) München (898). Rubinverlag. n. 1. —

— „All Heil!" Posse m. Gesang u. Evolutionen in 6 Bild. aus d. Radfahrerleben. Musik v. Jos. Krägel. 16. (110 S.) München (898). Rubinverlag. n. 1. —

— der Krenkl selig, s.: Hilpert, F.

— u. Hans Loherstorfer, der Musterhof! Niederbayer. Volksstück in 5 Acten. gr. 8. (99 S.) Ebd. (898). n. 1. —

— die Radfahrer v. Purzelshausen. Orig.-Posse m. Gesang in 4 Akten. Musik v. Frz. Voith. gr. 8. (85 S. m. 1 farb. Bild.) München (898). Rubinverlag. n. 1. —

— das Römergrab. Posse in 4 Akten. gr. 8. (77 S.) Ebd. (898). n. 1. —

— Sensationsnotiz. Schwank in 1 Akt. 4. (45 autogr. S.) Ebd. (898). n. 1. —

— „der reine Thor“. Schwank in 4 Akten. 16. (118 S.) Ebd. (898). n. 1. —

Mans, Rudolf, approb. Arzt: Beiträge zur Kenntnis der Möller (Barlow'schen) Krankheit. *Heidelberg 1899: J. Hörning.* (30 S.) 8°
Heidelberg, Med. Diss. v. [17. Juni] 1898

Programm wodurch zur Feier des Geburtsfestes Seiner K. Hoheit unseres durchlauchtigsten Grossherzogs Friedrich ... einladet der gegenw. Prorector Dr. Wilhelm Manz. Inhalt: Die Aetiologie der aelteren und modernen Ophthalmologie in ihrer besonderen Bedeutung für die Therapie .... Freiburg i. B., Univ.-Buchdr. v. H. M. Poppen & Sohn, 1886; V + 69 S. 4°.

Manz, Wilh., über die Augen der Freiburger Schuljugend. Ein Vortrag. gr. 8. (36 S.) Freiburg i. Br. 883, Mohr. *

— s.a. Reden bei der öffentlichen Feier etc.

Reden bei der öffentlichen Feier der Uebergabe des Prorektorats ... am 12. Mai 1887 gehalten von dem abtretenden Prorektor Geh. Hofrat Prof. Dr. W. Manz und dem antretenden Prorector Geh. Hofrat Prof. Dr. H. von Holst. Freiburg i. B., Univ.-Buchdr. v. H. M. Poppen & Sohn, 1887; 43 S. 4°.

Manz, Wilh., populaere Vorlesungen über Diaetetik der Augen. gr. 8. (IV und 52 S.) Freiburg im Br. 866, Wagner'sche Buchh. *

Mänz, Nicolaus [aus Fulda, Assistent am mathem.-physikalischen Institut der Universität Marburg]: Spektro-photometrische Untersuchungen an trüben Medien .... Marburg, Druck v. Joh. Aug. Koch, 1885; 50 S. u. 1 Taf. 8°.
Marburg, Phil. Fak., Inaug.-Diss. v. 25. Aug. 1885.

Mänz, Nicolaus, spektro-photometrische Untersuchungen an trüben Medien. Diss. Marburg 1885, N. G. Elwertsche Univ.-Buchh. 8°. 50 S. mit einer Taf.

Manzador, Don Pii, unterschiedene Ehrenreden. 2 Thle. 4. Augsb. 765. Rieger. 4 ß

Manzel, O., s.: Realienbuch, deutsches.

MANZEL, E. J. A.: Neue Mecklenburg. Staatskanzley, z. Kenntn. d. Mecklenb. Staatsverfass. u. Rechtsgelehrsamkeit. 3 Thle. *Rostock*, Adler. 791 — 98. 8. (3 Thl. 18 Gr.)

Manzel, Ernst Johann Friedrich, s. Mantzel

Manzel, L., s. Pflaster, Berliner.

Manzel, Ludw., Joh. Gottfried Schadow. Rede z. Feier des allerhöchsten Geburtstages Sr. Maj. des Kaisers u. Königs, am 27. I. 1909 in der öffentl. Sitzung der kgl. Akademie der Künste geh. (18 S.) gr. 8. Berlin 909. E. S. Mittler & Sohn. — 60

Manzel, Ludw., Skulpturen. 20 Taf. Lichtdrucke nach des Künstlers Werken. Text v. Jul. Norden. (IV S.) gr. Fol. Berlin (905). O. Baumgärtel. In Mappe n. 20. —

Manzeln, Ern. Jo. Fried. (Praes.), s. Benedetti, Jo. Pet. Bertram

Manzer J. D.: Geschichtlicher Entwicklungsgang des österr. Volksschulwesens mit bes. Berücksichtigung Böhmens. 26. Leitmeritz L.-B.-A 76. Progr.

Manzer, J. D., u. Rob. Manzer, allgemeine Erziehungslehre f. Lehrer- und Lehrerinnen-Bildungsanstalten. 8. (II, 167 S.) Leipzig 890. Danz. n. 2. —

Manzer, J. D. Kirchenmusiklehre. Ein Hilfsbuch für Lehrerbildungs-Anstalten, Organisten-Schulen und andere Lehranstalten bei dem theoretisch-praktisch. Unterrichte in der Musik. *Prag* 1858. *C. Bellmann.* 57 S., 3 Bl. gr. 8°.
INHALT. **I. Th.** Elementar-Musiklehre.

Manzer, J. D., Kirchenmusiklehre. Ein Hilfsbuch für Lehrerbildungsanstalten, Organisten-Schulen und andere Lehranstalten bei dem theoretisch-praktischen Unterrichte in der Musik. 2. Theil. Harmonielehre. gr. 8. (178 S.) Prag. Bellmann. 1861. 1 fl. 30 kr.

Manzer, J. D., theoretisch-praktischer Leitfaden f. den Gesangunterricht in der Volksschule. 8. (III, 60 S.) Leitmeritz 875. (Prag, Dominicus.) n. 1. —

Manzer, J. D., der onomatische Sprach-Unterricht. Zu theoretisch-prakt. Darstellung für Volks-, Mittelschulen u. Lehrerbildungsanstalten. Prag 869. Dominicus. gr. 8. (88 S.) n. 10 *ngr.*

Manzer, R., Sagen aus dem Böhmerlande, s.: Volks- u. Jugend-Bibliothek.

Manzer, Rob., Erzherzog Karl, s.: Oesterreicher, berühmte.

Manzer, Rob., Lehrbuch der Geographie für Volks- und Bürgerschulen. 1. Thl., zunächst für die 6. Klasse achtklassiger Volks- und Bürgerschulen, bez. Oberklassen der Volksschulen und 1. Klasse dreiklassiger Bürgerschulen. 8. (73 S. mit 32 eingedr. Holzschn.) Wien 878, Pichler's Wwe. und Sohn.

—— Lehrbuch der Geographie für Volks- und Bürgerschulen. 2. Thl. zunächst für die siebente Klasse achtklass. Volks- und Bürgerschulen, bezw. Oberklasse der Volksschulen und zweite Klasse dreiklass. Bürgerschulen. 8. (146 S. mit 23 eingedr. Holzschn.) Wien 880, Pichler's Wwe. und Sohn. *
1. Thl. Ebendas. 1878. * 60 Pf.
—— dass. — 3. Thl., zunächst für die achte Classe achtclass. Volks- und Bürgerschulen, bezw. Oberclasse der Volksschulen und dritte Classe dreiclass. Bürgerschulen. gr. 8. (IV, 95 S. mit 21 eingedr. Holzschn.) Ebendas. 880. *

Manzer, Rob., s.: Lehrbuch f. die österreichischen Schifferschulen an der Elbe.

Manzer, Rob., e. Mann der Arbeit, s.: Köhler's ill. Jugend- u. Volksbibliothek.

— Maria Theresia,
— Josef Ressel, } s.: Oesterreicher, berühmte.

Manzer, Rob.: Über den Unterricht in der deutschen Sprache an den Realschulen. 9 S. 8°.– Leitmeritz OR., Progr. 1868.

—— Wanderungen durch Böhmen, s. Volks- und Jugend-Bibliothek, österreichische.

Manzetti, Graf, Leitfaden der Aetheropathie, enthaltend die therapeut. Eigenschaften von 22 Heilmitteln und ein alphabet. Verzeichniß öfters vorkommender Krankheiten, begleitet mit der Methode, dieselben zu verhüten oder aber zu heilen. Deutsche autoris. Uebersetzung aus dem Französ. 16. (VII, 88 S.) Bern 882, (Jenni's Buchh.) *

Manzetti, A. F. Dictionnaire matteopathique. Clinique pathologique donnant les définitions des maladies et les termes de médecine, précédée de la doctrine théorique du Comte Mattei. In-8°, 527 p., avec portrait du comte Mattei. Genève (Bâle, L. Jenke) 1879. 6 —

Manzi[n]oja, Otto. Schweizerisches Vergrösserungsglas von O'. Manzi?? O. ja. Zum Besten eines Ritters des Hundsordens. [23 Carricaturen samt Text, mit 1 Vignette.] 8. Zürich 1859.

Manzipuziuhn, Die, der houchlöbliche kienigliche bayerische Jüdenschaft. Ansbach 1834. V: *Holzschuher, H.* (GGr)

Manzius, s. Manz

Manzke, Wilhelm

Manzke, W., Anweisung f. die Zollkassen u. Oberzollkassen der Verwaltung der Zölle u. indirekten Steuern. Zugleich Ergänzungsheft zu Bartel's Unterrichtsbuch f. Zollaufseher. (6. Aufl.) (VIII, 120 u. 2. Nachtrag zu Bartel 11 S.) gr. 8. Berlin 909. E. S. Mittler & Sohn. 2.—

Manzke, W., Unterrichtsbuch f. Grenz- u. Steuer-Aufseher, s.: Bartel, P.

— Unterrichtsbuch f. Zollaufseher, s.: Bartel.

Manzoli, A., s. *Marcelli.*

Manzon, nouveau manuel philosophique et morale etc. gr. 8. Münst. 793. Coppenrath. 1 ℘

Manzoni Alessandro. Notizie biographiche. (Von Giuseppe Pugni.) gr. 8. (40 S.) Zürich 877. (Schmidt.) n. 1.—

Manzoni, A.

— *Bryozoi fossili Italiani. Seconda Contribuzione (con 2 tavole).* S. 59. I. 512 . vgr.
Separatabdruck

Manzoni, A., Bryozoi fossili italiani. 2. contribuzione. [Con 2 tavole (lith.)] [Aus den Sitzungsber. der k. Akad. der Wiss.] Wien 869. (Gerold's Sohn.) Lex.-8. (12 S.) n. 6 ngr.

— *Bryozoi fossili Italiani. Terza Contribuzione (con 4 tavole).* S. 60. I. 930 . . vgr.
Separatabdruck

Manzoni, A., Bryozoi fossili italiani. 3a Contribuzione. [Con 4 tavole, lithogr.] Lex.-8. (15 S.) Wien 869, (Gerold's Sohn.) *

— — *Quarta Contribuzione (con 6 tavole).* S. 61. I. 323 . . . . vgr.
Separatabdruck

—— dass. — 4a Contribuzione.. [Con 6 tavole, lithogr.] Lex.-8. (27 S.) (Ebendas.) 870. *

— *I Briozoi fossili del Miocene d'Austria ed Ungheria. II. Parte. Celleporidea, Escharidea, Vincularidea, Selenaridea* (mit 17 Taf.). D 37. II. 49 . . . . vgr.
— — *III. Parte. Crisidea, Idmoneidea, Entalophoridea, Tubuliporidea, Diastoporidea, Cerioporidea* (mit 18 Taf.). D 38. II. 1 . . . . vgr.
Separatabdruck

Manzoni, A., i Briozoi fossili del miocene d'Austria ed Ungheria. 2a e 3a parte. Imp.-4. Wien, (Gerold's Sohn.) *

Inhalt:
Parte 2. Celleporidea, Escharidea, Vincularidea, Selenaridea. Con 17 tav. lit. (30 S.) 877. *ℳ 8.
» 3. Crisidea, Idmoneidea, Entalophoridea, Tubuliporidea, Diastoporidea, Cerioporidea. Con 18 tav. lit. (24 S.) 878. *ℳ 8,50.
Die 1. Abthl. bildet: Reuss, A. E., Ritter v., die fossilen Bryozoen des österreichisch-ungarischen Miocaens. Vgl. XV. Bd. 2. Abthl. S. 398.

Manzoni A., Dr.: *Bryozoi Pliocenici Italiani (con 2 tavole).* S. 59. I. 17 . . . . . . vgr.
Separatabdruck

— Bryozoi Pliocenici Italiani. [Con 2 tavole (lith.)] [Aus den Sitzungsber. der k. Akad. der Wiss.] Ebend. 870. Lex.-8. (15 S.) n. 6 ngr.

— *Echinodermi fossili della Molassa serpentinosa e Supplemento agli Echinodermi dello Schlier delle Colline di Bologna* (mit 3 Taf.). D 42. II. 185 . . . . 1.60
Separatabdruck

— Echinodermi fossili dolla Molassa serpentinosa e supplemento agli Echinodermi dello Schlier delle colline di Bologna. Con 3 tav. lit.. [Aus: „Denkschr. d. k. Akad. d. Wiss."] Imp.-4. (8 S.) Ebend. 880. n. 1. 60

— *Gli Echinodermi fossili dello Schlier delle Colline di Bologna* (mit 4 Taf.). D 39. II. 149 . . . . 2.40
Separatabdruck

— gli Echinodermi fossili dello schlier delle colline di Bologna. Con 4 tav. lit. [Aus: „Denkschr. d. k. Akad. d. Wiss."] Imp.-4. (16 S.) Ebend. 878. n. 2. 40

— *Della Fauna Marina di due lembi Miocenici dell'alta Italia (con 3 tavole).* S. 60. I. 475 . . . . 1.—
Separatabdruck

-- della fauna marina di due lembi miocenici dell' alta Italia. 1. parte. [Con 3 tavole (lith.)] Aus d. Sitzungsber. der k. Akad. der Wiss.] Ebend. 870. Lex.-8. (30 S.) n. 10 ngr.

— *Supplemento alla Fauna dei Bryozoi Mediterranei. 1a Contribuzione (con 3 tavole).* S. 63. I. 73 . . . . —.80
Separatabdruck

Manzoni, A., supplemento alla fauna dei Bryozoi Mediterranei. 1a contribuzione. (Con 3 tavole lith.) [Aus „Sitzungsber. d. k. Akad. d. Wiss."] Lex.-8. (10 S.) Wien 871. (Gerold's Sohn.) n. — 80

Manzoni, Alessandro

Manzoni, Aless., Adelchi, s. Biblioteca italiana.

Manzoni, Aless., Adelchi, s. Uebersetzungs-Bibliothek zu den italienischen Unterrichts-Briefen.

Manzoni, Aless., Adelchi, tragedia in 5 atti. Zum Schul- und Privatgebrauche mit Manzoni's geschichtl. Einleitung, mit sprachl., sachl. und erläut. Anmerkungen und einem Wörterbuche hrsg. von Ed. Hoepfner. gr. 8. (XVIII und 166 S.) Leipzig 847, Schwickert.

Manzoni, A. Adelchi, tragedia. In-8°. Davos, Richter. 1885.

Manzoni, (Alex.) Adelgis. Trauersp., übers. v. K. Streckfuß. 8. Berlin 827, Trautwein.

Manzoni, Alessandro. Adelgis übersetzt. Trauerspiel. Heidelberg 1830. Ü: *Schlosser, Joh. Friedrich Heinrich.* (Kn)

Manzoni, Alex., Adelgis. Trauerspiel. Aus dem Italien. von J. Fr. H. Schlosser. 2. (Titel-)Ausg. Heidelberg (830.) 856. Mohr. 8. (159 S. u. lith. Portr.) n. 16 ngr.

Manzoni, Alex., Bemerkungen über die kathol. Moral. Aus d. Italien. übersetzt von Jos. v. Orsbach. gr. 8. Köln 835. Du-Mont-Schauberg. 2/3 ₰

Manzoni, Aless., Geschichte d. im J. 1630 in Mailand erricht. Schandsäule. Und Bemerk. üb. d. Tortur, insbesond. während d. Pestverschwörung, niedergeschrieben im J. 1777 von Graf Pietro Verri. A. d. Ital. 8. Lpz. 843, Kollmann. 1 3/8 ₰

— der Graf von Carmagnola. Ein Trspl., aus d. Italien. von Aug. Arnold. gr. 8. Gotha 824. Ettinger. 18 gl

—— s. Heyse, Paul. Italien. Dichter.

— il cinque Maggio. — Der 5. Mai, übers. v. Aug. Zeune. 2. verb. Aufl. als Neujahrsgabe. gr. 8. Berlin 846, Vereins-Buchh. 1/6 ₰

Manzoni, Alex., der fünfte Mai. Ode auf Napoleons Tod, in der italienischen Urschrift, nebst Uebersetzungen v. Goethe, Fouqué, Giesebrecht, Ribbeck, Zeune. gr. 8. Berl. 828. Maurers B. 8 gl

— opera poetiche, cor. praefat. di Göthe. gr. 12. Jena 827. Frommann. 1 ₰ 4 gl

—— i promessi sposi, s.a. Biblioteca d'autori italiani.

Manzoni, Alessandro. I promessi sposi, s.a. Biblioteca italiana.

Manzoni, Alessandro, i promessi sposi, hrsg. v. Th. Link, s.: Klassiker-Bibliothek, italienische.

—— dass. Mit grammatikal. Erläutern. u. e. Wörterbuche. Zum Schul- u. Privat-Gebr. Hrsg. v. G. B. Ghezzi. II Tl. gr. 12. (37 B.) Leipzig 833, 34, Baumgärtner.

—— i promessi sposi, storia milanese del sec. XVII. Ediz. deligentemente eseguita su quella dell' autore del 1825. II Tl. 8. (61 1/2 B.) Vienna 833, Volke.

— i promessi sposi, storia milanese del secolo XVII. scoperta e rifatta. Terza edizione dell' autore. Storia della colonna infame seconda edizione dell' autore. II Vols. 8. Milano 845. (Wien, Tendler et Schäfer.) n. 2 ₰

Manzoni, Alessandro. I promessi sposi. Storia milanese del secolo XVII. Scoperta e rifatta da ..... 8. Leipzig 1863.

Manzoni, Aless., i promessi sposi. Storia Milanese del secolo XVII. 2. ediz. illustr. Colla storia della Colonna infame. Fasc. 1—3. Milano 869. (Triest, Dase.) Lex.-8. (S. 1—240 mit eingedr. Holzschn. u. 1 Holzschntaf.) à n. 6 ngr.

Manzoni, A., Urteil üb. d. Jesuitenorden, s.: Aktenstücke, kirchliche.

— Verlobte, s.: Oldenburg, W., Don Rodrigo.

— die Verlobten, s.a. Ausland, das belletristische, 1650—1662. Bdchn.

Manzoni, Alessandro, die Verlobten, s.a. Bibliothek, Cotta'sche, der Weltlitteratur.

— dasselbe. s.a. Bibliothek der Gesamtlitteratur des In- u. Auslandes.

— — s.a. Bibliothek ausländ. Klassiker.

—— die Verlobten, übers. v. Ed. v. Bülow. 2 Thle., s.a. Bibliothek class. Romane u. Novellen d. Ausl., 25., 26. Bd.

— — s.a. Classiker des In- und Auslandes.

— dasselbe, s.a. Romane, die besten, d. Weltlitteratur.

— dasselbe, s.a. Sammlung histor. Romane.

Manzoni, Aless., die Verlobten, s.a. Universal-Bibliothek.
Vgl.: Sauer, Carl.

Manzoni, Conte Alessandro

Die Verlobten. Roman. Übers. v. Daniel Leßmann. Th. 1-3.
Berlin: Vereinsbuchhandl. 1827. 8°

Manzoni, (Alessander,) die Verlobten. Geschichtl. Roman, ins Deutsche übers. v. Ed. v. Bülow. 3 Thle. 8. Leipz. 827, Hartmann. Rthlr.

Manzoni, Alessander, die Verlobten, geschichtl. Roman; deutsch v. Ed. v. Bülow. 3 Thle. 8. Leipz. 828, (Lehnhold). 3 ₰ 18 gl

—— die Verlobten. Uebers. v. Dan. Leßmann. 3 Thle., u. Glov. Rosini's Nonne v. Monza. Uebers. v. Dan. Leßmann. 2 Thle. — Fortsetz. d. Verlobten od. 4. u. 5. Thl. (Neue, wohlf. Ausg.) 8. (105 B.) Berlin 832, Vereins-Buchh. Ungetrennt

— die Verlobten. Bearb. f. d. reifere Jugend u. die Gebildeten im Volke v. Alb. Werfer. Mit Vorrede v. Chr. v. Schmid. 8. Tübingen 846, Laupp. 5/8 ₰

—— die Verlobten. Bearb. für die reifere Jugend und die Gebildeten im Volke von Alb. Werfer. Mit Vorrede von Christoph v. Schmid. 8. (IV und 284 S.) Tübingen 847, Laupp'sche Buchh.

Manzoni, Conte Alessandro

Die Verlobten. Eine mailänd. Geschichte aus dem 17. Jh. Aus dem Ital. übers. von Gottlob Fink. Bd.chen 1-4. 5-8. 9-13.
Stuttgart: Franckh 1851. 8°

—— die Verlobten. Eine mailänder Geschichte aus dem 17. Jahrhunderte. Aufgefunden und erneut. Aus dem Italien. übers. von E. Ed. v. Bülow. 3. Aufl. 2 Thle. gr. 12. (XVI und 864 S.) Leipzig 855(56,) Brockhaus. *
Fein Papier *
Vgl.: Bibliothek der ausgezeichnetsten italien. Romane.

Manzoni, Alex., die Verlobten. Eine mailänd. Geschichte aus dem 17. Jahrh. Nebst einem Anhang: Geschichte der Schandsäule, und eine literarhistor. Einleitung über A. Manzoni von Ludw. Clarus. Nach der 6. Aufl. aus dem Italien. übers. 2 Bde. 8. (CXXII und 1144 S.) Schaffhausen 859, Hurter'sche Buchh.

—— dass. — Bearb. für die reifere Jugend und die Gebildeten im Volke von Alb. Werfer. Mit einer Vorrede von Chrph. v. Schmid. 2. Aufl. 8. (VI und 297 S. mit Titelbild in Stahlst.) Tübingen 868, Laupp'sche Buchh.

Manzoni, Alessandro (1785—1873), die Verlobten. Eine Mailändische Geschichte aus d. 17. Jahrh. Aus d. Ital. übers. von *Emilie Schröder*. Eingel. durch Dr. *H. Th. Rötscher*. 2 Thle. (in 1 Bde.) Hildburghausen, bibliogr. Institut, 1867. (Auch m. d. Tit.: Bibl. ausländ. Klassiker in deutsch. Uebertragung.) 8°. Hlwdb.
368 u. 320 S.

— die **Verlobten**. Eine mailänd. Geschichte aus dem 17. Jahrh. Nebst einem Anh.: Geschichte der Schandsäule; u. eine literarhistor. Einleitung über A. Manzoni von Ludw. Clarus. Nach der 6. Aufl. aus dem Italien. übersetzt. 2 Bde. 2., verb. Aufl. Schaffhausen 867. Hurter'sche Buchh. 8. (1141 S.) 2 ℛ 24 ngr

—— die **Verlobten**. Eine mailänd. Geschichte aus dem 17. Jahrh. Aufgenommen und umgearb. Nebst einem Anhang: Geschichte der Schandsäule, und einer litterarhistor. Einleitung über A. Manzoni von Ludw. Clarus. Nach der neuesten Aufl. aus dem Italien. übers. 3. verb. Aufl. 2 Bde. 8. (566; 518 S.) Regensburg 884, Manz.

Manzoni, Alessandro, die **Verlobten**. Aus dem Ital. übers. von Ed. v. Bülow. In 2 Bdn. Neu hrsg. u. eingeleitet v. Ludw. Fränkel. 8. (384 u. 354 S. m. Bildn.) Stuttgart (894). J. G. Cotta Nachf. In 1 Leinwbd. n. 2.—

— **Die Verlobten. Eine Mailänder Geschichte aus dem 17. Jahrh. Aufgefund. v. M. Mit e. Einleitg. v. Arno Holst u. dem Portr. des Dichters. Vollständ. Ausg.** (756 S.) 8. Berlin (909). A. Weichert. (3.—)

Manzoni's, Aless., Werke, s. Collection Spemann.

Manzoni, Romeo. **Die Religion als pathologisches Phänomen. Beitrag zur Naturgeschichte der Religionen. Autoris. Uebersetzg. v. Friedr. Zündt. gr. 8. (110 S. m. 3 Abbildgn.) Genf 888. (Zür., Verlags-Magazin.)** * 2 —

Manzotti, L., Amor, s.: Stolze, Adf., Flick u. Flock.

Manzotti, Luigi. Excelsior, s. Stolze, Adf.

Manzotti, Teof., Erinnerung an das Leben u. den Tod des römischen Jünglings Paola Piazzesi. Aus dem Ital. übers. von Wolfg. Prandl. Regensburg 864. Coppenrath. 8. (78 S.) 6 ngr

Manzotti, Teofilo. Leben des römischen Jünglings Paulus Piazzesi . . . A. d. Ital. Sulzbach 1851. Ü: *Dietl, Ägyd.* (Ky)

Manzotti, Theoph., Leben des römischen Jünglings Paulus Piazzesi, gestorben den 19. Juli 1846. Aus dem Italien. (übers. von Aegid. Dietl.) 16. (95 S.) Sulzbach 851, v. Seidel'sche Buchh.

Máon. Trauersp. in 5 Akt. von H. J. Collie. 8. Berlin, Schade. 810.
Schweiz. Pap.

— — dasselbe. kl. 8. Ebend. 810.

Máon. Trauerspiel in 5 Aufzügen von J. v. Collin. gr. 8. Berlin, Unger. 810. (Schade.) 16 Gr. kl. 8.

Map of the city of New-York, with part of Brooklyn and Williamsburgh. Fol. Chemitypirt u. color. Hamburg 851, Schuberth & Co. n. 1/4 ℛ

A **Map**, of the Gold Coast and inland countries between and beyond the Pra and Volta 1 : 300000. Chromolith. In-fol. Basel, Missionsbuchhandlg. 1885.

Map, historical, of Pennsylvania. Showing the Indian names of streams, and villages and paths of travel; the sites of old forts and battle-fields; the successive purchases from the Indians; and the names and dates of counties and county towns, with tables of forts and proprietary manors. Edited by P. W. Sheafer and others. Lithogr. and color. With text. Lex.-8. (26 S.) Philadelphia 875, (Schäfer und Koradi.) geb. * 4 —

Map of the United Kingdom of Great-Britain and Ireland. Photo-lithographed from reliefs and edit. by Sydney B. J. Skertchly. 9 Bl. Fol. Weimar 875, Photolithogr. Institut. * 8 —
aufgez. in Mappe ** ℳ 13,50.; mit Stäben ** 14 —

Mapa německo-francouzské války. (Karte des deutsch-französischen Krieges.) Titel böhmisch, Text deutsch. Wien, Rud. Lechner's k. k. Univ.-Buch. Folio. 30 kr.
1870.

Mapa de la República oriental del Uruguay. 2 Bl. Chromolithogr. Imp.-Fol. Montevideo 886. (Hamburg, Friederichsen und Comp.) * 16 —

Maple Valley Times: 1887?—1888?
Independent weekly, published in English and German. Edited & published by W. P. Suttle.
Leigh, NE

Mappa Geographica Accuratissima Hungariae Sclavoniae, Bosniae, Croatiae, Dalmatiae, Serviae, Transilvaniae, Walachiae, Moldaviae, Bulgariae, Traciae, Bessarabiae Tartariae Europaeae et in Specie Crimeae cum quibusdam adjacentibus Regionibus etc. a Joanne Bapt. Pniades, nunc vero Recusa à Gottefrido Jacobo Haupt, Calcographo Augustano 1758. Ohne M. 1 Bl.

Graeciae antiqua mappa geographica. Brunsvig. 822. f.

Holsatiae Mappa universalis in suos Ducatus nimirum Holsatiam in specie Ditmarsiam, Stormariam, Wagriam accurate distincta Cura et impensis Tobiae Conradi **Lotter.** Augustae Vindelicorum. s. a. Kupferstich, kol. 1 Bl. Fol., 59/72 cm.

Mappa totius Mundi adornata juxta observationes Dnn. Academiae Regalis Scientiarum et nonnullorum aliorum, secundum annotationes recentissimas edita per Guilielmum de l'Isle, celeberrimum regis Galliae Geographum. Augustae Vindelicorum recusa et venalis prostans apud Tobiam Conradum Lotter, Chalcographum. 1728? 1 Bl.

Maris Assoviensis — Nova Mappa geographica — vel de Zabache et Paludis Maeotis et edita per Matth. Seutter. 1 : 900,000. 1 Bl.

Maris Nigri — Nova Mappa — et Freti constantinopolitani quam exactissime consignata et in lucem edita per Matth. Seutter. 1 : 2,300,000. 1 Bl.

Regni Poloniae Magni Ducatus Lituaniae nova mappa geographica. Berlin 1770. 31 Bl. c. K.

Mappa specialis continens limites inter regna Poloniae et Prussiae a Marchia Nova usque ad Vistulam 3 Bl. K. v.

Mappa triangularis, d. i. neue Form u. Beschreibung e. Landtafel v. Ober- u. Niederbaiern v. J. 1776, nebst Angabe d. Anzahl v. Marktflecken, Stiften, Klöstern, Kirchen, Schlössern 2c. qu. Fol. Landsh., Storno. 2 fl

Mappamondo ad uso della gioventù studiosa della geografia. Lithogr. und ill. gr. 8. (8 S. Text mit eingedr. Holzschn.) Triest 867, Coen. In Mappe. *

Mappaemundi. Die ältesten Weltkarten. Hrsg. u. erl. v. Dr. Konrad Miller, Prof. ... in Stuttgart. H. I—VI. *Stuttgart: J. Roth 1895—98.* 6 Bde 4.

I. D. Weltkarte d. Beatus '(776 n. Chr.)' Mit Abb. i. Text u. d. Kt. v. St. Sever in d. Farben d. Originals. 1895. (2 Bl., 70 S., 1 Kt.)

II. Atlas v. 16 Lichtdruck-Taf. ... 1895. (1 Bl., 16 Taf.)

III. D. kleineren Weltkarten. M. 74 Abb. i. Text u. 4 Taf. in Farbendr. 1895. (2 Bl., 159 S., 4 Taf.)

IV. D. Herefordkarte. M. 2 Uebersichtskt. im Text u. d. Herefordkt. in Farbendr. als Beil. 1896. (2 Bl., 54 S., 1 Kt.)

V. D. Ebstorfkarte. 1896. (2 Bl., 79 S., 1 Kt.)

VI. '(Schlussh.)' Rekonstruierte Karten. M. 58 Clichés (darunter 49 Kt.) i. Text u. 8 Kartenbeil. 1898. (VIII, 154 S., 8 Kt.) [98. 7148

Mappe, die. Illustrirte Fachzeitschrift für dekorative Gewerbe, besonders für Maler, Lackirer und Vergolder rc. Unter Mitwirkung bewährter Kräfte hrsg. und redig. von Friedr. Nauert. 1. Jahrg. 1881. 24 Nrn. (Bog. mit eingedr. Holzschn. und Stnt.) gr. 4. Leipzig, [Morgenstern.] Scholtze. *

—— Illustrirte Fachzeitschrift für dekorative Gewerbe. Unter Mitwirkung bewährter Kräfte hrsg. und redig. von Friedr. Nauert. 2. und 3. Jahrg. 1882 und 1883. à Jahrg. 24 Nrn. (à Nr. 1½ Bog. mit eingedr. Holzschn. und Stnt.) gr. 4. Ebendas. à Jahrg. *

—— dass. — Hrsg. und redig. von E. A. Grünenwald und Friedr. Nauert. 4. Jahrg. 1884. 24 Nrn. (à Nr. 2 Bog. mit eingedr. Holzschn. und Stnt.) Fol. Leipzig, Scholtze. Preis des Jahrgangs nach Erscheinen *

Mappe, die. Illustrirte Fachzeitschrift für dekorative Gewerbe. Hrsg. und redig. von E. A. Grünenwald und Fr. Nauert. 5. Jahrg. 1885. 24 Nrn. (à Nr. 2 Bog. mit eingedr. Holzschn. und Stnt.) Fol. Dresden. (Leipzig, Scholtze.)

—— dass. — Hrsg. von Fr. Nauert. 6. Jahrg. 1886. 24 Nrn. (à Nr. 2 Bog. mit eingedr. Holzschn. und Stnt.) Fol. (Ebendas.)

—— die. Illustrirte Fachzeitschrift für Maler und verwandte Gewerbe. Unter Mitwirkung von tücht. Künstlern und bewährten Fachmännern hrsg. und redig. von Friedr. Nauert. 7. Jahrg. 1887/88. 12 Hefte. (à Heft 3 Bog. mit Taf.) Nebst Gratisbeilage: Technische Mittheilungen für Malerei. 12 Nrn. (à Nr. 2¼ Bog.) Fol. München, Callwey.

—— dass. — 8. Jahrg. 1888/89. 12 Hefte. (à Heft 3 Bog. mit Taf.) Nebst Gratisbeilage: Der Dekorateur. 52 Nrn. (à Nr. 2 Bog.) Fol. Ebendas.

Mappe, die. Illustrirte Fachzeitschrift f. Maler u. verwandte Gewerbe. Hrsg. u. redig. v. Friedr. Nauert. 9.—12. Jahrg. Juli 1889—Juni 1893. à Jahrg. 12 Hefte. (Bog. m. Taf.) Nebst Gratisbeilage: Der Dekorations-Maler. à Jahrg. 52 Nrn. (à Nr. 2 Bog.) Fol. Münch., Callwey. à Jahrg. * 12 --

— dasselbe. 13. u. 14. Jahrg. Juli 1893—Juni 1895. à 12 Hfte (à ca. 2 Bog. m. Taf.) Fol. Nebst Gratisbeilage: Deutsche Malerzeitung. à 52 Nrn. (2 Bog.) Ebd. à Jahrg. n. 12. —

Mappe, die. Illustr. Fachzeitschrift f. Maler u. verw. Gewerbe. Hrsg. unt. Mitwirkg. tücht. Künstler u. bew. Fachmänner. Red.: Herm. Weischedel. 15. u. 16. Jahrg. Juli 1895—Juni 1897. à 12 Hfte. (à ca. 8 S. m. Taf. u. Detailbog.) Fol. Nebst Gratis-Beilage: Deutsche Malerzeitung. 52 Nrn. (à ca. 10 S.) München, G. D. W. Callwey. à Jahrg. n. 12. —; Kolportage-Ausg. à Hft. 1. —

— illustr. Fachzeitschrift f. Dekorationsmalerei. Red.: Ludw. Reisberger. 17. u. 18. Jahrg. Juli 1897—Juni 1899. à 12 Hfte. (à ca. 8 S. m. Taf. u. Detailbog.) Fol. Nebst Gratis-Beilage: Deutsche Malerzeitung. 52 Nrn. (à ca. 10 S.) Ebd. à Jahrg. n. 12. —; Kolportage-Ausg. à Hft. 1. — Kann auch vierteljährlich bezogen werden.

Mappe, die. Illustr. Fachzeitschrift f. Decorations-Malerei u. verwandte Gewerbe. Red.: Ludw. Reisberger. 19.—22. Jahrg. Juli 1899—Juni 1903. à 12 Hfte. (à ca. 12 S. m. Taf. u. Detailbog.) Nebst Gratis-Beilage: Deutsche Malerzeitung. 52 Nrn. Fol. (à ca. 12 S.) München, G. D. W. Callwey. à Jahrg. n. 12. —; Kolportage-Ausg., jeder Jahrg. 12 Hfte. à 1. —

Mappe, die. Illustrierte Zeitschrift f. die gesamte Malerei. Red.: Ludw. Reisberger. 23.—26. Bd. April 1903—März 1907. à 12 Hefte. (à Jahrg. 144 S. m. 60 farb. Taf. u. Detailbog.) Nebst Gratis-Beilage: Deutsche Malerzeitung. 104 Nrn. (836, 416, 416 u. 840 S.) Fol. München, G. D. W. Callwey. à Jahrg. n. 12. — Kolportage-Ausg. jährl. 12 Hefte à 1. —

Mappe, die. Illustrierte Zeitschrift f. d. Malerei. Red.: Ludw. Reisberger. 27.—30. Bd. April 1907—März 1911. à 12 Hefte. (à Jahrg. 144 S. m. 60 farb. Taf. u. Detailbog.) Nebst Gratis-Beilage: Deutsche Malerzeitg. Red.: Cornel. Hebing. 52 Nrn. (à 8 S.) 36×26,5 cm. München, G. D. W. Callwey. à Jahrg. 12.—; Kolportage-Ausg. 12 Hefte à 1. —

— f. praktische Aerzte 1905. Mit 1 Taf.: Haags Rentenfigur. Skala der Einbusse an Erwerbsfähigkeit bei Unfallschäden. (Nach der 6. Aufl. der Orig.-Taschenausg.) (116 S.) 4. München, Seitz & Schauer. Kart. n. 2. — Erscheint nicht mehr.

— Berliner bunte, hrsg. v. Eug. Düsterhoff. 8. (III, 103 S.) Berlin 885. (Ramlah.) n. 2. —

—— Berliner bunte. Orig.-Beiträge Berliner Künstler und Schriftsteller. gr. 4. (IV, 99 S. mit eingedr. Illustr. und Taf.) München 886, Verlagsanstalt für Kunst und Wissenschaft. cart. * ℳ 10.—.; geb. *

Mappe mit Bildern, zum Malen u. Ausschneiden f. gute Kinder. I. u. II. Hft. (à 8 lith. Blätter.) 8. Bonn 838. Dunst. à 1/6 ℛ︀ (Ist auch u. d. T.: Bilderbuch für brave Kinder ausgegeben.)

Mappe, die braune. Fünf Erzählungen für die erwachsene weibliche Jugend. gr. 12. (IX und 156 S.) Eutin 856, Völckers. Thlr.

— die bunte, für Freunde des Scherzes u. froher Laune. gr. 8. Würzb. 805. Etlinger. 6 gr

MAPPE, Die bunte, für Freunde des Scherzes und froher Laune. Enthaltend eine Auswahl angenehmer und belustigender Erzählungen, Schwänke, Anekdoten. Geniestreiche, witzige und naive Einfälle, Sonderbarkeiten, heitere Gedichte, Gesellschaftslieder, u. a. m. Gesammelt u. hrsg. von einem lustigen Bruder. — Ridendo dicere verum. — Neue Aufl. Hamburg, bey Wwe. Friedel u. Sohn, 1808. 8°.

Zahm. 112 SS. Darin vortreffliche Schwänke. — Zuerst gedr. Berlin u. Paris 1805. 8°., tit.: Die braune (sic!) Mappe .... (wie ob.). (1 Mk. Kühl.)

Mappe, die changeante, enthaltend antike und moderne Zeichnungen, herausgegeben von Gabriel Stein, 1r Theil, mit 1 Kupf 8. Berlin, 796. C. Nicolai. 25 sgl.

Mappe, die changeante, Erzähl. v. Gabr. Stein. 8. Berlin. (Sommer in Leipz.) 809.

Aus der Mappe eines Einsamen. Von E. S. 8. (130 S.) Wien. Druck und Verlag von J. P. Sollinger's Witwe. 1853.

Mappe, Frankfurter. Ein Tagebuch für 1879. Fol. (65 S.) Frankfurt a. M. 878, Diesterweg.
geb. und durchschossen *

Mappe, Die graue. Erzählungen und Aufsätze ... Berlin 1790—93. H: *Haken, Johann Christian Ludwig.* (Ky) (EE) (MGT) (GGr) (Mn) »1790—94« (ADB)

Mappe, die graue, Erzähll. u. Aufsätze aus Ewald Rinks Verlassenschaft, (v. J. Chr. Ldw. Haken). 1r Bd. 8. Magdeb. ... N. A. 813. Heinrichshofen. 1 ß 18 gr — 2r—4r Bd. 8. Berl. 790—794. 2e Aufl. mit sm. Namen. 818. (Brockhaus in Leipz.) 5 ß

Mappe, die graue. 4 Thle. 8. Berlin, Unger. 790—94. Jetzt Verlag von Brockhaus in Leipzig, u. d. Preis

Mappe, die graue, aus Ewald Rink's Verlassenschaft. N. Ausgabe. 1r Bd. 8. Magdeb. Heinrichshofen. 812.

— Hallische. (100 S. m. z. Tl. farb. Abbild.) Lex. 8. Halle 910. Gebauer-Schwetschke Kart. 4. —

— der Hausfrau. 2. Aufl. (11.—20. Taus.) (80 S. m. Abb.) gr. 4. Ebd. 903. n. 1. —; geb. in Leinw. n. 2. —

— die himmelblaue, v. Karlo Jokoso. 8. Berlin, Langhof. (Gräff in Leipz.) 796.

Aus der **Mappe** eines Hohenzollern (Markgraf Georg v. Brandenburg) am ungarischen Hofe. Hrsg. von Dr. Louis Neustadt. H. 1. [einz.] *Bayreuth 1892: Th. Burger; [Breslau: W. Koebner].* (80 S.) 8° [F.] [illegible]

– Kleine, mit Vorlege-Blättern zum Zeichnen für fleißige Kinder. 5 Numm.: Früchte. (2 Nr.) – Blumen. – Köpfe. – Vermischte Gegenstände. Jede Nr. mit 12 lithogr. Taf. Hannover: Hornemann 1835. 16°

— Münchener bunte. Hrsg. v. Max Bernstein. Orig.-Beiträge Münchener Künstler u. Schriftsteller. gr. 4. (VII, 96 S. m. autotyp. u. Holzschn.-Illustr.) München 884. Verlagsanstalt f. Kunst u. Wissenschaft. cart. n. 7. 50

— dasselbe. (2. Jahrg. 1885.) gr. 4. (IV, 99 S. m. eingedr. Illustr. u. Taf.) Ebend. 885. geb. m. Goldschn. n. 10. —

— Münchener bunte. Originalbeiträge Münchener Künstler u. Schriftsteller. Neue Ausg. gr. 4. (VI, 98 S. m. Illustr.) Ebd. 889. cart. m. Goldschn. n. 10. —

Mappe, Die rothe. Erzählungen und Aufsätze vom Verf. der Wundergeschichten u. Legenden. Quedlinburg und Leipzig 1817. V: *Nagel, Johann Friedrich Gottlieb.* (BGE IV³, 397)

— die rothe. Erzähll. u. Aufsätze. Von Verf. der „Wundergeschichten u. Legenden". 8. Quedlinb. 817, Basse. 18 gr

— die schwarze. 8. Leipz. 795. Weygand. 12 gr

MAPPE, Die schwarze. Rom (Weissenfels, Severin) 1795.
Rarl
Weller, fing. Druckorte.

Mappe, d. schwarze. 8. Weissenf. Böse. 795.

Mappe des Vereins für Baukunde in Stuttgart, hrsg. von den Mitgliedern des Vereins, zusammengestellt unter Aufsicht des Comités für die Herausgabe der Mappe von J. Ruess. 1. Heft. Roy.-Fol. (6 Stnt. und 2 Blatt Text.) Stuttgart 847, Becher's Verlag. *

Mappe-Mal-Vorlagen. I.—IV. München, G. D. W. Callwey. In Umschlag n. 21. —
I. Marmor. 20 Marmor-Vorlagen in Farbendr. Nach der Natur gemalt. Von C. Hebing. (IV S. Text.) kl. 8. (905.) n. 6. —
II. Schriften. 30 Taf. Ausgewählte, zum Tl. m. Preisen ausgezeichnete Schriften zum Gebrauche f. die Praxis. Hrsg. v. der Red. der deutschen Malerzeitg. Die Mappe. (II S. Text.) kl. 8. (905.) n. 3. —
III. Schilder. 40 Schilder-Vorlagen in Farbendr. Aus dem Preisausschreiben der Deutschen Malerzeitg. die Mappe hervorgegangene u. zum Tl. prämiierte Entwürfe. (40 Taf. m. IV S. Text.) kl. 8. (906.) n. 8. —
IV. Tiere. Von Ludw. H. Jungnickel. (10 farb. Taf. m. IV S. Text.) 8. (906.) n. 4. —

Mappe-Mal-Vorlagen. V.—VII. München, G. D. W. Callwey. 29. —
Hebing, C., farbige Holzmaser-Bilder. 30 Taf. nach der Natur gemalt. (IV S. Text.) (909.) (VI.) In Mappe 20. —
— Kaminzug- u. Lasur-Arbeiten. 20 farb. Taf. zum Gebrauch f. die Praxis. 2 Bl. Text. kl. 8. (910.) (VII.) In Mappe 6. —
Mauder, Bruno, Biedermeier. Hrsg. v. der Red. der Deutschen Malerzeitg. die Mappe. (30 [10 farb.] Taf. m. IV S. Text.) (907.) (V.) In Umschlag 3. —

Mappemonde litt., oder Inbegriff rc. s. Roth, C. W.

Mappemonde des missions, gravée pour le glaneur missionaire. Mars 1848. Fol. Lith. u. color. Bruxelles. (Elberfeld, Hassel.) n. 6¾ ngr

Mapper, Heinrich, appr. Arzt a. Frankfurt a. M.: Aus der Marburger Universitäts-Augenklinik. Zur Physiologie der Irisbewegung. Marburg 1906: J. Hamel. (50 S.) 8°
Marburg, Med. Fak., Ref. Bach, Diss. v. 29. Juni 1906
[Geb. 3. Juli 81 Frankfurt a. M.; Wohnort: Wiesbaden; Staatsangeh.: Preußen; Vorbildung: Lessing-Gymn. Frankfurt a. M. Reife O. 00; Studium: Marburg 4, München 2, Berlin 2, Freiburg i. B. 1, Marburg 1 S.; Coll. 11. Mai 06; Approb. 1. Juni 06.]

Mappes, G. [Dr. jur.]: Ueber das Recht des Waffengebrauches durch die staatlichen Vollzugsorgane ... Speyer, Druck d. Dr. Jaeger'schen Buchdr., 1892; 55 S. 8.
Erlangen, Jur. Fak., Inaug.-Diss. v. 1891

Mappes, Heinr., Frankfurter Kriegsgefährten 1870/71. Ein Erinnerungsbuch, zusammengestellt im Auftr. d. Ausschusses. (III, 147 S. m. Bildnissen.) gr. 8. Frankfurt a/M. 906. Gebr. Knauer. nn 6. 50

Mappes, Heinr. Taschenbuch f. Führer u. Mitglieder der freiwilligen Sanitätscolonnen. 3. verm. Aufl. 8. (24 S. m. 7 Abbildgn.) Frankf. a. M. 890, Jügel's Verlag. * — 60

Mappes, J. M., zum Andenken an Dr. Ph. Jak. Cretzschmar, vorgetragen bei der Jahresfeier d. Senckenbergischen naturforsch. Gesellschaft in Frankfurt a/M. am 3. Mai 1846. gr. 8. Frankfurt a/M. 846. (Sauerländer's Verl.) 9 ngr

J. M. MAPPES, Festreden gehalten im naturgeschichtlichen Museum zu Frankfurt am Main. Frankfurt am Main. 1842. Gedruckt bei Johann David Sauerländer. 8°. (Vortitel: Beitrag zur Feier der fünf und zwanzigjährigen Stiftung der Senckenbergischen naturforschenden Gesellschaft, am 22. November 1842.)

— Festreden gehalten im naturgeschichtl. Museum zu Frankfurt a/M. Beitrag z. Feier der 25jähr. Stiftung d. Senckenberg. naturforsch. Gesellschaft am 22. Novbr. 1842. gr. 8. Ebend. 842. n. ⅔ ß

Mappeur, der kleine. Kurzgefaßte Anleitung zur militär. à la vue Aufnahme, mit einer Terrain-Lehre. Von einem k. k. Hauptmann. Wien 867, C. A. Müller. br. 8. (VI, 102 S. mit 6 Steintaff.) n. 20 ngr.

Mappi, Marci, hist. plantar. Asiaticar. posthuma, stud. I. C. Ehrmanni. med. 4. Strasb. 742.

Mappius, Adam Mich. (Hrsg.), s. Brosius, Jo. Thom.: Annales ...

al-Maqrizi

Maqrizii „de valle Hadramout" libellus arabice editus et illustratus. Dissertatio, quam .... in Universitate Fridericia Guilelma Rhenana .... defendet Paul Berlin Noskowyj. Bonnae 1866. 37, 2 S. 8°.

— — Die Kämpfe und Streitigkeiten zwischen den Banū 'Umajja und den Banū Hāšim. Eine Abhandlung von Taḳijj ad-dīn al-Maḳrīzijj. Der arabische Text ... herausgegeben ... von Geerhardus Vos. [Strassburger Dissertation.] Leiden 1888.

— — Takieddin Almakrizi tractatus de legalibus Arabum ponderibus et mensuris ... additis excerptis e scriptoribus Arabicis nec non variantibus lectionibus ad editam Makrizii historiam monetae Arabicae spectantibus edidit Olaus Gerhardus Tychsen. Rostochii 1800.

[Arab.] Al-maqṣūd min manṣab al-ḫilāfat wa'l-imāmat. *o. O. u. J. [ca. 1895]*. (24 S.) 8° [Kopft.]
[Was man von d. Stellung eines Halifen u. e. Imāms verlangen muss.] (00. 973)

Maquart, Curt, Abhandlung über das Tonnen- und Bassinsystem mit spezieller Beschreibung zweier Einrichtungen. gr. 8. (15 S. mit 2 eingedr. Holzschn.) Stuttgart 881. (Heidelberg, Weiss' Verlag.) *

—— das Heidelberger Tonnensystem mit Zeichnungen, Tabellen und sonstigen für die Praxis wissenswerthen Notizen. gr. 8. (40 S.) Heidelberg 884, Weiss' Verlag. *

Maquel's Buch von der Gesundheit, Schönheit und vom Lebensglück der Frauen. Nach der 2. Aufl. des französ. Originals in's Deutsche übertragen von Borring. Weimar 860. Voigt. 8. (X, 157 S.) 15 ngr.

Maquel's Buch von der Gesundheit, Schönheit u. vom Lebensglück der Frauen. Nach der 2. Aufl. des französ. Orig. in's Deutsche übertragen von Borring. 2., unveränd. Aufl. Weimar 865. B. F. Voigt. 8. (X, 157 S.) 15 ngr.

Maquel, Vict., das Familienglück, s.a. Gauss.

Maquel, Vict., das Familienglück oder der Himmel auf Erden. Worin besteht es? Wodurch verdient man es? Wie erreicht man es? Wie bannt man seine Dämonen? Für deutsche Leser acclimatisirt von Heinr. Gauß. br. 12. (VIII und 158 S.) Weimar 854, Voigt.

Maquers chronol. Einleit. in d. Kirchengeschichte, s. Einleitung.

Maquest, Pierre, la France et l'Europe pendant le siége de Paris. [18. Septbr. 1870—18. Juillet 1871.] Encyclopédie politique, militaire et anédotiquece. Avec une preface de M. E. Spuller. Siége de Paris. Bazaine—Thiers-Gambetta. gr. 8. (XII, 838 S.) Bruxelles 873. Muquardt. n. 9. 60

Maquet, A. et A. Dumas

— — der Chevalier de Maison-Rouge, siehe: Bühnen-Repertoir, Nr. 134.

Maquet, A., et A. **Dumas**, le Chevalier de Maison-Rouge, siehe: Théâtre Français publié par C. Schütz, IX. série, livr. 1.

Maquet, Aug.

Maquet, A., der Marquis v. Angennes, s. Lese-Cabinet, neues belletristisches.

—— die Prinzessin v. Conti, s. Lese-Cabinet, neuestes belletristisches.

Maquet, Aug., Dettes de coeur. 16. (390 S.) Leipzig 857, A. Dürr.

—— dass. — 2 Vols. (Bibliothèque choisie. Tome 155 et 156.) 16. (312 S.) Halle 857. [Naumburg, Paetz.]

— — 2 vols. Naumbourg 857. Exped. d. Bibliothèque choisie. 16. (158; 154 S.) 20 ngr.

—— Diritto e rovescio o due matrimoni sotto Luigi XIV. 3 voll. gr. 16. (506 S. mit 3 Holzschnt.) Triest 860, Coen.

— l'envers et l'endroit. 5 vols. Édit. autorisée. Leipzig 858. A. Dürr. 16. (180; 194; 188; 189; 188 S.) 2 Rthl. 15 ngr.

Maquet, Auguste

Die schöne Gabriele. Forts. des Romans: Die Fünf und Vierzig von Alexander Dumas.

s.a. Dumas, A.: Schriften. Supplemente. 1856.

— die schöne Gabriele, s.a. Lese-Cabinet, neues belletrist.,

MAQUET, Aug., Die schöne Gabriele. Aus d. Französ. von F. Heine und A. Schrader. 10 Bde. Leipzig 1856. 8°. (5 2/3 Rthl.) (5 Mk., wie neu in Lwdbdn., Friedr. Klüber, 1904.)

— das Haus des Baders, s.a. Lese-Cabinet, neuestes belletristisches.

Maquet, August. Das Haus des Baders. Deutsch von A. Kretzschmar. *Pest, Wien u. Leipzig* 1858. *C. A. Hartleben's* Verl.-Exped. 1.—5. Bd. 172, 154, 147, 156, 148 S., 8°. 2 fl. 48 kr.
Auch unt. d. Tit.: Neuestes belletristisches Lese-Cabinet der besten und interessantesten Romane aller Nationen in sorgfältiger Uebersetzung. Lief. 79—92.

— Herzensschulden, s.a. Ausland, das belletristische, — Lese-Cabinet, neues belletristisches.

Maquet, A., Herzens-Schulden, s.a. Novellen-Bibliothek.

Maquet, Auguste

Herzensschulden. Aus dem Franz. v. Gottlob Fink. Stuttgart: Franckh 1857. 308 S. 8°

Maquet, A., der Graf von Lavernie, s. Lese-Cabinet, neues belletrist., — Roman-Bibliothek, neue, des Auslandes.

Maquet, Aug., Liebe u. Verrath, s.a. Collection Hartleben.

— Liebe und Verrath, s.a. Lese-Cabinet, neues belletristisches.

Collection Hartleben. I. Jahrg. 16. Band. Inh.: August Maquet, Liebe und Verrath. 8. (172 S.) In Lwd. geb. —.40

Wien: Hartleben 1893.

— neuere Romane. In elegantem Deutsch vollständig wiedergegeben von Ferd. Heine u. Aug. Schrader. Leipzig 856. Kollmann. 16. Jeder Band 10 ngr.
1—10. Bd. Die schöne Gabriele. Vollständig aus dem Französ. übers. ꝛc. (146; 144; 148; 162; 157; 170; 177; 193; 163; 192 S.)

— la rose blanche. 3 vols. Édit. autorisée. Leipzig 858. A. Dürr. 32. (191; 171; 216 S.) 1 ℛ. 15 ngr.

—— die weiße Rose, s. Ausland, das belletristische. — Lese-Cabinet, neuestes belletristisches.

Maquet, Auguste

Die weiße Rose. Roman aus der engl. Geschichte. Aus dem Franz. v. Georg Jäger.
(Stuttgart: Franckh 1860.) 8°

Halbes Titelbl. fehlt.

—— Schriften, s. Roman-Bibliothek des Auslandes.

—— les vertes-feuilles. 2 Vols. (Bibliothèque choisie. Vol. 499 et 500.) 16. (295 S.) Naumburg 862, Pätz.

Maquet, C: Katalog über Abortanlagen usw. Heidelberg und Berlin (1901)

Maquet, C: Catalog über Fahrstühle [für Kranke]. Heidelberg und Berlin 1902

Maquet, C: Jll. Catalog über Badeeinrichtungen usw. Heidelberg und Berlin (1896?)

Maquet, C: Jll. Catalog über Badeeinrichtungen usw. Heidelberg und Berlin 1902/1903

Maquet, C: Jll. Catalog über Schlafsessel usw. Heidelberg und Berlin (1895)

Maquet, C: Jll. Catalog über Wagen und Bahren zum Krankentransport. Heidelberg und Berlin 1895. 1905

Maquet, C: Katalog über Klosets und Bedürfnißanstalten usw. Heidelberg und Berlin (1896?)

Maquet, C: Katalog über Lesepulte, Betttische usw. Heidelberg und Berlin (1905?)

Maquet, C: Catalog über Operations-Möbel usw. Berlin und Heidelberg (1896?)

Maquet, C: Katalog über Wasser- und Dampfleitungs-Gegenstände usw. Text und Tafeln. Heidelberg und Berlin (1896?)

Maquet, C: Preisliste über Ausrüstungsgegenstände für Krankenhäuser. Heidelberg und Berlin 1904

Maquet, C: Specialkatalog über Möbel zur Krankenpflege usw. Heidelberg und Berlin 1902

Maquet, C: Specialkatalog über Tragvorrichtungen verschiedener Art (Tragstühle). Heidelberg und Berlin (1905?)

Maquet, C: Zimmer-Closets (Leibstühle). Heidelberg und Berlin (1905?)

Maquet, Curt, d. Abfuhrsystem f. d. Städtereinigg., s. a. Sammlung v. Abhandlgn. etc. üb. Städtereinigg. u. Verwerthung städt. Abfallstoffe.

Das Abfuhrsystem für die Städtereinigung, insbesondere die techn. Bestandtheile u. financiellen Ergebnisse eines vervollkommneten Tonnensystems. Von Ingenieur Curt Maquet in Heidelberg. Leipzig: F. Leineweber 1898. (36 S.) 8° (Sammlung v. Abhandlungen, Gutachten u. Vorträgen über Städtereinigung. H. 2.)

Maquet, Curt, Abhandlung über geruchlose Ansammlung und Abfuhr menschlicher Abfallstoffe. gr. 8. (22 S. mit 6 Stnt.) Heidelberg 877, (C. Winter's Universitäts-Buchh.) *

—— dass. — mit spezieller Berücksicht. des Heidelberger Tonnensystems. 2. und 3. verm. und verb. Aufl. gr. 8. (24 S. mit 5 Stnt.) Ebendas. 878. *

Maquet, Curt, Abhandlung über das Tonnen- u. Bassinsystem, mit spezieller Beschreibung zweier Einrichtungen, nebst 2 (eingedr.) Holzschn. gr. 8. (15 S.) Stuttgart 881. (Heidelberg, Weiss' Verl.) n. — 50

Maquet, Curt, das Heidelberger Tonnensystem m. Zeichnungen, Tabellen u. sonstigen f. die Praxis wissenswerthen Notizen. gr. 8. (40 S.) Heidelberg 884. Weiss' Verl. n. 1. —

Mar Baltico, il, e le sue coste descritti e illustrati con alcune carte geografiche, topografiche ed orografiche per la guerra d'Oriente. 2. ediz. Trieste 854. Coen. gr. 4. (132 S., 15 lith. Taf. u. 2 lith. Karten in Fol.) n. 2 ℛ. 20 ngr.

Mar, Hanna, oder die Pilgerinnen aus Yemen. Erfurt 1806. V: *Teubner*, *Gustav.* (GGr)

Mar-Jacobus Sarugensis, Homiliae selectae. Ed. Paul. Bedjan. Tom. I et II. (In syr. Sprache.) (XVII, 839 u. XVIII, 892 S.) 8. Parisiis 905. 906. Leipzig, O. Harrassowitz. à n.n. 26. —

Mar-Jacobus Sarugensis, homiliae selectae. Ed. Paul. Bedjan. Tom. III u. IV. (In syr. Sprache.) (XIV, 914 u. XIV, 916 S.) 8. Parisiis 907. 08. Leipzig, O. Harrassowitz. à Vol. nn 26. —

Mar Isaacus Ninivita, de perfectione religiosa quam ed. Paul. Bedjan. (In syrischer Sprache.) (XVIII, 646 S.) 8. Parisiis 909. Leipzig, O. Harrassowitz. nn 23. —

Mar, Alex., schönheitstoll, s.: Novellen, russische.

DERRERIER, Maria Dorothea (Hermaphrodit). — Mar-F. H., Beschreibung und Abbildung einer sonderbaren Mißstaltung (so!) der männlichen Geschlechtstheile von Maria Dorothea Derrerier aus Berlin, nebst den Meinungen von Stark, Hufeland etc. über diese Person. Mit zwey colorirten Kupfern. Leipzig, o. J. (c. 1802). 8°. 20 S. (5 Mk. G. Priewe, ca. 1890; 3 Mk. B. Seligsberg, Bayreuth, 1906; 5 Mk. 50 Pfg. S. Calvary & Co., Berlin, c. 1900.)

Mar, Hans, üb. die Verwahrlosung der Jugend auf dem Lande. gr. 8. (47 S.) Wien 894. (A. Siegl & Co.) n. — 80

Mar, Max, der Meisterdieb, s.: Bloch's, Ludw., Herren-Bühne.

Mar, P., d. Bekleidungs-Vorschrift (O. Bekl. V.) in Versen. E. Merkbüchlein f. alte u. junge Offiziere. 8. (20 S.) Berlin 897. H. Walther. n. — 50

Mar, Paul, Heidelberg. Eine Jubiläums-Erinnerung. 8. (32 S.) Heidelberg 886, Weiß' Verlag. *

[F.] Ein Kriegsspiel-Abend. Militär. Humoreske in Versen v. P. Mar. Berlin: H. Walther 1898. (31 S.) 1 Bd 8.

Die Mär aus alten Tagen. [1.] 2. (Mitgeteilt v. M. v. M.) (Hamburg. 1907.) Fol., geb. in 4° Ausschnitt aus: Hamburgischer Correspondent. Jg. 177, Nr. 380 u. 423, Abend-Ausg.

Mara s. La Mara.

Marabail, L. v., Der Katholik aus Vernunft oder überzeugender Beweis von der Göttlichkeit der kath. Religion. Aus dem Franz. Straßburg (Augsb., Doll) 1794, 8°.

Marabelli, Francesco: Apparatus medicaminum nosocomiis ac generatim curationi aegrotorum pauperum maxime accommodus. Auctus et editus ab Luigi Careno. 444 S., gbd.

Vindobonae: Camesina 1801

JB 1.476

Marabelli, Frz., apparatus medicaminum nosocomiis etc. 8maj. Wien 801. (Heubner). 1 ℛ 16 gr

— physisch-chemische Aufsätze z. Erweiterung d. Arzneiwissenschaft u. Oekonomie, gesammelt u. übersetzt v. S. K. Titius. gr. 8. Leipz. 795. (Gnobloch). 9 gr

Marabelli, Francesco. Chemische Untersuchung der gelben peruvianischen Rinde; a. d. Ital. Leipzig 1797. Ü: Titius, Salomon Constans. (Ky)

— chemische Untersuchung d. gelben peruvian. Rinde; a. d. Italien. (v. S. K. Titius). gr. 8. Leipz. 797. (Brockhaus). 9 gr

— de Zea-mays planta, analytica disquisitio. 8maj. Pap. 793. (Müller in Leipz.) 6 gr

Marabelli, I., de Zea-mays planta, analyt. disquis. 8. Lips. Müller. 794.

Die kunst- und kulturgeschichtlichen Denkmale des deutschen Kaisers Adolf von Nassau. Erinnerungsschrift an d. 600. Jahrestag s. Heldentodes von Edmund Marabini. Ill. von Ferd. Frh. v. Reitzenstein-Schwarzenstein. München: E. Marabini 1898. (142 S.) 4° [F.]

Marabini, Edm., die kunst- u. kulturgeschichtlichen Denkmale des deutschen Kaisers Adolf v. Nassau. Erinnerungsschrift an den 600. Jahrestag seines Heldentodes. Illustr. von Ferd. Frhrn. v. Reitzenstein-Schwarzenstein. 4. (142 S.) München 899. (Nürnberg, J. Ph. Raw's Verl.) Geb. in Leinw. n.n. 10. —

[F.] Bayerische Papiergeschichte ... Nach archival. Quellen vf. ... v. Edmund Marabini, Nürnberg (2: München-Nymphenburg). Th. 1. 2. Nürnberg: (Selbstv.; Dr. v. G. Heydolph) 1894—96. 2 Bde 8.
1. [M. d. Tit.:] Die Papiermühlen im Gebiete der weiland freien Reichsstadt Nürnberg ... 1894. (2 Bl., 147 S., 1 Kt.)
2. [M. d. Tit.:] Die Papiermühlen im ehemal. Burggrafenthum Nürnberg, den brandenburg-ansbach- u. bayreuth. Landen ... 1896. (176 S., 2 Kt.)

Marabini, Edm., bayerische Papiergeschichte. Nach archival. Quellen verf. 1. Thl. 8. Nürnberg 894. (J. Ph. Raw.) n.n. 4.50
Die Papiermühlen im Gebiet der weiland freien Reichsstadt Nürnberg. (147 S. m. 100 Abbildgn., 6 Taf. u. 1 Karte.)

Marabini, Edm., Papiergeschichte d. Reichsstadt u. d. Burggrafenth. Nürnberg. 2. Thl. Die Papiermühlen im ehem. Burggrafenth. Nürnberg, d. brandenburg-ansbach- u. bayreuth. Landen. Nach archival. Quellen verf. gr. 8. (176 S. m. üb. 100 Abb., 8 Vollbild. u. 2 Karten im Text.) München-Nymphenburg 896. (Nürnberg, J. Ph. Raw's Verl.) n. 4.50
Der 1. Thl. erschien u. d. T.: M., bayerische Papiergeschichte, 1. Thl., s. Bd. XXVIII des Bücher-Lexikons.

Maraghiannis, G., Antiquités crétoises. I. série. Texte de L. Pernier et G. Karo. (50 Taf. in Phototyp. m. XI S. Text.) 25×33 cm. Vienne 907. Candia (Kreta), G. Maraghiannis. (Nur direkt.) Geb. in Leinw. nn 24. —

Maragnot, bewährte Heilmethode der Läusesucht u. des Grindes 2c., s. F. W. Ewers.

Marahrens, Aug., Grammatik der plattdeutschen Sprache. Zur Würdigung, zur Kunde des Characters u. zum richtigen Verständniß derselben. Altona 858. (Hamburg, Verlags-Comptoir.) 8. (128 S.) 15 ngr.

Marahrens, Aug., vollständig theoretisch-praktisches Handbuch der Typographie nach ihrem heutigen Standpunkte. Mit vielen in den Text gedr. Abbild. in Holzschn. 2 Bde. à 10 Lfgn. gr. 8. (1064 S.) Leipzig 869,70, Vereinsbuchdruckerei. à Lfg. 60 Pf.

Marahrens, Aug. Vollständiges, theoretisch-praktisches Handbuch der Typographie nach ihrem heutigen Standpunkte. 2. Aufl., reich verm. u. wesentlich umgearb. 1. Bd. 11 Lfgn. gr. 8. (VII, 508 S.) Kiel 891, Peters. à Lfg. — 60; 6 60; geb. in Leinw. ** 7 80 geb. in Hlbldr. ** 8 30

Marahrens, Aug., vollständiges, theoretisch-praktisches Handbuch der Typographie nach ihrem heutigen Standpunkte. 2. Aufl., reich verm. u. wesentlich umgearb. 2 Bde. gr. 8. (à 528 S.) Kiel 891. P. Peters. à n. 6.60; geb. in Leinw. à n.n. 8.80; in Halbfrz. à n.n. 9. —; auch in 22 Lfgn. à n. — 60
1. Vom Setzen. — 2. Vom Drucken.

Maraja, s.: Xeres de la Maraja.

de Marainville, Comte, détail d'un divertissement, donné le dernier jour du carneval etc. 8. Dresd. 763, Walther. 3 gr

Marais-Hoogenhout, N., Praktisches Lehrbuch der kapholländischen Sprache (Burensprache), s. a. Kunst, die, der Polyglottie.

Marais-Hoogenhout, N., Praktisches Lehrbuch der kapholländischen Sprache (Burensprache). [Die Kunst der Polyglottie. 84. Teil.] 8°. (VIII, 176 S.) geb. K 2.20
Wien: Hartleben 1904.

(F) Die Kunst der Polyglottie. Eine auf Erfahrung begründete Anleitung, jede Sprache in kürzester Zeit in Bezug auf Verständnis, Conversation und Schriftsprache durch Selbstunterricht sich anzueignen. LXV. Theil.
Enthält:
MARAK, Janko
(F) Hrvatsko-njemački Rječnik. Kroatisch-deutsches Wörterbuch. Von Janko Marak. Wien. Pest. Leipzig. [1900.] Hartleben. 8°. 188 S. Geb. K 2.20

Marak, Janko, kroatisch-deutsches u. deutsch-kroat. Wörterbuch, s. a. Kunst, die, der Polyglottie.

(F) Die Kunst der Polyglottie. Eine auf Erfahrung begründete Anleitung jede Sprache in kürzester Zeit in Bezug auf Verständnis, Conversation und Schriftsprache durch Selbstunterricht sich anzueignen. LXVIII. Theil.

Enthält:

MARAK, Janko

(F) Deutsch-kroatisches Wörterbuch. Von Janko Marak. Wien. Pest. Leipzig. [1900.] Hartleben. 8°. 187 S. Geb. K 2.20

Marak, J: Kroatisch-deutsches Wörterbuch. Hrvatsko-njemački rječnik. Wien, Pest und Leipzig (1900). (Kunst d. Polyglottie T. 65)

Marak, Jul., Oesterreich's Wald-Charaktere. 13 Orig.-Zeichnungen, in Fcsm.-Heliogravuren des k. k. militär. geograph. Institutes. Mit einer Einleitung v. Osk. Berggruen. Fol. (5 S.) Wien 882. Gesellschaft f. vervielfältigende Kunst. In Leinw.-Mappe. n. 30. —; in Ldr.-Mappe n. 42. —

—— Waldeinsamkeit, s. Scheffel, J. V. v.

— Waldeinsamkeit. Zwölf landschaftl. Stimmungsbilder. Radirt von Ed. Willmann. Mit begleit. Dichtung von Jos. Vict. v. Scheffel. Fol. (30 S. m. eingedr. Holzschn.) Wien 878. Kaeser. geb. n. 60. —

Marakovič Ljubomir: Juraj Baraković „Vila Slavinka".
H. 1909 PN 2681 Diss. Wien, Univ. 2744

Maran Atha od. das Buch v. der Erscheinung u. Zukunft Christi. Eine kürzlich aufgefundene alte konstantinopolitanische Handschrift, zum erstenmale hrsg. u. in's Deutsche übertr. v. einem deutschen Theologen. gr. 12. (115 S.) Kassel 847, Raabé & Co. 2/3 ℛ

Maran Atha oder das Buch von der Erscheinung und Zukunft Christi. Eine kürzlich aufgefundene alte konstantinopolitan. Handschrift, zum erstenmale hrsg. und in's Deutsche übertr. von einem deutschen Theologen. gr. 12. (115 S.) Kassel 850, Raabé und Comp.

Maran Atha, das Buch von der Zukunft des Herrn. gr. 8. Riga, Hartknoch. 778.

Maranatha, das Buch von der Zukunft des Herrn . . . Riga 1779. V: *Herder, Joh. Gfr. von.* (MGT) (winer) (GGr) (Cat. d. Stadtbibl. Zürich. Zürich 1864—97.)

Maranatha der Herr kommt. Wetzikon 1903. V: *Lindenmann, Rud.* (Zuwachsverz. d. Bibl. in Zürich 1898 ff., 8.)

Marangolo, Carlo, aus Messina (Italien): Ueber die Einwirkung von Hydrazinhydrat auf m-Xylylmalonsäurediäthylester. *Heidelberg 1902: J. Hörning.* (48 S.) 8°
Heidelberg, Naturw.-math. Diss. v. 1902

Marangoni, L., thesaurus Parochorum. 4. maj. Col. Wolf. 4. 733.

Marano u. Onira, od. d. Kette d. Schicksals; eine amerikanische Gesch. 8. Lpz. u. Wien, Kaulfuß. 790.

Marano u. Onira, od. die Kette des Schicksals. 8. Leipz. u. Wien 790. (Schaumburg); (a. Wienbrack in Leipz.) 8 gl

Maranus, Prud., Divinitas domini nostri Jesu Christi, s. Divinitas.

Maras, Raim., Niemes m. dem Roll. Führer durch Stadt u. Umgebg. m. geschichtl. Rückblicken auf dieselbe u. den Roll. Mit 10 Abb., 1 Karte vom Gerichtsbez. Niemes u. 1 Rundsicht vom Roll. 12. (IV, 72 S.) Niemes (902). A. Bienert. n. — 70

Maras, Raim., Niemes m. dem Roll. Führer durch Stadt u. Umgebg. m. geschichtl. Rückblicken auf dieselbe u. den Roll. 2. verm. Aufl. Mit 16 Abbildgn., 1 Karte vom Gerichtsbez. Niemes u. 1 Rundsicht vom Roll. (IV, 80 S.) kl. 8. Niemes (904). A. Bienert. n. — 60

Marasse, M., Backfisch-Briefe aus Kairo. Veröffentlicht v. M. 8. (64 S. m. Abbildgn.) Berlin 899. Leipzig, H. L. Thilo. n. 1. —; geb. n. 1. 60

— die Brücke, } s.: Weber's moderne
— d. Wunder der Madonna, } Bibliothek.

Marasse, Margar., s.: Marga.

Marasse, Margar., römische Sonntage. (VII, 183 S.) 8. Leipzig 906. Duncker & Humblot. n. 2. 80

Marasse, Siegfr. (geb. Berlin 29. 7. 1844): Untersuchungen über das rheinische Buchenholztheerkreosot. Berlin (1869). (46 S.) 8°
Berlin, Phil. Diss. v. 24. Mai 1869

Marat, oder d. Jacobiner. Sgspl. in 3 A. nach Hunius. 8. Leipz. Centr.-Compt. 3 ℛ

Marat, od. d. Jakobiner. Singsp. in 3 A. nach Humius. 8. Leipz. Joachim.

— Dass.; e. Schspl. 8. Bartenstein 817. Fixdorf u. Kl. 6 ℛ

Marat, des Jacobiners, politische Apocalypse, verdeutscht durch Hermes. 8. Leipz. 795. (Wienbrack). 10 gl

* *Herrn Marat* . . . . Entdeckungen über das Licht durch eine Reihe neuer Versuche bestätigt, welche sehr viele mahl vor den Augen der Herrn Commissäre der Academie der Wissenschaften angestellt sind. Aus dem Französischen übersetzt, mit Anmerkungen von *Christ. Ehrenfr. Weigel.* Leipzig, bey Crusius. gr. 8. 166 S. 1783.

— Entdekk. über das Licht ꝛc., durch e. Reihe neuer Versuche bestätigt ꝛc.; aus d. Französ., mit Anmerkk. v. Chr. E. Weigel. gr. 8. Straßb. 783. König. (Leipz.. W. Vogel). 8 gl

— mémoires sur l'électricité médicale. 8. Strassb. 784. König. 18 gl

Marat, ..., physische Untersuchung üb. die Elektricität; aus d. Französ. v. Chr. E. Weigel. Mit 5 Kpf. gr. 8. Leipz. 784. (W. Vogel). 1 ℛ 16 gl

— physische Untersuchung üb. das Feuer; aus d. Französ. v. Chr. E. Weigel. Mit Anmerkk. u. 7 Kpf. gr. 8. (Straßb.) 782. König. 18 gl

Marat, Jean-Paul, Abenteuer des jungen Grafen Potowski. Herzens-Roman. Aus d. Französ. übers. von Ferd. Heine. 2 Thle. Leipzig 856. Kollmann. 16. (159; 176 S.) 20 ngr

Marāṭhi-Uebersetzung, die, d. Sukasaptati, v. Rich. Schmidt, s.: Abhandlungen f. d. Kunde d. Morgenlandes.

Maratti, A. J. F., de vera florum existentia in plantis Dorsiferis, c. fig. 8. Götting. 798. Schröder. 5 ℛ

Maraun's grosser Verkehrsplan von Berlin. 1:13 500. Berlin 1894 und 1896. Je 1 Bl. c. I.. nebst Text.

Grosser Verkehrsplan von Berlin und seinen Vororten. Entworfen v. Maraun. Strassenbahn-Plan. Der Weg jeder Strassenbahn-Linie mit ihrer Farbe (Laterne) übereinstimmend dargest. Mit alph. Verzeichniss ...
Berlin: Liebel 1899. (1 Kartenbl. 74x95 cm.) 8°

Maraun, W.

— an e. Kaiserwort soll man nicht drehen noch deuten. Kernworte Sr. Maj. d. Kaisers Wilhelm II. Nach dem Stoffe geordnet. gr. 8. (VIII, 86 S.) Nürnberg 891. S. Soldan. n. 2. —

Maraun, W., Anleitg. z. Vorbereitg. auf d. nach d. Gesetze v. 21. VII. 1892 (Gesetz-Sammlg. v. 1892, S. 154) d. Militäranwärtern zugängl. Subaltern- u. Unterbeamtenstellen in d. Verwaltgn. d. Kommunal-Verbände. Verwaltungsrecht u. Verwaltungsorganisation. M. ausführl. Sachregister. gr. 8. (XVI, 440 S.) Berlin 898. Liebel. n. 3. —

— unseres Kaisers Denken u. Wollen. Dargestellt in kurzen Allerhöchsteigenen Worten. 16. (III, 51 S.) Berlin 892. Bruer & Co. n. — 50; geb. in Leinw. m. Goldschn. n. — 90; Volks-Ausg. geh. n. — 30

— Kaiser Wilhelm des Großen Denken u. Wollen nach Selbsteig. Wort u. letztwill. Aufzeichngn. Herrl. Zeugnisse erhab. Seelengröße u. edlen, frommen Sinnes. 12. (72 S. m. 1 Bildnis.) Berlin-Schönberg 897. Militär-Verlagsanstalt. n. 1. —; geb. in Leinw. n. 1. 60

Maraun, W., s.: Formularbuch zu d. deutsch. Reichsgesetz.

Maraun, W., Gesetz, betr. die Besetzung der Subaltern- u. Unterbeamtenstellen in der Verwaltung der Kommunalverbände m. Militäranwärtern vom 21. Juli 1892. — Gesetzsammlg. v. 1892, S. 214. — Zum Gebrauch f. Militäranwärter, sowie die Beamten der Kommunalverbände aus der Begründg. d. Gesetzes, den Kammerverhandlgn. u. den Ausführungs-Anweisgn. d. Ministers d. Innern vom 30. Septbr. 1892, d. Kriegsministeriums vom 28. Oktbr. 1892. gr. 8. (24 S.) Berlin 893. Liebel. n. — 50

— das bürgerliche Gesetzbuch v. 18. VIII. 1896 nebst Einführungsgesetz u. den vom Bundesrath erlassenen Vorschriften. Für den prakt. Gebrauch m. erläut. Anmerkgn., Mustern rechtsgeschäftl. Schriftstücke u. ausführl. Sachregister versehen. gr. 8. (XIII, 403, 26 u. 160 S.) Berlin 899. Bruer & Co. Geb. in Halbfrz. n. 6. —

Maraun, W., das bürgerliche Gesetzbuch vom 18. VIII. 1896 nebst Einführungsgesetz u. den vom Bundesrath erlass. Vorschriften. Für den prakt. Gebrauch m. erläut. Anmerkgn., Mustern rechtsgeschäftl. Schriftstücke u. ausführl. Sachregister versehen. 2. Aufl. (XII, 403, 26 u. 160 S.) gr. 8. Berlin 904. Bruer & Co. Geb. in Halbfrz. n. 6. —

Maraun, W, s. Gesetzbuch, preussisches.

— das Kommunalabgabengesetz vom 14. Juli 1893, nebst den auf dasselbe bezügl. Bestimmngn. des Gesetzes wegen Aufhebg. direkter Staatssteuern. Zum prakt. Gebrauch bearb. u. m. Sachregister versehen. gr. 8. (IV, 88 S.) Berlin 893. Liebel. n. 1. 50

— Die Rechtsverhältnisse der Arbeitgeber u. Arbeitnehmer auf Grund der Gewerbeordnungsnovelle vom 1. Juni 1891 u. der dazu erlassenen Ausführungsbestimmungen, m. besond. Berücksicht. der Bestimmgn. üb. Sonntagsruhe, Arbeitsbücher u. Arbeitsordngn. unter Beifügg. e. Entwurfs e. Arbeitsordng. f. kleinere u. mittlere Fabrikbetriebe. 12. (95 S.) [Hamb. u.] Berl. 892, Bruer u. Comp. cart. * — 80

— s.: Reichs-Gesetzbuch, deutsches, f. Industrie, Handel u. Gewerbe.

Maraun, W., was muß ich wissen, um mich vor zu hoher Einschätzung zur Einkommensteuer u. vor Strafe zu bewahren? Abriß d. Einkommensteuergesetzes vom 24. Juni 891, nebst der Ausführungsanweisg. vom 5. Aug. 1891. 12. (56 S. m. 4 Formularen.) Berlin 891. Bruer & Co. Kart. n. — 60

— Kaiser Wilhelm II. in Denken u. Wollen. Allerhöchsteig. Worte. 8. (56 S.) Dresden 897. O. Siegel. — 75

Maraun, Wilhelm

Maraun, W., s.a. Verwaltungsvorschriften f. preußische Gemeinde-, Polizei- u. Kreisbehörden.

Verwaltungsvorschriften für Preußische Gemeinde-, Polizei- und Kreisbehörden. Sammlung zentralbehördl. Erlasse aus d. Jahren 1799 bis einschl. 1902 z. Ausführung u. Erl. d. Staats- u. Reichsgesetze nach d. Stande d. gegenwärt. geltenden Rechts. Bearb. u. hrsg. von W[ilhelm] **Maraun.** Bürgerm. a. D. Bd 1–4 & Sachreg. *Berlin: Bruer & Co. 1903.* 5 Bde 4°(8°) [F.]
1. 1799 bis 1889. 2. 1890 bis 1897. 3. 1898 bis 1900.
4. 1901 bis 1902. Sachreg. zu Bd 1–4. 1799–1902. [03. 13796]

— Verwaltungsvorschriften f. preußische Gemeinde-, Polizei- u. Kreisbehörden. Sammlung zentralbehördl. Erlasse aus den J. 1799 bis einschließlich 1902 zur Ausführg. u. Erläuterg. der Staats- u. Reichsgesetze nach dem Stande des gegenwärtig gelt. Rechts. 4 Bde. m. Sachregister. (VII, 954, 1040, 1206, 1081 u. 483 S.) gr. 8. Berlin 903. Bruer & Co. n. 65. —; geb. n. 75. —

— dasselbe. Jahrg. 1903—1905. Lex.-8. Ebd. Geb. in Halbfrz. n. 34. —
1903. (IV, 504 S. u. S. 5–66 nebst Berichtigungs- u. Ergänzungsblättchen zu Bd. I–IV 16 Bl.) 904. Geb. n. 9. —
1904. (III, 724 u. 102 S. nebst Berichtigungs- u. Ergänzungsblättchen II. Jahrg. 1904. 40 Bl.) 905. Geb. n. 15. —
1905. (XIII, 470 u. 65 S.) 905. Geb. n. 10. —

Maraun, W [ilh.]: Verwaltungsvorschriften für preussische Gemeinde-, Polizei- u. Kreisbehörden. Samml. zentralbehördl. Erlasse ... (Wird fortges.)
1906-1907, hrsg. von Kurt v. Rohrscheidt. 1907-1908.
1908, hrsg. von Joh. Vict. Bredt. 1909.

Maraun, Wilhelm: Verwaltungsvorschriften für preußische Gemeinde-, Polizei- u. Kreisbehörden. Samml. zentralbehördl. Erlasse ... (Wird fortges.)
1909 ff. hrsg. von Kurt v. Rohrscheidt [u.a.]

Maraun, W[ilh.]: Verzeichnis der ergänzten, geänderten und aufgehobenen Erlasse mit Hinweis auf d. neuen Bestimmungen in d. hrsg. Bden chronolog. geordn. [Bd. 1 ff].
Berlin 1908-1909. 8°
[1] Stand vom 1. Jan. 1908.
[2] Stand vom 1. Jan. 1909.

Marazza, Ettore, d. Stearinindustrie. Prakt. Handbuch. M. Genehmigung d. Autors u. Verlegers frei bearb. v. Carl Mangold. gr. 8. (X, 172 S. m. 54 Abb.) Weimar 896. Leipzig, B. F. Voigt. 4. 50

Marbach [Schlagwort]

Marbach, s.: Württemberg, Höhenkurvenkarte.

Marbach [Verfasser]

Marbach, Alexis, Festgeschichten. Wahre Erzählungen aus dem Leben. Mit 2 (Holzschn.=)Bildern. 12. (164 S.) Basel 881. Spittler. n. — 80; geb. n. 1. 60

Marbach, C., evang. Singeschule. 8. Bresl. 726.

Marbach, Franz Adolf, Deutschlands Wiedergeburt. Was thut uns Noth, damit wir Ein Volk werden? Leipzig, B. G. Teubner, 1848. II, 168 S. 8°.

Marbach, F. A., ein Wort über den Rechtscharakter d. Actiengesellschaft. gr. 8. Leipzig 844. (Teubner.) 9 ngl

Marbach, Friedrich [aus Eisenach]: Die Psychologie des Firmianus Lactantius Ein Beitrag zur Geschichte der Psychologie. . . . Halle a. S., Heynemann'sche Buchdr. (F. Beyer), 1889; 2 Bl. + 80 S. 8°
Jena. Phil. Fak., Inaug.-Diss. v. 1889

Marbach, Friedr. Die Psychologie d. Firmianus Lactantius. Ein Beitrag zur Geschichte der Psychologie. gr. 8. (VII, 80 S.) [Halle a. S. 889.] Lpz., Pfeffer. * 1 50

Marbach, F[riedrich]: Vom Religionsunterricht in der Volksschule. Langensalza: Beyer 1908. 41 S. 8° (Pädagogisches Magazin. H. 352).

Marbach, Gotthard Oswald, s. Marbach, Oswald

Marbach, Gtthlf. Benj., († im Mai 1776.) Abhandl. d. Frühlings- u. Herbst-Kuren. 8. Bresl. 753. W. G. Korn. 3 gl

Marbach, Hans, Christus u. Faust. Gedanken über Religion u. Sittlichkeit. gr. 8. (VII, 105 S.) Dresden 901. C. Reissner. n. 2. —; geb. n. 3. —

Marbach, Hans, Gedichte. Berlin 869. allg. deutsche Verl.-Anstalt. 8. (VII, 160 S.) 20 ngr

Marbach, Hans, auf Irrwegen. Erzählungen. 8. (194 S.) Berlin 880. Eckstein Nachf. n. 3. —

Marbach, Hans, König u. Kaufmann. Historisches Drama. (VI, 182 S.) 8. Dresden 903. C. Reißner. n. 3. 50

Marbach, Hans. Das Mysterium der Kunst. gr. 8. (V, 57 S.) Lpz. 890, Hirschfeld. * 1 —

—— Saläthus, s. Novellenschatz, neuer deutscher.

Marbach, H., Timoleon, s. Universal-Bibliothek Nr. 860.

— Timoleon. Trauerspiel. Ebend. 869. 8. (85 S.) n. 10 ngr

Marbach, Hermann

Marbach (H.), Ueber die doppelte Brechung des Lichts in einaxigen Krystallen. (Programm der Bürgerschule zu Breslau.) Breslau 1851. 4.

Marbach (H.), Ueber „hémiédrie non superposable" oder „gewendete Krystallformen". (Programm der Realschule zu Breslau.) Breslau 1861. 4.

Marbach, (Christianus Augustus) Hermannus *(geb. Jauer 11. 4. 1817)*: De superficie aliqua, qua cujusque superficiei curvatura definiri potest. Vratislaviae (1844). (40 S., 1 Taf.) 8°
Breslau, Phil. Diss. v. 30. März 1844

Marbach, Hermann: Die optischen Wirkungen einiger Krystalle des tesseralen Systems. Breslau (1855). (29 S.) 8°. [F. u. Ant.] *[Auch in: Annal. d. Phys. u. Chem. Bd 94. 1855.]*
Breslau, Phil. Fak., Hab.-Schr. v. 24. Jan. 1855

Marbach, J. Ernst, Beschreibung des Städtl. Schöneck. 8 Thle. 4. Schneeberg. 761.

Marbach, J. G., arithmet. Exempelbuch f. Volksschulen. Ein Hülfsmittel f. d. Unterr. im schriftl. Rechnen. 1. Hft. Exempel zu d. 4 Grundrechn. in ganzen Zahlen u. Brüchen. 8. (5 B.) Schleusingen 833, Glaser.

—— Auflösungen hierzu, 1. Hft. 8. (2 B.) Ebds.

Marbach, J. G., arithmetisches Exempelbuch f. Volksschulen. Ein Hülfsmittel f. den Unterricht im schriftl. Rechnen. 1. Hft.: Exempel zu den vier Grundrechnungen in ganzen Zahlen u. Brüchen. 5. Aufl. 8. (84 S.) Schleusingen 848, Glaser. 1/8 ngl

Marbach, J. G., arithmetisches Exempelbuch für Volksschulen. Ein Hülfsmittel für den Unterricht im schriftl. Rechnen. 1. Heft.: Exempel zu den vier Grundrechnungen in ganzen Zahlen und Brüchen. 5. Aufl. 8. (84 S.) Schleusingen 850, Glaser.

Marbach, J. G., arithmetisches Exempelbuch für Volksschulen. Ein Hülfsmittel für den Unterricht im schriftl. Rechnen. Nach dem neuen Maß- und Gewichtssystem bearb. 1. Heft. 15.—21. Aufl. und 2. Heft. 9.—21. Aufl. gr. 8. (96; 94 S.) Schleusingen 868—73, Glaser. à Heft

—— dass. — Nach dem Münzgesetz vom 9. Juli 1873 bearb. 1.—4. Heft. 8. Ebendas. 874,75. *

Inhalt:
Heft 1. Die vier Species in gleichbenannten Zahlen. 22.—27. Aufl. (48 S.) * 25 Pf.
„ 2. Die vier Species in ungleichbenannten Zahlen. 22.—26. Aufl. (56 S.) * 25 Pf.
„ 3. Die Bruchrechnung. 22.—25. Aufl. (63 S.) * 35 Pf.
„ 4. Regeldetri, Zins- und Procent-, Gesellschafts-, Vermischungsrechnung, Flächen- und Körperberechnung. 11.—18. Aufl. (88 S.) * 50 Pf.

—— dass. — Resultate zum 1.—4. Heft. Neueste Aufl. Bearb. nach dem Münzgesetz vom 9. Juli 1873. 8. Ebendas. 874. [1. und 2. Heft. (32 S.) * 30 Pf.; 3. und 4. Heft. (23; 20 S.) à * 30 Pf.] *

Marbach, J. G., arithmetisches Exempelbuch für Volksschulen. Ein Hülfsmittel für den Unterricht im schriftl. Rechnen. 4 Hefte. Neu bearb. nach dem Münzgesetz vom 9. Juli 1873. 8. Schleusingen 876—79, Glaser. *

Inhalt:
Heft 1. Die vier Species in gleichbenannten Zahlen. 28.—35. Aufl. (48 S.) * 25 Pf.
„ 2. Die vier Species in ungleichbenannten Zahlen. 27.—33. Aufl. (56 S.) * 25 Pf.
„ 3. Die Bruchrechnung. 26.—31. Aufl. (63 S.) * 35 Pf.
„ 4. Regel de tri, Zins- und Procent-, Gesellschafts-, Vermischungsrechnung. Flächen- und Körperrechnung. 14.—17. Aufl. (88 S.) * 50 Pf.

Marbach, J. G., arithmetisches Exempelbuch für Volksschulen. Ein Hilfsmittel für den Unterricht im schriftl. Rechnen. 4 Hefte. Neu bearb. nach dem Münzgesetz vom 9. Juli 1873. 8. Schleusingen 880—85, Glaser. *

Inhalt:
Hef 1. Die vier Species in gleichbenannten Zahlen. 36.—42. Aufl. (48 S.) * 25 Pf.
„ 2. Die vier Species in ungleichbenannten Zahlen. 34.—40. Aufl. (56 S.) * 25 Pf.
„ 3. Die Bruchrechnung. 32.—38. Aufl. (64 S.) * 35 Pf.
„ 4. Regel de tri, Zins- und Procent-, Gesellschafts-, Vermischungsrechnung. Flächen- und Körperrechnung. 18.—22. Aufl. (84 S.) * 50 Pf.

—— dass. — Resultate. 4 Hefte. 8. (16; 15; 24; 20 S.) Ebendas. 883. à Heft * 30 Pf. *

Marbach, J. G., arithmetisches Exempelbuch für Volksschulen. Ein Hülfsmittel für den Unterricht im schriftl. Rechnen. 4 Hefte.

Neu bearb. nach dem Münzgesetz vom 9. Juli 1873. 8. Schleusingen 885—89, Glaser. *

Inhalt:

Heft 1. Die vier Species in gleichbenannten Zahlen. 43.—45. Aufl. (48 S.) * 25 Pf.
" 2. Die vier Species in ungleichbenannten Zahlen. 41.—43. Aufl. (56 S.) * 25 Pf.
" 3. Die Bruchrechnung. 39.—42. Aufl. (64 S.) * 35 Pf.
" 4. Regel de tri, Zins- und Procent-, Gesellschafts-, Vermischungsrechnung. Flächen- und Körperrechnung. 23. Aufl. (84 S.) * 50 Pf.

Resultate dazu. 4 Hefte. Ebendas. 1883. à * 30 Pf.

Marbach, J. G., arithmet. Exempelbuch f. Volksschulen. E. Hülfsmittel f. d. Unterricht im schriftlichen Rechnen. 4 Hfte. 8. Coburg, C. Glaser. n. 1. 35

1. 46. Aufl. (48 S.) 892. n. — 25
2. 45. Aufl. (56 S.) 893. n. — 25
3. 43. Aufl. (64 S.) 892. n. — 35
4. 24. Aufl. (84 S.) Schleusingen 890. n. — 50

— Rechenfibel. Vorübungen zum arithmetischen Exempelbuche. Zahlenkreis von 1—100. 8. (36 S.) Ebend. 875. n. — 20

—— Rechenfibel. Vorübungen zum arithmetischen Exempel-Buche. Zahlenkreis von 1—100. 2. und 3. Aufl. 8. (36 S.) Ebendas. 878. *

—— Rechenfibel. Vorübungen zum arithmetischen Exempel-Buche. Zahlenkreis von 1—100. 4.—6. Aufl. 8. (36 S.) Ebendas. 880—85. *

Marbach, J. G., Rechenfibel. Vorübungen zum arithmet. Exempel-Buche. Zahlenkreis von 1—100. 7. und 8. Aufl. 8. (36 S.) Ebendas. 886,87. *

— Rechenfibel. Vorübgn. zum arithmet. Exempelbuch. Zahlenkreis v. 1—100. 10. Aufl. 8. (36 S.) Ebd. 894. n. — 20

Marbach, Johann

(Marbach.) Der Antheil der Strassburger an der Reformation in Churpfalz. Drei Schriften Joh. Marbach's mit einer geschichtl. Einleitung u. bei Gelegenheit der Reformationsjubelfeier im Grossherzogth. Baden herausg. von C. Schmidt. Strassburg 856. Schmidt. 12. (LXIII, 114 S.) n. 15 ngr.

Marbach, Joh., s. Antheil, der, der Strassburger an der Reformation in Churpfalz.

Marbach, Johs., Blätter u. Blüten aus der Jugendzeit. 8. (III, 96 S. m. Bildnis.) Eisenach 899. H. Kahle. n.n. — 75; geb. n.n. 1. —

Marbach, Joh., hessisches Dichterbuch. Friedberg 857. Scriba. 16. (VIII, 371 S.) n. 1 ₰.

Marbach, J., hessisches Dichterbuch, s. Dichterbuch, hessisches.

Marbach, Johs., der Entwurf eines Gesangbuches für die evangel. Landeskirche im Großherzogth. Sachsen. Zur Besserung und Förderung desselben begutachtet. gr. 8. (58 S.) Eisenach 880, Jacobi's Hofbuchh. **

Marbach, Johs., Geschichte der deutschen Predigt vor Luther. 1.—3. Lfg. gr. 8. (288 S.) Berlin 878, Henschel. [Leipzig, Barth.] à Lfg. *M 1,50. *

Marbach, Johs., Katechismus der christlichen Religion im Anschluß an Luthers kleinen Katechismus. Ein Leitfaden für obere Schulklassen und den Konfirmandenunterricht. 1. Aufl. (88 S.) 1877; 2. Aufl. 8. (91 S.) Eisenach 879, Jacobi. cart. *

—— das Prophetenthum des alten Testaments, s. Anfänge, die, des Christenthums.

— fünf Reden, gepredigt in der St. Georgen-Kirche zu Eisenach. gr. 8. (VII, 85 S.) Ebend. 873. n. 1. —

Marbach, Joh., Sulamit. Das schönste Lied der Liebe, neu übers. und erklärt. Freunden der Poesie und Liebe gewidmet. 16. (VII und 88 S.) Frankfurt a. M. 863, Sauerländer's Verlag. cart.

— die heilige Weihnachtszeit nach Bedeutung, Geschichte, Sitten und Symbolen dargestellt. Frankfurt a. M. 858. Sauerländer's Verlag. 8. (IV, 116 S.) 12½ ngr.

Marbach, Joh., die heilige Weihnachtszeit nach Bedeutung, Geschichte, Sitten u. Symbolen dargestellt. 2. Aufl. Frankfurt a. M. 865. Sauerländer's Verl. 8. (VI, 124 S.) cart. 15 ngr.

— Joh. Ernst (Waldheim), De genealogia sine parente. Präs. J. Chr. Dorn (Schleusingen). Lpz. (Titius) 19. XII. 1711. 20 S. (5.50) 22132
Gew.: Chr. Weise, P. Chr. Hilscher, Chr. Marbach.

Marbach, Karl

Marbach, Carol., Carmina scripturarum, scilicet antiphonas et responsoria, ex sacro scripturae fonte in libros liturgicos sanctae ecclesiae romanae derivata, collegit et ed. M. (144 u. 596 S.) Lex. 8. Strassburg 907. F. X. Le Roux & Co. . 8. —

Marbach, Carl Christian (Schandau), De remissione delinquentium continens. Präs. Friedr. Gottl. Zoller. Leipzig (Langenheim) 20. IX. 1770. 22 S. (4.—) 22130
Gew.: C. F. Lindemann.

Marbach, M. G., s. Guarini, der treue Hirt.

Marbach, Oswald

Marbach, Dem Br., zum 24. Juni 1869. B. G. »Erschall' zur guten Stunde ...« Leipzig 1869. V: *Goetz, Carl Heinrich Wilhelm.* (wolfstieg I, 867)

Marbach, Osw., Agenda, s. Agenda.

Agenda B. Von Osw. Marbach. Ms., nur f. Brr Frmr-Gesellen. Leipzig: Fries [1861]. VII, 80 S. 8°
Recens: Bh. 4 (1861) S. 342; FZ. 15 (1861) S. 395 (K. Pilz); L. 20 (1861) S. 333—335; T. 8 (1862) S. 168.
Tt. 1870. Nach dem Schröderschen, durch Wiederaufnahme des flammenden Sterns bereicherten Rituale.
[2. Aufl. u. d. Tit.:]

Agenda B. Ritual und Material für Beförderungs- und Unterrichtslogen im Gesellengrade von Osw. Marbach. 2. verm. u. verb. Aufl. Ms. nur f. Brr Frmr-Gesellen. Leipzig: Zechel 1874. VI, 124 S. 8°

Marbach, Osw., Agenda B. Ritual u. Material f. Beförderungs- u. Unterrichtslogen im Gesellengrade. 3. Aufl. gr. 8. (VI, 124 S.) Leipzig 894. B. Zechel. 2. 25; geb. n.n. 4. --

Agenda. J. [Von Osw. Marbach.] Ms. f. Brr FMr. Leipzig: Weinedel in Comm. [1853]. VIII, 311 S. 8⁰

[Dasselbe.] 2. verm. Aufl. Leipzig: Wienbrack [1856]. VIII, 200 S. 8⁰

Marbach, Osw., Agenda J. 3., verm. Aufl. gr. 8. (XVI und 359 S.) Leipzig 864, Fries.

[Dasselbe.] Ritual und Material für Aufnahme-, Unterricht-, Tafel-, Trauer- und Festlogen im Lehrlingsgrade von Osw. Marbach. 4. stark verm. Aufl. Leipzig: Zechel 1877. XVI, 552 S. 8⁰
Recens f. 1. Aufl.: FZ. 7 (1853) S. 318—319 (M. Zille); Frmr.-Kalender. 1855—1856 S. 90—91 (H. Bretschneider); f. 2. Aufl.: Bh. 1 (1858) S 70—71; f. 3. Aufl.: Bh. 7 (1864) S. 5—6 (J. G. Findel).
cf. f. 1. Aufl. FZ. 7 (1853) S. 399—400.
Tt. 1368—1369. Enth. das vereinfachte Schrödersche Ritual.

Agenda J. Ritual und Material für Aufnahme-, Unterrichts-, Tafel-, Trauer- und Festlogen im Lehrlingsgrade. Von Oswald Marbach. 5. Aufl. Ms. nur f. Bbr. Frmr. Leipzig: Zechel 1901. X, 504 S. 8⁰.

Agende MB. Von Osw. Marbach. Ms. nur f. Brr Frmr.-Mstr. Leipzig: Fries [1861]. VIII, 159 S. 8⁰
Recens: L. 20 (1860) S. 333—335; Bh. 4 (1861) S. 269—270 (R. Seydel); FZ. 16 (1862) S. 46 bis 47 (K. Pilz).
Tt. 1371.

[2. Aufl. u. d. Tit.:]
Agenda MB. Ritual und Material für Beförderungs- und Unterrichtslogen im Meistergrade. Von Osw. Marbach. 2. stark verm. Aufl. Ms. nur f. Brr Frmr-Mstr. Leipzig: Zechel. 1874. XII, 272 S. 8⁰
cf. Bh. 17 (1874) S. 357—358 (J. G. Findel).
Tt. 1372.

Agenda M B. Ritual und Material für Beförderungs- und Unterrichtslogen im Meistergrad. Von Oswald Marbach. 3. unver. Aufl. Ms. nur für Br. Frmr.-Mstr. Leipzig: Zechel 1902. V, 242 S. 8⁰. 1.

Marbach, (Gothart) Oswald, † (Silesius Minor,) Antigone. Ein Trauersp. 8. (7½ B.) Leipzig 839, Hinrichssche Buchh.

—— Antonius und Kleopatra. 8. (IV und 254 S.) Leipzig 861, Marbach's Selbstverlag.

Arbeiten am rohen Steine. Von Osw. Marbach. Ms. f. Frmr. Leipzig: Fries [1862]. VIII, 435 S. 8⁰
Recens: L. 21 (1862) S. 334—335.
Regest: Tt. 1887. Lehrvorträge in d. Loge Balduin z. Linde in Leipzig gehalten.

[2. Aufl. u. d. Tit.:] Marbach: Am rohen Steine.

Marbach, (Gotthard) Oswald (Bearb.), s. Aristophanes: Der Reichthum.

Marbach, (Gotthard) Oswald (Bearb.), s. Aeschylus: Oresteia.

Marbach, Oswald (Bearb.), s. Aeschylus: Tragödien.

Nach der Aufnahme. [Unterz.: Osw.] M[arba]ch. [Leipzig] o. J. 1 Bl. 8⁰ [Kopftit.]
Ohne Noten: „Hier diesen heil'gen Hallen..." 215.

Nach der Aufnahme. [Unterz.: Osw.] M[arbach]. [Leipzig] o. J. 1 Bl. 8⁰ [Kopftit.]
Mit Chor ohne Noten: „Jakin! Der Herr wird dich erheben!" 215.

—— Aufruf an d. protestant. Deutschland wider unprotestant. Umtriebe, u. Wahrung d. Geistesfreiheit geg. Dr. Heinr. Leo's Verketzerungen. 1. u. 2. Artikel. gr. 8. (à 3 B.) Leipzig 838, Otto Wigand. à

Ueber die sittlichen Ausartungen und die Bedrohungen des Culturlebens in der Gegenwart. [Verf. der Rede ist Osw. Marbach.] [Leipzig 1879: Naumann.] 8 S. 4⁰ [Kopftit.]
Aus: R. 6 (1879) S. 1—8 unter Weglassung der direkten Beziehungen auf die Frmrei. 282.

Aus der St. Johannis-Freimaurer-Loge Balduin zur Linde in Leipzig. [Rundschreiben. Von Osw. Marbach.] No 1. [Leipzig 1854: Andrä.] 8 S. 8⁰ [Kopftit.]
(Zum Mitgl.-Verzeichn. 78.)
Gebet u. Rede üb. die Bedeutung der Bibel für die Frmrei. 65.

Aus der St. Johannis-Freimaurer-Loge Balduin zur Linde in Leipzig. No. 2. [Unterz.:] Osw. Marbach. [Leipzig 1856: Andrä.] 8 S. 8⁰ [Kopftit.]
(Zum Mitgl.-Verzeichn. 80.)
Üb. die Mittel, den Feinden der Frmrei entgegenzutreten. 193.

Aus der St. Johannis-Freimaurer-Loge Balduin zur Linde in Leipzig. [Logenschreiben.] No. 3. [Von Osw. **Marbach,** Leipzig 1858: Bär.] 8 S. 8° [Kopftit.] (Zum Mitgl.-Verzeichn. 82.)
Abgedr. in: **Marbach,** O.: Arbeiten am rohen Steine. [1862] S. 230—279.
Tt. 746. Enth. einen Entwurf zu einem allgemeinen Frmrgelübde, u. eine Stiftungsfestrede v. J. 1857 üb. die Bedeutung der Frmrei für die Menschheit.

—— Bericht über literarische Leistungen im Königr. Sachsen lebender Schriftsteller während der J. 1847 — 1867. Zur allgemeinen Ausstellung in Paris 1867. Lex.-8. (214 S.) Leipzig 867, Giesecke und Devrient.

—— dramaturgische Blätter. 1. und 2. Heft. 8. (134 S.) Leipzig 866, Friese. à Heft * 10 Ngr. *

— offener Brief an Herrn Keck in Husum. Antwort auf dessen Recension der Oresteia d. Aeschylos. Deutsche Nachdichtg. u. Erklärg. gr. 8. (32 S.) Leipzig 874. C. G. Naumann. — 75

[Ritual und Gesangstexte einer Festloge.] Den geliebten besuchenden Brüdern zur Erinnerung an die Loge Balduin zur Linde. Leipzig, am 25. September 1869. [Unterz.:] [Osw.] Marbach. [Leipzig 1869: Naumann.] 2 Bl. 8° [Kopftit.]

Den geliebten Brüdern der ger. und vollk. St. Johannis-Loge Harmonie im Or. v. Chemnitz, am Tage der Einweihung ihres neuerbauten Logenhauses am 27. März 1845, dargebracht von den Br. der Loge Balduin zur Linde im Or. Leipzig. [Unterz.:] [Osw.] **Marbach.** Leipzig [1845]: Andrä. 2 Bl. 2° [Umschlagtit.]
„Ihr, Brüder, habt ein schönes Werk vollendet, . . .“ 65.

— Brutus u. Cassius. Leipzig 860. Marbach's Selbstverl. 8. (VI, 220 S.) 20 ngr

—— Buch der Liebe. (Gedichte.) 16. (8 B.) Leipzig 839. [Berlin, Klemann.] *

—Buch der Liebe. (Gedichte.) kl. 16. Leipzig 839. Georg Wigand. n. 1 ₰.

— Julius Cäsar. Tragödie. Ebend. 860. 8. (X, 120 S.) 20 ngr

—— Coriolanus. Tragoedie. gr. 16. (VIII und 235 S.) Leipzig 867, Marbach's Selbstverlag.

Ritual: **„Für Dich!“ [Von Osw. Marbach?] [Leipzig.] o. J. 13 S. 8° [Umschlagtit.]**
Ritual, Lieder und Vortrag üb. den Vers: „Niemand ist glücklicher als in der Liebe,...“ zu einer Schwestern-Sylvesterloge. 3.

—die Dioskuren. Novelle. 2 Thle. 8. Leipzig 840. Wienbrack. $2^1/_0$ ₰

Marbach, O., Die Dramaturgie des Aristoteles. 1857. 48 S.

—— die Dramaturgie des Aristoteles. 8. (48 S.) Leipzig 861, Marbach's Selbstverlag.

Johannisfest 1869. Dem Br. Heinr. Herm. Eger in Chemnitz bei seinem goldenen Fr.-M.-Jubiläum überreicht im Namen der Loge Balduin zur Linde in Leipzig. [Unterz.:] [Osw.] **Marbach.** [Leipzig 1869: Naumann.] 2 Bl. 2° [Kopftit.]
Abgedr. in: Marbach, O.: Am rohen Steine. 2. Aufl. 1877 S. 437—439.
„Auf funfzig Jahre unverdrossnen Strebens...“ 65.

Dem Br. Heinr. Herm. Eger zum 24. Juni 1869 dargebracht von der Freimaurerloge Balduin zur Linde in Leipzig. [Unterz.:] [Osw.] **Marbach.** [Leipzig 1869: Naumann.] 4 Bl. 2° [Umschlagtit.]
4 Sonette. 8.

Einladung und vorläufiges Programm [für das Mai-Fest in Kösen am 26. Mai 1861. Unterz.: Osw.] **Marbach.** [Leipzig 1861: Bär & Hermann.] 1 Bl. 8° [Kopftit.] 3.

Zur Erinnerung an König Friedrich August II. allen sächsischen Bundesbrüdern dargebracht zum 18. Mai 1855 von O[sw.] Marbach. Als Ms. gedr. Leipzig [1855]: Andrä. 32 S. 8°
Abgedr. in: Marbach, O.: Arbeiten am rohen Steine. 1862 S. 350—371; 2. Aufl. 1877 S. 318 bis 341.
Ritual der Trauerloge für den Verstorbenen u. Rede; im Anh. 2 Lieder ohne Noten. 193.

Löwe, Feod.: **Zur Erinnerung an Johannisfest 1879 in Stuttgart. Dem geliebten Br. Feod. Löwe. Von Osw. Marbach. [Stuttgart 1879.] 1 Bl. 8° [Kopftit.]**
Gedicht: „Wohl im Vorüberwandern...“ Üb. Löwe s. Allgem. Deutsche Biographie Bd 52 1906 S. 101—105 (Lier), wo man weitere Literatur findet. 429.

Zur Erinnerung an das [50 jährige] Jubiläum der Loge Balduin zur Linde in Leipzig am 18. Sept. 1859. Von Osw. **Marbach.** [Leipzig 1859: Andrä.] 16 S. 8° [Kopftit.]
(Extra-Beil. zu FZ. 13 (1859) Nr 48.)
Tt. 2113. Bericht. Festrede von O. Marbach: Zweck u. Bedeutung der Frmrei nach Schröders Auffassung; Kettenspruch u. 2 Lieder ohne Noten. 25. 193.

Marbach, Oswald, s. Euripides, Hippolitos.

Goethes Faust. Erster und zweiter Theil, erklaert von Osw. **Marbach.** Stuttgart: Göschen 1881. 481 S. 8°
cf. L. 4 (1881) S. 98—99, 107—109, 117—119, 127—129, 137—140, 148—151, 157—160 (F. Holtzhausen). 25.

Marbach, (Gotthard) Osw., geometrische Formenlehre zum Gebrauch auf Schulen u. zum Selbstunterrichte. Nebst Anhang die Sätze d. Elementargeometrie. Mit vielen eingedr. Holzschn. gr. 12. Leipzig 846, Hinrichs'sche Buchh. 12 *ngl*

Die Freimaurerei und ihre Feinde. Von Osw. **Marbach.** Nur den geliebten Brüdern der Loge zum stillen Tempel in Hildesheim brüderlichst mitgeth. vom Br. Aug. Lax. Hildesheim 1862: Lax. 15 S. 8° [Umschlagtit.]
Aus: Marbach, O.: Arbeiten am rohen Steine. 1862 S. 11—26. 25.

Die Freimaurerei und der Streit der Parteien um Tagesfragen von Osw. **Marbach.** Ms. f. Brr Frmrr. Leipzig: Fries 1873. 24 S. 8°
[Vortit.:] Stiftungsfest der Loge Balduin zur Linde, Leipzig am 2. März 1873.
Abdr. in: Marbach, O.: An d. Säule d. Weisheit. 1876 S. 273—286 (ohne die Gedichte).
Auszug in: FZ. 27 (1873) S. 97—99.
Recens: FZ. 27 (1873) S. 101 (H. Schletter).
Holländ. Übers. in: BN. 4 (1873—1874) S. 39 bis 52.
cf. Bh. 16 (1873) S. 189—191 (Bendler).
Tt. 1676. Beleuchtung des „Aufruf an die deutschen Frmrlogen" zur Organisation der Logentätigkeit von Aug. Ficke u. drei Gedichte.

Das Freimaurer-Gelübde von Osw. **Marbach.** Ms. f. Frmr. Leipzig: Zechel 1878. 80 S. 8°
Aus: R. 4 (1877) S. 1—8, 10—15, 28—31, 76 bis 80, 81—88.
Recens: FZ. 31 (1877) S. 407; Bh. 21 (1878) S. 6—7 (J. G. Findel).
cf. FZ. 12 (1858) S. 145—146.
Tt. 1023. Neue Fassung von Nr 33887. Aufforderung an die deutschen Logen, sich über eine einheitliche Fassung des frmrischen Gelübdes zu verständigen. 23. 25.

Freisteine. Zum Gebrauch in Lehrlingslogen von Osw. **Marbach.** Ms. f. Frmr. Leipzig: Zechel 1879. XV, 246 S. 8°
Recens: FZ. 33 (1879) S. 287.
cf. Bh. 22 (1879) S. 275—278; FZ. (Wien) 6 (1879) S. 132—135 (K. v. Gagern); Z. 9 (1879) S. 86 (M. Amster); DrL 9 (1879 bis 1880) S. 608; Conrad, M. G.: Flammen! 1882 S. 13—24.
Tt. 1890. 23. 25.

Marbach, G[otthard] O[swald]: Gedächtnissrede auf Benedict von Spinoza, gehalten vor einer Versammlung seiner akademischen Mitbürger am 21. Februar 1831. Halle: Ruff 1831. 31 S. 8°
Wohl in der vom Prof. J. G. Mußmann geleiteten philosophischen Gesellschaft gehalten.

—— Gedichte. (2., verm. Ausg.) gr. 12. (9⅛ B.) Leipzig 838, Otto Wigand.
1. Aufl. erschien unt. d. ps. Namen: Silesius Minor.

Die Geschichte von Vater Noah und seinem Kasten, in einfältige Verse gebracht zu Ehren eines getreuen Noachiden [d. i. Karl Gustav Schwetschke] von Osw. **Marbach.** [Leipzig: Zechel 1878.] 15 S. 8°
Abgedr. in: Marbach, O.: Freisteine. 1879 S. 57—66; Marbach, O.: Licht u. Leben. 1883 S. 226; FZ. 33 (1879) S. 60; HL. 12 (1879) S. 895.
cf. DrL. 8 (1878—1879) S. 548; FZ. (Wien) 6 (1879) S. 159 (G. Brabbée).
Tt. 2526. Stellt Noah als den 1. Mstr. des Bruderbundes hin.

—— Gnomen. 16. (3 B.) Liegnitz 832, Kuhlmey. 3 Gr., Vlnp.

Dem Br. Carl Heinr. Wilh. Goetz zu seinem goldenen Freimaurerjubiläum am 10. Oct. 1880 in dankbarer Liebe herzlicher Verehrung und unwandelbarer Treue dargebracht von Osw. **Marbach.** [Leipzig 1880: Naumann.] 2 Bl. 8° [Umschlagtit.]
Mit Chor, ohne Noten: „Noch einmal, ihr Brüder von Nah und Fern, . . ."

Marbach, *Oswald* Grundtafeln für Sterbe- und Krankenkassen berechnet von M. 4 (18 S.).
Progr. Städt. Rsch. (ohne Latein) *Potsdam* 1893 (129).

— das Halljahr Deutschlands. Klänge u. Lieder. 10. (111 S.) Berlin 870. Lipperheide. 1. —

—— Hamlet. Tragedie nach Shakspeare. gr. 16. (XIX, 222 S.) Leipzig 874, C. G. Naumann. *

—— Herodes. Ein Lustspiel. gr. 16. (126 S.) Leipzig 867, Marbach's Selbstverlag.

— Hippolytos. Tragödie nach Euripides. 16. Leipzig 845, Voigt u. Fernau. ¼ ℞

—— Hippolyt. Tragödie. (Mit Vorbehalt der theatralischen Aufführung.) br. 8. (91 S.) Leipzig 858, Lorck. *

— Jahreszeiten, s. Jahreszeiten.

Johannisfestarbeit in der Loge Balduin zur Linde in Leipzig 1858. Von O[sw.] **Marbach.** [Leipzig 1858: Andrä.] 16 S. 8° [Kopftit.]
Ritual u. Festrede üb. Zweck u. Bedeutung der Johannisfeier.

Johannisfestarbeit in der Loge Balduin zur Linde in Leipzig 1858. Von O[swald] **Marbach.** (Leipzig 1858: Andrä.) 16 S. 8°. [Kopftit.]
Extra-Beilage zu F.Z. 12 (1858) Nr. 13. 358.

Johannisfestarbeit in der Loge Balduin zur Linde in Leipzig 1859. Von O[sw.] **Marbach.** [Leipzig: 1859 Andrä.] 16 S. 8° [Kopftit.] (Beil. zu FZ. 13 (1859) Nr 33.)
Tt. 2112. Festrede über Johannes den Täufer u. Gedichte. 439.

Johannisfestloge 1867 zum Andenken an die bei dem Johannisfeste 1717 in London erfolgte Wiederherstellung der Freimaurerei begangen von den ger. und vollk. Logen Minerva zu den drei Palmen, Apollo und Balduin zur Linde in Leipzig. [Unterz.:] [Osw.] M[arbach]. [Leipzig 1867: Naumann.] 2 Bl. 8° [Umschlagtit.]
Lied mit Chor ohne Noten: „Hier in diesen heiligen Hallen . . .“ 3.

Logen Apollo und Balduin zur Linde. Johannisfestloge am 24. Juni 1908. [Zur Arbeit. Von Oswald Marbach.] 1 Bl. 8. [Kopftit.:]
„Vor allem Anfang war die Nacht . . .“ 358a.

Johannislied 1855. [Unterz.:] [Osw.] **Marbach.** [Leipzig 1855: Andrä.] 2 Bl. 8° [Kopftit.]
Ohne Noten: „Johannisfest! Johannisfest!“ Beigefügt ist ein Gedicht von L. Bechstein. 215.

— das Jubiläum der Universität Leipzig nach 450jähr. Bestehen am 2. Decbr. 1859. Auf Grund authent. Quellen beschrieben. gr. Lex.-8. (III und 127 S.) Leipzig 860. [Henninge'sche Buchh.]

Marbach, O., Cantate. Componirt von Th. Schneider. (Leipzig) o. J. 8. 3 S.
Wie lieblich sind die Hütten dein, Darin Du wohnst Herr Zebaoth! etc.

Katechismusreden J. [Von Osw. **Marbach.**] Ms. f. Frmr. Leipzig: Wienbrack [1856]. VIII, 404 S. 8°

[Dasselbe.] Von Osw. Marbach. 2. Aufl. Leipzig: Fries [1861]. VIII, 272 S. 8°

[Dasselbe.] 3. verb. u. vervollst. Ausg. Leipzig: Zechel 1874. VIII, 348 S. 8°

[Dasselbe.] 4. unveränd. Aufl. Ebendas. 1892. VI, 346 S. 8°
Tt. 1885—1886.
Recens. f. 1. Aufl.: Bh. 1 (1858) S. 159 (R. Seydel); f. 3. Aufl.: Bh. 17 (1874) S. 35; f. 4. Aufl.: Al. 19 (1893) S. 63—64; FZ. 47 (1893) S. 46—47; SL. 13 (1893) S. 7—8; L. 16 (1895) S. 8 (B. Cramer); Bh. 36 (1893) S. 40 (C. Gotthold).
cf. f. 3. Aufl.: Z. 4 (1874) S. 28; f. 4. Aufl.: DrL. 22 (1892—1893) S. 1882 (A. P.).

— Katechismusreden für Freimaurer, s. a. Katechismusreden.

— Lehrbuch der Geschichte der Philosophie. Mit Angabe der Literatur nach den Quellen bearb. 1e Abthl. Einleitung u. Geschichte der griechischen Philosophie. gr. 8. Leipzig 838. Otto Wigand. $1^{3}/_{4}$ rℬ

— Lehrbuch der Geschichte der Philosophie. Mit Angabe der Literatur nach den Quellen bearb. 2. Abtheil. — A. u. d. T.: Geschichte der Philosophie des Mittelalters. gr. 8. Leipzig 841, Otto Wigand. $1^{7}/_{8}$ rℬ (1. 2: $3^{7}/_{8}$ rℬ)

Lenz und Liebe. Johannisgruss an Schwestern, Bräute und Gattinnen. Von Oswald **Marbach.** Leipzig: Zechel 1877. 172 S. 8°

[Dasselbe.] Ebendas. 1892. 172 S. 8°
Recens: Bh. 20 (1877) S. 246, 285—286 (C. G. Müller); FZ. 31 (1877) S. 381—382 (C. G. Müller); Auszug abgedr. in: Al. 3 (1877) S. 272.
für 1892: Al. 19 (1893) S. 111—112; FZ. 47 (1893) S. 53 (K. Pilz); SL. 13 (1893) S. 7.
cf. Hn. 4 (1876) S. 236 (Lucian).
Tt. 2363. Gedichte.

Marbach, (Gotthard) Oswald, physikalisches Lexikon, s. Lexikon.

— popul. physikal. Lexikon, od. Handwörterbuch d. gesammten Naturlehre f. d. Gebildeten aus allen Ständen. 4 Bde. gr. 8. Leipzig, O. Wigand. [1. (41 B. u. 5 Stnt. qu. Fol.) 833., 2. (44 B. u. 4 Stnt. gr. 4. u. qu. Fol.) 834. à 2 Thlr. 8 Gr., 3. ($47^{1}/_{4}$ B. u. 7 Stnt. qu. Fol.) 835., 4. ($48^{1}/_{2}$ B. u. 7 Stnt. qu. Fol.) 836. à 2 Thlr. 20 Gr.]

— populäres physikal. Lexikon, od. Handwörterbuch d. gesammten Naturlehre f. d. Gebildeten aus allen Ständen. 5. Bd. — A. u. d. T.: Encyklopädie d. Experimental-Physik, d. Astronomie, Geopraphie, Chemie, Physiologie, Chronologie nach dem Grade ihrer Verwandtschaft mit d. Physik. 5. Bd. Register. gr. 8. ($9^{3}/_{4}$ B.) Leipzig 838, Otto Wigand.
1—4. Bd. (Der 4. Bd. enth.: $63^{1}/_{4}$ B., 13 Stnt. u. 1 Tab., was in 8. Bde. d. W. zu bericht. ist.) Ebendas. 1834—36. 11 Thlr.

Licht und Leben. Gedichte von Osw. **Marbach.** Leipzig: Zechel 1883. VII, 399 S. 8⁰
Recens: DrL. 12 (1882—1883) S. 938; FZ. 37 (1883) S. 327 (K. Pilz); Grenzboten. 42, 4 (1883) S. 678—679; ML. 12 (1883—1884) S. 38.
Tt. 2364. 23.

— Liebesgeschichten. 16. Leipz. 846, O. Wigand. 21 ngl

[Lieder.] [Unterz.:] [Osw.] **Marbach.** o. O. u. J. 1 Bl. 8⁰
Abgedr. in: Marbach, O.: Agenda J. 4. Aufl. 1877. S. 459—460, 473—474.
2 Lieder ohne Noten: „Wir stehn in finstrer Mitternacht, . . ." und „Lobpreiset Gott den Herrn . . ." 215.

Loge Balduin zur Linde. [Zwei Lieder von Osw. **Marbach.**] [Leipzig] o. J.: [Naumann]. 1 Bl. 8⁰ [Kopftit.]
Ohne Noten: 1. Freimaurerlied. 2. Gruss an den Neuaufgenommenen. 3.

— über moderne Literatur. In Briefen an e. Dame. 1—3. (letzte) Sendung. 8. Leipzig, Hinrichssche Buchh.
1. Einleitung. Mangel. (9 B.) 836. 16 Gr.
2. Börne. Heine. (10½ B.) 836. 18 Gr.
3. Gutzkow. Wienbarg. Laube. Kühne. Lenau. Die schwäb. Schule Bettina. Rahel. (9½ B.) 838. 16 Gr.

— dass. — A. u. d. T.: Der Zeitgeist u. d. moderne Literatur. 8. (28 B.) Ebds. 838.

— wöchentlicher Literatur- u. Kunstbericht, s. Literatur- u. Kunstbericht.

Den Manen Goethes zum Johannisfeste 1880. [Unterz.:] O[sw.] **Marbach.** [Leipzig 1880.] 1 Bl. 4⁰ [Kopftit.]
„Dir — Bruder — Vater — hocherhabner Meister!" 193.

Am 2. März 1873. [Unterz.:] O[sw.] **Marbach.** Leipzig [1873]: Naumann. 1 Bl. 8⁰ [Kopftit.]
Ohne Noten: „Seid fröhlich, ihr Gerechten, . . ." 3.

Johann, König von Sachsen: Maurergruss an König Johann. [Unterz.:] [Osw.] **Marbach.** [Leipzig 1854]: Leiner. 1 Bl. 8⁰ [Kopftit.]
Abgedr. in: Marbach, O.: Am rohen Steine. 2. Aufl. 1877 S. 341—342.
Lied ohne Noten: „König Johann zum erstenmal . . ." 281.

— Medea. Tragödie. (Mit Vorbehalt der theatralischen Aufführung.) br. 8. (104 S.) Leipzig 858, Lorck. *

Marbach, Oswald, s. Meisterwerke dramat. Poesie.

Marbach, Osw.: Mittheilungen an Brr. Meister. Aus der Loge Balduin z. Linde. Nr. 1-3. Leipzig: Februar, Juli und November. 1858. 8. 40 S.

In tiefer Mitternacht. Logenvorträge von Osw. **Marbach.** Leipzig: Fries 1870. VI, 129 S. 8⁰
Recens: FZ. 25 (1871) S. 85—87.
Tt. 1888. 10 Vorträge u. 3 Gedichte. D. Vorträge abgedr. in: Marbach, O.: An d. Säule d. Weisheit. 1876 S. 102—211. 23. 25.

— das Nibelungenlied, s. Lorck's, Carl B., Hausbibliothek.

Marbachius, (Godcardus) Oswaldus: * De ideae notione. 45 S. 4⁰ (2⁰)
Halle-Wittenberg, Phil. Diss. v. 20. Aug. 1831
Geb. [Jauer 13.4.1810]
Hall. gekrönte philos. Preisschrift v. 1830. — Verf. erlebte die Diplomerneuerung 1881 als Hofrat und ordentlicher Honorarprofessor in Leipzig

—(**Gotth.**) **Oswald** (Jauer/Schlesien), Omnes homines qui cives esse nolint, nefarie facere, neque prae ceteres habere excusationem ullam philosophos, qui otiosi ad rem publicam non accedent. Lpz. (Teubner) 9. X. 1833. 17 S. (3.—) 22131
Gew.: J. J. W. Lux, C. F. Kleinert.

Oratorium zum Säcularfeste der Loge Balduin zur Linde. [Unterz.:] O[sw.] M[arbach]. Leipzig, am 28. Mai 1876. [Leipzig 1876: Naumann.] 14 S. 8⁰ [Umschlagtit.]
Tt. 2525. Ohne Noten u. mit Rezitation: „Macht euch auf und werdet Licht, . . ." 439.

Marbach, Osw., die Oresteia des Aeschylos. Agamemnon. Choephoren. Eumeniden. Deutsche Nachdichtung und Erklärung. gr. 8. (VI, 436 S.) Leipzig 871, C. G. Naumann. *

— die Oresteia d. Aeschylos. Agamemnon. Choephoren. Eumeniden. Deutsche Nachdichtg. u. Erklärg. gr. 8. (VI, 436 S.) Leipzig 873. C. G. Naumann. n. 9. —

— Othello der Mohr von Venedig. Tragödie nach Shakspeare. gr. 16. (XI und 244 S.) Leipzig 864, Fries.

— Papst und König oder Manfred der Hohenstaufe, s. Universal-Bibliothek Nr. 608.

— Papst u. König, oder Manfred der Hohenstaufe. Trauerspiel in 5 Akten. 8. Leipzig 843, Francke. ⅙ ₰

Marbach, Oswald: Die Polbahnen des Hooke'schen Gelenks. 1880. 8. Diss. Jena.

Marbach, Oswald, die Polbahnen des Hooke'schen Gelenks. Inaugural-Dissertation. Mit 2 (lith.) Taf. gr. 8. (49 S.) Berlin 881. Ernst & Korn. n. 4. —

Marbach, Osw. Die Polbahnen d. Hooke'schen Gelenks. Diss. gr. 8. (49 S. m. 2 lithogr. Taf.) Berl. 889, Ernst u. Sohn. * 4 —

Marbach, O., Preis der Maurerei. Comp. v. Geissler. Johannisfest 1863. (Leipzig.) 8. 1 Bl.

—— Proteus. Ein Satyrspiel. gr. 16. (XV und 96 S.) Leipzig 867, Marbach's Selbstverlag.

Quartal der freien Maurer von Osw. Marbach. Leipzig: Fries 1872. 32 S. 8°
Abgedr. in: Marbach, O.: A. d. Säule d. Weisheit. 1876 S. 1—18.
Recens: FZ. 26 (1872) S. 166.
Gesänge. Vortrag in Versen üb. Arbeit. 23.

— Romeo u. Julia. Tragödie nach Shakespeare. Ebend. 867. gr. 16. (XXIV, 179 S.) 20 ngr

Säcularfeier der Freimaurerloge Balduin zur Linde in Leipzig am 27. und 28. Mai 1876. [Von Osw. Marbach.] [Leipzig 1876: Naumann.] 28 S. 4° [Kopftit.]
Aus: R. 3 (1876) S. 49—76.
Anderer Bericht in: °Leipziger Tagebl., abgedr. in: Z. 6 (1876) S. 90—92.
Tt. 2114. Bericht, Ritual u. Reden. Festrede von A. Portig: Üb. die Idee der Frmrei, deren Wert u. Bedeutung für die Gegenwart. 23.

— s. Sammlung christl. Lieder für die kirchl. Andacht 2c.

Der ger. und vollk. St. Johannis-Loge zum goldenen Kreuze in Merseburg zur goldenen Jubelfeier am 21. Oct. 1855 im Namen der St. Johannis-Loge Balduin zur Linde in Leipzig dargebracht von Osw. Marbach. Leipzig [1855]: Andrä. 2 Bl. 8° [Umschlagtit.]
„O Kreuz, du Gotteszeichen . . .“ 65.

An der Säule der Weisheit. Lehrlingsarbeiten aus der Loge Balduin zur Linde von Osw. Marbach. Ms. f. Frmr. Leipzig: Zechel 1876. VI, 410 S. 8°
Recens: Bh. 19 (1876) S. 245—246; FZ. 30 (1876) S. 211—212.
cf. F. 1 (1876) S. 85 (R. Fischer); Z. 6 (1876) S. 112; FZ. (Wien) 6 (1879) S. 150 (K. v. Gagern).
Tt. 1889. Ansprachen u. Gedichte. 23. 25.

——, Schelling, Hegel, Cousin u. Krug. Erörterungen auf d. Gebiete d. Philosophie. gr. 8. (4 B.) Leipzig 835, Otto Wigand.

Zur Schlussfeier des ersten Jahrhunderts der Loge Balduin zur Linde. [Unterz.:] O[sw.] M[arbach] Leipzig am 27. Mai 1876. [Leipzig 1876: Naumann.] 4 Bl. 8° [Umschlagtit.]
Tt. 2524. Ohne Noten mit Chor u. Rezitation: „Hier diesen heiligen Hallen . . .“ 439.

— Shakspeare-Prometheus. Phantastisch-satir. Zauberspiel vor dem Höllenrachen. gr. 8. (158 S.) Leipzig 874. C. G. Naumann. n. 4. —

Sylvester-Reden, gehalten vor Freimaurern und deren Angehörigen von Osw. Marbach. Leipzig: Fries [1862]. 124 S. 8°
Recens: L. 22 (1863) S. 146—147. 23. 25.

Zwei Sylvesterreden an Freimaurer und deren Schwestern. Hrsg. von Osw. Marbach. Als Ms. gedruckt. Leipzig: Selbstverl. 1858. 48 S. 8°
Recens: FZ. 13 (1859) S. 31.
Tt. 2111. 193.

—— zwei Sylvester-Reden an Brr. Freimaurer und deren Schwestern. gr. 16. (III und 48 S.) Leipzig 858, (Luppe.) * *

Marbach, Oswald, s. Sophokles, Antigone. – dessen König Oedipus.

[Sprechlied.] Im Namen und Auftrage der ger. und vollk. Sanct Johannis Freimaurer-Loge Balduin zur Linde in Leipzig deren Ehrenmitgliede dem Br. C. G. Theod. Winkler am 21. Febr. 1854 als dem Tage, an welchem derselbe vor fünfzig Jahren in den Bund der freien Maurer aufgenommen worden, dargebracht von Osw. Marbach. [Leipzig 1854: Giesecke & Devrient.] 2 Bl. 2° [Umschlagtit.]
Abgedr. in: Marbach, O.: Am rohen Steine. 2. Aufl. 1877 S. 426—428.

Am rohen Steine. Lehrlings-Arbeiten aus der Loge Balduin zur Linde [in Leipzig] von Osw. Marbach. Ms. f. Frmr. 2. verm. Aufl. Leipzig: Zechel 1877. 440 S. 8°
1.Aufl.u.d.Tit.:Marbach:Arbeiten am rohen Steine.

Stiftungs-Fest der Loge Balduin zur Linde am 5. Maerz 1871. (Bei der Arbeit.) [Unterz.:] [Osw.] M[arbach]. [Leipzig 1871.] 1 Bl. 8° [Kopftit.]
Tt. 2523. Ohne Noten: „Singt dem Herrn ein neues Lied . . .“ 439.

Stiftungsfest 1893. [Loge Balduin zur Linde in Leipzig.] [Gedicht von Oswald Marbach.] [Leipzig 1893.] 1 Bl. 4°. [Kopftit.]
„Hier diesen heiligen Hallen . . .“ 358a.

Dem Br. Heinr. Adolph Täschner nach funfzigjähriger rastloser freimaurerischer Thätigkeit in der Jubelfestloge an seinem Ehrentage nach der Aufnahme seiner beiden Söhne Paul Friedr. Wilh. Adolph, und Gust. Heinr. Adolph in den Bund der freien Maurer am 25. Oct. 1864 in Liebe, Dankbarkeit, Verehrung dargebracht von Osw. **Marbach.** [Leipzig 1864: Naumann.] 2 Bl. 8° [Umschlagtit.]

Marbach, Oswald, Die Münchener Uebereinkunft vom 27. Februar 1850. Allen Parteien zur gewissenhaften Prüfung empfohlen. Leipzig, B. G. Teubner, 1850. II, 48 S. 8°.

—— Universitäten u. Hochschulen im auf Intelligenz sich gründenden Staate. Eine wissenschaftl. Abhandl. gr. 8. (6¾ B.) Leipzig 834, Hinrichs.

— Unsterblichkeit. Ein Sonettenkranz. 16. Leipzig 843, Franke. 1/6 ₰

Ueber Unsterblichkeit. Eine Sylvester-Rede am 31. Dec. 1853 gehalten von Osw. **Marbach.** Leipzig: Weinedel [1853]. 23 S. 8° [Umschlagtit.]
Abgedr. in: FZ. 8 (1854) S. 73—80; Marbach, O.: Katechismusreden. J. 1856 S. 371—391; Marbach, O.: Sylvesterreden. 1862 S. 47 bis 65. 25.

— über Unsterblichkeit. Eine Sylvester-Rede am 31. Decbr. 1853 gehalten. 8. (23 S.) Leipzig 854, Weinedel.

—— Volksbücher, s. Volksbücher.

Marbach, Oswald. Was heißt Preßfreiheit? Ein offener Brief an Jedermann der lesen kann. Leipzig, Siegel u. Stoll 1848. 36 S. 8.

Marbach, Oswald, was ist Preßfreiheit? Ein offner Brief an Jedermann, der lesen kann. gr. 8. (36 S.) Leipzig 848, Siegel & Stoll. 1/6 ₰

—— Weihnachtsgabe. Taschenbuch f. 1845. 16. (13 B.) Leipzig 844, Voigt u. Fernau.

—— ein Weltuntergang. (Mit Vorbehalt der theatralischen Aufführung.) 8. (XVIII und 594 S.) Leipzig 861, Fries.

—— Wörterbuch zu Xenophon's Feldzug nach Oberasien. 8. (10½ B.) Leipzig 834, Reimann.

— griechisches Wörterbuch zu Xenophon's Feldzug nach Oberasien. 8. Leipzig 834. (Melzer.) 5/8 ₰

Libanon z. den drei Zedern: Die drei Cedern. [Unterz.:] O[sw.] **Marbach.** [Leipzig] o. J. 1 Bl. 8° [Kopftit.]
Gedicht: „Drei Cedern stehn noch heut' auf Libanon . . ." 193.

Marbach, P.O. (Bearb.), s. Assmann, G.: Hülfstafeln zur Berechnung eiserner Träger u. Stützen.

Marbach, Rud., Staatsrechnungsbeamter, s.: Was werde ich? 10. Heft.

— **Ulrich** (Strassburg). De allodiis imperii. Präs. B. G. Struve. Jena (Chr. Krebs) 17. XII. 1710. 80 S. (6.—) 22133

— — De deo commissis Was Gott befohlen wird. Präs. Chr. Wildvogel. Jena (Müller) 16. VII. 1712. 84 S. (5.—) 22135
Widm. v.: J. E. Stolte, Sam. Artopoeus. — Gew.: J. B. v. Klingling, Jac. Fridius.

Marbach, Ulr.: Introitus ad justitiam apertus s. de genuinis jurium fontibus discendique ordine. *Jen.* 717. 8.

— — De jure deceptorum Vom Recht der Hintergangenen. Jena (E. Cl. Bailliar) 1714. 72 Seiten. (5.—) 22136

Marbach, Ulrich [Praes.], s. Mees, Adolph: Veritatem optimam judiciorum normam, Die Wahrheit als die beste Richt-Schnur derer Gerichte.

Marbach, Ulrich [Praes.], s. Morell, Johann Georg: De jure deceptorum Vom Recht der Hintergangenen.

Marbach, Ulrich [Praes.], s. Röttlin, Nikolaus: De usucapione.

Marbach, Ulrich [Praes.], s. Saintclo, Henricus: De subsidiaria ecclesiarum reparatione, Von der Beysteuer und Hülffs-Geldern zur Erbau- und Ausbesserung der Kirchen-Gebäude.

Marbach, Ulrich [Praes.], s. Saltzmann, Balthasar Friedrich: De feudo pignoratitio, vulgo Pfand-Lehn.

Marbach, Ulrich [Praes.], s. Schuilgué, Franz Bernhard: De usufructu eiusque jure.

Marbach, Ulrich [Praes.], s. Widerspach, Johann Erhard: De evictionibus, semicenturiam positionum selectiorum continens.

— **Valentin August** (Sachse), De legato Tacito et implicito in quo legatarius non nominatus est. Präs. Chr. Ludw. Crell. Wittenberg (Scheffler) 25. IX. 1742. 38 S. (4.—) 22137

Marbach, (Philippus Aemilius) Woldemar *(geb. Jauer 16. 9. 1815)*: De nervis spinalibus avium nonnullarum. Vratislaviae (1840). (30 S.) 8°
Breslau, Med. Diss. v. 29. Dez. 1840

Marbacher, [Robert]. J(osef) Eutych Kopp. Eine geschichtliche Auffrischung. Aus einem Vortrage von Lehrer Marbacher. [Mit Porträt. — Separatabdruck aus: Wöchentliche Unterhaltungen, Gratisbeilage zum «Luzerner Tagblatt», Jahrg. 1902, № 36.] 16 S. 8. [Luzern, H. Keller.]

Marbaise, Carolus Henricus (geb. am 17 Apr. 1815 [nicht 1816] in Aachen): De ossibus post amputationem membrorum prominentibus et de nova ad hocce malum curandum methodo ... Bonnae, litt. F. P. Lechneri 1846, 2 Bl., 18 S., 1 Bl., 1 Taf. 4.
Bonn, Med. Fak., Diss. v. 20 Febr. 1846

Arte de la lengua Moxa con su vocabulario y cathecismo compuesto por el Padre Pedro **Marban**. Publ. de nuevo por Julio Platzmann. Ed. facs. *Leipzig: B. G. Teubner 1894.* (664, 203 S.) 8° [illegible]

Marban, P., arte de la lengua Moxa. 894. (KBL 28.) Jetzt: Leipzig, O. Harrassowitz. Erm. Pr. nn 16. —

Marbe, Karl, das Leben des heil. Konrad, Bischofs von Konstanz u. Patrons der Erzdiözese Freiburg, zur 900=jährigen Feier seines sel. Todes dem christlichen Volke erzählt. Mit einem Titelbild (in Holzschn.). 3., unveränd. Aufl. 16. (VIII, 128 S.) Freiburg i/Br. 876. Herder. n. — 40; cart. n. — 50; geb. n. — 85

Marbe, Karl [aus Freiburg i. Br.]: Zur Lehre von den Gesichtsempfindungen, welche aus successiven Reizen resultiren ... Bonn, Univ.-Buchdr. v. C. Georgi, 1893; [nur Titelbl., Vita u. Thesen.] 2 Bl. 8.
Bonn, Phil. Fak., Inaug.-Diss. v. 4. Aug. 1893

Marbe, Karl [aus Freiburg i. Br.]: Zur Lehre von den Gesichtsempfindungen, welche aus successiven Reizen resultiren ... (Aus: Wundt, Philos. Studien, Bd. IX Heft 3.) Leipzig, W. Engelmann, 1893; 18 S., 1 Bl. 8. [vgl. 1892/93 Bonn No 93.]
Bonn, Phil. Fak., Inaug.-Diss. v. 4. Aug. 1893

Marbe, K., über den Rhythmus der Prosa. Vortrag, gehalten auf dem 1. deutschen Kongress für experimentelle Psychologie zu Giessen. (37 S.) gr. 8. Giessen 904. A. Töpelmann. n. — 60

[Umschlagt.:] **Marbe**, Karl: Theorie des Talbot'schen Gesetzes. M. e. Fig. im Text ... (Aus: Wundt, Philos. Stud., Bd. XII Heft 2.) Leipzig, W. Engelmann, 1896; 279—296 S. 8.
Würzburg, Phil. Fak., Hab.-Schr. v. 1896

Marbe, Karl, Theorie der kinematographischen Projektionen. (80 S. m. Abbildgn.) gr. 8. Leipzig 910. J. A. Barth. 2. 40

Marbe, K., experimentelle Untersuchungen über die psycholog. Grundlagen der sprachl. Analogiebildung, s.: Thumb, A,

Experimentell-psychologische Untersuchungen über das Urteil. Eine Einl. in d. Logik von Dr. K[arl] **Marbe**, Privatd. in Würzburg. *Leipzig: W. Engelmann 1901.* (IV, 103 S.) 8° [01. 7425

— naturphilosophische Untersuchungen zur Wahrscheinlichkeitslehre. gr. 8. (V, 50 S.) Ebd. 899. n. 1. 20

— die gnadenreiche Wallfahrt zu Unserer lieben Frau v. Schienen. Dem christl. Volke beschrieben. Mit einem (lith.) Titelbild. gr. 16. (VII, 120 S.) Ebend. 879. n. — 60; geb. n. — 90

Marbe, Max, Volontärassist. an d. Kgl. Universitäts-Augenklinik: **Beitrag** zu den Erkrankungen des Auges bei der Tabes dorsalis und zur juvenilen Tabes. *Breslau 1900: Th. Schatzky.* (34 S.) 8°
Breslau, Med. Diss. v. 20. Juni 1900

Marbeck, od. d. falsche König. 8. Leipz. Hamann. 792.

Marbeck, Bertha, illustrirte Reimfibel. Des Kindes Tagewerk vom Morgen bis zum Abend. Erster Katechismus für die Kinderstube. Mit 30 Text-Abbild. und 1 bunten Titelbilde, von Herm. Heubner u. A. gr. 8. (28 Bl.) Leipzig 880, Spamer. cart. *

Marbeck, Bertha, und Herm. Mehl, Reimfibel und Kinderlieder. Des Kindes Tagewerk vom Morgen bis zum Abend. Katechismus und frühestes Lieder- und Gebetbüchlein für die Kinderstube. Mit 40 Text-Abbild. und 1 bunten Titelbilde von Herm. Heubner u. A. gr. 8. (VI, 28 Bl. und 84 S.) Leipzig 877, Spamer. * M 1,50.; cart *

Marben, Alexander [approb. Arzt aus St. Petersburg]: Aus dem pathologischen Institute zu Kiel. Beitrag zur Kenntniss der Sandkorngeschwülste .... Kiel, Druck v. Schmidt & Klaunig, 1886; 25 + 2 S. 8°.
Kiel, Med. Fak., Inaug.-Diss. v. 14. Aug. 1886.

Marben, Alexander, aus dem pathologischen Institute zu Kiel. Beitrag zur Kenntniss der Sandkorngeschwülste. Diss. Kiel 1886, Haeselersche Sort.-Buchh. 8°. 25 S.

Marben, Emil, a. Bergedorf ⟨Hamburg⟩: Über die Struktur aliphatischer γ-Aldehydocarbonsäuren. (Berlin 1906: G. Schade.) (48 S.) 8°
Berlin, Phil. Fak., Ref. Gabriel, Diss. v. 28. Juli 1906
[Geb. 5. April 67 Bergedorf; Wohnort: Charlottenburg; Staatsangeh.: Hamburg; Vorbildung: Gymn. Wurzen Reife O. 94; Studium: Rostock 1, Leipzig 1. Charlottenburg T.H. 6, Berlin 2 S.; Rig. 5. Juli 06.]

Marberger, B. W., gute Gedanken über böse Zeit. 8. Stuttgart 871. Leipzig, Drescher. *

Marberger, Paul Jakob, s. a. Marperger, Paul Jakob.

Paul Jacob Marbergers plen.. cum tit. Beschreibung des Königl. Pohlnisch. und Chur-Sächsischen Hof-Mechanici und Model-Meisters, Herrn *Andreas Bärtners* Seiner neuen invention von Verbesserung der Fracht- und Last-Wägen, also, dass mit solchen die auf denen Land-Strassen fahrende Fuhrleute nicht allein weit bequemer über Berg und Thal durch Sumpff und Moräste, als bis hieher geschehen, fortkommen, sondern auch mit 2 Pferden so viel als sonst mit 4 fahren können. Wodurch denn sonderlich denen Herren Kauff-Leuten der Vortheil zuwächset, dass sie ihre über Land verschickte Waaren, viel geschwinder und auch wohlfeiler in der Fracht, als sie solche bis anhero nicht gehabt, haben können. Dressden und Leipzig, Auf des Authoris Verlag. 8. 24 S. 1717.

Marbitz, Otto, deutsches Schulliederbuch, s.: Becker, Karl.

Marbler, Anna, neues praktisches Kochbuch für jeden Haushalt geeignet. Eine Sammlung von mehr als 1200 erprobten Kochrecepten, Haus- und Wirthschafts-Mitteln, sowie Anweisungen zur Füllung der Vorrathskammer. 1. und 2. Aufl. gr. 8. (XXII, 370 S.) Graz 886,88, Leykam. *

Marbler, Anna, neues prakt. Kochbuch f. jeden Haushalt geeignet. Eine Sammlg. von mehr als 1200 erprobten Kochrecepten, Haus- u. Wirthschaftsmitteln, sowie Anweisgn. zur Füllung der Vorrathskammer. 3. verm. u. verb. Aufl. gr. 8. (XL, 384 S.) Graz 902. Leykam. n. 3. 80; kart. n. 4. —

Marbod, König der Markomannen. Photographie nach Leander Russ. Originalgemälde. Wien. k. k. Hof- und Staatsdruckerei. 2 fl. 50 kr. 1860.

Marbod, Cora, die beiden Dorotheen. Roman. Volks-(Titel-)Ausg. 3 Tle. in 1 Bd. 8. (125; 128; 132 S.) Rohrerberg b. Coblenz (877)886, v. Busse. *

— die Halbschwestern. Roman. 8. (320 S.) Ebend. 886. n. 5. —

Marbod, Uncas, Kater-Studien. Eine Historia naturalis catorum. Allen fröhl. Zechern gewidmet. gr. 16. (35 S.) Köln 876. Heyn. — 75

Marbod, Uncas, Kater-Studien. Eine Historia naturalis catorum. Allen fröhlichen Zechern gewidmet. 2. Aufl. gr. 16. (35 S.) Köln 878. Heyn. n. — 75

— — Katerstudien. 2. Auflage. Ebd. (1880). 12°. Schön illustr. Umschl.
Die erste Aufl. laut Weller von demselben Jahre.

MARBOD, Unkas (ps.), Stechpalmen. Unerwartete (etwas freie) Lieder. Köln, Hayn, 1875. 12°.
Weller, Lex. Ps. p. 342 nennt Ausgaben von 1878, 1879, 1882.
— — Dasselbe. 2. (!) Auflage. Ebd. (1880). 12°. (50 Pfg., mit d. folgenden Schrift, W. H. Kühl, Berlin, c. 1882.)

— Stechpalmen. Unerwartete Lieder. Allen liebesiechen Gemüthern zum Troste gewidmet. 16. (V, 86 S.) Ebend. 875. n. 1. —

Marbod, Unkas, Stechpalmen. Unerwartete Lieder. Allen liebesiechen Gemüthern zum Troste gewidmet. 2. Aufl. 16. (VII, 86 S.) Köln 882, Heyn. *

Marbodei Galli [Marbodus Episcopus Redonensis: De Lapidibus.] De Lapidibus pretiosis enchiridion, cum scholiis [Georgii] Pictorii. Ejusdem Pictorii De Lapide solari carmen. Ex Bibliotheca Bruckmanniana [Franz Ernst Brückmann] recus. Wolfenbuttelae 1740. 82 S. 8°

Marbodi, liber Lapidum S. de Gemmis illustr. a I. Beckmann. 8. maj. Gött. Dieterich. 799.

— — Var. lectt. et perpet. adnotatione illustratus a Jo. Beckmanno, additis aliorum observatt. Acc. annotatt. ad Aristotelis auscultationes mirabiles et Antigoni Carystii hist. mirabil. Götting. 799. 8. 16 gr.

Marbodus: Liber lapidum seu de gemmis. Varietate lectionis et perpetua annotatione illustratus a J. Beckmanno ... Götting. 1799. (28) 164 S.
[M. fransk Overs.; Læredigt; 1. Udg. 1531; Forf. † 1123].

Marbois, s. Barbé.

Marbois, Barbé, Reise in die bayerschen Salzbergwerke, a. d. Franz. m. Anmerk. u. Erläut. 8. Münch. Fleischmann. 803.

Marbot, Marcelin de

Marbot, Baron de, Campagne de 1809, bearb. v. P. Steinbach, s.: Perthes' Schulausgaben engl. u. französ. Schriftsteller. 45.

Marbot, Marcellin, üb. d. zweckmäß. Einrichtung d. Kriegswesens in Frankreich; aus d. Französ., durch Anmerkk. erläut. u. mit einer Abhandl. über d. zweckmäß. Einrichtung d. Kriegswesens in den kleinern Staaten, verm. v. J. Th. (Theobald.) gr. 8. Stuttg. 826. v. Cotta. 8 gr.

Marbot, Marcellin. Über die zweckmässige Einrichtung des Kriegswesens in Frankreich; a. d. Franz. ... Stuttgart 1826. H: *Theobald, Joseph von.* (Ky)

— — über die zweckmäßigste Einrichtung des Kriegswesens in Frankreich. A. d. Franz. übs. von J. Th. (Untersuchungen über d. Miliz-System.) Stuttgart 1826. 88 S.

Gloires et souvenirs d'un officier du 1er empire. Extrait des mémoires du gén. Bn [Marcelin] de **Marbot**. Mit Anm. z. Schulgebr. hrsg. von Dr. K[arl] Roeth, Oberl. (Ausg. A.) [Nebst] Wörterbuch. Glogau: C. Flemming [1905]. 2 Bde 8°
— **Schriftsteller**, Englische u. franz., d. neueren Zeit. Bdch. 36. [08. 6889

Marbot, Marcellin, Memoiren, s.: Memoirenbibliothek.

Marbot, Marcellin de, Memoiren. 3 Bde. Nach d. 40. Aufl. des Originals fürs Deutsche bearb. 8. Stuttgart 899. R. Lutz. à n. 4. 50; geb. in Leinw. à n. 5. 50
1. Genua — Austerlitz — Jena — Eylau. Bearb. v. L. Ottmann. (XVI, 340 S. m. Bildnis.)
2. Madrid — Aspern — Torres Vedras — Bearb. v. F. Mangold. (355 S.)
3. Polozk — Beresina — Leipzig — Waterloo, Bearb. von v. Natzmer. (352 S.)

Mémoires du général (Marcelin) Bn de **Marbot**. Hrsg. u. erkl. von Prof. Dr. F[ranz] J[osef] Wershoven. 1. [Text.] Trier: J. Lintz 1907. 8°
— **Auteurs** français. 7. [08. 1618

— dasselbe, hrsg. v. G. Hanauer, s.: Prosateurs français.

— retraite de la grande armée et bataille de Leipzig, hrsg. von A. Stange, s.: Schulbibliothek, französ. u. engl., A. 144.

RICHTER, Herr. Ich hab was zu klagen; oder der Richter auf dem Freygrunde (von *Johann Marbrunner*). Wien 1782.
Anon.-Lex. III. p. 385 (nach Goedeke). — Rar!

Marburg [Sachliches Ordnungswort]

Marburg. Statistischer Bericht über die wichtigsten demographischen Verhältnisse. Lex.-8. (8 S.) Wien 887, C. Gerold's Sohn. *
Aus: Städtebuch, österreichisches, besonders abgedruckt.

Das alte Marburg. Vier Reproductionen von ältern Stichen der General-Versammlung des Gesammt-Vereins deutscher Geschichts- und Alterthumsvereine zu Marburg 1878 gewidmet von dem Verein für hessische Geschichte und Landeskunde. (Herausgegeben von L. BICKELL.) Marburg 1878. Univ.-Buchdr. (R. Friedrich.) 4°.

Marburg a. d. Drau, s.: Woerl's Reisehandbücher.

Marburg, seine Geschichte und Sehenswürdigkeiten. Marb. 1851. V: *Koch, Johann August.* (EB)

Marburg, seine Hauptgebäude, Institute und Sehenswürdigkeiten ... Marburg 1889. V: *Koch, Johann August.* (Erman & Horn, Bibliogr. d. dtsch. Universitäten. 2. Leipz. u. Berl. 1904.)

Marburg, seine Hauptgebäude, Institute u. Sehenswürdigkeiten, nebst Chronik der Stadt u. Universität u. e. Führer in Marburgs Umgebungen. Mit dem Plan der Stadt u. 20 Abbildgn. nach Orig.-Zeichngn. 8. (XII, 120 S.) Marburg 889. Elwert's Verl. cart. n. 1. 50; geb. n. 1. 80

Marburg a. d. Lahn. (Marburger Ferien-Kurse Juli–August 1900.) (*Marburg 1900: Koch*). (2 Bl.) 4° [F.] [00. 11153 4

Marburg u. seine Umgegend, in Grundriß u. (9) Ansichten. Der Erinner. gewidmet. Lithogr. 8. Marburg 834. Garthe. n. 2/3 gr

Marburg, seine Universität und deren Institute ... V: *Doerbecker, Hnr.* Berl)

Marburg, seine Universität und deren Institute. Zu Nutz u. Frommen aller Studios u. derer, die es werden wollen, geschildert v. e. Marburger Studenten. M. Ansichten v. Marburg u. d. Universitäts-Instituten. *Marburg: Univ.-Dr. v. J. A. Koch 1897.* (32 S.) 1 Bd 8. [98, 1381 Bo

Marburg, seine Universität und deren Institute ... geschildert von e. Marburger Studenten. Mit Ansichten von Marburg. *Marburg [1904]: J. A. Koch.* (32 S.) 8° [04. 13207 4

Marburg [Schlagwort]

Marburg, s.: Europa. Liebenow.

— s. a.: Preussen. Messtischblätter.

Marburg, s. Privilegia, leges generales etc., ed. Jul. Caesar.

— s. a.: Radfahrerkarten. Mittelbach. — Westfalen. Grundkarte.

Marburg (a/D.)-Klagenfurt-Spital, s.: Radfahrerkarten, Grumm.

Marburg a/Lahn. Ehrhardt's Karte der Umgebung v. Marburg. Entworfen von Krieger. 1 : 25,000. 65 × 58 cm. Farbendr. Mit kurz. Führer. 8. (2 S.) Marburg 896. O. Ehrhardt. n. 1. 80; auf Leinw. in Karton n. 2. 40

Marburg. Pharus-Plan, Marburg. 1 : 8,000. 29 × 47,5 cm. Farbdr. Mit Strassenverzeichnis. (4 S.) Marburg (910). N. G. Elwert's Verlag. — 50

Marburg. Plan der Stadt Marburg. Farbendr. qu. Lex.-8. Marburg i/H. 890. Kraatz. n.n. — 25

Marburg. Plan der Stadt Marburg. 27 × 34 cm. Steindr. Mit Strassenverzeichnis am Rande. Marburg 894. N. G. Elwert's Verl. n. — 50

— Touristen-Karte, neue, der Umgegend v. Marburg a. Lahn u. angrenz. Gebiete. 1 : 200,000. 28,5 × 51 cm. Farbdr. Marburg 898. C. Kraatz. n. — 50

Marburg. Wandkarte der Kreise Marburg u. Kirchhain, Reg.-Bez. Cassel. Bearb. nach den neuen Messtischblättern der königl. preuss. Landes-Aufnahme. 1 : 35,000. 2 Bl. à 107 × 62 cm. Farbdr. Marburg 903. N. G. Elwert's Sort. n. 10.—; auf Leinw. n. 15.—

Marburg [Verfasser]

Marburg: On English schools and their Methods of teaching English. 27 S.– Stettin Fr.W., Progr. 1868.

Marburg, E., sichere Heilg. bei Nerven- u. Magenleiden. Erprobte Rathschläge. gr. 8. (40 S.) Berlin 897. J. M. Spaeth. n. 1. 50

Marburg, E., sichere Heilung v. Nervenleiden (Nervenschwäche, Nervosität), nervösen Magenleiden, Schlaflosigkeit. Erprobte Rathschläge. 2. Aufl. gr. 8. (37 S.) Berlin 899. J. M. Spaeth. n. 1. —

Marburg, Eduard C., aus Frankfurt a. M.: Beiträge zur Kenntnis der Quecksilberstickstoffverbindungen. *München 1899: V. Höfling.* (61 S.) 8° München, Phil. Diss. v. 1899

Marburg, Gust., sociale Reformen. 1.—4. Aufl. gr. 8. (8 S.) Berlin 888, Steinitz' Verlag. *

Marburg, Gust., soziale Reformen. (47 S.) 8. Wien (904). Stähelin & Lauenstein. n. 1. —

Marburg, Gust., soziale Reformen. Ein Programm f. die Mittelstandsparteien des Staates. 9. zeitgemäße Aufl. (1. Aufl. 1880.) (IV, 108 S. m. Bildnis.) gr. 8. Wien 910. G. Szelinski. — 90

— Social reforms. gr. 8°. Berlin, Steinitz Verl., 1888. 46 S.

MARBURG, Otto (Frankfurt a.M.): Ueber 45 osteoplastische Amputationen nach Pirogoff, Gritti und Bier. Ausgeführt in der Chirurgischen Klinik zu München in den Jahren 1891-1902.- München: Wolf 1902. 25 S.
30.6.1902 - Chr 1902/03,21; Jv 1901/02,275
Diss.Ingolst.-Landsh.-Mchn.

Marburg, Otto, mikroskopisch-topographischer Atlas des menschlichen Zentralnervensystems, m. begleit. Texte. Mit e. Geleitwort v. H. Obersteiner. Mit 5 Abbildgn. im Texte u. 30 Taf. nach Originalen v. A. Kiss. (VIII, 125 S.) gr. 8. Wien 904. F. Deuticke n. 11. —

Marburg, Otto, mikroskopisch-topographischer Atlas des menschlichen Zentralnervensystems m. begleitendem Texte. Mit e. Geleitwort v. H. Obersteiner. 2. verm. u. verb. Aufl. Mit 5 Abbildgn. im Text u. 34 Taf. nach Originalen des akadem. Malers A. Kiss. (XI, 170 S.) Lex. 8. Wien 910. F. Deuticke. 14. —

— Über Bau u. Leistungen der Grosshirnrinde bei Mensch u. Tier, s.: Vorträge des Vereines zur Verbreitung naturwissenschaftlicher Kenntnisse in Wien. 48. Jahrg. 10. Heft.

Die diagnostische Bedeutung der Pupillenreactionen. Vortrag geh. 1903 von Dr. Otto **Marburg**. *Berlin: Urban & Schwarzenberg 1903.* (S. 235–258.) 8°
— Klinik, Wiener. 1903, H. 8. [03. 10736

— s.: Festschrift zur Feier des 25jährigen Bestandes des neurologischen Institutes (usw.) an der Wiener Universität.

— Gehirn u. Sprache, s.: Vorträge des Vereines zur Verbreitung naturwissenschaftlicher Kenntnisse in Wien. 49. Jahrg. 7. Heft.

— s.: Heilmethoden, die physikal., in Einzeldarstellungen.

— Der Hirnmechanismus der menschlichen Bewegungen, s.: Vorträge des Vereines zur Verbreitung naturwissenschaftlicher Kenntnisse in Wien. 50. Jahrg. 5. Heft.

— die sogenannte akute multiple Sklerose (Encephalomyelitis periaxialis scleroticans). (100 S. m. 10 Abbildgn. u. 3 Taf.) gr. 8. Wien 906. F. Deuticke. n. 3. — Sonderabdruck aus: „Jahrbb. f. Psychiatrie u. Neurol."

— die Therapie an den Wiener Kliniken, s.: Landesmann, E.

Marburg, Richard [aus Brooklyn U. S. A.]: Synthesen der α-Methyl-Butyrolactoncarbonsäure und Methyl-Vinaconsäure. Ein Beitrag zur Constitution der Vinaconsäure .... Strassburg, Univ.-Buchdr. v. J. H. Ed. Heitz (Heitz & Mündel), 1887; 77 S. 8°.
Strassburg, Math.-Naturw. Fak., Inaug.-Diss. v. 1887.

Marburg, Richard, Synthesen der α-Methyl-Butyrolactoncarbonsäure und Methyl-Vinaconsäure. Ein Beitrag zur Constitution der Vinaconsäure. Diss. Strassburg i. Els. 1887, Trübners Buchh. u. Antiqu. (E. d'Oleire). 8°. 77 S.

Marburg, Rud., Michelstadt u. Erbach im Odenwald. Geschichte u. Beschreibg. d. Städte. Führer durch d. Umgebg. M. Federzeichngn. v. A. Hartmann u. E. v. Stremieczny, nebst Karte u. Panorama v. d. Adalberthöhe. 12. (VII, 80 S.) Michelstadt 897. F. Ramann. n. 1. —

Marburg, Sophie, Gedichte. 8. (64 S.) Dresden 894. E. Pierson. n. 1. —; geb. n. 2. —

Marby, Amalie

Marby, A., die Brandows. Roman. 2 Thle. in 1 Bde. 8. (155; 164 S.) Berlin 888, Janke. *

Marby, A., Haus Dodendorf. Roman. 3 Bde. 8. (240, 251 u. 248 S.) Berlin 894. O. Janke. n. 10. —

Marby, A., es fiel e. Reif —. (Salonfee.) Roman. (Neue Aufl.) (206 S.) 8. Gotha (905). Verlagsanstalt u. Druckerei (H. Bartholomäus). n. 1. —

—— Höhere Gewalten. Roman. 2 Thle in 1 Bd. 8. (204; 220 S.) Ebd. 891. * 6 —; wohlf. Ausgabe, 893. * 2 —

—— Im Hafen. Roman. 2 Thle. in 1 Bde. 8. (176; 249 S.) Ebd. 890. * 5 —; wohlf. Ausg. * 2 —

Marby, A., Hanka, s. Bachem's Novellen-Sammlung.

Marby, Amalie
Gebundene Herzen. Roman. Berlin 1880.
In: Roman-Zeitung, Deutsche. Bd 3.4.

Marby, A., gebundene Herzen. Roman. 2 Bde. 8. (283 u. 292 S.) Berlin 880. Janke. 6. —

Die Salon-Fee. Roman von A[malie] **Marby**. 7. Aufl. *Erfurt: F. Bartholomäus [1893].* (221 S.) 8° [F.]
— Bibliothek interessanter Romane. 1. [ca. 4017]

— der Stern v. Mostar. Roman. 8. (354 S.) Berlin 893. O. Janke. n. 5. —

Marc, s. a. Mark.

Marc, Kaltwasser-Heilanstalt Bad Elgersburg in Thüringen. gr. 8. (IV, 52 S. m. lith. Kartenskizze.) Wiesbaden 876. Erfurt, Villaret in Comm. n. 1. —

Marc, Führer durch Bad Elgersburg in Thüringen. 2. Aufl. Mit einer (chromolith.) Karte von Elgersburg u. Umgebung (in qu. gr. 4.). 16. (VII, 57 S.) Ohrdruf 877. Stadermann jr. cart. n. 1. —

Marc, Das Wasserwerk der Stadt Darmstadt s Aird

Marc, Alexander [app. Arzt aus Würzburg]: Ein seltener Fall von Mikrognathie mit Mundbodenspalte ... Rudolstadt, Druck d. fürstl. priv. Hofbuchdr. F. Mitzlaff, *1892;* 10 S., 1 Taf. 8.
Tübingen, Med. Fak., Inaug.-Diss. v. 1892

Marc, C.C.H., s. Marc, Karl Christian Heinrich.

Marc, C. M.: An Hr. Dr. u. Prof. J. C. A. Heinroth in Leipzig, als Sachwalter des Hr. Hofrathes Dr. Clarus. Die Zurechnungsfähigkeit des Mörders J. C. **Woyzeck** betr. Bamberg 1826. Dresch.

— s. W. Reichel, Siebens Heilquellen.

Marc, C. M.: War der am 27. Aug. 1824 zu Leipzig hingerichtete Mörder Joh. Chr. **Woyzeck** zurechnungsfähig? Enth. eine Beleuchtung der Schrift des Hr. Hofrath Dr. Clarus: „Die Zurechnungsfähigkeit des Mörders Joh. Chr. Woyzeck [usw.]. Bamberg 1825. Dresch.

Marc, Clément

Marc, Clemens, institutiones morales Alphonsianae seu doctoris ecclesiae S. Alphonsi Mariae de Ligorio doctrina moralis ad usum scholarum accommodata cura et studio C. M. Ed. VII. accuratius recognita. 2 tomi. gr. 8. (XII, 905 u. 840 S.) Romae 893. (Bonn, P. Hanstein.) n.n. 12. 40

Marc, Frz., Web-Muster. Text von A. Simon v. Eckardt. Für den Pleßmannschen Handwebstuhl. (5 Taf. u. 4 S. Text m. 1 Abbildg.) gr. 8. München (909). Münchener Lehrmittelhandlg. W. Pleßmann. 1. 20

Marc, Friedr., Gedichte. 8. (VIII und 308 S.) London 858, Thimm. geb. *

Marc, Friedr., Gedichte. 3. Aufl. Leipzig 868. Priber. 16. (VIII, 322 S. mit 1 Holzschntaf.) 20 ngr; geb. mit Goldschn. 1 ₰

Marc, Carl Christian Heinrich: Allgemeine Bemerkungen über die Gifte und ihre Wirkungen im menschlichen Körper. Nach Brownischem Systeme dargest. Erlangen 1795. XIV, 274 S.

Marc, Karl Chr. Hnr., Bemerkk. über die Gifte u. ihre Wirk. im menschl. Körper. 8. Erlang. 795. Palm. 18 gr

Marc, C(harles) C(hrétien Henri): Die Geisteskrankheiten in Beziehung zur Rechtspflege Ein Handbuch für Gerichts-Aerzte und Juristen. (De la Folie considérée dans ses rapports avec les questions judiciaires. Dt.) Deutsch bearb. und mit Anmerkungen begleitet von Karl Wilhelm Ideler. Bd 1 - 2, gbd.

Berlin: Voss 1843 - 1844

Marc, C. C. H., Historia morbi rarioris spasmodici, cum brevi epicrisi. Erl. 8°.
1792

Marc, C. C. H., neue Untersuchungen über die Hülfe bei Scheintodten. Deutsch bearb. von Dr. G. Weyland. Mit 3 Kpfrtaf. gr. 8. Leipzig 836. Müller. 1 1/2 ₰

Marc, Ludwig, aus München: **Conforme Abbildung** eines von irregulären Hyperbeln n. Ordnung begrenzten Flächenstückes auf den Einheitskreis. *München 1899: F. Straub.* (27 S.) 8°
München, Phil. Diss. v. 1899

Marc, Ludw., **Aufgaben aus der höheren Mathematik, technischen Mechanik u. darstellenden Geometrie, welche bei der Vorprüfung f. Bau-, Maschinen-, Elektro-, Kultur- u. Vermessungs-Ingenieure sowie Architekten an der k. technischen Hochschule zu München vom J. 1901 ab gestellt worden sind.** (48 S. m. 19 Fig.) Lex. 8. München 907. A. Lachner. 2.—

— u. K. **Koch, Lösungen zu den Aufgaben aus der höheren Mathematik, technischen Mechanik u. darstellenden Geometrie, f. Bau-, Maschinen-, Elektro-, Kultur-u. Vermessungs-Ingenieure sowie Architekten.** (VI, 110 S. m. Fig. u. 11 Taf.) Lex. 8. Ebd. 907. 6.—

Marc, Ludw., **Sammlung der Aufgaben aus der höh. Mathematik, technischen Mechanik u. darstellenden Geometrie, welche bei der Vorprüfung f. das Bauingenieur-, Architektur- u. Maschinen-Ingenieurfach an der k. technischen Hochschule zu München in den J. 1885 m. 1901 gestellt worden sind. Unter Genehmigung des k. Staatsministeriums des Innern f. Kirchen- u. Schulangelegenheiten veröffentlicht.** gr. 8. (III, 52 S. m. Fig.) München 901. Th. Ackermann. n. 1.60

Marc, Mar, Knabenehre, s.: Bolger's Schaubühne.

Marc, N. F., Rudiments of the german grammar, adapted for the use of beginners with Ollendorff. gr. 8. (2½ B.) Wiesbaden 842. [Friedrich'sche Vrlgsh.]

Marc, N. F., Rudiments of the german grammar adapted for the use of beginners with Ollendorff. 2. Edition. gr. 8. (34 S.) Wiesbaden 855, Friedrich's Vrlgsh.

Marc, Paul: Die Überlieferung des Äsopromans. Leipzig 1910: Teubner. 41 S. 8° ¶(Aus: Byzantin. Zeitschrift. Bd 19.) München, Phil. Diss. v. 4. März 1904, Ref. Krumbacher †
[Geb. 23. Dez. 77 München; Wohnort: München; Staatsangeh.: Bayern; Vorbildung: Luitpold-Gymn. München Reife Juli 97; Studium: München 10 S.; Rig. 4. März 04.] [U 10. 3675

Marc, Paul, s.: Zeitschrift, byzantinische.

Marc, Rob., **die physikalisch-chemischen Eigenschaften des metallischen Selens.** (76 S. m. 17 Fig. u. 3 Taf.) gr. 8. Hamburg 907. Leipzig, L. Voss. 4.—

— **Die Entwickelung unserer Kenntnis der „Seltenen Erden" u. ihre Bedeutung.** (11 S.) gr. 8. Leipzig 907, Buchh. G. Fock. —60

Marc, Robert, aus Moskau: Die Kathodoluminescenz-Spektren der seltenen Erden und Untersuchungen über die Erden der Yttergruppe. *München 1902: V. Höfling.* (44 S.) 8°
München, Phil. Diss. v. 1902

Marc, Robert, Dr.: Zur Photochemie des Selens. Leipzig 1907: Metzger & Wittig. (22 S.) 8° ¶(Erscheint vollständig u. d. T.: „Die Phys.-chem. Eigenschaften des metallischen Selens".)
Jena, Phil. Fak., Hab.-Schr. v. 1907

Marc, Wolrad

Marc, kurze Anleitung zur Behandlung der elastischen Catheter u. Bougies. 5. Taus. (4 S.) 8. Bad Wildungen (904). P. Pusch. n. —10

Die Kurmittel von Wildungen und seine Indikationen. Von Geh.R. Dr. [Wolrad] Marc. Bad Wildungen 1906: (Grumbach in Leipzig). 31 S. 8° [11. 3069, 11

Marc, allgem. **Vorschriften f. d. Gebrauch d. Wildunger Kur m. spec. Berücksicht. d. dabei zu halt. Diät.** 2. Aufl. 8. (31 S.) Wildungen 896. P. Pusch. n. —60

— **allgemeine Vorschriften f. den Gebrauch der Wildunger Kur m. specieller Berücksicht. der dabei zu haltenden Diät.** 4. Aufl. (31 S.) 8. Ebd. (904). n. —60

Marc, allgemeine Vorschriften f. den Gebrauch der Wildunger Kur m. spezieller Berücksicht. der dabei zu haltenden Diät. 6. Aufl. (31 S.) 8. Bad Wildungen (907). P. Pusch. —60

— Bad Wildungen, s.: Stöcker.

Marc, Bad **Wildungen u. seine Mineral-Quellen m. besond. Berücksicht. ihres Einflusses auf d. Erkrankgn. d. Harnorgane.** 1. u. 2. Aufl. 8. (à 52 S. m. 1 Ansicht.) Bad Wildungen 900. 901. P. Pusch. n. —50

— **Bad Wildungen u. seine Mineral-Quellen m. besond. Berücksicht. ihres Einflusses auf die Erkrankungen der Harnorgane.** 4. Aufl. (52 S.) 8. Ebd. 903. n. —50

Bad Wildungen und seine Mineralquellen ... Von Dr. [Wolrad] Marc. 6. Aufl. Bad Wildungen 1907: (Grumbach, Leipzig). 56 S. 8°

Marc, practische Winke f. die Ausspülung der Blase. 8. (14 S.) Bad Wildungen 894. P. Pusch. n. —40

— **pract. Winke zur Ausführg. d. Blasen-Spülung.** 2., umgearb. Aufl. 8. (16 S.) Bad Wildungen 897. P. Pusch. n. —40

— **practische Winke zur Ausführung der Blasen-Spülung.** 3. umgearb. Aufl. (16 S.) 8. Ebd. 900. n. —40

— Praktische Winke zur Ausführung der Blasen-Spülung. 5. umgearb. Aufl. (16 S.) 8. Ebd. 907. —40

Marc Anton, Christus u. die Apostel, s.: Rafael.

Marc-Antón, Vorboten. Roman aus dem Künstlerleben. (188 S.) 8. Hohen-Neuendorf (907). R. Fuchs. 1.50

Marc D'Espine, Dr., s. Annuaire de la mortalité Genevoise.

Marc-Fournier u. D'Ennery, Bajazzo, s.: Bühnen-Repertoir, Nr. 146. — Theater d. In- u. Auslandes, 1. Bd. 3. Hft.

Marc-Fournier, Bajazzo u. Familie, s.: d'Ennery.

Marc-Michel ed A. Choler, l'avvocato del diavolo, s. Emporeo drammatico.

— et **Laurencin,** le Vicomte Giroflée, siehe: Répertoire du théâtre Français à Berlin, Nr. 332.

Marc-Michel und Labiche, ein reizbarer Herr, s. Universal-Bibliothek Nr. 2267.

Marc-Michel, ich werde den Major einladen, s. Labiche.

— et Labiche, un monsieur qui prend la mouche, s. Répertoire du théâtre français à Berlin.

Marc-Michel et Laurencin, Quand l'amour s'en va..., s. Répertoire du Théâtre franç.

Marc-Michel, ein bengalischer Tiger, s. Universal-Bibliothek.

Marc-Michel et E. Brisebarre, un tigre du Bengale, s.: Répertoire du théâtre Français à Berlin, Nr. 368.

—— und Labiche, Wie man Raben fängt! s. Bühnen-Repertoir, des Auslandes, von L. W. Both rc.

Marc-Michel, die Wunder des Magnetismus, s. Bühnen-Repertoir des Auslandes.

Marc-Monnier s. Monnier, Marc.

Marca, Petrus de. Dissertationum de concordia sacerdotii et imperii . . . libri octo . . . Francofurti 1708. H: *Böhmer, Justus Henning.* (Kat. d. Bibl. d. dtsch. Reichstages. Berl. 1882.)

de Marca, Pet.: Dissertationum —— libb. VIII. — cura Just. Henn. Böhmeri. *Lips.*, Weidmann. 773. fol. (3 Thl. 8 Gr.)

—— Libb. VIII. quibus acc. ejusd. auct. diss. eccl. var. argum., Just. Hn. Böhmeri selectae observatt. ad libros de concordia illustr.; nec non Carmini Firmiani adnotatt. in Pt. de Marca concordiam et opuscc. atque animadvv. in sel. *Böhmeri* obss. *Bamb.*, Dederich. 788—89. 6 T. 4.

Marca, Petr. de, Concordia sacerdotii et imperii seu de libertate ecclesiae Gallicanae cum dissertationibus ecclesiasticis. Bamberg, Dederich, 1788—9, 4°, 6 Bde.
Einen Leipziger Nachdruck hatte schon J. H. Böhmer 1773 in Fol. veranstaltet. Über den Verfasser u. sein Werk s. Hurter, Nomencl. I, 491 ff. A. Bauer, Stimmen a. M.-Laach Bd. 3, S. 538.

de Marca, Pet., concordia sacerdotii et imperii s. de libertate ecclesiae gallicae c. dissertat. ecclesiast. VI Tomi. 4maj. Bamb. 788, 89. Dederich; u. Stahel in Würzb. 10 ♂

Marcadé, V., Abriß des französischen Civilrechts. Ins Deutsche übertr. von Adrian Pfaff. 1. Bd. gr. 8. (XV und 396 S.) Heidelberg 856(57,) Bangel und Schmitt. *

Marcadé, V., Abriß des französischen Civilrechts. Ins Deutsche übertr. von Adrian Pfaff. 2. Bd. 1. und 2. Lfg. gr. 8. (S. 1—382.) Heidelberg 857, Bangel und Schmitt. Subscr.-Pr. à Lfg. * 24 Ngr. *
1. Bd. Ebendas. 1856. * 1 Thlr. 20 Ngr.

Marcadé, V., und F. Mourlon, Abriß des französischen Civilrechts. Ins Deutsche übertragen von Adrian Pfaff. 2. Bd. 3. Lfg. und 3. Bd. gr. 8. Heidelberg 865, Bangel und Schmitt. [2. Bd. (XV und S. 383—508.) * 22 Ngr., 3. Bd. (VIII und 504 S.) * 2 Thlr. 10 Ngr.] *
1. Bd. und 2. Bd. 1. und 2. Lfg. Ebendas. 1856,57. * 3 Thlr. 8 Ngr. — Ermäßigter Pr. compl. 3 Thlr. 15 Ngr.

Marcard, s. Markard.

Marcard. Beiträge zu Geschichte und Charakter Katharinas II. 8. Bremen 1808.

Marcard, E., Darstellung der preußischen Seefischerei u. ihre jetzige Lage. Bericht an den Minister für landwirthschaftl. Angelegenheiten. [Aus den Annalen der Landwirthschaft.] Berlin 870. Wiegandt & Hempel. gr. 8. (68 S.) n. 15 ngr.

Marcard, E., Ergebnisse der preussischen Landwirthschaft, s. a. Jahrbücher, landwirthschaftliche.

Marcard, E. v., die Ergebnisse der preußischen Landwirthschaft in den Jahren 1885 u. 1886. gr. 8. (VI, 136 S.) Berlin 888. Parey. n. 4. —

Marcard, v. Die Ergebnisse der preußischen Landwirthschaft in den J. 1887 u. 1888. Lex.-8. (IV, 168 S.) Berl. 890, Parey. * 4 —
Aus: Landwirthschaftl. Jahrbb. Ergänzungsbd. (s. d.), besonders abgedruckt.

Marcard, (R.) E., üb. die Kanalisirung der Hochmöre im mittleren Emsgebiete. hoch 4. (64 S. m. 2 Chromolith. in gr. Fol. u. Imp.-Fol.) Osnabrück 871. (Rackhorst.) n. 4. —

Geschichte des 1. Hannoverschen Infanterie-Regiments No. 74. Bearb. von [Erich] v. Marcard, Oberlt. Hannover: C. Brandes 1904. (71 S.) 8° [F.] [illegible]

Marcard, G. A., observationes quasdam continens medico-chirurgicas etc. 8. Götting. 800. Brose. 4 K

Marcard, G. W., zur Beurtheilung d. National-Wohlstandes, d. Handels u. d. Gewerbe im Königr. Hannover. gr. 8. (8½ B., 2 Stnt. u. 12 Tab.) Hannover 836, Hahn'sche Hofbuchh.

Marcard, H. E., der Bauernschinder. Eine Geschichte, wie es viele giebt. 3. abermals verb. Aufl. 12. Münster 844, Wundermann. 1/24 ♂

Marcard, H. E., ein Literatenleben. Eine Erzählung. 8. (55 S.) Halle 847, Mühlmann.
Aus: Volksblatt für Stadt und Land, besonders abgedruckt.

—— über die Möglichkeit der Juden-Emancipation im christlich-germanischen Staat. gr. 8. (4½ B.) Minden 843, (Eßmann.)

Marcard, H. E. und M., Pyrmont und seine Umgebungen in geschichtlichen und landwirthschaftlichen Schilderungen. Hrsg. von H. E. Marcard. 8. (VII und 101 S.) Paderborn 861 Schöningh.

-- u. M. Marcard, vermischte Schriften, Erzählungen, Schilderungen u. Gedichte herausgeg. von H. E. Marcard. 12. (VIII u. 432 S.) Hamburg 852, Agentur des Rauhen Hauses. 1 ♂ 6 ngr

— und M., vermischte Schriften, Erzählungen, Schilderungen und Gedichte. Neue (Titel-)Ausg. Hamburg (852.) 856. Agentur des Rauhen Hauses. 8. (VIII, 432 S.) 22½ ngr

Marcard, H. E., Frankreichs und Rußlands Versündigungen gegen Deutschland. Eine geschichtliche Darstellung. Neu abgedr. aus der Kreuzzeitung. Minden 854. (Berlin, Mittler u. Sohn.) 8. (24 S.) 7½ ngr

Marcard, H. E., was läßt sich noch festhalten aus guter alter Zeit? 8. (37 S.) Gütersloh 881. Bertelsmann. n. — 40

Marcard, Heinrich Matthias

Marcard, Hnr. Matth., († d. 16. März 1817.) kurze Anleit. zum innerl. Gebrauch des Pyrmonter Brunnens zu Hause u. an der Quelle. 8. Pyrm. u. Hannov. 791. 2e Aufl. 805. Helwing. 16 gr

Marcard, [Heinrich Matthias]. Beytrag zur Biographie des seel.... [Johann Georg] von Zimmermann [1728–1795], vom Leibmedicus M'.... veranlasst durch die vom Herrn Leibmedicus [Johann Ernst] Wichmann ... herausgegebene Krankheits-Geschichte. 8. Hamburg 1796.

— Beitr. zur Biographie des Ritters v. Zimmermann. 8. Hamb. 796. Hoffmann. (Campe). 8 gr

— Beschreib. v. Pyrmont. 2 Thle. Mit Kpf. gr. 8. Leipz. 784. 85. (1r Thl. 2e Aufl. 782.) Weidmann. 3 rf 6 gr Schrbp. 4 rf 12 gr — Dass. französ. ders. Preis.

Marcard, H. Matth., Beschreibung von Pyrmont. 2 Th. 323. 355 S. Lpz. 8°. A. D. B. LXVI, 73.

1784

— Brunnenbuch, oder Anl. z. innerl. Gebr. des Pyrmont. Brunn. zu Hause u. an der Quelle. 8. Hannover, Helwing. 805.

— Descript. de Pyrmont. II Tom. av. fig. 8. maj. ibid. 785.

Holl. Pap.

Marcard, Heinrich Matthias, s. Franzosenspiegel für deutsche Patrioten.

FRANZOSEN-Spiegel für deutsche Patrioten (von *Heinr. Matthias Marcard*). Zweibrücken 1815. Anon.-Lex. II. p. 118 (nach Kayser). — Rar!

— Korrespondenz Katharine II., s. Katharina II.

Marcard, H. Math., Von einer der Kriebelkrankheit ähnlichen Krampfsucht, die 1771/72 in Stade beobachtet ist. Hamb. u. Stade 1772. 8°. Med. Versuche. Lpz. 1778, Th. 2, n. 1, p. 1. A. D. B. XIX, 552. *Murray*, Med. pr. Bibl. I, 327.

Marcard, Heinrich Matthias: Von einer der Kribbelkrankheit ähnlichen Krampfsucht, die in Stade beobachtet ist. 38 S., gbd.

Hamburg u.Stade: Brandt 1772

— Preissch. über Krankheiten der Säfte. 8. Utrecht, Wild. (Perthes in Hamburg, auch Weidmann in Leipzig in Commission.) 810.

— Preisschrift üb. die Krankheiten d. Säfte. gr. 8. Utrecht 812. Wild. 9 gr

Marcard, Heinrich Matthias, s. de Luc, J. A., Briefe.

— üb. das kochsalzhaltige Mineralwasser zu Pyrmont u. dessen Arzneigebrauch. 8. Hamb. 810. Fr. Perthes. 22 gr

Heinrich Matthias Marcard, Ueber die Natur und den Gebrauch der Bäder. Hannover: Hahn 1793. XVIII, 456 S. 8°

— — dass. gr. 8. Wien, Alois Doll. 798.

Marcard, Heinrich Matthias: Über die Natur und den Gebrauch der Bäder. 252 S., gbd.

Wien: mit v.Ghelenschen Schriften 1798

— Reise durch die französ. Schweiz u. Italien. gr. 8. Hamburg 798. Hoffmann. 2 rf

Marcard, H[einrich] M[atthias]. Reise durch die französische Schweitz und Italien. Mit eingedruckten Vignetten. 8. Hamburg 1799.

Marcard, Heinrich Matthias, s. H. W. v. Stamfort, nachgel. Gedichte.

Marcard, Heinrich Matthias, s. F. K. v. Strombeck, Gesch. e. Magnetismus.

Marcard, Heinrich Matthias, s. Th. Thompson, Rathpflege.

— üb. das Verhältniß d. Ritters v. Zimmermann zu d. Kaiserin Katharina II. u. mit Hrn. Weikard. gr. 8. Brem. 803. Seyffert. 1 rf 12 gr

— über das Verhältn. d. Hofr. v. Zimmermann mit der Kais. Katharina II. rc. gr. 8. Bremen, Seyffert. (Müller,) 803.

— Versuch e. Beantwortung d. Aufgabe d. Gesellschaft d. K. u. W. zu Utrecht, betreffend die Pathologia humoralis. gr. 8. Utrecht 810.

Marcard, Henr. Matth., Medicin. Versuche rc. 2 Th. Lpz. 8°. 1776

— medicin. Versuche. 2 Thle. 8. Leipz. 777. Weidmann. 1 rf 8 gr

Marcard, Heinrich Matthias: Medicinische Versuche. Th.1 - 2, gbd., Abb.

Leipzig: Weidmann & Reich 1778

Marcard, Heinr. Theod. (Salzwedel), De encephalomalacia adiectis morbis historiis. Diss. med. Berlin (Nietack) 4. I. 1834. 29 S. u. Biogr. (M.: Caulbars.) (4.—) 22138
Gew.: Chr. L. Marcard (Vater). — Oppon.: Garbe, Beckers, Zimmermann.

Marcard, Hermann, Gerichtsass.: Das Kündigungsrecht der Militärpersonen, Beamten, Geistlichen und Lehrer an öffentlichen Unterrichtsanstalten nach § 570 BGB. Samter 1909: Krueger. IX, 31 S. 8°
Leipzig, Jur. Diss. v. 15. Okt. 1909
[Geb. 15. Aug. 80 Birkholz, Kr. Dt. Krone; Wohnort: Samter; Staatsangeh.: Preußen; Vorbildung: Joachimsth. Gymn. Berlin Reife O. 00; Studium: Lausanne 1, Leipzig 3, Berlin 3 S.; Rig. 21. März 04.] [U 10. 2702

Marcard, Joa. H. Programma de historiae imprimis patriae necessitate in factis et fatis Henrici Leonis. 4. Cellae 1720.

Marcard, M.: Vermischte Schriften, s. Marcard, H.E.

Marcard, Thdr., Beiträge zur Gefängnisskunde. A. u. d. T.: Ärztliche Mittheilungen aus den hannoverschen Straf-Anstalten. gr. 8. (61 S.) Celle 864, Schulze'sche Buchh. *

Marc-Aurel. Breslau 1790—92.
V: *Fessler, Ignaz Aurelius.* (NN) (MGT)

Marc-Aurel, v. J. A. Feßler. 4 Thle. m. K. gr. 8. Breslau, W. G. Korn. 799.

— — ders. v. C. A. Buchholz. 8. Berlin, Sander. 806.

Marc-Aurèle, ou histoire philosophique de l'empereur Marc-Antonin, ouvrage ou l'on presente dans leur entier et selon un ordre nouveau les Maximes de ce prince qui ont pour titre: Pensées de Marc-Antonin de lui-même à lui-même, en les rapportant aux actes de sa vie publique et privée. 4 Vol. in 8. Paris, 820.

MARCEBILLA, Die schöne. (Leipzig, Taubert, c. 1810?) 8⁰. (2 gr.)
Selten gewordenes Volksbüchlein.

Marcel, Lorenz, oder der Beobachter ohne Vorurtheil, 4 Theile, 8. Potsdam, 781/82. Horvath. 4 Rthl.
Dasselbe Buch, auch unter dem Titel:

— 's, Lorenz, Reisen und Bemerkungen durch Frankreich, Italien und die Niederlande, 4 Theile, 8. Daselbst, 787. Derselbe.

Marcel, ..., s. L. Viardot, die Moskee.

Marcel, B., die Völlerei, s.: Todsünden, die sieben. III.

MARCEL (ps.?), Die Völlerei. Illustrirt v. Schreiner. Budapest, o. J. (c. 1900?). 8⁰. (2 Mk. 50 Pfg. F. Waldau, Fürstenwalde, 1908.)

Marcel, J. F., s. Al-Mohdy.

Marcel, Car. (geb. Lausanne 14. 6. 1827): De apparatu extensorio in curandis ossium fracturis. Berolini (1849). (31 S.) 8⁰
Berlin, Med. Diss. v. 16. Aug. 1849 [Diplom v. 13. Aug.]

Marcel, Steph., der kleine Fuß der Königin Hedwig, s.: Braun's Novellen- u. Roman-Sammlung. 12. Bd.

— die Tochter meines Feindes, s.: Braun's Novellen- u. Roman-Sammlung. 15. Bd.

Marcel, Stefan. Die Tochter meines Feindes. Novelle aus d. Leben. 8. (192 S.) Lpz. 889. P. Braun. 1 60

Marcel, Stef., d. Tochter meines Feindes. 889. (KBB 26.) Jetzt: Regensburg, J. Habbel.

Marcel de Serres, Rath u. Prof., ..., die Kosmogonie des Moses im Vergleiche mit den geologischen Thatsachen. Aus d. Französ. übers. v. Frz. Xav. Steck. gr. 8. (Mit 1 Tab.) Tübingen 841, Laupp'sche Buchh. 1 ℛ 4 ngl

Marcell Jellinek, Erwin, Othello. Studie. Lex.-8. (49 S.) Wien 886. Künast. n. 1. 60

Marcella. Ein Genrebild aus der Theaterwelt von Turin und Paris. Leipzig 862. Bergson-Sonenberg. 8. (171 S.) 1 ℛ

Hector **Marcelli. Bilder aus dem Leben und Treiben in Italien von einem bekehrten Freimaurer. (Aus d. Ital.) Amberg: Habbel. o. J. 177 S. 8⁰ TB. 402.** 3.

Marcelli, Hektor, Bilder aus dem Leben u. Treiben in Italien von einem bekehrten Freimaurer. [Aus dem Ital.] 8. (177 S.) Amberg 881. Habbel. 1. 20

Marcellianus, J. M.: Montes Franconiae praesertim circa Würzeburgum in vitibus ac vino nobili uti pretio, sic salubri remedio fertilissimi. D. Würzeburgi. 1728.

Marcellin, Jh. Ph. With., († d. 3. Oct. 1799.) s. Gründung, Mitwirkung 2c.

Marcellinus, Ammianus
s. Ammianus. [10. 10353

Marcellinus, Ammianus, Röm. Geschichte, übers. v. Ludw. Troß, s. Prosaiker, röm.

Marcellini Ammiani, rerum gestarum libri qui supersunt. Franc. Eyssenhardt recens. ed. minor. gr. 8. (VI, 421 S.) Berlin 871, Vahlen. *

Marcello, Benedetto. Das Theater nach der Mode. Zum erstenmal ins Deutsche übertragen von Alfred Einstein. München & Berlin, Georg Müller o. J.
149 + 18 S., 9 Taf. 8⁰.
Neudruck einer 1720/21 in Venedig erschienenen Ausg.
Graesse IV, 381.

Marcellus

Marcelli de medicamentis liber. Edidit G. Helmreich. 8. (VI, 414 S.) Leipzig 889. Teubner. 8. 60

Marcellus, Bischof von Ankyra

Marcelliana; accedit Eunomii Ἔκθεσις πίστεως emendatior; edidit et animadvers. instr, C. H. G, Rettberg. 8maj. Götting. 794. Vandenhöck u. R. 10 ℊℓ

Marcellus, Palingenius von Stellata

— der Thierkreis des Lebens; e. Gedicht in 12 Gesängen; ins Deutsche übers. v. Frz. Schißling. 4. Wien 785.

Marcelli, Palingenii v. Stellata, (Ang. Manzoli,) Zodiacus vitae, sive de hominis vita, studio ac moribus optime instituendis. Libri XII. 8. Basel 790. Schweighäuser. 20 ℊℓ

Marcelli Palingenii Stellati Zodiacus vitae, sive de hominis vita lib. XII. Ad opt. edit. fidem accur. ed. Car. Herrm. Weise. Edit. stereotypa. 16. (22 B.) Lipsiae (832), Tauchnitz. 12 Gr., f. Pap.

— id. lib. Libri XII. Ad. opt. edit. fidem accurate edid. Car. Herrm. Weise. Edit. stereot. 16. Leipz. 833. Tauchnitz. 12 ℊℓ fein Pap. 18 ℊℓ

Oratio Marcelli Virgilii [Adriani] habita in principio lectionis, cui titulus: nil admirari. [Herausgegeben] von Karl Müllner. (Neues von den italienischen Humanisten.) S. 7—17. 8.
Progr. K. k. Staats-Gymn. im VI. Bezirke *Wien* 1909.

Marcellus, Herm., Am Bärenkessel im Wildbachgrund, s.: Volksbühne.

— Aus dem Goldlande zurück, s.: Volksbühne.

— Ein steinernes Herz, s.: Glaser's, Conr., Theaterbibliothek.

— In der Hinterwaldshütte, s.: Volksbühne.

— Der blaue Klub, s.: Glaser's, Conr., Theaterbibliothek.

— Mutterliebe, s.: Volksbühne.

— Getreue Nachbarn, s.: Glaser's, Conr., Theaterbibliothek.

— Der alte Polier, s.: Volksbühne.

— Der alte Schloßgärtner, s.: Volksbühne.

— Das Verhältnis in der „Grünen Linde“, s.: Meißner's Vereinsbühne.

— Der Wanderer in der Mühle, s.: Glaser's, Conr., Theater-bibliothek.

— Weihnachten in der Waldschenke, s.: Meißner's Weihnachtsbühne.

Marcel's, Lorenz, Reisen und Bemerkungen ..., Marcel. –

Marcet, Mistriß, Land u. Wasser. Gespräche für Kinder von 9—12 Jahren. Nach d. Engl. bearb. von e. Kinderfreunde. 12. (Mit 6 illum. Bildern.) Berlin 845, Winckelmann u. Söhne. 5/6 ₰

Marcet, Mistreß, Unterhaltungen über die Chemie, in welchen die Anfangsgründe dieser nützl. Wissenschaft allgemein verständlich erläutert werden. Nach der 13n engl. Aufl. herausg. von F. F. Runge. gr. 8. Mit 7 Steintaf. Berlin 839. Sander. 1 5/6 ₰

— Unterhaltungen üb. die Physiologie d. Pflanzenwelt. Enthaltend die Elemente der Botanik u. die Anwendung derselben auf den Gemüse- u. Gartenbau. Frei aus d. Engl. 8. (Mit 4 lith. Taf.) Leipzig 844, Rein'sche Buchh. 1 1/2 ₰

Marcet, Alex., chemische Untersuchungen über d. Harnsteine. Im Auszuge aus d. Engl. von Dr. Meineke. Mit 2 Kupf. gr. 8. Nürnberg, Schrag. 820.

— Versuch einer chemischen Geschichte und ärztlichen Behandlung der Steinkrankheiten. A. d. Engl. übers. von Ph. Heineken. Mit Kupf. gr. 8. Bremen, Heyse. 818.

Marcet, J., die Experimental-Physik. Zum Selbst-Unterrichte für Gebildete u. zum Gebrauch in Real- u. polytechn. Schulen. Nach der 3. Aufl. des Französ. von G. Kißling. Mit 6 Taf. Fig. 6 Liefg. gr. 8. Ludwigsburg 843, Nast. Leipzig, Herbig. 1 1/2 ₰

MARCETIĆ, Josephus: S. Joannes Chrysostomus qua interpres N. T. cum s. Augustino comparatus. — (1881) 173 S. 8° (Handschr.) Diss. 440
Diss. **Wien, Univ.**

Marcetič Michael: In Hippolytum Euripideam animadversiones criticae et exegeticae.
II. 1904 PN 1786 **Diss.** Wien, Univ.

Paul **March**, Königl. Preuss. Kommerzienrat, geb. 9. Aug. 1830, gest. 20. Juli 1903. Anh.: Vereinigte Tonwarenwerke-Aktiengesellschaft früher Ernst March Söhne, Charlottenburg. Berlin: Eckstein (1903). (7 Bl.) gr. 2°
(Hist.-biogr. Blätter. Industrie, Handel u. Gewerbe. Hrsg. u. Red. J. Eckstein.) [07. 10833 11

March, s. a. Stauf v. der March.

March, Mrs.

— Angela, siehe: Bibliothek, Europäische, 449—451 u. 470. Bd.

March, Mrs., Aubrey,
s. Collection of british authors.

March, Mrs., castle Avon, s.: Collection of British authors, vol. 249. 250.

—— Schloß Avon, s. Britannia.

March, Mrs., zwei Erzählungen alter Leute, s. Erzählungen, zwei.

—— Geschichten aus der ersten französischen Revolution. 3 Bde. 8. (IV und 656 S.) Leipzig 852, Kollmann. à Bd. 20 Ngr.

— Geschichten aus Wald u. Feld. Der „Erzählung alter Leute" 1. Folge. 3 Bde. 8. (1: IV u. 188 S. 2: 192 S. 3: 183 S.) Ebd. 851. 2 ₰

— Adelaide Lindsay, siehe: Bibliothek, Europäische, 372—374. Bd.

—— Mordaunt Hall oder eine September-Nacht. Roman. Aus dem Engl. übers. von A. Kretzschmar. 3 Bde. 8. (IV und 689 S.) Leipzig 852, Kollmann.

March, Mrs., Ravenscliffe, siehe: Collection of British authors, vol. 218. 219.

—— Ravenscliffe. Ein Roman. Aus dem Engl. übers. von Ernst Susemihl. 1. und 2. Bd. 8. (III und 436 S.) Leipzig 851(52,) Kollmann. à Bd. 20 Ngr.

— Ravenscliffe. Ein Roman. Aus d. Engl. übers. von Ernst Susemihl. 4 Bde. 8. (1: IV u. 212 S. 2: 224 S. 3: 199 S. 4: 200 S.) Ebd. 852. (à 2/3 ₰) 2 2/3 ₰ (siehe auch: Bibliothek, Europäische, 606—609. Bd.)

— Emilie Wyndham, siehe: Collection of British authors, vol. 241. 242.

March Söhne, E., Thonwaaren-Fabrik: Preis-Verzeichniß. Charlottenburg 1890. 1897

March E Söhne, Charlottenburg. Terrakotten. (200 Bl Phot.) qu fol Charlottenburg

March, Ernst, Ornamente und Sculpturen nach Zeichnungen v. Persius, Schinkel, Stüler, Strack, Stier und andern berühmten Architecten sowie nach antiken Modellen aus Chaussee-Staub und Terra cotta gefertigt. In treuen Abbildungen nach dem Maassstabe zum Gebrauch für Architecten und Bauhandwerker. 1. und 2. Heft. Imp.-4. (12 lithogr. Bl. und 3 Bl. Text.) Berlin 848, Lüderitz'sche Vrlgsh. à Heft 22 1/2 Ngr.

Institut internat. de statistique. La Population Industrielle et les Entreprises en Allemagne, Belgique, France et aux États-Unis, d'après les recensements effectués depuis dix ans par Lucien **March**. Berlin 1903: J. Sittenfeld. (25 S.) 8° [03. 9639 3

March, Otto, der Gedanke des evangel. Kirchenbaues. Festrede, geh. im Architekten-Verein zu Berlin zum Schinkelfest am 13. III 1904. (24 S. m. 2 Taf.) Lex.-8. Berlin 904. W. Ernst & Sohn. n. — 60

Der Gedanke des evangelischen Kirchenbaues. Festrede geh. zu Berlin 1904 von Otto **March**, Baurat. Berlin: W. Ernst & Sohn 1904. (S. 11–32.) 8°
— Architekten-Verein zu Berlin. **Jahresbericht** 1904. [07. 17000

March, Otto, unsere Kirchen, u. gruppirter Bau bei Kirchen. Lex.-8. (24 S. m. 10 Abb. im Text u. auf 2 Taf.) Berlin 896. W. Ernst & Sohn. n. 1. 60

March, Otto, das städtische Spiel- und Festhaus zu Worms. Vortrag, geh. im Architekten-Verein zu Berlin. Mit 2 Taf. [Aus: „Centralbl. d. Bauverwaltg."] gr. 8. (16 S.) Berlin 890. Ernst & Korn. n. 1. —

March, Rich., goldene Blätter aus Habsburgs Geschichte. Zur Erinnerung an die silberne Hochzeit des allerhöchsten Kaiserpaares Ihrer Majestäten Franz Josef I. u. Elisabeth von Oesterreich. gr. 8. (111 S. m. 1 Steintaf.) Urfahr-Linz 879. Kraußlich. n. 1. 20; geb. n. 3. —

—— die Braut aus Indien oder die Geheimnisse einer Weltstadt. Roman. 40 Hefte oder 8 Bde. gr. 8. (610; 498; 491 S. mit 40 color. Stnt.) Neusalza 878, 79, Oeser. à Heft 20 Pf.

March, Rich., Gräfin Irma Falussi, die Königin der ungar Zigeuner, oder die unheiml. Häuser von Wien. Roman aus der Gegenwart. 80 Hefte oder 3 Bde. gr. 8. (392; 456; 432 S. mit 80 color. Stnt.) Neusalzá 882, Oeser. à Heft 10 Pf

March, Richard v., Die beiden Grasel od. d. Banditen im Wienerwald. gr. 8. Lief. 1—22. (S. 1—704.) Wien, Gebrüder Rubinstein. à 12 kr. 1885.

March, Richard, die beiden Grasel oder die Banditen im Wienerwald. (Vollständig in ca. 30 Lieferungen.) gr. 8⁰. Lfg. 23—30. (S. 705—1248. Schluss.) Wien, Rubinstein. à fl. —.12. 1886

—— Johannes Janderka, der kühne Anführer der Schmuggler und Banditen im Böhmerwalde, oder: Frevel und Sühne. Neuester Sensations-Roman. 40 Hefte oder 2 Bde. gr. 8. (758; 358 S. mit 40 Chromolithogr.) Ebendas. 880. à Heft 20 Pf.

March, Richard, Don Juan in Wien oder die Geheimnisse des Freihauses. Geschichtlicher Roman. gr. 8. Heft 1—2. (S. 1—32) geh. à 20 kr. Wien: Fischer 1882.

March, Richard, Don Juan in Wien oder d. Geheimnisse d. Freihauses. Histor. Roman. gr. 8. Heft 12. (S. 97—192). Hernals. J. Fischer. à 20 kr. 1883.

—— Graf Bogumil Kaminski, der unschuldig des Mordes Angeklagte und Verurtheilte, oder das unheimliche Haus in Warschau. Roman. 36 Hefte. gr. 8. (1433 S. mit 36 color. Stnt.) Ebendas. 877,78. à Heft 20 Pf.

—— Koloman, der Findling von Szegedin oder die Blume von Constantinopel. Historischer Roman aus dem türkisch-russ. Kriege. 30 Lfgn. oder 3 Bde. gr. 8. (560; 407; 472 S. mit color. Stnt.) Prag 878, Bensinger. à Lfg. 40 Pf.

— — der Colportage-Roman u. seine Bedeutung in Erwiderung der Flugschrift die Lectüre des Volkes. 8⁰. Wien, Selbst-Verlag. fl. —.20. 1886

March, Rich., e. Laune, s.: Familien-Bibliothek.

—— Graf Henri v. Montfort, der Gebrandmarkte, oder die Brüderschaft von St. Paul. Romantische Erzählung. 100 Hefte oder 3 Bde. gr. 8. (488; 590; 520 S. mit 100 Chromolithogr.) Ebendas. 883—85. à Heft 10 Pf.

—— der Scheibentoni. Neuester Sensations-Roman. 80 Hefte oder 4 Bde. gr. 8. (320; 312; 324; 336 S. mit 80 color. Stnt.) Ebendas. 881. à Heft 10 Pf.

March, Wenceslav, ernste Geschichten, s. Geschichten.

March, Wenceslav, (W. Fr. E. Messenhauser), Polengräber. (Roman.) 8. (IV u. 171 S.) Leipzig 848, Thomas. 24 ngr

COLONIE, Die neue, der Venus, oder die Eroberungen der Cyprischen Göttin aus dem Französ. des Abbé *Marchadier*). Frankfurt u. Leipzig 1767. 8⁰. 94 S. Rar! (In München 2 Expll.)
Orig. (in Berlin: Xy 3883): L'Isle de France, ou la Nouvelle Colonie de Vénus. Amst. (Paris, Duchesne) 1753. 12⁰. av. 1 grav. ($2^2/_3$ Rthl. Scheible, c. 1870.)

Die Familie Orleans von Philipp dem Verrückten bis auf Louis Philipp den Freimaurer, von Charles Marchal. Aus d. Franz. von Fr. Herrmann. Grimma: Verl.-Comptoir [1846]. 421 S. 8⁰
Das Orig. erschien u. d. Tit.: "La Famille d'Orléans, depuis son origine jusqu'à nos jours. Paris: Cauville 1845. 8"; es wurde unterdrückt u. der Verf. wurde zu 5 Jahren Gefängnis u. 10000 fr. Geldstrafe verurteilt. 1848 erschien dann bei Baudry in Paris eine neue Auflage. Vgl. Lorenz: Catalogue général. 3 (1892) S. 373. 65.

Marchal, Edmund, Assistenzarzt am Knappschafts-Lazareth zu Klein-Rosseln: Ueber die bacteriologische Aetiologie der Meningitis cerebro-spinalis epidemica. *Strassburg i. E.: J. Singer 1901.* (38 S.) 8⁰
Strassburg, Med. Diss. v. 1901

Marchal, B., das Bild der christlichen Frau. Mit Autoris. des Verf. nach der 8. Aufl. des Orig. frei übersetzt u. bevorwortet von Jul. Müllendorff. Regensburg 867. Pustet. 8. (VIII, 316 S.) 16 ngr

Marchal, B., das Bild der christl. Frau. 4., bedeutend veränd. Aufl. der deutschen Bearbeitg. gr. 16. (V, 318 S.) Regensburg 899. F. Pustet. 1. 60; geb. in Leinw. m. Goldschn. n. 2. 40

Marchal, B., der Blumenstrauß der christlichen Jungfrau, s.: Müllendorff, Jul.

—— der Blumenstrauß der christlichen Jungfrau. Mit Autoris. des Verf. frei übers. von J. M. 16. (VIII und 328 S.) Regensburg 867, Pustet.

Marchal, B., der Blumenstrauß der christlichen Jungfrau. Mit Autorisation d. Verf. frei übersetzt. v. J. M. 2. verb. u. verm. Aufl. 16. (VIII, 395 S.) Regensburg 872. Pustet. 1. 50

Marchal, B., der Blumenstrauß der christlichen Jungfrau. 3. abermals verb. Aufl. der deutschen Bearbeitung. 16. (VI, 375 S. mit 1 Farbendr.) Regensburg 885, Pustet. geb. in Leinw. mit Goldschn. *

—— das Buch der Hoffnung, den Weinenden zum Trost. Mit Autoris. des Verf. nach der 8. Aufl. des Orig. frei übers. von Jul. Müllendorff. 8. (XV und 328 S.) Regensburg 866, Pustet.

— das Buch der Hoffnung den Weinenden zum Trost. Mit Autorisation d. Verf. nach der 9. Aufl. d. Orig. frei übers. v. J. M. 2. verb. u. verm. Aufl. 16. (XIII, 506 S.) Ebend. 871. 1. 60

Marchal, B., das Buch der Hoffnung. 3. veränd. Aufl. der deutschen Bearbeitg. 12. (X, 372 S.) Regensburg 887. Pustet. 1. 60; geb. m. Goldschn. n. 2. 40

— das Buch vom rechten Mann. Mit Autoris. des Verf. frei übers. von Jul. Müllendorff. 1. Aufl. 865. u. 2., verb. Aufl. 8. (VIII, 368 S. 866. u. 3. verb. Aufl. Ebend. 869. 16. (VIII, 524 S.) 16 ngr

— das Buch vom rechten Mann. 5., bedeutend veränd. Aufl. der deutschen Bearbeitg. gr. 16. (V, 420 S.) Ebd. 899. 1. 60; geb. in Leinw. m. Goldschn. n. 2. 40

— ein Büchlein vom großen Gebete. Mit Autorisation d. Verf. frei übers. v. J. M. gr. 16. (VIII, 406 S.) Ebend. 871. 1. 50

— das Gewissen, wie es sein soll. Mit Autoris. des Verf. frei übers. von J. M. Ebend. 869. 16. (XX, 499 S.) 16 ngr.; in engl. Einb. mit Goldschn. 24 ngr.

—— das Weib wie es sein soll. Ein Frauenspiegel. Nach der 4. Aufl. des französ. Orig. übers. von Paul Grüne. gr. 16. (VII und 276 S.) Münster 863, Brunn's Verlag. - geb. mit Goldschn. *

Marchall, Samuel (Königsberg/Pr.), De jure annatarum. Präs. Joh. Petr. Ludewig. Halle (Grunert) Mai 1707 (1739). 96 S. (5.—) 22139

Marchand, le, de Londres. Tragédie. 8. Hamb. 748.

Marchand, le, de Santa-Fé. Nouvelle indienne par W. F.... Traduction de Alb. Godart. gr. 16. (63 S.) Metz 887. P. Even. — 25

Marchand, A., über die Entwaldung der Gebirge. Denkschrift an die Direktion des Innern des Kantons Bern. Hrsg. von der jurassischen Nacheiferungsgesellschaft. gr. 12. (59 S.) Bern 849, Jenni, Sohn.

Vgl. Marchand, X.

Marchand, Anton

—, über Phlogiston, elektr. Materie, Licht, Luft, u. die unmittelbar. Ursachen d. Bewegungen. 8. Mannh. 787. Schwan u. G. 8 gl.

Ueber Phlogiston, elektrische Materie, Licht, Luft und die unmittelbare Ursache der Bewegung. Mannheim, 1787. pp. 132, 8vo.

Marchand, Anton: Neue Theorie der Gährung. Nebst 2 Abhandlungen über die nützlichste Art Brandtewein zu brennen und Essig zu sieden. Mit 1 Kupfertaf. Mannheim: Schwan & Götz 1757. 120 S. -- 17*

Marchand, C. F. M. L., Lindenfels. Ein Beitrag zur Ortsgeschichte des Großherzogthums Hessen. Mit 2 Lithogr. (in 8. u. 4.) u. 2 Holzschn. (im Text). Darmstadt 858. Jonghaus in Comm. gr. 8. (124 S.) n. 10 ngr.

Marchand, C. F. M. L., Mittheilungen aus der Geschichte der christlichen Religion und Kirche für den evangel. Schul- und Confirmandenunterricht. 12. (V und 65 S.) Darmstadt 856, Kern. *

—— Predigt, am Reformationsfest den 2. Novbr. 1856 in der reformirten Pfarrkirche der Kreisstadt Lindenfels gehalten. 16. (14 S.) Darmstadt 856(57). Oppenheim, Kern. *

—— Predigten. 2. Heft. gr. 8. (28 S.) Oppenheim 857, Kern. *

—— Predigten. 2., verm. Aufl. gr. 8. (80 S.) Darmstadt 858, (Köhler jun.) *

— zwei Predigten. Ebend. 856. gr. 8. (15 S.) n. 4 ngr.

—— zwei Predigten. gr. 8. (15 S.) Oppenheim 857, Kern. *

Marchand, E. H., der Supplikanten-Vernehmer. Ein Handbuch f. gerichtl. Subaltern-Beamten mit Beispielen, Erläuterungen u. einer Zusammenstellung der f. das Verfahren in Civil- u. Criminal-Sachen gegenwärtig geltenden Gesetze u. Verordnungen. gr. 8. (VIII u. 152 S.) Insterburg 852, Wilhelmi. n. 2/3 ℛ

Marchand, Charles Louis: Dissertatio inauguralis medica de nephritide sabulosa et calculosa. Basel; med. Diss. 1738

Marchand, C., Reise um die Welt, in den J. 1791—92. 2 Bde. m. K. gr. 8. Leipz. Hinrichs (Sammer, a. Pichler in Wien) 802. Rthlr. Schreibp.

Marchand, Fel., s.: Arbeiten aus dem pathologischen Institute zu Leipzig.

Marchand, Felix (geb. Halle a. S. 22. 10. 1846): Ueber die Aetiologie der Malaria-Krankheiten. Berlin (1870). (32 S.) 8°
Berlin, Med. Diss. v. 11. Juli 1870

Marchand, F., s.: Beiträge zur pathologischen Anatomie u. zur allgemeinen Pathologie.

Marchand, Felix: Beiträge zur Kenntniss der Ovarien-Tumoren. Mit 2 Taf. Halle 1879: Schmidt. 62 S., 2 Taf. 8° (4°)
Halle-Wittenberg, Med. Hab.-Schr. v. [27. Jan. 1879]
Im Buchhandel Halle: Schmidt 1879. — Ersch. auch in: Abhandlungen d. naturforschenden Gesellschaft zu Halle. Bd 14. Halle 1880. S. 231—92, 2 Taf.

Beiträge zur Kenntniss der Placentarbildung. Die Placenta d. Kaninchens m. Bemerkgn über d. Placenta d. Katze. Von F. Marchand. M. 4 Doppeltaf. u. 1 Textfig. *Marburg: N. G. Elwert 1898.* (1 Bl., 55 S., 4 Taf.) 8.
= Schriften d. Gesellschaft z. Beförderung d. ges. Naturwiss. zu Marburg. Bd 13. Abt. 3. 98. 11600

Marchand, F. Beschreibung dreier Mikrocephalen-Gehirne, s.a. Acta, nova, academiae caesareae Leopoldino-Carolinae.

Marchand, F., Beschreibung dreier Mikrocephalen-Gehirne, nebst Vorstudien zur Anatomie der Mikrocephalie. 1. u. 2. Abth. [Aus: „Nova Acta d. ksl. Leop.-Carol. deutschen Akad. d. Naturforscher".] gr. 4. (52 S. m. 5 Taf.; 112 S. m. 1 Taf.) Halle 889. 890. (Leipzig, Engelmann.) à n. 6.—

Marchand, über die Einheilung von Fremdkörpern, s. Beiträge zur pathologischen Anatomie und zur allgemeinen Pathologie.

— über die normale Entwicklung u. den Mangel des Balkens im menschlichen Gehirn, s.: Abhandlungen der königl. sächsischen Gesellschaft der Wissenschaften. Mathem.-phys. Klasse. 31, VIII.

Über Gehirnzysticerken nach einem Vortrag in d. med. Gesellsch. zu Leipzig von F[elix] Marchand, Leipzig. (Mit 2 Textabb.) *Leipzig: Breitkopf & Härtel 1904.* (24 S.) 8°
= Sammlung klinischer Vorträge. N. F. No 371.

— s.: Handbuch der allgemeinen Pathologie.

Ueber das Hirngewicht des Menschen von F[elix] Marchand. *Leipzig: B. G. Teubner 1902.* (S. 393–481.) 4°(8°)
= Abhandlungen d. K. Sächs. Gesellschaft d. Wiss. Math.-phys. Kl. Bd 27, H. 4. [02. 7276

Das pathologische Institut der Universität Leipzig. Von Prof. Dr. F[elix] Marchand. Mit 1 Abb. u. 3 Taf. Leipzig: S. Hirzel 1906. (64 S.) 4°(8°)
= Arbeiten aus d. patholog. Institute zu Leipzig. H. 3. [06. 10837

Marchand, die Morphologie des Stirnlappens u. der Insel der Anthropomorphen, s.: Arbeiten aus dem pathologischen Institute zu Marburg.

Der Process der Wundheilung mit Einschluss der Transplantation. Von F[elix] Marchand, Prof. in Leipzig. Mit 108 Abb. *Stuttgart: F. Enke 1901.* (LX, 528 S.) 8°
= Chirurgie, Deutsche. Lfg 16. [01. 10289

— über die natürlichen Schutzmittel d. Organismus. Mit besond. Berücksicht. des Entzündungsvorganges. Antrittsvorlesung, geh. in der Aula der Universität zu Leipzig am 26. V. 1900. gr. 8. (34 S.) Leipzig 900. J. A. Barth. n. 1.—

— Rudolf Virchow als Pathologe. Gedächtnis-Rede, geh. am 21. X. 1902 in der medizin. Gesellschaft zu Leipzig. gr. 8. (35 S.) München 902. J. F. Lehmann's Verlag. n. 1.—

Marchand, Felix, über den Wechsel der Anschauungen in der Pathologie. Akademische Antrittsrede, gehalten am 12. Novbr. 1881. gr. 8. (28 S.) Stuttgart 882, Enke. *

General- und Spezial-Listen aller Mitglieder der vereinigten Logen unter unmittelbarem Vorsitz des [Br.] Friedrich August Herzog von Braunschweig-Lüneburg angefertiget Berlin den 1. Jan. 1784 vom B. Grossecretair [d. i. Franz Wilh. Marchand]. [Berlin 1784]: Decker. 7 Bl. 2⁰ [Umschlagtit.] 215.

Marchand, Friedrich, Medizinalprakt. an d. Med. Klinik zu Heidelberg: Aus d. pathol. Inst. d. Univ. Leipzig (Dir. Marchand). Untersuchungen über die Herkunft der Körnchenzellen des Zentralnervensystems. Mit 1 Taf. Leipzig 1909: (Lippert, Naumburg a. S.) 40 S. 8° ¶(Aus: Beiträge z. path. Anat. u. z. allgem. Pathol. Bd 45.)
Leipzig, Med. Diss. v. 26. Nov. 1908, Ref. Flechsig
[Geb. 12. Juli 84 Marburg i. H.; Wohnort: Heidelberg; Staatsangeh.: Sachsen; Vorbildung: Thomassch. Leipzig Reife O. 03; Studium: Marburg 1, Leipzig 9 S.; Coll. 6. März 09.] [U 09. 2829

Marchand, Geo., Charakteristik des Redners Aeschines. Inaugural-Dissertation. gr. 8. (105 S.) Kassel 876. (Jena, Deistung's Buchh.) *

Marchand, Georg (Linz)
Jahresberichte über die Schulcurse 1846-1850 am k. Progymnasium zu Linz.
Dr. phil. Giessen 29.5.1851. 26 Kriegsverlust.

Marchand: Lebensgeschichte des heil. Kirchenlehrers Hilarius Bischof von Poitiers. – Linz, Progr. 1856.

Marchand, Geo., Lateinische Vesper-Gesänge f. die Festtage d. Kirchenjahres nach dem röm. Brevier u. dem Ritus der Domkirche zu Paderborn zusammengestellt. 2. Aufl. 12. (51 S.) Lippstadt 851, Lange in Comm. n. 3 ngr.

Marchand, G., Die Wohnsitze der Marsen. Linz a. Rh. 1859. 4.
Progr. Progymn. Linz. . . . . (D.)

Marchand, das Zunftwesen überhaupt, d. Schifferzunft zu Linz insbesondere. Linz a. Rhein. 4. 10 p. 1864.
Schul-/Univ.-Schrift

Marchand, H., das Strafregister in Deutschland unter besond. Berücksicht. Preußens, nebst e. Zusammenstellung der im Auslande besteh. Einrichtgn. gr. 8. (X, 123 S.) Berlin 900. J. Guttentag. n. 3.—; geb. in Leinw. n. 4.—

Marchand, J.: Kurze und deutliche Anweisung zur Reitkunst, zum allgemeinen Gebrauch für die leichte Cavallerie ... hrsg. Berlin 1786. XVI, 32 S.

Marchand, J., kurze u. deutliche Anweisung z. Reitkunst rc. 8. Berl. 786. 2e A. 791. 3e A. 8. Ebd. 794. W. Vieweg.

— — 3. verm. u. sehr verb. Aufl. Sst. 1794. 104 S.

Vom Kölner Dom zum Grabesdom. Tagebuch-Erinnerungen an d. Deutsche Pilgerfahrt z. heil. Lande im Frühj. 1904 von Jakob Marchand. Köln 1904: H. Theissing. (52 S.) 4° [05. 2,67

Marchand, Jean Henri [wirkl. Name], s. Beaumont, Jean Henri [Pseud.]

[Marchand, K. W.]: Circular-Schreiben an die Creditoren in der Sache, den über die Handlung unter der Firma Gebr. Benecke . . . eröffneten Concurs betr. Berlin 1826.

[Marchand, C. W.]: Ueber einige Haupt-Hindernisse, welche der Verfolgung des Rechts vor den Gerichtshöfen nach der Preußischen Prozeß-Ordnung entgegenstehen. Berlin 1831.

Marchand, Ludw., Anklänge d. Zeit. (Gedichte.) gr. 8. (2¼ B.) Utrecht 830. (Haag, Hartmann.) Thlr.

Marchand, Louis: Aufruf. [Luxemburg J. Lamort] 1827. 4 S. 8⁰

—— des Kriegers Harfenklänge. Ein Liederkranz. gr. 12. (5⅓ B.) Haag 833, Hartmann. •

Marchand, Louis: Europa's gekrönte Häupter. [Blum, Bibl. lux.]

Marchand, Louis: Neue Knospen. Utrecht 1830. VIII, 100 S. 8⁰

Marchand, Louis: Knospen und Blüthen. Arlon 1842. 2 Bde. 12⁰
1. Knospen. – 457 S.
2. Blüthen. 448 S.

Marchand, Louis: Poetische Versuche. Luxemburg: J. Lamort. 6 Hefte. 8⁰
1. Rudolph und Adelhaide, ein Rittergedicht. 1826. – X, 10 S.
2. Harfentöne. 1827. 34 S.
3. Ein Kranz des Dankes auf dem Altare der Liebe. 1828. 21, 1 S.
4. Die Minneharfe. 1828. 36 S.
5. Blüthen der Empfindung. 1829. 32 S.
6. Die Freundschaftsharfe. 1830. 44 S.

Marchand, M., s. Napoléon, Précis des guerres de César — Dessen Uebersicht der Kriege Cäsars.

Marchand, Précis des guerres de Cesar, par Napoléon, s. Collection portative, III. Serie, Livr. 88, 89.

Marchand, Marg. E., die Mädchen-Erziehung nach dem Geiste der katholischen Kirche. Ein theoretisch-prakt. Hilfsbuch f. Lehrerinnen u. alle, welche die weibl. Erziehg. beschäftigt, bearb. im steten Hinblick auf die Stellg. d. Weibes in der Familie. gr. 8. (VIII, 416 S.) Mainz 891. F. Kirchheim. n. 4. 80

— das erziehliche Wort. Ein prakt. Wegweiser f. Lehrer u. Lehrerinnen u. alle, welche die Jugend erziehen u. unterrichten. 12. (VIII, 303 S.) Ebd. 893. n. 2. 40

Marchand, R[aymond]. Kurzer theoretischer und praktischer Leitfaden zum Gebrauch für Bäckerlehrlinge. 40 S. 8. Zürich, Arnold Bopp, 1903. [fr. 1. 20]

Marchand, Richard: Das „plexiforme Neurom" (cylindrische Fibrom der Nervenscheiden). Halle a. S. (1876): Plötz. 38 S. 8°
Halle-Wittenberg, Med. Diss. v. 9. Aug. 1876
Geb. Halle a. d. S. 17. 1. 1851. V.

Marchand, Rich(ard) Fel(ix): Acidum sulphuricum, quam vim in Alkoholem exerceat, quaeque et hinc prodeuntium et similium compositionum natura sit et constitutio. Lipsiae 1838: Nies. 38 S. 8°
Halle-Wittenberg, Phil. Hab.-Schr. v. 18. Aug. 1838
Vom Verf. ersch. deutsch: Ueber die Einwirkung der Schwefelsäure auf den Alcohol und die daraus hervorgehenden Producte. In: Journal f. prakt. Chemie. Bd 15. Leipzig 1838. S. 1—16; und eine franz. Übers. von Leblanc in: Annales de Chimie. T. 69. Paris 1838. S. 259—281.

Marchand, Rich. Fel., († d. 2. Aug. 1850), über die Alchemie. Ein Vortrag im wissenschaftl. Vereine zu Berlin gehalt. gr. 8. (45 S.) Halle 847, Anton. ¼ ₰

Marchand, Physische Chemie. [o. O. u. J.]

— das Gold, s.: Belehrungen, unterhaltende, 11. Bdchn.

Marchand, Rich. Fel., Grundriss d. organ. Chemie. gr. 8. (10 B. u. 1 Tab.) Leipzig 839, Barth.

Marchand, Rich. Felix, Journal f. prakt. Chemie etc., s. Journal.

—Lehrbuch der organischen Chemie. Leipzig, 1838.

Marchand, Rich. Fel., Lehrbuch der physiologischen Chemie. 3 Lief. gr. 8. Berlin 842, 44, Simion. (1. 2. à n. ⅔ ₰ 3. n. 1 ₰) n. 2⅓ ₰

—— über die Luftschifffahrt. Ein Vortrag im wissenschaftl. Vereine zu Berlin am 12. Jan. 1850 gehalten. gr. 8. (56 S.) Leipzig 850, Barth. —

(**Marchand,** Richard(us) Felix): *De praesentia Urei in corpore animali extra urinam. 40 S. 4° (2°)
Halle-Wittenberg, Phil. Diss. v. 21 Nov. 1837
Geb. [Berlin 25. 8. 1813]
Vom Verf. ersch. deutsch: Ueber das Vorkommen des Harnstoffes im thierischen Körper außerhalb des Harns. In: Journal f. prakt. Chemie. Bd 11. Leipzig 1837. S. 449—466, Bd 14. 1838 S. 490—497; und: Ueber die Bildung des Harnstoffs im thierischen Körper. In: Archiv f. Anat., Physiol. u. wiss. Medicin. Berlin 1839 S. 90—96.

Marchand, Richard Felix.
Chemische Tafeln zur Berechnung der Analysen. Leipzig, 1847. 8vo.

Marchand, W., alleinstehendes Fräulein sucht diskretes Darleben v. ält. reichen Herrn. Offert. unter „Glück" Nr. 128 beförd. d. Exped. Sittenbild aus der Großstadt. 2. Aufl. (15 S.) 8. München (904). Verlag der Münchener Stadt-Telegramme. n. — 30

Alleinstehendes Fräulein sucht diskretes Darlehen von älterem reichem Herrn. Offert. unter 'Glück' Nr. 123 beförd. d. Exped. Sittenbild aus d. Großstadt von W. **Marchand.** 5.–10. Taus. München: Zeitungszentrale in Komm. [1905]. (15 S.) 8° [F.] [05 6660

— die Knabenliebe in München! (Münchens Homosexuelle.) Sittenbild aus der Großstadt. 1.—5. Taus. (16 S.) 8. Ebd. (904). n. — 30

Die Knabenliebe in München! ⟨Münchens Homosexuelle.⟩ Sittenbild aus d. Großstadt von W. **Marchand.** (München: Broschüren- & Reklame-Verl. [1905].) (16 S.) 8° [Umschlagt. F. u. Ant.] [05. 6663

Die 'Kunden' im Liebes-Warenhaus an der Herzogspitalstraße von W. **Marchand.** (München: Verl. d. Marchand'schen Sittenbilder [1905].) (7 S.) 8° [F.] [05. 6664

Die Liebe zwischen Frauen! ⟨Die Lesbische Liebe in München!⟩ Sittenbild aus d. Großstadt von W. **Marchand.** 1.–5. Taus. München: [Broschüren- & Reklame-Verl. 1905]. (16 S.) 8° [F.] [05. 6665

— unsere Masseusen! Ein Sittenbild aus e. Großstadt. 5. Aufl. (15 S.) 8. Ebd. (904). n. — 30

— unsere Modelle. Ein Sittenbild aus der Großstadt. (15 S.) 8. Ebd. (904). n. — 30

— die Studenten-Mizzi! (Unsere Kellnerinnen.) Sittenbilder aus der Großstadt München. 1.—5. Tausf. (16 S.) 8. Ebd. (904). n. — 30

Marchand, Wern., Aufsätze aus dem Gebiete der allgemeinen Entwickelungslehre. 1.—3. Heft. gr. 8. Berlin, A. Baumhauer. 1. 80
1. Das Leben u. die Erde. Eine einleit. Betrachtg. nebst e. Resumé in Esperanto. (21 S.) 910. — 60
2. Die verbreitetsten Vorstellungen v. der phylogenet. Entwickelung der Organismen. (20 S.) 910. — 60
3. Das Problem der Entstehung des Lebens. (20 S.) 909. — 60

Einige kritische Bemerkungen zur morphologischen Auffassung des Amphioxus. Zugleich e. spezieller Beitrag zu e. Neugestaltung d. Entwickelungslehre. Von Dr. Werner **Marchand.** Berlin: Selbstverl.; [Baumhauer] 1909. 12 S. 8° [10. 8729

Das Leben und die Erde. Eine einleitende Betrachtung nebst e. Resumé in Esperanto. Von Dr. Werner **Marchand.** Berlin: Baumhauer 1910. 19 S. 8°
(Marchand: Aufsätze aus d. Gebiet d. allg. Entwicklungslehre. H. 1.) [10. 8731

Das Problem der Entstehung des Lebens. Von Dr. Werner **Marchand.** Berlin: Selbstverl.; [Baumhauer] 1909. 20 S. 8°
(Marchand: Aufsätze aus d. Gebiet d. allg. Entwicklungslehre. [H. 3.]) [10. 8733

Marchand, Werner: ⟨Aus dem zoologischen Institut der Universität Leipzig.⟩ Studien über Cephalopoden. 1. Der männliche Leitungsapparat der Dibranchiaten. Mit 66 Figuren im Text. Leipzig: W. Engelmann 1907. (111 S.) 8° ¶(Aus: Zeitschrift f. wissensch. Zoologie Bd 86 H. 3.)
Leipzig, Phil. Fak., Ref. Chun-Pfeffer, Diss. v. 15. März 1907
[Geb. 15. Okt. 81 Gießen (Hessen-Darmstadt); Wohnort: Leipzig; Staatsangeh.: Sachsen; Vorbildung: Gymn. Wertheim Reife Juni 01; Studium: München 1, Leipzig 8 S.; Rig. 24. Juli 06.]

Die verbreitetsten Vorstellungen von der phylogenetischen Entwickelung der Organismen. Von Dr. Werner **Marchand.** Berlin: Selbstverl.; [Baumhauer] 1910. 20 S. 8°
(Marchand: Aufsätze aus d. Gebiet d. allg. Entwicklungslehre. H. 2.) [10. 8730

Marchand, X. (vgl. Marchand, A.): Entwaldung der Gebirge. Bern 1849.

Marchand, X. Ueber das Verhältniss der Holzproduktion zur Holzkonsumation. Bern 1852.

Marchand, X. Vortrag an die Finanzdirection, Abth. Domänen u. Forsten. Bern 1852.

Marchande, la, de modes, Parodie de la Vestal, par M. Jouy. gr. 8. Rudolstadt, Hofbuchh. 811. — 4

MARCHANDE de modes-Mädchen, Das. Berlin 1885. 8°. (90 Pfg. L. M. Glogau Sohn, Hamburg, 1880.)

Marchandes des Modes. Orig.-Sgspl. in 3 A. 8. Wien 784. v. Mösle. 5 Kr

Marchant, Jac., die Lehre der katholischen Kirche. Zunächst ein Handbuch für den Priester in der Seelsorge u. dann ein Lehrbuch f. jeden gebildeten Christen, nach den Anforderungen der Zeit neu bearb. u. verm. v. Nikol. Mayerhöfer. 1. Thl.: A. u. d. T.: Der christliche Glaube. Lex. 8. (XVI u. 608 S.) Sulzbach 852, v. Seidel. 2 ₰

Marchant, Jac., die Lehre der katholischen Kirche. Zunächst ein Handbuch für den Priester in der Seelsorge und dann ein Lehrbuch für jeden gebildeten Christen, nach den Anforderungen der Zeit neu bearb. u. verm. von Nik. Mayerhöfer. 2. Thl. A. u. d. T.: Die christliche Hoffnung, dargestellt 2c. Sulzbach 854. v. Seidel. Lex. 8. (VIII, 487 S.) 1 ₰ 20 ngr

Marchant, Jac., die theologischen Tugenden. Zunächst ein Handbuch für den Priester in der Seelsorge und dann ein Lehrbuch für jeden gebildeten Christen, nach den Anforderungen der Zeit neu bearb. und verm. von Nikol. Mayerhöfer. 3. Thl. A. u. d. T.: Die christliche Liebe. gr. 8. (VIII und 416 S.) Regensburg 864, Pustet.

Vgl.: Marchant, J., die Lehre der katholischen Kirche. 1. und 2. Bd. Sulzbach 1852,54, v. Seidel'sche Buchh. 3 Thlr. 20 Ngr.

Marchant, P. L., Dictionaire de médecine dogmatique, ou recueil des principales maximes d'Hippocrate. 8. Besancon. Lovrault in Strasbourg. 816.

March-Anzeiger

① Amtliches Publikationsmittel des Bezirkes March. Amtliches Publikationsmittel der Kantons-, Bezirks- und Gemeindebehörden. Amtliches Publikationsorgan für den Kanton Schwyz, den Bezirk March und dessen Gemeinden ⑤ 7. 4. 1860 (cont.) ⑥ 4°; 2° (seit 1872) ⑦ Wochenblatt; wöchentlich 2× (seit 1883) ⑧ Lachen: Frau Josefine Anselmier-Eberle (1860—1883), Anton Keßler-Stocker (1883—1911), Anton Keßler-Looser (1911—1930), Karl Keßler-Tschudi (seit 1930) ⑫ katholisch-konservativ ⑬ BGSZ: 328, 704, 1058 ⑭ Sz: K. A.

Marchbote

① Freisinniges Organ für den Kanton Schwyz, Publikationsmittel der Kantons-, Bezirks- und Gemeindebehörden ⑤ 6. 12. 1862—29. 7. 1895 ⑥ 2° ⑦ Wochenblatt; wöchentlich 2× (1871) ⑧ Lachen: J. Mettler-Düggelin ⑫ freisinnig ⑬ BGSZ: 1058 ⑭ Sz: K. A.

Marchdrencker, Carl Wilhelm (Nürnberg), Executionem subsidialem. Altdorf (D. Meyer) Oct. 1715. 264 S. (6.80) 22141

Marche [Sachliches OW]

Marche progressive de la Russie sur le Danube. gr. 8. (7 S. mit 8 lithogr. und color. Karten in qu. gr. 4.) Wien 878, (Gerold und Comp.) *

Marche progressive de la Russie sur le Danube. (Mit 8 Karten, hievon 6 die Gebietsveränderungen Russlands und Rumäniens vom Jahre 1812—1857 darstellend.) 8. Vienne 1878.

Marché universel, le. Journal international pour l'industrie et le commerce. Libraires-Editeurs: Meyer et Bilitz. 1re et 2me année 1887 et 1888. à année 12 nrs. (à Nr. 4½ Bog. mit Illustr.) Fol. Paris und Berlin, Meyer und Bilitz. à Jahrg. *

Marché universel, le. Journal international pour l'industrie et le commerce. Année 1889—1892. à Jahrg. 12 nrs. (à Nr. 2 Bog. m. Illustr.) Fol. Berl. 892, Meyer u. Bilitz. à Jahrg. [* 10 —] * 8 —

Marché universel, le. Journal international pour l'industrie et le commerce. Gérant: Erwin Eichler. Année 1891. 12 nrs. (2 Bog. m. Illustr.) Fol. Berlin, Meyer & Bilitz. n. 10. —

— dasselbe. Représentant responsable: A. Buck. Année 1892. 12 nrs. (2 Bog. m. Illustr.) Fol. Ebd. n. 10. —

— dasselbe. Représentant responsable: L. Rosenow. Année 1893. 12 nrs. Fol. (2 Bog. m. Illustr.) Ebd. n. 8. —

Marché universel, le. Journal international pour l'industrie et le commerce. Réd. responsable: H. Hartrath. IX. et X. année 1895—1896. à 12 nrs. (à ca. 8 S. m. Ill.) Fol. Berlin (w. 30), Verlag u. Exped. d. Weltmarkt. à Jahrg. n. 8. —

— dasselbe. Journal international pour l'industrie et le commerce allemandes. Réd. responsable: H. Hartrath. 11. et 12. année 1897—1898. à 12 nrs. (à ca. 8 S. m. Abb.) Fol. Ebd. à Jahrg. n. 8. —

Marché universel, le. Organe de l'industrie et du commerce d'importation et d'exportation de l'Allemagne. Réd.: Hugo Böttger. 13. année 1899. 12 nrs. gr. 4. (à ca. 12 S. m. Abbildgn.) Berlin u. Braunschweig, A. Limbach. n. 8. —

— dasselbe. Réd.: Kurt Sachisthal. 14.—16. année. 1900—1902. à 12 nrs. gr. 4. (à ca. 12 S. m. Abbildgn.) Ebd. à Jahrg. 4. —
Vergl.: Universalmarket, the. — Weltmarkt, der.

Marché, le, universel. Réd.: Kurt Sachisthal. Ed. A. Revue internationale de la construction de machines et des industries métallurgiques et minéralogiques. 17.—20. année. 1903—1906. à 12 nrs. (à ca. 20 S.) gr. 4. Braunschweig, A. Limbach. à Jhrg. n. 4. —

— dasselbe. Ed. B. Organe de l'industrie et du commerce d'importation et d'exportation. 19. et 20. année. 1905 et 1906 à 12 nrs. (à ca. 20 S.) gr. 4. Ebd. à Jhrg. n. 4. —
Vergl.: Universal market, the. — Weltmarkt, der.

Marché, le universel. Réd.: Kurt Sachisthal. Éd. A. Revue internationale de la construction de machines et des industries métallurgiques et minéralogiques. 21. année. 1907. 12 nrs. (à ca. 10 S.) 31×22 cm. Braunschweig, A. Limbach. 4. —

— dasselbe. Ed. B. Organe de l'industrie et du commerce d'importation et d'exportation. 21. année. 1907. 12 nrs. (à ca. 10 S.) 31×22 cm. Ebd. 4. —
Beide Ausg. haben ihr Erscheinen eingestellt.

Marche [Verfasser]

Marche , August Christian

— — De praetore peregrino. Präs. J. H. Mylius. Lpz. (Roth) 27. VI. 1732. (4.—) 22145

Marche, August Christian (Stolp), Quae justiniano imp. in prooemio institutionum. Lpz. (Trog) 26. IX. 1731. 21 S. (3.40) 22144
Gew.: G. H. Mylius.

— — u. **Andr. Polyc. Leyser,** Specimen jurisprudentiae Pauli apostoli quad rem tutelarem. Lpz. (Langenheim) 18. I. 1736. 42 S. (5.—) 22147

Marche, A. C., specimen jurisprudentiae Pauli quoad rem tutelarem ad Gal. 4, 1–2. Lips. 1736. 4.

— — De tutoribus ex lege julia et titia. Leipzig (Langenheim) 22. III. 1736. 60 S. (5.—) 22146

Marche, C. F. S. de la. Russische Anekdoten, von der Regierung und dem Tode Peters des Dritten, ingleichen von der Erhebung und Regierung Katharinen der Andern. Ferner von dem Tode des Kaisers Iwan, welchen zum Anfange beigefügt die Lebensgeschichte Katharinen der Ersten. 8. Petersburg 1764.

de la Marche, (Chr. Fr. Schwan,) s. Anekdoten, russische.

(**Marche,** C. I.) Kritik über die Lebensbeschreibung des Grafen v. Bonneval. A. d. Französ. 8. s. l. 1738.

Marche, Geo. Aug., († d. 9. Mai 1783.) Diss. inaug: historia juris civilis de divortiis. 4. Leipz. 764.

— **Georg August,** De divortiis. Leipzig (Loeper) 20. IX. 1764. 62 S. (4.—) 22151

Marche, J., Anwendung des gewalzten Zinks zur Dachbedeckung sowie deren Kostenberechnung. Breslau 856. Graß, Barth u. Co. gr. 4. (2 Bl., 27 S. m. Holzschn. im Text u. 2 lith. Taf. in Fol.) n. 15 ngr.

— **Carl Siegismund,** Ex historia Saxonica titulos electoris Saxonis. Präs. Friedr. Strunz. Wittenberg (Gerdes) 3. XII. 1713. (5.—) 22148
Widm. v.: Friedr. Strunz.

— — De meritis Saxonum in Angliam. Präs. Polyc. Lyser. Wittenberg (Kreusig) 20. IV. 1715. (5.—) 22149

— — (Leipzig), De usu forensi scti macedoniani in Germania. Präs. Gottfr. Ludw. Mencke. Wittenberg (Gerdes) 26. XI. 1715. 40 S. (5.—) 22150

MARCHE'S, N. R. (L.?), Poetischer Helicon, oder zusammengetragene geistliche, Begräbniss-, Hochzeit- und Glückwünschungs-Gedichte, auch geistliche und weltliche Epigrammata. Leipzig, b. A. Martini. 1743. 8°. $12^1/_2$ Bogen. Sehr selten!
O. M. V. 1743. F 4b; Bibl. J. J. Schwabii; Cat. Meissner III. p. 517.

Marche, R., praktisches Verfahren bei der Malzbereitung und Bierbrauerei. Nach eig. Erfahrung. Nebst 2 lith. Taf. Abbild. 8. Colberg 845, Post. $^1/_2$ ℛ — 2. Aufl. Mit 4 Zeichn. 8. Ebend. 846. $^1/_2$ ℛ

MARCHE, W. Cl., Ueber den Einfluss der Ehen zwischen Blutsverwandten auf die Nachkommenschaft. (Diss.) Leipzig 1862. 8°. ($^1/_3$ Rthl. Scheible, vor 1875.)

Marchegg, a.: Geologische Karten. Spezialkarte. (Oesterr.-Ung.)

Marchel, Franz

Marchel, Franc., Compendio di storia della letteratura italiana, compilato ed annotato ad uso delle scuole medie tedesche, e antologia italiana dei migliori autori antichi e moderni, raccolta e commentata ad uso delle scuole medie tedesche. (Neue Aufl.) gr. 8. (106 u. V, 369 S. m. 4 Taf.) Innsbruck 902. Wagner. n. 5. 70; geb. in Leinw. n. 6. —; letteratura einzeln (106 S. m. 4 Taf.) In Leinw. kart. n. 2. —

Marchel, Frz., italienische Grammatik. 1. u. 2. Thl. gr. 8. Innsbruck, Wagner. Geb. in Leinw. n. 5. 40
1. (VI, 115 S.) 896. Geb. n. 1. 80.
2. (VI, 244 S.) 898. Geb. n. 3. 60.

Marchel, Franz, Italienische Grammatik. II. Th. Innsbruck 1897. Wagner'sche Universitäts-Buchhandlung. (Min.-Erl. v. 19. November 1897, Z. 23523.) Geb. 1.80

MARCHEL, Franz
(F) Italienische Grammatik von Franz Marchel. 2. vermehrte und verbesserte Auflage. Approbiert durch h. Ministerial-Erlass vom 20. Jänner 1900, Z. 582. Innsbruck. 1900. Wagner. Gr.-8°. VII, 444 S. Geb. K 5.80

Marchel Franz, Italienische Grammatik. 3. Auflage. Innsbruck 1905. Wagner'sche Buchhandlung. Geb. K 5.80.

Marchel, Frz., italienische Grammatik. 3. Aufl. Mit Berücksicht. der neuen Rechtschreibg. (VII, 446 S.) gr. 8. Innsbruck 906. Wagner. Geb. n. 5. 80

— dasselbe, zum Gebrauche an Mittelschulen m. deutscher Unterrichtssprache. (VIII, 386 S.) gr. 8. Ebd. 905. Geb. in Leinw. n. 5. 40

Marchel, Frz., italienische Grammatik f. Realschulen. 1. Tl. (III, VII, 182 S.) gr. 8. Innsbruck 910. Wagner. Geb. in Leinw. 1. 70

— dasselbe f. Volks- u. Bürgerschulen. 2 Tle. gr. 8. Ebd. Geb. in Leinw. 4. 20
1. (VII, 92 S.) 909. Geb. 1.80.
2. (VII, 194 S.) 910. Geb. 2.40.

— Letture italiane. Raccolte ed annotate ad uso delle scuole médie tedesche. gr. 8. (IV, 195 S.) Ebd. 899. n. 2. 60; geb. in Leinw. n. 3. —

— Letture italiane. Raccolte ed annotate ad uso delle scuole médie tedesche. 2. ed. (IV, 228 S.) gr. 8. Ebd. 907. Geb. in Leinw. 3. 60

Marchen, J. Gf., Zeugniß der Wahrheit der Gemeinde zu Herrnhuth wider P. Regent beschuldigte neue Sekte. 8. Herrnh. 730.

Märchen. O. O. 1774. V: *Schubart, Christian Friedrich Daniel.* (schstr S. 247)

— von Hamilton; Historie d. Flordepine rc. a. d. Franz. 8. Halle, Hendel. 777.

— erzählt vom Zauberer Simon. 8. Chemnitz, Jacobäer. (Mauke.) 800.

— erzählt vom Zauberer Simon. 8. Chemnitz 800. (Aue in Altona). 8 gl.

MÄHRCHEN. (Journal d. Romane. Stück 10.) Berlin, 1802. In Ungers Journalhandlung. 8°. (4 Mk. 50 Pfg. Adolf Weigel, 1906.)
272 S. (incl. Doppeltitel). Nicht häufig.

Märchen oder geheime Geschichte des Hofes zu Hebed. Leipzig [Riga] 1802. V: *Richter, Joh. Gottfried.* (MGT) (WR) (KY)

— od. geheime Geschichte des Hofes zu Hebed, (v. Jh. Gf. Richter). 8. Leipz. 802. Hartknoch. 21 gl.

Märchen, hsg. vom Verf. der Heliodora. Görlitz 1805. V: *Lindau, Wilh. Adolph.* (MGT) (NN) (KY) (EE)

Mährchen; herausgg. vom Verf. der Heliodora (W. A. Lindau). 8. Görlitz 805. Anton in Halle. 20 gl.

— v. Ant. Freiherrn v. Steigentesch. 8. Leipz. Göschen. 813.

Märchen. Vom Verfasser der Novantiken. Weimar 1832. V: *Gräbner, Karl.* (GGR X, 252) (Zeitschr. f. Büch. N. F. 15, 1923, S. 115)

— vom Verf. der Novantiken. 8. Weim. 832. Gräbner. 20 gr

— vom Verf. der Novantiken. 8. 1832, ist jetzt Verlag von Hennings u. Hopf in Erfurt. 5/6 ß

Märchen. Von einer Mutter erdacht. Für Kinder von 7 bis 10 Jahren. Mit (8) color. Stahlst. Stuttgart 858. Chelius. gr. 16. (IV, 231 S.) 1 ß. 15 ngr.

– der Tante Emmy. Neue Folge. Illustrirt von J. Kiener. Mit dem Portr. der Tante Emmy in Lichtdr. gr. 8. (VIII, 198 S.) Donauwörth 883, [Buchh. des kathol. Erziehungsvereins.] Auer. geb. *

—— der Tante Emmy. Neue Folge. 2. bedeutend verm. Aufl. gr. 8. (VIII, 239 S. mit Portr. der Tante Emmy in Lichtdr., 1 farb. Umschlagbild und vielen Text-Illustr.) Ebendas. 887. geb. *

Vgl.: Emmy, Tante.

Märchen (10 diverse). 16. Wien, Carl Fritz. à 10 kr. 1865.

Märchen. Große u. leichte Malvorlagen. (12 [6 farb.] Bl.) 30×43 cm. Mainz (910). J. Scholz. 1.25

Mährchen, acht, erzählt für artige Kinder von mehrern Jugenderziehern. br. 8. (95 S. und 8 ill. Kpfr.) Erfurt 851, Bartholomäus.

Märchen, alte u. neue, v. Grimm, Bechstein, Hauff, Godin u. anderen, m. Bildern v. W. Planck. (IV, 88 S. m. Textabbildgn. u. 6 Farbdr.) gr. Fol. Stuttgart (903). G. Weise. Geb. n. 6. —

Märchen, alte u. neue, v. Grimm, Bechstein, Hauff, Godin u. anderen, m. Bildern v. W. Planck. (IV, 140 S. m. 6 Farbdr.) Lex.-8. Stuttgart (906). G. Weise. Geb. in Leinw. n. 3. 50

— alt-russische, übers. von Joh. Richter. 1s Bändchen, enth. den Ritter Bulat oder der goldne Kelch u. die heilige Krone. 8. Leipzig, Baumgärtner. 817.

Mährchen einer Amme. O. O. 1764. 8°. Rar! (4 Mk. G. Priewe, Heringsdorf, 1895.)

Märchen, Das, vom Ersten Aprile, a. d. Holl. . . . Dritte . . . Aufl. Buttstädt 1755. V: *Rabener, Glieb Wilh.* (MN)

Mährchen, arabische, s. Bibliothek d. Frohsinns, IX. Serie.

Das Märchen *von dem Aschenbrödel* mit 8 illuminirten Abbildungen. Nürnberg, bei G. N. Renner & Co. [c. 1845]. [Titel a. d. Einband]. 8 einseitig bedruckte Bll. mit Versen und reizenden handkolorierten Bildern, alles lithographiert. Kl.-8°. Or.-Karton mit Illustration a. d. Vorderdeckel. Rücken erneuert. Etw. fleckig u. benutzt. 15.—

Mährchen, das, von dem Aschenbrödel m. 8 (lith. u. color.) Abbildgn. 8. Nürnberg 849, Renner & Co. 1/6 ß

— ausgewählte, aus 1001 Nacht. Ein Strauß der unterhaltendsten u. lehrreichsten Märchen f. die liebe Jugend. (127 S. m. 4 Farbdr.) gr. 8. Stuttgart (906). Reutlingen, R. Bardtenschlager. Geb. 2. 50

— ausgewählte, aus 1001 Nacht. Ein Strauß d. unterhaltendsten u. lehrreichsten Märchen f. die liebe Jugend. (127 S. m. 4 Farbdr.-Bildern.) 8. Reutlingen (909). R. Bardtenschlager. Geb. 1. 10

— dasselbe, s.: Im Wundergarten.

— u. Balladen. Rhapsodieen v. Frater Pontanus. 12. (VII, 215 S.) Hamburg 895. F. W. Rademacher. Geb. in Halbleinw. n. 3. —

Märchen, Das, von Battaglia. [Hamburg] o. J. V: *Thomsen, Clarita geb. Scholvien.* Vgl. Kat. d. Schlesw.-Holst. Landesbibl. 1. Nachtr. 1907, S. 1631. (DARP)

Märchen, Das, vom Bilboquet. Altenburg 1772. V: *Bertuch, Frdr. Justin.* (MN) (KY) (MGT) (BRMM)

— das, von Bilboquet, (von Fr. Just. Bertuch). 8. Jena 772. (Hennings in Neisse). 4 gr

— das, vom Bilboquet. 8. Altenb. Richter. (Madem. Schhdl. in Jena.) 772.

Märchen, das, vom Bismarck u. der Kaiserkrone. gr. 4. (II, 13 S. m. Text-Bildern, farb. Titel u. 6 Farbendr.) Frankfurt a/M. 891. W. Rommel. Kart. n. 3. —

—— das, vom bösen Ritter Blaubart, mit 8 lithogr. und ill. Abbildungen. 8. Nürnberg 849, Renner und Comp.

Märchen, Das blaue, d. i. wahre und eigentliche Beschreibung von einem Währwolf, der sich im Hochhäuserberg aufhält. O. O. 1789. V (nicht): *Wekhrlin, Wilh. Ludwig.* (GGR IV³/849, Nr. 11/20)

— das, vom Deutschen Bunde. (Gedicht.) gr. 8. (4 S.) Leipzig 848, Naumburg. n. 1 ngr

Märchen, ein, aus der Campagne. Allegorisch-phantastisches Ballet in 3 Acten (5 Bildern) von A. M. Willner. Musik von Jgn. Brüll. Für das k. k. Hofoperntheater. (Erklärender Text.) 8. (12 S.) Wien 886, Künast. **

Märchen, Das, vom Zarewitsch Chlor. Berlin 1782. V: *Catharina II., Kaiserin von Russland.* (KY) (EE)

— das, vom Zarewitsch Clor, (v. Katharina II. Kaiserin v. Rußland). 8. Berl. 782. Nicolai. 3 gr — Dass. Französisch. 8. Ebd. 782. 3 gr

MÄRCHEN für Junge Damen, oder: Beyträge zur Mädchen-Philosophie. (Freie versificirte Dichtungen.) (Motto: „Aimés (!) vous la Muscade? on en a mis par tout". Boileau.) In der Schweiz (Bern, Haller). MDCCLXXIV. (1774.) 8°. (In München: A. gr. 1962, 2; auch in Breslau, Kgl. u. Univ.-Bibl.) (5 Mk. Mk. Martin Breslauer's Berliner Oct.-Auction 1910, no. 1954.)

Mährchen für junge Damen, od. Beitr. zur Mädchenphilosophie. gr. 8. Bern 774. Haller. 10 gr — Dass. gr. 8. Manh. 776. Löffler. 12 gr.

Märchen für die Dämmerstunde. Meinen Kindern erzählt von A. v. J. O. C., geb. Gräfin S. 8. (80 S.) Leipzig 880. M. Schäfer. *ℳ 1.; geb.

Märchen, deutsche, s.: Jungbrunnen. 4. Bd.

—— deutsche, mit Randzeichnungen von Carl Merkel. 1. Lfg. 4. (12 Bl. mit eingedr. Holzschn.) Leipzig 851. [Meißen,] Romberg. *

— deutsche. In sorgfältiger Text-Bearbeitung v. Frz. Wiedemann u. Pauline Schanz. 15 Thle. 4. Dresden 871—75. Meinhold & Söhne. à n. 1. —

1. Dornröschen. Märchen nach Grimm frei bearb. v. Frz. Wiedemann. Mit 6 bunten (chromolith.) Bildern nach Orig.-Aquarellen v. E. Sachse. (8 S.)
2. Rothkäppchen. Märchen, frei nach Grimm bearb. v. Frz. Wiedemann. Mit 6 bunten Bildern (in Oelfarbendr.) nach Orig.-Aquarellen v. Ant. Gareis. (8. S.)
3. Aschenbrödel. Märchen nach Grimm frei bearb. v. Frz. Wiedemann. Mit 6 bunten Bildern nach Orig.-Aquarellen v. Adph. Thomas. (8 S. Text.)
4. Der gestiefelte Kater. Märchen nach Grimm frei bearb. v. Frz. Wiedemann. Mit 6 bunten Bildern nach Orig.-Aquarellen v. Emil Sachße. (8 S. Text.)
5. Hans u. Grethel. Märchen nach Grimm frei bearb. v. Frz. Wiedemann. Mit 6 bunten Bildern nach Orig.-Aquarellen v. Th. Hosemann. (8 S. Text.)
6. Rübezahl. Märchen nach Musäus frei bearb. v. Frz. Wiedemann. Mit 6 bunten (chromolith.) Bildern nach Orig.-Aquarellen v. Th. Hosemann. (8 S.)
7. Der Däumling. Märchen nach Grimm frei bearb. v. Frz. Wiedemann. Mit 6 bunten (chromolith.) Bildern nach Orig.-Aquarellen v. J. Wehle. (8 S.)
8. Schneewittchen. Märchen nach Grimm frei bearb. v. Frz. Wiedemann. Mit 6 bunten (chromolith.) Bildern nach Orig.-Aquarellen v. Th. Hosemann. (8 S.)
9. Frau Holle. Märchen nach Grimm frei bearb. v. Frz. Wiedemann. Mit 6 bunten (chromolith.) Bildern nach Orig.-Aquarellen v. J. B. Sonderland. (8. S.)
10. Libussa. Märchen nach Musäus frei bearb. v. Frz. Wiedemann. Mit 6 bunten Bildern (Chromolith.) nach Original-Aquarellen v. E. Sachse. (10 S.)
11. Melechsala. Märchen aus der Zeit der Kreuzzüge. Nach Musäus frei barb. v. Frz. Wiedemann. Mit 6 bunten Bildern (Chromolith.) nach Original-Aquarellen v. Th. Hosemann. (11 S.)
12. Hans im Glück. Märchen nach Grimm frei bearb. v. Pauline Schanz. Mit 6 bunten Bildern (Chromolith.) nach Original-Aquarellen v. Th. Hosemann. (8 S.)
13. Tischchen deck' dich. Märchen nach Grimm frei bearb. v. Pauline Schanz. Mit 6 bunten (chromolith.) Bildern nach Original-Aquarellen v. Th. Hosemann. (8 S.)
14. Die sieben Raben. Märchen nach Grimm frei bearb. v. Pauline Schanz. Mit 6 bunten (chromolith.) Bildern nach Original-Aquarellen v. Th. Hosemann. (8 S.)
15. Der Berggeist. [Rübezahl 2. Hft.] Nach Musäus frei bearb. v. Frz. Wiedemann. Mit 6 bunten Bildern nach Orig.-Aquarellen v. R. Leinweber. (9 S.)

Fortsetzung s.: Meinhold's Märchenbücher.

Märchen, deutsche. 1. Bd. enth.: Rothkäppchen. Schneewittchen. Frau Holle. Die 7 Raben. Tischchen deck' dich. Hans im Glück. Mit 36 Illustr. in Farbendr. nach Original-Aquarellen v. Gareis, Hosemann u. Sonderland. Text v. Frz. Wiedemann u. Pauline Schanz. hoch 4. (48 S.) Dresden 875. Meinhold & Söhne. n. 7. —

— deutsche. 1. Serie Nr. 1. 2. 5. 7—12. u. 2. Serie Nr. 1. gr. 4. Eßlingen 873—75. Schreiber. à n. 1. —

I. 1. Der Däumling. (6 S. m. 6. Chromol.) — 2. Dornröschen. (6 S. m. 6 Chromol.) — 5. Die sieben Raben. (6 S. m. 6 Chromolith.) — 7. Schneewittchen. (6 S. m. 6 Chromolith.) — 8. Die Geschichte vom tapferen Schneiderlein od. 7 auf einen Streich. 2. Aufl. (4 S. m. 6 Chromolith.) — 9. Der Froschkönig. (6 S. m. 6 Chromolith.) — 10. Der Wolf u. die 7 Geislein. (6 S. m. 6 Chromolith. — 11. Brüderchen u. Schwesterchen. (6 S. m. 6 Chromolith.) — 12. Der Fundevogel. (6 S. m. 6 Chromolith.)—
II. 1. Bremer Stadtmusikanten. (6 S. m. 6 Chromolith.)

Märchen, deutsche. 2. Serie. Nr. 1.: Bremer Stadtmusikanten. gr. 4. (6 S. mit 6 Chromolithogr.) Eßlingen 875, Schreiber. *

— deutsche. 4. Aufl. 4 Hfte. 8. (à 8 S. m. 8 Chromolith.) Wesel 879. Düms. à — 20

1. Rothkäppchen. — 2. Aschenputtel. — 3. Der gestiefelte Kater. — 4. Dornröschen.

Märchen, deutsche. 1. u. 2. Bd. 4. Dresden 883. Meinhold & Söhne. geb. à 3. —

1. Schneewittchen. Aschenbrödel. Dornröschen. Rothkäppchen. Mit 24 Illustr. in Farbendr. nach Orig.-Aquarellen v. Hosemann, Thomas, Anemüller u. Gareis. (32 S.)
2. Hans u. Gretel. Die Wunderglocke. Hans im Glück. Frau Holle. Mit 24 Illustr. in Farbendr. nach Orig.-Aquarellen v. Hosemann, Claudius u. Sonderland. (32 S.)

— deutsche. Märchen v. E. M. Arndt, Agnes Franz, Gebr. Grimm u. a. (233 S. m. 10 Farbdr.) gr. 8. Leipzig (903). E. Kempe. Geb. in Leinw. n. 3. —

—— deutsche, in Bildern. Eine Sammlung von Colorirübungen für die Jugend. 1.—3. und 6. Heft. 2. Aufl. gr. 4. (à Heft 12 zur Hälfte color. Stnt.) Wiesbaden 881, Nicol. cart. à Heft *M 1,20. *

Inhalt:

Heft 1. Klimsch, Eug., Goldener.
" 2. —— Schneeweißchen.
" 3. —— Dornröschen.
" 6. Grot-Johann, P., das tapfere Schneiderlein oder Sieben auf einen Streich.

DEUTSCHE MÄRCHEN des neunzehnten Jahrhunderts, ausgewählt und eingeleitet von LEO BERG. Berlin, Leipzig, Paris 1905. XV, 405 S. 1 Bl. 8°. Goldgepr. Or.-Wildlederbd. 15.—

Schönes Buch m. Märchen von Wieland, Goethe, Novalis, Tieck, Gotthelf, Hebbel, Platen, E. T. A. Hoffmann, Musäus, Brentano, Hauff u. a. — Selten.

— deutsche, in Wort u. Bild. 1—3. Hft. Mit je 6 Farbendr.-Bildern. nach Orig.-Zeichngn. v. Eug. Klimsch. gr. 4. Frankfurt a/M. 876. May. à n. 1. 50

1. Goldener. Nach L. Bechstein in Versen neu erzählt v. L. Kißner. (16 S.) — 2. Schneewittchen. Nach L. Bechstein in Versen neu erzählt v. L. Kißner. (16 S.) — 3. Dornröschen. Nach L. Bechstein in Versen neu erzählt v. L. Kießner. (15 S.).

— deutsche, in Wort u. Bild. 4—12. Hft. gr. 4. Frankfurt a/M. 877—79. Wiesbaden, Nicol. cart. à n. 1. —

4. Aschenbrödel. Nach L. Bechstein in Versen neu erzählt von L. Kißner. Mit 6 Farbendr.-Bildern nach Orig.-Zeichnungen von Eug. Klimsch. (16 S.)
5. Rothkäppchen. Nach L. Bechstein in Versen neu erzählt von L. Kißner. Mit 6 Farbendr.-Bildern nach Orig.-Zeichnungen von Eug. Klimsch. (11 S.)
6. Das tapfere Schneiderlein oder Sieben auf einen Streich. Nach L. Bechstein in Versen neu erzählt von L. Kißner. Mit 6 Farbendr.-Bildern nach Orig.-Zeichnungen von P. Grot-Johann. (15 S.)
7. Die Zauberprinzessin. Nach Grimm in Versen neu erzählt von L. Kißner. Mit 6 Farbendr.-Bildern nach Orig.-Zeichnungen von Eug. Klimsch. (15 S.)
8. Schneeweißchen u. Rosenroth. Neu erzählt von Geo. Lang. (8 S.)
9. Die sieben Schwaben. Erzählt von Ludw. Bechstein. (8 S.)
10. Tischlein deck' dich, Esel streck' dich, Knüppel aus dem Sack. Erzählt von Ludw. Bechstein, ergänzt von Geo. Lang. (8 S.)
11. Die sieben Schwanen. Erzählt von Ludw. Bechstein. (8 S.)
12. Siebenschön. Erzählt von Ludw. Bechstein. (7 S.)

Märchen, deutsche, in Wort u. Bild. Eine Sammlung von Colorirübungen für die Jugend. 1—3. u. 6. Hft. 2. Aufl. gr. 4. (à 12 zur Hälfte color. Steintaf.) Wiesbaden 881. Nicol. cart. à n. 1. 20

1. Goldener. Von Eug. Klimsch. — 2. Schneeweißchen. Von Eug. Klimsch. — 3. Dornröschen. Von Eug. Klimsch. — 6. Das tapfere Schneiderlein oder Sieben auf einen Streich. Von P. Grot-Johann.

—— für Dich und Mich. Von der Einen [A. v. Kh.] und der Anderen (J. v. F.) 8. (XI, 204 S.) Leipzig 876, G. Wigand. cart. * M 3,25.; geb. mit Goldschn. *

Märchen, Drei, von Serena. Berlin 1806. V: *La Motte Fouqué, Caroline de geb. von Briest.* (GGr)

Mährchen, Drei. I. Das Heimelchen. II/2. Aus den Papieren eines Spatzen. III. Mondkönigs Tochter. Neue Ausg. Berlin 1853. V: *Arnim, Gisela von, nachmals vereh. Grimm.* Vgl. GGr VI, 89. (DARP)

— drei. I. Das Heimelchen. II. Aus den Papieren eines Spatzen. III. Mondkönigs Tochter. Mit 11 (lith.) Illustr. Neue (Titel-)Ausg. Berlin (849.) 853. (Weimar, Kühn.) 8. (5 Bl., 70; 2 Bl., 84; 30 S.) n. 20 ngr.

— drei. Von J. v. H. 16. (48 S.) Dresden 879, Pierson. *

— drei deutsche. Dramatisch bearb. v. Ernst D. [Schneewittchen. — Dornröschen. — Rothkäppchen.] gr. 8. (VII, 78 S.) Hamburg 875. Gräfe. n. 2. —

— drei neue, für Kinder. Mit 19 Stahlst. 16. Weimar 843, Landes-Industrie-Compt. 3/4 Thlr.

MÄRCHEN, Erotische. 2 Bde. Mit 27 Illustrationen in Farben. (Privatdruck der Gesellschaft österreichischer Bibliophilen, Stück XIII.) (1908.) (Gewöhnliche Ausgabe: 830 in der Maschine numer. Expll. à Mk. 35 = 42 Kr.; Luxusausgabe = Nr. 1—30 à Mk. 70 = 84 Kr.)

MÄRCHEN, Erotische. Wien (C. W. Stern) 1909. Privatdruck der Gesellschaft österreichischer Bibliophilen Stück 13. 2 Bände mit 27 Illustrationen, 830 Exemplare.
[E. IV, 360.]

— u. Erzählungen. Mit illum. Kpf. 8. Berlin 820. 2e Aufl. 822. Hasselberg. 1 Thlr. 8 gr.

Mährchen u. Erzählungen, von A. F. E. Langbein. Mit Kupf. 8. Berlin, Schüppel. 821.

— u. Erzählungen. Nach Ingemann v. G. Lotz. 8. Leipzig, Kollmann. 821.

Märchen und Erzählungen von Sophie, Gräfin von M** ... Mainz 1830. V: *Mensdorff, Sophie von geb. Prinzessin von Sachsen-Koburg.* (Ky) (GGr)

Mährchen u. Erzähll., von Sophie Gräfin v. M**, geb. Prinzeß v. S.-K. (Sophie Gräfin v. Mensdorf, geb. Prinzeß v. Sachsen-Koburg). 2 Bdchen. 8. Mainz 830. Kupferberg. 1 Thlr. 16 gr.

— Erzählungen u. Anekdoten, von Weißer. Mit Kpf. 8. Frankf. a. M., Fr. Wilmans. 816.

Märchen u. Erzählungen f. fleiß. Kinder. 12. (5 B. u. 4 ill. Abbild.) Neuhaldensleben 839, Eyraud.

Märchen und Erzählungen für Kinder und junge Leute. Riga 1809. V: *Gerber, August Samuel.* (MGT)

— u. Erzählungen f. Kinder u. junge Leute, v. Doro Caro. (Gerber.) 8. Riga, Hartmann. 810.

MÄRCHEN und Erzählungen für Kinder und Nichtkinder. Mit TKpf. Riga, Hartknoch, 1796. 8°.

— Erzählungen u. kl. Romane, v. A. Lafontaine. 2 Bde. m. K. 8. Berlin, Sander. 804.

— das, von der Eselshaut m. 8 (lith. u.) color. Abbildgn. 8. Nürnberg 849, Renner & Co. 1/6 Thlr.

— u. Fabeln m. Bildern von Mor. v. Schwind, s.: Neu-Ausgaben, Stuttgarter illustrierte.

— Fabeln und Erzählungen für Knaben und Mädchen. 8. (128 S. mit 1 Chromolithogr.) Mülheim 881, Bagel's Verlagsh. cart.

— aus dem Feenland. Feen- und Zaubermärchen für artige Kinder. 8. (63 S. mit 3 Buntdr.-Bildern.) Berlin 887, Liebau. geb.

— von Zarewitsch Fewei, (von Katharina II.) 8. Berl. 784. Nicolai. 4 gr.

— finnische, übers. von Emmy Schreck. Mit einer Einleitung von Gust. Meyer. gr. 8. (XXXII, 244 S.) Weimar 887, Böhlau. *

— das, vom Friedenspapst. [Aus: „Neuer evangel. Gemeindebote".] gr. 8. (16 S.) Berlin 888, Haack. n. — 20

Märchen, Das, vom Gärtner und der blauen Blume. Von H. L. [Veckenstedt ca. 1910.] V: *Lietz, Hermann.* (Berl 1918, S. 854)

— und kleine Geschichten für artige Kinder mit vielen Bildern. Unzerreißbares Leinwandbilderbuch. qu. 8. (16 ill. Stnt.) Nürnberg 866, P. C. Geißler. cart. —

— goldene. Neue Märchen u. Geschichten v. Ella Haag, Frida Heuer, F. v. Kronoff u. a. Mit 5 Buntbildern nach Aquarellen v. M. Hohneck, W. Schäfer u. E. Voigt. (237 S.) gr. 8. Ebd. (903). Geb. 1. 50

Goldene **Märchen**. Neue Märchen u. Geschichten von Ella Haag ... u. a. Mit 5 Buntbildern nach Aquarellen von M. Hohneck, W. Schäfer u. L. Voigt. Wesel: W. Düms [1904]. (236 S.) 8° [F.] [04. 3036

Märchen, das hübsche, vom Aschenputtel in Wort u. Bild. Zur Unterhaltg. u. Belehrg. f. die Jugend. 4. (12 Chromolith. m. Text.) Neu-Ruppin 876. Oehmigke & Riemschneider. n. — 50

— das hübsche, vom Schneewittchen in Wort u. Bild. Zur Unterhaltg. u. Belehrg. f. die Jugend. 4. (12 Chromolith. m. eingedr. Texte.) Neu-Ruppin 876. Oehmigke & Riemschneider. n. — 50

— japanische. 1.—5. Hft. 8. (Mit eingedr. farb. Illustr.) Tôkyô 888—890. (Leipzig, Baldamus.) à n. 1. 20
1. Der Sperling m. der geschlitzten Zunge. (20 S.)
2. Der Kampf der Krabbe m. dem Affen. (16 S.)
3. Matsuyama Kagami. Der Spiegel zu Matsuyama. Deutsch v. Hedw. Schiplock. (37 S.)
4. Hanasaki Jiji. Vom alten Manne, der verdorrte Bäume zum Blühen brachte. Deutsch v. Hedw. Schiplock. (20 S.)
5. Momotaro od. Pfirschling. Deutsch v. Hedw. Schiplock. (36 S.)

— das, v. der Päpstin Johanna, s.: Volksaufklärung.

Mährchen für die Jugend. 12. Schw. Hall 842, Haspel. 1/6 Thlr.

Märchen für die deutsche Jugend. Mit Bildern von Franz Stassen, Bernhard Wenig ... Zsgest. u. hrsg. vom Kölner Jugendschriften-Ausschuß. Prachtausg. Mit 4 farb. Orig.-Lithogr. von Wilhelm Stumpf. (Vorr.: L[amb.] Coenen.) *Düsseldorf: Fischer & Franke [1902].* (208 S.) 8° [F.] [04. 2278

Ⓑ — für die deutsche Jugend. 902. (KBL 32.) Jetzt: Stuttgart-Cannstatt, A. W. Franke.

—— f. die reifere weibliche Jugend von Maria. Hrsg. v. B. Naumburg. gr. 16. (15⅞ B. u. 6 radirte Bild.) Leipzig 844, Naumburg.

Märchen am Kamine, vom Verfasser der Novellen für das Herz. Erster Theil. Hamburg u. Altona 1797. V: *Benzel-Sternau, Carl Christian Ernst Graf zu.* (HS) (EE) (Ky) (GGr)

— am Kamine, vom Verf. der Novellen für das Herz (K. C. E. Graf v. Benzel-Sternau). 1r Thl. 8. Hamb. u. Altona 797. Mit neuem Titelblatt, in 2 Bden. 8. Ebd. 806. (Herold jun.) 1 ℛ 8 ℊ (Der 2e Bd. ist nicht von ihm, u. erschien 1797 in Hamburg unt. d. T.: Reisegefährten, 1r Thl.) s. auch Reisegefährten.

— am Kamin, v. Verf. d. Novellen für das Herz. 8. Hamb. Vollmer. 1797.

— am Kamin. 2 Thle. Neue Aufl. v. Verf. d. goldenen Kalbes. 8. Ebend. 806.

—— das, vom gestiefelten Kater, s. Speckter, Otto.

Märchen, das, vom gestiefelten Kater, in den Bearbeitungen von Straparola, Basile, Perrault u. Ludw. Tieck. Mit 12 Radirungen von Otto Speckter. 4. (13¼ B.) Leipzig 843, Brockhaus.

— kleine. qu. 8. (90 S.) Berlin 889. Hennig. geb. n. 2. —

—— f. Kinder. Hrsg. v. J. Günther. 16. (12½ B. u. 3 ill. Bild.) Jena 843, Hochhausen.

Märchen für Kinder. gr. 4. (92 S. mit 50 farb. Bildern von Alexander Zick.) Berlin 886, G. Grote'sche Verlagsh. geb.

MÄRCHEN FÜR KINDER. Mit 50 farbigen Bildern von ALEXANDER ZICK. Berlin. G. Grotesche Verlagsbuchhandlung [ca. 1895]. 2 Bll. 92 SS. Gr.-4°. Farbig illustr. Orhlwd. 22.—
★ Erstausgabe dieses prächtigen Märchenbilderbuches mit 35 (Grimmschen u. a.) Märchen. Die Bilder in Chromolithogr. auf Tafeln u. im Text. — Schönes Ex.

— für die lieben Kinder in sorgfältiger Auswahl von Gebr. Grimm, Andersen, Bechstein etc. Mit Farbendr.-Illustr., gezeichnet u. lith. von W. Schäfer. gr. 8. (IV, 220 S.) Berlin 882. Drewitz. geb. 4. 50

— für die lieben Kinder in sorgfältiger Auswahl v. Gebr. Grimm, Andersen, Bechstein etc. Mit (5) Farbendr.-Illustr., gezeichnet u. lith. v. W. Schäfer. 2. Aufl. gr. 8. (220 S.) Berlin 883. Drewitz. geb. 4. 50

— f. die lieben Kinder in sorgfältiger Auswahl v. Gebr. Grimm, Andersen, Bechstein u. A. Mit Farbendr.-Illustr., gezeichnet u. lith. v. M. Koch u. Herm. Behrens. 8. Aufl. gr. 8. (IV, 220 S.) Berlin 893. Leipzig, O. Drewitz Nachf. Geb. 4. 50

— kleine. (Neue Ausg.) 3 Sorten. 8. (à 6 S. m. 5 farb. Abb.) Wesel 896. W. Dims. à — 10
1. Hänsel u. Gretel. — 2. Das Märchen v. Schlaraffenland. — 3. Dornröschen.

Märchen, Kleine, aus dem Morgenlande . . . Berlin 1801. V: *Müchler, Carl.* (Ky)

— kleine, aus d. Morgenlande. Ein Angebinde f. die Jugend auf d. J. 1802, (v. K. Müchler). 16. Berl. 801. (Rücker.) 1 ℛ

— kleine, aus d. Morgenlande. 16. Berlin, Quien. (Dunker u. H.) 802.

[F.] Das Märchen von den Kuriermännern und dem Hörstdumann . . . *Paderborn: Bonifacius-Dr. 1895.* (48 S.) 1 Bd 8. [96. 2235

Das Märchen von den Kuriermännern und dem Hörstdumann. Artigen Kindern z. Lehr', unartigen noch mehr. 2. Aufl. *Paderborn: Bonifacius-Dr. 1901.* (48 S.) 8° [F.] [02. 2790 6

— u. Legenden, s. Tugendspiegel.

Märchen, Die, der Liebe . . . Berlin 1805. H: *Schuderoff, Jonath.* (MGT)

Märchen und Märchen-Spiele. [Zürich] 1864. V: *Wesendonck, Mathilde.* (Cat. d. Stadtbibl. Zürich. Zürich 1864—97.)

Märchen, Milesische, von Thomann . . . Leipzig 1803. V: *Nöller, Jon. Lebr.* (MGT)

— milesische, v. Thomann, Verf. d. 7 Ueberellungen. 8. Leipz. Compt. f. Lit. 803.
mit 8 Kupfern.

Märchen, moderne. Für große Kinder erzählt vom harmlosen Kleinstädter. Leipzig 870. Payne. gr. 16. (76 S.) 7½ ngr.

— morgenländische. 8. Leipz. 800. Sommer. (Rauck). 20 ℊ

—— aus 1001 Nacht. Eine Auswahl für die Jugend. 8. (III, 330 S. mit 6 color. Stahlst.) Leipzig 871, Loewe. geb.

—— aus 1001 Nacht. Eine Auswahl für die Jugend. Mit 6 Farbendr.-Bildern nach Orig.-Aquarellen von Carl Offterdinger. 2. Aufl. 1876. ℳ 4,50.; 3. Aufl. 8. (240 S.) [Leipzig 878.] Stuttgart, Löwe.

—— aus 1001 Nacht. Eine Auswahl für die Jugend. Mit 6 Farbendr.-Bildern nach Orig.-Aquarellen von C. Offterdinger. 4.—6. Aufl. 8. (III, 240 S.) Stuttgart 881—83, Loewe. geb.

[F.] Märchen aus 'Tausend und eine Nacht'. M. 3 Bild. *Halle a. d. S.: O. Hendel (1896).* (VII, 528 S., 3 Taf.) 1 Bd 8.
= Bibliothek d. Gesamtlitteratur d. In- u. Auslandes. No 956—962. [97. 1118

Der Tausend und Einen Nacht noch nicht übersetzte Mährchen, Erzählungen und Anekdoten zum ersten Male aus dem Arabischen ins Französische übersetzt von Joseph von Hammer, und aus dem Französischen ins Deutsche von Aug. E. Zinserling, Professor. 3 Bde. Stuttgart und Tübingen, Cotta, 1823—25. Gr. 8°. LVI, 398, 356, 462 S. (6 Mk. Isaak St. Goar, Frf. a. M., 1908; 10 Mk. J. J. Heckenhauer, Tüb., 1908: „1823—24".) Vgl. (Hormayrs) Archiv 1825. Nr. 34. S. 175 ff.; Wiener Jb. 1826. 33, 1—16 (J. v. Hammer). Goedeke VII, 764, 65a hat „1823—24".

— neue, seinen lieben Enkeln erzählt vom Großvater. 8. (116 S. m. eingedr. Holzschn., 1 Holzschntaf. u. 2 Chromolith.) Berlin 880. Liebau. geb. 1.20

Märchen, neue, seinen lieben Enkeln erzählt vom Großvater. Mit vielen Illustr. u. 2 Buntdr.-Bildern. 8. (109 S.) Berlin 888. Liebau. geb. 1.—

— neue, s. lieben Enkeln erzählt v. Großvater. (Umschlag: Großvaters neue Märchen.) 12. (109 S. m. Abb.) Berlin 898. A. Weichert. —50; kart. —60

— neue. Eine Sammlg. f. Erwachsene. Von Emil Weber. Mit Beiträgen von Rich. Leander, Paul Heyse, Prinz Emil v. Schönaich-Carolath 2c. u. e. einleit. Versdichtg. v. Max Bruns. 8. (III, 250 S.) Göttingen 900. Berlin, F. Wunder. n. 3.—; geb. n. 4.—

— neue. Eine Sammlg. f. Erwachsene. Von Emil Weber. Mit Beiträgen v. Rich. Leander, Paul Heyse, Prinz Emil v. Schönaich-Carolath u. a. u. e. einleit. Versdichtg. v. Max Bruns. 2. [Titel-]Aufl. (III, 250 S.) 8. Berlin [900] (903). F. Wunder. n. 2.50; geb. n. 4.—

— neue arabische, s. Tage, die elf.

Mährchen, neue Arabische und Persische, 8. Weimar, 797. Industrie-Comtoir. 23 sgl.
Auch unter dem Titel:
Bibliothek, die blaue, aller Nationen, 11r Theil.

— neue deutsche. Märchen f. Knaben u. Mädchen v. Ferd. Goebel, Frida v. Kronoff, Klara Reichner, Karl Zastrow u. a. Mit 4 feinen Farbendr.-Bildern nach Aquarellen v. W. Schäfer. 24.—34. Tausf. Neue Ausg. (128 S.) 8. Wesel (905). W. Düms. Geb. —60

Märchen und Erzählungen, Neue. Riga 1796. V: *Pöschmann, Georg Friedrich.* (Ky)

— neue, u. Erzählungen. 8. Riga, Meinshausen. 1796. Schreibpap.

— neue, und Erzählungen, 8. Riga, 796. Müller. 1 Rthl. 10 sgl.
Auch unter dem Titel:
Nachlaß meiner Mutter Gans und meiner Amme Goldmund, 2ter Theil.

— neue, u. Erzähll., 3r Bd s.a. Nachlaß meiner Mutter Gans.

— neue, f. die Jugend. Ausgewählt aus den Werken v. Vict. Blüthgen, Rich. Dehmel, Johs. Trojan 2c. von Emil Weber. 8. (III, 75 S.) Ebd. (900). Kart. n. —75

—— neue, f. Kinder reif. Alters, v. Polycarpus. 16. (7½ B.) Berlin 828, [Jonas's Brlsbuchh.]

Märchen, neue, für große und kleine Kinder. Erzählt von der Tante Emmy. 7 Lfgn. 8. (XIV, 344 S. mit vielen eingedr. Holzschn.-Bildern.) Donauwörth 880, [Buchh. des kathol. Erziehungsvereins.] Auer. à Lfg. * 45 Pf. * geb. in Leinw. **

— neue, f. große u. kleine Kinder. Erzählt v. der Tante Emmy. 2. Aufl. Mit 2 Farbendr.-Bildern u. 40 Text-Illustr. gr. 8. (XVI, 256 S.) Donauwörth 886. Auer. cart. n. 3.—

Mährchen, neue, f. reifere Knaben u. Mädchen, mit 16 K. 12. Leipz. Bruder u. H. 812.

— das, vom Pelzmertel u. dem Kinderfresser m. 8 (lith. u.) col. Abbildgn. 8. Nürnberg 849, Renner & Co. ⅙ ₰

Mährchen aus Ariosto's rasendem Roland nach Gries. Frei für die Jugend bearb. Oldenburg 855. Schmidt. 8. (159 S.) 20 ngr.

Märchen und Romanzen. Etwas zur Veränderung. Leipzig 1780. V: *Friedrich, Gg.* (Weissstein, Kat. I, 452, 3969) (Hdschr. Mitth. von Erich Mennbier, Wien)

MÄRCHEN u. Romanzen. Etwas zur Veränderung. (Motto: „Omne tulit punctum, qui miscuit vtile dulci". Horatius.) (Kupfer-Vignette.) Leipzig, bey Christ. Gottl. Hilscher, 1780. 8⁰. (In Berlin, Magistrats-Bibl.)
80 S. Selten!

—— das, von dem Rothkäppchen und dem Wolf, mit 8 lithogr. und ill. Abbildungen. 8. Nürnberg 849, Renner und Comp.

—— von Rübezahl, dargestellt in Wort u. Bildern zur angenehm. Unterhaltung f. Kinder. Ein neues Bilderbuch mit 10 ill. Kpfrt. nach Originalzeichn. von P. C. Geißler. qu. 12. (1 B. Text.) Nürnberg 843. [Lotzbeck.]

— von Rübezahl, dargestellt in Wort u. Bildern zur angenehm. Unterhaltung für Kinder. Ein neues Bilderbuch mit 10 ill. Kupfertaf. nach Originalzeichn. von P. C. Geissler. qu. 12. Nürnberg 843, Zeh. ½ ₰

Märchen von dem wegen kurzweiliger Possen und lustiger Schwänke berühmten Rübezahl ... Frankfurt a. O. O. J. V: *Praetorius, Johannes.* (Bresl 31, S. 135)

— von dem wegen kurzweiliger Possen u. lustiger Schwänke berühmten Rübezahl. 1r Thl. 8. Leipz., Solbrig. 8 gl.

Märchen, russische (in russischer Sprache). Stuttgart

Märchen und Sagen. Mit einer Einleitung von Grikor Chalatiauz. (= Armenische Bibliothek. IV.) Leipzig o. J.

Märchen und Sagen der Bukowinaer und Siebenbürger Armenier. Aus eigenen und fremden Sammlungen übersetzt von Heinrich von Wlislocki. Hamburg 1891.

— und Sagen für Jung und Alt. 1. u. 2. Jahrg. 1856 u. 57. à 12 Liefgn. (à 3 Bgn. u. 2 Lithogr. in Farbendr.). Düsseldorf, Arnz u. Co. (Elkan, Bäumer u. Co.) gr. 4. Jede Liefg. n. 10 ngr.

—— und Sagen für Jung und Alt. 2. Jahrg. 1857. 12 Lfgn. gr. 4. (IV und 288 S. mit 24 Stnt. in Tondr.) Düsseldorf 857. 58, [Elkan und Comp.] à Lfg. * 10 Ngr. * geb. **

— das, v. den Sandmännlein. (22 S. m. farb. Abb.) 23×31 cm. Eßlingen (909). J. F. Schreiber. Geb. 2.40

— der Scheherazade s.a. Weisser.

Mährchen, die, d. Schehezerade, neu erzählt v. Fr. Ch. Weisser. 4 Thle. m. K. u. Musik. 8. Leipz. Dyk. 809.

Mährchen, die, der Schehezerade, neu erzählt v. Fr. Ch. Weißer. 5r u. 6r Bd. 8. Leipz. Dyk. 811—12. (5r 2 Rthlr. 8 gr. 6r 2 Rthlr. 12 gr.)

— das, vom Schlaraffenland. 8. (8 S. m. 5 farb. Bildern.) Wesel 891. W. Düms. — 15

[F.] Schöne Märchen, Geschichten und Liedchen für liebe Kinder. M. 3 Farbendruckb. *Mülheim a. d. Ruhr: J. Bagel [1896].* (79 S., 2 Taf.) 1 Bd 8. [97. 7260

Märchen, die schönsten. 4. (Je 4 Bilder in Farbendruck mit Text.) Wien, *Garay & Co. Eleg. cart. 33 kr. netto. 1884.

— die schönsten. Nr. 1—4. gr. 4. (à 8 S. m. 4 Chromolith.) Reutlingen 884. 86. Enßlin & Laiblin. cart. à 1. 20

1. Dornröschen. Hänsel u. Grethel. Der gestiefelte Kater. Rothkäppchen.
2. Schneewittchen. Aschenputtel. Der Wolf u. die 7 jungen Gaißlein. Brüderchen u. Schwesterchen.
3. Hans im Glück. Der Blaubart. Die verzauberte Prinzessin. Daumensdick.
4. Schneeweißchen. Der Arme u. der Reiche. Die 7 Raben. Das Schlaraffenland. (8 S. m. 4 Chromolith.)

— die schönsten. Sechs Kindermärchen m. 6 Farbendr.-Bildern nach Aquarellen v. C. Offterdinger. gr. 4. (12 S.) Stuttgart 891. F. Loewe. Kart. n. 1. —

— die schönsten deutschen. Ein Buch f. artige Kinder. Mit 12 bunten (chromolith.) Bildern. 16. (63 S.) Berlin 873. Wallroth. — 60

—— und Geschichten, die schönsten, für die lieben Kleinen. Nr. 1—5. 8. (32; 32; 32; 81; 32 S. mit je 2 color. Holzschntaf.) [Elberfeld 878.] Köln, Püttmann. à Nr. 30 Pf.

— die schönsten, f. artige Kinder. 1. u. 2. Bdchn. gr. 16. (à 47 S.) Berlin 876. Beuckert & Radetzki. à — 25

—— die schönsten, für artige Kinder. 8. (111 S. mit 4 Chromolithogr.) Berlin 880. Liebau. geb.

—— die schönsten, für artige Kinder. 8. (112 S. mit 4 Chromolithogr.) Berlin 887, Liebau. geb.

Die schönsten Märchen für artige Kinder. *Berlin: A. Weichert [1898].* (111 S.) 8° [F.] [00. 432

Märchen, die schönsten, für brave Kinder. 8. (IV und 223 S. mit 7 lithogr. Bildern in Buntdr.) Mülheim a. d. R. 867, Bagel. cart.

Die schönsten MÄRCHEN für brave Kinder. Mit [7] hübschen Bildern in Buntdruck. Mühlheim a. d. Ruhr. [C. 1880.] IV, 223 S. Kl.-8°. Farb. Orhlwd. 7.—
Einband lose. Titelecke fehlt. Die ersten Blätter etwas fleckig.

— die schönsten, aus 1001 Nacht, s.: Rister's illustr. Jugend- u. Volksbücher.

— die schönsten, aus 1001 Nacht. Nach der Uebersetzg. v. Alex. König f. die Jugend ausgewählt u. bearb. Mit 4 Farbdr.-Bildern nach Aquarellen v. R. A. Jaumann. gr. 8. (III, 204 S.) Stuttgart 894. G. Weise. Geb. in Leinw. 2. —

— dasselbe. 6.—8. Tausd. (III, 304 S.) gr. 8. Ebd. (903). Geb. in Leinw. n. 3. —

— die schönsten, aus 1001 Nacht. Für die Jugend ausgewählt u. bearb. Mit 4 Farbdr.-Bildern nach Aquarellen v. R. A. Jaumann. (III, 131 S.) 8. Stuttgart (904). G. Weise. Geb. in Leinw. n. 1. 60

Die schönsten Märchen aus Tausend und eine Nacht [Alf laila wa-laila, deutsch, Ausz.]. Nach [Gustav] Weils Uebers. aus d. Urtext f. d. Jugend ausgewählt u. bearb. von Wilh. Spohr. Sammlung 1–4. Für Knaben u. Mädchen v. 12. Jahre an. Köln a. Rh.: Schafstein & Cie [1904]. 4 Bde 8° [F.]
= Volksbücher, Schafsteins, f. d. Jugend. Bd 3. 6–8. [06. 5787

— dasselbe. Eine Auslese der schönsten Märchen f. die liebe Jugend. (80 S. m. farb. Titelbild.) kl. 8. Stuttgart (906). Reutlingen, R. Bardtenschlager. Kart. — 50

— dasselbe. (80 S. m. 4 Farbdr.) 8. Ebd. (905.) Geb. — 75

—— die schönsten, aus 1001 Nacht für den Familientisch. In das Deutsche übertr. von Alex. König. Auserwählt, neu bearb. und hrsg. von C. Michael. 3. verb. Aufl. Pracht-Ausg. Mit 40 Text-Illustr. von Erdmann Wagner, nebst buntem Titelbilde von Herm. Vogel. gr. 8. (VI, 362 S.) Leipzig 883, Spamer. *M 5.; cart. *

—— die schönsten, aus 1001 Nacht f. den Familientisch. Deutsch von Alex. König, hrsg. v. C. Michael. 4. (Titel-)Aufl. gr. 8. (VI, 362 S. m. 40 Textillustr. u. 1 farb. Titelbild.) Lpz. 891, Spamer. * 4 —; cart. * 4 50

—— die schönsten, aus 1001 Nacht für die Kinderstube. In das Deutsche übertr. von Alex. König. Auserwählt, neu bearb. und hrsg. von C. Michael. Pracht-Ausg. [3. verb. Aufl.] Mit 30 Text-Illustr. von Erdmann Wagner, nebst buntem Titelbilde von Herm. Vogel. gr. 8. (IX, 274 S.) Ebendas. 882. *M 3,50.; cart. *

— die schönsten, aus 1001 Nacht f. die Kinderstube. In das Deutsche übertragen v. A. König. Auserwählt, neu bearb. u. hrsg. v. C. Michael. 4., verb. Aufl. gr. 8. (274 S. m. buntem Titelbild u. 30 Text-Illustr.) Leipzig 890. Spamer. n. 2. —; geb. n. 2. 50

Märchen, die schönsten, aus 1001 Nacht f. die Kinderstube. In das Deutsche übertr. v. Alex. König. Ausgewählt, neu bearb. u. hrsg. von C. Michael. 5. [Titel-]Aufl. Mit 30 Text-Illustr. v. Erdmann Wagner, sowie 8 Farbendr.-Bildern von Herm. Vogel u. W. Zweigle. gr. 8. (IV, 274 S.) Leipzig [890.] 902. O. Spamer. n. 2. —; geb. in Leinw. n. 2. 50

—— dass. — s. Volksbibliothek für Kunst und Wissenschaft.

—— und Sagen, die schönsten, f. Jung u. Alt. 8. (29½ B. u. viele Holzstiche.) Pforzheim 841. [Stuttgart, Scheible, Rieger u. Sattler.]

Märchen aus Schwaben. Hrsg. v. Jugendschriften-Ausschuß d. Württemb. Volksschullehrer-Vereins in Stuttgart. Stuttgart, Berlin, Leipzig: Union [1906]. (IV, 202 S.) 8° [F.] [06. 2835

—— sechs schöne. 1. und 2. Bdchn. kl. 4. (14; 16 S. mit je 6 Chromolithogr.) Stuttgart 886, Loewe. cart. à Bdchn. 60 Pf.

Märchen, Die, des Siddhi-Kür, s. Jülg, Bernhard.

— sieben, s.: Jugendspiegel.

— vom Zar Simeon. (In russ. Sprache.) (92 S.) 8. Berlin 906. H. Steinitz. n. 1. 50

Märchen, Socialpolitisches, für die Propheten der gothischen Schule ... Münster 1867. V: *Neteler, Bernhard.* (RASS)

Märchen von der Tonne, zum allgemeinen Nutzen des menschlichen Geschlechts abgefasst. Altona 1748. V: *Swift, Jon.* (EB)

— das, von der Tonne, v. Swift, m. Erläuter. v. K. Rieb.: beck. 8. Zürich, Orell, Füßli u. C. 787.

Mährchen und Träume, von Rud. v. Fraustadt. 8. Berlin, Petri. 820.

— vier, f. Alt u. Jung. Von *,*. 8. (72 S.) Dresden 894. R. v. Grumbkow. n. 2.—

— der Vorzeit. 8. Leipz. 803. Joachim. 16 gr

MÄRCHEN, Das, vom Weibe, ein Bilderbuch für alte Knaben. (1901.)
Verboten v. L.-G. Wien, 21. X. 1901. § 516.

MÄRCHEN, Weise und thörichte. Aus d. Französ. (einer ungenannten Verfasserin, s. d. Vorr., übers. von Joh. Friedr. Schütze). Hamburg, in der Hoffmann'schen Buchhandlung, 1790. 8⁰. Zahm.

— weise u. thörichte; aus d. Franzöf. (von Jh. Fr. Schütze II.) 8. Hamb. 790. (Campe). 1 ß

Märchen, Die, des Papyrus Westcar. Herausgegeben von Adolf Erman. I. II. (=Königliche Museen zu Berlin. Mittheilungen aus den Orientalischen Sammlungen. Heft V. VI.) Berlin 1890.

Die Märchen der Woche. Meinen lieben Kindern gewidmet zur Weihnacht 1887. Kiel. (1887.) 8⁰

— ohne Worte. Erstes Bilderbuch d. Münchner „Jugend". Hrsg. v. Geo. Hirth. gr. 4. (16 S. m. farb. Abbildgn.) München (900). G. Hirth. n. — 50

— ohne Worte. Aus dem Bilderschatze der Münchener „Jugend" ausgewählt u. unter Mitwirkg. der „Freien Lehrervereinigg. f. Kunstpflege" Berlin hrsg. v. Geo. Hirth. 2. Folge. (24 farb. Bl. m. IV S. Text.) 31,5×23,5 cm. München (907). Verlag der „Jugend". (Nur direkt.) Kart. nn 1.50

— das, vom Wunder, od. merkwürdige Abentheuer des Fürsten A. v. Hohenlohe-Schillingsfürst. gr. 8. Darmst. 822. Heyer. 8 gr

— das, von dem Wundermännchen, mit 8 lithogr. und ill. Abbildungen. 8. Nürnberg 849, Renner und Comp.

— das, von den Zaubervögeln, mit 8 lithogr. und ill. Abbildungen. 8. Nürnberg 849, Renner und Comp.

— das, vom Zollzwerg, mit 8 lithogr. und ill. Abbildungen. 8. Nürnberg 849, Renner und Comp.

— zwey, nach Gozzi, v. Karl Streckfuß. 8. Berlin, Unger. 805.

Mährchen, zwei, von C. L. gr. 8. (III und 95 S. mit 12 lithogr. Orig.-Illustr. von F. Spangenberg.) Leipzig 864, (C. F. Winter'sche Verlagsh.) geb. mit Goldschn. *

Zwei Märchen in Bildern von Max Bernuth. Berlin: Fischer & Franke [1901]. (20 Bl.) 8⁰ [Umschlagt. F.]
— Jungbrunnen. 19.

Märchen, zwei, in Bildern von M Bernuth. Vom klugen Schneiderlein. Das Gruseln. (Jungbrunnen) Berlin 1907

Märchen, zwei, und Mehr für kleinere und größere Leute. 12. (96 S. und 6 ill. Kpfr. von J. Kirchhoff.) Berlin 847, Schartmann.

— zwey schöne neue, von der schön. Melusine etc. 8. Leipz. (Waisenh. Braunschw.) 772.

Kompressions-Kältemaschinen mit flüchtigen Flüssigkeiten. Machines frigorifiques à gaz liquéfiable de R. E. de Marchena. Autoris. deutsche Ausg. v. Gottlieb Behrend, Ingen. in Hamburg. Veröff. als wiss. Ergänzg zu d. Buche: Ueber Eis- und Kälteerzeuggs-Maschinen. III. Aufl. Halle a. S.: W. Knapp 1895. (IV, 83 S.) 1 Bd 8. [96. 1733

Marchena, R. E. de, machines frigorifiques à gaz liquéfiable, deutsche Ausg., s. Behrend, Glieb., Kompressions-Kältemaschinen.

Märchen-Album (in Leporelloform). gr. 16. (6 farb. Taf. m. 4 S. Text auf der Rückseite, auf Pappe.) Stuttgart (902). G. Weise. Kart. n. — 50

Mährchen-Almanach auf d. J. 1826, f. Söhne u. Töchter gebild. Stände; hrsgg. v. W. Hauff. 1r Jahrg. 12. Stuttg., Metzler. 12 gr

— derselbe f. 1827 u. 28; hrsgg. v. W. Hauff. Mit 3 Kpf. 12. Stuttg., Frankh. (à 1 ß 21 gr) 3 ß 18 gr

Märchen-Almanach für Jung und Alt aus allen Ständen. Herausgeg. von Dr. Legis-Glückselig. M. 20 Bild. gr. 12. Prag, Leitmeritz u. Teplitz 841, Medau. 1 ß

Mährchenalmanach f. Söhne u. Töchter gebild. Stände. Hrsg. v. Wilh. Hauff. 2 Jahrg. M. 6 Kpfr. Neue Aufl. 12. (23½ B.) Stuttgart 833, Brodhag.

Mährchen-Bilderbuch. Zur Unterhaltung in trautem Familienkreise für die liebe Jugend. Mit 10 (lith. u.) color. Bildern. Nürnberg (858.) Geißler. qu. 4. (32 S.) 15 ngr.

Märchenbilderbuch. Eine Auswahl v. 80 der schönsten Märchen f. die Jugend. Mit 71 Farbdr.-Bildern nach Orig.-Aquarellen v. C. Offterdinger u. H. Leutemann. (III, 106 S.) 4. Stuttgart (903). Loewe. Geb. in Leinw. 8. —

Märchenborn. Eine neue Sammlg. der beliebtesten Märchen f. unsere Jugend. Mit 8 bunten u. 8 schwarzen Orig.-Illustr. (IV, 275 S.) Lex.-8. Elberfeld (901). S. Lucas. Geb. 3. —

Märchenbuch. Zusammengetragen auf dem Felde der deutschen classischen Literatur aus den Werken von Musäus, v. Herder, v. Göthe, Hauff, v. Houwald, Tieck, Arndt, Jacobs, Brentano, Grimm u. A. Mit 6 Bildern von A. Schäfer. 16. Coesfeld 845, Riese'sche B. In Leinwand. geb. 1¼ ß

Märchenbuch. Zusammengetragen auf dem Felde der deutschen classischen Literatur aus den Werken von Musäus, von Göthe, Hauff u. A. 2. Aufl. 8. (VI und 359 S. mit 6 lithogr. und ill. Bildern von A. Schäfer.) Halle 851, Riese.

Märchenbuch. Eine Auswahl der schönsten Märchen f. die Jugend. Mit 72 Farbendruckbildern nach Originalaquarellen v. C. Reichardt, Offterdinger, H. Leutemann u. A. 4. (56 S.) Leipzig 872. Löwe. 7. 50; geb. 9. —

— Eine Sammlg. unterhalt. Märchen f. die Jugend. Mit 8 Buntdr.-Bildern. gr. 16. (62 S.) Neu-Ruppin 876. Oehmigke & Riemschneider. n. — 50

— dasselbe. Mit 12 Farbendr.-Bildern nach Orig.-Aquarellen v. C. Offterdinger, H. Leutemann, C. Reinhardt, E. Sprosse. gr. 4. (120 S.) Ebend. 876. geb. 3. —
Ist auch m. russischem Text zu gleichem Preise zu haben.

Märchenbuch. Eine Auswahl der schönsten Märchen für die Jugend. Mit 12 Farbendr.-Bildern nach Orig.-Aquarellen von C. Offterdinger, H. Leutemann, C. Reinhardt rc. 5.—7. Aufl. 4. (III, 120 S.) Stuttgart 880—84, Loewe. geb.

Märchenbuch. Eine Auswahl der schönsten Märchen für die Jugend. 9.—12. Aufl. gr. 4. (III, 120 S. mit 12 Farbendr.-Bildern nach Orig.-Aquarellen von C. Offterdinger und H. Leutemann.) Stuttgart 885—88, Loewe. geb.

Märchenbuch, das. Eine Sammlung beliebter u. neuer Märchen f. die Jugend. Märchen von Gebr. Grimm, Bechstein, Andersen, Musäus, Arndt, Hauff u. a. Mit 12 Farbendr.-Bildern u. zahlr. Holzschn. Hrsg. v. der Red. der „Jugend-Gartenlaube". gr. 8. (IV, 672 S.) Berlin (900). Neufeld & Henius. Geb. in Leinw. 7. 50

Märchenbuch. Eine Blütenlese aus d. schönsten Märchen von Jakob u. Wilhelm Grimm u. Ludwig Bechstein. Mit 4 Buntbild. von W. Schäfer. Wesel: W. Düms [1904]. (237 S.) 8° [F.]

Mährchen- u. Legendenbuch, das älteste, des christlichen Mittelalters, od. die Gesta Romanorum, zum ersten Male vollständig aus dem Latein. in's Deutsche übertragen, aus gedruckten u. ungedruckten Quellen vervollständ., mit Anmerkungen u. einer Abhandlg. üb. den wahren Verf. u. die bisherigen Ausg. u. Uebersetzgn. ders. versehen v. Joh. Geo. Thdr. Gräße. 2. wohlf. (Titel-)Ausg. 8. (XVIII u. 604 S.) Leipzig (842) 848, Arnold. 2 ₰

Mährchenbuch, deutsches, hrsg. v. Ludw. Bechstein. 8. (19½ B. u. 1 Abbild.) Leipzig 846, Georg Wigand. *
Ausgabe mit 10 Stahlst. vrgl. Bechstein.

— Deutsches. Hrsg. v. E. H. G. Geibel. 8. (IV u. 236 S.) Peine 848, Heuer. — 2. Aufl. 8. (IV u. 236 S.) Ebd. 850. ½ ₰

— deutsches. Eine Sammlung der beliebtesten Kinder- u. Volks-Märchen. Mit 12 feinen Farbendr.-Bildern. 2. Aufl. gr. 4. (56 S.) Eßlingen 877. Schreiber. cart. n. 3. —

— deutsches. Eine Sammlung der beliebtesten Volks- und Kinder-Märchen, geziert mit vielen farb. Bildern und Initialen nach Orig.-Zeichnungen von P. Wagner, H. Schlitt, R. Schulmeister, E. Beisel u. a. 3. gänzlich neu bearb. Aufl. 4. (40 S.) Eßlingen 882, Schreiber. geb. *

Märchenbuch, deutsches. Mit 36 farb. u. 10 Textbildern v. Willy Planck. (88 S.) 4. Stuttgart (906). G. Weise. Geb. in Leinw. n. 3. —

Märchenbuch, e., f. Erwachsene. Von Jean qui rit. Illustriert v. Art. Scheiner. (77 S. m. 12 farb. Taf.) 8. Budapest (908). G. Grimm. 2. —

— goldenes. Eine Auswahl v. 12 der schönsten Märchen f. die Jugend. Mit 4 Farbdr.-Bildern. Volksausg. 3. Aufl. 12. (III, 96 S.) Ebd. (901). Geb. — 80

— dasselbe. Eine Auswahl v. 24 der schönsten Märchen f. die Jugend. Mit 8 Farb- u. 8 Tondr.-Bildern nach Aquarellen bewährter Künstler. Prachtausg. 2 Tle. in 1 Bde. 12. (III, 96 u. 96 S.) Ebd. (901). Geb. 1. 80

— dasselbe. (Wohlf. Ausg.) Mit 8 Farbdr.-Bildern nach Aquarellen bewährter Künstler. 2. Aufl. 2 Tle. in 1 Bde. 12. (III, 96 u. 96 S.) Ebd. (901). Geb. 1. 20

— goldenes. Eine Auswahl v. 24 der schönsten Märchen f. die Jugend. Mit 8 Farb- u. 8 Tondr.-Bildern nach Aquarellen bewährter Künstler. Prachtausg. 6. Aufl. (96 u. 96 S.) kl. 8. Stuttgart (909). Loewe. Geb. 1. 80

— goldenes, f. Kinder. Mit (5) color. Bildern. 2. Aufl. 8. (IV, 191 S.) Mülheim a. d. R. 872. Bagel. geb. 1. 60

— goldenes, für Kinder. Mit (5) color. (lithogr.) Bildern. 2. Aufl. 8. (191 S.) Mülheim 876, Bagel's Verlagsh. cart.

— goldenes, für brave Kinder. gr. 4. (32 S. mit eingedr. Holzschn. und 16 Chromolithogr.) Reutlingen 885, Enßlin und Laiblin. cart.

[F.] Goldenes Märchenbuch für brave Kinder. M. 3 Farbendruckb. *Mülheim a. d. R.: J. Bagel [1895].* (79 S., 2 Taf.) 1 Bd 8.

— (großes). Eine Auswahl der schönsten Märchen für die Jugend. Mit 72 Farbendr.-Bildern nach Orig.-Aquarellen von C. Reinhardt, C. Offterdinger, H. Leutemann u. A. 2. Aufl. gr. 4. (56 S.) [Leipzig 877.] Stuttgart, Löwe. cart.

— großes. Eine Auswahl der schönsten Märchen für die Jugend. Mit 72 Farbendr.-Bildern nach Orig.-Aquarellen von C. Offterdinger, H. Leutemann, C. Reinhardt u. A. 3. Aufl. 4. (56 S.) Stuttgart 879. Löwe. geb. 7. 50

— illustrirtes. Sammlung der schönsten deutschen Märchen. Mit (3 Holzschn.- und 1 chromolithogr.) Illustr. von L. A. Lanche. 8. (210 S.) Kattowitz 881, Siwinna. geb.

— illustrirtes deutsches. Eine Sammlung der schönsten deutschen Märchen nach Bechstein, Gebr. Grimm, Musäus rc. Mit Illustr. von P. Grotjohann. 1.—4. Aufl. br. 8. (VIII, 207 S. mit 4 Holzschntaf.) Düsseldorf [Wiesbaden] 872, A. Oestewitz. * geb. *

— dass. — Mit Illustr. (in eingedr. Holzschn. und auf 4 Holzschntaf.) von P. Grotjohann, und einem Titelblatt (Holzschntaf. und color.) von Casp. Scheuren. 5. Aufl. br. 8. (VIII, 207 S.) Ebendas. 872. geb.

Mährchenbuch, Illustrirtes, der Großmama. Ausgewählte Mährchen von H. C. Andersen, E. M. Arndt, Clemens Brentano, J. W. v. Göthe, Gebrüder Grimm, W. Hauff, J. R. A. Musäus, A. von Platen und Fr. Rückert. Mit Randzeichnungen von Carl Merkel. 2. Aufl. Basel, Ferd. Riehm [ca. 1855]. Mit 1 Frontispiz und 18 Seiten mit Holzschnitten von Engelmann nach Merkel. 2 Bl. 110 S. 1 Bl. 8°. Illustr. Or.-Halbleinenband. 12.—

Mährchenbuch f. die Jugend, sinnreich u. bildlich dargestellt zum Vergnügen u. zur Bildung des Herzens. Mit 12 illum. Kpf. 12. Nürnb. 819. Zeh. 1 ₰ 8 gr

— das, des Jungbrunnen, s.: Jungbrunnen. 1. Bd.

Märchenbuch für artige Kinder. 3 Bdchn. Berlin 866. Kastner. 16. cart. Jedes Bdchn. 2½ ngr.
1. Bdchn. Schneewelßchen. (24 S. mit 4 lith. bunten Bildern.)
2. „ Aschenbrödel. (23 S. mit 4 lith. bunten Bildern.)
3. „ Der Engel. Das Märchen vom Peter, dem Däumling. (16 S. mit 4 lith. bunten Bildern.)

— für die Kinder d. Proletariats. 8. (158 S. m. farb. Bildern.) Berlin 893. H. Baake. Geb. 1. —

Märchenbuch f. Knaben u. Mädchen, z. angenehmen Unterhaltung. 16. (4¾ B.) Aachen 838, Hensen u. Comp.

MÄRCHENBUCH, Das, der Liebe. (189*.) (W. A. Gabriel, Berlin, c. 1898.)

Märchenbuch, mein erstes. Eine Sammlg. echter Kindermärchen f. die ganz Kleinen. Mit 24 feinen Farbdr.-Bildern v. C. Offterdinger u. H. Leutemann. 4. (49 S.) Stuttgart 887. Loewe. geb. 4. —

Märchenbuch, mein erstes. Eine Sammlg. echter Kindermärchen für die ganz Kleinen. (Mit Text in großer Schrift.) 3.—5. Aufl. 4. (III, 56 S. m. 24 Farbendr.-Bildern.) Stuttg. 889—92, Loewe. cart. 4 —

Märchenbuch, mein erstes. Eine Sammlg. echter Kindermärchen f. die ganz Kleinen. (Mit Text in ganz großer Schrift.) Mit 24 Farbdr.-Bildern v. C. Offterdinger u. H. Leutemann. 4. u. 5. Aufl. 4. (III, 56 S.) Stuttgart 891. 892. F. Loewe. Kart. 4. —

— dasselbe. 16 Kindermärchen f. die ganz Kleinen. Mit 24 Farbdr.-Bildern v. C. Offterdinger u. H. Leutemann. 6. Aufl. gr. 4. (56 S.) Ebd. 894. Kart. 4. —

Märchenbuch, mein erstes. E. Sammlg. echter Kindermärchen f. d. ganz Kleinen. M. 24 feinen Farbdr.-Bild. v. C. Offterdinger u. H. Leutemann. 7. Aufl. 4. (III, 56 S.) Stuttgart 897. F. Loewe. Geb. 4. —

— mein erstes. Eine Sammlung echter Kindermärchen f. die ganz Kleinen. Mit 24 feinen Farbdr.-Bildern v. C. Offterdinger u. H. Leutemann. 8. Aufl. 4. (III, 56 S.) Stuttgart 899. Loewe. Geb. 4. —

— dasselbe. Mit 12 feinen Farbdr.-Bildern v. C. Offterdinger u. H. Leutemann. 9. Aufl. 4. (III, 56 S.) Ebd. 900. Geb. 3. —

— mein erstes. Eine Sammlg. echter Kindermärchen f. die ganz Kleinen. Mit 12 Buntbildern v. C. Offterdinger u. H. Leutemann. 12. Aufl. (III, 56 S.) Lex.-8. Stuttgart (905). Loewe. Geb. 3. —

Märchenbuch, mein erstes. Eine Sammlg. echter Kindermärchen f. die ganz Kleinen. Mit 12 feinen Farbdr.-Bildern v. C. Offterdinger u. H. Leutemann. 18. Aufl. (III, 56 S.) Lex. 8. Stuttgart (910). Loewe. Geb. 3.—

— neues, s.: Düms' Märchen-Bibliothek.

— neues, s.: Kinder-Bibliothek, kolorierte.

— neues. Enth. die schönsten deutschen Märchen. Nebst Fabeln und Erzählungen von O. Sutermeister und Hildebrandt. Mit 32 Oelfarbendr.-Bildern. 1. und 2. Aufl. gr. 16. (32 S.) Wesel 876,77, Düms. cart.

— (neues). Eine Auswahl der schönsten Märchen für die Jugend Mit 12 Farbendr.-Bildern nach Orig.-Aquarellen von C. Offterdinger, H. Leutemann, C. Reinhardt, C. Sprosse. 2. Aufl. gr. 4. (120 S.) [Leipzig 877.] Stuttgart, Löwe. cart.

Märchenbuch, neues. Eine Auswahl der schönsten Märchen für die Jugend. Mit 12 Farbendr.-Bildern nach Orig.-Aquarellen von C. Offterdinger, H. Leutemann, C. Reinhardt, C. Sprosse. 3. und 4. unveränd. Aufl. gr. 4. (120 S.) Stuttgart 878,79, Löwe. geb.

— neues. Enthaltend die schönsten deutschen Märchen. Mit 16 Farbendr.-Bildern von J. B. Sonderland. 8. (96 S.) Wesel 884, Düms. geb.

Märchenbuch, Neues. 6 in Farben ausgeführte Bilder mit Text. 4. Wien, Edmund Schmid. Eleg. geb. 1 fl. 20 kr. 1885.

— neues. Eine Auswahl von 30 der schönsten Märchen für die Jugend. 11. und 12. Aufl. 4. (110 S. mit 12 Farbendr.-Bildern nach Orig.-Aquarellen von C. Offterdinger und H. Leutemann.) Stuttgart 887,88, Loewe. geb.

— neues. Enthaltend die schönsten deutschen Märchen. 1. und 2. Aufl. 8. (72 S. mit 5 Farbendr.-Bildern von W. Schäfer.) Wesel 888, Düms. geb.

— neues. Enth. die schönsten deutschen Märchen. 3. Aufl. 12. (71 S. m. 5 Farbendr.) Wesel 889, Düms. cart. * — 50

— neues. Eine Auswahl v. 30 der schönsten Märchen f. die Jugend. 13.—15. Aufl. 4. (III, 110 S. m. 12 Farbendr.-Bildern.) Ebd. 889—92. cart. 3 —

— neues. Eine Auswahl v. 30 der schönsten Märchen f. die Jugend. Mit 12 Farbdr.-Bildern nach Orig.-Aquarellen v. C. Offterdinger u. H. Leutemann. 15.—17. Aufl. 4. (III, 110 S.) Ebd. 892—894. Geb. 3. —

[F.] Neues Märchenbuch. Kollektiv-Ausg. *Berlin: Christl. Zeitschriften-ver. 1897.* (62 S., 1 Bl., 3—64, 3—64, 5—64, 3—64, 5—64 S., 13 Taf.) 1 Bd 8. [97. 6666

— neues. E. Auswahl v. 30 d. schönsten Märchen f. d. Jugend. M. 8 Farbdr.-Bild. nach Orig.-Aquarellen v. C. Offterdinger u. H. Leutemann. 18. Aufl. 4. (III, 106 S.) Stuttgart 898. F. Loewe. Geb. 3. —

— neues. Enth. d. schönsten deutschen Märchen. Mit 5 Farbendr.-Bild. v. W. Schäfer. 53.—57. Taus. 12. (72 S.) Wesel 898. W. Düms. Geb. — 50

— neues. Enth. die schönsten deutschen Märchen. Mit 5 Farbendr.-Bildern v. W. Schäfer. 58.—61. Taus. 12. (72 S.) Wesel (900). W. Düms. Geb. — 50

— neues. Eine Auswahl v. 30 der schönsten Märchen f. die Jugend. Mit 8 Farbdr.-Bildern nach Orig.-Aquarellen v. C. Offterdinger u. H. Leutemann. 19. Aufl. 4. (III, 106 S.) Stuttgart (901). Loewe Geb. 3. —

— dasselbe. Mit 18 Farbdr.-Bildern nach Orig.-Aquarellen v. C. Offterdinger u. H. Leutemann. 19. Aufl. Pracht-Ausg. (III, 106 S.) 4. Ebd. (903). Geb. in Leinw. 3. 50

— neues. Eine Auswahl v. 30 der schönsten Märchen f. die Jugend. Mit 8 Farbdr.-Bildern nach Orig.-Aquarellen v. C. Offterdinger u. H. Leutemann. 20. Aufl. (III, 106 S.) Lex.-8. Ebd. (904). Geb. 3. —

— neues. (32 S. m. 6 Farbdr.) gr. 8. Stuttgart (909). G. Weise. Kart. — 75

— neues. Eine Auswahl v. 30 der schönsten Märchen f. die Jugend. Mit 8 Farbdr.-Bildern nach Orig.-Aquarellen v. C. Offterdinger u. H. Leutemann. 22. Aufl. (III, 106 S.) Lex. 8. Stuttgart (910). Loewe. Geb. 3. —

Märchenbuch. — Märchen- und Sagenbuch der Böhmen, s. Griesel, A. W.

Märchen-, Geschichten- u. Liederbuch, das schönste. Auslese aus Rob. Reinick'schen Dichtgn. f. die Jugend. Mit vielen Bildern. 8. (112 S.) Reutlingen 886. Enßlin & Laiblin. geb. 1. 20

Das schönste | Märchenbuch | für Kinder. | (*Vignette*) Druck u. Verlag von Rob. Bardtenschlager, Reutlingen. (= *Serie B*, 24).
o. J., 32 S., 148 × 97, kol. U.-Fig.: *Prinzessin auf einem von Putten gezogenen Wagen*, 126 × 82.
LBS d. D. oct K 3548.

Das schönste | Märchenbuch | für Kinder. | Eine Auswahl aus Deutschlands Märchenschatz. Mit colorirten Bildern. (*Auf dem U. jedoch:* Ausgabe ohne Bilder.) | Reutlingen. Verlag von Enßlin und Laiblin. | (Hebsaker.) (= *Reutlinger Volksbücher*, 84).
Kol.: Druck von G. L. Bohm in Reutlingen.
o. J., 112 S., 166 × 106, U.-Fig.: *S. Georg mit Drachen*, 48 × 35. Keine Fig. im Text.
LBS d. D. oct K 3549.

Märchenbuch, das schönste, für Kinder. Eine Auswahl aus Deutschlands Märchenschatz. 1. Aufl. 1871, und 2. Aufl. 8. (112 S.) Reutlingen 875, Enßlin und Laiblin. [Stuttgart, Neugebauer.]

—— das schönste, für Kinder. Eine Auswahl aus Deutschlands Märchenschatz. 4. Aufl. gr. 16. (112 S. mit 6 color. Stnt.) [Stuttgart 876, Neugebauer und Votteler.] Nürnberg, Neugebauer's Verlagsh. cart.

—— das schönste, für Kinder. Eine Auswahl aus Deutschlands Märchenschatz. 5. und 6. Aufl. 12. (125 S. mit 6 color. Stnt.) Nürnberg 880.83, Neugebauer's Verlagsh. geb.

— das schönste, f. Kinder. Eine Auswahl aus Deutschlands Märchenschatz. 7. Aufl. 8. (96 S. m. 4 Farbendr.) Reutlingen 899. Bardtenschlager. geb. n.n. — 60

— das schönste, f. Kinder. Eine Auswahl aus Deutschlands Märchenschatz. 8. Aufl. 12. (72 S. m. 4 Farbdr.) Reutlingen (899). R. Bardtenschlager. Geb. — 60

— das schönste, f. Kinder. Eine Auswahl aus Deutschlands Märchenschatz. Ster.-Ausg. (80 S. m. farb. Titelbild.) kl. 8. Reutlingen (906.) R. Bardtenschlager. Kart. — 60

— unzerreißbares. (Umschlag: Märchenbilderbuch.) 4. (16 farb. S. m. Text.) Stuttgart (899) Loewe. Geb. 2. 50

— unzerreißbares, f. die ganz Kleinen. Mit 12 Farbdr.-Bildern v. C. Offterdinger. gr. 4. (4 S.) Stuttgart 884. Loewe. geb. 3. 50

Billige Märchenbücher für Kinder. No. 1-23. Paderborn: Bonijacius-Dr. 1894-97.8.

Märchenbücher, neue. I. Bd. Lex. 8. Berlin (909). Verlag Dr. Wedekind & Co. Geb. 2. —
Märchenfäden. Von Hildeg. Reuffer-Stavenhagen. Illustr. v. O. Herrfurth. 2. Aufl. (132 S.)

Märchenbüchersammlung, Benziger's, s. Benziger: Märchenbüchersammlung.

Märchen-Büchlein, hochinteressantes. Eine Sammlung der beliebtesten Märchen, erzählt f. die Jugend. 12. (15 S.) Berlin (899). (Berolina-Versand-Buchh.) — 10

Märchendrama, Gerhard Hauptmanns, »Die versunkene Glocke«. Königsberg [1897]. V: *Baumgart, Hermann.* (Berl)

Märchendrama, Gerhart Hauptmanns, Die versunkene Glocke. Königsberg [1897]. V: *Borkowski, Heinrich.* (Berl 1904, S. 540)

Mährchenerzähler, der, e. willkomm. Gast, d. gerne bei guten Kindern zuspricht. Ein Unterhaltungsbuch f. d. Jugend, gesamm. u. hrsg. v. Otfried, dem Kinderfreunde. M. 4 ill. Kpfr. 16. (13 B.) Nürnberg 834, v. Ebner.

Märchenfreuden. Sechs Kindermärchen m. 6 Farbendr.-Bildern nach Aquarellen v. C. Offterdinger. 4. (12 S.) Stuttgart 891. F. Loewe. Kart. n. 1. —

Märchengarten für die Kinderwelt. Neue und alte Märlein. 8. (64 S. mit 3 Buntdr.-Bildern.) Berlin 887, Liebau. geb.

Märchengarten, Tante Louisens. Ein Büchlein für Mütter u. Kindergärtnerinnen, artigen Kindern von 4—7 Jahren daraus vorzulesen u. zu erzählen. Mit einem Vorwort von Linna Morgenstern. Mit 4 (lith. u.) color. Bildern. Neu-Ruppin 868. Leipzig, Oehmigke. br. 8. (115 S.) geb. 22½ ngr.

Märchenheim. Neue Märchen f. die Jugend v. Frida Heuer, Frida v. Kronoff, Willy Zühlke u. Emil Oelinghaus. Mit 6 feinen Farbendr.-Bildern nach Aquarellen v. W. Schäfer. 8. (120 S.) Wesel 889. Düms. geb. 1. —

Märchen-Kalender. 1891. hoch 4. (12 farb. Bl. m. Text auf der Rückseite.) [Münch. 890.] Nürnb., Stroefer. * 1 50

MÄRCHEN-KALENDER FÜR 1905. Gezeichnet von Prof. H. LEFLER und Architekt J. URBAN. Mit Gedichten von LUDWIG FULDA. Wien, M. Munk [1904]. 13 Bl. (in Gründruck) und 12 farb. Tafeln. Gr.-4°. Farb. Or.-Umschlag in Rot, Grau und Silber. — Schönes „Jugendstil"-Werk. 12.—

Märchen-Kalender f. 1907. Gezeichnet v. H. Lefler u. J. Urban. Mit Gedichten v. Ludw. Fulda. (26 S. m. 12 farb. Taf.) Lex.-8. Wien, M. Munk. 6. —

— f. 1910. Gezeichnet v. H. Lefler u. J. Urban. Mit Gedichten v. V. Ludw. Fulda. (28 S. m. 12 farb. Taf.) 25,5×24 cm. Wien, M. Munk. 6. 50

Märchen-Kalender auf d. J. 1911. Hrsg. v. Paul Matzdorf. Mit farb. Titelblatt v. Ludw. Richter. Leisten v. Hugo L. Braune. Textbilder v. Ludw. Richter u. Marie Hohneck. (56 S.) kl. 8. Leipzig, A. Strauch. — 10

Märchenklänge. Sechs Kindermärchen m. 6 Farbendr.-Bildern nach Aquarellen v. C. Offterdinger. 4. (12 S.) Stuttgart 891. F. Loewe. Kart. n. 1. —

Märchen-Kranz. Nr. 1. — A. u. d. T.: Däumling. Ein Mährchen, erzählt von Hibernoregius. Mit (8 illum.) Bildern. gr. 12. Düsseldorf 841, Arnz u. Comp. ⅓ ₰

— dass. Nr. 2: Das weiße Reh, ein Märchen von Heinr. Grünewald. Mit 12 Bildern. 12. Ebend. 841. ⅓ ₰

— dass. Nr. 3: Die drei Wundereier u. der Dornstrauch. Märchen von Heinr. Grünewald. Mit 8 (illum.) Bildern. 12. Ebend. 841. ⅓ ₰

Mährchenkranz für die Jugend. Mit 8 color. Lithogr. in Londr. Nürnberg (855.) Lotzbeck. 4. (36 S.) 15 ngr.

Mährchenkranz, ein, für die erwachsene Jugend. 2 Bdchn. 8. Erfurt 839. Hennings u. Hopf. $^{5}/_{6}$ ß

Märchenkranz f. die liebe Jugend. Mit (3) hübschen Bildern. 8. (128 S.) Mülheim 886. Bagel. cart. 1. —

Märchenkranz für Kinder v. 7 – 10 Jahren von C. v. G. Mit 9 (lith. u.) color. Bildern. gr. 16. (124 S.) Berlin 847, Winckelmann & Söhne. $^{1}/_{2}$ ß

[F.] Im **Märchenlande**. E. Ausl. d. schönsten Märchen v. Jakob u. Wilhelm Grimm, Ludw. Bechstein u. Hans Christian Andersen. M. 6 feinen Farbendruckbild. nach Aquarellen v. O. W. Müller, W. Schäfer u. E. Voigt. (*Wesel: W. Düms [1897].*) (223 S., 5 Taf.) 1 Bd 8. [97. 5227

Märchen- u. Robinson-Lesebuch von den Verfassern der Schuljahre. (2. Titelblatt: Märchen- u. Robinson-Lesebuch. Von Fritz Lehmensick.) 6. Aufl. (XII, 288 S. m. 1 Abbildg.) gr. 8. Leipzig 904. H. Bredt. 2. —

Märchen- u. Robinson-Lesebuch, hrsg. v. den Verfassern der „Schuljahre". 7. Aufl. (X, 308 S.) gr. 8. Leipzig 909. H. Bredt. 2. —

Märchenlust f. Knaben u. Mädchen. Mit (3) hübschen Bildern. 8. (127 S.) Mülheim 886. Bagel. cart. 1. —

Märchenlust f. Knaben u. Mädchen. M. 4 feinen Farbendr.-Bild. (v. G. Franz). 8. (111 S.) Mülheim a/d. R. 896. J. Bagel. Geb. 1. 20

Märchenmodell, das. Ein Modellmärchen für Kinder der Zeit. Von Ulysses. Illustr. von Jul. Schlattmann und Frz. Jüttner. 8. (64 S.) Berlin 886, [M. Schulze.] *

Märchen-Modell, e. Bilder aus d. modernen Künstlerleben v. Mephisto. 8. (480 S. m. 1 Bildn.) Zürich 898. C. Schmidt. n. 4. —

Märchenpracht. Sechs Kindermärchen m. 6 Farbendr.-Bildern nach Aquarellen v. C. Offterdinger. 4. (12 S.) Stuttgart 891. F. Loewe. Kart. n. 1. —

Märchenpracht, goldne. Eine Auswahl der schönsten Märchen f. die Jugend aus Andersens, Bechsteins, Brüder Grimms, Hauffs Märchen, 1001 Nacht, Rübezahl etc. (127 S. m. 4 Farbdr.) gr. 8. Stuttgart (905). Reutlingen, R. Bardtenschlager. Geb. 2. 50

Märchenpracht, goldene. Eine Auswahl der schönsten Märchen f. die Jugend aus Andersen's, Bechstein's, Brüder Grimm's, Hauff's Märchen, 1001 Nacht, Rübezahl 2c. (127 S. m. 4 Farbdr.-Bildern.) 8. Reutlingen (909). R. Bardtenschlager. Geb. 1. 10

Märchenquell, s.: Es war einmal.

[F.] **Märchenquell**. Die schönsten Märchen f. brave Kinder. M. 5 feinen Farbendruckbildern. *Mülheim a. d. R.: J. Bagel [1895].* (127 S., 1 Bl., 4 Taf.) 1 Bd 8. [96. 537

Im goldenen **Märchenreich**. Die schönsten Märchen von Ludwig Bechstein u. H[ans] C[hristian]) Andersen. Mit Chromobild. *Berlin: A. Weichert [1900].* (141, 142 S.) 8° [F.] [03. 14955

Märchensaal. Sammlung alter Mährchen . . . Berlin 1817. B: *Schmidt, Maria Wilhelmine geb. Nauen.* (MGT)

Mährchen-Saal, Sammlung alter Mährchen, mit Anmerkk. hrsgg. v. Fr. Wlh. Val. Schmidt. 1r Bd. Die Mährchen des Straparola. 8. Berl. 817. Duncker u. H. 1 ß 16 gGr

Mährchen-Saal, der, moral. Unterhaltungen f. die Jugend. 8. Quedl. 821. Basse. 16 gGr

Märchensaal. Märchen aller Völker f. Jung u. Alt. Gesammelt, übersetzt u. hrsg. v. H. Kletke. 24 Lfgn. (3 Bde.) Lex.-8. ($72^{3}/_{4}$ B. u. 3 Kpfr.) Berlin 844, 45, Reimarus. à Lfg. * 5 Ngr. — Cart. *

—

Märchensaal aller Völker. Herausgeg. von H. Kletke. 1.—24. Liefg. oder: 1.—3. Bd. à 8 Hfte. Lex.-8. Berlin 844, 45, Reimarus. à n. $^{1}/_{6}$ ß (3 Bde. cart. n. $4^{1}/_{2}$ ß)

Mährchen-Sammlung für d. Jugend. 3 Bdchn. in 1 Bde. Mit 3 ill. Titelkpfrn. 12. Leipzig 838. Fischer u. Fuchs. $^{7}/_{8}$ ß

Mährchen-Sammlung f. d. Jugend. 3 Bdchn. 12. ($11^{1}/_{4}$ B. u. Titkpfr.) Leipzig 838, [Serig'sche Buchh.]

Märchen-Sammlung, mongolische. — Die 9 Märchen der Siddhi-Kür nach der ausführlicheren Redaction u. die Geschichte des Ardschi-Bordschi-Chan. Mongolisch, mit deutscher Uebersetzung u. kritischen Anmerkungen hersg. von Bernh. Jülg. Innsbruck 868. Wagner. gr. 8. (XVI, 256 S.) n. 5 ß
Die deutsche Uebersetzung apart (XVI, 132 S.) n. 1 ß

Märchenschatz. Zwölf der schönsten Märchen für die lieben Kinder. 1.—3. Aufl. kl. 4. (32 S. mit 12 feinen Farbdr.-Bildern von C. Offterdinger.) Stuttgart 886,87, Loewe. geb.

Märchenschatz. 12 der schönsten Märchen f. die lieben Kleinen. Mit 12 Farbendr.-Bildern. 4.—7. Aufl. kl. 4. (30 S.) Stuttg. 889—92, Loewe. cart. 1 25

Märchenschatz. 12 der schönsten Märchen f. die lieben Kleinen. Mit 12 Farbdr.-Bildern nach Aquarellen v. C. Offterdinger. 6.—8. Aufl. 4. (32 S.) Stuttgart 891—894. F. Loewe. Geb. 1. 25

Märchenschatz. 12 d. schönsten Märchen f. d. lieben Kleinen M. 6 Farbdr.-Bild. nach Aquarellen v. C. Offterdinger u. H. Leutemann. 9. Aufl. kl. 4. (64 S.) Stuttgart 898. F. Loewe. Geb. 1. 20

Märchenschatz. 12 der schönsten Märchen f. die lieben Kleinen. Mit 6 Farbdr.-Bildern nach Aquarellen v. C. Offterdinger u. H. Leutemann. 10. Aufl. 4. (64 S.) Stuttgart (899). Loewe. Geb. 1. 20

— 12 der schönsten Märchen f. die lieben Kleinen. Mit 6 Farbdr.-Bildern nach Aquarellen v. C. Offterdinger u. H. Leutemann. 11. Aufl. (32 u. 30 S.) kl. 8. Stuttgart (904). Loewe. Geb. 1. 20

Märchenschatz. 12 der schönsten Märchen f. die lieben Kleinen. Mit 6 Farbdr.-Bildern nach Aquarellen v. C. Offterdinger u. H. Leutemann. 12. Aufl. (II, 30 S.) 8. Stuttgart (907). Loewe. Geb. 1. 20

Märchenschatz. Eine Sammlg. der schönsten Kinder- u. Hausmärchen v. Brüder Grimm, H. C. Andersen u. Ludw. Bechstein. Für die Jugend ausgew. u. m. zahlr. farb. Illustr. versehen. (III, 240, 240 u. 240 S. m. 15 Farbdr.) gr. 8. Berlin (906). Globus Verlag. Geb. in Leinw. n. 3.—

Mährchenschatz, allerliebster, mit vielen schönen (lith. u. color.) Bildern (im Text). Berlin (855.) Riese. 8. (22 S.) 10 ngr.

Märchenschatz, allerliebster, mit vielen (lithogr. und ill.) Bildern. 8. (24 S.) Berlin 862, Riese. cart.

Märchenschatz, deutscher. Enthaltend: Der gestiefelte Kater. Die sieben Raben. Tischchen, deck' dich. Mit 18 Illustr. in Farbendr. nach Orig.-Aquarellen von A. Stichart und Th. Hosemann. gr. 8. (27 S.) Dresden 884, Meinhold und Söhne. geb. *

— goldener. Eine Sammlung der schönsten Märchen. Mit 6 Bildern in Farbendr., 19 ganzseit. u. 82 Text-Illustr. 8. (IV, 331 S.) Stuttgart (901). G. Weise. Geb. in Leinw. 3.—

— neuer deutscher. 7. Sonderheft der „Woche". 1.—10. Taus. (VIII, 190 S. m. Abbildgn. u. farb. Taf.) 4. Berlin (905). A. Scherl. Kart. 3.—

— neuer goldener. Eine Auswahl der schönsten Märchen u. Geschichten. Jugend-Festgabe. Mit (6) feinen Farbendruck- u. Textbildern nach Originalen v. A. Greiner u. C. Schmauk. (III, 80 S. m. 6 Farbdr.) Lex.-8. Stuttgart (902). W. Nitzschke. Geb. 3.—

Mährchenschatz, neuer, in Liedern u. Bildern. 12. (185 S. m. eingedr. Holzschn. u. Titel in Buntdr.) Chur 847, Grubenmann. 7/12 ₰

Märchenschatz, westslavischer, s. Hausbibliothek, culturgeschichtliche.

Märchenschauspiele f. Kindertheater v. E. C. (Rotkäppchen. Schneewittchen. Aschenbödel.) Bemerkgn. über d. Aufführg. d. Stücke. 8. (110 S.) Stuttgart 898. W. Kohlhammer. n. 1.—; geb. in Leinw. 1.50

Märchenspiegel, goldener. Schöne Märchen u. Geschichten, der Jugend erzählt. Ausgewählt v. der Märchentante. Mit (3) feinen Farbendr.- u. Textbildern nach Originalen v. A. Greiner u. C. Schmauk. (III, 40 S. m. 3 Farbdr.) Lex.-8. Stuttgart (902). W. Nitzschke. Geb. 2.—

Märchenstrauß. Eine Auswahl v. 16 der schönsten Märchen für die Jugend. Mit 6 Buntbildern nach Original-Aquarellen v. C. Offterdinger. gr. 4. (III, 59 S.) Stuttgart (902). Loewe. Geb. 1.80

Märchenstrauß aus dem Weißen Gebirge. (Deutsch v. C. A. Kochler.) 12. (62 S. m. Bildern.) Boston 891. 144 Tremont Str., C. Schoenhof. n. 1.30

Märchenstrauß f. liebe Kinder. 12. (80 S. m. 8 Farbendr.) Mülheim a/R. 895. J. Bagel. Geb. —60

Märchentheater, neues. Neu erzählt von Otto v. Leixner. Nach Aquarellen von C. Offterdinger. Nr. 1 und 2. 4. Stuttgart 883, Engelhorn. geb. à Nr. *M 2,50. *

Inhalt:

Nr. 1. Aschenputtel. (7 S. mit 11 Chromolithogr.)
" 2. Dornröschen. (7 S. mit 12 Chromolithogr.)
Nicht weiter erschienen.

Märchenwelt. Eine Sammlung der schönsten Volks- u. Kindermärchen nach Gebrüder Grimm u. andern. Mit 3 feinen Aquarellen v. W. Zweigle u. zahlr. farb. u. schwarzen Textbildern. gr. 4. (40 S.) Eßlingen (902). J. F. Schreiber. Geb. n. 2.—

Märchenzauber. Die schönsten Märchen f. die Kinderwelt. Zeichngn. v. Max Henze. 4. (22 S.) Dresden (898). Leipzig, Liebes & Teichner. Kart. 3.—

Märchenzauber. Märchen v. E. M. Arndt, F. Cölln, Gebr. Grimm u. a. (228 S. m. 10 Farbdr.) gr. 8. Leipzig (903). E. Kempe. Geb. in Leinw. 3.—

Märchenzauber — Märchenlust. Ein Märchenbuch f. brave Kinder. 12. (63 S. m. farb. Bildern.) Berlin 893. H. Liebau. Kart. —60

— dasselbe. Große Ausg. 8. (111 S. m. 4 farb. Bildern.) Ebd. 893. 1.25

MARCHER, Albert: Das Himmelreich nach den Parabeln der synoptischen Evangelien. — 1907. 76 S. Diss. Graz, Univ.

Glück-Wunsch, Allerunterthänigster, Zu dem Allerhöchsten Myrten-Fest des Erb- u. Cron-Printzen Josephi Mit Seiner Königlichen Hohheit Elisabetha Antonietta. Clagenfurt, Kleinmayr, 1760. Quart. 11 S. (Verf.: Anton Marcher.)

Marcher, Franz Anton v. Abhandlung über das Wassergebläse u. dessen Verbesserungen. Klgft., Leon, 1810. Quart. 50 S.

— Abhandl. üb. das Wassergebläse u. dess. Verbesserungen. Ein Anhang zum 3n Hft. der Notizen. Mit 2 Kpf. 4. Klagenf. 810. (Mayr in Salzb.) 16 ℊ

— Beyträge z. Eisenhüttenkunde, als ein Versuch, die Eisenhüttenmännischen Kunstregeln durch Theorie u. Erfahrungen näher zu berichtigen. Mit Kupf. u. Tabellen. Ir Theil. 1s—12s Stck. IIr Thl. 1s—3s u. letztes Stück. gr. 8. Klagenfurt. (Ebend.) 805—812. (Ir 1s 13 gr. 2s 16 gr. 3s 1 Rthlr. 8 gr. 4s 22 gr. 5s 20 gr. 6s 1 Rthlr. 8 gr. 7s 22 gr. 8s 22 gr. 9s 1 Rthlr. 10s 22 gr. 11s 1 Rthlr. 6 gr. 12s 16 gr. IIr 1s 1 Rthlr. 12 gr. 2s 1 Rthlr. 4 gr. 3s u. letztes 1 Rthlr. 4 gr.).

Marcher, Franz Anton v. Beyträge zur Eisenhütten-Kunde. Klgft., v. Kleinmayer & Kümel, 1805—10. 13 Bde.

Marcher, F. A. von: „Notizen und Bemerkungen über den Betrieb der Hochöfen und Rennwerke zur Verschmelzung der Eisenerze in verschiedenen Staaten", Teil I: „Von den Hochöfen des österreichischen Kaiserthums", Klagenfurth 1808. — Vorh.: Preuß. Oberbergamt Dortmund — F. h. 18.

Marcher, Franz Anton v. Notitzen u. Bemerkungen über den Betrieb der Hohöfen (sic!) u. Rennwerke zur Verschmelzung der Eisenerze. Klgft., Leon, 1808—11. Tl. 1./1.—5. Heft.

— Notizen u. Bemerkk., üb. den Betrieb der Hochöfen u. Rennwerke z. Verschmelzung d. Eisenerze. Ir Thl. 1s—5s Hft. Mit Kpf. u. Tabb. 4. Klagenf. 808—11. (Mayr in Salzb.) 5 ₰

Marcher, Iohannes Kofoed: Dissertatio... sistens nosocomii vesanorum St Iohannis in Selandia Daniae delineationem. Cum tabula lapidi inscripta. Halis Saxonum. 1828: Gebauer. 24 S., 1 Taf. 8°

Halle-Wittenberg, Med. Diss. v. 25. Sept. 1828

Geb. [Olsker auf der Insel] Bornholm [2. 8.] 1796. V.

Verf. wurde ohne Rigorosum abwesend promoviert.

Marcher, Thom., geleislose elektrische Bahn m. Oberleitung. Ein neuer Industriezweig. gr. 8. (IV, 35 S. m. 42 Fig. u. 2 Taf.) Halle 901. C. O. Lehmann. n. 1.80

Marcher Th. Experimentelle Untersuchungen auf dem Wechselstromgebiete. (30 S.) (Sammlung elektrotechnischer Vorträge III. 7) Stuttgart 1902

Marcher, Thom., experimentelle Untersuchungen auf dem Wechselstromgebiete. gr. 8. (30 S. m. 49 Abbildgn.) Stuttgart 902. F. Enke. n. 1. 20
Sonderabdruck aus: „Sammlung elektrotechn. Vorträge"

Marches des Armées françaises de Rhin et Moselle, commandée par le Général en Chef Moreau; et Autrichienne, commandée par l'Archiduc Charles; Depuis le 29 May jusqu'au 10 Sept. 1796, et Retraite de Bavière en France, fait par l'Armée française de Rhin et Moselle, sous les Ordres du Général Moreau; Depuis le 10 Septembre jusqu'au 26 Octbre 1796. Composé avec des caractères mobiles par G. Haus à Basle. 1: 840,000 2 Bl.

Marches, Der bäurische, ein musikalisches Lustspiel. Italienisch und deutsch. [Wien] 1776. V: *Chiari, Peter.* Ü: *Ghelen, Jac. Anton.* (BiblPort)

Marchesan, Angelo. Papst Pius X. in Leben und Wort. Geschichtliche Studie von seinem frühern Zögling Mgr. Dr. A' M'.... Autorisierte Uebersetzung von P. Kolumban Artho, O.S.B., Kapitular des Stiftes Einsiedeln. [Mit musikalischen Noten, Illustrationen und 24 Tafeln.] (12 Lieferungen.) XII + 627 S. gr.-8. Einsiedeln *etc.*, Benziger & Co. A. G., 1905(—1906). (*pro* Liefg. à fr. 2. —; [*cpl.* geb. 30. — u. 35. —])
(Liefg. 1—8. 1905; — Liefg. 9—12. 1906.)

Marchesetti, Carlo, Appunti sulla flora egiziana. (22 S.) gr. 8. Triest 903. (F. H. Schimpff.) n.n. 1. —

— I castellieri preistorici di Trieste o della regione giulia. (206 S. m. Abbildgn., 23 Taf. u. 1 Karte.) gr. 8. Ebd. 903. n.n. 10. —
2 Sonderabdr. a.: „Atti del museo civico di storia naturale".

Marchesetti, Carlo, Flora di Trieste e de' suoi dintorni. Publicazione del Museo civico di storia naturale per il cinquantesimo anniversario della sua fondazione. Lex.-8. (CVII, 727 S. m. 1 farb. Karte.) Triest 896. 97. (F. H. Schimpff.) n. 12. —

Marchesetti, Carlo de, la pesca lungo le coste orientali dell' Adria. Pubblicazioni dell' i. r. governo marittimo in occasione della mostra Austro-Ungarico a Trieste. gr. 8. (IV, 229 S.) Triest 882, (Schimpff.) *

Marchesetti, Carlo, scavi nella necropoli di S. Lucia presso Tolmino. (1885—1892.) gr. 8. (334 S. m. 30 Taf.) Triest 893. (F. H. Schimpff.) n.n. 12. —

—— die österreichische Seefischerei, nach dem Werke: Die Fischerei an der östl. Küste des adriat. Meeres. Im Auftrage der k. k. Seebehörde in Triest übers. von Arth. Brezcha. gr. 8. (81 S.) (Ebendaf.) 884. *
Aus: Mittheilungen des österreichischen Fischerei-Vereines, besonders abgedruckt.

Marchesi, G., die Elemente u. das Alfabet d. Musik. gr. 12. (1 B. u. 2 Musikbeil.) Wien 835, Wallishausser. *

Marchesi, J[oseph]. Beiträge zur Pathologie, Diagnostik und Therapie des schnellenden Fingers. Diss. Med. Basel. [Mit 10 Figuren. Sep.-Abdr. aus: Deutsche Zeitschrift für Chirurgie, Band 79, Heft 4—6.] 46 S. 8. Leipzig, August Pries, 1905.

Marchesi, Mathilde de Castrone, geb. Graumann, Erinnerungen aus meinem Leben. Mit (photogr.) Portr. gr. 8. (VII, 104 S.) Wien 877, (Gerold's Sohn.) *

Marchesi, Mathilde, Marquise de la Rajata de Castrone, aus meinem Leben. 8. (VIII, 246 S. mit Lichtdr.-Bild.) Düsseldorf 888, F. Bagel. *ℳ 5.—; geb. *

Marchesi, Mathilde, Marquise de la Rajata de Castrone. Aus meinem Leben. 8. Düsseld. 888. Bonn, Strauß. * 5 —; geb. * 7 —

Marchesi, Mauritius, Epitome chronologica scriptorum ecclesiasticorum. Pars I. a Moyse ad annum Christi 1000^{mum}. Graz, 1732, 8°. Pars II. ab anno 1000 ad annum 1550. Ebendas., 1735, 8°.

Marchesi, Salvatore C., Abenteuer und Erlebnisse des kleinen Hans. Ein Bilderbuch mit Musik und Gesang für Kinder. Deutsche Uebersetzung von Wolfg. Müller v. Königswinter. gr. 4. (III und 40 S. mit 12 Illustr. in Holzschn. von Jul. Koch.) Leipzig 868, A. Dürr. cart. * 1 Thlr.; ill. *

Marchet, Dr. Gustav. Zu seinem sechzigsten Geburtstage herausgegeben vom deutsch-fortschrittlichen Vereine in Baden bei Wien. Baden bei Wien 1906. V: *Meister, August.* (EB)

Marchet, Dr. Gustav, 1848—1888. Ein Rückblick auf die Entwickelung der österreichischen Agrarverwaltung. 8. (101 S.) —.80
Wien: Frick 1889.

MARCHET, Gustav
(F) 1888—1898. Ein Rückblick auf die Entwickelung der österreichischen Agrarverhältnisse. Von Prof. Dr. Gustav Marchet. Wien. 1898. Frick. 8°. 132 S. fl. 1.20

— 1888—1898. Ein Rückblick auf die Entwickelg. der österreich. Agrarverhältnisse. 8. (132 S.) Wien 899. W. Frick. n. 2. 40
Sonderabdruck aus: „Oesterr. landw. Wochenblatt".

Marchet, Gust. L'agriculture européenne au congrès international de Vienne 1890. Discours, prononcé en allemand dans la 2. séance plénière. gr. 8. (12 S.) Wien 890, (Frick). * — 80

Marchet, Gust., die Aufgabe der gewerblichen Gesetzgebung. Unter Zugrundelegung eines im k. k. Museum für Kunst und Industrie zu Wien gehaltenen Vortrages. gr. 8. (X, 85 S.) Weimar 877, B. F. Voigt.

— **Gutachten über die zu Mülhausen im Elsass bestehende Gesellschaft zur Hintanhaltung von Verunglückungen der Maschinen. 8°. Wien 1882.**

— u. W. F. **Exner**, Holzhandel u. Holzindustrie der Ostsee-Länder. Ergebnisse e. Studien-Reise nach den deutschen u. russ. Ostsee-Provinzen, Schweden, Dänemark u. Hamburg; im Auftrage d. k. k. Ackerbau-Ministeriums veröffentlicht. Mit statist. Tabellen, in den Text eingedr. Holzschn. u. e. Atlas v. 16 lith. Taf. (in gr. 4. u. qu. Fol.) gr. 8. (XII, 119 S.) Weimar 876. B. F. Voigt. 7. 50

—— der Kredit des Landwirths. gr. 8. (70 S.) Berlin 878, [Wiegandt, Hempel und Parey.] Parey. *
Aus: Landwirthschaftliche Jahrbücher, besonders abgedruckt.

Marchet, Gust., die Landtage u. die Landwirthschaft. Zusammenstellung der Verhandlungen über landwirthschaftl. Fragen in der 2. Session der 2. Wahlperiode (1868) der Landtage in der westl. Reichshälfte der österreichisch-ungar. Monarchie. Mit einem Anhang: Ausgaben für landwirthschaftl. Zwecke aus den Landes- u. Landesculturfonden pro 1869. Wien 869. Gerold's Sohn. gr. 8. (62 S.) n. 12 ngr.

— Die europäische Landwirthschaft auf dem internationalen Congresse in Wien 1890. Vortrag, geh. am 6. Septbr. gr. 8. (12 S.) Wien 890, Frick. * 1 20

—— zur Organisation des landwirthschaftlichen Credites in Oesterreich. Mit einem Anhang, bestehend aus zwei Statuten-Entwürfen für Credit-Genossenschaften. gr. 8. (IV, 120 S.) Wien 875. Gerold's Sohn. *

Marchet, Gust., zur Organisation d. landwirthschaftlichen Credites in Oesterreich. Mit e. Anh., bestehend aus 2 Statuten-Entwürfen f. Credit-Genossenschaften. gr. 8. (IV, 120 S.) Wien 876. Gerold's Sohn. n. 2. 40

—— Das Recht d. Landwirthes, s. Bücherei, österreichische landwirthschaftliche.

Marchet, Dr. G., Das Recht des Landwirthes. I. Inhalt: Das österreichische bürgerliche Recht und die Finanzgesetze für den praktischen Landwirth. 8. (VIII, 256 S.) Geb. 1.60
Wien: Fromme 1890.
II. Inhalt: Die österreichischen Verwaltungsgesetze für den praktischen Landwirth. 8. (241 S.) Geb. Wien: Fromme 1890. 1.60

MARCHET, G.
(F) Das Recht des Landwirtes. I. Bd. Das Oesterreichische Bürgerliche Recht und die Finanzgesetze für den praktischen Landwirt. II. Bd. Die österreichischen Verwaltungsgesetze für den praktischen Landwirt. Gemeinverständlich dargestellt von Dr. G. Marchet. 2. Auflage. Wien. 1900. Fromme. 8°. XV, 267; XIII, 229 S. Geb. à K 3.60

Marchet, Gust., die rechtliche Stellung u. die Altersversorgung der Güterbeamten. Vortrag, geh. am 4. März 1894. [Aus: „Mittheilgn. d. Vereins f. Güterbeamte".] Lex.-8. (10 S.) Wien 894. (W. Frick.) n. — 60

Marchet, Gust., die rechtliche Stellung der land- u. forstwirthschaftlichen Privatbeamten in Oesterreich. [Archiv f. Landwirthschaft, hrsg. v. Hugo H. Hitschmann, IV.] gr. 8. (73 S.) Wien 884. (Gerold's Sohn.) n. 1. 60

Marchet, Gust., üb. d. rechtl. Stellg. d. Privat-Güterbeamten u. d. Altersversorg. d. Privatangestellten. V. Vereine f. Güterbeamte in Wien preisgekrönte Schrift. 2., vollst. umgearb. u. wesentl. erweit. Aufl. d. Werkes „D. rechtl. Stellg. d. land- u. forstwirthschaftl. Privatbeamten in Oesterreich". [Archiv f. Landwirtschaft. (Beilage zur „Wiener landwirthschaftl. Zeitg.") Hrsg. v. Hugo H. Hitschmann. IV.] gr. 8. (IX, 124 S.) Wien 896. (C. Gerold's Sohn.) n. 3. —

— Steuerreform u. Landwirthschaft. E. kurze Darstellg. d. d. Landwirth betreff. Bestimmgn. der neuen Steuergesetze. [Aus: „Wiener landwirthsch. Zeitg.] gr. 8. (74 S.) Ebd. 898. n. 1. —

Steuerreform und Landwirtschaft. Eine kurze Darstellung der den Landwirth betreffenden Bestimmungen d. neuen Steuergesetze. Von Dr. Gustav Marchet, Prof. in Wien. Wien: Selbstverl. 1898. (74 S.) 8° [F.]
Aus: Wiener Landw. Zeitung. 1897/98.
— [Archiv f. Landwirtschaft. No 31.]

— Studien üb. die Entwickelung der Verwaltungslehre in Deutschland von der 2. Hälfte d. 17. bis zum Ende d. 18. Jahrh. gr. 8. (VIII, 437 S.) München 885. Oldenbourg. n. 9. —

— Die Wahrung d. landwirtschaftlichen Interessen Oesterreichs in der Handelspolitik. Vortr. Wien 1891. 24 S. P.

Marchet, Jul., Bau u. Betrieb der Rieswege. (43 S. m. 21 Abbildgn. u. 2 Taf.) gr. 8. Wien 904. F. Deuticke. n. 2. —
Sonderabdruck aus: „Allg. Bauzeitg."

Marchet, Jul., der Holzhandel Norddeutschlands. Mit 19 Abbild., 1 Situationsplane u. 1 Karte. (VII, 227 S.) gr. 8. Wien 908. F. Deuticke. 7. —

— Holzproduktion u. Holzhandel v. Europa, Afrika u. Nord-Amerika. Im Auftrage des k. k. Ackerbauministeriums u. des k. k. Handelsministeriums verf. 1. u. 2. Bd. (V, 494 u. III, 459 S.) Lex.-8. Wien 904. 905. (W. Frick.) à n. 12. —

Marchet J.: Die Nutzhölzer, deren Vorkommen u. technische Verwendung. Amerika. Wien 1898. 108 S. 4°.

— s.: Taschen-Kalender f. den Forstwirt.

Marchet, Jul., Waldwegebaukunde. 1. Bd. D. Tracieren u. d. Projectsverfassg. M. 29 Abb. im Texte u. 15 lith. Taf.) gr. 8. (XII, 213 S.) Wien 898. F. Deuticke. n. 7. 50

MARCHET, Julius: Waldwegebaukunde. Bd. 1: Das Tracieren und die Projectsverfassung. - Leipzig, Wien 1898. XII, 213 S., 29 Abb., 15 Taf. - Neubearb. i. erweit. Form u. d. T.: Der Landstraßen- und Waldwegebau. Wien 1925. X, 318 S., 207 Abb., 7 Taf.

Marchetti, C. (Bearb.), s. Main: Die Schiffsdampfmaschine.

Marchetti, C., die Schiffsdampfmaschine. Mit Zugrundelegung des engl. Orig.-Werkes von T. J. Main u. T. Brown. Für den Gebrauch von Offizieren der Handels- u. Kriegsschiffe, unter Berücksichtigung der neuesten Fortschritte der Technik bearb. im Auftrage des Central-Schiffs-Inspectorates der „Ersten k. k. priv. Donau-Dampfschifffahrts-Gesellschaft." Wien 868. Gerold's Sohn. gr. 8. (XXIV, 480 S. mit 2 Steintaff. in qu. Fol. u. vielen eingedr. Holzschn.) 4 ℳ

Basreliefs des Bildhauers Albert Thorwaldsen. Nach den Zeichnungen von Friedr. Overbeck in Rom in Kupfer gestochen von P. Bettelini und D. Marchetti. Frankfurt a. M. Fol.

Marchetti, Giulio, s.: Roma.

Marchetti, Herm., die Erdumseglung S. M. Schiffes „Saida" in den J. 1890, 1891, 1892. Zusammengestellt im Auftrage des k. u. k. Reichs-Kriegs-Ministeriums, Marine-Section, auf Grund der Berichte des k. u. k. Schiffs-Commandos. Mit 17 Karten u. 12 Lichtdr. Hrsg. v. der Red. der „Mittheilgn. aus dem Gebiete des Seewesens". gr. 8. (XI, 531 S. m. 1 Tab.) Wien 894. C. Gerold's Sohn. n. 10. —

Marchetti, Herm., Ergebnisse der meteorologischen Beobachtungen in Pola, s.: Kesslitz, Wilh.

Marchetti, Jh., Kritik üb. die Geschichte u. Abhandl. des Abts Fleury; aus d. Italien. 2 Bde. 8. Augsb. 789. Merz. 1 ⁄ 8 gr.

Marchfeldbewässerung, Die. [Berlin 1886.] V: *Podhagsky Edl. v. Kaschauberg, Joh.* (EB)

Marchheim, J. v., der Universal-Gesellschafter. Eine vollständ. Anweisg. sich in allen Kreisen u. allen Verhältnissen d. Lebens passend zu benehmen u. beliebt zu machen. Enth. Regeln f. Anstand, feine Sitte u. alle jene Erfordernisse, welche zum gesell. Leben nach allen Richtgn. hin gefordert werden: als Bildg., Geschichte, Dramatik, Gesang, Musik, Tanz rc. 8. (VIII, 436 S. m. eingedr. Holzschn.) Neutitschein. 876. Enders. n. 3. 60

Marchheim, J. v., der Universal-Gesellschafter. Eine vollständ. Anweisg. sich in allen Kreisen u. allen Verhältnissen des Lebens passend zu benehmen u. beliebt zu machen. Enth.: Regeln f. Anstand, feine Sitte u. alle jene Ereignisse, welche zum gesell. Leben nach allen Richtgn. hin gefordert werden; als: Bildung, Geschichte, Dramatik, Gesang, Musik, Tanz, allgemeine Umgangsformen, Sprache, Schrift u. s. w., u. s. w. 2. Aufl. 8. (VI, 436 S. m. Abbildgn.) Thorn o. J., E. Lambeck. Herabg. Pr. 1. 20

Marchi, Emilio de, Don Cirillos Hut, s.: Engelhorn's Romanbibliothek.

Marchia nova, vulgo New Mark in March Brandenburg. 1 : 475,000. 1 Bl.

Marchinger, J.. Die Kirche zu St. Blasius in Kaufbeuren . . ., s. Köchel, Jakob

Marchius, Georg August (Leipzig), **De insigni favore Maximiliani J. imp. in poesin dissert. Präs. Gottl. Boehm. Lpz. (Breitkopf) 15. XII. 1756. 39 S. (3.60) 22153**
Widm. v.: G. Boehm.

— — Ad marcianum de formula hypothecaria. Präs. Friedr. Platner. Lpz. (Loeper) 5. VII. 1759. 32 S. (4.—) 22154
Widm. v.: Friedr. Platner.

Des Aristoteles Lehre von der Tierseele. I. Teil. — Von P. Paul Marchl, O. S. B., G.-P. — 1897, Landshut, Jos. Thomann. — P. 3—51.
Progr. Metten, Benediktiner-Gymn.

Ebendasselbe. II. Teil. — Von P. Paul Marchl, O. S. B., G.-P. — 1898, Landshut, J. Thomann. — P. 5—69.
Progr. Metten, Benediktiner-Gymn.

Ebendasselbe. III. Teil. — Von P. Paul Marchl, O. S. B., G.-P. — 1899, Landshut. J. Thomann. — P. 3—40.
Progr. Metten, Benediktiner-Gymnasium

Ebendasselbe. IV. Teil. — Von P. Paul Marchl, O. S. B., G.-P. — 1900, Landshut, J. Thomann. — P. 3—61.
Progr. Metten, Benediktiner-Gymnasium

Marchland, Wilh., Frauen-Emancipation. Lustsp. in 3 Aufz. 8. (7 B.) Wien 840, Wallishausser.

Marchlewski, Boleslaus: Das dingliche Vorkaufsrecht nach dem B.G.B., insbesondere die Wirkungen gegen Dritte. Posen 1908: „Dziennik Poznański". (55 S.) 8°
Breslau, Jur. Fak., Ref. Fischer-Meyer, Diss. v. 18. Jan. 1908
[Geb. 30. März 84 Posen; Wohnort: Posen; Staatsangeh.: Preußen; Vorbildung: Marien-Gymn. Posen Reife O. 02; Studium: Breslau 2, Berlin 2, Breslau 2 S.; Rig. 23. Nov. 05.]

Marchlewski, Julius: Der Physiokratismus in Polen. Zür. J. Schabelitz Dr. [A. Müller Verl.] 1896. 172 S., 1 Bl. 8°.
Zürich. Jur. Diss. [v. 21. Dez. 1896].

Der Physiokratismus in Polen. Von Dr. Julius **Marchlewski**. *Zürich: A. Müller 1897.* (1 Bl., 172 S., 1 Bl.) 1 Bd 8.
= Abhandlungen, Zürcher volkswirtschaftl. H. 2. [97. 4780

Marchlewski, Leo

Marchlewski, L., d. Chemie d. Chlorophylls. gr. 8. (IV, 82 S. m. 2 Taf.) Hamburg 895. L. Voss. n. 2. —

Marchlewski, Leo, die Chemie der Chlorophylle u. ihre Beziehung zur Chemie des Blutfarbstoffs. (X, 187 S. m. 6 Abbildgn. u. 7 Taf.) gr. 8. Braunschweig 909. F. Vieweg & Sohn. 10.—; geb. in Leinw. 11. —

Marchlewski, Leo P., aus Warschau: Kritische Studien über die Sulfidschwefelbestimmungsmethoden. (Teil einer . . . gekrönten Arbeit). [S. A. aus: Zeitschrift f. analytische Chemie, Jg. 32. S. 1—45; Fortsetzung ebenda S. 403—411]. Wiesbaden C. W. Kreidel 1892. 51 S. 8°.
Zürich. Phil. Diss. [v. 27. Juni 1892].

Marchlewski, Mieczislaw, Referendar: Über den Einfluss des Bürgerlichen Gesetzbuchs auf das Strafrecht. Abhandlung 1. Das Verlöbnis im Bürgerlichen Gesetzbuch und im Strafrecht. o. O. [1908]. 53 S. 8°
Heidelberg, Jur. Diss. v. 1908, Ref. Endemann
[Geb. 18. Juni 85 Posen; Wohnort: Posen; Staatsangeh.: Preußen; Vorbildung: Marien-Gymn. Posen Reife O. 03; Studium: Berlin 2, München 2, Göttingen 2 S.; Rig. 27. Nov. 07.] [U 09. 1851

Marchmond; e. Roman, a. d. Engl. d. Charlotte Smith. 4 Bde. 8. Leipz. Böhme. 797.

Marchmont, ein Roman, aus dem Engl. der Mistreß Charlotte Smith, 4 Theile, 8. Leipzig, 1797. Böhme. 2 Rthl. 15 gl.

Marchmont, Wilhelm, u. Miß Walbrook. 8. Leipz. 779. Schwickert.

Marchner, J., s. Adreß-Buch für Regensburg.

Marchner, J., Regensburger Adreßbuch, s. Adreß-Buch.

Marchner, J. Bayerischer Kriegs-Kalender von 600 v. Chr. bis 1870—71. Regensburg (c. 1875.) 4°.

March-Ordnung, welche von denen jezo in die Quartier u. Poitirung ziehenden Kayserlichen Trouppen am Obern-Rhein zu halten, und punctual zu beobachten ist. — Hauptquartier Rastadt den 1. Decembris 1713. Eugenio von Savoy. Rastadt 1713. 4 S. 4°

Le roman breton en France au Moyen Age p. Paul **Marchot**, . . . Prof. . . . à l'Univ. de Fribourg. *Fribourg (Suisse): Libr. de l'Université 1898.* (2 Bl., 90 S., 1 Bl.) 1 Bd 8. [98 11364

Marchot, Paul, les Gloses de Cassel, le plus ancien texte réto-romain, s.: Collectanea Friburgensia.

Marchot, Paul. Les Gloses de Vienne. Vocabulaire réto-roman du XIe siècle. Publié d'après le Ms. avec une introduction, un commentaire et une restitution du texte. In-8°. 48 p. Fribourg, Librairie de l'Université (B. Veith). 1895.

Marchot, Paul. Petite phonétique du français prélittéraire (VIe-Xe siècles). (2 parties.) 8. Fribourg (Suisse), (B. Veith), 1901 [—1902].
(1re partie: Les voyelles.) IV p. + p. 1—89. 1901. [fr. 1. 50]
2e partie: Les consonnes. II p. + p. 41—98. [1902.] [fr. 2. —]

Marchstaller, Hieron. Sein Leben u. Wirken, s. Schroll, Beda.

Marchstaller, Hieron., eine Reise nach Rom, unternommen im Jahre 1625. Bearb. von Beda Schroll. [Aus: „Carinthia".] gr. 8. (138 S.) Klagenfurt 881. (v. Kleinmayr.) n. 1. 40; geb. n. 3. 20

v. Marchtall, Andr., kurzer aber gründl. Beweis der wahren Gegenwart des hochheiligsten Frohnleichnams Jesu Christi unter den Gestalten Brod u. Weins, des heil. Sacraments des Altars. 8. Straßb. 777. Levrault. 7 gr.

Marchworth, Herman. Reisebriefe aus England, Dtld u der Schweiz. Cincinnati, 1881.

Marci, Jo. Marc., gen. von Kronland, Liturgia mentis s. diss. de natura epilepsiae, illius ortu et causis. Opus posthumum. 122 pp. Ratisbon. 4°.
1778

Marciano, F. v., d. unterwiesene Anfänger in der Chemie. 8. Leipz. Sommer. 752.

Marcianus

Marciani, Periplus, Fragmentum Menippo vindicatum, quod hactenus nomine Arriani atque Anonymi Periplus uterque Ponti Euxini, et Fragmentum Anonymi Peripli Ponti Euxini. Ex nova recognitione, cum lat. vers., A. Dodwelli dissertationibus Dav. Hoeschelii, J. Hudsoni, aliorumque vir. doct. adnotatt. additis, cum notis suis ed. S. Wilh. Fr. Hoffmann. gr. 8. Leipzig 840. Fritzsche. 1⅓ ₰

ΜΑΡΚΙΑΝΟΣ. ΜΕΝΙΠΠΟΣ. ΣΤΑΔΙΑΣΜΟΣ. Marciani Periplus. Menippi Peripli fragmentum quod Artemidori nomine ferebatur. Peripli qui Stadiasmus magni maris inscribi solet fragmentum. Graece et lat. ed. addita Dodvvelli dissert., scripturis codicum, Hoeschelii, Hudsoni, Aliorum et suis notis S. F. Guil. Hoffman. 8maj. (20½ B.) Lipsiae 841, Fritzsche.

de Marcillac, Marquis, Geschichte des Kriegs in Spanien im J. 1823. Feldzug in Catalonien. Frei aus d. Französ. 8. Heilbronn 825. Claß. 8 gr.

— Geschichte des Krieges in Spanien im Jahr 1823. Feldzug in Katalonien. Frei aus dem Franz. Heilbronn a. N. 1825. 265 S.

Marcillac, F., manuel d'histoire de la littérature française depuis son origine jusqu'à nos jours à l'usage des collèges et des établissements d'éducation. 2 éd. revue et corrigée. 8. (VII, 240 S.) Basel 874. Georg. n. 2. —

Marcillac, F., Manuel d'histoire de la littérature française depuis son origine jusqu'à nos jours à l'usage des colléges et des établissements d'éducation. 3e et 4e édit. 8. (VII, 242 S.) Basel 877,79, Georg. *

Marcillac, F., Manuel d'histoire de la littérature française depuis son origine jusqu'à nos jours à l'usage des colléges et des établissements d'éducation. 5e—7e édit. 8. (VII, 242 S.) Basel 880—84, Georg. *ℳ 2.; cart. *

Marcillac, F., Manuel d'histoire de la littérature française depuis son origine jusqu'à nos jours à l'usage des colléges et des établissements d'éducation. 8e—9e édit. 8. (VII, 242 S.) Basel 886,88, Georg. cart. *

Marcillac, F. Manuel d'histoire de la littérature française depuis son origine jusqu'à nos jours à l'usage des collèges et des établissements d'éducation. 11e éd. In-8°. VII, 242 p. Bâle, Genève, Lyon, H. Georg, 1892. Cart. 2 25
Pour l'Étranger Mk. 2 20

Marcillac, F., manuel d'histoire de la littérature française depuis son origine jusqu'à nos jours. A l'usage des colléges et des établissements d'éducation. 12. éd. 8. (VII, 242 S.) Genève 894. Basel, Georg & Co. Kart. n. 2. 20

Marcillac, F. Manuel d'histoire de la littérature française depuis son origine jusqu'à nos jours à l'usage des collèges et des établissements d'éducation. 14e éd. In-8°. VII, 242 p. Bâle, Genève et Lyon, Georg & Co. 1899. Cart. 2 25

· petit résumé de l'histoire de la littérature chez les Grecs et chez les Romains, rédigé spécialement pour les élèves de l'école supérieure de jeunes filles. 2. ed. revue et corrigée. 8. (52 S.) Ebend. 875. n. — 70

Marcinek Frz., schlesische Dezemverhältnisse. Historische Beleuchtung derselben. Ratibor 864. (Wichura.) gr. 8. (16 S.) 3 ngr.

Marcinkowski Anton: Die Schicksalstragödie der deutschen Romantiker. 26. Tarnów 04.
Progr.

Marcinkowski, Felix (geb. Krzyzanowo in Posen 10. 3. 1827): De typho abdominali. Berolini (1856). (31 S.) 8°
Berlin, Med. Diss. v. 31. Dez. 1856

Marcinkowski, Car. (geb. Posen Jun. 1800): De fontibus indicationum generatim. (Berolini 1823.) (31 S.) 8°
Berlin, Med. Diss. v. 2. Apr. 1823

Marcinowski. Über die Beteiligung der Interessenten an der Verwaltung der öffentlichen Feuervers.-Anstalten. Merseburg 1878.

Marcinowski, Friedrich

— Ostpreußens Beruf f. die Industrie. 8. (62 S.) Ebend. 872. n. — 50

Marcinowski F. Ostpreussens Beruf für die Industrie. Königsberg 1882

Marcinowski, F., die gesetzlichen Bestimmungen betr. die Pensionirung der unmittelbaren Staatsbeamten, so wie der Lehrer u. Beamten an den höheren Unterrichtsanstalten, u. die Fürsorge der Wittwen u. Waisen, nebst den Ergänzungs- u. Ausführungs-Vorschriften unter Beifügung einer Tabelle zur Berechnung der Pension, so wie des Wittwen- u. Waisengeldes für den praktischen Handgebrauch zusammengestellt. gr. 8. (VIII, 120 S.) Berlin 882. v. Decker. n. 1. 20

Marcinowski, F., die gesetzlichen Bestimmungen betr. die Pensionirung der unmittelbaren Staatsbeamten, so wie der Lehrer u. Beamten an den höheren Unterrichtsanstalten u. die Fürsorge der Wittwen u. Waisen in Preußen, nebst den Ergänzungs- u. Ausführungs-Vorschriften, so wie e. Tabelle zur Berechg. der Pension, bezw. d. Wittwen- u. Waisengeldes u. e. Nachtrage enth. die nach dem Abschluß der 1. Aufl. erlassenen Gesetze u. Verwaltungsvorschriften f. d. prakt. Handgebrauch zusammengestellt. 2. Aufl. gr. 8. (XII, 154 S.) Berlin 884. v. Decker. 1. 50

[F.] Bürgerrecht und Bürgerpflicht. Volksbuch d. Staatswesens f. d. Königr. Preussen bearb. von F[riedrich] Marcinowski, Geh. Ober-Finanzr. *Berlin: G. Reimer 1897.* (VIII, 108 S.) 1 Bd 8.

— u. Emil Frommel, Bürgerrecht u. Bürgertugend. Volksbuch des Staatswesens f. d. Königr. Preußen. 8. (VIII, 129 S.) Ebd. 895. Kart. n. 1. 60; geb. in Leinw. n. 2. —

[F.] Bürgerrecht und Bürgertugend. Volksbuch d. Staatswesens f. d. Kgr. Preussen bearb. v. F[riedrich] Marcinowski, Geh. Ober-Finanzr., & Dr. Emil Frommel, Konsistorialr. u. Hofpred. 2. Aufl. *Berlin: G. Reimer 1896.* (X, 129 S.) 1 Bd 8.

—— Ergänzungshefte zum Kommentar der deutschen Reichs-Gewerbeordnung, 3. Aufl. 1884. 1. und 2. Heft. gr. 8. Ebendas. 884. cart.

Inhalt:

Heft 1. Das Reichsgesetz vom 14. Mai 1879 betreffend den Verkehr mit Nahrungsmitteln, Genußmitteln und Gebrauchsgegenständen mit Erläuterungen und Ergänzungen. (VIII, 55 S.) * ℳ 1,50.

" 2. Das Reichsgesetz über die eingeschriebenen Hülfskassen vom 7. April 1876 in der durch das Reichsgesetz vom 1. Juni 1884 geänderten Fassung mit Erläuterungen. Anhang: Die seit Emanation des Reichsgesetzes vom 1. Juli 1883 zur Ergänzung und Erläuterung der deutschen Gewerbeordnung ergangenen Gesetze, Verordnungen, Verwaltungsverfügungen und Rechtssprüche. (114 S.) * ℳ 2,50.

— dasselbe. 2. Aufl. 8. (X, 129 S.) Ebd. 896. n. 1. —

— die deutsche Gewerbe-Ordnung mit Ergänzungsbestimmungen u. Anmerkungen, sowie einem Anh. enth. die preuß. Gewerbesteuergesetze. 16. (XXIV, 321 S.) Berlin 880. C. Heymann's Verl. geb. n. 1. 50

— dasselbe. 2., durch einen Nachtrag verm. Aufl. 16. (XXIV, 360 S.) Ebend. 881. cart. n. 2. —

— die deutsche Gewerbe-Ordnung für die Praxis in der Preußischen Monarchie mit Kommentar u. einem Anhang, enth. die Gesetze zum Schutze des Urheberrechts gewerblicher Leistungen u. die preuß. Gewerbesteuergesetze. 2., durch einen Nachtrag verm. Aufl. gr. 8. (XVI, 470 S.) Ebend. 881. n. 9. —

— die deutsche Gewerbe-Ordnung f. die Praxis in der Preußischen Monarchie m. Kommentar u. e. Anh., enth. die Gesetze zum Schutze d. Urheberrechts gewerbl. Leistgn. u. die preuß. Gewerbesteuergesetze. 3. Aufl. [Fassung d. Reichsgesetzes vom 1. Juli 1883.] gr. 8. (XXII, 636 S.) Ebend. 884. n. 10. —; geb. n. 11. —

Marcinowski, F., die deutsche Gewerbe-Ordnung f. die Praxis in der preußischen Monarchie m. Kommentar u. e. Anh., enth. die Gesetze zur Ergänzg. der Gewerbeordng. [eingeschriebene Hülfskassen, Verkehr m. Nahrungsmitteln, Gebrauch v. Sprengstoffen, Krankenversicherg., Unfallversicherg.], sowie die preuß. Gewerbesteuergesetze u. das Gesetz, betr. die Einführg. der Gewerbeordng. in Elsaß-Lothringen. 4. Aufl. gr. 8. (XXXIX, 24 u. 960 S.) Berlin 888. G. Reimer. n. 16.; geb. n.n. 17. 50

Marcinowski, F., die deutsche Gewerbe-Ordnung f. die Praxis in der preußischen Monarchie m. Kommentar u. e. Anh., enth. die Gesetze zur Ergänzg. der Gewerbeordng. (eingeschriebene Hülfskassen, Verkehr m. Nahrungsmitteln, Gebrauch v. Sprengstoffen, Gewerbegerichte, Novelle zum Berggesetz), sowie die preuß. Gewerbesteuergesetze u. das Gesetz betr. die Einführg. der Gewerbeordng. in Elsaß-Lothringen. 5. Aufl. gr. 8. (XLII, 27 u. 843 S.) Berlin 892. G. Reimer. n. 15. —; geb. n.n. 17. 50

— die deutsche Gewerbe-Ordnung f. d. Praxis in d. Preuß. Monarchie m. Kommentar u. e. Anh., enth. d. Gesetze zur Ergänzg. der Gewerbe-Ordng. (eingeschrieb. Hülfskassen, Verkehr m. Nahrungsmitteln, Gebrauch v. Sprengstoffen, Gewerbegerichte, Novelle zum Berggesetz), sow. d. preuß. Gewerbesteuergesetze u. d. Gesetz betr. d. Einführg. d. Gewerbeordng. in Elsaß-Lothringen. 6. Aufl. gr. 8. (XII, 50 u. 892 S.) Berlin 896. G. Reimer. n. 16. —; geb. in Halbfrz. n.n. 18. 50

Marcinowski, F., die deutsche Gewerbe-Ordnung f. d. Praxis in d. Preuß. Monarchie m. Kommentar u. e. Anh., enth. d. Gesetze z. Ergänzg. d. Gewerbe-Ordng. (eingeschrieb. Hülfskassen rc. u. Bekämpfg. d. unlaut. Wettbewerbs), sämmtl. m. Kommentar rc., endlich d. Novelle zur Gewerbe-Ordng. v. 26. VII. 1897 m. Erläutergn. Vervollst. Ausg. d. 6. Aufl. gr. 8. (XII, 52 u. 892 S.) Berlin 898. G. Reimer. n. 18. —; geb. in Halbfrz. n. 20. —

Marcinowski, F., das Heimathrecht u. die Armenpflege im preußischen Staatsgebiet. Nach den Bundesgesetzen u. dem preuß. Landesgesetz vom 8. März 1871 dargestellt. 5. Aufl. gr. 16. (VI, 69 S.) Königsberg 871. Theile. — 75

Marcinowski, F., die kleine Kalende im Bereich des ostpreußischen Provinzialrechts. gr. 8. (IV und 63 S.) Berlin 864, v. Decker'sche geheime Ober-Hofbuchdruckerei.

— das Lotteriewesen im Königr. Preußen. gr. 8. (VII, 214 S.) Ebd. 892. n. 2. 40

Marcinowski, F., das Lotteriewesen im Königr. Preußen. Ergänzungshft.: Die Vorgänge auf dem Gebiete des Lotteriewesens in den J. 1892—1893. gr. 8. (19 S.) Berlin 894. G. Reimer. — 30

— die Provinzialverwaltung. Nach den Bestimmgn. der Provinzialordng. u. der Dotationsgesetze unter besond. Berücksicht. der Prov. Preußen dargestellt. gr. 8. (31 S.) Königsberg 875. Beyer. — 75

Marcinowski, F., die außerordentlichen Prozesse der preuß. allgemeinen Gerichts-Ordnung, s. Reusch.

— die Reform der Actiengesetzgebung. Vortrag im kaufmänn. Verein zu Königsberg geh. am 30. Jan. 1876. 2. Aufl. gr. 8. (28 S.) Königsberg 876. (Braun & Weber.) — 75

— die Reformgesetze der Gewerbeordnung aus den Jahren 1880 u. 1881 m. Kommentar. gr. 8. (V, 42 S.) Ebend. 881. n. 1. —

Marcinowski, F.: Das Reichsgesetz über die eingeschriebenen Hülfskassen vom 7. April 1876 in der durch das Reichsgesetz vom 1. Juni 1884 geänderten Fassung mit Erl. Anh.: Die seit Emanation des RGes. vom 1. Juli 1883 zur Ergänzung u. Erl. der deutschen Gewerbeordnung ergangenen Gesetze. Berlin 1884.

(Erg.Hefte z. Kommentar der Dt. Reichs-Gewerbeordnung von Marcinowski. 3. Aufl. H. 2.)

Marcinowski, F., die Städteordnung f. die sechs östlichen Provinzen der preußischen Monarchie vom 30. Mai 1853 u. das Gesetz, betr. die Verfassg. u. Verwaltg. der Städte u. Flecken in den Prov. Schleswig-Holstein vom 14. April 1869 m. deren Ergänzgn. u. Erläutergn. u. e. die einschlag. Bestimmgn. der Kreisordng. vom 13. Decbr. 1872 enthalt. Anh. In Fortsetzg. der Ausg. v. G. Stein zusammengestellt. gr. 8. (VIII, 190 S.) Waldenburg i. Schl. 873. Knorrn. n. 3. —

— u. E. **Hoffmann**, die Städteordnung f. die sechs östlichen Provinzen der preußischen Monarchie vom 30. Mai 1853 u. das Gesetz, betr. die Verfassg. u. Verwaltg. der Städte u. Flecken in der Prov. Schleswig-Holstein vom 14. April 1869 m. deren Ergänzgn. u. Erläutergn. 3. Aufl. gr. 8. (XXIV, 439 S.) Berlin 890. G. Reimer. n. 8. —; geb. n. 9. —

Marcinowski, F. Die Wehrsteuer im Deutschen Reich, ihre geschichtliche Entwickelung, politische, finanzielle und wirthschaftliche Bedeutung. gr. 8°. Berlin, v. Decker, 1881. V,192 S.

Im Kampf um gesunde Nerven! Ein Wegweiser z. Verständnis u. z. Heilung nervöser Zustände. Für Ärzte u. Laien bearb. von Dr. J[aroslaw] **Marcinowski**, leitendem Arzte, Woltersdorfer Schleuse. *Berlin: O. Salle 1904.* (VI, 141 S.) 8° [F.] [04. 20528

Im Kampf um gesunde Nerven. Ein Wegweiser z. Verständnis u. z. Heilung nervöser Zustände. Für Ärzte u. Laien bearb. von Dr. med. J[aroslaw] **Marcinowski**. 2., gänzl. umgearb. Aufl. Berlin: O. Salle 1905. (VIII, 148 S.) 8° [F.]

Marcinowski, J., im Kampf um gesunde Nerven. Ein Wegweiser zum Verständnis u. zur Heilg. nervöser Zustände. Für Ärzte u. Laien bearb. 3., gänzlich umgearb. Aufl. (VII, 151 S.) gr. 8. Berlin 907. O. Salle. 2.—; geb. n 2. 60

Nervosität und Weltanschauung. Studien z. seelischen Behandlung Nervöser nebst e. kurzen Theorie vom Wollen u. Können. Von Dr J[aroslaw] **Marcinowski**. Berlin: O. Salle 1905. (VIII, 132 S.) 8° [F.]

Nervosität und Weltanschauung. Studien z. seelischen Behandlung Nervöser. Von Dr. J[aroslaw] **Marcinowski**. 2. völlig umgearb. Aufl. Berlin: Salle 1910. VIII, 140 S. 8° [11. 461

— krankhafte Richtungen der geschlechtlichen Sinnlichkeit u. ihre Entstehungsgesetze, s. a. Flugschriften des Volksbundes zur Bekämpfung des Schmutzes in Wort u. Bild. Nr. 1.

MARCINOWSKI, Dr. med. J. Krankhafte Richtungen der geſchlechtlichen Sinnlichkeit und ihre Entſtehungsgeſetze. Vortrag. (Flugſchriften des Volksbundes zur Bekämpfung des Schmutzes in Wort und Bild, Nr. 1.) Leipzig, Felix Dietrich, 1906. 8°. 15 S.

Marcinowski, (Johann) Jaroslaw [aus Breslau]: Zur Therapie des erworbenen Plattfusses. E. neuer Stützapparat f. Plattfüsse ... Breslau, Druck v. Th. Schatzky, 1894; 52 S., 1 Bl. 8.
Breslau, Med. Fak., Inaug.-Diss. v. 12. Dez. 1894

Marcinowski, (Joh.) Jaroslaw, zur Therapie d. erworb. Plattfusses. Ein neuer Stützapparat f. Plattfüsse. Diss. gr. 8. (52 S. m. Abb.) Breslau 894. (Schletter.) n. — 80

Marcinowski, Kati. Zur Entstehung der Gefässendothelien und des Blutes bei Amphibien. [Sep.-Abdr. aus: Jenaische Zeitschrift für Naturwissenschaft. Band 41, Heft 1/2.] II + 94 S. 8. Jena, Gustav Fischer, 1906.

Ausg. A: Diss. Phil. [II.] Univ. Zürich. Mit 5 Tafeln und 17 Figuren im Text. *Kopftitel:* ‹Aus dem zoologisch-vergleichend-anatomischen Institut der Universität Zürich.›

Ausg. B: Von der mathematisch-naturwissenschaftlichen Sektion der philosophischen Fakultät der Universität [Zürich] mit dem Hauptpreis gekrönte Preisschrift. Mit 5 Tafeln und 17 Textfiguren.

Marcinowski, Kati: Parasitisch und semiparasitisch an Pflanzen lebende Nematoden. Mti 1 Taf. u. 76 Textabb. Berlin: Parey 1909. 192 S. 4° (8°). (Arbeiten aus d. Kais. Biolog. Anstalt f. Land- u. Forstwirtschaft. Bd. 7, H. 1.)

Marcions Evangelium, s. Aug. Hahn.

Marck, s. a. Mark.

Die Grafschaft Marck. 1791. 1 Bl. c. K. v.

v. Marck. Übelstände im Hagelversicherungswesen. Berlin 1906.

Marck, Albert, a. Mannheim: Die Katalyse des Wasserstoffsuperoxyds durch kolloidales Mangandioxyd. Heidelberg 1907: K. Rössler. (68 S.) 8°
Heidelberg, Naturw.-math. Fak., Ref. Curtius, Diss. v. 20. April 1907
[Geb. 1. Juni 79 Mannheim; Wohnort: Mannheim; Staatsangeh.: Baden; Vorbildung: Gymn. Mannheim Reife M. 98; Studium: T.H. Darmstadt 3, Univ. Heidelberg 13 S.; Rig. 7. Febr. 07.]

Was der Mensch säet ... Roman von August **Marck**. 2. Aufl. Berlin: Vita [1905]. (322 S.) 8° [F.] [05. 13530

Marck, August Christian (Magdeburg), De veris initiis circulorum imperii. Präs. Ernst Chr. Westphal. Halle (Hendel) 5. V. 1761. 92 S. (5.—)
Gew.: J. El. Heiligenstaedt. 22156

Marck, B. A., Schulreden. Halberst. Dölle.

Marck, Hugo von

Die neuen Bedingungen der Privatfeuerversicherungs- und Hagelversicherungsgesellschaften nach d. Gesetz über d. Versicherungsvertrag vom 30. Mai 1908 nebst Vorschlägen z. Reform d. Pommerschen Provinzialfeuersozietät von Prof. Dr. [Hugo] v. **Marck**-Greifswald. Stettin: Pommersche Reichspost 1910. 51 S. 8°
(Arbeiten d. Landwirtschaftskammer f. d. Provinz Pommern. H. 17.) [10. 4130

Beiträge zur Auslegung und Anwendung des Reichsgesetzes über die privaten Versicherungsunternehmungen vom 12. Mai 1901, insbes. f. d. Gegenseitigkeitsform d. Feuer- u. Hagelversicherung ... von H[ugo] v. **Marck**, Prof., Greifswald. Als Ms gedr. *Greifswald 1902: J. J. Abel.* (Getr. Pag.) 4° [Umschlagt. F.]

Marck, v., krit. Betrachtgn. z. Militär-Strafprozeß-Vorlage. gr. 8. (VII, 127 S.) Berlin 898. R. v. Decker. n. 2. —

Marck, v., Denkschrift des Verbandes deutscher Feuerversicherungsgesellschaften auf Gegenseitigkeit zu dem Entwurfe e. Reichsgesetzes über die privaten Versicherungs-Unternehmungen. Fol. (45 S.) Greifswald (899). (J. Abel.) n. 2. —

Marck, Hugo, d. gelobte Land u. Anderes. Silhouetten. 8. (104 S.) Berlin 898. Freund & Jeckel. n. 1. —

Marck, Hugo, Liebesopfer. (Takumi. — Lotte. — Cocodette.) 3 Einakter. 8. (88 S.) Berlin 900. H. Steinitz. n. 2. —

— das bayerische oberste Militärgericht. Begründ. die Sonderrechtsstellg. Bayerns dessen Anspruch auf e. eig. oberstes Gericht im deutschen Militärstrafprozeß? Ein Gutachten. gr. 8. (33 S.) Berlin 897. E. S. Mittler & Sohn. n. — 50

Marck, v., der Militär-Strafprozeß in Deutschland u. seine Reform. 1. Hälfte. gr. 8. (XLVII, 446 S.) Berlin 893. R. v. Decker. n. 12. —

— d. Militär-Strafprozeß in Deutschland u. s. Reform. 2. Hälfte. 1. Halbbd. gr. 8. (IX, 596 S.) Berlin 895. R. v. Decker. n. 15. — (I. u. II., 1.: n. 27. —)

Marck, Hugo, die öffentlichen Rechtsverhältnisse auf dem Lande in den 7 östlichen preußischen Provinzen, auf Grund der neuen Landgemeindeordng. gemeinverständlich u. übersichtlich dargestellt. 12. (30 S.) Berlin 891. H. L. v. Trautvetter. — 25

Marck, Hugo, Schneckenhaus. Roman. (185 S.) 8. Berlin (908). H. Steinitz. 2. —

Marck, H., Silhouetten. Novellistische Skizzen. 16. (III, 90 S.) Berlin 890. v. Trautvetter. n. 1. —

Marck, v., die Staatsanwaltschaft bei den Land- und Amtsgerichten in Preußen. Eine fortlaufende Darstellung der gesammten Thätigkeit der Staatsanwaltschaft nach Reichs- und Landesrecht, mit allen einschläg. Bestimmungen im Wortlaut und mit Verfügungsentwürfen; als Lehrbuch für die Referendarien, als Handbuch für die Rechtsanwälte und als Nachschlagebuch für die Staatsanwälte bearb. gr. 8. (VII, 631 S.) Berlin 884, v. Decker's Verlag. *

— u. Kloß, die Staatsanwaltschaft bei den Land- u. Amtsgerichten in Preußen. Form u. Inhalt der Amtshandlgn. der Staatsanwaltschaft nach Reichs- u. Landesrecht, m. den einschläg. Bestimmgn. im Wortlaut u. m. Verfügungsentwürfen. 2., völlig umgearb., bis auf die Jetztzeit fortgeführte Aufl. gr. 8. (X, 695 S.) Berlin 901—903. C. Heymann. n. 12. —; geb. n. 13. —

Die Staatsanwaltschaft bei den Land- und Amtsgerichten in Preussen. 2., völlig umgearb., bis auf d. Jetztzeit fortgef. Aufl. Von Dr. [Hugo] v. Marck, Staatsanw. a. D., u. Dr. [Alfred] Kloß, Staatsanw. R. in Halle a.S. *Berlin: C. Heymann 19(01—)03.* (x, 695 S.) 8° [J.]

— Wegweiser durch das neue Einkommensteuergesetz vom 24. Juni 1891 m. Formularen u. angehängtem Gesetzestexte. Unter Berücksicht. der Anweisgn. d. Finanzministers vom 5. Aug. 1891 bearb. 1.—3. Aufl. gr. 8. (48 S.) Berlin 891. 892. H. L. v. Trautvetter. n. — 50

Marck, Hugo, närrische Weisheit. Lustspiel in 3 Aufzügen. (91 S.) gr. 8. Berlin 904. H. Steinitz. n. 2. —

— wie mache ich mein Testament? Enth.: 1) Belehrung üb. alles, was e. Testament betrifft. 2) Anleitung zur Errichtg. e. Testamentes. 3) Verschiedene Muster-Testamente. 8. (47 S.) Berlin 894. Aug. Schultze's Verl. 1. —

Der Bund der Landwirtinnen. Lustspiel in 1 Akt von Ludwig Marck. *Mühlhausen i. Th.: G. Danner [1899].* (48 S.) 8° [J.]
— Thalia. 46. [00. 9795

Marck, Ludw., Till Eulenspiegel in Schilda. Eine Märchenposse in 4 Akten. 8. (139 S.) Höchst 898. W. Graf. n. 1. 20

— Till Eulenspiegel in Schilda. E. Märchenposse in 4 Akten. 8. (139 S.) Höchst 898. Stuttgart, K. Daser. n. 1. 20; erm. Pr. n. 1. —

Marck, Paul Thdr., das Stammschloß Hohenzollern, seine Gegenwart und Vergangenheit. Nebst 1 Ansicht. gr. 8. Hechingen 846, Ribler'sche Hofbuchh. (Egersdorff.) 1/2 ℛ Prachtausg. 21 ngl

Marck, Paul Thdr., H. Haas's Abenbergische Phantasieen über die Abstammung des preuß. Königshauses, vom hohenzollerischen Standpunkte beleuchtet. gr. 8. (50 S. mit 1 Tab. in qu. Fol.) Berlin 853, Stubenrauch und Comp.

Marck, Paul Thdr., der Gräflich Fürstlich Königliche Stamm der Hohenzollern. Ein histor. Beitrag. gr. 8. (55 S.) Hechingen 849, Egersdorff. 1/4 ℛ

Marck, Rudolf, aus Mannheim: Der Besitz nach dem Deutschen Bürgerlichen Gesetzbuch und die altdeutsche Gewere. *Heidelberg 1903: Karl Rößler.* (48 S.) 8°
Heidelberg, Jur. Diss. v. 1903

Marck, W. v. der, fossile Fische, Krebse und Pflanzen aus dem Plattenkalke der jüngsten Kreide in Westphalen. Mit 14 (lith.) Taf. Abbildgn. (in 4. u. Fol.) (Abdr. aus „Palaeontographica. Beiträge zur Naturgeschichte der Vorwelt.") Cassel 863. Fischer. gr. 4. (83 S.) n. 12 ℛ

Marck, W. v. der, die fossilen Fische der westfälischen Kreide. 4. Nachtrag. [Aus: „Palaeontographica".] gr. 4. (7 S. m. 1 Taf. u. 1 Bl. Erklärgn.) Stuttgart 894. E. Schweizerbart. n. 5. —
Der 1. u. 3. Nachtrag sind nicht separat erschienen, sondern finden sich in Palaeontographica Bd. XV u. XXXI. — Der 2. Nachtrag erschien 1875 u. d. T.: Neue Beiträge z. Kenntniss der fossilen Fische u. anderer Thierreste aus der jüngsten Kreide Westfalens etc. u. ist vergriffen.

Marck, v. der, die Flora der westfälischen Kreideformation, s. Hosius.

Marck, W. v. d., zur Geologie von Sumatra, s. Geinitz, H. B.

Marck (W. von der). Fossile . . . Pflanzen und der Plattenkalk der juengsten Kreide in Westphalen. Cassel, 1863. 4°.

Marck (v. d.), Die Schichten des westfälischen Kreidegebirges, sowie der westfälischen Diluvial- und Alluvial-Ablagerungen. Hamm 1857. 8.

Marck, W. v. der, über einige Wirbelthiere, Crustaceen und Cephalopoden der westfälischen Kreide. gr. 8. (41 S. mit 2 Stnt. in qu. gr. 4.) Berlin 859, Hertz. *
Aus: Zeitschrift der deutschen geolog. Gesellschaft, Jahrg. 1858, besonders abgedruckt.

Marck und Tervis, Bernhard Graf von der
s. a. Bernhardus Graf von der Marck und Tervis

Marck und Tervis, Bernhard Graf von der. Abhandlung von der Natur des philosophischen Eyes ... Braunschweig 1779. Ü: *Lenz, Joh. Christoph.* (MGT) (ML)

Marckard's, Mart., Marien-Predigten. 7 Jahrgänge auf die sieben vornehmsten Frauentage. (Septennium Marianum.) Neu bearb. von Heinr. Hoffmann. 2 Bde. gr. 8. (XII und 607 S.) Regensburg 862, Manz. à Bd. 27 Ngr.

—— dass. — Neue Ausg. 2 Bde. in 10 Heften. gr. 8. (XII und 607 S.) Ebendas. 864. à Heft 4½ Ngr.

Marckards, Mart., Marien-Predigten. 7 Jahrgänge auf die 7 vornehmsten Frauentage. [Septennium Marianum.] Neu bearb. von Heinr. Hoffmann. 2. Aufl. 2 Thle. in 1 Bd. gr. 8. (VIII, 300 u. IV, 306 S.) Regensburg 881. Manz. 5. 50

Marckart, G. C., († 1761.) Anweisung, was ein Officier von den Verschanzungen zu wissen nöthig hat. 4. Berl. 756.

— Anweisung, was ein Officier von d. Infanterie von der Abstecking, Tracirung u. Erbauung d. im Felde vorkommenden Verschanzungen zu wissen nöthig habe. Mit Kpf. gr. 8. Kopenhagen 765. Rothe.

Marckart, G. E., vgl. P i r s c h e r , Coup d'oeil

Marcken, J. G. v. Anleitung zur Communal-Besteuerung durch Ausmittelung des Kapitalbestandes und Ertrages. gr. 8°. Cöln, Rommerskirchen, 1814.

Marcken, J. G. v., Anleitung z. Communal-Besteuerung durch Ausmittelung des Kapitalbestandes u. Ertrages 2c. gr. 8. Cöln, Rommerskirchen. 815.

Märcker, s. Märker.

Maercker, die türkische Armee, s.: Eisenschmidt's Büchersammlung.

Märcker, Aug., Fibel für den Schreib- und Lese-Unterricht im ersten Schuljahr. 8. (130 S. mit Abbild.) Hamburg 888, Reuschel. cart. *
Anleitung zum Gebrauch (48 S.) *

Märcker, Aug., Fibel f. den Schreib- u. Lese-Unterricht im ersten Schuljahr. 2. Aufl. gr. 8. (138 S. m. Abbildgn.) Hamburg 891. Reuschel. Kart. n. — 60

Die Fahne der Einundsechsziger vor Dijon. Zur Feierd. 25jähr. Wiederkehr d. Kämpfe vor Dijon aus d. Gesch. u. d. Akten d. Inf.-Reg. v. d. Marwitz (8. Pomm.) No 61 zsgest. durch [E.] Maercker, Hauptm. *Thorn: E. Lambeck 1896.* (36 S.) 8° [J.] [01. 320] 10

— die v. der Marwitz im brandenburgisch-preußischen Heere. Im Auftrage d. Infanterie-Regiments v. der Marwitz [8. Pommersches] Nr. 61 zusammengestellt. gr. 8. (V, 86 S. m. Bildnissen u. 1 farb. Wappen-Abbildg.) Berlin 891. E. S. Mittler & Sohn. n. 2. 25

Maercker, Ferd. Frid. (geb. Neustadt-Eberswalde 1806): De pancreate. Berolini (1830). (32 S.) 8°
Berlin, Med. Diss. v. 20. Okt. 1830

Märcker, Franz. Albrecht der Schöne, Burggraf zu Nürnberg, Miterbe der Hennebergischen und Coburgischen Lande. (III 42) 4. Berlin 1858. 3,00.

Märcker, Friedrich: A u f l ö s u n g der diophantischen Gleichungen 2. Grades. Meiningen 1853. 4.

Märcker, Friedr., Lehrbuch der Geometrie für höhere Lehranstalten. 1. Bd.: Geometr. Vorbegriffe und Planimetrie. Mit 14 lith. Figurentaf. Hildburghausen 855. Kesselring'sche Hofbuchhdlg. gr. 8. (XII, 206 S.) n. 20 ngr.

Märcker, Friedr., über wissenschaftliche Schärfe beim Unterricht in der Geometrie. gr. 4. (16 S.) Meiningen 862, (v. Eye.) *

Maercker, Titus Silvianus u. sein Wirken f. d. Christenthum. Meining. 4. 1864.
Schul-/Univ.-Schrift

Märcker, Friedr., Theorie d. Parallellinien. gr. 8. (1 B. u. 1 Figtaf.) Meiningen 839, [Blum.]

Märcker, Fr., Theorie der Parallellinien. Mit 1 lithogr. Figurentaf. gr. 8. Meiningen 839. Keyßner'sche Hofbuchh. 1/8 ₰

Märcker, Frdr., einige dunkele Umstände in dem Leben d. Apostels Paulus. gr. 8. (42 S.) Gütersloh 871. Bertelsmann. — 60

Märcker, Friedrich Adolf

Märcker, F. A., Preußens Abgeordnete f. Berlin u. Frankfurt. Zwei Reden. gr. 8. (40 S.) Berlin 848, Herm. Schultze. 6 ngr

Maercker, F. A., Alexandrea. Tragische Trilogie. Lex.-8. (IX und 895 S.) Berlin 857, Decker'sche geheime Ober-Hofbuchdruckerei. 2 Thlr. 15 Ngr.; geb. *

F. A. Maercker. Der neue Aeon und Todtenklage. Zwei Cantaten nebst Anhang. Berlin 1887. 4°.

— Demosthenes und Aeschines. Vortrag gehalten in der Singakademie zu Berlin am 17. Febr. 1855. Mit 1 Kpfrtaf. Berlin 855. G. Reimer. gr. 8. (36 S.) 6 ngr.

Märcker, F[riedericus] A[dolphus]: * Aristotelis de sensu doctrina. Specimen 1. Sensus definitio. 27 S. 2°
Halle-Wittenberg, Phil. Diss. v. 13. Okt. 1838
Geb. [Altavillae = Eltville (Kr. Rheingau) 8. 11. 1804]

Maercker, F. A., Erinnerungen. Gesammelte Gedichte. Der Gedichte 3. Bd. Berlin 862. Decker. 16. (VIII, 184 S.) 1 ₰

Maercker, F. A., Erinnerungen. Gesammelte Gedichte. 2. Heft. (Der Gedichte 3. Bd. 2. Heft.) Berlin 867. v. Decker. br. 8. (VIII, 243 S.) 1 ₰

— eheliche Ermahnungen (Nach Plutarchos.) Eine Hochzeitsgabe. Ebend. 867. br. 8. (67 S. mit 1 phot. Titelbilde nach Thorwaldsen.) 15 ngr; geb. n.n. 25 ngr.

Maercker, F. A., eheliche Ermahnungen. [Nach Plutarchos.] Eine Hochzeitsgabe. [Aus „Erinnerungen".] Mit e. photograph. Titelbilde, nach Thorwaldsen. 2. Aufl. br. 8. (VIII, 56 S.) Berlin 870. v. Decker. 1. 50. geb. n. 2. 25

Berliner Gesellschaft für das Studium der neueren Sprachen. — (F. A. MAERCKER.) Festlied zur dreihundertjährigen Jubelfeier des Geburtstages William Shakespeares, in Musik gesetzt von L. LEWANDOWSKI, vorgetragen von MANTIUS den 24sten April 1864. Berlin (1864). (Buchdruckerei von Gustav Lange.) 8°.

Märcker, F. A., Gedichte. 1. Hft. 8. (8½ B.) Berlin 828, Logier.

Maercker, F. A., Gedichte. 2 Bde. 2., sehr verm. Ausg. br. 8. (XXX und 575 S.) Berlin 858, Decker'sche geheime Ober-Hofbuchdruckerei. 2 Thlr. 15 Ngr.; geb. Thlr. *

——, Julius. Eine Lebensgeschichte aus d. Zeit. 8. (26¼ B.) Berlin 829, Reimer.

—— Karl der Große. Tragödie. 8. (XV und 168 S.) Berlin 861, Decker'sche geheime Ober-Hofbuchdruckerei.

—— Karl Martell. Tragödie in 5 Akten. (Den Bühnen Mscr.) 8. (XI und 140 S.) Berlin 859, Decker'sche geheime Ober-Hofbuchdruckerei.

— Titus Lucretius Carus üb. die Natur der Dinge u. die Unsterblichkeit der Seele. Vortrag gehalten am 8. März 1851. gr. 8. (32 S.) Berlin 851, Springer. 1/4 ₰

Märcker, F. A., das Princip des Bösen nach den Begriffen der Griechen. gr. 8. Berlin 842, Dümmler. 1¾ ₰

— das alte u. das neue Rom. Vortrag gehalten am 8. Febr. 1865, im Concertsaale des königl. Schauspielhauses. Berlin 865. G. Reimer. gr. 8. (43 S.) 7½ ngr.

Maercker, F. A., Schatz-Kästlein der Braut. Eine Verlobungsgabe. 4. (III, 136 S. mit 1 Stahlst.) Berlin 885, [Hempel.] Dümmler's Verlag. geb. mit Goldschn. *

— was heißt Kunst? Ein artistischer Vortrag. (Nebst einem Urtheile d. Ober-Censur-Gerichts u. einigen Bemerkungen.) gr. 8. Ebend. 844. ¼ ₰

— Daniel Webster der amerikanische Staatsmann. Vortrag gehalten am 12. März 1853. Nebst Bruchstücken aus den Gedächtnißreden Barnard's, Everett's und einigen Anlagen. Berlin 853. G. Reimer. gr. 8. (48 S. u. 1 Kpfrtaf.) 7½ ngr.

Märcker, Friedrich Adolph. Das Wesen des Protestantismus, in 14 Thesen. Allen wahren Protestanten geweiht. Nebst Einleitung und einigen Beilagen. Berlin, Voßische Buchhandlung 1845. VIII 28 S. 8.

— zur Wiederherstellung der Kunst der Beredsamkeit als philosoph. Wissenschaft. Einleitung zu d. Vorlesungen über des Aristoteles Rhetorik. gr. 8. Ebend. 843. ⅙ ₰

— die Willensfreiheit im Staatsverbande. Zur Einführung in des Aristoteles Bücher von der Rhetorik u. zur richtigen Würdigung der geistl. Beredtsamkeit. gr. 8. (13⅛ B.) Berlin 843, Dümmler, Verl.

— die Zurückberufung des Prinzen v. Preußen. Rede gehalt. im Friedrichstädt. Casino am 12. Mai 1848. gr. 8. (24 S.) Berlin 848, Schneider & Co. 3 ngr.

Maercker, G.

Maercker, die Nachlaßregulirung, das Erbrecht und Vormundschaftswesen nach Preußischem Recht. 8. (VIII und 112 S.) Berlin 863, v. Decker'sche geheime Ober-Hofbuchdruckerei. * —

Maercker, die Nachlaßregulirung, das Erbrecht u. Vormundschaftswesen nach preußischem Recht. 2. Aufl. Berlin 870. v. Decker. 8. (VIII, 134 S.) n. 15 ngr.

Maercker, die Nachlaßregulirung, das Erbrecht u. Vormundschaftswesen nach preußischem Recht. 3. Aufl. 8. (VIII, 134 S.) Berlin 872. v. Decker. n. 1. 80

— dasselbe. 4. Aufl. 8. (VII, 175 S.) Ebend. 874. n. 2. 50

— 5. Aufl. [u. d. Tit.:] Die Nachlaßregulirung, das Erbrecht und die neue Vormundschaftsordnung für das Preußische Rechtsgebiet. 1876.

— dasselbe. 5. Aufl. 8. (XVI, 248 S.) Ebend. 876. n. 3. 75

— die Nachlaßregulirung, das Erbrecht u. die neue Vormundschaftsordnung für das preußische Rechtsgebiet. 6. Aufl. 8. (XII, 264 S.) Ebend. 877. cart. n. 3. 75

— dasselbe u. die Hinterlegungsordnung, die Gesetze über die Zwangserziehung verwahrloster Kinder, über die Zwangsvollstreckung gegen Beneficialerben u. Aufgebot der Nachlaßgläubiger für das preuß. Rechtsgebiet. 7. Aufl. 8. (VII, 384 S.) Ebend. 879. cart. n. 4. —

Maercker, die Nachlaßregulirung, das Erbrecht, die Vormundschaftsordnung, die Hinterlegungsordnung, die Gesetze über die Geschäftsfähigkeit Minderjähriger, die Zwangserziehung verwahrloster Kinder die Zwangsvollstreckung gegen Beneficialerben und das Aufgebot der Nachlaßgläubiger und über die Beurkundung des Personenstandes für das preußische Rechtsgebiet. 8. Aufl. (XII, 440 S.) Berlin: v. Decker's Verlag 1881

Maercker, die Nachlaßbehandlung, das Erb- u. Vormundschafts-Recht, die Hinterlegungsordnung, nebst den Gesetzen über a) die Geschäftsfähigkeit Minderjähriger, b) die Zwangserziehung verwahrloster Kinder, c) die Zwangsvollstreckung gegen Beneficialerben u. das Aufgebot der Nachlaßgläubiger, d) die Beurkundung des Personenstandes. 9. Aufl. 8. (XII, 436 S.) Berlin 882. v. Decker. cart. n. 4. 40

Maercker, die Nachlaßbehandlung, das Erbrecht und die Vormundschaftsordnung, nebst den auf diese Materien bezügl. gesetzl. Bestimmungen für das preuß. Rechtsgebiet. 10. Aufl. gr. 8. (XVI, 317 S.) Ebendas. 884. geb. *

Maercker, die Nachlaßbehandlung, das Erbrecht u. die Vormundschaftsordnung, nebst den auf diese Materien bezügl. gesetzl. Bestimmgn. f. das preuß. Rechtsgebiet. 11. Aufl. gr. 8. (XVI, 362 S.) Berlin 886. v. Decker. geb. n. 5. —

Maercker, die Nachlaßbehandlung, das Erbrecht u. die Vormundschaftsordnung, nebst den auf diese Materien bezügl. gesetzl. Bestimmgn., f. das preußische Rechtsgebiet. 12. Aufl. gr. 8. (XXII, 377 S.) Berlin 888. v. Decker. geb. n. 5. —

Maercker, die Nachlaßbehandlung, das Erbrecht, Familienrecht u. die Vormundschaftsordnung, nebst den auf diese Rechtsverhältnisse bezügl. gesetzl. Bestimmgn., f. das preußische Rechtsgebiet. 13. Aufl. gr. 8. (XXXII, 450 S.) Berlin 892. R. v. Decker. Geb. in Leinw. n. 6. —

— dasselbe. 14. Aufl. gr. 8. (XXXII, 455 S.) Ebd. 894. Geb. in Leinw. n. 6. —

Die Nachlassbehandlung, das Erbrecht, Familienrecht und die Vormundschaftsordnung, nebst den auf diese Rechtsverhältnisse bezügl. gesetzl. Bestimmgn, f. d. Preuss. Rechtsgebiet. Von [G.] Maercker, Geh. Justizr. 15. Aufl. *Berlin: R. v. Decker 1897.* (XXI, 447 S.) 1 Bd 8. [98. 1626

Die Nachlassbehandlung, das Erbrecht, Familienrecht und Vormundschaftsrecht nebst den auf diese Rechtsverhältnisse bezügl. gesetzl. Bestimmungen u. Verwaltungsvorschriften f. d. Preuss. Rechtsgebiet. Ein Handbuch begründet von [G.] Maercker, Geh. Justizr. Nach d. Vorschriften des B.G.B. u. seiner Nebengesetze neu bearb. von Dr. Paul Köhne, Amtsger.R., u. Richard Feist, Ger.Ass. 16. Aufl. (In 2 Hälften.) *Berlin: R. v. Decker 1900.* (IX, 630 S.) 8° [F.]

Die Nachlassbehandlung, das Erbrecht, Familienrecht und Vormundschaftsrecht nebst den auf diese Rechtsverhältnisse bezügl. gesetzl. Bestimmungen u. Verwaltungsvorschriften f. d. Preuss. Rechtsgebiet. Ein Handbuch begründet von G. Maercker, Geh. Justizr. Nach d. Vorschriften d. BGB. u. seiner Nebengesetze bearb. von Dr. Paul Köhne, Amtsger.R., u. Richard Feist, Ger.Ass. 17. A. *Berlin: R. v. Decker 1902.* (X, 690 S.) 8° [F.] [03. 3393

— die neue Vormundschaftsordnung nebst Erläuterungen. Ergänzungsheft zu „Nachlaßregulirg., Erbrecht u. Vormundschaftwesen". 8. (96 S.) Ebend. 875. n. 1. 50

Maercker, [Georg]: Die Entwicklung des Kiautschougebietes. T. 1.2. Berlin: Deutsche Kolonialgesellsch. 1902-03. 8° [Umschlagt.]
Aus: Deutsche Kolonialzeitung.

— Kriegführung in Ostafrika, s.: Beiheft zum Militär-Wochenblatt.

Maercker, G., unsere Kriegsführung in Deutsch-Südwestafrika. Vortrag, (geh. in der Abtlg. Berlin-Charlottenburg der deutschen Kolonial-Gesellschaft am 21. XI. 1907). (75 S.) 8. Berlin 908. Wilmersdorf, H. Paetel. — 80

Maercker, Geo., unsere Schutztruppe in Ostafrika. Mit 34 Illustr. z. Thl. nach Orig.-Aufnahmen v. Ramsay. gr. 8. (V, 216 S.) Berlin 893. R. Siegismund. n. 3. —

Maercker, Hans, Geschichte des Schwetzer Kreises, s.: Wegner, R.

Maercker, Hans, Geschichte der ländlichen Ortschaften u. der drei kleineren Städte des Kreises Thorn in seiner früheren Ausdehnung vor der Abzweigung des Kreises Briesen i. J. 1888. (Schriften des westpreuss. Geschichtsvereins.) (In 3 Lfgn.) 1. u. 2. Lfg. gr. 8. Danzig. [Th. Bertling.] L. Saunier. n.n. 7.50
1. (II, 131 S.) 899. n.n. 1.50. — 2. (II u. S. 133—613.) 900. n.n. 6.—

— dasselbe, s.: Quellen u. Darstellungen zur Geschichte Westpreussens. II.

Die deutsche Sozialdemokratie. Nach ihren Meinungen u. Taten dem deutschen Volke naturgetreu geschildert von J. **Märcker**. H. 1–3. *Königsberg i. Pr.: Ostpr. Dr. & Verlagsanst. 1903.* 3 Bde 8° [F.] (04. 189, 10

Maercker, Car. Frid. Traug., de Theodectis Phaselitae vita et scriptis comment. I. 8maj. (6¾ B.) Vratislaviae 835, Friedlaender.

MAERCKER, MAX.
BEHREND, P. M. M.: ein Rückblick. Berlin, 1902. Portrait.

[F.] Anleitung zum Brennereibetrieb. Prakt. Leitf. f. Brenner u. z. Gebr. an landwirtschaftl. Lehranst. Von Dr. M[aximilian] **Maercker**, ... Prof. an d. Univ. ... Halle a. S. M. 75 Textabb. *Berlin: P. Parey 1898.* (VIII, 184 S.) 1 Bd 8.
— Thaer-Bibliothek. Bd 97. (98. 908)

Anleitung zum Brennereibetrieb. Prakt. Leitf. f. Brenner u. z. Gebr. an landwirtsch. Lehranst. Von Dr. M[aximilian] **Maercker**, Prof., Halle a. S. 2., durchges. Aufl. Mit 78 Textabb. *Berlin: P. Parey 1900.* (VIII, 191 S.) 8° [F.]
— Thaer-Bibliothek. Bd 97. (00. 393)

Max **Maerckers** Anleitung zum Brennereibetrieb. Prakt. Leitfaden f. Brenner u. z. Gebr. an landwirtsch. Lehranstalten. 3. Aufl., neubearb. von M[ax] Delbrück u. H[ermann] Lange, [Abt.-Vorst. d. Inst. f. Gärungschemie]. Mit 63 Textabb. Berlin: P. Parey 1904. (VIII, 204 S.) 8° [F.]
— Thaer-Bibliothek. Bd 97. (05. 6...

Maercker, Max, Anleitung zum Brennereibetrieb, 4. Aufl., s.: Delbrück, M., u. G. Foth.

Maercker, Max, die zweckmässigste Anwendung der künstlichen Düngemittel für Kartoffeln. Nach vierjähr., in der Prov. Sachsen ausgeführten Feldversuchen. gr. 8. (92 S.) Berlin 880, [Wiegandt, Hempel und Parey.] Parey. *
Aus: Landwirthschaftliche Jahrbücher, besonders abgedruckt.

Maercker, M., experimentelle Beiträge zur Frage der Trocknung der Diffusionsrückstände der Zuckerfabriken. gr. 8. (24 S.) Berlin 884. Parey. n. 1. —

— s.: Bericht üb. die Versuchswirtschaft Lauchstädt.

MÄRCKER, MAX.
Bericht über die Spiritusfabrication auf der Wiener Ausstellung. Braunschweig, 1877. 8vo.

Maercker, M., die Erfolge der Anwendung verschiedener Kalisalze, insbesondere d. Kainits in der Praxis. 2. Bericht. Nach e. v. der Dünger- [Kainit-] Abteilg. der Deutschen Landwirtschafts-Gesellschaft veranstalteten Untersuchg. [Aus: „Jahrbuch d. deutschen Landwirtschafts-Gesellschaft".] Lex.-8. (66 S. m. 25 S. Tab.) Berlin 891. P. Parey. n. 1. 60
Der 1. Bericht erschien nicht als Sonderabdruck.

Erlass eines Gesetzes, betreffend den Verkehr mit Futter- und Düngemitteln, sowie Sämereien. Referate, gehalten am 15. Februar 1898 in der XXIII. General-Versammlung der Vereinigung der Steuer- und Wirthschafts-Reformer von Dr. MAERCKER-Halle a. S., Professor und Geheimer Regierungsrath, und M. RETTICH-Rostock, Domänenrath und Mitglied des Reichstages. ib. 1898. — 8°.

— das Flusssäureverfahren in der Spiritusfabrikation. Nach Untersuchgn. v. Cluss u. Schuppan wie nach den Erfolgen der Praxis kritisch bearb. gr. 8. (VII, 150 S. m. Abbildgn.) Ebd. 891. n. 4. —

— u. A. Morgen, Fütterung u. Schlachtergebnis. Bericht üb. die unter der Leitg. der Versuchsstation Halle ausgeführten Versuche zur Ermittelg. des Einflusses verschiedener Fütterungsweisen auf die Lebendgewichtsproduktion u. die Qualität der Schlachtware. [Aus: „Deutsche landw. Presse".] gr. 8. (62 S.) Ebd. 893. n. 1. —

— Fütterungslehre. Hrsg. v. F. Albert. gr. 8. (VII, 172 S.) Berlin 902. P. Parey. Geb. in Leinw. n. 4. —

— über den Futterwerth der getrockneten Diffusionsrückstände. gr. 8. (37 S. mit 1 Tab.) Ebendas. 883. *
Vorstehende zwei Schriften sind aus: Journal für Landwirthschaft, besonders abgedruckt.

Maercker, Max, über Gründüngung als Mittel zur Stickstoffbereicherung der Felder. Vortrag, gehalten vor der Oekonom. Gesellschaft im Königr. Sachsen, Dresden am 4. Febr. 1887. gr. 8. (16 S.) Dresden 887, G. Schönfeld's Verlag. *

— üb. Hackfruchtbau. Vortrag, geh. in d. ökonom. Gesellschaft im Königr. Sachsen, Dresden, am 6. Dezbr. 1895. gr. 8. (22 S.) Dresden 896. G. Schönfeld. n. — 60

(B) — Braugerste. 897. — Hackfruchtbau. 896. (K82 90.) Jetzt: Leipzig, Fritzsche & Schmidt.

Maercker, Max, Handbuch der Spiritusfabrikation. gr. 8. (XXIII, 608 S. mit 191 in den Text gedr. Holzschn. und 16 lithogr. Taf.) Berlin 877, [Wiegandt, Hempel und Parey.] Parey. *

— Handbuch der Spiritusfabrikation. 2. umgearb. Aufl. gr. 8. (XXIV, 828 S. mit 14 Taf., davon 2 in Holzschn. und 12 lithogr., und 214 in den Text gedr. Holzschn.) Berlin 880, [Wiegandt, Hempel und Parey.] Parey. *
— dass. — 3. vollständig umgearb. Aufl. gr. 8. (XXIV, 951 S. mit 13 Taf. und 271 in den Text gedr. Holzschn.) Berlin 883, Parey. *

— Handbuch der Spiritusfabrikation. 4. umgearb. Aufl. gr. 8. (XVI, 815 S. mit 234 in den Text gedr. Abbild.) Berlin 886, Parey. *ℳ 20.—; geb. *

MAERCKER, MAX.
Handbuch der Spiritusfabrikation.
Fünfte Auflage. Berlin, 1889.

— Handbuch der Spiritusfabrikation. 5., umgearb. Aufl. gr. 8. (XXIV, 786 S. m. 208 eingedr. Abbildgn.) Berlin 890. Parey. n. 20. —; geb. n. 22. 50

— Handbuch der Spiritusfabrikation. 6., vollständig neubearb. Aufl. gr. 8. (XXIII, 824 S. m. 213 Abbildgn.) Ebd. 894. Geb. in Leinw. n. 22. —

[F.] Handbuch der Spiritusfabrikation. Von Dr. Max **Maercker**, ... Prof. an d. Univ. ... Halle a. S. 7., vollst. neubearb. Aufl. M. 216 in d. Text gedr. Abb. *Berlin: P. Parey 1898.* (XXIV, 783 S.) 1 Bd 8. (98. 3477

Max Maerckers Handbuch der Spiritusfabrikation. 8., vollst. neubearb. Aufl. hrsg. von Dr. Max Delbrück, Prof., Berlin. Mit 230 Textabb. u. 4 Taf. *Berlin: P. Parey 1903.* (XX, 940 S.) 8° [F.] [03. 14645

Max **Maerckers** Handbuch der Spiritusfabrikation. 9., vollst. neu bearb. Aufl. hrsg. von Dr. Max Delbrück, Prof., Berlin. Mit 284 Textabb. u. 2 Taf. Berlin: P. Parey 1908. (XIX, 1004 S.) 8° [F.] [08. 14078

— s.: **Jahrbuch d. agrikultur-chem. Versuchsstation d. Landwirtschaftskammer d. Prov. Sachsen zu Halle a/S.**

— die Kalidüngung in ihrem Werte f. die Erhöhung u. Verbilligung der landwirtschaftlichen Produktion. gr. 8. (X, 287 S.) Ebd. 892. Geb. in Leinw. n. 4. —

— dasselbe. 2., neubearb. Aufl. gr. 8. (X, 277 S.) Ebd. 893. Geb. in Leinw. n. 4. —

— u. M. **Hoffmann**, die Kalisalze, s. Anleitungen f. den prakt. Landwirt. Nr. 3.

[F.] Die Kalisalze. Anleitg für in landwirtschaftl. Vereinen zu haltende Vortr. üb. Kalidüngg. Im Auftr. d. Dünger-'(Kainit-)'Abt. d. Deutschen Landw.-Ges. zsgest. v. M[ax] **Maercker**, ... Prof. an d. Univ. Halle a. S. 2., neu bearb. Aufl. *Berlin: Dr. v. Gebr. Unger 1893.* (IV, 47 S.) 1 Bd 8.
= Deutsche Landwirtschafts-Gesellschaft, Berlin. **Sammlung** v. Anleitungen. No 3. [96. 5704

Die Kalisalze. Anleitung f. d. prakt. Landwirt. Im Auftr. d. Deutschen Landwirtsch.-Gesellsch. zsgest. von Geh. Reg.R. Prof. Dr. M[ax] **Maercker**-Halle. Neubearb. von Dr. M. Hoffmann, Hilfsarb. d. D.L.-G. 3. Aufl. Berlin: Deutsche Landwirtsch.-Gesellsch. 1905. (VI, 61 S.) 8° [F.]
= **Anleitungen** f. d. praktischen Landwirt. No 3. [05. 7359

—— die Kalisalze und ihre Anwendung in der Landwirthschaft. gr. 8. (VIII, 135 S.) Berlin 880, [Wiegandt, Hempel und Parey.] Parey. *

Märcker, M., über den Kohlensäuregehalt der Stallluft, s. **Schultze, H.**

— amerikanische Landwirtschaft u. landwirtschaftl. Versuchs- u. Unterrichtswesen. Persönl. Wahrnehmgn. auf e. gelegentl. d. Weltausstellg. zu Chicago 1893 unternomm. Reise durch Amerika. gr. 8. (III, 79 S.) Berlin 895. P. Parey. n. 3. —

Maercker, Max, über die **Methode der Stickstoffbestimmung in organischen Körpern.** gr. 4. (4 S.) Halle 873, Schmidt's Verlag. *
Aus: Sitzungsberichte der naturforschenden Gesellschaft zu Halle, besonders abgedruckt.

— üb. d. Phosphorsäurewirkung d. Knochenmehle. Nach Versuchen d. Vegetationsstation Halle a/S., ausgeführt v. H. Steffek, referiert v. M. [Aus: „Deutsche landwirtschaftl. Presse".] gr. 8. (32 S.) Ebd. 895. n. 1. —

Maercker, Henricus Maximilianus: Quomodo diastasis invertat amylum. Halis Saxonum (1872): Ploetz. 20 S. 8°
Halle-Wittenberg, Phil. Hab.-Schr. v. 20. Jan. 1872

Untersuchungen am dem Gebiete d. Agriculturchemie u. Spiritusfabrikation ausgeführ an der landw. Versuchs-Station zu Halle a. S. 1874-76. Herausg. v. M. Maercker. Berl. 1877. 405 S. 3 Tvl. 1 gr. Tvl. 5 Pl. 4°.
(Landw. Jahrbücher. (Bd. 6). Suppl.-h. (1).).

Märcker, Max, Untersuchungen üb. natürliche u. künstliche Ventilation vorzüglich in Stallgebäuden, sowie üb. die Porosität einiger Baumaterialien. Ausgeführt auf der landw. Versuchs-Station Weende-Göttingen im Auftrage d. Centralausschusses der kgl. Landwirthschafts-Gesellschaft f. Hannover. gr. 8. (63 S. m. 4 Steintaf. in qu. 4.) Göttingen 871. Deuerlich. n. 1. 60

Untersuchungen über den Wert des neuen 40prozent. Kalidüngesalzes gegenüber dem Kainit. Im Auftr. d. Deutschen Landw.-Ges. Dünger-(Kainit-) Abt. Ausgef. durch ... Zsgest. von Geh. Reg.R. Prof. Dr. [Max] **Maercker**-Halle a./S. *Berlin 1901: (Gebr. Unger).* (240 S.) 8°
= Arbeiten d. Deutschen Landwirtsch.-Gesellschaft. H. 56. [01. 6001

[F.] Vegetationsversuche mit Kalisalzen. Berichte über Versuchsanstellgn an d. agrik.-chem. Versuchsstation d. Landwirtschaftskammer zu Halle a. S. Auf Veranl. d. Deutschen Landw.-Ges., Dünger-'(Kainit)'-Abt., ausgeführt. Berichtet v. Prof. Dr. (M[ax]) **Maercker**-Halle a. S., Geh. Reg.-R. *Berlin: Dr. v. Gebr. Unger 1898.* (3 Bl., 52 S.) 1 Bd 8.
= **Arbeiten** d. Deutschen Landwirtschafts-Gesellschaft. H. 33. [98. 9446

— Verbrauch an Kalirohsalzen, s.: **Siemssen, G.**

—— über die Verluste der Diffusionsrückstände der Zuckerfabriken beim Lagern. gr. 8. (76 S.) Berlin 882, Parey. *
Aus: Journal für Landwirthschaft, besonders abgedruckt.

KURZER VIERTELJAHRESBERICHT ÜBER DIE FORTSCHRITTE DER ZUCKERFABRIKATION von M. Märcker und Albert Jena. Berlin, 1878. 8vo, 4 parts.
Reprinted from Zeitschrift für das chemische Grossgewerbe.

—— s. **Vorträge über Kalidüngung und Steigerung der Erträge.**

—— über den Werth der zurückgegangenen gegenüber der wasserlöslichen Phosphorsäure in den Superphosphaten. Eine krit. Studie. gr. 8. (35 S.) Berlin 880, [Wiegandt, Hempel und Parey.] Parey. *
Aus: Landwirthschaftliche Jahrbücher, besonders abgedruckt.

Maercker, M., u. A. Morgen, Wesen u. Verwertung der getrockneten Diffusionsrückstände der Zuckerfabriken. Nach Untersuchgn. im Laboratorium d. Versuchsstation Halle a/S., Fütterungsversuchen u. Beobachtgn. der Praxis bearb. gr. 8. (IX, 157 S. m. 1 Taf.) Berlin 891. P. Parey. n. 4. —

— wie u. wo erzielt man die beste Braugerste? Vortrag, geh. in d. ökonom. Gesellschaft im Königr. Sachsen, Dresden, am 6. XI. 1896. [Aus: „Mitteilgn. d. ökonom. Gesellsch. im Königr. Sachsen".] gr. 8. (18 S.) Dresden 897. G. Schönfeld. n. — 60

(B) — Braugerste. 897. — Hackfruchtbau. 896. (KVZ 90.) Jetzt: Leipzig, Fritzsche & Schmidt.

[F.] Über die Wirkung der Kalisalze auf verschiedenen Bodenarten. Untersuchgn z. Klärg d. Frage a) auf Sandboden v. Geh. Reg.-Rat Prof. Dr. [Maximilian] **Maercker**, ... Halle a. S., u. b) auf Moorboden v. Dr. Br. Tacke, Vorsteher d. Moor-Versuchs-Stat. Bremen. *Berlin: Dr. v. Gebr. Unger 1896.* (58 S.) 1 Bd 8.
= **Arbeiten** d. Deutschen Landwirtschafts-Gesellschaft. H. 20.

— s.: **Zeitschrift f. Spiritusindustrie.**

Maercker, Max: Über die Zersetzung des Kreatinin, d. h. salpetrige Säure. Greifswald 1864. 32 S.
Schul-/Univ.-Schrift

— über den Zusammenhang des specifischen Gewichts mit dem Stärkemehl- u. Trockensubstanzgehalt der Kartoffeln, s.: **Behrend, P.**

[F.] Max **Maercker**, ... o. ö. Prof. an d. Univ. ... zu Halle a. S. Zusammensetzung und Düngerbedürfnis Oldenburger Marscherden und deren Bewirtschaftg. Nach e. auf Gr. v. Untersuchgn der Versuchs- u. Vegetations-Station zu Halle a. S. in d. Generalvers. d. Oldenburg. Landwirtschaftsges. ... geh. Vortr. M. 2 Lichtdrucktaf. *Berlin: P. Parey 1896.* (32 S., 2 Taf.) 1 Bd 8. [96. 6794

Maercker, O., der Vegetarianer, s. **Bibliothek, neue, für das deutsche Theater.**

Märcker, (Traug.), Albrecht der Schöne, Burggraf zu Nürnberg, Miterbe der henneberg-coburgischen Lande. Zur Feier der hohen Vermählung Sr. königl. Hoheit des Prinzen Friedrich Wilhelm von Preussen mit Ihrer königl. Hoheit der Prinzess Royal Victoria von Grossbrittanien, aus den Quellen dargestellt. Fol. (III und 42 S. mit 3 Tab. in qu. Fol. und qu. gr. Fol.) Berlin 858, Decker'sche geheime Ober-Hofbuchdruckerei.

Märcker, Traugott: Diplomatisch-kritische Beiträge zur Geschichte und dem Staatsrechte von Sachsen. 8°. Bd. 1: Das Burggrafthum Meissen. Leipzig. 1842.

Märcker, Traug., diplomatisch-kritische Beiträge zur Geschichte u. dem Staatsrechte v. Sachsen. 1. Bd. A. u. d. T.: Das Markgrafthum Meissen. Beitrag zur sächs. Territorialgeschichte. Aus archival. Quellen. Nebst e. Urkundenbuche. gr. 8. Leipzig 843, Brockhaus. 3 ₰

Maercker, [Traugott]: Chronik des Königlich Preußischen hohen Ordens vom Schwarzen Adler während des Großmeisterthums des Erlauchten Stifters. 1701—13. (Berlin) 1855.

—— Eitelfriedrich II. Graf zu Hohenzollern, des h. R. Reichs Erbkämmerer und Markgräfin Magdalena von Brandenburg. Aus Veranlassung der hohen Verlobung der durchlauchtigsten Prinzessin Stephanie v. Hohenzollern mit Sr. Maj. dem Könige Dom Petro V. von Portugal, dargestellt und begleitet mit einer genealog. Uebersicht der Alliancen des Hauses Sachsen-Coburg-Gotha in der Descedens der heil. Elisabeth. Imp.-4. (20 S. mit 1 Tab. in qu. Imp.-Fol.) Berlin 858, Decker'sche geheime Ober-Hofbuchdruckerei.

Märcker, Traugott: Hohenzollerische Forschungen, s. Stillfried, R. Frhr. von.

Das Burggrafthum Meissen. Ein historisch-publicistischer Beitrag zur sächsischen Territorialgeschichte. Aus archivalischen Quellen v. Traugott Märcker. Nebst einem Urkundenbuche. Leipzig. 1842. = desselben: Diplomatisch-kritische Beiträge zur Geschichte und dem Staatsrechte von Sachsen. Bd. 1. 8°.

Maercker, Traug., s. Monumenta Zollerana.

Märcker, Traug., Sophia von Rosenberg, geborne Markgräfin von Brandenburg. Aus böhmischen Quellen. Berlin 864. v. Decker. Lex.-8. (40 S.) n. 10 ngr

Märcker, Traug., die Stamm-Mütter der deutschen Herrscher-Geschlechter vom Geblüte der Hohenzollern. Imp.-4. (16 S. mit 1 Tab. in qu. gr. Fol.) Berlin 856, Decker-sche geheime Ober-Hofbuchdr. *

—— die Wahlsprüche der Hohenzollern. Zur Krönungs-Feier Sr. Maj. des Königs Wilhelm I. und Ihrer Maj. der Königin Augusta. Lex.-8. (VIII und 22 S.) Berlin 861, Decker'sche geheime Ober-Hofbuchdruckerei. *

Maercker-Feier. Halberstadt. Berlin. Halle a/S. 1871. 1896. *(Berlin 1896: W. Bärenstein.)* (36 S.) 8° [Umschlagt.]

Marckhoff, Ernst [Referendar aus Bochum]: Das Zurückbehaltungsrecht des Kaufmanns ..., Göttingen, Druck d. Dietrich'schen Univ.-Buchdr. (W. Fr. Kästner), 1888; 44 S. 8°
Göttingen, Jur. Fak., Inaug.-Diss. v. 20. Apr. 1888

Marckhoff, Ernst, das Zurückbehaltungsrecht des Kaufmanns. Inaugural-Dissertation. gr. 8. (44 S.) Göttingen 888, (Vandenhoeck und Ruprecht's Verlag.) *

Marckl, Matth. Le dernier adieu, i. e. Ultimatum vale oder Letztes Behüt Dich Gott dem Fürsten Paul Eszterházy Palatino. fol. Wien 1714.

Maercklin JF, Stuttgart. Musterbuch von Kirchengeräten. Stuttgart

Marckmann, Th., Entwurf einer Instruktion zur Handhabung und Eintheilung des Dienstes einer größeren Eisenbahnbetriebs-Gesellschaft. Wien 859. Gerold. 12. (VIII, 140 S.) 15 ngr

Marckqvart, Georg Matthias (Quedlinburg), De jure salariorum. Präs. Gottfried Strauss. Wittenberg (Wilcke) 8. XI. o. J. (5.—) 22161
Widm. v.: Johannes Andr. Quenstedt, Joachim Nerger Schlesier, Werner Theodor Martini, Gottfried Strauß, Johann Philipp Lindner, Johann Gottfried Steltzner, Hieronymus Boccius, Bartholomaeus Marckqvart.

Marcks, die Hochwald-Bahn auf der Grundlage der preußischen Staats-Eisenbahn-Politik. Als ein Beispiel für statist., wirthschaftl. und techn. Tracirung von Meliorations-Bahnen skizzirt. Mit 2 (autogr.) Karten. 8. (99 S.) Trier 883, Lintz'sche Buchh. *

Marcks und Balke. (Technisches Bureau.) Das Terrain-Relief, seine Aufnahme mittelst distanzmessender Winkelinstrumente und seine Darstellung mittelst Horizontalkurven. Unter Beifügung einer Tachymeter-Tabelle. 8. Berlin (1876).

Marcks u. Balke, Das Terrain-Relief, seine Aufnahme mittelst distanzmessender Winkelinstrumente und seine Darstellung mittelst Horizontalcurven. Unter Beifügung einer Tachymetertabelle. Berlin (Selbstverlag) 1877. 8°.

Marcks und Balke, das Terrain-Relief, seine Aufnahme mittelst distanzmessender Winkelinstrumente und seine Darstellung mittelst Horizontalkurven. Unter Beifügung einer Tachymeter-Tabelle kurz dargestellt. 8. (IV, 54 und 97 S.) Berlin 879. (Leipzig, Scholtze.) geb. *

Marcks, A., Gesetz betr. die Unterhaltung der öffentl. Volksschulen, s. Guttentag's Samml. preuß. Gesetze. Nr. 39.

Marcks, A.: Gesetz betr. die Unterhaltung der öffentlichen Volksschulen. Vom 28. Juli 1906. (Guttentag'sche Sammlung Preuss. Gesetze. 39.) Berlin: 1906.

Marcks, Erich (Hrsg.), s. Abhandlungen, Heidelberger, z. mittleren u. neueren Geschichte.

Marcks, Erich, de alis, quales in exercitu romano tempore liberae rei publicae fuerint. gr. 8. (44 S.) Leipzig 886, Teubner. *
Aus: Jahrbücher für classische Philologie, 15. Suppl.-Bd., besonders abgedruckt.

Baden, Preußen und Deutschland in Großherzog Friedrichs Geschichte. Rede, geh. bei d. akad. Feier d. 80. Geburtstags ... zu Heidelberg 1906. von Erich **Marcks**. Heidelberg: C. Winter 1906. (43 S.) 8° [F.]

— Bismarck. Eine Biographie. (In 4 Bdn.) 1. Bd. Bismarcks Jugend. 1815—1848. 1.—15. Aufl. (XVI, 476 S. m. 2 Bildnissen.) gr. 8. Stuttgart 909. J. G. Cotta Nachf. 7.50; geb. in Leinw. 9.50; in Halbperg. od. Halbfrz. 10.—

Bismarck. Eine Biographie. Von Erich **Marcks**. (14. Aufl.) Bd 1. Stuttgart & Berlin: Cotta 1910. 8° [10. 12816 11

Marcks, Erich, Dr., Prof. d. Gesch.: Fürst Bismarck. Rede gehalten bei d. Gedächtnissfeier d. Universität Leipzig ... am 20. Nov. 1898. *Leipzig (1898): A. Edelmann.* (22 S.) 4°

Marcks, Erich, Gaspard v. Coligny. Sein Leben u. das Frankreich seiner Zeit. 1. Bd., 1. Hälfte. gr. 8. (VIII, 423 S.) Stuttgart 892. J. G. Cotta Nachf. n. 8. —

Deutschland und England in den grossen europäischen Krisen seit der Reformation. Von Erich **Marcks**. *Stuttgart: J. G. Cotta 1900.* (43 S.) 8° [F.] [oo. 7484

Deutschland und England in den grossen europäischen Krisen seit der Reformation. Von Erich Marcks. 2. Aufl. Stuttgart: Cotta 1900. 43 S. 8°

Marcks, Erich, die Einheitlichkeit der englischen Auslandspolitik von 1500 bis zur Gegenwart. 1. u. 2. Aufl. (38 S.) gr. 8. Stuttgart 910. J. G. Cotta Nachf. 1. —

Die Einheitlichkeit der englischen Auslandspolitik von 1500 bis zur Gegenwart. Von Erich Marcks. 2. Aufl. Stuttgart & Berlin: Cotta 1910. 38 S. 8°

[F.] Königin Elisabeth von England und ihre Zeit. Von Prof. Erich Marcks. M. 4 Kunstbeil. u. 110 Abb. *Bielefeld & Leipzig: Velhagen & Klasing 1897.* (3 Bl., 129 S., 1 Bl., 4 Portr., 1 Taf.) 1 Bd 4.(8.)
— Monographien z. Weltgeschichte. [Bd] 11. (97. 7828

Essays von Heinrich v. Treitschke u. Erich Marcks. Luther. Fichte. Treitschke. Bismarck. Berlin: H. Neelmeyer [1905]. (104 S.) 8° [F.]
— Essays, Biographische. Reihe 1.
— Bücherei, Deutsche. Bd 29. (05. 14190

— zu Bismarcks Gedächtnis, s.: Schmoller. Gust.

Fürst Bismarcks Gedanken und Erinnerungen. Versuch e. krit. Würdigung. Von Erich Marcks. Berlin: Gebr. Paetel 1899. (XV, 170 S.) 8°

— Hamburg u. das bürgerl. Geistesleben in Deutschland. Antrittsrede, geh. in der hamburg. wissenschaftl. Stiftg. am 8. X. 1907. (46 S.) 8. Hamburg 907. Leipzig, L. Voss. — 80

— Ludwig Häusser u. die politische Geschichtschreibg. in Heidelberg, s.: Professoren, Heidelberger, aus dem 19. Jahrh.

— die Universität Heidelberg im 19. Jahrh. Festrede zur Hundertjahrfeier ihrer Wiederbegründg. durch Karl Friedrich, geh. in der Stadthalle am 7. VIII 1903. 1.—3. Taus. (45 S.) gr. 8. Heidelberg 903. C. Winter, Verl. n. — 80

Die imperialistische Idee in der Gegenwart. Vortrag geh. in d. Gehe-Stiftung zu Dresden 1903 von Erich Marcks. *Dresden: v. Zahn & Jaensch 1903.* (33 S.) 8° [F.]
— Zeit- u. Streit-Fragen, Neue, hrsg. von d. Gehestiftung. H. 1. (03. 14779

Bismarcks Jugend 1815–1848. Von Erich Marcks. 3. Aufl. Mit 2 Bildn. Stuttgart & Berlin: Cotta 1909. XVI, 476 S. 8°
(Marcks: Bismarck. Bd 1.) (09. 13797 10

Bismarcks Jugend. 1815–1848. Von Erich Marcks. Mit 2 Bildn. 14. Aufl. Stuttgart & Berlin: Cotta 1910. XVI, 476 S. 8°
(Marcks: Bismarck. Bd 1.) (10. 12417 11

— König Philipp II. v. Spanien, s.: Bücherei, deutsche.

Marcks, Erich (Hrsg.), s. Studien, Leipziger, auf dem Gebiet der Geschichte.

— Treitschke. — Bismarck, s.: Bücherei, deutsche. 29. Bd.

Marcks, Erich: Heinrich von Treitschke. (Aus D. Zeitschr. f. Geschichtswissenschaft 1896/97.) Freiburg i. B. 1896.

— Heinrich v. Treitschke. Ein Gedenkblatt zu seinem 10jähr. Todestage. (85 S.) 8. Heidelberg 906. C. Winter, Verlag. n. 1. —

Marcks, Erich, die Überlieferung des Bundesgenossenkrieges 91—89 v. Chr. Historische Dissertation. gr. 8. (VIII, 92 S.) Marburg 884, Elwert'sche Verlagsh. *

— Wilhelm I. Rede, bei der Enthüllung des Kaiserdenkmals zu Heidelberg am 5. XII. 1901 geh. 1. u. 2. Aufl. (à 32 S. m. 1 Taf.) 8. Heidelberg 902. C. Winter's Univ.-Buchh. n. — 60

[F.] Kaiser Wilhelm I. Von Erich Marcks. *Leipzig: Duncker & Humblot 1897.* (XIII, 370 S.) 1 Bd 8. (97. 5391

[F.] Kaiser Wilhelm I. Von Erich Marcks. 2., unveränd. Aufl. *Leipzig: Duncker & Humblot 1897.* (Erweit. SA. a. d. Allg. Deutsch. Biographie.) (XIII, 370 S.) 1 Bd 8. (98. 1389 IIa

— dasselbe. 3., verb. u. verm. Aufl. gr. 8. (XVIII, 407 S.) Ebd. 899. n. 5. 40; geb. in Leinw. n. 7. —; in Halbfrz. n. 7. 60

Marcks, Erich, Kaiser Wilhelm I. 4., verb. u. verm. Aufl. gr. 8. (XIX, 428 S.) Leipzig 900. Duncker & Humblot. n. 6. —; geb. n. 7. 60

— Kaiser Wilhelm I. 5. Aufl. (XIX, 428 S.) gr. 8. Leipzig 905. Duncker & Humblot. n. 6. —; geb. n. 7. 60

— Kaiser Wilhelm I. 6. u. 7. Aufl. (XIX, 428 S.) gr. 8. Leipzig 910. Duncker & Humblot. 6. —; geb. in Leinw. 7. 60

Marcks, E., die Zusammenkunft v. Bayonne. Das französ. Staatsleben u. Spanien in den J. 1563—1567. gr. 8. (XXVI, 326 S.) Strassburg 889. Trübner, Verl. n. 8. —

Marcks, Friedrich, s. a. Marcks, Johann Friedrich.

Marcks, Frdr., das Rote Kreuz. Ein Überblick üb. seine Entstehg. u. Entwickly. u. seine Bethätigg. in Deutschland. Mit 3 Kartenskizzen. 8. (109 S.) Gütersloh 900. C. Bertelsmann. n. 1. 50

Marcks, Gerh., u. Sophus Andersen, kleiner Tiergarten. Buntes Bilderbuch m. Reimen. Buchschmuck v. M., Reime v. A. 1.—10. Taus. (42 S. auf Karton m. 20 farb. Vollbildern.) 21×29 cm. Gr. Lichterfelde (907). Kahlenberg & Günther. Geb. in Leinw. 5.—; erm. Pr. 4. —

Marcks, Gustav: Ueber Echinococcus im Gehirn. Halle (1872): Plötz. 27 S. 8°
Halle-Wittenberg, Med. Diss. v. 30. Dez. 1872
Geb. Uerdingen (Rheinprovinz) 14. 3. 1848. V.

Marcks, Johann Friedrich

Marcks, Friedrich: Zur Chronologie von Busbeeks Legationis Turcicae epistolae IV. Putbus 1909: Decker. S. 3—11. 4°
Putbus, k. Pd OP 1909 (202) [S 09. 309

Marcks, Friedrich: Putbusser Erinnerungen aus grosser Zeit. 2 Schulreden. 1. Fürst Wilhelm zu Putbus und das preußische Königshaus. 2. Bismarck und Putbus. Putbus 1910: Decker. 26 S. 8°
Putbus, k. Pd OP 1910 (206) [S 10. 276

— Die römische Kaiserzeit im Unterrichte unserer höheren Schulen. S.-A. 1891. 17 S.

Marcks, J. F(riedrich): Zur Komposition d. Res gestae des Kaisers Augustus. Putbus 1908: Decker. S. 39—44. 8°
Putbus, k. Pd, in Festschr. z. Einweihung d. neuen Gymn.-Gebäudes, P 1908** [S 08. 294

Marcks, Johann Friedrich Kleine Studien zur Taciteischen Germania. 4 (S. 173—192).
In: Festschrift d. 43. Versammlung d. Phil. u. Schulmänner dargeboten von d. höh. Lehranstalten Kölns. *Bonn* 1895. (Kgl. Friedrich-Wilhelms-G.).
I. Die Ostgrenze Germaniens. II. Die Entstehung der Taciteischen Suebia. III. Eine Einschaltung. IV. Die germanische Ethnogonie.
Progr.

Marcks, Ioannes Fridericus (geb. am 15 Mai 1860 in Krefeld): Symbola critica ad epistolographos Graecos ... Bonnae, typ. C. Georgi 1883. 57 S. 8. ¶ In Komm. bei Behrendt in Bonn.
Bonn, Phil. Fak., Diss. v. 2 Juli 1883

Marcks, Joh. Friedrich Die politisch-kirchliche Wirksamkeit des Erzbischofs Agobard von Lyon mit besonderer Rücksicht auf seine schriftstellerische Thätigkeit. 4 (S. 3—43). Rprg. *Viersen* 1888 (470).
Progr.

Marcks, Joh. Friedr., die politisch-kirchliche Wirksamkeit des Erzbischofs Agobard von Lyon mit besond. Rücksicht auf seine schriftstellerische Thätigkeit. gr. 4. (43 S.) Viersen 888. (Leipzig, Fock.) *

Marcks, Friedrich, (Dr.): Die mykenische Zeit im Geschichtsunterricht des Gymnasiums. *(Berlin 1902: Gebr. Unger.)* (16 S.) 4°
Cöln, k. Friedrich-Wilhelms-G, P 1902 (501)

Marcks, Paul [aus Demmin i. Pomm.]: Ein Fall von Kephalhaematoma regionis frontalis ... Greifswald, Druck v. J. Abel, 1897; 22 S. 8.
Greifswald, Med. Fak., Inaug.-Diss. v. 19. März 1897

Maercks, *Cornelius* Gustav [app. Arzt aus Herne '(Westf.)']: Aus d. patholog. Institute in Kiel. Abgelaufene Tuberkulose. Statist. Arbeit, zsgest. nach d. Sektionsprotokollen d. Kieler patholog. Institutes '(Jahrg. 1873—1895)' ... Kiel, Druck v. P. Peters, 1896; 27 S. 8.
Kiel, Med. Fak., Inaug.-Diss. v. [30. Juni] 1896

Marckscheffel, *Ernst* [aus Erfurt]: Ueber die Prüfung der Hautsensibilität m. bes. Berücks. d. Hautsensibilitätsstörgn bei d. Hysterie ... (Aus: Corresp.-Blätt. d. Allgem. ärztl. Ver. v. Thüringen.) Jena, *Druck v. R. Wagner in Weimar,* 1893; 24 S. 8.
Jena, Med. Fak., Inaug.-Diss. v. [28. Sept.] 1893

Marckscheffel, Wilhelm

Marckscheffel, (Joannes Georgius) Guilelmus *(geb. Greußen in Thür. 1815)*: De Catalogo et Eoeis, carminibus Hesiodiis. Vratislaviae (1838). (50 S.) 8°
Breslau, Phil. Diss. v. 11. Aug. 1838

Marckscheffel, W. De emendatione fabulae Aeschyliae, quae Supplices inscribitur, commentationis P. I. 22 S. . . .
Hirschberg, Progr. 1841

— De emendatione fabulae Aeschyliae quae Supplices inscribitur. S.-A. 1850. 55 S. 1.20

Marckwald, E. Über die Molybdate des Kobalts, Nickels, Mangans, Eisens, Aluminiums u. Chroms. Mit 2 Taf. In-8°. 95 S. Basel. These. 1896.

Marckwald, Ed., u. Fritz Frank, üb. Herkommen u. Chemie des Kautschuks. (68 S.) gr. 8. Dresden (904). Steinkopff & Springer. n. 1. 50
Sonderabdruck aus: „Gummi-Zeitg."

Marckwald, Ernst: Beiträge zu Servatus Lupus Abt von Ferrières ... Strassburg, Univ.-Buchdr. J. H. E. Heitz, 1894; 2 Bl., 98 S., 1 Bl. 8.
Strassburg, Phil. Fak., Inaug.-Diss. v. 1894

Marckwald, Ernst. Elsass-Lothringische Bibliographie. I. 1887. gr. 8. (VIII, 120 S.) Strassb. 890, Heitz. * 3 —

Katalog der Kaiserlichen Universitäts- und Landesbibliothek Straßburg. Katalog der Elsaß-Lothringischen Abteilung. Bearb. v. Dr. Ernst **Marckwald,** k. Bibliothekar, u. Dr. Ferdinand Mentz, k. Bibliothekar. 1. Lieferung. Aus den Mitteln der Mühl'schen Familienstiftung. Straßburg i. E.: Selbstverlag d. Bibliothek (Druck v. M. DuMont Schauberg) 1908. (XIII, 202 S.) 8°

Marckwald, Ernst, Dr., K. Bibliothekar, u. Dr. Ferdinand Mentz, K. Bibliothekar: Katalog der Kaiserlichen Universitäts- und Landesbibliothek Strassburg. Katalog der Elsass-Lothringischen Abteilung. Aus den Mitteln der Mühl'schen Familienstiftung. Lfg 2. Strassburg: Selbstverl. d. Bibliothek 1909. S. 203—346. 8° ¶ [Lfg 1 s. Jahres-Verz. 23, Straßburg Nr 101.]
[U 09. 3880

Marckwald, Ernst, Dr., K. Bibliothekar, u. Dr. Ludwig Wilhelm, K. Bibliothekar: Katalog der Kaiserlichen Universitäts- und Landesbibliothek Strassburg. Katalog der Elsass-Lothringischen Abteilung. Aus den Mitteln der Mühl'schen Familienstiftung. Lfg 3. Strassburg i. E.: Selbstverl. d. Bibliothek 1910. S. 347—502. 8° ¶ (Lfg 1 s. Jahres-Verz. 23, Straßburg Nr 101; Lfg 2 s. 24, Nr 3880.)
[U 10. 4131

Marckwald, Ernst, s. a. Katalog der kaiserl. Universitäts- u. Landesbibliothek Strassburg.

Marckwald, Ernst *Georg* [app. Arzt aus Kundschütz]: Zur Kenntnis des chronischen Herzaneurysma. . . . Halle a. S., Hofbuchdr. v. C. A. Kaemmerer & Co., 1891; 22 S., 2 Bl., 1 Taf. 8°
Halle, Med. Fak., Inaug.-Diss. v. 22. Jul. 1891

Marckwald, Hans Gerald, Kammergerichtsref. aus Berlin: Die condictio indebiti bei Zahlung in Unkenntnis der Aufrechnungsbefugnis nach gemeinem Recht und Bürgerlichem Gesetzbuch für das Deutsche Reich. *Rostock 1901: Adler's Erben.* (VIII, 70 S.) 8°
Rostock, Jur. Diss. v. [30. Aug.] 1901

Marckwald, Leo [aus Schlesien]: Das Phenylhydrazin und seine Derivate . . . . Berlin, Druck v. E. Bartels, 1888; 46 + 1 S. + 1 Bl. 8°
Berlin, Phil. Fak., Inaug.-Diss. v. 31. Jul. 1888

Marckwald, Max (geb. Berlin 22. 9. 1844): Drei Fälle von Darmblutungen bei Ileotyphus. Berlin (1869). (38 S.) 8°
Berlin, Med. Diss. v. 23. März 1869

Marckwald, O. Molière als Dramatiker. Diss. Heidelberg 1860. 35 S.

Über Becquerelstrahlen und radio-aktive Substanzen. Von Prof. Dr. W[ilhelm] **Marckwald.** *Berlin: L. Simion Nf. 1904.* (30 S.) 8°
= Bibliothek, Moderne ärztliche. H. 7.

Marckwald, Willy [aus Schlesien]: Ein Beitrag zur Kenntniss der Thialdehyde und Thialdine . . . . Berlin, Druck v. E. Bartels, 1886; 61 S. + 1 Bl. 8°.
Berlin, Phil. Fak, Inaug.-Diss. v. 18. Dez. 1886.

Marckwald, Willy, ein Beitrag zur Kenntniss der Thialdehyde und Thialdine. Diss. Berlin 1886, Mayer & Müller. 8°. 51 S.

Marckwald, Willy, d. Benzoltheorie, s.: Sammlung chem. u. chemisch-techn. Vorträge.

— Ueber die Beziehungen zwischen dem Siedepunkte und der Zusammensetzung chemische Verbindungen welcher bisher erkannt worden sind. Berlin, 1887.

Marckwald, Willy, über die Beziehungen zwischen dem Siedepunkte und der Zusammensetzung chemischer Verbindungen, welche bisher erkannt worden sind. [Preisgekrönt von der philosoph. Facultät der k. Friedrich-Wilhelms-Universität zu Berlin.] gr. 8. (55 S.) Berlin 888, Friedländer und Sohn. *

Marckwald, (Willy), s.: Elektrizität u. Licht in der Medizin.

— Sichtbare u. unsichtbare Strahlen, s.: Aus Natur u. Geisteswelt. (Börnstein, R.)

— sichtbare u. unsichtbare Strahlen, s.: Börnstein, R.

Marckwordt, Johann August (Wittenberg), De testibus novis, super novis etiam articulis probatorialibus examinandis. Präs. Gottlieb Wernsdorff. Wittenberg (Charisius) 25. VI. 1791. 20 S. (4.—) 22162

— **Johann Carl** (Wittenberg), De exheredatione filii in feudo ex pacto et providentia haud efficaci. Präs. Johann Carl Gebhard Reinhard. Wittenberg (Gerdes) 18. XII. 1770. 32 S. (4.—) 22163
Gew.: Gottlob Friedrich Helbing.

Marckwort, Emil, ein grosser Mediastinaltumor. Inaugural-Dissertation. Mit einer lith. Taf. gr. 8. (36 S.) Wiesbaden 877. (Borgmann.) n. — 80

Marckwort, Fd., s. Charette, oder der Krieg in der Vendée.

Maercky, David: Dissertationis academicae de morbis a fascino et fascino contra morbos pars posterior inauguralis medica.
Basel: med. Diss. 1723

Maremann, Andreas (Zerbst/Anhalt), De jure necessariae defensionis. Vom Recht der Nothwehr. Präs. Joh. Friedrich Rhetius. Frankfurt u. Leipzig (J. Schrey u. J. H. Meyer) 3. VIII. o. J. (5.—) 22164

Marco d'Aviano

Marcus v. Aviano, P., O. Cap., Ermahnungsreden, geh. zu Augsburg in d. J. 1680 u. 1681. In's Neuhochdeutsche übertr. v. P. Matthäus Schweighofer, O. Cap. gr. 8. (38 S. m. Bildn.) Wien 895. (H. Kirsch.) n. — 80

Marcus v. Aviano, O. Cap., Gottesliebe. Gebet- u. Andachtsbuch. Gänzlich umgearb. u. erweitert v. Rufin Steiner, O. Cap. (285 S. m. 2 Stahlst.) 16. Einsiedeln 906. Verlagsanstalt Benziger & Co.
Geb. in Leinw. n. 1.20; in Ldr. n. 2.—

Marco Polo, des Venezianers, Reisen im 13. Jahrhundert. Zum ersten Male vollständig nach den besten Ausg. Deutsch mit einem Commentar von Aug. Bürck. Nebst Zusätzen und Verbesserungen von Karl Friedr. Neumann. 2. (Titel-)Ausg. Leipzig (845.) 855. Teubner. 8. (XVI, 632 S.) 2 Thlr.

Marco, Geo., s.: Kaiser-Jubiläums-Schachturnier, internationales, Wien 1898.

— s.: Kongress, der 12., d. deutsch. Schachbundes.

Marco, Geo., s.: Kongress, der 14., des deutschen Schachbundes.

Internationales Schach-Turnier, Wien 1908. Mit Genehm. d. Turnierkomitees hrsg. von Georg **Marco**. Wien: Wiener Schachzeitung 1908. (171 S.) 8° [08. 1681]

Marco, Geo., s.a. Schach-Turnier, internat., Wien 1908.

Marco, L. (Frau Martha Cohn), . . . die Menschen, die nennen es Liebe —, s.: Eckstein's moderne Bibliothek.

Shocking? Satyrisches u. Harmloses von L. **Marco**. 1. Aufl. *Berlin: R. Eckstein Nachf. [1901].* (128 S.) 8° [F.] [03. 13378

Shocking? Satyrisches u. Harmloses von L. **Marco**. 5. Aufl. *Berlin: R. Eckstein Nachf. [1901].* (128 S.) 8° [F.] [04. 1134 11

— Shocking? Satyrisches u. Harmloses. 7. Aufl. 8. (128 S.) Berlin (901). R. Eckstein Nachf. n. 2.—; geb. n. 3.—

Wie sie lieben. Bunte Geschichten von L. **Marco**. 1.–10. Taus. *Berlin: R. Eckstein Nachf. [1901].* (96 S.) 8°
= Bibliothek, Ecksteins Moderne. No 7. [03. 13387

Marco, L., wie sie lieben, s.a. Eckstein's moderne Bibliothek.

Marco de St. Hilaire, Courage et bon coeur, siehe: Bibliothèque, petite, Française, vol. 8.

Marcolini, Camillo Graf, biographische Skizze desselben, s.: O-Byrn, F. A. Frhr.

Marconegg, Franz Andreas: Tribunal seu judicium humanum, s. Freyhoffen

Marconi, Ad., die Executions-Novelle in der Praxis. 12. (VIII, 172 S.) Innsbruck 894. Wagner. n. 1.20

— la novella esecutiva nella pratica. 90 decisioni della suprema corte di giustizia, annotazioni e confronti. 12. (V, 115 S.) Ebd. 893. n. 1.20

Marconi, Jos., Lebensgeschichte B. J. Labre, s. Leben.

Marconi, Jos., Lebensgeschichte B. Jos. Labre, 8. Augsb. 787. Rieger. 12 gr.

Marconnay, François Auguste de, La Motte Fouqué, général de l'infanterie prussienne ou discours sur l'énergie du caractère, prononcé le 1 Mars 1802 à l'académie militaire. Berlin. 8.

Marconnay, Ludwig Olivier de

— Antworts-Schreiben eines Freundes in Amsterdam an einen Freund in Leyden, sonderlich den Observateur Holland. betr. Aus dem Holländ übersetzt. (Mit Anmerkungen.) Amsterdam 1758. 4.

Marconnay, Ludw. Olivier de, Lettre d'un partisan de la cour de Vienne à son ami de Mayence sur la paraphrase et l'amplification du mémoire de mr. de Hellen et sur la Palinodie de cette paraphrase. Mayence 1757. 8. (24 S.)

Marconnay, Ludw. Oliv. de, Lettre d'un voyageur actuellement à Dantzig à un ami de Stralsund sur la guerre qui vient de s'allumer dans l'empire. Traduction libre de l'Allemand. 1756. 8.

— Schreiben eines Freundes aus Leyden an seinen Freund in Amsterdam oder Anmerkungen über die Russische Berichte von der Schlacht bey Zorndorf, nebst einigen aufgefangenen Briefen, welche von diesem Siege handeln. (Mit Anmerkungen.) 1758. 4. (28 S.)

v. **Marconnay, L. O.** (3.) Schreiben eines Freundes aus Leyden an s. Freund in Amsterdam, od. Anmerkungen über die Russ. Berichte v. d. Schlacht bei Zorndorf. A. d. Frz. (28. . . . .) 4. Leyden 1758.

— — Schreiben eines Wienerisch gesinnten an seinen Freund zu Maynz über die . . . Auslegung des Pro Memoria des Herrn von Hellen und über den Wiederruf dieser Erklärung. Aus dem Französischen. 1757. 4. (15 S.)

— — Schreiben eines Partisans des Wienerischen Hofes an seinen Freund von Maynz über die Paraphrase und Vergrösserung des Memoire des Herrn von Hellen und über den Widerruf dieser Paraphrase. Maynz 1757. kl 4. (12 S.)

Marconnay, Ludw. Oliv. de, Schreiben eines Reisenden aus Dantzig, an einen Freund in Stralsund, über den in Teutschland entstandenen Krieg. 1756. 4.
— — Dasselbe, andere Ausgabe, (Cölln) 1756. fol.

Marcotin, H., Rastlos! Roman aus der Gegenwart in 6 Bdn. 1. Bd. Berlin 865. Burmester & Stempell. 8. (VII, 300 S.) 22 ngr.

Marcotti, Giuseppe, Entehrt. Roman. Einzig berecht. Übersetzg. v. Catharina Brenning. 8. (371 S.) Dresden (902). H. Minden. n. 4. —; geb. n.n. 5. —

Marcotti, G., die Savoyen-Dragoner. Deutsch von Wilh. Ritter v. Hackländer. Autoris. Ausg. gr. 8. (VII, 336 S.) Wien 890. Seidel & Sohn. n. 5. —

(F) **Marcotti, G., Die Savoyendragoner.** Roman. 2. Aufl. Gr.-8°. (336 S.) K 3.60
Wien: C.W.Stern 1907.

Marcou, Jules

Marcou, J. Geological map of the world. Winterthur. 1861.
dgl. 2. Auflage. Carte géologique de la terre. Zürich. 1873.

Marcou, Jules, Carte géologique de la terre. Construite par J. M. Ziegler. — Geological map of the world. 1:23,000,000. 2e édit. 8 Bl. Chromolithogr. Imp.-Fol. Zürich 876, Wurster und Comp. *
Mit Erklärung. Imp.-4. (222 S.) *
Erklärung allein *

(Marcou, Jules.) Cours de géologie paléontologique [donné à l'] École polytechnique fédérale. (Leçon d'ouverture.) 8. Zurich 1856.

Marcou, Jules, explication d'une 2. éd. de la carte géologique de la terre. Imp.-4. (222 S.) Zürich 875. Wurster & Co. n. 10. —; m. chromolith. Karte in 8 Blatt. Imp.-Fol. n. 26. —; Karte apart n. 16. —

Marcou (J.), Explication d'une seconde édition de la carte géologique de la terre. Zürich 1876. 8.

— Ueber die Geologie der vereinigten Staaten und der britischen Provinzen von Nordamerika. (Aus Petermann's geographische Mittheilungen.) Gotha. 1855. 4.

Marcou, Jules, Geology of North America; with 2 reports on the prairies of Arkansas and Texas, the Rocky Mountains of New Mexico, and the Sierra Nevada of California, originally made for the United States government. Imp.-4. (VIII und 144 S. mit 7 Stat. in gr. 4. und 3 chromolithogr. Karten in qu. gr. 4. und qu. Imp.-Fol.) Zürich 858. Paris, Klincksieck. *

Marcou, Philippe [aus Amerika]: **Der historische Infinitiv im Französischen .... Berlin, Druck v. G. Bernstein, 1888; 30 S. 8°**
Berlin, Phil. Fak., Inaug.-Diss. v. 8. Aug. 1888

Marcou, Philippe, der historische Infinitiv im Französischen. Inaugural-Dissertation. gr. 8. (28 S.) Berlin 888, Mayer und Müller. *

Marcour, Ed., Anteil der Minoriten am Kampfe zwischen Ludwig IV. v. Baiern u. Papst Johann XXII. bis zum J. 1328. 8. (77 S.) Emmerich 874. Romen. n. — 90

Marcour, Ed., der selige Petrus Canisius, der erste deutsche Jesuit und zweite Apostel Deutschlands. In seinem Leben und Wirken für das kathol. Volk dargestellt. gr. 8. (IV, 103 S.) Freiburg i. Br. 881, Herder'sche Verlagsh. *

—— War Maria Stuart Gattenmörderin?, s. Broschüren, Frankfurter zeitgemäße.

Marcour, E., wer hat Magdeburg zerstört, s. Broschüren, Frankfurter zeitgemäße.

Marcour, Josef, Referendar in Coblenz: Das Zurückbehaltungsrecht des Kaufmanns nach dem Handelsgesetzbuch für das Deutsche Reich vom 10. Mai 1897. Coblenz 1908: Görres-Druckerei. (90 S.) 8° [F.]
Leipzig, Jur. Fak., Diss. v. 28. Jan. 1908
[Geb. 26. Okt. 80 Cöln a. Rh.; Wohnort: Coblenz; Staatsangeh.: Preußen; Vorbildung: Kaiserin-Augusta-Gymn. Coblenz Reife O. 01; Studium: München 2, Berlin 1, München 1, Bonn 2 S.; Rig. 2. Aug. 04.]

Marcovich, Ant., s.: **Blätter f. Gefängniswesen.**

MARCOVICH, Anton
(F) Das Gefängniswesen in Österreich unter Berücksichtigung der Gesetze, Verordnungen und Vorschriften von Anton Marcovich. Wien. 1899. Manz. Gr.-8°. VII, 109 S. fl. 1.60

— s.: **Resoconto sanitario dell' ospedale di S. Maria Maddalena.**

Marcowitsch, Isaak. Ein Fall von primärer idiopathischer Bronchitis fibrinosa acuta. Aus der medizinischen Abteilung des Bürgerspitals in Basel. ⟨Vorsteher: Prof. D[ietrich] Gerhardt.⟩ Diss. Med. Basel. 24 S. 8. Basel, Friedrich Reinhardt, 1907.

Marcowitz, Wilhelm

Marcowitz: De summo deo quid existimaverint clarissimi Graecorum poetae. 19 S. – Progr. Düsseldorf 1859.

Marcowitz: De Aeschyli Prometheo. 12 S.–Düsseldorf, Progr. 1865

Marcowitz, Wilh., de Aeschyli Prometheo. Düsseldorf 866. (Berlin, Calvary & Co.) 4. (12 S.) n. 6 ngr.

Marcowitz, Wilh.: Ulixis ingenium quale et Homerus finxerit et tragici Graeci poetae. 13 S. – Progr. Düsseldorf 1854.

MARCU, Isidorus: De cruce et crucifixione divini salvatoris. — (1888) 206 S. 4° (Handschr.) Diss. 403
Diss. Wien, Univ.

Marcuard, Fritz von

Marcuard, F. v., d. Bildnis d. Hans v. Schönitz u. d. Maler Melchior Feselen. Kunstgeschichtl. Studie. gr. Fol. (III, 27 S. m. Abb. u. 8 Heliogr.) München 896. Verlagsanstalt Bruckmann. n. 25. —; geb. n. 30. —

Marcuard, F[ritz] von. Die Zeichnungen Michelangelos im Museum Teyler zu Haarlem. Hrg. von F. von Marcuard. [25 Tafeln nebst 27 Seiten illustrierten Textes.] Imperial-fol. München, F. Bruckmann A.-G. (Lichtdrucke von Emrik & Binger in Haarlem), 1901. (geb. M. 90. —)

Marcuard, F. v., s. a. Michelangelo's Zeichngn. im Museum Teyler zu Haarlem.

Marcus non epitomator Matthaei. Gottingae 1782. V: *Koppe, Johann Benjam.* (R-N)

Marcus [Persönlicher Name]

Marcus, s.a. Markus.

Marci chronica de gestis Hungarorum ab origine gentis ad annum 1330 producta. E codice omnium, qui existant, antiquissimo bibliothecae palatinae Vindobonae picto, adhibitis in usum ceteris tam mss. quam impressis chronicis genuino nunc primum restituto textu recensuit, varias lectiones annotavit, praefatus est Franciscus Toldy, comitiarius regius, bibliothecae universitatis Hung. praefectus. Versionem hungariam adiecit Carolus Szabó. Pest 867. Emich. 4. (10, CXXIV u. CXIV S.) geb. n. 24 *ℳ*

Marcus von Aviano, s. Marco d'Aviano

Marci diaconi vita Porphyrii episcopi Gazensis ed. ex codice Vindobonensi ms. hist. graec. III a Maur. Haupt. [Aus: „Sitzungsber. d. k. Akad. d. Wiss."] gr. 4. (47 S.) Berlin 875. Dümmler's Verl. n. 3. —

Marcus diaconus, vita Porphyrii episcopi Gazensis, edd. societatis philologae Bonnensis sodales. 8. (XIV, 137 S.) Leipzig 895. B. G. Teubner. n. 2.40

Marcus Evangelista

Marcus, das Evangelium ꝛc., bearb. v. Aug. Ludw. Christ. Heydenreich, s. Erbauungsbuch, neues bibl., f. d. häusl. Andacht.

Marcus. Mar-kus yi-ger bkod-pai ,p'rin-bzań żes-bya-ba bżugs-so. [Berlin o. J.]

Marcus. Evangelio ta yunaolete Malkosi. The Gospel according to St. Mark, translated into the Kikamba Language by J. L. Krapf. Tübingen 1850.

Das Evangelium **Marci** übersetzt u. erklärt von J[ulius] Wellhausen. *Berlin: G. Reimer 1903.* (146 S.) 8° [03. 14646

Die Evangelien des **Markus** und Lukas nach d. syr., im Sinaikloster gefundenen Palimpsesths. erl. von Adalbert Merx. Mit 4 Originalaufnahmen Jerusal. Grabstätten. Berlin: G. Reimer 1905. (X, 545 S.) 8°
= **Evangelien**, Die vier kanonischen, nach ihrem ältesten bekannten Texte. T. 2, Hälfte 2. [05. 12353

Marcus Evang.: Das Evangelium Marci übers. u. erkl. von J[ulius] Wellhausen. 2. Ausg. Berlin: G.Reimer 1909. 137 S. 8°

Marcus a S. Antonio, krainische Grammatik. 8. Laybach 779.

Marcus, P., Priester, Prof. etc. Kraynska Grammatika, d. i. die krainerische Grammatik. 8. Laibach 1768.

— das kleine Wörterbuch, krainisch, lateinisch u. deutsch. 4. Laibach 781.

Marcus Aurelius Antoninus, s. a. Antoninus, Marcus Aurelius.

—— s.a. Aurel, Mark.

Marci Antonini, imperatoris, commentariorum quos sibi ipsi scripsit libri XII. Ad optimorum librorum fidem diligenter recogniti. Cum selecta varietate lectionis et adnotationibus criticis curavit Jo. Matth. Schultz. Editio ster. Leipzig 870. Holtze. gr. 16. (VII, 216 S.) n. 5 *ngr.*

Marcus Antoninus, D. imperator, commentariorum quos sibi ipsi scripsit libri XII. Ad optimorum librorum fidem diligenter recogniti. Cum selecta varietate lectionis et adnotationibus criticis. Curavit Io. Matth. Schultz. Ed. C. Tauchnitii ster. novis chartis impressa. 16. (VII, 216 S.) Leipzig 901. O. Holtze's Nachf. — 60

Marc Aurel, εἰς αὑτόν, verdeutscht durch P. Stolt,
Rostock (1705)
siehe Peter Stolt.

Mark Aurel, s. Bibliothek, Langenscheidt'sche, sämmtlicher griech. und röm. Klassiker.

Marc Aurel, s. Bibliothek d. Übersetzungen

Mark Aurel's Meditationen. Aus dem Griech. von F. C. Schneider. 3. verb. Aufl. 16. (XIV, 187 S.) Breslau 875, Trewendt.

Marcus Aurelius Antoninus, Kaiser, Selbstbetrachtungen, s.: Universal-Bibliothek.

— dasselbe, s.: Bibliothek der Gesamtliteratur.

Marc Aurel, Selbstbetrachtungen, verdeutscht von J. A. Hoffmann
Hamburg (1723)
siehe Johann Adolf Hoffmann.

— **Selbstbetrachtungen** (Neu verdeutscht u. eingeleitet v. Otto Kiefer. Mit Buchornamenten v. Pet. Behrens.) 1. u. 2. Aufl. (XXXII, 176 S.) 8. Jena 903. 906. E. Diederichs. n. 3. —; geb. n. 4.50

Mark Aurel's Selbstbetrachtungen. Hrsg. v. Heinr. Schmidt. (Kröners Taschenausg.) (IV, 175 S.) kl. 8. Leipzig (909). A. Kröner. Geb. in Leinw. 1. —

Mark Aurel's (Antonius) Selbstgespräche. Übers. u. erläut. v. C. Cleß. 1. Lfg. 2. Aufl. 8. (S. 1—48.) Berlin 896. Langenscheidt. n. — 35

Mark Aurel's Selbstgespräche. Übers. u. erläutert von C. Cleß. 2.—4. Lfg. 2. Aufl. 8. (S. 49—176.) Berlin (900. 901). Langenscheidt's Verl. à n. — 35

— Selbstgespräche. Übers. u. erläutert v. C. Cleß. 1.—5. Lfg. 3. Aufl. (S. 1—215.) kl. 8. Berlin-Schöneberg (907—09). Langenscheidt's Verl. à — 35

Marcus [Familienname]

Marcus, Harriet. gr. 16. (116 S.) Anclam 859, (Krüger.)

Marcus, aus Butjadingens Vorzeit, } s.: Vorträge, 6, geh. im
— e. Gang durch Stedingen, } Rüstringer Heimathsbund.

Marcus, Adalbert Friedrich

— nach seinen Leben u. Wirken geschildert von seinen Neffen Dr. Speier u. Dr. Mark. Mit e. Vorrede vom Professor Klein. 8. Bamberg 817. jetzt Dresch. 1½ *ℳ*

— Fräntisch-arzneikundl. Annalen, größtentheils aus d. Tagebüchern d. Bamberger Krankenhauses gezogen. 1s—4s Hft. 8. Bamb. 792.

Marcus, Adalb. Fr., († d. 16. April 1816.) Antrittsrede bei Ankündigung der klinischen Vorlesungen. 8. Bamb. 793. Gerstner. (Erlang., Palm). 3 gl 22 Bl.

— Beyträge zur Erkenntniß und Behandlung des gelben Fiebers. 8. Jena, Seidler. 805.

— Beleuchtung u. Einwürfe gegen meine Ansichten über den herrschenden ansteckenden Typhus. gr. 8. Bamb. 813. (Wesché in Frankf.) 20 gl (Etlinger in Würzb.) 9 gl

— Beleuchtung d. Einwürfe gegen meine Ansichten üb den herrschenden ansteckenden Typhus. gr. 8. Bamb. Göbhardt. 813.

— Beschreib. der letzten Krankheit des Fürstbischofs Frz. Ldw. v. Erthal, 4. Bamb. 793.

Kurze Beschreibung des allgemeinen Krankenhauses zu Bamberg. Von Adalbert Friedrich Marcus. Weimar: Verl.d.Industrie Compt. 1797. 46 S. 8°

— Betrachtung üb. die Wirkung des Petechialcontagiums, entnommen aus Leichenöffnungen v. Dr. J. B. Jemina. gr. 8. Bamb. Göbhardt. 814.

— Darstellung der medicin.-chirurg. Schule zu Bamberg, nebst d. Ordnung der Vorlesungen f. dieselbe. 4. Bamb. 804.

— Diss. inaug. med. de diabete. 4. Gottingae 775. Dieterich.

Entwurf einer speciellen Therapie. Von F.A. Marcus [Adalbert Friedrich Marcus]. Th.1-3. Nürnberg: Campe 1807-12. 8°

Th.1: Die Entzündung und die Fieber. 1807.
Th.2: Die topischen Entzündungen. 1810.
Th.3: Marcus: Die Exantheme. Abth.1. 1812.

— Ephemeriden der Heilkunde. 1r 2r Bd. 6 Hefte. gr. 8. Bamberg, Göbhard. 811. (à 2 Rthlr. 8 gr.)

Markus, Adalb. Fr., Ephemeriden d. Heilkunde, herausg. v. A. F. Markus. 3r—8r Bd. gr. 8. Bamb. Göbhardt. 811—14. sämmtliche 8 Bde compl. 1

— Ephemeriden der Heilkunde. 8 Bde. gr. 8. Bamb. 811—14. (Wesché in Frankf.) 14 ℔ 8 gl Hlg Pr. 10 ℔

Die Exantheme, ueber ihre Erkenntniß und Heilart. Von F.A. Marcus [Adalbert Friedrich Marcus]. Abth.1. Nürnberg: Campe 1812. 8°
(= Marcus: Entwurf einer speciellen Therapie. Th.3.)
Abth.1: 1812.

Marcus, A(dalbert) F(riedrich) (Hrsg.):

s.: Jahrbücher der Medicin als Wissenschaft. Bd 1-3/1. Tübingen: 1805-08

— Jahrbücher d. Medicin, s. F. W. J. Schelling.

Marcus, Adalbert Friedrich, s. Jemina, Betrachtungen.

— der Keichhusten, üb. seine Erkenntniß, Natur u. Behandlung. gr. 8. Bamb. 816. Kunz. 1 ℔ 8 gl Schrbp. 1 ℔ 16 gl

Marcus, Adelb. Fr., der Keichhusten. Ueber seine Erkenntniß, Natur u. Behandlung. gr.8. Bamberg 816. jetzt Dresch. 1 1/3 ℔

Marcus, Adalbert Friedrich (Hrsg.):

s.a. Magazin für spezielle Therapie und Klinik nach den Grundsätzen der Erregungstheorie. Bd 1, 2/2. Jena: 1802-06.

Markus, Adalb. Fr., Magazin für specielle Therapie und Klinik, nach den Grundsätzen der Erregungstheorie. 1r Bd. 1s 2s 3s und 2r Bd. 1s 2s 8. Jena, Seidler. 802. (I. 1s 2s 3s à 18 gr. II. 1s 21 gr. II. 2s 18 gr.) Rthlr.

— Magazin f. specielle Therapie, Klinik u. Staatsarzneikunde. 5 Hefte. gr. 8. Jena 802—8. (Hennings in Neisse). 3 ℔ 21 gl 2s Hft. Auch u. d. T.: Beitr. zur Erkenntniß u. Behandl. des gelben Fiebers. 8. Ebd, 805. 21 gl

Markus, Adalb. Fr., üb. die Natur- und Behandlungsart d. häutigen Bräune &c. gr. 8. Bamberg, Göbhard. 810.

Marcus, Adelb. Fr., über die Natur u. Behandlung der häutigen Bräune. gr. 8. Bamb. 810. (Wesché in Frankf.; auch Etlinger in Würzb.) 16 gl

— Organisation der Physikate im Fürstenth. Bamberg, nebst Instruktion. 4. Bamb. 804.

— Prüfung des Brown'schen Systems der Heilkunde durch Erfahrungen am Krankenbette. 4 Hfte. Mit Kpf. gr. 8. Weim. 797—99. Indust.-Compt. 2 ℔ 15 gl

— Prüfung des Brownschen Systems d. Heilkunde &c. 1s—4s Heft. gr. 8. Weimar, Ind. C. 789. 99. (1s 18 gr. 2s und 3s à 12 gr. 4s 21 gr.)

— — aus dess. 1sten ist einzeln abgedruckt: Beschreibung des allgem. Krankenh. zu Bamberg.

— Recept-Taschenbuch, od. die übl. Receptformeln u. ihre Anwendung in der klin. Anstalt zu Bamberg, nebst Bemerkk. 8. Bamb. 814. (Brockhaus in Leipz.) 1 ℔

Rezept-Taschenbuch oder die üblichen Rezeptformeln und ihre Anwendung in der klinischen Anstalt zu Bamberg. Nebst Bemerkungen von Adalb[ert] Fr[iedrich] Marcus. Bamberg: Kunz 1814. VIII,142 S. 8°

Marcus, Adalb(ert) Fr(iedrich) (Comm.):

s.a. Rezept-Taschenbuch oder die üblichen Rezeptformeln und ihre Anwendung in der klinischen Anstalt zu Bamberg. Bamberg: 1814

Markus, (Adalb. Friedr.,) Recepttaschenbuch, oder die üblichsten Receptformeln u. ihre Anwend. in d. klin. Anstalt zu Bamberg. 8. Bamb. 821, Brockhaus in Leipz.

Markus, A. F., u. Dr. Andr. Röschlaub, üb. den Typhus. gr 8. Bamb. Göbhardt. 814.

— an Ant. Röschlaub, über den Typhus. gr. 8. Bamb. 814. (Wesché in Frankf.) 6 gl

Marcus, Adalbert Friedrich, s. Fr. Speyer, Ideen.

— Dr. Stranz an M. W. Schneemann über den ansteckenden Typhus. 8. Bamberg 824. jetzt Dresch. 1/6 ℔

— drei Tabellen, wie solche in dem großen Krankenhause zu Bamberg eingeführt sind. Fol. Bamb. 792.

— üb. den jetzt herrschenden ansteckenden Typhus, nebst biograph. Notizen üb. den an dieser Krankheit verstorb. Dr. P. Ph. Ritter. 8. Bamb. 813. (Wesché in Frankf.) 8 kr. bei Etlinger in Würzb. 6 kr.

Von den Vortheilen [Vorteilen] der Krankenhäuser für den Staat. Adalbert Friedrich Markus [Marcus]. Bamberg & Wirzburg: Göbhardt 1790. 114 S. 8°

— Abhandl. von den Vortheilen, welche öffentl. Krankenhäuser dem Staate, u. insbesondere der Medicin studir. Jugend gewähren. Mit 14 Beilagen. Bamb. 790. (Wesché in Frankf.; auch Etlinger in Würzb.) 6 kr.

— ein Wort über zwei Worte des Dr. Schubauer in München, die allerneueste Ansicht des Typhus betreffend. gr. 8. Bamb. 815. Kunz. 8 kr.

— ein Wort über die zwei Worte des Kreis-Medic.-Raths Schubauer in München rc. 8. Bamberg 813. jetzt Dresch. 1/3 Thlr.

Marcus, Adolphus ⟨geb. am 5 Mai 1819 in Bonn⟩: Pericula quaedam circa famem et sitim in canibus et cuniculis facta ... Cum tabula lapidi incisa. Bonnae, typ. C. Georgii (1843). 1 Bl., IV S., 1 Bl., 20 S., 1 Taf. 4.
Bonn, Med. Fak, Diss. v. 22 März 1843

[Hebr. u. F.] Barzillaj. 'Barsilai'. Sprache als Schrift d. Psyche. Ebräisches Wurzel-Wörterbuch von Ahron **Marcus**. (T. 1.) Berlin: Lamm 1905. 8° [11. 2366

Marcus, Ahron, ‚Barsilai'. Sprache als Schrift der Psyche. Ebraisches Wurzel-Wörterbuch. (1. Tl.) (V, CCCLXVIII S. m. Abbildgn. u. 1 Tab.) gr. 8. Berlin 905. L. Lamm. Geb. in Halbfrz. n.n. 10. —

Der Chaßidismus. Eine kulturgeschichtl. Studie. Von Verus [d. i. Ahron **Marcus**]. Pleschen: Verl. d. 'Jeschurun' 1901. 387 S. 8°
Aus: Jeschurun. [11. 2301

Die moderne Entwickelungstheorie in der jüdischen Wissenschaft. Vortrag von Ahron **Marcus**, geh. 1907 in Frankf. a. M. Hamburg: Marcus (1907). 17 S. 8° [Umschlagt.] [11. 2300

Geschichte der jüdischen Traditionslehre. Vortrag von Ahron **Marcus**. Hamburg 1903: Lessmann. 16 S. 8° [Umschlagt.] [11. 2299

Glauben und Wissen im Judentum. Vortrag von Ahron **Marcus**. Hamburg 1903: Lessmann. 16 S. 8° [Umschlagt.] [11. 2298

Marcus, Ahron, Hartmann's inductive Philosophie im Chassidismus. gr. 8. (IV, 128 S.) Wien 888, (Lippe.) *

Marcus, Ahron. Hartmann's inductive Philosophie im Chassidismus. 2. Heft. gr. 8. (146 S.) Krakau 890. (Wien, Lippe.) * 2 50
[1. Heft.] Ebd. 1888. * 3 —.

Zwischen zwei Stühlen. Nachruf zu Delitzsch' Babel und Bibel. Vortrag von Ahron **Marcus**. Altona (1905): Bernhard. 32 S. 8° [11. 2297

MARCUS, Albert (Hofgeismar): Ein Fall von Hysterischer Magenneurose (unstillbares Erbrechen) complicirt mit Diabetes insipidus bei einem Manne.- Hofgeismar: Keseberg 1896. 44 S.
27.7.1896 - Chr 1895/97,19; Jv 1896/97,236
Diss. Ingolst.-Landsh.-Mchn.

Marcus, Alb., giebt es e. persönlichen Gott als Schöpfer u. Regierer der Welt u. e. Unsterblichkeit der Seele od. nicht? 8. (30 S.) Zürich 892. Verlags-Magazin. n. — 40

Marcus, Alfred, Gerichtsref.: Die **Wahlschuld** des Bürgerlichen Gesetzbuches für das Deutsche Reich. *Breslau 1899: Grass, Barth & Co.* (37 S.) 8°
Breslau, Jur. Diss. v. 1899

Marcus, C. F. v., über d. Entwickelung u. den gegenwärt. Standpunkt d. Medizin. Eine einleit. Vorles. z. mediz. Klinik. 8. (...) Würzburg 838, Voigt u. Mocker.

Marc(k)us, Dr. C. Fr., einige Worte üb. Medicin, als Wissenschaft u. Kunst. 4. Augsb. 829. Bolling. 3 kr.

Marcus, Callmann, s. Marcus, Kallmann.

Marcus, Carl, s. Marcus, Karl

Marcus, Conrad, s. Marcus, Konrad

Marcus, E., Elementar- u. Uebungsbuch zur Erlernung der Engl. Sprache. Mit besond. Beziehung auf Dr. Becker's grammat. Grundsätze. 8. Münster 843, Regensburg. 1/4 Thlr.

Marcus, E., Festrede, gehalten zur Feier des 50jährigen Doctor-Jubiläums des Geh. San.-Raths Dr. Georg Varrentrapp am 24. Septbr. 1881 im Senckenbergianum. gr. 8. (16 S.) Frankfurt a. M. 881, Mahlau und Waldschmidt.

—— die Medicinalreform im Anschluss an die Reform der ärztlichen Kunstausübung. Eine forensisch-medicin. Studie. 8. (39 S.) Parchim 880, Wehdemann's Buchh. *

Marcus, E., der Kurort Pyrmont. gr. 8. (72 S.) Berlin 883, Th. Fischer. *M 1.; cart. *
Vgl. Marcus, Sigismund.

Marcus, E., Schiller, ein Welt-Dichter. Ein Vortrag. Lex.-8. (24 S.) Amsterdam 860, Gebr. Binger. *

Vademecum für die Aerzte der Provinz Hessen-Nassau. Kurzgefasste Zusammenstellung der f. d. Arzt wichtigsten Gesetze ... neu bearb. unter Mitw. der DDr. ... von Dr. E. **Marcus**. Nebst e. Anh.: Wohlfahrtseinrichtungen. 2., völlig umgeänd. Aufl. Frankfurt a. M. 1900: R. Mahlau, F. Mahlau & Waldschmidt. VI, 128 S. 8° [11. 3077

Marcus, Eli [wirkl. Name], s. a. Natzohme [Pseud.]

Up Bruutschau off Thresken un Blässken. Koh-Mädchenspiel in 1 Akt van Natzohme ⟨E[li] **Marcus**, Münster⟩. *Essen Ruhr: 1903: Fredebeul & Koenen.* (24 S.) 8° [F.]
— **Vereinstheater**, Neues. No 57.

Aolle Döhnkes un niee Vertällsels, gesammelt u. erzählt von Natzohme [d. i.] E[li] **Marcus**. Münster i. W.: Aschendorff 1910. 120 S. 8°
[10. 2704 9

Usse Dölfken oder Latienske Buren oder Was kraucht da in dem Busch herum? Großes Volksstück mit Gesang u. Tanz in 4 Akten von E[li] **Marcus** ⟨Natzohme⟩. Essen-Ruhr: Fredebeul & Koenen 1905. (75 S.) 8° [F.]
— **Vereinstheater**, Neues. No 64. [06. 3771

— Düörgemös. Plattdütske Riemsels, Vertällsels un Döhnkes. (III, 78 S.) 12. Essen 903. Fredebeul & Koenen. n. — 75

— He hät sienen Dag off Schnieder un Mürken, s.: Vereinstheater, neues.

Hiärtens-Fennand off Buernsuohn un Küötterjunge. Kumedienspiel in 1 Akt van Natzohme ⟨E[li] **Marcus**⟩. *Münster i. W.: J. Seiling 1902.* (22 S.) 8° [F.]
— **Volksbühne**, Plattdeutsche. No 2. [03. 977

Hiärtens-Fennand off Buernsuohn un Küötterjunge. Kumedienspiel in 1 Akt van Natzohme ⟨E[li] **Marcus**⟩. Münster i. W.: J. Seiling 1902; [Essen-Ruhr: Fredebeul & Koenen 1904]. (22 S.) 8° [F.]
— [**Vereinstheater**, Neues. No 63.] [06. 3770

Hoppmarjännken oder: Schichten un Deelen oder: Nu män sinnig an! Volksstück mit Gesang u. Tanz in 4 Akten von ... E[li] **Marcus**, E[mil] Rade, H[einrich] Schmitz. 1897. Münster: H. Mittsdörffer[!] 1904. (56 S.) 8° [F.]
— **Volksbühne**, Niederdeutsche. 4.

[F.] Kirro de Buck oder: De Holtwüörmer in China oder: Daovon aff! Volksstück m. Gesang u. Tanz in 4 Akten v. den Hausdichtern d. Abendgesellsch. d. Zool. Gartens zu Münster i. W. Vf.: E. **Marcus**. Mitarb.: E. Rade, H. Schmitz. 1898. M. e. Vorw. u. 7 neuen Liedern ... *Münster i. W.: Dr. d. A.-G. 'Der Westfale' 1898.* (66 S.) 1 Bd 8.

Kirro de Buck oder: De Holtwüörmer in China oder: Duovon aff! Volksstück mit Gesang u. Tanz in 4 Akten von ... E[li] **Marcus**, E[mil] Rade, H[einrich] Schmitz. 1898. Münster: H. Mittsdörffer[!] 1904. (52 S.) 8° [F.]
— **Volksbühne**, Niederdeutsche. 5.

Jans Krax off dat aolle Schamiesken. Verwesselung in 1 Akt nao een aolt Stücksken torecht stuckedeert van Natzohme ⟨E[li] **Marcus**⟩. Münster, Westf.⟩. *Essen-Ruhr: Fredebeul & Koenen 1903.* (24 S.) 8° [F.]
— **Vereinstheater**, Neues. No 55.

— **De graute Kumeet of Weg met 'n Dreck**, s.: **Volksbühne**, kleine.

De graute Kumeet of Weg met'n Dreck! Begiäbenheit in 1 Akt. Nao een aoll Döhnken torecht klamüsert von Natzohme ⟨E[li] **Marcus**⟩. *Münster i. W.: J. Seiling 1901.* (19 S.) 8° [F.]
— [**Volksbühne**, Plattdeutsche. No 1.]

De graute Kummeet of Weg met'n Dreck! Begiäbenheit in 1 Akt. Nao een aoll Döhnken torecht klamüsert van E[li] **Marcus** ⟨Natzohme⟩. 2. Aufl. Münster i. W.: J. Seiling; [Essen-Ruhr: Fredebeul & Koenen] 1904. (19 S.) 8° [F.]
— [**Vereinstheater**, Neues. No 62.]

Professor Landois. Lebensbild e. westfäl. Gelehrten-Originals von den drei Getreuen: E[li] **Marcus**, K[arl] Prümer u. E[mil] Rade. Mit 5 Abb. Leipzig: O. Lenz 1907. (123 S.) 8° [F.]

Lünings Lena off Mien Een un Alles. Truerige Hiärtensgesch. tom Dautlachen in eenem Akt von Natzohme ⟨E. **Marcus**⟩. *Essen-Ruhr: Fredebeul & Koenen 1902.* (24 S.) 8° [F.]
— Vereinstheater, Neues. No 46.

Schnippsel vom Wege des Lebens. Gereimtes u. Ungereimtes in Hoch u. Platt von Natzohme ⟨E[li] **Marcus**⟩. *Essen-Ruhr: Fredebeul & Koenen (1902).* (XI, 164 S.) 8° [F.]

[F.] Söffken von Gievenbieck oder: Ruhig, Franz! oder: He treckt up de Liefrucht. Grosse karnevalist. Posse v. d. Hausdichtern d. Abendgesellsch. d. zool. Gartens zu Münster i. W. E. **Marcus**, W. Pollack, H. Schmitz. 1890. M. e. Vorw. u. 8 neuen humorist. Liedern. 3. Aufl. ... *Münster i. W.: Dr. d. A.-G. 'Der Westfale' 1896.* (70 S.) 1 Bd 8.

Söffken van Gievenbieck oder: Ruhig Fransl oder: He treckt up de Lieftucht. Grosse karnevalist. Posse von ... E[li] **Marcus**, W[ilhelm] Pollack, H[einrich] Schmitz. Münster: H. Mittsdörffer[!] 1904. (58 S.) 8° [F.]
— **Volksbühne**, Niederdeutsche. 3.

Marcus, E., W. Pollack u. A. Graf Tucks od. Cavalleria lusticana od. Spiel Di nich up! Große karnevalistisch-romant. Ritter- u. Räuberposse m. Gesang u. Tanz in 4 Akten v. d. Hausdichtern d. Abendgesellschaft d. zoolog. Gartens zu Münster i. W. M. Einleitg. u. Anh. (Neuer Abdr.) 8. (59 S.) Münster 896. („Der Westfale", A.-G.). n. – 50

Graf Tucks oder: Cavalleria lusticana oder: Spiel di nich up! Grosse karnevalistisch-romant. Ritter- u. Räuber-Posse mit Gesang u. Tanz in 4 Akten von ... E[li] **Marcus**, W[ilhelm] Pollack, E[mil] Rade. 1892 Münster: H. Mitsdörffer 1904. (51 S.) 8° [F.]
— **Volksbühne**, Niederdeutsche. 1.

[F.] Mester Tüntelpott oder: De aolle Wallhiege oder: Datt wull! Grosse karnevalist. Posse m. Gesang u. Tanz in 4 Akten v. d. Hausdichtern d. Abendgesellsch. d. zool. Gartens zu Münster i. W. E. **Marcus**, W. Pollack, H. Schmitz. 1895. M. e. Vorw. u. 5 allg. Liedern als Anh. ... *Münster i. W.: Dr. d. A.-G. 'Der Westfale' 1896.* (64 S.) 1 Bd 8.

Mester Tüntelpott oder: De olle Wallhiege oder: Dat wull! Grosse karnevalist. Posse mit Gesang u. Tanz in 4 Akten von ... E[li] **Marcus**, W[ilhelm] Pollack, H[einrich] Schmitz. 1895. Münster: H. Mittsdörffer[!] 1904. (54 S.) 8° [F.]
— **Volksbühne**, Niederdeutsche. 2.

— s.: **Volksbühne, niederdeutsche.**

Marcus, Emanuel (Ortenberg)
Ueber die Filtration von Gummilösungen durch thierische Membranen.
Giessen: Brühl 1860. 18 S. 2 Bl. Thesen.
Diss. med. 23.5.1860. vorh. 7.

Marcus, Emil, Dissonanzen, Sentenzen, Aphorismen, Epigramme u. Verwandtes. 8. (VII, 146 S.) Berlin 881. Bickhardt. n. 4. 50; geb. n. 6. —

Marcus, Ernst, die exakte Aufdeckung des Fundaments der Sittlichkeit u. Religion u. Die Konstruktion der Welt aus den Elementen des Kant. Eine Erhebg. der Kritik der reinen u. der prakt. Vernunft zum Range der Naturwissenschaft. gr. 8. (XXXI, 240 u. 161 S.) Leipzig 899. H. Haacke. n. 8.—

Marcus, Ernst, die Elementarlehre zur allgemeinen Logik u. die Grundzüge der transzendentalen Logik. Die Freilegg. e. durch Irrgn. verschütteten exakten Wissenschaft. (XVI, 220 S.) gr. 8. Herford 906. W. Menckhoff. n. 6.—

Das Erkenntnisproblem oder wie man mit der 'Radiernadel' philosophiert. Eine philos. Trilogie mit e. Vorspiel. Von Ernst **Marcus**. Herford: W. Menckhoff 1905. (95 S.) 8° [F.]

Marcus, Ernst, das Gesetz der Vernunft u. die ethischen Strömungen der Gegenwart. (IX, 284 S.) gr. 8. Herford 907. W. Menckhoff. 6.—

— **Kants Revolutionsprinzip (Kopernikanisches Prinzip). Eine exakte Lösg. des Kant-Humeschen Erkenntnisproblems, insbesondere des Problems der „Erscheing." u. des „Ding an sich".** gr. 8. (XII, 181 S.) Herford 902. W. Menckhoff. n. 4.—

Marcus, Ernst [aus Kreuznach]: Über Umwandlungsproducte der Oxybenzaldehyde. . . . Berlin, Druck v. M. Driesner (1890); 39 S. 8°
Berlin, Phil. Fak., Inaug.-Diss. v. 1. Aug. 1890

Marcus, Franz, Referendar in Hamburg: Die Schadensverteilung im Falle des Zusammentreffens von Haftpflicht- und sonstiger Schadensversicherung. Hamburg 1908: Grefe & Tiedemann. (X, 41 S.) 8°
Heidelberg, Jur. Fak., Ref. Schroeder, Diss. v. 1908
[Geb. 22. Juni 86 Hamburg; Wohnort: Hamburg; Staatsangeh.: Hamburg; Vorbildung: Wilhelm-Gymn. Hamburg Reife M. 04; Studium: Leipzig 1, Freiburg i. B. 1, Berlin 4 S.; Rig. 3. Juni 08.]

Marcus, Friedrich Adalbert
s.: Marcus, Adalbert Friedrich

— **Friedrich Wilhelm** (Ortrand.-Meissen), De testibus noviter repertis. Präs. Ernst Gottfr. Christian Klügel. Wittenberg (Fr. G. L. Böhmer) 3. XI. 1775. 28 S. (4.—) 22166
Gew.: Gotthelf Adolph v. Hoym.

Marcus, Georg. (geb. Posen 5. 6. 1848): Per procuratorem quomodo et iure Romano et hodierno obligationes contrahantur. Berolini (1872). (64 S.) 8°
Berlin, Jur. Diss. v. 15. Aug. 1872

Das Recht der Privatversicherung nach den allgemeinen Lehren des Entwurfes eines Reichsgesetzes über den Versicherungsvertrag. Reichstagsvorlage v. 28. Nov. 1905 u. Kommissionsbericht v. 7. Dez. 1906. Dargest. von Dr. Georg **Marcus**, Landger.R. in Berlin. Berlin: C. Heymann 1907. (43 S.) 8° [F.]

Marcus, Geo., die Verpfändung ausstehender Forderungen m. Ausschluß der Hypotheken u. Inhaberpapiere. Eine vergleich. Darstellg. nach gemeinem, preuß. u. Handelsrecht. gr. 8. (IV, 60 S.) Berlin 876. Guttentag. n. 1. 20

Marcus, H., die Staats- und Privat-Lotterie oder Prämien-Anleihen in übersichtl. Zusammenstellung mit den Verlosungsplänen und den bis auf die neueste Zeit geordneten Verzeichnissen der gezogenen Serien oder Lose. Ein unentbehrl. Hülfsbuch zur Kenntniss der Einrichtung und des Wesens der Lotterie-Anleihen für Beamte, Banquiers, Kauf- und Geschäftsleute und Capitalisten. gr. 8. (VIII und 118 S.) Leipzig 860, Haendel.

Marcus, H., die Staats- und Privat-Lotterie- oder Prämien-Anleihen in übersichtlicher Zusammenstellung mit den Verlosungsplänen und den bis auf die neueste Zeit arithmetisch geordneten Verzeichnissen der gezogenen Serien oder Lose. (2., Suppl.-Bd.: Die neuesten Verlosungspläne und die arithmetisch geordneten Verlosungen von 1861 bis 1864, mit Angabe der Gewinne. gr. 8. (112 S.) Leipzig 864. (Weimar, K. Voigt jun.)

Marcus, H., die Staats- u. Privat-Lotterie- oder Prämien-Anleihen in übersichtlicher Zusammenstellung mit den Verlosungsplänen u. den bis auf die neueste Zeit arithmetisch geordneten Verzeichnissen der gezogenen Serien oder Lose. 3. Bd. 3 Hefte. Die arithmetisch geordneten Verlosungen bis 1867 mit Bezeichnung der Gewinne. Weimar 868. K. Voigt jun. 8. (IV, 195 S.) [1. u. 2. Heft à 12 ngr., 3. Heft 21 ngr.] 1 ₰ 15 ngr.

—— praktisches Taschen-Hülfsbuch für Kaufleute, Fabrikanten und Gewerbsleute. Das Wichtigste für das Geschäftsleben enthaltend. 8. (IV und 181 S.) Leipzig 860, Haendel.

Marcus, Harry, appr. Arzt a. Hamburg: Ein Beitrag zur Kenntnis der Blutbildung bei Knochenfischen. Bonn: F. Cohen (1905). (21 S.) 8° ¶ Aus: Archiv f. mikroskop. Anatomie u. Entwicklungsgeschichte Bd 66, 1905. [Umschlagt.]
München, Med. Fak., Ref. Mollier, Diss. v. 12. Juli 1905
[Geb. 3. Febr. 80 Alexandrien, Egypten; Wohnort: Hamburg; Staatsangeh.: Hamburg; Vorbildung: Wilhelmgymn. Hamburg Reife M. 99; Studium: Leipzig 1, München 9 S.; Coll. 10. Juni 04; Approb. 30. Mai 04.]

Marcus, H[arry], Dr., **Assist.** am **anat. Inst.,** München: Beiträge zur Kenntnis der Gymnophionen. III. Zur Entwicklungsgeschichte des Kopfes. T. 1. Leipzig: W. Engelmann 1909. S. 105—183. 8° ¶ (Aus: Gegenbaur's Morphol. Jahrbuch. Bd 40.)
München, Med. Hab.-Schr. v. 1909 [U 10. 3719

Marcus, Hermann, approb. Arzt aus Schwerin i. M.: Aus d. med. Klinik zu Kiel. Vom **Tetanus neonatorum** und seiner Behandlung mit Serumeinspritzungen. *Kiel 1903: Schmidt & Klaunig.* (29 S.) 8°
Kiel, Med. Diss. v. [23. März] 1903

Marcus, Hugo, die allgemeine Bildung in Vergangenheit, Gegenwart u. Zukunft. Eine historisch-kritisch-dogmat. Grundlegung. (72 S.) gr. 8. Berlin 903. E. Ebering. n. 1. 50; erhöht. Pr. n. 3. —

Marcus, Hugo, das Frühlingsglück. Die Geschichte einer ersten Liebe. 8. (119 S.) Dresden 900. E. Pierson. n. 1. 50; geb. n. 2. 50

Marcus, Hugo. Über die v. Pirquet'sche Kutan-Reaktion auf Tuberkulose beim Rind. Diss. Vet.-Med. Bern. *Kopftitel:* Aus dem patholog. Institut des städt. Krankenhauses zu Wiesbaden.... 47 S. 8. Wiesbaden, Isselbächer & Zingel Nachf., 1909.

Meditationen von Hugo **Marcus**. Berlin: E. Ebering 1904. (230 S.) 8° [04. 10419

Marcus, Hugo, die Philosophie des Monopluralismus. Grundzüge e. analyt. Naturphilosophie u. e. ABC der Begriffe im Versuch. (VII, 163 S.) gr. 8. Berlin 907. Concordia. 3.—; geb. 4. —

— musikästhetische Probleme auf vergleichend-ästhetischer Grundlage, nebst Bemerkgn. über die grossen Figuren in der Musikgeschichte. (V, 132 S.) 8. Berlin 906. Concordia. n. 2. —; geb. n. 3. —

MARCUS, Hugo Hans (Berlin): Beiträge zur Casuistik und Pathologie der Actinomykose des Menschen.- München: Kastner & Lossen 1899. 60 S.
6.3.1899 - Chr 1898/99,14; Jv 1898/99,218
Diss. Ingolst.-Landsh.-Mchn.

Marcus, Joh., das Leben der heiligen Catharina v. Bologna. Nach dem Italien. Regensburg 869. Coppenrath. 8. (190 S.) 15 ngr.

MARCUS, Johann (Münster): Die Lehrmeinungen über den Ursprung der menschlichen Seelen in den vier ersten Jahrhunderten der Kirche.- Salzburg: Duyle 1854. 2 Bl., 43 S.
3.8.1854 - Urk (Titel: De origine animarum hominum sententiae patrum IV priorum saeculorum.); F 44
Diss. Ingolst.-Landsh.-Mchn.

Marcus, Joh., die Lehrmeinungen über den Ursprung der menschlichen Seelen in den vier ersten Jahrhunderten der Kirche. gr. 8. (III und 43 S.) Salzburg 854. (Münster, Deiters.) *

— **Johann Christian** (Reichenau), Quaestio juris controversi an amicabili compositione teutata ab incompetente judice fiat prorogatio fori. Präs. Christian Heinr. Breuning. Lpz. (Langenheim) 7. X. 1775. 8 S. (3.—) **22167**

Marcus, Jh. Fr., († d. .. Juni 1789.) s. 1) **Chr. Bastholm**, Gesch. d. Juden. 2) **Redekunst** u. geistl. Reden. 3) **N. E. Balle**, heil. Lehren. 4) **Th. Bugge, Ausmessungsmethode.**

Marcus, Josef

Marcus, J., Anweisung der preußischen Minister der Justiz u. des Innern v. 23. VI. 1900, betr. die Errichtg. v. Testamenten vor dem Gemeinde- od. Gutsvorsteher, Textausg. m. Einleitung, Anmerkungen u. Sachregister. gr. 8. (40 S.) Leipzig 901. Dieterich. Kart. n. — 80

Marcus, J., die gerichtliche Erbteilung nach deutschem Rechte. An Beispielen dargestellt. (VIII, 184 S.) 8. Berlin 907. L. Marcus. Geb. 2. 40

— Handausgabe der allgemeinen Verfügg. v. 20. XII. 1899 üb. das Verfahren u. die Gebühren der Dorfgerichte im Geltungsbereiche des allgemeinen Landrechts — f. die Provv. Ostpreußen, Westpreußen, Brandenburg, Pommern, m. Ausnahme des Reg.-Bez. Stralsund, Posen, Schlesien u. Sachsen —. Mit Einleitg., Erläuterungen, Beispielen zu dorfgerichtl. Taxen u. Sachregister. gr. 8. (160 S.) Ebd. 901. Kart. n. 2. —

Privattestament und Nothtestament nach dem Bürgerlichen Gesetzbuche für das Deutsche Reich. Handbuch z. Errichtung letztwill. Verfügungen ... Von J[oseph] Marcus, Amtsgerichtsr. in Tilsit. *Berlin: L. Marcus 1899.* (134 S.) 8° [R.] [99. 8117

— Privattestament u. Nothtestament nach dem bürgerl. Gesetzbuche f. das Deutsche Reich. Mit Beispielen (Formularen). Handbuch zur Errichtg. letztwill. Verfüggn. f. jedermann, insbesondere auch f. Vorsteher von Gemeinden u. Gutsbezirken. Im Zusammenhange m. dem gesammten Familien-Erbrechte. 2. verm. Aufl. (4. u. 5. Tauf.) 8. (XVI, 196 S.) Berlin 900. L. Marcus. Kart. n. 2. —
1. Aufl. (VI, 134 S.) Ebd. 899. n. 2. —.

Das Deutsche Testament, insbesond. das Privat- u. Nottestament. Im Zusammenhange mit d. gesamten Erb- u. Familienrechte z. prakt. Gebr. f. jedermann, namentl. auch f. Vorsteher von Gemeinden u. Gutsbezirken, mit Zeichn., Beisp. u. Mustern, dargest. von J[osef] **Marcus**, Amtsger.R. 3., umgearb. u. erw. Aufl. Berlin: L. Marcus 1908. (XV, 322 S.) 8° [F.] [07. 15093

— das Verfahren des Nachlaßgerichts bei Erbauseinandersetzungen nach deutschem Recht. An Beispielen dargestellt. gr. 8. (46 S.) Ebd. 900. n. — 80

Marcus, Josef Alexander

Marcus, J. A., meine Erlebnisse in dänischer Gefangenschaft. 8. (52 S.) Schleswig 848, Bruhn. n. 6 ngr

Kort Fremstilling af Slesvigs og Holstens Historie saavelsom af deres Forhold til Kongeriget Danmark, ved Joseph Alexander **Marcus**. Slesvig. 1844. 8°.

Marcus, Jules, Keine Ansteckung mehr. Eine sichere Angabe der zweckmäßigsten Mittel, wie Personen beiderlei Geschlechts sich gegen Ansteckung schützen können, wie auch: Ein Rathgeber für bereits Angesteckte. Aus dem Französ. nach der 12. Original-Ausg. Berlin (856.) Literatur- u. Kunst-Comptoir. (Streerath u. Co.) 8. verklebt 10 ngr.

Marcus, Callmann [aus Schubin]: Zur Technik der Darmnähte ... Berlin, C. Vogts Buchdr., *1894*; 27 S., 2 Bl. 8.
Berlin, Med. Fak., Inaug.-Diss. v. 7. Aug. 1894

Marcus, Car. Aemil. (geb. Luckau 12. 8. 1818): De ulcere stomachum perforante. Berolini (1845). (55 S.) 8°
Berlin, Med. Diss. v. 2. Okt. 1845

Marcus, Car. Jul., Dissertatio inaug. medica de Coffea. 4maj. (3¾ B.) Lipsiae 837, (T. O. Weigel.) *

Marcus, Karl Wilhelm

— Katechesen üb. sittl. religiöse Wahrheiten. Mit e. Nachwort vom Director Plato. 8. Leipz. 798. (Centr.-Compt.) 16 gr

— neue Katechesen über sittlich religiöse Wahrheiten. 8. Lübben 800. Gotsch. 16 gr

Marcus, Karl Wlh., Leitfaden f. Confirmanden in den Vorbereitungsstunden zur Confirmation nach Luthers Katechismus. gr. 8. Leipz. 819. Barth. 6 gr

— kl. katechet. Unterredung über interessante Abschnitte u. Geschichten aus Thieme's Gutmann od. der sächs. Kinderfreund. 8. Meißen 800. Gödsche. 10 gr 2e Aufl. Leipz. 806. (W. Nauck). 10 gr

Marcus, Conrad: Der Begriff des Erfolges im Strafrecht. *Hannover 1903: C. V. Engelhard & Co.* (31 S.) 8°
Rostock, Jur. Diss. v. [28. Okt.] 1903

Marcus, Conr., das bürgerliche Gesetzbuch in Frage u. Antwort zur Selbstkontrolle. Bearb. zur Vorbereitg. f. das Referendar-Examen. Als 2. Bd. zu den Nebenmaterien zum bürgerl. Gesetzbuch in Frage u. Antwort. (VIII, 516 S.) gr. 8. Hannover 903. C. V. Engelhard & Co. Geb. in Leinw. 10. —

Marcus, Conr., die Lüge vor Gericht. Eine Kritik der neueren Bestrebgn. zum Zwecke der Änderung der Reichsjustizgesetze. gr. 8. (31 S.) Leipzig 901. Dieterich. n. — 50

— die Nebenmaterien zum bürgerlichen Gesetzbuch für das Deutsche Reich, in Frage u. Antwort, zur Selbstkontrolle. Bearb. zur Vorbereitung f. das Referendar-Examen. gr. 8. (V, 402 S.) Hannover (Gerberstrasse 4) (902). C. V. Engelhard & Co. Geb. in Leinw. 10.—

Marcus, L., £ u. Yard. Englisch-Deutsch. Geld- u. Maass-Berechng. Ein unentbehrl. Vadomecum f. jeden Kaufmann. 2. Aufl. 8. (17 S.) Berlin 898. Rosenbaum & Hart. n. — 75

Marcus, Leeser, Elementarbuch z. Erlernung d. hebrä. Sprache. gr. 8. (4 B.) Münster 837, libr. Coppenrath. *

Marcus, Ludw., deutsches Lesebuch f. Gymnasien u. Realgymnasien, s.: Prosch, Frz.

Marcus, Ludwig [pr. Arzt aus Unna]: Die Mastdarmcarcinom-Metastasen im Anschluss an einen Fall von secundärem Hirnkrebs nach Carcinoma recti. . . . Freiburg i. Baden, Univ.-Buchdr. v. H. M. Poppen & Sohn, 1889; 35 S. + 1 Bl. 8°
Freiburg i. B., Med. Fak., Inaug.-Diss. v. 1889

Marcus Ludwig: Die Opposition gegen den Reim im Anfang d. 18. Jahrh. bei Gottsched u. den Schweizern. **Diss.** Wien, Univ.

Marcus, M., Anweisung zum Coupiren der häufigsten acuten Kinder-Krankheiten nebst einleit. skizzirten Bemerkungen über rationelle Hydrotherapie. 2. Aufl. Anclam 865. Krüger. gr. 8. (28 S.) 6 ngr.

Marcus, M., die Reform der Medicin und die Medicinalreform. Eine Skizze. gr. 8. (17 S.) Anclam 869, Krüger. *

Marcus, M., Syltiana. Sylt, im August 1885. gr. 8. (111 S.) Hamburg 887, Epstein und Engelke. *

Marcus, M., Vorschläge zur Reform der ärztlichen Kunstausübung. I. u. II. 8. Berlin 873. Dümmler's Buchh. in Comm. à n.n. — 60
1. Die Verhütung der Krankheiten. Eine Attaque auf unsere tausendjähr. Fieberlehre. (19 S.)
2. Wie ist der grossen Sterblichkeit der Kinder in den ersten Lebensjahren abzuhelfen. (16 S.)

Das Nordseebad Westerland-Sylt v. M. **Marcus**. Hamburg. 1877. 8°.

Marcus, M., das Nordseebad Westerland-Sylt. 2. Aufl. m. Anhang u. Karten (Holzschn. u. Lith.). 16. (VI, 58 S. m. 1 Holzschntaf.) Tondern 878. Dröhse. n. 1. 20

Marcus, Margarete, Prinzeß Ilse. Lyr. Drama in Versen. 8. (55 S.) Berlin 898. J. Belling. n. 1. —; geb. n. 1. 75

Marcus, Max [aus Burgsteinfurt i. W.]: Ueber Alopecia areata . . . . Bonn, Univ.-Buchdr. v. C. Georgi, 1886; 38 S. 8°.
Bonn, Med. Fak., Inaug.-Diss. v. 31. Jul. 1886.

Marcus, Max, über Alopecia areata. Diss. Bonn 1886, Emil Strauss. 8°. 38 S.

MARCUS, Max, Führer durch Berlin's Nachtlokale. Ein gründlicher Wegweiser durch das nächtliche Berlin . . . . Neueste, reich verm. u. verb. Aufl. Berlin, Max Marcus, o. J. (c. 1880). 12°. 71 S. (50 Pfg. G. Priewe.)

Marcus, Mendel. Offener Brief von Mendel Markus in Danzig an seinen theiren Freind Isaac Moses Hersch in Berlin. Danzig. Bertling. 1 Bl. Fol.
Flugblatt. Berlin, 1848/49.

Marcus, Michael: De f u n c t i o n e lienis. Acc. tab. lithogr. Gryphiae 1838. 26 S. 4°.
Greifswald, Med. Diss. v. 1838.

— Moritz (Altona), Diss. med. sistens astheniae causam ratione methodi gastricae plane reiiciendae. Jena (Schlotter) 4. II. 1801. 13 S. (3.—) 22168
Gew.: Ernst Anton Nicolai, Valentin Anton Lappenberg.

Marcus, Mauricius (geb. Nakel 17. 5. 1844): De melituriae causis. Berolini (1867). (32 S.) 8°
Berlin, Med. Diss. v. 7. Aug. 1867

M a r c u s, Moritz, Theoretisch-praktischer Wegweiser für Liqueurfabrikanten und Destillateure, enth. in 800 durch vielfache Erfahrung bewährten Recepten eine sichere Anleitung zur Erzeugung aller einfachen und doppelten Branntweine, Crêmes, Ratafias, Elixire und Oele durch Extraction und Destillation etc. gr. 8. (XXXI und 399 S. mit in den Text gedr. Holzschn.) Brünn 863, Karafiat. Verklebt. *

Marcus, Otto [cand. med. ([Umschlagt.:] Dr. med.) aus Frankfurt a. M.]: Beitrag zur Lehre von den Psoas-Abscessen '(abscedierendes Sarcom des Musculus psoas)' ... Frankfurt a. M., Mahlau & Waldschmidt, 1894; 20 S. 8.
Würzburg, Med. Fak., Inaug.-Diss. v. 1894

M a r c u s, Otto. Beziehungen zwischen den deutschen Illustratoren und ihren Verlegern. Bericht über den «Verband deutscher Illustratoren» [erstattet am:] 8. Internationaler Presskongress, Bern, Juli 1902. 4 S. 8. [Bern, H. Jent.]

M a r c u s, Otto. Les Journalistes Dessinateurs Allemands et les droits de reproduction. [Rapport présenté au] Congrès international de la Presse, Berne, juillet 1902. 4 p. 8. [Berne, H. Jent.]

Marcus, Otto, du holde Kunst. Ein Roman. (Titel u. Einbd. zeichnete Paul Brandt.) (174 S.) 8. Leipzig 910. Xenien-Verlag. 2.—; geb. in Leinw. n 3.—; Vorzugsausg. n 25. —

Marcus P. Berlin. Schmiedeiserne Ornamente. Katalog. (80 T) 4° Berlin

Marcus, Paul, Referendar, Hamburg: Rechtliches Schicksal einer in ein Gebäude eingebauten fremden Sache und Ansprüche gegen den Eigentümer des Gebäudes seitens des Eigentümers der eingebauten Sache nach gemeinem Rechte und dem Bürgerlichen Gesetzbuche. *Rostock 1902: C. Hinstorff.* (139 S.) 8° [F.]
Rostock, Jur. Diss. v. [15. Juni] 1902

— Paul Johann (Augustanus), De inutilitate brocardici vulgaris: Quae sunt in territorio, praesumuntur etiam esse de territorio. Präs. Christian Thomasius. Halle (Chr. A. Zeitler) 5. X. 1709. 43 S. (4.20) 22169

— — Dasselbe. Halle-Magdeburg (Grunert) 1748. 47 S. (4.20) 22170

Marcus, Richard, Referendar: Der rechtliche Charakter der Generalsynode in der evangelischen Landeskirche Preußens. Berlin 1909: Sittenfeld. VII, 49 S. 8° ¶ (Ersch. vollst. b. Heymann, Berlin.)
Breslau, Jur. Diss. v. 24. Juni 1909, Ref. Brie-Fischer
[Geb. 19. Mai 83 Posen; Wohnort: Berlin; Staatsangeh.: Preußen; Vorbildung: Friedrich-Wilhelms-Gymn. Posen Reife O. 02; Studium: Berlin 8 S.; Rig. 8. Febr. 09.] [U 09. 502

Marcus, Rich., der rechtliche Charakter der Generalsynode in der evangelischen Landeskirche Preußens. Von der jurist. Fakultät der königl. Universität zu Berlin am 3. VIII. 1905 gekrönte Preisschrift. (VIII, 112 S.) gr. 8. Berlin 909. C. Heymann. 3. —

— Robert (Westfale), De fistula ventriculi. Berlin (Nietack) 19. XI. 1835. 32 S. mit Biogr. (M.: M. Lichtenau.) (3,20) 22172
Gew.: J. L. Truestedt, L. Hellwitz. — Oppon.: C. Bernay, L. Petri, F. Bahlmann.

Marcus, S. Ph.,? Monismus u. Verwandtes. Blätter zum Nachdenken. (111 S.) gr. 8. Berlin 906. Herm. Walther. n. 2. —

Marcus, Salo, aus Schubin: Ein Fall von Humerus-Sarkom. *Würzburg 1901: C. J. Becker.* (21 S.) 8°
Würzburg, Med. Diss. v. 1901

Marcus, Salo, Referendar in Posen: Die subjektiven Grenzen der Rechtskraft. Borna-Leipzig 1906: R. Noske. (VIII, 64 S.) 8° [F.]
Breslau, Jur. Fak., Ref. Fischer-Gretener, Diss. v. 19. Sept. 1906
[Geb. 7. April 83 Schubin; Wohnort: Posen; Staatsangeh.: Preußen; Vorbildung: Königstädt. Gymn. Berlin, Kgl. Gymn. Bromberg Reife O. 03; Studium: Berlin 3, München 1, Breslau 2 S.; Rig. 25. Juli 05.]

Marcus, Sam., die Pädagogik des israelitischen Volkes von der Patriarchenzeit bis auf den Talmud. 2 Thle. in 1 Bd. gr. 8. Wien 877. D. Löwy in Comm. n. 2. 40
1. Die Bibel ein Buch der Erziehung. (54 S.) — 2. Zur Schul-Pädagogik des Talmud. 2., verm. u. verb. Aufl. (56 S.)

Marcus, Sam., zur Schul-Pädagogik des Talmud. gr. 8. (55 S.) Berlin 866. M. Poppelauer. 1.50; erm. Pr. 1. —

Marcus Siegfried: Der Antigraph (Gegen- oder Verkehrtzeichner). S.17. 82 . . . . vgr.
Separatabdruck

Marcus, Siegfried, approb. Arzt aus Pinne: Aus d. Kgl. chirurg. Universitäts-Klinik zu Breslau. Beiträge zur Behandlung der Aktinomykose, mit besonderer Berücksichtigung der Jodkaliumtherapie. *Breslau 1902: Th. Schatzky.* (46 S.) 8°
Breslau, Med. Diss. v. [18. Okt.] 1902

Marcus, Siegfried, appr. Arzt aus Nürnberg: Über einen mit Melanosarcom und Leukosarcom combinierten Pigmentnaevus. *Würzburg 1903: Verlagsdruckerei.* (22 S.) 8°
Würzburg, Med. Diss. v. 1903

M a r c u s, Siegfr., über eine neue Thermosäule. Lex.-8. (6 S. mit 1 Stnt. in gr. 4.) Wien 865, (Gerold's Sohn.) * *
Aus: Sitzungsberichte der k. Akademie der Wissenschaften, besonders abgedruckt.

Marcus, Sigism., die Deformitäten der knöchernen Nase. Ein Beitrag zu ihrer operativen Beseitigg. gr. 8. (30 S. m. 1 Steintaf.) Jena 884. (Pohle.) n. 1. —

Marcus, Siegism., d. Kurort Pyrmont. 2., mehrfach veränd. Aufl. 8. (VI, 74 S.) Berlin 895. Fischer's medicin. Buchh. n. 1. —
Vgl. Marcus, E.

Marcus, Simon [aus Freystadt '(Westpr.)']: Ein Fall von Hydromeningocele reg. cervic. nebst Beitrag z. Behandlg d. Spina bifida ... Würzburg, P. Scheiner's Buchdr., 1892; 41 S. 8.
Würzburg, Med. Fak., Inaug.-Diss. v. 1892

Marcus, Viktor

Marcus, Vict., die wirthschaftliche Berechtigung des Privatcapitals. Vortrag, geh. im Reichsverein zu Bremen am 17. Decbr. 1877. gr. 8. (23 S.) Norden 878. Fischer Nachf. n. — 60

— Freihandel auch ohne Reciprocität! Handelspolitische Studie. gr. 8. (VII, 72 S.) Bremen 879. Schünemann. n. 1. —

Marcus, V., die Seehäfen im heutigen Weltverkehr, s. a. Zeitfragen, volkswirthschaftliche.

Marcus V, die Seehäfen im heutigen Weltverkehr. (Zeitfr. Volksw. 60) Berlin 1886

—— gegen die Verstaatlichung der preussischen Privatbahnen, s. a. Zeitfragen, volkswirthschaftliche.

Marcus, gegen d. Verstaatlichung d. preuss. Privatbahnen. (Ztfr, Volksw. 7) Berlin 1879

Marcus, Willy, Dr.: Choiseul und Bernstorff. T. 1. Wohlau 1907: Schulze. (22 S.) 4°
Wohlau, k. G OP 1907 (261)

Marcus, Willy: Choiseul und Bernstorff. T. 2. Wohlau 1908: Schulze. 23 S. 4° ¶ [Forts. d. P-Beil. 1907.]
Wohlau, k. G OP 1908 (277) [S 08. 295

Marcus, Willy: Choiseul und Bernstorff. T. 3. Wohlau 1909: Schulze. 23 S. 4° ¶ [Forts. d. P-Beil. 1907. 08.]
Wohlau, k. G OP 1909 (292) [S 09. 310

Marcus, Willy, Choiseul u. die Katastrophe am Kongoflusse. Eine Episode aus Frankreichs Kolonialgeschichte. Mit 1 Kartenskizze. (III, 79 S.) gr. 8. Breslau 905. M. & H. Marcus. n. 2. 40

Marcus, Willy: Choiseul und Voltaire. Ratibor 1910: Meyer. 30 S. 4°
Ratibor, k. ev. G P 1910 (291) [S 10. 277

Marcus, Willy, cand. phil. aus Breslau: Die Darstellung der französischen Zustände in Montesquieus lettres persanes verglichen mit der Wirklichkeit. *Breslau 1902: R. Nischkowsky.* (80 S.) 8°
Breslau, Phil. Diss. v. 12. Juli 1902

Marcus, Willy, Dr.: Der Jansenistenstreit und seine Beilegung durch Choiseul. Wohlau 1906: Schulze. (28 S.) 4°
Wohlau, k. G OP 1906 (263)

Marcuse, Adolf

Marcuse, A., Ableitung der Rectascensionen der Sterne d. Fundamental-Cataloges der Astronomischen Gesellschaft aus den v. H. Romberg in den J. 1869—1873 am grösseren Meridian-Instrumente d. Berliner Sternwarte angestellten Beobachtgn., s.: Beobachtungs-Ergebnisse der königl. Sternwarte zu Berlin.

Marcuse, Adolf: Beiträge zur nautischen Astronomie. ([S.-A.] Marine-Rundschau. 1897. Heft 8. S. 733—745.) (Berlin 1897.) 13 S. 8°.

[Kopft.:] [F.] Bemerkungen zu dem Bericht der Herren Schnauder und Dr. Hecker über die am photographischen Zenithteleskop erhaltenen Resultate (Vf.: A. **Marcuse.**) *(Berlin: Dr. v. G. Bernstein 1896.)* (11 S.) 1 Bd 4. [98. 3480

— Ueber die meteorolog. Beobachtungen auf den Hawaiischen Inseln. Sternwarte, Berlin.

Marcuse, A., Dr., Bericht über die Expedition nach Honolulu. Mittheilungen über die Hawaiischen Inseln. (Sonder-Abdr. aus der Verhandlung der 10. in Brüssel 1892 abgehaltenen Conferenz der internat. Erdmessung.) Neuchâtel 1893.

Marcuse, Adolph (geb. Magdeburg 17. 11. 1860): Über die physische Beschaffenheit der Cometen. Berlin: P. Stankiewicz 1884. (77 S.) 4°
Berlin, Phil. Diss. v. 7. Febr. 1884

Marcuse, Adph., über die physische Beschaffenheit der Cometen. gr. 4. (V, 75 S.) Berlin 884, (Friedländer und Sohn.) **

Photographische Bestimmungen der Polhöhe. Von Dr. Adolf **Marcuse,** Privatdoz. a. d. Univ. Berlin. *Berlin: F. Dümmler 1897.* (38 S., 1 Bl.) 1 Bd 4.
= **Beobachtungs-Ergebnisse** d. Königl. Sternwarte in Berlin. H. 7. [97. 1338

Ergebnisse der Polhöhenbestimmungen in Berlin ausgeführt in d. J. 1889, 1890 u. 1891 am Universal-Transit d. Königl. Sternwarte. Von Dr. Adolf **Marcuse,** Privatd., Berlin. *Berlin: G. Reimer 1902.* (29 S.) 4°
= Centralbureau d. internat. Erdmessung. Veröffentlichungen. N. F. No 6. [02. 1127a

Marcuse, Adf., Handbuch der geographischen Ortsbestimmung für Geographen u. Forschungsreisende. Mit 54 in den Text eingedr. Abbildgn. u. 2 Sternkarten. (X, 342 S.) gr. 8. Braunschweig 905. F. Vieweg & Sohn. n. 10. —; geb. in Halbfrz. n. 12. —

Marcuse, Adf., die hawaiischen Inseln. Mit 4 Karten u. 40 Abbildgn. nach photogr. Orig.-Aufnahmen. gr. 8. (IV, 186 S.) Berlin 894. R. Friedländer & Sohn. n 9. —

Die atmosphärische Luft. E. allgem. Darstellg ihres Wesens, ihrer Eigenschaften u. ihrer Bedeutg. Von Dr. Adolf **Marcuse.** *Berlin: Friedländer & Sohn 1896.* (76 S., 1 Bl.) 1 Bd 8. [96. 1070

Marcuse, Adf., astronomische Ortsbestimmg. im Ballon. Mit 10 Taf., 3 Karten u. 3 Textbildern. (67 S.) gr. 8. Berlin 909. G. Reimer. Geb. 5. —

Marcuse, Adolf: Resultate der fortgesetzten Berliner Beobachtungsreihe betreffend die Veränderlichkeit der Polhöhen. (Berlin 1890.) 4 S., 1 Tf. 4°.

Marcuse, Alfred [Arzt in Berlin]: Beiträge zur Diphtheriestatistik ... Berlin, Druck v. Dobrzynski & Walter, *1896;* 2 Bl., 32 S. 8.
Leipzig, Med. Fak., Inaug.-Diss. v. [22. Juli] 1896

Marcuse, Armin. (geb. Kolmar in Posen 8. 5. 1835): De habitu foetus abnormi. Berolini (1858). (32 S.) 8°
Berlin, Med. Diss. v. 25. Aug. 1858

Marcuse, Arthur, aus Berlin: Zur Stereochemie der Piperidinreihe. *Rostock [1901]: C. Hinstorff.* (58 S.) 8°
Rostock, Phil. Diss. v. [20. Juni] 1901

Marcuse, Bernhard [aus Berlin]: Untersuchungen über pathologische Verhornung mit Gramscher Färbung unter bes. Berücks. d. Cancroïde. Aus d. anatom. Anstalt d. Allgem. Städt. Krankenhauses im Friedrichshain '(Herr Prof. Hansemann)' ... Berlin, Druck v. E. Ebering, *1897;* 37 S., 1 Bl. 8.
Berlin, Med. Fak., Inaug.-Diss. v. 13. Aug. 1897

Marcuse, Ernst, Begriff und Arten der Verträge über unbewegliche Sachen im Sinne des deutschen Handelsgesetzbuches Artikel 275. Inaugural-Dissertation. gr. 8. (74 S.) Berlin 884, (Mayer und Müller.) *

Marcuse, Ernst, prakt. Arzt: Aus d. med.-poliklinischen Institut d. Univ. in Berlin ⟨Direktor: Geheimer Medizinalrat Prof. Dr. H. Senator⟩. Die Beziehungen der hämorrhagischen Diathese zur Tuberkulose. Leipzig 1908: E. Lehmann. (49 S.) 8°
Leipzig, Med. Fak., Ref. Curschmann, Diss. v. 2. Aug. 1908
[Geb. 26. Jan. 83 Berlin: Wohnort: Charlottenburg; Staatsangeh.: Preußen; Vorbildung: Französisches Gymn. Berlin Reife O. 01; Studium: Heidelberg 1, Freiburg i. B. 2, Berlin 6 S.; Coll. 11. Aug. 08; Approb. 12. Febr. 0-

Marcuse, Gotthelf [pr. Arzt]: '(Aus d. chem. Laboratorium d. physiolog. Instituts in Breslau.)' Ueber den Nährwerth des Caseïns ... (Aus: Arch. f. d. ges. Physiol., Bd. 64.) Bonn, E. Strauss, 1896; 2 Bl., 26 S., 1 Bl. 8.
Breslau, Med. Fak., Inaug.-Diss. v. 18. Aug. 1896

Marcuse, H., juristisches Hausbuch. Ein gemeinverständl. Rechtsbuch f. jedermann. Mit zahlreichen Beispielen u. Formularen f. Klagen, Eingaben etc. 8. (XIX, 320 S.) Berlin 891. Aug. Schultze's Verl. 3. —

Marcuse, H., Wucher-Gesetz, s. Universal-Bibliothek, juristische.

Marcuse, Harry, approb. Arzt aus Berlin: **Aus d. pathol. Institute d. städt. Krankenhauses am Friedrichshain zu Berlin. Prosektor Prof. von Hansemann. Die primäre Tuberkulose** der serösen Häute. *Kiel 1901: Schmidt & Klaunig.* (37 S.) 8°
Kiel, Med. Diss. v. [5. Aug.] 1901

Marcuse, Heinrich, Referendar: **Das Koalitionsrecht inländischer** Vereine. *Greifswald 1903: F. W. Kunike.* (VII, 48 S.) 8°
Greifswald, Jur. Diss. v. [13. Juni] 1903

Hermann Marcuse

De Obesitate nimia. Berolini (1819:) Schade. 42 S. 8°
Berlin, Med. Diss. v. 6. März 1819

Marcuse, Hugo, Serbien u. die Revolutionsbewegung in Makedonien. Ein Beitrag zur makedon. Frage. (200 S.) gr. 8. Berlin 908. W. Kraus. 8. —

Die Verfassung des Königreichs Serbien vom 6. April 1901. Deutsche Ausg. besorgt von Dr. jur. Hugo **Marcuse**, Rechtsanw., Berlin. *Berlin: Freier Verl. 1902.* (42 S.) 8° [F.]

Marcuse, Hugo, s. Verfassung, die, d. Königr. Serbien.

Marcuse, Jakob

Marcuse, J., Vocabularium für eine Auswahl hebräischer Gebete und Psalmen, nebst grammat. Tabellen. 3. verm. und verb. Aufl. gr. 8. (32 S.) Berlin 880, (Abf. Cohn.) geb. *

Marcuse, J., Vocabularium f. e. Auswahl hebräischer Gebete u. Psalmen, nebst grammat. Tabellen. 4., verm. Aufl. gr. 8. (40 S.) Berlin 894. W. Latte. Geb. n. — 50

Marcuse, J., Vocabularium f. e. Auswahl hebräischer Gebete u. Psalmen nebst grammat. Tabellen. 5., verm. u. verb. Aufl. gr. 8. (40 S.) Berlin 898. W. Latte. Kart. n. — 60

Vocabularium für eine Auswahl hebräischer Gebete und Psalmen nebst grammat. Tab. von J[akob] **Marcuse**, Berlin. 6., durchges. Aufl. *Berlin: W. Latte 1903.* (40 S.) 8° [F.] [04. 5872

Vocabularium für eine Auswahl hebräischer Gebete und Psalmen nebst gramm. Tab. von J[akob] **Marcuse.** 7., verb. Aufl. Berlin: W. Latte 1906. (40 S.) 8° [F.] [08. 11511

Marcuse, Jul., ein Mahn-Wort an Aktionäre und Gläubiger, wie Aufsichts-Rath und Direktion von Aktien-Gesellschaften. gr. 8. (8 S.) Berlin 888, Klemann.

Marcuse, Julian

Marcuse, Jul., Airol, e. Ersatzmittel des Jodoforms. gr. 8. (4 S.) Leipzig 899. B. Konegen. n. 1. —
Sonderabdruck aus „Reichs-Medizinal-Anzeiger".

Marcuse, Julian, Bäder u. Badewesen in Vergangenheit u. Gegenwart. Eine kulturhistor. Studie. (167 S. m. 22 Abbildgn.) gr. 8. Stuttgart 903. F. Enke. n. 5. —

— zur Behandlung der Gonorrhoe. (7 S.) gr. 8. Leipzig 905. Verlag der Monatsschrift f. Harnkrankh. n. — 60
Sonderabdruck aus: „Monatsschr. f. Harnkrankh. etc."

— Diätetik im Alterthum. Eine histor. Studie. Mit e. Vorwort von E. v. Leyden. gr. 8. (VII, 51 S.) Stuttgart 899. F. Enke. n. 1. 60

Geschlechtliche Erziehung in der Arbeiterfamilie. Von Dr. Julian **Marcuse** Berlin: Vorwärts 1908. (19 S.) 8° [F.]
— **Arbeiter-Gesundheits-Bibliothek.** H. 15. [08. 2839

— Die sexuelle Frage u. das Christentum. Ein Waffengang m. F. W. Förster, dem Verf. v. „Sexualethik u. Sexualpädagogik". (VII, 87 S.) gr. 8. Leipzig 908. Dr. W. Klinkhardt. 2. —

Kleine Gesundheitslehre von Dr. Julian **Marcuse.** Mit 14 Ill. Berlin, Leipzig: H. Hillger [1904]. (92 S.) 8° [F.]
— **Volksbücher,** Hillgers illustrierte. Bd 16.

— kleine Gesundheitslehre, s. a. Hillger's illustrierte Volksbücher.

— Grundzüge e. sexuellen Pädagogik in der häuslichen Erziehung. (45 S.) 8. München 908. Verlag der ärztl. Rundschau. 1. 20

Heißluftapparate und Heißluftbehandlung. Von Dr. Julian **Marcuse.** Mit Textfig. Berlin & Wien: Urban & Schwarzenberg 1905. (S. 77–104.) 8°
— **Klinik,** Wiener. 1905, H. 3. [05. 4122

— Heissluftapparate u. Heissluftbehandlung. (30 S. m. 6 Abbildgn.) Lex.-8. Wien 905. Urban & Schwarzenberg. n. 1. —
Sonderabdruck aus: „Wiener Klinik".

Hydrotherapie im Alterthum. Eine histor.-medic. Studie von Dr. Julian **Marcuse**, Arzt in Mannheim. Mit e. Vorw. von Dr. W(ilhelm) Winternitz, Prof., Wien. *Stuttgart: F. Enke 1900.* (VI, 44 S.) 8° [00. 6722

— Im Kampf um die Gesundheit! Ein ernstes Wort zur Bekämpfg. der Lungenschwindsucht. (69 S.) 8. Mannheim 907. J. Bensheimer's Verl. — 60

— dasselbe. (Billige Ausg.) (48 S.) 22×13 cm. Ebd. 907. — 20

Marcuse, Julian. Der Kephir, seine Bereitung und seine Stellung in der Ernährungstherapie. 15 S. 8. Bern, Paul Heuberger, 1904. [fr. —. 50]

— **Körperpflege** durch Wasser, Luft u. Sport. Eine Anleitg. zur Lebenskunst. (VIII, 222 S. m. 121 Abb.) Lex. 8. Leipzig 908. J. J. Weber. Geb. in Leinw. 6. —

Luft- und Sonnenbäder, ihre physiolog. Wirkung u. therapeut. Anwendung. Bearb. von Dr. Julian **Marcuse**, Spezialarzt. Mit 17 Textabb. Stuttgart: F. Enke 1907. (128 S.) 8°
— **Therapie**, Physikalische, in Einzeldarstellungen. H. 3. (07. 9480

— s.: **Monatsschrift f. die physikalisch-diätetischen Heilmethoden.**

— hygienische Plaudereien, s.: **Bibliothek des rothen Kreuzes.** 1. Hft.

— Der Rheumatismus, sein Wesen u. seine Bekämpfung, s.a. Arzt, der, als Erzieher. 18. Heft.

— der **Rheumatismus**, sein Wesen u. seine Bekämpfung. Gemeinverständlich dargestellt. 1. u. 2. Aufl. (31 S.) gr. 8. München 905. Verlag der ärztl. Rundschau. n. — 80

— das **Sanatogen** als Nährstoff. 8. (4 S.) Leipzig 899. B. Konegen. n. 1. —
Sonderabdruck aus: „Reichs-Medizinal-Anzeiger".

Technik und Methodik der Hydro- und Thermotherapie. Bearb. von Dr. Julian **Marcuse**, Spezialarzt. Mit 62 Textabb. Stuttgart: F. Enke 1907. (141 S.) 8°
— **Therapie**, Physikalische, in Einzeldarstellungen. H. 2. (07. 5982

— s.: **Therapie, physikalische, in Einzeldarstellungen.**

— was muß jedes **Mitglied** der Sanitätskolonne wissen? Praktische leichtfaßl. Unterweisg. in Frage u. Antwort. (IV, 60 S.) 8. Dessau (903). Anhalt. Verlagsanstalt. — 60

Marcuse, Leopold *(geb. Friedeberg in d. Neum. 1. 7. 1855)*: Experimentelle Untersuchungen über die Entstehung der Brüche der untern Epiphyse des Humerus und Femur. Breslau 1877. (21 S.) 8°
Breslau, Med. Diss. v. 23. Mai 1877

Marcuse, Ludwig

Marcuse, Ludov. (geb. Berlin 9. 10. 1843): Historia amputationis ab antiquissimis inde temporibus usque ad turniceti inventionem breviter adumbrata. Berolini (1866). (32 S.) 8°
Berlin, Med. Diss. v. 24. Mai 1866

Marcuse, Martin, Referendar im Bez. d. Kgl. Kammergerichts zu Berlin: Die successive Berufung zur Erbschaft nach dem BGB. im Vergleich zu dem gemeinen Rechte. *Berlin 1903: A. Unger.* (77 S.) 8°
Rostock, Jur. Diss. v. [1. Mai] 1903

Marcuse, Mart., die successive Berufung zur Erbschaft nach dem BGB. im Vergleich zu dem gemeinen Rechte. (VIII, 77 S.) gr. 8. Berlin 903. Struppe & Winckler. n. 2. —

Marcuse, Max

Marcuse, Maximil. (geb. Posen 13. 5. 1834): De atrophia musculorum progressiva. Berolini (1856). (29 S.) 8°
Berlin, Med. Diss. v. 9. Aug. 1856

— die geschlechtliche **Aufklärung** der Jugend. Vortrag, geh. am 5. IV. 1905 zu Berlin im „Bund für Mutterschutz". (16 S.) gr. 8. Leipzig 905. Fel. Dietrich. n. — 30

Marcuse, Max, aus Staßfurt: Anatomisch-Biologischer Beitrag zur Mykorrhizenfrage. *Dessau: H. Franke 1902.* (35 S.) 8°
Jena, Phil. Diss. v. (2. Aug.) 1902

Marcuse, Max, darf der **Arzt** zum ausserehelichen Geschlechtsverkehr raten? (34 S.) gr. 8. Leipzig 904. Verlag der Monatsschrift f. Harnkrankh. n. 1. 50

Marcuse, Max: *Direktor Professor Dr. Bandow tritt in den Ruhestand.* 4 (S. 23—24 der Schuln.).
Progr. Luisenstädt. Oberrsch. *Berlin* 1900

Marcuse, Max: Aus unseren bisherigen Erfahrungen und Erfolgen. Rückblick auf das 1. Jahr des Bundes f. Mutterschutz. — Jahresbericht der Vorsitzenden (Helene Stöcker). — Frankfurt a. M.: Sauerländer 1906. 26 S. 8° [Schriften d. Deutschen Bundes f. Mutterschutz. Nr 1.]

Marcuse, Max, die **Gefahren** der sexuellen Abstinenz f. die Gesundheit. (94 S.) gr. 8. Leipzig 910. J. A. Barth. 2. —
Sonderabdr. a.: „Ztschr. f. Bekämpfg. d. Geschlechtskrankh."

Marcuse, Max Zur Geschichte des Jahres 1744. 23 S.
Progr. Leibn. G. *Berlin* 1885

Marcuse, Max, zur **Geschichte** des J. 1744. gr. 4. (23 S.) Berlin 885. Gaertner's Verlag. *

Hautkrankheiten und Sexualität. Von Dr. Max **Marcuse**, Spezialarzt in Berlin. Berlin, Wien: Urban & Schwarzenberg 1906. (S. 283-342.) 8° [Umschlagt.]
— **Klinik**, Wiener. 1906. H. 10/11. (07. 1393

— **Hautkrankheiten** u. Sexualität. (60 S.) Lex.-8. Wien 907. Urban & Schwarzenberg. n. 2. —
Sonderabdruck aus: „Wiener Klinik".

Marcuse, Max, Arzt aus Berlin: **Zur Kenntniss der Hauthörner.** *(Prag 1901: A. Haase.)* (34 S.) 8° ¶ [Aus: Archiv f. Dermatol. u. Syphilis, Bd 60, H. 2.]
Berlin, Med. Diss. v. 10. Dez. 1901

— „**Uneheliche Mütter**". I. Die nationale u. soziale Bedeutg. der unehel. Mutterschaft. II. Typen. (11 S.) gr. 8. Leipzig 906. Verlag der Monatschrift f. Harnkrankh. n. — 60
Sonderabdruck aus: „Monatschr. f. Harnkrankh."

Marcuse, M., Uneheliche Mütter. (105 S.) gr. 8. Berlin '06, H. Seemann Nf. 1. —
Grossstadt-Dokumente. Bd. 27.

Marcuse, Max: Uneheliche Mütter. — Berlin: Seemann [1908]. 104 S. 8° (Grossstadt-Dokumente. Bd 27.)

— Uneheliche Mütter, s.a. **Großstadt-Dokumente.** 27. Bd.

— noch einmal: Darf der Arzt zum ausserehelichen Geschlechtsverkehr raten?, s.: Benninghoven, die Empfehlung des illegitimen Geschlechtsverkehrs seitens des Arztes ist unzulässig.

Marcuse, M., s. Sexual-Probleme.

Marcuse, Max: Ueber den Abt Johannes Trithemius. Halle (1874): Plötz. 47 S. 8°
Halle-Wittenberg, Phil. Diss. v. 16. März 1874
Geb. Insterburg 22. 11. 1848. V.

Marcuse, Max (Hrsg.), s. Zeitschrift f. Sexualwissenschaft u. Sexualpolitik.

Marcuse, Moritz

Marcuse, Maur. (geb. Berlin 28. 8. 1836): De suffocationis imminentis causis et curatione. Berolini (1858). (30 S.) 8°
Berlin, Med. Diss. v. 5. Aug. 1858

Offener Brief an Herrn Brauereibesitzer Georg Haase, Kgl. Kommerzienrath, Breslau. (Von Oswald Marcuse, Rechtsanw.) *Breslau: Preuß & Jünger in Komm. 1903.* (11 S.) 8° [F.] [04. 10629 2

Marcuse, Osw., s. a. Brief, offener, an Herrn Brauereibesitzer Georg Haase.

Die Ehrenstrafe. Eine rechtsvergleich. Darstellung nebst Kritik unter besond. Berücks. d. geltenden Deutschen Reichsrechts. Von Oswald Marcuse. Breslau: Schletter 1899. (48 S.) 8°
= Abhandlungen. Strafrechtliche. H. 19.

Marcuse, Paul, Betrachtungen üb. das Notenbankwesen in den Verein. Staaten v. Amerika. (IV, 168 S. m. 3 graph. Tab.) gr. 8. Berlin 907. C. Heymann. n. 4.—

Marcuse, Paul, das Bundesgesetz der Vereinigten Staaten v. Amerika üb. das Notenbankwesen (the national bank-act) in seiner jetzigen Fassung. Aus dem Engl. übertr. u. erläutert. (III, 116 S.) gr. 8. Stuttgart 907. J. G. Cotta Nachf. 3.—

Marcuse, Paul [prakt. Arzt aus Berlinchen]: Zur Lehre vom Keuchhusten .... Berlin, Buchdr. v. Gustav Schade (Otto Francke) (1886); 32 S. 8°.
Berlin, Med. Fak., Inaug.-Diss. v. 27. Nov. 1886.

Marcuse, Paul, zur Lehre vom Keuchhusten. Diss. Berlin 1886, Mayer & Müller. 8°. 32 S.

— Das amerikanische Notenbankgesetz vom 30. V. 1908 (Aldrich-Vreeland act). Aus dem Engl. übertr. u. erläutert. Ergänzungsheft zu: Das Bundesgesetz der Vereinigten Staaten v. Amerika üb. das Notenbankwesen. (The national bank act.) (20 S.) gr. 8. Ebd. 908. —60

Marcuse, Paul, Referendar: **Die Rückgewährsverpflichtung bei der condictio wegen Erlöschens des Rechtsgrundes und bei Ausübung des Rücktrittsrechts. Nach BGB.** *Berlin 1904.* (100 S.) 8°
Rostock, Jur. Diss. v. [20. Juni] 1904

Marcuse, Siegmund (geb. Pr.-Stargard 11. 12. 1843): Ueber den Eintritt der Menstruation, nach Angabe von 3030 Schwangeren in der Kgl. Universitäts-Entbindungs-Anstalt zu Berlin. Berlin (1869). (32 S.) 8°
Berlin, Med. Diss. v. 17. Apr. 1869

Marcuse, Siegm., Lehrbuch für Heilgehülfen mit besond. Berücksicht. der neueren antiseptischen Wundbehandlung. gr. 8. (VIII, 96 S. mit 38 eingedr. Holzschn.) Berlin 881, Hirschwald. cart. *

Marcuse, Sigeb. (geb. Ostrowo 30. 8. 1844): De febris decursu in morbis acutis et subacutis. Berolini (1866). (32 S.) 8°
Berlin, Med. Diss. v. 30. Juni 1866

Marcuse, Wilhelm: Beiträge zur Kenntnis des Stoffumsatzes in dem thätigen elektrischen Organ der Zitterrochen, auf Grund experimenteller Studien an der zoologischen Station zu Neapel. ... Breslau, Druck v. Graß, Barth & Co., 1891; 3 Bl., 64 S., 1 Bl. 8°
Breslau, Med. Fak., Inaug.-Diss. v. 17. Febr. 1891

Marcuse, Wilh., Beiträge zur Kenntnis d. Stoffumsatzes in dem thätigen elektrischen Organ der Zitterrochen, auf Grund experimenteller Studien an der zoolog. Station zu Neapel. Diss. gr. 8. (VI, 64 S.) Breslau 891. (L. Köhler.) n. 1.—

Marcusen, Alex., nachgelassene Gedichte, Skizzen vom Genfersee und Novellen. 8. (163 S.) Bern 885, (Schmid, Francke und Comp.) *

Marcusen, J., die Familie der Mormyren, s. Mémoires de l'académie impér. des sciences de St.-Pétersbourg. 7. Série, Tome VII. Nr. 4.

Marcusen, Woldemar (Dr., Docent an d. Universität Bern). Die Lehre von der Hereditas jacens in ihrem Zusammenhange mit der alten Usucapio pro herede. Kl. in-8°, 158 S. Bern, Haller. 1883.

Marcusen, W., über die Rescission pflichtwidriger Schenkungen. Habilitationsschrift. gr. 8. (45 S.) Bern 880. (Haller.) n. 1.—

Marcusen, Wold., das negative Vertragsinteresse im schweizer. Obligationenrecht u. im deutschen Entwurf. Vergleichende Studie. [Aus: „Zeitschrift des bern. Juristenver."] 8. (68 S.) Bern 890. (Nydegger & Baumgart.) n. 1.—

Marcus-Säule, Die, auf Piazza Colonna in Rom, s. Petersen, Eugen.

Marcussen, J. A., s.: Cato, Mark. Port.

Marcusson, Herm., e. Beitrag zur Lehre v. der Vergiftung auf Grundlage der in Livland vorgekommenen häufigsten Vergiftungsarten. Diss. gr. 8. (60 S.) Jurjew (Dorpat) 893. (E. J. Karow.) n. 1. 20

Marcusson, Julius

Marcusson, J., und H. Schlüter: Bestimmung von Paraffin in Ozokerit und Ceresin. Cöthen Anh. 1907. (Mittoil. a. d. Königl. Materialprüfungsamt)

Marcusson, Julius [aus Hannover]: I. Über Indoxazen. II. Constitutionsbestimmungen in der Thiophenreihe ... Hannover, Druck v. W. Riemschneider, 1894; 30 S., 1 Bl. 8.
Heidelberg, Naturw.-math. Fak., Inaug.-Diss. v. [14. Dez.] 1893

Marcusson, Wilhelm

Marcusson, Guil. (geb. Brätz in Posen 1814): De scorbuto. Berolini (1839). (31 S.) 8°
Berlin, Med. Diss. v. 11. Mai 1839

Marcusy, Moritz

Marcusy, Mauritius *(geb. Landsberg in Oberschles. [14.]11.1807)*: De opio ad sanandam choleram epidemicam remedio. Vratislaviensis [!] (1832). (32 S.) 8°
Breslau, Med. Diss. v. 30. Juni 1832

Marczali, Heinrich

Marczali, Henr., enchiridion fontium historiae Hungarorum. Jussu regii hungarici cultus et institutionis publicae ministri sociis operae adsumptis Dav. Angyal et Alexandro Mika composuit M. (In latein. u. ungar. Sprache.) gr. 8. (X, 967 S.) Budapest 902. (Wien, W. Braumüller, Sep.-Kto.) n. 13. —

Marczali, Heinr., Ungarns Geschichtsquellen im Zeitalter der Arpáden. Von der ungar. Akademie der Wissenschaften gekrönte Preisschrift. gr. 8. (X, 163 S.) Berlin 882, Hertz. *

Marczali, Heinr., ungarische Verfassungsgeschichte. (IV, 180 S.) gr. 8. Tübingen 910. J. C. B. Mohr. 5.—; geb. 6. 40

MARCZELL, Michael: Evolutio historica hierarchiae usque ad saec. 2. (s. Ignatius) inclusive. — (1907) VII, 150 Bl. 2 Tab. 4° (Handschr.) Diss. 709 Diss. Wien, Univ.

Marczewski, J. J.: De stupendo linguarum miraculo. Leipzig 1740. 4°

Marczianyi, Geo. v., Esther Solymosi oder der jüdisch-rituelle Jungfrauenmord in Tisza-Eszlar. Autoris. deutsche Uebersetzung aus dem Ungarischen. Nebst 1 (eingedr.) Abbild. der Synagoge in Tisza-Eszlar. gr. 8. (52 S.) Berlin 882, M. Schulze. *

Marczykiewicz, Franc., hidrografia miasta Krakowa i jego okręgu. gr. 8. (104 S.) Krakau 847, Wildt. n. 2/3 ℛ

de Mard, s. a. Remond

Mard, Remond de S., freundschaftliche u. philosoph. Briefe, a. d. Frz. 8. Gott. Dieterich. 756.

Mardechai ben Meir Kalmanns: Tabuit ha-Bajit. Abriss des Mikrokosmos. Herausgegeben und übersetzt von Majer Kohn Bistritz. Wien 1858.

Mardelle, Gerard, od. d. Murrkopf unt. Napoleons Kaiserthum. Histor. Roman. A. d. Franz. übers. v. L. G. Förster. 2 Thle. 8. Quedlinburg, Basse. [1. (11 B.) 834. 22 Gr., 2. (23½ B.) 835. 1 Thlr. 8 Gr.]

Charakter – eine Macht [Character the grandest thing in the world]. Von (O[rison]) Swett **Marden**. Übers. von Elise Bake. Stuttgart & Berlin: Kohlhammer 1910. 101 S. 8° [11. 6973

Frohsinn – eine Lebenskraft [Cheerfulness as a life power]. O[rison]) Swett **Marden**. Übers. von Emma Bake. 11.-15. Taus. Stuttgart & Berlin: Kohlhammer [1909]. 86 S. 8°

— Frohsinn — e. Lebenskraft. Übers. v. Emma Bake. 1.—20. Taus. (86 S.) 8. Ebd. (909. 10.) 1. —

— Kraft, Gesundheit u. Wohlstand. Einzig berechtigte Übersetzg. Aus dem Engl. v. Max Christlieb. (XIII, 219 S.) 8. Stuttgart 909. J. Engelhorn Nachf. Geb. in Leinw. 3. 50

— Vom frohgemuten Leben. Berecht. Uebersetzg. v. Otto Knapp. (VIII, 301 S.) kl. 8. Stuttgart (910). J. Hoffmann. 3.—; geb. 4. —

— Die Macht des Gedankens, unter Beihilfe v. Ernst Reymond Halmes. Einzig berecht. Übersetzg. aus dem Engl. v. Max Christlieb. (XII, 246 S.) 8. Stuttgart 909. J. Engelhorn Nachf. Geb. in Leinw. 3. 50

Was du tust, das tue recht! [Do it to a finish!, deutsch.] Von Orison Swett **Marden** unter Beihilfe von Margaret Connolly. Einzig berecht. Übers. aus d. Engl. von Dr. Max Christlieb. Stuttgart: Engelhorn 1910. 89 S. 8° A 12. 2713

Wer sich viel zutraut, der wird viel leisten! [He can who thinks he can, deutsch.] Von Orison Swett **Marden**. Einzig berecht. Übers. aus d. Engl. von Dr. Max Christlieb. Stuttgart: Engelhorn 1910. 217 S. 8° A 12. 2712

Wille und Erfolg. ⟨Pushing to the front or Succes under difficulties.⟩ Von Swett **Marden**. In d. Deutsche übertr. von Elise Bake. 1.-5. Taus. Stuttgart & Berlin: Kohlhammer 1909. 168 S. 8° [09. 6661

— Wille u. Erfolg. (Pushing to the front or success under difficulties.) In das Deutsche übertr. v. Elise Bake. 1.—30. Taus. (IV, 168 S.) gr. 8. Stuttgart 909. 10. W. Kohlhammer. 1.50; geb. 2. 50

Marder, (Anton,) physikal. chem. Untersuchung d. Mineralquellen zu Ründeroth. 8. Cöln 827, Bachem.

Marder (A.), Physicalisch-chemische Untersuchung der Mineralquelle zu Ründeroth. Köln a. Rh. 1827. 8.

Marder, Henricus Iosephus ⟨geb. am 10 Juli 1799 in Bonn⟩: De exanthematis in typho contagioso natura et indole . . . Bonnae, typ. C. F. Thormanni (1824). 2 Bl., 33 S. 4.

Bonn, Med. Fak., Diss. v. 13 Sept. 1824

Mardersteig, Aug., aus dem Bereiche des König Friedrich August-Höhenwegs in den Zentraldolomiten, hrsg. unter Mitwirkg. v. Marianne Adler, R. Arthaber, K. W. v. Dalla Torre u. a. (120 S. m. Abbildgn. u. 1 Kartenskizze.) gr. 8. Weimar 910. G. Kiepenheuer. 3. —

Das Jagdrecht des Großherzogtums Sachsen. Handbuch der auf d. Jagd bezügl. reichs- u. landesgesetzl. Bestimmungen f. d. Großherzogtum. Zum prakt. Gebrauch zsgest. u. erl. von Georg **Mardersteig**, Rechtsanw. Weimar: H. Böhlaus Nachf. 1908. (x, 208 S.) 8° [J.] 08. 13075

Mardetschläger, Frz. Ser., Christenlehren als Vorbereitung zum würdigen Empfange der österlichen Beichte u. Kommunion. Mit einer Beigabe: Standeslehren. gr. 8. (VIII, 892 S.) Regensburg 877. Manz. 3. 60

Mardetschläger, Franz: Kurzgefaßte Geschichte des Bisthums und der Diocese Budweis. Zur Jubiläumsfeier ihres hundertjähr. Bestehens nach historischen Quellen bearb. — Budweis: Selbstverl. 1885. VII, 359 S.

MARDI-GRAS für die Neufranken-Pairs und Barons beim Feldzuge wider die Franzosen. (Stellenw. anstössige Spott- und Schmähgedichte.) Berlin 1793. (In Berlin, Magistratsbibl.) Selten!

Anon.-Lex. III. p. 114 (nach Kayser, Meusel, Goedeke).

Mardi-gras für die Neufranken-Pairs und Baron's . . . Berlin 1793. V: *Eckhardt, Gottlieb Wilhelm.* (Ky) (MGT) (GGr)

Mardi-gras für die Neufranken-Pairs u. Barons, (v. Gli. W. Eckhardt). 8. Berl. 793. Maurers B. 12 gl Mit Kpf. 14 gl Mit ill. Kpf. 18 gl

Mar'd'jo, d. Tochter d. Bergmanns. Nach d. Franz. v. d. Verf. d. Jeune Mineur Belge. 8. (32 S.) Erlangen 896. (F. Junge.) n. — 20

Mardner, C., St. Agnes. Ein Festspiel für erwachsene Mädchen in 5 Akten. 8. (59 S.) Mainz 885, Kirchheim. *

Mardner, Jos., kurze Anweisung zur Pflanzenpflege im Zimmer. Vorgetragen in der Monatsversammlung des Mainzer Gartenbauvereins am 9. Nov. 1874. gr. 16. (8 S.) Mainz 875, Diemer.

Mardner, Jos., kurze Anweisung zur Pflanzenpflege im Zimmer. 2. verm. Aufl. 16. (30 S.) Mainz 876. Diemer. — 75

Mardner, Jos., kurze Anweisung zur Pflanzenpflege im Zimmer. 3., verm. Aufl. 32. (56 S.) Mainz 880. Diemer. — 75

Mardner, Valent. (geb. Frankfurt a. M. 26. 10. 1838): De respirationis ortu in neonatis. Berolini (1861). (32 S.) 8°
Berlin, Med. Diss. v. 11. Jan. 1861

Mardner, Wilh. Lehrgang d. französ. Sprache, s. Ducotterd, X.

Mardner, Wilh., Leitfaden der Weltgeschichte zum Gebrauche für Schulen. gr. 8. (VI, 196 S.) Mainz 882, Kirchheim. *

—— Leitfaden der Weltgeschichte zum Gebrauche für Schulen. 2. verb. Aufl. 8. (IV, 207 S.) Mainz 887, Kirchheim. *

— kleine deutsche Litteraturgeschichte m. Proben aus den Werken der besprochenen Dichter. gr. 8. (III, 203 S.) Mainz 884. Kirchheim. n. 1. 60

— Litteraturgeschichte f. höh. Mädchenschulen u. zum Selbstgebrauche. 2., erweit. Aufl. gr. 8. (III, 235 S.) Mainz 895. F. Kirchheim. n. 2. 20

— Litteraturgeschichte f. höhere Mädchenschulen u. zum Selbstgebrauche. 3. Aufl. gr. 8. (III, 283 S.) Mainz 899. F. Kirchheim. n. 2. 20; geb. n. 2. 60

— Literaturgeschichte f. höhere Mädchenschulen u. zum Selbstgebrauche. 5. Aufl. (IV, 304 S.) gr. 8. Mainz 907. Kirchheim & Co. Geb. 2. 80

Mardner, Wilhelm: Aus d. Univ.-Frauenklinik in Giessen. Der Mekoniumpfropf und seine Bedeutung in gerichtsärztlicher Hinsicht. Mit 1 Abb. im Text. Giessen: Selbstverl. 1909: Bellmann, Prag. 7 S. 8° [Umschlagt.] ¶ (Aus: Prager med. Wochenschrift. Jg. 34.)
Gießen, Med. Diss. v. 9. Jan. 1910, Ref. v. Franqué
[Geb. 1. Dez. 79 Frankfurt a. M.; Wohnort: Frankfurt; Staatsangeh.: Preußen; Vorbildung: Lessing-Gymn. Frankfurt Reife O. 99; Studium: Marburg 4, Heidelberg 2, Gießen 12 S.; Coll. 26. Nov. 09; Approb. 27. Dez. 09.] [U 10. 1151

Mardner, Wilhelm. Die Phanerogamen-Vegetation der Kerguelen in ihren Beziehungen zu Klima und Standort. Diss. Phil. Basel. [Mit 12 Figuren auf 2 Tafeln.] IV + 50 S. 8. Mainz, Mainzer Verlagsanstalt und Druckerei, A.-G., 1902.

— Weltgeschichte zum Gebrauche f. Schulen. 3., erweit. Aufl. gr. 8. (XII, 268 S.) Mainz 892. F. Kirchheim. n. 1. 40

— Weltgeschichte zum Gebrauche f. Schulen. 4. Aufl. gr. 8. (XII, 280 S.) Ebd. 895. n. 2. —

— Weltgeschichte zum Gebrauche f. Schulen. 5. Aufl. 8. (XII, 285 S.) Ebd. 898. n. 2. —; geb. n. 2. 60

— Weltgeschichte zum Gebrauche f. Schulen. 6. Aufl. (XII, 287 S.) gr. 8. Mainz 903. F. Kirchheim. n. 2. —; geb. n. 2. 40

— Weltgeschichte zum Gebrauche f. Schulen. 7. Aufl. (XII, 311 S.) gr. 8. Ebd. 907. Geb. 2. 80

Mardon, Nina Carnegie, die Versicherung der Mutterschaft, s.: Frank, Louis.

Mardter, Candidi Zodiacus coelestis, oder sittliche Lob- u. Ehrenpredigten. Fol. Augsb. 722.

Mardus, Arnold: Die Eheschließungen in den deutschen Königsfamilien von Lothar III. bis Friedrich II. hinsichtlich ihrer politischen Bedeutung. Greifswald 1909: Adler. 72 S. 8°
Greifswald, Phil. Diss. v. 5. Aug. 1909, Ref. Bernheim
[Geb. 14. Aug. 83 Gwosdzian; Wohnort: Kreuzburg O.-S.; Staatsangeh.: Preußen; Vorbildung: Gymn. Kreuzburg Reife M. 04; Studium: Breslau 2, München 2, Greifswald 5 S.; Rig. 28. Apr. 09.] [U 09. 1543

Mardus, Georg: Elektrolytische Raffination von Blei aus borfluorwasserstoffsaurer Lösung. 1908. 56 S. 8°
Berlin, Dr.-Ing.-Diss. v. 26. 6. 1908

Mardzinski, Rudolf, Arzt aus Marienwerder ⟨Westpr.⟩: ⟨Aus d. physiol. Institut d. Universität Königsberg i. Pr.⟩ Beiträge zur allgemeinen Nervenphysiologie. *Königsberg i. Pr. 1902: H. Jaeger.* (39 S.) 8°
Königsberg, Med. Diss. v. 26. Juli 1902

Mare Mediterraneum una cum suis Insulis et vicinis Maribus minoribus itemque adjacentibus Regnis Regionibusque secundum Normam legitimae Projectionis delineatum et editum ab Homannianis Haeredibus 1770. 1 : 5,000,000. 1 Bl.

Mare, Die schwarze. Bilder aus Lithauen . . . Leipz. 1854. V: *Temme, Jodocus Donatus Hubert.* (Ky)

Mare, die schwarze. Bilder aus Litthauen. Vom Verf. der „Neuen Deutschen Zeitbilder." (Von J. D. H. Temme.) 3 Bdchn. Leipzig 854. H. Schultze. 8. (206; 184; 248 S.) 3 ₰.

Mare, C., Napoleon, e. Büste zu vielen. Dramatisches Lebensbild in 5 Akten. (189 S.) 8. Straßburg 909. J. H. E. Heitz 3. —

Mare, Franc. Xav. de: Tractatus medico-chirurgico-chemicus de Cancro et Spina ventosa curabilibus per medicamentum hactenus secretum, nunc communicatum ed. Viennae 1767. 92 S.

v. Mare, Frz. Xav., Tract. de Cancro et Spina ventosa. 8maj Wien 767. Trattner. 6 gl

v. Mare, Frz. Xav., chem. Versuch des niederöstreich. Baadner Bades. gr. 8. Wien 763. Trattner. 4 gl

Mare, Karl

Mare, K., Atlas in 7 Blatt. Berl. 827. Rücker. 6 gl ill. 8 gl

Mare, C. Die Stadt u. Festung Cadix mit ihren Umgebungen. 4. s. l. & a.

Mare, Carl. Deutschland. 1 : 9 600 000. Berlin. 1 Bl. K. Ff.

— der Kampf des Theseus mit d. Minotaurus. Ein mytholog Würfelspiel f. d. Jugend. Mit 1 Kpf. Berl. 819. Rücker. 1 /

Maré, Paul

Maré, P., des Kindes Ernährung u. Pflege von der Geburt bis zum Schulbeginn. Mit Bemerkgn. üb. Erziehg. u. Behandlg. der Kinderkrankheiten bis zur Ankunft des Arztes. (IV, 114 S.) 8. Leipzig (907). Krüger & Co. 1. 50

Maré, Paul, die Hygiene des Geistes. Wertvolle Winke f. Geistesarbeiter (Gelehrte, Beamte, Kaufleute etc.). (IV, 100 S.) 8. Leipzig (905). Krüger & Co. n. 1. 50; geb. n. 2. –

[Annolied] Maere von Sente Annen, Erzebiscove ci Kolne bî Rîni. Von neuem hrsg. von H[einrich] E[rnst] Bezzenberger. — Quedlinburg & Leipzig: Basse 1848. X, 124 S. (Bibliothek d. gesammten deutschen National-Literatur. [1,]25.)
1:Yc 7501-1,25. 12:P. o. germ. 118m-I,25. 300:27 Nn 8. Abt. 1,25. 2. 3. 4. 5. 6. 7. 8. 9. 10. 11.
5.889

Märe von Sente Annen, s. a. Bibliothek der gesammten deutschen National-Literatur, 1. Abthl. 25. Bd.

Maere, daz von Broun Helchen Sünen. Aus der Ravennaschlacht ausgehoben v. Ldw. Ettmüller. gr. 8. Zürich 846, Meyer u. Zeller. 27 ngr

Mareau, Th., die Cultur und Zubereitung des Flachses und Hanfes in Frankreich, England, Schottland, Irland, Holland und besonders in Belgien. Eine Beschreibung der neuen, verbesserten und in jenen Ländern eingeführten Verfahrungsarten beim Bau und bei der Zubereitung. Zur Hebung dieses Culturzweiges in Deutschland und unter steter Berücksicht. deutscher Bedürfnisse bearb. von Chr. Heinr. Schmidt. gr. 8. (XII und 307 S. mit 73 erläut. Fig. auf 8 Stnt. in qu. Fol.) Weimar 861, Voigt. Thlr.

Mareau, Th., die Cultur und die Zubereitung des Flachses und Hanfes in Frankreich, England, Schottland, Irland, Holland und besonders in Belgien. Eine Beschreibung der neuen, verbesserten und in jenen Ländern eingeführten Verfahrungsarten beim Bau und bei der Zubereitung. Zur Hebung dieses Culturzweiges in Deutschland und unter steter Berücksichtigung deutscher Bedürfnisse bearb. von Chr. Heinr. Schmidt. 2., unveränd. Aufl. gr. 8. (XII und 307 S. mit 73 erläut. Fig. auf 8 Stnt. in qu. Fol.) Weimar 866, Voigt.

Maréchal, bergeries. 12. Par. (Pott et C. à Laus.) 770.

Maréchal, B., concordantia sanctor. patrum eccles. graecae et lat., fidei morum et disciplinae difficultates etc., elucidans. II Tom. fol. Augsb. Rieger. 769.

Maréchal, E., Histoire romaine. In Auszügen nach der Histoire romaine depuis la fondation de Rome jusqu'à l'invasion des Barbares. Mit erklärenden Anmerkungen zum Schul- und Privatgebrauch hrsg. von C. Th. Lion. 8. (VI, 461 S.) Leipzig 883, Baumgärtner's Buchh. geb.

Maréchal, E., histoire romaine. In Auszügen. Mit erklär. Anmerkgn. zum Schulgebrauch hrsg. v. C. Th. Lion. Neue Ausg. in 2 Tln. 8. (IV, 461 S.) Leipzig 886. Baumgärtner. geb. à 1. 50

Marechal, Fanny, Rathschläge für Mütter, die Erziehung des Herzens betr., im Widerspruch mit der Richtung der Zeit, nur den Geist zu erziehen. Allen Müttern u. Erzieherinnen gewidmet denen der Kinder künftig innerlich Glück am Herzen liegt. Nach dem Franz. 16. (VIII u. 110 S.) Münster 852, Cazin. n. 8 ngr

Marechal, Fanny, Rathgeber bei der Erziehung der Kleinen insbesondere ihres Herzens, nebst einem Schreiben im Auftrag Sr. Heiligkeit des Papstes Pius IX. über dieses Buch. 2. Aufl. Münster 860. Cazin. 16. (110 S.) 5 ngr

Marechal, Fanny, Rathgeber bei der Erziehung der Kleinen, insbesond. ihres Herzens, nebst einem Schreiben im Auftrag Sr. Heiligkeit des Papstes Pius IX. über dieses Buch. 2. (Titel-)Aufl. 16. (IV und 110 S.) Paderborn (852)68, Kleine.

Maréchal, Fanny. Rathschläge für Mütter, die frühzeitige Erziehung des Herzens betreffend, im Widerspruch mit der Richtung der gegenwärtigen Zeit. Allen Müttern und Erzieherinnen, welche sich mit dem künftigen Glücke der Kinder beschäftiger, gewidmet von —. Nebst einem Glückwunschschreiben an die Verfasserin von Sr. Heiligkeit dem Papste Pius IX. Nach der 2. französischen Originalausgabe. 8. (XVI et 70 S.) Gratz. Verlag von Dirnböck und Mühlfeith. Druck der C. Tanzer'schen Buchdruckerei. 1853.

Maréchal, Fanny, Rathschläge für Mütter, die frühzeitige Erziehung des Herzens betreffend, im Widerspruch mit der Richtung der gegenwärtigen Zeit. Allen Müttern u. Erzieherinnen, welche sich mit dem künftigen Glücke der Kinder beschäftigen, gewidmet. Nach der 2. französ. Origin.-Ausg. 853. 9 ngr. — Neue (Titel-)Aufl. Gratz 853. Mühlfeith. 16. (XVI, 70 S.) 6 ngr.

Maréchal, Fanny, Rathschläge für Mütter, die frühzeitige Erziehung des Herzens betreffend, im Widerspruch mit der Richtung der gegenwärtigen Zeit. Allen Müttern und Erzieherinnen, welche sich mit dem künftigen Glücke der Kinder beschäftigen, gewidmet. Nach der 2., französ. Orig.-Ausg. 1. Ausg. 1853. 9 Ngr. und neue (wohlf.) Ausg. 16. (XVI und 70 S.) Gratz 853, [Mühlfeith.] *

[Ant. u. J.] **Maréchal,** *Theodor* [Dir. Prof. Dr.]: *Der Abschied des ordentlichen Lehrers Heinrich Otto Reddersen.* Bremen, A. Guthe, Buchdr., 1895; 13—14 S. 4.
Bremen, R in d. Altstadt, OP 1895 (751)

Maréchal, Th[eodor]: [Direktor a. D. Prof. Dr. Franz Buchenau † 23. April 1906. — Ordentlicher Lehrer Johannes Röhling † 13. Mai 1906.] S. 13—15. 4.
Progr. Realschule beim Doventhor *Bremen* 1906 (907).

Maréchal, T. Sur les chansons de Thibaut roi de Navarre. Diss. Rostock 1871. 88 S.

Maréchal, [Theodor]: [Oberlehrer Dr. Hermann Keuntje † 10. Januar 1902.] S. 10—11. 4.
Progr. Realschule in der Altstadt *Bremen* 1902 (809).

Maréchal, [Friedrich Wilhelm Theodor], Prof. Dr.: [Nachruf für den verstorbenen Prof. Dr. Gustav Schneider.] *Bremen 1903: A. Guthe.* (S. 11—12.) 4° [J.]
Bremen, R. in d. Altstadt, P 1903 (829)

Maréchal, Theod. Über die Reorganisation der Realschule II. O. zu Schönebeck. 7 S. **Progr.** *Schönebeck* 1880.

Maréchal, *Friedrich Wilhelm* Theodor: Umbau der Realschule. 4 (S. 11—13). **Progr.** Rsch. i. d. Altstadt *Bremen* 1898

Maréchaux, Eugen

Maréchaux, E., Diabetes u. Unfall, s.: **Festschrift** zur Feier des 50jähr. Bestehens der medicin. Gesellschaft zu Magdeburg.

Maréchaux, (Friedr.) Eugen (geb. Erfurt 21. 6. 1853): Ueber die totale Exstirpation der Parotis. Berlin (1877). (33 S.) 8°
Berlin, Med. Diss. v. 19. Febr. 1877

(Marechaux, Peter Ludwig:) **Werner**, einige Bruchstücke aus sm. Tagebuche. Wesel 1801, (Klönne).

WERNER, ein Bruchstück aus einem Tagebuche (von *Peter Ludw. Marechaux*). Wesel, o. J. (1801).
Anon.-Lex. IV. p. 391 (nach Kayser u. Meusel).

— s. Werner; einige Bruchstücke.

Marechaux, Pt. Ldw., üb. den gegenwärt. Zustand d. Runkelrübenzuckerfabrikation. gr. 8. Nürnb. 812. Stein. 1 ₰ 14 gr.

Ma'recheth ha-domam, s. Syrkin, G. J.

Mareck: Die Chemie in der Schule u. im Leben. 13 S.– Brünn UR., Progr. 1862.

Mareck: Mittheilungen über d. gegenwärtigen Standpunkt d.Chemie und Naturgeschichte des Weins. 45 S. 8°.– Krems OR., Progr. 1867.

Mareck, Bernhard, k. k. Ingenieur, Grundsätze der praktischen Geschäfts- und Buchführung im Gewerbe-Wesen. Eine vollständige Anleitung wie bei der Inbetriebsetzung der industriellen Gewerbe, mit Berücksichtigung des Gewerbefondes, der Tageskosten, d Rente und des baaren Geldbedarfes, vorgegangen werden soll; so wie zur Fixirung der Lohnsätze für die verschiedenen Arten, Classen und Gruppen der Arbeiter bei außer Dach- und Werkstatt-Arbeiten; verbunden mit der Fondausmittlung und der Führung des Werkschafts- oder Calculations-Buches, zur Ermittlung des reinen Ertrages; dann zur vollständigen einfachen bürgerlichen Buchführung mit der jährlichen Vermögens-Erfolgs-Ausmittlung. Zum Gebrauche für Gewerbs-Unternehmer, und beim Unterrichte in Gewerbs- und Industrie-Schulen bearbeitet. gr. 8. (IV. 308 S.) Gratz, Ferstl in Comm. 1861 1 fl. 80 kr.

Mareck, Bernh., der rationelle Weinbau oder die Lehre von den Organen, der Ernährg. u. dem Wachsthum des Weinstocks, mit der Eintheilg. u. Charakteristik der Rebensorten ꝛc., sowie vom Wirthschaftsbetriebe des Weinbaues. Unter Mitwirkg. von Frdr. Mareck. Nebst Atlas (in gr. 4.) von 13 (lith.) Foliotaff., mit 103 Abbildgn. Weimar 870. B. F. Voigt. gr. 8. (XVI, 367 S.) 3 ₰

Mareck Friedrich: Beiträge zur Kenntnis des Trinkwassers von Krems und dessen näheren Umgebung in Rücksicht auf dessen gesundheitliche Bedeutung. (24) Krems R. 90. Progr.

Mareck, Friedr., Leitfaden für den chemischen Unterricht an Unterrealschulen, Bürger-, Handels- u. Gewerbeschulen. Wien 867. Sallmayer & Co. 8. (IV, 256 S. mit in den Text gedr. Holzschn.) n. 28 ngr.

Mareck, G., der alte Professor. Roman. (351 S.) kl. 8. Stuttgart 906. Berlin-Schöneberg, P. Unterborn. n. 2. —

Maree, de, der Knabenspiegel, ein Lesebuch f. Knaben v. 8—12 Jahren. 8. Elberf. Büschler. 812.

Marée, L. de, Predigt am Jubelfeste des Herzogs Franz zu Anhalt. 8. Dessau (Hemmerde u. Schw.) 809.

(**Marées, v. u. Rhasen.**) Die Hauptschlachten der fridericianischen, napoleonischen und modernen Periode, strategisch und taktisch beleuchtet. Hannover 1887. 8°.

Marées, A. v., der Frevel und die Frevelstrafe. Neuwied 856. van der Beeck. gr. 8. (24 S.) n. 4 ngr.

Marées, A. v., zur Verfassungs-Urkunde für das Königr. Preussen vom 5. Decbr. 1848. gr. 8. (65 S.) Coblenz 849, (Bädeker.) Thlr.

Marées, Adolf von

Marées, Ado. v., die Askanier. Romanzen u. Balladen. 8. (9 B.) Zerbst 836, (Kummer'sche Buchh.) •

Marées, Adph. v., gesammelte Blätter aus dem poetischen Nachlaß. 12. (IX, 126 S.) Düsseldorf 887, F. Bagel. geb. *

Marées, Adph. v. Gesammelte Blätter aus dem poetischen Nachlaß. 12. Düsseld. 887. Frankf. a. M., Jaeger's Verlag. geb. * 2 —

— s. Byron, Don Juan.

v. Marées, Ad., das deutsche Hamburg. (Gedichte.) 8. Düsseldorf 842, Bötticher'sche Buchh. baar 4 ngr

Marées, Alb. Carl v., dreizehn geistl. Lieder nebst e. Anh. 8. (3½ B.) Dessau 832, Ackermann.

— üb. die Vereinigung d. beiden protestantischen Partheien. gr. 8 Dessau 818. Ackermann. 3 gr

de Marées, Alb. Karl, gegen eine Tittmann'sche Verunglimpfung in seiner Schrift an Schleiermacher. gr. 8. Dessau 818 Ackermann. 4 gr

Marées, Amalie de, Klara. Eine Sammlung kleiner Gedichte für junge Mädchen von 10 bis 15 Jahren. Braunschweig (857.) (Meyer sen.) 8. (80 S. u. lith. Titel.) n. 20 ngr

de Marées, Ch. Guil. H., De animi perturbationum in corpus potentia. 54 pp. Gott. 4°. *Ludwig*, ser. 1795, IV, 344—78. *Blumenbach*, Med. Bibl. I, 269. 1775.

Marées, Friederike v., guter Rath ist Geldes werth, s. Jugend-Bibliothek. herausg. von Nieritz.

Marées, Friederike von

Guter Rath ist Geldes werth. Eine Erzählung für die Jugend.
Leipzig: Voigt & Günther (1858). 112 S. 8°
(Jugend-Bibliothek. Jg. 19, Bd 5.)

Marées, Friederike v., guter Rath ist Geldes werth. Eine Erzählung für die Jugend. 8. (112 S.) Leipzig 859, Voigt und Günther.
Aus: Jugendbibliothek von Gust. Nieritz, besonders abgedruckt.

Marées, Friederike v., guter Rat ist Geldes wert. Eine Erzählung für die Jugend. 2. Aufl. 8. (96 S. mit 1 Chromolithogr.) Düsseldorf 880, Bagel's Verlag. cart.

Marées, G.v. (Hrsg.), s. B e r i c h t über die Distrikts-Butterausstellungen. . .

Einrichtungen zu regelmäßigen Leistungs-Prüfungen der Milchkühe und zur Förderung zweckmäßiger Rechnungsführung in der Viehhaltung. Von G. v. **Marées**. 2. verm. Aufl. Mit e. Vorw. von C. Petersen-Eutin u. 1 Abb. Kiel: Vollbehr & Riepen 1902. (24 S.) 8° [F.]
= **Arbeiten** d. Landwirtschaftskammer f. d. Prov. Schleswig-Holstein. H. 6. 03. 14887

Marées, G. v., s.: **Klassiker, militärische.**

M(arées), G. v. Streiflichter auf die franz. Heeres-Leitung während des Krieges 1870—71. T. 1. Leipzig 1873. 8°.

Marées, G. v., s.: Welt, die, in Waffen.

Marées, H. de (Resp.): Praefatio sistit vestigia irritabilitatis Hallerianae..., s. B a l d i n g e r, E. G. (Praes.)

Marées, Hans v., Fresken in Neapel. Text v. Paul Hartwig. (7 Taf. m. 16 S. illustr. Text.) 59×48,5 cm. Berlin 907. B. Cassirer. Geb. in Leinw. 40. —

Hans v. Marées. Fresken in Neapel. Text von Paul Hartwig. Berlin: B. Cassirer 1909. 16 S., 7 Taf. gr. 2° 09. 8675

Marées, Heinrich Ludwig de

— Anleitung zur Lektüre, s. Bildungsbibliothek für Nichtstudirte. s. auch C. P. Funke, (Elementarbuch).

Marées, de, Über Kotzebue's Ermordung und deren Veranlassung, mit Bemerkungen über Deutschlands Universitäten und Gemeinwesen. Dessau 1819. 8.

— über Kotzebue's Ermordung u. deren Veranlassung. 8. (Dessau, Ackermann). 819. 4 gr.

de Marées, s. Fibel zum Gebrauch der Herzogl. Anhalt-Dessauischen Schulen.

Marées, Heinrich de, Konrektor der Hauptschule zu Dessau. Tabellarisches Handbuch der neuen Geographie, Statistik und Geschichte für Schulen. Herausgegeben von C. P. Funke. Mit einer damit übereinstimmenden Sammlung Karten etc. von D. F. Sotzmann. 1. Heft, enthält 6 Karten und 10 Bogen Tabellen über Spanien, Portugal, Britische Inseln, Dänemark, Norwegen und Schweden, Preussen und Polen vor 1772. Fol. Berlin 1802.

de Marées, Hnr. Ldw., tabellar. Handb. d. neuen Geographie, Statistik u. Geschichte f. Schulen, von C. P. Funke. 1s u. 2s Hft. Mit Karten. Fol. Berl. 802—5. Voß. 3 Thlr. 8 gr.

Marées, H. L. de, Erstes latein. Lesebuch, mit Tabellen über die Declination und Conjugation. Dessau 818. 8.

— erstes latein. Lesebuch. 8. Dessau 821. Ackermann. 12 gr.

— deutsche Sprachlehre f. Bürger- u. Töchterschulen. 8. Leipz. 814. Ern. Fleischer. 4 gr.

Marées, Heinrich Wilhelm A. de

de Marées, H. W. A. De M. A. Mureti in rem scholasticam meritis, et de via ac ratione tradendarum disciplinarum ab eod. commendata. 30 S. . . . .
Progr. Berlin J. 1829

de Marees, Versuch über die Cultur der Griechen zur Zeit des Homer, nebst geograph. Anmerkk. 8. Berlin 797, (Nauck.)

de Marées, Hnr. Wlh., histor.-krit. Versuch üb. die Kultur der Griechen zu den Zeiten des Homer. 8. Berl. 797. (Nauck). 14 gr. Hbg. Pr. 9 gr.

Marées, H. W. A. de, histor.-kritischer Versuch üb. d. Cultur d. Griechen zu d. Zeiten d. Homer. 8. Berl. Akad. Buchhdl. 799.

Marees, J. F. de, Predigten. 1s enth. Christenfeste und Landestrauer. 6 Predigten. gr. 8. Dessau. (Leipz. Gerh. Fleischer.) 812.

Marées, Ludw. de, geistliche Dichtungen. Nach dem Latein. und Italien. 8. (VI und 226 S.) Leipzig 867, Brockhaus. *
geb. mit Goldschn. *

Marées, Ludw. de, das Evangelium Marci in Bibelstunden ausgelegt. gr. 8. (XIX, 294 S.) Halle 869, Mühlmann. *

—— Kreuz- und Trostlieder. gr. 16. (VII, 27 S.) Zerbst 870, Luppe. *

Marées, Ludw. de. Geistliche Lieder. Aus dem Französ. Mit e. Anh. 8. (VII, 240 S.) Halle a. S. 890, Mühlmann's Verl. * 3 —; geb. * 4 50

Marées, Ludw. de, geistliche Lieder. Aus dem Franz Mit e. Anh. 2. [Titel-] Aufl. 8. (VII, 240 S.) Halle (890) 897. R. Mühlmann's Verl.
Geb. in Leinw. m. Goldschn. n. 2. 40

[F.] Hundert geistliche Lieder. A. d. Franz. übs. v. Ludwig de Marées. Nebst e. Anh. *Cottbus: Gotthold-Expedition 1895.* (VIII, 156 S.) 1 Bd 8. [96.107]

— s. a. Lieder, 100 geistliche.

Marées, Simon Ludwig Eberhard de

— Beantwortung der ernsthaften Beherzigung des O.-C.-R. Teller in Berlin. 8. Leipz. 787.

— neue Briefe zur Vertheidigung d. Glaubens d. evangelischen Christen. 1s Hft. 8. Leipz. 791. (W. Nauck). 8 gr. 2s Hft. 8. Dessau 794. Hilscher in Leipz. 12 gr.

— neue Briefe z. Vertheid. d. Glaubens d. evangel. Christen. 1s Heft. 8. Lpz. Sommer. 791.

— — dess. 2s Heft. 8. Lpz. Hilscher (Compt. f. Litt.) 794.

de Marées, Sim. Ldw. Ebhrd., († d. 17. Oct. 1802.) Briefe über die neuen Wächter der protestant. Kirche. 3 Hefte. 8. Leipz. 786—87. (W. Nauck). 1 Thlr. 2 gr.

Marées Sim. L. Eb. de, Briefe über die neuen Wächter d. protest. Kirche 3 Hefte. 8. Lpz. Sommer. 786. 87.

— alt Dessauisches Gesangbuch, nebst e. Sammlung der besten alten u. neuen geistl. Lieder. 8. Dessau 766.

— Gottesvertheidigung üb. d. Zulassung d. Bösen auf unsrer Erde, n. d. heil. Schrift. 2 Thle. 8. Dessau 784, 90. (1r Thl. 2e A. 799.). Leipz., Gr. Fleischer. 2 Thlr.

— Pendant, od. abgedrungene Nothwehr gegen d. Recensenten d. wohlgemeinten Gedanken zur Berichtigung der Briefe üb. d. Wächter etc. 8. Eisen. 787. Wittekind. 4 gr.

— Predigt u. Reden b. d. Taufe einer jüdischen Familie. 8. Lpz. Crusius (C. F. W. Vogel) 789.

— Unfug der sogen. Aufklärer wider die neuen preuß. Anordnn. in geistl. Sachen. 8. Berl. 792. (Wilke in Warschau). 6 gr.

— kurzer Unterricht im Christenthum für Kinder beyder evangel. Confession in d. Dessauischen Schulen. 8. Leipzig, Crusius (F. C. W. Vogel) 786.

— Untersuchung der Verbindlichkeit d. göttl. Gesetze v. der Todesstrafe d. Mörders etc. 8. Dessau 771. Jacobäer in Lpz. 12 gr.

MARÉES, S. L. E. de, Untersuchung der Verbindlichkeit göttlicher Gesetze von Vermeidung blutschänderischer Ehen. Dessau 1771.
Ehestandsalmanach f. 1797, S. 257, ohne Formatsangabe.

UNTERSUCHUNG und von Vermeidung blutschänderischer Heyrathen (von *Simon Ludw. Eberh. de Marées*). Dessau 1771.
So im Anon.-Lex. IV. p. 269 (nach Holzschuher).

— wer, sagen die Leute, daß des Menschen Sohn sey? Christl. Frage christlich beantwortet. 8. Leipz. 796. 2e Aufl. 805. Gr. Fleischer. 16 gr.

— wer, sagen die Leute, daß des Menschensohn sey? Christi Frage christl. beantwortet. 8. Lpz. G. Fleischer. 805.

— ein paar Worte dem ökonom. Büchergericht zu Jena gewidmet. 8. Dessau 789. (W. Vogel in Leipz.) 6 gr.

Karten von Leukas. Beiträge z. Frage Leukas-Ithaka von Walther v. **Marées**. Karte 1-6 [verschied. Maßst. nebst Text]. Berlin: J. Moser 1907. (6 Kartenbl. verschied. Grösse, 39 S.) 4° [lith.] [kol.] 107. 3881

DAS MAREILE. Bote des Rennsteigvereins.
(Erste Reihe.) Jahrg. 1897—1899. Hildburghausen. Druck und Commissions- (später: Kommissions-) Verlag von F. W. Gadow & Sohn, Herzogl. Hofbuchdruckerei. 8°.
(Zweite Reihe. 25. Februar 1900 bis 1. Januar 1902. Nr. 1—12. ib. — Ohne bes. Titelbl.)
Dritte Reihe: 1902—1903. ib. —
Vierte Reihe: 1904—1905. ib. —
Fünfte Reihe: 1906—1907. ib. —
Sechste Reihe: 1908—1909. ib. —
Siebente Reihe: 1910—1911. ib. —
Achte Reihe: 1. Jahrg. Ruhla 1912. Verlag des Rennsteigvereins. — 2. Jahrg. ib. 1913. —

Mareile, das. Bote des Rennsteigvereins. Hrsg. v. Vorstand. 1. Jahrg. Dezbr. 1898—Novbr. 1899. 12 Nrn. (à ca. 6 S.) 4. Hildburghausen (F. W. Gadow & Sohn.) n. 2. —

Mareile, das. Bote des Rennsteigvereins. Hrsg. v. L. Hertel. Begonnen 1897. 2. Reihe 1900/1901. 12 Nrn. 4. (à ca. 6 S.) Hildburghausen. (F. W. Gadow & Sohn.) n. 2. —

— dasselbe. 3. Reihe. 1902/1903. 12 Nrn. 4. (à ca. 6 S.) Ebd. n. 2. —

Mareile, das. Bote des Rennsteigvereins. Hrsg. v. L. Hertel. Begonnen 1897. 4. Reihe 1904 u. 1905 u. 5. Reihe 1906 u. 1907. à 12 Nrn. (à ca. 16 S.) 8. Hildburghausen (F. W. Gadow & Sohn). à Reihe n. 2. —

Mareile, das. Bote des Rennsteigvereins. Hrsg. v. Frau L. Gerbing. Begonnen 1897. 6. u. 7. Reihe. 1910/11. à 12 Nrn. (6. Reihe IV, 166 S. m. 1 Abb.) 8. Hildburghausen, F. W. Gadow & Sohn. à Reihe 6. —

Mareis' neuer allgemeiner Wohnungs-Anzeiger, nebst Handels- u. Gewerbe-Adreßbuch der Landeshauptstadt Linz u. der Stadt Urfahr, samt Vororten, u. Bezugsquellen-Register f. d. J. 1904/5. (8, 468 S.) Lex.-8. Linz, Zentraldruckerei vorm. E. Mareis. Kart. n.n. 6. —

Mareis' Zonen- u. Gepäcks-Tarif nach sämmtlichen Stationen der k. k. österr. Staatsbahnen. Giltig für die Station Linz a/D. vom 16. Juni 1890. Nach amtl. Quellen bearb. 16. (41 S.) Linz 890. Mareis. n. — 30

Marek: Bemerkungen zu den Eroberungsversuchen der deutschen Könige in Italien. 11 S.–Cilli. Progr. 1863

Marek: Die Lage, eine der wichtigsten Ursachen der Grösse Roms. 8 S.–Cilli, Progr. 1853

Marek, Ada, cand. med. Plotzk-Krakau: Beitrag zur Casuistik des Gallensteinileus. ⟨Aus der chirurgischen Klinik in Zürich. Direktion: Prof. Krönlein.⟩ Zürich 1909. 31 S. 8°. [24. II. 09.]
Zürich. Med. Diss. 1908/09.

Marek, Ada. Beitrag zur Casuistik des Gallensteinileus. Diss. Med. Univ. Zürich. *Kopftitel:* Aus der chirurgischen Klinik in Zürich.... 31 S. 8. Zürich, Gebr. Leemann & Co., 1909.

Marek, Adolphus: De temporis et loci unitatibus a Seneca tragico observatis. Vratislaviae 1909: Favorke. 45 S. 8°
Breslau, Phil. Diss. v. 7. Aug. 1909, Ref. Skutsch
[Geb. 21. Okt. 84 Gleiwitz; Wohnort: Gleiwitz; Staatsangeh.: Preußen; Vorbildung: Gymn. Gleiwitz Reife O. 03; Studium: Breslau 12 S. · Rig. 27. Febr. 09.]
[U 09. 608

(**Marek,** Ferdinand, u. Alfred Oberländer:) Festschrift der Handels- und Gewerbekammer in Brünn anläßlich der Vollendung ihres neuen Amtsgebäudes. [Mit 1 Abb. u. 1 Pl.] Brünn: Selbstverl. 1909. VI,177 S. 4°

Marek, Gustav

Marek, G., üb. den relativen Düngewerth der Phosphate m. besonderer Rücksichtnahme auf Thomasschlacke, Knochenmehl, Peruguano u. Koprolithenmehl. Eine von der Liebig-Stiftung bei der königl. bayer. Akademie der Wissenschaften in München gekrönte Preisschrift. Mit 23 farb. Kurventaf. u. 2 lith. Abbildgn. gr. 8. (VIII, 315 S.) Dresden 889. G. Schönfeld's Verl. n. 12. —

Marek, Gustav: Über den Einfluß der Düngung auf die Beschaffenheit der geernteten Samen bei Phaseolus vulgaris. Halle (1877): Hendel. 27 S. 8°
Halle-Wittenberg, Phil. Diss. [pro impetratis honoribus] v. 12. Apr. 1877
Geb. Kaschau (Ungarn) [13. 7.] 1840. V.
Verf. war am 11. Juli 1874 promoviert worden.

Marek, Gust., die Ergebnisse der Versuche und Untersuchungen über den Zuckerrübenbau mit specieller Berücksicht. der Verhältnisse in Ostpreussen, s. a. Mittheilungen aus dem landwirthschaftlich-physiologischen Laboratorium und landwirthschaftlich-botanischen Garten des landwirthschaftlichen Institutes der Universität Königsberg.

Marek G.: Die Ergebnisse d. Versuche u. Untersuchungen üb. den Zuckerrübenbau m. specieller Berücks. d. Verhältnisse in Ostpreussen. Königsb. in Pr. 1882. 215 S.
(Mittheilungen ... d. landw. Institutes d. Universität Königsberg, herausg. v. G. M. H. 1).

— Mittheilungen aus dem landwirthschaftlich-physiologischen Laboratorium und landwirthschaftlich-botanischen Garten der Universität Königsberg. 2. Hft. gr. 8. (VI, 222 S.) Königsberg 889. Beyer. n. 5. —
(1. u. 2.: n. 9. 50)

(**Marek,** Gustav): • Das Saatgut und dessen Einfluss auf Menge und Güte der Ernte. 155 S., 16 Tabellen. 4° (2°)
Halle-Wittenberg, Phil. Diss. v. 11. Juli 1874
Geb. [Kaschau (Ungarn) 13. 7. 1840]
Ersch. vollst. im Buchhandel Wien: Gerold 1875. VI, 193 S. 8°.

Marek, Gust., das Saatgut u. dessen Einfluss auf Menge u. Güte der Ernte. Mit 74 in den Text gedr. Abbildgn. (in Holzschn.) gr. 8. (VI, 193 S.) Wien 875. Gerold's Sohn. n. 5. 60

Marek, G., welches ist f. den industriellen Grossbetrieb die beste Methode der Conservirung v. Zuckerrüben u. Kartoffeln? [Aus: „Zeitschr. f. Zuckerindustrie u. Landwirthschaft".] (Internationaler land- u. forstwirthschaftl. Congress zu Wien 1890, Hft. 15.) gr. 8. (5 S.) Wien 890. (W. Frick.) n. — 60

Marek, Gustav: Ueber den physiologischen Werth der Reservestoffe in den Samen von Phaseolus vulgaris. Halle 1877: Hendel. 32 S. 8°
Halle-Wittenberg, Phil. Hab.-Schr. v. 23. Juni 1877

MAREK, Johannes: De Bohemorum ad Christi fidem conversione. — (1856) 86 S. 8° (Handschr.) Diss. 173
Diss. Wien, Univ.

Marek, Josef

Marek, J., Beiträge zur pathologischen Histologie der Schweineseuche. S.-A. Jena 97. Fischer.

Marek, Josef — Theodor Körner. Dramatisches Lebensbild in 3 Abtheilungen von — —. 1te 2te Lieferung. Salzburg, 1856. Oberer'sche Buchdruckerei. (S. 1—28. 8.) (Das Ganze erscheint in 3 Lieferungen.)

Marek Jos. Ein Mütterchen. Dorfgeschichte. Aus dem Italienischen Feldzuge. 12. (12 S.) Salzburg, Franz Xav. Duyle, 1853.

Marek, Jos., spezielle Pathologie u. Therapie der Haustiere, s.: Hutyra, Frz.

Marek, Josef: Das helvetisch-gallische Pferd und seine Beziehung zu den praehistorischen und zu den recenten Pferden. Zürich 1898. 61 S. 4°.
Bern. Phil. Diss. 1897/98.

Das helvetisch-gallische Pferd und seine Beziehung zu den prachistorischen und zu den recenten Pferden von Dr. Josef Marek, Adjunkt d. kgl. ung. Thierarznei-Akad. in Budapest. *Zürich 1898: Zürcher & Furrer.* (61 S.) 4°
= Abhandlungen d. Schweizerischen paläontologischen Gesellschaft. Vol. 25, 1. [09. 8661]

Marek, Jos., das helvetisch-gallische Pferd u. seine Beziehungen zu den praehistorischen u. zu den recenten Pferden. gr. 4. (62 S. m. 14 Taf.) Zürich 898. (Berlin, R. Friedländer & Sohn. — Basel, Georg & Co.) n.n. 16. —
Sonderabdr. a.: „Abhandlgn. d. schweiz. paläont. Gesellschaft".

Marek, Karl: Über die lineare Abhängigkeit der kapillaren Spannung von der Wärme. Eine thermodynam. Studie. Brünn: Verl.d. Verf. 1909. 16 S. 8°

Marek Karl: Über einige Eigenschaften sphärischer Kugelschnitte. Mit 1 Tafel. (16). Wien III. R. (Rainer). 91.
Progr.

Marek, Karl: Katalog der Lehrerbibliothek, s. Neumann, Franz

Die Klassifikation der Wissenschaften und ihre Bedeutung. Verf. von Karl Marek. Brünn 1909: Burkart. 10 S. 8° [09. 13177]

Marek, Richard: Waldgrenzstudien in den Österreichischen Alpen. Mit 4 Diagr. auf 1 Taf. u. 1 Kt. Gotha: J. Perthes 1910. VIII, 102 S. 4°
(Dr. A. Petermanns Mitteilungen aus J. Perthes' Geogr. Anstalt. Erg. H. Nr. 168.)

MAREK, Richard: Der Wasserhaushalt im Murgebiete. — 1900. 57 S., III Taf., 1 Kt. Diss. Graz, Univ.

Marek, W., das österreichische Saccharometer u. d. österreichische Bierwürze-Kontroll-Messapparat. Historische Entwicklg. u. Begründg. der Konstruktion derselben nebst Bemerkgn. rücksichtlich ihrer rationellen Benützg. Vom physikalisch-techn. Standpunkte aus unter Benützg. amtl. Quellen bearb. (XVII, 378 S. m. Abbildgn.) Lex. 8. Wien 906. Hof- u. Staatsdruckerei. 10. —

Marell, Bernh., datt Geldvörmähren od.: De bedruogene Buhr, s.: Vereinstheater, neues.

— **Der hl. Ludgerus. Kurzgefaßte Bilder aus dem Leben u. Wirken des ersten Bischofes v. Münster.** Zur 1100jähr. Wiederkehr seines Todestages. 809—1909. Besonders für die heranwachs. Jugend. (64 S. m. 1 Bildnis.) 16. Dülmen 909. A. Laumann. — 15

Marell, Rud., hinter den Kulissen. Theater-Zwangs- u. Strafanstalt u. Reichstheatergesetz. Der Inspizient am Theater. 2 Abhandlgn. zur Erlangg. e. menschenwürd. Daseins. (7 S.) gr. 8. Nürnberg 910. Theater-Inspiz. Marell. — 20

Marell, Rud., soll man sich der Bühne widmen? Aufschlüsse üb. das Theater! 8. (16 S.) Riga 894. J. Martinelli. n.n. — 60

Marelle, Charles, französische Aufsätze u. Briefe, nebst zahlreichen Dispositionen zum Anfertigen derselben m. e. theoret. Anleitg. f. die oberen Klassen höherer Lehranstalten. — Manuel de la composition et de la correspondance française. 2 Thle. gr. 8. (XL, 296 S.) Wiesbaden 876. Gestewitz. 4. 20

Marelle C, Manuel de la composition et de la correspondance française. Wiesbade 1877

Éva, Affenschwanz, Queue-d'chat et cetera. Variantes orales de contes populaires franç. et étrangers, recueillies par Charles **Marelle.** 4. éd., augm. Berlin: A. Asher & Cie [1898]. (97 S.) 8° [07. 4242 II]

Marelle, Charles, Eugénie et Maurice de Guérin. Discours, lu aux conférences publiques de la société pour l'étude des langues modernes à Berlin. gr. 8. (56 S.) Berlin 868, Mitscher und Röstell. *

Marelle, Charles, s. Guide, nouveau, de conversation moderne.

Marelle, Charles, manuel de lecture, de style et de conversation, contenant un choix de modèles intéressants adaptés aux exercices de grammaire, prononciation, modulation, thème et version, histoire comparée de la littérature française etc. à l'usage des écoles et des familles. 2. éd. refondue sur un nouveau plan. 1. et 2. degré A et B. gr. 8. (X, 80; 96 u. 134 S.) Frankfurt a/M. 886. Gestewitz. n. 4. —

— **die französischen Märchen von Perrault illustrirt von G. Doré mit der Bearbeitung M. Hartmann's mit der Grimm'schen Sammlung verglichen.** Vortrag, gehalten in Berlin. [Aus dem Archiv für neuere Sprachen.] Ebend. 868. gr. 8. (16 S.) n, 5 ngr.

— le petit monde, poésies enfantines pour les premières leçons suivies de poésies diverses pour l'adolescence. Nouvelles, renouvelées ou traduites. 2. éd. 8. (VIII, 256 S.) Berlin 874. Herbig. n. 3. 50

Marelle, Ch., le petit monde. Poésies enfantines et amusantes pour les premières leçons. 3. éd. (Schulausg.) gr. 8. (VIII, 96 S.) Berlin 887. Herbig. n. 1. 50

Marelle, Charles, Poésies enfantines. Historiettes, chansonnettes et petites fables pour les premières leçons. 8. (X und 117 S.) Berlin 866, Herbig. cart. *

Maren, Emil: Beiträge zur Lehre von der Augen-Tuberkulose. Berlin (Druck von Rudolf Mosse), 1884. 8. 50 S.

Marenbach, Hermann [app. Arzt aus Mohren]: Aus d. patholog. Institut zu Giessen. Beiträge zur Histologie des Echinococcus multilocularis. . . . Giessen, C. v. Münchow, Univ.-Druckerei, 1889. 26 S. 8°
Giessen, Med. Fak., Inaug.-Diss. v. 1889

Marenbach, O(tto), aus Hamm a. d. Sieg: **Aus d. Klinik f.** Syphilis u. Hautkrankheiten d. Hrn Geh.-Rat Prof. Dr. Doutrelepont in Bonn. Die **Behandlung** der Scabies mit Eudermol. *Bonn 1901: C. Georgi.* (22 S.) 8°
Bonn, Med. Diss. v. 17. Dez. 1901

Marenco, Carlo

Marenco, Karl — aus Ceva. Pia. Trauerspiel von — —. Wien, 1856. Gedr. bei Anton Pichlers Witwe und Sohn. (35 S. 8.)

Marenco, L., Perchè al cavallo gli si guarda in bocca? s. Biblioteca moderna italiana.

Marenco, Romualdo

Marenco, R., Amor, s.: Stolze, Adf., Flick u. Flock.

Marenco, Romualdo. Excelsior, s. Stolze, Adf.

Marenholtz, Moritz Frhr. von, appr. Arzt a. Berlin, Oberarzt im Königin Augusta Garde-Gren.-Reg. Nr. 4, komm. z. I. Inneren Station d. Garnisonlazaretts II, Berlin: Ueber die conjunctivale Tuberkulinreaktion. ⟨Ein Beitrag aus dem Garnisonlazarett II, Berlin.⟩ Leipzig 1908: B. Georgi. (34 S.) 8°
Leipzig, Med. Fak., Ref. Hoffmann, Diss. v. 7. Mai 1908
[Geb. 29. Nov. 79 Hannover; Wohnort: Tempelhof b. Berlin; Staatsangeh.: Preußen; Vorbildung: Gymn. Goslar Reife O. 00; Studium: Kaiser-Wilhelms-Akad. Berlin 10 S.; Coll. 9. Mai 08; Approb. 21. März 06.]

Marenholtz-Bülow, Bertha v., die Arbeit und die neue Erziehung nach Fröbels Methode. 8. (XVIII und 581 S.) Berlin 866, Th. C. F. Enslin. *

Marenholtz-Bülow, Bertha v., die Arbeit u. die neue Erziehung nach Fröbel's Methode. 2. Aufl. gr. 8. (IV, 329 S.) Kassel 875. Wigand. n. 4. 50

Marenholtz-Bülow, Bertha v., gesammelte Beiträge zum Verständniß der Fröbel'schen Erziehungsidee. 1. Bd. Erinnerungen an Friedr. Fröbel. gr. 8. (218 S.) Kassel 876. Wigand. n. 2.

Marenholtz-Bülow, B. v., gesammelte Beiträge zum Verständniß der Fröbel'schen Erziehungsidee. 2. Bd. gr. 8. (V, 202 S.) Kassel 877. Wigand. (à) n. 2. —

— die Erscheinungen der Zeit u. die Aufgaben der Erziehung. Mahnruf zur Bethätigung an der Lösung der erziehlichen Aufgaben der Gegenwart. [Aus: „Erziehung der Gegenwart".] 8. (40 S.) Dresden 879. Burdach in Comm. n. — 50

—— s. Goldammer, H., der Kindergarten.

Marenholtz-Bülow, B. v., theoretisches und praktisches Handbuch der Fröbelschen Erziehungslehre. 1. Tl. und 2. Tl. in 2 Lfgn. Lex.-8. Kassel 886, Wigand. *M 14.—.; geb. *

Inhalt:

Tl. 1. Die Theorie der Fröbelschen Erziehungslehre. (VII, 164 S.) *M 4.—.

" 2. 1. Lfg.: Die Praxis der Fröbelschen Erziehungslehre. (S. 1—80 mit 50 lithogr. Taf.) *M 4.—.

" 2. —— dass. — 2. Lfg. (IV, S. 81—187 mit 65 lithogr. Taf. und 1 Plan.) *M 6.—.

— Theoret.-prakt. Handbuch der Fröbel'schen Erziehungslehre. 2 Tle Basel 1886. 87

—— das Kind und sein Wesen. Beiträge zum Verständniß der Fröbelschen Erziehungslehre. 1. und 2. Heft. gr. 8. (III, 119; V, 104 S.) Berlin 868, Habel. [Cassel, Wigand.] à Heft *

— das Kind u. sein Wesen. Beiträge zum Verständniß der Fröbel'schen Erziehungslehre. 2., unveränd. Aufl. gr. 8. (VII, 220 S.) Kassel 878. Wigand. n. 3. —

—— der Kindergarten, des Kindes erste Werkstätte. [Uebersetzung der in französ. Sprache 1855 in Paris hrsg. 1. Aufl.] 2. unveränd. Aufl. 8. (IV, 68 S. mit 3 lithogr. Taf.) Dresden 878. [Kämmerer.] Bleyl und Kämmerer.

— die kindlichen Triebe u. die Bedeutung des kindlichen Spiels. Beitrag zum Verständniß der Fröbel'schen Erziehungsweise im Kindergarten. [Aus: „Gesammelte Beiträge zum Verständniß der Fröbel'schen Erziehungsidee, Bd. II."] gr. 8. (49 S.) Kassel 878. Wigand. n. 1. —

Marenzeller, Adolph (Hrsg.):

s.: Jahresbericht über die Fortschritte und Leistungen der Homöopathie im In- und Auslande.

Marenzeller, Edm. Edler v., Normalien f. die Gymnasien u. Realschulen in Österreich. Im Auftrage u. m. Benutzg. der amtl. Quellen d. k. k. Ministeriums f. Cultus u. Unterricht redigiert. 1. u. 2. Thl. Lex.-8. Wien, (Manz). à n. 8. —

1. Gymnasien. 2 Bde. (LXXXVI, 831 S.) 884.
2. Realschulen. (XXXVI, 835 S.) 889.

Marenzeller, Edm. v., Normalien für die Gymnasien und Realschulen in Österreich. I. Auftr. u. m. Benutz. amtl. Quellen d. k. k. Minist. f. Cultus u. Unterricht red. Tl 1. 2. Wien 1884. 1889. 8°.

1: Gymnasien. Bd 1. 2. 1884.
1: Organisations-Entwurf u. Normalien didakt. pädagog. Inhalts.
2: Normalien administrat. Inhalts u. Nachschlage-Reg.
2. Realschulen. 1889.

Marenzeller, Emil v., südjapanische Anneliden. I. [Amphinomea, Aphrotidea, Lycoridea, Phyllodocea, Hesionea, Syllidea, Eunicea, Gycerea, Sternaspidea, Chaetopterea, Cirratulea, Amphictenea.] Mit 6 (lith.) Taf. [Aus: „Denkschr. d. k. Akad. d. Wiss."] Imp.-4. (46 S.) Wien 879. Gerold's Sohn. n. 4. 60

Marenzeller, Emil v., südjapanische Anneliden. II. Ampharetea, Terebellacea, Sabellacea, Serpulacea. Imp.-4. (28 S. mit 4 lithogr. Taf.) Wien 884, (Gerold's Sohn.) *

I. Ebendas. 1879. *M 4,60.

Aus: Denkschriften der k. Akademie der Wissenschaften, besonders abgedruckt.

Marenzeller, Emil v., südjapanische Anneliden. III. Aphroditea, Eunicea. (20 S. m. 8 Taf. u. 3 Bl. Erklärgn.) gr. 4. Wien 902. (A. Hölder.) n. 3. 20

Sonderabdruck aus: „Denkschr. d. k. Akad. d. Wiss."

— Südjapanische Anneliden. 3. Teil: *Aphroditea, Eunicea* (mit 3 Taf.). Mit einem Anhang: Über das Vorkommen arktischer Tiere in den Tiefen (300—1600 m) des nordwestlichen Japanischen Meeres. D 72. 361 . . . . 3.20

Separatabdruck

Marenzeller, Dr. Emil von, Annulaten des Beringsmeeres. Mit einer Tafel. (Aus den Annalen des k. k. naturhistorischen Hofmuseums.) Gr.-8. (8 S.) In Comm. —.80

Wien: Hölder 1890.

Marenzeller, Dr. Emil v., Ueber die adriatischen Arten der Schmidt'schen Gattungen Stelletta und Ancorina. Mit 2 Tafeln. (Aus den Annalen des k. k. naturhistorischen Hofmuseums.) (Sep.-Abdr. aus Bd. IV.) Lex.-8. (20 S.) In Comm. 1.30

Wien: Hölder 1889.

— die Coelenteraten, Echinodermen u. Würmer der k. k. österreichisch-ungarischen Nordpol-Expedition. Mit 4 (lith.) Taf. [Aus: „Denkschr. der k. Akad. d. Wiss."] Imp.-4. (42 S.) Ebend. 877. n. 3. 60

Marenzeller, Emil v., üb. e. neue Echinaster-Art v. d. Salomons-Inseln. [Aus: „Denkschr. d. k. Akad. d. Wiss."] Imp.-4. (4 S. m. 1 Taf.) Wien 895. (C. Gerold's Sohn.) n. — 70

Marenzeller, Dr. Emil v., Veröffentlichungen der Commission für Erforschung des östlichen Mittelmeeres. (Vorläufige Mittheilung.) Neue Echinodermen aus dem Mittelmeere. Gr-8. (5 S.) —.10

Wien: Tempsky 1893.

Marenzeller, Emil v., neue Echinodermen aus dem Mittelmeere, s.a. Veröffentlichungen der Commission f. Erforschung des östlichen Mittelmeeres.

Marenzeller, Emil v., einiges üb. die Verdauung, s.: Vorträge des Vereines zur Verbreitung naturwissenschaftl. Kenntnisse in Wien. 48. Jahrg. 9. Heft.

— Zoologische Ergebnisse: 1. Echinodermen. Gesammelt bei den Tiefsee-Untersuchungen im östlichen Mittelmeer in den Jahren 1890. 1891 und 1892 (mit 4 Taf.).
— — 2. Polychäten des Grundes. Gesammelt 1890. 1891 und 1892 (mit 4 Taf.).
— — 5. Echinodermen, gesammelt 1893 und 1894 (mit 1 Taf.).
Siehe I. Abt. Berichte der Kommission für Erforschung des östlichen Mittelmeeres, 1., 2. und 4. Reihe.
— — 13. Polychäten des Grundes, gesammelt 1893. 1894.

Separatabdruck

— über Färbung u. Zeichnung der Thiere, s.a. Vorträge d. Vereines zur Verbreitung naturwissenschaftlicher Kenntnisse in Wien.

Marenzeller, Dr. Emil von, Ueber Färbung und Zeichnung der Thiere. Vortrag, gehalten den 4. December 1889. 8. (29 S.) In Comm. —.30

Wien: Hölzel 1890.

Marenzeller, Emil v., Holothurien, s.: Pfeffer, Geo., Echinodermen v. Ternate.

Marenzeller, Emil v., zur Kenntniss der adriatischen Anneliden. Lex.-8. (76 S. mit 7 lithogr. Taf.) Wien 874, (Gerold's Sohn.) *

—— dass. — 2. Beitrag. [Polynoinen, Hesioneen, Syllideen.] Lex.-8. (43 S. mit 4 lithogr. Taf.) (Ebendas.) 874. *
Vorstehende zwei Schriften sind aus: Sitzungsberichte der k. Akademie der Wissenschaften, besonders abgedruckt.

Marenzeller, Emil v., zur Kenntniss der adriatischen Anneliden. Dritter Beitrag. [Terebellen, Amphitritea Mgrn.] Lex.-8. (64 S. mit 2 lithogr. Taf.) Wien 884, (Gerold's Sohn.) *
Aus: Sitzungsberichte der k. Akademie der Wissenschaften, besonders abgedruckt.

— Über den Septennachwuchs der Eupsamminen E. H. (mit 7 Textfiguren). (Expeditionen S. M. Schiff „Pola" in das Rote Meer. Nördliche und südliche Hälfte 1895/96 bis 1897/98.)
Separatabdruck

Steinkorallen. Bearb. von Dr. Emil v. Marenzeller. Mit 5 Taf. (*Jena: G. Fischer 1904.*) (S. 263–318.) 4°
= Ergebnisse, Wissenschaftl., d. deutschen Tiefsee-Expedition auf d. Dampfer Valdivia. 1898–99. Bd 7, Lfg 3.

Stein- und Hydro-Korallen. Von Emil v. Marenzeller. With 3 pl. Cambridge, Mass.: Museum 1904. (S. 75–87.) 8°
= Reports on the dredging operations off the west coast of Central America ... 33.
= Bulletin of the Museum of Comparat. Zoology at Harvard Coll. Vol. 43, No 2. [04. 1973]

Ostafrikanische Steinkorallen. Gesammelt von Dr. Stuhlmann 1888 und 1889. Bearb. von Dr. Emil v. Marenzeller. Mit 1 Taf. *Hamburg; (Berlin: D. Reimer) 1901.* (18 S.) 4°(8°)
Aus: Mitth. aus d. Naturhist. Mus. 18.
= Ergebnisse, Zoolog., einer ... in d. Küstengebiete von Ost-Afrika unternomm. Reise. Bd 2, No 21. [01. 14791]

— ostafrikanische Steinkorallen. Gesammelt v. Dr. Stuhlmann 1888 u. 1889. Lex.-8. (S. 117—134 m. 1 Taf.) Hamburg 901. (L. Gräfe & Sillem.) n. 1.—
Sonderabdruck aus: „Mitteilgn. a. d. naturhistor. Museum".

— auf der Suche nach Tiefseethieren, s.: Vorträge d. Vereines zur Verbreitung naturwissenschaftlicher Kenntnisse in Wien.

— Tiefseekorallen des Roten Meeres (mit 2 Taf.).
Separatabdruck

— Thiere im Blute des Menschen u. ihre Wirkungen, s.: Vorträge des Vereines zur Verbreitung naturwissenschaftl. Kenntnisse in Wien. 40. Jahrg. 4. Hft.

Marenzeller, Emil v., über einige japanische Turbinoliiden. Lex.-8. (8 S.) Wien 888, Hölder. *
Aus: Annalen des k. k. naturhistorischen Hofmuseums, besonders abgedruckt.

Marenzi, Franz Graf

— Das Alter der Erde. Ein geologisches Fragment im Geiste der Einsturztheorie. 2. Manuscript-Abdruck. 8. Triest 1865.

(Marenzi v. Marenzfeld und Schönegg, Franz Freiherr, k. k. FML.) Worte im Fluge: über Armee-Verpflegung. (Nach dem Manuscripte des Jahres 1860.) 8. Wien 1861.

(Marenzi, Franz Baron, k. k. General-Major.) Der Aufstand in Bergamo und Brescia im März 1848. Ein Beitrag zur Kriegsgeschichte, von F. B. M. 8. Wien 1850.

Marenzi, Frz. Graf, krit. Beiträge zum Studium d. Feldzuges d. J. 1812 in Russland. gr. 8. (23 S.) Wien 895. L. W. Seidel & Sohn. n. —80

Marenzi, Graf Frz., das Erdbeben von Peru vom 13. Aug. 1868 und seine Veranlassung. Erklärt im Geiste der Einsturztheorie. Nach dem Mscr. d. J. 1868. 2. verm. Aufl. gr. 8. (17 S.) Triest 869, Schimpff. *

Das Exerzier-Reglement für die deutsche Infanterie vom Jahre 1906 von Franz Graf Marenzi, K. u. K. Gen.Major. Mit 7 Textfig. Wien & Leipzig: W. Braumüller 1907. (59 S.) 8° [07. 10307]

— Taktisch-kriegsgeschichtliche Fragmente. (55 S. m. 3 Fig. u. 2 Taf.) gr. 8. Wien 909. L. W. Seidel & Sohn. 1.80

Marenzi, Frz. v., zwölf Fragmente über Geologie, oder Beleuchtung dieser Wissenschaft nach den Grundsätzen der Astronomie und der Physik. Mit 4 (lith.) Fig.-Taf. (in Fol.) 863. (VIII, 76 S.) — Triest 864. (Direction des österr. Lloyd.) gr. 8. (XI, 96 S.) n. 1 ℛ︎

Marenzi, Graf Frz. v., 12 Fragmente über Geologie oder Beleuchtung dieser Wissenschaft nach den Grundsätzen der Astronomie und der Physik. 1. Aufl. Laibach 1863. und 2. und 3. Aufl., verm. durch den Karst und das Alter der Erde. gr. 8. (XV und 144 S. mit 5 lithogr. Fig.-Taf. in qu. Fol.) Triest 864,65. (Wien, Mechitharisten-Congregations-Buchh.) *

—— dass. — 4. Aufl., verm. durch die Fragmente: Der Karst, die Schweiz und das Alter der Erde. gr. 8. (XV und 187 S. mit 5 lithogr. Figurentaf., wovon 1 in Buntdr.) Triest 868, Schimpff. *

———— Fragmente über Geologie oder die Einsturzhypothese. 5. Aufl., Theil 1. Triest 1872. 8.

Marenzi, Markgraf Franz. Geologische Fragmente über die Einsturzhypothese, erweitert im Geiste neuester Forschungen. 6. Auflage. (Mit 3 Taf.) 8. Triest 1882.

Marenzi, Frz., die organische Schöpfung beleuchtet im Geiste neuester wissenschaftl. Forschgn. [Aus „Zwölf Fragmente üb. Geologie."] 2. Aufl. gr. 8. (21 S.) Triest 870. (Wien, Mayer & Co.) n. — 50

Marenzi, Markgraf Frz., die organische Schöpfung beleuchtet im Geiste neuester wissenschaftlicher Forschungen 4. Sep.-Abdr. gr. 8. (44 S.) Triest 877, (Schimpff.) *
Aus: Zwölf Fragmente über Geologie, besonders abgedruckt.
Der 3. Sep.-Abdr. war nicht im Handel.

Marenzi, Franz Graf, etc. Die Schweiz. Ein geologisches Fragment im Geiste der Einsturztheorie geschrieben. 8. Triest 1866.

Marenzi, Franz Karl Graf, Jubel-Hymne zum fünfzigjährigen Regierungs-Jubiläum Seiner Majestät des Kaisers Franz Josef des I. 4. (4 S.) * —.10
Wien: Seidel 1898.

Luca Marenzio. 'Scaldava il sol'. 'Der gold'ne Strahl d. Mittagssonne glühte'. Fünfstimmiges Madrigal aus 'Il Terzo libro di Madrigali a 5 voci'. (Venetia 1582.) Deutsch von John Bernhoff. Hrsg. von W[illiam] Barclay Squire. (Leipzig: Breitkopf & Härtel [1903].) (9 S.) 4° [Kopft.]
= Madrigale, Ausgewählte, u. mehrstimmige Gesänge berühmter Meister d. 16. u. 17. Jhs. N. F. 24. [07. 13722]

Luca Marenzio. 'Scendi dal Paradiso'. (Liebesbund.) (Venus vom Himmel stiegst du nieder.) Fünfstimmiges Madrigal aus: 'Il Quarto Libro de Madrigali a 5 Voci' (1584). Deutscher Text von Th[eobald] Rehbaum. Hrsg. von W[illiam] Barclay Squire. (Leipzig: Breitkopf & Härtel [1901].) (11 S.) 4° [Kopft.]
= Madrigale, Ausgewählte, u. mehrstimmige Gesänge berühmter Meister d. 16. u. 17. Jhs. N. F. 16. [07. 13713]

Mares. Maris, Amri et Slibae de patriarchis Nestorianorum commentaria. Ex codicibus vaticanis ed. ac latine reddidit Henr. Gismondi, S. J. Pars I. Maris textus arabicus et versio latina. 2 voll. gr. 8. (VII, II, 179 u. IV, 135 S.) Rom (Via del Seminario 120) 899. (Deposito libri della pontificia Università Gregoriana.) n.n. 20. — (I u. II n.n. 36. —)

Maris, Amri et Slibae de patriarchis Nestorianorum commentaria. Ex codicibus vaticanis ed. ac latine reddidit Henr. Gismondi, S. J. Pars II. Amri et Slibae textus et versio latina. 2. voll. gr. 8. (VIII, 161 u. 83 S.) Rom (Via del Seminario 120) 896. 97. (Deposito libri della pontificia Università Gregoriana.) n.n. 16. —

Mareš, F., Beobachtungen über die Ausscheidung des indigschwefelsauren Natrons. Lex.-8. (14 S. mit 2 lithogr. Taf.) Wien 885, (Tempsky.) *
Aus: Sitzungsberichte der k. Akademie der Wissenschaften, besonders abgedruckt.

— e. neues Federmyographion. [Aus: „Sitzungsber. d. k. böhm. Gesellsch. d. Wiss."] gr. 8. (3 S. m. 1 Holzschn.) Ebd. 891. n.n. — 10

— über elektrische Nervenerregung. [Aus: „Sitzungsber. d. k. böhm. Gesellsch. d. Wiss."] gr. 8. (S. 269—291 m. 4 Holzschn.) Ebd. 891. n. — 60

— zur Theorie der Harnsäurebildung im Säugethierorganismus. [Aus: „Sitzungsber. d. k. Akad. d. Wiss."] Lex.-8. (10 S.) Wien 892. (F. Tempsky.) n. — 30

Mareš, Franz

Mareš, F., Beiträge zur Geschichte der Beziehungen d. Fürsten Johann Ulrich v. Eggenberg zu K. Ferdinand II. u. zu Waldstein. [Aus: „Sitzungsber. d. k. böhm. Ges. d. Wiss."] gr. 8. (S. 25—46.) Prag 892. (F. Řivnáč.) n. — 40

Maresch, Franz. Das Jahr 1683. (Wien 1884.)

Topographie der historischen und Kunst-Denkmale. Politischer Bezirk Wittingau. Verf. von Franz Mareš u. Johann Sedláček. (Mit 151 Textabb. u. 5 Taf.) *Prag: Archaeol. Comm. bei d. Böhm. Kaiser-Franz-Josef-Akad. f. Wiss. 1904.* (125 S.) 4°(8°)
= Topographie d. historischen u. Kunst-Denkmale im Kgr. Böhmen. 10. [04. 4616

Maresch: Einleitung und Emendationsversuch zu Platons Euthyphron (p. 7. A.) 8 S.–Pressburg kth., Progr. 1859, 1860

Maresch, Antoine, étude comparative de l'emploi du subjonctif en français et en allemand. 8. (IV, 25 S.) Neuhaus i/Böhm. 880. Holtsche. n. — 75

Maresch, Antoine, étude comparative de l'emploi du subjonctif en français et en allemand. (Neue [Titel-] Ausg.) (25 S.) 8. Bamberg (909). Handels-Druckerei u. Verlagsh. — 60

Maresch, Heinr., die Correspondenz des Landwirtes, s.: Domes, Wendelin.

Maresch, Heinr., das Molkereiwesen in Dänemark u. Schleswig-Holstein, s. Publicationen d. österreichischen Centralvereins f. Milchwirthschaft. I.

Maresch, Heinrich. Das Molkereiwesen in Dänemark und Schleswig-Holstein. Gr.-8. (48 S.) Wien: Frick 1892. - .60

Maresch, Heinrich: Rechenbuch ..., s. Domes, Wendelin.

— d. Schulgarten als landwirtschaftl. Lehrmittel an d. Volksschule. gr. 8. (VII, 181 S. m. 73 Abb. u. 3 Plänen.) Wien 894. A. Pichler's Wwe. & Sohn. n. 3. —

— dasselbe, s.: Sammlung gemeinnütziger Vorträge.

Maresch, H. Die Zucht u. Pflege d. Schweines, s. Sammlung gemeinnütziger Vorträge.

Maresch J.: Uber Vulkane. 31. Prossnitz R. 77.
Progr.

Maresch, Joh. — Volkmann zu Immenheim. Ein katholisches Haus- und Lesebuch von den Bienen, voll Belehrung, Erbauung und Kurzweil. Für Bienenzüchter und Nicht-Bienenzüchter, Bienenfreunde und Bienenfeinde, insbesondere für geistliche und weltliche Lehrer, für Eltern und die verständige Jugend. Vom Verf. des Buches: „Klaus, der Bienenvater aus Böhmen." Mit Gutheißung des Leitmeritzer bischöfl. Ordinariates. Herausgegeben von — —. Prag, 1857. Druck und Papier von Karl Bellmann. In Kommission der Friedrich Ehrlich'schen Buch- und Kunsthandlung. (314 S. 8.)

Maresch, Johann. Staatswirthschaftliche Schulfragen. Abdruck aus der Prager Zeitung. Jahrgang 1857. Druck von *Karl Bellman* in *Prag.* 24 S. 8°.

Maresch, Joh. Nep., von den Messen für die Verstorbenen. [Missae pro defunctis sive de requiem.] Eine liturg. Abhandlung. [Abgedr. aus d. Linzer theolog.-prakt. Quartalschrift.] gr. 8. (IV u. 72 S.) Linz 850, Ebenhöch. n. 9 ngr

Maresch Josef: Beiträge zur Kenntnis der Sporenpflanzen des niederen Gesenkes mit besonderer Angabe der Standorte der Umgebung von Sternberg. 26. Sternberg R. 00.
Progr.

— und Bayer Franz: Verzeichnis der in der Umgebung von Sternberg vorkommenden phanerogamen Pflanzen. 13. 74. Sternberg R. 97. 98.
Progr.

Maresch, Cornel, Kraftmaschinen zum Betriebe dynamo-elektr. Stromerzeuger. Lehr- u. Nachschlagebuch f. Elektrotechniker, Elektromonteure, Industrielle u. s. w. M. 261 Abb. gr. 8. (VII, 236 S.) Leipzig 898. O. Leiner. n. 4. 25; geb. in Leinw. n. 5. 25

Maresch, Otto, Die gezogenen und glatten Feldgeschütze. Vergleichende Untersuchung ihrer Wirksamkeit und taktischen Bedeutung. Für Offiziere aller Waffen bearbeitet. gr. 8. (235 S.) Wien, Seidel & Sohn in Comm. 1870. 1 fl. 50 kr.

— Gebrauch der Artillerie im Feld- u. Gebirgs-Kriege, s.: Handbuch f. die k. k. Artillerie.

Maresch, Otto, Hauptm. Geschichte des Feld-Artillerie-Regiments Nr. 2 Kronprinz Erzherzog Rudolf, bearbeitet als Lesebuch für die Mannschaft des Regiments nach Angabe des Obersten Michael Trapsia. Mit 3 Beilagen (im Texte), 5 Uebersichtskarten (und 1 Portrait). Als Manuscript gedruckt. kl. 8. Wien 1881.

Maresch, O. Geschichte des Feld-Art.-Reg. Nr. 2 Kronprinz Erzherzog Rudolf. Mit Titbld., Beil. u. Krt. Wien 1881. 151 S.

— Grundzüge f. die Kriegsorganisazion der Feldartillerie. Nach den Anfordergn. der heut. Taktik u. den Erfahrgn. der letzten Feldzüge. gr. 8. (V, 126 S.) Wien 871. Seidel & Sohn. n. 3. —

Maresch, Otto, die Infanterie in ihrem jetzigen technischen und taktischen Entwickelungs-Stadium, die Hauptrichtungen ihrer nächsten Fortbildung. Eine Studie. gr. 8. (IV, 84 S.) Wien 886, (Seidel und Sohn.) *

Maresch, Otto, aphoristische Manöver-Studien. gr. 8. (38 S.) Wien 884, (Seidel und Sohn.) *

— die wichtigsten Systeme der modernen Handfeuerwaffen. Nebst einer Skizze des histor. Entwickelungsganges der Handfeuerwaffen und „Einfluss der Handfeuerwaffen auf die Taktik". gr. 8. (210 S. mit 11 lithogr. Taf. in qu. 4.) Wien 878, Seidel und Sohn. *
Aus: Waffenlehre für Offiziere aller Waffen, besonders abgedruckt.

—— **Waffenlehre** für Offiziere aller Waffen. 7 Abschnitte. gr. 8. Ebendas. *

Inhalt:

Abschn. 1. Schiess- und Sprengpräparate. Zünd-, Signal-, Brand-, Beleuchtungs- und Sturmmittel. (157 S. mit 2 lithogr. Taf. in qu. Fol.) 872. *ℳ 3,60.

» 2. Geschosse und Geschosszünder. (96 S. mit 3 lithogr. Taf. in gr. Fol.) 873. *ℳ 3.

» 3. 1. Lfg. Rohre und Gestelle der Feuerwaffen. I. Rohre. (136 S. mit 3 lithogr. Taf. in qu. gr. Fol.) 873. *ℳ 4. — 2. Lfg. II. Gestelle. (118 S. mit 3 lithogr. Taf. in qu. 4.) 874. *ℳ 3,60.

» 4. Handfeuerwaffen. (210 S. mit 11 lithogr. Taf. in qu. 4.) 874. *ℳ 6,60.

» 5. Geschütz-Systeme. (221 S. mit 8 lithogr. Taf. in qu. 4.) 874. *ℳ 6,40.

» 6. Wirkung und Gebrauch der Feuerwaffen. (418 S. mit 4 lithogr. Taf. in qu. Fol.) 875. *ℳ 10.

» 7. Blanke und Schutswaffen. (XCIII, 37 S. mit 1 lithogr. Ergänzungstaf. in qu. Fol.) 875. *ℳ 4.

—— Waffenlehre für Officiere aller Waffen. 2. Aufl. gr. 8. (XXXVI, 808 S. mit 18 lithogr. Taf.) Ebendas. 880. *

Maresch's, Otto, Waffenlehre f. Officiere aller Waffen. Unter sachgemässer, eingehendster Berücksicht. aller Fortschritte der Gegenwart vollständig umgearb. v. Hans Maudry. 3. Aufl. I.—VI. Hft. gr. 8. Wien, (L. W. Seidel & Sohn). n. 26. 20

I. 1. Abschn.: Schiess- u. Sprengpräparate Zündmittel. Besondere Kriegsfeuer. 2. Abschn.: Geschosse u. Zünder. (VIII, 227 S. m. 2 lith. Taf.) 892. n. 4. —

II. 3. Abschn.: Rohre der Feuerwaffen. 4. Abschn.: Gestelle der Feuerwaffen. (IV, 203 S. m. 3 lith. Taf.) 892. n. 4. —

III. 5. Abschn.: Handfeuerwaffen. 6. Abschn.: Blanke Waffen u. Schutzwaffen. (V, 209 S. m. 5 Taf.) 892. n. 5. —

IV. 7. Abschn.: Geschütze. Mitrailleusen u. schnellfeuernde Kanonen. (V, 192 S. m. 3 Taf.) 893. n. 4. 60

V. 8. Abschn.: Ballistik. (IV, 144 S. m. 1 Tab. u. 1. lith. Taf.) 893. n. 4. 60

VI. 9. Abschn.: Gebrauch der Feuerwaffen. (IV, 125 S. m. 1 Taf.) 894. n. 4. —

Maresch, O.: Wirkung und Gebrauch der k. k. oesterreichischen Feld- und Gebirgsgeschütze, s. Bylandt, A.

Maresch, Paul, Referendar aus Gollnow i. P.: Das **Erbrecht des Fiskus.** *Greifswald 1900: H. Adler.* (VI, 42 S.) 8°
Greifswald, Jur. Diss. v. 1900

Maresch, Peter Die Liviuslectüre in der Quinta. 8 (S. 3—30).
Progr. K. k. Staats-R.- u. Oberg. *Ungarisch-Hradisch* 1892.

Maresch, Peter Eine Stunde Neposlectüre in der Tertia nach dem in den „Instructionen für den Unterricht an den Gymnasien in Österreich" empfohlenen Vorgange und nach den von Herbart und seiner Schule aufgestellten pädagogisch-didaktischen Grundsätzen. (Umschlagtitel: ... Tertia.) 8 (S. 3—28).
Progr. R.- u. Ober-G. *Ungarisch-Hradisch* 1889.

Maresch, Peter: Vergleich der Ethik des Aristoteles mit der des Plato. 44. Freudenthal. 1886. Progr.

Über Salpingitis nodosa von Dr. Rudolf **Maresch**, Wien. Mit 17 Abb. u. 2 Taf. Berlin: S. Karger 1908. (72 S.) 4° (8°) 108. 12630

Maresch, Rud., Sammlung v. Gutachten u. Entscheidungen üb. den Umfang der Gewerberechte, s.: Frey, Frdr.

Maresch, Dr. Rudolf, Ueber gesetzlichen Schutz gegen unredliche Concurrenz. Vortrag, gehalten über Einladung der Privatbeamten-Localgruppe des I. allgemeinen Beamten-Vereines der österr. ungar. Monarchie. 8. (26 S.) —.25
Wien: Pichler 1890.

Maresius, F. A., de anthropopathia stili sacri. Fest. ad V. 1711. 4.

Marest, des, Vergnügen des Gemüthes, oder Gedanken von Gott, d. Welt u. d. Religion. 8. Jena. 727.

Maret, ..., Abhandl. v. d. Mitteln wid. d. Wuth d. Pocken; aus d. Französ. 8. Jena 790. (Schmid.) 12 gr.

— Chemie 2c. s. Guyton de Morveau.

Maret, Weg zu den Ergötzlichkeiten d. Geistes. 8. Augsburg, Wolf. 758.

Maret, Baptist, Gerichtsref. aus Trier: **Die Acquisitiv-Verjährung von Grunddienstbarkeiten nach gemeinem Recht und dem Rechte des Bürgerlichen Gesetzbuches.** *Trier 1899: Paulinus-Druckerei.* (44 S.) 8°
Erlangen, Jur. Diss. v. 24. Nov. 1898

Maret, Emil, Medizinalprakt. a. Coblenz: **Aus der kgl. Univ.-Kinder-Klinik u. dem patholog. Institut in München. Zur Casuistik des interstitiellen Lungen- und Mediastinalemphysems.** Mit 2 Tafeln. München 1905: Kastner & Callwey. (24 S.) 8°
München, Med. Fak., Ref. v. Bollinger, Diss. v. 14. Juli 1906
[Geb. 21. Okt. 81 Coblenz; Wohnort: Coblenz; Staatsangeh.: Preußen; Vorbildung: Kaiserin Augusta-Gymn. Coblenz Reife O. 00; Studium: Freiburg i. B. 1, Kiel 1, Bonn 2, München 5 S.; Coll. 14. Juli 06; Approb. 11. Mai 05.]

Maret, F. [Referendar]: Die rechtliche Stellung des Vorstandes einer Erwerbs- oder Wirtschaftsgenossenschaft. ... Göttingen, Druck d. Dieterich'schen Univ.-Buchdr., 1891; 78 S. 8°
Göttingen, Jur. Fak., Inaug.-Diss. v. [15. Mai] 1891

Maret, F., die rechtliche Stellung d. Vorstandes e. Erwerbs- od. Wirtschaftsgenossenschaft. Diss. gr. 8. (78 S.) Göttingen 891. (Vandenhoeck & Ruprecht.) n. 1. 80

Maret, Heinrich [app. Arzt aus Lessy b. Metz]: Ueber die Impetigo herpetiformis Hebra's .... Metz, Buchdr. v. Gebr. Even, 1887; 48 S. u. 1 Taf. 8°
Strassburg, Med. Fak., Inaug.-Diss. v. 1887

Maret, Heinrich, über die Impetigo herpetiformis Hebra's. Diss. Strassburg i. Els. 1887, Trübners Buchh. u. Antiqu. (E. d'Oleire). 8°. 48 S. mit einer Taf.

Maret, Henri Louis Charles

Maret, H. L. C., Das allgemeine Konzilium u. der religiöse Frieden. Aus dem Französ. Autorisierte Ausgabe. Regensburg, Manz (jetzt Verlagsanst.), 1869, gr. 8°, 2 Bde, XXIV, 406 u. 436 S., 9 Mk.

Maret, Bischof H. L. C., das allgemeine Concilium und der religiöse Frieden. Aus dem Französ. Autorisirte Ausg. 2 Bde. gr. 8. (XXIV, 406; 436 S.) Regensburg 870, Manz.

Maret, H., Der Pantheismus in den modernen Gesellschaften. Ein Versuch. Mit einer Vorrede und einigen Bemerkungen deutsch gegeben von Jos. Widmer. Schaffhausen, Hurter (jetzt Regensburg, Verlagsanst.), 1842, gr. 8°, XXVI, 412 S., 5,25 Mk.

Maret, H. L. C., Christliche Theodicee, oder Vergleichung des christlichen u. rationalistischen Begriffes von Gott. Aus dem Französischen mit einem Vorworte von Joh. Nep. Oischinger. Mainz, Kupferberg, 1845, gr. 8°, 4 Mk.

MARET, Joseph (Trier): Casuistischer Beitrag zur Lehre vom Duodenalgeschwür.- München: Bickel 1895. 32 S.
25.7.1895 - Chr 1895/96,8; Jv 1895/96,226
Diss. Ingolst.-Landsh.-Mchn.

Mareta, Hugo, über Judas der Erzschelm von Abraham a Sancta Clara. Ein Beitrag zur Literaturgeschichte des 17. Jahrhunderts. gr. 8. (87 S.) Wien 875. (Gerold & Co.) n. 2. —

Mareta, Hugo: Proben eines Wörterbuches der österreichischen Volkssprache mit Berücksichtigung der älteren deutschen Mundarten. Zs. 137 S. 8⁰.– Wien Sch., Progr. 1861,65.

Mareta, Hugo, Proben eines Wörterbuches der österreichischen Volkssprache. 2. Versuch. gr. 8. (XI und 72 S.) Wien 865, (Gerold's Sohn.) *
Aus: Jahresberichte des Ober-Gymnasiums zu den Schotten in Wien 1865, besonders abgedruckt.

Maretich v. Riv-Alpon, Gedeon Frhr., die vierte Berg Isel-Schlacht am 13. VIII. 1809. (Gefechte in der Umgebg. v. Innsbruck am 11., 13. u. 14. VIII., sowie im Unter-Innthale bis 17. VIII. 1809.) gr. 8. (VII, 450 S. m. 1 Abbildg., 1 Taf. u. 1 Karte.) Innsbruck 899. Wagner. n. 4.—

Maretich v. Riv-Alpon, Gedeon Frhr., d. zweite u. dritte Berg Isel-Schlacht. (Gefechte in der Umgebung v. Innsbruck am 25. u. 29. Mai 1809.) M. Umgebungskarte v. Innsbruck u. e. Plane d. Stiftes Wilten. gr. 8. (V, 216 S.) Innsbruck 895. Wagner. n. 2. 40

Maretich von Riv-Alpon, Gedeon Freiherr, k. u. k. Oberstlieutenant. Über die Erbauung des Kaiserthurmes zu Kufstein und über die Vorsorgen zur Vertheidigungs-Instandsetzung der Veste 1525. (Aus:) „Zeitschrift des Ferdinandeums." III. Folge. 34. Heft. 8. Innsbruck 1890.

Maretich v. Riv-Alpon, Gedeon Frhr., die Gefechte in der Umgebung v. Salzburg in den J. 1800, 1805 u. 1809. [Aus: „Streffleur's österr. militär. Zeitschr."] gr. 8. (104 S.) Wien 893. (W. Braumüller.) n. 1. 60

— Die Gefechte in der Umgebung des Strub-Passes in den Jahren 1800, 1805 und 1809. (Aus:) „Österr. milit. Zeitschrift." 1894. 3. Bd. 8. Wien 1894.

— Zur Geschichte Kufsteins. (Aus:) „Zeitschrift des Ferdinandeums." III. Folge. 36. Heft. 8. Innsbruck 1892.

Maretich (v. Riv-Alpon), Oberst Gedeon Freiherr von. Die Kämpfe in den Loferer Pässen und im Pass Strub 1805. (Aus:) „Österr. milit. Zeitschrift." 1895, I. Band. 8. Wien 1895.

— Die Kämpfe im Passe Strub und in den Pässen des Pinzgaues 1809. (Aus:) „Österr. milit. Zeitschrift." 1895, 3. Bd. 8. Wien 1895.

Maretich von Riv-Alpon, Gedeon Freiherr, k. k. Major. Kaiser Maximilian I. vor Kufstein 1504. (Mit 1 Tafel.) (Aus:) „Organ der milit.-wissenschftl. Vereine." 37. Band. 8. Wien 1888.

Maretich v. Riv-Alpon, Gedeon Frhr., Kaiser Maximilian I. vor Kufstein 1504. (36 S.) 8. Kufstein 894. E. Lippott.
Sonderabdruck aus: „Tiroler Grenzbote". n. - 35

— Kleinere Mittheilungen. (Uebernahme Kufsteins durch den Schlosshauptmann Ferdinand Freiherr von Vels 1549—1550.) (Fortsetzung zu: „Zur Geschichte Kufstein's.") (Aus:) „Zeitschrift des Ferdinandeums." III. Folge. 37. Heft. 8. Innsbruck 1893.

— Josef Struber u. d. Kämpfe in d. Umgebg. d. Passes Lueg im J. 1809. [Aus: „Mittheilgn. d. Gesellsch. f. Salzburger Landeskunde."] Hrsg. v. Struber-Vereine. gr. 8. (138 S. m. Bildn.) Salzburg 897. (Wien, W. Braumüller.) n.n. 2.—

Maretsch, Otto: Moderne Jagdwaffen. Für d. deutschen Weidmann bearb. Mit 7 Taf. u. 86 Abb.
Berlin-Schöneberg: Die Jagd. 1910. XV, 216 S. 8⁰
(Für d. deutschen Jäger. Bd. 10.)

Maretsch, Otto, moderne Jagdwaffen, s. a. Für den deutschen Jäger. 10. Bd.

Die Lehre vom Schuß. Unter besond. Berücks. d. Schrotschusses f. d. deutschen Weidmann bearb. von Otto **Maretsch**. Berlin-Schöneberg: Die Jagd [1906]. (287 S.) 8° [F.]
— [Jäger, Für d. deutschen. 3.] [sf. 15037

Maretsch, Otto, die Lehre vom Schuß, s. a. Für den deutschen Jäger.

Maretzki, Ernst, Gerichtsrefer.: Die Anwendung der allgemeinen Vorschriften des BGB. über Schuldverhältnisse auf den Vermächtnisanspruch. Berlin 1909: Goedecke & Gallinek. 83 S. 8°
Heidelberg, Jur. Diss, v. 1909, Ref. Endemann
[Geb. 21. Aug. 84 Berlin; Wohnort: Berlin; Staatsangeh.: Preußen; Vorbildung: Kölln. Gymn. Berlin Reife M. 02; Studium: Grenoble 1, Freiburg i. B. 1, Berlin 4 S.; Rig. 9. März 09.] [U 09. 1852

Geschichte des Ordens Bnei Briss in Deutschland 1882—1907. Von [Louis] Maretzki. Berlin [1907]: Cohn. XVI, 283 S. 8⁰. 21.

Maretzki, Ludov. (geb. Serrey in Polen 6. 9. 1843): Historia pyretologiae usque ad exitum saeculi XVIII. Berolini (1866). (31 S.) 8°
Berlin, Med. Diss. v. 11. Mai 1866

Maretzky, Oskar, Referendar in Hirschberg: Der Schutz der Ehre im Bürgerlichen Gesetzbuch. Breslau 1905: Th. Schatzky. (40 S.) 8°
Breslau, Jur. Fak., Ref. Jörs, Diss. v. 2. Okt. 1905
[Geb. 2. Juni 81 Breslau; Wohnort: Breslau; Staatsangeh.: Preußen; Vorbildung: Magdalenen-Gymn. Breslau Reife O. 00; Studium: Breslau, Leipzig; Rig. 24. Juli 03.]

Marey, Etienne Jules

Marey, E. J., die Chronophotographie, s.: Bibliothek, photographische.

Marey-Monge, E., die Luftschifffahrtskunde, siehe: Schauplatz, neuer, der Künste u. Handwerke, 166. Bd.

Marezoll, Caroloine, s. Marezoll, Karoline.

Marezoll, Gustav Ludwig Theodor, s. Marezoll, Theodor.

Marezoll, Johann Gottlob

Marezoll, Jh. Glo., († d. 15 Jan. 1828.) Andachtsbuch f. d. weibl. Geschlecht. 2 Thle. gr. 8. Leipz. 798. Göschen 1 ℛ 8 gr, weiß Pap. 1 ℛ 18 gr, 4e A. 817. gr. 8. fein Pap. 2 ℛ 12 gr, Dass. kl. 8. 2 Thle. 788, 89. N. A. Ebd. 789. 18 gr

Marezoll, J. G., Andachtsbuch für das weibliche Geschlecht, vorzüglich für den gebildeten Theil desselben. 2 Bde. nebst einem Anhang, welcher geistliche Lieder von Klopstock und Niahlmann enthält. 4te verb. Aufl. gr. 8. Leipzig, Göschen. 817.

— die Begeisterung d. Christen f. d. gute Sache. Eine Predigt. gr. 8. Weim. 814. Indust.-Comt. 4 gr

— **Beiträge** z. Belebung des religiösen Sinnes, in Predigten. gr. 8. Jena, Cröcker. 811.

Marezoll, Joh. Gtlo., Beyträge z. Belebung d. relig. Sinnes in Predigten ꝛc. 2., wohlf. Ausg. gr. 8. (44¼ B.) Jena 828, Cröker.

— üb. d. Bestimmung d. Kanzelredners. 8. Leipz. 793. Göschen. 18 gr, weiß Pap. 1 rℓ

— s. Christenthum ohne Geschichte.

Marezoll, Jh. Glo., daß es nicht weise gehandelt ist, wenn Protestanten als Gegner d. Reformation auftreten. Predigt am Reformationsfeste. gr. 8. Leipz. 814. Hartknoch. 4 gr

— d. evangel. Kirche wird nicht untergehen. Predigt am Reformationsfeste 825. gr. 8. Jena, Mauke. 3 gr

—— Homilien u. einige and. Predigten, in d. neuesten Zeit gehalten. Hrsg. nebst einigen Nachrichten üb. d. Leben u. Wirken d. Verewigten, v. H. A. Schott. gr. 8. (25½ B.) Neustadt a. d. O. 829, Wagner.

— Karrikaturen, s. Karrikaturen.

KARRIKATUREN von *Johann Gottlob Marezoll.* Frankfurt u. Leipzig 1788. 8°. (In Berlin: Yy 7371.) (6 Mk., schönes Expl., Baer & Co., 1894; 12 Mk., etwas fleckig, C. G. Boerner, Lpz., 1905.)

XVI u. 352 Seiten. Ein interessantes Buch, das scharfe satyrische Ausfälle auf die damaligen Zustände enthält, gewidmet „Seiner Kohl-Pech-Rabenschwarzen Teufelei, und Beelzebubischen Satanigkeit". — Anon.-Lex. I. p. 304 (nach Hayn).

— einige Lehren u. Warnungen f. unser Zeitalter in Predigten. 2 Thle. gr. 8. Kopenh. 801. Brummer. 2 rℓ

— d. Pflichten u. Rechte d. evangel. Kirche. Reformat.-Predigt 1827. gr. 8. Jena 827 Mauke. 3 gr

— Predigt am Reformationsfeste 1808. Daß d. Wiedervereinigg. d. protest. u. röm. Kirche nicht nur keinen Gewinn verspricht, sondern wesentl. Nachtheil droht. gr. 8. Jena 808. 2e A. 809. (Hennings in Neiße.) 4 gr

— Predigt am Reformationsfeste 1810. Warum nennt sich unsere Kirche die Evangelische? gr. 8. Jena, Gabler. 810.

— Predigt am Reformationsfeste 824. gr. 8. Jena 825. Mauke. 3 gr

Marezoll, Jh. Glo., Predigt über den Wucher. gr. 8°. Kopenhagen, Bonnier.

— Predigten. gr. 8. Leipz. 787. 2e A. 791. Weidmann. 18 gr

— Predigten z. Erinnerung an d. fortdauernde Wichtigkeit d. Reformation u. Belebung d. evangel. Geistes u. Sinnes. gr. 8. Jena 822. Schmid. 1 rℓ 12 gr

— Predigten an Festtagen u. bei besond. Gelegenheit. gehalten. gr. 8. Jena 806. 2e Ausg. in 2 Thlen. gr. 8. Ebd. 818. 3e A. 2 Thle. gr. 8. Neiße 830. Hennings. 2 rℓ

—— Predigten an Festtagen u. bey besond. Gelegenheiten gehalt. 2 Thle. 3. Ausg. gr. 8. (59½ B.) Neiße 829, Hennings.

— Predigten auf alle Festtage d. Jahres. gr. 8. Jena 821. Bran. 1 rℓ 12 gr

Marezoll, Johann Gottlob.
Hinterlassene Predigten. Altenburg 1840.
H: *Apel, Heinrich Eduard.* (Ky)

Marezoll, Joh. Gtlo., hinterlass. Predigten. (Hrsg. v. H. E. Apel.) 1. Bd. Sonntags-Predigten üb. d. gewöhnl. evangel. Perikopen. 1—5. Hft. gr. 8. Altenburg 840, 41, Helbig. à * ⅙ Thlr.

Marezoll's, Joh. Glo., hinterlassene Predigten. 1. Bd. Sonntags-Predigten über die gewöhnlichen evangelischen Perikopen. — 2. Bd. Festpredigten. (Neue Titel-Ausg.) Grimma (841.) 852. Bloch. (Berlin, Lassar.) gr. 8. (VI, 244; 219 S.) 1 rℓ. 15 ngr.

— Predigten in d. J. 1812 u. 13 gehalten. gr. 8. Leipz. 814. Hartknoch. 1 rℓ 8 gr Schrb. 2 rℓ

— Predigten über Religiosität u. e. and. Gegenstände ꝛc. gr. 8. Lübeck 797. Bohn. 1 rℓ 16 gr

— Predigten, vorzügl. in Rücksicht a. d. Geist u. die Bedürfnisse unsers Zeitalters. 2 Thle. gr. 8. Götting. 1790, 92. 2e A. 794—99. Dietrich. 2 rℓ 4 gr

— zwei Predigten bei d. großen Brande in Kopenhagen. gr. 8. Kopenh. 795. (Brummer.) 4 gr

— zwei Predigten am Buß- u. Charfreitage, u. am ersten Osterfeiertage, als am Dankfeste f. d. Siege d. verbünd. Heere u. deren Einzug in Paris. gr. 8. Jena 814. Mauke. 6 gr

— zwei Predigten z. Gedächtnißfeier d. Reformation in d. J. 1822—23. gr. 8. Jena 824. Cröker. 6 gr

— zwei Predigten über e. besonders jetzt zu beherzigenden Gegenstand. gr. 8. Götting. 794. Dieterich. 3 gr

— zwei Predigten, am Himmelfahrtstage 1809 u. am Neujahrstage 1810 in Jena gehalten. gr. 8. Jena 810. (Hennings in Neiße.) 8 gr

— Stimmen d. Religion an d. evangel. Kirche. Zwei Predigten z. Feier d. dritten Jubelfestes d. Reformation am 31. Octbr. u. 2. Novbr. 1817. gr. 8. Jena 818. Mauke. 6 gr

— d. Verirrungen d. Zeitgeistes auf d. Gebiete d. Religion, dargestellt in 3 Predigten. gr. 8. Jena 826. Cröker. 8 gr

— Diss.: veritas religionis Christianae e consensu legum a Christo traditarum cum legibus naturae demonstrata. 8. Lips. 783. Joachim. 2 gr

— Warum nennt sich unsre Kirche d. Evangelische? Eine Predigt am Reformationsfeste 1810. gr. 8. Jena 811. Gabler. (Knobloch in Leipz.) 4 gr

—— wie es möglich war, daß d. Geist d. Irrthums d. christl. Kirche so lange beherrschen, u. d. Geist d. Wahrheit doch zuletzt e. so herrl. Sieg erringen konnte. Predigt am Reformationsfeste 1827. gr. 8. (2 B.) Jena, Mauke.

— worin die evangelische Kirche unter den gegenwärtigen Umständen ihr Heil suchen muß, eine Predigt am Reform.-Feste 1816 gehalten. gr. 8. Jena, Schmid. 816.

MAREZOLL, Caroline. Das weibliche Leben im Gefängnis. Von einer Gefängnisaufseherin. N. d. 4. englischen Auflage. 2 Bände. Leipzig 1864. 8°. 188 und 201 S.

Marezoll, Louise, s. Adelaide, oder der Gegenzauber.

Marezoll, L., Margarethe Browning. Nach dem Engl. 8. (165 S.) Leipzig 863, [Hartknoch.]

Marezoll, Louise, Margarethe Browning. Nach dem Engl. Leipzig 863. Wiedemann. 8. (165 S.) 15 ngr.

—— Grace Dermott. Nach dem Engl. 8. (226 S.) Leipzig 863, [Hartknoch.]

Marezoll, Louise [Übers.]
s. Edgeworth, M.: Gönnerschaft. 1828.

Marezoll, Louise, Frauen-Spiegel, s. Frauen-Spiegel.

—— Frauenzeitung, s. Frauenzeitung.

Marezoll, Luise, Geschichte der Schweizer-Revolution, s. Volksbibliothek, wohlfeilste, 23. Bdchn.

Marezoll, Louise, prakt. Kochbuch f. Hausfrauen u. solche, die sich zu diesem Stande vorzubereiten wünschen. 8. (14 B.) Jena 834, Mauke.

—— prakt. Kochbuch f. Hausfrauen u. solche, die sich zu dies. Stande vorzubereiten wünschen. 2. Ausg. 8. (14 B.) Jena 838, Mauke. Thlr.

—— und Redkandir, die drei Könige. Eine Novelle. Dem Engl. nacherzählt. 2 Bdchn. 8. (20 B.) Dresden u. Leipzig 835, Arnoldische Buchh.

Marezoll, Louise, Leonore u. Mathilde, s. Sinclair, Cath.

Marezoll, Louise [Übers.]
s. Marsh-Caldwell, Anne: Adelaide Lindsay. 1864.

—— des Freiherrn v. Rheinstein u. seiner Kinder lehrr. u. unterhalt. Reisen durch d. Rheinlande nach Holland, Belgien, England, Frankreich, Italien u. die Schweiz. Ein Bildungs- u. Unterhaltungsb. f. d. reif. Jugend. 1. Bdchn. Rheinlande, Holland, Belgien. 12. (11½ B., 3 ill. u. 8 schw. Bild.) Weimar 837, Voigt.

Marezoll, Louise, s. Sherwood's ausgewählte Erzählungen.

Marezoll, Louise, s. Sherwood, Miß, die Nonne.
– Dessen Mönch von Ciniles.

—— Stolz u. Vorurtheil. Frei n. d. Engl. 3 Thle. 8. (37½ B.) Leipzig 830, [Böhme.]

Marezoll, Louise, Stolz u. Vorurtheile, frei nach dem Engl. 3 Thle. 8. Leipz. 830. Hartmann.

Marezoll, Louise, s. Tytler, Anna Fraser, Marie u. Floren.

—— Vierteljahrschrift f. Frauen, s. Frauen-Spiegel.

Marezoll, Theodor

—— de partitionis legato selecta capita. gr. 4. (20 S.) Leipzig 858, Dürr'sche Buchh.

Marezoll, (Gust. Lud.) Theod.: Ueber die bürgerl. Ehre, ihre gänzl. Entziehung u. theilweise Schmälerung. *Giessen*, Heyer, Vater. 824. 8. (1 Thl. 20 Gr.)

—— explicantur Ulpiani et Pauli verba in fr. 15. §. ult. frr. 16. et 17. D. VII. 1. de usufructu. 4maj. (2 B.) Lipsiae 839, (T. O. Weigel.)

— fragmentum legis Romanae in aversa tabulae heracleensis parte. 8maj. Gōtting. 816. Röwer. 16 gr

Marezoll, Theod. (Gust. Ludw.), das gemeine deutsche Criminalrecht als Grundlage d. neueren deutschen Strafgesetzgebungen. gr. 8. (34¼ B.) Leipzig 841, Barth.

Marezoll, Thdr., d. gemeine deutsche Criminalrecht als Grundlage der neueren deutschen Strafgesetzgebungen. 2. ganz umgearb. u. verm. Ausg. gr. 8. (XVI u. 631 S.) Leipzig 847, Barth. 2½ ₰

Marezoll, Thdr., das gemeine deutsche Criminalrecht als Grundlage der neueren deutschen Strafgesetzgebungen. 3., vielfach umgearb. Ausg. Leipzig 856. Barth. gr. 8. (XVI, 640 S.) 3 ₰.

—— Lehrbuch d. Institutionen d. röm. Rechtes. 1. Aufl. (27 B.) 839., 2., umgearb. Aufl. gr. 8. (28 B.) Leipzig 841, Barth. à

Marezoll, Theod. (Gust. Ludw.) Lehrbuch der Institutionen des röm. Rechtes. 3., umgearb. Aufl. gr. 8. (32⅛ B.) Leipzig 846, (47,) Barth.

— Lehrbuch der Institutionen d. römischen Rechts. 4. umgearb. Aufl. gr. 8. (XVIII u. 531 S.) Ebd. 850. 2 ₰

—— Lehrbuch der Institutionen des römischen Rechtes. 5., ganz umgearb. Aufl. gr. 8. (XX und 548 S.) Leipzig 854, Barth.

Marezoll, Thdr., Lehrbuch der Institutionen des römischen Rechtes 6., umgearb. Aufl. gr. 8. (XX und 574 S.) Leipzig 857, Barth.

Marezoll, Thdr., Lehrbuch der Institutionen des römischen Rechtes. 7., umgearb. Aufl. Leipzig 862. J. A. Barth. gr. 8. (XX, 622 S.) 2 ₰ 15 ngr.

Marezoll, Thdr., Lehrbuch der Institutionen des römischen Rechtes. 8., umgearb. Aufl. gr. 8. (XVIII und 595 S.) Leipzig 866, J. A. Barth.

Marezoll, Thdr., Lehrbuch der Institutionen des römischen Rechtes. 9. neu durchgeseh. Aufl. gr. 8. (XIX, 595 S.) Leipzig 869, J. A. Barth.

—— dass. — 10. von Th. Schirmer neu durchgeseh. Aufl. gr. 8. (XVIII, 595 S.) Ebendas. 875.

Marezoll, Thdr., Lehrbuch der Institutionen des römischen Rechtes. 11. von Th. Schirmer neu durchges. Aufl. gr. 8. (XXII, 598 S.) Leipzig 881, Barth.

Marezoll, Thdr.: Lehrbuch d. Naturrechts. *Giessen*, Heyer. 819. 8. (1 Thl. 8 Gr.)

—(Gustav) Theodor (Ludwig) (Jena), Commentatio de ordine institutionum. Göttingen (Dieterich) 1815. 48 S. (3.—) 22177

Marezoll,(Gust. Ldw.)Thdr., commentat. de institutionum ordine. 4 maj. Götting. 816. Dieterich. 8 gl

Marezoll,(Gust. Ludw.)Theod., De usuvaria pravitate. Leipzig (Nies) 23. XI. 1837. 40 S. (3.—) 22176

—— de usuraria pravitate quaestiones. 4. (5¼ B.) Lipsiae 837, (T. O. Weigel.) •

—— Zeitschrift f. Civilrecht u. Prozeß, s. Zeitschrift.

Handbuch der Säuglingsernährung und der Ernährung im frühen Kindesalter [Traité de l'allaitement et de l'alimentation des enfants du premier âge] von Dr. A[ntoine] B[ernard] **Marfan**, Prof. in Paris. (Von d. Akad. d. Wiss. preisgekr. Werk.) Nach d. 2. Aufl. d. franz. Orig. übers. u. mit Anm. vers. von Dr. Rudolf Fischl, Privatd. in Prag. *Leipzig & Wien: F. Deuticke 1904.* (XIX, 465 S.) 8° 04. 4995 11

Marfeld-Neumann, Karl, die Lumpen. Drama in 2 Akten. (119 S.) 8. Strassburg 906. J. Singer. n. 2. 50

Marfels, s. Uhren-Sammlung, die Marfels'sche.

Marfels, Ferd., und Herm. Eulenberg, zur pathologischen Anatomie des Cretinismus, s. Eulenberg, Herm.

Die Not der Gewerbetreibenden und die Bodenreform. Von Carl **Marfels**. (10.–18. Taus.) *Berlin: J. Harrwitz Nachf. [1899].* (48 S.) 8° [F.]
— **Streitfragen**, Soziale. II. 6. 00. 10376

Marfels, Carl, die wahre Ursache der schlechten Zeiten. 5 Abhandlgn. gr. 8. (III. 46 S.) Berlin 894. W. H. Kühl. n. — 70

Marfels, Carl, I. Die Ursachen der Handels- und Industriekrisen. II. Ist e. Steuer auf die Grundrente auf Pächter oder Mieter abwälzbar? s. Zeitfragen, soziale. 40. Heft.

1. Die Ursachen der Handels- und Industriekrisen. 2. Ist e. Steuer auf d. Grundrente auf Pächter oder Mieter abwälzbar? 2 Referate, erstattet von Carl **Marfels** (6.–10. Taus.) Berlin: Bodenreform 1909. 20 S. 8°
(Soziale Zeitfragen. H. 40.) 09 15473

Marfels, Carl, d. zunehmende Verarmung inmitten d. Reichthums. 6 Leitartikel. 2. Aufl. gr. 8. (III, 56 S.) Berlin 896. R. F. Funcke. n. 1. —

Marffa, Oper in 4 Acten. Text aus dem Französischen des C. de Coëtlogon. Musik von Johs. Hager für das k. k. Hofopern-Theater in Wien. (Textbuch.) 8. (40 S.) Wien 886, Künast. **

Marforius (ps.). — Kurtze Beschreibung Des zum theil liederlichen Lebens und Wandels Derer anjetzo in grossen Städten sich befindenden Dienst-Mägde, Als da sind Muhmen, Ammen, Köchinnen, Junge-Mägde, Jungfer- und Kinder-Mädgen .... vorgestellet von MARFORIO. Gedruckt in diesem Jahr, da ein grosser Wind war. (Leipzig, Martini, 1717.) Gr. 8⁰. 10 Bll. (In Berlin 3 Expll.: Yz 2001, mit 2 Beibdn.; an Yz 622; an Yz 691.) (10 Mk. Adolf Weigel, 1910.)
Jahrzahl nennt Weller's Lex. Ps. — Das Expl. in Blenz's Bibl. (S. 152) hatte ein Titelkupfer.

Marforius. Kurtze Beschreibung Des zum theil liederlichen Lebens und Wandels Derer anjetzo in grossen Städten sich befindenden Dienst-Mägde, Als da sind Muhmen oder Kinder-Frauen, Ammen, Köchinnen, Junge-Mägde, Jungfer- und Kinder-Mädgen etc. Denen Herren und Frauen solcher Orten zu genauer Aufsicht, denen Mägden aber selbst zur Besserung statt eines Spiegels vorgestellet und bey dieser dritten Edition mit einen Rath-Schluß einiger liederlichen Mägde vermehrt von Marforio. Gedruckt in diesem Jahr, da ein grosser Wind war. —
[Leipzig, 1717]. Kl.8°. *Titelkupfer*, 58 S. 2 Bl. (Buchhändler-Anzeigen)

— — Dasselbe (ohne den Pseud.), titulo: Ganz nagel neue Curieuse Lebens-Beschreibung Derer anietzo in grossen Städten und Dörffern sich befindenden Dienst-Mägde, ... Gedruckt in diesem Jahr da fromm Gesind rar war. 8⁰. (In Berlin: Yz 1996.)
54 Seiten. Mit Titelkupfer.

— Die Sich selbst verdefendirende Dienst-Magd, Das ist: Ein Gespräch Zwischen einer Dienstmagd und einer Trödel-Frauen, über das vor weniger Zeit herausgegebene Leben und Wandel derer Dienst-Mägde grosser Städte des MARFORII. Anno 1719. Gr. 8⁰. (In Berlin 2 Expll.: an Yz 622; an Yz 2001.)
29 Seiten. Mit Titelkupfer.

Marforius (ps.), Anmuthiges Gespräch, Uber die curieusen und seltsamen Schrifften, So Von Aufführung sowohl des Weiblichen Geschlechts und deren wieder in Gewohnheit kommenden Brust-Entblösung, Als auch von dem censirten Mägde-Wandel, Voriges 1719. Jahres durch den Druck bekandt worden. Wahrhafftig in Schertz und Ernst erwogen und beurtheilet Von Einer erbaren und lustigen Gesellschafft in Sachsen. Frankfurt und Leipzig, Anno 1720. — *A. E.*: Leipzig, Zu haben bey Johann Gottlieb Bauchen, Buchdrucker in (!) grossen Collegio. 8⁰. (In Berlin: an Vz 2010.) Sehr rar!

MARFORIUS (ps.). — Der Zu Pleisine (d. i. Leipzig) gewöhnliche Mägde-Schlendrian, Oder Wahrhafftiges Leben und Wandel, der heut zu Tage zu Pleisine befindlicher (!) Dienst-Mägde, ... vorgestellet, Von *Marforio*. Pleisine (Lpz.) Gedruckt mit schwartzen Buchstaben in der Jahr Zahl 1729. 8⁰. (In Berlin: an Yz 691.)
Derbe Satire, sehr selten! Titelkpf. u. 32 S.

MARFORIUS (ps.). — Die compendiöse Oeconomie durch einen einigen Reit-Knecht angerichtet; allen Herrschaften, die mit vielen Bedienten und Gesinde unbeladen seyn wollen, aus dreyen Missiven ... mitgeteilt von *Marforio*. Dantzig 1714. Kl. 8⁰. (In Danzig, Stadtbibl.) (5 Mk. Oswald Weigel, 1904.)
40 unbeziff. Bll. „Köstliche Satire." Selten!

— Der Unbescheidene Mägde-Verfechter, Wird hiermit samt seinen Leutseligen Muhmen, etc. etc., Bescheiden nach Hause gewiesen von Marforio guten Freunde. Im Jahr, da fromm Gesinde rar. 8⁰. Titel u. 10 Bll. (In Berlin 2 Expll.: an Yz 691, 2001.) (Leipzig 1717)

— Bescheidene Vertheidigung, Derer Mägde, Als Leutseliger Muhmen, Getreuer Ammen, Verständiger Köchinnen, Arbeitsamer Junge-Mägde, Höfflicher Jungfer(-)Mägde Und Lehr-begieriger Kinder(-)Mägdgen. MARFORII Schmutzigem Spiegel entgegen gesetzet. Im Jahr, da viel fromm Gesinde war. Gr. 8⁰. (In Berlin 3 Expll.: an Yz 622, 691, 2001.) (Leipzig 1717)
30 Seiten. Mit Titelkupfer.

Marforius Romanus Pseudomarphorio Vindobonensi. Romae [Salisburgi] 1795. V: *Zauner*, *Judas Thaddäus.* (MGT) (Wr) (Ir) (BB)

Marg: De usu et significatione epithetorum quorundam colores indicantium. (phoeniceus, puniceus – purpureus – flavus – fulvus – albus, candidus – niger, ater, pallidus.) 21 S. – Bromberg, Progr. 1857.

Marg, Karl, Referendar: Die Voraussetzungen der Hinterlegung zwecks Schuldbefreiung nach gemeinem Recht und dem Rechte des Bürgerlichen Gesetzbuchs. Greifswald 1906: J. Abel (79 S.) 8° [F.]
Greifswald, Jur. Fak., Ref. Weismann, Diss. v. 17. Juni 1906
[Geb. 9. Nov. 77 Alt-Bewersdorf, Kr. Schlawe; Wohnort: Stolp; Staatsangeh.: Preußen; Vorbildung: Gymn. Neustettin Reife O. 99; Studium: Tübingen 1, Berlin 3, Greifswald 3 S.; Rig. 1. Dez. 02.]

Marg, Rud. Bemerkungen zur lateinischen Schulgrammatik. (Im Anschluſs an Fr. Ellendts lateinische Grammatik bearbeitet von M. Seyffert. 17. verb. Aufl.) 22 S. **Progr.** *Meseritz* 1878.

Marg, Rud., Geschichte der höheren Lehr-Anstalt zu Meseritz während ihres 50jährigen Bestehens. Zum 7. Mai, dem Gedenktag der Eröffnung der Schule, verf. 4. (57 S.) Meseritz 883, (Kuntzmüller.) *

Marga. Im Zick-Zack durch die Damenwelt. (Ein Sammelwerk m. Beiträgen von Hermine Stadler, Margar. Marasse, Julie Kahle-Häser, L. Franlott.) (VII, 176 S.) 8. Konstanz 908. Kuchenmüller. Geb. in Leinw. 3.50

COMTESSE MARGA. Ein erotischer Roman aus der Wiener Gesellschaft von *X. Y. Z.* 2. Bde. Wien 1909. Privatdruck. 8⁰. Lat. Lett. (Mk. 30—.) (Br. Mk. 25—, geb. 30—.)

Margaliot, Asher Selig, Aze Eden. Conciones. (In hebr. Sprache.) Lex.-8. (48 S.) Berlin 865, (Cohn.) * —

Juozas **Margalis**. Volunge. Tilžėje: Tėvynės Sargas 1900. (111 S.) 8° [Der Holzhacker.] {o5. 10874 10

Margalits, Ed., florilegium proverbiorum universae latinitatis. Proverbia, proverbiales sententiae gnomaeque classicae, mediae et infimae latinitatis. Collegit et in novum ordinem redegit M. gr. 8. (548 S.) Budapest 895. L. Kókai. n. 5. —

Margall, Henri, vier Erzählungen aus En pleine vie. Für den Schulgebrauch hrsg. v. Benno Röttgers. 1. Tl.: Einleitung u. Text. 2. Tl.: Anmerkungen. 8. (VI, 80 S.) Leipzig 901. G. Freytag. Geb. u. geh. n. 1.10; Wörterbuch. (34 S.) n. — 40

Margall, Henri, vier Erzählungen aus en pleine vie. Für den Schulgebrauch hrsg. von Benno Röttgers. 1. Aufl. 2. Abdr. in neuer Rechtschreibg. (VI, 80 S.) 8. Leipzig 905. G. Freytag. — Wien, F. Tempsky. Geb. n. 1.10; Wörterbuch (34 S.) n. — 40

Margall, Henri, vier Erzählungen aus En pleine vie. Für den Schulgebrauch hrsg. v. Benno Röttgers. 1. Aufl. 3. Abdr. (V, 79 S.) 8. Leipzig 907. G. Freytag. — Wien, F. Tempsky. Geb. 1. —

Margar, Vict., e. Schüler-Wunsch. Eine kurze Betrachtg. üb. die Frage: „Ist den Schülern der oberen Klassen höherer Lehranstalten der Wirtshausbesuch zu gestatten od. nicht". [Aus: „Deutsche Schülerzeitg."] 8. (6 S.) Leipzig 891. (M. Hesse's Verl.) — 20

Margareta, s.: Stiefmutter, die.

Margaretha oder die Hoffnung, siehe: Gnaden, die, des Christenthums, 8. Bd.

Margaretha Königinn von Castilien. Opera ... Hamburg 1730. V: *Hamann, Johann Georg.* (schr)

Margaretha mit dem großen Maule, Erbin v. Kärnthen, (v. Gli. H. Heinse). 2 Thle. 8. Leipz. ... N. A. 818. (Aue in Altona).
Vgl.Margarethe.

Margaretha mit dem großen Maule, Erbin von Kärnthen u. Tyrol. 2 Thle. N. Ausg. 8. Leipzig, Jacobäer. 818.

Margaretha Minde, oder die Feuersbrunst zu Tangermünde am 13. Sept. 1617. Ein Denkmal menschl. Verworfenheit. (Von A. W. Pohlmann.) 8. Tangermünde 843, Doeger'sche Buchh. n. 1/6 ₰

Margaretha, die Mutter von Dom Johannes Bosco. Ein Lebensbild, gezeichnet von einem Priester der Genossenschaft Dom Bosco's. In's Deutsche übertragen von einem kathol. Priester. 12. (175 S. mit 2 Bildern.) Aachen 888, (Schweitzer.) cart. *

Margaretha von Oesterreich, Gemahlin des unglücklichen Königs Heinrich von Hohenstaufen. Aus dem 13. Jahrhundert. 2 Thle. Leipzig 1792. 2 Thle. Frankfurt u. Leipz. 1793. V: *Heinse, Gottlob Heinrich.* (BGE IV³, 405)
Vgl.Margarethe.

— Gräfin v. Rainsford; e. rührende Geschichte; aus d. Engl. 8. Leipz. 769. Weidmann.

Margaretha von Thüringen. Trauersp. 8. Wien, Hörling. (Sommer in Leipz) 791.
Vgl.Margarethe.

Margarethablümchen, die, s. Erzählungen, neue, f. Kinder u. Kinderfreunde, 2. Bdchn.

Margarethakirschen, die, eine neue Erzählung f. Kinder u. Kinderfreunde. Von d. Verf. d. Ostereyer. 12. Landsh. 832. Krüll. 1 fl

Margarethe (Margarete), [Sachl. OW]

Margarethe, eine Novelle, s. Familien-Bibliothek, illustrirte.

Margarethe, ein Roman ... Heidelberg 1812. V: *Fischer, Caroline Auguste geb. Venturini.* (GGr) (Schl) (MGT) (Ky)

Margarethe. Ein Roman v. der Verfass. v. Gustav's Verirrungen. 8. Rohr u. W. 812.

Margarete. Schauspiel in einem Akt. 1845. V: *Lyser, Joh. Peter.* (Friedr. Hirth: J. P. Lyser. München u. Leipzig 1911. S. 557)

MARGARETHE, oder die Parodierte, oder: Wie man's treibt so geht's. Parodien-Operntext. Breslau 1860. 8⁰. 44 S. (22 Mk. [!] H. Streisand, 1908.)

Margarethe oder: die Parodirte, oder: Wie man's treibt, so geht's. Große hochromant. Oper, mit Gesang, Tanz und Musik, in 5 hintereinander folgenden Akten und 4 Zwischenakten 2c. (Den Bühnen gegenüber Mscr.) gr. 8. (IV und 44 S.) Breslau 862, Maruschke und Berendt. *

Margarethe. Ein christl. Roman von Frauenhand. Hrsg. von Ludw. Grote. 2. Aufl. 8. (IV und 300 S.) Halle 864, Fricke.

Margarete od. ziehet nicht am fremden Joch m. Ungläubigen. [2. Kor. 6, 14.] Von A. de B. Mit Genehmigg. d. Autors aus dem Franz. übers. u. hrsg. v. Osc. Pank. 8. (III, 87 S.) Leipzig 891. (J. C. Hinrichs' Sort.) n.n. 1.30

MARGARETHE, Gräfin vom Hennegau, eine wahre Geschichte aus der mittlern Zeit. Mit Titelkpfr. u. Titelvign. (von J. Tromlitz). Leipzig, Hamann, 1792. 8⁰. VIII u. 291 S.
Einiges etwas frei.

Margarethe mit dem großen Maule. Erbin von Kärnthen u. Tyrol. Klgft., Walliser, 1792. 2 Bde. (Verf.: G. H. Heinse.)
Vgl.Margaretha.

— mit dem großen Maule, Erbin von Kärnthen und Tyrol, 2 Theile, mit 1 Kupf. 8. Leipzig 792. Jacobäer.

Margarethe mit dem grossen Maule, Erbin von Kärnthen und Tyrol. Leipz. 1792. Neue Aufl. 1818. V: *Heinse*, *Gottlob Heinrich*. (Ky) (MGT)

Margarethe die Maultasche, s. Ab. Anton.

— die Maultasche, Gräfin v. Tyrol. Schausp. v. Anton. 8. Pilsen. (Köhler in Leipz.) 796.

— — dasselbe. 8. Cilli. (Korn d. ält. in Bresl.) 796.

Margarethe von Österreich, Gemahlin des unglücklichen Königs Heinrich von Hohenstauffen ... Hohenzollern [Wien] 1791. V: *Heinse*, *Glob Hnr.* (Ky) (MGT) (Wr)
Vgl.Margaretha.

— v. Oestreich, Gemahlin des unglückl. Königs, Heinrichs v. Hohenstaufen, aus dem 15ten Jahrh. m. K. 2 Thle. 8. Leipz. Weygand. 791.

— von Thüringen. Trspl. 8. Wien 791. (Leipz., Nauck). 7 K
Vgl.Margaretha.

Margarethe (Margarete) [Verfasser]

Margarethe, Königin von Navarra

Marguerite de Valois, les contes de la Reine de Navarre, s. Bibliothèque classique intéressante.

Margaritha, der Königin von Navarra, romantische Erzählungen, eine freye Uebersetzung des Heptameron (von Fr. Aug. Klemens Werthes und Johannes Ith). Bern, typogr. Soc., 1791. Gr. 8⁰.
Sammlung von Erzählungen im Geschmacke des Boccaccio. Mit 17 Kpfrn. von Sam. Freudenberger u. Longueil, u. 35 Vign. von Balth. Ant. Dunker.

— — »Bern 1782« Ü: *Werthes*, *Frdr. August Clemens*. (Herold, Werthes. Münster 1898. S. 176.)

— — Dasselbe (Prachtausgabe in 400 Expll.) mit d. Titel: Neuigkeiten Margarethe der Königin von Navarre (so!). 2 Bde. (Vignette.) Mit Kupfern, Anfangs- und Schluss-Vignetten. Bern bey B. L. Walthard 1791—96. (Titel zu Bd. II:) Reine Margrithe Deutsch (Vignette). 1796. Gr. 8⁰. 209 u. 229 S.
Große Seltenheit! (150 Mk., schönes Expl., Völcker, Frankf. a. M., vor 1885; 172 Mk. Ludw. Rosenthal, c. 1888; jetzt theurer!)
Gestoch. Titelbl. m. Vignette (zu beiden Bdn. verwandt)

— Heptameron. Erzählungen der Königin Margaretha von Navarra und Novellen Louis XI. Bern, o. J. 8⁰. (Mk. 3—.) (1 Mk. 50 Pfg. Otto Ficker, Lpz., 1904.)

— — Heptameron, Der. Erzählungen der Königin von Navarra. Aus dem Französischen übersetzt von Wilhelm Förster. Mit 4 Vollbildern und zahlreichen Vignetten nach Kupfern. Berlin, R. Jacobsthal, 1886. 8⁰. (Mk. 4—.) (1 Mk. 25 Pfg. G. Priewe, 1895.)
— — Dasselbe. 3. Aufl. Ebd. 1889. 8⁰. XVI u. 448 S. (In Wien, Stadtbibl.: A 34999.)
— — Dasselbe. 5. Aufl. Ebd., o. J. 8⁰. (In Hannover, Stadtbibl.)
— — Dasselbe. Mit Vignetten nach Kupfern von Ant. Dunker, Sam. Freudenber(ger) u. Longueil. Berlin, Neufeld u. Henius, o. J. (c. 1895). 8⁰. 448 S. (Mk. 4—.) (2 Mk. 50 Pfg. R. Bertling, Dresden, 1907.)
Moderner, fein ausgestatteter Druck. — Verboten vom L.-G. Lemberg, 17. X. 1896. § 516.

—— Der Heptameron. Erzählungen der Königin von Navarra. Aus dem Französischen übersetzt von Wilhelm Förster. 11. Aufl. Mit zahlreichen Vignetten nach Kupfern von Ant[on] Dunker, Sam[Sigmund] Freudenberg[er] und [Joseph de] Longueil. XVI + 448 S. 8. Berlin, Neufeld & Henius, [1901]. [M. 4. —]

—— Das Heptameron oder Die Erzählungen der Königin Margareta von Navarra. Eingeleitet übersetzt & mit Anmerkungen versehen von Alfred Semerau. Mit 74 Vollbildern [Tafeln] 144 Titel & Schlussvignetten von [Sigmund] Freudenberg[er] & B[althasar] A[nton] Duncker. 2 (Bände). [geb. *zus.* M. 30. —, Luxusausg. 60. —] 8. München & Leipzig. Georg Müller, 1909.
(Band) 1. IV + XXII [+ 20] + 460 S. — (Band) 2. IV S. + S. 461—971.
(Perlen älterer romanischer Prosa. Hrg. von Hanns Floerke. Band 11 *und* 12.)
(Exemplar Nr. 595.)

Marguerite de Navarre. Heptameron Français. Les Nouvelles ... Berne 1780—81. H: *Sinner*, *Joh. Rudolph.* (BrMm)

— — Hof, Der galante, oder tausend und eine Gefälligkeit freywilliger Liebe und Zuneigung, welche aus der Sympathie zweyer Hertzen ihren Ursprung haben. Aus der Sprache der alten Gallier übersetzet von der Königin *Margaretha von Navarra*, ans Licht gestellt durch den Chevalier de Mouhy. 3 Thle. Franckfurt u. Leipzig (Regensburg, Peez u. Bader) 1741. 8⁰. (8 Mk. Scheible, c. 1888.)
Sehr selten! 2 Alph. $2^1/_2$ Bogen.

— — Liebes-Schwänke. Erzählungen der Königin *Margaretha von Navarra* und Novellen *Ludwigs XI.* Berlin, R. Schlingmann, 1862. 12⁰. 320 S. (1 Rthl.)
— — Dasselbe. 6. Auflage. Ebd., o. J. (c. 1868). 12⁰. VIII u. 310 S., 1 Bl. ($1^1/_3$ Rthl.) Vergriffen! (2 Mk. 50 Pfg. Ant. Creutzer, Aachen, 1906; 4 Mk. Adolf Weigel, 1907.)

MARGARETHE von Valois
— Geschichte der Margaretha von Valois, Gemahlin Heinrichs IV., von ihr selbst geschrieben. Uebers. mit Zusätzen von Friedr. Schlegel. Leipzig 1803. 8⁰. (In Hannover, Stadtbibl.; in München: Gall. com. 190.)
Anon.-Lex. III. p. 115 hat „1804" (?) (nach Kayser).

Margarethe von Valois, die Gemahlin Heinrich IV. Geschichte, von ihr selbst geschrieben; a. d. Franz. ... Leipzig 1804. Ü: *Schlegel*, *Friedrich von.* (Ky)

Margarethen-Blatt. (Tierschutz-Zeitschrift bes. f. Kinder.) Schriftleiter: A. Engel. Hrsg.: D. Margarethen-Verein. 1. Jahrg. Apr. 1896—März 1897. 12 Nrn. (Bog. m. Abb.) gr. 4. Wiesbaden. Friedrichshagen b/Berlin, Verlag Humanitas. n. 1. 20

— dasselbe. Schriftleiter: A. Engel. 2. u. 3. Bd. April 1897—März 1899. à 12 Nrn. (Bog. m. Abb.) gr. 4. Friedrichshagen b/Berlin, Verlag Humanitas.
à Jahrg. n. 1. 20

Margarethen-Blatt. (Tierschutz-Zeitschrift, besonders für Kinder.) Schriftleitung: A. Engel. 4. Bd. à 12 Nrn. gr. 4. (à ca. 8 S. m. Abbildgn.) Friedrichshagen-Berlin 901. 902. Verlag Humanitas. n. 2. —

Margarethen-Blatt. (Tierschutz-Zeitschrift, besonders f. Kinder.) Schriftleitung: A. Engel. 5. Bd. 12 Nrn. (à ca. 8 S.) gr. 4. Friedrichshagen-Berlin 903. Röthen, Verlag Humanitas. n. 2. —
Erscheint nicht mehr.

Margarethenblümchen, Die. Eine **Erzählung** für Kinder und Kinderfreunde. Von dem Verfasser der Ostereier. Regensburg 1832. V: *Schmid*, *Christoph*. (Russell IX, 629)

Margareten-Blumen. Der Jugend u. ihren Freunden überreicht vom Margareten-Verein. 1. Bdchn. 8. Berlin. Carlshorst-Berlin, H. Friedrich. n. — 20
Die Uhr. Eine Kindergeschichte in 3 Tln. Von Marie Fischer, geb. Lette. (43 S.) (900.)

Margarethenbuch, das. Eine Erzählung f. die jüngere Mädchenwelt von Th. v. S. 8. (447 S.) Wolfenbüttel 875. Zwißler. geb. n. 5. —

— dasselbe. 2. Aufl. 8. (447 S.) Ebend. 876. geb. n. 4. —

MARGARETHENHÖHLE, Die, oder das unglückliche Mädchen im einsamen Waldthale. Jena, Stahl, 1804. 8°. (5/6 Thlr.)

— die, od. d. Nonnenerzählung. 3 Thle. s: Sammlung neuer Romane, a. d. Engl. herausgeg. v. G. Mercau. 3 Thle.

Margarethen-Legende, e. altlombardische. Kritischer Text, nach acht Handschriften m. einleit. Untersuchgn. hrsg. v. Berth. Wiese. 8. (V, CXX, 108 S.) Halle a/S. 890. Niemeyer. n. 4. 50

Margarethens Prüfungen. Ein Familiengemälde frei nach d. Engl. einer ungenannten Verfasserin von Fanny Tarnow. 2 Thle. 8. Frankf. 827. (Gebhardt in Grimma).

Margarethens Prüfungen. Ein Familiengemälde frei nach dem Engl. einer ungenannten Verfasserin v. Fanny Tarnow. 2 Thle. 8. Frankf. 827, Heinr. Wilmanns.

Margaretiade, Die, d. i. hohes und niedriges, niedriges und hohes: Ernsthaftes Heldingedicht. Göttingen 1760. V: *Osten*, *F. L. von der*. (Mn) (GGr)

Margarethiade, hohes u. niederes Heldengedicht. 8. Götting. 760. Boßiegel. 4 gr.

[F.] Das **Margarinegesetz** v. 15. Juni 1897 erl. v. Dr. jur. Max Fleischmann. *Breslau: M. & H. Marcus 1898.* (VIII, 87 S.) 1 Bd 8. [98. 2713

Margarine-Gesetz, d. neue, e. Schädigg. d. Volksinteressen. Stenograph. Bericht der großen Volks-Versammlung zu Berlin am 6. Febr. 1896 in Kellers Saal, Koppen-Straße 29. Aufgenommen v. Wilh. Zimmermann. gr. 8. (56 S.) Berlin 896. (K. Hoffmann.) n. — 50

[F.] Das Neue **Margarine-Gesetz,** eine Schädigung der Volksinteressen. Stenograph. Bericht d. grossen Volks-Versammlg zu Berlin am 6. Febr. 1896 in Kellers Saal ... Aufgenommen v. Parlaments-Stenographen Wilh. Zimmermann. *Berlin: J. Kerskes 1896.* (52 S., 2 Bl.) 1 Bd 8.

Die Deutsche **Margarinegesetzgebung.** Nach d. Reichsgesetz betr. d. Verkehr m. Butter, Käse, Schmalz u. deren Ersatzmitteln v. 15. Juni 1897 ... erl. v. Dr. G. Full, M. Reuter. Berlin: P. Parey 1899. (VII, 156 S.) 8.

Margarita. Zeitschritt d. Vereins f. Geschichte der Israeliten. Begründet u. hrsg. v. A. Willmars. 1. Jahrg. 1874. 12 Nrn. (B.) gr. 8. Berlin 874. Haack. n. 6. —

Margaritha, Königin von Navarra, s. Margarethe, Königin von Navarra.

Margaritha, Antonius

—, *Der gantze Jüdische Glaube*, mit samt einer gründlichen u. wahrhafften Anzeigung aller Satzungen, Ceremonien, Gebeten, heimlich- u. öffentlichen Gebräuchen, deren sich die Jüden das gantze Jahr über bedienen, nebst schönen u. gegründeten Argumenten wider ihren Glauben beschrieben u. zusammen getragen von *Antonio Margaritha*, einem (!) bekehrten Jüden, u. weiland Lectore oder Lesern der Hebräischen Sprache bey der Hochlöbl. Universität Leipzig, Itzo aber allen christlichen Liebhabern zu einem grossen Nutz u. Erkäntniss der Jüdischen Blindheit, auffs neue nach den alten editionibus übersehen, und mit e. vollkommenen Register vermehret, nebst M. *Christiani Reineccii*, ss. Theol. Baccal. Vorbericht von des *Antonii Margarithae* Jüdischen Familie, Bekehrung, Leben u. Schrifften. Mit (drastischem) Titelkpf. (unten 6 deutsche Verse). Leipzig, bey Friedrich Lanckischens sel. Erben. 1705. 8°. Eleg. Hfrzb.
TKpf., Titel (roth u. schwarz gedr.), 12 Bll. Vorr., 360 S., 12 Bll. Reg.

Margaritti, Menelaos [aus Ochrida '(Albanien)']: Über die Netzhautentzündung bei angeborener Lues ... Berlin, Buchdr. v. G. Schade, *1895;* 33 S., 1 Bl. 8.
Berlin, Med. Fak., Inaug.-Diss. v. 22. März 1895

Margel, Moses [aus Mosciska, Galizien]: Der Segen Jakobs, Midrasch Bereschith rabba, Par. 98, 1—20, 99, 1—4, übersetzt und kritisch behandelt. Berlin 1900. 82 S. 8°.
Bern. Phil. Diss. 1900/1901.

Margel, M., der Segen Jakobs, Midrasch Bereschith rabba, Par. 98, 1—20, 99, 1—4, übers. u. kritisch behandelt. gr. 8. (82 S.) Berlin 900. (Frankfurt a/M., J. Kauffmann.) n. 1. 50

Margel, M., deutsch-hebräisches Wörterbuch. (867 S.) gr. 8. Przemyśl 903—906. (Požega, L. Klein, durch R. Lechner & Sohn in Wien.) Subskr.-Pr. n. 15. —; erh. Pr. n. 20. —; geb. n. 23. —

Margelik, Ferd., ausgew. Gedichte in ob der Enns'scher Mundart. Gesammelt u. hrsg. v. Karl Kaltenbrunner. 8. (XVI, 112 S.) Linz 895. F. J. Ebenhöch. n. 1. 20

Margelik, Karl Frhr. v., Prager Dombilder. Dichtungen. gr. 16. (VIII und 50 S.) Prag 862, Kober. *

Margendorff, Julius (Greifenhagen/Pommern), Über Lungensyphilis. Berlin (Schade) 19. VI. 1889. 30 S. u. Biogr. (3.—) 22178
Oppon.: Lütje Thaysen, Burmeister, Klein.

Maergenthaler, A: Die Keimtrommel- und Darrtrommel-Anlage im Böhmischen Brauhaus zu Berlin. Charlottenburg 1902

Margerie, A[médée] v.: Die Familie. [De la Famille; 1860.] Autoris. Übers. — Mainz: Kirchheim 1867. XV, 414 S. 8°

Margerie, Emm. de, et Alb. Heim, les dislocations de l'écorce terrestre. Essai de définition et de nomenclature. Die Dislocationen der Erdrinde. Versuch einer Definition und Bezeichnung. Text deutsch und französ., Synonymie deutsch, französ. und engl. Hrsg. von der Stiftung von X. Schnyder v. Wartensee. gr. 8. (VIII, 154 S. mit eingedr. Fig.) Zürich 888, Wurster und Comp. *

Margesin, Geo., f. die Reichsraths-Wähler der inneren Stadt. gr. 8. (14 S.) Wien 892. (Leipzig, Literar. Anstalt A. Schulze.) n. — 24

A Sträußle aus meim Gärtle. Von der **Marget.** 2. Aufl. Heilbronn a. N.: E. Salzer 1907. (64 S.) 8° [J.] [07. 12926

Marget, s.a. Sträußle, a, aus meim Gärtle.

Marget, E., üb. e. Drahtanlage f. Gutedelreben. [Aus: „Annalen d. Oenol."] gr. 8. (5 S. m. eingedr. Holzschn.) Heidelberg 875. C. Winter. n. — 40

Andr[eas] Siegm[und] Marggrafs [Marggraf] Chymischer Schriften Th.1.2. Berlin: Wever 1761-67. 8°

Th.1: ([Hrsg.:] Johann Gottlob Lehmann [† 1767].) 1761.

Th.2: ([Hrsg.:] L[udwig] von Beausobre.) 1762.

Marggraf, Andr(eas) Siegm(und): Chymische Schriften. Th.1, neue verbess.Aufl. hrsg. von Johann Gottlob Lehmann, Th.2 hrsg.von L(ouis) von Beausobre, gbd., Abb.

Berlin: Wever 1767 - 1768

MARGGRAF, ANDREAS SIGISMUND.
Chymische Schriften. Berlin, 1761–1767. 2 vols., 12mo. Second edition of vol. I in 1768, pp. [xxii]–330–[vi], 2 plates. Vol. II, pp. xiv–206, 1 plate.
The preface to vol. I is signed Johann Gottlob Lehmann, and that to vol. II. L. von Beausobre.

Chymische Untersuchung eines sehr merkwürdigen Salzes, welches das Saure des Phosphors in sich enthält. Leipzig, 1757. 4to.

— chym. Untersuchg. e. sehr merkwürdigen Urinsalzes, welches das Saure d. Phosphorus in sich enthält. 4. Leipz. 757.

Chymische Versuche, einen wahren Zucker aus verschiedenen Pflanzen, die in unseren Ländern wachsen, zu ziehen. Von A[ndreas] S[iegmund] **Marggraf.** Hrsg. von Edmund O. v. Lippmann. Leipzig: W. Engelmann 1907. (13 S.) 8°
— **Klassiker,** Ostwald's, d. exakten Wissenschaften. No 159. [1.] [07. 14036

Marggraf, A. S., chymische Versuche, e. wahren Zucker aus verschiedenen Pflanzen, die in unseren Ländern wachsen, zu ziehen, s.a. Ostwald's, Wilh., Klassiker der exakten Wissenschaften.

Marggraf, C., der Drechsler, s.: Martin, C. A.

Marggraf, O., s.: Drechsler-Kalender, allgemeiner.

— Das Schleifen, Beizen u. Polieren des Holzes, Elfenbeins, Hornes usw., s.: Schmidt, W.

(U.-Titel:) Sehr vermehrtes und verbessertes Jesus-Büchlein, oder mehr als hundert Seufzer- und Trostreimlein über den Namen Jesus. Sodann einige Morgen- und Abendseufzer und Psalmen, deren sich junge und alte Leute im Leben und Sterben mit Vortheil bedienen können, und ein schönes geistliches Gespräch zwischen Christus und einer glaubigen Seele. Von M. Ehregott Marggraf, Pfarrer in Hinterhermannsdorf. (Fig.: *Jesuskind erscheint einem knienden Mädchen,* 166 × 104) Verlag von Enßlin und Laiblin in Reutlingen. | M. Hebsaker. (= *Reutlinger Volksbücher,* 64).
Kol.: Druck von A. d'Angelo in Reutlingen.
o. J., 40 S., 165 × 104.
LBS d. D. oct K 3454.
Eine andere Auflage hat die Reihennummer 13 und den Vermerk »Druck und Verlag von Enßlin und Laiblin«.

Marggraf, M. Ehre Gott, neuvermehrtes Jesus-Büchlein, oder über 100 schöne Seufzer- und Trost-Reimlein über den Namen Jesus. Sodann einige Morgen- und Abend-Seufzer und Psalmen &c. gr. 16. (42 S.) Reutlingen 867, Baur.

Marggraf, Ehregott, sehr vermehrtes u. verbessertes Jesus-Büchlein od. mehr als 100 Seufzer- u. Trostreimlein üb. den Namen Jesus. Sodann Morgen- u. Abendseufzer, Psalmen u. e. schönes geistl. Gespräch zwischen Christus u. e. gläub. Seele. gr. 16. (32 S.) Reutlingen 874 Enßlin & Laiblin. — 10

Marggraf, Gottfried Lebrecht (Niemega-Saxo), Existentia animalculorum spermaticorum in semine virili probatur. Wittenberg, 8. I. 1799. (Gratulationsschrift für Traugott Carl August Vogt.) 8 S. mit Namen. (3.20) 22179

— — De morbis a vermibus intestinalibus oriundis. Präs. Georg Rudolph Boehmer. Wittenberg (Tzschiedrich) 6. VIII. 1799. 20 S. (4.—) 22180
Gew.: Ludwig Graf v. Pueckler. — Widm. v.: Constantin Ambrosius Lehmann.

— **Johann Friedrich** (Kusteritio Misnicus), De scriptoribus juris attici ad Jo. Alberti Fabricii bibliothecam Graecam. Präs. Christ. Gottl. Richter. Leipzig (Klaubarth) 14. IX. 1787. 12 S. (3.—) 22181

Marggraf, Jh. Ksp. Geo., († ...) moral. Beschäftig. m. Wahrheit f. Tugend u. Religion. 8. Jena 769. Croker. 8 gr.

Marggraf, K., Geschichte der Papiermacher-Berufsgenossenschaft, 1885—1910. 4°. Mainz 1910.

Marggraf, K.J.: Denkschrift über die bisher im Reg. Bez. Pfalz zum Zwecke der Hebung und Förderung der Rindvieh-, Schweine- und Ziegenzucht getroffenen Maßnahmen. Speyer 1902.
Gewidmet den Teiln. a. d. IV. Pfälz. Kreistierschau Kaiserslautern 1902.

Marggraf, Mich., De sensibus internis. Lps. 4°. 1766

— **Michael Lebegott** (Blosv. Misn.), De Joanne Rhagio, aesticampiano amplissimi philosophorum ordinis in illustri philurea concessu. Präs. Daniel Fidler. [Leipzig] (Chr. Goez) 23. V. 1703. (4.50) 22183

Marggraff, Albert. (Car. Guil.) (geb. Berlin 15. 12. 1821): De influentia. Berolini (1844). (26 S.) 8°
Berlin, Med. Diss. v. 22. Apr. 1844

Marggraff, And. Gttl., De spasmis pharyngis, oder: vom Krampf des Oberschlundes. 27 pp. Hal. 4°.

1733

[J.] Auszug aus einem dem Magistrat von Berlin erstatteten Bericht über eine zur Besichtigung von Verkehrseinrichtungen in grösseren Städten unternommenen [!] Reise. Berlin, Juli 1895. (Vf.: [Arnold] **Marggraff,** [Friedr.] Meubrink, [& James] Hobrecht.) *Berlin: Dr. v. W. & S. Loewenthal 1895.* (40 S.) 1 Bd 8. [98. 3179

Marggraff, Bernhard: Ueber primitive Gruppen mit transitiven Untergruppen geringeren Grades. . . . Berlin, Buchdr. Otto Lange (1889); 81 S. 8°
Giessen, Phil. Fak., Inaug.-Diss. v. 1889

Marggraff, Bernhard [Dr.]: Primitive Gruppen, welche eine transitive Gruppe geringeren Grades enthalten. Berlin, R. Gaertner, 1895; 31 S. 4.
Berlin, Sophien-G, OP 1895 (65)

Marggraff, C., die Smyrna-Arbeit, s.: Feige, L.

Marggraff, C., die Smyrna-Arbeit, s. Musterbücher für weibliche Handarbeit.

Marggraff, Clara, Jungborn-Dichtungen. (24 S.) 8. Osterwieck (906). (A. W. Zickfeldt.) n. — 50

Marggraff, Eberhard

Marggraff, E., Abrégé chronologique de l'histoire ancienne. 16. (150 S.) Berlin 867, Herbig. *

Marggraff, E. Abrégé chronologique de l'histoire ancienne. 2. éd. revue. 12. (118 S.) Berl. 891, Herbig. * 1 20

Marggraff, E. Observationes criticae in Ottonis Jahnii editionem Bruti Ciceroniani. 25 S.
Berlin, Franz. G., Progr. 1855

Marggraff, E., Précis de l'histoire d'Allemagne. 2 parties. 8. Berlin 868, Herbig. à Partie *M 2,50. *
Inhalt:
Première partie jusqu'en 1648. (XX, 187 S.)
Seconde partie jusqu'en 1866. Histoire de Brandebourg et de Prusse. (XVI, 232 S.)

Marggraff, E., précis de l'histoire d'Allemagne. 2 parties. 2e édit. revue et corrigée. 8. Berlin, Herbig. à partie *M 2.50. *
Inhalt:
Partie 1. Jusqu'en 1648. (XIX, 177 S.) 887.
» 2. Jusqu'en 1871. (XVI, 200 S.) 888.

Précis de l'histoire d'Allemagne. Par E[berhard] **Marggraff**, Dr, ancien Prof. 3. éd., rev. et corr. par O[tto] Dietrich, Dr, Prof. P. 1. 2. Berlin: F. A. Herbig 1904–05. 2 Bde 8°
1. 1905. 2. 1904. [07. 1154

Marggraff, E., précis de l'histoire d'Allemagne. 3. éd. revue et corrigée par O. Dietrich. 1. et 2. partie. (XVI, 155 u. XVI, 160 S.) 8. Berlin 904. 905. F. A. Herbig. à n. 2. 60

Marggraff, Everardus (Waldemar) (geb. Berlin 1822): De Gregorii I. Magni vita. Berolini (1845). (53 S.) 8°
Berlin, Phil. Diss. v. 12. Apr. 1845

Marggraff, Elisabeth, aus Palast und Hütte. Auserlesene Erzählungen, Parabeln, Fabeln, Legenden und Sagen zur Bildung des Geistes, edler Gesinnung und Sitte. Eine Weihnachtsgabe für Deutschlands heranwachsende Jugend. br. 8. (XV und 464 S. mit 1 ill. Stnt.) Hannover 863, Rümpler. cart.

Marggraff, F., Leitfaden beim ersten Unterricht in der Weltgeschichte für Gymnasien und höhere Bürgerschulen. gr. 8. Berlin 845, Oehmigke's Buchh. n. 1/4 ℛ︀

Marggraff, F., Leitfaden beim ersten Unterricht in der Weltgeschichte f. Gymnasien u. höh. Bürgerschulen. 2. verb. Aufl. 8. (VIII u. 104 S.) Berlin 850, Oehmigke. n. 1/4 ℛ︀

Marggraff, F., Leitfaden beim ersten Unterricht in der Weltgeschichte für Gymnasien und höhere Bürgerschulen. 3. verb. Aufl. Berlin 857. Oehmigke's Buchhdlg. 8. (VIII, 104 S.) n. 7½ ngr.

Marggraff, F., Leitfaden beim ersten Unterricht in der Weltgeschichte für Gymnasien und höhere Bürgerschulen. 4.—6., verb. Aufl. 8. (VIII und 104 S.) Berlin 862—65, Oehmigke's Buchh. *

Marggraff, F., Leitfaden beim ersten Unterricht in der Weltgeschichte für Gymnasien und höhere Bürgerschulen. 7. verb. Aufl. gr. 8. (VIII, 104 S.) Berlin 870, Oehmigke's Buchh. *

Marggraff, Franc. (Herm.) (geb. Berlin 1819): De abortu. Berolini (1843). (30 S.) 8°
Berlin, Med. Diss. v. 1. Juli 1843

MARGGRAFF, Franz (Berlin): Ueber die Bedeutung der Massage.- München: Wolf 1879. 34 S. 2.8.1879 - Urk (Titel: De methodo aegrotos depsendi.); Chr 1879/80,14
Diss.Ingolst.-Landsh.-Mchn.

Marggraff, Fritz, aus Augsburg: Über Spätrecidive bei Mammakarcinomen. *Würzburg 1902: Verlagsdruckerei.* (24 S.) 8°
Würzburg, Med. Diss. v. 1902

Marggraff, *Carl Emil* Gustav [aus Schwiebus '(Brandenb.)']: Vergleichende Anatomie der Carex-Arten mit ihren Bastarden ... Leipzig, A. Warnecke, 1896; 68 S., 1 Bl., 4 Taf. 8.
Erlangen, Phil. Fak., Inaug.-Diss. v. 1896

Marggraff, H. Die römische Reichsgrenze in Germanien u. ihre Bauten. Mit 1 Taf. Augsburg 1894. 49 S.

Marggraff, Herm., Balladenchronik. Erzählende Gedichte ernster und humorist. Gattung. 8. (VIII und 184 S.) Leipzig 862, Brockhaus. * 16 Ngr.; cart. *

Marggraff, Hermann

Fritz Beutel. Eine Münchhauseniade.
Frankfurt a.M.: Meidinger 1856. 423 S. 8°
(Deutsche Bibliothek. Sammlung auserlesener Original-Romane. Bd 10.)

—— Fritz Beutel, s.a. Bibliothek, deutsche.

Fritz Beutel. Eine Münchhauseniade von Hermann **Marggraff**. Leipzig & Berlin: Bibliogr. Inst. (1893). 428 S. 8°
(Meyers Volksbücher. Nr 1109–14.) A 12. 5594

Marggraff, Herm., Fritz Beutel, s.a. Meyer's Volksbücher.

Marggraff, Herm., Bilder-Halle, s. Bilder-Halle.

—— Bücher u. Menschen. gr. 16. (24½ B.) Bunzlau 837, Appun's Buchh.

—— Conversations-Blatt, berliner, s. Conversations-Blatt.

—— Schiller's und Körner's Freundschaftsbund. Einleitung zur 2., wohlf. Ausg. von Schiller's Briefwechsel mit Körner. 8. (III und 94 S.) Leipzig 859, Veit und Comp. *

Marggraff, Hermann: Gedichte, s.a. Marggraff, Rudolf.

— Gedichte. Leipzig 857. Brockhaus. 16. (XVI, 328 S.) n. 1 ℛ︀. 15 ngr.

—— politische Gedichte, s.a. Gedichte.

Marggraff, Herm., Politische Gedichte aus Deutschlands Neuzeit. Hrsg. u. eingeleitet. Neue wohlfeile Ausgabe. 8°. Leipzig, Kösling, 1847.

— Hausschatz der deutschen Humoristik. Mit literar-historischen Einleitungen. 1—5. Liefg. Leipzig 858. Wengler. gr. 8. (IV, S. 1—448. u. 7 Portr. in Holzschn.) Jede Liefg. n. 10 ngr.

— Hausschatz der deutschen Humoristik. Mit literar-historischen Einleitungen. 6—10. (letzte) Liefg. Leipzig 859, 60. Wengler. gr. 8. (2. Bd.: VIII, 436 S.) Jede Liefg. n. 10 ngr.

——, Justus u. Chrysostomus, Gebrüder Pech. Zeit- u. Lebensläufe. 2 Thle. 8. (20¾ B.) Leipzig 840, Engelmann.

—— Deutschland's jüngste Literatur- u. Culturepoche. Charakteristiken. 8. (29¼ B.) Leipzig 839, Engelmann.

Marggraff, Herm., Johannes Mackel. Bunte Schicksale einer häßlichen doch ehrlichen deutschen Haut. 2 Thle. 8., Leipzig 841, Engelmann. 1¾ ₰

Marggraff, Hermann: München m. seinen Kunstschätzen, s. Marggraff, Rudolf.

— Reise-Manual. (1. Bd.) Die Rheinlande. Süddeutschland. Das baierische Hochland. Mit 1 (lith.) Post- u. Reisekarte (in Fol.). Hamburg 853. Verlags-Comptoir. 16. (XX, 367 S.) 1 ₰. 15 ngr.

— — (2. Bd.) Der Oesterreichische Kaiserstaat. Erzh. Oesterreich, Steiermark, Böhmen, Ungarn, Tyrol, Oberitalien &c. Mit 1 (lith.) Post- u. Reisekarte (in Fol.). Ebend. 854. 16. (XVI, 332 S.) 1 ₰. 15 ngr.

— — (3. Bd.) Nord- und Mitteldeutschland. Mit 1 (lith.) Post- u. Reisekarte (in Fol.). Ebend. 854. 16. (XXIV, 310 S.) 1 ₰. 15 ngr.

— — (4. Bd.) Die Schweiz und Savoyen. Mit 1 (lith.) Post- u. Reisekarte (in Fol.). Ebend. 854. 16. (LII, 251 S.) 1 ₰. 15 ngr.

—— Schiller. Lessing. Pestalozzi. Prologe. gr. 8. (31 S.) Leipzig 861, (Jünger.) *

— Ernst Schulze. Nach seinen Tagebüchern und Briefen sowie nach Mittheilungen seiner Freunde geschildert. Mit dem Bildniß E. Schulze's (in Stahlst.). Leipzig 855. Brockhaus. 16. (XIV, 363 S.) n. 1 ₰. 10 ngr.
Vgl.: Schulze, E., sämmtliche poetische Werke.

—— William Shakspeare als Lehrer der Menschheit. Lichtstrahlen aus seinen Werken, nebst einer Einleitung. 8. (XII und 235 S.) Leipzig 864, Brockhaus. * 1 Thlr.; geb. *

—— das Täubchen v. Amsterdam, Trauersp. in 5 Acten, nebst e. Vorspiel. 8. (11½ B.) Leipzig 839, [Hartung.]

—— Theater-Lexikon, s. Theater-Lexikon.

Trutz Dänemark! Deutsche Lieder für Schleswig-Holstein. Gesam. u. hrgg. v. Hermann Marggraff. Frankfurt am Main. 1851. 8°.

Marggraff, Hermann (Red.), s. Zeitung, Deutsche.

Marggraff, Hugo, Badewesen und Badetechnik der Vergangenheit, s. Sammlung gemeinverständlicher wissenschaftlicher Vorträge. 380.

Marggraff, H.: Badewesen und Badetechnik der Vergangenheit. Berlin 1881. 32 S.

Marggraff, Hugo, das Eisenbahngeleise, dessen Inanspruchnahme, Bau, Unterhaltung u. Erneuerung. gr. 8. (III, 93 S. m. 66 Abbildgn.) München 902. (J. Lindauer.) n. 2. 80
Sonderabdruck aus: „Bayer. Verkehrshefte f. Fortbildung im Verkehrsdienste".

Marggraff, Hugo, die kgl. bayerischen Staatseisenbahnen in geschichtlicher u. statistischer Beziehung. Gedenkschrift zum 50. Jahrestage der Inbetriebsetzg. der ersten Staatsbahnstrecke Nürnberg-Bamberg am 1. Oktbr. 1844. Bearb. unter Benützg. amtl. Quellenmateriales. Mit Abbildgn., Karten u. Plänen. Lex.-8. (178 S.) München 894. R. Oldenbourg. n. 5. —

Marggraff, H.: Moderne Stadtbäder. Berlin 1882. 64 S. m. Abb.

— moderne Stadtbäder. (Zeit- und Streitfragen 163-64) Berlin 1882

— moderne Stadtbäder, s. Zeit- u. Streit-Fragen, deutsche.

Marggraff, Hugo, Carl August Steinheil und sein Wirken auf telegraphischem Gebiete. Gedenkschrift zum 50jähr. Jubiläum der Entdeckung der Erdleitung. Lex.-8. (45 S. mit Bild und Fig.) München 888, (Literarisch-artist. Anstalt.) *
Aus: Bayerisches Industrie- und Gewerbeblatt, besonders abgedruckt.

Marggraff H., die Vorfahren der Eisenbahnen und Dampfwagen. (Sammlung gemeinverständlicher wissenschaftlicher Vorträge 435-36) Berlin 1884

Marggraff, H., die Vorfahren unserer Eisenbahnen u. Dampfwagen, s. Sammlung gemeinverständlicher wissenschaftlicher Vorträge.

Marggraff, Hugo, Wasserversorgung, Kanalisation und Abfuhr in wirthschaftlicher, sanitätischer, ökonomischer und technischer Beziehung. Nach den vom Stadtmagistrate München hierüber veröffentlichten Berichten, Verhandlungen und Arbeiten, Projekten und Gutachten. 8. (XII, 57 S.) München 879, Lindauer'sche Buchh. *

Marggraff, Paul, Florian Geyer. Erzählung aus dem Bauernkriege in Versen nach der Geschichte. 12. (124 S.) Würzburg 886, Stahel'sche Universitäts-Buchh. *

Marggraff, Rud., Beschreibung d. Ludwigs-Kirche in München u. der in ihr enthalt. Freskomalereien. Ein Wegweiser z. näheren Verständniß f. Einheimische u. Fremde. 16. (2⅔ B. u. 1 Stahlst.) München 840, Franz. *

Marggraff, Rodolph, catalogue of the pictures in the old royal Pinakothek at Munich. Orig. ed. accompagnied by notes both biographical a. historical a. critical. gr. 16. (IV, 164 S.) München 871. (J. A. Finstertin.) n. 3. 60

Marggraff, Rodolphe, Catalogue des tableaux de l'ancienne Pinacothèque royale à Munich. Edit. orig., accompagnée d'annotations tant historiques que critiques. 8. (226 S.) München 866, (J. A. Finsterlin.) *

—— Erinnerungen an Albrecht Dürer u. seinen Lehrer Mich. Wohlgemuth. Eine Festgabe z. Enthüllungsfeier d. Albrecht-Dürerstatue in Nürnberg am 21. Mai 1840. gr. 8. (2½ B.) Nürnberg, Fr. Campe'sche Buchh.

Marggraff, Rud., das ganze Deutschland soll es sein! Großdeutsches Liederbuch. Kriegs-, Siegs-, Mahn- und Spottlieder der Deutschen von der Mitte des vorigen Jahrhunderts bis jetzt. gr. 16. (XL und 384 S.) München 861, Fleischmann's Separat-Conto.

Marggraff, Rud., das ganze Deutschland soll es sein! Deutsche Kampf- und Freiheitslieder, von der Mitte des vor. Jahrh. bis zur Gegenwart. Gesammelt und hrsg. Neue wohlfeile Volks-(Titel-)Ausg. 16. (X, 384 S.) München (861)70, Merhoff's Verlag.

Marggraff, Rudo. u. Herm., Gedichte. 8. (21½ B.) Zerbst 830, (Kummer.)

— s. Jahrbücher, Münchner, für bildende Kunst

—— Katalog der k. Gemälde-Gallerie in Augsburg. Mit biograph. und kunstgeschichtlich-krit. Erläuterungen, 8 lithogr. Monogrammen-Taf. und 2 Registern. 8. (VIII, 196 S.) München 869, (J. A. Finsterlin.) *

Marggraff, Rudolf. Kaiser Maximilian I. und Albrecht Dürer in Nürnberg. Ein Gedenkbuch für die Theilnehmer und Freunde des Maskenzugs der Künstler in München am 17. Februar und 2. März 1840 ... Nürnberg, Friedrich Campe 1840.
152 S. 8°.

Marggraff, Rud. u. Herm., München mit seinen Kunstschätzen u. Merkwürdigkeiten, nebst Ausflügen in die Umgegend, vornehml. nach *Hohenschwangau u. Augsburg.* Neuestes u. vollständigstes Handbuch f. Fremde u. Einheimische. München, J. & Finsterlin, 1846. 8°. Ppb. m. Lwdr.
1 Bl., XXII—588 S.

— Georg Kaspar Nagler. Verf. des neuen allgemeinen Künstlerlexikons u. der Monogrammisten. Erinnerungsblätter. [Aus dem Jahresberichte des histor. Vereins von u. für Oberbayern.] München 868. Franz. Lex.-8. (28 S.) n. 8 ngr.

—— Verzeichniss der Gemälde in der älteren königl. Pinakothek zu München. 1. Aufl. und neue vollständig umgearb. und mit einem Register verseh. Ausg. 12. (VIII und 265 S.) München 865, (J. A. Finsterlin.) *

Anonym: „Marginalien zu der Belehrung des Bauernstandes von Mallinckrodt . . . .", von zwei Rechtsgelehrten der vormaligen Grafschaft Mark, Duisburg und Essen 1812.

Marginalien zu der Schrift: Vertraute Briefe über die innern Verhältnisse am preussischen Hofe seit dem Tode Friedrichs II. (Aus:) „Intelligenzblatt zu den Neuen Feuerbränden.“ Bd. 1—3. (In 1 Bd.) (Mit 10 Abbildungen.) 4. Leipzig 1808.

Marginalien zu den Grundsätzen der höheren Kriegskunst für die österreichischen Generale. Weimar 1808. V: *Müffling, Frdr. Carl Ferdinand Freih. von genannt Weiss.* (ADB)

Marginalien zu den Grundsätzen der höheren Kriegskunst für die Generale der östreichischen Armee von C. v. W. (Gen. von Müffling.) Mit Pl. Weimar 1808. 120 S.
— — 2. verm. Aufl. 1810.

Marginalien, zu d. Grundsätzen d. höhern Kriegskunst f. d. österr. Generale. Mit 5 Pl. gr. 8. Weim. 2e Aufl. 810. Indust.-Compt. 1 ℛ 12 gr

Die centrale Leitung der Freimaurerei und ihr derzeitiges Oberhaupt. Auszug aus dem französischen Werke: Erinnerungen eines Dreiunddreissigsten. Adriano Lemmi, Oberstes Haupt der Freimaurer. Von Domenico Margiotta. Autor. Ausg. Paderborn: Schöningh 1896. 100 S. 8°
Recens: Bbl. 10 (1896) S. 363—364 (A. W. Sellin).
TB. 431. Beschuldigt die Frmrei politischer Umtriebe. Im Anh. das Dokument der gerichtlichen Verurteilung Lemmis u. Nachrichten über Miss Diana Vaughan u. Sophia Walden. 23. 25.

Margó, Dr. Theodor, Ueber die Endigung der Nerven in der quergestreiften Muskelsubstanz. Mit 2 Tafeln. 4. (IV. 30 S.) Pest 1862, Lampel. 1 fl.

— über die Muskelfasern der Mollusken. Ein Beitrag zur vergleichenden Structur- u. Entwickelungs-Lehre des Muskelgewebes. Mit 2 (lith.) Taf. (Aus den Sitzungsber. der k. Akad. der Wissensch.) Wien 860. Gerold in Comm. gr. 8. (26 S.) n. 7 ngr

—— neue Untersuchungen über die Entwickelung, das Wachsthum, die Neubildung und den feineren Bau der Muskelfasern. Lex.-8. (24 S.) Wien 859, (Gerold's Sohn.)
Vorstehende zwei Schriften des Verf. wurden aus: Sitzungsberichte der k. Akademie der Wissenschaften, Jahrg. 1859 und 1860, besonders abgedruckt.

—— neue Untersuchungen über die Entwickelung, das Wachsthum, die Neubildung und den feineren Bau der Muskelfasern. gr. 4. (VI und 74 S. mit 5 Steint.) Wien 861, (Gerold's Sohn.) *
Aus: Denkschriften der k. Akademie der Wissenschaften zu Wien, besonders abgedruckt.

Margolin, Frieda: Die Theorie des Romans in der Frühromantik. Stuttgart 1909. IV + 27 S. 8°. Bildet ein Kapitel einer grösseren Arbeit mit dem gleichen Titel. [19. XI. 07.]
Bern. Phil. Diss. 1908/09.

Margolin, Frieda. Die Theorie des Romans in der Frühromantik. Diss. Phil. Bern. IV + 27 S. 8. Stuttgart, Union Deutsche Verlagsgesellschaft, 1909.
(Diese Arbeit bildet nur ein Kapitel einer grösseren Arbeit « Die Th' des R' in der Frühromantik ».)

Margolin, Moses, a. Viązma ⟨Rußl.⟩: Aus der Poliklinik des Herrn Prof. Dr. Mendel. Intermittierendes Hinken. Freiburg i. Br. 1905: K. Henn. (38 S.) 8°
Freiburg i. B., Med. Fak., Ref. Bäumler, Diss. v. 1905
[Geb. 10. Nov. 79 Viazma; Wohnort: Viazma; Staatsangeh.: Rußland; Vorbildung: Gymn. Viazma Reife 00; Studium: Moskau 4, Freiburg i. B. 3, Berlin 3 S.; Rig. 21. Juli 05.]

Margolin, Salmann

Kapital und Kapitalzins. Darstellung u. Kritik d. Böhm-Bawerk'schen Lehre. Von S. **Margolin**. *Berlin: E. Ebering 1904.* (179 S.) 8°
= Studien, Rechts- u. Staatswissenschaftliche. H. 23. [04. 5610 6

Margolin, Salmann [aus Mohielew, Russland]: Zur Kritik der Böhm-Bawerk'schen Lehre von Kapital und Kapitalzins. Berlin 1904. 102 S. 8°. [16. XI. 03.]
Bern. Phil. Diss. 1903/1904.

Margolin, Salmann. Zur Kritik der Böhm-Bawerk'schen Lehre von Kapital und Kapitalzins. Diss. Phil. Bern. 102 S. 8. Berlin, E. Ebering, [1904].

Margolinski, Marcus (geb. Dt.-Eylau 11. 8. 1839): De chlorosi. Berolini (1865). (32 S.) 8°
Berlin, Med. Diss. v. 31. Juli 1865

Margolinsky, Simon, aus Kukukswalde ⟨Ost-Pr.⟩: **Synthese von Betaïnen aus dialkylierten Aminoacetonitrilen.** *Heidelberg 1903: K. Rößler.* (56 S.) 8°
Heidelberg, Naturw.-math. Diss. v. 1903

Margoliouth, D. S., s.: Muhammadis Ubaidallahi F. carmina.

Margoliouth, Jessie Payne, s.: John, extracts from the ecclesiastical history

Lehrbuch der aramäischen Sprache des babylonischen Talmuds. Grammatik, Chrestomathie u. Wörterbuch von Dr. Max L[eopold] **Margolis**, Prof., Philadelphia. München: C. H. Beck 1910. XVI, 99, 184* S. 8°
(Clavis linguarum Semiticarum. P. 3.) [10. 5224

Margolis, Max L., Lehrb. der aramäischen Sprache d. babylonischen Talmuds, s. a. Clavis linguarum semiticarum. III.

Margolius, H., Wahre Konstitution. Der Weg zum Frieden der Völker. (V, 292 S.) gr. 8. Prag, C. Bellmann. 1909. 4. —

Margollé, Elie s. Zurcher, Frédéric, et Margollé, Elie.

Margoniner, Georg [aus Berlin]: Die Behandlung der Quetschungen nach Mondeville ... Berlin, Buchdr. v. G. Schade, *1897*; 30 S., 1 Bl. 8.
Berlin, Med. Fak., Inaug.-Diss. v. 23. Apr. 1897

Margoniner, Joseph (geb. Stettin 7. 12. 1860): Zur Malignität der Ovarientumoren. Berlin (1883). (35 S.) 8°
Berlin, Med. Diss. v. 19. Juli 1883

Margosches, Benjamin Max

Margosches, B. M. (Hrsg.), s. Analyse, Die chemische.

Margosches, B. M., einiges üb. das Celluloid, seine Herstellung, Eigenschaften, Untersuchung, Verarbeitung u. Verwertung. (IV, 118 S.) 8. Dresden 906. Steinkopf & Springer. n. 2. —
Sonderabdruck aus: „Celluloid-Industrie".

Margosches, Benjamin Max: Jodometrische Studien. Maßanalytische Bestimmungsmethoden des Jods in löslichen Jodiden. – 1902. 100 Bl., 1 Taf. Diss. Wien, TH

— der Tetrachlorkohlenstoff unter besond. Berücksicht. seiner Verwendung als Lösungs- bezw. Extraktionsmittel in der Industrie der Fette u. verwandter Gebiete. (III, 116 S.) Lex.-8. Stuttgart 905. F. Enke. n. 3. 60
Sonderabdr. a.: „Sammlung chem. u. chem.-techn. Vorträge".

Margosches, B. M., über die Viscose, m. besond. Berücksicht. ihrer Verwertung in der Textil-Industrie. gr. 8. (39 S. m. 2 Fig.) Leipzig-R. 901. L. A. Klepzig. n.n. 1. 50
Sonderabdruck aus: „Zeitschr. f. d. ges. Textil-Industrie".

Margosches, Benjamin Max: Die Viskose, ihre Herstellung, Eigenschaften und Anwendung. 2. Aufl. Leipzig 1906.

Margot, oder das Missverständniss; ein Lustspiel in einem Akt ... Dessau 1793. V: *Rambach, Frdr. Eberhard.* (MGT)

Margot, od. das Mißverständniß. Schausp. in 1 Aufz. v. Fr. Rambach. 8. Leipz. Dyk. 798.

Margot. Roman v. Dora Marie. (219 S.) 8. Straßburg 910. J. Singer. 3.50; geb. 4.50

Margot, A. Ueber den Durchbruch des „Extrinsèque" in den Pronominibus der französischen Sprache. Wien, R. II. Bez., 1880. 36 S. Progr.

Margot, D., Cours élémentaire et progressif de langue française à l'usage des classes inférieures et moyennes des écoles. Ouvrage adopté par le ministère de l'instruction publique. 21e édit. gr. 8. (XVI, 188 S.) St. Pétersbourg 874. (Berlin, Beck.)

Margot, D., Cours élémentaire et progressif de langue française à l'usage des classes inférieures et moyennes des écoles. 10e édit. 2 parties en 1 vol. gr. 8. (XVI, 192; 188 S.) St.-Pétersbourg 879. (Berlin, Deutsche evang. Buch- und Tractat-Gesellschaft.) *

Margot, G., Aschenbrödel. Genrebild in 1 Aufzuge. 8. (12 S.) Berlin 894. M. Böhm. 1. 50

Margot, G., Ausgehoben od.: D. Soldat, } s.: Bloch's, Ludw., Herren-Bühne.

— vor dem ersten Balle. Plauderei in 1 Aufzuge. gr. 8. (13 S.) Ebd. 894. 1. —

— zu Befehl, Herr Lieutenant od. Pöfel, was bist Du für'n Esel! Schwank in 1 Aufzuge (nach e. Fritz Reuter'schen Idee). 8. (22 S.) Ebd. 894. 1. 50

— Blaubart, s.: Bloch's Ludw., Kinder-Theater.

— die Dilettanten-Bühne. Der Darsteller, wie er sein soll. Pract. u. unerläßl. Winke f. Dilettanten üb. Maske, Mimik, Schminken, Stellungen, Ausdrucksweise u. s. w. — M. e. Anh.: „D. Theater u. was dazu gehört, um e. solches aufzustellen". Ueber: „Lebende Bilder". 12. (50 S.) Berlin (895). M. Böhm. 1. —

— drei Tanten auf einmal!, s.: Bloch's, Ludw., Damen-Bühne.

Margot, G.: Das Feuer ... bei Sedan, s. Sedanfeier 1895.

— Feuer, Wasser, Kohle, s.: Bloch's, Ludw., Damen-Bühne.

— Frauen-Freundschaft. Dramatischer Scherz in 1 Aufzuge. 8. (14 S.) Ebd. 894. 1. —

— Friede auf Erden od. des alten Soldaten Weihnachtsengel, } s.: Böhm, Mart.

— mein Friedrich. Erinnerg. an Sedan, } s.: Sedanfeier 1895.

— Hänsel u. Gretel, s.: Bloch's, Ludw., Kinder-Theater.

— Frau Holle, s.: Mädchen-Bühne.

— Germanias Huldigung, s.: Geburtstag, 37., Sr. Majestät.

Margot, G.: Die Kaiser-Eiche, s. Böhm, Martin.

— der König im Bade, s.: Bloch's, Ludw., Kinder-Theater.

— Peter in der Fremde, s.: Böhm, Mart.

Margot, G.: Auf Posten, s. Bloch's Ludwig, Herren-Bühne.

— der falsche Prinz, } s.: Bloch's, Ludw., Kinder-
— die Springwurzel, } Theater.

— die Stütze der Hausfrau. Solo-Scherz f. 1 Dame. 8. (8 S.) Berlin 894. M. Böhm. 1. —

— die Tante kommt! Lustspiel in 1 Aufzuge. 8. (16 S.) Ebd. 894. 1. 50

— eine Viertelstunde Lieutenant. Posse in 1 Act. 2. Aufl. gr. 8. (18 S.) Ebd. 894. 1. 50

— Weihnachts-Schäfchen, } s.: Bloch's, Ludw.,
— d. Wolf u. d. sieben Geißlein, } Kinder-Theater.

Margot, H., et F. G. Reuter, Essai d'une Flore de l'Ile de Zante. (Lu à la Société de Physique et d'Histoire naturelle de Genève, en mars 1838.) gr. in-4. (Mit 7 Kupfertaf.) Genève 841, Kessmann. 3/4 ₰

Margot, Harry, wundersame Gotteswege aus der Gegenwart. Erzählungen. Mit einem (chromolith.) Bilde. 12. (158 S.) Basel 881. Spittler. n. 1. 20; geb. n. 2. —

Margot, Harry. Wie es kam, dass ich ein Doctor wurde. In-8°, 16 S., mit 1 Bild in Farbendruck. Basel, C. F. Spittler. 1881. — 25

Margot, H., wie es kam, daß ich ein Doktor wurde. Eine Erzählung. 2. Aufl. 12. (16 S. mit chromolithogr. Bild.) Basel 885, Spittler. *

Margot, Paul, die Gefangenen der Apachen. Erlebnisse unter den Indianern Nordamerika's. Roman. 2 Bde. 8. (XII, 270; IV, 359 S.) Leipzig 868, Grunow.

Margot, P., die Gefangenen der Apachen. 2 Bde. 8. Leipzig 868. Gera, Griesbach's Verlag.

Margotti, Jac., Rom und London in Lebensbildern gegenüber-gestellt. Aus dem Italien. von Heinr. Schiel. Lex.-8. (X und 558 S.) Wien 860, Mechitharisten-Congregations-Buchh. Thlr

Margotti, Jac., Rom und London in Lebensbildern gegenüber-gestellt. Aus dem Italien. von Heinr. Schiel. 2. (Titel-)Aufl. gr. 8. (X und 553 S.) Wien (850)66, Mechitharisten-Congregations-Buchh. *

— die Siege der Kirche in dem ersten Jahrzehnt des Pontifikates Pius IX., s. Gams, B., Geschichte der Kirche rc.

Margraf, Ernst, Nordhausen: Einfluss der deutschen Litteratur auf die englische am Ende des achtzehnten und im ersten Drittel des neunzehnten Jahrhunderts. *Leipzig 1901: O. Schmidt.* (83 S.) 8°
Leipzig, Phil. Diss. v. [9. Nov.] 1901

Margraf, Ernst, Einfluss der deutschen Litteratur auf die englische am Ende des 18. u. im ersten Drittel des 19. Jahrh. Diss. gr. 8. (83 S.) Leipzig (901). (Dr. Seele & Co.) n. 1. 50

MARGRAF, Joseph (Neuhausen): Kirche und Sklaverei seit der Entdeckung Amerikas oder: was hat die katholische Kirche seit der Entdeckung Amerikas theils zur Milderung theils zur Aufhebung der Sklaverei gethan?- Tübingen: Laupp 1865. X,230 S.
1.6.1866 - Urk (Titel: Quid ecclesia catholica praestiterit cum in abolendo tum in sublevando servitutis instituto exinde ab America nobis inventa.): F 44
Diss. Ingolst.-Landsh.-Mchn.

Margraf, J., Kirche und Sklaverei seit der Entdeckung Amerikas, oder: Was hat die kath. Kirche seit der Entdeckung Amerikas teils zur Milderung, teils zur Aufhebung der Sklaverei gethan? Gekrönte Preisschrift. Tübingen, Laupp, 1865, gr. 8°, X, 230 S., 2,70 Mk.
Recens. v. Hefele, Theol. Quartalschr. Jahrg. 49, S. 176 ff. Hist.-pol. Blätt. Bd. 62, S. 189—95. (Wiener) Allgem. Littztg 1866, S. 105. Österr. Vierteljahrsschr. 1869, S. 151.

MARGRAF, Philipp (Bitburg): Ueber zwei Fälle von angeborenem Dekeft [!] der Herzscheidewand.- München: Wolf 1882. 20 S.
18.11.1882 - Urk (Titel: De duobus casibus defecti congeniti septi ventriculorum.); Chr 1882/83,17
Diss.Ingolst.-Landsh.-Mchn.

Margreiter, Franz Xaver: Gemeinfaßliche kurze Belehrung üb. d. Schutzblattern.
Salzburg: Duyle 1812.

Margreiter, F. X., Gelegenheitspredigten. gr. 8. Salzb. Duyle. 798.

Margreiter, Jos., Verzeichniß aller Poststraßen von Tyrol und Voralberg, mit Anfügung mehrerer auswärtiger Haupt- u. Nebenverbindungen. gr. Fol. Berlin ,,. Grantz. ¼ ℔

Das Gebetsleben Jesu Christi, des Sohnes Gottes. Von Dr. theol. et phil. Jakob **Margreth.** *Münster i. W.: Aschendorff 1902.* (XI, 320 S.) 8° [03. 037. 6

Margrit, Wolfg., vom Rechte, das mit uns geboren ist . . . (161 S.) 8. Nowawes-Neuendorf 907. H. Möller. n. 2. —; kart. n. 3. —

Margry, Pierre, über die Demokratie in Frankreich. Antwort an Hrn. Guizot. gr. 12. (58 S.) Wiesbaden 849, Schellenberg in Comm. n. ⅙ ℔

Marguerite, Königin von Navarra, s. Margarethe, Königin von Navarra.

Margueritte, Paul, Bohême, s.: Bibliothek berühmter Autoren.

Margueritte, Paul, et Victor **Margueritte,** le désastre. In gekürzter Fassg. f. den Schulgebrauch hrsg. v. Herm. Berni. I. Tl.: Einleitung u. Text. II. Tl.: Anmerkgn. u. Wörterverzeichnis. Mit 1 Abbildg., 2 Karten u. 2 Plänen. 8. (XII, 262 S.) Leipzig 900. G. Freytag. Geb. in Leinw. u. geh. n. 2. —

Paul et Victor Margueritte. Le Désastre. In gekürzter Fassung für den Schulgebrauch herausgegeben von Hermann Berni. I. Theil: Einleitung und Text. II. Theil: Anmerkungen und Wörterverzeichnis. Mit 1 Abbildung, 2 Karten und 2 Plänen. (Freytags Sammlung französischer und englischer Schriftsteller.) Wien und Prag. 1900. Tempsky. 8°. XII, 262 S. Geb K 2.40

— u. Vikt. **Margueritte,** Ehe u. Ehescheidung. Einzig autoris. Uebersetzg. v. U. Fricke. (87 S.) 8. Leipzig 903. Berlin, Verlag der Frauen-Rundschau. n. — 50

— — Episodes de la guerre de 1870/71, hrsg. v. Ernst Wasserzieher, s.: Gerhard's französische Schulausgaben. Nr. 11.

— — une famille de province en 1870. (Extraits de: „Les tronçons du glaive".) Für den Schulgebrauch hrsg. v. J. Busse. (V, 136 S. m. 4 Karten.) 8. Leipzig 904. G. Freytag. — Wien, F. Tempsky. Geb. in Leinw. n. 1. 50; Wörterbuch (40 S.) n. — 50

— — neue Frauen. Roman. Einzig autoris. Übersetzg. v. U. Fricke. 8. (396 S.) Leipzig (901). H. Seemann Nachf. n. 4. —; geb. n. 5. —

— — zwei Frauenleben. Einzig autoris. Uebersetzg. aus dem Franz. 1.—5. Taus. (422 S.) kl. 8. Wien 904. Wiener Verlag. n. 3. —; geb. n.n. 4. 50

Brave Kerle [Les braves gens] von Paul u. Victor **Margueritte.** Einzig autor. Ausg. (Ins Deutsche übertr. von U. Fricke.) Bd 1. 2. Leipzig: H. Seemann Nachf. (1904). 2 Bde 8° [F.]
= **Margueritte,** Paul: Der große Krieg [Une époque, deutsch]. T. 3. [05. 9995

Die Kommune [La Commune] von Paul u. Victor **Margueritte.** Einzig autor. Ausg. (Ins Deutsche übertr. von U. Fricke.) Bd 1. 2. Berlin & Leipzig: H. Seemann Nachf. [1905]. 2 Bde 8° [F.]
2. 2. Aufl.
= **Margueritte,** Paul: Der große Krieg [Une époque, deutsch]. T. 4.

Der große Krieg (Une Époque). Ein Roman-Zyklus über d. Krieg 1870/71 von Paul u. Victor **Margueritte.** Einzig autor. Ausg. Ins Deutsche übertr. von U. Fricke [d. i. Friederike Ulrik]. T. [1]–4. Leipzig (4: Berlin & Leipzig): H. Seemann Nachf. (1902–[05]). 8 Bde 8° [F.]
[1] = Der Unstern. Bd 1. 2. (1902.)
2 = Die Stücke d. Schwertes. Bd 1. 2. Aufl. 2. 1903.
3 = Brave Kerle. Bd 1. 2. (1904.)
4 = Die Kommune. Bd 1. 2. 2. Aufl. [1905.] [05. 9990

— — der große Krieg. (Une epoque.) Ein Roman-Cyklus üb. den Krieg 1870/71. Einzig autoris. Ausg. Ins Deutsche übertr. v. U. Fricke. 1. Tl. Der Unstern. 2 Bde. 8. (VII, 370 u. 416 S.) Ebd. (902). n. 5. —; geb. n. 6. 50

— — der große Krieg. (Une epoque.) Ein Roman-Cyklus üb. den Krieg 1870/71. Einzig autoris. Ausg. Ins Deutsche übertr. v. U. Fricke. 2.—4. (Schluß-)Tl. 8. Leipzig, Berlin, H. Seemann Nachf. à n. 5. —; geb. à n. 7. —
2. Die Stücke des Schwertes. 2 Bde. 2. Aufl. (406 u. 437 S.) 903.
3. Brave Kerle. 2 Bde. (431 u. 283 S.) (904.)
4. Die Kommune. 2 Bde. (538 u. 416 S.) (904.)

Poum. Aventures d'un petit garçon. Par Paul et Victor **Margueritte.** In Auszügen mit Anm. [= Anhang] z. Schulgebr. hrsg. von Dr. A[lois] Mühlan, Oberl. in Glatz. [Nebst] Wörterbuch. *Bielefeld & Leipzig: Velhagen & Klasing 1903.* 3 Bde 8°
= Sammlung, Velhagen & Klasings, franz. u. engl. Schulausgaben. Prosateurs franç. Lfg 139B. [03. 13909

— — Poum, hrsg. v. A. Mühlan, s.: Prosateurs français.

— — Strasbourg, hrsg. von Ernst Wasserzieher, s.: Gerhard's französische Schulausgaben. Nr. 10.

Die Stücke des Schwertes [Les tronçons du glaive] von Paul u. Victor **Margueritte.** Einzig autor. Ausg. (Ins Deutsche übertr. von U. Fricke.) Bd 1. 2. Leipzig: H. Seemann Nachf. 1903. 2 Bde 8° [F.]
1. 2. Aufl.
= **Margueritte,** Paul: Der große Krieg [Une époque, deutsch]. T. 2. [05.9094

Der Unstern [Le désastre] von Paul und Victor **Margueritte.** Einzig autor. Ausg. (Ins Deutsche übertr. von U. Fricke.) Bd 1. 2. Leipzig: H. Seemann Nachf. (1902). 2 Bde 8° [F.]
– **Margueritte,** Paul: Der große Krieg [Une époque, deutsch]. T. 1. [05.9093

Margueritte, Vict., die Prostituierten. Ein Sittengemälde aus unseren Tagen. Autoris. Übersetzg. aus dem Franz. (444 S.) 8. Budapest 908. G. Grimm. 3. —

Marguerre, Fritz: Experimentelle Untersuchungen am Polycyklischen Stromverteilungssystem Arnold-Bragstad - la Cour. 1904. 74 S. 8⁰ ¶ Auch bei Enke in Stuttgart u. als: Sammlung elektrotechn. Vorträge. Bd 5, H. 11/12. Karlsruhe, Dr.-Ing.-Diss. v. 23. 12. 1903

Experimentelle Untersuchungen am polycyklischen Stromverteilungssystem Arnold-Bragstad-la Cour. Von Dr.-Ing. F. **Marguerre,** Baden, Schweiz. Mit 37 Abb. *Stuttgart: F. Enke 1904.* (S. 389–462.) 8°
= **Sammlung** Elektrotechn. **Vorträge.** Bd 5, H. 11. 12, [1.] [04.4601

Marguerre, F[ritz]. [1.] Experimentelle Untersuchungen am Polycyklischen Stromverteilungssystem Arnold-Bragstad-la Cour. Von Dr.-Ing. F. M', Baden, Schweiz. Mit 37 Abbildungen. — [2.] Zur Theorie des Elektrophors. Von Dr. Paul Berkitz, Köln a. Rh. II + 87 S. 8. Stuttgart, Ferdinand Enke, 1904. [M. 2. 40]
Marguerre: *S. 1–74;* Berkitz: *S. 75–87.*
Sonderausgabe aus der Sammlung elektrotechnischer Vorträge. Hrg. von Prof. Dr. Ernst Voit. Band 5.

Margules, Max

— Über die Abweichung eines komprimierten Gasgemisches vom Gesetz des Partialdruckes (mit 1 Taf. und 2 Textfiguren). S. 98. II a. 883 . . . . —.50
Separatabdruck

Margules, Max. Ueber die Abweichung e. comprimirten Gasgemisches vom Gesetz d. Partialdruckes. Lex.-8. (11 S. m. 2 Fig. u. 1 Taf.) Wien 889, (Tempsky). * — 50

MARGULES, Max
Ueber den Arbeitswert einer Luftdruckvertheilung und über die Erhaltung der Unterschiede von Max Margules. Besonders abgedruckt aus dem LXXIII. Bd. der Denkschriften der mathem.-naturw. Classe der kaiserlichen Akademie der Wissenschaften. Zum Jubiläum der k. k. Centralanstalt für Meteorologie und Erdmagnetismus in Wien. Wien. 1901. In Comm. Gerold's Sohn. 4°. 17 S. K 1.40

Margules, Max, Bemerkung zu den Stefan'schen Grundformeln der Elektrodynamik. [Mit 1 (eingedr.) Holzschn.] [Aus: „Sitzungsber. d. k. Akad. d. Wiss."] Lex.-8. (10 S.) Wien 878. (Gerold's Sohn.) n. — 20

— Über die Bestimmung des Reibungs- und Gleitungskoëffizienten aus ebenen Bewegungen einer Flüssigkeit. S. 83. II. 388 . . . . , —.30
Separatabdruck

Margules, Max, über die Bestimmung der Reibungs- und Gleitungscoëfficienten aus ebenen Bewegungen einer Flüssigkeit. Lex.-8. (15 S.) Wien 881, (Gerold's Sohn.) **

— über Bewegungen zäher Flüssigkeiten u. über Bewegungsfiguren. [Mit 1 (lith.) Taf.] [Aus: „Sitzungsber. d. k. Akad. d. Wiss."] Lex.-8. (20 S.) Ebend. 881. n. — 80

Margules, Max, Luftbewegungen in e. rotirenden Sphäroidschale. I.—III. Thl. [Aus: „Sitzungsber. d. k. Akad. d. Wiss."] Lex.-8. Wien, (F. Tempsky). n. 3. 60
I. (36 S.) 892. n. — 60. — II. (46 S. m. 6 Taf.) 893. n. 1. 80. — III. (53 S. m. 2 Taf.) 893. n. 1. 20.

— über die Mischungswärme comprimirter Gase. [Aus: „Sitzungsber. d. k. Akad. d. Wiss."] Lex.-8. (8 S.) Ebd. 889. n. — 30

— Notiz über den dynamo-elektrischen Vorgang (mit 2 Holzschnitten). S. 86. II. 1185 . vgr.
Separatabdruck

—— Notiz über den dynamoelektrischen Vorgang. Lex.-8. (5 S. mit 2 eingedr. Holzschn.) (Ebendas.) 882. *

— Notiz über den dynamoelektrischen Vorgang. Ibid. 1883. fl. —.10

— die Rotationsschwingungen flüssiger Cylinder. [Aus: „Sitzungsber. d. k. Akad. d. Wiss."] Lex.-8. (26 S.) Ebend. 882. n. — 45

Margules, M., üb. die Schwingungen periodisch erwärmter Luft. [Aus: „Sitzungsber. d. k. Akad. d. Wiss."] Lex.-8. (24 S.) Wien 890. (Tempsky.) n. — 50

Margules Max: Über die stationäre Strömung der Elektrizität in einer Platte bei Verwendung geradliniger Elektroden (mit 2 Taf.). S. 75. II. 883 . . . . vgr.
Separatabdruck

Margules, Max, Ueber die stationäre Strömung der Elektricität in einer Platte bei Verwendung geradliniger Elektroden. Lex.-8⁰. *15 S.* mit 2 lith. Taf. Wien, Gerold's Sohn. 1877. fl. —.30

Margules, Max, Temperaturmittel aus den Jahren 1851—85 und 30jährige Mittel 1851—85 für 120 Stationen in Ost-Schlesien, Galizien, Bukowina, Ober-Ungarn und Siebenbürgen. Wien [o. J.]

— über Theorie u. Anwendung der elektromagnetischen Rotationen. [Mit 2 (eingedr.) Holzschn.] [Aus: „Sitzungsber. d. k. Akad. d. Wiss."] Lex.-8. (14 S.) Ebend. 878. n.n. — 30

— über die specifische Wärme comprimirter Kohlensäure. [Mit 1 Textfig.] [Aus: „Sitzungsber. d. k. Akad. d. Wiss."] Lex.-8. (14 S.) Ebd. 889. n. — 40

—— über discrete Wirbelfäden. Lex.-8. (10 S.) (Ebendas.) 880. **
aus: Sitzungsberichte der k. Akademie der Wissenschaften, besonders abgedruckt.

Margules, Max, üb. d. Zusammensetzg. d. gesättigten Dämpfe von Mischungen. [Aus: „Sitzungsber. d. k. Akad. d. Wiss.] gr. 8. (36 S. m. 7 Fig.) Wien 895. (C. Gerold's Sohn.) n. — 90

MARGULIES, Achill (Poltava): Memorabilia clinica. (Titel nach der Urkunde)
18.8.1830 - Urk; F 60
Diss. Ingolst.-Landsh.-Mchn.

Margulies Adolf: Ueber die Verbalen ge-Composita im Tristan Gottfrieds von Strassburg.
H. 1894 PN 835 Diss. Wien. Univ.

MARGULIES, Adolph (Sadagoravensis): De lue venerea et ejus medicatione. (Titel nach der Urkunde)
8.7.1871 - Urk; F 73; Chr 1871/72,19
Diss. Ingolst.-Landsh.-Mchn.

Margulies, A(ngelo), aus Constantinopel ⟨Türkei⟩: **Aus d. Nervenpoliklinik d. Herrn Privatdoc. Dr. L. Jacobsohn zu Berlin. Ein Beitrag zu den Übergangsformen zwischen Friedreich'scher Ataxie und der Hérédo-Ataxie cérébelleuse von Marie.** *Berlin 1901: S. Scholem.* (29 S.) 8°
Berlin, Med. Diss. v. 2. Aug. 1901

Margulies Baruch: Der Mischnahttraktat „Kilajim" edirt, kritisch erläutert mit einem Glossarium versehen.
H. 1901 PN 1358 Diss. Wien, Univ.

Margulies David: Maud und Locksley Hall. Zwei literarisch-kulturgeschichtliche Abhandlungen, mit einer kurzen Biographie Tennysons und erklärenden Bemerkungen.
H. 1899 PN 1180 Diss.Wien, Univ.

Margulies, Eberhard, prakt. Arzt: Aus d. Königl. mediz. Universitätsklinik zu Königsberg i. Pr. Ein Beitrag zur Kenntnis der Miliartuberkulose der Chorioidea. *Königsberg i. Pr. 1898: M. Liedtke.* (30 S.) 8°
Königsberg, Med. Diss. v. 8. Dez. 1898

Margulies, Julian

Margulies, J. Untersuchungen üb. einige Triphenylmethanderivate: I. Beiträge zur Kenntniss der Hydracine der Triphenylmethanreihe. II. Oxytriphenylmethanderivate. III. Diamidotriphenylmethanderivate. In-8⁰. 53 S. Basel, Dissertat. 1893

Margulies, M. v., zur Diagnose u. Kasuistik der chirurgischen Nierenerkrankungen. (65 S.) gr. 8. Leipzig 904. Verlag der Monatsschrift f. Harnkrankh. n. 2. —
Sonderabdruck aus: „Monatsschr. f. Harnkrankh. etc."

Margulies, Max: Aus d. psychiatr. Univ.-Klinik zu Königsberg i. P. Pupillenanomalien bei Alkoholisten, Berlin 1910: Schumacher. 69 S. 8° ¶ (Aus: Archiv f. Psychiatrie u. Nervenkrankh. Bd 47, H. 1.)
Königsberg, Med. Diss. v. 11. Aug. 1910, Ref. Meyer
[Geb. 18. Okt. 83 Memel; Wohnort: Königsberg i. P.; Staatsangeh.: Preußen; Vorbildung: Altstädt. Gymn. Königsberg Reife O. 02; Studium: Berlin 2, Königsberg 10 S.; Coll. 22. Jan. 10; Approb. 1. März 10.] [U 10. 2578

Bibel und Babel. Vortrag von Moritz **Margulies.** *Kattowitz: J. Herlitz 1903.* (25 S.) 8° [03. 8958 2

Margulies, Mor., d. Bilanz der Berner Convention üb. d. internat. Frachtenverkehr. gr. 8. (57 S.) Wien 895. Spielhagen & Schurich. n. 1. —

— d. tarifpolitische Nachlass d. provisor. Ministeriums. gr. 8. (27 S.) Wien 895. Volkswirtschaftl. Verl. A. Dorn. n. 1. —

MARGULIES, Moses (Brodyensis): De febri puerperali. (Titel nach der Urkunde)
23.6.1871 - Urk; P 73; Chr 1870/71,14
Diss. Ingolst.-Landsh.-Mchn.

Margulies Otto, Dr.: Über die Einwirkung von Jodmethyl und Kali auf Phloroglucin. S. 97. IIb. 912 . . . . vgr.
Separatabdruck

— Über Hexamethylphloroglucin. S. 98. IIb. 533 . . . . vgr.
Separatabdruck

Margulies Robert: Über die Oxydation normaler fetter Säuren. S. 103. IIb. 26 . . . vgr.
Separatabdruck

[F.] Dichter und Patriot. E. Studie üb. d. Leben u. d. Werke D. Levis. Von Dr. S. H. **Margulies.** *Trier: S. Mayer 1896.* (136 S.) 1 Bd 8.

Margulies, S. H., Dichter u. Patriot. E. Studie üb. d. Leben u. d. Werke D. Levis. 8. (136 S.) Trier 896. Berlin, M. Poppelauer. n. 1. 75

Margulies, S. H., zwei Pesachpredigten. gr. 8. (19 S.) Frankfurt a/M. 889. Kauffmann. n. — 50

Margulies, S. H., Saadia Al-fajûmî's arabische Psalmenübersetzung. Breslau (Grass, Barth u. Co.) 1884. Mit Biogr. (M.: Cl. Fadenhecht.) (3.20)
22185

Margulies, S. H., s. Saadia Al-fajûmî's arabische Psalmenübersetzung.

Haman an die Antisemiten. Von S. N. **Margulies.** *Lübeck: Werner & Hörnig 1893.* (15 S.) 8° [93. 2141

Margun, Gerda, hilf mir tragen. Roman. (322 S.) 8. Dresden 905. E. Pierson. n. 3. —; geb. n. 4. —

Darstellung der kriegerischen Ereignisse in Italien i. J. 1866. Von Albert **Margutti,** Hauptm. im k. u. k. Inf.-Reg. Graf Grünne Nr. 43. M. 2 Ordres de bataille u. 10 Skizzen. *Wien: L. W. Seidel & Sohn 1897.* (2 Bl., 33 S., 12 Taf.) 1 Bd 8. [97. 6156

Margutti, Alb., der türkisch-griechische Conflict 1897. Seine Entstehungsgeschichte u. seine Austragg. im jüngsten europ. Kriege. gr. 8. (XVI, 156 S. m. 2 Taf.) Temesvár 898. G. Trautmann. 3. —

Die Meeresbeherrschung in ihrer Rückwirkung auf die Landoperationen des grossen Krieges. Ein Beitrag z. Studium moderner Strategie von Albert **Margutti,** Hauptm. im k. u. k. Generalstabs-Corps. Mit 5 Kartenskizzen. *Wien & Leipzig: Braumüller 1900.* (134 S.) 8° [00. 180

Maršan, Michael, und **Nagel,** Johann, Početnice pro školy obecné. Úkoly ku pamětnému i písemnému počítání v jednotřídních nedílných školách obecných. Prag und Wien 1894. F. Tempský. (Min.-Erl. v. 18. December 1893, Z. 26739.)

I. Heft. Gebunden	50 h
II. Heft. Gebunden	60 h
III. Heft. Gebunden	80 h

Mar-Hanna, oder die Pilgerinnen aus Yemen. Eine heilige Kunde aus dem Buche der Menschheit, vom Verf. der Amida. Erfurt 1806. V: *Teubner, Georg.* (GGr V, 472) (Zeitschr. f. Büch. N. F. 15, 1923, S. 115)

Mar-Hanna, oder die Pilgerin aus Yemen. 8. Erfurt 806. Müller.

Marhanna, oder die Pilgerin aus Yemen. 8. Erfurt, Müller. 806. Ist jetzt Verlag von Petersen in Altenb.

Marhanna u. Aurea, s. Henken, otaheit. Gemälde.

Marhanna und Aurea oder die Liebe auf Otaheiti unter den guten und glücklichen Kindern der Natur. Bremen 1808. Berlin 180 . V: *Henken.* (BGE IV², 407)

Marheim, Helene, Haushalt und Küche. Ein Rathgeber im gesammten Wirthschaftswesen. Zum Gebrauche für sämmtliche Hausgenossinnen, als: Wirthschafterinnen und Haushälterinnen, sowie dienende Mädchen und Frauen überhaupt. Praktischer Wegweiser bei Verrichtung aller dienstl. Vorkommnisse und Geschäfte in Haus, Küche, Keller und Garten, in der Kinder- und Krankenstube; sowie Darlegung aller sonstigen Pflichten und Erfordernisse. Zugleich eine Mitgabe für erwachsene Töchter. Mit einer Einführung von Frau Emma Wuttke. 2. (Titel-)Ausg. (von: Rathgeber für dienende Mädchen und Frauen). gr. 8. (XI, 270 S.) Leipzig 881, Spamer. *
geb. *

— Rathgeber für dienende Mädchen u. Frauen. Praktischer Wegweiser bei Verrichtung aller dienstlichen Vorkommnisse u. Geschäfte in Haus, Küche, Keller u. Garten, in der Kinder- u. Krankenstube; sowie Darlegung aller sonstigen Pflichten u. Erfordernisse in Bezug auf gute Sitten u. richtiges Benehmen. Unterweisung u. Nachhülfe für Solche, welche sich zu einer geschickten u. gerngesehenen Hausgenossin u. Dienerin ausbilden wollen. Mit einer Einführung von Frau Emma Wuttke. gr. 8. (XI, 270 S.) Ebend. 880. n. 2. 50; geb. n. 3. 50

Maerheim, Hermann. Die Seewiese. Ein Märchen aus Alt-Aussee. 8. (102 S.) —.60
Wien: Konegen 1891.

Marheine, Walther, Ref. in Gandersheim: Form, Inhalt und Beweiskraft des Versteigerungsprotokolles. Borna-Leipzig 1906: R. Noske. (IX, 84 S.) 8° [J.]
Leipzig, Jur. Fak., Diss. v. 5. März 1906
[Geb. 2. Sept. 81 Braunschweig; Wohnort: Gandersheim; Staatsangeh.: Braunschweig; Vorbildung: Neues Gymn. Braunschweig Reife O. 00; Studium: Göttingen 2, München 1, Berlin 1, Göttingen 2 S.; Rig. 20. Juli 04.]

Marheineke. Macaulay appreciated as a critic of literature. Breslau, H. B. II., 1876. 11 S. 4. Progr.

La classe en français par Dr. Friedrich **Marheineke**, Prof., Oberl. *Hannover, Berlin: C. Meyer 1902.* (XVI, 364 S.) 8° [illegible] 11

Marheineke, Car. (Ludov.) Ottomar. (geb. Berlin 5. 10. 1836): De keratocono. Berolini (1862). (32 S.) 8°
Berlin, Med. Diss. v. 11. Aug. 1862

Marheineke, Philipp (Konrad)

Marheineke, Phil. (Konr.), über d. Ansprüche, welche d. leibl. Leben auf uns. Fürsorge u. Aufmerksamkeit machen kann. Eine Predigt. gr. 8. (1 B.) Berlin 831, Duncker u. Humblot.

Marheinecke, Ph. Konr., Antrittspredigt: Wie kann, zumal in unsern Tagen, der Sinn für Religion im Menschen angeregt u. gebildet werden? gr. 8. Erlang. 805. Palm'sche Verlagsbuchhandl. 2 gr.

Marheineke, Philipp, s. Aphorismen zur Erneuerung des kirchlichen Lebens.

Articuli qui dicuntur Smalcaldici e Palatino codice msc. accurate editi et annotationibus criticis illustrati [a Philippo Conrado **Marheinecke**]. Programma quo ad audiendas... orationes sollemnibus sacrorum emendatorum secularibus tertiis rite celebrandis... d. 3. Nov. habendas invitat ordo theologorum. Berolini 1817. (86 S.) 4°

Marheinecke, Ph., Articuli qui dicuntur Smalcaldici etc. gr. 4. Berlin, Nauck. 818.
Dass.s.a.: Articuli ...

— üb. den sichtbaren Ausdruck der unsichtbaren Seelenwürde. 8. Neubrandenb. 804.

— üb. d. Bekehrung der Juden und Christen, zwey Predigten. gr. 8. Berlin, Dümmler. 820.

Marheineke, Phil. (Conr.), Beleuchtung d. Athanasius v. J. Görres. Eine Recension. gr. 8. (4 B.) Berlin 838, Duncker u. Humblot.
Aus: Jahrbücher f. wissenschaftl. Kritik 1838, besond. abgedruckt.

— Betracht. über das Leben u. Lehre d. Welterlösers, zur häusl. Erbauung. gr. 8. Berlin 823, Fr. Maurer.

—— Betrachtungen üb. d. Leben u. d. Lehre d. Welterlösers. Zur häusl. Erbauung. gr. 8. (24 B.) Berlin (neuer Titl. 837.), Heymann.

— das Brod im heil. Abendmahl. Ein Beytrag zur Vereinigung der lutherischen und reformirten Kirche. Nebst einem alten Bericht von Luthers Reise von der Wartburg nach Wittenberg. 8. Berlin, Nicolai. 817.

— s. Daub, Karl, philosoph. u. theolog. Vorlesungen.

Marheineke, Phil. (Conr.), der Erzbischof Clemens August, Freiherr Droste zu Vischering als Friedenstifter zwischen Staat u. Kirche. gr. 8. (2½ B.) Berlin 843, Schröder's Verl. *
Aus: Jahrbücher f. wissenschaftl. Kritik, besond. abgedruckt.

—— Einleitung in die öffentlichen Vorlesungen üb. die Bedeutung der Hegelschen Philosophie in der christl. Theologie. Nebst einem Separatvotum üb. B. Bauers Kritik der evangel. Geschichte. gr. 8. (5½ B.) Berlin 842, Th. Enslin.

—— Entwurf d. pract. Theologie. 8. (10½ B.) Berlin 837, Duncker u. Humblot.

—— das Gebet d. Herrn in dreizehn Predigten. Nebst den am 300jähr. Jubelfest d. Einführ. d. Reformation in die Mark Brandenburg im J. 1839, u. am Gedächtnißtage d. Verstorbenen im J. 1839 gehaltenen. gr. 8. (15 B.) Berlin 840, Duncker u. Humblot.

— allgem. Geschichte der christl. Moral in den der Reformation vorhergehenden Jahrhunderten. (Auch u. d. T.: Allgem. Darstellung des theolog. Geistes d. kirchl. Verfassung 2c.) gr. 8. Sulzb. 806. v. Seidel. 1 Rthlr. 4 gr.

— Geschichte der deutschen Reformation. 2 Bde. 8. Berlin, Nicolai. 816.

—— Geschichte d. teutschen Reformation. 4 Thle. 8. Berlin, Duncker u. Humblot. [1—3. 2., verb. u. verm. Aufl. (97¼ B.) 831. 4 Thlr. 12 Gr., 4. (33 B.) 834. 2 Thlr.]

— das Göttliche der Kirchenverbesserung, eine Predigt am 3ten Jubelfeste der Kirchenverbesserung. gr. 8. 8. Ebend. 817.

— Grundlegung d. Homiletik, in einer Vorlesung üb. den wahren Charakter eines protestant. Geistlichen. 8. Hamburg, Perthes. 811.

— die Grundlehren der christlichen Dogmatik. gr. 8. Berl. 819. Dümmler. 2 Rthlr. 8 gr. 2e Aufl. Ebd. 827. Duncker u. H. 2 Rthlr.

Marheinike, (Ph.,) Grundlehren der christl. Dogmatik als Wissenschaft. 2e Aufl. gr. 8. Berl. 827, Dunker u. H.

— s. G. W. F. Hegel, Werke.

— institutiones theologiae symbolicae. 8. Berl. 814. Reimer. 1 Rthlr.

— Institutiones symbolicae, doctrinar. catholicor. protestant., sociniar., eccles. graece, minorumque societatum christianarum summam et discrimina exhib. Ed. II. auct. emend. 8. Berol. 825, Voss.

—— Institutiones symbolicae doct. catholicor. protestant. socinian., eccles. graecae, minorumque societatum christianar. summam et discrimina exhib. In us. lection. Edit. III. auct. emend. 8. (16¼ B.) Berolini 830, Voss.

Marheineke, Phil. (Conr.), kann irgend e. anderer Mensch von sich sagen, was Christus gesagt hat: „Ich bin d. Weinstock, ihr seid d. Reben?" Eine Frühpred., geh. am Sonnt. nach d. Reformationsfeste 1838. Mit Zustimmung d. Verf. hrsg. v. Ludw. Geyer. gr. 8. (1 B.) Berlin 839, [Burmeister.] Thlr. *

— Katechismus d. christl. Lehre f. d. Confirmanden d. evangel. Kirche. 8. Berl. 825, Dümmler.

—— Katechismus d. christl. Lehre f. d. Konfirmanden d. evangel. Kirche. Mit Bewillig. d. Verf. hrsg. v. Heinr. Friedr. Wilh. Pätsch. 2. Aufl. 8. (4 B.) Berlin 840, Dümmler.

—— zur Kritik der Schellingschen Offenbarungsphilosophie. Schluß der öffentl. Vorlesungen üb. die Bedeut. der Hegelschen Philosophie in der christl. Theologie. gr. 8. (4½ B.) Berlin 843, Th. Enslin.

—— das gottesdienstliche Leben des Christen. Betrachtungen christl. Andacht. 2 Abthlgn. 8. Magdeburg 842, Heinrichshofen. [1. (17½ B.) 2. (18 B.) à 1 Thlr.]

— Lehrbuch des christl. Glaubens u. Lebens, zum Gebrauch in den obern Klassen an den Gymnasien u. f. d. obern Klassen überhaupt. gr. 8. Berlin 823, Nicolai.

—— Lehrbuch d. christl. Glaubens u. Lebens f. denk. Christen u. z. Gebr. in d. obern Klassen an d. Gymnasien. 2., verb. Aufl. gr. 8. (20 B.) Berlin 836, Nicolaische Buchh.

— nur d. Religion vermag die Schmerzen der Trennung zu lindern und zu beruhigen. gr. 8. Erlangen, Heyder. 807.

Orationes in sollemnibus ecclesiae per Lutherum emendatae saecularibus tertiis in universitate . . . Berolinensi d. 3. Nov. a. 1817 habitae (a Philippo Conr. **Marheinecke** rectore et Frid. **Schleiermachero**, ordinis theol. decano). Insunt sollemnium ipsorum adumbratio brevis et carmina in iis cantata. Berolini (1817). (32 S.) 4° * Marheinecke spricht das Gebet. Schleiermacher hält die Festrede u. verkündet die Ehrenpromotionen von Nitzsch, Hermes, Geibel.

— Ottomar. Gespräche über des Augustinus Lehre von der Freyheit des Willens und der göttl. Gnade. 8. Berlin, Nicolai. 821.

Marheineke, Philipp, s. Philosophie des Katholicismus.

Marheinecke, Ph. Pipin, oder wie an die Stelle der alten Merowingischen Dynastie das neue Geschlecht der Carolinger gekommen. 8. Berlin 1815. Reimer.

— Predigt üb. die Ansprüche, welche das leibliche Leben auf unsere Fürsorge u. Aufmerksamkeit machen kann. gr. 8. Berl. 831. Duncker u. H. 2 gr.

Marheineke, Philipp. Predigt zur Feier der tausendjährigen Selbständigkeit Deutschlands am 6. August 1843 in der Dreifaltigkeitskirche zu Berlin vorgetragen. Leipzig, Brockhaus 1843. 40 S. 8.

—— Predigt am 10. Julius d. Tage d. Feier d. Gedächtnisses d. höchs. Königs Friedrich Wilhelm III., ꝛc. gr. 4. (...) Berlin 840, Duncker u. Humblot. *

—— Predigt am 100jähr. Kirchweihfeste d. Dreifaltigkeitskirche zu Berlin d. 1. Sept. 1839 gehalten. Nebst dem in d. Liturgie eingelegten Altargebet v. Kober. gr. 8. (...) Berlin, (Duncker u. Humblot.) *

— Predigt am Reformationsfeste d. 31. Oct. 1813. gr. 8. Berl. 813. Reimer. 2 gr.

— Predigt am Reformationsfeste 1814. gr. 8. Berl. 814. 2 gr.

—— Predigt am erst. Sonntage in d. Fastenzeit, d. 16. Febr. 1834, am Tage nach d. Begräbniß d. sel. Hrn. D. Schleiermacher, in d. Dreifaltigkeits-Kirche gehalten. 2. Aufl., verm. mit dem am 1. März 1834 gesproch. Altargebete. gr. 8. (1¼ B.) Berlin, Duncker u. Humblot.

— Predigten für gebildete Christen ꝛc. Mit e. Vorr. (v. C. F. v. Ammon). 8. Götting. 801. Vandenhöck u. R.

— christl. Predigten zur Belevung d. Gefühls f. d. Schöne u. Heilige m. e. homilet. Abhandl. gr. 8. Erl. Palm. 805.

— Predigten, d. häusl. Frömmigkeit gewidmet. 2 Bde. gr. 8. Berl. 826, Duncker u. H.

— Predigten vor verschiedenen Gemeinden zu Berlin gehalten. gr. 8. Berl. Dümmler. 814.

— Predigten, vor verschiedenen Gemeinden zu Berlin gehalten. 2ter Theil.
Auch unter dem Titel:
Marheineke, 5 Reformations-Predigten, nebst mehreren Religions-Vorträgen. gr. 8. Berlin, Dümmler. 818.

Marheineke, Philipp: Zwei Predigten über d. unvergleichlichen Werth eines veredelten Herzens (I. Über den sichtbaren Ausdruck d. unsichtbaren Seelenwürde. II. Über d. unvergl. Werth eines veredelten Herzens. Eine Konfirmationsrede.) Neubrandenburg 1804. 8°

—— Rede am Grabe d. Hrn. Prof. Dr. Gans, d. 8. Mai 1839. gr. 8. (1 B.) Berlin, Veit u. Comp.

Marheineke, Philipp, s. Reden, zwei bei der Feier...

—— die Reform der Kirche durch den Staat. gr. 12. (8 B.) Leipzig 844, Brockhaus. *

— die Reformation, ihre Entstehung und Verbreitung in Deutschland. Dem deutschen Volk erzählt. kl. 8. Berlin 846, Klemann. n. ⅙ rf

Marheineke, Phil., die Reformation, ihre Entstehung und Verbreitung in Deutschland. Dem deutschen Volke erzählt. Neue (Titel-)Ausg. Brandenburg (846.) 858, Müller. 16. (112 S.) 5 ngr

Marheinecke Ph, die Reformation, ihre Entstehung und Verbreitung in Deutschland. Brandenburg 1861

— Sendschreiben üb. einen Hauptpunkt d. Constitution d. freien Stadt Frankfurt am M. 8. Frankf. Hermann. 814.

— sanctor. patrum de praesentia Christi in coena domini sententia triplex s. sacrae Eucharistiae historia tripartita. 4maj. Heidelb. 811. Mohr. 18 gr

— üb. d. wahre Stelle d. liturgischen Rechts im evangel. Kirchenregiment. — Prüfung d. Schrift: Ueber das liturgische Recht d. evangel. Landesfürsten. gr. 8. Berl. 825, Rücker.

Marheineke's, Phpp., christl. Symbolik, s.: Reuter's theolog. Klassikerbibliothek.

Marheinecke, Phil., christl. Symbolik. 1r Thl. 1r u. 2r Bd. (enth. d. System d. Katholicismus ꝛc.) gr. 8. Ebendas. 810. u. 11. (1r 2 Thlr. 8 gr. 2r 2 Thlr. 4 gr.) Rthlr.

Marheinecke, Ph., christliche Symbolik, od. historisch-kritische u. dogmatisch-komparative Darstellung d. kathol., luther., reform. u. sozinianischen Lehrbegriffs. In Thlen. 3r Bd. gr. 8. Heidelb. Mohr u. W. 814. Rthlr.
Hat auch d. Titel:
Das System des Katholizismus. 3r Bd.

—— über Dr. J. A. Möhlers Symbolik etc. Eine Recension. gr. 8. (3 B.) Berlin 833, Duncker u. Humblot.
Aus den „Jahrbüchern f. wissenschaftl. Kritik" abgedruckt.

— d. System d. Katholicismus in s. symb. Entwickelung 2 Bde. (a. u. d. Titel: christl. Symbolik, od. histor. krit. u. dogmat. komparativ. Darstell. d. kathol. luther. reformirt. u. socinian. Lehrbegriffs. 1r Thl. 1r 2r Bd.) gr. 8. Heidelberg Mohr u. Z. 810. (1r 2 Thlr. 8 gr. 2r 2 Thlr. 4 gr.)

— Universal-Kirchenhistorie d. Christenthums, Grundzüge zu akadem. Vorles. 1r Thl. gr. 8. Erlang. Palm. 806.

— über d. Ursprung u. die Entwickelung der Orthodoxie u. Heterodoxie in d. ersten 3 Jahrhund. des Christenthums. gr. 8. Heidelb. 807.

— Urtheil eines christlichen Gottesgelahrten über Nathan den Weisen. gr. 8. Berlin, Dümmler. 818.

— üb. das wahre Verhältniß d. Katholicismus u. Protestantismus, u. die projectirte Religionsvereinigung. gr. 8. Heidelb. 810. Mohr. 10 gl

— zur Vertheidigung der evang. Kirche gegen die päpstliche, Predigten, im Winter 18 38/39 in d. Dreifaltigkeits-Kirche zu Berlin gehalten. gr. 8. Berlin 839. Duncker u. Humblot. 3/4 Thlr.

Marheineke's, Philipp (Conr.), theologische Vorlesungen. Hrsg. von Stephan Matthies und W. Vatke. 1—4. Bd. gr. 8. Berlin, Duncker und Humblot. *

Auch unter den Titeln:

Bd. 1. System der theolog. Moral. (XXX und 641 S.) 847. * 3 Thlr.
" 2. System der christl. Dogmatik. (X und 593 S.) 847. * 2 Thlr. 20 Ngr.
" 3. Christliche Symbolik oder comparative Darstellung des kathol., luther., reformirten, socinian. und des Lehrbegriffs der griech. Kirche; nebst einem Abriß der Lehre und Verfassung der kleineren occidental. Religions-Partheien. (VI und 626 S.) 848. * 3 Thlr. 10 Ngr.
" 4. Christliche Dogmengeschichte. (VI und 693 S.) 849. * 3 Thlr. 20 Ngr.

— üb. den hohen Werth der Bibel. 4. Berl. 820.

— üb. den religiösen Werth der deutschen Bibelübersetzung Luthers. gr. 4. Berl. 815. Nicolai. 8 gl

— üb. den unvergleichl. Werth e. veredelten Herzens; eine Confirmationsrede. 8. Neustrelitz 803.

— wie man frommer Helden Namen würdig feiern könne. 8. Berl. 813.

—— Worte d. Liebe u. Ehre vor d. Leichenbegleitung d. Hrn. Prof. Hegel gesprochen, s. Reden.

Marherr, Philipp Ambrosius

Chemische Abhandlung von der Verwandtschaft der Körper aus dem lateinischen übersetzt von E. G. Baldinger. Leipzig, 1764. pp. 144, 12mo. 4 Tables.
The tables indicate relative affinities of acids to various substances, aided by alchemical symbols. Bibliography is not neglected.

— chym. Abhandl. v. Verwandschaft. der Körper. 8. Leipz. Hilscher. (Comf. f. Litt.) 764.

Philippi Ambrosii Marherr Praelectiones in Hermanni Boerhaave Institutiones medicae cum praef. [Henrici Iohannis Nepomuk] Cranzii [von Crantz] T.1-3. Viennae & Lipsiae: Graeffer 1772. 3 Bde 8°
T.1: Transitus et mutationes alimentorum per primas vias, nec non chyli per sua vasa.
T.2: Vasa, cor, circulatio sanguinis, pulmo, respiratio, cerebrum, cerebellum, nervi, glandulae structura, lien, hepar, renes, sudoris excretio, musculorum actio, cutis.
T.3: Nutritio, incrementum, decrementum, sensus externi, somnus, vox, loquela, seminis masculini ortus, menstrua, conceptus.

Marherr, Philipp Ambros: Praelectiones in Hermanni Boerhaave institutiones medicas. Editio secunda aucta aphorismis Boerhaavii (als Leitsprüche den einzelnen Kapiteln vorgesetzt). Tom.1 - 3, gbd.

Viennae et Lipsiae: Graeffer 1785

Marherr, Phil. Ambr., († d. 28. März 1771.) praelect. in H. Boerhavii instit. medicas. III Voll. 8maj. Wien 772. Ed. nova 785. (Kummer in Leipz.) 4 Thlr. 12 gl

Marherr, Ph. A., Quae sint causae musculorum motrices, actiones horum, actionum effectus cordis, auricularum, arteriarum, diaphragmatis, musculorum abdominalium, vesicae? 13 l. Vienn. 4°.

1761

Marherr, Ph. Ambr., Diss. quid veri in sententia Stahliana de ratione animae. Wien 4°.

1760

Marherr, Philipp Ambrosius & Andreas Bernhard Kirchvogel. Wirkung der Luftelektricität in dem menschlichen Körper. Chur 1770. H: *Obereit, Ludwig.* (Ky)

Bücherverzeichniss der Stadtbibliothek Coblenz, aufgenommen durch Albert Marhoffer 1896. *Coblenz: Buchdr. v. H. L. Scheid (1896).* (XI, 456 S.) 1 Bd 8.

Marhoffer, Alb., s.a. Bücherverzeichniss d. Stadtbibliothek Coblenz.

Marhold, Hier. Otto., Predigt, gehalten in d. Hauptkirche zu Reichenbach am 1. Sonnt. nach Trinit. 1833, als beim ersten öffentl. Gottesdienst nach d. Zerstör. d. Stadt durch d. Feuersbrunst am 2. Juny. 8. (1 B.) Plauen, (Schmidt.)

—— zwei Predigten, gehalten in d. Hauptkirche zu Reichenbach am 2. u. 3. Sonnt. n. Trinit. 1833. 8. (1½ B.) Plauen, (Schmidt.)

Marholm, Laura [Pseud.], s.a. Hanson, Laura

Marholm, Laura [d. i.: Laura Mohr]: Das Buch der Frauen. Zeitpsychologische Porträts. M. 6 Autotypien nach Photographien. — Paris u. Leipzig: Langen 1895. 195 S. 8°

Marholm, Laura (Laura Hansson), d. Buch d. Frauen. Zeitpsycholog. Porträts. Mit 6 Autotyp. nach Photographien. 2. Aufl. 8. (VIII, 205 S.) Paris u. Leipzig 895. München, A. Langen. n. 3.—; geb. n. 4.50

Marholm, Laura (Laura Hansson-Marholm), das Buch der Frauen. Zeitpsycholog. Porträts. Mit 6 Autotyp. nach Photographien. 6. Aufl. 8. (XVI, 196 S.) Berlin 899. C. Duncker. n. 3.—; geb. 4.50

— Buch der Toten. 8. (III, 148 S.) Mainz 900. F. Kirchheim. n. 1.50; geb. n. 2.50

— Karla Bühring. Ein Frauendrama in 4 Acten. gr. 8. (131 S.) München 895. A. Langen. n. 2.—

Marholm, Laura [d. i. Laura Mohr]: Die Frauen in der socialen Bewegung. — Mainz: Kirchheim 1900. 186 S. 8°

— wir Frauen u. unsere Dichter. 8. (218 S. m. Abbildgn.) Wien 896. „Wiener Mode" Verlags-A. G. n. 3. 50; geb. n. 4. 50

— wir Frauen u. uns. Dichter. 2., umgearb. u. wesentl. verm. Ausg. m. 8 Portraits. 8. (III, 295 S.) Berlin 896. C. Duncker. n. 3. 50

— zwei Frauenerlebnisse. Novellen. 8. (V, 204 S.) Ebd. 895. n. 3. 50; geb. n. 5. —

— Frau Lilly als Jungfrau, Gattin u. Mutter. 8. (227 S.) Ebd. 897. n. 3. 50; Einbd. n.n.n. 1. —

— zur Psychologie d. Frau. I. Thl. 8. (VII, 330 S.) Ebd. 897. n. 4. 50; geb. n. 5. 50

Marholm, Laura (Frau Laura Hansson-Marholm), zur Psychologie der Frau. 2 Thle. 8. Berlin 903. C. Duncker. n. 8. 50
I. 2. verm. Aufl. (XI, 352 S.) 4. 50. — II. (III, 233 S.) 4. —

— der Weg nach Altötting u. andere Novellen. 8. (III, 163 S.) Ebd. 900. n. 1. 50; geb. n. 2. 40

Mari, le, poussé à bout; ou le voyage de Londres. Comédie en 5 Act. trad. de l'anglois. 12. Lausanne, Pott. 761. -

MARI, Maximilian (Landshut): De ovis nidis et pullis avium.- Landishuti 1812.
12.9.1812 - Pe 326; F 57
Diss. Ingolst.-Landsh.-Mchn.

Maria (vgl. Marie) [Sachl. OW]

— Geschichte eines angesehenen Frauenzimmers u. einer ihrer Freunde; aus d. Engl. 8. Leipz. 764. Weidmann. 12 gl

— ou nouvelle Pamela, contenant les véritables mémoires d'une dame. II Vol. 12. Lausanne, Grasset. 767.

Maria, eine Geschichte in Briefen. Leipzig 1784. V: *Liebeskind, Dorothea Margarethe geb. Wedekind vorm. Forkel.* (MGT) (Ky) (schl)

— eine Geschichte in Briefen, (v. Dor. Marg. Liebeskind). 2 Thle. 8. Leipz. 784. Weidmann. 1 ℛ 8 gl

Maria, eine Geschichte; a. d. Engl. Berlin 1785. 1. Theil. V: *Unger, Johann Friedrich.* (MGT) »1786« V (Th. 2): *Unger, Friederike Helene geb. von Rothenburg.* (schl) (Ky)

Maria; e. Geschichte in 2 Bdchen. (2s Bdchn. aus d. Engl. v. Friederike H. Unger). 8. Berl. 786. Unger. (Nauck). 1 ℛ 8 gl

— od. d. Unglück Weib zu seyn; e. Gegenstück z. Elisa rc. a. d. Franz. 8. Leipz. H. Dilchter. 800.

Maria oder die Tochter des Unglücks. Aus dem Französ. Berlin 1800. V: *Fiévée, Jos.* (GGr VII, 679) (Zeitschr. f. Büch. N. F. 15, 1923, S. 166)

— od. die Tochter des Unglücks; aus d. Französ. 8. Berl. 800. Voß. 1 ℛ

Maria oder die Tochter des Unglücks. Etwas mehr als Roman. Aus dem Franz. von dem Verf. von Friedrich. 1802
s. Fiévée, Josef [Verf.]

MARIA oder die unglücklichen Folgen des ersten Fehltritts. Ein Roman in Briefen. 3 Thle. Dresden, Walther, 1812. 8°. Zahm.
Wildmoser's (jetzt Gmähle's) Leihbibl. in München, Nr. 6494—96.

— od. die Leiden der Liebe; aus d. Französ. übers. v. F. Gräffer. 2 Thle. Mit 2 Kpf. 12. Leipz. 813. Gr. Fleischer. 2 ℛ 16 gl

Maria, oder die verfolgte Unschuld. Eine Geschichte des verflossenen Jahrhunderts. Zum Trost der Menschheit im Unglück. 12. Landshut, Weber. 820.

Maria, oder d. letzte Nacht auf Erden. (Relig. Betrachtung.) 8. (1¼ B. u. 1 Bign.) Basel 829, Schneider. Thlr.

Maria. Kathol. Andachtsbuch f. Gebildete d. weibl. Geschlechtes. M. 1 Kpfr. gr. 12. (17 B.) Mainz 830, Stenz.
wß. Drckp. 15 Gr., m. 4 Kpfr. Blnp.

Maria, Novelle vom Verf. e. Alltagsgeschichte. Hrsg. v. Joh. Ludw. Heiberg. A. d. Dän. v. W. C. Christiani. 8. (20 B.) Leipzig 839, Kummer.

Maria. Führungen einer israelitischen Jungfrau. (Aus dem Engl.) kl. 8. Basel 842, Bahnmaier's Buchh. ⅛ ℛ

— Mährchen für die reifere weibliche Jugend. Herausgeg. von B. Naumburg. 16. Leipzig 842, Binder. ⅝ ℛ — Mit 6 Bildern. gr. 16. Ebend. 844, Naumburg. ⅔ ℛ

Maria. Führungen einer israelitischen Jungfrau. Eine in allen Einzelnheiten wahre Geschichte. 8. (70 S.) Berlin 861 (Beck.) *

Maria. Führungen einer israelitischen Jungfrau. Eine in allen Einzelnheiten wahre Geschichte. -- 3. Aufl. Berlin 864. (Beck.) 8. (70 S.) n. 5 ngr.

Maria. In Demuth muthig. Eine Novelle von der Verf. von „Stolz u. Still." 2. unveränd. Aufl. Berlin 868 Rauh. 8. (208 S.) 22½ ngr; in engl. Einb. n. 1 ℛ 2½ ngr.

Maria. Ein Andachtsbuch f. fromme Verehrer der schmerzhaften Mutter Gottes im Weggenthal. Verb. u. verm. Aufl. 16. (V, XXIX, 314 S. m. Titelbild.) Rottenburg 892. W. Bader. Geb. in Leinw. n. 1. —

Maria Anna, Kaiserin. Ein Rückblick auf ihr Leben und Wirken. 8. (8 S.) Wien, Carl Fritz. 10 kr. 1884.

Maria. Auch eine M', oder Erinnerungen und Rückblicke auf die den 4. Dezember 1825 ... heimgegangene ... Frau Elisabeth Schneider, geb. Stutz, von Basel. 8. Basel.

Maria u. Barton, od. Leidenschaft u. Liebe. Eine Erzählung; hrsgg. v. S. M. C. 8. Braunschw. 825. Meyer. 1 ℛ 8 gl

Maria von Bethanien, oder: Was kann das Christenthum unsern Laien seyn? ... Zerbst 1812. V: *Lobethan, Frdr. Georg August.* (MGT) (Ky)

Maria von Bethanien, od. was kann das Christenthum unsern Laien seyn? Nebst Worten f. allgem. Versöhnung. Ein Versuch für gebildete Uneingeweihete. (... Lobethan.) 8. Zerbst 812. (Kummer). 5 ggr

Maria im Bilde. 12 Darstellgn. in Lichtdr. nach d. berühmtesten Bildern alter Meister. Facsimile-Reproductionen nach 11 auserlesenen Kupferstichen u. 1 Orig.-Holzschn. Fol. (1 Bl. Text.) Stuttgart (894). M. Rommel & Co. In Leinw.-Mappe n. 18.—

— d. Blume v. Nazareth. Dargest. in 84 kurzen Vorträgen bezw. Betrachtgn. zur Maiandacht. Nebst 7 Litaneien u. 12 Marienliedern aus d. „Magnificat". Für Priester u. Laien v. e. Priester d. Erzdiözese Freiburg. 12. (XXVIII, 189 S.) Freiburg i/B. 895. Herder. n. 1.20

Maria von Brabant. Chur 1776. V: *Bodmer, Johann Jac.* (JL)

Maria von Burgund, oder der Aufruhr zu Gent. Aus dem Engl. ... von Joh. Sporschil. Braunschweig 1833. V: *James, Gg. Payne Rainsf.* (Zeitschr. f. Büch. N. F. 15, 1923, S. 116)

Maria v. Burgund, od. d. Aufruhr zu Gent. A. d. Engl. d. Verf. d. „Darnley" rc (G. P. R. James), v. Joh. Sporschil. 3 Thle. 8. (56 B.) Braunschweig 833, [Vieweg.]

Maria Cherubina Clara. Ordensfrau im Kloster der hl. Clara zu Assisi. [gest. 1. Febr. 1871.] gr. 16. (128 S.) Paderborn 873. Junfermann. — 75

Maria Consolatrix Afflictorum. Maria, Tröstern d. Betrübten. Vollständ. Gebet- u. Erbauungsb. f. d. andächt. weibl. Geschlecht. Zur Beförder. wahrer Andacht u. eifriger Nachfolge d. allersel. Jungfrau Maria. Von e. Priester d. Gesellschaft Jesu. gr. 12. (15 B., Ttlbild. u. lith. Ttl.) Crefeld 841, Funcke'sche Buchh.

Maria Consolatrix Afflictorum. Maria, Trösterin der Betrübten. Vollständiges Gebet- und Erbauungsbuch für das andächtige weibliche Geschlecht. Zur Beförderung wahrer Andacht u. eifriger Nachfolge d. Allerseligsten Jungfrau Maria. Von e. Priester der Gesellschaft Jesu. (Mit Titelbild u. lith. Titel.) gr. 12. Crefeld 842, Funcke'sche Buchh. 2/3 Rthlr

Maria Desdemona, vierzehen Jahre aus Lydiens Leben ... Halle 1818. V: *Schütze, Charlotte.* (GGr) (schl)

Maria die christliche Dienstmagd wie sie im Gebet vor Gott wandelt. Ein Gebet- u. Andachtsbuch f. weibliche Dienstboten. gr. 16. (XII u. 83 S.) Tübingen 849, Osiander. 1/6 Rthlr

Maria zu Dorfen, eine Zuflucht d. Sünder, authent. Nachr. v. d. neuesten Novizíate d. Jesuiten zu Dorfen in Baiern; aus Originalbriefen (v. A. Michler). 8. 782.

Maria zu Dorfen, eine Zuflucht der Sünder ... O. O. 1782. V: *Michler, Anton.* (Ky)

— du Hilfe der Christen, bitte für uns! Ein vollständ. Gebetbuch f. das kathol. Volk, größtentheils aus den Schriften gottseliger Geistesmänner geschöpft u. zum bleibenden Andenken an die 2. große Säkularfeier der Uebertragung d. Maria Hilfbildes in die Pfarrkirche zu Innsbruck hrsg. von einem Seelsorgspriester an eben dieser Kirche. gr. 12. (XXVIII u. 452 S. m. 1 Lith.) Innsbruck 850. (Wagner.) 18 ngr

— du Hilfe der Christen, bitt für uns! Ein vollständ. Gebetbuch für das katholische Volk, größtentheils aus den Schriften gottsel. Geistesmänner geschöpft und hrsg. von einem Seelsorgepriester in Innsbruck. Neu durchgeseh. verb Ausg. 16. (XVI und 533 S. mit 1 Stnt.) Innsbruck 863, F. Rauch.

Maria, Ihrer Hoheit der Herzogin, beim Eintritt in den Schiesshaussaal ... [Gotha] 1833. V: *Welcker, Philipp Heinrich.* (ABJP)

— ohne Sünde empfangen. Hirtenschreiben Sr. Gnaden des hochwürdigsten Herrn Augustinus (Egger), Bischof v. St. Gallen, auf die Jubiläumsfeier am 8. XII. 1904. (12 S.) Lex.-8. St. Gallen 904. (A. & J. Köppel.) — 20

Maria, die unbefleckt Empfangene. Gebetbuch zur Verehrg. der unbefleckten Jungfrau Maria. Von e. Priester der Diözese Seckau. (167 S. m. Titelbild.) 13×8 cm. Graz, 907. Styria. Geb. in Leinw. 1.10

Maria nach den vier Evangelien. Ein Liederkranz von Klara K. Hrsg. von G. Bauernfeind. 16. (XV, 66 S.) Gnadau 886, Unitäts-Buchh. * 50 Pf.; geb. * geb. mit Goldschn. *

Maria Feodorowna, Kaiserin v. Rußland, geb. Prinzessin v. Württemberg, s. Merkle, J.

Maria Flink die perfecte Köchin, s.: Flink, Maria.

Maria, unsere liebe Frau v. der immerwährenden Hilfe. Ein Unterrichts- u. Gebetbuch f. fromme Verehrer der allerseligsten Jungfrau u. Mutter Gottes Maria. 16. (427 S. m. 2 Stahlst.) Einsiedeln 875. Benziger. — 95

Maria, meine Fürsprecherin. Ein Gebetbuch für andächtige Verehrer der allersel. Jungfrau Maria. Von mehreren katholischen Geistlichen. 36. Geilenkirchen 841. (Aachen, Mayer.) 1/3 Rthlr

Maria, die Gebenedeite unter den Weibern od. die Bruderschaft zur Verehrung der heiligen Jungfrau u. Mutter Gottes in der Dompfarrkirche zu Erfurt. 12. (XVIII u. 217 S.) Erfurt 847, Loës in Comm. n. 6 ngr

Maria in ihren Geheimnissen, als Gegenstand unserer Verehrung ... Augsburg 1808. V: *Kiepach, Stanislaus.* (schmal)

Maria, das Geschenk des Sankt Niklaus, s. Geschenk.

Maria, Das Geschenk des Sankt Niklaus. Weihnachtsmährchen f. die weibliche Jugend. (Mit Titelbild.) kl. 16. Leipzig 842, Binder. (Bamberg.) n. 1/6 ₰

— v. Gitschina, od.: d. Marienthal. Histor. Erzählg. aus d. Hussiten-Kriege. Zugleich e. Beitrag zur Entstehungs-Geschichte v. Schreiberhau u. Umgebung. Mit 1 Abb. d. Zackelfalles. 8. (40 S.) Warmbrunn (890). E. Gruhn. n. — 10

Maria, heil., bitt' für uns! s. Hauber, M.

Maria, Heilige, bitt für uns! Geistreiche Weise, den heiligen Rosenkranz täglich andächtig zu beten ... Sulzbach 1835. V: *Hauber, Johann Michael.* (Ky) »1834« (schmal)

— heilige, bitt für uns! Geistreiche Weise, den heil. Rosenkranz täglich andächtig zu beten, mit sechs Litaneyen, d. kleinen Tagzeiten von den vornehmsten Geheimnissen des Lebens der allersel. Jungfrau Maria (v. M. Hauber). gr. 12. Sulzbach 835, v. Seidel. 5 gr Schreibp, 1/4 ₰ Velinp. 1/3 ₰

— heilige, bitt' für uns! Betrachtungen u. Gebete auf alle Tage der Woche. Nebst den gewöhnlichen Andachten eines kathol. Christen. 18. (Mit 1 Lithogr.) Einsiedeln 845, Gebr. Benziger. 8 3/4 ngr Velinp. mit 8 Lithogr. u. Titel in Farbendruck 5/12 ₰

— heilige, bitt' für uns! Betrachtungen u. Gebete auf alle Tage d. Woche, um heilig zu leben u. die Gnade eines seligen Todes zu erlangen. Nebst den gewöhnl. Andachten eines katholischen Christen. 2. Aufl. gr. 12. (360 S. m. 1 Lith.) Einsiedeln 849, Gebr. Benziger. — 3. Aufl. 12. (372 S.) Ebd. 851. 9 ngr Velinp. m. 8 Lith. 1/2 ₰

—— heilige, bitt für uns! Betrachtungen und Gebete auf alle Tage der Woche. Nebst allgem. Andachten. (Großer Druck.) 8. Aufl. 8. (872 S. mit 2 Stahlst.) Einsiedeln 862, Gebr. Benziger.

— heilige, bitt' für uns! Katholisches Gebet- u. Andachtsbuch für Verehrer der allers. Jungfrau Maria. Von einem Priester der Diözese Metz. 32. (VI u. 256 S. m. 1 Stahlst.) Saarlouis 851, Stein. geb. m. Goldschn. 3 ngr

—— heilige, bitte für uns! Katholisches Gebet- und Andachtsbuch für Verehrer der allersel. Jungfrau Maria. Von einem Priester der Diözese Metz. 6., verm. Aufl. 32. (VIII und 280 S. mit 1 Stahlst.) Saarlouis 857, Stein.
Ausg. auf Vlnp. mit chromolithogr. Titel

— heilige, bitte f. uns! Katholisches Gebet- u. Andachtsbuch f. Verehrer der allersel. Jungfrau Maria. Von e. Priester der Diöcese Metz. 14. Aufl. 24. (VI, 280 S. m. farb. Titel u. 1 Stahlst.) Saarlouis 891. F. Stein & Co. n. — 35

Maria, heilige, bitte für uns! Vollständiges Gebet- und Andachtsbuch besonders für alle Verehrer Mariä. 2. Aufl. 12. (VIII und 424 S. mit 3 Stahlst.) M.-Gladbach 862, Riffarth. Brachtausg.

Maria: Hl. Maria für Mütter und Jungfrauen v. Sancta Maria per mummas e giuvnas.

Maria, Hoheit, Herzogin von Sachsen-Coburg und Gotha, der Durchlauchtigsten Herzogin und Frau, zur Feyer des Höchsten Einzugs in Gotha ... Gotha 1832. V: *Welcker, Philipp Heinrich.* (ABJP)

Maria Hilf. Ein Gebeth- und Andachtsbuch für kathol. Christen. Mit 1 Stahlst. 12. Grätz 838, Kienreich, 1/2 ₰ — Auf Velinp., mit 4 Stahlst. 1 ₰

Maria Hilf. Gebetbuch für fromme Christen, insbesondere für Verehrer Mariä. Herausg. von einem Priester der Versammlung des allerheil. Erlösers. 2. Aufl. Mit 1 Stahlst. Vilsbiburg 854. (Regensburg, Manz.) 16. (3 Bl., 448 S.) 15 ngr

Maria Hilf: 1873—?
Juvenile Roman Catholic monthly. Small folio, each issue 4 pages; illustrated.
Dayton, OH

— hilf. Sammlung der vorzüglichsten Gebete zu Maria, als der Zuflucht der Sünder u Trösterin der Betrübten. Mit Betrachtgn. auf die Festtage Mariens u. e. Unterricht üb. das Wallfahrten. Mit 2 (lith.) Bildern. 16. (480 S.) Einsiedeln 874. Eberle, Kälin & Co. — 75

— hilf. Dreitägige u. neuntäg. Andachten sowie Gebete zu Ehren unserer lieben Frau v. der immerwähr. Hilfe. Ein Trostbüchl. f. gläub. Katholiken. (192 S. m. 1 Lichtdr.) 32. Ravensburg 905. F. Alber. Geb. in Leinw. n. — 80

Maria Hilf. Gebet- und Wallfahrtsbuch zur Verehrung U. L. F. Maria Hilf auf dem Gubel bei Menzingen Kt. Zug. [Mit Illustrationen und 1 Tafel.] 288 S. 8. Menzingen, Depot kath. Volksschriften, 1910. [geb. 1.20 *bis* 1.80]

—— Hülfe der Christen. Vollständiges Gebetbuch nebst einem Anh. enth. eine Anweisung zur Betrachtung von einem Priester der Gesellschaft Jesu. 32. (640 S. mit 1 Chromolithogr. und 1 Stahlst.) Münster 878, Aschendorff'sche Buchh. *

—— dass. — Vollständiges Gebetbuch. 32. (VIII, 504 S. mit 1 Stahlst. und 1 Chromolithogr.) Ebendas. 874. *

— die Hilfe der Christen. Vollständ. Sammlg. aller Gebete u. Andachten f. das christl. Jahr, zugleich als Erinnerg. an die Gnadenstätte der Mutter Gottes in der Mariahilfkirche zu Philippsdorf. (720 S. m. farb. Titel u. farb. Titelbild.) 16. Georgswalde (887). Münsterberg, F. Blühm. n. 1.25; geb. in Leinw. m. Goldschn. n. 2. —

Maria, die Hilfe der Christen. Vollständige Sammlg. aller Gebete u. Andachten f. das christl. Jahr, zugleich als Erinnerg. an die Gnadenstätte der Mutter Gottes in der Mariahilfkirche zu Philippsdorf. 16. (720 S. m. Titelbild.) Georgswalde u. Philippsdorf (888). (Warnsdorf, A. Opitz) Geb. in Ldr. n.n. 2. 50

Maria, Hülfe der Christenheit! Oder neuntägige Andacht zur Ehre der unbefleckten Empfängniß der allerseligsten Jungfrau Maria. Nebst einer Meßandacht u. a. Gebeten. 3e Aufl. Mit dem Berichte über die mit kirchl. Erlaubniß geprägte Medaille zur Verehrung der Mutter des Herrn. Neu durchgес. u. verm. von Fr. Heinr. Goßler. Mit Titelbild. 12. Münster 836, Deiters, 1/12 ₰ — 4e Aufl. 837. — 5e Aufl. Mit dem Berichte ꝛc. Mit Titelbild. 12. Ebd. 840. 5 gr

— Hülfe der Christenheit! Oder: Neuntägige Andacht zur Ehre der unbefleckten Empfängniß der allerseligsten Jungfrau Maria. 6. Aufl. Durchgesehen u. verm. v. Hnr. Goßler. 12. Münster 843, Deiters. 1/12 ₰

— Hilfe der Christen bitte für uns. Ein Gebetbuch, vorzüglich eingerichtet zur Verehrung der allerseligsten Jungfrau Maria. 2 Aufl. 32. (VIII und 327 S. mit 2 Chromolithogr.) Innsbruck 867, Wagner'sche Universitäts-Buchh. * cart. mit Goldschn. * 7 Ngr.; geb. mit Goldschn. *

— v. der immerwährenden Hilfe. Handbüchlein f. fromme Verehrer d. allerseligsten Jungfrau insbes. für Mitglieder d. Erzbruderschaft U. L. Frau v. d. immerwähr. Hilfe u. d. hl. Alphonsus. 2., verb. Aufl. 16. (160 S. m. farb. Titelbild.) Kevelaer 896. J. Thum. Geb. in Leinw. n.n. — 50

— v. der immerwährenden Hilfe. Handbüchlein f. fromme Verehrer der allerseligsten Jungfrau, insbesondere f. Mitglieder der Erzbruderschaft U. L. Frau v. der immerwähr. Hilfe u. des hl. Alphonsus. 3., verb. Aufl. gr. 16. (160 S. m. Titelbild.) Kevelaer 899. J. Thum. Geb. in Leinw. n. — 50

Maria unsere Hilfe. Predigt bei dem feierl. Bittgange zur Erflehung des göttlichen Beistandes am 2. Julius 1866 in der Kirche Mariahilf gehalten vor Sr. Eminenz dem hochwürdigsten Herrn Cardinale Fürst-Erzbischofe von Wien. Wien 866. Sartori. 8. (12 S.) n. 2 ngr.

Maria hilft, und der Thierarzt. Zwei Erzählungen ... Augsburg 1841. V: *Lautenschlager, Othmar.* (Zeitschr. f. Büch. N. F. 15, 1923, S. 116)

— hilft, u. der Thierarzt. Zwei Erzählungen für christl. Familien, u. besonders für die reifere Jugend. Vom Verf. der Erzählungen des Priesters Ottmar rc. Mit 1 Stahlstich. 8. Augsburg 841, Lampart u. Comp. 3/8 ₰

Maria hilft. Trier [1900]. V: *Freund, Wilh.* (Berl)

— die Hochgebenedeiete. Verehrern der hehren Gottesmutter, insbesondere den deutschen Frauen u. Jungfrauen gewidmet. gr. 8. (85 S. m. Initialen in Farbendr.) (Nürnberg 871. Recknagel.) n. 3. 60

— meine Hoffnung. Vollständiges Gebetbuch f. fromme Verehrer Mariä. Nebst Abbildgn. u. Geschichte d. Gnadenbildes unserer lieben Frau v. der immerwähr. Hülfe. 16. (XXXII, 468 S. m. e. Stahlst.) Dülmen 873. Laumann. 1. 20

Maria meine Hoffnung. Vollst. Gebetbuch bes. f. alle Verehrer d. allerseligsten Jungfrau Maria. *Münster i. W.: Alphonsus-Buchh. (1899).* (XVI, 496 S.) 8° [F.]

— meine Hoffnung. Vollständ. Gebetbuch besonders für alle Verehrer der allersel. Jungfrau Maria. 16. (XVI, 496 S. m. farb. Titel u. Titelbild.) Münster (900). Alphonsus-Buchh. Geb. in Leinw. n. 1. 30; in Ldr. von n. 1. 75 bis n. 5. —

— mein Hoffnungsstern. Gebet- u. Erbauungsbuch für kathol. Christen. Vom Verf. der Himmelspforte. Neuhaus 865. Landfraß & Sohn. 8. (219 S. mit 5 Kpfrn.) n 12 ngr.; Kanzleipapier. n. 16 ngr.

— die Holzsammlerin. 10. Aufl. [Ster.-Ausg.] Hrsg. v. der Wupperthaler Tractat-Gesellschaft. 8. (16 S.) Barmen 873. Wiemann. n. — 10

Maria, die Holzsammlerin. 8. (16 S.) Barmen 883, (Wiemann.) *

— Immaculata. Mitteilgn. aus d. Congregation d. Missionäre Oblaten der Unbefleckten Jungfrau Maria. 1. Jahrg. Oktbr. 1893—Septbr. 1894. 12 Nrn. gr. 8. (384 S.) Valkenburg. (Aachen, J. Schweitzer.) n. 2. —; geb. in Leinw. n.n. 3. 50

— — dasselbe. Illustr. Marien- u. Missions-Zeitschrift. Zugl. Organ d. marian. Missionsvereins. Red. v. J. Classen u. M. Kassiepe. 2. u. 3. Jahrg. Oktbr. 1894—Septbr. 1896. à 12 Nrn. (à ca. 24 S.) gr. 8. Ebd. à Jahrg. n. 2. —; kplt. geb. in Leinw. n.n. 3. 50

— dasselbe. Hrsg. v. d. Oblaten d. unbefl. Jungfrau Maria in Valkenburg (Holland). 4. u. 5. Jahrg. Oktbr. 1896 bis Oktbr. 1898. à 12 Hfte. (à ca. 2 Bog. m. Abb.) gr. 8. Ebd. à Jahrg. n. 2. —

Maria Immaculata. Illustr. Marien- u. Missions-Zeitschrift, zugleich Organ des marian. Missionsvereins. Hrsg. v. der deutschen Ordensprovinz der Oblaten M. I. Red.: Jos. Classen, O. M. I. Nebst Beilage: Freie Stunden. 6.—10. Jahrg. Oktbr. 1899—Septbr. 1903. à 12 Hfte. gr. 8. (à ca. 24 u. 12 S.) Hünfeld. (Fulda, Fuldaer Actien-Druckerei.) à Jahrg. n. 2. —

Maria Immaculata. Illustr. Marien- u. Missions-Zeitschrift. Organ des marian. Missions-Vereins. Hrsg. v. der deutschen Ordensprovinz der Oblaten M. I. Nebst Unterhaltungsbeilage: Freie Stunden u. literar. Beilage: Vom Büchertische. 11.—14. Jahrg. Oktbr. 1903—Septbr. 1907. à 12 Hefte. (à ca. 36 S.) gr. 8. Hünfeld. (Fulda, Fuldaer Actien-Druckerei. à Jhrg. n. 2. —

Maria Immaculata. Monatsblätter der Missionare Oblaten der Unbefl. Jungfrau Maria. Organ des marian. Missions-Vereins. Red.: Joh. Wallenborn, O. M. I. 15.—18. Jahrg. Oktbr. 1907 - Septbr. 1911. à 12 Hefte. (à ca. 36 S. m. Abbildgn.) gr. 8. Hünfeld. (Fulda, Fuldaer Actien-Druckerei.) à Jahrg. 2. —

Maria Josefa Amalia, Herzogin zu Sachsen, Königin v. Spanien, s. Haebler, Konr.

Maria Kevelaer u. Muttergottesrosen. Illustrierte Monats-Blätter f. andächt. Verehrer der allerseligsten Jungfrau Maria. Red.: Leonz Niederberger. 1. Jahrg. 1890. 12 Hfte. (B.) gr. 8. M.-Gladbach, Riffarth. n. 1. 20

Maria Kevelaer u. Muttergottesrosen. Illustrierte Monats-Blätter f. andächt. Verehrer der allerseligsten Jungfrau Maria. Red.: Leonz Niderberger. 2. u. 3. Jahrg. 1891—Juni 1893. à 12 Hfte. (Bog.) gr. 8. M.-Gladbach, A. Riffarth. à Jahrg. 1. 20
s.: Rosenkranz, der.

Maria Königin von Neapel. Den deutschen Frauen gewidmet. Frankfurt a. M. 861. Sauerländer's Verlag in Comm. gr. 8. (31 S.) 7½ ngr.

—— unter dem Kreuze, die schmerzvolle Jungfrau und Gottesmutter. Ein Gebetbuch für die Mitglieder ihrer Kongregation in der Hofkapelle zu Amberg. Neue, sehr verm. Aufl. 12. (256 S.) Amberg 882, Habbel. 60 Pf.; geb.

Maria, unser Leben und unsere Liebe oder zwölffacher Kranz von Betrachtungen ... Brixen 1903. V: *Pupetschek, Victoria von.* (Margr)

— unser Leben u. unsere Liebe od. Zwölffacher Kranz v. Betrachtungen zur Vorbereitung auf die vorzüglichsten Marienfeste. Bearb. v. e. Mitgliede der marian. Kongregation. (IV, 488 S. m. 1 Farbdr.) 16. Brixen 903. A. Weger. n. 2. —; geb. in Leinw. n.n. 2. 70

— unser Leitstern auf dem Lebensmeere; oder Bekehrung, Gedanken u. Gefühle des D. Ludw.-Maria v. Conciliis. Aus d. Franz. Bearb. von J. Gaume. 8. (XXXII u. 160 S.) Regensburg 847, Manz. 1/3 ₰

— u. Lenchen. Eine Erzählg. f. die Jugend. 8. (24 S.) Mülheim 882. Buchh. d. evangel. Vereinshauses. n. —20

— unsere süße Liebe. Vollständiges Lehr- u. Gebetbuch f. fromme Verehrer der allerseligsten Jungfrau Maria. 16. (319 S. m. e. Stahlst. u. e. lith. u. color. Titelbl.) Einsiedeln 872. Wyß, Eberle & Co. — 50; Velinpap. — 70

Maria de Lucca, Edle von Parma, ein Opfer der Inquisition ... Altona 1801. V: *Albrecht, Johann Friedrich Ernst.* (MGT) (Ky) (Schr) (LS)

Maria Ludovica Kaiserin von Oesterreich, Ihro M. der Allerdurchlauchtigsten Frau, Frau, bey Ihrer ... Anwesenheit in Karlsbad ... O. O. 1810. V: *Goethe, Joh. Wolfgang von.* (Mn)

Maria Ludovica Kaiserin von Oesterreich, Ihro Majestät der Allerdurchlauchtigsten Frau, am Tage Ihrer ... Ankunft zu Karlsbad ... 1810. [Karlsbad.] V: *Goethe, Johann Wolfgang von.* (Mn) (HrMm)

Maria Luise u. der Herzog v. Reichstadt, der Sohn Napoleons, die Opfer der Politik Metternichs. Hrsg. von einem ehemal. Staatsdiener. 2. Aufl. 8. (VIII u. 204 S.) Bern 849, Jenni Sohn. 1 ₰

Maria Magdalena, Legendengedicht von Thomas Robinson, s. Sommer, H. Oskarus.

Maria und Magdalena. Schauspiel. O. O. [Berlin] 1873. V: *Lindau, Paul.* (EB)

Maria Magdalena. — Feuer. 2 Betrachtgn. v. M. E. 8. (16 S.) Striegau (902). R. Urban. — 15

Maria Magdalena. — Feuer. Von E. 2. Aufl. (16 S.) 8. Striegau 904. Th. Urban. n. — 15

Die REUIGE Maria-Magdalena oder: Die wahre Bekehrung des büssenden Sünders zu Gott, mit schönen Gebeten und Gesängen zum süssen Jesus versehen. Pest o. J.: A. Bucsánszky. 60 S. - kl. 8°

— die Makellose. Jubiläumsbüchlein f. 1904. Von e. Priester der Diözese Seckau. (203 S. m. Titelbild.) 16. Graz 904. Styria. Kart. n. — 50

— u. Martha. Jahrbuch f. Jungfrauen u. Jungfrauenvereine auf d. J. 1890—1893. Hrsg. v. Helene Berthold und Johanna Boy. 1.—4. Jahrg. 12. (à Jahrg. 80 S. m. Text-Bildern u. 1 Farbendr.) Cöthen, Schriften-Niederlage d. evangel. Vereinshauses. à Jahrg. ** — 25

Maria u. Martha. Kalender f. Jungfrauen u. Jungfrauenvereine auf d. J. 1891. Hrsg. v. Helene Berthold u. Johanna Boy. 2. Jahrg. 8. (80 S. m. Textillustr. u. 1 Farbendr.) Cöthen, Schriftenniederlage des evangel. Vereinshauses. n.n. — 25

— u. Martha. Jahrbuch f. evangel. Frauen u. Jungfrauen u. deren Vereine auf d. J. 1892—1895. (Begründet v. Joh. Boy.) Hrsg. v. Helene Berthold. 3.—6. Jahrg. 12. (à ca. 80 S. m. Text-Bildern u. 1 Farbendr.) Cöthen 891—894. Schriften-Niederlage d. evangel. Vereinshauses. à Jahrg. n.n. — 25

Maria u. Martha. Jahrbuch f. evang. Frauen u. Jungfrauen u. deren Vereine auf d. Jahr 1896. (Begründet v. Joh. Boy.) Hrsg. v. Helene Berthold. 7. Jahrg. 12. (96 S. m. Bild. u. 1 Farbendr.) Cöthen 896. Dessau, Buchhandlung d. Vereinshauses. n.n. — 25

— — dasselbe. 8. u. 9. Jahrg. 12. (à 80 S. m. Bild. u. 1 Farbdr.) Ebd. 897. 98. à Jahrg. n.n. — 20

— u. Martha. Jahrbuch f. evangel. Jungfrauen u. deren Vereine auf d. J. 1903. Hrsg. v. O. Pfennigsdorf. 14. Jahrg. gr. 16. (96 S. m. Abbildgn. u. 1 Farbdr.) Berlin, Deutsche Sonntagsschul-Buchh. n. — 30

— u. Martha. Jahrbuch f. evangel. Jungfrauen u. deren Vereine auf das J. 1905. Hrsg. v. O. Pfennigsdorf. 16. Jahrg. (85 S. m. Abbildgn. u. 1 Taf.) 8. Berlin, Deutsche Sonntagsschul-Buchh. — 25; m. farb. Umschlag — 30
Erscheint nicht mehr.

Maria, die kleine Märtyrerin. 64. (16 S.) Elberfeld 878, (Langewiesche's Buchh.) *

Maria Monk, die schwarze Nonne, s.: Monk, Maria.

Maria von Montbrün, oder Gott u. meine Mutter. Eine Erzählung besonders für die reifere weibl. Jugend. Vom Verf. der Legende der heil. Filomena. Mit 1 Stahlst. 12. Augsburg 841, Lampart u. Comp. 1/4 ₰

Maria v. Mörl, s.: v. Mörl, Maria.

— Mutter der Barmherzigkeit! Ein vollständiges Gebet- und Andachtsbuch für eifrige Verehrer der allerseligsten Jungfrau Maria. Enthltd.: Mehrere Morgen-, Abend- und Meßgebete, Vesperandachten, die Bruderschaft von Jesus rc. 2., verb. u. verm. Aufl. 855. (468 S. u. 1 Stahlst.) — 3. verb. rc. Aufl. 857. (542 S. u. 1 Stahlst.) — 4. verm. rc. Aufl. Crefeld (857.) Klein. 18. (504 S. u. 1 Stahlst.) 12½ ngr.

Maria die Mutter der göttlichen Gnade. Ein Gebetbuch für fromme Verehrer Mariä. Herausg. von einem Priester der Paderborner Diözese. Paderborn 856. Schöningh. 12. (VI, 276 S. u. 1 Lithogr.) n. 5 ngr.; weiß Pap. n. 10 ngr.

Maria, die gute Mutter. Anleitungen zum kindlichen Verkehr mit Gott u. den Menschen. 7. Aufl. 24. (255 S. mit 1 Tondr.) Salzburg 881. Pustet. n. — 50

— Mutter von der immerwährenden Hilfe. Gebetbuch für Verehrer der allerseligsten Jungfrau, insbesondere für Mitglieder der Erzbruderschaft U. L. F. von der immerwährenden Hilfe und des heil. Alphonsus. Hrsg. von einem Priester der Congregation des allerheil. Erlösers. 16. (VIII, 462 S. mit 1 Chromoxylogr.) Regensburg 880, Pustet.
geb. in Halbldr. *M 1,70.; in Ldr. mit Goldschn. *
geb. in Chagrin mit Goldschn. *

— dass. — 16. (VIII, 504 S. mit 1 Farbendr.) Ebendas. 882.
geb. in Leinw. *M 1,70.; in Ldr. mit Goldschn. *

— Mutter von der immerwährenden Hilfe. Gebetbuch f. Verehrer der allerseligsten Jungfrau, insbesondere für Mitglieder der Erzbruderschaft U. L. F. von der immerwährenden Hilfe u. des hl. Alphonsus. Hrsg. v. einem Priester der Congregation des allerh. Erlösers. 16. (VIII, 462 S. m. 1 Chromoxylogr.) Regensburg 882. Pustet. 1. 20; geb. in Halbldr. n. 1. 70; — in Ldr. m. Goldschn. n. 2. 20; in Chagrin m. Goldschn. n. 2. 80

— Mutter v. d. immerwähr. Hilfe. Gebetbuch f. Verehrer d. allerseligsten Jungfrau, insbes. f. Mitglieder d. Erzbruderschaft U. L. F. v. d. immerwähr. Hilfe u. d. hl. Alphonsus. Hrsg. v. e. Priester d. Congregation d. allerh. Erlösers. Ausg. 1897. (Ausg. m. großem Druck.) gr. 16. (VIII, 504 S. m. Abb. u. 1 Farbdr.) Regensburg 897. F. Pustet. 1. 30; geb. in Leinw. n. 1. 80; in Ldr. m. Goldschn. n. 2. 50; in Chagrin m. Goldschn. n. 2. 90

Maria die Mutter Jesu ... O. O. 1790. V: *Lavater, Joh. Caspar.* (Adel) (MGT)

— u. ihre sanftmüthige Mutter. 24. (43 S. m. 1 Lith. u. 1 lith. Musikbeilage in 4.) Straßburg 850, Wwe. Berger-Levrault. 4 ngr

— meine Mutter! Statuten u. Gebete des Vereines der Kinder Mariä zu Niedermünster in Regensburg. (132 S. m. Titelbild.) 16. Regensburg (903). J. Habbel.
Geb. in Leinw. n.n. — 60

Maria meine Mutter, die ich liebe, auf die ich vertraue und der ich folge. Ein Hilfsbüchlein zur Verehrung Mariens im Monate Mai. Leitmeritz, 1856. Gedr. bei C. W. Medau. (95 S. kl. 8. Mit einem Titelbild.)

Maria meine Mutter, die ich liebe, auf die ich vertraue und der ich folge. Ein Hilfsbüchlein zur Verehrung Mariens im Monate Mai. 12. (95 S.) Leitmeritz. Medau. 1861. 14 kr.

— meine Mutter, die ich liebe, auf die ich vertraue und der ich folge. Ein Hilfsbüchlein zur Verehrung Mariens im Monate Mai. 4. Aufl. Prag 864. Silber & Schenk. 12. (95 S. u. 1 Lithogr.) u. 4 ngr.

Maria, die Mutter vom guten Rate. Geschichtliches und Andachtsübungen von einem Mitglied des Engl. Institutes B. Mariae V. in Brixen a. E. Brixen 1905. V: *Zani, Marianna.* (MARGT)

— die Mutter vom guten Rate. Geschichtliches u. Andachtsübgn. v. e. Mitglied des engl. Institutes B. Mariae V. in Brixen a. E. (VI, 184 S. m. Titelbild.) 16. Brixen 905. Preßvereins-Buchh. Geb. in Leinw. n. 1. —

— unsere liebe Mutter v. guten Rath. Neuntäg. Andacht z. Mutter v. guten Rath, m. der Geschichte ihres Gnadenbildes zu Genazzano, nebst vielen and. Gebeten u. frommen Uebgn. zu ihrer Verehrg., u. e. kurzen Bericht üb. d. Bruderschaft „Maria vom guten Rath" u. deren Ablässe. 16. (127 S. m. Abb. u. 1 Farbdr.) M.-Gladbach 897. B. Kühlen. — 30; geb. — 50

— der fruchtbare Oelbaum, für alle nothleidenden Christgläubigen. Ein vollständ. Gebet-, Betrachtungs-, Gesangs- und Wallfahrtsbuch. Mit Unterricht über das Wallfahren. 8. (396 S.) Soest 862, Nasse's Verlag. *

— der fruchtbare Oelbaum für alle nothleidenden Christgläubigen in ihrem wunderthätigen Gnadenbilde zu Werl. Von einem Priester des Kapuziner-Ordens. 1—4. Aufl. 32. (VIII und 156 S.) Soest 861, Nasse'sche Verlagsh.

— der fruchtbare Oelbaum, für alle nothleidenden Christgläubigen in ihrem wunderthätigen Gnadenbilde zu Werl. Mit einer marian. Andacht. Von einem Priester des Kapuziner-Ordens. 5. Aufl. 32. (156 S. mit 1 Stnt.) Soest 862, Nasse's Verlag. *

— vom guten Rathe. Ein Andachtsbuch für alle Verehrer Mariä. Mit der Geschichte des Gnadenbildes „Maria vom guten Rathe" zu Genazzano, einer neuntägigen Andacht zu Ehren der allerseligsten Jungfrau Maria und den gewöhnlichen Andachtsübungen. 2. Aufl. Einsiedeln 855. Benziger. 24. (216 S. u. 1 Lithogr.) n. 3½ ngr.

— vom guten Rathe. Vollständiges marianisches Andachtsbüchlein. 5. Aufl. Einsiedeln 865. Gebr. Benziger. 16. (210 S. mit 1 Abbildg.) 3½ ngr.

Maria vom guten Rat. Ein Andachtsbuch für alle Verehrer Marias. [Aus dem Italienischen.] Neu hrg. von P. Columban Artho, O.S.B. 9. Aufl. [Mit Illustrationen und 1 Tafel.] 368 S. 8. Einsiedeln etc., Benziger & Co. A.G., 1905. [geb. fr. 1. 50) u. 2. 25]

Maria vom guten Rat. Marianische Monatsschrift. (Fortsetzung der „Stimmen vom Berge Karmel".) Hrsg. v. der deutschen Augustiner-Ordensprovinz. Red.: Hugolinus Dach, O. S. Aug. 14.—16. (der 2. Folge 1.—3.) Jahrg. Oktbr. 1904—Septbr. 1907. à 12 Hefte. (à ca. 28 S. m. Abb.) gr. 8. Würzburg (B. Bauch). à Jhrg. n. 1. 20
Vergl.: Stimmen vom Berge Karmel.

— vom guten Rat. Illustrierte marian. Monatschrift. Hrsg. v. d. deutschen Augustiner-Ordensprovinz. Red.: Hugolinus Dach u. seit 1910: Evodius Wallbrecht, O. S. Aug. 4.—7. Jahrg. Oktbr. 1907—Septbr. 1911. à 12 Hefte. (à ca. 32 S. m. Abbildgn.) 8. Würzburg. Mergentheim, C. Ohlinger. à Jahrg. 1. 80

Sancta Maria per mummas e giuvnas (Hl. Maria für Mütter und Jungfrauen) v. Il Pelegrin.

Maria, Santa, in ihrer Herrlichkeit als Kind, Mägdlein, Jungfrau ... Leipzig 1845. H: *Henrici, Mor.* (Ky)

Maria Schutz, Das Gnadenbild, in der Pfarr- und Klosterkirche bei den P. P. Franciscanern in Graz. Graz 1888. V: *Hofrichter, Jos. Carl.* (JOANSTYRA)

— von Schwaben. Historisch-romant. Erzählung, s.: Amanda, Tante.

Maria von Schwaningen; ein Trauerspiel in fünf Aufzügen. Breslau 1797. V: *Kahlert, Carl Friedrich.* (MGT)

Maria, sei gegrüßt! Ein Gebete u. Betrachtungsbuch für katholische Christen. Herausg. von der Marianischen Gesellschaft zur Verbreitung guter Schriften, kl. 8. (IV. 411 S.) Innsbruck 1861. Vereinsbuchhandlung.

— sei gegrüßt. Ein Gebet- und Betrachtungsbuch für kathol. Christen. Hrsg. von der Marian. Gesellschaft zur Verbreitung guter Schriften. 2. Aufl. 8. (IV und 308 S. mit 1 Stahlst.) Innsbruck 865, Vereins-Buchh.

Maria, sei gegrüßt! Betrachtungen u. Gebete f. den Maimonat v. e. Mitgliede d. Kapuzinerordens. 32. (104 S.) Dülmen 889. Laumann. — 30

Maria Spiegel der Gerechtigkeit. Betrachtungen und Vorträge für den Monat Mai ... Brixen 1867. V: *Schöpf, Franz.* (margr)

—— Spiegel der Gerechtigkeit. Betrachtungen und Vorträge für den Monat Mai. Zum Gebrauche für Priester und Laien von Fr. Sch. gr. 8. (208 S.) Brixen 867, Theologische Verlags-Anstalt. *

Maria Stuart. Trauersp. von Chr. H. Spieß. 8. Prag, Neureutter. 793.

— — Trauersp. v. Fr. Schiller. 8. Tübing. Cotta. 802.

— — dasselbe. Velinpap. gr. 8. Ebend. 801.

Maria Stuart und Marie Antoinette in der Unterwelt ... [Stettin] 1793. V: *Gaum, Joh. Ferdinand.* (BrMm) »Berlin 1794« (Ky) (MGT)

Maria Stuart von Schiller, s. Bernhard.

Maria von Terville, eine Erzählung. Leipzig 1798. V: *Thon, Eleonore geb. Roedern.* (schl)

Maria Theresia; ein dramatisches Gedicht in fünf Akten. Grätz u. Leipzig 1793. V: *Kalchberg, Johann Edler von.* (BrMm) (MGT)

— Theresia. Dramat. Gedicht in 5 Akt. von J. v. Kalchberg. 8. Grätz, Ferstl. 793.

— — dasselbe. 8. Hamburg. (Simon in Frankf.) 793.

Maria Theresia. Festschrift zur Enthüllung des Monuments. [Wien 1888.] V: *Danzer, Alphons.* (EB)

Maria Theresia u. Elisabeth im Reiche der Todten; e. Gespräch zwischen diesen beiden großen Kaiserinnen 2c. 2 Thle. 4. Ulm 781. Stettin. 12 gl

Maria Theresia und der schwarze Pabst. Wien 1850. Wien 1871. V: *Bermann, Moritz.* (Eisenstein 10/30) (Deibler 9/675) (Brockhausen 5/258) (biblPort)

Maria Theresia und der schwarze Papst. Roman. 3 Bde. in 24 Lfgn. gr. 8. (416; 380; 345 S., mit 18 Holzschntaf.) Wien 870,71, Hartleben's Verlag. à Lfg. 40 Pf.

Maria Theresia, Kaiserin, Die Stammmutter des Hauses Habsburg-Lothringen in ihrem Leben und Wirken ... Wien 1888. V: *Bermann, Mor.* (EB)

Maria-Theresia, Kaiserin, die Stammmutter des Hauses Habsburg-Lothringen, in ihrem Leben und Wirken. Gedenkbuch zur Enthüllung ihres Monumentes und zum 40jähr. Regierungsjubiläum Sr. Maj. Franz Josef I. Vom Verf. des „Geschichtenbuch vom Kaiser Josef". gr. 8. (290 S. mit Illustr.) Wien 888. Künast. *

Maria Theresiens allerdurchlauchtigste Nachkommenschaft. Ein genealog. Tableau. Imp.-Fol. Wien 841. (Braumüller u. Seidel.) 2/3 ₰

Maria, St. Thomas von Aquin, St. Aloysius. Vollständiges katholisches Gebetbuch. Mit Andachten für die Sonntage des heiligen Aloysius u. des heiligen Thomas von Aquin. Insbesondere für die Jugend. Weissenburg 862. Meyer. 8. (IV, 108 S.) 13½ ngr.

Maria mein Trost. Ein katholisches Gebetbuch für fromme Christen. Gesammelt von einem Weltpriester. Sechste Auflage. Wien. Gedruckt bei Josef Stöckholzer v. Hirschfeld. (344 S. 4 Bl. 8. Mit 1 Titelkupfer.) 1857.

—— mein Trost. Ein kathol. Gebetbuch für fromme Christen. Gesammelt von einem Weltpriester. — Enthält Morgen-, Abend-, Meß-, Beicht-, Communion- und andere Gebete, nebst Litaneien, Kirchenliedern, Tagzeiten und der heil. Kreuzweg. 16. (... S.) Wien 860, Wallner.

— die „Trösterin der Betrübten," oder Kräftige Andachten in Leiden und besonderen Anliegen, nebst einer Geschichte des Bildes zu Luxemburg und zu Kävelaer, von B. S. Luxemburg 850. (Frankfurt a. M., Lizius.) 12. (48 S. u. 1 Lithogr.) nn. 3 ngr.

— Trösterin der Betrübten. Gebetbuch f. fromme Verehrer Mariens. 16. (538 S. m. farb. Titel u. 1 Farbendr.) Luxemburg 894. St. Paulus-Druckerei. Geb. in Leinw. n. 1. 40

— unsere Mittlerin, bitte für uns! Ein Monat, eine Novene, eine Woche u. drei Tage zu Ehren der allerseligsten Jungfrau. 16. (40 S.) Dülmen 880. Laumann. n. — 10

— unsere Mittlerin, bitte f. uns! Ein Monat, e. Novene, e. Woche u. 3 Tage zu Ehren der allerseligsten Jungfrau. (2. Aufl.) 24. (40 S.) Dülmen 883. Laumann. n. — 10

— unsere Mittlerin, bitte f. uns! Ein Monat, e. Novene, e. Woche u. 3 Tage zu Ehren d. allerseligsten Jungfrau. 16. (40 S.) Dülmen 898. A. Laumann. n. — 10

[J.] Nach e. französ. Manuscripte bearb. v. e. Kinde d. hl. Vaters Benedictus. Maria die Ursache unserer Freude. Betrachtgn f. alle Tage des Maimonates m. Beispielen aus d. Leben d. gottsel. Mutter Mechtildis vom heil. Sacramente ... M. e. Anh. v. Gebeten ... *Dülmen i. W.: A. Laumann (1895).* (2 Bl., 256 S., 1 Taf.) 1 Bd 8. [96. 10?]

— Ursache unsers Heils. Ein Gebeth- und Erbauungsbuch für kathol. Christen. 18. (Mit 1 Stahlst. u. gest. Titel.) Grätz 845. (Kienreich.) ½ ₰

Maria! Ursache unser's Heils. Ein Gebeth- und Erbauungsbuch für katholische Christen von einem Weltpriester. II. Aufl. *Gratz* 1850 (sic), Verlag von *Jos. Sirolla.* — Dr. von *A. Leykam's Erben.* 260 S. 12°.

—— Ursache unser's Heils. Ein Gebeth- und Erbauungsbuch für kathol. Christen von einem Weltpriester. 2. Aufl. 18. (260 S. mit 1 Stahlst. und in Stahl gest. Titel.) Graz 850. 58. (Wien, Mayer und Comp.) *

— v. der Vorsehung, die ehrwürdige Mutter (Eugenie Smet), ihr Leben u. Wirken f. die armen Seelen im Fegfeuer. Aus dem Franz. übers. 12. (XV, 290 S. m. Bildnis.) Innsbruck 894. F. Rauch. n. 1. 60

Maria u. Walpurgis. Ein Roman, von Caroline v. Woltmann. 2 Thle. 8. Prag, Museum. (Leipzig, Fr. Fleischer in Comm.) 817.

Maria Ward und d. Institut d. engländ. Fräulein in Augsburg, seit seiner Entstehung bis auf uns. Zeiten. 8. ... Augsburg 828, Doll.

MARIA zu lieben. Hodság (Hodschag) o. J.: Buchdruckerei m. elektr. Betrieb J. Pfiszter. 2 S. - 8°

Maria meine Zuflucht. Vollständ. Gebet- u. Communionb. f. fromme Verehrer Jesu u. Maria. 12. (13 B. u. Titelbild.) Aachen 835, Hensen u. Comp.

—— meine Zuflucht. Gebetbüchlein für Verehrer der allersel. Jungfrau und Mutter Gottes Maria. Mit Morgen-, Abend-, Meß- etc. Gebeten. 12. (127 S. mit 1 Titelbilde in Stahlst.) Innsbruck 859, C. Rauch. *

— die Zuflucht der Sünder. Ein Gebetbuch für alle Verehrer Mariens, insbesond. für die Mitglieder der Erzbruderschaft des heil. und unbefleckten Herzens Mariä etc. Von e. Priester aus dem Orden des h. Franziskus. 12. (Mit 1 Lithogr.) Einsiedeln 843, Gebr. Benziger. 3/8 ℛ

Maria unsere Zuflucht. Oder neuntäg. Andacht z. Ehre d. unbefleckten Empfängniß Maria. Mit e. Meßandacht, d. laurentan. Litanei u. and. Gebeten. 4. Aufl. 12. (...) Münster 838, Coppenrath'sche Buchh.

— unsere Zuflucht. Oder neuntägige Andacht zur Ehre der unbefleckten Empfängniß der allerseligsten Jungfrau Maria. 3. verm. Aufl. 12. Münster 843, Coppenrath. n. 1/12 ℛ

Maria unsere Zuflucht. Od.: Neuntägige Andacht zur Ehre der unbefleckten Empfängniß der allerseligsten Jungfrau Maria. Mit einer Meßandacht, der lauretan. Litanei u. einigen andern Gebeten. 4. verm. Aufl. 16. (78 S. m. 1 Lith.) Münster 852, Coppenrath. 1/12 ℛ

Maria [Verfasser: Persönlicher Name]

Maria von Agreda

—— und Philipp IV., König's v. Spanien, Briefwechsel, s. Sammlung der vorzüglichsten mystischen Schriften aller kathol. Völker.

Maria v. Jesus, Leben der allerseligsten Jungfrau und Gottesmutter Maria. Auszug aus der „Geistlichen Stadt Gottes". Hrsg. v. Frz. Vogl. gr. 8. (XXII, 471 S. m. Titelbild.) Regensburg 890. Pustet. n. 3.—; geb. n. 4.—

Maria v. Jesus, Leben der allerseligsten Jungfrau u. Gottesmutter Maria. Auszug aus der „Geistl. Stadt Gottes". Hrsg. v. Frz. Vogl. 2. Aufl. gr. 8. (XXII, 480 S. m. 1 Bildnis.) Regensburg 892. F. Pustet. n. 3.—; geb. in Halbchagr. n. 4.—

Maria von Jesu, der ehrwürd. Mutter, Aebtissin des Klarissinnen-Klosters von der unbefleckten Empfängniß zu Agreda, sämmtliche Schriften. Aus d. span. Original übersetzt von Mich. Sintzel u. einem seiner Freunde. 1. Bd. Die Lebensgeschichte der ehrwürd. Verfasserin, von P. Jos. Ximenes de Samaniego. gr. 8. (Mit 1 Kpfr.) Augsburg 843, M. Rieger'sche Buchh. 2/3 ℛ

Maria's v. Agreda, die geheimnißreiche Stadt Gottes, s. Sammlung der vorzüglichsten mystischen Schriften.

Maria von Agreda: Die Geistliche Stadt Gottes. Leben d. jungfräulichen Gottesmutter, unserer Königin Maria, geoffenbart der ehrw. Dienerin Gottes Maria von Jesus, Abtissin des Klosters ... zu Agreda ... A. d. Span. übers. v. mehreren Priestern a. d. Congreg. d. allerheil. Erlösers ... 2. Aufl. (Vollständ. Ausg. in 2 Bdn.) Bd. 1.2. Regensburg, New York & Cincinnati, F. Pustet 1893. 2 Bde 8.
1. 1005 1 Bl., 1016 S., 1 Taf.) 2.(2 Bl. 1327 S., 1 Taf.)

Maria von Jesus, s. Maria von Agreda.

[F.] Sechsundvierzig Briefe der Erzherzogin Maria (in Oesterreich) an ihren Sohn Ferdinand aus d. J. 1598 u. 1599. Sprachlich erneuert hrsg. v. Dr. Ferdinand Khull. *Graz: Styria 1898.* (2 Bl., 148 S.) 1 Bd 8. (98. 1089

Maria de la Paz de Borbon, Prinzessin v. Bayern, s. Ludwig Ferdinand von Bayern, Prinzessin.

MARIA STUART. — Liebesbriefe der Königin Maria von Schottland an Jakob Earl von Bothwell nebst ihren Liebessonetten, Ehekontrakt und anderen Urkunden. Aus dem Englischen von Hugo Campbell. 2 Bände. Mit Portrait. Leipzig 1825. 8°.

Maria v. der Unbefleckten Empfängnis, der ehrwürdigen Mutter, gewesener Priorin der Karmelitinen von Aix, Werke. 1. u. 2. Bdchn. Autoris. freie Uebersetzg. v. Sr. Maria Gabriela vom hlst. Sakrament, O. Carm. 12. Münster 903. Alphonsus-Buchh. n. 1.65
1. Gedanken üb. das Amt der Priorin od. Oberin in den geistlichen Orden u. Kongregationen. (121 S.) n. —75
2. Gedanken üb. das Amt der Novizenmeisterin in den geistlichen Orden u. Kongregationen. (174 S.) n. —90

Maria Angela, Leitsterne f. Marienkinder. Was Mariens Kind erstrebt, wie es leidet, liebt u. lebt! Belehrungen u. Ratschläge f. Marienkinder. Mit e. Vorwort hrsg. v. Angelus, O. Cap. 1. u. 2. Aufl. (232 u. 40 S.) kl. 8. Saarlouis 904. 905. F. Stein Nachf. n. 1.50; geb. in Leinw. n. 1.70; m. Goldschn. n. 2.—

Maria Angela, das Marienkind. Gedanken u. Ratschläge zur Belehrg. u. Betrachtg. f. christl. Jungfrauen, die Maria lieben u. ihr nachfolgen wollen. 12. (304 S.) Münster (901). Alphonsus-Buchh. Geb. in Leinw. n. 2.—

Maria Angela, Schwester, das Marienkind. Gedanken u. Ratschläge zur Belehrg. u. Betrachtg. für christl. Jungfrauen, die Maria lieben u. ihr nachfolgen wollen. 2., sehr verm. Aufl. (336 S.) kl. 8. Münster (908). Alphonsus-Buchh. Geb. in Leinw. 2. 20

Maria Antoinette, Joseph II. und Leopold II. Ihr Briefwechsel herausgegeben von Alfred Ritter v. Arneth.
8. Leipzig, Wien und Paris 1866.

Maria Antonia, Kurfürstin v. Sachsen, Briefwechsel, s.: Maria Theresia, Kaiserin.

Maria-Antonius, O. Cap., d. hl. Antonius v. Padua. S. Leben u. s. Herrlichkeiten. M. e. Anh. v. Gebeten. M. Genehmigg. des Verf. in teilweise freier Bearbeitg. aus d. Franz. übers. von J. M. 16. (VIII, 136 S. m. 1 Stahlst.) Stuttgart 895. J. Roth. n. —60; geb. n. —85

— dasselbe. Zugl. e. Gebetbuch z. Verehrg. d. hl. Antonius, nebst tägl. Andachten. Autor. Ausg. nach d. Franz. v. J. Müller. 2., verm. Aufl. 16. (XII, 184 S. m. Titelbild. Ebd. 897. n. —80; geb. n. 1.—

Maria Bernardina, O. Cap., Julie v. Massow, geb. v. Behr. Ein Konvertitenbild aus dem 19. Jahrh. Nach authent. Quellen dargestellt. Mit 2 Bildnissen u. 4 Schriftproben. gr. 8. (XI, 328 S.) Freiburg i/B. 902. Herder. n. 3.—; geb. in Leinw. n. 3. 80

Maria Christine, Erzherzogin von Österreich, s. Marie Christine.

Sankt Cäcilia. Relig. Drama in 5 Akten. Von Maria Deodata. Mit 1 Musikbeilage. Paderborn: F. Schöningh 1904. (49, 4 S.) 8°
= Theater f. d. weibliche Jugend. 22.

Die weiße Rose. Drama in 3 Akten von Maria Deodata. Paderborn: F. Schöningh [1904]. (50 S.) 8° [F.]
= Theater f. d. weibliche Jugend. 25. (03. 1300

Maria Gabriela, O. S. D., s. a.: **Berge, Felicitas vom.**

Maria Gabriela a. Ss. Sacramento (Felicitas v. Berge — Hedw. v. Liszt), Andachtsbüchlein zur Verehrung des hl. Apostels Judas Thaddäus nebst den notwendigsten Lehrstücken f. das geistliche Leben u. e. Anh. schöner Gebete. (160 S. m. farb. Titelbild.) 16. Münster 910. Alphonsus-Buchh. Geb. in Leinw. — 50

— Die hl. Elisabeth, Landgräfin v. Thüringen, s.: Theater f. die weibliche Jugend.

— Neue große Exerzitien f. Ordensleute, s.: Bergmayr, Jos.

— Leben der ehrwürdigen Dienerin Gottes Anna vom hl. Augustinus, e. Gefährtin der hl. Theresia, der großen Erneuerin d. Karmeliten-Ordens. Nach zuverläss. Quellen bearb. (VIII, 216 S. m. Titelbild.) 8. Innsbruck 904. F. Rauch. n. 1. 50

Maria Gabriela, O. S. D., Leben des ehrwürdigen, durch den wunderbaren Sieg auf dem Weißen Berge bei Prag 1620, berühmten Dieners Gottes Dominikus a Jesu Maria, gewesenen General des Ordens der Unbeschuhten Karmeliten. Nach verschiedenen Quellen neu bearb. (XI, 416 S. m. 1 Bildnis.) 8. Innsbruck 902. F. Rauch. n. 3. —

— das wunderbare Leben der ehrwürdigen Dienerin Gottes Rosa Maria Serio vom hl. Antonius, Karmelitin der alten Observanz. Nach der alten italien. Ausg. v. P. Jos. Gentili, S. J., frei übers. u. bearb. (VIII, 411 S. m. 1 Bildnis.) 8. Ebd. 903. n. 3. —

Lebensbilder hervorragender Männer und Frauen des Ordens unserer Lieben Frau vom Berge Karmel. Nach alten u. neuen zuverläss. Quellen zsgest. von Sr. **Maria** Gabriela vom heiligsten Sakrament, aus demselben Orden. Dülmen: A. Laumann 1904. (VIII, 304 S.) 8° [F.]

— Die Macht des Gebetes, s.: Theater f. die weibliche Jugend.

— Marienbüchl. f. alle Verehrer der Mutter Gottes. Mit den schönsten u. kräftigsten Gebeten. (174 S. m. farb. Titelbild.) 16. Münster 910. Alphonsus-Buchh. Geb. in Leinw. — 50

Maria Selesia, Schwester, „Heute fange ich an". Zum Gebrauche bei der monatl. Geisteserneuerg. f. Ordensfrauen. (160 S. m. Titelbild.) 16. Saarlouis 909. F. Stein Nachf. Geb. in Leinw. — 65

Maria Theresia, Kaiserin, Briefe an ihre Kinder u. Freunde, s. a. Briefe.

Briefe einer Kaiserin. **Maria** Theresia [Kaiserin von Deutschland] an ihre Kinder und Freunde. Mit 12 Bildn. (Hrsg.: Dr. Otto Krack.) 3. Aufl. Berlin: Curtius 1910. 173 S. 8° (10. 17/0

Maria Theresia, Kaiserin, u. Kurfürstin **Maria Antonia v. Sachsen,** Briefwechsel 1747—1772. Mit e. Anh. ergänz. Briefe hrsg. v. Woldem. Lippert. Mit 2 Porträts u. 1 Fksm. (CCL, 595 S.) Lex. 8. Leipzig 908. B. G. Teubner. 32. —; geb. 36. —

— — Constitutio criminalis Theresiana oder der Mariä Theresiä peinliche Gerichtsordnung. Wien 1769. Folio. (30 Mk. Adolf Weigel, 1909.) Selten!

Maria Theresia, s.: Durch Kreuz zur Krone.

Maria Theresia und **Joseph II.** Ihre Correspondenz sammt Briefen Joseph's an seinen Bruder Leopold. 1761—1780. Herausgegeben von Alfred Ritter v. Arneth. (3 Bde.) 8. Wien 1867—1868.

Maria Theresia und **Maria Antoinette;** s.: Arneth.

[Wappen F. u. F.] | Maria Theresia von Gottes Gnaden, Verwittibte | Römische Kayserin, Königin zu Germanien, zu Hun-|garn, zu Böhmen, ... (Polizei-Verordnung betreffend die Bettler, Landstreicher und Leute ohne Aufenthalt) ... Gegeben in unserer Stadt Brüssel | den 14ten Decembris Jahrs der Gnaden 1765. ... (Am Ende:) Lutzemburg, | Bey der Wittib J. B. Kleber, ... 1793. |
7 S., 4° (340 × 205 mm).

Maria Theresia. Post-Patents-Erneuerung, resp. Verschärfung, weil in Erfahrung gebracht wurde, „dass durch die sowol inner Landes befindliche, noch mehr aber durch die auswärtige u. von fremden Orten in unsere Erb-Länder Kommende Bothen Unserem Post-Regall mit entziehung der Brief-Correspondenz empfindlicher Schaden beschehe". Geben in Wien 14. XII. 1748. Gegengez. v.: Joh. Friedr. Graf v. Seilern. 4 Bl. Fol. Kart. 18.—

Die allgemeine Schulordnung der Kaiserin **Maria** Theresia [v. Österreich] und J[ohann] I[gnaz] Felbigers Forderungen an Schulmeister und Lehrer. Hrsg. von Anton Weiss, am Wiener Pädagogium. *Leipzig: R. Richter [aufgekl.: F. Brandstetter] 1896.* (79 S.) 8°
= Neudrucke pädagogischer Schriften. 15.

[Wappen] | MARIE THERESE | par la grace de Dieu; Imperatrice Douairiere | des Romains, ... (Ordonnance concernant les vagabonds et les mendiants) ... | Donné en notre Ville de Bruxel-|les le 14. de Decembre l'an de | grace 1765. ... (Publication:) Luxembourg | le 8e Fevrier 1766. ... | MARIA THERESIA | von GOttes Gnaden Ver-|wittibte Römische Kayserin, | Königin zu Germanien, ... (Verordnung betreffend die Bettler und Landstreicher) ... (A la fin:) A LUXEMBOURG, | Chez la Veuve de Jean Baptiste Kleber, ... 1766. |
10 S., 4° (330 × 200 mm).

[Wappen F. u. K.] | MAria Theresia von Gottes Gnaden, Verwittib-|te Römische Kayserin, Königin zu Germanien, zu Hun-|garn, zu Böhmen, ... (Verordnung betreffend die Bettler, Vagabunden und Landstreicher) ... Gegeben in | unserer Stadt Brüssel den 14ten Decembris Jahrs der Gnaden 1765. ... (Neuverordnung:) Gegeben zu | Lutzemburg den 26ten Augusti 1784. ... (Am Ende:) Lützemburg, | Bey der Wittib J. B. Kleber, ... 1784. |
7 S., 4° (330 × 210 mm).

[Wappen] | MARIE THERESE | par la grace de | Dieu, Impera-|trice des Ro-|mains, ... (Ordonnance conc. les lettres de menace et d'incendie) ... | MAria Theresia | von GOttes Gnaden | Römische Kayserin, | Königin zu Germa-|nien, ... (Verordnung betr. die Brandbriefe und Branddrohungen) ... Geben in unserer Stadt | Brüssel den 5ten Martii Jahrs der | Gnaden 1759. ... (A la fin:) A LUXEMBOURG, | Chez la Veuve de J. B. Kleber, ... 1759. |
6 S., 4° (335 × 210 mm).

[Wappen F. u. K.] | MAria Theresia von Gottes Gnaden Römische Kay-|serin, Königin zu Germanien, zu Hungarn, zu Böh-|men, ... (Verordnung, die das Auswandern in fremde Länder verbietet) ... Geben in unserer Stadt Brüssel den 12ten May Jahrs der | Gnaden 1764 ... (Erneute Verordnung:) Geben zu Lutzemburg den 23ten | Februar 1775. ... (Am Ende:) Lutzemburg, | Bey der Wittib J. B. Kleber, ... 1775. |
3 S., 4° (330 × 210 mm).

[Wappen F. u. F.] | M[in Verz.]Aria Theresia von Gottes Gnaden | Römische Kayserin, Königin zu Germanien, zu | Hungarn, ... (Verordnung, die es den Offizieren und Soldaten fremder Mächte verbietet, sich ohne Erlaubnis in den Niederlanden aufzuhalten) ... Gegeben in unserer | Stadt Brüssel den 11ten May Jahrs der Gnaden 1751. ... (Erneut verordnet:) Gegeben zu Lutzemburg den 9ten | März 1781. ... (Am Ende:) Lutzemburg, | Bey der Wittib J. B. Kleber, ... 1781. |
5 S., 4° (340 × 210 mm).

[Wappen] | M[= Initiale]Aria Theresia von | GOttes Gnaden Römische Kayserin, | Königin zu Germanien, zu Hungarn, | Böheimb, Dalmatien, Croatien, | ... (Verordnung, die es verbietet, die Kinder im zartesten Alter in fremde Länder zu bringen) ... Geben in unserer Stadt Brussel den | 20. Decembris Jahrs der Gnaden 1762. ... (Am Ende:) Lutzemburg, | Bey der Wittib Joannis Baptistae Kleber, ... 1763. |
3 S., 4° (330 × 200 mm).

[Wappen] | MAria Theresia von | GOttes Gnaden Römische Kayserin, zu Germanien, | Hungarn, Boheim, ... (Verordnung betreffend die Erhebung der Güter der Toten Hand) ... Gegeben in unserer Stadt Brüssel den | 22ten Martii im Jahr der Gnaden 1756. ... (Am Ende:) Gedruckt zu Lutzemburg, | Bey J. B. Kleber, ... Im Jahr 1756. |
3 S., 4° (340 × 205 mm).

[Wappen] | MAria Theresia von | GOttes Gnaden Römische Kayserin, | zu Germanien, Hungarn, Boheimb, | Dalmatien, Croatien, ... (Verordnung betreffend die Erwerbung von Güter durch die „Tote-Hand") ... Geben in unserer Stadt | Brüssel den 4. Julii Jahrs der Gnaden 1755. ... (Am Ende:) Lutzemburg, bey J. B. Kleber ... 1755. |
6 S., 8° (200 × 165 mm).

[Wappen] | MARIA THERESIA von Gottes Gnaden Ver-|wittibte Römische Kayserin, Königin zu Germa-|nien, ... (Verordnung zur Förderung des Ackerbaues) ... Geben in un-|serer Stadt Brüssel den 24ten Septembris Jahrs der Gnaden 1770. | ... (Am Ende:) Lutzemburg. | Bey der Wittib J. B. Kleber, ... 1770. |
4 S., 4° (330 x 195 mm).

[Wappen] | WIr Maria Theresia, | von Gottes Gnaden Römische Kayserin, zu Germanien, | Hungarn, Boheim, ... (Verordnung über die Lehensgüter und die Lehensrechte) ... Gegeben zu Brüssel den 20ten Januarii im siebenzehen hundert | drey und fünffzigsten-, [Jahr] ... (Neuverordnung:) Brussel den 13ten. | Jener 1756 ... (Veröffentlicht:) Luxemburg den 30ten Martii | 1756. ... (Am Ende:) Gedruckt zu Lutzemburg, | Bey J. B. Kleber, ... Im Jahr 1756. |
9 S., 4° (350 x 210 mm).

[Wappen] | MAria Theresia von Gottes | Gnaden Römische Kayserin, in Germanien, Hungarn, | und Boheimb, ... (Verordnung betreffend das Leihen und Vorstrecken von Geld an Offiziere und Soldaten) ... Geben in unserer Statt Brüssel den 7ten Septembris Jahrs | der Gnaden 1753. ... Gedruckt zu Lutzemburg, Bey J. B. Kleber, ... Im Jahr 1754. |
Einblattdruck, 2° (460 x 380 mm).

[Wappen] | MARIA THERESIA von Gottes Gnaden | Verwittibte Römische Kayserin, Königin zu Ger-|manien, zu Hungarn, zu Böhmen, ... (Verordnung über die zu ergreifenden Vorkehrungen gegen die in Polen herrschende Pest) ... Geben in unserer Stadt Brüssel den 27ten | Octobris Jahrs der Gnaden 1770. ... (Am Ende:) Lutzemburg, | Bey der Wittib J. B. Kleber, ... 1770. |
6 S., 4° (320 x 200 mm).

[Wappen] | Maria Theresia von Gottes | Gnaden Römische Kayserin, zu Germa-| nien, Hungarn, Boheim, Dalmatien | Croatien, ... (Verordnung über die Wälder) .. Geben in unserer Stadt Brüssel den | 30. Decembris Jahrs der Gnaden 1754. ... (Am Ende:) Lutzemburg, bey Johann Baptistam Kleber ... im Jahr 1755. |
27 S., 8° (227 x 176 mm).

[Wappen] | MARIA THERESIA von Gottes Gnaden | Verwittibte Römische Kayserin, Königin zu Germa-|nien, ... (Zusatzverordnung zu derjenigen vom 27. Oktober 1770, betreffend das Einbringen von Waren aus pestverseuchten Gebieten) ... Geben in unserer Stadt Brüssel den 19ten | Novembris Jahrs der Gnaden 1770. ... (Am Ende:) Lutzemburg, | Bey der Wittib J. B. Kleber, ... 1770. |
4 S., 4° (305 x 185 mm).

Maria [Verfasser: Familienname]

Maria (Maria Sophia Christiane von Plessen)

— Edmund u. Blankd, u. Anastasia u. Irmgart. 8. Hamb. 824. Herold.

Maria, (Maria Sophia Christiane v. Plessen), Elfriba v. England u. Edward der Märtyrer. Ein histor. Roman. 8. Hamb. 824. Herold. 1 ∦ 4 gr

Maria, (Clem. Brentano), Godwi, ob. das steinerne Bild der Mutter. 2 Bde. 8. Frankf. 801. Fr. Wilmans. 3 ∦ 4 gr

— Mathilde; der Park zu Elvas; Marine Falieri; der Graf v. Geldern. Vier Erzähll. in romant. Gewande. 8. Hamb. 822. Herold. 16 gr (Aus d. Schneeglöckchen abgedr.)

Maria, ... (Clem. Brentano.) Satyren u. poet. Spiele. 16 Bdchn. Gustav Wasa. 8. Leipz. 800. Rein.

Maria, die Schlittenfahrt zu Schmerla. Eugen u. Emilie u. der schöne Georg. (Aus den Schneeglöckchen.) 8. Hamb. 823, Herold.

— die Schlittenfahrt zu Schmerle; Eugen u. Emilie u. der schöne Georg. 8. Hamb. 823. Herold. 14 gr (Aus d. „Schneeglöckchen" abgedr.).

Maria, (Maria Sophia Christiane v. Plessen), Schneeglöckchen. 8. Hamb. 819. Herold jun.

Maria, I., Der Schrei nach dem Kinde. (21 S.) 12. Leipzig, H. Seemann Nachf. 1902. —. 50.

Maria, Johs., O. M. Cap., das Ordensbuch der Tertiaren des hl. Franziskus v. Assisi. Vollständiges Regel- u. Gebetbuch f. die Mitglieder des 3. Ordens in der Welt. (IV, 664 S. m. 1 Bildnis.) 16. Saarlouis 910. F. Stein Nachf. 1.20; geb. in Leinw. 1. 40

Ethelwold. Tragödie in 3 Akten von Carl **Maria** u. Emil Schultze-Malkowsky. Nach e. altengl. Überlieferung. Berlin: Die Schönheit [1907]. (70 S.) 8° [07. 16813

Maria, Karl, Verse. 8. (79 S.) Berlin 897. Schuster & Loeffler. 1. 50; geb. 2. 50

Maria, Max, (Max Maria v. Weber), Rolands Graalfarth. 16. (154 S.) Leipzig 852, C. H. Mayer. cart. m. Goldschn. 24 ngr In Engl. Einb. m. Goldschn. 28 ngr

Maria, R., der Schornsteinfeger, siehe: Volks-Bücher, neue.

Maria-Stanislaus, Fr., Erinnerungen an e. Ministranten. (24 S. m. 1 Bildnis.) 8. Straßburg 904. (F. X. Le Roux & Co.) n. — 20

Maria-Dreieichen. Kurze Geschichte des Gnadenortes zu seinem 250-jährigen Jubiläum. Krems 1907. V: *Gabler, Benno.* (EB)

Mariä Einsiedel bei Gernsheim, der altberühmte Gnadenort. Nebst e. Anh. v. Gebeten u. Liedern zum Gebrauche f. die Wallfahrt zu diesem Gnadenorte. 16. (96 S.) Mainz 886. Frey. n. — 40; geb. n. — 60

Maria-Einsiedeln. Das Kloster, die Wallfahrt, die Waldstatt (*Umschlag:* Beschreibung des Klosters und der Wallf.). Neue Ausg. Mit 25 ganzseitigen Einschaltbildern [wovon 24 Tafeln] und zahlreichen Textillustrationen [nebst illustriertem Umschlag]. 8. Einsiedeln ... [1900]. Benziger. (127 S.)
Frühere Ausg. s. u. d. T.: Beschreibung des Klosters ... Einsiedeln.

Maria-Einsiedeln seit seiner Gründung. Geschichte und Beschreibung des Klosters, der Kirche und der Wallfahrt, nebst Beschreibung der tausendjähr. Jubelfeier von 1861. 16. (95 S.) Einsiedeln 874, Eberle, Kälin und Comp.

Maria-Einsiedeln seit seiner Gründung. Geschichte und Beschreibung des Klosters, der Kirche und der Wallfahrt, nebst Beschreibung der 1000jähr. Jubelfeier von 1861. Neue illustr. Aufl. 16. (IV, 96 S. mit 10 Stnt.) Einsiedeln 875, Eberle, Kälin und Comp. *

Maria Einsiedeln seit seiner Gründung bis zur Gegenwart. Geschichte u. Beschreibung des Klosters, der Kirche u. der Wallfahrt. Neueste verb. Aufl. (139 S. m. Abbildgn.) gr. 16. Einsiedeln (903). Eberle, Kälin & Co. n.n. — 25; m. 13 Vollbild. n.n. — 60

Maria Elend, der Gnadenort — oder Maria im Exil zu Pottenstein in Nieder-Oesterreich. Von einem Seelsorger daselbst im Jahre 1857. Wien, 1857. Mechitharisten-Buchdr. (32 S. 8.)

Mariage de Figaro, s. Figaro.

Mariage, le, de Figaro, s. **Répertoire du Théâtre franç.**, No. 245.

Mariage, le, de Figaro. Comédie. 8. Nürnb. Grattenauer. 784. (Lauffer in Leipzig.)

Mariage, a, in high life. Edit. by the authoress of Tryvelyan, Flirtation etc. 18. (288 Seit.) Frankfort o. M. 836. Jügel. *

Mariage, le nouv., babylonien, ou entretien physion. et caractérist. av. 24 portr. enl. etc. 8. Lpz. Ind. C. 805.

Mariage, le, secret. Coméd. en 3 Actes. 8. Brswg. Pluchart. 806.

Mariager, Peter, aus Hellas. Fünf antike Erzählungen. Vom Verf. d. dänischen Originals unter Mitwirkung v. Eug. Liebich veranstaltete, einzig berechtigte deutsche Ausg. 8. (XVI, 395 S.) Leipzig 882. Schlicke. n. 5. —; geb. n. 6. 50

Mariages, naissances et décès en Suisse de 1871 à 1890. 3e partie, 1re section: Les décès. Publié par le Bureau de Statistique du Département fédéral de l'Intérieur. Publié le 31 août 1901. [Avec 6 cartes et 1 tableau graphique.] IV + 45 + 198 p. 4. Berne, Institut Art. Orell Füssli à Zurich, 1901. (fr. 8. —)
Statistique de la Suisse. 128e livraison.

Mariages, naissances et décès en Suisse de 1871 à 1890. 3e partie, 2e section: Les causes de décès. Publié par le Bureau de statistique du Département fédéral de l'Intérieur. Publié le 28 Octobre 1903. [Avec 3 cartes et 2 tableaux graphiques.] IV + 75 + 163 p. 4. Berne, Institut Art. Orell Füssli à Zurich, 1903. (fr. 8. —)
Statistique de la Suisse. 137e livraison.

Mariages, naissances et décès en Suisse de 1891 à 1900. 1re partie: Mariages contractés et m' dissous. Publié par le Bureau de statistique du Département fédéral de l'Intérieur. [Avec 1 figure, 3 tableaux graphiques et 3 cartes.] 68* + 83 p. 4. Berne, comm. A. Francke; Impr. «Effingerhof», Brugg, 1908. [fr. 4.50]
Statistique de la Suisse. 158e livraison.

Maria Grün bei Feldkirch von F. B. Feldkirch 1868. V: *Burgartz, Franz.* (Margr)

Mariaheim, das Kloster, oder Herrmann v. Wolfsburg, von H. Müller. 2 Thle. 8. Quedlinb. Basse. 821. Rthlr.

Mariahilf! Wallfahrts-Kirche in Schmolln. Salzburg 1860. V: *Böheim, Wilhelm.* (Hr)

Maria-Hilf. Andachtsbüchlein beim Besuche der Mariahilfberg-Kirche bei Amberg. Nebst e. ausführl. Beschreibg. der Kirche. gr. 16. (119 S. m. 1 Holzschntaf.) Amberg 875. Habbel. n. — 35

Maria-Hilf. Jubiläums-Büchlein zur Feier d. 250jähr. Bestehens der Mariahilfberg-Kirche bei Amberg. Zugleich e. Andachtsbüchlein f. alle Verehrer der seligsten Jungfrau Maria. Mit e. ausführl. Beschreibg. der Wallfahrtskirche. 2. Aufl. 16. (96 S. m. 3 Holzschn.) Amberg 884. Habbel. — 30

Mariahilf! Ein Gedenkblatt ... 14. Aufl. Schmolln [1885]. V: *Priwasser, Wolfgang.* (Hr)

Maria-Hilf! Monatsschrift für alle frommen Verehrer Mariä, besonders für Mitglieder der Erzbruderschaft unter dem Titel und der Anrufung der Mutter Gottes von der immerwährenden Hülfe und des heil. Alphonsus Maria von Liguori. Hrsg. von Adam Reiners. 1. Jahrg. 1888. 12 Hefte. (Bog.) 8. Münster i. W., Alphonsus-Buchh. *

Maria-Hilf! Monatsschrift für alle frommen Verehrer Mariä. Hrsg. von Adam Reiners. 2.—4. Jahrg. 1889/90—1891/92. à Jahrg. 12 Hefte. (à Heft 2 Bog.) 8. Münster i. W., Alphonsus-Buchh. à Jahrg. * 1 —

Maria-Hilf! Monatsschrift f. alle frommen Verehrer Mariä, besonders f. Mitglieder der Erzbruderschaft unter dem Titel u. der Anrufg. der Mutter Gottes v. der immerwähr. Hülfe u. des hl. Alphonsus Maria v. Liguori. Hrsg. v. Adam Reiners. 6. u. 7. Jahrg. Oktbr. 1893—Septbr. 1895. à 12 Hfte. (à 2 Bog. m. Abbildgn.) 8. Münster, Alphonsus-Buchh. à Jahrg. n. 1. —

Maria-Hilf! Monatsschrift f. alle frommen Verehrer der Mutter v. d. immerwähr. Hülfe. Red.: Alois Pichler, C. ss. Red. 8.—11. Jahrg. Oktbr. 1895 bis Septbr. 1899. à 12 Hfte. (à ca. 2 Bog. m. Abb.) 8. Münster, Alphonsus-Buchh. à Jahrg. n. 1. —

Maria-Hilf! Monatsschrift für alle Verehrer der Mutter Gottes v. der immerwähr. Hilfe. Red. v. Alois Pichler, C. ss. Red. 12.—15. Jahrg. Oktbr. 1899—Septbr. 1903. à 12 Hfte. gr. 8. (à ca. 32 S. m. Abbildgn.) Münster, Alphonsus-Buchh. à Jahrg. n. 1. —

Maria-Hilf! Monatsschrift für alle Verehrer der Mutter Gottes v. der immerwähr. Hilfe. Red. v. G. Freund C. Ss. R. 16.—18. Jahrg. Oktbr. 1903—Septbr. 1906. à 12 Hefte. (à ca. 32 S. m. Abbildgn.) gr. 8. Münster, Alphonsus-Buchh. à Jhrg. n. 1. —

— dasselbe. Red. v. Frz. Xav. Franz, C. Ss. R. 19. Jahrg. Oktbr. 1906—Septbr. 1907. 12 Hefte. (à ca. 32 S. m. Abbildgn.) gr. 8. Ebd. n. 1. 20

Maria-Hilf! Monatsschrift für alle Verehrer der Mutter Gottes v. d. immerwähr. Hilfe. Red. v. Frz. Xav. Franz, C. Ss. R. 20.—23. Jahrg. Oktbr. 1907—Septbr. 1911. à 12 Hefte. 20.—22. Jahrg. (II, 384; IV, 384 u. IV, 384 S. m. Abbildgn.) Lex. 8. Münster, Alphonsus-Buchh. à Jahrg. 1. 20

Maria-Hilf! Andachtsbüchlein f. fromme Verehrer Mariä, besonders f. Mitglieder der Erzbruderschaft unter dem Titel u. der Anrufg. der Mutter Gottes v. der immerwähr. Hülfe u. des hl. Alphonsus v. Liguori. 16. (291 S. m. 1 Farbendr.) Kevelaer 892. J. Thum. Geb. in Leinw. n. — 75

— — dasselbe. Festschrift zur 250jähr. Jubelfeier d. Gnadenbildes der Trösterin der Betrübten zu Kevelaer. gr. 8. (32 S. m. Abbildgn.) Ebd. 892. — 10; holländ. Ausg. — 15

Collegium. Das K' Maria-Hilf in Schwyz ... s. (Steimer, Rufin).

Mariahilf in Leopoldskron-Moos. 8. (46 S.) Salzburg. Gedruckt bei Franz Xaver Duyle. 1853.

Mariahilfberg, Der, zu Amberg. Amberg 1717. V: *Thor, Maxim.* (Jes)

Maria-Hilf-Berg, der, bei Amberg in geschichtl. u. relig. Betrachtung. Zum 200jähr. Jubelfeste 1834 allen frommen Verehrern Mariens geweiht von J. L., ein. kathol. Geistlichen. gr. 16. (2 B. u. Titelbild.) Amberg 835, Schmidt.

Maria-Hilf-Kalender f. d. J. 1891. gr. 8. (119; XXXI S. mit Abbildgn.) Münster i. W., Alphonsus-Buchh. * — 40
—— dass. — 1892 u. 1893. 4. (à Jahrg. ca. 100 S. m. Abbildgn.) Ebd. à Jahrg. * — 50

Maria-Hilf-Kalender, 1895. 5. Jahrg. 4. (80 u. 11 S. m. Abbildgn.) Münster, Alphonsus-Buchh. n. — 50

— **Münster'scher**, 1896. 6. Jahrg. 4. (80 u. XII S. m. Abb., 1 Farbendr. u. Wandkal.) Ebd. n. — 50

Maria-Hilf-Kalender. 1899. 9. Jahrg. 4. (80 u. XIII S. m. Abb., 1 Farbdr. u. Wandkal.) Münster, Alphonsus-Buchh. n. — 50

Maria-Hilf-Kalender. 1903. 13. Jahrg. 4. (80 u. XIX S. m. Abbildgn., 1 Farbdr. u. Wandkalender.) Ebd. n. — 50

Maria-Hilf-Kalender. 1906. 16. Jahrg. (80 u. XXI S. m. Abb., 1 Farbdr. u. Wandkalender. Lex.-8. Ebd. — 50

Maria-Hilf-Kalender. Gewidmet allen frommen Verehrern Mariä, besonders den Mitgliedern der Erzbruderschaft unter dem Titel u. der Anrufg. der Mutter Gottes u. der immerwähr. Hilfe des hl. Alphonsus Maria v. Liguori. Zugleich Jahrbuch der Diözese Münster. 21. Jahrg. 1911. (80 u. XXII S. m. Abbildgn. u. 1 Farbdr.) Lex. 8. Ebd. — 50

Maria-Hilf-Kirche, die, in München (Vorstadt Au). gr. Fol. Münch. 885, Bassermann. * 7 —

Maria-Hilf-Kirche, die, in München, Vorstadt Au. Entworfen u. erbaut v. Dan. Ohlmüller. Vollendet v. Geo Frdr. Ziebland. Fol. (6 Taf. m. 2 S. Text.) München 886. Literar.-artist. Anstalt. n. 7. —

Maria-Immerhilf. Ausführl. Bericht über d. Gnadenbild u. d. Erzbruderschaft Unserer lieben Frau von d. immerwährenden Hilfe mit e. vollst. Gebetbuch nach d. hl. Alfonsus. 13. Aufl. Neubearb. von P. Josef Mayer, C. SS. Red. *Saarlouis: F. Stein Nachf. 1903.* (516 S.) 8° [F.] (04. 4736

Maria-Immer-Hilf-Büchlein, Privatandachtsübgn., bes. geeignet f. d. Mitglieder d. Bruderschaft „U. L. Frau v. d. immerwähr. Hilfe". V. e. Priester d. Redemptoristen-Ordens. 16. (VI, 182 S. m. 1 Farbdr.) M.-Gladbach 897. A. Riffarth. Geb. in Leinw. n. — 50

Maria- und Josef-Kalender. V.: Marien-Kalender, Klagenfurter.

(F) Maria- und Josef-Kalender zur Förderung christlichen Lebens für das Jahr 1901. Gemeinjahr mit 365 Tagen. XIII. Jahrgang. Reich illustriert, mit vielen Erzählungen, Beschreibungen, gemeinnützigen Notizen etc., nebst einem Verzeichnis der Jahrmärkte und anderen statistischen Daten. Herausgegeben von der St. Josef-Bücher-Bruderschaft in Klagenfurt. Klagenfurt. Verlag der St. Josef-Bücher-Bruderschaft. [In Comm. Raunecker.] Gr.-8°. 104 S. mit 1 Tafel. K —.80

Maria- u. Josef-Kalender zur Förderung christl. Lebens f. d. J. 1902. 14. Jahrg. Reich illustr., m. vielen Erzählgn., Beschreibgn., gemeinnütz. Notizen etc., nebst e. Verzeichnis der Jahrmärkte u. anderen statist. Daten. Hrsg. v. der St. Josef-Bücher-Bruderschaft in Klagenfurt. Red.: Rob. Klimsch. 4. (XXXII, 112, 16, 24 u. 60 S.) Klagenfurt, Buch- & Kunsthandlg. d. St. Josef-Vereins. n. — 80
Fortsetzung s.: Sankt Maria- u. Sankt Josef-Kalender.

Maria-Legenden. Trier 856. Braun. 16. (XV, 128 S.) n. 12 ngr.

MARIA-LIED. Gyula 1857: L. Réthy. 4 S. - 8°

DOROSZLOER Maria-Lied. o. O. o. J. o. Dr. Grobdruck 8 vierzeil. Absätze. 2 S. - 170 mm

Maria Linden b. Ottersweier—Bühl. Frommen Pilgern zur Erinnerg. v. e. Priester der Erzdiözese. (15 S. m. 1 Abbildg.) kl. 8. Bühl (908). Unitas. nn — 10

Marialogia. Complectens meditationes quinquaginta de mysteriis vitae et gloriae deiparae Mariae virginis, meditationes septem de cantico Salve Regina, meditationes septem in hymnum Ave Maris Stella, exercitia Mariano-Eucharistica et exercitia quaedam singularis devotionis erga beatissimam virginem. Editionem curavit Andr. Jos. Haehnlein. 8. (XV und 555 S.) Würzburg 859, Stahel'sche Buchh. *

Marialogien, das ist: 40 Betrachtungen oder Abhandlungen über das Glaubensgesetz von der unbefleckten Empfängniß der allerseligsten Jungfrau u. Mutter Gottes Maria, auf Grund der dogmatischen Bulle des Papst Pius IX. u. nach verschied. Autoren für gebildete katholische Christen bearb. von e. kathol. Geistlichen. Landshut 868. Thomann 16. (IV, 268 S.) 12 ngr.

Maria-Lourdes-Kalender, s.: Marien-Kalender, neuer illustrirter.

Maria-Lourdespredigten, geh. anläßlich d. I. bayerischen Pilgerzuges am 12.—15. Juni 1891 in der Basilika u. an der Grotte zu Lourdes. Zum Andenken allen Pilgern gewidmet v. M. Funk, Alb. Reiser, Geo. Hackl, Fr. X. Schild, Leop. Mayer, Cyrillus Erl, Hauser. gr. 8. (60 S.) Stuttgart 891. Süddeutsche Verlagsbuchh. (D. Ochs). n. — 50

Mariam, Theodor, a. Frankfurt a. M.: Ueber Methionsäuresynthesen. Bonn 1908: A. Broch. (126 S., 1 Taf.) 8°
Bonn, Phil. Fak., Ref. Anschütz, Diss. v. 11. März 1908
[Geb. 18. Dez. 84 Frankfurt a. M.; Wohnort: Godesberg; Staatsangeh.: Preußen; Vorbildung: Klinger-Oberrealsch. Frankfurt a. M. Reife O. 03; Studium: Techn. Hochsch. Darmstadt 4, Univ. Bonn 5 S.; Rig. 29. Jan. 08.]

Mariamne. Eine histor.-romant. Erzähl. aus Palästina. A. d. Engl. v. *r. (G. W. Becker.) 3 Thle. 8. (46 B.) Leipzig 828, Focke.

Mariamne; eine historisch-romantische Erzählung . . . a. d. Engl. Leipzig 1828. Ü: *Becker, Gottfried Wilhelm.* (Ky)

Marian, ... (Andr. Fidler,) († d. 23. Febr. 1803.) **Austria** *sacra*, s. *Austria*.

Marian, Med. Dr. A., Aussig. (Aus dem Städtebuche.) Gr.-8. (57 S.) —.60
Wien: Hof- u. Staatsdruckerei 1891.

Marian, M. Dr. A. Die Stadt Aussig während des dreissigjährigen Krieges. Separat-Abdruck aus den „Mittheilungen des Nordböhm. Excursions-Clubs". XXII. Band, Seite 209—232. S. (Leipa 1899.)

Marian, A., Bericht über die Thätigkeit des städtischen Gesundheitsrathes in Aussig in den J. 1884—1886. gr. 8. (43; 69; 31 S. mit 16 Tab.) Aussig 885—87, (Grohmann.) à Jahrg. *

Marian, u. Max Loos v. Losimfeldt, d. neue Krankenhaus in Aussig. Festschrift zur Eröffng. desselben am 7. Octbr. 1894. Lex.-8. (36 S. m. 1 Abb. u. 9 Taf.) Aussig 894. (A. Becker.) n.n. 1.25

Marian, A., Versuch einer Morbilitäts- und Mortalitäts-Statistik der Stadt Aussig, nebst einem Rückblick auf die Thätigkeit des städt. Gesundheitsrathes im J. 1883. gr. 8. (17 S. mit 1 Tab.) Aussig 884, (Grohmann.) *

Marian, Emil, a. Calafat in Rumänien: Deutschlands Geflügelhaltung und sein Handel mit Geflügelprodukten. Borna-Leipzig 1906: R. Noske. (88 S.) 8°
Leipzig, Phil. Fak., Ref. Kirchner, Stieda, Diss. v. 27. März 1906
[Geb. 13./25. April 80 Calafat; Wohnort: Calafat; Staatsangeh.: Rumänien; Vorbildung: Lyzeum Carol 1 Craiova Reife Aug. 98; Studium: Bukarest Univ. 2, T.H. 4, Hohenheim Landw. H. 2, Leipzig 5 S.; Rig. 22. Febr. 06.]

Marian, Friedrich

Marian: Das industrielle Erzgebirge u. seine Umgebung. 8 S. 8°–Elbogen OR., Progr. 1854

Marian: Die Industrie d.Eisens vom chem.Standpunkte. 10 S.–Elbogen OR., Progr. 1857.

Marian, Gust., das Millionenerbe, oder: Für wahnsinnig erklärt. Roman aus der Gegenwart. Illustr. Ausg. 40 Hefte oder 3 Bde. gr. 8. (329; 456; 432 S. mit je 1 Chromolithogr.) Neusalza 880, Oeser. à Heft 20 Pf.

Marjan, Hub. Keltische Ortsnamen in der Rheinprovinz. 3 Abteilungen. 21, 16, 18 SS. Progr. Rg. *Aachen* 1880. 1881. 1882.

Marjan, Hubert, rheinische Ortsnamen. 4. Heft. 4. (39 S.) Aachen 884, Jacobi und Comp. *
1.—3. Heft bildeten Schulprogramme und wurden in den Jahren 1880—82 gedruckt.

Marian, Joan, a. Calafat in Rumänien: Ein Beitrag zur Untersuchung der Grundrentennatur. Darstellung und Kritik der Rodbertusschen Theorie der Grundrente. (Borna-Leipzig 1907: R. Noske.) (95 S.) 8°
Berlin, Phil. Fak., Ref. Wagner, Diss. v. 27. Juli 1907
[Geb. 12. Jan. 83 Calafat (Rumänien); Wohnort: Calafat; Staatsangeh.: Rumänien; Vorbildung: Lyzeum Craiova Reife Juni 01; Studium: Leipzig 2, Berlin 6 S.; Rig. 27 Juni 07.]

Marian, Rudolf, Das Buch der Kartenkünste in 126 Piecen und 75 Illustrationen. Enthaltend die besten Kartenkunststücke neuerer und älterer Zeit oder die Kunst, kleinere und größere Gesellschaften durch leicht erlernbare Kunstgriffe in der angenehmsten Weise zu unterhalten, zusammengestellt für Dilettanten und Vorgeschrittenere und durch eigene vieljährige Erfahrung bereichert. Mit dem Porträt des Verfassers. 8. (IV, 159 S.)
Wien:Daberkow 1890 1.20, cart. 1.50

— das Ganze der Salon-Magie in 169 Vorträgen u. 220 Illustr. Als Anh.: Die neuesten Sensations-Piecen aus der weißen u. schwarzen Magie. gr. 8. (VI, 240 S.) Ebd. 889. n. 4.—; cart. n. 4. 70

MARIANA oder traut den Grossen nicht. Mit 1 Kpfr. Strassburg im Verlage der akademischen Buchhandlung. 1787. 8°. (2 Mk. Paul Neubner, Cöln, 1892.)
Vgl.Mariane.

Mariana, Don Juan de, oder Entwickelungsgeschichte . . . eines Jesuiten. Berlin 1804. V: *Buchholz, Paul Ferdinand Friedrich M.* (MGT) (Th) (Schmal) (Ky)

de Mariana, Juan; od. Entwickelungsgeschichte eines Jesuiten, (v. Fr. Buchholz). 8. Berl. 804. Unger. 1 ♯ 8 ℊ.

Mariana, Juan

Mariana, von dem Könige ꝛc., s. Bibliothek für moderne Politik, 4. Bdchn.

Mariana: Von dem Könige u. des Königs Erziehung. Mit Untersuchungen über den christlichen Staat der Neuzeit von Karl Riedel. Darmstadt 1843.

Mariandel, Frau, oder d. natürl. Zauberei. Schspl. in 3 A. 8. Leipz. 780. Barth. 6 ℊ

Mariane. Bürgerl. Trauersp. v. Gotter. 8. Gotha, Ettinger. 776.
Vgl.Marianne.

Mariane oder der Sieg der Tugend. Schauspiel. Frankfurt u. Leipzig 1777. V: *Rupp, Victorie geb. Raudnitzky.* (Schl) »ein rührendes Lustspiel in 3 Aufz. Prag 1777« (Ky) (MGT)
Vgl.Marianne.

Mariane, ein Drama in einem Aufzuge. Frankf. a. M. 1781. V: *Günderode gen. von Kellner, Friedrich Justinian Freih. von.* (ML) (Ky) (GGr) »Mariana« (Adel)

Mariane. Drama in 1 A. (v. Fr. Just. v. Günderode). 8. Frkf. 781. Eichenberg. 3 ℊ

— oder traut den Großen nicht. 8. Straßb. 787. Acad. Buchh. (Leipz., Hinrichs). 6 ℊ
Vgl.Mariana.

Mariane, od. die gute Ehe. (A. u. d. T.: Mariane Schönfels). 2 Thle. 8. Berl. 794. Nauck. 1 ♯ 8 ℊ

Mariane oder die gute Ehe. Ein Familiengemählde. Berlin 18?? V: *Schönfels, Mariane.* (BGE)

— Trauersp. von F. W. Gotter, aus sein. Nachlasse abgedr. 8. Gotha, Perthes. 804.

Mariane, Der liebenswürdigen, Begebenheiten..., s. Marivaux, Pierre Carlet de Chamblain de

— Schönfels, s. oben: Mariane, od. die gute Ehe.

— von Terville, (v. Eleon. Thon). 8. Leipz. 798. Hinrichs. 4 ℊ

Marianen [Schlagwort]

Marianen, s.: Kolonialkarten.

Marianen, s.: Seekarten.

Marianens Begebenheiten, s. Marivaux, Pierre Carlet de Chamblain de

Marianens Jugendjahre; e. Erziehungsgeschichte. 8. Rostock ... Stiller. 16 ℊ

Marianens Reisen und Schicksale. Nicht Roman, sondern eine wahre Geschichte. 8. Gotha, Ettinger. 801.

Marianens Schäferstunden, kein Roman, mit Kupf. 8. Rostock, 796. Stiller.

Marianens (**G. K. Claudius**), **Schäferstunden. 8. Rostock 800. Stiller. 20 gl**

Mariani, A., praktisches deutsch-italienisches Hilfswörterbüchlein samt Schlüssel zu „Italienisch leicht gemacht". Enthaltend die Übersetzung der darin vorkommenden italien. Übungsaufgaben und dienend andererseits als Anleitung zum Übersetzen aus dem Deutschen in's Italienische. 12. (95 S.) Leipzig 886, G. Weigel. *

—— Italienisch leicht gemacht. Anleitung mit oder ohne Lehrer auf die leichteste Weise und in kürzester Frist Italienisch lesen, schreiben und sprechen zu lernen. Mit genauester Angabe der Aussprache und Betonung durch deutsche Buchstaben und Accente. 12. (VI, 218 S.) Ebendas. 886. *

Mariani, Ant. Frz., S. J., Engel-Büchlein. Betrachtungen zu Ehren der hl. Schutzengel. In neuer deutscher Bearbeitg. m. Beigabe geschichtl. Beispiele u. Andachtsübgn. zu Ehren d. hl. Engel v. Geo. Kolb, S. J. (XV, 148 S. m. Titelbild.) 16. Graz 907. Styria. n. — 60; geb. n. — 75; in Ldr. m. Goldschn. n. 1. —

Mariani, A. F., S. J., Josefi-Büchlein zur Vorbereitung auf e. guten Tod. Fromme Übgn. In neuer deutscher Bearbeitg. m. Beigabe geschichtl. Beispiele u. Andachtsübgn. zu Ehren des hl. Josef. Von Geo. Kolb, S. J. (XVI, 156 S. m. Titelbild.) 16. Graz 908. Styria. — 50; geb. in Leinw. — 75; in Ldr. m. Goldschn. 1. —

Marianische Dreißigste, der, oder 30 Betrachtungen über das Leben u. die Schmerzen der göttlichen Mutter. Nebst vorzüglichsten Andachtsübgn. e. Christen. 6. Aufl. Mit e. Stahlstich. Innsbruck 869. Pfaundler. 8. (371 S.) 10 ngr

Marianka, (Mundköchin des Hans-Jörgel von Gumpoldskirchen,) durch vieljährige persönliche Ausübung und praktische Erfahrung erprobtes Kochbuch. 12. Wien 846, Dirnböck. 24 ngl

—— dass. 2. Bd. A. u. d. Ttl.: Wirthschaftsbuch, od. die österreich. Hauswirthschaft wie sie sein soll. 8. (22½ B.) Ebds. 847.

Marianka, Oesterreich. Koch- u. Wirthschaftsbuch. 2. Bd. Wirthschaftsbuch, od. die österr. Hauswirthschaft, wie sie sein soll. (XVI u. 343 S.) Wien 847, Dirnböck. 18 ngl

Marianne, die, s. Volks-Bibliothek, romantische.

Marianne. Trauerspiel, a. d. Franz. des Voltaire, von Scharfenstein. gr. 8. Nürnberg. 740.

— **ou la paysanne de la fôret d'Ardennes. 8. Frankf. 773. Varrentrapp. 8 gl**

Marianne, ein bürgerliches Trauerspiel in 3 Aufzügen. Gotha 1776. V: *Gotter, Frdr. Wilh.* (GGr)
Vgl.Mariane.

Marianne, oder d. Sieg d. Tugend; e. rührendes Lstspl. in 3 Aufz. (v. Viktoria Rupp). 8. Prag 777.
Vgl.Mariane.

MARIANNE, Die. Enthüllungen aus dem Wesen und Treiben der geheimen Verbindung „Marianne" in Frankreich, England, Deutschland und Italien, und der mit ihr verwandten politischen Gesellschaften. Ein romantisch-historisches Gemälde aus der Gegenwart. Hamburg, J. F. Richter, 1857. 8°.
Nicht erotisch. 638 SS.

***Marianne* et Charlotte, ou l'apparence est trompeuse. XIII Vols. 18. Berl. 795. Rottmann. 2 ₰ 18 gl**

Marianne von Ferville, s. Marivaux, Pierre Carlet de Chamblain de

Marianne, Prinzessin, Gemahlin d. Prinzen Wilhelm v. Preußen. 8. (16 S.) Berlin 871. E. Beck. n. — 10

Der Marianne Leben ..., s. Marivaux, Pierre Carlet de Chamblain de

— **u. Selicourt, oder das verfolgte Ehepaar. 8. Halle 788. Franke. 6 gl**

Briefe der Prinzessin Wilhelm (**Marianne**) von Preußen geb. Prinzessin Marianne von Hessen-Homburg an ihren Bruder Ludwig. Veröffentl. von Emilie Droescher. *Homburg v. d. H.: L. Staudt [in Komm.] 1904.* (VIII, 264 S.) 8° [J.]
= **Mitteilungen** d. Vereins f. Geschichte u. Altertumskunde zu Homburg v. d. H. 11. 8. [04. 10464]

Marianne Natalie, allerliebstes Puppen-Kochbuch, s. Puppen-Kochbuch.

Mariannhill, Das Trappisten-Missionskloster, oder Bilder aus dem afrikanischen Missionsleben. Freiburg i. Br. 1907. V: *Frey, Dominicus.* (EB)

Das Trappisten-Missionskloster **Mariannhill** oder Bilder aus d. afrikan. Missionsleben. Im Auftr. seiner Obern gesammelt von e. Ordenspriester. Freiburg im Br.: Herder 1907. (188 S.) 4° [08. 5975]

Mariannhill-Kalender für das J. 1889. Hrsg. von der Trappisten-Abtei Mariannhill. gr. 8. (160 S. mit Illustr.) Natal, Süd-Afrika. (Landshut, Krüll'sche Universitäts-Buchh.) *

Mariannhiller-Kalender für d. J. 1889—1892. 1.—4. Jahrg. Lex.-8. (à Jahrg. ca. 160 S. m. Abbildgn. u. 1 Wandkalender.) Mariannhill. (Burghausen, Russy.) à Jahrg. * — 50
Fortf. s.: Kalender, Mariannhiller.

Mariannhill-Trappisten-Missions-Kalender f. d. J. 1908. Red. der Trappisten-Abtei Mariannhill, Natal, Süd-Afrika. (259 Sp. m. Abbildgn., 1 Farbdr. u. Wandkalender.) Lex. 8. München, G. Schuh & Co. — 50

Marianni, Luigi, Antologia per facilitare agli stranieri la studio della lingua italiana. gr. 8. (XI und 286 S.) St. Gallen 862, Scheitlin und Zollikofer.

Mariano, Graf; od. der schuldlose Verbrecher. Schausp. in 5 Aufz. von Kr. Nambach. 8. Leipz. Dyk. 798.

Mariano, Raffaele, Christenthum, Katholicismus u. Kultur-Studien. Aus dem Ital. gr. 8. (XII, 407 S.) Leipzig 880. Breitkopf & Härtel. n. 7. 50; geb. n. 9. —

— das jetzige Papstthum u. der Socialismus. gr. 8. (VI, 40 S.) Berlin 882. Wilhelmi. n. 1. —

Marjanovitsch, Nikola: Die Deckung des ausserordentlichen deutschen Reichsbedarfs 1897—1908. Bonn 1909: Foppen. 121 S. 8°
München, Staatswirtsch. Diss. v. 21. Juli 1909, Ref. Lotz
[Geb. 15. Nov. 82 Tschuprija; Wohnort: Belgrad; Staatsangeh.: Serbien; Vorbildung: Vuk Stef. Karadjitsch-Gymn. Belgrad Reife M. 01; Studium: Staatsw. München 1, Phil. Berlin 1, Staatsw. München 4 S.; Rig. 21. Juli 09.] [U 10. 3457

Marianowitsch, Tschedomil. Utilitarismus und Christentum. Diss. Dokt. Kath.-Theol. Bern. 63 S. 8. Bern, Gustav Grunau, 1905.

Marianské čtení pro lid katolický. Prag (857.) Bellmann. 8. (97 S. m. Holzschn. im Text u. 4 Holzschn. in 8. u. 4.) n. 7 ngr.

Marianus ab Angelis

Mariani ab Angelis examen theol. morale, casib. et resolutionib. illustrat. 8. Augsb. Rieger. 798.

Mariani ab Angelis, examen theolog. morale, casib. et resolutionib. illustrat. 8. Augsb. ... Editio decima emend. 812. M. Rieger. 12 gl.

Marianus a St. Anna, Lexicon peëtico-rhetorico-historicum. Aug. Vind. 731. 8. Wolf.

— Synonymorum, phrasium et epithetorum (a Mariano a St. Anna). Aug. Vind. 729. 8. lb.'s. a. (794). 8. (2800 S.)

[J.] U. L. Frau von Bornhofen. E. Wallfahrtsbüchl. gewidm. v. Marianus ... *Boppard a. Rh.: Keil [1896?].* (28 S.) 1 Bd 8.

Marianus, U. L. Frau v. Bornhofen. E. Wallfahrtsbüchlein. gr. 16. (28 S. m. Abb.) Boppard 896. Dr. Keil. n. — 10

Marianus, s.: Knochen, die heiligen, u. d. Staatsanwalt.

Marianus (ps.), Komische Scenen aus der akademischen Welt, zur Erinnerung für alle † fidelen Brüder. Mit Titelkupfer. Leipzig, Wilh. Nauck, 1832. 8°. (3 Mk. 50 Pfg. Strobel, Jena, c. 1895; 5 Mk. Adolph Weigel, 1908.)
VIII, 1 Bl. Inh., 227 S. — 1. Luther im schwarzen Bären. 2. Der Brot-Tumult. 3. Der Auszug zu Jena 1792. 4. Die Chronik von 1792. 5. Der Renommist. (Abdr. des F. W. Zachariae'schen [1726—77] scherzhaften Heldengedichts, S. 54—145.) 6. Der Bratwurstinspektor. 7. Das Duell. 8. Der Pelzrock. 9. Das Ende eines Renommisten. 10. Ein Fastnachtsspiel. 11. Merkw. Patent v. 1660 (betreffend den riesigen Jenaer August-Tumult). 12. Studentenlied. 13. Das Prello.
Unter dem Titelkupfer liest man: Das Pech eines Jenaischen Bruder Studio. Aus einem Stammbuche auf der Universitäts-Bibliothek zu Jena vom Jahre 1600.

Maria's Schmerzensschrei. Entschleierte Klostergeheimnisse. Bonn 861. Rheinische Verlags-Anstalt. 8. (40 S.) n. 10 ngr.

Mariaschein u. Umgebung. Mit e. kurzen Skizze der Geschichte v. Mariaschein (v. H. Hallwich), e. Angabe der Sehenswürdigkeiten des Ortes, sowie Beschreibg. der Geiersburg samt Planskizze (v. Gust. E. Neubner) u. e. Tourenkarte nebst Erläuterg. (v. G. A. Süß). Hrsg. vom Zweigverein Mariaschein des Teplitzer Gebirgsvereines. (62 S.) 8. Aussig 906. (Teplitz-Schönau, A. Becker.) n.n. — 30

Mariastein. Ein »Vergissmeinnicht« ... Innsbruck [1906]. V: *Schiestl, Alois.* (MARGR)

Maria-Stein, Wallfahrt und Schloss, in Tirol. Nach in dem Kirchenarchiv hinterlegten Urkunden. Innsbruck 1854. V: *Bletzacher, Andreas.* (MARGR)

Maria-Stein, Die Wallfahrt, in Tirol. Nach archivalischen Urkunden von einem Franziskaner-Ordenspriester. Innsbruck 1886. V: *Seeböck, Philibert.* (MARGR)

Maria Stuart-Dramen, s. Fockens, Pieter.

Maria-Taferl-Myrrhenberg, Geistlicher — auf welchem Gott in seiner Majestät ... verehrt ... wird ... Maria-Taferl, 1857. Eigenthum und Verlag des Augustin Preslitzka, Buchbinder. Druck von Alois Landfraß in Neuhaus 1857. (550 S. 5 Bl. 8.)

Maria Theresien-Buch, Das. [Wien 1888.] V: *Bermann, Moriz.* (EB)

Mariazell [Schlagwort]

Mariazell, s.: Alpen. Artaria. — Detailkarten. — Wiener Ausflugskarten.

Mariazell, s.: Ausflugskarten. — Touristenkarten. Freytag.

Mariazeller-Kalender. Illustrirter katholischer Volkskalender für das Jahr 1894. 8. (190 S.) In Comm. Wien: Lechner —.25

Mariboe, Charles, Selectiones in Prose and Verse from the Works of modern english authors. Vol. I. Select. in Proso. Auch u. d. T.: Udvalg af den nyere engelske Prosa. Suaoj. Kopenh. 831. Gyldendal. 1 ₰ 8 gl.

Marié, Albert. Ueber einige Akridiniumfarbstoffe. Diss. Phil. Basel. 56 S. 8. Genf, W. Kündig & Sohn, 1901.

MARICHAUX.
Ueber den gegenwärtigen Stand der Zuckerfabrikation. Nürnberg, 1812.

Maricourt, Petrus Peregrinus de: De Magnete (1269). *Berlin 1897.*
in: Rara magnetica 1269—1599
= Neudrucke v. Schriften u. Karten üb. Meteorologie u. Erdmagnetismus. No 10.

Maricourt, P. de, s.: Magnetica, rara.

Marie (vgl. Maria) [Sachl. OW]

Marie, oder d. Engel auf d. Erde, s. Bibliothek für die reifere christl. Jugend, 5. Bd.

Marie, oder: Schloß Kahlburg, s. Jugend-Bibliothek, in einer Auswahl engl. u. französ. Jugendschriften 2c.

Marie oder Gottvertrauen trägt Glück ein, s.: Lebensschattirungen, 12. Bd.

Marie. Novelle, s. Skizzen aus der vornehmen Welt.

— od. das Unglück, Weib zu sein. 8. Leipz. 800. H. Richter. 20 gl.

MARIE oder Die Phantasie der Liebe. — Marie Barthel. Leipzig 1805. Mit 1 Kupfer. 8°. (4 Kr. Halm & Goldmann, 1907.)

— od. d. Phantasie d. Liebe, v. Marie Barthel, s. Bibliothek, neue, deutscher Romane 8r.

Marie, od. d. Geheimnisse d. Weinberghüttchens; v. d. Verf. d. Clara Waldburg 2c. 8. Zerbst, Füchsel. 806.

— od. die Geheimnisse des Weinberghüttchens 2c., (v. Joh. Friederike Lohmann). 8. Zerbst 806. (Kummer). 2 ₰

Marie oder die unglücklichen Folgen des ersten Fehltritts. Ein Roman in Briefen. Dresden 1812. V: *Frohberg, Regina.* (Zeitschr. f. Büch. N. F. 9, 1917, S. 58—62; 15, 1923, S. 116)

Marie; oder die unglückl. Folgen des ersten Fehltritts. 3 Bde. 12. Dresd. 812. Walther. 3 ₰

— Roman v. Aug. v. Steigentesch. 2 Thle. m. K. 8. Gießen, Heyer. 812.

Marie ou les peines de l'amour. Grätz 1812. V: *Louis Napoleon, König von Holland.* (Ky)

—ou les peines de l'amour (par Louis Buonaparte). II Vols. gr. 8. Grätz 812. Ferstl. 3 ₰

— ou les peines de l'amour par Louis Nap. Bonaparte. II Tomes. gr. 8. Grätz, Ferstl. 815.

Marie oder die Leiden der Liebe; a. d. Franz. . . . Pesth 1813. V: *Louis Napoleon, König v. Holland.* (KU) Ü: *Gräffer, Franz.* (MGT)

— oder die Leiden der Liebe. Aus dem Franz. übersetzt v. Frz. Gräffer. 12. Leipz. Gerh. Fleischer. 813.

—oder Lohn der Treue. 8. Quedlinb. 826. Basse. 20 gr

Marie, oder Religion u. Mißgeschick. (Aus der wohlf. kathol. Bibliothek abgedruckt.) 12. (Mit 1 Lithogr.) Aachen 842, Cremer'sche Buchh. 5/12 ₰

Marie. Erzählungen einer Tante. Wien, Dorfmeister 1852. 8.

Marie. Eine Dorfgeschichte. (Von der Verf. von „Martha die Stiefmutter" und „Lorenz der Freigemeindler", Maria Nathusius.) 12. (44 S.) Hamburg 854, Agentur des Rauhen Hauses.

— eine Dorfgeschichte, s. Schillings-Bücher rc.

Marie. In Demuth muthig. Eine Novelle von der Verf. von „Stolz und Still." 1. Aufl. 1865. und 2., unveränd. Aufl. 8. (208 S.) Berlin 868, Rauh. 22½ Ngr.; geb. *

Marie u. Amalie, Vorbilder e. kindl. Liebe u. frommen Jugend. Ein Muttergeschenk f. liebe Töchter, v. d. Gräfin v. Goldingen. M. 7 col. Kpfrn. 8. (11½ B.) Leipzig 829, Kollmann.

Marie Antoinette, oder die unglückliche Königin. Ein Trauerspiel in 6 Aufzügen. Mit Titelkpfr. O. O. 1794. 8°. 79 S. Selten! (2 Mk. 50 Pfg. R. Bertling, Dresden, 1907.)

Marie Antoinette, oder d. unglückliche Königin. Trspl. 8. Zittau 794. Schöps. 5 gr

— oder Ursachen u. Schilderung der Revolution; aus d. Franzöf. Mit Kpf. gr. 8. Leipz. 794. Fr. Fleischer. 1 ₰ 4 gr — Dass. Französ. 8. Ebd. 794. 20 gr — Dass. aus d. Französ. Mit Kpf. 8. Wien 794. Alberti. 12 gr Mit Kpf. 1 ₰

— — dass. m. K. 8. Wien, Sammer. 794. mit mehr. K.

— — dass. franz. s. a. Meyer.

Marie Antoinette in Elysium. Eine Scene für Menschen von Gefühl von *J. W. H.* Neuwied 1793. 8°. 32 S. (1 Mk. 80 Pfg. Friedr. Klüber, München, 1905.)

Marie Antoinette im Elysium. Neuwied 1794. V: *Heuberger, Johann Wilh.* (GGr) (MGT)

Marie Antoinette, Königin von Frankreich, oder Gemälde der Revolution durch d. Chev. von M** a. d. Franz. m. K. gr. 8. Wien, Alberti. 795.

Marie Antoinette von Österreich Königin von Frankreich. Ein biographischer Versuch ihres Privatlebens. Aus dem Französ. O. O. 1789. V: *Brussot de Warville, Jean Pierre* oder *Pierre Etienne Auguste Goupil* (?). (BGE IV², 414)

Marie Antonie, Erzherzoginn von Österreich, Königinn von Frankreich: oder Ursachen u. Schilderung der Revolution. 1794, s. Maistre, de

Marie Antonie, Erzherzoginn von Österreich, Königinn von Frankreich, oder Ursachen und Schilderung der Revolution. A. d. Franz. . . . O. O. 1794. V: *Maistre, Chev. de.* (schles)

Marie Antonie, Erzherzogin von Oesterreich, Königin von Frankreich; oder Ursachen und Schilderung der Revolution. Aus dem Französischen des Chevalier *M****. O. O. 1794. 8°. Rar! (Privatbibl. d. † Königs Georg V. v. Hannover.)

Marie Antonie von Oesterreich, Königinn in Frankreich. Trauerspiel in 4 Aufz. Neuwied 1794. V: *Buri, Ernst Carl Ludwig Ysenburg von.* (GGr)

— von Oesterreich, Königin in Frankreich, v. Buri. 8. Thal Ehrenbreitst. Gehra. 794.

Marie, die arme, oder der goldene Pilz. 16. (192 S. mit 8 bunten chromolithogr. Bildern.) Neu-Ruppin 859, Bergemann.

— dass. — Aus dem Engl. 16. (188 S. mit eingedr. Holzschn. und 6 Holzschnt.) Cincinnati 858. (Bremen, Heyse's Verlag.) geb. *

— dass. — Aus dem Engl. gr. 16. (188 S. mit 6 Holzschnt.) Cincinnati 859. (Philadelphia, Schäfer und Koradi.) geb. *

Marie Aurore, s. Glorin.

— u. Barton, oder Leidenschaft u. Liebe. Eine Erzählung v. G. M. E. 8. Braunschw. 825, Meyer.

MARIE und Barton, oder Leidenschaft und Liebe. Eine (zahme) Erzählung von *S. M. E.* Braunschweig, Meyer, 1826. 8°. 296 S. (3 Mk. 50 Pfg., unbeschn., Max Jaeckel, Potsdam, 1909.)

Marie, Königin v. Bayern, s. Schultze, Marie.

Marie u. Emilie. Trspl. 8. Prag 778. Mangold. 3 Ngr

Marie Flink, die kleine Gemüsegärtnerin, s. Metzger, Jh.

Marie u. Flora. Eine lehrreiche Geschichte für Kinder. Aus d. Engl. 8. Berlin 844, Eyssenhardt'sche Buchh. n. 1/4 ß

Marie und Flora, oder Ernst und Frohsinn. Eine Erzählung für die Jugend. Nach dem Engl. Stuttgart 855. Belser. 8. (IV, 192 S.) 12 ngr.

Marie, die kleine Hausfrau, den Mädchen als Vorbild des Fleißes und der Ordnung aufgestellt. Mit 12 illum. Abbildd. 4. Nürnberg ... Renner u. Comp. 5/12 ß

Die Kinderheilstätte Herzogin **Marie** bei Oranienbaum in Anhalt errichtet von d. Verein z. Bekämpfung d. Schwindsucht in d. Prov. Sachsen u. d. Herzogtum Anhalt. Halle 1907: Waisenhaus. (20 S.) 4°(8°) [F.] [07. 9929 3

Marie. Die kleine M'. Nach einer Erzählung von † Pastor L[udwig] Harms in Hermannsburg. [Mit Titelvignette und illustriertem Umschlag.] 5. Aufl. 16 S. 8. Basel, Basler Missionsbuchh., [1906]. [fr. —. 10]
B[asler] M[issions-]K[inderschriften Heft] 6.

Marie, die kleine bleiche, m. e. Anh. v. Liedern zum Trost an Kindergräbern. 8. (24 S.) Stuttgart 876. Buchh. der evangel. Gesellschaft. n. —. 10

—— die kleine, und ihr Träger und Wie hat Er die Leute so lieb. Zwei Erzählungen mit 8 (lithogr.) bunten Bildern geschmückt. 16. (16 S.) Neu-Ruppin 859, Bergemann.

Marie das Mädchen der Danneilshöhle. Eine Geschichte aus dem 12ten Jahrh. u. andere Erzählungen, von C. Hildebrandt. 8. Ebend. 821.

Marie u. Magdalene. Ein Sang aus der Gegenwart von K. v. R. 8. (161 S.) Berlin 889. Knorr. n. 2. —; geb. n. 3. —

Marie, Königin von Neapel. (Den deutschen Frauen gewidmet.) Frankfurt a. M. 1861. V: *Dumreicher, Alois Baron von.* (Mitth. Josef von Rodakowski-Meran.)

Marie Rosa, oder die Hütte im Walliserland. Historisch-romantische Erzählung aus des röm. Kaisers Karls VI. Tagen. Für die reifere Jugend. Von dem Verf. der Glocke der Andacht. Mit 1 Stahlst. 12. Reutlingen 843, Fleischhauer u. Spohn. 1/2 ß

Marie von Sachsen-Coburg-Gotha, Ihrer Koeniglichen Hoheit unsrer geliebten Frau Herzogin, den 15. Juli 1857. Gotha. V: *Welcker, Philipp Heinrich.* (ABJP)

Marie die schöne, als Chasseur-Oberst, oder das edle Frauenherz. Neu bearb. Reutlingen 865. (Stuttgart, Fischhaber.) 8. (32 S.) 2 ngr.

Marie von Sinclair; a. d. Franz. v. L. F. Huber. Leipzig 1799. V: *Caze de La Bove, marquise de Blanville, Angelique, dame B. Ducos.* (Ky)

Marie, Tochter Karls des Kühnen, Original-Schauspiel in 4 Aufz. von J. St. v. Menner. 8. Wien, Wallishauser. 807.

— das Vorbild der Frauen; nach d. Französ. v. Auguste v. F., geb. v. K. 8. Brandenb. 821. Wiesike. 1 ß 4 Ngr

Marie von Waldburg. Ein Trauerspiel. Leipzig 1776. V: *Arien, Bernhard Christoph d'.* (GGr)

Marie Westly, oder die Warnung. Nach d. Engl. (Mit 2 Bildern.) 12. Straßburg 842, Wittwe Levrault. geb. 1/6 ß Colorirt 6 1/4 ngr

Marie [Verfasser: Persönl. Name]

Marie de France, poetische Erzählungen nach altbretonischen Liebes-Sagen übersetzt von Wilh. Hertz. Stuttgart 862. Gebr. Mäntler. (Kröner.) 8. (XXVIII, 258 S.) n. 1 ß 5 ngr.

Die Fabeln der **Marie** de France. M. Benutzg d. v. Ed. Mall hinterlassenen Materials hrsg. v. Karl Warnke ... *Halle: M. Niemeyer 1898.* (XIII, CXLVI, 447 S.) 1 Bd 8.
= Bibliotheca Normannica ... hrsg. v. H. Suchier. [Bd] VI. [97. ...K.

Die Lais der **Marie** de France hrsg. von Karl Warnke. Mit vergleich. Anm. von Reinhold Köhler. 2. verb. Aufl. *Halle: M. Niemeyer 1900.* (CLX, 303 S.) 8°
= Bibliotheca Normannica. 3. [00. 11000 3

Marie Fürstin zu Hohenlohe und Ferdinand von Saar. Ein Briefwechsel. 8°. (XXXV, 246 S.) K 5.40, geb. K 6.80
Wien: Reisser 1909.

Marie Anna, Gräfin, s.: Pinselstriche aus Leben und Natur.

Marie Anne Josephine Antoinette Johanne Erzherzogin von Oestreich, († d. 19. Nov. 1789.)

— s. Schau- u. Denkmünzen.

Marie Antoinette. Ihre Briefe als Dauphine u. Königin. Nach der offiziellen v. der Société d'histoire contemporaine veranstalteten Ausg. in Auswahl übertr. von M. Sudnarb. Mit 1 Portr. in Helio-Radierverfahren. Nach Vigée-Lebrun v. J. Michael. (XXVIII, 242 S.) 8. Berlin 908. Brandus. 3.50; geb. in Leinw. 4. 50

Marie Antoinette [Königin von Frankreich]. Ihre Briefe [Lettres] als Dauphine u. Königin. Nach d. offiziellen von d. Société d'histoire contemporaine veranst. Ausg. in Ausw. übertr. Neue wohlf. Ausg. Berlin: Brandus 1910. XXVIII, 242 S. 8° [10. 14504

Marie Antoinette. Correspondance inédite, s. Correspondance.

Marie-Antoinette. Correspondance secrète entre Marie-Thérèse et le Ctç. de Merey-Argentau avec les lettres de Marie-Thérèse et de Marie-Antoinette. Publiée avec une introduction et des notes par A. d'Arneth et A. Geffroy, Tome 3. gr. 8. (570 S.) Paris 874. Didot & Co. n. 8. —

Marie Antoinette. Ein Lebensbild in Briefen von eigener Hand. Nach den Orig.-Handſchriften herausg. von Paul Vogt v. Hunolſtein. Aus dem Franzöſ. Berlin 864. Haſſelberg. 8. (222 S.) n. 20 ngr.

— ihr Leben und Wirken, geſchildert in ihren eigenen Briefen. Nach den Orig.-Handſchriften veröffentlicht von Paul Vogt v. Hunolſtein. Volksausgabe. Prag 864. Benſinger. gr. 16. (287 S.) n. 1 ₰

Briefe der Erzherzogin **Marie** Christine [v. Oesterreich], Statthalterin der Niederlande an Leopold II. Nebst e. Einl.: Zur Gesch. d. französ. Politik Leopolds II. Hrsg. v. Dr Hanns Schlitter. *Wien: In Comm. bei C. Gerold's Sohn; (Dr. v. A. Holzhausen) 1896.* (CXXI, 360 S.) 1 Bd 8. — **Fontes** rerum Austriacarum. Abth. 2. Bd 48. Hälfte 1. [illegible]

Leopold II. und **Maria** Christlue. Ihr Briefwechsel (1781—1792). Herausgegeben von Adam Wolf. 8. Wien 1867.

Marie Elisabeth. *Erzählungen* für junge Mädchen. Mit drei Bildern. [Lithogr. v. G. Bartsch.] Berlin, J. Springer, 1863. 2 Bll. 247 SS. 8°. Hlwd. 8.—
Teilw. leicht fleckig. Ein Tafelrand repariert.

Marie Elisabeth. *Erzählungen* für junge Mädchen. 2. Aufl. Mit 3 Bildern (= getönte Lithogr.) nach Zeichnungen von G. Bartsch. Neu-Ruppin, A. Oehmigke [1865]. 2 Bl. 247 S. 8°. Heller, farbig illustr. Or.-Kartonbd. 11.—
3 Erzählungen m. sehr hübschen Bildern. — Wenige Fleckchen, Einband unbedeut. benutzt. Gutes Ex.

Marie Eliſabeth, Erzählungen für junge Mädchen. 2. Aufl. Mit 3 (lith.) Bildern (in Tondr.) nach Zeichngn. von G. Bartſch. Neu-Ruppin 869. Leipzig, Oehmigke. br. 8. (III, 247 S.) cart. 1 ₰

Marie Helene, Gräfin Ida Hahn-Hahn. Ein Lebensbild nach der Natur gezeichnet. Leipzig 869. Fr. Fleiſcher. 8. (XII, 109 S. mit 1 Steintaf.) 27 ngr.

Marie-Joſeph, Leben der hl. Thereſia v. Jeſus. Ein Volksbuch. Mit ausſchließl. Autoriſ. d. Verf. aus dem Franz. ins Deutſche übertr. u. verm. v. J. B. Kempf. Mit e. Lichtdr.-Titelbild u. 16 Text-Illuſtr. 8. (224 S.) Einſiedeln 888. Benziger & Co. geb. 2. 40

Leben der Hl. Theresia von Jesus [Vie populaire de la grande sainte Thérèse de Jésus]. Ein Volksbuch von Abbé **Marie-Joseph**, Priester u. Tertiarier d. Carmeliterordens. Mit ausschließl. Autorisation d. Verf. aus d. Französ. ins Deutsche übertr. u. verm. von J. B. Kempf, Hospitalpfarrcurat in Mainz. Mit 1 Lichtdr.-Titelb. u. 16 Text-Ill. *Einsiedeln, Köln: Benziger & Co. 1897.* (224 S.) 8° [F.]

Marie Louise, Correspondance de. 1799—1847. Lettres intimes et inédites à la comtesse de Colloredo et à Mlle de Poutet depuis 1810 comtesse de Crenneville. Avec trois portraits. 8. Vienne 1887.

Marie Louise, s.a. Correspondence de M. L. 1799—1847.

MARIE Louise von Bourbon. — Denkwürdigkeiten der Königin von Hetrurien, Marie Luise von Bourbon. Von ihr selbst verfasst. Breslau 1814. 8°. (2 Mk. L. M. Glogau Sohn, Hamburg, 1888.)

Marie-Madeleine [Pseud.], s.a. Puttkammer, Maria Madeleine von

Marie Madeleine (Frau Baronin v. Puttkammer), ſ.: Aber das Fleiſch iſt ſtark.

Marie Madeleine (Baronin v. Puttkamer), ſ.: An der Liebe Narrenſeil.

— ſ.: Aus faulem Holze.

— ſ.: Champion, der rote.

— ſ.: Chriſtian Prinz.

— ſ.: Couſine, die.

— ſ.: Feldtaube, die indiſche.

— ſ.: „Frivol".

— ſ.: Hürde, die letzte.

— s.: Im Spielerparadies.

— ſ.: In Seligkeit u. Sünden.

— ſ.: Katzen.

— ſ.: Kleider, die, der Herzogin.

— ſ.: Krabben.

Auf Kypros. Von **Marie**-Madeleine. *Berlin: Vita [1900].* (127 S.) 8° [F.] [illegible]

— ſ.a. Auf Kypros.

— ſ.: Liebe, das bißchen.

— ſ.: Liebe, brennende.

Die drei Nächte. Liebeslieder von **Marie** Madeleine. 1.–3. Taus. (Vorr.: Max Sklarek.) *Berlin: Sklarek & Gutmann (1901).* (135 S.) 8° [F.] [illegible]

Die drei Nächte. Liebeslieder von **Marie** Madeleine. 4. Taus. *Berlin: Sklarek & Gutmann (1902).* (135 S.) 8° [F.] [illegible]

— ſ.a. Nächte, die drei.

— ſ.: Ritter, arme.

— ſ.a. Stelle, die, wo ſie ſterblich ſind . . .

Die Stelle, wo sie sterblich sind ... Novellen von **Marie-Madeleine** [d. i. Marie Madeleine v. Puttkamer, geb. Günther]. Leipzig, Berlin, Paris: Grethlein [1908]. 205 S. 8° [illegible]

— ſ.: Wegweiſerin, die

Marie Margarete, ſ.: Ues'm Oberland.

Marie [Verfasser: Familienname]

Marie, Tante, u. Tante Helene, das Buch der Puppen-Kleidung. Mit 132 Abbildgn. u. e. doppelſeit. Schnittblatt. (28 S.) Lex. 8. Leipzig (908). Verl. der Deutſchen Moden-Zeitg. 1. —

Marie, ſ. In einſamen Stunden.

Marie, Lezioni elementari di matimatiche, trad. et illustradeda S. Candvai e Gaet. del Ricco, con fig. 8. Firenze, (Tourneisen in Cassel) 803.

Marie, zu Vaters und Mutter Zeit. Aus dem J. 1816. Aus dem Norwegiſchen von O. Gleiſs. Autoriſ. deutſche Ausg. nach der 3. Aufl. des Originals. 8. (190 S.) Gütersloh 885, Bertelsmann. *ℳ 2.—; geb. *

— ſ.: Zu Hauſe.

Marie, Gabriel Jean Joseph Hubert Antoine Joseph de, u. Michel Weyer: Administration communale de la ville de Luxembourg. Rapport fait en séance du 2 décembre 1850, au Conseil de la Ville de Luxembourg par les Bourgmestre et Echevins sur la situation administrative de la ville, pendant l'année 1850. – Gemeinde-Verwaltung der Stadt Luxemburg. Bericht über die Verwaltung und die Lage der Gemeinde-Angelegenheiten der Stadt Luxemburg, während des Jahres 1850, von dem Collegium der Bürgermeister und Schöffen dem Gemeinderathe der Stadt abgestattet in der Sitzung vom 2. Dezember 1850. Luxemburg: J. Lamort [1851]. 91 S. 8°

Marie, Gabriel Jean Joseph Hubert Antoine Joseph de, u. Michel Weyer: Gemeindeverwaltung der Stadt Luxemburg. Bericht über die Verwaltung und die Lage der Gemeinde-Angelegenheiten der Stadt Luxemburg, während des Jahres 1851, von dem Collegium der Bürgermeister und Schöffen dem Gemeinderathe der Stadt abgestattet in der Sitzung vom 6. Dezember 1851. Luxemburg: J. Lamort 1852. 48 S. 8°

Marie, Gabriel Jean Joseph Hubert Antoine Joseph de, u. Michel Weyer: Gemeinde-Verwaltung der Stadt Luxemburg. Bericht über die Verwaltung und die Lage der Gemeinde-Angelegenheiten der Stadt Luxemburg, während des Jahres 1853, von den Bürgermeister und Schöffen dem Gemeinderath der Stadt abgestattet in der Sitzung vom 29. Dezember 1853. Luxemburg: V. Bück 1854. 30 S. 8°

Marie, Gabriel Jean Joseph Hubert Antoine Joseph de, u. Michel Weyer: Gemeinde-Verwaltung der Stadt Luxemburg. Bericht über die Verwaltung und die Lage der Gemeinde-Angelegenheiten der Stadt Luxemburg, während des Jahres 1854. (Art. 29 des Communal-Gesetzes vom 24. Februar 1843.) Luxemburg: V. Bück 1854. 34 S. 8°

Marie, Gabriel Nicolas Gustave de, u. Charles Praum: Handbuch zum Gebrauche der Feuerwehren des Luxemburger Landes-Feuerwehr-Verbandes. Herausgegeben vom Landesausschuss des Verbandes. Luxemburg: Ch. Praum 1900. 3, 125, 1 S. 8°

Marie, Jeanne, s.: Jeanne Marie.

Marie, Jos. Frz., († d... Jan. 1800.) Epistolae ex Quinti Horatii Flacci operibus excerptae. 8. Mitau 798.

Marie, Léon, études commerciales, comprenant un cours de comptabilité basé sur le code de commerce; donnant l'étude raisonnée des lois et coutumes, les spécimens, des écritures, les formules en usage, et l'explication du système métrique: complétées par une correspondance commerciale, et terminées par un vocabulaire des termes les plus usités. Ouvrage à l'usage des écoles et des études privées. gr. 8. (XII, 185 S.) Berlin 871. Seehagen. n. 2. 50

Marie, Pierre, Vorlesungen über die Krankheiten des Rückenmarkes. Deutsche autorisirte Ausgabe von Dr. Max Weiss in Wien. Mit 244 theils schematischen, theils naturgetreuen Abbildungen. (Bibliothek neurologischer Werke des In- und Auslandes. II. Band.) Gr.-8. (XXVI, 534 S.) 7.20
Wien: F.Deuticke 1894.

Ste. Marie-aux-Chênes (Nord.), s.: **Preussen. Messtischblätter.**

Mariechens kleines rothes Buch, s. u. Amanda, Tante.

Mariechens kleines, rothes Buch geschrieben für kleine Kinder zur Unterhaltung in langen Winterabenden von Tante Amanda. gr. 16. (24 S. mit eingedr. Stnt. in Tondr.) Greifswald 851, Koch's Vrlgsh. ill. *

Mariechens Märchenbuch. Ein Kranz d. köstlichst. Märchen. Erzählt v. der Märchentante. 12. (96 S.) Dresden (899). M. Fischer. 1.50; steif brosch. 2.—

— dasselbe. 8. (128 S. m. 4 Farbdr.) Ebd. (899). Geb. 4.—

— dasselbe. gr. 8. (192 S. m. 4 Farbdr.) Ebd. (899). Geb. 6.—

Marieken van Nijmegen, eene nederlandsche volkslegende uit de 16. eeuw; met eene inleiding, woordverklaring, en aanteekeningen. 's Gravenhage 854. (Leipzig, T. O. Weigel.) gr. 8. (XVI, 58 S.) n. 1 ₰.

Marien, die beyden. Eine Geschichte, von Fr. Jacobs. 8. Leipzig, Cnobloch. 821. Schreibpap.

Marien, Die Drey, unter dem Creutze Christi. Oratorium . . . [Breslau 1722.] V (Text u. Musik): *Viocca, Pietro.* Ü: *Stieff, Christian.* (Kat. d. Druckschr. üb. Breslau. Breslau 1903. S. 365.)

Marien-Andachtsbuch, e., in Liedern. Für inbrünst. Verehrer der hl. Gottesmutter. gr. 16. (64 S.) Paderborn 891. F. Schöningh. n. 1.—; geb. n. 1.50

Marien-Anstalt, die, f. katholische weibliche Dienstboten in Augsburg. Fest-Schrift zum 50jähr. Jubiläum der Anstalt, gefeiert am 12. IX. 1909. (62 S. m. Abb. u. Titelbild.) gr. 8. Augsburg (909). Literar. Institut v Dr. M. Huttler. nn — 80

Marienbad [Sachl. OW]

Marienbad, s.: Woerl's **Reisehandbücher.**

— Ein gedrängter Wegweiser u. Rathgeber für Reisende u. Curgäste. Nebst einem tabellar. Münz- u. Preiscourant. 12. (24 S.) Plauen 847. (Leipzig, C. L. Fritzsche.) n. 4 ngr

Marienbad. (Plan.) qu. Fol. Lith. u. color. Carlsbad 849, Gebr. Franieck. n. 1/3 ₰

— Haupt-Ansicht im feinsten Engl. Stahlst. m. sauber (lith. u.) color. Situations-Plan u. kurzgefaßten histor., statist.-topograph. u. medizin. Notizen v. Emil Kratzmann. qu. Fol. (10 S.) Ebd. 849. n. 1 ₰

Marienbad und seine Heilmittel. Anleitung z. Gebr. d. Marienbader Mineralwässer u. Quellenprodukte f. häusl. Trinkkuren. Marienbad [nach '05].

— u. der **Nachbarkurort Königswart** nebst Umgebungen, s. a. **Grieben's** Reisebücher. 42.

Marienbad und der Nachbarkurort Königswart nebst Umgebungen. M. Ansichten, Pl. v. Marienbad u. 1 Ktch. d. Umgebg Marienbads. 10. Aufl. *Berlin: A. Goldschmidt 1896.* (IV, 70 S., 1 Kt., 1 Taf., 1 Pl.) 1 Bd 8.
= Reisebücher, Griebens. Bd 42.

Marienbad und der Nachbarkurort Königswart nebst Umgebungen. Prakt. Handb. f. Kurgäste u. Touristen. 11. Aufl. m. Ktnbeil. u. Ill. *Berlin: A. Goldschmidt 1899.* (2 Bl., 78 S., 1 Bl., 3 Kt.) 1 Bd 8.
= Reisebücher, Griebens. Bd 42.

Marienbad und der Nachbarkurort Königswart nebst Umgebungen. Prakt. Handb. f. Kurgäste u. Touristen. 11. Aufl. Bln '01. IV, 70 S. (Griebens Reisebücher. 42.)

Marienbad und der Nachbarkurort Königswart nebst Umgebungen. Prakt. Handbuch f. Kurgäste u. Touristen. 13. Aufl. Mit 3 Karten. Berlin: A. Goldschmidt 1904–05. (IV, 77 S.) 8° [J. u. Ant.]
— Reiseführer, Griebens. Bd 42. [04. 5318

Marienbad und der Nachbarkurort Königswart nebst Umgebung. Prakt. Handbuch f. Kurgäste u. Touristen. 14. Aufl. Mit 3 Karten. Berlin: A. Goldschmidt 1907–08. (IV, 80 S.) 8°
— Reiseführer, Griebens. Bd 42. [07. 15602

Marienbad und der Nachbarkurort Königswart nebst Umgebung. Prakt. Handbuch f. Kurgäste u. Touristen. 15. Aufl. Mit 3 Kt. Berlin: Goldschmidt 1909–10. IV, 85 S. 8°
(Griebens Reiseführer. Bd 42.)

Marienbad, Die Torfmoorbad- und Molken-Curanstalt, bei Salzburg. Salzburg 1856. V: *Mielichhofer, Ludwig.* (Hr)

Marienbad in der Westentasche. Saison 1903. Red.: Reinh. Seidel. (266 u. 23 S.) 32. Neutitschein, L. V. Enders (durch R. Hosch). — 60
Erscheint nicht mehr.

Marienbad [Schlagwort]

— s. a.: Radfahrerkarten. Freytag.

Marienbad. Freytag, G., Karte von Marienbad u. Umgebung. Für Kurgäste bearb. 1 : 25,000. 45×47 cm. Farbdr. Wien (902). G. Freytag & Berndt. n.n. 1. 70; auf Leinw. n. 2. 50

Marienbad. Nowak, Frz., Umgebungskarte v. Marienbad. Unter besond. Berücksicht. der Wegmarkierg. f. Terrainkuren bearb. 1:15,000. 62,5×43,5 cm. Farbdr. Marienbad (907). H. Fink. 1. 80

Marienbad. Ruppert, Karl, Plan von Marienbad u. seiner nächsten Umgebung. 1 : 10,000. 54×34 cm. Farbdr. Nebst Text. (17 S.) kl. 8. Marienbad (905). F. Gschihay. n. 1. —

— Touristen-Karte der Umgebung v. Marienbad. 1:75,000. 59×52 cm. Farbdr. Ebd. (909). 2.— auf Leinw. 2. 80

Marienbad. Umgebungs-Karte v. Marienbad. 1 : 40,000. Photolith. gr. Fol. Marienbad 890. Gschihay. Auf Leinw. n. 3. —

Marienbad. Umgebungskarte v. Marienbad. 1 : 60,000. Ausgeführt vom k. u. k. militär.-geogr. Institut in Wien. Farbendr. 56×57,5 cm. Marienbad 892. E. A. Götz. n. 2. —

— Umgebungskarte v. Marienbad. 1:25,000. 52,5×62 cm. Farbdr. Marienbad (908). (F. Gschihay.) Auf Leinw. nn 1. 75

Marienbader Fest-Album, s. Fest-Album.

Marienberg [Sachl. OW]

Marienberg, der Gräfin-v., Lebensgesch. u. sonderbare Zufälle. 8. Frankf. Fleischer. 754.

Marienberg [Schlagwort]

— s. a.: Annaberg.

Marienberg, s.: Geologische Karten (Preussen).

Marienberg, s.: Geologische Karten. Spezialkarte (Sachsen).

Marienberg, s.: Annaberg. Gaebler. — Preussen. Messtischblätter. — Sachsen. Messtischblätter.

Marienberg, s.: Sachsen. Karte.

Marienberg. Gehmlich, Karl, Physikalische Schul-Handkarte der Amtshauptmannschaft Marienberg. 1 : 100,000. 27×33,5 cm. Farbdr. Marienberg 897. F. A. Schreiber. n. — 20; schulfertig n.n. — 25

— — Physikalische Schul-Wandkarte der Amtshauptm. Marienberg. 1 : 20,000. 4 Blatt à 67,5×84 cm. Farbdr. Ebd. 897. n. 22. —; auf Leinw. m. Stäben n. 30. —

Marienbild, Das, von der Verfasserin von »Tells Capelle«. Hamburg 1825. 1826. V: *Mayer, Sophie.* (GGr X, 273, 13) (Zeitschr. f. Büch. N. F. 15, 1923, S. 116)

Marienbild, das, von der Verf. von Tell's Capelle, und: die Löffelritter v. Manfred. Erzähll. aus d. Wintergrün. 8. Hamb. 826. Herold. 20 gr

Marienbild, das, oder die Leiden eines Fürstensohnes. Eine Erzählung für d. reif. Jugend. Von d. Verf. der Glocke der Andacht. Mit 1 Stahlst. gr. 12. Reutlingen 842, Enßlin u. Laiblin. 1/2 ₰

Marienbild, Das, genannt das Vesperbild zu Mergentheim. Sein Alter, seine Geschichte, sein Einfluss auf Mergentheim und dessen Stellung im Tauberthale. Mergentheim 1853. V: *Fuchs.* (Heyd)

Marienbildchen, das, e. Erzähl. f. d. Jugend. 8. (6 B.) Aachen 834, Cremer.

Marien-Blüthen. Monatsschrift für Beförderung der Marienverehrung. [Organ der Bruderschaften vom Herzen Mariä u. der Engelkönigin.] Red. von W. Cramer. 6–9. Jahrg. 1879—1882. à 12 Hfte. (B.) gr. 8. Würzburg, Woerl. à Jahrg. n. 1. —
cf.: Herz-Mariä-Blüthen.

Marien-Blüthen. Monatsschrift f. Beförderg. der Marienverehrg. [Organ der Bruderschaften vom Herzen Mariä u. der Engelkönigin.] Red. v. W. Cramer. 10—13. Jahrg. 1883—1886. à 12 Hfte. (B.) gr. 8. Würzburg 883. Woerl. à Jahrg n. 1. —

Marien-Blüthen. Illustrirte Monatsschrift f. Beförderung der Marienverehrg. [Organ d. Bruderschaften vom Herzen Mariä u. der Engelkönigin.] Red.: M. Strobl. 14.—16. Jahrg. 1887—1889. à 12 Hfte. (B.) gr. 8. Würzburg, Woerl. à Jahrg. n. 1. —

— dasselbe. Red. v. Ad. Halbig. 17. Jahrg. 1890. 12 Hfte. (B.) gr. 8. Ebd. n. 1. —

Marien-Blüten. Illustrierte Monatsschrift f. Marienverehrg. Hrsg. v. A. Halbig. 18.—21. Jahrg. 1891—1894. à 12 Hfte. (Bog.) gr. 8. Würzburg, L. Woerl. à Jahrg. n. 1. —

Marien-Blüten, Illustr. Monatsschrift f. Marienverehrg. Hrsg. v. A. Halbig. 22. Jahrg. 1895. 12 Hfte. (Bog.) gr. 8. Würzburg. Berlin, St. Paulus-Verlagsanstalt. n. 1. —

— dasselbe. Organ d. Marien-Bruderschaften u. Vereine. 23. Jahrg. 1896. 12 Hfte. (Bog. m. Abb.) gr. 8. München. Ebd. n. 1. —

— dasselbe. Monatsschrift f. Marien-Verehrg. m. Beichten v. marian. Wallfahrtsorten. 24. u. 25. Jahrg. 1897—1898. à 12 Hfte. (Bog.) gr. 8. Ebd. à Jahrg. n. 1. —

Marien-Blüten. Monatsschrift f. Marien-Verehrg. m. Berichten v. marian. Wallfahrtsorten. Hrsg. von Schmitt. 26.—29. Jahrg. 1899—1902. à 12 Hfte. gr. 8. (à ca. 16 S.) Lindau, J. Lutz. à Jahrg. n. 1. —

Marien-Blüten. Monatsschrift f. Marien-Verehrg. m. Berichten v. marian. Wallfahrtsorten. Hrsg. v. Ad. Reimers. 30. Jahrg. 1903. 12 Hefte. (192 S.) gr. 8. Augsburg. Donauwörth, E. Mager. n. 1. —

— dasselbe. Monatschrift f. alle Verehrer Mariens, m. e. Beiblatte: Echo der Annalen unserer lieben Frau v. Lourdes. 31.—33. Jahrg. 1904—1906. à 12 Hefte. (à ca. 16 S.) gr. 8. Donauwörth, E. Mager. à Jhrg. n. 1. 20
Erscheint nicht mehr.

Marienbüchlein, s.: Propaganda-Schriften, katholische.

Marienbüchlein od. Anleitg. der Kinder zur Verehrg. Mariä. Nach der 10. italien. Aufl. frei bearb. v. e. kathol. Priester. 12. (72 S. m. 1 Stahlst.) Münster 872. Nasse. n. — 40

Marienbüchlein. Statuten, Belehrungen und Gebete für den Verein der Marienkinder. Ein Leitfaden fürs Leben. Dülmen 1877. V: *Störmann, Bernh.* (Rass)

Marien-Büchlein. Gebet- u. Andachtsbüchlein f. die Verehrer der hl. Muttergottes, insbesondere f. den Monat Mai eingerichtet. Von e. Priester der Erzdiözese Köln. 16. (VII, 230 S. m. 1 Stahlst.) M. Gladbach (895). A. Riffarth. Geb. in Leinw. n. — 65

Marienbüchlein, enth. Kerngebete d. Kirche u. d. Heiligen z. Verehrg. d. allerseligsten Jungfrau, insbes. auch d. Marian. Gebetswoche d. hl. Alphonsus v. Liguori. V. e. Priester d. Redemptoristen-Ordens. 4. Aufl. 16. (64 S.) Dülmen 898. A. Laumann. n. — 25

Marienbüchlein zur Ehre Gottes und der allerseligsten Jungfrau. Auch zum Gebrauche bei der Maiandacht [Monat Mariä] u. den neuntägigen Andachten zu der heiligen unbefleckten Gottesgebärerin. Nebst dem „Apostolischen Schreiben des heiligen Vaters Pius IX. über die unbefleckte Empfängniß" vom 8. Decbr. 1854. Münster 859. Aschendorff. 16. (192 S. u. 1 Stahlst.) 3¼ ngr.

Marienburg [Sachl. OW]

Marienburg, die. Ein Führer durch Preussens erste Kulturstätte. 16. (32 S.) Danzig 880, Kafemann. *

Marienburg, die, bei Alf an der Mosel und ihre Umgebung. Ihren Besuchern gewidmet von einem Verehrer der Mosel. 8. (IV, 59 S. mit 5 Holzschntaf.) Coblenz 877, (Denkert und Groos.)

Marienburg, Das Ordenshaus, in Preussen. Halle 1820. 3. . . . Aufl. Königsberg 1823. V: *Voigt, Johs.* (EngG) (Pr)

Marienburg, das Ordenshaus in Preußen, (von J. Voigt). gr. 8. Halle 820. Renger. 6 gr 2e Aufl. gr. 8. Königsb. 821. 3e Aufl. 823. Univers.-Buchh. 6 gr

— die Sankt, historisch-episches Gedicht in 2 Abtheill. gr. 8. Berl. 823. L. Oehmigke. 1 ℛ 8 gr

— das Schloß, ein Brief an Hrn. Hofrath Jacobs in Gotha. gr. 8. Berl. 819. Reimer. 8 gr

Marienburg, Das Schloss, in Westpreussen. Eine geschichtliche Darstellung. Berlin 1820. V: *Förster, Friedrich.* (Pr, (Ky)

— das Schloß in Westpreußen. Eine geschichtliche Darstellung (von Fr. Förster). 8. Berl. 820. Christiani. 4 gr

Marienburg [Schlagwort]

— s. a.: Danzig, Reg.-Bez. — Preussen. Messtischblätter.

— s. a.: Hildesheim

Marienburg, s. a. Woerl's Reisehandbücher.

Marienburg-Krosniewicze, s.: Automobilkarten. Automobil-Tourenkarte.

Marienburg, Kreis. Baron, P., Spezial-Karte vom Kreise Marienburg in 5fachem Farbendr. Rev. v. den zuständ. Behörden. 1 : 100,000. 46,5×48 cm. Lissa (904). O. Eulitz. n. — 50; auf Leinw. in Taschenform. n. 1. —

— Karte des Kreises Marienburg im Reg.-Bez. Danzig. Hrsg. von der kartogr. Abteilung der königl. preuss. Landesaufnahme 1906. Aufgenommen vom königl. preuss. Generalstab 1862—63. Einzelne Nachträge 1904. 1 : 100,000. 58×51,1 cm. Farbdr. Berlin (R. Eisenschmidt). n.n. 2. —; ermäss. Preis n.n. 1. 50

Marienburg, Stadt. Schwandt, Wilh., Marienburg, Schloss u. Stadt. Karte z. Führer durch Marienburg Westpr. Mit Text auf der Rückseite. 44×32 cm. Farbdr. Danzig (908). A. W. Kafemann. — 30

Marienburg, Kreis. Spezialkarte d. Kreises Marienburg. Rev. v. den zuständ. Behörden. 2. Aufl. 1 zu 100,000. 45,5×46 cm. Farbdr. Lissa 910. O. Eulitz. — 50; auf Leinw. in Etui 1. —

Marienburg [Verfasser]

Marienburg, Luk. Jos., Geographie des Großfürstenth. Siebenbürgen. 2 Bde. gr. 8. Hermanstadt 813, ist Verlag v. M. Edlen v. Hochmeister

— kl. Siebenbürg. Geschichte, zur Unterhaltung ꝛc. 8. Pesth u. Leipz. 806. Hartleben. 18 gr

— Taschenagende f. unvermuthete Predigerfunctionen. 12. Oedenburg 817. (Preßb., Wigand). 8 gr

Mariendorf-Marienfelde, s.: Berlin.

Mariengabe. Eine poet. Blumenlese von Friedr. Schreiber. gr. 16. (94 S.) Werdau 856(57,) Schreiber. *

Marien-Garten. Münster 1857.
V: *Kotte, Anton.* (Rass 187)

Marien-Garten. Die allerseligste Jungfrau und Gottesmutter in den Festen der Kirche und in unserer täglichen Verehrung. Ein vollständ. marian. Gebetbuch für Kirche und Haus von einem kathol. Priester. Mit 1 Stahlst. Münster 857. Coppenrath. 8. (XIV, 442 S.) 15 ngr; Velinp. m. 2 Stahlst. 20 ngr.

Mariengebete, französisch, portugiesisch, provenzalisch. (Hrsg. von Herm. Suchier.) gr. 8. (57 S.) Halle 877. Niemeyer. n. 1. 60

MARIENGRUSS. Neuestes und verbessertes kath. Gesangbuch der ausserlesensten neuen und genehmigten Kirchen-Gesänge für die christ. kath. Jugend und Erwachsene. Apatin 1902. Druck u. Verlag bei J. Szavadill. 546 S. - 150 mm

Mariengrüße. Gebet- u. Andachtsbüchlein. Von e. röm.-kath. Priester. (VIII, 184 S. m. Titelbild.) 10,1×6,5 cm. Kevelaer (907). Butzon & Bercker. Geb. in Leinw. — 50

Mariengrüße aus Einsiedeln. Red.: J. E. Hagen unt. Mitwirkg. mehr. hochw. HH. Patres d. löbl. Klosters Maria-Einsiedeln. 1. Jahrg. Mai 1896—April 1897. 12 Hfte. (à ca. 2 Bog.) gr. 8. Einsiedeln, Eberle & Rickenbach. 2. 50

— dasselbe. Volksschrift zur Pflege d. Marienverehrg. u. d. christl. Lebens; Organ d. Vereins d. Oblaten d. hl. Benediktus. 2. Jahrg. Mai—Dezbr. 1897. 12 Hfte. gr. 8. (256 S.) Ebd. 2. 50

— dasselbe. 3. Jahrg. 1898. 12 Hfte. (à ca. 2 Bog.) gr. 8. Ebd. 2. 50

Mariengrüße aus Einsiedeln. Volksschrift zur Pflege der Marienverehrg. u. des christl. Lebens; Organ des Vereins der Oblaten des hl. Benediktus. Red.: Joh. Ev. Hagen unter Mitwirkg. mehrerer hochw. H. H. Patres d. löbl. Klosters Maria-Einsiedeln. 4. Jahrg. 1899. 12 Hfte. gr. 8. (à ca. 32 S.) Einsiedeln, Eberle & Rickenbach. n. 2. 50

— dasselbe. 5. u. 6. Jahrg. 1900 u. 1901. à 12 Hfte. gr. 8. (à ca. 32 S.) Ebd. à Jahrg. n. 1. 85

— dasselbe. 7. Jahrg. 1902. 12 Hfte. gr. 8. (à ca. 32 S.) Ebd. n. 2. —

Mariengrüße aus Einsiedeln. Volksschrift zur Pflege der Marienverehrg. u. des christl. Lebens. Organ des Vereins der Oblaten des hl. Benediktus. Red.: Joh. Ev. Hagen unter Mitwirkg. mehrerer hochw. HH. Patres des löbl. Klosters Maria-Einsiedeln. 8.—11. Jahrg. 1903 bis 1906. à 12 Hefte. (à Jhrg. XII, 384 S. m. Abb.) gr. 8. Einsiedeln, Eberle & Rickenbach. à Jhrg. 1. 85

— aus Einsiedeln. Volksschrift zur Pflege der Marienverehrung u. des christl. Lebens. Organ des Vereins der Oblaten des hl. Benediktus. Red.: Joh. Ev. Hagen unter Mitwirkg. mehrerer hochw. HH. Patres des löbl. Klosters Maria-Einsiedeln. 12.—15. Jahrg. 1907—1910. à 12 Hefte. (à Jahrg. 384 S. m. Abb.) gr. 8. Einsiedeln, Eberle & Rickenbach. à Jahrg. 1. 85

Marienhagen, Georg: Ueber die Einwirkung von Brom und Salpetersäure auf Thiophensulfonsäuren und einige Condensationsprodukte des Thiophens. *Rostock 1897: C. Hinstorff.* (36 S.) 8°
Rostock, Phil. Diss. v. [28. Juli] 1897

Marienheime, unsere. Vom geschäftsführ. Ausschuß der „Freien Vereinigg. f. Marienheime" in Dresden. (III, 27 S.) gr. 8. Dresden 906. O. V. Böhmert. n. — 30

Marieni, J. Trigonometrische Vermessungen im Kirchenstaate und in Toscana. Wien 1846. 4°.

Marien-Kalender für die J. 1857 und 1858. 1. und 2. Jahrg. 8. Prag, Bellmann's Verlag. [1. Jahrg. (IV und 112 S. mit 2 Tab. in 4., 4 in Holz geschn. Bilderbeilagen in 8. und 4. und 27 in den Text eingedr. Holzschn.) 2. Jahrg. (156 S. mit 1 Stahlst. und 29 eingedr. Holzschn. und 2 Tab. in 4.)] à Jahrg. *
Ist nicht fortgesetzt worden.

Marien-Kalender f. d. J. 1899. 3. Jahrg. gr. 4. (235 S. m. Abb., 1 Farbdr. u. Wandkal.) Berlin, St. Paulus-Verlagsanstalt. n. — 50

— auf d. J. 1899. 12. (243 S. m. Abb. u. 1 Farbdr.) Wiesbaden, G. Quiel. — 50

MARIEN KALENDER für das Jahr 1908. Fortsetzung von Emerich Csernicsek's Grosser Marien Kalender. Palánka 1908: Emerich Csernicsek. - 210 mm

(F) **Absamer Marienkalender** für das katholische Volk Tirols. Schaltjahr 1904. Lex.-8°. K —.60
Wien: Hassenberger.

Marien-Kalender, Absamer, f. das katholische Volk Tirols f. d. J. 1911. 11. Jahrg. Red. v. Eduard Hassenberger (176 S. m. Abb., 1 Bildnis u. 1 Farbdr.) gr. 8. Wien, E. Hassenberger & Co. — 80

— Altöttinger. Illustr. kathol. Volkskalender f. d. J. 1897. 8. (185 S.) Passau (M. Waldbauer). n. — 25

Marienkalender, Benziger's,
s. Benziger: Marienkalender.

Marienkalender. Benziger's M'-K'. 1901 u. 1902 u. 1903 u. 1904. [je Mit Illustrationen und 1 Tafel.] [IV + 104 u. IV + 88 u. IV + 112] u. IV + 80 [+ 40] S. 4. Einsiedeln ⟨Schweiz⟩ *etc.*, Benziger & Co. A. G. [je fr. —. 60]

Marienkalender. Benziger's M'-K' 1905. ([Mit Illustrationen, 2 Tafeln und] Wandkalender.) IV + II + 80 [+ *Anzeigen* 48] S. 4. Einsiedeln *etc.*, Benziger & Co. A. G. [fr. —. 60]

Marienkalender. Benziger's M'-K' 1906. ([Mit Illustrationen, Noten, 1 Tafel und] Wandkalender.) IV + 80 [+ 56] S. 4. Einsiedeln *etc.*, Benziger & Co. A. G. [fr. —. 60]

Marienkalender. Benziger's M'-K' 1907. [Mit Illustrationen und 1 Tafel.] IV + 80 [+ 52] S. 4. Einsiedeln, Schweiz, *etc.*, Benziger & Co. A. G. [fr. —. 60]

Marienkalender. Benziger's M'-K' 1908. [Mit Illustrationen und 1 Tafel.] 4. [fr. —. 60]
Ausg. A: IV + 82 [+ 54] S. Einsiedeln, Schweiz, *etc.*, Benziger & Co. A. G.
Ausg. B: IV + 80 [+ 8] S. New-York, *etc.*, Benziger Brothers.

Marienkalender. Benziger's M'-K' 1909. [Mit Illustrationen und 1 Tafel.] 4. [fr. —. 60]
Ausg. A: IV + 83 [+ 55] S. Einsiedeln *etc.*, Benziger & Co. A. G.
Ausg. B: IV + 80 [+ 8] S. New-York *etc.*, Benziger Brothers.

Marienkalender. Benziger's M'-K' 1910. [Mit Illustrationen, 1 Tafel und Wandkalender.] 4. [fr. —. 60]
Ausg. A: IV + 84 S. + *Anzeigen.* Einsiedeln, Schweiz..., Benziger & Co. A. G.
Ausg. B: IV + 80 S. + *Anzeigen.* New-York..., Benziger Brothers.

Marienkalender. Benziger's M'-K' 1911. [Mit Illustrationen, 1 Tafel und Wandkalender.] 4. [fr. —. 60]
Ausg. A: IV + 84 S. + *Anzeigen.* Einsiedeln, Schweiz..., Benziger & Co. A. G.
Ausg. B: IV + 80 S. + *Anzeigen.* New-York..., Benziger Brothers.

Marien-Kalender, Breslauer, für 1887—1889. 14.—16. Jahrg. des Breslauer Volks-Kalenders. 4. (78; 82; 91 S. mit je 1 Titelbild, 1 Wandkalender und Illustr.) Breslau, Goerlich. à Jahrg.

Marien-Kalender, Breslauer, f. 1890 u. 1891. 17. u. 18. Jahrg. des Breslauer Volks-Kalenders. Mit e. Wandkalender. 4. (à Jahrg. ca. 90 S. m. eingedr. Bildern u. 1 Taf.) Bresl., Goerlich. à Jahrg. — 50
Nicht weiter erschienen.

Cincinnatier Marien-Kalender: 1850' ?
Roman Catholic annual. Dated also at New York. Published by Benziger Gebrüder
Cincinnati, OH

Marien-Kalender, Eichsfelder, 1873. 2. Aufl. 4. (48 S.) Heiligenstadt. (Delion.) n. — 50

Marien-Kalender, Eichsfelder. 1877—1880. 1.—4. Jahrg. 4. (à Jahrg. ca. 68 S. mit eingedr. Holzschn.) Heiligenstadt, Cordier. à Jahrg. *

Marien-Kalender, Eichsfelder. 1881—1885. 5.—9. Jahrg. 4. (à Jahrg. ca. 68 S. mit eingedr. Holzschn.) Heiligenstadt, Cordier. à Jahrg. *

—— Eichsfelder, 1886 und 1887. 10. und 11. Jahrg. 4. (à Jahrg. 50—60 S. mit Illustr. und 1 Wandkalender.) Heiligenstadt, Cordier. à Jahrg.

—— Eichsfelder, f. das kathol. Volk. 1890—1893. 14.—17. Jahrg. 4. (130—150 Sp. m. Abbildgn., 1 Taf. u. Wandkalender.) Heiligenst., Cordier. à Jahrg. — 25

Marien-Kalender, Eichsfelder. 1895. 19. Jahrg. 4. (180 Sp. m. Abbildgn. u. Wandkalender.) Heiligenstadt, F. W. Cordier. — 30

— Eichsfelder. Jahrbuch f. d. Mitglieder d. allgem. Vereins d. christl. Familien. 1899. 23. Jahrg. 4. (180 Sp. m. Abb., 2 Farbdr. u. Wandkal.) Heiligenstadt, F. W. Cordier. — 30

Marien-Kalender, Eichsfelder. Jahrbuch f. die Mitglieder des allg. Vereins der christl. Familien. 1903. 27. Jahrg. 4. (190 Sp. m. Abbildgn. u. Wandkalender.) Heiligenstadt, F. W. Cordier. — 40

Marien-Kalender, Eichsfelder. Jahrbuch f. die Mitglieder des allg. Vereins der christl. Familien. 1907. 31. Jahrg. (192 Sp. u. XVI S. m. Abbildgn., 1 Farbdr. u. Wandkal.) Lex.-8. Heiligenstadt, F. W. Cordier. — 40

— Eichsfelder. Jahrbuch f die Mitglieder des allgem. Vereins der christl. Familien. 1911. 35. Jahrg. (176 Sp. u. IV u. XVI S. m. Abb., 1 Farbdr. u. Wandkalender.) Lex. 8. Heiligenstadt, F. W. Cordier. — 40

—— Einsiedler, 1893. 1. Jahrg. 4. (64, 8 S. m. Abbildgn.) Einsiedeln, Wyß, Eberle u. Comp. * — 35

— Einsiedler. 1895. 4. (48 u. 12 S. m. Abbildgn. u. Wandkalender.) Einsiedeln, Eberle & Rickenbach. n. — 35

Marien-Kalender, Einsiedler, f. 1898. Gr. in-8°. 48 u. 15 S. m. Abb., 1 Farbdr. u. Brieftaschenkalender. Einsiedeln, Eberle & Rickenbach. — 40

Marien-Kalender, Einsiedler. 1900. Gr. 8°. 48 u. 15 S. m. Abbildgn., (1 Farbdruck u. Brieftaschenkalender). Einsiedeln, Eberle & Rickenbach. — 40

Marien-Kalender, Einsiedler 1901. Gr. 8°. 48 u. 16 S. mit Abbildgn., 1 Farbdruck und Brieftaschenkalender. Einsiedeln, Eberle & Rickenbach. — 30

Marienkalender. Einsiedler Marien-Kalender. Mit einem Preis-Bilderrätsel. Gratisbeilagen: *je* Ein feines Farbendruckbild und «Der Einsiedler Taschenkalender». 4. (Einsiedeln, Eberle & Rickenbach.) (à fr. —. 40)
1901. [IV + 64 + 10 S.] — 1902. [IV + 64 + 16 S.] — 1903. [IV + 64 + 10 S.]

— Einsiedler. 1903. gr. 8. (48 u. 16 S. m. Abbildgn., 1 Farbdr. u. Brieftaschenkalender). Einsiedeln, Eberle & Rickenbach. — 30

Marienkalender. Einsiedler Marien-Kalender. 1904. Mit einem Preis-Bilderrätsel. [Illustriert.] Gratisbeilagen: Ein feines Farbendruckbild und «Der Einsiedler Taschenkalender.» [IV + 64 + 8 S.] 4. (Einsiedeln, Eberle & Rickenbach.) [fr. —. 40]

— Einsiedler. 1907. (48 u. 16 S. m. Abbildgn., 1 Farbdr. u. Taschenkalender.) gr. 8. Einsiedeln, Eberle & Rickenbach. — 35

— Einsiedler. 1910. (48 u. 16 S. m. Abb., 1 Farbdr. u. Taschenkal.) gr. 8. Einsiedeln, Eberle & Rickenbach. — 35

Marienkalender, mit beigefügten historischen Erläuterungen. Abdr. aus dem Rheinischen Antiquarius. (Von Chrn. v. Stramberg.) Coblenz 854. Hergt. gr. 8. (116 S.) 10 ngr.

MARIEN-KALENDER zur Förderung des christlichen Lebens für das Jahr 1911(-1917): Csanáder Diöcesan-Buchdruckerei - 230 mm

(F) Marienkalender für die deutsche Frauenwelt. 1907. Gr. 8°. (159 S.) K —.60
Wien: Hassenberger.

(F) Marienkalender für die deutsche Frauenwelt. 1910. Gr. 8°. (176 S.) K —.80, geb. K 1.—
Wien: Hassenberger.

— für die deutsche Frauenwelt f. d. J. 1911. 11. Jahrg. Red. v. Eduard Hassenberger. (176 S. m. Abb., 1 Bildnis u. 1 Farbdr.) gr. 8. Wien, E. Hassenberger & Co. — 80; geb. n 1. —

GROSSER Marien-Kalender. Groß Kanizsa 1879-: Meimer Verlag. - 222 mm

Marien-Kalender, Großer illustrirter, für das katholische Volk auf das Jahr 1890. Gr.-8. (96 S.) Wien: Dittmarsch. —.40

—— für das katholische Volk, großer u. kleiner, f. Kalender zu Ehren d. Hochheil. Herzen Jesu u. Mariä.

—— großer, für das katholische Volk auf die J. 1880—1885. 4. (à Jahrg. 112 S. mit Illustr.) Winterberg i. B., Steinbrener's Verlag. à Jahrg. *

—— großer, für das katholische Volk auf die J. 1886—1889. 4. (à Jahrg. ca. 130 S. mit Illustr.) Winterberg, Steinbrener. à Jahrg. *

— großer, f. das katholische Volk auf d. J. 1891. 4. (96 u. 32 S. m. Text-Abbildgn. u. 1 Farbendr.) Winterberg, Steinbrener. n. — 80

Marienkalender. Großer, für das katholische Volk auf das Schaltjahr 1892. 4. (96 S. mit Jahrmärkte-Verzeichniß) —.40
Winterberg: Steinbrener.

— großer, f. das katholische Volk auf d. J. 1893. gr. 8. (XXXIV, 16, 16, 72, 32 u. 20 S. m. Illustr.) Wien. (Leipzig, Literar. Anstalt A. Schulze.) n. — 80

Marienkalender, Großer, für das katholische Volk auf das Jahr 1894. 4. (94 S. mit Jahrmärkte-Verzeichniß) —.40
Winterberg: Steinbrener.

Marienkalender, Großer, für das katholische Volk auf das Jahr 1895. 4. (94 S. mit Jahrmärkte-Verzeichniß) —.40
Winterberg: Steinbrener.

Marienkalender, Großer, für das katholische Volk. auf das Jahr 1896. 4. (94 S. mit Jahrmärkte-Verzeichniß) —.40
Winterberg: Steinbrener.

Marienkalender, Großer, für das katholische Volk auf das Jahr 1897. 4. (96 S. mit Jahrmärkte-Verzeichniß) —.40
Winterberg: Steinbrener.

Marienkalender, Großer, für das katholische Volk auf das Jahr 1898. 4. (93 S. mit Jahrmärkte-Verzeichniß) —.40
Winterberg: Steinbrener.

— großer, f. d. kathol. Volk auf d. J. 1899. 4. (96 u. XVI S. m. Abb. u. 2 Farbendr.) Winterberg, J. Steinbrener. n. — 50

(F) Grosser Marien-Kalender für das katholische Volk auf das Jahr 1900. Winterberg. Steinbrener. Gr.-8°. 93, XVI S. mit 2 Tafeln. K —.80

(F) Grosser Marienkalender für das katholische Volk auf das Jahr 1905. Gr.-8°. (ill. 107 S.) Ebda. K —.80

— großer, f. das katholische Volk f. d. J. 1907. (112, XVI u. XVI S. m. Abbildgn. u. 3 Taf.) gr. 8. Winterberg, J. Steinbrener. — 50

(F) Grosser Marienkalender für das katholische Volk für das Schaltjahr 1908. 33. Jahrg. Gr.-8°. Ebda. K —.80

Marien-Kalender, großer, f. das kathol. Volk f. d. J. 1910. 35. Jahrg. (IV, VIII, 112 u. XVI S. m. z. Tl. farb. Abb. u. 2 [1 farb.] Taf.) gr. 8. Winterberg, J. Steinbrener. — 50

GROSSER Marienkalender für das katholische Volk. Neusiedl am See 1889-1917: Horváth - 230 mm

KATHOLISCHER Marienkalender. Patrona Hungariae für das ungarische Volk deutscher Zunge. Umschlagtitel: Patrona Hungariae. Christlicher Marienkalender. Budapest 1910: Pazmaneum. - 220 mm

—— Kevelaerer für d. J. 1893. 4. (77 S. m. 1 farb. Titelbild u. vielen Abbildgn.) Einsiedeln, Benziger u. Comp. — 50

— Kevelaerer, f. d. J. 1899. 4. (186 Sp. u. 8 S. m. Abb. u. 2 [1 farb.] Taf.) Vaals, St. Kamillus-Druckerei. n. — 50

— Kevelaerer, f. d. J. 1903. 5. Jahrg. Allen Verehrern Unserer Lieben Mutter Gottes, den Pilgern zu ihrem Gnaden-Orte Kevelaer u. den Freunden der kathol. Missionen gewidmet u. hrsg. von der Kongregation der Väter vom hl. Geist u. vom unbefleckten Herzen Mariä im Missionshause Knechtsteden bei Dormagen (Rheinprovinz). 4. (123 u. 3 S. m. Abbildgn., 1 Farbdr. u. Wandkalender.) Düsseldorf. (Aachen, G. Schmidt.) n. — 50

— Kevelaerer. Missions-Kalender der Väter vom hl. Geist f. d. J. 1906. 8. Jahrg. Allen Verehrern Unserer Lieben Mutter Gottes, den Pilgern zu ihrem Gnaden-Orte Kevelaer u. den Freunden der kathol. Missionen gewidmet u. hrsg. v. der Kongregation der Väter vom hl. Geist u. vom unbefleckten Herzen Mariä. Missionshaus Knechtsteden bei Dormagen (Rhld.). — Missionshaus St. Florenz, Zabern (Elsaß). (125 S. m. Abb., 1 Farbdr. u. Wandkalender.) Lex.-8. Düsseldorf (Düsseldorfer Tageblatt). (Nur direkt.) n. — 50

— Kevelaerer, Fortsetzg., s.: Missions-Kalender der Väter vom Hl. Geist.

—— Klagenfurter, für das J. 1889. 1. Jahrg. 4. (184 S. mit Illustr.) Klagenfurt, (Raunecker.) *

Marienkalender, Klagenfurter, zur Förderung des christlichen Lebens für das gewöhnliche Jahr 1890. 2. Jahrgang. Mit vielen Erzählungen, Anekdoten und Räthseln, einem Verzeichnisse der Beamten von Kärnten, der Jahrmärkte von Kärnten und Umgebung ꝛc., unter Mitwirkung mehrerer Freunde gegründet und herausgegeben v. P. Julius Müllendorff, S. J. Kl.-4. (184 S.) In Comm. Klagenfurt: Raunecker.

— Klagenfurter, zur Förderung christlichen Lebens f. d. J. 1891. Mit vielen Erzählgn., Anekdoten u. Räthseln, e. Verzeichnisse der Beamten v. Kärnten, der Jahrmärkte v. Kärnten u. Umgebg. ꝛc., unter Mitwirkung mehrerer Freunde gegründet u. hrsg. v. Jul. Müllendorff. 4. (160 S. m. Illustr.) Klagenfurt, (Raunecker). n.n. — 80

Marien-Kalender, Klagenfurter, zur Förderung des christlichen Lebens, für das Schaltjahr 1892. 4. Jahrg. Herausgegeben vom katholischen Preßvereine für Kärnten. Kl.-4. (160 S.) —.40
Klagenfurt: F.v.Kleinmayr.

Marien-Kalender, Klagenfurter, zur Förderung christlichen Lebens für das Jahr 1893. V. Jahrgang. Herausgegeben vom katholischen Preßvereine für Kärnten. Kl.-4. (XXIV, 136 S.) —.40
Klagenfurt: Raunecker.

— Klagenfurter, zur Förderung christlichen Lebens f. d. J. 1894. 6. Jahrg. Mit vielen Erzählgn., Beschreibgn., e. Jahresrundschau, vielen Bildern, Anekdoten, e. Verzeichnisse der Jahrmärkte v. Kärnten u. Umgebg. ꝛc. Hrsg. vom kathol. Preßverein f. Kärnten. 4. (XXIV, 131 S.) Klagenfurt, (F. v. Kleinmayr). n. — 80

Marien-Kalender, Klagenfurter, zur Förderung christlichen Lebens für das Jahr 1896. VIII. Jahrgang. Reich illustrirt, mit vielen Erzählungen, Beschreibungen, gemeinnützigen Notizen ꝛc., nebst einem Verzeichnisse der Jahrmärkte Kärntens und Umgebung und anderen statistischen Daten. Herausgegeben von der St. Josefs-Bücher-Bruderschaft in Klagenfurt. 4. (160 S.) In Comm. * —.40
Klagenfurt: Raunecker.

Marien-Kalender, Klagenfurter, zur Förderung christlichen Lebens für das Jahr 1897. IX. Jahrgang. Herausgegeben von der St. Josef-Bücher Bruderschaft in Klagenfurt. Mit zahlreichen Illustrationen. 4. (140 S.) —.40

Klagenfurt: Raunecker.

Marienkalender, Klagenfurter, zur Förderung des christlichen Lebens für das Jahr 1898. X. Jahrgang. Reich illustrirt. Herausgegeben von der St. Josef-Bücher-Bruderschaft in Klagenfurt. 4. (144 S.) — 40
Klagenfurt: Raunecker.

— Klagenfurter, z. Förderg. christl. Lebens f. d. J. 1899. 11. Jahrg. Reich illustr., m. vielen Erzählgn., Beschreibgn., gemeinnütz. Notizen rc. nebst e. Verzeichnis d. Jahrmärkte in d. Alpenländern, Böhmen, Mähren rc. u. a. statist. Daten. Hrsg. v. d. St. Josef-Bücher-Bruderschaft in Klagenfurt. 4. (XXXII, 143 u. 44 S.) Klagenfurt (A. Raunecker). n.n. — 80

— Klagenfurter, zur Förderung christlichen Lebens für d. J. 1900. 12. Jahrg. Reich illustr., m. vielen Erzählgn., Beschreibg., gemeinnütz. Notizen rc., nebst e. Verzeichnis der Jahrmärkte in den Alpenländern, Böhmen, Mähren rc. u. a. statist. Daten. Hrsg. von der St. Joseph-Bücher-Bruderschaft in Klagenfurt. 4. (XXXII, 186 S.) Klagenfurt (A. Raunecker). n.n. — 80
Fortsetzung s.: Maria- u. Josef-Kalender.

KLEINER Marien-Kalender. Groß Kanizsa 1879-: Meimer Verlag. - 220 mm

KLEINER Marien-Kalender. Neusiedl am See 1890-1918: J. Horváth. - 230 mm

—— kleiner, für christliche Frauen und Jungfrauen auf die J. 1873—1875. Hrsg. von Ludw. Gemminger. 32. (127 S. mit Portr. Pius IX. in Farbendr.; 126 S. mit 4 xylograph. Farbendruckbildern; 159 S. mit 1 Stahlst. und 4 xylograph. Farbendruckbildern.) Regensburg, Pustet. à Jahrg.
Mit Kalendarium
geb.
Kalendarium apart

—— kleiner, für christliche Frauen und Jungfrauen auf die J. 1876—1880. Hrsg. von Ludw. Gemminger. 32. (à 192 S. mit eingedr. Holzschn., Stahlst. und Farbendr.-Bildern.) Regensburg, Pustet. à Jahrg. *
geb. in Leinw. à Jahrg. *
geb. in Chagrin à Jahrg. *

—— kleiner, für christliche Frauen und Jungfrauen für die J. 1881—1885. Hrsg. von Ludw. Gemminger. 16. (à Jahrg. 192 S. mit eingedr. Holzschn. und je 2 Farbendr.-Bildern.) Regensburg, Pustet. à Jahrg. *
geb. in Leinw. à Jahrg. * *M* 1,20.; in Chagrin *

—— kleiner, für christliche Frauen und Jungfrauen für die J. 1886—1889. Hrsg. von Ludw. Gemminger. 16. (à Jahrg. 192 S. mit Farbendr.-Bildern.) Regensburg, Pustet. à Jahrg. *
geb. in Leinw. à Jahrg. * *M* 1.20.; in Chagrin *

—— kleiner, f. christl. Frauen u. Jungfrauen f. d. J. 1890—1892. 16. (à Jahrg. 192 S. m. Bildern u. farb. Titel.) Regensb., Pustet. à Jahrg. * — 60; geb. in Leinw. * 1 20; in Chagrin * 1 80
Folg. Jahrg. u. d. T.:

—— kleiner, f. d. J. 1893. 16. (192 S. m. farb. Titel u. 1 Stahlst.) Regensb., Pustet. * — 60
geb. in Leinw. * 1 20; in Chagrin * 1 80

— kleiner, f. d. J. 1894. 16. (192 S. m. farb. Titel u. 1 Stahlst.) Regensburg, F. Pustet. n. — 60; geb. in Leinw. n. 1. 20; in Chagrin n. 1. 80

—— kleiner, für das katholische Volk auf die J. 1880—1885. 4. (à Jahrg. 80 S. mit Illustr.) Ebendas. à Jahrg. *

—— kleiner, für das katholische Volk auf die J. 1886—1889. 4. (à Jahrg. 60—80 S. mit Illustr.) Ebendas. à Jahrg. *

Marienkalender, kleiner, für das katholische Volk auf das gemeine Jahr 1890. 4. (90 S.) —.30
Winterberg: Steinbrener.

— kleiner, f. das katholische Volk auf d. J. 1891. 4. (64 u. 32 S. m. Abbildgn.) Winterberg, Steinbrener. n. — 60

Marien-Kalender, kleiner, f. d. kathol. Volk auf d. J. 1899. 4. (64 u. 16 S. m. Abb.) Winterberg, J. Steinbrener. n. — 30

(F) Kleiner Marien-Kalender für das katholische Volk auf das Jahr 1900. Winterberg. Steinbrener. Gr.-8°. 64, XX, XVI S. mit 1 Tafel. K —.60

— kleiner f. das kathol. Volk f. d. J. 1907. (64, XVI u. XVI S. m. Abbildgn. u. 1 Taf.) gr. 8. Winterberg, J. Steinbrener. — 40

(F) Kleiner Marienkalender für das katholische Volk für das Schaltjahr 1908. 33. Jahrg. Gr.-8. Ebda. K —.60

— kleiner, f. das kathol. Volk f. d. J. 1910. 35. Jahrg. (64, XVI u. XVI S. m. Abb. u. 1 Taf.) gr. 8. Winterberg, J. Steinbrener. — 40

—— Luxemburger. 1877—1885. 1.—9. Jahrg. Hrsg. von J. B. Fallize. 4. (à Jahrg. ca. 60 S. mit Illustr.) Luxemburg, Breisdorff. à Jahrg.

—— Luxemburger. 1886. 10. Jahrg. Hrsg. von J. B. Fallize. 4. (56 S. mit Illustr.) Luxemburg, Breisdorff. *

(F) Mariazeller Marienkalender für das Jahr 1901. Herausgeber und Verleger Eduard Hassenberger. Wien. Hassenberger. Gr.-8°. 96, XVI S. mit 1 Tafel. K —.60

— Mariazeller, 1902. gr. 8. (96 S. m. Abbildgn. u. 1 Farbdr.) Wien, E. Hassenberger. n. — 60; geb. in Leinw. m. Goldschn. n. 2. —

Mariazeller Marienkalender für das katholische Volk Österreich-Ungarns. Schaltjahr 1904. Lex.-8°. (222 S.) K —.60, geb. K —.70
Wien: Hassenberger.

(F) Mariazeller Marienkalender für das kathol. Volk Österreich-Ungarns. 1907. Gr.-8°. (159 S.) K —.60
Wien: Hassenberger.

(F) Mariazeller Marienkalender für das Jahr 1910. Gr.-8°. (176 S.) K —.80, geb. K 1.—
Wien: Hassenberger.

— Mariazeller, f. das kathol. Volk Österreich-Ungarns f. d. J. 1911. 11. Jahrg. Red. v. Ed. Hassenberger. (176 S. m. Abb., 1 Bildnis u. 1 Farbdr.) gr. 8. Wien, E. Hassenberger & Co. —. 80; geb. n. 1. —

— Münchener, f. d. J. 1898. Ausg. f. d. Deutsche Reich. 4. (192 Sp. u. 16 S. m. Abb., 1 Farbdr. u. 1 Wandkal.) München. Berlin, St. Paulus-Verlagsanstalt. n. — 50

— s. a.: Marien-Kalender, Münchener.

— neuer, f. d. J. 1900. 4. Jahrg. gr. 4. (188 Sp. u. 10 S. m. Abbildgn., 2 Farbdr. u. Wandkalender.) Lindau, J. Lutz. n. — 50

—— neuer illustrirter. Zu Ehren unserer Lieben Frau von Lourdes für das J. 1889. 1. Jahrg. 4. (90 S. mit 1 Chromolithogr. und 1 Wandkalender.) Stuttgart, Süddeutsche Verlagsbuchhandlung. *

—— neuer illustrirter. (Maria-Lourdes-Kalender.) Zu Ehren unserer lieben Frau v. Lourdes f. d. J. 1890—1893. 2.—5. Jahrg. 4. (93, 8 S. m. Text-Illustr., 1 Farbendr. u. 1 Wandkalender.) Stuttg., Süddeutsche Verlagsbuchh. à Jahrg. * — 50
Seit d. 4. Jahrg. in Ausg. f. Bayern, Württemberg, Baden, Elsaß, Schweiz; das übrige Deutschland; Oesterreich (ohne Wandkalender).

Marien-Kalender, neuer illustrierter (Maria-Lourdes-Kalender). Zu Ehren unserer lieben Frau von Lourdes f. d. J. 1894. VI. Jahrg. In-4°. 96 u. 8 S. m. Illustr. 1 Farbendr. u. 1 Wandkalender. Ausg. f. d. Schweiz. Stuttgart, Süddeutsche Verlagsbuchhandlung. Mk. — 50

— neuer illustr. (Maria-Lourdes-Kalender.) Zu Ehren unserer lieben Frau v. Lourdes f. d. J. 1895. VII. Jahrg. 4. (97 u. 8 S. m. 1 Farbendr. u. 1 Wandkalender.) Stuttgart, Süddeutsche Verlagsbuchh. (D. Ochs). n. — 50
In Ausg. f. Bayern; Würtlenberg, Baden, Elsaß, Schweiz; das übrige Deutschland; Österreich (ohne Wandkalender).

— neuer illustrirter. (Maria-Lourdes-Kalender.) Zu Ehren uns. lieben .Frau v. Lourdes f. d. J. 1899. XI. Jahrg. 4. (95 u. 8 S. m. 2 Farbdr. u. 1 Wandkal.) Stuttgart, Süddeutsche Verlagsbuchh. n. — 50
In Ausgaben f. Bayern, Süddeutschland, Norddeutschland u. Österreich.

— neuer illustrierter. (Maria-Lourdes-Kalender.) Zu Ehren unserer lieben Frau v. Lourdes f. d. J. 1903. XV. Jahrg. 4. (90 u. 8 S. m. 1 Farbdr. u. 1 Wandkalender.) Stuttgart, Süddeutsche Verlagsbuchh. n. — 50
In Ausg. f. Süddeutschland, Norddeutschland u. Österreich.

— neuer illustrirter (Maria-Lourdes-Kalender), zugleich Jahrbuch des deutschen Lourdes-Vereins zu Ehren unserer lieben Frau v. Lourdes f. d. J. 1907. 19. Jahrg. (82 u. 8 S. m. 1 Farbdr. u. Wandkalender.) Lex.-8. Stuttgart, Süddeutsche Verlagsbuchh. n. — 50
In Ausg. f. Süddeutschland, Norddeutschland u. Oesterreich.

— neuer illustrierter. (Maria-Lourdes-Kalender.) Zu Ehren unserer lieben Frau v. Lourdes f. d. J. 1911. 23. Jahrg. (83 S. m. 2 Taf.) Lex. 8. Stuttgart, E. Uhl. — 40

— oberösterreichischer, f. das kathol. Volk. 1903. Hrsg. u. red. v. Eduard Hassenberger. 4. (112 u. 8 S. m. Abbildgn. u. 8 [1 farb.] Taf.) Wien. (Linz, E. Marcis.) — 60

Oberösterreichischer Marienkalender für das katholische Volk. Schaltjahr 1904. Lex.-8°. K — .60
Wien: Hassenberger.

(F) **Oberösterreichischer Marienkalender** für das kathol. Volk. 1907. Gr.-8°. (159 S.) K — 60
Wien: Hassenberger.

— oberösterreichischer, f. d. J. 1911. 11. Jahrg. Red. v. Ed. Hassenberger. (176 S. m. Abbildgn., 1 Bildnis u. 1 Farbdr.) gr. 8. Ebd. — 80; geb. n 1. —

—— Regensburger, für die J. 1869—1875. 4.—10. Jahrg. 4. (à 56—80 S. mit eingedr. Holzschn. und Holzschntaf.) Ebendas. à Jahrg. *

—— Regensburger, für die J. 1876—1880. 11.—15. Jahrg. 4. (à ca. 160—180 S. mit eingedr. Holzschn. und Holzschntaf.) Ebendas. à Jahrg. *
Erscheint auch in Ausgaben für das übrige Deutschland, Oesterreich und die Schweiz.

—— Regensburger, für 1881—1885. 16.—20. Jahrg. 4. (à Jahrg. ca. 176 Sp. mit eingedr. Holzschn. und je 1 Chromoxylogr.) Regensburg, Pustet. à Jahrg. *
Erscheint auch in Ausgaben für das übrige Deutschland, Oesterreich und die Schweiz.

—— Regensburger, für die J. 1886—1889. 21.—24. Jahrg. 4. (224 S.; 192 Sp. und 16 S.; 192 Sp. und 18 S.; 228 S. mit Illustr. und je 1 Wandkalender.) Regensburg, Pustet. à Jahrg. *

Marien-Kalender, Regensburger, für d. J. 1890—1893. 25.—28. Jahrg. 4. (à Jahrg. ca. 210 Sp. u. ca. 20 S. m. Abbildgn. u. Wandkalender.) Regensb., Pustet. à Jahrg. * — 50

— Regensburger, f. d. J. 1895. 30. Jahrg. 4. (208 Sp. u. 18 S. m. Bildern, 1 Taf., 1 Farbendr. u. 1 Wandkalender.) Ebd. n. — 50
Ausg. f. Tirol u. d. T.: „Tiroler Marienkalender" ist Verlag v. C. Rauch in Innsbruck.

— Regensburger, f. d. J. 1899. 34. Jahrg. 4. (208 Sp. u. 22 S. m. Bild., 2 Farbdr. u. 1 Wandkal.) Regensburg, F. Pustet. n. — 50

— Regensburger, f. d. J. 1903. 38. Jahrg. 4. (208 Sp. u. 20 S. m. Abbildgn., 1 Farbdr. u. Wandkalender.) Regensburg, F. Pustet. n. — 50

— Regensburger, f. d. J. 1907. 42. Jahrg. (208 Sp. u. 19 S. m. Abbildgn., 2 Farbdr. u. Wandkalender.) Lex.-8. Regensburg, F. Pustet. n. — 50
In Ausgaben f. Bayern, Württemberg, das übrige Deutschland, Oesterreich, Schweiz u. Südamerika.

— Regensburger, f. d. J. 1911. 46. Jahrg. (208 Sp. u. 6 S. m. Abb., 2 Farbdr. u. Wandkalender.) Lex. 8. Regensburg, F. Pustet. — 50
In Ausgaben f. Bayern, Württemberg, das übrige Deutschland, Österreich-Ungarn, Schweiz u. Südamerika.

— Tiroler, s.: Marienkalender, Regensburger.

Marien-Kapelle. Die allersel. Gottesmutter in ihrem Leben, in den Festen der Kirche u. in unserer tägl. Verehrung. Ein vollständ. marianisches Fest-, Lehr- u. Gebetbuch für Kirche u. Haus. 18. (Mit 1 Lithogr.) Einsiedeln 845, Gebr. Benziger. ½ ß Mit 11 Lithogr. u. chromolith. Titel. 1 ß

Marien-Kapelle. Die allerseligste Gottesmutter in ihrem Leben, in den Festen d. Kirche u. in unserer täglichen Verehrung. Ein vollständiges marianisches Fest-, Lehr- u. Gebetbuch für Kirche u. Haus. 2. Aufl. 8. (VIII u. 556 S. m. 1 Lith.) Einsiedeln 847, Gebr. Benziger. — 3. Aufl. 12. (568 S. m. 1 Lith.) Ebd. 850. ½ ß Velinp. m. 2 Lithochrom. u. 11 Lith. 1 ß

Marien-Kapelle. Die allerseligste Gottesmutter in ihrem Leben, in den Festen der Kirche und in unserer tägl. Verehrung. Ein vollständ. marian. Fest-, Lehr- und Gebetbuch für Kirche und Haus. 7., verm. Aufl. gr. 16. (607 S. mit 5 lithogr. feinen Bildern.) Einsiedeln 867, Gebr. Benziger.
Feine Ausg. mit Stahlst. –

Marienkapelle, die, im Walde od. im Bann des Bösen, s.: Schul- u. Vereinsbühne, christliche. 116.

Marienkind, das, s.: Dilettantenbühne, kathol.

Marienkind. Erzählung für die Jugend. O. O. 1831. V: *Aurbacher, Ludwig.* (Lindner)

Marien-Kind. Eine Erzähl. f. d. Jugend. 12. (2 B.) München 831, Giel.

Marienkind, Das, Geschichte eines Engels. Vom Verf. des Gevatter Tod. Leipzig 1842. V: *Schiff, Hermann.* (GGR X, 437) (Zeitschr. f. Büch. N. F. 15, 1923, S. 116)

Marienkind, das. Geschichte eines Engels vom Verf. des „Gevatter Tod." kl. 8. Leipzig 842, Hartung. 1/6 ℛ

Marienkind, das. Geschichte eines Engels vom Verf. des „Gevatter Tod." 8. (4 B.) Leipzig 845, Hartung.

— das. Regeln und Gebete für den Verein der Marienkinder. 2. Aufl. (VIII, 690 S. mit 1 Stahlst.) 1868,69, und 3. Aufl. 16. (VIII, 735 S. mit eingedr. Holzschn. und 1 Stahlst.) Regensburg: Pustet 1875.

Marienkind, das. Regeln und Gebete für den Verein der Marienkinder. [1. Das Marienkind in der Schule und im Institute. 2. Das Marienkind in der Welt oder Nachfolge Mariens. 3. Das Marienkind im Gebete.] 4. Aufl. 16. (VIII, 336 S. mit 1 Stahlst.) Regensburg 880, Pustet.

Marienkind, das. Ein Unterrichts-, Betrachtungs- u. Gebetbuch f. die Mitglieder d. Vereins der Kinder Mariens. Mit Gedichten v. Gall Morel. Feine Ausg. Nr. 2. 16. (544 S. m. eingedr. Holzschn. u. 3. Stahlst.) Einsiedeln 872. Benziger. 2. 50

Das Marienkind : 1877: New Orleans, LA
Roman Catholic weekly.

Marienkind, das, im Gebete, oder Betrachtungen und Andachten für Alle, welche Maria als ihre Mutter verehren. Nach dem Französ. gr. 16. (288 S.) Regensburg 868, Pustet.

— das kleine. Gebetbüchlein für Kinder, welche Maria lieben. Von einem kathol. Priester. 16. (159 S. mit chromolithogr. Titel.) Deggendorf 880, Pfeiffer's Buchh. *

Marienkind, das, u. der Rosenkranz. Anleitung, den Rosenkranz m. Nutzen zu beten. 32. (64 S. m. Titelbild.) Warendorf 893. J. Schnell. n. — 20; in Leinw. kart. n. — 25

Marienkirche, Die, zu Liegnitz und ihre Geistlichen . . . Liegnitz 1828. V: *Lingke, Friedrich Wilh.* & *Johann Gottlob Worbs.* (Nent)

Die Marienkirche in Reutlingen. Hrsg. von [Eug.] Gradmann, [Johs.] Merz und [Heinr.] Dolmetsch. Mit Abbild. Stuttgart: Wittwer 1903 [1902]. 4°.

Marienklage, altprovenzalische, d. 13. Jahrh., s.: Bibliothek, romanische.

Marienklage, altprovenzalische, des 12. Jahrh., s. Bibliothek, romanische.

Marienkranz von C. A. W. (Gedichte.) 1. Aufl. (⅓ B.) 1/12 Thlr., 2. verm. Aufl. gr. 12. (1 B.) Berlin 836, [Eyssenhardt'sche Buchh.] *

Marienkranz oder Umschreibung der Lauretanischen Litanei. Nebst Meßgebeten und Andachtsübungen zum allerheiligsten Altarsakramente. Aus dem Französ. übers. von Friedr. Sturm. Trier 856. Lintz. 8. (133 S.) 10 ngr.

Marienlegenden aus dem sogenannten »Alten Passional« . . . Stuttgart 1846. H: *Pfeiffer, Franz.* (Th) (WBL)

Marienlegenden. 8. Stuttgart 846, Krabbe. 1 ℛ

Marienlegenden. Wien 1863. H: *Pfeiffer, Franz.* (EB)

MARIENLIED. Die sieben Freuden Maria. 1 Blld. Hodsag (Hodschag) o. J.: Buchdruckerei Pfister. 4 S. - 165 mm

Marienlied, das Melker, aus Franz Pfeiffer's Nachlass in photograph. Nachbildgn. hersg. u. eingeleitet von Jos. Strobl. Mit e. (lith.) Musikbeilage von Ludw. Erk. Wien 870. Braumüller. gr. 4. (8 S. u. 3 photogr. Schrifttaf.) n. 1 ℛ 10 ngr.

Ein SCHÖNES Marienlied. Sei gegrüßt zu tausendmal, o Maria, allhier in deinem Gnadensaal. Pest 1869: Alois Bucsánszky.

Ein SCHÖNES Marien-Lied nebst einem Gebete und dem goldenen Ave-Maria. Arad o. J.: L. Réthy. 4 S. - 12°

Marien-Lieder. (Nach J. Berger.) Nebst Andachtsübungen zu der seligsten Jungfrau. Karlsbad. (Ohne Angabe des Druckortes.) Im Verlage der Gebrüder Franiek. (29 S. 1 Bl. 8.) 1857.

Marienlieder, 31. Anhang zum Andachtsbuch „Sei gegrüßt, o Maria!" 12. (31 S.) Breslau 852, Korn in Comm. n. n. 1/12 ℛ

Marienlieder zum Gebrauche bei Wallfahrten, Maiandachten u. ähnlichen Gelegenheiten. Aachen 866. (Jacobi & Comp.) 16. (32 S.) n. 2 ngr.

Marien-Lieder und andere heilige Gesänge mit den Melodien. Separat-Abdr. aus dem Gebetbuche: „O Maria hilf!" Osnabrück (853.) Fredeweß. (Overwetter.) 12. (35 S.) n. 1¼ ngr.

MARIENLIEDER für die Maiandacht. Bratislava (Preßburg) o. J.: Grömme. 8 S. - kl. 8°

Marien-Lieder zur Mai-Andacht. Feichtinger'sche Buchdruckerei in Linz. (8 S. 8.) 1856.

Marien-Lieder zur Mai-Andacht. Herausgegeben vom Katholiken-Vereine Prag, 1856. Gedruckt bei Karl Bellmann. (12 S. 8.)

MARIENLIEDER zur Maiandacht. Preßburg 1878: J. Mühlhammer. 16 S. - 160 mm

Marien-Lieder für die Mai-Andacht in der Ursuliner Klosterkirche zu Olmütz. Mit Genehmigung des hochw. fürsterzbischöflichen Konsistoriums. Olmütz, 1856. A. Halauska's Universitäts-Buchdruckerei. (24 S. 8)

Marienlob, e. altfranzösisches. Aus e. Pariser Handschrift d. 13. Jahrh. zum 1. Mal hrsg. v. Hugo Andresen. 8. (48 S.) Halle a/S. 891. M. Niemeyer. n. 1. 20

Marienminne. In Dichtungen von Werinher von Tegernsee, Gottfried von Straßburg, Konrad von Würzburg. Zum ersten Male in vollständigen neudeutschen Uebertragungen. Münster 858. Theissing. 16. (XXI, 299 S.) n. 1 ℛ

Marienminne. Münster 1858. Ü: *Brühl, Joh. Aug. Moritz.* (RASS 49)

Marien-Monat, der. Das Leben Mariä in Betrachtungen, Gebeten u. Gesängen, zum Gebrauche bei der Mai-Andacht. Von e. Pfarrer des Bisth. Paderborn. Paderborn 869. Junfermann. 16. (207 S. mit 1 Stahlst.) 7½ ngr.

Marien-Monat, der. Betrachtungen u. Gebete zur Verehrg. der Gottesmutter Maria auf jeden Tag d. Monats Mai nebst den vorzüglichsten allgemeinen Andachtsübgn. e. kathol. Christen. Aus dem Italien. übers. v. Frdr. Willam. 32. (383 S. m. eingedr. Holzschn. u. 2 Chromolith.) Einsiedeln 871. Benziger. — 65

Marien-Novenen f. die Mutter-Gottes-Feste des Jahres sowie Andachtsübungen f. den Maimonat u. verschiedene andere Gelegenheiten. Von e. Mitgliede der Ewigen Anbetg. durchgesehen u. bevorwortet v. Gratian v. Linden, O. Cap. (X, 248 S. m. Titelbild.) 16. Saarlouis 907. F. Stein Nachf. Geb. in Leinw. — 75

Marien-Prediger, der. Eine homilet. Monatsschrift. Im Vereine mit mehreren Priestern hrsg. von Ludw. Gemminger. 2 Jahrgänge. à Jahrg. 12 Hefte. (à 5 Bog.) gr. 8. Regensburg 863,64, Pustet. à Heft 5 Ngr. à Jahrg.

(F) **Marienpredigten**, Ein dreifacher Cyklus auf die Hauptfeste der sel. Gottesmutter. Gr.-8°. (IV, 127 S.)
Brixen: Weger 1902.

Marien-Preis. Mai- u. Dreißigst-Andachten zur seligsten Jungfrau Maria. Zum öffentl. u. Privatgebrauch m. Gebeten, Liedern u. Litaneien f. jeden Wochentag, nebst Morgen-, Meß- u. Abend-Gebeten. 16. (64 S.) Donauwörth 884. Auer. n. — 40

Marien-Psalter, der. Monatsschrift, gewidmet den Verehrern des heil. Rosenkranzes, insbesondere den Mitgliedern der Erzbruderschaft des Ewigen und Lebendigen Rosenkranzes. 1. Jahrg. 1878. 12 Hefte. (à ¾ Bog.) 8. Berlin, Germania.
— dass. — Redact.: Otto Jaensch. 2. Jahrg. 1879. 12 Hefte. (Bog.) 8. Ebendas.

Marien-Psalter, der. Monatsschrift, gewidmet den Verehrern des heil. Rosenkranzes. Redact.: Otto Jaenich. 3. und 4. Jahrg. 1880 und 1881. à Jahrg. 12 Hefte. (Bog.) 8. Berlin, Germania. à Jahrg.
— dass. — Redact.: Th. M. Leikes. 5.—7. Jahrg. 1882—1884. à Jahrg. 12 Hefte. (Bog.) 8. Dülmen, Laumann'sche Verlagsh. à Jahrg.

Marien-Psalter, der. Monatsschrift, gewidmet den Verehrern des heil. Rosenkranzes. Redact.: Th. M. Leikes. 8. und 9. Jahrg. 1885 und 1886. à Jahrg. 12 Hefte. (Bog.) 8. Dülmen, Laumann'sche Verlagsh. à Jahrg. *
— dass. — Redact.: Heinr. J. Pflugbeil. 10. und 11. Jahrg. 1887 und 1888. à Jahrg. 12 Hefte. (Bog.) 8. Ebendas. à Jahrg. *

Marien-Psalter, der. Monatsschrift f. die Verehrer des hl. Rosenkranzes. Redact.: H. J. Pflugbeil. 12.—16. Jahrg. Octbr. 1888—Septbr. 1893. à Jahrg. 12 Hefte. (à Heft 1½ Bog.) gr. 8. Dülmen, Laumann. à Jahrg. * 1 20

Marien-Psalter, d. Monatsschrift f. d. Verehrer d. hl. Rosenkranzes. Red.: Heinr. J. Pflugbeil, O. S. Dom. 18.—22. Jahrg. Octbr. 1894—Septbr. 1899. à 12 Hfte. (à ca. 24 S. m. Abb.) gr. 8. Dülmen, A. Laumann. à Jahrg. n. 1. 20

Marien-Psalter, der. Monatsschrift f. die Verehrer des hl. Rosenkranzes. Red.: Heinr. J. Pflugbeil, O. S. Dom. 23.—26. Jahrg. Oktbr. 1899—Septbr. 1903. à 12 Hfte. gr. 8. (à ca. 24 S. m. Abbildgn.) Dülmen, A. Laumann. à Jahrg. n. 1. 20

Marien-Psalter, der. Monatsschrift f. die Verehrer des hl. Rosenkranzes. Red.: Raphael Maria Stadtmüller. 27. bis 30. Jahrg. Oktbr. 1903—Septbr. 1907. à 12 Hefte. (à ca. 24 S. m. Abbildgn.) gr. 8. Dülmen, A. Laumann. à Jhrg. n. 1. 20
Die Jahrgänge 27 u. 28 sind v. H. J. Pflugbeil redig.

Marien-Psalter, der, Monatsschrift f. die Verehrer des hl. Rosenkranzes. Hrsg. v. den Dominikanern der deutschen Ordensprovinz. 31.—34. Jahrg. Oktbr. 1907—Septbr. 1911. à 12 Hefte. (à ca. 28 S. m. Abb.) gr. 8. Dülmen, A. Laumann. à Jahrg. 1. 20

Marien-Rose aus dem Garten des Himmels, oder: Andachtsbüchlein zu Ehren der seligsten Jungfrau Maria. Zum Andenken für fromme Christen, insbesondere für alle Wallfahrer. Neutitschein. Druck und Verlag von J. N. Enders. (16 S. kl. 8.)
1856.

Marien-Rose aus dem Garten des Himmels, oder: Andachtsbüchlein zu Ehren der seligsten Jungfrau Maria. Zum Andenken für fromme Christen, insbesondere für alle Wallfahrer. Neutitschein, 1857. Dr. und Verlag von Johann Nep. Enders. (16 S. 16. Mit einem Titelbild.)

Marienrosen, eine Sammlung mehrstimm. Lieder ohne Begleitung, zur Verehrung d. sel. Jungfrau in Kirche u. Haus. In Musik ges. v. A. Schubiger. 2. verb. Aufl. qu. 4. Einsiedeln ..., Gebr. Benziger. ½ ₰

Marien-Rosen aus Damaskus. Gesänge zur Ehre der seligsten Jungfrau, aus dem Syrischen. Von Pius Zingerle. gr. 16. (123 S.) Innsbruck 853, Wagner'sche Buchh.

Marien-Rosen aus Damaskus. Gesänge zur Ehre der allerseligsten Jungfrau, aus dem Syrischen. Von Pius Zingerle. 2., durch vollständ. Uebersetzung der Gebete des hl. Ephräm an die allerseligste Jungfrau verm. Ausg. Innsbruck 855. Wagner. 16. (XIV, 203 S.) 18 ngr.

Mariens Briefe, nebst Nachricht von ihrem Tode. 8. Leipz. 791. Engelmann. 10 gl.

Mariens Briefe, nebst Nachrichten von ihrem Tode, aus dem Engl. mit 1 Kupf. 8. Weißenfels, 791 Severin. 13 ggl.
Auch unter dem Titel:
Yoricks empfindsame Reisen durch Frankreich und Italien. 5ter Theil.

Mariens Briefe, nebst Nachricht von ihrem Tode, a. d. Engl. (a. d. Titel: Yoricks empfindsame Reisen durch Frankreich u. Italien 5r Bd.) 8. Weißenfels, Severin. (Mitzky u. Comp. in Leipz.) 795.

Marien's Briefe, nebst Nachricht v. ihrem Tode. Nachtrag zu Yoriks empfindsamer Reise. Mit 1 K. 8. Leipz. W. Engelmann. 811.

Mariens Tagebuch. Reisebilder aus dem Schwarzwalde, vom Bodensee, Vorarlberg, Tyrol, aus Salzburg, Wien, Mähren, Polen u. Rußland. Von M. v. F. 2 Bdchn. 8. Pforzheim 841, Dennig, Fink u. Comp. (Stuttgart, Scheible, R. u. S.) 1½ ₰

Mariensagen, die, in d. Kaiserth. Oesterreich, s. Kaltenbäck, J. P.

Mariensagen, die, in dem Kaiserthum Oesterreich. Gesammelt u. herausgeg. von J. P. Kaltenbäck. (Enthalt. die ältesten Ursprungsberichte von 150 berühmten Marienorten u. Marienbildern im Kaiserthum Oesterreich.) 8. Wien 845, Ign. Klang. 1½ ₰

Mariensäule, Die, in München. Geschichtliches und Beschreibendes gelegentlich ihrer neuesten Restaurirung. München 1870. V: *Schrott, Johannes.* (H. Hayn, Thesaurus librorum Th. Pfister. München 1883) (Hdschr. Mitth. von Friedrich Müller, München)

St. Marienstern, Kloster, s.: Sachsen, Karte.

Marien-Taschen-Kalender f. d. J. 1874. 16. (30 S.) Regensburg 873. Pustet. — 15

Marienthal, das, eine Erzählung aus d. Hussittenkriege. 8. Leipz. 810. (Fort). Tauchnitz.

Marienthal, das. Eine Erzählung aus dem Husitenkriege. 8. Leipzig 840. (Melzer.) 1/4 ₰

Marienthal, Julius, Rechtsanwalt in Bochum: Verfügungen des Gemeinschuldners über seine zur Masse gehörigen Grundstücksrechte nach Eintragung des Konkursvermerks. Bochum 1906: W. Stumpf. (63 S.) 8°

Tübingen, Jur. Fak., Ref. Frank-Rietschel, Diss. v. 22. Aug. 1906

[Geb. 20. Juli 78 Bochum; Wohnort: Bochum; Staatsangeh.: Preußen; Vorbildung: Gymn. Bochum Reife O. 96; Studium: Lausanne 1, München 2, Berlin 1, Marburg 2 S.; Rig. 2. Aug. 06.]

Marienthurm, der, eine Rittergeschichte, von K. H. Spieß, 8. Prag, 796. Barth. 10 sgl.

Marienthurm, der, e. Rittergesch: v. Chr. H. Spieß, nr. K. 8. Prag, Barth. 803.

Marienverehrung, die, in ihrem Grunde und nach ihrer mannigfaltigen kirchlichen Erscheinung, mit besonderer Rücksicht auf die vom Papste Pius IX. am 8. Decbr. 1854 ausgesprochene Glaubenslehre der Kirche von der unbefleckten Empfängniß Mariens. 853. (XXIV, 374 S.) — 2. verm. Ausg. Paderborn 855. Schöningh. 12. (XXIV, 386 S.) 20 ngr.

Marienwerder [Schlagwort]

— s. a.: Europa. Uebersichtskarte.

— s. a.: Forstkarten. — Marienwerder, Reg.-Bez. — Preussen. Messtischblätter.

Marienwerder, Reg.-Bez. Entfernungskarte, amtliche, des Reg.-Bez. Marienwerder. Nach amtl. Ermittelgn. u. unter Benutzg. der Messtischblätter der Landesaufnahme bearb. im J. 1906 durch die Katasterverwaltg. der königl. Regierg. zu Marienwerder. Hrsg. v. R. Mittelbach. 1 : 75,000. Farbdr. Leipzig, Mittelbach.

Kreise: Briesen. 53×47 cm. Mit 1 Bl. Text. Lex. 8. (909.) 1.50. — Culm. 52×65 cm. (908.) 2.—. — Deutsch-Krone. 84×85 cm. (909.) 2.—. — Graudenz. 49×64 cm. Mit 1 Bl. Text. 31×30,5 cm. (908.) 2.—. — Konitz. 76,5×65 cm. Mit Ortsverzeichnis. (1 Bl.) Lex. 8. (909.) 2.—. — Löbau. 47×73,5 cm. Mit 1 Bl. Text. Lex. 8. (909.) 2.—. — Marienwerder. 62,5×68 cm. Mit 1 Bl. Text. 31×30,5 cm. (909.) 2.—. — Rosenberg. 57×70 cm. (909.) 2.—. — Schlochau. 92,5×79 cm. Nebst: Ortsverzeichnis. (1 Bl.) 33,5×23,5 cm. (909.) 2.—. — Schwetz. 72×80 cm. Nebst: Ortsverzeichnis. (1 Bl.) 42,5×24,5 cm. (909.) 2.—, — Strassburg. 51×84,5 cm. Mit 1 Bl. Text. Lex. 8. (909.) 2.—. — Stuhm. 45,5×57 cm. (909.) 1.50. — Thorn, Stadt u. Landkreis. 71×69 cm. (909.) 2.—. — Tuchel. 63,5×58 cm. (909.) 2. —

Marienwerder, Kreis. Karte des Kreises Marienwerder im Reg.-Bez. Marienwerder. Hrsg. von der kartogr. Abteilung der königl. preuss. Landesaufnahme 1905. Aufgenommen vom königl. preuss. Generalstab 1870 bis 1873. 1 : 100,000. 52×58 cm. Farbdr. Berlin (R. Eisenschmidt). n.n. 2. —; ermäss. Preis n.n. 1. 50

Marienwerder. Liebenow's, W., Specialkarte vom Reg.-Bez. Marienwerder nebst den angrenzenden Ländertheilen. 1 : 300,000. 48,5×93 cm. Farbdr. Frankfurt a/M. (902). L. Ravenstein. In Decke n. 2. —; auf Leinw. in Decke n. 3. —

Marienwerder, Reg.-Bez. Liebenow's, W., Specialkarte v. Reg.-Bez. Marienwerder nebst den angrenzenden Ländertheilen. 1 : 300,000. (Volksausg.) 48,5×91,5 cm. Farbdr. Frankfurt a/M. (904). L. Ravenstein. n. 1. 20

Marienwerder, Kreis. Spezialkarte vom Kreise Marienwerder. Rev. v. den zuständ. Behörden. 1 zu 100,000. 46×49 cm. Farbdr. Lissa (909). O. Eulitz. — 50; auf Leinw. in Etui 1. —

Marienwerder [Verfasser]

Marienwerder, Johannes. Das Leben der seligen Dorothea von Preussen . . . Braunsberg 1893. Ü: *Korioth, Dom.* (Berl)

Marienwerder, Joa., septililium beatae Dorotheae Montoviensis. Nunc primum editum opera et studio Frc. Hipler. gr. 8. (258 S.) Bruxellis 884. (Braunsberg, Huye.) n.n. 6. —

Marienwerder, Joa., septililium beatae Dorotheae Montoviensis. Nunc primum editum opera et studio Frc. Hipler. [Ex Analectis Bollandianis.] gr. 8. (258 S.) Bruxellis 885. (Braunsberg, Huye.) **

Marie's, Tante, Jahr-Buch I. Weihnachtsgabe zu Lust u. Lehre fürs junge Volk. Hrsg. v. der Red. d. Schweizer. Familien-Wochenblatt Th. Schroeter in Zürich. gr. 8. (76 S.) Zürich 890. Schroeter & Meyer. n. — 80; geb. n. 1. —

Marie's, Tante, Jahrbuch II. Weihnachtsgabe zu Lust u. Lehre für's junge Volk. Hrsg. v. der Red. d. Schweizer. Familien-Wochenblatt Th. Schröter in Zürich. gr. 8. (96 S. m. Abbildgn.) Zürich 891. Th. Schroeter. Geb. n. 1. —

Mariéton, Paul, la terre provençale, hrsg. v. Hans Weiske, s.: Gerhard's französische Schulausgaben. No. 25.

Marietta. [Eine Kindergeschichte.] Basel s. O[ser], E[mma].

Der Marietta Demokrat: Sept. 1856—1865?

Weekly. Edited & published by William Lorey.
Marietta, OH

Die Marietta Zeitung: Oct. 1868 - 1904?

Weekly. supported Tilden, 1876. Independent, 1868—85; Democratic, 1886—1904; [slight variations in listing]. Sub-title: Ein Familienblat (sic) gewidmet der Tagesgeschichte, Unterhaltung und Local-Interessen des Süd-Östlichen Ohio. Circulation: 1870, 600 (est.); 1880, 840; 1890, 1200; 1900, 1050; 1904, *1600*. Edited & published by Jacob Müller, 1868—76; by Jacob Müller & Son, 1877—1902; by Friedrich Knapp, 1903—04.
Marietta, OH

Mariette-Bey, Auguste, Deir-el-Bahari. Documents topographiques, historiques et ethnographiques, recueillis dans ce temple pendant les fouilles. gr. Fol. (15 Taf. in Steindr., zum Theil color., und 1 Lichtdr.-Taf. in gr. Fol. und Imp.-Fol.) Nebst Text. hoch 4. (IV, 40 S.) Leipzig 877, Hinrichs'sche Buchh. cart. *

Mariette-Bey, Auguste, Karnak. Étude topographique et archéologique avec un appendice, comprenant les principaux textes hiéroglyphiques, découverts ou recueilles pendant les fouilles exécutées à Karnak. hoch. 4. (88 S. m. 1 Atlas v. 57 Steintaf. in Fol. u. gr. Fol., wovon 9 color. u. in Imp.-Fol.) Leipzig 875. Hinrichs' Verl. n. 150. —

— **les listes géographiques** des pylônes de Karnak, comprenant la Palestine, l'Éthiopie, le pays des Somâl. hoch 4. (IV, 67 S. m. 3 lith. u. color. Karten in Imp.-Fol.) Ebend. 875. n. 30. —

— **monuments divers recueillis en Egypte et en Nubie.** 1—22. livr. Fol. (à 4 Steintaf.) Paris 875. 76. Vieweg. à n. 6. —

— les **papyrus égyptiens** du musée de Boulaq. Tome 3. Papyrus Nr. 21 & 22. qu. gr. Fol. (21 Blatt) Ebend. 876. n. 100. —

Mariezcurrena, s.: **Nadal de Mariezcurrena.**

Marignac, Jean-Charles Galissard de. Œuvres complètes. Publiées hors série sous les auspices de la Société de Physique et d'Histoire naturelle de Genève par E[mile] Ador (*Umschlag: Hors-Série des Mémoires de la — — Genève). Tome 1: Notice biographique — Travaux divers 1840-1860. [Avec 14 planches.] VIII + LVI + 701 p. 4. Genève, Ch. Eggimann & Cie; Paris, Masson & Cie; Berlin, Friedlaender & Fils, [1902]. [fr. 15. —]
Tome 2: Mémoires et critiques 1860-1887. [Avec 7 pl.] IV,839 p. Ebda. [1903.]

Marignac, M. C. Recherches sur la proportion de matière organique contenue dans l'eau du Rhône à sa sortie du lac Léman et sur ses variations. Gr. in-4°. Genève, Bâle, Georg. 1893. 2 —

Marignan, A., étude sur le manuscrit de l'Hortus deliciarum, s.: **Studien zur deutschen Kunstgeschichte.** 125. Heft.

Marignola, Giovanni de

v. **Marignola**, J., Reise in das Morgenland v. Jahre 1339 bis 1359; aus d. Latein. übersetzt v. J. G. Meineot. gr. 8. Prag 821. Krauß. (Leipz., Cnobloch). 8 *gr*

Marigny, Augier de. Geschichte der Araber unter der Regierung der Califen. A. d. Franz. . . . Berlin u. Potsdam 1753—54. Ü (Th. 1—2, Alphabet des 2. Theiles, Vorrede des 1. Theiles): *Lessing, Gotth. Ephraim.* (MN) (ML)

v. **Marigny**, Abt, Geschichte der Araber unter d. Regierung der Kalifen; aus d. Französ. 3 Thle. 8. Berl. 753, 54. Voß. 1 *ß* 16 *gr*

Marije rožen cvet. Molitvene bukve s premišljevanjem v počešenje nar svetejšch sere Jezusa in Marije. Klagenfurt 855. Leon. 8. (416 S. u. 1 Kpfrst.) n. 20 *ngr.*

Mařík, Josef (*geb. Spoli bei Beneschau in Böhm. 17. 7. 1846*): Beitrag zur Lehre von der Diphtherie. Breslau 1881. (22 S.) 8°
[Im Buchhandel 1881 bei Köhler in Breslau.]
Breslau, Med. Diss. v. 16. Juli 1881

Mařík, Josef: Der W-Schwund im Englischen. Phil. Diss., Prag 1906/1907.

Marik, Jos., **w-Schwund im Mittel- u. Frühneuenglischen**, s.a. **Beiträge, Wiener, zur englischen Philologie.** Bd. 33.

w-Schwund im Mittel- und Frühneuenglischen. Von Dr. Josef **Mařik.** Wien & Leipzig: Braumüller 1910. X, 111 S. 8°
(Wiener Beiträge z. engl. Philologie. 33.) [10. 16235

Marikowzky, Mart., ephemerides. Syrmienses II Prts. 8maj. Wien 767—70. Trattner. 9 *gr*

Marilaun, v., s.: **Kerner v. Marilaun, Fritz v.**

Ein neuer Blick in das Leben der Schöpfung. Von Heinrich v. **Marillac.** T. 1. Wiesbaden: (Selbstverl.) 1907. 8°

Marillac Saint Julien, Theodor Frhr. von, s.a. Saint Julien

Marillac St. Julien, Th. v., der ausübende Forstbetrieb, insbesondere 1. Festsetzung der Jahreseinnahme aus den Waldungen. 2. Ausführung der Waldsteuer. 3. Die Streulaub-Nutzung. Wiesbaden 863. (Schellenberg.) gr. 8. (VI, 51 S.) n. 18 *ngr.*

Marillac Saint Julien, Frhr. Thdr. v., Psychologie der Natur zum Selbstunterricht u. als Leitfaden f. e. religiöse Erziehung des Volkes. gr. 8. (X, 121 S.) Wiesbaden 872. Rodrian & Röhr. n. 2. —

M(arillac) St. Julien, Th. v., die Wunder der Natur in ihren Einflüssen auf die Witterung und Regeln, um den Witterungswechsel vorher zu erkennen. gr. 8. (VIII und 39 S.) Wiesbaden 854. (Leipzig, Fr. Fleischer.) *

v **Marillak**, Luise, über die barmherz. Schwestern, s. M. Lauber, zwölf gottsel. Betrachtungen.

Marilley. Monseigneur (Etienne) M' (1804–1889). (Notice biographique par Jules Repond [suivie du] Journal de la captivité de Mgr. M'. [Avec portrait hors texte.]) 8. Fribourg 1889.

Marillo, die beiden, s. **A. A. Gleich.**

Marillo, die beyden,. Schausp. mit Gesang in 3 Akt. 8. Wien, Wallishäußer.

Marillo's, d. beiden, e. italien. Gesch. v. Verf. d. Zöglinge meiner Phantasie, v. C. F. W. R...r. m. K. 8. Leipz. Gräff. 800.
ohne Kupfer.

Marillo's, die beiden, eine italien. Geschichte von C. Fr. W. R...r. 8. Leipz. 800. (Wienbrack). 1 *ß* 12 *gr*

MARILLO'S, Die beyden. Eine italienische Geschichte von *C. F. W. R . . . xr*, Verfasser von den Zöglingen meiner Phantasie. Mit Kupf. von Arndt. Leipzig 1801, bey Heinrich Gräff, 1803. 8°. 344 S. ($1^1/_2$ Rthl.) (4 Mk. E. Frensdorff, 1906.)

de **Marilly**, Bailleur, das Wohl der arbeitenden Klassen, siehe: Tagesfragen.

Marimón, Juan, a. Spanien: Beiträge zur Kenntnis der Darmbewegungen. Berlin (1907): G. Schade. (24 S.) 4°(8°)
Berlin, Med. Fak., Ref. Engelmann, Diss. v. 14. Aug. 1907
[Geb. 3. Juli 82 Porto-Rico (Mayaguez); Wohnort: Porto-Rico; Staatsangeh.: Spanien; Vorbildung: Gymn. Barcelona Reife M. 97; Studium: Barcelona 10, Bern 6, Berlin 2 S.; Rig. 8. Aug. 07.]

Marin, François Louis Claude

— der Triumpf d. Freundschaft. Lstspl. 8. Frankf. 767. Garbe. 4 gr

Marin, die verliebte Unschuld. Lstspl. 8. Wien 766. Krauß. 2 gr

Marin, A. G., Anleitung zur Anlage und Wartung der stationären Dampfkessel. Nebst einem Anhang enthaltend die in Betreff der zu beobachtenden Sicherheitsmassregeln gegen die Explosion bei Dampfkesseln aller Art erlassenen Verordnungen. gr. 8. (XII und 322 S. mit eingedr. Holzschn.) Brünn 859, Buschak und Irrgang. *

Marin, A. G., Elemente der Maschinenlehre, zunächst für Ober-Real- und höhere Gewerbe-Schulen, so wie zum Selbst-Unterrichte. Brünn 856. Buschak u. Irrgang. gr. 8. (VII, 484 S. m. Holzschn. im Text.) n. 2 ₰.

Marin, G. A., Elemente der Maschinenlehre f. Gewerbeschulen u. ähnliche Lehranstelten sowie zum Selbstunterrichte. 2. Aufl. Durchgesehen u. erweitert v. Rupert Böck. Mit vielen in den Text gedr. Holzschn. Maschinenelemente. gr. 8. (XIX, 503 S.) Brünn 875. Buschak & Irrgang. n. 11. 20

Marin, G. A. Elemente der Maschinenlehre. Brünn, 1876.

— Hilfsbuch des praktischen Mechanikers. Deutsch von Holtzmann. Mit 6 Figuren. Karlsruhe 1851. 8°.

—— Portefeuille für Ingenieure, enthaltend 90 Tafeln, nebst einer Anleitung zum Gebrauche derselben für Ingenieure, Mechaniker, Baumeister, Geometer etc. 12. (XXIII und 347 S.) Brünn 857, Buschak und Irrgang. *
geb. *

Marin, A. G., Portefeuille für Ingenieure, enth. 86 Taf., nebst einem Anh., für Ingenieure, Mechaniker, Baumeister, Geometer etc. 2., völlig umgearb. Aufl. gr. 16. (XVII und 450 S. mit eingedr. Holzschn.) Brünn 863, Buschak und Irrgang's Verlag. geb. *

Marin, Ad., der Spiral- oder Schlangenofen. Ein feuerungsersparender, rauch- u. geruchloser, luftreinigender u. feuchtigkeitsvertreibender Stuben-Heitzungs-Apparat. gr. 8. (Mit 1 Steintaf.) Wien 841. (Gerold.) 13¾ ngr

Marin, Franc. (Maur.) (geb. Gent 1821): De quibusdam fistulae vesico-vaginalis operationibus. Berolini (1840). (31 S.) 8°
Berlin, Med. Diss. v. 20. Aug. 1840

Marin, Gesch. des Saladins, Sultans von Egypten und Syrien. 2 Thle. m. K. gr. 8. Zelle, Gsellius. 760.

Marin, François Louis Claude.
Geschichte Saladins, Sultans von Ägypten ... a. d. Franz. Celle 1761. Ü: *Küster, Elieser Gottlieb.* (Ky) (MGT) (ML)

Marin, ..., Geschichte Saladins, Sultans v. Aegypten u. Syrien; aus d. Französ. (v. E. G. Küster). gr. 8. Zelle 761. Gsellius. 1 ₰ 4 gr

Marin, J., das Zeichnen in der Volksschule, umfassend 34 Musterblätter m. 91 Vorübgn., 400 Lebensformen u. 68 Ornamenten u. e. method. Anweisg. m. Lehrplänen u. 10 Stundenbildern. (III, 64 S.) qu. gr. 8. Marburg a/D. 903. (C. Scheidbach.) n. 4. —

Marin, Marc. Brixiani, Annotationes in Psalmos. 2 Vol. 4. Bononiae.

Marin, Mich. Angel., die vollkommene Braut Christi. Ein Lehr- u. Erbauungsbuch für nach geistlicher Vollkommenheit strebende Seelen. Neu herausg. durch Abbé Petit. Aus dem Französ. übers. von Jos. Borscht. Mit 1 Stahlst. Regensburg 860. Manz. 12. (628 S.) 22½ ngr

Marin, Michelangelo, Virginia, oder die christl. Jungfrau, eine sicilianische Geschichte. Ein Vorbild f. diejenigen Mädchen, welche nach geistlicher Vollkommenheit trachten. Uebersetzt v. J. A. Moshamer. 4 Bde. 8. (Mit 1 Stahlst.) Grätz 846, Ferstl. (Leipzig, Kummer.) 2 ₰

Marin, P., und J. Grou, die Wissenschaft des Kreuzes, s. Grou, J.

Marin, P. A., Considérations medico-chirurgicales sur les plaies de tête avec fracture du crâne. 12. Strasb. Levrault, 804.

(Marin, Scipion)
Denkwürdigkeiten der Markise von Pompadour. Aus dem Franz. übers. von Fr. A. Menadier. Th. 1.2.
Braunschweig: Meyer 1830. 8°

Marina, Almerosa. Ein Roman aus der Fürstenwelt des vorigen Jahrhunderts. 2 Thle. 8. Leipzig 835. Hartmann; jetzt Klinkhardt. 2½ ₰

Marina, Alessandro, üb. multiple Augenmuskel-Lähmungen u. ihre Beziehgn. zu d. sie bedingenden, vorzugsweise nervösen Krankheiten. gr. 8. (IV, 359 S.) Wien 896. F. Deuticke. n. 10. —

Marina, Gius., Palestra tedesco, s.: Cobenzl, Gius.

Marina, G., Romanentum u. Germanenwelt in ihren ersten Berührungen miteinander. Autoris. deutsche Ausg. nach der 4. Aufl. aus dem Ital. v. E. Müller-Röder. gr. 8. (VIII, 323 S.) Jena 900. Berlin, H. Costenoble. n. 8. —

Marina, G[iuseppe]. Romanentum und Germanenwelt in ihren ersten Berührungen miteinander. Autorisierte deutsche Ausg. nach der vierten Auflage aus dem Italienischen von E[mma] Müller-Röder. (2 Teile.) 8. Jena 1900.
(Teil 1. Die Germania des P[ublius] Cornelius Tacitus. [Text und Commentar.] — Teil 2. Die Beziehungen zwischen der römischen und der germanischen Welt....)

Marina, Giuseppe. Romania e Germania ovvero il mondo germanico secondo le relazioni di Tacito e nei suoi veri caratteri, rapporti e influenza sul mondo romano. Studio. gr. 8. (XI, 280 S.) Triest 892, Schimpff.

Marina, Giuseppe, Romania e Germania. Studio storico-etnografico sul mondo germanico secondo le relazioni di Tacito e nei suoi veri caratteri, rapporti od azione sul mondo romano. 3. ed. accresciuta. gr. 8. (XIII, 280 S.) Triest 896. F. H. Schimpff. n. 6. —

Marina, Julie. Ein Fall von beidseitiger congenitaler Nierenmissbildung mit chronischer Nephritis bei einem Kinde. Diss. Med. Univ. Zürich. *Kopftitel:* Aus dem Zürcher Kinderspital. 44 S. 8. Zürich, Kirsten & Zeisberg, 1901.

Marinaek, Maria Mary, Selections from the works of the british classical poets from Shakespeare to Shelley. Systematically arranged with biographical and critical notices. gr. 8. (XVII und 770 S.) Leipzig 861, Brockhaus. *
geb. *

Marindinus, Abraham (Vevey / Schweiz [Waedt]). Systhematis physici Disp. Triges. Tertia. Präs. J. P. de Crosa. Bern (Typ. Ill. Reip. Bern.) 1716. 22 S. (5.—) 22188
Gew.: Vincent Perret, Peter Hereschwant, Daniel Fitzaulaz, Abraham Marindinus (Vater).

Marino, die Brandenburg.-Preussische, und die afrikanische Compagnie. Nach e. v. Jahre 1755 datierten in französ. Sprache geschriebenen Manuskript hersg. von H. Graf von Borcke. (86) 8. Cöln 1864. 1,20.

Marine, die **deutsche**. 18 Blatt in aquarellirtem Lichtdr. qu. gr. 8. Berlin 890. Hochsprung. In Mappe. n. 7. 50

— die deutsche, u. die deutsche **Schutztruppe** f. Ostafrika in ihrer neuesten Uniformirung. Genaue Beschreibgn. u. Abbildgn. derselben, nebst Mittheilgn. üb. Organisation, Stärke etc. der deutschen Marine. Nach autbent. Quellen bearb. 5. u. 6. Aufl. 8. (III, 67 u. 10 S. m. 20 farb. Taf.) Leipzig 892. 893. M. Ruhl. n. 3. —; geb. n. 3. 50

Die Deutsche **Marine** und die Deutsche Schutztruppe für Ost-Afrika in ihrer neuesten Uniformirung. Genaue Beschreibungen und Abbildungen derselben, nebst Mittheilungen über Organisation, Stärke etc. der Deutschen Marine ... Sechste Auflage. Leipzig, Verlag von Moritz Ruhl [1893].
Tit., III — 67 + 10 S.; 20 farb. Taf. 8°.
Erste Auflage 1878 unter dem Titel: Die Uniformen der deutschen Marine.

— d. deutsche, u. d. ostafrikan. Schutztruppe, s.: Militär-Album aller Länder.

Marine, die deutsche, in ihrer gegenwärtigen Uniformirung. Genaue Beschreibgn. u. Abbildgn. derselben, nebst Mittheilgn. üb. Organisation, Stärke etc., sowie e. Liste sämmtl. Kriegsfahrzeuge. Nach authent. Quellen bearb. Zugleich als 4. Aufl. von: Die Uniformen der deutschen Marine. 8. (IV, 72 S. m. 18 farb. Taf.) Leipzig 889. Mor. Ruhl. n. 2. 50; geb. n. 3. —

Marine, die deutsche, in ihrer gegenwärtigen Uniformierung. Enth. 24 Taf. m. 342 Abbildgn. in lith. Farbendr. 7. Aufl. Mit genauen Beschreibgn. sämtl Bekleidungs- u. Ausrüstungsstücke, sowie der Rang- u. sonst. Abzeichen, nach amtl. Quellen neu bearb. v. Carl Schlawe. gr. 8. (V, 101 S.) Leipzig (900). M. Ruhl. n. 3. —; geb. n. 3. 50

— die, d. grossen **Kurfürsten** Friedrich Wilhelm v. Brandenburg u. d. erste deutsche Expedition nach Westafrika. E. interessantes Stück brandenburgisch-preuss. Geschichte v. B. E. K. gr. 8. (52 S.) Leipzig 895. Th. Weber. 2. —

Marine, die kaiserl. deutsche. 2. verm. Aufl. Fol. (20 Holzschn.-Taf. mit 4 S. Text.) Leipzig 886, J. J. Weber. *
—— dass. — 3. verm. Aufl. Fol. (24 Holzschn.-Taf. mit 4 S. Text.) Ebendas. 888.

— die **kaiserl. deutsche**. 4., veränd. u. verm. Aufl. Fol. (8 S. m. 28 Holzschn.-Taf.) Leipzig 891. J. J. Weber. n. 1. 50

— dasselbe. 5., veränd. Aufl. Fol. (29 Holzschntaf. m. 11 S. Text.) Ebd. 895. n. 2. —

Marine, die **kaiserl. deutsche**. Nachtrag, enth. die bis 1895 eingetr. Verändergn. Fol. (3 S. m. 10 Abb. auf 7 Taf.) Leipzig 895. J. J. Weber. n. — 50

Die **kaiserlich-deutsche** Marine. 5. veränd. Aufl. Leipzig 1898. 38 S. 2°

Kgl. Sächs. Militär-Verein 'Kaiserl. **Marine**' zu Dresden. 1883–1908. (Dresden 1908: R. E. Schmidt.) (31 S.) 8° [Umschlagt. F.] [08. 1598, 8

Die Kaiserliche **Marine** während der Wirren in China 1900–1901. Hrsg. vom Admiralstabe d. Marine. Mit 8 Abb. u. 20 Pl. u. Skizzen. *Berlin: E. S. Mittler & Sohn 1903.* (IV, 271 S.) 4°(8°) [F.] [03. 7771

Marine, Liste der, s. Kuhne, M.

Marine, Die österreichische. Von einem österreichischen Seemanne. Wien [1860]. V: *Perthaler, Johann.* (margr)

Marine, die **österreichische**. Von einem österreich. Seemanne. gr. 8. (78 S.) Wien 861, Typografisch-literarisch-artistische Anstalt. *

Marine, Die Preussische. Ihre Betheiligung am deutsch-dänischen Kriege, ihre Bedeutung und Zukunft. Berlin 1864. V: *Werner, Reinhold.* (Kat. d. Bibl. d. k. Preuss. gr. Generalstabes. Berlin 1878.)

Marine, die **preußische**. Ihre Betheiligung am deutsch-dän. Kriege, ihre Bedeutung und Zukunft. Von einem Fachmann. gr. 8. (119 S.) Berlin 864, Mittler und Sohn.

Die schleswig-holsteinische **Marine** und ihre Leistungen während des dreijährigen Krieges vom Jahre 1848 bis 1851. (Berlin. 1881.) 8°

— **unsere**, in der elften Stunde. gr. 8. (262 S.) Berlin 891. Militär-Verlag R. Felix. n. 5. —

— **unsere**, in der zwölften Stunde. Von †. gr. 8. (42 S.) Kiel 891. Lipsius & Tischer. n. 1. —

Unsere **Marine** und was ihr nöthiger ist als Geld!
Frankfurt a. M. 1889. 8°.

Marine-Album. Eigentum des deutschen Flotten-Vereins. (160 S. m. Abb.) 26×35,5 cm. Berlin 910. (Leipzig, O. Klemm.) Geb. nn 2. 50

Marine-Almanach, s. a. Almanach für die k. u. k. Kriegs-Marine.

Marine-Almanach 1878. 16. (XXIV, 127 S.) Berlin, Mittler und Sohn. geb. *
Andere Jahrgänge sind nicht erschienen.

Marine-Almanach, 1878. (Sep.-Ausg. der allgemeinen Theile aus dem oesterr. Almanach für die K. K. Kriegsmarine.) Berlin [1878].

Marine-Artillerie-Unterricht. (Mit 2 Tab.) 4. Triest 1854.

Marine-Atlas [Schlagwort]

Marine-Atlas. Perthes', Just., deutscher Marine-Atlas. Bearb. v. Paul Langhans. Mit Begleitworten v. Bruno Weyer. qu. Fol. (5 farb. Karten m. 10 S. Text.) Gotha 898. J. Perthes. In hoch 4 geh. n. 1. —

Deutscher Flotten-Verein. **Marine-Ausstellung** 1900. *(Berlin 1900: W. Büxenstein.)* (63 S.) 8° [03. 3905

Marinebefehl. 2. Jahrg. 1890. gr. 8. (Nr. 1: 5 S.) Berlin, (Mittler & Sohn). n. 1. —
Der 1. Jahrg. ist im Marine-Verordnungs-Blatt 1889 enthalten.

Marinebefehl. Hrsg. vom Ober-Kommando der Marine. 3. Jahrg. Januar—März 1891. In Nrn. (à ca. 1/2 Bog.) gr. 8. Berlin, (E. S. Mittler & Sohn). n. — 50
Fortsetzung im Marineverordnungsblatt.

Allgemeine **Marinebefehle.** Nr. 1—100. (Jg. 1852—1863 incl.) [Neudruck.] Berlin o. J.

Marine-Bibliographie, internationale. Verzeichniss neuer Erscheingn. aller Länder auf d. Gebiete d. Schiffs-Baukunst, d. Schiffs-Maschinenbau-, Artillerie- u. Torpedowesens. Allgem. Marine-Litteratur, Nautik, Schiffs-Hygiene, Seerecht etc. M. Anh.: Diverse techn. Publikationen, Antiquariat. 1. Jahrg. Decbr. 1896—Novbr. 1897. 3 Nrn. (à ca. 1 Bog.) gr. 8. Berlin, W. H. Kühl. n. 1. 20
Weiter nicht erschienen.

Marine-Bibliothek, kleine. Hrsg. v. Rhold. Werner. 1—3., 5. u. 6. Bdchn. 12. Berlin 894. Evangel. Vereins-Buchh. à n. — 30; kart. à n. — 40
1. Seegeschichten v. Rhold. Werner. (86 S. m. 1 Bild.)
2. Kaiser Wilhelm II. 25 Jahre Soldat. Von F. v. Stenglin. (94 S. m. 1 Bildnis.)
3. Auf fernen Meeren. Von Rhold. Werner. (78 S. m. 1 Bild.)
5. Der große Kurfürst und die brandenburgische Marine. Von Rhold. Werner. (79 S. m. 1 Bild.)
6. Prinz Heinrich von Preußen. Von Rhold. Werner. (87 S. m. 5 Abbildgn.)
Das 4. Bdchen. erscheint später.

Marine-Bibliothek, kleine. Hrsg. v. Rhold. Werner. 4. u. 7.—11. Bdchn. 12. Berlin, Schriftenvertriebsanstalt. à n. — 30; kart. à n. — 40
4. Kaiserin Auguste Victoria. Züge e. fürstl. Lebensbildes. Von F. Bornhak. (100 S. m. 6 Abb.) 894.
7. Ein deutscher Seeheld. Von Rhold. Werner. (74 S.) 895.
8. Sr. Maj. Torpedoboot S. Nr. 25. Von Rhold. Werner. (64 S.) 896.
9. Das Rettungswesen zur See. Von Rhold. Werner. (80 S. m. 2 Abb.) 896.
10. Deutsches Seewesen vor 1700 Jahren. Von Rhold. Werner. (72 S.) 896.
11. Kapitän Lacher. Von Rhold. Werner. (80 S.) 896.

Marine-Bilder. qu. 4. (10 Farbdr.) Berlin (s. 14, Alte Jacobstr. 66) 898. P. Finkenrath. In Mappe 5. —

Marine-Bilderbuch, e. qu. gr. 4. (15 S. m. z. Tl. farb. Abbildgn.) Nürnberg (900). Th. Stroefer. 1. 50

Marine-Chronometer, Die Neuenburgischen, beobachtet und prämirt auf der Neuenburger Sternwarte. Neuchatel 1892. V: *Hirsch, Adolphe.* (Berl)

Das **Marine-Expeditionskorps** in Südwest-Afrika während des Herero-Aufstandes. Auf Grund amtl. Materials bearb. im Admiralstab d. Marine. Mit 30 Skizzen u. 1 Karte. Berlin: E. S. Mittler & Sohn 1905. (IV, 115 S.) 8° [F.]
= Marine Rundschau. 1905, Beih. 2. [07. 4243

Aus einer **Marinegarnison.** Von *** aktiver Seeoffizier. 2. Aufl. Kiel: Cordes 1909. 211 S. 8° [10. 4336 8

Aus einer **Marinegarnison** v. * * * aktiver Seeoffizier. 5. Aufl. Kiel. 1909. 8°

Marine-Gesang- u. Gebetbuch, evangelisches. gr. 16. (222 S.) Berlin (900). E. S. Mittler & Sohn. Geb. in Leinw. n. — 50; m. Goldschn. n. 1. 60; in Ldr. m. Goldschn. n. n. 2. 50

Evangelisches **Marine- Gesang-** und Gebetbuch. Neue Ausg. Berlin: E. S. Mittler & Sohn 1907. (235 S.) 8° [F.] [08. 2114

Marine-Handbuch, illustriertes, (Kriegsmarine) m. Informationstabellen u. Plänen v. Kiel u. Wilhelmshaven. (16 S. u. 1 Bl.) kl. 8. Berlin (910). Borussia. — 50

— dasselbe (Kriegsmarine, Handelsmarine, Segelsport) m. Tabellen, Karten u. Plänen v. Kiel u. Wilhelmshaven. Anh.: Seemännisches Wörterverzeichnis. (82 S. u. 1 Bl.) kl. 8. Ebd. (910). — 75

Marine-Jahrbuch für Deutschlands Jugend. Hrsg. von Friedrich Meister unter Mitw. von … [1.] 1908. Berlin: Concordia 1908. 8° [F.] [07. 1889

Marine-Jahrbuch f. Deutschlands Jugend. 1909. Hrsg. v. Frdr. Meister. (254 S. m. Abb.) 8. Berlin (908). Concordia. Geb. in Leinw. 2. —

Marine-Kirchenordnung, evangelische. (E. M. K.) (D. E. Nr. 369.) (VI, 36 S.) gr. 8. Berlin 903. (E. S. Mittler & Sohn.) n. — 40; kart. n. — 60

Evangelische **Marine-Kirchenordnung.** (E. M. K.) *Berlin: Reichs-Marine-Amt 1903.* (VI, 36 S.) 8° [F.]
(D. E. No 369.)

Evangelische **Marine-Kirchenordnung.** (E. M. K.) Neudr. Berlin: Reichs-Marine-Amt 1908. (VII, 49 S.) 8° [F.]
(D. E. No 369.)

Marinelli, Elwina, oder die heimlich Verlobte. 2 Thle. 8. Magdeb. 811. (Lauffer in Leipz.) 1 ℛ 8 𝒢

Marinelli, Elwina, oder d. heiml. Verlobte. 2 Thle. m. 1 K. 8. Magdeb. v. Schütz. 811.

Marino Marinelli, der Galeerensklave und Insel-König oder Die Blutnacht von Venedig. (Colportage-Roman.) 20 Bdchn. 8°. (10 Mk. O. Rauthe, 1909, ohne Angabe von Ort u. Jahr.)

Marinelli, | der ; Seeräuber, ; oder der Sturz von der Höhe des Glücks | zum , Verbrechen und Tod. Eine wahre Geschichte. ; Reutlingen. | Druck und Verlag von Robert Bardtenschlager. (= Nro. 190).
o. J., 64 S., 161 × 106, U.-Fig.: *Marinelli verteidigt die Grafin vor den Wutangriffen ihres Gatten, 69 × 88.*
LBS d. D. oct K 3562.

Marinelli, B. (Rud. Jura), s. a.: Hirschberg-Jura, Rud.

— die Sonntagsbraut, s.: Geschichten, intime.

Marinelli, Ernst, ein Christnachtsbaum. (Gedicht.) gr. 8. (183 S.) Linz 852, Haslinger. n. 5/6 ℛ — 2. Ausg. 8. (183 S.) Ebd. 853. n. 18 𝓃𝒢

Marinelli, Ernst, Glockentöne zur Feier d. 800 jährigen Jubiläums d. Collegiatstiftes der regulirten lateranensischen Chorherren in St. Florian. gr. 8. (59 S.) Wien 871. Mayer & Co. n. 1. —

—— des Sängers Pilgerfahrt. gr. 8. (304 S.) Wien 855, Pichler's Wwe. und Sohn. (Leipzig, Liebeskind.)

—— Saul. Trauerspiel in 5 Akten. 16. (202 S.) Wien 869, Wallishauser'sche Buchh. *

Marinelli, Giovanni

Marinelli, G., die Erdkunde bei den Kirchenvätern. Vortrag, gehalten in der italien. geograph. Gesellschaft zu Rom am 12. März 1882. Deutsch von Ludw. Neumann. Mit einem Vorworte von S. Günther. gr. 8. (VIII, 87 S. mit 2 Stnt.) Leipzig 884, Teubner. *

Marinelli, K., s. 1) Anfang, d., muß empfehlen. 2) Geschmack, der etc. 3) Schauspieler, der. 4) Ungar, der, in Wien.

Bürger, Der, und der Soldat. Ein Originallustspiel. Pressburg o. J. V: *Marinelli, Carl Edler von.* (Vgl. GGr V/316, Nr. 38/10) (BiblPort)

Marine-Normal-Verordnungsblatt, Kais. königl. 10.—20. Jahrg. 1870—1880. Separat-Beigaben zum 15. Jahrg.: Material-Preisbuch des k. k. See-Arsenals zu Pola für das Triennium 1875—1877. Mit einem alphabetischen Verzeichnisse. (Beilage zum I. Stück ex 1875.) Ausrüstungs-Reglement für die Schiffe S. M. Flotte. (Beilage zum VI. Stück, vom 8. Februar 1875.) Separat-Beilagen: Material-Preisbuch des k. k. See-Arsenals zu Pola für das Triennium 1878—1880. Mit einem alphabetischen Verzeichnisse. (Beilage zum I. Stück ex 1878.) (14 Bde.) 4. Wien 1870—1880.

Marineordnung. gr. 8. (VIII, 212 S.) Berlin 883, Mittler und Sohn. *

Marineordnung. gr. 8. (VIII, 254 S.) Berl. 889, Mittler u. Sohn. ** 1 90; cart. ** 2 20

Marineordnung. Militär. Ergänzungsbestimmgn. z. deutschen Wehrordng. gr. 8. (X, 309 S.) Berlin 894. E. S. Mittler & Sohn. n.n. 2.—; geb. in Halbleinw. n.n. 2. 40

Marineordnung. Militärische Ergänzungsbestimmgn. zur deutschen Wehrordng. Neuabdr. unter Berücksicht. der bis zum 1. IV. 1904 eingetret. Aendergn. (X, 351 S.) gr. 8. Berlin 904. E. S. Mittler & Sohn. n. 2.60; kart. n. 3.—

Marineordnung. (M.O.) Militärische Ergänzungsbestimmgn. zur deutschen Wehrordng. (D. E. Nr. 108.) (XI, 385 S.) gr. 8. Ebd. 909. 2.80; geb. in Leinw. 3. 40

Mariner, W., Nachr. über die Freundschaftl.- od. die Tonga-Inseln, s. neue Bibliothek der Reisebeschreibb. 20r Bd.

Marine-Rundschau. Red.: Abth. IV d. Oberkommandos der Marine. 1. Jahrg. Novbr. 1890—Oktbr. 1891. 12 Hfte. gr. 8. (1. Hft. 37 S. m. e. Karte.) Berlin, Mittler & Sohn. n. 3.—

Marine-Rundschau. Red.: Dezernat St. des Reichs-Marine-Amts. 2.—5. Jahrg. 1891—1894. à 12 Hfte. gr. 8. (à Hft. ca. 50 S. m. Abbildgn.) Berlin, E. S. Mittler & Sohn. à Jahrg. n. 3.—; m. Marineverordnungsblatt zusammen n. 6.—

Marine-Rundschau. Red.: Nachrichtenbüreau des Ober-Kommandos der Marine. 6. Jahrg. 1895. 12 Hfte. (à ca. 3 Bog.) gr. 8. Ebd. à n. 3.—; m. Marineverordnungsblatt zusammen n. 6.—

Marine-Rundschau. Verantwortlich: J. Sturtz. 7. Jahrg. 1896. 12 Hfte. (à ca. 3 Bog.) gr. 8. Berlin, E. S. Mittler & Sohn. n. 5. 50
Die beiden ersten Quartale kosteten je n. — 75; die beiden letzten je n. 2.—.

— dasselbe. 8. u. 9. Jahrg. 1897—1898. à 12 Hfte. (à ca. 4 Bog. m. Bild. u. Karten.) gr. 8. Ebd. à Jahrg. n. 8.—; einz. Hfte. n. 1.—
Kann auch vierteljährlich bezogen werden.

Marine-Rundschau. Red.: Nachrichtenbureau des Reichs-Marine-Amts. Verantwortlich: J. Sturtz u. seit 1901 Koch. 10.—13. Jahrg. 1899—1902. à 12 Hfte. gr. 8. (1492, 1433, 1396 u. 1398 S. m. Abb. u. Taf.) Berlin, E. S. Mittler & Sohn. à Jahrg. n. 8.—

Marine-Rundschau. Red.: Nachrichtenbureau des Reichs-Marine-Amts. Verantwortlich: Koch. 14. Jahrg. 1903. 12 Hefte. (XV, 1422 S. m. Abbildgn. u. Taf.) gr. 8. Ebd. n. 8.—

— dasselbe. 15. Jahrg. 1904. 12 Hefte. (XV, 1440 S. m. Abbildgn. u. Taf.) gr. 8. Ebd. n. 9. 50

Marine-Rundschau. Red.: Nachrichtenbureau des Reichs-Marine-Amts. Verantwortlich: Koch. 16. u. 17. Jahrg. 1905 u. 1906. à 12 Hefte. (XV, 1564 u. XVI, 1454 S. m. Abbildgn. u. Taf.) gr. 8. Berlin, E. S. Mittler & Sohn. à Jhrg. n. 10.—

Marine-Rundschau. Schriftleitung: Nachrichtenbureau des Reichs-Marine-Amts. Verantwortlich: Koch. 18.—21. Jahrg. 1907—1910. à 12 Hefte. (à ca. 150 S. m. Taf.) gr. 8. Ebd. à Jahrg. 10.—

— dasselbe. Inhalts-Verzeichnis 1903 bis 1907. (IV, 66 S.) gr. 8. Ebd. 908. 1.—

Marine-Rundschau. Jhrg. 1—23. Mit Inhalts-Verzeichnissen, Beiheften und Beilagen. Berlin 1890—1912.

1900. Sonderh.: Entwurf einer Novelle zum Gesetze, betr. die deutsche Flotte, vom 1. IV. 1898, nebst Begründung u. Anlagen und angefügter Beilage: Die Steigerung der deutschen Seeinteressen von 1896 bis 1898.
1903. Inhaltsverzeichnis zu den Beiheften zum Marine-Verordnungsblatt u. der Marine-Rundschau 1872—1902.
1904. Beih. 1—13 u. 15. Der russisch-japanische Krieg.
Beih. 14. Neutralitätserlasse 1854—1904. Ein Hilfsmittel zum Studium des russ.-japan. Krieges.
1905. Beih. 1. Die Tätigkeit des Landungskorps S. M. S. Habicht während des Herero-Aufstandes in Süd-West-Afrika. Jan.-Febr. 1904.
Beih. 2. Das Marine-Expeditionskorps in Südwest-Afrika während des Herero-Aufstandes.
1907. Beih. Die Tätigkeit der Marine während der Niederwerfung des Eingeborenen-Aufstandes in Ostafrika 1905/06.
1908. Beil. Inhalts-Verzeichnis zur Marine-Rundschau 1903—1907.
Beih. Ergebnisse der zweiten Haager Friedenskonferenz.
1909. Beih. Die Marineliteratur [illegible] 1908.
1910. Beih. 1. Erläuterungen zu den Ergebnissen der in London vom 4. Dez. 1908 bis zum 26. Febr. 1909 abgehaltenen Seekriegsrechts-Konferenz.
Beih. 2. Vordenhagen, Salamis. Eine seekriegsgeschichtliche Studie. Mit Skz.

— dasselbe. 1.—15. Beiheft. gr. 8. Ebd. n. 6. 30
1. Krieg, der russisch-japanische. (S. 1—12.) 904. — 30
2. Dasselbe. (S. 13—36 m. 1 Skizze u. 3 Karten.) 904. — 60
3. Dasselbe. (S. 37—46.) 904. — 20
4. Dasselbe. (S. 47—55.) 904. — 20
5. Dasselbe. (S. 57—66 m. 1 Karte u. 6 Anlagen.) 904. — 70
6. Dasselbe. (S. 67—74.) 904. — 20
7. Dasselbe. (S. 75—83.) (904.) — 20
8. Dasselbe. (S. 85—97 m. 1 Karte.) (904.) — 30
9. Dasselbe. (S. 99—113 m. 1 Skizze.) (904.) — 40
10. Dasselbe. (S. 115—129.) (904.) — 40
11. Dasselbe. (S. 131—139.) 904. — 20
12. Dasselbe. (S. 141—170 m. eingedr. Skizzen.) 904. — 70
13. Dasselbe. (S. 171—183 m. eingedr. Skizzen.) 904. — 30
14. Neutralitätserlasse 1854—1904. Ein Hilfsmittel zum Studium des russisch-japan. Krieges. (S. 185—249.) 904. 1. 20
15. Krieg, der russisch-japan. (S. 251—267 m. 1 Skizze.) 904. — 50

— dasselbe. 1905. I. u. II. Beiheft. gr. 8. Ebd. n. 1. 60
I. Tätigkeit, die, des Landungskorps S. M. S. „Habicht" während des Herero-Aufstandes in Süd-West-Afrika. Jan.-Febr. 1904. Auf Grund amtl. Materials bearb. im Admiralstab der Marine. Mit 6 Skizzen im Text. (III, 31 S.) 905. n. — 60
II. Marine-Expeditionskorps, das, in Südwest-Afrika während des Herero-Aufstandes. Auf Grund amtl. Materials bearb. im Admiralstab der Marine. Mit 30 Skizzen u. 1 Karte in Steindr. (IV, 115 S.) 905. n. 1.—

— dasselbe. Sonderheft. gr. 8. Ebd. 905. n. 2. —
Entwicklung, die, der deutschen Seeinteressen im letzten Jahrzehnt. Zusammengestellt im Reichs-Marine-Amt. (XX, 288 S.)

— dasselbe 1907. Beiheft. gr. 8. Ebd. — 60
1. Deutschlands Anteil an der geographischen Erforschung der Meere. Von Gerh. Schott. — II. Die Forschungsreise S. M. S. Planet im J. 1906. Von W. Lebahn. Mit 2 Anlagen u. 2 Kartenskizzen im Text. (III, 87 S.) — 60

Marine-Rundschau. Schriftleitung: Nachrichtenbureau des Reichs-Marine-Amts. Verantwortlich: Koch. 1908. Beiheft. gr. 8. Berlin, E. S. Mittler & Sohn. — 50
Ergebnisse der 2. Hager Friedenskonferenz. (71 S.)

— dasselbe. 1909. Beiheft. gr. 8. Ebd. — 60
Tätigkeit, die, der Marine während der Niederwerfung d. Eingeborenen-Aufstandes in Ostafrika 1905/06. Auf Grund amtl. Materials bearb. im Admiralstab der Marine. Mit 2 Anlagen (Karten) u. 5 Skizzen im Text. (55 S.) — 60

— dasselbe. 1910. Beihefte. gr. 8. Ebd. à — 50
Erläuterung zu den Ergebnissen der in London vom 4. XII. 1908 bis zum 26. II. 1909 abgeh. Seekriegsrechts-Konferenz. (55 S.) 910. (Zum Jan.-Heft.) — 50
Salamis. Eine seekriegsgeschichtl. Studie. Von Borckenhagen. (55 S. m. 1 Taf.) 910. (Zum Dezbr.-Heft.) — 50

Marinesanitätsordnung. (M. S. O.) 3 Bde. gr. 8. Berlin 893. E. S. Mittler & Sohn. n.n. 9. —; kart. n.n. 9. 75; geb. in Halbldr. n.n. 10. 75
1. Marinesanitätsordnung am Lande. (M. S. O. a. L.) (XIX, 310 S.)
2. Beilagen der Marinesanitätsordnung am Lande. (M. S. O. a. L.) (VII, 164 S.)
3. Marinesanitätsordnung an Bord. (M. S. O. a. B.) (X, 313 S.)

Marinesanitätsordnung. ⟨M. S. O.⟩ Bd 1–3 [nebst] Beiheft. *Berlin: E. S. Mittler & Sohn 1893–1902.* 4 Bde 8° [F.]
1. Marinesanitätsordnung am Lande. ⟨M. S. O. a. L.⟩ 1893.
2. Beilagen d. Marinesanitätsordnung am Lande. ⟨M. S. O. a. L.⟩ 1893.
3. Marinesanitätsordnung an Bord. ⟨M. S. O. a. B.⟩ 1893.
Beiheft = Etat an Hülfsmitteln z. Krankenpflege. 1902. (Ex. 7135

Marinesco, G., Histologie des lésions expérimentelles et pathologiques des cellules nerveuses, s.: **Babes, Vict.**

Marinesco, G., Lésions des cordons postérieurs d'origine exogène, s.: **Atlas** der pathologischen Histologie des Nervensystems. 8. Lfg.

Marine-Strafvollstreckungs-Ordnung. ⟨Mar.Str.V.O.⟩ Berlin: Reichs-Marine-Amt 1908. X, 104 S. 8°

Marine-Studien, neue. gr. 4. (4 Farbdr.) Berlin 898. W. Schultz-Engelhard. n. 2. —

Marine-Studien, neue. gr. 4. (6 Bl.) Berlin 899. W. Schultz-Engelhard. 2. —

Marine-Taschenbuch f. d. J. 1900, m. e. Bildnis Sr. Maj. Kaiser Wilhelm II. u. Darstellgn. der Haupttypen der deutschen Kriegsschiffe. Abgeschlossen Dezbr. 1899. 1900. 1. Jahrgang. Hrsg. v. Aug. Böckel, unter Mitwirkg. v. Fachleuten aus Marinekreisen zusammengestellt u. nach amtl. Quellen bearb. 12. (V, 196 S.) Kiel. (Leipzig, M. Ruhl.) Geb. in Leinw. n. 1. —

— Mit Genehmigg. des Reichs-Marine-Amts auf Grund amtl. Materials bearb. u. hrsg. 1. Jahrg. gr. 16. Berlin 903. E. S. Mittler & Sohn. n. 3. 25; geb. n. 4. —

Marine-Taschenbuch. Mit Genehmigung des Reichs-Marine-Amts auf Grund amtl. Materials bearb. u. hrsg. 2.—5. Jahrg. (XXXII, 608; XXXII, 529; XXXII, 537 u. XXXII, 567 S.) 16. Berlin 904—907. E. S. Mittler & Sohn. à n. 3. 25; geb. à n. 4. —

Marine-Taschenbuch. Mit Genehmigung des Reichs-Marine-Amts auf Grund amtl. Materials bearb. u. hrsg. 8. Jahrg. (XXXII, 598 S.) 16. Ebd. 910. 3.25; geb. 4. —

Marine- und Colonial-Truppe, Deutsche. [Berlin 1891.] V: *Plinzner, M.* (Berl)

Marine- u. Kolonial-Truppe, deutsche. Leporello-Album. qu. 12. (26 farb. Taf.) Berlin 891. M. Hochsprung. In Leinw.-Decke. n. 4. —

Marinette Volksbote: 1898?–1915?
Independent weekly. Merged with WISCONSIN WOCHENBLATT (Wausau, Wis.). Circulation: 1900, 700; 1910, 500; 1915, 500. Edited by Julius Gaiger & published by Gaiger & Schomaker, 1898–99; edited & published by Hermann Schomaker, 1900–15.
Marinette, WI

Marine-Verordnungs-Blatt. Hersg. vom Marine-Ministerium. 1. Jahrg. 1870. Berlin, (Mittler & Sohn). 4. n. 20 sgr.

Marine-Verordnungsblatt. Hrsg. vom Marine-Ministerium. 2. Jahrg. 1871. 4. (Nr. 1. 1 1/4 B.) Berlin, Mittler & Sohn in Comm. n. 2. —

— dasselbe. 3. Jahrg. 1872. 24 Nrn. 4. (Nr. 1. B.) Ebend. n. 3. —

— dasselbe. 4—7. Jahrg. 1873—1876 à 24 Nrn. (Nr. 1. B. nebst Beiheft Nr. 3. 27 S.) gr. 8. Ebend. à Jahrg. n. 4. —

Marine-Verordnungs-Blatt. Hrsg. von der kaiserl. Admiralität. 8—13. Jahrg. 1877—1882. à 24 Nrn. gr. 8. (à Nr. ca. 3/4 B.) Berlin, Mittler & Sohn. à Jahrg. n. 4. —

Marine-Verordnungs-Blatt. Hrsg. v. der kaiserl. Admiralität. 14—17. Jahrg. 1883—1886. à 24 Nrn. gr. 8. (Nr. 1 1/2 B.) Berlin, Mittler & Sohn. à Jahrg. n. 4. —

Marine-Verordnungs-Blatt. Hrsg. v. der kaiserl. Admiralität. 18.—21. Jahrg. 1887—1890. à 24 Nrn. gr. 8. (ca. 1/2 B.) Berlin, Mittler & Sohn. à Jahrg. n. 4. —

Marineverordnungsblatt. Hrsg. vom Reichs-Marine-Amt. 22.—25. Jahrg. 1891—1894. gr. 8. Mit Marine-Anzeiger. à 24 Nrn. (à ca. 2 S.) Berlin, (E. S. Mittler & Sohn). à Jahrg. n. 4. —; m. der Marine-Rundschau zusammen n. 6. —
In zwanglosen Nrn. (à ca. 1 Bog.)

Marineverordnungsblatt. Hrsg. v. Reichs-Marine-Amt. 26. Jahrg. 1895. gr. 8. M. Marine-Anzeiger. 24 Nrn. Berlin (E. S. Mittler & Sohn). n. 4. —; m. d. Marine-Rundschau zusammen n. 6. —

— Hrsg. v. Reichs-Marine-Amt. 27.—29. Jahrg. 1896—1898. gr. 8. Ebd. à Jahrg. n. 4. —
Kann auch vierteljährlich bezogen werden. — Erscheint je nach Bedarf.

Marineverordnungsblatt. Hrsg. vom Reichs-Marine-Amt. 30.—33. Jahrg. 1899—1902. gr. 8. (383, 545, 519 u. 444 S.) Ebd. à Jahrg. n. 4. —

Marineverordnungsblatt. Hrsg. vom Reichs-Marine-Amt. 34.—37. Jahrg. 1903—1906. (514, 492, 415 u. 502 S.) gr. 8. Ebd. à Jhrg. n. 4. —

Marineverordnungsblatt. Hrsg. vom Reichs-Marine-Amt. 38.—41. Jahrg. 1907—1910. (à ca. 16 S.) gr. 8. Ebd. à Jahrg. 4. —

— dasselbe. 1.—68. Beiheft. gr. 8. Ebd. n.n. 79.80

Auf die angeführten Preise wird kein Rabatt gegeben.

1. Das französische gezogene Geschütz als Schiffsgeschütz. — Ueber die Ventilation der Panzerschiffe. — Uebersetzung eines Briefes des Sir William Armstrong an Lord Dufferin. — Berichte des Kommandos S. M. S. „Nymphe": a. über Port Jackson als Hafen von Sydney, die Kolonie New-Süd-Wales m. d. Hauptstadt Sydney u. Empfangs-Feierlichkeiten der Deutschen; b. Bericht üb. die Samoa- od. Navigator-Inseln; c. Bericht üb. d. Fidji-Inseln. (34 S.) 872. (Vergriff.)
2. Bericht über den Aufenthalt S. M. S. „Hertha" im Hafen von San Francisco vom 5. bis zum 14. Juni 1872. — Förderung der Zwecke der anthropolog. Gesellschaft in Berlin. — Das französische gezogene Geschütz als Schiffsgeschütz (Fortsetzung und Schluß). — Terrestrischer und kosmischer Magnetismus. Ein Vortrag. (32 S.) 872. n.n. — 80
3. Terrestrischer und kosmischer Magnetismus. (Schluß.) — Einiges über Anwendung der Elektrizität im Torpedowesen. Bericht S. M. S. „Nymphe" über die Reise von Hakodadi nach Nagasaki. — Bericht über die Gesundheits-Verhältnisse J. Br. M. S. „Iron Duke" während dessen Aufenthalts in heißen Gegenden. (28 S.) 873. n.n. — 70
4. Ueber die Ausführung von Segel-Manövern. — Ueber Küsten-Batterien. — Das Krupp'sche $30\frac{1}{2}$ cm-Geschütz Nr. 1 und der mit demselben im Februar 1873 ausgeführte Dauerversuch. — Das Schießen auf See. — Literarische Umschau (England). (40 S.) 873. n.n. 1. —
5. Eine Entscheidung des Gerichtshofes von Kanagawa, betr. den Kulihandel. — Bemerkungen über einige auf S. M. Schiffen „Medusa" und „Arcona" zur Beobachtung gekommenen Teifuns der japanischen Gewässer, nebst einer Anlage, enthaltend die betreffenden meteorologischen Beobachtungen. — Hydrographische Vermessungen. — Ueber einige Grundlagen der Evolutionskunde. — Bemerkungen über die Oekonomie des Arbeitsvermögens in kombinirten (compound) Schiffsmaschinen. — Das Schießen auf See (Fortsetzung). (73 S. u. 3 Taf. Abbildgn.) 873. n.n. 1. 85
6. Ansichten üb. den Bau von Schlachtschiffen u. deren Verwendung in taktischer Beziehung. — Einige Gedanken über die Entwickelung der deutschen Marine. — Das Schießen auf See (Fortsetzg.) — Berichtign. z. d. früher. Artikel „Hydrograph. Vermessungen". (44 S. u. 1 Taf. Abbildgn.) 873. n.n. 1. 10
7. Ueber die Konservirung hölzerner Schiffe. — Erwiderung auf den Artikel „Einige Gedanken über die Entwickelung der deutschen Marine" im Beiheft Nr. 6. — Die Marine im Krimkriege (mit drei erläuternden Kartenskizzen). — Welchen Zweck hat eine militärische Ausbildung der Marine-Mannschaften und wie ist derselbe am besten zu erreichen? — Ein Beitrag zu den Artikeln 1 und 2 im Beiheft Nr. 6. — Das Wehrsystem und der Präsenzstand der italienischen Marine. — Der Sonnenstich und Hitzschlag auf Märschen. — Ueber den Dienst an Bord S. M. Schiffe. — Das Schießen auf See (Fortsetzung). (67 S. u. 3 Taf. Abbildgn.) 874. (Vergriffen.)
8. Das Rammschiff. — Gedanken über die Taktik von Panzerschiffen. — Ueber den Dienst an Bord S. M. Schiffe (Fortsetzung). — Uebersetzung englischer Admiralitäts-Cirkulare: a. Harvey-Torpedos. — Hanf-Schlepptaue und Blöcke mit eisernen Scheiben. — Elektrische Zündvorrichtung. — Drahttau als Leiter. b. Instandhaltung der Maschinen und der Vorrichtungen zum Drehen (Bedienen) der Thürme. — Erläuterungen zum 6. Abschnitt der Instruktion für den Kommandanten e. von S. M. Schiffen od. Fahrzeugen. — c. Organisat. der Königl. Großbritann. Marine-Hochschule zu Greenwich. — d. Wissenschaftl. Unterricht f. d. jüngeren Offiziere an Bord S. M. Schiffe. (64 S. u. 1 Taf. Abbildgn.) 874. n.n. 1. 60
9. Erläuterungen zu Anlage VI. der Instruktion für den Kommandanten eines von S. M. Schiffen oder Fahrzeugen. — Noch ein Wort zur Panzerfrage. — Ueber Nordpolfahrten. — Ueber den Dienst an Bord S. M. Schiffe (Fortsetzung). — Ueber die Seetaktik der nächsten Zukunft. — Betrachtungen über die Seekriegführung an der Küste. — Die Benutzung des Schiffes als Hauptwaffe bei den Griechen. (60 S. u. 2 Taf.) 874. (Vergriffen.)
10. Internationales Seerecht. — Der Venus-Durchgang im Dezember 1874. — Die Waffen des Seekrieges und ihre Verwendung. — Einige Bemerkungen zu dem Artikel Nr. 6 im Beiheft Nr. 9. — Theoretische Betrachtungen über die Evolutionen mit Schraubenschiffen. — Ueber die Temperatur des Oceans. — Einige weitere Mittheilungen von Bord J. M. S. „Challenger". — Das Rothe Meer. — Umschau a. literar. Gebiet. — Ueb. den Dienst an Bord S. M. Schiffe (Fortsetz.). — Einiges üb. Eisberge. (95 S. u. 3 Taf.) 874. n.n. 2. 40
11. Internationales Seerecht (Fortsetzung). — Ein Beitrag zur Geschichte der Sprengstoffe 1874. — Beiträge zur Verpflegung mit Wasser an Bord von Kriegsschiffen. — Zum Torpedowesen. — Eine Rettung der Artillerie. — Thatsächliche Berichtigung einiger artilleristischen Angaben in dem Aufsatz: „Die Waffen des Seekrieges und ihre Verwendung" im 10. Beihefte. (70 S. u. 2 Taf.) 874. n.n. 1. 75
12. Eine Uebersetzung. (Panzerwirkung verschiedener Geschütz-Systeme.) — Aus den englischen Admiralitäts-Cirkularen für 1874: a. Abfeuern der Geschütze mittelst Elektrizität. b. Vorschriften über Behandlg. u. Konservirg. von Maschinen und Kesseln. c. Strombestimmung. d. Lothungen im Stillen Ocean. — Bericht des Kommandos S. M. S. „Arcona" üb. d. Aufenthalt in Levuka u. üb. d. Reise nach den Samoa-Inseln. — Bemerkgn. zu dem 6. Artikel im Beiheft Nr. 9 (die Seekriegführung an der Küste) und dem 4. Artikel im Beiheft Nr. 10 (Entgegnung auf den ersteren). — Bericht des Kommandos S. M. S. „Arcona" üb. den Aufenth. in Apia u. üb. die Samoa-Inseln. — Aus den engl. Admiralitäts-Cirkularen f. 1874: Beschreibg. des Lothapparats von Sir William Thomsen. — Vom Batterie-Offizier. — Internat. Seerecht (Fortsetzg.). — Kritik üb. e. in Wien erschien. Werk „Takelung u. Ankerkunde". (45 S. u. 1 Taf.) 875. n.n. 1. 15
13. Neue Formeln zur näherungsweisen Berechnung der beim Ingenieurwesen u. beim Schiffbau vorkommend. Integrale. — Resultate der Desinfektions-Versuche des Bilgewassers mit Karbolsäure auf den im J. 1874 im Dienst gewesenen Schiffen. — Uebersetzg. a. d. „Journal officiel de la République Française" v. 10. Jan. 1875, betr. die in Madagaskar cirkulirenden Münzen. — Ueber Mobilmachung d. Flotte. — Zum Torpedowesen. — Uebersetzg. a. dem „Journal officiel de la République Française", betr. die Schiffsjungen der französischen Handelsmarine. (33 S.) 875. n.n. — 85
14. Gefechts-Exerziren d. Panzergeschwaders bei der Kaiserrevue am 22. Septbr. 1875. — Bestimmung der geograph. Breite aus zwei Höhen eines Sternes u. der Zwischenzeit der Beobachtungen. — Die Umsteuerung durch vier Räder. — Mittheilgn. a. d. Reiseberichten d. engl. Korvette „Challenger". — Ueber den Dienst an Bord S. M. Schiffe (Fortsetzg.). — Vermeidl. Seeunfälle. (74 S. u. 1 Taf.) 875. n.n. 1. 85
15. Beiträge z. Geschichte d. preuß. Marine. (33 S.) 875. n.n. — 85
16. Torpedo-Versuche in Toulon 1875 (Eldorado). — Das engl. Admiralitäts-Cirkular Nr. 11 de 1875 enthält als Anlage e. Promemoria v. W. Froude „Ueber e. Methode, durch eine einf. Beobachtung die Perioden u. Dimensionen der Wellen zu bestimmen". — Ueb. Seetaktik. Von Ferd. Attlmayr. — Englische Küsten-Nebelsignale. — Ueber d. Schießen von bewegtem Schiffe. — Ueb. die Bestimmung der Drehkreise e. Schiffes. — Welche Gedanken müssen wir der Taktik f. das Gefecht zur See künftig zu Grunde legen? — Zusammenstellung d. Erfahrgn. im Verwundeten-Transport d. Uebungsgeschwader 1874 u. 1875. (45 S. u. 2 Taf.) 876. n.n. 1. 15
17. Erwiderung a. d. Artikel „Welche Gedanken müssen wir der Taktik zur See zu Grunde legen?" — Betrachtungen über Marine-Artillerie. — Aus alten Akten. — Aus zwei Höhen zweier Sterne u. der Zwischenzeit der Beobachtungen die Polhöhe u. d. Zeit zu finden. — Das milit. Exerzitium. — Règlement général de police sanitaire maritime vom 22. Febr. 1876. (69 S. u. 1 Taf.) 876. n.n. 1. 75
18. Die Kaiserl. brasilianische Marine. — Ueb. Marine-Photographie. — Ein Beitr. z. Ballistik d. gezogenen Geschütze. — Untersuchungen über das Schießen auf See. — Statistical report on the health of the navy for the year 1875. — Ueb. Desinfektion an Bord u. zwar der Luft mit Schwefeldämpfen u. des Bilgewassers mit Kalkhydrat u. Chlorzink. (68 S.) 877. n.n. 1. 70
19. Kriegskontrebande. — Analyse üb. die in den Dampfkesseln S. M. Schiffe „Kaiser" und „Deutschland" vorgefundenen Schlammabsonderungen. — Die Selbstentzündung der Steinkohle. — Untersuchungen üb. d. Schießen auf See (Fortsetzg.). (IV, 21 S.) 877. n.n. — 70
20. Uebersetzungen a. d. „Times". — Der Skorbut auf d. engl. Polarexpedition 1875—1876. — Der maritime Theil d. Krieges der Tripel-Allianz gegen den Präsidenten und Diktator der Republik Paraguay, Lopez. (41 S.) 877. n.n. 1. 5
21. Gedanken über Dampffahrkunst. — Gebrauchstabellen für Marine-Artilleristen (76 S.) 878. n.n. 1. 90
22. Ueber Schleppen von Schiffen im Geschwader. — Der maritime Theil d. Krieges d. Tripel-Allianz geg. den Präsidenten und Diktator der Republik Paraguay, Lopez (Fortsetzg.). — Zusammenstellung d. Erfahrgn. im Verwundeten-Transport bei d. Uebungsgeschwader 1876 u. 1877. — Zur Theorie der Geschoßbewegung. — Aufzeichnungen über die gegenwärtige Organisation und Verwaltung der französischen Marine. (IV, 60 S. u. 2 Taf.) 878. n.n. 1. 60
23. Die Heizkraft u. andere in techn. Beziehung wichtige Eigenschaften ausländ. Steinkohlen nach Versuchen, ausgeführt an Bord engl. Kriegsschiffe u. auf d. Königl. Werft zu Portsmouth. — Bemerkgn. zu dem Aufsatz: Zur Theorie der Geschoßbewegung (Forts.). — Steuerung v. Schraubendampfern m. rechtsflügeliger Schraube bei Vorwärtsfahrten des Schiffes u. gleichzeitigem Rückwärtsarbeiten v. Maschine u. Schraube. — Statistical report on the health of the navy for the year 1876. — Beitrag zur Kenntniß der Wärmeverhältnisse in den inneren Räumen d. eisernen Schiffe im Vergleich mit denen der Holzschiffe. — Verschiedene Methoden der Distanzbestimmung auf See. — Aufzeichnungen üb. d. gegenwärtige Organisation und Verwaltung der französischen Marine (Fortsetzg.). (87 S.) 878. n.n. 2. 20
24. Organisation d. Personals d. Königl. Italien. Flotte. — Geschichte d. Seeminen u. Torpedos. (88 S.) 878. n.n. 2. 20
25. Entwurf e. englisch-deutschen technolog. Wörterbuchs der Seemannschaft. — Die russischen Torpedos auf der Donau bei Sulina, Soukum u. Batum. — Nach welcher Seite krängt e. Schiff beim Beschreiben e. Kreises? — Beitrag z. Dampffahrkunst. — Statistical report on the health of the navy for the year 1877. — Selbstentzündung engl. Kohlen u. Explosionen in Kohlenladgn. engl. Schiffe. (82 S.) 879. n.n. 2. 5
26. Zur Reduktion d. Monddistanzen. — Tabellen zum Gebrauch f. die Schiffs- u. Küsten-Artillerie. — Uebersetzung aus der offiziellen englischen Schrift „Notes on gunpowder and guncotton". 1870. — Die Heizkraft u. andere wichtige Eigenschaften ausländ. Steinkohlen nach Versuchen an Bord engl. Kriegsschiffe u. a. d. Werft z. Portsmouth. (61 S.) 879. n.n. 1. 30
27. Der Untergang S. M. S. „Großer Kurfürst" auf Grund der gerichtl. Untersuchungsakten dargestellt. (Mit e. Skizze.) — Vom Kriegsschauplatz an d. Westküste Südamerikas. (30 S. u. 3 Taf.) 880. n.n. 1. 20
28. Entwurf e. englisch-deutschen technologischen Wörterbuchs der Seemannschaft. — Die Wegnahme des Peruanischen Panzerfahrzeugs „Huaskar". — Statistical report on the health of the navy for the year 1878. — Der Schraubenpropeller. — Ueb. d. Schiffswiderstand. (61 S. u. 5 Taf.) 880. n.n. 1.80
29. Vom südamerikan. Kriegsschauplatz. — Ueb. die d. Offizieren u. Deckoffizieren bezw. den Beamten d. Kaiserl. Marine zu gewährenden Quartiervergütigungen. — Ueb. die Ausführgn. von Vermessungen mit den an Bord vorhandenen Mitteln. — Ablauf u. Beschreibg. d. Königl. Italien. Panzerschiffes „Italia". (64 S. u. 3 Taf.) 880. n.n. 2. —
30. Ueb. d. Steuerung von Schraubenschiffen. — Vom südamerik. Kriegsschauplatz. (88 S. u. 3 Taf.) 881. n.n. 2. 50
31. Ueb. den Stand d. gegenwärtigen Lehre vom Schiffsmagnetismus. (31 S. u. 1 Taf.) 881. n.n. 1. —

32. Vom südamerik. Kriegsschauplatz. II. — Vom tunesischen Kriegsschauplatz. I. — Heben u. Bergen des Wracks „Barbarossa" in der Kieler Föhrde. (34 S.) 881. n.n. — 86
33. Die schleswig-holstein. Marine u. ihre Leistungen während d. dreijähr. Krieges v. 1848—1851. (38 S. u. 1 Taf.) 881. n.n. 1. —
34. Studie üb. die Einführung der Fischtorpedowaffe in ihrem Einflusse auf d. Machtstellung d. Marinen. — Die russischen Kreuzer. (59 S. u. 1 Taf.) 882. n.n. 1. 60
35. Ueber den jetzigen Stand der Panzerplatten-Fabrikation. (40 S. u. 2 Taf.) 882. n.n. 1. 10
36. Ueber die hygienische Bedeutung u. Verwendung der Spirituosen u. d. aromat. Getränke in der Schiffsverpflegung. — Der Marine-Etat nebst e. Hinblick auf d. Reichshaushalts-Etat u. d. Geldwirthschaft i. d. Marine. (59 S.) 882. n.n. 1. 50
37. Studie üb. die taktische Verwendung des Fischtorpedos als Schiffswaffe. — Zusammenstellungen f. die Dampffahrkunst. (63 S.) 882. n.n. 1. 60
38. Ueber die Steuerung von Schraubenschiffen. — Theorie u. Praxis in der Flotte. (36 S.) 882. n.n. — 90
39. Ueber Schiffsluft, ihre Verunreinigung u. die Mittel, sie zu verbessern. (68 S.) 882. n.n. 1. 70
40. Auslieferung desertirter Schiffsmannschaften. — Ueb. die mit der Panzerung der Kriegsschiffe zusammenhäng. Arbeiten. — Entwurf zu e. national-deutschen Betonnungssystem. (42 S. u. 1 Taf.) 882. n.n. 1. 5
41. Die Aufgaben d. Sanitätsdienstes bei kriegerisch. Expeditionen in tropischen u. subtrop. Gegenden. (56 S.) 883. n.n. 1. 40
42. Der Derivationswinkel d. Schiffe, seine Bedeutung u. Methoden, ihn zu bestimmen. (22 S.) 883. n.n. — 55
43. Die Betheiligung d. englischen Marine an dem Kriege gegen Egypten im J. 1882. (84 S. u. 2 Taf.) 883. n.n. 1. 25
44. Bericht d. Kommandanten S. M. Kbt. „Hyäne", Kapitän-Lieutenant Geiseler, üb. die ethnologische Untersuchung d. Oster-Insel (Rapanui) an den Chef d. Kaiserl. Admiralität. (54 S. u. 23 Taf.) 883. n.n. 2. 75
45. Ueber den gegenwärtig. Stand des Kompaßwesens. (25 S. u. 1 Taf.) 883. n.n. 1. —
46. Die Bestimmung des Schiffsortes aus zwei Sumner'schen Standlinien m. Hilfe d. analyt. Geometrie. — Die Bedeutg. der Vertikalwirkung f. den Seekrieg. (26 S.) 883. n.n. — 65
47. Eine taktische Studie. — Ein Besuch in Tobruk a. d. Küste von Marmarika. (44 S.) 883. n.n. 1. 10
48. Die Panzergeschütze. Ihre geschichtl. Entwicklg. u. die f. den Kriegsgebrauch z. wählenden Kaliber. (53 S.) 883. n.n. 1. 35
49. Die Geschichte der Schlacht von Port Saïd. Ein Kapitel in der Geschichte der Zukunft. (36 S.) 884. n.n. — 90
50. Betheiligung der französischen Marine an d. tunesischen Expedition. (28 S. u. 1 Taf.) 884. n.n. — 80
51. Welche Unfälle, Krankheiten und Krankheitsdispositionen kommen bei Menschen vor, die dauernd bei Taucherarbeiten beschäftigt werden? Wie kann man dem möglichst vorbeugen? — Nachrichten v. S. M. Schiffen u. Fahrzeugen im Auslande. (Besuch d. Ruinen d. Brandenburg. Forts „Groß-Friedrichsburg" a. d. Westküste von Afrika durch Offiziere S. M. S. „Sophie".) (24 S. u. 3 Taf. Abbildgn.) 884. (Vergriffen.)
52. Studien über die Seegefechte. (39 S.) 884. n.n. 1. —
53. Anleitg. z. Aufstellung der Liquidationen der Personen des Soldatenstandes u. der Beamten der Kaiserl. Marine über Tagegelder, Fuhrkosten u. Umzugskosten. — Der Wirbel u. Wellen bild. Widerstand. — Die Kosinuskurve als Spantenskala. (68 S. u. 1 Taf.) 884. n.n. 1. 50
54. Historisch-taktischer Ueberblick der Minenvertheidigungen. (31 S. u. 1 Taf.) 884. n.n. — 75
55. Ueber die Resultate der Deplacementsberechnung u. deren spätere Verwendung. — Ein Beitrag z. den Untersuchgn. üb. das Schießen auf See. — Die Kieler Bucht als Kriegsschauplatz d. Vergangenheit. (28 S. u. 2 Taf.) 884. n.n. 1. —
56. Ueber Hospitalschiffe. (27 S. u. 4 Taf.) 884. n.n. — 80
57. Ueb. d. Einstellung d. Konzentrationen auf Thurmschiffen. — Stabilitätsformeln unt. Benutzung d. Schunke'schen Methode zur Berechnung d. Deplacementsschwerpunktskurven bei Neigungen um horizont. Achsen. — Bestimmung d. Schwerpunktes mittelst des Krängungsversuches. — Die Schlachten zwischen den russischen u. schwedischen Flotten in den J. 1788—1790. (30 S. u. 4 Taf.) 885. n.n. 1. 35
58. Entscheidung des Kaiserl. Ober-Seeamts betr. den Zusammenstoß des Dampfers „Hohenstaufen" mit S. M. Korvette „Sophie". (7 S. u. 1 Taf.) 885. n.n. — 30
59. Hobart-Pascha, die Torpedo-Panik. Erfahrungen a. d. russisch-türk. Kriege. (14 S.) 885. n.n. — 50
60. Thoerner, welche Häfen der West- u. Ostküste Amerikas sind zu bestimmten Jahreszeiten als gesundheitsgefährlich zu meiden, welches sind die zu fürchtenden Krankheiten u. wie sind hiernach die Reisedispositionen f. d. an diesen Küsten in Station liegend. Schiffe z. treffen? (20 S.) 885. n.n. — 50
61. Die Treffwahrscheinlichkeit. — Notizen üb. die Anlage u. das Etablissement der Mart's Dock and Engineering Company in Sydney. (26 S.) 885. n.n. — 55
62. Die Eroberung der Pescadores-Inseln. Aus d. Norwegischen nach Rosenquist. (Mit 1 Karte.) — Die Pflichten des ersten Mitgliedes der Kassen-Kommission nach dem Schiffskassen-Reglement. Erläutert nach d. reglementar. Vorschriften von Koch. (23 S. u. 1 Taf.) 886. n.n. — 60
63. Braune, Instruktion der Medizinal-Abtheilung des engl. Kriegsministeriums an die das Expeditionscorps von Suakin 1885 begleitenden Aerzte. — Rauchfuß, über einige wichtige Details von Kriegsschiffen. (24 S.) 886. n.n. — 60
64. Prinz, die Farbenblindheit u. ihre Beziehungen z. Dienst in der Marine. Extraits du rapport d'ensemble sur le service médical de l'escadre d'évolutions du 1er août 1883 au 1er août 1884. Besprochen von Bäuerlein. Sammlung der für die Kaiserl. Marine gültigen Vorschriften über den Wohnungsgeldzuschuß. Nach amtl. Quellen aufgestellt von Otto Schrön. Im Juni 1886. (42 S.) 886. n.n. 1. 5
65. Offergeld, Otto, der Leuchtthurmbau in d. Nordsee. Der sogenannte Rothersand-Leuchtthurm, konstruirt u. erbaut von der Act.-Gesellschaft Harkort in Duisburg a. Rh. Nach e. Vortrag, gehalten vor dem Architekten- u. Ingenieur-Verein zu Hamburg, am 21. April 1886. (Mit 7 Abbildgn.) — Auszug aus den Berichten S. M. Schiff „Gneisenau" üb. den Marsch nach Witu. (28 S. u. 1 Taf.) 886. n.n. — 80
66. Die schwersten Geschütze der Welt u. d. höchsterreichte ballistische Kraftleistung. — Drei Maschinenprobefahrten des Torpedokreuzers „Lieutenant Iljin". — Ueb. Schiffsbaustahl. — Der große Seekrieg des J. 1887. (Mit e. Zeichnung.) — Literar. Benachrichtigung. (44 S. u. 1 Taf.) 887. n.n. 1. 20
67. Die Malariaprophylaxe in Fiebergegenden. — Literarische Mittheilungen: Die Schiffsmaschine, ihre Konstruktion, Wirkungsweise u. Bedienung. — Pola. Seine Vergangenheit, Gegenwart u. Zukunft. — Anleitung f. die erste Hülfe bei Erkrankungen und Verletzungen an Bord in Ermangelung ärztlichen Beistandes. (52 S.) 887. n.n. 1. 25
68. Wie sind an Bord von Schiffen die Aborte, die Bade- u. Waschanstalten zweckmäßig einzurichten? — Entscheidung des Reichsgerichts üb. d. Zusammenstoß d. Dampfschiffes „Hohenstaufen" m. S. M. S. „Sophie". (49 S.) 888. n.n. 1. —

— dasselbe. 69. (Schluß-) Beiheft: Lord Beresford u. die leitenden Gedanken im englischen Flottenprogramm. gr. 8. (11 S.) Ebd. 890. n.n. — 40

Inhalts-Verzeichnis zu den Beiheften zum Marineverordnungsblatt und Marine-Rundschau 1872—1902, sowie marinegeschichtlicher Aufsätze aus den Allgemeinen Marinebefehlen No. 1—197, 1877—1871. Berlin 1903. (IV), 104 S. 8°.

Marine-Verordnungsblatt, Kaiserlich-königliches. Jahrg. 1—9. Normal-Verordnungen und Personal-Veränderungen. (9 Bde.) 4. Wien 1861—1869.

Marine-Verwaltung, die Deutsche, unter Herrn Duckwitz aus Bremen. gr. 8. (39 S.) Hamburg 849, Kittler. 9 ngr

Marine-Zeitschrift, Oesterreichische. Jahrg. 1853—1856. Redigirt von J. Löwenthal und Dr. F. C. Pipitz. (4 Bde.) 8. Triest 1853—1856.

Marine-Zeitschrift, Oesterreichische. (Monatsbeilage zur Triester Zeitung.) Jahrg. 1853. 12 Hefte (à ca. 2 Bgn.). Triest, Münster in Comm. Lex.-8. n. 2 ₰. 20 ngr

Marine-Zeitschrift, Oesterreichische —. 2. Jahrgang. Redigirt von J. Löwenthal und Dr. F. E. Pipitz. 8. Triest. Buchdruckerei des österreichischen Lloyd. 1854. (336 S.)

Marine-Zeitschrift, österreichische. — 3ter Jahrgang 1855. Redigirt von J. Löwenthal und Dr. F. E. Pipitz. 1. Heft. Triest, 1855. Buchdruckerei des österr. Lloyd. (S. 1—32. 8.) (Vergl.

Marine-Zeitschrift, Oesterreichische — 3ter Jahrgang 1855. Redigirt von J. Löwenthal und Dr. F. E. Pipitz. 11. und 12. Heft. Triest, 1855. Buchdr. des österr. Lloyd. (S. 321—384 und IV. S. Inhaltsverzeichniß. 8.) Schluß des dritten Jahrgangs.

Marine-Zeitung, Deutsche. Eine Zeitschrift f. Technik u. Politik des Seewesens, so wie für Assekuranz u. Havarie Grosse, zugleich Organ des gesammten deutschen Flottenwesens. Hrsg. v. C. D. S. Gerrits. 1. Jahrg. Mai 1848 — April 1849. 104 Nrn. — Hrsg. von H. G. Hansen. 2. Jahrg. Mai 1849 — April 1850. 104 Nrn. gr. 4. (à ½ Bog.) Hamburg, Jowien in Comm. à Jahrg. n. 3½ ₰

Deutsche Marinezeitung, Wochenschrift für Marine und Seewesen. II.–V. Jahrgang, 1895–98. Kiel. Fol.

Marine-Zeitung, deutsche. Wochenschrift f. Marine- u. Seewesen. Amtliches Organ u. Eigenthum der Vereinigg. deutscher Marine-Vereine. Red.: Karl Jansen. 8. u. 9. Jahrg. 1901 u. 1902. à 52 Nrn. Fol. (à ca. 12 S.) Kiel, Deutsche Marine-Zeitg. à Jahrg. n. 4. —

Marine-Zeitung, deutsche. Wochenschrift f. Marine- u. Seewesen. Amtliches Organ u. Eigenthum der Vereinigg. deutscher Marine-Vereine. Red.: Karl Jansen. 10. bis 13. Jahrg. 1903—1906. à 52 Nrn. (à Jahrg. VIII, 624 S. m. Abbildgn.) Fol. Kiel, Deutsche Marine-Zeitg. à Jhrg. n. 4.—

Marine-Zeitung, deutsche. Amtliches Organ u. Eigentum der Vereinigg. deutscher Marine-Vereine. Wochenschrift f. Marine u. Seewesen. Red.: Wilh. Cassens. 14.—17. Jahrg. 1907–1910. à 52 Nrn. (624, 616, 624 u. 628 S. m. Abbildgn.) 34×24 cm. Bremen, Dierckſen & Wychlein.
Wird nur direkt geliefert. à Jahrg. nnn 4. 80

Maring, Johann, a. Braunschweig: Diözesansynoden und Domherrn-Generalkapitel des Stifts Hildesheim bis zum Anfang des XVII. Jahrhunderts. Ein Beitrag zur geistlichen Verfassungsgeschichte des Bistums Hildesheim. Hannover 1905: A. Eberlein & Co. (XIII, 38 S.) 8° ¶(Ersch. vollst. in: Quellen u. Darstell. z. Geschichte Niedersachsens.)
Freiburg i. B., Phil. Fak., Ref. Finke, Diss. v. 15. Febr. 1905
[Geb. 10. Apr. 79 Braunschweig; Wohnort: Hildesheim; Staatsangeh.: Braunschweig; Vorbildung: Gymn. Braunschweig Reife O. 97; Studium: Münster 2, Marburg 1, Münster 5, Freiburg i. B. 3 S.; Rig. 13. Febr. 05.]

Diözesansynoden und Domherrn-Generalkapitel des Stifts Hildesheim bis zum Anfang des XVII. Jahrhunderts. Ein Beitrag z. geistl. Verfassungsgesch. d. Bistums Hildesheim von Dr. phil. Johannes **Måring**. Hannover & Leipzig: Hahn 1905. (XIII, 124 S.) 8° [F.]
Ein T. erschien als Inaug.-Diss. Freiburg 1905.
= **Quellen** u. Darstellungen z. Geschichte Niedersachsens. Bd 20

Maring, Joh., die Kongregation der barmherz. Schwestern vom hl. Vinzenz v. Paul in Hildesheim. Festschrift zum 50jähr. Jubiläum der Genossenschaft. (IV, 135 S.) gr. 8. Hildesheim 908. A. Lax. Geb. in Leinw. 2. 50

Maringer, Ferdinand, a. Bremen: S. T. Coleridge's Ästhetik und Poetik Teil 1. Freiburg i. B. 1906: C. A. Wagner. (84 S.) 8° ¶(Wird vollst. erscheinen u. d. T.: S. T. Coleridge's Ästhetik und Poetik.)
Freiburg i. B., Phil. Fak., Ref. Wetz, Diss. v. 10. Febr. 1906
[Geb. 21. Jan. 82 Bremen; Wohnort: Freiburg i. B.; Staatsangeh.: Bremen; Vorbildung: Gymn. Bremen M. 01; Studium: Freiburg i. B. 3, Leipzig 3, Freiburg i. B. 2 S.; Rig. 15. Juli 05.]

Palast Marini in **Mailand** erbaut v. Galeazzo Alessi 1555. (Sep.-Abdr. aus Bauschatz I. Bd.) Folio. (8 Tafeln.) In Umschlag 3 fl.
Wien: Lehmann & Wentzel 1881.

Marini, Giovanni Ambrosio

— — Abenteuer des Prinzen Kalloandro. (Nach d. Ital. von Chrn. Aug. Vulpius.) 2 Thle. Berlin, Rellstab, 1785. 8°. (3 Mk. W. H. Kühl, Berlin, c. 1882; jetzt theurer!)
259 u. 283 SS. Mit TKpfrn. u. TVign. v. J. W. Meil.

— — Wettstreit Der (des?) Verzweiffelten: Ein sehr anmuthiges und künstliches Liebs-Geschicht Deß ubertrefflichen Hochberühmten Italiäners *Marini*. Auß dessen Wälschen, in unsere prächtige Hochdeutsche Muttersprache übersetzet, durch .... Den Unglükkseeligen. Franckfurt, Sam. Hüttner, M. DC. LI. (1651.) (Nebst Kupfertitel.) 12°. 344 S. (In Berlin: Xr 4148; auch in Göttingen: Fab. rom. 271.)

— — Dasselbe. Ebd. 1706. 12°. (In München: an P, o. gall. 978.)
Titkpf., Tit. u. 340 S.

Marinko, *Josef* Božji grob pri Grmu poleg Novega mesta. 8 (8. 3—16). **Progr.** K. k. Ober-G. *Rudolfswert* 1895.
Die Kapelle zum heiligen Grabe bei Grm nächst Rudolfswert.

Marino Faliero, Melodrame en cinq actes et en vers, de Casim. Delavigne. 16. Dessau 824. Ackermann. 6 gr

Marino, Rinaldo, od. d. Auferstehungskirche zu Jerusalem. 8. Leipz. Supprian. (Mittler.) 802.

Marino, Novellen. 8. (V und 804 S.) Leipzig 861, Brockhaus. *

Marino, Sanct-Florian's Rache. Leipzig 858. Brockhaus. 8. (138 S.) n. 18 ngr.

Marino, Ant., die verbeſſ. Heber u. Hähne zum Umfüllen u. Abziehen v. Flüſſigkeiten, u. Anweiſ., ſie zu verfert. Mit (1½ Bog.) Abbild. in Stndr. 8. (2⅛ B.) Quedlinburg 832, Baſſe.

Marino, Giambattista

Marino, G., L'Adone. Poema con gli argomenti di fortuniano sanvitale e le allegorie di Don Lorenzo Scoto. Nueva edizione completa con un discorso preliminare di Zirardini. 8. Parigi 849. (Leipzig, Brockhaus.) n. n. 5 ℛ

HERRN // Barthold Henrich Brockes / J. U. L. // Verteutschter // Bethlehemitischer // Kinder-Mord // des Ritters // MARINO. // Nebst etlichen von des Herrn Ubersetzers // Eigenen Gedichten /// Mit dessen Genehmhaltung // ans Licht gestellet /// sammt // Einer Vorrede / Leben des MARINO, // und einigen Anmerckungen // von // König. // Cöln und Hamburg /// In Verlegung Seel. Benjamin Schillers Wittwe /// Gedruckt mit Spieringischen Schriften / 1715. - Mit Vignetten. - 22 Blatt (nicht paginiert) Titelkupfer, Titelblatt, Widmung und Vorbericht - 1 Blatt (nicht paginiert) und XL Seiten Leben des Ritters MARINO. - Dann noch 3 Blatt (nicht paginiert) Lobgedichte. - 360 Seiten und noch 1 Blatt (nicht paginiert) Errata. -
Links der italienische Text, rechts die Übersetzung.

Hrn. B. H. Brockes ... verteutschter Bethlehemitischer Kinder-Mord des Ritters MARINO, nebst des Hrn. Uebersetzers eigenen Werken, auch vorgedrucktem Leben des Marino und beygefügten Anmerkungen von Hrn. JOH. ULR. KÖNIG. Bey dieser dritten Auflage ... mit einer Vorrede begleitet von [C. F.] WEICHMANN. Hamburg, J. C. Kißner, 1727. 8°. 12 Bl. 60 S. 4 Bl. 524 S. sowie *ein gefaltetes Kupfer (Kindermord) von B. Picard und eine gestoch. Vignette zum Widmungsgedicht (von Wolffgang)*. Hübscher neuerer marmor. Pbd.
G. III, 342, 42: 2. Italienisch-deutscher Paralleltext.

— Verteutschter Bethlehemitischer Kinder-Mord des Ritters Marino, nebst des Hrn. Übersetzers eigenen Werken, auch vorgedruckten Vorbericht, Leben des Marino und beygefugten Anmerkungen von Hrn. [J. U.] König, Ingleichen einer Vorrede von Herrn Weichmann. Neue Auflage Tübingen, Schramm, 1739. *M. aufschlagbarer Kupfertaf. (Darstellung des Kindermordes) B. Picard del., G. S. Rösch sc.* Kl. 8°. 663 S. u. 2 Bl. Pbd. von ca. 1800 m. rotem Rsch. u. Rv.
G. III. 342, 2 (andere Ausgaben). FdF. 1392.

Brocke, Barth. Heinr., verdeutsch. bethlehemit. Kindermord des Ritt. Marino. 8. Hamb. Herold. 740.

— — Verdeutschter Bethlehemitischer Kinder-Mord ... 5. verbesserte Auflage. Hamburg, Chr. Herold, 1742. 8°. 28 Bl. (inkl. Titel), *Kupferporträt*, 688 S. *1, gefaltetes Kupfer (Kindermord, B. Picart del., M. Tyroff sc.)*. Schönes marmoriertes Ld. d. Z. auf Bünden mit gelbem Rsch. und reicher Rv. (leicht bestoßen, kl. Wurmspur auf dem 2. Deckel). 95.—

— — Dasselbe Werk, spätere Ausgabe. Tübingen, Schramm, 1753. *Mit 1 gefalt. Kupfer.*

Brockes, Barth. Hnr., verdeutschter Bethlahem. Kindermord d. Ritter Marino. 8. Tübing. 758. (Wohler in Ulm). 16 gr

Marinoff Zerowski, Banu, aus Tirnovo ⟨Bulgarien⟩: Ueber das oberflächliche Carcinom des Corpus uteri. *Berlin 1903: L. Schumacher.* (25 S.) 8°
Berlin, Med. Diss. v. 24. Febr. 1903

Marinoni, I. Iac., de Astronomica specula domestica et organico apparatu Astronomico libri duo. fol. Vien. Gerold. 744.

Marinus

Marini, *Vita Procli.* Gr. et lat. cum prolegomenis et notis ed. Fabricius. Hamb. 700. 4.

Marinus, Procli Vita, graec. et latin. ad. fid. libror. manuscriptor. recens. adnotationesque et indd. add. J. F. Boissonde. 8maj. Leipz. 814. Weigel. 1 ℛ 12 gr Velinp. 3 ℛ

Marinus-Deeleman, Leonhard [pr. Arzt aus Dresden-Blasewitz]: Haemoglobinmessungen an chirurgischen Patienten vermittelst des v. Fleischl'schen Haematometers.... Würzburg, Druck d. F. Röhrl'schen Buchdr., 1890; 41 S. 8°
Erlangen, Med. Fak., Inaug.-Diss. v. 1. Jun. 1890

Mario, ein neuer Glaube. In 14 Punkten dargelegt. 8. (16 Bl.) Berlin 883, L. J. Heymann. *

Mariocchi, Rod., s.: Codex diplomaticus Ord. E. S Augustini Papiae.

Mariola, oder ein blonder Dämon. Roman vom Verf. von: „die Afrikanerin" ꝛc. 2 Bde. 8. (III, 214; III, 232 S.) Leipzig 870, Kollmann.

Marion o. d. Engpaß v. Angrona, s.a. Brockhaus, Wilhelm

[F.] **Marion** oder der Engpass von Angrona. E. histor. Gemälde f. d. reif. Jugend u. ihre Freunde aus d. Gesch. d. Waldenser v. W. B., Vf. d. 'Klausner' ... 3. Aufl. *Elberfeld: Buchh. d. Erziehgs-Ver. [1895].* (255 S.) 1 Bd 8.
= Saat u. Ernte v. W. B. Bd 7. [96. 1017]

Marion, nouvelle Abécédaire à l'usage des Etrangers. 8. Stockholm, Ulrich. 805.

Marion, A. F., die paläontologische Entwickelung des Pflanzenreiches: die Kryptogamen, s. Saporta, G. de.

Marion, Beate, der Mann m. dem steinernen Herzen. 2 Novellen. (133 S.) 8. Wien 909. C. Konegen. 2.—

Marion, E. Frack Nr. 1, Nr. 2 und Nr. 3, s. Dilettanten-Theater.

Marion, J., verdächtige Gäste, s. Meixner, J.

Marion-Crawford, F., s.: Crawford, F. Marion.

Marion du Fresne, Reise nach Neu-Seeland. Mit Kpf. gr. 8. Nürnb. 785. Schneider u. W. 10 gr (Vergl. Bibliothek d. Reisebeschreib. 7r Bd. Nürnb.)

Marionetten, die, s. Werke, dram., v. Iffland.

Marionetten. – Die Marionetten. Lustsp. in 1 Aufz. von A. W. Iffland. 8. Berlin: Neue Soc. Buchh. 1808.

MARIONETTEN im neuesten Geschmack; Eine Familiengeschichte, wie es manch' andere giebt. Nürnberg, Riegel u. Wießner, 1801. 8°.

Marionettenspieler, der, e. Geschichte nebst mehrern kleinen Geschichten. Mit 1 Kpf. 8. Leipz. 805. Fr, Fleischer. 1 ₰ 8 gr

MARIONETTENSPIELER, Der. Eine Geschichte. Nebst (4) andern kleinen Erzählungen. Mit 1 Kupfer (G. Opiz del., C. Frosch sc.). Leipzig, in Joh. Benj. Georg Fleischers Buchhandlung, 1806, 8°.
Nr. 5: „Die verlorne Dose" (S. 261—342). Spielt in Berlin und enthält interess. Lokal- und Personalnachrichten.

Marionetten-Theater, d. i. kurieuse Sammlung kurzweiliger Actionen... Leipzig 1803. V: *Mahlmann, Siegfried Aug.* (MGT) »1806« (Cb) (Ky) (BrMm) (EE)

Marionettentheater, oder Samml. lustiger u. kurzweil. Actionen, (v. A. Mahlmann). (Inhalt: König Violon u. Prinzessin Clarinette. — Des Doctor Pandolfo Begräbniß u. Auferstehung. — Die neue Gurli, oder d. Prophezeihung. — Harlekin, der Eheflicker). 8. Leipz. 806. Voß. 1 ₰ 8 gr

Marionettentheater. Bd 1. Dresden: E. Pierson [1908]. 8° [F.] [08. 18876]

Marionetten-Theater mit einer allegorischen Vignette. Wien, Berl. u. Weimar 1778. V: *Schink, Johann Frdr.* (Ky) (Schr) (MGT) (BGE) (GGr) (BrMm) (Cat d. Stadtbibl. Zürich. Zürich 1864—97.)

— m. einer allegorischen Vignette. 8. Berlin, Himburg. 778.

Mariot-Didieux, die Truthühner- und Perlhühner-Zucht in ihrem sichersten, leichtesten und gewinnreichsten Betriebe; oder die erprobteste Verfahrungsweise, diese Vögel ꝛc. aufzuziehen ꝛc. Nach dem Französ. bearb. u. mit einem Anhange über die Truthühnerzucht in Schlesien, die dortige Poularderie-Mästung ꝛc. verm. von Heinr. Gauß. Weimar 855. Voigt. 8. (X, 69 S.) 10 ngr.

Mariot-Didieux, die Truthühner- u. Perlhühner-Zucht in ihrem sichersten, leichtesten u. gewinnreichsten Betriebe; od. die erprobteste Verfahrungsweise diese Vögel u. zwar in erster Linie die Truthühner, in Betreff ihres überwieg. Nutzens, ohne besonders großen Aufwand an Mühe u. Sorgfalt aufzuziehen in wenig kostspiel. Art zu füttern, zu mästen u. s. die Tafel schmackhaft zuzubereiten. Aus dem Franz. 2. Aufl. bearb. v. Rob. Oettel. 8. (XII, 94 S.) Weimar 873. B. F. Voigt. 1. 20

Mariot-Didieux, die Truthühner- u. Perlhühnerzucht, 3. Aufl., s.: Liebeskind, W., die Truthühner u. Perlhühner.

Marioth, Carl G., Referendar aus Düsseldorf: Der Einfluß des Kontokorrents auf die Verjährung der zu dem Kontokorrent gehörigen Ansprüche. *Borna-Leipzig 1903: R. Noske.* (VIII, 35 S.) 8°
Leipzig, Jur. Diss. v. 1903

Marioth, Wilhelm: Beiträge zur Kenntnis der Hautwärme beim Hunde. Mit 17 Tab. Mengeringhausen 1910. 58 S.
Giessen, Vet.-med. Diss. v. 1910.

Mariotte, Edme

Des weyland vortreflichen Herrn *Mariotte* Grundlehren der Hydrostatik und Hydraulik, in welchen die Wirkung derer flüssigen Materien in die Schwere der Körper, nebst der Bewegung des Wassers und andern flüssigen Dingen auf richtige und mathematische Gründe gesetzt wird. Aus dem Französischen ins Deutsche übersetzt und mit nöthigen Anmerkungen erläutert von *D. Joh. Christoph Meinig.* Leipzig bei Joh. Friedr. Brauns Erben. 8. 29½ Bogen. (Eine ziemlich schlechte Uebersetzung nebst verschiedenen unnöthigen Anmerkungen.) 1723.

Mariotte, Grundlehre der Hydrostatik und Hydraulik, a. d. Franz. von J. L. Meinig. 8. Lpz. Hilscher. 723.

Tractatus de motu aquarum aliorumque corporum fluidorum diviſus in quinque partes: authore *Mariotto* e Regis ſcientiarum academia opus poſthumum. Tomus primus continens duas primas partes et honoribus illuſtriſſimorum et perilluſtrium Dominorum Dominorum, dum in antiquiſſima ac celeberrima univerſitate Viennenſi promotore *R. P. Franciſco Höller* e ſoc. Jeſu, AA. LL. et Philoſophiae Doctore ejusdemque in Phyſicis Profeſſore ordinario, prima AA. LL. et Philoſophiae Laurea ornarentur dicatus. Viennae Auſtriae typis Joh. Jac. Kürner. 8. 140 S. 3 Kupfſt. 1728.

1729. * — — — — Tomus ſecundus continens tres poſteriores partes.......... ib. 8. 122 S. 9 Kupfſt.

Tractat von der Bewegung des Waſſers und andern flüſſigen Körpern in fünf Theile vertheilt durch Herrn *Mariotte*, an das Licht gegeben von Herrn *de la Hire*. Neueſte Edition, aus dem Franzöſiſchen überſetzt. Leipzig, bei J. Fr. Braun. 8. 1718.

Mariotti, [Carlo]. Meine Waffe. Zur Selbstbelehrung des Infanteristen nach dem Unterricht in der Rekrutenschule. [Mit Figuren.] 20 S. 8. Bern, Haller, 1907. [fr. —.40]

Mariotti, Filippo, die politische Weisheit des Fürsten v. Bismarck und des Grafen Camillo v. Cavour. Autoris. Uebersetzung von M. Bernardi. 2 Bde. gr. 8. (VII, 740 S.) Hamburg 888, [J. F. Richter.] Verlagsanstalt und Druckerei. * geb. *

Mariotti, L., Italien in seiner politisch. u. literar. Entwickelung und in seinen gegenwärt. Zuständen. Deutsch von Jul. Bernh. Seybt. gr. 8. Leipzig 846, Lorck. 2 2/3 ß

Mariotti, L., Italien in seiner politischen u. literarischen Entwickelung u. in seinen gegenwärtigen Zuständen. Deutsch von Jul. Bernh. Seybt. 1. Thl. Italien in seiner politischen u. literarischen Entwickelung. (Neue Titel-Ausg.) gr. 8. (X u. 537 S.) Leipzig (846) 848, Lorck. — 2. Thl. Italien in seinen gegenwärtigen Zuständen. gr. 8. (420 S.) Ebd. 848. (à n. 2 2/3 ß) n. 5 1/3 ß

Maripold, C. P., Briefe über die dem Publikum nachtheilig gewordene Kunst, Wergwolle zu machen rc. 8. Reval 783.

Maris stella od. das Berufsleben des weiblichen Geschlechts im Lichte des Glaubens. 12. (XVIII, 349 S.) Freiburg i/B. 893. Herder. n. 2. —

Maris stella. Ein Leitfaden zur Erkenntnis der Wahrheit u. des weiblichen Berufes im Lichte des Glaubens. (Von Auguste v. Chambaud.) 2. Aufl. 12. (XVIII, 363 S.) Freiburg i/B. 900. Herder. n. 2. —; geb. in Leinw. n. 3.30

Maris, s.: **Mares**.

Marischler, Norbert

Marischler, N., Die Ergebnisse der Teplitzer Tiefbohrungen in geologischer und bohrtechnischer Beziehung und Vorschläge zur Erreichung eines Sprudels. Teplitz, 1889. 77 S. mit 1 Karte.

Marischler, Norbert, die Ergebnisse der Teplitzer Tiefbohrungen in geologischer u. bohrtechnischer Beziehung u. Vorschläge zur Erreichung e. Sprudels. Nebst e. Anh.: Studien üb. den Ursprung der Teplitz-Schönauer Thermen. Mit e. geolog. Karte. gr. 8. (77 S.) Teplitz 893. A. Becker. n. 2. —; Karte allein n. 1.20

Mariti, Giovanni

Mariti, ..., Geschichte Fakkardins, wie auch d. übrigen Großveziere d. Drusen; aus d. Italien. Mit Kpf. 8. Gotha 790. Ettinger. 1 ß

Mariti. Geschichte Fakkardins, Grossemirs der Drusen. 8. Gotha 1790.

Mariti, Giovanni. Reise nach Jerusalem, durch Syrien; a. d. Ital. . . . Strassburg 1790. Ü: *Majer, Johann Chph.* (KY) »1789« (MGT)

— Reise nach Jerusalem, durch Syrien; aus d. Italien. übers. (v. Jh. Cph. Majer). 2 Bde. gr. 8. Straßb. 790. Akad.-B. 1 ß 6 Gr.

Mariti, Giovanni: Reisen durch die Insel Cypern, durch Syrien und durch Palästina in den Jahren 1760 bis 1768, in einem Auszuge aus dem Italiänischen übersetzt von Christian Heinrich Hase. Altenburg 1777. VIII, 572 S. 8°.

— Reise nach Cypern, Syrien u. Palästina; aus d. Italien., im Ausz. von Hase. gr. 8. Altenb. 777. (Hennings in Neisse). 1 ß 16 Gr. — Dass. Französ. 2 Thle. 8. Leipz. 791. (W. Nauck). 1 ß 12 Gr.

Mariti, Voyages dans l'isle de Cypre, la Syrie, et la Palestine, avec l'histoire générale du Levant. II. Vol. 8. Leips. Sommer. 1791.

— Voyage dans l'isle de Cypre, la Syrie et la Palestine, avec l'histoire générale du Lévant. Paris 791. 2 Vol. 8. 2 rthl. 16 gr. Neuwied 791. 2 Vol. 12. Beide Ausgaben enthalten nur die zwei ersten Bände des Originals.

Mariti, Giovanni: Voyages dans l'isle de Chypre, la Syrie et la Palestine, avec l'histoire génerale du Levant. Traduits de l'italien. T. 1, 2. Neuwied 1791. 1 Bd. VI, 342; 423 S. 8°.

Maritschnig, Rich., Wegweiser f. Hausherren u. Mietparteien. (III, 69 S.) 8. Innsbruck 906. Wagner. n. 1. —

Maritus, Fel., Eros u. Christus. (Gedanken üb. Bibel, Kirche, Religion u. geschlechtl. Liebe.) (64 S.) 8. Leipzig 907. Teutonia-Verlag. 1.50

Mariupolsky, L., die philosophische Begründung der Evolutionstheorie Herbert Spencer's. (III, 144 S.) Lex.-8. Helsingfors 904. (Riga, N. Kymmel's Sort.) n. 4. —

Zur Geschichte des Entwicklungsbegriffs. Von Dr. L. **Mariupolsky**. *Bern: Steiger & C. 1897.* (1 Bl., VIII, 120 S.) 1 Bd 8.
— Studien, Berner, z. Philosophie u. ihrer Geschichte. Bd VI. [97. 4.6]

Mariupolsky, Sara, aus Omsk (Sibirien): Aus dem Kinderspital in Zürich. Über Erysipel der Schleimhaut des Pharynx und des Respirationsapparates bei kleinen Kindern. Zürich 1906. 35 S. 8°. [20. XI. 06.]
Zürich. Med. Diss. 1906/1907.

Mariupolsky, Sara. Über Erysipel der Schleimhaut des Pharynx und des Respirationsapparates bei kleinen Kindern. Diss. Med. Univ. Zürich. [Mit 1 Tafel.] *Kopftitel:* Aus dem Kinderspital in Zürich. 35 S. 8. Zürich, Gebr. Leemann & Co., 1906.

Marius, zu Carthago, v. A. Lamey. gr. 8. Strasb. König. 799.

Marius zu Minturna; Schspl. nach Arnauld. 8. Salzb. 801. Mayr. 6 Gr.

Marius, Bischof von Avenches

Marii, episcopi Aventicensis, chronicon, ed. Wilh. Arndt. gr. 8. (16 S.) Leipzig 878. Veit & Co. n. 1. —

Marius, s.: Mayer, Carl.

Marius, ..., neue Biographien des Wahnsinnigen. N. Aufl. 8. Chemnitz 820. Starke. 1 ℔

Marius, Biographien der Wahnsinnigen aus d. wirklichen Welt. 8. Chemnitz, Maute. 806.

Marius, Eman., die Persönlichkeit Jesu Christi mit besond. Rücksicht auf die Mythologien und Mysterien der alten Völker. gr. 8. (VII, 395 S.) Leipzig 879, L. Senf.

Marius, Eman., die Persönlichkeit Jesu Christi m. bes. Rücksicht auf die Mythologien u. Mysterien der alten Völker. 2., unveränd. (Titel-)Aufl. gr. 8. (VII, 395 S.) Berlin (1879) 881. Eckstein Nachf. n. 6. —

Marius F. die deutsche Auswanderung nach Nordamerika i. 17. u 18. Jahrh. Ulm 1876

Marius, Felix, Ephemeren. gr. 12. Berlin 843. (Besser.) n. 1/3 ℔

Marius, G., Reiterlieder, s.: Schreiber's humoristische Bibliothek. Nr. 9.

Marius, G. H., die holländische Malerei im 19. Jahrh. Deutsch v. H. Kossmann-Kliver. (VII, 491 S. m. Abb. u 1 Taf.) gr. 8. Berlin 906. (S. Fischer, Verl.) n. 13.—

Marivaux, Pierre Carlet de Chamblain de

— Pharsamons Abenteuer. Im Geschmacke des Don Quixote, von *Marivaux*. Neu übersetzt. 2 Thle. Altona, Hammerich, 1793—94. 8°. (3 Mk. Franz Teubner, 1895; 4 Mk., Th. 1 apart: 399 S., Taussig, 1896.)

— Bauer, Der durch seine freymüthige Aufrichtigkeit glücklich gewordene, Oder: Die sonderbaren Begebenheiten Des Herrn von ****. Aus dem Französischen des Herrn *von Marivaux*. Mit dem sechsten Buch vermehret. 6 Bücher in 2 Thlen. (Motto aus Juven. Sat. 7. u. kl. Ornament auf jedem Titel.) 2 Thle. Franckfurt und Leipzig (Nürnb.), bey Joh. Aug. Raspe. 1753. 8°. (3 Mk. 50 Pfg. R. Levi, Stuttgart, 1892; jetzt theurer!)
Sehr selten! I: Titelkpf. (unsign.), Tit., 4 Bll. Vorr., 253 S. II: Titelkpf. (unsign.), Tit., 237 S.

— — Dasselbe. (6 Bücher.) 2 Thle. Mit Kpfrn. Ebd. 1768. 8°. 228 u. 212 S. (5 Mk. Fr. Waldau, Fürstenwalde, 1909.)

— — Dasselbe, tit.: Der emporgekommene Bauer oder die Memoiren des Herrn ***. Deutsch von C. H. v. Geismar. 2 Bde. Leipzig 1867. 8°. 202 u. 203 S. (Mk. 3—.) (2 Mk., Expl. im Orig.-Umschl., O. Rauthe, Berlin, 1909.)

Marivaux, M. de, der emporgekommene Bauer, } s. Bibliothek der besten Werke des 18. u. 19. Jahrh.

BAUERIN, Die durch ihre tugendhafte Aufführung hoch erhabene u. glücklich gewordene, Oder die besonderen Begebenheiten der Frau Marquisin v. LV., von einem Cavalier *v. M.* (d. i. *Pierre Carlet de Marivaux (= Mariveaux)*, 1688—1763) in Frantzös. Sprach beschrieben u. wegen seines annehmlichen Inhalts in das Hoch-Teutsche übers. 12 Thle. Mit 12 Kupfrn. Franckf. 1740 8°. (40 Mk., zu Anfang gering wurmst., Bernhard Liebisch, Lpz., 1909.)
So cplt. äusserst selten!

— — Bäuerin, Die durch Ihre Tugend zu hohen Ehren gelangte, in den besondern Begebenheiten der Marquise von L. V. Aus d. Franz. des Hn. *von Marivaux* übers. 2te verb. Aufl., mit [11] Kpfrn. Franckfurt u. Leipzig, Hnr. L. Brönner, 1752. 8°. (In Wolfenb.)
Die erste Ausgabe von demselben Jahre. (Bibl. Schwabii II. p. 308.)

(Marivaux, Pierre Carlet de Chamblain de:) Der liebenswürdigen Mariane Begebenheiten u. Lebensbeschreibung. Aus dem Französ. (v. Chr. Felix Weiße). 8° Leipzig: Heinsius (Gleditsch) 1752.

Marianens Begebenheiten, aus dem Franz. des Marivaux, 2 Thle. in 3 Abthl. 8. Berlin, 787/91. Unger. 2 Rthl.

— Marianens Begebenheiten. Aus d. Französ. des *Marivaux* (übers. von Friederike U.[nger], geb. R.[othenburg] in Berlin). 3 Thle. Berlin, Unger, 1791—92. 8°. 264, 170, 230 S.
Vgl. Allg. Lit.-Ztg. 1795. Nr. 34. Sp. 270 ff.; Allg. dtsch. Bibl. 116, 1, 112; Goedeke VII, 660, 251, 1; Anon.-Lex. III. p. 117 (nach Ebert, Kayser, Meusel, v. Schindel, Goedeke).

MARIVEAUX (= Marivaux, Pierre Carlet de Chamblain de —, 1688—1763). — Amors Besuch auf dem Lande. In den merkwürdigen Begebenheiten eines unschuldigen Landmädchens. Nach d. Französ. des *Mariveaux* bearbeitet von Th. H—n. (d. i. Theophil [nicht Aug. Wilh.] Heidemann). 2 Bde. Warschau, Wilke, 1797. 8°.
VIII—239 u. VIII—344 SS. Zahm. (3½ Mk. Leihbiblexpl., Kühl.) — Anon.-Lex. I. p. 213 (nach Kayser u. Meusel); Goedeke VII, 660, 251, 6, kennt nur Th. 1. — Vgl. Allg. Lit.-Ztg. 1797. Nr. 212. Sp. 48.

Marivaux, P. C. de C. de.
L'Ecole des Meres. Die Mütter-Schule. Ein Lustspiel ... A. d. Franz. ... O. O. [1753]. Ü: *Ekhof, Hans Conrad Dietr.* (Milchs)

— die falschen Entdeckungen. Lstspl. in 3 A., nach d. Französ. von J. Wlh. Gotter. 8. Gotha 774. Ettinger. 9 ℳ

Marivaux, P. C. de C. de.
Die falschen Entdeckungen. Ein Lustspiel; a. d. Franz. ... München 1776. Ü: *Dufresne, Jos. Maria von.* (Ky)

— die falschen Entdeckungen. Ein Lstspl., aus d. Französ. übers. (v. J. M. Dufresne). 8. Münch. 776. (v. Jenisch u. St. in Augsb.) 4 ℳ

Marivaux, le jeu de l'amour et du hasard, s. Répertoire du Théâtre franç., No. 239.

— Kutsche, Die stekken gebliebene. Eine Geschichte nach *Marivaux*. Breslau und Leipzig, Korn, 1794. 12°. 235 S.
Goedeke VII, 660, 251, 4.

LANDMANN, Der emporgekommene. Nach der letzten Pariser Ausgabe neu übersetzt (aus d. Französ. des *Pierre Carlet de Chamblain de Marivaux*, 1688—1763, von Wilh. Christhelf Sigm. Mylius). 2 Bde. Berlin, 1787. Im Verlage der Rellstabschen Buchdruckerei. 8°. (41 Mk., sehr schönes, unaufgeschn. Expl., Max Perl's Berliner Octob.-Auct. 1907, no. 629.) Rar!

LII, 432, 527 S. u. 1 S. Berichtigungen. — Fehlt im Anon.-Lex.

Wegen d. 6. Buches, dessen französ. Urschrift in Paris confiscirt u. verbrannt wurde, kam d. berühmte Verf. in die Bastille. Dasselbe enthielt in versetzten Namen Anzüglichkeiten auf verschiedene vornehme Personen.

Orig.: Le paysan parvenu, ou les mémoires de M*** Par M. *de Marivaux*. 5 pts. (tout paru). Amsterdam, Aux dépens de la Compagnie. 1735. 12°. (4 Mk. 50 Pfg., veau, Friedr. Klüber, c. 1900.) (In Wolfenb. nur Th. 1—3.) — La Haye, C. de Rogissart & Sœurs. 1735. V pts. 8°. (In Wolfenb. fehlen die Titel zu 1—3.) Cfr. Bibliogr. de l'amour, 4e éd. III. col. 624.

— Der emporgekommene Landmann. (8 Bücher.) Nach der lezten (!) Pariser Ausgabe neu übersezt (von Joh. Carl Lotich [nur Buch 1—3] u. Wilh. Christhelf Sigm. Mylius). 2 Thle. Berlin, 1787. Im Verlage d. Rellstabschen Buchdrukkerei. 12°.

—der emporgekommene Landmann; aus d. Französ. (v. W. C. S. Mylius u. Lotich). 2 Thle. 8. Berl. 787. Rauck. 2 ₰

— Leben der Marianne, Oder Begebenheiten der Gräfin von ***. A. d. Franz. des Hn. *von Marivaux* übers. 2te . . . verbess. Auflage. Braunschweig u. Hildesheim, seel. Lud. Schröders Erben. 1751. 8°. (In Wolfenb.) (5 Mk. Bernh. Liebisch, Lpz., 1909.)

Die erste Aufl. von demselben Jahre. (Bibl. J. J. Schwabii II. p. 305.)

—der Marianne Leben, od. Begebenheitten der Gräfin v. . . . . 8. Braunschw. 764. Schröder. 1 ₰

—le Legs. Comédie. 8. Dresd. 765. Walther. 4 gr

LIEBESGESCHICHTE des Herrn ***, d. i. wunderbare Würckung der Sympathie oder heimlichen Natur-Triebs. (Zieml. zahmer Roman aus d. Französ. des *Pierre Carlet de Mariveaux*). 5 Thle. Mit TKpfrn. Franckfurt und Leipzig (Nürnberg) 1716—17. 8°. 35 Bogen. (4 Mk. Völcker, defektes Expl.)

Orig.: Les avantures de***, ou les effets . . . . de la sympathie. 5 tom. Amst. 1715. 8°. (Th. 1 u. 5 in München.)

Marivaux, Pierre Carlet de Chamblain de: Marianne, s. Bibliothek d. besten Werke d. 18. u. 19. Jahrh.

MARIANNE von Ferville. Eine neue Erzählung. (Aus d. Französ. des *Pierre Carlet de Chamberlain de Marivaux*.) Eisenach 1778.

Anon.-Lex. III. p. 116 (nach Heine, Roman in Deutschland. Halle 1892. S. 13).

— Roman, Komischer. Aus d. Französ. des *Marivaux* übersetzt. Berlin 1762. 8°. 20½ Bogen.

Cat. Meissner II.

Mariveaux, des Herrn von, komischer Roman, aus dem Franz. zweite Aufl. 8. Riga, 772. Hartknoch. 18 sgl.

—komischer Roman; aus d. Französ. 8. Leipz. . . . 2e A. 773. Hartknoch. 14 gr

—komische Romane. 2 Thle. 8. Berl. 762. (Nicolai). 20 gr

Marivaux, P. C. de C. de.

Sammlung einiger Lustspiele a. d. Franz. Hannover 1747—49. Ü (Theil 2): *Krüger, Johann Christian.* (GGr) (Milchs)

Marivaux, P. C. de C. de.

Solche Streiche spielt die Liebe; ein Lustspiel in drei Aufzügen nach d. Franz. Augsburg 1784. Ü: *Lambrecht, Matth. Georg.* (Ky)

— solche Streiche spielt d. Liebe; e. Lstspl. in 3 Aufz., nach d. Französ. (v. M. G. Lambrecht). 8. Augsb. 784. v. Jenisch u. St. 4 gr

— der Streit, oder welches Geschlecht brach zuerst d. Treue d. Liebe; e. Lstspl. in 1 Aufz. Aus d. Französ. 8. Jena 778. (Cnobloch in Leipz.) 4 gr

Mariveaux, Théâtre. IV Vols. 12. Leipz. 754. 2 ₰ 12 gr

— le même. IV Vols. 12. Amsterd. 770. (Dresd., Walther). 2 ₰ 16 gr

— le même. IV Vols. 12. Basel 770. Schweighäuser. 3 ₰

Marivaux, P. C. de C. de.

Die Versuchung; Lustspiel nach d. Franz. Wien 1783. Ü: *Meyer, Friedrich Ludwig Wilhelm.* (Ky)

— die Versuchung; Lstspl. nach d. Französ. (v. F. L. W. Meyer). 8. Wien 783. Kurzböck. 2 gr N. A., s. Prüfung.

— la Vie de, ou les Aventures de Madame la Comtesse de ***, par Mr. de Marivaux. XII Part. av. fig. 8. Francf. (Walther à Dresde.) 741.

— — la même. 4 Vol. en XII Part. 8. Franof. Varrentrapp et W. 772.

FSC
www.fsc.org
MIX
Papier | Fördert gute Waldnutzung
FSC® C083411

Kolibri 360 GmbH
Ferdinand-Jühlke-Straße 7
99095 Erfurt, Deutschland
produktsicherheit@kolibri360.de